BIOCHEMISCHES HANDLEXIKON

HERAUSGEGEBEN VON

EMIL ABDERHALDEN
GEH. MEDIZINALRAT PROFESSOR DR. MED. ET PHIL. H. C.
DIREKTOR DES PHYSIOLOGISCHEN INSTITUTS DER UNIVERSITÄT
HALLE A. S.

XII. BAND (5. ERGÄNZUNGSBAND)

HARNSTOFF UND DERIVATE · GUANIDIN · KREATIN · KREATININ
AMINE · BASEN MIT UNBEKANNTER UND NICHT SICHER BEKANNTER
KONSTITUTION · CHOLIN · BETAIN · NEURIN · MUSCARIN · STACHY-
DRIN · INDOL UND INDOLABKÖMMLINGE · AMINOSÄUREN, DIE IM
EIWEISS VORKOMMEN · BIOLOGISCH INTERESSANTE AMINOSÄUREN,
DIE IM EIWEISS NICHT VORKOMMEN · ABBAUPRODUKTE VON
SOLCHEN UND VON IM EIWEISS VORKOMMENDEN AMINOSÄUREN
POLYPEPTIDE · DIKETOPIPERAZINE

BEARBEITET VON

HERBERT MAHN-DESSAU · **ERNST ROSSNER**-PREMNITZ
HANS SICKEL†-DESSAU

BERLIN
VERLAG VON JULIUS SPRINGER
1930

ISBN-13: 978-3-642-88972-1   e-ISBN-13: 978-3-642-90827-9
DOI: 10.1007/978-3-642-90827-9

ALLE RECHTE, INSBESONDERE DAS DER ÜBERSETZUNG
IN FREMDE SPRACHEN, VORBEHALTEN
SOFTCOVER REPRINT OF THE HARDCOVER 1ST EDITION   1930

Vorwort.

Seit dem Erscheinen des letzten Ergänzungsbandes (1924), der gleichzeitig das Generalregister der Bände I—XI enthielt, sind über die chemischen, physikalischen und vor allem physiologischen Eigenschaften von Naturprodukten ungewöhnlich viele Mitteilungen erfolgt. Es ist dem einzelnen Forscher kaum mehr möglich, den Überblick über auch nur einen Teil der in der Natur vorkommenden Verbindungen zu behalten. Es erschien deshalb angebracht, das in der Zwischenzeit erschienene, sehr reiche Material zu sichten und in übersichtlicher Form zusammenzustellen. Die Literatur ist bis in die neueste Zeit (1930) hinein berücksichtigt worden. Im Hinblick darauf, daß in der heutigen Zeit es vielfach Schwierigkeiten bereitet, die ausländische Literatur im Original einzusehen, ist fast durchweg neben der Angabe der Zeitschrift, in der die einzelnen Arbeiten erschienen sind, ein leicht zugängliches, zuverlässiges Referatenblatt mitgenannt, und zwar ist einerseits auf das Chemische Zentralblatt und andererseits auf die Berichte über die gesamte Physiologie und experimentelle Pharmakologie bezug genommen.

Besonders eingehend berücksichtigt wurden die physiologischen Eigenschaften der einzelnen Verbindungen. Bei den vorhandenen, oft stark widersprechenden Angaben war es vielfach schwer, auf engem Raum den in der Literatur niedergelegten Anschauungen gerecht zu werden. Oft sind auch die Angaben so unbestimmt, daß es ganz unmöglich ist, in wenig Worten anzugeben, was im einzelnen Fall beobachtet ist. Bei dem Studium der über eine bestimmte Frage erschienenen Literatur drängt sich einem ganz besonders stark der Wunsch auf, es möchten Mittel und Wege gefunden werden, die Zahl der Veröffentlichungen dadurch einzuengen, daß gänzlich unzulängliche Arbeiten ausgeschaltet werden. Das Studium des experimentellen Teils einer Mitteilung zeigt dem Kundigen sofort, ob die ausgeführte Arbeit zu eindeutigen Resultaten führen konnte. Schwierigkeiten bereitet der Beurteilung des Wertes einer Arbeit die jetzt verfolgte Tendenz, den Umfang der einzelnen Arbeiten dadurch zu vermindern, daß die Belege für die durchgeführten Versuche weitgehend eingeschränkt werden. Während es in der Tat bei chemischen Arbeiten in der Regel überflüssig ist, mehrfach wiederholte Versuche einzeln mitzuteilen, und zwar deshalb, weil die angewandten Bedingungen so scharf gekennzeichnet sein müssen, daß jedermann, der nach dem gleichen Verfahren arbeitet, zu dem gleichen Resultat kommen muß, wenn die mitgeteilte Beobachtung in eindeutiger Weise erhalten worden ist, liegen die Verhältnisse bei Versuchen an Organismen vielfach ganz anders. Einzelne abweichende Befunde können für die weitere Forschung von größter Bedeutung sein. Bei der Auswahl eines mitzuteilenden Versuchs werden solche, die Ausnahmen gebildet haben, oft in Fortfall kommen. Weiterhin erschwert, den Überblick über die Entwicklung eines Forschungsgebietes zu behalten, der Umstand, daß zur Einschränkung des Umfangs von Mitteilungen in möglichst weitgehender Weise auf Beziehungen zu bereits veröffentlichten Arbeiten verzichtet wird. Dieser Mangel wird besonders fühlbar, wenn der einzelne Forscher sich über den Stand der Forschung auf einem Gebiete, auf dem er nicht selbst tätig ist, unter Führung eines Sachkenners unterrichten will. Dieser kennt den Wert der einschlägigen Literatur. In früheren Zeiten konnte man sich, gestützt auf eine solche Arbeit, in die Originalliteratur leicht einarbeiten. Jetzt ist alles das sehr stark erschwert. Um so notwendiger sind in der jetzigen Zeit Zusammenfassungen. Möge der vorliegende Ergänzungsband seine Aufgabe, unter Zeitersparnis eine rasche Orientierung zu ermöglichen, möglichst vollwertig erfüllen!

Den Herren Mitarbeitern sage ich auch an dieser Stelle meinen herzlichsten Dank. Mit großer Trauer gedenke ich des Hinscheidens des so erfolgreichen jungen Chemikers Dr. Hans Sickel. Er hat mit ganz besonderer Hingabe am Handlexikon mitgearbeitet und sich bis unmittelbar vor seinem Tode mit seinem Beitrag beschäftigt. Herrn Dr. Alfred Bahn, der den Beitrag des Herrn Dr. Sickel ergänzte, sei auch an dieser Stelle herzlichst gedankt.

Halle a. S., im Juni 1930.

Emil Abderhalden.

Inhaltsverzeichnis.

	Seite
Harnstoff und Derivate. Bearbeitet von Dr. Hans Sickel†, Dessau	1
Guanidin, Kreatin, Kreatinin. Bearbeitet von Dr. Hans Sickel†, Dessau	106
Amine. Bearbeitet von Dr. Hans Sickel†, Dessau	174
1. Aliphatische Amine	174
2. Aromatische Amine	190
Basen mit unbekannter und nicht sicher bekannter Konstitution. Bearbeitet von Dr. Hans Sickel†, Dessau	210
Cholin, Betain, Neurin, Muscarin, Stachydrin. Bearbeitet von Dr. Hans Sickel†, Dessau	214
Indol und Indolabkömmlinge. Bearbeitet von Dr. Hans Sickel†, Dessau	234
Aminosäuren, die im Eiweiß vorkommen. Bearbeitet von Dr. Herbert Mahn, Dessau	267
I. Aliphatische Aminosäuren	305
A. Monoamino-monocarbonsäuren	305
B. Monoamino-dicarbonsäuren	457
C. Diamino-monocarbonsäuren	511
D. Schwefelhaltige Aminosäuren	557
II. Aromatische Aminosäuren	692
III. Heterocyclische Aminosäuren	693
Biologisch interessante Aminosäuren, die im Eiweiß nicht vorkommen, Abbauprodukte von solchen und von im Eiweiß vorkommenden Aminosäuren. Bearbeitet von Dr. Herbert Mahn, Dessau	750
Polypeptide. Bearbeitet von Dr. Ernst Roßner, Premnitz a. d. Havel	807
Dipeptide	810
Tripeptide	873
Tetrapeptide	893
Pentapeptide	899
Hexa- und höhere Peptide	905
Nachtrag zum Abschnitt Polypeptide	909
Dipeptide	909
Tripeptide	951
Tetrapeptide	979
Pentapeptide	988
Hexapeptide und höhere Polypeptide	991
Diketopiperazine. Bearbeitet von Dr. Ernst Roßner, Premnitz a. d. Havel	994
Eigentliche Diketopiperazine	994
Polypeptidanhydride, die mehr als zwei Aminosäuren im Molekül haben	1032
Diketopiperazin-polypeptide	1035
Trioxopiperazine	1037
Piperazine	1038
Nachtrag zum Abschnitt Diketopiperazine	1046
Sachverzeichnis	1053

Harnstoff und Derivate.

Von

Hans Sickel † -Dessau.

Harnstoff.

Vorkommen: In Samenpflanzen (Dikotylen und Monokotylen) im Verlauf des Keimprozesses[1]. Fast in allen höheren Pilzen, in welchen Urease nur in geringer Menge oder gar nicht vertreten ist, wie Amanita, Lepiota, Lycoperdon, Pluteus cervinus Schoeff., Clitopilus orcella Bull., Pax involutus Batsch., Marasmius oreades Bolt., Coprinus comatus Tr., Tricholoma nudum Bull. und Clistocybe nebularis Tr.[2]. Zu Beginn der Reifungsperiode wurden folgende auf das Trockengewicht bezogenen Maximalwerte an proz. Gehalt gefunden bei:

Lycoperdon saccatum	2,85	Bovista nigrescens	11,16
,, piriforme	4,62	Psalliota camprestris	6,18
,, gemmatum	10,70	,, pratensis	1,61
,, molle	9,22	Pholiota spactabilis	2,45
,, marginatum	5,84	Cortinarius violaceus	0,51[3]
,, echinatum	1,16		

In Lycoperdon piriform kann er bis zu 4,3% angehäuft werden, wenn hoher Gehalt an Gesamtstickstoff (7,9%) vorliegt, oder er fehlt bei niederer Stickstoffmenge (4,2%). Champignon häuft ihn in Reinkultur bei Überschuß an Stickstoffnahrung (Gelatine + Malzextrakt) in großen Mengen an, während er bei geringer N-Nahrung (Agar + Malzextrakt) ganz fehlt[4,5].

In mehreren Meeresmollusken der pazifischen Küste, nicht bei „Abalone"[6]. Im Hühnerembryo, und zwar in der Allantoisflüssigkeit etwas mehr als in der Amniosflüssigkeit[7]. Im Blut von Pott- und Seiwal[8]. In der Kuhmilch (Lab- und Sauermolke)[9].

Im Blut von Hühnern zu 0,009%[10]; im Meerschweinchenblut pro 1000 ccm 0,36 g (Durchschnitt)[11]; im Kaninchenserum bei normalem Gehalt pro Liter etwa 0,125—0,140 g[11]; in 100 Heringseiern (nach minimetrischen Methoden) 0,01054 mg[12]. Frisches Fleisch von Hundsfisch enthält 0,5—0,6% Harnstoffstickstoff[13], Hundsfischmehl 1,93%[14]. In den Harnen von einem Grindwal und zwei Tümmlern (Delphinidae) fanden sich pro 100 ccm 2,940 bzw. 5,250 und 2,910 g[15]. In 100 ccm Fruchtwasser des Pottwals 0,064 g[16], in dem des Seiwals zu 0,20 mg%[17].

---

[1] K. Tauböck: Österr. bot. Z. **76**, 43 — Ber. Physiol. **41**, 46.
[2] A. Goris u. P. Costy: C. r. Acad. Sci. Paris **175**, 539 (1922) — Chem. Zbl. **1923 I**, 103.
[3] N. N. Iwanoff: Biochem. Z. **136**, 1 — Chem. Zbl. **1923 III**, 864.
[4] N. N. Iwanoff: Biochem. Z. **154**, 391 (1924) — Chem. Zbl. **1925 I**, 1214.
[5] N. N. Iwanoff: Hoppe-Seylers Z. **170**, 274 (1927) — Ber. Physiol. **44**, 367 (1928).
[6] P. G. Albrecht: J. of biol. Chem. **57**, 789 (1923) — Chem. Zbl. **1924**, I, 566.
[7] T. Kamei: Hoppe-Seylers Z. **171**, 101 (1927) — Chem. Zbl. **1928 I**, 216.
[8] M. Suzuki: Tohoku J. exper. Med. **5**, 419 (1924) — Ber. Physiol. **31**, 406.
[9] B. Bleyer u. O. Kallmann: Biochem. Z. **153**, 459 (1924) — Chem. Zbl. **1925 I**, 783.
[10] G. Pupilli: Arch. di Fisiol. **21**, 61 (1923) — Ber. Physiol. **21**, 406.
[11] L. Randoin u. A. Michaux: C. r. Acad. Sci. Paris **180**, 1063 — Chem. Zbl. **1925 II**, 1689.
[12] H. Steudel u. S. Osato: Hoppe-Seylers Z. **131**, 60 (1923) — Chem. Zbl. **1924 I**, 565.
[13] Benson: Proc. amer. Soc. biol. Chem. **41**, 40 (1920).
[14] D. B. Dill: J. assoc. official agricult. Chemists **8**, 70 — Chem. Zbl. **1924 II**, 2803.
[15] M. Suzuki: Jap. J. med. Sci., Trans.. II **1**, 69 (1925) — Chem. Zbl. **1926 I**, 148.
[16] M. Suzuki: Jap. J. med. Sci., Trans. II **1**, 97 — Chem. Zbl. **1926 I**, 149.
[17] M. Takata: Tohoku J. exper. Med. **2**, 459 — Ber. Physiol. **14**, 70.

Walfischharn (von Balaenoptera borealis und B. physalus) enthielt bei 12,0—16,3 g Gesamtstickstoff 22,9—31,8 g Harnstoff[1]. Im Kamelharn von Petri[2] pro 100 ccm 1705 mg Harnstoffstickstoff und pro 200 ccm 2,92 g Harnstoff aufgefunden, dagegen von Read[3] kein Harnstoff. Im Harn von zwei Seebären je 100 ccm 0,0187 und 0,0175 g Harnstoff[4]. In frischem Pferdeserum pro Liter 0,28 g, in Heilserum 0,6 g[5]. Im Schweiß von Rennpferden (20 Stück) im Durchschnitt 0,14%[6]. In 100 ccm Morgenmilch von Kühen 12—42 mg (im Originalreferat steht g!), bald nach dem Kalben mehr als später, durch Pasteurisieren etwas vermindert, in Abendmilch vielleicht etwas mehr; in 100 ccm Ziegenmilch 85 mg[7].

Gehalt des Blutes des Menschen und verschiedener Tiere an Harnstoffstickstoff.

Art	Anzahl der unters. Tiere	Anzahl der Untersuchgn.	mg in 100 ccm
Mensch	—	—	10 —22
Hund	2	7	11,5—16,7
Schaf	4	16	7,5—23,1
Rind	5	10	10,5—23,7
Pferd	7	7	7,5—15
Schwein	15	15	10 —18,8
Vögel (Pute, Ente, Taube, Huhn Gans)	12	12	3,6—11,9
Fische (Goldorfen, Zuchtkarpfen, Schleie)	17	5	6 —18,2[8]

Der Gehalt des Blutes im Durchschnittswert scheint beim Mann erheblich höher zu liegen als beim weiblichen Organismus (12 von 15 Frauen 6,24—10,5 mg%; 25 Männer 10,8 bis 7,9 mg%)[9, 10].

Das physiologische Maximum des Blutharnstoffgehalts beträgt 0,50 g pro Liter[11]. Während Serum und Plasma stets gleichen Gehalt an Harnstoff haben, zeigten sich die Erythrocyten um 5—8% ärmer daran, und das für jedes Blut charakteristische Verhältnis stellte sich schnell wieder her, wenn ein Teil des Plasmas durch Kochsalz- oder konzentrierte Harnstofflösung ersetzt wurde[12]. Hsien Wu[13] fand eine Verteilung in Blutkörperchen und Plasma im Verhältnis 17,10 zu 19,30. Unter normalen Verhältnissen findet sich im fötalen Blut in der gleichen Konzentration wie im mütterlichen[14]. Toni bestimmte den Gehalt des Blutes beim normalen Kind[15]. Bei nüchternen normalen Menschen ist der Harnstoffgehalt im Capillarblut 10% höher als im venösen. Auch bei Patienten mit Ikterus Nephritis und Diabetes fanden sich gleiche Verhältnisse[16]. Im Magensaft nüchterner Personen schwankte der Harnstoffgehalt zwischen 0,14 und 0,42⁰/₀₀[17].

Der Liquor cerebrospinalis enthält 1—25% weniger Harnstoff als das periphere Venenblut. Da Arterienblut auch 3—12% weniger enthält als Venenblut, so ist nicht ausgeschlossen,

---

[1] S. Schmidt-Nielsen u. J. Holmsen: Arch. internat. Physiol. **18**, 128 (1921) — Ber. Physiol. **11**, 518.
[2] J. Petri: Hoppe-Seylers Z. **166**, 125 — Chem. Zbl. **1927 II**, 590.
[3] Read: J. of biol. Chem. **64**, 615 — Chem. Zbl. **1925 II**, 2172.
[4] M. Suzuki: Jap. J. med. Sci., Trans. II **1**, 69 (1925) — Chem. Zbl. **1926 I**, 148.
[5] A. Marie: C. r. Soc. Biol. Paris **86**, 772 — Chem. Zbl. **1922 III**, 300.
[6] H. Ritter: Pflügers Arch. **213**, 544 — Chem. Zbl. **1926 II**, 1963.
[7] Y. Morimoto: J. of Biochem. **1**, 69 — Ber. Physiol. **13**, 266 (1922).
[8] A. Schneunert u. H. v. Pelchrzim: Biochem. Z. **139**, 17 — Chem. Zbl. **1923 III**, 1098.
[9] A. Klisiecki: Biochem. Z. **176**, 490 — Chem. Zbl. **1926 II**, 3067.
[10] MacKay: J. of clin invesligt. **4**, Nr. 2, 295 (1927) — Ber. Physiol. **43**, 428 (1928).
[11] R. Monimart: Bull. Sci. pharmacol. **30**, 23 — Chem. Zbl. **1923 IV**, 83.
[12] M. Polonowski u. C. Auguste: J. Physiol. et Path. gén. **21**, 267 (1923) — Ber. Physiol. **22**, 99.
[13] Hsien Wu: J. of biol. Chem. **51**, 21 — Chem. Zbl. **1922 III**, 84.
[14] E. D. Plass u. C. W. Matthew: Bull. Hopkins Hosp. **36**, 393 — Chem. Zbl. **1925 II**, 1183. — Vgl. J. of biol. Chem. **56**, 309 — Chem. Zbl. **1923 III**, 1288.
[15] G. de Toni: Clin. pediatr. **8**, 449 (1926) — Ber. Physiol. **39**, 74.
[16] E. Sveensgaard: Biochemic. J. **21**, 522 (1927) — Chem. Zbl. **1928 II**, 682. — Ber. Physiol. **43**, 274 (1928).
[17] D. Simici, R. Vladesco, M. Popesco: C. r. Soc. Biol. Paris **101**, 199. — Chem. Zbl. **1929 II**, 3030.

daß beiderseits der Membranen des Plexus chorioidei identische Harnstoffkonzentrationen bestehen[1]. Der mittlere Harnstoffgehalt der Cerebrospinalflüssigkeit liegt bei 9,87 mg pro 100 ccm. Das Verhältnis zum Gehalt des Blutes ist ungefähr 62:100[2]. In der Meningozellenflüssigkeit ist er zu 0,019% nachgewiesen[3].

Blutserumgehalt und Speichel weisen gleichen Gehalt (zwischen 18—40 mg%) an Harnstoff auf[4]. Im Speichel sind pro Liter normal 59—197 mg enthalten; diese Menge steigt bei Azotämien und Nierenerkrankungen auf 330—1140 mg (50 Fälle untersucht)[5].

Der Gehalt des Kammerwassers beträgt 77% desjenigen des Blutes, mit dem er in einem direkten Verhältnis steht[6]. In einer Paraovarialcystenflüssigkeit wurden 0,22 g pro Liter gefunden[7]. Bei nierengesunden Menschen enthält das Plasma ebensoviel, bei Nierenerkrankungen evtl. mehr Harnstoff als die roten Blutkörperchen[8].

In einem lange unbenutzten von der Hauptdampfleitung einer Zuckerfabrik abgezweigten Rohrstrang, der teils sehr heiße, teils kältere Räume durchsetzte, wurde ein lockeres, hartes Haufwerk säulenförmiger Harnstoffkrystalle aufgefunden und dessen Entstehung auf primär gebildetes carbaminsaures Ammonium zurückgeführt[9].

Bildung: Neben Glyoxylsäure beim Erwärmen von Pflanzensäften, wie jenen von Acer pseudoplatanus und Phaseolus vulgaris[10]. Die mit der Bildung von Asparagin gemeinsamen Hauptzüge werden nach Überlegungen und Versuchen an wachsenden Pflanzen herausgearbeitet[11]. Vergleiche auch die Theorie von Werner über die Bildung im pflanzlichen und tierischen Organismus[12]. Beim Erhitzen alkoholischer Extrakte aus grünen Blättern (Ureidhydrolyse wahrscheinlich)[13].

Die Bildung und Anhäufung des Harnstoffs in Pilzen hängt nicht nur vom Mangel an Kohlehydraten ab, sondern auch vom Überschuß an Stickstoffnahrung[14] und vom Vorhandensein von Sauerstoff (in Stickstoff, Wasserstoff, Kohlendioxydatmosphäre keine Harnstoffbildung)[15]. Bacterium megatherium, B. tumescens, Proteus sophii, B. mesentericus, B. subtilis und B. mycoides können auf einem einfachen Pepton-Gelatinenährboden Harnstoff bilden. (Auf 10 ccm Nährboden z. B. 12,8—15,5 mg.) Zucker- und Mannitzusatz verursacht Ureasebildung und hebt so die Harnstoffbildung auf. — B. fluorescens und B. coli bilden keinen Harnstoff, sind aber dann dazu imstande, wenn man die Bakterien auf argininhaltigem Hydrolysat von Edestin wachsen läßt[16]. Auch B. megatherium und Bacillus tumescens bilden unter diesen Bedingungen beträchtlichere Mengen, wachsend mit dem Arginingehalt des Nährbodens[17]. Aspergillus niger macht daraus die Hälfte als Ammoniak frei, die andere N-Hälfte erscheint als Harnstoff[18]. Durch Secale cornutum wird die Harnstoffbildung aus Arginin in wässeriger Lösung bei Gegenwart von Chloroform und Toluol mit Hilfe einer Arginase erreicht, während gleichzeitig auch hier Ammoniumcarbonat entsteht (Ureasegegenwart)[19]. — Proteus vulgaris und Bacterium esteroaromaticus Omel bilden infolge ihres Ureasegehaltes unter keinen Bedingungen Harnstoff[16]. Die harnstoffbildenden Pilze (vgl. S. 25) benutzten zur Synthese Ammoniak, das in

---

[1] M. Polonowski u. C. Auguste: J. Physiol. et Path. gén. **21**, 267 (1923) — Ber. Physiol. **22**, 99.

[2] G. Egerer-Seham u. C. E. Nixon: Arch. int. Med. **28**, 561 (1921) — Ber. Physiol. **12**, 103.

[3] H. Sievers: Z. Biol. **86**, 535 (1927) — Chem. Zbl. **1928 II**, 63.

[4] M. Landsberg: Klin. Wochenschr. **2**, 306 — Chem. Zbl. **1923 III**, 82 — vgl. C. r. Soc. Biol. Paris **89**, 1343 (1923).

[5] A. Desgrez, R. Moog u. L. Gabriel: C. r. Acad. Sci. Paris **181**, 755 (1925) — Chem. Zbl. **1926 I**, 2116 — vgl. R. Vladesco: C. r. Soc. Biol. Paris **99**, 434 (1928). — Ber. Physiol. **47**, 580 (1929).

[6] M. Pagani: Biochemica e Ter. sper. **13**, 274 (1926) — Ber. Physiol. **39**, 429.

[7] M. Guerbet: J. Pharmacie [7] **28**, 177 (1923) — Chem. Zbl. **1924 I**, 1218.

[8] Z. Ascòdi: Biochem. Z. **146**, 343 — Chem. Zbl. **1924 II**, 354.

[9] E. O. v. Lippmann: Ber. dtsch. chem. Ges. **56**, 566 — Chem. Zbl. **1923 I**, 901.

[10] R. Fosse: Soc. chim. biol. **10**, 301 — Chem. Zbl. **1928 II**, 1890.

[11] D. Prijanischnikow: Biochem. Z. **150**, 407 (1924) — Chem. Zbl. **1925 I**, 544 (ausf. Referat).

[12] Dublin: J. med. Sci. **4**, 577 — Chem. Zbl. **1922 III**, 282.

[13] R. Fosse: C. r. Acad. Sci. Paris **182**, 175 — Chem. Zbl. **1926 I**, 2362.

[14] N. Iwanow: Biochem. Z. **154**, 391 (1924) — Chem. Zbl. **1925 I**, 1214.

[15] N. N. Iwanoff u. M. Smirnova: Biochem. Z. **201**, 1 (1928) Ber. Physiol. **50**, 187 (1929).

[16] N. Iwanow u. M. Smirnowa: Biochem. Z. **181**, 8 — Chem. Zbl. **1927 I**, 2560.

[17] N. Iwanow: Biochem. Z. **175**, 181 — Chem. Zbl. **1926 II**, 2732.

[18] N. Iwanow: Biochem. Z. **162**, 425 (1925) — Chem. Zbl. **1926 I**, 702.

[19] A. Kiesel: Hoppe-Seylers Z. **118**, 267 (1922) — Chem. Zbl. **1922 I**, 827.

Form von Ammoniumlactat zugeführt wurde. Die Neubildung findet jedoch nur im lebenden Zustand statt, gleichgültig ob die Pilze vom Mycel entfernt wurden oder nicht. Durch Erhitzen von zerkleinerten Fruchtkörpern mit einer wässerigen Lösung von Ammoniumchlorid konnte indessen keine Vermehrung festgestellt werden (Fosses Theorie ist somit in Zweifel gezogen)[1]. Champignons können Harnstoff durch Zuleitung von $1/2$proz. Ammoniumcarbonat- oder -nitratlösung synthetisch und durch Abbau aus Argininlösungen mit ihrer Arginase bilden[2]. — Einige Arten der „Mikrosiphoneen" bildeten bei Züchtung in einer Nährlösung, die Fluor, Chlor, Jod, Schwefel, Phosphor, Bor, Silicium, Kalium Natrium, Magnesium, Calcium, Eisen, Mangan, Zink und Aluminium in geeigneten Mengen, von organischem Nährwert entweder nur 1% Pepton oder daneben noch 1% Glucose enthielt, besonders mit Pepton beträchtliche Mengen Harnstoff neben neutralen Ammoniumsalzen[3].

Aus Harnsäure durch alle Amphibien mit Hilfe der (vermuteten) Allantoinase. Fische bilden dabei zwei Gruppen: Selachier spalten, Teleostier bauen nicht ab[4]. Aus Urocaninsäure (Imidazolylacrylsäure) im Organismus der Herbi- und Carnivoren[5]. Versuche an Fröschen, die 1—2 Monate hungerten, dann Ammoniumsalze und Milchsäure eingespritzt erhielten, worauf im Harn 70—80% des zugeführten Stickstoffs ganz analog den Verabreichungen von Ammoniumcarbonat, Alanin, Leucin, Tyrosin und Pepton als Ammoniak ausgeschieden wurden, legen die Vermutung nahe, daß Harnstoff aus Ammoniak synthetisiert worden ist[6].

Entsteht neben Ornithin aus Arginin, wenn es in freiem Zustand durch die Pfordader zur Leber gelangt, wie sich das aus Durchblutungsversuchen an überlebenden Lebern von Katzen im Gegensatz zu Vogellebern (Gans) ergab[7]. Harnstoff wird auch durch Bestrahlung der Leber mit Röntgenstrahlen in erhöhtem Maße gebildet[8]. Mit fortschreitender Autolyse der Leber im Hundeversuch findet eine sich steigernde Neubildung von Harnstoff statt, was für ihre Fähigkeit spricht, aus Stoffen des Drüsenparenchyms diesen neubilden zu können[9]. Diese Beobachtung Sunzeris ist eine Bestätigung der Befunde von Myers, Ringer und Benson, die bei der Leberautolyse den Harnstoffgehalt auf das 8—15fache vermehrt feststellten, während bei der Muskelautolyse kein Harnstoff entstand[10]. Die Leberzellen zeigen eine deutliche Tendenz zur Neubildung von Harnstoff, auch wenn die Durchblutungsflüssigkeit (im Durchströmungsversuch) keine dazu geeigneten Stoffe enthält. Auch bei aseptischer Autolyse wurde im Leberbrei häufig Harnstoffbildung beobachtet. Das Blut eines bei der Verdauung getöteten Tieres zeigt eine die Bildung erhöhende Wirkung[11]. Nach Sunzeri soll auch der künstlich durchblutete Muskel zur Harnstoffneubildung befähigt sein, besonders dann, wenn das Tier während der Verdauung getötet worden ist. Bei hungerndem Muskel war diese Beobachtung nicht zu machen. Auch tritt während der Kontraktion keine Änderung der Bildung ein[12]. Im Gegensatz zu den erwähnten Feststellungen Myers, Ringers und Bensons[10] tritt auch bei der Muskelautolyse Harnstoffneubildung auf, allerdings mußten die Tiere während der Verdauung geschlachtet worden sein und die Bildung trat erst nach 80 Stunden konstant in Erscheinung. Von verschiedenen anderen Organteilen zeigte nur die Darmschleimhaut des Hundes während der Autolyse konstante Harnstoffzunahme[13].

Die durch Tierkohle oder Platin katalysierte Umwandlung von Ammoniumcarbonat in Harnstoff wird auch durch Organe, wie Leber, Niere, Milz, Muskel und ferner durch Blut beschleunigt. Die Stärke der Wirkung nimmt mit der angeführten Reihenfolge ab; Gehirn erwies sich als unwirksam. In der isolierten Leber bildet sich nur dann Harnstoff, wenn die Per-

---

[1] N. N. Iwanow: Biochem. Z. **136**, 9 — Chem. Zbl. **1923 III**, 864.
[2] N. Iwanow u. A. Toschewikowa: Biochem. Z. **181**, 1 — Chem. Zbl. **1927 I**, 2558.
[3] G. Guittonneau: C. r. Acad. Sci. Paris **178**, 1383 — Chem. Zbl. **1924 II**, 108.
[4] St. J. Przylecki: Arch. internat. Physiol. **26**, 33; Chem. Zbl. **1926 II**, 1955.
[5] B. Konishi: Hoppe-Seylers Z. **143**, 181 — Chem. Zbl. **1925 I**, 2578.
[6] St. J. Przylecki: Arch. internat. Physiol. **25**, 280 (1925) — Ber. Physiol. **34**, 510.
[7] K. Felix u. M. Tomita: Hoppe-Seylers Z. **128**, 40 — Chem. Zbl. **1923 III**, 956.
[8] R. Tsukamoto: Strahlenther. **18**, 320 (1924) — Ber. Physiol. **30**, 271.
[9] G. Sunzeri: Ann. Clin. med. e Med. sper. **16**, 207 (1926) — Ber. Physiol. **41**, 60.
[10] V. C. Myers, M. Ringer u. O. O. Benson jr.: Proc. Soc. exper. Biol. a. Med. **23**, 474 — Ber. Physiol. **37**, 418 (1926).
[11] G. Sunzeri: Ann. Clin. med. e Med. sper. **16**, Nr. 3.
[12] G. Sunzeri: Ann. Clin. med. e Med. sper. **16**, Nr. 4, 343, 351 — Ber. Physiol. **43**, 68 (1928).
[13] G. Sunzeri: Ann Clin. med. e Med. sper. **17**, Nr. 1 — Chem. Zbl. **1928 II**, 1793 — Ber. Physiol. **43**, 472 (1928).

fusionsflüssigkeit gleichzeitig Erythrocyten und Serum enthält[1]. Die Harnstoffbildung ließ sich weder bei Gegenwart von Kohle, noch bei der von Organen durch Kaliumcyanid oder Eisen beeinflussen[2].

Bei der Durchströmung von exartikulierten Hundeextremitäten mit defebriniertem Hundeblut vermehrt sich der Harnstoff zwischen 2 und 27,8%. (Höchste Ziffer bei Präparaten, die 5 Stunden nach der Fütterung hergestellt worden waren. Nach 10—12 Stunden fand sich sogar Erniedrigung, wie sie bei nüchternen Tieren immer nachgewiesen wurde[3].)

Die wachsende embryonale Niere produzierte beträchtliche Mengen von Harnstoff[4]. Während von in Embryonalextrakt wachsendem Gewebe stets Harnstoff und Ammoniak gebildet wird, findet in Gegenwart von Glucose dieser Eiweißabbau nicht statt, dagegen wurde oft eine Harnstoffabnahme beobachtet[5]. Stoffwechselversuche an Gesunden ergaben als besondere Funktion der Leber die Abspaltung von Aminostickstoff und dessen Umwandlung in Harnstoff. Versuche mit Casein zeigten schon 45 Minuten nach der Zufuhr ein Ansteigen des Aminosäurestickstoffspiegels des Blutes um 73%, aber ohne gleichzeitige Vermehrung des Harnstoffs[6].

Eine Zusammenfassung der Arbeitsergebnisse von Forschungen über die Bildung im Organismus durch Oxydation des Eiweißes findet sich bei R. Fosse[7].

Es wurde statisch und kinetisch die Umwandlung des Ammoniumcarbamats in Harnstoff studiert und die Gleichgewichtsdrucke bei verschiedenen Temperaturen gemessen, die sich in einem Raume einstellen, der mit Ammoniumcarbonat beschickt ist und möglichst wenig Gasphase enthält. Unter den entsprechenden Versuchsbedingungen bestand das System aus einer einzigen flüssigen Phase und der Gasphase. Der Gleichgewichtsdruck dieses divarianten Systems war eine Funktion des Verhältnisses des Gefäßvolumens zur Ausgangsmenge des Carbamats bei gegebener Temperatur. Die gemessenen Drucke betrugen für 100, 122, 135 und 150°: 9,03 bzw. 20,95; 33,14 und 55,09 Atmosphären. Aus der 1., 2. und 4. Messung wurde folgende Interpolationsformel aufgestellt:

$$\log p = -\frac{1511}{T} + 5{,}6 \log T - 9{,}4\,.$$

Das Auftreten von Nebenreaktionen bewirkt, daß die gemessenen Maximaltensionen größer sind als die Summe von Dissoziationsdruck des Carbaminats und Wasserdampfdruck[8].

Ammoniumcarbamat bildet bei hoher Temperatur eine flüssige Phase, bestehend aus Ammoniumsalzen, Harnstoff und Wasser, und eine gasförmige Phase. Der Gehalt an Harnstoff beträgt im Gleichgewicht bei 130°: 39,2%, bei 134°: 39,92%, bei 140°: 41,4% und bei 145°: 43,3%. Geht man von Harnstoff und Wasser aus, so findet man eine fast identische Gleichgewichtslage. Aus der Temperaturabhängigkeit der auf die flüssige Phase bezogenen Gleichgewichtskonstanten berechnet sich die Reaktionswärme zu —6,7 cal (Fehler 1—2 cal). Experimenteller Wert etwa 7,7 cal. Die Reaktionsgeschwindigkeit nimmt in der ersten Stunde zu und dann ab. Durch Zusätze (Aluminiumoxyd, Siliciumoxyd, Kaolin, Calciumsulfat) läßt sich die Reaktion erheblich beschleunigen. Durch Abdampfen der Begleitstoffe läßt sich der Harnstoff quantitativ und sehr rein gewinnen[9].

20 g Ammoniumcarbonat in 200 ccm Wasser mit 10 g Kohle gaben, 8—14 Tage auf 370° erwärmt, nach der Bestimmung 0,0023—0,0113 g Dixanthylharnstoff; 17,6 g Ammoniumbicarbonat in 50 ccm Wasser mit 8,8 g Kohle in 14 Tagen 0,0396 g Dixanthylharnstoff (gereinigtes Wasser und Porzellangefäße!). Platin ist als Katalysator weniger gut geeignet[10]. Tierkohle läßt sich bei sonst gleichen Bedingungen durch tierische Gewebe ersetzen. Am stärk-

---

[1] P. Astanin u. W. Rubel, Biochem. Z. **202**, 70 — Chem. Zbl. **1929 I**, 1367.
[2] E. Abderhalden u. S. Buadze: Fermentforschg **9**, 89 (1926) — Chem. Zbl. **1927 I**, 267.
[3] G. Sunzeri: Boll. Soc. Biol. sper. **1**, 195 (1926) — Ber. Physiol. **38**, 61.
[4] B. E. Holmes u. E. Watchorn: Biochemic. J. **21**, 327 — Chem. Zbl. **1927 II**, 1167.
[5] E. Watchorn u. B. E. Holmes: Biochemic. J. **21**, 1391 (1927) — Chem. Zbl. **1928 I**, 1976.
[6] O. Folin u. H. Berglund: J. of biol. Chem. **51**, 395 — Chem. Zbl. **1922 III**, 534.
[7] R. Fosse: Rev. gén. Sci. appl. **38**, 570 (1927) — Chem. Zbl. **1928 I**, 1789.
[8] C. Matignon u. M. Fréjacques: C. r. Acad. Sci. Paris **171**, 1003 (1921) — Chem. Zbl. **1922 I**, 1137 — vgl. ebendort **170**, 462 bzw. **1920 III**, 185.
[9] C. Matignon u. M. Fréjacques: C. r. Acad. Sci. Paris **174**, 455 u. 1747 — Chem. Zbl. **1922 III**, 349 — vgl. C. r. Acad. Sci. Paris **171**, 1003 — Chem. Zbl. **1922 I**, 1137. — ferner Wegscheider: Z. anorg. u. allg. Chem. **121**, 110 — Chem. Zbl. **1922 III**, 349. — Faurholt: Z. anorg. allg. Chem. **122**, 132 — Chem. Zbl. **1923 I**, 584.
[10] Fr. Fichter u. W. Kern: Helvet. chim. Acta **8**, 301 — Chem. Zbl. **1925 II**, 163.

sten harnstoffbildend erwies sich Lebergewebe, dann folgen Nieren-, Milz-, Muskelgewebe. Wenig Einfluß hatte Blut. Ohne jede Wirkung blieb Gehirn. Gekochte Gewebe waren ohne Einfluß [1].

Beim 65stündigen Erhitzen mit Ammoniumchlorid und flüssigem Ammoniak bei 300° gaben Allophansäureäthylester, Cyanursäure, Urethan, Biuret, Carbäthoxycyamid, Ammelin, Ammelid, sym. Dicarbäthoxyguanidin, Methylharnstoff, sym. Dicarbäthoxyharnstoff (Carbonyldiurethan), Carbäthoxy-N-phenylbiuret, Guanylharnstoffhydrochlorid, Triuret (Carbonyldiharnstoff) und Äthylcarbonat beträchtliche Mengen Harnstoff (und Guanidin) [2].

Bei Bestrahlung von Ammoniumcarbonatlösungen mit ultravioletten Strahlen (250 bis 200 $\mu\mu$) bei 45° nicht übersteigenden Temperaturen entsteht Harnstoff, wobei Malachitgrün die Ausbeute erhöht, Methylenblau, Methylorange oder Eosin dagegen nicht [3].

Aus Xanthin mit Kaliumchlorat und Salzsäure neben Alloxan:

$$C_5H_4N_4O_2 + 4\,Cl + 3\,H_2O = CO(NH \cdot CO)_2CO + CO(NH_2)_2 + 4\,HCl\,[4].$$

Synthese: Zur Synthese des Harnstoffs aus Ammoniak und Kohlensäure teilen Matignon und Fréjacques Studien mit über die Dissoziation des Ammoniumcarbamates (Zwischenprodukt), über die Statik der Reaktion: bei der Zersetzung des Carbamates überdecken sich folgende Reaktionen:

I. $CO(NH_2)ONH_4 = CO(NH_2)_2 + H_2O$ IV. $CO_3(NH_4)_2 = CO_3H(NH_4) + NH_3$
II. $CO(NH_2)(ONH_4) = CO_2 + 2\,NH_3$ V. $CO_3H(NH_4)_2 = CO_2 + H_2O + NH_3$
III. $CO(NH_2)(ONH_4) + H_2O = CO_3(NH_4)_2$

zu einem bivarianten System, ferner über die Feststellung des gebildeten Harnstoffs, die Reaktionswärme, über die Kinetik der Reaktion, über den katalytischen Einfluß des Wassers und anderer Katalysatoren und endlich über die Trennung von Harnstoff und Carbamat [5]. — Für die gewerbliche Umsetzung des Ammoniaks in Harnstoff nach dem Matignon-Fréjacquesschen Verfahren [5] ist zu beachten, daß bei diesem Prozeß Eisen zersetzt wird. Blei war widerstandsfähiger. Andere Bedingungen und Einrichtungen siehe Original [6]! — In Gegensatz zur Ansicht von Matignon und Fréjacques setzt sich Baily [7] bei der Aufklärung der direkten Synthese von Harnstoff aus Ammoniak und Kohlensäure. Er arbeitet auf Beobachtungen Werners [8] fußend mit glühenden Röhren und findet, daß plötzliches Abkühlen der erhitzten Gase die Ausbeute an Harnstoff beträchtlich vermehrt, gegenüber den Wernerschen Ergebnissen. Die Reaktion läßt er bei Atmosphärendruck vor sich gehen und deutet sie am besten durch die Theorie von E. A. Werner [8] in folgender Weise:

I. Primäre Reaktion: $CO_2 + NH_3 = H_2O + (HOCN \rightleftharpoons HNCO)$.
II. Sekundäre Reaktion: $HNCO + NH_3 = CO(NH_2)_2$.

Zur Synthese aus Ammoniak und Kohlendioxyd über Ammoniumcarbamat wurde ein kontinuierlich arbeitendes Verfahren geschützt [9]. Eine praktische Anlage für die Synthese aus Ammoniak und Kohlendioxyd unter Druck beschreiben Krase und Gaddy [10], desgl. Jakowkin [11].

Über physikalisch-chemische Grundlagen der Harnstoffsynthese aus Ammoniak, Kohlensäure und Wasser [12].

---

[1] Emil Abderhalden u. E. Buadze: Fermentforschung **9**, 89 (1926).
[2] J. S. Blair: J. amer. chem. Soc. **48**, 87 — Chem. Zbl. **1926 I**,, 2326.
[3] W. R. Fearon u. Ch. B. M. Kenna: Biochemic. J. **21**, 1087 (1927) — Chem. Zbl. **1928 I**, 649.
[4] G. Schweizer: Chem.-Z. **50**, 430 — Chem. Zbl. **1926 II**, 622.
[5] C. Matignon u. M. Fréjacques: Ann. Chim. [9] **17**, 257 — Chem. Zbl. **1922 III**, 1156 (ausf. Ref.). — Vgl. C. r. Acad. Sci. Paris **174**, 455 — Chem. Zbl. **1922 III**, 349 — Bull. Soc. chim. France [4] **31**, 307.
[6] C. Matignon u. M. Fréjacques: Chim. et Industr. **7**, 1057 (1922) — Chem. Zbl. **1923 II**, 91.
[7] K. C. Baily: C. r. Acad. Sci. Paris **175**, 279 — Chem. Zbl. **1922 III**, 1289.
[8] E. A. Werner: J. chem. Soc. Lond. **117**, 1046; Chem. Zbl. **1921 I**, 80.
[9] Badische Anilin- u. Soda-Fabrik: D.R.P. 301279, Kl. o (1916, 1922); E.P. 145060 (1920, 1021; D.Prior. 1916); Chem. Zbl. **1922 II**, 1135.
[10] N. W. Krase u. V. L. Gaddy: J. Indiana a. eng. Chem. **14**, 611; Chem. Zbl. **1922 IV**, 635.
[11] G. Jakowkin: U.S.S.R. Scient. techn. Dpt. Supreme Council National Economy Nr. **259**. Transactions Scient Inst. of the S.T.D. Papers on Chemistry [russ.] Nr. **2**, 207 — Chem. Zbl. **1929 I**, 2876.
[12] E. Terres u. H. Behrens: Z. physik. Chem. A **139**, 695 (1928) — Ber. Physiol. **50**, 708 (1929) — Chem. Zbl. **1929 II**, 723.

Darstellung: Aus Ammoniak und Kohlensäure: Das durch Einwirkung von gasförmigem Ammoniak auf Kohlendioxyd unter starker Kühlung oder von flüssigem Ammoniak auf Kohlendioxyd erhältliche Ammoniumcarbamat wird in einem Autoklaven etwa 2—4 Stunden auf 150° erhitzt, die Temperatur auf 65—100° fallen gelassen und mit Hilfe eines Hahnes das durch Zersetzung von nicht umgesetztem Carbaminat entstandene Ammoniak, die Kohlensäure und der Wasserdampf entfernt. Der Autoklav enthält dann reinen Harnstoff. Andere technische Vorrichtungen und Arbeitsweisen sind im Original beschrieben[1]. Ein technisches Verfahren arbeitet ferner in der Weise, daß das Ammoniak oder Kohlendioxyd oder beide für sich oder gleichzeitig dadurch unter den erforderlichen Druck gesetzt werden, daß man sie für sich oder gleichzeitig unter Druck aus geeigneten Lösungen durch Erhitzen austreibt[2]. — Etwa 10% Wasser enthaltendes Ammoniumcarbaminat wird in geschlossenem Gefäß etwa 4 Stunden auf 140—165° erhitzt. (Ausbeute etwa 40% des für das Carbaminat benötigten Ammoniaks)[3]. — Ein Gemisch von Kohlendioxyd und Ammoniak durchströmt bei Rotglut ein Quarzrohr in dem konzentrisch ein Kühlrohr angebracht ist. Ammoniak wird im Überschuß angewandt und zur Wasserbindung Al_2O_3 oder ThO_2 (Katalysator)[4]. — Aus Ammoniumcarbaminat mit oder ohne Zusatz von Ammoniumcarbonat in Pressen brikettieren und im Autoklaven erhitzen[5]. Unter Druck in mit Blei ausgekleideten Apparaten[6]. Ununterbrochene Darstellung aus Ammoniak, katalytisch aus Wasserstoff und Stickstoff, und aus Kohlensäure im Großen[7].

Aus Cyanamid: Verfahren zur Herstellung mit Hilfe von Katalysatoren, die mit Ausnahme einer solchen Menge Zinnsäure, die geringer ist als die Gewichtsmenge des in der Lösung enthaltenen Cyanamidstickstoffs, in der zu katalysierenden Lösung der Mischung durch chemische Reaktion gebildet werden. Die Patentschrift enthält Beispiele für die Verwendung von aus Kaliumpermanganat in der Cyanamidlösung erzeugtem MnO_2-Hydrat, von $Fe(OH)_3$, das durch Einwirkung von $FeCl_3$ auf das beim Neutralisieren einer wässerigen Aufschwemmung von Calciumcyanamid mit Kohlensäure entstandene Calciumcarbonat gewonnen wird, und für die Auffrischung eines mehrfach benützten MnO_2-Hydratkatalysators in einer mit $MnCl_2$ und $Ca(OCl)_2$-Lösung versetzten Cyanamidlösung[8]. Ein weiteres Verfahren arbeitet in saurer Lösung mit dem bei der Eisenreduktion organischer Nitrokörper abfallenden Fe-Schlamm folgendermaßen. Cyanamidlösung wird mit konzentrierter Schwefelsäure angesäuert, auf etwa 80° erwärmt und unter Rühren Eisenoxydoxydulschlamm mit einem Gehalt von etwa 83% Fe_3O_4 dazugegeben. Nach etwa 1 Stunde ist die Umwandlung beendet. (Keine Bildung von Dicyandiamid.) Man kann mit geringeren Katalysatormengen auskommen als bei der Verwendung von Fe_2O_3 und $Fe(OH)_3$[9]. Auch die Adsorptionsverbindungen der Schwermetalle mit den Hydrogelen der Kieselsäure eignen sich gut als Katalysatoren[10].

---

[1] J. L. M. Fréjacques: F.P. 527 733 (1920, 1921); Chem. Zbl. **1923 II**, 631. — Vgl. a. Matignon u. Fréjacques: C. r. Acad. Sci. Paris **174**, 455; Chem. Zbl. **1922 III**, 349 — Ann. di Chim. [9] **17**, 257 — Chem. Zbl. **1922 III**, 1156.

[2] Badische Anilin- u. Soda-Fabrik: F.P. 538804 (1921, 1922 — D.Prior. 1920); E.P. 182331 (1921, 1922) — Chem. Zbl. **1923 II**, 744 u. D.R.P. 372 262, Kl. 12o (1920, 1923) — Chem. Zbl. **1923 II**, 1153 — Übertragen von W. Gaus u. E. Eberhardt: A.P. 1453069 (1921, 1923) — Chem. Zbl. **1924 I**, 1868.

[3] Norman W. Krase: A.P. 1429953 (1921, 1922).

[4] K. Cl. Baily: F.P. 554520 (1922, 1923); Chem. Zbl. **1925 I**, 575.

[5] R. C. Tolman: übertragen von N. W. Krase u. V. L. Gaddy: A.P. 1558185 (1921, 1925); Chem. Zbl. **1926 I**, 1290.

[6] Badische Anilin- u. Soda-Fabrik (W. Meiser): D.R.P. 422525, Kl. 12o (1922, 1925) — vgl. a. Norsk Hydro-Elektrisk Kvaelstofaktieselkab: N.P. 39744 (1922, 1925) — Chem. Zbl. **1926 I**, 2052. Ferner Badische Anilin- u. Soda-Fabrik (Erf. W. Meiser u. O. Baader) D.R.P. 390848, Kl. 12o (1922, 1924).

[7] L. Casale: Can.P. 259273 (1925, 1926); E.P. 241123 (1923, 1925; It.Prior. 1924) — F.P. 599404 (1925, 1926) — Schwz.P. 118716 (1925, 1927); Chem. Zbl. **1927 II**, 168 (Ausf. Ref.) — Ferner Maria Casale-Sacchi: Übertragen von L. Casale: A.P. 1670341 (1925, 1928; It.Prior. 1924) — Can.P. 259273 — Chem. Zbl. **1928 II**, 1939. — Siehe auch I. G. Farbenindustrie-A.-G. u. R. Grießbach u. M. Schmihing: D.R.P. 448200, Kl. 12o (1925, 1927) — Chem. Zbl. **1927 II**, 1897 (ausführl. Ref.).

[8] Aktiengesellschaft für Stickstoffdünger: D.R.P. 346066, Kl. 12o (1916, 1921); Chem. Zbl. **1922 II**, 809.

[9] Farbwerke vorm. Meister Lucius & Brüning: D.R.P. 301278, Kl. o (1916, 1922); Chem. Zbl. **1922 II**, 1135.

[10] Prof. Dr. H. Goldschmidt u. Dr. v. Vietinghoff, Chemische technische G. m. b. H.: D.R.P. 426671, Kl. 12o (1920, 1926).

Verfahren zur Gewinnung aus Cyanamid[1] und seiner Lösung[2]; durch Einwirkung von Mineralsäuren auf Cyanamidlösung[3]. Aus Cyanamid und dessen Salzen[4]. Gewinnung von Harnstoffsalzen aus Cyanamid bzw. seinen Salzen[5].

Das bei der Umwandlung von Kalkstickstoff mit Salpetersäure in einer genügend konzentrierten Lösung von Calciumnitrat bei Gegenwart von genügend Salpetersäure gebildete Harnstoffnitrat ist in der Reaktionsflüssigkeit sehr wenig löslich und kann durch Filtration abgetrennt werden[6]. Ebenfalls aus Kalkstickstoff: In eine auf etwa 100° erhitzte 20proz. Ferrisulfatlösung wird gepulvertes Calciumcyanamid mit 43% Calcium eingetragen. Nach 1 Stunde läßt man abkühlen und saugt ab. Trotz höherer Temperatur tritt keine Bildung von Dicyandiamid oder Dicyandiamidin ein[7]. Durch Erhitzen von Kalkstickstoff oder Calciumcyanamid auf 90° in Wasser über Dicyandiamid, das nach Abtrennen von $CaCO_3$ bei 135° in Gegenwart von Wasser und Kohlensäure unter Verwendung eines Katalysators in Harnstoff übergeht[8]. Aus Kalkstickstoff im Gemisch mit Superphosphat usw. durch Einwirkung von Wasser und Kohlensäure in der Hitze zur Erzeugung eines Mischdüngers[9]. Andere Verfahren aus Kalkstickstoff[10].

Bei der Oxydation von Formamid oder Oxaminsäure durch Permanganat in Gegenwart von Ammoniak zu Harnstoff entsteht als Zwischenprodukt Cyansäure[11].

Zur Reingewinnung elektrolysiert man die Lösungen von Harnstoffsalzen, die überschüssige Säure oder Harnstoff enthalten können, im Kathodenraum einer elektrolytischen Zelle so lange, bis die Säureanionen vollständig abgewandert sind und dampft die verbleibende Lösung ein oder verwendet sie direkt[12]. Technisches Verfahren zur Reinigung von Harnstofflösungen mittels Oxydation durch Luft bei 70—75° in Gegenwart von 1,5% Ammoniak[13].

---

[1] J. H. Lidholm: A.P. 1436180 (1922), Chem. Zbl. **1923 II**, 336 — F.P. 530940 (1921, 1922 — Schwed.Prior. 1920) — Chem. Zbl. **1923 II**, 631. — Wargons Aktiebolag u. J. H. Lidholm: F.P. 555548 (1922, 1923; Schwed.Prior. 1922); Chem. Zbl. **1923 IV**, 661; Dän.P. 31643 (1922, 1923); Chem. Zbl. **1923 IV**, 946; Schwed.P. 54246 (1920, 1923); Schwz.P. 101400 (1922, 1923; Schwed. Prior. 1922) — Chem. Zbl. **1924 I**, 1591; Ö.P. 95482, 1922, 1923; Schwed.Prior. 1922; Schwed.P. 54249 (1922, 1923) — Chem. Zbl. **1924 I**, 2543; N.P. 37111, (1922, 1923; Schwed.Prior. 1922) — Chem. Zbl. **1924 I**, 2822; D.R.P. 397602, Kl. 12o (1922, 1924; Schwed.Prior. 1922) — Chem. Zbl. **1924 II**, 1023; Aust.P. 10205 (1922, 1923 — Schwed.Prior. 1922).

[2] Stickstoff-Werke A.-G. Ruse, V. Ehrlich u. A. Doboczky: Ö.P. 107285 (1924, 1927); Chem. Zbl. **1928 I**, 2456. — C. Bosch u. W. Meiser: überf. an Badische Anilin- u. Soda-Fabrik: A.P. 1429483 (1920, 1922); Chem. Zbl. **1923 IV**, 592. — I. G. Farbenindustrie A.-G., übertr. von L. Bub: A.P. 1659190 (1924, 1928 D. Prior. 1924). — B. Waser: Metallbörse **15**, 1716 — Chem. Zbl. **1925 II**, 1710.

[3] Elektrizitätswerke Lonza (Basel): Schwz.P. 103886 (1923, 1924; D.Prior. 1922); E.P. 585146 (1923, 1924 —) Chem. Zbl. **1924 II**, 1271.

[4] E. Lie u. A. S. North Western Cyanamide Company: Schwz.P. 91154 (1920, 1921; N.Prior. 1919); F.P. 170329 (1920, 1921). — Société des Produits Azotés: Schwz.P. 91559 (1919, 1921); E.P. 523120; Schwz. Prior. 1919). — E. Lie: A.P. 1419157 (1920, 1922); Chem. Zbl. **1923 II**, 1153. — Nitrum Aktien-Gesellschaft: F.P. 526420 (1920, 1921; Schwz.Prior. 1919).

[5] Société d'Études Chimiques pour l'Industrie: F.P. 550847 (1922, 1923); Chem. Zbl. **1923 IV**, 661; Schwz.P. 100177 (1922, 1923); E.P. 192703 (1923; Schwz.Prior. 1922); F.P. 561554 (1923); Chem. Zbl. **1925 I**, 1131; D.R.P. 422074, Kl. 12o (1922, 1925); Schwz.Prior. 1921; Chem. Zbl. **1926 I**, 1290. — Dieselbe, übertragen von J. Breslauer: A.P. 1630050 (1923, 1927; Schwz.Prior. 1922). — Dieselbe und J. Breslauer u. C. Goudet: Schwed.P. 58279; Schwz.Prior. 1919); A.P. 1572638 (1922, 1926); Chem. Zbl. **1926 I**, 3229. — La Compagnie del' Azote et des Fertilisants, J. Breslauer u. C. Goudet: Can.P. 243008 (1923, 1924); Chem. Zbl. **1925 II**, 1226; E.P. 179544.

[6] O. Nydegger u. H. Schellenberg: D.R.P. 335663, Kl. 12o (1919, 1921); Chem. Zbl. **1921 IV**, 41; Schwz.P. 90834 (1919, 1921).

[7] Chemische Fabrik auf Aktien (vorm. E. Schering) u. E. Freund: D.R.P. 377007, Kl. 12o (1919, 1923); Schwed.P. 54111 (1921, 1923).

[8] J. Morten, A. Stillesen: A.P. 1614698 (1923, 1927); Chem. Zbl. **1927 II**, 1752.

[9] A.P. 1633200 (1919, 1927); Chem. Zbl. **1927 II**, 2097.

[10] Stickstoffwerke A.-G. Ruše: Pe.P. 87691 (1916, 1921); Ö.P. 88516 (1916, 1922); Chem. Zbl. **1921 II**, 313; **1922 II**, 809 **IV**, 944. — Société Anonyme de Produits Chimiques des Saint-Denis: F.P. 547514 (1921, 1922); Chem. Zbl. **1925 I**, 1011.

[11] R. Fosse: C. r. Acad. Sci. Paris **172**, 160, 684; Chem. Zbl. **1921 III**, 160, 300.

[12] Actien-Gesellschaft für Anilin-Fabrikation: D.R.P. 348380, Kl. 12q (1917, 1922) u. D.R.P. 348381, Kl. 12q (1917, 1922).

[13] Badische Anilin- u. Soda-Fabrik: E.P. 249041 (1925, 1926); F.P. 605006 (1925, 1926); D.Prior. 1924). — I. G. Farbenindustrie A.-G. u. L. Bub: D.R.P. 434401, Kl. 12o (1924, 1926) — Chem. Zbl. **1927 I**, 180.

Gewinnung aus der konzentrierten wässerigen Lösung in fester Form im großen[1], in krystallisierter Nadelform[2], aus verdünnten sauren Lösungen durch Ausfrieren[3].
Zur quantitativen Gewinnung aus dem Harn hat Wm. O. Moor[4] folgendes Verfahren ausgearbeitet. Die Fällung durch Oxalsäure aus amylalkoholischer Lösung[5] kann benutzt werden, wenn man den Verdampfungsrückstand des Harns nicht mit Äthyl-, sondern mit Methylalkohol auszieht, der sich auch viel leichter durch Destillation vom Amylalkohol abtrennen läßt. 20—30 ccm (je nach der Dichte) Harn, bei saurer Reaktion zunächst mit Soda deutlich alkalisch gemacht, werden im Vakuum bei etwa 50° bis zum unbeweglichen Sirup eingeengt. Dieser wird dann mit einem stumpfwinklig abgebogenen Glasstab umgerührt, das Ganze $^1/_2$ Stunde im Vakuumexsiccator über Schwefelsäure belassen, dann der Harnstoff mit 10 ccm Methanol in Lösung gebracht, diese mit 30 ccm Amylalkohol vermischt und im Wasserbad $^1/_2$ Stunde auf 40—42° erwärmt. Der Kolbeninhalt wird in einen Meßzylinder von 50 ccm übergeführt, zweimal mit einigen Kubikzentimeter Amylalkohol nachgewaschen und damit auf 40 ccm aufgefüllt. Nach gutem Umschütteln filtriert man 20 ccm ab, schüttelt mit 1 g wasserfreier Oxalsäure gut durch, versetzt mit 20 ccm einer Lösung von 3 g Oxalsäure in 100 ccm Äther, sammelt den nach einigen Stunden gebildeten Niederschlag auf ein Filter, wäscht mit 30 ccm ätherischer Oxalsäure nach und bestimmt den Stickstoff darin nach Kjeldahl. — Man findet so mehr Harnstoff, als man es mit den direkten Methoden erreichen kann. Der Grad der Abweichung steht mit dem Reduktionsvermögen des alkoholischen Harnextraktes im Zusammenhang[4].

Nachweis: Harnstoff gibt nicht die Ninhydrin- (Triketohydrindenhydrat-) Reaktion[6].

Die Gelbgrünfärbung des Harns durch das Ehrlichsche Aldehydreagens wird auf den anwesenden Harnstoff zurückgeführt und die Empfindlichkeit dieser Reaktion bis zu einer 16666fachen Verdünnung festgestellt. 0,0005 molare Konzentration spricht nicht mehr an[7]. Mit p-Dimethylaminobenzaldehyd: in saurer Lösung zeisiggrüne Färbung (Harn noch in 200- bis 1000facher Verdünnung). Guanidin, Kreatin und Kreatinin geben die Reaktion nicht. In mit Trichloressigsäure enteiweißtem Serum tritt die Reaktion noch bei einem Reststickstoffgehalt, der 36—40 mg% überschreitet, ein (klinisch verwertbar als Ersatz für die Reststickstoffbestimmung). — Zusatz von 40proz. Formaldehyd stört nicht[8]. Diese Farbreaktion beruht sicher auf einem Kondensationsprodukt aus den beiden (siehe bei den Derivaten!). Zum einfachen Nachweis der Gruppen —$CO \cdot NH_2$ bzw. —$CS \cdot NH_2$ konnte die Reaktion nicht herangezogen werden, da die Prüfung zahlreicher Verbindungen keine eindeutigen Resultate ergab. Auch zum quantitativen Nachweis (colorimetrisch) ist sie nicht geeignet[9].

Als Nitrat aus verdünnter wässeriger Lösung bei langsamem Auskrystallisieren (12 bis 24 Stunden) teils sechseckige Tafeln, teils nach dem Orthopinakoid oder Klinapinakoid tafelig ausgebildete Formen, auch Zwillingsformen; sämtlich monoklin, starke negative Brechung, zwischen gekreuzten Nicols zweiachsige Interferenzfiguren[10].

Als beste Methode zum mikrochemischen Nachweis in der Niere bewährte sich eine Lösung von Xanthydrol in Eisessig und Äther nach Chevallier und Chabanier oder in Eisessig nach

---

[1] Badische Anilin- u. Soda-Fabrik: E.P. 245687 (1925, 1926); F.P. 606290 (1925, 1926; D.Prior. 1924); Chem. Zbl. **1927 I**, 1743 (ausf. Ref.).
[2] I. G. Farbenindustrie A.-G. (Erf. W. Meiser): D.R.P. 455587, Kl. 12o (1926, 1928); E.P. 266378 (1927; D.Prior. 1926); F.P. 628378 (1927; D. Prior. 1926); Chem. Zbl. **1928 I**, 1711 (ausf. Ref.). — Wargöns Aktiebolag u. H. J. Lidholm: F.P. 586025 (1924, 1925); Schwed.Prior. 1923; Schwz.P. 110748 (1924, 1925); Chem. Zbl. **1926 I**, 492; D.R.P. 466263, Kl. 12o (1924, 1928; Schwed.Prior. 1924); Chem. Zbl. **1928 II**, 2597.
[3] Société des Produits Azotés: E.P. 189787 (1922, 1923; Prior. 1921); Chem. Zbl. **1923 II**, 808; F.P. 27337 (Zus.P.) (1922, 1924); F.P. 554263 (1921, 1923); N.P. 38139 (1922, 1923); Schwz.P. 107197 (1922, 1924; F.Prior. 1921 u. 1922); E.P. 206489 (1923); F.Prior. 1922; Chem. Zbl. **1925 I**, 1131; D.R.P. 422075, Kl. 12o (1922, 1925; F.Prior. 1922); Chem. Zbl. **1926 I**, 1290. — Dieselbe u. A. L. Cochet: Schwed.P. 58523 (1922, 1925; F. Prior. 1921, 1922).
[4] W. O. Moor, Biochem. Z. **143**, 423 (1923) — Chem. Zbl. **1924 I**, 1426.
[5] Vgl. Lippich: Hoppe-Seylers Z. **48**, 170 — Chem. Zbl. **1906 II**, 230.
[6] Erneut bestätigt von H. Riffart: Biochem. Z. **131**, 78 (1922) — Chem. Zbl. **1923 II**, 827.
[7] P. Weltmann u. H. K. Barrenscheen: Klin. Wochenschr. **1**, 1100 — Chem. Zbl. **1922 IV**, 352.
[8] H. K. Barrenscheen u. O. Weltmann: Biochem. Z. **131**, 591 (1922) — Chem. Zbl. **1923 IV**, 388.
[9] H. K. Barrenscheen: Biochem. Z. **140**, 426 (1923) — Chem. Zbl. **1924 I**, 77.
[10] A. Hestermann: Z. Biol. **86**, 561 (1927) — Chem. Zbl. **1928 I**, 482.

Stübel von der Bauchaorta aus in die Niere eingespritzt (Versuchstiere: Ratten). In den mit Hämalaun gefärbten Schnitten traten im polarisierten Licht die Krystalle deutlich hervor[1, 2]. Wie Stübel in der Rattenleber hat Piras[3] in der Hundeniere den Harnstoff als Dixanthylverbindung sichtbar machen können, nicht mehr jedoch, wenn die intravenöse Gabe 5 Stunden vor dem Tode erfolgte. In der Leber konnte in solchem Falle nur dann der Nachweis glücken, wenn vor dem Tode 5 g Glykokoll gegeben wurden. Nach dem Leschkeschen Verfahren mit Silbernitratbehandlung und folgender Schwefelwasserstoffeinwirkung konnten die Ergebnisse an der Niere bestätigt und auch Fett als Ursache ausgeschlossen werden. Doch versagte es bei der Leber. In Darmschleimhaut reagierten die Zellen der Zotten positiv, wenn vor dem Tod die Lymphgefäße abgebunden worden waren. (Der Xanthydrolnachweis ist hierbei negativ.) In der Haut der verschiedenen Körperteile gelang der Nachweis auch mit der zweiten Methode nicht[4].

An Stelle der Identifizierung als Nitrat schlägt Pincussen[5] die Ureasereaktion vor. Man läßt das Ferment bei einer Temperatur von 55° und bei $p_H = 7{,}0-7{,}2$ 15 Minuten einwirken, macht dann mit Natriumcarbonatlösung alkalisch und weist das Ammoniak mit Lackmuspapier nach. Eventuell vorgebildetes Ammoniak muß durch Vorbehandlung mit Permutit entfernt werden. Empfindlichkeit: 0,1 mg in 1 ccm Blut[9]. Bei Abwesenheit von Cyanamid: 25 ccm der Versuchslösung gegen Methylrot genau neutralisieren, dann mit Säure auf Rot bringen. 0,1 g Sojabohnenmehl mit 10 ccm Wasser ausschütteln, gegen 1 Tropfen Methylrot genau neutralisieren, zu Versuchslösung fügen und 30 Minuten auf 50° erwärmen. Farbumschlag in Gelb zeigt Harnstoff an, der durch Titration mit 0,02 n-Schwefelsäure annähernd quantitativ erfaßt werden kann. — In Gegenwart von Cyanamid: 25 ccm Versuchslösung nach Zusatz von 2 ccm konzentriertem Ammoniak mit Silbernitratlösung tropfenweise ausfällen, Niederschlag abfiltrieren und mit kaltem Wasser waschen. Filtrat eben ansäuern und Silberchlorid abfiltrieren, auswaschen, dann gegen Methylrot sauer einstellen usw. wie oben[6].

In höheren Pflanzen gelingt der Nachweis am besten, wenn man die Schnitte oder Gewebstücke im Mikroextraktionsapparat mit Essigsäure auszieht und den Extrakt mit festem Xanthydrol versetzt. Es entstehen doppelbrechende Krystalle des Dixanthylharnstoffs in Form von Nadeln, Nadelbüscheln oder Sphärokrystallen, die in Essigsäure und Methylalkohol nicht, in heißem Alkohol dagegen löslich sind[7].

Die im Magerkäse vorhandenen geringen Mengen lassen sich bei kleineren Quantitäten (30 g) mit Xanthydrol nicht nachweisen[8].

Zum histochemischen Nachweis wird Fixierung der Gewebe in einer 10proz. Lösung von Xanthydrol in absolutem Methylalkohol und reiner Essigsäure im Verhältnis 1:7 empfohlen[9]. Das zu untersuchende Material wird 6 Stunden in eine 6proz. Lösung von Xanthydrol (Kahlbaum) in Eisessig belassen. Mikroskopischer Befund kleinster Dixanthylharnstoffkrystalle[10].

Bestimmung: Neuerungen in den Methoden zur Bestimmung im Blut: Allgemeines: Die Annahme von Pagel und Péchon[11], daß das Blut, ein und derselben Versuchsperson nacheinander entnommen, sinkende Harnstoffkonzentration aufweisen soll, und zwar in nicht unbeträchtlichen Differenzen, wird von Ballif, Resnic und Lunevsky[12] bestritten.

Das durch venöse Punktion erhaltene Blut wird aufgefangen teils über Natriumfluorid, um den Harnstoff im Gesamtblut festzustellen, teils ohne NaF-Zusatz, um nach Koagulation im Serum den Harnstoffgehalt zu bestimmen nach der Xanthydrol- oder Hypobromitmethode[13].

---

[1] K. Walter: Klin. Wochenschr. **2**, 170 — Pflügers Arch. **198**, 267 — Chem. Zbl. **1923 IV**, 7, 445.

[2] W. Lawes: Wien. klin. Wochenschr. **1928 II**, 1403 — Ber. Physiol. **49**, 169 (1929).

[3] A. Piras: Arch. di Fisiol. **21**, 167 (1923) — Ber. Physiol. **22**, 332 (1924).

[4] H. K. Barrenscheen u. O. Weltmann: Biochem. Z. **131**, 591 (1922) — Chem. Zbl. **1923 IV**, 388.

[5] L. Pincussen: Biochem. Z. **132**, 242 (1922) — Chem. Zbl. **1923 II**, 987.

[6] G. H. Buchanan: Ind. Chem. **15**, 637 — Chem. Zbl. **1923 IV**, 316.

[7] K. Tauböck: Österr. bot. Z. **76**, 43 — Ber. Physiol. **41**, 46.

[8] E. Winterstein u. O. Huppert: Biochem. Z. **141**, 193 (1923) — Chem. Zbl. **1924 I**, 112.

[9] M. Bonnet u. J. Murtagh: C. r. Soc. Biol. Paris **86**, 395 — Chem. Zbl. **1922 II**, 922.

[10] W. Laves: Wien. klin. Wochenschr. **41**, 1403 — Chem. Zbl. **1928 II**, 2493.

[11] C. Pagel: Bull. Soc. Chim. biol. Paris **6**, 190 — Chem. Zbl. **1924 II**, 2192. — L. Péchon: Bull. Soc. Chim. biol. Paris 8 — Chem. Zbl. **1926 II**, 1558.

[12] L. Ballif, A. Resnic u. I. Lunevsky: C. r. Soc. Biol. Paris **97**, 1026 (1927) — Chem. Zbl. **1928 I**, 386.

[13] H. Chabanier, M. Lebert u. R. Wahl: C. r. Soc. Biol. Paris **96**, 449 — Chem. Zbl. **1927 I**, 3115 (Bull. Soc. Chim. biol. Paris **9**, 277 (1927)].

Bei der Blutharnstoffbestimmung empfiehlt Ionescu[1] vorherige Enteiweißung und schlägt vor: Eine heißgesättigte Kochsalzlösung (etwa 40proz.) wird mit 10% ihres Volumens an Eisessig vermischt. 4—10 ccm der zu untersuchenden Blutflüssigkeit versetzt man nach spontaner Gerinnung mit der gleichen Menge dieser Lösung, erhitzt bis zum beginnenden Sieden schüttelt gut durch, filtriert durch ein gewöhnliches Filter und neutralisiert mit Natronlauge[1].

Bei der Mikro-N-Bestimmung in der Bestimmungsmethode von Harnstoff und Nichteiweißstickstoff im Blut soll das Eintauchen des Ableitungsrohres in die vorgelegte Flüssigkeit nicht notwendig sein, falls diese nicht wärmer als Zimmertemperatur ist, was durch Einstellen in Wasser zu erreichen ist[2]. Bei der Methode nach Johnson soll man lieber ein Bunsenventil an Stelle des dort angegebenen Rückschlagventils benützen und das Schäumen durch Zufügen einiger fester Paraffinstückchen verhindern[3].

Xanthydrolmethode: Zur Beseitigung der durch Überschäumen des durchlüfteten Filtrats oder Zurücksteigen der Vorlage bei der Bestimmung nach Folin-Wu ermöglichten Fehler wird die Einschaltung eines Gummiventils und Kühlung der Vorlage empfohlen[4].

Die Folin-Wu-Methode ergibt Fehler größer als 6%[5]. Bei der Bestimmung des Blutharnstoffs soll insofern ein Fehler begangen werden, als man einem Niederschlag, welcher aus Eiweiß besteht und die Lösung trübt, nicht Rechnung trägt. (Ist c die Konzentration des Plasmas an Harnstoff, c' die experimentell an der filtrierten Flüssigkeit bestimmte, v das Volumen der gefällten Albumine und V das Volumen des Plasmas, so gilt $c = c' (2V - v)/V$, und da der Gehalt an Albumin ungefähr 80 g im Liter beträgt mit einer Dichte von 1,25, so ist $c = c' \cdot 1{,}936$[6].)

Vorschrift: Man läßt 20 ccm Blut koagulieren, gibt 10 ccm Serum, frei von Fibrin und roten Blutkörperchen, in das Zentrifugierröhrchen und fügt 10 ccm Reagens Tanret, modifiziert von Fosse, zu (2,71 g $HgCl_2$, 7,2 g KJ, 66 ccm Eisessig, mit destill. Wasser bis 100 ccm auffüllen). In das Kontrollröhrchen bringt man 10 ccm Harnstofflösung (1°/₀₀ in 7proz. Kochsalzlösung) und 10 ccm Tanret-Fosse-Reagens. 10 ccm der zentrifugierten Flüssigkeit bringt man in je ein Röhrchen derselben Spezialform (capillar ausgezogen), setzt 10 ccm Eisessig und 3 ccm 10proz. Xanthydrollösung (in Methylalkohol) zu, läßt 1 Stunde ruhig absitzen, zentrifugiert 10 Minuten. Aus dem Volumen der beiden Niederschläge berechnet sich der Gehalt an Harnstoff, wenn x = Vol. Serum, a = Vol. Kontrolle, x/a g pro 1000 ccm Blut[7].

Gravimetrische Mikrobestimmung: Unter Verwendung der Xanthydrolfällung fußt sie auf den allgemeinen Vorschriften Pregels. Bei Verwendung von 1, 0,5 oder sogar 0,3 ccm Serum beträgt der prozentuale Fehler 2—3%, der absolute 0,01 g pro Kubikzentimeter Serum[8]. Beattie[6] gibt folgende colorimetrische Modifizierung. Enteiweißung nach Follin-Wu. Zu 1 ccm Filtrat (= 0,1 ccm Blut) 1 ccm Eisessig zusetzen, ferner 0,2 ccm einer 0,5proz. methylalkoholischen Xanthydrollösung im Zentrifugierglas. Nach 30 Minuten Zentrifugieren, im Goochtiegel absaugen, 3mal mit 2 ccm 50proz. Schwefelsäure lösen, mit 4 ccm nachwaschen, auf 19 ccm auffüllen und colorimetrisch mit Standard (0,4 ccm einer 0,01proz. Harnstofflösung auf 1 ccm verdünnt und wie oben verfahren) vergleichen (Färbung ist beständig[9]).

Boivin[10] verwendet zur Bestimmung des Xanthylharnstoffniederschlags die Kjeldahl-Methode (bei 1 ccm Serum noch so genau wie bei der Gewichtsanalyse).

Luck und Murray geben eine Mikromethode an durch Oxydation von Dixanthylharnstoff, die für kleinere Mengen Harnstoff als 0,5 mg in etwa 20 ccm Blutfiltrat brauchbar ist[11].

Bei der nephelometrischen Xanthydrol-Harnstoffbestimmung darf man die in allen biologischen Flüssigkeiten vorhandenen Kolloide nicht entfernen, da sie den Niederschlag in

---

[1] A. Ionescu: Bull. Soc. Chim. di România **4**, 13 — Chem. Zbl. **1922 IV**, 657.
[2] G. E. Youngburg: J. Labor. a. clin. Med. **7**, 552 — Ber. Physiol. **20**, 452 (1923).
[3] F. P. Brooks: J. Labor. a. clin. Med. **13**, 668 — Chem. Zbl. **1928 II**, 1917.
[4] S. L. Johnson: J. Labor. a. clin. Med. **9**, 860 (1924) — Ber. Physiol. **29**, 769.
[5] E. S. Rose: J. amer. pharmaceut. Assoc. **17**, 41 — Chem. Zbl. **1928 I**, 1686.
[6] E. Kahane: Bull. Soc. chim. France [4] **41**, 140 — Chem. Zbl. **1927 I**, 2117.
[7] A. Verda u. P. Regazzon: Schweiz. Apoth.-Ztg **63**, 4 — Chem. Zbl. **1925 I**, 1111.
[8] M. Nicloux u. G. Welter: C. r. Acad. Sci. Paris **173**, 1490 (1921).
[9] F. Beattie: Biochemic. J. **22**, 711 — Chem. Zbl. **1928 II**, 1241.
[10] A. Boivin: Bull. Soc. Chim. biol. Paris **8**, 456 — Chem. Zbl. **1926 II**, 2619.
[11] Luck u. J. Murray: J. of biol. Chem. **79**, 211 (1928) — Ber. Physiol. **49**, 160 (1929).

der für die Bestimmung erforderlichen Suspension erhalten. Zur Kondensation dient etwa 50proz. Essigsäure, von der z. B. für 0,1 ccm Serum 2,3 ccm verwendet werden[1].

Ein nephelometrisches Schnellverfahren zur Schätzung des Harnstoffgehalts im Blut: 0,1 ccm Serum (Lumbal-Fl.) mit 0,1 ccm Wasser verdünnen, 0,3 ccm Eisessig und 0,1 ccm Xanthydrollösung (1:30) zusetzen. Nach 1 Stunde nochmals 1,2 ccm Xanthydrollösung und 1,2 ccm Eisessig zufügen und schütteln. Im Colorimeter (nach Baudoin und Bernard) mit Lösungen bekannten Gehalts vergleichen. Resultat bei Konzentrationen von 1:1000 bis 1:10000 für praktische Notwendigkeiten ausreichend.

Da statt des Serums Gesamtblut genommen werden kann, gestaltet sich das Verfahren auf folgende Weise noch einfacher. 10 ccm Blut (Fingerbeere) in 1 ccm 50proz. Essigsäure aufnehmen, mischen und mit der gleichen Pipette (Hämatimeterpipette) in kleines Probierrohr überführen. 4 Tropfen Xanthydrol (in Methylalkohol 1:20 gelöst) zusetzen und gut schütteln. Genau nach 3 Minuten Aussehen feststellen und Ergebnis ohne Rücksicht auf Veränderungen nach der 3. Minute auslegen. Bei klarer Lösung ist die Azotämie normal und ungefähr 0,2%. Bei ganz schwacher Trübung ist eine Azotämie von annähernd $0,5^0/_{00}$ anzunehmen, bei ausgesprochener Trübung liegt sicher eine pathologische Azotämie vor[2].

Hypobromitmethode: Unter Benutzung des van Slykeschen Apparats zur Bestimmung des Kohlendioxyds im Plasma: Hypobromitlösung wird in 2 Teilen hergestellt: 1. 12,5 g Brom, 12,5 g Natriumbromid auf 100 ccm Wasser gelöst. 2. 28 g Natriumhydroxyd auf 100 ccm Wasser gelöst. Zum Gebrauch gleiche Teile mischen. Eiweiß aus Oxalatblut durch Zusatz gleicher Mengen 20proz. Trichloressigsäure fällen, filtrieren. 3—4 ccm Hypobromitlösung in den Apparat bringen, den im oberen Ende sitzenden Rest mit etwa 1 ccm Wasser nachspülen; Aufsatz mit Wasser auswaschen und mit 2—6 ccm Blutfiltrat beschicken, in den Apparat überführen und mit 1—2 ccm Wasser nachspülen. Während der Operation bleibt der untere Hahn offen, das Quecksilberreservoir muß tiefer als der untere Hahn stehen. Ist alle Flüssigkeit im Apparat, dann Hahn schließen, herausnehmen und in horizontaler Lage schütteln. Wiederholt durchschütteln, in üblicher Weise einstellen, das abgelesene Volumen nach Druck und Temperatur korrigieren. Für klinische Zwecke genau. (N aus Kreatinin, Harnsäure, Hippursäure und Aminosäuren spielt keine Rolle[3].) Ein einfach zu handhabendes Verfahren gibt Monimart[4] an: Ureometer von Hallion und Ambard. 20 ccm (mindestens) des Bluts läßt man bis zur Abscheidung des Blutkuchens stehen oder zentrifugiert. 10 ccm des Serums fällt man mit 1,5 ccm saurem Quecksilbernitrat (Albuminoide!), schüttelt, bis die Masse flüssig wird, macht alkalisch und fällt das überschüssige Quecksilber mit 10 ccm Natronlauge (60 ccm Lauge von 36° Bé mit 200 ccm Wasser verdünnt). Zusatz von 2 g Zinkstaub erleichtert die Filtration. Das Filtrat wird auf 40 ccm verdünnt und 10 Minuten beiseitegestellt. Zur N-Bestimmung nimmt man 30 ccm hiervon[4].

Zur Bestimmung in nur 1 ccm Serum wird ein Röhrchen mit der Mischung des Serums mit 20proz. Trichloressigsäure in eine vorher mit 10 ccm Natriumhypobromit beschickte Flasche gebracht, die einen Stöpsel besitzt und einen seitlichen Hahn, von dem ein Gummischlauch zu einer in destilliertem Wasser schwimmenden graduierten Pipette führt. Es wird umgeschüttelt und das entwickelte Gas an der vorher auf den Nullpunkt eingestellten Pipette abgelesen[5].

Ein einfacher Apparat für geringe Blutquantitäten wird von Slooten[6] angegeben: T-förmige Glasröhre, an einem Pol ist sie genau kalibriert (0,01 ccm) angeschmolzen, am zweiten Glashahn mit Gummiröhre, der dritte geht durch einen Kautschukstopfen, der den Abschluß zweier, in gemeinschaftlichen Hals übergehender Glaskölbchen mit Bleierschwerung darstellt. Die Analysenlösung kommt in das erste Glaskölbchen, die Natriumhypobromitlösung in das zweite. Der Apparat wird in ein mit Wasser gefülltes Gefäß getaucht und etwa 1 cm unterm Spiegel die horizontale Pipette fixiert, so daß die Kölbchen herunterhängen. Unter Fixierung des Kautschukrohres oberhalb des Wassers wird durch Drehung des Hahnes Wasser bis zur Marke eingelassen. Abwarten, bis Meniscusstand konstant (Temper.-Ausgleich). Durch leichte Schwingungen der Pipette um die Längsachse werden Lösung und Hypobromit gemischt und der N frei gemacht. Fortsetzung des Vorgangs bis zur Konstanz des Meniscus. Differenz des ersten und letzten Standes mit Lupe bis $^1/_5 - ^1/_4$ von 0,01 ccm ablesbar[6]. Ein Apparat für

---

[1] Ch. Auguste: C. r. Soc. Biol. Paris **89**, 991 (1923) — Chem. Zbl. **1924 I**, 692.
[2] C. August u. S. Auguste: C. r. Soc. Biol. Paris **93**, 639, 641 — Chem. Zbl. **1925 II**, 2179.
[3] F. S. Fowweather: J. of Path. **28**, 165 (1925) — Ber. Physiol. **31**, 856 (1925).
[4] R. Monimart: Bull. Sci. pharmacol. **30**, 23 — Chem. Zbl. **1923 IV**, 83.
[5] L. Condorelli: Policlinico **29**, 454 — Ber. Physiol. **14**, 239.
[6] J. van Slooten: Geneesk. Tijdschr. Nederl.-Indië **64**, 921 (1924) — Ber. Physiol. **31**, 407.

sehr geringe Mengen wird von Molhant[1] beschrieben: Die Zersetzung erfolgt im Gasentwickler von Herman, bei dem aber die beiden Tubulaturen fortbleiben und in die verbliebene Öffnung ein Thermometer eingesetzt wird; der andere wird mit einem Manometer verbunden, das aus einem Flüssigkeitsreservoir, einer langen horizontalen Capillare mit Graduierung und einem Sicherheitsreservoir besteht. Die Länge des Flüssigkeitsfadens in der Capillare läßt den entwickelten Stickstoff berechnen.

Titrimetrische und colorimetrische Methoden: 5 ccm Oxalatblut werden tropfenweise in 5 ccm 10proz. Trichloressigsäure eingetragen, gemischt und zentrifugiert; 5 ccm Abguß dann mit 5 proz. Mercurichloridlösung titriert, bis die überstehende Flüssigkeit mit Natriumcarbonat auf einer Tüpfelplatte einen braunen Fleck gibt. Die verbrauchte Mercurichloridmenge mit 40 multipliziert gibt die Quecksilberzahl des Blutes an. Normalwerte liegen zwischen 70 und 100[2].

Wasserklares, durch Zentrifugieren abgeschiedenes, mit Uranylacetatlösung enteiweißtes Blutserum wird mit Furfurol und Salzsäure-Zinnchlorür-Mischung (1,5 bis 2 Teile rauchende Salzsäure + 1 Teil einer Lösung von Zinn in 30proz. Salzsäure + 1 Teil destill. Wasser) versetzt; man colorimetriert den bläulich-rötlichen Ton gegen Standard-Harnstofflösungen nach gleicher Vorbehandlung. 60,8% des Gesamtstickstoffs sind auf Harnstoff zu berechnen[3].

Ureasemethode: Um die störende Unbeständigkeit der Ureaselösungen zu beseitigen, wird folgende Arbeitsweise vorgeschlagen. 15 g Permutit werden mit 200 ccm 2proz. Essigsäure geschüttelt, die wässerige Flüssigkeit dekantiert, 3mal gewaschen, 50 ccm $^1/_{1000}$ n-Schwefelsäure und 30 g Jackbohnenmehl zugesetzt, 1 Stunde geschüttelt und mit 150 ccm Glycerin sorgfältig gemischt. Das durch Faltenfilter (mehrmals in Tagen gewechselt) gewonnene Filtrat ist beständig. 0,03—0,05 ccm verwandeln 2 mg Harnstoff-Stickstoff vollkommen in Ammoniak in einem Gesamtvolumen von 5 ccm bei 45—50° in 15 Minuten[4].

Die Bestimmung in sehr kleinen Blutmengen wurde nach dem Verfahren von Bahlmann[5] mit Urease und nach demjenigen von Folin und Wu nachgeprüft. Der ersteren Methode muß der Bestimmung mit Hypobromit gegenüber der Vorzug gegeben werden[6].

Bei der Bestimmung mit der Sojabohnenmethode im Gesamtblut bekommt man, je mehr Ureasepulver oder Extrakt man anwendet, um so größere Fehlerdifferenzen. Die störende Substanz soll in den Blutzellen enthalten sein (eiweißartig, kolloidal). Sie fehlt im Blutfiltrat[7]. Addis[8] gibt genauere Vorschrift im Gesamtblut nach der Ureasemethode, empfiehlt sie aber nur dann, wenn das Blut durch Kaliumoxalat oder Natriumfluorid ungerinnbar gehalten wurde.

Zur Bestimmung in sehr geringen Mengen Blutserum wurde der früher[9] beschriebene Apparat, Haemocarbamidometer, dahin abgeändert, daß der Gasraum oberhalb des Quecksilbers nicht größer gewählt wurde als der Aufnahme von 2 ccm Flüssigkeit entspricht. Außerdem wurde der tote Raum des Ansatzstückes ausgeschaltet. Zur Entfernung der präformierten Kohlensäure wird empfohlen, $1^1/_4$ bis 2 ccm des zu untersuchenden Serums mit der gleichen Menge $^1/_2$proz. Weinsäure zu schütteln. 2 ccm der Mischung werden mit einer Messerspitze Urease versetzt. Die Umwandlung dauert 2 Stunden (direkte Ablesung)[10]. Nach Mirkin[11] wird das durch Urease gebildete Kohlendioxyd im van Slykeschen Apparat gemessen und die Kontrolle mit Wasser ausgeführt. Eine titrimetrische Mikrobestimmung führt Patterson[12] wie folgt durch: 0,2—0,5 ccm Blut werden in 1 ccm einer 0,6 proz. NaH_2PO_4-Lösung aufgefangen und die Blutcapillarpipette mit der gleichen Lösung nachgewaschen. 0,2 ccm feingepulvertes Sojabohnenmehl werden zugegeben und 15 Minuten auf 40° erhitzt. Man fügt darauf 4 ccm gesättigte Kaliumcarbonatlösung und 2 g festes Carbonat, einige Tropfen Caprylalkohol hinzu und treibt 1 Stunde lang das Ammoniak durch Luftstrom in 5 ccm $^1/_{100}$ n-Schwefelsäure (bei

---

[1] A. Molhant: Bull. Soc. Chim. Belgique **33**, 266 — Chem. Zbl. **1924 II**, 1252.
[2] Ph. S. Hech u. M. Aldrich: Arch. int. Med. **38**, 474 (1926) — Ber. Physiol. **39**, 536.
[3] Y. Nakashima u. K. Maruoka: Dtsch. Arch. klin. Med. **143**, 318 — Chem. Zbl. **1924 I**, 2191.
[4] F. C. Koch: J. Labor. a. clin. Med. **11**, 776 — Chem. Zbl. **1926 II**, 623.
[5] Bahlmann: Nederl. Tijdschr. Geneesk. **64**, 1, 473 — Chem. Zbl. **1920 IV**, 4.
[6] Th. J. J. H. Neuwissen u. R. L. J. van Ruyven: Nederl. Tijdschr. Geneesk. **66 II**, 1264 (1922) — Chem. Zbl. **1923 II**, 555.
[7] J. A. Behre: J. of biol. Chem. **56**, 395 — Chem. Zbl. **1923 IV**, 766.
[8] T. Addis: J. Labor. a. clin. Med. **10**, 402 (1925) — Chem. Zbl. **1926 I**, 1867.
[9] Vgl. Z. Aszódi: Biochem. Z. **128**, 391 — Chem. Zbl. **1922 IV**, 15.
[10] Z. Aszódi: Biochem. Z. **134**, 546 — Chem. Zbl. **1923 II**, 1099.
[11] A. Mirkin: J. Labor. a. clin. Med. **8**, 50 (1922) — Ber. Physiol. **17**, 195.
[12] J. Patterson: Biochemic. J. **19**, 601 (1925) — Chem. Zbl. **1926 I**, 452.

0,5 ccm Blut) über (in Jenaer Glasröhrchen befindlich). Indicator: 3—4 Tropfen einer 0,02 proz. Lösung von Methylrot mit 30 ccm einer 0,1 proz. Lösung von Methylenblau auf 100 ccm der ersteren. Titration mit $^{1}/_{100}$ n-Natronlauge aus Mikrobürette (Eichung mit 20—100 mg proz. Harnstofflösung). Genauigkeit: etwa ±5%[1]. Rehberg[2] geht von 0,1 ccm Blut aus. Er titriert das in Säure übergesaugte Ammoniak mit der Mikrobürette. Pohorecka-Lelesz[3] trocknet das Ureaseeinwirkungsgemisch nach der Zersetzung in einem Spezialapparat (Abb. im Original); die Ammoniakspuren aus den 0,1 ccm angewandten Blutes bestimmt er auf jodometrischem Wege. Neuerlich wurde die Eigenschaft des Permutit, sich in Salzlösungen umsetzen zu können (Na-Salz ⇄ NH_4-Salz), dazu benutzt[4].

Zur colorimetrischen Messung werden folgende Bestimmungsvorschriften gegeben: In 0,1 ccm Blut. Ein Jenaer Röhrchen 6″ zu 1″ trägt einen doppelt durchbohrten Gummistopfen; ein am Ende ausgezogenes Rohr reicht bis fast auf den Boden, das andere ist zweimal rechtwinklig gebogen und reicht in ein größeres Capillarröhrchen, das in einem langen, schmalen 5 ccm-Zylinder taucht. Das Blut wird in einer langen capillaren Pipette (auf 0,1 ccm kalibriert) aufgefangen, unmittelbar auf den Boden des ersten Röhrchens gebracht und die Pipette zweimal mit je 0,1 ccm Ureaselösung (nach Folin und Wu) ausgewaschen, dann 1 Tropfen Phosphatlösung nach Folin und Wu zugesetzt und 5—10 Minuten bei 54° gehalten. In den graduierten Zylinder gibt man 2 ccm $^{1}/_{20}$ n-Schwefelsäure. Nach der Zersetzung gibt man in das Röhrchen 5 Tropfen gesättigter Boraxlösung und beläßt bei 54°. Ein durch Schwefelsäure gewaschener Luftstrom wird durch das Röhrchen geblasen, zuerst langsam, dann möglichst rasch bis zur Trocknung des Inhalts ($^{1}/_{2}$ Stunde). Dann fügt man zum Zylinderinhalt 1 ccm Neßlerlösung (nach Folin-Wu) und füllt mit Wasser auf 5 ccm auf. (Standardlösung in gleichartigem Zylinder mit 2 ccm $^{1}/_{20}$ n-Schwefelsäure, 1 ccm Ammoniumsulfatlösung, die 1 mg N in 100 ccm enthält, 1 ccm Neßlerlösung und 1 ccm destill. Wasser. Standard im Dubosq = 20 gesetzt.)

$$\frac{20}{\text{Ablesung des Unbekannten}} \cdot 10 = \text{mg Harnstoff-N in 100 ccm Blut}[5].$$

0,2—0,002 ccm Blut in Gefäß mit destill. Wasser geben, 1 Tropfen Ureaselösung mit einem $p_H = 7,3$ zusetzen, 20 Minuten im Brutschrank belassen, im Vakuum nach Parnas-Heller bis auf 3 Tropfen in n-Salzsäure destillieren und nach Wolff durch Neßlerisation colorimetrieren[6]. Karr[7] rät ebenfalls zur direkten Neßlerisation der nach Folin und Wu erhaltenen Filtrate, glaubt aber, zur Vermeidung von Farbfehlern sei eine künstliche Testlösung besser. Diese besteht nach seinen Angaben aus 5 ccm 10 proz. Lösung von $FeCl_3 \cdot 6 H_2O$, die auf 100 ccm 0,5 ccm konz. HCl enthält, 1 ccm 10 proz. Lösung von $CoCl_2 \cdot 6 H_2O$ und 1,5 ccm 10 proz. Lösung von $NiCl_2 \cdot 6 H_2O$ für die Verwendung von Ureaselösung. Für Ureasepapier besteht sie aus 5 ccm Fe-, 1,5 ccm Co- und 1 ccm Ni-Lösung. Zur Herstellung der Ureaselösung werden 3 g Permutit, der einmal mit 2 proz. Essigsäure, dann zweimal mit Wasser gewaschen wurde, mit 5 g Jackbohnenmehl und 100 ccm 15 proz. Alkohol versetzt, 15 Minuten gerührt und filtriert. Für Ureasepapier wird Filtrierpapier mit einer Lösung von 15 g Mehl und 5 g Permutit befeuchtet und getrocknet[7].

Eine Schnellmethode zur Bestimmung kleinster Mengen gibt Kleiner[8] an. Blutentnahme mit 0,2 ccm-Pipette (vorher mit 20 proz. Kaliumoxalatlösung gespült), zweimal mit der gleichen Menge Wasser ausgespült. Das Röhrchen mit Blut und Waschflüssigkeit nach Zugabe von 3—4 mg Urease 10 Minuten bei 50° oder 30 Minuten bei Zimmertemperatur belassen, dann mit 1 ccm Wasser, 0,2 ccm 10 proz. Wolframatlösung, 0,2 ccm $^{2}/_{3}$ n-Schwefelsäure versetzt. Nach Umschütteln durch kleines Filter getrennt, 0,5 ccm Filtrat nach Zusatz von 1 ccm Wasser und 0,5 ccm Neßlers Reagens im Mikrocolorimeter mit 1 proz. Kaliumbichromatlösung verglichen[8]. — Ein ebenfalls kurzes Verfahren mit gleichzeitiger Zuckerbestimmung stammt von Gruskin[9]. 2 ccm Blut mit 2 ccm Ureaselösung (3 g mit 2 proz. Essigsäure ge-

---

[1] J. Patterson: Biochemic. J. **19**, 601 (1925) — Chem. Zbl. **1926 I**, 452.
[2] P. B. Rehberg: Biochemic. J. **19**, 278 — Chem. Zbl. **1925 II**, 752.
[3] B. Pohorecka-Lelesz: Bull. Soc. Chim. biol. Paris **7**, 1085 (1925) — Chem. Zbl. **1926 I**, 2613.
[4] B. Pohorecka-Lelesz: Bull. Soc. Chim. biol. Paris **8**, 178 — Chem. Zbl. **1926 I**, 3418.
[5] E. M. Hindmarsh u. H. Priestley: Biochemic. J. **18**, 252 — Chem. Zbl. **1924 I**, 2460.
[6] A. Klisiecki: C. r. Soc. Biol. Paris **95**, 899 — Chem. Zbl. **1926 II**, 3104.
[7] W. G. Karr: J. Labor. a. clin. med. **9**, 329 — Ber. Physiol. **26**, 91.
[8] I. S. Kleiner: Proc. Soc. exper. Biol. a. Med. **19**, 195 — Ber. Physiol. **14**, 239 (1922).
[9] B. Gruskin: J. Labor. a. clin. Med. **10**, 233 (1924) — Ber. Physiol. **30**, 752.

waschener Permutit mit 5 g gepulverter Jackbohnen und 100 ccm 30proz. Alkohol versetzt, 10 Minuten sanft geschüttelt, abgesaugt, mit der gleichen Menge 30proz. Alkohol verdünnt und in Eis aufbewahrt — 4 Wochen haltbar) 10 Minuten bei 40—45° aufbewahrt, 14 ccm $^1/_{10}$n-Schwefelsäure zugesetzt, gemischt, 2 ccm Natriumwolframat zugefügt, geschüttelt und filtriert (in 2 ccm Filtrat Zuckerbestimmung nach Folin-Wu); 5 ccm des Filtrats im graduierten Gefäß mit 7 ccm Wasser und 10 ccm Neßlers Reagens zusammengebracht und auf 25 ccm aufgefüllt. Colorimetrie gegen Vergleichslösung aus 0,075 mg Ammoniakstickstoff und 0,5 ccm Ureaselösung mit Neßlers Reagens und Verdünnung auf 25 ccm wie oben (keine Destillation, keine Durchlüftung, kein Puffer, da Blutpuffer genügend)[1].

Ein genaues Ureometer zur Bestimmung des Harnstoffs im Blut wird von Douris[2] beschrieben. Die Ablesung kann auf $^1/_{200}$ cm genau erfolgen. Ein Bestimmungsapparat für kleine Blutmengen wird von Szili[3] mitgeteilt.

Zur Bestimmung in Blutfiltraten nach Folin-Wu nach der Autoklavenmethode (nur Ammoniak und Harnstickstoff) wird der Harnstoff zunächst in Ammoniak umgeformt (durch Säurehydrolyse nach Folin-Wu[4]), dieses dann in eine Mikro-Kjeldahl-Apparatur überführt[5] und nach Pregl bestimmt[6].

Neuerungen in den Methoden zur Bestimmung im Harn: Für vergleichende Bestimmungen im menschlichen und tierischen Harn sind zu empfehlen: Xanthydrolverfahren von Fosse[7] und Frenkel. Gleichwertig sind Ureaseverfahren und dasjenige von Folin[8]. Die Henriquessche und Gamelthoftsche[9] Methode liefert zu niedrige Werte und die Hypobromitmethode ist überhaupt abzulehnen[10].

Xanthydrolmethode: Man muß mit Fehlern rechnen bei Harn- und Gewebsflüssigkeitentnahmen nach Eingabe bzw. Einnahme von Antipyrin und Veronal, die in diese biologischen Flüssigkeiten übergehen und zur Bildung von Xantylverbindungen befähigt sind, Antipyrin läßt sich aus dem Harn durch Zugabe von $^1/_{10}$ Volumen Tanretschem Reagens beseitigen[11].

Hypobromitverfahren: M. Janet[12] beschreibt ein Verfahren, das in einer Operation und durch direkte Berechnung gestattet, den Harnstoff im Harn mit einer Genauigkeit von 1—2% zu bestimmen und das für klinische Untersuchungen dem gravimetrischen Verfahren von Fosse als gleichwertig angesehen werden kann. Es beruht auf der Anwendung des Quecksilberureometers von Yvon[13], das ein energisches Umschwenken gestattet von frischer Hypobromitlösung nach Yvon (5 ccm Brom werden nach und nach in 50 ccm 20proz. Natronlauge eingetragen bei Kühlung mit Eiswasser und mit 50 ccm destilliertem Wasser verdünnt) und Zusatz von 6 ccm 20proz. Natronlauge. — Philibert[14] gründet seine genaue Bestimmungsmethode des Harnstoffs im Harn auf die vorhergehende Entfernung des Ammoniaks (nicht Bestimmung!) nach der rasch zum Ziel führenden Methode von Bournigault und Bith[15]. Danach versetzt man 40 ccm Harn mit 11 ccm einer Lösung von 100 g Monocalciumphosphat und 10 ccm Phosphorsäure auf 1000 ccm Wasser, ferner mit 4 Tropfen 1proz. Phenolphthaleinlösung, verreibt darin in kleinen Anteilen carbonatfreies Magnesiumhydroxyd bis eben hellrote Färbung auftritt und filtriert sofort an der Pumpe. In dem mit 50 ccm Wasser sofort ausgewaschenen Niederschlag bestimmt man das Ammoniak durch Destillation oder Formoltitration und korrigiert mit 0,5 ccm $^n/_{10}$-Lösung (Auswaschung!). Vom ammoniakfreien Filtrat versetzt man 12,5 ccm mit 2 ccm Bleiessig, füllt auf 50 ccm auf und bestimmt den Harnstoff in 10 ccm hiervon gasvolumetrisch. 1—2proz. Fehlergrenze. Soll der Fehler nur 1% betragen, so sind 0,3 ccm $^n/_{10}$-Lösung in Abzug zu bringen (Ammoniakauswaschung).

---

[1] B. Gruskin: J. Labor. a. clin. Med. **10**, 233 (1924) — Ber. Physiol. **30**, 752.
[2] R. Douris: Bull. Sci. pharmacol. **29**, 238 (1922) — Chem. Zbl. **1923 II**, 296.
[3] A. Szili: Dtsch. med. Wochenschr. **48**, 1278 (1922) — Chem. Zbl. **1923 II**, 296.
[4] Folin-Wu: J. of biol. Chem. **38**, 97 — Chem. Zbl. **1920 IV**, 459.
[5] Parnas u. Wagner: Biochem. Z. **125**, 253 — Chem. Zbl. **1922 II**, 846.
[6] E. P. Clark u. J. B. Collip: J. of biol. Chem. **67**, 621 — Chem. Zbl. **1926 II**, 1997.
[7] Fosse: C. r. Acad. Sci. Paris **158**, 1588 — Chem. Zbl. **1914 II**, 269.
[8] Folin: Hoppe-Seylers Z. **36**, 333.
[9] Henriques u. Gamelthoft: Skand. Arch. Physiol. **25**, 153 — Chem. Zbl. **1911 I**, 1450.
[10] K. Kikuchi: Biochem. Z. **156**, 35 — Chem. Zbl. **1925 II**, 78.
[11] R. Fabre: Bull. Soc. Chim. biol. Paris **5**, 125 (1923) — Ber. Physiol. **22**, 428.
[12] M. Janet: J. Pharmacie [7] **26**, 161 (1922) — Chem. Zbl. **1923 II**, 383.
[13] Yvon: C. r. Soc. Biol. Paris **24**, 247.
[14] J. Philibert: J. Pharmacie [7] **24**, 5, 49 — Chem. Zbl. **1921 IV**, 896.
[15] Bournigault u. Bith: C. r. Soc. Biol. Paris **1914 I**, 114.

Zur Entfernung der Körper der Harnsäuregruppe, außer Allantoin, sowie des Kreatinins, von Eiweiß, Ammoniak und der Basen des Urins fällt man 2,5 ccm des Harns mit 35 ccm eines Phosphorwolframsäurereagenses von folgender Zusammensetzung: 50 g P.W.S., 50 g 25proz. Salzsäure und 400 ccm Wasser. Vorher ist unbedingt zu prüfen, ob das verwendete Reagens nicht auch Harnstoff fällt bei Konzentrationen, wie dieser im Harn vorkommen kann (1,5—4%). 14 ccm des Reagens geben mit 1 ccm einer 4proz. Harnstofflösung erst nach längerem Stehen (über 10 Stunden) bei Zimmertemperatur ganz schwache Fällung; ist die Mischung nach 1 Stunde noch klar bei der Probe, so ist sie brauchbar. $^1/_2$ Stunde nach der Fällung filtriert man durch ein trockenes, glattes Filter (9 cm Durchm.) und gießt zurück, bis die Lösung klar ist. 15 ccm Filtrat (= 1 ccm Harn) bringt man dann nebst 30 ccm Bromlauge (50 ccm Brom trägt man unter steter Kühlung in 450 ccm 30—40proz. Natronlauge und filtriert nach 3—4 Stunden durch Glaswolle oder Asbest) in das Zersetzungsgefäß. Dann verfährt man wie üblich. Anschließend an zwei Bestimmungen ermittelt man in 2 Versuchen das N-Volumen unter gleichen Bedingungen aus 1 ccm genau 1proz. Harnstofflösung. Genauigkeit der Methode auf 1 Dezimale [1].

Ureasemethode: Revoltella[2] gibt ein angeblich besseres Herstellungsverfahren für die Urease. Die Bestimmung im Harn kann so erfolgen, daß nach der ermittelten Gleichgewichtskorrektur +3,5% die Gesamtmenge in 100 ccm Harn bestimmt wird. Durch die Auswertung der Trockenurease können dabei Verlauf, Dauer und Vollständigkeit der Reaktion kontrolliert werden. Nach einem zweiten Verfahren kann die Bestimmung in Körperflüssigkeiten mit genauen, zuverlässigen Werten, die keiner Korrektur bedürfen, vorgenommen werden. Zur Vermeidung von Ammoniakverlusten dient ein verbesserter Apparat [2].

Eine colorimetrische Annäherungsmethode zur Bestimmung von Harnstoff mit einer Anwendung zum Aufsuchen und zur quantitativen Bestimmung von Arginase ist auf den Umstand gegründet, daß das aus Harnstoff durch Urease gebildete Ammoniumcarbonat die Wasserstoffionenkonzentration der mit Phosphatpuffer versetzten Lösung nach der alkalischen Seite verschiebt. Es wurde ermittelt, welche End-Wasserstoffionenkonzentration (bei Anfangs-$p_H = 6,8$) einer bestimmten Menge Harnstoff (bzw. Ammoniumcarbonat) entspricht; die erhaltenen Zahlen wurden in eine Figur eingetragen, aus der nun umgekehrt aus dem ermittelten p_H ($\pm 0,05$) die Harnstoffmengen abgelesen werden können. Das p_H wird colorimetrisch durch Vergleich mit eingestellten und elektrometrisch gemessenen Monokaliumphosphat-Natronlauge-Gemischen bestimmt. Es können so bei Änderung der Wasserstoffionenkonzentration von 6,8 auf 8,0 Mengen bis zu 7,5 mg Harnstoff in 5 ccm Lösung bestimmt werden. — Die Harnstoffbestimmung im Urin geschieht folgendermaßen: 1 ccm des 4fach verdünnten Urins wird mit 4 ccm Puffer $p_H = 6,8$ (50 ccm $^1/_5$-mol. KH_2PO_4 + 23,65 ccm $^1/_5$-mol. NaOH auf 160 ccm aufgefüllt) und 6 Tropfen Phenolrotlösung gemischt, p_H colorimetrisch geprüft und evtl. mit 1—2 Tropfen NaOH oder HCl auf $p_H = 6,8$ gebracht. Nach Zugabe von 10 Tropfen Ureaselösung (10 g Jackbohnenmehl + 100 ccm 50proz. Glycerin, mit NaOH auf $p_H = 6,8$ gebracht) läßt man 30 Minuten bei Zimmertemperatur stehen, bestimmt das entstandene p_H und erhält aus der Kurve (nach Multiplikation mit 20 wegen der Verdünnung) den Gehalt des Harns an Harnstoff. Die Abweichungen vom wirklichen Wert sind sehr gering, wenn das End-p_H nicht alkalischer ist als 7,4. — Durch Erfassung des aus dem Arginin abgespaltenen Harnstoffs nach derselben Methode läßt sich auch die Arginase nachweisen und bestimmen [3].

Setzt man Ureasepulver und Natriumcarbonat zusammen zu Harn und leitet einen starken Luftstrom durch die Flüssigkeit, so ist die Bestimmung in wenigen Minuten durchzuführen (5 ccm Lösung mit bis zu 0,01 g Harnstoff, 1 g Urease, 0,5 ccm gesättigte Natriumcarbonatlösung [4]).

Sonstige Bestimmungsmethoden im Harn: Im Harn, der eiweißfrei und von saurer Reaktion sein muß, wird zunächst die Dichte und der Chlorgehalt (Mohr) bestimmt. Dann mischt man 40 ccm Harn, 24 ccm $AgNO_3$-Lösung (1 ccm = 0,01 g NaCl) und 40 ccm verd. Bleiessig (150 ccm offizin. Bleiessig +100 ccm Wasser) füllt auf 200 ccm auf und filtriert nach 15 Minuten. 120 ccm des Filtrats werden mit 5 g Natriumcarbonat + 1 Aqua 20 Minuten kräftig geschüttelt, nach einigen Minuten filtriert. 100 ccm des Filtrats (= 20 ccm Harn) werden mit Salpetersäure schwach angesäuert, mit Calciumcarbonat neutralisiert und auf 200 ccm auf-

---
[1] H. Hotz: Schweiz. Apoth.-Ztg. **61**, 77, 95 — Chem. Zbl. **1923 II**, 828.
[2] G. Revoltella: Biochem. Z. **144**, 229 — Chem. Zbl. **1923 I**, 1839.
[3] A. Hunter u. J. A. Dauphinee: Proc. roy. Soc. Lond. Serie B **97**, 209 (1924) — Chem. Zbl. **1925 I**, 872.
[4] G. M. Wishart: Biochemic. J. **17**, 403 — Chem. Zbl. **1923 IV**, 388.

gefüllt. Auf bekanntem Weg wird aus der Dichte und der Haeserschen Zahl der annähernde Gehalt des Harns an fester Substanz, durch Abzug des ermittelten NaCl der annähernde Gehalt an Harnstoff berechnet. Ist dieser >2,5%, so wird zur Titration eine Mischung von 10 ccm der obigen verd. Flüssigkeit mit gleicher Menge Wasser, sonst direkt 20 oder auch 40 ccm verwendet. Diese Menge gibt man jedesmal in 5 numerierte gleiche Bechergläser, dazu je 1,5 g $CaCO_3$, ferner in Glas 1 die für die angenommene Menge Harnstoff berechnete Menge (Liebigsche Gleichung: $2 CO(NH_2)_2 + 4 Hg(NO_3)_2 + 4 H_2O = [2 CO(NH_2)_2 + Hg(NO_3)_2 + 3 HgO] + 6 HNO_3$) Mercurinitratlösung (1 ccm = 5,158 mg Harnstoff), in Glas 2 0,5 ccm weniger, in G. 3 noch 0,5 ccm weniger, in G. 4 und 5 dagegen die entsprechenden Mengen mehr. Man läßt die Gläser unter öfterem Umschütteln 10 Minuten stehen, beginnt die weitere Titration desjenigen Glases, wo beim größten Hg-Zusatz das Ende der Reaktion noch nicht eingetreten ist. (Im Original befindet sich noch ein Versuch zur Erklärung des Reaktionsverlaufes)[1]. Die Mercurinitratlösung wird solange gekocht, bis sämtliches Mercuronitrat in das Mercurisalz verwandelt ist und eine Probe mit verdünnter Natriumchloridlösung kein Calomel mehr abscheidet[2].

Zur Harnstoffkonzentrationsprobe nach MacLean und De Wesselow[3] bei der Nierenfunktion teilt Rabinowitch[4] mit, sie liefere ebensowenig unter allen Umständen bündige Resultate wie eine andere.

Der im Urin enthaltene Harnstoff läßt sich mittels starker Salpetersäure, selbst wenn das Gemisch auf 0° abgekühlt wird, nicht ausfällen. Versuche haben gezeigt, daß kolloidale Stoffe im Harn die Ursache bilden[5].

Guerbet berichtet über eine Art Rechenschieber zur Bestimmung der Ambardschen Konstante[6].

Neuerungen in den Bestimmungsmethoden des Harnstoffes in anderen Gewebe- und Körperflüssigkeiten: Allgemeines. Der Xanthydrolmethode wird von Giuseppe d'Este[7] in Bestätigung der Ergebnisse Frenkels[8] vor der gasvolumetrischen in den Fällen der Vorzug gegeben, wo große Genauigkeit erforderlich ist oder wo nur wenig Material zur Verfügung steht, das noch reichliche Mengen anderer stickstoffhaltiger Substanzen, insbesondere Ammoniak, enthält. Wenn man zur Vermeidung des Fehlers aus Temperatur und Druck sofort eine titrierte Harnstofflösung (unter Thymolzusatz monatelang haltbar) parallel bestimmt und den Kontrollwert abzieht, soll aber die Hypobromitmethode jener mit Xanthydrol etwa gleichwertig sein; man muß jedoch die Reaktion nach 5 Minuten beendigen, da sonst außer Ammoniakstickstoff, der ja stets in Abrechnung zu bringen ist, jener aus Alanin, Hippursäure und Harnsäure reagiert[9].

Auf Grund vergleichender Untersuchungen beurteilt Carra[10] die einzelnen Methoden wie folgt: Die Xanthydrolmethode liefert die genauesten Werte (nur bei Gegenwart von Eiweiß etwas erhöht) erfordert für den praktischen Arzt aber zu viel Apparatur. Das Ureaseverfahren ist noch genau und bequem. Das Hypochloritverfahren genügt nicht für wissenschaftliche Zwecke, beim Folinschen geht die Entbindung von Ammoniak zu langsam vor sich. Auch Menaul[11] behauptet, daß die Hypobromitmethode gegenüber derjenigen mit Urease zu niedrige Werte liefert und weist es an Beispielen mit Harnstoffoxalat nach, während Stehle[12] diese Behauptung entkräftet mit dem Hinweis auf die nach der Vorschrift Dehns bereitete Hypobromitlösung.

Xanthydrolmethode: Bei der Xanthydrolmethode ist zu beachten, daß evtl. gleichzeitig anwesendes Natriumfluorid, besonders in Gegenwart von wenig Salzsäure oder Kochsalz (im Eisessig), vorher durch Behandlung mit Calciumacetat ausgefällt werden muß, da die Werte sonst unregelmäßig nach oben verschoben werden[13].

---

[1] B. Glaßmann u. S. Skundina: Hoppe-Seylers Z. **160**, 77 (1926) — Chem. Zbl. **1927 I**, 155.
[2] B. Glaßmann: Hoppe-Seylers Z. **162**, 148 (1926) — Chem. Zbl. **1927 I**, 1505.
[3] Mac Lean u. De Wesselow: Brit. J. exper. Path. **1**, 53 — Chem. Zbl. **1921 II**, 61.
[4] J. M. Rabinowitch: Arch. int. Med. **28**, 827 (1921) — Chem. Zbl. **1922 II**, 1157.
[5] E. A. Werner: Chem. News **125**, 100 — Chem. Zbl. **1922 IV**, 925.
[6] A. Guerbet: J. Pharmacie [7] **30**, 68.
[7] G. d'Este: Boll. Chim. Farm. **60**, 397 (1921) — Chem. Zbl. **1922 II**, 10.
[8] Frenkel: Ann. Chim. analyst. appl. [2] **2**, 234 — Chem. Zbl. **1920 IV**, 637.
[9] F. Schmid: C. r. Soc. Biol. Paris **87**, 1369 (1922) — Chem. Zbl. **1923 II**, 555.
[10] J. Carra: Biochimica e Ter. sper. **8**, 225 (1921) — Ber. Physiol. **10**, 181.
[11] P. Menaul: J. of biol. Chem. **51**, 87 — Chem. Zbl. **1922 IV**, 11.
[12] R. L. Stehle: J. of biol. Chem. **31**, 89 — Chem. Zbl. **1922 IV**, 11.
[13] M. Polonowski u. C. Auguste: C. r. Soc. Biol. Paris **86**, 1027 — Chem. Zbl. **1922 IV**, 302.

Unter Vermeidung der Autolyse bestimmt man den Harnstoff im tierischen Gewebe am besten nach völliger Zerkleinerung des Materials unter Kühlung mit flüssiger Luft, Abwägen von 4—6 g, Verdünnen mit Eiswasser, Fällen mit eiskalter 10proz. Natriumwolframatlösung $+ ^2/_3$ n-Schwefelsäure, Filtrieren, Versetzen mit der gleichen Menge Eisessig und mit 2 ccm 10proz. methylalkoholischer Xanthydrollösung und Abzentrifugieren des Dixanthydrolharnstoffs[1]. Oder man kjeldahlisiert die Xanthydrolfällung und destilliert das Ammoniak im Parnas-Wagnerschen Apparat ab und titriert es nach Pregl[2]. Ein ähnliches Verfahren geben Kiech und Luck an[3].

Harnstoff wird durch ein Gemisch von Kaliumbichromatschwefelsäure bei 180° nicht oxydiert, wohl aber kann er nach seiner Umwandlung in Xanthylharnstoff völlig zu CO_2 und H_2O verbrannt werden, wenn man die entstehende Lösung rasch zum Aufkochen bringt und wieder abkühlt. Die Probe wird also vor und nach der Behandlung mit Xanthydrol zur Verbrennung gebracht. Die Bestimmung erfolgt titrimetrisch am verbrauchten Kaliumbichromat mit Eisensulfatlösung und Kaliumferricyanid als Indicator[4].

Hypobromitverfahren: Lutigneaux[5] gibt ein Schema an, aus dem der 1 ccm feuchten Stickstoff entsprechende Harnstoffwert bei verschiedener Temperatur und verschiedenem Druck abgelesen werden kann. — Der bei den üblichen Ausführungsformen auftretende Stickstoffverlust ist nach entscheidenden Versuchen nicht auf eine Löslichkeit desselben in der Bromlauge oder auf die Bildung von Stickoxyd oder Cyanat zurückzuführen, sondern beruht auf einer unvollkommenen Umsetzung des Harnstoffs[6]. — An Stelle von Natriumhypobromit kann man auch eine mit Kaliumbromid versetzte Chlorkalklösung verwenden[7].

Zur Mikrobestimmung mit Hypobromit empfiehlt Pohorecka-Lelesz[8] die jodometrische Titration von NaBrO in der Kälte.

Die durch Kreatinin bei der Methode nach Yvon[9] entstehenden Fehler können vernachlässigt werden[10].

Bei der schon erwähnten Mikromethode von Pohorecka-Lelesz[11] ist auf möglichste Abwesenheit von Bromat zu achten. Am besten verwendet man frische unter sorgfältiger Kühlung hergestellte Lösungen. Bei Organflüssigkeiten stören reduzierende Substanzen wie Glucose oder Aceton; aus Harn scheidet man in solchen Fällen den Harnstoff erst durch das Pateische Reagens und Natronlauge ab, löst den filtrierten oder zentrifugierten ausgewaschenen Niederschlag in wenig Essigsäure und unterwirft ihn nach Zusatz eines geringen Überschusses von Natronlauge der Hypobromiteinwirkung. Ebenso verfährt man mit Blutserum und Cerebrospinalflüssigkeit, die reduzierende Substanzen enthalten, nachdem sie vorher enteiweißt (mit Trichloressigsäure) worden sind[12].

Führt man die Bestimmung in zwei Operationen aus, so erhält man die theoretischen Stickstoffwerte. Der Harnstoff wird zunächst mit einem Überschuß der alkalischen Hypobromitlösung versetzt, die entwickelte Gasmenge (a) abgelesen und aus dem Nitrometer entfernt. Nun fügt man 20proz. Schwefelsäure bis zur sauren Reaktion hinzu und läßt eine Viertelstunde stehen. Dabei wird das bei der Zersetzung als Nebenprodukt gebildete Natriumcyanat gemäß der Gleichung: $NaOCN + H_2O + 2 HX = NH_4X + NaX + CO_2$ einem erneuten Angriff der Hypobromitlauge zugänglich gemacht. Das während dieser Reaktion gebildete Kohlendioxyd soll nicht aus dem Nitrometer ausgetrieben werden, da dabei leicht Verluste entstehen. Macht man die Flüssigkeit mit 30proz. Natronlauge wieder alkalisch, so wird der Hypobromitüberschuß regeneriert und wirkt auf die inzwischen gebildeten Ammoniumsalze, wobei nunmehr das N-Manko (b) entbunden wird. — Stellt man die Hypobromitlösung erst

---

[1] S. Margulis u. A. Perley: J. of biol. Chem. **77**, 723 — Chem. Zbl. **1928 II**, 1131.
[2] A. Boivin: J. Pharmacie **84**, 445 (1926) — Chem. Zbl. **1927 I**, 635.
[3] Kiech u. J. Luck: J. of biol. Chem. **77**, 723 (1928) — Ber. Physiol. **47**, 704 (1929).
[4] H. Cordebard: Bull. Soc. Chim. biol. Paris **10**, 461 — Chem. Zbl. **1928 II**, 1467.
[5] H. Lutigneaux: C. r. Soc. Biol. Paris **93**, 629 (1925).
[6] B. M. Margosches u. H. Rose: Biochem. Z. **137**, 542 — Chem. Zbl. **1923 IV**, 521.
[7] J. M. Oppelt Sans u. R. O. Oppelt Sans: Quimicae e Industria **1**, 228 (1924) — Chem. Zbl. **1925 I**, 556.
[8] B. Pohorecka-Lelesz: Bull. Soc. Chim. biol. Paris **6**, 773 (1924) — Chem. Zbl. **1925 I**, 140.
[9] Vgl. Janet: J. Pharmacie [7] **26**, 161 — Chem. Zbl. **1923 II**, 382.
[10] W. Mestrezat: Bull. Soc. Chim. biol. Paris **9**, 102 — Chem. Zbl. **1927 I**, 2759.
[11] J. Golse: Bull. Soc. Pharm. Bordeaux **1918**, 188.
[12] J. Golse: Bull. Soc. Chim. biol. Paris **7**, 167 — Chem. Zbl. **1925 I**, 2102.

im Reaktionsgefäß in Gegenwart von Harnstoff her[1], so wird die Cyanatbildung während der 1. Operation verringert. (Ein Zusatz von Dextrose verhindert die Cyanatbildung nicht, wohl aber entsteht in Gegenwart steigender Mengen Harnstoff immer mehr Kohlenoxyd, so daß in der ersten Operation bereits die theoretische Gasmenge vorgetäuscht wird. In beiden Operationen erhält man dann weit über 100% der zu erwartenden Menge.) — Das Kohlendioxyd entfernt man aus dem Gasgemisch zweckmäßig durch Waschen mit Lauge[2].

Einen Apparat zur volumetrischen Bestimmung mit Bromlauge, der Unabhängigkeit von Temperatur, Druck und Tabellen gestattet, gibt F. Mezger[3] an. Er besteht aus 2 Büretten zu 50 ccm, 2 Pipetten von je 100 ccm, 2 Weithalsgläsern von je 100 ccm mit doppelt durchbohrtem Gummistopfen, 2 „Veronal"tablettengläsern und den zur sinngemäßen Verbindung notwendigen Schläuchen und Röhren. Es werden gleichzeitig zwei Bestimmungen in dem getrennt arbeitenden Doppelapparat durchgeführt. In das eine Tablettengefäß füllt man 1 ccm Harn (oder Versuchslösung), in das andere 1 ccm 2 proz. Harnstofflösung und in die Weithalsgläser (Reaktionsgefäße) je 30 ccm Bromlauge (2,5 g Br, 35 g 40 proz. Natronlauge), setzt die Tablettengläser ein, verschließt, füllt die Büretten mit Wasser bis zum Nullpunkt durch Heben der kommunizierenden Pipetten, verschließt die zweite Bohrung der Gummistopfen der Entwicklungsgefäße, deren andere durch Glasrohr mit dem oberen Bürettenende verbunden ist, und senkt nun die Pipetten bis das Bürettenniveau zwischen Teilstrich 30 und 40 steht, mischt dann die eingebrachten Flüssigkeiten durch ständiges Umschwenken, bis die Gasentwicklung vorüber ist, und läßt 20 Minuten stehen. Da beide Apparate unter gleichen Verhältnissen arbeiten, ist man von oben genannten Faktoren unabhängig. — Schmid[4] empfiehlt bei der Benutzung der Apparatur von Ambard und Halion (mit Glaskugeln, ohne Quecksilber) zur Ausschaltung der physikalischen Konstanten eine Parallelbestimmung in Harnstofflösungen bekannter, möglichst gleicher Konzentration. Dem durch Ammoniak im Blut verursachten Fehler soll dadurch begegnet werden, daß man pro Liter 10 mg vom Harnstoff abzieht; im Harn muß es gesondert bestimmt werden[1]. Zur volumetrischen Bestimmung werden noch folgende Apparaturen empfohlen. Apparat nach Tillmans und Heublein[5] (der seitliche Tubus des Reaktionsgefäßes ist mit Gummi zu verschließen und auf die obere Öffnung des Oberteils ein durchbohrter Stopfen mit dem Bromlaugetropftrichter aufzusetzen, dessen Spitze gerade über der Öffnung des Steigrohres steht) und ein Mikroureometer nach Ambard und Schmid[6]. Der für die Verwendung von Kalium- oder Natriumbromid als Bromquelle benötigte Apparat wird im Original an Hand einer Abbildung genauer beschrieben und seine Anwendung geschildert[7].

Alkalimetrische Hypobromitmethode: Durch Ermittelung des Alkaliverbrauchs der Bromlauge bei der Oxydation nach der Gleichung:

$$CO(NH_2)_2 + 6\,NaOH + 3\,Br_2 = 6\,NaBr + 5\,H_2O + N_2 + CO_2,$$

wobei natürlich der im Leerversuch für die Reaktion: $2\,NaOH + Br_2 = NaBr + NaOBr + H_2O$ gefundene Verbrauch an Alkali in Rechnung zu setzen ist. Die Substanz wird mit Bromlauge 5 Minuten im Wasserbad erhitzt (Umsetzung beendet) der Überschuß der Bromlauge und das gebildete Natriumcarbonat mit Salzsäure zerstört, wobei sich ein Zusatz von Natriumbromid als zweckmäßig erwiesen hat, und schließlich der Überschuß an Salzsäure mit Natronlauge gegen Methylrot zurücktitriert. (Diese Methode ist auch auf Harnstoffnitrat und Ammoniumsalze anwendbar[8].)

Ureasemethode: Die Abbaureaktion durch Urease ist beinahe monomolekular. Der Geschwindigkeitskoeffizient sinkt unbedeutend mit der Zeit und zwar nicht infolge des Wechsels der [H·], sondern durch die Wirksamkeitsabnahme des Enzyms[9]. Bei der Prüfung einer Reihe

---

[1] Vgl. Duggan: J. amer. chem. Soc. **4**, 47.
[2] E. A. Werner: J. chem. Soc. Lond. **121**, 2318 (1922) — Chem. Zbl. **1923 IV**, 564; — vgl. J. chem. Soc. Lond. **117**, 1356 — Chem. Zbl. **1921 I**, 443.
[3] F. Mezger: Z. physik. Chem. **62**, 719 (1921) — Chem. Zbl. **1922 II**, 849.
[4] F. Schmid: Arch. Mal. Reins **1**, 481 (1923) — Ber. Physiol. **20**, 167.
[5] J. Tillmans u. A. Krüger: Z. angew. Chem. **35**, 686 (1922) — Chem. Zbl. **1923 II**, 666.
[6] Ambard u. Schmid: C. r. Acad. Sci. Paris **87**, 1374 — Chem. Zbl. **1923 II**, 1100 — Ambard: Presse méd. **31**, 753 (1923) — Ber. Physiol. **24**, 17 (1924).
[7] C. H. Collings: Chem. News **126**, 180, 25, 95 — Chem. Zbl. **1923 IV**, 353 u. **II**, 1053.
[8] B. M. Margosches u. H. Rose: Biochem. Z. **136**, 119; Chem. Zbl. **1923 IV**, 387 — Vgl. auch J. C. Felippe: C. r. Soc. Biol. Paris **95**, 999 (1926).
[9] S. Mori: J. Biophysics **1**, 54 (1924) — Ber. Physiol. **33**, 899.

verschiedener Sojabohnenextrakte wurde festgestellt, daß nur das amerikanische Fertigpräparat „Arlko Urease" einwandfrei arbeitet. Es wird vermutet, daß die gegensätzliche Beurteilung der Ambardschen Konstante, soweit die Sojabohnenmethode benutzt wurde, auf diese Verschiedenheit zurückzuführen ist. Zur Vermeidung einer weiteren Fehlerquelle bei der Berechnung dieser Konstanten muß die tatsächliche 24stündige Urinmenge zugrunde gelegt werden[1].

Durch Destillation mit Alkohol ist die Bestimmung mit Urease bei 40° innerhalb einer halben Stunde beendet[2]. Nach einem Referat von Jacoby[3] sollen Natriumchloridextrakte der wirksamen Bohnen bessere Resultate ergeben als alkoholische. Die Jackbohnenauszüge sollen langsamer unwirksam werden als die Sojaextrakte[3].

Eine einfache Modifikation der von Folin und Bell[4] bzw. Folin und Youngburg[5] ausgearbeiteten Verfahren zur Bestimmung von Ammoniak und Harnstoff besteht darin, daß man zunächst das vorgebildete Ammoniak nach Folin und Bell[4] bestimmt und es in Abzug von jener Ammoniakmenge bringt, welche man erhält, wenn man 2,5 oder 10 ccm eines auf das 10fache verdünnten Harns mit ammoniakfreier Urease behandelt und nach der Umlagerung des Harnstoffs die Lösung nach dem Permutitverfahren von Follin und Bell[4] analysiert[6]. Strohmann und Flintzer[7] geben eine Arbeitsvorschrift zur Schnellbestimmung in Harn, Blut und anderen Körperflüssigkeiten an nach der Überprüfung der Methoden von Folin und Mitarbeitern[8], sowie der älteren Methode von Marshall[9]. Die Enteiweißung nehmen sie mit Metaphosphorsäure vor ($1/2$ ccm 25proz. Lösung, die auf Eis etwa 4—6 Tage wirksam bleibt, zu 1—2 ccm Flüssigkeit), bei eiweißärmeren Flüssigkeiten zweckmäßig erst nach der Spaltung durch Urease. Das Dubosqsche Colorimeter zeigte sich ebenso geeignet wie das kompliziertere von Plesch.

Berechnung auf Grund der gemessenen Kohlensäure: Nach van Slyke werden Harn, Serum, Vollblut oder enteiweißtes Blutfiltrat in gepufferter Lösung mit Ureaselösung versetzt, alkalisiert, in den Gasapparat des Verf. überführt und mit n-Milchsäure angesäuert; dann bestimmt man die Kohlensäure manometrisch. (Verwendet werden 1—2 ccm Harn, 1,0 bis 0,2 ccm Plasma oder Blut[10]). 0,2 ccm Blut und 1 ccm 0,02n-Milchsäure werden im Apparat von van Slyke und Neill zur CO_2-Entfernung geschüttelt (1 Minute); 0,5 ccm 10proz. Ureaselösung und 0,1 ccm 0,3mol-Na_2HPO_4-Lösung (CO_2-frei!) zugegeben, durch Heben und Senken des Quecksilbers gemischt, nach 5 Minuten 3 Tropfen n-Milchsäure zugesetzt und auf 2 ccm mit Wasser aufgefüllt. Nach $1/2$ minutigem Schütteln wird das CO_2-Vol. abgelesen (1 Millimol CO_2 im Liter Blut = 60 mg Harnstoff). Zur Bestimmung im Harn bringt man je 1 oder 2 ccm in 2 20-ccm-Zylinder, setzt 5 ccm Pufferlösung (4proz. KH_2PO_4 + 2proz. Na_2HPO_4) zu, überschichtet beide mit 3—4 ccm Paraffinöl, das eine Rohr, nachdem man 1 ccm 10proz. Ureaselösung aufgeschichtet hat und macht das gebildete CO_2 in Proben von 2 ccm durch Zugabe von 1,5 ccm 0,1n-Milchsäure frei unter Volumbestimmung im van Slykeapparat. Berechnung nach Abzug der Kontrolle wie oben[11]. Zur Bestimmung aus der Kohlendioxydkomponente des Umwandlungsproduktes hat Aszódi[12] den von Partos[13] angegebenen Apparat soweit modifiziert, daß jeder Harn ohne weiteres verwendet werden kann und außerdem die Empfindlichkeit um $1/3$ gesteigert wird (1 mm Quecksilberanstieg entspricht 0,06—0,07 mg Harnstoff). Der Apparat (Carbamidometer) wird von A. Huber, Budapest VIII, Esterházygasse 9 geliefert.

Über die Bedeutung der Blausäure im Harnstoff-Ureasesystem (Herkunft dieses Zwischenprodukts ist unbekannt) vgl. Fearon[14].

---

[1] H. Deist: Klin. Wschr. **2**, 930 — Chem. Zbl. **1923 IV**, 230.
[2] S. Levy-Simpson u. D. Ch. Carroll: Biochemic. J. **17**, 391 — Chem. Zbl. **1923 IV**, 388.
[3] Jacoby: Referat Ber. Physiol. **35**, 880 — Proc. Soc. exper. Biol. a. Med. **23**, 242 (1925).
[4] Folin u. Bell: J. of biol. Chem. **29**, 329 — Chem. Zbl. **1917 II**, 771.
[5] Folin u. Youngburg: J. of biol. Chem. **38**, 111 — Chem. Zbl. **1920 IV**, 462.
[6] J. Ellinghaus: Hoppe-Seylers Z. **150**, 211 (1925) — Chem. Zbl. **1926 I**, 1467.
[7] H. Strohmann u. S. Flintzer: Zbl. inn. Med. **42**, 545 — Chem. Zbl. **1921 IV**, 493.
[8] Folin: J. of biol. Chem. **38**, 81, 111 — Chem. Zbl. **1920 IV**, 459, 462.
[9] Marshall: J. of biol. Chem. **14**, 283 — Chem. Zbl. **1913 I**, 2069.
[10] D. D. van Slyke: J. of biol. Chem. **73**, 695 — Chem. Zbl. **1927 II**, 1380.
[11] D. D. van Slyke: Proc. Soc. exper. Biol. a. Med. **22**, 487 (1925) — Ber. Physiol. **33**, 879.
[12] Z. Aszódi: Biochem. Z. **128**, 391 — Chem. Zbl. **1922 IV**, 15.
[13] Partos: Biochem. Z. **103**, 292 — Chem. Zbl. **1920 IV**, 114.
[14] W. R. Fearon: J. of biol. Chem. **70**, 785 (1926) — Chem. Zbl. **1927 I**, 1623.

Zum Ausgleich der Druckdifferenzen bei der Ammoniakdestillation empfiehlt Horvath[1] die Anbringung eines Rohres mit Gummischlauch und Klemme in einer zweiten Bohrung des Stopfens, der das zur Destillation dienende Reagensglas verschließt.

Das Moreignesche Ureometer wurde zur Erleichterung der Ablesung abgeändert[2]. Die üblichen Wasser- oder Quecksilberureometer sind gleichzeitig für die Bestimmung des Harnstoffs im Harn und Blut verwendbar, wenn die ersten 2 ccm der Bürette in $^1/_{20}$ ccm, die folgenden in $^1/_5$ ccm kalibriert sind[3]. Mikrobestimmung: Der Harnstoff wird durch Urease in Ammoniak verwandelt, das dann nach der im folgenden geschilderten Methode bestimmt wird. In der Regel kann der als konstant bekannte Gehalt an vorgebildetem Ammoniak (0,25 mg in 100 ccm) in Abzug gebracht werden. Ein abnormer Gehalt wird besonders bestimmt.

1 ccm Flüssigkeit (Blut, Gewebssäfte oder Ausscheidungen) wird mit 0,1 ccm alkalischer Boratlösung nach Sörensen gemischt und auf der Innenfläche eines Kugelrohres verteilt, in das dann von der einen Seite ein Strom von mit konzentrierter Schwefelsäure getrockneter Luft eingeleitet wird, während das andere Ende ausgezogen und so gebogen ist, daß der entweichende, mit Ammoniak beladene Luftstrom unter die Oberfläche der im Analysenfläschchen des Mikrorespirationsapparats befindlichen 0,5 ccm 0,2 n-Schwefelsäure geleitet wird. Das Kugelrohr befindet sich dabei in einem Bade von 25°. Der Luftstrom wird so lange durchgeleitet, bis die Flüssigkeit völlig eingetrocknet ist. In dem Analysengefäß erfolgt dann die Bestimmung durch den mit Kroghscher Hypobromitlauge entwickelten Stickstoff. Wird Vorsorge getroffen, daß das Analysengefäß stets gleich groß ist und die gleiche Menge Flüssigkeit enthält, so läßt sich bei Verwendung von V ccm Flüssigkeit der Ammoniakgehalt in 100 ccm nach der Formel:

$$\frac{1{,}256 \cdot 1{,}09 \cdot 10^2}{V \cdot 10^6}$$

berechnen[4].

Neben Ammoniak ist der Harnstoff am einfachsten nach dem Absaugen desselben aus der sodaalkalischen Lösung (in Säurevorlage) mit Urease und colorimetrischer Bestimmung des gebildeten Ammoniaks nach Orr[5] zu erfassen. Beide Verbindungen lassen sich so in 0,2 ccm Harn oder Blut noch bestimmen[6].

Für die Bestimmung in der Spinalflüssigkeit, Harn und Blut wird als einfache minimetrische Methode empfohlen: Umwandlung in Ammoniumcarbonat durch Urease, Permutierung der Ammonsalzlösung und colorimetrische Bestimmung nach Neßler[7]. Zur Bestimmung von 0,0005 mg mit einem wahrscheinlichen Fehler von 10% zersetzt man den Harnstoff durch Erhitzen der Versuchsflüssigkeiten mit Säuren auf 150° und neßlerisiert die Hydrolysenflüssigkeit gleichzeitig mit einer Ammoniumsulfatlösung bekannten Gehaltes unter identischen Bedingungen und Vergleich der Farbintensitäten nach Dale und Evans[8]. Besondere Vorsichtsmaßnahmen müssen im Original nachgelesen werden[9].

Direkte Neßlerisierung: Die bei den bisherigen Verfahren störende Trübung beim Versetzen mit Neßlerreagens (durch andere Substanzen) kann durch vorausgehende Behandlung mit tertiärem Calciumphosphat in alkalischem Medium beseitigt werden. Man macht dann alkalisch, fällt das Pufferphosphat mit Calciumnitrat und neßlerisiert die durch Zentrifugieren geklärte Lösung[10]. Vgl. auch die neuen Beschreibungen der titrimetrischen und colorimetrischen Verfahren nach Ureasebehandlung von Addis[11] bzw. Roig und Helmholz[12] sowie von Hopf[13].

Die unter Benutzung des Systems von Folin und Wu aus den colorimetrischen Ablesungen errechneten Werte werden in Tabellen in mg% gegeben[14].

---

[1] A. A. Horvath: J. Labor. a. clin. Med. **9**, 722 (1924) — Chem. Zbl. **1925 I**, 1642.
[2] Chambon: J. Pharmacie [7] **29**, 237 — Chem. Zbl. **1924 I**, 2725.
[3] R. Clogne: J. Pharmacie [7] **25**, 99 — Chem. Zbl. **1922 IV**, 113.
[4] K. L. Gad-Andresen: J. of biol. Chem. **51**, 367 — Chem. Zbl. **1922 IV**, 13.
[5] Orr: Biochemic. J. **18**, 806 — Chem. Zbl. **1925 I**, 418.
[6] M. M. Murray: Biochemic. J. **19**, 294 — Chem. Zbl. **1925 II**, 488.
[7] Grifolsy Roig u. K. Helmholz: Dtsch. med. Wschr. **50**, 1217 — Chem. Zbl. **1924 II**, 2413.
[8] Dale u. Evans: J. of Physiol. **54**, 167 — Chem. Zbl. **1921 IV**, 400.
[9] J. T. Wearn u. A. N. Richards: J. of biol. Chem. **66**, 275 (1925) — Chem. Zbl. **1926 II**, 472.
[10] J. H. Roe u. O. J. Irish: J. Labor. a. clin. Med. **11**, 1087 — Chem. Zbl. **1926 II**, 2097.
[11] T. Addis: J. Labor. a. clin. Med. **10**, 402 — Ber. Physiol. **31**, 275 — Ausführl. Beschreibung auch im Chem. Zbl. **1925 II**, 2015.
[12] G. Roig u. K. Helmholz: Dtsch. med. Wschr. **51**, 146 — Chem. Zbl. **1925 II**, 1549.
[13] M. Hopf: Biochem. Z. **195**, 206 — Chem. Zbl. **1928 II**, 1469.
[14] J. V. Falisi u. V. A. Lawton: J. Labor. a. clin. Med. **9**, 566 — Ber. Physiol. **28**, 106 (1924).

Andere Methoden: Glasman und Grossman erbrachten den Nachweis von der Brauchbarkeit der Bestimmungsmethode mittels Oxydation durch salpetrige Säure, von Campani vorgeschlagen und den genannten Forschern schon 1888 eingeführt [1].

Mit Hilfe der Methode der Nierendurchströmung ist es möglich, den Harnstoffgehalt im Blut und im Urin unter der Wirkung von Diureticis zu vergleichen [2].

Eine quantitative, kombinierte Bestimmung von Harnstoff und Ammoniakstickstoff im Speichel lehnt sich an die Folinsche Blutbestimmung an [3]. „Speichelharnstoffindex S": 5proz. $HgCl_2$-Lösung fließt zu 5 ccm Speichel, bis ein Probetropfen mit Natriumcarbonatlösung (gesättigte an wasserfreiem Carbonat oder 20proz. an $Na_2CO_3 + 10$ aq.) einen braunen Niederschlag gibt. Der gefundene Wert mit 20 multipliziert gibt den Index. Nach Untersuchungen an normalen und kranken Kindern soll sich aus diesem Index S der Blutharnstoff nach der Gleichung B (Bluth.) = $(1,43 \cdot S) - 34$ errechnen lassen [4].

Bei der Bestimmung im Liquor cerebrospinalis mit Xanthydrol waren die Ergebnisse mit und ohne vorangehende Enteiweißung die gleichen [5].

Über das Arbeiten mit einem Volumeter von R. Kallmayer & Co., Berlin und die Verwendung des Harnstoffs bzw. seiner Bestimmung zur Feststellung des Inhalts des nüchternen Magens vgl. das Original [6]!

Bei der Bestimmung des Harnstoffgehaltes der Kuhmilch arbeitete Morimoto [7] folgende einfache Methode aus unter Zuhilfenahme von Casein als Indicator (für die trübe bei der Zersetzung durch Urease entstehende Lösung besonders geeignet): 3—5 ccm Harn o. a. werden mit 50 ccm Wasser, 3 ccm Ureaselösung und 1 ccm 3proz. Calciumcaseinlösung versetzt, rasch mit einem Gummistopfen, durch den ein Tropftrichter geführt ist, verschlossen und 3 Stunden bei 38° gehalten. Dann werden nach Abkühlen, nötigenfalls unter Druck, 40 ccm $^1/_{10}$n-Salzsäure vorsichtig zugefügt und der Überschuß mit $^1/_{50}$n-Natronlauge bis zum Ausflocken des Caseins titriert. Die zur Neutralisation des Harns o. a. und der Ureaselösung nötige Menge Alkali muß vorher ermittelt und in Abzug gebracht werden.

Bestimmung des Harnstoffs in anderen Substanzen: Bei der Bestimmung unter den Produkten der sauern Hydrolyse des Cyanamids ist die Xanthydrolmethode von Fosse (Überführung in essigsaurer Lösung mit einer methylalkoholischen Xanthydrollösung in Dixanthylharnstoff) der Hypobromitmethode vorzuziehen [8]. Eine einfache Bestimmung auch in Gegenwart von Cyanamid oder Phosphaten, die sich besonders für Düngemitteluntersuchung eignet, erfaßt das mit Urease entstandene Ammoniak titrimetrisch [9]. Johnson [10] gibt zur Bestimmung in Düngemitteln folgendes Verfahren mit Oxalsäure an: 2—5 g des trockenen Produktes werden mit 100 ccm Amylalkohol ausgeschüttelt, 25—50 ccm Filtrat mit der gleichen Menge Alkohol verdünnt und mit 25 ccm 10proz. Oxalsäurelösung in Amylalkohol gefällt. Nach $^1/_2$ stündigem Rühren unter Wasserkühlung filtriert man durch Goochtiegel, wäscht zweimal mit Amylalkohol und Äther und wägt nach dem Trocknen im Vakuum. Das Salz enthält 57,01% Harnstoff. Harnstoffsalze können so nicht bestimmt werden. Bei hohem Harnstoffgehalt ist eine Korrektur anzubringen [10].

Als Wertmesser für die Ausnutzbarkeit des Harnstoffs durch die lebende Pflanze im Boden wird die Methode von C. H. Jones [11] benutzt (Abbau der Proteine mit alkalischer Permanganatlösung) [12].

---

[1] B. Glasman u. S. Grossman: Vrač. Delo (russ.) **1925**, 569 — Ber. Physiol. **35**, 397.

[2] P. Carnot, F. Rathery u. P. Gérard: C. r. Soc. Biol. Paris **85**, 442 (1921) — Chem. Zbl. **1922 II**, 10.

[3] F. W. Schlutz u. M. R. Ziegler: Amer. J. Dis. Childr. **31**, 520 — Ber. Physiol. **37**, 36 (1926).

[4] J. K. Calvi u. B. L. Isaacs: Amer. J. Dis. Childr. **29**, 70 (1925) — Ber. Physiol. **32**, 275 (1925).

[5] W. Mestrezat: Bull. Soc. Chim. biol. Paris [4], 287 (1922) — Ber. Physiol. **16**, 499.

[6] H. Citron: Klin. Wschr. **1**, 2578 (1922) — Chem. Zbl. **1923 II**, 1075.

[7] Y. Morimoto: J. of Biochem. **1**, 69 — Ber. Physiol. **13**, 266 (1922).

[8] A. Grammont: Bull. Soc. Chim. France [4], **33**, 124 — Chem. Zbl. **1923 IV**, 55.

[9] E. J. Fox u. W. J. Geldard: Ind. Chem. **15**, 743 — Chem. Zbl. **1923 IV**, 915.

[10] E. Johnson: Ind. Chem. **13**, 533 — Chem. Ind. **40**, 126 — Chem. Zbl. **1921 IV**, 695, 1210.

[11] C. H. Jones: Ind. Chem. **4**, 438 — Chem. Zbl. **1912 II**, 1061.

[12] C. S. Robinson, O. B. Winter u. E. J. Miller: Ind. Chem. **13**, 933 (1921) — Chem. Zbl. **1922 II**, 27.

Bei der zur Bestimmung der Arginase benutzten Methode von Jansen[1] (Spaltung in Ornithin und Harnstoff, Spaltung desselben mit Urease und Ammoniakbestimmung) muß man darauf achten, daß bei Versuchen bei wechselndem p_H die Lösung vor Zugabe der Urease mit Phosphat auf $p_H = 7$ neutralisiert wird[2].

Das Molekulargewicht des Harnstoffs kann in Natriumsulfatdekahydrat nicht ermittelt werden[3]. Bei der Ebullioskopie seiner Lösung im Gemisch Methylalkohol-Schwefelkohlenstoff treten negative Abweichungen von der theoretischen E-Kurve auf[4].

Beziehungen zu Fermenten: Die Spaltung des Harnstoffs durch Urease verläuft nach der Gleichung der monomolekularen Reaktion während des ganzen Vorganges und bei jeder Wasserstoffionenkonzentration. Optimale Spaltung findet bei $p_H = 7{,}15$ statt. Gleichung der Reaktionsgeschwindigkeit: $k' = 1/E \cdot t \ln a/(a-x)$ [5]. Über die Anwendung der Wheatstoneschen Brücke zur Messung des Hydrolysenverlaufes durch die Urease (von Soja hispida) vgl. die Arbeit von A. Machado[6]. — Die Harnstoffzersetzung durch Urease ist umkehrbar, jedoch wird das Gleichgewicht bei 25° nur sehr langsam erreicht, schneller bei 55°. Wesentlich ist eine hohe Konzentration des Ammoniumcarbonats bzw. Ammoniumcarbamats. (Es wurden etwa 10fach Normallösungen dieses Salzgemisches verwendet.) Eine 1proz. Enzymlösung bewirkte die Einstellung des Gleichgewichtes bei 55° innerhalb 10 Stunden, eine 9,1 proz. erst nach 100 Stunden, während ohne Enzym das Gleichgewicht erst nach über 600 Tagen erreicht wurde[7].

Die Bildung von Harnstoff aus Ammoniumcyanat bei 25° findet ohne Enzymlösung schneller statt als in Gegenwart von 0,1% Urease. Diese Reaktion wird also durch das Ferment nicht beeinflußt. — Bei der Hydrolyse des Harnstoffs durch Urease bildet sich gleichzeitig Ammoniumcyanat (über das Silbersalz colorimetrisch bestimmt). Unter Zugrundelegung der Gleichgewichtskonstante für die Reaktion: Harnstoff $\rightleftarrows$ Ammoniumcyanat $K = 0{,}000106$ geht aus Versuchen hervor, daß dieses Gleichgewicht innerhalb 80—165 Minuten erreicht ist und dann infolge der fortschreitenden Zersetzung der Urease das Ammoniumcyanat schnell verschwindet. Sehr wahrscheinlich wird nur die Reaktion: $NH_2 \cdot CO \cdot NH_2 \rightarrow NH_2 \cdot COONH_4 \rightarrow (NH_4)_2CO_3$ von dem Ferment beeinflußt und zwar nur in seiner ersten Phase[7].

Sumner[8] konnte bei der Einwirkung von Urease (aus Sojabohnenmehl) keine Cyansäure, wie sie Fearon[9] als Zwischenprodukt aufgefunden haben will, auch nicht in Spuren beobachten. — In alkoholischer Lösung hemmt Kaliumcyanid als Auxokörper die Spaltung von Harnstoff durch Jackbohnenurease bei Alkoholkonzentrationen über 60%. Eine Bildung von Zwischenprodukten findet nicht statt[10].

Eiweißfreie Kolloide (Gummi arab., Stärke usw.) sind imstande die harnstoffspaltende Wirkung der Sojaurease zu verstärken. Unwirksam sind Saccharose, Lactose und Glucose[11]. Über den Einfluß von verschiedenen Kationen und Anionen sowie von Elektrolytmischungen auf die harnstoffspaltende Wirksamkeit von Urease finden sich in der Arbeit von Wester[12] nähere Aufschlüsse. Fearon[13] hat über den Mechanismus der Harnstoffcymolyse Versuche und Betrachtungen angestellt.

Freier Harnstoff hat auf Pankreaslipase keinen Einfluß, wohl aber verzögert sein Chlorid und sein Nitrat in Konzentrationen von 0,07—0,017 bzw. 0,08—0,02% die Wirkung derselben. (0,009 bzw. 0,01% sind ohne Einfluß geblieben.) Die fördernde Wirkung des Chininchlorids wird im Harnstoffdoppelsalz herabgesetzt, auch unterdrückt. Chinin + Harnstoff in Mengen von 0,16—0,4% hemmen die Lipase, während 0,6% die Wirkung ganz aufheben[14]. Über Tri-

---

[1] Jansen: Chem. Weekblad **14**, 125 — Chem. Zbl. **1917 I**, 913.
[2] S. Edlbacher u. P. Bonem: Hoppe-Seylers Z. **145**, 69 — Chem. Zbl. **1925 II**, 1605.
[3] E. E. Turner u. W. H. Patterson: Trans. Faraday Soc. **20**, 345 (1924) — Chem. Zbl. **1925 I**, 2616.
[4] C. Drucker u. H. Weißbach: Z. physik. Chem. **117**, 209 (1925) — Chem. Zbl. **1926 I**, 1120.
[5] S. Mori: J. of Biochem. **8**, 1 (1927) — Chem. Zbl. **1928 I**, 2411 — J. of Biophysics **2**, Nr 1, 33 (1927) — Ber. Physiol. **45**, 545 (1928).
[6] A. Machado: Rev. de Chim. pura e applic. (portug.) [2] **5**, 50 (1920) — Chem. Zbl. **1924 II**, 1211.
[7] E. Mack u. D. S. Villars: J. amer. chem. Soc. **45**, 501 — Chem. Zbl. **1923 III**, 1577.
[8] J. B. Sumner: J. of biol. Chem. **68**, 101 — Chem. Zbl. **1926 II**, 40.
[9] Fearon: Biochemic. J. **17**, 84, 800 — Chem. Zbl. **1923 I**, 1632; **1924 I**, 1547.
[10] M. Jacoby u. L. Rosenfeld: Biochem. Z. **158**, 334 — Chem. Zbl. **1925 II**, 726.
[11] G. Taubmann: Biochem. Z. **157**, 98 — Chem. Zbl. **1925 II**, 304.
[12] D. H. Wester: Biochem. Z. **128**, 279 (1922) — vgl. Chem. Zbl. **1922 I**, 977.
[13] W. R. Fearon: Biochemic. J. **17**, 800 (1923) — Chem. Zbl. **1924 I**, 1547.
[14] J. Smorodinzew u. V. Danilow: Biochem. Z. **161**, 178 — Chem. Zbl. **1925 II**, 1987.

acetinspaltung durch Pankreaslipase in Gegenwart einiger Verbindungen von Chinin und Harnstoff[1].

Die Erepsinwirkung auf Glycylglycin wird durch Harnstoff nicht gehemmt[2].

Beziehungen zu Bakterien und Pflanzen: Für pathogene Bakterienstämme genügt Harnstoff als alleinige Kohlenstoff- und Stickstoffquelle nicht[3]. Dagegen wird er von Nektarhefe (Anthomyces Reukaufii) als Stickstoffquelle bevorzugt[4]. Zugabe von Harnstoff zu eiweißhaltigen Nährböden für Pansenbakterien hatte aber keine eiweißsparende Wirkung. Aus dem Harnstoff wird von den Bakterien eine Substanz mit Biuret- und Xantoproteinreaktion aufgebaut. Als Eiweißersatz kam er nur bei Gegenwart von Amiden im Grundfutter in Betracht[5]. — Das Wachstum der Bodenbakterien wird in geringem Maße durch seine Gegenwart erhöht[6].

Einer Traubenzucker-Hefelösung zugesetzt, hemmt Harnstoff ganz oder teilweise die Gärung[7]. Schon in 2 proz. Konzentration vermag er die alkoholische Gärung im Sinne der Gleichung: $2 C_6H_{12}O_6 + H_2O = CH_3 \cdot COOH + 2 C_3H_8O_3 + 2 CO_2$ deutlich zu verschieben[8] — was durch eine um 3—4% verminderte Ausbeute an Alkohol in Erscheinung trat —, ohne dabei verbraucht zu werden[9]. Harnstoff wirkt auf Bac. coli, Bac. paratyphi und Bac. pyocyaneus entwicklungshemmend, doch nicht so stark wie Thioharnstoff[10]. Für Tuberkelbacillen des Typus humanus und Typus bovinus ist er als Stickstoffquelle auch in Gegenwart von Acetat unbrauchbar[11]. — Sämtliche Bakterienarten mit Ausnahme sporentragender Bacillen und Tuberkelbacillen wurden durch $1/_2$ stündigen Aufenthalt in 50—100 proz. Harnstofflösung bei 37° abgetötet. Sporentragende Bacillen hielten sich bei Zimmertemperatur monatelang lebend in konzentrierter Harnstofflösung. Bedeutende Widerstandsfähigkeit zeigten auch Trichophytiepilze und Schimmelpilzsporen. Durch Verreiben von Sputum mit konzentrierter Lösung entsteht eine in Wasser lösliche und ausschleuderungsfähige Paste. Da die Tuberkelbacillen harnstoffresistent sind, ergibt sich die Möglichkeit eines neuen Verfahrens der Homogenisierung und Ausschleuderung tuberkelbacillenhaltigen Sputums. Die Verwandten des Tuberkelbacillus scheinen eine ähnliche, aber graduell verschiedene Harnstoffresistenz zu besitzen wie dieser selbst[12].

Über Verlust und Regeneration des Harnstoffspaltungsvermögens einiger Urobakterien[13]. Über Harnstoff und Urease bei höheren Pilzen s. Literatur[14]!

Im Gegensatz zu Iwanoff schreibt A. Kiesel den hohen Harnstoffgehalt von Pilzen pathologischen Prozessen zu[15].

Das Harnstoffverfahren zur Isolierung von Bakteriensporen (besonders zum Nachweis von Milzbrandsporen) nach Dold[16] schädigt in geringerem Maße die Bakteriensporen als die Erhitzungsmethode und das Antimonverfahren, denen es auch bei der Isolierung der Milzbrandsporen überlegen ist[17].

Harnstoff ist gegenüber Hippursäure eine ideale Pflanzennahrung, da er bei seinem reichen Stickstoffgehalt (46,66%) auch noch Kohlendioxyd liefert. Zudem wirkt die Benzoylverbindung durch ihren Zerfall in Benzoesäure und Glykokoll auch noch schädlich[18]. — Weder durch Narkotica noch durch Calcium (Salz) wurde das Eindringen von Harnstoff in Pflanzen-

---

[1] J. Smorodinzew u. V. Danilow: Bull. Acad. St. Petersburg [6] **1926**, 3 — Chem. Zbl. **1925 II**, 1987.

[2] H. v. Euler u. K. Josephson: Hoppe-Seylers Z. **157**, 122 — Chem. Zbl. **1926 II**, 2977.

[3] H. Braun u. C. E. Cahn-Bronner: Biochem. Z. **131**, 226 (1922) — Chem. Zbl. **1923 I**, 966.

[4] F. Hautmann: Arch. Protistenkde **48**, 213 (1924) — Chem. Zbl. **1925 I**, 2569.

[5] J. Dubiski: Roczniki Nauk Rolniczych **19**, 113 — Chem. Zbl. **1928 I**, 2842 — Roczniki Nauk Rolniczych **19**, 1—17 (1928) — Ber. Physiol. **45**, 483 (1928).

[6] F. E. Allison: J. agricult. res. **28**, 1159 (1924) — Chem. Zbl. **1925 I**, 755.

[7] A. Sigon u. H. Odermatt: Z. exper. Med. **47**, 294 (1925) — Chem. Zbl. **1926 I**, 716.

[8] Vgl. Neuberg u. Ursum: Biochem. Z. **110**, 193 — Chem. Zbl. **1921 I**, 38 und frühere Arbeiten.

[9] M. Sandberg: Biochem. Z. **128**, 76 — Chem. Zbl. **1922 III**, 171.

[10] E. Nicolas u. J. Lebduska: C. r. Acad. Sci. Paris **186**, 1767 — Chem. Zbl. **1928 II**, 2157.

[11] S. Kondo: Biochem. Z. **155**, 148 — Chem. Zbl. **1925 I**, 2495.

[12] H. Dold: Zbl. Bakter. I **91**, 268 — Chem. Zbl. **1924 I**, 1679.

[13] L. Lubentschik: Zbl. Bakter. II **68**, 327 (1926) — Chem. Zbl. **1927 I**, 304.

[14] A. Coris u. P. Costy: Bull. Sci. pharmacol. **30**, 65.

[15] N. N. Iwanoff: Biochem. Z. **192**, 36.

[16] H. Dold: Zbl. Bakter. I **91**, 268 — Chem. Zbl. **1924 I**, 1679.

[17] H. Dold u. F. Weyrauch: Z. Hyg. **103**, 150 — Chem. Zbl. **1924 II**, 1721.

[18] Th. Bokorny: Allg. Brauer- u. Hopfenz. **1922**, 243 — Chem. Zbl. **1922 I**, 1146.

zellen gehemmt (Objekt: Blattzellen der Mittelrippe von Tradescantia discolor — Rhoeo)[1]. Bei der Prüfung des Verhaltens in Pflanzen erwies sich Harnstoff als weniger beständig und weniger giftig wie Guanidin[2]. Er ist selbst bei einer Konzentration von 1% für die Keimlinge bei Versuchen in der Keimschale unschädlich, solange man die ammoniakbildenden Bakterien fernhält[3]. Dagegen zeigten Versuche an Bohnen und weißem Senf, daß er in Konzentrationen über 1% giftig wirken kann und die Entwicklung verhindert[4]. Beim Fehlen der Harnstoffbakterien dringt Harnstoff als solcher in die Pflanzen und vergiftet sie[5].

Im Anfang der Reife der Fruchtkörper von Lycoperdon nimmt der Harnstoffgehalt zu, verschwindet aber am Ende dieser Periode wieder vollständig. In den Pilzen ist Harnstoff augenscheinlich nur zum Teil als solcher vorhanden, meist aber in Form einer labilen Verbindung, die von Wasser leicht aufgespalten wird (Amid?). Er ist als N-haltiger Reservestoff zu betrachten, der einerseits direkt zur Synthese von Arginin und Purinbasen, andererseits nach Spaltung durch Urease in Ammoniak und Kohlendioxyd assimilierbar wird[6].

Mit Hilfe der Xanthydrolmethode gemachte Studien in verschiedenen Entwicklungsstadien von Lycoperdon haben ergeben, daß der Harnstoffgehalt während des Reifens in den Fruchtkörpern des Pilzes von 0 ansteigend zunimmt (er schwankt je nach der Art zwischen 1,16—11,16% der Trockensubstanz) und sinkt in reiferen Stadien mitunter bis auf 0 wieder herab. Der Gehalt der Sporen ist dabei geringer als der des Capilliciums. Der Harnstoffgehalt hängt ferner vom Gesamtstickstoff und von der Stickstoffzufuhr ab. Behandlung der Fruchtkörper mit gasförmigem Ammoniak oder Ammoniumsalzen fördert die Bildung; eine Anreicherung findet namentlich im Hymeniumteil des Fruchtkörpers statt. Wahrscheinlich trifft der Schluß aus allen Beobachtungen zu, daß der aufgespeicherte Harnstoff für die spätere Eiweißbildung als Vorratsmaterial dient. Jedoch entstehen in künstlich gezüchteten Champignons bei den autolytischen Reifeprozessen reichliche Mengen von Harnstoff. Auch bei seiner Kultur auf Gelatine und Malzextrakt wird im Mycel Harnstoff gespeichert. Der auf kohlehydratfreier Nährlösung gezüchtete Aspergillus niger bildet in 100 ccm Nährflüssigkeit 48,6 mg. Sein 0,63 g wiegendes Mycem war harnstofffrei. Urease war nicht vorhanden. In Gegenwart von Kohlehydraten wird bei vermehrtem Wachstum der Harnstoff rasch verbraucht. Verschiedene Bakterien bilden auf 10proz. Gelatinepepton Mengen von 12,8—15,15 mg pro 10 ccm Nährflüssigkeit. (Kohlehydrat- und Mannitzusatz führt auch hier zum Verschwinden[7]).

Bei künstlicher Zucht kann die Harnstoffmenge in reifen Champignons bis 13,19% des Trockengewichts erreichen. Beim Reifungsprozeß finden bis zum Augenblick der Sporenbildung im Fruchtkörper autolytische Vorgänge statt, die zur Entstehung des Aminostickstoffs führen, der dann in Harnstoff übergeht. Besonders erklärt die überschüssige Stickstoffernährung bei künstlicher Zucht den hohen Harnstoffgehalt. Für die sekundäre Bildung sind ein Oxydationsprozeß und Aminosäuren notwendig[8]. Champignons absorbieren den Harnstoff aus Lösungen und lagern ihn bis zu 14,3% vom Trockengewicht im Hute, besonders im Hymenium des Fruchtkörpers ab. Aus einem Gemisch mit Thioharnstoff wird nur der Harnstoff aufgenommen. — Bolbitius vitellinus (enthält Urease) lagert Harnstoff nicht an (Zerlegung durchs Enzym), wohl aber den unzersetzt bleibenden Thioharnstoff[9]. Dafür, daß der Harnstoff in den Pilzen nur ein wieder zur Ausscheidung gebrachtes Stoffwechselprodukt ist, sprechen Züchtungsversuche mit Aspergillus niger, Penicillium glaucum, Ruizopus und Tieghemella orchidis auf stickstoffreichen Substraten. Sie können daraus Harnstoff bilden, jedoch charakterisiert dessen Gegenwart nicht den Pilz selbst, sondern nur seine Ernährungsbedingungen. Der gebildete Harnstoff bleibt nicht im Mycel des Pilzes, sondern wird als Abfallprodukt ausgeschieden[10]. — Über das Verhalten und die Rolle des Harnstoffs in Bovisten (Lycoperdon), Champignons (Psalliota) und Tricholoma (Vorratssubstanz analog Asparagin und Glutamin) siehe ferner bei Iwanow[11].

---

[1] H. Lullies: Pflügers Arch. **207**, 8 — Chem. Zbl. **1925 I**, 1416.
[2] G. Ciamician u. A. Galizzi: Gazz. chim. ital. **52 I**, 3 — Chem. Zbl. **1922 I**, 1045.
[3] Th. Bokorny: Biochem. Z. **132**, 197 (1922) — Chem. Zbl. **1923 I**, 1285.
[4] E. Nicolas u. G. Nicolas: C. r. Acad. Sci. Paris **180**, 1286 — Chem. Zbl. **1925 II**, 1367.
[5] O. Loew: Zbl. Bakter. II **70**, 39 — Chem. Zbl. **1927 II**, 1506.
[6] N. N. Iwanoff: Biochem. Z. **135**, 1 — Chem. Zbl. **1923 III**, 631.
[7] N. Iwanow: Hoppe-Seylers Z. **170**, 274 (1927) — Chem. Zbl. **1928 I**, 365.
[8] N. N. Iwanoff: Biochem. Z. **143**, 62 (1923) — Chem. Zbl. **1924 I**, 676.
[9] N. N. Iwanoff: Biochem. Z. **150**, 115 — Chem. Zbl. **1924 II**, 1808.
[10] N. Iwanow: Biochem. Z. **157**, 229 — Chem. Zbl. **1925 II**, 308.
[11] N. Iwanow: Biochem. Z. **154**, 376 (1924) — Chem. Zbl. **1925 I**, 1214.

Beziehungen zur Agrikulturchemie: Vom Humus wird der Harnstoff nur in geringem Maße adsorbiert und bei etwa 15 cm Bodenhöhe durch eine 21 cm hohe Wassersäule im Mittel zu 88% ausgespült. In der Praxis entspricht die Ausspülbarkeit der des Natriumnitrats[1]. Bei 20° zersetzt er sich im Lehmboden innerhalb 10 Tagen, bei 0° innerhalb 28 Tagen. Im Sandboden setzten sich unter den gleichen Bedingungen nur 65 bzw. 20% um[2]. Nach Versuchsergebnissen, die durch Mischen von je 500 g Erde (18% Feuchtigkeit) mit einer 0,1 g Stickstoff entsprechenden Menge Harnstoff, Ammoniumsulfat oder Natriumnitrat erhalten wurden, ist die Annahme bestätigt, daß Harnstoff zuerst alkalisierend, dann acidifizierend auf den Boden wirkt[3].

Der Düngewert des Harnstoffs ist nicht verringert, wenn 10% seines Stickstoffs aus Dicyandiamid oder Dicyandiamidinsulfat stammen[4]. — Über den Einfluß der Harnstoffdüngung auf Qualität und Farbe des Hopfens[5] und über Mischungen mit Phosphorsäure und Kalidüngemitteln[6] vgl. die Literatur! Eine kurze Zusammenstellung der wichtigsten Gesichtspunkte über den Zusammenhang zwischen Harnstoffdüngung, Grünlandwirtschaft, Viehzucht und Meiereibetrieb wurde von H. W. Schmidt gegeben[7].

Beziehung zwischen Konstitution und Geschmack: α,α-Dimethylharnstoff und $\alpha,-\alpha$-Diäthylharnstoff haben ebenso wie der 4-Äthoxyphenylharnstoff und der symmetrische Diäthoxyphenylharnstoff einen süßen Geschmack. Es wurden von H. Lorang Varianten bzw. Derivate des unter dem Namen Dulzin oder Sucrol bekannten 4-Äthoxyphenylharnstoffs dargestellt und diese Körper auf den Zusammenhang zwischen Konstitution und Geschmack untersucht. Als Leitlinie für die theoretischen Grundlagen der Synthesen wurden die von Boedeker und Rosenbusch[8] niedergelegten Erfahrungen gewählt. 1,3-Diureïdobenzol, 1-Äthoxy-2,4-diureïdobenzol und 1,3-Diäthoxy-4,6-diureïdobenzol wiesen keinen süßen Geschmack auf[9] (vgl. S. 44).

Physiologische Beziehungen: Bei 5000—7000 Harnproben (Mensch) in Portugal wurde ein Minimum von 0,76 g und ein Maximum von 50,8 g pro Liter festgestellt. Die häufigsten Konzentrationen betrugen das 30—40fache der Minimalkonzentration, maximale sind selten[10]. Während die Ammoniakstickstoffwerte im Harn der Chinesen höher als bei Europäern gefunden werden, waren die absoluten Werte für Harnstoff gering. Die vorwiegende Zufuhr von Cerealien wird zur Erklärung in Betracht gezogen[11]. Harnuntersuchungen in verschiedenen Schichten der Filipinobevölkerung ergaben in den äußersten Grenzen 4,24—21,10 g Harnstoff pro 24 Stunden, die jeweils durchschnittlich 63,86% des ausgeschiedenen Gesamtstickstoffs entsprachen. (Für Amerika und Europa gelten die entsprechenden Mittelwerte 30—35 g und 84—90%[12].)

Versuche über die Ausscheidung einer männlichen Person in 5tägigen Perioden bei vollkommener Ruhe, bei leichter Laboratoriumsbeschäftigung und bei 5stündiger Muskelarbeit (13 500 kg/m pro Stunde) ergaben keine Anhaltspunkte einer Abweichung von der Norm[13]. — Untersuchungen von 3 zu 3 Stunden in 2900 m Höhe zeigten an Ruhetagen stets gleichen regelmäßigen Ablauf der Ausscheidung von Harnstoff und Ammoniak mit Anstieg gegen Mittag und folgendem Abfall; an Marschtagen, besonders bei Ermüdung, Minderausscheidung von beiden und Anstieg der Harnacidität, der sich in der folgenden Ruheperiode fortsetzte[14]. — Während 3mal 24stündigen Hungerns bis auf je 300 ccm Wasser in der Tages- und Nachtperiode wurden in den Tagharnen 37,4 mg, in den Nachtharnen 42,6 mg Harnstoff gefunden[15].

---

[1] C. H. van Harreveld-Lako: Arch. Suikerind. Nederl. Indie **1924**, 261 — Chem. Zbl. **1924 II**, 1808.
[2] F. Littauer: Z. Pflanzenernährg u. Düngg **3**, A, 165 — Chem. Zbl. **1924 II**, 877. — Vgl. auch F. Conturier u. S. Perraud: C. r. Acad. Sci. Paris **180**, 1433 — Chem. Zbl. **1925 II**, 493.
[3] Ch. Brioux: C. r. Acad. Sci. Paris **179**, 915 (1924) — Chem. Zbl. **1925 I**, 277.
[4] A. F. MacGuinn: Soil Sci. **17**, 487 (1924) — Ber. Physiol. **30**, 709.
[5] E. G. Doerell: Fortschr. Landw. **2**, 10 — Chem. Zbl. **1927 I**, 1357.
[6] P. Boischot: Ann. Sci. agronom. **43**, 45 — Chem. Zbl. **1926 II**, 813.
[7] H. W. Schmidt: Milchwirtsch. Zbl. **55**, 33 — Chem. Zbl. **1926 I**, 3424.
[8] Boedeker und Rosenbusch: Ber. Physiol. **4**, 336.
[9] H. Lorang: Rec. Trav. chim. des Pays-Bas. **47**, 179 (1928) — Ber. Physiol. **45**, 593 (1928).
[10] A. de Aguiar: Rev. Chim. pura e applic. [3] **1**, 136 (1924) — Chem. Zbl. **1925 I**, 1883.
[11] B. E. Read u. S. Y. Wang: Philippine J. of Sci. **22**, 127 — Chem. Zbl. **1923 III**, 267.
[12] I. Concepcion: Philippine J. of Sci. **13**, A, 347 (1918) — Chem. Zbl. **1923 I**, 382.
[13] J. A. Campbell u. Th. A. Webster: Biochem. J. **15**, 660 (1921) — Chem. Zbl. **1922 I**, 885.
[14] Azzo Azzi: Arch. di Sci. biol. **4**, 106 — Ber. Physiol. **18**, 481.
[15] G. Fontés u. A. Yovanovitch: Bull. Soc. Chim. biol. Paris **5**, 363 (1923) — Ber. Physiol. **24**, 340 (1924).

Mit dem Stickstoffgehalt der Nahrung schwankt der Gehalt des Harns an organischen Säuren. Dabei bleibt das Verhältnis organische Säure:Harnstoff bei demselben normalen Individuum annähernd konstant, wechselt nur bei verschiedenen Individuen. Hält man die Versuchsperson nicht bei gleichmäßiger Stickstoffnahrung, so muß man auf Veränderung dieses Faktors achten, um andere Ursachen für die Änderung der Ausscheidung zu erkennen. (Bei chirurgischen Acidosen geht z. B. die Veränderung dieses Verhältnisses mehr derjenigen der Acetonkörperausscheidung parallel als der des absoluten Säuregehalts[1].)

Als Diagnosticum auf Niereninsuffizienz dient die Beobachtung, daß die Ausscheidungsfähigkeit der Nieren als beherrschender Faktor erscheint für den Wert des Verhältnisses U/B (U = mg Harnstoff in 100 ccm Harn, B = desgleichen in 100 ccm Blut[2]). Weiterhin kann die Nierenfunktion durch Bestimmung des Harnstoffs im Speichel geprüft werden, die als Indicator der Speicherung harnfähiger Stoffe in den Geweben ein deutlicheres Bild von der Überschwemmung des ganzen Körpers mit Substanzen gibt, die ausgeschieden werden sollen, als wie es die Blutuntersuchung geben könnte[3]. Vgl. auch die Arbeit Robertsons[4] über den diagnostischen und prognostischen Wert der Harnstoffbestimmungen in Harn nach Einnahme von 15 g Harnstoff (normaler Quotient soll nicht unter 20 fallen) bei Nierenkrankheiten. Bei der Beurteilung der Nierenfunktion nach der Ausscheidung vitaler Farbstoffe ergibt der Vergleich für Harnstoff, daß er in erheblicher Menge rückabsorbiert werden muß, also nicht als Stoff ohne Ausscheidungsschwellenwert zu betrachten ist[5].

Als regelmäßige und wesentliche Folge von Harnstoffgaben findet sich bei Kaninchen eine beträchtliche Verschiebung von Flüssigkeit vom Gewebe ins Blut. Diesem Zustrom steht ein Abfließen durch die Nieren gegenüber, doch wird das Blut anfangs reicher an Kochsalz und Harnstoff. Später steigt relativ die Harnstoffmenge im Harn. Der Einstrom von Gewebsflüssigkeit und Kochsalz ist als eine sekundäre Erscheinung zu deuten[6]. Die Harnstoffausscheidung ist dabei von der oralen Kochsalz- und Säurezufuhr unabhängig, wie bei Versuchen an einer größeren Anzahl Studenten mit 0,9—0,6proz. Kochsalzlösung und $^1/_{1000}$n-Säure festgestellt worden ist[7]. Eine 0,05molare Lösung von Harnstoff in 0,3—0,7 molarer Lösung von Kochsalz verliert beide Stoffe, wenn sie in der Harnblase des Kaninchens die erforderliche Zeit von 1 Stunde verbleibt. Auch 3 Stunden in der Blase gehaltener Harn zeigt Änderungen in der Harnstoffkonzentration, ohne daß das Blasenepithel geschädigt ist[8]. Becher[9] machte den Versuch, die Harnstoffdiurese durch die physikalisch-chemischen Wirkungen des Harnstoffs zu erklären. Die bei intravenöser Injektion hypertonischer Lösungen von Harnstoff und Derivaten entstehende osmotische Hydrämie verhält sich in ihrer Stärke umgekehrt wie die Lipoidlöslichkeit des Diureticums[10]. Bei Harnstoffdiuresen lassen sich zwei Stadien unterscheiden. I tritt nur bei rasch einsetzender Diurese, vorwiegend nach intravenöser Harnstoffzufuhr ein; hier nähern sich während der Harnstoffausscheidung in starker Konzentration die Dichten der anderen harnfähigen Stoffe den Serumwerten. Bei II aber entfernen sie sich davon[11]. — In Durchströmungsversuchen an der überlebenden Froschniere wurde durch Harnstoff eine sekretionssteigernde, renale Wirkung festgestellt. Zwischen Durchströmungsgeschwindigkeit und Harnmenge wurde kein Parallelismus beobachtet[12]. Dagegen beobachtete Hartwich, daß an der isolierten Froschniere eine durch Harnstoff hervorgerufene Diurese mit den durchströmenden Flüssigkeitsmengen parallel geht[13]. Diese Harnstoffdiurese geht nicht stets mit Gewichtsverlusten einher; offenbar wird hier die extrarenale Wasserabgabe eingeschränkt[14].

---

[1] R. Goiffon: C. r. Soc. Biol. Paris **88**, 1033.— Chem. Zbl. **1923 III**, 168.

[2] I. M. Rabinowich: J. of biol. Chem. **65**, 617 (1925) — Chem. Zbl. **1926 I**, 1444. — Vgl. auch R. Lewis: J. of. biol. Chem. **78**, 76 — Ber. Physiol. **47**, 122 (1929). — E. Moller: Acta. med. scand. **26**, 259 — Ber. Physiol. **47**, 113 (1929).

[3] H. Simmel u. G. Küntscher: Dtsch. med. Wschr. **51**, 1909 (1925) — Chem. Zbl. **1926 I**, 1445.

[4] K. O. Robertson: Glasgow med. J. **102**, 148, 222 (1924) — Ber. Physiol. **31**, 604.

[5] J. de Haan: J. of Physiol. **56**, 444 (1922) — Chem. Zbl. **1923 I**, 126.

[6] E. Becher u. S. Janssen: Arch. f. exper. Path. **98**, 148 — Chem. Zbl. **1923 III**, 1178.

[7] H. L. White: Amer. J. Physiol. **80**, 82 — Chem. Zbl. **1927 II**, 110.

[8] J. L. Vickers u. E. K. Marshall jr.: Amer. J. Physiol. **70**, 607 (1924) — Chem. Zbl. **1925 I**, 861.

[9] E. Becher: Zbl. inn. Med. **45**, 242 — Chem. Zbl. **1924 II**, 70.

[10] E. Becher: Münch. med. Wschr. **71**, 499 — Chem. Zbl. **1924 II**, 200.

[11] E. Becher: Dtsch. Arch. klin. Med. **145**, 148 (1924) — Chem. Zbl. **1925 I**, 114.

[12] R. Schmidt: Arch. exper. Path. **95**, 267 (1922) — Chem. Zbl. **1923 I**, 1048.

[13] A. Hartwich: Arch. f. exper. Path. **111**, 206 -- Chem. Zbl. **1926 II**, 1767.

[14] D. Scherf: Wien. Arch. inn. Med. **8**, 505 (1924) — Ber. Physiol. **29**, 619.

Über die Beziehungen von Menge zu Konzentration des Harnstoffs als Diureticum im Harn bei Diurese und über den Einfluß der Temperatur hat Conway[1] Arbeitsergebnisse und Betrachtungen mitgeteilt.

Die Berechnung der Ambardschen Konstante kann durch logarithmische Rechnung und Aufsuchen der Logarithmen sehr vereinfacht werden[2]. — Bei konstanter Konzentration im Urin wurde die stündliche Ausscheidung nicht, wie das erste Ambardsche Gesetz besagt, dem Quadrat, sondern der einfachen Konzentration im Blut proportional gefunden. Auch das zweite Gesetz konnte nicht bestätigt werden[3].

Eine Nachprüfung der 3 Ambardschen Gesetze am Menschen ergab: Es ist selbst nach Einübung ein Zufall, wenn durch Harnstoffeingabe die Harnstoffkonzentration im Serum sich ohne gleichzeitige Änderung im Harn ändert. Die Ambardsche Konstante ist in derartigen Ausnahmefällen nie 0,07. Beim Hund besteht das erste Gesetz zu Recht, da die Harnstoffkonzentration stets maximal und konstant ist bei Fleischfütterung und spontaner Wasseraufnahme. Auch das zweite Gesetz läßt sich nur ausnahmsweise auf seine Gültigkeit prüfen. Für das dritte Gesetz ergab sich bei Nierenkranken ein regelloses Schwanken des Wertes K. Er ist keine ,,Konstante". Die Versuche sprechen gegen die Gültigkeit des Ambardschen Gesetzes. Chaussin erkannte K als den Parameter einer Parabel, deren Ordinate der Harnstoffspiegel im Serum und Abszisse die aus der kurzen Probeanalyse berechnete hypothetische 24stündige Menge Harnstoff im Harn ist. Zur Nierenfunktionsprüfung sind die ,,Ambardschen Konstanten" unbrauchbar[4]. Extrarenale Faktoren (Wasser- oder Eiweißbelastung) haben auf die Höhe der Ambardschen Konstante starken Einfluß. Trotzdem soll die Methode zur Nierenprüfung anderen mit körperfremden Substanzen überlegen sein[5]. Ambard[6] gibt über den gegenwärtigen Stand (1925) der Harnstoffausscheidungskonstante eine Zusammenfassung.

Der Urinammoniak ist nicht durch den Harnstoffabbau bedingt[7].

Harnstoff und Phosphat haben beim Menschen die gleiche Ausscheidungsform und dürften durch den gleichen Prozeß ausgeschieden werden[8].

Aus den an Hunden nach intravenöser Injektion von Harnstoff (bis zu 200 g!) beobachteten, zum Teil recht schweren und tödlichen Erscheinungen schließt Leiter[9], daß bei der chronischen Urämie des Menschen die Harnstoffretention nicht so bedeutungslos ist, wie meist angenommen wird.

Die Grenze der Harnfähigkeit des Harnstoffs liegt ungefähr bei einem Quotienten N:C = 0,4 [10].

Harnstofflösungen werden durch die Froschniere konzentriert[11].

Verfolgung des Antagonismus zwischen Adrenalin und Pituitrin in der Harnstoffausscheidung[12].

Für die Dauer der Funktionstüchtigkeit eingeheilter autogener Nierentransplantate wirkt Harnstoff und andere Diureticas auf diese genau so wie bei normalen Nieren[13].

Bei Katatonikern war die Ausscheidung im Stupor und im schlaffen Zustand fast unverändert[14].

Mit abnehmender Acidität geben die Nierenkolloide mehr Harnstoff ab, und es steigt gleichzeitig die Wasserausscheidung. Die Menge des in der Niere retenierten Harnstoffs nimmt mit dem Säuregrad zu[15].

---

[1] E. J. Conway: J. of Physiol. **60**, 30 — Chem. Zbl. **1925 II**, 670 (ausführliches Referat).
[2] P. Renaud: Bull. Sci. pharmacol. **31**, 35 — Chem. Zbl. **1924 I**, 1949.
[3] K. C. Paulesco, G. Marza u. V. Trifu: C. r. Soc. Biol. Paris **90**, 716, 718 — Chem. Zbl. **1924 II**, 70.
[4] Biochem. Z. **125**, 187—201 (1921) — Chem. Zbl. **1922 II**, 851.
[5] J. Goldberger: Z. urol. Chir. **19**, 153 — Ber. Physiol. **36**, 405.
[6] L. Ambard: Presse méd. **33**, 905 (1925) — Ber. Physiol. **35**, 302.
[7] St. J. Przylecki: Arch. internat. Physiol. **24**, 13 (1924) — Ber. Physiol. **30**, 920.
[8] E. F. Adolph: Amer. J. Physiol. **74**, 93 (1925) — Chem. Zbl. **1926 I**, 433.
[9] L. Leiter: Arch. int. Med. **28**, 331 (1921) — Ber. Physiol. **10**, 414.
[10] Ackermann: Klin. Wschr. **5**, 848 — Chem. Zbl. **1926 II**, 448.
[11] F. Wankell: Pflügers Arch. **208**, 604 — Chem. Zbl. **1925 II**, 1371.
[12] T. Addis, A. E. Shevky u. G. Bevier: Amer. J. Physiol. **46**, 129 (1918) — Chem. Zbl. **1922 III**, 1237.
[13] J. K. Holloway: J. of Urol. **15**, 111 — Ber. Physiol. **36**, 181.
[14] J. M. Looney: Amer. J. Physiol. **69**, 638 — Chem. Zbl. **1924 II**, 2182.
[15] E. B. Reemelin u. R. Isaacs: Amer. J. Physiol. **42**, 163 (1916) — Chem. Zbl. **1922 III**, 641.

Im Harn von Studenten, die bei dreitägiger Bettruhe gleiche Nahrung aus Rohrzucker, Milch und Wasser erhielten, war während des Tages die Harnstoff-N-Menge (proz.) gegenüber der Nacht erhöht (57,8:42,2) in Übereinstimmung mit den Veränderungen des Gesamt- und Aminosäurestickstoffs, während der Ammoniakstickstoff in der Nacht fast das Doppelte betrug[1]. Bei ausschließlicher Fetternährung (323 g Olivenöl pro Tag) war der Harnstoffgehalt in der Ausscheidung der Versuchspersonen höher als bei einer calorisch entsprechenden Kost, die zum Teil an Stelle des Fetts Traubenzucker enthielt[2].

A. Palladin und A. Kudrjawzewa stellten bei avitaminös ernährten Kaninchen erhöhte Ausscheidung fest[3].

Durch Katheterisieren und andere Manipulationen kommt es beim Kaninchen zu progressiver Zunahme der Harnstoffausscheidung unabhängig vom Blutharnstoffspiegel[4].

An krebskranken Ratten wurde festgestellt, daß die Ausscheidung des Harnstoffs besonders bei Erweichung der Geschwulst erhöht war[5]. In einem Falle progressiver pseudohypertrophischer Muskeldystrophie war sie durch Hordeningabe ebenfalls erhöht worden[6].

Nach 20—25 Minuten langem Verschluß der Nierenarterie beim Hund nahm das Ausscheidungsvermögen für Harnstoff ab[7]. Dagegen übt Coffein bei Hunden mit entnervten Nieren (unter Veronalanästhesie) keine gleichartige Wirkung aus, einmal Steigerung, ein andermal Herabsetzung oder überhaupt keinen Einfluß[8].

7 g Harnstoff in 70 ccm Wasser bewirkten beim Hund 15 Sekunden nach direkter Einführung ins Duodenum sehr starke Diurese (Wasser allein aber nicht)[9]. Starke Verminderung der Ausscheidung dagegen wird durch Einnahme des Pulvers von Ajuga Chamaepitis bewirkt[10].

Nach Hodenextraktinjektion tritt eine Harnflut ein. Die Tageshamstoffmenge steigt im Mittel etwas an[11]. Während Natriumkakodylat die Harnstoffausscheidung nicht beeinflußt, ist sie 2—3 Tage nach der Injektion von Novarsenobenzol 2—3fach so groß wie normal[12]. Ebenso wirkt die Verfütterung von p-Chlorbenzonitril (Hund) erhöhend auf den Harnstoffstickstoff[13]. Bei Oxalsäurevergiftung leidet die Ausscheidung von Harnstoff[14]; es sinkt nach Oxalatinjektion der prozentuale Harnstoffgehalt des Harns. Harnstoffzulagen werden dann reteniert. (Es wird angenommen, daß der Harnstoff durch die Glumeruli ausgeschieden wird, die geschädigten Epithelien aber die Fähigkeit zur Rückresorption in den Tubuli verloren haben[15].) Alle Xanthinstoffe, sowie Salzsäure und Natriumbicarbonat vermehren die Harnstoffausscheidung, „Novasurol" intravenös hemmt sie dagegen[16]. — Die durch subcutane Verabreichung von Histamin ebenfalls gehemmte Ausscheidung wird durch Harnstoffgabe wieder betätigt[17]. Subcutane Injektion von Adrenalin bewirkte beim Kaninchen eine Steigerung der Ausscheidung. Nach größeren Dosen trat der umgekehrte Effekt ein. Pituitrin führte stets zu einer Abnahme[18]. Bei Blutharnstoffkonzentration sind diese Wirkungen weniger ausgesprochen als bei niedrigem Blutharnstoffspiegel[19].

[1] G. Fontés u. A. Yovanowitch: C. r. Soc. Biol. Paris 88, 456 — Chem. Zbl. **1923 I**, 1516.
[2] E. P. Cathcart: Biochemic. J. **16**, 747 (1922) — Chem. Zbl. **1923 I**, 990.
[3] A. Palladin u. A. Kudrjawzewa: Biochem. Z. **154**, 104 (1924) — Chem. Zbl. **1925 II**, 838.
[4] T. Addis, G. D. Barnett u. A. E. Shevky: Amer. J. Physiol. **46**, 22 (1918) — Chem. Zbl. **1922 III**, 1102.
[5] Y. Kimura: J. of Biochem. **8**, 469 — Chem. Zbl. **1928 II**, 468.
[6] R. B. Gibson u. F. T. Martin: J. of biol. Chem. **49**, 319 (1921) — Chem. Zbl. **1922 I**, 1342.
[7] E. K. Marshall jr. u. M. M. Crane: Amer. J. Physiol. **64**, 387 — Chem. Zbl. **1923 III**, 687.
[8] H. Bourguin: Amer. J. Physiol. **69**, 1 — Chem. Zbl. **1924 II**, 1956.
[9] D. Simici u. J. Marcou: C. r. Soc. Biol. Paris **98**, 455 — Chem. Zbl. **1928 II**, 691.
[10] G. Zanli: Arch. Farmacol. sper. **40**, 103 (1925) — Chem. Zbl. **1926 I**, 2216.
[11] G. Etienne, L. Cornil u. J. Jochum: C. r. Soc. Biol. Paris **95**, 681 (1926) — Chem. Zbl. **1927 I**, 474.
[12] L. Jung u. M. Bourgeois: C. r. Soc. Biol. Paris **98**, 704 — Chem. Zbl. **1928 I**, 2961.
[13] M. Adeline, L. R. Cerecedo u. C. P. Sherwin: J. of biol. Chem. **70**, 461 (1926) — Chem. Zbl. **1927 I**, 486.
[14] W. E. Coutts: Rev. Méd. latino amer. **10**, 1118 (1925) — Ber. Physiol. **36**, 548.
[15] J. Sh. Dunn u. N. A. Jones: J. of Path. **28**, 483 (1925) — Ber. Physiol. **33**, 736.
[16] W. S. Polland: Amer. J. Physiol. **85**, 141 — Chem. Zbl. **1928 II**, 691.
[17] R. Agnoli: Arch. Sci. med **49**, Nr. 9 (1927) — Chem. Zbl. **1928 II**, 908.
[18] T. Addis, G. D. Barnett u. A. E. Shevky: Amer. J. Physiol. **46**, 39 (1918) — Chem. Zbl. **1922 III**, 1102.
[19] T. Addis, M. G. Foster u. G. D. Barnett: Amer. J. Physiol. **46**, 84 (1918) — Chem. Zbl. **1922 III**, 1102.

Beim Studium des Einflusses von Fäulnisprodukten auf den Zellstoffwechsel fand Hijikata[1], daß geringe Dosen von Phenylessig- und Phenylpropionsäure im Kaninchen die Harnstoffausscheidung etwas herabsetzten, während größere Gaben eine geringe Zunahme verursachen[1]. Nach subcutaner Injektion einer Kombination von Ichthyolsulfosäure mit Alkalialbuminat in 20proz. Lösung wurde beim Hund eine erhöhte Ausscheidung u. a. auch an Harnstickstoff beobachtet[2].

„Grundstickstoffgehalt" des Harns und des Bluts werden die neuen Grundwerte des Harnstoffgehalts von Harn und Blut bei stickstofffreier Nahrung (Hunden) genannt. Als Mittel mehrerer Bestimmungen fand man für Harn 7,2 g pro Liter und im Blut 0,21 g pro Liter an Harnstoff[3]. Die Wirkung des Wechsels der Blutharnstoffkonzentration auf die Menge der Harnausscheidung wird von Drury[4] beschrieben und deckt sich mit einer Mitteilung von Addis und Drury[5]. Selbst beim Ansteigen der Harnstoffkonzentration im Blut bis auf über 700 mg in 100 ccm bleibt die Proportionalität der Ausscheidung mit jener bestehen[4]. Versuche bei bekanntem Blutharnstoffspiegel zeigten, daß Änderungen im Harnvolumen, durch Entziehung oder durch vermehrte Zufuhr von Wasser herbeigeführt, die Menge der Harnstoffausscheidung nicht merklich beeinflussen[6]. Steigt die Konzentration des Blutharnstoffs über 225 mg pro 100 ccm, so erfolgt ebenfalls keine vermehrte Harnstoffausscheidung. Diese sei bei allen Wasserstoffionenkonzentrationen eine Funktion der Größe der Nieren[7]. Bei Stillstand der Harnsekretion findet ein Übertritt von Harnstoff aus der Niere in die Nierenvene statt[8].

Bei Nieren- und hydrop. Herzkranken findet sich im Stadium der Oligurie und Ödembildung ein relativer Anstieg des Harnstoffanteils des Blutreststickstoffs (Indicator für bestehende Retention). Im Stadium der Entwässerung sinkt dieser Anteil. Bei Niereninsuffizienz steigt mit fortschreitender Retention der Harnstoffanteil, wird aber im Endstadium durch den Anteil des Nichtharnstoffs zurückgedrängt (Filtrat war vor der Bestimmung völlig enteiweißt)[9].

Bei Nierendurchströmungen mit Gesamtblut (Citratblut eines andern Tieres) konnte im trüben Sekretionsprodukt eine höhere Harnstoffkonzentration festgestellt werden als im Blut. Mit verdünntem Blut oder physiologischer Kochsalzlösung zeigte das klare Sekretionsprodukt mit dem Blut gleiche Harnstoffkonzentration[10].

Bei Kaninchen wurde SO_4-Ion im Harn im Verhältnis zum Plasma stärker ($1^1/_2$-bis fast 3mal) konzentriert als Harnstoff, wenn entweder Natriumsulfat allein oder mit Harnstoff intravenös gegeben und die Untersuchung angestellt worden war, sobald die Diurese regelmäßigen Verlauf zeigte. (Bezeichnet als „Ausscheidungsschwelle des Harnstoffs"[11].)

Bei Hunden wurde die Harnstoffkonzentration im Blut durch Verfütterung von „Tofukara" (Coffeinpräparat) 20—60 Minuten nach der Fütterung erhöht gefunden. Im Hunger erfolgte erst Senkung und nach dem 4. Tag Steigerung bis zum Tod. Ebenfalls steigernd wirkten die Äthernarkose (im späteren Stadium) und Fesselung (Maximum $1/_2$ Stunde nach Lösung). Vagusdurchtrennung hemmt die Steigerung in den beiden letztgenannten Fällen. Coffein steigert auch die Harnstoffausscheidung durch den Harn. In kleineren Dosen tritt Vermehrung im Blut auf, die aber durch Paraldehydnarkose, Atropin oder Vagotonie verhindert wird[12].

Im Blut und Harn Krebskranker fanden sich erhöhte Werte für Harnstoff[13].

Die Harnstoffkonzentration des Blutes wird durch Adrenalin erhöht (wie der Zuckergehalt). Auch nach Zuckerstich konnte mehrmals gleichzeitig mit der Glykosurie ein erhebliches

---

[1] Y. Hijikata: J. of biol. Chem. **51**, 141 (1922) — Chem. Zbl. **1922 III**, 71.
[2] V. Susanna: Arch. Farmacol. sper. **33**, 52 — Chem. Zbl. **1922 III**, 1021.
[3] Ch. Richet fils u. R. Monceaux: C. r. Soc. Biol. **94**, 840 — Chem. Zbl. **1926 I**, 3409.
[4] D. Drury: J. of biol. Chem. **55**, 113 (1923) — Chem. Zbl. **1923 I**, 1237.
[5] T. Addis u. D. R. Drury: Proc. Soc. exper. Biol. a. Med. **18**, 38 — Chem. Zbl. **1922 I**, 1237.
[6] T. Addis u. D. R. Drury: J. of biol. Chem. **55**, 639 — Chem. Zbl. **1923 III**, 168. — T. Addis, G. D. Barnett u. A. E. Shevky: Amer. J. Physiol. **46**, 1 (1918) — Chem. Zbl. **1922 III**, 1101.
[7] T. Addis, A. E. Shevky u. G. Bevier: Amer. J. Physiol. **46**, 11 (1918) — Chem. Zbl. **1922 III**, 1101.
[8] T. Addis u. A. E. Shevky: Amer. J. Physiol. **43**, 363 (1917) — Chem. Zbl. **1922 III**, 8000.
[9] H. Pribram u. O. Klein: Biochem. Z. **141**, 488 (1923) — Chem. Zbl. **1924 I**, 356.
[10] P. Carnot u. F. Rathery: C. r. Soc. Biol. Paris **87**, 233 (1922) — Chem. Zbl. **1923 I**, 126.
[11] E. B. Mayrs: J. of Physiol. **56**, 58 — Chem. Zbl. **1922 III**, 1101.
[12] K. Tashiro: Tohoku J. exper. Med. **6**, 601 (1925) — Ber. Physiol. **36**, 498 (1926).
[13] F. Ramond u. P. Zizine: C. r. Soc. Biol. Paris **87**, 657 (1922) — Chem. Zbl. **1923 I**, 620.

Ansteigen des Blutharnstoffs festgestellt werden[1]. Unabhängig von der Blutharnstoffkonzentration wird seine Ausscheidung durch perorale Zufuhr von Milch, Coffein und Glutaminsäure vermehrt, durch körperliche Anstrengung, Pituitrin und größere Mengen Adrenalin vermindert[2]. Cohen[3] stellte fest, daß die Verteilung des Harnstoffs im menschlichen Blut keinen bestimmten Gesetzmäßigkeiten unterliegt. Meist sei das Plasma reichhaltiger gewesen als die Blutkörperchen, bisweilen jedoch enthielten beide gleich viel, mitunter sogar die Blutkörperchen mehr. Die Höhe des Harnstoffspiegels hat keinen Einfluß. In Galle, Pankreassaft, Darmsaft und Liquor cerebrospinalis ist weniger Harnstoff enthalten als im Blut. Der Gehalt der Galle wurde nach Nahrungsaufnahme reduziert gefunden[3]. Taditch[4] bestätigt dies mit seinen Schlußfolgerungen, daß die Verteilung des Harnstoffs auf Plasma und Blutkörperchen eine unregelmäßige und gesetzlose ist. Auch Etienne und Vérain[5] fanden in zahlreichen Versuchen über diese Verteilung im Blute niemals Übereinstimmung im Harnstoffgehalt des Serums und des Blutkuchens. Bald ist dieser, bald jener größer. Die Summe der beiden Werte entspricht nach ihren Befunden dem Gehalt des hämolysierten Blutes an Harnstoff. Je nach der längeren oder kürzeren Berührungsdauer zwischen Blutkörperchen und Plasma schwankt der Harnstoffgehalt beider Blutbestandteile. (Für Untersuchungen an Fällungen, die Blutkörperchen enthalten, wird Zusatz von Trichloressigsäure empfohlen, damit nicht aus den lebenden Blutkörperchen Harnstoff zu Verlust geht[5]. M. Polonowski und C. Auguste[6] aber fanden nach der Xanthydrolmethode stets 5—8% weniger Harnstoff im Gesamtblut als wie im Plasma unabhängig von der vorhandenen absoluten Menge. Es wurde dazu nachgewiesen, daß die Enteiweißung keinen Harnstoff im Niederschlag der Blutkörperchen und stets weniger als 2% im Eiweißniederschlag läßt; dieser Fehler könnte, da das Gesamtblut eiweißreicher als das Plasma ist, die wirkliche Verschiedenheit des Harnstoffgehaltes nur maskieren. Es zeigte sich ferner, daß gleiche Differenzen bei künstlich präpariertem Gesamtblut und Plasma auftraten, wenn die Blutkörperchen durch wiederholte Waschungen mit isotonischer Kochsalz- oder Zuckerlösung von Harnstoff befreit, dann mit dem gleichen Volumen Lösung von 6% Harnstoff im gleichen isotonischen Lösungsmittel gemischt wurden. Der Vorgang spielt sich so ab, als ob die Blutkörperchen aus einer Hauptmenge solcher mit dem des Plasmas gleichen Gehalt an Harnstoff und einen davon freien Anteil („Blutkörperchenkovolumen") bestehen[7]. Nach der Xanthydrolmethode fanden die gleichen Forscher in der menschlichen Rückenmarksflüssigkeit stets einen geringeren Harnstoffgehalt als im entsprechenden Venenblut. Differenzen im gleichen Sinne und von gleicher Größenordnung finden sich beim Hund zwischen dem Arterien- und dem Venenblut[7]. Underhill[8] fand jedoch wieder gleiche Verteilung auf Plasma und Blutkörperchen mit kleinen Abweichungen nach beiden Seiten. Harnstoff ist demnach ein echter schwellenloser Stoff und erfährt im Körper keine Veränderung. Die relativen Konzentrationsverhältnisse von Harnstoff, Kreatinin, anorganischer Phosphorsäure und Harnsäure in der Blutbahn wurden nach Verstärkung der Konzentration durch intravenöse Injektion der betreffenden Stoffe bei decerebrierten Katzen untersucht. Kreatinin wurde im Harn immer 2—5mal stärker konzentriert als Harnstoff, anorganische Phosphate im gleichen Maße wie dieser oder bis 3mal stärker, wobei die Konzentration des Kreatinins immer aber überwiegt, Harnsäure im Verhältnis zum Harnstoff etwa wie Kreatinin. Harnstoff und dieses verlassen die Blutbahn in den ersten 2 Minuten nach der Injektion zu mehr denn 90%, Phosphorsäure etwas langsamer. Die Beobachtungen sind mit der Filtrations-Resorptionstheorie in der gegenwärtigen Form nicht vergleichbar und lassen auf eine aktive Sekretion einer oder mehrerer der untersuchten Substanzen seitens der Niere schließen[9].

Der Blutharnstoff eines normalen Hundes stieg im Verlauf des Tages deutlich an und sank allmählich wieder ab[10]. Im Gesamtblut einiger Spezies von Süßwasserfischen (u. a. Schmelzschupper und Teleostier) wurde der Harnstoffgehalt meist ungewöhnlich niedrig gefunden,

---

[1] Ch. Dubois u. M. Polonovski: C. r. Soc. Biol. Paris **91**, 293 — Chem. Zbl. **1924 II**, 1363.
[2] T. Addis u. D. R. Drury: J. of biol. Chem. **55**, 629 — Chem. Zbl. **1923 III**, 168.
[3] J. B. Cohen: Biochem. Z. **139**, 516 — Chem. Zbl. **1923 III**, 1102.
[4] R. Taditch: J. Physiol. et Path. gén. **22**, 895 (1924) — Ber. Physiol. **31**, 93.
[5] G. Etienne u. M. Vérain: C. r. Soc. Biol. Paris **86**, 394 — Chem. Zbl. **1922, I**, 1054.
[6] M. Polonowski u. C. Auguste: C. r. Soc. Biol. Paris **87**, 681 — Chem. Zbl. **1922 III**, 973, 975.
[7] M. Polonowski u. C. Auguste: C. r. Soc. Biol. Paris **87**, 681 — Chem. Zbl. **1922 III**, 973, 975.
[8] S. W. F. Underhill: Brit. J. exper. Path. **4**, 87 (1923) — Ber. Physiol. **22**, 268 (1924).
[9] S. W. Underhill: Brit. J. exper. Path. **4**, 87 (1923) — Ber. Physiol. **22**, 268 (1924).
[10] E. Vrâtejeanu: Bull. Soc. Chim. Romania **7**, 36 — Chem. Zbl. **1925 II**, 1182.

dabei war seine Konzentration in den Blutkörperchen größer als im Plasma[1]. Die Leistung der üblichen Tagesarbeit beeinflußt beim Pferd den Harnstoffstickstoffgehalt des Blutes nicht[2].

Harnstoff braucht im Rückenmark 53 Stunden, um sich mit dem Blutharnstoff ins Gleichgewicht zu setzen[3]. Er ist sicher eine „not thresold"-Substanz, d. h. er diffundiert aus dem Plasma in die Bowmanschen Kapseln[4].

Bei normaler Schwangerschaft enthalten 100 ccm Blut 12,5 mg Harnstoffstickstoff (sonst 18 mg). Der Wert steigt bei schwerem neurogenen Erbrechen. Der Harnstoffanteil am Reststickstoff steigt bei nephritischer Toxämie, sinkt oder kehrt zur Norm zurück im präeklamptischen Stadium[5]. Auch Caldwell und Lyle[6] stellten bei Schwangeren im 9. Monat erhöhte Harnstoffwerte im Blut fest, am Ende der Entbindung im Gegensatz zu anderen Forschern im mütterlichen und fötalen Blut praktisch identischen Gehalt. In einem tödlichen Fall von Eklampsie fanden sie den höchst beobachteten Harnstoffquotienten (76 — Durchschnitt: 52)[6].

Bei eklamptischen Zuständen, nicht bei normaler Schwangerschaft, ist die Harnstoffkonzentration des Plasmas gegenüber dem des Gesamtblutes stark erhöht[7]. Bei Nierenkranken im Stadium der hämorrhagischen Nephritis wurde gefunden, daß der Harnstoffgehalt im Blut erst dann deutlich anstieg, wenn das noch funktionierende Nierengewebe ungefähr auf die Hälfte der Norm herabgegangen war. Mit zunehmender Erkrankung und Verkleinerung der funktionierenden Oberfläche steigt der Gehalt höher und höher[8]. Bei 119 malignen Tumoren wurde in 60%, bei Peritonealcarcinomatose in 100%, bei Blasen-, Uterus-, Prostata- und Rectumcarcinom in 90%, bei Magencarcinomen in 50%, selten bei äußeren Krebsen und nie bei benignen Tumoren eine Erhöhung des Blutharnstoffs festgestellt, entsprechend dem Bilde der interstitiellen Nephritis[9].

Die Erhebung des Harnstoffspiegels im Blute nach Splanchnicusreizung beruht auf einer Wirkung auf die Nieren. Infolge Vasoconstriction sinkt das Volumen der Nieren, und die renale Sekretion hört auf. Nach Durchschneidung der die Niere versorgenden Nerven steigt auch der Harnstoffspiegel, und zwar infolge gesteigerter Nebennierensekretion[10]. Ebenso findet eine Steigerung statt nach peripherer Vagusreizung. Reizung des zentralen Stumpfes dagegen bewirkt eine Senkung (Anaesthetica heben diese Wirkung wieder auf[11]).

Der Blutharnstoffspiegel sinkt nach Bestrahlung mit Röntgenstrahlen bei gegen das Jensensche Rattensarkom immunisierten Tieren vom Normalwert, etwa 0,035% auf ungefähr 0,014 mg%[12]. Nach der Verabreichung größerer Wassermengen tritt ein gleichmäßiger Zustand ein, sobald das Maximum der Harnstoffkonzentration im Blut überschritten ist. Nahrungsaufnahme, Erregung und andere Faktoren bringen indessen deutliche Veränderungen hervor. Der Schluß von van Slyke, Austin und Stillman, daß sich bei gleicher Konzentration des Blutharnstoffs die Ausscheidung proportional der Quadratwurzel des Harnvolumens ändert, konnte nicht bestätigt werden. Unter obigen Bedingungen ändert sich die Menge der Ausscheidung dem Blutgehalt proportional, wenn dieser von 180 auf 20 mg herabgeht[13]. Die Befunde von van Slyke, Austin und Stillmann werden aber von Möller, Eggert und McIntosh bestätigt[14]. Bei Eingabe von Salzlösungen in die Bauchhöhle tritt Harnstoff — vor allem beim nierenkranken Tier — in die Lösung über, und zwar in einem Aus-

---

[1] D. Wright Wilson u. E. F. Adolph: J. of biol. Chem. **29**, 405 (1917) — Chem. Zbl. **1922 I**, 597.

[2] A. Scheunert u. M. Bartsch: Biochem. Z. **139**, 34 — Chem. Zbl. **1923 III**, 1105.

[3] P. Savy u. H. Thiers: C. r. Soc. Biol. Paris **99**, 516 — Chem. Zbl. **1928 II**, 2376.

[4] P. Brandt Rehberg: Biochemic. J. **20**, 477 — Chem. Zbl. **1926 II**, 2827.

[5] H. J. Stander: Bull. Hopkins Hosp. **35**, 133 — Ber. Physiol. **28**, 426 (1924).

[6] W. E. Caldwell u. W. G. Lyle: Amer. J. Obstetr. **2**, 17 (1921) — ausführl. Ref. vgl. Ber. Physiol. **9**, 411 — Chem. Zbl. **1922 I**, 220.

[7] E. D. Plass: J. of biol. Chem. **56**, 17 — Chem. Zbl. **1923 III**, 1040.

[8] E. M. MacKay u. L. L. MacKay: J. clin. Invest. **4**, 127 — Chem. Zbl. **1928 II**, 2161.

[9] J. A. Killian u. L. Kast: Arch. int. Med. **28**, 813 (1921) — Ber. Physiol. **12**, 501.

[10] A. Quinquaud: C. r. Soc. Biol. Paris **88**, 1242 — Chem. Zbl. **1923 III**, 1495.

[11] K. Tashiro: Tohoku J. exper. med. **7**, 221 (1926) — Ber. Physiol. **38**, 415.

[12] E. Ch. Dodds, W. Lawson u. J. C. Mottram: Biochemic. J. **19**, 750 (1925) — Chem. Zbl. **1926 II**, 1072.

[13] T. Addis u. D. R. Drury: Proc. Soc. exper. Biol. a. Med. **18**, 38 (1921) — Chem. Zbl. **1922 I**, 1253.

[14] Möller, Eggert, McIntosh: J. clin. Invest. **6**, 427 (1928) — Ber. Physiol. **49**, 654 (1929).

maß, daß das Blut harnstoffärmer wird[1]. Die von Cathcart, Addis und Barnet nach intravenöser Harnstoffinjektion beobachtete Steigerung des Blutharnstoffs steht im Widerspruch zu den Anschauungen Przyleckis[2]. Bei Konzentrationen unter 2 mg% Harnstoff im Blut steigt Ammoniak nicht an, bei 7—8 mg% wird dagegen der 10fache Betrag der Norm (ca. 4—6 mg% Ammoniak) im Froschversuch gefunden. Harnstoff hindert die Synthese aus Ammoniak und ist keine Ammoniakquelle. Im Organbrei von Warmblütern geht die Harnstoffsynthese aus Ammonium-carbonat in Gegenwart nicht zu großer Harnstoffmengen mit unveränderter Geschwindigkeit weiter. Erst über 7—9 mg% sinkt sie proportional der vergrößerten Harnstoffkonzentration[2].

Bei infektiösen Zuständen ist der Harnstoffgehalt des Kaninchenserums bis zum 7fachen des Normalgehalts (0,855—0,980 g pro Liter) gesteigert. Im Pferdeimmunserum gegen eine Reihe von Infektionskrankheiten sollen pro Liter 0,28 g, bei Antipest- und antihistolytischem Serum 0,6 g Harnstoff enthalten sein. Der Gehalt des Kaninchenserums wird durch Adrenalininjektion auf 0,6—0,8 g/l, durch subcutane Inokulation von Nebennierensubstanz in einem Falle bis auf 1,2 g/l erhöht. Auch der Gehalt der Leber erhöht sich, sogar in vitro zeigte Lebersubstanz nach dieser Inokulation sehr geringer Mengen bis auf das Doppelte erhöhten Harnstoffgehalt[3]. Nach der Methode von Fosse wurde bei Infektionen der Blutharnstoff erhöht gefunden. Nach Injektion von Heilseren steig er beim Kaninchen an. Ebenso führte die Injektion von Nebennierensubstanz zu einer Erhöhung des Blutharnstoffspiegels[4]. H. W. Louria[5] fand in Fällen von akutem Darmverschluß den Gehalt im Blut zwischen 54 und 170 mg pro 100 ccm. Bei Lues cerebrospinalis beobachtet man leichte Steigerung des Harnstoffgehalts im Liquor cer. Das Verhältnis zum Gehalt des Blutes steigert sich dabei[6]. Der Gehalt des Blutes an Harnstoff zeigte bei Diabetikern, bei Nephrosen und Nephrosklerosen etwa normale Werte. Unter 7 Kranken (Nephritis) war nur bei einem eine Erhöhung zu finden[7].

Nach intravenöser Injektion von Adrenalinhydrochlorid enthielt das Serum von Kaninchen eine erhöhte Menge von Harnstoff. Auch das Lebergewebe zeigte eine Zunahme daran. Die Vermutung einer Hemmung der Ureasewirkung durch das Adrenalin wird durch in vitro-Nachweis wahrscheinlich gemacht[8]. Injiziert man einem gesunden Hunde Pankreasextrakt, so findet eine merkliche Verminderung des Blutzuckers, der Harnstoffmenge im Blut und im Urin statt[9]. Dagegen steigt der Blutspiegel an Harnstoff beim Kaninchen, wenn man Stoffe injiziert, die eine Beziehung zur Absonderung des Adrenalins haben, wie Lecithin, Cholesterin, Nicotin, Chinin und Morphin. Ebenso wirken kolloidales Silber, Harnstoff, Chloral und Äther[10]. 30—50 mg Guanidinhydrochlorid pro Kilogramm Kaninchen senken, 150 mg erhöhen die Blutkonzentration an Harnstoff[11].

Insulin ist ohne Wirkung auf den Blutharnstoff[12]. Auch bei nüchternem Hunde bewirkt die Injektion von Insulin keine Änderung[13].

Die Konzentration im Blut stieg beim Kaninchen langsam an, wenn das Tier hungerte oder ihm das Wasser entzogen wurde. Auch intravenöse Zuckerinfusionen und Fasten wirken in dieser Richtung[14]. Während des Fastens nimmt nach Versuchen an Hunden der Harnstoffstickstoff des Blutes in der Regel schon im frühen Hungerstadium zu und bleibt auf mehr

---

[1] M. Landsberg u. H. Gnoinski: C. r. Soc. Biol. Paris **93**, 787 (1925) — Chem. Zbl. **1926 I**, 1841.
[2] St. J. Przylecki: Arch. internat. Physiol. **25**, 45 (1925) — Ber. Physiol. **34**, 347.
[3] A. Marie: Ann. Inst. Pasteur **36**, 820 — Chem. Zbl. **1923 I**, 987.
[4] A. Marie: C. r. Soc. Biol. Paris **86**, 772 — Chem. Zbl. **1922 III**, 300.
[5] H. W. Louria: Arch. int. Med. **27**, 620 (1921) — ausführl. Ref. Ber. Physiol. **9**, 414.
[6] G. Eggerer-Seham u. C. E. Nixon: Arch. int. Med. **28**, 561 (1921) — Ber. Physiol. **12**, 103.
[7] H. F. Host u. R. Hatlehol: Norsk. Mag. Laegevidensk. **83**, 1 — Ber. Physiol. **13**, 323.
[8] A. Marie: C. r. Soc. Biol. Paris **86**, 998 — Chem. Zbl. **1922 III**, 935.
[9] Paulesco: C. r. Soc. Biol. Paris **85**, 559 (1921) — Chem. Zbl. **1922 I**, 65.
[10] A. Marie: C. r. Soc. Biol. Paris **87**, 10 (1922) — Chem. Zbl. **1923 I**, 614.
[11] K. Tashiro: Tohoku J. exper. Med. **7**, 268 (1926) — Ber. Physiol. **38**, 416.
[12] Ch. E. Bruton: Quart. J. Med. **18**, 241 — Ber. Physiol. **33**, 130 (1925).
[13] P. Mazzocco u. V. Morera: Rev. Asoc. méd. argent. **37**, 60 (1924) — Ber. Physiol. **35**, 483.
[14] L. L. Mackay u. E. M. Mackay: Amer. J. Physiol. **70**, 394 (1924) — Chem. Zbl. **1925 I**, 686.

oder weniger fester Höhe, bis im letzten Stadium neues und weit größeres Anwachsen erfolgt. Bei Vorenthaltung von Wasser findet keine qualitative Veränderung, sondern quantitative Steigerung statt. Bei wiederholten Hungerperioden können die Veränderungen weniger ausgesprochen auftreten oder ganz ausbleiben. Wird nach längerer Hungerperiode wieder gefüttert, so nimmt schon in den ersten Tagen der Harnstoffstickstoff schnell ab, um nach 35- bis 45 proz. Gewichtszunahme wieder zu steigen mit der Neigung, den ursprünglichen Wert der Vorhungerperiode wieder zu erreichen[1]. Der Gehalt steigt beim Meerschweinchen, bei Wegfall von Vitaminfaktor C von 0,38 g (normaler Durchschnitt) vom 12. Tage an bis auf 0,80 g pro 1000 ccm[2]. Unverändert bleibt er bei der Allgemeinnarkose durch „Somnifen"[3]. Noch 24 Stunden nach der Äthernarkose wurde beim Hund eine Erhöhung des Blutharnstoffs festgestellt[4]. Nach Histidinzufuhr bei Kaninchen war der Blutharnstoff im Gegensatz zu andern Aminosäuren von spezifisch-dynamischer Wirkung nach 6 Stunden nicht erhöht[5]. Vermehrt fand er sich, wenn durch wiederholte intravenöse Injektionen von Histamin hervorgerufene shockartige Zustände von 3—5stündiger Dauer aufgetreten waren[6].

Nach Totalexstirpation beider Nebennieren oder nach Exstirpation je einer Nebenniere in einem Zwischenraum von 10 Tagen bis 6 Wochen bei Hunden wurden im Blut für Harnstoff normale Werte gefunden[7]. Bei entmilzten Hunden zeigte der Blutharnstoff in der ersten Zeit eine Verminderung, nach 6 Monaten wieder normale Werte[8]. Bei Hunden mit experimentellem Pylorusverschluß wurde in einzelnen Fällen auch Steigerung des Harnstoffgehalts im Vollblut beobachtet[9].

Während der Resorption von Eiweißverdauungsprodukten bei Ernährung von Hunden mit Fleisch oder „Dryco" (eiweißfreie, synthetische Nahrung) nimmt der Harnstoff im Aderblut oft früher zu als der Aminosäurestickstoff, besonders nach einer Hungerperiode. Gleichfalls spricht für die Bildung des Harnstoffs in der Leber, daß bei entsprechenden Versuchen an Hunden mit Eckscher Fistel die Harnstoffkonzentration des Blutes ungewöhnlich nieder, der Aminosäurestickstoffgehalt dagegen völlig normal gefunden wurde[10]. Der Harnstoffstickstoff macht ungefähr die Hälfte des Gesamtstickstoffs im eiweißfreien Blutserum aus[11]. Die absolute Menge im Blut sinkt mit dem Gesamtreststickstoff. Beim Absinken ermäßigt sich der Anteil des Harnstoffs stärker als der der andern Komponenten[12]. Über den quantitativen Vergleich der Gesamteiweißmenge und des Harnstoffs im Blutserum vgl. Lit.[13].

Zum Vergleich der Diffundierbarkeit des Harnstoffs mit der der Harnsäure wurde von A. Chauffard, P. Brodin und A. Grigaut[14] mitgeteilt, daß in Ascites- und Pleuraflüssigkeiten beide in gleichem Verhältnis eintreten, in welchem sie sich im Blute finden, während in die Rückenmarksflüssigkeit nur sehr wenig Harnsäure übergeht. Bei akuten Nephritiden, wo Retention im Vordergrund steht, geht dem Blutharnstoffanstieg eine Vermehrung der Blutharnsäure voraus[15].

Blut- und Speichelharnstoffgehalt sind annähernd stets gleich. Bei Nierenerkrankungen nehmen beide zu[16]. Menschlicher Speichel, auf normalem Wege gewonnen, lieferte nach Hypobromittitration höhere Werte als Menschenblut. Dagegen war es bei tierischem Speichel,

---

[1] S. Morgulis u. A. C. Edwards: Amer. J. Physiol. **68**, 477 — Chem. Zbl. **1924 II**, 1221.
[2] L. Randoin u. A. Michaix: C. r. Acad. Sci. Paris **180**, 1063 — Chem. Zbl. **1925 II**, 689.
[3] Ginesty, Lassalle u. P. Mériel: C. r. Soc. Biol. Paris **91**, 1399 (1924) — Chem. Zbl. **1925 I**, 1225.
[4] H. V. Atkinson u. H. N. Ets: J. of biol. Chem. **52**, 5 — Chem. Zbl. **1922 II**, 1095.
[5] T. N. Seth u. J. M. Luck: Biochemic. J. **19**, 366 — Chem. Zbl. **1925 II**, 2001.
[6] H. Hashimoto: J. of Pharmacol. **25**, 381 — Chem. Zbl. **1925 II**, 939.
[7] F. G. Banting u. S. Gairns: Amer. J. Physiol. **77**, 100 — Chem. Zbl. **1926 II**, 1866.
[8] S. Marino: Atti Accad. Lincei Roma [5] **31**, II, 126 (1922) — Chem. Zbl. **1923 I**, 1376.
[9] A. R. Felty u. N. A. Murray jr.: J. of. biol. Chem. **57**, 573 — Chem. Zbl. **1923 III**, 1628.
[10] S. Morgulis u. Mitarbeiter: J. of biol. Chem. **66**, 353 (1925) — Chem. Zbl. **1926 I**, 2594.
[11] F. Widal u. M. Laudat: C. r. Soc. Biol. Paris **95**, 1233 (1926) — Chem. Zbl. **1927 I**, 1333.
[12] F. S. Hammett: Proc path. Soc. Philad. **23**, 23 (1921) — Chem. Zbl. **1922 III**, 581.
[13] E. Peyre: C. r. Soc. Biol. Paris **98**, 96 (1928).
[14] A. Chauffard, P. Brodin u. A. Grigaut: C. r. Soc. Biol. Paris **86**, 355 — Chem. Zbl. **1922 I**, 840.
[15] E. Krauß: Dtsch. Arch. klin. Med. **138**, 340 — Ber. Physiol. **13**, 103 (1921). — Vgl. auch C. Myers: Proc. N. Y. path. Soc. **21**, 25 (1921) — Ber. Physiol. **13**, 327 (1921).
[16] F. W. Schluz u. M. R. Ziegler: Amer. J. Dis. Childr. **31**, 520 — Ber. Physiol. **37**, 36 (1926).

der allerdings durch Alkaloidverabreichung (Verdünnung) gewonnen worden war, gerade umgekehrt[1].

Nach Versuchen mit Fistelhunden wurde festgestellt, daß die Leber fortwährend Harnstoff in den Blutkreislauf ausscheidet, und zwar während der Verdauung $2^{1}/_{2}$ mal so viel als bei nüchternem Magen. Auch die Pankreasdrüse bildet Harnstoff, aber in kleinerer Menge. Bei Milz und Muskeln konnten die Beziehungen zum Harnstoff nicht einwandfrei festgestellt werden. Die Bildung in der Leber kann nicht einfach aus der Umwandlung von Eiweißderivaten erklärt werden, man muß sie als inneren Sekretionsprozeß auffassen. Arginin und Tyrosin hemmen die Harnstoffbildung, Wittepepton ist indifferent, Cystin steigert kaum, Alanin und Cystin fördern am meisten unter den Aminosäuren, aber Ammoniumcarbonat steigert sie noch mehr. — Außer der Niere entnimmt die Darmwand Harnstoff aus dem Blute[2]. Bei gewissen pathologischen Zuständen der Leber, ausgesprochen bei atrophischer Cirrhose, bei luetischer Hepatitis und bei Icterus catarrhalis — nicht bei einfachem Stauungsicterus — ist die Synthese eingeführter Ammoniumsalze zu Harnstoff verlangsamt[3]. Die Ergebnisse Richets, daß die Leber nach 20 minutigem Erwärmen auf 100° die Fähigkeit, Harnstoff zu bilden, verliert, werden von Fosse und Rouchelman[4] bestätigt. Die durch Harnstoff an der isoliert durchströmten Leber geleistete osmotische Arbeit besteht unverändert fort, trotz Zusatz von Kaliumcyanid in $^{1}/_{1000} - ^{1}/_{2000}$ molarer Konzentration; während $^{1}/_{500}$ bereits stört[5]. Bei Uranvergiftung ist die synthetische Bildung von Harnstoff aus Ammoniak in der Leber gestört[6].

Harnstoff wirkt in jeder Konzentration hämolytisch; die Hämolyse hängt nicht ausschließlich von der Molekularkonzentration ab[7]. Die vom osmotischen Druck unabhängige Wirkung wurde durch Kochsalz gehemmt, und zwar bei Konzentrationen, die weit über die für normale und pathologische Verhältnisse geltenden osmotischen Drucke liegen[8]. Beim Huhn wird die Hämolyse durch Gegenwart von Harnstoff nicht beeinflußt. Erythrocyten von Scyllium halten sich dagegen 5 Tage in einer Lösung, die im Liter nur $76{,}62 \cdot 10^{-3}$ Mol. Natriumchlorid und $1015{,}29 \cdot 10^{-3}$ Mol. Harnstoff enthält, doch kann auch hier der letztere das Kochsalz nicht vollständig ersetzen[9].

Der Harnstoff ruft weder am Mesenterium des Frosches noch bei der Maus nach intraperitonealer Injektion von 0,25 ccm 1 proz. Lösung eine Entzündung hervor[10]. Beim Hund mit von der Zirkulation ausgeschlossenen Nieren fand man den in das Blut injizierten Harnstoff zuerst im Speichel, in der Cerebrospinalflüssigkeit, ziemlich früh auch im Pankreassaft, in der Galle, sehr schnell dann auch in der Lymphe auf[11]. Bei der Durchströmung der isolierten Grundniere verursachte die Injektion geringer Harnstoffmengen eine kurzdauernde Kontraktion der Nierengefäße, die von einer etwa gleich lange während Erweiterung gefolgt wurde. Dauernde Durchströmung mit der Lösung geringer Konzentration bewirkt nur eine Verengung der Gefäße. Die Viscosität des Gesamtblutes wie die des Harns ist durch die Injektion stark herabgesetzt[12].

Harnstoff verminderte bei chronischer subcutaner Zufuhr die Erythrocytenzahl beim Kaninchen[13]. Bei der gleichen Tierart können schon 1—2 g pro Kilogramm schwere Vergiftungserscheinungen und Tod (namentlich bei reduziertem Ernährungszustand) hervorrufen (sofort oder erst nach Stunden[14]).

Bei Beobachtungen von Ratten im „Irrgarten" konnte nach Injektion von Harnstoff keine Wirkung festgestellt werden[15].

---

[1] R. Vladesco: C. r. Soc. Biol. Paris **99**, 434 — Chem. Zbl. **1928 II**, 1895.
[2] E. S. London, N. Kotschneff, A. Cholopoff, T. S. Abaschidze u. A. K. Alexandry: Pflügers Arch. **219**, 238 — Chem. Zbl. **1928 I**, 2962.
[3] G. Hetényi: Dtsch. Arch. klin. Med. **138**, 193 — Ber. Physiol. **12**, 377.
[4] R. Fosse u. N. Rouchelman: C. r. Soc. Biol. Paris **86**, 182 (1921) — Chem. Zbl. **1922 I**, 651.
[5] E. David: Pflügers Arch. **208**, 146 — Chem. Zbl. **1925 II**, 949.
[6] M. Hara: Mitt. med. Fak. Tokyo **30**, 463, 517 (1923) — Ber. Physiol. **30**, 297.
[7] Ch. Achard: C. r. Soc. Biol. Paris **88**, 1279 (1923) — Chem. Zbl. **1924 I**, 929.
[8] Ch. Achard u. J. Monzon: C. r. Soc. Biol. Paris **89**, 69 (1923) — Chem. Zbl. **1924 I**, 929.
[9] A. Roncato: Arch. di Sci. biol. **5**, 44 (1923) — Ber. Physiol. **24**, 466 (1924).
[10] E. P. Wolf: J. of exper. Med. **37**, 511 — Chem. Zbl. **1923 III**, 414.
[11] C.-T. Rietti: C. r. Soc. Biol. Paris **97**, 1038 (1927) — Chem. Zbl. **1928 I**, 373.
[12] K. Horiuchi: Pflügers Arch. **205**, 275 — Chem. Zbl. **1924 II**, 2771.
[13] S. Leites: Z. exper. Med. **40**, 52 — Chem. Zbl. **1924 II**, 197.
[14] E. Becher: Zbl. inn. Med. **45**, 229 — Chem. Zbl. **1924 II**, 81.
[15] D. J. Macht: J. of Pharmacol. **22**, 117 (1923) — Chem. Zbl. **1924 I**, 572.

Auf die einzelnen Abteilungen des isolierten Herzens der Kröte oder Schildkröte wirkt Harnstoff in Lösungen von 0,1—1% erregend, bei 2% verstärkt er noch die Muskeltätigkeit von Sinus und Vorhof, hebt aber die der Kammer auf, die in Systole stehen bleibt. Die bei höherem venösem Druck bedeutendere Wirkung wird auf direkte Beeinflussung der Muskulatur zurückgeführt, da sie an atropinisierten Herzen ebenso stark auftritt wie am nicotinisierten[1].

Harnstoffinjektionen bewirken eine hohe mechanische Erregbarkeit der Muskeln, eine höhere Erregbarkeit durch elektrische Reize und eine vermehrte Dehnbarkeit, während die maximale Arbeitsleistung unverändert bleibt. Der Ammoniakgehalt der mit Harnstoff vergifteten Muskeln war auf das doppelte der Norm gestiegen. Der Sauerstoffverbrauch der Muskeln wird durch Harnstoff in der Weise beeinflußt, daß kleinere Dosen steigernd, größere hemmend wirken[2].

Nach Einbringung in die Bowmansche Kapsel des Clomerulus findet er sich in den Tubuluszellen in ebensolchen Mengen, wie wenn er in großen Mengen ins Blut injiziert wird. (Ein Befund in jenen Zellen ist also kein Beweis für die Ausscheidung durch dieselben[3].)

Bei durch Urethan narkotisierten Kaninchen bewirken 30 ccm einer isotonischen Harnstofflösung Abnahme der Zuckerkonzentration und der Gesamtzuckermenge im Harn. Je stärker die Diurese, um so stärker die Zuckerabnahme[4].

Harnstoff und sein Acetat, nicht das Sulfat, wirken quellungssteigernd auf die menschliche Haut im Säuglingsalter, wie an Modellversuchen mit nichtchromiertem Hautpulver festgestellt wurde[5].

In feinverteilter Form dem Organismus zugeführt, wird er nicht wieder vollständig ausgeschieden. Unter gleichen Bedingungen ist die Retention über eine 12stündige Periode für Harnstoff, Kochsalz, Ammoniumcarbonat und Ammoniumcitrat gleich groß. Die Form, in der der zugeführte Ammoniakstickstoff ausgeschieden wird, hängt nicht davon ab, ob er als Ammoniak oder als Harnstoff zugeführt wurde, sondern vom Säurebasengleichgewicht des Körpers[6].

Harnstoffvergiftungen an Fröschen erhöhen die mechanische und elektrische Erregbarkeit der Muskeln vom Nerven aus, während die direkte Erregbarkeit nicht verändert wird. Curare hebt diese Wirkung auf[7].

Harnstofflösungen behindern die Vereinigung des Komplements mit dem Amboceptor-Zellkomplex, nicht die Vereinung von Zelle und Amboceptor. Jene Behinderung ist für die von verschiedenen Spendern stammenden Komplemente quantitativ verschieden, am stärksten bei Menschen-, am schwächsten bei Meerschweinchenkomplement. Intravenöse Injektion wirkt beim Kaninchen leicht harntreibend, aber nicht komplementverhindernd. Wiederholte Injektionen führen zu Leukopenie mit folgender Leukocytose und Komplementverarmung[8].

Bei normalen Hunden zeigte der Kaliumspiegel bei Zufuhr größerer Mengen Harnstoff (in Wasser mit Magenschlauch) nur geringe Schwankungen, beim niereninsuffizienten Tier aber stieg er allmählich an, erreichte nach 8—10 Stunden im allgemeinen ein Maximum bei 100 mg% und kehrte nach 24 Stunden auf die Norm zurück. Der Calciumspiegel hingegen stieg beim normalen Hund an und hielt sich längere Zeit auf einem höheren Niveau, während er beim niereninsuffizienten Tier keine starken Änderungen aufwies[9].

Harnstoff beschleunigt die Diazoreaktion gallenfarbstoffhaltiger Seren nicht wie andere Diuretica aus der Klasse des Coffeins und der entquellenden Elektrolyte[10].

Bei kardialem Hydrops ist mit Harnstoff (20—30 g pro die) die schonendste Entwässerung zu erzielen[11]. Bei Tetanus wurde in der Rückenmarksflüssigkeit eine Vermehrung des Zuckers

---

[1] D. Maestrini: Arch. di Fisiol. **21**, 27 (1923) — Ber. Physiol. **22**, 106 (1924).
[2] E. Gabbe: Verh. physik.-med. Ges. Würzburg **51**, 111 (1926) — Ber. Physiol. **41**, 204.
[3] J. M. Hayman jr. u. A. N. Richards: Amer. J. Physiol. **79**, 149 (1926) — Chem. Zbl. **1927 I**, 1038.
[4] E. J. Conway: J. of Physiol. **58**, 234 (1923) — Chem. Zbl. **1924 I**, 1690.
[5] F. Loebenstein: Kolloid-Z. **35**, 345 (1924) — Chem. Zbl. **1925 I**, 2540.
[6] E. F. Adolph: Amer. J. Physiol. **71**, 355 — Chem. Zbl. **1925 I**, 1757.
[7] E. Gabbe u. R. Hofer: Arch. f. exper. Path. **131**, 92 — Chem. Zbl. **1928 II**, 1008.
[8] N. P. Sherwood: J. inf. Dis. **31**, 252 (1922) — Chem. Zbl. **1923 III**, 165.
[9] R. E. Mark u. E. Kohl-Egger: Zbl. inn. Med. **48**, 578 — Chem. Zbl. **1927 II**, 710.
[10] E. Adler u. L. Strauß: Z. exper. Med. **44**, 43 (1924) — Chem. Zbl. **1925 I**, 981.
[11] G. Stroomann: Ther. Gegenw. **68**, 152 — Chem. Zbl. **1927 I**, 2927.

ohne eine solche von Albumin und Harnstoff angetroffen[1]. Salzsaurer Harnstoff kann Emulsionen des Tollwutgiftes nicht unschädlich machen[2].

Die Batrachier halten den Harnstoff in auffallendem Maße zurück[3].

Ratten zeigten 1—2 Stunden nach Insulininjektion einen höheren Harnstoffgehalt und einen äquivalent erniedrigten Aminostickstoffgehalt[4].

Subcutane Adrenalininjektionen sollen nach Versuchen von Brell die Bildung von Harnstoff im Organismus fördern[5].

Bei der Synthese von Glykokoll und Glutamin im menschlichen Organismus (?) wurde ein Absinken des Harnstoffstickstoffs von 75% bis auf 28% (an einem Tag bis auf 12%) des Gesamtstickstoffs beobachtet[6].

Nach Beobachtungen am freigelegten Darm narkotisierter Hunde sinkt in hypertonischen Lösungen mit dem Grad der Resorption die Konzentration, bei hypotonischen aber treten Unterschiede auf. Während Kochsalz, Natriumsulfat, Glucose, Glykokoll und Alanin konzentriert werden, ist dies bei Alkohol und Harnstoff nicht der Fall[7]. Letztere haben also, wie bei der Niere, auch im Darm keine Schwelle für die Resorption.

Die früher festgestellte[8] Hemmung der Harnstoffbildung bei der Autolyse durch Sauerstoff wird bestätigt. Dieser wirkt auf die Gewebsenzyme nur in dem Sinne einer Verringerung der Geschwindigkeit; bei der Autolyse, wo noch andere Faktoren dazukommen (Änderung der p_H, Anhäufung von Aminosäuren usw.), kann auch die Gesamtmenge des gebildeten Harnstoffs verringert werden[9]. Für die Entstehung bei der Autolyse verschiedener Organe soll keinesfalls die Arginase allein in Betracht kommen, sondern hauptsächlich ein bisher unbekanntes Enzym, das sich in Milz, Leber und Niere befindet, in neutraler wirksamer als in saurer Lösung sein und bei $p_H = 5$ anscheinend mehr oder weniger schnell inaktiviert und durch Sauerstoff gehemmt werden soll. Sein Substrat scheint Arginin und noch eine Verbindung desselben zu sein, aber eine Substanz, die durch saure Hydrolyse fast völlig zerstört wird[8]. Die Veränderung im Ammoniak- und Harnstoffgehalt bei der aseptischen Autolyse sind keinerlei erkennbaren Gesetzmäßigkeiten unterworfen. Der Harnstoff kann sich dabei vermehren, die Bildung wird durch Casein-, Pepton- und Glykokollzusatz zu Nierengewebe gefördert[10]. Bei einer 1—4 tägigen Autolyse von Hundenierenbrei bei 38° allein und unter Zusatz von Harnstoff, Ammoniumchlorid, Glykokoll oder einer Mischung von Casein, Wittepepton und Glykokoll, wurde eine Ammoniakzunahme bei $p_H = 5{,}2 — 9{,}4$ festgestellt, wobei es gleich war, in welchem Verdauungsstadium der Hund sich befand. Beziehungen zwischen Harnstoffzusatz und Ammoniakgehalt waren nicht feststellbar. — Nach Zusatz erfolgte enzymatische Abnahme des Harnstoffs ohne entsprechender Ammoniakzunahme. — Nach Ammoniumchloridzusatz erfolgte Ammoniakschwund ohne entsprechender Harnstoffzunahme. Nach Glykokolloder Zusatz von Verdauungsprodukten war geringe Bildung von Harnstoff und Ammoniak zu beobachten. Es entsteht also auch Harnstoff außerhalb der Leber[11].

Unter normaler Verfütterung mit geformter Nahrung in Lösung verabreicht, hebt er bei Froschkaulquappen den wachstumsteigernden Einfluß von Rohrzucker nicht nur auf, sondern überkompensiert ihn sogar durch eine noch stärkere Wachstumshemmung[12]. Während junge Kaulquappen Harnstoff assimilieren und in Gegenwart von Kohlehydraten nicht nur energetisch, sondern auch zum Aufbau der Körpersubstanz verwenden können, zeigt er sich bei erwachsenen Tieren im Gegensatz hierzu als Stimulans der Substanzzersetzung, der Dissimilation[13]. Eine Bestätigung lieferten die Beobachtungen von Podhradsky[14].

---

[1] J. Sabrazès, P. Flye Sainte Marie u. R. de Grailly: C. r. Soc. Biol. Paris **91**, 1407 (1924) — Chem. Zbl. **1925 I**, 1221.

[2] M. J. Harkins: J. amer. med. Assoc. **84**, 1797 (1925) — Ber. Physiol. **33**, 240.

[3] A. Schwartz: C. r. Soc. Biol. Paris **98**, 1552 — Chem. Zbl. **1928 II**, 1585.

[4] V. C. Kiech u. J. M. Luck: J. of biol. Chem. **78**, 257 — Chem. Zbl. **1828 II**, 1455.

[5] J. Brell: C. r. Soc. Biol. Paris **85**, 1057 (1921) — Chem. Zbl. **1922 I**, 654.

[6] G. J. Shiple u. C. P. Sherwin: J. amer. chem. Soc. **44**, 618 (1922) — Chem. Zbl. **1922 III**, 933.

[7] Ch. Achard u. A. Leblanc: C. r. Soc. Biol. Paris **89**, 302 — Chem. Zbl. **1923 III**, 1240.

[8] R. A. McCance: Biochemic. J. **18**, 486 — Chem. Zbl. **1924 II**, 1223.

[9] R. A. McCance: Biochemic. J. **19**, 134 — Chem. Zbl. **1925 I**, 2091.

[10] C. Artom: Arch. internat. Physiol. **26**, 389 — Chem. Zbl. **1926 II**, 1975 — vgl. Ambard u. Schmid: Arch. Mal. Reins **1**, 196 — Chem. Zbl. **1926 I**, 1384.

[11] C. Artom: Bull. Soc. biol. sper. **1**, 120 (1926) — Ber. Physiol. **37**, 630.

[12] J. Křiženecký u. J. Podhradský: Pflügers Arch. **204**, 471 — Chem. Zbl. **1924 II**, 1706.

[13] J. Křiženecký u. J. Podhradský: Pflügers Arch. **204**, 1 — Chem. Zbl. **1924 II**, 1001.

[14] J. Podhradský: Sborn. výsché školy zemědělské **1925 I** — Ber. Physiol. **36**, 272.

Fische, Amphibien und Säugetiere bauen Harnstoff ausschließlich über das Allantoin ab. Die „Sauropsiden" (Fische und Vögel) können Harnstoff nicht abbauen, können ihn aber nach dem Schema von Wiener[1] synthetisieren, ohne daß dabei die Reaktion über das Allantoin geht[2].

Fütterungsversuche bei Milchtieren (Schaf und Ziegen), bei denen an Stelle von Eiweiß zum Teil Harnstoff gegeben wurde, ergaben in Bestätigung früherer Versuche[3] eine gehaltreichere, besonders fettreiche Milch, doch war der Gesamtertrag etwas erniedrigt[4]. An späteren erweiterten Versuchen konnten es dieselben Autoren[5] bestätigen, während Honcamp[6] zunächst an Hammeln und Kühen ebenfalls bestätigend das Eiweiß im Futter zu 30—40% durch Harnstoff ersetzen konnte, was er bei Mitteilung weiterer Versuche insofern unterstützt, als er sagt, daß Harnstoff bei Wiederkäuern unter bestimmten Bedingungen die Rolle des Nahrungseiweißes bei der Milchsekretion in einem gewissen Umfang übernehmen kann[7]. Ferner bestätigt er auch[8] die Ergebnisse von Richardsen und Hansen[9]. Rostafinski[10] weist darauf hin, daß dieser Effekt noch sicherer zu beobachten sei, wenn der Harnstoff trocken verabreicht wird. Vgl. auch die weiteren Befunde von Richardsen und Brinkmann[11]! Paasch[12] jedoch fand, daß bei Ziegen der Harnstoff erniedrigend auf den Fettgehalt der Milch wirke. Er wendet ihn zu 50% an und findet nach Gewöhnung, daß der Eiweißstickstoff dann zu 96,6% unter günstiger Beeinflussung des Körpergewichts ausgenützt wird. Lawrow konnte bei wachsenden Tieren keine Retention beobachten[13]. Nach Versuchen an Ziegen behauptet Ungerer[14] Futtereiweiß könne durch Harnstoff und Glykokoll in seiner vollen Leistungsfähigkeit bezüglich Milchbildung nicht ersetzt werden, diese können nicht als eigentliche Nährstoffe angesprochen werden, vermögen aber als Eiweißsparer zu wirken[14]. Die bei wachsenden Wiederkäuern unter Harnstoffverfütterung beobachteten positiven Stickstoffbilanzen beruhen nach Scheunert und Mitarbeitern[15] ebenfalls nicht auf vermehrter Stickstoffretention, sondern sollen dadurch vorgetäuscht werden, daß der fehlende Ausscheidungs-N durch die Haut abgegeben wurde. Respirations- und Stoffwechselversuche an Hammeln und ein Fütterungsversuch an einem Lamm sprechen dagegen, daß Harnstoff im Wiederkäuermagen zu Bakterieneiweiß aufgebaut wird und dieses dann als Nahrungseiweiß eintritt. Harnstoffütterung erhöht die Rest-N- und Harnstoffmenge im Blut und steigert den Stoffwechsel. Dadurch wird die Ausnützung der stickstoffarmen Kost verbessert[15]. Bei Schweinen konnten etwa 30—40% des Gesamtproteins ohne Schädigung durch Harnstoff ersetzt werden[16].

Bei Fütterungsversuchen an Hammellämmern mit eiweißarmen Rationen, denen einmal Harnstoff, ein andermal Erdnußkuchen beigegeben wurde, war die Verwertung des Proteinstickstoffs des letzteren besser als die des Harnstoffstickstoffs[17].

---

[1] Wiener: Hofmeisters Beitr. **2**.
[2] S. J. Przylecki: Arch. internat. Physiol. **24**, 317 — Chem. Zbl. **1926 II**, 1298.
[3] A. Morgen u. Mitarbeiter: Landw. Versuchsstat. **99**, 1 — Chem. Zbl. **1922 I**, 786.
[4] A. Morgen, C. Windheuser, E. Ohlmer u. G. Schröter: Landw. Versuchsstat. **99**, 359 (1922) — Chem. Zbl. **1923 I**, 484.
[5] A. Morgen, C. Windheuser u. E. Ohlmer: Landw. Versuchsstat. **103**, 1 (1924) — Chem. Zbl. **1925 I**, 279.
[6] F. Honcamp: Z. angew. Chem. **36**, 45 (1923) — Chem. Zbl. **1923 I**, 1143.
[7] F. Honcamp, St. Kondela u. E. Müller: Biochem. Z. **143**, 111 (1923) — Chem. Zbl. **1924 I**, 683.
[8] Richardsen u. Hansen: Landw. Jb. **57**, 141 — Chem. Zbl. **1922 III**, 687.
[9] F. Honcamp, St. Kondela u. E. Müller: Landw. Versuchsstat. **102**, 311 — Chem. Zbl. **1924 II**, 1848.
[10] J. Rostafinski: Roczniki nauk rolniczch **12**, 297 (1924) — Ber. Physiol. **30**, 703.
[11] Richardsen u. Brinkmann: Landw. Ztg. **71**, 325 (1922) — Chem. Zbl. **1923 I**, 180.
[12] E. Paasch: Biochem. Z. **160**, 333 (1925) — Chem. Zbl. **1926 I**, 215.
[13] B. Lawrow, O. Moltschanowa u. A. Ochotnikowa: Biochem. Z. **153**, 71 (1924) — Chem. Zbl. **1925 II**, 59.
[14] E. Ungerer: Biochem. Z. **147**, 275 — Chem. Zbl. **1924 II**, 696.
[15] A. Scheunert, W. Klein u. M. Steuber: Biochem. Z. **133**, 137 (1922) — Chem. Zbl. **1923 III**, 464.
[16] A. Piepenbrock: Fortschr. der Landwirtschaft **2**, Nr. 20, 650 (1927) — Ber. Physiol. **43**, 659 (1928).
[17] W. Völtz, H. Jantzon u. E. Reisch: Landw. Jb. **59**, 321 (1923) — Chem. Zbl. **1924 I**, 1441 — Vgl. Völtz: Biochem. Z. **102**, 151 — Chem. Zbl. **1920 I**, 751.

Gekochte Harnstofflösung hemmt die Nitritbildung durch Schädigung des Wachstums und durch Abschwächung der reduzierenden Wirkung der nitritbildenden Bakterien, wahrscheinlich durch den Gehalt an Ammoniumcyanat (Umlagerung)[1].

Auf die Oxydationsgeschwindigkeit in Gänseerythrocyten wirkt er steigernd durch Vergrößerung der adsorbierenden Oberfläche, ohne selbst verbrannt zu werden.

Eine isotonische Harnstofflösung basischer Farbstoffe vermag die Froschhautmembran auch nach ihrem gründlichen Auswaschen zu passieren.

Physikalische und chemische Eigenschaften: Die Speyerschen Löslichkeitsbestimmungen werden zwischen 0 und $10°$ bestätigt, aber mit zunehmender Temperatur weichen die Werte einer neuen Bestimmung in steigender Differenz nach oben ab. Tabelle im Original[2].

Die röntgenographische Bestimmung der Struktur des tetragonalen skalenoedrischen Harnstoffs ergab die Raumgruppe V_d^3 und die Abmessungen $a = 5,63$; $c = 4,70$ Å mit 2 Molekülen im Elementarparallelepiped. Einem Molekül kommt die Symmetrie C_{2v} zu. Die wahrscheinlichste Lage der C-, O- und N-Atome ist im Original angegeben[3]. Diese Strukturbestimmung wird von Hendricks[4] mit Hilfe von Laue- und Spektralaufnahmen bestätigt. Der Elementarkörper mit 2 $CO(NH_2)_2$ hat $d_{100} = 5,73$ Å (5,63); $d_{001} = 4,77$ Å (4,70); Raumgruppe ist V_d^3; O und C bei O $1/2$ U, $1/2$ O $\bar{U}$; N bei U, $1/2 - U$, V; $1/2 - U$, U, V; $\bar{U}$, $U + 1/2$, V; $U + 1/2$, U, $\bar{V}$. Die wahrscheinlichen Parameter sind: $U_N = 0,13 \pm 0,01$, $V_N = 0,20 \pm 0,02$; $V_C = 0,32 \pm 0,02$ und $V_O = 0,57 \pm 0,03$.

Über die auf Grund des Neumann-Regnauld-Koopschen Gesetzes unter Zuhilfenahme der nach der Einsteinschen Gleichung ermittelten Atomwärmen berechnete Molekularwärme siehe Original[5]!

Über Dampfdruck und Verdünnungswärme von wässerigen Harnstofflösungen[6].

Die Kurve der Dielektrizitätskonstanten für frisch hergestellte Lösungen verläuft etwas flacher als von Harrington[7] angegeben worden ist. Bei stärker verdünnten Lösungen sinkt sie unter den Wert des Wassers[8].

Über Rotationsdispersion der d-Weinsäure in wässeriger gesättigter Harnstofflösung[9].

Messungen der Diffusionsgeschwindigkeit von seinen Lösungen durch getrocknete Kollodiummembranen[10] und die Bestimmung der Permeabilität dieser Membranen[11]. Die „hydrotropische" Wirksamkeit des Harnstoffs wurde gegen Eiweißkörper beliebiger Art, gegen Fette und Lipoide (Lecithin, Gehirnsubstanz, Milchfett), gegen Aufschwemmungen von Organteilen und Mikroorganismen beobachtet. Die durch seinen Zusatz erzielten wässerigen Lösungen sind daher leichter sterilisierbar. Z. B. kann Serum mit einer 50proz. Harnstofflösung gekocht werden, ohne daß Gerinnung erfolgt[12]. Die Quellung von 10proz. Gelatinezylindern in 1-, 2-, 4-, 8-, 16proz. Harnstofflösungen nimmt bei $15-17°$ mit steigender Konzentration zu, im letzten Fall findet vollkommene Auflösung des Gels statt. Eine Lipoid-(Lecithin-)Emulsion in der Gelatine erhöht die Empfindlichkeit gegen die Quellwirkung des Harnstoffs. Ein quellender Einfluß äußert sich sowohl auf der sauern wie auf der alkalischen Seite des isoelektrischen Punktes der Gelatine, ist aber in ihm selbst am stärksten sichtbar. Vermutlich beruht die erhöhte Quellung auf der die Oberflächenspannung vermindernden Wirkung des Harnstoffs[13]. Der Harnstoff fördert die Kupfersulfatfällung der Eiweißstoffe[14] und vermindert den Steifheitsmodul μ ähnlich wie ein Mineralsalz[15]. Beim System Urease-Kohle-Harnstoff ist die Urease fast quantitativ adsorbiert, der Harnstoff dagegen nur zu einem sehr geringen Teil[16].

---

[1] O. Weltmann u. A. Gotzmann: Z. exper. Med. **47**, 369 (1925) — Chem. Zbl. **1926 I**, 713.
[2] L. A. Pinck u. M. A. Kelly: J. amer. chem. Soc. **47**, 2170.
[3] H. Mark u. K. Weißenberg: Z. Physik **16**, 1 — Chem. Zbl. **1923 III**, 613.
[4] St. B. Hendricks: J. amer. chem. Soc. **50**, 2455 — Chem. Zbl. **1928 II**, 2098.
[5] E. O. Salant: Proc. National Acad. Soc. Washington **11**, 227 — Chem. Zbl. **1925 II**, 457.
[6] E. Ph. Perman u. T. Lovett: Trans. Faraday Soc. **22**, 1 — Chem. Zbl. **1926 II**, 716.
[7] Harrington: Physic. Rev. **8**, 581 (1916).
[8] P. Walden u. O. Werner: Z. physik. Chem. **129**, 405 (1927) — Chem. Zbl. **1928 I**, 476.
[9] R. Lucas: Ann. Physique [10] **9**, 381 — Chem. Zbl. **1928 II**, 1187.
[10] A. Fujita: Biochem. Z. **170**, 18 — Chem. Zbl. **1926 I**, 3129.
[11] R. Collander: Soc. Sci. Fennica. Commentationes biol. **1926**, 48 — Chem. Zbl. **1926 II**, 720.
[12] E. Kohlshorn: D.R.P. 341607, Kl. 12o (1916, 1921) — Chem. Zbl. **1921 IV**, 1177.
[13] F. Chodat: Bull. Soc. Chim. biol. Paris **7**, 113 (1925) — Chem. Zbl. **1926 I**, 34.
[14] J. Becka u. A. Šimánek: Biochem. Z. **149**, 150 (1924) — Chem. Zbl. **1925 I**, 69.
[15] F. Michaud: C. r. Acad. Sci. Paris **175**, 1196 (1922) — Chem. Zbl. **1923 I**, 1610.
[16] St. J. Przylecki, H. Niedzwiedzka u. Th. Majewski: Biochemic. J. **21**, 1025 (1927) — Chem. Zbl. **1928 I**, 812 (ausführl. Ref.).

Puschin und König[1] berichten über Beobachtungen der Gleichgewichte in binären Systemen von Harnstoff einerseits und von Trichloressigsäure, Phenol, Resorcin, Hydrochinon, Guajacol, α-Naphthol, Naphthalin oder Diphenyl als zweite Komponente.

Zur Hydrolyse von Harnstofflösungen unter dem Einfluß einer Sterilisation bei 100° oder im Autoklaven (selbst verdünnte Lösungen spalten Ammoniak ab) gibt Janet[2] einige Zahlen an. Durch die Isolierung der Cyansäure wurde nachgewiesen, daß die Zersetzung des Harnstoffs über diese Säure und Ammoniak führt[3]. Davis und Underwood jr.[4] teilen zum Harnstoffabbau weitere Daten mit.

Neutrale Hypobromitlösungen greifen Harnstoff nicht an. Werner[5] schließt daraus, daß unter dem Einfluß von Alkali bei der Hypobromitreaktion zunächst Isoharnstoff: $HO-C(:NH) \cdot NH_2$ gebildet wird und erst diese Verbindung der Oxydation zugänglich ist. Es bildet sich $HO-C(:NH) \cdot NHBr$, das nach den folgenden Gleichungen zerfallen kann:

1. $HO-C(:NH) \cdot NHBr + O_2 + NaOH = N_2 + CO_2 + NaBr + 2\,H_2O$.
2. $OH-C(:NH) \cdot NHBr = HOCN$ (bzw. $HNCO$) $+ NH_2Br$.
3. $HO-C(:NH) \cdot NHBr = HBr + -NH \cdot CO \cdot NH-$, welch letzteres entweder nach Schestakow in CO und H_2N-NH_2 zerfällt oder zu N_2, CO und H_2O oxydiert wird. Ferner kann sich Hydrazin bilden aus dem nach 2 entstandenen NH_2Br und NH_3. Ursache dafür, daß die Reaktion zwischen Na-Hypobromit und Harnstoff: $CO(NH_2)_2 + 3\,NaOBr \rightarrow CO_2 + N_2 + 3\,NaBr + 2\,H_2O$, bei einer Umsetzung von höchstens 90% stehen bleibt, soll die Bildung von Na-Cyanat sein. Dessen Menge wächst mit dem Verhältnis NaOBr :NaOH bis zu einer Bromierung von 75%[6].

Harnstoff reagiert mit salpetriger Säure bei Anwesenheit von Eisessig quantitativ[7]. Bei der thermischen Umsetzung mit Mesoxalsäure entstehen Wasser, Kohlensäure, Ammoniak, Kohlenoxyd und oxalursaures Ammonium (keine Oxyacetylendiureincarbonsäure)[8]. Über die Einwirkung von Methylglyoxal[9] und Thiosemicarbazide[10] vgl. die Originale! Gegenüber Chlordioxyd erwies sich Harnstoff als beständig[11].

1-Naphthol-2, 4-dinitro-7-sulfosäure (Flaviansäure) bildet in wässeriger Lösung ein krystallisiertes Salz von der Zusammensetzung $CON_2H_4 + C_{10}H_6O_2N_2S$[12].

Derivate: Bei einem von Moor[13] geschildertem Verfahren wurde aus menschlichem Harn neben krystallinischem Harnstoff eine amorphe, wachsartige, paraffinähnliche Masse mit gleichem Stickstoffgehalt wie Harnstoff erhalten. Gelblich, hygroskopisch; in Wasser, absolutem Alkohol, Methylalkohol und Amylalkohol leicht löslich, in Äther und Chloroform unlöslich. Aus alkoholischer Lösung durch Äther gefällt. Zersetzt sich zwischen 65 und 70° (dunkelt), ist sehr leicht oxydierbar und reduziert Kupferoxyd in alkalischer Lösung. Anscheinend sind saure und basische Gruppen vorhanden. Als charakteristische (?) Reaktion wird die tiefblaue augenblicklich eintretende Färbung (Reduktion!) angegeben beim Versetzen des stark ammoniakalisch gemachten Urins mit fester Phosphorwolframsäure[14].

Glykolyldiharnstoff[15] vom Schmelzp. 158° (?) soll verunreinigtes Hydantoinsäureamid sein und sei demnach aus der Literatur zu streichen[16].

---

[1] N. A. Puschin u. D. König: Sitzgsber. Akad. Wiss. Wien IIb **137**, 75 — Mh. Chem. **49**, 75 — Chem. Zbl. **1928 II**, 1200.

[2] M.-P. Janet: Bull. Soc. Chim. biol. Paris **4**, 289 (1922) — Ber. Physiol. **16**, 501.

[3] W. R. Fearon: Biochemic. J. **17**, 84 — Chem. Zbl. **1923 I**, 1632.

[4] T. L. Davis u. H. W. Underwood jr.: J. amer. chem. Soc. **44**, 2595 (1922) — Chem. Zbl. **1923 I**, 1354.

[5] E. A. Werner: J. chem. Soc. Lond. **121**, 2318 (1922) — Chem. Zbl. **1923 IV**, 564 — Vgl. derselbe: J. chem. Soc. Lond. **117**, 1356 — Chem. Zbl. **1921 I**, 443.

[6] M. B. Donald: J. chem. Soc. Lond. **127**, 2255 (1925) — Chem. Zbl. **1926 I**, 891.

[7] R. H. A. Plimmer: J. chem. Soc. Lond. **127**, 2651 (1925) — Chem. Zbl. **1926 I**, 1650.

[8] H. Biltz u. G. Schiemann: J. prakt. Chem. [2] **113**, 101 — Chem. Zbl. **1926 II**, 1151.

[9] L. Seekles: Rec. Trav. chim. Pays-Bas et Belg. (Amsterd.) **46**, 77 — Chem. Zbl. **1927 I**, 2295.

[10] P. Ch. Guha u. P. Ch. Sen: Quart. J. Ind. chem. Soc. **4**, 43 — Chem. Zbl. **1927 II**, 432.

[11] E. Schmidt u. K. Braunsdorf: Ber. dtsch. chem. Ges. **55**, 1529 — Chem. Zbl. **1922 III**, 521.

[12] A. Kossel u. R. E. Groß: Sitzgsber. Heidelberg. Akad. Wiss. B **1923**, 1, Abh. 1 — Chem. Zbl. **1923 III**, 1151 — Dieselben: Hoppe-Seylers Z. **135**, 167 — Chem. Zbl. **1924 II**, 335.

[13] Wm. O. Moor: Biochem. Z. **143**, 423 — Chem. Zbl. **1924 I**, 1426.

[14] Wm. O. Moor: Biochem. Z. **149**, 575 — Chem. Zbl. **1924 II**, 1701.

[15] Eppinger: Ber. dtsch. chem. Ges. **6**, 291 — Chem. Zbl. **1905 I**, 946.

[16] E. Fromm mit L. Chajkin: Liebigs Ann. **447**, 259 — Chem. Zbl. **1926 II**, 416.

Salze, Molekülverbindungen, Oxy-, Halogen- und Nitroverbindungen.
Dikaliumharnstoff $CON_2H_2K_2$. Durch Einwirkung von Kaliumamid in flüssigem Ammoniak auf Harnstoff[1].
Verbindung mit Calciumnitrat. Herstellungsverfahren[2].
Strontiumderivat (Strontiuran, R. u. O. Weil, Frankfurt a. M.): Konnte postoperative Pneumonien verhüten und bereits bestehende Anschoppungen zum Schwinden bringen. Im Gegensatz zur Calciumspritzung wurden Hitzegefühl, Brechreiz und Schüttelfrost nicht beobachtet[3].
Wismutverbindungen $BiBr_3CO(NH_2)_2CH_3COOH$. Aus 1 Mol. Harnstoff und 1 Mol. Kaliumwismutbromid ($KBiBr_4$) durch Erhitzen in Eisessig. Gelbliche Krystalle[4].
$BiBr_3[CO(NH_2)_2CH_3COOH]_2$. Aus überschüssigem Harnstoff und Kaliumwismutbromid durch Erhitzen in Eisessig. Weiß, amorph, unlöslich[4].
Natriumthiosulfat-Doppelverbindungen. Herstellung[5].
Harnstoffmethylat (?), $CO(NH_2)_2 \cdot CH_3OH$. Beim Bewegen einer übersättigten Lösung von Harnstoff in Methylalkohol von 0° in Krystallen, die bei 19,25° in Harnstoff übergehen (Krystallalkohol!).
Methylolharnstoff (bei der Konservierung von unvergorenem Harn mit Formaldehyd entstehend) wirkt keimverzögernd. Bei Hafer und Rüben trat nach vorhergehender Schädigung eine schnellere Keimung ein. Sein Stickstoff wirkte bei Senf und Hafer wie der des Ammoniumsulfats ertragsteigernd[6].
Dimethylolharnstoff. Aus gleichen Teilen wasserfreiem Formaldehyd und Harnstoff mit Hilfe von wenig Alkali in einem überschüssigen organischen Lösungsmittel. Schmelzpunkt 126°[7]. Ferner bei der Konservierung von unvergorenem Harn mit Formaldehyd entstehend, wirkt keimverzögernd auf die Pflanzenproduktion. Bei Hafer und Rüben trat nach vorhergehender Schädigung eine schnellere Keimung ein. Sein Stickstoff wirkt bei Senf und Hafer nur auf lehmigem Boden ertragsteigernd[6].

Über hochmolekulare **Kondensationsprodukte des Harnstoffs mit Formaldehyd**[8].
Verbindung mit Benzoesäure: Die nach Dessaignes[9] aus der alkoholischen Lösung der Komponenten ausfallende Verbindung (?) $2 CO(NH_2)_2 \cdot C_6H_5 \cdot COOH$ soll zweifelhaft sein, da Harnstoff und Benzoesäure in Alkohol bei 0,25 und 40° nicht reagieren[10].
Tetralinharnstoff, Additionsprodukt von Tetrahydronaphthalin und Harnstoff, wird vom Hundekörper nach Verabreichung von Tetralin ausgeschieden[11].
Harnstofftetrachlorjodid $C_5H_6NCl_4J$. Nadeln vom Schmelzp. 73°. In Wasser äußerst leicht löslich[12].
Hexaharnstoffchromichlorid. Hat die gleiche Wirkung wie die N-freien Komplexe der Chromfettsäureverbindungen. Typ. $[Cr_3\text{-Fettsäure-Rest}_6OH_2]Cl$[13].
Carbonyldiharnstoff $H_2N \cdot CO \cdot NH \cdot CO \cdot NH \cdot CO \cdot NH_2$. Bildung bei der Einwirkung von 10proz. Wasserstoffsuperoxyd auf wässerige Harnsäurelösung, bei Gegenwart von KOH schon bei Zimmertemperatur. Durch verd. Säuren oder Alkalien läßt sich kein Harnstoff abspalten.

---

[1] J. S. Blair: J. amer. chem. Soc. **48**, 96 — Chem. Zbl. **1926 I**, 2327.
[2] C. Bosch: A.P. 1369383; Chem. Zbl. **1917 I**, 150; **1921 IV**, 1000.
[3] E. Herrmann: Münch. med. Wschr. **72**, 424 — Chem. Zbl. **1925 I**, 2320.
[4] A. C. Vournazos: C. r. Acad. Sci. Paris **178**, 2089 — Chem. Zbl. **1924 II**, 663.
[5] H. A. Metz, Laboratories, Inc., G. Metz: A.P. 1538002 (1925, 1926) — Chem. Zbl. **1926 II**, 1160.
[6] E. Blanck u. F. Giesecke: Z. Pflanzenernähg. u. Düngg. A **2**, 393 (1923) — Chem. Zbl. **1924 I**, 1439.
[7] G. Walter: E.P. 284272 (1926, 1928; Ö.Prior. 1925) — Chem. Zbl. **1928 II**, 1383.
[8] H. Scheibler, F. Trostler u. E. Scholz: Z. angew. Chem. **41**, 1305 — Chem. Zbl. **1929 I**, 744.
[9] Dessaignes: Jber. Chemie **1857**, 545.
[10] Y. Osaka u. K. Ando: Mem. Coll. Sci. Kyoto Imp. Univ. **5**, 169 (1921) — Chem. Zbl. **1926 I**, 633.
[11] Umschau **25**, 213—215 (1921).
[12] F. D. Chattaway u. F. L. Garton: J. chem. Soc. Lond. **125**, 183 — Chem. Zbl. **1924 I**, 2710.
[13] F. Külz: Arch. f. exper. Path. **110**, 342 — Chem. Zbl. **1926 II**, 1977.

Er passiert den Warmblüterorganismus unverändert. Aus dem Harn von 2 mit nucleinreicher Kost ernährten Patienten konnte er nicht isoliert werden[1].

Glucoseureidharnstoff $C_7H_{14}O_6N_2 \cdot CH_4ON_2$. Aus Wasser mikroskopisch zugespitzte Nadeln vom Schmelzp. 171—172° $[\alpha]_D = -18,18°$ ($c = 2,5856$). In Wasser leicht, in Methyl- und Äthylalkohol sehr wenig, in Aceton fast nicht, in Äther und Chloroform nicht löslich. Mit Wasser gekocht zersetzlich, Ammoniakabspaltung[2].

Aldehydharnstoff (?) wurde von E. Blanck und F. Preiss[3] auf seine Wirkung als Düngemittel geprüft und als völlig wirkungslos gefunden.

Verbindungen mit Aldehyden zu Kunstmassen unter verschiedenen Bedingungen und Zusätzen[4].

Studien über die Kondensationsprodukte des Harnstoffs mit Formaldehyd[5] ließen folgende Verbindungen als wahrscheinlich erscheinen:

(s.) Monomethylenharnstoff $CO\begin{subarray}{l}\diagup N=CH_2 \\ \diagdown NH_2\end{subarray}$ oder $O=C\begin{subarray}{l}\diagup NH \\ \diagdown NH\end{subarray}CH_2$;

Dihydrat des Methylendimethylharnstoffs $O=C\begin{subarray}{l}\diagup N---CH_3(H_2O) \\ \diagdown N---CH_3(H_2O)\end{subarray}CH_2$

Diäthylen-o-dimethylharnstoff $CO\begin{subarray}{l}\diagup N---CH_3(H_2O) \\ \diagdown N---CH_3(H_2O)\end{subarray}C=CH_2$;

Heptamethylentricarbamid
$$CO\begin{subarray}{l}\diagup NH\cdot CH_2\cdot N\cdot CO\cdot N\cdot CH_2\cdot N\cdot CO\cdot NH_2 \\ ||| \\ CH_2CH_2CH_2 \\ ||| \\ \diagdown NH\cdot CH_2\cdot N\cdot CO\cdot N\cdot CH_2\cdot N\cdot CO\cdot NH_2\end{subarray};$$

Pentamethylendicarbonyltricarbamid (bzw. ein Polymeres) $CO\begin{subarray}{l}\diagup NH\cdot CH_2\cdot CO\cdot CH_2\cdot NH\cdot CO\cdot NH \\ \diagdown NH\cdot CH_2\cdot CO\cdot CH_2\cdot NH\cdot CO\cdot NH\end{subarray}CH_2$;

Heptamethyltetracarbonyltricarbamid (oder ein Polymeres) $CO\begin{subarray}{l}\diagup NH\cdot CH_2\cdot CO\cdot CH_2\cdot CO\cdot CH_2\cdot NH\cdot CO\cdot NH \\ \diagdown NH\cdot CH_2\cdot CO\cdot CH_2\cdot CO\cdot CH_2\cdot NH\cdot CO\cdot NH\end{subarray}CH_2$.

Nähere Angaben finden sich im Original[6].

Oxyharnstoffe. Wahrscheinliche Struktur: $RN = C(OH) \cdot NHOH$ [7].

α-Phenyl-β-oxyharnstoff $C_6H_5NHCONHOH$. Aus Hydroxylamin und Phenylisocyanat. Aus heißem Essigester auf Zusatz von Petroläther mit dem Schmelzp. 140°. Liefert ein grünes Kupfersalz. — **Benzoylester** $C_{14}H_{11}O_3N_2$. Aus Essigester + Ligroin, Schmelzp. 179°. In Alkohol, Aceton und heißem Benzol löslich, in Äther und Petroläther unlöslich. — **Acetylester** $C_9H_{10}O_3N_2$. Aus Benzol + Ligroin, Schmelzp. 121—123°; bei 135° wird Gas abgegeben.

---

[1] A. Schittenhelm u. K. Warnat: Hoppe-Seylers Z. **171**, 174 (1927) — Chem. Zbl. **1928 I**, 220.

[2] A. Hynd: Biochemic. J. **20**, 205 — Chem. Zbl. **1926 I**, 2791.

[3] E. Blanck u. F. Preiss: J. Landw. **69**, 33—49 (1921).

[4] I. G. Farbenindustrie A.-G.: E.P. 259950 und Zus.P. 264466 (1926, 1927; D.Prior. 1926); Chem. Zbl. **1928 I**, 2464 u. II. 1499; Schwz.P. 125011 (1926, 1928). — F. Pollak u. K. Ripper: ÖP. 109532 (1925, 1928). — Kunstharzfabrik Dr. F. Pollak G. m. b. H.: E.P. 261409 (1926, 1927); Ö.Prior. 1925); F.P. 624411 (1926, 1927); Chem. Zbl. **1928 II**, 1499. — Gesellschaft für Chem. Industrie in Basel (übertr. v. A. Gams u. G. Widmer): A.P. 1674199 (1926, 1928; Schwz.Prior. 1925); F.P. 609108, Schwz.P. 114289; A.P. 1676543 (1926, 1928; Schwz.Prior. 1925); Schwz.P. 118725. — Rohm & Haas Co., übertr. von F. Lauter: A.P. 1672848, (1926, 1928); Chem. Zbl. **1928 II**, 1828. — I. G. Farbenindustrie A.-G.: E.P. 261029 (1926; D.Prior. 1925). Chem. Zbl. **1928 II**, 1828. — I. G. Farbenindustrie A.-G.: E.P. 290192 (1928; D.Prior. 1927); F.P. 641420 (1926, 1928; D.Prior. 1925); Chem. Zbl. **1928 II**, 2071. — F. Pollak: Can.P. 228001 (1922, 1923); Chem. Zbl. **1923 IV**, 771. — Isoline Goldschmidt u. O. Neuss: Holl.P. 15567 (1923, 1927; D.Prior. 1922). — Badische Anilin- u. Soda-Fabrik (A. Mittasch u. H. Ramstetter): D.R.P. 409847, Kl. 12o (1922, 1925); Chem. Zbl. **1925 I**, 1910.

[5] Stefano Di Palma: Boll. Chim. Farm. **51**, 76 — Chem. Zbl. **1912 II**, 329.

[6] M. van Laer: Bull. Soc. Chim. Belg. **28**, 381—392 (1919) — Chem. Zbl. **1923 I**, 901.

[7] Ch. D. Hurd u. L. U. Spence: J. amer. chem. Soc. **49**, 266 — Chem. Zbl. **1927 I**, 1434.

In Benzol, Alkohol, Aceton, Essigester löslich, in Tetrachlorkohlenstoff und Äther unlöslich[1].

α, α-**Diphenyl-β-oxyharnstoff** $(C_6H_5)_2NCONHOH$. Aus Diphenylharnstoffchlorid und Hydroxylamin (frei oder in Alkohol). Aus Essigester in Nadeln vom Schmelzp. 134—134,5° (leichte Zersetzung). In Aceton und heißem Alkohol sehr leicht, in kaltem Alkohol, heißem Benzol und heißem Tetrachlorkohlenstoff mäßig löslich, in Petroläther und Wasser unlöslich. Mit Ferrichlorid Purpurfärbung. — **Acetylester** $C_{15}H_{14}O_3N_2$. Aus Essigester + Ligroin in Nadeln vom Schmelzp. 126—127°. In heißem Wasser leicht löslich. — **Benzoylester** $C_{20}H_{16}O_3N_2$. Aus heißem Toluol umkrystallisiert[1].

Chlorharnstoff. Zum Zwecke der Darstellung von Chlorhydrinen gestaltete A. Dedoeuf[2] die Darstellung des Chlorharnstoffs[3] in Lösung (nicht isoliert) wie folgt. Man leitet unter Eiskühlung Chlor in ein Gemenge von 120 g Harnstoff, 60 g Marmor und 60 g Wasser ein bis zu 65 g Gewichtszunahme, verdünnt mit 300 ccm Wasser und filtriert vom Marmor ab. Die Lösung ist etwa 20 proz. (titrimetrisch mit KJ).

Nitroharnstoff. Große Prismen, Schmelzp. 159° (Zers.), verpufft beim Erhitzen. In konzentrierter Schwefelsäure ist er bei Zimmertemperatur stundenlang beständig. Natronlauge zersetzt unter Gasentwicklung. In warmem Alkohol viel leichter als in kaltem löslich; sehr wenig löslich in Chloroform[4]. In Wasser zerfällt Nitroharnstoff in Nitroamid und Cyansäure, und da sich Nitroamid leicht in Stickoxyd und Wasser zersetzt, so kann eine wäßrige Lösung von Nitroharnstoff vorteilhaft bei Synthesen an Stelle von Cyansäure benutzt werden[5].

Alkyl-, Aryl- Acyl- und entsprechende Verbindungen.

Allgemeine Darstellungsverfahren: Aliphatische oder aromatische Amine werden in Dampfform mit Kohlensäure gemischt, durch ein auf Rotglut erhitztes Glasrohr geleitet in Gegenwart von ThO_2 oder Al_2O_3 mit konzentrischer Innenkühlung im durchströmten Rohr[6]. — Monosubstituierte Harnstoffe können in verhältnismäßig guten Ausbeuten (66—88%) erhalten werden, wenn man zu Harnstoff die entsprechenden Amine im Überschuß gibt und Phosphorpentoxyd (zur Ammoniakbindung) zufügt und auf 105—115° erhitzt ($NH_2 \cdot CO \cdot NH_2 \to NH_3 + HN:CO$; $HN:CO + NH_2R' \to NH_2CO \cdot NHR'$)[7]. Di- und tetrasubstituierte Harnstoffe können nach A. Mailhe[8] erhalten werden, wenn man die Dämpfe der Formamide von Arylaminen und N-alkylierten Arylaminen rasch über Nickel bei 380—410° leitet. Sie bilden sich nach dem Schema:

I. $Ar \cdot R \cdot NCOH \to CO + Ar \cdot R \cdot NH$;

II. $Ar \cdot R \cdot NCOH + Ar \cdot R \cdot NH = H_2 + CO(N \cdot Ar \cdot R)_2$ (R auch = H).

Tetrasubstituierte Harnstoffe kann man bequem darstellen, indem man Alkylarylamine in geeigneten organischen Lösungsmitteln (Benzol, Tetrachlorkohlenstoff, Xylol, Solventnaphtha) mit Phosgen behandelt. Dabei gelangt zweckmäßig 1 Mol Phosgen auf 4 Mol des sekundären Amins zur Einwirkung, wobei 2 Mol des letzteren zur Bindung des frei werdenden Chlorwasserstoffs verbraucht werden[9]. Neue Darstellungsverfahren werden noch mitgeteilt für Diaminodiarylharnstoffe und ihre symmetrisch kernsubstituierten Derivate[10], brom-

---

[1] Ch. De Witt Hurd: J. amer. chem. Soc. **45**, 1472 — Chem Zbl. **1923 III**, 1459.
[2] A. Dedoeuf: Bull. Soc. chim. France [4] **31**, 102—108 (1922) — Chem. Zbl. **1922 III**, 40.
[3] Vgl. Béhal u. Dedoeuf: C. r. Acad. Sci. Paris **153**, 681—683 — Chem. Zbl. **1911 II**, 1521.
[4] R. Willstätter u. A. Pfannenstiel: Ber. dtsch. chem. Ges. **59**, 1870 — Chem. Zbl. **1826 II**, 1941. — Vgl. dagegen Thiele u. Lachmann: Ber. dtsch. chem. Ges. **27**, 1520 (1894) — Liebigs Ann. **288**, 267 (1895).
[5] T. L. Davis u. K. Blanchard: J. amer. chem. Soc. **51**, 1790 — Chem. Zbl. **1929 II**, 864.
[6] K. Cl. Bailey: F.P. 554520 (1922, 1923); Chem. Zbl. **1925 I**, 575.
[7] R. M. Roy u. I. N. Rây: Quart. J. Ind. chem. Soc. **4**, 339 (1927) — Chem. Zbl. **1928 I**, 489.
[8] A. Mailhe: C. r. Acad. Sci. Paris **176**, 689, 903 — Chem. Zbl. **1923 III**, 916, 917.
[9] E. I. duPont de Nemours & Co., übertragen von A. P. Tanberg u. H. Winkel: A.P. 1477087 (1918, 1923). — A. P. Tanberg: A.P. 1437027 (1918, 1922); Chem. Zbl. **1925 I**, 898 bzw. **1922 II**, 1136.
[10] I. G. Farbenindustrie A.-G., übertr. v. F. Heinze: A.P. 1 617 847 (1926, 1927; D.Prior. 1925).

acylierte Harnstoffe[1], Dialkylacetylharnstoffe[2], ein symmetrisch substituiertes Derivat[3], einen asymmetrischen Harnstoff aus 2-Amino-5-oxynaphthalin-7-sulfosäure und ein N-Monoacidylprodukt[4] und für symmetrische Harnstoffe aus 4-Oxy-3-aminobenzol-1-arsinsäure und deren N-Aminoacylderivate durch Einwirkung von Phosgen in alkalischer Lösung bei 25—80° auf diese Körper unter Zusatz von Natriumacetat und Turbinieren, bis die Diazoreaktion ausfällt, und Ansäuern[5].

Über die Nitrierung von symmetrischen Arylalkylharnstoffen berichtet Kniphorst[6].

Physiologische Eigenschaften: Lorang[7] beschreibt die Beziehungen zwischen Konstitution und Geschmack einiger Harnstoffderivate.

H. Thate[8] stellte eine Zunahme des süßen Geschmacks bei dem Ersatz des Imidwasserstoffatoms durch eine CH_3-Gruppe in phenylierten Harnstoffderivaten fest: Phenylharnstoff schmeckt bitter; α-Methyl-α-phenylharnstoff süß, 4 Methylphenylharnstoff etwas süß und α-Methyl-α-4-methylphenylharnstoff sehr süß (vgl. S. 26).

Alkyl- und Alkylenharnstoffe erhöhen die Löslichkeit von schwerlöslichen Stoffen (Arzneimitteln) und können unlösliche mit in Lösung nehmen[9]. Über die Lokalisierung und die Ausscheidung einiger Alkylderivate des Malonylharnstoffs[10].

Chemische Eigenschaften: Der Mechanismus der Reaktionen in der Harnstoffreihe ist die umkehrbare Vereinigung von Molekülen. Alle untersuchten Harnstoffderivate (Phenylharnstoff, Phenylthioharnstoff, s. und a. disubstituierte Harnstoffe, Dicyandiamid, Guanidin, Nitroharnstoff, Nitroguanidin) erleiden Rückumlagerung oder Spaltung, oft in mehr als einer Art, aber stets in einer Weise, die der Umlagerung von Harnstoff in Ammoniak und Cyanursäure analog ist. Die Leichtigkeit, mit der diese Rückverwandlung bei den verschiedenen Substitutionsprodukten des Harnstoffs vor sich geht, ist durch die Art und Stellung der substituierenden Gruppen bedingt. Die Produkte dieser Umsetzungen haben sich verschiedentlich für Synthesen sehr geeignet gezeigt[11].

Mit Bromlauge geben Dialursäure, Methylalloxan, Dimethylalloxan und Hydantoinsäureester 1 Atom Stickstoff ab, Amelinsäure liefert statt 2 nur 1 Atom N, allophanylmethansulfosaures Kalium liefert mehr als 1 Atom N. Dagegen geben methylallophanylmethansulfosaures Kalium und Methylcarbaminsäureäther keinen Stickstoff ab[12].

Roy[13] berichtet über die Oberflächenspannungen (und Theorie der Zustandsgleichungen für absorbierte Substanzen) von Monomethyl-, symmetrischem Dimethyl-, Äthyl- und symmetrischem Diäthylharnstoff, Bategay und Bernhardt über Harnstoffe des Anthrachinons und deren färberische Eigenschaften[14].

Methylharnstoff. Zeigt hämolytische Wirkung auch dann noch, wenn die Molekularkonzentration der Umgebung die des Zellinneren weit übertrifft. Aber bei einer Konzentration von ca. 48% tritt keine Hämolyse mehr ein. Unterhalb einer gewissen Konzentration wird die Hämolyse gehemmt, aber bei einer Gesamtkonzentration, die höher liegt, als der umgebenden

---

[1] Farbenfabriken vorm. Fr. Bayer & Co.: Ö.P. 88457 (1918, 1922; D.Prior. 1917); Schwz.P. 90804 (1918, 1921); Chem. Zbl. **1921 II**, 72; **1923 II**, 961, 1248. — J. Callsen übertr.: Farbenfabrik vorm. Fr. Bayer & Co.: A.P. 1424236 (1921, 1922).

[2] J. D. Riedel A.-G.: E.P. 281365 (1926, 1927); F.P. 628033 (1926, 1927); Schwz.P. 123234 (1926, 1927); A.P. 1633392; Chem. Zbl. **1928 II**, 2060.

[3] Les Etablissements Poulenc Fréres, E. Fourneau u. J. Tréfouel: D.R.P. 427857, Kl. 12 o (1924, 1926, Fr.Prior. 1923); Chem. Zbl. **1926 I**, 3629.

[4] A. V. Blom: Schwz.P. 87884 (1918, 1921; Zus.P. z. Schwz.P. 85570).

[5] Chemische Fabrik auf Actien (vorm. Schering): E.P. 236563 (1925, D.Prior. 1924); dieselbe, übertr. v. W. Schoeller u. M. Gehrke: A.P. 1616144 u. 1642830 (1925, 1927, D.Prior. 1924); Chem. Zbl. **1926 II**, 1690 (Beispiele).

[6] L. C. E. K. Kniphorst: Rec. Trav. chim. Pays-Bas et Belg. (Amsterd.) **44**, 693 — Chem. Zbl. **1925 II**, 1149 (ausf. Ref.).

[7] H. F. J. Lorang: Rec. Trav. chim. Pays-Bas et Belg. (Amsterd.) **47**, 179 — Chem. Zbl. **1928 I**, 1283.

[8] H. Thate: Rec. Trav. chim. Pays-Bas et Belg. (Amsterd.) **48**, 116 — Chem. Zbl. **1929 I**, 1098.

[9] Gesellschaft für Chemische Industrie in Basel, übertr. von A. Gams: A.P. 1526633 (1924, 1925); E.P. 218982 (1924; Schwz.Prior. 1923); Schwz.P. 105814 (1923, 1924); Chem. Zbl. **1925 I**, 2391 (ausf. Ref.).

[10] R. Fabre u. P. Fredet: J. Pharmacie [8] **2**, 321 (1925) — Chem. Zbl. **1926 I**, 719 (ausf. Ref.).

[11] T. L. Davis: Proc. nat. Acad. Soc. Washington **11**, 68 — Chem. Zbl. **1925 I**, 2069.

[12] V. Cordier: Mh. Chem. **47**, 327 (1926) — Chem. Zbl. **1927 I**, 421.

[13] H. L. Roy: Quart. J. Ind. chem. Soc. **4**, 307 (1927) — Chem. Zbl. **1928 I**, 659 (ausf. Ref.).

[14] M. Bategay u. J. Bernhardt: Chim. et Industrie **8**, 305 (1922) — Chem. Zbl. **1923 I**, 527.

Flüssigkeit im Körper entspricht. Methylharnstoff hat also einen Schwellenwert. Auch in Versuchen mit hypotonischen Lösungen mit wechselnden Mengen des antihämolytisch wirkenden Kochsalzes wurde die leichte antihämolytische Wirkung festgestellt[1]. Bei chronischer subcutaner Zufuhr vermindert er beim Kaninchen die Erythrocytenzahl[2].

Hexadecylharnstoff. Untersuchung gemeinsam mit anderen Verbindungen zur Erforschung der Struktur dünner Häutchen[3].

Ikosylharnstoff $C_{20}H_{41} \cdot NH \cdot CO \cdot NH_2$. Diente als Untersuchungsmaterial für das eingehende Studium der Übergänge zwischen den beiden „allotropen" kondensierten Häutchenformen von Harnstoffderivaten[4].

Phenylharnstoff. Bewirkt bei der isoliert durchspülten Froschniere in kleinen Konzentrationen allein eine Verminderung der Harnmenge, in mittleren Konzentrationen Vermehrung und zugleich eine Aufhebung der osmotischen Arbeitsleistung der Niere, in großer Konzentration einen irreversiblen Stillstand der Harnbildung[5].

Dinatrium-o-phenylenharnstoff $C_7H_4ON_2Na_2$. In Wasser leicht löslich[6].

Natrium-o-phenylenharnstoff $C_7H_5ON_2Na$. Mit alkoholischer Natronlauge in Nadeln. In kaltem Wasser und Alkohol wenig löslich. Dissoziiert beim Erwärmen mit Wasser[6].

o-Phenylenharnstoffsilber $C_7H_5ON_2Ag$. Lichtempfindlich[6].

N-Dibenzoyl-o-phenylenharnstoff $C_{21}H_{14}O_3N_2$. Aus Benzol Nadeln vom Schmelzp. 212 bis 213°. In warmem Eisessig, Aceton, Chloroform und Ligroin leicht, in Äther schwerer löslich[6].

O-Benzoyl-o-phenylenharnstoff $C_{14}H_{10}O_2N_2$. Aus dem Silbersalz. Aus Benzol Nadeln vom Schmelzp. 205°. Im allgemeinen leicht, in Ligroin schwerer löslich[6].

N-Diacetyl-o-phenylenharnstoff $C_{11}H_{10}O_3N_2$. Aus Alkohol Nadeln vom Schmelzp. 149°. In organischen Lösungsmitteln leicht, in Äther und Ligroin schwerer löslich[6].

O-Acetyl-o-phenylenharnstoff $C_9H_8O_2N_2$. Schmelzp. 205°. In warmem Aceton, Alkohol, Wasser und Chloroform leicht, in Äther, Benzol und Ligroin schwerer löslich[6].

Benzoylenharnstoffnatrium $C_8H_5O_2N_2Na$. Mittels alkoholischer Natronlauge[4].

Benzoylenharnstoffsilber $C_8H_5O_2N_2Ag$. Mittels Silbernitrat[6].

Dibenzoylbenzoylenharnstoff $C_{22}H_{14}O_4N_2$. Aus Benzoylenharnstoff oder dem Natriumsalz der Monobenzoylverbindung. Aus Alkohol in Nadeln vom Schmelzp. 153—154°[6].

Monobenzoylbenzoylenharnstoff $C_{15}H_{10}O_3N_2$. Aus dem Silber- oder Natriumsalz der Benzoylenverbindung oder durch teilweise Verseifung des Dibenzoylderivates. Aus Alkohol Nadeln vom Schmelzp. 206° (Zers.). — **Natriumsalz** $C_{15}H_9O_3N_2Na$. Mittels alkoholischer Natronlauge[6].

Isomerer Benzoylbenzoylenharnstoff $C_6H_4\begin{smallmatrix}CO-N-CO \cdot C_6H_5\\ | \\ NH-CO\end{smallmatrix}$. Aus Anthranilsäure und Benzoylharnstoff bei 100°. Nadeln aus Eisessig vom Schmelzp. 216 bis 217° (Gasentwicklung). In Alkohol, Benzol und Ligroin wenig löslich[6].

p-Oxyphenylharnstoff, Kaliumsalz seines Glucuronsäurepaarlings $KC_{13}H_{15}O_8N_2$. Nach Verfütterung von „Elbon"-Cinnamoyl-p-oxyphenylharnstoff an Kaninchen aus dem Harn mit Bleiacetat über das Bariumsalz in langen wasserhellen Prismen gewonnen, die in kaltem Wasser sehr leicht und in Alkohol unlöslich waren. Schmelzp. 231° (Zers.); $[\alpha]_D^{20°} = -74,99°$ in 2,0282proz. Lösung[7].

p-Methoxyphenylharnstoff $C_8H_{10}O_2N_2$. Aus wässerigen Lösungen von Kaliumcyanat und Anisidinhydrochlorid. Aus heißem Wasser in Tafeln vom Schmelzp. 168°[8].

p-Äthoxyphenylharnstoff. Aus Wasser Nadeln vom Schmelzp. 159—161°. Aus 4 g p-Phenetidin, 1 Äquiv. Harnstoff und P_2O_5 (4 Stunden bei 120°)[9].

Di-p-äthoxyphenylharnstoff. Neben der obigen Verbindung entstehend. Aus Eisessig zum Schmelzp. 220—223°[9].

---

[1] Ch. Achard: C. r. Soc. Biol. Paris **88**, 1279 (1923) — Chem. Zbl. **1924 I**, 929.
[2] S. Leites: Z. exper. Med. **40**, 52 — Chem. Zbl. **1924 II**, 197.
[3] N. K. Adam u. G. Jessop: Proc. roy. Soc. Lond. Serie A **112**, 362 — Chem. Zbl. **1926 II**, 2399.
[4] N. K. Adam u. J. W. W. Dyer: Proc. roy. Soc. Lond. Serie A **106**, 694 (1924) — Chem. Zbl. **1925 I**, 931.
[5] E. David: Pflügers Arch. **208**, 146 — Chem. Zbl. **1925 II**, 949.
[6] G. Heller u. Mitarbeiter: J. prakt. Chem. [2] **111**, 1 (1925) — Chem. Zbl. **1926 I**, 1581.
[7] K. Morinaka: Hoppe-Seylers Z. **124**, 247 (1923) — Chem. Zbl. **1923 I**, 978.
[8] R. D. Coghill u. T. B. Johnson: J. amer. chem. Soc. **47**, 184 — Chem. Zbl. **1925 I**, 1308.
[9] R. M. Roy u. I. N. Ray: Quart. Indian chem. Soc. **4**, 339 (1927) — Chem. Zbl. **1928 I**, 489.

Vanillylharnstoff (p-Oxy-m-methoxybenzylharnstoff) $C_{19}H_{12}O_3N_2$. Aus Vanillylaminhydrochlorid und KCNO. Schmelzp. 178,5°. Geschmacklos[1].

Phenylvanillylharnstoff (α-**Phenyl-**β-**p-oxy-m-methoxybenzylharnstoff** $C_{24}H_{16}O_3N$. Aus Vanillylamin und Phenylisocyanat. Schmelzp. 190°[1].

Phenylchlorharnstoff $C_6H_5 \cdot NH \cdot CO \cdot NHCl$. Aus Phenylharnstoff und 1 Mol ($+10\%$ Überschuß) $^1/_5$ n-Hypochloritlösung in einigen Stunden. Die gelben Nadeln gehen mit kalter Salzsäure wieder in Phenylharnstoff über[2].

p-Chlorphenylharnstoff $Cl \cdot C_6H_4 \cdot NH \cdot CO \cdot NH_2$. Nach der Einwirkung von Hypochloritlösung auf Phenylharnstoff wird zum Sieden erhitzt und das ganze Verfahren nochmals wiederholt. Um etwa noch am Stickstoff befindliches Chlor zu entfernen, wird dann mit Schwefeldioxyd behandelt. Aus Wasser Nadeln vom Schmelzp. 212°[2].

2, 4, 6-Trichlorphenylharnstoff $Cl_3C_6H_2 \cdot NH \cdot CO \cdot NH_2$. Durch Chlorieren von Phenylharnstoff in Eisessig und konzentrierter Salzsäure, Umkrystallisieren aus Wasser und eventueller Schwefeldioxydbehandlung. Mit Natronlauge entsteht 2, 4, 6-Trichlorphenylhydrazin vom Schmelzp. 138° (Nadeln)[2].

m-Nitrophenylharnstoff $C_7H_7O_3N_3$. Aus m-Nitroanilin in heißem Eisessig mit Kaliumcyanat. Biegsame feine, gelbe Nadeln aus Wasser vom Schmelzp. 187—194°[3].

2, 4, 6-Trinitrophenylharnstoff (Pikrylharnstoff) $C_6H_2(NO_2)_3 \cdot NH_2 \cdot CO \cdot NH_2$. Aus Trinitrophenylcyanamid und Wasser. Rein nach 1stündigem Erhitzen mit Alkohol und konzentrierter Salzsäure. Aus Alkohol gelbe Nadeln vom Schmelzp. 201—203° (Zers.)[4].

p-Phenetidylharnstoff (Dulcin) $C_2H_5 \cdot O \cdot C_6H_4 \cdot NH \cdot CO \cdot NH_2$. Versuche über die Einführung von Substituenten an die Stickstoffatome haben ergeben: bei Methylierung des sekundären Stickstoffs scheinbar noch ausgeprägteren süßen Geschmack, daneben aber einen lang anhaftenden unangenehmen Beigeschmack, der durch Auswechselung der Methylgruppe durch den Oxäthylrest wohl abgeschwächt wird, aber für praktische Zwecke noch zu stark bleibt. Durch Alkylsubstituenten mit anderen Hydroxylgruppen (Dioxypropyl-) wird der süße Geschmack ganz aufgehoben, auch Äthoxymethyl wirkt ungünstig, ebenso auch bezüglich der Löslichkeit in Wasser Alkylierung in der primären Aminogruppe, selbst wenn gleichzeitig die sekundäre günstig besetzt ist[5].

Dimethylharnstoff hat keinen Einfluß auf das Volumen der Blutkörperchen, diffundiert also genau so leicht wie Harnstoff selbst[6].

N-Methyl-N'-phenylharnstoff. Schmelzp. 150°. Aus 1-Methyl-3-phenyl-5-oxyhydantoylmethylamid mit 4n-Natronlauge in 88proz. Ausbeute[7].

s. Diphenylharnstoff $C_6H_5 \cdot NH \cdot CO \cdot NH \cdot C_6H_5$. Durch Kochen von Harnstoff mit der 5fachen Menge Anilinhydrochlorid in Wasser und Filtration der sich in der Wärme noch abscheidenden Mengen (Ausbeute 90%)[8].

s. Dimethylharnstoff. Durch Erhitzen von Methylaminhydrochlorid und Harnstoff auf 160—170°. Aus Alkohol Schmelzp. 99,5—100°[8].

s. Diäthylharnstoff. Aus Alkohol Schmelzp. 112°[8]. Mit Anilin auf 160—170° erhitzt entsteht s. Diphenylharnstoff und im Filtrat:

s. Äthylphenylharnstoff $C_2H_5 \cdot NH \cdot CO \cdot NH \cdot C_6H_5$. Aus Wasser + Alkohol weiße Nadeln vom Schmelzp. 98—99°. Zerfällt beim Erhitzen auf 160° in Äthylamin + s. Diphenylharnstoff[8].

s. Di-n-butylharnstoff $C_4H_9 \cdot NH \cdot CO \cdot NH \cdot C_4H_9$. Aus Benzol Schmelzp. 70,5—71°. Mit Anilin auf 160° erhitzt bildet es s. Diphenylharnstoff und wahrscheinlich s. n-Butylphenylharnstoff, weiße Flocken, Schmelzp. 65°[8].

---

[1] N. A. Lange, H. Ebert u. L. K. Youse: J. amer. chem. Soc. **51**, 1911 — Chem. Zbl. **1929 II**, 868.

[2] G. R. Elliott: J. chem. Soc. Lond. **123**, 804 — Chem. Zbl. **1923 III**, 33. Dort findet sich auch Ausführliches über die Einwirkung von Alkali auf diese Körper.

[3] A. S. Wheeler u. T. T. Walker: J. amer. chem. Soc. **47**, 2792 (1925) — Chem. Zbl. **1926 I**, 920.

[4] M. Giua: Gazz. chim. ital. **55**, 662 (1925) — Chem. Zbl. **1926 I**, 899.

[5] M. Bergmann, F. Camacho u. F. Dreyer: Ber. dtsch. pharm. Ges. **32**, 249—258 (1922) — Chem. Zbl. **1923 I**, 415.

[6] M. Duval: C. r. Soc. Biol. Paris **88**, 1137 — Chem. Zbl. **1923 III**, 1372.

[7] E. Stuart Gatewood: J. amer. chem. Soc. **47**, 2175 — Chem. Zbl. **1925 II**, 1978.

[8] T. L. Davis u. K. C. Blanchard: J. amer. chem. Soc. **45**, 1816 (1923) — Chem. Zbl. **1924 I**, 1177 — Vgl. Davis u. Underwood jr.: J. amer. chem. Soc. **44**, 2595 — Chem. Zbl. **1923 I**, 1354.

s. Di-n-amylharnstoff $C_5H_{11} \cdot NH \cdot CO \cdot NH \cdot C_5H_{11}$. Aus heißem Wasser in Flocken vom Schmelzp. 92,8°[1].

Diisoamylharnstoff. Aus Alkohol durchsichtige Tafeln vom Schmelzp. 37,5°[1].

s. Dibenzylharnstoff $C_7H_7 \cdot NH \cdot CO \cdot NH \cdot C_7H_7$. Aus Alkohol Schmelzp. 167°[1].

Benzylharnstoff $C_7H_7 \cdot NH \cdot CO \cdot NH_2$. Schmelzp. 146,6°. Wird durch Kochen mit Wasser nicht in Dibenzylharnstoff übergeführt[1].

a. Äthylphenylharnstoff $(C_2H_5)(C_6H_5)N \cdot CO \cdot NH_2$. Aus salzsaurem Äthylanilin und Harnstoff in siedendem Wasser. Aus Ligroin weiße Platten vom Schmelzp. 62°[1].

a. Methylphenylharnstoff $(CH_3)(C_6H_5)N \cdot CO \cdot NH_2$. Aus Ligroin in Tafeln vom Schmelzpunkt 150°[1].

o-Oxyphenylharnstoff. Wirkt stärker verzögernd auf die Oxydation des Acroleins als die nichthydroxylierten Verbindungen. — Die **Äthoxyverbindung** wirkt dagegen wieder schwächer[2].

p-Oxyphenyläthylharnstoff $HO \cdot C_6H_4 \cdot CH_2 \cdot CH_2 \cdot NH \cdot CO \cdot NH_2$. Durch Erhitzen von Cyansäure und Tyraminhydrochlorid in Xylolsuspension. Ausschütteln mit Wasser und Ätherextraktion des Wasserauszugs. Aus Wasser glasglänzende Schuppen vom Schmelzp. 122°; in Alkohol leicht löslich. Injektionen verursachen beim Kaninchen keine Temperaturerhöhung, beim Hund keine Blutdrucksteigerung[3].

p-Oxy-m-methoxybenzylharnstoff (Vanillylharnstoff) $C_9H_{12}O_3N_2$. Aus Vanillylaminhydrochlorid und KCNO. Schmelzp. 178,5° (korr.). Geschmacklos[4].

α-Phenyl-β-p-oxy-m-methoxybenzylharnstoff (Phenylvanillylharnstoff) $C_{15}H_{16}O_2N_3$. Schmelzp. 190,5°. Geschmacklos[4].

a. N-Methyl-p-phenetolcarbamid $C_2H_5 \cdot O \cdot C_6H_4 \cdot N(CH_3) \cdot CO \cdot NH_2$. Aus N-Methyl-p-phenetidin in Salzsäure gelöst und KCNO. Aus Wasser oder Alkohol prismatische Krystalle vom Schmelzp. 137°. In warmem Wasser, Alkohol, Äther und Benzol leicht, in Chloroform sehr leicht löslich. (In Wasser bei 45° 1:96, bei 21° 1:216° löslich.) Ist 275mal süßer als Zucker (p-Phenetolcarbamid = Dulcin ist 200mal süßer)[5].

a. N-Methyl-p-anisolcarbamid $CH_3 \cdot O \cdot C_6H_4 \cdot N(CH_3) \cdot CO \cdot NH_2$. Aus N-Methylanisidin in HCl gelöst und KNCO. Aus heißem Wasser Krystalle vom Schmelzp. 154°. In Alkohol, Äther und Chloroform leicht, in Benzol wenig löslich[5].

a. N-Methyl-p-tolylcarbamid $CH_3 \cdot C_6H_4 \cdot N(CH_3) \cdot CO \cdot NH_2$. Beim Kochen von N-Methyl-p-toluidin mit Harnstoffnitrat in wässeriger Lösung. Aus Wasser Nädelchen vom Schmelzp. 102—103°. In warmem Wasser und Alkohol leicht, in Äther, Chloroform und Benzol sehr leicht löslich (in Wasser von 45° 1:1,5, von 21° 1:16,2 löslich, dagegen p-Tolylcarbamid: 1:325 bzw. 1:695[5]).

a. N-Äthyl-p-tolylcarbamid $CH_3 \cdot C_6H_4 \cdot N(C_2H_5) \cdot CO \cdot NH_2$. Aus N-Äthyl-p-toluidin durch Kochen mit Harnstoffnitrat in wässeriger Lösung. Schmelzp. 65°. In Wasser, Alkohol, Äther, Chloroform und Benzol sehr leicht löslich[5].

s. Diphenylharnstoff. Aus Allophanylessigsäurediäthylester mit siedendem Alkohol gebildet[6]. Aus Cyanamidoäthylalkohol oder dem 3-p-Toluolsulfonyl-(1, 3-oxazolidon-2)-imid durch Behandeln mit Anilin[7]; aus Anilin und Semicarbazidhydrochlorid[8] darzustellen. Schmelzpunkt 235°[5]. — In der Konzentration 1:100 wirkt es etwas verzögernd auf die Oxydation von Acrolein[2].

s. Di-o-tolylharnstoff $CO(NH \cdot C_6H_4 \cdot CH_3)_2$. Aus o-Formotoluid durch rasches Überleiten der Dämpfe über Nickel bei 400—410°. Schmelzp. 243°[7]. Aus o-Toluidin und Semicarbazidhydrochlorid[9].

---

[1] T. L. Davis u. K. C. Blanchard: J. amer. chem. Soc. **45**, 1816 (1923) — Chem. Zbl. **1924 I**, 1177 — Vgl. Davis u. Underwood jr.: J. amer. chem. Soc. **44**, 2595 — Chem. Zbl. **1923 I**, 1354.

[2] Ch. Moureu, Ch. Dufraisse u. M. Badoche: C. r. Acad. Sci. Paris **183**, 408 — Chem. Zbl. **1926 II**, 1818.

[3] M. Cloetta u. F. Wünsche: Arch. f. exper. Path. **96**, 307 — Chem. Zbl. **1923 III**, 87.

[4] N. Lange, H. Ebert u. L. Youse: J. amer. chem. Soc. **51**, 1911 — Chem. Zbl. **1929 II**, 868.

[5] C. F. Boehringer & Söhne, G. m. b. H.: D.R.P. 367611, Kl. 12o (1920, 1923); Chem. Zbl. **1923 II**, 909.

[6] E. Fromm, R. Kapelle u. L. Pirk: Liebigs Ann. **447**, 259 — Chem. Zbl. **1926 II**, 417.

[7] E. Fromm: Ber. dtsch. chem. Ges. **55**, 902 — Chem. Zbl. **1922 I**, 1177.

[8] K. Macurewicz: Roczniki Chemii **4**, 295 (1924) — Chem. Zbl. **1925 II**, 540.

[9] A. Mailhe: C. r. Acad. Sci. Paris **176**, 689 — Chem. Zbl. **1923 III**, 916, 917.

s. Di-m-tolylharnstoff $CO(NH \cdot C_6H_4 \cdot CH_3)_2$. Analog dem Vorhergehenden aus m-Formotoluid. Schmelzp. 203°[1].
s. Di-p-tolylharnstoff $CO(NH \cdot C_6H_4 \cdot CH_3)_2$. Analog aus p-Formotoluid. Schmelzp. 241°[1].
s. Di-o-xylylharnstoff $CO[NH^4 \cdot C_6H_3(CH_3)_2^{1,2}]_2$. Analog aus o-Formoxylid. Schmelzpunkt 236°[7]. Aus (1,2)-3-Aminoxylol und Semicarbazidhydrochlorid[1].
s. Dimethyläthylphenylharnstoff $CO[NH \cdot C_6H_3(CH_3)(C_2H_5)]_2$. Analog aus Formomethyläthylanilin. Schmelzp. 215°[1].
s. Dimethylphenylharnstoff $CO[N(CH_3) \cdot C_6H_5]_2$. Analog aus Methylphenylformamid beim Überleiten seiner Dämpfe über Nickel bei 380—400°. Kochp. 245—246°[1].
s. Diäthyl-o-tolylharnstoff $CO[N(C_2H_5) \cdot C_6H_4 \cdot CH_3]_2$. Analog aus dem Formamid von Äthyl-o-toluidin bei 410°. Kochp. 258—260°[1].
s. Di-N-äthyl-methyläthyl-(1,3)-phenylharnstoff $CO[N(C_2H_5)^6 \cdot C_6H_3(CH_3)^1(C_2H_5)^3]_2$. Analog aus dem Formamid des monoäthylierten m-Methyläthylanilins bei 400°. Gelbe Flüssigkeit. Kochp. 295°[1].
N-Oxäthyl-p-phenetolcarbamid $C_6H_4(OC_2H_5)^1 \cdot (N[CO \cdot NH_2] \cdot [CH_2 \cdot CH_2 \cdot OH])^4$. Aus p-Phenetidin durch Erhitzen (100°) mit Äthylenchlorhydrin gewonnenes N-Oxäthyl-p-phenetidin wird mit KCNO und der äquivalenten Salzsäuremenge versetzt. In Wasser und Alkohol sehr leicht löslich; besitzt hervorragende Süßkraft[2].
N-Oxäthyl-p-tolylcarbamid $C_6H_4(CH_3)^1 \cdot (N[CO \cdot NH_2] \cdot [CH_2 \cdot CH_2 \cdot OH])^4$. Analog dem vorhergehenden Derivat aus p-Toluidin gewonnen. Aus Benzol in Krystallen vom Schmelzpunkt 115—117°. In Wasser sehr leicht löslich[2].
Phenylchlorxylylharnstoff $C_{15}H_{15}ON_2Cl$. Schmelzp. 248°[3].
p, p-Diaminodiphenylharnstoff. Darstellung und die seiner kernsubstituierten Derivate[4].
s. Dibenzylharnstoff. Darstellung aus Benzylamin und Semicarbazidhydrochlorid[5].
N-Methyl-N-phenetidylharnstoff $C_2H_5O \cdot C_6H_4 \cdot N(CH_3) \cdot CO \cdot NH_2$, lange Nadeln aus Wasser, Schmelzp. 128—129°, in 220 Teilen Wasser von 18—19° löslich, in Alkohol, Aceton, Essigester und Chloroform leicht, in Benzol wenig und in Äther schwerer löslich[6].
N-Oxyäthyl-N-phenetidylharnstoff $C_2H_5O \cdot C_6H_4 \cdot N(CH_2 \cdot CH_2 \cdot OH) \cdot CO \cdot NH_2$, rosettenförmig angeordnete Nadeln vom Schmelzp. 113—115° (unkorr.), spielend leicht in Wasser und leicht in Alkohol löslich[6].
N-Dioxypropyl-N-phenetidylharnstoff $C_2H_5O \cdot C_6H_4 \cdot N[CH_2 \cdot CH(OH) \cdot CH_2 \cdot OH] \cdot CO NH_2$, aus Essigester durch Petroläther krystallinisch zum Schmelzp. 138—139° nach geringem Sintern[6].
N-Carbäthoxymethyl-N-phenetidylharnstoff $C_2H_5O \cdot C_6H_4 \cdot N(CH_2 \cdot CO_2C_2H_5) \cdot CO \cdot NH_2$, aus Carbäthoxymethylphenetidin (aus Phenetidin und Chloressigsäureäthylester, lange, fast farblose Blätter, an der Luft, besonders in der Wärme rasch braun gefärbt, Schmelzpunkt 38°, Kochp. 152°; Amid daraus, $C_2H_5O \cdot C_6H_4 \cdot NH \cdot CH_2 \cdot CO \cdot NH_2$, hat Schmelzpunkt 146°), farblose Nadeln aus Äther und Petroläther, Schmelzp. unscharf 86—87°[6].
N-Phenetidyl-N'-allylharnstoff $C_2H_5O \cdot C_6H_4 \cdot NH \cdot CO \cdot NH \cdot C_3H_5$, aus Essigester und Petroläther krystallisiert, am Ende etwas verjüngte Nadeln (aus Essigester, Alkohol und Essigsäure) oder rechtwinklige Blättchen (aus Chloroform), Schmelzp. 157° (unkorr.), leicht löslich in warmem Alkohol, Aceton, Chloroform, 50 proz. Essigsäure und Essigester, weniger löslich in Äther, wenig löslich in Wasser und 5n-Schwefelsäure und Petroläther[6].
N-Phenetidyl-N'-methylharnstoff $C_2H_5O \cdot C_6H_4 \cdot NH \cdot CO \cdot NH \cdot CH_3$, länglich-viereckige Plättchen (aus Aceton und Wasser), leicht löslich in Aceton, Chloroform und warmem Alkohol, weniger löslich in Äther, wenig in Petroläther und Wasser[6].
N-Phenetidyl-N-methyl-N'-methylharnstoff $C_2H_5 \cdot C_6H_4 \cdot (CH_3)N \cdot CO \cdot NH \cdot CH_3$, Prismen, Schmelzp. 94—95°, leicht löslich in Alkohol, Aceton, Essigester und Äther, wenig löslich in Petroläther und Wasser[6].

---

[1] A. Mailhe: C. r. Acad. Sci. Paris **176**, 689 — Chem. Zbl. **1923 III**, 916, 917.
[2] J. D. Riedel A.-G. (E. R. Müller): D.R.P. 414259, Kl. 12o (1922, 1925); Chem. Zbl. **1925 II**, 765.
[3] E. Bamberger: Liebigs Ann. **443**, 192 — Chem. Zbl. **1925 II**, 468.
[4] I. G. Farbenindustrie A.-G. u. F. Heinze: D.R.P. 450183, Kl. 12o (1925, 1927); Chem. Zbl. **1927 I**, 804; **II**, 2713.
[5] K. Macurewicz: Roczniki Chemii **4**, 295 (1924) — Chem. Zbl. **1925 II**, 540.
[6] M. Bergmann, F. Camachou, F. Dreyer: Ber. dtsch. pharm. Ges. **32**, 249—258 (1922) — Chem. Zbl. **1923 I**, 415.

N-Phenetidyl-N-methyl-N′-allylharnstoff $C_2H_5O \cdot C_6H_4 \cdot (CH_3)N \cdot CO \cdot NH \cdot C_3H_5$, dünne Nadeln, Schmelzp. 57—58° (unkorr.), sehr leicht löslich in Alkohol, Aceton, Essigester, Chloroform, Äther und 50proz. Essigsäure, wenig löslich in Petroläther und Wasser[1].

a. N-Methyl-p-oxäthyloxyphenylharnstoff $C_2H_5O \cdot C_6H_3(OH) \cdot (CH_3)N \cdot CO \cdot NH_2$. a. N-Methyl-p-phenetolcarbamid wird mit einer Lösung von Natrium in Methylalkohol und Äthylenchlorhydrin 23 Stunden auf 110° erhitzt. Nach Abdestillieren des Alkohols und Verreiben mit wenig Wasser hinterbleibt ein krystallinischer Rückstand. Aus Alkohol in Nädelchen vom Schmelzp. 140—141°. In Alkohol und Essigäther leicht löslich, in Wasser von 21° 1:17,9 löslich und in Äther unlöslich. Man kann die gleiche Verbindung erhalten durch Eindampfen einer wässerigen Lösung von Kaliumcyanat mit einer Lösung von p-Oxäthyloxymonomethylanilin in verdünnter Salzsäure, durch Einwirkung von Äthylenchlorhydrin auf N-Methyl-p-aminophenol im Vakuum bei 40—50°[2].

p, p′-Diaminodiphenylharnstoff. Ein Gemisch von Harnstoff, p-Phenylendiamin und o-Dichlorbenzol wird langsam auf 130° oder ein Gemisch von Harnstoff und p-Phenylendiamin auf 110—120° erhitzt. Nach beendeter NH_3-Entwicklung wird, gegebenenfalls nach Abdestillieren des p-Dichlorbenzols mit Wasserdampf, das Produkt in verd. Salzsäure gelöst, filtriert und mit Natriumcarbonat das erwünschte Produkt in guter Ausbeute gefällt[3].

4, 4′-Diamino-3, 3′-dimethylharnstoff. Durch Erhitzen eines Gemisches von Harnstoff, 2,5-Diamino-1-methylbenzol und Trichlorbenzol auf 125—130° bis zur Beendigung der Ammoniakentwicklung. Aufarbeitung wie oben[3].

s. Di-o, o′-anilinodiphenylharnstoff $C_{25}H_{22}ON_4 = H_2N \cdot C_6H_4 \cdot C_6H_4 \cdot NH \cdot CO \cdot NH \cdot C_6H_4 \cdot C_6H_4 \cdot NH_2$. Aus Phosgen und o-Aminodiphenylamin in Toluol. Aus Alkohol Nadeln vom Schmelzp. 204°. In Äther ziemlich leicht, in Alkohol und Benzol leicht, in Natronlauge löslich, in Soda unlöslich. Nicht diazotierbar[4].

Bis-o-methoxyphenylharnstoff. Aus dem entspr. Guanidin (siehe dort!) durch Kochen mit Alkali. — **Hydrobromid.** Aus Alkohol oder Aceton krystallisiert. Schmelzp. 195—196°. Therapeutische Verwendung[5].

Bis-[dinitro-3, 5-anilino-4-phenyl]-harnstoff $C_{25}H_{18}O_9N_8$. Rote Blättchen vom Schmelzp. 252° (Zers.)[6].

2, 4-Dinitrophenylnitroharnstoff $(NO_2)_2C_6H_3 \cdot NH \cdot CO \cdot NH \cdot NO_2$. Aus Aceton-Alkohol gelblich rote Lamellen vom Schmelzp. 146—147° (Zers.)[7].

2, 4-Dinitrophenylharnstoff $C_7H_6O_5N_4$. Aus einer konz. alkoholischen Lösung von 2, 4-Dinitrophenylcyanamid + konz. Salzsäure. Kleine gelbe Nadeln vom Schmelzp. 178°. Mit rauchender Salpetersäure keine Färbung[7].

3-Methyl-4, 6-dinitrophenylharnstoff $C_8H_8O_5N_4$. Durch Erhitzen des entsprechenden Cyanamids in alkoholischer Lösung mit konzentrierter Salzsäure. Aus Alkohol oder verd. Aceton lichtgelbe Nadeln vom Schmelzp. 205—206° (Zers.)[7].

3-Methyl-4, 6-dinitrophenylnitroharnstoff $C_8H_7O_7N_5$. Aus 3-Methyl-4,6-dinitrophenylcyanamid durch Eintragen in rauchende Salpetersäure und Stehenlassen bis zum Verschwinden der intensiven carminroten Färbung. Aus Benzol gelbe, fleischfarbene Nadeln vom Schmelzpunkt 168—169° (Zers.)[7].

3-Methyl-2, 6-dinitrophenylharnstoff $C_8H_8O_5N_4$. Aus der aus Cyanamid und β-Trinitrotoluol erhaltenen Verbindung durch $1/2$stündiges Erhitzen mit konz. Salzsäure (100°). Aus Alkohol lichtgelbe Nadeln vom Schmelzp. 224—225°[7].

m-Methylcyclohexylphenylharnstoff $CH_3 \cdot C_6H_{10} \cdot NH \cdot CO \cdot NH \cdot C_6H_5$. Schmelzp. 145°[8].

---

[1] M. Bergmann, F. Camachou, F. Dreyer: Ber. dtsch. pharm. Ges. **32**, 249—258 (1922) — Chem. Zbl. **1923 I**, 415.

[2] C. F. Boehringer & Söhne G. m. b. H. (L. Ach u. A. Rothmann): D.R.P. 377816, Kl. 12o (1921, 1923); D.R.P. 377817, Kl. 12o (1921, 1923); Zus. zu D.R.P. 367 611 — Chem. Zbl. **1924 I**, 965.

[3] I. G. Farbenindustrie A.-G.: E.P. 254667 (1926); Chem. Zbl. **1927 I**, 804.

[4] R. Stollé: Ber. dtsch. chem. Ges. **57**, 1063 — Chem. Zbl. **1924 II**, 335.

[5] Chemische Fabrik auf Actien (vorm. E. Schering): E.P. 262155 (1926, 1927; D.Prior. 1925); Chem. Zbl. **1923 II**, 2352.

[6] H. Lindemann u. W. Wessel: Ber. dtsch. chem. Ges. **58**, 1221 — Chem. Zbl. **1925 II**, 1045.

[7] M. Giua u. R. Petronio: J. prakt. Chem. **110**, 289 (1925) — Chem. Zbl. **1926 I**, 625.

[8] A. Mailhe: C. r. Acad. Sci. Paris **174**, 465—467 — Chem. Zbl. **1922 I**, 860.

s. Di-β-naphthylharnstoff. Nadeln vom Schmelzp. 296°, die in den meisten Lösungsmitteln wenig löslich sind. Durch Erhitzen von Harnstoff mit überschüssigem β-Naphthylamin zu 45,5%[1].

s. Di-α-naphthylharnstoff. Weißes Pulver vom Schmelzp. 286° (Ausbeute 75%)[1].

s. Di-p-tolylharnstoff. Aus Alkohol Schuppen vom Schmelzp. 264° (Ausbeute 53%)[1].

s. Di-o-tolylharnstoff. Schmelzp. 248° (Ausbeute 77,5%)[1].

Monobrompyruvinureid $C_4H_3O_2N_2Br$. Aus Eisessig rhombische Tafeln vom Schmelzpunkt 240° (Zers.)[2].

Dibrompyruvinureid $C_4H_2O_2N_2Br_2$. Schmelzp. 305°. (Zers.)[2].

Tribrompyruvinureid $C_4HO_2N_2Br_3$. Tafeln vom Schmelzp. 248°[2].

Nitropyruvinureid $NH \cdot CO \cdot NH \cdot CO \cdot C:CH \cdot NO_2$. Bei Wasserbadtemperatur dargestellt. Aus warmem Wasser gelbe monokline Prismen, die sich bei etwa 236° zersetzen. Die Lösung in Alkali ist tiefgelb[3].

Dipyruvinureid $NH \cdot CO \cdot NH \cdot CO \cdot C:CH \cdot C(CH_3) \cdot CO \cdot NH \cdot CO \cdot NH$. Das aus 10 g Brenztraubensäure und 15 g Harnstoff in 15 ccm konz. Salzsäure nach 36 stündigem Stehen gebildete Dipyruvintriureid wird mit 17 ccm konz. Schwefelsäure versetzt und bis zur vollständigen Lösung auf dem Wasserbad erhitzt. Nach dem Erkalten wird es auf Eiswasser gegossen. Aus siedendem Wasser zum Schmelzp. 290° (Zers.). In Alkali farblos löslich. Beim Ansäuern unverändert gefällt. — **Dihydrodipyruvinureid** $C_8H_{10}O_4N_4$. Aus Dipyruvinureid durch Hydrierung in Eisessigsuspension (PtO_2-Katalysator). Aus siedendem Wasser in rechteckigen Tafeln vom Schmelzp. etwa 300° (Zers.). In Wasser weniger löslich als das nichthydrierte Produkt. — **Bromdipyruvinureid** $NH \cdot CO \cdot NH \cdot CO \cdot C:CBr \cdot C(CH_3) \cdot CO \cdot NH \cdot CO \cdot NH$. Aus Dipyruvinureid in siedendem Eisessig und Brom (1 Stunde unter Rückfluß). Rückstand der Vakuumdestillation aus ammoniakalischer Lösung + verd. Essigsäure in weißen Nadeln, Zersetzungsp. 265—270°. — **Dibromdipyruvinureid** $NH_2 \cdot CO \cdot NH \cdot CO \cdot CO \cdot CBr_2 \cdot C(CH_3) \cdot CO \cdot NH \cdot CO \cdot NH$. Aus 6,7 g Monobromderivat in 100 ccm heißem Wasser suspendiert durch allmählichen Zusatz von 1,9 ccm Brom. Hexagonale Tafeln vom Schmelzp. etwa 250° (Zers.). In 17 Teilen siedenden Wassers löslich[3].

Dipyruvintriureid $NH \cdot CO \cdot NH \cdot CO \cdot C(CH_3) \cdot NH \cdot CO \cdot NH \cdot C(CH_3)CO \cdot NH \cdot CONH$ 75 g Harnstoff + 55 ccm konz. Salzsäure + 50 g Brenztraubensäure bleiben 45 Stunden stehen, dann wird die abgeschiedene feste Masse in 400 ccm kaltem Wasser, dann mit 600 ccm heißem gewaschen. Aus der in heiße verd. Essigsäure filtrierten Lösung fallen mit Ammoniak asbestähnliche Krystalle[4, 5].

Bromdipyruvinureid $C_8H_7O_4N_4Br$. Aus heißem Wasser Nädelchen vom Schmelzp. etwa 265° (Zers.)[4].

β, β'-Dianthrachinonylharnstoff (Helindolgelb 3 GN, D. R. P. 232 739) $C_{29}H_{16}O_5N_2$ Krystalle aus Nitrobenzol. gibt fein verteilt mit Natronlauge braunviolettes Natriumsalz[6].

α, α'-Dianthrachinonylharnstoff $C_{29}H_{16}O_5N_2$. Orange, Schmelzp. 340—350°[6].

α, β'-Dianthrachinonylharnstoff $C_{29}H_{16}O_5N_2$. Aus β-Chlorid und α-Amin. Sublimierbar. Gelb. Schmelzp. über 360°.

4, 4'-Dinitro-1, 1'-dianthrachinonylharnstoff $C_{29}H_{14}O_9N_4$. Dunkelgelbe Krystalle vom Schmelzp. über 360°, sublimierbar[6].

4, 4'-Dioxy-1, 1'-dianthrachinonylharnstoff $C_{29}H_{16}O_7N_2$. Violettschwarze Krystalle aus Pyridin vom Schmelzp. über 360°. Natriumsalz und Küpenfärbung auf Baumwolle bleu[6].

4, 4'-Dimethoxy-1, 1'-dianthrachinonylharnstoff $C_{31}H_{20}O_7N_2$. Braunes Krystallpulver aus Pyridin, sublimiert bei etwa 320°[6].

4, 4'-Dibenzoylamino-1, 1'-dianthrachinonylharnstoff $C_{43}H_{26}O_7N_4$. Rote Krystalle aus Pyridin. Schmelzp. über 350°[6].

---

[1] T. L. Davis u. H. W. Underwood jr.: J. amer. chem. Soc. **44**, 2595 (1922) — Chem. Zbl. **1923 I**, 1354.

[2] D. Davedson: J. amer. chem. Soc. **47**, 255 — Chem. Zbl. **1925 I**, 1310.

[3] D. Davedson u. T. B. Johnson: J. amer. chem. Soc. **47**, 561 — Chem. Zbl. **1925 I**, 1731.

[4] D. Davedson: J. amer. chem. Soc. **47**, 255 — Chem. Zbl. **1925 I**, 1310.

[5] Simon: C. r. Acad. Sci. Paris **136**, 506 (1903).

[6] M. Battegay u. J. Bernhardt: Bull. Soc. Chim. France [4] **33**, 1510 (1923) — Chem. Zbl. **1924 I**, 1802.

4-Nitro-1, 2′-dianthrachinonylharnstoff $C_{29}H_{15}O_7N_3$. Aus β-Chlorid und 4, 1-Nitroaminoverbindung. Gelbe Krystalle aus Pyridin. Schmelzp. über 350°. Natriumäthylat gibt rotes Natriumsalz[1].

4-Oxy-1, 2′-dianthrachinonylharnstoff $C_{29}H_{16}O_6N_2$. Rotbraune Krystalle aus Pyridin. Blaues Natriumsalz[1].

4-Methoxy-1, 2′-dianthrachinonylharnstoff $C_{30}H_{18}O_6N_2$. Braungelbes Krystallpulver vom Schmelzp. 350°[1].

4-Benzoylamino-1, 2′-dianthrachinonylharnstoff $C_{36}H_{21}O_6N_3$. Braunrot-Violettes Natriumsalz[1].

β-Anthrachinonylharnstoff $C_{15}H_{10}O_3N_2$. Aus β-Anthrachinonylcarbaminsäurechlorid, in Toluol suspendiert, mit Ammoniak. Kleine gelbe Krystalle aus Pyridin vom Schmelzpunkt 360°. In Alkohol, Toluol und Xylol wenig, in Pyridin gut löslich[1].

Phenyl-β-anthrachinonylharnstoff $C_{21}H_{14}O_3N_2$. Aus β-Chlorid und Anilin. Gelbe Krystalle aus Nitrobenzol. Zers. zwischen 240 und 250°, Schmelzp. 300°. Violettes Natriumsalz[1].

Methylphenyl-β-anthrachinonylharnstoff $C_{22}H_{16}O_3N_2$. Aus β-Chlorid und Methylanilin. Gelbe Krystalle aus Nitrobenzol. Schmelzp. 300°. Mit Natriumäthylat Rotfärbung[1].

p-Nitrophenyl-β-anthrachinonylharnstoff $C_{21}H_{13}O_5N_3$. Gelbe Krystalle aus Nitrobenzol vom Schmelzp. 360°. Mit Natriumäthylat Orangefärbung[1].

Trimethylharnstoff. Bei der intravenösen Injektion von hypertonischen Lösungen von Trimethylharnstoff fehlt infolge der hohen Lipoidlöslichkeit eine osmotische Hydrämie nahezu ganz, während die diuretische Wirkung gut ist[2].

Diäthylphenylharnstoff konnte durch Kondensation von Phenylsenföl mit Diäthylamin nicht rein erhalten werden, es bildeten sich nichtumkrystallisierbare ölige Produkte[3].

N, N′-Dimethyl-N-pikrylharnstoff $(CH_3)HN-CO-N(CH_3) \cdot C_6H_2(NO_2)_3$. Aus der ätherischen Lösung von Carbobis-(methylimid) mit Pikrinsäure. Gelbe Nadeln, schwinden von 150° ab und schmelzen unscharf ab 169° unter Zersetzung[4].

N, N′-Dipropyl-N-pikrylharnstoff $C_{13}H_{17}O_7N_5$. Analog dem Dimethylderivat. Gelbe Nädelchen, Schmelzp. 176—177° (korr.). In Wasser fast unlöslich, in Benzol wenig (schwach gelbgrün ohne Fluorescenz), in Essigester ziemlich löslich. Gegen Salzsäure beständig[4].

s. Dimethyldiphenylharnstoff $(CH_3)C_6H_5 \cdot N \cdot CO \cdot N \cdot C_6H_5(CH_3)$. Man leitet in eine auf 60° erwärmte benzolische Lösung von 100 Teilen Monomethylanilin und 112 Teilen Dimethylanilin Phosgen bis zur Beendigung der Chlorwasserstoffentwicklung, behandelt den Destillationsrückstand zur völligen Entfernung des Dimethylanilin mit Salzsäure und krystallisiert den Niederschlag nach dem Waschen um[5].

symm. Diäthyldiphenylharnstoff gibt mit Spuren Salpetersäure oder salpetriger Säure (auch anderen Oxydationsmitteln, Chromate usw.) eine intensiv himbeerrote Färbung. Empfindlichkeit 1:250000 (1 ccm Versuchslösung + wenig Harnstoff + 1 ccm konz. H_2SO_4 langsam zufließen lassen)[6].

Äthylthioglykolisomethylharnstoff $C_7H_{14}O_2N_2S$. Nadeln vom Schmelzp. 156°. In Wasser und Alkohol leicht löslich[7].

Benzylthioglykolisobenzylharnstoff $C_{17}H_{18}O_2N_2S$. Körnige Krystalle vom Schmelzpunkt 183°. In Alkohol leicht löslich[7].

1-Äthoxy-2, 4-diureidobenzol $C_{10}H_{14}O_3N_4$. Farblose Blättchen. Schmelzp. 215°. Geschmacklos[8].

1, 3-Diäthoxy-4, 6-diureidobenzol $C_{12}H_{18}O_4N_4$. Farblose feine Nadeln. Schmelzp 233° (Zers.). Nach einiger Zeit sehr bitterer Nachgeschmack[8].

---

[1] M. Battegay u. J. Bernhardt: Bull. Soc. Chim. France [4] **33**, 1510 (1923) — Chem. Zbl. **1924 I**, 1802.

[2] E. Becher: Münch. med. Wschr. **71**, 499 — Chem. Zbl. **1924 II**, 200.

[3] R. F. Hunter: Chem. News **130**, 338 — Chem. Zbl. **1925 II**, 541.

[4] H. Lecher u. Mitarbeiter: Liebigs Ann. **445**, 35 (1925) — Chem. Zbl. **1926 I**, 356.

[5] Nobel Industries Limited: E.P. 211245 (1922; 1924) — Chem. Zbl. **1925 I**, 1242.

[6] Desvregues: Ann. chim. analyt. appl. [2] **6**, 102 (1924) — Chem. Zbl. **1925 I**, 2250.

[7] W. Wudich: Mh. Chem. **44**, 83 (1923) — Chem. Zbl. **1924 I**, 899.

[8] H. F. J. Lorang: Rec. Trav. chim. Pays-Bas et Belg. (Amsterd.) **47**, 179 — Chem. Zbl. **1928 I**, 1283.

N-Methyl-N'-cyanharnstoff $CH_3 \cdot NH \cdot CO \cdot NH \cdot CN$. Aus Bis-[methylcarbaminyl]-cyanamid. Aus Alkohol Nadelbüschel. Zersetzungsp. bei 122°[1].

N,N'-Dimethyl-N-cyanharnstoff $C_4H_7ON_3$ durch Stehenlassen von Bis-[methylcarbaminyl]-cyanamid mit äth. Diazomethanlösung. Aus Benzol Nadeln. Schmelzp. 114°[1].

[α-Cyanisopropyl]-harnstoff $C_5H_9ON_3$. Durch Eindampfen eines bei niederer Temperatur erhaltenen Gemisches von wässerigen Lösungen des Aminobuttersäurenitrilhydrochlorids und Kaliumcyanats, im Vakuum, Auskochen mit Alkohol. Prismen vom Schmelzpunkt 157°[2].

N-[α-Cyanmethyl]-N-methylharnstoff $C_4H_7ON_3$. Aus α-Methylaminoacetonitril und Kaliumcyanat. Prismen. Bräunung 180°. Zersetzungsp. 212°[2].

N-Cyanmethyl-N-äthylharnstoff $C_5H_9ON_3$. α-Äthylaminoacetonitril und Kaliumcyanat. Prismen vom Schmelzp. 208°[2].

N-[α-Cyanisopropyl]-N-methylharnstoff $C_6H_{11}ON_3$. Aus α-Methylaminoisobuttersäurenitril und Kaliumcyanat. Nädelchen vom Zersetzungsp. 305°[2].

N-[α-Cyanisopropyl]-N-äthylharnstoff $C_7H_{13}ON_3$. Aus α-Äthylaminobuttersäurenitril und Kaliumcyanat. Aus Alkohol Prismen vom Zersetzungsp. 295—297°[2].

N-[α-Cyanisopropyl]-N-methyl-N'-phenylharnstoff $C_{12}H_{15}ON_3$. Aus α-Methylaminoisobuttersäurenitril und Phenylisocyanat in Benzol. Aus Alkohol Prismen vom Schmelzp. 118 bis 120°[2].

o-Carbäthyloxyphenylharnstoff $C_{10}H_{12}O_3N_2$. Durch Schmelzen des o-Aminobenzoesäureäthylesters mit Harnstoff bei 132° und Umlösen aus Methanol. Weiße Nadeln vom Schmelzp. 342—343° (Zers.)[3].

Pentamethylenharnstoff $C_6H_{12}ON_2$. Aus Piperidin und Harnstoff durch Schmelzen. Aus Chloroform Krystalle[3].

Piperazin-N,N'-dicarbonsäurediamid $H_2N \cdot CO \cdot N : C_4H_8 : N \cdot CO \cdot NH_2$. Aus Harnstoff und Piperazin. Weiße Krystalle vom Schmelzp. 290°.

Antipyrylharnstoff $C_{12}H_{14}O_2N_4$. Aus Aminoantipyrin und Harnstoff. Weiße Krystalle vom Schmelzp. 245°[3].

p-Carbäthyloxyphenylantipyrylharnstoff $C_2H_5OOC \cdot C_6H_4 \cdot NH \cdot CO \cdot NH \cdot C_{11}H_{11}ON_2$. Durch Schmelzen von Anästhesinharnstoff mit Aminoantipyrin oder Antipyrylharnstoff. Weiße, glänzende Nadeln vom Schmelzp. 259—260°[3].

s. Di-β-triphenyläthylharnstoff breitet sich auf konzentrierter Chlorcalciumlösung erheblich leichter aus als auf Wasser. Auf letzterem ist das Häutchen monomolekular[4].

p-Phenoxyphenylharnstoff $C_{13}H_{12}O_2N_2$. Schmelzp. 178° (korr.). Der Phenoxyrest vermindert den süßen Geschmack[5].

p-Phenoxycarbanilid(p-Phenoxyphenyl-β-phenylharnstoff) $C_{19}H_{16}O_2N_2$. Schmelzp. 201° (korr.)[5].

p-Phenoxy-p-methylcarbanilid (α-p-Phenoxyphenyl-β-tolylharnstoff $C_{20}H_{18}O_2N_2$. Schmelzp. 204° (korr.)[5].

α-p-Phenoxyphenyl-β-α-naphthylharnstoff $C_{23}H_{18}O_2N_2$. Schmelzp. 216°) (korr.)[5].

p-Dimethylaminobenzylidenmonoureid $N(CH_3)_2 \cdot C_6H_4 \cdot CH : N \cdot CO \cdot NH_2$. Durch Eintragen des gepulverten Aldehyds (1 Mol) in geschmolzenen Harnstoff (2 Mol). Gelbgrüne Nadeln vom Schmelzp. 188—190°. In Alkohol und Aceton löslich, in Chloroform und kaltem Wasser wenig, in heißem Wasser leichter (mit hellgelber Farbe) löslich, in Äther unlöslich. Auf Säurezusatz sofort tieforange. — Hydrochlorid: Orangerote Nadeln vom Schmelzp. 196 bis 201°, die sich hydrolytisch sehr leicht spalten. In Alkohol und Aceton löslich, in Chloroform und Äther unlöslich. — Sulfat: orangefarbene Krystalle mit unscharfem Schmelz- bzw. Zersetzungspunkt[6].

p-Dimethylaminobenzylidenmonomethylureidnitrat $N(CH_3)_2 \cdot C_6H_4 \cdot CH : N \cdot CO \cdot NH(CH_3) \cdot HNO_3$. Aus Monomethylharnstoff und dem Aldehyd in verdünnter Salpetersäure. Orangefarbene Krystalle vom Schmelzp. 165—169° (Zers.). In starker Verdünnung noch deutliche Gelbgrünfärbung[6].

---

[1] K. Slotta u. R. Tschesche: Ber. dtsch. chem. Ges. **62**, 137 — Chem. Zbl. **1929 I**, 1681.
[2] H. Biltz u. K. Slotta: J. prakt. Chem. [2] **113**, 233 — Chem. Zbl. **1926 II**, 1946.
[3] St. Weil u. T. Syngierówna: Roczniki Chemji **8**, 177 — Chem. Zbl. **1928 II**, 451.
[4] W. D. Harkins u. J. W. Morgan: Proc. nat. Acad. Soc. Washington **11**, 637 (1925) — Chem. Zbl. **1926 I**, 1950.
[5] N. A. Lange u. W. R. Reed: J. amer. chem. Soc. **48**, 1069 — Chem. Zbl. **1926 I**, 3398.
[6] H. K. Barrenscheen: Biochem. Z. **140**, 426 (1923) — Chem. Zbl. **1924 I**, 77.

p-Dimethylaminobenzylidenmonophenylureidohydrochlorid $N(CH_3)_2 \cdot C_6H_4 \cdot CH:N \cdot CO \cdot NH(C_6H_5) \cdot HCl$. Orangefarbene Krystalle vom Schmelzp. 206°. In starker Verdünnung noch deutliche Gelbgrünfärbung[1].

Cyanacetylharnstoff. Bildet bei der Hydrierung in Gegenwart von 2 Teilen Nickel unter Aufnahme von 1 Mol Wasserstoff bei 60—70° unter 1,2 Atm. Uracil[2].

α-Bromisovalerylharnstoff (Bromural)[3]. In Japan hergestellte Präparate zeigen vielfach zu niedrigen Schmelzpunkt. Vermutlich enthält der als Ausgangsmaterial benützte Gärungsamylalkohol als Verunreinigung Methyläthylessigsäure und die Handelsprodukte bromfreien Isovalerylharnstoff. Der Einfluß des letzteren wurde an Mischschmelzkurven geprüft. 20% drücken den Schmelzpunkt am tiefsten (139°), dagegen wird er von 35% nicht verändert (152°).

α-Brommethylisopropylacetylharnstoff $C_7H_{13}O_2N_2Br$

$$(C_3H_7)(CH_3)CBr \cdot CO \cdot NH \cdot CO \cdot NH_2$$

Aus Brommethylisovaleriansäurebromid und Harnstoff. Schmelzp. 177—179°[4].

α-Bromäthylisopropylacetylharnstoff $C_8H_{15}O_2N_2Br$. Schmelzp. 197°[4]. Die Einführung des Alkylradikals in α Bromisovalerylharnstoff hat die narkot. Wirkung nicht erhöht[4].

N, N'-Diacetylharnstoff $CO(NH \cdot COCH_3)_2$. Aus Alkohol Schmelzp. 154° (korr.). Neutral gegen Bromthymolblau[5].

n-Butyläthylacetylharnstoff $C_9H_{18}O_2N_2$. Aus n-Butyläthylessigsäurechlorid. Schmelzpunkt 159°. 100 g Wasser lösen 0,04 g bei 15°[6].

n-Butyläthylmalonylharnstoff $C_{10}H_{16}O_3N_2$. Aus n-Butyläthylmalonester und Harnstoff mit Natriumäthylat. Schmelzp. 128°. Außer in Schwefelkohlenstoff und Petroläther in den gebräuchlichen organischen Lösungsmitteln löslich. 100 g Wasser lösen bei 100° etwa 2 g, bei 15° 0,35 g[6].

p-Carboxyphenylharnstoffäthylester $C_2H_5OOC \cdot C_6H_4 \cdot NH \cdot CO \cdot NH_2$. Aus Alkohol weiße Nadeln vom Schmelzp. 213°[7].

p-Carboxyphenylacetylharnstoffäthylester $C_2H_5 \cdot OOC \cdot C_6H_4 \cdot NH \cdot CO \cdot NH \cdot COCH_3$. Weiße, glänzende Nadeln vom Schmelzp. 139—140°[7]).

p-Carboxyphenylisoveroylharnstoffäthylester $C_{15}H_{20}O_4N_2$. Weiße Nadeln vom Schmelzpunkt 237°[7].

p-Carboxyphenyl-α-bromisovaleroylharnstoffäthylester $C_{15}H_{19}O_4N_2Br$. Weiße Nadeln vom Schmelzp. 134—135°. Stärkere Wirkung als Bromural[7].

Isopropylallylacetylharnstoff $(C_3H_5)(C_3H_7)CH \cdot CO \cdot NH \cdot CO \cdot NH_2$. Isopropylallylacetylchlorid mit Harnstoff gut mischen, nach einigen Stunden Stehen 6 Stunden im Ölbad erhitzen, den erstarrten Krystallkuchen pulvern, mit Wasser ausziehen und Rückstand aus Alkohol umkrystallisieren. Nadeln. Schmelzp. 190—191°. In heißem Alkohol und Glycerin leicht, in Äther wenig löslich, in Wasser nahezu unlöslich. Darstellung auch durch Einleiten von Blausäure in eine auf 0° gekühlte Lösung von Isopropylallylacetamid in Chloroform und mehrstündiges Erhitzen unter Druck auf 100—110°[8].

Sek.-Butylallylacetylharnstoff $(C_4H_9)(C_3H_5)CH \cdot CO \cdot NH \cdot CO \cdot NH_2$. Aus sek.-Butylallylessigsäurechlorid und Harnstoff wie oben. Aus Alkohol Krystalle vom Schmelzpunkt 147—148°. In heißem Alkohol leicht, in Äther wenig löslich. In Wasser fast unlöslich[8].

Acetylphenylharnstoff $C_9H_{10}O_2N_2$. Aus Acetylharnstoff und Anilin durch Erhitzen auf 170°. Schmelzp. 183°[9].

α-Brompropionylphenylharnstoff $C_6H_5NH \cdot CO \cdot NH \cdot CO \cdot CHBr \cdot CH_3$. Aus Phenylharnstoff und α-Brompropionylbromid bei 155°. Aus Alkohol mikr. Tafeln vom Schmelz-

---

[1] H. K. Barrenscheen: Biochem. Z. **140**, 426 (1923) — Chem. Zbl. **1924 I**, 77.
[2] H. Rupe, A. Metzger u. H. Vogler — Chem. Zbl. **1926 I**, 1399.
[3] Yakugakuzasshi: J. Pharm. Soc. Japan Nr. 468 — Chem. Zbl. **1921 III**, 103.
[4] St. Weil, J. Langiertowna u. A. Kassur: Roczniki Chem. **9**, 464 — Chem. Zbl. **1929 II**, 1912.
[5] H. Lecher u. W. Siefken: Liebigs Ann. **456**, 192 — Chem. Zbl. **1927 II**, 1247.
[6] M. Tiffeneau: Bull. Soc. Chim. France [4] **33**, 183 (1923) — Chem. Zbl. **1923 I**, 1123.
[7] St. Weil u. J. Rozentalówna: Roczniki Chemji **8**, 44 — Chem. Zbl. **1928 II**, 451.
[8] F. Boedecker: A.P. 1633392 (1926, 1927 — D.Prior. 1923) — Chem. Zbl. **1927 II**, 1079.
[9] A. Hugershoff: Ber. dtsch. chem. Ges. **58**, 2477 (1925) — Chem. Zbl. **1926 I**, 1528.

punkt 162°. In allen Lösungsmitteln außer Wasser ziemlich löslich. Schwach hautreizend[1].

α-Brom-isovaleryläthylharnstoff (Äthylbromural) $C_2H_5NH \cdot CO \cdot NH \cdot CO \cdot CHBr \cdot CH(CH_3)_2$. Aus Wasser oder Alkohol mikr. Nadeln vom Schmelzp. 110°. In den meisten Lösungsmitteln leicht löslich[1].

Isovaleryläthylharnstoff $C_8H_{16}O_2N_2$. Aus Wasser mikr. Nadeln oder Blättchen vom Schmelzp. 120°. Meist leicht löslich[1].

Diäthylacetylharnstoff $NH_2 \cdot CO \cdot NH \cdot CO \cdot CH(C_2H_5)_2$. Nadeln vom Schmelzp. 206°[1, 2].

α-Brom-n-valeriansäureureid. Weiße Nadeln vom Schmelzp. 162°. In Wasser zu 0,833 % löslich. Verteilungskoeffizient 0,42. In Alkohol, kaltem Toluol, Chloroform und Äther löslich[3].

α-Brommethyläthylessigsäureureid. Weiße Nadeln vom Schmelzp. 132,5°. In Wasser zu 5,3 % löslich. Vert.-Koeffizient 1,98. Löslichkeit sonst wie bei vorhergehendem Derivat[3].

Brompivalinsäureureid. Weiße Nadeln vom Schmelzp. 93,5°. Wasserlöslich zu 5,4 %; Vert.-Koeffizient 2,02. Hat nur hypnotische Eigenschaften. Löslich sonst wie bei den beiden vorstehenden Derivaten[3].

s. Phenylbenzoylharnstoff $C_{14}H_{12}O_2N_2$. Er bildet sich aus Dibenzoyl-β-oxyäthylcarbodiimid bei halbstündigem Kochen mit Anilin unter Rückfluß. Schmelzp. 204° (Nebenprodukt ist Benzanilid). Er ist in Alkali löslich und durch Säure wieder fällbar. In Alkohol ist er schwer löslich[4].

Monobenzoylharnstoff $C_8H_8O_2N_2$. Bildet sich beim Erhitzen von Dibenzoyl-β-oxyäthylguanidin in Alkohol mit einigen Tropfen Salzsäure oder Bromwasserstoffsäure im Verlaufe von 5 Minuten[4].

s. Dibenzoylharnstoff $C_{15}H_{12}O_3N_2$. Er entsteht beim halbstündigen Erhitzen unter Rückfluß von Tribenzoyl-β-oxyäthylguanidin mit einigen Tropfen Salzsäure zum Schmelzpunkt 197° (aus Alkohol krystallisiert[4]).

β-p-Toluidinophenetolcarbamid $CH_3 \cdot C_6H_4 \cdot NH \cdot (CH_2)_2 \cdot O \cdot C_6H_4 \cdot NH \cdot CO \cdot NH_2$. Aus Aceton mikrokrystallinisch, Schmelzp. 180°; löslich in Alkohol, leicht löslich in Eisessig, unlöslich in Äther[5].

o-Toluidino-p-phenetolcarbamid $CH_3 \cdot C_6H_4 \cdot NH \cdot (CH_2)_2 \cdot O \cdot C_6H_4 \cdot NH \cdot CO \cdot NH_2$. Aus verdünnter Essigsäure mikrokrystallinisch, Schmelzp. 228°—230); leicht löslich in Alkohol, Methylalkohol, Aceton, Eisessig und Essigester, fällt durch Wasser gallertig. Färbt sich an der Luft in feuchtem Zustand schnell grau[5].

β-m-Toluidino-p-phenetolcarbamid $C_{16}H_{19}O_2N_3$. Aus Toluol kleine Krystalle, aus Eisessig gelbliche, an der Luft bald grau werdende Nadeln, Schmelzp. 215°; leicht löslich in Alkohol und Äther, unlöslich in Wasser[5].

β-m-Xylidino-p-phenetolcarbamid $(CH_3)_2 \cdot C_6H_3 \cdot NH \cdot (CH_2)_2 \cdot O \cdot C_6H_4 \cdot NH \cdot CO \cdot NH_2$. Aus Amylalkohol und Eisessig kleine Krystalle, Schmelzp. 255°; wenig löslich in Äthyl- und Methylalkohol und Aceton, unlöslich in Wasser, Äther und Essigester[5].

p-Ureidophenylkohlensäureäthylester $C_2H_5O_2CO \cdot C_6H_4 \cdot NH \cdot CO \cdot NH_2$. Aus Oxyphenylharnstoff und Chlorkohlensäureester in Alkohol bei Gegenwart von Natriumäthylat. Aus Alkohol oder Wasser lange Nadeln. Schmelzp. 158°; leicht löslich in Eisessig, Methylalkohol, Essigester und Aceton, heißem Wasser und Alkohol, fast unlöslich in kaltem Wasser[5].

p-Ureidophenyldiphenylcarbaminsäureester $(C_6H_5)_2N \cdot CO_2 \cdot C_6H_4 \cdot NH \cdot CO \cdot NH_2$. Aus Oxyphenylharnstoff und Diphenylharnstoffchlorid in Alkohol bei Gegenwart von Natriumalkoholat. Aus Aceton kleine Krystalle. Schmelzp. 240°; in Eisessig leicht, in heißem Alkohol und Aceton wenig löslich[5].

p-Ureidophenyl-α-oxybuttersaures Äthyl $(C_2H_5)(CO_2C_2H_5)CH \cdot O \cdot C_6H_4 \cdot NH \cdot CO \cdot NH_2$. Aus Oxyphenylharnstoff in wenig Aceton und α-Brombuttersäureester in Gegenwart von Kaliumbicarbonat. Aus Wasser Krystalle, Schmelzp. 90°; leicht löslich in den gebräuchlichen Lösungsmitteln, schwerer in Wasser[5].

p-Ureidophenylglycidäther $CH_2\overset{\displaystyle\frown{O}}{-}CH \cdot CH_2 \cdot O \cdot C_6H_4 \cdot NH \cdot CO \cdot NH_2$. Aus Oxyphenylharnstoff und Epichlorhydrin in Alkohol mit Natriumäthylat. Aus verdünntem Alkohol

---

[1] R. Andreasch: Mh. Chem. **45**, 1 — Chem. Zbl. **1924 II**, 2642.
[2] Fischer u. Dilthey: Liebigs Ann. **335**, 365 (1904).
[3] E. Fourneau u. G. Florence: Bull. Soc. chim. France [4] **43**, 211 — Chem. Zbl. **1928 I**, 2247.
[4] E. Fromm: Ber. dtsch. chem. Ges. **55**, 902 — Chem. Zbl. **1922 I**, 1177.
[5] C. Speckan: Ber. dtsch. pharm. Ges. **32**, 83—107 (1922) — Chem. Zbl. **1922 III**, 42.

Krystalle, Schmelzp. 235°; in Eisessig leicht, in kaltem Wasser schwer, in heißem leichter, in heißem Alkohol schwer löslich[1].

Von Substitutionsprodukten mit Substituenten am β-C der OC_2H_5-Gruppe zeigte nur das Bromderivat noch stark süßen, dem des Dulcins aber nachstehenden Geschmack. Ersatz der OC_2H_5-Gruppe durch andere Substituenten ließ den süßen Geschmack verschwinden[1].

β-Brom-p-phenetolcarbamid $CH_2Br \cdot CH_2 \cdot O \cdot C_6H_4 \cdot HN \cdot CO \cdot NH_2$ aus p-Oxyphenylharnstoff (30,4 g) und Äthylenbromid (37,6 g) in konzentrierter alkoholischer Lösung in Gegenwart von Natriumalkoholat (aus 4,6 g Na) unter Rückfluß. Nadeln aus Wasser, seidenglänzende Krystalle aus Chloroform, Schmelzp. 162—164°; leicht löslich in Alkohol, Methylalkohol, Aceton, Eisessig und in heißem Essigester, wenig löslich in Chloroform[1].

Diureidophenylglykoläther $NH_2 \cdot CO \cdot NH \cdot C_6H_4 \cdot OCH_2 \cdot CH_2O \cdot C_6H_4 \cdot NH \cdot CO \cdot NH_2$. Aus 2 Mol Oxyphenylharnstoff, 1 Mol Äthylenbromid und 2 Mol Natriumalkoholat. Feinste seidenglänzende Nädelchen aus Essigsäure (50proz.), Schmelzp. 432°; sehr wenig in Wasser, fast unlöslich in Alkohol und anderen organischen Lösungsmitteln mit Ausnahme von Essigsäure[1].

β-Anilido-o-phenetolcarbamid (Ureidophenyloxäthylanilid) $C_6H_5 \cdot NH \cdot (CH_2)_2 \cdot O \cdot C_6H_4 \cdot NH \cdot CO \cdot NH_2$. Aus Bromdulcin und 2 Mol Anilin bei 140° im Einschlußrohr. Feine weiße Nädelchen aus Alkohol durch wenig Wasser, Schmelzp. 230°; löslich in Alkohol +Äther, Essigester und Chloroform, unlöslich in Wasser und Äther[1].

β-p-Phenetidino-p-phenetolcarbamid (p-Ureidophenoxäthyl-p-phenetidin) $C_2H_5O \cdot C_6H_4 \cdot NH \cdot (CH_2)_2 \cdot O \cdot C_6H_4 \cdot NH \cdot CO \cdot NH_2$. Aus Bromdulcin und 2 Mol p-Phenitidin bei 140°, Blättchen aus Alkohol, Schmelzp. 215°; heiß löslich in Aceton, Essigester, Eisessig und Methylalkohol, unlöslich in Wasser und Äther[1].

Benzoyl-p-oxyphenylcarbamid $C_6H_5 \cdot CO \cdot O \cdot C_6H_4 \cdot NH \cdot CO \cdot NH_2$. Aus Oxyphenylharnstoff und Benzoylchlorid in Wasser mit Natronlauge bei gelindem Erwärmen. Feine gelblichbraune Nadeln aus Wasser, Schmelzp. 148°[1].

Dibenzoyl-p-oxyphenylcarbamid $C_{21}H_{16}O_4N_2$ (?). Entsteht neben dem Monobenzolprodukt und ist in heißem Wasser unlöslich. Aus Alkohol krystallinisch, Schmelzp. 226—228°[1].

p-Ureidophenoxyacetophenon (Benzoyl-p-anisolcarbamid) $C_6H_5 \cdot CO \cdot CH_2 \cdot O \cdot C_6H_4 \cdot NH \cdot CO \cdot NH_2$. Aus Oxyphenylharnstoff und ω-Bromacetophenon mit Natriumäthylat bei 120°. Aus Eisessig Krystalle, die bei 135° sintern und bei 140° schmelzen. In den meisten Lösungsmitteln leicht löslich, bildet es mit Wasser kolloidale Lösungen[1].

p-Ureidophenoxyaceton $CH_3 \cdot CO \cdot CH_2 \cdot O \cdot C_6H_4 \cdot NH \cdot CO \cdot NH_2$. Aus dem p-Aminophenoxyaceton-hydrochlorid mit Kaliumcyanat. Schmelzp. 172°. In der Hitze in Wasser, Alkohol und Essigester löslich. — **Semicarbazon** $C_{11}H_{15}O_3N_5$, Schmelzp. 190°. — **Phenylhydrazon** $C_{16}H_{18}N_2O_4$. Aus Alkohol und wenig Wasser feinste Nadeln, Schmelzp. 145°; löslich in heißem Äthylalkohol, Aceton und Methylalkohol, wenig löslich in Wasser[1].

β-Oxypropyl-p-oxyphenylcarbamid (p-Ureidophenoxyl-β-oxypropyläther) $HO \cdot CH \cdot (CH_3) \cdot CH_2 \cdot O \cdot C_6H_4 \cdot NH \cdot CO \cdot NH_2$. Aus Nitrophenoxyaceton mit Zinn und Salzsäure in Alkohol. Aus Alkohol kleine Krystalle, Schmelzp. 176°; in heißem Wasser löslich, wenig in Alkohol, noch schwerer löslich in Äther, Chloroform, Aceton und Essigester. Hat schwach süßlichen Nachgeschmack[1].

Dibenzoyl-β-oxyäthylharnstoff $C_6H_5 \cdot CO \cdot NH \cdot CO \cdot NH \cdot CH_2 \cdot CH_2 \cdot O \cdot CO \cdot C_6H_5$. Man löst Dibenzoyl-ß-oxyäthylcarbodiimid in konzentrierter Schwefelsäure und fügt unter guter Kühlung langsam Wasser zu, bis bei einer bestimmten Verdünnung das Produkt ausfällt. Aus Wasser Krystalle vom Schmelzpunkt 176°. Es ist in Alkohol leicht und in Äther unlöslich. Aus seiner Lösung in Natronlauge ist es durch Salzsäure fällbar[2].

Bei chronischer subcutaner Zufuhr vermindert er beim Kaninchen die Erythrocytenzahl[3].

N-Phenyloxalylharnstoff $C_9H_6O_3N_2$. Aus Methylenphenylhydantoin in Eisessig und Behandeln mit verdünntem Ozon. Aus Wasser zum Schmelzp. 214° (korr.)[4].

Butyläthylmalonylharnstoff. Schmelzp. 128°, Löslichkeit 1000:35 bei 15—20°. Ist dreimal so stark wirksam wie Veronal. Über andere verschieden alkylierte Malonylharnstoffe siehe Literatur und dieses Handlexikon über Barbitursäurereihe[5].

---

[1] C. Speckan: Ber. dtsch. pharm. Ges. **32**, 83—107 (1922) — Chem. Zbl. **1922 III**, 42.
[2] E. Fromm: Ber. dtsch. chem. Ges. **55**, 902 — Chem. Zbl. **1922 I**, 1177.
[3] S. Leites: Z. exper. Med. **40**, 52 — Chem. Zbl. **1924 II**, 197.
[4] M. Bergmann u. D. Delis: Liebigs Ann. **458**, 76 — Chem. Zbl. **1927 II**, 2762.
[5] P. Carnot u. M. Tiffeneau: C. r. Acad. Sci. Paris **175**, 241 — Chem. Zbl. **1922 III**, 1299.

Dixanthyldiäthylmalonylharnstoff $C_{34}H_{28}N_2O_5$. Aus 1 g Diäthylmalonylharnstoff in 10 ccm Eisessig und 2 g Xanthydrol. Farblose, mikr. rautenförmige Krystalle vom Schmelzpunkt 245—246°. In heißem Benzol und aromatischen Kohlenwasserstoffen leicht, in Alkohol und Eisessig wenig löslich[1].

Dixanthylphenyläthylmalonylharnstoff $C_{38}H_{28}N_2O_5$. 1 Mol Phenyläthylmalonylharnstoff in 10 Teilen Eisessig und 2 Mol Xanthydrol. Aus Benzol farblose Krystalle vom Schmelzpunkt 218—219°[1].

Dixanthyldiallylmalonylharnstoff $C_{36}H_{28}N_2O_5$. Aus Diallylmalonylharnstoff und Xanthydrol. Schmelzp. 242—243°[1].

Dixanthylbutyläthylmalonylharnstoff. Schmelzp. 242—243°[1].

Dixanthylisobutyläthylmalonylharnstoff. Schmelzp. 259—260°[1].

N$^\omega$-Methylureido-4-tetrazol-1, 2, 3, 5. $C_3H_6ON_6$

$$CH_3 \cdot NH \cdot CO \cdot NH \cdot C\!\!=\!\!\!=\!\!\!=\!\!N$$
$$N \cdot NH \cdot N$$

Aus Bis-[methylcarbaminyl]-cyanamid mit einer wäßrigen Lösung von Na-Azid. Büschelförmige Nadeln. Zersetzungsp. 265°[2].

N, N′-Bis-methylcarbaminylhydrazin $C_4H_{10}O_2N_4$

$$CH_3 \cdot NH \cdot CO \cdot NH \cdot NH \cdot CO \cdot NH \cdot CH_3.$$

Aus Bis-[methylcarbaminyl]-cyanamid und Hydrazinsulfat. Rhomboedr. Blättchen. Zersetzungsp. 270°[2].

Hexahydrobenzoesäureureid $C_6H_{11} \cdot CO \cdot NH \cdot CO \cdot NH_2$. Aus Hexahydrobenzoesäurechlorid und 2 Mol Harnstoff oder 1 Mol H. + Pyridin, Chinolin oder Dialkylanilin (einige Tage Zimmertemperatur, dann einige Stunden Wasserbad. Prismatische Nadeln vom Schmelzpunkt 230—232° (korr.). In kaltem Wasser kaum, in heißem Wasser wenig, in warmem Alkohol ziemlich, in warmem Pyridin ziemlich leicht, in kaltem Alkohol sehr wenig löslich. Geringe Toxizität, sedative und hypnotische Eigenschaften[3].

α-Bromhexahydrobenzoesäureureid $C_6H_{10}(Br) \cdot CO \cdot NH \cdot CO \cdot NH_2$. Aus Essigsäure prismatische Krystalle vom Schmelzp. 155—157°. Bei geringer Toxizität sedative und hypnotische Eigenschaften[3].

Hexahydrophenylessigsäureureid $C_6H_{11} \cdot CH_2 \cdot CO \cdot NH \cdot CO \cdot NH_2$. Aus verdünntem Alkohol prismatische Nadeln vom Schmelzp. 226—228°. Bei geringer Toxizität sedative und hypnotische Eigenschaften[3].

β-Hexahydro-α-bromessigsäureureid $C_6H_{11} \cdot CHBr \cdot CO \cdot NH \cdot CO \cdot NH_2$. Aus Alkohol oder wässerigem Pyridin prismatische Nadeln vom Schmelzp. 193—195°. In heißem Wasser wenig, in heißem Alkohol ziemlich leicht, in heißem Pyridin leicht löslich. Bei geringer Toxizität sedative und hypnotische Eigenschaften[3].

Carbamidsulfonessigsäure $H_2N \cdot CO \cdot NH \cdot CO \cdot CH_2SO_3H$. Durch Oxydation des Thiohydantoins mit Kaliumchlorat und Salzsäure. **Bariumsalz** aus heißem Wasser Pulver und mikroskopische vier- oder sechsseitige Platten. — **Kupfersalz**, himmelblaue Nadeln, in Wasser leicht, in Alkohol nicht löslich. — **Ammoniumsalz**, rhomboidale Blättchen, in kaltem und heißem Wasser leicht löslich. Entsteht auch aus Chloracetylharnstoff und Ammoniumsulfit, welche Darstellungsart der obigen vorzuziehen ist[4].

Methylcarbamidsulfonessigsaures Kalium $CH_3 \cdot NH \cdot CO \cdot NH \cdot CO \cdot CH_2 \cdot SO_3K$. Durch Kochen von Chloracetylmethylharnstoff mit Kaliumsulfit in Wasser unter Zusatz von etwas Alkohol. Nadeln mit 1 Mol Wasser (unter Trübwerden bei 120—125° entweichend), die in Wasser sehr leicht löslich sind[4].

Chloracetyläthylharnstoff $Cl \cdot CH_2 \cdot CO \cdot NH \cdot CO \cdot NH \cdot C_2H_5$. Durch Erhitzen von Äthylharnstoff mit dem doppelten Gewicht Chloracetylchlorid und etwas Äther. Aus heißem Wasser Nädelchen vom Schmelzp. 138°, die in Wasser kalt fast unlöslich, in organischen Lösungsmitteln, außer Petroläther, leicht löslich sind[4].

---

[1] R. Fabre: Bull. Soc. chim. France [4] **33**, 791 (1923) — Chem. Zbl. **1924 I**, 336.
[2] K. Slotta u. R. Tschesche: Ber. dtsch. chem. Ges. **62**, 137 — Chem. Zbl. **1929 I**, 1681.
[3] Chemische Fabrik vorm. Sandoz: E.P. 230432 (1925, Schw.Prior. 1924); F.P. 592541 (1925); Schwz.P. 109582 (1924, 1925); Chem. Zbl. **1926 II**, 1585.
[4] R. Andreasch: Mh. Chem. **43**, 485 (1923) — Chem. Zbl. **1923 I**, 1217.

Phenylcarbamidsulfonessigsaures Kalium $C_6H_5 \cdot NH \cdot CO \cdot NH \cdot CO \cdot CH_2 \cdot SO_3K$.
Weiße Schüppchen, die in Wasser kalt wenig, heiß leicht löslich sind[1].
Chloracetyldiphenylharnstoff $C_6H_5 \cdot NH \cdot CO \cdot N(C_6H_5) \cdot CO \cdot CH_2 \cdot Cl$. Aus Chloracetylchlorid und Diphenylharnstoff. Aus Alkohol Täfelchen, die in Wasser unlöslich, in heißem Alkohol, siedendem Chloroform löslich, in Aceton leicht, sehr wenig in Äther und in Petroläther nicht löslich sind. Schmelzp. 180° mit vorausgehendem Sintern[1].
Carbamidsulfonisovaleriansaures Ammonium $H_2N \cdot CO \cdot NH \cdot CO \cdot CH(SO_3H) \cdot CH(CH_3)_2$.
Durch Kochen von Bromural mit Ammoniumsulfit. Tafeln, die in Wasser leicht und in Alkohol nicht löslich sind[1].

Gemischte **Harnstoffe aus 2-Amino-8-oxy-naphthalin-6-sulfonsäure.** (Kuppeln von mol. Mengen der Sulfonsäure und eines Amines in Gegenwart von Alkali oder Natriumacetat mit Phosgen)[2].

s. **Harnstoff aus dem Natriumsalz der m-Aminobenzoyl-m-amino-p-methylbenzoyl-1-naphthylamino-4, 6, 8-trisulfonsäure.**

$$\left[CO[(NH)^1 \cdot C_6H_4 \cdot CO^3 \cdot NH^{3\prime} \cdot (CH_3)^{4\prime}C_6H_3 \cdot CO^{1\prime} \cdot NH-\underset{SO_3Na}{\underset{NaO_3S-}{\bigotimes}}-SO_3Na \right]_2.$$

Man läßt auf das Natriumsalz der 1-Naphthylamin-4, 6, 8-trisulfonsäure unter energischem Rühren p-Methyl-m-nitrobenzoylchlorid in Gegenwart von Natriumacetat einwirken, reduziert die entstandene Nitroverbindung, läßt auf das Produkt m-Nitrobenzoylchlorid einwirken, reduziert wieder und kondensiert 2 Moleküle mit Phosgen. Eigenschaften und therapeutische Wirkung sollen das Produkt mit dem trypanociden Heilmittel „Bayer 205" identisch erscheinen lassen. Eigenartigerweise kommt die Wirkung nur dieser Konstitution zu. Geringste Änderungen im Molekül, u. a. sogar die Einführung der Methylgruppe aus dem ersten in den zweiten Kern, heben die Wirkung auf. Für höhere Tiere könnte vielleicht das aus 1-Aminonaphthalin-3, 6, 8-trisulfosäure noch wirksam sein[3]. Weißgräuliches, in Wasser und Methylalkohol sehr leicht lösliches in Alkohol unlösliches Pulver mit äußerst stark abtötender Wirkung auf Trypanosomen. Dosis curativa bei 20 g-Maus 0,000031 g, D. tolerata 0,010—0,012 g[4].

Sym. Harnstoff von p-benzoyl-p-aminobenzoyl-1-amino-8-naphthol-3, 6-sulfonsaurem Natrium („Sup. 36") hat sich bei Staphylokokkenerkrankungen, unterstützt durch Serum (spez.) und Auramin (= Diphenylmethanfarbstoff) bewährt[5].

Sym. Harnstoff von p-benzoyl-p-aminobenzoyl-1-amino-4, 6, 8-sulfosaurem Natrium („Sup. 468") hat sich bei ausgeprochen chronischen Streptokokkenerkrankungen, unterstützt durch Serum (spez.) und Auramin (= Diphenylmethanfarbstoff) bewährt[5].

Sym. Harnstoff von m-benzoyl-m-aminobenzoyl-1-amino-8-naphthol-3, 6-sulfosaurem Natrium („Sum. 36") scheint bei Gonokokkenerkrankungen aussichtsreich zu sein[5].

Sym. Harnstoff von m-benzoyl-m-aminobenzoyl-1-naphthylamin-4, 6, 8-sulfosaurem Natrium („Sum. 468") scheint bei Malaria und Trypanosomiasis aussichtsreich zu sein[5].

Sym. Harnstoff von m-benzoyl-m-aminomethylbenzyl-1-naphthylamin-4, 6, 8-sulfonsaurem Natrium („Fourneau 309") ist vielleicht mit „Bayer 205" („Germanin") identisch[5].

---

[1] R. Andreasch: Mh. Chem. **43**, 485 (1923) — Chem. Zbl. **1923 I**, 1217.

[2] British Dyestuffs Corp. Ltd., J. Baddiley, P. Chorley u. R. Brightman: F.P. 631 156 (1927; E.Prior. 1926); Chem. Zbl. **1928 I**, 1460.

[3] E. Fourneau, Herr u. Frau J. Tréfouël u. J. Vallée: C. r. Acad. Sci. Paris **178**, 675 — Chem. Zbl. **1924 I**, 1832 — Ann. Inst. Pasteur **38**, 81 — Chem. Zbl. **1924 I**, 1963.

[4] Établissements Poulenc Frères, E. Fourneau u. J. Tréfouël: E.P. 224 849 (1924, 1925); F.Prior. 1923; F.P. 585 962 (1923, 1925); Schwz.P. 106 818 (1923, 1924); Chem. Zbl. **1925 II**, 772.

[5] J. E. R. McDonagh: Brit. med. J. **1926 I**, 693 — Chem. Zbl. **1926 II**, 1769. — Literatur über „Bayer 205": Quantitative Methode zur Bestimmung in Serum, Harn und Gewebe: O. Stepphuhn u. X. Utkin-Ljubowzow: Klin. Wschr. **3**, 154 (1923) — Chem. Zbl. **1924 I**, 1246 — Trans. scient.-chem.-pharm. Inst. Moskau (russ.) Lfg. **3**, 21 (1926); Physiologische Eigenschaften und therapeutische Bedeutung: W. Kolle: Arb. Staatsinst. exper. Ther. Frankf. **1924**, Nr 17, 3 — F. Leupold: ebenda **1924**, Nr 17, 29 — W. A. Collier: ebenda **1924**, Nr 17, 26 — Ber. Physiol. **29**, 933, 934 — R. Freund: Z. Immun.forschg [I] **43**, 253. — H. Schmidt: ebenda [I] **45**, 496 — Chem. Zbl. **1925 II**, 670 und **1926 I**, 2018. — J. Morgenroth u. R. Freund: Klin. Wschr. **3**, 53. — O. Stepphuhn u. S. Brychonenko: Dtsch. med. Wschr. **49**, 1322 (1923) — F. K. Kleine u. W. Fischer: ebenda **49**, 1039 (1923) — R. Freund: ebenda **51**, 861 (1925). —

Über Ureidosulfonsäuren und deren Anhydriden aus p-substituierten o-Aminosulfonsäuren siehe Literatur![1]

s. **Diphenylharnstoff-4, 4'-bis-(carbonsäure-m-toluidid)-4''-4'''-diarsinsäure** $CO(NH \cdot C_6H_4 \cdot (4)CO \cdot NH \cdot C_6H_3(3)(CH_3) \cdot (4)AsO_3H_2)_2$ in 95proz. Ausbeute,

s. **Diphenylharnstoff-4, 4'-bis-(carbonsäureanilid)-4''-4'''-diarsinsäure** $CO(NH \cdot C_6H_4 \cdot (4)CO \cdot NH \cdot C_6H_4 \cdot (4)AsO_3H_2)_2$ in 35proz. Ausbeute,

s. **Diphenylharnstoff-3, 3'-bis-(carbonsäureanilid)-3''-3'''-diarsinsäure** $CO(NH \cdot C_6H_4 \cdot (3)CO \cdot NH \cdot C_6H_4 \cdot (3)AsO_3H_2)_2$ in 30proz. Ausbeute,

s. **Diphenylharnstoff-3, 3'-bis-(carbonsäureanilid)-4''-4'''-diarsinsäure** $CO(NH \cdot C_6H_4 \cdot (3)CO \cdot NH \cdot C_6H_4 \cdot (4)AsO_3H_2)_2$ in 30proz. Ausbeute und

s. **Diphenylharnstoff-2, 2'-bis-(carbonsäureanilid)-4'', 4'''-diarsinsäure** $CO(NH \cdot C_6H_4 \cdot (2)CO \cdot NH \cdot C_6H_4 \cdot (4)AsO_3H_2)_2$ in 90proz. Ausbeute werden durch Kondensation der entsprechenden Aminoverbindungen mit Phosgen erhalten. Diese Harnstoffe verfärben sich an der Luft nicht. Ihre Schmelzpunkte liegen mit einer Ausnahme über 250°, bei höheren Temperaturen erfolgt Zersetzung. Sie sind in Natronlauge, Natriumcarbonat-, Natriumbicarbonat- und Ammoniaklösung sowie in konzentrierter Schwefelsäure löslich, in Wasser und organischen Lösungsmitteln unlöslich[2].

Harnstoff-Stibamin (Urea-Stibamine) $H_2N \cdot CO \cdot NH \cdot C_6H_4 \cdot Sb \begin{smallmatrix} OH \\ = O \\ O \cdot NH_4 \end{smallmatrix}$. Aus Harnstoff und p-Aminophenylstibinsäure. Geht bei der Behandlung mit Natronlauge in Stibglicineamide über: $NH_2 \cdot CO \cdot NH \cdot C_6H_4 \cdot SbO \cdot OH \cdot ONa$. Stibamine ist ein Polymerisationsprodukt der p-Aminophenylstibinsäure[3]. Chemotherapeutische Verwendung bei Kala-azarinfektion[4]. Nach Behandlung mit Harnstoff-Stibamin hatten am 10. Behandlungstag 73% der Kala-azarfälle negative Blutkulturen[5]. — Über Darstellung von Acetyl-p-aminophenylstibinsäure[6]. —

Phenylacetylglutaminharnstoff wurde nach subcutaner Zufuhr von Phenylessigsäure bei Hungernden im Harn ausgeschieden neben wenig unveränderter Säure und neben Phenylacetylglutamin[7].

Carbonyl-bis-[glycyl-l-leucin] $C_{17}H_{30}O_7N_4$. Aus Äther krystallinisch. Schmelzp. 135° (unscharf). — Bisäthylester $C_{21}H_{38}O_7N_4$. Dickes, nur unvollständig krystallisiertes Öl[8].

Carbamiddiessigsäurediäthylester bzw. -diamid siehe bei Glykokoll!

Carbamiddi-α-propionsäureäthylester siehe bei Alanin!

Carbamiddi-α-isocapronsäureäthylester siehe bei Leucin!

Carbonylbisphenyl-alanin siehe bei Alanin!

d-Glucoseharnstoff $CH_2(OH) \cdot CH(OH) \cdot \overset{\longleftarrow O \longrightarrow}{CH \cdot CH(OH) \cdot CH(OH) \cdot CH} \cdot NH \cdot CO \cdot NH_2$.
Aus Glucose in warmem Wasser mit 2 Mol Harnstoff und konzentrierter Salzsäure bei 50° und Behandeln mit Wasser und Alkohol[9].

L. Reiner u. J. Köveskuty jr.: ebenda **53**, 1988 (1927) — Chem. Zbl. **1924 I**, 1232 bzw. **1924 I**, 360, 802; **1925 II**, 671; **1928 I**, 378. — G. Arcoleo: Arch. Schiffs- u. Tropenhyg. **28**, 561; Chem. Zbl. **1925 I**, 1886. — H. Berg: Dtsch. tierärztl. Wschr. **33**, 561 (1925) — Chem. Zbl. **1926 I**, 424. — R. van Saceghem: C. r. Soc. Biol. Paris **91**, 1452 (1924), — R. L. Dios u. J. A. Zuccarini: ebenda **95**, 828 (1926) — Chem. Zbl. **1925 I**, 1508 bzw. **1927 I**, 136. — W. Collier: Z. exper. Med. **54**, 606 — Chem. Zbl. **1927 II**, 122. — K. Iwanoff: Z. Hyg. **108**, 152 (1927) — Chem. Zbl. **1928 I**, 218.

[1] J. R. Scott u. J. B. Cohen: J. chem. Soc. Lond. **121**, 2034—2051 (1922) — Chem. Zbl. **1923 I**, 585.

[2] C. S. Hamilton u. R. T. Major: J. amer. chem. Soc. **47**, 1128 — Chem. Zbl. **1925 II**, 283.

[3] U. N. Brahmachari u. J. Das: Indian J. med. Res. **12**, 423 (1924) — Ber. Physiol. **32**, 148 (1925).

[4] U. N. Brahmachari u. B. B. Maity: Indian J. med. Res. **12**, 735 (1925) — Ber. Physiol. **34**, 429.

[5] U. N. Brahmachari u. B. B. Maity: Indian J. med. Res. **13**, 21 (1925) — Ber. Physiol. **34**, 429.

[6] U. N. Brahmachari: Indian J. med. Res. **13**, 111 (1925) — Ber. Physiol. **34**, 430.

[7] N. Suzuki u. N. Hasui: Acta Scholae med. Kioto **4**, 105—171 (1921) — Chem. Zbl. **1922 I**, 768.

[8] E. Abderhalden u. W. Kröner: Hoppe-Seylers Z. **168**, 201 — Chem. Zbl. **1927 II**, 2060.

[9] B. Helferich u. W. Kosche: Ber. dtsch. chem. Ges. **59**, 69 — Chem. Zbl. **1926 I**, 1967.

d-Glucosemonomethylureid $C_8H_{16}O_6N_2$. Aus Methylharnstoff und Glucose $[\alpha]_D^{18}$ = $-31,8°$ (in H_2O); Schmelzp. 215°[1].
d-Glucosethioharnstoff $C_7H_{14}O_5N_2S$. Analog aus Thioharnstoff. Aus Wasser + Alkohol[1].
l-Arabinoseharnstoff $C_6H_{12}O_5N_2 + H_2O$. Gegen 180° sintern, gegen 193° u. Zers. Schmelzen. Fehlingsche Lösung in Hitze allmählich reduziert. Löslich in 10 Teilen Wasser, in Methyl- und Äthylalkohol wenig löslich. Süßer Geschmack. $[\alpha]_D^{18} = +51,5°$ (in H_2O)[1].

Di-d-xyloseharnstoff
$$\begin{array}{c} \overline{\text{O}} \\ CH_2 \cdot CH(OH) \cdot CH(OH) \cdot CH(OH) \cdot CH \cdot NH \cdot CO \\ | \\ CH_2 \cdot CH(OH) \cdot CH(OH) \cdot CH(OH) \cdot CH \cdot NH \\ \underline{\text{O}} \end{array}$$

Reduziert Fehlingsche Lösung allmählich in der Hitze. Bräunt sich gegen 230°, verkohlt allmählich gegen 255°. In Wasser etwa $1/50$ löslich, wenig in Alkoholen. Süßer Geschmack. $[\alpha]_D^{20} = -19,8$ und $20,0°$ (in H_2O)[1].

Pentacetyl-d-glucoseharnstoff. Mit Essigsäureanhydrid und Zinkchlorid. $[\alpha]_D^{20} = -15,9°$ ($15,3°$) (in Pyridin)[1].

Tetracetyl-d-glucoseharnstoff $CH_2(O \cdot Ac) \cdot CH(O \cdot Ac)CH \cdot CH(O \cdot Ac) \cdot CH(O \cdot Ac) \cdot CH \cdot NH \cdot CO \cdot NH_2$ (mit O-Brücke). In Pyridin mit Essigsäureanhydrid. Aus heißem Essigester mit heißem Ligroin. Gegen 85° sintern, Schmelzpunkt 100°. $[\alpha]_D^{23} = -6,9°$; $[\alpha]_D^{20} = -8,2°$ (in Pyridin). In Pyridin, Methylalkohol und Wasser sehr leicht löslich (Wasser 1:15). Fehlingsche Lösung wird erst nach einigem Kochen reduziert.

Tetracetyl-d-glucosebenzoylharnstoff $C_{22}H_{26}O_{11}N_2$. Aus dem Tetraderivat und Benzoylchlorid in absolutem Pyridin + Chloroform $[\alpha]_D^{20} = -29,7°$ und $[\alpha]_D^{20} = -28,8°$ (in Pyridin). Aus Alkohol: 195° Beginn zum Sintern, Schmelzp. 211—212°. In Pyridin sehr leicht, in Methylalkohol leicht, in Alkohol gut, in Methylalkohol gut löslich. Reduziert Fehling auch beim Kochen nicht[1].

Tetracetyl-veronal-?-glucosid $C_{22}H_{30}O_{12}N_2$ mutmaßlich =

$$\begin{array}{c} CH_2(O \cdot Ac) \cdot CH(O \cdot Ac) \\ | \\ CH \cdot CH(O \cdot Ac) \cdot CH(O \cdot Ac) \cdot CH\text{---}N\text{---}CO \\ \underline{\qquad O \qquad} \quad OC{>}{\quad}{>}C(C_2H_5)_2 \\ NH \cdot C \end{array}$$

Aus Diäthylmalonylchlorid, absolutem Pyridin, Tetraglucoseharnstoff und absolutem Chloroform bei 50°. Nadeln aus heißem Wasser + heißem Alkohol zum Schmelzp. 169—170° nach Sintern bei 165°. In Pyridin sehr leicht, in Methyl- und Äthylalkohol ziemlich löslich, in Wasser nicht. $[\alpha]_D^{19} = -20,2$ bzw. $21,0°$ (in Pyridin)[1].

Triacetyl-l-arabinoseharnstoff $C_{12}H_{18}O_8N_2$. Aus 25 Teilen heißem Alkohol weiße Krystalle vom Schmelzp. 212° (Zers.), nach Sintern bei 210°. In Pyridin und heißem Wasser leicht, in den Alkoholen ziemlich wenig, in Äther sehr wenig löslich. $[\alpha]_D^{18} = +46,8°$; $[\alpha]_D^{24} = +45,9°$ (in Pyridin)[1].

Pentabenzoyl-d-glucosethioharnstoff $C_{42}H_{34}O_{10}N_2S$. Aus Aceton + heißem absolutem Alkohol weiße Nadeln vom Schmelzp. 205°. In Pyridin leicht, in heißem Benzol gerade, in Methylalkohol wenig, in Äther sehr wenig löslich, in Wasser fast unlöslich. $[\alpha]_D^{18} = +45,0°$ ($+44,3°$) (in Pyridin)[1].

Octabenzoyldi-d-glucoseharnstoff $C_{69}H_{56}O_{19}N_2$. Aus Pyridin + (7 Teilen) absolutem Alkohol oder 3 Teilen Aceton und 3 Teilen absolutem Alkohol mit 1 Mol Krystallalkohol. Sintert gegen 140°, ist gegen 150° flüssig. In Chloroform leicht, in Benzol ziemlich leicht, in heißem Methylalkohol wenig, in Alkohol sehr wenig löslich, in Wasser unlöslich. In Bromoform weitgehend assoziiert. Zeigt deutlich den Tyndall-Effekt[1].

Di-d-glucoseharnstoff $C_{13}H_{24}O_{11}N_2 + 2^1/_2 H_2O$. Aus Wasser + heißem Alkohol Nadeln bei 100° im Vakuum wasserfrei, bei etwa 205° braun, gegen 235—245° ohne Schmelzen Verkohlung. $[\alpha]_D^{17} = -35,8°$ ($34,3°$) (in Wasser)[1].

Hexabenzoyldi-l-arabinoseharnstoff $C_{53}H_{44}O_{15}N_2$. Aus heißem Pyridin + heißem absolutem Alkohol Krystalle mit Konstitutionsalkohol. Sintert ab 250°, Schmelzp. 260—261° (Zers.). In Pyridin leicht, in Chloroform ziemlich, in Methylalkohol sehr wenig löslich. Feh-

---

[1] B. Helferich u. W. Kosche: Ber. dtsch. chem. Ges. **59**, 69 — Chem. Zbl. **1926 I**, 1967.

lingsche Lösung erst nach Eisessig-Salzsäurehydrolyse reduziert. $[\alpha]_D^{19} = +163,0°$ (164,5°) (in Pyridin)[1].

Di-l-arabinoseharnstoff $C_{11}H_{20}O_9N_2$. Aus heißem Wasser + Alkohol Prismen. Verfärben sich gegen 205° und zersetzen sich gegen 227°. In Wasser leicht löslich. $[\alpha]_D^{19} = +62,1°$ (in Wasser)[1].

1, 3-Dimethyl-5-oxyhydantoylharnstoff

$$OC\begin{matrix} NH \cdot CO \\ HOC \cdot N \cdot CH_3 \\ | \quad \quad \rangle CO \\ OC \cdot N \cdot CH_3 \\ NH_2 \end{matrix}$$

Aus 7, 9-Dimethylharnsäureglykol mit Pyridin und Methylalkohol. Aus Essigester vom Schmelzpunkt 216°[2].

1, 3-Diäthyl-5-oxyhydantoylharnstoff

$$OC\begin{matrix} NH \cdot CO \\ HOC \cdot N{\diagdown}C_2H_5 \\ | \quad \quad \rangle CO \\ OC \cdot N{\diagdown}C_2H_5 \\ NH_2 \end{matrix}$$

Aus 7, 9-Diäthylharnsäureglykol mit Pyridin und Äthylalkohol. Aus Essigester Prismen vom Schmelzp. 144—146°[2].

1-Methyl-5-oxyhydantoyl-9-methylharnstoff

$$OC\begin{matrix} NH \cdot CO \\ HOC \cdot N{\diagdown}CH_3 \\ | \quad \quad \rangle CO \\ OC \cdot N{\diagdown}H \\ NH \cdot CH_3 \end{matrix}$$

Aus 3, 7-Dimethylharnsäureglykol mit Pyridin und Methylalkohol in sehr geringer Ausbeute[2].

N-Methyl-N′-guanylharnstoff $C_3H_8ON_4$.

$$CH_3 \cdot NH \cdot CO \cdot NH \cdot C(:NH) \cdot NH_2.$$

Entsteht aus NH_3 und Methylcyanharnstoff oder Bis[-methylcarbaminyl]-cyanamid (aus Cyanamid und Methylisocyanat bei Gegenwart von Triäthylphosphin). Aus Methanol Prismen. Zersetzungsp. 165°[3].

p-Phenylenguanylharnstoff $C_6H_4{\diagdown}{N \atop NH}{\diagup}C \cdot NH \cdot CO \cdot NH_2$, entsteht aus Phenylenmelanursäure beim Erhitzen mit Alkali[4].

3, 5, 5-Trimethylpyrazolinharnstoff

$$\begin{matrix} CH_3{\diagdown} \\ \quad \quad C \cdot CH_2 \cdot C \cdot CH_3 \\ CH_3{\diagup} \quad | \quad \quad \quad \| \\ H_2N \cdot CO \text{——} N \text{——} N \end{matrix}$$

Zur essigsauren Lösung des Trimethylpyrazolins setzt man 2—3 Mol Kaliumcyanat, läßt 2—3 Tage stehen, alkalisiert mit konzentrierter Kaliumcarbonatlösung und äthert aus. Schwache Base vom Kochp.$_{10}$ 140—141° und Schmelzp. 129°. Krystallisiert. Bei gewöhnlicher Temperatur sehr beständig auch gegen 10proz. siedendes Alkali. Von verdünnter siedender Salzsäure leicht gespalten unter Pyrazolinrückbildung. In Säuren mittlerer Konzentration löslich[5].

3-Methyl-5-i-propylpyrazolinharnstoff $C_8H_{15}ON_3$. Darstellung analog dem Trimethylderivat. Auch die Eigenschaften entsprechen. Kochp.$_{11}$ 155—157°; Schmelzp. 116—117°[5].

---

[1] B. Helferich u. W. Kosche: Ber. dtsch. chem. Ges. **59**. 69 — Chem. Zbl. **1926 I**, 1967.
[2] H. Biltz u. R. Lemberg: Liebigs Ann. **432**, 137 — Chem. Zbl. **1923 III**, 1321.
[3] K. Slotta u. R. Tschesche: Ber. dtsch. chem. Ges. **62**, 137 — Chem. Zbl. **1929 I**, 1682.
[4] G. Pellizzari: Gazz. chim. ital. **52 I**, 199—206 (1922) — Chem. Zbl. **1922 III**, 763.
[5] R. Locquin u. R. Heilmann: C. r. Acad. Sci. Paris **180**, 1757 — Chem. Zbl. **1925 II**, 721.

3-Methyl-5-i-butylpyrazolinharnstoff $C_9H_{17}ON_3$. Darstellung und Eigenschaften entsprechen jenen des Trimethylderivates. Kochp.$_{10}$ 162—168°; Schmelzp. 110—111°[1].

4-Methyl-5-äthylpyrazolinharnstoff $C_7H_{13}ON_3$. Wird auf demselben Weg wie das Trimethylderivat erhalten und gleicht diesem in den meisten seiner Eigenschaften. Kochp.$_{11}$ 155 bis 160°; Schmelzp. 100—110°[1].

Isoharnstoffderivate: **O-Äthylcyanisoharnstoff** $C_4H_7ON_3$. Aus Cyanamid, Natriumäthylat und Bromcyan oder aus Natriumdicyanamid mit der äquivalenten Menge Salzsäure in Alkohol. Aus Benzol Nadeln oder Prismen. Schmelzp. 119°; in Wasser und den meisten organischen Lösungsmitteln leicht löslich; reagiert neutral[2].

Carbo-n-butoxyäthylisoharnstoff $HN:C(OC_2H_5)\cdot NH\cdot COOC_4H_9$. Krystalle. Schmelzpunkt 77°[3].

Acylisoharnstoffe[4].

Dicarbäthoxyäthylisoharnstoff $C_2H_5OOC\cdot N:C(OC_2H_5)\cdot NH\cdot COOC_2H_5$. Aus dem Silbersalz des Carbonyldiurethans und Äthyljodid. 0,35 g pro Kilogramm führten bei subcutaner Injektion zu tiefer Depression (nach 20 Minuten) mit vollständiger Muskelerschlaffung[5].

Hydantoinderivate.

Allgemeines: Über den Einfluß von Substituenten auf die Bildung und Stabilität von Hydantoinen (Studien am Cyclopropanspirohydantoin) vgl. das Original[6] und siehe auch im Kapitel Aminosäurederivate!

Ein neues Herstellungsverfahren für Hydantoine nach einer Patentschrift[7].

Physiologische Eigenschaften: Nach subcutaner Injektion von Hydantoinen erscheint im Harn von Hunden ungefähr die Hälfte unverändert, die andere als die entsprechende Hydantoinsäure, während β-Hydantoin sehr widerstandsfähig ist[8]. Hydantoin kann den Blutzucker beim Kaninchen nicht senken[9].

Chemische und physikalische Eigenschaften: Gegenüber Chlordioxyd ist Hydantoin beständig[10]. Hydrazin lagert sich unter Ringsprengung an, es entstehen Hydantoylhydrazide[11]. Baudisch und Davidson[12] studierten die katalytische Oxydation von Hydantoinen mit $Na_3Fe(CN_5)NH_3$ (Hydantoinsäure wurde nicht angegriffen). Über die Isomerie in der Hydantoinreihe durch Chlorwasserstoffwirkung liegt eine Mitteilung von Hahn und Gilman[13] vor. Die erstere studierte auch mit Evans[14] die Einwirkung des Lichtes auf die isomeren Modifikationen von Polypeptidhydantoinen.

Methylhydantoin. Im Gegensatz zu nichtmethyliertem Hydantoin wird es, wie auch die entsprechende Säure, im Hundeorganismus fast vollständig oxydiert; nur ein kleiner Prozentsatz erscheint im Harn frei oder an Osalsäure (einem Oxydationsprodukt) gebunden[15], während β-Methylhydantoin sehr widerstandsfähig ist[8]. N-Methylhydantoin wurde als Stoffwechsel-

---

[1] R. Locquin u. R. Heilmann: C. r. Acad. Sci. Paris **180**, 1757 — Chem. Zbl. **1925 II**, 721.
[2] W. Maetung u. E. Kern: Liebigs Ann. **427**, 1—26 (1922) — Chem. Zbl. **1922 III**, 130.
[3] S. Basterfield, E. L. Woods u. H. N. Wright: J. amer. chem. Soc. **48**, 2371 — Chem. Zbl. **1926 II**, 2425.
[4] S. Basterfield u. M. S. Whelen: J. Amer. chem. Soc. **49**, 3177 (1927) — Chem. Zbl. **1928 I**, 801 (ausf. Ref.).
[5] S. Basterfield u. L. E. Paynter: J. amer. chem. Soc. **48**, 2176 — Chem. Zbl. **1926 II**, 2051.
[6] Ch. Ingold, Sh. Sako u. J. F. Thorpe: J. chem. Soc. Lond. **121**, 1177 — Chem. Zbl. **1922 III**, 1348.
[7] Chemische Fabrik von Heyden, A.-G.: Ö.P. 85976 (1921, D.Prior. 1914); Chem. Zbl. **1919 II**, 262, 423.
[8] O. H. Gaebler: Proc. Soc. exper. Biol. a. Med. **23**, 479 — Ber. Physiol. **37**, 114 (1926).
[9] F. Haurowitz u. M. Reiss: Klin. Wschr. **6**, 1479 — Chem. Zbl. **1927 II**, 1362.
[10] E. Schmidt u. K. Braunsdorf: Ber. dtsch. chem. Ges. **55**, 1529 — Chem. Zbl. **1922 III**, 521.
[11] R. Fosse, Ph. Hagène u. R. Dubois: C. r. Acad. Sci. Paris **177**, 333; **178**, 578 — Chem. Zbl. **1924 I**, 1803 bzw. **1923 III**, 1020.
[12] O. Baudisch u. D. Davidson: J. of biol. Chem. **75**, 247 (1927) — Chem. Zbl. **1928 I**, 810.
[13] D. A. Hahn u. E. Gilman: J. amer. chem. Soc. **47**, 2953 (1925) — Chem. Zbl. **1926 I**, 1561.
[14] D. A. Hahn u. J. Evans: J. amer. chem. Soc. **49**, 2877 (1927) — Chem. Zbl. **1928 I**, 511.
[15] O. H. Gaebler u. A. K. Keltsch: J. of biol. Chem. **70**, 763 (1926) — Chem. Zbl. **1927 I**, 1978.

produkt von Tetanusbacillen aus Nährbouillon isoliert[1]. Im Gegensatz zu Kreatinin läßt es sich aus der Pikrinsäurelösung durch Kaolinadsorption kaum entfernen[2].

1-Methylhydantoin. Durch Kochen von N-[α-Cyanmethyl]-N-methylharnstoff mit Salzsäure (konz.). Schmelzp. 156—157°[3].

3-Methylhydantoin. Hydantoin mit Dimethylsulfat methylieren. Schmelzp. 182° (aus Aceton)[3].

1-Äthylhydantoin. Aus N-Cyanmethyl-N-äthylharnstoff mit heißer halb konzentrierter Salzsäure. Schmelzp. 103—104°[3].

1, 3-Dimethylhydantoin. Aus 1-Methylderivat mit Diazomethan. Kochp. 262°; Kochpunkt$_{20}$ 150°; Kochp. $_{34}$ 174°[3].

5, 5-Dimethylhydantoin. Aus Aminoisobuttersäurehydrochlorid oder dem Nitrilhydrochlorid und Kaliumcyanat. Prismen Schmelzp. 175°[3].

1-Nitro-5, 5-dimethylhydantoin $C_5H_7O_4N_2$. Prismen vom Schmelzp. 142°[3].

1, 3-Dichlor-5, 5-dimethylhydantoin $C_5H_6O_2N_2Cl_2$. Jodometrisch titrierbar. Schmelzpunkt 132°[3].

5-Methyl-5-äthylhydantoin $C_6H_{10}O_2N_2$. Prismen, Schmelzp. 149°[3].

5, 5-Diäthylhydantoin $C_7H_{12}O_2N_2$. Prismen vom Schmelzp. 166°[3].

1-Äthyl-3-methylhydantoin $C_6H_{10}O_2N_2$. Prismen. Schmelzp. 93°; Kochp. 278°[3].

3, 5, 5-Trimethylhydantoin. Aus dem 5, 5-Dimethylderivat mit Diazomethan oder Diäthylschwefelsäure. Schmelzp. 148°. Prismen aus Alkohol[3].

1-Acetyl-3, 5, 5-trimethylhydantoin $C_8H_{12}O_3N_2$. Nädelchen. Schmelzp. 99—100°[3].

1-Nitro-3, 5, 5-trimethylhydantoin $C_6H_9O_4N_3$. Aus Alkohol oder Äther Prismen. Schmelzp. 115—116°[3].

1, 5, 5-Trimethylhydantoin $C_6H_{10}O_2N_2$. Aus N-[α-Cyanisopropyl]-N-methylharnstoff mit Salzsäure gekocht.

1-Äthyl-5, 5-dimethylhydantoin $C_7H_{12}O_2N_2$. Nädelchen vom Schmelzp. 138—139°[3].

1, 3, 5, 5-Tetramethylhydantoin $C_7H_{12}O_2N_2$. Aus dem 1, 5, 5-Trimethylderivat mit Diazomethan. Aus Äther Prismen vom Schmelzp. 85°[3].

1-Phenylhydantoin $C_9H_8O_2N_2$. Einengen wässeriger Lösungen von Phenylaminoessigsäure und Kaliumcyanat, Zugabe von konzentrierter Salzsäure. Aus Alkohol Prismen vom Schmelzp. 191°. — **Kaliumverbindung.** Prismen, zersetzen sich bei 370—378°[3].

1-Phenyl-3-acetylhydantoin $C_{11}H_{10}O_3N_2$. Prismen vom Schmelzp. 145—146°[3].

3-Phenylhydantoin $C_9H_8O_2N_2$. Durch Schütteln von Glykokollesterhydrochlorid mit Phenylisocyanat und Natronlauge und Ansäuern. Die Phenylhydantoinsäure wird durch Kochen mit Salzsäure in Hydantoin übergeführt. Schmelzp. 168°[3].

1, 3-Diphenylhydantoin $C_{15}H_{13}O_2N_2$. Durch Erhitzen von Phenylaminoessigsäure mit Phenylharnstoff auf 140°. Schmelzp. 137°[3].

1, 5, 5-Trimethyl-3-phenylhydantoin $C_{12}H_{14}O_2N_2$. Aus N-[α-Cyanisopropyl]-N-methyl-N'-phenylharnstoff und heißer konzentrierter Salzsäure (3 Stunden). Prismen vom Schmelzpunkt 98—100°[3].

1-Anisylhydantoin $C_{10}H_{10}O_3N_2$. Aus Anisylaminoessigsäure und Kaliumcyanat, kochen mit konzentrierter Salzsäure. Schmelzp. 201°[3].

1-Anisyl-3-acetylhydantoin $C_{12}H_{12}O_4N_2$. Aus vorhergehendem Derivat mit Essigsäureanhydrid. Schmelzp. 172° (Alkohol)[3].

1-Anisyl-3-methylhydantoin $C_{11}H_{12}O_3N_2$. Aus dem Anisylderivat mit Diazomethan. Schmelzp. 194°[3].

1-Phenethylhydantoin. Aus Phenetylaminoessigsäure und Kaliumcyanat, Kochen mit Salzsäure. Schmelzp. 232°[3].

1-Phenethyl-3-methylhydantoin. Aus Vorigem und Diazomethan. Schmelzp. 182°[3].

Methylhydantoinsäure bildet sich aus Kreatinin mit Bariumhydroxydlösung zum Teil auf dem Wege über dessen Zerfallskomponenten: Harnstoff und Sarkosin[4].

Cyanhydantoinsäure $N:C \cdot NH \cdot CO \cdot NH \cdot CH_2 \cdot COOH$. Aus Cyanguanidoessigsäure in siedender verdünnter Schwefelsäure, Oxalsäure oder Salzsäure. Aus heißem Wasser weiße

---

[1] H. Sievers u. E. Müller: Z. Biol. **86**, 527 (1927) — Chem. Zbl. **1928 I**, 1051.
[2] P. H. Gaebler: J. of biol. Chem. **69**, 613 — Chem. Zbl. **1926 II**, 2808.
[3] H. Biltz u. K. Slotta: J. prakt. Chem. [2] **113**, 233 — Chem. Zbl. **1926 II**, 1946.
[4] O. H. Gaebler: J. of biol. Chem. **69**, 613 — Chem. Zbl. **1926 II**, 2808.

Blättchen, Zersetzung beginnt bei 250°, ist zwischen 255 und 257° vollständig (Schmelzp. 260°.)[1] In Natronlauge und Ammoniak löslich, in anorganischen Lösungsmitteln unlöslich[2].
Hydantoinsäure: Bariumsalz $C_6H_{10}O_6N_4Ba + 2 H_2O$. Hygroskopisches, in Wasser leicht lösliches Pulver[2].
Melidoessigsäure $C_5H_8O_2N_6$. Zersetzt sich von 240—260°. In Wasser wenig löslich. — **Hydrochlorid** $C_5H_9O_2N_6Cl$[1].
1, 3-Diäthylhydantoylamid $C_8H_{13}O_3N_3$.

$$\begin{array}{c} H_2N \cdot CO \\ | \\ HC \cdot N \cdot C_2H_5 \\ | \quad\rangle CO \\ OC \cdot N \cdot C_2H_5 \end{array}$$

Aus Wasser Prismen vom Schmelzp. 110°. In Wasser, Eisessig, Äthyl- und Methylalkohol, Eisessig, Aceton und Pyridin sehr leicht, in Chloroform leicht, in Benzol und Toluol weniger, in Tetrachlorkohlenstoff wenig, in Petroläther sehr wenig löslich. Reduziert stark ammoniakalische Silberlösung[3].

1, 3-Diäthyl-5-oxyhydantoylamid

$$\begin{array}{c} H_2N \cdot CO \\ | \\ HO \cdot C \cdot N \cdot C_2H_5 \quad + H_2O \\ | \quad\rangle CO \\ OC \cdot N \cdot C_2H_5 \end{array}$$

Aus 1, 3-Diäthylhydantoylamid durch Oxydation mit Chlor in wässeriger Lösung. Tafeln vom Schmelzp. 90—100° (unscharf), entwässert, Schmelzp. 180—182°[3].
1, 3-Diäthyl-5-Äthoxyhydantoylamid: Schmelzp. 130°[3].
5-Oxyhydantoylamid $C_4H_5O_4N_3$. Schmelzp. 191°, rechteckige Blättchen[4].
5-Oxyhydantoylmethylamid $C_5H_7O_4N_3$. — **Alkoholat,** Schmelzp. 145—146° (Täfelchen). — **Hydrat,** Zersetzungsp. 162—163°[4].
5-Oxyhydantoyläthylamid $C_6H_9O_4N_3$. Dünne, unregelmäßige Blättchen vom Zersetzungsp. 136°[4].
5-Oxyhydantoylphenylamid $C_{10}H_9O_4N_3$. Schmelzp. 99° trüb, 105° klar. 150° Zersetzungsp.[4].
5-Äthoxyhydantoylamid $C_6H_9O_4N_3$. Zersetzungsp. 225° (Aufsch.)[4].
5-Äthoxyhydantoylmethylamid $C_7H_{11}O_4N_3$. **Hydrat.** Schmelzp. 111°[4].
5-Äthoxyhydantoyläthylamid $C_8H_{13}O_4N_3 + H_2O$. Zersetzungsp. 136—137°[4].
5-Methoxyhydantoylphenylamid $C_{11}H_{11}O_4N_3$. Sechseckige Täfelchen. Schmelzp. 134°[4].
1-Methyl-4-methylimino-5-äthoxyhydantoylmethylamid $C_9H_{16}O_3N_4$. Prismen. Schmelzpunkt 257°. **Acetylverbindung.** Schmelzp. 168°[4].
1-Methyl-4-methylimino-5-äthoxyhydantoyläthylamid $C_{10}H_{18}O_3N_4$. Rechteckige Prismen. Schmelzp. 224—225°. — **Acetylverbindung.** $C_{12}H_{20}O_4N_4$. Schmelzp. 163—164°[4].
1-Methyl-5-äthoxyhydantoylmethylamid $C_8H_{13}O_4N_3$. — **Acetylverbindung** $C_{10}H_{15}O_5N_3$. Schmelzp. 111—112°[4].
1-Methyl-5-äthoxyhydantoyläthylamid, Hydrat $C_9H_{15}O_4N_2$, H_2O. Schmelzp. 131 bis 132°. — **Anhydrid.** Schmelzp. 101—102°[4].
5-Äthoxyhydantoin-5-carbonsäureäthylester $C_8H_{12}O_5N_2$. Prismen. Schmelzp. 84—86°[4].
5-Methoxyhydantoin-5-carbonsäuremethylester $C_6H_8O_5N_2$. Schmelzp. 136°[4].
1, 3-Dimethyl-5-methoxyhydantoin-5-carbonsäuremethylester $C_8H_{12}O_5N_2$. Prismen. Schmelzp. 72°[4].
5-Methoxy-1, 3-dimethylhydantoin. Schmelzp. 48—53°[4].
5-Äthoxyhydantoincarbonsäure, Dihydrat $C_6H_8O_5N_2 \cdot 2 H_2O$. Tafeln. Schmelzp. 54°. — **Monohydrat** $C_6H_8O_5N_2$, H_2O. Schmelzp. 90—91°[4].
1-Methyl-5-methoxyhydantoincarbonsäureamid $C_7H_{11}O_4N_3$. Schmelzp. 206—207°[4].

---

[1] E. Fromm: Liebigs Ann. **442**, 130 — Chem. Zbl. **1925 I**, 2446.
[2] E. Fromm, R. Kapeller u. L. Pirk: Liebigs Ann. **447**, 259 — Chem. Zbl. **1926 II**, 417.
[3] H. Biltz u. R. Lemberg: Liebigs Ann. **432**, 137 — Chem. Zbl. **1923 III**, 1321.
[4] H. Biltz u. F. Lachmann: J. prakt. Chem. [2] **113**, 309 — Chem. Zbl. **1926 II**, 1948.

1-Methyl-5-äthoxyhydantoincarbonsäureäthylester $C_9H_{14}O_5N_2$. Prismen. Schmelzpunkt 82—83°[1].

1-Methyl-5-methoxyhydantoincarbonsäuremethylester $C_7H_{10}O_5N_2$. Schmelzp. 125 bis 126°[1].

1, 3-Dimethylhydantoylamid

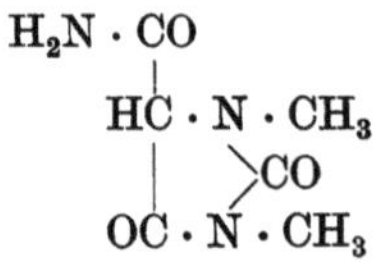

$$\begin{array}{l} H_2N \cdot CO \\ | \\ HC \cdot N \cdot CH_3 \\ | \quad \rangle CO \\ OC \cdot N \cdot CH_3 \end{array}$$

Aus Alkohol Blättchen vom Schmelzp. 181°. In Wasser sehr leicht, in Alkohol leicht, in Äther wenig löslich. Reduziert ammoniakalische Silberlösung in der Kälte[2].

1, 3-Dimethyl-5-oxyhydantoylamid

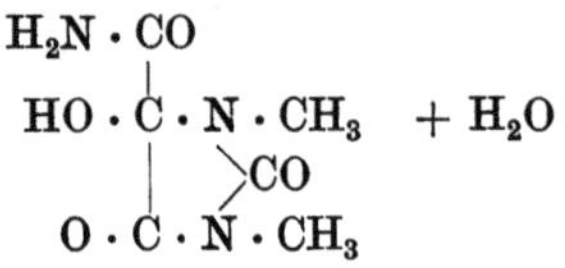

$$\begin{array}{l} H_2N \cdot CO \\ | \\ HO \cdot C \cdot N \cdot CH_3 \quad + H_2O \\ | \quad \rangle CO \\ O \cdot C \cdot N \cdot CH_3 \end{array}$$

Aus Wasser in sechsseitigen Krystallen vom Schmelzp. 180—182°, wasserfrei: Schmelzp. 185°. Ammoniakalische Silberlösung wird nicht reduziert[2].

1, 3-Dimethylhydantoylmethylamid $C_7H_{11}O_3N_3$. Aus 1, 3, 7, 9-Tetramethylharnsäure durch Kochen mit 4n-Natronlauge. Aus Aceton mit dem Schmelzp. 179—180° nach vorhergehendem Sintern[3].

1, 3-Dimethylhydantoin

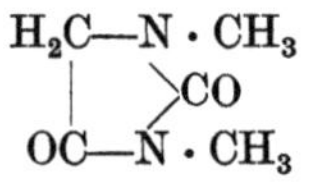

$$\begin{array}{l} H_2C\!-\!N \cdot CH_3 \\ | \quad \rangle CO \\ OC\!-\!N \cdot CH_3 \end{array}$$

Aus 1, 3-Dimethylhydantoylmethylamid durch Alkali. Nicht rein[3].

1, 3-Dimethyl-5-oxyhydantoylmethylamid $C_7H_{11}O_4N_3$. Aus 1, 3-Dimethylhydantoylmethylamid durch Oxydation in alkalischer Lösung. Aus Essigester zum Schmelzp. 164—165° nach vorhergehendem Sintern[3].

3-Methylhydantoylmethylamid $C_6H_{11}O_3N_3$. Aus 1, 3, 9-Trimethylharnsäure durch kochendes 4n-Alkali. Aus Alkohol zum Schmelzp. 235—237°. In Wasser leicht, in Alkohol ziemlich leicht löslich, in Aceton und Essigester unlöslich[3].

3-Methylhydantoincarbonsäure

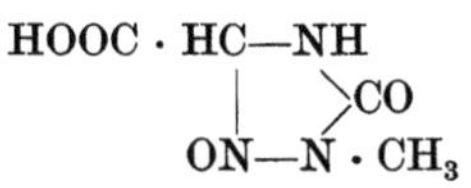

$$\begin{array}{l} HOOC \cdot HC\!-\!NH \\ | \quad \rangle CO \\ ON\!-\!N \cdot CH_3 \end{array}$$

Aus 3-Methylhydantoylmethylamid mit Bariumhydroxyd. Aus Wasser zum Schmelzp. 129 bis 130° (Zers.)[3].

3-Methyl-5-oxyhydantoylmethylamid

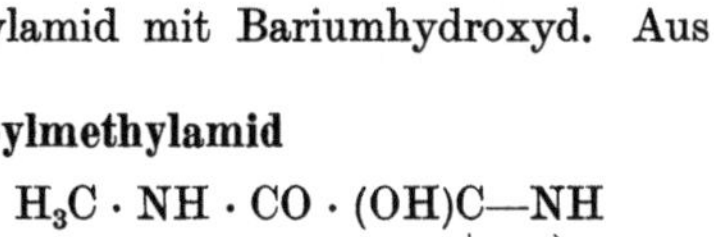

$$\begin{array}{l} H_3C \cdot NH \cdot CO \cdot (OH)C\!-\!NH \\ | \quad \rangle CO \\ OC\!-\!N \cdot CH_3 \end{array}$$

Aus 3-Methylhydantoylmethylamid durch Oxydation mit Wasserstoffsuperoxyd in alkalischer Lösung. Aus Wasser zum Schmelzp. 194° nach Sintern bei 190°[3].

Äthylisobutylhydantoin. Nadeln vom Schmelzp. 199°. In Wasser wenig, in Alkohol leicht löslich. Narkotische Wirkung[4].

Propylisobutylhydantoin. Nadeln vom Schmelzp. 173°. Narkotische Wirkung[4].

Diisobutylhydantoin. Nadeln vom Schmelzp. 220°. Keine narkotische Wirkung[4].

Dipropylhydantoin. Nadeln vom Schmelzp. 199°. Narkotische Wirkung[4].

---

[1] H. Biltz u. F. Lachmann: J. prakt. Chem. [2] **113**, 309 — Chem. Zbl. **1926 II**, 1948.
[2] H. Biltz u. R. Lemberg: Liebigs Ann. **432**, 137 — Chem. Zbl. **1923 III**, 1321.
[3] E. Stuart Gatewood: J. amer. chem. Soc. **47**, 2181 — Chem. Zbl. **1925 II**, 1979.
[4] A. Lumière u. F. Perrin: Bull. Soc. Chim. France [4] **35**, 1022 — Chem. Zbl. **1924 II**, 2036.

5-Aminohydantoin $C_3H_5O_2N_3$. Kann nicht erhalten werden durch Abspalten von CO_2, sowie durch Reduktion von Allantoxaidin oder aus i-Cyansäureestern und Allantoxaidin oder aus Alloxansäure und Ammoniak. Freie Base aus dem Hydrochlorid (Ag_2O oder NaOH) nicht erhältlich. — **Hydrochlorid** $C_3H_5O_2N_3 \cdot HCl$. Aus der Diacetyl- oder Triacetylverbindung mit methylalkoholischer Salzsäure. — **5-Acetylaminohydantoin** $C_5H_7O_3N_3$. Aus der Diacetylverbindung durch 20stündiges Kochen mit Wasser. In Wasser leicht, in Methylalkohol und Alkohol wenig löslich. Schmelzp. 218—219°. — **Natriumsalz der Acetylverbindung** $C_5H_6O_3N_3Na$, H_2O. Schmelzp. (undeutlich) 66—106°. In Wasser leicht löslich. **Silbersalz** $C_5H_6O_3N_3Ag$, H_2O[1].

3-Methyl-5-aminohydantoin $C_4H_7O_2N_3$. Aus dem Hydrochlorid weder mit Ag_2O noch mit Ag_2CO_3 ist die freie Base erhältlich, jedoch mit Magnesiumoxyd in geringer Ausbeute. Sie ist in Wasser und Methylalkohol mit grüner Fluorescenz leicht, in Alkohol wenig löslich. — **Hydrochlorid** $C_4H_7O_2N_3 \cdot HCl$. Aus der Acetylverbindung. In Wasser leicht, in Methyl- und Äthylalkohol wenig löslich. — **Perchlorat** $C_4H_7O_2N_3$, $HClO_4$. Aus Eisessig Schmelzpunkt 222°. In Wasser, Methylalkohol und Aceton leicht, in Alkohol und Eisessig wenig, in Benzol und Chloroform nicht löslich. — **Rhodanat** $C_5H_8O_2N_4S$. Schmelzp. 188—189°. In Wasser und Methylalkohol leicht, in Alkohol wenig löslich[1].

3-Methyl-5-acetylaminohydantoin $C_6H_9O_3N_3$. Aus dem Acetylaminohydantoin mit Diazomethan. Schmelzp. 210°. In Methyl- und Äthylalkohol leicht löslich[1].

1-Acetyl-3-methyl-5-acetylaminohydantoin $C_8H_{11}O_4N_3$. Aus 3-Methyl-5-acetylaminohydantoin und Essigsäureanhydrid oder aus 1-Acetyl-5-acetylaminohydantoin und Diazomethan oder aus 1, 3-Diacetyl-5-acetylaminohydantoin mit Diazomethan oder aus 3-Methylhydroxonsäure mit Essigsäureanhydrid. In Wasser, Aceton und Methylalkohol leicht, in Alkohol und Chloroform wenig, in Benzol sehr wenig, in Äther nicht löslich[1].

1-Carbaminyl-3-methyl-5-oxyhydantoin

$$\begin{array}{l} CH(OH) \cdot N{\diagdown}^{CO \cdot NH_2}_{\diagdown CO} \\ | \\ CO \cdot N(CH_3)^{\diagup} \end{array}$$

Aus 3, 9-Dimethyl-4-chlor-$\Delta^{5,7}$-isoharnsäure mit siedendem Wasser ($1\frac{1}{2}$ Stunden). Aus Wasser Prismen. Zersetzungsp. 216—217° (korr.). Wiedererstarren 230° und Bräunung 235°. In heißem Wasser und Eisessig löslich, in Alkohol, Aceton und Essigester wenig, in Äther, Chloroform, Benzol und Petroläther sehr wenig löslich. Keine Murexidreaktion. Von ammoniakalischer Silberlösung oxydiert. Gegen siedendes Wasser und heiße Salz- und Schwefelsäure beständig. Im Vakuum bei etwa 200° unzers. destillierend. Reagiert nicht mit Diazomethan, salpetriger Säure und Wasserstoffperoxyd. — **O-Acetylderivat.** Schmelzp. 212—215° (korr.) — **Nitroderivat.** Schmelzp. 180°[2].

2-Methyl-[hydantoino-1, 5′:1,5-hydantoin] $C_6H_5O_4N_3$. Aus 3, 9-Dimethyl-$\Delta^{5,7}$-isoharnsäure und kalter drittelkonzentrierter Salzsäure (12 Stunden). Aus Alkohol Prismen. Sintern bei etwa 240°, Zersetzungsp. 262° (korr.). In heißem Wasser unter beginnender CO_2-Entwicklung löslich. In Alkohol, Eisessig, Aceton und Essigester wenig, in Äther, Chloroform, Benzol und Petroläther kaum löslich. Ammoniak. Silberlösung oxydiert[2].

2, 5-Dimethyl-[enolhydantoino-1′, 5′:1, 5-hydantoin]-methyläther $C_8H_9O_4N_3$

$$\begin{array}{l} CO{\longrightarrow}N(CH_3){\diagdown}_{CO} \\ | \qquad\qquad\qquad\diagdown \\ C{\longrightarrow}\qquad\qquad N{\diagdown CO} \\ \| \\ C(OCH_3) \cdot N(CH_3)^{\diagup} \end{array}$$

Sternförmige Prismen (Essigester). Schmelzp. 198—200° (korr.), nach Erkalten Schmelzpunkt 232—234° (korr.). Wenig oder unlöslich[2].

2, 5-Dimethyl-[hydantoino-1′, 5′:1, 5-hydantoin] $C_7H_7O_4N_3$. Aus Alkohol Nadeln vom Schmelzp. 272° (korr.). In Alkohol und Essigester ziemlich löslich, in Äther unlöslich[2].

Enol-1-methylcarbaminyl-3-methylhydantoinmethyläther $C_7H_{11}O_3N_3$. Sublimiert in Blättchen vom Schmelzp. 232—233° (korr.) (nicht rein erhalten)[2].

---

[1] H. Biltz u. H. Hanisch: J. prakt. Chem. [2] **112**, 138 — Chem. Zbl. **1926 I**, 2472.
[2] H. Biltz u. H. Krzikalla (K. Slotta): Liebigs Ann. **457**, 131 — Chem. Zbl. **1927 II**, 1846.

1-Carbaminyl-3-methylhydantoin

$$\begin{array}{c} CH_2 \\ | \\ CO \cdot N(CH_3) \end{array} \!\!\!\!\!\! N \!\! \begin{array}{c} CO \cdot NH_2 \\ \diagdown \\ CO \end{array}$$

Aus 2-Methyl-[hydantoino-1′, 5′:1, 5-hydantoin] in siedendem Wasser (2½ Stunden). Aus 3, 9-Dimethyl-$\Delta^{5,7}$-isoharnsäure mit siedender 2n-Salzsäure (mehrere Stunden). Am besten aus 1-Carbaminyl-3-methyl-5-oxyhydantoin und konzentrierter Jodwasserstoffsäure (+ Phosphoniumjodid, 2½ Stunden Wasserbad). Rhombische oder sechsseitige Krystalle vom Schmelzpunkt 258—260° (korr.). Unzersetzt destillierbar. In heißem Eisessig und Essigsäureanhydrid ziemlich, sonst wenig löslich. Keine Murexidreaktion. Energische Einwirkung von Jodwasserstoffsäure liefert 3-Methylhydantoin. Gegen Diazomethan, heißes Perhydrol, heißes 2n-HNO_3, HNO_2 und CrO_3 in siedender verdünnter Schwefelsäure beständig[1]. Durch Darstellung aus 3-Methylhydantoin und $NH_2 \cdot COCl$ (aus erhitzter Cyanursäure im Salzsäurestrom) in quantitativer Ausbeute erhalten, Schmelzp. 250—252° (korr.)! Aus Wasser sechsseitige Krystalle. Erst nach Behandlung mit warmer Jodwasserstoffsäure ist der Schmelzp. 258—260° (korr.)[2]. — **Nitroderivat.** Aus Wasser Blättchen. Sintert bei 140°. Schmelzp. 170° (korr.)[1].

1-Methylcarbaminylhydantoin $C_5H_7O_3N_3$. 1 g des 1-Carbaminyl-3-methylhydantoins in 5 ccm 2n-NaOH gelöst, 24 Stunden bei etwa 20° aufbewahren, mit Salzsäure ansäuern und aufkochen. Aus Wasser Blättchen vom Schmelzp. 255° (korr.). Gegen Säuren beständig. Kein Nitroderivat. — Direkte Synthese: 1 Teil Hydantoin + 3 Teile Methylisocyanat im Rohr 6—7 Stunden auf 100° oder gleiche Teile 2—3 Stunden auf 180° erhitzt, liefert 50% Ausbeute[2].

1-Methylcarbaminyl-3-methylhydantoin $C_6H_9O_3N_3$. Aus dem Methylcarbaminylhydantoin mit Dimethylsulfat oder ätherischem Diazomethan. Aus Alkohol derbe Prismen vom Schmelzpunkt 128—130° (korr.). Methyl nach Zeisel mit JH nicht abspaltbar[2].

1-Carbaminyl-3-äthylhydantoin $C_6H_9O_3N_3$. Analog erhalten wie das Methylderivat. Aus Wasser sechsseitige Täfelchen vom Schmelzp. 205—208° (korr.). In siedendem Wasser löslich, in Alkohol schwer, sonst kaum löslich. — **Nitroderivat.** Prismen oder Tetraeder vom Schmelzp. 99° (korr.)[2].

1-Äthylcarbaminylhydantoin $C_6H_9O_3N_3$. Aus dem Carbaminyläthylhydantoin mit 2n-NaOH oder synthetisch aus Hydantoin und Äthylcarbaminsäurechlorid (5 Stunden Rohr, 100°). Aus Wasser oder Alkohol Blättchen vom Schmelzp. 185—187° (korr.). In siedendem Wasser löslich, in Methyl- und Äthylalkohol schwer, sonst kaum löslich. — **Natriumsalz,** Nädelchen vom Schmelzp. etwa 125°[2].

1-Äthylcarbaminyl-3-methylhydantoin $C_7H_{11}O_3N_3$. Aus dem Äthylcarbaminylhydantoin mit ätherischem Diazomethan. Aus Alkohol Prismen vom Schmelzp. 93—94° (korr.). Methyl nach Zeisel nicht abspaltbar (?)[2].

1-Methylcarbaminyl-3-äthylhydantoin $C_7H_{11}O_3N_3$. Aus 3-Äthylhydantoin und Methylisocyanat (im Rohr, 100°, 5 Stunden). Aus Alkohol Prismen. Sintern bei etwa 60°. Schmelzpunkt 91—92° (korr.). In Wasser, Methyl-, Äthylalkohol, Essigester, Aceton, warmem Benzol und Chloroform leicht, in Tetrachlorkohlenstoff ziemlich, in Äther und Petroläther wenig löslich. — **Nitroderivat,** Blättchen vom Schmelzp. 91—92°[2].

3-Methyl-5-methylaminohydantoyl-5-methylamid

$$\begin{array}{c} CH_3 \cdot NH \cdot C \cdot CO \cdot NH \cdot CH_3 \\ OC \quad NH \\ | \quad | \\ CH_3 \cdot N\!\!-\!\!CO \end{array}$$

Aus Wasser, Schmelzp. 187°. Aus Isoapokaffein durch Übergießen mit alkoholischer Methylaminlösung unter Selbsterwärmung und Kohlensäureabspaltung. Triklin holoedrisch mit $\alpha = 90°\,38'$, $\beta = 93°\,52'$, $\gamma = 107°\,39'$ und a:b:c = 1,2493:1:1,0012[3].

Xanthylhydantoinsäureäthylester $C_{13}H_9O \cdot NH \cdot CO \cdot NH \cdot CH_2 \cdot COOC_2H_5$. Aus Xanthydrol und Hydantoinsäureäthylester in essigsaurer Lösung. Aus Alkohol in Nadeln vom Schmelzp. 201,5°. — **Kaliumsalz** der freien Säure in Nadeln[3].

---

[1] H. Biltz u. H. Krzikalla (K. Slotta): Liebigs Ann. **457**, 131 — Chem. Zbl. **1927 II**, 1846.
[2] H. Biltz u. D. Heidrich: Liebigs Ann. **457**, 190 — Chem. Zbl. **1927 II**, 1847.
[3] J. J. P. Valeton: Z. Krist. Min. **66**, 516 — ferner L. Loewe: Diss. Breslau 1927 — Chem. Zbl. **1928 I**, 2075.

Xanthylureido-1-isocapronsäureäthylester $C_{13}H_9O \cdot NH \cdot CO \cdot NH \cdot CH(COOC_2H_5) \cdot CH_2 \cdot CH(CH_3)_2$. Ureidoisocapronsäure wird mit Alkohol und Salzsäure verestert, die Lösung auf dem Wasserbad im Vakuum eingeengt, der sirupöse Rückstand nach Zusatz von Wasser, Natriumacetat und Eisessig mit Xanthydrol behandelt. Aus Äther + Petroläther mikroskopische Nadeln vom Schmelzp. 162—163°[1].

Xanthylhydantoylamid $C_{13}H_9O \cdot NH \cdot CO \cdot NH \cdot CH_2 \cdot CO \cdot NH_2$. Aus Hydantoinsäureester und Ammoniak erhaltenes Amid wird mit Xanthydrol in essigsaurer Lösung behandelt. Aus Alkohol mikrokrystallinisch zum Schmelzp. 228°, 233°, 244° (Zers.), je nach Art des Erhitzens[1].

Hydantoylhydrazid $NH_2 \cdot CO \cdot NH \cdot CH_2 \cdot CO \cdot NH \cdot NH_2$. Aus Hydantoinsäureäthylester und Hydrazinhydrat in Wasser und Fällen mit Alkohol. Aus Alkohol schneeartige Krystalle vom Schmelzp. 172°, 175°, 177° (Zers.)[1].

Dixanthylhydantoylhydrazid $C_{13}H_9O \cdot NH \cdot CO \cdot NH \cdot CH_2 \cdot CO \cdot NH \cdot NH \cdot C_{13}H_9O$. Das voluminöse Rohprodukt (aus den Komponenten) wird mit Alkohol gewaschen und aus einer siedenden Mischung von Toluol und Pyridin umgelöst. Schmelzp. 206—207°, 214—215°, 216—217° (Zers.), je nach Art des Erhitzens[1].

1-Methyl-3-phenylhydantoylmethylamid $C_{12}H_{13}O_3N_3$. Aus 1, 3, 7-Trimethyl-9-phenylharnsäure durch 2n-Alkali. Aus Wasser in feinen Nadeln vom Schmelzp. 163—164°. In Alkohol, Chloroform, Essigester und Aceton leicht löslich[2].

1-Methyl-3-phenylhydantoin

$$\begin{array}{c} H_2C-N \cdot CH_3 \\ |\quad\quad\;\;>CO \\ OC-N \cdot C_6H_5 \end{array}$$

Aus 1-Methyl-3-phenylhydantoylmethylamid durch Alkali. Aus Wasser in Nadeln vom Schmelzpunkt 107—108°. Auch aus Methylphenylhydantoinsäure durch Salzsäure (Schmelzp. 108 bis 110°). Beständiger als 3-Phenylhydantoin[2].

1-Methyl-3-phenylhydantoinsäure $C_{10}H_{12}O_3N_2$. Aus Sarkosin und Phenyl-i-cyanat in alkalischer Lösung. Schmelzp. 150° (Zers.)[2].

1-Methyl-3-phenyl-5-oxyhydantoylmethylamid $C_{12}H_{13}O_4N_3 \cdot 1 H_2O$. Aus Methylphenylhydantoylmethylamid durch Oxydation mit Wasserstoffperoxyd in alkalischer Lösung. Aus wässerigem Alkohol zum Schmelzp. 195—196°[2].

Brommethenyl-5'-(5'-methyl)-hydantoin-5-hydantoinsäure $NH_2 \cdot CO \cdot NH \cdot C(COOH)$ $: CBr \cdot C(CH_3) \cdot CO \cdot NH \cdot CO \cdot NH$. Aus 10,1 g Dipyruvinureid in 40 ccm Wasser suspendiert + 2,4 ccm Brom durch Erhitzen. Aus siedendem Wasser durchsichtige Krystalle mit 3 Mol Krystallwasser, das beim Erhitzen entweicht. Wasserfrei; Nadeln. Mit konzentrierter Schwefelsäure erwärmt, geht es in Bromdipyruvinureid über[3].

4-Äthyl-4-phenylhydantoin. Aus Äthylphenylcyanacetamid und Natriumhypobromit. Schmelzp. 196°. Hypnotische Wirkung[4].

4-Propyl-4-phenylhydantoin. Aus Propylphenylcyanacetamid und Natriumbromit. Schmelzp. 165—166°. Hypnotische Wirkung[4].

4-i-Propyl-4-phenylhydantoin. Aus i-Propylphenylcyanacetamid und Natriumbromit. Schmelzp. 211°[4].

4-Butyl-4-phenylhydantoin. Aus Butylpropylphenylcyanacetamid und Natriumbromit. Schmelzp. 204—205°[4].

4-i-Butyl-4-phenylhydantoin. Aus i-Butylphenylcyanacetamid. Schmelzp. 177—178°[4].

1-Methyl-5-benzalhydantoin

$$\begin{array}{c} HN-CO-N \cdot CH_3 \\ |\quad\quad\quad\;\; | \\ OC\!\!-\!\!-\!\!-\!\!-\!\!C:CH \cdot C_6H_5 \end{array}$$

---

[1] R. Fosse, Ph. Hagène u. R. Dubois: C. r. Acad. Sci. Paris **177**, 331 — Chem. Zbl. **1923 III**, 1020.

[2] E. Stuart Gatewood: J. amer. chem. Soc. **47**, 2175 — Chem. Zbl. **1925 II**, 1978.

[3] D. Davidson u. T. B. Johnson: J. amer. chem. Soc. **47**, 561 — Chem. Zbl. **1925 I**, 1731.

[4] T. J. Thompson, H. L. Bedell u. G. M. Buffett: J. amer. chem. Soc. **47**, 874 — Chem. Zbl. **1925 II**, 35.

Aus N-Acetyl-5-benzalkreatinin mit Bariumhydroxyd-hydrolyse oder aus Sarkosin über 1-Methylhydantoin und Benzaldehydkondensation. Hellgelbe Schuppen vom Schmelzp. 193 bis 194°[1].

1-Methyl-5-benzylhydantoin $C_{11}H_{12}O_2N_2$. Aus dem Kreatininderivat mit Bariumhydroxyd. Schmelzp. 106°. Auch bei Einwirkung von K-Cyanat auf angesäuerte N-Methylphenylalaninlösung und Salzsäuredigestion[1].

1, 3-Dimethyl-5-benzalhydantoin $C_{12}H_{12}O_2N_2$. Durch Methylierung der Monomethylverbindung. Aus Wasser Schmelzp. 92°[1].

5-Methyl-3-phenylhydantoin $C_{10}H_{10}O_2N_2$. Nädelchen (abs. Alkohol), Schmelzp. 168 bis 169° (korr.)[2].

5-Methylen-3-phenylhydantoin $C_{10}H_8O_2N_2$. Prismen (Alkohol). Sintert bei etwa 180°, Braunfärbung von etwa 270° an[2].

p-Oxybenzalphenylhydantoin $C_{16}H_{12}O_3N_2$. Nädelchen. Schmelzp. 303—304° (korr.)[2].

5-p-Acetoxybenzal-3-phenylhydantoin $C_{18}H_{14}O_4N_2$. Nadeln (Eisessig). Schmelzp. 260° (korr.)[2].

Benzalphenylhydantoin $C_{16}H_{12}O_2N_2$. Schmelzp. 255° (korr.)[2].

3-Phenyl-5-acetoxymethylhydantoin $C_{12}H_{12}O_4N_2$. Aus Wasser krystall. Schmelzpunkt nach geringem Sintern bei etwa 110° (korr.)[2].

3-Phenyl-5-benzylhydantoin $C_{16}H_{14}O_2N_2$. Schmelzp. 173—174° (korr.)[2].

Phenylserinphenylhydantoin, Monoacetylderivat $C_{18}H_{16}O_4N_2$. Prismen (Alkohol) Schmelzp. 166—167°[2].

4, 4-Phenyläthylhydantoin (Nirvanol) $C_{11}H_{12}O_2N_2$, durch Verseifung des Nitrils der Phenyläthylhydantoinsäure mit 20 proz. Salzsäure in einer Ausbeute von 85% zum Schmelzpunkt 199°. Als beste Darstellungsweise wird angeführt: Zu 25 g Phenyläthylketon und Cyanwasserstoffsäure (aus 50 g NaCN) wurden 150 ccm Alkohol gegeben und mit trockenem Ammoniak gesättigt. Nach dem Eingießen in verdünnte Salzsäure wurden etwa 10 g unverändertes Keton durch Extraktion mit Äther entfernt. Das durch Versetzen mit Ammoniak ausgeschiedene Öl wurde mit Äther ausgezogen, nach Verjagen des Äthers in Eisessig gelöst, 12 g Kaliumcyanat zugefügt, 1 Stunde erwärmt, nach Eingießen in Wasser das Nitril abfiltriert und mit 150 ccm 20 proz. Salzsäure gekocht. Ausbeute: 14,1 g (= 62%, wenn das ausgeschiedene Keton wieder verwendet wird.) — In Alkohol und verdünnter Natronlauge (? -Salzsäure) ist das Hydantoin leicht, in heißem Wasser wenig und in kaltem unlöslich[3].

Phenyläthylhydantoincalcium. Durch Behandlung des Hydantoins mit Calciumhydroxyd oder Calciumsalzen. Aus Wasser farblose, in heißem Wasser leicht lösliche Prismen oder Blättchen, die sich beim Erhitzen ohne zu schmelzen zersetzen. Schlafmittel ohne Gefahr der Exanthembildung[4].

3-p-Methoxyphenylhydantoin $CH_3O \cdot C_6H_4N \cdot CO \cdot NH \cdot CH_2 \cdot CO$. Aus dem Thiohydantoinderivat in Wasser durch Digerieren mit Chloressigsäure. Aus heißem Wasser in Nadeln vom Schmelzp. 208°[5].

3-p-Oxyphenylhydantoin $C_9H_8O_3N_2$. Aus heißem Wasser in Nadeln vom Schmelzp. 267°. In Alkohol und Eisessig löslich, in Benzol, Toluol, Chloroform und Äther unlöslich. Millonsche Reaktion positiv. Keine antiseptische Wirkung[5].

3-p-Äthoxyphenylhydantoin $C_{11}H_{12}O_3N_2$. Aus Wasser in Nadeln vom Schmelzp. 203°. In heißem Wasser und siedendem Alkohol löslich, in Benzol und Äther unlöslich. Durch Erhitzen mit Bromwasserstoff keine Äthylabspaltung[5].

1-p-Methoxyphenylhydantoin $NH \cdot CO \cdot N(C_6H_4OCH_3) \cdot CH_2 \cdot CO$. Aus p-Methoxyphenylglycin in Natronlauge mit Kaliumcyanat. Prismen vom Schmelzp. 196°[5].

1-p-Oxyphenylhydantoin $C_9H_8O_3N_2$. Aus Essigsäure Prismen vom Zersetzungsp. 280°. In heißem Wasser unlöslich, in Alkohol, Eisessig, Benzol, Toluol, Chloroform und Äther wenig löslich; in Alkalien löslich. Millonsche Reaktion positiv[5].

5-p-Methoxyphenylhydantoin $C_{10}H_{10}O_3N_2$. Aus heißem Wasser Schmelzp. 188°[5].

---

[1] B. H. Nicolet u. E. D. Campbell: J. amer. chem. Soc. **50**, 1155 — Chem. Zbl. **1928 I**, 2827.
[2] M. Bergmann u. D. Delis: Liebigs Ann. **458**, 76 — Chem. Zbl. **1927 II**, 2762.
[3] W. T. Read: J. amer. chem. Soc. **44**, 1746—1755 (1922) — Chem. Zbl. **1923 I**, 82.
[4] Chemische Fabrik von Heyden, A.-G.: D.R.P. 360698, Kl. 12p (1919, 1922); Chem. Zbl. **1923 II**, 408.
[5] R. D. Coghill u. T. B. Johnson: J. amer. chem. Soc. **47**, 184 — Chem. Zbl. **1925 I**, 1307.

5-p-Oxyphenylhydantoin $C_9H_8O_3N_2$. Schmelzp. 262°. In Eisessig sehr wenig löslich, in sonstigen Lösungsmitteln unlöslich. Millonsche Reaktion positiv. Keine antiseptische Wirkung[1].

1, 3-Di-(p-methoxy-phenyl-)hydantoin $C_{17}H_{16}O_4N_2$. Aus chloressigsäurehaltigem Wasser in Prismen und Nadeln vom Schmelzp. 157°. In Alkalien unlöslich. In Aceton, heißem Wasser, Alkohol und Essigsäure löslich[1].

5, 5-Di-(p-oxyphenyl-)hydantoin[2]. Aus alkoholischer Lösung durch Eingießen in Toluol Nadeln, die bis 280° nicht schmelzen. Millonsches Reagens Rotfärbung[1].

3, 5-Di-(p-methoxyphenyl-)hydantoin $C_{17}H_{16}O_4N_2$. Aus heißem Wasser Nadeln vom Schmelzp. 170°. In heißem Wasser, Alkohol, Eisessig wenig, in Alkalien löslich, in Benzol unlöslich[1].

3, 5-Di-(p-oxyphenyl-)hydantoin $C_{15}H_{12}O_4N_2$. Ölig, erstarrt beim Abkühlen. In Alkohol, Eisessig, Aceton und Alkalien leicht löslich, in Wasser und Benzol unlöslich. Millonsche Reaktion positiv. Keine antiseptische Wirkung[1].

Benzylidenhydantoylhydrazon $C_{10}H_{12}O_2N_4$. Aus Hydantoylhydrazid und Benzaldehyd in Wasser. Schmelzp. 206—209°, je nach Art des Erhitzens[3].

p-Methoxybenzylidenhydantoylhydrazon $C_{11}H_{14}O_3N_4$. Aus Hydantoylhydrazid und Anisaldehyd in Wasser. Gegen 215—220° Verfärbung, Schmelzp. gegen 220—227°[3].

1, 5-Di-(p-methoxyphenyl-)hydantoin $NH \cdot CO \cdot N(C_6H_4 \cdot OCH_3) \cdot CH(C_6H_4 \cdot OCH_3) \cdot CO$. Aus Alkohol Prismen vom Schmelzp. 190°. In verdünnten Alkalien löslich[4].

1, 5-Di-(p-oxyphenyl-)hydantoin $NH \cdot CO \cdot N(C_6H_4OH) \cdot CH(C_6H_4OH) \cdot CO$. Aus alkoholischer Lösung durch Eingießen in Benzol Nadeln. Aus siedendem Wasser Schmelzp. 160°. In Alkohol, Eisessig und Alkalien wenig löslich, in Benzol und Toluol unlöslich. Millonsche Reaktion positiv. Keine antiseptische Wirkung[4].

5-Methylhydantoin $NH \cdot CO \cdot NH \cdot CO \cdot CH \cdot CH_3$. Aus Pyruvil oder Dipyruvintriureid in Eisessig durch Erwärmen mit Jodwasserstoff[5].

5-Dibrommethylenhydantoinsäure. Tafeln, Schmelzp. 200—205°[5].

3-(o-Chlorphenyl-)hydantoin $C_9H_7O_2N_2Cl$. Bildung durch Erhitzen von 3 g 1-(p-Chlorphenyl)-2-thiohydantoin mit einer Lösung von 6 g Chloressigsäure in 50 ccm Wasser auf dem Wasserbad (3 Stunden). Auch aus Carbäthoxyaminoaceto-p-chloranilid durch Behandlung mit alkoholischer Kalilauge bei Zimmertemperatur. — Aus Alkohol oder Wasser in Nadeln vom Schmelzpunkt 174°[6].

3-(p-Chlorphenyl-)5-benzalhydantoin $C_{16}H_{11}O_2N_2Cl$. Aus Alkohol in hellgelben Nadeln vom Schmelzp. 274°[6].

3-(p-Methoxyphenyl-)hydantoin $C_{10}H_{10}O_3N_2$. Aus 20proz. Alkohol in Nadeln vom Schmelzp. 208°[6].

3-(p-Methoxyphenyl-)5-benzalhydantoin $C_{17}H_{14}O_3N_2$. Aus Wasser oder Alkohol in Nadeln vom Schmelzp. 74—75°, wasserfrei Schmelzp. 54—55°, in Wasser, Alkohol, Aceton und Essigester sehr leicht, in Äther und Benzol nicht löslich[6].

3-(m-Tolyl-)hydantoin $C_{10}H_{10}O_2N_2$. Aus 25proz. Alkohol in Nadeln vom Schmelzp. 123°. In Alkohol sehr leicht, in Wasser weniger, in Äther und Benzol nicht löslich[6].

3-(m-Tolyl-)5-benzalhydantoin $C_{17}H_{14}O_2N_2$. Aus Alkohol in hellgelben Nadeln vom Schmelzp. 214°[6].

Glycyl-N-3-methylphenylalaninhydantoin. Über die Wege zur Synthese[7].

Cystinphenylhydantoinsäure (Phenyluraminocystin) $C_6H_5NH \cdot CO \cdot NH \cdot CH(COOH) \cdot CH_2 \cdot S_2 \cdot CH_2 \cdot CH(COOH) \cdot NH_2$. Lange, federartige Krystalle vom Schmelzp. 160°. In

---

[1] R. D. Coghill u. T. B. Johnson: J. amer. chem. Soc. **47**, 184 — Chem. Zbl. **1925 I**, 1307.
[2] Biltz: Ber. dtsch. chem. Ges. **42**, 1800 (1909).
[3] R. Fosse, Ph. Hagène u. R. Dubois: C. r. Acad. Sci. Paris **178**, 578 — Chem. Zbl. **1924 I**, 1803.
[4] R. D. Coghill: J. amer. chem. Soc. **47**, 216 — Chem. Zbl. **1925 I** 1309.
[5] D. Davidson: J. amer. chem. Soc. **47**, 255 — Chem. Zbl. **1925 I**, 1310.
[6] A. J. Hill u. E. B. Kesley: J. amer. chem. Soc. **44**, 2357 (1922) — Chem. Zbl. **1923 I**, 1088.
[7] D. A. Hahn u. J. Evans: J. amer. chem. Soc. **50**, 806 — Chem. Zbl. **1928 I**, 2400.

Alkohol, Aceton und Alkalien sehr leicht, in Eisessig mäßig, in Wasser, Mineralsäuren, Benzol, Essigester, Äther und Tetrachlorkohlenstoff sehr wenig löslich[1].

Cystinphenylhydantoin

$$C_6H_5 \cdot N\text{———}CO \qquad COOH$$
$$\quad | \qquad\qquad | \qquad\qquad\qquad |$$
$$CO \cdot NH \cdot CH \cdot CH_2S_2CH_2CH \cdot NH_2$$

Feine, kurze Nädelchen aus Alkohol vom Schmelzp. 117°. In Aceton sehr leicht, in heißem Essigester und Eisessig leicht, in Benzol wenig, in Wasser, Alkalien, Äther und Tetrachlorkohlenstoff nicht löslich[1].

Phenyluraminobenzylcystein. $C_7H_7 \cdot S \cdot CH_2CH(COOH) \cdot NH \cdot CO \cdot NH \cdot C_6H_5$. Federförmige Krystalle aus Acetonlösung durch Wasser vom Schmelzp. 145—146,5°. In Alkohol, Essigester und Äther leicht, in heißem Eisessig wenig, in Benzol, Tetrachlorkohlenstoff, Wasser und Mineralsäuren sehr wenig löslich[2].

Benzylcysteinphenylhydantoin

$$C_7H_7 \cdot S \cdot CH_2 \cdot CH \cdot NH \cdot CO$$
$$\qquad\qquad\qquad | \qquad\qquad |$$
$$\qquad\qquad CO\text{———}N \cdot C_6H_5$$

Aus Alkohol Büschel feiner Nadeln vom Schmelzp. 118—119,5°. In Aceton, Essigester und Benzol sehr leicht, in warmem Äther und Tetrachlorkohlenstoff leicht, in kaltem Eisessig, Wasser, Mineralsäuren und Alkalien sehr wenig löslich (die benzolische Lösung wird beim Erwärmen lavendel- bis purpurfarben, dann beim Abkühlen blau bis grünblau)[2].

Phenyluraminocystein $HS \cdot CH_2 \cdot CH(COOH) \cdot NH \cdot CO \cdot NH \cdot C_6H_5$. Aus Alkohol durch Wasser feine, kurze mikrokrystalline Nadeln vom Schmelzp. 134—136°. In Alkohol, Aceton und besonders in Essigester sehr leicht, in Äther mäßig, in Tetrachlorkohlenstoff, Schwefelkohlenstoff und Benzol sehr wenig löslich. Gibt starke Nitroprussidreaktion[2].

Nitropyruvinureid $NH \cdot CO \cdot NH \cdot CO \cdot C:CH \cdot NO_2$. Aus Dipyruvinureid und rauchender Salpetersäure. Aus Reaktionsgemisch leuchtende gelbe Blättchen, aus Eisessig gelbe monokline Prismen. Schmelzp. etwa 204° (Zers.). Hydrolyse: Nitromethan und Parabansäure[3].

Bromnitropyruvinureid $NH \cdot CO \cdot NH \cdot CO \cdot C:CBrNO_2$. Das Nitroderivat 30 Minuten in Eisessigsuspension mit Brom erhitzen. Aus absolutem Alkohol hellgelbe rhombische Tafeln, die sich bei etwa 225° zersetzen. Hydrolyse: Bromnitromethan und Parabansäure[3].

N, N′-Diacetylnitropyruvinureid $C_8H_7O_6N_3$. Aus absolutem Alkohol dünne blaßgelbe Blättchen vom Schmelzp. etwa 150° (Zers.)[3].

Hydantoin-5-aldoxim $NH \cdot CO \cdot NH \cdot CO \cdot CH \cdot CH:NOH$. Aus Nitropyruvinureid durch katalytische Hydrierung über Platinoxyd in Eisessiglösung bei Zimmertemperatur und gewöhnlichem Druck. Farblose, rhombische Tafeln. Schmelzp. über 300°[3].

1-Acetyl-5, 5-phenyläthylhydantoin

$$\begin{array}{c} CO \\ HN\diagup\quad\diagdown N \cdot CO \cdot CH_3 \\ OC\text{———}C(C_6H_5)(C_2H_5) \end{array}$$

Aus Phenyläthylhydantoin durch mehrstündiges Erhitzen mit Essigsäureanhydrid in Gegenwart eines Katalysators, wie Schwefelsäure. Aus Alkohol farblose Krystalle vom Schmelzp. 179°. In Alkohol, Äther und wässerigen Alkalien löslich, in Wasser leichter als die nichtacetylierte Verbindung. Säuren scheiden das Produkt aus alkalischer Lösung als schnell erstarrendes Öl ab. Therapeutische Verwendung; die Nebenwirkungen des Phenyläthylhydantoins sind ausgeschaltet[4].

5-Benzylhydantoin-3-β-phenylpropionsäure $C_{19}H_{18}O_4N_2$. Lufttrocken enthält es 1,5 Mol H_2O. Äthylester $C_{21}H_{22}O_4N_2$. Schmelzp. 148° (korr.)[5].

---

[1] G. J. Shiple u. C. P. Sherwin: J. of biol. Chem. **55**, 671 — Chem. Zbl. **1923 III**, 119 — Vgl. auch Patten: Hoppe-Seylers Z. **39**, 350 — Chem. Zbl. **1903 II**, 792.
[2] G. J. Shiple u. C. P. Sherwin: J. of biol. Chem. **55**, 671 — Chem. Zbl. **1923 III**, 119.
[3] D. Davidson: J. amer. chem. Soc. **47**, 1722 — Chem. Zbl. **1925 II**, 1521.
[4] Chemische Fabrik von Heyden, A.-G.: D.R.P. 360688, Kl. 12p (1916, 1922) — Chem. Zbl. **1923 II**, 481.
[5] F. Wessely u. M. John: Hoppe-Seylers Z. **170**, 167 (1927) — Chem. Zbl. **1928 I**, 42.

Hydantoin-3-essigsäure $C_5H_6O_4N_2$. Schmelzp. 201° (korr.). Im Vakuum unzersetzt destillierbar[1]. Positive Carbonylreaktion[2]. — **Äthylester.** Aus Äther Nadeln vom Schmelzp. 120°[2].

5-Benzalhydantoin-3-essigsäure $C_{12}H_{10}O_4N_2$. Aus Eisessig Nädelchen vom Schmelzpunkt 260°. Keine Carbonylreaktion. — **Äthylester.** Nadeln (Alkohol). Schmelzp. 174°[2].

5-Benzylhydantoin-3-essigsäure $C_{12}H_{12}O_4N_2$. Aus Wasser Blättchen vom Schmelzp. 181 bis 183°. — **Äthylester.** Nadeln (verd. Alkohol). Schmelzp. 155°. — **Amid.** Nadeln vom Schmelzp. 216—218°. Säure und Ester positive Carbonylreaktion[2].

5-Anisalhydantoin-3-essigsäure $C_{13}H_{12}O_5N_2$. Aus Eisessig gelbliche Nädelchen vom Schmelzp. 275°. Keine Carbonylreaktion. — **Äthylester.** Nadeln (Alkohol). Schmelzp. 182 bis 183°[2].

5-Anisylhydantoin-3-essigsäureäthylester $C_{15}H_{18}O_5N_2$. Aus Alkohol Nadeln vom Schmelzpunkt 140°[2].

5-Methylhydantoin-3-α-propionsäure $C_7H_{10}O_4N_2$. Aus wenig Wasser kugelige Krystallaggregate. Schmelzp. 187—189°. Starke Carbonylreaktion[2].

5-Isobutylhydantoin-3-α-isocapronsäure $C_{13}H_{22}O_4N_2$. Mikrokrystallinisches Pulver. Sintert bei 140°. Schmelzp. 148°. Carbonylreaktion positiv (allmählich). — **Äthylester.** Sirup. Kochp.$_{12}$ 225—230°. Deutliche Carbonylreaktion[2].

Spirodihydantoin $C_5H_2O_4N_4 \cdot 2\,NH_4 + 2\,H_2O$. Zers. ab 300°[3].

o, o'-Diacetylspirodihydantoin $C_9H_8O_6N_4$. Schmelzp. 246°[3].

o, o'-Diacetyl-3, 7-dimethylspirodihydantoin $C_{11}H_{12}O_6N_4$. Schmelzp. 172°[3].

5-Anisalhydantoin-3-essigsäureäthylester

$$\begin{array}{c} C_2H_5O_2C \cdot CH_2 \cdot N \cdot CO \cdot C : CH \cdot C_6H_4 \cdot OCH_3 \\ | \qquad\qquad\qquad\qquad\qquad | \\ CO \text{——} NH \end{array}$$

Absorptionsspektrum[4].

3-Methyl-5-anisalhydantoin-1-essigsäureäthylester

$$\begin{array}{c} CH_3N \cdot CO \cdot C : CH \cdot C_6H_4 \cdot OCH_3 \\ | \qquad\qquad\qquad\qquad | \\ CO \text{——} N \cdot CH_2 \cdot CO_2C_2H_5 \end{array}$$

Absorptionsspektrum[4].

5-Anisalhydantoin-3-propionsäureäthylester[5] und seine verwandten Verbindungen: Absorptionsspektren zeigen dieselben Kurven wie 5-Anisalhydantoin-3-essigsäureäthylester und dürften als 3-Derivate des Anisalhydantoins bestätigt sein[4].

5-Anisalhydantoin-3-propionsäureäthylester

$$\begin{array}{c} CH_3 \quad CO \text{——} NH \\ \cdot \qquad | \qquad\qquad | \\ C_2H_5OOC \cdot CH \cdot N \text{—} CO \text{—} C : CH \cdot C_6H_4 \cdot O \cdot CH_3 \end{array}$$

Anysalhydantoin[5] wird in absolutem Alkohol in das Natriumsalz übergeführt und sofort mit 1 Mol. α-Brompropionsäureäthylester 6 Tage gekocht. Aus Chloroform und siedendem Alkohol Krystalle vom Schmelzp. 158—158,5°. Löslich in heißem Alkohol 1:100 (ccm), in heißem Chloroform 35:100 (ccm), in Aceton 1:15[6].

5-Anisylhydantoin-3-propionsäureäthylester

$$\begin{array}{c} CH_3 \quad CO \text{——} NH \\ \cdot \qquad | \qquad\qquad | \\ C_2H_5OOC \cdot CH \cdot N \text{—} CO \text{—} CH \cdot CH_2 \cdot C_6H_4 \cdot O \cdot CH_3 \end{array}$$

Durch Reduktion der Anisalverbindung in Alkohol mit Wasserstoff in Gegenwart von kolloidalem Palladium. Fraktionierte Krystallisation aus Alkohol liefert 2 Formen: Prismen vom Schmelzp. 117,5—118,5°. In heißem Alkohol ziemlich leicht löslich und Nadeln vom Schmelzpunkt 97,5—98,5°, in Alkohol leicht löslich[6].

---

[1] F. Wessely u. M. John: Hoppe-Seilers Z. **170**, 167 (1927) — Chem. Zbl. **1928 I**, 42.
[2] Ch. Gränacher u. H. Landolt: Helv. chim. Acta **10**, 799 (1927) — Chem. Zbl. **1928 I**, 697.
[3] H. Biltz u. W. Klemm: Liebigs Ann. **448**, 134 — Chem. Zbl. **1926 II**, 898.
[4] E. P. Carr u. M. A. Dobbrow: J. amer. chem. Soc. **47**, 2961 (1925) — Chem. Zbl. **1926 I**, 1650.
[5] Vgl. Hahn u. Gilman: J. amer. chem. Soc. **47**, 2941 (1925) — Chem. Zbl. **1926 I**, 1561.
[6] D. A. Hahn u. E. Gilman: J. amer. chem. Soc. **47**, 2941 (1925) — Chem. Zbl. **1926 I**, 1559.
(Vollständige Neubearbeitung des früher mitgeteilten fehlerhaften Materials: D. Hahn, L. Kelly u. F. Schaeffer: J. amer. chem. Soc. **45**, 843 — Chem. Zbl. **1923 III**, 55.)

5-Anisalhydantoin-3-propionsäure $C_{14}H_{14}O_5N_2$. Aus Eisessig feine, glänzende Nadeln vom Schmelzp. 255—256°. In heißem Alkohol sehr wenig, in heißem Eisessig 1 g:13 ccm löslich. — **Kaliumsalz**: Nadeln oder Prismen vom Schmelzp. 280°[1].

5-Anisylhydantoin-3-propionsäure

$$\begin{array}{c} CH_3 \quad CO\text{———}NH \\ \mid \quad \mid \quad \mid \\ HOOC \cdot CH \cdot N\text{—}CO\text{—}CH \cdot CH_2 \cdot C_6H_4 \cdot O \cdot CH_3 \end{array}$$

Aus dem Ester vom Schmelzp. 117,5° mit 20 proz. Salzsäure. Aus Wasser Prismen vom Schmelzp. 160—161°. In heißem Wasser 1 g auf 10 ccm löslich[1]. Aus dem Ester vom Schmelzpunkt 97,5° analog. Aus Wasser prismatische Nadeln vom Schmelzp. 181—183°. In heißem Wasser 1 g in 25 ccm löslich[1].

5-Oxybenzylhydantoin-3-propionsäure

$$\begin{array}{c} CH_3 \quad CO\text{———}NH \\ \mid \quad \mid \quad \mid \\ HOOC \cdot CH \cdot N\text{—}CO\text{—}CH \cdot CH_2 \cdot C_6H_4 \cdot OH \end{array}$$

Aus dem Anisalhydantoinpropionsäureäthylester oder der Säure mit Jodwasserstoffsäure und rotem Phosphor (1 Stunde 100—110°). Das Rohprodukt (Schmelzp. 168—190°) liefert bei fraktionierter Krystallisation aus Wasser 2 Formen in Prismen vom Schmelzp. 193,5—195° (analog aus Anisylhydantoinpropionsäure vom Schmelzp. 160—161°) und solche vom Schmelzp. 187—188,5° (analog aus Anisylhydantoinpropionsäure vom Schmelzp. 182—183°). Letztere Form leichter wasserlöslich. — **Äthylester** $C_{15}H_{18}O_5N_2$. Durch Veresterung dieser Säuren in zwei Formen, die bei der Darstellung aus dem Rohprodukt nur durch schwierige Fraktionierung aus verdünnter alkoholischer Lösung zu trennen sind. Leichter lösliche Prismen vom Schmelzp. 152—155° und schwerer lösliche vom Schmelzp. 133—138°. Bariumhydroxyd hydrolysiert zu Tyrosin, Alanin und CO_2 [1].

3-Methyl-5-anisalhydantoin-1-essigsäureäthylester

$$\begin{array}{c} C_2H_5O_2C \cdot CH_2 \cdot N\text{————————}C : CH \cdot C_6H_4OCH_3 \\ \mid \quad \mid \\ CO \cdot N(CH_3) \cdot CO \end{array}$$ [2]

Die bei 107—108° schmelzende Form in Alkohol suspendiert, unter mäßiger Kühlung Salzsäure eingeleitet, nach 2 Stunden weitere 2 Stunden gekocht, dies 1 Woche lang, liefert aus Alkohol umkrystallisiert die bei 127—128° schmelzende Form[3].

1, 3-Dimethyl-5-anisalhydantoin $C_{13}H_{14}O_3N_2$. Aus Anisalhydantoin oder 1-Methylanisalhydantoin mit Kalilauge in 50 proz. Alkohol und Methyljodid. Aus Alkohol Prismen vom Schmelzp. 91—92,5°. Durch alkoholische Salzsäure in die Form vom Schmelzp. 127,5 bis 128,5° überführbar. Aus Alkohol farblose Nadeln[3].

1, 3-Dimethyl-5-anisalhydantoin $C_{13}H_{16}O_3N_2$. Aus dem Anisalderivat durch Wasserstoff in Gegenwart von kolloidalem Palladium. Aus Alkohol Krystalle vom Schmelzp. 78,5°. 5 g in 10 ccm heißem Alkohol löslich[3].

1, 3-Dimethyl-5-p-oxybenzylhydantoin. Schmelzp. 149—150°[3].

1-Methyl-5-benzalhydantoin-3-essigsäure. Die Form vom Schmelzp. 66,5—68° geht mit Salzsäure in jene vom Schmelzp. 101—102,5° über[3].

5-Anisalhydantoin-3-essigsäuremethylester $C_{14}H_{14}O_5N_2$. Aus Alkohol Prismen vom Schmelzp. 182—184°[3].

1-Methyl-5-anisalhydantoin-3-essigsäuremethylester $C_{15}H_{16}O_5N_2$. Aus Methylalkohol Nadeln oder Tafeln vom Schmelzp. 84—85°, die durch Salzsäure in kleine, grünlichgelbe Prismen vom Schmelzp. 129,5—131° (aus Methylalkohol) übergehen. Löslichkeit der ersteren in siedendem Alkohol 1 g in 10 ccm, der anderen 1 g in 20 ccm[3].

5-Anisalhydantoin-3-propionsäuremethylester $C_{15}H_{16}O_5N_2$. Aus Chloroform-alkohol feine Nadeln vom Schmelzp. 163—164°. 1 g ist in 3 ccm heißem Chloroform, in 12,5 ccm warmem Aceton und in 33 ccm Methylalkohol löslich[3].

1-Methyl-5-anisalhydantoin-3-propionsäuremethylester $C_{16}H_{18}O_5N_2$. Aus obiger Verbindung mit methylalkoholischer Kalilauge und Methyljodid. Aus Alkohol feine Nadeln

---

[1] D. A. Hahn u. E. Gilman: J. amer. chem. Soc. **47**, 2941 (1925) — Chem. Zbl. **1926 I**, 1559. (Vollständige Neubearbeitung des früher mitgeteilten fehlerhaften Materials, vgl. D. A. Hahn, L. Kelley u. F. Schaeffer: J. amer. chem. Soc. **45**, 843 — Chem. Zbl. **1923 III**, 55.)

[2] D. A. Hahn u. Renfrew: J. amer. chem. Soc. **47**, 147 — Chem. Zbl. **1925 I**, 1305.

[3] D. A. Hahn u. E. Gilman: J. amer. chem. Soc. **47**, 2953 (1925) — Chem. Zbl. **1926 I**, 1561.

vom Schmelzp. 103—104°, an salzsäurehaltiger Luft gelb werdend, wird durch diese Säure in Methylalkohol in schwach gelbe Nadeln oder Prismen (aus CH_3OH) übergeführt vom Schmelzpunkt 142—143°. In siedendem Methylalkohol ist die erste Form 1 g in 5 ccm, die zweite 1 g in 12,5 ccm löslich[1].

5-p-Anisalhydantoin-1-essigsäure

$$\begin{array}{c} HN \cdot CO \\ \diagup \quad \diagdown \\ CO \quad \quad | \\ \diagdown \quad \diagup \\ C\text{——}N \cdot CH_2 \cdot COOH \\ | \\ CH \cdot C_6H_4 \cdot O \cdot CH_3 \end{array}$$

Aus Hydantoin-1-essigsäureäthylester und Anisaldehyd. Schmelzp. 215—216°[2].

5-p-Oxybenzylhydantoin-1-essigsäure $C_{12}H_{12}O_5N_2$. Schmelzp. 201°[2].
3-Methyl-5-p-oxybenzylhydantoin-1-essigsäure $C_{13}H_{12}O_5N_2$. Schmelzp. 167°[2].
3-Methyl-5-p-anisalhydantoin-1-essigsäure $C_{14}H_{14}O_5N_2$. Schmelzp. 203—305°[2]
Isohydantoin; (2-Imino-4-ketotetrahydrooxazol)

$$NH:C\diagdown^{NH \cdot CO}_{O\text{——}CH_2}$$

Aus Glykokollsäureester und Guanidin in (50proz.) alkoholischer Lösung unter Erwärmung und Ammoniakentwicklung (40—50% Ausbeute). Große, stark lichtbrechende Prismen aus verdünntem Alkohol. Sintern bei 240°, Schmelzp. 246—247° (Zers.). In Wasser sehr leicht, in Alkohol wenig löslich, sonst unlöslich. Gegen Lackmus neutral. — **Hydrochlorid:** Rhombische Tafeln. Sintern bei 152°, Schmelzp. 164° (Zers.)[3].

Methylisohydantoin; (2-Imino-4-keto-5-methyltetrahydrooxazol)

$$HN:C\diagdown^{NH \cdot CO}_{O \cdot CH \cdot CH_3}$$

Aus Wasser Blättchen vom Schmelzp. 226°. In heißem Wasser und Alkohol leicht, sonst schwer löslich[3].

Phenylisohydantoin; (2-Imino-4-keto-5-phenyltetrahydrooxazol) $C_9H_8O_2N_2$. Schmelzpunkt 256—257° (Zers.). In heißem Alkohol ziemlich leicht, in heißem Wasser leicht löslich[3].

(Oxymethyl)-isohydantoin, (2-Imino-4-keto-5-oxymethyltetrahydrooxazol)

$$HN:C\diagdown^{NH \cdot CO}_{O \cdot CH \cdot CH_2 \cdot OH}$$

Aus Glycerinsäuremethylester und Guanidin in Alkohol. Aus heißem Wasser kleine Prismen vom Schmelzp. 197°. In Wasser sehr leicht, in Alkohol schwerer, sonst sehr wenig löslich[3].

Allophansäure.

Allgemeines: Im Ölbad auf 20—30° über dem Schmelzpunkt erhitzt, zerfallen in den entsprechenden Alkohol und Cyanursäure die Allophansäureester von Methylalkohol, Äthylalkohol, Propanol-1, Butanol-1, Methyl-2-butanol-4, Heptanol-1, Propanol-2, Butanol-2, Pentanol-3, Hexanol-3, Heptanol-3, Allylalkohol, Penten-1-ol-3, Glykolchlorhydrin, Milchsäureester, Benzylalkohol, Phenyläthylalkohol, Cyclohexanol, o-Methylcyclohexanol, Menthol, o-Chlorphenol und m-Kresol. Die Ester aus tertiären Alkoholen geben einen Kohlenwasserstoff C_nH_{2n} und Allophansäure, die sich sofort in Kohlendioxyd und Harnstoff zersetzt. Daneben bilden sich auch in geringer Menge Cyanursäure und der entsprechende Alkohol. Die aus Terpenalkoholen (Geraniol, Rhodinol, Citronellol) gebildeten Allophanester liefern als Zersetzungsprodukte: Ammoniak, Kohlendioxyd, Cyanursäure, Alkohol und Kohlenwasserstoff; der größte Teil aber besteht aus einer braunen, viscosen Flüssigkeit, die beim Verseifen zum Teil den entsprechenden Alkohol liefert. Dieses unterschiedliche Verhalten kann zur Charakterisierung der Alkohole benutzt werden[4].

---

[1] D. A. Hahn u. E. Gilman: J. amer. chem. Soc. **47**, 2941 (1925) — Chem. Zbl. **1926 I**, 1559.
[2] A. G. Renfrew u. T. B. Johnson: J. Amer. chem. Soc. **51** 1784 — Chem. Zbl. **1929 II**, 885.
[3] W. Traube u. R. Ascher: Ber. dtsch. chem. Ges. **46**, 2077 (1913) — Chem. Zbl. **1913 II**, 780.
[4] J. Grandière: Bull. Soc. Chim. France [4] **35**, 187 — Chem. Zbl. **1924 I**, 2777.

Allophansäureester kann man darstellen, indem man (10 ccm) Formamid, mit einem geringen Überschuß des entsprechenden berechneten Alkohols gemischt, unter Kühlung bei allmählich von 20—100 Volt gesteigerter Spannung und 0,10—0,15 Amp. eine Woche lang elektrolysiert. So wurden gewonnen: Methyl-, Äthyl-, Isobutyl- und Isopropylester der Allophansäure. Dagegen wurde der Benzylester neben Benzaldehyd nur in geringer Menge erhalten [1].

Allophansäureäthylester. Aus 2 Mol Harnstoff und 1 Mol Chlorameisensäureäthylester. Schmelzp. 190—191° [2]. Der Äthylester liefert mit Kaliumamid und flüssigem Ammoniak (im Gegensatz zum Carbaminsäureester) das Kaliumsalz: $KHN \cdot CO \cdot NH \cdot COOC_2H_5$ [3].

Allophansäuremethylester. Aus 2 Mol Harnstoff und 1 Mol Chlorameisensäuremethylester. Schmelzp. 208° [2].

N-ω-Methylallophansäuremethylester. Aus Methylharnstoff und Chlorameisensäuremethylester. Bad nicht über 110—115°, 2 Stunden. Aus Essigester vom Schmelzp. 163° [2]. Diese Darstellungsweise ist jener von Mauguin [4] wegen unerwarteter Explosivität des Natriumbromacetamids und jener von Diels und Jacoby [5] wegen geringerer Ausbeute vorzuziehen.

N^{ms}-Methylallophansäuremethylester $C_4H_8O_3N_2$. Der erforderliche Methylcarbaminsäuremethylester wird durch Eintropfen von Chlorameisensäuremethylester in die konzentrierte wässerige Lösung von Methylaminhydrochlorid unter Zugabe von Kalilauge und Ausäthern bereitet (Kochp. 155—156°) und mit frisch dargestelltem NH_2COCl durch schwaches Erwärmen umgesetzt. Aus Benzol in undeutlichen Blättchen vom Schmelzp. 146°. In den meisten Lösungsmitteln leicht löslich. Wird von Lauge zersetzt und von salpetriger Säure nicht angegriffen [2].

N^{ms}-Äthylallophansäuremethylester $C_5H_{10}O_3N_2$. Aus dem wie Methylcarbaminsäuremethylester bereitetem Äthylester (Kochp. 165°). Aus Alkohol Säulen, aus Wasser Nadeln vom Schmelzp. 160—161° [6].

N^{ms}-Äthylallophansaures Ammonium $C_4H_7O_3N_2 \cdot NH_4$. Aus dem entsprechenden Ester durch zweistündiges Erhitzen im Rohr (Wasserbad) mit 10proz. alkoholischem Ammoniak. Aus Alkohol zum Schmelzp. 226—228°. In den meisten Lösungsmitteln wenig löslich [6].

Äthylaminsalz der N^{ms}-Äthylallophansäure $C_4H_7O_3N_2 \cdot NH_3C_2H_5$. Aus dem entsprechenden Ester durch Behandlung mit 33proz. wässeriger Äthylaminlösung bei 25° während 24 Stunden. Aus Alkohol zum Schmelzp. 222—223°. In allen Lösungsmitteln, ausgenommen Wasser, wenig oder nicht löslich [6].

N^{ms}-Phenylallophansäureäthylester $C_{10}H_{12}O_3N_2$. Aus Phenylurethan. Extraktion mit Chloroform Prismen, aus Wasser Tafeln vom Schmelzp. 184°. Außer in Äther und Petroläther leicht löslich [6].

Allophansäure-β-chloräthylester $NH_2 \cdot CO \cdot NH \cdot COO \cdot C_2H_4Cl$. Aus 1 Mol Chlorkohlensäure-β-chloräthylester und 2 Mol Harnstoff durch mäßiges Erhitzen. Schmelzp. 181 bis 182° [7].

Allophansäure-β-jodäthylester $NH_2 \cdot CO \; NH \cdot COO \cdot C_2H_4J$. Aus obigem Chlorderivat mit Natriumjodid in Aceton im Rohr auf 80—90° erhitzt. Krystalle vom Schmelzp. 192° [7]. Weißes, völlig geschmackloses Pulver, in Wasser wenig, in Alkohol, Aceton und Essigester leicht löslich. Nach der Gabe konnte im Gehirn und im Fettgewebe Jod nachgewiesen werden, in ersterem aber immer bedeutend weniger als im Blut und in der Leber. Im Darmtrakt wird es fast vollkommen resorbiert. Die Ausscheidung des Jods im Harn erfolgt beinahe im selben Maße und ebenso schnell wie bei Kaliumjodid [8].

Allophansäuretrichloräthylester $C_4H_5O_3N_2Cl_3$. Rhombische Prismen vom Schmelzp. 182—183°. In kaltem Wasser und in Äther wenig, in Alkohol und warmem Essigester leicht löslich [9].

---

[1] K. Schaum: Ber. dtsch. chem. Ges. **56**, 2460 (1923) — Chem. Zbl. **1924 I**, 300.
[2] H. Biltz u. A. Jeltsch: Ber. dtsch. chem. Ges. **56**, (1914) — Chem. Zbl. **1923 III**, 1312.
[3] J. S. Blair: J. amer. chem. Soc. **48**, 96 — Chem. Zbl. **1926 I**, 2327.
[4] Mauguin: Ann. Chim. et Phys. [8] **22**, 297 — Chem. Zbl. **1911 I**, 1503.
[5] Diels u. Jacoby: Ber. dtsch. chem. Ges. **41**, 2392 — Chem. Zbl. **1908 II**, 498.
[6] H. Biltz u. A. Jeltsch: Ber. dtsch. chem. Ges. **56**, (1914) — Chem. Zbl. **1923 III**, 1312.
[7] Chinoin, Fabrik chemisch-pharmazeutischer Produkte, A.-G.: (v. Kereszty u. Wolt): D.R.P. 387963, Kl. 12o (1922, 1924; Ungar.Prior. 1921) — Chem. Zbl. **1924 II**, 403.
[8] B. v. Issekutz u. A. Tukats: Biochem. Z. **145**, 1 — Chem. Zbl. **1924 I**, 2286.
[9] R. Willstätter u. W. Duisberg: Ber. dtsch. chem. Ges. **56**, 2283—2286 (1923) — Chem. Zbl. **1924, I**, 38.

Allophansäure-γ-Chlorpropylester $C_4H_9O_3N_2Cl$. Aus Chlorkohlensäure-γ-chlorpropylester mit Harnstoff auf dem Sandbad. Aus Alkohol in Schuppen vom Schmelzp. 166°. In Wasser fast unlöslich, in heißem Alkohol ziemlich leicht löslich (Ausbeute 75%)[1].
N, ω-Methylallophansäureäthylester $C_5H_{10}O_3N_2$. Schmelzp. 136—137°. Mattes Krystallpulver. — **Methylester** $C_4H_8O_3N_2$. Schmelzp. 163°[2].
N-ω-Dimethylallophansäureäthylester $C_5H_{12}O_3N_2$. Krystalle aus Essigester vom Schmelzp. 77—80°[2].
N-ω-Phenylallophansäureäthylester $C_6H_5NHCONHCOOC_2H_5$. Aus Chlorformanilid und Urethan nach dem Verfahren von Folin[3]. Schmelzp. 106—107°[4].
Allophansäureester: aus Hexanol-3, Schmelzp. 185,5°.
Heptanol-3, Schmelzp. 187°.
Methyl-3-pentanol-3, Schmelzp. 152°.
Äthyl-3-pentanol-3, Schmelzp. 156°.
Methyl-3-hexanol-3, Schmelzp. 148°.
Methyl-3-heptanol-3, Schmelzp. 130°.
Penten-1-ol-3, Schmelzp. 155°.
o-Methylcyclohexanol, Schmelzp. 177°.
Furylalkohol, Schmelzp. 167,5°.
o-Chlorphenol, Schmelzp. 179°.
Glykolchlorhydrin, Schmelzp. 182,5°[5].
Allophanylessigsäurediäthylester $C_2H_5OOC \cdot NH \cdot CO \cdot NH \cdot CH_2 \cdot COOC_2H_5$. Aus Kaliumcyanat und Chloressigester mit siedendem absolutem Alkohol neben dem Monoäthylester. Aus Alkohol Schuppen vom Schmelzp. 120—121°. In heißem Wasser leicht, in Äther, Chloroform und Benzol sehr leicht löslich. Siedendes Anilin spaltet s. Diphenylharnstoff ab[6].
Allophanylessigsäuremonoäthylester $C_2H_5OOC \cdot NH \cdot CO \cdot NH \cdot CH_2 \cdot COOH$. Aus dem Diäthylester mit heißer 2n-Natronlauge (1 Äquivalent) und 2n-Salzsäure. Aus Wasser Nadeln vom Schmelzp. 191°. In Aceton sehr leicht, in Alkohol leicht, in Äther eben löslich, sonst meist unlöslich. Bildet sich aus Allophanyläthylesteracetamid + Natriumnitritlösung und Salzsäure. (Ist wahrscheinlich identisch mit dem Saitzewschen ω-Carboxyhydantoinsäureäthylester[7], dessen freie Säure kaum existenzfähig sein dürfte[6].)
Allophanyläthylesteracetamid $C_2H_5OOC \cdot NH \cdot CO \cdot NH \cdot CH_2 \cdot CO \cdot NH_2$. Aus dem Diäthylester mit 25 proz. wässerigen Ammoniak. Aus Wasser Nadeln vom Schmelzp. 195°. In Alkohol und Aceton wenig, in den übrigen organischen Lösungsmitteln nicht löslich[6].

Biuret.

Derivate: Das Volumen der Blutkörperchen nimmt in Lösungen von Biuret zu, besonders dann, wenn sie isotonisch an Kochsalz sind[8].
Biuret reagiert mit salpetriger Säure bei Anwesenheit von Eisessig mit einem, bei Gegenwart von geringen Salzsäuremengen mit zwei und im Verein mit 2n-Salzsäure mit 3 Stickstoffatomen[9].
Nitrobiuret. Durch Nitrierung von Biuret. Weiße Kristalle Schmelzp. 65—67°. Zersetzungsp. 223°. Über Spaltung von Nitrobiuret und seine Anwendung bei Synthesen[10].
Mono- und Trikaliumsalze: Entstehen in flüssigem Ammoniak mit Kaliumamid[11].
ω-Methylbiuret. Durch Biuretspaltung des 3-Methylallantoxaidins. — **ω-Nitroso-ω-methylbiuret.** Schmelzp. 139°[12].
ω-Methylbiuret $C_3H_7O_2N_3$. 1. Aus Allophansäuremethylester oder Äthylester und 33 proz. wässeriger Methylaminlösung im Rohr (Wasserbad, 2 Stunden). — 2. Aus N-ω-Methyl-

---

[1] A. W. Dox u. L. Yoder: J. amer. chem. Soc. **45**, 723 — Chem. Zbl. **1923 III**, 66.
[2] E. Merck u. Cl. Diehl: D.R.P. 427417, Kl. 12o (1924, 1926); Chem. Zbl. **1926 II**, 1098.
[3] Folin: J. amer. chem. Soc. **19**, 337 (1897).
[4] E. Stuart Gatewood: J. amer. chem. Soc. **47**, 407 — Chem. Zbl. **1925 I**, 1702.
[5] J. Grandière, Bull. Soc. Chim. de France [4] **35**, 187 — Chem. Zbl. **1924 I**, 2777.
[6] E. Fromm, R. Kapeller u. L. Pirk: Liebigs Ann. **447**, 259 — Chem. Zbl. **1926 II**, 417.
[7] Saitzew: Liebigs Ann. **135**, 229.
[8] M. Duval: C. r. Soc. Biol. Paris **88**, 1196 — Chem. Zbl. **1923 III**, 1372.
[9] R. H. A. Plimmer: J. amer. chem. Soc. Lond. **127**, 2651 (1925) — Chem. Zbl. **1926 I**, 1650.
[10] T. L. Davis u. K. Blanchard: J. amer. chem. Soc. **51** 1801 — Chem. Zbl. **1929 II**, 864.
[11] J. S. Blair: J. amer. chem. Soc. **48**, 96 — Chem. Zbl. **1926 I**, 2327.
[12] H. Biltz u. H. Hanisch: J. prakt. Chem. [2] **138** — Chem. Zbl. **1926 I**, 2472.

allophansäuremethylester und Ammoniak. — 3. Ebenso aus Harnstoff und Isocyansäuremethylester (geringer Überschuß, 2 Stunden). — Aus Wasser, dann Alkohol in Prismen vom Schmelzp. 167—168°. In heißem Wasser, Methyl- und Äthylalkohol leicht, in Essigester, Benzol und Aceton ziemlich leicht, in Chloroform, Äther und Petroläther sehr wenig löslich. Biuretreaktion sehr schwach. Identisch mit der aus Theobromin erhaltenen Verbindung[1].

ω-Nitrosoverbindung $C_3H_6O_3N_4$. Durch Einleiten von N_2O_3 in die 22½proz. wässerige gekühlte Lösung. Gelbe gekrümmte Nädelchen. Aus viel Essigester Mikrokristalle, die sich bei 139—140° zersetzen. Macht aus Jodkalium Jod frei. Gibt mit Diäthylamin und Schwefelsäure Blaufärbung, mit Eisenfulfat und Schwefelsäure braunen Ring. Mit heißem Wasser zersetzt sie sich nach folgender Gleichung:

$$H_2N \cdot CO \cdot NH \cdot CO \cdot N(NO) \cdot CH_3 + H_2O = CO(NH_2)_2 + CO_2 + N_2 + CH_3OH \ [1].$$

ω-Acetylverbindung $C_5H_9O_3N_3$. Aus Eisessig zum Schmelzp. 212°[1].

ω-Äthylbiuret $C_4H_9O_3N_3$. Nur aus Allophanmethylester und 33proz. wässeriger Äthylaminlösung (Wasserbad, 2—3 Stunden). Der Äthylester liefert bei energischer Einwirkung Äthylharnstoff[2]. Aus Wasser oder Alkohol zum Schmelzp. 154°. Der Methylverbindung ähnlich, keine Biuretreaktion. Aus Isocyansäureäthylester nicht erhältlich[1].

ω-Nitrosoverbindung $C_4H_8O_3N_4$. Prismen vom Schmelzp. 119—120° (Zers.)[1].

ω-Acetylverbindung $C_6H_{11}O_3N_3$. Prismen vom Schmelzp. 160—162°[1].

ω, ω'-Dimethylbiuret $C_4H_9O_2N_3$. 1. Aus N-ω-Methylallophansäuremethylester und Methylamin. — 2. Aus entwässertem Methylharnstoff und Isocyansäuremethylester (2 bis 3 Stunden). — Aus Alkohol Prismen vom Schmelzp. 162—163°. In Wasser, Alkohol, Aceton, Chloroform leicht, sonst wenig oder nicht löslich. Keine Biuretreaktion[1].

ω-Nitrosoverbindung $C_4H_8O_3N_4$. Mit Natriumnitrit und verdünnter Schwefelsäure. Die Prismen zersetzen sich bei ca. 108° und sind sehr leicht löslich[1].

ω, ω'-Dinitrosoverbindung $C_4H_7O_4N_5$. Mit N_2O_3. Aus viel Äther gelbe Prismen, die sich bei 94° zersetzen und weniger löslich als die Mononitrosoverbindung sind. Die warme wässerige und die alkoholische Lösung zersetzen sich[1].

ω-Acetylverbindung $C_6H_{11}O_3N_3$. Aus Eisessig und Äther mikrokristallinisch zum Schmelzpunkt 216—217° (Zers.). In heißem Wasser, Alkohol und Eisessig leicht löslich, in anderen Medien fast unlöslich[1].

ms-Methylbiuret $C_3H_7O_2N_3$. Aus Nms-Methylallophansäuremethylester und konzentriertem Ammoniak. Aus Alkohol in Prismen vom Schmelzp. 189°. In Wasser sehr leicht, in Methyl- und Äthylalkohol ziemlich leicht, sonst wenig oder nicht löslich. Starke Biuretreaktion. Gibt keine Nitrosoverbindung[3].

ω-Acetylverbindung $C_5H_9O_3N_3$. Aus viel Essigester zum Schmelzp. 280°. In warmem Wasser, Alkohol und Eisessig leicht, sonst wenig löslich[3].

ω, ms-Dimethylbiuret in verschiedenen Versuchen nicht zu erzielen. Aus s. Dimethylharnstoff und frisch entwickelter Isocyansäure in Chloroform entsteht eine Verbindung $C_4H_8O_3N_2$, die durch Sublimation gereinigt wird. Aus Chloroform oder Methylalkohol in Tafeln vom Schmelzp. 189—190°. In Wasser, Alkohol und Chloroform leicht, sonst sehr wenig löslich[3].

ms-Äthylbiuret $C_4H_9O_2N_3$. Aus N-ms-Äthylallophansäuremethylester und konzentriertem Ammoniak bei 25—30° in 2 Tagen. Aus Alkohol Platten vom Schmelzp. 178—179°. In Eisessig, Wasser, Alkohol und Aceton leicht, sonst wenig löslich. Starke Biuretreaktion[3].

ω-Acetylverbindung $C_6H_{11}O_3N_3$. Täfelchen vom Schmelzp. 228—230°[3].

ω, ms, ω'-Trimethylbiuret $C_5H_{11}O_2N_3$. Aus. s. Dimethylharnstoff und Methylisocyanat. Aus Benzol in Nadeln vom Schmelzp. 125—126°. Außer in kaltem Benzol, Äther und Petroläther leicht löslich. Keine Biuretreaktion[3,4]. **ω, ω'-Dinitrosoverbindung** $C_5H_9O_4N_5$. Mit N_2O_3. Aus Äther mikrokristallin; zersetzt sich bei 102°[3]. **ω-Acetylverbindung** $C_7H_{13}O_3N_3$. Schmelzp. ca. 165°. Zerfließt mit Wasser. Außer in Äther und Petroläther leicht löslich[3].

ω, ms, ω'-Triäthylbiuret konnte nicht erhalten werden[3].

ms-Phenylbiuret $H_2N \cdot CO \cdot N(C_6H_5) \cdot CO \cdot NH_2$. Aus N-ms-Phenylallophansäureäthylester und konzentriertem Ammoniak glatt zu erhalten. Aus Wasser in Blättchen vom Schmelzpunkt 192°. Gibt starke Biuretreaktion[3,5].

---

[1] H. Biltz u. A. Jeltsch: Ber. dtsch. chem. Ges. **56** (1914) — Chem. Zbl. **1923 III**, 1312.
[2] Vgl. v. Hofmann: Ber. dtsch. chem. Ges. **4**, 265.
[3] H. Biltz u. A. Jeltsch: Ber. dtsch. chem. Ges. **56** (1914) — Chem. Zbl. **1923 III**, 1313.
[4] E. Fischer: Ber. dtsch. chem. Ges. **31**, 3273.
[5] Gatewood: J. amer. chem. Soc. **45**, 146 — Chem. Zbl. **1923 I**, 948.

ω-Phenylbiuret $C_6H_5NH \cdot CO \cdot NH \cdot CO \cdot NH_2$. Aus N-ω-Phenylallophansäureäthylester mit konzentriertem Ammoniak in der Druckflasche bei 100°[1]; aus Phenylcarbamincyanamid durch Erhitzen mit sehr verdünnter Schwefelsäure[2]. Aus Alkohol Krystalle vom Schmelzp. 167°, ohne Biuretreaktion[2]; aus heißem Wasser Tafeln vom Schmelzp. 165—166°[1].

ω-Phenyl-ms-methylbiuret $C_9H_{11}O_2N_3$. Bei der Einwirkung von Phenylisocyanat auf Methylharnstoff als schwer lösliches Produkt. Aus Wasser Nadeln vom Schmelzp. 183°. In heißem Methyl- und Äthylalkohol leicht löslich. Nicht nitrosierbar[3,4].

ω-Phenyl-ω'-methylbiuret $C_9H_{11}O_2N_3$. Aus Methylharnstoff und überschüssigem Phenylisocyanat bei einstündigem Erhitzen auf 120—130°. Aus Methylalkohol Nadeln vom Schmelzpunkt 172—173°. Außer in Äther und Petroläther leicht löslich. Keine Biuretreaktion[5].

ω-Phenyl-ω'-methylbiuret $C_9H_{11}O_2N_2$. Bei der Einwirkung von Methylisocyanat und Phenylharnstoff oder jener von Phenylisocyanat auf Methylharnstoff als Mutterlaugenprodukt. Aus Aceton + Wasser vom Schmelzp. 132—133°; aus Methylalkohol hexagonale Prismen vom Schmelzp. 133°. In Wasser und Äther wenig, in warmem Alkohol, Aceton, Chloroform und Benzol leicht, in Petroläther kaum löslich[3,4].

ω-Phenyl-ω'-methyl-ω'-nitroso-biuret $C_9H_{10}O_3N_4$. Aus Methylalkohol und Wasser mit dem Zersetzungsp. 126° unter lebhaftem Aufschäumen. In Wasser und Äther wenig, in Alkohol, Aceton, Chloroform und Benzol löslich, kaum löslich in Petroläther. Liebermannsche Reaktion positiv[3].

ω, ω'-Diphenylbiuret $C_6H_5 \cdot NH \cdot CO \cdot NH \cdot CO \cdot NH \cdot C_6H_5$. Aus Alkohol Schmelzpunkt 210°[4].

p-Tolylbiuret $C_9H_{11}O_2N_3$. Aus verdünntem Alkohol Krystalle vom Schmelzp. 199—200° (u. Zers.)[6].

Biuretacetamid $NH_2 \cdot CO \cdot NH \cdot CO \cdot NH \cdot CH_2 \cdot CO \cdot NH_2$. Aus Allophanyläthylesteracetamid oder Allophanylessigsäurediäthylester mit 25 proz. Ammoniak. Aus Wasser, Schmelzpunkt 225° (Zers.). Biuretreaktion positiv. In Alkohol, Äther usw. unlöslich. Durch Nitrit in saurer Lösung und durch Bromlauge vollständig zersetzt[7].

Biuretessigsäure $C_4H_7O_4N_3$. Aus dem Monoäthylester mit 25 proz. wässerigem Ammoniak. Aus Wasser, Schmelzp. 184—186° (Zers.). In Alkohol wenig, in Äther sehr wenig löslich, in den übrigen organischen Lösungsmitteln unlöslich. — **Äthylester** $C_6H_{11}O_4N_3$. Aus der Säure mit siedendem absolutem Alkohol und Schwefelsäure. Aus Wasser Nadeln vom Schmelzpunkt 168°. In Alkohol, Äther und Chloroform leicht löslich. — **Ammoniumsalz.** Beim Erhitzen Biuretacetamid[7].

Triphenylisomelamin $(C_7H_6N_2)_3$. Durch Behandeln von Phenylthiocarbamincyanid mit überschüssiger 20 proz. Natronlauge und 15 g Äthylenchlorhydrin. Nach dem Ausäthern wird die wässerige Lösung angesäuert und wieder ausgeäthert.

Aus Phenylthiobiuret, von dem 30 g in Wasser und 24 g Natriumhydroxyd gelöst, heiß mit 48 g Äthylenchlorhydrin versetzt und $1/2$ Stunde gekocht werden. Der Diphenylharnstoff wird ausgeäthert, die Lösung angesäuert und wieder ausgeäthert. Der zweite Ätherrückstand wird mit Chloroform behandelt und aus Alkohol umkrystallisiert. Schmelzp. 169—179°[6].

Semicarbazid-sulfat: Aus Nitroharnstoff durch elektrolytische Reduktion (von 50 g) in 20 proz. Schwefelsäure bei 5—9°, Anwendung einer Quecksilberkathode und 0,06 Amp. pro Quadratzentimeter (60—70% Ausbeute)[8].

4-m-Nitrophenylsemicarbazid $C_7H_8O_3N_4$. Aus m-Nitrophenylharnstoff und Hydrazinhydrat in siedendem Alkohol. Über das Hydrochlorid gereinigt. Aus Alkohol biegsame, feine, schwachgelbe Nadeln vom Schmelzp. 138—139°. In etwa 4 Teilen siedendem Alkohol löslich; in kaltem wenig, in heißem Wasser, Chloroform und Benzol löslich, in Äther unlöslich, in verdünnten Säuren leicht löslich. Mit Alkali Rotfärbung. Reduziert Fehlingsche Lösung

---

[1] E. Stuart Gatewood: J. amer. chem. Soc. **47**, 514 — Chem. Zbl. **1925 I**, 1703.
[2] E. Fromm: Ber. dtsch. chem. Ges. **55**, 804 (1922) — Chem. Zbl. **1923 I**, 950; vgl. Schiff: Liebigs Ann. **352**, 73.
[3] H. Biltz u. A. Beck: Ber. dtsch. chem. Ges. **58**, 2187 (1925) — Chem. Zbl. **1926 I**, 1396.
[4] E. St. Gatewood: J. amer. chem. Soc. **47**, 514 — Chem. Zbl. **1925 I**, 1703.
[5] H. Biltz u. A. Jentsch: Ber. dtsch. chem. Ges. **56**, 1914 (1923).
[6] E. Fromm: Ber. dtsch. chem. Ges. **55**, 804 (1922) — Chem. Zbl. **1923 I**, 950.
[7] E. Fromm, R. Kepeller u. L. Pirk: Liebigs Ann. **447**, 259 — Chem. Zbl. **1926 II**, 417.
[8] L. J. Bicher, A. W. Ingersoll, B. F. Armendt u. G. Cook: J. amer. chem. Soc. **47**, 391 — Chem. Zbl. **1925 I**, 2162.

und ammoniakalische Silbernitratlösung in der Kälte. — **Hydrochlorid** $C_7H_8O_3N_4 \cdot HCl$. Glänzende, weiße Krystalle. In Wasser leicht, in 10 Teilen heißem Alkohol löslich[1].

Kondensationsprodukte mit Ketonen vom Typ: $R(R') \cdot C:N \cdot NH \cdot CO \cdot NH \cdot C_6H_4 \cdot NO_2$[1].

2, 4, 6-Trinitrophenylsemicarbazid (Pikrylsemicarbazid) $(NO_2)_3C_6H_2 \cdot NH \cdot NH \cdot CO \cdot NH_2$. Aus Pikrylchlorid und Semicarbazid (in alkoholischer Lösung). Aus Aceton mit Schmelzpunkt 218—219° unter Zersetzung[2].

Carbaminsäure.

Chemische Eigenschaften: Beobachtungsergebnisse sorgfältiger Messungen der Dissoziationsspannung des reinen Ammoniumsalzes, sowie der Gleichgewichtsdrucke bei Zusatz von überschüssigem Ammoniak und Kohlendioxyd zwischen 10 und 45° bestätigen innerhalb der zulässigen Fehlergrenze das Massenwirkungsgesetz[3].

Es ist in hohem Grade wahrscheinlich gemacht worden, daß die Umwandlungsgeschwindigkeit des Carbaminats in Carbonat gewöhnlich durch die Geschwindigkeit des Übergangs des Kohlendioxyds in Kohlensäure (H_2CO_3) bedingt wird. Die Versuche wurden an Ammoniumcarbaminatlösungen ausgeführt. In überschüssiger Säure gelöst, zersetzt es sich in 1 Sekunde; in Natronlauge bei 18° in ca. 3 Tagen, wenn die Hydroxylionenmolarität etwa 0,1 beträgt, bei 1,0 beansprucht die Zersetzung über einen Monat. Bei 0° ist sie 20mal kleiner. Die Zersetzung hat einen monomolekularen Verlauf. In Säuren und Laugen ist sie quantitativ, im Wasser, Ammoniumchlorid und (oder) Ammoniumhydroxyd ist sie nicht vollständig. Die Dissoziationskonstante des Ammoniumcarbaminats beträgt bei 0° $10^{-3,83}$ [4].

Es läßt sich schmelzen und durch langsames Erhitzen ohne Explosion zersetzen, explodiert aber z. B. bei Gegenwart von Kupferpulver mit beispielloser Heftigkeit. Mit Benzol bei 120° oder beim Kochen mit Toluol oder Xylol liefert es hauptsächlich Cyanursäure, kleinere Mengen von Urazol,

$$\begin{pmatrix} NH\text{———}NH \\ | \quad\quad\quad | \\ CO\text{—}NH\text{—}CO \end{pmatrix}$$

sehr wenig Hydrazodicarbonamid, $NH_2 \cdot CO \cdot NH \cdot NH \cdot CO \cdot NH_2$, neben Diphenyl- bzw. Ditolyl- oder Dixylylharnstoff. Die ersteren drei Stoffe entstehen auch beim Erhitzen des Acids für sich. Beim Kochen mit Alkohol liefert das Azid Urethan und Ammoniak[5].

Über die Curtiussche Umlagerung bei Carbaminsäureaziden vergleiche die Ausführungen von Stollé[6]!

Urethane.

Allgemeines: Lösungs-, Mikrokrystallisations- und Farbenreaktionsversuche zur Identifizierung des Urethans werden von Genot[7] beschrieben.

Darstellung: In einer Ausbeute von über 80% soll das Urethan (Schmelzp. 49—50°) gewonnen werden, wenn man Harnstoff auf absolutem Alkohol in Gegenwart von Natriumnitrit einwirken läßt. 3 kg Alkohol und 1 kg Harnstoffnitrat erwärmt man unter Rückfluß auf 60—70° und trägt innerhalb 2 Stunden 500 g Natriumnitrit in Portionen von 25 g ein, läßt eine Stunde in der Wärme stehen und destilliert unter vermindertem Druck rasch ab. Der Rückstand wird dreimal mit je 500 ccm warmem Alkohol ausgezogen und daraus nach Verjagen des Lösungsmittels in weißen Nadeln gewonnen[8]. In der Literatur finden sich Ver-

---

[1] A. S. Wheeler u. T. T. Walker: J. amer. chem. Soc. **47**, 2792 (1925) — Chem. Zbl. **1926 I**, 920.

[2] M. Giua u. R. Petronio: J. prakt. Chem. **110**, 289 (1925) — Chem. Zbl. **1926 I**, 625.

[3] T. R. Briggs u. V. Migridichian: J. physic. Chem. **28**, 1121 (1924) — Chem. Zbl. **1925 I**, 813.

[4] C. Faurholt: Z. anorg. u. allg. Chem. **120**, 85—102 (1921) — Chem. Zbl. **1922 I**, 632.

[5] Th. Curtius u. F. Schmidt: J. prakt. Chem. [2] **105**, 177 — Chem. Zbl. **1923 III**, 368.

[6] E. Stollé (N. Nieland u. M. Merkle): J. prakt. Chem. [2] **116**, 192; **117**, 185 (1927) — Chem. Zbl. **1927 II**, 1837 bzw. **1928 I**, 59 (ausf. Ref.).

[7] C. Genot: J. pharmac. Belg. **9**, 245.

[8] L. Guerci: Giorn. chim. appl. **4**, 60 (1922) — Chem. Zbl. **1922 I**, 1104.

fahren zur Darstellung von Carbaminsäuretrichloräthylester[1], von Carbaminsäurederivaten halogensubstituierter tertiärer Alkohole aus Alkoholaten, Phosgen und Ammoniak[2], der Pyrazolonreihe[3], von Urethanen aus Phenolen und aromatischen Aminosäuren durch Umsetzung dieser mit Phenolkohlensäurechloriden[4] und von phenylcarbaminsauren Cyclohexanonhydrazonen[5].

Über isomere Urethanderivate der Phenylessigsäure[6] und über Urethane des Anthrachinons[7] siehe Originale! Folgende Derivate des dem Dulcin im Aufbau verwandten p-Äthoxyphenylurethans wurden hergestellt und beschrieben[8]. Keines davon schmeckt süß. Einige Aminoderivate scheinen therapeutisch als Antipyretica verwendbar zu sein: o-Nitro-, o-Amino- und o-Acetylamino-p-äthoxyphenylurethan, 1-Äthoxy-p-phenyl-2, 4-diurethan, 1-Äthoxy-2-carbamino-4-phenylurethan, 1-Äthoxy-3-carbamido-4-phenylurethan, 1-Äthoxy-2-allylthiocarbamido-4-phenylurethan und 1-Äthoxy-3-allylthiocarbamido-4-phenylurethan[9].

Physiologische Eigenschaften: Urethan 1 : 5000—10000 bewirkte noch Erweiterung der Arteriolen und Capillaren beim Menschen[10]. Über Untersuchungen seiner Wirkungsweise im Vergleich mit den gebräuchlichen Narkotica bei verschiedener Zuführungsart siehe Literatur[11]! Die schlaferzeugende Wirkung von Äthylurethan ist eine lineare Funktion der Dosis. Mäuse überlebten 0,4 mg Pikrotoxin auf 100 g Körpergewicht bei 26 mg Urethan, 12 mg Chloralhydrat und 3 mg Veronal pro Tier[12]. Es verursacht einen deutlich aktiven Exspirationsrhythmus und inspiratorische Pausen[13]. Besonders junge Kaulquappen sind gegen Urethan (und andere Schlafmittel) nur vorübergehend empfindlich, bei Vorbehandlung mit unterschwelligen Dosen überhaupt unempfindlich, selbst gegen Stoffe gleicher Wirkung mit anderer Konstitution[14].

1—2 g pro Kilogramm erzeugen beim Kaninchen eine der Narkosetiefe parallel gehende Hyperglykämie und Glykosurie. Die Sauerstoffkapazität des arteriellen Blutes sinkt während der Narkose. Der Glykogengehalt der Muskulatur war wenig, der der Leber zum Teil bedeutend herabgesetzt[15]. Guttmacher und Weiss berichten über den Einfluß von Urethannarkose auf die spezifisch-dynamische Wirkung von Glykokoll und Glucose bei Kaninchen[16]. Während der Narkose des Kaninchens bewirkten Injektionen von Glykokoll oder Glykose bei 1,75 bis 2 g (Urethan) pro Kilogramm noch eine Gaswechselsteigerung, bei 3—3,2 g pro Kilogramm aber nicht mehr[17]. In der Urethannarkose ist die Adrenalinsekretion der Nebennieren bei Katzen verstärkt befunden worden (erhöhter Stoffumsatz)[18]. Wie sämtliche narkotisch wirkende Substanzen führt beim Kaninchen auch Urethan zu einer während der Narkose meist ihren Höhepunkt erreichenden, mehr oder minder starken Leukocytose[19].

---

[1] R. Willstätter u. W. Duisberg u. J. Callsen: überf. Farbenfabriken vorm. Friedr. Bayer & Co.: A.P. 1427506 (1921, 1922) und diese letzteren Schwz.P. 98666 (1921, 1923; D.Prior. 1920) und Ö.P. 93320 (1921, 1923); Chem. Zbl. **1923 IV**, 661.

[2] Parke, Davis & Co. (übertr. v. A. W. Dox u. L. Yoder): A.P. 1658231 (1922, 1928); Chem. Zbl. **1928 I**, 1914 (Beispiele).

[3] Farbwerke vorm. Meister Lucius & Brüning: D.R.P. 360424, Kl. 12p (1920, 1922); vgl. auch D.R.P. 313320; Chem. Zbl. **1923 II**, 407 bzw. **1921 IV**, 262.

[4] Chemische Fabrik von Heyden A.-G. u. D. Lammering: D.R.P. 450184, Kl. 12o, (1925, 1927); Chem. Zbl. **1928 I**, 409.

[5] I. Mazurewitsch: J. russ. phys.-chem. Ges. **56**, 45 (1925) — Chem. Zbl. **1926 I**, 914 (**1924 II**, 1463).

[6] S. Basterfield u. H. N. Wright: J. amer. chem. Soc. **48**, 2367 — Chem. Zbl. **1926 II**, 2424 (ausf. Ref.).

[7] M. Battegay u. J. Bernhardt: Chim. et Industr. **8**, 307 (1922) — Chem. Zbl. **1923 I**, 527.

[8] Th. Curtius u. F. Schmidt: J. prakt. Chem. [2] **105**, 177 — Chem Zbl. **1923 III**, 368.

[9] H. v. Pelchrzim: Arb. parmaz. Inst. Berl. **12**, 105 (1021) — Ber. Physiol. **20**, 167 (1923).

[10] E. B. Carrier: Amer. J. Physiol. **61**, 528 — Chem. Zbl. **1922, III**, 1147.

[11] H. Früh: Arch. f. exper. Path. **95**, 129 (1922) — Chem. Zbl. **1923 I**, 615.

[12] P. Pulewka: Arch. f. exper. Path. **120**, 186 — Chem. Zbl. **1927 I**, 2098.

[13] C. F. Schmidt u. W. B. Harer: J. of exper. Med. **37**, 69 — Chem. Zbl. **1923 I**, 1636.

[14] F. Haffner u. W. Wind: Arch. f. exper. Path. **116**, 125 — Chem. Zbl. **1926 II**, 2197.

[15] S. Hirayama: Tohoku J. exper. Med. **7**, 364 — Ber. Physiol. **38**, 321.

[16] M. S. Guttmacher u. R. Weiss: J. of biol. Chem. **72**, 283 — Chem. Zbl. **1927 I**, 1857.

[17] M. S. R. Guttmacher u. A. Wiss: XII. Intern. Physiologenkongreß in Stockholm **68** (1926) — Ber. Physiol. **38**, 472.

[18] J. C. Aub, E. M. Bright u. J. Forman: Amer. J. Physiol. **61**, 349 (1922) — Chem. Zbl. **1923 I**, 1138.

[19] R. Seyderhelm u. E. Homann: Arch. f. exper. Path. **100**, 322 — Chem. Zbl. **1924 I**, 1961.

Am isolierten Froschherz wurde die Resistenzerhöhung gegenüber Urethan nicht (wie bei den Kaulquappen) beobachtet. Inaktive Nichtelektrolyte (Dextrose) oder oberflächenaktive Stoffe (Saponine) zeigten keinen merklichen Einfluß auf den Verlauf und die Geschwindigkeit der Narkose. Vorbehandlung mit Calcium konnte die Wirkung im Gegensatz zu derjenigen anderer Narkotica nicht hemmend beeinflussen. Alkalescenz ($p_H = 8,5$) verzögerte die Wirkung[1]. Am präparierten Froschrückenmark tritt bei 0,03% Grenzkonzentration stets Narkose ein, bei 0,025 und 0,02 im allgemeinen nicht mehr[2].

Urethan ruft keine Entzündung hervor, weder am Mesenterium des Frosches noch bei interperitonealer Injektion von 0,25 ccm 1 proz. Lösung bei Mäusen[3].

Bei Versuchen mit Kröten wurde festgestellt, daß Urethan die Strychninwirkung einige Zeit zu unterdrücken, die Steigerung der Reflexerregbarkeit zu verkürzen und die letale Strychnindosis zu erhöhen vermag[4]. Es hemmt den Strychnin- und Pikrotoxinkrampf, läßt jedoch den Physostigminkrampf unbeeinflußt[5].

Unter Urethan ohne Äther wirkt Histamin gefäßerweiternd auf die Extremität der Katze[6]. — Wirkt auf den normalen und graviden Kaninchenuterus — auf ersteren mehr — hemmend[7]. — Takahashi[8] bestimmt die letale (zeitlich begrenzte) Dosis an jungen und ausgewachsenen Kaninchen.

Der nach Verabfolgung von Urethan an phlorrhizindiabetische Hunde im Harn erscheinende Extrazucker ist keine Neoglucose, sondern wird durch eine spezifische Ausschwemmungswirkung aus den Beständen des Tieres genommen[9]. — Das Verschwinden von injizierten Ölteilchen (20 proz. Ölemulsion) im Blut wird durch Urethan verlangsamt (Beobachtung im Dunkelfeld)[10].

„Mecopon" verstärkt die Urethanwirkung[11].

Methylcarbaminsäurephenylester, über ihre myotische Wirkung und der Zusammenhang mit der Konstitution[12].

Jodäthyl- und Bromäthylurethan sind ziemlich giftig und von unangenehmem Geschmack; die Acetylverbindung ist dagegen geschmacklos, aber noch giftiger. Nach der Verabreichung war sowohl im Gehirn wie im Fettgewebe Jod nachweisbar, in ersterem jedoch bedeutend weniger als im Blut und in der Leber[13].

Carbaminsaures i-Butyl oder Propyl bewirkten bei der isoliert durchspülten Froschniere in kleinen Konzentrationen allein eine Verminderung der Harnmenge, in mittleren eine Vermehrung und zugleich eine Aufhebung der osmotischen Arbeitsleistung der Niere, in großen Konzentrationen einen irreversiblen Stillstand der Harnbildung[14].

Phenylurethan verstärkt die Cocainwirkung ziemlich beträchtlich[15].

Physikalische und chemische Eigenschaften: Urethan wirkt auf die Steifheit der Gallerten ungefähr wie ein Mineralsalz vermindernd auf den Modul μ [16].

In der Konzentration 1:100 wirkt es auf die Oxydation von Benzaldehyd etwas verzögernd, stärker gegenüber einer alkalischen Natriumsulfitlösung. o-Oxyphenylurethan wirkt stärker oxydationsverzögernd als Urethan[17].

---

[1] F. Wind: Arch. f. exper. Path. **116**, 135 — Chem. Zbl. **1926 II**, 2197.
[2] J. v. Szirmay: Arch. f. exper. Path. **101**, 273 — Chem. Zbl. **1924 II**, 78.
[3] E. P. Wolf: J. of exper. Med. **37**, 511 — Chem. Zbl. **1923 III**, 414.
[4] H. Mies: Z. exper. Ther. **41**, 133 — Chem. Zbl. **1924 II**, 498.
[5] E. Kobayashi: Folia jap. pharmacol. **4**, 233 — Ber. Physiol. **40**, 455.
[6] J. H. Burn: J. of Physiol. **60**, 365 (1925) — Chem. Zbl. **1926 I**, 1232.
[7] M. Shinagawa: Folia jap. pharmacol. **2**, 390 (1926) — Ber. Physiol. **37**, 460.
[8] H. Takahashi: Tohoku J. exper. Med. **6**, 72 (1925) — Ber. Physiol. **34**, 591.
[9] R. W. Seuffert u. O. Ullrich: Beitr. Physiol. **3**, 1 — Chem. Zbl. **1925 II**, 2176.
[10] P. Saxl u. F. Donath: Verhdl. dtsch. Ges. f. inn. Med. **1925**, 301 — Ber. Physiol. **34**, 898.
[11] K. Miyadera: Z. exper. Med. **51**, 554 — Chem. Zbl. **1926 II**, 1662.
[12] E. Stedman: Biochemic. J. **20**, 719 (1926) — Chem. Zbl. **1927 I**, 482.
[13] B. v. Issekutz u. A. Tukats: Biochem. Z. **145**, 1 — Chem. Zbl. **1924 I**, 2286.
[14] E. David: Pflügers Arch. **208**, 146 — Chem. Zbl. **1925 II**, 949.
[15] Léo Ruuth: C. r. Soc. Biol. Paris **97**, 1644 (1927) — Chem. Zbl. **1928 I**, 822.
[16] F. Michaud: C. r. Acad. Sci. Paris **175**, 1196 (1922) — Chem. Zbl. **1923 I**, 1610.
[17] Ch. Moureu, Ch. Dufraisse u. M. Badoche: C. r. Acad. Sci. Paris **183**, 408 — Chem. Zbl. **1926 II**, 1818.

Die Carbaminsäureester erhöhen die Löslichkeit schwer löslicher Stoffe (Arzneimittel) und können auch unlösliche mit in Lösung nehmen[1].
Mit Kaliumamid und flüssigem Ammoniak entsteht Kaliumisocyanat und Alkohol[2]. Mit salpetriger Säure reagiert Urethan in Gegenwart von Eisessig nicht, wohl aber quantitativ bei Anwesenheit von 2n-Salzsäure[3]. Gegen Chlordioxyd ist Urethan beständig[4].

Magnesylurethan (Magnesiumbromurethan) $(MgBr)NHCOO \cdot C_2H_5$. Durch tropfenweisen Zusatz von ätherischer Urethanlösung zu Äthylmagnesiumbromid. Farbloses Pulver. Therapeutische Anwendung. — **Ätheranlagerungsprodukt**

$$\begin{array}{c} C_2H_5OOC \cdot NH \\ BrMg \end{array} \!\!\!\!>\!\! O \!<\!\!\!\! \begin{array}{c} C_2H_5 \\ C_2H_5 \end{array}$$

Einheitliches Pulver. — **Pyridinverbindung** $C_2H_5 \cdot OOC \cdot NH \cdot MgBr(C_5H_5N)_2$. Farbloses Pulver[5].

Carbonyldiurethan. Aus Phosgen und Urethan in Benzol-Pyridinlösung in 85proz. Ausbeute[6].

Äthylendiurethan $C_7H_{14}O_4N_2$. Aus Äther Nadeln vom Schmelzp. 124°, sehr leicht löslich in Alkohol, löslich in Wasser[7].

Methylendiurethan $C_5H_{10}O_4N_2$. Man leitet (3—4 Stunden) Chlor durch eine Lösung von 20 g Urethan in 25 ccm Methylalkohol. Aus verdünntem Alkohol seidige Nadeln vom Schmelzp. 131°[7].

N-Monochlorurethan $Cl \cdot NH \cdot COOC_2H_5$. Aus Urethan in Wasser mit Chlorgas (Überschuß vermeiden!) bei Zimmertemperatur, Abtrennen des Öls und Waschen desselben mit verdünnter Schwefelsäure und dann mit Wasser. Kochp.$_{30}$ 101—102°; 109°[8]; erstarrt beim Abkühlen. In Wasser wenig löslich, mischbar mit Alkohol, Äther und Chloroform. Es riecht äußerst stechend und wirkt auf die Haut stark ätzend. Salze und weitere Eigenschaften in der Literatur[9].

Darstellung von Salzen der **Monochlorurethane**[10].

N-Chlor-N-methylurethan $Cl \cdot N(CH_3) \cdot COOC_2H_5$. Analog dem Chlorurethan aus N-Methylurethan. Öl, Kochp.$_{30}$ 57°; erstarrt nicht. In Wasser kaum löslich, ist es mischbar mit Alkohol, Äther und Chloroform[9].

N-Dichlorurethan $Cl_2N \cdot COOC_2H_5$. Durch Einwirkung von Chlorkohlensäureäthylester auf Chlorurethan in wässeriger alkalischer Lösung. Kochp.$_{20}$ 73°; wenig löslich in Wasser und leicht löslich in den üblichen organischen Solventien[9].

β-Chloräthylurethan $H_2N \cdot CO \cdot OCH_2 \cdot CH_2Cl$. Aus Chlorkohlensäure-β-chloräthylester (1 Mol) und Ammoniak (2 Mol) in wässeriger Lösung. Schmelzp. 76°[11].

β-Jodäthylurethan $H_2N \cdot CO \cdot OCH_2 \cdot CH_2J$. Aus obiger Chlorverbindung durch Erhitzen mit Natriumjodid in absolutem Aceton im Rohr auf 80—90°. Aus Benzol und Ligroin Nadeln vom Schmelzp. 93—94°. In Wasser mäßig, in den meisten organischen Lösungsmitteln leicht löslich[11].

α, α-Dichlorisopropylurethan

$$H_2N \cdot CO \cdot OCH \!<\!\!\!\! \begin{array}{c} CH_2Cl \\ CH_2Cl \end{array}$$

---

[1] Gesellschaft für chemische Industrie in Basel, übertr. von A. Gams: A.P. 1526633 (1924, 1925); E.P. 218982 (1924, Schwz.Prior. 1923); Schwz.P. 105814 (1923, 1924); Chem. Zbl. **1925**, 2391 (ausf. Ref.).
[2] J. S. Blair: J. amer. chem. Soc. **48**, 96 — Chem. Zbl. **1926 I**, 2327.
[3] R. H. Plimmer: J. chem. Soc. Lond. **127**, 2651 (1925) — Chem. Zbl. **1926 I**, 1650.
[4] E. Schmidt u. K. Braunsdorf: Ber. dtsch. chem. Ges. **55**, 1529 — Chem. Zbl. **1922 III**, 521.
[5] R. Binaghi: Gazz. chim. ital. **57** (1927), 676 — Chem. Zbl. **1928 I**, 909.
[6] S. Basterfield u. L. E. Paynter: J. amer. chem. Soc. **48**, 2176 — Chem. Zbl. **1926 II**, 2051.
[7] R. L. Datta u. B. Ch. Chatterjee: J. amer. chem. Soc. **44**, 1538—1543 (1922) — Chem. Zbl. **1923 I**, 297.
[8] Kalle & Co., A.-G. u. E. Spröngerts: D.R.P. 430732, Kl. 12o (1923, 1926); Chem. Zbl. **1926 II**, 1160.
[9] W. Traube u. H. Gockel: Ber. dtsch. chem. Ges. **56**, 384—391 (1923) — Chem. Zbl. **1923 I**, 741.
[10] W. Traube: D.R.P. 435529, Kl. 12o (1922, 1926); Chem. Zbl. **1926 II**, 3006.
[11] Chinoin Fabrik chemisch-pharmazeutischer Produkte, A.-G. (v. Keresztv u. Wolf): D.R.P. 387963, Kl. 12o (1922, 1924; Ungar.Prior. 1921); Chem. Zbl. **1924 II**, 403.

Durch Einwirkung von 2 Mol Ammoniak auf 1 Mol Chlorkohlensäure-α, α'-dichlorisopropylester in wässeriger Lösung. Schmelzp. 82°[1].

α, α'-Dijodisopropylurethan

$$H_2N \cdot CO \cdot OCH\begin{matrix}CH_2J\\CH_2J\end{matrix}$$

Aus obiger Dichlorverbindung mit Natriumjodid in Aceton im Rohr bei 80—90°. Nadeln. In Wasser kaum, in organischen Lösungsmitteln wenig löslich[1].

β-Chloräthylacetylurethan $CH_3CONH \cdot CO \cdot OCH_2 \cdot CH_2Cl$. Durch mäßiges Erwärmen von β-Chloräthylurethan mit Acetylchlorid. Aus Benzol Krystalle vom Schmelzp. 76,5°[1].

β-Jodäthylacetylurethan $CH_3 \cdot CONH \cdot CO \cdot OCH_2 \cdot CH_2J$. Durch Erhitzen der Chlorverbindung in Aceton mit Natriumjodid im Rohr auf 80—90°. Krystalle vom Schmelzp. 76°. In Wasser kaum, in organischen Lösungsmitteln wenig löslich.

Diese Jodverbindungen entfalten infolge der in ihnen enthaltenen Urethangruppe die Jodwirkung vorwiegend im Nervensystem[1].

Carbaminsäuretrichloräthylalkoholat $NH_2 \cdot CO \cdot O \cdot CH_2 \cdot CCl_3$. Mol.-Gewicht: 192,4 („Voluntal"). Durch Einwirkung äquimolekularer Mengen von Trichloräthylalkohol und Harnstoffchlorid entstehen Nadeln vom Schmelzp. 64—65°, die in Alkohol und warmem Wasser leicht, in kaltem Wasser ziemlich wenig (ca. 1%) löslich sind. Die wässerige Lösung besitzt etwas pelzigen Geschmack.

Es wirkt an Kaulquappen wesentlich stärker als Chloral und Urethan. 16 stündige Narkose wird gut ertragen. Nach doppelter narkotischer Grenzkonzentration tritt durch reines Wasser nach einer Stunde Erholung ein. Beim Kaninchen tritt tiefste Narkose (1—2stündig) ein auf innerliche Gabe von 0,2 g pro Kilogramm. Erscheint erst nach sehr großen Dosen unverändert im Harn; Urochloralsäure oder Trichloräthylalkohol finden sich nicht darin, das Produkt scheint also vom Organismus aufgearbeitet zu werden. Der Blutdruck wird ungefähr ebenso stark gesenkt als durch Chloral, die Atmung ist wie bei normalem Schlaf verändert. Es stellt ein mildes Schlafmittel ohne alle unangenehmen Nebenwirkungen dar[2].

Phenylcarbaminsäureester des Chloräthylalkohols. Schmelzp. 78°[3].

p-Äthoxyphenylcarbaminsäureester des Chloräthylalkohols. Schmelzp. 88°[3].

Carbaminsäureester des Chloralmethylalkohols. Schmelzp. 121°[3].

Carbaminsäureester des Chloralpropylalkohols. Schmelzp. 85°[3].

Carbaminsäureester des Chlorallylalkohols. Schmelzp. 64°[3].

Carbaminsäureester des Chloral-iso-amylalkohols. Krystalle vom Schmelzp. 70—72°[3].

Carbaminsäuretrichlor-tert.-butylester $C_5H_8O_2NCl_3$. 177 Teile Trichlor-tert.-butylalkohol in 3500 Teilen Benzol mit 23 Teilen Natrium in Alkoholat überführen, dann in 600 Teile 20 proz. Phosgentoluollösung eintragen, Ammoniak bis zur alkalischen Reaktion einleiten, NaCl und NH_4Cl abfiltrieren und durch Einengen zur Krystallisation bringen. Schmelzp. 102°. In Benzol, Alkohol und Äther leicht, in Benzin und Wasser wenig löslich. Geruch- und geschmacklos. Hypnotische und sedative Eigenschaften[4].

Carbaminsäuredichlormethyldimethylcarbinolester. Aus Methyldichloracetat nach Grignardierung, Phosgen- und Ammoniakbehandlung. Schmelzp. 122°. Die Löslichkeit gleicht der des obigen Esters. Hypnotische und sedative Eigenschaften[4].

Carbaminsäure-γ-chlorpropylester $C_4H_8O_2NCl$. Aus Chlorkohlensäure-γ-chlorpropylester mit 2 Mol 10 proz. Ammoniak unter Kühlung. Aus Wasser Schuppen vom Schmelzp. 62°. In Alkohol und Äther leicht löslich (Ausbeute 71%)[5].

Phenylcarbaminsäure-γ-chlorpropylester $C_{10}H_{12}O_2NCl$. Aus Chlorkohlensäure-γ-chlorpropylester mit Anilin in Äther unter Kühlung. Reinigung durch Vakuumdestillation. Aus Alkohol Prismen vom Schmelzp. 38°. In Wasser unlöslich, in Alkohol und Äther leicht löslich[5].

---

[1] Chinoin Fabrik chemisch-pharmazeutischer Produkte, A.-G. (v. Kereszty u. Wolf): D.R.P. 387963, Kl. 12o (1922, 1924; Ungar.Prior. 1921); Chem. Zbl. **1924 II**, 403.

[2] R. Willstätter, W. Straub u. A. Hauptmann: Münch. med. Wschr. **69**, 1651 (1922) — Chem. Zbl. **1923 I**, 1196. — Vgl. a. Th. v. Miltner: Dtsch. med. Wschr. **49**, 73 — Chem. Zbl. **1923 I**, 983. — R. Willstätter u. W. Duisberg: Ber. dtsch. chem. Ges. **56**, 2283 (1923) — Chem. Zbl **1924 I**. 38 — R. Willstätter, Straub u. Hauptmann: Münch. med. Wschr. **69**, 1651 — Chem Zbl. **1923 I**, 1196.

[3] Kalle & Co., A.-G. u. E. Spröngerts: D.R.P. 430732, Kl. 12o (1923, 1926); Chem. Zbl. **1926 II**, 1160.

[4] Parke, Davis & Co. (übertr. von A. W. Dox u. L. Yoder): A.P. 1658231 (1922, 1928); Chem. Zbl. **1928 I**, 1914.

[5] A. W. Dox u. L. Yoder: J. amer. chem. Soc. **45**, 723 — Chem. Zbl. **1923 III**, 66.

Methylcarbamidsäure-β-chloräthylester $C_4H_8O_2NCl$. Kochp.$_{15}$ 110—112°[1].
Äthylcarbamidsäure-β-chloräthylester $(C_2H_5 \cdot NH) \cdot COO \cdot CH_2 \cdot CH_2Cl$. Kochp.$_{10}$ 94 bis 95°[1].
Isoamylcarbamidsäure-β-chloräthylester $C_8H_{16}O_2NCl$. Kochp.$_{1,5}$ 106°[1].
Benzylcarbamidsäure-β-chloräthylester $C_{10}H_{12}O_2NCl$. Kochp.$_{0,8}$ 158°, Kochp.$_{15}$ 218 bis 220° (erstarrt bei Zimmertemperatur[1]).

ω-Diäthylaminourethan-p-benzoesäureäthylester $C_6H_4(CO_2 \cdot C_2H_5)^1 \cdot (NH \cdot CO_2 \cdot CH_2 \cdot CH_2 \cdot N[C_2H_5]_2)^4$. Die freie Base schmilzt bei etwa 40°, ist in Äther löslich, in Wasser nicht. — **Hydrochlorid.** Krystalle vom Schmelzp. 210 (Zers.); in Wasser sehr leicht, in kaltem Alkohol sehr wenig löslich[2].

ω-Diäthylaminourethan-m-benzoesäureallylester $C_5H_4(CO_2 \cdot C_3H_5)^1 \cdot (NH \cdot CO_2 \cdot CH_2 \cdot CH_2 \cdot N[C_2H_5]_2)^3$. Schmelzp. etwa 50°. In den gewöhnlichen organischen Lösungsmitteln löslich, in Wasser nicht. — **Hydrochlorid.** Krystalle vom Schmelzp. 149—150°. In Wasser leicht, in kaltem Alkohol sehr wenig löslich[3].

Dimethylenglykolätherdiurethan $C_{20}H_{24}O_5N_2$, aus verdünntem Alkohol Nädelchen, Schmelzp. 104—105°[4].

Chlorierung der Ester[5].
Methylendicarbaminsäure-i-propylester $C_9H_{18}O_4N_2$. Aus i-Propylurethan in methylalkoholischer Lösung durch Einleiten von Chlor und Verdampfen des überschüssigen Alkohols. Aus verdünntem Alkohol weiße, seidenartige Nadeln vom Schmelzp. 110°[5].
Methylendi-p-chlordiphenyldiurethan $CH_2[N(C_6H_4 \cdot Cl) \cdot COOC_2H_5]_2$[5].
Methylentetrachlordi-α-naphthyldiurethan $CH_2[N(C_{10}H_5Cl_2) \cdot COOC_2H_5]_2$[5].
Benzylidendimethylurethan $C_6H_5CH(NHCOOCH_3)_2$. Aus Methylurethan in Lösung von Benzylalkohol (+ Chloroform) und Einleiten von Chlor. Weiße, nadelähnliche Krystalle vom Schmelzp. 175°[5].
Benzylidendi-n-propylurethan $C_6H_5CH \cdot (NHCOOC_3H_7)_2$. Aus n-Propylurethan. Schmelzpunkt 146,7°[5].
Benzylidendi-i-propylurethan $C_{15}H_{22}O_4N_2$. Aus i-Propylurethan. Schmelzp. 148°[5].
Benzylidendi-i-butylurethan $C_{17}H_{26}O_4N_2$. Aus i-Butylurethan[5].
Carbaminsäuretrichlormethyldimethylcarbinolester $C_5H_8O_2NCl_3$. Perlmutterglänzende Nadeln vom Schmelzp. 102°. Besitzt stark hypnotische Wirkung[6].
Carbaminsäuretrichlormethylphenylcarbinolester $C_9H_8O_2NCl_3$. Aus Benzol Nadeln vom Schmelzp. 127°[2].
Phenylcarbamintrichlormethyldimethylcarbinolester $C_{11}H_{12}O_2NCl_3$. Aus Benzol Nadeln, Schmelzp. 118°[6].
Carbaminsäuredichlormethyldimethylcarbinolester $C_5H_9O_2NCl_2$. Schmelzp. 122°[6].
Carbaminsäuretrichlormethylmethylcarbinolester $C_4H_6O_2NCl_3$. Aus Benzol flache Krystalle vom Schmelzp. 125°. Es besitzt stark hypnotische Wirkung[6].
Carbaminsäure-2-trichlormethyl-1,3-dioxolin-4-carbinolester $C_6H_8O_4NCl_3$. Aus Benzol flache Krystalle vom Schmelzp. 114°. Keine narkotische Wirkung[6].
Nitropyruvinureid

$$\begin{array}{c} OC\text{———}C:CH(NO_2) \\ | \quad\quad\quad | \\ HN \cdot CO \cdot NH \end{array}$$

---

[1] H. Schotte, H. Priewe u. H. Roescheisen: Hoppe-Seylers Z. **174**, 119 — Chem. Zbl. **1928 I**, 1963.
[2] Gesellschaft für Chemische Industrie in Basel: Schwz.P. 93436 u. Schwz.P. 93750 (Zus.-P.) (1921, 1922); Schwz.P. 94568 (1921, 1922) u. Schwz.P. 94983 (Zus.-P.) (1921); Schwz.P. 94569 (1921, 1922) u. Schwz.-P. 94984 (Zus.-P.) (1921, 1922); Chem. Zbl. **1923 II**, 746.
[3] Gesellschaft für Chemische Industrie in Basel: Schwz.P. 93436 u. Schwz.P. 93750 (Zus.-P.) (1921, 1922); Chem. Zbl. **1923 II**, 746.
[4] C. A. Rojahn: Ber. dtsch. chem. Ges. **54**, 3118—3121 (1921) — Chem. Zbl. **1922 I**, 318.
[5] R. L. Datta u. B. Ch. Chatterjee: Quart. J. Indian Chem.-Soc. **1**, 311 — Chem. Zbl. **1925 II**, 1848.
[6] Die beschriebenen Urethane sind in Wasser sehr wenig, in Ligroin wenig, in Alkohol, Benzol + Alkohol sehr leicht löslich. Gegen siedendes Wasser sind sie beständig, nicht gegen starke Säuren und Alkali. Sie sind geschmack- und geruchlos. L. Yoder: J. amer. chem. Soc. **45**, 475 — Chem. Zbl. **1923 I**, 1584.

Aus Wasser oder Alkohol Prismen vom Schmelzp. 236—246 (korr. Zers.). Süßer Geschmack. In Natronlauge mit gelber Farbe löslich. Gibt nicht die Reaktion einer am Stickstoff haftenden Ammoniakmenge[1].

Phenylurethan: Gibt mit Antipyrin keine Molekularverbindungen[2].

Methylphenylurethan (Methylphenylcarbaminsäureäthylester) $C_{10}H_{13}O_2N$. Aus Methylanilin und $Cl \cdot COOC_2H_5$. Öl. $Kochp._{760}$ 250°.

Nitroderivate: Durch Nitrierung entstehen glatt ein Mono- und Dinitroderivat; das Trinitroderivat ist nur aus dem Ag-Derivat des Trinitrophenylcarbaminsäureesters und CH_3J erhältlich[3].

Phenylcarbamincyanid $C_8H_7ON_3$. 10 g Phenyl-ps-thiocarbamincyanidnatrium, 20 ccm 10proz. Natronlauge und 8 g Äthylenchlorhydrin werden erhitzt, mit starkem Alkohol versetzt, das Kochsalz abfiltriert, die Lösung im Vakuum eingeengt und der Niederschlag aus Wasser und Salzsäure umgelöst.

Aus Phenyldithiobiuret kann man es gewinnen, wenn man zu 20 g in schwach siedender Lösung in 20 g Alkohol 32 g Äthylenchlorhydrin, und 22 g Kaliumhydroxyd in 20 g Wasser setzt, so daß die Lösung im Kochen bleibt. Nach dem Abkühlen setzt man das gleiche Volumen Eiswasser zu, reinigt mit Tierkohle und fällt mit Salzsäure.

Aus alkalischer Lösung mit Salzsäure umgefällt, schmelzen die Krystalle bei 124°[4].

p-Tolylcarbamincyanid $C_9H_9ON_3$. Aus p-Tolyldithiobiuret. Aus Alkohol Krystalle vom Schmelzp. 142°[4].

Phenyläthylcarbinolurethan $C_6H_5CH(C_2H_5) \cdot O \cdot CO \cdot NH_2$. Durch Einwirkung von Äthylmagnesiumbromid auf Benzaldehyd hergestelltes Phenyläthylcarbinol wird in Benzol unter Zusatz von Trimethylamin oder Dimethylanilin gelöst und bei 10° in Phosgen langsam eingetröpfelt. Dann wird mit Eis versetzt, die Benzollösung getrocknet und mit Ammoniak gesättigt. Die von Ammoniumchlorid und Dimethylanilin befreite Lösung wird verdampft und der Rückstand aus Alkohol umkrystallisiert. Schmelzp. 89°. In Alkohol, Benzol und Äther löslich, in Petroläther nur wenig. Therapeutisch verwendet[5].

Phenylpropylcarbinolurethan $C_6H_5CH(C_3H_5) \cdot O \cdot CO \cdot NH_2$. Aus Phenylpropylcarbinol ($Kochp._2$ 119°), Trimethylamin (oder Dimethylanilin) und Phosgen, wie das vorhergehende Derivat. Schmelzp. 80°. Therapeutisch verwendet[5].

Phenylbutylcarbinolurethan $C_6H_5CH(C_4H_7) \cdot O \cdot CO \cdot NH_2$. Aus Phenylbutylcarbinol, $Kochp._{14}$ 132°, Trimethylamin (oder Dimethylanilin) und Phosgen wie das vorhergehende Derivat hergestellt. Schmelzp. 75°. Therapeutisch verwendet[5].

Diphenylcarbaminsäure-4-chlorphenylester $C_{19}H_{14}O_2NCl$, aus Alkohol Nadeln vom Schmelzp. 97°,

-4-Bromphenylester $C_{19}H_{14}O_2NBr$, Nadeln vom Schmelzp. 99°,

-4-Jodphenylester $C_{19}H_{14}O_2NJ$, Schmelzp. 126—127°,

-2, 4, 6-Trichlorphenylester $C_{19}H_{12}O_2NCl_3$, Nadeln vom Schmelzp. 143°,

-2-Nitrophenylester $C_{19}H_{14}O_4N_2$, Schmelzp. 108—109°,

-4-Nitrophenylester $C_{19}H_{14}O_4N_2$, Schmelzp. 112°, und

-4-Nitro-2, 6-dichlorphenylester $C_{19}H_{12}O_4N_2Cl_2$, Nadeln vom Schmelzp. 132°, sind sämtlich in Alkohol, Benzol, Chloroform und Aceton löslich und nicht lichtempfindlich[6].

Diphenylcarbaminsäure-2-Nitro-4-chlorphenylester $C_{19}H_{13}O_4N_2Cl$, Schmelzp. 124—125°,

-2-Nitro-4-chlor-6-bromphenylester $C_{19}H_{12}O_4N_2Cl \cdot Br$, Schmelzp. 140°,

-2-Nitro-4, 6-dibromphenylester $C_{19}H_{12}O_4N_2Br_2$, Schmelzp. 139°,

-2-Nitro-4, 6-dijodphenylester $C_{19}H_{12}O_4N_2J_2$, Schmelzp. 174—175°, und

-2-Nitro-4-bromphenylester $C_{19}H_{13}O_4N_2Br$, Schmelzp. 129—130°, sind sämtlich in Alkohol, Benzol, Chloroform und Aceton schwerer löslich als die Verbindungen der vorstehenden Gruppe und lichtempfindlich, die letztere am stärksten. Die photochemische Reaktion vollzieht sich nur am Phenolrest, Diphenylamin wird durch Verseifung mit alkoholischem Kali zurückgewonnen[6].

---

[1] B. Sjollema u. L. Seekles: Rec. Trav. chim. Pays-Bas et Belg. (Amsterd.) **44**, 827 — Chem. Zbl. **1925 II**, 1966.

[2] C. Mazzetti: Gazz. chim. ital. **56**, 606 (1926) — Chem. Zbl. **1927 I**, 1470.

[3] P. van Romburgh: Rec. Trav. chim. Pays-Bas et Belg. (Amsterd.) **48**, 922 — Chem. Zbl. **1929 II**, 2038.

[4] E. Fromm: Ber. dtsch. chem. Ges. **55**, 804 (1922) — Chem. Zbl. **1923 I**, 950.

[5] Etablissements Poulenc Frères: F.P. 532464, (1920, 1922) — Chem. Zbl. **1923 II**, 1062.

[6] A. Korczynski: Gazz. chim. ital. **53**, 94 (1923) — Chem. Zbl. **1924 I**, 1916.

m-Nitrophenylphenylcarbamat $C_{13}H_{10}O_4N_2$. Aus Chloroform Schmelzp. 129°. Aus Nitrophenol und Phenylcarbimid durch 3stündiges Kochen in Toluol[1].

ω-Diäthylaminourethan-p-benzoesäureamylester $C_6H_4(CO_2 \cdot C_6H_{13})^2 \cdot (NH \cdot CO_2 \cdot CH_2 \cdot CH_2 \cdot N[C_2H_5]_2)^3$. Schmelzp. etwa 40°. — **Hydrochlorid.** Schmelzp. 138—139°. In Wasser und Alkohol löslich, in Äther nicht[3].

ω-Dimethylaminourethan-p-benzoesäureäthylester $C_6H_4(CO_2 \cdot C_2H_5)^1 \cdot (NH \cdot CO_2 \cdot CH_2 \cdot CH_2 \cdot N[CH_3]_2)^4$. — **Hydrochlorid.** Schmelzp. 224—225°. In Wasser leicht löslich[3].

p-Phenetylcarbamid (Dulcin). Über die Konstitution seiner wässerigen Lösung[4] und seine Zersetzung beim Erhitzen derselben[5].

Acetylphenylurethan $CH_3CO \cdot N(C_6H_5) \cdot COOC_2H_5$. Farbloses Öl. Kochp.$_{10}$ 142°[6].

Phenylacetylurethan $C_6H_5CH_2CO \cdot NH \cdot COO_2H_5$. Weiße Nadeln. Schmelzp. 113°[6].

p-Acetylphenylurethan $CH_3CO \cdot C_6H_4NH \cdot COOC_2H_5$. Krystalle. Schmelzp. 158°[6].

Benzylurethan $C_6H_5CH_2NH \cdot COOC_2H_5$. Weiße Nadeln vom Schmelzp. 44°[6].

p-Bromphenylurethan $Br \cdot C_6H_4NH \cdot COOC_2H_5$. Lange, dünne Nadeln vom Schmelzp. 85°[6].

p-Jodphenylurethan $C_9H_{11}O_2NJ$. Nadeln. Schmelzp. 116°[6].

Malonyldiphenyldiurethan $CH_2 \cdot [CO \cdot N(C_6H_5) \cdot COOC_2H_5]_2$. Weiße Nadeln. Schmelzpunkt 123—124°[6].

Malonyldibenzyldiurethan $CH_2[CO \cdot N(CH_2C_6H_5) \cdot COOC_2H_5]_2$. Weiße Nadeln. Schmelzpunkt 75°[6].

Diphenyläthylendiurethan $[CH_2NH(C_6H_5) \cdot COOC_2H_5]_2$. Nadeln. Schmelzp. 88°[6].

p-Phenetylcarbamincyanid $C_{10}H_{11}O_2N_3$. Aus p-Phenetyldithiobiuret. Aus 5proz. Natronlauge mit Salzsäure zum Schmelzp. 131°[7].

o-Anisylcarbamincyanid $C_9H_9O_2N_3$. Aus o-Anisyldithiobiuret. Zersetzungsp. bei 115°[7].

Äthylphenylcarbamincyanid $C_{10}H_{11}ON_3$. Aus Äthylphenyldithiobiuret. Beim Ansäuren der alkalischen Lösung in Blättchen vom Schmelzp. 142°[7].

Diäthylaminoäthylcarbaminsäurebenzylester $(C_2H_5)_2N \cdot CH_2 \cdot CH_2 \cdot NH \cdot CO \cdot O \cdot CH_2 \cdot C_6H_5$. Aus molekularen Mengen Chlorameisensäurebenzylester und a. Diäthyläthylendiamin. Fast farbloses Öl, Kochp.$_{0,015}$ 127°; **Hydrochlorid:** aus Wasser sehr leicht lösliche Krystalle vom Schmelzp. 105—106°[8].

Dimethylaminoäthylcarbaminsäurebenzylester $(CH_3)_2N \cdot CH_2 \cdot CH_2 \cdot NH \cdot CO \cdot O \cdot CH_2 \cdot C_6H_5$. Aus molekularen Mengen Chlorameisensäurebenzylester und a. Dimethyläthylendiamin. Viscoses, helles Öl. **Hydrochlorid:** hygroskopischer Sirup[8].

N-Piperidyläthylcarbaminsäurephenyläthylester $C_5H_{10}N \cdot CH_2 \cdot CH_2 \cdot NH \cdot CO \cdot OCH_2 \cdot CH_2 \cdot C_6H_5$. Aus molekularen Mengen ω-Aminoäthylpiperidin und Chlorameisensäure-β-phenyläthylester (Kochp.$_{10}$ 111—113°). Viscoses, helles Öl, Kochp.$_{0,015}$ 152°. **Hydrochlorid:** Krystallwasser enthaltendes Pulver vom unscharfen Schmelzp. 60—75°[8].

Diäthylaminoäthylcarbaminsäurehexahydrobenzylester $(C_2H_5)_2 \cdot N \cdot CH_2 \cdot CH_2 \cdot NH \cdot CO \cdot O \cdot CH_2 \cdot C_6H_{11}$. Aus gleichen Mol a. Diäthyläthylendiamin und Chlorameisensäurehexahydrobenzylester. Viscoses, helles Öl, Kochp.$_{0,05}$ 150°[8].

Diäthylaminoäthylcarbaminsäurephenyläthylester $(C_2H_5)_2N \cdot CH_2 \cdot CH_2 \cdot NH \cdot CO \cdot O \cdot CH_2 \cdot CH_2 \cdot C_6H_5$. Aus gleichen Mol a. Diäthyläthylendiamin und Chlorameisensäurephenyläthylester. Farbloses, fast geruchloses Öl, Kochp.$_{0,025}$ 147°. **Hydrochlorid:** amorphe, hygroskopische Masse, in Wasser, Aceton und Alkohol löslich[8].

Diäthylaminoäthyliminodicarbonsäuredimethylester $(C_2H_5)_2N \cdot CH_2 \cdot CH_2 \cdot N : (CO \cdot OCH_3)_2$. Aus 1 Mol a. Diäthyläthylendiamin und 2 Mol Halogenameisensäuremethylester in Gegenwart von Alkalihydroxyd. Viscoses Öl, Kochp.$_{0,04}$ 170°. In Wasser unlöslich, in

---

[1] O. L. Brady u. J. Harris: J. chem. Soc. Lond. **127**, 2175 (1925) — Chem. Zbl. **1926 I**, 363.

[2] Gesellschaft für Chemische Industrie in Basel: Schwz.P. 94568 (1921, 1922) u. Schwz.P. 94983 (Zus.-P.) (1921); Chem. Zbl. **1923 II**, 746.

[3] Gesellschaft für Chemische Industrie in Basel: Schwz.P. 94569 (1921, 1922) u. Schwz.P. 94984 (Zus.-P.) (1921, 1922); Chem. Zbl. **1923 II**, 746.

[4] K. Täufel u. C. Wagner: Ber. dtsch. chem. Ges. **58**, 909 — Chem. Zbl. **1925 II**, 167 (ausf. Ref.).

[5] K. Täufel, C. Wagner u. H. Dünwald: Z. Elektrochem. **34**, 115 — Chem. Zbl. **1928 I**, 2380.

[6] S. Basterfield, E. L. Woods u. H. N. Wright: J. amer. chem. Soc. **48**, 2371 — Chem. Zbl. **1926 II**, 2425.

[7] E. Fromm: Ber. dtsch. chem. Ges. **55**, 804—813 (1922) — Chem. Zbl. **1923 I**, 950.

[8] Gesellschaft für Chemische Industrie in Basel: E.P. 203608 (1922, 1923); Schwz.P. 100406, 100407 u. 100408 (1922); Zuss. zu Schwz.P. 99625; Chem. Zbl. **1924 I**, 2010.

den meisten organischen Solventien löslich. **Hydrochlorid:** amorphe Masse, in Wasser, Alkohol und Essigester löslich[1].

Diäthylaminoäthyliminodicarbonsäurebisphenyläthylester $(C_2H_5)_2N \cdot CH_2 \cdot CH_2 \cdot N$: $(CO \cdot O \cdot CH_2 \cdot CH_2 \cdot C_6H_5)_2$. Aus 1 Mol a. Diäthyläthylendiamin und 2 Mol Chlorameisensäurephenyläthylester in Gegenwart von Natronlauge. Öl, Kochp.$_{0,05}$ 200—202°. In Wasser unlöslich, in den meisten organischen Lösungsmitteln löslich. **Hydrochlorid:** in Wasser, Alkohol und Aceton leicht löslich[1].

α-Anthrachinoylurethan $C_{17}H_{13}O_4N$. Gelbe Blättchen aus Eisessig, Anisol oder verdünntem Pyridin. Schmelzp. 215°[2].

β-Anthrachinoylurethan $C_{17}H_{13}O_4N$. (D.R.P. [2] 167410.) Gelbe Krystalle vom Schmelzpunkt 275°[2].

4-Nitro-1-anthrachinoylurethan $C_{17}H_{12}O_6N_2$. Braune Krystalle aus Pyridin vom Schmelzpunkt 245°[2].

4-Oxy-1-anthrachinonylurethan $C_{17}H_{13}O_5N$. Rote Krystalle aus Pyridin vom Schmelzpunkt 225°[2].

4-Methoxy-1-anthrachinonylurethan $C_{18}H_{15}O_5N$. Rote Krystalle aus Pyridin vom Schmelzp. 230°[2].

4-Benzoylamino-1-anthrachinonylurethan $C_{24}H_{18}O_5N_2$. Rote Nadeln aus verdünntem Pyridin vom Schmelzp. 218°[2].

α-Anthrachinonylcarbaminsäurechlorid $C_{15}H_8O_3NCl$. Gelb, zersetzt sich bei 120°[2].

β-Anthrachinonylcarbaminsäurechlorid $C_{15}H_8O_3NCl$. Grau, bräunt sich bei 230°. In Wasser unlöslich, in Alkohol und Äther sehr wenig, in kaltem Toluol wenig löslich[2].

Acridinurethan $C_{18}H_{18}O_2N_2$. Aus Tetrachlorkohlenstoff feine, schwachgelbe Nadeln vom Schmelzp. 144—145°. — **Hydrochlorid.** Zersetzungsp. 217—218°. — **Pikrat.** Nadeln. Schmelzp. 195°[3].

γ-9-Fluorenylcarbaminsäure

$$\underset{H}{\overset{}{}}\overset{}{C}\underset{N}{}\overset{H}{\underset{COOH}{}} = C_{14}H_{11}O_2N.$$

Aus Fluorenonoxim mit Zink und Eisessig, beim Umkrystallisieren des Gemisches der Rohbasen mit Essigester. Schmelzp. 161° unter Grünfärbung. In warmem Wasser ziemlich leicht löslich. Mit alkoholischer Ninhydrinlösung Farbreaktion. In wenig konzentrierter Schwefelsäure farblos löslich, beim stärkeren Erhitzen rosa, dann tiefblau[4].

Guajacylphenylurethan. Aus Alkohol zum Schmelzp. 148°[5].

α-Naphthylguajacylurethan. Aus Alkohol (95%) zum Schmelzp. 116—117°[5].

Carbaminylderivate von Hydantoinen siehe bei Hydantoine!

Oxalyldiurethan $(CONHCOOC_2H_5)_2$. Perlmutterglänzende Blättchen vom Schmelzp. 172°. Mit trockenem und wässerigem Ammoniak entsteht Urethan[6].

Malonyldiurethan $CH_2(CONHCOOC_2H_5)_2$. Aus Alkohol zum Schmelzp. 124°. Mit wässerigem Ammoniak und Alkylaminlösung wird der Urethanrest abgespalten[6].

Phthalyldiurethan $C_6H_4(CONHCOOC_2H_5)_2$. Krystallinisches Pulver. Erweicht bei 80° und zersetzt sich dann. Mit wässerigem konzentriertem Ammoniak und Anilin wurde die Urethangruppe abgespalten[6].

Carbonyldiurethan. Mit alkoholischem und wässerigem Ammoniak sowie mit Alkylaminlösung wird die Urethangruppe abgespalten[6].

---

[1] Gesellschaft für Chemische Industrie in Basel: E.P. 203608 (1922, 1923); Schwz.P. 100406, 100407 u. 100408 (1922); Zuss. zu Schwz.P. 99625; Chem. Zbl. **1925 I**, 2010.

[2] M. Battegay u. J. Bernhardt: Bull. Soc. chim. France [4] **33**, 1510 (1923) — Chem. Zbl. **1924 I**, 1802.

[3] H. Jensen u. L. Howland: J. amer. chem. Soc. **48**, 1988 — Chem. Zbl. **1926 II**, 1148.

[4] R. Kuhn u. P. Jacob: Ber. dtsch. chem. Ges. **58**, 1806 — Chem. Zbl. **1925 II**, 2208.

[5] L. Winkelblech: J. amer. pharmaceut. Assoc. **13**, 619 — Chem. Zbl. **1924 II**, 2838.

[6] S. Basterfield, E. L. Woods u. M. S. Whelen: J. amer. chem. Soc. **49**, 2942 (1927) — Chem. Zbl. **1928 I**, 335.

N-Dinitrosomethylenbisurethan

$$CH_2 \diagdown \begin{matrix} N \diagup CO_2C_2H_5 \\ \diagdown NO \\ N \diagup NO \\ \diagdown CO_2C_2H_5 \end{matrix}$$

Durch Nitrosierung von Methylenbisurethan; rötliches Öl[1].

Camphorylcarbaminsäureester, allg. Form

$$C_8H_{14} \diagdown \begin{matrix} CH \cdot NH \cdot CO \cdot OR \\ | \\ CO \end{matrix}$$

Sehr einfach durch Einwirkung von Aminocampher auf die entsprechenden Ester der Chlorameisensäure.

	Schmelzp.	Kochp.	$[\alpha]_D$ in Chloroform
Methylester	110°	Kp.$_{11}$ 169°	+39,4°
Äthylester	88	Kp.$_{13}$ 178	+35,1
Isopropylester	73	Kp.$_{10}$ 170	+35,3
Isobutylester	83	Kp.$_{11}$ 184	+33,9
Isoamylester	fl.	Kp.$_{11}$ 199	+34,2
Allylester	fl.	Kp.$_{10}$ 186	+34,3

0,3 g pro Kilogramm Körpergewicht bei Hunden keine deutliche Herzwirkung, aber Verlangsamung der Atmung und Schlaf mit plötzlicher Unterbrechung durch starke Konvulsionen[2].

Carbamid-α-sulfopropionsaures Kalium $NH_2 \cdot CONH \cdot CO \cdot CH(SO_3K) \cdot CH_3 + 1^1/_2 H_2O$. Aus α-Brompropionylharnstoff und Kaliumsulfit. Aus Wasser seidenglänzende Nadeln. In Wasser neutral. In heißem Alkohol löslich[3].

Phenylcarbamid-α-sulfopropionsaures Kalium $C_6H_5NH \cdot CO \cdot NH \cdot CO \cdot CH(SO_3K) \cdot CH_3 + H_2O$. Nadeln oder Krusten. In Wasser und siedendem Alkohol leicht löslich. In wässeriger Lösung neutral[3].

Pseudourethane[4].

Thioharnstoff.

Nachweis: Vor dem Nachweis mit ammoniakalischer Silbernitratlösung muß man Sulfide und Phosphate entfernen. Nähere Beschreibung siehe im Original[5]. Aus sehr verdünnter salzsaurer Lösung von Selen fällt mit Thioharnstoff ein charakteristisches rotes Pulver aus. Nitration und Kupfer stören in größerer Menge. Empfindlichkeit für Selen 1:1000000. Die mit Tellur entstehende Gelbfärbung ist wenig charakteristisch[6].

Darstellung: Ammoniak und Schwefelkohlenstoff werden durch ein glühendes Rohr mit Innenkühlung in Gegenwart von ThO_2 oder Al_2O_3 geleitet[7]. — Wässerige Lösungen von Cyanamid werden unter Zusatz wasserlöslicher Basen, besonders Ammoniak, als Katalysator bei niederer Temperatur mit Schwefelwasserstoff behandelt[8]. Calciumcyanamid oder Kalkstickstoff wird allmählich unter Umrühren in eine gesättigte, wässerige Schwefelwasserstofflösung eingetragen und durch Nachleiten von Schwefelwasserstoff diese auf dem Sättigungsgrad erhalten. Oder man trägt ein trockenes Gemisch von Calciumcyanamid und solchen Sulfiden, die durch Salzlösungen, wie Magnesiumlaugen, Schwefelwasserstoff entwickeln, in

---

[1] H. Holter u. H. Bretschneider: Mh. Chem. **53/54**, 963 — Cem. Zbl. **1929 II**, 2995.
[2] H. E. Fierz-David u. W. Müller: J. chem. Soc. Lond. **125**, 26 — Chem. Zbl. **1924 I**, 2690.
[3] R. Andreasch: Mh. Chem. **45**, 1—7 — Chem. Zbl. **1924 II**, 2642.
[4] H. Kumar Sen u. Ch. Barat: Quart. J. Indian. Chem. Soc. **3**, 405 (1926) — Chem. Zbl. **1927 I**, 1441 (ausf. Ref.).
[5] G. H. Buchanan: Ind. Chem. **15**, 637 — Chem. Zbl. **1923 IV**, 315.
[6] P. Falciola: Ann. chim. appl. **17**, 357, 359 — Chem. Zbl. **1927 II**, 1870.
[7] K. Cl. Bailey: F.P. 554520 (1922, 1923); Chem. Zbl. **1925 I**, 575.
[8] E. Merck (Erf. H. Mayen u. O. Wolfes): D.R.P. 452025, Kl. 12o (1924, 1927); Chem. Zbl. **1928 I**, 2306.

verdünnte Säuren oder geeignete Salzlaugen ein[1]. Aus Calciumcyanamid und anderen Cyanamiden in Gegenwart von Calciumsulfid oder Calciumhydrosulfid mittels Kohlendioxyd oder kohlensäurehaltigen Gasen unter Druck oberhalb $40°$[2]. Aus Calciumcyanamid und $(NH_4)_2S$ in Gegenwart von Wasser und dem NH_4-Salz einer Säure, die ein unlösliches Ca-Salz zu bilden vermag, z. B. NH_4HCO_3[3].

Physiologische Eigenschaften: Thioharnstoff wirkt auf Bac. paratyphi, Bac. pyocaneus, besonders auf Bac. coli stärker entwicklungshemmend als Harnstoff[4].

Bei Verabreichung in reinem Zustand wird er von Champignons bis zu 14,3% vom Trockengewicht aufgenommen, mit Harnstoff gemischt wird nur der letztere zurückgehalten. Bolbitius vitellinus (enthält Urease) lagert aber den im Gegensatz zu Harnstoff unzersetzt bleibenden Thioharnstoff an[5]. Von Aspergillus niger (v. Tgh.) wird er zwar schwierig, aber deutlich angegriffen unter Oxydation des Schwefels zu Schwefelsäure[6].

Versuche an Bohnen und weißem Senf zeigten, daß Sulfoharnstoff in Konzentrationen über $0,02°/_{00}$ bereits giftig wirkt und die Entwicklung verhindert[7]. 4proz. Thioharnstofflösung veranlaßt nach einstündiger Einwirkung, daß aus einem „Auge" der Kartoffel häufig bis zu 5 Sprossen ausgetrieben werden[8]. Thioharnstoff beeinflußt das Blutkörperchenvolumen nicht, diffundiert also genau so leicht wie Harnstoff selbst[9]. Die Grenze seiner hämolytischen Wirkung liegt bei einer Konzentration von 32%. Unterhalb dieser Konzentration hemmt er andererseits die Hämolyse, jedoch bei einer Grenzkonzentration, die höher liegt, als der umgebenden Flüssigkeit im Körper entspricht. Er hat also einen Schwellenwert. Auch Versuche mit hypotonischen Lösungen mit wechselnden Mengen antihämolytisch wirkenden Kochsalzes wurde die leichte antihämolytische Wirkung festgestellt[10].

Durch intravenöse Injektion gelang eine deutliche prozentuale und absolute Verdrängung des Kochsalzes aus dem Harn[11]. Durch die Froschniere wird Thioharnstoff konzentriert[12]. Die an der überlebenden Froschniere geleistete osmotische Arbeit von Thioharnstoff besteht unverändert fort, trotz Kaliumcyanidzusatz von $^1/_{1000}-^1/_{2000}$ mol. Konzentration. $^1/_{500}$ mol. Konzentration stört diese Arbeit[13].

Bei Quecksilbervergiftung wirkt es nicht als Antidot[14].

Physikalische und chemische Eigenschaften: Laue- und Spektralaufnahmen ergaben für den Elementarkörper, der $4\,CS(NH_2)_2$ enthält, $a = 5,5$ Å, $b = 7,68$ Å und $c = 8,57$ Å. Raumgruppe ist V_h^{16} mit S und C bei 0 uv; $^1/_2 - u$, $\bar{v}$; 0, $u + ^1/_2$, $^1/_2 - v$; $^1/_2$, $\bar{u}$, $v + ^1/_2$ und N in den Hauptpunktlagen. Die Molekularsymmetrie ist C_S[15].

Versuche über das Gleichgewicht zwischen Thioharnstoff und Ammoniumthiocyanat bei verschiedenen Temperaturen zwischen 132 und 182° zeigten, daß die Umwandlungswärme von 1 Mol Ammoniumthiocyanat in 1 Mol Thioharnstoff annähernd 4000 cal für die festen geschmolzenen Verbindungen zwischen 132 und 156° beträgt[16]. Andere Versuche über die Kinetik der intramolekularen Umwandlung von Ammoniumthiocyanat in Thioharnstoff und

---

[1] E. de Haen A.-G. u. R. Uhde: D.R.P. 408662, Kl. 12o (1922, 1925); Chem. Zbl. **1925 I**, 1806. — Vgl. auch F. S. Washburn: A.P. 1607326 (1920, 1926); Chem. Zbl. **1927 II**, 1621 (ausf. Ref.) und Compagnie de l'Azote et des Fertilisants Soc. An.: Schwz.P. 119471 (1926, 1927); Chem. Zbl. **1927 II**, 1621 (ausf. Ref.).

[2] Soc. d'Études Chimiques pour l'Industrie: E.P. 630883 (1927), Schwz. Prior. 1926; Chem. Zbl. **1928 I**, 1460 — Siehe ferner M. Giua u. V. de Franciscis: Ann. chim. appl. **15**, 137 (1925) — Chem. Zbl. **1926 I**, 225.

[3] I. G. Farbenindustrie A.-G.: E.P. 297999; Chem. Zbl. **1929 I**, 576 — F.P. 655457; Chem. Zbl. **1929 II**, 487.

[4] E. Nicolas u. J. Lebduska: C. r. Acad. Sci. Paris **186**, 1767 — Chem. Zbl. **1928 II**, 2157.

[5] N. N. Iwanoff: Biochem. Z. **150**, 115 — Chem. Zbl. **1924 II**, 1808.

[6] A. Rippel: Biochem. Z. **165**, 473 (1925) — Chem. Zbl. **1926 I**, 2483.

[7] E. Nicolas u. G. Nicolas: C. r. Acad. Sci. Paris **180**, 1286 — Chem. Zbl. **1925 II**, 1367.

[8] F. E. Denny: Bot. Gaz. **81**, 297 — Chem. Zbl. **1926 II**, 813.

[9] M. Duval: C. r. Soc. Biol. Paris **88**, 1137 — Chem. Zbl. **1923 III**, 1372.

[10] Ch. Achard: C. r. Soc. Biol. Paris **88**, 1279 (1923) — Chem. Zbl. **1924 I**, 929.

[11] E. Becher: Münch. med. Wschr. **71**, 499 — Chem. Zbl. **1924 II**, 200.

[12] E. Wankell: Pflügers Arch. **208**, 604 — Chem. Zbl. **1925 II**, 1371.

[13] E. David: Pflügers Arch. **208**, 146 — Chem. Zbl. **1925 II**, 949.

[14] R. Hesse: Arch. f. exper. Path. **107**, 43 (1925) — Chem. Zbl. **1926 I**, 164.

[15] St. B. Hendricks: J. amer. chem. Soc. **50**, 2455 — Chem. Zbl. **1928 II**, 2098.

[16] G. H. Burrows: J. amer. chem. Soc. **46**, 1623 — Chem. Zbl. **1924 II**, 1177.

umgekehrt ergaben unter anderem, daß die Reaktion: $NH_4CNS \rightleftharpoons CS(NH_2)_2$ bei 140—180° monomolekular und reversibel verläuft, daß sie durch Luft, Platin- oder Glasoberflächen, Spuren von Wasser oder Alkohol nicht beeinflußt wird[1].

Aus Wasser wird Thioharnstoff gemäß der gewöhnlichen Adsorptionstherme an Blutkohle adsorbiert. In 5 Minuten ist das Gleichgewicht eingestellt. Bei längerer Berührung mit Kohle wird Thioharnstoff oxydiert. Der Kohle kann danach der Schwefel entzogen werden. Die Reaktionsprodukte sowie Methyl-, Äthyl- und Propylurethan verzögern die Oxydation[2].

Über die Einwirkung von Kupfernitrit auf Thioharnstoff berichten Contardi und A. Dansi[3]. — Von Chlordioxyd wird er angegriffen[4].

Für die Salze des Thioharnstoffs wird die Bezeichnung Thiuroniumsalze empfohlen (analog den Uroniumsalzen für Harnstoffsalze)[5].

Das Thiuroniumion besitzt wahrscheinlich folgende Konstitution:

$$\begin{matrix} HS \\ H_2N \end{matrix} C = \overset{+}{N}H_2 \quad \text{oder} \quad \left\{ HS-C\begin{matrix} NH_2 \\ NH_2 \end{matrix} \right\}^+$$

In Lösung liegt der Thioharnstoff wahrscheinlich als „Zwitterion" vor und muß auch selbst als solches, d. h. als „inneres Salz" angesehen werden:

$$\left\{ \overset{-}{S}-C\begin{matrix} NH_2 \\ NH_2 \end{matrix} \right\}^+ \quad \text{oder} \quad \overset{-}{S}-\underset{NH_2}{C} = \overset{+}{N}H_2$$

Alkylgruppen am Stickstoff scheinen den polaren Charakter zu schwächen. Bei stark acidifizierenden Substituenten verschwinden die basischen Eigenschaften, und an die Stelle der Zwitterion- tritt die Thiolformulierung. Die S-Alkylthiuroniumbasen können in 2 Richtungen zerfallen: 1. in Wasser und einen Pseudothioharnstoff, 2. in einen Harnstoff und ein Mercaptan über die Kohlenstoffpseudobase als Zwischenprodukt. Der zweite Zerfall tritt leichter ein als in der analogen Guanidinreihe[5].

Die Zwitterionformel wird begründet:

$$\left\{ \overset{-}{S}-C\begin{matrix} NH_2 \\ NH_2 \end{matrix} \right\}^+$$

Der Widerspruch, daß die physikalischen Eigenschaften vieler N-Alkylderivate gegen deren innere Salznatur sprechen, wird durch die Annahme beseitigt, daß die n-Thioharnstoffe in den beiden tautomeren Formen:

$$S=C\begin{matrix} NR_2 \\ NR_2 \end{matrix} \rightleftarrows \left\{ \overset{-}{S}-C\begin{matrix} NR_2 \\ NR_2 \end{matrix} \right\}^+$$

existieren, die im Schmelzfluß und in Lösung ein Gleichgewicht bilden. Die Wernersche Formel

$$HN = C - NH_3 \;^6 \\ \diagdown \diagup \\ S$$

erscheint ausgeschlossen durch die Beobachtung, daß Methylsenföl und Trimethylamin kein drittes Isomeres des Tetramethylthioharnstoffs bilden und die Komponenten bei Zimmertemperatur nicht miteinander reagieren[7].

Dem Thiuroniumion wird die Formel

$$\left[C\begin{matrix} SR \\ NR_2 \\ NR_2 \end{matrix} \right]^+$$

---

[1] A. N. Kappanna: Quart. J. Indian chem. Soc. **4**, 217 — Chem Zbl. **1927 II**, 2141.
[2] H. Freundlich u. A. H. Fischer: Z. physik. Chem. **114**, 413 — Chem. Zbl. **1925 I**, 2542.
[3] A. Contardi u. A. Dansi: Gazz. chim. ital. **57**, 802 (1927) — Chem. Zbl. **1928 I**, 1392 (ausf. Ref.).
[4] E. Schmidt u. K. Braunsdorf: Ber. dtsch. chem. Ges. **55**, 1529 — Chem. Zbl. **1922 III**, 521.
[5] H. Lecher u. Cl. Heuck: Liebigs Ann. **438**, 169 — Chem. Zbl. **1924 II**, 826.
[6] Werner: J. chem. Soc. Lond. **101**, 2185 (1912).
[7] H. Lecher u. F. Heydweiller: Liebigs Ann. **445**, 77 (1925) — Chem. Zbl. **1926 I**, 359.

zugeschrieben und ein neuer Beweis für die SH-Gruppe in den Thiuroniumsalzen durch die Oxydation des Tetramethylthioharnstoffs in saurem Medium zum Disulfid

$$\left[\begin{array}{l}(CH_3)_2N\\(CH_3)_2N\end{array}\!\!>\!\!C\cdot S\cdot S\cdot C\!\!<\!\!\begin{array}{l}N(CH_3)_2\\N(CH_3)_2\end{array}\right]^{++}\!\!X_2^-$$

ins Feld geführt. Die positive Ladung sitzt nicht an einem Atom (Sulfoniumion, Carboniumion und Immoniumion werden durch plausible Erklärungen ausgeschlossen), sondern oszilliert höchstwahrscheinlich zwischen den beiden N-Atomen nach dem Schema:

$$R\cdot S\!-\!C\!\!<\!\!\begin{array}{l}NR_2\\NR_2\\{}_+\end{array}\ \rightleftarrows\ R\cdot S\!-\!C\!\!<\!\!\begin{array}{l}\overset{+}{NR_2}\\NR_2\end{array}$$

Physikalisch solle das nur eine periodische Veränderung einiger Elektronenbahnen bedeuten. Diese Formel soll auch die Stärke der Amidinbasen erklären. In wässeriger Lösung von N-Basen bestehen die Gleichgewichte:

$$>\!\!N + H_2O\ \rightleftarrows\ \left[>\!\!\overset{+}{N}\!\!<\!\!\begin{array}{l}H\\OH\end{array}\right]\ \rightleftarrows\ \overset{+}{N}H + \overset{-}{O}H$$

Alles was die von rechts nach links verlaufende Reaktion verlangsamt, erhöht die Stärke der Base. Ein solcher verlangsamender Faktor soll darin erblickt werden können, daß der Sitz der positiven Ladung fortwährend wechselt und dadurch das Zusammentreffen des OH· mit dem gerade geladenen N-Atom erschwert wird[1].

Dieses Zwitterion

$$\left.\overset{-}{S}\!-\!C\!\!<\!\!\begin{array}{l}NH_2\\NH_2\end{array}\right\}+$$

das mit der früheren Formulierung

$$S\!:\!C\!\!<\!\!\begin{array}{l}NH_2\\NH_2\end{array}$$

im Gleichgewicht stehen soll, verliert aber an Wahrscheinlichkeit durch die Beobachtung, daß N, N'-Diacetylthioharnstoff neutral reagiert, obgleich anderseits S-Alkylthiuroniumbasen sauer reagieren[2].

A. Hugershoff[3] glaubt für eine bimolekulare Konstitution:

$$C\!\!<\!\!\begin{array}{l}NH\\SH\\NH_2\end{array},\quad H_2N\!-\!C\!\!<\!\!\begin{array}{l}SH\\NH\end{array}$$

Beweise gefunden zu haben im Verhalten der Acetylverbindung, die auf 2 Mol Thioharnstoff 3 Acetylgruppen besitzt usw.[3].

Derivate: Allgemeine Darstellungsverfahren: Man leitet Schwefelkohlenstoff durch ein mit Dampf auf über 78° erhitztes Rohr dampfförmig in das heiße Amin, dessen Temperatur möglichst über dem Fixpunkt des erwarteten Thioharnstoffs liegen soll, aber noch unterhalb seines Kondensationspunktes. So beträgt die Ausbeute z. B. von Diphenylthioharnstoff aus Anilin, dem als Katalysator Schwefel in kleiner Menge zugesetzt wird, über 85% des eingesetzten Anilins. An dessen Stelle lassen sich andere Amine, wie Toluidine, Xylidine, Aminodimethylanilin, Aminocymol oder auch primäre aliphatische Amine verwenden[4]. Auch beim Leiten von aliphatischen oder aromatischen Amin- und Schwefelkohlenstoffdämpfen durch ein mit Aluminiumoxyd beschicktes heißes Rohr mit Innenkühlung lassen sich gute Ausbeuten erzielen[5]. Ferner gewinnt man die entsprechenden Derivate aus Thioharnstoff beim Erhitzen mit dem Amin in Gegenwart von Phosphorpentoxyd[6]. Die Goodyear Tire & Rubber Compagny hat ein kontinuierliches Verfahren zur Darstellung von Thioharnstoffen aus Schwefelwasserstoff und p-Nitrosoverbindungen und nachfolgender

---

[1] H. Lecher u. Mitarbeiter: Liebigs Ann. **445**, 35 (1925) — Chem. Zbl. **1926 I**, 354 (ausf. Ref.).
[2] H. Lecher u. W. Siefken: Liebigs Ann. **456**, 192 — Chem. Zbl. **1927 II**, 1247.
[3] A. Hugershoff: Ber. dtsch. chem. Ges. **58**, 2477 (1925) — Chem. Zbl. **1926 I**, 1526.
[4] W. J. Kelly: E.P. 164326 (1921, A.Prior. 1920); Chem. Zbl. **1922 II**, 1173.
[5] K. Cl. Bailey: F.P. 554520 (1922, 1923); Chem. Zbl. **1925 I**, A.
[6] R. M. Roy u. I. N. Rây: Quart. J. Indian chem. Soc. **4**, 339 (1927) — Chem. Zbl. **1928 I**, 489.

Behandlung mit Schwefelkohlenstoff schützen lassen[1]. **Diarylthioharnstoffe** werden im großen hergestellt, indem man überhitzten Schwefelkohlenstoffdampf zu einem primären aromatischen Amin bei einer zwischen dem Siedepunkt des Schwefelkohlenstoffs und dem Zersetzungspunkt des Thioharnstoffs liegenden Temperatur bringt[2]. Im allgemeinen lassen sich die Arylsenföle mit Alkylaminen leichter kondensieren als Alkylensenföle mit Arylaminen[3]. Beachte auch die Verfahren zur Darstellung von **Decylisothioharnstoff-S-alkyläthern**[4], von komplexen Silberverbindungen der **Arylthioharnstoffe**[5], von **Thioharnstoffen der Benzidine**[6] und des **Fluorens** sowie Mitteilungen über die Konstitution der letzteren[7]. **Arsenhaltige Thioharnstoffe** kann man durch Einwirkung von Allylsenföl in Pyridin auf aminosubstituierte Arylarsenoverbindungen herstellen[8].

Über die Herstellung von Kondensationsprodukten aus **Formaldehyd** und **Thioharnstoffen**[9] und über Verbindungen desselben mit **Aldehyden** und **Ketonen** in Gegenwart von Säuren bzw. deren Pikraten[10] soll auf die Literatur verwiesen werden. Die letzteren Verbindungen sollen nach Taylor[10] folgende Konstitutionstypen aufweisen:

$$\begin{matrix} H_2N \\ HO \cdot CH(R) \cdot HN \end{matrix} \!\!\!\! \diagdown\!\!\!\!\diagup C:S \quad \text{bzw.} \quad \begin{matrix} H_2N \\ HN \end{matrix} \!\!\!\! \diagdown\!\!\!\!\diagup C \cdot S \cdot CR_2 \cdot OH$$

Allgemeine chemische Eigenschaften: Thioharnstoffe reagieren im allgemeinen mit Bromlauge nicht unter Stickstoffentwicklung, jedoch geben Methylthioharnstoff und Dimethylphenylthioharnstoff in inkonstanten Mengen Stickstoff ab[11]. Levi[12] beschreibt Reaktionen verschiedener Arylthioharnstoffe mit Schwefel und aromatischen Aminen.

Allylsulfoharnstoff. Auf Bohnen und weißen Senf wirkte schon eine Konzentration von $0{,}02^0/_{00}$ giftig und verhinderte die Entwicklung[13].

Additionsverbindungen mit Silberhaloiden: $NH_2 \cdot CS \cdot NH \cdot C_3H_5 \cdot AgCl$. Aus äquimolaren Mengen von Allylthioharnstoff, Kaliumchlorid und Silbernitrat in 0,1 mol. Konzentrationen. Mikrokrystallinischer Niederschlag.

$NH_2 \cdot CS \cdot NH \cdot C_3H_5 \cdot AgBr$. Analog wie das Chlorid. Nadeln.

Die Jodverbindung konnte nur als glasige Masse erhalten werden. Vermutliche Konstitution:

$$Hlg-C\!\!\!\diagup\!\!\!\!\!\begin{matrix}NH \cdot C_3H_5 \\ S-Ag^+ \\ NH_2\end{matrix}$$

---

[1] The Goodyear Tire & Rubber Compagny (W. G. O'Brien): A.P. 1482317 (1920, 1924); A.P. 1532646 (1918, 1925); Chem. Zbl. **1924 II**, 1632 bzw. **1925 II**, 430.

[2] The Goodyear Tire & Rubbers Compagny, übertr. v. W. J. Kelly u. C. H. Smith: A.P. 1549720 (1920, 1925); Chem. Zbl. **1925 II**, 2296. — Vgl. auch Silasia, Verein Chemischer Fabriken, übertr. v. Dr. Flemming u. Klein: Wissensch. Chem. Lab., E.P. 244070 (1925, 1926; D.Prior 1924) u. F.P. 605943 (1925, 1926), A.P. 1577797; Chem. Zbl. **1926 II**, 3007; 293 **1927 I**, 180.

[3] G. M. Dyson u. R. F. Hunter: Rec. Trav. chim. Pays-Bas et Belg. (Amsterd.) **45**, 421 — Chem. Zbl. **1926 II**, 215.

[4] Chemische Fabrik auf Actien (vorm. E. Schering), übertr. v. H. Schotte: A.P. 1667053 (1926, 1928; D.Prior. 1925). — Ferner Schering-Kahlbaum A.-G. (Erf. H. Schotte): D.R.P. 456098, Kl. 12o (1925, 1928); Chem. Zbl. **1927 I**, 1712.

[5] F. Hoffmann-La Roche & Co. A.-G.: D.R.P. 377412, Kl. 12o (1920, 1923; Schwz.Prior. 1920); Chem. Zbl. **1923 IV**, 537.

[6] L. Pinto: Bull. Soc. chim. France [4] **39**, 470 (Ref. nach C. r. Acad. Sci. Paris) — Chem. Zbl. **1926 I**, 1643.

[7] L. Guglialmelli u. A. Novelli: Ann. Asoc. quim. Argentina **15**, 287 (1927) — Chem. Zbl. **1928 I**, 2823 (ausf. Ref.). — Ferner L. Guglialmelli, A. Novelli, C. Ruiz u. C. Anastasi: Ann. Asoc. quim. Argentina **15**, 337 (1927) — Chem. Zbl. **1928 II**, 986 (ausf. Ref.).

[8] I. G. Farbenindustrie A.-G. u. H. Schmidt: D.R.P. 451181, Kl. 12o (1916, 1927); Chem. Zbl. **1928 I**, 410. — Ferner dieselben: D.R.P. 457526, Kl. 12o (1927, 1928); Chem. Zbl. **1928 II**, 1383.

[9] F. Pollak: Can.P. 228001 (1922, 1923); Chem. Zbl. **1923 IV**, 771.

[10] J. Taylor: J. chem. Soc. Lond. **121**, 2267 (1922) — Chem. Zbl. **1923 I**, 1427. — Vgl. auch Dixon u. Taylor: J. chem. Soc. Lond. **109**, 1244 — Chem. Zbl. **1917 I**, 565

[11] V. Cordier: Mh. Chem. **47**, 327 (1926) — Chem. Zbl. **1927 I**, 421.

[12] T. G. Levi: Atti Congr. Naz. Chim. Industriale **1924**, 400 — Chem. Zbl. **1925 I**, 2307.

[13] E. Nicolas u. G. Nicolas: C. r. Acad. Sci. **180**, 1286 — Chem. Zbl. **1925 II**, 1367.

Die für die photochemische Bedeutung in Betracht kommende leichte Bindung von AgS würde diese Formel verständlich machen[1, 2].

Phenylthioharnstoff $C_7H_8N_2S$. Mol.-Gewicht: 152,2. Aus Phenyldithiobiuret und Hydrazinhydrat in heißer wässeriger Lösung. Schmelzp. 154° neben 3, 5-Thioanilido-1, 2, 4-triazol (Schmelzp. 268°)[3]. Bei der Oxydation an der Oberfläche von Blutkohle verhält er sich wie Thioharnstoff (s. S. 89!)[4].

Aminoguanidophenylthioharnstoff $C_6H_5 \cdot N:C(SH)\cdot NH \cdot C(:NH) \cdot NH \cdot NH_2$. Mol.-Gewicht: 212,48. Aus Phenylthiuret und Hydrazinhydrat gewonnen und aus Wasser zum Schmelzp. 155°. (Krystalle.) Beim Kochen mit Alkali entsteht Aminoanilinotriazol. — **Benzalverbindung** $C_{15}H_{15}N_5S$. Gelbe Nadeln aus Alkohol zum Schmelzp. 223°[3].

p-Phenoxyphenylthioharnstoff $C_{13}H_{12}ON_2S$. Schmelzp. 184° (korr.)[5].

1-p-Phenoxythiocarbanilid (α-p-**Phenoxyphenyl**-β-**phenylthioharnstoff**) $C_{19}H_{16}ON_2S$. Schmelzp. 140° (korr.)[5].

p, p′-Diphenoxythiocarbanilid (s. p-Phenoxyphenylthioharnstoff) $C_{25}H_{20}O_2N_2S$. Schmelzp. 172° (korr.)[5].

Thenylsulfoharnstoff

$$\begin{array}{c} CH{=}CH \\ \| \quad \| \\ CH \quad C\cdot CH_2 \cdot NH \cdot CS \cdot NH_2 \\ \diagdown\diagup \\ O \end{array}$$

Aus Thenylsenföl und Ammoniak. Aus Methylalkohol Blättchen vom Schmelzp. 123°[6].

a. Dimethylsulfoharnstoff $S:C(NH_2) \cdot N(CH_3)_2$. Aus Alkohol vom Schmelzp. 162—163°[7].

N, N′-Dimethyl-N-äthylthioharnstoff $C_5H_{12}N_2S$. Schütteln von Methylsenföl mit wässeriger Methyläthylaminlösung, im Vakuum eindampfen. Öl[8].

N-Methyl-N, N′-diäthylthioharnstoff $C_6H_{14}N_2S$. Analog mit Äthylsenföl. Öl[8].

N, N′-Dimethyl-N, N′-diäthylthioharnstoff $C_7H_{16}N_2S$. Aus $CSCl_2$ und Methyläthylamin in Lösung (Rohr, 100°, 3 Stunden). Flüssigkeit vom Kochp.$_{12}$ 124—125°[9].

Phenylmethylthioharnstoff: Äthylenäther $C_{18}H_{22}N_4S_2$. Schmelzp. 139°. Aus Phenylmethylthioharnstoff und Äthylendibromid (2 Stunden 110°); **Hydrobromid**, Schmelzp. 213°. — **Propylenäther** $C_{19}H_{24}N_4S_2$. Schmelzp. 120°. Aus Phenylmethylthioharnstoff und Propylendibromid; **Hydrobromid**, Schmelzp. 195°[10].

Phenyläthylthioharnstoff: Äthylenäther $C_{20}H_{26}N_4S_2$. Schmelzp. 130°. Aus Phenyläthylthioharnstoff und Äthylendibromid; **Hydrobromid**, 196°; Perchlorat. Schmelzp. 160°[10].

Phenyl-n-butylthioharnstoff: Äthylenäther $C_{24}H_{34}N_4S_2$. Schmelzp. 92°. Aus Phenylbutylthioharnstoff und Äthylendibromid[10].

s. Phenyl-n-butylthioharnstoff $C_{11}H_{16}N_2S$. Prismen vom Schmelzp. 65°[11].

s. Phenyl-n-amylthioharnstoff $C_{12}H_{18}N_2S$. Aus Alkohol Platten vom Schmelzpunkt 69—71°[11].

s. Phenyl-n-hexylthioharnstoff $C_{13}H_{20}N_2S$. Aus Alkohol Prismen vom Schmelzpunkt 103—104°[11].

s. Phenyl-n-heptylthioharnstoff $C_{14}H_{22}N_2S$. Aus Alkohol Prismen vom Schmelzpunkt 70—71°[11].

N-Phenyl-N′-oxyisobutylthioharnstoff[12] $C_6H_5 \cdot NH \cdot CS \cdot NH \cdot C_4H_8(OH)$. Mol.-Gewicht: 192,1. Aus freier Base und Phenylsenföl unter schwachem Erwärmen. Aus absolutem Alkohol

---
[1] S. E. Sheppard u. H. Hudson: J. amer. chem. Soc. **49**, 1814 — Chem. Zbl. **1927 II**, 1247). — Siehe auch Photogr. J. **67**, 329.
[2] S. E. Sheppard u. H. Hudson: Z. wiss. Photogr., Photophysik u. Photochem. **25**, 113.
[3] E. Fromm u. E. Kayser: Liebigs Ann. **426**, 313—345 (1922) — Chem. Zbl. **1922 I**, 1407.
[4] H. Freundlich u. A. H. Fischer: Z. physik. Chem. **114**, 413 — Chem. Zbl. **1925 I**, 2542.
[5] N. A. Lange u. W. R. Reed: J. amer. chem. Soc. **48**, 1069 — Chem. Zbl. **1926 I**, 3398.
[6] J. v. Braun, R. Fußgänger u. M. Kühn: Liebigs Ann. **445**, 201 (1925) — Chem. Zbl. **1926 I**, 1177.
[7] M. Schenck u. F. v. Graevenitz: Hoppe-Seylers Z. **141**, 132 (1924) — Chem. Zbl. **1925 I**, 643.
[8] H. Lecher u. F. Graf (u. F. Gnädinger): Liebigs Ann. **445**, 61 (1925) — Chem. Zbl. **1926 I**, 358.
[9] H. Lecher u. Mitarbeiter: Liebigs Ann. **445**, 35 (1925) — Chem. Zbl. **1926 I**, 356.
[10] F. B. Dains, R. Q. Brewster, I. L. Malm, A. W. Miller, R. V. Maneval u. J. A. Sultzaberger: J. amer. chem. Soc. **47**, 1981 — Chem. Zbl. **1925 II**, 1865.
[11] R. F. Hunter: J. chem. Soc. Lond. **1926**, 2951 — Chem. Zbl. **1927 I**, 750.
[12] H. Dersin: Ber. dtsch. chem. Ges. **54**, 3158—3162 (1921) — Chem. Zbl. **1929 I**, 463.

feine Nadeln oder Prismen, Schmelzp. 136—137°. Wenig löslich in kaltem Alkohol, Chloroform, Benzol und Schwefelkohlenstoff, leicht in heißem Alkohol, Aceton und Essigester. Durch zweistündiges Erhitzen auf 100° mit rauchender Salzsäure bildet sich
5, 5-Dimethyl-2-anilinothiazol[1]

$$\begin{array}{c} C(CH_3)_2-S \\ | \qquad\qquad\quad \diagdown \\ CH_2\text{———}N \diagup \end{array} C \cdot NH \cdot C_6H_5$$

Aus Alkohol kurze Prismen und Sterne, Schmelzp. 153—154°.

s. Butenylphenylthioharnstoff $C_{11}H_{14}N_2S$. Aus β-Butenylsenföl und Anilin. Nadeln aus Alkohol vom Schmelzp. 110°[2].

s. Allyl-p-phenetolthiocarbamid

$$S:C\diagup^{NH \cdot CH_2 \cdot CH : CH_2}_{\diagdown NH \cdot C_6H_4 \cdot O \cdot C_2H_5}$$

gibt bei der Umlagerung

$$\begin{array}{c} CH_2=CH \cdot S \\ \qquad\qquad\quad \diagdown \\ CH_3 \cdot N \diagup \end{array} C \cdot N \diagup^{H}_{\diagdown C_6H_4 \cdot O \cdot C_2H_5}$$

und ist nicht nitrierbar[3].

Phenylsulfoharnstoff des o-Isopropylanilins. Schmelzp. 129—130°[4].

o-Äthylanilinphenylsulfoharnstoff. Aus Alkohol Nadeln vom Schmelzp. 124°[4].

o-Propyl-p-methylanilinphenylsulfoharnstoff. Schmelzp. 146°[4].

N-Phenetidyl-N′-allylthioharnstoff $C_2H_5O \cdot C_6H_4 \cdot NH \cdot CS \cdot NH \cdot C_3H_5$, lange, oft etwas gebogene Nadeln, Schmelzp. 94—95°, leicht löslich in Chloroform, Essigester, Aceton, Alkohol und Benzol, wenig löslich in Äther und Wasser[5].

N-Phenetidyl-N′-methylthioharnstoff $C_2H_5O \cdot C_6H_4 \cdot NH \cdot CS \cdot NH \cdot CH_3$, schief abgeschnittene Prismen (aus Alkohol), Schmelzp. 128—128,5° (unkorr., vorher Sinterung), leicht löslich in warmem Alkohol, Essigester, Aceton und 50proz. Essigsäure, wenig löslich in Äther und Wasser[5].

N-Phentidyl-N-methyl-N′-methylthioharnstoff $C_2H_5O \cdot C_6H_4 \cdot (CH_3)N \cdot CS \cdot NH \cdot CH_3$, große, schief abgeschnittene Prismen, Schmelzp. 99—100°, leicht löslich in Alkohol, Aceton, Essigester, Eisessig und Toluol, wenig löslich in Äther, Petroläther und Wasser[4].

N-Phenetidyl-N-methyl-N′-allylthioharnstoff $C_2H_5O \cdot C_6H_4 \cdot (CH_3)N \cdot CS \cdot NH \cdot C_3H_5$, lange Nadeln, Schmelzp. 68—69°, leicht löslich in warmem Alkohol und Aceton, ziemlich löslich in Äther und wenig löslich in Wasser[5].

s. Diphenylthioharnstoff. Darstellung durch kräftiges Schütteln von Anilin mit einer wässerigen Natriumhydroxydlösung und Schwefelkohlenstoff im dicht verschlossenen Gefäß, bis nach wenigen Minuten starke Wärmeentwicklung auftritt, und dann noch 8—10 Minuten. Nach Abkühlen abfiltrieren und mit Wasser und verdünnter Salzsäure waschen; farblos und von hoher Reinheit[6]. Durch Umsetzung von Schwefelkohlenstoff mit Anilin bei Abwesenheit von Oxydationsmitteln und organischen Solventien, in Gegenwart von Wasser bei 60°[7].

Thioharnstoff aus Benzidin. Wie oben erhalten. Schmelzp. über 270°. In Wasser, Alkohol und Benzol wenig löslich[7].

Diacetyldibenzidinthioharnstoff $CS(NH \cdot C_6H_4 \cdot C_6H_4 \cdot NH \cdot COCH_3)_2$. Aus Monoacetylbenzidin mit Schwefelkohlenstoff in Alkohol (20 Stunden 100°). Schmelzp. über 300°[8].

Dibenzidinthioharnstoff $CS(NH \cdot C_6H_4 \cdot C_6H_4 \cdot NH_2)_2$. Aus dem vorigen mit siedender verdünnter Salzsäure. Blättchen mit Krystallwasser. Mit H-Säure dunkelblauen, mit Sulfophenylmethylpyrazolon hellgelben und mit β-Naphthol roten substantiven Baumwollazofarbstoff[8].

---

[1] H. Dersin: Ber. dtsch. chem. Ges. **54**, 3158—3162 (1921) — Chem. Zbl. **1922 I**, 463.

[2] J. v. Braun u. W. Schirmacher: Ber. dtsch. chem. Ges. **56**, 538 (1923) — Chem. Zbl. **1923 I**, 955.

[3] F. Mehler: Arb. pharmaz. Inst. Berl. **12**, 36 (1921) — Ber. Physiol. **19**, 372.

[4] J. v. Braun, O. Bayer u. G. Blessing (G. Lemke): Ber. dtsch. chem. Ges. **57**, 392 — Chem. Zbl. **1924 I**, 2260.

[5] M. Bergmann, F. Camacho u. F. Dreyer: Ber. dtsch. pharm. Ges. **32**, 249—258 (1922) — Chem. Zbl. **1923 I**, 415.

[6] W. Flemming: A.P. 1577797 (1925, 1926); Chem. Zbl. **1926 II**, 293.

[7] Aktien-Gesellschaft für Anilin-Fabrikation (May, Szellinski): D.R.P. 387762, Kl. 12o (1921, 1924); Chem. Zbl. **1924 II**, 404.

[8] L. Pinto: C. r. Acad. Sci. Paris **181**, 788 (1925) — Chem. Zbl. **1926 I**, 1643.

s. Di-p-bromphenylthioharnstoff $C_{13}H_{12}N_2BrS$. Nach mehrwöchigem Stehen aus p-Bromanilin, Schwefelkohlenstoff und Alkohol, versetzen mit Alkohol und Schwefelkohlenstoff (4:1) und 3stündigem Kochen. Nadeln vom Schmelzp. 184—185°[1].

p-Bromphenylthioharnstoff $C_7H_7N_2BrS$. Aus dem Disubstitutionsprodukt mit siedendem Acetanhydrid, dann in warmes Wasser und mit Dampf destilliert. Schmelzp. 60—61°[1].

s. p-Bromphenylmethylthioharnstoff $C_8H_9N_2BrS$. Nadeln vom Schmelzp. 148°[1].

s. p-Bromphenyläthylthioharnstoff $C_9H_{11}N_2BrS$. Nädelchen vom Schmelzp. 129°[1].

s. p-Bromphenyl-n-propylthioharnstoff $C_{10}H_{13}N_2BrS$. Nadeln vom Schmelzp. 120°[1].

s. p-Bromphenyl-n-butylthioharnstoff $C_{11}H_{15}N_2BrS$. Nadeln vom Schmelzp. 111°[1].

s. p-Bromphenylisobutylthioharnstoff $C_{11}H_{15}N_2BrS$. Seidige Platten vom Schmelzpunkt 119°[1].

s. p-Bromphenyl-n-amylthioharnstoff $C_{12}H_{17}N_2BrS$. Schmelzp. 115°[1].

s. p-Bromphenylisoamylthioharnstoff $C_{12}H_{17}N_2BrS$. Nadeln vom Schmelzp. 120°[1].

s. p-Bromphenyl-n-hexylthioharnstoff $C_{13}H_{19}N_2BrS$. Prismen vom Schmelzp. 106°[1].

s. p-Bromphenyl-n-heptylthioharnstoff $C_{14}H_{21}N_2BrS$. Platten vom Schmelzp. 100°[1].

o-Tolylthioharnstoff $CH_3 \cdot C_6H_4 \cdot NH \cdot CS \cdot NH_2$. Aus dem Senföl durch Ammoniumhydroxyd in siedendem Alkohol (D. 0,88). Aus 50proz. Alkohol Nadeln vom Schmelzp. 155°[2].

s. Di-o-tolylthioharnstoff $CS(NH \cdot C_6H_4 \cdot CH_3)_2$. Aus äquimol. Mengen o-Tolylsenföl und o-Toluidin in siedendem Alkohol. Aus verdünntem Alkohol Nadeln vom Schmelzp. 161°[2,3].

m-Tolylthioharnstoff $C_8H_{10}N_2S$. Aus verdünntem Alkohol Nadeln vom Schmelzp. 110°[2].

s. Di-m-tolylthioharnstoff $C_{15}H_{16}N_2S$. Aus 30proz. Alkohol Nadeln vom Schmelzp. 111 bis 112°[2,3].

p-Tolylthioharnstoff $C_8H_{10}N_2S$. Aus Alkohol Nadeln vom Schmelzp. 182°[2].

s. Di-p-tolylthioharnstoff $C_{15}H_{16}N_2S$. Aus Alkohol mikroskopische Prismen vom Schmelzpunkt 176°[2].

Mesitylthioharnstoff. Aus verdünntem Alkohol Nadeln vom Schmelzp. 220°[2].

s. Dimesitylthioharnstoff. Aus Alkohol mikroskopische Prismen vom Schmelzp. 195°[2].

Pentamethylphenylthioharnstoff. Prismen vom Schmelzp. 240°[2].

α-p-Bromphenyl-β-p-tolylthioharnstoff $C_{14}H_{13}N_2SBr$. Schmelzp. 184°. Aus p-Bromanilin und p-Tolyl-i-thiocyanat[4].

α-p-Bromphenyl-β-(α-naphthyl)-thioharnstoff $C_{17}H_{13}N_2SBr$. Schmelzp. 188°. Aus p-Bromphenyl-i-thiocyanat und α-Naphthylamin[4].

α,β-Di-p-xylylthioharnstoff $C_{17}H_{20}N_2S$. Schmelzp. 155°. Aus p-Xylidin und Schwefelkohlenstoff[4].

α-Phenyl-β-p-xylylthioharnstoff $C_{15}H_{16}N_2S$. Schmelzp. 133°. Aus Phenyl-i-thiocyanat und p-Xylidin oder aus Anilin und p-Xylyl-i-thiocyanat[4].

α-p-Tolyl-β-p-xylylthioharnstoff $C_{16}H_{18}N_2S$. Schmelzp. 140°. Aus p-Tolyl-i-thiocyanat und p-Xylidin[4].

α-o-Tolyl-β-p-xylylthioharnstoff $C_{16}H_{18}N_2S$. Schmelzp. 139°. Aus o-Tolyl-i-thiocyanat und p-Xylidin[4].

Mono-p-xylylthioharnstoff $C_9H_{12}N_2S$. Schmelzp. 141°. Aus p-Xylyl-i-thiocyanat und Ammoniak[4].

s. α-Naphthyl-n-propylthioharnstoff $C_{14}H_{16}N_2S$. Nadeln vom Schmelzp. 67°[5].

s. α-Naphthyl-n-butylthioharnstoff $C_{15}H_{18}N_2S$. Aus Alkohol Prismen vom Schmelzpunkt 98°[5].

s. α-Naphthylisobutylthioharnstoff $C_{15}H_{18}N_2S$. Nadeln vom Schmelzp. 106°[5].

s. α-Naphthyl-n-amylthioharnstoff $C_{16}H_{20}N_2S$. Prismen vom Schmelzp. 103°[5].

s. α-Naphthylisoamylthioharnstoff $C_{16}H_{20}N_2S$. Aus Alkohol Prismen vom Schmelzpunkt 92°[5].

---

[1] R. F. Hunter u. Ch. Soyka: J. chem. Soc. Lond. **1926**, 2958 — Chem. Zbl. **1927 I**, 751 — vgl. auch Chem. News **134**, 13.

[2] G. M. Dyson u. R. F. Hunter: J. Soc. Chem. Ind. **45**, T. 81 — Chem. Zbl. **1926 I**, 3139.

[3] Bei seiner Darstellung treten unangenehm riechende Dämpfe von Nebenprodukten oder Zwischenstufen auf, die nachteilige physiologische Eigenschaften haben (Gift). — R. F. Hunter: Chem. News **129**, 344 (1924) — Chem. Zbl. **1925 I**, 489.

[4] F. B. Dains, R. Q. Brewster, I. L. Malm, A. W. Miller, R. V. Maneval u. J. A. Sultzaberger: J. amer. chem. Soc. **47**, 1981 — Chem. Zbl. **1925 II**, 1865.

[5] G. M. Dyson, R. F. Hunter u. Ch. Soyka: J. chem. Soc. Lond. **1926**, 2964 — Chem. Zbl. **1927 I**, 752.

s. α-Naphthyl-n-hexylthioharnstoff $C_{17}H_{22}N_2S$. Aus Alkohol Nadelrosetten vom Schmelzp. 89°[1].

s. α-Naphthyl-n-heptylthioharnstoff $C_{18}H_{24}N_2S$. Aus Alkohol Nadeln vom Schmelzpunkt 62°[1].

s. Di-α-naphthylthioharnstoff. Aus α-Naphthylamin und Schwefelkohlenstoff in Alkohol bei Zusatz von Kaliumxanthogenat oder Natriumsulfid (+9 Aqua) in etwa 90proz. Ausbeute[2].

s. Di-β-naphthylthioharnstoff. Aus β-Naphthylamin und Schwefelkohlenstoff in Alkohol bei Zusatz von Kaliumhydroxyd in etwa 90proz. Ausbeute[2].

Thioharnstoffe aus Phenylisothiocyanat, o-Tolylisothiocyanat und primären aromatischen Aminen[3].

N-o-Tolyl-N'-p-tolylthioharnstoff $C_{15}H_{16}N_2S$. Schmelzp. 132°[3].
N,N'-Di-o-tolylthioharnstoff $C_{15}H_{16}N_2S$. Schmelzp. 158°[3].
N-o-Tolyl-N'-p-bromphenylthioharnstoff $C_{14}H_{13}N_2BrS$. Schmelzp. 143°[3].
N-o-Tolyl-N'-o-bromphenylthioharnstoff $C_{14}H_{13}N_2BrS$. Schmelzp. 128°[3].
N-o-Tolyl-N'-p-chlorphenylthioharnstoff $C_{14}H_{13}N_2BrS$. Schmelzp. 101°[3].
N-o-Tolyl-N'-p-jodphenylthioharnstoff $C_{14}H_{13}N_2JS$. Schmelzp. 150°[3].
N-o-Tolyl-N'-4-methyl-2-bromphenylthioharnstoff $C_{15}H_{15}N_2BrS$. Schmelzp. 132°[3].
N-o-Tolyl-N'-2,4-dimethylphenylthioharnstoff $C_{16}H_{18}N_2S$. Schmelzp. 143,5°[3]
N-o-Tolyl-N'-4-methoxyphenylthioharnstoff $C_{15}H_{16}ON_2S$. Schmelzp. 138°[3].
N-Phenyl-N'-p-bromphenylthioharnstoff $C_{13}H_{11}N_2BrS$. Schmelzp. 148°[3].
N-Phenyl-N'-o-bromphenylthioharnstoff $C_{13}H_{11}N_2BrS$. Schmelzp. 146°[3].
N-Phenyl-N'-m-bromphenylthioharnstoff $C_{13}H_{11}N_2BrS$. Schmelzp. 97°[3].
N-Phenyl-N'-p-jodphenylthioharnstoff $C_{13}H_{11}N_2JS$. Schmelzp. 153°[3].
N-Phenyl-N'-2-methyl-4-oxyphenylthioharnstoff $C_{14}H_{14}ON_2S$. Schmelzp. 167,5°[3].
N-Phenyl-N'-2,4-dimethylphenylthioharnstoff $C_{15}H_{16}N_2S$. Schmelzp. 133,5°[3].

α-Allyl-α,β-diphenylthioharnstoff $S:C(NH \cdot C_6H_5) \cdot N(C_6H_5) \cdot CH_2 \cdot CH:CH_2$. Aus Allylanilin und Phenylsenföl. Leicht löslich. Schmelzp. 91°[4].

α-Allyl-α-phenyl-β-p-bromphenylthioharnstoff $S:C(NH \cdot C_6H_4 \cdot Br) \cdot N(C_6H_5) \cdot CH_2 \cdot CH:CH_2$. Aus Allylanilin und p-Bromphenylsenföl. Leicht löslich. Schmelzp. 123°[4].

α-Allyl-α-phenyl-β-p-tolylthioharnstoff $S:C(NH \cdot C_6H_4 \cdot CH_3) \cdot N(C_6H_5) \cdot CH_2 \cdot CH:CH_2$. Aus Allylanilin und p-Tolylsenföl. Leicht löslich. Schmelzp. 107°[4].

α-Allyl-α-p-tolyl-β-phenylthioharnstoff $S:C(NH \cdot C_6H_5) \cdot N(C_6H_4 \cdot CH_3) \cdot CH_2 \cdot CH:CH_2$. Aus Allyl-p-toluidin und Phenylsenföl. Leicht löslich. Schmelzp. 91,5°[4].

α-Allyl-α-p-tolyl-β-bromphenylthioharnstoff $S:C(NH \cdot C_6H_4 \cdot Br) \cdot N(C_6H_4 \cdot CH_3) \cdot CH_2 \cdot CH:CH_2$. Aus Allyl-p-toluidin und p-Bromphenylsenföl. Leicht löslich. Schmelzp. 121°[4].

α-Allyl-α,β-di-p-tolylthioharnstoff $S:C(NH \cdot C_6H_4 \cdot CH_3) \cdot N(C_6H_4 \cdot CH_3) \cdot CH_2 \cdot CH:CH_2$. Aus Allyl-p-toluidin und p-Tolylensenföl. Leicht löslich. Schmelzp. 113°.

α-Propanol-α,β-diphenylthioharnstoff $S:C(NH \cdot C_6H_5) \cdot N(C_6H_5) \cdot CH_2 \cdot CH_2 \cdot CH_2 \cdot OH$. Aus Anilinpropanol und Phenylsenföl. Aus Alkohol Nadeln vom Schmelzp. 130°[4].

α-Propanol-α-phenyl-β-p-tolylthioharnstoff $S:C(NH \cdot C_6H_4 \cdot CH_3) \cdot N(C_6H_5) \cdot CH_2 \cdot CH_2 \cdot CH_2 \cdot OH$. Aus Anilinpropanol und p-Tolylsenföl. Schmelzp. 127°[4].

α-Propanol-α-p-tolyl-β-phenylthioharnstoff $S:C(NH \cdot C_6H_5) \cdot N(C_6H_4 \cdot CH_3) \cdot CH_2 \cdot CH_2 \cdot CH_2 \cdot OH$. Aus p-Tolylaminopropanol und Phenylsenföl. Schmelzp. 146°[4].

α-Propanol-α,β-di-p-tolylthioharnstoff $S:C(NH \cdot C_6H_4 \cdot CH_3) \cdot N(C_6H_4 \cdot CH_3) \cdot CH_2 \cdot CH_2 \cdot CH_2 \cdot OH$. Aus p-Tolylaminopropanol und p-Tolylsenföl. Schmelzp. 142°[4].

Vanillylthioharnstoff $C_9H_{12}O_2N_2S$. Aus Vanillylaminohydrochlorid und KCNS. Schmelzp. 167,5° geschmacklos[5].

Phenylvanillylthioharnstoff $C_{15}H_{16}O_2N_2S$. Schmelzp. 183° (korr.); leicht bitterer Geschmack[5].

p-Tolylvanillylthioharnstoff $C_{16}H_{18}O_2N_2S$. Schmelzp. 138,5° bitterer Geschmack[5].

o-Tolylvanillylthioharnstoff $C_{16}H_{18}O_2N_2S$. Schmelzp. 138° bitterer Geschmack[5].

---

[1] G. M. Dyson, R. F. Hunter u. Ch. Soyka: J. chem. Soc. Lond. **1926**, 2964 — Chem. Zbl. **1927 I**, 752.

[2] L. Guglialmelli u. A. Novelli: An. Asoc. Quim. Argentina **13**, 255 (1925) — Chem. Zbl. **1926 II**, 21.

[3] T. Otterbacher u. F. Witmore: J. amer. chem. Soc. **51**, 1909 — Chem. Zbl. **1929 II**, 868.

[4] F. B. Dains, R. Q. Brewster, J. S. Blair u. W. C. Thompson: J. amer. chem. Soc. **44**, 2637 (1922) — Chem. Zbl. **1923 I**, 1394.

[5] N. Lange, H. Ebert u. L. Youse: J. amer. chem. Soc. **51**, 1911 — Chem. Zbl. **1929 II**, 868.

s. Diphenäthylthioharnstoff

$$S:C\begin{subarray}{l}\diagup NH \cdot CH_2 \cdot CH_2 \cdot C_6H_5 \\ \diagdown NH \cdot CH_2 \cdot CH_2 \cdot C_6H_5\end{subarray}$$

Aus rohem Phenäthylamin und Schwefelkohlenstoff in Alkohol wird phenäthyldithiocarbaminsaures Phenäthylamin $C_{17}H_{22}N_2S_2$, vom Schmelzp. 117—118° dargestellt und mit Alkohol bis zum Aufhören der Schwefelwasserstoffentwicklung gekocht. Aus Alkohol + Petroläther Platten vom Schmelzp. 88°. Heiße konzentrierte Salzsäure verändert das Produkt nicht[1].

d, l-s α-Thiocarbbisaminoisocapronsaures Calcium

$$S:C\begin{subarray}{l}\diagup NH \cdot CH(C_4H_9) \cdot COO \diagdown \\ \diagdown NH \cdot CH(C_4H_9) \cdot COO \diagup\end{subarray}Ca$$

dl-Leucin wird mit Schwefelkohlenstoff und Natriumbicarbonat in siedendem Alkohol behandelt, wobei Kohlendioxyd und Schwefelwasserstoff entweichen. Das Filtrat wird mit Calciumchlorid gefällt, der krystallinische Niederschlag mit Wasser und Äther gewaschen. Ist in Wasser unlöslich. — **Bariumsalz.** Aus dem Calciumsalz über die Säure, die, in Äther aufgenommen, nur als Öl erhalten wird. In Alkohol gelöst und mit Bariumhydroxyd gefällt. Krystalliner Niederschlag. — Aus dem Calciumsalz erhält man durch Kochen mit alkoholischer Salzsäure und Benzolbehandlung des Rückstandes ein gelbes Öl, das in seiner Zusammensetzung ungefähr der um 1 Wassermol ärmeren Formel $C_{18}H_{22}O_3N_2S$ entspricht und wahrscheinlich das zugehörige Hydantoin darstellt[1].

l-s. α-Thiocarbbisaminoisocapronsäurediäthylester

$$S:C\begin{subarray}{l}\diagup NH \cdot CH(C_4H_9) \cdot COO \cdot C_2H_5 \\ \diagdown NH \cdot CH(C_4H_9) \cdot COO \cdot C_2H_5\end{subarray}$$

Aus l-Leucinäthylester und Schwefelkohlenstoff in siedendem Alkohol. Gelbes Öl aus Benzol vom $[\alpha]_D^{17°} = -4,1°$[1].

l-s. α-Thiocarbbisamino-β-phenylpropionsäure

$$S:C\begin{subarray}{l}\diagup NH \cdot CH(CH_2 \cdot C_6H_5) \cdot COOH \\ \diagdown NH \cdot CH(CH_2 \cdot C_6H_5) \cdot COOH\end{subarray}$$

Aus l-Phenylalanin und Schwefelkohlenstoff in siedendem Alkohol unter Zusatz von Natriumbicarbonat. Die freie Säure ist ein hellgelbes Öl, ein geringer krystallisierter Teil hatte Schmelzpunkt 178—182°. Gibt ein schwer lösliches Bariumsalz[1].

d, l-s. α-Thiocarbbisamino-β-phenylpropionsäuredimethylester,

$$S:C\begin{subarray}{l}\diagup NH \cdot CH(CH_2 \cdot C_6H_5) \cdot COO \cdot CH_3 \\ \diagdown NH \cdot CH(CH_2 \cdot C_6H_5) \cdot COO \cdot CH_3\end{subarray}$$

Aus d, l-Phenylalaninmethylester und Schwefelkohlenstoff in Petroläther entsteht ein öliges Produkt, das mit Alkohol gekocht wird. Aus Benzol als viscoses Öl, das langsam fest wird[1].

d, l-5-Benzyl-2-thiohydantoin-3-benzylessigsäuremethylester

$$S:C\begin{subarray}{l}\diagup NH-CH \cdot CH_2 \cdot C_6H_5 \\ \diagdown N \quad\quad CO\end{subarray}$$
$$\quad\quad\quad | \\ CH(CH_2 \cdot C_6H_5) \cdot COO \cdot CH_3$$

Aus dem Thiocarbbisaminophenylpropionsäuremethylester mit warmem alkoholischem Ammoniak. Aus Alkohol Prismen vom Schmelzp. 177°. In heißem Alkohol, Benzol und Äther leicht, in Petroläther und Wasser wenig löslich, von Alkali aufgenommen. — **Äthylester.** Vom Phenylalaninäthylester aus erhalten. Aus Alkohol Krystalle vom Schmelzp. 171°. In Benzol und Petroläther wenig löslich, in Wasser und verdünnten Säuren fast unlöslich, von Alkali aufgenommen[1].

d, l-5-Isobutyl-2-thiohydantoin-3-isobutylessigsäureäthylester

$$S:C\begin{subarray}{l}\diagup NH-CH \cdot C_4H_9 \\ \diagdown N \quad\quad CO\end{subarray}$$
$$\quad\quad\quad | \\ CH(C_4H_9) \cdot COO \cdot C_2H_5$$

---

[1] S. Kodama: Jap. J. of Chem. **1**, 81 (1922) — Chem. Zbl. **1923 III**, 205.

Aus l-s.α-Thiocarbbisaminoisocapronsäureäthylester, der schon durch Destillation im Hochvakuum (Kochp.$_{0.34}$ 145—150°) teilweise in das Thiohydantoin übergeht. Das Destillat wird mit alkoholischem Ammoniak gekocht. Gelbes, optisch inaktives Öl[1].

d, l-5-Isobutyl-2-thiohydantoin

$$S:C\begin{matrix}\text{NH—CH}\cdot\text{C}_4\text{H}_9\\|\\\text{NH—CO}\end{matrix}$$

Aus l- oder d-α-Isothiocyanisocapronsäureäthylester mit alkoholischem Ammoniak. Aus Wasser in Platten vom Schmelzp. 170—170,5°[1, 2].

Diphenyläthanolthioharnstoff $C_6H_5 \cdot N(CH_2CH_2 \cdot OH) \cdot CS \cdot NH \cdot C_6H_5$. Schmelzp. 108°. Aus äquimolekularen Mengen Anilinäthanol und Phenyl-i-thiocyanat. Aus Alkohol weiße Flocken. Durch Erhitzen mit Halogenwasserstoffsäure findet Ringschluß zwischen dem Äthanol-Hydroxyl und dem H-Atom der SH-Gruppe des Thioharnstoffs (Enolform) statt unter Bildung des 2-Phenylimino-3-phenylthiazolidins von der Konstitution:

$$\begin{matrix}C_6H_5\text{—N—C}=\text{N—}C_6H_5\\|\qquad\quad|\\H_2C\qquad S\\\diagdown\quad\diagup\\CH_2\end{matrix}$$

Phosgen und andere Säurechloride verursachen den gleichen Ringschluß. Hitze allein bewirkte keinen glatten Ringschluß. Entschwefelung des Diphenylderivates mit Quecksilberoxyd führte zum 2-Phenylimino-3-phenyloxazolidin $O \cdot C(:N \cdot C_6H_5) \cdot N(\cdot C_6H_5) \cdot CH_2 \cdot CH_2$. Dasselbe Oxazolidin wurde durch Erhitzen mit Bleihydroxyd in alkoholischer Lösung mit Ammoniak oder Anilin erhalten, aber keine Spur des erwarteten Guanidins. Äthylenchlorhydrin wirkte in alkalischer Lösung entschwefelnd (Oxazolidin).

Diese Reaktionen sind für alle entsprechenden Thioharnstoffe typisch[3].

α-Phenyl-β-p-tolyl-α-äthanolthioharnstoff $C_{16}H_{18}ON_2S$. Schmelzp. 101°. Aus Phenylaminoäthanol und p-Tolyl-i-thiocyanat[3].

α-p-Tolyl-β-phenyl-α-äthanolthioharnstoff $C_{16}H_{18}ON_2S$. Schmelzp. 120°. Aus p-Tolylaminoäthanol und Phenyl-i-thiocyanat[3].

α, β-Di-p-tolyl-α-äthanolthioharnstoff $C_{17}H_{22}ON_2S$. Schmelzp. 130°. Aus p-Tolylaminoäthanol und p-Tolyl-i-thiocyanat[3].

α-Phenyl-β-o-tolyl-α-äthanolthioharnstoff $C_{16}H_{18}ON_2S$. Schmelzp. 94°. Aus Phenylaminoäthanol und o-Tolyl-i-thiocyanat[3].

α-p-Tolyl-β-o-tolyl-α-äthanolthioharnstoff $C_{17}H_{20}ON_2S$. Öl. Aus p-Tolylaminoäthanol und o-Tolyl-i-thiocyanat[3].

α-Phenyl-β-o-methoxyphenyl-α-äthanolthioharnstoff $C_{16}H_{18}ON_2S$. Öl. Aus Phenylaminoäthanol und o-Methoxyphenyl-i-thiocyanat[3].

α-o-Methoxyphenyl-β-phenyl-α-äthanolthioharnstoff $C_{16}H_{18}O_2N_2S$. Schmelzp. 143°. Auf o-Methoxyphenylaminoäthanol und Phenyl-i-thiocyanat[3].

α-Phenyl-β-(α-naphthyl-)α-äthanolthioharnstoff $C_{19}H_{18}ON_2S$. Nicht rein isoliert. Aus Phenylaminoäthanol und α-Naphthyl-i-thiocyanat[3].

α-p-Bromphenyl-β-phenyl-α-äthanolthioharnstoff $C_{15}H_{15}ON_2SBr$. Schmelzp. 98°. Aus p-Bromphenylaminoäthanol und Phenyl-i-thiocyanat[3].

α-Phenyl-β-p-bromphenyl-α-äthanolthioharnstoff $C_{15}H_{15}ON_2SBr$. Schmelzp. 131°. Aus Phenylaminoäthanol und p-Bromphenyl-i-thiocyanat[3].

α-p-Tolyl-β-p-bromphenyl-β-äthanolthioharnstoff $C_{16}H_{17}ON_2SBr$. Schmelzp. 137°. Aus p-Tolylaminoäthanol und p-Bromphenyl-i-thiocyanat[3].

α-p-Bromphenyl-β-p-tolyl-α-äthanolthioharnstoff $C_{16}H_{17}ON_2SBr$. Öl. Aus p-Bromphenylaminoäthanol und p-Tolyl-i-thiocyanat[3].

α-p-Bromphenyl-β-(α-naphthyl-) α-äthanolthioharnstoff $C_{19}H_{17}ON_2SBr$. Schmelzp. 60°. Aus p-Bromphenylaminoäthanol und α-Naphthyl-i-thiocyanat[3].

α-(α-Naphthyl-)β-p-bromphenyl-α-äthanolthioharnstoff $C_{19}H_{17}ON_2SBr$. Öl. Aus α-Naphthylaminoäthanol und p-Bromphenyl-i-thiocyanat[3].

---

[1] S. Kodama: Jap. J. of Chem. **1**, 81 (1922) — Chem. Zbl. **1923 III**, 205.
[2] Vgl. Komatsu: Mem. Coll. Sci. Engin. Imp. Univ. Kyoto **3**, 1 — Chem. Zbl. **1911 II**, 537.
[3] F. B. Dains, R. Q. Brewster, J. L. Malm, A. W. Miller, R. V. Maneval u. J. A. Sultzaberger: J. amer. chem. Soc. **47**, 1981 — Chem. Zbl. **1925 II**, 1865.

α-p-Bromphenyl-β-allyl-α-äthanolthioharnstoff $C_{12}H_{15}ON_2SBr$. Schmelzp. 96°. Aus p-Bromphenylaminoäthanol und Allyl-i-thiocyanat [1].

α-p-Xylyl-β-p-tolyl-α-äthanolthioharnstoff $C_{18}H_{22}ON_2S$. Schmelzp. 107°. Aus p-Xylylaminoäthanol und p-Tolyl-i-thiocyanat [1].

α-p-Xylyl-β-o-tolyl-α-äthanolthioharnstoff $C_{18}H_{22}ON_2S$. Aus p-Xylylaminoäthanol und o-Tolyl-i-thiocyanat. Öl [1].

α, β-Di-p-xylyl-α-äthanolthioharnstoff $C_{18}H_{22}ON_2S$. Öl. Aus p-Xylylaminoäthanol und p-Xylyl-i-thiocyanat [1].

α-Phenyl-β-methyl-α-äthanolthioharnstoff $C_{10}H_{14}ON_2S$. Schmelzp. 69°. Aus Phenylaminoäthanol und Methyl-i-thiocyanat [1].

α-Methyl-β-phenyl-α-äthanolthioharnstoff $C_{10}H_{14}ON_2S$. Schmelzp. 95°. Aus Methylaminoäthanol und Phenyl-i-thiocyanat [1].

α-Äthyl-β-phenyl-äthanolthioharnstoff $C_{11}H_{16}ON_2S$. Schmelzp. 152°. Aus Äthylaminoäthanol und Phenyl-i-thiocyanat [1].

α-Phenyl-β-äthyl-α-äthanolthioharnstoff $C_{11}H_{16}ON_2S$. Schmelzp. 97°. Aus Phenylaminoäthanol und Äthyl-i-thiocyanat.

α-Benzyl-β-phenyl-α-äthanolthioharnstoff $C_{16}H_{18}ON_2S$. Schmelzp. 110°. Aus Benzylaminoäthanol und Phenyl-i-thiocyanat [1].

α-Phenyl-β-benzyl-α-äthanolthioharnstoff $C_{16}H_{18}ON_2S$. Öl. Aus Phenylaminoäthanol und Benzyl-i-thiocyanat [1].

Methylthiocarbonyldiphenyldiharnstoff

$$CH_3 \cdot S - C \begin{cases} NH \cdot CO \cdot NH\, C_6H_5 \\ N \cdot CO \cdot NH \cdot C_6H_5 \end{cases}$$

Aus dem Methyljodidadditionsprodukt des Thioharnstoffs, Phenylisocyanat und KOH. Schmelzp. 142° [2].

Thiocarbonyldiphenyldiharnstoff $SC(NH \cdot CO \cdot NH\, C_6H_5)_2$. Aus Methylthiocarbonyldiphenyldiharnstoff beim Erwärmen mit KSH. Schmelzp. 202° [2].

Äthylthiocarbonyldiphenyldiharnstoff $C_6H_5 \cdot NH \cdot CO \cdot NH \cdot C(S \cdot C_2H_5) = N \cdot CO \cdot NH \cdot C_6H_5$. Aus γ-Äthylthioharnstoff und Phenylisocyanat. Schmelzp. 145° [2].

Dehydrobis-(N, N, N′, N′-tetramethylthiuroniumperchlorat)

$$\left[\begin{array}{c} (CH_3)_2N \\ (CH_3)_2N \end{array} \!\!>\! C \cdot S \cdot S \cdot C \!<\! \begin{array}{c} N(CH_3)_2 \\ N(CH_3)_2 \end{array} \right] \cdot ClO_4$$

Aus Tetramethylthioharnstoff in Eisessig und 70proz. Überchlorsäure mit Brom in Eisessig. Aus verdünntem Methylalkohol Krystalle ohne Schmelzpunkt. Verpuffen beim Erhitzen. In Wasser ziemlich, in Methylalkohol und Alkohol wenig löslich [3].

S-Benzylthiuroniumchlorid $[C_7H_7 \cdot S \cdot C(NH_2)_2]Cl$. Aus Thioharnstoff und Benzylchlorid in Alkohol (1 Stunde 100°). Stabile Form: Aus Alkohol Krystalle (impfen!) vom Schmelzp. 172,5—174°. Metastabile Form: Aus keimfreier gesättigter Lösung mit konzentrierter Salzsäure oder Kochsalzlösung, auch durch Umkrystallisieren aus Alkohol (impfen!) oder durch Schmelzen der stabilen Form. Erweicht bei 140°, Schmelzp. 146—148° (korr.). — **Sulfat** $(C_8H_{11}N_2S)_2SO_4$. Aus Wasser, Schmelzp. 184—188° (korr., Zers.). — **Bisulfat** $(C_8H_{11}N_2S)SO_4H$. Aus Alkohol, Schmelzp. 146—147,5°) (korr.) [3].

N′, N′, S-Trimethyl-N-äthyl-N-phenylthiuroniumjodid

$$C_{12}H_{19}N_2SJ = \begin{array}{c} CH_3 \cdot S \\ J \end{array} \!\!>\! C \!<\! \begin{array}{c} N:(CH_3)_2 \\ N \!<\! \begin{array}{c} C_2H_5 \\ C_6H_5 \end{array} \end{array}$$

Aus N′, S-Dimethyl-N-äthyl-N-phenyl-ps-thioharnstoff und Methyljodid (4 Tage Zimmertemperatur) Krystallmasse. — **Pikrat** $C_{18}H_{21}O_7N_5S$. Mit Thallopikrat. Aus Wasser von 70° gelbe Krystalle vom Schmelzp. 87—88° (korr.). — **d-α-Bromcampher-π-sulfonat** $C_{22}H_{33}O_4N_2BrS_2$.

---

[1] F. B. Dains, R. Q. Brewster, I. L. Malm, A. W. Miller, R. V. Maneval u. J. A. Sultzaberger: J. amer. chem. Soc. **47**, 1981 — Chem. Zbl. **1925 II**, 1865.
[2] H. Lakra u. F. Dains: J. amer. chem. Soc. **51**, 2220 — Chem. Zbl. **1929 II**, 1398.
[3] H. Lecher u. Mitarbeiter: Liebigs Ann. **445**, 35 (1925) — Chem. Zbl. **1926 I**, 356.

Umsetzen des Thiuroniumsulfats mit dem Bariumsalz in Wasser. Aus Aceton Krystalle, die immer wieder das Drehungsvermögen des Bromcamphersulfosäureions zeigen [1].

N, N′, S-Trimethyl-N, N′-diäthylthiuroniumjodid: $C_8H_{19}N_3JS$.

$$CH_3 \cdot S-\underset{\underset{C_2H_5-\overset{+}{N}-CH_3}{\|}}{C}-N\diagdown\begin{array}{l}CH_3\\C_2H_5\end{array}$$

$$J^-$$

1. Aus N, S-Dimethyl-N, N′-diäthyl-ps-thioharnstoff und Methyljodid (3 Tage Zimmertemperatur). 2. Ebenso aus N, N′-Dimethyl-N, N′-diäthylthioharnstoff und Methyljodid in Äther. Aus Aceton Krystalle vom Schmelzp. 81,5—83,5° (korr.). — **Pikrat** $C_{14}H_{21}O_7N_5S$. Aus Wasser (55°) gelbe Krystalle vom Schmelzp. 52,5—53,5° [1].

N, N, N′-Trimethylthioharnstoff

$$\begin{array}{l}(CH_3)_2N\\CH_3 \cdot HN\end{array}\diagdown C:S$$

Besser als das von Dixon[2] angegebene Verfahren ist das folgende: Schütteln von Methylsenföl mit 33 proz. Dimethylamin in Wasser bis zur klaren Lösung und Eindampfen dieses Derivats. Schmelzpunkt 87°. In Benzol und Chloroform sehr leicht, in Wasser leicht, in kaltem Tetrachlorkohlenstoff wenig löslich [3].

N, N, N′, S-Tetramethylpseudothioharnstoff

$$\begin{array}{l}(CH_3)_2N\\CH_3 \cdot N\end{array}\diagdown C \cdot SCH_3$$

Durch Erhitzen von N, N, N′-trimethylthioharnstoff mit Dimethylsulfat in Wasser unter Rückfluß bis zur klaren Lösung, Ausfällen mit Lauge und Ausäthern. Ausbeute etwa 85%. Widerlich riechende Flüssigkeit vom Kochp.$_{11}$ 68° [3, 4].

Pentamethylthiuroniumhydroxyd

$$\left[C\diagup\begin{array}{l}SCH_3\\-N(CH_3)_2\\N(CH_3)_2\end{array}\right] \cdot OH$$

Zersetzt sich in wässeriger Lösung schon bei Zimmertemperatur merklich. Base von der Stärke der Kalilauge. — **Jodid** $C_6H_{15}N_2JS$. Aus Tetramethylthioharnstoff und Methyljodid in Äther. Oder aus Tetramethylpseudothioharnstoff und Methyljodid ohne Verdünnungsmittel. Aus wenig absolutem Alkohol Nadeln, die sich von 155° (korr.) zersetzen und äußerst hygroskopisch sind. In Wasser und Alkohol sehr leicht löslich. Im Hochvakuum über P_2O_5 getrocknet, kein Krystallwasser. Mit Normalnatronlauge gekocht, zerfällt es in Methylthiol und Tetramethylharnstoff innerhalb 1½ Stunden vollständig. — **Pikrat** $C_{12}H_{17}O_7N_5S$. Durch Schütteln der wässerigen Jodidlösung mit Thallopikrat und Eindampfen des Filtrats im Vakuum. Aus Wasser oder Alkohol in gelben Nadeln vom Schmelzp. 92—93,5° (korr.) [5].

N, N-Dimethyl-N′, N′-diäthylthioharnstoff $C_7H_{16}N_2S$. Aus N, N-Dimethylthiocarbaminsäurechlorid mit Diäthylamin in siedendem Benzol. Schwach riechendes Öl vom Kochpunkt$_{10}$ 119—120° (korr.) [5].

N-Methyl-N′, N′-diäthylthioharnstoff $C_6H_{14}N_2S$. Aus Methylsenföl und Diäthylamin in Wasser. Aus Toluol + Benzol (bei —15°) Krystalle vom Schmelzp. 36—37,5° (korr.). Außer in kaltem Wasser und Benzol leicht löslich [5].

N, S-Dimethyl-N′, N′-diäthylpseudothioharnstoff $C_7H_{16}N_2S$. Aus N-Methyl-N′, N′-diäthylthioharnstoff und Dimethylsulfat in siedendem Methylalkohol und Fällen mit 50 proz. Kalilauge. Kochp.$_{10}$ 79—80° (korr.) [5].

N, N, S-Trimethyl-N′, N′-diäthylthiuroniumjodid $C_8H_{19}N_2SJ$. Aus N, N-Dimethyl-N′, N′-diäthylthioharnstoff und Methyljodid in Äther oder aus N, N, S-Trimethyl-N′-äthylpseudothioharnstoff und Äthyljodid ohne Verdünnungsmittel. Hygroskopische Krystalle vom Schmelzp. 94—95°. Leicht löslich. — **Pikrat** $C_{14}H_{21}O_7N_5S$. Gelbe Krystalle aus Wasser vom Schmelzp. 79,5—83° (korr.) [5].

---

[1] H. Lecher u. Mitarbeiter: Liebigs Ann. **445**, 35 (1925) — Chem. Zbl. **1926 I**, 356.
[2] J. chem. Soc. Lond. **67**, 557.
[3] H. Lecher u. F. Graf: Ber. dtsch. chem. Ges. **56**, 1326 — Chem. Zbl. **1923 III**, 548.
[4] Vgl. auch Delépine: Bull. Soc. chim. France [4] **7**, 988 — Chem. Zbl. **1911 I**, 298.
[5] H. Lecher u. Cl. Heuck: Liebigs Ann. **438**, 169 — Chem. Zbl. **1924 II**, 836.

N, N′-Diacetylthioharnstoff S : C(NH · COCH$_3$)$_2$. Thioharnstoff erst mit wenig Acetanhydrid bei 100° behandeln (Gemisch von Mono- und Diacetylderivat), dann mit überschüssigem Acetanhydrid weiter bei 100° behandeln. Hellgelbbraune Prismen (aus heißem Acetanhydrid). Zwischen 108 und 115° Gelbfärbung (Zers.), bei 150° dunkelgelbe, dann rote Flüssigkeit. Neutral gegen Bromthymolblau [1].

Molekülverbindung von N-Acetyl- und N, N′-Diacetylthioharnstoff. Aus äquimol. Gemisch der Komponenten in heißem Alkohol. Gelbe Prismen vom Schmelzp. 151° [1].

Triacetylderivat (salzartige Verbindung von Mono- und Diacetylprodukt)

$$C\underset{\diagdown NH \cdot CO \cdot CH_3}{\overset{\diagup N \cdot CO \cdot CH_3}{-SH}},\quad NH_2 \cdot C\underset{\diagdown N \cdot CO \cdot CH_3}{\overset{\diagup SH}{}}$$

a) Aus Thioharnstoff und Acetanhydrid, erhitzen auf 100° bis Lösung, kalt erstarrte Masse mit Wasser waschen. Aus Alkohol und Äther. Schmelzp. 151—152° (Mutterlauge Monoacetylverbindung). b) Aus 1,6 g Diacetylthioharnstoff und 1,18 g Monoacetylthioharnstoff in siedendem Alkohol, gelbliche Nadeln vom Schmelzp. 154°. Bei langem Stehen mit Alkali oder durch Erhitzen mit Anilin oder 4stündiges Kochen mit Wasser wird (bis zu 92°) Monoacetylthioharnstoff gebildet [2].

Diacetylthioharnstoff C$_5$H$_8$O$_2$N$_2$S. Aus Acetylthioharnstoff und Acetanhydrid bei 100° bis zur Lösung behandelt. Blattähnliche Krystalle vom Schmelzp. 150—151°. Mit Anilin, p-Toluidin erhitzt, entstehen Acetamide und Monoacetylharnstoff, der sich auch beim Erhitzen mit Wasser bildet [2].

Monoacetylthioharnstoff. Beim Erhitzen mit Ammoniak oder mit Salzsäure und Eindampfen in der Hitze liefert er Thioharnstoff [2].

Oxazolidonyl-3-phenylsulfoharnstoff C$_{10}$H$_{10}$O$_2$N$_2$S. Aus Alkohol weiße Nadeln vom Schmelzp. 105° [3].

2-μ-Amidooxazolinyl-2-phenylsulfoharnstoff C$_{10}$H$_{11}$ON$_3$S. Schmelzp. 161° [3].

Oxazolidonyl-3-allylsulfoharnstoff-2-imid C$_7$H$_{11}$ON$_3$S. Aus Alkohol weiße Nadeln vom Schmelzp. 101°. — **Dibromid.** Schmelzp. 200° (Zers.) aus Alkohol [3].

Oxazolidonyl-3-allylsulfoharnstoff C$_7$H$_{10}$O$_2$N$_2$S. Aus Alkohol Nadeln vom Schmelzpunkt 65°. — **Dibromid.** Schmelzp. 159° (aus Alkohol) [3].

2-μ-Amidooxazolinyl-2-allylsulfoharnstoff C$_7$H$_{11}$ON$_3$S. Aus Alkohol Nadeln vom Schmelzp. 121° [3].

5-Chlormethyl-2-imidoxazolinyl-3-phenylthioharnstoff C$_{11}$H$_{12}$ON$_3$ClS. Aus warmem (!) Alkohol, Schmelzp. 78° [3].

5-Chlormethyloxazolinyl-2-phenylthioharnstoff C$_{11}$H$_{12}$ON$_3$ClS. Aus absolutem Alkohol, Schmelzp. 159° [3].

5-Chlormethyloxazolidonyl-3-phenylthioharnstoff C$_{11}$H$_{11}$O$_2$N$_2$ClS. Aus heißem Alkohol + warmem Wasser Nadeln vom Schmelzp. 124° [3].

5-Chlormethyl-2-imidoxazolinyl-3-allylthioharnstoff C$_8$H$_{12}$ON$_3$SCl. Aus warmem Alkohol Nadeln vom Schmelzp. 84° [3].

5-Chlormethyloxazolinyl-2-allylthioharnstoff C$_8$H$_{12}$ON$_3$SCl. Aus verdünntem Alkohol Nadeln vom Schmelzp. 125° [3].

5-Chlormethyloxazolidonyl-3-allylthioharnstoff C$_8$H$_{11}$O$_2$N$_2$ClS. Aus heißem Alkohol + warmem Wasser. Schmelzp. 50° [3].

3-Methyl-5-amido-4-thio-1, 2-diazolylphenylsulfoharnstoff C$_{10}$H$_{10}$N$_4$S$_2$. Aus Alkohol weiße Nadeln vom Schmelzp. 230—235° [3].

Triphenylguanylthioharnstoff H$_5$C$_6$HN · CS · NH · C(:NC$_6$H$_5$) · (NHC$_6$H$_5$). Bei der Behandlung von Diphenylguanidinphenyldithiocarbamat mit siedendem Benzol neben Schwefelwasserstoff. Schmelzp. 156—157° (nicht 150°) [4].

---

[1] H. Lecher u. W. Siefken: Liebigs Ann. **456**, 192 — Chem. Zbl. **1927 II**, 1247.
[2] A. Hugershoff: Ber. dtsch. chem. Ges. **58**, 2477 (1925) — Chem. Zbl. **1926 I**, 1527.
[3] E. Fromm, R. Kapeller, L. Pirk u. P. Fantl: Liebigs Ann. **447**, 259 — Chem. Zbl. **1926 II**, 418ff.
[4] W. Scott: J. Ind. Eng. Chem. **15**, 286 (1923) — Chem. Zbl. **1924 I**, 2109.

5-Methyloxazolin-2-phenylthioharnstoff $C_{11}H_{13}ON_3S$. Schmelzp. 152°[1].
5-Methyloxazolidonyl-3-phenylthioharnstoff $C_{11}H_{12}O_2N_2S$. Aus Alkohol Nadeln. Schmelzp. 114°[1].
5-(Benzylmercaptomethyl)-oxazolin-2-phenylthioharnstoff $C_{18}H_{19}ON_3S_2$. Schmelzpunkt 129°[1].
5-(Benzylmercaptomethyl)-oxazolidonyl-3-phenylthioharnstoff $C_{18}H_{18}O_2N_2S_2$. Schmelzp. 107°[1].
5-(Benzylmercaptomethyl)-oxazolin-2-allylthioharnstoff $C_{15}H_{19}ON_3S_2$. Schmelzpunkt 100°[1].
5-(Benzylmercaptomethyl)-oxazolidonyl-3-allylthioharnstoff $C_{15}H_{18}O_2N_2S_2$. Schmelzpunkt 59°[1].
α-Phenyloxazol-μ-phenylthioharnstoff $C_{16}H_{13}ON_3S$. Schmelzp. 195°[1].
Thiazolidonyl-3-phenylthioharnstoff $C_{10}H_{10}ON_2S_2$. Nadeln aus Pyridin vom Schmelzpunkt 103°[1].
Thiazolin-2-phenylthioharnstoff $C_{10}H_{11}N_3S$. Schmelzp. 130°[1].
Thiazolidonyl-3-allylthioharnstoff $C_7H_{10}ON_2S_2$. Schmelzp. 111°[1].
Thiazolin-2-allylthioharnstoff $C_7H_{11}N_3S_2$. Schmelzp. 143°[1].
Äthylendi-(allylthioharnstoff) $C_{10}H_{18}N_4S_2$. Schmelzp. 102°[1].
α-Phenylthiazol-μ-phenylthioharnstoff $C_{16}H_{13}N_3S$. Gelbe Nadeln aus Alkohol. Schmelzp. 213°[1].
α-Methylthiazol-μ-phenylthioharnstoff $C_{11}H_{11}N_3S_2$. Aus Alkohol. Krystalle. Schmelzpunkt 172°[1].
1-Phenyl-5-anilinotriazol-3-phenylthioharnstoff $C_{21}H_{18}N_6S$. Schmelzp. 194°[1].
1-Phenyl-5-anilinotriazol-3-allylthioharnstoff $C_{18}H_{18}N_6S$. Schmelzp. 191°[1].
Phenyl-guanazolphenylthioharnstoff $C_{15}H_{14}N_6S$. Schmelzp. 252°[1].
Phenyl-guanazolallylthioharnstoff $C_{12}H_{14}N_6S$. Schmelzp. 220°[1].
Piperazinodi-(phenylthioharnstoff) $C_{18}H_{20}N_4S_2$. Schmelzp. 263°[1].
Piperazinodi-(allylthioharnstoff) $C_{12}H_{20}N_4S_2$. Schmelzp. 153°[1].
1-Phenyl-5-mercaptotriazol-3-phenylthioharnstoff $C_{15}H_{13}N_5S_2$. Schmelzp. 264°[1].
1-Phenyl-5-(benzylmercapto)-triazol-3-allylthioharnstoff $C_{19}H_{19}N_5S_2$. Schmelzp.129°[1].
1-Phenyl-5-(methylmercapto)-triazol-3-allylthioharnstoff $C_{13}H_{15}N_5S_2$. Nadeln aus Alkohol. Schmelzp. 138°[1].
5-(Benzylmercapto)-triazol-3-phenylthioharnstoff $C_{16}H_{15}N_5S_2$. Schmelzp. 155°[1].
5-(Benzylmercapto)-triazol-3-allylthioharnstoff $C_{13}H_{15}N_5S_2$. Schmelzp. 116°[1].
3-Methyl-5-amino-1,2,4-triazol-2-phenylthioharnstoff $C_{10}H_{11}N_5S$. Schmelzpunkt im zugeschm. Röhrchen 205°[2].
3-Methyl-1,2,4-triazol-5-phenylthioharnstoff $C_{10}H_{11}N_5S$. Schmelzp. 197—199°[2].
3-Methyl-1,2,4-triazol-5-allylthioharnstoff $C_7H_{11}N_5S$. Schmelzp. 125°[2].
Anilinoguanidinphenylthioharnstoff $C_{14}H_{15}N_5S$. Schmelzp. 167°[2].
Anilinoguanidinallylthioharnstoff $C_{11}H_{15}N_5S$. Glänzende Blättchen aus Aceton. Schmelzp. 128°[2].
2-Phenyl-3-allylamino-1,2,4-triazol-5-phenylthioharnstoff $C_{18}H_{18}N_6S$. Schmelzpunkt 192°[2].
1-Phenyl-1,2,4-triazol-5-phenylthioharnstoff $C_{15}H_{13}N_5S$. Schmelzp. 128°[2].
2-Phenyl-3-methyl-1,2,4-triazol-5-allylthioharnstoff $C_{13}H_{15}N_5S$. Nadeln aus Alkohol. Schmelzp. 158°[2].

N$^\omega$-Methylthiobiuret $CH_3 \cdot NH \cdot CO \cdot NH \cdot CS \cdot NH_2$ durch Einleiten von H_2S in eine Aufschlämmung von Bis-(methylcarbaminyl)-cyanamid in Methanol. Nadeln. Zers. 198°[3].

S-Methylisothioharnstoff $C_2H_6N_2S$, Mol.-Gewicht 90,13. Man kondensiert in eine konzentrierte, absolut-ätherische Lösung von Cyanamid einen kleinen Überschuß von Methylmercaptan unter Kühlung durch Kältemischung und erwärmt dann allmählich; die Ausbeute ist fast quantitativ. — Die farblosen Schuppen werden an der Luft bald rötlich; sie sintern ab 75° und schmelzen bei 79° (scharf) zur klaren Flüssigkeit, die sofort unter Entwicklung von Methyl-

---
[1] E. Fromm u. R. Kapeller; Liebigs Ann. **467**, 240 — Chem. Zbl. **1929 I**, 893.
[2] P. Fantl u. H. Silbermann: Liebigs Ann. **467**, 274 (1928) — Chem. Zbl. **1929 I**, 896.
[3] K. Slotta u. Tschesche: Ber. dtsch. chem. Ges. **62**, 137 — Chem. Zbl. **1929 I**, 1681.

mercaptan aufschäumt und festes Dicyandiamid hinterläßt. Die Base ist in Wasser mit alkalischer Reaktion leicht löslich, sehr leicht in Äthyl-, Methylalkohol und Aceton, schwer löslich in Äther; im geschlossenen Gefäß ist sie bei 0° 1—2 Tage haltbar; nach längerem Aufbewahren reinigt man durch Lösen in Aceton, Filtration vom Dicyandiamid und Wiederabscheiden durch Kühlung und Zusatz von Petroläther. Beim Erwärmen der Base in wässeriger Lösung entweicht neben wenig Ammoniak nur CH_3SH, zurück bleibt Dicyandiamid, durch Kochen wird der Zerfall nahezu quantitativ. — **Sulfat** $(C_2H_6N_2S)_2H_2SO_4$, durch vorsichtiges Erwärmen von 76 g Thioharnstoff mit 50 ccm Wasser und 63 g säurefreiem Dimethylsulfat und Erhitzen zum Kochen nach der ersten Reaktion; Ausbeute 90% der Theorie. — Große Nadeln (aus heißem Wasser + Alkohol), Schmelzp. 244° unter Zersetzung; leicht löslich in heißem, wenig in kaltem Wasser, unlöslich in Alkohol; in verdünnter Salzsäure erheblich leichter löslich als in Wasser; bei gewöhnlicher Temperatur beständig. — **Hydrochlorid** $C_2H_6N_2S$, HCl, aus dem Sulfat mit Bariumchlorid, Schmelzp. 59—60°, liefert in wenig abs. CH_3OH mit methylalkoholischer Lösung von Na-Methylat die freie Base. Sulfat und Hydrochlorid sind in wässeriger Lösung gegen Kochen beständig[1].

N, N, S-Trimethylisothioharnstoff, Chloraurat $C_4H_{10}N_2S \cdot HAuCl_4$. Nadeln vom Schmelzp. 145—149° nach vorherigem Sintern unscharf. — **Hydrochlorid. Hygroskopisch.** — **Chloroplatinat.** Derbe Krystalle. In Wasser leicht löslich[2].

N, N, S-Trimethyl-N'-äthylpseudothioharnstoff $C_6H_{14}N_2S$. Durch Erhitzen von N, N-Dimethyl-N'-äthylthioharnstoff mit Dimethylsulfat und Fällen mit 50proz. Kalilauge. Unangenehm riechende Flüssigkeit vom Kochp.$_{12}$ 69,2—69,5° (korr.)[3].

N', S-Dimethyl-N-äthyl-N-phenyl-ps-thioharnstoff $C_{11}H_{16}N_2S$. Durch Methylieren von N'-Methyl-N-äthyl-N-phenylthioharnstoff mit Dimethylsulfat in Methylalkohol durch 3stündiges Kochen, Versetzen mit 50proz. Kalilauge und Ausäthern. Gelbes Öl. Kochp.$_4$ 118—120°[4].

N, N', S-Trimethyl-ps-thioharnstoff $C_4H_{10}N_2S$. Aus dem entsprechenden Thioharnstoff wie oben. Kochp.$_{14}$ 90°; hygroskopische Krystalle vom Schmelzp. 53,5—54,5°[5].

N, N', S-Trimethyl-N-äthyl-ps-thioharnstoff $C_6H_{14}N_2S$. Aus dem entsprechenden Thioharnstoff durch Methylierung wie oben. Unangenehm riechende Flüssigkeit vom Kochp.$_{13}$ 79 bis 80° (korr.)[5].

N, S-Dimethyl-N, N'-diäthyl-ps-thioharnstoff $C_7H_{16}N_2S$. Analog aus dem entsprechenden Thioharnstoff. Kochp.$_{13}$ 80° (korr.)[5].

Über Benzylpseudothioharnstoffsalze der Naphthalinsulfosäuren[6].

N-ω-Allylthioallophansäureäthylester. Aus verdünntem Alkohol Krystalle vom Schmelzpunkt 47—49°[7].

Monomethyldithiocarbaminsäure $CS(NH \cdot CH_3) \cdot SH$. Zinksalz: Methylamin in Schwefelkohlenstoff wird mit wässeriger Essigsäure und Zinksulfatlösung versetzt. Körniger Niederschlag. Analog gewonnen: **Eisen-, Quecksilber-** und **Bleisalz**[8].

Dimethyldithiocarbaminsäure $CS(N[CH_3]_2) \cdot SH$. **Zink-, Eisen-, Quecksilber-** und **Bleisalz**: Herstellung wie die entsprechenden Salze des Monomethylderivates[8].

N, N-Dimethylthiocarbaminsäurechlorid $N(CH_3)_2 \cdot CS \cdot Cl$. Aus Thiophosgen und Dimethylamin in Benzol unter Kühlung. Kochp.$_{10}$ 98°. Schmelzp. 42°[9].

Phenyl-ps-thiocarbamincyanidnatrium $C_8H_6N_3SNa$. Zu 20 g Natriumcyanamid in 25 ccm Wasser werden 25 g Phenylsenföl und 20 ccm absoluter Alkohol gegeben und gekühlt, dann noch kurz erwärmt. Mit Alkohol und Äther gewaschen, Blättchen, die in Wasser leicht, in anorganischen Lösungsmitteln wenig löslich sind[10].

---

[1] F. Arndt: Ber. dtsch. chem. Ges. **54**, 2236—2242 (1921) — Chem. Zbl. **1922 I**, 191.
[2] M. Schenck u. H. Kirchhof: Hoppe-Seylers Z. **153**, 150 — Chem. Zbl. **1926 II**, 91.
[3] H. Lecher u. F. Graf: Liebigs Ann. **438**, 154 — Chem. Zbl. **1924 II**, 826.
[4] H. Lecher u. Mitarbeiter: Liebigs Ann. **445**, 35 (1925) — Chem. Zbl. **1926 I**, 356.
[5] H. Lecher u. F. Graf (u. F. Gnädinger): Liebigs Ann. **445**, 61 (1925) — Chem. Zbl. **1926 I**, 358.
[6] R. F. Chambers u. P. C. Scherer: Ind. Chem. **16**, 1272 (1924) — Chem. Zbl. **1925 I**, 844.
[7] E. Merck u. Cl. Diehl: D.R.P. 427417, Kl. 12o (1924, 1926); Chem. Zbl. **1926 II**, 1098.
[8] Michigan Chemical Company, übertr. von Y. Nikaido: A.P. 1541433 (1921, 1925); Chem. Zbl. **1925 II**, 1799.
[9] H. Lecher u. Cl. Heuck: Liebigs Ann. **438**, 169 — Chem. Zbl. **1924 II**, 827. — Vgl. auch Billeter: Ber. dtsch. chem. Ges. **26**, 1686 (1893).
[10] E. Fromm: Ber. dtsch. chem. Ges. **55**, 804 (1922) — Chem. Zbl. **1923 I**, 949. — Vgl. auch Wunderlich: Ber. dtsch. chem. Ges. **19**, 448. — Hecht: Ber. dtsch. chem. Ges. **23**, 1658. — Fromm: Ber. dtsch. chem. Ges. **28**, 1302.

Phenylthiocarbamidcyanid $C_8H_7N_3S$. Durch Zersetzen des Natriumsalzes mit Essigsäure. Weißer Niederschlag, nicht unkrystallisierbar, der sich bei 90° zersetzt und unscharf bei etwa 105° schmilzt[1].

Einwirkung von Thiosemicarbazid auf einige aromatische Nitroverbindungen[2].

5-Methyl-2-thiohydantoin

$$\begin{array}{c} OC\text{———}CH\cdot CH_3 \\ |\qquad\qquad | \\ HN\cdot CS\cdot NH \end{array}$$

Aus l-Alanin, Ammoniumthiocyanat und Essigsäureanhydrid (bei 0°, 1 Woche, dann in Eiswasser). Das **1-Acetylderivat** vom Schmelzp. 163—166° wird mit konzentrierter Salzsäure eingedampft. Das freie Hydantoin aus Alkohol hat Schmelzp. 161°; $[\alpha]_D^{17} = -3{,}40°$ (1,3125 proz. wässerige Lösung)[2]. Ferner kann man es erhalten durch Zusatz von Thioharnstoff und etwas verdünnter Schwefelsäure zu der nach Pinkus[2] erhaltenen Lösung von Methylglyoxal. Nach wenigen Stunden filtrieren. Aus Wasser Nadelbüschel. Schmelzp. 164° (korr.). In Wasser ziemlich, in Alkohol und Aceton leicht, in Äther, Chloroform, Benzol und Petroläther wenig löslich. **Silbersalz** $C_4H_5ON_2SAg$. — **Disulfid**

$$\left[\begin{array}{c} HO\cdot C\text{═══}C\cdot CH_3 \\ |\qquad\qquad | \\ N:C\cdot NH \\ | \\ S- \end{array}\right]_2$$

Aus Wasser Würfel vom Schmelzp. etwa 260°[4].

1-Benzoyl-5-methyl-2-thiohydantoin

$$\begin{array}{c} OC\text{———}CH\cdot CH_3 \\ |\qquad\qquad | \\ HN\cdot CS\cdot N\cdot COC_6H_5 \end{array}$$

Aus 1-Benzoylalanin analog der obigen Verbindung in 4 Tagen. Lufttrocken mit Alkohol bei 0° lösen, mit Tierkohle schütteln und im Eisschrank über Schwefelsäure verdampfen. Hellgelbe Prismen vom Schmelzp. 158—159°. In Wasser wenig, in Alkohol ziemlich, in Aceton leicht löslich. $[\alpha]_D^{20} = -8{,}7°$ (8,42 proz. Acetonlösung). Mit 1 Mol Kalilauge hellgelbe, völlig aktive Lösung, mit 2 Mol dagegen optisch inaktiv und farblos. Vermutlicher Vorgang[3]:

$$\rightarrow \begin{array}{c} OC\text{———}CH\cdot CH_3 \\ |\qquad\qquad | \\ HN:C(SK)\cdot N\cdot R \end{array} \rightarrow \begin{array}{c} KO\text{—}C\text{═══}C\cdot CH_3 \\ |\qquad\qquad | \\ HN:C(SK')\cdot N\cdot R \end{array}$$

3-p-Methoxyphenyl-2-thiohydantoin $CH_3O\cdot C_6H_4N\cdot CS\cdot NH\cdot CH_2\cdot CO$. Aus p-Methoxyphenyl-i-thiocyanat in Alkohol mit Aminoessigsäureester in Gegenwart von Kaliumhydroxyd. Aus Alkohol in Nadeln vom Schmelzp. 214°[5].

3-p-Äthoxyphenyl-2-thiohydantoin $C_{11}H_{12}O_2N_2S$. Stabile Form: Darstellung wie das Methoxyderivat. Aus heißem Alkohol in Tafeln vom Schmelzp. 197°. In Aceton, siedendem Alkohol, heißem Wasser leicht, in Benzol, Äther, Toluol nicht löslich.

Unstabile Form: Aus 9 g p-Äthoxyphenyl-i-thiocyanat + 7,5 g Aminoessigesterhydrochlorid in Alkohol + 6 g KOH (konzentrierte Lösung) durch 2stündiges Kochen; aus dem Kaliumsalz durch Salzsäure. Goldgelbe bootförmige Krystalle vom Schmelzp. 197°. Siedender salzsäurehaltiger Alkohol führt es in die stabile Form über[5].

3-p-Äthoxyphenylthiohydantoinsäure $C_2H_5OC_6H_4\cdot NH\cdot CS\cdot NH\cdot CH_2COOH$. Aus dem alkoholischen Filtrat der oben beschriebenen unstabilen Form durch Zugabe von Wasser und Ansäuern. Nadeln vom Schmelzp. 128° (Zers.). Geht beim Umkrystallisieren teilweise ins Thiohydantoin über[5].

---

[1] E. Fromm: Ber. dtsch. chem. Ges. **55**, 804 (1922) — Chem. Zbl. **1923 I**, 950. — Vgl. auch Wunderlich: Ber. dtsch. chem. Ges. **19**, 448. — Hecht: Ber. dtsch. chem. Ges. **23**, 1659. — Fromm: Ber. dtsch. chem. Ges. **28**, 1302.

[2] M. Giua u. R. Petronio: Gazz. chim. ital. **55**, 665 (1925) — Chem. Zbl. **1926 I**, 899.

[3] B. Sjollema u. L. Seekles: Rec. Trav. chim. Pays-Bas et Belg. (Amsterd.) **45**, 232 — Chem. Zbl. **1926 I**, 2692.

[4] B. Sjollema u. L. Seekles: Rec. Trav. chim. Pays-Bas et Belg. (Amsterd.) **44**, 827 — Chem. Zbl. **1925 II**, 1966.

[5] R. D. Coghill u. T. B. Johnson: J. amer. chem. Soc. **47**, 184 — Chem. Zbl. **1925 I**, 1307.

1-Acetyl-5-p-methoxyphenyl-2-thiohydantoin $C_{12}H_{12}O_3N_2S$. Aus α-Amino-p-methoxyphenylessigsäure in Eisessig mit Acetanhydrid und Ammoniumthiocyanat. Gelbe Prismen vom Schmelzp. 165°. In Eisessig und heißem Alkohol löslich, in Wasser unlöslich[1].

5-p-Methoxyphenyl-2-thiohydantoin $C_{10}H_{10}O_2N_2S$. Aus der Acetylverbindung durch Digerieren mit Salzsäure. Aus heißem Alkohol in Nadeln, die bei 130° rot werden und zwischen 200 und 210° unter Zersetzung schmelzen. In Wasser und Alkohol wenig löslich[1].

1,3-Di-(p-methoxyphenyl-)2-thiohydantoin $CH_3O \cdot C_6H_4 \cdot \overline{N \cdot CS \cdot N(C_6H_4OCH_3) \cdot CH_2 \cdot CO}$. Aus α-Amino-p-methoxyphenylessigsäure und p-Methoxyphenyl-i-thiocyanat bei 140—160°. Aus Alkohol Nadeln vom Schmelzp. 185°. In organischen Solventien wenig löslich, in Alkalien unlöslich[1].

3,5-Di-(p-methoxyphenyl-)2-thiohydantoin $C_{17}H_{16}O_3N_2S$. Aus Anisyl-i-thiocyanat und α-Amino-p-methoxyphenylessigsäure in Gegenwart von Kalilauge. Aus heißem Alkohol in Tafeln vom Schmelzp. 193°. In Aceton, Alkohol und Alkali löslich, in Äther, Benzol und Toluol unlöslich[1].

3-p-Nitrophenylthiohydantoin $C_9H_7O_3N_3S$. Aus Alkohol gelbe Nadeln. Zersetzung zwischen 170 und 172°. In heißem Alkohol, Aceton und Eisessig löslich, in Äther, Benzol und Wasser unlöslich[1].

3-(p-Chlorphenyl-)2-thiohydantoin $C_9H_7ON_2SCl$. Es bildet sich durch Erhitzen von Carbäthoxyaminoaceto-p-chloraniliddithiocarbamat bei 40 mm Druck auf 140—145° (Ölbadtemperatur) oder durch Erwärmen von Aminoaceto-p-chloraniliddithiocarbamat mit einer wässerigen Lösung von Mercurochlorid. Aus Alkohol in gelben Nadeln vom Schmelzp. 225 bis 227° (Zers.). In Aceton sehr leicht, in heißem Wasser sehr wenig, in Eisessig löslich und in Äther, Benzol und Toluol unlöslich[2].

3-(p-Chlorphenyl-)2-thio-5-benzalhydantoin $C_{16}H_{11}ON_2SCl$. Aus Alkohol hellgelbe Nadeln vom Schmelzp. 257°[2].

3-(p-Chlorphenyl-)2-benzylmercapto-5-benzalhydantoin $C_{23}H_{17}ON_2SCl$. Aus der vorhergehenden Verbindung mit Natriumäthylat und Benzylchlorid. Aus Alkohol in hellgelben Nadeln vom Schmelzp. 176,5°[2].

3-(p-Methoxyphenyl-)2-thiohydantoin $C_{10}H_{10}O_2N_2S$. Aus Alkohol in hellgelben Nadeln vom Schmelzp. 207—209°. In Alkohol und Eisessig mäßig, in heißem Wasser sehr wenig, in Äther und Benzol nicht löslich[2].

3-(p-Methoxyphenyl-)2-thio-5-benzalhydantoin $C_{17}H_{14}O_2N_2S$. Aus Alkohol in gelben Tafeln vom Schmelzp. 203°[2].

3-(p-Methoxyphenyl-)2-benzylmercapto-5-benzalhydantoin $C_{24}H_{20}O_2N_2S$. Aus Alkohol in hellgelben Nadeln vom Schmelzp. 174°[2].

3-(m-Tolyl-)2-thiohydantoin $C_{10}H_{10}ON_2S$. Aus Alkohol citronengelbe Nadeln vom Schmelzp. 187° (Zers.). In Alkohol, Aceton und Eisessig löslich, in Wasser wenig, in Äther und Benzol nicht löslich[2].

3-(m-Tolyl-)2-thio-5-benzalhydantoin $C_{17}H_{14}ON_2S$. Aus Alkohol, worin wenig löslich, in Nadeln vom Schmelzp. 183°[2].

3-(m-Tolyl-)2-benzylmercapto-5-benzalhydantoin $C_{24}H_{20}ON_2S$. Aus Alkohol krystallisieren Nadeln, die allmählich in gelbe Tafeln übergehen mit dem Schmelzp. 145°[2].

5-Isobutyl-1-acetyl-2-thiohydantoin $C_9H_{14}O_2N_2S$. Schmelzp. 128—129°[3].

5-Isobutyl-2-thiohydantoin $C_7H_{12}ON_2S$. Schmelzp. 170—171°[3].

1-Benzoylleucyl-2-thiohydantoin $C_{16}H_{19}O_3N_3S$. Schmelzp. 172—173°, sintert bei 165°[3].

5-Isobutyl-1-benzoyl-2-thiohydantoin $C_{14}H_{16}O_2N_2S$. Nädelchen vom Schmelzp. 165 bis 166°[3].

5-Methyl-1-benzoylalanyl-2-thiohydantoin $C_{14}H_{15}O_3N_3S$. Monokline Blättchen vom Schmelzp. 173—174°[3].

5-Methyl-1-benzoyl-2-thiohydantoin $C_{11}H_{10}O_2N_2S$. Blättchen vom Schmelzp. 158—159°[3].

1-Benzoyldiglycyl-2-thiohydantoin $C_{14}H_{14}O_4N_3S$. Trikline Prismen vom Schmelzp. 190 bis 191° (Zers.), sintert bei 155°[3].

1-Benzoylglycyl-2-thiohydantoin $C_{12}H_{11}O_3N_3S$. Nädelchen vom Schmelzp. 204—205° (Dunkelfärbung ab 180°)[3].

1-Benzoyl-2-thiohydantoin. Hellgelbe Blättchen vom Schmelzp. 164—165°[3].

---

[1] R. D. Coghill u. T. B. Johnson: J. amer. chem. Soc. **47**, 184 — Chem. Zbl. **1925 I**, 1307.
[2] A. J. Hil u. E. B. Kelsey: J. amer. chem. Soc. **44**, 2357—2369 (1922) — Chem. Zbl. **1923 I**, 1088.
[3] P. Schlack u. W. Kumpf: Hoppe-Seylers Z. **154**, 125 — Chem. Zbl. **1926 II**, 580.

5-Benzal-2, 3-diphenylisothiohydantoin $C_{22}H_{12}ON_2S$. Schmelzp. 215—216° (korr.)[1].
Diphenylisothiohydantoin. Kondensationsprodukte mit o-Nitrobenzaldehyd, Cinnamaldehyd, Furfuraldehyd, Salicylaldehyd (Schmelzp. 249—250°), 3,5-Dichlorsalicylaldehyd (Schmelzpunkt 234—235°), 3, 4-Dihydroxybenzaldehyd, 3-Methoxybenzaldehyd, 5-Chlor-, 5-Brom- und 5-Nitrovanillaldehyd[1].

2-Thiohydantoin-3-essigsäure $C_5H_6O_3N_2S$

$$\text{HOOC} \cdot \text{CH}_2 \cdot \overset{\displaystyle |}{\underset{\displaystyle |}{\text{N}}}\text{———}\overset{\displaystyle \text{CO}}{\underset{\displaystyle |}{}}$$
$$\text{CS}$$
$$\text{NH———CH}_2$$

Aus i-Thiocyanessigsäureäthylester und Aminoessigester; Verseifen des entstandenen Thioharnstoff-diäthylacetats mit HCl gelbe Tafeln. Schmelzp. 210—212°.
2-Thio-5-p-anisalhydantoin-3-essigsäure $C_{13}H_{12}O_4N_2S$. Aus 2-Thiohydantoinessigsäure und p-Anisaldehyd 280—282°[2].
2-Thio-5-salicylidenhydantoin-3-essigsäure $C_{12}H_{10}O_4N_2S$. Aus 2-Thiohydantoin-3-essigsäure und Salicylaldehyd. Schmelzp. 253—254°[2].
2-Thio-5-piperonalhydantoin-3-essigsäure $C_{13}H_{10}O_5N_2S$. Aus 2-Thiohydantoin-3-essigsäure und Piperonal. Schmelzp. 291°[2].

Cinnamyldithiourethan $NH_2 \cdot CS \cdot S \cdot CH_2 \cdot CH{:}CH \cdot C_6H_5$. Aus Cinnamylbromid und Ammoniumdithiocarbamat in Alkohol. Aus Alkohol, Schmelzp. 124°[3].
Phenylsulfurethan $C_9H_{12}ONS$. Schmelzp. 69°[4].

1-Phenyl-4-thiobiuret $C_6H_5 \cdot NH \cdot CO \cdot NH \cdot CS \cdot CH_2$. Aus Thioharnstoff und Phenylisocyanat. Schmelzp. 186°[5].
1-Phenyl-4-methylthiobiuret $C_6H_5 \cdot NH \cdot CO \cdot NH \cdot C(S \cdot CH_3) = NH$. Aus Phenyl-4-thiobiuret und Methyljodid. Schmelzp. 147—148°[5].
1, 5-Diphenyl-4-methylthiobiuret

$$CH_3 \cdot S \cdot C \begin{smallmatrix} \diagup NH \cdot C_6H_5 \\ \diagdown N \cdot CO \cdot NH \cdot C_6H_5 \end{smallmatrix}$$

Aus dem Methyläther des Phenylthioharnstoffs und Phenylisocyanat. Schmelzp. 108°[5].
1, 5-Diphenylmonothiobiuret $C_6H_5 \cdot NH \cdot CO \cdot NH \cdot CS \cdot NH \cdot C_6H_5$. Schmelzp. 161°[5].

---

[1] R. M. Hann u. K. S. Markley: J. Washington Acad. Sci. **16**, 169 — Chem. Zbl. **1926 I**, 3401. (Sämtliche Schmelzpunkte angegeben.)
[2] A. C. Renfrew u. Treat B. Johnson: J. amer. chem. Soc. **51**, 254 — Chem. Zbl. **1929 I**, 1344.
[3] J. v. Braun u. R. Murjahn: Ber. dtsch. chem. Ges. **59**, 1202 — Chem. Zbl. **1926 II**, 395.
[4] E. Fromm u. P. Fantl: Liebigs Ann. **447**, 259 — Chem. Zbl. **1926 II**, 419.
[5] H. Lakra u. F. Dains: J. amer. chem. Soc. **51**, 2220 — Chem. Zbl. **1929 II**, 1398.

Guanidin, Kreatin, Kreatinin.

Von

Hans Sickel †-Dessau.

Guanidin.

Vorkommen: In reifenden Roggenähren[1]; aus den stickstoffhaltigen Bestandteilen von 20 kg Früchten der Chayote (Hayatouri) etwa 0,5 g als Chloraurat[2]; im Riesenkieselschwamm (Geodia gigas)[3]; im wässerigen Extrakt des Regenwurmes[4]. Guanidin konnte weder im normalen noch im Tetanieharn nachgewiesen werden[5].

Nachweis: Guanidin und seine Derivate (Methyl-) geben mit an der Luft braun gewordener Nitroprussidnatriumlösung eine rote Farbe[6].

Für die Farbenreaktion von Sakaguchi ist nur der Guanidinkern verantwortlich. Beim Guanidin selbst tritt sie nicht ein, ist dagegen positiv, wenn in einer oder beiden Aminogruppen ein Wasserstoffatom ersetzt ist. Sind an einer Aminogruppe aber zwei H-Atome substituiert, so bleibt sie negativ. Substitutionen in der Iminogruppe haben keinen Einfluß, auch nicht ein Ersatz des Fettsäurerestes durch ein Radikal ohne Carboxyl. Dagegen wirken negative Gruppen störend[7].

Zur Trennung und Kennzeichnung wird das Salz der Imidazoldicarbonsäure empfohlen. 1000 Teile Wasser lösen bei 29° 4.9 Teile. In Alkohol sind die feinen Nädelchen unlöslich. Schmelzp. 241—242°[8].

Bildung: In Schmelzen von Dicyandiamid und Ammoniumsalzen sollen sich die Salze von Guanidin und Biguanid nicht nach Werner und Bell[9], sondern nach folgendem Schema bilden: Ammoniumsalz lagert sich an Dicyandiamid zu Biguanid an, und dieses liefert durch Addition von einem zweiten Mol Salz 2 Mol Guanidinsalz:

I. $H_2N \cdot C(NH)NH \cdot CN + NH_3, HX = H_2N \cdot C(NH) \cdot NH \cdot C(NH) \cdot NH_2, HX$

II. $H_2N \cdot C(NH)NH \cdot C(NH) \cdot NH_2, HX + NH_3, HX = 2 H_2N \cdot C(NH) \cdot NH_2, HX$[9].

Ferner bildet es sich aus Harnstoff durch Ammonolyse mit flüssigem Ammoniak bei 250° unter völligem Ausschluß von Wasser. Ebenso aus Allophansäureäthylester oder Cyanursäure und flüssigem Ammoniak. Bei 65stündigem Erhitzen auf 300° mit Ammoniumchlorid gaben in flüssigem Ammoniak: Urethan, Biuret, Carbäthoxycyanamid, Ammelin, Ammelid, symmetrisches Dicarbäthoxyguanidin, Methylharnstoff, Allophansäuremethylester, symmetrischer Dicarbäthoxyharnstoff (Carbonyldiurethan), Carbäthoxy-N-phenylbiuret, Guanylharnstoff-

---

[1] A. Kiesel: Hoppe-Seylers Z. **135**, 61 — Chem. Zbl. **1924 II**, 193.

[2] K. Yoshimura: J. of Biochem. **1**, 347 (1922) — Ber. Physiol. **20**, 252.

[3] D. Ackermann, F. Holtz u. H. Reinwein: Z. Biol. **82**, 278 (1924) — Chem. Zbl. **1925 I**, 1501.

[4] Y. Murayama u. S. Aoyama: J. Pharm. Soc. Japan **1922**, Nr 484 — Chem. Zbl. **1922 III**, 928.

[5] F. M. Kuen: Biochem. Z. **187** — Chem. Zbl. **1927 II**, 1988.

[6] O. W. Tieg: Austral. J. exper. Biol. a. Med. Sci. **1**, 93 (1924) — Ber. Physiol. **36**, 383.

[7] K. Poller: Ber. dtsch. chem. Ges. **59**, 1927 — Chem. Zbl. **1926 II**, 2208. — Vgl. auch F. A. Hoppe-Seyler: Dtsch. Arch. klin. Med. **153**, 327 (1926) — Chem. Zbl. **1927 I**, 1194.

[8] H. Pauly u. E. Ludwig: Hoppe-Seylers Z. **121**, 165 (1922).

[9] J. S. Blair u. J. M. Braham: J. amer. chem. Soc. **44**, 2342 (1922) — Chem. Zbl. **1923 I**, 1271.

hydrochlorid und Triuret (Carbonyldiharnstoff) beträchtliche Mengen von Harnstoff und Guanidin. Ebenso Äthycarbonat. Thioammelin lieferte nur Guanidin[1].

Während des Bebrütens nimmt der Guanidingehalt des Hühnereis zu[2], während sein Cholingehalt sinkt[3]. Mit Riesser[4] wird vermutet, daß als Guanidinquelle im tierischen Organismus das Cholin in Betracht kommen könnte[3].

Der bei der Spaltung des Histons mit Pepsinsalzsäure frei werdende methylierbare Stickstoff ist vielleicht auf die Zunahme von freien Guanidingruppen zurückzuführen, so daß die entstandenen Bruchstücke teilweise durch eine Bindung über die Guanidingruppe zusammengehalten gewesen zu sein scheinen[5].

Darstellung: Calciumcyanamid wird mit Wasser extrahiert, die Lösung mit Schwefelsäure (Oxalsäure u. dgl.) vom Calcium befreit. Die filtrierte Cyanamidlösung erhitzt man mit Ammoniumnitrat (kleiner Überschuß über 1 Mol) 3 Stunden unter Druck auf 150—180°. Guanidinnitrat wird dann durch fraktionierte Krystallisation gewonnen. Auch die anderen Salze lassen sich so erzielen[6]. T. L. Davis[7] bestätigt, daß sich bei der Synthese von Guanidinnitrat aus Dicyandiamid und Ammoniumnitrat Biguanidnitrat als Zwischenprodukt bildet. Er gibt eine Darstellungsweise an, die 85% Ausbeute liefern soll. Er empfiehlt einen Überschuß (10%) von Ammoniumnitrat. Wird die Umsetzung bei 120° vorgenommen, so bleibt sie in der ersten Phase stehen (Biguanidnitrat), selbst in Gegenwart von 2 Mol Ammoniumnitrat. Erst bei 160° findet die zweite Reaktion statt. (Höhere Temperatur erhöht die Ausbeute nicht.)[7]. Über ein Verfahren substituierter Guanidine aus Thioharnstoff[8].

Bestimmung: Guanidin läßt sich mit Methylorange oder Phenolphthalein scharf titrieren[9]. Ferner kann die Rotfärbung von an der Luft braun gewordener Nitroprussidnatriumlösung colorimetrisch ausgewertet werden. Die Genauigkeit geht bis zu einer Verdünnung von 1:10000[10].

Zur Bestimmung von Guanidinsalzen in Lösung neben Guanylharnstoffsalzen wird Fällung jener mit Natriumpikrat empfohlen (in schwächer als 1proz. Lösung: 25 ccm in 50 ccm — von 20 g Pikrinsäure in 100 ccm Normalnatronlauge — gegossen usw.[11]). Guanidinpikrat ist bei allen Temperaturen in Wasser und 50proz. Alkohol schwerer löslich als Kreatininpikrat[12]. Nucleinsäure verhindert die Fällung mit dieser Säure, was auf die Bildung eines komplexen Pikrats zurückgeführt werden kann[13]. Entgegensprechende Auswirkung auf die Methode zur Messung der Aktivität von Nebenschilddrüsenpräparaten nach Vines[14].

Im Harn. Bei der Isolierung aus dem Harn besteht oft der Einwand, daß es sekundär aus Kreatin oder ähnlichen Körpern hierbei erst entsteht. Nach folgendem Vorgehen erscheint dies aber ausgeschlossen. Nach der Zerstörung des Harnstoffs, Entfernung von Kreatin und Acetamid durch mehrfache Fällung mit Bleiacetat werden Guanidin und seine Derivate (Methyl- und asymmetrisches Dimethylguanidin) in alkalischer Lösung durch Pikrinsäure gefällt. Von zugesetztem Guanidin, Methyl- und asymmetrischem Dimethylguanidin wurden 50—80% wieder gewonnen[15].

Oder 250 ccm Urin werden mit so viel 10proz. Tanninlösung versetzt (umschütteln!), bis die überstehende Flüssigkeit über dem Niederschlag grün gefärbt ist. Das durch Abnutschen erhaltene Filtrat wird mit Bariumhydroxyd im Überschuß versetzt, absitzen gelassen und filtriert. Nach dem Ansäuern des Filtrats mit wenigen Kubikzentimetern 1proz. Schwefelsäure neutralisiert man gegen Lackmus mit Bariumcarbonataufschwemmung, verdampft das erneute Filtrat bis zur Sirupkonsistenz und extrahiert nach dem Erkalten mit 60 ccm Alkohol. Der

---

[1] J. S. Blair: J. amer. chem. Soc. **48**, 87 — Chem. Zbl. **1926 I**, 2326.
[2] Burns: Biochemic. J. **10**, 263 — Chem. Zbl. **1916 II**, 1172.
[3] J. Smith Sharpe: Biochemic. J. **18**, 151 — Chem. Zbl. **1924 I**, 2524.
[4] Riesser: Hoppe-Seylers Z. **90**, 221 — Chem. Zbl. **1914**, I, 2190.
[5] K. Felix: Hoppe-Seylers Z. **146**, 103 — Chem. Zbl. **1925 II**, 2215.
[6] J. S. Blair u. J. M. Braham: A.P. 1441206 (1921, 1923); Chem. Zbl. **1925 II**, 2093.
[7] T. L. Davis: J. amer. chem. Soc. **43**, 2234 (1921) — Chem. Zbl. **1922 III**, 134.
[8] I. G. Farbenindustrie A.-G.: E.P. 303 044 (1929) — Chem. Zbl. **1929 II**, 487.
[9] W. Marckwald u. F. Struwe: Ber. dtsch. chem. Ges. **55**, 457 (1922) — Chem. Zbl. **1922 I**, 806.
[10] H. R. Marst: Austral. J. exper. Biol. a. Med. Sci. **1**, 99 (1924) — Ber. Physiol. **36**, 584.
[11] A. H. Dodd: J. Soc. Chem. Ind. **41**, T. 145 — Chem. Zbl. **1922 IV**, 477.
[12] C. Medes: Proc. Soc. exper. Biol. a. Med. **23**, 237 (1925) — Ber. Physiol. **36**, 445 (1926).
[13] F. D. Wheite: Proc. Trans. roy. Soc. Canada [3] **20**, Sect. V, 321 — Chem. Zbl. **1927 II**, 1967.
[14] Vines: Brit. med. J. **1923 II**, 559.
[15] I. Greenwald: J. of biol. Chem. **59**, 329 — Chem. Zbl. **1924 II**, 692.

Alkoholextrakttrockenrückstand wird nochmals in gleicher Weise mit 20 ccm Alkohol behandelt. In den Extrakt gehen die Guanidine, Kreatinin und Spuren von Kalium-, Natrium- und Ammoniumcarbonat. Den Trockenrückstand löst man in 10 ccm Wasser und fügt gesättigte Pikrinsäure bis zu 20 ccm hinzu. Die Guanidinpikrate krystallisieren sofort aus, während die des Kreatinins usw. in Lösung bleiben. Die Greenwaldschen Einwände gegen diese Methode bestehen nicht zu Recht[1]. Kuen[2] aber behauptet, im Harn sei die Methode mit barytalkalischer Silberlösung ungenau auch bei Verwendung von Quecksilbersalzen, da hierbei aus Kreatinin durch Oxydation Methylguanidin entstehen kann. Auch Pikrinsäure sei ungeeignet. Sehr gut soll das Fällen mit Pikrolonsäure zum Ziel führen. — Gleiche Volumteile einer 10proz. Lösung von Nitroprussidnatrium, einer 10proz. Ferricyankalium- und einer 10proz. Natriumhydroxydlösung werden mit dem dreifachen Volumen Wasser verdünnt. Hiervon kommt 1 ccm zu 5 ccm Versuchslösung. — Colorimetrischer Vergleich mit Standardlösungen: 0,07 bis 0,02 mg Guanidin in 10 ccm. Hierzu 2 ccm Reagens. Ablesen nach 5—9 Minuten. Harn selbst gibt Färbungen, deshalb die Guanidinbasen mit Norit oder Tierkohle aus dem alkalischen Harn absorbieren und mit saurer wässeriger oder alkoholischer Lösung wieder eluieren. 90% wurden so isoliert erhalten. Für Kreatinin ist eine kleine Korrektur anzubringen, da dies bei dieser Prozedur in geringer Menge in Methylguanidin übergeht[3]. — Colorimetrische Bestimmung mit Phosphorwolframsäure[4].

Mikrochemische Bestimmung: Kleinste Mengen können nephelometrisch ermittelt werden. Die Trübungen werden mit Neßlerschem Reagens von geeigneter Zusammensetzung erzielt. Fehlergrenze etwa 5%. Das Verfahren reicht bis < 0,005 mg in 10 ccm aus. Im Serum ist es nicht brauchbar, doch kann es für wässerige und schwach eiweißhaltige Lösungen sowie Ringerlösung angewendet werden. Die Konzentration der Versuchslösung muß in der Nähe jener des Standards liegen[5].

Ein befriedigendes Verfahren zur Trennung von Kreatinin und Methylguanidin gelingt auch einem von Sharpe[6] modifizierten Verfahren nicht[7].

Physiologische Eigenschaften: Guanidin wirkt auf die Gärung in stark verdünnten Lösungen bis herauf zu 8% (auf die Trockensubstanz der Hefe bezogen) hemmend, in höheren Konzentrationen dagegen aktivierend[8]. Als Nitrat hat es auf das Wachstum der Bodenbakterien keinen Einfluß[9]. Dagegen behaupten Jacob, Allison und Braham[10], daß sowohl das Nitrat als auch das Carbonat je nach der Konzentration die Nitrifikation mehrere Wochen hindurch hemmen können. Hiernach jedoch soll eine rasche Nitratbildung einsetzen. Nach 75 Tagen z. B. war Guanidinnitrat je nach der angewandten Menge bis zu 83,9 und 49% nitrifiziert[10].

Bei der Prüfung des Verhaltens in Pflanzen erwies sich Guanidin beständiger und giftiger als Harnstoff[11].

Das Histidin kann in der Ernährung des wachsenden Organismus durch Guanidin, auch in Mischung mit Kreatin, Kreatinin und Adenin nicht ersetzt werden[12].

Jede Entfernung vom Neutralpunkt in der Guanidin-Ringerlösung durch Gelatinezusatz übt während des Versuches eine giftigkeitssteigernde Wirkung aus und jede Näherung an den Neutralpunkt einen entgiftenden Einfluß in bezug auf die Erregbarkeitsdauer des von ihr umspülten Muskelpräparates[13]. Über die Bedeutung der Wasserstoffionen bei der Guanidinvergiftung vergleiche auch die Arbeiten von Hummel[14]. Durch subcutane Dosen von Guanidinhydrochlorid kann am Kaninchen eine Vergiftung erzeugt werden, welche sich symptomato-

---

[1] J. S. Sharpe: Biochemic. J. **19**, 168 — Chem. Zbl. **1925 II**, 1079. — Greenwald: J. of biol. Chem. **59**, 329 — Chem. Zbl. **1924 II**, 692.
[2] F. M. Kuen: Biochem. Z. **187**, 283 — Chem. Zbl. **1927 II**, 1988.
[3] C. J. Weber: J. of biol. Chem. **78**, 465 — Chem. Zbl. **1928 II**, 1595.
[4] M. Ellis: Biochemic. J. **22**, 353 (1928) — Ber. Physiol. **47**, 36 (1928).
[5] R. Rittmann: Biochem. Z. **172**, 36 — Chem. Zbl. **1926 II**, 1308.
[6] Sharpe: Biochemic. J. **19**, 168 — Chem. Zbl. **1925 II**, 1079.
[7] I. Greenwald: Biochemic. J. **20**, 665 (1926) — Chem. Zbl. **1927 I**, 635.
[8] J. Orient: Biochem. Z. **132**, 352 (1922) — Chem. Zbl. **1923 III**, 257.
[9] F. E. Allison: J. agricult. Res. **28**, 1159 (1925) — Chem. Zbl. **1925 I**, 755.
[10] K. D. Jacob, F. E. Allison u. J. Braham: J. agricult. Res. **28**, 37 (1924) — Chem. Zbl. **1925 I**, 155.
[11] G. Ciamician u. A. Galizzi: Gazz. chim. ital. **52 I**, 3 — Chem. Zbl. **1922 I**, 1045.
[12] G. J. Cox u. W. C. Rose: J. of biol. Chem. **68**, 769 — Chem. Zbl. **1926 II**, 1296.
[13] H. Hummel: Klin. Wschr. **3**, 407 — Chem. Zbl. **1924 I**, 2181.
[14] H. Hummel: Arch. f. exper. Path. **102**, 196 — Chem. Zbl. **1924 I**, 2181.

logisch und histologisch vollkommen mit dem Krankheitsbilde der infektiösen Encephalitis des Menschen deckt. Dasselbe Symptomenbild und pathologisch-anatomisches Ergebnis liefert die Fleischvergiftung des Hundes mit Eckscher Fistel. Nach diesen Feststellungen wird die Identität der Guanidintoxikose mit der Tetanie bestritten[1, 2]. Im Gegensatz zu Klinger[3] und Fuchs[1] soll die Guanidintoxikose (d. h. die epilept. und tonischen Krämpfe), der Laringospasmus und für einige Zeit auch die elektrische Übererregbarkeit durch Calcium aufgehoben werden. Demnach stünde die Guanidinvergiftung mit der Tetanie in Zusammenhang[4]. Entgegen der Anschauung Watanabes[5] soll auch der Guanidintetanie eine Alkalosis zugrunde liegen, was an Hand von Calcium- und Phosphatbestimmungen im Blute vergifteter Kaninchen und Katzen bewiesen wird. Durch die Zufuhr von Salzsäure oder Ammoniumchlorid konnten die Tetanieerscheinungen erfolgreich beeinflußt werden[5]. Nach Guanidinintoxikation, die zu akuten Tetanieerscheinungen führte, wurde der Calciumgehalt des Blutes nicht vermindert, sondern bis zu 35% des Ausgangswertes erhöht gefunden. Auch nach chronischer Vergiftung mit kleinen Dosen war kein Absinken des Calciumgehalts nachweisbar. Die anorganischen Phosphate waren bei akuter Vergiftung bis um 125% des Normalwertes vermehrt[6]. — Der Verlauf von Guanidinkrämpfen beim Kaninchen scheint von dem im Organismus zur Verfügung stehenden Kohlehydratmengen abhängig zu sein, da glykogengemästete Tiere länger leben als Hungertiere, da die mit Traubenzucker behandelten Guanidintiere 24—36 Stunden in einem befriedigenden Zustand bleiben, sogar die Vergiftung gelegentlich überstehen, und da das Leben der vergifteten Tiere durch Adrenalin (mobilisiert die verfügbaren Kohlehydrate) verlängert werden kann[7]. Bei mit Guanidin behandelten Tieren sinkt während der Entwicklung der Krämpfe der Blutzuckerspiegel herab, und zwar parallel mit der Vergiftung. Mit dem Guanidin parallel in den Körper eingeführter Traubenzucker soll aber nicht, wie oben beschrieben, die Entwicklung der Krämpfe verhindern oder ihre Heftigkeit lindern[8].

Guanidininjektionen bewirken das Verschwinden der eingelagerten Fettsubstanzen in den Epithelkörperchen, eine allgemeine Hypertrophie ihrer Zellen und insbesondere eine bemerkenswerte Zunahme der acidophilen Zellen (Erhöhung der Epithelkörperchenfunktion?)[9]. In verschiedenen Versuchen konnte keine Stütze für die Auffassung gefunden werden, daß die Epithelkörperchen an der Entgiftung von Guanidinkörpern im Organismus mitwirken[10].

Jacobson spricht über die Wirkung als Tetanusgift[11]. Die Guanidinwirkung hat ihren Angriffspunkt sowohl im Zentralnervensystem als auch im Muskel. Kleine Dosen steigern nur die Reflexerregbarkeit des Rückenmarks, größere rufen fibrilläre Zuckungen des Muskels und Zunahme des Muskeltonus hervor. Diese Zuckungen unterbleiben bei Ausschaltung der oberhalb der Medulla oblongata liegenden Hirnteile, die Tonuswirkung ist dann noch vorhanden, hört aber bei Durchtrennung des Rückenmarks unterhalb der Med. obl. auf. Bei Intaktheit des Nervensystems tritt die Guanidinwirkung dann nicht auf, wenn durch Unterbindung der Blutgefäße das Guanidin von den Muskeln ferngehalten wird[12]. Injiziert man einem Hunde mit durchschnittenem Nerv. hypoglossus zu einer Zeit, in der das Vulpian-Heidenhainsche Phänomen positiv ausfällt, Guanidin oder Dimethylguanidin, so bleibt diese Einverleibung ohne Einwirkung auf die gelähmte Muskulatur. Wird jedoch zur Zeit der ausgeprägten Vergiftung Acetylcholin intraarteriell injiziert, so bleibt die gelähmte Zungenhälfte 10—20mal länger in tonischer Kontraktion, und es genügt der 20. Teil der Dosis an letzterem, die bei einem nicht vorbehandelten Tiere notwendig ist. Diese verstärkende Wirkung ist peripherer Natur, da sie nach Durchtrennung des Nerv. lingualis in derselben Weise auftritt[13]. —

---

[1] A. Fuchs: Arch. f. exper. Path. **97**, 79 — Chem. Zbl. **1923 III**, 418.
[2] E. Larson u. L. Elkonrie: Amer. J. Physiol. **85**, 387 — Ber. Physiol. **47**, 291 (1929).
[3] Klinger: Arch. f. exper. Path. **90**, 129 — Chem. Zbl. **1921 III**, 674.
[4] J. Kühnau u. M. Nothmann: Z. exper. Med. **44**, 505 — Chem. Zbl. **1925 I**, 2096.
[5] P. György u. H. Vollmer: Arch. f. exper. Path. **95**, 200 (1922) — Chem. Zbl. **1923 I**, 613
[6] L. Nelken: Klin. Wschr. **2**, 261 — Chem. Zbl. **1923 III**, 93.
[7] E. Frank, M. Nothmann u. A. Wagner: Arch. f. exper. Path. **115**, 55 — Chem. Zbl. **1926 II**, 1765.
[8] J. Bakucz: Klin. Wschr. **5**, 70 — Arch. f. exper. Path. **110**, 121 (1925) — Chem. Zbl. **1926 I**, 1846.
[9] W. Susman: Endocrinology **10**, 445 (1926) — Ber. Physiol. **40**, 563.
[10] G. Bayer u. O. Form: Z. exper. Med. **40**, 445 — Chem. Zbl. **1924 II**, 208.
[11] C. Jacobson: Erg. Physiol. **23**, 180 (1924) — Ber. Physiol. **30**, 770.
[12] T. Imahasi: Okayama-Igakkai-Zasshi (jap.) **39**, 869 (1927) — Chem. Zbl. **1928 II**, 1351.
[13] E. Frank, M. Nothmann u. E. Guttmann: Pflügers Arch. **201**, 569 (1923) — Chem. Zbl. **1924 I**, 1227.

Schon bei Zimmertemperatur ist die tonische Kontraktion des Skelettmuskels durch Guanidin am M. rectus abdominis des Grasfrosches ausgeprägt, bei der Kröte schlecht oder sogar Tonusabfall. Dagegen traten starke Guanidincontracturen am M. gastrocnemius von Grasfröschen und Kröten bei 6—8° auf. Calcium- und Magnesiumchlorid unterdrücken den Tonusanstieg des Guanidinmuskels wie seine fibrillären Zuckungen. Bestimmte Konzentrationen heben nur die raschen Zuckungen auf, nicht den Tonusanstieg, den sie eher begünstigen. Bei beginnender Degeneration (Ischiadicusdurchschneidung) schwindet am Frosch- und am Krötenmuskel der Tonusanstieg durch Guanidin früher als die fibrillären Zuckungen[1]. Die durch Guanidin verursachten tonischen Contracturen und die fibrillären bis fasciculären Zuckungen sind verschieden. Sie beruhen auf einer Erregbarkeitssteigerung in den motorischen Endplatten[2]. Zugleich wird der Stoffumsatz in der Muskelsubstanz erhöht, was sich in einer stärker reduzierenden Wirkung der mit Guanidin behandelten Muskeln, z. B. gegenüber Dinitrobenzol, zu erkennen gibt[2]. Angriffsstelle sind nach Fujita[3] die Eintrittsstelle des Nerven. Wirkung auf Nervenendigungen[4]. Diese Contractur begleitet kein diskontinuierlicher Aktionsstrom. Wirksamkeit besteht noch bis zur völligen Degeneration des Nerven. Es zeigte sich, daß die Aktionsströme nach Form und Intensität genau den gleichzeitigen Zuckungskontraktionen entsprechen[5]. Novocain wirkt antagonistisch. Atropin, Hyoscyamin und Curare schalten die Guanidincontractur sehr rasch, die fibrillären Zuckungen aber kaum aus[3]. Die Guanidinzuckungen verlaufen an der Muskulatur der unteren Extremitäten von Temporarien gleichmäßig, wenn die Muskeln beiderseits in der gleichen Lösung Guanidincarbonat—Ringer+Rinderserum 1:1 suspendiert sind. Serumzusatz schwächt die Wirkung nicht ab. Dagegen unterdrückt Traubenzucker in genügender Konzentration die Zuckungen auch im eiweißreichen Milieu des Rinderserums (siehe oben!), ebenso Rohrzucker und Glykokoll. Aus der Zuckerlösung wird um so mehr Guanidin an Stärke bzw. an den Muskel gebunden, je weniger Salze vorhanden sind (Methylenblau verhält sich wie Guanidin). Der zuckende Muskel nimmt bei weitem mehr Guanidin auf, selbst bei sonst hemmendem Salzzusatz. („Entgiftende" Wirkung des Traubenzuckers ist durch Abbremsen der Zuckungen und in der Folge geringere Guanidinaufnahme zu erklären[6].) Hummel und Püschel erörtern auch die Beziehungen zum Permeabilitätsproblem[6]. Tanaka[7] beschreibt den Einfluß der Pharmaca auf die Guanidinzuckungen am Trendelenburg-Präparat.

Guanidinhydrochlorid bewirkt eine Kontraktion der schwarzen Farbkörper der Froschhaut, die mehrere Stunden anhalten kann. Calciumsalze verhindern diese Wirkung[8].

Guanidin wird durch die Froschniere konzentriert[9].

Nach Versuchen mit langsamer Einführung in den Kreislauf scheint die Erhöhung des Blutdrucks durch rasche Einführung des Guanidins wenigstens teilweise durch die Einwirkung auf die Arteriolen und Capillaren bedingt zu sein. Die früher festgestellte Leberextraktwirkung (Verminderung oder Beseitigung der Blutdruckerhöhung) beruht auf Beseitigung jener Gefäßverengerung. Irgendwelche konstanten Änderungen in der Gerinnungszeit oder Viscosität des Blutes, welche die Erhöhung des Blutdrucks durch die Guanidinverbindungen oder die Gegenwirkung der Leberextrakte erklären könnte, waren nicht festzustellen[10, 11]. Die Guanidinsalze steigern intravenös verabreicht (0,1—0,2 g/kg) den Blutdruck, aber nicht so stark wie Dimethylguanidin. Vorbehandlung mit Calciumchlorid macht die Injektion unwirksam. Herzschlag und Atem werden verlangsamt[12]. Die Guanidininjektion macht das Blut ungerinnbar, läßt Plasma aus den Capillaren austreten, steigert den Grundstoffwechsel und führt zu Vasoconstriction, durch die der Blutdruck eine deutliche Tendenz zum Anstieg erhält[13].

---

[1] H. Führer: Arch. f. exper. Path. **105**, 265 — Chem. Zbl. **1925 II**, 66.
[2] M. D'Alise: Riv. Pat. sper. **3**, 28 (1928) — Ber. Physiol. **47**, 237 (1929).
[3] U. Fujita: Z. exper. Med. **46**, 763 — Chem. Zbl. **1925 II**, 2176.
[4] R. Agnoli u. A. Carezzano: Arch. ital. Anat. **26**, 72 — Ber. Physiol. **49**, 103 (1929).
[5] L. Califano: Viv. Pat. sper. **3**, 177 (1929) — Ber. Physiol. **47**, 730 (1929).
[6] H. Hummel u. J. Püschel: Pflügers Arch. **217**, 441 — Chem. Zbl. **1927 II**, 1981.
[7] H. Tanaka: Fol. jap. pharmacol. **2**, 400 (1926) — Ber. Physiol. **37**, 446.
[8] S. Ochoa: Proc. roy. Soc. Lond. Serie B **102**, 256 — Chem. Zbl. **1928 I**, 2269.
[9] E. Wankell: Pflügers Arch. **208**, 604 — Chem. Zbl. **1925 II**, 1371.
[10] R. H. Major: Bull. Hopkins Hosp. **39**, 222 (1926) — Chem. Zbl. **1927 I**, 475.
[11] R. H. Major u. W. Stephenson: Bull. Hopkins Hosp. **35**, 186 (1924) — Ber. Physiol. **29**, 430.
[12] E. Heß: Zbl. Path. **43**, 199 — Ber. Physiol. **49**, 280 (1929).
[13] H. de Waele u. G. Bulke: Arch. internat. Physiol. **25**, 74 (1925) — Ber. Physiol. **34**, 582.

Aufklärungsversuche zur Herabsetzung der durch Guanidinderivate hervorgerufenen Blutdrucksteigerung mit Leberextrakten schließen Histamin, Cholin und Pepton aus[1]. Im Blut von Patienten mit erhöhtem Blutdruck, besonders bei solchen mit chronischer Nephritis und Urämie wurde mit einer nicht durchaus spezifischen Farbreaktion ein erhöhter Guanidingehalt angetroffen[2] (Methylguanidin?). Im Blutserum von Hypertonikern ist Guanidin nicht vermehrt angetroffen worden, behauptet dagegen Major[3]. Parathyreoidextrakt, Veratrin, Amylnitrit und Calciumchlorid verhindern die blutdrucksteigernde Wirkung des Guanidins, während Kaliumchlorid dieselbe verstärkt[3]. Auch Collip[4] stellte fest, daß Guanidin und Parathyreoidextrakt bei normalen Hunden Tetanie und Hypercalcämie erzeugen.

Versuche an parathyreoidektomierten Hunden mit Verfolgung des Reststickstoffgehalts und der Harnstoffkonzentration des Blutes, ferner an solchen mit Applizierung von Guanidin, Methyl- oder Dimethylguanidin führten zu Ergebnissen, die nicht für die Guanidintheorie der Parathyreoidtetanie sprechen[5]. Bei parathyreopriver Tetanie ist der Guanidingehalt des Urins ganz erheblich über die Norm gesteigert. Im Blute von Patienten mit idiopathischer oder postoperativer Tetanie, sowie dreier parathyreopriver Hunde gelang es, eine beträchtliche Erhöhung der methylierten Guanidine, besonders des Dimethylguanidins, festzustellen[6]. Über Gewebsveränderungen bei Guanidinvergiftungen und parathyreopriver Tetanie[7].

Über das Wesen der blutdrucksteigernden Wirkung des Guanidins[8].

Bei parathyreopriver Tetanie von Katzen konnte dagegen im Harn keine Erhöhung der Guanidinbasen nachgewiesen werden[9].

Bei chronischer subcutaner Zufuhr erregte es beim Kaninchen den erythropoet. Apparat und rief eine Vermehrung der Erythrocyten und Polychromatophilie hervor[10].

Guanidininjektionen verändern den Milchsäuregehalt des Blutes nicht oder nur unwesentlich[11].

Die Oxydationsprozesse des Muskelgewebes (als Ausdruck der biologischen Aktivität) wurden bei Versuchen am Muskel von Bufo gesteigert[12].

Das Hydrochlorid wirkt weder durch Zuführung per os noch durch subcutane Verabreichung anregend auf die Magensaftabsonderung[13].

Guanidin hemmt die Kalkbildung an Knorpel und Serumkolloide (?)[14].

Bei Guanidintetanie besteht ein direkter Zusammenhang zwischen der Kreatinbildung und der Kreatin- und Kreatininausscheidung im Harn. Der erhöhte Kreatingehalt der Muskeln ist nicht die Folge einer Bildung überschüssiger Mengen aus Guanidin[15]. In der Schwangerschaft besteht größere Empfindlichkeit gegen Guanidin (als wahrscheinliche Ursache der Tetanie)[16]. Epithelkörperchenfreie Tiere sind im Vergleich zu normalen gegenüber Guanidin abnorm empfindlich[17]. Im Harn von Hunden fand sich nach Exstirpation der Nebenschilddrüsen kein Guanidin[18]. Eine von Vines[19] angegebene Methode zur Messung der Aktivität von Nebenschilddrüsenpräparaten, auf der vermeintlichen Zersetzung von Guanidin beruhend, versagt bei Collipschen Extrakten. Sie zeigt tatsächlich wohl nur den hindernden Einfluß

---

[1] R. H. Major, O. Stoland u. C. R. Buikstra: Bull. Hopkins Hosp. **38**, 112 — Chem. Zbl. **1926 I**, 2600.
[2] R. H. Major u. C. J. Weber: Arch. int. Med. **40**, 891 (1927) — Chem. Zbl. **1928 II**, 2482.
[3] R. H. Major: Amer. J. med. Sci. **170**, 228 (1925) — Ber. Physiol. **33**, 410.
[4] J. B. Collip: Nature (Lond.) **115**, 761 — Chem. Zbl. **1925 II**, 661.
[5] J. B. Collip u. E. P. Clark: J. of biol. Chem. **67**, 679 — Chem. Zbl. **1926 II**, 1540.
[6] J. Kühnau: Arch. f. exper. Path. **115**, 75 — Chem. Zbl. **1926 II**, 1761.
[7] E. Larson u. L. Elkonrie: Amer. J. Physiol. **85**, 387 — Ber. Physiol. **47**, 291 (1929).
[8] Nakazawa u. Fusakichi: Tohoku J. exper. Med. **11**, 308 (1928) — Ber. Physiol **48**, 706 (1929).
[9] P. Noether: Arch. f. exper. Path. **111**, 38 — Chem. Zbl. **1926 I**, 2720.
[10] S. Leites: Z. exper. Med. **40**, 52 — Chem. Zbl. **1924 II**, 197.
[11] J. Collazo u. J. Supniewski: C. r. Soc. Biol. Paris **92**, 367 — Chem. Zbl. **1925 II**, 411.
[12] L. Califano u. M. d'Alise: Riv. Pat. sper. **2**, 288 (1927) — Chem. Zbl. **1928 II**, 1121.
[13] A. C. Ivy u. A. J. Javois: Amer. J. Physiol. **71**, 604 — Chem. Zbl. **1925 II**, 197.
[14] E. Freudenberg u. P. György: Biochem. Z. **124**, 299 (1921) — Chem. Zbl. **1922 I**, 432.
[15] A. Palladin u. L. Griliches: Biochem. Z. **146**, 458 — Chem. Zbl. **1924 II**, 703.
[16] Luigi di Fazio: Arch. Ostetr. **11**, 337 (1924) — Ber. Physiol. **30**, 814.
[17] G. Herxheimer: Dtsch. med. Wschr. **50**, 1463 (1924) — Chem. Zbl. **1925 I**, 119.
[18] I. Greenwald: J. of biol. Chem. **59**, 329 — Chem. Zbl. **1924 II**, 692.
[19] Vines: Brit. med. J. **1923 II**, 559.

komplexer Substanzen auf die Fällung des Guanidinpikrats an und hat keine Beziehung zu der Funktion der von ihrem Autor untersuchten Gewebe[1].

Noël Paton gibt ein Ergebnisreferat über die Bedeutung der Guanidine im Tierkörper[2].

Physikalische und chemische Eigenschaften: Gelatine fixiert Guanidin über dem isoelektrischen Punkt (4,7) außerordentlich leicht, darunter kaum oder gar nicht[3]. Versuche über die Dialysiergeschwindigkeit der Base und des Hydrochorids sowie deren Beeinflussung durch Säuren und Basen wurden von Terada[4] angestellt.

Mit Wasser am Rückflußkühler gekocht, wird es zu Cyanat, Carbonat und Harnstoff unter Ammoniakentwicklung hydrolysiert. In der Kälte entstehen nur Harnstoff und Ammoniak. Ammoniumcyanat und Carbonat entstehen demnach sekundär:

$$CN_3H_5 + H_2O = CO(NH_2)_2 + NH_3; \quad CO(NH_2)_2 = NH_4OCN; \quad NH_4OCN + 2H_2O = (NH_4)_2CO_3.$$

Alkalische Guanidinlösungen liefern beim Stehen in der Kälte mehr Harnstoff als solche ohne Alkalizusatz, was für Kralls[5] Ansicht spricht, daß vom Gleichgewicht I + II:

$$\text{I.} \quad NH_2 \cdot C\begin{array}{c}NH_3\\|\\N\end{array} \rightleftarrows \quad \text{II.} \quad NH : C\begin{array}{c}NH_3\\|\\NH\end{array}$$

letztere Form durch Alkalizusatz begünstigt wird und die Hydrolyse leichter an der Iminogruppe angreift[6]. Während Guanidin in wässeriger Lösung Guanidincyanat bildet, konnte dieses bei der hydrolytischen Spaltung des Guanidincarbonats nicht gefunden werden; es dissoziiert in freie Base und Kohlensäure, erstere wird zu Harnstoff und Ammoniak hydrolysiert und es bildet sich Ammoniumcarbonat[7].

Der Übertragung des Hydrolyse-Schemas von Werner für Harnstoff auf Guanidin:

Guanidin → Ammoniak + Cyanamid   oder   Carbodiimid → Harnstoff

$$(NH_2)_2C : NH \rightleftarrows NH_3 + H_2NCN \quad \text{oder} \quad (NH : C : NH) \xrightarrow{+H_2O} (NH_2)_2CO$$

widersprechen folgende Tatsachen:

1. Auf peralkylierte Guanidine, die auch zu Harnstoffen und Aminen hydrolysiert werden, kann das Schema nicht angewendet werden.
2. Guanidine sind so stark basisch, daß in ihrer wässerigen Lösung fast keine Anhydrobase, sondern nur Ion anzunehmen ist.
3. Die Anhydrobasen sind bei Temperaturen, bei denen leicht Hydrolyse erfolgt, beständig.
4. Cyanamide und Carbodiimide bilden unter den Bedingungen der Hydrolyse meist keine Harnstoffe[8].

Das Schottesche Schema[9] von der Spaltung von Guanidoniumbasen mit verschiedenen N-Resten (Kreatinol):

$$H_2N \cdot C\begin{array}{c}NR_2\\NH\end{array} \rightarrow NH_3 + \begin{array}{c}R_2N\\\\\end{array}\!\!\!\!\!\!C\!\!\!\!\!\!\begin{array}{c}\\N\end{array} \xrightarrow{+H_2N \cdot C\begin{array}{c}NR_2\\NH\end{array}} \begin{array}{c}R_2N\\HN\end{array}\!\!\!C-NH-C\!\!\!\begin{array}{c}NR_2\\NH\end{array}$$

$$\xrightarrow{+2H_2O} \begin{array}{c}R_2N\\H_2N\end{array}\!\!\!CO + OC\!\!\!\begin{array}{c}NH_2\\NH_2\end{array} + NHR_2$$

das als Zwischenprodukt die Bildung eines Biguanidderivates annimmt, ist nach Versuchen am asymm. Diäthylguanidin unrichtig und durch das folgende zu ersetzen:

$$C\begin{array}{c}NR_2\\=NH\\NH_2\end{array} \xrightarrow{+H_2O} \left[C\begin{array}{c}NR_2\\-NH_2\\NH_2\end{array}\right]^+ OH^- \rightarrow HO-C\begin{array}{c}NR_2\\-NH_2\\NH_2\end{array}\begin{array}{l}\text{a) } OC(NH_2)_2 + NHR_2\\\text{b) } OC(NH_2)(NR_2) + NH_3\end{array}$$

---

[1] F. D. White u. A. T. Cameron: Proc. Trans. roy. Soc. Canada [3] **19**, Sect. V, 45 (1925) — Chem. Zbl. **1926 II**, 54.
[2] D. Noël Paton: Med. J. **104**, 297 (1925) — Ber. Physiol. **35**, 397.
[3] A. M. Petrunkin u. M. L. Petrunkin: Arch. Sci. Biol. Moskau (russ.) **27**, 219 (1927) — Chem. Zbl. **1928 I**, 2239.
[4] Y. Terada: Hoppe-Seylers Z. **109**, 199 — Chem. Zbl. **1924 II**, 597.
[5] Krall: J. chem. Soc. Lond. **107**, 1396 — Chem. Zbl. **1925 II**, 1288.
[6] J. Bell: J. chem. Soc. Lond. **1926**, 1213 — Chem. Zbl. **1926 II**, 1015.
[7] J. Bell: J. chem. Soc. Lond. **1928**, 2074 — Chem. Zbl. **1928 II**, 1762.
[8] H. Lecher u. G. Demmler: Hoppe-Seylers Z. **167**, 163 — Chem. Zbl. **1927 II**, 1469.
[9] Schotte: Z. angew. Chem. **39**, 677 (1926).

Mit der Additionsunfähigkeit der Dialkylcyanamide gegenüber Aminen scheint die von Schenck[1] beobachtete Bildung von symm. Tetramethylguanidin aus Jodcyan und Dimethylamin im Widerspruch zu stehen. Nach Versuchen mit Diäthylamin (großer Überschuß) ist der Reaktionsverlauf nicht nach Schenck wie folgt zu formulieren:

$$J \cdot C \vdots N + 2NH(CH_3)_2 \rightarrow NH(CH_3)_2, HJ + (CH_3)_2N \cdot C \vdots N$$
$$\xrightarrow{+NH(CH_3)_2} (CH_3)_2N \cdot C(:NH) \cdot N(CH_3)_2$$

sondern nach folgendem Schema[2]:

$$J \cdot C \vdots N + NH(C_2H_5)_2 \rightarrow J \cdot C \begin{array}{c} NH \\ N(C_2H_5)_2 \end{array} \xrightarrow{+NH(C_2H_5)_2} \begin{array}{l} (C_2H_5)_2N \cdot C(:NH) \cdot N(C_2H_5)_2, HJ \\ (C_2H_5)_2N \cdot C \vdots N + NH(C_2H_5)_2, HJ \end{array}$$

Widerspruch gegen die Anschauung Lecher und Demmler[3] von der Kreatinolhydrolyse mit der experimentellen Widerlegung, daß Diäthylcyanamid Anilinchlorhydrat unter Bildung von N, N-Diäthyl-N'-phenylguanidin addiert. Halogencyan liefert mit überschüssigen Dialkylaminen eine Dialkylcyanamid, Dialkylaminsalz und Dialkylaminbase enthaltende Lösung, die nach Schenck[4] weiter zu Tetraalkylguanidin reagiert; da auch Dialkylcyanamid und Dialkylaminsalz und -base Tetraalkylguanidine bilden, ist also das Dialkylcyanamid als Primärprodukt der Reaktion anzusehen[2]. Weitere Entwicklung der eigenen Anschauung siehe im Original[5].

Lecher und Graf konnten für das Guanidoniumion die Formulierung:

$$\begin{array}{c} HN \\ H_2N \end{array} C-NH_2^+ \quad \text{ausschließen und halten} \quad \begin{array}{c} H_2N \\ H_2N \end{array} C=NH_2^+$$

für die wahrscheinlichste[6].

Die positive Ladung im Guanidoniomion soll zwischen den 3 NR_2-Gruppen oszillieren im Sinne der 3 Phasen:

$$C \begin{array}{c} \overset{+}{NR_2} \\ NR_2 \\ NR_2 \end{array} \quad C \begin{array}{c} NR_2 \\ \overset{+}{NR_2} \\ NR_2 \end{array} \quad C \begin{array}{c} NR_2 \\ NR_2 \\ \underset{+}{NR_2} \end{array}$$

und zwar unter Beteiligung von nur 2 Gruppen in jeder Phase. Die dritte Gruppe kann durch Darstellung von Molekülverbindungen nachgewiesen werden. Für die Oszillationsformel spricht der Umstand, daß bei Besetzung der 3 NR_2-Gruppen durch verschiedene Substituenten keine Valenzisomeren beobachtet werden konnten. Nur bei den Pikraten muß eine Ausnahme bestehen, da hier eine Gruppe durch Nebenvalenzen an das Pikrinsäureion gebunden ist: z. B.

$$C \begin{array}{c} N(CH_3)_2 \\ \downarrow \\ N(CH_3)_2 \\ N(CH_3)_2 \cdots (NO_2)_3C_6H_2 \end{array} \Big\} + \overset{-}{O}$$

und von der Oszillation ausgeschlossen sein dürfte. Beweise finden sich im Original[7].

Guanidincarbonat 1:100 verlangsamt die Oxydation von Acrolein während der ersten 15 Stunden, dann beschleunigt es sie[8]. Mit salpetriger Säure reagiert Guanidin nur in Gegenwart von Salzsäure, nicht dagegen bei Anwesenheit von Eisessig[9]. Das Hydrochlorid ist gegen Chlordioxyd beständig[10].

---

[1] Schenck: Arch. Pharmaz. **247**, 495 (1909).
[2] H. Lecher u. G. Demmler: Hoppe-Seylers Z. **167**, 163 — Chem. Zbl. **1927 II**, 1469.
[3] H. Lecher u. G. Demmler: l. c. S. 112.
[4] Schenck: Hoppe-Seylers Z. **141**, 141 (1924).
[5] H. Schotte, H. Priewe u. H. Roescheisen: Hoppe-Seylers Z. **174**, 119 — Chem. Zbl. **1928 I**, 1962. — Vgl. auch H. Lecher: Hoppe-Seylers Z. **176**, 43 (1928) — Ber. Physiol. **47**, 379 (1929).
[6] H. Lecher u. F Graf: Liebigs Ann. **438**, 154 — Chem. Zbl. **1924 II**, 825.
[7] H. Lecher u. F. Graf (u. F. Gnädinger): Liebigs Ann. **445**, 61 — Chem. Zbl. **1926 I**, 357.
[8] Ch. Moureu, Ch. Dufraisse u. M. Badoche: C. r. Acad. Sci. Paris **183**. 408 — Chem. Zbl. **1926 II**, 1818.
[9] R. H. A. Plimmer: J. chem. Soc. Lond. **127**, 2651 (1925) — Chem. Zbl. **1926 I**, 1650.
[10] E. Schmidt u. K. Braunsdorf: Ber. dtsch. chem. Ges. **55**, 1529 — Chem. Zbl. **1922 III**, 521.

Mit α-Aminosäureestern spaltet es meist schon bei niederer Temperatur Ammoniak ab unter Bildung von Cyamidinderivaten. Polypeptidester reagieren nicht[1].

Einwirkung auf Glucose bei 37° und bei Zimmertemperatur führen zu einer Umwandlung, die nach der Rotationsmessung etwa 80% des Zuckers betrifft. Näheres dazu und über den Vergleich mit der Alkaliwirkung siehe Original[2].

Pellizzari gibt einen Bericht über seine das Guanidin und dessen Derivate betreffenden Arbeiten in einer Zusammenfassung[3].

Derivate: Allgemeines: Substituierte Guanidine erhält man aus Thiocarbaniliden oder anderen disubstituierten Thioharnstoffen durch Entschwefelung mit wasserlöslichen Schwermetallsalzen [$Pb(NO_3)_2$, $PbCl_2$, $Pb(CH_3 \cdot COO)_2$, $FeSO_4$, $CuCl_2$ usw.] in Gegenwart von Ammoniak oder Aminen (Anilin, Toluidin, Xylidin)[4]. Die Entschwefelung von Diphenyläthanolthioharnstoff und aller entsprechenden Thioharnstoffe mit Bleihydroxyd in Gegenwart von Ammoniak oder Anilin führt dagegen nicht zu den entsprechenden Guanidinen, sondern zu Oxazolidinen[5]. Über die Gewinnung von Guanidinsalzen aus Calciumcyanamid machen Blair und Braham[6] Mitteilung.

Bei den in einer Aminogruppe substituierten Guanidinen nimmt die blutzuckerherabsetzende Wirkung mit der Verlängerung der Kohlenstoffkette des Substituenten zu, während die Giftigkeit abnimmt[7].

Die Umaminierung substituierter Guanidine bei erhöhter Temperatur durch einen Überschuß von Amin ist so zu erklären, daß in erster Phase ein Temperaturabbau des substituierten Guanidins stattfindet. In zweiter Phase tritt eine Gleichgewichtsverschiebung durch den Einfluß des überschüssigen Amins ein und es erfolgt die Bildung eines neuen Guanidins[8]. Mit Bromlauge geben Acetyl-Butyrylguanidinpikrat und Kreatinin 1 Atom Stickstoff ab, Acetylguanidinacetat mehr wie 1 Atom, und saures Diäthylbiguanidsulfat, Benzylbiguanidhydrochlorid, p-Toluylbiguanidhydrochlorid und o-Phenylenbiguanid entwickeln ebenfalls Stickstoff[9].

Salze und Derivate mit Ausnahme der Alkyl-, Alkylen- und Arylverbindungen.

Carbonat gewinnt man in quantitativer Ausbeute aus Dicyandiamidincarbonat durch Kochen in Wasser, wenn man dauernd Kohlensäure durchleitet[10].

Nitrat: Bei 0°, 25° bzw. 50° lösen sich in 100 g Lösungsmittel: in Wasser: 4,43, 14,07 bzw. 29,20; in Alkohol: 0,85, 1,62 bzw. 3,28 g; in Aceton: 0,677, 0,671 bzw. —, — g[11].

Jodid CH_6N_3J. Durch Eindampfen des Carbonats mit Jodwasserstoffsäure. Aus Alkohol + Äther als Krystallpulver (kein Trijodid)[11].

Guanidintetrachlorjodid $CH_6N_3Cl_4J$. Prismen. Schmelzp. 163°[12].

Guanidoniumchlorat $CN_3H_5, HClO_3$, aus Guanidoniumsulfat mit Bariumchlorat, weiße, leicht lösliche Krystalle. Schmelzp. 98—100°, wenig schlagempfindlich, an Sprengwirkung der Pikrinsäure gleich (nicht lagerbeständig)[13].

Guanidoniumperchlorat $CN_3H_5, HClO_4$. Aus Guanidoniumsalzen mit Perchloraten oder beim Schmelzen äquivalenter Mengen von Dicyandiamid mit Ammoniumperchlorat bei 160°.

---

[1] E. Abderhalden u. H. Sickel: Hoppe-Seylers Z. **173**, 51; **175**, 68 — Chem. Zbl. **1928 I**, 1021, 2259.

[2] E. J. Witzemann: J. amer. chem. Soc. **46**, 790 — Chem. Zbl. **1924 I**, 2420.

[3] G. Pellizzari: Mem. della R. Accad. Naz. dei Lincei [5] **14**, 707 (1924).

[4] Grasselli Chemical Co. (übertr. v. E. Kline): A.P. 1648184 (1924, 1927). — Ferner I. G. Farbenindustrie A.-G.: D.R.P. 455586, Kl. 12o (1925, 1926); D.Prior. 24 — Chem. Zbl. **1928 I**, 1712 (ausf. Ref.) — F.P. 640017 (1927, 1928; D.Prior. 1926, 1927) — Chem. Zbl. **1928 II**, 1819.

[5] F. B. Dains, R. Q. Brewster, I. L. Malm, A. W. Miller, R. V. Maneval u. J. A. Sultzaberger: J. amer. chem. Soc. **47**, 1981 — Chem. Zbl. **1925 II**, 1865.

[6] J. S. Blair u. J. M. Braham: Ind. Chem. **16**, 848 — Chem. Zbl. **1924 II**, 2140.

[7] T. Kumagai, S. Kawai u. Y. Shikinami: Proc. imp. Acad. Tokyo **4**, 23 — Chem. Zbl. **1928 I**, 2843.

[8] R. Klinger: Diss. Leipzig — Chem. Zbl. **1926 II**, 1267.

[9] V. Cordier: Mh. Chem. **47**, 327 (1926) — Chem. Zbl. **1927 I**, 421.

[10] E. Merck (H. Mayen): D.R.P. 458437, Kl. 12o (1926, 1928) — Chem. Zbl. **1928 II**, 1617.

[11] H. Lecher u. F. Graf: Liebigs Ann. **438**, 154 — Ber. dtsch. chem. Ges. **56**, 1326 — Chem. Zbl. **1924 I**, 825; **1923 III**, 548.

[12] F. D. Chattaway u. F. L. Garton: J. chem. Soc. Lond. **125**, 183 — Chem. Zbl. **1924 I**, 2710.

[13] W. Marckwald u. F. Struwe: Ber. dtsch. chem. Ges. **55**, 457 — Chem. Zbl. **1922 I**, 806.

Bei 0° ist es in der 8fachen, bei 50° in der gleichen Menge Wasser löslich. Schmelzp. etwa 250°. Stoßempfindlichkeit und Sprengwirkung etwa gleich der des Chlorats. Gibt in Alkohol mit der äquivalenten Menge KOH (Filtrieren und Einengen im Vakuum bei 30—35°) freies Guanidin, das nach wochenlangem Stehen über Phosphorpentoxyd zu einem Krystallbrei erstarrt[1].

Guanidoniumthiosulfat $(CN_3H_6)_2S_2O_3 + H_2O$. Aus Perchlorat in Alkohol mit Kaliumthiosulfat in Wasser und Abfiltrieren, Eindampfen des Filtrats und Verreiben des Rückstandes mit Alkohol. In Wasser sehr leicht, in Alkohol wenig löslich. Wasser entweicht bis 100° nicht[1].

Guanidoniumsulfit $(CN_3H_5)_2$, H_2SO_3. In Alkohol mit SO_2 krystallinischer, in Wasser leicht löslicher Niederschlag[1].

Guanidoniumhydrosulfid CN_3H_5, $SH + 1/2 H_2O$. In Alkohol mit H_2S gelbliche Blättchen[1].

Guanidoniumxanthogenat $CN_3H_6S \cdot CS \cdot OC_2H_5$. In Alkohol mit CS_2 schwach gelbliche Krystalle. Schmelzp. 113°, etwas höher erhitzt, zersetzt es sich[1].

Guanidoniumborat $(CN_3H_6)_2B_4O_7 + 5 H_2O$. Aus heißer wässeriger Lösung mit $B(OH)_3$-Krystalle, in kaltem Wasser ziemlich schwer, in heißem leicht löslich[1].

Guanidoniumstannat $(CN_3H_6)_2SnO_3 + 3 H_2O$. Durch Sättigen einer gesättigten Hydroxydlösung mit frisch gefällter Zinnsäure und Einengen im Vakuum. Millimeterlange, glänzende Kryställchen. Beim Erwärmen unter Hydrolyse Niederschlag von Zinnsäure[1].

Guanidoniummetasilicat $(CN_3H_6)_2SiO_3 + xH_2O$. In Wasser beim Schütteln mit frisch gefällter Kieselsäure und Eindunsten im Vakuum. Aus dem zähflüssigen Rückstand bisweilen lange spießige Krystalle, auch auf Ton nicht völlig frei von Mutterlauge, manchmal Gelatinieren des Rückstandes. Wassergehalt wechselnd bis über 70%[1].

Guanidoniumformiat $CN_3H_6CO_2H$. Nach Nencki[2] nur ölig. Aus Perchlorat mit Kaliumformiat nach Eindampfen strahliger Krystallkuchen. Das Erstarren erklärt sich aus der Isomorphie des Guanidonium- und Kaliumformiats. Schmelzp. 70—75°[1].

Guanidinnitromethan CN_3H_5, CH_3NO_2. Aus den Komponenten in absolutem Alkohol. Kleine weiße Nädelchen, die sich beim Trocknen auf Ton schnell gelb färben. Es ist das Salz des Isonitromethans[3] und läßt sich nicht direkt mit Methylorange titrieren, weil Isonitromethan eine starke Säure ist, die sich langsam in neutrales Nitromethan umwandelt[1].

Guanidoniumphenolat $CN_3H_6O \cdot C_6H_5$. Nach Verdunsten der alkoholischen Lösung verbleibt ein Öl, das beim Verreiben mit Äther erstarrt. Schmelzp. 67°[1].

Guanidonium-p-kresolat $CN_3H_6O \cdot C_7H_7$. In kaltem Alkohol ziemlich schwer, in Äther unlöslich. Schmelzp. 147—150°[1].

Guanidoniumbenzolsulfamid CN_3H_5, $NH_2SO_2C_6H_5$. Aus Alkohol glänzende Schüppchen. Schmelzp. 183° (Zers.)[1].

Guanidinphthalimid CN_3H_5, $C_6H_4(CO)_2NH$. Aus kaltem Alkohol mit Äther in Krystallen gefällt. Schmelzp. 176—179° (Zers.)[1].

Doppelsulfate und **Doppelchromate**. Durch Mischen der konzentrierten Lösungen der Komponenten und Eindunsten bei gewöhnlicher Temperatur. Die Farben der einzelnen Salze entsprechen denen der Metallkomponenten.

$(CN_3H_5)_2H_2SO_4 \cdot MgSO_4 \cdot 6 H_2O$; $(CN_3H_5)_2H_2SO_4 \cdot ZnSO_4 \cdot 6 H_2O$;
$(CN_3H_5)_2H_2SO_4 \cdot CdSO_4 \cdot 6 H_2O$; $(CN_3H_5)_2H_2SO_4 \cdot FeSO_4 \cdot 6 H_2O$;
$(CN_3H_5)_2H_2SO_4 \cdot NiSO_4 \cdot 6 H_2O$; $(CN_3H_5)_2H_2SO_4 \cdot COSO_4 \cdot 6 H_2O$;
$(CN_3H_5)_2H_2SO_4 \cdot MnSO_4 \cdot 6 H_2O$; $(CN_3H_5)_2H_2SO_4 \cdot CuSO_4 \cdot 6 H_2O$;
$(CN_3H_5)_2H_2SO_4 \cdot UO_2SO_4 \cdot 4 H_2O$; $(CN_3H_5)_2H_2CrO_4 \cdot MgCrO_4 \cdot 6 H_2O$;
$(CN_3H_5)_2H_2SO_4 \cdot Cr_2(SO_4)_3 \cdot 12 H_2O$; $(CN_3H_5)_2H_2SO_4 \cdot Fe_2(SO_4)_3 \cdot 12 H_2O$;
$(CN_3H_5)_2H_2SO_4 \cdot V_2(SO_4)_3 \cdot 12 H_2O$.

Mischkrystalle daraus.

19,2% $(CN_3H_5)_2H_2SO_4 \cdot ZnSO_4 \cdot 6 H_2O$ 80,8% $(CN_3H_5)_2H_2SO_4 \cdot NiSO_4 \cdot 6 H_2O$;
15,7% $(CN_3H_5)_2H_2SO_4 \cdot MgSO_4 \cdot 6 H_2O$ 84,3% $(CN_3H_5)_2H_2CrO_4 \cdot MgCrO_4 \cdot 6 H_2O$;
21,6% $(CN_3H_5)_2H_2SO_4 \cdot Cr_2(SO_4)_3 \cdot 12 H_2O$ 78,4% $(CN_3H_5)_2H_2SO_4 \cdot Al_2(SO_4)_3 \cdot 12 H_2O$[4].

---

[1] W. Marckwald u. F. Struwe: Ber. dtsch. chem. Ges. **55**, 457 — Chem. Zbl. **1922 I**, 806.
[2] Nencki: Ber. dtsch. chem. Ges. **7**, 1584.
[3] Vgl. Hantsch u. Veit: Ber. dtsch. chem. Ges. **32**, 607 — Chem. Zbl. **1899 I**, 871.
[4] G. Canneri: Gazz. chim. ital. **55**, 611 (1925) — Chem. Zbl. **1926 I**, 818.

Pikrat löst sich bei 10° mit 43 mg in 100 ccm Wasser, bei 20° mit 64 mg [1].

1-Naphthol-2, 4-dinitro-7-sulfosaures Guanidin

$$O_2N\underset{OH}{\overset{NO_2}{\bigcirc\!\bigcirc}} \cdot SO_3H \cdot CH_5N_3$$

Mol.-Gewicht: 373,26. Durch Versetzen von Guanidin mit 1-Naphthol-2, 4-dinitro-7-sulfosäure. (Flaviansäure.) Schmelzp. 274°. Löslichkeiten:

Lösungsmittel: bei 19°	Wasser	$^1/_{50}$-n Schwefels.	2,5%ige Salzs.	$^1/_{50}$-n Flaviansäure
Guanidin in g/100	0,250	0,198	0,264	0,982 [2]

(Aminoacetyl)-guanidin $H_2N \cdot C(:NH)NH \cdot CO \cdot CH_2NH_2$ (?). Nicht isoliertes mutmaßliches Zwischenprodukt bei der Einwirkung von Glykokolläthylester auf freies Guanidin (Endprodukt: Glykocyamidin) [3].

(Äthoxyacetyl)-guanidin $H_2N \cdot C(:NH)NH \cdot CO \cdot CH_2 \cdot OC_2H_5$. Aus Alkohol Krystalle vom Schmelzp. 162°. In Wasser und heißem Alkohol leicht, in Aceton wenig, in Äther, Benzol fast nicht löslich. Wässerige Lösung alkalisch. Aus Äthoxyessigester und Guanidin gewonnen [3].

(Äthoxypropionyl)-guanidin $C_6H_{13}O_2N_3$. Analog aus Äthoxypropionsäureester. Schmelzpunkt 196°. Löslichkeiten wie beim Äthoxyacetylderivat [3].

Acetylacetonguanidin. Verändert in Dosen von 0,1—0,2 g pro Kilogramm Kaninchen den Blutzucker nicht [4].

Acetylacetonmethylguanidin. Verändert in Dosen von 0,1—0,2 g pro Kilogramm Kaninchen den Blutzucker nicht [4].

Propionylguanidin. Sulfat $C_8H_{22}N_6 \cdot H_2SO_4$. Aus in wenig Wasser gelöstem S-β-Methylisothioharnstoffsulfat und Propylamin. Krystalle vom Schmelzp. 220°. — **Pikrat** $C_4H_{11}N_3 \cdot C_6H_3O_7N_3$. Aus Alkohol Nädelchen vom Schmelzp. 177—178°. — **Chloraurat** $C_4H_{11}N_3 \cdot HAuCl_4$. Aus Alkohol rote Nädelchen vom Schmelzp. 200° (Zers.). — **Chlorplatinat** $C_8H_{22}N_6 \cdot H_2PtCl_6$. Prismen vom Schmelzp. 195° (Zers.) [5].

Acetylguanidinsulfonsäure (Iminoallophanylmethansulfonsäure) $NH_2 \cdot C(:NH) \cdot NH \cdot CO \cdot CH_2 \cdot SO_3H$. Bei 20° in 1452, bei 100° in 107 Teilen Wasser löslich [6].

Sulfoessigsaures Guanidin $(CH_5N_3)_2, C_2H_4O_5S$. Aus Alkohol Nadeln vom Schmelzp. 192°. In Wasser sehr leicht löslich [6].

Propionylguanidinpikrat $C_4H_9ON_3, C_6H_3O_7N_3$. Orangegelbe Nadeln vom Schmelzpunkt 227°. In heißem Wasser und siedendem Alkohol löslich [6].

Propionylguanidin-α-sulfonsäure (Iminoallophanyläthan-α-sulfonsäure) $NH_2 \cdot C(:NH) \cdot NH \cdot CO \cdot CH(SO_3H) \cdot CH_3$. Sintert bei 280°. Schmelzp. 315° [6].

Butyrylguanidin $C_5H_{11}ON_3$. Hydrochlorid, Nadeln aus Alkohol. — **Pikrat,** $C_5H_{11}ON_3$, $C_6H_3O_7N_3$. Mikr. Nadeln vom Schmelzp. etwa 225°.

Isobutyrylguanidin, Hydrochlorid $C_5H_{11}ON_3$, $HCl + H_2O$. Nadeln oder Plättchen vom Schmelzp. 122—123° (wasserfrei). — **Pikrat** $C_5H_{11}ON_3$, $C_6H_3O_7N_3$. Hochgelbe Nädelchen. Schmelzp. über 300° (Zers.). In heißem Wasser leicht, in Alkohol wenig löslich. — **Chloroplatinat** $(C_5H_{12}ON_3)PtCl_6$. Orangegelbe Plättchen oder Körner vom Schmelzp. etwa 203° (Gasentw.) [6].

Butyrylguanidin-α-sulfonsäure (Iminoallophanylpropan-α-sulfonsäure) $NH_2 \cdot C(:NH) \cdot NH \cdot CO \cdot CH(SO_3H) \cdot CH_2 \cdot CH_3$. Nadeln, sintern bei 290°. Schmelzp. 314° [6].

Isobutyrylguanidin-α-sulfonsäure (β-[Iminoallophanyl-]propan-β-sulfonsäure) $NH_2 \cdot C(:NH) \cdot NH \cdot CO \cdot C(SO_3H)(CH_3)_2$. Nadeln oder Schüppchen vom Schmelzp. 325°. In 75 Teilen Wasser bei 20°, in 9,92 Teilen bei 100° löslich [6].

---

[1] I. Greenwald: Biochemic. J. **20**, 665 (1926) — Chem. Zbl. **1927 I**, 635.

[2] A. Kossel u. R. E. Groß: Sitzgsber. Heidelberg. Akad. Wiss., Abt. B **1923**, 1. Abh., 1 — Chem. Zbl. **1923 III**, 1151. — Dieselben: Hoppe-Seylers Z. **135**, 167 — Chem. Zbl. **1924 II**, 335.

[3] W. Traube u. R. Ascher: Ber. dtsch. chem. Ges. **46**, 2077 (1913) — Chem. Zbl. **1913 II**, 780. — Siehe auch E. Abderhalden u. H. Sickel: Hoppe-Seylers Z. **173**, 51; **175**, 68 (1928).

[4] T. Kumagai, S. Kawai u. Y. Shikinami: Proc. imp. Acad. Tokyo **4**, 23 — Chem. Zbl. **1928 I**, 2843.

[5] V. Piovano: Gazz. chim. ital. **58**, 245 — Chem. Zbl. **1928 II**, 451.

[6] R. Andreasch: Mh. Chem. **46**, 639 (1925) — Chem. Zbl. **1926 II**, 560.

Brenztraubensäurediguanidid (?)

$$HN = C\begin{cases} NH \cdot CO \cdot CO \cdot CH_3 \\ NH \cdot CO \cdot CO \cdot CH_3 \end{cases} (?)$$

Aus 1 Mol Guanidin und 2 Mol Brenztraubensäureäthylester nach 40 Tagen bei 12—15°. Feine Kryställchen vom Schmelzp. 122°. Unlöslich in Petroläther und Aceton, wenig löslich in Äther und Chloroform, leicht löslich in Alkohol und Wasser[1].

C-Diäthylmalonylguanidin. Verändert in Dosen von 0,1—0,2 g pro Kilogramm den Blutzucker des Kaninchens nicht[2].

C-Diäthylmalonylmethylguanidin. Verändert den Blutzucker beim Kaninchen in Dosen von 0,1—0,2 g pro Kilogramm nicht[2].

Dicarbäthoxyguanidin $HN{:}C \cdot (NHCOOC_2H_5)_2$. Aus Guanidin und Äthylchlorcarbonat in Alkohol. Kleine weiße Nadeln vom Schmelzp. 165° (Alkohol). (30% Ausbeute). —
0,8 g waren bei einem 1,3 kg-Kaninchen (intravenös) relativ inert. Temperaturabfall von nahezu 1° in $1^1/_4$ Stunden[3].

Monocarbäthoxyguanidin $NH_2 \cdot C({:}NH) \cdot NH \cdot COOC_2H_5$. Durch Erhitzen des Disubstitutionsproduktes mit alkoholischem Ammoniak auf 100° während 5 Stunden. (Ausbeute 80%.) Schmelzp. 120°. — **Hydrat.** Schmelzp. 99°. —
0,6 g in Wasser verursachen bei einem 2,8 kg-Kaninchen (intravenös) eine zentrale Depression. Temperaturabfall in 1 Stunde $3°^3$.

Guanidinpropionsäure. Wird von Arginase beim Optimum der Argininspaltung: 26 und 38° $p_H = 9{,}5{-}9{,}8$ nicht gespalten[4].

ε-Guanido-α-amino-n-capronsäure $NH_2 \cdot C({:}NH) \cdot NH \cdot (CH_2)_4 \cdot CH(NH_2) \cdot COOH$. Aus der Toluolsulfoverbindung mit Jodwasserstoffsäure (1,96) und Phosphoniumjodid (Rohr, 85°, 35 Min.). — **Pikronolat** $C_7H_{16}O_2N_4$, $C_{10}H_8O_5N_4$. Gelbes Krystallmehl. Zersetzungsp. 252°. Löslich in Wasser, schwer in Alkohol. — **Flavianat** $C_7H_{16}O_2N_4$, $C_{10}H_6O_8N_2S$. Aus heißem Wasser ziegelrot, verkohlt bei 241°. — **Bas. Kupfernitrat** $(C_7H_{16}O_2N_4)_2$, $Cu(NO_3)_2 + 1/_2 H_2O$. Aus Wasser dunkelblaue Rhomboeder, wasserfrei hellblau. Zersetzungsp. 230—231. — **Nitrat** $C_7H_{16}O_2N_4$, $HNO_3 + H_2O$. Aus 85proz. Alkohol Nadeln vom Schmelzp. 97°, wasserfrei Schmelzp. 115—120°[5]. — Die Guanidosäure wird aus mineralsaurer Lösung durch Phosphorwolframsäure, aus barytalkalischer durch Silbernitrat gefällt, durch Arginase nicht gespalten[5].

ε-Guanido-α-toluolsulfamino-n-capronsäure $NH_2 \cdot C({:}NH) \cdot NH \cdot (CH_2)_4 \cdot CH(NH \cdot SO_2C_7H_7) \cdot COOH$. Aus Wasser mit 2 H_2O-Prismen vom Schmelzp. 149° (Zers. 237°). Wenig löslich in Wasser und verdünntem Alkali, leicht in Säuren, unlöslich in verdünntem Ammoniak und organischen Lösungsmitteln[5].

5-(δ-Aminobutyl-)glykocyamidin $NH_2 \cdot (CH_2)_4 \cdot \overline{CH \cdot CO \cdot NH \cdot C({:}NH) \cdot NH}$. Aus α-Guanido-ε-benzoylamino-n-capronsäure mit siedender 5 n-Salzsäure im Kohlensäurestrom (10 Stunden). Freie Base nicht isolierbar (aus dem Hydrochlorid durch Silberoxyd vollständig im Silberhalogenid eingeschlossen). Das **Dihydrochlorid**, aus wenig Wasser krystallinisch, in Alkohol löslich, in Äther, Benzol und Ligroin unlöslich. Mit Silbernitrat und Baryt krystallinischer Niederschlag. — **Pikronolat** $C_7H_{14}ON_2$, $C_{10}H_8O_5N_4$. Aus Wasser Zersetzungsp. 252°. In Alkohol sehr schwer löslich[5].

α-Guanido-ε-benzoylamino-n-capronsäure $NH(COC_6H_5) \cdot (CH_2)_4 \cdot CH(NH \cdot C({:}NH) \cdot NH_2) \cdot COOH$. Aus Wasser Nadeln mit 3 H_2O. Lufttrocken. Schmelzp. 216°. In 100 Teilen heißen Wassers löslich, sehr schwer in kaltem und verdünnter Natronlauge, leicht in Säuren, unlöslich in organischen Lösungsmitteln[5].

Guanidinsulfonessigsäure

$$C\begin{cases} NH_3 \cdot O \cdot SO_2 \\ NH \\ NH \cdot CO \cdot CH_2 \end{cases}$$

---

[1] M. Garino u. A. Dagnino: Gazz. chim. ital. **57**, 333 — Chem. Zbl. **1927 II**, 914. — Vgl. auch Gazz. chim. ital. **52 II**, 207, 226 — Chem. Zbl. **1923 I**, 1447, 1448.

[2] T. Kumagai, S. Kawai u. Y. Shikinami: Proc. imp. Acad. Tokyo 4, 23 — Chem. Zbl. **928 I**, 2843.

[3] S. Basterfield u. L. E. Paynter: J. amer. chem. Soc. **48**, 2176 — Chem. Zbl. **1926 II**, 2051.

[4] S. Edlbacher u. P. Bonem: Hoppe-Seylers J. **145**, 69 — Chem. Zbl. **1925 II**, 1605.

[5] H. Steib: Hoppe-Seylers Z. **155**, 292 — Chem. Zbl. **1926 II**, 879.

Aus Chloracetylguanidin in Alkohol, mit 1 Mol Kaliumhydroxyd versetzt und sofort wässerige Lösung von Kaliumsulfit zugeben. Wetzsteinförmige Krystalle, aus Wasser feinkrystallines Pulver. Ohne Schmelzpunkt, bei 230° Bräunung[1].

Guanido-α-sulfopropionsäure

$$NH_3 \cdot O \cdot SO_2$$
$$\overset{|}{C:NH} \quad |$$
$$\overset{|}{NH} \cdot CO \cdot CH \cdot CH_3$$

Aus Wasser Tafeln vom Schmelzp. 306° (Zers.) nach Sintern ab 295°. In Alkohol fast unlöslich. Wässerige Lösung neutral[2].

Guanido-α-sulfobuttersäure

$$NH_3 \cdot O \cdot SO_2$$
$$\overset{|}{C:NH} \quad |$$
$$\overset{|}{NH} \cdot CO \cdot CH \cdot C_2H_5$$

Aus Wasser Nadeln vom Schmelzp. 314° (Zers.) nach Sintern bei 300°. In wässeriger Lösung neutral[2].

Guanido-α-sulfo-i-buttersäure $C_5H_{11}O_4N_3S$. Aus Wasser Prismen vom Schmelzp. 168°. In wässeriger Lösung neutral[2].

Acetoguanaminsulfonsäure und verwandte Körper[3].

d, 1-5-Isobutyl-2-imino-4-oxotetrahydroimidazol, (d, 1-Anhydro-[α-guanidinoisocapronsäure]) $C_7H_{13}ON_3$. Aus d, l-Leucinester und Guanidin. Aus Wasser Nädelchen mit 1 Mol Krystallwasser. Sintern gegen 240°, bei 248° flüssig. Aus Alkohol wasserfreie Stäbchen. Schwach alkalisch. — **Pikrat** $C_{13}H_{16}O_8N_6$. Aus Wasser hellgelbe Nädelchen vom Schmelzpunkt 167—169°[4].

d-β-[2-Imino-4-oxotetrahydroimidazolyl-(5)-]propionsaures oder **d-anhydro-[α-guanidinoglutarsaures] Guanidonium** $C_6H_9O_3N_3$, CH_5N_3. Aus d-Glutaminsäurediäthylester und Guanidin. Aus heißem Wasser Stäbchen mit 2 Mol Krystallwasser. Verfärbung gegen 195°. Schmelzp. 202°. In Alkohol sehr wenig löslich. $[\alpha]_D^{18} = -16,2°$ (Wasser)[4].

d, 1-5-p-Oxybenzyl-2-imino-4-oxotetrahydroimidazol (d, 1-Anhydro-[β-oxyphenyl-α-guanidinopropionsäure]) $C_{10}H_{11}O_2N_3$. Aus d, l-Tyrosinäthylester und Guanidin (2 Mol). Nadeln aus Wasser, Blättchen aus Alkohol. Verfärbung bei 240°, bei 257° braunes Öl, bei 263° Zersetzung unter Schäumen. Gegen alizarinsulfos. Natrium schwach basisch. Jaffésche und Millonsche Reaktion positiv[5].

5-p-Aminopropyl-2-imino-4-oxotetrahydroimidazol $C_6H_{12}ON_4$. Aus dl-α-Amino-δ-benzoylaminovalerianmethylester und Guanidin. Öl.
Dipikrat: $C_6H_{12}ON_4 \cdot 2 C_6H_3O_7N_3$. Stäbchen. Schmelzp. 230° (korr.)[6].

Hippurylguanidin: $C_6H_5 \cdot CO \cdot NH \cdot CH_2 \cdot CO \cdot NH \cdot C(NH) \cdot NH_2$. Aus Hippursäureäthylester und Guanidin. Schmelzp. 183°. — **Pikrat:** Nädelchen, ohne scharfen Schmelzpunkt. Zers. oberhalb 320°[6].

d, l-α, δ-Bisguanidino-n-valeriansäureanhydrid, Dinitrat $C_7H_{16}O_7N_8$. Aus d-Argininmethylesterdihydrochlorid und Natriummethylatlösung in Methylalkohol + Äther in Kältemischung über das Pikrat isoliert. Schmelzp. 189° (korr.). Mit Kaliumwismutjodid carminrote Kryställchen, farblose Fällungen mit Quecksilberchlorid, Natriumacetat und Silbernitrat + Alkali. — **Dipikrat** $C_{19}H_{20}O_{15}N_{12}$. Schmelzp. 228° (korr.).

d-α, δ-Bisguanidino-n-valeriansäureanhydrid. Aus d-Arginin und S-Äthylpseudothioharnstoffhydrobromid durch Schütteln mit wenig Wasser unter CO_2-Ausschluß (15 Stunden); Erhitzen mit Salzsäure und Umsetzen mit Natriumpikrat. Daraus Nitrat vom Schmelzp. 189° (korr.) und $[\alpha]_D^{19} = -28,6°$ (in Wasser). — **Dipikrat**. Schmelzp. 228° (korr.)[7].

---

[1] R. Andreasch: Mh. Chem. **43**, 485 (1923) — Chem. Zbl. **1923 I**, 1217.
[2] R. Andreasch: Mh. Chem. **46**, 23 (1925) — Chem. Zbl. **1926 I**, 2355.
[3] R. Andreasch: Mh. Chem. **48**, 145 — Chem. Zbl. **1927 II**, 1033.
[4] E. Abderhalden u. H. Sickel: Hoppe-Seylers Z. **173**, 51 — Chem. Zbl. **1928 I**, 1021.
[5] E. Abderhalden u. H. Sickel: Hoppe-Seylers Z. **175**, 68 — Chem. Zbl. **1928 I**, 2259.
[6] E. Abderhalden u. H. Sickel: Hoppe-Seylers Z. **180**, 75 — Chem. Zbl. **1929 II**, 578.
[7] L. Zervas u. M. Bergmann: Ber. dtsch. chem. Ges. **61**, 1195 — Chem. Zbl. **1928 II**, 544.

Piperazinguanidinsulfat $[NH_2 \cdot C(NH) \cdot N(CH_2 \cdot CH_2)_2 N \cdot C(NH) \cdot NH_2] \cdot H_2SO_4$. Aus in wenig Wasser gelöstem Methylisothioharnstoffsulfat und Piperazin. Krystalle vom Schmelzpunkt 288—290°. — **Pikrat** $C_6H_{14}N_6(C_6H_3N_3O_7)_2$. Krystalle vom Schmelzp. 260—270°. — **Chloraurat** $C_6H_{14}N_6 \cdot 2$ HAuCl$_4$. Nadeln, Schmelzp. 243° (Zers.). — **Chlorplatinat** $C_6H_{14}N_6 \cdot H_2PtCl_6$. Plättchen, Schmelzp. 265—268°[1].

N-(Anilido-imino-methyl-)phenmorpholin

$$C_6H_4 \begin{matrix} O \cdot CH_2 \cdot CH_2 \\ | \\ N \cdot [C(:NH) \cdot NH \cdot C_6H_5] \end{matrix}$$

Dieses Guanidin entsteht aus N-Phenmorpholylcyanid und 3 Mol Anilinhydrochlorid bei 150°. In Alkohol wenig lösliche Nadeln vom Schmelzp. 152°. **Platinsalz.** Schmelzp. 144°[2].

Alkyl-, Alkylen- und Arylguanidine.

Methylguanidin.

Vorkommen: In Petromyzon fluviatilis L.[3]; in den Extraktivstoffen des Reptilienmuskels[4]; in der Kuhmilchmolke (kann aber sekundär aus Kreatinin entstanden sein (!)[5]; im Fruchtwasser des Rindes (rein aus der Argininfraktion gewonnen)[6]. Im Stierhoden[7]; im frischen Fleisch von Katsuwonus pelamis Kishinouye-Gymnosarda affinis[8]. Im Harn gravider Frauen[9], Lungentuberkulöser[10] und Cystinuriker[11].

Unter den mit Phosphorwolframsäure fällbaren Extraktivstoffen von frischen Pferde- und Ochsenmilzen konnte nach sorgfältiger Anwendung der üblichen Trennungsverfahren kein Methylguanidin nachgewiesen werden[12].

Bildung: Gegen die Anzweiflung durch Kapeller[13] wird die Bildung beim Zusammenschmelzen von Dicyandiamid und Methylammoniumchlorid nach Werner-Bell[14] neuerdings festgestellt (Nebenprodukt war Methylbiguanid)[15].

Bestimmung: Colorimetrisch mit der durch an der Luft braun gewordenen Nitroprussidnatriumlösung erzeugten Rotfärbung. Genauigkeit bis 1:10000[16]. Zur Bestimmung in biologischen Flüssigkeiten bereitet man sich eine Lösung von 6 g Nitroprussidnatrium und 8,5 g Ferrocyannatrium in 100 ccm Wasser. 15—20 Minuten vor Gebrauch wird 1 Teil der Lösung mit 10 proz. Natronlauge und 2 Teilen 3 proz. Wasserstoffperoxydlösung gemischt. 1 ccm von diesem Reagens kommt auf 4 ccm der unbekannten Methylguanidinlösung. Dann colorimetrischer Vergleich mit der Standardlösung. — Zur Bestimmung im Blut verfährt man folgendermaßen: 10 ccm Blut werden mit Urease und Phosphatpuffer $\frac{1}{2}$ Stunde bei 50° behandelt und nach Folin-Wu gefällt. Nach Zugabe von 1 proz. Sodalösung zum Filtrat, Eindampfen zur Trockene, Aufnehmen mit 4 ccm Wasser erfolgt die colorimetrische Bestimmung mit 1 ccm Reagens. Ablesung nach 10 Minuten[17].

---

[1] V. Piovano: Gazz. chim. ital. **58**, 245 — Chem. Zbl. **1928 II**, 451.
[2] J. v. Braun u. J. Seemann: Ber. dtsch. chem. Ges. **55**, 3818 (1922) — Chem. Zbl. **1923 I**, 942.
[3] O. Flößner u. F. Kutscher: Z. Biol. **82**, 297 — Chem. Zbl. **1925 I**, 1217.
[4] W. Keil, W. Linneweh u. K. Poller: Z. Biol. **86**, 187 — Chem. Zbl. **1927 II**, 1483.
[5] H. Müller: Z. Biol. **84**, 553 — Chem. Zbl. **1926 II**, 1157.
[6] H. Reinwein u. H. Heinlein: Z. Biol. **81**, 283 — Chem. Zbl. **1924 II**, 1698.
[7] H. Müller: Z. Biol. **82**, 573 — Chem. Zbl. **1925 II**, 660.
[8] Y. Okuda: J. Coll. Agric. Tokyo **7**, 1 (1919) — Chem. Zbl. **1925 I**, 1091.
[9] M. Honda: J. of Biochem. **2**, 351 (1923) — Ber. Physiol. **20**, 464.
[10] H. Reinwein: Dtsch. Arch. klin. Med. **144**, 37 — Ber. Physiol. **27**, 165 (1924).
[11] F. A. Hoppe-Seyler: Dtsch. Arch. klin. Med. **153**, 327 (1926) — Chem. Zbl. **1927 I**, 1194.
[12] S. Demianowski: Hoppe-Seylers Z. **132**, 109 — Chem. Zbl. **1924 I**, 1681.
[13] Kapeller: Chem. Zbl. **1926 II**, 1016.
[14] Werner-Bell: Chem. Zbl. **1923 I**, 1156.
[15] E. Philippi u. K. Morsch: Ber. dtsch. chem. Ges. **60**, 2120 — Chem. Zbl. **1927 II**, 2664.
[16] H. R. Marston: Austral. J. exper. Biol. a. med. Sci. **1**, 99 (1924) — Ber. Physiol. **36**, 584.
[17] J. J. Pfiffner u. V. C. Myers: Proc. Soc. exper. Biol. a. Med. **23**, 830 (1926) — Ber. Physiol **38**, 494.

Bei der Bestimmungsmethode mit barytalkalischer Silberlösung oder mittels Quecksilbersalzen kann es aus Kreatinin durch Oxydation gebildet werden. Am besten eignet sich daher die Pikrolonsäurefällung. Die Gegenwart von Methylguanidin nach der Zerlegung der Pikronolatfällung des Harns konnte mit Hilfe einer etwas abgeänderten Farbreaktion nach Sakaguchi nachgewiesen werden. Auch die Abspaltung von Methylamin bei der Destillation mit Natronlauge kann zur Bestimmung benützt werden [1]. Auch nach dem modifizierten Verfahren von Sharpe[2] gelingt eine befriedigende Trennung vom Guanidin und Kreatinin nicht[3]. Trennung des Methylguanidins von Kreatinin und Carnosin[4].

Darstellung: Als Sulfat durch Zugeben einer 33 proz. wässerigen Lösung von Methylamin zu einer wässerigen Suspension von Methylisothioharnstoffsulfat. Zum Auffangen von entweichendem Methylamin und Methylmercaptan werden Waschflaschen mit Salzsäure und Natronlauge vorgelegt. Die bei 30° beginnende lebhafte Reaktion wird durch Erhitzen bis zum Sieden beendet, der Kolbeninhalt im Vakuum konzentriert und der bei −5° erstarrende Rückstand mit Methylalkohol gewaschen. Schmelzp. 239—240° (Ausbeute 82%). Wilhelm Traube und K. Gorniak haben ein bequem auszuführendes Verfahren ausgearbeitet, um das nach Werner und Bell aus der Dicyandiamid-Methylammoniumchloridschmelze hergestellte Methylguanidin in Gestalt luftbeständiger, mineralsaurer Salze zu isolieren. (Sulfat, besonders Nitrat)[5]. — **Nitrat:** Aus Wasser zum Schmelzp. 149—150°[6]. Als Base aus Mononatriumcyanamid und 2 Mol Methylaminhydrochlorid in siedendem Wasser (10 Stunden), Neutralisieren des Filtrats und Extraktion des Verdampfungsrückstandes mit Alkohol[7].

Aus Triacetylanhydroguanidin und Methylamin in ätherischer Lösung (5 Stunden schütteln). Im Filtrat der entstehenden Verbindung von Methylamin mit β-Acetamino-α-piperidon ist die Diacetylverbindung, die durch Behandlung mit verdünnter Salzsäure das Methylguanidinhydrochlorid liefert[8].

Physiologische Eigenschaften: 0,045—0,08 g/kg beim Menschen und 0,1 g/kg bei Hunden intravenös als Dinitrat oder Sulfat injiziert, ruft eine für mehrere Stunden anhaltende Blutdrucksteigerung hervor[9]. Diese Wirkung wird durch Glykocyamin und Glykocyamidin aufgehoben[10]. Parathyreoid- und Leberextrakt vermochten die durch das Sulfat hervorgerufene Blutdruckerhöhung zu vermindern, ohne daß die im Extrakt vorhandene Salzsäure für diese Wirkung in Frage kommt[11]. Die Beziehung von Methylguanidin zur Blutdruckerhöhung läßt sich im Tierexperiment ebenso wie beim Menschen demonstrieren. Parathyreoidextrakt, Veratrin, Amylnitrat und Calciumchlorid verhindern die blutdrucksteigernde Wirkung[12,13].

Bei 2 Hunden wurde nach Nebenschilddrüsenentfernung Methylguanidin im Blut erhöht gefunden[14]. Im Harn solcher Hunde fand sich jedoch kein Methylguanidin mehr vor[15]. Trotz der gegenteiligen Behauptung von I. Greenwald[16] halten Paton und Sharpe[17] an ihren Beobachtungen und an dem Vertrauen in die Richtigkeit der Nachweismethodik fest, wonach bei Hunden mit Tetania parathyreopriva das Blut einen vermehrten Methylguanidingehalt

---

[1] F. M. Kuen: Biochem. Z. **187**, 283 — Chem. Zbl. **1927 II**, 1988.
[2] Sharpe: Biochemic. J. **19**, 168 — Chem. Zbl. **1925 II**, 1079.
[3] I. Greenwald: Biochemic. J. **20**, 665 (1926) — Chem. Zbl. **1927 I**, 635.
[4] J. Smorodinzew u. A. Adova: Hoppe-Seylers Z. **181**, 77 (1929) — Ber. Physiol. **50**, 605 (1929).
[5] W. Traube u. K. Gorniak: Z. angew. Chem. **42**, 379 — Chem. Zbl. **1929 I**, 2965.
[6] R. Phillips u. H. T. Clarke: J. amer. chem. Soc. **45**, 1755 (1923) — Chem. Zbl. **1924 I**, 1174.
[7] E. Fromm: Liebigs Ann. **442**, 130 — Chem. Zbl. **1925 I**, 2446.
[8] M. Bergmann u. L. Zervas: Hoppe-Seylers Z. **173**, 80 — Chem. Zbl. **1928 I**, 1647.
[9] R. H. Major u. W. Stephenson: Bull. Hopkins Hosp. **35**, 140 (1924) — Ber. Physiol. **29**, 430.
[10] R. H. Major u. C. J. Weber: Bull. Hopkins Hosp. **42**, 207 — Chem. Zbl. **1928 I**, 2844.
[11] R. H. Major u. C. R. Buikstra: Bull. Hopkins Hosp. **37**, 392 (1925) — Chem. Zbl. **1926 I**, 1674 — Ber. Physiol. **36**, 107.
[12] R. Major: Amer. J. med. Sci. **170**, 228 (1925) — Ber. Physiol. **33**, 410 (Ref. Poos).
[13] R. Major u. C. Weber: J. of Pharmacol. **35**, 351 — Chem. Zbl. **1929 II**, 598.
[14] D. Noël Paton u. J. S. Sharpe: Quart. J. exper. Physiol. **16**, 57 — Ber. Physiol. **36**, 665.
[15] I. Greenwald: J. of biol. Chem. **59**, 329 — Chem. Zbl. **1924 II**, 692.
[16] I. Greenwald: Quart. J. exper. Physiol. **16**, 347 — Ber. Physiol. **41**, 83.
[17] N. Paton u. J. S. Sharpe: Quart. J. exper. Physiol. **16**, 351 — Ber. Physiol. **41**, 83.

aufweist. Bei langsamer Einführung in den Kreislauf wurde Methylguanidinsulfat entweder zerstört oder neutralisiert, so daß keine Erhöhung des Blutdrucks eintrat. Die Resorption findet vom Magendarmkanal aus hauptsächlich im Ileum, weniger vom Magen, Duodenum, Jejunum und Kolon aus statt[1].

Acetylmethylguanidin, asymm. Dimethylguanidin, Äthylguanidin, Äthanolguanidin symm. Diphenylguanidin und Triphenylguanidin wirken blutdrucksenkend mit nachträglichem Anstieg, der kräftiger in Erscheinung tritt als beim Guanidin und seinem Aminoderivat. Blutzuckerwirkung entfalten die obigen Derivate nicht[2]. Auch Kumagai, Kawai und Shikinami geben einen Vergleich der hypoglykämischen Wirkungen des Methylguanidins mit der anderer Derivate[3]. An Hand von 25 Guadininpräparaten ergab sich daß die aromatischen weniger blutzuckersenkend wirken als die aliphatischen. Eine große Reihe nicht giftig wirkender Präparate war ohne Einfluß auf den Blutzucker. Ebenso wirkte die Einführung negativer Gruppen nicht günstig auf die Erzeugung von Hypoglykämie. — Die basischen Derivate mit langen aliphatischen Nebenketten waren am wirksamsten. Hypoglykämische Wirkung, tödliche Dosis und Leberschädigung gehen parallel[4].

Es ruft die für Guanidin charakteristischen fibrillären Muskelzuckungen hervor und übt eine erregbarkeitssteigernde Wirkung auf das Tonussubstrat aus. In kleineren Konzentrationen wirkt es am Herzen vaguslähmend, in größeren verursacht es diastolischen Stillstand[5]. Die krampfverursachende Dosis von Methylguanidin läßt sich durch Bestimmungen seiner Konzentration im Blut (normal: 0,2 mg%, nach Injektion etwa 3—6 mg%) mit einer colorimetrischen Methode[6] sicher nachweisen. Nach Nebenschilddrüsenentfernung wird bei bestehender Tetanie bei 6 Hunden nur einmal der Methylguanidingehalt des Blutes auf 0,4 mg% gesteigert gefunden[7]. Seine Wirkung als Tetanusgift[8].

Bei Tauben, die durch Methylguanidin in Tetanie versetzt wurden, zeigte sich der Glykogengehalt des Großhirns recht merklich erhöht, während der des Kleinhirns normal oder nur wenig erhöht gefunden wurde[9].

Es hemmt die Kalkbildung an Knorpel und Serumkolloiden (?)[10].

Als Hydrochlorid bewirkt es eine Contractur der schwarzen Farbkörper der Froschhaut, so daß diese Tiere dann heller erscheinen (kann mehrere Stunden anhalten). Calciumsalze verhindern diese Wirkung[11].

Es wirkt auf alle Verdauungsdrüsen vom Blute aus sekretionssteigernd[12].

Bei perniziöser Anämie wurde es aus dem Harn isoliert und identifiziert[13].

Perichanjanz[14] teilt eine Studie mit über die elektrische Reizbarkeit eines Muskelpräparates durch Methylguanidinlösungen in Konzentrationen von 0,02—0,5 g[14].

Derivate: Hydrochlorid $C_2H_7N_3 \cdot HCl$. Sehr hygroskopische krystalline Masse[15].

Chloroplatinat. Orange Prismen. Schmelzp. 190—192° (nicht 175° oder 194—195°. — Verunreinigungen)[16, 17].

Pikrat. Zersetzt sich ohne zu schmelzen bei 285°[9]; löst sich bei 10° mit 132 mg, bei 20° mit 178 mg in 100 ccm Wasser[18]. (Das von Werner und Bell aus Dicyandiamid und

---

[1] R. H. Major: Bull. Hopkins Hosp. **39**, 215 (1926) — Chem. Zbl. **1927 I**, 475.
[2] C. A. Alles: J. of Pharmacol. **28**, 251 — Chem. Zbl. **1926 II**, 2084.
[3] T. Kumagai, S. Kawai u. Y. Shikinami: Proc. imp. Acad. Tokyo **4**, 23 — Chem. Zbl. **1928 I**, 2843.
[4] F. Bischoff, M. Sahyun u. L. Long: J. of biol. Chem. **81**, 325 — Chem. Zdl. **1929 I**, 2549.
[5] F. v. Graevenitz: Arch. f. exper. Path. **105**, 278 — Chem. Zbl. **1925 II**, 67.
[6] R. H. Major, Th. G. Orr u. C. J. Weber: Bull. Hopkins Hosp. **39**, 215 — Chem. Zbl. **1927 I**, 475.
[7] R. H. Major, Th. G. Orr u. C. J. Weber: Bull. Hopkins Hosp. **40**, 287 — Chem. Zbl. **1927 II**, 588.
[8] C. Jacobson: Erg. Physiol. **23**, 180 (1924) — Ber. Physiol. **30**, 770.
[9] B. Kobori: Biochem. Z. **173**, 166. — Ferner Takahashi: Biochem. Z. **159**, 484 — Chem. Zbl. **1926 II**, 2081 bzw. **1925 II**, 1455.
[10] E. Freudenberg u. P. György: Biochem. Z. **124**, 299 (1921) — Chem. Zbl. **1922 I**, 432.
[11] S. Ochoa: Proc. roy. Soc. Lond., Serie B **102**, 256 — Chem. Zbl. **1928 I**, 2269.
[12] R. Krimberg u. S. Komarow: Biochem. Z. **176**, 73 (1926) — Chem. Zbl. **1927 I**, 473.
[13] H. Reinwein u. F. Thielmann: Arch. f. exper. Path. **103**, 115 — Chem. Zbl. **1924 II**, 1814.
[14] J. I. Perichanjanz: Z. Biol. **87**, 336 — Chem. Zbl. **1928 I**, 2964.
[15] E. A. Werner u. F. Bell: J. chem. Soc. Lond. **121**, 1790 (1922) — Chem. Zbl. **1923 I**, 1156.
[16] Schenck: Arch. Pharmaz. **250**, 306 — Chem. Zbl. **1912 II**, 1201.
[17] M. Schenck u. H. Kirchhof: Ber. dtsch. chem. Ges. **60**, 2412 (1927) — Chem. Zbl. **1928 I**, 325.
[18] I. Greenwald: Biochemic. J. **20**, 665 (1926) — Chem. Zbl. **1927 I**, 635.

Methylaminhydrochlorid gewonnene Produkt sei nach entsprechender Untersuchung nicht mit Methylguanidinpikrat identisch[1]. Vgl. W. Traube und Gorniak[2].
Methylguanidinsulfat $(C_2H_7N_3)_2 \cdot H_2SO_4$. Schmelzp. 238°. Löslich in Wasser; wenig löslich in Alkohol[2].
Nitrat: $C_2H_7N_3 \cdot HNO_3$. Schmelzp. 148°. Aus dem Sulfat mit Bariumnitrat[2].
Formiat: $C_2H_7N_3 \cdot HOOH$. Aus Alkohol Prismen, Schmelzp. 122°[2].
Flavianat. Krystallinischer Niederschlag mit freier 1-Naphthol-2, 4-dinitro-7-sulfosäure[3].
Acetylmethylguanidin $CH_3 \cdot CO \cdot NH \cdot C(:NH) \cdot NH \cdot CH_3$. Durch Oxydation aus Benzylidenacetylkreatinin mit alkalischem Natriumpermanganat. — **Pikrat** $C_4H_9ON_3 \cdot C_6H_2(NO_2)_3OH$. Aus Wasser Schmelzp. 160—162°[4].
Diacetylmethylguanidin $C_6H_{11}O_2N_3$. Aus Petroläther Nadeln vom Schmelzp. 88°. Sublimiert im Hochvakuum bei 50—60° in Tafeln. Meist leicht löslich[5].
Benzoylmethylguanidin $C_6H_5CO \cdot NH \cdot C(:NH) \cdot NH \cdot CH_3$. Aus Benzoylkreatinin durch alkalische Oxydation mit Natriumpermanganat. Durch Benzoylierung des Methylguanidinhydrochlorids als Chlorhydrat. — **Hydrochlorid**, Schmelzp. 222°. — **Pikrat**, Schmelzp. 180°[5].
Benzylmethylguanidin $C_6H_5CH_2NH \cdot C(:NH) \cdot NH \cdot CH_3$. Durch alkalische Permanganatoxydation aus 4- (oder 5-) Benzylkreatinin[6].
N-Methyl-N-[β-guanidinoäthyl-]guanidin (Vitiatin?)[7] $H_2N \cdot C(:NH) \cdot N(CH_3) \cdot CH_2 \cdot CH_2 \cdot NH \cdot C(:NH) \cdot NH_2$. Bildet sich bei der Einwirkung von Monomethyläthylendiamin auf S-Äthylisothioharnstoffbromhydrat. — **Dipikrat** $C_{17}H_{20}O_{14}N_{12}$. Wenig löslich. Schmelzp. 241°. — **Dipikronolat** $C_{25}H_{30}O_{10}N_{14}$. Dünne, glitzernde, sehr wenig lösliche Prismen vom Schmelzpunkt 283—284°. — **Dihydrochlorid.** Sechskantige Blättchen. — **Chloraurat** $C_5H_{16}N_6Cl_8Au_2$. Gelbrote, schief abgeschnittene Prismen mit glänzenden Flächen vom Schmelzp. 240—241°. Leichtes Sintern bei 236°. (Schmelzpunkt des Vitiatin-Chloraurates unscharf bei 167°). — Wässerige Quecksilberchloridlösung fällt erst auf Zusatz von Natriumacetat, alkoholische Lösung fällt sofort. Mit alkoholischer Platinchloridlösung derbe Krystalle, in der Wärme löslich. Phosphorwolframsäure fällt in salzsaurer Lösung[8].
Oxalylmethylguanidin $C_4H_5O_2N_3$. Schmelzp. 205—207°.
Iminomalonylmethylguanidin $C_5H_8ON_4 \cdot H_2O$. Aus Methylguanidin mit Cyanessigester und Natrium in absolutem Alkohol. Nach Lösen in Wasser und Übersättigen mit NH_3 entsteht obiger Körper. Aus heißem Wasser Nadeln. Schmelzp. 162°[2].

Asymm. Dimethylguanidin.

Vorkommen: In den Extraktstoffen des Stierhodens (etwa 1—1,5 g Chloraurat aus 10 kg Stierhoden)[9]. Im Harn gravider Frauen[10].
Nachweis: Die Sakaguchische Reaktion fällt negativ aus[11].
Darstellung: Als Sulfat zu gewinnen durch Zugeben von etwa 30 proz. wässeriger Dimethylaminlösung zu einer wässerigen Suspension von Methylisothioharnstoffsulfat. Zum Auffangen von entweichendem Dimethylamin und Methylmercaptan werden Waschflaschen mit Salzsäure und Natronlauge vorgelegt. Die gegen 30° beginnende Reaktion wird durch Erhitzen bis zum Sieden beendet, der Kolbeninhalt im Vakuum konzentriert und der erstarrte Rückstand mit Methylalkohol gewaschen. Schmelzp. 285—288° (Zers.)[12]. Die Base entsteht

---
[1] R. Kapeller: Ber. dtsch. chem. Ges. **59**, 1652 — Chem. Zbl. **1926 II**, 1016.
[2] W. Traube u. K. Gorniak; Z. angew. Chem. **42**, 379 — Chem. Zbl. **1929 I**, 2966.
[3] A. Kossel u. R. E. Gross: Sitzgsber. Heidelberg. Akad. Wiss., Abt. B **1923**, Q. Abh. 1 — Chem. Zbl. **1923 III**, 1151 — Hoppe-Seylers Z. **135**, 167 — Chem. Zbl. **1924 II**, 335.
[4] I. Greenwald: J. amer. chem. Soc. **47**, 1443 — Chem. Zbl. **1925 II**, 1042.
[5] M. Bergmann u. L. Zervas: Hoppe-Seylers Z. **173**, 80 — Chem. Zbl. **1928 I**, 1647.
[6] Hennig: Arch. Pharmaz. **251**, 396 — Chem. Zbl. **1913 II**, 1479.
[7] Kutscher: Zbl. Physiol. **21**, 33 — Chem. Zbl. **1907 I**, 1593. — Vgl. auch Engeland: Hoppe-Seylers Z. **57**, 49 — Chem. Zbl. **1909 I**, 566 — Z. Unters. Nahrgsmitt. usw. **16**, 658 — Chem. Zbl. **1909 I**, 566.
[8] H. Schotte u. H. Priewe: Hoppe-Seylers Z. **153**, 67 — Chem. Zbl. **1926 II**, 190.
[9] L. Leibfreid: Hoppe-Seylers Z. **139**, 82 — Chem. Zbl. **1924 II**, 2590. — H. Müller: Z. Biol. **82**, 573 — Chem. Zbl. **1925 II**, 660.
[10] M. Honda: J. of Biochem. **2**, 351 (1923) — Ber. Physiol. **20**, 464.
[11] F. A. Hoppe-Seyler: Dtsch. Arch. klin. Med. **153**, 327 (1926) — Chem. Zbl. **1927 I**, 1194.
[12] R. Phillips u. H. T. Clarke: J. amer. chem. Soc. **45**, 1755 (1923) — Chem. Zbl. **1924 I**, 1174.

ferner beim 3 stündigen Erhitzen von Dimethylammoniumchlorid mit Dicyandiamid auf 180° in praktisch quantitativer Ausbeute[1].

Physiologische Eigenschaften: Dimethylguanidin wirkt auf die Capillaren maximal verengernd (Frosch)[2]. Es führt am schnellsten zu stärksten Blutdrucksteigerungen. Zugleich werden Herzschlag und Atmung verlangsamt und die Amplitude vergrößert[3]. Versuche über die Beeinflussung der vasoconstrictorischen Wirkung durch Calcium, Kalium, Calcium- und Kaliummangel, Atropin und Ergotamin liegen vor[4].

Im Blute von Patienten mit idiopathischer oder postoperativer Tetanie, sowie dreier parathyreopriver Hunde gelang es, eine beträchtliche Erhöhung des Dimethylguanidingehalts festzustellen[5]. Bei zwei klinischen Fällen von arterieller Hypertonie wurde mit dem durch eine Diuretin-Digitalis-Behandlung herbeigeführten Sinken des Blutdrucks eine erhebliche Mehrausscheidung von Dimethylguanidin im Harn beobachtet[6]. Im Harn von Kranken mit parathyreopriver Tetanie wurde der Gehalt ebenfalls erhöht gefunden (51—184 mg statt 2 bis 15 mg), was für Dimethylguanidinvergiftung spricht[7].

Nach Exstirpation der Nebenschilddrüsen fand es sich nicht mehr im Harn von Hunden[8]. Wie bei der Tetanie, so übt Parathyreoidextrakt auch auf die mit Dimethylguanidin vergifteten Tiere keine Wirkung aus. Die Exstirpation von einem Epithelkörperchen hat keinen sichern Einfluß auf die Vergiftung. Bei Entfernung der 4 Körperchen dagegen tritt schärfste Überempfindlichkeit gegen das Dimethylguanidin ein[9].

Nach Vergiftung der Katze konnte auch spontaner typischer Pfötchenkrampf beobachtet werden. Mit unwirksamen Dosen vorbehandelte Tiere reagieren auf einen chemischen Blutreiz (Acetylcholin, Nicotin) mit einem akuten Tetanieanfall[10]. Die Versuche mit dem Dimethylguanidinhydrochlorid an Hunden und Katzen ergaben ein Sinken der arteriellen Kohlenoxydspannung durch stärkere Entlüftung der Lunge infolge gesteigerter Empfindlichkeit des Atemzentrums. Trotzdem stieg der Bicarbonatgehalt des Blutes. Der Kochsalzspiegel sinkt. Die Abnahme des Calciumgehalts im Serum beginnt mit den tetanischen Anfällen. Mit dem Nachlassen der Anfälle steigt er wieder an[11].

Wie das asymm. Dimethylguanidin wirken Acetylmethylguanidin, Äthyl-, Äthanol-, symm. Diphenyl- und Triphenylguanidin blutdrucksenkend mit nachträglichem Anstieg (kräftiger als beim Guanidin und seinem Aminoderivat;) Blutzuckerwirkungen sind nicht zu beobachten[12].

Die schwarzen Farbkörper der Froschhaut werden durch das Hydrochlorid so kontrahiert, daß diese Tiere heller erscheinen. Diese Wirkung kann Stunden anhalten, wird aber durch Calciumsalze verhindert[13].

Es ruft die für Guanidin charakteristischen fibrillären Muskelzuckungen hervor und wirkt am Herzen in kleineren Konzentrationen vaguslähmend, in größeren führt es zum diastolischen Stillstand. Tonisch wirkt es schwächer als die symmetrische Verbindung[14].

Derivate: Chloroplatinat, Schmelzp. 225°[15] (nicht 210° — Verunreinigung!)[16].

Pikrat, Schmelzp. 227°[6]. In Wasser von 10° lösen sich 117 mg, bei 20° 162 mg in 100 ccm[17].

---

[1] E. A. Werner u. J. Bell: J. chem. Soc. Lond. **121**, 1790 (1922) — Chem. Zbl. **1923 I**, 1156.
[2] I. S. Barksdale: South. med. J. **18**, 707 (1925) — Ber. Physiol. **35**, 693.
[3] R. H. Major u. W. Stephenson: **35**, 136 (1924) — Chem. Zbl. **1925 I**, 2095.
[4] T. Englund: C. r. Soc. Biol. Paris **93**, 207 — Chem. Zbl. **1925 II**, 1192.
[5] J. Kühnau: Arch. f. exper. Path. **115**, 75 — Chem. Zbl. **1926 II**, 1761.
[6] R. H. Major: Bull. Hopkins Hosp. **36**, 357 (1925) — Chem. Zbl. **1926 I**, 428.
[7] J. Kühnau: Arch. f. exper. Path. **110**, 76 (1925). — E. Frank u. J. Kühnau: Klin. Wschr. **4**, 1170 — Chem. Zbl. **1926 II**, 2077; bzw. **1925 II**, 1189.
[8] I. Greenwald: J. of biol. Chem. **59**, 329 — Chem. Zbl. **1924 II**, 692.
[9] W. Wankel: Dtsch. tierärztl. Wschr. **32**, 729 (1924) — Chem. Zbl. **1925 I**, 716.
[10] M. Nothmann: Z. exper. Med. **33**, 316. — Vgl. auch Frank, Stern u. Nothmann: ebendort **24**, 341 — Chem. Zbl. **1923 III**, 511 bzw. **1921 III**, 1213.
[11] K. Gollwitzer-Meier: Z. exper. Med. **40**, 59 — Chem. Zbl. **1924 II**, 208.
[12] C. A. Alles: J. of Pharmacol. **28**, 251 — Chem. Zbl. **1926 II**, 2084.
[13] S. Ochoa: Proc. roy. Soc. Lond., Serie B **102**, 256 — Chem. Zbl. **1928 I**, 2269.
[14] F. v. Graevenitz: Arch. f. exper. Path. **105**, 278 — Chem. Zbl. **1925 II**, 67.
[15] M. Schenck u. H. Kirchhof: Ber. dtsch. chem. Ges. **60**, 2412 (1927). — Schenck: Arch. Pharmaz. **250**, 306 — Chem. Zbl. **1928 I**, 325; **1912 II**, 1201.
[16] E. A. Werner u. J. Bell: J. chem. Soc. Lond. **121**, 1790 (1922) — Chem. Zbl. **1923 I**, 1156.
[17] I. Greenwald: Biochemic. J. **20**, 665 (1926) — Chem. Zbl. **1927 I**, 635.

N, N-Dimethyl-N'-äthylguanidin, Chloraurat $C_5H_{13}N_3 \cdot HAuCl_4$. Nadeln zu Blättchen vereinigt. Schmelzpunkt unscharf bei 82—84°. — **Chloroplatinat** $(C_5H_{13}N_3)_2H_2PtCl_6$. Prismen. Schmelzp. 165—167° (vorher Sintern)[1]. — **Pikrat** $C_5H_{13}N_3 \cdot C_6H_3N_3O_7$. Nadeln. Sintern bei 143°. Schmelzpunkt unscharf bei 148—152°. — **Pikronolat** $C_5H_{13}N_3 \cdot C_{10}H_8O_5N_4$. Hellgelbe, kugelförmig angeordnete Nadeln. Schmelzp. 177°. Bei 165° Sintern[2].

s. N, N'-Dimethylguanidin. Es verursacht die für Guanidin charakteristischen fibrillären Muskelzuckungen, wirkt positiv tonotrop und stärker tonisierend als die asymm. Verbindung. Am Herzen wirkt es in kleinen Konzentrationen vaguslähmend, in größeren verursacht es diastolischen Stillstand[3].

s. Trimethylguanidin

$$CH_3N=C\begin{smallmatrix}NH \cdot CH_3 \\ NH \cdot CH_3\end{smallmatrix}$$

Bildung: Durch Erhitzen von Jodcyan mit einem großen Überschuß von Methylamin auf 130° zu 55% neben den niedermethylierten durch Umaminierung nach der Gleichung:

$$HN=C\begin{smallmatrix}NH \cdot CH_3 \\ NH \cdot CH_3\end{smallmatrix} \xrightarrow{+CH_3NH_2} \left[\begin{smallmatrix}H_2N \\ CH_3HN\end{smallmatrix}C\begin{smallmatrix}NH \cdot CH_2 \\ NH \cdot CH_3\end{smallmatrix}\right] \xrightarrow{-NH_3} CH_3N=C\begin{smallmatrix}NH \cdot CH_3 \\ NH \cdot CH_3\end{smallmatrix}$$

unter intermediärer Bildung eines labilen Tetraaminomethanderivates[4]. Ferner aus N, N, S-Trimethylisothioharnstoff oder N, N, N''-Trimethylguanidin mit Methylamin bei 100°:

$$NH:C\begin{smallmatrix}N(CH_3)_2 \\ NHCH_3\end{smallmatrix} \rightarrow \left[\begin{smallmatrix}H_2N \\ CH_3NH\end{smallmatrix}C\begin{smallmatrix}N(CH_3)_2 \\ NHCH_3\end{smallmatrix}\right] \rightarrow \begin{smallmatrix}NH \\ \| \\ C \\ CH_3HN \; NHCH_3\end{smallmatrix}$$

Aus symm. Dimethylguanidin und Harnstoff bei 130°. — **Chloraurat** $C_4H_{11}N_3HAuCl_4$. Nadeln vom Schmelzp. 156° (unscharf). — **Chloroplatinat** $(C_4H_{11}N_3)_2H_2PtCl_6$. Nadeln und derbe Prismen vom Schmelzp. 226—227°. — **Pikrat** $C_4H_{11}N_3 \cdot C_6H_3O_7N_3$. Nadeln vom Schmelzpunkt 216° nach Sintern bei 211°. — **Pikronolat**. In Wasser ziemlich leicht löslich. Schmelzp. 232°[5]. Wirkt nur curareartig und hat gegenüber hochmethylierten Guanidinen auch in geringen Konzentrationen tonolytische Eigenschaften. Am Herzen wirkt es in kleinen Dosen vaguslähmend, große verursachen diastolischen Stillstand[6].

Äthylguanidin. Chloraurat $C_3H_9N_3 \cdot HAuCl_4$. Aus Wasser spießige Krystalle vom Schmelzp. 100—103°, Sintern bei 78—80°. Nicht identisch mit dem von Engeland aus Harn isolierten Chloraurat. — **Chloroplatinat** $(C_3H_9N_3)_2 \cdot H_2PtCl_4$. Prismen. Schmelzp. 188—190° (Zers.), sintern bei 185°. In Wasser leicht löslich. — **Pikrat** $C_3H_9N_3 \cdot C_6H_3O_7N_3$. Aus Wasser Nädelchen. Schmelzp. 178—180° (nach Sintern). — **Pikronolat** $C_3H_9N_3 \cdot C_{10}H_8O_5N_4$. Tafeln oder Prismen. Sintern bei 277°. Zersetzungsp. 285°. Wirkt wie Acetylmethyl- und asymm. Dimethylguanidin blutdrucksenkend mit nachträglichem Anstieg (kräftiger als beim Guanidin und seinem Aminoderivat). Keine Blutzuckerwirkung[7].

a. Diäthylguanidin $C_5H_{13}N_3$. Bildung: aus salpetersaurem Formamidindisulfid in Alkohol mit Diäthylaminhydrochlorid und Natronlauge in siedendem Wasser[8]. — Darstellung: Aus S-Methylthiuroniumjodid mit Diäthylamin in Methylalkohol 8 Stunden gekocht. — Freie Base aus Äther, Nadeln vom Schmelzp. 88—89°. Hygroskopisch. Kochp.$_1$ 94°. In Wasser, Alkohol, Benzol leicht, in Äther ziemlich leicht löslich[9]. Bei Warm- und Kaltblütern ohne Wirkung[10]. — **Hydrochlorid** $C_5H_{14}N_3Cl$. Aus Alkohol + Äther Krystalle vom Schmelzpunkt 148—149° (korr.); in Wasser und Alkohol sehr leicht, in Chloroform ziemlich leicht, in Äther nicht löslich. — **Pikrat** $C_{11}H_{16}O_7N_6$. Aus siedendem Alkohol hellgelbe Nadeln vom Schmelzp. 221—224° (korr.)[4]; Schmelzp. 220°[8]; in Aceton leicht, in Chloroform wenig löslich[9].

---

[1] Engeland: Hoppe-Seylers Z. **57**, 49 — Chem. Zbl. **1909 I**, 564.
[2] M. Schenck u. H. Kirchhof: Hoppe-Seylers Z. **154**, 293 — Chem. Zbl. **1927 II**, 1015.
[3] F. v. Graevenitz: Arch. f. exper. Path. **105**, 278 — Chem. Zbl. **1925 II**, 67.
[4] M. Schenck: Hoppe-Seylers Z. **150**, 121 (1925) — Chem. Zbl. **1926 I**, 1396.
[5] M. Schenck u. H. Kirchhof: Hoppe-Seylers Z. **153**, 150 — Chem. Zbl. **1926 II**, 191.
[6] F. v. Graevenitz: Arch. f. exper. Path. **105**, 278 — Chem. Zbl. **1925 II**, 67.
[7] C. A. Alles: J. of Pharmacol. **28**, 251 — Chem. Zbl. **1926 II**, 2084.
[8] E. Fromm u. P. Fantl: Liebigs Ann. **447** — Chem. Zbl. **1926 II**, 419.
[9] H. Lecher u. G. Demmler: Hoppe-Seylers Z. **167**, 163 — Chem. Zbl. **1927 II**, 1470.
[10] M. Nothmann: Z. exper. Med. **33**, 316 — Chem. Zbl. **1923 III**, 511.

β-Oxyäthylguanidin. Vergleich seiner blutzuckersenkenden Wirkung mit jener anderer Guanidinderivate[1]. Wirkt wie Acetylmethyl- und asymm. Dimethylguanidin blutdrucksenkend mit nachträglichem Anstieg (kräftiger als beim Guanidin und seinem Aminoderivat). Keine Blutzuckerwirkung[2].

1-Methyl-1-(β-oxyäthyl-)guanidin (Kreatinol). Synthese: Man bereitet aus Äthylenchlorhydrin und flüssigem Phosgen im Bombenrohr (5—8 Tage bei Zimmertemperatur) Chlorameisensäure-β-chloräthylester (Kochp.$_{760}$ 142°), versetzt seine benzolische Lösung unter Eiskühlung mit einer ätherischen Methylaminlösung (2 Mol) und behandelt den Methylcarbamidsäure-β-chloräthylester (Kochp.$_{15}$ 110—112°) (40 g) mit Natronlauge (Zugabe zu einer eiskalten Lösung von 48 g NaOH in 60 ccm Wasser, nach 20 Minuten etwa 1 Stunde auf 90 bis 100° erwärmen). Das durch fraktionierte Destillation erhaltene Methyl-β-oxäthylamin (Kochpunkt$_{760}$ 155—156°; Kochp.$_{12}$ 64—65°), und zwar 1,1 Mol wird mit S-Äthylisothioharnstoffhydrobromid nach Rathke umgesetzt zum Kreatinolhydrobromid (aus Alkohol Würfel vom Schmelzp. 101—103°)[3]. Wird durch Arginase unter Aufspaltung des Guanidinkernes zerstört[4].

Derivate: **Hydrobromid** $C_4H_{12}ON_3Br$. Aus Alkohol Würfel vom Schmelzp. 101—103°. — **Hydrochlorid** $C_4H_{12}ON_3Cl$. Aus Alkohol. Schmelzp. 78° (nach Sintern). — **Carbonat** $(C_4H_{12}ON_3)_2H_2CO_3$. Oktaeder. Zers. bei 171°. — **Pikrat** $C_{10}H_{14}O_8N_6$. Gelbe Prismen vom Schmelzp. 166°. — **Pikronolat** $C_{14}H_{19}O_6N_7$. Aus viel heißem Wasser rechteckige Blättchen vom Schmelzp. 236—237°. — **Quecksilberchloriddoppelsalz** $C_4H_{12}ON_3Cl$, Hg_6Cl_{12}. Aus Wasser Nadeln vom Schmelzp. 220—221° (Sintern bei 216°). — **Cadmiumchloriddoppelsalz** $C_4H_{12}ON_3Cl$, $CdCl_2$. Aus Wasser bipyramidale Prismen vom Schmelzp. 190—191°. — **Chloraurat** $C_4H_{12}ON_3Cl_4Au$. Aus verdünnter Salzsäure hellgelbe Prismenaggregate, Sintern bei 90°, Schmelzp. etwa 125—126°. — **Chloroplatinat.** Aus wässerigem Alkohol, Schmelzp. 185—186° (Zers.). — **Tribenzoat** $C_{25}H_{23}O_4N_3$. Unter Kühlung nach Schotten-Baumann Krystalle (80proz. Alkohol), Schmelzp. 98—99,5°, und Verb. vom Schmelzp. 177—180,5°; ohne Kühlung Körper vom Schmelzp. 80—81°. — **Ditoluolsulfoanhydrokreatinol** $C_{18}H_{21}O_4N_3S_2$. Aus Essigester Prismen und Rhomboeder vom Schmelzp. 174,5—175° (korr.) und ungelöst Verb. mit Schmelzpunkt 176—177,5°[3].

Über Einwirkung von Säuren und Alkalien siehe Original bzw. Chem. Zentralbl.[3].

Methylguanidoäthanol (Kreatinol). Gibt beim 10stündigen Erhitzen mit Salzsäure (D. 1,19) auf 180° N-Monoäthyläthylendiamin[5].

N, N-Äthylguanidoäthanol $NH_2C(:NH) \cdot N(\cdot C_2H_5) \cdot (CH_2 \cdot CH_2OH)$. Durch 8stündiges Erhitzen von Äthyl-β-oxäthylaminhydrochlorid mit Cyanamid und Alkohol im Rohr auf 100°. Als Pikrat isoliert. — **Hydrochlorid.** Prismen. — **Pikrat** $C_5H_{13}ON_3$, $C_6H_3O_7N_3$. Aus Wasser Prismen vom Schmelzp. 158°[6].

N, N-Isoamylguanidoäthanol. Analog wie das vorhergehend beschriebene Derivat. — **Pikrat** $C_{14}H_{22}O_8N_6$. Prismatische Krystalle vom Schmelzp. 117—118°[2].

Guanidoäthylalkohol $(H_2N)_2C:N \cdot CH_2 \cdot CH_2OH$ oder $NH:C(NH_2) \cdot NH \cdot CH_2 \cdot CH_2 \cdot OH$, Mol.-Gewicht: 103,04. Aus Cyanamidoäthylalkohol in alkoholischer Lösung durch Einleiten von Ammoniak bei 2stündigem Erhitzen unter Rückfluß. In Alkhol und Wasser ist es in jedem Verhältnis löslich. Aus Alkohol wird es durch Äther als Öl abgeschieden. Das Produkt ist immer salzsäurehaltig (HCl-Spuren auch durch Silberoxyd nicht entfernbar)[7].

Dibenzoyl-β-oxyäthylguanidin $C_6H_5 \cdot CO \cdot NH \cdot C(NH_2):N \cdot CH_2 \cdot CH_2 \cdot O \cdot CO \cdot C_6H_5$, Mol.-Gewicht: 311,08. Durch 1stündiges Behandeln einer alkoholischen Lösung von Dibenzoyl-β-oxyäthylcarbodiimid mit gasförmigem Ammoniak. Aus Alkohol in Nadeln vom Schmelzpunkt 150°. Es ist in Äther und Wasser unlöslich und wird durch Kochen mit Benzoylchlorid in Pyridinlösung vollständig zersetzt[7].

---

[1] T. Kumagai, S. Kawai u. Y. Shikinami: Proc. imp. Acad. Tokyo **4**, 23 — Chem. Zbl. **1920 I**, 2843.
[2] C. A. Alles: J. of Pharmacol. **28**, 251 — Chem. Zbl. **1926 II**, 2084.
[3] H. Schotte, H. Priewe u. H. Roescheisen: Hoppe-Seylers Z. **174**, 119 — Chem. Zbl. **1928 I**, 1962.
[4] F. Peters: Hoppe-Seylers Z. **174**, 177 — Chem. Zbl. **1928 I**, 1964.
[5] Chemische Fabrik auf Actien (vorm. E. Schering), H. Schotte u. H. Priewe: D.R.P. 446547, Kl. 12q (1925, 1927); Chem. Zbl. **1927 II**, 1079.
[6] H. Schotte, H. Priewe u. H. Roescheisen: Hoppe-Seylers Z. **174**, 119 — Chem. Zbl. **1928 I**, 1962.
[7] E. Fromm: Ber. dtsch. chem. Ges. **55**, 902—911 — Chem. Zbl. **1922 I**, 1177.

Tribenzoyl-β-oxyäthylguanidin $(C_6H_5 \cdot CO \cdot NH)_2C:N \cdot CH_2 \cdot CH_2 \cdot O \cdot CO \cdot C_6H_5$, Mol.-Gewicht: 415,09. Aus Oxyäthylguanidin mit Benzoylchlorid und Natronlauge. Krystalle vom Schmelzp. 156°. In Aceton ist es ziemlich, in Alkohol schwer und in Äther und Wasser unlöslich [1].

N, N′-Ditoluolsulfonyl-β-oxyäthylguanidin

$$C_7H_7 \cdot SO_2 \cdot N : C(NH_2) \cdot N \cdot CH_2 \cdot CH_2 \cdot OH$$
$$\quad\quad\quad\quad\quad\quad\quad\quad\quad |$$
$$\quad\quad\quad\quad\quad\quad\quad\quad SO_2 \cdot C_7H_7$$

Mol.-Gewicht: 411,2. Aus Oxyäthylguanidin in Natronlauge mit p-Toluolsulfochlorid. Aus Alkohol in glänzenden Plättchen vom Schmelzp. 163°. Es ist in heißem Aceton leicht, in Äther unlöslich. Durch 1 minutiges Kochen mit verdünnter Schwefelsäure erhält man das Verseifungsprodukt

$$C_7H_7 \cdot SO_2 \cdot N : C \text{———} N \cdot SO_2 \cdot C_7H_7$$
$$\quad\quad\quad\quad\quad\quad\quad |\quad\quad\quad |$$
$$\quad\quad\quad\quad\quad\quad\;\, O \cdot CH_2 \cdot CH_2$$

das aus Alkohol oder Aceton Krystalle vom Schmelzp. 206° liefert. Sie sind in Äther und Natronlauge unlöslich [1].

Propylguanidin $C_4H_{11}N_3$. Vergleich seiner hypoglykämischen Wirkung mit jener anderer Guanidinderivate [2].

N, N-Dimethyl-N′-äthylguanidin $(CH_3)_2N \cdot C(:NH) \cdot NHC_2H_5$. Durch 7 tägiges Stehenlassen von Dimethylcyanamid, Äthylamin und dessen Hydrochlorid im Rohr bei Zimmertemperatur [3] oder aus N-Äthyl-S-methylpseudothioharnstoffhydrojodid und Dimethylamin. — **Goldsalz** $C_5H_{13}N_3 \cdot HAuCl_4$. Schmelzp. 82—84°. — **Chloroplatinat** $(C_5H_{13}N_3)_2H_2PtCl_6$. Prismen, Schmelzp. 165—168° (Aufschäumen). — **Pikrat** $C_5H_{13}N_3 \cdot C_6H_3O_7N_3$. Nadeln. Sintern bei 143°. Schmelzp. 148—153°, 149—151° [3]. — **Pikronolat** $C_5H_{13}N_3 \cdot C_{10}H_8N_4O_5$. Hellgelbe Nadeln. Sintern bei ca. 165°. Schmelzp. 172—174° [4].

Isoamylguanidin (Dihydrogalegin) $HN:C(NH_2)(NH \cdot CH_2CH_2CH[CH_3]_2)$. Aus dem Jodmethylat des Sulfoharnstoffs und Isoamylamins in Alkohol. — **Pikronolat** $C_6H_{15}N_3 \cdot C_{10}H_8O_5N_4$. Aus Wasser Nadeln vom Zersetzungsp. 280—282°. — **Chloraurat** $C_6H_{15}N_3 \cdot HAuCl_4$. Blättchen. Sintern bei ca. 95°. Schmelzp. 102°. (Das Müllersche [5] Dihydrogalegenin-Goldsalz vom 158° halten Schenck und Kirchhof [4] nicht dafür.) — **Pikrat** $C_6H_{15}N_3 \cdot C_6H_3O_7N_3$. Citronengelbe Nadeln. Sintern bei 160°. Schmelzp. 173—174°. — **Chloroplatinat** $(C_6H_{15}N_3)_2 H_2PtCl_6$. Nadeln vom Schmelzp. 166—168°. — **Sulfat** $(C_6H_{15}N_3)_2 \cdot H_2SO_4$. Weiße Nadeln vom Zersetzungsp. 268—270°. — **Nitrat** $C_6H_{15}N_3 \cdot HNO_3$. Weiße krystallinische Masse vom Schmelzp. 75—76° [4].

Allylguanidin $HN:C(NH_2)(NH \cdot CH_2 \cdot CH:CH_2)$. Aus N-Allyl-S-methylpseudothioharnstoffhydrojodid und 25 proz. Ammoniak oder aus S-Methylpseudothioharnstoffsulfat und Allylamin in Alkohol. Hypoglykämische Wirkung [2]. — Goldsalz nicht darstellbar. — **Pikronolat** $C_4H_9N_3 \cdot C_{10}H_8O_5N_4$. Zersetzungsp. 262—263°. — **Chloroplatinat** $(C_4H_9N_3)_2H_2PtCl_6$. Rotgelbe Nadeln. Zersetzungsp. 187° (183—184°). — **Pikrat** $C_4H_9N_3 \cdot C_6H_3O_7N_3$. Gelbe Nadeln. Schmelzp. etwa 146°. — **Sulfat** $(C_4H_9N_3)_2H_2SO_4$. Weiße Prismen. Schmelzp. 220 bis 222° [4].

Äthylendiguanidin $NH:C(NH_2) \cdot NH \cdot CH_2 \cdot CH_2 \cdot NH \cdot C(NH_2):NH$. Aus S-Methylpseudothioharnstoffsulfat und Äthylendiaminhydrat. — **Sulfat** $C_4H_{12}N_6 \cdot H_2SO_4$. Zersetzungspunkt 284—290° (vermutlich 2 Krystallwassermol). — **Chloraurat** $C_4H_{12}N_6 \cdot 2 HAuCl_4$. Zersetzungsp. 258°. — **Chloroplatinat** $C_4H_{12}N_6 \cdot H_2PtCl_6$. Zersetzungsp. 255—258°.

d, l-Propylendiguanidin $HN:C(NH_2) \cdot NH \cdot CH(CH_3) \cdot CH_2 \cdot NH \cdot C(NH_2):NH$. Aus S-Methylpseudothioharnstoffhydrojodid und Propylendiaminhydrat in Alkohol. — **Pikronolat** $C_5H_{14}N_6 \cdot C_{10}H_8O_5N_4$. Dunkelgelbe Krystalle. Zersetzungsp. 275°. — **Dipikronolat** $C_5H_{14}N_6 \cdot 2 C_{10}H_8O_5N_4$. Zersetzungsp. 293°. — **Golddoppelsalz** $C_5H_{14}N_6 \cdot 2 HAuCl_4$. Blättchen. Schmelzpunkt 214—215°. (Nicht mit Vitiatinchloraurat identisch. Schmelzp. 167°.) — **Dipikrat**

---

[1] F. Fromm: Ber. dtsch. chem. Ges. **55**, 902—911 — Chem. Zbl. **1922 I**, 1177.
[2] T. Kumagai, S. Kawai u. Y. Shikinami: Proc. imp. Acad. Tokyo **4**, 23 — Chem. Zbl. **1928 I**, 2843.
[3] H. Schotte, H. Priewe u. H. Roescheisen: Hoppe-Seylers Z. **174**, 119 — Chem. Zbl. **1928 I**, 1964.
[4] M. Schenck u. H. Kirchhof: Hoppe-Seylers Z. **158**, 90 — Chem. Zbl. **1926 II**, 2419.
[5] H. Müller: Z. Biol. **82**, 251 — Chem. Zbl. **1926 I**, 695.

$C_5H_{14}N_6 \cdot 2 C_6H_3O_7N_3$. Chromgelbe Nadeln. Schmelzp. 239—240°. — **Chloroplatinat** $C_5H_{16}N_6PtCl_6 + H_2O$ bzw. $C_5H_{14}N_6 \cdot H_2PtCl_6$. Zersetzungsp. 244—245° nach Trocknen bei 120° [1].
Trimethylenguanidin $NH:C(NH_2) \cdot NH \cdot CH_2 \cdot CH_2 \cdot CH_2 \cdot NH \cdot C(NH_2):NH$. Aus S-Methylpseudothioharnstoffhydrojodid und Trimethylendiamin in Alkohol (kein Biguanidinderivat!). — **Pikronolat** $C_5H_{14}N_6 \cdot 2 C_{10}H_8O_5N_4$. Zersetzungsp. 286—288°. — **Dipikrat** $C_5H_{14}N_6 \cdot 2C_6H_3O_7N_3$. Nadeln. Schmelzp. 242°. — **Golddoppelsalz** $C_6H_{14}N_6 \cdot 2HAuCl_4$. Nädelchen. Schmelzp. 183—184°. (Die Identität mit Vitiatingolddoppelsalz ist fraglich.) — **Chloroplatinat** $C_5H_{14}N_6 \cdot H_2PtCl_6$ (bzw. $+H_2O$). Zersetzungsp. 245—246°. — **Sulfat** $C_5H_{14}N_6 \cdot H_2SO_4$ (bzw. $+2H_2O$). Sintert bei 100 und 285°, bis 296° keine Zersetzung [2].

s. N, N, N′, N′-Tetramethylguanidin, Neben einer verstärkten Curarelähmung zeigt es eine stärkere Tonuswirkung als die asymmetrische Verbindung. Am Herzen verursachen kleine Konzentrationen Vaguslähmung, größere diastolischen Stillstand [2].

N, N, N′, N′′-Tetramethylguanidin $CH_3N:C(NHCH_3) \cdot N(CH_3)_2$. Nach Lecher und Graf modifizierte Darstellungsweise Schencks [3]. Ausbeute 44% der Theorie. Schmelzpunkt 115—117° [4]. — Neben verstärkter Curarelähmung zeigt es schwache Tonuswirkung. In kleinen Dosen wirkt es am Herzen vaguslähmend, in größeren führt es zu diastolischem Stillstand [2].

s. Tetraäthylguanidin $C_9H_{21}N_3$. Aus Jodcyan und Diäthylamin im Rohr bei 100° in 3 Stunden; Hydrojodid mit Äther abscheiden, mit 50 proz. KOH zerlegen, ausäthern, feuchten Ätherextrakt mit CO_2 sättigen, Carbonat abfiltrieren, mit 50 proz. KOH zerlegen. Kochp.$_{10}$ 83,5° (korr.). — **Pikrat**, ölig. — **Chloroplatinat** $(C_9H_{22}N_3)_2PtCl_6$. Orangegelbe Nadeln (Alkohol) vom Schmelzp. 207° (korr. Zers.) [5]. Schmelzp. 205,6° (korr.) [6].

s. Tetraäthylbiguanidin, Pikrat $C_{16}H_{13}O_7N_3$. Aus Alkohol Prismen vom Schmelzpunkt 147—148° (korr.) [6].

N, N′, N′′, N′′-Tetramethyl-N-äthylguanidin $C_7H_{17}N_3$. Aus dem entsprechenden ps-Thioharnstoff, Dimethylamin und Mercurichlorid. Die ätherische Guanidinlösung wird mit Kaliumcarbonat, dann mit Natrium (-draht) getrocknet. Flüssigkeit vom Kochp.$_{13}$ 61,5—63° (korr.) [2].

N, N, N′-Trimethyl-N′′, N′′-diäthylguanidin $C_8H_{19}N_3$. Analog dem Tetramethyläthylguanidin dargestellt. Kochp.$_{15}$ 71—72° [2].

N, N′′, N′′-Trimethyl-N, N′-diäthylguanidin $C_8H_{19}N_3$. Darstellung analog den obigen. Kochp.$_{12}$ 68—69° [2].

N, N′-Dimethyl-N, N′′, N′′-triäthylguanidin $C_9H_{21}N_3$. Kochp.$_{12}$ 80—81° (korr.) [2].

N, N, N′, N′-Tetramethyl-N′′-äthylguanidin $C_7H_{17}N_3$

$$C{\Big\langle}_{N(CH_3)_2}^{N(CH_3)_2} \cdot C_2H_5$$

Aus N, N, S-Trimethyl-N′-äthylpseudothioharnstoff mit Dimethylamin und Quecksilberchlorid. Kochp.$_{11}$ 55,5° (korr.) [1].

Pentamethyläthylguanidoniumjodid $C_8H_{20}N_3J$

$$\left[C{\Big\langle}_{N(CH_3)_2}^{N(CH_3)_2}{-}N(CH_3)(C_2H_5)\right]^+ \cdot J^-$$

Aus Pentamethylguanidin und Äthyljodid oder aus Tetramethyläthylguanidin und Methyljodid in Äther. Aus Alkohol + Äther Krystalle. Außer in Benzol, Äther und Tetrachlorkohlenstoff leicht löslich. — **Trijodid** $C_8H_{20}N_3J_3$. Aus dem Jodid und Jod in wenig Methylalkohol. Dunkle Krystalle vom Schmelzp. 57—58,5° (korr.) [7].

---

[1] M. Schenck u. H. Kirchhof: Hoppe-Seylers Z. **158**, 90 — Chem. Zbl. **1926 II**, 2419.
[2] F. v. Graevenitz: Arch. f. exper. Path. **105**, 278 — Chem. Zbl. **1925 II**, 67.
[3] Schenck: Arch. Pharmaz. **249**, 463 — Chem. Zbl. **1921 II**, 1216. — Lecher u. Graf: Ber. dtsch. chem. Ges. **56**, 1326 — Chem. Zbl. **1923 III**, 548.
[4] M. Schenck u. F. v. Graevenitz: Hoppe-Seylers Z. **141**, 132 (1924) — Chem. Zbl. **1925 I**, 643.
[5] H. Lecher u. G. Demmler: Hoppe-Seylers Z. **167**, 163 — Chem. Zbl. **1927 II**, 1470.
[6] H. Schotte, H. Priewe u. H. Roescheisen: Hoppe-Seylers Z. **174**, 119 — Chem. Zbl. **1928 I**, 1964.
[7] H. Lecher u. F. Graf: Liebigs Ann. **438**, 154 — Chem. Zbl. **1924 II**, 825ff. — Ber. dtsch. chem. Ges. **56**, 1326 — Chem. Zbl. **1923 III**, 548.

Pentamethylguanidin $(CH_3)_2N \cdot C(:N \cdot CH_3) \cdot N(CH_3)_2$. In einem Einschmelzrohr gibt man zu 9 g Sublimat unter starker Kühlung Dimethylamin, das aus 25 g Hydrochlorid bereitet ist und 4,4 g N, N, N′, S-Tetramethylpseudothioharnstoff, erhitzt 5 Stunden auf 100°, verdunstet das überschüssige Dimethylamin und digeriert die Masse mit Alkohol. Die Lösung wird mit Schwefelwasserstoff vom Quecksilber befreit, im Vakuum eingedampft, mit Kalilauge zersetzt, ausgeäthert und der Ätherrückstand nach dem Trocknen über Bariumoxyd destilliert. Ausbeute etwa 35%. Die aminartig riechende, sehr hygroskopische, schwach rauchende Flüssigkeit vom Kochp. 155—160° ist auch in Wasser sehr leicht löslich. Die starke einsäurige Base zieht begierig Kohlensäure aus der Luft an und läßt sich scharf titrieren. — **Pikrat** $C_6H_{15}N_3 + C_6H_3O_7N_3$. Gelbe Nadeln vom Schmelzp. 165—166°[1] (Zers., korr.)[2]. — **Jodid** $C_6H_{16}N_3J$. Hygroskopische Krystalle[3] — Neben verstärkter Curarelähmung zeigt die Base erhöhte Tonuswirkung gegenüber den Tetramethylderivaten. Am Herzen wirkt es in kleineren Konzentrationen vaguslähmend, in größeren tritt diastolischer Stillstand ein[4].

Hexamethylguanidoniumjodid $C_7H_{18}N_3J$. Aus den Komponenten quantitativ in Äther gebildet. Aus absolutem Alkohol in Blättchen, die sich weit über 300° zersetzen, ohne zu schmelzen. In Wasser und Chloroform leicht löslich, in Benzol und Äther unlöslich. Wässerige Lösung neutral, mit Säuren keine Fällung[2]. — Verursacht verstärkte Curarelähmung und besitzt von den höher methylierten Guanidinen die höchste Tonuswirkung. Kleinere Konzentrationen wirken am Herzen vaguslähmend, größere verursachen diastolischen Stillstand[4].

Hexamethylguanidoniumhydroxyd

$$\begin{array}{c}(CH_3)_2N \\ (CH_3)_2N\end{array}\!\!\!\!\!\!\!\!>C\!\!-\!\!N(CH_3)_2 \\ | \\ OH$$

Konnte nur in Lösung erhalten werden. [Über das Jodid durch Tl_2SO_4 und $Ba(OH)_2$.] Die wässerige Lösung ist monatelang bei Zimmertemperatur und in Siedehitze minutenlang beständig. 5 Stunden im Rohr bei 150° gehalten, waren erst 65% Tetramethylharnstoff entstanden. Mit Normalnatronlauge zerfällt das Jodid in 3 Stunden bei 100° vollständig. — **Jodid** $C_7H_{18}N_3J$. In Methylalkohol und Aceton sehr leicht, in Pyridin und Chloroform wenig löslich. — **Trijodid** $C_7H_{18}N_3J_3$. Aus dem Jodid und Jod in wenig Methylalkohol. Granatrote Blätter aus Methylalkohol vom Schmelzp. 118—120° (korr.). — **Chlorid** $C_7H_{18}N_3Cl$. Durch Schütteln der Jodidlösung mit Silberchlorid und Eindampfen im Hochvakuum. Die schwach hygroskopischen Krystalle zersetzen sich bei höherer Temperatur[5].

Hexamethylguanidoniumpikrat

$$C\!\!\begin{array}{l}\!\!/\!\!/N(CH_3)_2 \\ \!\!-\!\!N(CH_3)_2 \\ \!\!\setminus\! N(CH_3)_2\end{array}\!\!\!\!\bigg\} + \bar{O}\!\!\cdots\!(NO_2)_3C_6H_2$$

Aus dem Jodid mit etwas weniger als 1 Mol Thallopikrat. Gelbe Krystalle aus Wasser vom Schmelzp. 120—121°. In Alkohol leicht löslich.

Molekülverbindung mit Pikrinsäure

$$C\!\!\begin{array}{l}\!\!/\!\!/N(CH_3)_2 \\ \!\!-\!\!N(CH_3)_2 \\ \!\!\setminus\! N(CH_3)_2\end{array}\!\!\!\!\bigg\} + \bar{O}\cdot C_6H_2(NO_2)_3 \\ \cdots(NO_2)_3C_6H_2\cdot OH$$

Durch Schütteln der Komponenten in Alkohol. Aus Alkohol dunkelgelbe Blätter vom Schmelzpunkt 68,5—71,5°. — **Molekülverbindung mit Natriumpikrat** $C_{19}H_{22}O_{14}N_9Na$. Aus Alkohol gelbe Nadeln vom Schmelzp. 165—166,5°. — **Molekülverbindung mit Trinitrobenzol** $C_{19}H_{23}O_{13}N_9$. Aus Alkohol gelbe Krystalle vom Schmelzp. 73,5—75°. Wird am Licht ziegelrot. — **Hexamethylguanidoniumchloroplatinat** $(C_7H_{18}N_3)_2PtCl_6$. Durch Schütteln des Jodids in Wasser mit Silberchlorid und Versetzen mit Platinchlorwasserstoffsäure, Eindampfen im Vakuum. Aus Wasser + Alkohol dunkelgelbe Kryställchen vom Schmelzp. 181,5—182° (korr.)[6].

---

[1] Schenck: Hoppe-Seylers Z. **77**, 328 — Chem. Zbl. **1912 I**, 1819.
[2] H. Lecher u. F. Graf: Ber. dtsch. chem. Ges. **56**, 1326 — Chem. Zbl. **1923 III**, 548.
[3] H. Lecher u. F. Graf: Liebigs Ann. **438**, 154 — Chem. Zbl. **1924 II**, 825.
[4] F. v. Graevenitz: Arch. f. exper. Path. **105**, 278 — Chem. Zbl. **1925 II**, 67.
[5] H. Lecher u. F. Graf: Liebigs Ann. **438**, 154 — Chem. Zbl. **1924 II**, 825 ff. — Ber. dtsch. chem. Ges. **56**, 1326 — Chem. Zbl. **1923 III**, 548.
[6] H. Lecher u. F. Grat (v. F. Gnädinger): Liebigs Ann. **445**, 61 (1925) — Chem. Zbl. **1926 I**, 358.

Pentamethyläthylguanidoniumpikrat $C_{14}H_{22}O_7N_6$. Aus Wasser gelbe Krystalle vom Schmelzp. 96—99° (korr.)[1].

N, N, N'-Trimethyl-N', N'', N''-triäthylguanidoniumjodid $C_{10}H_{24}N_3J$. 1. Aus N, N, N'-Trimethyl-N'', N''-diäthylguanidin und Äthyljodid in Äther (7 Wochen). 2. Aus N, N'-Dimethyl-N, N'', N''-triäthylguanidin und Methyljodid (15 Stunden). 3. Aus N, N'', N''-Trimethyl-N, N'-diäthylguanidin und Äthyljodid (10 Tage). Sehr hygroskopische Krystalle. Zersetzen sich über 230°. In Wasser, Alkohol, Eisessig, Essigester und Chloroform sehr leicht löslich. — **Trijodid** $C_{10}H_{24}N_3J_3$. Aus dem Jodid und Jod in Methylalkohol. Dunkle Krystalle vom Schmelzp. 50—54°. — **Pikrat** $C_{16}H_{26}O_7N_6$. Öl mit Eiswasser fest und gelbe Nadeln vom Schmelzp. 41,5—44,5°. In Wasser und Äther wenig, sonst leicht löslich. — **Chloroplatinat** $(C_{10}H_{24}N_3)_2PtCl_6$. Öliges Rohprodukt, das beim Verreiben mit Alkohol krystallisiert. Nach dreimaligem Umkrystallisieren aus Alkohol steigt der Schmelzp. von 165—175° über 184—188° auf 186,5—188,5° (korr.). Dann ist die Substanz rein. (Rohprodukt schmilzt zwischen 85° und 154°[1].

Guanidino-i-amylen, Galegin.

$$C\begin{array}{l}\diagup NH_2\\ =NH\\ \diagdown NH\cdot CH_2\cdot CH:C\cdot (CH_3)_2\end{array}$$

Zur Konstitution vgl. Lit.[2].

Vorkommen: Auch in den Blättern und Samen des Geißklees[3, 4].

Quantitative Gewinnung aus Geißkleesamen: Mit 50proz. Alkohol extrahieren, nach dem Kolieren auf $1/_3$ Volumen einengen, mit basischem Bleiacetat versetzen, Niederschlag absaugen, Filtrat mit Schwefelwasserstoff entbleien, lackmussauer einengen und aus kleinem Volumen mit wässeriger Pikrinsäure die Base fällen. Oder nach Späth und Prokopp[4] (vereinfacht): Samen mit Leitungswasser ausziehen, kolieren, stark einengen, alkalisch mit der gleichen Menge Amylalkohol 3mal extrahieren; daraus Galegin mit verdünnter Schwefelsäure als Sulfat ausschütteln, Extrakt einengen und mit Alkohol ausziehen.

Physiologische Eigenschaften: Pflanzenkeimling- und Leberextrakt spalten die Base nicht[5]. Bei der Fäulnis bildet etwa die Hälfte unter Wasseraufnahme Oxydihydrogalegin. Bei subcutaner Einführung in Ziegen wurden von 4,2 g bzw. 6,9 g Galegin (innerhalb 6 Tage eingef.) nach Exitus 2,4 bzw. 4% im Harn wieder gefunden. In der Galle kein Befund und nur Spuren in Milch und Mageninhalt[3].

Auch Galega officinalis ruft in kleinen Dosen bei normalen und diabetischen Menschen Blutzuckersenkung hervor, in großen führt es leicht zur Hyperglykämie und zu toxischen Nebenerscheinungen[6]. In einzelnen Diabetesfällen (bei vorsichtiger Dosierung!) erfolgte Besserung[7]. Erzeugt subcutan oder oral eingeführt Hypoglykämie. Zwischen der in dieser Richtung wirksamen und der tödlichen Dosis liegt beim Tier nur eine kleine Spanne[8].

Derivate: Pikrat $C_6H_{13}N_3\cdot C_6H_3O_7N_3$. Schmelzp. 178° (unkorr.). In Wasser von 17° 1:753 löslich. — **Chloraurat** $C_6H_{13}N_3\cdot HAuCl_4$. Schmelzp. 156°. — **Pikronolat** $C_6H_{13}N_3\cdot C_{10}H_8N_4O_5$. Zers. bei 254°[9].

Wurde von Tanret[10] für ein Pyrrolidin- oder Piperidinderivat gehalten. Sein flüchtiges Spaltprodukt wurde als Isoamylenamin erkannt. Galegin nimmt bei der katalytischen Reduktion mit Palladium 1 Mol Wasserstoff auf. (Das Dihydrogalegin wurde aus Isoamylamin und Cyanamid synthetisiert. Galegin wird als Sulfat durch Bariumpermanganat zu Aceton

---

[1] H. Lecher u. F. Graf (v. F. Gnädinger): Liebigs Ann. **445**, 61 (1925) — Chem. Zbl. **1926 I**, 358.
[2] Barger u. White: Biochemic. J. **17**, 827 — Chem. Zbl. **1924 I**, 1543.
[3] H. Müller: Z. Biol. **83**, 239 (1925) — Chem. Zbl. **1926 I**, 695.
[4] Späth u. Prokopp: Ber. dtsch. chem. Ges. **57**, 474 — Chem. Zbl. **1924 I**, 2272.
[5] K. Poller: Z. Biol. **86**, 309 — Chem. Zbl. **1927 II**, 2067.
[6] H. Reinwein: Verh. dtsch. Kongr. inn. Med. **39**, 219 (1927) — Chem. Zbl. **1928 II**, 1456. — Vgl. auch H. Simonnet u. G. Fahret: Bull. Soc. Chim. Biol. Paris **10**, 796.
[7] H. Reinwein: Münch. med. Wschr. **74**, 1794 (1927) — Chem. Zbl. **1928 I**, 86.
[8] Simonnet u. G. Tanret: C. r. Acad. Sci. Paris **184**, 1600 — Chem. Zbl. **1927 II**, 1588.
[9] H. Müller: Z. Biol. **83**, 239 (1925) — Chem. Zbl. **1926 I**, 695.
[10] Tanret: Bull. Soc. chim. France [4] **15**, 613 — Chem. Zbl. **1914 II**, 646.

und Guanidinessigsäure oxydiert. Beim Kochen mit verdünnter Schwefelsäure geht es in Oxydihydrogalegin über [1].

Isoamylguanidin, Dihydrogalegin $(CH_3)_2 \cdot CH \cdot CH_2 \cdot CH_2 \cdot NH \cdot C(:NH) \cdot NH_2$. Durch dreitägiges Kochen des Galeginsulfates mit Oxalsäure [2].

Sulfat. Aus Alkohol Prismen vom Schmelzp. 270°. In Wasser und Alkohol wenig löslich.

Nitrat. Aus Alkohol + Äther in Nadeln vom Schmelzp. 75—76°. In Wasser und Alkohol leicht in verdünnter Salpetersäure wenig löslich.

Chloraurat. Schmelzp. 158° (unkorr.) [2].

Pikrat. Aus heißem Wasser lange, schmale Tafeln vom Schmelzp. 172°. In kaltem Wasser fast unlöslich [1].

Oxydihydrogaleginsulfat $(C_6H_{15}ON_3)_2 \cdot H_2SO_4 \cdot H_2O$. Aus Methylalkohol farnartige Krystalle vom Schmelzp. 205—206°. In Wasser sehr leicht löslich. — **Pikrat.** Aus heißem Wasser rhombenartige Krystalle vom Schmelzp. 153—154° [5], Schmelzp. 155—156° [2]. Bei der Hydrolyse entsteht Oxyamylamin [1]. — **Carbonat.** Schmelzp. 189—190° [2] (Aufschäumen).

Äthylenguanidin, (2-Iminoimidazoltetrahydrid)

$$HN:C\diagdown\diagup\begin{matrix}NH \cdot CH_2\\NH \cdot CH_2\end{matrix}$$

Konnte den Blutzucker beim Kaninchen nicht wesentlich senken [3].

Äthylendiguanidindihydrojodid $C_4H_{12}N_6, 2HJ$. Aus 1 Mol. Äthylendiaminhydrat und 2 Mol. S-Methylpseudothioharnstoffhydrojodid in abs. Alkohol (7 Tage Zimmertemperatur). Krystalle. Schmelzp. 218—220° (rotbraune Schmelze). — **Dinitrat** $C_4H_{12}N_6, 2HNO_3$. Nädelchen. Zersetzungsp. 252°. — **Dichloraurat** $C_4H_{12}N_6, 2HAuCl_4$. Blättchen oder Nadeln. Zersetzungsp. 258°. — **Chloroplatinat** $C_4H_{12}N_6, H_2PtCl_6$. Dunkelgelbe Nädelchen. Zersetzungspunkt 255—258°. — **Dipikrat** $C_4H_{12}N_6, 2C_6H_3O_7N_3$. Gelbe Nädelchen. Zersetzungsp. 284 bis 285°. — **Dipikronolat** $C_4H_{12}N_6, 2C_{10}H_8O_5N_4$. Sternförmig gelagerte Prismen. Zersetzungspunkt 284° [4].

Äthylendiguanidin $C_4H_{12}N_6$. Seine blutzuckersinkende Wirkung ist etwa gleichstark wie die des Tetramethylendiguanidins und des Agmatins und doppelt so groß wie die des Oxäthylguanidins [5].

Trimethylendiguanidin $C_5H_{14}N_6$. Der Blutzucker wird von 0,1—0,2 g pro Kilogramm beim Kaninchen nicht verändert [5].

Tetramethylendiguanidin $H_2N \cdot C(:NH) \cdot NH \cdot CH_2 \cdot CH_2 \cdot CH_2 \cdot CH \cdot NH \cdot (NH:)C \cdot NH_2$, Mol.-Gewicht: 172,2. Durch Anlagerung von Cyanamid an 37,34 g Putrescinchlorhydrat nach dem Verfahren von Schulze und Winterstein [6] wurden 7,20 g Sulfat neben 12,15 g Agmatinsulfat gewonnen, wovon es sich durch Umkrystallisieren aus Wasser trennen ließ, da es darin schwerer löslich ist. Es liefert nach der van Slyke-Methode keinen Aminostickstoff. Es fällt quantitativ mit Silbernitrat und Baryt, nahezu quantitativ mit Phosphorwolframsäure [7].

Eine Reihe von Pflanzenpräparaten, in welchen die Anwesenheit von Arginase festgestellt worden war, vermochten keinen Harnstoff abzuspalten, nur das Ferment des Aspergillus niger vermochte die Base zu zerlegen. Vermutlich sind diese Tatsachen weniger durch eine Spezifität der verschiedenen Arginasen, als durch äußere Umstände zu erklären [8].

Seine blutdrucksenkende Wirkung entspricht etwa der des Äthylendiguanidins und des Agmatins und ist doppelt so groß wie die des Oxäthylguanidins [9].

Sulfat $C_6H_{16}N_6, H_2SO_4$, sphärische Aggregate stumpfer Nadeln (aus Wasser), Schmelzpunkt 291°; bei 21° löst sich 1 Teil in 156,6 Teilen Wasser. — **Carbonat** $C_6H_{16}N_6, H_2CO_3$, krei-

---

[1] G. Barger u. F. D. White: Biochemic. J. **17**, 827 (1923) — Chem. Zbl. **1924 I**, 1543.
[2] H. Müller: Z. Biol. **83**, 239 (1925) — Chem. Zbl. **1926 I**, 695.
[3] F. Haurowitz u. M. Reiss: Klin. Wschr. **6**, 1479 — Chem. Zbl. **1927 II**, 1362.
[4] M. Schenck u. H. Kirchhof: Hoppe-Seylers Z. **155**, 306 — Chem. Zbl. **1926 II**, 1015.
[5] T. Kumagai, S. Kawai u. Y. Shikinami: Proc. imp. Acad. Tokyo **4**, 23 — Chem. Zbl. **1928 I**, 2843.
[6] Schulze u. Winterstein: Hoppe-Seylers Z. **34**, 128 — Chem. Zbl. **1902 I**, 300.
[7] A. Kiesel: Hoppe-Seylers Z. **118**, 277 — Chem. Zbl. **1922 I**, 807.
[8] A. Kiesel: Hoppe-Seylers Z. **118**, 284 — Chem. Zbl. **1922 I**, 827.
[9] T. Kumagai, S. Kawai u. Y. Shikinami: Proc. imp. Acad. Tokyo **4**, 23 — Chem. Zbl. **1928 I**, 2843.

dige Masse oder dicke, unregelmäßige, kahnförmige Krystalle, in Wasser wenig löslich, unlöslich in Alkohol, Äther, Aceton und Benzol. — **Hydrochlorid** $C_6H_{16}N_6$, 2 HCl, unregelmäßige, durchsichtige Tafeln, nicht hygroskopisch, dicke Prismen aus Wasser + Alkohol + Äther. — **Pikrat** $C_6H_{16}N_6$, $2C_6H_2(NO_2)_3OH$, kleine dünne, zum Teil sichelförmige Prismen. Schmelzpunkt 253—254° (Zers.), bei 21° löst sich 1 Teil in 1666 Teilen Wasser. — **Pikronolat** $C_6H_{16}N_6 \cdot 2C_{10}H_8O_5N$, gelber, amorpher Niederschlag, Schmelzp. 278—279°, wenig löslich in Wasser und Alkohol. — **Chloroplatinat** $C_6H_{16}N_6 \cdot 2HCl$, $PtCl_4$, orange, rhombische Tafeln oder federartige Aggregate, Schmelzp. 224° (Zers.), wenig löslich in kaltem Wasser. — **Chloraurat** $C_6H_{16}N_6$, 2 HCl, 2 $AuCl_3$, kleine blitzende Nadeln, Schmelzp. 172,5°, wenig löslich in Wasser[1].

Pentamethylendiguanidin $C_7N_{18}N_6$. Wirkt 5 mal so stark hypoglykämisch wie das Äthylen, Tetramethylendiguanidin und das Agmatin, halb so stark wie Hexamethylendiguanidin[2].

Aminopentylenguanidinsulfat. Gewinnung[3].

Hexamethylendiguanidin $C_8H_{20}N_6$. Aus 1 Mol Diamin und 2 Mol Pseudodimethylharnstoff (? wahrscheinlich S-Methylisothioharnstoff). Wirkt hypoglykämisch etwa 10mal so stark wie Agmatin, Äthylen- und Tetramethylendiguanidin und doppelt so stark wie Pentamethylendiguanidin. — **Hydrochlorid.** Krystalle aus Alkohol + Äther vom Schmelzp. 175 bis 176,5°[2]. Nadeln Schmelzp. 181—182° (aus abs. Alkohol)[4].

N-Methyl-N-(β-guanidinoäthyl)-guanidin. Seine von Schenck und Kirchhof[5] angezweifelte Konstitution wird verteidigt[6].

Octamethylendiguanidin $C_{10}H_{24}N_6$. Aus Octamethylendiamin und Methylisothioharnstoff; Platinsalz Schmelzp. 214—216°. — **Pikrat:** Schmelzp. 205—206°[7].

Dekamethylendiguanidin, Synthalin.

$$H_2N \cdot C(:NH) \cdot NH \cdot (CH_2)_{10} \cdot HN \cdot (NH:)C \cdot NH_2$$

Mol.-Gewicht: 256,06.

Aus „Glukhorment"-Tabletten ließ sich mit kaltem Wasser eine dem Synthalin sehr ähnliche Substanz vom Schmelzp. 147° gewinnen[8]. Es soll ihr wirksamer Bestandteil sein[9], da das synthalinfreie Glukhorment keine blutzuckersenkende Wirkung mehr besitzt[10]. Das „Glukhorment" wird aus Pankreas mittels Fermentierung dargestellt[11].

Das Dekamethylendiguanidin besitzt oral wie subcutan verabreicht die nahezu gleiche Wirkungsstärke wie Hexamethylendiguanidin auf die Blutzuckerkonzentration[2].

Nach Versuchen an Kaninchen besteht zwischen Synthalin und Insulin des Glykogenstoffwechsels der Gewebe weitgehende Übereinstimmung. Synthalindosen, die einzeln ohne deutlichen Effekt sein können, vermögen bei fortgesetzter Wiederholung eine erhebliche toxische bis tödliche Wirkung zu entfalten. Zum Unterschied von Insulin wurde in keiner Phase des Dauersynthalinversuches eine auch nur vorübergehende Körpergewichtszunahme oder gar Mastwirkung beobachtet. Eine kumulierende Wirkung auf den Blutzucker war auch am Ende der Versuche nicht feststellbar. Auch nach Monaten konnten keine eindeutigen morphologischen Hinweise für die Annahme einer Zell- und Gewebsschädigung, insbesondere der Leber, gefunden werden[12].

---

[1] A. Kiesel: Hoppe-Seylers C. **118**, 277 — Chem. Zbl. **1922 I**, 807.

[2] T. Kumagai, S. Kawai u. Y. Shikinami: Proc. imp. Acad. Tokyo 4, 23 — Chem. Zbl. **1928 I**, 2843.

[3] Schwz.P. 126501 (1926, 1928).

[4] Schering-Kahlbaum A.-G.: D.R.P. 466879, Kl. 12o (1926, 1928); (Zus. zu D.R.P. 463576); Chem. Zbl. **1928 II**, 2597.

[5] Schenck u. Kirchhof: Hoppe-Seylers Z. **155**, 303 (1926) —

[6] H. Schotte, H. Priewe u. H. Roescheisen: Hoppe-Seylers Z. **174**, 119 — Chem. Zbl. **1928 I**, 1962.

[7] F. Bischoff: J. of biol. Chem. **80**, 345 — Chem. Zbl. **1929 I**, 1330.

[8] H. Langecker: Kl. Wschr. **6**, 2238 (1927) — Chem. Zbl. **1928 I**, 369. — Ferner G. H. Dale u. H. W. Dudley: Brit med. J. **1927 II**, 1027 — Chem. Zbl. **1928 I**, 1058.

[9] H. Langecker: Klin. Wschr. **7**, 159 — Chem. Zbl. **1928 I**, 1298. — Ferner F. Bischoff, N. R. Blatherwick u. M. Sahyun: J. of biol. Chem. **77** — Chem. Zbl. **1928 II**, 1117.

[10] E. H. Fischberg u. A. M. Fischberg: Biochem. Z. **195**, 20 — Chem. Zbl. **1928 II**, 1455.

[11] J. Cavrila u. E. Caba: C. r. Soc. Biol. **98**, 408 — Chem. Zbl. **1928 I**, 2419.

[12] H.-J. Arndt, E. Müller u. E. Schemann: Klin. Wschr. **6**, 2283 (1927) — Chem. Zbl. **1928 I**, 539.

Der Wirkungsmechanismus ist ein prinzipiell anderer als jener des Insulins. Synthalin rege das Pankreas immer wieder zu erneuter Hormonausschüttung an, was bei leichten Fällen eine anfänglich gute Wirkung habe, aber doch durch die dauernden Reize zu einer allmählichen Erschöpfung des Inselapparates führen soll. Bei schweren Fällen kommt es zu einer schnell eintretenden weiteren Schädigung der Bauchspeicheldrüse, die schließlich zu einem völligen Versagen der Eigenhormonbildung führe und große Insulinzufuhr bedinge. Als weitere Schädigung tritt eine allmähliche Glykogenverarmung des Organismus durch die primäre Blutzuckermobilisierung nach Synthalin auf, worauf vermutlich die Leberschädigungen zurückzuführen sind[1]. Über den Mechanismus der Synthalinwirkung berichtet auch Ahlgren[2].

Im durchströmten Muskel beschleunigt es das Verschwinden von Traubenzucker, der weder verbrannt, noch in Glykogen verwandelt wird. Der respiratorische Quotient steigt über 1, der Blutmilchzucker nimmt zu. Synthalin ist ein Leberzellen- und Kreislaufgift[3].

Im Gegensatz zum Insulin verwandelt es den Blutzucker nicht in Glykogen, sondern ruft sogar einen geringen Glykogenschwund hervor[4]. Verhindert Anhäufung von Glykogen in der Leber und bringt vorhandene Glykogenmengen fast vollständig zum Verschwinden[5]. 1 mg entspricht 1 Einheit Insulin hinsichtlich der Blutzuckerwirkung.

Die durch Schilddrüsenstoffe herbeigeführte Metamorphose wird wie durch Insulin gehemmt; 1 Insulineinheit entspricht hier $^{1}/_{1000}$ mg Synthalin[6].

1 mg Synthalin ermöglicht die Verbrennung von 0,5—3,4 g Glucose. Zum Teil günstige Resultate in Verwendung mit Insulin. Häufig Abmagerung als Nebenwirkung. Naher Zusammenhang mit der sekretorischen Leberfunktion. Cholagoga unterstützen daher die S.-Wirkung. Auch bei Achlorhydrie wirkt S. günstig[7].

Beim Frosch in Dosen von 0,2—1 mg pro 10 g curareartige Wirkung; Dosis letal bei der Maus 0,15 mg pro 10 g (Tod unter Paresen, geringe Zuckungen und terminaler Streckkrampf), beim Hund 10,0 mg pro Kilogramm (Tod unter Paresen, Dyspnoe)[8].

Größere Dosen (2,5—3,0 mg pro Kilogramm) führen starke Hypoglykämie herbei, die durch Glucosezufuhr zu beheben ist. Die übrigen Vergiftungserscheinungen werden hierdurch aber nicht beeinflußt. Kleine Mengen (unter 2 mg) verursachen deutliche Blutzuckersteigerung. Die Stoffwechselbeeinflussung ist von der durch Insulin verursachten verschieden[9].

Letale Dosis bei Schafen 2,6—2,8 mg pro Kilogramm, bei Kaninchen 3.5—4,5 mg pro Kilogramm. Fettige Degeneration und nephrotische Nierenveränderungen.

Bei Kaninchen und Schafen wirkt Synthalin anders als Insulin. Bei normalen Tieren viel geringere blutzuckersenkende Wirkung, tritt erst bei großen, noch nicht krampfmachenden Dosen ein und hält dann jedoch relativ lange an. Häufig erfolgte vor Abnahme ein Anstieg. Bisweilen ist die Abnahme auch von einer Abnahme des anorganischen Phosphors begleitet, die Steigerung stets von einer Zunahme. (Nach starker Giftwirkung Steigerung bis zu 100%.) Die Milchsäure zeigt bei Kaninchen keine eindeutige Veränderung, bei Schafen eine Vermehrung. Guanidinvergiftungssymptome[10].

Werden kleine Mengen Synthalin intravenös verabreicht, so wird die p_H manchmal vorübergehend erhöht, während bei intramuskulärer und subkutaner Verabreichung keine wesentliche Verschiebung zu beobachten ist. Große toxische Synthalindosen, intravenös gegeben, erniedrigen die p_H des Blutes, die bis zum Exitus stetig abfällt. Werden die Synthalin-

---

[1] F. Bertram: Dtsch. Arch. klin. Med. **158**, 76 — Dtsch. med. Wschr. **53**, 2115 (1927) — Chem. Zbl. **1928 I**, 538.

[2] Ahlgren: Biochem. Z. **206**, 99 (1929) — Ber. Physiol. **50**, 527 (1929).

[3] R. Bodo u. H. P. Marks: J. of Physiol. **65**, 83 — Chem. Zbl. **1926 II**, 264.

[4] G. Debois, J. Defauw u. J. Hoet: C. r. Soc. Biol. Paris **97**, 1420. — Ferner G. Hetény: Klin. Wschr. **6**, 2194 (1927) — Chem. Zbl. **1928 I**, 539; **1928 I**, 85.

[5] P. Rubino, B. Varela u. J. A. Collazo: Klin. Wschr. **7**, 2186—2190 — Chem. Zbl. **1929 I**, 405. — Vgl. auch K. Ochiaï: J. orient. Med. **10**, 45 (1929) — Ber. Physiol. **50**, 641 (1929).

[6] O. Geßner: Arch. f. exper. Path. **127**, 223 — Chem. Zbl. **1928 I**, 1677.

[7] A. H. A. Martens, C. H. Koers u. C. de Jong: Nederl. Tijdschr. Geneesk. **71 II**, 1918 (1927) — Chem. Zbl. **1928 I**, 539.

[8] K. Junkmann: Arch. f. exper. Path. **122**, 184 (1927) — Chem. Zbl. **1928 II**, 683.

[9] A. Moschini: C. r. Soc. Biol. Paris **97**, 1199 (1927) — Chem. Zbl. **1928 I**, 713. — W. H. Jansen u. H. Bauer: Münch. med. Wschr. **74**, 441 — Chem. Zbl. **1927 I**, 2564. — F. Rathery, J. Millot u. Kourilsky: C. r. Soc. Biol. Paris **97**, 523 — Chem. Zbl. **1927 II**, 1485. — F. Rathery, R. Kourilsky u. S. Gibert: C. r. Soc. Biol. **99**, 282 — Chem. Zbl. **1928 II**, 2034.

[10] P. E. Simola: Hoppe-Seylers Z. **168**, 274 — Chem. Zbl. **1927 II**, 1979.

dosen intramuskulär verabreicht, so tritt diese toxische Wirkung langsamer auf. Die Acidose, die durch Synthalin hervorgerufen wird, ist ganz ähnlich der durch Insulin bewirkten. Der Verlauf der Acidose ist anscheinend nicht viel langsamer bei der Synthalinvergiftung. Die Ursache zu dieser Acidose liegt in der erheblichen Zuckerverbrennung und großen Säurebildung[1].

Toxische Nebenwirkung: dispeptische Beschwerden und schwere Leberschädigungen. Möglichkeit einer chronischen Guanidinvergiftung[2]. 90jährige Frau einem diabetischen Präkoma entrissen[3].

Auf die anorganische Phosphorsäure im Blut und auf die Phosphatausscheidung durch den Harn wirkt es wie Insulin[4].

Der respiratorische Quotient steigt bei Diabetikern unter Synthalinwirkung nach Kohlehydratbelastung in gleicher Weise wie nach Insulin an[5].

Von 39 Fällen zeigten 8 Magen-Darm-Störungen zum Teil in ziemlich starkem Ausmaß. Empfohlen wird, 50 mg Tagesdosis nicht zu überschreiten, vorsichtige, einschleichende Therapie mit kleinen Dosen und freien Tagen zu treiben. Die gleichzeitige Gabe von dehydrocholsaurem Natrium hatte in 4 von 8 Fällen die beabsichtigte Wirkung, das Synthalin verträglich zu machen[6].

Die Magen-Darm-Kanalstörungen hervorrufenden Nebenwirkungen sollen weitgehend durch Darreichung von dehydrocholsaurem Natrium („Decholin") zu beseitigen sein[7].

Es ist ein allgemeines Zellgift, das das Bakterienwachstum erheblich hemmt. — Die Synthalinhypoglykämie beruht auf einer Oxydationshemmung, die zu vermehrtem Auftreten von Milchsäure auf Kosten des Glykogens oder der Dextrose führt[8]. Weitere Literatur über Nebenwirkungen[9].

Untersuchungen an 2 Patienten ergaben: Die Glykosurie wird durch 1 mg per os um 0,40 bis 0,55 g vermindert. Zur Senkung des Blutzuckers ist aber eine Gabe nötig, die unangenehme Nebenwirkungen zeigt. Synthalin wirkt kumulierend, aber nicht über 24 Stunden hinaus. Bei Koma ungeeignet, da die Wirkung erst einige Stunden nach Einnahme einsetzt. Seine Wirkung ist von derjenigen des parenteral zugeführten Insulins verschieden[10].

Andererseits wurde bei schwer komatösen Tieren der Phlorrhizindiabetes und besonders seine Acidose durch perorale Zufuhr derart beeinflußt, daß sie am andern Tag vollkommen frisch und acidosefrei waren[11].

Für leichten und mittelschweren Diabetes geeignet. Der Einfluß auf die Hyperglykämie ist geringer als der auf die Glykosurie[12].

Bei Einhaltung gewisser Vorsichtsmaßregeln (?) soll es auch bei Kindern mit Erfolg angewendet werden können. Einstellung nur mit klinischer Beobachtung[13].

Bei leichten und mittelschweren Diabetesfällen wurden recht gute Erfolge erzielt; die Herabsetzung des Harnzuckers betrug 30—50 g pro die. Bei einigen schweren, insulinvor-

---

[1] Schau-Kuang Liu u. R. Krüger: Z. exp. Med. **61**, 780 — Chem. Zbl. **1929 I**, 98.
[2] E. Szczeklik: Wien. klin. Wschr. **40**, 1075 — Chem. Zbl. **1927 II**, 1719.
[3] P. Zadik: Dtsch. med. Wschr. **53**, 1470 — Chem. Zbl. **1927 II**, 1719.
[4] H. K. Barrenscheen u. A. Eisler: Wien. klin. Wschr. **40**, 1074 — Chem. Zbl. **1927 II**, 1719.
[5] A. Lublin: Arch. f. exper. Path. **124**, 118 — Chem. Zbl. **1927 II**, 1719.
[6] W. Grunke: Ther. Gegenw. **68**, 108 — Chem. Zbl. **1927 I**, 2332. — Siehe ferner: E. Frank: Naturwiss. **15**, 213 (1927).
[7] Adler: Klin. Wschr. **6**, 493 — Chem. Zbl. **1927 I**, 2332.
[8] H. Staub u. O. Küng: Klin. Wschr. **7**, 1365 — Chem. Zbl. **1928 II**, 1117.
[9] A. A. Hymans van den Bergh: Meded Rijksinst. pharmacother. Onderz. (holl.) **1926**, Nr. 12, 65 — Chem. Zbl. **1927 I**, 2209. — B. Sybrandy: Nederl. Tijdschr. Geneesk. **71 I**, 1418 — Chem. Zbl. **1927 I**, 2441. — I. Gavrila u. E. Caba: C. r. Soc. Biol. Paris **96**, 1454 — Chem. Zbl. **1927 II**, 711. — F. Umber: Dtsch. med. Wschr. **53**, 1121 — Chem. Zbl. **1927 II**, 1046. — O. Thill: Klin. Wschr. **6**, 1417 — Chem. Zbl. **1927 II**, 1363. — K. Grassheim u. Petow: Klin. Wschr. **6**, 1647 — Chem. Zbl. **1927 II**, 1719. — St. Hornung: C. r. Soc. Biol. Paris **98**, 137 — Chem. Zbl. **1928 I**, 3087. — A. Boedeker u. P. Junkersdorf: Arch. f. exper. Path. **129**, 354 — Chem. Zbl. **1928 II**, 264.
[10] J. J. de Jong: Nederl. Tijdschr. Geneesk. **71 I**, 541 — Chem. Zbl. **1927 I**, 1849.
[11] F. Östreicher u. I. Snapper: Klin. Wschr. **6**, 1788 — Chem. Zbl. **1927 II**, 2553.
[12] P. Ginsburg: Dtsch. med. Wschr. **53**, 1737 — Chem. Zbl. **1927 II**, 2553.
[13] H. Hirsch-Kauffmann u. A. Heimann-Trosien: Klin. Wschr. **6**, 1855 — Chem. Zbl. **1927 II**, 2324.

behandelten Diabetikern versagte die reine Synthalinkur[1]. Weitere gute Ergebnisse werden in der Lit. beschrieben[2].

Die renale Glykosurie wurde, wie vorauszusehen, nicht beeinflußt[3]. Der respiratorische Quotient wird nicht gehoben[4]. Für Mastkuren kommt Synthalin nicht in Frage[5]. Mitteilung weiterer ungünstiger Ergebnisse[6].

Trocello gibt eine Zusammenfassung der Erfahrungen mit Synthalin bis Mitte 1927[7].

Dekamethylendiguanidinhydrochlorid. Aus heißem Wasser große Spieße vom Schmelzpunkt 199—200°. — **Nitrat.** Drusen langer Nadeln vom Schmelzp. 150—151[8].

Arylguanidine.

Bildung: Sie entstehen wahrscheinlich aus der Pseudo- oder Thiolform der entsprechenden Arylthioharnstoffe[9].

Darstellung: Diarylguanidine gewinnt man aus den entsprechenden Thioharnstoffen, indem man eine Suspension des Thioharnstoffs und eines Ammoniumsalzes in verdünntem Alkohol mit Bleicarbonat erhitzt, den gesamten Alkohol vor der Filtration durch siedendes Wasser ersetzt und die entstandene Lösung des Diarylguanidinsalzes nach der Schwefelfiltration in verdünnte Ätzlauge einfließen läßt. Das Produkt fällt bleifrei aus[10]. — Symm. Diarylguanidine erhält man aus den entsprechenden symm. Thioharnstoffen durch Behandlung in wässerigem oder verdünnt-alkoholischem Medium in Gegenwart von wässerigem Ammoniak mit basischen Salzen des Zinks, Zinns, Cadmiums oder Bleis bei 40—70°[11]. — Diarylguanidine können gereinigt werden durch Lösen in Trichloräthylen, Toluol usw. unter Ammoniakdruck. Sie fallen bei gewöhnlichem Druck krystallinisch aus[12].

Triarylguanidine kann man aus Diarylthioharnstoffen herstellen, indem sie in Gegenwart von Arylaminhydrochloriden unter Verwendung von Arylaminen als Lösungsmittel mit Bleicarbonat erhitzt werden (Bleiweiß oder bas. Carbonat[13]).

---

[1] P. Hirsch-Mamroth u. G. Perlmann: Dtsch. med. Wschr. **53**, 110 — Chem. Zbl. **1927 I**, 1333.

[2] P. Morawitz: Münch. med. Wschr **74**, 571 — Chem. Zbl. **1927 I**, 2920. — F. Rathery. Levin u. M. Maxim: C. r. Soc. Biol. Paris **96**, 939 — Chem. Zbl. **1927 II**, 280. — S. F. Gomes da Costa: C. r. Soc. Biol. Paris **96**, 1335 — Chem. Zbl. **1927 II**, 600. — R. Stahl u. K. Bahn: Dtsch. med. Wschr. **40**, 1687 — Chem. Zbl. **1927 II**, 2408. — v. Falkenhausen: Dtsch. med. Wschr. **53**, 752. — E. G. B. Calvert: Lancet **213**, 649 — Chem. Zbl. **1927 II**, 2687. — G. Blass u. E. Kovacs: Wien. klin. Wschr. **41**, 271 — Chem. Zbl. **1928 II**, 2103. — E. Zuntz u. J. La Barre: Bull. Soc. Chim. biol. Paris **10**, 322 — Chem. Zbl. **1928 II**, 1894. — H. Hirsch-Kauffmann u. A. Heimann-Troslen: Klin. Wschr. **7**, 1272 — Chem. Zbl. **1928 II**, 1894. — E. Frank, M. Nothmann u. A. Wagner: Klin. Wschr. **7**, 1996. — H. Hirsch-Kauffmann u. A. Wagner: Klin. Wschr. **7**, 1866 — Chem. Zbl. **1928 II**, 2483.

[3] W. Loewenstein: Ther. Gegenw. **69**, 149 — Chem. Zbl. **1928 I**, 1728.

[4] Hédon u. G. Vertzman: C. r. Soc. Biol. Paris **98**, 1093 — Chem. Zbl. **1928 II**, 1229.

[5] R. F. Weiss: Dtsch. med. Wschr. **53**, 2083 (1927) — Chem. Zbl. **1928 I**, 539.

[6] R. Priesel u. R. Wagner: Klin. Wschr. **6**, 884 — Chem. Zbl. **1927 II**, 110. — O. Thill: Klin. Wschr. **6**, 2037 (1927) — Chem. Zbl. **1928 I**, 86. — St. Hornung: Klin. Wschr. **7**, 69 — Chem. Zbl. **1928 I**, 1058. — R. Stahl: Münch. med. Wschr. **75**, 647 — Chem. Zbl. **1928 I**, 2625.

[7] E. Trocello: Rass. internaz. Clin., Ther. Sci. aff. **26**, 230 (1927).

[8] Schering-Kahlbaum A.-G.: D.R.P. 466879, Kl. 12o (1926, 1928); (Zus. z. D.R.P. 463576) Chem. Zbl. **1928 II**, 2597.

[9] T. B. Johnson: Science (N. R.) **58**, 366 — Chem. Zbl. **1926 II**, 21.

[10] British Dlystuffs Corporation Limited, C. J. Cronshaw, W. J. Smith Naunton u. St. J. Green: E.P. 223410 (1923, 1924); Chem. Zbl. **1925 II**, 765.

[11] E. I. Du Pont de Nemours & Co., übertr. von W. Scott: A.P. 1630769 (1923, 1927); Chem. Zbl. **1927 II**, 865. — Vgl. ferner The Naugatuck Chemical Company: D.R.P. 418100, Kl. 12o (1923, 1925); Chem. Zbl. **1926 I**, 230. — Chemische Fabrik auf Actien (vorm. E. Schering), übertr. von H. Schotte: A.P. 1672431 (1926, 1928; D.Prior. 1925); Schwt.P. 124634 (1926, 1928). — Silesia Verein chemischer Fabriken (P. Schlösser, K. Bartsch u. Kl. Kramer: D.R.P. 456854, Kl. 12o (1925, 1928); Chem. Zbl. **1927 I**, 1743. — National Anilin & Chemical Company, Inc. J. Young u. E. G. Croakmann: A.P. 1446'818 (1922, 1923); Chem. Zbl. **1925 II**, 766.

[12] Comp. de Produits Chimiques et Electrometall Alais, Froges et Camargue: F.P. 643495 (1927, 1928) — Chem. Zbl. **1928 II**, 2751.

[13] British Dlystuffs Corporation Limited, C. J. T. Cronshaw u. Smith Nauton: F.P. 224376 (1923, 1924); Chem. Zbl. **1925 II**, 765.

Chemische Eigenschaften: Phenylierte Guanidine mit Schwefel in der Hitze (Druck) behandelt liefern Benzothiazolderivate[1].
Derivate: Phenylguanidin. Bildet sich aus salpetersaurem Formamidindisulfid[3]. Weiter bildet es sich aus Methylisothioharnstoffsulfat und Anilin (im Überschuß)[2]. — **Carbonat.** Schmelzp. 138—140°. — **Sulfat.** Schmelzp. 205°. — **Chloroplatinat.** Schmelzp. 196°[2]. — **Pikrat.** Aus siedendem Alkohol, braungelbe Tafeln vom Schmelzp. 222° (Zers.)[3].
Dibenzoylphenylguanidin $C_{21}H_{17}O_2N_3$. Aus Alkohol, Schmelzp. 187°[2].
p-Bromphenylguanidin-o-sulfosäure $C_7H_8O_3N_3BrS$. Aus p-Bromanilin-o-sulfosäure (1 Mol) und Natriumcyanamid (2 Mol) in verdünnter Salzsäure (3 Mol). Aus viel siedendem Wasser Nadeln, die bis 300° stabil sind. In Wasser und Eisessig wenig löslich, in Alkohol und Aceton unlöslich, in Natronlauge löslich. — **Kaliumsalz.** Aus Wasser Nadeln oder Tafeln, die leicht hydrolytisch gespalten werden[4].
p-Chlorphenylguanidin-o-sulfosäure $C_7H_8O_3N_3ClS$. Analog wie das vorhergehende Derivat gewonnen. Aus heißem Wasser Nadeln. Bis 300° unverändert. In Wasser leichter als die Bromverbindung löslich. — **Kaliumsalz.** Quadratische oder achteckige Tafeln. Leicht hydrolysierbar[4].
p-Guanidintoluol-m-sulfosäure $C_8H_{11}O_3N_3S$. Aus heißem Wasser + verdünnter Salzsäure Nadeln. Bis 300° unverändert. In Wasser und Alkohol löslich. — **Natriumsalz.** Nadeln. Leicht dissoziierbar[4].
p-Phenylen-α, β-dicyanguanidin

$$C_6H_4\underset{N\cdot CN}{\overset{N}{\diagup\!\!\!\diagdown}}C\cdot NH\cdot CN$$

Addiert Salzsäure unter Bildung von o-Phenylenammelylchlorid, das durch Kochen mit Salzsäure Phenylenmelanursäure liefert. Dieses bildet mit Alkali erhitzt Phenylenguanylharnstoff[5].

Diphenylguanidin.

Darstellung: 10 g Anilinhydrochlorid werden mit 3,2 g Dicyandiamid verrieben und im Ölbad erhitzt. Bei 125° erweicht die Masse, wird wieder fest, um bei 190—200° zu einer zähen, blaugrünen Masse zu schmelzen. Man hält 3 Stunden auf 190—220°, löst nach dem Erkalten in Alkohol unter Erwärmen bis auf 0,2 g Rückstand. Durch Fällen mit Salzsäure scheidet sich Triphenylmelamin (?) aus. Aus dem mit Lauge versetzten Filtrat erhält man nach Umkrystallisieren aus Alkohol 0,5—1 g kryst. Diphenylguanidin vom Schmelzp. 145—148°; in Alkohol und Äther leicht, in Wasser nicht löslich. Ferner durch Einleiten von Anilin (Dampf) unter Rühren und Kühlen in eine Mischung von Chlor- oder Bromcyan mit Wasser und durch 4 stündiges Erhitzen auf 90° (zur Überführung des zunächst entstehenden unl. Cyananilid in das Hydrochlorid der Base) und Abscheidung mit Sodalösung[6, 7]. Das Rohprodukt erhält man durch Entschwefeln von Diphenylthioharnstoff mit Bleioxyd (PbO) in einer heißen alkoholischen Lösung von Ammoniumnitrat bei 75°, Verdünnen mit heißem Wasser und Destillieren der Diphenylguanidinnitratlösung bis zur D. 0,950, worauf die Hauptmenge durch Zusatz von Natronlauge ausgeschieden, gewaschen und getrocknet wird[8]. Reingewinnungsverfahren: Das verunreinigende Carbodiphenylimid wird durch Umlösung aus heißem Toluol und Waschen der Krystalle mit reinem Toluol entfernt[9].

---

[1] G. Bruni u. T. G. Levi: Atti R. Accad. Lincei Roma [5] **32 II**, 313 — Chem. Zbl. **1924 I**, 2366.

[2] G. Smith: J. amer. chem. Soc. **51**, 476 — Chem. Zbl. **1929 I**, 1682 — Ber. Physiol. **50**, 604 (1929).

[3] E. Fromm u. P. Fantl: Liebigs Ann. **447**, 259 — Chem. Zbl. **1926 II**, 419.

[4] J. R. Scott u. J. B. Cohen: J. chem. Soc. Lond **123**, 3177 (1923) — Chem. Zbl. **1924 I**, 665.

[5] G. Pellizzari: Gazz. chim. ital. **52 I**, 199—206 (1922) — Chem. Zbl. **1922 III**, 763.

[6] O. Risser: Hoppe-Seylers Z. **133**, 204. — Vgl. auch Werner u. Bell: J. chem. Soc. Lond. **121**, 1790 — Chem. Zbl. **1924 I**, 1689 bzw. **1923 I**, 1156.

[7] British Dlystuffs Corporation, C. J. T. Cronshaw u. W. J. Smith Nauton: E.P. 255220 (1925, 1926) — Chem. Zbl. **1927 II**, 1621. — Siehe ferner A. Hutin: Caouchouc et Guttapercha **23**, 13297 — Chem. Zbl. **1926 II**, 3040.

[8] M. Orris u. L. Weiss, übertr. an Dovan Chemocal Corporation: Can.P. 228725 (1922, 1923); Chem. Zbl. **1923 IV**, 722. — Vgl. A.P. 1422506; Chem. Zbl. **1922 IV**, 710.

[9] A.P. 1422506, l. c.

Physiologische Eigenschaften: Es ist wesentlich giftiger als Guanidin (5—6 mg töten Grasfrösche von 20—30 g). Das Froschherz überlebt noch viele Stunden. Die Wirkung ist gekennzeichnet durch ein Neben- und Nacheinander von erhöhter Reflexerregbarkeit und zentraler Lähmung. Bei einer weißen Maus erfolgte der Tod durch Atemstillstand ohne Krämpfe. — Am isolierten Froschmuskel bewirkte die Substanz eine langsam fortschreitende irreversible Lähmung ohne Contractur. — Calciumchloridinjektion konnte einen vergifteten Frosch nicht retten. — Fibrilläre Zuckungen, wie durch Guanidin, weder am ganzen Tier noch am isolierten Muskel[1]. Wirkt wie Acetylmethyl- und asymm. Dimethylguanidin blutdrucksenkend mit nachträglichem Anstieg (kräftiger als beim Guanidin und seinem Aminoderivat). Keine Blutzuckerwirkung[2].

Physikalische und chemische Eigenschaften: Dissoziationskonstante $(8{,}19 \pm 0{,}65) \cdot 10^{-5}$ [3]. Als Sulfat gemessen: $6{,}09 \cdot 10^{-5}$ [4].

Über die relativen Geschwindigkeiten der Reaktion (Ionenreaktion) mit Brom hat Francis Messungen mitgeteilt[5].

Die lange bekannte, aber nicht völlig geklärte Einwirkung von Schwefelkohlenstoff, wobei als Endprodukte Thiocarbanilid und Diphenylguanidinthiocyanat auftreten, wird wie folgt gedeutet:

$$2\ \underset{RN}{\overset{RNH}{C}}-NH_2 + CS_2 \rightarrow \underset{RN}{\overset{RN\ H\ \ SH}{C}}-N=C-S-NH_3-C \rightarrow \underset{NR}{\overset{HNR}{C}} + H_2S + NCS-NH_3-\underset{NR}{\overset{HNR}{C}}$$

Als Zwischenprodukt wird also das Diphenylguanidinsalz der Diphenylguanyldithiocarbaminsäure angenommen. Carbodiphenylimid + H_2S bilden schließlich Thiocarbanilid[6]. Analog anderen phenylierten Guanidinen liefert Diphenylguanidin mit Schwefel, in Anilin unter Rückfluß erhitzt, Anilinobenzothiazol, wahrscheinlich nach der Gleichung:

$$C\underset{NH \cdot C_6H_5}{\overset{NH \cdot C_6H_5}{=}}NH + S = C_6H_4\underset{S}{\overset{N}{>}}C-NH \cdot C_6H_5 + NH_3\ \ [7]$$

s. **Diphenylguanidoniumperchlorat** $C_{13}H_{14}N_3 \cdot ClO_4$. Schmelzp. 161—163°. Bei 14,5° ist die gesättigte Lösung ca. $^1/_{20}$ n[8].

Diphenylguanidinhydrosulfid[9]. Ihm kommt die Formel $C(NHC_6H_5)_2:NH_2 \cdot SH$ oder $H_5C_6N:C(NHC_6H_5) \cdot NH_3 \cdot SH$ zu, da es nicht die Reaktionen eines freien Amins zeigt und mit Metallhydroxyden oder -oxyden neben den entsprechenden Hydrosulfiden oder Sulfiden Diphenylguanidin zurückliefert[6].

Diphenylguanidintrithiocarbonat $S:C[S \cdot NH_3 \cdot C(:NC_6H_5)(NHC_6H_5)]_2$. Man fügt zu einer alkoholischen oder wässerigen Acetonlösung von Diphenylguanidin Schwefelkohlenstoff und leitet Schwefelwasserstoff ein. Orangegelbe Nadeln vom Schmelzp. 88—89° (Zers.). Mit Mineralsäure und Eis Trithiocarbonsäure[6].

Diphenylguanidinphenyldithiocarbamat $H_5C_6HN \cdot CS \cdot S \cdot NH_3 \cdot C(:NC_6H_5)(NHC_6H_5)$. Aus je 1 Mol Diphenylguanidin, Anilin und Schwefelkohlenstoff. Zerfällt mit Salzsäure in die Komponenten[6].

Triphenylguanidin $C_{19}H_{17}N_3$. Man erhitzt eine Suspension von Diphenylthioharnstoff, Anilinhydrochlorid und Bleicarbonat in Anilin auf 110—120° bis zur Entschwefelung des Thioharnstoffs, filtriert vom Bleisulfid, treibt das Anilin durch Wasserdampfdestillation ab und filtriert das Triphenylguanidin aus der wässerigen Suspension ab[10].

---

[1] O. Riesser: Hoppe-Seylers Z. **133**, 204 — Vgl. auch Werner u. Bell: J. chem. Soc. Lond. **121**, 1790 — Chem. Zbl. **1924 I**, 1689 bzw. **1923 I**, 1156.
[2] C. A. Alles: J. of Pharmacol. **28**, 251 — Chem. Zbl. **1926 II**, 2084.
[3] P. Walden u. H. Ulich: Z. Elektrochem. **34**, 25 — Chem. Zbl. **1928 I**, 1367.
[4] L. Metz: Z. Elektrochem. **34**, 292 — Chem. Zbl. **1928 II**, 525.
[5] A. W. Francis: J. amer. chem. Soc. **48**, 655 — Chem. Zbl. **1926 I**, 2870.
[6] W. Scott: J. Ind. Eng. Chem. **15**, 286 (1923) — Chem. Zbl. **1924 I**, 2109.
[7] G. Bruni u. T. G. Levi: Gazz. chim. ital. **54**, 398 — Chem. Zbl. **1924 II**, 1095.
[8] F. Arndt u. P. Nachtwey: Ber. dtsch. chem. Ges. **59**, 446 — Chem. Zbl. **1926 I**, 2815.
[9] Bedford u. Sebrell: J. Ind. Eng. Chem. **14**, 30 — Chem. Zbl. **1922 II**, 883.
[10] British Dyestuffs Corporation Limited, C. J. T. Cronshaw u. W. J. Smith Naunton: E.P. 224376 (1923, 1924); Chem. Zbl. **1925 II**, 765.

Auch durch Erhitzen des Thioharnstoffs mit Anilin in Toluol auf 100° und allmählichem Zusetzen von fein verteilter Bleiglätte unter Rühren, 2 stündiges Erhitzen unter Rückfluß auf 110°, Filtrieren und Krystallisation durch Abkühlung kann man Triphenylguanidin gewinnen[1].

68,4 g Thiocarbanilid, 30 ccm Anilin und 200 ccm Phenylchlorid unter Rückfluß kochen (bis H_2O-Abspaltung beendet), dann 84,4 g Bleiacetat langsam zusetzen und erhitzen, eindampfen, abfiltrieren und Produkt auskrystallisieren lassen. Schmelzp. 146° (Ausbeute 90%)[2].

Bei der Bildung aus Thiocarbanilid nimmt Naunton[3] als hypothetisches Zwischenprodukt:

$$\begin{array}{c} C_6H_5N \\ C_6H_5 \cdot NH \end{array} C\!-\!S\!-\!C \begin{array}{c} NC_6H_5 \\ NH \cdot C_6H_5 \end{array} \quad \text{an}[3].$$

Bildungsmechanismus aus Thiocarbanilid. Dieses kann in tautomerer Form $C_6H_5 \cdot NH \cdot CS \cdot NH \cdot C_6H_5 \rightleftharpoons C_6H_5 \cdot N:C(SH) \cdot NH \cdot C_6H_5$ auftreten. Wahrscheinlich reagiert 1 Mol in aci-Form mit einem nichtenolisiertem unter H_2S-Abspaltung folgendermaßen:

$$\begin{array}{c} C_6H_5\!-\!N\!-\!H \\ \diagdown CS \\ C_6H_5 \cdot NH \end{array} + \begin{array}{c} HS \cdot C:N \cdot C_6H_5 \\ | \\ NH \cdot C_6H_5 \end{array} \rightarrow H_2S + \begin{array}{c} C_6H_5 \cdot N\!-\!\!-\!\!-\!C:N \cdot C_6H_5 \\ \diagdown CS | \\ C_6H_5 \cdot NH NH \cdot C_6H_5 \end{array} \rightarrow$$

$$\rightarrow C_6H_5 \cdot N:CS + C_6H_5 \cdot N:C(NH \cdot C_6H_5)_2 \text{[4]}$$

Wirkt wie Acetylmethyl- und asymm. Dimethylguanidin blutdrucksenkend mit nachträglichem Anstieg (kräftiger als beim Guanidin und seinem Aminoderivat). Keine Blutzuckerwirkung[5].

Über die relativen Geschwindigkeiten der Reaktion (Ionenreaktion) mit Brom[6].

Bis-o-methoxyphenylguanidin $C_{15}H_{16}O_2N_3$. Aus S-Äthylisothioharnstoffhydrobromid, o-Anisidin und wenig Wasser beim Erhitzen auf 100—130°, bis kein Mercaptan mehr destilliert; Ausäthern und Alkalisieren des Rückstandes. Fettig glänzende Blättchen vom Schmelzpunkt 148—149°[7].

Phenyl-o-tolylguanidin $C_{14}H_{14}N_3$. Aus mol. Mengen Anilin und o-Toluidin mit CS_2 und Überführung des Thioharnstoffs mit alkoholischem Ammoniak oder Ammoniumnitrat in Alkohol und PbO unter kräftigem Rühren bei gew. Temperatur. Schmelzp. 132° (Vulkanisationsbeschleuniger)[8].

s. Di-o-tolylguanidin $C_{15}H_{16}N_3$. Man läßt auf eine Suspension von s. Di-o-tolylthioharnstoff und Schwermetalloxyden in Benzol, Toluol, Xylol oder anderen organischen Lösungsmitteln Ammoniak unter Druck bei 15° einwirken (2—3 Atm.) (Ausbeute 92%)[9]. Dissoziationskonstante (als Sulfat gemessen): $4{,}72 \cdot 10^{-5}$ [10].

Phenyldithiocarbaminsaures o-Tolyldiguanidin $C_{16}H_{20}ON_6S$. Aus Mono-o-tolyldiguanidin, Anilin, Schwefelkohlenstoff und Wasser beim kräftigen Umrühren in 2 Stunden und Absaugen sowie Waschen[11].

Äthylphenyldithiocarbaminsaures o-Tolyldiguanidin $C_{18}H_{24}ON_6S$. Aus Mono-o-tolyldiguanidin, Monoäthylanilin, CS_2 und Wasser wie oben[11].

---

[1] National Aniline & Chemical Company, Inc., L. P. Kyrides: A.P. 1466535 (1922, 1923); Chem. Cbl. **1925 II**, 765.

[2] E. I. Du Pont de Nemours æ Co., übertr. von A. E. Pamelee: A.P. 1662397 (1924, 1928) — Chem. Zbl. **1928 I**, 2456.

[3] W. J. S. Naunton: J. Soc. Chem. Ind. **45**, T. 34 — Chem. Zbl. **1926 I**, 3232.

[4] St. J. C. Snedker: J. Soc. chem. Ind. **44**, T. 547 (1925); **45**, T. 352 (1926) — Chem. Zbl. **1926 I**, 2903; **1927 I**, 281.

[5] C. A. Alles: J. pharmacol. **28**, 231 — Chem. Zbl. **1926 II**, 2084.

[6] A. W. Francis: J. amer. chem. Soc. **48**, 655 — Chem. Zbl. **1926 I**, 2870.

[7] Chemische Fabrik auf Actien (vorm. E. Schering): E.P. 262155 (1926, 1927; D. Prior. 1925); Chem. Zbl. **1927 II**, 2352.

[8] A. C. Burrage, übertr. von R. V. Heuser: A.P. 1670312 (1924, 1928); Chem. Zbl. **1928 II**, 401.

[9] Silesia Verein Chemischer Fabriken: E.P. 258203 (1926; D.Prior. 1925); Chem. Zbl. **1927 I**, 1743.

[10] L. Metz: Z. Elektrochem. **34**, 292 — Chem. Zbl. **1928 II**, 525.

[11] I. G. Farbenindustrie A.-G., übertr. v. E. Sörensen: D.R.P. 448631, Kl. 12o; Chem. Zbl. **1927 II**, 2114.

Äthylphenyldithiocarbaminsaures Monophenyldiguanidin $C_{17}H_{22}ON_6S$. Aus Monophenyldiguanidin, techn. Monoäthylanilin (enthält 50% Diäthylanilin), CS_2, und Wasser 15—20 Stunden bei 15°, Abschleudern und Waschen des Krystallbreies [1].

Di-p-anisylmonophenylguanidinhydrochlorid. Wirkt auf den klinischen Verlauf des Diabetes günstig [2].

α-Naphthylguanidin $C(:NH)(NH_2)NH \cdot C_{10}H_7$. Aus Wasser Blättchen vom Schmelzpunkt 129—130°. In Alkohol und Petroläther löslich. — **Nitrat.** Aus heißem Wasser in langen Prismen vom Schmelzp. 196—197° [3].

N, N'-α-Naphthylbenzylguanidin $C_{18}H_{17}N_3$. Aus Benzylcyanamid und Naphthylamin oder Naphthylcyanamid und Benzylaminobromhydrat. Farblose, dünne Blättchen vom Schmelzp. 121°. In Wasser und Petroläther unlöslich, in Alkohol und Äther leicht löslich. — **Hydrochlorid.** Schmelzp. 197—198° [3].

a. Diäthylguanidin $NH_2 \cdot C(NH) \cdot N(C_2H_5)_2$. — **Bromhydrat** (2 Aqua). Schmelzp. 50°; wasserfrei, sintert bei 46°, Schmelzp. unscharf 75—80°. In Wasser und Alkohol sehr leicht löslich. — **Sulfat.** Sintern bei 280°, Zersetzungsp. 287°. — **Pikrat.** Schmelzp. 224—225°. In kaltem Wasser wenig, in Alkohol sehr wenig löslich [3].

N, N'-p-Methoxyphenylphenylguanidin $C(:NH)(NH \cdot C_7H_7O) \cdot NH \cdot C_6H_5$. Aus Alkohol Platten (sechseckig), aus Wasser Nadeln vom Schmelzp. 132—133°. In heißem Wasser und Alkohol leicht, in Äther löslich [3].

s. α-Naphthylphenyl-o-methoxyphenylguanidin $C(N \cdot C_7H_7O)(NH \cdot C_6H_5) \cdot NH \cdot C_{10}H_8$. Aus s. Phenyl-α-naphthylthioharnstoff und o-Anisidin in Gegenwart von Quecksilberoxyd. In Alkohol, Benzol, Petroläther, Äther und Essigester sehr leicht löslich. — **Sulfat** (1 Mol Krystallalkohol). Schmelzp. 184—185° [3].

s. Allylmethyläthylguanidin $C(NCH_3)(NHC_2H_5) \cdot NHC_3H_7$. Aus s. Methylallylthioharnstoff und Äthylamin bei Gegenwart von Quecksilberoxyd. — **Sulfat.** Schmelzp. 190°. In Wasser leicht, in Alkohol löslich; in Äther unlöslich [3].

β-(β'-Indolyl-)äthylguanidin. Vergleich seiner blutzuckersenkenden Wirkung mit jener anderer Guanidine [4].

Diguanylpiperazin $C_6H_{14}N_6$. Aus Piperazinhydrochlorid und Cyanamid in absolutem Alkohol.

Platinsalz $C_6H_{14}N_6 \cdot H_2PtCl_6$ bei 280° Aufschäumen [5].

Guanylpiperidin $C_6H_{13}N_3$. Aus Piperidin und Methylisothioharnstoff-sulfat bei Zimmertemperatur in 3 Tagen.

Pikrat. Zersetzung bei 240—243° [5].

p-Guanidinodimethylanilin $C_9H_{14}N_4$. Aus dem Hydrochlorid von p-Aminodimethylanilin und Cyanamid in absolutem Alkohol in 5 Stunden. Die Base enthält 1 Mol Krystallwasser. Schmelzp. 117—120°.

Sulfat. Schmelzp. 112° [5].

Glykocyamin.

Darstellung: Guanidinoessigsäure entsteht aus molekularen Mengen Natriumcyanamid, Glykokollhydrochlorid und konzentrierter Salzsäure nach mehrstündigem Stehen in 55proz. Ausbeute [6].

Physiologische Eigenschaften: Arginase spaltet Glykocyamin beim Optimum der Argininspaltung: 26—38°, $p_H = 0,5$—9,8, nicht [7].

Die Methylierung zum Kreatin ist beim Kaninchen an die Funktion der Schilddrüse geknüpft. Schilddrüsenlose Tiere besaßen diese Fähigkeit nur nach Fütterung mit Schilddrüsensubstanz oder nach Zufuhr von Jod oder auch von Blut normaler Tiere [8]. In einem

---

[1] I. G. Farbenindustrie A.-G., übertr. von E. Sörensen: D.R.P. 448631, Kl. 12o — Chem. Zbl. **1927 II**, 2114.

[2] L. Cannova: Arch. Farmacol. sper. **45**, 218 — Chem. Zbl. **1928 II**, 1790.

[3] R. Klingner: Hoppe-Seylers Z. **155**, 206 — Chem. Zbl. **1926 II**, 1268.

[4] T. Kumagai, S. Kawai u. Y. Shikinami: Proc. imp. Acad. Tokyo **4**, 23 — Chem. Zbl. **1928 I**, 2843.

[5] F. Bischof: J. of biol. Chem. **80**, 345 — Chem. Zbl. **1929 I**, 1330.

[6] E. Fromm: Liebigs Ann. **442**, 130 — Chem. Zbl. **1925 I**, 2446.

[7] S. Edlbacher u. P. Bonem: Hoppe-Seylers Z. **145**, 69 — Chem. Zbl. **1925 II**, 1605.

[8] B. Stuber, A. Russmann u. E. A. Proebsting: Biochem. Z. **143**, 221 (1923) — Chem. Zbl. **1924 I**, 1226.

Fall progressiver pseudohypertrophischer Muskeldystrophie wurde verabreichtes Glykocyamin zu wenigstens 36% in Kreatin verwandelt[1].

Guanidinoessigsäure wirkt ausgesprochen blutdrucksenkend und hebt auch die steigernde Wirkung durch Methylguanidin auf[2].

Derivate: Hydrochlorid. Bildung aus Cyanamidoessigsäure und Ammoniumchlorid in Wasser[3].

Diacetylglykocyaminäthylester $CH_3 \cdot CO \cdot NH \cdot C:N(CH_3CO) \cdot NH \cdot CH_2COO \cdot C_2H_5$. Aus 1 Mol Triacetylanhydroarginin und 4 Mol Glykokollester in ätherischer Lösung neben Acetylaminopiperidon. Rhombische Tafeln aus Äther vom Schmelzp. 98—99° (nach ger. Sintern)[4].

Cyanguanidinoessigsäure (Dicyandiamidoessigsäure) hat sehr wahrscheinlichlich von den beiden ihren Eigenschaften gerecht werdenden tautomeren Strukturformeln $N \vdots C \cdot N:C(\cdot NH_2) \cdot NH \cdot CH_2 \cdot COOH$ und $N \vdots C \cdot NH \cdot C(:N \cdot CH_2 \cdot COOH) \cdot NH_2$ die letztere, da sie in Cyanhydantoinsäure übergehen kann, deren Umwandlung beim Kochen mit Bariumhydroxyd analog der Biuretessigsäure und dem Allophanylessigsäuremonoäthylester in Hydantoinsäure gelingt[5].

Glykocyamidin.

Darstellung: Aus Glykokolläthylester und reinem Guanidin (in Alkohol), vermutlich über das Aminoacetylguanidin (nicht isoliert)[6]. Ferner aus Triacetylanhydroarginin und Glykokollester über den Diacetylglykocyaminester, der durch Verkochen mit Salzsäure das Hydrochlorid des Glykocyamidins liefert (Vermutung, daß Arginase die Cyanamidgruppe des Arginins im Organismus ebenso mobilisiert, wie die Acetylgruppen das vermögen)[7].

Physiologische Eigenschaften: Wirkt ausgesprochen blutdrucksenkend und hebt auch die steigernde Methylguanidinwirkung auf[8]. — Den Blutzucker konnte dieses hydrierte Imidazolderivat beim Kaninchen nicht senken[9].

Derivate: Monoacetylglykocyamidin $C_5H_7O_2N_3$. Aus Eisessig Prismen. In fast allen gebräuchlichen Lösungsmitteln wenig, in heißem Wasser und Eisessig ziemlich, in Säuren und Alkalien leicht löslich. Bei 220° Bräunung, bei 250° Schwärzung[7].

Kreatin und Kreatinin.

Vorkommen: Beide konnten in Meeresmolusken der pazifischen Küste nicht nachgewiesen werden[10]. Das Vorkommen im Erdboden und in den Pflanzen wird bestritten[11, 12].

Bei Tieren enthielt das Plasma meistens dieselbe Menge Gesamtkreatinin wie das Gesamtblut. Beim Menschen enthalten die Blutkörperchen mehr als das Plasma. Das Plasma Erwachsener enthielt wenig oder kein Kreatinin, das von Kindern dagegen beträchtliche Mengen. Bei Hund, Katze, Schwein und Henne wurde im Plasma der beiden letzteren die verhältnismäßig größten Mengen Kreatin gefunden. (Zwischen der Kreatinkonzentration und seiner Entfernung im Urin scheint eine charakteristische Beziehung zu bestehen[7].)

Nachweis: 5 ccm stark alkalisieren, ca. 0,05 g Nitroprussidnatrium zulösen und dann 0,1 g Ammoniumpersulfat zufügen. Kreatin erzeugt nach 20—30 Sekunden (bei Zusatz einer Spur Ferricyanid wird die Reaktion sofort ausgelöst) eine blutrote, nach 2—3 Minuten maximale Färbung. Bald wieder verschwindende Weylsche Reaktion zeigt Kreatinin an, Wiederauftreten der roten Farbe nach Zusatz von Persulfat weist auf Kreatin hin[13].

---

[1] R. B. Gibson u. F. T. Martin: J. of biol. Chem. **49**, 319 (1921) — Chem. Zbl. **1922 I**, 1342.
[2] R. H. Major u. C. J. Weber: Bull. Hopkins Hosp. **42**, 207 — Chem. Zbl. **1928 I**, 2844.
[3] E. Fromm: Liebigs Ann. **442**, 130 — Chem. Zbl. **1925 I**, 2446.
[4] M. Bergmann u. L. Zervas: Hoppe-Seylers Z. **172**, 277 (1927) — Chem. Zbl. **1928 I**, 1647.
[5] E. Fromm u. Mitarbeiter: Liebigs Ann. **447**, 259 — Chem. Zbl. **1926 II**, 416.
[6] W. Traube u. R. Ascher: Ber. dtsch. chem. Ges. **46**, 2077 — Chem. Zbl. **1913 II**, 780. — Siehe ferner E. Abderhalden u. H. Sickel: Hoppe-Seylers Z. **173**, 51; **175**, 68 (1928).
[7] M. Bergmann u. L. Zervas: Hoppe-Seylers Z. **172**, 277 (1927) — Chem. Zbl. **1928 I**, 1647.
[8] R. H. Major u. C. J. Weber: Bull. Hopkins Hosp. **42**, 207 — Chem. Zbl. **1928 I**, 2844.
[9] F. Haurowitz u. M. Reiss: Klin. Wschr. **6**, 1479 — Chem. Zbl. **1927 II**, 1362.
[10] P. G. Albrecht: J. of biol. Chem. **57**, 789 (1923) — Chem. Zbl. **1924 I**, 566.
[11] W. Linneweh: Z. Biol. **86**, 345 — Chem. Zbl. **1927 II**, 2681.
[12] D. Wright u. E. D. Plass: J. of biol. Chem. **29**, 413 (1917) — Chem. Zbl. **1922 II**, 502.
[13] E. Pittarelli: Arch. Farmacol. sper. **45**, 173 — Chem. Zbl. **1928 II**, 2387.

Bestimmung: Die colorimetrische Bestimmung von Folin[1] soll sich bei Gesamtkreatininbestimmungen im Gesamtblut nicht eignen. Deshalb wird eine neue Methode angegeben, die auf der Entfernung der Proteine durch Fällung mit Essigsäure in der Hitze basiert. Der Zusatz von Aluminiumhydroxyd ist vorteilhaft[2]. Unter gegebenen Versuchsbedingungen wurde festgestellt, daß die Pikrinsäure- und Wolframsäuremethode der Enteiweißung völlig gleiche Werte liefern. 5 ccm verdünnten Extraktes von Rattenmuskeln wurden nach Folin mit 10 ccm gesättigter Pikrinsäurelösung in Wasser und wenig fester in Substanz geschüttelt und 4 Minuten zentrifugiert, dann zu 10 ccm Filtrat 1 ccm Wasser und 1 ccm 20 proz. Natronlauge gesetzt und nach 10 Minuten colorimetriert. Eine zweite ebenso enteiweißte Probe wird verdünnt (5 Filtrat + 10 Wasser), 2 Stunden erhitzt, ohne daß sie ganz eintrocknet; nach Abkühlung auf 16 ccm mit Wasser verdünnt, 1 ccm 20 proz. Natronlauge zugegeben und nach 10 Minuten auf 100 aufgefüllt. Nach 10 Minuten wird colorimetriert. — 5 ccm Muskelextrakt wurden mit 5 ccm Wasser, 2 ccm 10 proz. Natriumwolframatlösung, 2 ccm $^2/_3$ n-Schwefelsäure auf 15 ccm verdünnt, geschüttelt und zentrifugiert. Zur Umwandlung des Kreatins wurden 10 ccm enteiweißtes Filtrat mit 10 ccm Wasser und 1 ccm n-Salzsäure 2 Stunden erhitzt[3]. Das Verfahren von Blau[4] zur Bestimmung in Gegenwart von Aceton und Diacetsäure wurde nachgeprüft und vorzüglich gefunden[5].

Bildung: An überlebenden Organen beobachteten E. Abderhalden und S. Buadze, daß bei Anwesenheit von Arginin, Cholin und von Arginase eine Kreatin- bzw. Kreatininbildung erfolgt[6]. Offenbar tritt der aus Arginin hervorgehende Harnstoff bzw. Isoharnstoff mit Cholin in Reaktion. Es zeigte sich ferner, daß Muskelgewebe nach Zusatz von Adenin, Guanin und Nukleinsäuren einen erhöhten Gehalt an Kreatin bzw. an Kreatinin aufweist. Wurden außerdem noch Gewebe, wie Leber, Milz zugefügt, dann war die Kreatinbildung besonders beträchtlich gesteigert. Ferner vergrößern Histidin, Hydantoin und N-Methylhydantoin, dem Muskelbrei zugesetzt, die Kreatinmenge[7]. Entsprechende Versuche mit Allantoin, Carbonyldiharnstoff, Methylimidazol, Uracil, Harnsäure, Coffein hatten ein negatives Ergebnis[8]. Verfütterung von Placentagewebe führte zu einer Zunahme der Kreatin-Kreatinin-Ausscheidung. Auch Hämoglobin bzw. Globin erhöhte diese[9]. Endlich wurde beobachtet, daß Menformon die Kreatin-Kreatininbildung förderte[8].

Physiologische Eigenschaften: Als „Gesamtkreatinkoeffizienten" bezeichnen Harding und Gaebler[10] das Verhältnis des ausgeschiedenen Kreatins in Milligramm zum Körpergewicht in Kilogramm. Kreatin + Kreatininausscheidung ist für proteinreich ernährte Kinder gleichen Alters nahezu konstant bis zur Pubertätszeit[10].

Extrakte aus Gehirn- und Muskelgewebe von denselben Tieren, mit Tyrodescher Lösung und Phosphatmischung als Puffer zeigten bei gleichzeitiger aseptischer Bebrütung (37—38°) ungefähr gleich schnelle Verwandlung von Kreatin in Kreatinin, doppelt so schnelle wie in gepufferter Tyrodelösung allein. Die Bildung von Kreatinin wäre demnach nicht alleinige Funktion des Muskelgewebes, sondern käme dem gesamten normalen Körpergewebe zu. Der Gehalt an Gesamtkreatinin ist der gleiche in den bebrüteten und in den frischen Extrakten. Enzyme, die Kreatin bilden oder dieses oder Kreatinin zerstören, scheinen nicht vorhanden zu sein[11]. Im Preßsaft von Ochsenherzen wird ein Teil des Kreatins innerhalb einiger Tage bei 37° in Kreatinin verwandelt. Weder bakterielle noch fermentative Ursachen kommen in Frage (Erhitzen usw.), es ist ein rein chemischer Vorgang, dessen Gleichgewichtslage nur von Temperatur und Acidität beherrscht wird[12]. Die auch in reinem Wasser erfolgende Umwandlung

---

[1] Folin: J. of biol. Chem. **17**, 475 — Chem. Zbl. **1914 II**, 247.
[2] D. Wright u. E. D. Plass: J. of biol. Chem. **29**, 413 (1917) — Chem. Zbl. **1922 II**, 502.
[3] F. S. Hammett: J. of biol. Chem. **48**, 127 (1921) — Chem. Zbl. **1922 IV**, 658.
[4] Blau: J. of biol. Chem. **48**, 105 — Chem. Zbl. **1922 II**, 238.
[5] D. G. C. Tervaert: Nederl. Tijdschr. Geneesk. **66 II**, 152 — Chem. Zbl. **1922 IV**, 658.
[6] E. Abderhalden u. S. Buadze: Hoppe-Seylers Z. **164**, 280 (1927). — E. Abderhalden u. P. Möller: Hoppe-Seylers Z. **170**, 212 (1927) — Ber. Physiol. **44**, 189 (1928).
[7] E. Abderhalden u. S. Buadze: Med. Klin. **25**, 11 — Chem. Zbl. **1929 I**, 2897 — Ber. Physiol. **50**, 66 (1929) — Z. exper. Med. **65**, 1 (1929).
[8] E. Abderhalden u. S. Buadze: Z. exper. Med. **66**, 635 (1929).
[9] E. Abderhalden u. S. Buadze: Z. exper. Med. **69**, 561 (1930).
[10] V. J. Harding u. O. H. Gaebler: J. of biol. Chem. **54**, 579 (1922) — Chem. Zbl. **1923 I**, 1376.
[11] F. S. Hammett: J. of biol. Chem. **59**, 347 — Chem. Zbl. **1924 II**, 1003.
[12] R. Ando: Ann. Clin. med. e Med. sper. **12**, 188 (1922) — Ber. Physiol. **28**, 244 (1924).

wird in dem Muskelgewebe, einem besonders günstigen Milieu, jedoch beschleunigt, aber lediglich katalytisch, nicht fermentativ [1]. Nach Versuchen an normalen oder curarisierten Kaninchen wird auch durch Physostigmin eine Beschleunigung der Umwandlung von Kreatin in Kreatinin erreicht [2]. Männer und Frauen verwandeln diese Stoffe ineinander in gleichem Umfang, doch wurde beobachtet, daß bei Frauen die Kreatinausscheidung nach Kreatineinnahme per os größer war als beim Mann [3].

Der Kreatiningehalt des Harns ist beim gesunden Kind (2—13 Jahre) etwas geringer als beim Erwachsenen, absolut in 24 Stunden 0,40—0,70 g (pro Kilogramm 0,01—0,03 g), beim kranken Kind absolut 0,08—1,66 bzw. 0,006—0,09 g. Bei Infektionskrankheiten (Typhus, lobärer Pneumonie, akutem Gelenkrheumatismus) war er besonders im Beginn gesteigert, bei lang anhaltendem Fieber zurückgehend. Vermehrung von Kreatinin und Kreatin fand sich besonders bei Chorea, Tetanie, hysterischen Krämpfen, Myoklonie. Bei Encephalitis war Kreatinin unverändert, Kreatin fehlend oder nur in Spuren, bei Polyneuritis fehlte es fast völlig. Bei einem Fall von progressiver Muskeldystrophie war Kreatinin hoch, Kreatin mäßig erhöht. Ferner wurde bei einer bösartigen Nierengeschwulst und bei Mixödem eine Steigerung des Kreatinins gefunden, bei Nierenerkrankungen und bei Herz- und Gefäßstörungen im Zustande der Dekompensation eine Verminderung des Kreatinins [4].

Bei Kindern mit ganz geringen pathologischen Veränderungen oder bei Rekonvaleszenten war die Summe Kreatin + Kreatinin im Verhältnis zum Lebensalter und Gewicht nicht konstant. Auch tritt die nahe Beziehung zwischen Körpergewichtszunahme und Kreatininausscheidung nicht so deutlich hervor. Ferner schwankt das Verhältnis Kreatin:Kreatinin mehr als bei normalen Kindern. Der Totalkreatinkoeffizient beträgt bei normalen Kindern 23,1, bei Erwachsenen (pathologisch) 21,9, bei leicht pathologischen Kindern 24,3 [5].

Bei den Tierarten, die zugleich Kreatin und Kreatinin ausscheiden, kann die tägliche Ausscheidung einer jeder dieser Verbindungen bei gleicher Ernährung erheblich schwanken (um 30% bei Hund, Schwein und Ratte, vom einfachen zum doppelten beim Meerschweinchen), aber ihre Summe bleibt ziemlich konstant. Die Ausscheidung an Gesamtkreatinin pro Kilogramm Körpergewicht und 24 Stunden zeigt bei den verschiedenen Warmblüterarten sehr große Unterschiede ohne Parallelismus zum Kreatingehalt der Muskeln. Die Werte ordnen sich im gleichen Sinne wie diejenigen der Wärmeproduktion, ohne ihnen direkt proportional zu sein [6].

Bei Versuchen an Kaninchen wurde gezeigt, daß während relativer Körperruhe die Menge des beim Körpereiweißabbau entstehenden Kreatins und Kreatinins in erster Linie abhängig ist von dem Vorhandensein und der Menge des die Intensität des Eiweißstoffwechsels stark beeinflussenden Schilddrüsenhormons. Durch Verfütterung von Schilddrüsenextrakt läßt sich bei schilddrüsenlosen Tieren eine sehr deutliche Steigerung der Kreatininausscheidung erzielen [7]. Bei der Fütterung von Ratten mit Nebenschilddrüsensubstanz wurde mehr Kreatin als Kreatinin ausgeschieden [8].

Weder bei Verfütterung noch bei subcutaner Einverleibung von Kreatin tritt eine nachweisbare Vermehrung des präformierten Kreatinins ein. (Gegen eine fermentative Überführung sprechend!) Vom subcutan gegebenen Kreatin wird ein verschieden großer Teil unverändert durch den Urin ausgeschieden, unter Umständen quantitativ, bisweilen nur 20—30%, bei relativ kleinen Mengen z. B. 0,1 g bei Kaninchen nichts. Das Schicksal des zurückgehaltenen Anteils ist unbekannt. Vom Muskelkreatin geht beim Menschen durch die physikalisch-chemische Beschaffenheit der Muskulatur, namentlich wohl die [H˙], ein kleiner Anteil etwa 1,5% täglich in Kreatinin über. Wahrscheinlich ist dieses aber nicht die einzige Ausscheidungsform des Kreatins. Beim erwachsenen normalen Menschen tritt letzteres nie

---

[1] F. S. Hammett: J. of biol. Chem. **53**, 323 (1922) — Chem. Zbl. **1923 I**, 1137.
[2] H. Akatsuka: J. of Biochem. **8**, 57 (1927) — Chem. Zbl. **1928 I**, 2105.
[3] W. C. Rose, R. H. Ellis u. O. C. Helwing: J. of biol. Chem. **77**, 171 — Chem. Zbl. **1928 II**, 911 — Ber. Physiol. **46**, 393 (1928).
[4] A. Lorenzini: Bull. Sci. med. **10**, 245 (1922) — Ber. Physiol. **21**, 259 (1923).
[5] V. J. Harding u. T. G. H. Drake: Proc. Trans. roy. Soc. Canada **17**, Sekt. V, 35 (1923) — Chem. Zbl. **1924 I**, 2380.
[6] E. F. Terroine u. L. Garot: Arch. internat. Physiol. **27**, 69 (1926) — Chem. Zbl. **1927 I**, 479.
[7] P. Schenk: Arch. f. exper. Path. **95**, 45 (1922) — Chem. Zbl. **1923 I**, 612.
[8] D. Woodman: Biochemic. J. **19**, 595 (1925) — Chem. Zbl. **1926 I**, 433.

im Harn auf. Beim Kaninchen ist häufig der Wert des Gesamtkreatinins größer als der des präformierten; vielleicht ist das normal im Harn vorkommende Kreatin die Ursache [1].

Auch bei 6 wöchiger subcutaner Injektion (Kaninchen) von Kreatin (0,2—0,3 g täglich) war die Gesamtmenge des ausgeschiedenen Kreatinins + Kreatin zu keinem Zeitpunkt erhöht. Die Aufspeicherung des letzteren im Körper wird dabei ausgeschlossen [2].

Die Leistung der üblichen Tagesarbeit beeinflußt beim Pferd den Gehalt des Blutes an Kreatinin + Kreatin nicht [3]. Der Gehalt an beiden Stoffen war in der normalen Schwangerschaft und unter der Geburt normal [4].

Für die endogene Herkunft des Harnkreatins und Kreatinins sprechen die Beobachtungen an Meerschweinchen, die unter dem Einfluß von Skorbut in wachsender Menge Kreatin ausschieden, während die Ausscheidung an Kreatinin nur wenig verändert war. Mit der Vergrößerung des Kreatininkoeffizienten ging eine Zunahme des Kreatingehalts in den Muskeln parallel [5]. Bei Maisnahrung nimmt der Gehalt des Harns an Kreatin- und Kreatininstickstoff ständig zu, während die Versuchstiere (Kaninchen und Meerschweinchen) an Gewicht abnehmen [6].

Jede Niereninsuffizienz hat eine Erhöhung des Blutgehalts an beiden Stoffen zur Folge, jedoch ist die Retention im Gegensatz zu der des Harnstoffs prognostisch nicht zu verwerten [7]. Bei urämischer Nephritis ist das Verhältnis Kreatin:Kreatinin im Harn (normal 0,20:2,01) erhöht [8].

Nach Entfernung der Thymus verschwindet bei jungen Tieren nach initialer Steigerung Kreatin aus dem Harn, während Kreatinin kaum beeinflußt wird. Die Blutreaktion ändert sich parallel: translatorische Steigerung mit der Zunahme, Herabsetzung der Alkalinität mit der Verminderung des Harnkreatins [9]. Bei der Guanidin- und der parathyreopriven Tetanie sind in den Muskeln infolge ihrer Zustandsänderung die Vorgänge der Kreatinbildung gesteigert. Es tritt dadurch Kreatin im Harn auf, während die Kreatininausscheidung höchstens leicht erhöht ist. Bei Einspritzung von Calciumchlorid blieb bei Guanidinkaninchen die Kreatininausscheidung fast normal, während Kreatin nicht oder fast nicht auftrat; es bleibt der Kreatingehalt der Muskeln normal, wenn die Tetaniesymptome beseitigt werden. Der erhöhte Gehalt der Muskulatur bei Guanidintetanie ist nicht Folge einer Bildung überschüssiger Mengen aus Guanidin [10].

Die nach intravenöser Injektion von 4,5 g hefenucleinsaurem Natrium, 8,6 g Histidin und 5 g Histidinmonohydrochlorid bei mit kreatinarmer Nahrung gefütterten Hunden ausgeführten Bestimmungen ergaben keinen Anhaltspunkt für das Bestehen von Beziehungen zur Entstehung des Kreatinins bzw. Kreatins [11]. Beim Kaninchen wirkten Kaffein, Theobromin, Uracil, Harnsäure und Hypoxanthin nicht auf den Kreatin- und Kreatininstoffwechsel [12]. Unter dem Einfluß von Coffein, Euphyllin und Diuretin wächst die Konzentration an beiden Körpern im Blut, nicht dagegen die des Reststickstoffs und der Harnsäure. Der Anstieg dürfte unter dem Einfluß des Nervensystems zustande kommen [13].

Der Kreatingehalt der Muskeln wird stark erhöht nach toxischen Phosphordosen (2,5 bis 4,0 mg pro Kilogramm) bei Kaninchen. Als Folge erscheinen auch Kreatin und größere Mengen Kreatinin im Harn. Die vermehrte Bildung steht im Zusammenhang mit der Verarmung des Organismus an Kohlehydrat (vermehrter Lactacidogengehalt und Hypoglucämie). Durch kleinere Dosen wurde keine entsprechende Wirkung ausgelöst [14]. Beim Stehen von Muskelextrakten der Albinoratte bei 37° nimmt in 24 Stunden das Kreatinin auf Kosten

---

[1] A. Hahn u. L. Schäfer: Z. Biol. **80**, 195 — Chem. Zbl. **1924 I**, 1952.
[2] A. Hahn u. H. Fasold: Z. Biol. **93**, 283 (1925) — Chem. Zbl. **1926 I**, 716.
[3] A. Scheunert u. M. Bartsch: Biochem. Z. **139**, 34 — Chem. Zbl. **1923 III**, 1105.
[4] K. Hellmuth: Klin. Wschr. **1**, 2478 (1922) — Chem. Zbl. **1923 I**, 1408.
[5] A. Palladin u. A. Kudrjawzewa: Biochem. Z. **152**, 373 (1924) — Chem. Zbl. **1925 II**, 62.
[6] A. Palladin u. K. Kratinowa: Biochem. Z. **159**, 179 — Chem. Zbl. **1925 II**, 1999.
[7] C. B. Udaondo u. O. Catalano: Rev. Soc. Med. int. y Soc. Tisiol. **6**, 307 (1925) — Ber. Physiol. **37**, 157 (1926).
[8] P. Fonteyne u. P. Ingelbrecht: Ann. Méd. **14**, 470 (1923) — Ber. Physiol. **26**, 205 (1924).
[9] G. Macciotta: Pediatria **39**, 360 (1925) — Ber. Physiol. **32**, 319 (1925).
[10] A. Palladin u. L. Griliches: Biochem. Z. **146**, 458 — Chem. Zbl. **1924 II**, 703.
[11] H. Steudel u. R. Freise: Hoppe-Seylers Z. **120**, 244 — Chem. Zbl. **1922 III**, 933.
[12] F. P. Underhill u. H. F. Farrell: J. metabol. Res. **2**, 107 (1922) — Chem. Zbl. **1923 I**, 700.
[13] W. Laufberger: Arch. f. exper. Path. **99**, 79 — Chem. Zbl. **1923 III**, 1191.
[14] A. Palladin u. A. Kudrjawzewa: Hoppe-Seylers Z. **136**, 45 (1923) — Chem. Zbl. **1924 II**, 705.

des Kreatins zu, und zwar bei saurer Reaktion gegen Rosolsäure um 100%, bei durch Phosphatgemisch neutral gehaltener Reaktion um 175% und bei schwach alkalischer Reaktion um 124%. Die gleichen Verschiebungen müssen in vivo eintreten (Erklärung der Beeinflussung der Kreatinausscheidung im Harn durch experimentelle Acidose und Alkalose). Nur bei ausgesprochener Fäulnis werden Kreatin und Kreatinin zerstört[1].

Bei Beobachtungen von Ratten im „Irrgarten" sieht man nach Injektion von Kreatin und Kreatinin Erregung[2].

Eine ausführliche Übersicht über den Kreatin-Kreatinin-Stoffwechsel mit eingehenden Literaturangaben gibt Bürger[3].

Physikalische und chemische Eigenschaften: Bei Temperaturen von 25, 57, 78 und 100° wurde die Umwandlung von Kreatin in Kreatinin durch Salzsäure mit Hilfe der Bestimmung der Reaktionsgeschwindigkeiten als hauptsächlich unimolekular verlaufende Reaktion erkannt. Die Geschwindigkeitskonstanten nehmen mit der Säurekonzentration zu[4]. Mit steigender Temperatur verschiebt sich das Gleichgewicht nach der Gleichung

$$\log K = \frac{-1084}{T} + 3{,}3652$$

zugunsten des Kreatinins. Mit reinem Wasser kann also durch Kochen nicht vollkommen das Kreatinin gebildet werden. Mit steigender Wasserstoffionenkonzentration wird das Gleichgewicht zugunsten des Kreatins verschoben. Die Natur der Pufferlösung spielt keine Rolle. Über $p_H = 3$ ist dieser Einfluß gering, zwischen $p_H = 3$ bis 1,5 ist er am größten[5].

Kreatin.

Vorkommen: In den Extraktstoffen des Reptilienmuskels[6]; im frischen Fleisch von Katsuwonus pelamis Kishinouye = Gymnosarda affinis[7]; in der Allantoisflüssigkeit (Amniosflüssigkeit abwesend) des Hühnerembryos und zwar nach 9 Tagen 0,0097%, nach 14 Tagen 0,0189% und nach 17 Tagen 0,0379%[8]. Normale Albinoratten enthalten in den Muskeln 0,449, in den Hoden 0,281, im Herz 0,174, im Gehirn 0,129, in den Nieren 0,046 und in der Leber 0,033%[9]. Im Fruchtwasser des Seiwals zu 0,146%[10], in dem des Pottwals zu 0,014 g pro 100 ccm[11]. In je 100 ccm Harn von Grinswal und zwei Tümmlern (Delphinidae) wurden gefunden 0,187 bzw. 0,148 und 0,137%[12]. Im Plasma einiger Spezies von Süßwasserfischen (u. a. Schmelzschupper und Toleostier) wurde ein ungewöhnlich hoher Prozentsatz an Kreatin aufgefunden, in den Blutkörperchen dagegen weniger[13]. Im allgemeinen enthält der Fischmuskel mehr Kreatin als der Säugetiermuskel[14]. Im Extrakt von Stierhoden[15]; im Rinderserum (100 ccm im Mittel 2,57 mg)[16]; in der Kuhmilch (Lab- und Sauermolke)[17].

Im Blut normaler Menschen sind 2,0—5,50 mg%, durchschnittlich 3,39 mg%, nach Gavrila durchschnittlich 4,36 mg%[18], enthalten, bei älteren Personen mehr als bei jugend-

---

[1] F. S. Hammett: J. of biol. Chem. **48**, 133 (1921) — Chem. Zbl. **1922 I**, 659.
[2] D. I. Macht: J. Pharmacol. **22**, 117 (1923) — Chem. Zbl. **1924 I**, 572.
[3] M. Bürger: Klin. Wschr. **2**, 33, 87.
[4] G. Edgar u. R. A. Wakefield: J. amer. chem. Soc. **45**, 2242 (1923) — Chem. Zbl. **1924 I**, 1532.
[5] G. Edgar u. H. E. Shiver: J. amer. chem. Soc. **47**, 1179 — Chem. Zbl. **1925 II**, 567. — Vgl. auch R. Cannan u. Shore: Biochemic. J. **22**, 920 (1928) — Ber. Physiol. **48**, 592 (1929).
[6] W. Keil, W. Linneweh u. K. Poller: Z. Biol. **86**, 187 — Chem. Zbl. **1927 II**, 1483.
[7] Y. Okuda: J. Coll. Agric. Tokyo **7**, 1 (1919) — Chem. Zbl. **1925 I**, 1091.
[8] T. Kamei: Hoppe-Seylers Z. **171**, 101 (1927) — Chem. Zbl. **1928 I**, 216.
[9] A. Chanutin: J. of biol. Chem. **75**, 549 (1927) — Chem. Zbl. **1928 II**, 165.
[10] M. Takata: Tohoku J. exper. Med. **2**, 459 — Ber. Physiol. **14**, 70.
[11] M. Suzuki: Jap. J. med. Sci., Trans. Biochem. **1**, 97 (1925) — Chem. Zbl. **1926 I**, 149.
[12] M. Suzuki: Jap. J. med. Sci., Trans Biochem. **1**, 69 (1925) — Chem. Zbl. **1926 I**, 148.
[13] D. Wright Wilson u. E. F. Adolph: J. of biol. Chem. **29**, 405—411 (1917) — Chem. Zbl. **1922 I**, 597.
[14] A. Hunter: J. of biol. Chem. **81**, 512 — Chem. Zbl. **1929 II**, 440.
[15] K. Morinaka: Hoppe-Seylers Z. **124**, 259. — H. Müller: Z. Biol. **82**, 573; Chem. Zbl. **1923 I**, 973; **1925 II**, 660.
[16] A. Hahn u. G. Meyer: Z. Biol. **76**, 247 (1922) — Chem. Zbl. **1923 II**, 510.
[17] B. Bleyer u. P. Kallmann: Biochem. Z. **153**, 459 (1924) — Chem. Zbl. **1925 I**, 783.
[18] Gavrila: C. r. Soc. Biol **100**, 380 (1929) — Ber. Physiol. **50**, 559 (1929).

lichen. Herabsetzungen oder Steigerungen finden sich bei verschiedenen schweren Krankheitszuständen, ohne aber charakteristisch zu sein[1]. Im Plasma kommt es nicht vor, der erhaltene Wert betrug nur 0,23 mg gegen 5,84 mg% für Blutkörperchen[2]. Im Tagharn normaler[3] und gravider[4,5] Frauen.

Der Kreatingehalt des Gehirns, ausgedrückt in mg pro 100 g, ist eine für jede Tierspezies verschiedene Konstante. Die des Kleinhirns ist immer größer als diejenige des Großhirns. Beide Hemisphären weisen den gleichen Gehalt auf. Bei Autolyse sinkt er rasch ab. Durch Fasten oder Kreatinzufuhr wird der Gehalt des Gehirns nicht beeinflußt. Der Kreatingehalt des Großhirns, in mg pro g Stickstoff ausgedrückt, ist eine für alle Tiere gleiche Konstante[6].

Bildung: Die Methylierung der Guanidoessigsäure ist beim Kaninchen an die Funktion der Schilddrüse geknüpft. Schilddrüsenlose Tiere besaßen nur dann diese Fähigkeit, wenn sie mit Schilddrüsensubstanz gefüttert wurden oder wenn ihnen Blut von normalen Tieren oder auch Jod zugeführt wurde[7]. Vgl. über Kreatinbildung auch S. 140.

Nachweis: Wenn Kreatin rein vorliegt, fällt die Paulysche Diazoreaktion negativ aus[8]. An der Luft braun gewordene Lösung von Nitroprussidnatrium gibt Rotfärbung[9].

Bestimmung: An Stelle von Kaolin als Adsorbens soll sich Phosphorwolframsäure besser eignen. Erzeugt man in 10 ccm Kreatinlösung durch Zusatz von 0,1 ccm 9,5proz. Kaliumchloridlösung und 1 ccm 10proz. Phosphorwolframsäurelösung einen Niederschlag, so kann man daraus mit 10 ccm Pikrinsäurelösung und 1 ccm 10proz. Natronlauge gleiche Färbung erhalten wie aus der ursprünglichen Kreatinlösung. Im Gegensatz zur Kaolinadsorption kann hier das Kreatin ohne Veränderung wieder abgelöst werden[10].

Nach eingehenden Studien verwerfen J. A. Behre und S. R. Benedict[11] die Methode mit alkalischer Pikratlösung in der bisher gebräuchlichen Weise für Bestimmungen im Blut, da ein anderer Blutbestandteil die Färbung vortäuscht, und geben dafür das folgende Verfahren an zur Bestimmung des wahren Kreatinwertes im Blut (Kreatinin ist nach ihren vielfachen Untersuchungen nicht präformiert!): 25 ccm des nach Trichloressigsäurefällung gewonnenen Filtrats werden mit 5 ccm Normalsalzsäure behandelt. Nach Einengen auf dem Wasserbad und Beseitigung der Salzsäure wird der Rückstand tropfenweise mit Natronlauge behandelt, bis ein Niederschlag von Bleihydrat beständig ist. Das Filtrat aus der auf ein bestimmtes Volumen gebrachten Lösung wird mit Pikrinsäure gesättigt (mit fester, da beim Vorgehen nach Folin und Wu die Farbreaktion zu schwach ausfällt). Die zur Verwendung gelangende Natronlauge soll 10proz. sein und 10% Rochellesalz enthalten. Für die Eiweißfällung folge man am besten der Wolframsäurefällung nach Folin und Wu. (Gegenüber der Anwendung von Pikrinsäure, Trichloressigsäure und der Hitzefällung liefert die Natriumwolframatfällung die höchsten Werte für chromogene Substanz[1]. Hahn und Meyer aber behaupten: Zur Bestimmung im Blutserum eigne sich nur die Enteiweißung mit Trichloressigsäure. Das Filtrat wird unter Zusatz von p-Nitrophenol als Indicator mit 30proz. Natronlauge neutralisiert und auf 100 ccm Filtrat mit 30 ccm 6n-Salzsäure versetzt, so daß die Lösung etwa zweifach normal an Salzsäure ist. Bei 60—65° ist das Kreatin in 25 Stunden vollständig in Kreatinin übergeführt. Zur Bestimmung wird ein Teil mit 30proz. Natronlauge wieder neutralisiert, die gelbe Indicatorfarbe stört nicht. Das mit Trichloressigsäure erhaltene Koagulum adsorbiert auch zugesetztes Kreatin nicht[12].

Physiologische Eigenschaften: Kreatin ist auf die Hefegärung ohne Einfluß[13].

---

[1] P. Fonteyne u. P. Ingelbrecht: Ann. Méd. **14**, 470 (1923) — Ber. Physiol. **26**, 205.
[2] H. Wu: J. of biol. Chem. **51**, 21 — Chem. Zbl. **1922 III**, 84.
[3] L. Mc. Laughlin u. K. Blunt: J. of biol. Chem. **58**, 285 — Chem. Zbl. **1924 II**, 356.
[4] M. Honda: J. of Biochem. **2**, 351 (1923) — Ber. Physiol. **20**, 464.
[5] M. Honda: Acta scholae med. Kioto **6**, 405 (1924) — Ber. Physiol. **32**, 598 (1925).
[6] V. J. Harding u. B. A. Eagles: J. of biol. Chem. **60**, 301 — Chem. Zbl. **1924 II**, 1698.
[7] B. Stuber, A. Russmann u. E. A. Pröbsting: Biochem. Z. **143**, 221 (1923) — Chem. Zbl. **1924 I**, 1226.
[8] H. Reinwein: Z. Biol. **81**, 49 — Chem. Zbl. **1924 II**, 656.
[9] O. W. Tieg: Austral. J. exper. Biol. a. med. Sci. **1**, 93 (1924) — Ber. Physiol. **36**, 383.
[10] O. H. Gaebler: Proc. Soc. exper. Biol. a. Med. **23**, 832 — Ber. Physiol. **37**, 765 (1926)
[11] J. A. Behre u. S. R. Benedict: J. of biol. Chem. **52**, 11 — Chem. Zbl. **1922 IV**, 924.
[12] A. Hahn u. G. Meyer: Hoppe-Seylers Z. **76**, 247 (1922) — Chem. Zbl. **1923 II**, 510.
[13] H. Zeller: Biochem. Z. **176**, 134 — Chem. Zbl. **1926 II**, 3060.

Im Dotter und Embryo nimmt der Kreatingehalt nach 14tägiger Bebrütung stark zu[1].
Insulininjektion beim nüchternen Hund ließ den Blutkreatinwert unverändert[2]. Das im normalen Plasma fehlende Kreatin ist im Puerperium bei Kreatinurie entsprechend der Menge im Harn doch darin enthalten[3].

Der Blutgehalt stieg nach Äthernarkose beim Hund innerhalb 2 Stunden um 16,2% und kehrte am folgenden Morgen zur Norm zurück[4]. Nach dem Ausschalten der Niere fand sich ebenfalls beim Hund eine Anhäufung von Kreatin im Blute bis zu 13 mg pro 100 ccm[5]. Die Menge des Kreatins im Blut sinkt mit dem Gesamtstickstoff[6]. Während des Fastens wird nach Versuchen an Hunden der Kreatingehalt des Blutes anfangs zuweilen vermindert und steigt später schnell an. Wird dabei auch noch Wasser vorenthalten, so tritt keine qualitative Änderung, aber quantitative Steigerung ein. Bei wiederholten Hungerperioden kann die Veränderung weniger ausgesprochen auftreten oder ganz ausbleiben. Wird nach längerer Hungerperiode wieder gefüttert, so nimmt schon in den ersten Tagen der Kreatingehalt rasch ab, um nach 35—45proz. Gewichtszunahme wieder zu steigen mit der Neigung, die ursprünglichen Werte der Vorhungerperiode wieder zu erreichen[7].

Für die Auffassung, daß die Hauptmuskelbase Kreatin im Harn als Kreatinin wieder erscheint, soll das Vorhandensein von Kreatinin im Fruchtwasser (beim Rind nachgewiesen) sprechen[8]. Durch die Froschniere wird aber Kreatin unverändert durchgelassen[9]. — Bei Kindern bis zum 12. und 13. Jahre ist es physiologisch im Harn vorhanden (am meisten etwa im 4. Lebensmonat); bei Myxödem vermindert oder fehlend, bei Hyperthyreosen und bei Darreichung von Thyreoidin vermehrt[10]. Exogen beim Säugling zugeführtes Kreatin wurde im Harn restlos wieder gefunden[11]. Im acidotischen Zustand eines Diabetikers wurde ebenfalls (aus ganz anderem Grunde natürlich) Kreatintoleranz festgestellt[11].

W. Denis[12] teilt mit, daß die Kreatinausscheidung bei kreatinfreier Nahrung von Stunde zu Stunde wechselt, ein Maximum lag bei der Mehrzahl der Fälle ungefähr 2 Stunden nach der Hauptmahlzeit des Tages, während der Harn der Nachtzeit praktisch kreatinfrei war. Es wird gefolgert, daß entgegen den Befunden von Powis und Raper[13] die Kreatinausscheidung direkt von der Nahrungsaufnahme abhängt.

Durch lange Zeit fortgesetzte Gabe von täglich 0,4—0,6 g Kreatin neben gemischter Kost wurde bei einem im Stickstoffgleichgewicht befindlichen Hund in mehreren Versuchen festgestellt, daß nur kleine Mengen davon umgesetzt und angelegt werden, daß aber die Kreatinausscheidung im Harn allmählich zunimmt. Nach Aufhören der Kreatingaben ging diese Zunahme nur langsam zurück. Da nur 30% des retenierten K. wieder ausgeschieden wurden, muß angenommen werden, daß Kreatinin nicht das einzige Ausscheidungsprodukt ist. Die Kreatinmenge im Harn steht nicht in einfacher Beziehung zum Kreatinumsatz. In den Versuchen wurde eine starke Tendenz zum Gewichtsansatz gefunden, so lange Kreatin verabreicht wurde, es wirkte „fast vitaminartig"[14]. In einem Fall progressiver pseudohypertrophischer Muskeldystrophie wurde bei genauer Stoffwechselkontrolle festgestellt, daß aufgenommenes Kreatin sofort und vollständig wieder ausgeschieden wird, hauptsächlich als solches und nur zum Teil als Kreatinin. Die Aufnahme größerer Mengen von Proteinen vermehrt die Kreatin- und, wenn auch in geringerem Maße, die Kreatininausscheidung, hierbei ist es ohne Einfluß, ob sich im Eiweiß Kreatin vorgebildet findet. Ersetzt man einen Teil der Proteine durch Edestin (hoher Arginingehalt!), so unterbleibt die vermehrte Kreatinausscheidung. Gelatine vermehrt sie, nicht aber Sarkosin, Asparagin und Cystin. Glykocyamin wird zu wenigstens 36% in Kreatin verwandelt. Hordenin vermehrt die Gesamt-N- und Harnstoff-N-Ausscheidung,

---

[1] J. Sendju: J. of Biochem. 7, 181 — Chem. Zbl. **1927 II**, 280.
[2] P. Mazzocci u. V. Morera: Rev. Asoc. méd. argent. **37**, 60 (1924) — Ber. Physiol. **35**, 483.
[3] E. D. Plass: J. of biol. Chem. **56**, 17 — Chem. Zbl. **1923 III**, 1040.
[4] H. V. Atkinson u. H. N. Ets: J. of biol. Chem. **52**, 5 — Chem. Zbl. **1922 III**, 1095.
[5] J. A. Behre u. S. R. Benedict: J. of biol. Chem. **52**, 11 — Chem. Zbl. **1922 IV**, 925.
[6] F. S. Hammett: Proc. path. Soc. Philad. **23**, 23 (1921) — Chem. Zbl. **1922 III**, 581.
[7] S. Morgulis u. A. C. Edwards: Amer. J. Physiol. **68**, 477 — Chem. Zbl. **1924 II**, 1221.
[8] H. Reinwein u. H. Heinlein: Z. Biol. **81**, 283 — Chem. Zbl. **1924 II**, 1698.
[9] E. Wankell: Pflügers Arch. **208**, 604 — Chem. Zbl. **1925 II**, 1371.
[10] C. Iseke: Mschr. Kinderheilk. **21**, 337 (1921) — Ber. Physiol. **11**, 496.
[11] H. Beumer: Z. Kinderheilk. **31**, 236 (1921) — Chem. Zbl. **1922 III**, 71.
[12] W. Denis: J. of biol. Chem. **29**, 447 (1917) — Chem. Zbl. **1922 I**, 598.
[13] Powis u. Raper: Biochemic. J. **10**, 363 — Chem. Zbl. **1917 I**, 118.
[14] St. R. Benedict u. E. Osterberg: J. of biol. Chem. **56**, 229 — Chem. Zbl. **1923 III**, 1047.

ist aber ohne Einfluß auf den Kreatinstoffwechsel[1]. Bei wachsenden Hunden wächst bei ansteigendem Eiweißgehalt der Nahrung die Kreatinausscheidung bis zu einem Maximum, das demjenigen des N-Gleichgewichts entspricht. Die Kreatinausscheidung ist bei gleicher Stickstoffzufuhr umgekehrt proportional der Höhe des angesetzten Stickstoffs. Das abgebaute Eiweiß an sich ist als die Quelle des Kreatins anzusehen. 1 g N-Ansatz entspricht der Aufnahme von 58 mg Kreatin, einem Ansatz von 36,6 g Körpergewicht und einer Ausscheidung von 1,22 mg Kreatinin. Der Gesamtkreatinkoeffizient ist bei jungen Hunden mehr als doppelt so hoch als der Kreatinkoeffizient erwachsener Hunde[2]. Bei eiweißarmer Nahrung steigt die Ausscheidung nach gegenteiligen Beobachtungen von Garot[3] und bei eiweißreicher soll sie sinken. Wird jedoch bei eiweißreicher Nahrung der N-Ansatz durch Zusatzstoffe (Salze) modifiziert, so geht mit geringerem N-Ansatz immer eine höhere Ausscheidung an Kreatin einher, während Kreatinin unverändert bleibt. Die Kreatinkörperausscheidung geht dem ausgeschiedenen Gesamt-N im wesentlichen parallel. Alimentäre Glykosurie ändert sie nicht, Phlorrhizin steigert sie. Tetrahydro-β-naphthylamin bewirkt eine leichte Erhöhung. Die aus dem Eiweißzerfall errechnete Argininmenge wäre für die Kreatinkörperbildung hinreichend. Fütterung mit Eiweiß und Arginin bringt keine Änderung, nur bei großen Mengen kreatinfreien Fleisches findet eine länger anhaltende Erhöhung der Kreatinausscheidung statt[4].

Auf eine etwa 10tägige Hungerperiode reagieren etwa 6 Wochen alte Ferkel durch erhöhte Ausscheidung von Kreatin, während Kreatinin nur wenig vermindert ist (Kreatin + Kreatinin etwa doppelt so hoch)[5]. Gleiche Resultate ergaben Versuche an hungernden Katzen[6]. Bei Hunden, die im Hungerzustand mit Phlorrhizin behandelt und nach Eintritt der Acidosis mit geringen Eiweißmengen gefüttert wurden, blieb die Kreatinausscheidung unverändert. Dasselbe war der Fall, als diese Hunde mit Fett gefüttert wurden oder säurebildendes (Haferbrei und Reis) oder basisches Futter (Kartoffeln und rote Rüben) erhielten[7]. Bei kohlehydratfreier Nahrung erscheint im Hundeharn Kreatin, verschwindet aber wieder bei sehr großen Eiweißgaben (Umwandlung des Überschusses in Kohlehydrate?). Bei proteinfreier Nahrung tritt es im Harn auf, wenn der Anteil der Kohlehydrate 12% (Wärmewert) der gesamten Nahrung unterschreitet[8]. Auch Glycerin- und Milchsäuregaben brachten bei Kohlehydrathunger das Kreatin im Harn zum Verschwinden. Palladin stellte jedoch weiterhin fest, daß bei von vornherein fehlendem Eiweiß kein Kreatin auftritt. Ähnliche Verhältnisse wie beim Hund, fand er auch bei Ratten und Meerschweinchen[9]. Bei Versuchspersonen konnte Cathcart[10] mit kohlehydratfreier Fetternährung diese Beobachtung vom Anstieg der Ausscheidung machen. Beim Kaninchen tritt bei 2mal täglicher Injektion von rasch steigenden Einzeldosen Harnkreatin auf[11]. Dieselbe Folge hatte starke Abkühlung dieser Tiere (Herabsetzung der Körpertemperatur auf etwa 30°), doch blieb sie bei reichlicher Kohlehydratfütterung unter solchen Bedingungen aus[12].

Bei Katatonikern war die Ausscheidung im Stupor 11 mg gegenüber dem Befund bei solchen im schlaffen Zustand: 6,3 mg (Harnstoff und Kreatinin unverändert)[13]. — Nach 20—25 Minuten langem Verschluß der Nierenarterie beim Hund nahm das Ausscheidungsvermögen für Kreatin ab[14].

Die Kreatinurie junger Hunde und Kaninchen wird durch Schilddrüsenexstirpation kaum beeinflußt[15]. — Keinerlei Art von Bestrahlung kann den Harnkreatingehalt im Gegensatz zu dem an Kreatinin erhöhen[16].

---

[1] R. B. Gibson u. Fr. T. Martin: J. of. biol. Chem. **49**, 319 (1921) — Chem. Zbl. **1922 I**, 1341.
[2] V. J. Harding u. O. H. Gaebler: J. of biol. Chem. **57**, 25. — Vgl. dieselben: J. of biol. Chem. **54**, 579 — Chem. Zbl. **1923 III**, 1529; **1923 I**, 1376.
[3] L. Garot: Arch. internat. Physiol. **29**, 65 (1927) — Chem. Zbl. **1928 I**, 540.
[4] F. Lieben u. D. Laszlo: Biochem. Z. **176**, 403 — Chem. Zbl. **1926 II**, 3063.
[5] E. Ssawron: Pflügers Arch. **216**, 543 — Chem. Zbl. **1927 II**, 712.
[6] A. Palladin u. Epelbaum: Biochem. Z. **204**, 150 (1929) — Ber. Physiol. **50**, 67 (1929).
[7] A. Palladin: Biochem. Z. **136**, 359 — Chem. Zbl. **1923 III**, 798.
[8] A. Palladin: Bull. Acad. St. Pétersbourg [6] **1916**, 1129 — Chem. Zbl. **1925 I**, 2573.
[9] A. Palladin: Biochem. Z. **161**, 139 — Chem. Zbl. **1925 II**, 2001.
[10] E. P. Cathcart: Biochemic. J. **16**, 747 — Chem. Zbl. **1923 I**, 990.
[11] A. Palladin u. W. Tichwinskja: Pflügers Arch. **210**, 436 (1925) — Chem. Zbl. **1926 I**, 1433.
[12] A. Palladin: Biochem. Z. **136**, 353 — Chem. Zbl. **1923 III**, 798.
[13] J. M. Looney: Amer. J. Physiol. **69**, 638 — Chem. Zbl. **1924 II**, 2182.
[14] E. K. Marshal jr. u. M. N. Crane: Amer. J. Physiol. **64**, 387 — Chem. Zbl. **1923 III**, 687.
[15] A. Palladin u. E. Ssawron: Biochem. Z. **191**, 1 (1927) — Chem. Zbl. **1928 I**, 1543.
[16] M. Eichelberger: J. of biol. Chem. **69**, 17 — Chem. Zbl. **1926 II**, 2611.

Während der Kreatiningehalt der Skelettmuskeln des Kaninchens stets 0,52% Kreatin, entsprechend 0,45% Gesamtkreatinin, beträgt, weichen die Werte der einzelnen Muskeln zum Teil sehr erheblich voneinander ab. Ein Muskel ist um so reicher an Kreatin, je flinker er zuckt. Bestimmungen des Gesamtkreatinins ergaben beim Kaninchen für weiße Muskeln (Adductor, Tibialis, Iliopsoas) 0,410—0,508%, für rote Muskeln (Semitendinosus, Soleus, Zwerchfell) 0,221—0,282; Herz 0,121—0,249%, glatte Muskeln (Uterus) 0,077%, Gehirn 0,0972 bis 0,0997%; beim Huhn zeigte der Brustmuskel 0,342%, Soleus 0,225%, Gastrocnemius 0,364%. Der Kreatingehalt des Muskels steht also in direktem Verhältnis zu seinem Gehalt an quergestreiften Fibrillen und in umgekehrtem zum Gehalt an Sarkoplasma. Kreatin- und Lactacidogengehalt der verschiedenen Muskelarten verhalten sich völlig gleichsinnig. Dagegen besteht kein Parallelismus im Verhalten der beiden Stoffe gegenüber Veränderungen des Muskelzustandes durch verschiedene Faktoren. Insbesondere ist der Kreatingehalt weder in der Wärme- noch in der Totenstarre erhöht. Der Kreatingehalt toter Muskeln kann daher als Maß für den Gehalt intra vitam gelten. Die Angabe von Kahn[1], daß der Kreatingehalt der „tonisch" verkürzten Vorderbeinmuskeln umklammernder Frösche gegenüber der Norm herabgesetzt ist, besteht nicht zu Recht. Der Kreatingehalt der (langsamen) Vorderbeinmuskeln der Frösche ist stets wesentlich geringer als der der Hinterbeine, und es besteht in dieser Hinsicht kein Unterschied zwischen umklammernden und nicht umklammernden Fröschen[2]. Der entnervte Muskel besitzt weniger von der Base als der homologe normale[3]. Die weißen Muskeln des Kaninchens enthalten mehr als die roten[4].

Die Muskeln sind befähigt, Guanidinoessigsäure in Kreatin umzuwandeln. Kaninchenmuskeln bringen dies bedeutend rascher zustande als die der Aalquappe. 1 g Guanidinoessigsäure auf 20 g Muskelbrei (Kaninchen) verursacht nach 48 Stunden eine Erhöhung des Kreatingehaltes von 0,111 auf 0,142 g. 3,5—4,5 g einem Kaninchen schrittweise injiziert, erhöhen den Gehalt der Muskel um 21—36%[5]. Der Froschmuskel zeigt im atonischen Zustand keine Verminderung des Kreatins; ebensowenig läßt sich eine Änderung im Contracturzustand nach Nicotin, Veratrin, Coffein, Natriumthiocyanat und Calciumchlorid nachweisen[6].

Unterbindung des Blutstroms vermehrt die Kreatinmenge in den Armmuskeln und Sartorien des Frosches erheblich. Nicotincontractur steigert sie in den Armbeugern. Außerhalb des Körpers hängt bei Nicotineinwirkung die Kreatinmenge von der Konzentration des Giftes und der Einwirkungsdauer ab. Sie ist aber nicht proportional der Stärke und der Dauer der Contractur. Das Maximum wird bei 1% Nicotin in 10 Minuten erreicht, während die Contractur sofort maximal einsetzt. An der Nerveneintrittsgegend nimmt die Bildung von Kreatin stärker zu als an den nervenfreien Muskelabschnitten. Wahrscheinlich beschleunigen alle tonische Contractur und Starre erzeugenden Gifte die Kreatinbildung, jedoch tut das tetanische Reizung nicht[7]. — Während des Umklammerungsreflexes nimmt bei Kröten und Fröschen die Kreatinmenge in den Armmuskeln zu. Das gleiche erfolgt bei der Starre nach Entfernung des Vorderhirns, und zwar entsprechend der Intensität der Starre[8]. Stundenlang in hypnotischer Starre bei Rückenlage gehaltene Frösche zeigten im Durchschnitt von 5 Versuchen in ihren Adductorenmuskeln 3,663 mg Kreatin gegen den Normalbefund von 3,013 mg. Die 21,4 proz. Erhöhung ist mit sehr geringer Wahrscheinlichkeit auf die Veränderung der Durchblutung zurückzuführen[9]. Beim Frieren des Karpfens vom lebenden Zustand bis —24° nimmt in den ersten 20 Minuten der Kreatingehalt um 19% ab. Beim Muskel von curarisierten Albinoratten wurd nach 6 Stunden Kälteeinwirkung dasselbe beobachtet. Bei nicht curarisierten Tieren war in den ersten 2 Stunden vor dem Abfall auf 8% weniger als Normalgehalt eine leichte Erhöhung der Konzentration zu beobachten[10].

---

[1] Kahn: Pflügers Arch. **177**, 294 — Chem. Zbl. **1920 I**, 437.
[2] O. Riesser: Hoppe-Seylers Z. **120**, 189 — Chem. Zbl. **1922 III**, 937.
[3] L. Avellone u. G. de Macco: Arch. di Sci. biol. **7**, 150 — Ber. Physiol. **33**, 78 (1925).
[4] D. Ferdmann u. O. Feinschmidt: Hoppe-Seylers Z. **178**, 173 — Chem. Zbl. **1928 II**, 2656.
[5] A. Palladin u. L. Wallenburger: Bull. Acad. St. Pétersbourg [6] **1914**, 1427 — Chem. Zbl. **1925 I**, 2236.
[6] A. Schwartz u. A. Oschmann: C. r. Soc. Biol. Paris **93**, 1645, 1648 (1925) — Chem. Zbl. **1926 I**, 2119.
[7] T. Mitsuda u. K. Uyeno: J. of Physiol. **57**, 280 — Chem. Zbl. **1923 III**, 507.
[8] K. Uyeno u. T. Mitsuda: J. of Physiol. **57**, 313 — Chem. Zbl. **1923 III**, 507.
[9] H. Schönfeld: Pflügers Arch. **191**, 211 (1921) — Chem. Zbl. **1922 I**, 432.
[10] H. Akatsuka: J. of Biochem. **7**, 27, 41 — Chem. Zbl. **1927 II**, 343.

Versuche über den Muskel-Kreatingehalt an normalen und curarisierten Kaninchen bei gewöhnlicher oder niederer ($-20°$) Temperatur nach Einwirkung von Giften. Die Bildung wird durch Adrenalin erhöht, durch Ergotoxin erniedrigt. Bei den Kältetieren Steigerung, bei gleichzeitiger Adrenalinwirkung nach einiger Zeit Abnahme, da Mangel an Muttersubstanz. Bei curarisierten Tieren wird der K.-Gehalt durch diese Gifte nicht beeinflußt. Bei Kalttieren sinkt er mit der Körpertemperatur ab[1]. Bei avitaminös ernährten Kaninchen ist der Kreatingehalt der Muskeln erhöht, was zur Kreatinurie und zu einer Erhöhung des Kreatininkoeffizienten führt[2]. Bei experimentellem Skorbut an Meerschweinchen nimmt der Gehalt allmählich zu (von normal 0,369 bis zu 0,508%). Dieses erscheint auch in wachsenden Mengen im Harn[3].

Von dem beim Hungern aus den Muskeln verschwindendem Kreatin scheint die Hauptmenge (61—90%) durch den Harn eliminiert zu werden[4].

Gegen die Tonustheorie von Pekelharing und van Hoogenhuyze[5] sprechen die wiederholten Versuche über den Kreatingehalt von Muskeln, die sich in chemischer Contractur befanden und gleichzeitig gereizt wurden. Während eine Denervierung eine Verminderung des Muskelkreatins herbeiführte, ließ sich durch Reizung mit Veratrin, Coffein, Rhodaniden und Chlorcalcium keine Vermehrung feststellen. Auch Acetylcholin war ohne Erfolg[6].

Perichanjanz[7] teilt eine Studie über die elektrische Reizbarkeit eines Nervmuskelpräparats durch Kreatinlösungen in Konzentrationen von 0,02—0,5 g% mit. Über die Rolle des Kreatins bei der Muskelkontraktion äußert Tiegs[8] seine Beobachtungen und Mutmaßungen.

Bei jungen Mäusen ändert sich bei Zusatz (10%) zum Futter die Wachstumskurve nicht. Die Durchschnittskonzentration an Kreatin im Muskel war hier 0,367, in der Leber 0,035%; argininreiches Futtereiweiß erhöhte diese Werte nicht[9].

Die Grenze der hämolytischen Wirkung des Kreatins liegt bei einer Konzentration von 4$^0/_{00}$. Bei niederer Konzentration scheint es antihämolytisch zu wirken. Es besitzt also einen Schwellenwert[10]. Bei chronischer subcutaner Zufuhr erregte es beim Kaninchen den erythropoetischen Apparat und rief eine Vermehrung der Erythrocyten und Polychromatophilie hervor[11].

Es hemmt die Kalkbildung an Knorpel und Serumkolloide im Gegensatz zu Kreatinin[12].

Kreatin erweitert bei Durchströmung der Froschextremitäten die Gefäße (0,2 bis zu 40%, 0,1 bis zu 100%. Grenze 0,001%). 0,2% Kreatin setzt die Adrenalingefäßkontraktion bei Adrenalinkonzentration von 1:1,5 Millionen herab, dagegen steigern Kreatinkonzentrationen von 0,1—0,001% die Adrenalinwirkung[13]; es verstärkt also die vasoconstrictorische Wirkung des Adrenalins und sensibilisiert die Gefäße für diese Inkretsubstanz[14].

Bei Versuchen an Tauben wurde beobachtet, daß bei Polyneuritis der Kreatingehalt des Gehirns erhöht war, bei spastischer Form mehr als bei der paralytischen, während der Gesamtstickstoff vermindert gefunden wurde (im zweiten Falle beträchtlicher). Bei der chronischen Form wurde ebenso wie beim Hungern eine geringe Kreatinzunahme bei gleichem Gesamtstickstoffgehalt festgestellt. (Diese Veränderungen erfolgen erst zur Zeit des Auftretens der für die Avitaminose charakteristischen Kennzeichen[15]).

---

[1] H. Akatsuka: J. of Biochem. **8**, 57 (1927) — Chem. Zbl. **1928 I**, 2105.
[2] A. Palladin u. A. Kudrjawzewa: Biochem. Z. **154**, 104 (1924) — Chem. Zbl. **1925 II**, 838.
[3] A. Palladin u. A. Kudrjowzeff: Vrač. Delo (russ.) **6**, 63 (1923) — Ber. Physiol. **25**, 205 (1924).
[4] S. la Mendola: Ann. clin. Med. **11**, 133 (1921) — Ber. Physiol. **10**, 62.
[5] Pekelharing u. Hoogenhuyze: Hoppe-Seylers Z. **64**, 262 — Chem. Zbl. **1910 I**, 849. — Vgl. auch Jansma: Z. Biol. **65**, 376.
[6] O. Riesser u. E. Hamann: Hoppe-Seylers Z. **143**, 59 — Chem. Zbl. **1925 I**, 2317.
[7] J. I. Perichanjanz: Z. Biol. **87**, 336 — Chem. Zbl. **1928 I**, 2964.
[8] O. Tiegs: Austral. J. exper. Biol. a. med. Sci. **2**, 1 (1925) — Ber. Physiol. **34**, 808.
[9] A. Chanutin u. H. H. Beard: J. of biol. Chem. **78**, 167 — Chem. Zbl. **1928 II**, 463.
[10] Ch. Achard: C. r. Soc. Biol. Paris **88**, 1279 (1923) — Chem. Zbl. **1924 I**, 929.
[11] S. Leites: Z. exper. Med. **40**, 52 — Chem. Zbl. **1924 II**, 197.
[12] E. Freudenberg u. P. György: Biochem. Z. **124**, 299 (1921) — Chem. Zbl. **1922 I**, 432.
[13] C. A. Brodd: Skand. Arch. Physiol. (Berl. u. Lpz.) **50**, 97. — Vgl. auch R. Arnold u. P. Gley: C. r. Soc. Biol. Paris **92**, 1415 — Chem. Zbl. **1927 I**, 1691; **1925 II**, 733.
[14] C. A. Brodd: C. r. Soc. Biol. Paris **93**, 203 — Chem. Zbl. **1925 II**, 1180.
[15] T. Ljubarskaja: Pflügers Arch. **218**, 627 — Chem. Zbl. **1928 I**, 2730.

Stoffwechselversuche an wachsenden Ratten ergaben, daß Histidin in Beziehung zum Kreatinhaushalt steht, während dies für Arginin nicht erwiesen werden konnte, da wahrscheinlich keine Nahrung vollkommen argininfrei war [1]. Später stellten Cox und Rose [2] demgegenüber fest, daß Histidin in der Ernährung des wachsenden Organismus nicht durch Kreatin ersetzt werden kann, auch nicht in Mischung desselben mit Kreatinin, Guanidin und Adenin [2]. Andererseits liegt eine Mitteilung Chanutins [3] vor, wonach das Wachstum junger Ratten durch Kost mit 0,67—2,67% Kreatin nicht beeinflußt wird und dabei der Kreatingehalt nur in der Leber ansteigt [3]. Nach Versuchen an angiostomierten Hunden wird im Hungerzustand das Kreatin von der Leber und der Niere abgegeben, während der Verdauung aber nur von der Leber; dabei wird ein großer Teil des in die Zirkulation abgegebenen Kreatins in der Darmwand zurückgehalten [4].

Milzexstirpation kann anfänglich die Umwandlung von Kreatin in Kreatinin verspäten infolge von allgemeinen funktionellen Störungen. Chloroformnarkose verursacht eine abnorme Ausscheidung von Kreatin [5].

Bei Reizversuchen des Nervensystems von Lumbricus terrestris erwies es sich als unwirksam gemeinsam mit Kaffein, Nicotin und Phenol im Gegensatz zu Tetraäthylammoniumchlorid, Campher, Strychnin, Atropin und Pikrotoxin, woraus der Verfasser schließt, daß der Nerv des Regenwurms dem Achsenzylinder der markhaltigen Nerven der Säugetiere entspricht, daß aber das einzelne Neuron in seiner chemischen Zusammensetzung einfacher ist als das bei Cephalopoden und Mannaliern [6].

Physikalische und chemische Eigenschaften: Monokline Prismen vom Schmelzp. 291° (korr.)[13]. Der Geschmack wird sowohl als fehlend wie auch als bitter angegeben von verschiedenen Personen am gleichen Präparat [7].

Dissoziationskonstante: $9,6 \cdot 10^{-12}$ nach potentiometrischer Titration mit Salzsäure (Hahn und Barkan[8]) wird bestätigt. (Wood [9] muß unreines Material gehabt haben[10].)

Mit salpetriger Säure reagiert es in Gegenwart von Salzsäure, dagegen nicht bei Anwesenheit von Eisessig[11]. Durch Phosphorwolframsäure (50 g P. W.S., 50 g 25 proz. Salzsäure, 400 ccm Wasser — zu 2,5 ccm Harn hiervon 35 ccm) nicht aus dem Harn gefällt [12]. Gegenüber Chlordioxyd ist es beständig [13].

Derivate: Die Esterhydrochloride [14] des Kreatins sollen Abkömmlinge des Kreatinins sein, die Alkohol in unbekannter Weise gebunden enthalten (nicht als Krystallalkohol), da sich die Salzsäure nicht ohne gleichzeitige Ablösung des Alkohols abtrennen läßt [15]. Durch erweiterte Überlegungen aber wird die Konstitution des Kreatinesterhydrochlorids gestützt [16].

Kreatinmethylester-hydrochlorid $NH_2 \cdot C(:NH) \cdot N(CH_3) \cdot CH_2 \cdot COOCH_3$, HCl. Mol.-Gewicht: 181,5. Durch Einwirkung von trockenem Chlorwasserstoff auf in absolutem Methylalkohol suspendiertes Kreatin und Verdampfen zur Trockene. Aus absolutem Alkohol mit Äther dünne Nadeln vom Schmelzp. 139—140° mit Gasentwicklung, dann wieder fest. Sehr leicht löslich in Wasser, mäßig in Alkohol und unlöslich in Äther. Beim Erhitzen im Ölbad geht es in Kreatinin über. Pikrinsäure fällt ein Pikrat in feinen, gelben Nadeln[14].

Kreatinäthylester-hydrochlorid $NH_2 \cdot C(:NH) \cdot N(CH_3) \cdot CH_2 \cdot COOC_2H_5$, HCl. Mol.-Gewicht: 195,5. Durch Einleiten von trockenem Chlorwasserstoff in eine Suspension von

---

[1] W. C. Rose u. K. G. Cook: J. of biol. Chem. **64**, 325 — Chem. Zbl. **1925 II**, 2002.
[2] G. J. Cox u. W. C. Rose: J. of biol. Chem. **68**, 769 — Chem. Zbl. **1926 II**, 1296.
[3] A. Chanutin: J. of biol. Chem. **75**, 549 (1927) — Chem. Zbl. **1928 II**, 165.
[4] W. Mochanatsch: Pflügers Arch. **218**, 655 — Chem. Zbl. **1928 I**, 3087.
[5] M. Marongi: Policlinico **33**, 619 (1926) — Ber. Physiol. **41**, 350 (1927).
[6] A. R. Moore: J. gen. Physiol. **4**, 29 (1921) — Chem. Zbl. **1922 I**, 480.
[7] R. J. Williams u. P. A. Lasselle: J. amer. chem. Soc. **48**, 536 — Chem. Zbl. **1926 I**, 3029.
[8] Hahn u. Barkan: Z. Biol. **72**, 25 — Chem. Zbl. **1921 I**, 240. — R. Cannan u. Shore: Biochemic. J. **22**, 920 (1928) — Ber. Physiol. **48**, 592 (1929).
[9] Wood: J. chem. Soc. Lond. **83**, 568 (1903).
[10] G. S. Eadie u. A. Hunter: J. of biol. Chem. **67**, 237 — Chem. Zbl. **1926 II**, 1644.
[11] R. H. A. Plimmer: J. chem. Soc. Lond. **127**, 2651 (1925) — Chem. Zbl. **1926 I**, 1650.
[12] H. Hotz: Schweiz. Apoth.-Ztg **61**, 77, 95 — Chem. Zbl. **1923 II**, 828.
[13] E. Schmidt u. K. Braunsdorf: Ber. dtsch. chem. Ges. **55**, 1529 — Chem. Zbl. **1922 III**, 521.
[14] Dox u. Joder: J. of biol. Chem. **54**, 671 — Chem. Zbl. **1923 I**, 672.
[15] J. Kapfhammer: Biochem. Z. **156**, 182 — Chem. Zbl. **1925 I**, 2306.
[16] H. Schotte, H. Priewe u. H. Roescheisen: Hoppe-Seylers Z. **174**, 119 — Chem. Zbl. **1928 I**, 1962.

Kreatin in absolutem Alkohol. Nadeln vom Schmelzp. 163° (Gasentwicklung und Übergang in Kreatinin). Krystallines Pikrat ist schwer löslich[1].

Kreatin-n-butylester-hydrochlorid $NH_2 \cdot C(:NH) \cdot N(CH_3) \cdot CH_2 \cdot COOC_4H_9$, HCl. Mol.-Gewicht: 223,5. Man leitet in eine butylalkoholische Suspension von Kreatin trockenen Chlorwasserstoff. Flache Nadeln vom Schmelzp. 138° unter Zersetzung und Bildung von Kreatininhydrochlorid bei etwa 150°. Bildet ein wenig lösliches Pikrat[1].

Diacetylkreatinäthylester $C_{10}H_{17}O_4N_3$. Aus Triacetylarginin und Sarkosinäthylester in 15 Minuten (siehe unter Synthesen des Kreatinins!). Aus Aceton Täfelchen vom Schmelzpunkt 117% (korr.). In Methyl- und Äthylalkohol leicht, in Wasser, Aceton und Essigester ziemlich, in Äther wenig löslich[2].

Kreatinphosphorsäure (Phosphagen) $C_4H_{10}O_5N_3P$. In der quergestreiften Muskulatur (neben Argininphosphorsäure). Der Gehalt der Froschmuskeln an Phosphagenphosphat beträgt im Mittel etwa 75% vom Gesamtphosphat[3]. In den weißen und roten Muskeln, ferner in der glatten Muskulatur, in der Milz, in den Hoden, in der Gebärmutter, im Magen und im Herzen. Dagegen nicht in der Niere[4]. Die weißen Muskeln des Meerschweinchens enthalten mehr Kreatinphosphorsäure als die roten. Beim Kaninchen bildet sie ungefähr 30% des gesamten Muskelkreatins in den weißen Muskeln, während in den roten der prozentuale Anteil nur gering ist[5].

Nach der Elektrotitration besitzt sie 2 Säuredissoziationen: $K_{S_1} = 10^{-2,7}$ und $K_{S_2} = 10^{-4,5}$ [3]. Die Aufspaltungsgeschwindigkeit mit Säure nimmt mit zunehmender [H˙] langsam zu und wird durch Molybdat um das etwa 30fache beschleunigt (die Argininphosphorsäure dagegen wird dadurch um das 15fache gehemmt). Die Wärmetönung bei der Spaltung mit Säure beträgt bei saurer Reaktion w_s etwa 12000—13000 cal pro Mol, bei neutraler Reaktion $w_n = 10000—11000$ cal/Mol[3].

Die enzymatische Aufspaltung im wässerigen Muskelextrakt wird durch Kohlenhydrate verlangsamt, durch Fluorid gehemmt und ist in der Geschwindigkeit stark vom p_H abhängig. Das Optimum liegt zwischen $p_H = 6,4$ und 7. Bei $p_H = 8,5$ findet vollkommene, aber reversible Hemmung statt, bei noch alkalischeren Reaktionen, insbesondere nach vorhergehender Aufspaltung, kommt es zu einer Synthese der Kreatininphosphorsäure, die durch Kreatinzusatz gesteigert werden kann[3].

Der Phosphagenzerfall im Muskel ist bei direkter und indirekter Reizung für dieselbe Reizzeit gleich, in curarisierten Muskeln aber anfänglich um mehr als die Hälfte verkleinert. Der „isometrische Koeffizient des Phosphagens" (kg Spannung × cm Muskellänge: mg H_3PO_4) steigt mit zunehmender Arbeitsleistung und absinkendem Verhältnis: mg H_3PO_4 (abgespalten): mg Milchsäure (gebildet). Unmittelbar nach der Reizung findet auch unter strengster Anaerobiose eine teilweise Rückbildung des zerfallenen Phosphagens statt (20 Sekunden — indessen wird keine Milchsäure gebildet). Die Ammoniakbildung während der Arbeitsleistung ist vom Zerfall der Kreatinphosphorsäure unabhängig[6].

Bei traumatischer Beschädigung des Muskels erfolgt eine außerordentlich rasche Spaltung, die verhindert werden kann, wenn man beim Zerreiben rasch alkalisiert. Zur quantitativen Bestimmung verreibt man den Muskel mit Quarzsand in einer Lösung von borsaurem Natrium ($p_H = 9,15$)[7].

Kreatinin.

Vorkommen: In der Flüssigkeit von Echinococcus multilocularis und von Echinococcus unilocularis in etwa 50% der untersuchten Fälle gefunden[8]. In der Allantoisflüssigkeit (nicht im Amnioswasser) des Hühnerembryos nach 9 Tagen 0,0203%, nach 14 Tagen 0,230% und

---

[1] Dox u. Joder: J. of biol. Chem. **54**, 671 — Chem. Zbl. **1923 I**, 672.
[2] M. Bergmann u. L. Zervas: Hoppe-Seylers Z. **173**, 80 — Chem. Zbl. **1928 I**, 1647.
[3] O. Meyerhof u. K. Lohmann: Biochem. Z. **196**, 22, 49 — Chem. Zbl. **1928 II**, 1102.
[4] D. Ferdmann u. O. Feinschmidt: Hoppe-Seylers Z. **178**, 173 — Chem. Zbl. **1928 II**, 2656.
[5] A. Palladin u. S. Epelbaum: Hoppe-Seylers Z. **178**, 179. — D. Ferdmann u. O. Feinschmidt: ebendort **178**, 173 — Chem. Zbl. **1928 II**, 2656.
[6] D. Nachmansohn: Biochem. Z. **196**, 26 — Chem. Zbl. **1928 II**, 1101 — Biochem. Z. **208**, 237 — Chem. Zbl. **1929 II**, 593 — Med. Klin. **25**, 1627 — Chem. Zbl. **1930 I**, 251.
[7] D. Ferdmann: Hoppe-Seylers Z. **178**, 52 — Chem. Zbl. **1928 II**, 2493.
[8] O. Flößner: Z. Biol. **82**, 297 — Chem. Zbl. **1925 I**, 1218.

nach 17 Tagen 0,0561 %[1]. In 100 Heringseiern wurden 0,0024 g Kreatinin gefunden[2]. Im Fruchtwasser des Seiwals zu 0,059 %[3], in dem des Pottwals zu 0,016 %[4]. Im Harn eines Grindwals (pro 100 ccm 0,162 g), im Harn von 2 Tümmlern (Delphinidae) (pro 100 ccm 0,116 und 0,156 g)[5]. Walfischharn (von Baleanoptera borealis und B. physalus) enthielt bei 12,9 bis 16,3 mg Gesamtstickstoff 0,217—1,296 g Kreatinin[6]. In der Kuhmilch (präformiert[7]); im Extrakt aus frischen Ochsenlungen[8]; im Fruchtwasser des Rindes (aus der Arginin- und Lysinfraktion gewonnen) (dieser Umstand soll eine Stütze sein für die Auffassung, daß die Hauptmuskelbase Kreatin als Kreatinin im Harn wieder erscheint)[9]. In 100 ccm Harn fanden sich im Mittel: beim Hund 1,87 g; bei Katzen 1,76 g; beim Rindvieh (Stall) 3,98 g, Rindvieh (Schlachthof) 9,41 g; beim Pferd 3,59 g[10].

Gehalt des Blutes des Menschen und verschiedener Tiere an Kreatininkörpern[11, 12]:

Art	Anzahl der		mg in 100 ccm	
	unters. Tiere	Untersuchungen	Gesamtkreatinin	Kreatinin
Mensch	—	—	5,3— 6,7	1,2—2,5
Hund	2	7	3,8— 4,1	1,2—1,5
Schaf	4	16	3,9— 5,3	1,2—1,3
Rind	5	10	5,7—10,5	1,4—1,7
Pferd	7	7	5,0— 6,7	1,2—1,7
Schwein	15	15	5,1— 8,7	1,7—1,9
Vögel (Pute, Ente, Taube, Huhn, Gans)	12	12	4,2— 5,0	1,2—1,5
Fische (Goldorfen, Zuchtkarpfen, Schleie)	17	5	5,3— 9,6	1,9—2,17

Im Rinderserum präformiert (pro 100 ccm 1,07 mg)[13]; Rinderblut (0,003%); die farblose, durchsichtige Cystenflüssigkeit von Rindern enthält kein Kreatinin[14]. Im Kälberblut (0,9 mg%)[15]; in je 100 ccm Seebärenblut wurden in der ursprünglichen Flüssigkeit 0,0028 und 0,0080, nach Hydrolyse 0,0067 und 0,0095 g gefunden[16]. Im Blut normaler Menschen (1,10—2,80, durchschnittlich 1,75 mg%) ohne Unterschied nach Alter und Geschlecht. Wesentliche Steigerung nur bei Nierenläsionen (in der Regel später als die Steigerung des Harnstoffs eintretend)[17]. Nach anderen Forschern enthalten 1000 ccm Plasma 22, Serum 23 und Blutkörperchen 35 mg[18]. Demgegenüber und im Gegensatz zu Hunter und Campbell[19] sowie Greenwald und McGuire[20] können J. A. Behre und S. R. Benedict[21] nach eingehenden Studien unter Ablehnung der bisherigen Bestimmungsmethoden und Angabe einer neuen einwandfreien im Blute kein vorgebildetes Kreatinin feststellen[21]. Im Harn (Mittel 0,62%)[22],

---

[1] T. Kamei: Hoppe-Seylers Z. **171**, 101 (1927) — Chem. Zbl. **1928 I**, 216.
[2] H. Steudel u. S. Osato: Hoppe-Seylers Z. **131**, 60 (1923). — Vgl. H. Steudel u. E. Takahashi: Hoppe-Seylers Z. **131**, 99 (1923) — Chem. Zbl. **1924 I**, 565 bzw. 566.
[3] M. Takata: Tohoku J. exper. Med. **2**, 459 — Ber. Physiol. **14**, 70.
[4] M. Suzuki: Jap. J. med. Sci., Trans. Biochem. **1**, 97 (1925) — Chem. Zbl. **1926 I**, 149.
[5] M. Suzuki: Jap. J. med. Sci., Trans. Biochem. **1**, 69 (1925) — Chem. Zbl. **1926 I**, 148.
[6] S. Schmidt-Nielsen u. J. Holmsen: Arch. internat. Physiol. **18**, 128 (1921) — Ber. Physiol. **11**, 518.
[7] B. Bleyer u. O. Kallmann: Biochem. Z. **153**, 459 (1924) — Chem. Zbl. **1925 I**, 783.
[8] S. Kaplansky: Hoppe-Seylers Z. **140**, 69 — Chem. Zbl. **1924 II**, 2766.
[9] H. Reinwein u. H. Heinlein: Z. Biol. **81**, 283 — Chem. Zbl. **1924 II**, 1698.
[10] J. Scende: Biochem. Z. **149**, 566 — Chem. Zbl. **1924 II**, 1814.
[11] A. Scheunert u. H. v. Pelchrzim: Biochem. Z. **139**, 17 — Chem. Zbl. **1923 III**, 1098.
[12] Gavrila: C. r. Soc. Biol. **100**, 380 (1929) — Ber. Physiol. **50**, 559 (1929).
[13] A. Hahn u. G. Meyer: Z. Biol. **76**, 247 (1922) — Chem. Zbl. **1923 II**, 510.
[14] P. Mazzocco: C. r. Soc. Biol. Paris **88**, 342 (1923) — Chem. Zbl. **1923 I**, 1334.
[15] O. H. Gaebler u. A. K. Keltch: J. of biol. Chem. **76**, 337 — Chem. Zbl. **1928 II**, 66.
[16] M. Suzuki: Jap. J. med. Sci., Trans. Biochem. **1**, 69 (1925) — Chem. Zbl. **1926 I**, 148.
[17] P. Fonteyne u. P. Ingelbrecht: Ann. Méd. **14**, 470 (1923) — Ber. Physiol. **26**, 205.
[18] E. Jeanbran u. P. Cristol: C. r. Soc. Biol. Paris **88**, 7 — Chem. Zbl. **1923 III**, 263.
[19] Hunter u. Campbell: J. of biol. Chem. **33**, 169; **34**, 5 — Chem. Zbl. **1917 I**, 37, 107.
[20] Greenwald u. McGuire: J. of biol. Chem. **34**, 103 — Chem. Zbl. **1919 II**, 85.
[21] J. A. Behre u. S. R. Benedict: J. of biol. Chem. **52**, 11 — Chem. Zbl. **1922 IV**, 924.
[22] J. Cuatrecasas: Rev. Méd. Barcelona **3**, 196 — Ber. Physiol. **33**, 150 (1925).

bei graviden Frauen[1]. Aus den Alkohol-Äther-Extrakt von Ovarialsubstanz in kleinen Mengen[2]. In der Cerebrospinalflüssigkeit zu 0,45—2,20 mg pro 100 ccm (unabhängig vom gleichzeitigen Blutzuckergehalt). In pathologischen Fällen finden keine Abweichungen statt, die eine klinische Anwendung ermöglichen[3].

Bildung: Als Muttersubstanz des Kreatins wird auch δ-Methylornithin, $CH_3 \cdot NH \cdot (CH_2)_3 \cdot CH(NH_2) \cdot COOH$, in Betracht gezogen, da verschiedene Angaben in der Literatur für das Vorkommen von N-methylierten Aminosäuren im Eiweiß sprechen[4]. Aus Cholin + Arginin in Gegenwart von argininhaltigen Organgemischen (Gehirn + Leber oder Muskel + Leber) bei 37° gebildet. Wurden diese Organe gekocht, so konnte keine Kreatininzunahme festgestellt werden[5]. Vergl. über Kreatininbildung auch S. 140.

Nachweis: Gibt die Paulysche Diazoreaktion in reinem Zustand nicht[6]. Die Jaffésche Reaktion ist in einer reinen Kreatininlösung bei geringer Natronlaugekonzentration intensiver, aber weniger stabil als im Harn[7]. Die Jaffésche Reaktion beruht nach folgenden Beobachtungen auf der Bildung eines tautomeren roten Pikrates. Solche rote Tautomeren wurden nämlich beim Glykocyamidin, 5-Methylglykocyamidin und 5-Methylkreatinin beobachtet und isoliert. Nur beobachtet (Materialmangel) wurden sie bei 4,5-Dimethylkreatinin, 5- (oder 4-) Benzoylkreatinin, 5- (oder 4-) Benzylkratinin und 4- (oder 5-) Benzoylkreatinin. 2-Benzylkreatinin lieferte ein orange gefärbtes Tautomeres (Benzylgruppe dicht am Chromophor). Mit 2-Kreatininoxim, Dimethylolkreatinin, Benzylidenkreatinin, Benzylidenacetylkreatinin und Tribenzoylkreatinin fiel die Reaktion nur gelb aus. Da sie mit Dimethylkreatinin positiv ist, kommt eine Lactam-Lactimumlagerung nicht in Betracht. Alles spricht für eine Keto-Enol-Tautomerie. Der negative Befund beim Dimethylolkreatinin, wo diese Tautomerie ja möglich ist, erklärt sich aus der Unfähigkeit überhaupt ein Pikrat zu bilden. 2, 4-Dinitrophenol und 2, 4, 6-Trinitro-m-kresol an Stelle der Pikrinsäure geben keine Farbreaktionen, anscheinend sind die zwei Nitrogruppen in o-Stellung zum Hydroxyl ausschlaggebend. Für das rote Tautomere des Kreatininpikrats wird folgende Formel aufgestellt:

$$\begin{array}{c}\text{Strukturformel}\end{array}$$

(Die punktierten Linien bedeuten, daß die genaue Stellung dieser H-Atome und die Verteilung der übrigen Wertigkeiten der C-Atome nicht bekannt sind[8]). Den roten Körper kann man beim Zusetzen von Natronlauge und Alkohol zu einer Kreatinin-Pikrinsäure-Lösung als Niederschlag erhalten, der aus 2 Mol Kreatinin, 1 Mol Pikrinsäure, 3 Mol NaOH und 3 Mol Wasser besteht. Bei der Jafféschen Reaktion bilden sich mehrere ähnliche Stoffe aus diesen 4 Bestandteilen. Setzt man an Stelle von Alkohol Bleizucker zu, so tritt eine rote Fällung auf, die 3 Mol Natriumhydroxyd enthält[9].

Bestimmung: K. Pfizenmaier und S. Galanos[10] haben die in der Praxis angewandten Verfahren kritisch beschrieben und verglichen. Danach ist dasjenige des „Schweizerischen

---

[1] M. Honda: J. of Biochem. **2**, 351 (1923) — Ber. Physiol. **20**, 464 — Acta Scholae med. Kioto **6**, 405 (1925) — Ber. Physiol. **32**, 598 (1925).

[2] F. W. Heyl u. B. Fullerton: J. amer. pharmaceut. Assoc. **15**, 549 — Chem. Zbl. **1926 II**, 1540.

[3] G. Egerer-Seham u. C. E. Nixon: Arch. int. Med. **28**, 561 (1921) — Ber. Physiol. **12**, 103.

[4] K. Thomas, J. Kapfhammer u. B. Flaschenträger: Hoppe-Seylers Z. **124**, 75 (1922). — Vgl. auch Thomas u. Goerne: ebenda **104**, 73 — Chem. Zbl. **1923 I**, 535; **1919 I**, bzw. 969.

[5] E. Abderhalden u. S. Buadze: Hoppe-Seylers Z. **164**, 280 — Chem. Zbl. **1927 I**, 3104.

[6] H. Reinwein: Z. Biol. **81**, 49 — Chem. Zbl. **1924 II**, 656.

[7] E. Leikola: Acta Soc. Medic. fenn. Duodecim **8**, Nr 3 (1926) — Chem. Zbl. **1928 II**, 1018.

[8] I. Greenwald: J. amer. chem. Soc. **47**, 1443 — Chem. Zbl. **1925 II**, 1041. — Vgl. auch I. Greenwald u. J. Gross: J. of biol. Chem. **59**, 601 — Chem. Zbl. **1924 II**, 376 — J. of biol. Chem. **80**, 103 (1929) — Chem. Zbl. **1930 I**, 227.

[9] I. Greenwald: J. of biol. Chem. **77**, 539 — Chem. Zbl. **1928 II**, 1078.

[10] K. Pfizenmaier u. S. Galanos: Z. Unters. Nahrgsmitt. usw. **44**, 29 (1922) — Chem. Zbl. **1923 II**, 51.

Lebensmittelbuches" durch Kürze und Einfachheit ausgezeichnet, aber nur bei farblosen oder schwach gefärbten Lösungen verwendbar unter Benützung eines Duboseqschen oder selbst geeichten Colorimeters; Vergleichung in Zylindern ist nicht angängig. Das Verfahren von Sudendorf-Lahrmann[1] ist immer anwendbar.

Hält man sich hierbei an die Vorschrift und vermeidet einen zu großen Überschuß an Kaliumpermanganat, so liefert es stets richtige Werte. Tierkohle darf zur evtl. Entfärbung nicht genommen werden.

Als Vergleichspräparate wird dem Pikrat und dem Chlorzinksalz der Vorzug gegeben. Sie können leicht auf Reinheit geprüft und hergestellt werden. Ersteres hat den Schmelzpunkt etwa 205° und ist sowohl fest als auch in Lösung anscheinend für beträchtliche Zeit beständig. Nachteil hat nur seine beschränkte Löslichkeit für manche Fälle. Das Chlorzinkdoppelsalz kann aus Kreatin durch Erhitzen mit wasserfreiem Zinkchlorid auf 120—130° leicht hergestellt werden und durch Lösen in der 10fachen Menge siedender 25proz. Essigsäure unter Zusatz von 2 Vol. Alkohol gereinigt werden. Die langsame Konzentrationsänderung wird durch Zusatz von Säure leicht vermieden[2].

Zur Reinigung der für die Kreatininbestimmung benötigten Pikrinsäure krystallisiert man das Handelsprodukt aus reinem Benzol (1 l für 400 g) um, wäscht zweimal mit Benzol nach und trocknet an der Luft[3]. Da die zur colorimetrischen Bestimmung benötigte Pikrinsäure sehr schwer ganz rein zu erhalten und dann wenig haltbar ist, wird empfohlen, einen Korrektionsfaktor für die verwendete Pikrinsäure wie folgt festzustellen. Man versetzt 100 ccm gesättigter Pikrinsäurelösung mit 0,2023 g Kreatinin und vergleicht je 10 ccm davon und von gesättigter Pikrinsäurelösung ohne Kreatinin nach Zusatz von je 0,5 ccm 10proz. Natronlauge nach 10 Minuten colorimetrisch. Dasselbe führt man dann mit Standardlösungen ohne und mit 0,25, 0,5, und 1 mg% Kreatinin und bekannten Kreatininlösungen aus[4].

Als Vergleichslösung dienen Röhren mit 1, 2 und 3 ccm verdünnter Kreatininlösung (1 mg:250 ccm), die auf gleiches Volumen gebracht werden. 2 ccm der zu prüfenden Lösung werden mit 1 ccm gesättigter Pikrinsäurelösung und 1 ccm 5proz. Natronlauge versetzt, mit 25 ccm Wasser verdünnt und mit der gleich behandelten Standardlösung verglichen. Fehler 1 bis 6 %[5].

Die unter Benutzung des Systems von Folin und Wu aus den colorimetrischen Ablesungen errechneten Werte werden in Tabellen in mg% gegeben[6]. Es wird ferner ein Colorimeter beschrieben, bei dem die Höhe der Flüssigkeitsschicht der Vergleichslösung durch ein kommunizierendes Rohr genau reguliert werden kann[7].

Im Blutserum erfolgt die Bestimmung ohne Schwierigkeiten colorimetrisch im Filtrat des mit kolloidalem Eisenhydroxyd enteiweißten Serums, nach dem Eindampfen zur Trockene im Vakuum bei 55° und Aufnehmen mit Wasser[8]. Es werden Einzelheiten beschrieben bei Bestimmungen im Blut des normalen Kindes[9] und im Blut von Pott- und Seiwal[10].

Bei der Bestimmung im Harn nach der Methode von Folin und Morris[11] werden die Fehlerquellen: Eigenfarbe des Harns und Farbe der überschüssigen Pikrinsäure ausgeschaltet, indem man den Harn mit Bleiacetat vorbehandelt und das Kreatinin wie folgt als Pikrat fällt und dann erst zum Pikramat in Kalilauge löst. Der mit Salzsäure versetzte Harn wird auf halbes Volumen konzentriert, erkaltet mit dem gleichen Volumen Alkohol, mit 10% Äther und 2% Pikrinsäure in Lösung versetzt, nach 12 Stunden filtriert und der Filterrückstand mehrmals mit einem gleichteiligen Alkohol-Äther-Gemisch ausgewaschen. Durch kurzes Schütteln mit 5proz. Kalilauge bringt man den Niederschlag als Pikramat in Lösung und zur colorimetrischen Messung[12].

[1] Sudendorf-Lahrmann: Z. Unters. Nahrgsmitt. usw. **29**, 1 — Chem. Zbl. **1915 I**, 508.
[2] G. Edgar: J. of biol. Chem. **56**, 1 — Chem. Zbl. **1923 IV**, 228.
[3] St. R. Benedict: J. of biol. Chem. **54**, 239 (1922) — Chem. Zbl. **1923 II**. 1015.
[4] C. Newcomb: Biochemic. J. **18**, 291 — Chem. Zbl. **1924 II**, 1614.
[5] E. S. Rose: J. amer. pharmaceut. Assoc. **17**, 41 — Chem. Zbl. **1928 I**, 1686.
[6] J. V. Falisi u. V. A. Lawton: J. of Labor. a. clin. Med. **9**, 566 — Ber. Physiol. **28**, 106 (1924).
[7] E. Moreau: C. r. Soc. Biol. Paris **88**, 249 — Chem. Zbl. **1923 IV**, 281.
[8] A. Hahn u. G. Meyer: Z. Biol. **76**, 247 (1922). — Vgl. auch Hahn u. Barkan: ebenda **72**, 305 — Chem. Zbl. **1923 II**, 510; **1921 II**, 841.
[9] G. de Toni: Clin. pediatr. **8**, 449 (1926) — Ber. Physiol. **39**, 74.
[10] M. Suzuki: Tohoku J. exper. Med. **5**, 419 (1924) — Ber. Physiol. **31**, 406.
[11] Folin u. Morris: J. of biol. Chem. **17**, 469 — Chem. Zbl. **1914 II**, 246.
[12] E. Pittarelli: Riforma med. **39**, 78 — Ber. Physiol. **19**, 211.

In kleinen Gewebsmengen: 1 g Organ in 20 ccm 2n-Schwefelsäure 45 Minuten im Autoklaven bei 15 engl. Pfund Druck erhitzen, mit 40—50 ccm Wasser in 100-ccm-Kolben überspülen, 18 ccm 2n-Natronlauge und 5 ccm 10proz. $Na_2WO_4 \cdot 2$ aq zugeben und auffüllen.

Nach Folin-Wu wie beim Blut mit alkalischer Pikratlösung zur Colorimetrie bringen[1].

Zur Bestimmung in Bouillonpräparaten wird die Methode von Sudendorf und Lahrmann[2] empfohlen. Das Folin-Geretsche Verfahren scheint unsichere und oft zu hohe Werte zu geben[3].

Zur Bestimmung neben Kreatin werden Adsorptionsmittel (wie Trichloressigsäure, Lloyds Reagens u. a.) empfohlen. Nur wenn Körpergewebe zerfällt, findet man mehr Kreatin, da zuwenig in Kreatinin verwandelt wird[4]. Bei Gegenwart von Aceton und Acetessigsäure liefert die colorimetrische Methode sowohl in wässeriger Lösung als auch im Urin ungenaue Werte. Dieser Fehler kann ausgeschaltet werden, wenn man den schwach sauren Urin mit dem 5fachen Volumen Methylalkohol erhitzt, so daß für 1—2 Minuten 100° erreicht werden[5].

Kreatininpikrat ist bei allen Temperaturen in Wasser und 50proz. Alkohol leichter löslich als Guanidinpikrat[6]. Nach dem modifizierten Verfahren von Sharpe[7] soll eine befriedigende Trennung vom Guanidin und vom Methylguanidin nicht gelingen[8].

Bei der Allantoinbestimmung nach Wiechowski mit Quecksilberacetat verursachen schon kleine Mengen Kreatinin einen Fehler unter —10%[9]. Bei der Bangschen Traubenzuckerbestimmung im Harn ist zu berücksichtigen, daß Kreatinin und Harnsäure die Reduktionskraft des Harns erhöhen. Für die meisten Fälle dürfte eine abzuziehende Korrektur von 2 g Glucose pro Tagesmenge genügen[10].

Darstellung: Zur Methode von S.-R.-Benedict wird ergänzend bemerkt, daß die alkoholische Pikrinsäurelösung nur aus ganz reinen Präparaten hergestellt werden darf. Die Ausbeute aus altem Urin [mit Hg(CN) versetzt] ist schlechter als aus frischem[11].

Mit Reineckesäure (Tetrarhodanatodiaminchromisäure). Man konzentriert den schwach salzsauren Harn auf $^1/_4$ des Volumens, reinigt mit viel Tierkohle und fällt mit dem KNH_4-Salz der Reineckesäure. Zur Umwandlung in das Hydrochlorid setzt man in alkoholischer Lösung bei schwach salzsaurer Reaktion mit Sublimat um, entfernt aus dem Filtrat das überschüssige Quecksilber mit Schwefelwasserstoff und bringt zur Trockene. Weinrote Nadeln vom Schmelzp. 175°. In Alkohol schwer löslich. Wasser bei Zimmertemperatur enthält 0,156%. Das aus Harn isolierte Kreatinin enthält oft einen Begleitkörper (Schmelzpunkt gedrückt), der sich durch Tierkohlebehandlung abtrennen läßt[12].

Aus Triacetylarginin mit Sarkosinäthylester, diese 15 Minuten unter Schütteln auf 55° erwärmen, auf 0° abkühlen, den Krystallbrei mit Essigester + Äther digerieren, β-Acetamino-α-piperidon abfiltrieren, Filtrat mit Petroläther versetzen, Sirup abtrennen, Petroläther und Sarkosinester im Vakuum bei 55° abtrennen, Rückstand + Sirup mehrmals mit Aceton im Vakuum verdampfen, bei 0° krystallisieren lassen, mit wenig Aceton verreiben und waschen. Den entstandenen Diacetylkreatinäthylester (Täfelchen vom Schmelzp. 117°) mit konzentrierter Salzsäure im Rohr bei 100° behandeln, Salzsäure entfernen[13]. Aus Sarkosinäthylester und Guanidin bzw. Cyanamid[14].

---

[1] W. C. Rose, O. M. Helmer u. A. Chanutin: J. of biol. Chem. **75**, 543 (1927) — Chem. Zbl. **1928 II**, 174.

[2] Sudendorf u. Lahrmann: Z. Unters. Nahrgsmitt. usw. **29**, 1 — Chem. Zbl. **1915 I**, 508.

[3] W. Müller: Mitt. Lebensmittelunters. **17**, 45 — Chem. Zbl. **1926 II**, 503.

[4] O. H. Gaebler u. A. K. Keltch: J. of biol. Chem. **76**, 337 — Chem. Zbl. **1928 II**, 66.

[5] N. F. Blau: J. of biol. Chem. **48**, 105 (1921) — Chem. Zbl. **1922 II**, 239.

[6] C. Medes: Proc. Soc. exper. Biol. a. Med. **23**, 237 (1925) — Ber. Physiol. **36**, 445 (1926).

[7] Sharpe: Biochemic. J. **19**, 168 — Chem. Zbl. **1925 II**, 1079.

[8] I. Greenwald: Biochemic. J. **20**, 665 (1926) — Chem. Zbl. **1927 I**, 635.

[9] E. Langfeldt u. J. Holmsen: Biochemic. J. **19**, 715 (1925) — Chem. Zbl. **1926 I**, 743.

[10] L. Pincussen u. A. Floros: Biochem. Z. **125**, 42 (1921) — Chem. Zbl. **1922 II**, 732.

[11] P. Cristol u. M. Lang: Bull. Soc. Sci. méd. et biol. Montpellier **6**, 413 (1925) — Ber. Physiol. **34**, 216.

[12] M. Terada: Hoppe-Seylers Z. **170**, 289 (1927) — Chem. Zbl. **1928 I**, 710.

[13] M. Bergmann u. L. Zervas: Hoppe-Seylers Z. **173**, 80 — Chem. Zbl. **1928 I**, 1647.

[14] E. Abderhalden u. H. Sickel: Hoppe-Seylers Z. **175**, 68 (1928) — Ber. Physiol. **46**, 165 (1928).

Physiologische Eigenschaften: Kreatinin wird von Bacillus tetani gut ausgenutzt im Gegensatz zu dem Vermögen des Bacillus botulinus und Bacillus sporogenes[1]. Auf die Gärung wirkt es in stark verdünnten Lösungen bis herauf zu 8% (auf die Trockensubstanz der Hefe bezogen) hemmend, in höheren Konzentrationen dagegen aktivierend[2]. Andererseits behauptet Zeller[3], es übe überhaupt keinen Einfluß aus[3].

Kreatinin ist ein echter schwellenloser Stoff und erfährt im Organismus keine Veränderung. Auf Plasma und Blutkörperchen ist es mit kleinen Abweichungen nach beiden Seiten gleich verteilt[4]. Die relativen Konzentrationsverhältnisse von Kreatinin, Harnstoff, anorganischer Phosphorsäure und Harnsäure in der Blutbahn wurden nach Verstärkung der Konzentration durch intravenöse Injektion der betreffenden Stoffe bei decerebrierten Katzen untersucht (Näheres unter Harnstoff, S. 31)[4]. Der normale Wert im Blut wird bei 10—15 mg pro 1000 ccm festgestellt[5]. Der Gehalt ist bei normalen Kindern gleich unter dem der Erwachsenen und schwankt nur wenig. Auch bei Krankheiten, mit Ausnahme von Bronchopneumonie und chronischer azotäm. Nephritis, wo er stark erhöht ist, weist er nur geringe Schwankungen auf[6]. Ein Gehalt des Blutes von über 25mg% ist als pathologisch anzusprechen[7]. Nach 1500 Blutanalysen zu urteilen ist er auch prognostisch ungünstig. So starben 14 Kranke mit 10 mg% und darüber sämtlich innerhalb 14 Tagen, von 15 Kranken mit 5—10 mg% starben 11 in 14 Tagen und 3 später, von 21 Kranken mit 2,5—5 mg% starben 16[8]. Die Menge des Kreatinins ist charakteristisch für das Individuum und die Art, unabhängig vom Reststickstoff und von Schwankungen im Stoffwechsel[9]. Konzentrationswerte über 3,5 mg hält V. C. Myers[10] für ein Anzeichen von Nephritis, Werte über 5 mg seien „fatal". Während des Fastens und nachfolgender Wiederfütterung zeigt nach Versuchen an Hunden der Kreatiningehalt keine Veränderung[11]. Auch die Leistung der üblichen Tagesarbeit beeinflußte (beim Pferd) den Gehalt nicht[12]. Ebenso ließ die Allgemeinnarkose durch „Sonifen" den Kreatiningehalt unverändert[13]. Dasselbe traf für Insulininjektionen bei nüchternen Hunden zu[14]. Experimenteller hoher Darmverschluß bei Affen übte auch keinen Einfluß auf diese Konzentration aus[15].

Bei 110 malignen Tumoren wurde in 60%, bei Peritonealcarcinomatose in 100%, bei Blasen-, Uterus-, Prostata- und Rectumcarcinom in 90%, bei Magencarcinom in 50%, selten bei äußeren Krebsen und nie bei benignen Tumoren eine Erhöhung des Blutkreatinins festgestellt, entsprechend dem Bilde der interstitiellen Nephritis[16].

Isolierte Untersuchungen des Blutes auf seinen Kreatiningehalt erlauben keinen Rückschluß auf die Nierenfunktion. Bei Urämiekranken beobachtete man abnorm hohe Werte bis über 50 mg pro 1 ccm Serum[17].

Jede Art von Bestrahlung erhöht die Kreatininausscheidung, nicht dagegen diejenige von Kreatin. Nach der Bestrahlung sinkt die Ausscheidung für mehrere Stunden beträchtlich. Körperliche Anstrengungen erhöhen jedoch den Kreatiningehalt des Harns mehr als die Bestrahlung. Unmittelbare Beziehungen zwischen Kreatininausscheidung und Gesamtumsatz

---

[1] E. Wagner, C. C. Dozier u. K. F. Meyer: J. of inf. Dis. **34**, 63 — Ber. Physiol. **25**, 248.

[2] J. Orient: Biochem. Z. **132**, 352 (1922) — Chem. Zbl. **1923 III**, 257.

[3] H. Zeller: Biochem. Z. **176**, 134 — Chem. Zbl. **1926 II**, 3060.

[4] S. W. F. Underhill: Brit. J. exper. Path. **4**, 87 (1923) — Ber. Physiol. **22**, 268 (1924).

[5] E. Jeanbrau u. P. Cristol: C. r. Soc. Biol. Paris **88**, 7 — Chem. Zbl. **1923 III**, 263.

[6] Lesné, Hazard u. Langle: C. r. Soc. Biol. Paris **92**, 23 — Chem. Zbl. **1925 I**, 1355.

[7] J. Cuatrecasas: Rev. méd. Barcelona **3**, 196 — Ber. Physiol. **33**, 150 (1925).

[8] H. M. Feinblatt: Amer. J. med. Sci. **166**, 249 (1923) — Ber. Physiol. **28**, 105 (1924).

[9] F. S. Hammett: Proc. path. Soc. Philad. **23**, 23 (1921) — Chem. Zbl. **1922 III**, 581.

[10] V. C. Myers: Proc. N. Y. path. Soc. **21**, 25 (1921) — Ber. Physiol. **13**, 327. — R. Hubbard: Proc. Soc. exper. Biol. a. Med. **25**, 261 — Ber. Physiol. **46**, 240 (1928).

[11] S. Morgulis u. A. C. Edwards: Amer. J. Physiol. **68**, 477 — Chem. Zbl. **1924 II**, 1221.

[12] A. Scheunert u. M. Bartsch: Biochem. Z. **139**, 34 — Chem. Zbl. **1923 III**, 1105.

[13] Ginesty, Lassalle u. P. Mériel: C. r. Soc. Biol. Paris **91**, 1399 (1924) — Chem. Zbl. **1925 I**, 1225.

[14] P. Mazzocci u. V. Morera: Rev. Asoc. méd. argent. **37**, 60 (1924) — Ber. Physiol. **35**, 483.

[15] R. L. Haden u. Th. G. Orr: J. of exper. Med. **41**, 107 — Chem. Zbl. **1925 I**, 1411.

[16] J. A. Killian u. L. Kast: Arch. int. Med. **28**, 813 (1921) — Ber. Physiol. **12**, 501.

[17] R. Menasci: Policlinico **33**, 347 (1926) — Ber. Physiol. **38**, 251.

ergaben sich bei den Belichtungsversuchen nicht[1]. Vermehrte Ausscheidung wurde ferner während der Schwangerschaft beobachtet[2]. Auch bei dystrophischen Säuglingen soll die Ausscheidung erhöht sein (Zugrundegehen von Muskelgewebe!)[3]. Nach intravenöser Zufuhr von 0,1 g Kreatinin steigt bei normalen Kaninchen sofort die Ausscheidung dieser Base, während bei Nephritis nach Uranylnitrat das injizierte Kreatinin nicht ausgeschieden wird[4].

Die Kreatininausscheidung ist bei mit Röntgenstrahlen behandelten, gegen das Jensensche Rattensarkom immunisierten Ratten den normalen Tieren gegenüber unverändert[5]. Ebenso sind beim normal ernährten Kaninchen tägliche Adrenalininjektionen in allmählich steigenden Dosen ohne Einfluß auf die Ausscheidung; werden dagegen täglich zweimal rasch steigende Dosen auf dem gleichen Wege eingeführt, so wird diese vermehrt[6]. Beim Abbau der Urocaninsäure im Organismus der Herbi- und Carnivoren tritt keine Steigerung der Kreatininausscheidung ein[7]. Eine nur geringe oder keine Beeinflussung dieser Größe konnte bei der Verabreichung von Glucose allein oder mit Insulin zusammen an hungernden, mit Phlorrhizin behandelten Hunden beobachtet werden[8].

Nach Milzexstirpation bei Kaninchen ist die Gesamtstickstoffausscheidung herabgesetzt, die absolute und relative Kreatininausscheidung dagegen vermehrt[9].

Von Frauen wie von Männern, wird im Tag durchschnittlich 7,5 mg Kreatininstickstoff pro Kilogramm Harn ausgeschieden. Tag- und Nachtharn zeigten wenig Unterschied in der bezüglichen Konzentration[10].

Bei Gesunden steigt unter gemischter Kost und bei mittlerer Arbeit die Kreatininausscheidung bis zum 20. Jahre an, nimmt dann allmählich und gleichmäßig ab. Bei Kranken mit tetanischen und hysterischen Krämpfen war die Abgabe im Krampfstadium größer als bei Gesunden und ging nach dem Abklingen auf die Hälfte fast zurück. Bei Hemiplegikern war die Ausscheidung nur in den ersten Tagen nach dem Insult in geringem Maße gesteigert trotz Fortdauer der Contracturen[11]. Der Kreatininkoeffizient (Milligramm Kreatinin pro Kilogramm Körpergewicht) beträgt beim normalen Säugling 8,1—11,4, beim schlecht gedeihenden 5,8—7,9, bei hypertonischen bis 16,2, bei hypotonischen (2 Fälle) 2,96—4,4. Bei Kindern von 2—6 Jahren war er 7,4—16,9, von 7—10 Jahren 14,6—20,5, dann wie bei Erwachsenen. Kongenitale Lues beeinflußt ihn nicht. Infantilismus, Dystrophia adiposogenitalis und besonders progressive Muskeldystrophie zeigten sehr niedrige Werte[12].

Bei einer Kreatinin-Kreatin-Purin-freien Diät gehen die Kreatininmengen in ihren Schwankungen im Harn jenen der Harnsäure ziemlich parallel. Beim Menschen steigt nach Harnsäurezufuhr (3 g) auch die Kreatininausscheidung an, während diese unverändert bleibt, wenn eine purinreiche Diät in Form von zellreichem Fleisch (Thymus und Pankreas) dargeboten wird. Beim Hunde bleibt nach Harnsäurezufuhr der Kreatiningehalt des Harns unverändert[13]. Es ist Säuregehalt und Kreatiningehalt gleichsinnig und unabhängig vom PO_4-Gehalt[14].

Das Verhältnis Kreatinin zu Harnsäure im menschlichen Harn ist ungefähr 4:1, das zu Allantoin beim Hunde 1:2,4[13].

Die Menge des im Harn ausgeschiedenen Kreatinins erwies sich beim gesunden Menschen als Funktion des Gesamtkreatinins im Blute. Bei Berechnung nach der Ambardschen Formel ergab sich die Konstante in normalen Fällen zu etwa 0,07 und in Fällen mangelhafter Nierenfunktion ein Parallelismus mit der Konstanten für Harnstoff[15]. Laufberger[16] behauptete jedoch, die Ambardsche Konstante habe für Kreatinin als festen Harnbestandteil keine Bedeutung[16].

---

[1] M. Eichelberger: J. of biol. Chem. **69**, 17 — Chem. Zbl. **1926 II**, 2611.
[2] A. Mahnert: Arch. Gynäk. **113**, 472 (1920) — Chem. Zbl. **1921 I**, 474.
[3] V. Trputti: Pediatria **34**, 415 — Ber. Physiol. **37**, 114.
[4] R. H. Major: J. Labor a. clin. Med. **9**, 701 (1924) — Ber. Physiol. **30**, 114.
[5] E. Ch. Dodds, W. Lawson u. J. C. Mottram: Biochemic. J. **19**, 750 (1925) — Chem. Zbl. **1926 II**, 1072.
[6] A. Palladin u. W. Tichwinskaja: Pflügers Arch. **210**, 436 (1925) — Chem. Zbl. **1926 I**, 1433.
[7] B. Konishi: Hoppe-Seylers Z. **143**, 181 — Chem. Zbl. **1925 I**, 2578.
[8] Th. P. Nash jr.: J. of biol. Chem. **66**, 869 (1925) — Chem. Zbl. **1926 I**, 2593.
[9] A. u. L. Palladin: Biochem. Z. **161**, 104 — Chem. Zbl. **1925 II**, 2067.
[10] L. McLaughlin u. K. Blunt: J. of biol. Chem. **58**, 285 — Chem. Zbl. **1924 II**, 356.
[11] A. Roncato: Arch. di Sci. biol. **5**, 308 — Ber. Physiol. **28**, 75 (1924).
[12] St. Ederer: Mschr. Kinderheilk. **23**, 157 (1922) — Chem. Zbl. **1923 I**, 118.
[13] H. Zwarenstein: Biochemic. J. **20**, 743 (1926) — Chem. Zbl. **1927 I**, 480.
[14] G. J. Rich: Proc. Soc. exper. Biol. a. Med. **25**, 307 — Chem. Zbl. **1929 I**, 2658.
[15] V. Cantinieaux: C. r. Soc. Biol. Paris **89**, 848 (1923) — Chem. Zbl. **1924 I**, 358.
[16] W. Laufberger: Biochem. Z. **137**, 531 — Chem. Zbl. **1923 III**, 1042.

Der Einfluß kurzer Fasten auf die stündliche Ausscheidung von Kreatinin u. a. wurde bei einem 23jährigen ermittelt. Sie wechselte stündlich, wobei eine Tendenz zum Sinken am frühen Abend unverkennbar war. Allgemein geht der Kreatiningehalt mit dem Gesamtstickstoff- und Harnsäuregehalt parallel[1]. Versuche an einer männlichen Person in 5tägigen Perioden bei völliger Ruhe, bei leichter Laboratoriumsarbeit und bei 5stündiger Muskelarbeit (13500 kgm pro Stunde) ergaben für die Ausscheidung keine Abweichung von der Norm[2]. Nach Carpenter und Brigaudet soll sie aber nach körperlicher Tätigkeit erhöht sein[3]. Nach Verabreichung von 20,8 g Methylarginin scheint die Harnkreatininkonzentration nicht vermehrt[4]. Auch bei nach schweren Ernährungsstörungen „athreptischen" Säuglingen wurde keine Erhöhung festgestellt[5]. Ferner blieb der Gehalt unverändert bei Versuchen über den Purinstoffwechsel an jungen purinfrei ernährten Männern nach Natriumbenzoatgabe per os[6]. Nicht oder kaum gesteigert wird er durch Harnstoffdiuresen[7]. Auch bei Katatonikern war die Ausscheidung an Kreatinin fast unverändert im Stupor sowohl als auch im schlaffen Zustand[8]. Bei ausschließlicher Fetternährung war die Gesamtausscheidung der Versuchspersonen etwa gleich groß, wie bei zum Teil kohlehydrathaltig ernährten[9].

Nach Milzexstirpation unter normalen Verhältnissen ändert sich die Ausscheidung kaum. Bei Tieren, denen viele Monate vorher die Milz entfernt worden war, ist die Steigerung reichlicher nach Erzeugung von Terpentineiterung als bei normalen[10].

Untersuchungen über die Beeinflussung der Nierenfunktion (Wasser-, NaCl-, Kreatinin- und Harnausscheidung) durch Atropin und der Phlorrhizinglykosurie durch Pilokarpin und Atropin haben Brogsitter und Dreyfuß mitgeteilt[11].

Bei Diabetikern zeigte der Blutkreatiningehalt bei Nephrosen und Nephrosklerosen etwa normale Werte[12].

Durch Insulin wird die Kreatininausscheidung im Harn beträchtlich herabgesetzt, während der Gehalt in den Muskeln unverändert bleibt[13]. Die Ausscheidungsmenge sinkt mit zunehmendem Alter. Eine Abhängigkeit vom Energieverbrauch scheint nicht zu bestehen, wahrscheinlich aber eine solche von der Muskelmasse[14]. Die Retention bei Nierenschädigungen zeigte sich häufig nur in den Harnsäure- und besonders in den Kreatininwerten[15].

Perichanjanz gibt eine Studie bekannt über die elektrische Reizbarkeit eines Muskelpräparates durch Kreatininlösungen in Konzentrationen von 0,02—0,5 g[16]. Bei Winterfröschen bewirkte die Reizung eine Erhöhung des Kreatiningehalts der Durchspülungsflüssigkeit (nach Trendelenburg-Laewen durchspülter Frösche) von 8—35%, bei Sommerfröschen schwankte die Zunahme um die Fehlergrenze (7%[17]). Bei Zuckungen des überlebenden Froschmuskels unter Sauerstoffausschluß, hervorgerufen durch maximale Öffnungsschläge in Abständen von 2—3 Sekunden ist trotz der Verzögerung der Erschlaffung keine Erhöhung des Kreatiningehaltes beobachtet worden[18]. Während sich bei der Muskeldystrophie die Zahl für den Stickstoff der Abnutzungsquote nicht verändert, trifft dies jedoch beim Anteil des Kreatinins an diesem Wert zu[19].

---

[1] I. Neuwirth: J. of biol. Chem. **29**, 477 (1917) — Chem. Zbl. **1922 I**, 589.
[2] J. A. Campbell u. Th. A. Webster: Biochemic. J. **15**, 660 (1921) — Chem. Zbl. **1922 I**, 885.
[3] G. Carpenter u. M. Brigaudet: Bull. Soc. Chim. biol. Paris **9**, 1085 — (1927) — Chem. Zbl. **1928 II**, 368.
[4] K. Thomas, J. Kapfhammer u. B. Flaschenträger: Hoppe-Seylers Z. **124**, 75 (1922) — Chem. Zbl. **1923 I**, 536.
[5] Kirsten Utheim: J. metabol. Res. **1**, 803 (1922) — Chem. Zbl. **1923 I**, 468.
[6] H. B. Lewis u. W. G. Karr: J. of biol. Chem. **25**, 13 (1916) — Chem. Zbl. **1922 I**, 588.
[7] E. Becher: Dtsch. Arch. klin. Med. **145**, 222 (1924) — Chem. Zbl. **1925 I**, 114.
[8] J. M. Looney: Amer. J. Physiol. **69**, 638 — Chem. Zbl. **1924 II**, 2182.
[9] E. P. Cathcart: Biochemic. J. **16**, 747 (1922) — Chem. Zbl. **1923 I**, 990.
[10] Weicksel: Z. exper. Med. **50**, 415 — Chem. Zbl. **1926 II**, 912.
[11] Ad. M. Brogsitter u. W. Dreyfuß: Arch. f. exper. Path. **107**, 349, 370 (1925) — Chem. Zbl. **1926 I**, 149.
[12] H. F. Host u. R. Hatlehol: Norsk Mag. Laegervidensk. **83**, 1 — Ber. Physiol. **13**, 323.
[13] A. Kudrjawzewa: Z. exper. Med. **44**, 313 — Chem. Zbl. **1925 I**, 1416
[14] L. Garot: Arch. int. Physiol. **29**, 326 (1927) — Chem. Zbl. **1928 I**, 1788.
[15] W. E. Caldwell u. W. G. Lyle: Amer. J. Obstetr. **2**, 17 (1921) — Chem. Zbl. **1922 I**, 220.
[16] J. I. Perichanjanz: Z. Biol. **87**, 336 — Chem. Zbl. **1928 I**, 2964.
[17] H. Schloßmann: Hoppe-Seylers Z. **139**, 87 — Chem. Zbl. **1924 II**, 2595.
[18] E. A. Spiegel u. A. Löw: Biochem. Z. **135**, 122 — Chem. Zbl. **1923 III**, 633.
[19] E. Nedelmann: Münch. med. Wochenschr. **70**, 800 — Chem. Zbl. **1923 III**, 464.

Die frühere Beobachtung wird bestätigt, wonach im Muskelbrei nach Zusatz von Cholin, Arginin und Leberbrei eine deutliche, wenn auch mäßige Zunahme des Gesamtkreatinins erfolgt. Die Erhöhung war nicht wesentlich größer, wenn weiterhin noch Schilddrüse in Substanz zugesetzt, wenn während des Versuches Sauerstoff durchgeleitet wurde, wenn man das Verhältnis von Muskelbrei: Leberbrei variierte oder die Muskeln besonders vorbehandelten Tieren entnahm. Eine mäßige Kreatininzunahme trat auch ein, wenn an Stelle von Arginin Harnstoff zugefügt wurde. In einzelnen Versuchen konnte eine entsprechende Abnahme des Cholins mit der Acetylcholinmethode festgestellt werden [1].

Wie Versuche mit Kreatininbelastung zeigten, ist eine Filtration in der menschlichen Leber bis zu 200 ccm pro Minute möglich [2]. Auch durch die Froschniere wird es konzentriert [3]. Kreatinin kann das Histidin in der Ernährung zu Wachstumszwecken nicht ersetzen, auch nicht in Mischung mit Kreatin, Guanidin und Adenin [4].

Der Kreatiningehalt im Dotter und Embryo veränderte sich nach 14 tägiger Bebrütung nur wenig [5]. — Bei Parkinsonschen Zuständen wird es in größtem Maßstab eliminiert [6]. Es ruft keine Entzündungen hervor, weder am Mesenterium des Frosches noch bei interperitonealer Injektion von 0,25 ccm 1 proz. Lösung bei Mäusen [7].

Im Gegensatz zu Kreatin hemmt es die Kalkbindung am Knorpel nicht [8].

Bei Durchströmung der Froschextremitäten erweitert es die Gefäße (0,2% bis zu 40%, 0,1% bis zu 100%; Grenze 0,01%). Im Gegensatz zum Kreatin verstärkt es die Gefäßverengerung durch Adrenalin nicht [9]. Arnol und Gley [10] behaupten aber, die Adrenalinwirkung auf den Blutdruck würde durch Kreatinin verstärkt [10].

Physikalische und chemische Eigenschaften: Die basische Dissoziationskonstante des Kreatins ist $K_b = 5 \cdot 10^{-12}$. Mit Natronlauge kann es außerdem Salze bilden (durch Löslichkeitsbestimmungen in Wasser und in Lauge bewiesen). In alkalischer Lösung wird es mit überwiegender Geschwindigkeit in Kreatinin übergeführt, während Kreatinnatrium sich gar nicht oder nur sehr langsam umwandelt. Mit steigender Alkalikonzentration nimmt daher die Schnelligkeit der Umsetzung in Kreatinin langsamer zu als die Alkalikonzentration, da die Konzentration an freiem Kreatinnatrium gleichzeitig abnimmt [11].

Die Ionisationskonstanten des Hydrochlorids betragen: 1. nach der potentiometrischen p_H-Bestimmungsmethode nach Leeds und Northrup bei 25° $K = 6{,}73 \cdot 10^{-10}$, bei 40° $K = 9{,}81 \cdot 10^{-10}$; 2. nach der Überführungszahlmethode bei 25° $K = 7{,}05 \cdot 10^{-10}$, bei 40° $K = 10{,}5 \cdot 10^{-10}$ (Hahn und Barkan [12] dagegen $K = 1{,}85 \cdot 10^{-10}$? Verunreinigung?); 3. nach der Verteilungsmethode im System Kreatininacetat—Wasser—Äther bei 25° $K = 7{,}0 \cdot 10^{-10}$ (dagegen Wood [13] durch Messen des katalytischen Hydrolyseeffektes an Methylacetat für $K = 0{,}357 \cdot 10^{-10}$) [14]. Eadie und Hunter bestätigen die Feststellung $6{,}3 \cdot 10^{-10}$ [15].

Kreatinin gibt die Ninhydrinreaktion mit Triketohydrindenhydrat nicht [16].

Die Auffassung, daß sich bei der Jafféschen Reaktion in der Pikrinsäure bei der Bildung des roten tautomeren Kreatininpikrates alle 3 Nitrogruppen ändern, wird durch den negativen Ausfall der Farbreaktion mit 2,6-Dinitrophenol neuerlich gestützt [17]. Weiteres über den Chemismus dieser Reaktion behandelt eine Mitteilung von Weise und Tropp [18].

Das an sich bläulich leuchtende Kreatinin lumineziert nach Erhitzen mit Fettsäuren

---

[1] E. Abderhalden u. P. Möller: Hoppe-Seylers Z. **170**, 212 (1927) — Chem. Zbl. **1928 I**, 542.
[2] P. Brandt Rehberg: Biochemic. J. **20**, 477 — Chem. Zbl. **1926 II**, 2827.
[3] E. Wankell: Pflügers Arch. **208**, 604 — Chem. Zbl. **1925 II**, 1371.
[4] G. J. Cox u. W. C. Rose: J. of biol. Chem. **68**, 769 — Chem. Zbl. **1926 II**, 1296.
[5] Y. Sendju: J. of Biochem. **7**, 181 — Chem. Zbl. **1927 II**, 280.
[6] J. Froment u. L. Velluz: C. r. Soc. Biol. Paris **97**, 490 — Chen. Zbl. **1927 II**, 1365.
[7] E. P. Wol: J. of exper. Med. **37**, 511 — Chem. Zbl. **1923 III**, 414.
[8] E. Freudenberg u. P. György: Biochem. Z. **124**, 299 (1921) — Chem. Zbl. **1922 I**, 432.
[9] C. A. Brodd: Skand. Arch. Physiol. (Berl. u. Lpz.) **50**, 97 — Chem. Zbl. **1927 I**, 1691.
[10] R. Arnold u. P. Gley: C. r. Soc. Biol. Paris **92**, 1415 — Chem. Zbl. **1925 II**, 733.
[11] A. Hahn u. H. Fasold: Z. Biol. **82**, 473 — Chem. Zbl. **1925 II**, 1350.
[12] Hahn u. Barkan: Z. Biol. **72**, 25 — Chem. Zbl. **1921 I**, 240. — R. Cannan u. Shore: Biochemic. J. **22**, 920 (1928) — Ber. Physiol. **48**, 592 (1929).
[13] Wood: J. chem. Soc. Lond. **83**, 5680 — Chem. Zbl. **1903 I**, 909.
[14] C. P. McNally: J. amer. chem. Soc. **48**, 1003 — Chem. Zbl. **1926 II**, 3452.
[15] G. S. Eadie u. A. Hunter: J. of biol. Chem. **67**, 237 — Chem. Zbl. **1926 II**, 1644.
[16] H. Riffart: Biochem. Z. **131**, 78 (1922) — Chem. Zbl. **1923 II**, 827.
[17] I. Greenwald: J. amer. chem. Soc. **47**, 2620 (1925) — Chem. Zbl. **1926 I**. 931.
[18] W. Weise u. C. Tropp: Hoppe-Seylers Z. **178**, 125 — Chem. Zbl. **1928 II**, 2387.

(z. B. Buttersäure) auf 165—175° äußerst stark gelbgrün, ohne daß das Kreatinin in seiner Zusammensetzung geändert wird. Die Hervorrufung der gelbgrünen Lumineszenz gelingt nur durch Fettsäuren, nicht durch anorganische oder andere organische Säuren. Erklärung der Erscheinung durch tautomere Umlagerung[1]:

$$NH=C\begin{smallmatrix}NH——CO\\|\\N(CH_3)—CH_2\end{smallmatrix} \rightleftarrows HN=C\begin{smallmatrix}NH——C(OH)\\\|\\N(CH_3)—CH\end{smallmatrix}$$

Keloform (bläulich)　　　　Enolform (gelbgrün)

Durch Phosphorwolframsäure (50 g P.W.S., 50 g 25proz. Salzsäure, 400 ccm Wasser — zu 2,5 ccm Harn hiervon 35 ccm) wird es aus dem Harn gefällt[2]. 1-Naphthol-2, 4-dinitro-7-sulfosäure (Flaviansäure) erzeugt einen krystallinischen Niederschlag in der wässerigen oder schwach sauern Lösung: $C_3H_7ON_3 + C_{10}H_6O_2N_2S$; in heißem Wasser zu 5,25% löslich[3].

Mit salpetriger Säure reagiert es in Gegenwart von Eisessig mit einem Stickstoffatom, bei Anwesenheit von Salzsäure verringert sich die entwickelte Menge Stickstoff[4]. Nach der Methode von van Slyke reagiert es bei 21—26° mit N_2O_3 langsam mit 1 Atom Stickstoff[5].

Harnkreatinin geht bei der Absorption an Norit oder Tierkohle aus der alkalischen Lösung und Elution mit wässeriger oder alkoholischer Säure zu einem geringen Teil in Methylguanidin über[6].

Derivate: Verbindung mit Alkohol. Die von Dox und Yoder[7] hergestellten Verbindungen sollen keine Esterderivate des Kreatins sein, sondern Abkömmlinge des Kreatinins, in denen Alkohol in unbekannter Weise (nicht als Krystallalkohol) gebunden ist. Aus den vermutlichen Esterhydrochloriden ließ sich die Salzsäure nicht ohne gleichzeitige Ablösung des Alkohols abtrennen[8].

Pikrat löst sich bei 10° mit 130 mg, bei 20° mit 184 mg in 100 ccm Wasser[9].

Reineckat $C_4H_7N_3O \cdot [Cr(SCN)_4(NH_3)_2]H$. Weinrote Nadeln aus Wasser vom Schmelzpunkt 175°. In kaltem Wasser wenig, in warmem ziemlich löslich (Zersetzung bei 70°), in Methylalkohol, Aceton und 50proz. Essigester sehr leicht, in absolutem Alkohol wenig löslich, in Äther und Chloroform unlöslich. Wasser von Zimmertemperatur enthält 0,156%[10].

Methylkreatinin-hydrojodid. Mit Jodmethyl in CH_3OH. (Schmelzp. 100°). Hellgelbe Nadeln vom Schmelzp. 211—212°. — **Hydrochlorid.** Schmelzp. 234—236° (Zers.). — Konnte nicht mit Benzaldehyd kondensiert werden, auch nach Ringöffnung nicht (Methylgruppe in 2- oder 3-Stellung eingetreten)[11]. **Pikrat** $C_{11}H_{12}O_8N_6$.

5-Methylkreatininpikrat $C_5H_9ON_3 \cdot C_6H_2(NO_2)_3OH$. Gelbe Nadeln vom Schmelzp. 183°. Jaffésche Reaktion positiv (rot)[12].

4, 5-Dimethylkreatininhydrojodid $C_6H_{11}ON_3HJ$. Schmelzp. 187°. Jaffésche Reaktion positiv (rot)[12].

4- (oder 5-) Benzoylkreatinin $C_{11}H_{11}O_2N_3$. Aus Kreatinin und Benzoesäureanhydrid. Gelbe Nadeln vom Schmelzp. 190°. Natriumpermanganat in alkalischer Lösung oxydiert es zu Benzoylmethylguanidin. Jaffésche Reaktion rot[12].

Tribenzoylkreatinin $C_{25}H_{21}O_4N_3$. Kreatinin + großer Überschuß an Benzoylchlorid. Aus Alkohol farblose Krystalle vom Schmelzp. 238—240°. Gibt die Jaffésche Reaktion nicht[12].

Benzylidenacetylkreatinin $C_{13}H_{13}O_2N_3$. **Pikrat** $C_{13}H_{13}O_2N_3 \cdot C_6H_2(NO_2)_3OH$. Gelbe Nadeln, die bei 230° erweichen und bei 250° schmelzen. Bei der Oxydation mit alkalischem Natriumpermanganat bildet sich Acetylmethylguanidin. Jaffésche Reaktion negativ[12].

Benzylidenkreatinin $C_{11}H_{11}ON_3$. **Pikrat** $C_{11}H_{11}ON_3 \cdot C_6H_2(NO_2)_3OH$. Aus dem Pikrat des Benzylidenacetylkreatinins durch Umkrystallisation aus Wasser, Alkohol oder Eisessig

---

[1] G. Reif: Z. Unters. Lebensmitt. **58**, 28 — Chem. Zbl. **1929 II**, 2891.
[2] H. Hotz: Schweiz. Apoth.-Ztg **61**, 77, 95 — Chem. Zbl. **1923 II**, 828.
[3] A. Kossel u. R. E. Gross: Sitzgsber. Heidelberg. Akad. Wiss. Abt. B **1923**, 1, Abh. 1 — Hoppe-Seylers Z. **135**, 167 — Chem. Zbl. **1923 III**, 1151; **1924 I**, 335.
[4] R. H. A. Plimmer: J. chem. Soc. Lond. **127**, 2651 (1925) — Chem. Zbl. **1926 I**, 1650.
[5] D. Wright Wilson: J. of biol. Chem. **56**, 183 — Chem. Zbl. **1923 IV**, 565.
[6] C. J. Weber: J. of biol. Chem. **78**, 465 — Chem. Zbl. **1928 II**, 1595.
[7] Dox u. Yoder: J. of biol. Chem. **54**, 671 — Chem. Zbl. **1923 I**, 672.
[8] J. Kapfhammer: Biochem. Z. **156**, 182 — Chem. Zbl. **1925 I**, 2306.
[9] I. Greenwald: Biochemic. J. **20**, 665 (1926) — Chem. Zbl. **1927 I**, 635.
[10] M. Terada: Hoppe-Seylers Z. **170**, 289 (1927) — Chem. Zbl. **1928 I**, 710.
[11] B. H. Nicolet u. E. D. Campbell: J. amer. chem. Soc. **50**, 1155 — Chem. Zbl. **1928 I**, 2827.
[12] I. Greenwald: J. amer. chem. Soc. **47**, 1443 — Chem. Zbl. **1925 II**, 1042.

oder längeres Kochen in wässeriger Lösung (Acetylabspaltung). Die verdünnte essigsaure Lösung gibt die Jaffésche Reaktion nicht [1].

2-Benzylkreatinin $C_{11}H_{13}ON_3$. Aus der Benzylidenverbindung durch Reduktion mit Zink und Eisessig. — **Pikrat** $C_{11}H_{13}ON_3 \cdot C \cdot H_2(NO_2)_3OH$. Aus Wasser gelbe Nadeln vom Schmelzp. 206—208°. Die Jaffésche Reaktion fällt orange aus. Durch direkte Einwirkung von Benzylchlorid auf Kreatinin und Zusatz von Pikrinsäure wurde ein Pikrat vom Schmelzpunkt 174—175° (aus Methylalkohol) erhalten [1].

5-Benzalkreatinin

$$\begin{array}{c} HN-C(:NH)-N\cdot CH_3 \\ | \qquad\qquad\qquad\quad | \\ OC\text{————————}C:CH\cdot C_6H_5 \end{array}$$

Aus N-Acetyl-5-benzalkreatinin mit 30proz. HCl und Hydrolyse des Dichlorids. Aus Alkohol gelbe Schuppen. 225°Schwärzung. Schmelzp. 244° (Zers.). **2-(N-)Acetylverbindung.** Aus Benzaldehyd und Kreatinin in Gegenwart von Natriumacetat, Eisessig und Essigsäureanhydrid. Goldgelbe Nadeln vom Schmelzp. 208—209° (Alkohol) [2].

5-m-Nitrobenzalkreatinin $C_{11}H_{10}O_3N_4$. Aus Kreatinin und m-Nitrobenzaldehyd. Gelbes Pulver. Zers. bei 288° [3].

5-m-Methoxy-p-oxybenzalkreatinin $C_{12}H_{13}O_3N_2$. Aus Kreatinin und Vanillin. Schmelzpunkt 267° [3].

5 Benzylkreatinin $C_{11}H_{13}ON_3$. Aus Acetylbenzalkreatinin durch Reduktion mit Jodwasserstoff + Phosphor oder Zinn + Salzsäure und Zusatz von Ammoniak. Aus Alkohol weiße Schuppen vom Schmelzp. 282° (mit Bariumhydroxydlauge N-Methylphenylalanin) [2]. — Gibt nach Hennig [4] bei der alkalischen Permanganatoxydation Benzylmethylguanidin und ist deshalb als 4- (oder 5-) Benzylkreatinin anzusprechen [1].

N^2-Methyl-5-benzalkreatinin

$$\begin{array}{c} HN-C(:N\cdot CH_3)-N\cdot CH_3 \\ | \qquad\qquad\qquad\qquad\quad | \\ OC\text{————————}C:CH\cdot C_6H_5 \end{array}$$

Durch Methylieren von 5-Benzalkreatinin. Aus Wasser hellgelbe Schuppen vom Schmelzpunkt 129° [2].

Kreatinin-trinitro-m-kresolverbindung $C_4H_7ON_3 \cdot C_6H(CH_3)(NO_2)_3OH$. Aus den Komponenten. Gelbe Nadeln vom Schmelzp. 218° [1].

Cyanamid.

Bildung: Calciumcyanamid entsteht auch, wenn man Ferrocyancalcium glüht, nach der Gleichung: $Ca_2Fe(CN)_6 \rightarrow N_2 + 2\,CaCN_2 + Ca_2$. Neben dem Kalkstickstoffprozeß gibt es ein Schmelzverfahren nach Kolbe [5] entsprechend der Gleichung: $2\,KCNO + CaCl_2 = CaCN_2 + CO_2$.

Erhitzen eines Gemenges von $K_4Fe(CN)_6$ und CaO liefert ein Produkt, das nur Reaktion auf Cyanid zeigt [6].

Nachweis: Sind Sulfide anwesend, so reibt man eine Probe (5 g) mit kaltem Wasser (59 ccm) an, macht mit NaOH gegen Lackmus alkalisch und fügt 2 g aufgeschlemmtes Bleicarbonat zu. Nach kurzem Schütteln wird das Filtrat (auf 250 ccm) mit Wasser aufgefüllt unter gleichzeitiger Neutralisation gegen Lackmus. Mit (10 ccm) konzentrierter Ammoniaklösung (1 ccm) und (1 ccm) 10proz. Silbernitratlösung entsteht der leuchtend gelbe Niederschlag [7].

Sind Phosphate anwesend, so wird eine Probe (10 g) mit Wasser (50 ccm) unter Zusatz von genügend Kalkmilch tüchtig im Mörser verrieben und nach dem Filtrieren und Neutralisieren mit Wasser aufgefüllt (auf 250 ccm). Eventuell vorhandene Sulfide werden danach entfernt und in jedem Fall wie oben verfahren [7].

---

[1] I. Greenwald: J. amer. chem. Soc. **47**, 1443 — Chem. Zbl. **1925 II**, 1042.
[2] B. H. Nicolet u. E. D. Campbell: J. amer. chem. Soc. **50**, 1155 — Chem. Zbl. **1928 I**, 2827.
[3] L. Richardson, C. Welch u. S. Calvert: J. amer. chem. Soc. **51**, 3074 — Chem. Zbl. **1930 I**, 73.
[4] Hennig: Arch. Pharmaz. **251**, 396 — Chem. Zbl. **1913 II**, 1479.
[5] Kolbe: J. prakt. Chem. **16**, 201.
[6] H. Pincass: Chem.-Ztg. **46**, 661 — Chem. Zbl. **1922 III**, 1039 — Chem.-Ztg. **46**, 347 — Chem. Zbl. **1922 III**, 38. — Fichter u. Suter: Helvet. chim. Acta **5**, 396 — Chem. Zbl. **1922 III**, 347.
[7] G. H. Buchanan: Ind. Chem. **15**, 637 — Chem. Zbl. **1923 IV**, 315.

Bestimmung: Die Bestimmung des Cyanamids in Calciumcyanamid kann analog derjenigen in Silbercyanamid durchgeführt werden, indem 1 g Calciumcyanamid mit 10 ccm Wasser und 50 ccm 2n-Salpetersäure (auch 2n-Salzsäure) 3 Stunden auf 50—55° erhitzt, danach mit Ammoniak schwach alkalisch gemacht und auf 500 ccm aufgefüllt wird. 20 ccm hiervon werden 3 Stunden mit 40 ccm Eisessig und 3 ccm 0,1 proz. Xanthydrollösung behandelt und der abgeschiedene Xanthydrolharnstoff bestimmt[1]. — Oder: 2 g Calciumcyanamid werden mit 400 ccm Wasser 2 Stunden mechanisch ausgeschüttelt. 50 ccm Filtrat + 1 ccm Ammoniak werden mit ammoniakalischer Silbernitratlösung unter tropfenweisem Zusatz und beständigem Rühren ausgefällt. Nach $^1/_4$ Stunde wäscht man den Niederschlag von Cyanamidsilber gut mit Wasser aus, löst in n-Salpetersäure und titriert mit Thiosulfat. Enthält die Probe größere Mengen Dicyandiamid, so löst man den Niederschlag vom Filter mit 25 ccm n-Salpetersäure, füllt auf 150 ccm mit Wasser auf und fällt abermals in Gegenwart von überschüssigem Ammoniak mit ammoniakalischer Silbernitratlösung, filtriert nach 2 Stunden und behandelt wie oben weiter[2].

Die Bestimmung des Cyanamidstickstoffs im Kalkstickstoff nach der Methode von Neubauer[3] kann mit Erfolg an Stelle derjenigen von Caro[4], die umständlicher und teurer ist, angewandt werden[5].

Gesamtstickstoffbestimmung in Cyanamid- und Nitratmischungen nach Davisson-Parson ist jenen von Gunning und Gunning-Forster überlegen. Die Mischung wird nach Übergießen mit 100—200 ccm Wasser durch Zusatz von 50proz. Natronlauge auf eine Alkalität von etwa $^1/_{10}$ Normalität gebracht, mit Devardascher Legierung (1 g genügt für 25 mg Nitrat) unter geeignetem Verschluß reduziert, wobei das gebildete Ammoniak in verdünnter Schwefelsäure aufgefangen wird. Diese spült man in den Kolben zurück, dampft ein und schließt in der üblichen Weise nach Zusatz von 5—7 g Kaliumsulfat auf[6].

Darstellung: Rohes freies Calciumoxyd enthaltendes Calciumcyanamid wird mit gasförmigen Säureanhydriden, wie CO_2 und SO_2, unter Druck in Gegenwart der nötigen Menge Wasser behandelt. Man erhält dabei konzentrierte Lösungen und kann die Umsetzungsdauer proportional dem angewandten Druck verkürzen, so daß die Bildung von Dicyandiamid und die anderer Polymerisationsprodukte vollständig vermieden wird[7]. Weitere Verfahren zur Herstellung aus Kalkstickstoff, meist in wässeriger Lösung[8], die Beschreibung entsprechender

---

[1] R. Fosse, Ph. Hagen u. R. Dubois: C. r. Acad. Sci. Paris **179**, 408 — Chem. Zbl. **1924 II**, 1836.
[2] L. A. Pinck: Ind. Chem. **17**, 459 — Chem. Zbl. **1925 II**, 688.
[3] Neubauer: Z. angew. Chem. **33 I**, 247 — Chem. Zbl. **1921 II**, 220.
[4] Caro: Z. angew. Chem. **23 II**, 2405 — Chem. Zbl. **1911 I**, 875.
[5] W. Wagner: Z. angew. Chem. **36**, 19 (1923, 1922) — Chem. Zbl. **1923 II**, 564.
[6] K. D. Jacob u. W. J. Geldard: Ind. Chem. **14**, 1045 (1922) — Chem. Zbl. **1923 II**, 466. — Vgl. auch A. Z. Bacon: Amer. Fertilizer **56**, 55 — Chem. Zbl. **1922 II**, 1214.
[7] Société d'Études Chimiques pour l'Industrie: Schwz.P. 96664 (1920, 1922). — Vgl. Wargöns Aktiebolag u. J. H. Lidholm: Schwz.P. 92109 (1921; Schwed. Prior. 1920); Chem. Zbl. **1923 IV**, 879; **1923 II**, 1247.
[8] Wargöns Aktiebolag u. H. Lidholm: D.R.P. 343248, Kl. 12k (1921); Chem. Zbl. **1922 II**, 1111. — D.R.P. 371979, Kl. 12k (1922, 1923; Schwed.Prior. 1921); Schwz.P. 91862 (1920, 1921; Schwed.Prior. 1920); D.R.P. 364872, Kl. 12k (1921, 1921); F.P. 531757 (1921, 1922; Schwed. Prior. 1920); F.P. 551707 (1922, 1923) u. Ö.P. 90611 (1920, 1923; Schwed.Prior. 1920), E.P. 186020 (1922, Schwed.Prior. 1921); Schwed.P. 53529 (1921, 1923); F.P. 520633 (1920, 1921; Schwed.Prior. 1919) —dazu siehe Zitate Chem. Zbl. **1923 II**, 1083; **1923 II**, 1247; **1923 IV**, 289; **1923 IV**, 290; **1923 IV**, 591; **1923 IV**, 592; **1923 IV**, 879; **1923 IV**, 946. — Ferner J. H. Lidholm: A.P. 1444255 (1921, 1923); Chem. Zbl. **1923 IV**, 722. — P. Nydegger u. H. Schellenberg: Schwz.P. 87968 (1921); Chem. Zbl. **1921 II**, 358. — Stockholms Superfosfat Fabriks Aktiebolag: F.P. 577550 (1924) u. 577596, 577597, 577598 (1924); Chem. Zbl. **1925 I**, 1647 (ausf. Ref.). — Roessler & Hasslacher Chemical Co., übertr. v. A. M. Muckenfuss: A.P. 1622731 (1924, 1927); Chem. Zbl. **1927 II**, 168. — N. Caro u. A. R. Frank: E.P. 279419, 279420 u. 279421 (1927, Prior. 1926); Chem. Zbl. **1928 I**, 974. — Stickstoffwerke-Ges., übertr. v. N. Caro u. A. R. Frank: E.P. 279811 und 279812 (1927, D.Prior. 1926); Chem. Zbl. **1928 I**, 974. — Union Carbide Co., übertr. v. A. N. Erickson: A.P. 671183 (1927, 1928); Chem. Zbl. **1928 II**, 1035. — S. J. Gelhaer: Schwed.P. 57109 (1921); 57110 (1922) u. 57111 (1922, 1924); 85521 (1922, 1925); Chem. Zbl. **1925 II**, 2086 (ausf. Ref.); **1928 I**, 409. — Compagnie de l'Azoteet des Fertilisants: S. a. übertr. v. J. Breslauer: A.P. 1595754 (1924, 1926; Schwz.Prior. 1923) u. Schwz.P. 106774 (1923, 1924); Chem. Zbl. **1926 I**, 1715. — Aktien-Gesellschaft für Stickstoffdünger: Schwz.P. 91554 (1920, 1921, D.Prior. 1916); Chem. Zbl. **1921 II**, 853. — Stickstoffwerke A.-G. Ruse: Ö.P. 88478 (1917, 1922; D.Prior. 1916); Chem. Zbl. **1923 II**, 961. — A. Cochet: Ann. Falsifications **18**, 396, 468 — Chem. Zbl. **1926 II**, 1271 (ausf. Ref.). — Wargöns Aktiebolag u. J. H. Lidholm: Schwed.P. 87964 (1921) u. F.P. 159866 (1921); Chem. Zbl. **1921 IV**, 421.

Apparate mit kontinuierlichem Betrieb und den Maßnahmen zur Vermeidung der Polymerisation[1] finden sich zahlreich in Patentschriften. Auch zur Gewinnung aus Calciumcyanamid wurden weitere Verfahren geschützt[2]; ferner noch für die Gewinnung von Calcium- und Magnesiumcyanamid[3] und von Cyanamid aus Silicium- oder Aluminiumnitrid, auch gemischt mit Titannitrid, Eisencarbid und dem Alkali- oder Erdalkalisalz einer organischen Säure (am besten Kohlensäure)[4]. Eine zusammenfassende Besprechung über Darstellung, Eigenschaften, Untersuchungen und Abkömmlinge des Calciumcyanamids gibt Hammon[5].

Physiologische Eigenschaften: Cyanamid dient wahrscheinlich den Hefepilzen als Stickstoffquelle[6]. Das aus dem Kalkstickstoff im Boden frei werdende Cyanamid geht sehr rasch in Harnstoff über, so daß bei den gebräuchlichen Gaben die Giftwirkung auf biologische Vorgänge gering ist[6]. Es erzeugt in kleinen Dosen (2% töten die Bakterien) ungewöhnlich starkes Wachstum der Bodenbakterien wie Kalk[7]. Schon nach 5—10 Tagen wurde es im Boden hauptsächlich in Harnstoff und Ammoniak umgewandelt. Die Nitrifikation verlief viel langsamer als die des Harnstoffs oder des Ammoniumsulfates und war am schnellsten nach Sättigung der Wasserkapazität des Bodens bis zu $1/4$ (10%) und bei 38,5°. Durch partielle Sterilisation des Bodens mittels Phenol wurde jegliche Nitrifikation verhindert[8]. Cyanamid wirkt sich ungünstig auf den Nitratgehalt der Ackerböden aus[9]. Brioux[10] bringt einen Vergleich der Düngewirkung des Cyanamids mit jener seiner Derivate. Pranke[11] teilt eine Auswertung von Düngeversuchen mit.

Bei der nach Einatmung von Kalkstickstoffstaub eintretenden Krankheit (Exanthem an Kopf und Hals, beschleunigte Atmung und Herztätigkeit, erniedrigter Blutdruck, allgemeine Mattigkeit) war die Verstärkung bei Alkoholeinnahme aufgefallen. Nun wurde festgestellt, daß Cyanamid beim Frosch als lähmendes Gift auf die intraventrikulären automatischen nervösen Apparate wirkt und am Warmblüter leicht fördernd auf die Wirkung von Alkohol, Chloralhydrat, Natriumbromid und Theobromin. Im Stoffwechsel wird es vornehmlich als Harnstoff ausgeschieden[12]. Weder Giftigkeit, noch Umwandlung von Cyanamid wird durch Alkohol geändert. Der Organismus wandelt es in Harnstoff um. Leberbrei bringt es zum Verschwinden[13].

Macht unwirksame Dosen von Chinin am Froschherz nicht wirksam; steigert die Temperaturerniedrigung durch Chloroform. Nach Cyanamidgabe bleibt der Vagus trotz Atropin erregbar. Ferner fördert es die Wirkung von Strychnin und Pikrotoxin und hindert die Bildung von Urochloralsäure und Phenolglucuronsäure. Im Zentralnervensystem von mit Cyanamid vorbehandelten Tieren findet sich nach Alkoholgabe mehr Alkohol als in dem der Kontrolltiere[14].

Es erzeugt nach verschiedenen Versuchen, wie sie im folgenden skizziert werden, unter gewissen Bedingungen Hemmungen oxydo-reduktiver Prozesse in vitro und in vivo. Cyan-

---

[1] Wargöns Aktiebolag u. J. H. Lidholm: D.R.P. 354949, Kl. 12k (1920, 1922); Ö.P. 89794 (1920, 1922); Schwed. Prior. 1919); Chem. Zbl. **1922 II**, 1173; **1922 IV**, 635; **1923 IV**, 879. — J. H. Lidholm: Can.P. 230002 (1922, 1923); Chem. Zbl. **1924 I**, 1445.

[2] A. L. Lamb, übertr. v. H. C. Hetherington u. L. A. Pinck: A. P. 1673820 (1927, 1928); Chem. Zbl. **1928 II**, 1151. — J. H. Lidholm: A.P. 1436179 (1921, 1922); Chem. Zbl. **1922 IV**, 635. — J. H. Lidholm u. Wargöns Aktiebolag: Dän.P. 31090 (1922, 1923); Schwed.Prior. 1921); E.P. 551707. — J. H. Lidholm: A.P. 1444256 (1922, 1923); Chem. Zbl. **1924 I**, 445 — Wargöns Aktiebolag u. J. H. Lidholm: Schwz.P. 100940 (1922, 1923; Schwed.Prior. 1921); Ö.P. 95866 (1922, 1924); Chem. Zbl. **1924 I**, 1591; **1924 I**, 2822.

[3] N. Caro u. A. R. Frank: E.P. 281610 (1927, 1928; D. Prior. 1926); Zus. P. zu E.P. 279811: Chem. Zbl. **1928 I**, 975, 2208. — G. A. Blume: Ö. P. 89797 (1921, 1922; D. Prior. 1920); Chem. Zbl. **1923 IV**, 879.

[4] F. von Bichowsky u. J. Harthan: A.P. 1506269 (1921, 1924); Chem. Zbl. **1925 I**, 295.

[5] L. Hammon: Rev. produits chim. **29**, 145.

[6] R. W. Beling: Landw. Versuchsstat. **102**, 1 — Chem. Zbl. **1924 II**, 108.

[7] F. E. Allison: J. agricult. Res. **28**, 1159 (1924) — Chem. Zbl. **1925 I**, 755.

[8] K. D. Jacob, F. E. Allison u. J. Braham: J. agricult. Res. **28**, 37 (1924) — Chem. Zbl. **1925 I**, 155.

[9] F. E. Allison: J. agricult. Res. **34**, 657 — Chem. Zbl. **1927 II**, 2626.

[10] Ch. Brioux: Chim. et Ind. **16**, 883 (1926) — Chem. Zbl. **1927 I**, 1726.

[11] E. J. Pranke: Amer. Fertilizer **67**, Nr. 11, 60 (1927) — Chem. Zbl. **1928 I**, 960.

[12] Hesse: Z. exper. Med. **25**, 321 (1921) — Chem. Zbl. **1922 I**, 654.

[13] H. Raida: Z. exper. Med. **31**, 215 — Chem. Zbl. **1923 I**, 1337.

[14] E. Hesse: Z. exper. Med. **26**, 337 (1921) — Chem. Zbl. **1922 I**, 1150 — Z. exper. Med. **25**, 321 — Chem. Zbl. **1922 I**, 654.

amidkonzentrationen, mit welchen im Tierkörper zu rechnen ist, wie auch höhere üben auf die Reaktionen von Pepsin, Trypsin, Invertin, Amygdalin, Serumlipase und Peroxydase keinen Einfluß aus; nur die Katalase wird schon durch minimale Mengen Cyanamid gehemmt. In Kombination mit verschiedenen Fermentgiften läßt sich der Ablauf der Hefegärung gesetzmäßig ändern. Von Oxydationsvorgängen im Organismus gab die Oxydation von Benzol zu Phenol beim Kaninchen mit und ohne Cyanamidzusatz keine deutlichen Unterschiede. Die Reduktionskraft des Gewebes nach Lipschitz wird dagegen deutlich gehemmt. Auch wurde der Einfluß auf die Zellatmung nach Warburg geprüft. — Die Temperaturerniedrigung bei Kaninchen durch Atophan wird durch Cyanamid potenziert[1].

Bei Gegenwart von Cyanamid wird die Reduktion von Cystin mit Geweben verzögert, die Oxydation von Cystein beschleunigt und in vitro die Beschleunigung der Cysteinoxydation durch Alkohol und Strychnin gefördert, durch Pilocarpin gehemmt. Cyanamid wirkt also anders auf die Oxydoreduktion der Schwefelverbindungen des Körpers wie Blausäure[2]. Im Gewebe von mit Cyanamid behandelten Fröschen war weniger reduziertes Glutathion zu finden als bei normalen. Beim Warmblütermuskelgewebe nimmt es dagegen mit der Zeit (Brutschrank) zu. Ebenso verhält es sich bei der Cystin-Cysteinumwandlung. Das Jodbindungsvermögen sinkt bei Cyanamidumsatz. Die Cysteinmenge ist in einem Gemisch: Gewebe + Cyanamid + Phosphat kleiner als in dem aus Gewebe + Cystin + Phosphat, während sie im Gemisch Gewebe, Cystin, Cyanamid und Phosphat nach längerem Stehen fast unverändert bleibt. Versuche, die Cyanamidvergiftung durch Zufuhr von Cystin, Cystein, oxydiertes Glutathion oder $Na_2S_2O_3$ zu beeinflussen, sind nicht gelungen[3]. Cyanamid bewirkt eine Umwandlung des Cysteins, am schnellsten und am vollständigsten bei $p_H = 7$ am Anfang. (Keine Oxydation. Schwefel wird leichter abspaltbar.) Cystin wird nicht verändert. Diese Beobachtungen sprechen für die Annahme, daß die Cyanamidvergiftung auf einer Abnahme des reduzierten Glutathions, das ebenfalls die Sulfhydrylgruppe besitzt, beruht[4].

Physikalische oder chemische Eigenschaften: Die Dissoziationskonstante besitzt bei 25° den Wert $5{,}42 \cdot 10^{-11}$, die Leitfähigkeit des CN_2H_2 bei 25° den Wert 54,4. — $NaCN_2H$ ist in Wasser von 0° in Verdünnungen zwischen 10—80 l/Mol. bis zu 4,5% bzw. 12,9% hydrolysiert[5].

Die Polymerisationsgeschwindigkeit hängt vom Gefäßmaterial ab[6]. Über das Absorptionsspektrum des Cyanamids im Ultraviolett macht Franssen[6] Mitteilung.

Bobrownicki berichtet über die Einwirkung von Wasserstoff auf Calciumcyanamid bei Temperaturen zwischen 400 und 1100°[7]. Trockenes Ammoniak wird von Cyanamid unter Wärmeentwicklung und Bildung einer schwach gelblichen Flüssigkeit aufgenommen, die sich in Dicyandiamid und Ammoniak nach einiger Zeit umsetzt[8].

Von 2 Proben gekörnten Calciumcyanamids, die mehrere Monate im Boden gelegen hatten, enthielt die eine bei 1,26% Gesamtstickstoff etwa 1% Dicyandiamidstickstoff, die andere bei 0,91% Gesamtstickstoff noch 0,70% Dicyandiamidstickstoff[9]. Grube und Motz[10] machen Mitteilung über Studien vom Verhalten des Cyanamids in saurer und alkalischer Lösung. Säuren wirken nur hydrolytisch ein; die mit der Wasserstoffionenkonzentration steigende Harnstoffbildung erfolgt in monomolekularer Reaktion. Alkali wirkt sowohl hydrolytisch als auch polymerisierend, bei hoher Hydroxylionenkonzentration tritt die letztere Wirkung fast ganz in den Hintergrund[11].

Derivate: Verfahren zur Herstellung von **Cyanamiden** der α-halogenierten **Fettsäuren** und von **Bromdiäthylacetylcyanamid**[12].

---

[1] J. Dittrich: Z. exper. Med. **43**, 270 (1924) — Chem. Zbl. **1925 I**, 253.
[2] S. Glaubach: Klin. Wschr. **5**, 1089 — Chem. Zbl. **1926 II**, 1665.
[3] S. Glaubach: Arch. f. exper. Path. **117**, 247 (1926) — Chem. Zbl. **1927 I**, 137.
[4] S. Glaubach: Arch. f. exper. Path. **117**, 257 (1926) — Chem. Zbl. **1927 II**, 123.
[5] N. Kameyama: Trans. amer. Electr. Soc. **40**, 131 (1922) — Chem. Zbl. **1923 I**, 1426.
[6] A. Franssen: Bull. Soc. Chim. biol. France [4] **43**, 177 — Chem. Zbl. **1928 I**, 2234.
[7] W. Bobrownicki: Przemysl Chem. **8**, 7 — Chem. Zbl. **1924 II**, 1740.
[8] A. Couder: C. r. Acad. Sci. Paris **180**, 926 — Chem. Zbl. **1925 I**, 2681.
[9] A. Auguet u. A. Bruno: C. r. Acad. Sci. **180**, 1436 — Chem. Zbl. **1925 II**, 492.
[10] G. Grube u. G. Motz: Z. physik. Chem. **118**, 145 (1925) — Chem. Zbl. **1926 I**, 2881.
[11] H. C. Hetherington u. J. M. Braham: J. amer. chem. Soc. **45**, 824 — Chem. Zbl. **1923 II**, 29. — Vgl. auch Werners Anschauungen zur Säurehydrolyse: J. chem. Soc. Lond. **107**, 715 — Chem. Zbl. **1915 II**, 533.
[12] Farbenfabriken vorm. Friedrich Bayer & Co.: ÖP. 89985 (1918, 1922, D.Prior. 1915); D.R.P. 347608; Schwz.P. 89236 (1918, 1921); Chem. Zbl. **1922 II**, 573, 961, 1247.

Natriumsalze. Bericht[1].
Calciumsalze. Über seine Zersetzung und Bildung[2].

Das **Hydrochlorid** $H_2CN_2 \cdot 2\,HCl$ gewinnt man durch Eintragen von festem Cyanamid in 40% Chlorwasserstoff enthaltenden 95proz. Alkohol, bis etwa 95% der Säure abgesättigt sind bei nicht über 45°, Rühren der Mischung während 5—10 Minuten, filtrieren und Auswaschen mit Äther. Bei 80° getrocknet bildet es weiße Krystalle, die bei gewöhnlicher Temperatur gut haltbar sind und in wässeriger Lösung hydrolysieren. Es zersetzt sich bei 100° unter Bildung von Chlorwasserstoff[3].

1-Cyanamino-2, 4, 6-trinitrobenzol (Pikrylcyanamid) $C_6H_2(NO_2)_3 \cdot NH \cdot CN$. Bei der Einwirkung von wässerigem Cyanamid auf alkoholisches Pikrylchlorid. Schmelzp. 175 bis 185° (Zers.). Mit rauchender Salpetersäure weinrote Färbung, die langsam in Gelb übergeht. In wässeriger Lösung zum Harnstoff hydrolysiert[4].

Dimethylcyanamid $CN_2(CH_3)_2$ und **Diäthylcyanamid** $CN_2(C_2H_5)_2$ wirken lähmend. Dosis letalis für Frosch 0,02 g, für Kaninchen 0,1—0 2 g pro kg[5].

Dipropylcyanamid $CN_2(C_3H_7)_2$. Kochp.$_{15}$ 97°. Über sein Absorptionsspektrum im Ultraviolett siehe Literatur[6].

Dipropylcarbodiimid $C(N \cdot C_3H_7)_2$. Kochp.$_{28}$ 76°. Seine Absorptionskurve im Ultraviolett ist von der des Dipropylcyanamids verschieden[6].

Diallylcyanamid $CN_2(C_3H_5)_2$. Natriumcyanamid wird unter anfänglicher Kühlung mit Allylbromid 48 Stunden geschüttelt und die ölige Schicht nach Abheben durch Destillation gereinigt. Farblose Flüssigkeit vom Kochp.$_9$ 95° (bei Verwendung von Allylchlorid muß auf 40° erwärmt werden)[7].

Tetramethyldiallylcyanamid $C_8H_{18}N_2$. Aus Natriumcyanamid und Dimethylallylbromid durch zweitägiges Schütteln bei Raumtemperatur. Farblose Flüssigkeit vom Kochp.$_{13}$ 141,5 bis 142°[7].

Distyrylcyanamid $CN_2(CH = CH \cdot C_6N_5)_2$. Aus Natriumcyanamid und Styrylbromid. Krystalle vom Schmelzp. 82°[7].

Phenylcyanamid $C_7H_6N_2$. Chlorcyan, das durch Eisen- und Kupferspäne vom freien Chlor gereinigt ist, wird bei 15—20° in eine wässerige Lösung von Anilin (?) eingeleitet, die einen Überschuß von $CaCO_3$ enthält und von Zeit zu Zeit mit Anilin beschickt wird. Nach Entfernung des Überschusses an $CaCO_3$ durch Salzsäure wird abfiltriert, mit wenig Wasser gewaschen und zur Reinigung gegebenenfalls umgefällt[8].

Methylphenylcyanamid $C_6H_5 \cdot N(CH_3) \cdot CN$. N-$\beta$-Butenyl-N-methylanilin gibt mit Bromcyan als Nebenprodukt diesen Körper mit Schmelzp. 32° und Kochp.$_{14}$ 139—140°[10].

Phenylallylcyanamid $C_6H_5 \cdot N(CH_2 \cdot CH:CH_2) \cdot CN$. Aus N-Allyl-N-$\beta$-butenylanilin und Bromcyan. Kochp.$_{12}$ 153—155°[9].

Butylphenylcyanamid $C_{11}H_{14}N_2$. Kochp.$_{11}$ 163°. Hellgelb[10].

2, 4-Dinitrophenylcyanamid $(NO_2)_2C_6H_3 \cdot NH \cdot CN$. Aus 1-Chlor-2, 4-dinitrobenzol in Alkohol mit Cyanamid in einigen Stunden bei Zimmertemperatur unter Abspaltung von Salzsäure. Aus Alkohol hellgelbe Krystalle vom Schmelzp. 168—169°. Rauchende Salpetersäure und konzentrierte Schwefelsäure lösen rotviolett. Nach einigem Stehen gelbrot, der entsprechende Harnstoff krystallisiert aus[11].

3-Methyl-4, 6-dinitrophenylcyanamid $(CH_3)^3(NO_2)_2C_6H_2 \cdot (NH \cdot CN)^1$. Aus γ-Trinitrotoluol und Cyanamid, $1/4$ Stunde auf 50—55° erhitzt. (Abspaltung von salpetriger Säure

---

[1] W. Traube, F. Kegel u. H. E. P. Schulz: Z. angew. Chem. **39**, 1465 (1926) — Chem. Zbl. **1927 I**, 266.

[2] V. Ehrlich: Z. Elektrochem. **28**, 529 (1922) — Chem. Zbl. **1923 I**, 1078.

[3] L. A. Pinck u. H. C. Hetherington: Ind. Chem. **18**, 629 — Chem. Zbl. **1926 II**, 826.

[4] M. Giua: Gazz. chim. ital. **55**, 662 (1925) — Chem. Zbl. **1926 I**, 899.

[5] E. Hesse: Z. exper. Med. **26**, 337—351 (1921) — Chem. Zbl. **1922 I**, 1150; — Z. exper. Med. **25**, 321 — Chem. Zbl. **1922 I**, 654.

[6] A. Franssen: Bull. Soc. chim. France [4] **43**, 177 — Chem. Zbl. **1928 I**, 2234.

[7] H. Staudinger: D.R.P. 404174, Kl. 12o (1922, 1924; Schwz.P. 104101 (1923, 1924); Chem. Zbl. **1925 I**, 1242.

[8] American Cyanamid Co., übertr. von J. L. Osborne u. G. Barsky: A.P. 1611941 (1925, 1926); Chem. Zbl. **1927 II**, 2113.

[9] J. v. Braun u. W. Schirmacher: Ber. dtsch. chem. Ges. **56**, 538 (1923) — Chem. Zbl. **1923 I**, 955.

[10] J. v. Braun u. R. Murjahn: Ber. dtsch. chem. Ges. **59**, 1202 — Chem. Zbl. **1926 II**, 391.

[11] M. Giua u. R. Petronio: J. prakt. Chem. **110**, 289 (1925) — Chem. Zbl. **1926 I**, 625.

und Cyansäure. Aus Alkohol oder Benzol kleine, goldgelbe Nadeln vom Schmelzp. 161 bis 162°. Rauchende Salpetersäure und konzentrierte Schwefelsäure lösen carminrot[1].
Diäthylbromacetylcyanamid $(C_2H_5)_2(Br)C \cdot CO \cdot NH \cdot CN$. Aus Natriumcyanamid oder Kalkstickstoff und Diäthylbromacetylchlorid in Wasser als stark saurer, farbloser bis blaßgelber Sirup gewonnen. Er ist in Wasser schwer löslich, leicht in Natriumcarbonat und -acetatlösung, Äther, Alkohol, Aceton und Benzol, weniger in Ligroin. Die neutral reagierenden Salze wie das Natrium- und Calciumsalz, stark seidenglänzende Blättchen und Schuppen, sind in Wasser sehr leicht löslich[2].
α-Bromisovalerianylcyanamid $(CH_3)_2CH \cdot CH(Br) \cdot CO \cdot NH \cdot CN$. Aus α-Bromisovalerianylbromid und Natriumamid in Wasser als hellgelbes, nicht ohne Zersetzung destillierbares Öl. Es ist in Alkalien, Alkohol und Äther leicht löslich und bildet ein in Wasser ziemlich wenig, in organischen Lösungsmitteln leicht lösliches Kupfersalz mit 13,5% Cu[2].
Cyanamidoäthylalkohol, Mol-Gewicht 86,02.

$NC \cdot NH \cdot CH_2 \cdot CH_2 \cdot OH$ oder $HN:C:N \cdot CH_2CH_2 \cdot OH$
bzw. $H_2N \cdot C:N \cdot CH_2 \cdot CH_2 \cdot O$ oder $HN:C \cdot NH \cdot CH_2 \cdot CH_2 \cdot O$.

20 g Glykolchlorhydrin werden tropfenweise zu einer gut gekühlten Lösung von 20 g Cyanamidnatrium in 30 g Wasser gegeben bzw. 100 g Kalkstickstoff in 250 g Wasser werden auf dem Wasserbad mit 20 g Glykolchlorhydrin in 2 Stunden umgesetzt. Zur Zersetzung der Natriumverbindung wird mit Salzsäure angesäuert, dann eingedampft, wodurch der Cyanamidoäthylalkohol, jedoch nie ganz frei von HCl, erhalten wird. Mit Kaliumpermanganat oder Wasserstoffperoxyd tritt Zersetzung ein. Mit Anilin entsteht symm. Diphenylharnstoff. In Wasser und Alkohol ist er in jedem Verhältnis löslich und wird aus der alkoholischen Lösung durch Äther als Öl gefällt[3].
3-p-Toluolsulfonyl-(1, 3-oxazolidon-2)-imid, Mol-Gewicht 240,1.

$$HN:C\!\!-\!\!-\!\!-\!\!-\!\!N \cdot SO_2 \cdot C_7H_7$$
$$\ \ \ \ \ |\ \ \ \ \ \ \ \ \ \ \ \ \ \ \ |$$
$$\ \ \ \ \ O \cdot CH_2\!\!-\!\!CH_2$$

Aus Cyanamidoäthylalkohol durch 10—12stündiges Schütteln mit p-Toluolsulfochlorid. Aus Alkohol körnig-krystallinisch, aus Wasser dicke weiße Nadeln vom Schmelzp. 128°. Es ist in den meisten Lösungsmitteln sehr leicht löslich und unlöslich in Äther. Ammoniak wird nicht addiert[3].
3-p-Toluolsulfonyl (1, 3-oxalidon-2), Mol.-Gewicht 243,1.

$$CO\!\!-\!\!-\!\!-\!\!-\!\!N \cdot SO_2 \cdot C_7H_7$$
$$|\ \ \ \ \ \ \ \ \ \ \ \ \ \ \ |$$
$$O \cdot CH_2 \cdot CH_2$$

Aus dem obigen Imid durch Behandlung mit verdünnter Schwefelsäure. Aus Alkohol in Krystallen vom Schmelzp. 193°. Es ist in Wasser und Äther unlöslich, in heißen organischen Lösungsmitteln löslich[3].
Dibenzoyl-β-oxyäthylcarbodiimid $C_6H_5 \cdot CO \cdot N:C:N \cdot CH_2 \cdot CH_2 \cdot O \cdot CO \cdot C_6H_5$. Mol-Gewicht: 294,02. Aus Cyanamidoäthylalkohol mit Benzoylchlorid in alkalischer Lösung. Aus Alkohol Nadeln vom Schmelzp. 165°. Es ist in Äther unlöslich und gegen kalte Schwefelsäure beständig. Beim Verseifen mit Säuren oder Alkalien wird es zersetzt[3].
Cyanamidoessigsäure $NC \cdot NH \cdot CH_2 \cdot COOH$. Aus gleichen Molekülen Mononatriumcyanamid und Chloressigsaurem Natrium. Aus absolutem Alkohol Flocken, die sich von 230 bis 265° zersetzen. Zerfließlich, bräunt sich an der Luft und reagiert gegen Lackmus sauer. Mit Kupferacetat hellblauer Niederschlag, mit Sublimat und Phosphorwolframsäure weiß, mit Ferrichlorid rotbraun. Mit siedendem Anilin bildet sich Diphenylharnstoff[4].
Methylcarboxäthylcyanamid $NC \cdot N(CH_3) \cdot COOC_2H_5$. Aus Carboxäthylcyanamid und Dimethylsulfat. Kochpunkt 100°[5].

---

[1] M. Giua u. R. Petronio: J. prakt. Chem. **110**, 289 (1925) — Chem. Zbl. **1926 I**, 625.
[2] Farbenfabriken vorm. Friedr. Bayer & Co.: D.R.P. 347608, Kl. 12o (1922); E.P. 146289 (1921); Chem. Zbl. **1922, II**, 573.
[3] E. Fromm: Ber. dtsch. chem. Ges. **55**, 902—911 — Chem. Zbl. **1922 I**, 1177.
[4] E. Fromm: Liebigs Ann. **442**, 130 — Chem. Zbl. **1925 I**, 2446.
[5] K. Slotta: Ber. dtsch. chem. Ges. **62**, 1390 — Chem. Zbl. **1929 II**, 724.

Calciumcyanamid und Kalkstickstoff.

Bildung: Frank und Hochwald berichten über die Wärmetönung bei der Bildung [1].

Bestimmung: Man leitet über die Substanz bei 700° trockenes Salzsäuregas. Nach der Gleichung: $CaCN_2 + 8\ HCl = CaCl_2 + CCl_4 + 2\ NH_4Cl$ wird der Stickstoff bei der Zersetzung quantitativ in Ammoniumchlorid übergeführt und kann nach dem Alkalisieren in die Vorlage überdestilliert werden. Diese Methode führt in 20 Minuten zum Resultat, während die übliche Kjeldahl-Bestimmung 3 Stunden erfordert [2].

Darstellung: Kontinuierliche Verfahren wurden in Patentschriften niedergelegt [3].

Agrikulturchemische Bedeutung: Zusatz von 300 kg pro ha Boden rief bei verschiedenem Kolloidgehalt der Böden in 5—10 Tagen eine zunehmende Alkalisierung hervor, die langsam wieder zurückging, aber bei einem höheren als dem Ausgangs-p_H stehenblieb. Je größer der Kolloidgehalt ist, um so umfangreicher und rascher verlaufen die Reaktionsänderungen [4]. Um die schädliche Wirkung des Calciumcyanamids bei seiner Unterbringung kurz vor der Aussaat aufzuheben, wurde es mit 10 Teilen fein gemahlenem Torf gut vermengt, der mit Mikroben der Gruppe B. lactis aerogenes et cloacae versetzt wurde [5].

Kalkstickstoff wird als Kopfdünger für Weizen und Roggen empfohlen [6]. Chrostowski macht Mitteilung über seine Wirkung auf den Stickstoffgehalt und auf das Wachstum des Hafers bei verschiedener Bodenreaktion [7].

Physikalische und chemische Eigenschaften: Das reine Calciumcyanamid krystallisiert rhomboedrisch: $a = 5{,}11$ Å, $\alpha = 43°\ 50'$. Das zu diesem Rhomboeder zugehörige trigonale Prisma besitzt: $a = 3{,}91$, $c = 14{,}10$ Å. Für D. 2,20 ergibt sich ein Mol im Elementarrhomboeder. Atomkoordinaten in diesem E. $Ca(0\ 0\ 0)$, $C(\frac{1}{2}\ \frac{1}{2}\ \frac{1}{2})$, $N(u\ u\ u)$, $(\bar{u}\ \bar{u}\ \bar{u}) \cdot u = 0{,}37$. Atomabstände Ca-Ca 3,91, Ca-C 3,26, C-N 1,59, Ca-N 2,40 Å [8].

Bei der Lagerung nimmt es Wasser und Kohlensäure auf und gibt dann seinen Stickstoff als Ammoniak ab [9]. Nach $3\frac{1}{2}$jährigem Lagern mit 70% Feuchtigkeit von Kalkstickstoffproben, denen 0,5—10% Braunstein zugemischt worden war, waren 70, 76,4 bzw. 68,7% des vorhandenen Stickstoffs in Dicyandiamid-N umgesetzt [10]. — Über das Gleichgewicht der Reaktion: $CaC_2 + N_2 \rightleftharpoons CaCN_2 + C$ [11].

Dicyanamid $HN(CN)_2$. Mol-Gewicht: 67,04. Konnte in reinem Zustand bisher nicht erhalten werden, da es außerordentliche Neigung zur Polymerisation zeigt. Sein Natriumsalz wurde erhalten beim Versetzen von Cyanamid in absolutem Alkohol mit 2 Mol Natriumäthylat und dann mit Bromcyan, wobei es neben dem Dinatriumsalz des Cyanamids entsteht und 1 Mol Alkohol lose, aber chemisch gebunden enthält und folgende Konstitution besitzen dürfte: $NC \cdot N(Na) \cdot C(OC_2H_5):NH$. Nach Leitfähigkeitsmessungen ist das freie Dicyanamid eine der stärksten organischen Säuren (kommt der Salzsäure sehr nahe). Durch Anlagerung von Ammoniak entsteht eine der stärksten organischen Basen, das Cyanguanidin (Dicyandiamid). An die CN-Gruppe konnte ferner Wasser oder Alkohol addiert werden. — **Natriumsalz** NaC_2N_3, aus Alkohol Nadeln, leicht löslich in Wasser, ziemlich leicht in Alkohol. Neutrale Reaktion. — **Silbersalz** AgC_2N_3. Weißer flockiger Niederschlag, in Wasser und Salpetersäure unlöslich, leicht löslich in Ammoniak. — **Kupfersalz** $Cu(C_2N_3)_2$. Blaugrüne Nadeln, wenig löslich in heißem Wasser und Säuren, in Ammoniak violettblau löslich; verpufft beim Erhitzen. — **Mercurisalz** entsteht aus dem Natriumsalz mit heißer Lösung von HgO in verdünntem

---

[1] H. H. Franck u. Hochwald: Z. Elektrochem. **31**, 581 (1925) — Chem. Zbl. **1926 I**, 1120.

[2] C. Montemartini u. L. Losana: Giorn. Chim. ind. appl. **6**, 325 — Chem. Zbl. **1924 II**, 1836.

[3] H. Wittek: D.R.P. 453753, Kl. 12k (1925, 1927); 454363, Kl. 12k (Zus.P. (1925, 1928). — Ferner G. Hilger: D.R.P. 458028, Kl. 12k (1926, 1928); Chem. Zbl. **1928 I**, 1319 (ausf. Ref.); **1928 I**, 2532.

[4] J. Pien: Fortsch. Landw. **2**, 516 — Chem. Zbl. **1927 II**, 1750. — Vgl. auch M. Vermeire; Naturw. Tijdschr. **9**, 40.

[5] P. Mazé: C. r. Acad. Sci. Paris **175**, 1093 (1922) — Chem. Zbl. **1923 II**, 1213.

[6] N. v. Bittera: Fortschr. Landw. **2**, 51 — Chem. Zbl. **1927 I**, 1357.

[7] B. Chrostowski: Roczniki Nauk Rolniczych I. Lesnych **15**, 481 (1926) — Chem. Zbl. **1927 II**, 484.

[8] U. Dehlinger: Z. Kristallogr. Min. **65**, 286 — Chem. Zbl. **1927 II**, 540.

[9] K. D. Jacob, H. J. Krase u. J. M. Braham: Ind. Chem. **16**, 684 (1924) — Chem. Zbl. **1925 I**, 292.

[10] F. W. Dafert u. R. Miklanz: Z. landw. Versuchswesen in Deutsch-Österreich **1924** — Chem. Zbl. **1925 I**, 2036.

[11] H. Franck u. H. Heimann: Z. Elektrochem. **33**, 469 (1927) — Chem. Zbl. **1928 I**, 1.

HNO_3 als schwer löslicher krystallinischer Niederschlag. — **Ammoniumsalz.** Aus dem Kupfersalz in Ammoniak mit Schwefelwasserstoff. Aus Wasser, Alkohol oder diesem $+$ Äther in großen Krystallen bzw. Nadeln, Schmelzp. 116°, bei 126° Ammoniakabspaltung unter Gelbfärbung. In Wasser sehr, in Alkohol ziemlich leicht löslich[1].
Dicyanmethylamid $C_3H_3N_3$. Quadratische Krystalle, Schmelzp. 221°[1].

Tricyanmelamin

$$\underset{\underset{C}{\|}}{NC\cdot NH\cdot \overset{N}{\overset{\|}{C}}}\underset{NH\cdot CN}{\overset{N}{\underset{\|}{C\cdot NH\cdot CN}}} \quad \text{oder} \quad \underset{\underset{C}{\|}}{NH:\overset{N\cdot CN}{\overset{\|}{C}}}\underset{NH}{\overset{}{\underset{}{C:NH}}}$$
(I) (II)

Entsteht aus dem Dicyanamidnatrium beim Erhitzen auf höhere Temperatur und ist eine starke Säure, so daß die Formel I die wahrscheinlichere sein dürfte. Das Natriumsalz krystallisiert aus Wasser mit 3 Mol Krystallwasser ($Na_3C_3N_3$, $3\,H_2O$); in Wasser ist es leicht, in Alkohol wenig löslich. — **Methylverbindung** $C_9H_9N_9$. Aus Alkohol $+$ Äther Nadeln, die sich bei 215° unter Gelbfärbung aufblähen und bei 268° schmelzen[1].

Bis-[methylcarbaminyl]-cyanamid $(CH_3\cdot NH\cdot CO)_2N\cdot CN$. Aus Cyanamid und Methylisocyanat in Gegenwart von Triäthylphosphin. Aus Methanol Prismen. Zersetzungsp. 124°[2].

N-N'-Bismethylcarbaminyl-N-cyanguanidin $C_6H_{10}O_2N_6$. Durch Kochen von Bismethylcarbaminylcyanamid mit Essigester. Produkt wenig löslich in Essigester, Aceton und Benzol. Schmelzp. 280—285° (Zers.)[2].

N-Methylcarbaminyl-N'-cyanguanidin $C_4H_7ON_5$. Durch Kochen von N, N'-Bismethylcarbaminyl-N-cyanguanidin mit Wasser. Nadeln Zersetzungsp. 320—325°[2].

Dicyandiamid.
(Cyanguanidin.)

Nachweis: In Pflanzen: Wässerigen Auszug mit Bleiacetat klären, zur Trockene verdampfen, Rückstand mit Alkohol ausziehen, mit Tierkohle entfärben und mit Silbernitrat als $AgNO_3\cdot C_2H_4N_4$ in Krystallen beim Abkühlen gewinnen[3].

In Abwesenheit von Thioharnstoff: mit Silbernitrat in Gegenwart von Salpetersäure fällen, auf 60° erhitzen, falls sofort ein Niederschlag entsteht. Filtrat mit weiteren 5 Tropfen Silberlösung versetzen und in Eis kühlen. Weißer Niederschlag! — In Gegenwart von Thioharnstoff: 10 ccm der Versuchslösung mit je 3 ccm konzentriertem Ammoniak und 10proz. Silbernitratlösung versetzen, Schütteln bis zum Zusammenballen des Niederschlags, dann tropfenweise mit Silbernitrat vollständig ausfällen. Filtrat mit Salpetersäure eben ansäuern und auf 0° bringen. Ausbleiben des Niederschlags zeigt Abwesenheit von Dicyandiamid an. Andernfalls verfahre man wie oben[4].

Bestimmung: Die von Harger[5] angegebene Methode der Bestimmung des D. als Silberpikratmonocyanoguanidin nimmt zuviel Zeit in Anspruch und eignet sich nicht zu volumetrischen Arbeiten. Bessere Erfolge hatte E. Johnson[6] mit dem Silberpikratdicyanoguanidin: $C_6H_2(NO_2)_3OAg\cdot 2\,C_2H_4N_4$. Man arbeitet in verdünnter Lösung bei niederer Temperatur und großem Pikrinsäureüberschuß. Bei 5—15% Dicyandiamid-N übergießt man 5 g (sonst mehr) in einem 500 ccm-Kolben mit 450 ccm Wasser (10—25°), bringt evtl. vorhandenes CaO durch wenig Essigsäure in Lösung und schüttelt 3 Stunden. Von dem auf 500 ccm gebrachten Volumen filtriert man 100 ccm in ein 200 ccm-Gefäß, versetzt mit 5 ccm 20proz. Salpetersäure und 20 ccm Natriumpikratlösung (7,5 g Pikrinsäure mit Soda neutralisiert und auf 100 ccm gebracht), kühlt auf 5° ab und läßt 0,0446n-Silbernitratlösung unter Umrühren tropfenweise bis zu einem geringen Überschuß zufließen. Nach $^1/_4$ stündigem Stehen bei

---
[1] W. Madelung u. E. Kern: Liebigs Ann. **427**, 1 (1922) — Chem. Zbl. **1922 III**, 129 u. 130.
[2] K. Slotta u. R. Tschesche: Ber. dtsch. chem. Ges. **62**, 137 — Chem. Zbl. **1929 I**, 1681.
[3] R. Kwiecinski: Mém. Inst. national Polonais d'économie rurale a Pulawy **7**, 205 — Chem. Zbl. **1926 II**, 2480.
[4] G. H. Buchanan: Ind. Chem. **15**, 637 — Chem. Zbl. **1923 IV**, 315.
[5] Harger: Ind. Chem. **12**, 1107 — Chem. Zbl. **1921 II**, 398 — J. Soc. Chem. Ind. **40**, 125 — Chem. Zbl. **1921 IV**, 980.
[6] E. Johnson: Ind. Chem. **13**, 533 — Chem. Zbl. **1921 IV**, 695.

5° wird aufgefüllt und filtriert. Schließlich titriert man mit 0,0446 n-Ammoniumrhodanatlösung 100 ccm des Filtrats nach Zugabe von 5 ccm obiger HNO_3 und von 2 ccm Ferrosulfatlösung zurück. Bei 5 g Einwage ist 1 ccm $AgNO_3$-Lösung = 1% Dicyandiamid-N. — Zur Bildung dieser Komplexverbindung sind alle wasserlöslichen aromatischen Nitroverbindungen befähigt. Am besten scheint sich davon das Trinitroresorcinol (= Styphinsäure) zu eignen.

C. D. Garby[1] fand bei Überprüfung alle bisherigen Verfahren unbefriedigend und empfiehlt seine Modifizierung der Nickelguanylharnstoffmethode von Dafert und Miklauz[2]. Wesentlich sei die Sättigung des Fällungsmittels mit Nickelguanylharnstoff und die richtige Ammoniakkonzentration. Dies wird erreicht, wenn man eine 2proz. Ammoniaklösung mit der Nickelverbindung sättigt; hiermit stellt man die 10proz. Mannitlösung her, mit welcher der Rückstand der Eindampfung mit Ammoniak aufgenommen wird, auch dient sie zur Herstellung der Nickel- und Ammoniumnitratlösung, die zur Fällung verwendet wird. Nach Zusatz der Natronlauge muß das Gefäß zur Vermeidung von Ammoniakverlusten geschlossen gehalten werden. Einzelvorschriften für die Bestimmung in technischem Dicyandiamid, in Calciumcyanamid des Handels, in Gemischen von Cyanamid mit sauren Phosphaten und in Lösungen von Guanylharnstoff und Biguanid finden sich im Original[1].

Darstellung: Zu 1 g-Mol Natriumhypochlorit in 1 l Wasser läßt man nacheinander 1 Mol $^1/_2$-normaler Ammoniaklösung und 1 Mol konzentrierter Kaliumcyanidlösung langsam fließen (unter 5°). Nach einigen Stunden wird Ammoniak und Silbernitrat zugesetzt. Die ausgeschiedenen Krystalle sind $Ag(CN)_2$, AgCl. Ätherische Salzsäure macht daraus Dicyanimid-hydrochlorid frei $(CN)_2NHHCl$, das mit warmem Wasser Biuret liefert. Mit kalter Salzsäure wird die Silberverbindung in $NH_2 \cdot CO \cdot NH \cdot CN$, mit Schwefelwasserstoff in eine gelatinöse Masse übergeführt[3].

Aus Calciumcyanamid: Kalkstickstoff wird $^1/_2$ Stunde mit der 5fachen Menge Wasser bei 45—50° ausgeschüttelt. Das Filtrat wird mit soviel Schwefelsäure von 60° Bé versetzt, daß die Hälfte des Calciumoxyds gebunden wird. Dann erhitzt man schnell auf 75°, fällt das Calciumoxyd vollständig aus, hält 2 Stunden bei 75° und engt das Filtrat soweit ein, bis bei 70° Krystallisation erfolgt. Nach dem Abkühlen durch Zentrifugieren getrenntes Rohprodukt wird aus Wasser in etwa 97proz. Reinheit gewonnen[4]. Eine weitere Patentschrift sagt, die Ausbeute an Dicyandiamid kann gesteigert werden, wenn man das Calciumcyanamid nicht mit reinem Wasser, sondern mit wässeriger Aluminiumsulfatlösung zersetzt; Ausbeute 95%. Auch verdünnte Schwefelsäure liefert 90%[5].

Biologische Bedeutung: Auf das Wachstum der Bodenbakterien soll es nach den Angaben Allisons[6] keinen Einfluß besitzen. Doch verhindert es nach Studien von Beling[7] im Ackerboden in erster Linie die Nitrifikation, aber in der Praxis liegt die Giftwirkung bei einer Grenze (0,5 mg auf 100 g Boden), daß sie nur dann zu befürchten ist, wenn vollkommen zersetztes Calciumcyanamid verwendet wird. Bei Gärungsversuchen wirkte es in einer Konzentration von 0,25 ⁰/₀₀ gar nicht, bei 0,5 ⁰/₀₀ schwach und bei 1 ⁰/₀₀ etwas stärker verzögernd[7]. Auch von Jacob, Allison und Braham[8] ist dann diese verzögernde Wirkung der Nitratbildung aus der organischen Stickstoffsubstanz und aus Ammoniumsulfat festgestellt worden. Deutliche Wirkung haben sie schon bei 0,1 mg auf 100 g Boden beobachtet[7]. Das in Wasserkulturen ungiftige Dicyandiamid ist als Düngemittel nach Loew[9] giftig. Kwieciński[10] beschreibt Ergebnisse von Studien beim Verhalten von Haferkulturen gegenüber Dicyandiamid.

Physikalische und chemische Eigenschaften: Es krystallisiert monoklin mit pseudorhombischer Ausbildung. a = 13,8, b = 4,4, c = 6,2 Å, $\beta = 90° 35'$. Die im Mol enthaltenen

---

[1] C. D. Garby: Ind. Chem. **17**, 266 — Chem. Zbl. **1925 II**, 420.
[2] Dafert u. Miklauz: Z. landw. Versuchswesen in Deutsch-Österreich **22**, 8 — Chem. Zbl. **1919 IV**, 109.
[3] W. F. Short: Chem. News **126**, 100 — Chem. Zbl. **1923 I**, 1426.
[4] H. C. Hetherington u. J. M. Braham: Ind. Chem. **15**, 1060 (1923). — Vgl. auch A.P. 1423799 (1921, 1922) — Chem. Zbl. **1924 I**, 165, 2822. — American Cyanamid Co., übertr. v. G. Barsky: A.P. 1618504 (1923, 1927) — Chem. Zbl. **1927 II**, 2113.
[5] A. Kretow: J. chem. Ind. (russ.) **2**, 350 — Chem. Zbl. **1926 I**, 3315.
[6] F. E. Allison: J. agricult. Res. **28**, 1159 (1924) — Chem. Zbl. **1925 I**, 755.
[7] R. W. Beling: Landw. Versuchsstat. **102**, 1 — Chem. Zbl. **1924 II**, 108.
[8] K. D. Jacob, F. E. Allison u. J. Braham: J. agricult. Res. **28**, 37 (1924) — Chem. Zbl. **1925 I**, 155.
[9] O. Loew: Z. Bakter., Abt. II, **70**, 39 — Chem. Zbl. **1927 II**, 1506.
[10] R. Kwieciński: Mém. Inst. national Polonais d'économie rurale àl Pulawy **7**, 205 — Chem. Zbl. **1926 II**, 2480.

4 N- und 4 H-Atome sind nicht gleichwertig (Bestimmung der Atomkoordinaten konnte nicht vorgenommen werden[1].

Beim Erhitzen bis auf 480° bilden sich aus Dicyandiamid Melamin und Melam; mit Soda und Kohle: Natriumcyanat u. a. Verb.[2]. Wässeriges Ammoniak verwandelt Dicyandiamid, im Einschlußrohr auf 200° erhitzt, zunächst in Guanylharnstoff, dann in Guanidincarbonat. Dieses setzt sich mit Ammoniak zu Ammelid und Ammelin um, die sich als weißer Niederschlag ausscheiden[3]. Bei der Reaktion mit Ammoniumsalzen (Methylammoniumchlorid, Dimethylammoniumchlorid u. a.) bei höherer Temperatur soll vor der Umsetzung Depolymerisation des Dicyandiamids zu Cyanamid stattfinden[4] im Gegensatz zur Auffassung von Davis[5].

Die große Beständigkeit von Dicyandiamid im Boden erwies sich an 2 Proben von gekörntem Calciumcyanamid, die mehrere Monate im Boden gelegen hatten. Bei einem Gesamtstickstoff von 1,26% bzw. 0,91% enthielten sie noch 1,00% bzw. 0,70% Dicyanamidstickstoff[6].

Derivate: Phenylmethylcyanguanidin $(CH_3)(C_6H_5)N \cdot C(:NH) \cdot NH \cdot CN$. Aus Phenylmethylbiguanid durch salpetrige Säure. Aus Wasser Blättchen vom Schmelzp. 143°. In Alkohol und Chloroform ziemlich leicht, in Benzol leicht, in Äther und Tetrachlorkohlenstoff wenig löslich. — **Hydrochlorid** zersetzt sich gegen 165°. Wird von Wasser hydrolytisch gespalten[7].

Piperidylcyanguanidin $C_5H_{10}:N \cdot C(:NH) \cdot NH \cdot CN$. Aus Piperidylbiguanid durch salpetrige Säure. Aus Wasser Blättchen vom Schmelzp. 172—173°. In Alkohol ziemlich leicht, in Benzol wenig und in Chloroform leicht löslich. Gegen Lackmus neutral[7].

Dicyandiamidoessigsäure (Cyanguanidinessigsäure)

$$NC \cdot NH \cdot C(:NH) \cdot NH \cdot CH_2 \cdot COOH \quad \text{oder} \quad \underset{\underset{O\underline{\hspace{1cm}}C<^{NH \cdot CN}_{NH_2}}{|}}{CO \cdot CH_2 \cdot NH}$$

Aus molekularen Mengen Natriumcyanamid und Chloressigsäure und Neutralisieren mit Salzsäure. Aus Wasser Krystallpulver. Zersetzt sich von 220—240°. In Wasser wenig, sonst schwer löslich. Fällt durch Phosphorwolframsäure und Phosphormolybdänsäure; durch Gerbsäure und Bleiessig aber nicht. Konzentrierte Salzsäure spaltet im Rohr bei 150° 2 Mol Ammoniak ab (4 Stunden); siedende Bariumhydroxydlösung führt sie in Guanidoessigsäure über; siedende Natronlauge liefert Glykokoll, Kohlensäure und Ammoniak; siedendes Anilin liefert Diphenylharnstoff. — **Hydrochlorid** $C_4H_7O_2N_4Cl$. Aus verdünnter Salzsäure Krystalle vom Schmelzp. 205°. — **Sulfat** $C_8H_{14}O_8N_8S$. Bildet sich aus der alkoholischen Lösung mit verdünnter Schwefelsäure in Nadeln zum Schmelzp. 188°. — **Tetraoxalat** $C_4H_6O_2N_4$, $2\,C_2H_2O_4$. Aus Wasser + Alkohol Krystallpulver vom Schmelzp. 183°. — **Pikrat** $C_{10}H_9O_9N_7$. Aus Wasser citronengelbe Nadeln vom Schmelzp. 195°. — **Chloroplatinat**, gelbe Krystalle. Zersetzung von 220—240°. — **Phosphorwolframat**, aus Wasser Nadeln. — **Phosphormolybdat**, gelbe Krystalle. — **Chloracetat**, Blätter vom Schmelzp. 192°. — **Phosphat**, Nadeln vom Schmelzpunkt 196°. — **Nitrat**, Nadeln. — Sämtliche Säuresalze werden von siedendem Wasser dissoziiert. — **Natriumsalz**, Aus neutraler wässeriger Lösung durch Alkohol in Nadeln. — **Tribenzoat** $C_{25}H_{18}O_5N_4$. In Pyridin gewonnen. Die bräunlichen Krystalle zersetzen sich von 196—202°. Im Alkohol und Chloroform leicht, in Wasser und Äther wenig löslich[8].

Dicyandiamidin.
(Guanylharnstoff.)

Bildung: Dicyandiamidin entsteht aus den in wässerigen Lösungen von rohem Harnstoff enthaltenen Dicyandiamid unter der Einwirkung der sauren Bestandteile des Superphosphats[9].

---

[1] U. Dehlinger: Z. Kristallogr. u. Min. **65**, 286 — Chem. Zbl. **1927 II**, 540.
[2] A. Kretow: J. chem. Ind. (russ.) **2**, 482 — Chem. Zbl. **1926 II**, 390.
[3] T. L. Davis: J. amer. chem. Soc. **43**, 2230 (1921) — Chem. Zbl. **1922 III**, 133.
[4] E. A. Werner u. J. Bell: J. chem. Soc. Lond. **121**, 179 (1922); **117**, 1133 — Chem. Zbl. **1923 I**, 1156; **1921 I**, 210.
[5] Davis: Amer. chem. Soc. Lond. **43**, 2234 — Chem. Zbl. **1922 III**, 134.
[6] A. Auguet u. A. Bruno: C. r. Acad. Sci. Paris **180**, 1436 — Chem. Zbl. **1925 II**, 492.
[7] G. Pellizzari: Gazz. chim. ital. **53**, 384 — Chem. Zbl. **1923 III**, 1164 — Gazz. chim. ital. **51 I**, 224 — Chem. Zbl. **1922 III**, 763.
[8] E. Fromm: Liebigs Ann. **442**, 130 — Chem. Zbl. **1925 I**, 2445.
[9] Elektrizitätswerk Lonza u. E. Lüscher: Schwz.P. 116162, 116163 (1925, 1026); Chem. Zbl. **1926 II**, 2841.

Bestimmung: Als Nickelsalz: $Ni(C_2H_5ON_4)_2 + H_2O$ nach Dafert und Miklomb mit folgendem Reagens: 10 g Nickelnitrat, 5 g Ammoniumnitrat, 50 ccm Wasser, 15 ccm konzentriertes Ammoniak und 20 ccm 10proz. Natronlauge. 10—15 ccm Versuchslösung werden mit Ammoniak neutralisiert, pro ccm Lösung 0,1 g Mannit, darauf 10—20 ccm Reagens und 10proz. Natronlauge bis zur gelbbräunlichen Färbung zugesetzt. Nach 4 Stunden wird der Niederschlag filtriert, mit 2proz. Ammoniak gewaschen und bei 100° getrocknet. Sind Phosphorsäure oder lösliche Phosphate vorhanden, so schüttelt man 10 g Superphosphat in einem 250 ccm-Meßkolben mit 100 ccm Wasser 1 Stunde lang, neutralisiert mit Natronlauge gegen Phenolphthalein, füllt auf, filtriert und verwendet das Filtrat zur Bestimmung[1].

Agrikulturchemische Bedeutung: Der Stickstoff des Guanylharnstoffs wurde im Boden sehr langsam in Ammoniakstickstoff übergeführt, der sich nicht anhäufte, sondern nitrifiziert wurde. Die Gegenwart von Harnstoff verzögerte die Nitrifikation einige Wochen lang, doch war dessen schädliche Wirkung nicht annähernd so groß als die des Dicyandiamids[2]. Dicyandiamidin soll aber in Düngemitteln vermieden werden, da größere Gaben (bei Weizen und Pferdebohnen versucht) Wurzelbrand und Abnahme des Frischgewichtes verursachen, und zwar im sandigen Boden stärker als im lehmigen. Nur großer Überschuß an anderen Stickstoffdüngern hebt diese Wirkung teilweise auf[3]. Auf das Wachstum der Bodenbakterien hat das Nitrat des Guanylharnstoffs keinen Einfluß[4].

Derivate: Dipikrylguanylharnstoff oder **Dipikryldicyandiamidin**

$$C_6H_2(NO_2)_3-N-CO-NH_2$$
$$C_6H_2(NO_2)_3-N=C-NH_2$$

bzw.

$$C_6H_2(NO_2)_3-N-CO-NH_2$$
$$C_6H_2(NO_2)_3-NH-C=NH$$

Gelbes Nebenprodukt bei der Behandlung von Pikrylcyanamid mit Wasser. Schmelzp. 254 bis 255° (Zers.)[5].

Guanylphenylmethylharnstoff $(CH_3)(C_6H_5)N \cdot CO \cdot NH \cdot C(:NH) \cdot NH_2$. Aus Phenylmethylbiguanid durch salpetrige Säure. Über das Nitrat gereinigt aus Wasser in prismatischen Krystallen oder sphärischen Aggregaten vom Schmelzp. 175°. Die Schmelze wird fast augenblicklich wieder undurchsichtig infolge Bildung einer festen Substanz. In Alkohol leicht, in Benzol, Äther und Chloroform wenig löslich. Gegen Lackmus alkalische Reaktion. Mit Kupfersulfat und Ammoniak hellblaue Flocken. — **Nitrat** aus Wasser, lange Nadeln vom Schmelzpunkt etwa 190°[6].

Phenylmethylguanylharnstoff $(CH_3)(C_6H_5)N \cdot C(:NH) \cdot NH \cdot CO \cdot NH_2$. Aus Phenylmethylcyanguanidin durch Wasseranlagerung an die Cyangruppe unter der Einwirkung verdünnter Säuren. Aus Wasser in Nadeln vom Schmelzp. 141°, die sich bei 160—170° unter Gasentwicklung zersetzen. In Wasser und Alkohol löslich, in Äther und Benzol wenig löslich. Gegen Lackmus alkalische Reaktion. Mit Kupfersulfat und Ammoniak pfirsichblütenroter Niederschlag[6].

Guanylpepiridylharnstoff $C_5H_{10}:N \cdot CO \cdot NH \cdot C(:NH) \cdot NH_2$. Aus Piperidylbiguanid durch salpetrige Säure. Aus Wasser prismatische Krystalle oder Nadeln vom Schmelzp. 177 bis 178°. In Alkohol leicht, in Benzol und Chloroform wenig löslich. Gegen Lackmus alkalische Reaktion. — **Pikrat** aus Alkohol gelbe Blättchen vom Schmelzp. 190° (Zers.) und Bildung einer festen Substanz[6].

Piperidylguanidylharnstoff $C_5H_{10}:N \cdot C(:NH) \cdot NH \cdot CO \cdot NH_2$. Aus Piperidylcyanguanidin durch Wasseranlagerung an die Cyangruppe unter der Einwirkung verdünnter Säuren. Sirup. — **Pikrat** aus Alkohol in gelben Nadeln vom Schmelzp. 245°. In Wasser wenig löslich[6].

Guanylphenylharnstoff $C_6H_5 \cdot NH \cdot CO \cdot NH \cdot C(:NH) \cdot NH_2$. Aus Phenylbiguanid direkt durch Einwirkung von salpetriger Säure. Aus Wasser große Krystalle vom Schmelzpunkt 143—144°. In Alkohol leicht, in Äther und Wasser ziemlich leicht, in Benzol sehr wenig löslich. Gegen Lackmus alkalische Reaktion. Mit Kupfersulfat hellblauer Niederschlag (Hydroxyd), der sich auf Ammoniakzusatz löst. Allmählich scheidet sich daraus ein leuchtend grünes Pulver aus. — **Nitrat** aus Wasser in Krystallen, die sich bei 211—213° zersetzen und in Alkohol

---

[1] A. Grammont: Bull. Soc. France Chim. [4] **33**, 123 — Chem. Zbl. **1923 IV**, 56.
[2] K. D. Jacob, F. E. Allison u. J. Braham: J. agricult. Res. **28**, 37 (1924) — Chem. Zbl. **1925 I**, 155.
[3] F. E. Allison, I. J. Skinner u. F. R. Reid: J. agricult. Res. **30**, 419 — Chem. Zbl. **1925 II**, 1305.
[4] F. E. Allison: J. agricult. Res. **28**, 1159 (1924) — Chem. Zbl. **1925 I**, 755.
[5] M. Gina: Gazz. chim. ital. **55**, 662 (1925) — Chem. Zbl. **1926 I**, 899.
[6] G. Pellizzari: Gazz. chim. ital. **53**, 384 — Chem. Zbl. **1923 III**, 1165.

löslich sind. — **Pikrat** aus Wasser feine Nädelchen, die sich von 230° an allmählich zersetzen. In Alkohol ziemlich leicht löslich. — Bei der Hydrolyse des Guanylphenylharnstoffs mit verdünnter Salpetersäure entstehen Guanidin, Anilin und Kohlendioxyd [1].

Biguanid.
(Guanylguanidin.)

Bestimmung: Zu etwa 0,1 g Biguanid enthaltender Substanz in 25—30 ccm wässeriger Lösung werden etwa 2,5 g Mannit, 10 ccm konzentrierte Ammoniaklösung, 5 Tropfen gesättigte alkoholische Trinitrobenzollösung und tropfenweise 25 proz. Kalilauge zugefügt, bis die Farbe stark rot bis gelbrot ist. Dann werden 0,5—3 ccm Nickelreagens (40 g $NiNO_3 \cdot 6 H_2O$, 100 ccm 10 proz. Mannitlösung, 40 ccm konzentriertes Ammoniak und 15 ccm 25 proz. Kalilauge) zugegeben und nach 2—3 Stunden der Niederschlag in einem gewogenen Goochtiegel filtriert. Nach dem Waschen mit 0,12 proz. Ammoniak und Trocknen bei 125° (1 Stunde) wird das $Ni(C_2H_6N_5)_2$ gewogen. Bei Gegenwart von Guanylurethan werden nach dem Zusatz des Mannits 0,2 g Diammoniumphosphat und 0,1 g Ammoniumnitrat zugefügt und wie vorher verfahren [2].

Physiologische Eigenschaften: Substituierte Biguanide zeigen eine stark blutzuckersenkende Wirkung und zwar liegt das Maximum beim Methylkörper. Eine Vergrößerung des Alkylrestes zeigte keine gesteigerte Wirksamkeit; ebenfalls brachte die Einführung aromatischer Reste keinen Vorteil. In der Reihe der ungesättigten Alkyle und der in 1-Stellung dialkylierten Verbindungen waren ebenfalls die Anfangsglieder die wirksamsten [3].

Agrikulturchemische Bedeutung: Biguanidnitrat wurde im Boden nur in ganz geringen Mengen nitrifiziert [4]. Auf das Wachstum der Bodenbakterien hat das salpetersaure Salz keinen Einfluß [5].

Über Konstitution der Schwermetallkomplexverbindung des Briguanids [6].

Derivate: Hydrochlorid $C_4H_{11}N_5 \cdot HCl$. Aus Dimethylammoniumchlorid und Dicyandiamid bei 120° in 3 Stunden in beträchtlicher Menge. Aus Wasser Prismen vom Schmelzp. 232°. — **Pikrat** aus Wasser in hellgelben Nadeln vom Schmelzp. 219° [7].

Acetat $C_2H_7N_5 \cdot C_2H_4O_2$. Aus Alkohol + Äther Nadeln vom Schmelzp. 175°. In Wasser sehr leicht löslich [8].

Alkylbiguanide. Herstellung [9, 6].

Saures 1,5-Dimethylbiguanidsulfat $CH_3 \cdot NH \cdot C(:NH) \cdot NH \cdot C(:NH) \cdot NH \cdot CH_3$, H_2SO_4. Aus Methylaminhydrochlorid und Na-Dicyanamid. Zers. bei 200° [6].

Saures 1,5-Diallylbiguanidsulfat $CH_2:CH \cdot CH_2 \cdot NH \cdot C(:NH) \cdot NH \cdot C(:NH) \cdot NH \cdot CH_2 \cdot CH:CH_2$, H_2SO_4. Zähe Masse, leicht löslich in Wasser und Alkohol [6].

1,1,5,5-Tetramethylbiguanidsulfat $C_6H_{17}O_4N_5S$. Aus Cu-Dicyanamid und Dimethylamin. Kristalle. Zers. bei 142° [6].

1,2,3-Triphenylbiguanid $C_{20}H_{19}N_5$. Aus Triphenylguanidin und Cyanamid. Prismen. Zers. bei 118—120° [6].

1,1-Dimethylbiguanid-5-essigsäure $C_6H_{14}O_2N_5Cl$. Aus Dimethylbiguanid mit Chloressigester. Prismen. Zers. bei 178—180° [6].

1-Propylbiguanid-sulfat $C_{10}H_{28}O_4N_{10}S$. Aus Propylamin und Cyanguanidin. Schmelzpunkt 193—196° [6].

1-Isoamylbiguanid-sulfat $C_{14}H_{36}O_4N_{10}S$. Schmelzp. 168—170° [6].

1-Crotylbiguanid-sulfat $C_{12}H_{28}O_4C_{10}S$. Aus Crotylaminhydrochlorid und Cyanguanidin. Schmelzp. 165—168° [6].

1-Hexenylbiguanid-sulfat $C_{16}H_{36}O_4N_{10}S$. Nadelbüschel. Zers. bei 226° [6].

---

[1] G. Pellizzari: Gazz. chim. ital. **53**, 384 — Chem. Zbl. **1923 III**, 1165.
[2] C. D. Garby: Ind. Chem. **18**, 819 — Chem. Zbl. **1927 II**, 143.
[3] K. Slotta u. R. Tschesche: Ber. dtsch. chem. Ges. **62**, 1398 — Chem. Zbl. **1929 II**, 725.
[4] K. D. Jacob, F. E. Allison u. J. Braham: J. agricult. Res. **28**, 37 (1924) — Chem. Zbl. **1925 I**, 156.
[5] F. E. Allison: J. agricult. Res. **28**, 1159 (1927) — Chem. Zbl. **1925 I**, 755.
[6] K. Slotta u. R. Tschesche: Ber. dtsch chem. Ges. **62**, 1390 u. 1398 — Chem. Zbl. **1929 II**, 724.
[7] E. A. Werner u. J. Bell: J. chem. Soc. Lond. **121**, 1790 (1922) — Chem. Zbl. **1923 I**, 1156.
[8] R. Andreasch: Mh. Chem. **48**, 145 — Chem. Zbl. **1927 II**, 1033.
[9] M. Heyn: F.P. 618063 (1926, 1927; D.Prior. 1925) — Chem. Zbl. **1927 II**, 503 (ausf. Ref.).

1-(p-Methoxyphenyl)-biguanid-hydrochlorid $C_9H_{14}ON_5Cl$. Prismen. Schmelzp. 235°[1].
1-(β-oxyäthyl)-biguanid-sulfat $C_8H_{24}O_6N_{10}S$. Zers. bei 148°[1].
Saures 1-(β-Mercaptoäthyl)-biguanid-sulfat $C_4H_{13}O_4N_5S_2$. Lanzettartige Krystalle. Zers. bei 201°[1].
Äthylendibiguanid-sulfat $NH_2 \cdot C(:NH) \cdot NH \cdot C(:NH) \cdot NH \cdot CH_2 \cdot CH_2 \cdot NH \cdot C(:NH) \cdot NH \cdot C(:NH) \cdot NH_2, H_2SO_4$. Aus Guanyl-S-äthylthioharnstoffhydrobromid und Äthylamin. Zers. bei 300°[1].
Decamethylendibiguanid-sulfat $C_{14}H_{34}O_4N_{10}S$. Nadeln. Schmelzp. 115°[1].
Phenylmethylbiguanid $(CH_3)(C_6H_5)N \cdot C(:NH) \cdot NH \cdot C(:NH) \cdot NH_2$. Aus Methylanilinhydrochlorid und Dicyandiamid durch 8stündiges Kochen ihrer wässerigen Lösung[2].
Tetraphenylbiguanid $NH[C(:NC_6H_5)(NHC_6H_5)]_2$. Aus Diphenylguanidin und Carbodiphenylimid. Aus Alkohol in Nadeln vom Schmelzp. 136°. **Hydrochlorid:** in Wasser kalt unlöslich, in Alkohol löslich[3].
Aromatische Biguanide. Darstellung von Metallverbindungen[4].

Nitroguanidin. Im Boden zeigte es ein Maximum der Nitrifikation von 17% nach 50 Tagen[5].
Die α- und die β-Form unterscheiden sich nur durch ihre Molekularrefraktion und chemisch dadurch, daß die letztere durch starke Mineralsäuren in die α-Form umgewandelt werden kann. Mol.-Refr. der α-Form: $N_\alpha = 1,518$, $N_\beta = $ etwas $> 1,668$, $N_\gamma = $ etwas $> 1,768$; Doppelrefraktion: 0,250; β-Form: $N_\alpha = 1,525$, $N_\beta = 1,710$, $N_\gamma = ?$[6].
Durch heiße konzentrierte Schwefelsäure wird es quantitativ zersetzt, wobei die Hälfte des Stickstoffs in Form von Ammoniak und der Kohlenstoff als Kohlendioxyd auftritt. Mit Hilfe dieser Reaktion wurde die Löslichkeit von Guanidin in Schwefelsäure von verschiedener Konzentration bestimmt[7]. Davis und Abrams berichten über seine Umwandlungen und sein Vermögen, für aromatische Verbindungen als ausgezeichnetes Nitriermittel zu dienen[8].
Methylnitroguanidin $CH_3NH \cdot C(:NH) \cdot NH \cdot NO_2$. 1 Mol α-Nitroguanidin mit etwas weniger als 1 Mol Methylamin in 10proz. wässeriger Lösung 30—40 Minuten auf 60—70° erwärmen (NH_3 entweicht reichlich), abkühlen lassen, Filtrat bei Zimmertemperatur verdampfen und Rückstand mit Alkohol bei 70° ausziehen (30—50% Ausbeute). Kurze Prismen vom Schmelzp. 160,5—161°[9].
Dimethylnitroguanidin $(CH_3)_2N \cdot C(:NH) \cdot NH \cdot NO_2$. Feine Nadeln vom Schmelzp. 193,6 bis 194,5°[9].
Äthylnitroguanidin $C_2H_5NH \cdot C(:NH) \cdot NH \cdot NO_2$. Würfel. Schmelzp. 147—148°[9].
n-Propylnitroguanidin $C_3H_7NH \cdot C(:NH) \cdot NH \cdot NO_2$. Derbe Nadeln. Schmelzp. 98 bis 98,5°[9].
Isopropylnitroguanidin $C_4H_{10}O_2N_3$. Würfel. Schmelzp. 154,8—155,6°[9].
n-Butylnitroguanidin $C_4H_9NH \cdot C(:NH) \cdot NH \cdot NO_2$. Derbe Nadeln vom Schmelzp. 84 bis 85°[9].
Isobutylnitroguanidin $C_5H_{12}O_2N_3$. Blättchen vom Schmelzp. 121—121,5°[9].
n-Amylnitroguanidin $C_5H_{11}NH \cdot C(:NH) \cdot NH \cdot NO_2$. Blättchen vom Schmelzp. 98,8 bis 99,3°[9].
Isoamylnitroguanidin $C_6H_{14}O_2N_3$. Feine Nadeln vom Schmelzp. 145,5—146,2°[9].
Tert. Amylnitroguanidin $C_6H_{14}O_2N_3$. Platten. Schmelzp. 154,8—155,6°[9].
Benzylnitroguanidin $C_6H_5CH_2NH \cdot C(:NH) \cdot NH \cdot NO_2$. Nadeln vom Schmelzp. 183,5°[9].

---

[1] K. Slotta u. R. Tschesche: Ber. dtsch. chem. Ges. **62**, 1390 u. 1398 — Chem. Zbl. **1929 II**, 724.
[2] G. Pellizzari: Gazz. chim. ital. **53**, 384 — Chem. Zb.. **1923 III**, 1164 — vgl. auch Gazz. chim. ital. **51 I**, 224 — Chem. Zbl. **1922 III**, 763.
[3] W. Scott: Ind. Chem. **15**, 286 (1923) — Chem. Zbl. **1924 I**, 2109.
[4] I. G. Farbenindustrie u. K. Schranz: D.R.P. 435668, Kl. 12o (1924, 1926); Chem. Zbl. **1926 II**, 3007.
[5] K. D. Jacob, F. E. Allison u. J. Braham: J. agricult. Res. **28**, 37 (1924) — Chem. Zbl. **1925 I**, 156.
[6] T. L. Davis, A. A. Ashdown u. H. R. Couch: J. amer. chem. Soc. **47**, 1063 — Chem. Zbl. **1925 II**, 163.
[7] T. L. Davis: J. amer. chem. Soc. **44**, 868 — Chem. Zbl. **1922 III**, 909.
[8] T. L. Davis u. A. J. Abrams: Proc. amer. Acad. Arts Sci. **61**, 437 — Chem. Zbl. **1927 I**, 2296.
[9] T. L. Davis u. St. B. Luce: J. amer. chem. Soc. **49**, 2303 — Chem. Zbl. **1927 II**, 2282.

Nitroaminoguanidin

$$HN:C\begin{matrix}NHNO_2\\NHNH_2\end{matrix}$$

Bildet sich beim Erhitzen von Hydrazinsulfat in wässerigem Ammoniak und Nitroguanidin in 50proz. Ausbeute. Weiße, krystallinische Verbindung vom Schmelzp. etwa 190° unter Explosion. Reduziert Permanganat, Dichromat und ammon. $AgNO_3$-Lösung. Mit Silbernitrat und Fehlingsche Lösung Bildung explosiver Metallverbindungen. Nickelsalze geben mit der alkalischen Lösung tiefblaue Färbung (Empfindlichkeit: 0,0002 mg Ni). In Alkali mit gelber Farbe, in Wasser bei 20° mit 0,34%, bei 70° mit 3% löslich. Mit Zink und Essigsäure reduzierbar zu Diaminoguanidin[1].

Nitrosoguanidin. Nitrosiermittel für aromatische Verbindungen[2].

Aminoguanidin. Seine und seiner Salze Darstellung sowie die der Alkylverbindungen geschieht durch Behandlung der aliphatischen Diamine mit Hydrazin, dessen Hydraten oder Alkylderivaten und Salzen von Alkylthioharnstoffen bei 100°[3].

Bei vergifteten Ratten wurde keine erhöhte Harnsäureausscheidung und keine spezifische Wirkung allein auf die Leber, die die bekannten „trüben Schwellungen" aufwies, beobachtet. Das Körpergewicht war bis zu 10% vermindert[4]. Bei chronischer subcutaner Zufuhr ruft es beim Kaninchen das Bild einer schweren perniziösen Anämie hervor[5].

Benzalaminoguanidinnitrat. Schmelzp. 161,5—161,6° (korr.), aus Wasser oder Alkohol[6].

Dibenzylidendiaminoguanidin $C_{15}H_{15}N_5$. Schmelzp. 178° (korr.), gelbe Krystalle aus Alkohol. — **Hydrochlorid.** Schmelzp. 230°[1].

---

[1] R. Phillips u. J. F. Williams: J. amer. chem. Soc. **50**, 2465 — Chem. Zbl. **1928 II**, 2005.

[2] T. L. Davis u. A. J. J. Abrams: Proc. amer. Acad. Arts Sci. **61**, 437 — Chem. Zbl. **1927 I**, 2296.

[3] M. Heyn: F.P. 618064 (1926, 1927); Chem. Zbl. **1927 II**, 503 (ausf. Ref.). — Ferner Schering-Kahlbaum-A.-G.: D.R.P. 463576, Kl. 12o (1924, 1928); E.P. 618064. — C. A. Kahlbaum, Chemische Fabrik G. m. b. H.: A.P. 1672029 (1926, 1928; D.Prior. 1924); Chem. Zbl. **1927 II**, 503; **1928 II**, 1486.

[4] N. Nielsen u. G. E. Widmark: Uppsala Läk.för. Förh. N. F. **33**, 327 (1927) — Chem. Zbl. **1928 II**, 1229.

[5] S. Leites: Z. exper. Med. **40**, 52 — Chem. Zbl. **1924 II**, 197.

[6] T. L. Davis, A. A. Ashdown u. H. R. Couch: J. amer. chem. Soc. **47**, 1063 — Chem. Zbl. **1925 II**, 163 (Darstellung und sonstige Eigenschaften).

Amine.

Von

Hans Sickel †-Dessau.

Allgemeines: Monoalkyl- und Monoarylamine lassen sich durch Reduktion der entsprechenden Thioamide: $R \cdot CS \cdot NH_2$ (R = Alkyl oder Aryl) in neutralen Lösungsmitteln gewinnen unter Zusatz von Wasser oder Alkoholen mit solchen Metallen oder aktivierten Metallen, die hiermit selbst nur Wasserstoff und neutrale Reaktionsprodukte liefern. Als geeignete Reduktionsmittel werden z. B. Aluminium, Aluminiumamalgam oder verkupfertes Zink empfohlen. Die Ausbeuten sollen an primären Aminen besser sein als bei der Reduktion von den entsprechenden Nitrilen und Carbonsäureamiden[1]. Ferner gelingt ihre Darstellung aus den entsprechenden Imidoäthern durch Reduktion mit elektrolytisch entwickeltem Wasserstoff in saurem Medium. Zur Reduktion verwendet man zweckmäßig eine etwa 2 fach normale Schwefelsäure, kühlt auf 0° ab und gibt den Imidoäther (bzw. sein Salz) $R \cdot C(:NH) \cdot OC_2H_5$ allmählich in kleinen Mengen dazu, während unter fortdauernder guter Kühlung an Elektroden von hoher Überspannung, z. B. aus Blei oder Quecksilber, Wasserstoff entwickelt wird. Die Reaktion ist beendet, wenn eine Probe sich beim Erwärmen nicht mehr durch ausscheidenden Säureester trübt. Das Verfahren liefert ohne Anwendung organischer Lösungsmittel mit Hilfe des billigen Stromes zahlreiche, sonst schwer zugängliche primäre Amine[2]. Auch durch katalytische Reduktion von Nitrilen gelangt man zu primären Aminen und brauchbaren Ausbeuten[3]. Primäre aliphatische Amine sind weiterhin durch Reduktion der Phenylhydrazone und Oxime von Ketonen und Aldehyden zu gewinnen[4].

Bell[5] berichtet über die Infrarotabsorptionsspektren der primären, sekundären und tertiären n-Propyl-, n-Butyl- und Isoamylamine. Eine qualitative Unterscheidung zwischen primären, sekundären und tertiären Aminen ist mittels der Intensität der charakteristischen Absorptionsbanden im Bereich $3{,}0\,\mu$ möglich. Primäre können von sekundären oder tertiären Alkylaminen durch die Absorption im Bereich $6{,}2\,\mu$ unterschieden werden[5].

1. Aliphatische Amine.

Primäre Amine.

Methylamin.

Bildung: Soll photosynthetisch entstehen bei 20—300 stündiger Bestrahlung einer mit Kohlendioxyd gesättigten wässerigen Ammoniaklösung (daneben bildet sich Salpetersäure und möglicherweise salpetrige Säure) nach dem wahrscheinlichen Formelbild: I. $H_2CO_3 = H \cdot COH + O_2$; II. $H \cdot COH + NH_3 = CH_3NH_2 + O$[6]. Aber diese Bildung wird wieder un-

---

[1] K. Kindler: D.R.P. 360456, Kl. 12q (1921, 1922); Chem. Zbl. **1923 II**, 403.
[2] Chemische Werke Grenzach A.-G.: D.R.P. 360529, Kl. 12q (1920, 1922); Chem. Zbl. **1923 II**, 478.
[3] W. H. Caothers u. G. A. Jones: J. amer. chem. Soc. **47**, 3051 (1925) — Chem. Zbl. **1926 I**, 1649.
[4] I. Masurewitsch: J. russ. phys.-chem. Ges. **57**, 221 (1925) — Chem. Zbl. **1926 I**, 3314.
[5] F. K. Bell: J. amer. chem. Soc. **49**, 1837 — Chem. Zbl. **1927 II**, 1236.
[6] E. Ch. C. Baly, I. M. Heilbronn u. H. J. Stern: J. chem. Soc. Lond. **123**, 185 (1923) — Chem. Zbl. **1923 I**, 1126.

wahrscheinlich, da die Verfasser als Ausgangsmaterial ihrer Photosynthese den aus dem angewandten Ammoniak und Kohlendioxyd entstehenden Formaldehyd annehmen und insbesondere Werner[1] zeigte, daß bei der Einwirkung von Ammoniumchlorid auf Formaldehyd u. a. auch Methylamin entsteht ohne Bestrahlung. Auch die von Baly und Mitarbeitern beobachtete Bildung von Pyridin und Coniin sei nicht zutreffend, ihr Nachweis völlig unzulänglich[2]. Methylamin entsteht wahrscheinlich durch Entmethylierung von Cholin in der menschlichen Vagina[3].

Nachweis: α-Naphthylisocyanat bildet beim Erhitzen im trockenen Reagensglas bis zur Erstarrung in der Kälte ein gut krystallisierendes Urethan, das mit Petroläther aus der Schmelze erhalten wird vom Schmelzp. 196—197°[4]. Neben viel Ammoniak, auch Ammoniumchlorid und Dimethylamin kann es mit Dinitro-2, 4-chlorbenzol noch sicher nachgewiesen werden. Die Mischung wird aus dem Kjeldahl-Kolben in eine 0,6 proz. alkoholische Lösung des Reagens nach dem Alkalysieren destilliert, bis das Volumen von 10 auf 20 ccm angestiegen ist. Dann läßt man 20 Stunden zur Krystallisation stehen. Das Dinitro-2, 4-N-methylanilin (Schmelzp. 175,5°) wird durch Mischschmelzpunkt mit 2, 4-Dinitroanilin (Schmelzp. 179°), der zwischen 170 und 175° liegt, identifiziert[5]. Zur Trennung und Kennzeichnung wird ferner das Salz der Imidazoldicarbonsäure vorgeschlagen: Löslichkeit in Wasser bei 20° 96,4 auf 1000 Teile; in Alkohol leicht löslich. Schmelzp. 240—245°, Prismen[6].

Bestimmung: Das Verhalten verschiedener Indikatoren bei der Titration der Methylamine beschreibt Thomson[7].

Darstellung: Katalytisch aus Methylalkohol und Ammoniak in Gegenwart von weißem Thoriumoxyd (325—330° und Verhältnis $CH_3OH:NH_3$ 1:0,8 Mol) in 32 proz. Ausbeute zu erhalten[8]. Ferner aus den Methylalkoholdämpfen und Ammoniak bei Überleiten über Aluminiumoxyd oder Kaolin bei 300—320° neben Di- und Trimethylamin und geringen Mengen Dimethyläther[9]. Aus Acetamid wird Methylamin in 80 proz. Ausbeute hergestellt durch Hinzufügen einer wässerigen Lösung bei +5° zu einem Gemisch von Calciumhypochlorit (mit 30% aktivem Chlor) und wässeriger Kalkmilch, das auf +5° gehalten wird, und nachfolgendem allmählichen Zusatz von Natriumcarbonat. Beim Erhitzen bzw. Kochen nach der Lösung des Carbonats entweicht das Amin und wird in vorgelegte Salzsäure od. dgl. destilliert[10]. Ferner gewinnt man das Amin aus Nitromethan durch Überleiten in Dampfform in Mischung mit überschüssigem Wasserstoff über mit Schwermetallen, deren Oxyden oder Salzen imprägniertes Silicatgel bei 180°[11]. Nach Brochet und Cambiert[12] erhält man es mit Ammonium und Trimethylaminhydrochlorid verunreinigt. Sommelet[13] empfiehlt die durch Alkali frei gemachten Basen mit Benzaldehyd zu kondensieren und die Schiffsche Base des Methylamins durch Destillation (Kochp. 180°) zu reinigen. Nach der Spaltung mit Salzsäure wird der letzte Anteil des tertiären Amins durch Ausziehen mit Alkohol entfernt[13]. Methylamin entsteht in fast quantitativer Ausbeute auch aus Glykokoll beim Erhitzen mit Diphenylamin auf 240°[14].

Physiologische Eigenschaften: Auf die Gärung wirkt es in verdünnter Lösung hemmend, in konzentrierter dagegen aktivierend. Maßgebend für den Einfluß ist das Verhältnis zur Trockensubstanz. Betrug es 4,8%, so war die Hemmung am stärksten[15].

Auf den Blutdruck besitzt es nur undeutliche Wirkung (Hundeversuch), steigert aber die Temperatur (Kaninchen, Injektion)[16]. Bei chronischer subcutaner Zufuhr erregt es beim

---

[1] Werner: J. chem. Soc. Lond. **111**, 844 — Chem. Zbl. **1918 I**, 819.
[2] O. W. Snow u. J. F. Smerdon Stone: J. chem. Soc. Lond. **123**, 1509 — Chem. Zbl. **1923 III**, 1166.
[3] K. Klaus: Biochem. Z. **185**, 3 — Chem. Zbl. **1927 II**, 1367.
[4] H. E. French u. A. F. Wirtel: J. amer. chem. Soc. **48**, 1736 — Chem. Zbl. **1926 II**, 921.
[5] P. A. Valton: J. chem. Soc. Lond. **127**, 40 — Chem. Zbl. **1925 I**, 2177.
[6] H. Pauly u. E. Ludwig: Hoppe-Seylers Z. **121**, 165 (1922).
[7] R. T. Thomson: Analyst **53**, 315 — Chem. Zbl. **1928 II**, 472.
[8] T. L. Davis u. R. C. Elderfield: J. amer. chem. Soc. **50**, 1786 — Chem. Zbl. **1928 II**, 536.
[9] E. u. K. Smolenski: Roczniki Chem. **1**, 232 (1921) — Chem. Zbl. **1923 III**, 204.
[10] W. Bader u. A. D. Nightingale: E.P. 169536 (1920, 1921) — Chem. Zbl. **1922 IV**, 498.
[11] I. G. Farbenindustrie A.-G.: E.P. 260186 (1926); E.P. 617559 (1926, 1927); Chem. Zbl. **1927 II**, 1088.
[12] Brochet u. Cambier: Bull. Soc. chim. France [3] **13**, 534 (1895).
[13] M. Sommelet: C. r. Acad. Sci. Paris **178**, 217 — Chem. Zbl. **1924 I**, 1172.
[14] E. Abderhalden u. F. Gebelein: Hoppe-Seylers Z. **152**, 125 — Chem. Zbl. **1926 I**, 2696.
[15] J. Orient: Biochem. Z. **132**, 352 (1922) — Chem. Zbl. **1923 III**, 257.
[16] M. Cloetta u. F. Wünsche: Arch. f. exper. Path. **96**, 307 — Chem. Zbl. **1923 III**, 87.

Kaninchen den erythropoet. Apparat und ruft eine Vermehrung der Erythrocyten und Polychromatophilie hervor[1]. Das Hydrochlorid regt, in den Magen direkt eingeführt, die Magensaftabsonderung an. In der Darmschleimhaut werden ziemlich große Dosen ihrer Wirksamkeit beraubt[2]. Es hemmt die Kalkbindung an Knorpel und Serumkolloide (?)[3].

Methylamin dringt in die Utriculariablase ein[4].

Physikalische und chemische Eigenschaften: Die Verbrennungswärme des flüssigen Amins beträgt: spez. 8234 $(cal)_v$, molar 256,1 $(kcal)_p$[5]. Gibson und Phipps[6] verwendeten es als Lösungsmittel zur Leitfähigkeitsbestimmung von Alkalimetallen[6]. Schnell[7] bestimmte die Oberflächenspannung seiner wässerigen Lösung.

Methylamin verzögerte die Oxydation von Glykokoll an Tierkohle durch den Luftsauerstoff[8]. Das Amin wird in Gegenwart von Katalysatoren und Sauerstoff zu Formaldehyd und Ammoniak oxydiert: $2 CH_3 \cdot NH_2 = 2 CH_2O + 2 NH_3$[9].

Derivate: Methylammoniumtetrachlorjodid CH_3NCl_4J. Hexagonale Prismen mit Domen. Schmelzp. 96° (Zers.)[10].

Methylaminbismutonitrat $Bi(NO_3)_3 \cdot CH_3NH_2 \cdot HNO_3$. Nadeln[11].

Saures diglykolsaures Methylamin $HOOC \cdot CH_2 \cdot O \cdot CH_2 \cdot COOH, NH_2 \cdot CH_3$. Prismatische Nadeln vom Schmelzp. 140°[12].

Äthylamin.

Nachweis: α-Naphthylisocyanat gibt, analog wie beim Methylamin angewendet, ein Urethan vom Schmelzp. 199—200°[13]. Zur Trennung und Kennzeichnung wird das Salz der Imidazoldicarbonsäure vorgeschlagen. 1000 Teile Wasser von 20° lösen 178 Teile; in Alkohol ist es leicht löslich. Schmelzp. 253—254°. Tafeln[14].

Darstellung: Aus Ammoniak und Äthylalkoholdämpfen (auch Äther) beim Überleiten über Aluminiumoxyd oder Kaolin bei 330—350° zu 7,8% neben Di- und Triäthylamin[15]. — Aus Thioacetamid durch Reduktion mit aktivierten und solchen Metallen, die mit Wasser oder Alkoholen nur Wasserstoff und neutrale Reaktionsprodukte liefern. (Siehe auch im vorstehenden Allgemeinen Teil!) Die Ausbeute an primärem Amin soll besser sein als diejenige aus Nitril oder Carbonsäureamid[16]. Aus Propionsäureamid in 80proz. Ausbeute durch Hinzufügen einer wässerigen Lösung bei +5° zu einem Gemisch von Calciumhypochlorit (mit 30% aktivem Chlor) und wässeriger Kalkmilch, das auf +5° gebracht ist, und nachfolgendem allmählichen Zusatz von Natriumcarbonat. Beim Erhitzen nach erfolgter Lösung entweicht dann das Amin und wird in der Vorlage von Salzsäure od. dgl. absorbiert[17]. Als Chlorid erhält man Äthylamin aus Acetimidoätherhydrochlorid durch Elektrolytwasserstoffreduktion in saurem Medium (vgl. auch Darstellungsverfahren im Allgemeinen Teil!)[18]. — Unter dem Einfluß dunkler Entladung lagert sich Ammoniak an Äthylen an unter Bildung von Äthylamin in etwa 10proz. Ausbeute, bezogen auf das angewandte Äthylen[19]. Aus Alanin beim Erhitzen in Diphenylamin auf 240°[20].

---

[1] S. Lejtes: Z. exper. Med. **40**, 52 — Wratschebnoje Djelo **6**, 78 (1923) — Chem. Zbl. **1924 II**, 197 — Ber. Physiol. **25**, 218 (1924).
[2] A. C. Ivy u. A. J. Javis: Amer. J. Physiol. **71**, 604 — Chem. Zbl. **1925 II**, 197.
[3] E. Freudenberg u. P. György: Biochem. Z. **124**, 299 (1921) — Chem. Zbl. **1922 I**, 432.
[4] A. Th. Czaja: Ber. dtsch. bot. Ges. **40**, 381 — Chem. Zbl. **1923 I**, 1330.
[5] W. Swietosławski u. M. Popow: J. Chim. physique **22**, 395 (1925) — Chem. Zbl. **1926 I**, 599.
[6] G. E. Gibson u. T. E. Phipps: J. amer. chem. Soc. **48**, 312 — Chem. Zbl. **1926 I**, 2541.
[7] A. Schnell: Z. physik. Chem. **127**, 121 — Chem. Zbl. **1927 II**, 906.
[8] S. Toyoda: J. of Biochem. **7**, 209, 217 — Chem. Zbl. **1927 II**, 2053.
[9] G. Trümpler: Schwz.P. 111120 (1924, 1925) — Chem. Zbl. **1926 II**, 1784 (ausf. Ref.).
[10] F. D. Chattaway u. F. L. Garton: J. chem. Soc. Lond. **125**, 183 — Chem. Zbl. **1924 I**, 2711.
[11] A. Ch. Vournazos: C. r. Acad. Sci. Paris **176**, 1555 — Chem. Zbl. **1923 III**, 1458.
[12] M. Sido: Ber. dtsch. pharm. Ges. **31**, 118 — Chem. Zbl. **1921 III**, 33.
[13] H. E. French u. A. F. Wirtel: J. amer. chem. Soc. **48**, 1736 — Chem. Zbl. **1926 II**, 921.
[14] H. Pauly u. E. Ludwig: Hoppe-Seylers Z. **121**, 165 (1922).
[15] E. u. K. Smoleński: Roczniki Chem. **1**, 232 (1921) — Chem. Zbl. **1923 III**, 204.
[16] K. Kindler: D.R.P. 360456, Kl. 12q (1921, 1922) — Chem. Zbl. **1923 II**, 403.
[17] W. Bader u. D. A. Nightingale: E.P. 169536 (1920, 1921) — Chem. Zbl. **1922 IV**, 498.
[18] Chemische Werke Grenzach A.-G.: D.R.P. 360529, Kl. 12q (1920, 1922); Chem. Zbl. **1923 II**, 478.
[19] L. Francesconi u. A. Ciurlo: Gazz. chim. ital. **53**, 598 — Chem. Zbl. **1923 III**, 1640.
[20] E. Abderhalden u. F. Gebelein: Hoppe-Seylers Z. **152**, 125 — Chem. Zbl. **1926 I**, 2696.

Physiologische Eigenschaften: Äthylamin hat nur undeutliche Wirkung auf den Blutdruck (Hund), steigert aber die Temperatur (Kaninchen, Injektion)[1]. Das Hydrochlorid regt bei direkter Einführung in den Magen die Magensaftabsonderung an. In der Darmschleimhaut werden ziemlich große Dosen ihrer Wirksamkeit beraubt[2].
Physikalische und chemische Eigenschaften: Erstarrungspunkt: $-83,25°$ [3].
Verbrennungswärme des flüssigen Amins: spez. 9048 $(cal)_v$; molar: 408,5 $(kcal)_p$ [4].
Gibt die Ninhydrinreaktion mit Triketohydrindenhydrat[5]. Verzögert die Oxydation von Glykokoll an Tierkohle durch den Luftsauerstoff[6].
Derivate: Äthylammoniumtetrachlorjodid $C_2H_8NCl_4J$. Orangegelbe, sehr hygroskopische Rhomben vom Schmelzp. $45°$ [7].
Bismutojodacetat $BiJ_3C_2H_5NH_2$, CH_3COOH. Aus Äthylaminacetat und $NaBiJ_4$. Karmoisinrote Krystalle. Unlöslich in Eisessig[8].
Saures diglykolsaures Äthylamin $HOOC \cdot CH_2 \cdot O \cdot CH_2 \cdot COOH \cdot NH_2 \cdot C_2H_5$. Farblose prismatische, stark hygroskopische Nadeln vom Schmelzp. $145°$ [9].
Triformaläthylamin $C_5H_{11}O_2N$. Flüssigkeit vom Kochp.$_{42}$ $62-64°$. — **Pikrat** $C_{11}H_{14}O_9N_4$. Kanariengelbe Prismen vom Schmelzp. $75°$ [10].
Triacetaldehydäthylamin $C_8H_{17}O_2N$. Kochp.$_{15}$ $59-60°$. Sehr zersetzlich, schon an der Luft, auch durch Pikrinsäure[10].
1-Äthylaminopropanol-(2) $C_2H_5 \cdot NHCH_2 \cdot CH(OH) \cdot CH_3$. Durch Einwirkung von Äthylamin auf Propylenoxyd. Kochp. $159-159,5°$; Schmelzp. $13,5°$. Riecht nach Aminen, schmeckt brennend, hygroskopisch. In Wasser leicht löslich. — **Chloroplatinat** $C_{10}H_{26}O_2N_2$ $+ H_2PtCl_6 + H_2O$. Goldrote Prismen (Alkohol) vom Schmelzp. $109-109,5°$. — **Pikrat** $C_{11}H_{16}O_8N_4$. Aus Alkohol gelbe Prismen vom Schmelzp. $126°$ [11].

Peptide mit Decarboxyalanin (Äthylamin).

Glycyläthylamin (Glycyldecarboxyalanin) $NH_2 \cdot CH_2 \cdot CO \cdot NH \cdot C_2H_5$. Aus Chloracetyläthylamin und NH_3. Kochp.$_{13}$ $136-138°$. — **Chlorhydrat** Schmelzp. $134°$. — **Pikrat** Schmelzp. $162°$ [12].
Leucyldecarboxy-α-alanin $C_8H_{18}ON_2$. Aus Bromisocapronyläthylamin und NH_3. Kochpunkt $145-146°$.
Chlorhydrat: sehr hygroskopisch; **Pt-Salz.** Schmelzp. $195-197°$. Pharmakologisch unwirksam[12].
N-Methylleucyldecarboxy-α-alanin $C_9H_{20}ON_2$. Kochp.$_{13}$ $139°$. Pharmakologisch unwirksam. — **Pikrat** Schmelzp. $130°$ [12].
N-Diäthylleucyldecarboxyalanin $C_{12}H_{26}ON_2$. Kochp.$_{13}$ $141°$. Pharmakologisch unwirksam[12].
N-Isoamylleucyldecarboxyalanin $C_{13}H_{28}ON_2$. Aus Isoamylamin und Chloracetyläthylamin. Kochp.$_{13}$ $167°$. — **Chlorhydrat** Tafeln, Schmelzp. $129°$. Starke eleptoïde Wirkung[12].
N-Diisoamylleucyldecarboxyalanin $C_{18}H_{38}ON_2$. Kochp.$_{12}$ $171-174°$. Pharmakologisch unwirksam[12].
Derivate vom Oxäthylamin[13]: α-Bromisocapronyl-β-oxäthylamin $C_4H_9 \cdot CHBr \cdot CO \cdot NH \cdot CH_2 \cdot CH_2 \cdot OH$. Aus β-Oxyäthylamin (2 Mol) und α-Bromisocapronylbronid (1 Mol) in ätherischer Lösung. Farbloses Öl[13].

---

[1] M. Cloetta u. F. Wünsche: Arch. f. exper. Path. **96**, 307 — Chem. Zbl. **1923 III**, 87.
[2] A. C. Ivy u. A. J. Javois: Amer. J. Physiol. **71**, 604 — Chem. Zbl. **1925 II**, 197.
[3] J. Timmermans: Bull. Soc. Chim. Belgique **30**, 62 — Chem. Zbl. **1921 III**, 288.
[4] W. Swietoslawski u. W. Popow: J. Chim. physique **22**, 395 (1925) — Chem. Zbl. **1926 I**, 599.
[5] H. Riffart: Biochem. Z. **131**, 78 (1922) — Chem. Zbl. **1923 II**, 827.
[6] S. Toyoda: J. of Biochem. **7**, 209, 217 — Chem. Zbl. **1927 II**, 2053.
[7] F. D. Chattaway u. F. L. Garton: J. chem. Soc. Lond. **125**, 183 — Chem. Zbl. **1924 I**, 2711.
[8] A. Ch. Vournazos: C. r. Acad. Sci. Paris **176**, 1555 — Chem. Zbl. **1923 III**, 1458.
[9] M. Sido: Ber. dtsch. pharm. Ges. **31**, 118 — Chem. Zbl. **1921 III**, 33.
[10] M. Bergmann u. A. Miekeley: Ber. dtsch. chem. Ges. **57**, 662 — Chem. Zbl. **1924 I**, 2681.
[11] K. Krassuski: J. Chim. de l'Ukraine **1**, 398 (1925) — Chem. Zbl. **1926 I**, 617.
[12] J. v. Braun u. W. Münch: Ber. dtsch. chem. Ges. **60**, 345 — Chem. Zbl. **1927 I**, 1826.
[13] J. v. Braun, A. Bahn u. W. Münch: Ber. dtsch. chem. Ges. **62**, 2766 (1929) — Chem. Zbl. **1930 I**, 58.

[N-äthylleucyl]-decarboxyserin $C_2H_5 \cdot NH \cdot CH(C_4H_9) \cdot CO \cdot NH \cdot CH_2 \cdot CH_2 \cdot OH$. Aus Äthylamin und Bromisocapronyl-β-oxyäthylamin. Schmelzp. 114°; Kochp.$_{10}$ 180°. Bitterer Geschmack; pharmakologisch unwirksam. — **Chlorhydrat** Schmelzp. 137°. — **Pikrat** Schmelzpunkt 183—185°[1].

N-Isoamylderivat $C_5H_{11} \cdot NH \cdot CH(C_4H_9) \cdot CO \cdot NH \cdot CH_2 \cdot CH_2 \cdot OH$. Schmelzp. 95°; Kochp.$_{10}$ 200—210°. Pharmakologisch unwirksam. — **Pikrat** gelbe Nadeln. Schmelzp. 131°[1].

Derivate des Dimercaptodiäthyldiamins (Cystamin): Di[-N-äthylglycyl]-decarboxycystin

$$C_2H_5 \cdot NH \cdot CH_2 \cdot CO \cdot NH \cdot CH_2 \cdot CH_2 \cdot S$$
$$C_2H_5 \cdot NH \cdot CH_2 \cdot CO \cdot NH \cdot CH_2 \cdot CH_2 \cdot S$$

Aus Dichloracetyl-diaminodiäthyldisulfid und Äthylamin im Rohr bei 100°. Farblose Nadeln. Schmelzp. 64°. Pharmakologisch unwirksam[1].

Di[-N-isoamylglycyl]-decarboxycystin $C_{18}H_{38}O_2N_4S_2$. Gelbliches Öl. — **Chlorhydrat** $C_{18}H_{40}O_2N_4S_2Cl_2$. Schmelzp. 215°. Starke eleptoide Wirkung[1].

Propylamin. Zur Trennung und Kennzeichnung wird das Salz der Imidazoldicarbonsäure vorgeschlagen. 1000 Teile Wasser von 20° lösen 273 Teile; in Alkohol ist es leicht löslich. Die Prismen schmelzen bei 212°[2].

Auf den Blutdruck besitzt es nur undeutliche Wirkung (Injektion beim Hund), wirkt aber temperaturerhöhend (Kaninchen)[3]. Das Hydrochlorid regt sowohl durch direkte Einführung in den Magen als auch durch subcutane Verabreichung die Magensaftsekretion an. Die Darmschleimhaut macht ziemlich große Dosen wirkungslos[4].

Die Verbrennungswärme des flüssigen Amins beträgt: spez. 9435 (cal)$_v$ und molar 558,3 (kcal)$_p$[5]. Das Amin verzögert die Oxydation von Glykokoll an Tierkohle durch den Luftsauerstoff[6].

Saures diglykolsaures n-Propylamin $HOOC \cdot CH_2 \cdot O \cdot CH_2 \cdot COOH \cdot NH_2 \cdot C_3H_7$. Farblose prismatische Nadeln aus Alkohol. Schmelzp. 181°[7].

Isopropylamin. Kochp. 33,0°, Erstarrungsp. —101,2°[8].

Es wirkt nur bei direkter Einführung in den Magen anregend auf die Magensaftsekretion. In der Darmschleimhaut werden ziemlich große Dosen ihrer Wirksamkeit beraubt[4].

n-Butylamin. Zur Trennung und Kennzeichnung soll sich das Salz der Imidazoldicarbonsäure eignen. 1000 Teile Wasser lösen bei 20° 105 Teile. In Alkohol ist es leicht löslich. Schmelzpunkt 225—227°. Tafeln[2].

Es kann gewonnen werden durch Erhitzen von Acetamid mit Butylbromid auf 200—220° und durch Verseifen des gebildeten substituierten Acetamids (Schmelzp. 78°)[9].

Auf den Blutdruck besitzt es keine deutliche Wirkung (Hund), steigert aber die Temperatur damit injizierter Kaninchen[3].

Die Base verzögert die Oxydation von Glykokoll an Tierkohle durch den Luftsauerstoff[6].

Isobutylamin. Auf den Blutdruck des Hundes übte es keine deutliche Wirkung aus, steigerte aber beim Kaninchen die Temperatur (Injektion)[3].

Amylamin. Verzögert die Oxydation von Glykokoll an Tierkohle durch den Sauerstoff der Luft[6].

Auf die Magensaftabsonderung wirkt es bei direkter Einführung in den Magen steigernd. Die Darmschleimhaut macht ziemlich große Dosen unwirksam[4].

---

[1] J. v. Braun, A. Bahn u. W. Münch: Ber. dtsch. chem. Ges. **62**, 2766 (1929) — Chem. Zbl. **1930 I**, 58.
[2] H. Pauly u. E. Ludwig: Hoppe-Seylers Z. **121**, 165 (1922).
[3] M. Cloetta u. F. Wünsche: Arch. f. exper. Path. **96**, 307 — Chem. Zbl. **1923 III**, 87.
[4] A C. Ivy u. A. J. Javois: Amer. J. Physiol. **71**, 604 — Chem. Zbl. **1925 II**, 197.
[5] W. Swietoslawski u. Popow: J. Chim. physique **22**, 395 (1925) —Chem. Zbl. **1926 I**, 599.
[6] S. Toyoda: J. of Biochem. **7**, 209, 217 — Chem. Zbl. **1927 II**, 2053.
[7] M. Sido: Ber. dtsch. pharm. Ges. **31**, 118 — Chem. Zbl. **1921 III**, 33.
[8] J. Timmermans: Bull. Soc. Chim. Belgique **30**, 62 — Chem. Zbl. **1921 III**, 288.
[9] L. E. Erickson: Ber. dtsch. chem. Ges. **59**, 2665 (1926) — Chem. Zbl. **1927 I**, 271.

Isoamylamin. Die Einwirkung von Proteusbakterien auf l-Leucin führt in Gegenwart von Milchzucker nicht zur Leucinsäure, sondern zu Isoamylamin und Bernsteinsäure. — **Oxalat** $[(CH_3)_2CH \cdot CH_2 \cdot CH_2 \cdot NH_2]_2 \cdot C_2H_2O_4$. Schmelzp. 145—155°[1].
Injektionen riefen beim Hund Blutdrucksteigerung, beim Kaninchen geringe Temperatursteigerung hervor[2]. Bei direkter Einführung in den Magen regt es die Magensaftabsonderung an. In der Darmschleimhaut werden ziemlich große Mengen ihrer Wirksamkeit beraubt[3]. Die Base besitzt sympathicometrische Wirkung auf die Organe der glatten Muskulatur[4].

Tert. Amylamin. Injektionen riefen beim Hund Blutdrucksteigerung, beim Kaninchen Temperaturerhöhung hervor[2].

Glycylisoamylamin (Glycyldecarboxyleucin) $NH_2 \cdot CH_2 \cdot CO \cdot NH \cdot C_5H_{11}$. Aus Chloracetylisoamylamin und alkoholischem NH_3. Öl. Kochp.$_{11}$ 159—160°. Schmelzp. 26°. — **Chlorhydrat** hygroskopisch. — **Pikrat.** Schmelzp. 152—154°[5].

N-Dimethylglycyldecarboxyleucin $C_9H_{20}ON_2$. Farbloses Öl. Kochp.$_{12}$ 136—137°. Schmelzp. 6—8°. — **Pikrat.** Schmelzp. 129°[5].

Alanyldecarboxyleucin $C_8H_{18}ON_2$. Kochp.$_{11}$ 144—145°. — **Benzoylverbindung** $C_{15}H_{22}O_2N_2$. Schmelzp. 112—113°[5].

N-Äthylalanyldecarboxyleucin $C_{10}H_{22}ON_2$. Öl. Kochp.$_{13}$ 149°. Pharmakologisch unwirksam[5].

N-Isoamylalanyldecarboxyleucin $C_{13}H_{28}ON_2$. Kochp.$_{10}$ 167—168°. — **Chlorhydrat,** Schmelzp. 193°. Starke eleptoide Wirkung[5].

Sekundäre Amine.
Dimethylamin.

Nachweis: α-Naphthylamin liefert, analog wie beim Methylamin behandelt, ein Urethan vom Schmelzp. 158—159°[6]. Zur Trennung und Kennzeichnung eignet sich das Salz der Imidazoldicarbonsäure. 1000 Teile Wasser von 20° lösen 351 Teile; in Alkohol sind die prismatischen Tafeln leicht löslich. Schmelzp. 238—239°[7].

Darstellung: Aus Ammoniak und Methylalkoholdämpfen beim Überleiten über Aluminiumoxyd oder Kaolin bei 300—320° neben Mono- und Trimethylamin[8].

Physiologische Eigenschaften: Wirkt sowohl in verdünnter als auch in konzentrierter Lösung auf die Gärung fördernd, beträgt jedoch das Verhältnis zur Trockensubstanz der Hefe 4,8%, so findet Hemmung statt[9].

Auf den Blutdruck übt es eine unbedeutende Wirkung aus (Injektion beim Hund), wirkt aber beim Kaninchen temperatursteigernd[2]. Bei chronischer subcutaner Zufuhr erregt es beim Kaninchen den erythropoet. Apparat und ruft eine Vermehrung der Erythrocyten und Polychromatophilie hervor[10].

Physikalische und chemische Eigenschaften: Die Verbrennungswärme des flüssigen Amins beträgt: spez. 9231 (cal)$_v$ und molar 416,8 (kcal)$_p$[11]. Schnell[12] hat die Oberflächenspannung der wässerigen Lösung gemessen. — Es verzögert die Oxydation von Glykokoll an Tierkohle durch den Luftsauerstoff[13].

Dimethylammoniumtetrachlorjodid $C_2H_8NCl_4J$. Orangegelbe Prismen vom Schmelzpunkt 82° (Zers.)[14].

---

[1] M. Arai: Biochem. Z. **122**, 251 (1921) — Chem. Zbl. **1922 I**, 423.
[2] M. Cloetta u. F. Wünsche: Arch. f. exper. Path. **96**, 307 — Chem. Zbl. **1923 III**, 87.
[3] A. C. Ivy u. A. J. Javois: Amer. J. Physiol. **71**, 604 — Chem. Zbl. **1925 II**, 197.
[4] M. Nakamura: Tohoku J. exper. Med. **6**, 367 (1925) — Ber. Physiol. **34**, 647.
[5] J. v. Braun u. W. Münch: Ber. dtsch. chem. Ges. **60**, 345 — Chem. Zbl. **1927 I**, 1826.
[6] H. E. French u. F. Wirtel: J. amer. chem. Soc. **48**, 1736 — Chem. Zbl. **1926 II**, 921.
[7] H. Pauly u. E. Ludwig: Hoppe-Seylers Z. **121**, 165 (1922).
[8] E. u. K. Smoleński: Roczniki Chem. **1**, 232 (1921) — Chem. Zbl. **1923 III**, 204.
[9] J. Orient: Biochem. Z. **132**, 352 (1922) — Chem. Zbl. **1923 III**, 257.
[10] S. Lejtes: Z. exper. Med. **40**, 52 — Chem. Zbl. **1924 II**, 197 — Vrač. Delo (russ.) **6**, 78 (1923) — Ber. Physiol. **25**, 218 (1924).
[11] W. Swietoslawski u. M. Popow: J. Chim. physique **22**, 395 (1925) — Chem. Zbl. **1926 I**, 599.
[12] A. Schnell: Hoppe-Seylers Z. **127**, 121 — Chem. Zbl. **1927 II**, 906.
[13] S. Toyoda: J. of Biochem. **7**, 209, 217 — Chem. Zbl. **1927 II**, 2053.
[14] F. D. Chattaway u. F. L. Garton: J. chem. Soc. Lond. **125**, 183 — Chem. Zbl. **1924 I**, 2711.

Diäthylamin.

Nachweis: α-Naphthylisocyanat gibt, analog wie beim Methylamin angewendet, ein Urethan vom Schmelzp. 127—128°[1]. Zur Trennung und Kennzeichnung wird das Salz der Imidazoldicarbonsäure vorgeschlagen. 1000 Teile Wasser (20°) lösen 449 Teile. In Alkohol sind die bei 180° schmelzenden Prismen leicht löslich[2].

Darstellung: Aus Ammoniak und Äthylalkoholdämpfen (auch Äther) beim Überleiten über Aluminiumoxyd oder Kaolin bei 330—350° zu 35% neben Mono- und Triäthylamin. Die beste Ausbeute wird bei Anwendung von 1 Mol Ammoniak auf 2 Mol Alkohol erzielt[3]. Ferner durch Hydrolyse von p-Nitrosodiäthylanilin[4].

Physiologische Eigenschaften: Entfacht als Hydrochlorid deutlich die Gärung, während die freie Base die Zymase stark hemmt[5].

Subcutan dem Kaninchen verabreicht, steigert es die Erythropoese; Bildung junger Erythrocytenformen[6].

Physikalische und chemische Eigenschaften: Kochp. 56,3°, Erstarrungsp. —50,0°[7]. Verbrennungswärme der flüssigen Substanz: spez. 9870 $(cal)_v$; molar 722,8 $(kcal)_p$[8].

Traube berichtet über Absorptionsversuche mit verschiedenen Kohlen[9]. An Tierkohle verzögert es die Oxydation von Glykokoll durch den Luftsauerstoff[10]. In der Konzentration 1:1000 ist das Amin stark antioxygen gegenüber Styrol, Furfurol und Benzaldehyd und bei 1:100 gegenüber Natriumsulfit; das Hydrochlorid gegenüber Acrolein (1:1000)[11].

Derivate: Diäthylammoniumtetrachlorjodid $C_4H_{12}NCl_4J$. Vierseitige Tafeln vom Schmelzp. 79° (Zers.)[11].

$BiJ_3(C_2H_5)_2NH$, CH_3COOH. Aus Diäthylamin und Kaliumwismutjodid $(KBiJ_4)$ durch Erhitzen mit Eisessig. Orangegelbes Pulver[12].

Tertiäre Amine.

Trimethylamin.

Vorkommen: In der Baumwollpflanze[13]; im Saft der Luzerne mit 0,0013%[14]; im Menstrualblut (durch bakteriellen Abbau des Cholins?)[15].

Nachweis: Zur Trennung und Kennzeichnung eignet sich das Salz der Imidazoldicarbonsäure. Es ist in 1000 Teilen Wasser von 20° mit 127 Teilen löslich, in Alkohol leicht. Die Nadeln schmelzen bei 264—265°[2]. Neben der Mono- und Dialkylverbindung wird es durch Mayers Reagens (Kaliumquecksilberjodid) noch in starker Verdünnung nachgewiesen als Ausscheidung von der Zusammensetzung $(CH_3)_3N \cdot HJ \cdot HgJ_2$, die dem Gemisch durch eine Mischung gleicher Teile Chloroform und Äthylacetat entzogen werden kann. Aus Alkohol lange gelbe Nadeln oder Platten (bei schneller Abkühlung) vom Schmelzp. 136°[16].

Darstellung: Aus Ammoniak und Methylalkoholdämpfen beim Überleiten über Aluminiumoxyd oder Kaolin bei 300—320° neben Mono- und Dimethylamin[17].

---

[1] H. E. French u. A. F. Wirtel: J. amer. chem. Soc. **48**, 1736 — Chem. Zbl. **1926 II**, 921.
[2] H. Pauly u. E. Ludwig: Hoppe-Seylers Z. **121**, 165 (1922).
[3] E. u. K. Smoleński: Roczniki Chem. **1**, 232 (1921) — Chem. Zbl. **1923 III**, 204.
[4] S. Koenigsberg: Ind. chimique **8**, 314 — Chem. Zbl. **1921 IV**, 1008.
[5] J. Orient: Biochem. Z. **144**, 353 — Chem. Zbl. **1924 I**, 1814.
[6] S. Lejtes: Vrač. Delo (russ.) **6**, 78 (1923) — Ber. Physiol. **25**, 218 (1924).
[7] J. Timmermans: Bull. Soc. Chim. Belgique **30**, 62 (1921) — Chem. Zbl. **1921 III**, 288.
[8] W. Swietoslawski u. M. Popow: J. Chim. physique **22**, 395 (1925) — Chem. Zbl. **1926 I**, 599.
[9] J. Traube: Z. Ver. dtsch. Zuckerind. **1927**, 355 — Chem. Zbl. **1927 II**, 400.
[10] S. Toyoda: J. of Biochem. **7**, 209, 217 — Chem. Zbl. **1927 II**, 2053.
[11] Ch. Moureu, Ch. Dufraisse u. M. Badoche: C. r. Acad. Sci. Paris **183**, 408 — Chem. Zbl. **1926 II**, 1818.
[12] A. C. Vournazos: C. r. Acad. Sci. Paris **178**, 2089 — Chem. Zbl. **1924 II**, 663.
[13] F. B. Power u. V. K. Chesnut: J. amer. chem. Soc. **47**, 1751 — Chem. Zbl. **1925 II**, 1533 (ausf. Ref.).
[14] H. Bradford Vickery: J. of biol. Chem. **65**, 81 (1925) — Chem. Zbl. **1926 I**, 135.
[15] H. Klaus: Biochem. Z. **185**, 3 — Chem. Zbl. **1927 II**, 1367.
[16] H. E. Woodward u. C. L. Alsberg: J. of biol. Chem. **46**, 1 — Chem. Zbl. **1921 IV**, 319.
[17] E. u. K. Smolenski: Roczniki Chem. **1**, 232 (1921) — Chem. Zbl. **1923 III**, 204.

Physiologische Eigenschaften: Wirkt auf die Gärung sowohl in verdünnter als auch in konzentrierter Lösung fördernd; ist aber bis zu 4,8% der Trockensubstanz der Hefe vorhanden, so hemmt es stärker noch als Methyl- und Dimethylamin[1].

Bei subcutaner (chronischer) Zufuhr ruft es beim Kaninchen das Bild einer schweren perniziösen Anämie hervor[2]. Die Erregbarkeit des isolierten Nerven (Frosch, N. ischiad.) wird deutlich vermindert; die Reizdurchlässigkeit bleibt unbeeinflußt[3]. Die Base hemmt die Kalkbindung an Knorpel und Serumkolloide (?)[4]. Das Optimum der blutdrucksteigernden Wirkung liegt um $p_H = 7{,}0$ (die optimale p_H schwankt bei dem Uterus verschiedener Tiere um 0,2 bis 0,6)[5].

Physikalische und chemische Eigenschaften: Verbrennungswärme des flüssigen Amins: spez. 9778 $(cal)_v$; molar: 578,6 $(kcal)_p$ [6]. Schnell[7] hat die Oberflächenspannung der wässerigen Lösung gemessen.

Combie, Medwyn Roberts und Scarborough berichten über die Geschwindigkeit der Bildung der quarternären Ammoniumsalze in n-Hexan-α-bromnaphthalin[8].

Trimethylamin gibt mit Triketohydrindenhydrat die Ninhydrinreaktion[9]. Die Oxydation von Glykokoll durch den Luftsauerstoff an Tierkohle wird verzögert[10]. Jones und Whalen berichten über die Einwirkung von Benzolsulfonylchlorid, Toluol-p-sulfonylchlorid, Acetylbromid, Nitrosylbromid und Methylenchlorid auf Trimethylamin (Benzolsulfinylchlorid und Benzoylchlorid reagieren unter ähnlichen Bedingungen nicht)[11].

Derivate: Trimethylammoniumtetrachlorjodid $C_3H_{10}NCl_4J$. Tafeln vom Schmelzpunkt 182° (Zers.)[12].

Trimethylenoxyd $N(CH_3)_3O$. Nur aus den Extrakten von Seefischen isoliert (Hering, Dornhai, Schellfisch, Kabeljau, Rotbart, Rotzunge und Seeaal), auch nicht in Spuren aus den Extrakten von Süßwasserfischen (Flußlachs, Schuppfisch, Weißfisch, Flußbarsch und Flußaal)[13]. In der Muskelsubstanz und im Heringsrogen[14].

Es bildet sich beim Durchleiten von ozonisiertem Sauerstoff durch eine 33 volumproz. Lösung von Trimethylamin in Chloroform bei etwa $-80°$. Daneben entsteht etwas Hydrochlorid $N(CH_3)_3O \cdot HCl$. Auch Tetrachlorkohlenstoff und Hexan eignen sich als Lösungsmittel, doch muß bei letzterem die Verdünnung ziemlich stark gewählt werden, wenn Entflammung und Explosion vermieden werden soll. — Die wässerige Lösung ergab nach der Ozonisation unter Eiskühlung beim Eindampfen unter Entwicklung von CH_2O einen gelbbraun gefärbten Rückstand von $N(CH_3)_3O$ [15].

Von frischem und gekochtem Lebergewebe wird es unter Abspaltung von Sauerstoff und Bildung von Trimethylamin abgebaut. Durch Traubenzucker, Adrenalin, Aminosäuren, reines Muskelstroma, Albumin, Globulin, Hämoglobin, Ovalbumin, Fette, Lipoide, ferner durch Katalase und das Schardinger Ferment wird diese Reduktion nicht vollzogen. Dagegen wirken Ferrisalze sauerstoffabspaltend. Der Sulfhydrylgruppe des Cysteins und Glutathions gegenüber verhält es sich als ausgesprochener Wasserstoffacceptor. Durch Wasserstoff wird Trimethylaminoxyd nur in Gegenwart von Palladiumkohle reduziert. Bei der Tyrosinasewirkung kann es den freien Sauerstoff nicht ersetzen. In Konkurrenz mit Methylenblau und Thionin

---

[1] J. Orient: Biochem. Z. **132**, 352 (1922) — Chem. Zbl. **1923 III**, 257 — Biochem. Z. **144**, 353 — Chem. Zbl. **1924 I**, 1814.

[2] S. Lejtes: Z. exper. Med. **40**, 52 — Chem. Zbl. **1924 II**, 197.

[3] J. Perichianjanz: Ž. ėksper. Biol. i. Med. (russ.) **1926**, 165 — Ber. Physiol. **36**, 671.

[4] E. Freudenberg u. P. György: Biochem. Z. **124**, 299 (1921) — Chem. Zbl. **1922 I**, 432.

[5] H. W. Acton u. R. N. Chopra: Indian. J. med. Res. **12**, 443 (1925) — Ber. Physiol. **31**, 638.

[6] W. Swietoslawski u. M. Popow: J. Chim. physique **22**, 395 (1925) — Chem. Zbl. **1926 I**, 599.

[7] A. Schnell: Hoppe-Seylers Z. **127**, 121 — Chem. Zbl. **1927 II**, 906.

[8] H. McCombie, H. Medwyn Roberts u. H. A. Scarborough: J. chem. Soc. Lond. **127**, 753 — Chem. Zbl. **1925 II**, 1.

[9] H. Riffart: Biochem. Z. **131**, 68 (1922) — Chem. Zbl. **1923 II**, 828.

[10] S. Toyoda: J. of Biochem. **7**, 209, 217 — Chem. Zbl. **1927 II**, 2053.

[11] L. W. Jones u. H. F. Whalen: J. amer. chem. Soc. **47**, 1343 — Chem. Zbl. **1925 II**, 914.

[12] F. D. Chattaway u. F. L. Garton: J. chem. Soc. Lond. **125**, 183 — Chem. Zbl. **1924 I**, 2711.

[13] F. A. Hoppe-Seyler u. W. Schmidt: Z. Biol. **87**, 59 (1927) — Chem. Zbl. **1928 II**, 1782.

[14] K. Poller u. W. Linneweh: Ber. dtsch. chem. Ges. **59**, 1362 — Chem. Zbl. **1926 II**, 443.

[15] W. Strecker u. M. Baltes: Ber. dtsch. chem. Ges. **54**, 2693—2708 (1921) — Chem. Zbl. **1922 I**, 260.

als Wasserstoffacceptoren wird es von der Sulfhydrylgruppe bei nicht zu niedriger Konzentration bevorzugt, von der Purinoxydase jedoch nicht. (Vermutlich ist es in anderen Organismen durch Ammoniumperoxydhydrat, $NH_4 \cdot O \cdot OH$, ersetzt[1].)

Wird mit Zinkstaub und Natronlauge sowie durch reduzierende Fäulnisbakterien zu Trimethylamin reduziert (Erklärung für das Vorkommen großer Mengen Trimethylamin in Heringslake, während frischer Hering sehr arm daran ist). — **Chloraurat** C_3H_9ON, $HAuCl_4$. Aus Salzsäure mikr. Oktaeder vom Schmelzp. 255—257°. Hygroskopisch. — **Pikrat** C_3H_9ON, $C_6H_3O_7N_3$. Nadeln vom Schmelzp. 196—198°. — **Hydrochlorid** C_3H_9ON, HCl. Bräunt bei 185°, zersetzt sich zwischen 204—226°. — **Chloroplatinat** $(C_3H_9ON)_2$, H_2PtCl_6. Zersetzungspunkt 245—247°[2].

Triäthylamin.

Nachweis: Neben Mono- und Dialkylverbindung durch Mayers Reagens (Kaliumquecksilberjodid) noch in starker Verdünnung als eine durch ein gleichteiliges Gemisch von Chloroform und Essigester dem Gemisch entziehbare Ausscheidung von der Zusammensetzung $(C_2H_5)_3N \cdot HJ \cdot HgJ_2$. Aus Alkohol bei —20° feine gelbe Nadeln. Schmelzp. 77°[3].

Darstellung: Aus Ammoniak und Äthylalkoholdämpfen (auch Äther) beim Überleiten über Aluminiumoxyd oder Kaolin bei 330—350° zu 7,8% neben Mono- und Diäthylamin[4]. Ferner aus Diäthylamin und Acetaldehyd in Gegenwart von wässeriger Schwefeldioxydlösung und Zink[5].

Physikalische und chemische Eigenschaften: Die Verbrennungswärme des flüssigen Amins beträgt: spez. 10233 $(cal)_v$; molar 1036,8 $(kcal)_p$[6].

Die Base wirkt in der Konzentration 1:1000 stark antioxygen (katalytisch) gegenüber Styrol und Furfurol[7].

Derivat: Triäthylamin-oxyd-hydrochlorid $N(C_2H_5)_3O$, HCl. Bildet sich neben kleinen Mengen Diäthylamin beim Durchleiten von ozonisiertem Sauerstoff durch eine 33 volumproz. Lösung von Triäthylamin in Chloroform oder Tetrachlorkohlenstoff. Auch Hexan und Chloräthyl eignet sich als Verdünnungsmittel, doch muß bei ersterem zur Vermeidung von Entflammung und Explosion des Reaktionsproduktes größere Verdünnung gewählt werden[8].

Tetramethylammoniumhydroxyd.

Physiologische Eigenschaften: Als Ersatz für Curare im Laboratoriumsgebrauch von D. Ackermann[9] empfohlen, da frühzeitige Erholung bei kleineren Dosen eintritt und die schnelle Ausscheidung durch die Nieren sehr leicht zu demonstrieren ist (außerordentlich wenig lösliches Salz mit Goldchloridchlorwasserstoffsäure).

Gemischtalkylierte Amine.

Methyläthylamin.

$$C_2H_5 \cdot NH \cdot CH_3.$$

Mol.-Gewicht: 59,1.

Aus Methyläthylanilin über das Chlorhydrat des p-Nitrosomethyläthylanilins, das in möglichst konzentrierter wässeriger Lösung entsteht: 80—90% Rohprodukt, aus Alkohol und Äther kanariengelbe Nadeln, Schmelzp. 132° (Zers.); in Alkohol spielend, in Wasser und

---

[1] D. Ackermann, K. Poller u. W. Linneweh: Ber. dtsch. chem. Ges. **59**, 2750 (1926) — Chem. Zbl. **1927 I**, 611.
[2] K. Poller u. W. Linneweh: Ber. dtsch. chem. Ges. **59**, 1362 — Chem. Zbl. **1926 II**, 443.
[3] H. E. Woodward u. C. L. Alsberg: J. of biol. Chem. **46**, 1 — Chem. Zbl. **1921 IV**, 319.
[4] E. u. K. Smoleński: Roczniki Chem. **1**, 232 (1921) — Chem. Zbl. **1923 III**, 204.
[5] Chemische Fabriken vorm. Weiler-ter Meer (E. Fröhlich): D.R.P. 376013, Kl. 12q (1920, 1923); Chem. Zbl. **1924 I**, 1102.
[6] W. Swietoslawski u. M. Popow: J. Chim. physique **22**, 385 (1925) — Chem. Zbl. **1926 I**, 599.
[7] Ch. Moureu, Ch. Dufraisse u. M. Badoche: C. r. Acad. Sci. Paris **183**, 408 — Chem. Zbl. **1926 II**, 1818.
[8] W. Strecker u. M. Baltes: Ber. dtsch. chem. Ges. **54**, 2693 (1921) — Chem. Zbl. **1922 I**, 260.
[9] D. Ackermann: Münch. med. Wschr. **68**, 12 — Chem. Zbl. **1921 III**, 124.

Aceton schwerer löslich. Dieses Nitrosoprodukt wird durch Kochen mit Natronlauge, Einleiten der Dämpfe in Salzsäure und Zerlegen des Hydrochlorids mit konzentrierter Kalilauge in das Amin umgewandelt (Ausbeute ca. 80%, Kochp. 34—35°. — **Pikrat** $C_3H_9N \cdot C_6H_3O_7N_3$. Aus Alkohol hellgelbe, wenig lösliche Nadeln vom Schmelzp. 98°[1].

Methylisoamylamin $CH_3 \cdot NH \cdot C_5H_{11}$. Injektionen riefen beim Hund Blutdruckerhöhung[2], beim Kaninchen geringe Temperatursteigerung hervor[3].

Methyläthylpropylamin $CH_3 \cdot (C_2H_5)N \cdot C_3H_7$, Kochp. 91—92°. — **Hydrochlorid.** Filzige Nadeln aus Aceton. Schmelzp. 177—179°. — **Pikrat.** Aus Alkohol gelbe Blättchen. Schmelzpunkt 94—95°. — **Platinchloriddoppelsalz** $(C_6H_{15}N)_2H_2PtCl_6$, Schmelzp. 176—177°[2]. — **Oxyd.** Sirup, Pikrat $C_6H_{15}ON \cdot C_6H_3O_7N_3$. Aus viel Wasser oder wenig Alkohol dunkelgelbe Körner. Schmelzp. 106—107°. Konnte nicht in die optischen Antipoden zerlegt werden[1].

Methyläthylallylamin $C_6H_{13}N$. Kochp.$_{762}$ 88—89°. — **Pikrat** $C_6H_{13}N \cdot C_6H_3O_7N_3$. Hellgelbe, leicht lösliche Nadeln aus Alkohol vom Schmelzp. 90°. — **Oxyd.** Nicht krystallisiert erhalten. Sein Pikrat $C_6H_{13}ON \cdot C_6H_3O_7N_3$. Aus Alkohol gelbe Nadeln. Schmelzp. 134—135°. Spaltung in die optischen Antipoden mit d-Bromcamphersulfonsäure gelungen. Vgl. Literatur[1].

Diallyl-n-butylamin $CH_3 \cdot CH_2 \cdot CH_2 \cdot CH_2 \cdot N(C_3H_5)_2$. Leicht bewegliche, stark lichtbrechende Flüssigkeit vom Kochp.$_{10}$ 54—55°. Blutdrucksenkende Wirkung[4].

Diallyl-isoamylamin $(CH_3)_2CH \cdot CH_2 \cdot CH_2 \cdot N(C_3H_5)_2$. Fast geruchlos, stark lichtbrechende Flüssigkeit vom Kochp.$_9$ 65—66°. Blutdrucksenkende Wirkung[4].

2-Methyl-3-dimethylaminobutanol-(2) $C_7H_{17}ON$. Aus molekularen Mengen Dimethylamin und Trimethyläthylenoxyd (3 Tage die Mischung im Rohr belassen, dann 4 Stunden auf 100° erhitzen, untere Schicht mit Kaliumcarbonat aussalzen und mit der oberen zusammen fraktionieren). Kochp. 155—156,5°; D_0^0 0,8817; D_0^{20} 0,8657. — **Hydrochlorid** Hygroskopisch. — **Pikrat** $C_{13}H_{20}O_8N_4$. Aus Alkohol orangefarbene Tafeln vom Schmelzp. 159—160°[5].

2-Methyl-3-diäthylaminobutanol-(2) $C_9H_{21}ON$. Aus molekularen Mengen Diäthylamin und Trimethyläthylenoxyd wie oben. Kochp.$_{747}$ 182—184°; D_0^0 0,8721; D_0^{20} 0,8564. In Wasser, besonders in heißem, wenig löslich, in Alkohol und Äther leicht löslich. — **Hydrochlorid.** Sehr hygroskopisch — **Chloroplatinat** $2C_9H_{21}ON + H_2PtCl_6$. Orangerote, rhombische Krystalle aus Wasser vom Schmelzp. 175° (Zers.). — **Pikrat** $C_{15}H_{24}O_8N_4$. Aus Wasser gelbe Schuppen vom Schmelzp. 86,5°. In kaltem Wasser wenig, in heißem und Alkohol leicht löslich[6].

Diamine.

Äthylendiamin.

Physiologische Eigenschaften: Die Base wirkt auf die Gärung hemmend[7].

Injektionen riefen beim Hund keine Blutdruckveränderungen hervor, beim Kaninchen aber bewirkten sie Temperatursteigerung[3].

Chemische Eigenschaften: Das Diamin verzögerte die Oxydation von Glykokoll an Tierkohle durch Luftsauerstoff, doch stand die Wirkung im Vergleich zu jenen der einfachen Alkylamine weit hinter seiner starken Adsorbierbarkeit zurück[8]. Bergmann studierte die Hydrate der komplexen Verbindungen mit Kobalt-, Chrom- und Nickelsalzen[9].

Sowohl Äthylendiamin als auch seine asymmetrischen Dialkylaminoderivate lassen sich durch Behandlung mit hochmolekularen Fettsäuren in einseitig acylierte Derivate überführen, die therapeutische Verwendung finden[10].

---

[1] J. Meisenheimer u. Mitarbeiter: Liebigs Ann. **428**, 252—285 (1922) — Chem. Zbl. **1922 III**, 987—989.

[2] Vgl. v. Gerichten u. H. Schrötter: Ber. dtsch. chem. Ges. **15**, 1458. — Emmert: Ber. dtsch. chem. Ges. **42**, 1510 — Chem. Zbl. **1909 I**, 1927.

[3] M. Cloetta u. F. Wünsche: Arch. f. exper. Path. **96**, 307 — Chem. Zbl. **1923 III**, 87.

[4] E. Brauchli u. M. Cloetta: Arch. f. exper. Path. **129**, 72 — Chem. Zbl. **1928 I**, 2731.

[5] K. Krassuski: J. Chim. l'Ukraine **1**, 65 — Chem. Zbl. **1925 II**, 1674.

[6] K. Krassuski u. A. Kiprijanow: J. Chim. l'Ukraine **1**, 65 — Chem. Zbl. **1925 II**, 1675.

[7] J. Orient: Biochem. Z. **144**, 353 — Chem. Zbl. **1924 I**, 1814.

[8] S. Toyoda: J. of Biochem. **7**, 209, 217 — Chem. Zbl. **1927 II**, 2053.

[9] A. Bergmann: J. russ. physik.-chem. Ges. **56**, 177 (1925) — Chem. Zbl. **1926 I**, 1097.

[10] Gesellschaft für Chemische Industrie in Basel: Schwz.P.P. 107776 bis 107782 (1923, 1924) und 108846 (1923, 1925); Chem. Zbl. **1925 I**, 2409.

Derivate: Dichloracetyläthylendiamin $Cl \cdot CH_2 \cdot CO \cdot NH \cdot CH_2 \cdot CH_2 \cdot NH \cdot CO \cdot CH_2 \cdot Cl$. Lang rechteckige und rhombische, zu Sternen vereinigte Nadeln aus Alkohol. Schmelzp. 171 bis 172°[1].

Dibrompropionyläthylendiamin $Br \cdot CH(CH_3) \cdot CO \cdot NH \cdot CH_2CH_2 \cdot NH \cdot CO \cdot CH(CH_3) \cdot Br$. Aus Äthylendiamin und Brompropionylbromid in wässerig-alkalischer Lösung, nach Umkrystallisieren aus heißem Alkohol weiße, glitzernde Krystalle zum Schmelzp. 203°[1].

Di-β-naphthalinsulfoäthylendiamin $C_{10}H_7SO_2 \cdot NH \cdot CH_2 \cdot CH_2 \cdot NH \cdot SO_2C_{10}H_7$. Krystallblättchen und Schuppen, die in Alkohol wenig löslich sind[1].

Diäthylaminoäthylmonoamid der Leinölsäure. Dickes, nicht destillierbares, in Wasser unlösliches, in organischen Lösungsmitteln lösliches Öl. Mit Säuren wasserlösliche Salze[2].

Diäthylaminoäthylmonoamid der Fischtransäuren und der Chaulmoograsäure. Entsprechen in ihren Eigenschaften dem Leinölsäurederivat[2].

Dimethylaminoäthylmonoamid der Stearinsäure. Aus verdünntem Aceton Krystalle vom Schmelzp. 71°. In Wasser unlöslich, in organischen Mitteln löslich. Mit Säuren wasserlösliche Salze[2].

Aminoäthylmonoamid der Stearinsäure. Basisch riechende Krystalle vom Schmelzpunkt 103°. In Wasser mit stark alkalischer Reaktion löslich. In organischen Medien leicht löslich. Mit Säuren leicht wasserlösliche Salze[2].

Aminoäthylmonoamid der Oxalsäure. Dickes, nicht destillierbares, in Wasser mit stark alkalischer Reaktion lösliches, in organischen Medien leicht lösliches Öl[2].

Diäthylaminoäthylmonoamid der Ölsäure. Darstellung für therapeutische Verwendung. Dickes, nicht destillierbares, in Wasser unlösliches, in organischen Solventien lösliches Öl[3].

Propylendiamin. Durch Behandlung bei höherer Temperatur mit hochmolekularen Fettsäuren läßt sich Propylendiamin in einseitig acylierte Derivate überführen, die therapeutische Verwendung finden[2].

Tetramethylendiamin (Putrescin).

Vorkommen: In den Früchten von Citrus Grandis Osbeck (als Chlorid isoliert[4]); im Dampfdestillat der gefaulten „Agemaki" (Solecurtus constricta[5]); im Stierhoden[6].

Bildung: Aus Agmatin durch Fäulnis nach 18 Tagen etwa zu 30% der theoretisch möglichen Menge[7]. Durch Aspergillus oryeae auf Sojabohnen[8].

Darstellung: Aus N-Benzoyl-δ-brom- oder -jodbutylamin und Ammoniak und Abspaltung des Benzoylrestes mit konzentrierter Salzsäure als Dihydrochlorid vom Schmelzpunkt 300°[9].

Chemische Eigenschaften: Das Hydrochlorid ist gegen Chlordioxyd beständig[10].

Derivate: N-Methylputrescin $C_5H_{14}N_2$. Aus Monobenzoyl-N-δ-brom- oder -jodbutylamin und Metylamin in fast quantitativer Ausbeute. Farbloses, an der Luft rauchendes Öl von piperidinartigem Geruch. Kochp. 161—163°. In Wasser sehr leicht, in Chloroform löslich, in Äther fast unlöslich. — **Hydrochlorid** $C_5H_{14}N_2 \cdot 2HCl$. Aus Alkohol (95%) hygroskopische Nadeln vom Schmelzp. 179° (korr.). In Wasser sehr leicht, in Alkohol und Aceton nicht löslich. — **Pikrat** $C_5H_{14}N_2 \cdot 2C_6H_3O_7N_3$. Aus Wasser Prismen oder Nadeln vom Schmelzp. 229—230,5° korr. (Zers.). In kaltem Wasser und Alkohol fast unlöslich. — **Chloraurat** $C_5H_{14}N_2 \cdot 2HAuCl_4 \cdot H_2O$. Aus $^1/_{10}$ n-Salzsäure tiefgelbe Prismen vom Schmelzp. 192° (korr.) nach Erweichen. Zersetzungsp. 215° (korr.). — **Chloroplatinat** $C_5H_{14}N_2 \cdot H_2PtCl_6$. Aus verdünnter Salzsäure rötliche Prismen vom Schmelzp. 230,5° (korr.). Fällt aus wässeriger Lösung durch Alkohol. —

---

[1] P. Bergell: Hoppe-Seylers Z. **123**, 280—289 (1922) — Chem. Zbl. **1923 I**, 406.

[2] Gesellschaft für Chemische Industrie in Basel: Schwz.PP. 107776 bis 107782 (1923; 1924) und 108846 (1923, 1925) — Chem. Zbl. **1925 I**, 2409.

[3] Gesellschaft für Chemische Industrie in Basel: Schwz.P. 107202 (1923, 1924); Chem. Zbl. **1925 I**, 1129.

[4] Y. Hiwatari: J. of Biochem. **7**, 169 — Chem. Zbl. **1927 I**, 268.

[5] H. Matsui: J. coll. agricult. Tokyo **5**, 401 — Chem. Zbl. **1925 I**, 1218.

[6] H. Müller: Z. Biol. **82**, 573 — Chem. Zbl. **1925 II**, 660.

[7] H. Reinwein u. K. L. Kochinki: Z. Biol. **81**, 291 — Chem. Zbl. **1924 II**, 1810.

[8] M. Yamada u. S. Ishida: Jap. J. of agricult. chem. Soc. **2**, Nr 7, 1 (1926) — Chem. Zbl. **1928 II**, 2568.

[9] H. W. Dudley u. W. V. Thorpe: Biochemic. J. **19**, 845 (1925) — Chem. Zbl. **1926 I**, 2678.

[10] E. Schmidt u. K. Braunsdorf: Ber. dtsch. chem. Ges. **55**, 1529 — Chem. Zbl. **1922 III**, 521.

Pikronolat. Aus Wasser Nadeln, die sich zwischen 254 und 265° zersetzen. In Alkohol sehr wenig löslich. — Quecksilberchloridverbindung. Aus Wasser Krystalle vom Schmelzpunkt 148° (korr.). In Alkohol wenig löslich [1].
Monobenzoylputrescin $C_{11}H_{16}ON_2$. Öl. In Wasser wenig, in Chloroform und Alkohol sehr leicht, in Äther unlöslich. — **Hydrochlorid** $C_{11}H_{17}ON_2 \cdot HCl$. Aus Alkohol Nadeln vom Schmelzp. 171° (korr.). In Wasser und Alkohol löslich. — **Pikrat.** Aus Wasser Prismen vom Schmelzp. 173° (korr.). In Wasser und Alkohol wenig löslich [1].
Dibenzoyl-N-methylputrescin $C_{19}H_{22}O_2N_2$. Aus verdünntem Alkohol oder Chloroform + Äther in Nadeln vom Schmelzp. 115,5° (korr.). In Chloroform und Alkohol sehr leicht löslich [1].

Agmatin (Aminobutylenguanidin).

Vorkommen: Im Riesenkieselschwamm, Geodia gigas (aus der „Argininfraktion" der Extrakte isoliert) [2]; im Stierhoden [3].
Bildung: Es entsteht nicht durch Decarboxylierung von Arginin nach einem Fäulnis- und einem Tierversuch (subcutane Einführung beim Kaninchen) [4]. Es bildet sich bei der Einwirkung von 1 Mol Methylpseudoharnstoff auf Putrescin [5].
Physiologische Eigenschaften: Eine Reihe von Pflanzenpräparaten, in welchen die Anwesenheit von Arginase festgestellt worden war, vermochten aus Agmatin keinen Harnstoff abzuspalten [6]. Weder Leberextrakte noch solche aus pflanzlichen Geweben (Keimlingen) spalten den Körper [7]. Bei einem Fäulnisversuch wurden etwa 30% der theoretisch möglichen Menge an Putrescin (nach 18 Stunden) bei ca. 30° gewonnen [8].

Seine hypoglykämische Wirkung ist etwa doppelt so groß wie die beim Oxyäthylguanidin und gleich stark wie die des Äthylen- und Tetramethylendiguanidins [5].

Pentamethylendiamin (Cadaverin).

Vorkommen: Im Pankreas von Rindvieh wurde kein Cadaverin gefunden [9].
Bildung: Durch Aspergillus orycae auf Sojabohnen [10].
Physiologische Eigenschaften: Auf die Gärung wirkt es in sehr starker Verdünnung bis herauf zu 8% (auf die Trockensubstanz der Hefe bezogen) hemmend und in höheren Konzentrationen aktivierend [11], während ihr Hydrochlorid auch in schwacher Konzentration aktivierend wirken soll [12].
Chemische Eigenschaften: Das Diamin verzögert die Oxydation von Glykokoll an Tierkohle durch den Luftsauerstoff [13]. Das Hydrochlorid ist gegen Chlordioxyd beständig [14].
Dibrompropionylpentamethylendiamin $CH_3 \cdot CH(Br) \cdot CO \cdot NH \cdot (CH_2)_5 \cdot NH \cdot CO \cdot CHBr \cdot CH_3$. Mol.-Gewicht: 371,6. Aus Pentamethylendihydrochlorid und Brompropionylchlorid unter Zugabe von etwas mehr als der berechneten Menge Kalilauge. Der flockige, krystallinische Niederschlag wird aus Alkohol und Wasser umkrystallisiert. Wollig-flockiger Niederschlag und mikroskopische Rosetten. Wenig löslich in Wasser, Äther und kaltem Alkohol, leicht

---

[1] H. W. Dudley u. W. V. Thorpe: Biochemic. J. **19**, 845 (1925) — Chem. Zbl. **1926 I**, 2678.
[2] F. Holtz: Z. Biol. **81**, 65 — Chem. Zbl. **1924 II**, 686.
[3] H. Müller: Z. Biol. **82**, 573 — Chem. Zbl. **1925 II**, 660.
[4] H. Müller: Z. Biol. **83**, 320 (1925) — Chem. Zbl. **1926 I**, 716.
[5] T. Kumagai, S. Kawai u. Y. Shikinami: Proc. imp. Acad. Tokyo **4**, 23 — Chem. Zbl. **1928 I**, 2843.
[6] A. Kiesel: Hoppe-Seylers Z. **118**, 284 — Chem. Zbl. **1922 I**, 827.
[7] K. Poller: Z. Biol. **86**, 309 — Chem. Zbl. **1927 II**, 2067.
[8] H. Reinwein u. K. L. Kochinki: Z. Biol. **81**, 291 — Chem. Zbl. **1924 II**, 1810.
[9] W. A. Ssemenowitsch: J. russ. physik.-chem. Ges. **49**, 608 (1917) — Chem. Zbl. **1923 III**, 632.
[10] M. Yamada u. S. Ishida: Jap. J. of agricult. chem. Soc. **2**, Nr. 7 (1926) — Chem. Zbl. **1928 II**, 2568.
[11] J. Orient: Biochem. Z. **132**, 352 (1922) — Chem. Zbl. **1923 III**, 257.
[12] J. Orient: Biochem. Z. **144**, 353 — Chem. Zbl. **1924 I**, 1814.
[13] S. Toyoda: J. of Biochem. **7**, 209, 217 — Chem. Zbl. **1927 II**, 2053.
[14] E. Schmidt u. K. Braunsdorf: Ber. dtsch. chem. Ges. **55**, 1529 — Chem. Zbl. **1922 III**, 521.

in heißem Alkohol. Aus Alkohol strahlige, kugelige Krystallaggregate vom Schmelzp. 135 bis 136°[1].

Dibromisocapronylpentamethylendiamin $(CH_3)_2 \cdot CH \cdot CH_2 \cdot CHBr \cdot CO \cdot NH(CH_2)_5NH \cdot CO \cdot CHBr \cdot CH_2 \cdot CH \cdot (CH_3)_2$. Mol-Gewicht: 455,6. Aus Pentamethylendiamin und Bromisocapronylbromid. Das zuerst ausgeschiedene, ölige Reaktionsprodukt wird beim Umlösen aus wässerigem Alkohol allmählich fest. Mikroskopische spitze Blättchen vom Schmelzp. 128°[1].

Di-β-naphthalinsulfopentamethylendiamin $C_{10}H_7SO_2 \cdot NH \cdot (CH_2)_5 \cdot NH \cdot SO_2C_{10}H_7$. Mol-Gewicht: 542,8. Es bildet sich beim Schütteln einer wässerigen alkalischen Suspension von Pentamethylendiamin mit einer ätherischen Lösung von Naphthalinsulfochlorid. Das Reaktionsprodukt krystallisiert aus verdünntem Alkohol in großen, glitzernden Blättern vom Schmelzp. 147—149°[1, 2].

Monobenzoylcadaverin $C_{12}H_{18}ON_2$. α-Benzoylamin-δ-cyanpentan mit konzentrierter Schwefelsäure 10 Minuten auf dem Wasserbad verseifen zu ε-Benzoylamino-n-capronsäureamid (Nadeln, Schmelzp. 140—141°). Dieses mit Kaliumhypobromit in alkalischer Lösung behandelt, liefert öliges Benzoylcadaverin. — **Hydrochlorid** $C_{12}H_{19}ON_2Cl$. Krystalle (Alkohol + Äther). Schmelzp. 159—160°[3].

Dibrompropionyldialanylpentamethylendiamin $Br \cdot CH(CH_3) \cdot CO \cdot NH \cdot CH(CH_3) \cdot CO \cdot NH(CH_2)_5NH \cdot CO \cdot CH(CH_3) \cdot NH \cdot CO \cdot CH(CH_3)Br$. Durch Behandeln des leicht löslichen Aminierungsproduktes des Dibrompropionylpentamethylendiamins mit Brompropionylbromid in wässerig-alkalischer Lösung entsteht ein halbfester Niederschlag, der aus Alkohol umkrystallisiert, bei 169° sintert und bei 180° schmilzt[2].

Spermidin.

α-(γ'-Aminopropylamino)-δ-aminobutan $H_2N \cdot CH_2 \cdot CH_2 \cdot CH_2 \cdot NH \cdot CH_2 \cdot CH_2 \cdot CH_2 \cdot CH_2 \cdot NH_2$.

Ist dem Spermin in seinen Eigenschaften sehr ähnlich. Es erscheint in der Lysinfraktion. Das Phosphorwolframat ist unlöslich in Aceton. Es ist optisch inaktiv. Permanganat wird in schwach saurer Lösung nicht reduziert. Charakteristischer Samengeruch bei der Behandlung der Lösung seines Chloraurats mit Magnesium[4].

Vorkommen: In den Mutterlaugen des Sperminphosphats, etwa $^1/_{10}$ Menge des Spermins. Aus 100 kg Pankreas etwa 2 g Phosphat isoliert[4].

Synthese: Bei der Sperminsynthese aus α-Phenoxy-γ-brompropan und α, δ-Diaminobutan erhält man α-(γ'-Phenoxypropylamino)-δ-aminobutanhydrobromid als Nebenprodukt mit dem Schmelzp. 271—273° (Platten aus Alkohol). Durch 12stündiges Erhitzen dieser Verbindung mit Bromwasserstoff (spez. Gewicht 1,7) auf 100° bildet sich daraus α-(γ'-Brompropylamino)-δ-aminobutanhydrobromid ($C_7H_{19}N_2Br_3$). Aus Alkohol prismatische Nadeln vom Schmelzp. 234—235°. Durch Bromabspaltung mit alkoholischem Ammoniak und folgender Wasserdampfdestillation, sowie Umsetzung mit Natriumpikrat entsteht daraus das Sperminpikrat [= α-(γ'-Aminopropylamino)-δ-aminobutanpikrat] $NH_2 \cdot (CH_2)_3 \cdot NH \cdot (CH_2)_4 \cdot NH_2 \cdot 3\, C_6H_3O_7N_3$[4].

Nachweis: Trennung vom Spermin: Mit Hilfe der verschiedenen Löslichkeit der Phosphate. Zur Identifizierung eignet sich das Pikrat am besten[4].

Derivate: Phosphat $(C_7H_{19}N_3)_2 \cdot 3H_3PO_4, 6H_2O$. Aus der Mutterlauge des Sperminphosphats durch Erhöhung der Alkoholkonzentration auf das Doppelte. Aus 20proz. Lösung in heißem Wasser in cholesterinartigen Krystallen, die bei 150° erweichen. Schmelzp. 207 bis 209° (opake Flüssigkeit; bei 218—220° Schäumen)[4]. — **Pikrat** $C_7H_{19}N_3 \cdot 3C_6H_3O_7N_3$. Aus Wasser citronengelbe Nadeln oder Platten. Schmelzp. 210—212° (Zers. und Schäumen). In Wasser wenig löslich. — **Hydrochlorid** $C_7H_{19}N_3 \cdot 3HCl$. Aus salzsäurehaltigem absolutem Alkohol dünne Platten. Wenig hygroskopisch. Unbeständig in feuchter Luft. — **Chloraurat** $C_7H_{19}N_3 \cdot 3HAuCl_4$. Aus 1proz. Salzsäure goldgelbe Nadeln oder Platten vom Schmelzpunkt 220—222° (Zers.).

m-Nitrobenzoylverbindung $C_7H_{16}N_3(CO \cdot C_6H_4 \cdot NO_2)_3$. Zwei Formen. Ein niedrig schmelzendes Hydrat (?): dicke Nadeln vom Schmelzp. 102° (Schäumen) und eine schwerer in absolutem Alkohol lösliche Form vom Schmelzp. 148—150°[4].

---

[1] P. Bergell: Hoppe-Seylers Z. **120**, 200 — Chem. Zbl. **1922 III**, 918.
[2] P. Bergell: Hoppe-Seylers Z. **123**, 280—289 (1922) — Chem. Zbl. **1923 I**, 406.
[3] S. Kanewskaja: J. russ. phys.-chem. Ges. (russ.) **59**, 649 (1927) — Chem. Zbl. **1928 I**, 1026.
[4] H. W. Dudley, O. Rosenheim u. W. W. Starling: Biochemic. J. **21**, 97 — Chem. Zbl. **1927 I**, 2722.

Spermin.

α, δ-Di-(γ'-aminopropyl)-aminobutan $H_2N \cdot (CH_2)_3NH(CH_2)_4NH(CH_2)_3 \cdot NH_2$.

Ist identisch mit Musculamin[1], mit Neuridin[2] und Gerontin[3,4].

Vorkommen: In Hoden, Pankreas, Hefe, Ovarien, Muskel, Leber, Gehirn, Milz, Thymus und Schilddrüse[5]. Nicht nachweisbar in Bullensamen, Rinderblut, Kuhmilch und Hühnereiern[6]. Gehalt beim menschlichen Hoden $0{,}003^0/_{00}$, Muskel $0{,}009^0/_{00}$, Gehirn $0{,}015^0/_{00}$, Milz $0{,}023^0/_{00}$, Leber $0{,}050^0/_{00}$, Pankreas $0{,}054^0/_{00}$, Sperma $0{,}38^0/_{00}$, Rindermuskel $0{,}010^0/_{00}$, Rinderhoden $0{,}013^0/_{00}$, Rinderprostata $0{,}014^0/_{00}$, Rinderpankreas (weibliche Tiere) $0{,}087^0/_{00}$ und Rinderblut nur Spuren. Der Spermingehalt weiblicher Tiere erwies sich als ebenso groß wie der männlicher[7].

Nachweis: Zur Identifizierung eignet sich am besten das Pikrat.

Bestimmung: Zur quantitativen Bestimmung wird das Phosphat (aus der Sperminlösung, nachdem sie mit Phosphorsäure auf $p_H = 7{,}0$ gebracht worden ist) in verdünnter Salzsäure gelöst und mit Goldchlorid das Chloraurat gefällt[7].

Darstellung: Zur Isolierung (Rinderpankreas lieferte die beste Ausbeute) extrahiert man je 1 kg Organ mit 2 l Wasser bei essigsaurer Reaktion und versetzt das Filtrat mit 40 ccm Bleiessig, erwärmt auf 40°, filtriert, versetzt mit Schwefelsäure bis zur kongosauern Reaktion, trennt vom Bleisulfat, bringt den Schwefelsäuregehalt auf 5% und fällt mit Phosphorwolframsäure. Der Niederschlag wird mit Baryt zerlegt und die bariumfreie (CO_2)-Lösung mit Phosphorsäure auf p_H 7,0 eingestellt und $1/3$ Volumen Alkohol zugefügt. Sperminphosphat scheidet sich ab. (Aus 1 kg Rinderpankreas 0,2 g Ausbeute.)[7]

Synthese: 10stündiges Erhitzen von 1 g Putrescin mit 3 g Jodpropylphthalimid im Rohr auf 100°, Kochen mit 40 ccm 15proz. Kalilauge bis zur Lösung des Öles, nach dem Abkühlen und Versetzen mit konzentrierter Salzsäure Einleiten von HCl-Gas bis zur Sättigung, 3stündiges Erhitzen im Rohr auf 100°, Entfernung der Phthalsäure und Konzentrieren im Vakuum; der Rückstand wird in Wasser gelöst, mit Ammoniak alkalisiert, mit Phosphorsäure auf p_H 7,0 gebracht, dann $1/3$ Volumen Alkohol zugefügt und nach 24 Stunden das abgeschiedene Sperminphosphat aus Wasser umkrystallisiert[8].

Physiologische Eigenschaften: Spermin kann das Vitamin B nicht ersetzen[9]. Es wirkt nicht antineuritisch[10] und fungiert nicht als Coenzym bei der alkoholischen Gärung[11].

Es befördert die Bewegung der Spermien nicht und verlängert auch nicht die Bewegungsdauer nicht[12]. — Da Spermin in Bullensamen, Rinderblut, Kuhmilch und Hühnereiern nicht aufgefunden werden konnte, schlossen Dudley und Rosenheim[13], daß es weder für die Befruchtung noch für die Entwicklung und das Wachstum des jungen Tieres von wesentlicher Bedeutung sei.

Es ist wenig giftig und zeigt eine dem Cholin ähnliche pharmakologische Wirkung. Es verändert auch in großen Dosen (10 mg pro Kaninchen) den Zuckerspiegel nicht. Kleine Dosen (0,1 mg) erzeugen eine geringe Blutdrucksteigerung. Nach größeren Dosen erfolgt

---

[1] Etard u. Vila: C. r. Acad. Sci. Paris **135**, 698; **136**, 1285 — Chem. Zbl. **1902 II**, 1365; **1903 II**, 127.

[2] Brieger: Ptomaine (1885).

[3] Grandis: Atti Accad. dei Lincei Roma **6**, 213 (1890).

[4] H. W. Dudley u. O. Rosenheim: Biochemic. J. **19**, 1034 (1925) — Chem. Zbl. **1926 I**, 2707 — Biochem. Handlexikon **4**, 819, 822.

[5] O. Rosenheim: Biochemic. J. **18**, 1253 (1924). — H. W. Dudley, M. Ch. Rosenheim u. O. Rosenheim: Biochemic. J. **18**, 1263 (1924) — Chem. Zbl. **1925 I**, 1090.

[6] H. W. Dudley u. O. Rosenheim: Biochemic. J. **19**, 1034 (1925) — Chem. Zol. **1926 I**, 2707.

[7] F. Wrede u. E. Starck: Hoppe-Seylers Z. **153**, 291; ebenda auch die Prioritätsansprüche. — Vgl. Dudley u. Rosenheim: Biochemic. J. **18**, 1263 — Chem. Zbl. **1926 II**, 439; **1925 I**, 1090

[8] F. Wrede, H. Fanselow u. E. Starck: Hoppe-Seylers Z. **163**, 219 — Chem. Zbl. **1927 I**, 2320.

[9] H. W. Dudley, O. Rosenheim u. J. C. Drummond: Biochemic. J. **19**, 1034 (1925) — Chem. Zbl. **1926 I**, 2707.

[10] H. W. Dudley, O. Rosenheim u. R. A. Peters: Biochemic. J. **19**, 1034 (1925) — Chem. Zbl. **1926 I**, 2707.

[11] H. W. Dudley, O. Rosenheim u. A. Harden: Biochemic. J. **19**, 1034 (1925) — Chem. Zbl. **1926 I**, 2707.

[12] E. Redenz: Pflügers Arch. **216**, 605 — Chem. Zbl. **1927 II**, 591.

[13] H. W. Dudley u. O. Rosenheim: Biochemic. J. **19** 1034 (1925) — Chem. Zbl. **1926 I**, 2707.

ein Absinken des Blutdrucks; nach tödlichen Dosen (60 mg pro kg) sinkt er bis auf 0 ab. Kleine Dosen (8 mg pro kg) vermindern die Pulsfrequenz wenig, größere dagegen (20 mg/kg) um die Hälfte. Die Atmung wird durch 8 mg verlangsamt. Nach 62 mg erfolgt irreversibler Atemstillstand. Die letale Dosis beträgt für die Maus 1,5 mg; 40 mg/kg werden von Kaninchen ohne Nachwirkung vertragen [1].

Physikalische und chemische Eigenschaften: Das freie Spermin ist eine geruchlose, zerfließliche Krystallmasse. Nach dem Erstarren des aus Chloroform beim Verdampfen verbleibenden Öles liegt es in nadelförmigen Krystallen vor vom Schmelzp. 55—60° und Kochpunkt$_5$ = etwa 150° (unzersetzt). Es ist optisch inaktiv. In Wasser, Alkohol und Butylalkohol ist die Base leicht, in Äther, Benzol und Ligroin nicht löslich. An der Luft nimmt sie Kohlensäure begierig auf [2]. Unter der Einwirkung von Kaliumpermanganat entstehen bei Gegenwart von etwas Salzsäure stark nach Sperma riechende Stoffe. In Säuren und Alkalien ist es beständig, aus alkalischer Lösung mit Wasserdampf flüchtig. Permanganat in alkalischer Lösung wird rasch entfärbt. Nach Zinkstauberhitzen Fichtenspanreaktion positiv. Bei der Einwirkung von fein verteiltem Kupfer auf die alkalische Lösung unter Durchleitung von Luft erfolgt größtenteils Spaltung in die zwei Basen: $C_7H_{14}N_2$ und $C_4H_{12}N_2$ [1].

Nach den weiter unten angeführten Versuchen konnten Wrede, Fanselow und Starck [3], sowie Dudley, Rosenheim und Starling [4] die Konstitution im Sinne der Formel $H_2N \cdot CH_2 \cdot CH_2 \cdot CH_2 \cdot NH \cdot CH_2 \cdot CH_2 \cdot CH_2 \cdot CH_2 \cdot NH \cdot CH_2 \cdot CH_2 \cdot CH_2 \cdot NH_2$ aufklären. Das von Kunz [5] angeblich aus Cholerakulturen isolierte Sperminchloroplatinat ($C_4H_{10}N_2 \cdot H_2PtCl_6$?) konnte von Wrede und Banik [6] nach dem angegebenen Verfahren nicht wiedergewonnen werden. Diese Forscher halten die von Kunz als Spermin aufgefaßte Base für identisch mit Cadaverin. Auch die von Schreiner [7] aus dem Sperma als Phosphat isolierte Base, der nach Ladenburg und Abel [8] Piperazin zugrunde gelegen wäre, ließ sich nach seinem Verfahren von Wrede und Banik [9] nicht erneut darstellen. Letztere vermuten in den fraglichen Krystallen ein unreines anorganisches Phosphat. Im Spermin Poehl konnten dieselben Forscher das von diesem beschriebene Platinsalz $C_5H_{14}N_2 \cdot H_2PtCl_6$ auch nicht nachweisen [9]. Wrede [10] jedoch gelangte bei der Verarbeitung von $^1/_2$ kg menschlichem Sperma zu dem bereits früher von ihm mit Banik [9] aufgefundenen Goldsalz der Base, die nach den Analysen des Gold- und Platinsalzes sowie nach der Molekulargewichtsbestimmung des m-Nitrobenzoylderivates die Zusammensetzung $C_{10}H_{26}N_4$ aufweist. Sie ist optisch inaktiv, gibt die von Schreiner [7] angegebenen Fällungsreaktionen, ist geruchlos und nicht flüchtig. Beim Erhitzen des Goldsalzes tritt ein charakteristischer Geruch auf. Zur Isolierung der Base wurde das in 2—3 Volumen Alkohol konservierte Sperma zur Trockene verdampft, der Rückstand mit der 2—3 fachen Menge Wasser verdünnt, mit 20 ccm Normalnatronlauge bis zum Verschwinden der Koagulation gerührt und mit 20 ccm Normalessigsäure neutralisiert. Man koaguliert durch Erhitzen, fällt mit Bleiessig und zentrifugiert den Niederschlag ab. Die durch Kieselgur geklärte Flüssigkeit wird mit Schwefelwasserstoff entbleit und mit Phosphorwolframsäure in 5 proz. Schwefelsäure ausgefällt, der Niederschlag mit Bariumhydroxyd zerlegt, mit Schwefelsäure neutralisiert, mit Salzsäure angesäuert und mit Goldchlorid versetzt; das unreine Chloraurat schmilzt bei 205°. Ausbeute 0,2 g aus 200 ccm Ausgangsmaterial (etwa 50 ccm Sperma) [10].

Derivate: Hydrochlorid $C_{10}H_{26}N_4 \cdot 4HCl$. Aus etwa 20 proz. Salzsäure + Alkohol in Blättchen, die bei 250° noch nicht geschmolzen sind [1, 11]. Aus heißem Wasser + Alkohol

---

[1] F. Wrede u. E. Starck: Hoppe-Seylers Z. **153**, 291 — Chem. Zbl. **1926 II**, 439.
[2] H. W. Dudley, M. Ch. Rosenheim u. O. Rosenheim: Biochemic. J. **18**, 1263 (1924) — Chem. Zbl. **1925 I**, 1090.
[3] F. Wrede, H. Fanselow u. E. Starck: Hoppe-Seylers Z. **161**, 66 (1926) — Chem. Zbl. **1927 I**, 416.
[4] H. W. Dudley, O. Rosenheim u. W. W. Starling: Biochemic. J. **20**, 1082 (1926) — Hoppe-Seylers Z. **159**, 199 — Chem. Zbl. **1927 I**, 417; **1926 II**, 3091.
[5] Kunz: Mh. Chem. **9**, 372.
[6] P. Wrede u. E. Banik: Hoppe-Seylers Z. **131**, 29 (1923) — Chem. Zbl. **1924 I**, 565.
[7] Schreiner: Liebigs Ann. **194**, 68.
[8] Ladenburg u. Abel: Ber. dtsch. chem. Ges. **21**, 758.
[9] P. Wrede u. E. Banik: Hoppe-Seylers Z. **131**, 38 (1923) — Chem. Zbl. **1924 I**, 565.
[10] P. Wrede: Hoppe-Seylers Z. **138**, 119 — Chem. Zbl. **1924 II**, 2590.
[11] F. Wrede, E. Starck u. O. Hettche: Hoppe-Seylers Z. **173**, 61 — Chem. Zbl. **1928 I**, 1022.

prismatische Nadeln, bei 300—302° Braunfärbung, bei 310° unter Gasentwicklung flüssig. In Wasser sehr leicht, in heißem Methyl- und Äthylalkohol sehr wenig löslich, in Aceton, Äther und Chloroform unlöslich [1].

Nitrat $C_{10}H_{26}N_4, 4HNO_3$. Aus dem Hydrochlorid mit Silbernitrat [2]. Sehr hygroskopisch [1].

Sulfat. Sehr hygroskopisch [1].

Phosphat $C_{10}H_{26}N_4, 2H_3PO_4 + 6H_2O$. Rein erhält man es bei Verrühren des Rohphosphats mit 30proz. Kalilauge und durch Ausschütteln mit Chloroform. Schmelzp. etwa 266° [2]. Nadeln. Krystallwasserfrei sintert es bei 224° und schmilzt bei 228° [3]. Erweichen bei 227° (Gasentwicklung), Schmelzp. 230—234°, bei 240° weiße Ausscheidung, bei 260—262° sinternd [1]. Bei 100° in Wasser zu 1%, bei Zimmertemperatur zu 0,037% löslich [3,1]. In verdünnten Säuren und Alkalien leicht, in Äther kaum löslich [3,2].

Carbonat. Sehr hygroskopisch [1].

Acetat. Sehr hygroskopisch [1].

Oxalat. Blättchen vom Schmelzp. 225° [1].

Chloraurat $C_{10}H_{26}N_4 \cdot 4HAuCl_4 + 4H_2O$. Glitzernde Blättchen, bei 210° Dunkelfärbung. Schmelzp. 216—218° unter Zers. [4].

$C_{10}H_{26}N_4 \cdot 4HCl \cdot 4AuCl_3$: Aus 5proz. Salzsäure goldgelbe Blättchen vom Schmelzpunkt 225° (Zers.) [1].

Chloroplatinat $C_{10}H_{26}N_4 \cdot 2H_2PtCl_6 + 4H_2O$. Orangegelbe cholesterinähnliche rhombische Tafeln (krystallographische Beschreibung im Original). Bei 235° Dunkelfärbung bei 242° Schmelzen unter Zers. In kaltem Wasser wenig, in heißem Wasser löslich, in Alkohol unlöslich. Bei 80° entweicht Krystallwasser [4]. Aus 5proz. Salzsäure große wasserfreie Krystalle vom Schmelzp. 242—245° (Zers.) [1].

Phosphorwolframat. In Säuren unlösliche, in Alkali leicht lösliche Krystalle [4].

Pikrat $C_{10}H_{26}N_4 \cdot 4C_6H_3O_7N_3$. Aus siedendem Wasser gelbe Nadeln vom Schmelzp. 248 bis 250° (Zers.), 248° Schwärzung [1]. Sublimiert teilweise bei 200° und sintert bei 240° unter Schwarzfärbung. In Wasser sehr wenig, in warmem Alkohol löslich [4].

Pikronolat $C_{10}H_{26}N_4 \cdot 4C_{10}H_8O_5N_4$. Aus siedendem Wasser dunkelgelbe prismatische Nadeln vom Schmelzp. 288—289° (Zers.) [1]. Bei 240° beginnende Sublimation, bei 280° Schwarzfärbung und Aufschäumen [2]. Bei 5° in Wasser etwa 1:56500 löslich [1].

Benzoylspermin $C_{10}H_{22}N_4(COC_6H_5)_4$. Aus heißem Aceton + Ligroin wollige Nadeln vom Schmelzp. 155° [1].

m-Nitrobenzoylspermin $C_{10}H_{22}N_4(C_7H_4O_3N)_4$. Aus Alkohol Rosetten von gelben Blättchen vom Schmelzp. 171°. In kaltem Alkohol wenig, in Wasser nicht löslich. Mol.-Gewicht nach Rast: 826 (ber. 798,3) [4].

Phenylisocyanat des Spermins. Aus Alkohol Nadelbüschel vom Schmelzp. 179—180° [1].

Dimethylspermin $NH_2 \cdot (CH_2)_3 \cdot N(CH_3) \cdot (CH_2)_4 \cdot N(CH_3) \cdot (CH_2)_3 \cdot NH_2$. — **Chloraurat** $C_{12}H_{30}N_4(HAuCl_4)_4$. Schmelzp. 200°. Zers. bei 205° [5]. — **Dekamethylsperminchloraurat** $C_{20}H_{50}N_4(AuCl_4)_4$. Zers. bei etwa 278°. — **Chloroplatinat** $C_{20}H_{50}N_4(PtCl_6)_2$. Zers. bei etwa 280° [5].

Dekamethylspermin $C_{20}H_{50}N_4$. Durch Methylierung des Spermins in Methylalkohol mit Methyljodid unter allmählichem Zusatz von methylalkoholischem Kaliumhydroxyd. Frei nicht bekannt. — **Chlorid**, sehr hygroskopisch; mit Jodjodkaliumlösung schokoladenbraunen, krystallinischen Niederschlag; mit alkoholischer Zinkchloridlösung krystallinischer Niederschlag. — **Chloraurat** $C_{20}H_{50}N_4(AuCl_4)_4$. Aus 15proz. Salzsäure prismatische Nadeln vom Schmelzp. 278—280° (Zers.). In Wasser wenig, in wässerigem Aceton leicht löslich (daraus in Tafeln). — **Chloroplatinat** $C_{20}H_{50}N_4(PtCl_6)_2$. Aus 15proz. Salzsäure stumpforangefarbene, in Form dem Ammoniumchlorid gleichende Kryställchen vom Schmelzp. 286—288° (Zers.). In Wasser und Alkohol sehr wenig löslich. — **Tetrapikrat** $C_{20}H_{50}N_4(C_6H_2O_7N_3)_4$. Aus Wasser Nadeln vom Schmelzp. 272—274° (Zers.). In Wasser sehr wenig löslich (Zimmer-

---

[1] H. W. Dudley, M. Ch. Rosenheim u. O. Rosenheim: Biochemic. J. **18**, 1263 (1924) — Chem. Zbl. **1925 I**, 1090.

[2] F. Wrede, E. Starck u. O. Hettche: Hoppe-Seylers Z. **173**, 61 — Chem. Zbl. **1928 I**, 1122.

[3] F. Wrede u. E. Starck: Hoppe-Seylers Z. **153**, 291 — Chem. Zbl. **1926 II**, 439.

[4] P. Wrede: Hoppe-Seylers Z. **138**, 119 — Chem. Zbl. **1924 II**, 2590.

[5] F. Wrede, H. Fanselow u. E. Starck: Hoppe-Seylers Z. **163**, 219 — Chem. Zbl. **1927 I**, 2320.

temperatur etwa 1:6500). — **Sublimatdoppelsalz.** Aus verdünnter Salzsäure sternförmige Gruppen von Prismen. In kaltem Wasser sehr wenig löslich[1].

Spermindiguanid $H_2N \cdot C(:NH) \cdot NH \cdot (CH_2)_3 \cdot NH \cdot (CH_2)_4 \cdot NH \cdot (CH_2)_3 \cdot NH \cdot C(:NH) \cdot NH_2$. Mit S-Methylpseudothioharnstoffhydrojodid in wenig abs. Alkohol. Stark alkalischer Sirup, CO_2 anziehend. In Alkohol leicht löslich. — **Tetrahydrojodid.** Gelbliche Nadeln (Alkohol + Äther). Schmelzp. 217°. — **Tetrahydrochlorid.** Nadeln (Alkohol, verdünnt). — **Chloraurat** $C_{12}H_{30}N_8$, $4HAuCl_4$. Goldgelbe Nadeln. Sintern bei 218°, Schmelzp. etwa 226° (Zers.).

Spermindiguaniddithiocarbamidsäure $HS \cdot CS \cdot NH \cdot C(:NH) \cdot NH \cdot (CH_2)_3 \cdot NH \cdot (CH_2)_4 \cdot NH \cdot (CH_2)_3 \cdot NH \cdot C(:NH) \cdot NH \cdot CS \cdot SH$. Aus dem freien Diguanid mit Schwefelkohlenstoff in Alkohol im Rohr bei 100° (einige Stunden). Hellgelbes Pulver vom Schmelzp. 160 bis 165°. In Wasser unlöslich, sonst sehr wenig löslich, leicht von Säuren unter Zers. aufgenommen. Sehr giftig[2].

Verbindung mit Schwefelkohlenstoff.

$$\begin{array}{ccc} CH_2 \cdot CH_2 \cdot CH_2 & & CH_2 \cdot CH_2 \cdot CH_2 \\ | \qquad\qquad | & & | \qquad\qquad | \\ HN\text{---}SC\text{---}N \cdot (CH_2)_4 \cdot & N\text{---}CS\text{---}NH \end{array}$$

Mit Wasser mehrmals aus konzentrierter Salzsäure umgefällt und aus Eisessig Nadeln vom Schmelzp. 285°. In Wasser, Alkohol, Äther und Chloroform unlöslich. Mit 33proz. Perhydrol Nadeln (aus Wasser). Dunkelfärbung bei etwa 250°, Schmelzp. etwa 305° ($C_{11}H_{22}O_5N_4S_2$)[2].

p-Phenylendiamin.

Darstellung: p-Dichlorbenzol wird mit Ammoniak und ammoniakalischer Kupfersulfatlösung in hochdisperser Form als Katalysator unter Druck auf höhere Temperatur erhitzt. Umsetzung bei Ammoniaküberschuß von 10—20% (höchstens 120%) fast quantitativ[3].

Physiologische Eigenschaften: Saccharase wird durch p-Phenylendiamin per Mol erheblich stärker inaktiviert als durch das Toluidinsalz[4].

Ähnlich dem Histamin ist es in die Reihe der Capillargifte einzureihen. Es wird auch percutan resorbiert und relativ langsam eliminiert[5]. Als Haarfärbemittel bewirkt es daher Vergiftungen und Schwellung der Kopf- und Gesichtshaut[6].

Chemische Eigenschaften: Lätt[7] studierte die Reaktion des p-Phenylendiamins mit Formaldehyd und Wasserstoffsuperoxyd im Vergleich mit den Reaktionen natürlicher Peroxydasen.

Derivate: Malitzki macht Mitteilung über komplexe Verbindungen mit Kobalt[8].

p-Phenylendiamin gibt mit verschiedenen Stellungsisomeren des Dioxynaphthalins Molekülverbindungen in verschiedenen Molekularverhältnissen[9].

m-Phenylendiamin und **o-Phenylendiamin** ebenfalls[3].

2. Aromatische Amine.

Allgemeines: Darstellung: Durch katalytische Reduktion der entsprechenden Nitrobzw. Dinitroverbindungen[10]. Aus diesen Körpern auch erhältlich durch Einwirkung von Ferrohydroxyd, Ferrocarbonat oder Ferroacetat im Entstehungszustand[11].

---

[1] H. W. Dudley u. O. Rosenheim: Biochemic. J. **19**, 1032 (1925) — Chem. Zbl. **1926 I**, 2707.
[2] F. Wrede, E. Starck u. O. Hettche: Hoppe-Seylers Z. **173**, 61 — Chem. Zbl. **1928 I**, 1022.
[3] W. M. Grosvenor, übertr. v. L. Miller: A.P. 1445637 (1919, 1923); Chem. Zbl. **1925 II**, 1800.
[4] H. v. Euler u. K. Myrbäck: Hoppe-Seylers Z. **125**, 297 (1923) — Chem. Zbl. **1923 I**, 1597 — Ark. Kemi och Geol. (schwed.) 8, Nr. 22, 1 (1922).
[5] K. W. Dewey: Arch. int. Med. **36**, 724 (1925) — Ber. Physiol. **35**, 180.
[6] O. S. Gibbs: J. of Pharmacol. **20**, 221 — Chem. Zbl. **1923 I**, 1377.
[7] B. Lätt: Fermentforsch **8**, 359 (1925) — Chem. Zbl. **1926 I**, 125.
[8] W. Malitzki: J. Chim. l'Ukraine **1**, 374 (1925) — Chem. Zbl. **1926 I**, 609.
[9] R. Kremann, F. Hemmelmayr d. J. u. H. Riemer: Mh. Chem. **43**, 163 (1922) — Chem. Zbl. **1923 I**, 1368.
[10] G. Poma u. G. Pellegrini: F.P. 559730 u. 559732 (1922, 1923); It.Prior. 1921); Chem. Zbl. **1926 I**, 497.
[11] Finow-G. m. b. H., Fabrik synthetischer Riechstoffe u. ätherischer Öle u. H. Müller: D.R.P. 418497, Kl. 12q (1923, 1925); Chem. Zbl. **1926 I**, 230.

Aromatische (und aliphatische) primäre Amine liefern bei dreistündigem Erhitzen mit Aluminiumalkoxyden auf 250—350° in zugeschmolzenen Röhren die alkylierten sekundären Amine [1].

Phenylamin. Die Base lähmt die Organe der glatten Muskulatur [2].

Ihre Darreichung vor Fleischfütterung bei Ratten steigerte nicht nur den Ruheumsatz, sondern auch die spezifisch-dynamische Wirkung des Fleisches sehr beträchtlich [3].

Diphenylamin. Entsteht durch Erhitzen von Anilin mit aromatischen Sulfosäuren oder deren Anilin- oder Ammoniumsalzen auf 200—220° [4].

Benzylamin. Zur Darstellung wird Benzylchlorid 3 Stunden mit einem Gemisch von Phthalimid und Kaliumcarbonat im Ölbad erhitzt, aus Eisessig umkrystallisiert (Schmelzpunkt 116°), das reine Benzylphthalimid mit Hydrazinhydrat behandelt, mit Salzsäure zersetzt, das Phthalylhydrazid abfiltriert und das alkalisch gemachte Filtrat ausgeäthert [5].

Die Base wirkt auf den Herzmuskel direkt depressorisch. Magen, Darm, Uterus und Blase werden durch kleine Gaben angeregt, durch größere gelähmt. Diese Wirkung wechselt beim gleichen Tiere. Die Atmung von Hunden wurde unter leichter Narkose durch kleine Gaben angeregt, durch größere nicht beeinflußt und durch große herabgesetzt. Wird eine große Gabe schnell injiziert, so kann der Tod durch gleichzeitiges Aussetzen des Herzens und der Atmung eintreten [6].

Phenylmethylamin. Besitzt sympathicomimetische Wirkung auf die Organe der glatten Muskulatur [2].

Triphenylmethylamin $(C_6H_5)_3C \cdot NH_2$. Aus Ammoniak und Triphenylmethylchlorid in absolutem Äther. Schmelzp. 103° [7].

3, 4-Bishydroxyphenyläthylmethylamin („Epinin")

$$\mathrm{\underset{HO}{\overset{HO}{{}^{\diagdown}\!\!\!\!\diagup}}}\!\!-\!\!\bigcirc\!\!-\!\! C_2H_4 \cdot NH \cdot CH_3$$

Direkt in den Magen eingeführt oder subcutan verabreicht regt es die Magensaftabsonderung an. In der Darmschleimhaut werden ziemlich große Dosen ihrer Wirksamkeit beraubt [8].

Furyläthylamin $C_4H_3O \cdot CH_2 \cdot CH_2 \cdot NH_2$. Aus Furylacetaldoxim in Methanol mit Natriumamalgam. Kochp. 155°. Zieht Kohlensäure an [9].

γ-Piperonylpropylamin $C_{10}H_{13}O_2N$. Farblose Flüssigkeit vom Schmelzp. 160—161°; D_{16}^{16} 1,141. — **Carbonat.** Schmelzp. 92—94°. — **Hydrochlorid.** Nadeln vom Kochp. 206 bis 208°. — **Acetylverbindung** $C_{12}H_{15}O_3N$. Nadeln vom Schmelzp. 89° [10].

Piperonyliden-γ-piperonylpropylamin $CH_2O_2 : C_6H_3 \cdot (CH_2)_2 \cdot N : CH \cdot C_6H_3 : O_2CH_2$. Aus Aceton farblose Platten vom Schmelzp. 79,5° [10].

β-(Acridin-9-)äthylamin $C_{15}H_{14}N_2$. Blättchen vom Schmelzp. 145°. — **Pikrat.** Schmelzpunkt 225°. — **Dihydrochlorid,** Schmelzp. 225—230° [11].

β-Phenyläthylamin.

Vorkommen: Aus 3 kg menschlicher Schilddrüsensubstanz konnten nur Spuren, aus Pferdeschilddrüsen konnte überhaupt kein Phenyläthylamin isoliert werden [12].

Bildung: Aus Benzylcyanid in Eisessig mit 2proz. Eisessig-Salzsäure und Paladium-Bariumsulfat [13].

---

[1] W. A. Lazier u. H. Adkins: J. amer. chem. Soc. **46**, 741 — Chem. Zbl. **1924 I**, 2422.
[2] M. Nakamura: Tohoku J. exper. Med. **6**, 367 (1925) — Ber. Physiol. **34**, 647 (Ref. Simonson).
[3] J. Abelin: Kl. Wschr. **1**, 2188 (1922) — Chem. Zbl. **1923 I**, 1289.
[4] A. Lachman: A.P. 1549136 (1921, 1925); Chem. Zbl. **1925 II**, 2296.
[5] H. R. Ing u. R. H. F. Manske: J. chem. Soc. Lond. **1926**, 2348 — Chem. Zbl. **1926 II**, 2968.
[6] G. R. Love u. J. B. Waddel: J. Labor. a. clin. Med. **11**, 248 (1925) — Chem. Zbl. **1926 II**, 457.
[7] Ch. A. Kraus u. R. Rosen: J. amer. chem. Soc. **47**, 2739 (1925) — Chem. Zbl. **1926 I**, 916.
[8] A. C. Ivy u. A. J. Javois: Amer. J. Physiol. **71**, 604 — Chem. Zbl. **1925 II**, 197.
[9] T. Yabutau u. K. Kambe: Proc. imp. Acad. Tokyo **4**, 120 — Chem. Zbl. **1928 II**, 146.
[10] W. Baker u. R. Robinson: J. chem. Soc. Lond. **127**, 1424 — Chem. Zbl. **1925 II**, 2057.
[11] H. Jensen u. L. Howland: J. amer. chem. Soc. **48**, 1988 — Chem. Zbl. **1926 II**, 1148.
[12] U. Sammartino: Biochem. Z. **131**, 219 (1922) — Chem. Zbl. **1923 I**, 704.
[13] K. W. Rosenmund u. E. Pfankuch: Ber. dtsch. chem. Ges. **56**, 2258 (1923) — Chem. Zbl. **1924 I**, 177.

Darstellung: Durch elektrolytische Reduktion von Acetophenonoxim bei durch Eisessigzusatz möglichst neutral gehaltener Reaktion. 90% Ausbeute. Nähere Bedingungen entnehme man dem Original und dem Zentralblatt[1]. Durch Erhitzen von Benzylbromid mit Acetamid auf 200—220° und Verseifen des gebildeten β-Phenylacetamids (Schmelzp. 198°)[2]. — Aus Phenyläthylbromid durch Erhitzen mit einem Gemisch von Phthalimid und Kaliumcarbonat im Ölbad (3 Stunden zum Sieden). Das β-Phenyläthylphthalimid (Schmelzp. 131°) wird aus Eisessig umkrystallisiert, dann mit Hydrazinhydrat behandelt, mit Salzsäure darauf zersetzt, das Phthalylhydrazid abfiltriert und das Filtrat nach dem Alkalisieren ausgeäthert[3]. — Aus Phenylacetimidoätherhydrochlorid als farbloses Öl vom Kochp. 198° durch Reduktion mit elektrolytisch entwickeltem Wasserstoff in saurem Medium (vgl. auch Darstellungsverfahren im allgemeinen Teil!)[4]. — Aus Acetylmandelsäurenitril in Benzol und absolutem Alkohol durch Zusatz von Dimethylamin und Behandeln mit trockenem Schwefelwasserstoff bei 60° und 1 Atm. Acetylmandelsäurethioamid (rein Schmelzp. 104—105°) abfiltriert und elektrolytisch zum β-Phenyläthylamin reduziert[5]. — Das Phenyläthyl-α-amin erhält man durch Reduktion mit Natrium und Alkohol aus Benzylnitril (Hydrochlorid 217°)[6].

Physiologische Eigenschaften: Lokal appliziert: keine Mydiasis; intravenös injiziert: Blutdrucksteigerung; peroral gegeben: ohne Einfluß[7].

Die Gefäße des Kaninchens kontrahieren sich bei Phenyläthyl-α-amin stärker als bei Phenyläthyl-β-amin; doch wirkt ersteres in schwächerer Konzentration. Die Froschmuskelkontraktionen werden durch α-Amin verstärkt, durch β-Amin vermindert. Der Blutdruck des Kaninchens steigt nach α-Amin- und sinkt nach β-Amingabe[1]. — Am Nervenmuskelpräparat des Frosches besitzt es stark lokalanästhetische Eigenschaften, selbst in schwacher Konzentration, z. B. $^1/_{500}$—$^1/_{200}$ Mol, auf Froschlarven narkotisierende Wirkung. Tyramin dagegen ist fast unwirksam. Aber Dimethyltyramin (Hordenin) wirkt schwach narkotisch auf Kaulquappen. Saure Reaktion oder selbst $p_H = 7,0 - 7,5$ hemmen die narkotischen Wirkungen wie auch die lokalanästhetischen. Bei $p_H = 8,4 - 8,5$ dagegen wirken auch ganz verdünnte Lösungen sehr stark. Auch die quellungsfördernde Wirkung wird durch neutrale oder schwach saure Reaktion abgeschwächt oder fast ganz aufgehoben[8]. Es wirkt wie Tyramin auf den Sympathicus neben einer direkten Muskelwirkung. Mit Tyramin kombiniert wird die erregende Wirkung synergetisch gesteigert, die hemmende dagegen nicht[9].

Phenyläthylamin, Tyramin und andere das vegetative Nervensystem angreifende Stoffe, z. B. Schilddrüsensubstanz, verstärken sich gegenseitig in ihrer Wirkung auf den Stoffwechsel. Durch perorale Eingabe von Phenyläthylamin konnte an Ratten und an einem schilddrüsenlosen Hund bei kleinen Dosen der Gaswechsel unter oft deutlicher Erhöhung des Respirationsquotienten herabgesetzt, bei größeren Dosen erhöht werden[10].

Nach wiederholter Darreichung wird nicht nur der Ruhe- und Erhaltungsumsatz, sondern auch in noch erheblicherem Maße die spezifisch-dynamische Wirkung des Fleisches gesteigert. Die Tiere werden auch gegen eine Erhöhung der Außentemperatur bedeutend empfindlicher. Nach Aussetzen der Verabreichung treten wieder normale Zustände ein[11]. Die Beeinflussung des Stoffwechsels durch Phenyläthylamin scheint eine Beziehung zum Avitaminosezustand zu haben, und zwar insofern, als sich in der depressorischen Phase der Giftwirkung eine Neigung zur Verschärfung des Krankheitsbildes zeigt, während später und bei Anwendung kleiner Dosen eine Tendenz zur Besserung in Erscheinung tritt[12].

---

[1] L. Ramberg u. E. Hammerz: Scensk Kem. Tisskr **36**, 125 — Chem. Zbl. **1924 II**, 1081.

[2] J. L. E. Erickson: Ber. dtsch. chem. Ges. **59**, 2665 (1926) — Chem. Zbl. **1927 I**, 271.

[3] H. R. Ing u. R. H. F. Manske: J. chem. Soc. Lond. **1926**, 2348 — Chem. Zbl. **1926 II**, 2968.

[4] Chemische Werke Grenzach A.-G.: D.R.P. 360529, Kl. 12q; Chem. Zbl. **1923 II**, 478.

[5] K. Kindler: Arch. Pharmaz. **265**, 389 — Chem. Zbl. **1927 II**, 573.

[6] I. Matsuo u. N. Mizuno: Acta Scholae med. Kioto **7**, 11 (1924) — Ber. Physiol. **32**, 835 (1925).

[7] K. K. Chen: Arch. int. Med. **39**, 404 (1927) — Ber. Physiol. **41**, 427.

[8] J. Abelin: Biochem. Z. **141**, 458 (1923) — Chem. Zbl. **1924 I**, 360.

[9] I. Tominaga: Okayama-Igakkai-Zasshi (jap.) **1926**, 723 — Ber. Physiol. **38**, 756.

[10] J. Abelin: Biochem Z. **129**, 1 — Chem. Zbl. **1922 III**, 74.

[11] J. Abelin: Biochem. Z. **137**, 273 — Chem. Zbl. **1923 III**, 328 — vgl. auch Fußnote 3 — Klin. Wschr. **2**, 2221 (1923) — Chem. Zbl. **1924 I**, 2781.

[12] W. R. Heß: Arch. f. exper. Path. **103**, 366 — Chem. Zbl. **1924 II**, 2861.

Es hat sympathicometrische Wirkung auf die Organe der glatten Muskulatur[1]. Auf die Oxydationsgeschwindigkeit von isolierten Muskelzellen ist es aber ohne Einfluß[2].

Yamauchi berichtet über Prüfungen an Blasenabschnitten, Gefäßen und Organen des Kaninchens[3].

Derivate: N-Monomethyl-β-phenyläthylamin $C_9H_{13}N$. Durch elektrochemische Reduktion von N-Monomethylphenylacetamid. Kochp. 205°[4].

N-Dimethyl-β-phenyläthylamin $C_{10}H_{15}N$. Kochp. 205—206°[4].

N-Diäthyl-β-phenyläthylamin $C_{12}H_{19}N$. Kochp.$_8$ 97—99°[4].

N-Dipropyl-β-phenyläthylamin $C_{14}H_{23}N$. Schmelzp. 268—269°[4].

Diallylphenyläthylamin $C_6H_5 \cdot CH_2 \cdot CH_2 \cdot N(C_3H_5)_2$. Als Bromhydrat (Alkohol + Äther) Schmelzp. 125°. Wirkt blutdrucksenkend[5].

Bis-(β-phenyläthylamino)-methan $C_{17}H_{22}N_2$. Durch Kondensation von Phenyläthylamin mit s-Dichlordimethyläther. Nadeln vom Schmelzp. 153°. — **Diacetylverbindung.** Nadeln vom Schmelzp. 191°[6].

Cyclohexyläthylamin $C_8H_{17}N$. Durch Hydrierung von Tyramin in Salzsäure in Gegenwart von Platinschwarz entstanden in 14 Tagen neben 25% Hexahydrotyramin 75% der Hydrobase, die auch durch Hydrieren aus p-Methoxyphenyläthylamin erhalten wird. Kochpunkt 188—189°. — **Hydrochlorid** $C_8H_{18}NCl$. Schmelzp. 252°[7].

Derivate: p-Brombenzolsulfosäureverbindung $C_{14}H_{14}O_2NBrS$. Schmelzp. 88,5—89,5° (korr.)[8].

Phenylharnstoff des β-Phenyläthylamins $C_{15}H_{16}ON_2$. Schmelzp. 153,5—154,5°[8].

Acetyl-β-phenyläthylamin $C_{10}H_{13}ON$. Aus Benzylcyanid in Acetanhydrid. Schmelzpunkt 51—52°[8].

Peptidderivate vom Decarboxyphenylalanin (Phenyläthylamin)[9].

Chloracetyl-β-phenyläthylamin $C_{10}H_{12}ONCl$. Aus Chloracetylchlorid und β-Phenyläthylamin. Tafeln. Schmelzp. 67°[9].

Glycyldecarboxy-β-phenyl-α-alanin $NH_2 \cdot CH_2 \cdot CO—NH \cdot CH_2 \cdot CH_2 \cdot C_6H_5$. Aus Chloracetyl-$\beta$-phenyläthylamin und NH_3. — **Chlorhydrat** $C_{10}H_{15}NO_2Cl$. Nadeln. Schmelzpunkt 165°[9].

N-Phenyläthylglycyldecarboxyphenylalanin $C_6H_5 \cdot CH_2 \cdot CH_2 \cdot NH \cdot CH_2 \cdot CO—NH \cdot CH_2 \cdot CH_2 \cdot C_6H_5$. $C_{18}H_{22}ON_2$. Aus Chloracetyl-β-phenyläthylamin und 2 Mol β-Phenyläthylamin. Schmelzp. 33°. — **Chlorhydrat** $C_{18}H_{23}ON_2Cl$[9].

α-Bromisocapronyl-β-phenyläthylamin $C_{14}H_{20}ONBr$. Schmelzp. 76°[9].

Leucyldecarboxy-β-phenyl-α-alanin. — **Chlorhydrat** $C_{14}H_{23}ON_2Cl$. Schmelzp. 203 bis 204°[9].

N-β'-Phenyläthylleucyldecarboxy-β-phenyl-α-alanin. — **Chlorhydrat** $C_{22}H_{21}ON_2Cl$. Schmelzp. 214°. Starke eleptoide Wirkung[9].

Tyramin, p-Oxyphenyläthylamin.

Vorkommen: Tyramin wurde als wirksamer Bestandteil der Droge Semina cardui Mariae (Stechdistelkörner) erkannt und nach den üblichen Verfahren daraus isoliert[10]. Aus 3 kg ganz frischer menschlicher Schilddrüsensubstanz konnten nur Spuren isoliert werden, aus Pferdeschilddrüsen überhaupt nichts[11].

---

[1] M. Nakamura: Tohoku J. exper. Med. **6**, 367 (1925) — Ber. Physiol. **34**, 647.

[2] L. Adler u. W. Lipschitz: Arch. f. exper. Path. **95**, 181 — Chem. Zbl. **1923** I, 615.

[3] M. Yamauchi: Okayama Igakkai-Zasshi (jap.) **1926**, 574 — Ber. Physiol. **37**, 227 (1926).

[4] K. Kindler: Arch. Pharmaz. **265**, 389 — Chem. Zbl. **1927** II, 573.

[5] E. Brauchli u. M. Cloetta: Arch. f. exper. Path. **129**, 72 — Chem. Zbl. **1928 I**, 2731.

[6] W. F. Short: J. chem. Soc. Lond. **127**, 269 — Chem. Zbl. **1925** I, 1605.

[7] E. Waser u. E. Brauchli: Helvet. chim. Acta **7**, 740 — Chem. Zbl. **1924** II, 948.

[8] W. H. Carothers u. G. A. Jones: J. amer. chem. Soc. **47**, 3051 (1925) — Chem. Zbl. **1926 I**, 1649.

[9] J. v. Baun u. W. Münch: Ber. dtsch. chem. Ges. **60**, 345 — Chem. Zbl. **1927 I**, 1826.

[10] A. Ullmann: Biochem. Z. **128**, 402 — Chem. Zbl. **1922 III**, 56.

[11] U. Sammartino: Biochem. Z. **131**, 219 (1922) — Chem. Zbl. **1923** I, 704.

Bildung: Aus p-Oxyphenylcyanid bei der Reduktion mit Paladium-Bariumsulfat in Eisessig mit Essig-Salzsäure nach Zusatz von Chinolin neben dem Hauptprodukt Di-p-oxyphenyläthylamin [1]. Durch Reinkulturen von Mikroorganismen in Blutbouillon [2].

Nachweis: Mit Pikrinsäure schwachgelbe Nadeln und Prismen, mit Platinchlorid schwach gelbe Prismen und Platten. Bei nacheinander erfolgtem Zusatz von Natriumsulfid und Platinchlorid entstehen große, braunviolette Prismen, die zu Sternen vereinigt sind. Mit Kaliumwismutjodid und wenig Salzsäure entstehen große Prismen von rotoranger Farbe. Phosphorwolframsäure gibt anfänglich Tropfen, die allmählich in blumenkohlartige Warzen und schließlich in rautenförmige Platten übergehen [3].

Zur mikrochemischen Unterscheidung vom Imidazoläthylamin werden Reaktionen mit Pikrinsäure, Platinchlorid, Platinjodid, Phosphorwolframsäure und Siliciumwolframsäure angegeben. Abbildungen im Original [4].

Bestimmung: Mikrochemisch colorimetrisch: durch Kuppelung mit einer frisch bereiteten Lösung von p-Phenyldiazoniumsulfonat in Natriumcarbonat und Zusatz von wenig salzsaurem Hydroxylamin, sobald die zunächst rötliche Färbung in eine gelbe übergegangen ist. Die Intensität der stark blauroten Färbungen ist dem Gehalt an Tyramin direkt proportional. Die Alkalisalze der gewöhnlichen anorganischen und organischen Säuren stören nicht. Dagegen verursachen Ammoniumsalze und Aminosäuren in genügender Konzentration zu hohe Werte. Acetaldehyd, Aceton und Acetessigsäure geben qualitativ gleiche Färbungen von großer Intensität. Auch gewöhnlicher Alkohol verursacht höhere Werte (Verunreinigungen obiger Art!). Aus 100 ccm wässeriger Lösung von 0,05 g adsorbiert 1 g Pflanzenkohle 0,0244 g Tyramin [5].

Zur Trennung (und Bestimmung) von Phenolen einschließlich Phenol, o-, m- und p-Kresol, p-Oxyphenylmilchsäure, p-Oxyphenylpropionsäure, p-Oxyphenylessigsäure und Tyrosin entfernt man die flüchtigen Phenole durch Destillation, extrahiert die rückständige wässerige Lösung nach dem Ansäuern mit Äther, alkalisiert wieder mit Natriumcarbonat und schüttelt das Tyramin mit Amylalkohol aus. Die folgende colorimetrische Bestimmung soll auf 0,5 bis 1,5% genaue Werte liefern [6].

Zur Bestimmung in eiweißhaltigen Mischungen wird die mit Mercuroacetat beim Kochen (und nachfolgender Behandlung mit Kochsalz) entstehende Verbindung empfohlen. Vermutete Konstitution:

$$HO \cdot \langle \rangle \cdot CH_2 \cdot CH_2 \cdot N \begin{matrix} HgCl \\ HgCl \end{matrix}$$

Tyrosin, Histidin und Histamin geben ebenfalls ähnliche Verbindungen. Die letzten beiden kann man vorher mit Silbersulfat und Bariumhydroxyd ausfällen und das Filtrat benützen [7].

Darstellung: Aus Tyrosin durch Erhitzen mit Diphenylamin oder Chinolin und Trennung mittels Salzsäure [8]; mit der 20fachen Menge Diphenylamin in 95proz. Ausbeute [9]. Ferner wird zur Decarboxylierung auch ein gleichteiliges Gemisch von Diphenylamin und Diphenylmethan empfohlen, das zwischen 260 und 300° siedet, bei 0° noch flüssig bleibt, in der Hitze Tyramin löst und es beim Erkalten fallen läßt. Ausbeute 95—97% der Theorie [10].

Physiologische Eigenschaften: Tiffeneau macht Vorschläge zur biologischen Standarisierung von Mutterkornpräparaten [11].

Es wurde eine Gruppe Colistämme gezüchtet, die nur Tyrosin decarboxylierte und diese Fähigkeit auch dauernd zu behalten scheint. Gewisse Stämme können sich dieses Vermögen durch längere Züchtung auf Glycerinagarnährböden erwerben [12]. Ein Stamm von Colibacillen

---

[1] K. W. Rosenmund u. E. Pfannkuch: Ber. dtsch. chem. Ges. **56**, 2258 (1923) — Chem. Zbl. **1924 I**, 177.
[2] K. Kössler, Milton u. Hanke: J. inf. Dis. **43**, 363 (1928) — Ber. Physiol. **49**, 681 (1929).
[3] L. van Itallie u. A. J. Steenhauer: Mikrochem. **3**, 65 (1925) — Chem. Zbl. **1926 I**, 2609.
[4] L. van Itallie u. A. J. Steenhauer: Pharm. Weekblad **62**, 429 — Chem. Zbl. **1925 II**, 420.
[5] A. Ullmann: Biochem. Z. **128**, 402 — Chem. Zbl. **1922 III**, 56.
[6] M. T. Hanke u. K. K. Koeßler: J. of biol. Chem. **50**, 235 (1921) — Chem. Zbl. **1922 II**, 609.
[7] M. T. Hanke: J. of biol. Chem. **66**, 475 (1925) — Chem. Zbl. **1926 I**, 2612.
[8] G. Zemplén: D.R.P. 389881, Kl. 12 q (1922, 1924; Ung. Prior. 1921) — Chem. Zbl. **1924 II**, 888.
[9] E. Abderhalden u. F. Gebelein: Hoppe-Seylers Z. **152**, 125 — Chem. Zbl. **1926 I**, 2696. — Johnson u. Daschavsky: J. of biol. Chem. **62**, 197 — Chem. Zbl. **1925 I**, 672.
[10] T. B. Johnson u. P. G. Daschavsky: J. of biol. Chem. **62**, 725 — Chem. Zbl. **1925 II**, 1054.
[11] M. Tieffeneau: Bull. Sci. pharmacol. **30**, 660 (1923) — Chem. Zbl. **1924 I**, 1429.
[12] M. T. Hanke u. K. K. Koeßler: J. of biol. Chem. **59**, 879 — Chem. Zbl. **1924 II**, 361.

konnte aus Tyrosin bei nicht saurer Reaktion in Milch, Blutnährbrühe und Ascitesnährsaft (kohlehydratfrei) kein Tyramin bilden, wohl aber in der beträchtlich saure Reaktion annehmenden Milch[1]. Von Bakteriengemischen aus 26 (18) menschlichen Stühlen decarboxylierten 17 (11) das den Nährböden neben Histidin als einzige Aminosäure beigegebene Tyrosin zu Tyramin, 16 (14) bildeten Histamin und 12 (10) beide Basen. In Reinkultur aus 2 Stühlen gezüchtet bildeten nur Tyramin: 7 von 11 Stämmen aus einem und 2 von 9 Stämmen aus dem anderen Stuhl. Die ersteren (gramnegativ, Glieder der Coli-Typhusgruppe) behielten diese Fähigkeit über 1 Jahr, die letzteren (grampositive Glieder der Acidophilusgruppe) verloren sie ebenso wie ein Stamm aus Käse im Laufe eines Jahres[1].

Tyramin greift nicht nur am Sympathicus, sondern auch am Kaninchendarm, Kaninchenuterus und den Ohrgefäßen lokal an[2]. Während Phenyläthylamin am Nervmuskelpräparat des Frosches stark lokalanästhetische Eigenschaften selbst in schwacher Konzentration besitzt, ist Tyramin so gut wie ohne Einwirkung. Dimethyltyramin aber zeigt wiederum diese Wirkung[3]. — Die Wirkung und ihr Mechanismus ist bei einzelnen Tierarten verschieden. Bei Kaninchen z. B. geht die Erregung hauptsächlich auf Reizung des Vasomotorenzentrums zurück; bei Hunden und Katzen werden die sympathischen Ganglien, bei Katzen und Kaninchen die Nebennieren gereizt. Die Reaktionsantwort des Blutdrucks verschiedener isolierter Organe und Organe in situ fällt der Verschiedenheit der Mechanismen entsprechend aus[4]. Tyramin mit Phenyläthylamin kombiniert führt zu einer synergetischen Steigerung der erregenden Wirkung; die hemmende Wirkung wird dagegen nicht erhöht[5]. — Tyraminvorbehandlung beeinflußt die erschlaffende Wirkung des Adrenalins auf den überlebenden Darm und Uterus verschiedener Tierarten (Meerschweinchen, Katzen, Hunde und Kaninchen) nicht. Auf Meerschweinchen- und Hundedarm wirkt es in der Verdünnung 1:20000 erregend, am Kaninchendarm ist die Wirkung wechselnd, bald hemmend, bald erregend. Am Katzendarm verursacht schon eine Konzentration 1:400000 Erschlaffung. An den Uteri der verschiedenen Tierarten bewirkt es motorische und tonische Erregung[6]. Tyramin hat dabei aber keinen Einfluß auf die Adrenalinbildung in der Nebenniere[7].

An Nebennieren von Ochsen und Kühen wirkt es in der Konzentration 1:100000 auf die Gefäße erweiternd; 1:1 Million verändert die Nebennierensekretion nicht[8].

Beim Hund riefen Injektionen Blutdrucksteigerung hervor; beim Kaninchen wurden geringe Temperatursteigerungen beobachtet. Durch Acetylierung wird die Blutdruck- und Temperaturwirkung aus einer steigernden in eine senkende verwandelt[9]. Das Optimum der drucksteigernden Wirkung liegt um $p_H = 7,0$. (Die optimale Wasserstoffionenkonzentration schwankt beim Uterus verschiedener Tiere um $0,2-0,6$[10].) Die blutdruckerhöhende Wirkung führt langsamer zum Anstieg und hält länger vor wie jene des Adrenalins. In Kombination mit Adrenalin und Ephedrin addieren sich die Wirkungen[11].

Nach Versuchen am Froschmesenterium wirkt es nicht entzündlich, verursacht aber eine Verklumpung der Blutkörperchen innerhalb der kleinen Arterien und Venen[12]. Bei Studien am Herzstreifen über die Reversibilität der Temperaturwirkungen und die Abhängigkeit des Temperaturquotienten von dem chemischen Milieu wurde beobachtet, daß Tyramin diesen Quotienten erhöht[13].

Cocain hebt bei an sich unterschwelligen Dosen die durch Tyramin entstehende Blutdrucksteigerung auf[14] bei subcutaner Injektion (Kaninchen, Hunden und Katzen), während

---

[1] M. T. Hanke u. K. K. Koeßler: J. of biol. Chem. **59**, 867 — Chem. Zbl. **1924 II**, 361.
[2] H. Kako: Folia jap. pharmacol. **3**, 166 — Ber. Physiol. **37**, 227 (1926).
[3] J. Abelin: Biochem. Z. **141**, 458 (1923) — Chem. Zbl. **1924 I**, 360.
[4] M. L. Tainter: J. of Pharmacol. **30**, 163 (1926) — Chem. Zbl. **1927 I**, 3210.
[5] I. Tominaga: Okayama Igakkai Zasshi (jap.) **1926**, 723 — Ber. Physiol. **38**, 756.
[6] K. Hilz: Arch. f. exper. Path. **94**, 129 — Chem. Zbl. **1922 III**, 1065.
[7] R. Arnold u. P. Gley: C. r. Soc. Biol. Paris **92**, 1413 — Chem. Zbl. **1925 II**, 733.
[8] M. P. Nikolaeff: Z. exper. Med. **42**, 213 — Chem. Zbl. **1924 II**, 1827.
[9] M. Cloetta u. F. Wünsche: Arch. f. exper. Path. **96**, 307 — Chem. Zbl. **1923 III**, 87.
[10] H. W. Acton u. R. N. Chopra: Ind. J. med. Res. **12**, 443 (1925) — Ber. Physiol. **31**, 638.
[11] K. K. Chen u. W. J. Meek: J. of Pharmacol. **28**, 59 — Chem. Zbl. **1926 II**, 1877.
[12] E. P. Wolf: J. of exper. Med. **37**, 511 — Chem. Zbl. **1923 III**, 414.
[13] E. Gellhorn: Pflügers Arch. **203**, 141 — Chem. Zbl. **1924 II**, 494.
[14] M. L. Tainter u. A. H. Shoenmaker: Proc. Soc. exper. Biol. a. Med. **23**, 157 (1925) — Ber. Physiol. **35**, 552.

sie durch Epinephrin gesteigert wird. (Scharfe Trennung dieser chemisch ähnlichen Stoffe.) Die Muskulatur der Blutgefäße und auch des Herzens werden durch Cocain gelähmt und gegen Tyramin unempfindlich. Dies ist bei isolierten Muskeln vom Magen-Darmkanal, Ureter oder Blase nicht der Fall. Nicht antagonistisch wirken Procain, Butyn und Saligenin[1]. Bei chronischer subcutaner Zufuhr als „Tenosin" (Histamin + Tyramin) vermindert es beim Kaninchen die Erythrocytenzahl[2].

Tyramin wirkt auf den normalen und graviden Uterus (Kaninchen) — bei letzterem stärker — erregend[3]. — Hat sympathicomimetische Wirkung auf die Organe der glatten Muskulatur[4]. — Es steigert die Oxydationsgeschwindigkeit von isolierten Muskelzellen[5].

Tyramin, Phenyläthylamin und andere das vegetative Nervensystem angreifende Stoffe, z. B. Schilddrüsensubstanz, verstärken sich gegenseitig in ihrer Wirkung auf den Stoffwechsel. Durch perorale Eingabe kleiner Mengen Tyramin konnte an Ratten und an einem schilddrüsenlosen Hund der Gaswechsel herabgesetzt werden, unter oft deutlicher Erhöhung des Respirationsquotienten als Ausdruck vermehrter Kohlehydratverbrennung. Größere Dosen (auch peroral) rufen eine Erhöhung des Gaswechsels hervor[6]. Nach wiederholter Darreichung wird nicht nur der Ruhe- und Erhaltungsumsatz, sondern auch in noch erheblicherem Maße die spezifisch-dynamische Wirkung des Fleisches gesteigert. Einige Zeit nach dem Aussetzen der Verabreichung treten wieder normale Zustände ein. Tyramin macht die Tiere auch gegen Erhöhung der Außentemperatur bedeutend empfindlicher[7]. Darreichung von Tyramin an Ratten vor der Fleischfütterung steigerte nicht nur den Ruheumsatz, sondern auch die spezifisch-dynamische Wirkung des Fleisches sehr beträchtlich[8]. (Dissimilatorischer Reiz[9].)

Dabei wirkt es weder durch Zuführung per os noch subcutan anregend auf die Magensaftabsonderung[10]. Die Beeinflussung des Stoffwechsels durch Tyramin scheint zum Avitaminosezustand in irgendeiner Beziehung zu stehen, da sich in der depressorischen Phase der Giftwirkung eine Neigung zur Verschärfung des Krankheitsbildes beobachten läßt, während später oder bei Anwendung kleiner Dosen eine Tendenz zur Besserung in Erscheinung tritt[11]. Bei 5 von 9 durch Reisfütterung beriberikrank gemachten Tauben konnte nach Verabreichung von 5 mg Tyraminhydrochlorid eine wesentliche Besserung beobachtet werden, in 5 anderen Fällen blieb die Wirkung aus[12].

Intravenös injiziert wirkte es beschleunigend auf die Herzfrequenz, blieb jedoch ohne Wirkung auf den Effekt der Leberreizung[13].

Obgleich Tyramin die Metamorphose der Froschlarven weniger beschleunigt als das jodierte Produkt, erhöht es im Gegensatz zu diesem, subcutan einverleibt, den Gaswechsel. Dijodtyramin hat auch viel geringere sympathicomimetische Wirkung als Tyramin[14].

Bei gleichbleibender Ernährung beschleunigt Tyramin unabhängig von den im Körper des Kaninchens gebildeten Fett- und Kohlehydratdepots, die Stickstoffausscheidung, während sie durch Histamin vermindert wird[15].

Versuche an Hunden mit Gallenblasenfistel und durchschnittenem Ductus choledochus ergaben, daß Tyramin in Dosen von 0,03 g pro kg keine merkliche Veränderung, solche von 0,01—0,015 g (subcutan) eine deutliche Herabsetzung der Gallensekretion hervorruft, die etwa 10 Minuten nach der Injektion beginnt und schon nach 40—50 Minuten wieder verschwunden ist. Daneben ist die Herztätigkeit beschleunigt[16].

---

[1] M. L. Tainter u. D. K. Chang: J. of Pharmacol. **30**, 193 — Chem. Zbl. **1927 I**, 2215.
[2] S. Leites: Z. exper. Med. **40**, 52 — Chem. Zbl. **1924 II**, 197.
[3] M. Shinagawa: Folia jap. pharmacol. **2**, 390 (1926) — Ber. Physiol. **37**, 460.
[4] M. Nakamura: Tohoku J. exper. Med. **6**, 367 (1925) — Ber. Physiol. **34**, 647.
[5] L. Adler u. W. Lipschitz: Arch. f. exper. Path. **95**, 181 — Chem. Zbl. **1923 I**, 615.
[6] J. Abelin: Biochem. Z. **129**, 1 — Chem. Zbl. **1922 III**, 74.
[7] J. Abelin: Biochem. Z. **137**, 273 — Chem. Zbl. **1923 III**, 328 — vgl. Fußnote 12.
[8] J. Abelin: Klin. Wschr. **1**, 2188 (1922) — Chem. Zbl. **1923 I**, 1289.
[9] J. Abelin: Klin. Wschr. **2**, 2221 (1923) — Chem. Zbl. **1924 I**, 2791.
[10] A. C. Ivy u. A. J. Javois: Amer. J. Physiol. **71**, 604 — Chem. Zbl. **1925 II**, 197.
[11] W. R. Hess: Arch. of exper. Path. **103**, 366 — Chem. Zbl. **1924 II**, 2861.
[12] W. Lipschitz: Hoppe-Seylers Z. **124**, 194 — Chem. Zbl. **1923 I**, 981.
[13] W. B. Cannon u. F. R. Griffith: Amer. J. Physiol. **60**, 544 (1922) — Chem. Zbl. **1923 I**, 704.
[14] J. Abelin: Biochem. Z. **138**, 161; **102**, 58; **137**, 273 — Chem. Zbl. **1923 III**, 1113; **1920 I**, 762; **1923 III**, 328.
[15] R. Iwatsuru: Bull. Soc. Chim. biol. Paris **7**, 946 (1925) — Chem. Zbl. **1926 I**, 715.
[16] D. Alpern: Biochem. Z. **137**, 507 — Chem. Zbl. **1923 III**, 956.

Yamauchi berichtet über Prüfungen an Blasenabschnitten, Gefäßen und Organen des Kaninchens[1].

1proz. Zusatz zu 10proz. Protargolstäbchen bei der Dauerbehandlung von Vulvovaginitis infantum wird empfohlen[2].

Chemische Eigenschaften: Es verzögerte die Oxydation von Glykokoll an Tierkohle durch den Luftsauerstoff[3].

Derivate: Dijodtyramin $J_2C_6H_3 \cdot CH_2CH_2NH_2$. Beim Axolotl (Amblystoma mexicanum) und bei Froschlarven wird durch seine Verfütterung die Metamorphose beschleunigt. Die zunächst bewirkte primäre Steigerung des Gaswechsels stellt vielleicht den wirksamen Reiz für deren Eintritt dar. Mit ihrem Einsetzen sinkt unter Verfütterung des Dijodtyramins die Kohlendioxydbildung bis auf 70% des Larvenstadiums herab, worin eine Schutzmaßnahme des Organismus erblickt werden kann. Dagegen tritt in Wasser, das durch Zusatz von Lugolscher Lösung jodhaltig gemacht ist, selbst bei monatelangem Aufenthalt keine Metamorphose ein. Der Gaswechsel bleibt unverändert[4]. Es beschleunigt auch die Metamorphose der Froschlarven stärker als Tyramin und analog dem Dijodtyrosin. Dagegen erhöht es den Gaswechsel nicht wie das beim Tyramin der Fall ist. Es hat auch viel geringere sympathomimetische Wirkung als dieses[5].

3,5-Dibrom-4-oxyphenyläthylamin $Br_2C_6H_2(OH) \cdot CH_2CH_2NH_2$. In Eisessig gelöstes Tyramin wird mit Brom in Eisessig behandelt. Aus Wasser oder Alkohol flache rhombische Stäbchen vom Schmelzp. 210°. In Wasser und Alkohol wenig löslich. — **Hydrobromid.** Aus heißem Methylalkohol in Tafeln vom Schmelzp. 270°[6].

3,5-Dichlor-4-oxyphenyläthylamin $Cl_2C_6H_2(OH) \cdot CH_2CH_2NH_2$. Durch Behandlung von Tyramin in Eisessig mit Chlorgas. Sechsseitige Täfelchen mit leicht hellgrauviolettem Schimmer vom Schmelzp. 219—222°[6].

Diallyltyramin $HO \cdot C_6H_4 \cdot CH_2 \cdot CH_2 \cdot N(C_3H_5)_2$ oder $C_3H_5 \cdot O \cdot C_6H_4 \cdot CH_2 \cdot CH_2 \cdot NH \cdot C_3H_5$. Öl. Kochp.$_{10}$ 184—185°. Millonsche Reaktion negativ. Wirkt blutdrucksenkend[7].

α-Brompropionyltyramin $Br \cdot CH(CH_3) \cdot CO \cdot NH \cdot CH_2 \cdot CH_2 \cdot C_6H_4 \cdot OH$. Aus Brompropionylbromid und Tyramin. Schmelzp. 122°[8].

Dibrompropionyltyramin $Br \cdot CH(CH_3) \cdot CO \cdot NH \cdot CH_2 \cdot CH_2 \cdot C_6H_4 \cdot O \cdot CO \cdot CHBr \cdot CH_3$. Schmelzp. 137°[8].

[N-Äthylalanyl]-decarboxytyrosin $C_{13}H_{20}O_2N_2$. Aus Methylamin und α-Brompropionyltyramin in Benzollösung bei 100°. Zähes Öl. — **Chlorhydrat** $C_{13}H_{21}O_2N_2Cl$. Schmelzp. 60°. Pharmakologisch unwirksam[8].

[N-Isoamylalanyl]-decarboxytyrosin $C_{16}H_{26}O_2N_2$. Zähes Öl. — **Chlorhydrat** $C_{16}H_{27}O_2N_2Cl$. Schmelzp. 68°. Pharmakologisch unwirksam[8].

β,3,4-Dioxyphenyläthylamin $(HO)_2C_6H_3 \cdot CH_2 \cdot CH_2 \cdot NH_2$. Aus Tyramin durch Nitrierung, Reduktion zu Aminotyramin und Verkochung mit Kupfersulfatlösung. Kurze, farblose, an der Luft sich rasch grau und schwarz färbende Prismen. Millons Reagens erzeugt starke Rotfärbung, Eisenchlorid tiefe Grünfärbung. Ammoniakalische Silberlösung wird schon in der Kälte, Fehlingsche Lösung in der Hitze reduziert[9].

Hexahydrotyramin $C_8H_{17}ON$. Durch Hydrierung von p-Oxyphenyläthylamin in Salzsäure (Platinschwarz) entstanden nach 14tägigem Hydrieren 25%. (Als Hauptprodukt mit 75% fiel Cyclohexyläthylamin aus.) Chlorhydrat keine Neigung zur Krystallisation[10].

Nitrotyramin $(NO_2)(OH)C_6H_3 \cdot CH_2 \cdot CH_2 \cdot NH_2$. Aus Tyramin und Salpetersäure (D. 1,4) bei −5°. Gelbes Pulver, in Wasser mit neutraler Reaktion löslich. Schmelzp. 210°.

---

[1] M. Yamauchi: Okayama Igakkai-Zasshi (jap.) **1926**, 574 — Ber. Physiol. **37**, 227 (1926).

[2] H. Lewinsky: Dermat. Wschr. **81** (1925) — Chem. Zbl. **1926 I**, 978.

[3] S. Toyoda: J. of Biochem. **7**, 209, 217 — Chem. Zbl. **1927 II**, 2053.

[4] I. Abelin u. N. Scheinfinkel: Pflügers Arch. **198**, 151 — Chem. Zbl. **1923 III**, 90.

[5] J. Abelin: Biochem. Z. **138**, 161 — Chem. Zbl. **1923 III**, 1113 — Biochem. Z. **102**, 58 — Chem. Zbl. **1929 I**, 762 — Biochem. Z. **137**, 273 — Chem. Zbl. **1923 III**, 328.

[6] Chemische Fabrik Flora: Schw.P. 100876 u. 100877 (1922, 1923); Zus.P. zu Schw.P. 95300; Chem. Zbl. **1925 I**, 1243.

[7] E. Brauchli u. M. Cloetta: Arch. f. exper. Path. **129**, 72 — Chem. Zbl. **1928 I**, 2731.

[8] J. v. Braun, A. Bahn u. W. Münch: Ber. dtsch. chem. Ges. **62**, 2766 — Chem. Zbl. **1930 I**, 58.

[9] Chemische Fabrik Flora: Schw.P. 100805 (1922, 1923) — Chem. Zbl. **1925 I**, 1243.

[10] E. Waser u. E. Brauchli: Helvet. chim. Acta **7**, 740 — Chem. Zbl. **1924 II**, 948.

Beim Kaninchen 40 mg pro kg injiziert erzeugten keine Temperaturerhöhung, aber starkes Zittern; beim Hund 5 mg starke Blutdrucksteigerung[1].

Aminotyramin $(NH_2)(OH)C_6H_3 \cdot CH_2 \cdot CH_2 \cdot NH_2$. Durch Reduktion von Nitrotyramin mit Zinn. Seidenglänzende Nadeln, in Wasser leicht löslich. Aus Alkohol + Äther Krystalle, die bei 180° sinterten und sich bei 225° zersetzten. Beim Kaninchen 5—20 mg pro kg injiziert erzeugten keine Temperaturerhöhung, dagegen beim Hund starke, ziemlich rasch vorübergehende Blutdrucksteigerung, von Senkung gefolgt[1].

Diacetyltyramin $CH_3CO \cdot OC_6H_4 \cdot CH_2 \cdot CH_2 \cdot NH \cdot CO \cdot CH_3$. Aus Äther Krystalle vom Schmelzp. 103°. In Alkohol, heißem Wasser und Eisessig sehr leicht löslich. 45 mg dem Kaninchen injiziert pro kg führten zur vorübergehenden Temperatursenkung mit folgendem Anstieg. 2—20 mg dem Hund einverleibt, senkten den Blutdruck um 20—40 mm[1].

Carbäthoxytyramin $HO \cdot C_6H_4 \cdot CH_2 \cdot CH_2 \cdot NH \cdot CO \cdot OC_2H_5$. In kaltem Wasser wenig, in heißem Wasser und Äther leicht löslich. Dem Kaninchen injiziert, zeigte es keine Temperaturwirkung. Beim Hund erzeugten 10 mg pro kg vorübergehende Blutdrucksenkung[1].

β-(p-Methoxyphenyl)-äthylamin $CH_3O \cdot C_6H_4 \cdot CH_2 \cdot CH_2NH_2$. Aus Anisaldehyd mit Ni + H₂ über den Anisalkohol, das Anisylchlorid und das p-Methoxybenzylcyanid. Farblose Flüssigkeit. Kochp.$_{14}$ 132—134°[2].

α-Brompropionyl-[β′-p-methoxyphenyl-äthyl]-amin $Br \cdot CH(CH_3) \cdot CO \cdot NH \cdot CH_2 \cdot CH_2 \cdot C_6H_4 \cdot OCH_3$. Aus α-Brompropionylbromid (1 Mol) und p-Methoxyphenyläthylamin (2 Mol) in ätherischer Lösung. Schmelzp. 122°[2].

N-Äthylalanyl-O-methyldecarboxytyrosin $C_2H_5 \cdot NH \cdot CH(CH_3) \cdot CO \cdot NH \cdot CH_2 \cdot CH_2 \cdot C_6H_4 \cdot OCH_3$. Aus α-Brompropionyl-β′-p-methoxyphenyläthylamin und benzolischem Äthylamin. Farbloses Öl. Kochp.$_{0,2}$ 190—192°. — **Chlorhydrat.** Schmelzp. 135—138°. Pharmakologisch unwirksam[2].

N-Isoamyl-O-methyldecarboxytyrosin $C_{17}H_{28}O_2N_2$. Kochp.$_{0,8}$ 203—206°. — **Chlorhydrat.** Schmelzp. 157°. Hygroskopisch. Starke eleptoide Wirkung[2].

Hordenin, N-Dimethyltyramin.

Physiologische Eigenschaften: Wirkt auf Kaulquappen schwach narkotisch. Saure Reaktion oder selbst $p_H = 7{,}0 - 7{,}5$ hemmen die narkotischen und lokalanästhetischen Wirkungen. Bei $p_H = 8{,}4 - 8{,}5$ dagegen wirken auch ganz verdünnte Lösungen sehr stark. Auch die quellungsfördernde Wirkung wird durch neutrale oder schwach saure Reaktion fast ganz aufgehoben[3].

Intraarteriell injiziert erzeugt das Hordeninmethyljodid beim entnervten Gastrocnemiusmuskel der Katze (Nerv 3 Wochen zuvor durchtrennt) schon in sehr kleiner Dosis starke, kurz (etwa 35 Sekunden) dauernde Verkürzung, die der maximalen langsamen Konzentration durch tetanischen elektrischen Reiz etwa gleich kommt. Diese Wirkung ist nicht parasympathisch, sondern nicotinartig[4].

Peroral verabreicht erniedrigt es den Gaswechsel wie Adrenalin und kleine Mengen Tyramin oder Phenyläthylamin[5].

Derivate: Methylcarbaminoderivat des Hordenins. Nadelbüschel (aus Benzol + Leichtpetroleum). Schmelzp. etwa 65° (nicht rein). — **Hydrochlorid.** Tafeln. Schmelzp. 161°. Myotisch wirksam[6].

Phenylcarbaminoderivat des Hordenins. Prismen (aus Benzol + Leichtpetroleum). Schmelzp. 119°. — **Hydrochlorid.** Tafeln (Alkohol). Schmelzp. 194° (Aufschäumen). Myotisch wirksam[6].

N-Dimethyl-γ-p-methoxyphenylpropylamin (Homo-hordeninmethyläther) $C_{12}H_{19}ON$. Kochp. 260°. — **Pikrat.** Gelb. Schmelzp. 92°[7].

N-Dimethyl-β-p-methoxyphenyläthylamin (Hordeninmethyläther) $C_{11}H_{17}ON$. Helle, ölige Flüssigkeit. Kochp. 253—254°[7]. — **Hordeninbromhydrat.** Schmelzp. 176°. — **Sulfat.** 1 Mol H_2O[7].

---

[1] M. Cloetta u. F. Wünsche: Arch. f. exper. Path. **96**, 307 — Chem. Zbl. **1923 III**, 87.

[2] J. v. Braun, A. Bahn u. W. Münch: Ber. dtsch. chem. Ges. **62**, 2766 — Chem. Zbl. **1930 I**, 58.

[3] J. Abelin: Biochem. Z. **141**, 458 (1923) — Chem. Zbl. **1924 I**, 360.

[4] H. H. Dale u. H. S. Gasser: J. of Pharmacol. **29**, 53 (1926) — Chem. Zbl. **1927 I**, 2095.

[5] J. Abelin: Biochem. Z. **138**, 161; **129**, 1 — Chem. Zbl. **1923 III**, 1113; **1922 III**, 74.

[6] E. Stedman: Biochemic. J. **20**, 719 (1926) — Chem. Zbl. **1927 I**, 482.

[7] K. Kindler: Arch. Pharmaz. **265**, 389 — Chem. Zbl. **1927 II**, 573.

β-Imidazolyläthylamin, Histamin.

Vorkommen: Aus 3 kg menschlicher Schilddrüsensubstanz konnten nur Spuren, aus Pferdeschilddrüsen konnte überhaupt kein Histamin isoliert werden[1]. Es kommt in ganz geringer Menge im Inhalt des menschlichen Coecums und Quercolons vor. Seine Entstehung hängt nicht mit der Darmobstruktion zusammen. In den Faeces findet es sich nicht, auch nicht bei Darmstörungen (im Dickdarm oxydativ abgebaut?)[2]. Es ist anscheinend normaler Bestandteil im Dickdarminhalt von Mensch und Hund. 500—600 g normalen menschlichen Kotes enthielten z. B. 6—20 mg, 600 bzw. 1200 ccm Coecuminhalt 2 bzw. 7 mg; 150 g Hundekot 5,3 mg, Hundeleber 6 mg; Menschenleber 0, Meerschweinchendarmkanal, -leber und Darminhalt 0[3]. Sekretin aus der Duodenalschleimhaut des Hundes enthält Histamin nicht in physiologisch wirksamen Mengen[4]. In der quergestreiften Ochsenmuskulatur (aus 35 kg frischem Ochsenfleisch 3 mg, etwa 4% im Rohextrakt)[5].

Nachweis: Mit Pikrinsäure schwach gelbe, zu Büscheln verzweigte Nadeln. Mit Platinchlorid gelbe, schief auslöschende Prismen. Mit Natriumjodid und Platinchlorid braunschwarze Prismen, die einzeln auftreten. Mit Silicowolframsäure weißer Niederschlag, der sich nach einiger Zeit in Prismen und Ranken verwandelt[6]. Zur Unterscheidung vom Tyramin werden mikrochemische Reaktionen mit Pikrinsäure, Platinchlorid, Platinjodid, Wismutjodid, Phosphorwolframsäure und Siliciumwolframsäure angegeben. Abbildungen im Original[7].

Bildung: Durch Reinkulturen von Mikroorganismen in Blutbouillon[8].

Bestimmung: Das Verfahren von Meakins und Harington[9] lieferte bei Bestimmungen im Kot und Darminhalt bedeutend niedere Werte als das von Hanke[3]. Tiffeneau macht Vorschläge zur biologischen Standardisierung von Mutterkornpräparaten[10].

Synthese: Durch Erhitzen des Tri-(benzoylamino)-1, 2, 4-butens[11] mit Säureanhydriden entstehen Monobenzoylderivate des Histamins, welche in der 2-Stellung des Imidazolrings alkyliert sind und mit heißer konzentrierter Salzsäure in die entsprechenden 2-Alkylimidazoläthylamine übergehen[12].

Physiologische Eigenschaften: Bakterien. Es wurde eine Gruppe Colistämme gezüchtet, die nur Histidin decarboxylierte und diese Fähigkeit auch dauernd zu behalten scheint. Gewisse Stämme können sich dieses Vermögen durch dauernde Züchtung auf Glycerinagarnährböden erwerben[13]. Von Bakteriengemischen aus 26 (18) menschlichen Stühlen decarboxylierten 16 (14) das den Nährböden neben Tyrosin als einzige Aminosäure beigegebene Histidin zu Histamin, 17 (11) bildeten Tyramin und 12 (10) die beiden Basen. In Reinkultur aus 2 Stühlen gezüchtet wurde aber nur Tyrosin decarboxyliert[14]. Von 29 Stämmen von Colibacillen vermochten in einem flüssigen Medium (bestehend aus 0,2 g Histidinhydrochlorid, 0,2 g Ammoniumchlorid, 0,1 g Kaliumnitrat, 0,4 g KH_2PO_4, 0,8 g Kochsalz, 0,02 g Natriumsulfat, 0,4 g Natriumbicarbonat, 0,01 g Chlorcalcium und 4 ccm Glycerin in Wasser zum Gesamtvolumen von 200 ccm gelöst) sechs Histidin in Histamin zu verwandeln, fünf erzeugten daraus eine alkalibeständige carboxylierte Triaminoverbindung (vielleicht $NH_2 \cdot CH:C(NH_2) \cdot CH_2 \cdot CH(NH_2) \cdot COOH$?), die andern lieferten quantitativ nichts Nachweisbares an solchen Verbindungen. Zusatz von Alanin, Leucin, Arginin, Glycin oder Pepton vermehrt Wachstum und Histaminausbeute beim Colibacillus, ein solcher von Glutaminsäure oder Tryptophan steigert zwar auch das Wachstum, vermindert aber das gebildete Histamin. Cystin ist ungünstig wegen seiner hemmenden Wirkung auf das Wachstum und seines reduzierenden Einflusses auf das gesamte gebildete Histamin. Tyrosin scheint ohne Einfluß zu sein[15]. — Ein

---

[1] U. Sammartino: Biochem. Z. **131**, 219 (1922) — Chem. Zbl. **1923 I**, 704.
[2] J. Meakins u. Ch. R. Harington: J. of Pharmacol. **18**, 455 — Chem. Zbl. **1922 I**, 775.
[3] M. T. Hanke u. K. K. Koessler: J. of biol. Chem. **59**, 879 — Chem. Zbl. **1924 II**, 362.
[4] E. Parsons: Amer. J. Physiol. **71**, 479 — Chem. Zbl. **1925 II**, 197.
[5] W. V. Thorpe: Biochemic. J. **22**, 94 — Chem. Zbl. **1928 I**, 2843.
[6] L. van Itallie u. A. J. Steenhauer: Mikrochem. **3**, 65 (1925) — Chem. Zbl. **1926 I**, 2609.
[7] L. van Itallie u. A. J. Steenhauer: Pharm. Weekblad **62**, 429 — Chem. Zbl. **1925 II**, 420.
[8] K. Kössler, Milton u. Hanke: J. inf. Dis. **43**, 363 (1928) — Ber. Physiol. **49**, 681 (1929).
[9] Meakins u. Harington: J. of Pharmacol. **18**, 455 — Chem. Zbl. **1922 I**, 775.
[10] M. Tieffeneau: Bull. Sci. pharmacol. **30**, 660 (1923) — Chem. Zbl. **1924 I**, 1429.
[11] Windaus u. Langenbeck: Chem. Zbl. **1923 I**, 327.
[12] P. van der Merwe: Hoppe-Seylers Z. **177**, 301 — Chem. Zbl. **1928 II**, 2144.
[13] M. T. Hanke u. K. K. Koessler: J. of biol. Chem. **59**, 867 — Chem. Zbl. **1924 II**, 361.
[14] M. T. Hanke u. K. K. Koessler: J. of biol. Chem. **59**, 835 — Chem. Zbl. **1924 II**, 361.
[15] M. T. Hanke u. K. K. Koessler: J. of biol. Chem. **50**, 131 (1921) — Chem. Zbl. **1922 I**, 695.

Stamm von Colibacillen konnte aus Histidin bei nicht saurer Reaktion in Milch, Blut- und Ascitesnährbrühe (kohlehydratfrei) kein Histamin bilden, wohl aber in der beträchtlich saure Reaktion annehmenden Milch[1].

Inkrete, Vitamin. Subcutane Injektion steigert die Ausscheidung des Dünndarmsaftes am Fistelhund mit Erhöhung des Gehalts an Invertase und Amylase[2]. — Das im Spinat enthaltene Sekretin kann mit Histamin nicht identisch sein, wie Versuche über dessen Einwirkung auf den Blutdruck beim Kaninchen und auf den Meerschweinchenuterus zeigten[3]. — Die Wirkung eines mit 0,5proz. Salzsäure $6^{1}/_{2}$ Stunden gekochten Hypophysenextraktes ist gegen das ursprüngliche Material auf $^{1}/_{200}$ herabgesetzt, aber auf den Uterus immer noch stärker als die einer Histaminlösung mit gleicher Gefäßwirkung. Wenn daher Histamin überhaupt in der Hypophyse vorhanden ist, so sind die Mengen so gering, daß es mit Hilfe chemischer Reaktionen nicht identifiziert werden kann[4]. — Bei mit geschliffenem Reis ernährten weißen, avitaminösen Ratten blieb Histamin ohne Einfluß auf die Gewichtskurve, verhinderte aber das Auftreten nervöser Symptome[5]. Von mit geschliffenem Reis gefütterten Tauben zeigten fünf nach einer Histamingabe von 0,0004 g keine nervösen Erscheinungen, sondern nur Gleichgewichtsstörungen (vom Verf. als Folge rein muskulärer Ermüdung aufgefaßt)[6].

Blut, Gefäße. Im Gegensatz zu Adrenalin bewirkt Histamin bei Protozoen und Leukocyten eine Veränderung des Plasmas[7]. Protozoen leben in Histaminlösungen 1:2000 lange; beim Absterben in solchen 1:1000 schrumpfen sie zusammen[8]. Bei chronischer subcutaner Zufuhr als Tenosin (Histamin + Tyramin) vermindert es beim Kaninchen die Erythrocytenzahl[9]. Histamin, das eine vermehrte Adrenalinsekretion der Nebennieren verursacht, ruft eine Vermehrung der Thrombocytenzahl hervor[10]. Bei intravenöser (bereits 0,00011 mg pro g) und intraperitonaler Injektion ruft es beim Meerschweinchen Thrombenbildung hervor, entsprechend seinem Agglutinationsvermögen in vitro gegen rote Blutkörperchen[11].

Durch Einwirkung von Histamin steigt die Blutkonzentration zwar häufig bis um 25%, aber doch nicht so, daß man sie für den Tod völlig verantwortlich machen könnte. Die Periodendauer ist kürzer als bei der Verwendung von Pepton[12]. Beim durstenden Hund erzeugt intravenöse Injektion nicht die sonst eintretende Änderung der Blutkonzentration[13]. Auch beim normalen Kaninchen wirkt es im Gegensatz zum normalen Hund nicht auf die Blutkonzentration[14].

Während Abelin[15] feststellte, daß Histamin keinen Einfluß auf den Gaswechsel hat, fand Morris[16], daß es eine Senkung der Sauerstoffsättigung im Arterienblut und eine solche des Überschusses der Sättigung gegenüber dem Venenblut erzeugt. (Wirkung von Histamin auf den Gaswechsel beim Menschen[17].) Ferner teilt Hiller[18] mit, daß nach Injektion von 1—3 mg Histamin pro kg bei Hunden der Kohlensäuregehalt im Plasma um 5—16,5 Vol.-% und p_H um 0,05—0,20 sanken. Im Harn stieg p_H von 5,4—6,9 (normal) auf 7,1—8,0[18]. Nach intravenöser Injektion sinken die alkalische Reaktion und die Oberflächenspannung des Plasmas im ganzen um so stärker, je heftiger der Shock ist. (Plasma kann sauer werden.)

---

[1] M. T. Hanke u. K. K. Koessler: J. of biol. Chem. **59**, 855 — Chem. Zbl. **1924 II**, 361.
[2] W. Koskowski: J. of Pharmacol. **26**, 413 — Chem. Zbl. **1926 I**, 3071.
[3] C. van Eweyk u. M. Tennenbaum: Biochem. Z. **125**, 246 (1921) — Chem. Zbl. **1922 I**, 764.
[4] H. H. Dale u. H. W. Dudley: J. of Pharmacol. **18**, 27 (1921) — Chem. Zbl. **1922 I**, 773.
[5] L. Boyenval: Arch. internat. Pharmacodynamie **26**, 359 (1922) — Ber. Physiol. **15**, 58.
[6] W. Koskowski: Arch. internat. Pharmacodynamie **26**, 367 (1922) — Ber. Physiol. **15**, 66 — vgl. C. r. Acad. Sci. Paris **174**, 247 — Chem. Zbl. **1922 I**, 1050.
[7] V. Bauer: Zool. Anz. Suppl.-Bd. **2**, 172 (1926) — Ber. Physiol. **39**, 493.
[8] H. S. Hopkins: Amer. J. Physiol. **61**, 551 — Chem. Zbl. **1922 III**, 1141.
[9] S. Leites: Z. exper. Med. **40**, 52 — Chem. Zbl. **1924 II**, 197.
[10] E. L. Backman, G. Edström, E. Grahs u. G. Hultgren: C. r. Soc. Biol. Paris **93**, 186 — Chem. Zbl. **1925 II**, 1183.
[11] P. J. Hanzlik u. H. T. Karsner: Proc. Soc. exper. Biol. a. Med. **19**, 302 — Chem. Zbl. **1922 III**, 1242.
[12] F. P. Underhill u. M. Ringer: J. of Pharmacol. **19**, 163 — Chem. Zbl. **1922 III**, 447.
[13] F. P. Underhill u. R. Kapsinow: Amer. J. Physiol. **63**, 142 (1922) — Chem. Zbl. **1923 I**, 711.
[14] F. Underhill u. S. C. Roth: J. of biol. Chem. **54**, 607 (1922) — Chem. Zbl. **1923 III**, 692.
[15] J. Abelin: Biochem. Z. **129**, 1 — Chem. Zbl. **1922 III**, 75.
[16] N. Morris: J. of Physiol. **56**, 283 — Chem. Zbl. **1922 III**, 1148.
[17] U. v. Euler u. G. Liljestrand: J. of Physiol. **65**, Nr. 3, 22 — Ber. Physiol. **46**, 816 (1928).
[18] A. Hiller: J. of biol. Chem. **68**, 833 — Chem. Zbl. **1926 II**, 1298.

Während in der Verminderung der p_H kein Unterschied zwischen dem Histaminshock (des Meerschweinchens) und dem anaphylaktischen Serumshock besteht, erreicht die Verminderung der Oberflächenspannung im ersten nur geringe Werte[1]. Wie beim anaphylaktischen Shock kann auch bei Histaminshock eine Verminderung der Alkalireserve[2] und des Gehalts an Phosphation[3], Calzium- und Kaliumionen[4] festgestellt werden.

Nach Histamininjektion steigt der Cholesteringehalt des Blutes bei Hunden anfangs und sinkt dann wieder zur Norm. Nach Milzexstirpation sinkt der Cholesteringehalt im Gegenteil durch Histamininjektion und steigt dann wieder zur Norm[5].

Cornell beobachtete ein unmittelbares Absinken des Blutcholesteringehaltes[6].

Wiederholte subcutane Injektion von größeren Histamindosen (4—20 mg pro kg) bei Hunden im Verlauf einiger Stunden (12—28 Stunden) führt zu einer Senkung des Chlorgehalts im Plasma. Dieser tritt nicht vor dem Erscheinen anderer toxischer Symptome ein, steht aber mit der Intoxikation selbst und auch mit der Magensaftsekretion nicht im Zusammenhang[7]. Auch Ni[8] und de Toni[9] machten diese Beobachtung bei Hunden. Dabei stieg der Zuckergehalt ebenfalls im Plasma an. Doppelseitige Entfernung oder Entnervung der Nebennieren schaltete die zweite Wirkung aus[8]. — Bei durch wiederholte intravenöse Injektion von Histamin hervorgerufenen shockartigen Zuständen von 3—5stündiger Dauer sind im Blut Nichteiweiß- und Harnstoffstickstoff vermehrt mit Anzeichen von unausgeglichener Nierenfunktion und vermehrtem Eiweißzerfall; keine ständigen Veränderungen in den Chloriden oder im Kohlensäurebindungsvermögen des Plasmas[10].

Bei Histamininjektionen war auch der Wassergehalt des Blutes verändert[9].

Bei monatelanger subcutaner Verabreichung von 1,9 mg wird am Meerschweinchen das Blutbild nicht im Sinne einer perniziösen Anämie verändert[11].

Histamin hemmt die Ausscheidung von intrakardial injiziertem Trypanblau aus dem Blute bei Hunden[12].

Bei narkotisierten Katzen ruft es Blutdrucksenkung infolge allgemeiner Gefäßerweiterung hervor, dagegen verengern sich die Gefäße isolierter Katzenorgane bei Durchströmung mit Histamin. — Die Hinterbeingefäße von Katzen erschlaffen bei künstlicher Durchblutung mit Histamin (0,005 mg). Bei gutem Tonus ist die Wirkung deutlich. Sie kann wiederholt hervorgerufen werden bei vorherigem Zusatz von Adrenalin (1:10 Millionen) und auch bisweilen durch Hypophysenextraktstoffe. — Die künstlich durchbluteten Hinterbeingefäße vom Hunde oder Affen erschlaffen regelmäßig durch Histamin. — Die künstlich durchbluteten Arteriolen des Katzendarms verengern sich, die von Hunden erschlaffen dagegen durch Histamin. — Wenn sekundär nach der Histaminerweiterung eine Blutdrucksteigerung folgt, so kommt sie von der Ausschüttung von Adrenalin. Sinkt anderseits durch kleine Dosen Adrenalin der Druck, so ist das eine Folge des Austritts histaminartiger Stoffe in die Blutbahn. — Für das Vorhandensein einer derartigen antagonistischen Regulation der capillaren Widerstände in der normalen Blutbahn des intakten Säugetierorganismus spricht die Tatsache, daß nach Exstirpation der Nebennieren oder nur eines Teils des Nebennierenmarks schon ganz kleine Histamindosen stark gefäßerschlaffend wirken. — Unter anderem scheinen die Lungen einen histaminartigen Antagonisten zu liefern. — Die Versuche müssen bei jeweiliger Tonushöhe beachtet werden[13].

Der Blutdruck wird auch dann gesenkt, wenn das Blut durch Heparin oder Novirudin ungerinnbar gemacht worden ist. Bei Blutdrucktiefstand im Histaminshock ist auch die Blutviscosität niedrig[14]. Aus Beobachtungen an Gefäßreaktionen wird abgeleitet, daß Hist-

---

[1] J. La Barre: C. r. Soc. Biol. Paris **95**, 238 — Chem. Zbl. **1926 II**, 1059.
[2] S. Katzenelbogen: J. amer. med. Assoc. **92**, 1240 — Chem. Zbl. **1929 II**, 318.
[3] J. La Barre: C. r. Soc. Biol. Paris **95**, 238; **91**, 1293 — Chem. Zbl. **1926 II**, 1059 bzw. **1925 I**, 685.
[4] G. Kuschinsky: Z. exper. Med. **64**, 563 — Chem. Zbl. **1929 II**, 318.
[5] H. Tangl u. St. Recht: Biochem. Z. **200**, 190 — Chem. Zbl. **1929 I**, 667.
[6] B. S. Cornell: J. Labor. a. clin. Med. **14**, 209 — Ber. Physiol. **50**, 235 (1929).
[7] T. G. H. Drake u. F. F. Tisdall: J. of biol. Chem. **67**, 91 — Chem. Zbl. **1926 II**, 55.
[8] T. G. Ni: Amer. J. Physiol. **78**, 158 — Chem. Zbl. **1926 II**, 2322.
[9] G. de Toni: Boll. Soc. Biol. sper. **3**, 87 — Chem. Zbl. **1929 I**, 3002.
[10] H. Hashimoto: J. of Pharmacol. **25**, 381 — Chem. Zbl. **1925 II**, 939.
[11] P. Schenk: Arch. f. exper. Path. **92**, 34 — Chem. Zbl. **1922 I**, 1116.
[12] H. Tangl: Biochem. Z. **182**, 406 — Chem. Zbl. **1927 I**, 2663.
[13] J. H. Burn u. H. H. Dale: J. of Physiol. **61**, 185 — Chem. Zbl. **1926 II**, 61.
[14] R. A. Waud: Amer. J. Physiol. **84**, 563 — Chem. Zbl. **1928 II**, 67.

amin direkt wirkt, indem es auf dem Weg der Blutbahn an die Angriffspunkte gebracht wird[1]. Das Histamin, welches subcutan eingeführt wurde, wird hauptsächlich auf diesem Weg resorbiert und kann sich im Blute ziemlich lange unverändert halten[2]. Das Histamin verliert durch $1^{1}/_{2}$ stündiges Erwärmen auf 60° nur wenig an seiner gefäßverengernden Wirkung[3]. Auf die Blutgefäße des Kaninchens wirkt es in zwei Richtungen, erstens zusammenziehend auf die sichtbaren arteriellen Zweige und peripher erweiternd auf die Capillaren[4]. In Konzentrationen 1:5000—10000 bewirkte es Erweiterung der Arteriolen und Capillaren auch beim Menschen[5]. Auch nach Atropindosen über 20 mg vermehrt es den venösen Blutausfluß und wirkt gefäßerweiternd[6]. Bei künstlicher Durchblutung verengert es in geringer Konzentration die Venen, beeinflußt die Arterien aber nicht. Auf der Verengerung soll der Histaminshock (chirurg. Shock) beruhen[7]. Mittels der differentiellen Durchströmung kleinster Venen und Arterien wies Inchley[8] im Gegensatz zu anderen Befunden nach, daß Histamin konstringierend wirkt. Nur am Kaninchendarm wurde beobachtet, daß die Konstriktion nur die Arteriolen betraf. Daraus dürfte sich das Ausbleiben des Histaminshocks bei Kaninchen erklären. Nitrite wirken gefäßerweiternd, können also den konstringierenden Effekt von Histamin bei vorheriger Injektion aufheben[8]. Große Histamindosen bewirken anhaltende arterielle Drucksenkung infolge Capillargefäßerweiterung (wie starker Blutverlust); kleine Dosen wirken wie geringer Blutverlust: langsamer Ausgleich der Blutdrucksenkung infolge gesteigerten arteriellen Tonus, Kontraktion der Aorta. Diese Kontraktion tritt auch bei Aufnahme des Histamins durch den Magendarmkanal (Histamin im Darminhalt!) ein[9].

Bei Abwesenheit von Adrenalin (durch Nebennierenunterbindung) bewirkt es Blutdrucksteigerung, bei gleichzeitiger Adrenalininfusion eine Senkung[10]. Es bewirkt die Zunahme der Adrenalinausschüttung durch zum Teil direkte Wirkung auf die Nebennieren. Adrenalin (subcutan) beseitigt bei Nebenniereninsuffizienz die Überempfindlichkeit gegen kleine Dosen (0,05 mg) von Histamin in ihrer Wirkung auf die Blutkonzentration (Antagonismus)[11]. Eine Lösung von 1:30000 erweitert alle Teile der Coronararterien der Schildkröte, wahrscheinlich auch die Capillaren, setzt den Carotisdruck herab und hebt die Gefäßkontraktion durch Adrenalin auf. Vorhergehende Atropinbehandlung behindert diese Wirkung nicht[12].

Beim Hunde ruft es in Lockescher Lösung zuerst vorübergehende Erhöhung des Ausflusses der Nierenvene hervor, danach tritt jedoch immer eine Abschwächung ein[13]. Intracutane Verabreichung von Histaminlösungen 1:3000 bis 1:30000 rufen typische Gefäßreaktionen der Haut hervor, die mit den Erscheinungen bei Urticaria factitia und Verbrennungsquaddel verglichen werden[14].

Bei Durchströmung mit Histaminlösung zeigte das Gewebe vom Hinterviertel des Hundes deutliche Gefäßerweiterung, dann Ödem; isolierter Darm zeigte Gefäßverengerung, Transsudation; isolierte Leber Gefäßverengerung, Ödem, Transsudation; Lunge verhielt sich ähnlich[15]. Burn[16] stellte wiederum fest, daß es auf die isolierten Katzenextremitätengefäße nicht erweiternd wirkt. Beim Hunde fand man dagegen die Dilatation noch post mortem mit vornehmlicher Wirkung auf die Capillaren. Nach erfolgter Durchschneidung der hinteren und der vorderen Wurzeln zwischen Rückenmark und Spinalganglien auf einer Seite der Katze

---

[1] I. M. Hermer u. K. Harris: Heart **13**, 381 (1926) — Ber. Physiol. **40**, 419.
[2] B. Gutowski: C. r. Soc. Biol. Paris **91**, 1349 (1924) — Chem. Zbl. **1925 I**, 862.
[3] O. B. Meyer: Z. Biol. **82**, 400 — Chem. Zbl. **1925 II**, 1369.
[4] W. Feldberg: J. of Physiol. **63**, 211 — Chem. Zbl. **1927 II**, 1730.
[5] E. B. Carrier: Amer. J. Physiol. **61**, 528 — Chem. Zbl. **1922 III**, 1147.
[6] E. Schilf: Arch. f. exper. Path. **126**, 37 (1927) — Chem. Zbl. **1928 I**, 716.
[7] O. Inchley: J. of Physiol. **61**, 282 — Chem. Zbl. **1926 II**, 62.
[8] O. Inchley: Brit. med. J. **1923 I**, 679 — Chem. Zbl. **1923 III**, 468.
[9] R. S. J. McDowall u. B. L. Worsnop: J. of Physiol. **59**, XXXVI (1924) — Chem. Zbl. **1925 I**, 2390.
[10] M. Fujii: J. Biophysics **1**, XVII—XVIII (1927) — Ber. Physiol. **32**, 320 (1928).
[11] C. H. Kellaway u. S. J. Cowell: J. of Physiol. **57**, 82 (1922) — Chem. Zbl. **1923 I**, 705.
[12] J. J. Sumbal: Heart **11**, 285 — Ber. Physiol. **28**, 437 (1924)
[13] E. Dicker: C. r. Soc. Biol. Paris **99**, 341 — Chem. Zbl. **1928 II**, 2040.
[14] Th. Lewis u. R. T. Grant: Heart **11**, 209 (1924) — Ber. Physiol. **31**, 599.
[15] W. H. Manwaring, R. E. Monaco u. H. D. Marino: Proc. Soc. exper. Biol. a. Med. **20**, 183 (1922) — Ber. Physiol. **18**, 544.
[16] J. H. Burn: J. of Physiol. **60**, 365 (1925) — Chem. Zbl. **1926 I**, 1232.

(Sympathicus intakt) wirkte Histamin nur an der normalen Pfote gefäßerweiternd. Waren die Wurzeln unter Schonung der Spinalganglien intradural durchschnitten, so war die Schweißabsonderung auf dieser Stelle fast Null und Histamin fast ohne Wirkung. In allen diesen Fällen gingen Schweißabsonderung und Gefäßreaktion qualitativ und quantitativ parallel. Sie fehlten bei Muskelatrophie und Muskelinaktivität. — Äther wirkt über die sympathischen Bahnen auf die Blutgefäße der Extremitäten der Katze noch nach Erweiterung durch Histamin erweiternd. Beim normal innervierten Bein hebt Äther aber die Histaminwirkung zunächst auf; unter Urethan ohne Äther wirkt Histamin gefäßerweiternd an der Extremität [1].

Nach kleiner Injektion erfolgt durch Vertiefung der Narkose Anstieg des Venendrucks und Absinken des Drucks in der Lungenarterie infolge deren Verengung. Bei noch tieferer Narkose wird diese Wirkung aufgehoben, und der Venendruck fällt, obwohl weder der allgemeine Blutdruck noch die Herzkraft geschädigt sind. In Durchströmungsversuchen an überlebender Kaninchenlunge bewirkte 1 mg in 100 ccm sofortigen, 0,25 mg langsam eintretenden, fast völligen irreversiblen Verschluß der Lungengefäße [2].

Herz. Histamin wirkt auf die nervösen Regulierungsfasern des Herzens. Bei der Untersuchung der Einwirkung auf die Erregbarkeit der inhibierenden Herzfasern des Vago-Sympathicus-Nerven wurde nach den Injektionen graduell Vergrößerungen der Chronaxie beobachtet [3]. — Die durch Histamin angeregte Neubildung roter Blutkörperchen ist selbst in sehr schweren Kachexien imstande, Appetenz herbeizuführen [4]. — Starke und schwache Gaben rufen am überlebenden Herzen vom Kaninchen und Meerschweinchen eine Steigerung der Frequenz, meist auch der Schlaghöhe hervor, mittlere Dosen erniedrigen beide, teilweise nach primärer Erhöhung der zweiten. Atropin unterdrückt, besonders beim Meerschweinchenherzen, die hemmende Wirkung. Die deutliche verengernde Wirkung auf die Herzgefäße wird durch gleichzeitige Anwesenheit von Atropin eingeschränkt oder ganz verhindert [5]. Beim isolierten Katzenherzen nimmt auch beim Durchspülen mit reiner Lockescher Lösung (ohne Blut und ohne Adrenalin) die Zahl und Kraft der Herzschläge durch Histamin zu; die Kranzgefäße erweitern sich. Beim Kaninchen ist ersteres auch der Fall, doch nimmt der Strom durch die Kranzgefäße ab [6].

Nerven. Intravenöse Injektion erniedrigt gleichzeitig mit dem Arteriendruck den Druck des Cerebrospinalliquors bei äthernarkotisierten Hunden und Katzen; dabei kann der venöse Druck steigen. Die Gehirncapillaren erweitern sich nicht [7]. Nach Histamininjektion wird die a-v-Reizleitung verschlechtert. Unentschieden bleibt, ob Histamin direkt auf das Hissche Bündel einwirkt [8]. Durch Injektion von Cystenflüssigkeit erfolgt Histaminshock, der durch die hydatische Tachyphylaxie nicht verhindert wird; jedoch ist die den Shock verursachende Substanz nicht Histamin [9]. Sowohl in bezug auf die sympathisch fördernde wie auf die sympathisch hemmende Wirkung (Magen, Darm, Blase, virgineller Uterus, Bronchien) wirkt es dem Adrenalin fast durchweg antagonistisch. Durch wiederholte größere Dosen läßt sich die Verträglichkeit des Kaninchens gegenüber Histamin steigern. Aber bei einem parasympathischen Symptomenkomplex wurden durch eine akute oder chronische parenterale Verabreichung von Histamin keine Vergiftungserscheinungen hervorgerufen [10].

Muskel. Bei Versuchen an zwei vegetativ verschieden eingestellten Muskelteilen ergab sich, daß sowohl Hypophysenhinterlappenextrakt wie Histamin an der Muskelsubstanz selbst angreifen [11]. Es reagiert auf histologisch sicher nervenzellenfreie Streifen der Dünndarmmuskulatur von Katzen, die Automatie in Bewegungen besitzen [12]. Am isolierten Ureter des Meerschweinchens bewirkt Histamin Tonusanstieg und verstärkte Kontraktionen [13]. Die

---

[1] R. S. J. McDowall: J. of Physiol. **57**, 146 — Chem. Zbl. **1923 III**, 692.
[2] W. H. Manwaring u. H. D. Marino: J. of Immun. **8**, 317 — Ber. Physiol. **25**, 115 (1924).
[3] A. B. Chauchard u. P. Saradjichvili: C. r. Soc. Biol. Paris **99**, 53 — Chem. Zbl. **1928 II**, 1901.
[4] J. Pal: Dtsch. med. Wschr. **54**, 1544 — Chem. Zbl. **1928 II**, 1902.
[5] C. Viotti: C. r. Soc. Biol. Paris **91**, 1085 (1924) — Chem. Zbl. **1925 I**, 405.
[6] J. A. Gunn: J. of Pharmacol. **29**, 325 (1926) — Chem. Zbl. **1927 I**, 1981.
[7] F. C. Lee: Amer. J. Physiol. **74**, 317 (1925) — Chem. Zbl. **1926 I**, 3085.
[8] H. Hashimoto: Arch. int. Med. **35**, 609 (1925) — Ber. Physiol. **33**, 638.
[9] L. Giusti u. E. Hug: C. r. Soc. Biol. Paris **88**, 344 (1922) — Chem. Zbl. **1923 I**, 1341.
[10] P. Schenk: Arch. f. exper. Path. **92**, 34 — Chem. Zbl. **1922 I**, 1116.
[11] D. I. Macht: J. of Pharmacol. **27**, 389 — Chem. Zbl. **1926 II**, 1655.
[12] H. S. Gasser: J. of Pharmacol. **27**, 395 — Chem. Zbl. **1926 II**, 1663.
[13] H. Rothmann: Z. exper. Med. **55**, 776 — Chem. Zbl. **1927 II**, 1367.

Kontraktionswirkung auf die Magenmuskulatur tritt beim curarisierten Tiere unverändert auf[1]. Im Gegensatz zu Acetylcholin, synthetischem Muscarin (Nitrosocholin) und Hordeninmethyljodid ist es am entnervten Säugetiermuskel ohne Wirkung[2]. Auf die Oxydationsgeschwindigkeit von isolierten Muskelzellen übt es keinen Einfluß aus[3].

Uterus. Histamin wirkt auf den normalen und graviden Uterus (Kaninchen) — auf letzteren stärker — erregend[4, 5]. Diese Wirkung wird durch Aldehyde (Formaldehyd, Acetaldehyd, Paraldehyd und Aldol) und Acetophenon abgeschwächt, nicht dagegen von Aceton, Dioxyaceton, Glykolaldehyd, Glycerinaldehyd und Methylglyoxal[6].

Speichel. Histamin bewirkt bei Katze und Hund eine starke Erhöhung der Durchblutung der Submaxillardrüse, wenn sympathische Nerven und Chorda tymp. durchschnitten sind. Nach Pilocarpin, das für sich eine Erhöhung bewirkt, tritt auf Histaminspritzung jedoch eine Verkleinerung der Durchblutung in Erscheinung[7]. Bei Hunden und Katzen in Äther-, Chloroform- oder Chloralosenarkose bewirkte Histamin in der Hälfte der Fälle leichte, spontane Speichelsekretion, stärkere ohne Narkose. Fehlt der Reiz, so wirkt es nicht speicheltreibend. Nach Chordareizung wirkt es sehr stark. Nach Pilocarpin oder Atropin ist die Wirkung gehemmt[8]. Auf die Gefäße der Temperorarierzunge wirkt es allgemein erweiternd, und zwar unmittelbar auf den ganzen arteriellen, offenbar auch den venösen Abschnitt wenigstens im Capillargebiet. Eine differenzielle Lokalisation der Wirkung ergab sich nicht[9].

Magen. Bei langsamer Injektion von Histamin in die Blutbahn ist der Effekt auf die Magensaftabsonderung der gleiche wie bei subcutaner, während rasche Einspritzung nur einen minimalen Effekt hat[10]. Die Magensaftabsonderung wird auch durch direkte Einführung in den Magen angeregt. In der Darmschleimhaut werden ziemlich große Dosen ihrer Wirksamkeit beraubt[11]. Injiziert man Tauben intravenös Histamin, oder bringt die Substanz direkt in den Schnabel, in den Kropf oder in den Magen, so ist es ohne Einfluß auf die Magensaftsekretion. Dagegen wirkt es subcutan oder intramuskulär injiziert, bei gleichen Dosen 30- bis 40mal stärker, als wenn man die gleiche Menge Histamin mit einigen Tropfen physiologischer Kochsalzlösung aufgenommen in die Haut verreibt. Vom Blut wird Histamin weder in vitro noch in vivo verändert[12]. Bei Studien über den Einfluß der Base auf die Saftsekretion fanden E. Rothlin und R. Gundlach[13], daß schon von 0,033 mg pro kg Hund subcutan an in erster Linie safttreibende Wirkung auftritt, im übrigen wird die motorische und sekretorische Tätigkeit des Magens ebenso angeregt wie bei Reizung des Vagus. Ihre Wirkung ist unabhängig vom Zustande der Verdauung. Die Resorption durch die Darmschleimhaut ist sehr geringfügig. Intravenös injiziert, ist Histamin wirkungslos[13, 14]. Nach einer subcutanen Gabe von 0,5 mg trat beim Menschen bedeutende Absonderung von Magensaft ein; Maximum nach etwa 35—50 Minuten, während die prozentigen Salzsäure- und Pepsinwerte schon früher einen Höhepunkt erreichten. Es wurden keine unangenehmen Nebenwirkungen beobachtet[15]. Das proteolytische Vermögen der Verdauungssäfte wird ebenfalls erhöht[16]. Durch häufig wiederholte Histamininjektion läßt sich weder die Magensaftsekretion, noch der Salzsäure- und Pepsingehalt des Saftes vollkommen zum Verschwinden bringen, trotzdem große Mengen

---

[1] S. Kuroda: Z. exper. Med. **39**, 341 — Chem. Zbl. **1924 I**, 2794.
[2] H. H. Dale u. H. S. Gasser: J. of Pharmacol. **29**, 53 (1926) — Chem. Zbl. **1927 I**, 2095.
[3] L. Adler u. W. Lipschitz: Arch. f. exper. Path. **95**, 181 — Chem. Zbl. **1923 I**, 615.
[4] M. Shinagawa: Folia jap. pharmacol. **3**, 390 (1926) — Ber. Physiol. **37**, 460.
[5] G. Dossena: Ann. Ostetr. **50**, 1379 (1928) — Ber. Physiol. **50**, 436 (1929).
[6] A. I. Kendall: Proc. Soc. exper. Biol. a. Med. **24**, 492 (1927) — Chem. Zbl. **1928 II**, 1689.
[7] M. E. McKay: J. of Pharmacol. **32**, 147 — Chem. Zbl. **1928 I**, 3091.
[8] M. E. MacKay: Amer. J. Physiol. **82**, 546 (1927) — Chem. Zbl. **1928 I**, 1539.
[9] H. Killian: Arch. f. exper. Path. **108**, 225 (1925) — Chem. Zbl. **1926 I**, 1222.
[10] B. Gutowski: Med. doświadcz. i społ. (poln.) **5**, 16 (1925) — Ber. Physiol. **34**, 834 — C. r. Soc. Biol. Paris **91**, 1346 (1924) — Chem. Zbl. **1925 I**, 862.
[11] A. C. Ivy u. A. J. Javois: Amer. J. Physiol. **71**, 604 — Chem. Zbl. **1925 II**, 197.
[12] W. Koskowski: C. r. Acad. Sci. Paris **174**, 247 — Chem. Zbl. **1922 I**, 1050 — C. r. Soc. Biol. **100**, 292 — Ber. Physiol. **50**, 74 (1929).
[13] E. Rothlin u. R. Gundlach: Arch. internat. Physiol. **17**, 59 (1921) — Chem. Zbl. **1922 I**, 509.
[14] P. Molinari-Tosalli: Arch. di Sci. biol. **13**, 97 (1929) — Ber. Physiol. **50**, 766 (1929).
[15] A. R. Matheson u. S. E. Ammon: Lancet **204**, 482 (1923) — Ber. Physiol. **20**, 436.
[16] P. Carnot, W. Koskowski u. E. Libert: C. r. Soc. Biol. Paris **86**, 575 — Chem. Zbl. **1922 III**, 74.

und bis zu 20% Chlor des Körpers ausgeschieden werden[1]. Aus klinischen Magenstudien geht hervor, daß bei Histamindosen von 1—14 mg die Salzsäuresekretion von der Größe der Gabe abhängig ist, wobei das Optimum verschieden hoch liegen kann. Bei Überschreiten dieses Optimums kann die Acidität wieder sinken. Die Steigerung kann durch Adrenalin (subcutan) und Atropin (intravenös) unbeeinflußt bleiben[2]. Während des Hungerns und in der Zeit zwischen den Verdauungsperioden ist es in physiologischen (magensaftsekretionsanregenden) Dosen ohne Wirkung auf die Magen- und Darmbewegung. Die Sekretion von Magen-, Pankreas- und Darmsaft nach Histamininjektion ist somit nicht als die Folge gesteigerter Motilität von Magen und Darm zu betrachten, sondern beruht auf einem bis jetzt unbekannten Faktor. Hungerkontraktionen und Darmbewegungen werden nicht beeinflußt durch vermehrten Magen- und Darmsaftfluß infolge Histamininjektion[3]. Histamin greift vorzüglich die Magendrüsenzellen am Zelleib an, nicht an seinen parasympathischen Zwischensubstanzen, wie z. B. Alkohol[4]. Beim Froschoesophagus hemmt es sowohl die Längs- als auch die Zirkularbewegungen. Beim Schildkrötenoesophagus erzeugt es Tonuszunahme[5].

Pankreas, Galle. Geringe Konzentrationen in der Blutbahn bewirken geringe Pankreas-, aber reichliche Magensaftsekretion, größere Konzentrationen verursachen umgekehrt reichliche Pankreas- und geringe Magensekretion[6]. Die Verstärkung der Pankreassekretion geht durch Wirkung über den Magen; Maximum 20—45 Minuten nach Eingabe, wenn der Magen den salzsäurereichsten Saft entleert[7]. Versuche an Hunden zeigten andererseits keine direkte Einwirkung des Histamins auf das Pankreas oder die Gallensekretion[8, 9]. Versuche an Hunden mit Gallenblasenfistel und durchschnittenem Ductus choledochus ergaben aber, daß Histamin in Dosen von 0,00005—0,0002 g pro kg eine beträchtliche Steigerung der Gallensekretion hervorruft, die 5—10 Minuten nach der Injektion einsetzt und nach etwa 1 Stunde ihren Höhepunkt erreicht hat. Nach etwa einer weiteren Stunde ist es abgeklungen. Die Herztätigkeit ist daneben verlangsamt. Atropin (0,001 g pro kg) hebt die Vermehrung der Sekretion vollständig auf[10].

Diagnosticum: Die Reaktion des Magens auf Histamininjektion, die sich in einer gleichmäßigen Sekretion sowohl bezüglich der Menge wie der freien Salzsäure kund gibt, wird als diagnostisches Hilfsmittel bei verschiedenen Magenkrankheiten empfohlen (nach eingehender Erprobung)[11]. Subcutane Injektion von 1 ccm 1proz. Histaminhydrochloridlösung wird vom Menschen anscheinend ohne Schaden vertragen und führt eine Anregung zur Magensekretion herbei, kann auch zur Unterscheidung von wahrer und Pseudoachylie und bei verminderter Verdauungsfunktion therapeutisch wirken[12]. Zur Prüfung der Magensaftsekretion wird diese in Abständen von 10 zu 10 Minuten nach Histamininjektion geprüft[13]. Grimbert[14] berichtet über Einzelheiten, über Technik, Physiologie und Wert der Histamininjektion für die Beurteilung von Magenkrankheiten auf Grund der Menge und Acidität des Magensaftes, sowie die Schnelligkeit seiner Absonderung[14]. Eine direkte celluläre Beeinflussung bei der Wirkung auf die Magensekretion erscheint Nathanson[15] möglich. Die Histaminprobe ermöglicht die Aufdeckung einer Reihe von Pseudoachylien und ermöglicht die Gewinnung eines auch für histologische Untersuchungen geeigneten Magensaftes[16]. Infolge der nicht völlig aufgeklärten

---

[1] R. K. S. Lim u. A. C. Liu: Pflügers Arch. **211**, 647 — Chem. Zbl. **1926 I**, 2716.
[2] B. Stuber u. A. Nathanson: Dtsch. Arch. klin. Med. **151**, 293 — Chem. Zbl. **1926 II**, 1435.
[3] A. C. Ivy u. D. A. Vloedman: Amer. J. Physiol. **66**, 140 (1923) — Chem. Zbl. **1924 I**, 359.
[4] A. Bickel: Klin. Wschr. **6**, 208 — Chem. Zbl. **1927 I**, 1497.
[5] Z. Bercovitz: Amer. J. Physiol. **60**, 219 — Chem. Zbl. **1922 III**, 640.
[6] B. Gutowski: 12. Internat. Physiologenkongreß in Stockholm **66** (1926) — Ber. Physiol. **38**, 830.
[7] P. Kubibowski: C. r. Soc. Biol. Paris **98**, 142 — Chem. Zbl. **1928 I**, 2953.
[8] R. K. S. Lim u. W. Schlapp: Quart. J. exper. Physiol. **13**, 393 (1923) — Ber. Physiol. **26**, 433 (1924).
[9] H. Lueth, B. Orndoff u. A. C. Ivy: Proc. Soc. exper. Biol. a. Med. **26**, 311 — Ber. Physiol. **50**, 217 (1929).
[10] D. Alpern: Biochem. Z. **137**, 507 — Chem. Zbl. **1923 III**, 956.
[11] P. Carnot u. E. Libert: C. r. Soc. Biol. Paris **93**, 242 — Chem. Zbl. **1925 II**, 1375.
[12] L. M. Gompertz u. M. G. Vorhaus: J. Lab. a. clin. Med. **11**, 14 (1925) — Chem. Zbl. **1926 II**, 258.
[13] Libert: Progr. méd. **54**, 159 (1926) — Ber. Physiol. **36**, 485.
[14] L. Grimbert: J. Pharmacie [8] **5**, 376 — Chem. Zbl. **1927 II**, 586.
[15] A. Nathanson: Verh. dtsch. Ges. inn. Med. **1926**, 462 — Ber. Physiol. **39**, 388.
[16] M. Torchiani: Fol. clin. chim. et microsc. (Bologna) **1**, 219 — Ber. Physiol. **40**, 396.

pharmakologischen Wirkung muß aber die Probe vorsichtig angestellt werden[1]. Bei allen Fällen von Achlorhydrie, die auf Histamin mit Salzsäuresekretion reagieren, war der Gehalt des Harns an Pepsin normal. Bei Achylie trat nach Anwendung von Histamin sowohl Salzsäure als auch Pepsin auf (Harnpepsin dabei teils vermindert, teils vermehrt). Fälle von Achylie, die auf Histamin nicht reagierten, zeigten meist herabgesetzten Pepsingehalt des Harns[2]. Aus dem negativen Ausfall der Histaminprobe darf nicht immer auf eine Achylie geschlossen werden[3].

Für die Diagnose von Magengeschwüren ist es der Anwendung der Ewald-, Boas- oder Sahli-Mahlzeit als unschädlich vorzuziehen. Fonseca und Carvalho[4] geben Hinweise auf die Handhabung der neuen Methode.

Darm: Nach der Blutdrucksenkung geschätzt, findet man, daß Histamin am meisten vom Ileum, weniger vom Duodenum und sehr wenig vom Coecum und Magen resorbiert wird. An leberexstirpierten Tieren wurde gezeigt, daß die Leber Histamin abfängt und zerstört[5]. In kleinen Dosen steigert, in großen vermindert es die Peristaltik. Nach Vagusdurchschneidung und Degeneration bleibt die Wirkung ganz kleiner Dosen dieselbe. Die Hemmung aber beginnt bereits bei Dosen, die vorher noch gereizt haben. Nach dem Einfluß vermindert es in jedem Fall die peristaltische Bewegung[6].

In isolierten Schlingen von Dick- und Dünndarm wurde im Mittel 2—3 mg Histaminhydrochlorid pro 100 ccm Flüssigkeit gefunden. Im sterilen Dünndarmsekret konnte es nicht nachgewiesen werden, dagegen in der sterilen Dünndarmschleimhaut, wie in der Schleimhaut der abgeschlossenen Darmschlinge. Bei der Toxämie durch Darmverschluß spielt wahrscheinlich u. a. Basen vor allem eine Histaminproteose von der Natur eines Peptamins eine Rolle. Durch den bakteriellen Angriff auf die Carboxylgruppe des Histidinmoleküls der Proteinkette wird eine Verbindung gebildet, die in Alkohol unlöslich sein muß, durch Kollodium nicht diffundiert, die bei der Hydrolyse Histamin liefert und sich pharmakodynamisch wie Histamin verhält, dazu noch peptonartig, z. B. gerinnungshemmend, wirkt. Durch Säurehydrolyse würde die Toxizität dieses Körpers also nicht beeinträchtigt werden. All dies entspricht den Eigenschaften eines Darmschlingentoxins. Die Farbreaktion für Histamin ist schwächer als die des Hydrolysats. Durch diesen Unterschied und den verschiedenen Löslichkeiten in Alkohol wird die Bestimmung des Peptamins ermöglicht[7]. In nicht immer reproduzierbaren Ergebnissen wurde beim Umspülen eines ohne Verletzung der Blutgefäße präparierten Darmstückes der Katze in vivo innen und außen mit Lockscher Lösung bei einer Histaminkonzentration 1:400 000 eine Hemmung beobachtet, bei Injektion in die Venia jugularis aber schon bei 1 ccm einer Histaminlösung von 1:10[8]. Auf die seröse Oberfläche des Darms (Meerschweinchen) in solcher Menge gebracht, daß der Darm noch nicht gereizt oder gelähmt wird, erhöht es die Reizbarkeit durch den Strom. Homologes Eiweiß wirkt auf den Darmmuskel des so sensibilisierten Tieres wie Histamin. Die Ringmuskulatur des Darmes wird hierdurch leichter geschädigt, hat eine größere Reizschwelle und längere Latenz als die Längsmuskulatur[9]. Setzt man zu der mit Sauerstoff gesättigten Tyrodelösung, die allein nach der Bespülung der Schleimhaut einer Darmschlinge deren rhythmischen Bewegungen zum Stillstand bringt und die elektrische Reizbarkeit herabmindert, Histamin, so treten diese Erscheinungen wieder ein[10].

Niere: Bei subcutaner Injektion verhindert es schnell und auf lange Zeit die Harnausscheidung. Harnstoff hebt diese Wirkung wieder auf[11]. In Durchströmungsversuchen an Nieren von Hunden und Katzen bewirkten selbst sehr geringe Konzentrationen (bis zu 0,000 000 5 mg herab) in der Regel eine deutliche Kontraktion der Nierengefäße[12]. Bei gleichbleibender Ernährung vermindert Histamin unabhängig von den im Kaninchenkörper gebildeten Fett-

---

[1] P. Moretti: Boll. Soc. Biol. sper. 1, 396 (1926) — Ber. Physiol. 40, 396.
[2] H. J. Teschendorf: Dtsch. Arch. klin. Med. 155, 43 — Chem. Zbl. 1927 II, 454.
[3] N. Henning: Münch. med. Wschr. 75, 1752 — Chem. Zbl. 1928 II, 2494.
[4] F. Fonseca u. A. de Carvalho: C. r. Soc. Biol. Paris 96, 873 — Chem. Zbl. 1927 II, 102.
[5] J. Meakins u. Ch. R. Harington: J. of biol. Chem. 54, 579 (1922) — Chem. Zbl. 1923 I, 1376.
[6] E. Ceypek u. P. Kubikowski: C. r. Soc. Biol. Paris 95, 895 — Chem. Zbl. 1926 II, 3099.
[7] R. W. Gerard: J. of. biol. Chem. 52, 111 — Chem. Zbl. 1922 III, 1099.
[8] R. K. S. Lim u. T. Y. Chen: Trans. far-east. Assoc. trop. Med. Hong-Kong 1925, 1023 — Chem. Zbl. 1928 II, 2659.
[9] G. H. Bichop u. A. I. Kendall: Amer. J. Physiol. 85, 546 — Chem. Zbl. 1928 II, 1116.
[10] A. I. Kendall u. G. H. Bichop: Amer. J. Physiol. 85, 561 — Chem. Zbl. 1928 II, 1117.
[11] R. Agnoli: Arch. Sci. med. 49, Nr 9, 530 (1927) — Chem. Zbl. 1928 II, 908.
[12] M. Morimoto: Arch. f. exper. Path. 135, 194 — Chem. Zbl. 1928 II, 2264.

und Kohlehydratdepots den Stickstoffgehalt des Harns, während Tyramin die Stickstoffausscheidung beschleunigt[1]. Subcutane und intravenöse Injektion von Histamin bewirken bei Hunden eine vorübergehende Hemmung der Diurese, die bei Ausschaltung der Leber aus dem Kreislauf nicht mehr eintritt. Die Hemmung ist mit Harnstoff zu durchbrechen. Die Wirkung beruht hauptsächlich auf Veränderung in der Blutverteilung[2].

Leber, Zuckerhaushalt: Bei Durchströmungsversuchen an der isolierten Hundeleber mit Histamin 1:500000 in normaler Richtung (Vena portae → Vena hepaticae) und umgekehrt ergab sich in beiden Fällen Verminderung des Ausflusses, aber im ersteren Fall eine Zunahme, im letzteren eine Abnahme des Organvolumens, so daß anzunehmen ist, daß eine Gefäßkontraktion im Gebiete der Vena hepatica herbeigeführt wird[3]. Bei künstlicher Durchströmung der Kaninchenleber hemmt es die Verstärkung der Zuckerbildung nicht, sondern erhöht sie in mäßigem Grade[4]. Der Blutzuckeranstieg nach Histamineinspritzung geht mit einer Glykogenverminderung der Leber einher. Beide Erscheinungen können durch vorhergehende Atropinisierung aufgehoben werden[5]. Bei normalen Personen bewirkt Histamin eine veränderte Glykämie und verursacht eine leicht und vorübergehende Vermehrung des Alkalivorrats (Abschwächung der Magensäure)[6]. Wird durch Histamininjektion (intravenös und intracardial) ein tödlicher Shock verursacht, so ist meist Hypoglykämie zu konstatieren; läuft die Injektion aber ohne eine so sichtliche Störung ab, so tritt meistens eine Hyperglykämie ein[7]. Auf die cholagoge Insulinwirkung hat es keinen Einfluß[8]. Bei der Kombination mit Insulin wird eine Verstärkung der Blutzuckersenkung, jedoch keine Verlängerung der Wirkung erzielt[9].

Giftwirkung: Beim Meerschweinchen führen kleine Mengen per os innerhalb weniger Minuten zum Tode, direkte Einführung von 100 mg (Dihydrochlorid) in den Magen aber nur zu milden Vergiftungserscheinungen (etwa 2 Stunden), dann Erholung; am Ende fanden sich davon 33,5 mg im Verdauungskanal, 4,7 mg in der Darmwand und 4,5 mg in der Leber. (Die fehlenden können nicht in den Kreislauf gelangt sein!) Nach prakt. 24 Stunden war alles Histamin aus dem Verdauungskanal verschwunden. Bei einem Hunde von 5 kg rief Zufuhr von 500 mg des Dihydrochlorids keinerlei Symptome hervor, der Magen enthielt nach 2 Stunden 147 mg, der Darm 88,6 mg davon. Wurden 0,0027 mg pro kg und Minute in die Vena saphena injiziert, so fiel der Blutdruck merklich, bei 0,0054 mg sehr deutlich. Erfolgt die Injektion so, daß vor Eintritt in den Blutkreislauf das Capillarnetzwerk passiert werden muß, so wird die Wirkung gemildert, aber nicht beseitigt, dabei wirken die Capillaren des Beines ebenso wie die der Leber. Injektion in die Mesenterial- oder Milzvene wirkt nur wenig schwächer als in die Saphenavene (Leber nicht entgiftend!). In das Duodenum des Hundes eingeführt, beeinflussen 100 mg Histamin den Blutdruck gar nicht, es scheint also beim Durchgang durch die Darmwand wirkungslos zu werden[10]. Die Giftwirkung verhält sich umgekehrt proportional zur Diffusionsgeschwindigkeit bei überlebenden Froschhautmembranen, bei toten gilt diese Gesetzmäßigkeit nicht[11]. Am Mesenterium des Frosches und nach intraperitonealer Injektion von 0,25 ccm 1proz. Lösung bei weißen Mäusen verursacht es deutliche Entzündung[12]. Nach Histamininjektion intraperitoneal oder direkt auf das Mesenterium oder die Augenbindehaut des Frosches gebracht, nach Einführung in den Bindehautsack des Kaninchens oder Einspritzung unter die menschliche Haut wurde keine nennenswerte Auswanderung von weißen Blutkörperchen aus den Blutgefäßen beobachtet. Daher kann die Leukocytenauswanderung bei Entzündung aus geschädigtem Gewebe nicht allein durch Vorhandensein von Histamin erklärt werden[13]. Nach Nebennierenverlust war die Histaminempfindlichkeit bei Ratten um

---

[1] R. Iwatsuru: Bull. Soc. Chim. biol. Paris **7**, 946 (1925) — Chem. Zbl. **1926 I**, 715.
[2] H. Molitor u. E. P. Pick: Arch. f. exper. Path. **101**, 198 — Chem. Zbl. **1924 I**, 2891.
[3] R. Baer u. R. Rößler: Arch. f. exper. Path. **119**, 204 (1926) — Chem. Zbl. **1927 I**, 2096.
[4] P. Schenk: Arch. f. exper. Path. **92**, 34 — Chem. Zbl. **1922 I**, 1116.
[5] J. La Barre: C. r. Soc. Biol. Paris **94**, 1021 — Chem. Zbl. **1926 II**, 1541.
[6] F. Fonseca u. A. de Carvalho: C. r. Soc. Biol. Paris **96**, 875 — Chem. Zbl. **1927 II**, 114.
[7] S. Katzenelbogen u. A. Abramson: C. r. Soc. Biol. Paris **97**, 240 — Chem. Zbl. **1927**, 1162.
[8] I. I. Nitzescu: C. r. Soc. Biol. Paris **95**, 773 (1926) — Chem. Zbl. **1927 I**, 473.
[9] F. Silberstein u. S. Keßler: Biochem. Z. **181**, 333 — Chem. Zbl. **1927 I**, 3019.
[10] K. K. Koeßler u. M. T. Hanke: J. of biol. Chem. **59**, 889 — Chem. Zbl. **1924 II**, 362.
[11] E. Wertheimer u. H. Pfaffrath: Pflügers Arch. **207**, 254 — Chem. Zbl. **1925 I**, 2382.
[12] E. P. Wolf: J. of exper. Med. **37**, 511 — Chem. Zbl. **1923 III**, 414.
[13] R. T. Grant u. J. Edwin Wood: J. Pathology **31**, 7 — Chem. Zbl. **1929 I**, 2071.

das 6—12,5fache gesteigert, die minimal letale Dosis war 20mal so groß als im normalen Zustand[1]. Nebennierenrindenlose Ratten zeigten eine ums zwölffache gesteigerte Empfindlichkeit[2].

Verschiedenes: Histaminbihydrochlorid zeigte eine schwache, kaum hervortretende, mydriatische Wirkung auf das freigelegte Froschauge[3].

Injektionen von 1—8 mg Histamin pro kg hat bei hungernden Hunden eine Steigerung des Zerfalls von Körpereiweiß zur Folge, die mehrere Stunden dauert und in der Intensität der Höhe der Histamingabe proportional ist[4]. An Hundeversuchen wurde festgestellt, daß Histamininjektion den entgiftenden Abbau des artfremden Eiweißes (Pferdeserum) erheblich verzögert[5]. Wittepepton, das mehr als 3—5 mg% Histamin enthält, verursacht nach Injektion Kreislaufstörungen und Hautkrankheiten[6].

Wirkungen von synthetischen Cycloäthylaminen $\left(\text{Typ Cycl}-\text{R}\cdot\text{C}-\text{C}-\text{N}\!\!<\right)$ aus der Verwandtschaft des Histamins und Adrenalins auf autonome Erfolgsorgane hat Loewe[7] studiert und beschrieben.

Hydrochlorid und Oleat des Histamins sind in einer neuen pharmakologischen Einteilung der Reizstoffe nach Versuchen an Menschen eingeordnet worden[8].

Lutz[9] berichtet über die als Nebenwirkung beobachteten Hauterscheinungen bei der internen Verabreichung von Histamin.

Chemische Eigenschaften: Histamin verzögerte die Oxydation von Glykokoll an Tierkohle durch den Luftsauerstoff[10].

Derivate: N-Methylhistamin. Läßt man N-Methylhistamin und Histamin auf die Blutgefäße einer Katze und auf einen Kaninchenuterus wirken, so zeigt sich, daß N-Methylhistamin im ersteren Falle $1/200$, im zweiten etwa $1/80$ der Wirksamkeit von Histamin hat[11].

Dimethylhistamin. Im Riesenkieselschlamm (Geodia gigas)[12], im Riesenschwamm[13] vorkommend.

2-Methylhistamin: Dihydrochlorid $C_6H_{11}N_3 \cdot 2\,HCl$. Rhombische Blättchen vom Schmelzp. 217°. Keine bemerkenswerte pharmakologischen Eigenschaften. — **Dipikrat.** Rhombische Blättchen vom Schmelzp. 137°[14].

2-Äthylhistamin: Dihydrochlorid $C_7H_{13}N_3 \cdot 2\,HCl$. Rhombische Blättchen vom Schmelzpunkt 209°. Pharmakologische Eigenschaften wie oben. — **Dipikrat.** Nadeln vom Schmelzpunkt 219°[14].

2-Benzylhistamin: Dihydrochlorid $C_{12}H_{15}N_3 \cdot 2\,HCl$. Nadeln vom Schmelzp. 245°. Pharmakologische Eigenschaften nicht bemerkenswert. — **Dipikrat.** Gelbe Prismen vom Schmelzp. 195°[14].

N-Acetylhistamin $C_7H_{11}ON_3$. Feine Nadeln vom Schmelzp. 143°. Pharmakologisch bedeutungslos[14].

N-Isobutyrylhistamin $C_9H_{15}ON_3$. Feine Nadeln vom Schmelzp. 123°. Keine pharmakologisch bemerkenswerte Eigenschaften[14].

[β-Imidazolyl-4 (5)-äthyl]-harnstoff $C_6H_{10}ON_4$. Nadeln vom Schmelzp. 148°. Pharmakologisch unbedeutend. — **Pikrat.** Nadeln vom Schmelzp. 150°[14].

[β-Imidazolyl-4 (5)-äthyl]-phenylharnstoff $C_{12}H_{14}ON_4$. Rhombische Krystalle vom Schmelzp. 178°. Pharmakologisch unbedeutend[14].

---

[1] W. J. M. Scott: J. of exper. Med. **47**, 185 — Chem. Zbl. **1928 I**, 1786.

[2] C. A. Crivellari: Amer. J. Physiol. **81**, 414 — Chem. Zbl. **1927 II**, 2208 — J. Marmorston-Gottesman u. J. Gottesman: J. of exper. Med. **47**, 503 — Chem. Zbl. **1928 II**, 169. — Raymond-Hamet: C. r. Acad. Sci. Paris **183**, 1124 (1926) — Chem. Zbl. **1927 I**, 1971.

[3] Cl. Gauthier: C. r. Soc. Biol. Paris **97**, 89 — Chem. Zbl. **1927 II**, 1172.

[4] A. Hiller: J. of biol. Chem. **68**, 847 — Chem Zbl. **1926 II**, 1299.

[5] W. H. Manwaring, D. H. Marino und T. H. Boone: J. of Immun. **14**, 341 (1927) — Chem. Zbl. **1928 I**, 1298.

[6] F. Auslaender: Med. pharmaz. Rundschau **1926**, Nr 28, 2 — Chem. Zbl. **1926 II**, 1675.

[7] S. Loewe: Z. exper. Med. **56**, 271 — Chem. Zbl. **1927 II**, 1725.

[8] W. Heubner: Arch. f. exper. Path. **107**, 129 — Chem. Zbl. **1926 II**, 60.

[9] W. Lutz: Ther. Halbmh. **35**, 489, 521 (1921).

[10] S. Toyoda: J. of biol. Chem. **7**, 209, 217 — Chem. Zbl. **1927 II**, 2053.

[11] H. H. Dale u. H. W. Dudley: J. of Pharmacol. **18**, 103 (1921) — Chem. Zbl. **1922 I**, 770.

[12] D. Ackermann, F. Holtz u. H. Reinwein: Z. Biol. **82**, 278 (1924) — Chem. Zbl. **1925 I**, 1501.

[13] F. Kutscher u. D. Ackermann: Z. Biol. **84**, 181 — Chem. Zbl. **1926 I**, 2213.

[14] P. van der Merwe: Hoppe Seylers Z. **177**, 301 — Chem. Zbl. **1928 II**, 2144.

[β-Imidazolyl-4 (5)-äthyl]-α-naphthylharnstoff $C_{16}H_{16}ON_4$. Lange Nadeln vom Schmelzp. 193°. Keine bemerkenswerten pharmakologischen Eigenschaften[1].

[β-Imidazolyl-4 (5)-äthyl]-guanidin $C_6H_{11}N_5$. **Dihydrochlorid.** Nadeln vom Schmelzpunkt 208° (Zers.). Pharmakologisch ohne Bedeutung. — **Dipikrat.** Nadeln vom Schmelzpunkt 245° (Zers.)[1].

N-p-Methoxybenzalhistamin $C_{13}H_{15}ON_3$. Derbe Nadeln oder dicke Prismen vom Schmelzp. 186° (Zers.). Keine bemerkenswerten pharmakologischen Eigenschaften. — **Dipikrat.** Rechteckige Blättchen vom Schmelzp. 222°[1].

N-p-Methoxybenzylhistamin $C_{13}H_{17}ON_3$. Pharmakologisch unbedeutend. — **Dipikrat.** Blättchen vom Schmelzp. 213°[1].

Methylendioxybenzalhistamin $C_{13}H_{13}O_2N_3$. Prismen vom Schmelzp. 180°. Keine pharmakologisch bemerkenswerten Eigenschaften. — **Dipikrat.** Tafeln vom Schmelzp. 217°[1].

Methylendioxybenzylhistamin $C_{13}H_{15}O_2N_3$. Pharmakologisch unbedeutend. — **Dipikrat.** Lange Nadeln vom Schmelzp. 195°. — **Dihydrochlorid.** Nadeln vom Schmelzp. 245° (Zers.)[1].

N-Aminoamylhistamin $C_{10}H_{20}N_4$. Besitzt keine pharmakologisch bemerkenswerten Eigenschaften. — **Tetrapikrat.** Nadeln vom Schmelzp. 215°. — **Tripikrat.** Nadeln vom Schmelzp. 169°[1].

β-Indolyläthylamin.

Intravenöse oder subcutane Injektion kleiner Dosen verursacht durch zentrale Einwirkung Hyperglykämie, während größere Dosen mitunter zu Hypoglykämie führen[2].

---

[1] P. van der Merwe: Hoppe-Seylers Z. **177**, 301 — Chem. Zbl. **1928 II**, 2144.
[2] S. Hasegawa: Fol. jap. pharmacol. **1**, 70 (1925) — Ber. Physiol. **37**, 456 (1926).

Basen mit unbekannter und nicht sicher bekannter Konstitution.

Von

Hans Sickel†-Dessau.

Carnosin.

Vorkommen: Bei der Katze haben die korrespondierenden Muskeln gleichen Gehalt an Carnosin. Bei verschiedenen Tieren schwankt er bei den roten Muskeln wenig (0,048—0,09%), bei den weißen aber sehr erheblich (Gastrocnemius 0,007—0,433%). Da sie auch beim gleichen Tiere verschiedenen Gehalt aufweisen, scheint die verschieden starke Inanspruchnahme der weißen Muskeln die Ursache zu sein[1]. Unter den mit Phosphorsäure fällbaren Extraktivstoffen von frischen Pferde- und Ochsenmilzen konnte nach sorgfältiger Trennung kein Carnosin nachgewiesen werden[2]. Im Fruchtwasser vom Rind[3].

Über die quantitative Bestimmung des Carnosins[4].

Physiologische Eigenschaften: Eine Stütze für die Auffassung, daß Carnosin als eine der beiden Hauptmuskelbasen im Harn als Histidin wieder auftritt, wird im Vorhandensein von Histidin im Fruchtwasser (Rind) erblickt[3].

Bei chronischer subcutaner Zufuhr vermindert es beim Kaninchen die Erythrocytenzahl[5].

Ist schon in minimalen Mengen ein sehr wirksamer Funktionserreger des Darmdrüsenapparats[6].

Nach dem colorimetrischen Verfahren von Koessler und Hanke in der Modifikation von Clieford[7] wurden gut übereinstimmende Ergebnisse an entsprechenden Muskeln von beiden Seiten desselben Tieres (Katze) erhalten, beträchtliche Abweichungen bei Muskeln des gleichen Typus von verschiedenen Tieren, noch viel größere aber bei verschiedenen Muskeln desselben Tieres, so daß niederer oder hoher Gehalt für die einzelnen Muskeltypen charakteristisch zu sein scheint. Weder die Durchschneidung des zugehörigen motorischen Nerven noch der Zustand der Starre nach Enthirnung übte einen Einfluß auf den Carnosingehalt aus[8]. — Wird durch Mischkulturen aus Faeces und durch Reinkulturen viel schwerer gespalten als Histidin. B. Typhi, p-Typhi A und B. dysenter. Flexner, enteritidis Gaertner, Coli communii, Subtilis, mesentericus und lactis aerogenes greifen nicht an, B. pyocyaneus spaltet es bis zu Ammoniak, Essig- und Buttersäure. Die Spaltung in der Nährflüssigkeit läßt sich durch die Abnahme der Rechtsdrehung verfolgen[9].

Carotin. Quantitative Bestimmung mittels des Spektrophotometers[10].

---

[1] G. Hunter: Biochemic. J. **18**, 408 — Chem. Zbl. **1924 II**, 1599.
[2] S. Demianowski: Hoppe Seylers Z. **132**, 109 — Chem. Zbl. **1924 I**, 1691.
[3] S. A. Komarow: Biochem. Z. **151**, 467 (1924) — Chem. Zbl. **1925 I**, 250.
[4] F. Kuen: Biochem. Z. **189**, 60 (1927) — Ber. Physiol. **44**, 31 (1928). — L. Bronde: Hoppe-Seylers Z. **173**, 1 (1928) — Ber. Physiol. **45**, 165 (1928).
[5] S. Leites: Z. exper. Med. **40**, 52 — Chem. Zbl. **1924 II**, 197.
[6] H. Reinwein u. H. Heinlein: Z. Biol. **81**, 283 — Chem. Zbl. **1924 II**, 1698.
[7] Clieford: Biochemic. J. **15**, 400 — Chem. Zbl. **1921 IV**, 1257.
[8] T. Mitsuda: Biochemic. J. **17**, 630 (1923) — Chem. Zbl. **1924 I**, 61.
[9] J. Hefter: Hoppe Seylers Z. **145**, 276 — Chem. Zbl. **1925 II**, 1460.
[10] F. M. Schertz: J. agricult. Sci. **26**, 383 (1923) — Chem. Zbl. **1925 I**, 138.

Der Farbstoff Carotin $C_{40}H_{56}$ ist unbeständig, bleicht an der Luft und liefert bei verschiedenen Eingriffen amorphe Umwandlungsprodukte. Bei der katalytischen Hydrierung (Platinmohr) nimmt 1 Mol 22 H-Atome auf. Das hydrierte Produkt ist in Cyklohexan und Äther leicht löslich. Ein genetischer Zusammenhang mit der Chlorophyll-Komponente Phytol $C_{20}H_{40}O$ erscheint möglich[1].

Delphinin, wahrscheinlich $C_{34}H_{47}O_9N$. Nach Zeisel lassen sich in der tertiären Base 20,22% = 4 CH_3O-Gruppen feststellen. — **Saures Oxalat** $C_{34}H_{47}O_9N \cdot C_2O_4H_2 + H_2O$. Krystalle, die bei 70° $^1/_2 H_2O$, und bei 80° im Vakuum alles Krystallwasser verlieren. Schmelzpunkt des wasserfreien Salzes: 168° (Zers.). — **Delphoniumjodid** $C_{34}H_{47}O_9N \cdot JCH_3$, nach Nölting besser mit Dimethylsulfat zu gewinnen. Rhombische Blättchen vom Schmelzpunkt 196°. In Wasser und Chloroform sehr leicht, in Alkohol leicht löslich[2]. **Acetyldelphinin** $C_{34}H_{46}O_9N \cdot CO \cdot CH_3$. Mit Essigsäureanhydrid und Schwefelsäure aus der Base. Sintert bei 117° und schmilzt bei 150°. — **Benzoylderivat** nicht zugängig. — **Propionyldelphinin** $C_{34}H_{46}O_9N \cdot CO \cdot CH_2 \cdot CH_3$, weißes, amorphes Pulver, sintert bei 102°; Schmelzp. 136—138°. — **Goldchloriddoppelsalz des Dibenzoyldelphininhydrochlorids** $C_{27}H_{42}NO_8$, $HAuCl_4$[3].

Avertebrin. Aus Regenwurm, Maikäfer und Tintenfisch isoliert. Die Hydrolyse liefert Leucin und einen Körper mit Diazoreaktion[4].

Tetramin $C_4H_{12}N$. Gift aus Actinia equina. Es soll Tetramethylammoniumhydroxyd sein.

Gewinnung: Die Actinien wurden erschöpfend ausgekocht, das sirupöse Extrakt nach Verdünnen mit Wasser bei schwach phosphorsaurer Reaktion mit Gerbsäure gereinigt und die Phosphorwolframsäurefällung in drei Silberfraktionen und die Lysinfraktion aufgeteilt; letztere enthält das gesuchte Actiniengift. Es wird über das Pikrat gereinigt, das reichlich vorhandene Kaliumsalz als Kaliumcarbonat abgeschieden, dann das Gift mit Normalsalzsäure aus alkoholischer Lösung beim Eindampfen als Chlorid gewonnen, aus heißem Alkohol umkrystallisiert. Base hat Curarewirkung und führt in höheren Dosen schnell zum Tod durch Lähmung. — **Chlorid** $C_4H_{12}NCl$; in heißem Alkohol leicht, in kaltem absolutem wenig löslich. Äußerst hygroskopisch. Optisch inaktiv. Läßt sich mit Dimethylsulfat nicht weiter methylieren. — **Chloroaurat** $C_4H_{12}N \cdot AuCl_4$. Gelbe Nadeln. — **Chloroplatinat** $C_8H_{24}N_2 \cdot PtCl_6$. Orangegelbe Oktaeder; in Wasser wenig, in abs. Alkohol nicht löslich. — **Pikrat** $C_4H_{12}N \cdot C_6H_2(NO_2)_3O$. Lange Nadeln[5].

$C_4H_{12}N_2$. Neben $C_7H_{14}N_2$ bei der Einwirkung von feinverteiltem Kupfer auf die alkalische Lösung von Spermin unter Durchleiten von Luft. Bei der Destillation des Reaktionsgemisches nach dieser Base übergehend und vor dem unveränderten Spermin. Freie Base riecht hornartig (vgl. S. 188). — **Chloroplatinat** $C_4H_{12}N_2H_2PtCl_6$. Derbe, gelbe Krystalle. Bei 230° Schwärzung, bei 240° Zersetzung. In Wasser leicht löslich. — **Chloraurat.** Leicht löslich. — **Phosphorwolframat.** Wenig löslich. — **Pikronolat** $C_4H_{12}N_2(C_{10}H_8N_4O_4)_2$. Feine, gelbe Nadeln. In kaltem Wasser wenig löslich. Schmelzp. 265—270° (Zers.). — **m-Nitrobenzoylderivat** $C_4H_{10}N_2(C_6H_4NO_2CO)_2$. Weiße, rosettenförmig vereinigte Nadeln. Schmelzpunkt 212—213°[6].

Gerontin. Ist identisch mit Spermin[7].

Neuridin. Ist identisch mit Spermin[7].

Muskulamin. Ist identisch mit Spermin[7].

---

[1] L. Zechmeister, L. v. Cholnokj u. V. Vrabély: Ber. dtsch. chem. Ges. **61**, 566 (1928) — Ber. Physiol. **45**, 461 (1928).
[2] F. M. Schertz: J. agricult. Sci. **26**, 383 (1923) — Chem. Zbl. **1925 I**, 138.
[3] Th. Walz: Arch. Pharmaz. **260**, 9 (1922) — Chem. Zbl. **1923 I**, 1127.
[4] Fr. Kutscher u. D. Ackermann: Z. Biol. **84**, 181 — Chem. Zbl. **1926 I**, 2213.
[5] D. Ackermann, F. Holtz u. H. Reinwein: Z. Biol. **79**, 113 — Chem. Zbl. **1923 III**, 1283.
[6] F. Wrede u. E. Starck: Hoppe Seylers Z. **153**, 291 — Chem. Zbl. **1926 II**, 439.
[7] H. W. Dudley u. O. Rosenheim: Biochemic. J. **19**, 1034 (1925) — Chem. Zbl. **1926 I**, 2707.

$C_7H_{14}N_2$. Aus Spermin bei der Einwirkung von feinverteiltem Kupfer auf die alkalische Lösung und Durchleiten von Luft. Geht bei der Destillation vor der gleichzeitig entstandenen Base $C_4H_{12}N_2$ und dem unveränderten Spermin über (vgl. S. 188). Abscheidung als **Chloraurat** $C_7H_{14}N_2(HAuCl_4)_2$. Lange eigelbe Nadeln vom Schmelzp. 182°. In warmem Wasser löslich, in Alkohol wenig, in kaltem Wasser fast unlöslich. Die Base fällt mit Phosphorwolframsäure. — **Chloroplatinat** $C_7H_{14}N_2 \cdot H_2PtCl_6$. Krystalle. Bei 200° dunkel, bei 205° Zersetzung. In Wasser löslich, in Alkohol unlöslich. — **Benzoyl-** und **m-Nitrobenzoylderivate** krystallisieren nicht. Klare, harte Sirupe [1].

$C_7H_{16}N_2$. Aus obiger Base $C_7H_{14}N_2$ durch katalytische Reduktion mit Platin und Wasserstoff. Bei alkalischer Reaktion übertreiben oder als Chloraurat fällen. **Chloraurat** $C_7H_{16}N_2$ $(HAuCl_4)_2$. Goldgelbe Nadeln. In kaltem Wasser und Alkohol wenig löslich, in warmem Wasser löslich. Bei vorherigem Sintern Schmelzp. 200 und 208°, rasch erhitzt bei 220°. — **m-Nitrobenzoylderivat** krystallisiert nicht. **Phosphorwolframat** und **Chloroplatinat** sind wenig löslich. — Aus dem Hydrochlorid der Base $C_7H_{14}N_2$ durch Behandlung mit Natriumnitrit und Goldchlorid die Verbindung (?) $C_6H_7NO \cdot HAuCl_4$ in breiten dünnen Blättchen. Beim Umkrystallisieren aus Wasser erfolgt Reduktion. Schmelzp. 208°. In kaltem Wasser wenig löslich. Zersetzt sich bei 175°. Aus der Mutterlauge derbe dunkle Nadeln ($C_7H_9NO \cdot HAuCl_4$ oder $C_7H_{11}NO \cdot HAuCl_4$). Schmelzp. 81—97°, Zersetzung 165° [1].

Crotonbetain $C_7H_{13}O_2N$. Aus Rindermuskel bei Aufarbeitung des Fleischextrakts nach Kutscher in der Lysinfraktion an Stelle des vermuteten γ-Butyrobetains gefunden. (Aus 1 kg Extrakt 0,15 g reines Choraurat. Ist zu γ-Butyrobetain hydrierbar. Vermutliche Konstitution deshalb:

$$(CH_3)_3N \cdot CH_2 \cdot CH : CH \cdot CO \quad \text{oder} \quad (CH_3)_3N \cdot CH : CH \cdot CH_2 \cdot CO$$
$$\underset{O}{\underline{\hspace{4cm}}} \qquad \underset{O}{\underline{\hspace{4cm}}}$$

Hydrochlorid $C_7H_{14}O_2NCl$. Hygroskopisches Pulver aus Alkohol + Äther. Optisch inaktiv. Entfärbt kalte Permanganatlösung. — **Chloraurat** $(C_7H_{14}O_2N)AuCl_4$ [2]. Schmelzp. 215 bis 217° (korr.) — **Äthylesterchloroplatinat** $[C_9H_{18}O_2N)_2PtCl_6$. Schmelzp. 223—225° (Zers.) [2].

$C_7H_{14}O_2N_6$. Noch nicht näher untersuchte neue Base. Aus dem Riesenkieselschwamm (Geodia gigas) isoliert [3].

Aktinin $C_7H_{15}O_2N$. Schon früher als Butyrobetain vermutet, ist als solches und zwar als γ-Butyrobetain erkannt worden (Näheres siehe unter Betainderivate!) [4].

Protoctin $C_8H_{15}O_3N_3$. Diese in der Konstitution noch nicht aufgeklärte Base wurde aus Ricinussamenprotein (auf N bezogen zu 2%) und aus Haferprotein (0,5% auf N ber.) nach Abtrennung der Mono- und Diaminosäuren der Schwefelsäurehydrolysate durch Behandlung mit Alkohol unter Ausschluß der Kohlensäure isoliert und über das Pikrat gereinigt. Cremefarbiges, leicht zerfließbares Pulver. In Wasser leicht, in abs. Alkohol löslich, in Äther unlöslich. Wässerige Lösung alkalisch und CO_2-absorbierend. Kaliumpermanganat wird in saurer Lösung entfärbt. Quecksilberchlorid und Bariumhydroxyd fällen (nicht Silbernitrat und Alkali). Schmelzpunkt unscharf, verkohlt oberhalb 220°. Mol-Gewicht 192,1. Mit salpetriger Säure reagiert nur 1 Stickstoffatom. Die saure Dissoziationskonstante ist $1,8 \cdot 10^{-13}$, eine basische konnte aus der Kurve der elektrom. Titration nicht abgeleitet werden.

Derivate: Hydrochlorid und Nitrat nicht krystallin. — **Aurichlorid:** Goldbraune Nadeln. — **Platinchloridsalz:** Gelbe Nadeln. — **Pikrat.** Krystallin. Schmelzp. 205—210° (Zers.). Cu-Salz nicht krystallin. — **Phenylisocyanatderivat** $C_{15}H_{20}O_4N_4$. Schmelzp. 130° (Zers.). — **Phenylhydantoin** $C_{15}H_{18}O_3N_4$. Schmelzp. 148°. — **Dibenzoylderivat.** Feine weiße Nadeln. Schmelzp. 109° [5].

---

[1] F. Wrede u. E. Starck: Hoppe Seylers Z. **153**, 291 — Chem. Zbl. **1926 II**, 439.
[2] W. Linneweh: Hoppe Seylers Z. **175**, 91 — Chem. Zbl. **1928 I**, 2261.
[3] D. Ackermann, F. Holtz u. H. Reinwein: Z. Biol. **82**, 278 (1924) — Chem. Zbl. **1925 I**, 1501.
[4] D. Ackermann: Z. Biol. **86**, 199 — Chem. Zbl. **1927 II**, 1484.
[5] S. B. Schryver u. H. W. Buston: Proc. roy. soc. Lond., Serie B **100**, 360 — Chem. Zbl. **1926 II**, 2311.

$C_{13}H_{20}N_2O_4$. Im Filtrat von der alkoholischen Pikrinsäurefällung des Fruchtwassers vom Rind aufgefunden. Isomer mit dem Briegerschen Tetanin[1], jedoch nicht nahe damit verwandt anzusprechen, da besonders die Krampfwirkung bei der Maus damit nicht ausgelöst werden kann im Gegensatz zur Briegerschen Base. Es enthält den Trimethylaminkern. Isoliert als — **Chloraurat** $C_{13}H_{20}O_4N_2 \cdot 2\,HAuCl_4$. Sintert bei 210°, schmilzt bei 215°[2].

Julin $C_{15}H_{33}O_4N_3$. Aus dem Harn Lungentuberkulöser bei der Aufarbeitung der Lysinfraktion durch Fällung mit Phosphorwolframsäure, Zerlegung des Niederschlags mit Natriumcarbonat, Beseitigung des im Sirup durch alkoholische Pikrinsäurelösung entstandenen Niederschlags, Entfernung von Alkohol, Pikrinsäure und Schwefelsäure. Aus dem Rückstande wurde nach Neutralisation der stark eingeengten Carbonatlösung mit Salzsäure und Zusatz von 30 proz. alkoholischer Platinchloridlösung ein Niederschlag erhalten, von dem ein Teil in Wasser leicht löslich war. Dieser wurde mit Schwefelwasserstoff zerlegt und mit Cadmiumchlorid gefällt. Nach weiterer Reinigung über Chlorid und Platinsalz wurde das krystallisierte Goldchloridsalz obiger Base gewonnen[3].

Cloraurat $C_{15}H_{33}HO_4N_3 \cdot 2\,HAuCl_4$[3].

---

[1] Vgl. Brieger: Ber. dtsch. chem. Ges. **19**, 3119.
[2] H. Reinwein u. H. Heinlein: Z. Biol. **81**, 283 — Chem. Zbl. **1924 II**, 1698.
[3] H. Reinwein: Dtsch. Arch. klin. Med. **144**, 37 — Ber. Physiol. **27**, 165 (1924) — Chem. Zbl. **1924 II**, 71.

Cholin, Betain, Neurin, Muscarin, Stachydrin.

Von

Hans Sickel †-Dessau.

Cholin.

Vorkommen: Im wässerigen Extrakt des Mycels von Aspergillus niger in relativ hohem Gehalt, so daß es als eines der ersten Produkte der Eiweißsynthese aufgefaßt werden könnte[1]. Im Fliegenpilz[2]; in Menyanthes trifoliata L. (Petrolätherauszug und im wasserlöslichen Anteil)[3]; in Hypericum perforatum L. (Petrolätherauszug und im wässerigen Extrakt des mit Alkohol vorbehandelten Materials)[4]; in Petromyzon fluviatilis L.[5]. Im Saft der Luzerne (mit 0,0115%)[6]; in den Pollenkörnern von Pinus silvestris (durch Alkoholextraktion nachgewiesen, 0,0376 g aus 223 lufttrockenem Material, auch im wässerigen Extrakt unreifer Pollensäcke in geringer Menge)[7]; in den vegetativen Organen und Beeren von Viscum album und Loranthus europaeus[8]; in den stickstoffhaltigen Bestandteilen der Früchte der Chayote (Hayatouri)[9]; im wässerigen Extrakt der Samen von Plantago major L. var. asiatica Decne (japanischer Wegerich)[10]; in reifenden Roggenähren[11]. Aus Reiskleieextrakt über die Quecksilberchlorid-Verbindung als Chloroplatinat isoliert (in der Cholinfraktion wurde der Hauptvitamingehalt festgestellt). Auch aus Hefe gewonnen, die bei 35° und 15 mm zum halben Gewicht getrocknet worden war[12].

Im Regenwurm in so geringer Menge aufgefunden, daß seine Herkunft aus Nahrungsresten des Darmkanals für möglich gehalten wird[13]; im wässerigen Extrakt aus dem Regenwurm[14]. Ferner in den Extraktivstoffen von Embryonen des Dornhais (zu 0,5%), in den Lebern erwachsener Tiere 0,3%[15]. In der Kuhmilchmolke[16]; bei der Untersuchung der Kuhmilch auf Aminosäuren soll es in der Lysinfraktion aufgefunden worden sein[17, 18]. Es befand sich unter den Extraktivstoffen des Stierhodens[19].

---

[1] W. Vorbrodt: Bull. Acad. Sci. et des lettres, classe des Sci. math. et nat., sér. B **1921**, 223 — Ber. Physiol. **16**, 376.

[2] B. Guth: Mh. Chemie **45**, 631 (1925) — Chem. Zbl. **1926 I**, 134.

[3] J. Zellner u. R. Chajes: Arch. Pharmaz. **263**, 161 — Chem Zbl. **1925 II**, 574.

[4] J. Zellner u. Z. Porodko: Arch. Pharmaz. **263**, 161 — Chem. Zbl. **1925 II**, 574.

[5] O. Flößner u. F. Kutscher: Z. Biol. **82**, 297 — Chem. Zbl. **1925 I**, 1217.

[6] H. Bradford Vickery: J. of biol. Chem. **65**, 81 (1925) — Chem. Zbl. **1926 I**, 135.

[7] A. Kiesel: Hoppe Seylers Z. **120**, 85 — Chem. Zbl. **1922 III**, 732.

[8] J. Einleger, J. Fischer u. J. Zellner: Mh. Chemie **44**, 277 — Chem. Zbl. **1924 II**, 679.

[9] K. Yoshimura: J. of biol. Chem. **1**, 347 (1922) — Ber. Physiol. **20**, 252.

[10] A. Ogata u. R. Nishiōji: J. Pharm. Soc. Japan **1924**, Nr 514, 5 — Chem. Zbl. **1925 I**, 1751.

[11] A. Kiesel: Hoppe Seylers Z. **135**, 61 — Chem. Zbl. **1924 II**, 193.

[12] S. Fränkel u. A. Scharf: Biochem. Z. **126**, 269 — Chem. Zbl. **1922 I**, 884. — Vgl. ferner T. Ikeda: J. of oriental med. **2**, Nr 1, 90 (1924) — Ber. Physiol. **29**, 686 — S. Tsukiye: Biochem. Z. **131**, 124 (1922) — Chem. Zbl. **1923 I**, 1192.

[13] D. Ackermann u. F. Kutscher: Z. Biol. **75**, 315 — Chem. Zbl. **1922 III**, 736.

[14] Y. Murayama u. S. Aoyama: J. Pharm. Soc. Japan **1922**, Nr 484 — Chem. Zbl. **1922 III**, 928.

[15] E. Berlin u. F. Kutscher: Z. Biol. **81**, 87 — Chem. Zbl. **1924 II**, 851.

[16] H. Müller: Z. Biol. **84**, 553 — Chem. Zbl. **1926 II**, 1157.

[17] Y. Hijikata: J. of biol. Chem. **51**, 165 — Chem. Zbl. **1922 I**, 1415.

[18] Vaubel: Dtsch. med. Wschr. **1928 II**, 1971.

[19] H. Müller: Z. Biol. **82**, 573 — Chem. Zbl. **1925 II**, 660. — Vgl. auch M. Morinaka: Hoppe-Seylers Z. **124**, 259 — Chem. Zbl. **1923 I**, 973.

Der Vagusspeichel des Hundes enthält im Kubikzentimeter etwa 1 Millionstel Gramm, der Sympathikusspeichel 10 Millionstel[1].
Über den Gehalt des Blutes aus verschiedenen Gefäßbezirken[2].
Im Schweiß und im Blut Menstruierender (nicht im normalen Blut)[3]. In einer ausgereiften Placenta finden sich durchschnittlich 0,045 g[4]. Nicht angetroffen in der Meningozellenflüssigkeit[5]. Im normalen Harn nicht, oder nur in Spuren[6]. Die Cholinmenge in Dialysaten aus gleichen Gewichtsmengen Muscularis und Mucosa-Submucosa verhalten sich im Mittel wie 75:100, bisweilen waren die Mengen gleich. Aus Versuchen mit Entnahme der Muscularis am lebenden Tier folgt, daß das Cholin nicht aus postmortalen Zersetzungsvorgängen der Schleimhaut stammt. Durch 1stündige Dialyse erhält man aus 100 g Katzendünndarm 1,6—4,3 mg Cholin, aus 100 g Kaninchendünndarm 3—4 mg[7].

Durch Überführung in Acetylcholin konnte es in Insulinpräparaten nachgewiesen werden[8]. In zwei Proben Insulin „Leo": 0,0504 bzw. 0,0486 g im Liter (Beeinflussung der Herzfunktion!). Amerikanisches Vitamin-B-Präparat enthielt 0,0336 g $^0/_{00}$ [9].

Bestimmung: Das Cholin wird mit Alkohol ausgezogen, die Lösung durch wiederholtes Eindampfen und Wiederaufnehmen mit Wasser vom Alkohol völlig befreit, das Cholin als Perjodid gefällt, dieses vom freien Jod durch Auswaschen befreit und mit verdünnter Salpetersäure zersetzt. Das frei gewordene Jod wird mit Chloroform ausgezogen und mit Natriumthiosulfat titriert[10]. Für die Bestimmung von freiem und gebundenem Cholin (Lecithin) wird empfohlen, aus der schwach alkalisch gemachten Lösung oder Emulsion durch Eisenhydroxydlösung (kolloidal) das gebundene Cholin auszufällen, im Trockenrückstand des Filtrats durch Alkoholextraktion das freie Cholin nach Überführung in das Acetylderivat zu bestimmen. In der Fällung wird das gebundene Cholin in gleicher Weise nach mehrstündiger Behandlung mit 5proz. siedender Schwefelsäure, Abstumpfen des Säureüberschusses mit Natriumacetat und Verdampfen zur Trockene bestimmt[11].

Eine vereinfachte Bestimmung im Blut: Serum mit Trichloressigsäure enteiweißen, Filtratrückstand acetylieren und am Froschherzen austitrieren. Hierbei wird das Lecithincholin nicht bestimmt[12].

Das Stanĕksche Perjodidreagens fällte bei alkalischer Reaktion mit dem Cholin beträchtliche Mengen Stachydrin aus[13].

Physiologische Eigenschaften: Auf die Gärung wirkt es in sehr starker Verdünnung aktivierend, bis zu 8% (auf die Trockensubstanz der Hefe bezogen) hemmend und in größeren Konzentrationen wieder aktivierend[14]. Mit Röntgenlicht bestrahltes Cholin hemmt vorübergehend die Gärtätigkeit der Hefe[15].

Über Cholin und seine Ester als Inkretstoffe hat Abderhalden[16] zusammenhängend berichtet. Die Umwandlung von Proserozym in Serozym wird von Dosen 1:1000 bis 1:2000 von Cholinchlorid (3—6mal weniger als zur Hemmung der Reaktion Serozym-Cytozym) vollständig verhindert[17]. Das Wachstum der Kaulquappen wird durch Cholin gehemmt[18]. Als

---

[1] Uchida: Z. exper. Med. **62**, 671 (1928) — Ber. Physiol. **49**, 489 (1929).
[2] M. Maxim u. C. Vasiliu: Bull. Soc. Chim. Biol. **11**, 70 — Ber. Physiol. **50**, 559 (1929).
[3] K. Klaus: Sborn. lék. (tschech.) **27**, 55 — Ber. Physiol. **37**, 189 (1926).
[4] H. Sievers: Z. Biol. **87**, 319 — Chem. Zbl. **1928 I**, 2952.
[5] H. Sievers: Z. Biol. **86**, 535 (1927) — Chem. Zbl. **1928 II**, 63.
[6] W. F. Shanks: J. of Physiol. **58**, 230 (1923) — Chem. Zbl. **1924 I**, 1688.
[7] H. Sawasaki: Pflügers Arch. **210 I**, 1220. — Vgl. Girndt: Ebenda **207**, 469 — Chem. Zbl. **1925 I**, 2703.
[8] E. Abderhalden u. E. Gellhorn: Pflügers Arch. **208**, 135 — Chem. Zbl. **1925 II**, 1181.
[9] M. Maxim: Chem. Ztg **52**, 711 — Chem. Zbl. **1928 II**, 2482.
[10] J. Smith Sharpe: Biochemic. J. **17**, 41 — Chem. Zbl. **1923 II**, 1237. — Vgl. auch H. Bradford Vickery: J. of biol. Chem. **65**, 81 (1925). — E. Schulze u. Trier: Hoppe Seylers Z. **76**, 258 — Chem. Zbl. **1926 I**, 135 bzw. **1912 I**, 1386.
[11] E. Abderhalden u. H. Paffrath: Fermentforsch **8**, 284 — Chem. Zbl. **1925 II**, 935.
[12] O. Heesch: Pflügers Arch. **209**, 779 (1925) — Chem. Zbl. **1926 I**, 742.
[13] H. Bradford Vickery: J. of biol. Chem. **65**, 81 (1925). — E. Schulze u. Trier: Hoppe Seylers Z. **76**, 258 — Chem. Zbl. **1926 I**, 135; **1912 I**, 1386.
[14] J. Orient: Biochem. Z. **132**, 352 (1922) — Chem. Zbl. **1923 III**, 257. — Vgl. S. Fränkel u. A. Scharf: Biochem. Z. **126**, 227 — Chem. Zbl. **1922 I**, 884.
[15] H. Zeller: Biochem. Z. **172**, 105 — Chem. Zbl. **1926 II**, 443.
[16] E. Abderhalden: Wien. med. Wschr. **74**, 5 — Chem. Zbl. **1924 I**, 686.
[17] E. Zunz u. J. La Barre: C. r. Soc. Biol. Paris **90**, 655 — Chem. Zbl. **1924 II**, 199.
[18] G. Farkas u. H. Tangl: Biochem. Z. **166**, 95 (1925) — Chem. Zbl. **1926 II**, 1765.

solches oder mit Adrenalin verlängert es die Entwicklungszeit der Seidenraupen etwas [1]. Das spontane Verschwinden der nervösen Symptome bei der Beriberi oder ihr Ausbleiben ist von einer Mobilisation des Cholins im Organismus begleitet [2].

Der Einfluß von Cholin auf die Kreatinbildung in verschiedenen zerkleinerten Organen war nicht eindeutig, dagegen erfolgte eine bedeutende Zunahme des Gesamtkreatinins in Versuchen, in welchen Cholin und Arginin mit arginasehaltigen Organgemischen Gehirn + Leber bzw. Muskel + Leber zusammen angesetzt waren und fehlten, wenn nur Arginin, aber kein Cholin zugegen war. Durch Kochen verlieren die Organe diese Fähigkeit [3].

Cholin erregt den Detrusorstreifen, Adrenalin und Atropin beheben den bewirkten Zustand. Es beseitigt ferner den an lebenden Meerschweinchen und Kaninchen erzeugten Morphinblasenkrampf nicht [4]. Der Cholingehalt des Froschmuskels wird durch Reizung erhöht [5]. Cholininjektionen wirken hemmend auf die Shockwirkung des Nigrosins (physiologische Bedeutung der Cholinschutzwirkung) [6]. Bei gesunden Herzen bewirken 0,04 g intravenös in 6 proz. Lösung Verlangsamung der Reizbildung und Überleitung, bei Kranken aber kompliziertere Störungen. Daneben treten Blutdrucksenkung und Allgemeinstörungen auf [7]. Die durch Cholin bewirkte Erregungscontractur des Froschmuskels gleicht prinzipiell jener des Acetylcholins (siehe dort Näheres!), nur ist sie bedeutend schwächer [8]. Am isolierten Ureter des Meerschweinchens bewirkt es eine Steigerung der Kontraktionen [9]. Cholin (0,05%) vermindert die Erregbarkeit des isolierten Nerven deutlich (Frosch, N. ischiad.). Die Reizdurchlässigkeit bleibt unbeeinflußt. In höherer Konzentration (0,2%) ist die Wirkung entgegengesetzt (Erhöhung der Erregbarkeit, Verminderung der Reizdurchlässigkeit) [10]. Der Nebennierenextrakt erzeugt durch seinen Gehalt an Cholin (oder Acetylcholin) eine durch Atropin oder Epinephrin zu beseitigende Herzlähmung wie die reinen Substanzen, diese aber ohne Herzblock. Entfernt man aus den genannten Extrakten das Epinephrin durch Oxydation, so tritt die Darmwirkung des Cholins in Erscheinung (Atropin eliminiert) [11].

Da der Cholingehalt des Dünndarms durch beiderseitige Nebennierenexstirpation nicht verringert wird, ist kein Anhaltspunkt für die Herkunft des Darmcholins aus den Nebennieren vorhanden [12]. (Bei der Durchströmung der Nebennieren mit Locke-Lösung wurde niemals Cholin beobachtet, solches der Durchströmungsflüssigkeit zugesetzt blieb unverändert, führte aber zu einer Steigerung der Adrenalinausscheidung [13].)

Die Cholinmenge, die durch den Harn ausgeschieden wird, ist von der Ernährung und Lebensweise stark abhängig. Bei lecithinreicher Kost oder bei sportlicher Betätigung steigt der Cholingehalt stark an, während er im Hunger absinkt. Cholinchlorid durch die Duodenalsonde an Menschen verabfolgt, führte zu keiner Cholinerhöhung im Harn. Nach intravenöser Injektion fand eine erhebliche Mehrausscheidung statt [14].

Die Härte des Froschgastrocnemius wird durch Cholin bei erhaltener Erregbarkeit nicht verändert [15]. Bei nicht narkotisierten Hunden zeigte sich mittels der Ballonmethode, daß Cholin in 1 proz. Lösung bis zu 0,01 g pro kg subcutan im Hungerstadium oder während der Verdauung keine Wirkung auf den Magen ausübt. Intravenös hemmt es bei der Verdauung die Magenbewegungen und erschlafft den Tonus. Zugleich mit der Nahrungsaufnahme injiziert, verzögert es die Magentätigkeit und die Tonuszunahme. Bei 5—10 mg pro kg intravenös sinkt der Blutdruck in Äthernarkose, steigt aber rasch über die Norm [16]. Durch die Einführung

---

[1] G. Farkas u. H. Tangl: Biochem. Z. **172**, 350 — Chem. Zbl. **1927 I**, 622.

[2] M. Skarzynska-Gutowska: C. r. Soc. Biol. Paris **98**, 1045 — Chem. Zbl. **1928 II**, 1683.

[3] E. Abderhalden u. S. Buadze: Hoppe Seylers Z. **164**, 280 — Chem. Zbl. **1927 I**, 3104.

[4] T. Ikoma: Arch. f. exper. Path. **102**, 145 — Chem. Zbl. **1924 II**, 499.

[5] E. Geiger u. P. Loewi: Biochem. Z. **127**, 174 — Chem. Zbl. **1922 I**, 894.

[6] J. Gautrelet: C. r. Soc. Biol. Paris **87**, 150 — Chem. Zbl. **1922 III**, 969.

[7] E. Schliephake: Dtsch. Arch. klin. Med. **152**, 113 — Chem. Zbl. **1926 II**, 2199.

[8] O. Riesser u. S. M. Neuschloß: Arch. f. exper. Path. **91**, 342 (1921) — Chem. Zbl. **1922 I**, 512.

[9] H. Rothmann: Z. exper. Med. **55**, 776 — Chem. Zbl. **1927 II**, 1367.

[10] J. Perichanjanz: Ž. ėksper. Biol. i Med. (russ.) **1926**, 165 — Ber. Physiol. **36**, 671.

[11] O. W. Barlow u. T. Sollmann: Amer. J. Physiol. **72**, 343 — Chem. Zbl. **1925 II**, 476.

[12] O. Girndt: Pflügers Arch. **207**, 464 — Chem. Zbl. **1925 I**, 2703.

[13] N. Putschkow: Z. exper. Med. **61**, 20 — Chem. Zbl. **1928 II**, 366.

[14] Ph. Klee u. S. Petropuliades: Arch. exp. Pathol. **137**, 129 — Chem. Zbl. **1929 I**, 1230 — Ber. Physiol. **50**, 96 (1929).

[15] L. Klotz: Z. exper. Med. **48**, 612 — Chem. Zbl. **1926 I**, 1840.

[16] M. G. Multinos: Amer. J. Physiol. **77**, 158 — Chem. Zbl. **1926 II**, 902.

in den Magen oder durch subcutane Injektion wird die Magensaftsekretion angeregt. In der Darmschleimhaut werden ziemlich große Dosen ihrer Wirksamkeit beraubt. Das Chlorid hat eine Latenzzeit ähnlich wie „Gastrin". Es wirkt via Darmschleimhaut auf den Magen[1]. Der Katzenmagen und Dünndarm enthält nach bis 90 Stunden Hunger ebensoviel Cholin wie nach der Fütterung. Nach 6 mg pro kg Morphin subcutan ist bei Hunden 24 Stunden lang der Cholingehalt des Magens vermindert. Koloquintendurchfall ändert den Gehalt ebenfalls nicht[2]. An dem mittels Katschschen Bauchfensters beobachteten Kaninchendünndarm bewirkt Cholin subcutaner Applikation Zunahme der longitudinalen und queren Pendelbewegungen sowie der peristaltischen Wellen. Nach Atropinlähmung wurde kein Einfluß wahrgenommen; dagegen konnte der Morphinstillstand durch Cholin wirkungsvoll aufgehoben werden. Im Gegensatz zu Pilocarpin ruft es nur eine Steigerung der physiologischen Darmtätigkeit hervor[3]. Kleine Dosen des Chlorids (1:300000) verstärken die Pendelbewegungen des isolierten Katzendarms, große Dosen rufen Spasmen hervor, evtl. mit Unterdrückung der Pendelbewegung. Wirkt schwache Konzentration längere Zeit ein, so kommen die Bewegungen zum Stillstand, können durch Konzentrationssteigerung wieder bewirkt werden, klingen dann wieder ab und können nun durch Senkung der Konzentration von neuem hervorgerufen werden[4]. Ceypek und Kubikowski[5] bestätigen diese Erscheinungen an der Dünndarmperistaltik und stellen fest, daß nach dem Einfluß die Bewegung in jedem Falle vermindert sei. Zur Erregung der Peristaltik werden vom Menschen 0,5—1,0 g Cholin in $^1/_4$ l physiologischer Kochsalzlösung in 15—30 Minuten intravenös bei Darmverschluß mit einer Wiederholung nach 2 bis 3 Stunden vertragen[6]. Nach Herabsetzung des Cholingehalts der Darmwand durch ein- oder mehrtägiges Auswaschen mit Tyrodelösung findet beim isolierten Darm kein nachweisbarer Ersatz des Cholins statt, auch nicht durch Zerfall der Darmschleimhaut[7]. Bei Katzen mit künstlich (durch Injektion von Lugolscher Lösung 0,5 ccm intraperitoneal) verzögerter Darmbewegung erzeugten 0,1 g pro kg völlige Beseitigung dieser Verzögerung. Auch die durch Freilegen und Massieren des Darmes hervorgerufene Verzögerung wird mit 0,015 g pro kg aufgehoben. Cholin erregt nicht nur den Dünndarm, sondern auch den isolierten normalen Dickdarm von Katzen, Affen und Kaninchen. (Tödliche Dosis bei Mäusen: 0,7 g, bei Katzen intravenös 0,035 g pro kg.) Borsaures Cholin verhält sich wie Cholin[8]. Auf den äußeren Afterschließmuskel des Hundes war es ohne sichere Einwirkung. Am besten reagierten Längsstreifen aus dem Magenfundus; Dünn- und Dickdarmstücke reagierten im Vergleich dazu schwächer. Nach Atropinvergiftung bleibt die Cholinwirkung aus, vorhergehende Nicotinisierung beeinträchtigt sie nicht. Am Magen curarisierter Tiere tritt sie unverändert auf. Ein Antagonismus zwischen Cholin und Adrenalin ist an der Muskulatur des ausgeschnittenen Hundemagens nicht festzustellen[9]. Nach Versuchen von Abderhalden und Paffrath[10] am durch Dehnung gereizten und nichtgereizten Darmstück wird die Bedeutung des Cholins als Hormon der Darmbewegung erneut bestätigt; in beiden Fällen wird gleich viel Cholin abgegeben. Fermente, die eine Synthese von organischen Säuren und Cholin zu Cholinestern ermöglichen, konnten nicht einwandfrei nachgewiesen werden, wenn auch die Befunde für eine Synthese von Acetylcholin aus Cholin und in diesem Falle Acetaldehyd sprechen[11]. Der überlebende Säugetierdarm gibt unter physiologischen Bedingungen in 8—10 Stunden etwa die 3—5fache Menge des ursprünglich in der Darmwand vorhandenen freien Cholins an die Außenflüssigkeit ab, sein gebundenes Cholin vermindert sich dabei um etwa die Hälfte. Die Größe der Spaltungsfähigkeit hängt von dem Zustand der Darmzellen ab und ist von deren Lebensfähigkeit nur insofern bedingt, als durch sie Fermente gebildet werden; die Abspaltung des gebundenen Cholins erfolgt wahrscheinlich auf fermentativem Weg. (Über das für diese Versuche ausgearbeitete Verfahren zur Bestimmung des freien und gebundenen Cholins s. a. a. O.!) Das durch die

---

[1] A. C. Ivy u. A. J. Javois: Amer. J. Physiol. **71**, 604 — Chem. Zbl. **1925 II**, 197.
[2] K. Arai: Pflügers Arch. **195**, 390 — Chem. Zbl. **1923 I**, 468.
[3] K. Isaac-Krieger u. G. Noah: Z. exper. Med. **42**, 661 — Chem. Zbl. **1924 II**, 1953.
[4] M. Ariew: Z. exper. Med. **48**, 13 (1925) — Chem. Zbl. **1926 I**, 3086.
[5] E. Ceypek u. P. Kubikowski: C. r. Soc. Biol. Paris **95**, 895 — Chem. Zbl. **1926 II**, 3099.
[6] H. Hartman u. W. M. Dock: J. Labor. a. clin. Med. **12**, 430 — Chem. Zbl. **1927 I**, 2216.
[7] O. Girndt: Pflügers Arch. **207**, 469 — Chem. Zbl. **1925 I**, 2703.
[8] K. Arai: Pflügers Arch. **193**, 359 — Chem. Zbl. **1922 I**, 889.
[9] S. Kuroda: Z. exper. Med. **39**, 341 — Chem. Zbl. **1924 I**, 2794.
[10] E. Abderhalden u. H. Paffrath: Pflügers Arch. **207**, 228 — Chem. Zbl. **1925 II**, 934.
[11] E. Abderhalden, H. Paffrath u. H. Sickel: Pflügers Arch. **207**, 241 — Chem. Zbl. **1925 II**, 935.

Darmbakterien erst nach Tagen aus dem Lecithin frei werdende Cholin wird sofort weiter zersetzt[1]. Der Befund, daß in Preßsäften von Schweinedünndarm zuweilen ein Ferment nachgewiesen werden konnte, das Emulsionen von Ei- und Darmlecithin spaltete und durch 2stündiges Erhitzen auf 55—60° unwirksam wurde, legt im Zusammenhang mit früheren Feststellungen (siehe oben!) die Vermutung nahe, daß die fermentative Spaltung des gebundenen Cholins auf nervösem Wege gehemmt und beschleunigt werden kann[2]. Andererseits zeigten vergleichende Versuche von Zuelzer mit „Peristaltikhormon", daß die Hormonalwirkung nicht mit einer Cholinwirkung zu identifizieren sein dürfte[3]. Gegen die Auffassung, daß Cholin das Hormon der Darmbewegung sei, sprechen ferner die Beobachtungen der Cholinwirkungen auf den Magendarmkanal von gesunden Hunden. Bei leerem Magendarmkanal (Hunde in Barbitalnarkose) bewirkt intravenöse Zufuhr des Cholinchlorids (große Dosen) geringen, kurz dauernden Tonusanstieg im Magen, im Dünndarm anfangs kurze Hemmung des Tonus und der Motilität, dann Zunahme des Tonus, bisweilen auch nur Hemmung oder nur Zunahme des Tonus; im Dickdarm meist Abnahme, selten geringe Zunahme des Tonus und der Motilität. Magen und Dickdarm waren weniger empfindlich als der Dünndarm[4]. Über den Cholineinfluß auf die motorische Funktion des Dünndarms[5].

Im Gegensatz zur Wirkungsweise beim Tier wirkt es auf den menschlichen Darm ganz unregelmäßig, bald motilitätssteigernd, bald hemmend. Schon geringe Dosen können schwere toxische Nebenwirkungen zeitigen[6].

Das Vorkommen des Cholins im Blut und Schweiß Menstruierender wird von Klaus[7] bestätigt. Nach seiner Auffassung soll diese menstruelle Hypercholämie die nervösen Störungen verursachen und zu einer Erregung des parasympathischen Nervensystems führen. (Mit „Menotoxin" hat das Cholin nichts zu tun[7].) Nach intravenöser Injektion von 0,5 g Chlorid an weibliche Individuen erfolgte in der Hälfte der Fälle eine Gerinnungsverzögerung des Blutes, in den übrigen Fällen Wechsel derselben mit Beschleunigung oder nur letztere. Die Sedimentierungsgeschwindigkeit ist kaum verändert; außerdem trat Leukopenie auf, gefolgt von Leukocytose; dann Lipämie, bald von Lipoidverminderung abgelöst[8].

Die Cholinwirkung wird durch unterschwellige Dosen von Insulin erhöht[9]. Die durch Insulin hervorgerufene Hypoglykämie bedeutet auch nach Waltner[10] eine gesteigerte Empfindlichkeit des Organismus gegenüber Cholin. Subcutane und namentlich orale Zufuhr von Cholinchlorid ruft bei Gesunden wie bei Diabetikern meist eine Herabsetzung des Blutzuckers hervor. Nach Injektion tritt bisweilen Erhöhung ein, die aber nicht Ausdruck für einen parasympathischen Zucker ist[11]. Nach Underhill und Petrelli erzeugt Cholin in geeigneter Dosis subkutan injiziert deutliche Steigerung des Blutzuckers ohne Glycosurie. Abnahme des Blutzuckers wurde niemals beobachtet[12]. Nach Beobachtungen von Madinaveitia und Hernández[13] ist die blutzuckersenkende Wirkung nicht intensiv. Bernsteins Befunde, daß beim Kaninchen nach subcutaner Injektion größerer Dosen Hyperglykämie eintritt, werden aber von Farber[14] bestätigt. Durchschneidung des Splanchnicus hindert das Zustandekommen dieser Wirkung nicht. Eine Herabsetzung des Blutzuckers war auch nach völliger Ausschaltung der zentralen und peripheren sympathischen Reize nicht feststellbar[14]. In Dosen von 0,6 g (Chlorid) intramuskulär bewirkt es am Menschen neben einem Abfall des

---

[1] E. Abderhalden u. H. Paffrath: Fermentforschg 8, 284 — Chem. Zbl. **1925 II**, 935.
[2] E. Abderhalden u. H. Paffrath: Fermentforschg 8, 294 — Chem. Zbl. **1925 II**, 935.
[3] G. Zuelzer: XII. Internat. Physiologenkongreß **1926**, 175 — Ber. Physiol. **38**, 438.
[4] A. J. Carlson, E. A. Smith u. I. Gibbins: Amer. J. Physiol. **81**, 431 — Chem. Zbl. **1927 II**, 2076.
[5] E. Babsky u. M. Eidinowa: Pflügers Arch. **222**, 656 — Chem. Zbl. **1929 II**, 2474.
[6] H. Spatz u. E. Wiechmann: Münch. med. Wschr. **71**, 1425 (1924) — Chem. Zbl. **1925 I**, 115.
[7] K. Klaus: Sborn. lék. (tschech.) **27**, 55 — Ber. Physiol. **37**, 189 (1926).
[8] E. Sieburg u. W. Patschke: Z. exper. Med. **36**, 324 (1923) — Chem. Zbl. **1924 I**, 572.
[9] E. Abderhalden u. E. Gellhorn: Pflügers Arch. **208**, 135 — Chem. Zbl. **1925 II**, 1181.
[10] K. Waltner: Wien. klin. Wschr. **38**, 1237 (1925) — Chem. Zbl. **1926 I**, 1222.
[11] K. Dressel u. H. Zemmin: Biochem. Z. **139**, 463. — Vgl. auch Börnstein u. Holz: Biochem. Z. **132**, 138 — Chem. Zbl. **1923 III**, 1111.
[12] F. P. Underhill u. J. Petrelli: J. of biol. Chem. **81**, 159 — Chem. Zbl. **1929 I**, 1957 — Ber. Physiol. **50**, 557 (1929).
[13] A. Madinaveitia u. S. Hernández: An. soc. spanola Fis. Quim. **22**, 168 — Chem. Zbl. **1924 II**, 858.
[14] B. Farber: Z. exper. Med. **49**, 525 — Chem. Zbl. **1926 I**, 3407.

Blutzuckers einen solchen des Cholesterins, des anorganischen Phosphors und Anstieg des organischen Phosphors[1]. Es erhöht den Gaswechsel, steigert die Harnabsonderung und beeinflußt den Kohlehydratstoffwechsel unter Verursachung von Glykogenmobilisierung, Hyperglykämie und Glykosämie[2].

Acetylcholin wirkt 100—10000 mal intensiver als Cholinchlorid bei der Bekämpfung von paroxysmaler Tachykardie[3]. Magnus[4] gibt eine zusammenfassende Darstellung der physiologischen und therapeutischen Bedeutung des Cholins für die Magendarmtätigkeit vom pharmakologischen und klinischen Standpunkt (mit Literaturverzeichnis)[4].

Tauben zeigen bei den verträglichen Dosen 1,8 g Chlorid per os oder 0,150 g subcutan (alle auf 1 kg Körpergewicht bezogen) rasch vorübergehende Erscheinungen, 2 g bzw. 0,57 g sind letal. Beim Hund rufen 0,5 g pro kg vermehrten Speichelfluß und leichten Durchfall hervor. Im Dünndarm wird Cholin nicht verändert. Bei Darreichung größerer Mengen (subcutan oder per os) wurde das Blutcholin nur gering vermehrt, dagegen stieg der Trimethylamingehalt des Harns. Die Oxalsäureausscheidung blieb konstant. Kreatinin wurde merklich mehr ausgeschieden. Quantitative Beziehungen konnten aber nicht gefunden werden[5]. Nach Exstirpation der Nebenschilddrüsen enthält das Serum viel mehr Cholin als in normalem Zustand[6]. Über Blutdruckwirkung von Cholin bei Nebennieren-exstirpierten Hunden[7]. In der Lymphe, die pro 1 30—35 mg Cholin enthält, nimmt nach Nebennierenentfernung der Gehalt stark ab oder verschwindet ganz (Hundeversuch)[8]. Nach pharmakologischer Vagusreizung durch Cholin (und Pilocarpin) wurden keine einsinnigen und bei Berücksichtigung der Blutkonzentration überhaupt keine nennenswerten Änderungen des Gehaltes von Calcium und Kalium im Blutserum von Kindern gefunden[9]. Cholin ist als amphoteres Gift anzusehen. Nach Atropinverabreichung ist zum selben Effekt auf den Blutdruck nur mehr $1/4$ der sonst wirksamen Cholindosis erforderlich[10]. Die Ausscheidung von intrakardial injiziertem Trypanblau aus der Blutbahn des Hundes wird durch Cholin beschleunigt[11]. Der Cholingehalt des Serums menstruierender Frauen ist auf das 2—15fache, der des Schweißes auf das 80—100fache der Norm erhöht[12]. Aus dem Menstrualblut konnte kein Cholin isoliert werden; dagegen gelang der Nachweis von Trimethylamin, was für einen Abbau (bakteriell) in der Vagina spricht. Wahrscheinlich geht die Entmethylisierung beim Menschen bis zum Methylamin[13].

In großen Dosen bewirkt es (infolge veränderter Blutverteilung) eine vorübergehende Hemmung der Wasserausscheidung, bei intravenöser Zufuhr deutlicher als bei subcutaner. Die Hemmung ist mit Harnstoff zu durchbrechen[14]. Bei Kaninchen wird Cholin nach subcutaner oder intravenöser Injektion in 24 Stunden fast völlig wieder aus dem Körper entfernt. Im ersten Falle finden sich nach 0,025—0,25 g, im zweiten 0,02 g pro kg nur Spuren im Harn. Rattenharn enthält nach Gaben von 1—2 g pro kg per os kein Cholin[15].

Überlebende Hautmembranen von Winterfröschen ließen Cholin viel schneller diffundieren als die von Sommerfröschen. In der Cholinreihe gilt die Gesetzmäßigkeit: die Giftwirkung verhält sich umgekehrt proportional zur Diffusionsgeschwindigkeit (in diesem Falle). (Bestätigt bei Cholin, Sterylcholin, Formylcholin, Propionylcholin, Acetylcholin, Chloracetylcholin und Trimethylbromäthylammoniumbromid.) An der toten Membran ist diese Gesetzmäßigkeit nicht mehr nachweisbar. Adrnealin steigert die Permeabilität des Cholins und seiner Derivate[16].

---

[1] M. Jacobsohn u. F. Rothschild: Z. klin. Med. **105**, 417 — Chem. Zbl. **1927 II**, 106.
[2] J. Abelin: Biochem. Z. **129**, 1 — Chem. Zbl. **1922 III**, 74.
[3] E. Schliephake: Dtsch. Arch. klin. Med. **154**, 249 — Chem. Zbl. **1927 I**, 3210.
[4] R. Magnus: Münch. med. Wschr. **72**, 249 (1925).
[5] E. Abderhalden u. S. Buadze: Hoppe Seylers Z. **164**, 280 — Chem. Zbl. **1927 I**, 3104.
[6] W. F. Shanks: J. of Physiol. **58**, 466 — Chem. Zbl. **1924 II**, 852.
[7] E. Troilo: C. r. Soc. Biol. Paris **99**, 1521 — Ber. Physiol. **49**, 521 (1929).
[8] C. Viale: C. r. Soc. Biol. Paris **99**, 1009 (1918) — Chem. Zbl. **1929 I**, 96. — Viale u. Cayetano: Rev. Soc. argent. Biol. **4**, 180 (1928) — Ber. Physiol. **49**, 378 (1929).
[9] H. Vollmer: Klin. Wschr. **3**, 2285 (1924) — Chem. Zbl. **1925 I**, 537.
[10] S. Glaubach u. E. P. Pick: Arch. f. exper. Path. **110**, 212 (1925) — Chem. Zbl. **1926 II**, 64.
[11] H. Tangl: Biochem. Z. **182**, 406 — Chem. Zbl. **1927 I**, 2663.
[12] E. Sieburg u. W. Patschke: Z. exper. Med. **36**, 324 (1923) — Chem. Zbl. **1924 I**, 572.
[13] K. Klaus: Biochem. Z. **185**, 3 — Chem. Zbl. **1927 II**, 1367.
[14] H. Molitor u. E. P. Pick: Arch. f. exper. Path. **101**, 198 — Chem. Zbl. **1924 I**, 2891.
[15] W. F. Shanks: J. of Physiol. **58**, 230 (1923) — Chem. Zbl. **1924 I**, 1688.
[16] E. Wertheimer u. H. Paffrath: Pflügers Arch. **207**, 254 — Chem. Zbl. **1925 I**, 2382.

Der Cholingehalt des Hühnereis nimmt beim Brüten ab. Da der Guanidingehalt dabei zunimmt[1], haben wir mit Hinweis auf die Ansicht Riessers[2], das Cholin käme als Quelle für Methylguanidin in Betracht, für möglich gehalten, daß Cholin im tierischen Organismus eine Guanidinquelle darstellt[3].

Cholin hemmt die Kalkbindung an Knorpel nicht[4].

Therapeutische Bedeutung: Übersichtsreferat[5].

Chemische Eigenschaften: Cholinchlorid ist gegen Chlordioxyd beständig[6].

In braunen Ampullen war das Chlorid in $^1/_{1000}$n-Salzsäure 1 Jahr lang unverändert befunden worden[7].

Derivate: Borsaures Cholin. Verhält sich physiologisch wie Cholin[8].

Cholinbicarbonat $OH \cdot C_2H_4 \cdot N(CH_3)_3 \cdot O \cdot CO_2H$. Konzentrierte alkoholische Cholinchloridlösung mit 3n-alkoholischer Natriumhydroxydlösung versetzen, nach starkem Kühlen Kochsalz absaugen, mit Silberoxyd schütteln, gleichzeitig Kohlendioxyd einleiten, Filtrat im Kohlensäurestrom bei etwa 40° eindampfen und über Phosphorpentoxyd trocknen. Perlmutterglänzende Krystalle aus Alkohol-Äther. In Wasser und Alkohol leicht löslich[9].

Monocholinorthophosphat $OH \cdot C_2H_4 \cdot N(NH_3)_3 \cdot O \cdot PO(OH)_2$. Aus Cholinbicarbonat durch Neutralisieren mit verdünnter Phosphorsäure bis zur neutralen Reaktion (Methylorange), im Vakuum verdampfen. Aus wenig Wasser sehr hygroskopische federförmige Krystalle. In Alkohol wenig löslich, in Äther, Aceton, Benzol und Petroläther unlöslich. Gegen Phenolphthalein einbasisch, nach Zusatz von Silbernitrat (nach Balarew) zweibasisch. Mit Platinchlorwasserstoffsäure in Alkohol ein bei 211° schmelzendes Gemisch von viel neutralem, mit wenig saurem Cholinchloroplatinat[9].

α, β-distearoylglycerinphosphorsaures Cholin

$$(C_{17}H_{35} \cdot CO \cdot O)_2 C_3H_5 \cdot O \cdot PO \Big\langle {OH \atop O\!-\!\!-\!\!N(CH_3)_3} {C_2H_4 \cdot OH \atop } $$

Nach Grün und Kade[10] je 1 Mol α, β-Distearoylglycerin und Phosphorpentoxyd 5 Minuten verrühren, 2 Mol Wasser in Äthersuspension zugeben, bis zur Erstarrung kneten, $^1/_4$ Stunde auf 85° erwärmen, in Benzol lösen, einige Tropfen Wasser und etwas Alkohol zugeben, die Benzollösung mit 1 Mol Cholinbicarbonat in Alkohol versetzen, Filtrat nach Zusatz von Aceton bei 0° stehenlassen. Krystallmehl aus Alkohol, dann Benzol-Aceton. Sintert bei 80—81°, wird bei 187—187,5° dünnflüssig. In warmem Alkohol, Benzol, Chloroform und Tetrachlorkohlenstoff leicht, in Äther wenig, in Aceton fast nicht löslich. Mit Platinchlorwasserstoffsäure fast quantitativ neutrales **Cholinchloroplatinat** $(C_5H_{14}ON)_2PtCl_6$. Aus Wasser + Alkohol. Schmelzpunkt 215—217° bzw. 226,5°[9].

Platindoppelsalz. Schmelzp. 242°. — **Golddoppelsalz.** Schmelzp. 250° (nicht ganz rein ist es zersetzlich). — **Quecksilberjodid** $C_5H_{14}ONJ \cdot 2 HgJ_2$. Aus Methylalkohol hellgelbe scharfkantige Krystalle von hexagonalem Habitus. — **Quecksilberchloride** $C_5H_{14}ONCl \cdot 6HgCl_2$. Rhomboedrische Nadeln und Trichiten vom Schmelzp. 242—243°. $C_5H_{14}ONCl \cdot HgCl_2$. Aus Alkohol kurze, anscheinend hexagonale Prismen vom Schmelzp. 170° nach Sintern bei 168°. Beim Umkrystallisieren aus Wasser oder verdünntem Alkohol erfolgt Dissoziation, wobei sich $HgCl_2$-reichere Salze ausscheiden. — Die einfachen Salze des Cholins krystallisieren schlecht und sind oft hygroskopisch. Dargestellt: Sulfat, Phosphat, Chromat, Citrat, saures Tartrat, Salicylat und Pikrat[11].

Cholinchloridsalpetrigsäureester $C_5H_{13}NCl \cdot O \cdot NO$. Schmelzp. 237°. Durch Oxydation des Platindoppelsalzes mit konzentrierter Salpetersäure. Aus Wasser orangegelbe Krystalle[11].

---

[1] Burns: Biochemic. J. **10**, 263 — Chem. Zbl. **1916 II**, 1172.
[2] Riesser: Hoppe Seylers Z. **90**, 221 — Chem. Zbl. **1914 I**, 2190.
[3] J. Smith Sharpe: Biochemic. J. **18**, 151 — vgl. auch Bestimmungsmethode. Ebenda **17**, 41 — Chem. Zbl. **1924 I**, 2524 bzw. **1923 II**, 1237.
[4] E. Freudenberg u. P. György: Biochem. Z. **124**, 299 (1921) — Chem. Zbl. **1922 I**, 432.
[5] G. W. Parade: Ther. Gegenw. **70**, 158 — Chem. Zbl. **1929 I**, 2663.
[6] E. Schmidt u. K. Braunsdorf: Ber. dtsch. chem. Ges. **55**, 1529 — Chem. Zbl. **1922 III**, 521.
[7] J. W. Le Heux: Arch. Pharmaz. **262**, 570 (1924) — Chem. Zbl. **1925 I**, 1344.
[8] K. Arai: Pflügers Arch. **193**, 359 — Chem. Zbl. **1922 I**, 889.
[9] A. Grün u. R. Limpächer: Ber. dtsch. chem. Ges. **59**, 1345 — Chem. Zbl. **1926 II**, 382.
[10] A. Grün u. Kade: Ber. dtsch. chem. Ges. **45**, 3363 (1912).
[11] B. Guth: Mh. Chemie **45**, 631 (1925) — Chem. Zbl. **1926 I**, 134.

Cholindichloridchloroplatinat $C_{10}H_{26}N_2Cl_2 \cdot PtCl_4$. Aus heißem salzsäurehaltigem Wasser orange Oktaeder vom Schmelzp. 250—260° (Zers.). Aus symm. Dichloräthan und 33 proz. absolut alkoholischer Trimethylaminlösung in 10 Tagen (aus Mutterlauge durch Erhitzen im Rohr auf 100° in 12 Stunden) 22,5% Ausbeute an Base (aus Alkohol hygroskopische Krystalle)[1].

Trimethylaminäthylaminchloridchloroplatinat $C_5H_{15}N_2Cl \cdot HCl \cdot PtCl_4$. Aus heißem HCl-haltigem Wasser orange Krystalle. — Die Base entsteht aus Cholindichlorid und Ammoniak. Zerfließliche, in Alkohol leicht lösliche Krystalle[1].

Trimethylaminäthylmethylaminchlorid. Die Base entsteht aus Cholindichlorid und Methylamin (daneben ein unangenehm riechendes Nebenprodukt). Aus Alkohol krystallinisch. — **Cadmiumchloridverbindung** $C_6H_{17}N_2Cl \cdot 3\,CdCl_2 + C_2H_5OH$. Aus Wasser + Alkohol hellgelbes krystallinisches Pulver. Schmilzt bei 80°, erstarrt und zersetzt sich bei 200°. — **Chloroplatinat** $C_6H_{17}N_2Cl \cdot PtCl_4 + 1/2\,C_2H_5OH$. Aus HCl-haltigem Wasser orange Krystalle. Schmilzt bei 80°, erstarrt und verkohlt bei 225°[1].

Trimethylaminäthyltrimethylamindichlorid (Ditrimethylaminäthyliumdichlorid). Durch Umsatz von Cholindichlorid mit Trimethylamin. Sehr hygroskopisch. — **Cadmiumchloridverbindung** $C_8H_{22}N_2Cl_2 \cdot 2\,CdCl_2$. Aus heißem $CdCl_2$-haltigem Wasser Krystalle. Schmelzp. über 320°. — **Chloroplatinat** $C_8H_{22}N_2Cl_2 \cdot PtCl_4 + H_2O$. Aus heißem HCl-haltigem Wasser dunkelorange Krystalle, schmelzen bei 80°, erstarren bei 100° und verkohlen bei 220°. — **Chloraurat** $C_8H_{22}N_2Cl_2 \cdot AuCl_3$. Aus Wasser goldgelbe Krystalle vom Schmelzp. 165°[1].

Cholinbromidsalpetersäureester $C_5H_{13}O_3N_2Br$. Besitzt ausgesprochene Muscarinwirkung; auch Nicotinwirkung. Schmelzp. 187° (unkorr.)[2].

Acetyloxyäthyläthertrimethylammoniumbromid $CH_3CO \cdot O \cdot CH_2 \cdot CH_2 \cdot O \cdot CH_2 \cdot CH_2 \cdot N(CH_3)_3Br$. Dimethylaminoäthylglykol mit Essigsäureanhydrid behandeln (heftige Reaktion, exotherm), Rohprodukt im Vakuum destillieren, Acetyldimethylaminoäthylglykol geht bei $Kochp._{27}$ 103—108° als farblose Flüssigkeit über. Durch Behandlung mit einer benzolischen Methylbromidlösung erhält man das Cholinderivat. Aus Alkohol hygroskopische Krystalle vom Schmelzp. 126—128°. In Wasser und Alkohol leicht, in Äther fast nicht löslich. (Auch durch Einwirkung von Acetylchlorid auf Oxyäthyläthertrimethylammoniumbromid erhältlich.) — Das **Jodid** entsteht analog mit benzolischer Methyljodidlösung. Aus heißem Alkohol Krystalle vom Schmelzp. etwa 124°. In Alkohol und Wasser leicht löslich, in Äther und Petroläther fast unlöslich. — Als Laxativa in Form subcutaner Injektionen angewandt[3].

Chloracetylcholinbromid wird 800—1000mal rascher bei p_H 7,8 und 37° hydrolysiert als Acetylcholinbromid, der Abfall der Muscarinwirkung ist aber bei beiden Verbindungen sehr ähnlich[4].

Chloracetylcholinchloridharnstoff („Cholazyl") bewirkt in 10fach kleinerer Dosis wie Cholin Blutdrucksenkung. Nebennierenentfernung beseitigt diese Wirkung. Ergotamin dreht beim normalen und beim nebennierenlosen Tier die Steigerung um. Amphotropes Gift[5].

Chloracetylcholinchloracetat $CH_2Cl \cdot COO \cdot N(CH_3)_3 \cdot CH_2 \cdot CH_2 \cdot O \cdot CO \cdot CH_2Cl$. Aus Cholinchlorid und Chloracetylchlorid bei 100° im Rohr. Aus absolutem Alkohol mit Äther, hygroskopische, nadelförmige Krystalle, unscharfer Schmelzp. 303°. In Alkoholen leicht, in Aceton wenig löslich; in Benzol, Petroläther, Chloroform und Schwefelkohlenstoff praktisch unlöslich[6].

Formocholinchlorid $HO \cdot CH_2 \cdot N(CH_3)_3Cl$. Aus Acetylformocholinchlorid in Alkohol mit konzentrierter Salzsäure. Aus Alkohol große, gestreifte Krystalle[6].

Acetylformocholinchlorid $CH_3 \cdot CO \cdot O \cdot CH_2 \cdot N(CH_3)_3Cl$. Aus Trimethylamin und Chlormethylacetat in absolutem Alkohol. Aus Alkohol + Äther sehr hygroskopische, dünne Tafeln. — **Jodid.** Analog mit Jodmethylacetat. Aus absolutem Alkohol Nadeln vom Schmelzp. 152° (korr.)[6].

---

[1] S. Fränkel u. K. Nussbaum: Biochem. Z. **182**, 424 — Chem. Zbl. **1927 II**, 1340.
[2] R. Hunt u. R. R. Renshaw: J. of Pharmacol. **25**, 315 — Chem. Zbl. **1925 II**, 1467.
[3] Winthrop Chemical Company, Inc., übertr. v. J. Callsen: A.P. 1580012 (1925, 1926); Chem. Zbl. **1926 II**, 291.
[4] R. R. Renshaw u. N. Bacon: J. amer. chem. Soc. **48**, 1726 — Chem. Zbl. **1926 II**, 1008 (dort auch Vergleich mit anderen Oniumverbindungen).
[5] S. Glaubach u. F. P. Pick: Arch. f. exper. Path. **110**, 212 (1925) — Chem. Zbl. **1926 II**, 64.
[6] R. R. Renshaw u. J. C. Ware: J. amer. chem. Soc. **47**, 2989 (1925) — Chem. Zbl. **1926 I**, 1525.

Capronsäurecholinesterbromid $C_5H_{11} \cdot CO \cdot O \cdot CH_2 \cdot CH_2 \cdot N(NH_3)_3Br$. Das krystallinische, hygroskopische Bromid zersetzt sich zwischen 180 und 200° ohne zu schmelzen, ist in Wasser und Alkohol leicht, in Aceton wenig, in Benzol, Äther und Chloroform nicht löslich. Wässerige Lösung schwach sauer. Auf den überlebenden Säugetierdarm wirkt es doppelt so stark wie Cholinbromid[1].

Palmitinsäurecholinesterbromid $C_{15}H_{31} \cdot CO \cdot O \cdot CH_2 \cdot CH_2 \cdot N(CH_3)Br$. Schuppen vom Schmelzp. 72°. In kaltem Wasser wenig, in heißem und Alkohol leicht, in Äther, Chloroform und Aceton nicht löslich. Die wässerige Lösung reagiert neutral. Auf den überlebenden Säugetierdarm wirkt es ebenso stark wie Cholinbromid[1].

Stearinsäurecholinesterbromid $C_{17}H_{35} \cdot CO \cdot O \cdot CH_2 \cdot CH_2 \cdot N(CH_3)_3Br$. Schuppen vom Schmelzp. 79°. In kaltem Wasser wenig, in heißem und in Alkohol leicht, in Äther, Chloroform und Aceton nicht löslich; wässerige Lösung neutral. Auf den überlebenden Säugetierdarm wirkt es ebenso stark wie Cholinbromid[1].

Kohlensäuredicholinesterdibromid $CO[O \cdot CH_2 \cdot CH_2 \cdot N(CH_3)_3Br]_2$. Aus Diäthylkohlensäure und Cholinbromid. Krystalle vom Schmelzp. 296° (Zers.). In Wasser, Alkohol und Eisessig leicht löslich, in Äther, Benzol, und Chloroform unlöslich. Gegen Wasser ist es beständiger als Kohlensäurediäthylester. Auf den überlebenden Säugetierdarm wirkt es ebenso stark wie Cholinbromid[1].

Dimethylphosphorsäurecholinesterchlorid $(CH_3)_2(O)P \cdot O \cdot CH_2 \cdot CH_2 \cdot N(CH_3)_3Cl$. Aus β-Chloräthylphosphat und Trimethylamin. Hat die Eigenschaft einer erregenden Nikotinwirkung[2].

Orthophosphorsäuredicholinesterdibromid $(HO)(O)P[O \cdot CH_2 \cdot CH_2 \cdot N(CH_3)_3Br]_2$. Aus Monoäthylmetaphosphorsäureester und Cholinbromid. Blätterige Krystalle. Kein Schmelzpunkt. Bei 166° Zersetzung. In Wasser, Alkohol und Eisessig leicht löslich, in Chloroform fast, in Äther unlöslich. Wässerige Lösung schwach sauer. Auf den überlebenden Säugetierdarm wirkte es wie Cholinbromid[1].

Monoäthylorthophosphorsäurecholinesterbromid $(HO)(O)P(O \cdot C_2H_5)(O \cdot CH_2 \cdot CH_2 \cdot N[CH_3]_3Br)$. Aus Monoäthylmetaester, Äthylenbromhydrin und Trimethylamin nicht in reinem Zustand erhältlich. Auf den überlebenden Säugetierdarm wirkte es wie Cholinbromid[1].

Glykokollcholinesterbromid konnte nicht rein gewonnen werden. Das unreine wirkte 10 mal so stark auf den überlebenden Säugetierdarm wie das Cholinbromid[1].

Glykolsäurecholinesterbromid. Nicht rein erhältlich. Auf den überlebenden Säugetierdarm wirkt es doppelt so stark wie Cholinbromid[1].

Milchsäurecholinesterbromid. Nicht rein darstellbar. Wirkt auf den überlebenden Säugetierdarm doppelt so stark wie Cholinbromid[1].

Chloracetylcholin $Cl \cdot CH_2 \cdot CO \cdot O \cdot CH_2 \cdot CH_2 \cdot N(CH_3)_3$. Auf den überlebenden Säugetierdarm wirkt es 300 mal schwächer als das nahe verwandte Acetylcholin[1].

Alanincholinjodid

$$CH_3 \cdot \overset{\cdot}{CH} \cdot CH_2OH$$
$$\overset{|}{N}(CH_3)_3J$$

Aus N-Dimetylalaninol beim Stehen mit Methyljodid und Fällen mit Äther. Schmelzp. 296°. In Wasser spielend löslich, weniger in Alkohol. In Wasser bildet es mit $AgCl_2$ das schön krystallisierende, sehr hygroskopische Chlorid. Daraus erhält man durch Behandlung mit Silberoxyd die äußerst hygroskopische freie Base. Sie verhält sich dem Cholin sehr ähnlich.

Das acetylierte Alanincholin gibt am isolierten Froschherz die typische parasympathisch erregende, durch Atropin reversible Depressionswirkung wie Acetylcholin (Schwellenwert 1:100000). Am isolierten Kaninchendarm auch parasympathisch erregende Wirkung bei Konzentrationen von 1:200000 bis 1:500000. Am isolierten Froschmuskelpräparat mit Nerv zeigt Konzentration 1:50000 typische acetylcholinähnliche Wirkung, die Muskelcontractur ist schwächer wie bei diesem. Keine Blutdrucksenkung wie beim Acetylcholin, in Dosen bis zu 25 mg pro kg, auch keine Wirkung auf die Speichelsekretion. Wirkt nicht wie Cholin in Verdünnung 1:10000 durch Vaguserregung deprimierend.

Alanincholinchloridaurichloriddoppelsalz $C_6H_{16}ONCl$, $AuCl_3$. Schmelzp. 247°. In Wasser ziemlich leicht löslich. — **Platindoppelsalz** $(C_6H_{16}ON)_2PtCl_6$. Derbe Krystalle. Schmelzp. 228°.

---

[1] E. Abderhalden, H. Paffrath u. H. Sickel: Pflügers Arch. **207**, 241 — Chem. Zbl. **1925 II**, 935.

[2] R. Renshaw u. C. Hopkins: J. amer. chem. Soc. **51**, 953 (1929) — Ber. Physiol. **50**, 837 (1929).

Krystallographische Untersuchung von P. Niggli und E. Widmer siehe Original! — **Pikrat.** Goldgelbe Krystalle. Schmelzp. 265°.

Die über die entsprechenden Fettsäurechloride hergestellten **Ester der Palmitin-, Stearin- und Ölsäure** (siehe Original!) sind in Äther unlöslich, löslich in kaltem, gut in heißem Wasser, leicht in Alkohol, besonders in warmem. Die wässerigen Lösungen schäumen ähnlich wie Seifenlösungen, die konzentrierten sind viscos. Mit Silbernitrat in Wasser erfolgt zunächst kein Niederschlag, sondern nur schwache Trübung, da der Cholinfettsäureester wie ein Schutzkolloid wirkt[1].

d, l-Valincholinjodid $C_8H_{20}ONJ$. Aus d,l-N-Dimethylvalinol beim Stehen mit Methyljodid. Aus absolutem Alkohol, Schmelzp. 195°, vorher Erweichen. Mit $AgCl_2$ **Chlorid.** Daraus **Goldsalz** $C_8H_{20}ONCl \cdot AuCl_3$. Gelbe, flimmernde Blättchen. Schmelzp. 225° aus heißem Wasser. — **Platinsalz** $C_{16}H_{40}O_2N_2Cl_6Pt$. Braunrote Prismen. Schmelzp. 210—211° bei langsamem Verdunsten der Lösung. — Über **Fettsäureester** vgl. das beim Alanincholin Angeführte bzw. das Original[1]!

d, l-Tyrosincholinmethylätherjodid

$$CH_3 \cdot O \cdot C_6H_4 \cdot CH_2 \cdot CH \cdot CH_2OH$$
$$\overset{|}{N(CH_3)_3J}$$

Mol.-Gewicht: 352,06. Aus d,l-N-Dimethyltyrosinolmethyläther mit Methyljodid in Alkohol. Schmelzp. 137—138°. p-Methoxyphenylalanincholinjodid bildet bei 1 stündigem Schütteln in Wasser mit frisch gefälltem Silberoxyd nach dem Eindampfen und Destillation im Vakuum p-Methoxyzimtalkohol[2]. Daraus in wässeriger Lösung mit $AgCl_2$ das **Chlorid** als hygroskopische Krystallmasse. — **Methyläthertyrosincholinchlorid-Golddoppelsalz** $C_{13}H_{22}O_2NCl, AuCl_3$. Plattenförmige Blätter oder zu Rosetten vereinigte gelbe Nadeln, die in Wasser ziemlich leicht löslich sind und nach vorhergehendem Sintern von 112—115° schmelzen. — **Platindoppelsalz** $(C_{13}H_{22}O_2N)_2PtCl_6$. Lanzettförmige, orangegelbe Blättchen. Schmelzp. 204°. In Wasser leicht löslich.

Das Acetylmethyltyrosincholin verursacht parasympathische Erregung, etwa wie beim Acetylalanincholin. p-Methoxyphenylalanincholin besitzt bei 1:2000 vaguserregende (einmal) Wirkung, ist bei 1:1000 schon deprimierend durch Muskelschädigung.

d, l-Tyrosincholinjodid

$$HO \cdot C_6H_4 \cdot CH_2 \cdot CH \cdot CH_2OH$$
$$\overset{|}{N(CH_3)_3J}$$

Mol.-Gewicht: 338,06. Aus dem Methyläthertyrosincholinjodid im Rohr mit Jodwasserstoffsäure und Phosphoniumjodid in 2 Stunden bei 70°. Die Flüssigkeit wird mit Äther versetzt, filtriert, im Vakuum eingeengt und der Rückstand aus Alkohol umkrystallisiert. Schmelzpunkt 176°. In heißem Alkohol ist es leicht und in Wasser gut löslich. — Mit $AgCl_2$ erhält man daraus das **Chlorid** in kleinen in Wasser leicht löslichen Blättchen.

Das acetylierte Produkt besitzt deutlich vagotrope Cholinwirkung, etwa halb so stark wie Acetylalanincholin. Tyrosincholin wirkt bei 1:1000 und 1:5000 gelegentlich erregend; schwache Wirkung (Angriffspunkt scheint das Sympathicusende). Über Fettsäureester siehe im Original![1]

l-Leucincholinjodid-stearinester $C_{27}H_{56}O_2NJ$. Aus Leucincholinjodid[3] und Stearinsäurechlorid bei 3 stündigem Erhitzen auf dem Wasserbad. Die Masse wird mit Äther ausgekocht, der Rückstand aus absolutem Alkohol umkrystallisiert. Blumenkohlartige Krystallaggregate aus feinen Nadeln, die in Wasser und Alkohol heiß leicht, in der Kälte wenig löslich sind. Sintern über 105°, bilden bei 108—110° Tropfen und sind bei 138—140° flüssig.

Der Ester wirkt in $^1/_2$ proz. bis $^1/_2$ promill. Lösung innerhalb 1 Stunde stark hämolytisch, in größerer Verdünnung (5:100000) ist die Wirkung nach 12 Stunden ebenfalls noch wahrnehmbar[1].

Acetylleucincholin besitzt eine qualitativ derjenigen des Acetylalanincholins ähnliche Wirkung auf das isolierte Froschherz, die Froschmuskulatur und den isolierten Kaninchendarm.

---

[1] P. Karrer u. Mitarbeiter: Helvet. chim. Acta **5**, 469 — Chem. Zbl. **1922 III**, 766.
[2] P. Karrer u. E. Horlacher: Helvet. chim. Acta **5**, 571 — Chem. Zbl. **1922 III**, 769.
[3] P. Karrer: Helvet. chim. Acta **4**, 76 — Chem. Zbl. **1921 III**, 826.

l-Leucincholinchloridstearinsäureester $C_{27}H_{36}NCl$. Aus dem oben beschriebenen Jodid in Alkohol mit $AgCl_2$. Feine, hygroskopische Nadeln. Wird gegen 100° allmählich weich und flüssig, tropft erst bei 120° ab[1].

l-Leucincholinjodidpalmitinsäureester $C_{25}H_{52}O_2NJ$. Analog dem Stearinester aus Palmitinsäurechlorid. Sintert von 105° ab und fließt bei 113—115° zusammen. — Das **Chlorid** $C_{25}H_{52}O_2NCl$ wird gegen 100° weich und fließt gegen 110° ab. Zeigt dieselbe hämolysierende Wirkung wie der Stearinsäureester.

d, l-Phenylalanincholinjodidstearinsäureester $C_{30}H_{54}O_2NJ$. Schmelzp. 124—125°. Zu Büscheln vereinigte Nädelchen; in der Hitze in Wasser und Alkohol löslich, wenig in der Kälte. Besitzt ebenfalls hämolysierende Wirkung. Vgl. das beim Leucincholinjodidester Gesagte! — **Chlorid** $C_{30}H_{54}O_2NCl$. Blumenkohlartige Krystallaggregate. In kaltem Wasser und Alkohol wenig, leicht in der Wärme löslich. Bei 147° gesintert schmilzt er gegen 172° zusammen[1].

d, l-Phenylalanincholinchloridpalmitinsäureester $C_{28}H_{50}O_2NJ$. Schmelzp. 125°. — **Chlorid** $C_{28}H_{50}O_2NCl$. Nadelbüschel. Schmelzp. 147° unter Sintern, bei 172° unter Gasentwicklung Zusammenfließen der Schmelze. Wie die oben beschriebenen Ester wirkt er hämolysierend[1].

Phenylalanincholinjodid besitzt erst bei 1:1000 eine einmal vaguserregende Wirkung (Herzamplitude vergrößert)[1]. In Wasser 1 Stunde mit frisch gefälltem Silberoxyd geschüttelt [Amingeruch — $(CH_3)_3N$?], im Vakuum eingedampft und destilliert, liefert es Zimtalkohol[2].

N-Dimethylmethylendioxyphenylalanincholin-Jodmethylat. Aus Alkohol + Wasser Krystalle vom Schmelzp. 184°[3].

p-Methoxyphenylalanincholinjodidstearinsäureester $C_{31}H_{56}O_3NJ$. Aus d, l-Methyläthertyrosincholinjodid und Stearinsäurechlorid. Aus Äther Nadeln, die bei 98° sintern, bei 105—110° Tropfen bilden und bei 195° flüssig werden. In kaltem Wasser und Alkohol wenig, in heißem Alkohol leicht löslich[3].

p-Methoxyphenylalanincholinjodidpalmitinsäureester $C_{29}H_{52}O_3NJ$. Schmelzp. 138 bis 141°[3].

Alanincholinjodidstearinsäureester $C_{24}H_{50}O_2NJ$. Aus absolutem Alkohol seidenglänzende Blättchen vom Schmelzp. 210—212°[3].

Alanincholinchloridstearinsäureester $C_{24}H_{50}O_2NCl$. Aus absolutem Alkohol + Äther Nadeln, die bei 202° erweichen und bei 205° schmelzen[3].

Alanincholinjodidpalmitinsäureester $C_{22}H_{46}O_2NJ$. Weiße Nadeln. Erweichen bei 203°, Tropfenbildung bei 206°, flüssig bei etwa 210°[3].

Alanincholinchloridpalmitinsäureester $C_{22}H_{46}O_2NCl$. Erweichen bei 202° und flüssig bei 205°[3].

β-Butenylhomocholinbromid

$$CH_3 \cdot CH:CH \cdot CH_2 \underset{}{\overset{(CH_3)_2}{\diagdown}} N \underset{Br}{\overset{[CH_3]_3 \cdot OH}{\diagup}}$$

Aus γ-Oxypropyldimethylamin und Butenylbromid in Benzol. In Wasser und Alkohol ist es sehr leicht löslich und hygroskopisch. Schmelzp. 52°[4].

Homocholinsalpetrigsäureester-chloraurat (?) $[(CH_3)_3NCl \cdot CH_2ONO] \cdot AuCl_3$. Durch Oxydation des Goldoppelsalzes des Cholins mit HNO_3[5].

Oxyäthyltrimethylphosphoniumchlorid (Phosphocholin) $C_5H_{14}OClP$. Hergestellt: Acetyl- und Benzoylverbindung. Phosphocholin zeigte deutliche Muscarinwirkung, beim Acetylderivat verstärkt[6].

Derivat unbekannter Konstitution: „Pacyl" (ein Cholinpräparat der Chem. Fabrik Dr. J. Wiernik & Co., Berlin-Waidmannslust) übertrifft Histamin, Coffein, Ergotamin und die Nitrite in Dauer und Gleichmäßigkeit der gefäßerweiternden Wirkung (Kaninchenversuch!).

---

[1] P. Karrer u. Mitarbeiter: Helvet. chim. Acta **5**, 469 — Chem. Zbl. **1922 III**, 766.
[2] P. Karrer u. E. Horlacher: Helvet. chim. Acta **5**, 571 — Chem. Zbl. **1922 III**, 769.
[3] P. Karrer, E. Horlacher, F. Locher u. M. Giesler: Helvet. chim. Acta **6**, 905 (1923) — Chem. Zbl. **1924 I**, 478.
[4] J. v. Braun u. W. Schirmacher: Ber. dtsch. chem. Ges. **56**, 538 (1923) — Chem. Zbl. **1923 I**, 955.
[5] B. Guth: Mh. Chemie **45**, 631 (1925) — Chem. Zbl. **1926 I**, 134.
[6] R. Hunt u. R. R. Renshaw: J. of Pharmacol. **25**, 315 — Chem. Zbl. **1925 II**, 1467.

Klinisch zur Bekämpfung arteriellen Hochdrucks geeignet, eine gewisse Regulationsbreite vorausgesetzt [1]. Es setzt ferner den Blutzucker herab und steigert die Ausscheidung der Verdauungsdrüsen erheblich, ebenso die der Nieren (Harnsäure); die Wirkung ist anhaltend [2].

Acetylcholin.

Physiologische Eigenschaften: Die Gewebsatmung wird von Acetylcholin in geringen Konzentrationen ($1:10^7$ bis $1:10^{10}$) kräftig gefördert. In größeren Dosen ist es wirkungslos nach dieser Richtung oder hemmt [3], wie z. B. von Abelin [4] über eine deutliche Herabsetzung des Gaswechsels berichtet wird.

Die Umwandlung von Proserozym in Serozym wird von Dosen 1—2:10000 (= 3—6mal geringere Menge als zur Hemmung der Reaktion Serozym-Cytozym benötigt) vollständig verhindert [5]. Nur in tödlichen Dosen hat es Einfluß auf die Thrombocyten- und Leukocytenzahl [6]. Beim Hunde bewirkt es eine langsame Verminderung der Venentätigkeit schon bei einer Verdünnung von 1:100000 in Lockescher Lösung. In hypertonischer Lösung aber hat es keine Wirkung auf die Blutzirkulation [7]. Von Menschenblut wird Acetylcholin sehr rasch gespalten in Cholin und Essigsäure (bei 20° in 24 Sekunden, bei 40° in 15 Sekunden). Blutschatten und gewaschene Blutkörperchen haben ungefähr die gleiche Wirkung wie das Gesamtblut, Serum und ätherausgeschütteltes Blut haben geringere Wirkung. Säugetierblut spaltet in gleicher Weise, doch in verschiedenen Zeiten. Die Wirksamkeitsreihe ist: Mensch, Schwein, Rind, Hund, Pferd, Kaninchen und Katze [8]. Im Gegensatz zu Galehr und Plattner [8] geben Viale und Soncini [9] an, daß Acetylcholin im Serum oder Blut sehr beständig ist. Im Verhältnis 1:3000 darin gelöst und 1 Stunde bei 37° gehalten, bewahrte es seine Wirkung auf den Blutdruck des Hundes. Im alkoholischen Extrakt der Mischung soll eine Stunde nach ihrer Herstellung das gesamte zugesetzte Acetylcholin wiedergefunden werden können [9]. Die Spaltung im Blute nimmt mit wachsender Erythrocytenzahl bei sonst gleichen Bedingungen logarithmisch zu. Wird durch Veränderung des Salzgehalts des Milieus die Erythrocytenoberfläche erhöht, so variiert auch die Größe der Spaltung in gleicher Richtung [10]. Mit zunehmender Wasserstoffionenkonzentration nimmt das Spaltungsvermögen des Systems ab. Serum und Blutkörperchen katalysieren den Prozeß. Die Serumwirkung wird durch Erhöhung der Wasserstoffionenkonzentration mehr gehemmt als die der Blutkörperchen [11]. Gummi arabicum und Stärke hemmen bei gleicher Viscosität den Spaltungsvorgang im Serum, in Blutkörperchensuspensionen dagegen ersteres nur schwach und Stärke gar nicht [12]. Durch Zusatz von Aceton, Acetamid, Methyl-, Äthyl-, n-Propyl-, n-Butyl- und Gärungsamylalkohol trat gleichfalls eine Hemmung der Spaltung von Acetylcholin an roten Blutkörperchen ein [13].

Es wirkt noch in Verdünnungen von 1:100 Milliarden, gleich 0,000 000 002 4 mg pro kg intravenös blutdrucksenkend bei Hund und Katze. Intratracheal oder von der Oberfläche von Lunge, Niere, Leber, Nebenniere oder Muskulatur aus erzeugt es auch Blutdrucksenkung, nicht dagegen von der Milz und Schleimhäuten des Mundes und Dünndarms aus [14]. Diese depressive Wirkung wird durch Atropin bis zu einem gewissen Grade aufgehoben, durch Adrenalin in Dosen von $>10^{-5}$ (in diesen Dosen allein schon depressiv wirkend) verstärkt; Atropin und Acetylcholin zeigen in hohen Dosen keinen Antagonismus mehr. Bei Lähmung des Parasympathicus durch Atropin tritt eine Beschleunigung der Herzaktion durch Acetylcholin auf [15]. Auch beim Kaninchen wurde Blutdruckverminderung beobachtet [16].

---

[1] F. H. Lewy: Dtsch. med. Wschr. **53**, 2202 (1927) — Chem. Zbl. **1928 I**, 938.
[2] F. H. Lewy: Z. klin. Med. **107**, 72 — Chem. Zbl. **1928 I**, 1202.
[3] G. Ahlgren: Klin. Wschr. **3**, 667 — Chem. Zbl. **1924 II**, 500.
[4] J. Abelin: Biochem. Z. **129**, 1 — Chem. Zbl. **1922 III**, 74.
[5] E. Jung u. J. La Barre: C. r. Soc. Biol. Paris **90**, 655 — Chem. Zbl. **1924 II**, 199.
[6] E. L. Backman, G. Edström, E. Grahs u. G. Hultgren: C. r. Soc. Biol. Paris **93**, 190 — Chem. Zbl. **1925 II**, 1183.
[7] E. Dicker: C. r. Soc. Biol. Paris **99**, 341 — Chem. Zbl. **1928 II**, 2040.
[8] O. Galehr u. F. Plattner: Pflügers Arch. **218**, 488, 506 (1927) — Chem. Zbl. **1928 I**, 1056.
[9] G. Viale u. M. Soncini: C. r. Soc. Biol. Paris **99**, 1440 (1928) — Ber. Physiol. **49**, 423.
[10] Y. Kodera: Pflügers Arch. **219**, 181 — Chem. Zbl. **1928 I**, 2955.
[11] F. Plattner, O. Galehr u. Y. Kodera: Pflügers Arch. **219**, 678 — Chem. Zbl. **1928 II**, 1680.
[12] Y. Kodera: Pflügers Arch. **219**, 686 — Chem. Zbl. **1928 II**, 1680.
[13] F. Plattner u. O. Galehr: Pflügers Arch. **220**, 606 (1928) — Ber. Physiol. **48**, 728 (1929).
[14] R. Hunt: Amer. J. Physiol. **45**, 197 (1918) — Chem. Zbl. **1922 III**, 1019.
[15] O. W. Barlow: J. of Pharmacol. **33**, 93 — Chem. Zbl. **1928 II**, 468.
[16] M. Courland u. E. Kahane: C. r. Soc. Biol. Paris **99**, 1136 — Chem. Zbl. **1928 II**, 2575.

Die Gefäße von Haut, Ohr, Penis, Milz und Submaxillardrüsen erweitern sich, wenig die Venen der quergestreiften Muskulatur. Besonders wenig erweitern sich die Venen der Nasenschleimhaut. Diese Wirkung wird durch Atropin aufgehoben oder vermindert[1]. Auf das Kaninchenauge wirkt es stark myotisch[2]. Subcutane Einspritzungen von Acetylcholin in die Netzhautarterie des Menschen bewirken eine Dehnung, doch sind diese Erscheinungen nicht immer konstant[3]. Dosen von 1:5000 bis 10000 bewirkten Erweiterungen der Arteriolen und Capillaren beim Menschen[4]. Die Organe, an denen Acetylcholin angreift, werden von Nicotin gelähmt[5]. Es wirkt regelmäßig gefäßerweiternd auf die isolierten Katzenextremitätengefäße. Nach erfolgter Durchschneidung der hinteren und der vorderen Wurzeln zwischen Rückenmark und Spinalganglien auf einer Seite der Katzen wirkte Acetylcholin noch auf beiden Seiten gefäßerweiternd. Die Schweißabsonderung ging qualitativ und quantitativ parallel mit der Gefäßerweiterung. Sie fehlten aber bei Muskelatrophie und Muskelinaktivität[6]. Acetylcholin zeigt am durchströmten Froschschenkel bei relativem Calciumüberschuß gefäßverengernde, bei Kaliumüberschuß gefäßerweiternde Wirkung. Dabei kann das Calcium durch Phosphat, Barium, Strontium und Strophantin ersetzt werden.

Atropin wirkt in jedem Falle (vgl. Barlow: l. c.!) antagonistisch. Die verengernde Wirkung des Acetylcholins (wie beim Adrenalin) wird durch Zunahme der p_H abgeschwächt, durch Abnahme verstärkt. (Auf die gefäßverengernden Stoffe des Serums hat weder die Verschiebung des Ca:K-Verhältnisses noch die p_H einen Einfluß![7]) Lösungen von 1:10000 bis 1:20000 erweitern alle Teile der Coronararterien der Schildkröte (wahrscheinlich auch die Capillaren), setzen den Carotisdruck herab und heben die Gefäßkontraktion durch Adrenalin auf. Diese Wirkungen werden durch vorhergehende Atropinbehandlung stark vermindert[8]. Acetylcholin wird durch Alkalose, von der reinen Gefäßwirkung abgesehen, begünstigt[9]. Adrenalin und Atropin beheben auch den auf den Detrusorstreifen ausgeübten erregenden Zustand[10].

Bei Hunden mit durchschnittenem Nerv. hypoglossus ist nach Vorbehandlung mit Guanidin oder Dimethylguanidin nur der 20. Teil jener Acetylcholindosis zur Wirkung benötigt, die bei nicht vorbehandelten Tieren angreift und eine ausgeprägte Zusammenziehung der gelähmten Zungenhälfte hervorruft. Diese verstärkte Wirkung ist peripherer Natur, da sie nach Durchschneidung des Nerv. lingualis in derselben Weise auftritt[11]. Mit unwirksamen Dosen von Dimethylguanidin vorbehandelte Katzen reagieren auf chemischen Blutreiz durch Acetylcholin mit einem akuten Tetaniefall[12].

Es verkürzt die Zeitdauer des gerade zur Erregung der antagonistischen Nerven erforderlichen elektrischen Reizstromes im Herzversuch[13]. Ferner verkürzt es die Summationszeit von 2 Reizen bei Erregungsvorgängen im motorischen, markhaltigen Nerven sowohl bei Applikation an der Erregungsstelle als auch an einer dieser entfernt liegenden Stelle[14]. Studien über Erregung normaler und durch Acetylcholin vergifteter Nerven durch Kondensatorentladungen und Feststellung, in welchem Umfang die Kapazität des Kondensators im Vergleich mit anderen sym- und parasympathischen Giften jeweils geändert werden mußte[15]. Am Atmungsmodell mit Bluttierkohle verminderte Acetylcholin in starker Konzentration den Sauerstoffverbrauch, während es ihn in mittlerer Konzentration vermehrte[16].

---

[1] R. Hunt: Amer. J. Physiol. **45**, 197 (1918) — Chem. Zbl. **1922 III**, 1019.

[2] M. Courland u. E. Kahane: C. r. Soc. Biol. Paris **99**, 1136 — Chem. Zbl. **1928 II**, 2575.

[3] M. Villaret, Schiff-Wertheimer u. L. Justin-Besançon: C. r. Soc. Biol. Paris **98**, 909 — Chem. Zbl. **1928 II**, 1231.

[4] E. B. Carrier: Amer. J. Physiol. **61**, 528 — Chem. Zbl. **1922 III**, 1147.

[5] H. Rydin: C. r. Soc. Biol. Paris **93**, 1189 (1925) — Chem. Zbl. **1926 II**, 64.

[6] J. H. Burn: J. of Physiol. **60**, 365 (1925) — Chem. Zbl. **1926 I**, 1232.

[7] O. Voss: Arch. f. exper. Path. **116**, 367 (1926) — Chem. Zbl. **1927 I**, 484.

[8] J. J. Sumbal: Heart **11**, 285 — Brit. Physiol. **28**, 437 (1924).

[9] H. D. Waele: Arch. internat. Physiol. **26**, 428 — Chem. Zbl. **1926 II**, 1981.

[10] T. Ikoma: Arch. f. exper. Path. **102**, 145 — Chem. Zbl. **1924 II**, 499.

[11] E. Frank, M. Nothmann u. E. Guttmann: Pflügers Arch. **201**, 569 (1923) — Chem. Zbl. **1924 I**, 1227.

[12] M. Nothmann: Z. exper. Med. **33**, 316 — Chem. Zbl. **1923 III**, 511.

[13] N. Scheinfinkel: Z. Biol. **84**, 239 — Chem. Zbl. **1926 I**, 2813.

[14] A. Matossi: Z. Biol. **84**, 261 — Chem. Zbl. **1926 I**, 2813.

[15] A. Blum: Z. Biol. **84**, 271 — Chem. Zbl. **1926 I**, 2813.

[16] R. Lorétan: Z. Biol. **84**, 281 — Chem. Zbl. **1926 I**, 2813.

1:200000 vermehrt nach Beobachtungen von Smith, Miller und Graber[1] die Durchflußgeschwindigkeit in diesem Kreislauf bei ausgesprochener Vagusreizung am ganzen Herzen. Die Hemmwirkung auf das Froschherz wird durch sehr schwache Dosen von Äther, Chloroform und Chloralhydrat erheblich verstärkt. In starken Dosen dagegen bewirken diese Narkotici allein Hemmung, ja selbst völlige Aufhebung dieser Wirkung. Diese Einflüsse sind reversibel[2]. Am Herzen wird bei Gegenwart einer deutlich wirksamen Konzentration von Atropin die Beziehung zwischen Konzentration und Acetylcholinwirkung (y) ausgedrückt prozentig im Vergleich zur maximalen Wirkung

$$K \cdot \frac{\text{konz. Acetylcholin}}{\text{konz. Atropin}} = \frac{y}{100-y}.$$

Am Rectus abdominis berechnet sich

$$K \cdot \frac{\text{konz. Acetylcholin}}{(\text{konz. Atropin})^{1,5}} = \frac{y}{100-y}$$

$1,4 \cdot 10^{-11}$ g/mol Atropin pro mg Herzmuskel genügt, um die Acetylcholinmenge um das 10fache erhöhen zu müssen[3]. Bei dem durch kleine Dosen Acetylcholin besonders disponierten Froschherzen in situ wirkt lokal angewendetes Atropin zunächst vaguserregend, erst im weiteren Verlauf der Einwirkung vaguslähmend[4]. Die Zerstörung (?) von Acetylcholin bei der Wirkung auf das Froschherz ähnelt einer Fermentreaktion. Die wirksame Menge dürfte viel kleiner sein als die nach $K = 7 \cdot 10^{-8}$ und $n = 1,2$ berechnete. Die individuelle Empfindlichkeit der Froschherzen ist sehr verschieden. Wirkungszunahme bei weniger K-, Abnahme bei mehr K- und Ca-Ionen oder höherer Alkalescenz der Ringerlösung[5]. Auch Claeson[6] berichtet über Versuche am Froschherzen zur Aufklärung des Angriffspunktes. Planelles[7] gibt ein Sammelreferat über seine Wirkungen auf die vegetativen Nerven des Herzens. Cook berichtet über den Acetylcholin-Methylenblau-Antagonismus am Froschherz[8].

Im Gegensatz zu jener Veratrin und Coffein enthaltenden Gruppe muskelkontraktionserregender Substanzen wirkt Acetylcholin durch Erregung bestimmt lokalisierter, nervöser bzw. neuromuskulärer Apparate des Muskels kontraktionserregend. Die Erregung wird ausgelöst durch eine Acetylcholin-Ringerlösung 1:100000 und wird durch Atropin (1:1000), sowie durch Novocain (1:1000) und Curare (1:10000) antagonistisch beeinflußt. Mit Lähmung der motorischen Nervenendigungen hat dies nichts zu tun; eine antagonistische Wirkung des Adrenalins ließ sich nicht feststellen. Die Art des auslösenden Giftes und insbesondere seines typischen Antagonisten, des Atropins, legt vorläufig die Annahme nahe, daß der nervöse Erregungsapparat dieser tonischen Funktion dem parasympathischen System angehört. Wahrscheinlich steht auch die Nicotincontractur des Muskels und die Erregung durch K-Salze in Analogie zu der Acetylcholinerregung des Muskels[9]. Acetylcholin vergrößert die Durchtränkungsfähigkeit der gestreiften Froschmuskeln[10]. Die Wirkung auf den gleichmäßig gereizten Froschmuskel besteht in der Einschränkung der Hubhöhe, die abhängig von der Belastung und Reizstärke als unvollständige Erschlaffung mit geringer Steigerung der Kontraktion, als vollständige Erschlaffung oder als unvollständige Erschlaffung mit verminderter Kontraktion in Erscheinung tritt[11]. In einer Konzentration von 1:100000 auf die Nerveneintrittsstelle des isolierten Muskels gebracht, bringt es den ganzen Muskel fast augenblicklich in starke Contractur, wobei keine oscillierenden Aktionsströme auftreten[12, 13]. Mit einer Methode,

---

[1] F. M. Smith, G. H. Miller u. V. Graber: Proc. Soc. exper. Biol. a. Med. **22**, 507 (1925) — Ber. Physiol. **33**, 228 — Amer. J. Physiol. **77** I — Chem. Zbl. **1926 II**, 914.
[2] H. Rydin: C. r. Soc. Biol. Paris **91**, 1098 (1924) — Chem. Zbl. **1925 I**, 404.
[3] A. J. Clark: J. of Physiol. **61**, 547 — Chem. Zbl. **1926 II**, 1881.
[4] B. Kirsch: Arch. f. exper. Path. **116**, 227 — Chem. Zbl. **1926 II**, 2199.
[5] A. J. Clark: J. of Physiol. **64**, 123 (1927) — Chem. Zbl. **1928 I**, 1547.
[6] B. Claeson: Skand. Arch. Physiol. (Berl. u. Lpz.) **47**, 48 (1925) — Chem. Zbl. **1926 II**, 1982.
[7] J. Planelles: Archivos Cardiol. **5**, 73 (1924) — Ber. Physiol. **33**, 272.
[8] R. P. Cook: J. of Physiol. **62**, 160 (1926) — Chem. Zbl. **1927 I**, 1498.
[9] O. Riesser u. S. M. Neuschloß: Arch. f. exper. Path. **91**, 342 — Chem. Zbl. **1922 I**, 512.
[10] A. Lambrechts: C. r. Soc. Biol. Paris **98**, 1246 — Chem. Zbl. **1927 I**, 628; **1928**, 463 (1926).
[11] W. R. Hess u. R. Rehsteiner: Pflügers Arch. **214**, 463 (1926) — Chem. Zbl. **1927 I**, 628.
[12] O. Riesser u. W. Steinhausen: Pflügers Arch. **197**, 288 (1922) — Chem. Zbl. **1923 I**, 862.
[13] Kikuo Toda: Arch. f. exper. Path. **137**, 71 (1928) — Chem. Zbl. **1929 II**, 593.

die in Feststellung der Dauer eines zur Erregung des Muskels (Frosch) notwendigen Stromstoßes besteht, ergab sich, daß Acetylcholin (wie Physostygmin) die zur Erregung erforderliche Zeitdauer eines konstanten Stromes stark herabsetzt, während Atropin und Novocain sie verlängern. Während Physostygmin und Atropin sowohl an den nervenfreien Muskelstellen wie auch an der Nerveneintrittsstelle wirken, ist dies bei Acetylcholin nur an der nervenhaltigen Stelle der Fall. Im Gegensatz zu Curare hob es die Wirkungen von Physostygmin und Atropin nicht auf[1]. Auch Inoki[2] stellte Untersuchungen über den Antagonismus bei der Tonusbeeinflussung der Skelettmuskel durch Nicotin, Curare, Atropin, Acetylcholin, Veratrin, Barium, Calcium und Novocain an.

Am künstlich durchströmten Froschmuskel veranlaßt es eine Verkürzung vom Ausmaß einer maximalen Einzelzuckung. Atropin hemmt diese Contractur reversibel und beeinflußt auch den Verlauf der Einzelzuckung. Wegen der hohen Konzentration verbiete sich eine direkte Bezugnahme des Acetylcholineffekts auf parasympathische Innervation des Skelettmuskels. Einzelzuckung und Acetylcholinverkürzung überlagern sich[3]. Am isolierten Gastrocnemius wirkt eine Konzentration von 1:100000. Bei Kröten ist 1:10000000 schon wirksam. Das Optimum der Wirksamkeit liegt bei 1:100000 bis 1:500000[4]. Intraarteriell injiziert erzeugt es beim entnervten Gastrocnemiusmuskel der Katze (Nerv 3 Wochen zuvor durchtrennt) schon in sehr kleiner Dosis starke, kurz (35 Sekunden) dauernde Verkürzung, die der maximalen langsamen Kontraktion durch tetanischen elektrischen Reiz etwa gleichkommt. Diese Wirkung ist nicht parasympathisch, sondern nicotinartig[5]. Acetylcholinreizung des Muskels führte nicht merklich zur Erhöhung seines Kreatingehalts[6]. Bei beginnender Nervendegeneration (Ischiadicusdurchschneidung) wirkt es noch normal kontrahierend am Frosch- und Krötenmuskel[7]. Acetylcholincontractur und submaximaler Tetanus vom gleichen Verkürzungsgrad ergeben etwa gleich große Spannungen, die Dehnungskurven verlaufen für beide Kontraktionsformen etwa geradlinig und parallel[8]. Auf den Afterschließmuskel ist es ohne sichere Wirkung beim Hund. Am besten reagieren Längsstreifen aus dem Magenfundus; Dünn- und Dickdarmstücke reagieren schwächer. Hundeorgane sind weniger empfindlich als die vom Meerschweinchenorganismus. Am „nervenlosen" Magen (Bickel) tritt nach Degeneration der Nerven eine Zunahme der Erregbarkeit durch Acetylcholin ein[9].

Die Wirkung des Chlorid auf den isolierten Ventrikel oder den Rectus abdominis des Frosches eignet sich besonders gut zum Studium der Reaktion auf Muskelzellen, da nach Clark[10] Kontraktion und Wirkungsstärke 100000fach variiert werden können. $K \cdot x = y/(100\,xy)$, wenn K eine Konstante, x die Konzentration des Giftmenge und y die maximal mögliche Wirkung ist. — In der Zelle wird höchstens eine minimale Giftmenge gebunden. Eine Beziehung zwischen Wirkungsstärke und Menge des in die Zellen eintretenden Gifts besteht jedoch nicht. Schon bei 20000 Mol pro Zelle kann eine Wirkung auf das Herz sichtbar werden[10].

Die parasympathische Kontraktion des Uterus durch Acetylcholin wird beim überlebenden Rattenuterus unterdrückt, wenn vorher Xanthinderivate (Diuretin, Coffeinum natrio-benzoicum, Coffeinum natrio-salicylium, Theocinium natrio-aceticum, Theophyllin, Theocin) eingewirkt haben[11].

Reizung des Parasympathicus bei Gallenblasenfistelhunden bewirkt niemals Ausscheidung von größeren Mengen dünnflüssiger Galle wie nach Nahrungsaufnahme. Die Absonderung solcher Galle, besonders die Abscheidung von Wasser in ihr muß daher auf Secretine zurückgeführt werden[12].

Im überlebenden Dünndarm von Schwein und Pferd, sowie im Preßsaft des Schweinedünndarms wurde eine Ferment nachgewiesen, das Acetylcholin zerlegte. Es wurde durch

---

[1] A. Spycher: Z. Biol. **77**, 199 — Chem. Zbl. **1923 III**, 90.
[2] S. Inoki: J. of orient. Med. **2**, 293 (1924) — Ber. Physiol. **31**, 720.
[3] W. R. Heß u. K. v. Neergaard: Pflügers Arch. **205**, 506 (1924). — Vgl. aber Riesser u. Neuschlosz: Arch. f. exper. Path. **91**, 342 — Chem. Zbl. **1925 I**, 550 bzw. **1922 I**, 512.
[4] E. Simonson: Arch. f. exper. Path. **96**, 284 — Chem. Zbl. **1923 I**, 1377.
[5] H. H. Dale u. H. S. Gasser: J. of Pharmacol. **29**, 53 (1926) — Chem. Zbl. **1927 I**, 2095.
[6] O. Riesser u. F. Hamann: Hoppe Seylers Z. **143**, 59 — Chem. Zbl. **1925 I**, 2317.
[7] H. Fühner: Arch. f. exper. Path. **105**, 265 — Chem. Zbl. **1925 II**, 66.
[8] O. Wyss: Pflügers Arch. **210**, 586 (1925) — Chem. Zbl. **1926 I**, 1450.
[9] S. Kuroda: Z. exper. Med. **39**, 341 — Chem. Zbl. **1924 I**, 2794.
[10] A. J. Clark: J. of Physiol. **61**, 530 — Chem. Zbl. **1926 II**, 1881.
[11] E. L. Backman: C. r. Soc. Biol. Paris **90**, 125 — Chem. Zbl. **1924 I**, 1560.
[12] A. Adachi: Biochem. Z. **140**, 185 — Chem. Zbl. **1923 III**, 1422.

2 stündiges Erwärmen auf 70—75° inaktiviert. In konzentrierten Cholin-Natriumacetat-Lösungen vermag es Acetylcholin zu etwa 0,2—0,8 % der theoretischen Menge zu synthetisieren, welche Menge bei nachfolgender Verdünnung allerdings wieder gespalten zu werden scheint. Die synthetisierende Wirkung fehlt in alkalischer Lösung ganz, tritt bei neutraler bis schwach saurer Reaktion auf und ist am stärksten in stark essigsaurer Lösung[1]. Kleine Dosen (1:500 Millionen) bewirken Verstärkung der Pendelbewegung des isolierten Katzendünndarms, große Dosen rufen Spasmen hervor, evtl. mit Unterdrückung der Pendelbewegung. Wirkt schwache Konzentration längere Zeit ein, so hören die Bewegungen auf, werden aber durch Konzentrationserhöhung wieder ausgelöst. Dies kann auch beim Erniedrigen der Konzentration erreicht werden[2]. Gasser[3] teilt die Beobachtung seiner Wirksamkeit auf histologisch sicher nervenzellenfreie Streifen der Dünndarmschleimhaut (Katze) mit, die Bewegungsautomatie besitzen.

0,5—0,8 g Acetylcholin subcutan bewirken beim leichten Diabetiker häufig Ansteigen der Zuckerausscheidungsschwelle und Verschlechterung der Zuckerassimilation[4]. Nach Imai[5] erhöht Acetylcholin anfänglich den Blutzuckerwert, um ihn später wieder zu vermindern, hemmt die Adrenalinwirkung und verstärkt die Insulinhypoglykämie. Insulin hemmt andererseits die Acetylcholinhyperglykämie[5].

Auf die Diurese wirkt es bei intravenöser Einverleibung hemmend, bei subcutaner Verabreichung ist es wirkungslos[6].

Acetylcholin hemmt die begünstigende Wirkung von „Thyraden" auf die Metamorphose von Amphibienlarven[7].

Die sog. „proteinogenen" Choline: **Alanincholin, Phenylalanincholin, Leucincholin, Tyrosincholin** und **Methyltyrosincholin** (Darstellung[8]) wirken als Acetylverbindungen in Form ihrer Jodsalze wie Acetylcholin, jedoch 100—1000 mal schwächer[9].

Betain.

Vorkommen: In Petromyzon fluviatilis L.[10]; in der Flüssigkeit von Echinococcus multilocularis und von Echinococcus unilocularis[11]; im Riesenkieselschwamm (Geodia gigas)[12]. Im Saft der Luzerne (mit 0,000 95 %)[13]; in den Früchten von Citrus Grandis Osbeck (als Chlorid isoliert)[14].

In der Lysinfraktion des Muskelschlauches der Seewalze (Holothuria tubulosa) aufgefunden[15]. Im Regenwurm nachgewiesen, doch in so geringer Menge, daß seine Herkunft aus Speiseresten im Darmkanal für möglich gehalten wird[16]. In den Extraktivstoffen von Embryonen des Dornhais 12 $^0/_{00}$; in den Lebern erwachsener Tiere 0,7 $^0/_{00}$[17].

Bildung: Bei der Oxydation des Cholinsulfats mit Kaliumpermanganat in schwefelsaurer Lösung[18].

Darstellung: Zur Reingewinnung elektrolysiert man die Lösungen von Betainsalzen, die überschüssige Säure oder Base enthalten können, im Kathodenraum einer elektrolytischen Zelle so lange, bis die Säureanionen vollständig abgewandert sind, und dampft die verbleibende Lösung ein oder verwendet sie direkt weiter[19].

---

[1] E. Abderhalden u. H. Paffrath: Fermentforschg 8, 299 — Chem. Zbl. **1925 II**, 936.
[2] M. Ariew: Z. exper. Med. 48, 13 (1925) — Chem. Zbl. **1926 I**, 3086.
[3] H. S. Gasser: J. of Pharmacol. 27, 395 — Chem. Zbl. **1926 II**, 1663.
[4] G. Eda: J. of Biochem. 7, 319 — Chem. Zbl. **1927 II**, 2508.
[5] S. Imai: J. of orient. Med. 5, 31 (1926) — Ber. Physiol. 39, 80.
[6] H. Molitor u. F. P. Pick: Arch. f. exper. Path. 101, 198 — Chem. Zbl. **1924 I**, 2891.
[7] W. Geßner: Z. Biol. 86, 67 — Chem. Zbl. **1927 II**, 598.
[8] P. Karrer: Chem. Zbl. **1921 III**, 826.
[9] T. Gordonoff: Biochem. Z. 160, 451 (1927) — Chem. Zbl. **1928 II**, 785.
[10] O. Flößner u. F. Kutscher: Z. Biol. 82, 297 — Chem. Zbl. **1925 I**, 1217.
[11] O. Flößner: Z. Biol. 82, 297 — Chem. Zbl. **1925 I**, 1218.
[12] D. Ackermann, F. Holtz u. H. Reinwein: Z. Biol. 82, 278 (1924) — Chem. Zbl. **1925 I**, 1501.
[13] H. Bradford Vickery: J. of biol. Chem. 65, 81 (1925) — Chem. Zbl. **1926 I**, 135.
[14] Y. Hiatari: J. of Biochem. 7, 169 — Chem. Zbl. **1927 I**, 268.
[15] D. Ackermann, F. Holtz u. H. Reinwein: Z. Biol. 80, 163 — Chem. Zbl. **1924 I**, 1817.
[16] D. Ackermann u. F. Kutscher: Z. Biol. 75, 315 — Chem. Zbl. **1922 III**, 736.
[17] E. Berlin u. F. Kutscher: Z. Biol. 81, 311 — Chem. Zbl. **1924 II**, 851.
[18] B. Guth: Mh. Chemie 45, 631 (1925) — Chem. Zbl. **1926 I**, 134.
[19] Actien-Gesellschaft für Anilin-Fabrikation: D.R.P. 348380, Kl. 12q (1917, 1922) u. D.R.P. 348381 (Zus.P.), Kl. 12q (1917, 1922).

Physiologische Eigenschaften: Betain wirkt auf die Gärung in sehr starker Verdünnung bis herauf zu 8% (auf die Trockensubstanz der Hefe bezogen) hemmend und in höheren Konzentrationen aktivierend[1].

Betain und sein Äthyläther besitzen keine den Blutzucker senkende Wirkung, letzterer sogar eine entgegengesetzte[2]; nach Imai[3] verursacht aber auch das Betain eine Zunahme des Blutzuckers. Die Adrenalinwirkung wird nicht beeinflußt[3].

Direkt in den Magen eingeführt wirkt sein Hydrochlorid anregend auf die Magensaftabscheidung. In der Darmschleimhaut werden ziemlich große Dosen ihrer Wirksamkeit beraubt[4].

Das Hydrochlorid verhindert bei Tauben, die mit geschliffenem Reis gefüttert werden, das Absinken des Körpergewichts, der Temperatur und der Blutkörperchenzahl nicht[5].

Betain hemmt die Kalkbildung an Knorpel und Serumkolloiden (?)[6].

Physikalische und chemische Eigenschaften: Es erhöht die Dielektrizitätskonstante des Wassers[7], was für die Pfeiffersche Betaintheorie spricht[8]. Beachte auch die Theorie über die Betaine der Zimtsäurereihe[9].

Gegenüber Chlordioxyd ist es beständig, auch als Hydrochlorid[10].

Derivate: Triphenylphosphinketobetainpikrat. Über den Zusammenhang zwischen chemischer Konstitution und K-Röntgenabsorptionsspektra[11].

Betainbromidäthylester $C_7H_{16}O_2NBr$. Besitzt ausgesprochene Muscarinwirkung, auch Nicotinwirkung. Schmelzp. 161° (unkorr.)[12]. Er steigert den Blutzucker[2].

γ-**Butyrobetain** (Aktinin) $C_7H_{15}O_2N$. Vorkommen: in der Seerose[13], im Reptilienmuskel[14], aus Kochextrakten von Flußaalen[15], aus dem Harn bei perniziöser Anämie[16]. Gibt keine Fichtenspanreaktion, mit Phosphorwolframsäure eine wenig lösliche Fällung. — **Hydrochlorid.** 203—205° (langsam erhitzt), hygroskopisch. — **Platinat.** Schmelzp. 203—205° (wenig zuverlässig), rötliche Krystalle vom Schmelzp. 220°[15]. — **Aurat.** Schmelzp. 182—184°. — **Äthylesterplatinat** $(C_9H_{20}O_2N)_2PtCl_6$[17].

α-**Oxy-γ-butyrotrimethylbetainchloraurat** $C_7H_{16}O_3NCl_4Au$. Schmelzp. 173°. — **Chloroplatinat** $C_{14}H_{32}O_6N_2Cl_6Pt$. Schmelzp. 210°—212° (Zers.); sintert bei 196°[18].

4-Dimethylaminobuten-(2, 3)-säure-(1)-methylbetain, Crotonbetain $C_7H_{13}O_2N$. Aus γ-Chlorcrotonsäureäthylester durch mehrstündiges Erhitzen mit alkoholischer Trimethylaminlösung (Überschuß) und einer Spur NaJ im Rohr auf 100°, mehrmaliges Eindampfen mit Wasser, dann konzentrierter Salzsäure, Überführung des Chlorids in das Phosphorwolframat und Zerlegung in bekannter Weise. Zerfließlich. Zersetzungsp. 200—205°. In Wasser und Alkohol sehr leicht löslich. — **Chlorid.** Prismen vom Schmelzp. 203—205°. — **Chloroplatinat.** Aus Wasser Prismen vom Schmelzp. 221—222° (Zers.)[19].

---

[1] J. Orient: Biochem. Z. **132**, 352 (1922) — Chem. Zbl. **1923 III**, 257.

[2] A. Madinaveitia u. S. Hernández: An. Soc. española Fis. Quim. **22**, 168 — Chem. Zbl. **1924 II**, 858.

[3] S. Imai: J. of orient. Med. **5**, 31 (1926) — Ber. Physiol. **39**, 80.

[4] A. C. Ivy u. A. J. Javois: Amer. J. Physiol. **71**, 604 — Chem. Zbl. **1925 II**, 197.

[5] O. W. Barlow: Amer. J. Physiol. **83**, 237 (1927) — Chem. Zbl. **1928 I**, 1544.

[6] E. Freudenberg u. P. György: Biochem. Z. **124**, 299 (1921) — Chem. Zbl. **1922 I**, 432.

[7] P. Walden u. O. Werner: Z. physik. Chem. **129**, 405 (1927) — Chem. Zbl. **1928 I**, 476.

[8] P. Pfeiffer: Ber. dtsch. chem. Ges. **55**, 1762 — vgl. auch Naturwiss. 8, 987. — P. Pfeiffer u. Mitarbeiter: Liebigs Ann. **465**, 20 — Chem. Zbl. **1922 III**, 607; **1921 III**, 686; **1928 II**, 1203 (ausf. Ref.).

[9] P. Pfeiffer u. G. Haefelin: Ber. dtsch. chem. Ges. **55**, 1769. — Vgl. auch P. Pfeiffer: Ebenda **55**, 1762 — Chem. Zbl. **1922 III**, 608.

[10] E. Schmidt u. K. Braunsdorf: Ber. dtsch. chem. Ges. **55**, 1529 — Chem. Zbl. **1922 III**, 521.

[11] O. Stelling: Z. physik. Chem. **117**, 161 (1925) — Chem. Zbl. **1926 I**, 833.

[12] R. Hunt u. R. R. Renshaw: J. of Pharmacol. **25**, 315 — Chem. Zbl. **1925 II**, 1467.

[13] Ackermann, Holtz u. Reinwein: Z. Biol. **80**, 131 — Chem. Zbl. **1924 I**, 784.

[14] W. Keil, W. Linneweh u. K. Poller: Z. Biol. **86**, 187 — Chem. Zbl. **1927 II**, 1483.

[15] F. A. Hoppe-Seyler u. W. Schmidt: Z. Biol. **87**, 69 (1927) — Chem. Zbl. **1928 II**, 1783.

[16] H. Reinwein u. F. Thielmann: Arch. f. exper. Path. **103**, 115 — Chem. Zbl. **1924 II**, 1814.

[17] D. Ackermann: Z. Biol. **86**, 199 — Chem. Zbl. **1927 II**, 1484.

[18] J. W. Croom Crawford u. J. Kenyon: J. chem. Soc. Lond. **1927**, 396 — Chem. Zbl. **1927 I**, 2642.

[19] W. Linneweh: Hoppe-Seylers Z. **176**, 217 — Chem. Zbl. **1928 II**, 137.

cis-m-Amino-α-phenylzimtsäuretrimethylbetain $C_{18}H_{19}O_2N + H_2O$.

$$^+(CH_3)_3N \cdot C_6H_4 \cdot C \cdot H$$
$$^-OOC \cdot \overset{\|}{C} \cdot C_6H_5$$

Krystallinisch. Sintert ab 140°. Schmelzp. 186—188° (Zers.). Wässerige Lösung lackmusneutral. Mit warmer Schwefelsäure blutrot. — **Hydrochlorid** $C_{18}H_{20}O_2NCl$. Krystalle vom Schmelzp. 178° (Zers.). — **Nitrat** $C_{18}H_{20}O_2N \cdot NO_3$. Blättchen vom Schmelzp. 144—146° (Zers.)[1].

trans-m-Amino-α-phenylzimtsäuretrimethylbetain

$$^+(CH_3)_3N \cdot C_6H_4 \cdot C \cdot H$$
$$C_6H_5 \cdot \overset{\|}{C} \cdot COO^-$$

Krystallinisch. Schmelzp. 112—114° (Zers.). Leichter wasserlöslich als die cis-Verbindung, lackmusneutral. Mit warmer Schwefelsäure nur schwach grünstichig gelb. — **Hydrochlorid.** Krystalle, sintern ab 115°. Schmelzp. 163° (Zers.). — **Nitrat.** Blättchen vom Schmelzp. 166 bis 169° (Zers.)[1].

p-Amino-α-[p'-nitrophenyl]-zimtsäuretrimethylbetain

$$^+(CH_3)_3N \cdot C_6H_4 \cdot C \cdot H$$
$$NO_2 \cdot C_6H_4 \cdot \overset{\|}{C} \cdot COO^-$$

Nädelchen vom Schmelzp. 210—211°[2].

m-Aminozimtsäuretrimethylbetain $C_{12}H_{15}O_2N$. Aus Wasser mit $2 H_2O$. Schmelzp. etwa 128°; wasserfrei: Schmelzp. 206—207°[2].

p-Amino-o'-nitrostilben-p'-carbonsäuretrimethylbetain $^+(CH_3)_3N \cdot C_6H_4 \cdot CH : CH \cdot C_6H_3(NO_2) \cdot COO^-$. Aus Wasser Nädelchen mit $3 H_2O$. Wasserfrei: Schmelzp. 220—222°[2].

p-Amino-μ'-cyanstilben-p'-carbonsäuretrimethylbetain $C_{19}H_{18}O_2N_2$. Nadeln mit $1,5 H_2O$. Schmelzp. 250°; wasserfrei bei 120—130°[2].

Hexamethylentetraminbetain $C_6H_{12}N_4(OH) \cdot CH_2 \cdot COOH$. Durch Behandlung des Hydrochlorids oder der Additionsprodukte der Halogenessigester (unter Verseifung der Estergruppe) mit Silberoxyd erhält man in 50proz. Ausbeute das freie Betain. Die tafelförmigen Krystalle sind in Wasser leicht, in Alkohol, Methylalkohol und Pyridin wenig löslich. Die wässerige Lösung reagiert neutral und schmeckt süß. Die Verbindung zeigt starke bactericide Eigenschaften[3].

Hexamethylentetraminbetainhydrochlorid $C_6H_{12}N_4Cl \cdot CH_2 \cdot COOH$. Aus Hexamethylentetramin und Chloressigsäure in Chloroformlösung. (Zwischenprodukt ist wahrscheinlich chloressigsaures Hexamethylentetramin.) Grobe Krystalle, die in Wasser leicht, in Chloroform, Aceton, Alkohol und Benzol wenig löslich sind. Im Gegensatz zum Hexamethylentetramin zeigt es starke bactericide Eigenschaften[3].

Natriumsalz $C_6H_{12}N_4Cl \cdot CH_2 \cdot COONa + H_2O$. Aus Chloressigsäure, Natriumcarbonat und Hexamethylentetramin. Nach dem Einengen im Hochvakuum erhält man farblose, in Wasser leicht, in Alkohol und Aceton wenig lösliche Prismen, die starke bactericide Eigenschaften aufweisen. — **Cadmiumsalz** $(C_6H_{12}N_4Cl \cdot CH_2 \cdot COO)_2CdCl_2 + 4 H_2O$. Aus Chloressigsäure, Natriumcarbonat, Hexamethylentetramin und Cadmiumchlorid. Die farblosen Prismen sind in Wasser wenig löslich, in den organischen Solventien unlöslich und besitzen stark bactericide Eigenschaften. — **Saures Cadmiumsalz** $C_6H_{12}N_4Cl \cdot CH_2 \cdot COOH \cdot CdCl_2 + H_2O$ entsteht, wenn man die wässerige Suspension des neutralen Salzes mit konzentrierter Salzsäure ansäuert. Es scheidet sich alsbald aus. — **Natrium-Zink-Salz** $C_6H_{12}N_4Cl \cdot CH_2 \cdot COONa \cdot ZnCl_2 + H_2O$. Dieses Komplexsalz entsteht aus dem Natriumsalz und Zinkchlorid in feinen farblosen Blättchen, die in Wasser ziemlich, in Alkohol und Aceton wenig löslich sind und starke bactericide Eigenschaften aufweisen. — **Quecksilbersalz** $C_6H_{12}N_4Cl \cdot CH_2 \cdot COO)_2 \cdot Hg \cdot HgCl_2$. Aus $1/5$ normaler Quecksilberchloridlösung und 20proz. Natriumsalzlösung wird es in lanzettförmigen weißen Krystallen erhalten, die in Wasser wenig löslich sind und starke bactericide Eigenschaften besitzen[3].

---

[1] P. Pfeiffer u. Mitarbeiter: Liebigs Ann. **465**, 20 — Chem. Zbl. **1928 II**, 1204.
[2] P. Pfeiffer u. Mitarbeiter: Liebigs Ann. **465**, 20 — Chem. Zbl. **1928 II**, 1205.
[3] F. Boedecker u. J. Sepp: Ber. dtsch. pharmaz. Ges. **32**, 339 (1922) — Chem. Zbl. **1923 I**, 849.

Neurin.

Physiologische Eigenschaften: Es vermindert die Erregbarkeit des isolierten Nerven (Frosch, N. ischiad.) und erhöht die Reizdurchlässigkeit. 1 proz. Neurinlösung hemmt den Nerv fast irreversibel[1]. Ruft durch direkte periphere Wirkung auf die Nebennieren einen starken Adrenalinfluß hervor[2]. Neurin besitzt keine den Blutzucker herabsetzende Wirkung[3]. Imai[4] aber beobachtete, daß es den Blutzuckerwert zunächst erhöhte, später wieder verminderte. Es verstärkt die Adrenalinwirkung und vermindert die Insulinhypoglykämie. Insulin hemmt die Neurinhyperglykämie[4].

Derivate: Neurinbromid $C_5H_{12}NBr$. Aus Bromcholinbromid mit absolut alkoholischer Kalilauge. Aus Alkohol + Äther glänzende Tafeln vom Schmelzp. 194° (korr.)[5, 6]. Hat deutliche Muscarin- und Nicotinwirkung[6].

Bromneurinbromid, Bromvinyltrimethylammoniumbromid $C_5H_{11}NBr_2$. Schmelzp. 145° (korr.). Wirkt auf den Blutdruck und als Gift bei Mäusen schwächer als Neurinbromid[6].

Dibromneurinbromid $C_5H_{10}NBr_3$. Bei der Einwirkung von Brom auf die alkoholische Neurinlösung. Schmelzp. 168° (korr.) u. Zers. — **Perbromid** entsteht neben dem Dibromneurinbromid, ist sehr zersetzlich. Hygroskopische Krystalle[5].

Vinyltrimethylarsoniumbromid (Arsenikneurin) $C_5H_{12}AsBr$. Schmelzp. 142°. Hat weder Muscarin- noch Narkotinwirkung. Seine Giftwirkung auf Mäuse ist sehr gering[6].

Muscarin.

Vorkommen: Im Fliegenpilz nicht aufgefunden[7].

Darstellung: Vor dem üblichen Reinigungsverfahren schaltet S. Scelba noch eine Behandlung des alkoholischen Pilzextrakts mit Aceton ein, wodurch ein großer Teil der Proteine, Kohlehydrate usw. entfernt wird[8].

Physiologische Eigenschaften: Auf die Gärung wirkt es in starker Verdünnung aktivierend, bis zu 8% (auf Trockensubstanz der Hefe bezogen) hemmend und in höheren Konzentrationen wieder aktivierend[9].

Intraarteriell injiziert erzeugt synthetisches Muscarin (Nitrosocholin) im Gegensatz zum natürlichen beim entnervten Gastrocnemiusmuskel der Katze (Nerv 3 Wochen zuvor durchschnitten) schon in sehr kleinen Dosen starke, kurz (etwa 35 Sekunden) dauernde Verkürzung, die der maximalen langsamen Kontraktion durch tetanischen elektrischen Reiz etwa gleichkommt. Diese Wirkung ist nicht parasympathisch, sondern nicotinartig[10]. Der Muscarin-Bronchialkrampf wird an überlebenden Stücken von Schweinebronchialmuskeln durch Atropin und l- und d-Hyoscyamin (diese stärker) aufgehoben[11]. Gasser berichtet über die Beobachtung seiner Wirksamkeit auf histologisch sicher nervenzellenfreie Streifen der Dünndarmschleimhaut (Katze), die Bewegungsautomatie besitzen[12].

Muscarin hemmt die begünstigende Wirkung von „Thyraden" auf die Metamorphose von Amphibienlarven[13].

Chemische Eigenschaften: Konstitution: Nach Missenden[14] kann das synthetische Muscarin als Cholinester von der Konstitution $HON(CH_3)_3 \cdot CH_2 \cdot CH_2 \cdot ONO$ angesehen werden, dagegen aber käme dem natürlichen Produkt die folgende zu: $NO \cdot CH_2 \cdot (CH_3)_2 \cdot CH_2 \cdot CH_2 \cdot NO \cdot OH$, jedoch bestünden Zweifel über die Stellung der ersten Nitrosylgruppe. Als

---

[1] J. Perichanjanz: Ž. èksper. Biol. i Med. (russ.) **1926**, 165 — Ber. Physiol. Z. **36**, 671.
[2] B. A. Houssay u. E. A. Molinelli: C. r. Soc. Biol. Paris **98**, 177 — Chem. Zbl. **1928 I**, 2511.
[3] A. Madinaveitia u. S. Hernández: An. Soc. española Fis. Quim. **22**, 168 — Chem. Zbl. **1924 II**, 858.
[4] S. Imai: J. of orient. Med. **5**, 31 (1926) — Ber. Physiol. **39**, 80.
[5] R. R. Renshaw u. J. C. Ware: J. amer. chem. Soc. **47**, 2989 (1925) — Chem. Zbl. **1926 I**, 1525.
[6] R. Hunt u. R. R. Renshaw: J. of Pharmacol. **25**, 315 — Chem. Zbl. **1925 II**, 1467.
[7] B. Guth: Mh. Chemie **45**, 631 (1925) — Chem. Zbl. **1926 I**, 134.
[8] S. Scelba: Atti Accad. naz. Lincei [5] **31 II**, 518 (1922) — Chem. Zbl. **1923 III**, 1148.
[9] J. Orient: Biochem. Z. **132**, 352 (1922) — Chem. Zbl. **1923 III**, 257.
[10] H. H. Dale u. H. S. Gasser: J. of Pharmacol. **29**, 53 (1926) — Chem. Zbl. **1927 I**, 2095.
[11] D. I. Macht u. G. Ching Ting: J. of Pharmacol. **18**, 373 (1921) — Chem. Zbl. **1922 I**, 655.
[12] H. S. Gasser: J. of Pharmacol. **27**, 395 — Chem. Zbl. **1926 II**, 1663.
[13] W. Geßner: Z. Biochem. **86**, 67 — Chem. Zbl. **1927 II**, 598.
[14] J. Missenden: Chem. News **126**, 401 — Chem. Zbl. **1923 III**, 735.

Cholinester käme letzteres sicherlich nicht in Frage, da seine Lösungen beim Kochen in sauren und alkalischen Lösungen nicht zersetzt werden. (Die physiologische Wirkung ähnelt der von Acetylcholin)[1]. Das aus Agaricus muscarius gewonnene Muscarin gibt nicht die Reaktion von Angeli-Rimini und dürfte daher nicht als Aldehyd von der Formel $HO \cdot N(CH_3)_3 \cdot CH_2 \cdot CH(OH)_2$ aufzufassen sein[2]. Nach Guth soll aber neuerdings wieder die Struktur eines Betainaldehyds in Betracht kommen[3].

Stachydrin.

Vorkommen: Im Saft der Luzerne (0,144%)[4]. In den Früchten von Citrus Grandis Osbeck (27 kg = 8,5 g als Chlorid)[5].

Nachweis: Das Stanèksche Perjodidreagens fällt bei alkalischer Reaktion beträchtliche Mengen Stachydrin mit dem Cholin aus[4, 6].

---

[1] J. Missenden, Chem. News **126**, 401 — Chem. Zbl. **1923 III**, 735.
[2] S. Scelba: Atti Accad. naz. Lincei, Roma (5) **31 II**, 518 (1922) — Chem. Zbl. **1923 III**, 1148.
[3] B. Guth: Mh. Chemie **45**, 631 (1925) — Chem. Zbl. **1926 I**, 135.
[4] H. Bradford Vickery: J. of biol. Chem. **65**, 81 (1925). — Derselbe u. C. G. Vinson: Ebenda **65**, 91 (1925) — Chem. Zbl. **1926 I**, 135, 136.
[5] Y. Hiwatari: J. of Biochem. **7**, 169 — Chem. Zbl. **1927 I**, 268.
[6] Vgl. auch E. Schulze u. Trier: Hoppe-Seylers Z. **76**, 258 — Chem. Zbl. **1912 I**, 1386.

Indol und Indolabkömmlinge.

Von

Hans Sickel †-Dessau.

Vorkommen: Indol ist ein regelmäßiger Bestandteil der Blüten des spanischen Jasmins (Jasminim grandiflorum L.). In der frischen Blüte wahrscheinlich in komplexer Form[1], beim Welken frei. Während der Nacht häuft es sich in den Blütengeweben an, verschwindet aber alsbald bei der Lichteinwirkung. Die abgepflückte Blüte entbindet weiter Indol, in einem beschränkten Luftvolumen häuft dieses sich an bis zu 5—6 mg in 100 g[2]. Nicht nachzuweisen im Dampfdestillat von gefaultem „Agemaki" (Solecurtus constricta)[3].
Im Schweiß zwischen 1:2000 und 1:30000[4].

Bildung: Für die Indolbildung durch Bakterien ist jene Wasserstoffionenkonzentration am günstigsten, die auch das Wachstum am meisten fördert. Sie kann durch größere Mengen abbaufähiger Kohlehydrate gehemmt oder verzögert werden. Der Nährboden soll freies Tryptophan enthalten[5]. Die Anwesenheit leicht assimilierbarer stickstofffreier Nährstoffe, wie Glucose, Galaktose, Glycerin u. a., behindert bei Bact. vulgare und Bact. coli die Indolbildung z. B. bereits in 0,1 bzw. 0,08 proz. Konzentration (Glucose)[6]. Bei $p_H = 4{,}5$—5 ist die Indolbildung in Colibacillenkulturen gehemmt, bei $p_H = 5{,}5$—6 kaum, bei saurer Reaktion scheint sie gehemmt zu werden. Bei neutralisierten Kulturen zeigt, wie schon Arnbeck[6] beobachtet hat, Glucose hemmende Wirkung[7].

Die erste Stufe des Abbaus vom Tryptophan zum Indol ist wohl die Indolessigsäure, die auch durch „indolnegative" Bakterien erreicht wird. Indolpositive Bakterien können durch Zugabe einer leicht assimilierbaren C-Quelle in Form von Kohlehydraten dazu gebracht werden, daß auch sie im Tryptophanabbau am Endpunkt der ersten Etappe Halt machen[8]. (Nur die Salkowskische Reaktion ist positiv, die Ehrlichsche aber negativ.)

Ein beträchtlicher Teil der Colistämme vermag Indol zu bilden. Unter Paracolistämmen fanden sich weniger dazu fähige. Die Weil-Felixschen[9] Proteus-X-Stämme erwiesen sich als kräftige Indolbildner im Gegensatz zu den serologisch ihnen nahestehenden Pseudoindolbildnern van Loghems[10]. Ferner wird es vom Bacillus bipolaris avisepticus mit lebhafter violetter Salkowskischer Reaktion gebildet[11].

Ranque und Senez[12] weisen darauf hin, daß die Ergebnisse von Appelmans[13] ihre eigenen Angaben bezüglich des Verhaltens des Colibacillus in Gegenwart von Glucose[14] bestätigen und auch auf andere Zuckerarten ausdehnen[14]. Geilinger[15] machte Studien über

---

[1] Vgl. Hese: Ber. dtsch. chem. Ges. **34**, 2929 — Chem. Zbl. **1901 II**, 930.
[2] R. Cerighelli: C. r. Acad. Sci. Paris **179**, 1193 (1924) — Chem. Zbl. **1925 I**, 534.
[3] H. Matsui: J. Coll. Agric. Tokyo **5**, 401 — Chem. Zbl. **1925 I**, 1218.
[4] A. Labhardt: Zbl. Gynäk. **48**, 2626 (1924) — Ber. Physiol. **30**, 655.
[5] W. L. Kulp: J. Bacter. **10**, 459 (1925) — Ber. Physiol. **35**, 163 — Vgl A. Persin: Arch. Pat. e Clin. med. **1**, 279 — Ber. Physiol. **13**, 135.
[6] O. Arnbeck: Biochem. Z. **132**, 457 (1922) — Chem. Zbl. **1923 III**, 255.
[7] E. Bondo: C. r. Soc. Biol. Paris **87**, 472 (1922) — Chem. Zbl. **1923 I**, 855.
[8] W. Frieberg: Zbl. Bakter. I **87**, 254 (1921) — Chem. Zbl. **1922 I**, 420.
[9] G. Salus: Zbl. Bakter. I **86**, 103 — Chem. Zbl. **1922 IV**, 787.
[10] van Loghems: Zbl. Bakter. I **82**, 449 — Chem. Zbl. **1919 I**, 871.
[11] J. Csontos: Zbl. Bakter. I **97**, 178 — Chem. Zbl. **1926 I**, 2371.
[12] Ranque u. Senez: C. r. Soc. Biol. Paris **85**, 937 — Chem. Zbl. **1922 I**, 647.
[13] Appelmans: C. r. Soc. Biol. Paris **85**, 725 (1921) — Chem. Zbl. **1922 I**, 52.
[14] A. Besson, A. Ranque u. Ch. Senez: C. r. Soc. Biol. Paris **85**, 164 — Chem. Zbl. **1919 III**, 60.
[15] H. Geilinger: Mitt. Lebensmittelunters. **13**, 223.

die Indolbildung bei Stämmen von Mehlbakterien, welche der Mehlcoli- und der nahestehenden Herbicolgruppe angehören.

Indol bildet sich durch Reduktion aus ω-o-Dinitrostyrol mit Essigsäure und Eisenpulver (9,4% Ausbeute) oder mit Essigsäure und Zinkstaub in ätherischer Lösung (11% Ausbeute) oder Aluminiumamalgam[1].

Nachweis: Zum Nachweis in Kulturen von Bakterien ist Destillation nötig. Das Filtrat wird dann nach Salkowski, Ehrlich oder mit der Nitroprussidnatriumprobe geprüft. Die Hottingersche Verdauungsbrühe wird empfohlen[2]. Ferner benützt man bei Kulturen die Rot- oder Purpurfärbung mit Oxalsäure[3] in der Weise, daß der Baumwollstopfen mit gesättigter wässeriger Oxalsäurelösung getränkt, getrocknet und dann auf das Kulturröhrchen aufgesetzt wird. Die Flüchtigkeit des Indols bei gewöhnlicher Temperatur, noch mehr bei Bruttemperatur genügt, um die Reaktion hervorzurufen; dabei scheidet die flüchtige Indolessigsäure als Fehlerquelle aus[4].

Kovacs[5] gibt folgendes Reagens zum Nachweis an: p-Dimethylaminobenzaldehyd 5,0 g, Amylalkohol 75 ccm, konzentrierte Salzsäure 25 ccm. Zur Kultur 25—30 Tropfen zusetzen. Blaufärbung mit dem in den Alkohol wandernden Indol[5]. Indol kondensiert sich mit Ninhydrin (Triketohydrindenhydrat) in wässeriger Lösung zu einer Verbindung $C_{17}H_{11}O_3N$, wahrscheinlich

$$C_6H_4\langle{}^{CH}_{NH}\rangle C-C\langle{}^{CO}_{CO}\rangle C_6H_4$$
$$\quad\quad\quad\quad\quad | \\ \quad\quad\quad\quad\quad OH$$

Aus Alkohol gelbe viereckige Blättchen vom Schmelzp. 208°. In Eisessig dagegen bildet sich $C_{17}H_9O_3N$. Aus Alkohol tiefrote Krystalle vom Schmelzp. 220° unter Schwärzung (evtl. identisch mit dem bei Indicanharn mit Ninhydrin hervorgebrachten roten Farbstoff)[6].

Mit dem Vanillin-Salzsäure-Reagens auf Tryptophan gibt es ebenfalls eine Färbung, die sich aber im Gegensatz zu jener in Toluol löst und quantitativ durch Ausschütteln hiermit der wässerigen Lösung entzogen werden kann[7]. An nachfolgend aufgeführtem Material geprüft, wurde für den freien Indolkern (nur für diesen) die Reaktion mit Nitroprussidnatrium am spezifischsten gefunden: Indol, α-Methylindol, α-Indolcarbonsäure, Skatol, β-Indolaldehyd, β-Indolessigsäure, β-Indolbrenztraubensäure, β-Indoläthylamin (= Tryptamin), β-Indolalanin (Tryptophan), β-Indolglycylalanin, α, β-Indolcarbonsäure, α-Methyl-β-indolalanin, Indoxylcarbonsäure, Isatin u. a.[8]. Die Ehrlichsche Reaktion mit p-Dimethylaminobenzaldehyd, die Vanillin und die Naphthochinonreaktion verlangen nur freies β-C-Atom, die Salkowskische Reaktion lediglich freies α-C-Atom. Die letztere bisher am meisten angewandte Reaktion ist keineswegs spezifisch, sondern tritt sowohl mit β-Indolessigsäure als auch mit β-Indolbrenztraubensäure ein.

Die Böhme-Ehrlichsche Probe in ihrer Modifikation von Goré ist jener von Guezda gleichwertig nach einer Empfehlung von Kulp[9].

Bestimmung: Zur Bestimmung in Bakterienkulturen unterwirft man die mit Wasser verdünnten Nährböden der Wasserdampfdestillation, säuert das Destillat mit konzentrierter Salzsäure an und schüttelt mit Äther aus. Der Ätherextrakt wird mit Natronlauge und dann mit Salzsäure gewaschen und die nach der Ätherverjagung hergestellte wässerige Lösung mit Dimethylaminobenzaldehyd auf Indol geprüft bzw. zur colorimetrischen Bestimmung verwandt[10].

---

[1] J. van der Lee: Rec. Trav. chim. Pays-Bas et Belg. (Amsterd.) **44**, 1089 (1925) — Chem. Zbl. **1926 I**, 2471.

[2] G. Salus: Zbl. Bakter. I **88**, 103 — Chem. Zbl. **1922 IV**, 787.

[3] Vgl. Guezda: C. r. Acad. Sci. Paris **128**, 1584 — Chem. Zbl. **1899 II**, 320. — Ferner S. A. Koser u. R. H. Galt: J. Bacter. **11**, 293 — Ber. Physiol. **37**, 427 (1926).

[4] W. L. Holman u. F. L. Gonzales: J. Bacter. **8**, 577 (1923) — Ber. Physiol. **25**, 163 (1924).

[5] N. Kovacs: Z. Immun.forschg **55**, 311 — Chem. Zbl. **1928 I**, 2523.

[6] M. Tomita u. H. N. Wright: Hoppe-Seylers Z. **158**, 62 — Chem. Zbl. **1926 II**, 2424.

[7] I. Kraus: J. of biol. Chem. **63**, 157 — Chem. Zbl. **1925 I**, 2177.

[8] W. Frieber: Zbl. Bakter. I **87**, 254 (1921) — Chem. Zbl. **1922 I**, 420.

[9] W. L. Kulp: J. Bacter. **10**, 459 (1925) — Ber. Physiol. **35**, 163.

[10] C. R. Fellers u. R. W. Clough: J. Bacter. **10**, 105 (1925) — Ber. Physiol. **32**, 646 (1925).

Gewinnung und Synthese: Rein aus Steinkohlenteerölen nach einer Patentvorschrift[1]. Eine andere Patentschrift gibt ein Verfahren an zur Darstellung aus in o-Stellung zur Aminogruppe eine Methylgruppe enthaltenden acylierten aromatischen Aminen durch Überleiten der Dämpfe bei erhöhter Temperatur, auch mit wasserspaltenden Mitteln, über katalytisch wirkende hochporöse Körper[2]. Korczyński, Brydówna und Kierzek[3] berichten über Indolkondensationen der Phenylhydrazone.

Die Reddeliensche Theorie[4] zum Mechanismus der Fischerschen Indolsynthese modifiziert C. Hollins[5] mit der Annahme, daß das indermediär entstehende Ketonimid in der tautomeren Form reagiert:

$$NH:CR \cdot CH_2R = H_2N \cdot CR:CHR \xrightarrow{+C_6H_5NHCH_3}$$

$$C_6H_5N(CH_3) \cdot CR:CHR \xrightarrow{-H_2} C_6H_4 \underset{N(CH_3)}{\overset{CR}{\diamondsuit}} CR$$

Für eine früher[6] vertretene Auffassung des Mechanismus der Fischerschen Indolsynthese, die im Gegensatz zu jener anderer Autoren, besonders jener von Hollins[5] steht, wird ein neuer Beweis in der Synthese des Pyrindolderivates: 3-Methyl-benzo-(5,6)-9, 10, 11, 12-tetrahydro-4-carbolins bzw. 3, 4-Dimethylbenzo-(5, 6)-9, 10, 11, 12-tetrahydro-4-isocarbolins gesehen[7]. Die Erklärung der Entstehung von Indolderivaten aus Ketonarylhydrazonen nach Fischer[8] von Reddelien[9] steht nicht mit dem wirklichen Verlauf des Prozesses in Übereinstimmung. Unter anderen Beweisen gegen diese Hypothese haben die Versuche Bodforss[10] ergeben, daß sich die Indolumlagerung in Gegenwart von Aminen genau so vollzieht, als ob kein Amin anwesend wäre[10]. Meist gesteigerte Ausbeuten erzielt man bei dieser Synthese, wenn man als Katalysatoren Metalle: Ni, Co, Cu; Chloride: $NiCl_2$, $CrCl_2$ und UCl_6 zusetzt[11].

Durch Reduktion von o-ω-Dinitrostyrol, vermutlich über das Oxim des o-Aminophenylacetaldehyds, gelangt man zu Indol. Die beste Ausbeute wird mit Eisenfeilen und verdünnter Essigsäure erzielt. Bei Verwendung von Natriumthiosulfat in alkalischer Lösung bildet sich Indigo[12].

Physiologische Eigenschaften: Pseudomonas indoloxidans, Mycobacterium groberulum und Micrococcus piltonensis bilden aus Indol Indigotin (blaue Krystalle)[13]. Das Tryptophan in der Nährflüssigkeit für pathogene Bakterienstämme kann durch Indol nicht ersetzt werden[14].

Indol besitzt neben der peripheren auch eine zentral angreifende vasoconstrictorische Wirkung[15].

Es ist nicht als Menstruationsgift zu betrachten[16].

Auf die Bewegungen des Dickdarms übt es in 1 proz. Lösung keine Wirkung aus[17].

Im Hungerzustand erzeugt subcutan injiziertes Indol keine Störung im Eiweißstoffwechsel[18].

---

[1] Gesellschaft für Teerverwertung m. b. H. u. O. Kruber: D.R.P. 454696, Kl. 12p (1927, 1928); Chem. Zbl. **1928 II**, 1386.

[2] I. G. Farbenindustrie Aktiengesellschaft (O. Nicodemus): D.R.P. 458383, Kl. 12p (1925, 1928) — Chem. Zbl. **1928 II**, 1386.

[3] A. Korczyński, W. Brydówna u. L. Kierzek: Roczniki Chemji **7**, 112 — Bull. internat. Acad. Polon. Sci. Lettres, Ser. A, **1926**, 387 — Chem. Zbl. **1927 I**, 1464; **1927 II**, 415, 427.

[4] E. Fischer: Liebigs Ann. **388**, 179 — Chem. Zbl. **1912 I**, 1462.

[5] Hollins: J. amer. chem. Soc. **44**, 1598 — Chem. Zbl. **1923 I**, 166.

[6] G. M. u. R. Robinson: J. chem. Soc. Lond. **113**, 639 — Chem. Zbl. **1919 I**, 847.

[7] G. M. u. R. Robinson: J. chem. Soc. Lond. **125**, 827 — Chem. Zbl. **1924 II**, 38.

[8] E. Fischer: Ber. dtsch. chem. Ges. **17**, 559.

[9] Reddelien: Liebigs Ann. **388**, 179 — Chem. Zbl. **1912 I**, 1462.

[10] S. Bodforss: Ber. dtsch. chem. Ges. **58**, 775 — Chem. Zbl. **1925 I**, 2697 (ausf. Ref.).

[11] A. Korczinski u. L. Kierzek: Gazz. chim. ital. **55**, 361 — Roczniki Chemji **5**, 23 — Chem. Zbl. **1925 II**, 1860.

[12] C. Nenitzescu: Ber. dtsch. chem. Ges. **58**, 1063 — Chem. Zbl. **1925 II**, 811.

[13] P. H. Gray: Proc. roy. Soc. Lond., Ser. B, **102**, 263 — Chem. Zbl. **1928 I**, 2267.

[14] H. Braun u. C. E. Cahn-Bronner: Biochem. Z. **131**, 226 (1922) — Chem. Zbl. **1923 I**, 966.

[15] S. Hasegawa: Fol. jap. pharmacol. **4**, 216 — Ber. Physiol. **41**, 141.

[16] A. Labhardt: Zbl. Gynäk. **48**, 2626 (1924) — Ber. Physiol. **30**, 655.

[17] H. S. Lurje: Pflügers Arch. **207**, 269 — Chem. Zbl. **1925 I**, 2091.

[18] F. P. Underhill u. R. Kapsinow: J. of biol. Chem. **54**, 717 (1922) — Chem. Zbl. **1923 I**, 1045.

An Modellversuchen mit nichtchromiertem menschlichen Hautpulver aus dem Säuglingsalter wurde festgestellt, daß Indol das Wasserbindungsvermögen erheblich herabsetzen, also entquellend wirken kann[1].

Fischen eingespritzt steigert es die Bildung von schwarzem, mikroskopisch nachweisbarem Pigment[2].

Physikalische und chemische Eigenschaften: Ward[3] macht Mitteilung über das Absorptionsspektrum und bringt dazu eine Diskussion.

Bei ergiebiger Hydrierung (katalytisch unter Druck mit Nickelsalzen bei 220—250°) entstehen unter Ringöffnung 76% o-Äthylanilin und Hexahydro-o-äthylanilin (24% ?), während die Hydrierung mit Platin zum Perhydroindol führt[4].

Mit Chlordioxyd tritt Indol in Reaktion[5]. — Gegenüber Benzaldehyd und Furfurol weist es geringe antioxygene Wirkung auf[6].

Derivate: Allgemeines. Der Pyrrolidinring ist in den bicyclischen Perhydroindolbasen um so fester gebaut und um so weniger leicht durch Wasserstoffeinlagerung zu sprengen, je mehr er mit Alkylresten beladen ist und je näher diese dem Stickstoff stehen[7]. Aeschlimann[8] erörtert die relative Stabilität des Indolinonringes.

Hadano[9] macht Mitteilung von seinen Arbeiten über die Kondensation von 2- und 3-Methylindol und deren hydrierten Derivaten mit Aldehyden[9]. Sanna[10] berichtet über α- und β-Diketone in der Indolgruppe, Wislicenus und Bubeck über Derivate des Oxindols[11].

2-Methylindol.

Das 2-Methylindol ist zur Polymerisation nicht wie Indol und Skatol befähigt. Deshalb wird angenommen, daß dem Diindol eine besondere Struktur (siehe dort!) zukommt[12].

Bei der ergiebigen Hydrierung (katalytisch unter Druck mit Nickelsalzen bei 220—250°) entstehen 38% 2-Methylperhydroindol, 24% o-Propylanilin und 35% 2-Methyl-4, 5-tetramethylenpyrrol[13].

Derivate: 2-Methylindol-3-essigester-Imin $C_{14}H_{16}O_2N_2$. Durch Behandeln von Methylketol in Chloroform mit Cyanessigsäureäthylester und gasförmigem Chlorwasserstoff, Lösen des öligen Produktes in heißem Wasser und Versetzen mit Ammoniak. Prismen vom Schmelzp. 151°. In Salzsäure und Alkohol löslich, in Äther wenig löslich. Gegen warme Natronlauge beständig[14].

2-Methyl-3-acetylindol

$$\underset{NH}{\bigcirc\!\!\!\bigcirc}\begin{matrix}\cdot CO\cdot CH_3\\\cdot CH_3\end{matrix}$$

Aus Methylketol, Acetonitril und Chlorwasserstoffgas. Schmelzp. 195°[14].

Trimethyltriindolylmethan $C_{28}H_{25}N_3$. Durch Erhitzen von 2-Methyl-3-formylindol mit Methylindol und alkoholischer Kalilauge. Aus Pyridin mit Benzol farblose Krystalle vom Schmelzp. 319°. In Pyridin löslich, in Chloroform und anderen organischen Lösungsmitteln wenig löslich. Beim Erhitzen der alkoholischen Suspension mit Überchlorsäure scheiden sich

---

[1] F. Loebenstein: Kolloid-Z. **35**, 345 (1924) — Chem. Zbl. **1925 I**, 2540.
[2] T. Comini: Arch. di Fisiol. **23**, 247 (1925) — Ber. Physiol. **35**, 406.
[3] F. W. Ward: Biochemic. J. **17**, 891 (1923).
[4] J. v. Braun, O. Bayer u. G. Blessing: Ber. dtsch. chem. Ges. **57**, 392. — Ferner Willstätter u. J. v. Braun: Ebenda **51**, 767. — R. Willstätter, F. Seitz u. J. v. Braun: Ebenda **58**, 385 — Chem. Zbl. **1924 I**, 2261; **1918 II**, 364; **1925 I**, 1602.
[5] E. Schmidt u. K. Braunsdorf: Ber. dtsch. chem. Ges. **55**, 1529 — Chem. Zbl. **1922 III**, 521.
[6] Ch. Moureu, Ch. Dufraisse u. M. Badoche: C. r. Acad. Sci. Paris **183**, 408 — Chem. Zbl. **1926 II**, 1818.
[7] J. v. Braun u. O. Bayer: Ber. dtsch. chem. Ges. **58**, 387 — Chem. Zbl. **1925 I**, 1603.
[8] J. A. Aeschlimann: J. chem. Soc. Lond. **1926**, 2902 — Chem. Zbl. **1927 I**, 606.
[9] M. Hadano: J. pharmac. Soc. Japan **48**, Nr 9, 113 — Chem. Zbl. **1928 II**, 2556 (ausf. Ref.).
[10] G. Sanna: Gazz. chim. ital. **52 II**, 165, 170, 177 (1922) — Chem. Zbl. **1923 I**, 1452.
[11] W. Wislicenus u. H. Bubeck: Liebigs Ann. **436**, 113 — Chem. Zbl. **1924 I**, 1800.
[12] B. Oddo u. G. B. Crippa: Atti Accad. naz. Lincei [5] **33 I**, 31 — Chem. Zbl. **1924 I**, 2364.
[13] J. v. Braun, O. Bayer u. G. Blessing: Ber. dtsch chem. Ges. **57**, 392 — Chem. Zbl. **1924 I**, 2261.
[14] H. Fischer u. K. Pistor: Ber. dtsch. chem. Ges. **56**, 2313 (1923) — Chem. Zbl. **1924 I**, 184.

orangerote Nadeln von Methenperchlorat (Schmelzp. 248°) aus, während Methylketol im Filtrat nachweisbar ist[1].

2-Methyl-3-chloracetylindol

$$\text{Indol} \cdot CO \cdot CH_2Cl / \cdot CH_3, \text{NH}$$

Aus 2-Methylindol und Chloracetonitril in Chloroform durch gasförmige Salzsäure. Aus Wasser in Nadelbüscheln. In Alkohol, Äther, Benzol, Chloroform löslich, in Wasser und Eisessig wenig löslich[1]. Aus Chloracetylchlorid und (2 Methylindolyl-3)-magnesiumjodid[2], vgl. dort auch Derivate.

2-Methyl-3-cyanacetylindol

$$\text{Indol} \cdot CO \cdot CH_2 \cdot CN / \cdot CH_3, \text{NH}$$

Aus 2-Methyl-3-chloracetylindol mit Cyankalium in Alkohol. Gelbe Krystallblättchen vom Schmelzp. 184°. In warmem Alkohol löslich, in Wasser wenig, in Äther und Benzol unlöslich[1].

2-Methylindol-3-aldehyd

$$\text{Indol} \cdot CHO / \cdot CH_3, \text{NH}$$

Aus Methylketol in Chloroform mit wasserfreier Blausäure und gasförmigem Chlorwasserstoff. Als salzsaures Imin (Schmelzp. etwa 180°) abgeschieden. Daraus den Aldehyd in Nadeln vom Schmelzp. 198°[1].

Dihydromethylketol. Bei der ergiebigen Hydrierung werden 50% o-Propylanilin und 50% Methylperhydrolindol gebildet[3].

2-Methylperhydroindol

Kochp.$_{12}$ 62°; D.$_4^8$ 0,9142. — **Pikrat.** Hellgelbe Prismen aus Alkohol vom Schmelzp. 192 bis 193°. — **Benzolsulfoverbindung.** Schmelzp. 110—112°. — **Quartäres Jodid** $C_{11}H_{22}NJ$. In Wasser und Alkohol leicht löslich. Schmelzp. 196°[3].

2-Methyl-4, 5-tetramethylenpyrrol

Kochp.$_{13}$ 105°; D.$_4^{10}$ 0,9871. Alle charakteristischen Reaktionen der Pyrrolkörper. Durch Hydrierung in 2-Methylperhydroindol übergeführt[3].

Methylketil-3, 3 (β, β-Dimethylketoyl)

$$C_6H_4 \diagup \overset{C-CO-CO-C}{\underset{NH}{C \cdot CH_3 \quad CH_3 \cdot C}} \diagdown C_6H_4, \text{HN}$$

---

[1] H. Fischer u. K. Pistor: Ber. dtsch. chem. Ges. **56**, 2313 (1923) — Chem. Zbl. **1924 I**, 184.
[2] G. Sanna: Gazz. chim. Ital. **59**, 169 — Chem. Zbl. **1929 II**, 42.
[3] J. v. Braun, O. Bayer u. G. Blessing: Ber. dtsch. chem. Ges. **57**, 392 — Chem. Zbl. **1924 I**, 2261.

Mol.-Gewicht: 316,25. Aus 3,1 g Oxalchlorid, 1,1 g Magnesium, 5 g Äthylbromid und 6,1 g α-Methylindol in Äther und Kältemischung. Aus Methylalkohol Prismen. Schmelzp. 256 bis 257°. Es ist in Äther und Benzol schwer, in Alkali gut löslich und liefert ein schwer lösliches Silbersalz. Mit Phenylhydrazin in Eisessig und Wasser gelbe Nadeln, aus Methylalkohol Schmelzp. 192[1].

Skatol, 3-Methylindol.

Nachweis: Skatol gibt mit dem Vanillin-Salzsäure-Reagens Färbungen, die aber im Gegensatz zur Tryptophanfärbung aus der wässerigen Lösung mit Toluol ausgeschüttelt werden können. Die Trennung ist quantitativ[2].

Bestimmung: Zur Bestimmung in Bakterienkulturen unterwirft man die mit Wasser verdünnten Nährböden der Wasserdampfdestillation. Das Filtrat wird angesäuert, mit Äther ausgeschüttelt, der Ätherextrakt mit Natronlauge, dann mit Salzsäure gewaschen, zur Trockene gebracht und der mit Wasser aufgenommene Rückstand mit Dimethylanilin auf Skatol geprüft[3].

Physiologische Eigenschaften: In Aceton gelöst ruft Skatol bei Katzen und Hunden Lähmung des Zentralnervensystems und Verschlechterung (Blutdrucksenkung) des Kreislaufes hervor. Die Giftwirkung ist nicht erheblich[4].

Wird es direkt in den Magen eingeführt, so wirkt es anregend auf die Magensaftsekretion[5]. — In 1 proz. Lösung übt es auf die Bewegungen des Dickdarms keinen Einfluß aus[6]. Im Hungerzustand erzeugt subcutane Skatolinjektion keine Störungen im Eiweißstoffwechsel[7].

Chemische Eigenschaften: Bei ergiebiger Hydrierung (unter Druck mit Nickelsalzen bei 220—250° katalytisch) entstehen aus Skatol 36% 3-Methylperhydroindol, 55% 3-Methyl-4,5-tetramethylenpyrrol und 5% o-Isopropylanilin[8]. Mit Chlordioxyd tritt es in Reaktion[9].

Derivate: Pikrat $C_9H_9N \cdot C_6H_3O_7N_3$. Aus den Komponenten in wässerig-alkoholischer Lösung seidenglänzende Krystalle vom Schmelzp. 170—171°. Die Lösungen in Alkohol, Äther, Benzol und Wasser in konzentrierter Form rot bis orange, verdünnt gelb. An der Luft Umwandlung in gelbe Modifikation vom Schmelzp. 216—217° (Farbverhalten der Lösungen und Dissoziationserscheinungen!)[10].

Sarkosinanhydridskatol $C_6H_{10}O_2N_2 \cdot 2C_9H_9N$. Anlagerungsprodukt aus den Komponenten. Zusammensetzung durch Schmelzdiagramm sichergestellt. Schmelzp. 122—123°[11].

N-Methylskatol. Bildung: Nach dem Vorgang von Räth[12] durch Erhitzen von N-Methylanilin (2 Mol) mit Chloracetonacetat (1 Mol) im Rohr auf 260°[13].

5-Methoxyskatol

$$H_3C \cdot O \underset{NH}{\bigcirc} C \cdot CH_3$$

Aus verdünntem Methylalkohol Tafeln vom Schmelzp. 66°. In den üblichen organischen Lösungsmitteln außer Petroläther leicht löslich. Fast geruchlos. Mit Wasserdampf anscheinend nicht flüchtig. Fichtenspanreaktion tiefrot. Mit Ehrlichschem Reagens purpurrot, beim

---

[1] B. Oddo u. G. Sanna: Gazz. chim. ital. **51 II**, 337—342 (1921) — Chem. Zbl. **1922 I**, 1033.
[2] I. Kraus: J. of biol. Chem. **63**, 157 — Chem. Zbl. **1925 I**, 2177.
[3] C. R. Fellers u. R. W. Clough: J. Bacter. **10**, 105 — Ber. Physiol. **32**, 646 (1925).
[4] W. Salant u. N. Kleitman: J. of Pharmacol. **19**, 307 — Chem. Zbl. **1922 III**, 398.
[5] A. C. Ivy u. A. J. Javois: Amer. J. Physiol. **71**, 604 — Chem. Zbl. **1925 II**, 197.
[6] H. S. Lurje: Pflügers Arch. **207**, 269 — Chem. Zbl. **1925 I**, 2091.
[7] F. P. Underhill u. R. Kapsinow: J. of biol. Chem. **54**, 717 (1922) — Chem. Zbl. **1923 I**, 1045.
[8] J. v. Braun, O. Bayer u. G. Blessing: Ber. dtsch. chem. Ges. **57**, 392 — Chem. Zbl. **1924 I**, 2261.
[9] E. Schmidt u. K. Braunsdorf: Ber. dtsch. chem. Ges. **55**, 1529 — Chem. Zbl. **1922 III**, 521.
[10] B. Oddo u. Q. Mingoia: Gazz. chim. Ital. **57**, 480 — Chem. Zbl. **1927 II**, 1697.
[11] P. Pfeiffer u. O. Angern: Hoppe Seylers Z. **143**, 265 — Chem. Zbl. **1925 II**, 39.
[12] Räth: Ber. dtsch. chem. Ges. **57**, 715 — Chem. Zbl. **1924 I**, 2516.
[13] S. Keimatsu u. S. Inoue: J. Pharmac. Soc. Japan **1925**, Nr 518, 2—3 — Chem. Zbl. **1925 II**, 811.

Erwärmen etwas vertieft, mit Natriumnitrit in der Kälte intensiv blau. — **Pikrat** $C_{16}H_{14}O_8N_4$. Aus Alkohol dunkelrote Nadeln vom Schmelzp. 151—152°[1].

7-Methoxyskatol

Farbloses Öl. Kochp.$_{20}$ 170°. Beim Aufbewahren dunkler und von sehr unangenehmem Geruch. Fichtenspanreaktion tiefpurpurrot, mit Salpetersäure und Natriumnitrit selbst in sehr verdünnter Lösung lederfarbener flockiger Niederschlag. Mit Ehrlichschem Reagens erst in der Wärme purpurrote Färbung, mit Natriumnitrit rotbraun, dann grünlich. — **Pikrat** $C_{16}H_{14}O_8N_4$. Aus Alkohol braunrote Nadeln vom Schmelzp. 156°[1].

5-Methoxyskatol-2-carbonsäure

Aus 50 proz. Essigsäure farblose Nadeln vom Schmelzp. 200—201° (Zers.). — **Methylester.** Aus Methylalkohol Tafeln vom Schmelzp. 156°. — **Äthylester.** Aus Alkohol Nadeln vom Schmelzp. 151—152°[1].

7-Methoxyskatol-2-carbonsäure

Aus 50 proz. Essigsäure farblose Nadeln vom Schmelzp. 222—223° (lebhafte Zers.). In Essigsäure leicht, in siedendem Wasser sehr wenig löslich. Mit Ehrlichschem Reagens in der Wärme blaugrüne, beim Erkalten gelbe Färbung, mit Natriumnitrit hellbraune. — **Methylester.** Aus Alkohol Tafeln vom Schmelzp. 144—145°[1].

Dihydroskatol. Bei katalytischer Hydrierung (wie oben) entstehen 43% 3-Methylperhydroindol und 53% o-Isopropylanilin[2].

Oktahydroskatol (3-Methylperhydroindol)

Kochp.$_{12}$ 70°; D_4^8 0,8908. — **Hydrochlorid** $C_9H_{18}NCl$. In Alkohol leicht löslich. Schmelzpunkt 260° (Zers.). — **Pikrat.** Schmelzp. 195—196°. — **Quartäres Jodid** $C_{11}H_{22}NJ$. Schmelzpunkt 190°. — **Benzolsulfoverbindung** $C_{15}H_{21}O_2NS$. Aus Alkohol. Schmelzp. 129—130°[2].

3-Methyl-4,5-tetramethylenpyrrol

Kochp.$_{12}$ 105°; D_4^{14} 0,9698. Färbt sich beim Aufbewahren schneller als die 2-Methylverbindung. Weitere Hydrierung führt zum Perhydroskatol[2].

---

[1] K. G. Blaikie u. W. H. Perkin jun.: J. chem. Soc. Lond. **125**, 296 — Chem. Zbl. **1924 I**, 2368 ff.

[2] J. v. Braun, O. Bayer u. G. Blessing (G. Lemke): Ber. dtsch. chem. Ges. **57**, 392 — Chem. Zbl. **1924 I**, 2260.

Indol und Indolabkömmlinge.   241

Diskatol

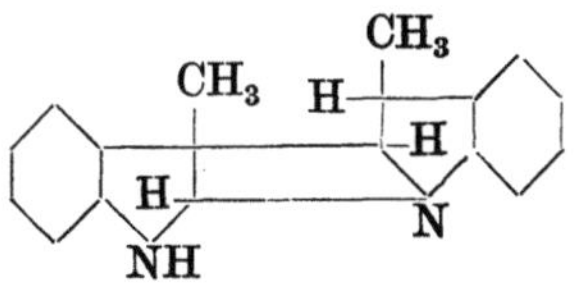

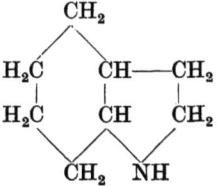

Aus dem Hydrochlorid in alkoholischer Lösung mit der berechneten Menge 0,1 n-Natronlauge. Geruchlose Nadeln vom Schmelzp. 130°. In Äther, Benzol, Methylalkohol, Benzin und Eisessig leicht, in kaltem Alkohol wenig löslich. Keine weitere Polymerisation beobachtet [1].
— **Hydrochlorid** $(C_9H_9N)_2 \cdot HCl$. Skatol in Äther mit Chlorwasserstoffgas behandelt liefert orangegelben Niederschlag, der sich bald wieder löst mit amethystroter Farbe. Dann scheiden sich Nadeln aus. Schmelzp. 173°. In Methylalkohol leicht, in Alkohol löslich, in Äther, Benzin und Petroläther unlöslich. Ausbeute fast quantitativ. — **Pikrat** $C_{18}H_{18}N_2 \cdot C_6H_3O_7N_3$. Orangerotes Pulver vom Schmelzp. 170°. — **Oxalat** $(C_{18}H_{18}N_2)_2 \cdot C_2H_2O_4$. Nadeln vom Schmelzpunkt 180° [1].

C-Formyldiskatol (α-Diskatolaldehyd)

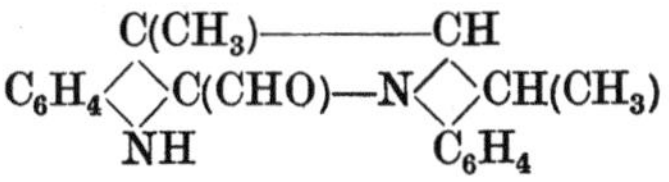

$$C_6H_4 \begin{matrix} C(CH_3)\text{---------}CH \\ \diagup\diagdown C(CHO)\text{---}N\diagup\diagdown CH(CH_3) \\ NH \quad\quad C_6H_4 \end{matrix}$$

Durch Erhitzen von Diskatol mit Ameisensäure. Schmelzp. 187° [2].
  C-Acetyldiskatol (α-Diskatoylmethylketon) $C_{20}H_{20}ON_2$. Schmelzp. 180° [2].
  C-Benzoyldiskatol (α-Diskatoylphenylketon) $C_{25}H_{22}ON_2$. Schmelzp. 207° [2].
  2-Äthyldiskatol $C_{20}H_{22}N_2$. Schmelzp. 157°. — **Acetylverbindung** $C_{22}H_{24}ON_2$. Schmelzpunkt 119—121° [2].

Weitere **Indolderivate**: β-Indolaldehyd. Beeinflußt, einer tryptophanfreien Kost zugesetzt, das Wachstum von weißen Ratten nicht merklich.

Ward[3] berichtet über sein Absorptionsspektrum und dessen Diskussion [4].

2-Oxy-3-indolaldehyd. Absorptionsspektrum und seine Diskussion [4].

Dihydroindol. Bei ergiebiger Hydrierung (unter Druck mit Nickelsalzen katalysiert bei 220—250°) entstehen 79% Äthylanilin und 21% Perhydroindol [5].

Perhydroindol

$$\begin{matrix} & CH_2 & \\ H_2C & CH\text{---}CH_2 \\ H_2C & CH \quad CH_2 \\ & CH_2 \quad NH \end{matrix}$$

Kochp.$_{12}$ 64—65°, Kochp.$_{760}$ 185,5° [6], Kochp.$_{760}$ 170—171 (?) [5]; D_4^{17} 0,8845 [7]; D_4^{20} 0,9472 [6]; $n_D^{20} = 1,4892$; Mol.-Refr. gef. 38,15 (ber. 38,34) [6]. Riecht nach Schierling. Zieht schnell Kohlensäure an [5]. — **Hydrochlorid.** In kaltem Wasser wenig löslich [5]. — **Quarternäres Jodid** $C_{10}H_{20}NJ$. In Wasser und Alkohol leicht löslich. Aus Alkohol + Äther Schmelzp. 234° (Zers.) [5]. — **Chloroplatinat.** Schmelzp. 172—173° [6]. — **Pikrat.** Schmelzp. 189—190° [5], 137—138° [6]. — **Benzolsulfoverbindung.** Schmelzp. 70—71° [6]. — **Benzolsulfonylderivat** $C_{14}H_{19}O_2NS$. Schmelzp. 121—122°. In Alkohol leicht, in Alkali nicht löslich [5].

---

[1] B. Oddo u. G. B. Crippa: Atti Accad. naz. Lincei, Roma [5] **33 I**, 31 — Chem. Zbl. **1924 I**, 2364.
[2] B. Oddo u. Q. Mingoia: Gazz. chim. Ital. **57**, 480 — Chem. Zbl. **1927 II**, 1697.
[3] R. W. Jackson: J. of biol. Chem. **73**, 523 — Chem. Zbl. 1927 **II**, 1858.
[4] F. W. Ward: Biochemic. J. **17**, 891 (1923).
[5] J. v. Braun, O. Bayer u. G. Blessing: Ber. dtsch. chem. Ges. **57**, 392 — Chem. Zbl. **1924 I**, 2260.
[6] R. Willstätter, F. Seitz u. J. v. Braun: Ber. dtsch. chem. Ges. **58**, 385 — Chem. Zbl. **1925 I**, 1602.
[7] Vgl. Willstätter u. Jacquet: Ber. dtsch. chem. Ges. **51**, 767 — Chem. Zbl. **1918 II**, 346 (Prod. enthielt dort wahrscheinlich Äthylanilin).

2-Methyloktahydroindol $C_9H_{17}N$. Bei der Hydrierung von α-Methylketol bei 200°. Kochp.$_{16}$ 76°, Kochp.$_{751}$ 188°; D_4^{18} 0,9150. — **Quartern. Jodmethylat.** Schmelp. 197°. — **Benzolsulfoverbindung.** Aus Alkohol zum Schmelzp. 120—121°[1].

Oktahydroskatol $C_9H_{17}N$. Bei der Hydrierung von Skatol bei 205°. Kochp.$_{15}$ 75°; D_4^{17} 0,9080. — **Pikrat.** Schmelzp. 150°. — **Jodmethylat** $C_{11}H_{22}NJ$. Schmelzp. 197°[1].

Dimethylperhydroindol

$$\underset{N \cdot CH_3}{\bigcirc \cdot CH_3}$$

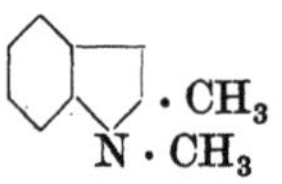

Bei der Hydrierung von 1, 2-Dimethylindol bei 200°[1].

2-Methylindol-3-aldehyd[2] ist bereits früher von Barger und Ewins[3] synthetisiert worden[4].

2-Methylindol. Darstellung aus Phenylhydrazon und Aceton katalytisch[5].

2, 3-Dimethylindol. Darstellung wie das Methylderivat. Ausbeute mit $NiCl_2$ 65%, mit Ni 60%, Co 55%, Cu 62%[5].

Pikryl-2-methylindol $C_{15}H_{10}O_6N_4$. Aus α-Methylindol und Pikrylchlorid ($+ Na_2CO_3$). Rote Nadeln vom Schmelzp. 110°[5].

Isomere-Pikryl-2-methylindol. Aus den alkoholischen Mutterlaugen mit dem Schmelzpunkt 225°. Rote Nadeln[5].

Pikryl-2, 3-dimethylindol $C_{16}H_{12}O_6N_4$. Aus Aceton rote Nadeln vom Schmelzp. 133 bis 134°[5].

1, 2-Dimethylindol. Bei der Hydrierung (katalytisch mit Nickelsalzen unter Druck bei 220—250°) entstehen 25% Dimethyltetramethylenpyrrol und 75% 1, 2-Dimethylperhydroindol[6].

1, 2-Dimethylperhydroindol

$$\begin{array}{c} CH_2 \\ H_2C \quad CH—CH_2 \\ H_2C \quad CH \quad CH \cdot CH_3 \\ CH_2 \quad N \cdot CH_3 \end{array}$$

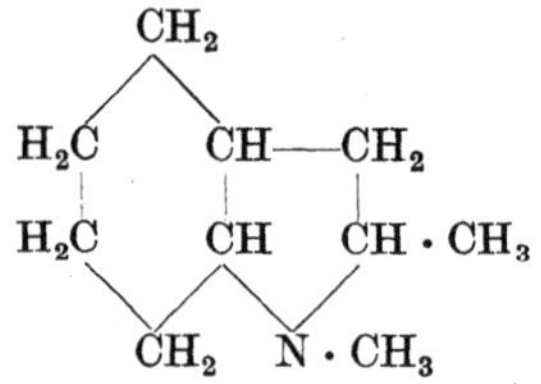

Kochp.$_{12}$ 71°; D_4^{20} 0,8822. Riecht nach Schierling. — **Jodmethylat.** Schmelzp. 197°. — **Hydrochlorid.** Sehr hygroskopisch. — **Platinsalz.** Schmelzp. 220° (Zers.), in Wasser sehr leicht löslich. — **Pikrat.** Schmelzp. 149—150°. — Wird bei längerem Kochen in geringem Maße dehydriert. Kochpunkt steigt dabei auf 76°[6].

1, 2-Dimethylhydroindol

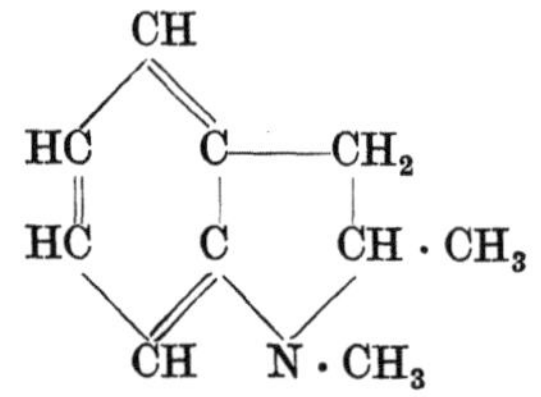

$$\begin{array}{c} CH \\ HC \quad C—CH_2 \\ HC \quad C \quad CH \cdot CH_3 \\ CH \quad N \cdot CH_3 \end{array}$$

Kochp.$_{13}$ 96—97°. Bei der ergiebigen Hydrierung (wie oben) entstehen 45% 1, 2-Dimethylperhydroindol und 55% o-Propyl-N-methylanilin[6].

---

[1] J. v. Braun u. O. Bayer: Ber. dtsch. chem. Ges. **58**, 387 — Chem. Zbl. **1925 I**, 1603.
[2] Fischer u. Pistor: Ber. dtsch. chem. Ges. **56**, 2313 (1923) — Chem. Zbl. **1924 I**, 183.
[3] Barger u. Ewins: Biochemic. J. **11**, 58 — Chem. Zbl. **1917 II**, 226.
[4] H. Fischer: Ber. dtsch. chem. Ges. **57**, 356 — Chem. Zbl. **1924 I**, 1191.
[5] A. Korczynski u. L. Kierzek: Gazz. chim. ital. **55**, 361 — Roczniki Chemji **5**, 23 — Chem. Zbl. **1925 II**, 1860.
[6] J. v. Braun, O. Bayer u. G. Blessing (G. Lemke): Ber. dtsch. chem. Ges. **57**, 392 — Chem. Zbl. **1924 I**, 2260.

1, 2-Dimethyl-4, 5-tetramethylenpyrrol

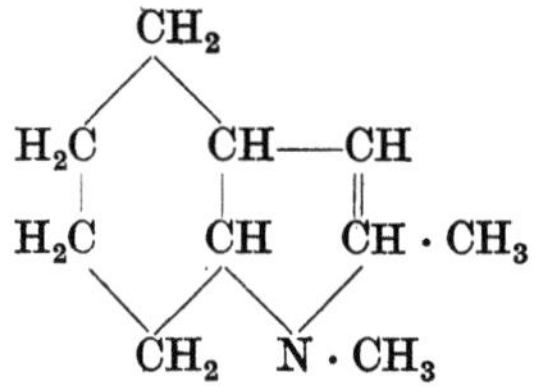

$$\begin{array}{c} CH_2 \\ H_2C \quad CH—CH \\ H_2C \quad CH \quad CH \cdot CH_3 \\ CH_2 \quad N \cdot CH_3 \end{array}$$

Kochp.$_{12}$ 108°; D.$_4^{20}$ 0,9815. Ist unbeständiger als die aus Skatol und Methylketol erhaltenen sekundären Pyrrole[1].

2, 5-Dimethylindol. Bei ergiebiger Hydrierung (katalytisch wie oben) bilden sich mehr als 95% o-Propyl-p-methylanilin und etwa 5% 2, 5-Dimethylperhydroindol[1].

2, 5-Dimethylperhydroindol

$$\begin{array}{c} CH_2 \\ CH_3 \cdot HC \quad CH—CH_2 \\ H_2C \quad CH \quad CH \cdot CH_3 \\ CH_2 \quad NH \end{array}$$

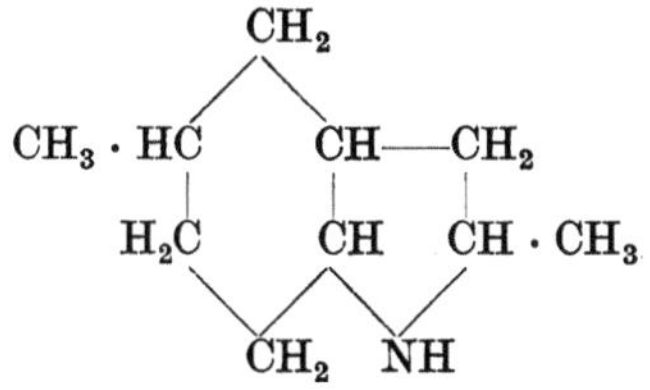

Benzolsulfoverbindung $C_{16}H_{23}O_2NS$. Schmelzp. 114°. In Alkali unlöslich[1].

2, 4, 7-Trimethylindol

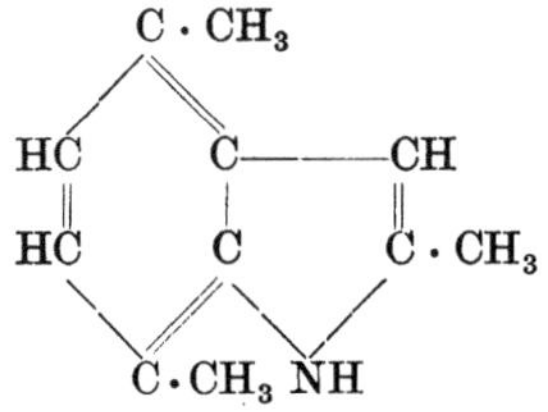

$$\begin{array}{c} C \cdot CH_3 \\ HC \quad C———CH \\ HC \quad C \quad C \cdot CH_3 \\ C \cdot CH_3 \quad NH \end{array}$$

Aus p-Xylylhydrazin + 2 Mol Aceton und Behandlung bei 160° mit Chlorzink. Kochp.$_{13}$ 158 bis 159°. Riecht angenehm nach getrocknetem Fleisch. Bei der ergiebigen Hydrierung (nach obigen Bedingungen) liefert es Dimethylpropylanilin (Kochp.$_{13}$ 107—110°)[1].

N-Äthylindol. Neue Darstellung im großen aus Diäthylanilindampf und Luft beim Durchleiten durch ein mit aktiver Kohle beschicktes Kontakt-Kupferrohr bei 400° (neben anderen Basen, darunter N-Äthyl-2-methylindol)[2].

N-Äthyl-2-methylindol Kochp. 265°. Im großen aus Diäthylanilin durch katalytische Oxydation (siehe bei N-Äthylindol)[2].

2-Äthylindol

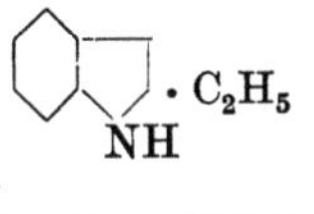

$$\underset{NH}{\bigcirc\!\!\!\bigcirc} \cdot C_2H_5$$

Aus Propionyl-o-Toluidin durch ¼stündiges Erhitzen mit der 2½fachen Menge Natriumamid auf 250—260°. Aus Petroläther silberglänzende Nadeln vom Schmelzp. 43°. Kochp.$_5$ 142 bis 143°. Geruch ähnlich dem des Methylindols, fruchtartiger[3].

3-Äthylindol

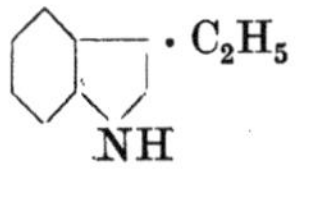

$$\underset{NH}{\bigcirc\!\!\!\bigcirc} \cdot C_2H_5$$

---

[1] J. v. Braun, O. Bayer u. G. Blessing (G. Lemke): Ber. dtsch. chem. Ges. **57**, 392 — Chem. Zbl. **1924 I**, 2260.

[2] I. G. Farbenindustrie A.-G. u. O. Nicodemus: D.R.P. 446544, Kl. 12p (1925, 1927); Chem. Zbl. **1927 II**, 1088.

[3] A. Verley u. J. Beduwé: Bull. Soc. Chim. France [4] **37**, 189 — Chem. Zbl. **1925 I**, 1602.

Aus Butyraldehydphenylhydrazon mit Kupferchlorür bei 200°. Schmelzp. 43°, Kochp.$_{14}$ 150°.
— **Pikrat.** Blutrote Nadeln vom Schmelzp. 121° [1].

2-Propylindol

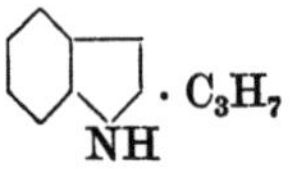

$$\underset{NH}{\bigcirc\!\!\bigcirc} \cdot C_3H_7$$

Aus Butyryl-o-toluidin durch $^1/_4$ stündiges Erhitzen mit der $2^1/_2$ fachen Menge Natriumamid auf den Schmelzpunkt des Gemisches. Aus Petroläther durchsichtige Tafeln vom Schmelzpunkt 34°, Kochp.$_5$ 147—148° [2].

2-i-Butylindol

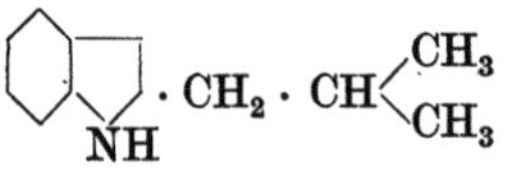

$$\underset{NH}{\bigcirc\!\!\bigcirc} \cdot CH_2 \cdot CH\!\!<\!\!\genfrac{}{}{0pt}{}{CH_3}{CH_3}$$

Aus Isovaleryl-o-toluidin durch Schmelzen mit der $2^1/_2$ fachen Menge Natriumamid. Aus Petroläther Prismen vom Schmelzp. 42,5°, Kochp.$_5$ 149—150°. Blütenartiger Geruch [2].

1-n-Butylindol $C_{12}H_{15}N$. Aus Indol mit Kalium und n-Butylbromid. Kochp. 145°. Erstarrt nicht bis —60°. Besitzt keinen unangenehmen Geruch. Gibt die Fichtenspanreaktion. $D.^{18}_4$ 1,002 [1].

N-n-Butylperhydroindol $C_{12}H_{23}N$. Bei der Hydrierung von 1-n-Butylindol bei 235°. Kochp$_{16}$. 102—103°. $D.^{16}_4$ 0,8873. Schierlingartiger Geruch. — **Pikrat.** Aus Alkohol zum Schmelzp. 135° [1].

3-Pentylindol. Aus Önantholphenylhydrazin und $NiCl_2$ in 30 Minuten bei 220—230°. In der Fraktion Kochp.$_1$- 185—250° [3].

N-Äthyl-2-methylindol

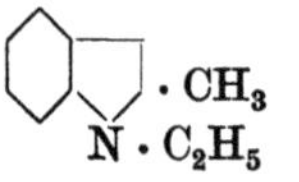

$$\underset{N \cdot C_2H_5}{\bigcirc\!\!\bigcirc} \cdot CH_3$$

Aus 2-Acetyläthylamino-1-methylbenzol bei 400° unter vermindertem Druck über hochaktiver Kohle. Kochp.$_{11-12}$ 140—145° [4].

2-Methyl-3-propylindol

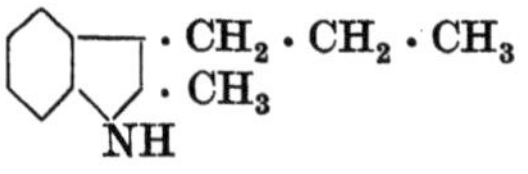

$$\underset{NH}{\bigcirc\!\!\bigcirc} \genfrac{}{}{0pt}{}{\cdot CH_2 \cdot CH_2 \cdot CH_3}{\cdot CH_3}$$

Aus Butylmethylketonphenylhydrazon nach Fischers Methode. Hell bräunlichrotes Öl. Kochp.$_{40}$ 195°. In Alkohol, Äther, Eisessig, Benzol und Ligroin leicht löslich [5].

2-Methyl-3-isopropylindol

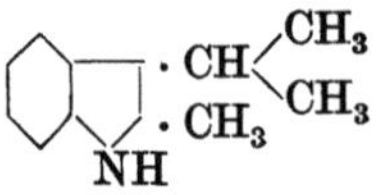

$$\underset{NH}{\bigcirc\!\!\bigcirc} \genfrac{}{}{0pt}{}{\cdot CH\!<\!\genfrac{}{}{0pt}{}{CH_3}{CH_3}}{\cdot CH_3}$$

Aus Isobutylmethylketonphenylhydrazon nach Fischers Methode. Hellgelbes Öl. Kochpunkt$_{15}$ 173°. In Alkohol, Äther, Eisessig, Benzol und Ligroin leicht löslich [5].

2-Methyl-3-(n)-octylindol

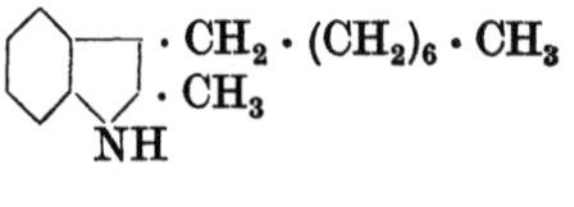

$$\underset{NH}{\bigcirc\!\!\bigcirc} \genfrac{}{}{0pt}{}{\cdot CH_2 \cdot (CH_2)_6 \cdot CH_3}{\cdot CH_3}$$

Aus n-Nonylmethylketonphenylhydrazon nach Fischers Methode. Gelbes Öl vom Kochpunkt$_{35}$ 230—235° [5].

---

[1] J. v. Braun u. O. Bayer: Ber. dtsch. chem. Ges. **58**, 387 — Chem. Zbl. **1925 I**, 1603.
[2] A. Verley u. J. Beduwé: Bull. Soc. Chim. France [4] **37**, 189 — Chem. Zbl. **1925 I**, 1602.
[3] A. Korczynski u. L. Kierzek: Gazz. chim. ital. **55**, 361 — Roczniki Chemji **5**, 23 — Chem. Zbl. **1925 II**, 1860.
[4] I. G. Farbenindustrie A.-G. (O. Nicodemus): D.R.P. 458383, Kl. 12p (1925, 1928) Chem. Zbl. **1928 II**, 1386.
[5] S. Kuroda: J. Pharmac. Soc. Japan **1923**, Nr 493, 13 — Chem. Zbl. **1923 III**, 142.

1,2-Dimethyl-3-propylindol

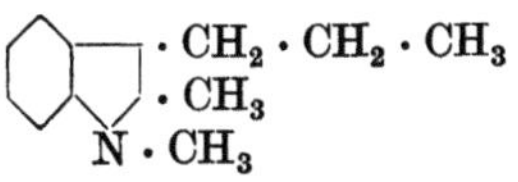

$$\underset{\underset{CH_3}{N}}{\bigcirc\!\!\!\bigcirc}\!\!\begin{array}{l}\cdot CH_2 \cdot CH_2 \cdot CH_3 \\ \cdot CH_3\end{array}$$

Hell bräunlichrotes Öl vom Kochp.$_{35}$ 187°. In Äther, Benzol, Eisessig und Ligroin leicht löslich[1].

1,2-Dimethyl-3-(n)-octylindol

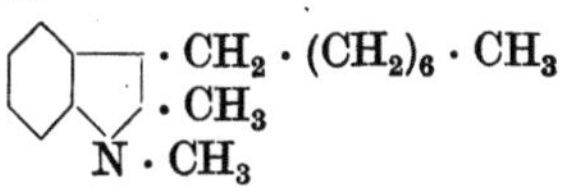

$$\underset{\underset{CH_3}{N}}{\bigcirc\!\!\!\bigcirc}\!\!\begin{array}{l}\cdot CH_2 \cdot (CH_2)_6 \cdot CH_3 \\ \cdot CH_3\end{array}$$

Kochp.$_{36}$ 225—230°. In Äther, Benzol, Ligroin, Eisessig und Schwefelkohlenstoff leicht, in kaltem Alkohol wenig löslich[1].

2,2,3,3-Tetramethylindolin

$$\bigcirc\!\!\!\bigcirc\!\!\begin{array}{l}NH \\ \diagdown C(CH_3)_2 \\ \diagup C(CH_3)_2\end{array}$$

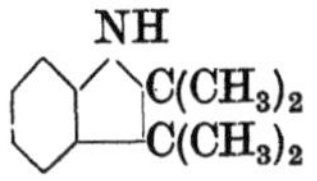

Mol.-Gewicht: 177,02. Aus Acetonanil mit Natrium und Äthylalkohol. Nach Zusatz von Salzsäure wird der Alkohol mit Wasserdampf abdestilliert, das Indolin mit Natronlauge in Freiheit gesetzt. Aus Ligroin Schmelzp. 39,5°. Es färbt sich an der Luft nur schwach gelblich, riecht piperidinähnlich und zeigt keine Isonitrilreaktion. In organischen Lösungsmitteln ist es leicht, in Wasser wenig und in Natronlauge nicht löslich. Die kalte 10 proz. essigsaure Lösung trübt sich beim Erwärmen. Alkalische Permanganatlösung wird bereits in der Kälte reduziert. In Äther und Ligroin fluoresciert es schwach bläulich. Beim Erhitzen mit Phthalsäureanhydrid und Chlorzink bildet sich eine tief dunkelgrüne Färbung, die auf Alkalizusatz verschwindet und beim Sättigen mit HCl wiederkehrt. Weitere Reaktionen und Verhalten gegen Jodwasserstoff und Phosphor sowie sein Hydrochlorid, Pikrat und Nitrosoderivat sind in der Literatur beschrieben[2].

2,2,3,3,5-Pentamethylindolin

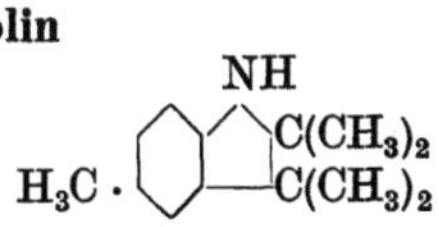

$$H_3C\cdot\bigcirc\!\!\!\bigcirc\!\!\begin{array}{l}NH \\ \diagdown C(CH_3)_2 \\ \diagup C(CH_3)_2\end{array}$$

Mol.-Gewicht: 181,02. Aus Aceton-p-tolil mit Natrium und Alkohol oder Amylalkohol neben Toluidin. Lichtbeständiges gelbes Öl. Reaktionen fallen wie beim 2,2,3,3-Tetramethylindolin aus. Hydrochlorid, Schmelzp. 201—205° (Zers.), aus Wasser. Sonstige Derivate siehe Literatur[2]!

1,2,3,3-Tetramethyl-5-chlorindoliumjodid

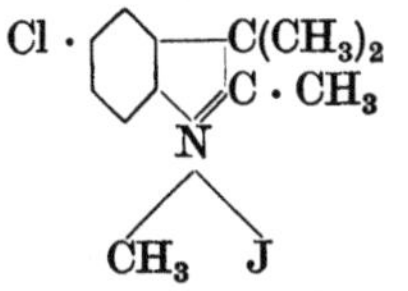

$$Cl\cdot\underset{\underset{CH_3\ J}{N}}{\bigcirc\!\!\!\bigcirc}\!\!\begin{array}{l}C(CH_3)_2 \\ C\cdot CH_3\end{array}$$

Aus Alkohol gelbliche Nadeln vom Schmelzp. 198°. Allmähliche Rosafärbung[3].

4-Methoxyindol

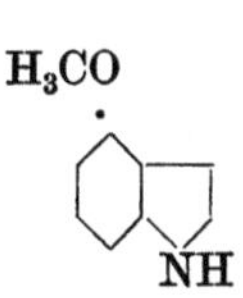

$$\underset{NH}{\overset{H_3CO}{\bigcirc\!\!\!\bigcirc}}$$

Aus Petroläther farblose, flache Nadeln vom Schmelzp. 69,5°, Kochp.$_{24}$ 181—183°. Tiefpurpurne Fichtenspanreaktion. Mit Ehrlichschem Reagens purpurrot, durch Natriumnitrit vertieft. — **Pikrat.** Dunkelrote Nadeln aus Alkohol vom Schmelzp. 159—160°[4].

---

[1] S. Kuroda: J. Pharmac. Soc. Japan **1923**, Nr 493, 13 — Chem. Zbl. **1923 III**, 142.
[2] E. Knövenagel: Ber. dtsch. chem. Ges. **55**, 2309 — Chem. Zbl. **1922 III**, 1128.
[3] W. König u. E. Wagner: Ber. dtsch. chem. Ges. **57**, 685 — Chem. Zbl. **1924 I**, 2598.
[4] K. G. Blaikie u. W. H. Perkin jun.: J. chem. Soc. Lond. **125**, 296 — Chem. Zbl. **1924 I**, 2368 ff.

5-Methoxyindol

$H_3CO \cdot$ [indole ring] NH

Aus Petroläther flache Nadeln vom Schmelzp. 55°, Kochp.$_{17}$ 176—178°. Schwach indolartiger Geruch. Beim Aufbewahren allmählich dunkler und übelriechend. In heißem Wasser wenig löslich. Dampf gibt rotviolette Fichtenspanreaktion. Mit konzentrierter Salpetersäure und Natriumnitrit gibt die gesättigte wässerige Lösung einen purpurfarbenen Niederschlag, in verdünnter Lösung Rosafärbung. Ehrlichsches Reagens färbt rosa, bei Erwärmen tiefmagenta, auf Natriumnitritzusatz intensiver. — **Pikrat** $C_{15}H_{12}O_8N_4$. Aus Alkohol hellrote Nadeln vom Schmelzp. 145°[1].

1-Acetyl-5-methoxyindol

$H_3CO \cdot$ [indole ring] $N \cdot CO \cdot CH_3$

Nach der Destillation aus Alkohol farblose, prismatische Nadeln vom Schmelzp. 82°, Kochp.$_{25}$ 210—211°. Beständig. — **Nitroderivat** $C_{11}H_{10}O_4N_2$. Aus wenig heißem Aceton braune Nadeln vom Schmelzp. 149°. In Alkohol löslich; ein Teil aus Eisessig braune Tafeln vom Schmelzpunkt 213—214° in Alkohol unlöslich[2].

5-Methoxyindol-3-aldehyd

$H_3CO \cdot$ [indole ring] $\cdot CHO$, NH

Aus heißem Wasser farblose Nadeln vom Schmelzp. 178°. Mit verdünnter Schwefelsäure oder Salzsäure erwärmt gibt es eine rote, unlösliche Substanz, mit warmem Ehrlichschen Reagens Rosafärbung, beim Abkühlen beständig, durch Natriumnitrit farblos[2].

6-Methoxyindol

$CH_3O \cdot$ [indole ring] NH

Mol.-Gewicht: 147,13. Durch Erhitzen des trockenen Ammoniumsalzes der 6-Methoxyindol-2-carbonsäure in 55proz. Ausbeute an reiner Substanz. Aus Petroläther in Plättchen vom Schmelzp. 91—92°. — **Pikrat**. Aus Benzol und Petroläther in roten Nadeln vom Schmelzpunkt 137°[3].

6-Methoxy-1-methylindol-2-carbonsäure

$CH_3O \cdot$ [indole ring] $\cdot COOH$, $N \cdot CH_3$

Mol.-Gewicht: 191,13. Vom m-Anisidin ausgehend über sein rohes Methylderivat (Kochp.$_{12}$ 133—135°), Reduktion der Nitrosoverbindung mit Zinkstaub und Essigsäure unterhalb 10° zum m-Methoxyphenylmethylhydrazin, das mit Brenztraubensäure zum entsprechenden Hydrazon ($C_{11}H_{14}O_3N_2$) umgesetzt wird und Lösen der citronengelben Nadeln (Schmelzp. 66°) in konzentrierter alkoholischer Salzsäure. Nadeln, die sich bei etwa 235° unter Gasentwicklung zersetzen und in Alkohol wenig löslich sind. Alkoholische Lösung gibt mit p-Dimethylaminobenzaldehyd und Salzsäure purpurrote Färbung, beim Kochen verblassend[3].

6-Methoxy-1-methylindol

$CH_3O \cdot$ [indole ring], $N \cdot CH_3$

---

[1] K. G. Blaikie u. W. H. Perkin jun.: J. chem. Soc. Lond. **125**, 296 — Chem. Zbl. **1924 I**, 2369 ff.

[2] K. G. Blaikie u. W. H. Perkin jun.: J. chem. Soc. Lond. **125**, 296 — Chem. Zbl. **1924 I**, 2368 ff.

[3] W. O. Kermack, W. H. Perkin u. R. Robinson: J. chem. Soc. Lond. **121**, 1972 (1922) — Chem. Zbl. **1923 I**, 1173.

Mol.-Gewicht: 161,13. Durch vorsichtiges Erhitzen der 6-Methoxy-1-methyl-2-carbonsäure unter CO_2-Abspaltung. Öl, das in wässeriger Lösung mit p-Dimethylaminobenzaldehyd und Salzsäure eine rote Farbe gibt, die auf Zusatz von Natriumnitrit vertieft wird. Die Base gibt rote Fichtenspanreaktion. — **Pikrat.** Rotbraune Nadeln vom Schmelzp. 123°[1].

6-Methoxyindol-3-aldehyd

$CH_3O \cdot$ [indole ring] $\cdot CHO$ / NH

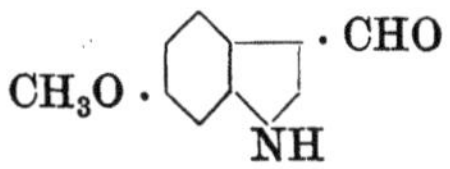

Mol.-Gewicht: 175,12. Aus 6-Methoxyindol nach Ellinger[2]. Aus Wasser fast farblose Nadeln vom Schmelzp. 185°, in Schwefelsäure rot löslich[1].

7-Methoxyindol

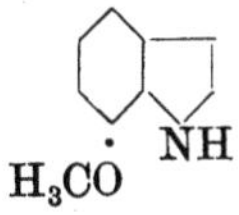

[indole ring] / NH / H_3CO

Farb- und fast geruchloser Sirup. Beim Aufbewahren dunkler und von schwachem Indolgeruch. Bei 0° nicht fest. Kochp.$_{21}$ 159—161°, Kochp.$_{17}$ 157°. Mit Wasserdämpfen leicht flüchtig. Fichtenspanreaktion tiefmalvenfarbig. Mit Salpetersäure und Natriumnitrit schmutzig purpurner Niederschlag bzw. Rosafärbung. Mit Ehrlichschem Reagens in der Kälte gelb, beim Erwärmen orangerot, durch Natriumnitrit tiefpurpurrot. — **Pikrat** $C_{15}H_{12}O_8N_4$. Aus Alkohol rote Nadeln vom Schmelzp. 156°[3].

7-Methoxyindol-3-aldehyd

[indole ring] $\cdot CHO$ / NH / H_3CO

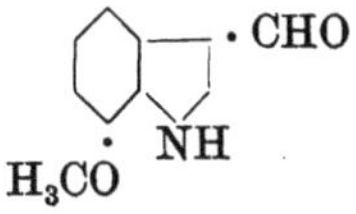

Aus heißem Wasser farblose Nadeln vom Schmelzp. 159—160°. Durch verdünnte Mineralsäuren rote unlösliche Substanz. Mit Schiffschem Reagens Rosafärbung[3].

2-Methyl-5-methoxyindol

$CH_3O \cdot$ [indole ring] $\cdot CH_3$ / NH

Aus Aceton-4-methoxyphenylhydrazon durch Erhitzen im Vakuum auf 110° in Gegenwart von Zinkchlorid. Aus Petroläther vom Schmelzp. 85—86°. Liefert bei der Hydrierung mit Zinn und Salzsäure und nachfolgender Methylierung mit Dimethylsulfat und Lauge ein farbloses Öl, das mit Hydrophysostigmolmethyläther nicht identisch ist. Sein **Pikrat**, $C_{17}H_{18}O_8N_4$, hellgelbe Nadeln, schmilzt bei 171—172°[4].

2-Methyl-5-oxyindol C_9H_9ON. Schmelzp. 136°[5].
2-Methyl-3-carbäthoxy-5-oxyindol $C_{12}H_{13}O_3N$. Aus Chinon und Aminocrotonsäureester. Krystalle aus Aceton und Methylalkohol. Schmelzp. 205°[5].
2-Methyl-3-carboxy-5-methoxyindol $C_{11}H_{11}O_3N$. Schmelzp. 208°[5].
1-Phenyl-2-methyl-3-carbäthoxy-5-oxyindol $C_{18}H_{17}O_3N$. Schmelzp. 205—206°[5].

2-Methyl-6-methoxyindol

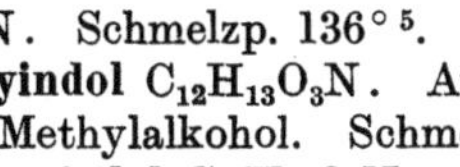

$CH_3O \cdot$ [indole ring] $\cdot CH_3$ / NH

Aus Petroläther. Schmelzp. 102—103°. — **Pikrat** des durch Hydrierung und Methylierung erhaltenen **N-Methyl-2-methyl-6-methoxyhydroindols** zeigte Schmelzp. 144—145°, war also auch nicht mit dem Pikrat des Hydrophysostigmolmethyläthers (Schmelzp. 128—129°) identisch[4].

---

[1] W. O. Kermack, W. H. Perkin u. R. Robinson: J. chem. Soc. Lond. **121**, 1972 (1922) — Chem. Zbl. **1923 I**, 1173.
[2] Ellinger: Ber. dtsch. chem. Ges. **39**, 2520 — Chem. Zbl. **1906 II**, 683.
[3] K. G. Blaikie u. W. H. Perkin jun.: J. chem. Soc. Lond. **125**, 296 — Chem. Zbl. **1924 I**, 2368ff.
[4] E. Späth u. O. Brunner: Ber. dtsch. chem. Ges. **58**, 518 — Chem. Zbl. **1925 I**, 2309.
[5] C. D. Nenitzescu: Bul. Soc. Chim. Romania **11**, 37 — Chem. Zbl. **1929 II**, 2331.

3-Methyl-5-methoxyindol

$$CH_3O \cdot \underset{NH}{\bigcirc\!\!\!\bigcirc} \cdot CH_3$$

Schwach gelbstichiges Öl vom Kochp. 50—60° (Hochvakuum)[1].

1,3-Dimethyl-5-methoxyindol (Physostigmolmethyläther)

$$CH_3O \cdot \underset{N \cdot CH_3}{\bigcirc\!\!\!\bigcirc} \cdot CH_3$$

Aus asymm. 4-Methoxyphenylmethylhydrazin durch Kondensation mit Propionaldehyd und Indolschmelze im Vakuum. Umkrystallisiert und im Hochvakuum sublimiert. Schmelzp. 59 bis 60°. — **Pikrat** $C_{17}H_{16}O_8N_4$. Aus Benzol rote Krystalle vom Schmelzp. 116—117°[1].

Hydrophysostigmolmethyläther

$$H_3CO \cdot \underset{N \cdot CH_3}{\bigcirc\!\!\!\bigcirc\!\!\!\overset{CH \cdot CH_3}{\underset{CH_2}{}}}$$

Durch Reduktion des 1,3-Dimethyl-5-methoxyindols mit Zinn und Salzsäure bei 100° in 24 Stunden, Reinigen durch fraktioniertes Ausschütteln mit Äther, Methylierung mit Dimethylsulfat und Alkali und Zerlegung der quaternären Base durch Destillation mit überschüssiger Kalilauge. — **Pikrat** $C_{17}H_{18}O_8N_4$. Aus verdünntem Alkohol gelbe Krystalle vom Schmelzpunkt 128—129°[1].

5-Äthoxyskatol, Norphysostigmoläthyläther $C_{11}H_{13}ON$. Durch Erhitzen von 5-Äthoxyskatol-2-carbonsäure auf etwa 200° und Wasserdampfdestillation. Aus Alkohol in Prismen vom Schmelzp. 65—66°. — **Pikrat** rot, Schmelzp. 133°[2].

Physostigmoläthyläther $C_{12}H_{15}ON$. 5-Äthoxyskatol wird in Petroleum (Kochp. 220 bis 240°) mit 1 Atom Natrium 3 Stunden auf 190° erhitzt, dekantiert, das kleisterige Na-Salz in Benzol mit Jodmethyl 1—2 Stunden gekocht, filtriert und der klebrige Rückstand wasserdampfdestilliert. Aus Alkohol Krystalle vom Schmelzp. 86°[2].

5-Äthoxy-1,3-dimethylindol $C_{12}H_{13}ON$. Aus p-Äthoxyphenylhydrazin und Methyläthylketon. Schmelzp. 114—115°[2].

5,6-Dimethoxyindol $C_{10}H_{11}O_2N$. Durch ½ stündiges Erhitzen der obigen Carbonsäure auf 205—215°. Aus Alkohol. Schmelzp. 154—155°, $Kochp._8$ 198°[3].

1-Acetyl-5,6-dimethoxyindol $C_{12}H_{13}O_3N$. Aus Petroläther, Schmelzp. 150—152°[3].

Indoläthylalkohol. Wird im tierischen Organismus zu Indolessigsäure oxydiert[4].

β-Indoläthylalkohol. Absorptionsspektrum und seine Diskussion[4].

N-Formylindol C_9H_7ON. $Kochp._8$ 125—126°. Aus Ameisensäuremethylester und Indolmagnesiumjodid unter Kühlung, $n_D^{18,5} = 1,6200$; D. 1,1750. Bei 300° bilden sich Indol und Kohlenoxyd[5].

Indol-β-aldehyd. Aus Ameisensäureäthylester und Indol-Magnesiumjodid unter Erwärmen auf 70—75°. Schmelzp. 194°. — **Oxim** $C_9H_8ON_2$. Aus der wässerigen Aldehydlösung mit Hydroxylaminchlorhydrat. Schmelzp. 197—198°[5].

N-Formyl-α-methylindol

$$\underset{N \cdot COH}{\bigcirc\!\!\!\bigcirc} \cdot CH_3$$

Aus Ameisensäuremethylester und α-Methylindolylmagnesiumjodid, $Kochp._{15}$ etwa 155°; $n_D^{16} = 1,6170$; D_4^{16} 1,1353 [5].

---

[1] E. Späth u. O. Brunner: Ber. dtsch. chem. Ges. **58**, 518 — Chem. Zbl. **1925 I**, 2309.
[2] S. Keimatsu u. S. Sugasawa: J. Pharmac. Soc. Japan **48**, 63 — Chem. Zbl. **1928 II**, 48.
[3] A. E. Oxford u. H. St. Raper: J. chem. Soc. Lond. **1927**, 417 — Chem. Zbl. **1927 I**, 2910.
[4] F. W. Ward: Biochemic. J. **17**, 891 (1923).
[5] N. Puochin: Ber. dtsch. chem. Ges. **59**, 1987 — J. Russ. Phys.-Chem. Ges. **58**, 119 — Chem. Zbl. **1926 II**, 2176.

α-Methylindol-β-aldehyd

$$\text{indole} \cdot \text{CHO}, \cdot \text{CH}_3$$

Wie β-Indolaldehyd mit Methylindol-Magnesiumjodid. Schmelzp. 198°. — **Pikrat.** Schmelzp. 181°. — **Nitrophenylhydrazon.** Schmelzp. 272°. — **Oxim** $C_{10}H_{10}ON_2$. Schmelzpunkt 156—157°[1].

α, β-Bis-[α′-methyl-β′-indolyl-]äthan (?)

$$\text{indole} \cdot \text{CH}_2 \cdot \text{CH}_2 \cdot \text{indole}, \cdot \text{CH}_3 \; \text{CH}_3 \cdot$$

Schmelzp. etwa 228°. Durch Reduktion des α-Methylindol-β-aldoxims mit Natrium in absolutem Alkohol[1].

[β-Indolmethyl]-amin

$$\text{indole} \cdot \text{CH}_2 \cdot \text{NH}_2$$

Schmelzp. 84°. Durch Reduktion des Indol-β-aldoxims mit Natrium und absolutem Alkohol[1].

N-Acetylindol $C_{10}H_{10}ON$. Aus Essigsäureäthylester und Indol-Magnesiumjodid neben β-Acetylindol. Kochp.$_{10}$ 144—145°. Bei 300—350° bildet sich weder Kohlenoxyd, noch Chinolin[1].

2-Methyl-3-formyl-indol

$$\text{indole} \cdot \text{COH}, \cdot \text{CH}_3$$

Aus verdünntem Alkohol in Nadeln vom Schmelzp. 198—199°[2]. In die absolut ätherische Lösung vom Methylketol und HCN-Überschuß wird Salzsäure eingeleitet[2].

2-Methyl-3-acetyl-indol

$$\text{indole} \cdot \text{CO} \cdot \text{CH}_3, \cdot \text{CH}_3$$

In die absolut ätherische Lösung von Methylketol und Methylcyanid wird Salzsäure geleitet. Aus verdünntem Alkohol in Krystallen vom Schmelzp. 195—196° (33% Ausbeute)[2].

N-Acetyl-β-indolaldehyd

$$\text{indole} \cdot \text{CHO}, \text{N} \cdot \text{CO} \cdot \text{CH}_3$$

Aus Essigester Prismen vom Schmelzp. 161—174°[3].

N-Acetyl-β-indolaldehydanilinhydrochlorid $C_{17}H_{17}O_2N_2Cl$ ($CH_3 \cdot CO \cdot C_8H_5N \cdot CH(OH) \cdot NH \cdot C_6H_5 \cdot HCl$). Bei Zugabe von konzentrierter Salzsäure zu mit Anilin und heißem Wasser versetztem N-Acetyl-β-indolaldehyd. Gelbe Krystalle vom Schmelzp. 191—194° (aus Alkohol). In Äther, Benzol und Essigester wenig, in Methyl- und Äthylalkohol löslich[3].

N-Acetyl-β-indolyl-ω-nitroäthanol

$$\text{indole} \cdot \text{CH(OH)} \cdot \text{CH}_2 \cdot \text{NO}_2, \text{N} \cdot \text{CO} \cdot \text{CH}_3$$

Aus Aceton mit Petroläther gefällt, aus Essigester wiederholt umkrystallisiert. Prismen vom Schmelzp. 138,5—140,5°. In Aceton und Essigester leicht, in Chloroform, Methyl- und Äthylalkohol ziemlich, in Benzol und Petroläther wenig löslich[3].

---

[1] N. Puochin: Ber. dtsch. chem. Ges. **59**, 1987 — J. Russ. Phys.-Chem. Ges. **58**, 119 — Chem. Zbl. **1926 II**, 2176.
[2] R. Seka: Ber. dtsch. chem. Ges. **56**, 2058 — Chem. Zbl. **1923 III**, 1412.
[3] R. Majima u. M. Kotake: Ber. dtsch. chem. Ges. **58**, 2037 (1925) — Chem. Zbl. **1926 I**, 385.

N-Acetyl-β-indolyläthanolamin

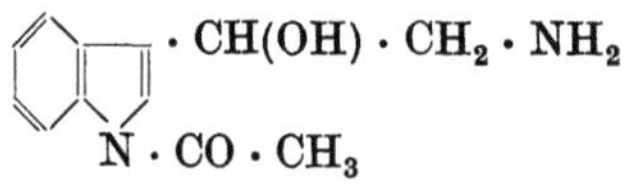

$$\text{(Indol)} \cdot CH(OH) \cdot CH_2 \cdot NH_2$$
$$N \cdot CO \cdot CH_3$$

Hydrochlorid. Farblose Blättchen (Krystallwasser ?). Schmelzp. teilweise 53—57°, entwässert 163—166°. — **Platinchlorwasserstoffsalz** $(C_{12}H_{14}O_2N_2)_2 \cdot H_2PtCl_6$. Schwach bräunliche Krystalle, gegen 200° Schwärzung, bei etwa 225° Zersetzung. — **Pikrat** $C_{12}H_{14}O_2N_2 \cdot C_6H_3O_7N_3$. Gelbe Nadeln. Schmelzp. 174—176° (Zers.)[1].

N-Acetyl-β-(ω-nitrovinyl-)indol $C_{12}H_{10}O_3N_2$. Aus Benzol gelbe Krystalle vom Schmelzpunkt 189—192°[1].

β-Indolyläthanolamin $C_{10}H_{12}ON_2$. **Pikrat** (1:1). Orangefarbene Krystalle vom Schmelzpunkt 188° unter Zersetzung[1].

[N-Acetyl-β-indolyl]-N, O-diacetyläthanolamin $CH_3 \cdot CO \cdot C_8H_5N \cdot CH(O \cdot CO \cdot CH_3) \cdot CH_2 \cdot NH \cdot CO \cdot CH_3$. Aus Petroläther seidige Nadeln vom Schmelzp. 68—71°[1].

β-Indolyl-N, O-diacetyläthanolamin $C_{14}H_{16}O_3N_2$. Aus Aceton und Petroläther seidige Nadeln vom Zersetzungsp. 202—204°[1].

2-Methyl-3-(ω-Nitrovinyl-)indol $C_{11}H_{10}O_2N_2$. Aus alkoholischer Lösung mit Wasser als orangerotes Pulver vom Schmelzp. 191,5° (Zers.). In warmem Alkohol, Eisessig, Pyridin, Aceton und Essigester leicht, in warmem Äther, Chloroform und Benzol wenig löslich. In Ligroin unlöslich, in Säuren und Alkalien (gelbrot) löslich[2].

2-Methyl-3-(ω-cyan-ω-carbäthoxyvinyl-)indol $C_{15}H_{14}O_2N_2$. Aus Alkohol citronengelb vom Schmelzp. 246—247°. In Wasser unlöslich, in heißem Ligroin wenig, in warmem Äther, Chloroform und Benzol löslich; in heißem Alkohol, Eisessig, Aceton, Essigester und Pyridin leicht löslich[2].

2-Methyl-3-(ω-phenyl-ω-cyanvinyl-)indol $C_{18}H_{14}N_2$. Aus Alkohol Krystalle vom Schmelzpunkt 179,5°. In Wasser und Ligroin unlöslich, in heißem Alkohol, Eisessig, Chloroform, Benzol, Pyridin, kaltem Aceton und Essigester leicht löslich[2].

1-Acetyl-2-methyl-3-cyanindol

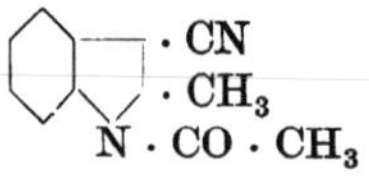

$$\text{(Indol)} \cdot CN$$
$$\cdot CH_3$$
$$N \cdot CO \cdot CH_3$$

Aus Alkohol Nadeln vom Schmelzp. 116°[2].

2-Methyl-3-cyanindol $C_{10}H_8N_2$. Aus heißem Wasser Nadeln vom Schmelzp. 209 bis 210°. In Ligroin wenig, in Alkohol, Äther, Chloroform und Eisessig leicht, in heißem Wasser etwas löslich[2].

$C_{28}H_{24}N_4$. Aus Acetylmethylcyanindol und Benzylcyanid. Aus Alkohol in Nadeln vom Schmelzp. 102—103°. In Wasser und Ligroin unlöslich, in heißem Alkohol, Chloroform, Essigester, Pyridin und Eisessig leicht, in Aceton und Äther sehr leicht löslich[2].

2-Carbäthoxy-5-methylindol. Schmelzp. 163°, Kochp.$_4$ 236°[3].

5-Methylindol

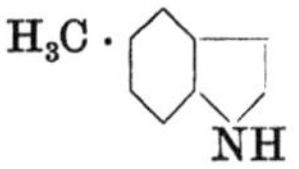

$$H_3C \cdot \text{(Indol)}$$
$$NH$$

Die bei Verseifung des 2-Carbäthoxy-5-methylindol und Ansäuern erhaltene Mischung wird mit Äther extrahiert, in die mit Natriumsulfat getrocknete Lösung trockenes Ammoniak eingeleitet (rascher Strom), das ausgeschiedene Ammoniumsalz der 5-Methylindol-2-carbonsäure am Luftkühler 30 Minuten auf 230—240° erhitzt und mit Wasserdampf destilliert[3].

5-Methyl-3-aldehyd

$$H_3C \cdot \text{(Indol)} \cdot CHO$$
$$NH$$

Schmelzp. 151°, Kochp. 110—120°. In heißem Petroläther sehr leicht löslich[3].

---

[1] R. Majima u. M. Kotake: Ber. dtsch. chem. Ges. **58**, 2037 (1925) — Chem. Zbl. **1926 I**, 385.
[2] R. Seka: Ber. dtsch. chem. Ges. **57**, 1868 (1924) — Chem. Zbl. **1925 I**, 75.
[3] W. Robson: J. of biol. Chem. **62**, 495 (1924) — Chem. Zbl. **1925 I**, 1305.

2-Carbäthoxy-5-methylindol-3-aldehyd $C_{13}H_{13}O_3N$. Aus 2-Carbäthoxy-5-methylindol nach Adams und Levine [1]. Aus heißem Xylol Täfelchen vom Schmelzp. 189°. In absolutem Alkohol und Äther leicht löslich [2].

2-Carboxy-5-methylindol-3-aldehyd $C_{11}H_9O_3N$. Aus Methylalkohol beim raschen Abkühlen Nadelbüschel, aus Xylol Täfelchen von würfelähnlichen Kryställchen. Braunfärbung bei 235°. Schmelzp. 254—255° (Zers.). In den üblichen Lösungsmitteln löslich. Im Vakuum bei 220° Sublimat (5-Methylindol-3-aldehyd?) [2].

5-Methylindolalhydantoin

$$H_3C \cdot \underset{NH}{\bigcirc\!\!\!\!\bigcirc} \cdot CH : C\!-\!CO\atop\quad\quad\quad\;\;|\quad\;\;|\atop\quad\quad\quad\;NH\;NH\atop\quad\quad\quad\;\;\;\searrow\;\swarrow\atop\quad\quad\quad\quad\;CO$$

Aus Eisessig hellgelbe Krystalle vom Schmelzp. 295—298°. In Äther, Butylalkohol, Essigester und Xylol sehr wenig löslich [2].

5-Methylindolylhydantylmethan

$$H_3C \cdot \underset{NH}{\bigcirc\!\!\!\!\bigcirc} \cdot CH_2 \cdot CH\!-\!CO\atop\quad\quad\quad\quad\;\;|\quad\;\;|\atop\quad\quad\quad\quad\;NH\;NH\atop\quad\quad\quad\quad\;\;\;\searrow\;\swarrow\atop\quad\quad\quad\quad\quad\;CO$$

Aus heißem Wasser Nadeln vom Schmelzp. 206—207°. In Äther und Alkohol sehr leicht, in heißem Benzol wenig löslich [2].

3-(β-aminoäthyl-)indol; (β-β′-Indolyl-)äthylamin $C_{10}H_{12}N_2$. Aus heißem Ligroin Nadeln vom Schmelzp. 114,5—115,5°. — **Hydrochlorid.** Nadeln vom Zersetzungsp. 248—249°. In heißem Wasser ziemlich löslich. — **Pikrat.** Aus der benzolischen Basenlösung mit Pikrinsäure in Äther. Prismen vom Zersetzungsp. 242—243°. — **Acetat.** Aus alkoholischer Lösung mit Eisessig. Verliert bei 56° im Vakuum $1/2$ Mol Wasser. Schmelzp. dann 135—136° [3].

Indol-3-acetamid $C_{10}H_{10}ON_2$. Aus heißem Wasser Nadeln vom Schmelzp. 150—151° [3].

3-(γ-aminopropyl-)indol; γ-(β′-Indolyl-)propylamin $C_{11}H_{14}N_2$. Bei Verreiben mit Petroläther Krystalle vom Schmelzp. 60—64°. Sehr hygroskopisch; in warmem Wasser wenig löslich. — **Hydrochlorid** $C_{11}H_{15}N_2Cl$. Aus absolutem Alkohol mit Schmelzp. 169—170°. — **Pikrat** $C_{17}H_{17}O_7N_5 \cdot 3H_2O$. Aus Wasser rote Nadeln. Schäumen gegen 103°, zerfließen bei 146—149° zur roten Flüssigkeit. Wasserfrei, gelb, Schmelzp. 155—156° [3].

Chloracetyl[-ββ′-indolyläthyl]amin (Chloracetyltryptamin)

$$\underset{NH}{\bigcirc\!\!\!\!\bigcirc}\!\!\!-\!\!CH_2 \cdot CH_2 \cdot NH \cdot CO \cdot CH_2 \cdot Cl$$

Aus Tryptamin und Chloracetylchlorid. Farbige Nadeln. Schmelzp. 93° [4].

N-Äthylglycyldecarboxytryptophan $C_{14}H_{19}ON_3$. Aus Chloracetyltryptamin und Äthylamin im Rohr bei 100°. Zäher Syrup. — **Chlorhydrat** Schmelzp. 148°. Pharmakologisch unwirksam [4].

N-Isoamylglycyldecarboxytryptophan $C_{17}H_{25}ON_3$. Schmelzp. 74—75°. Starke eleptoide Wirkung. — **Chlorhydrat.** Schmelzp. 156° [4].

Aryl-2-methylindolidenmethane und **Aryl-2-phenylindolidenmethane** entstehen bei der Kondensation von Indolderivaten mit Aldehyden. Darstellung und Beschreibung dieser für die Aufklärung der Huminbildung bei Eiweißsäurehydrolysen in Betracht gezogenen Indolabkömmlinge siehe Literatur [5].

---

[1] Adams u. Levine: J. amer. chem. Soc. **45**, 2373 — Chem. Zbl. **1924 I**, 1186.
[2] W. Robson: J. of biol. Chem. **62**, 495 (1924) — Chem. Zbl. **1925 I**, 1305.
[3] R. Majima u. T. Hoshino: Ber. dtsch. chem. Ges. **58**, 2042 (1925) — Chem. Zbl. **1926 I**, 386.
[4] J. v. Braun, A. Bahn u. W. Münch: Ber. dtsch. chem. Ges. **62**, 2766 (1929) — Chem. Zbl. **1930 I**, 58.
[5] G. O. Burr u. R. A. Gortner: J. amer. chem. Soc. **46**, 1224 — Chem. Zbl. **1924 II**, 668ff.

2-Phenylindol

Aus dem Phenylhydrazon von Acetophenon durch Erhitzen in Gegenwart von wasserfreiem Nickelchlorid (0,1 g auf 5 g) bis 230°[1]. Oder beim Zusammenschmelzen von Acetophenon-p-tolil mit Phenylhydrazinzinkchlorid. Aus Benzol Blättchen vom Schmelzp. 185—186° (korr. 188—189°). Blaue Fichtenspanreaktion. — **Nitrosoderivat.** Schmelzp. 161—162°[2].

N-Äthyl-2-phenylindol. Beim Überleiten der Dämpfe von 2-Benzoyläthylamino-1-methylbenzol unter vermindertem Druck bei 380° über hochaktives Silicagel mit glasigem Al_2O_3. Kochp.$_{16-17}$ 240—245°, Schmelzp. 84°[3].

2-Methyl-3-benzylindol. Aus Benzylacetonphenylhydrazon nach Fischers Methode. Aus Alkohol Blättchen vom Schmelzp. 116°. In Alkohol, Eisessig und Ligroin löslich[4].

1,2-Dimethyl-3-benzylindol. Aus Benzylacetonphenylmethylhydrazon nach Fischers Methode. Gelbbräunliches, grünlich fluorescierendes Öl vom Kochp.$_{35}$ 235°. In Essigester, Benzol und Ligroin leicht, in kaltem Alkohol wenig löslich[4].

Campherindol(?) $C_{16}H_{19}N$. Aus Campherphenylhydrazon nach Fischers Methode. Blättchen vom Schmelzp. 94°, Kochp.$_{25}$ 210—215°[4].

Menthonindol(?) $C_{16}H_{21}N$. Aus Menthonphenylhydrazon nach Fischers Methode. Blättchen aus Ligroin vom Schmelzp. 106°, Kochp.$_{20}$ 213°. In Alkohol, Äther, Chloroform, Ligroin und Benzol löslich. Gibt keine Fichtenspanreaktion[4].

2-Methyl-3-benzoylindol

In die absolut ätherische Lösung von Methylketol und Benzonitril wird Salzsäure geleitet. Aus verdünntem Alkohol und Essigsäure Nadeln vom Schmelzp. 181—182°. Außer in Wasser, Ligroin, Schwefelkohlenstoff und Benzol leicht löslich[5].

2-Methyl-3-phenyläthanonindol

Aus Methylketol und Phenyläthylcyanid in absolut-ätherischer Lösung durch Einleiten von Salzsäure. Aus verdünntem Alkohol, dann Essigsäure, gelbliche Nadeln vom Schmelzp. 196 bis 197°. In Alkohol, Aceton, Eisessig und Pyridin leicht, sonst wenig löslich[5].

2,3-Diphenylindol

Aus Desoxybenzoinphenylhydrazon mit 10proz. heißer Salzsäure auch in Gegenwart von N-Methylanilinhydrochlorid oder p-Bromanilin. Schmelzp. 123—123,5°. In konzentrierter Schwefelsäure mit schwach gelber Farbe löslich, die mit einem Tropfen konzentrierter Salpetersäure erst stark grün, dann gelb und schließlich rotbraun wird[6].

2,3-Diphenyl-N-methylindol

---

[1] A. Korczynski u. L. Kierzek: Gazz. chim. ital. **55**, 361 — Roczniki Chemji **5**, 23 — Chem. Zbl. **1925 II**, 1860.

[2] S. Bodforss: Ber. dtsch. chem. Ges. **58**, 755 — Chem. Zbl. **1925 I**, 2698.

[3] I. G. Farbenindustrie A.-G. (O. Nicodemus): D.R.P. 458383, Kl. 12p (1925, 1928); Chem. Zbl. **1928 II**, 1386.

[4] S. Kuroda: J. Pharmac. Soc. Japan **1923**, Nr 493, 13 — Chem. Zbl. **1923 III**, 142.

[5] R. Seka: Ber. dtsch. chem. Ges. **56**, 2058 — Chem. Zbl. **1923 III**, 1412.

[6] S. Bodforss: Ber. dtsch. chem. Ges. **58**, 775 — Chem. Zbl. **1925 I**, 2698.

Durch sehr leicht erfolgende Umlagerung von Desoxybenzoinmethylphenylhydrazon unter dem Einfluß von H-Ionen (katalytisch), auch in Gegenwart von Anilin. Aus Alkohol mit dem Schmelzp. 137—137,5°. In konzentrierter Schwefelsäure farblos löslich, mit konzentrierter Salpetersäure erst intensiv grün, dann gelb. Bei Zusatz von etwas Harnstoff zu Beginn bleibt die Grünfärbung bestehen. Natriumnitrit verursacht in der Eisessiglösung starke Gelbfärbung [1].

2-p-Methoxyphenylindol $C_{15}H_{13}ON$. Aus dem Phenylhydrazon des p-Methoxyacetophenons (9 g) durch Erhitzen mit $NiCl_2$ (0,1 g) auf 230—240° ($^1/_2$ Stunde). Aus Benzol Nadeln vom Schmelzp. 228—229°. In Alkohol und Äther leicht löslich [2].

2-Phenyl-5-methoxyindol. Aus dem p-Methoxyphenylhydrazon des Acetophenon [2].

2-p-Methoxyphenyl-5-methoxyindol $C_{16}H_{15}O_2N$. Aus dem p-Methoxyphenylhydrazon des p-Methoxyacetophenons und $NiCl_2$ (40 Minuten 170—220°). Aus Benzol gelbliche Lamellen vom Schmelzp. 213—214° (Braunfärbung ab 204°) [2].

2-p-Oxyphenylindol $C_{14}H_{11}ON$. Aus dem Phenylhydrazon des p-Oxyacetophenons und $NiCl_2$ bei 240°. Aus Äther gelbliche Lamellen. Schmelzp. 70° [2].

3-Methoxy-2-phenylindol $C_{15}H_{13}ON$. Aus ω-Methoxyacetophenon und Phenylhydrazin. Aus Petroläther. Schmelzp. 106 [3].

3-Benzoylamino-2-phenylindol $C_{21}H_{16}ON_2$. Analog aus ω-Benzoylaminoacetophenon. Aus Toluol Tafeln vom Schmelzp. 206°. Aus verdünntem Alkohol Blättchen vom Schmelzpunkt 201,5° [3].

3-Amio-2-phenylindol $C_{14}H_{11}N_2$. Durch Verseifung der Benzolverbindung mit alkoholischer konzentrierter Salzsäure [3].

3-o-Nitrophenylindol $C_{14}H_{10}O_2N_2$. Hellorange, prismatische Nadeln (Petroläther + Benzol). Schmelzp. 119° [4].

3-o-Aminophenylindol $C_{14}H_{12}N_2$. Nadeln (Petroläther + Benzol unter Zusatz von KOH-Stückchen). — **Hydrochlorid.** Tafeln vom Schmelzp. 288°. In Wasser wenig und mit schwach blauer Fluorescenz löslich. — **Pikrat.** Orange Nadeln (Benzol), Schmelzp. 190°, Zersetzungsp. 200°. — **Acetylverbindung** $C_{16}H_{14}ON_2$. Tafeln (wässeriger Alkohol), Schmelzp. 158° [4].

3-o-Nitrophenylindol-2-carbonsäure $C_{15}H_{10}O_4N_2$. Blaßgelbe, prismatische Nadeln (Benzol + absoluter Alkohol). Schmelzp. 276° (Zers.). — **Calciumsalz.** Goldgelbe Nadeln. — **Bariumsalz.** Gelbe Tafeln. — **Magnesiumsalz.** Hellgelbe Rosetten. — **Brucinsalz** $C_{15}H_{10}O_4N_2$ + $C_{23}H_{26}O_4N_2$. Hellgelbe Nadeln (Alkohol). Schmelzp. 230°. $[\alpha]_D^{16} = -50,5°$ (1proz. Lösung in Chloroform) [4].

3-o-Nitrophenyl-1-methylindol $C_{15}H_{12}O_2N_2$. Orange Krystalle (Petroläther). Schmelzpunkt 98° [4].

3-o-Aminophenyl-1-methylindol $C_{15}H_{14}N_2$. Goldfarbige Nadeln (Alkohol + etwas NH_3). Schmelzp. 129°. — **Hydrochlorid.** Tafeln. Schmelzp. 246° (Zers.). — **Pikrat.** Orange Prismen (Alkohol). Schmelzp. 196°, Zersetzungsp. 205°. — **Acetylverbindung** $C_{17}H_{17}ON_2$. Blaßgelbe Prismen (Alkohol). Schmelzp. 159° [4].

3-o-Nitrophenyl-1-methylindol-2-carbonsäure $C_{16}H_{12}O_4N_2$. Aus o-Nitrophenylbrenztraubensäure und Phenylmethylhydrazin in Eisessig und Behandlung des Reaktionsproduktes mit konzentrierter Salzsäure. Gelbe Nadeln (Alkohol). Schmelzp. 234° (Zers.). — **Calcium- und Bariumsalz.** Gelbe Nadeln. — **Magnesiumsalz.** Orange Tafeln [4].

Indol-2-carbonsäure; α-Indolcarbonsäure

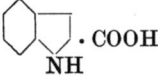

30 g wasserfreies Natriumcarbonat in 1200 ccm siedendem Wasser gelöst werden unter Rühren mit 30 g o-Nitrobenzalrhodanin versetzt. Nach erfolgter Lösung wird ein heißes Ferrihydroxydgemisch (aus 210 g $FeSO_4$ in 360 ccm Wasser + 90 ccm NH_4OH-Lösung) vorsichtig eingerührt und nach 15 Minuten Wasserbad und Abkühlen bis zur sauren Reaktion auf Kongopapier mit Salzsäure versetzt. Aus siedendem Wasser in weißen Nadeln vom Schmelzp. 203°. — **Äthylester** $C_{11}H_{11}O_2N$. Aus Alkohol und Ligroin weiße Nadeln vom Schmelzp. 124—125° [5].

---

[1] S. Bodforss: Ber. dtsch. chem. Ges. **58**, 775 — Chem. Zbl. **1925 I**, 2698.
[2] A. Korczynski u. L. Kierzek: Gazz. chim. ital. **55**, 361 — Roczniki Chemji **5**, 23 — Chem. Zbl. **1925 II**, 1860.
[3] R. Robinson u. S. Thornley: J. chem. Soc. Lond. **1926**, 3144 — Chem. Zbl. **1927 I**, 1464.
[4] W. O. Kermack u. R. H. Slater: J. chem. Soc. Lond. **1928**, 32 — Chem. Zbl. **1928 I**, 1421.
[5] Ch. Gränacher, M. Gerö u. V. Schelling bzw. A. Mahal: Helvet. chim. Acta **7**, 575, 579.

Im tierischen Organismus wird die Säure nicht (anscheinend) verändert [1].

Sie kann Tryptophan in einer Nährflüssigkeit für pathogene Bakterienstämme nicht ersetzen [2].

Indol-3-carbonsäure; (β-Indolcarbonsäure). Absorptionsspektrum und seine Diskussion [3].

7-Methylindol-3-carbonsäure

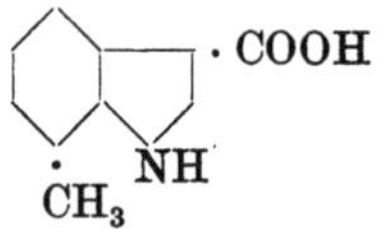

$$\text{Struktur: 7-Methylindol-3-carbonsäure mit CH}_3\text{, NH, COOH}$$

Aus der zwischen 260 und 270° siedenden Fraktion des Steinkohlenteeröls gewonnen. Aus verdünntem Aceton große, glänzende Prismen (leicht verwitternd). Schmelzp. 228° (Aufschäumen) [4].

7-Methylindol

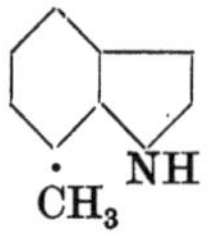

$$\text{Struktur: 7-Methylindol mit CH}_3\text{, NH}$$

Kochp. 266°. Aus Ligroin glänzende Platten vom Schmelzp. 85°. In Aussehen, Geruch und Löslichkeit dem Indol ähnlich; säureempfindlicher als dieses. — **Pikrat** $C_{15}H_{12}O_7N_4$. Rote Nadeln. Schmelzp. 176°. In Alkohol sehr leicht löslich. — **Benzoylverbindung** $C_{16}H_{13}ON$. Weiße Nadeln vom Schmelzp. 84° [4].

7-Methyl-2, 3-dihydroindol-3-carbonsäure $C_{10}H_{11}O_2N$. Durch Reduktion der Methylindolcarbonsäure mit Natrium in alkoholischer Lösung. Feine, weiße Nadeln vom Schmelzpunkt 237° (Aufschäumen) [4].

7-Methyl-2, 3-dihydroindol $C_9H_{11}N$. Wasserhelle, stark lichtbrechende Flüssigkeit vom Kochp.$_{10}$ 120—122°. **Pikrat** $C_{15}H_{14}O_7N_4$. Hellgelbe Nadeln vom Schmelzp. 186°. — **Hydrochlorid** $C_9H_{11}N \cdot HCl$. Lanzettliche Blättchen. Schmelzp. 199—200°. — **Benzolsulfoverbindung** $C_{15}H_{15}O_2NS$. Glänzende Nadeln vom Schmelzp. 131°. — **Benzoylverbindung** $C_{16}H_{15}ON$. Weiße Prismen. Schmelzp. 106° [4].

7-Methyl-N-benzoyl-2, 3-dihydroindol-3-carbonsäure

$$\text{Struktur mit CH}_3\text{, H}_2\text{, H·COOH, N·CO·C}_6\text{H}_5$$

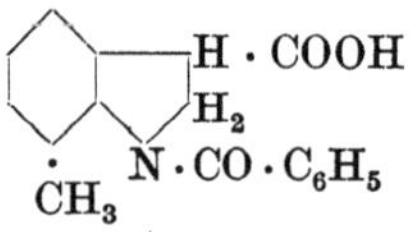

Aus Essigester und Ligroin rötlich gefärbte Krystalle vom Schmelzp. 163—164° [4].

5-Methylindol-3-carbonsäure $C_{10}H_9O_2N$. Lange, schmale Prismen vom Schmelzp. 202° unter Aufschäumen. Aus der zwischen 260 und 270° siedenden Fraktion des Steinkohlenteeröls gewonnen [4].

2-Carbäthoxy-3-formylindol

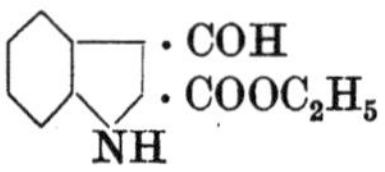

$$\text{Struktur mit COH, COOC}_2\text{H}_5\text{, NH}$$

Aus Indol-α-carbonsäureäthylester, Blausäure und Salzsäuregas. Beiderseits zugespitzte Prismen vom Schmelzp. 185°. — **Azlacton** $C_{21}H_{16}O_4N_2$. Aus Carbäthoxyformylindol, Hippursäure, Essigsäureanhydrid und Natriumacetat. Aus Chloroform gelbe Nadeln, die sich bei 242° zersetzen [5].

Indol-2-carbonsäureäthylester

$$\text{Struktur mit CO·OC}_2\text{H}_5\text{, NH}$$

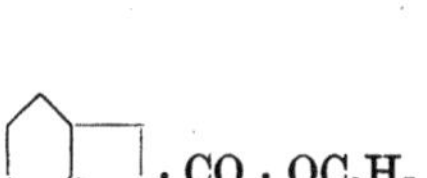

Aus Indol-α-carbonsäure mit Alkohol und Schwefelsäure und versetzen mit Wasser. Aus verdünntem Alkohol Nadeln vom Schmelzp. 119° [5].

---

[1] F. W. Ward: Biochemic. J. **17**, 907 (1923) — Chem. Zbl. **1924 I**, 1557.
[2] H. Braun u. C. E. Cahn-Bronner: Biochem. Z. **131**, 226 (1922) — Chem. Zbl. **1923 I**, 966.
[3] F. W. Ward: Biochemic. J. **17**, 891 (1923).
[4] O. Kruber: Ber. dtsch. chem. Ges. **59**, 2752 (1926) — Chem. Zbl. **1927 I**, 544.
[5] H. Fischer u. K. Pistor: Ber. dtsch. chem. Ges. **56**, 2313 (1923) — Chem. Zbl. **1924 I**, 184.

N-Methylindol-2-carbonsäure

$$\underset{\underset{CH_3}{N}}{\bigcirc\!\!\!\!\bigcirc} \cdot COOH$$

Bildet sich aus Brenztraubensäuremethylphenylhydrazon und N-Benzylanilinhydrochlorid in Alkohol + 10proz. Salzsäure auch in Gegenwart von Anilin. Schmelzp. 210°[1].

4-Methoxyindol-2-carbonsäure

$$\overset{OCH_3}{\underset{NH}{\bigcirc\!\!\!\!\bigcirc}} \cdot COOH$$

Aus viel siedendem Wasser farblose Nadeln vom Schmelzp. 234—235° (lebhafte Zers.). Mit Ehrlichschem Reagens in der Wärme Purpurfärbung, mit Natriumnitrit malvenfarbig, beim Erwärmen rot in der Durchsicht, purpur in Reflex. — **Methylester.** Aus Alkohol Tafeln vom Schmelzp. 143,5°. — **Äthylester.** Aus Alkohol Nadeln vom Schmelzp. 161,5°[2].

5-Methoxyindol-2-carboxydimethylacetalylmethylamid

$$H_3CO \cdot \underset{NH}{\bigcirc\!\!\!\!\bigcirc} \cdot CO \cdot N(CH_3) \cdot CH_2 \cdot CH(OCH_3)_2$$

Aus Methylalkohol (kalt ziemlich wenig löslich) in farblosen Tafeln vom Schmelzp. 159°[2].

5-Methoxyindol-2-carboxyacetalylamid $C_{16}H_{22}O_4N_2$. Aus Methylalkohol in farblosen Prismen vom Schmelzp. 151—152°. In Ehrlichschem Reagens mit Purpurfarbe löslich, beim Erwärmen intensiv blau, mit Natriumnitrit in der Kälte grün, beim Erwärmen mehr blau. Mit Vanillin und Salzsäure tiefrosa, bei Zusatz von Natriumnitrit und Erwärmen blauviolett[2].

5-Methoxyindol-2-carboxydimethylacetalylamid $C_{14}H_{18}O_4N_2$. Aus Methylalkohol Tafeln vom Schmelzp. 154°[2].

5-Methoxyindol-2-carboxyacetalylmethylamid $C_{17}H_{24}O_4N_2$. Aus Methylalkohol farblose Nadeln vom Schmelzp. 127°[2].

4-Methoxyindol-2-carboxydimethylacetalylmethylamid $C_{15}H_{20}O_4N_2$. Aus verdünntem Methylalkohol Nadeln vom Schmelzp. 112°. In den meisten organischen Lösungsmitteln außer Petroläther leicht löslich. Mit Vanillin und Salzsäure erst beim Erwärmen schwache Grünfärbung[2].

5-Methoxyindol-2-carbonsäure

$$H_3CO \cdot \underset{NH}{\bigcirc\!\!\!\!\bigcirc} \cdot COOH$$

Aus viel siedendem Wasser farblose Nadeln vom Schmelzp. 196—197° (Zers.). In Essigsäure, Alkohol und Äther leicht löslich, in siedendem Wasser und kaltem Benzol (Tafeln) wenig löslich. Mit Ehrlichs Reagens in der Wärme tiefrosa Färbung. — **Methylester.** Tafeln, Schmelzp. 177°. — **Äthylester.** Nadeln, Schmelzp. 156°[2].

7-Methoxyindol-2-carbonsäure

$$\underset{\underset{H_3CO}{NH}}{\bigcirc\!\!\!\!\bigcirc} \cdot COOH$$

Aus viel siedendem Wasser Nadeln vom Schmelzp. 182°. Mit Ehrlichs Reagens in der Wärme blaßlila, beim Abkühlen farblos, mit verdünnter Natriumnitritlösung hellbraun, beim Erwärmen rotbraun, schließlich grün. — **Methylester.** Aus Methylalkohol kleine Tafeln. Schmelzp. 120°. — **Äthylester.** Aus Alkohol flache Nadeln vom Schmelzp. 114°[2].

---

[1] S. Bodforss: Ber. dtsch. chem. Ges. **58**, 755 — Chem. Zbl. **1925 I**, 2698.
[2] K. G. Blaikie u. W. H. Perkin jun.: J. chem. Soc. Lond. **125**, 296 — Chem. Zbl. **1924 I**, 2369.

5, 6-Dimethoxyindol-2-carbonsäure

$$\text{CH}_3\text{O} \cdot \underset{\text{NH}}{\underset{|}{\bigcirc\!\!\!\!\bigcirc}} \cdot \text{COOH}$$
$$\text{CH}_3\text{O} \cdot$$

Aus Wasser und Benzol zum Schmelzp. 202—203° (Zers.)[1].

5-Äthoxyskatol-2-carbonsäureäthylester $C_{14}H_{17}O_3N$. Aus β-Methylbrenztraubensäure-ester-p-äthoxyphenylhydrazon durch 1—2stündige Behandlung mit siedender 10proz. alkoholischer Schwefelsäure. Aus Alkohol, dann Benzol. Schmelzp. 168—169°[2].

5-Äthoxyskatol-2-carbonsäure $C_{12}H_{13}O_3N$. Aus obigem Ester durch Kochen mit 5proz. alkoholischer Natronlauge und Zerlegung des Natriumsalzes. Aus verdünntem Alkohol Nadeln vom Schmelzp. 183—184° (Zers.)[2].

N-Benzylindol-2-carbonsäure

$$\underset{\text{N} \cdot \text{CH}_2 \cdot \text{C}_6\text{H}_5}{\bigcirc\!\!\!\!\bigcirc} \cdot \text{COOH}$$

Durch Umlagerung von Brenztraubensäurebenzylphenylhydrazon mit Salzsäure auch in Gegenwart von N-Methylanilin. Aus 70proz. Alkohol Nadeln vom Schmelzp. 196° (Gasentw.). In Wasser wenig, in Alkohol leicht löslich. Die Eisessiglösung wird von Natriumnitrit intensiv gelb gefärbt. In konzentrierter Schwefelsäure mit gelber Farbe löslich[3].

Indol-2, 3-dicarbonsäure

$$\underset{\text{NH}}{\bigcirc\!\!\!\!\bigcirc} \cdot \text{COOH}$$
$$\cdot \text{COOH}$$

Sie kann Tryptophan in einer Nährflüssigkeit für pathogene Bakterienstämme nicht ersetzen[4].

Indol-2, 6-dicarbonsäure $C_{10}H_7O_4N$. Aus Eisessig weiße Nadeln mit Krystall-Eisessig, der nach längerem Trocknen bei 120—130° abgegeben wird. Bis 310° beständig. Mit Ehrlichschem Reagens nach längerem Kochen Rotfärbung, die durch Natriumnitrit vertieft wird[5].

Indol-2, 6-dicarbonsäureäthylester $C_{14}H_{15}O_4N$. Aus 2-Nitro-4-carbäthoxyphenylbrenztraubensäureäthylester in siedendem Eisessig mit Zinkstaub. Aus Benzol hellgelbe Nadeln vom Schmelzp. 132°. Mit Alkalien keine Färbung[5].

6-Cyanindol-2-carbonsäure $C_{10}H_6O_2N_2$. Aus Essigsäure Nadeln vom Schmelzp. 290 bis 295° (Zers. und Sintern ab 280°). — **Äthylester** $C_{12}H_{10}O_2N_2$. Aus Benzol grünlichgelbe Nadeln vom Schmelzp. 171°[5].

6-Cyanindol-2-carboxydimethylacetalylamid $C_{14}H_{15}O_3N_3$

$$\text{CN} \cdot \underset{\text{NH}}{\bigcirc\!\!\!\!\bigcirc} \cdot \text{CO} \cdot \text{NH} \cdot \text{CH}_2 \cdot \text{CH}(\text{OCH}_3)_2$$

6-Cyanindol-2-carbonsäure wird mittels Acetylchlorids und Phosphorpentachlorids in das Chlorid verwandelt, der nach Entfernung von Acetalchlorid verbleibende Rückstand in warmem Chloroform gelöst und mit 2 Mol Aminodimethylacetat versetzt. Aus Alkohol gelbe Nadeln vom Schmelzp. 215°. Mit Ehrlichschem Reagens nur nach längerem Kochen und Zugabe von Salzsäure langsame Rotfärbung (dichroit. in dünner Schicht grün), die beim Abkühlen wieder verschwindet; auf Natriumnitritzusatz Grünfärbung, beim Erhitzen blau; das auch bei Wasserzugabe bestehen bleibt[5].

6-Cyanindol $C_9H_7N_2$. Durch Erhitzen der 6-Cyanindol-2-carbonsäure mit Calciumoxyd. Aus heißem Alkohol Nadeln vom Schmelzp. 129—130°. Aus Wasser Tafeln. Mit Ehrlichschem Reagens schon in der Kälte Rotfärbung, in dünner Schicht beim Erhitzen blau, beim Abkühlen farblos; mit Natriumnitrit Vertiefung des Rot. Mit Vanillin und Salzsäure Rotfärbung, in dünner Schicht gelblich schimmernd, mit Wasser brauner Niederschlag, durch Alkali bläulich-rote Färbung[5].

---

[1] A. E. Oxford u. H. St. Paper: J. chem. Soc. Lond. **1927**, 417 — Chem. Zbl. **1927 I**, 2910.
[2] S. Keimatsu u. S. Sugasawa: J. Pharm. Soc. Japan **48**, 63 — Chem. Zbl. **1928 II**, 48.
[3] S. Bodforss: Ber. dtsch. chem. Ges. **58**, 775 — Chem. Zbl. **1925 I**, 2698.
[4] H. Braun u. C. E. Cahn-Bronner: Biochem. Z. **131**, 226 (1922) — Chem. Zbl. **1923 I**, 966.
[5] W. O. Kermack: J. chem. Soc. Lond. **125**, 2285 (1924) — Chem. Zbl. **1925 I**, 512.

Indol-6-carbonsäure $C_9H_7O_2N$. Aus Essigsäure weiße Nadeln vom Schmelzp. 243 bis 244°. Gegen Ehrlichsches Reagens gleiches Verhalten wie das 6-Cyanindol[1].

Indolessigsäure. Von bisher als Indolbildner angegebenen Bakterienarten führen Pest-, Rotz-, Pneumonie- und Diphtheriebacillen, Sarcinen, Staphylokokken, Bact. Zopfii, vitolinum, ochraceum, Microc. bicolor ebenso wie wie Typhus, Paratyphus A- und B-, Enteritis-, Ruhr-Paracolibacillen, anindolische Proteusstämme und Bac. mycoides nur zur Bildung von Indolessigsäure. Für andere Arten wird dies auf Grund der Tatsache vermutet, daß sie als grampositiv beschrieben worden sind[2].

Indol-3-acetonitril; (β-Indolylacetonitril) $C_{10}H_8N_2$. Öl vom Kochp.$_{0,2}$ 160°. In den meisten organischen Lösungsmitteln außer in Ligroin leicht löslich. Nicht krystallinisch. — **Pikrat.** Orangefarbige Nadeln aus Alkohol mit Schmelzp. 127—128°[3].

Indol-3-essigsäure $C_{10}H_9O_2N$. Aus heißem Wasser blätterige Krystalle vom Zersetzungspunkt 164,5—165°. — **Pikrat.** Zersetzungsp. 178°[3].

5, 7-Dijodindol-3-essigsäure

$$\text{[Struktur: 5,7-Dijodindol mit } -CH_2 \cdot COOH \text{ in 3-Stellung]}$$

Aus γ-Oxopropan-α-carbonsäure und 2, 4-Dijodphenylhydrazin in Eisessig. Auch aus γ-Oxopropan-α-carbonsäuremethylester und dem Hydrazin in ätherischer Lösung. Schwach gelbbraun gefärbtes, mikrokrystallinisches Pulver vom Schmelzp. 106°. Therapeutisch verwendet[4].

5, 7-Dijodindol-3-propionsäure

$$\text{[Struktur: 5,7-Dijodindol mit } -CH_2 \cdot CH_2 \cdot COOH \text{ in 3-Stellung]}$$

Aus δ-Oxobutan-α-carbonsäure und 2, 4-Dijodphenylhydrazin. Aus heißem Alkohol Krystalle vom Schmelzp. 111°. Therapeutisch verwendet[4].

Indol-3-propionsäure

$$\text{[Struktur: Indol mit } -CH_2 \cdot CH_2 \cdot COOH \text{ in 3-Stellung]}$$

Durch Kuppeln von Diazobenzol mit Cyclopentanon-2-carbonsäure-1-äthylester und Verseifen mit Natronlauge wird zunächst das Phenylhydrazon der α-Ketoadipinsäure (Schmelzp. 140 bis 141°) hergestellt, das dann durch Kochen mit alkoholischer Schwefelsäure in den Diäthylester der Indol-2-carbonsäure-3-propionsäure übergeführt, verseift und decaboxyliert zur Indol-3-propionsäure führt. Schmelzp. 134° (aus Wasser)[5]. Absorptionsspektren und seine Diskusion[6].

Indol-2-carbonsäure-3-propionsäure

$$\text{[Struktur: Indol mit } -CH_2 \cdot CH_2 \cdot COOH \text{ in 3-Stellung und } -COOH \text{ in 2-Stellung]}$$

Aus dem Phenylhydrazon der α-Ketonadipinsäure durch Kochen mit 20proz. alkoholischer Schwefelsäure und Verseifung. Schmelzp. 194—195° (aus Wasser). — **Diäthylester** $C_{14}H_{26}O_4N$. Schmelzp. 95° (aus verdünntem Alkohol)[5].

β-3-Indolpropionitril; β-(β'-Indolyl-)propionitril $C_{11}H_{10}N_2$. Aus Benzol Krystalle vom Schmelzp. 67—68°. Kochp.$_1$ gegen 200°. In den meisten organischen Lösungsmitteln leicht, in Benzol (kalt) wenig, in Wasser und heißem Petroläther sehr wenig löslich. — **Pikrat.** Rote Nadeln vom Schmelzp. 123,5—124,5°[3].

---

[1] W. O. Kermack: J. chm. Soc. Lond. **125**, 2285 (1924) — Chem. Zbl. **1925 I**, 512.
[2] W. Frieber: Zbl. Bakter. I **87**, 254 (1921) — Chem. Zbl. **1922 I**, 420.
[3] R. Majima u. T. Hoshina: Ber. dtsch. chem. Ges. **58**, 2042 (1925) — Chem. Zbl. **1926 I**, 386.
[4] Chemische Fabrik auf Actien (vorm. E. Schering), W. Schoeller u. K. Schmidt: D.R.P. 425041, Kl. 12p (1924, 1926).
[5] L. Kalb, F. Schweizer u. G. Schimpf: Ber. dtsch. chem. Ges. **59**, 1858 — Chem. Zbl. **1926 II**, 2061.
[6] F. W. Ward: Biochemic. J. **17**, 891 (1923).

β-3-Indolpropionsäure; β-(β'-Indolyl-)propionsäure $C_{11}H_{11}O_2N$. Schmelzp. 133—134°
Pikrat. Schmelzpunkt 141—143°[1].

β, 3'-Indoylpropionsäureäthylester $C_8H_6N \cdot CO \cdot CH_2 \cdot CH_2 \cdot CO_2C_2H_5$. Aus Xylol Prismen vom Schmelzp. 129,5—130,5°[2]

β, 3'-Indoylpropionsäure $C_8H_6N \cdot CO \cdot CH_2 \cdot CH_2 \cdot COOH$. Aus Eisessig Blättchen vom Schmelzp. 235—236°[2].

Indol-3-nitril; β-Indolylnitril $C_9H_6N_2$. Aus heißem Wasser viereckige Blättchen vom Schmelzp. 178—180,5°[2].

2-Methyl-3-cyanindol $C_{10}H_8N_2$. Aus Alkohol viereckige Blättchen vom Schmelzp. 210 bis 212°[2].

β-2-Carbäthoxy-3-indolylpropionsäureäthylester $C_{16}H_{19}O_4N$. Kochp.$_2$ 212°. Aus Benzol Schmelzp. 95—96°[3].

β, 3-Indolylpropionsäuremethylester $C_{12}H_{13}O_2N$. Aus Methylalkohol Schmelzp. 79 bis 80°[3].

β, 3-Indolylpropionhydrazid $C_{11}H_{13}ON_3$. Aus Alkohol Schmelzp. 129—130°[3].

2-Oxo-2, 3, 4, 5, 6, 7-hexahydroindol-3-propionsäure $C_{11}H_{15}O_3N$. Aus Wasser krystallin vom Schmelzp. 173°. — **Halogenderivate** siehe Literatur[4].

(dl-)-β-3-Indolmilchsäure

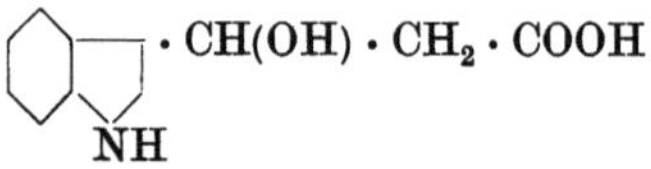

$$\underset{NH}{\text{[Indol]}} \cdot CH(OH) \cdot CH_2 \cdot COOH$$

Der tryptophanfreien Kost von weißen Ratten zugesetzt, beeinflußt es deren Wachstum nicht merklich[5].

2-Methylindol-3-aminoacrylsäureäthylester

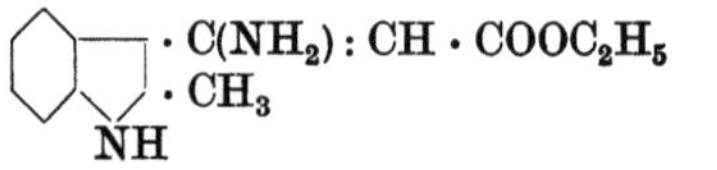

$$\underset{NH}{\text{[Indol]}} \genfrac{}{}{0pt}{}{\cdot C(NH_2):CH \cdot COOC_2H_5}{\cdot CH_3}$$

Aus Methylketol und Cyanessigsäureäthylester in absolutätherischer Lösung durch Einleiten von Salzsäure. Das Ketimin, dessen Konstitution jedoch nicht feststeht, bildet gelbgrüne Nadeln aus Alkohol vom Schmelzp. 135°. Außer in Wasser und Ligroin leicht löslich. Gibt ein Chloroplatinat[6].

α-Benzoylamino-β-(6-methoxyindolyl-3-)acrylsäure

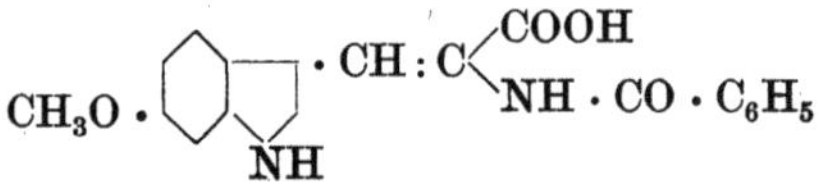

$$CH_3O \cdot \underset{NH}{\text{[Indol]}} \cdot CH:C\genfrac{}{}{0pt}{}{COOH}{NH \cdot CO \cdot C_6H_5}$$

6-Methoxyindol-3-aldehyd mit Hippursäure kondensiert und das Az-Lacton mit 1 proz. Natronlauge gekocht. Die braungelben Nadeln erweichen bei 215° und schmelzen bei 230° unter Zersetzung, sind in Wasser unlöslich, in Alkohol leicht löslich. Durch katalytische Reduktion mit Paladiumchlorid und Gummi arabicum in Eisessig, Behandlung des Reaktionsproduktes mit Acetaldehyd und darauffolgender Oxydation mit Chromtrioxyd entsteht in geringer Menge eine Base (Schmelzp. 220—230°), wahrscheinlich unreines Harmin[7].

Indol-3-brenztraubensäure

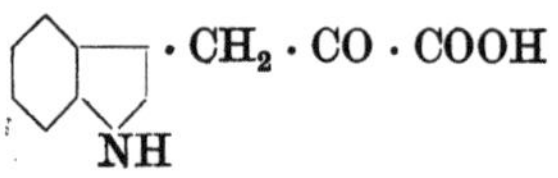

$$\underset{NH}{\text{[Indol]}} \cdot CH_2 \cdot CO \cdot COOH$$

---

[1] R. Majima u. T. Hoshina: Ber. dtsch. chem. Ges. **58**, 2042 (1925) — Chem. Zbl. **1926 I**, 386.
[2] R. Majima, T. Shigematsu u. T. Rokkaku (T. Ikeda, I. Miyagawa u. H. Shimanuki): Ber. dtsch. chem. Ges. **57**, 1453 — Chem. Zbl. **1924 II**, 2033.
[3] R. H. F. Manske u. R. Robinson: J. chem. Soc. Lond. **1927**, 240 — Chem. Zbl. **1927 I**, 2416.
[4] E. C. Kendall, A. E. Osterberg u. B. F. Mac Kenzie: J. amer. chem. Soc. **48**, 1384 — Chem. Zbl. **1926 II**, 757 ff.
[5] R. W. Jackson: J. of biol. Chem. **73**, 523 — Chem. Zbl. **1927 II**, 1858.
[6] R. Seka: Ber. dtsch. chem. Ges. **56**, 2058 — Chem. Zbl. **1923 III**, 1412.
[7] W. O. Kermack, W. H. Perkin u. E. Robinson: J. chem. Soc. Lond. **121**, 1872 (1922) — Chem. Zbl. **1923 I**, 1173.

Aus β-Indol-α-sulfhydrylacrylsäure in heißer ammoniakalischer Lösung unter zeitweisem Zusatz von Bleipulver. Aus Eisessig (5—6 maliges Umkrystallisieren) graue, mikrokrystallinische Büschel [1].

Physiologische Eigenschaften: Bei Durchblutung von Hundelebern mit 1 g Indolbrenztraubensäure und 1 g Tryptophan wurden in 2 Stunden 0,1202 g bzw. 0,1285 g Kynurensäure erhalten, bei deren Bildung aus letzterem die erste als Zwischenprodukt angenommen werden kann [2].

Indol-3-glyoxylsäure (Indoylameisensäure)

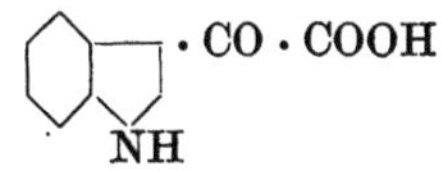

$$\text{[Indol]} \cdot CO \cdot COOH$$

Über den Ester (aus Äthyloxalylchlorid und Magnesylindol in Äther). Aus Alkohol und viel Benzol Nadeln vom Schmelzp. 215° (Zers.). Beim Erhitzen entsteht β-Indolaldehyd. — **Äthylester.** Aus Alkohol Blättchen vom Schmelzp. 186°. — **Amid.** Dunkelgelbe Krystalle vom Schmelzp. 248° [3].

2-Methylindol-3-glyoxylsäure (Methylketoylameisensäure) $C_{11}H_9O_3N$. Über den Ester (analog mit Magnesylmethylketol). Aus Alkohol orangerote Krystalle. Schmelzp. 186° unter Bildung des Aldehyds. — **Äthylester.** Kanariengelbe Krystalle (Wasser) vom Schmelzpunkt 129,5° [3].

3-Indoylessigsäure (β-Indoloylessigsäure) $C_{11}H_9O_3N$. Aus dem Ester (aus Magnesylindol und Äthylmalonylchlorid in Äther). Aus Alkohol + wenig Äther Nadeln vom Schmelzp. 192°. — **Äthylester.** Gelbliche Krystalle vom Schmelzp. 121° [3].

2-Indoylessigsäure (α-Indoloylessigsäure) $C_{11}H_9O_3N$. Als Äthylester vermutlich neben dem β-Derivat erhalten. Schmelzp. 116°. Verseift zu einer Verbindung vom Schmelzp. 315° [3].

N, N'-Oxalyldiindol

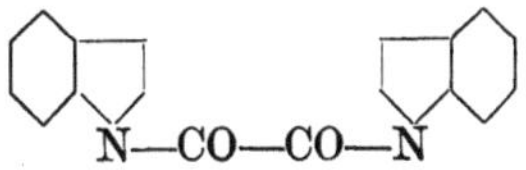

$$\text{[Indol]}-N-CO-CO-N-\text{[Indol]}$$

Aus Indolylmagnesiumjodid und Oxalsäureester. Aus Eisessig leicht gelbliche Prismen vom Schmelzp. 154,5—156°. 4 Stunden mit alkoholischer Natron gekocht liefert es quantitativ Indol und Oxalsäure [4].

N-[β-Indolylglyoxylyl-]indol

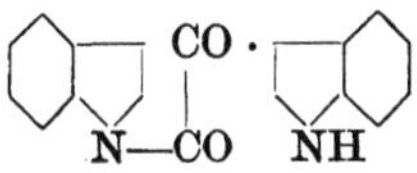

$$\text{[Indol]}-N-CO-CO-NH-\text{[Indol]}$$

Aus Indolylmagnesiumjodid und Oxalsäureester neben der obigen Verbindung. Aus Alkohol farblose Blättchen vom Schmelzp. 224—225°. Alkoholisches Alkali zersetzt es zu Indol und β-Indolylglyoxylsäure [4].

β-Indolylglyoxylsäureäthylester

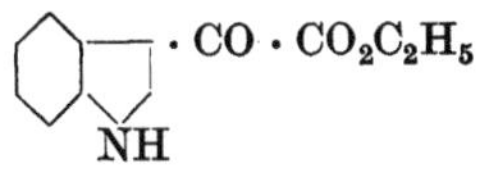

$$\text{[Indol]} \cdot CO \cdot CO_2C_2H_5$$

Neben N, N'-Oxalyldiindol und N-[β-Indolylglyoxyl]-indol aus Indolylmagnesiumjodid und Oxalsäureester. Aus Eisessig viereckige Tafeln vom Schmelzp. 185—186° [2]. — **Oxim** $C_{12}H_{12}O_3N_2$. Schmelzp. 138—142° [5].

Indol-3-glyoxylsäure; (β-Indolylglyoxylsäure)

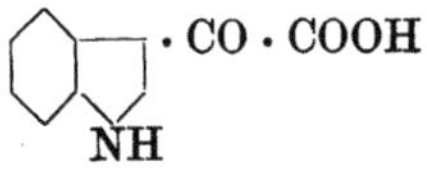

$$\text{[Indol]} \cdot CO \cdot COOH$$

---

[1] Ch. Gränacher, M. Gerö u. Schelling bzw. A. Mahal: Helvet. chim. Acta **7**, 575, 579.
[2] Z. Matsucka u. S. Takemura: J. of Biochem. **1**, 175 (1922) — Ber. Physiol. **20**, 429 (1923).
[3] B. Oddo u. A. Albanese: Gazz. chim. Ital. **57**, 827 (1927) — Chem. Zbl. **1928 I**, 1416.
[4] R. Majima u. T. Shigematsu: Ber. dtsch. chem. Ges. **57**, 1449 — Chem. Zbl. **1924 II**, 2032.
[5] R. Majima, T. Shigematsu u. T. Rokkaku: Ber. dtsch. chem. Ges. **57**, 1453 — Chem. Zbl. **1924 II**, 2033.

Durch Verseifung des Esters. Gelb. Bräunt sich von 186° an, ist bei 190° schwarz und zersetzt sich bei 215°. In Alkohol und Äther farblos löslich, in Benzol unlöslich[1]. — **Oxim** $C_{10}H_8O_3N_2$. Zersetzungsp. 151° explosionsartig[2].

N, N'-Succinyldiindol $C_8H_6N \cdot CO \cdot CH_2 \cdot CH_2 \cdot CO \cdot NC_8H_6$. Aus Indolylmagnesiumjodid und Bernsteinsäureester. Aus Eisessig in Blättchen vom Schmelzp. 217—218°. Durch Kochen mit $^1/_2$ n-Natronlauge quantitativ in Indol und Bernsteinsäure gespalten[1].

β-Indolylglyoxylsäuremethylester $C_8H_6N \cdot CO \cdot COOCH_3$. Aus Alkohol Krystalle vom Schmelzp. 220—222°. — **Phenylhydrazon** $C_{17}H_{15}O_2N_3$. Schmelzp. 133—136°. In Methylalkohol, Benzol, Chloroform und Eisessig leicht löslich, in Petroläther wenig und in Wasser nicht löslich. — **Oxim** $C_{11}H_{10}O_3N_2$. Aus Benzol Nadeln vom Schmelzp. 149—151°[2].

β-Indolylessigester $C_8H_6N \cdot CO \cdot CH_2 \cdot COOC_2H_5$. Aus Alkohol Blättchen vom Schmelzpunkt 119,5°. Mit alkoholischer Kalilauge erwärmt sehr glatt β-Indolylmethylketon[2].

1-Phenyl-3-β-indolylpyrazolon(-5) $C_{17}H_{13}ON_3$. Aus Indolessigester beim Erwärmen mit Phenylhydrazin in Alkohol. Aus Benzol Nadeln vom Schmelzp. 201—203°[2].

3-β-Indolylisoxazolon(-5) $C_{11}H_8O_2N_2$. Aus Benzol Prismen vom Schmelzp. 188—188,5°[2].

3-Methylindol-2-carboxydimethylacetalylmethylamid $C_{15}H_{20}O_3N_2$. Aus Leichtpetroleum Blättchen vom Schmelzp. 87—88°, die durchweg löslich sind[3].

6-Methoxyindol-2-carboxydimethylacetalylmethylamid $C_{15}H_{20}O_4N_2$. Aus Leichtpetroleum Nadeln vom Schmelzp. 129°[3].

Indol-2-carboxydimethylacetalylamid $C_{13}H_{16}O_3N_2$. Besser in Benzol als in Chloroform dargestellt (Ausbeute 80%). Aus Benzol in Nadeln vom Schmelzp. 130—131°[3].

2-Carboxyindol-1-essigsäure

$$\underset{N \cdot CH_2 \cdot COOH}{\overset{\cdot COOH}{\bigcirc\!\!\!\!\!\!\bigcirc}}$$

Aus Phenylhydrazinoessigsäure und Brenztraubensäure, mit alkoholischer Salzsäure kondensiert. Nadeln vom Schmelzp. 232°. Mit warmem Ehrlichschen Reagens Rotfärbung[3].

2-Carboxyindol-1, 3-diessigsäurediäthylester

$$\underset{N \cdot CH_2 \cdot COOC_2H_5}{\overset{\cdot CH_2 \cdot COOC_2H_5}{\underset{\cdot COOH}{\bigcirc\!\!\!\!\!\!\bigcirc}}}$$

Durch Kondensation von Phenylhydrazinoessigsäure mit α-Ketoglutarsäure in alkoholischer Salzsäure gewonnen. Aus Alkohol Nadeln vom Schmelzp. 200—202°. Mit Sodalösung erwärmt Indolgeruch. Mit Ehrlichs Reagens glänzendes Rot, das auf Nitritzusatz in Blau übergeht, beim Verdünnen rot, dann grün[3].

2-Carboxyindol-1, 3-diessigsäure

$$\underset{N \cdot CH_2 \cdot COOH}{\overset{\cdot CH_2COOH}{\underset{\cdot COOH}{\bigcirc\!\!\!\!\!\!\bigcirc}}}$$

Mol.-Gewicht: 255,03. Durch Verseifen des oben beschriebenen Diäthylesters mit methylalkoholischer Kalilauge erhalten. Nadeln vom Schmelzp. 261—263°[3].

Indol-3-essigsäure-2-carbonsäure $C_{11}H_9O_4N$. Schmelzp. 228° (Zers.). Liefert beim Erhitzen Skatol. — **Diäthylester** $C_{15}H_{17}O_4N$. Aus Alkohol Blättchen vom Schmelzp. 85 bis 86°[4].

Indol-3-propionsäure-2-carbonsäure $C_{12}H_{11}O_4N$. Schmelzp. 195°. — **Diäthylester** $C_{16}H_{19}O_4N$. Aus Alkohol Blättchen vom Schmelzp. 95°.

---

[1] R. Majima u. T. Shigematsu: Ber. dtsch. chem. Ges. **57**, 1449 — Chem. Zbl. **1924 II**, 2032.

[2] R. Majima, T. Shigematsu u. T. Rokkaku: Ber. dtsch. chem. Ges. **57**, 1453 — Chem. Zbl. **1924 II**, 2033.

[3] W. O. Kermack, W. H. Perkin u. E. Robinson: J. chem. Soc. Lond. **121**, 1872 (1922) — Chem. Zbl. **1923 I**, 1173.

[4] S. Keimatsu u. S. Sugasawa: J. Pharm. Soc. Japan **48**, 101 — Chem. Zbl. **1928 II**, 1881.

3-[β-Phthalimidoäthyl-]indol-2-carbonsäureester

$$\text{C}_6\text{H}_4\text{-indole-CH}_2\cdot\text{CH}_2\cdot\text{N}\langle^{\text{CO}}_{\text{CO}}\rangle\text{C}_6\text{H}_4 \quad (\text{CO}_2\text{C}_2\text{H}_5)$$

Seidige Nadeln vom Schmelzp. 195°[1].

3-[β-Aminoäthyl-]indol-2-carbonsäure $\text{C}_{11}\text{H}_{12}\text{O}_2\text{N}_2$. Schmelzp. 257° (Zers.)[1].

3-[β-Aminoäthyl-]indolacetat $\text{C}_{12}\text{H}_{16}\text{O}_2\text{N}_2$. Schmelzp. 136°[1].

Indol-α-carbonsäureäthylester $\text{C}_{11}\text{H}_{11}\text{O}_2\text{N}$. Aus Alkohol gelbliche Nadeln vom Schmelzpunkt 119°[2].

2-Carbäthoxyindol-3-äthyl-β, β'-dicarbonsäurediäthylester

$$\text{indole-CH}_2\cdot\text{CH}\langle^{\text{COOC}_2\text{H}_5}_{\text{COOC}_2\text{H}_5}\rangle \quad (\text{COOC}_2\text{H}_5)$$

Aus verdünntem Alkohol Nadeln vom Schmelzp. 77—78°[2].

2-Carbäthoxyindol-3-vinyl-β, β'-dicarbonsäurediäthylester $\text{C}_{10}\text{H}_{21}\text{O}_6\text{N}$. Aus Methylalkohol kanariengelbe Rhomboeder vom Schmelzp. 141—142°[2].

2-Carboxyindol-3-äthyl-β, β'-dicarbonsäurediäthylester $\text{C}_{17}\text{H}_{19}\text{O}_6\text{N}$. Durch Verseifung des Tricarbonsäureesters mit 1—1,5proz. Kalilauge. Aus Benzol Nädelchen vom Schmelzpunkt 168—169°[2].

Indol-3-äthyl-β, β'-dicarbonsäurediäthyldiester $\text{C}_{16}\text{H}_{19}\text{O}_4\text{N}$. Aus vorigem durch ¼stündiges Erhitzen auf 190°. Aus verdünntem Alkohol Täfelchen vom Schmelzp. 89—90°[2].

Indol-3-äthyl-β, β'-dicarbonsäure $\text{C}_{12}\text{H}_{11}\text{O}_4\text{N}$. Aus Wasser Nädelchen vom Schmelzpunkt 188—189°[2].

2-Carbäthoxyindol-3-äthyl-β, β'-dicarbonsäure $\text{C}_{13}\text{H}_{11}\text{O}_6\text{N}$. Durch Verseifung des Tricarbonsäureesters mit 5proz. Kalilauge. Aus Wasser Nadeln vom Schmelzp. 198—199°[2].

2-Carboxyindol-3-propionsäure $\text{C}_{12}\text{H}_{11}\text{O}_4\text{N}$. Aus obiger Verbindung durch 10minütiges Erhitzen auf genau 200°. Aus heißem Wasser Nadeln vom Schmelzp. 194°[2].

2-Carboxäthylindol-3-propionsäureäthylester. Aus verdünntem Alkohol Nadeln vom Schmelzp. 94—95°[2].

5-Oxy-N-methyloxindol

$$\text{OH-benzene-}\langle^{\text{CO}}_{\text{CH}_2}\rangle\text{N}\cdot\text{CH}_3$$

Aus Wasser Blättchen vom Schmelzp. 186—187°. In organischen Lösungsmitteln und in Wasser leicht löslich[3].

N-Methyl-3-dichloroxindol

$$\text{benzene-}\langle^{\text{CCl}_2}_{\text{CO}}\rangle\text{N}\cdot\text{CH}_3$$

Aus Trichloracetylmethylanilin durch Behandeln mit Aluminiumchlorid. Aus Methylalkohol in Krystallen vom Schmelzp. 145°[4].

Benzyloxindol

$$\text{benzene-}\langle^{\text{CH—CH}_2\cdot\text{C}_6\text{H}_5}_{\text{CO}}\rangle\text{NH}$$

---

[1] S. Keimatsu, S. Sugasawa u. G. Kasuya: J. Pharm. Soc. Japan **48**, 105 — Chem. Zbl. **1928 II**, 1882.
[2] H. Maurer u. E. Moser: Hoppe-Seylers Z. **161**, 131 (1926) — Chem. Zbl. **1927 I**, 97.
[3] E. Merck, Chemische Fabrik (A. Dützmann): D.R.P. 421386, Kl. 12p (1924, 1925).
[4] R. Stollé: D.R.P. 341112, Kl. 12p; Chem. Zbl. **1921 II**, 1065.

Mol.-Gewicht: 223,01. Aus Benzaloxindol in Äther und Eisessig mit Wasserstoff und Paladiumschwarz. Aus verdünntem Alkohol weiße Nadeln vom Schmelzp. 130°[1].

o-Nitrobenzaloxindol

$$\underset{\underset{NH}{}}{\overset{C=CH}{\underset{CO}{\diagdown}}}\cdot \underset{NO_2}{\bigcirc}$$

Mol.-Gewicht: 266,02. Zu 8,8 g Oxindol und 14 g o-Nitrobenzaldehyd in 150 ccm siedendem Benzol werden etwa 0,5 ccm Piperidin gegeben. Sofort erfolgt Farbenumschlag in Rot. Nach 10 Minuten dauerndem Erwärmen kommen beim Abkühlen Krystalle. Aus Alkohol rotgelbe Nadeln vom Schmelzp. 225°, die in Benzol und Äther sehr wenig löslich sind (Ausbeute 12 g)[1].

N-Phenyl-3-dichloroxindol

$$\underset{\underset{N\cdot C_6H_5}{}}{\overset{CCl_2}{\underset{CO}{\diagdown}}}$$

wird durch Einwirkung von Aluminiumchlorid auf Trichloracetyldiphenylamin in Schwefelkohlenstofflösung bei gewöhnlicher Temperatur erhalten. Durch Alkalien wird es in N-Phenylisatin bzw. N-phenylisatinsaures Natrium übergeführt[2].

Monojodoxindol-3-essigsäure $C_{10}H_8O_3NJ$. Durch Behandlung des Stammkörpers mit Chlorjod in konzentrierter Salzsäure (1 Mol, 12 Stunden 15°) und Eingießen in Wasser. Aus verdünntem Alkohol farblose Nadelbüschel vom Schmelzp. 204°. In konzentrierter Schwefelsäure fast farblos, in der Hitze unter Jodabspaltung löslich. In Alkohol, Essigester und Eisessig sehr leicht, in Äther und Petroläther schwerer, in heißem Wasser sehr schwer löslich, in kaltem unlöslich. In Alkalien leicht löslich[3].

Dijodoxindol-3-essigsäure $C_{10}H_7O_3NJ_2$. Durch Behandlung mit 2 Mol Chlorjod und fraktionierte Krystallisation aus Alkohol. Schwach gelb gefärbtes mikrokrystallines Pulver vom Schmelzp. 214°. In Alkohol und Eisessig leicht, in Äther und Petroläther schwerer löslich. Schwefelsäure nimmt sie leicht auf und spaltet erst in der Hitze[3].

Dibromoxindol-3-essigsäure $C_{10}H_7O_3NBr_2$. Durch Behandlung mit überschüssigem Brom in Eisessig bei 15°. Aus heißem 50proz. Alkohol in Nadeln vom Schmelzp. 275°[3].

Dichloroxindol-3-essigsäure $C_{10}H_7O_3NCl_2$. Durch Einleiten von Chlor in eine Lösung der Stammsubstanz. Aus Alkohol Nadeln vom Schmelzp. 256°. In Aceton und Essigester leicht, in Alkohol und Eisessig ziemlich wenig löslich[3].

Oxindolacrylsäure(-3)

$$\underset{\underset{NH}{}}{\overset{CH\cdot CH=CH\cdot COOH}{\underset{CO}{\diagdown}}}$$

Durch Zusammenschmelzen molekularer Mengen Oxindolaldehyd und Malonsäure. Aus heißem verdünnten Alkohol braunrote Nadeln vom Schmelzp. 212°. In organischen Lösungsmitteln und verdünnten Alkalien leicht löslich[3].

Oxindol-3-propionsäure

$$\underset{\underset{NH}{}}{\overset{CH\cdot CH_2\cdot CH_2\cdot COOH}{\underset{CO}{\diagdown}}}$$

Durch Reduktion des Acrylsäurederivates mit Natriumamalgam. Aus heißem Wasser schwach gelbliche Prismen vom Schmelzp. 208°. In Alkalien, Eisessig, Alkohol und Äther leicht, in Petroläther und heißem Wasser schwerer, in kaltem sehr schwer löslich[3].

Monojodoxindol-3-propionsäure $C_{11}H_{10}O_3NJ$. Mit 1 Mol Chlorjod in konzentrierter Salzsäure bei 15° aus der Stammsubstanz. Aus verdünntem Alkohol gelblichbraunes, mikrokrystallines Pulver vom Schmelzp. 224°. In Alkohol und Eisessig ziemlich leicht löslich[3].

---

[1] E. Kirchner: Nachr. Ges. Wiss. Göttingen **1921**, 154—161 — Chem. Zbl. **1923 I**, 944, 945.
[2] R. Stollé: D.R.P. 341112, Kl. 12p; Chem. Zbl. **1921 II**, 1065.
[3] Chemische Fabrik auf Actien (vorm. E. Schering), W. Schoeller u. R. Schmidt: D.R.P. 433099, Kl. 12p (1925, 1926); Chem. Zbl. **1926 II**, 2223; D.R.P. 451957, Kl. 12p (1926, 1927); ZusP. zu D.R.P. 431510; Chem. Zbl. **1928 I**, 2459.

5-Jodoxindol-3-acrylsäure

$$\underset{\text{NH}}{\underset{|}{\bigcirc}}\overset{\text{J}}{\underset{\text{CO}}{\diagdown}}\text{CH} \cdot \text{CH}=\text{CH} \cdot \text{COOH}$$

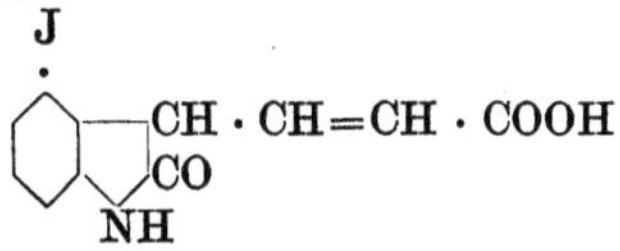

Aus 5-Jodisatin durch Kondensation mit Oxythionaphthencarbonsäure zum Jodthioindigoscharlach, dieser wird mit alkoholischer Natronlauge zur Natriumverbindung des 5-Jodoxindolaldehyds aufgespalten und mit 1 Mol. Malonsäure bis zur Beendigung der CO_2-Entwicklung bei 150—155° verschmolzen, in verdünntem NaOH gelöst und Filtrat mit verdünnter HCl angesäuert. Aus Alkohol + Eisessig gelbliche Nadelbüschel vom Zersetzungspunkt 210°. In heißem Eisessig und Alkohol leicht, in Äther wenig, in Benzol sehr wenig, in Wasser fast nicht löslich[1]. Durch Reduktion mit Aluminiumamalgam.

5-Jodoxindol-3-propionsäure $C_{11}H_{10}O_3NJ$ [2].

5-Jodoxindolaldehyd $C_9H_7O_2NJ$. Darstellung siehe vorhergehendes Derivat. Aus Eisessig gelbbraune Nädelchen, über 250° allmähliche Zersetzung unter Bräunung. In Alkohol und Eisessig ziemlich leicht, in Aceton wenig, in Äther und Wasser sehr wenig löslich[1].

5, 7-Dijodoxindol-3-acrylsäure

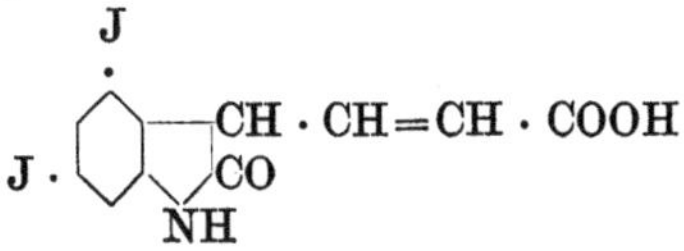

$$\text{J} \cdot \underset{\text{NH}}{\underset{|}{\bigcirc}}\overset{\text{J}}{\underset{\text{CO}}{\diagdown}}\text{CH} \cdot \text{CH}=\text{CH} \cdot \text{COOH}$$

Aus dem entsprechenden Aldehyd wie oben. Aus Alkohol Krystalle. Bei 204° Zers. In Alkalien, Alkohol, Essigester und Eisessig leicht, in Äther und Aceton ziemlich, in Wasser fast nicht löslich[1].

5, 7-Dijodoxindol-3-propionsäure

$$\text{J} \cdot \underset{\text{NH}}{\underset{|}{\bigcirc}}\overset{\text{J}}{\underset{\text{CO}}{\diagdown}}\text{CH} \cdot \text{CH}_2 \cdot \text{CH}_2 \cdot \text{COOH}$$

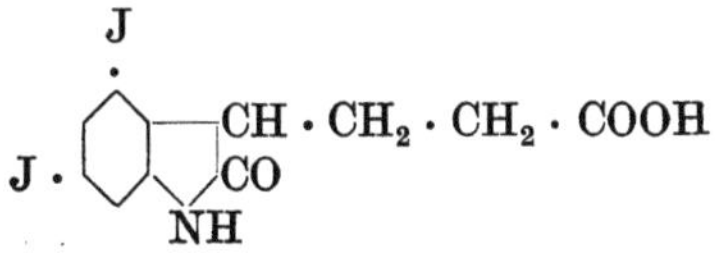

Aus dem vorstehenden durch Reduktion. Aus Eisessig mikrokrystallinisches, braunes Pulver. Bei 216° Zers. In Alkohol und Eisessig leicht, in Äther und Aceton weniger, in Wasser fast nicht löslich[1].

Kernhalogenierte Substitutionsprodukte der **Oxindol-3-essigsäure**. Darstellung aus dementsprechenden halogenierten Isatinen durch Zusammenschmelzen mit Malonsäure in molekularen Mengen und Reduktion[3].

N-Benzyliden-p-aminooxindol

$$C_6H_5 \cdot \text{CH} : \text{N} \cdot \underset{\text{NH}}{\underset{|}{\bigcirc}}\overset{\text{CH}_2}{\underset{\text{CO}}{\diagdown}}$$

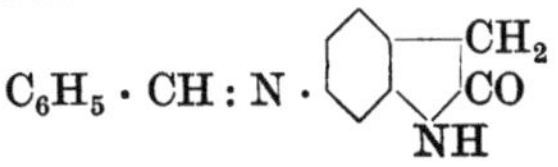

Aus p-Aminooxindol mit Benzaldehyd und Natronlauge in kaltem Methylalkohol. Goldgelbe Nadeln aus Alkohol vom Schmelzp. 207°[4].

N-(o-Nitrobenzyliden)-p-aminooxindol $C_{15}H_{12}ON_2$. Analog mit p-Nitrobenzaldehyd. Gelbe Nadeln. Zersetzungsp. 201°[4].

N-(6-Nitropiperonyliden)-p-aminooxindol $C_{14}H_{11}ON_3$. Analog mit 6-Aminopiperonal. Gelbe Nadeln. Zersetzungsp. 219,5°. Die drei letztgenannten Verbindungen bräunen sich im diffusen Licht[4].

---

[1] Schering-Kahlbaum A.-G. (Erf. W. Schoeller u. K. Schmidt): D.R.P. 459361, Kl. 12p (1926, 1928, Zus. zu D.R.P. 436518) — Vgl. Chemische Fabrik auf Actien (vorm. E. Schering), übertr. v. W. Schoeller u. K. Schmidt: A.P. 1656239 (1923, 1928; D.Prior. 1925); Schwz.P. 121564 (1926, 1927; D.Prior. 1926) und Schwz.P. 122243 (Zus.P.) (1926, 1927) — Chem. Zbl. **1928 I**, 2992.
[2] Vgl. Chem. Zbl. **1926 II**, 1462, 2223; **1927 I**, 182.
[3] Chemische Fabrik auf Actien (vorm. E. Schering) u. W. Schoeller u. K. Schmidt: D.R.P. 436518, Kl. 12p (1925, 1926), Zus. zu D.R.P. 431510 — Chem. Zbl. **1926 II**, 1462; **1927 I**, 182.
[4] N. Kishi: J. Pharm. Soc. Jap. **1927**, 96 — Chem. Zbl. **1927 II**, 2459.

3-Benzyliden-6-aminooxindol

$$H_2N \cdot \underset{NH}{\underset{|}{\bigcirc}} \overset{C:CH \cdot C_6H_5}{\underset{CO}{<}}$$

p-Aminooxindol wird mit Benzaldehyd in konzentrierter Salzsäure bei Zimmertemperatur geschüttelt. Aceton fällt gelbe Nadeln des Hydrochlorids, das mit Soda zerlegt wird. Aus Aceton goldgelbe Nadeln vom Schmelzp. 225°. — **Pikrat.** Gelbe Nadelbüschel vom Zersetzungspunkt 188—189°[1].

2-Oxo-3-brom-9-oxyoctohydroindol-3-propionsäure

Schmelzp. 156°. — *δ*-Lacton $C_{11}H_{14}O_3N$. Schmelzp. 153°[2].

2-Oxo-3, 9-dioxyoctohydroindol-3-propionsäure

Schmelzp. 180°. Aus obiger Verbindung mit heißer Natronlauge. Bei der Einwirkung von Natriumhydroxyd im Wasserstoffstrom (170°) entstehen Bernsteinsäure, Essigsäure und o-Aminocyclohexanol. — *γ*-Lacton $C_{11}H_{15}O_4N$. Schmelzp. 206°. Durch Kochen mit verdünnter Mineralsäure[2].

3-Oxy-2-oxodihydroindol-3-propionsäure

Gibt beim Schmelzen mit Natriumhydroxyd im Wasserstoffstrom (210°) Anilin[2].

5-Methoxy-3-oxy-2-oxindol

Mol.-Gewicht: 179. Nadeln vom Schmelzp. 204—205°. Leicht löslich in Alkalien und heißem Wasser, mäßig in Alkohol, Aceton und Essigsäure, wenig in Essigester, sehr wenig in Äther Chloroform und kaltem Wasser, unlöslich in Petroläther und Schwefelkohlenstoff. Konzentrierte Schwefelsäure löst es leicht und farblos[3].

5-Methoxy-3-oxy-2-oxodihydroindol-3-carbonsäureäthylester (Methoxy-5-oxy-3-keto-2-dihydroindolcarbonsäureäthylester-3)[3]

---

[1] N. Kishi: J. Pharm. Soc. Jap. **1927**, 96 — Chem. Zbl. **1927 II**, 2459.
[2] E. C. Kendall u. A. E. Osterberg: J. amer. chem. Soc. **49**, 2047 — Chem. Zbl. **1927 II**, 1836.
[3] J. Halberkann: Ber. dtsch. chem. Ges. **54**, 3079—3090 (1921) — Chem. Zbl. **1922 I**, 458.

Mol.-Gewicht: 251,1. Aus 75proz. Alkohol Nadeln oder Tafeln. Schmelzp. 193—194°. Mäßig löslich in Eisessig, wenig in Alkohol, sehr wenig in Äther, Chloroform, Benzol und Essigester, unlöslich in Wasser.

Diindol: α-Methylindol ist zur Polymerisation, wie Indol und Skatol, nicht befähigt. Deshalb wird angenommen, daß dem Diindol die Formel I und dem Triindol die Formel II zukommen [1].

Bisindil-1, 1, 3, 3 (Bisindolyl-N, β)

$$C_6H_4\diamondsuit\begin{matrix}C-CO-CO-C\\CH\quad\quad HC\\N-CO-CO-N\end{matrix}\diamondsuit C_6H_4$$

Mol.-Gewicht: 342,06. Bei der Einwirkung von 3,1 g Oxalchlorid auf 1,2 g Magnesium, 5,5 g Äthylbromid und 5,8 g Indol in Äther in Kältemischung. Prismen aus Alkohol. Schmelzp. 200°, dann Zers. In Alkohol leicht löslich. Beim Kochen mit wässeriger Kalilauge geht es in Indil über [2].

Indil-3, 3 (β, β-Diindoyl)

$$C_6H_4\diamondsuit\begin{matrix}C-CO-CO-C\\CH\quad\quad HC\\NH\quad\quad HN\end{matrix}\diamondsuit C_6H_4$$

Mol.-Gewicht: 288,06. Hauptprodukt bei der oben angeführten Reaktion. Aus 50proz. Alkohol gelbe Nadeln, sintern gegen 200° unter Bräunung und zersetzen bei etwa 235°, ohne zu schmelzen. Sie sind in Äther und Benzol schwer, in Eisessig ziemlich schwer, in Essigester und heißem Alkohol leicht löslich; unlöslich in heißem Wasser. Beim Schmelzen mit Kaliumhydroxyd entsteht Indol-β-carbonsäure. Silbersalz beobachtet [2].

Indil-1, 1 (N, N-Diindoyl)

$$C_6H_4\diamondsuit\begin{matrix}CH\quad\quad HC\\CH\quad\quad HC\\N-CO-CO-N\end{matrix}\diamondsuit C_6H_4$$

Mol.-Gewicht: 288,06. Entsteht in geringer Menge bei dem unter Bisindil-1, 1, 3, 3 angeführten Prozeß. Aus heißem Alkohol Prismen. Schmelzp. 218—220°. Es ist in heißem Wasser unlöslich und in heißem Alkohol schwer löslich. Beim Kochen mit wässeriger Kalilauge liefert es Indol [2].

1, 3, 3-Trimethyl-2, 4-jodbenzolazomethylenindolin und Derivate [3].

β-Indol-α-Sulfhydrylacrylsäure

$$\underset{NH}{\bigcirc}\!\!-\!\!C\cdot CH=\underset{SH}{C}\cdot COOH$$

Aus β-Indolylrhodanin mit 10proz. wässeriger Kalilauge. Aus der ammoniakalischen Lösung durch Salzsäure orangegelbes Pulver, das zum Niesen reizt und sich bei etwa 190° unter Verfärbung und Gasentwicklung zersetzt. Ammoniakalische Lösung mit Eisenchlorid dunkelgrüne Färbung [4].

---

[1] B. Oddo u. G. B. Crippa: Atti Accad. dei Lincei, Roma [5] **33 I**, 31 — Chem. Zbl. **1924 I**, 2364.
[2] B. Oddo u. G. Sanna: Gazz. chim. ital. **51 II**, 337 (1921) — Chem. Zbl. **1922 I**, 1032.
[3] W. König: Ber. dtsch. chem. Ges. **57**, 891 — Chem. Zbl. **1924 II**, 41.
[4] Ch. Granacher, M. Gerö u. Schelling bzw. A. Mahal: Helv. chim. Acta **7**, 575, 579.

Durch Einwirkung von Magnesylmethylketol auf Anthrachinon erhält man 9, 10-Tetra-α-methylindyldihydroanthracen.

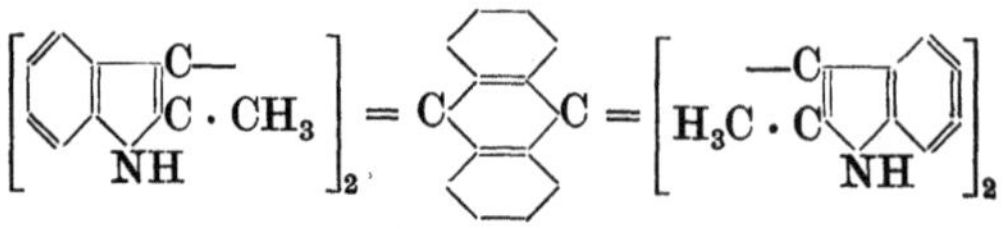

$$\left[\underset{NH}{\bigcirc}\overset{C-}{\underset{C\cdot CH_3}{}}\right]_2 = C\overset{\bigcirc}{\underset{\bigcirc}{}}C = \left[H_3C\cdot\overset{-C}{\underset{NH}{\underset{\bigcirc}{C}}}\right]_2$$

Aus Äther unter Zusatz von Petroläther, Ligroin oder Benzol als rotes, krystallines Pulver vom Schmelzp. 148°[1].

As-Methyldihydroarsindol

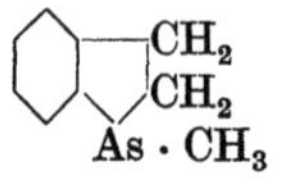

$$\bigcirc\overset{CH_2}{\underset{As\cdot CH_3}{\underset{CH_2}{}}}$$

Jodmethylat, Jodäthylat und Brombenzylat, Darstellung usw.[2]

---

[1] Q. Mingoia: Gazz. chim. ital. **56**, 446 — Chem. Zbl. **1926 II**, 2593.
[2] E. E. Turner u. F. W. Bury: J. chem. Soc. Lond. **123**, 2489 (1923) — Chem. Zbl. **1924 I**, 303 (ausf. Ref.).

Aminosäuren, die im Eiweiß vorkommen.

Von

Herbert Mahn-Dessau.

Allgemeines über Vorkommen, Darstellung, Nachweis und Bestimmung von Aminosäuren.

Vorkommen: H. Delaunay[1] ermittelte den Aminosäure-N-Gehalt in einer Reihe von Organen. Am höchsten ist der Gehalt in Verdauungsorganen, auch in nüchternem Zustande, dann folgen in abnehmender Reihenfolge: Lunge, Gehirn, Muskel, Niere und schließlich Blut.

Es konnten von T. Ikeda[2] im Glaskörper von Rinderaugen keine Diaminosäuren nachgewiesen werden.

Über den Aminosäuregehalt normaler und Starlinsen von Pferden berichten H. Labbé und F. Lavagna[3].

Über den Gehalt an aromatischen Aminosäuren im Blut, in Körperflüssigkeiten und Geweben nach Enteiweißung, nachgewiesen durch die Xanthoproteinreaktion, und über den veränderten Gehalt bei Niereninsuffizienz, Leber-, Herz- und Infektionskrankheiten und über den Gehalt im Leichenblut berichtet E. Becher[4].

Über die Trennung der Hexonbasen von den Aminosäuren des Blutes nach der Methode von Hausmann berichtet N. F. Blau[5]. Der Diaminosäure-N-Gehalt betrug 0,13—4,54 mg%.

Über den Aminosäuregehalt des Blutserums Gesunder berichten F. Widal und M. Laudat[6].

Nach H. Wu[7] enthalten die Blutkörperchen etwa 9,42 und das Plasma 5,52 mg% Aminosäuren.

L. Cannavò[8] berichtet über den Aminosäuregehalt (durchschnittlich 9,0 mg%) von normalem Blute. Erörtert wird die Differenz der Werte bei der Aminosäurebestimmung nach van Slyke und nach Bang. Ferner wird über den Aminosäuregehalt des Blutes unter pathologischen Verhältnissen berichtet.

S. H. Edgar[9] berichtet über den Aminosäuregehalt des Blutes von gesunden und kranken Kindern.

Der Aminosäure-N des Menschenblutes betrug nach N. F. Blau[10] 3—9,7, des normalen Menschenblutes 5, des Rinder-, Schaf- und Hundeblutes 3,5—5,5 mg%.

Nach O. Deutschberger[11] enthalten 100 ccm enteiweißtes Pferdeblut 11 mg Aminosäuren.

---

[1] H. Delaunay: C. r. Soc. Biol. Paris **85**, 360—362 — Chem. Zbl. **1921 III**, 1500.
[2] T. Ikeda: J. of orient. Med. **2**, 135—141 (1924) — Ber. Physiol. **31**, 925 (1925) — Chem. Zbl. **1926 I**, 1830.
[3] H. Labbé u. F. Lavagna: C. r. Acad. Sci. Paris **180**, 1186—1188 — Chem. Zbl. **1925 II**, 311.
[4] E. Becher: Münch. med. Wschr. **71**, 1677—1678 (1924) — Chem. Zbl. **1925 I**, 691.
[5] N. F. Blau: J. of biol. Chem. **56**, 867—871 — Chem. Zbl. **1923 III**, 1097.
[6] F. Widal u. N. Laudat: C. r. Soc. Biol. Paris **95**, 1233—1234 (1926) — Chem. Zbl. **1927 I**, 1333.
[7] H. Wu: J. of biol. Chem. **51**, 21—31 (1922) — Chem. Zbl. **1922 III**, 84.
[8] L. Cannavò: Arch. Farmacol. sper. **42**, 225—234; Chem. Zbl. **1927 I**, 3202.
[9] S. H. Edgar: Biochemic. J. **22**, 168—172 — Chem. Zbl. **1928 II**, 474.
[10] N. F. Blau: J. of biol. Chem. **56**, 861—866 — Chem. Zbl. **1923 III**, 1097.
[11] O. Deutschberger: Biochem. Z. **198**, 268—295 (1928) — Chem. Zbl. **1929 I**, 254.

Nach A. Szenes[1] war der Aminosäuregehalt des Serums bei 2 großen Strumen (24 mg) höher als bei den übrigen Strumen (19 mg).

Der Aminosäure-N-Gehalt des Blutes normaler Hunde beträgt nach R. L. Haden und Th. G. Orr[2] im Durchschnitt 6,7 mg%.

D. W. Wilson und C. F. Adolph[3] bestimmten im Gesamtblut und Plasma einiger Spezies von Süßwasserfischen, darunter Schmelzschupper und Teleostier, den Amino-N.

Das Blut der Klapperschlangen, Crotalus atrox und Crotalus oregonus, enthält nach J. M. Luck und L. Keeler[4] mehr Aminosäuren als das Blut von Warmblütern.

G. H. Bishop, A. P. Briggs und E. Ronzoni[5] bestimmen den Aminosäure-N-Gehalt der Honigbienenlarve, der 290 mg pro 100 ccm beträgt, und vergleichen ihn mit dem des Säugetierblutes. Nach den Verfassern ist der Hauptteil des osmotischen Druckes des Bienenblutes den Aminosäuren zuzuschreiben.

K. Hiruma[6] untersuchte den Gehalt an Amino-N, Rest-N und NH_3-N von Transsudaten und von Exsudaten.

M. Duval, P. Portier, und A. Courtois[7] bestimmten den Aminosäuregehalt im Insektenblut: 1,34—1,46 g/l, von Larvenblut: 2,34 g/kg und von Puppenblut: 2,85—3,38 g/kg.

Über den Diamino- und Aminosäuregehalt des NaCl-Extraktes von Ovarien berichtet E. Meiersdorf[8].

Von P. Mazzocco[9] wurden in der Cystenflüssigkeit von Rindern 0,025—0,028% Aminosäuren bestimmt.

Das Fruchtwasser des Seiwales enthält nach M. Takata[10] 0,016% Aminosäure-N.

Über den freien und gebundenen Amino-N und über den Monoamino-N-Gehalt im Stier- und Seeigelhoden berichtet Russo[11].

Die Perikardialflüssigkeit vom Seiwal (Balaenoptera borealis) enthält nach M. Suzuki[12] durchschnittlich 0,01% Aminosäure-N.

Über das Vorkommen von Aminosäuren neben Harnsäure und Kreatin in der Allantoinflüssigkeit von Hühnerembryonen berichten E. H. Fiske und E. A. Boyden[13].

Über den Aminosäuregehalt der Trockensubstanz von Quallen (Velella spirans) berichten F. Haurowitz und H. Waelsch[14].

Über den Aminosäuregehalt der Wohnröhren der Spirographis Spallanzani berichten S. Fränkel und C. Jellinek[15].

Die fettfreie Trockensubstanz der Milchdrüsen von Kühen enthält nach O. Laxa[16] 4,25% Aminosäuren, auf Gesamt-N berechnet.

Nach A. Mader[17] enthält Kuhmilch 18—21 und Frauenmilch 51—60 mg abiureten Eiweiß-N, der nach dem Verfasser als Aminosäure-N aufzufassen ist.

---

[1] A. Szenes: Mitt. Grenzgeb. Med. u. Chir. **36**, 591—605 (1923) — Ber. Physiol. **22**, 422—423 (1924) — Chem. Zbl. **1924 I**, 2164.

[2] R. L. Haden u. Th. G. Orr: J. of biol. Chem. **65**, 479—481 (1925) — Chem. Zbl. **1926 II**, 1871.

[3] D. W. Wilson u. C. F. Adolph: J. of biol. Chem. **29**, 405—411 (1917) — Chem. Zbl. **1921 I**, 597.

[4] J. M. Luck u. L. Keeler: J. of biol. Chem. **82**, 703—707 — Chem. Zbl. **1929 II**, 1312.

[5] G. H. Bishop, A. P. Briggs u. E. Ronzoni: J. of biol. Chem. **66**, 77—88 (1925) — Chem. Zbl. **1926 II**, 1963.

[6] K. Hiruma: Biochem. Z. **142**, 506—517 (1923) — Chem. Zbl. **1924 I**, 1070.

[7] M. Duval, P. Portier u. A. Courtois: C. r. Acad. Sci. Paris **186**, 652—653 — Chem. Zbl. **1928 I**, 2625.

[8] E. Meiersdorf: Biochem. Z. **176**, 127—133 (1926) — Chem. Zbl. **1927 I**, 121.

[9] P. Mazzocco: C. r. Soc. Biol. Paris **88**, 342—343 (1923) — Chem. Zbl. **1923 I**, 1334.

[10] M. Takata: Tôhoku J. exper. Med. **2**, 459—464 — Ber. Physiol. **14**, 70—71 — Chem. Zbl. **1922 III**, 929.

[11] Russo: Boll. Soc. Biol. sper. **1**, 210—212 (1926) — Ber. Physiol. **38**, 600 — Chem. Zbl. **1927 I**, 2662.

[12] M. Suzuki: Tôhoku J. exper. Med. **2**, 355—356 (1926) — Ber. Physiol. **12**, 180 — Chem. Zbl. **1922 III**, 304.

[13] E. H. Fiske u. E. A. Boyden: J. of biol. Chem. **70**, 535—556 (1926) — Chem. Zbl. **1927 I**, 624.

[14] F. Haurowitz u. H. Waelsch: Hoppe-Seylers Z. **131**, 300—317 (1926) — Chem. Zbl. **1927 I**, 908.

[15] S. Fränkel u. C. Jellinek: Biochem. Z. **185**, 379—383 — Chem. Zbl. **1927 II**, 1044.

[16] O. Laxa: Lait **7**, 336—342 — Chem. Zbl. **1927 II**, 708.

[17] A. Mader: Klin. Wschr. **1**, 1555—1557 — Chem. Zbl. **1922 III**, 853.

Die Ultrafiltrate von Kuh- und Frauenmilch geben nach A. Mader[1] positive Aminosäurereaktion (Ninhydrin). Einen bedeutenden Einfluß auf die Oberflächenspannung der Milch scheinen die Aminosäuren nicht auszuüben.

F. Spirito[2] bestimmte den Amino-N-Gehalt von verschiedenen Milchsorten: Kuhmilch 10,17—14,68, Eselsmilch etwa 16,03, Ziegenmilch etwa 10,53, Frauenmilch (3.—4. Monat) 12,82, (9.—12. Monat) 8,50 und Colostrum 17,48 mg pro 100 ccm Milch.

Nach G. Viale[3] enthalten 100 ccm Kuhmilch 8,6 mg Aminosäure-N. Die Aminosäuren sind nach dem Verfasser natürliche Sekretionsprodukte der Milchdrüse, da ihr Gehalt auch bei längerem Stehen der Milch nicht zunimmt.

Nach H. Lisk[4] schwankt der Amino-N sterilisierter Handels(Kuh)milch zwischen 1,08 und 4,09 mg pro 100 ccm.

Über das Vorkommen von Aminosäuren, Purin und Cholin in der Kuhmilch berichtet N. Tolkatschewskaja[5].

B. Bleyer und Kallmann[6] berichten über den Aminosäure-N von Vollmilch, Labmilch und Sauermolke.

100 ccm Milch vom Finnwal (Balaenoptera physalis L.) enthalten nach M. Takata[7] 0,005 g Aminosäure-N.

Der Aminosäure-N-Gehalt des Harns beträgt nach K. Steinmetzer und R. Strakosch[8] beim Pferd durchschnittlich 18 mg%, bei der Ziege 5 mg%, beim Rind 13 mg%, bei trächtigen Kühen dagegen nur 0,28 mg%.

G. Kimura[9] untersuchte den Aminosäuregehalt des Harns von normalen und von krebskranken Ratten. Mit fortschreitendem Tumor ist der Amino-N erhöht.

Über den Aminosäuregehalt des Harnes vom Gänsefisch (Lophius piscatorius) berichtet A. Grollman[10].

Nach S. L. Jodidi und J. S. Markley[11] ist der Aminosäure-N-Gehalt ungekeimter Haferkörner folgender: 2,48 (Swedish Select), 2,02 (Victory), 2,35 (Jowar) und 1,65% (Winter Turf) auf Gesamt-N berechnet; auf die gesamte trockne Körnermasse bezogen, sind es folgende Zahlen: 0,064, 0,040, 0,057 und 0,025%.

Unter den Stickstoffverbindungen der Reiskörner sind nach L. S. Jodidi[12] nur geringe Mengen Aminosäuren vertreten.

Im Extrakt von Reiskleie ließen sich von S. Tsukiye[13] neben Purinbasen (Adenin, Hypoxanthin) Aminosäuren nachweisen.

Über die im Luzernensafte vorkommenden Aminosäuren berichtet H. B. Vickery[14].

Nach H. B. Vickery[15] entfallen in die Fraktion des Luzernensaftes, der die einfachen α-Aminosäuren enthält, nur 13,6% des Gesamt-N auf Aminosäure-N.

Über den Aminosäuregehalt und dessen Rolle in den Knöllchen von Lupinen und Pferdebohnen berichten E. Parisi und C. Masetti-Zannini[16].

---

[1] A. Mader: Jb. Kinderheilk. **101**, 281—294 (1923) — Ber. Physiol. **21**, 183—184 — Chem. Zbl. **1924 I**, 1555.

[2] F. Spirito: Pediatria riv. **34**, 921—929 (1926) — Ber. Physiol. **38**, 498 — Chem. Zbl. **1927 I**, 2663.

[3] G. Viale: Biochemica e ter. sper. **8**, 321—324 (1921) — Ber. Physiol. **12**, 371 — Chem. Zbl. **1922 III**, 304 — Arch. di Biol. **73**, 116—119 (1924) — Ber. Physiol. **34**, 764 — Chem. Zbl. **1926 II**, 836.

[4] H. Lisk: J. Dairy Sci. **7**, 74—82 (1924) — Ber. Physiol. **29**, 529 — Chem. Zbl. **1925 I**, 2597.

[5] N. Tolkatschewskaja: J. russ. phys. chem. Ges. **58**, 888—891 (1926) — Chem. Zbl. **1927 I**, 1331.

[6] B. Bleyer u. Kallmann: Biochem. Z. **153**, 459—486 (1924) — Chem. Zbl. **1925 I**, 783.

[7] M. Takata: Tôhoku J. exper. med. **2**, 344—354 (1921) — Ber. Physiol. **12**, 178—180 — Chem. Zbl. **1922 III**, 304.

[8] K. Steinmetzer u. R. Strakosch: Pflügers Arch. **213**, 535—538 — Chem. Zbl. **1926 II**, 2193.

[9] G. Kimura: J. of Biochem. **8**, 469—494 — Chem. Zbl. **1928 II**, 468.

[10] A. Grollman: J. of biol. Chem. **81**, 267—278 — Chem. Zbl. **1929 I**, 2658.

[11] S. L. Jodidi u. J. S. Markley: J. Franklin Inst. **198**, 201—211 — Chem. Zbl. **1924 II**, 1807.

[12] L. S. Jodidi: J. agricult. Res. **34**, 309—325 — Chem. Zbl. **1927 II**, 1156.

[13] S. Tsukiye: Biochem. Z. **131**, 124—139 (1922) — Chem. Zbl. **1923 I**, 1192.

[14] H. B. Vickery: J. of biol. Chem. **65**, 657—664 (1925) — Chem. Zbl. **1926 I**, 1422.

[15] H. B. Vickery: J. of biol. Chem. **60**, 647—655 (1924) — Chem. Zbl. **1924 II**, 1929.

[16] E. Parisi u. C. Masetti-Zannini: Staz. sper. agrar. ital. **59**, 207—228 — Chem. Zbl. **1926 II**, 1756.

Über den Aminosäure-N-Gehalt der Eiweißbakterien der Blumenkohlknospe berichten M. C. Mc Kee und A. H. Smith[1]. Die wässerigen Extrakte enthielten auf Gesamt-N bezogen 19% und die isolierten Eiweißpräparate 11% Amino-N.

Nach W. Ruhland und K. Wetzel[2] ist der Aminosäuregehalt von Begonia semperflorens niedrig.

In Erysimum crepidifolium wurde von R. Berger[3] keine Aminosäure gefunden.

Die organische Substanz von Plasmodien, die sich auf Kieferstümpfen entwickelt hatten und kurz vor der Umwandlung in Fruchtkörper standen, enthält nach W. W. Lepeschkin[4] 24,3% Aminosäuren, Purinbasen, Asparagin.

Aus der Rübenmelasse ließen sich nach E. Parisi und A. Corazza[5] 1,75% N als Hg-Salz fällen, das in 0,28% Basen-N und in 1,47% Monoaminosäure-N zerlegt werden konnte.

Über den Aminosäuregehalt von Melasse der Raffinerien und Weißzuckerfabriken im Unterschied zur Melasse der Rübenzuckerfabriken berichtet H. Claassen[6].

F. Dickens, E. Ch. Dodds, W. Lawson und N. F. Maclagan[7] berichten über den Aminosäuregehalt von Rohinsulin und von gereinigtem Insulin.

Das „Tyrin" von v. Szent-Györgyi[8] enthält nach B. St. Platt und A. Wormall[9] erhebliche Mengen von Aminosäuren.

„Heparin", ein koagulationshemmender, im Blute nachgewiesener Stoff gibt nach W. H. Howell[10] keine Reaktionen auf Aminosäure-N.

Bildung: Die Globulin-Albuminfraktion von Ochsen- und Gefrierfleisch hatte nach C. R. Moulton und E. G. Sieveking[11] 49,19—59,25% Monoaminosäureamino-N.

Der Aminosäure-N-Gehalt der Hydrolysate der Fleischmuskelfasern von Ochs, Kalb, Schwein, Hammel, Pferd, Gans und Kabeljau beträgt nach K. Beck und E. Casper[12] 50,12 bis 52,87%.

Der Aminosäure- und Extraktiv-N von Taubenkücken und Tauben beträgt nach C. R. Moulton und W. S. Ritchie[13] 0,198 und 0,273%.

Nach Untersuchungen von J. L. Rosedale[14] ist im allgemeinen im Fischmuskel bei einem größeren Histidingehalt der Diaminosäure-N-Gehalt höher als im Säugetiermuskel.

Der Gesamtamino-N der eßbaren Holothurien beträgt nach S. Fränkel und C. Jellinek[15] 77,66%.

R. H. A. Plimmer und J. L. Rosedale[16] studierten die N-Verteilung in Eigelb, Eiweiß, Eihaut und Ovomukoid mittels der von den Verfassern verbesserten van Slykeschen Methode.

Aus den Proteinen des Ovarienrückstandes — vom Corpus luteum befreite Drüsen — lassen sich nach B. Fullerton und F. W. Heyl[17] Monoaminosäuren isolieren, deren Menge etwa 56 Molekülen entsprechen würde.

Das aus Heringseiern durch NaCl- bzw. NaOH-Extraktion isolierte Ichthulin enthält nach H. Steudel und E. Takahashi[18] 61,77% Monoaminosäure-N.

---

[1] M. C. Mc Kee u. A. H. Smith: J. of biol. Chem. **70**, 273—284 (1926) — Chem. Zbl. **1927 I**, 614.
[2] W. Ruhland u. K. Wetzel: Z. Biol., Planta (Berl.) **1**, 558—564 (1925) — Ber. Physiol. **35**, 821—822 — Chem. Zbl. **1926 II**, 2067.
[3] R. Berger: Heil- u. Gewürzpflanzen 1925, 36 S. — Chem. Zbl. **1926 I**, 1213.
[4] W. W. Lepeschkin: Ber. dtsch. bot. Ges. **41**, 179—187 — Chem. Zbl. **1923 III**, 1169.
[5] E. Parisi u. A. Corazza: Ann. Chim. appl. **16**, 224—230 — Chem. Zbl. **1926 II**, 1344.
[6] H. Claassen: Z. angew. Chem. **39**, 880—883 — Chem. Zbl. **1926 II**, 1905.
[7] F. Dickens, E. Ch. Dodds, W. Lawson u. N. F. Maclagan: Biochemic. J. **21**, 560—571 (1927) — Chem. Zbl. **1928 II**, 364.
[8] v. Szent-Györgyi: Biochem. Z. **162**, 399 — Chem. Zbl. **1926 I**, 699.
[9] B. St. Platt u. A. Wormall: Biochemic. J. **21**, 26—30 — Chem. Zbl. **1927 I**, 3010.
[10] W. H. Howell: XII. Physiologenkongreß in Stockholm **1926**, 80 — Ber. Physiol. **39**, 71 — Chem. Zbl. **1927 II**, 277.
[11] C. R. Moulton u. E. G. Sieveking: J. Assoc. official agricult. Chemists **8**, 155—158 — Chem. Zbl. **1925 II**, 1717.
[12] K. Beck u. E. Casper: Z. Unters. Lebensmitt. **56**, 437—457 — Chem. Zbl. **1929 I**, 1954.
[13] C. R. Moulton u. W. S. Ritchie: J. Assoc. official agricult. Chemists **8**, 158—160 — Chem. Zbl. **1925 II**, 1717.
[14] J. L. Rosedale: Biochemic. J. **23**, 161—165 — Chem. Zbl. **1929 II**, 3231.
[15] S. Fränkel u. C. Jellinek: Biochem. Z. **185**, 389—391 — Chem. Zbl. **1927 II**, 1044.
[16] R. H. A. Plimmer u. J. L. Rosedale: Biochemic. J. **19**, 1015—1019 (1925) — Chem. Zbl. **1926 II**, 77.
[17] B. Fullerton u. F. W. Heyl: J. amer. pharmaceut. Assoc. **15**, 18—30 — Chem. Zbl. **1926 II**, 52.
[18] H. Steudel u. E. Takahashi: Hoppe-Seylers Z. **127**, 210—219 — Chem. Zbl. **1923 III**, 320.

Bei der Hydrolyse von Stromaeiweiß der Erythrocyten wurden von F. Haurowitz und J. Sládek[1] 50,3—60,3% Monoaminosäure-N gefunden. Zur Abtrennung von evtl. beigemengtem Hämoglobineiweiß wurde das Stromaeiweiß mit Pepsin-HCl hydrolysiert und die N-Verteilung im solubilisierten und gelösten Anteil gesondert bestimmt. Der unlösliche Rückstand besitzt nach den Verfassern 60,5% Monoaminosäure-N und 14,0% Diaminosäure-N.

Vom N des Hämoglobins und des Globins aus Hämoglobin von Pferdeblut entfallen nach A. Poljakow[2] 16,17 bzw. 16,34% auf Gesamtaminosäure-N, 9,15 bzw. 9,2% auf Gesamtmonoaminosäure-N und 7,02 bzw. 7,04% auf Gesamtdiamino-N.

St. Goldschmidt und H. Kahn[3] fraktionierten das Serumalbumin des Rinderblutes in 3 Fraktionen und bestimmten den Monoaminosäure-N, davon den Amino-N und den Gesamtamino-N der 3 Fraktionen: 1. 65,3, 61,5 = 94% und 81,9%; 2. 62,7, 57,7 = 92% und 82,5%; 3. 61,6, 59,6 = 97% und 79,4%.

Das Protaminsulfat der reifen männlichen Geschlechtsdrüsen der Sardine enthält nach M. S. Dun[4] an basischen Aminosäuren etwas weniger als die Hälfte des gesamten Aminosäuregehaltes. Der Betrag an freiem Amino-N ist (ähnlich wie beim Karpfen) größer als die Hälfte des Lysin-N.

Über den Gehalt der in Alkohol und Methanol löslichen Monoaminosäuren eines neuen Protamines „Mugilin β", das aus dem Sperma der Formosa-Meeräsche oder „Bora" (Mugil japonicus) gewonnen ist, berichtet R. Hirohata[5]. Nach Hirohata enthält das Protamin wahrscheinlich keine aromatischen Aminosäuren.

Nach A. Kossel und E. G. Schenck[6] enthalten die Histone neben Monoaminosäuren Arginin, Lysin und Histidin.

Bei der Hydrolyse des Histonsulfates mit Pepsinsalzsäure werden von K. Felix[7] weitere Fraktionen isoliert, von denen die mit Ag + Ba(OH)$_2$ fällbare 38,6% und die mit Ag + Ba(OH)$_2$ nicht gefällte Fraktion 70% Monoaminosäure-N enthielten, während im Phosphorwolframsäurefiltrat keine Monoaminosäuren gefunden wurden.

Nach der Kosselschen Argininbestimmung wurden von A. Kossel und W. Staudt[8] 14,43% Monoaminosäuren und Lysin im Sturinsulfat ermittelt.

Ein aus den Thymusdrüsen hergestelltes Pepton enthielt nach K. Felix[9] 31,2% Monoaminosäure-N. Nach dem Verfasser soll diese Verbindung auf 2 Mol Monoaminosäuren 1 Mol Arginin enthalten.

Im Thyreoglobulin, das durch NaCl-Lösung aus Schilddrüsen extrahiert wurde, ermittelte H. C. Eckstein[10] 52,78% Monoamino-N.

Das aus getrockneter Nebennierensubstanz isolierte Pigment enthält nach M. Loeper, A. Lesure und J. Tonnet[11] 0,028% bzw. 0,053% Monoaminosäure-N.

Der Amino-N krystallisierten Insulins beträgt nach V. du Vigneaud, H. Jensen und O. Wintersteiner[12] 12,2%. Der Amino-N des krystallisierten Insulins im Filtrat der Phosphorwolframfällung beträgt nach O. Wintersteiner, V. du Vigneaud und H. Jensen[13] 8,31%.

Über den Monoaminosäuregehalt des Harnfarbstoffes aus normalem und aus Porphyrinurin berichten H. Fischer und W. Zerweck[14].

Z. Stary und J. Andratschke[15] bestimmten den Monoamino-N einiger Skleroproteine: Gorgonin (aus Gorgonia cavolinii) 72,57—72,776%; Spongin 77,28—77,54%; Conchiolin

---

[1] F. Haurowitz u. J. Sládek: Hoppe-Seylers Z. **173**, 268—277 — Chem. Zbl. **1928 I**, 2101.
[2] A. Poljakow: Biochem. Z. **204**, 88—96, 97—105 — Chem. Zbl. **1929 I**, 1226, 1227.
[3] St. Goldschmidt u. H. Kahn: Hoppe-Seylers Z. **183**, 19—31 — Chem. Zbl. **1929 II**, 1173.
[4] M. S. Dun: J. of biol. Chem. **70**, 697—703 (1926) — Chem. Zbl. **1928 II**, 2657.
[5] R. Hirohata: J. of Biochem. **10**, 251—258 — Chem. Zbl. **1929 II**, 179.
[6] A. Kossel u. E. G. Schenck: Hoppe-Seylers Z. **173**, 278—308 — Chem. Zbl. **1928 I**, 2096.
[7] K. Felix: Hoppe-Seylers Z. **126**, 94—102 — Chem. Zbl. **1922 III**, 735.
[8] A. Kossel u. W. Staudt: Hoppe-Seylers Z. **156**, 270—274 — Chem. Zbl. **1926 II**, 2093.
[9] K. Felix: Hoppe-Seylers Z. **120**, 91—93 — Chem. Zbl. **1922 III**, 735.
[10] H. C. Eckstein: J. of biol. Chem. **67**, 601—607 — Chem. Zbl. **1926 II**, 1962.
[11] M. Loeper, A. Lesure u. J. Tonnet: C. r. Soc. Biol. Paris **94**, 740—741 — Chem. Zbl. **1926 I**, 3481.
[12] H. du Vigneaud, H. Jensen u. O. Wintersteiner: J. of Pharmacol. **32**, 367—385 — Chem. Zbl. **1928 II**, 259.
[13] O. Wintersteiner, V. du Vigneaud u. H. Jensen: J. of Pharmacol. **32**, 397—411 — Chem. Zbl. **1928 II**, 259.
[14] H. Fischer u. W. Zerweck: Hoppe-Seylers Z. **137**, 176—241 — Chem. Zbl. **1924 II**, 1218.
[15] Z. Stary u. J. Andratschke: Hoppe-Seylers Z. **148**, 83—98 (1925) — Chem. Zbl. **1926 I**, 686.

(aus Muschelschalen von Mythilus edulis) 70,34%; Byssus 73,191% und Ovokeratin (aus Hühnereiern) 72,85%, auf Gesamt-N berechnet.

Vergleichende Untersuchungen der Proteine der Sclera des Walfischauges und der Sehne aus dem Schwanzmuskel zeigten nach S. Oikawa[1], daß das Eiweiß der Sclera mehr Monoaminosäuren als das der Sehne enthält, während die Diaminosäuren in der Sehne überwiegen.

Über den Diamino- und Monoaminosäuregehalt des Schildpatts von Cheledone imbricata im Vergleich zu anderen Hornsubstanzen berichtet W. Keil[2].

Über die Bildung von Aminosäuren bei der enzymatischen Eiweißhydrolyse berichten H. Wasteneys und N. Borsook[3].

Über das Ansteigen des Diamino-N bei Behandlung der Gelatine mit Säure oder Alkali berichtet B. Thornley[4].

Das aus Tuberkelbacillen durch Wasser extrahierte Albumin enthält nach R. D. Coghill[5] 39,8% Monoamino-N, während ein durch 0,5% NaOH-Extraktion isoliertes Protein nach dem Verfasser[6] 57,6—62,6% Monoamino-N besitzt.

D. M. Hetler[7] bestimmt und vergleicht den Amino-N-Gehalt von autoclavierten und nicht autoclavierten Bakterienzellen des Bacillus lactis aerogenes, der auf künstlichem Nährboden gezüchtet war. Der Amino-N-Gehalt des autoclavierten Materials war größer als der des nicht autoclavierten.

Der Monoaminosäure-N folgender Weizensorten: Kanred, Fultz, Marquis und Kubenka betrug nach S. L. Jodidi und K. S. Markley[8] 1,4; 1,8; 1,8 und 2,3%.

Über den Gehalt der Eiweißstoffe aus Weizenkleie und anderen Weizenkornteilen: Prolamine, Globuline und Albumine an basischen Aminosäuren, der im allgemeinen sehr hoch ist, berichten D. B. Jones und C. E. F. Gersdorff[9].

R. J. Gross und R. E. Swain[10] berichten über den Aminosäuregehalt von Gliadin und Glutenin, die aus Weizenmehlen dargestellt waren.

Der Monoaminosäure-N-Gehalt des durch 2proz. NaOH-Extraktion aus Buchweizenmehl isolierten Eiweißes beträgt nach T. Ukai und S. Morikawa[11] 60,48%, auf Gesamt-N berechnet.

D. B. Jones und F. A. Csonka[12] isolierten aus Zea-Mais 2 Gluteline, von denen das erstere (α-Glutelin) 7,73% und im basenfreien Filtrat 59,64% Amino-N enthielt.

T. Tadokoro[13] vergleicht den Monoamino-N des gewöhnlichen Reisoryzanins mit dem des Oryzanins aus Klebreis (Oryza glutinosa).

Der Gesamtmonoamino-N der amerikanischen Mungobohne beträgt nach V. G. Heller[14] 49,1% und der Gesamtdiamino-N 34,7%.

Über die Bildung von Aminosäuren aus Sojabohnenproteinen durch japanische saure Erde in Gegenwart von Wasser, wässeriger NaCl-Lösung oder HCl berichten M. Mashino und T. Sishido[15].

Ein aus Walnüssen isoliertes Globulin enthält nach C. A. Cajori[16] 51,7% Monoaminosäure-N.

---

[1] S. Oikawa: Jap. J. med. Sci., Trans. Biochem. **1**, 61—67 — Chem. Zbl. **1926 I**, 148.
[2] W. Keil: Ber. dtsch. chem. Ges. **59**, 2012—2013 — Chem. Zbl. **1926 II**, 1963.
[3] H. Wasteneys u. N. Borsook: J. of biol. Chem. **62**, 1—14 (1924) — Chem. Zbl. **1925 I**, 731.
[4] B. Thornley: Biochemic. J. **21**, 1302—1304 (1927) — Chem. Zbl. **1928 II**, 1780.
[5] R. D. Coghill: J. of biol. Chem. **70**, 439—447 (1926) — Chem. Zbl. **1927 I**, 759.
[6] R. D. Coghill: J. of biol. Chem. **70**, 499—555 (1926) — Chem. Zbl. **1927 I**, 759.
[7] D. M. Hetler: J. of biol. Chem. **72**, 573—585 (1927) — Chem. Zbl. **1928 II**, 361.
[8] S. L. Jodidi u. K. S. Markley: J. amer. chem. Soc. **45**, 2137—2144 (1923) — Chem. Zbl. **1924 I**, 56.
[9] D. B. Jones u. C. E. F. Gersdorff: J. of biol. Chem. **64**, 241—251 — Chem. Zbl. **1925 II**, 1534.
[10] R. J. Gross u. R. E. Swain: Ind. Chem. **16**, 49—52 — Chem. Zbl. **1924 II**, 766.
[11] T. Ukai u. S. Morikawa: J. Pharm. Soc. Japan **1925**, Nr 516, 14 — Chem. Zbl. **1925 II**, 192.
[12] D. B. Jones u. F. A. Csonka: J. of biol. Chem. **78**, 289—292 — Chem. Zbl. **1928 II**, 1890.
[13] T. Tadokoro: Proc. imp. Acad. Tokyo **2**, 498—501 (1926) — Chem. Zbl. **1927 II**, 96.
[14] V. G. Heller: J. of biol. Chem. **75**, 435—442 (1927) — Chem. Zbl. **1928 I**, 2513.
[15] M. Mashino u. T. Sishido: J. Soc. chem. Ind. Japan, Suppl. **30**, 148 (1927) — Chem. Zbl. **1928 I**, 2265.
[16] C. A. Cajori: J. of biol. Chem. **49**, 389—397 (1921) — Chem. Zbl. **1922 I**, 474.

Der Amino-N der Monoaminosäuren des Baumwollsamenmehles betrug nach W. B. Nevens[1] 40,1%.

Im Spinacin (Protein aus Spinatblättern) wurden von A. Ch. Chibnall[2] 58,09% Monoamino-N gefunden.

Ein durch alkalische Alkoholextraktion aus den Blättern von Kuzu (japanische Arrowroot-Pflanze, Pueraria hirsuta Matsum) gewonnenes Protein enthält nach R. Sasaki[3] 48,14% Monoaminosäure-N vom Gesamt-N.

Rohricin hatte nach P. Karrer, A. P. Smirnoff, H. Ehrensperger, J. v. Slooten und M. Keller[4] 10,0—11,04% Monoaminosäure-N. Während ein Ricinpräparat, das als unverdauter Rest aus einer Verdauungsflüssigkeit isoliert wurde, 9,80% Monoaminosäure-N besaß.

Die aus der Rinde des Akazienbaumes, Robinia pseudacacia, durch NaCl-Lösung extrahierten Proteine wurden fraktioniert, die Globuline vom Albumin durch Dialyse getrennt, das nach D. B. Jones, C. E. F. Gersdorff und O. Möller[5] 60,96% Monoamino-N enthielt.

Das Eiweiß der Malzamylase enthält nach H. Lüers und E. Sellner[6] 54,55% Monoamino-N.

Über die Bildung von Peptonen, Peptiden und Aminosäuren durch Autolyse von Proteinen (Fische) und Hefe berichtet Société Française des Produits Alimentaires Azotés[7]. Als Antisepticum werden 5—10% Alkohol bzw. die durch Hefeautolyse erhaltene Flüssigkeit zugesetzt.

Über den Aminosäuregehalt verschiedener Plastinpräparate von Myxomyceten, die mit $1/2$- und $1/4$ n-NaOH aus verschiedenartigen und -altrigen Plasmodien extrahiert waren, berichtet A. Kiesel[8].

W. Ssadikow[9] berichtet über die Bildung von Aminosäuren durch Hydrolyse von Casein mit NH_3 bzw. $(NH_4)_2CO_3$.

E. S. Nasset und D. M. Greenberg[10] ermittelten die Zunahme des Amino-N von Casein bei dessen Behandlung mit HCl, H_2SO_4 und Phosphorsäure bei 105,5, 117,5 und 127,5°.

Über den Monoaminosäure-N-Gehalt von Casein, desaminiertem und methyliertem Casein berichtet S. Hirai[11].

E. Cherbuliez und R. Wahl[12] berichten über die Bildung von Aminosäuren durch Hydrolyse der Proteine mit HF.

Z. Stary[13] bestimmt den Monoamino-N-Gehalt von bromiertem Keratin und von Oxykeratin, das durch Oxydation mit H_2O_2 dargestellt ist, und vergleicht ihn mit dem Monoamino-N-Gehalt unbehandelten Keratins. Die Ergebnisse sind folgende: 70,28 (bromiertes Keratin), 5,70 (Oxykeratin) und 61,91 bzw. 68,48% (Keratin).

Für folgende oxydative und reduktive Proteinspaltprodukte wurde von S. Edlbacher[14] der Monoamino-N-Gehalt bestimmt:

---

[1] W. B. Nevens: J. Dairy Sci. **4**, 375—400, 552—591 (1921) — Ber. Physiol. **12**, 444—445 — Chem. Zbl. **1922 III**, 393.

[2] A. Ch. Chibnall: J. of biol. Chem. **61**, 303—308 — Chem. Zbl. **1924 II**, 2589.

[3] R. Sasaki: Bull. agricult. chem. Soc. Japan **4**, 1—5 (1928) — Chem. Zbl. **1929 II**, 583.

[4] P. Karrer, A. P. Smirnoff, H. Ehrensperger, J. v. Slooten u. M. Keller: Hoppe-Seylers Z. **135**, 129—166 — Chem. Zbl. **1924 II**, 348.

[5] D. B. Jones, C. E. F. Gersdorff u. O. Möller: J. of biol. Chem. **64**, 655—671 (1925) — Chem. Zbl. **1926 I**, 416.

[6] H. Lüers u. E. Sellner: Wschr. Brauerei **42**, 97—99, 103—105, 110—112 — Chem. Zbl. **1925 II**, 402.

[7] Société Française des Produits Alimentaires Azotés: A.P. 1611531 v. 16. Juni 1925, ausg. 21. Dez. 1926; E. Prior. 17. Juni 1924; Chem. Zbl. **1927 I**, 1382 — N.P. 43446 v. 19. Nov. 1924, ausg. 22. Nov. 1926; Chem. Zbl. **1929 II**, 1160.

[8] A. Kiesel: Hoppe-Seylers Z. **173**, 169—183 — Chem. Zbl. **1928 I**, 1779.

[9] W. Ssadikow: Biochem. Z. **205**, 360—368 — Chem. Zbl. **1929 II**, 52.

[10] E. S. Nasset u. D. M. Greenberg: J. amer. chem. Soc. **51**, 836—841 — Chem. Zbl. **1929 I**, 2542.

[11] S. Hirai: Acta Scholae med. Kioto **7**, 527—530 (1925) — Ber. Physiol. **34**, 616 — Chem. Zbl. **1926 II**, 1953.

[12] E. Cherbuliez u. R. Wahl: Helvet. chim. Acta **11**, 1252—1255 (1928) — Chem. Zbl. **1929 I**, 542.

[13] Z. Stary: Hoppe-Seylers Z. **144**, 147—177 — Chem. Zbl. **1925 II**, 933.

[14] S. Edlbacher: Hoppe-Seylers Z. **134**, 129—139 — Chem. Zbl. **1924 I**, 2880.

Oxyprotsulfonsäure 56,73%
Apocasein . . . . 50,6 %
Apogelatine . . . . 44,2 %
Apoarachin . . . . 40,2 %
Apoclupein . . . . 37,1 %
Proteolfraktion . . . . 51,2 %

Die Apoproteine waren durch Einwirkung von H_2O_2 auf die entsprechenden Proteine, die Oxyprotsulfonsäure durch Einwirkung von $KMnO_4$ auf Casein und die Proteolfraktion durch Reduktion von Casein erhalten worden.

Über die verschiedenen Amino- und Oxy-Aminosäuren der Lactotyrine, P-haltige Polypeptide durch Spaltung von Casein mit Trypsin erhalten, berichtet S. Posternak [1].

Der Monoaminosäure-N der Antoxyproteinsäuren des Harns beträgt nach S. Edlbacher [2] 37,10%, auf Gesamt-N berechnet. Die Oxyproteinsäuren enthalten nach dem Verfasser im Gegensatz zu den Antoxyproteinsäuren keine Monoaminosäuren.

Über die Bildung von Aminosäuren (bis zu 70%) aus Ketosäuren in Gegenwart von NH_3 durch Hydrierung mittels Pt und Pd als Katalysatoren bei Zimmertemperatur und bei normalem Druck berichtet F. Knoop [3]. Auch bei Einwirkung von Cystein, Fe^{III} auf Ketonsäuren + NH_3 konnten Aminosäuren erhalten werden. In weiteren Versuchen ermittelten F. Knoop und H. Oesterlin [4], wie weit sich bei der Synthese von Aminosäuren durch katalytische Hydrierung von Ketosäuren in alkoholisch-ammoniakalischen Lösungen beide Faktoren variieren lassen. Es zeigte sich, daß der bisher angewandte NH_4OH-Überschuß nicht erforderlich ist, da 2 Mol NH_4OH dieselben Resultate ergaben.

Über die Bildung von Aminosäuren, Polypeptiden und Diketopiperazinen durch Hydrolyse mittels verdünnter Säuren berichten N. Zelinsky und W. Ssadikow [5].

Ein aus Wolle durch Na_2S-Behandlung gewonnenes saures Abbauprodukt ergab nach W. Küster, W. Kumpf und W. Köppel [6] im Hydrolysat (mit Wasser im Autoklaven bei 150° hydrolysiert) ein Gemisch von Aminosäuren und Diketopiperazin.

Darstellung: Th. B. Osborne, Ch. S. Leavenworth und L. S. Nolan [7] ändern die Dakinsche [8] Methode der Aminosäureextraktion mittels Butylalkohol dahin ab, daß sie die Aminosäurelösung bei Zimmertemperatur unter schnellem Rühren in eine große, viel Butylalkohol enthaltende Flasche einlaufen lassen und den Prozeß wiederholen. Die Monoaminosäuren können daraus nach Abdestillation des Butylalkohols im Vakuum und Waschen des Rückstandes mit Alkohol gewonnen werden.

M. Suzuki [9] berichtet eingehend über die Gewinnung von Aminosäuregemischen (vorliegend als Na-Salze) aus Bohnenabkochwasser und aus Sojabohnenrückständen.

Bestimmung und **Nachweis:** L. J. Harris [10] erörtert eingehend die Titration der Amino- und Carboxylgruppen in Aminosäuren. Im einzelnen gibt der Verfasser an, zwischen welchem p_H die Amino- bzw. Carboxylgruppen von Monoamino-monocarbonsäuren, Monoaminodicarbonsäuren und Diamino-monocarbonsäuren dissoziieren. Weiterhin wird die Einführung einer „Leerkorrektur" für die Titration besprochen und untersucht. Die Ergebnisse der Untersuchungen lassen sich für die quantitative Bestimmung der Aminosäuren in Eiweißhydrolysaten verwenden, für die Kontrolle von Trennungsmethoden und für die Bestimmung einzelner Aminosäuren in Gemischen. Empfohlen wird der Gebrauch der Chinhydronelektrode für die Bestimmungen.

---

[1] S. Posternak: C. r. Acad. Sci. Paris **186**, 1762—1765 — Chem. Zbl. **1928 II**, 2154.

[2] S. Edlbacher: Hoppe-Seylers Z. **127**, 187—189 — Chem. Zbl. **1923 III**, 264.

[3] F. Knoop: Münch. med. Wschr. **73**, 2151—2153 (1926) — Chem. Zbl. **1927 I**, 1027. XII. Intern. Physiologenkongreß in Stockholm **1926**, 99 — Ber. Physiol. **38**, 533 — Chem. Zbl. **1927 I**, 2444.

[4] F. Knoop u. H. Oesterlin: Hoppe-Seylers Z. **170**, 186—211 (1927) — Chem. Zbl. **1928 I**, 40.

[5] N. Zelinsky u. W. Ssadikow: Biochem. Z. **138**, 156—160 — Chem. Zbl. **1923 III**, 1087.

[6] W. Küster, W. Kumpf u. W. Köppel: Hoppe-Seylers Z. **171**, 114—155 (1927) — Chem. Zbl. **1928 I**, 439.

[7] Th. B. Osborne, Ch. S. Leavenworth u. L. S. Nolan: J. of biol. Chem. **61**, 309—313 — Chem. Zbl. **1924 II**, 2849.

[8] Dakin: Chem. Zbl. **1921 I**, 454.

[9] M. Suzuki: Japan.P. 79084 vom 3. Nov. 1927, ausg. 10. Dez. 1928, Japan.P. 79083 vom 9. Nov. 1927, ausg. 10. Dez. 1928; Chem. Zbl. **1929 II**, 506.

[10] L. J. Harris: Proc. roy. Soc. Lond., Serie B **95**, 440—484 (1923) — Chem. Zbl. **1924 I**, 435 — Proc. roy. Soc. Lond., Serie B **97**, 364—386 — Chem. Zbl. **1925 II**, 224.

Nach L. J. Harris[1] kann die Chinhydronelektrode zur Titration der Amino- und Carboxylgruppen von Aminosäuren gut verwendet werden. Ausnahmen bilden die schwächsten Säuren ($K_\alpha < 10^{-6}$). Ferner dürfen keine Substanzen anwesend sein, die auf das Chinhydron einwirken.

P. Hirsch[2] untersucht sehr eingehend den Verlauf der acidimetrischen Titration von Aminosäuren und bespricht anschließend die Möglichkeiten und Grenzen der Titration.

Bei der konduktometrischen Titration der Aminosäuren mit Lauge nach Kolthoff verhalten sich diese nach E. M. P. Widmark und E. L. Larsson[3] wie schwache Säuren ohne amphoteren Charakter, so geben die Monoamino-monocarbonsäuren einen gut markierten Knick an der Stelle der vollständigen Neutralisation ihrer Carboxylgruppe, während die Monoamino-dicarbonsäuren 2 Knickpunkte, ihren beiden Carboxylgruppen entsprechend, zeigen.

Nach H. D. Baernstein[4] besteht zwischen Leitfähigkeit und Aminosäuregehalt in fermentativ gespaltenen Eiweißlösungen nur in bestimmten p_H-Bereichen eine Parallelität.

Die alkalimetrische Bestimmung der Aminosäuren nach R. Willstätter und E. Waldschmidt-Leitz[5] ist so, daß die aliphatischen Aminosäuren in etwa 97proz. Alkohol mit Phenolphthalein als Indicator, die aromatischen Aminosäuren in 70—80proz. Alkohol mit NaOH, bei Anwendung von 97proz. Alkohol zweckmäßig mit alkoholischer NaOH, titriert werden. Bei einer Bestimmung von Polypeptiden und Aminosäuren nebeneinander wird zunächst in 50proz. (a), dann in 97proz. Alkohol (b) titriert. Der Aminosäuregehalt x berechnet sich dann zu $x = \dfrac{100(b-a)}{72}$, der Polypeptidanteil zu $b - x$. Verfasser untersuchten dann noch die Anwendung von Methyl- und Propylalkohol statt des Äthylalkohols und die Anwendung von Thymolblau statt Phenolphthaleins als Indicator. W. Graßmann und W. Heyde[6] erweitern das Verfahren zu einer Mikromethode, nach der noch Aminosäuremengen von $4/1000$ Millimol (Fehler $\pm 1\%$) titriert werden können. Als Indicator wird Thymolphthalein verwendet. Gute Resultate werden erhalten, wenn die Aminosäuren in $1/100$ n-wässeriger Lösung gegeben sind und zur Bestimmung mit Alkohol aufs 10fache verdünnt werden. Titriert wird so, daß zur abgemessenen Probe 2 Tropfen einer 0,1proz. alkoholischen Thymolphthaleinlösung und soviel ccm $1/100$ n-KOH in 90proz. Alkohol zugegeben werden, daß die Lösung deutlich blau ist, dann wird das 9fache Volumen der angewendeten wässerigen Lösung an absolutem Alkohol zugesetzt, wobei die Blaufärbung verschwindet, nun wird zu Ende titriert. Die erzielbare Genauigkeit, z. B. bei Verfolgung von enzymatischen Spaltungen, ist gegenüber reinen Aminosäurelösungen etwas geringer, da bei ersteren anwesende Puffersubstanzen und Proteine die Schärfe des Indicatorumschlages beeinträchtigen.

Bei Gegenwart eines Phosphatpuffers (wie es z. B. bei Studien mit Darmerepsin der Fall ist) wird nach E. Waldschmidt-Leitz und A. Schäffer[7] die Titration zweckmäßig in 80 bis 85proz. Methylalkohol vorgenommen, da unter diesen Bedingungen kein Phosphatniederschlag beobachtet wird.

Diese Aminosäuretitration wird nach W. E. Ringer und B. W. Grutterink[8] durch die Gegenwart von HCN gestört, da je nach der Konzentration des Alkohols ein größerer oder kleinerer Bruchteil des HCN mit titriert wird.

Nach J. Tillmans und J. Kiesgen[9] ist die Willstätter-Waldschmidt-Leitzsche Methode auch für die Bestimmung von Aminosäuren in Lebensmitteln gut geeignet. Als Indicator wird Phenolphthalein oder besser Thymolphthalein nach einem Vorschlag von L. J. Harris[10] empfohlen. Die Ergebnisse stimmen mit denen, die nach der Formolmethode erhalten waren, gut überein.

---

[1] L. J. Harris: J. chem. Soc. Lond. **123**, 3294—3303 (1923) — Chem. Zbl. **1924 I**, 1069.
[2] P. Hirsch: Biochem. Z. **147**, 433—480 — Chem. Zbl. **1924 II**, 1964.
[3] E. M. P. Widmark iu. E. L. Larsson: Biochem. Z. **140**, 284—294 (1923) — Chem. Zbl. **1924 I**, 1244.
[4] H. D. Baernstein: J. of biol. Chem. **78**, 481—493 (1928) — Chem. Zbl. **1929 I**, 543.
[5] R. Willstätter u. E. Waldschmidt-Leitz: Ber. dtsch. chem. Ges. **54**, 2988—2993 — Chem. Zbl. **1922 II**, 33 — Unters. über Enzyme **1**, 108—112 (1928) — Chem. Zbl. **1929 I**, 1242.
[6] W. Graßmann u. W. Heyde: Hoppe-Seylers Z. **183**, 32—38 — Chem. Zbl. **1929 II**, 1187.
[7] E. Waldschmidt-Leitz u. A. Schäffer: Hoppe-Seylers Z. **151**, 31—55 — Chem. Zbl. **1926 I**, 2480.
[8] W. E. Ringer u. B. W. Grutterink: Hoppe-Seylers Z. **156**, 275—324 — Chem. Zbl. **1926 II**, 2316.
[9] J. Tillmans u. J. Kiesgen: Z. Unters. Lebensmitt. **53**, 126—131 — Chem. Zbl. **1927 II**, 183.
[10] L. J. Harris: Proc. roy. Soc. Lond., Serie B **95**, 440—484 — Chem. Zbl. **1924 I**, 435.

R. Martens[1] erweiterte die Titration dahin, daß er die Carboxylgruppen der Aminosäuren zunächst in 80proz. Alkohol mit Thymolphthalein als Indicator bestimmte, dann nach Zusatz von Methylrot mit $^1/_{10}$ n-HCl zurücktitrierte und so den Wert für die Aminogruppen erhielt. Die Methode erlaubt, monoamino-monocarboxylierte, monoamino-dicarboxylierte und diamino-monocarboxylierte Aminosäuren zu unterscheiden.

K. Felix und H. Müller[2] berichten über die Titration einiger Aminosäuren und Peptide gegen Thymolblau ($p_H = 1{,}2-2{,}8$) und Alizaringelb ($p_H = 10{,}1-12{,}1$) als Indicatoren.

Über die Amino-N-Bestimmung in Monoamino-monocarbonsäuren, Diamino-monocarbonsäuren und Monoamino-dicarbonsäuren mittels $^1/_{10}$ n-alkoholischer HCl in acetonhaltiger Flüssigkeit (100—200 ccm 99proz. Aceton pro 10 ccm Wasser) unter Verwendung von Naphthylrot, Benzolazo-α-naphthylamin, als Indicator berichtet K. Linderstrøm-Lang[3].

Aus Versuchen von L. J. Harris[4] über die Sörensensche Formoltitration von Aminosäuren ergibt sich, daß letztere auf der Bildung der Methylenderivate beruht. Die Dissoziationskonstanten dieser Derivate sind von der Ordnung 10^3mal größer als die der Aminosäuren, von denen sie sich ableiten. Weitere Versuche von L. J. Harris[5] zeigten, daß bei konstanter Formaldehydkonzentration die Titrationskurve der Aminosäuren mit NaOH der Henderson-Hasselbachschen Gleichung für eine einfache Säure mit bestimmtem p_k entspricht. Außerdem wurde der p_k-Wert von reinen, wässerigen Aminosäurelösungen und von Lösungen mit Formaldehydzusatz verglichen, die Formaldehyd-Aminosäurekonzentrationsgebiete ermittelt, bei denen der p_k-Wert praktisch unabhängig vom Aminosäure-Formaldehydverhältnis und von der Aminosäurekonzentration ist. Die scheinbare basische Konstante bleibt in Gegenwart von CH_2O unverändert.

L. J. Harris[6] erörtert weiterhin die Bestimmungsmethoden nach Sörensen und Foreman vom Standpunkt der Titrationstheorie aus. Außerdem verbessert der Verfasser die Foremansche Methode folgendermaßen: Der Aminosäurelösung werden nur 80% des Gesamtvolumens an Alkohol und außerdem 5% neutralisiertes Formol zugesetzt, dann wird mit $^1/_{10}$ n- oder n-NaOH gegen Phenolphthalein als Indicator titriert. Noch besser wird das Verfahren ohne Formolzusatz ausgeführt, wenn mit $^1/_{10}$ n-NaOH gegen Thymolphthalein bis zur Blaufärbung titriert wird. Danach wird Methylrot zugefügt und mit n-HCl bis zur Orangefärbung titriert, wobei der Verbrauch annähernd äquivalent der Gesamtmenge der Aminogruppen ist.

Die Abänderung der Sörensenschen Formoltitration nach E. Kupelwieser[7] erlaubt eine Genauigkeit bis zu 0,00006 g Amino-N.

Nach Untersuchungen von N. Tarugi[8] ist bei der Formoltitration von Aminosäuren Phenolphthalein der geeignetste Indicator. Weiterhin fand der Verfasser, daß sich schon nach Zusatz von Glucose oder Maltose allein 80% der Acidität der Aminosäuren titrieren lassen, bei nachfolgendem Zusatz von Formaldehyd dagegen 100%.

O. Fernández und T. Garméndia[9] untersuchten den Einfluß von NH_4Cl auf die Aminosäuretitration nach Sörensen und den Einfluß der Aminosäuren auf die Bestimmung des NH_4 nach dem Verfahren von Ploech-Kolthoff.

D. W. Wilson[10] berichtet über die Fehlergrenzen der Bestimmung von freiem Amino-N in Eiweißkörpern nach der Methode von van Slyke und nach der von Sörensen. Letztere gibt nach dem Verfasser sichere Werte.

E. Kupelwieser und K. Singer[11] geben eine Abänderung des Apparates zur van Slykeschen Bestimmungsmethode von primärem aliphatischen Amino-N an, der die Genauig-

---

[1] R. Martens: Bull. Soc. Chim. biol. Paris **9**, 454—482 — Chem. Zbl. **1927 II**, 720.
[2] K. Felix u. H. Müller: Hoppe-Seylers Z. **171**, 4—15 (1927) — Chem. Zbl. **1928 I**, 233.
[3] K. Linderstrøm-Lang: C. r. Lab. Carlsberg **17**, Nr 4 1—17 (1927) — Hoppe-Seylers Z. **173**, 32—50 — Chem. Zbl. **1928 I**, 1796.
[4] L. J. Harris: Proc. roy. Soc. Lond., Serie B **97**, 364—386 — Chem. Zbl. **1925 II**, 224.
[5] L. J. Harris: Proc. roy. Soc. Lond., Serie B **104**, 412—439 — Chem. Zbl. **1929 II**, 860.
[6] L. J. Harris: Proc. roy. Soc. Lond., Serie B **95**, 500—522 — Chem. Zbl. **1924 I**, 1421.
[7] E. Kupelwieser: Biochem. Z. **178**, 298—318, 319—322 (1926) — Chem. Zbl. **1927 I**, 1047.
[8] N. Tarugi: Bull. Chim. Pharm. **63**, 97—102, 129—133 — Chem. Zbl. **1924 I**, 2896.
[9] O. Fernández u. T. Garméndia: An. soc. española Fis. Quim. **22**, 103—114 — Chem. Zbl. **1924 I**, 2896.
[10] D. W. Wilson: J. of biol. Chem. **56**, 191—201 — Chem. Zbl. **1923 IV**, 565.
[11] E. Kupelwieser u. K. Singer: Biochem. Z. **178**, 324—331 (1926) — Chem. Zbl. **1927 I**, 1047.

keit der Bestimmungen bis zu einem mittleren Fehler von ± 0,003 mg und einem wahrscheinlichen Fehler von ± 0,002 mg Amino-N erhöht.

R. H. A. Plimmer und J. L. Rosedale[1] untersuchten die Fehlerquellen bei der van Slykeschen Aminosäurebestimmung. Die Abweichungen hängen wesentlich mit der Phosphorwolframsäurefällung zusammen und beruhen auf unvollständiger Fällung der Hexonbasen. Für die Bestimmung wird ferner ein einfaches und schnelles Verfahren angegeben, um das Eindampfen zu vermeiden.

Nach Versuchen von L. B. Parson und W. S. Sturges[2] sind die Werte der Amino-N-Bestimmung nach van Slyke bei Gegenwart von NH_3 bis zu 50% zu hoch.

R. A. Gortner und W. M. Sandstrom[3] untersuchten die van Slykesche Bestimmungsmethode dahin, welchen Einfluß die Gegenwart von Prolin oder Tryptophan bei Aminosäuregemischen auf die erhaltenen Werte ausübt. Im allgemeinen verursachen sowohl Tryptophan wie Prolin Fehler bei dieser Bestimmungsmethode von Aminosäuren.

O. Folin und Hs. Wu[4] geben folgende colorimetrische Bestimmungsmethode für den Aminosäure-N im Blute an: 5 ccm des Wolframsäurefiltrates und 1 ccm einer Glykokollvergleichslösung — 0,07 mg N entsprechend — in 3 ccm Wasser werden in gleicher Weise behandelt. Der Probe wird ein Tropfen 0,25proz. Phenolphthaleinlösung, dann 1 ccm 1proz. Na-Carbonatlösung zugefügt, während der Blutprobe tropfenweise davon so viel zugesetzt wird, bis die Färbungen annähernd gleich sind. Darauf werden den Lösungen 2 bzw. 1 ccm einer frisch bereiteten 0,5 proz. Lösung des Na-1, 2, 4-Naphthochinonsulfonates zugesetzt. Nach gelindem Schütteln bleiben die Proben 19—30 Stunden stehen. Nach dem Stehen werden die Lösungen mit 2 bzw. 1 ccm eines Gemisches vom gleichen Volumen 50proz. Essigsäure und 5proz. Na-Acetatlösung und erst darauf mit 2 bzw. 1 ccm einer 4proz. Lösung von $Na_2S_2O_3 \cdot 5 H_2O$ versetzt und nun mit Wasser auf 30 bzw. 15 ccm aufgefüllt und colorimetriert.

Die gleiche Bestimmungsmethode läßt sich nach O. Folin[5], entsprechend modifiziert, auch auf Urin anwenden, wenn dieser vom NH_3 befreit ist.

Bei der quantitativen, colorimetrischen Bestimmungsmethode der Aminosäuren mittels Ninhydrin (Triketohydrindenhydrat) ist nach H. Riffart[6] folgendes zu beachten: 1. Dauer des Erhitzens, 2. Konzentration an Aminosäuren und 3. ganz besonders die $[H^+]$. Als optimale $[H^+]$ hat sich die dem p_H-Wert = 6,976 entsprechende bewährt. Sie wird durch Titration der Aminosäurelösung mit $^1/_{400}$n-Lauge oder Säure gegen Neutralrot eingestellt und durch Zusatz einer auf das gleiche p_H eingestellten Phosphatpufferlösung bei diesem Werte gehalten. Die Lösung wird weiterhin zweckmäßig im lebhaft siedenden Wasserbade $^1/_2$ Stunde lang erhitzt. Auf 2 ccm der Aminosäurelösung wird 1 ccm einer 1proz., jedesmal frisch bereiteten Ninhydrinlösung verwendet. Die untere Grenze entspricht etwa einem Gehalte von 3 mg Aminosäure-N pro 1 ccm. Die Färbung nimmt bis zu einem Gehalte von 20 mg Amino-N pro 1 ccm gleichmäßig zu. Nach dem Verfasser liefert diese Methode vor allem bei kleinen Aminosäuremengen genauere Werte als die Methode von Sörensen.

Nach A. Blanchetière[7] lassen sich Aminosäuren mittels der Carbamatreaktion neben Dioxopiperazinen und Polypeptiden folgendermaßen bestimmen: Die abgewogene Substanz wird im Meßkolben im gesättigten Barytwasser (30—50% Überschuß) gelöst, es werden einige Tropfen Phenolphthalein und Caprylalkohol (zur Vermeidung des Schäumens) zugesetzt, unter Eiskühlung wird CO_2 bis zur schwachen Rosafärbung eingeleitet (CO_2 darf nicht bis zur sauren Reaktion eingeleitet werden), die Lösung wird auf Zimmertemperatur erwärmt, mit Alkohol oder besser mit Aceton aufgefüllt, dann durchgeschüttelt, und im aliquoten Teil des Filtrates wird der N nach Kjeldahl bestimmt. Bei Auffüllung mit Aceton werden 97—98,5% ausgefällt. Die Dioxopiperazine werden bei diesen Bedingungen nur in ganz geringem Grade aufgespalten.

J. M. Luck[8] berichtet über die Bestimmung des Aminosäure-N in tierischen Geweben nach der van Slykeschen Methode.

---

[1] R. H. Plimmer u. J. L. Rosedale: Biochemic. J. **19**, 1004—1014 (1925) — Chem. Zbl. **1926 II**, 77.

[2] L. B. Parson u. W. S. Sturges: J. Bacter. **11**, 165—175 — Ber. Physiol. **37**, 426 (1926) — Chem. Zbl. **1927 I**, 1989.

[3] R. A. Gortner u. W. M. Sandstrom: J. amer. chem. Soc. **47**, 1663—1671 — Chem. Zbl. **1925 II**, 1482.

[4] O. Folin u. Hs. Wu: J. of biol. Chem. **51**, 377—391 — Chem. Zbl. **1922 IV**, 12.

[5] O. Folin: J. of biol. Chem. **51**, 393—394 — Chem. Zbl. **1922 IV**, 352.

[6] H. Riffart: Biochem. Z. **131**, 78—96 (1922) — Chem. Zbl. **1923 II**, 827.

[7] A. Blanchetière: Bull. Soc. Chim. France [4] **41**, 101—110 — Chem. Zbl. **1927 I**, 1955.

[8] J. M. Luck: J. of biol. Chem. **77**, 1—12 — Chem. Zbl. **1928 II**, 926.

V. C. Kiech und J. M. Luck[1] beschreiben eine Bestimmung von Harnstoff- und Aminosäure-N in tierischen Geweben unter Vermeidung von Autolyse, durch Kühlung mit flüssiger Luft während der Zerkleinerung in einer Fleischmaschine. Die Aminosäuren werden nach Behandlung der Masse mit eiskalter Na-Wolframatlösung $+$ Na_2SO_4 und nach Entfernung des NH_3 im Filtrat nach van Slyke oder nach Folin bestimmt.

Bei der Bestimmung der Aminosäuren im Blute werden nach S. H. Edgar[2] bei Verwendung einer größeren Alkalimenge als nach Folins Vorschrift etwas höhere Aminosäurewerte erhalten, die aber bei noch weiterem Alkalizusatz nicht mehr verändert werden.

E. Becher und E. Herrmann[3] beschreiben colorimetrische Mikromethoden zur Bestimmung von Aminosäuren im Blute, deren Prinzip den jeweiligen Makromethoden entspricht. E. Becher und E. Herrmann[4] berichten weiterhin über einige Fehlerquellen bei der Bestimmung der freien und gebundenen Aminosäuren des enteiweißten Blutes.

Über die Titration der Aminosäuren, der organischen Säuren und Basen in biologischen Flüssigkeiten berichtet F. W. Foreman[5].

Die colorimetrische Aminosäurebestimmung im Harn nach Folin wird von E. Schmitz und H. Scholtyssek[6] dahin abgeändert, daß technisches Permutit verwendet wird. Der Testlösung und der mit Permutit behandelten Lösung wird 0,1 ccm einer 1 proz. alkoholischen Phenolphthaleinlösung zugesetzt, worauf zur Testlösung 1 ccm und zur zweiten Lösung nur so viel Sodalösung zugefügt wird, als es genügt, gleiche Farben zu erhalten.

J. Philibert[7] gibt für die Bestimmung der Aminosäuren neben NH_3 und Harnstoff im Harn folgende Ausführung des Verfahrens von Beronigault und Bith an: 40 ccm Harn werden mit 11 ccm einer Phosphatlösung (100 g Mono-Ca-Phosphat und 10 ccm Phosphorsäure auf 1 l Wasser) und 4 Tropfen 1 proz. Phenolphthaleinlösung versetzt, die Lösung wird mit carbonatfreiem Mg-Hydroxyd verrieben, bis eine hellrote Trübung auftritt, dann sofort filtriert, der Niederschlag rasch mit 50 ccm Wasser ausgewaschen. Der Niederschlag wird zur Mg-Bestimmung verwendet. Im NH_3-freien Filtrat werden sowohl der Harnstoff wie die Aminosäuren bestimmt. Die Aminosäuren werden in üblicher Weise mittels Formoltitration ermittelt, wobei es zweckmäßig ist, die Vergleichsprobe durch Zusatz einiger Tropfen 0,5 proz. Tropäolinlösung schwach gelb zu färben.

Über die NH_3- und Aminosäurebestimmung im Harn berichtet G. Revoltella[8].

Fischer und Horkheimer[9] berichten über die Formoltitration von Aminosäuren im Harn mit gleichzeitiger NH_3-Bestimmung nach Folin.

L. Tixier[10] bestimmt den Aminosäuregehalt des Harns folgendermaßen: Ein aliquoter Teil des Harns, der mit Na_2CO_3 und $BaCl_2$ versetzt und filtriert ist, wird mit 0,1 n-HCl neutralisiert (Phenolphthalein), dann nach Zusatz von Lackmus mit 0,1 n-HCl auf Zwiebelrot titriert. Diese HCl-Menge gibt das Maß der Acidität der Aminosäuren an. Die Acidität wird in $1/2 P_2O_5 = 71$, d. h. 1 ccm 0,1 n-HCl = 0,71 ausgedrückt.

R. Goiffon und F. Nepveux[11] beschreiben die Bestimmung von NH_3 und Aminosäuren im Stuhl. Die letzteren werden nach der Bestimmung des freien wie des gebundenen NH_3 durch Formoltitration ermittelt.

Über die Titration von Aminosäuren und Betain in Zuckerrüben mittels der Formalinmethode berichtet M. Philossophow[12]. Die erhaltenen Resultate waren befriedigend.

---

[1] V. C. Kiech u. J. M. Luck: J. of biol. Chem. **77**, 723—731 — Chem. Zbl. **1928 II**, 1131.

[2] S. H. Edgar: Biochemic. J. **22**, 162—167 — Chem. Zbl. **1928 II**, 474.

[3] E. Becher u. E. Herrmann: Münch. med. Wschr. **72**, 1601—1602 (1925) — Chem. Zbl. **1926 I**, 185.

[4] E. Becher u. E. Herrmann: Münch. med. Wschr. **72**, 2178—2181 (1925) — Chem. Zbl. **1926 I**, 1436.

[5] F. W. Foreman: Biochemic. J. **22**, 208—221 — Chem. Zbl. **1928 II**, 474.

[6] E. Schmitz u. H. Scholtyssek: Hoppe-Seylers Z. **176**, 89—94 — Chem. Zbl. **1928 II**, 374.

[7] J. Philibert: J. Pharm. Chim. [7] **24**, 5—12 — Chem. Zbl. **1921 IV**, 896.

[8] G. Revoltella: Biochem. Z. **134**, 349—353 (1922) — Chem. Zbl. **1923 IV**, 490.

[9] Fischer u. Horkheimer: Süddtsch. Apoth.-Ztg. **69**, 372—373 — Chem. Zbl. **1929 II**, 1439.

[10] L. Tixier: Bull. Sci. pharmacol. **35**, 570—571, 571—574 (1928) — Chem. Zbl. **1929 I**, 419, 1242.

[11] R. Goiffon u. F. Nepveux: Arch. des Mal. Appar. digest. **15**, 478—479 — Ber. Physiol. **33**, 385 — Chem. Zbl. **1926 I**, 3092.

[12] M. Philossophow: J. Chim. Ukraine **2** (1926), techn. Teil (russ.) 127—135 — Chem. Zbl. **1928 I**, 425.

Für die Amino-N-Bestimmung in Bakterienkulturen wird von R. W. Lamson[1] die van Slykesche Methode der Sörensenschen vorgezogen. Zur Verhinderung der Schaumbildung wird Caprylalkohol zugesetzt. Die Ergebnisse sind von der Technik und von der Art des Schüttelns stark abhängig.

Nach Angaben von J. Tillmans und J. Kiesgen[2] lassen sich Aminosäuren in Lebensmitteln außer nach der Formolmethode auch durch die Stufentitration nach P. Hirsch[3] titrieren. In ein Glas des Colorimeters nach Grünhut werden 5 ccm 0,1 n-Aminosäurelösung (p_H 7), dann 20 ccm 2n-NaCl-Lösung und 0,5 ccm 0,1 proz. wässeriger Tropäolin-O-Lösung und in das andere Glas 25 ccm NaOH-Lösung (6,68 ccm n-NaOH/1 = p_H 11,8) und 0,5 ccm Indicatorlösung gegeben. Beide Lösungen werden mit 0,1 n-NaOH auf Farbgleichheit titriert. Abzuziehen ist der Verbrauch an NaOH, der nötig ist, um das p_H von 11,8 herbeizuführen. Das Anfangs-p_H ist gegen Neutralrot einzustellen.

T. S. Hamilton, W. B. Newens und H. S. Grindley[4], T. S. Hamilton, N. Uyei, J. B. Baker und H. S. Grindley[5] zeigen, daß sich zur Bestimmung der Aminosäuren in Futtermitteln die van Slykesche Methode verwenden läßt. Bei Beachtung einer Reihe von Maßnahmen lassen sich die Fehlerquellen ganz erheblich einschränken.

L. W. Ferris[6] gibt zur Amino-N-Bestimmung in Rahm und Butter folgendes an: Rahm oder Butter werden mit einer Essigsäure-Pikrinsäurelösung geschüttelt, im Filtrat wird nach van Slyke der Amino-N bestimmt. Bei der Butter ist zunächst das Fett mit Petroläther zu entfernen.

Vergleichende Bestimmungen des Amino-N von J. Ellinghaus[7] zeigten, daß sich die colorimetrische Methode von Folin[8] bequemer und mit gleichem Erfolg anwenden läßt wie das Verfahren von Sörensen.

E. Cherbuliez und R. Wahl[9] geben eine neue Gesamtbestimmung von Aminosäuren in Proteinhydrolysaten an, die auf der Benzoylierung der Aminosäuren beruht. Nach Abtrennung der Huminsubstanzen, des NH_3 durch Destillation über MgO, nach Abscheidung des Cystins und der Hexonbasen mittels Phosphorwolframsäure werden die Aminosäuren in bicarbonathaltiger Lösung mittels Benzoylchlorid benzoyliert, die Benzoylaminosäuren durch Ansäuern abgeschieden. Mutterlaugen werden eingeengt, dann nochmals in gleicher Weise benzoyliert und aufgearbeitet. Die Mutterlaugen werden ein drittes Mal benzoyliert. Aus den Mutterlaugen selbst werden durch Eindampfen, Extraktion mit Alkohol und Umfällen aus Bicarbonatlösung in Lösung gebliebene Benzoylaminosäuremengen isoliert. Ferner kann der N der verschiedenen Fraktionen (Huminsubstanzen, NH_3, Phosphorwolframsäure-Niederschlag, Benzoylaminosäurefraktion usw.) nach Kjeldahl ermittelt werden. Diese Bestimmungs- und Trennungsmethode kann nach E. Cherbuliez und Pl. Plattner[10] wesentlich verbessert werden, wenn zur Trennung nicht die Benzoyl-, sondern die Acetylverbindungen verwendet werden. Nach Veresterung der Aminosäuren mit absolutem Alkohol und HCl-Gas wird der Alkohol abdestilliert, der Rückstand mit dem gleichen Gewicht geschmolzenen Na-Acetates und dem doppelten Gewicht Acetanhydrid 1 Stunde auf dem Wasserbade erhitzt. Nach Entfernung von Acetanhydrid und Eisessig wird mit Äther oder Chloroform aufgenommen und im Vakuum, dann im Hochvakuum destilliert. Die Diaminosäuren geben keine destillierbaren Produkte. Bei der Destillation findet eine beträchtliche Racemisierung statt, was aber die Trennung nicht hindert.

Über die Aminosäurebestimmung in Gelatine mittels deren Fraktionierung durch Ultrafiltration mit Filtern verschiedener Durchlässigkeit berichten E. Bechhold und E. Heymann[11].

---

[1] R. W. Lamson: J. Bacter. 9, 307—313 — Ber. Physiol. 28, 141—142 (1924) — Chem. Zbl. **1925 I**, 995.

[2] J. Tillmans u. J. Kiesgen: Z. Unters. Lebensmitt. 53, 126—131 — Chem. Zbl. **1927 II**, 183.

[3] P. Hirsch: Biochem. Z. 147, 433 — Chem. Zbl. **1924 II**, 1964.

[4] T. S. Hamilton, W. B. Newens u. H. S. Grindley: J. of biol. Chem. 48, 249—272 (1921) — Chem. Zbl. **1922 II**, 157.

[5] T. S. Hamilton, N. Uyei, J. B. Baker u. H. S. Grindley: J. amer. chem. Soc. 45, 815 bis 819 — Chem. Zbl. **1923 IV**, 160.

[6] L. W. Ferris: J. Dairy Sci. 5, 399—405 (1922) — Ber. Physiol. 19, 11 — Chem. Zbl. **1923 IV**, 615.

[7] J. Ellinghaus: Hoppe-Seylers Z. 145, 40—44 — Chem. Zbl. **1925 II**, 1080.

[8] Folin: J. of biol. Chem. 51, 377 — Chem. Zbl. **1922 IV**, 12.

[9] E. Cherbuliez u. R. Wahl: Helv. chim. Acta 8, 571—582 (1925) — Chem. Zbl. **1926 I**, 450.

[10] E. Cherbuliez u. Pl. Plattner: Helvet. chim. Acta 12, 317—329 — Chem. Zbl. **1929 II**, 75.

[11] E. Bechhold u. E. Heymann: Biochem. Z. 171, 33—39 — Chem. Zbl. **1926 II**, 2886.

Bei Proteinhydrolysen lassen sich nach H. W. Buston und S. B. Schryver[1] die Aminosäuren nach folgender Methode fast zu 90% abtrennen. Der Lösung wird etwas mehr als das gleiche Volumen 95proz. Alkohols und bis zur Sättigung $Ba(OH)_2$ zugefügt, dann wird CO_2 eingeblasen. Diese Behandlung ist dreimal zu wiederholen.

O. Werner[2] berichtet über eine mikrochemische Trennungsmethode der α-Monoaminosäuren, die auf der verschiedenen Sublimierbarkeit der Säuren beruht. Zur weiteren Charakterisierung wird die Löslichkeit, Krystallisationsfähigkeit, Fällungsvermögen von Phosphorwolframsäure, Bildung der Cu-Salze und das Lösungsvermögen des Asparaginkupfers durch Aminosäuren ermittelt.

W. M. Colles und Ch. St. Gibson[3] ändern die Nachweisreaktion von E. Waser und E. Brauchli[4] für Aminosäuren mittels p-Nitrobenzoylchlorid dahin ab, daß sie statt des Na-Carbonates Pyridin verwenden, wobei mit Ausnahme von Glykokoll und Cystin mit den Aminosäuren eine Dunkelrotfärbung auftritt.

Über die Beeinflussung der Allantoinbestimmung bei Gegenwart von Aminosäuren berichten E. Langfeldt und J. Holmsen[5].

Über den störenden Einfluß größerer Aminosäuremengen auf die Harnsäurebestimmung nach Benedict und Franke im Harn berichten A. A. Christman und E. C. Mosier[6].

Biochemische Eigenschaften: Aus seinen Versuchen schließt Y. Kotake[7], daß eine Aminosäure im Organismus hydrolytisch, oxydativ oder intramolekular desaminiert werden kann, und daß eine Alkoholsäure, die im Organismus aus einer Aminosäure primär durch hydrolytische Desaminierung oder sekundär durch Reduktion der auf oxydativem Wege entstandenen Ketosäure gebildet wird, stets optisch aktiv ist und eine unabhängig von ihrer Bildungsweise gleichgerichtete Drehung zeigt.

H. D. Dakin[8] prüft die Fragestellung, ob bei der Umwandlung von α-Aminosäuren im Organismus eine α, β-ungesättigte Aminosäure als Zwischenprodukt entsteht. Zu diesem Zwecke verfüttert er an Kaninchen α-Aminosäuren, die am β-C-Atom keinen H enthalten.

F. Knoop und H. Oesterlin[9] untersuchten das physiologische Verhalten methylierter Aminosäuren bei Hunden.

J. Ellinghaus, E. Müller und H. Steudel[10] untersuchten den Aminosäure-N in der Milchnahrung, im Harn und den des Kot-N dreier normaler Säuglinge. Die Ergebnisse zeigen für den kindlichen Stoffwechsel ungefähr die gleichen Verhältnisse wie für den Erwachsener.

Nach E. Müller, H. Steudel und J. Ellinghaus[11] nimmt die Aminosäurefraktion des Säuglingsharnes und die Benzoesäure nach Verabreichung von Benzoesäure um einen gewissen Betrag zu. Auf Grund rechnerischer Überlegungen schließen die Verfasser, daß etwa 19% des N der Aminosäurefraktion beim Säugling Glykokoll-N anzusprechen sind.

Über den Aminosäure-N-Gehalt im Urin bei schweren Ernährungsstörungen (athreptische Säuglinge) berichtet K. Utheim[12].

Bei einem Neugeborenen, das infolge eines angeborenen Verschlusses der Speiseröhre bis an sein Lebensende im absoluten Hungerzustande verharrte, fand sich nach F. v. Bernuth und F. Goebel[13] am 4. Lebenstage eine abnorme Vermehrung des Amino-N im Blute, ebenso war die Aminosäurefraktion im Harn ungewöhnlich hoch. Nach intravenöser Injektion von Glykokoll sank der Aminosäuregehalt des Blutes. Weitere Versuche an natürlich und künst-

---

[1] H. W. Buston u. S. B. Schryver: Biochemic. J. **15**, 636—642 (1921) — Chem. Zbl. **1922 II**, 920.

[2] O. Werner: Mikrochemie **1**, 33—46 (1923) — Chem. Zbl. **1924 I**, 1981.

[3] W. M. Colles u. Ch. St. Gibson: J. chem. Soc. Lond. **1928**, 99—108 — Chem. Zbl. **1928 I**, 1650.

[4] E. Waser u. E. Brauchli: Chem. Zbl. **1924 II**, 947.

[5] E. Langfeldt u. J. Holmsen: Biochemic. J. **19**, 715—716 (1925) — Chem. Zbl. **1926 I**, 743.

[6] A. A. Christman u. E. C. Mosier: J. of biol. Chem. **83**, 11—19 — Chem. Zbl. **1929 II**, 2068.

[7] Y. Kotake: Hoppe-Seylers Z. **143**, 240—242 — Chem. Zbl. **1925 I**, 2577.

[8] H. D. Dakin: J. of biol. Chem. **67**, 341—350 — Chem. Zbl. **1926 II**, 1064.

[9] F. Knoop u. H. Oesterlin: Hoppe-Seylers Z. **170**, 186—211 (1927) — Chem. Zbl. **1928 I**, 40.

[10] J. Ellinghaus, E. Müller u. H. Steudel: Hoppe-Seylers Z. **150**, 133—148 (1925) — Chem. Zbl. **1926 I**, 443.

[11] E. Müller, H. Steudel u. J. Ellinghaus: Arch. Kinderheilk. **77**, 7 S. Sep. — Chem. Zbl. **1926 II**, 1542.

[12] K. Utheim: J. metabol. Res. **1**, 803—917 (1922) — Chem. Zbl. **1923 I**, 468.

[13] F. v. Bernuth u. F. Goebel: Biochem. Z. **146**, 336—342 — Chem. Zbl. **1924 II**, 1707.

lich ernährten Säuglingen bei reichlicher bzw. bei übermäßiger Eiweißzufuhr zeigten, daß auch Säuglinge die Fähigkeit zur Desaminierung besitzen, so daß die hohe Aminosäurefraktion der Säuglinge nicht in einer Unreife des Eiweißstoffwechsels liegen kann.

Nach H. Fredericq[1] wird Ringersche Lösung, die durch ein isoliertes Kaninchenherz fließt, nach Zusatz einer Aminosäure deutlich sauer, gleichzeitig ist der Amino-N merklich höher, als der zugesetzten Aminosäuremenge entspricht.

A. M. Skorodumow[2] untersuchte die Wirkung von Aminosäuren auf die Gefäße und das Herz.

Gelähmte Muskeln (Durchschneidung motorischer Nerven) enthalten nach L. Avellone und G. di Macco[3] mehr Aminosäuren als die homologen Muskeln der normalen Seite.

Nach L. Brouha und H. Fredericq[4] vermindern die wirksamen Aminosäuren den Arterientonus sowohl an peripheren Arterien (Femoralis, Carotis) wie an visceralen (Renalis), so daß sich die gefäßerweiternde Wirkung in isolierten Organen zum Teil auf derartige Beeinflussung der Arterien zurückführen läßt. Wieweit sich die Wirkung auf Capillarnetz und Venen erstreckt, ist noch nicht studiert.

Nach L. Brouha[5] wirken Aminosäuren wie bei Arteriensegmenten auch bei Venen stark tonusmindernd. Sie üben auf die Capillaren eine direkte, aber nicht sehr ausgesprochene Wirkung aus. Anscheinend tritt eine größere Anzahl von Capillaren in Tätigkeit. Ferner stellt der Verfasser[6] fest, daß die Aminosäuren auch den Tonus isolierter Abschnitte von Uterus, Urether und Darm stark herabsetzen. Nach dem Verfasser müssen sie auf die glatte Mukulatur direkt wirken.

Bei Durchströmungsversuchen von Bein (Hund und Kaninchen), Uterus (Hund), Darm, Schilddrüse, Niere, Milz, Pankreas und Leber mit Locke-Lösung + Aminosäuren war nach L. Mélon[7] zu beobachten, daß die Lösung mit Ausnahme von Pankreas und Schilddrüse nach der Durchströmung sauer war. Der Amino-N war meist erhöht, selten blieb er unverändert oder nahm ab.

W. C. Rose[8] berichtet über die Anregung des Zellstoffwechsels durch Aminosäuren. Nach Versuchen des Verfassers[9] üben Aminosäuren auf den Zellstoffwechsel einen solchen Anreiz aus, daß die Harnsäureausscheidung ansteigt.

Über das Verhalten aromatischer Aminosäuren der Proteine der Augenlinse von Mensch und Schwein bei der Bestrahlung der Linsen berichten F. Lieben und P. Kronfeld[10].

K. Singer[11] studierte die quantitativ-chemischen Veränderungen in der Zusammensetzung des Gehirns (Pferdehirn); er findet in der Amino-N-Cholinrelation keine Konstanz. Der Amino-N übertrifft den Cholin-N.

Nach Untersuchungen von A. Palladin und D. Zuwerkalow[12] ist der Koeffizient der Aminogenese, d. h. das Verhältnis von Amino-N zu Gesamt-N bei hungernden Hunden in der grauen Substanz des Hirnes herabgesetzt, in der weißen dagegen erhöht.

Über die Schwankungen des Monoaminosäuregehaltes von Lebern und Gehirnteilen verschieden alter Tiere berichtet R. Ehrenberg[13].

Nach Loeper, Decourt und Lesure[14] ist das Blut der Milzvene reicher an Aminosäuren als das der Milzarterie. Nach Milzentfernung sinkt der Aminosäuregehalt, nach Adrenalininjektion steigt er an.

---

[1] H. Fredericq: C. r. Soc. Biol. Paris **87**, 375—376 (1922) — Chem. Zbl. **1923 I**, 1196.
[2] A. M. Skorodumow: Z. exper. Med. **37**, 259—265 (1923) — Chem. Zbl. **1924 I**, 686.
[3] L. Avellone u. G. di Macco: Arch. di Sci. biol. **7**, 150—156 — Ber. Physiol. **33**, 78—79 (1925) — Chem. Zbl. **1926 I**, 3251.
[4] L. Brouha u. H. Fredericq: C. r. Soc. Biol. Paris **91**, 1169—1171 (1924) — Chem. Zbl. **1925 I**, 546.
[5] L. Brouha: C. r. Soc. Biol. Paris **92**, 202—204 — Chem. Zbl. **1925 I**, 1761.
[6] L. Brouha: C. r. Soc. Biol. Paris **92**, 204—205 — Chem. Zbl. **1925 I**, 1761.
[7] L. Mélon: Arch. internat. Physiol. **28**, 29—57 — Chem. Zbl. **1927 I**, 3016.
[8] W. C. Rose: J. of biol. Chem. **48**, 563—573 (1921) — Chem. Zbl. **1922 I**, 426.
[9] W. C. Rose: J. of biol. Chem. **48**, 575—590 (1921) — Chem. Zbl. **1922 I**, 426.
[10] F. Lieben u. P. Kronfeld: Biochem. Z. **197**, 136—140 — Chem. Zbl. **1928 II**, 1794.
[11] K. Singer: Biochem. Z. **179**, 432—442 (1926) — Chem. Zbl. **1927 I**, 1606.
[12] A. Palladin u. D. Zuwerkalow: Hoppe-Seylers Z. **139**, 57—63 — Chem. Zbl. **1924 II**, 2595.
[13] R. Ehrenberg: Biochem. Z. **164**, 175—182 (1925) — Chem. Zbl. **1926 II**, 444.
[14] Loeper, Decourt u. Lesure: C. r. Soc. Biol. Paris **94**, 272—273 (1925) — Chem. Zbl. **1926 I**, 2485.

Nach S. Marino[1] ist bei entmilzten Hunden der Aminosäure-N anfangs deutlich erhöht, kehrt aber nach längerer Zeit zum normalen Wert zurück.

Nach L. Tutkewitsch[2] absorbieren Erythrocyten normaler Hunde in vivo und in vitro Aminosäuren, während bei milzlosen Hunden diese Erscheinung nicht zu beobachten ist, so daß die Milz eines der wichtigsten Depots für die sich endogen bildenden oder von außen stammenden Aminosäuren darstellt. Sie erhalten die Aminosäuren von den Erythrocyten, deren Aminosäuregehalt die Milz teils hormonal, teils direkt beeinflußt. Die entnervte Milz büßt nach der Verfasserin[3] ihre Fähigkeit ein, Aminosäuren von den roten Blutkörperchen aufzunehmen und ein Depot für sie zu sein.

Aminosäuren, die NH_3 abspalten und deren Rest zur Zuckersynthese verwendbar ist, erhöhen nach H. Reinwein[4] den O_2-Verbrauch von Leberschnitten nach Warburg.

St. J. Przylecki[5] schließt aus seinen Versuchen, daß auch der leberlose Frosch Aminosäuren desaminieren und die Harnstoffsynthese vollziehen kann.

Nach A. Gottschalk und W. Nonnenbruch[6] kommt der Leber keine Sonderstellung im intermediären Eiweißstoffwechsel zu, sondern jede Gewebszelle hat aktiven Anteil am Aminosäurestoffwechsel. Nur wird ein beträchtlicher Teil der Gesamtheit dieser Gewebszellen entsprechend der Größe der Leber von dieser bestritten; trotzdem beteiligten sich bei der intermediären Verwendung der im Blute zirkulierenden Aminosäuren die übrigen Gewebszellen nach Maßgabe ihres Bedarfs.

W. M. Wesselkina[7] untersuchte die Aminosäureausscheidung bei Hunden, die 6 Tage gehungert hatten und denen die Leber zu 50—90% exstirpiert war. Der Tod trat 3—16 Stunden nach der Operation ein; der Amino-N war vermehrt.

Nach M. Frhr. von Falkenhausen[8] steht die Aminosäureausscheidung im Harn des normalen Hundes bei gleichmäßiger, N-armer Ernährung in einem konstanten, individuell verschiedenen Verhältnis zum Gesamt-N. Auch im Hungerstoffwechsel ändert sich das konstante Verhältnis nicht. Wird das Pankreas vollständig exstirpiert, sinkt das Verhältnis sehr erheblich, da die Ausscheidung des Gesamt-N sehr hoch ansteigt. Künstlich verabreichte Aminosäuremengen werden vom diabetischen Organismus im größeren Maße verarbeitet als vom normalen. Bei teilweiser Pankreasexstirpation tritt im Hungerzustande eine Hyperaminoacidurie infolge verstärkten Eiweißzerfalles auf. In gleicher Weise findet eine Hyperaminoacidurie bei verstärktem Eiweißzerfall infolge anderer Ursachen statt. Insulinverabreichung wirkt beim Pankreasdiabetes nur unerheblich auf die Aminosäureausscheidung ein. Pankreasexstirpation steigert zeitweilig den Amino-N im Blute, während ihn Insulin senkt.

Nach M. Frhr. von Falkenhausen und P. Siwon[9] spielt die Leber bei der Desamidierung der Aminosäuren zunächst keine Rolle. So erfolgt die NH_3-Abspaltung bei Injektion größerer Aminosäuremengen in die Blutbahn auch ohne Leber genau so schnell wie bei erhaltener Leber. Dagegen ist die Harnstoffsynthese offenbar ausschließlich Funktion der Leber. Da die Leber an dem Desamidierungsprozeß von Aminosäuren keinen wesentlichen Anteil hat, muß nach M. Frhr. von Falkenhausen und B. Boehm[10] eine Leberfunktionsprüfung mit Aminosäuren abgelehnt werden.

Nach Kollageninjektion tritt nach Suganuma[11] bei Gallenfistelhunden eine starke Erhöhung des Aminosäuregehaltes im Blute auf, die sich nach einiger Zeit wieder ausgleicht.

---

[1] S. Marino: Atti R. Acad. dei Lincei, Roma [5] **31 II**, 126—131 (1922) — Chem. Zbl. **1923 I**, 1376.

[2] L. Tutkewitsch: Biochem. Z. **198**, 47—59 — Chem. Zbl. **1928 II**, 1350.

[3] L. Tutkewitsch: Biochem. Z. **198**, 60—64 — Chem. Zbl. **1928 II**, 1350.

[4] H. Reinwein: Dtsch. Arch. klin. Med. **160**, 278—299 — Chem. Zbl. **1928 II**, 1896.

[5] St. J. Przylecki: Arch. internat. Physiol. **24**, 27—40 — Ber. Physiol. **30**, 894 — Chem. Zbl. **1925 II**, 1371.

[6] A. Gottschalk u. W. Nonnenbruch: Arch. f. exper. Path. **105**, 134—136 — Chem. Zbl. **1925 I**, 2170.

[7] W. M. Wesselkina: Z. exper. Med. **55**, 198—213 — Chem. Zbl. **1927 II**, 453.

[8] M. Frhr. v. Falkenhausen: Arch. f. exper. Path. **109**, 249—275 (1925) — Chem. Zbl. **1926 I**, 1443.

[9] M. Frhr. v. Falkenhausen u. P. Siwon: Arch. f. exper. Path. **106**, 126—134 — Chem. Zbl. **1925 II**, 318.

[10] M. Frhr. v. Falkenhausen u. B. Boehm: Dtsch. med. Wschr. **51**, 1571 (1925) — Chem. Zbl. **1926 I**, 160.

[11] Suganuma: Biochem. Z. **144**, 141—146 — Chem. Zbl. **1924 I**, 1405.

Nach W. E. Burge und A. J. Neill[1] haben Aminosäuren eine stärkere Reizwirkung auf Leberzellen als andere Abbaustoffe. Weitere Versuche der Verfasser[2] ergaben, daß nach Zufuhr von Aminosäuren am Hunde die Katalasebildung beträchtlich gesteigert war. Intravenös injizierte Aminosäuren lassen sich nach S. Rosenbaum[3] beim normalen Menschen, wenn die zugeführten Aminosäuremengen eine gewisse Grenze nicht überschreiten, schon nach wenigen Minuten nicht mehr durch Vermehrung des Amino-N nachweisen. Häufig sinkt der Wert sogar unter den vorher gefundenen. Bei schweren Leberschädigungen bleibt dagegen der Aminosäurewert im Blute längere Zeit erhöht. Dasselbe wurde bei Hunden mit experimentell aus dem Kreislauf ausgeschalteter Leber beobachtet.

Nach P. Junkersdorf[4] verändern Aminosäuren im Gegensatz zu anderen Eiweißabbauprodukten die Lebertätigkeit nicht.

O. Folin und H. Berglund[5] untersuchten die Frage, ob während der früheren Stadien der Aminosäureresorption ein Anstieg des Blutharnstoffs dem Anstieg der Aminosäuren im Blut vorangeht. Stoffwechselversuche an Gesunden ergaben als besondere Funktion der Leber die Abspaltung von Amino-N und dessen Umwandlung in Harnstoff. Nach N-haltiger Nahrung steigt einige Stunden lang die Aminosäureausscheidung an. Letztere kann zur Funktionsprüfung der Leber dienen. Bei Versuchen mit Casein steigt der Aminosäure-N-Spiegel des Blutes schon nach 45 Minuten nach der Zufuhr um 73% ohne gleichzeitige Vermehrung des Harnstoff-N an. Während der maximalen Aminosäureresorption sinkt die Harnstoffausscheidung erheblich. Nach $2^{1}/_{2}$ Stunden ist die Desaminierung zu einem Höhepunkt gelangt. Die Versuche zeigten weiterhin, daß Verluste an verwertbaren Aminosäuren durchaus normal sind, daß diese Verluste nach Ansteigen des Aminosäuregehaltes des Blutes zunehmen. Die Aminosäureretention und -ausscheidung zeigt keinen Schwellenwert. Eine Zunahme der Aminosäureausscheidung erfolgt natürlich nach erhöhter Proteinzufuhr.

Nach E. Milheiro[6] soll der Ursprung des Harn-NH_3 in den Aminosäuren des Blutes liegen, die während ihrer Passage durch die Nieren desaminiert werden.

Zuführung eines Aminosäurepräparates (Eatan) besserte nach A. Nitschke[7] die klinischen Symptome bei Lipoidnephropathie, bei einem anderen Fall von Nierenerkrankung und bei chronischer Nephritis.

Die Zunahme des Amino-N im Blute nach Nebennierenexstirpation wird nach N. Putschkow und W. Krassnow[8] auf eine Störung der Leberfunktion, die nur noch in geringerem Maße Aminosäuren abfängt, zurückgeführt.

Nach M. Landsberg[9] ist das Verhältnis von Eiweiß zu Amino-N des Gesamtserums beim normalen Menschen konstant und von der Nahrung unabhängig, während es bei gewissen pathologischen Zuständen Veränderungen zeigt.

C. H. Greene, K. Sandiford und H. Ross[10] untersuchten den Amino-N-Gehalt im menschlichen Blute unter normalen und pathologischen Bedingungen. Der Aminosäuregehalt betrug im Mittel 6,3 mg für 100 ccm. Im allgemeinen wird die Höhe dieses Gehaltes innerhalb gewisser Grenzen mit bemerkenswerter Konstanz festgehalten.

Bei hungernden Hunden beträgt nach S. Okada und T. Hayaski[11] der Amino-N des Blutes 6,33—8,79 mg%, bei Kaninchen 7,22—10,60 mg%. Narkose, Pituitrin, Adrenalin und Schilddrüse beeinflussen den Gehalt nicht; er steigt vorübergehend bei völliger Exstirpation des Pankreas nach Ausschaltung der Nieren und nach Pilocarpin. Ebenso ist er bei Leukämie gestiegen. Die Leukocyten enthalten 6—7mal soviel Aminosäure-N wie das Plasma.

Bei fastenden Hunden ist nach B. M. Hendrix und J. E. Sweet[12] der Amino-N-Gehalt im Blute höher als in der Lymphe. Wird eine Aminosäurepeptonlösung oder Milch in den Darm

---

[1] W. E. Burge u. A. J. Neill: Amer. J. Physiol. **46**, 117—127 (1918) — Chem. Zbl. **1922 III**, 1025.
[2] W. E. Burge u. A. J. Neill: Amer. J. Physiol. **47**, 13—24 (1918) — Chem. Zbl. **1922 III**, 1025.
[3] S. Rosenbaum: Z. exper. Med. **41**, 420—438 — Chem. Zbl. **1924 II**, 689.
[4] P. Junkersdorf: Pflügers Arch. **192**, 315—318 (1921) — Chem. Zbl. **1922 I**, 659.
[5] O. Folin u. H. Berglund: J. of biol. Chem. **51**, 395—418 — Chem. Zbl. **1922 III**, 534.
[6] E. Milheiro: C. r. Soc. Biol. **97**, 869—870 — Chem. Zbl. **1928 II**, 266.
[7] A. Nitschke: Z. exper. Med. **64**, 111—119 — Chem. Zbl. **1929 I**, 1363.
[8] N. Putschkow u. W. Krassnow: Pflügers Arch. **220**, 44—55 — (1928) Chem. Zbl. **1929 I**, 103.
[9] M. Landsberg: Wiener Arch. f. inn. Med. **4**, 235—246 (1922) — Ber. Physiol. **16**, 249 — Chem. Zbl. **1923 III**, 165.
[10] C. H. Greene, K. Sandiford u. H. Ross: J. of biol. Chem. **58**, 845—857 — Chem. Zbl. **1924 I**, 2279.
[11] S. Okada u. T. Hayaski: J. of biol. Chem. **51**, 121—133 (1922) — Chem. Zbl. **1922 III**, 83.
[12] B. M. Hendrix u. J. E. Sweet: J. of biol. Chem. **32**, 299—307 (1917) — Chem. Zbl. **1921 III**, 742.

injiziert, so steigt in beiden Körperflüssigkeiten der Amino-N-Gehalt, aber von letzteren stärker als von der ersteren.

Nach oraler wie rectaler Zufuhr von Rectamin, einem Aminosäurepräparat, war nach W. Griesbach[1] die N-Bilanz positiv.

Während nach parenteraler Einführung von Protaminen und Nucleinsäuren bei Hunden der Eiweißzerfall erhöht wird, bleiben nach F. P. Underhill und H. F. Farrell[2] die Aminosäuren unbeeinflußt.

Nach L. Elek und A. Kiss[3] ist der Amino-N des Blutes nach Eiweißbelastung erhöht.

Die Schwankungen des N-Gehaltes im Blute von Hündinnen nach Verabreichung von Fleisch halten W. S. Mc Ellroy und H. O. Pollock[4] für abhängig von der Resorption der Aminosäuren.

Über den veränderten Aminosäuregehalt des Blutes bei Hunden während Verdauung und Fasten berichtet S. Marino[5].

M. Loeper, J. Ollivier und A. Lesure[6] untersuchten den Aminosäuregehalt bei Melanodermien. Die Aminosäurewerte sind außerordentlich schwankend.

Die Aminosäurevermehrung des Blutes bei Malaria und Leukämie, bei Infektionskrankheiten und Reizkörpertherapie ist nach G. Wolpe[7] auf vermehrten Eiweißzerfall im Blute zurückzuführen. Nach dem Verfasser scheint ein Zusammenhang zwischen der Stärke, den Abbaukräften des Organismus und der Höhe des Aminosäurespiegels zu bestehen.

Nach E. Derra[8] beträgt die Aminosäure-N-Ausscheidung pro Tag bis 200 mg. Im Fieber ist sie stark erhöht, bei Leberkrankheiten schwankend, bei Anämia perniciosa nur wenig erhöht. Bei akuter gelber Leberatrophie werden bis über 800 mg pro Tag ausgeschieden. Die Aminosäuremenge im Harn allein gibt keinen Anhalt für eine Prognose. Nur mit dem Cholesterin und der Milchsäure des Blutes kann aus dem Aminosäuregehalt etwas geschlossen werden. Sind beide erhöht, ist die Prognose ungünstig.

Nach E. Becher und E. Herrmann[9] beträgt der freie Amino-N des Blutes beim normalen Menschen, Kaninchen, Hammel, Schwein, Ziege, Rind und Hund 6—7,5 mg%, während die Werte bei Huhn, Taube, Ente, Frosch das 3—4fache betragen, was beim Menschen nur bei Leukämie gefunden wurde. Die aromatischen Aminosäuren sind bei den Vögeln ebenfalls erhöht.

E. Becher und E. Herrmann[10] untersuchten weiterhin den Aminosäuregehalt des enteiweißten Blutes bei Krankheiten. Eine Zunahme der freien Aminosäuren findet sich besonders bei Leukämien mit hohen Leukocytenzahlen im kurz vor dem Tode entnommenen Blute, manchmal bei akuten Infektionskrankheiten und bei essentieller Hypertonie. Bei Niereninsuffizienz kann eine Zunahme des gebundenen ohne Zunahme des freien Aminosäure-N stattfinden. Starke Aminosäurezunahmen treten bei fieberhaften Erkrankungen und Leberkrankheiten auf.

E. Wiechmann[11] untersuchte bei Leukämien mit hohen Leukocytenzahlen den Aminosäuregehalt von Plasma, roten und weißen Blutkörperchen, der in den ersten beiden normal, in den letzteren sehr hoch ist. Leukämien mit niedrigen Leukocytenzahlen haben normalen Aminosäuregehalt im Blute.

Nach Untersuchungen von E. D. Plass[12] ist der Aminosäure-N im normalen fetalen Blut in höherer Konzentration als im mütterlichen Blute enthalten.

---

[1] W. Griesbach: Klin. Wschr. 1 (1926—27) — Chem. Zbl. **1927 III**, 1139.
[2] F. P. Underhill u. H. F. Farrell: J. metabol. Res. 2, 107—111 (1922) — Chem. Zbl. **1923 I**, 700.
[3] L. Elek u. A. Kiss: Z. exper. Med. 51, 752—761 — Chem. Zbl. **1926 II**, 2081.
[4] W. S. McEllroy u. H. O. Pollock: J. of biol. Chem. 46, 475—481 — Chem. Zbl. **1921 III**, 424.
[5] S. Marino: Arch. Farmacol. sper. 36, 20—32 — Chem. Zbl. **1923 III**, 1177 — Arch. Farmacol. sper. 36, 56—64 — Chem. Zbl. **1923 III**, 1177.
[6] M. Loeper, J. Ollivier u. A. Lesure: C. r. Soc. Biol. Paris 93, 1290—1291 (1925) — Chem. Zbl. **1926 I**, 1591.
[7] G. Wolpe: Münch. med. Wschr. 71, 363—365 — Chem. Zbl. **1924 I**, 2377.
[8] E. Derra: Z. exper. Med. 57, 657—671 (1927) — Chem. Zbl. **1928 I**, 1060.
[9] E. Becher u. E. Herrmann: Münch. med. Wschr. 73, 1230—1231 — Chem. Zbl. **1926 II**, 1433.
[10] E. Becher u. E. Herrmann: Münch. med. Wschr. 72, 2178—2181 (1925) — Chem. Zbl. **1926 I**, 1436.
[11] E. Wiechmann: Münch. med. Wschr. 75, 1115—1116 — Chem. Zbl. **1928 II**, 907.
[12] E. D. Plass: Bull. Hopkins Hosp. 36, 393—402 — Chem. Zbl. **1925 II**, 1183.

Über die wechselnde Retention oder Ausschwemmung des Amino-N bei Hämophilie berichtet R. Berg[1].

Bei eklamptischer Anurie zeigt nach E. Jeanbrau und P. Christol[2] das Serum eine beträchtliche Zunahme aller N-Bestandteile, nur NH_3 und Aminosäuren sind vermindert.

Nach Loeper, Decourt, Olivier und Lesure[3] ist der Aminosäuregehalt des Blutes während der Resorption von Hämatomen, Blutextravasaten oder injizierten Blutmengen erhöht.

L. Hantschmann und M. Steube[4] bestimmten bei Lungentuberkulosen den Amino-N im Blute, bei dessen Erhöhung frische Prozesse und Exacerbationen, bei dessen Erniedrigung Kachexie oder unbeeinflußbare Magerkeit beobachtet wurden.

Weitere Versuche der Verfasser[5] über die Aminosäureausscheidung zeigten bei Diätversuchen, daß die Aminosäureausscheidung nur wenig mit der Höhe der Eiweißzufuhr steigt. Die Tageskurve der Ausscheidung ist bei verschiedenen Kranken und unter verschiedenen Bedingungen auffallend konform. Die Harnsäure- und Amino-N-Ausscheidung geht fast parallel. Das Verhältnis von Amino-N zu Gesamt-N im Urin steigt bei erhöhtem Amino-N-Spiegel im Blut.

Der Aminosäuregehalt des Blutes erfährt nach S. Racchinsa[6] sowohl von Reistauben (polierter Reis) wie von hungernden Tauben eine erhebliche Vermehrung.

Über die Beteiligung der Aminosäuren bei der Blutgerinnung berichtet F. Petitjean[7].

Nach M. Loeper, J. Decourt und J. Tonnet[8] ist die in den Geweben und Organen stattfindende Hämolyse stets mit der Bildung von Aminosäuren und S verbunden.

Nach S. Marino[9] findet beim Aderlaß, wenn sich die Blutentnahmen in kurzen Zwischenräumen folgen, eine Zunahme der Aminosäuren statt. Unter dem Einfluß hämolytischer Gifte nehmen die Aminosäuren in der Granularperiode ab, um in der Regenerationsperiode wieder anzusteigen.

In einer Lösung von Häminkrystallen in verdünnter NaOH mit Na_2SO_4 entsteht der Fe-haltige Komplex, der durch Zusatz von Globin in Hämochromogen übergeht. Nach M. L. Anson und A. E. Mirsky[10] können an Stelle des Globins auch Aminosäuren verwendet werden.

Nach Untersuchungen von C. A. Cary[11] ist der Aminosäure-N des Blutes bei nicht milchenden Kühen in der Eutervene ungefähr der gleiche wie in der Jugularvene, während er bei milchenden Kühen um 16—34% geringer ist. Die von der Milchdrüse aufgenommene Aminosäuremenge genügt nach dem Verfasser, um für die Bildung der Milchproteine aufzukommen.

Nach A. Mader[12] sind die Aminosäuren von Milch und von Colostrum genuin und bilden den Rückstand des Materials, das bei der Synthese der Milchproteine in der Milchdrüse und der durch das Blut zugeführten Gesamtheit von Aminosäuren nicht verbraucht wird oder nicht verbrauchbar ist. Es fehlen also im Ultrafiltrat des Milchserums diejenigen Aminosäuren, die restlos zur Synthese des Eiweißmols verbraucht wurden. Die elektive Auswahl unter den zur Verfügung stehenden Aminosäuren für die Synthese der Milchproteine, scheint danach artspezifischen Gesetzmäßigkeiten zu unterliegen. Colostraleiweiß entspricht unfertigen Verhältnissen, die sich in schwankenden, allmählich ansteigenden Aminosäurewerten äußern.

Über die Schwankungen des Amino-N-Gehaltes im Rinderblut vor und während der Lactation berichten C. A. Cary und E. B. Meigs[13].

---

[1] R. Berg: Z. klin. Med. **92**, 281—330 (1921) — Ber. Physiol. **12**, 231 — Chem. Zbl. **1922 III**, 182.

[2] E. Jeanbrau u. P. Christol: C. r. Soc. Biol. Paris **86**, 1058—1060 — Chem. Zbl. **1922 III**, 939.

[3] Loeper, Decourt, Olivier u. Lesure: C. r. Soc. Biol. Paris **94**, 271—272 — Chem. Zbl. **1926 I**, 2485.

[4] L. Hantschmann u. M. Steube: Klin. Wschr. **7**, 637—638 — Chem. Zbl. **1928 I**, 2626.

[5] L. Hantschmann u. M. Steube: Klin. Wschr. **7**, 1037—1038 — Chem. Zbl. **1928 II**, 460.

[6] S. Racchinsa: Ann. Clin. med. e Med. sper. **11**, 271—278 (1921) — Ber. Physiol. **12**, 229—230 — Chem. Zbl. **1922 III**, 298.

[7] F. Petitjean: C. r. Soc. Biol. Paris **87**, 1001—1004 (1922) — Chem. Zbl. **1923 I**, 1464.

[8] M. Loeper, J. Decourt u. J. Tonnet: C. r. Soc. Biol. Paris **94**, 574—575 — Chem. Zbl. **1926 II**, 56.

[9] S. Marino: Arch. Farmacol. sper. **36**, 88—96 (1923) — Chem. Zbl. **1924 I**, 929.

[10] M. L. Anson u. A. E. Mirsky: J. of Physiol. **60**, 50—68 — Chem. Zbl. **1925 II**, 577.

[11] C. A. Cary: J. of biol. Chem. **43**, 477—489 (1920) — Chem. Zbl. **1921 I**, 44.

[12] A. Mader: Z. Kinderheilk. **36**, 127—133 (1923) — Ber. Physiol. **24**, 27 (1924) — Chem. Zbl. **1924 II**, 356.

[13] C. A. Cary u. E. B. Meigs: J. of biol. Chem. **78**, 399—407 — Chem. Zbl. **1928 II**, 1582.

Über den Aminosäure-N-Gehalt bei normalen Ratten und bei Ratten, die gegen das Jensensche Rattensarkom immun sind, nach Röntgenbestrahlung berichten E. Ch. Dodds, W. Lawson und J. C. Mottram[1].

M. Labbé und Mouzaffer[2] finden bei der Untersuchung an Krebsgeschwülsten an verschiedenen Stellen, daß bei solchen außerhalb und nur ausnahmsweise bei solchen innerhalb des Verdauungskanales keine Mehrausscheidung von Aminosäuren stattfindet, dagegen starke bei solchen der Leber. Nach den Verfassern sind die Störungen des N-Stoffwechsels auf eine funktionelle Störung der Leber zurückzuführen.

Nach J. Goldberger und W. F. Tanner[3] soll der ätiologische Faktor bei Pellagra nicht im Vitaminmangel, sondern in zu geringem Gehalte der Kost an bestimmten Aminosäuren liegen.

Wenn Avitaminose mit Unterernährung kombiniert ist, so ist nach K. I. Schimizu[4] die mangelhafte Oxydation der N-freien Stoffe mit der der N-haltigen (Aminosäuren) und mit Acidose kombiniert, so daß der Quotient C:N im Harn steigt.

Nach Versuchen von R. W. Seuffert und E. Marks[5] führte Verabfolgung eines Gemisches einfacher Aminosäuren zu einer N-freien Grundfutterration zu erheblicher Verminderung (40—80%) des Zerfallswertes von Körpereiweiß.

Wurden aus Caseinhydrolysaten die Diaminosäuren ausgefällt, so reichten nach E. M. K. Geiling[6] in Übereinstimmung mit Ergebnissen von Ackroid und Hopkins[7] die verbleibenden Aminosäuren nicht zum Unterhalt von erwachsenen Mäusen aus.

Werden Ratten Aminosäuren peroral verabreicht, so steigt nach J. M. Luck[8] der Aminosäuregehalt der Gewebe entsprechend der gegebenen Menge an. Der NH_3-Gehalt von Leber und Muskeln bleibt dagegen fast unverändert.

Auch nach Zusatz von Aminosäuren reicht nach R. W. Jackson, B. E. Sommer und W. C. Rose[9] eine Kost, die nur Gelatine als einzige Eiweißquelle enthält, für das Wachstum von Ratten nicht aus.

Die Abhängigkeit des Amino-N im Blutserum vom Nährwert und von der Menge des Kühen gegebenen Futters untersuchten C. A. Cary und E. B. Meigs[10].

In Übereinstimmung mit Versuchen von Abderhalden und Markwalder läßt sich nach R. W. Seuffert[11] bei Hunden der Zerfallswert des Eiweißes durch Zugabe von Aminosäuren zu der Kohlehydrate und Fette enthaltenden Nahrung erniedrigen, ohne dabei N-Ansatz oder N-Gleichgewicht zu erzielen.

Nach H. C. Sherman und A. Th. Merrill[12] genügen unter 5% Eiweiß und Aminosäuren in Gestalt von Milcheiweiß, um regelmäßiges Wachstum der Ratten zu erzielen.

R. Takata[13] untersuchte den Einfluß eines Zusatzes verschiedener Aminosäuren zu einem Misopräparat (gegorener Brei aus Sojabohnen, Kochsalz und Wasser), auf dessen Ausnutzung im Rattenversuch. 2% Diaminosäuren bewirkten eine wesentliche Förderung des Wachstums, was aber evtl. auf beigemengtes Cystin zurückzuführen ist.

Wird Kaninchen parenteral artfremdes Eiweiß eingespritzt, so nimmt nach T. Asakura[14] der Amino-N zu.

Bei Kaninchen und Hunden ist nach intraduodenaler Gabe von Rectamin, einem Aminosäuregemisch, keine innere Hyperaminoacidurie zu beobachten, ebenso ist bei Caseinfütterung

---

[1] E. Ch. Doods, W. Lawson u. J. C. Mottram: Biochemic. J. **19**, 750—752 — Chem. Zbl. **1926 II**, 1072.
[2] M. Labbé u. Mouzaffer: C. r. Soc. Biol. Paris **91**, 1029—1030 (1924) — Chem. Zbl. **1925 I**, 1222.
[3] J. Goldberger u. W. F. Tanner: J. amer. med. Assoc. **79**, 2132—2135 (1922) — Ber. Physiol **18**, 75—76 — Chem. Zbl. **1923 III**, 505.
[4] K. I. Schimizu: Biochem. Z. **153**, 424—455 (1924) — Chem. Zbl. **1925 II**, 205.
[5] R. W. Seuffert u. E. Marks: Z. Biol. **82**, 244—248 — Chem. Zbl. **1925 I**, 539.
[6] E. M. K. Geiling: J. of biol. Chem. **31**, 173—199 — Chem. Zbl. **1921 III**, 185.
[7] Ackroid u. Hopkins: Biochemic. J. **10**, 551 — Chem. Zbl. **1917 I**, 888.
[8] J. M. Luck: J. of biol. Chem. **77**, 13—26 — Chem. Zbl. **1928 II**, 1120.
[9] R. W. Jackson, B. E. Sommer u. W. C. Rose: J. of biol. Chem. **80**, 167—186 (1928) — Chem. Zbl. **1929 I**, 1709.
[10] C. A. Cary u. E. B. Meigs: J. agricult. Res. **29**, 603—624 (1924) — Chem. Zbl. **1925 II**, 232.
[11] R. W. Seuffert: Z. Biol. **80**, 381—404 — Chem. Zbl. **1924 I**, 2717.
[12] H. C. Sherman u. A. Th. Merrill: J. of biol. Chem. **63**, 331—337 — Chem. Zbl. **1925 II**, 941.
[13] R. Takata: J. Soc. chem. Ind. Jap. (Suppl.) **31**, 196B—198B (1928) — Chem. Zbl. **1929 I**, 552.
[14] T. Asakura: Jap. J. med. Sci., Trans. Biochem. **1**, 183—220 (1927) — Chem. Zbl. **1928 I**, 3086.

die Aminoacidämie und Hypercarbamidämie nur gering. Sie ist im engeren Stromgebiet der Leber wie in der Peripherie gleich hoch. Eine kontrahierte Zufuhr von Aminosäuren wirkt im Blut wie einmalige Eiweißverfütterung. Weitere Stoffwechselversuche im N-Minimum zeigten, daß nach oraler Gabe eines Aminosäuregemisches die resorbierten Aminosäuren in den Stoffwechsel der Gewebezellen einbezogen und je nach den gegebenen Bedingungen mehr stofflich oder energetisch ausgenutzt werden. Diese Ergebnisse sprechen also nach A. Gottschalk und W. Nonnenbruch[1] gegen die dominierende Rolle der Leber bei der Elimination und Verwertung der im Blute kreisenden Aminosäuren. Es dürfte vielmehr jede Zelle nach Maßgabe ihres Bedarfes aktiven Anteil am intermediären Aminosäurestoffwechsel nehmen.

P. Christol, A. Puech und Trivas[2] bezeichnen als Koeffizient der Dysdesaminierung das Verhältnis: Polypeptid-N + Aminosäure-N zu Polypeptid-N + Aminosäure-N + Harnstoff-N. Der Koeffizient beträgt 30—35%, bei Nierenerkrankung erniedrigt er sich, bei Leberstörung wird er erhöht.

Über die Anregung der Magensekretion durch Aminosäurezufuhr in Form von Maggi-Würze berichtet E. Bendzulla[3].

A. C. Ivy und A. J. Javois[4] untersuchten die Einwirkung von in den Darm eingeführten Aminosäuren auf die Magensaftabsonderung.

Nach J. Melly und A. v. Rötth[5] kann aus der Umsatz steigernden Wirkung der rein isolierten Aminosäuren auf die des intakt eingeführten Eiweißes gefolgert werden.

D. B. Jones[6] berichtet über die Bedeutung der einzelnen Aminosäuren für die verschiedene Wertigkeit der Proteine.

Ein Aminosäuregemisch, das aus Fleisch durch Spaltung mit Pepsin und Erepsin hergestellt war, wirkte nach E. Mulert[7] bei Hunden spezifisch-dynamisch. Die Wirkung war stark abhängig vom Ernährungszustand der Tiere.

Nach A. Bornstein[8] ist der größere Anteil der spezifisch-dynamischen Wirkung von Nahrungsmitteln auf die Reizwirkung von in die Blutbahn aufgenommenem Eiweiß oder seinen Bausteinen, den Aminosäuren, zurückzuführen. Vor allem Muskelversuche sprechen deutlich für die Annahme einer Protoplasmareizung durch Aminosäuren.

Die Beziehung zwischen spezifisch-dynamischer Wirkung und Aminosäurezufuhr läßt sich nach C. H. M. Wilhelmj und J. L. Bollman[9] am einfachsten durch die Extracalorien, die durch jedes Millimol von desamidierter Aminosäure abgeleitet werden, ausdrücken. Werden racemische Aminosäuren injiziert, so erscheinen nur 50% des N im Harn als Harnstoff-N-Überschuß, da nur eine Komponente ganz und nur eine gewisse, verschieden große Menge der anderen desaminiert wird.

D. Rapport und J. Eyenden, R. Weiss und D. Rapport[10] untersuchten die Beziehungen zwischen Proteinen und Aminosäuren in bezug auf ihre spezifisch-dynamische Wirkung.

Weitere Versuche von D. Rapport und H. H. Beard[11] ergaben, daß die Dicarbon- und die Diaminosäurefraktion von Casein- und Gelatinehydrolysaten den Gesamtstoffwechsel des Hundes steigern.

Die Erhöhung der Atmung von Leberzellen durch einige Aminosäuren erklärt nach O. Meyerhof, K. Lohmann und R. Meier[12] die sog. spezifisch-dynamische Wirkung des

---

[1] A. Gottschalk u. W. Nonnenbruch: Arch. exper. f. Path. **99**, 270—299 (1923) — Chem. Zbl. **1924 I**, 1953.
[2] P. Christol, A. Puech u. Trivas: C. r. Soc. Biol. Paris **96**, 676—677 — Chem. Zbl. **1927 I**, 2749.
[3] E. Bendzulla: Volksernährung **3**, 292—293 — Chem. Zbl. **1928 II**, 2260.
[4] A. C. Ivy u. A. J. Javois: Amer. J. Physiol. **71**, 583—590 — Chem. Zbl. **1925 II**, 197 — Amer. J. Physiol. **71**, 591—603 — Chem. Zbl. **1925 II**, 197.
[5] J. Melly u. A. v. Rötth: Biochem. Z. **153**, 285—297 — Chem. Zbl. **1925 I**, 2577.
[6] D. B. Jones: Cotton Oil Press **7**, 34—36 — Chem. Zbl. **1924 I**, 2791.
[7] E. Mulert: Pflügers Arch. **221**, 599—604 — Chem. Zbl. **1929 I**, 2440.
[8] A. Bornstein: Dtsch. med. Wschr. **54**, 1535—1536 — Chem. Zbl. **1928 II**, 1896.
[9] C. H. M. Wilhelmj u. J. L. Bollman: J. of biol. Chem. **77**, 127—149 — Chem. Zbl. **1928 II**, 911.
[10] D. Rapport u. J. Evenden, R. Weiß u. D. Rapport: J. of biol. Chem. **60**, 497—511 — Chem. Zbl. **1924 II**, 1949 — J. of biol. Chem. **60**, 513—543 — Chem. Zbl. **1924 II**, 1949.
[11] D. Rapport u. H. H. Beard: J. of biol. Chem. **80**, 413—429 (1928) — Chem. Zbl. **1929 II**, 1814.
[12] O. Meyerhof, K. Lohmann u. R. Meier: Biochem. Z. **157**, 459—491 — Klin. Wschr. **4**, 341—343 — Chem. Zbl. **1925 II**, 317.

Eiweißes, in dem die desaminierten Aminosäuren in Gegenwart von O_2 auf dem Wege über Milchsäure und Brenztraubensäure zu Kohlehydraten synthetisiert werden.

Versuche von R. Liebeschütz-Plaut und H. Schadow[1] zeigten, daß nach intravenöser Zufuhr von Aminosäuren keine spezifisch-dynamische Wirkung auftrat. Der Abbau und die Ausscheidung der Aminosäuren war trotzdem bei intravenöser oder intraduodenaler Zufuhr in gleicher Zeit beendet; das Maximum lag innerhalb der ersten zwei Stunden.

Nach R. Liebeschütz-Plaut und H. Schadow[2] besteht bei pathologisch herabgesetzter spezifisch-dynamischer Wirkung des Eiweißes, unmittelbar nach Eiweißnahrung, eine Erniedrigung des Aminosäure-N im Blute.

Über diese pathologisch herabgesetzte spezifisch-dynamische Wirkung des Eiweiß durch Störung des intermediären Aminosäurestoffwechsels berichten weiterhin R. Liebeschütz-Plaut und H. Schadow[3].

Nach Versuchen von E. Mameli und E. Filippi[4] sind Aminosäuren athermisch.

Nach R. Ehrenberg und W. Liebenow[5] wächst mit steigendem Alter der Placenta der Gehalt an Monoaminosäuren.

Nach H. Schlossmann[6] sind in der Schwangerschaft und bei der Geburt Rest-N, Aminosäure-N und Polypeptid-N im Blute an sich nicht vermehrt, dagegen steigen in den ersten Tagen des Wochenbettes alle diese Werte an, am meisten der Polypeptid-N in Zusammenhang mit den Puerperalrückbildungsvorgängen. Bei Schwangerschaftstoxämien ist der Amino-N nicht erhöht.

Bei der Entwicklung des Ovariums von Strongylocentrotus lividus nehmen nach G. Russo[7] die Aminosäuren beim nichtkoagulierbaren N zu, während sie am Anfang des Zyklus abnehmen.

Nach R. H. A. Plimmer und J. Lowndes[8] nimmt der Diaminosäure-N in den Proteinen des Hühnereiweißes nach 15tägiger Bebrütung und des eben ausgebrüteten Hühnchens um 2% zu, der Monoaminosäure-N dagegen um 4% ab.

A. Aggazzotti[9] studierte während der Bebrütung des Hühnereies die Veränderungen des Amino-N im Weißei und Gelbei.

Bei der Untersuchung über die Veränderung des Amino-N im sich entwickelnden Hühnerei fand H. O. Calvery[10] in der Phosphorwolframsäurefällung eine geringe Zunahme im Laufe der Entwicklung, während im Filtrat der Nichtamino-N zunahm und der Amino-N entsprechend sank.

G. W. Pucher[11] bestimmte den Amino-N-Gehalt in unbefruchteten Eiern vor und nach 20tägiger Bebrütung; er konnte keine merklichen Unterschiede im Amino-N-Gehalt feststellen.

Nach L. E. Baker und A. Carrel[12] führen die im Serum oder in einem künstlichen Gemisch erhaltenen Aminosäuren keine Volumenzunahme von Fibroblastenkolonien herbei. Auch die durch Spaltung des Embryonalsaftes mittels Trypsin oder Säure erhaltenen Aminosäuren steigerten nicht das Wachstum der Fibroblasten. sondern wirkten meist toxisch auf sie ein.

---

[1] R. Liebeschütz-Plaut u. H. Schadow: Pflügers Arch. **217**, 717—722 (1927) — Chem. Zbl. **1928 I**, 714.

[2] R. Liebeschütz-Plaut u. H. Schadow: Dtsch. Arch. klin. Med. **148**, 214—222 (1925) — Chem. Zbl. **1926 I**, 711.

[3] R. Liebeschütz-Plaut u. H. Schadow: Dtsch. Arch. klin. Med. **148**, 214—222 (1925) — Ber. Physiol. **36**, 637 (1926) — Chem. Zbl. **1927 I**, 125.

[4] E. Mameli u. E. Filippi: Ann. Chim. appl. **16**, 556—602 (1926) — Chem. Zbl. **1927 I**, 2338.

[5] R. Ehrenberg u. W. Liebenow: Pflügers Arch. **201**, 387—392 (1923) — Chem. Zbl. **1924 I**, 790.

[6] H. Schlossmann: Z. exper. Med. **47**, 487—502 (1925) — Chem. Zbl. **1926 I**, 713.

[7] G. Russo: Arch. di Sci. biol. **8**, 293—309 (1926) — Ber. Physiol. **38**, 599—600 — Chem. Zbl. **1927 I**, 2662.

[8] R. H. A. Plimmer u. J. Lowndes: Biochemic. J. **21**, 254—258 — Chem. Zbl. **1927 II**, 101.

[9] A. Aggazzotti: Arch. di Biol. **72**, 127—132 (1923) — Ber. Physiol. **24**, 326—327 (1924) — Chem. Zbl. **1924 II**, 694.

[10] H. O. Calvery: J. of biol. Chem. **83**, 231—241 — Chem. Zbl. **1929 II**, 2065.

[11] G. W. Pucher: Proc. Soc. exper. Biol. a. Med. **25**, 72—73 (1927) — Chem. Zbl. **1928 II**, 1456.

[12] L. E. Baker u. A. Carrel: C. r. Soc. Biol. Paris **95**, 260—262 — Chem. Zbl. **1926 II**, 1294 — J. of exper. Med. **44**, 387—396, 397—407 (1926) — Chem. Zbl. **1927 I**, 298 — J. of exper. Med. **44**, 503—521 (1926) — Chem. Zbl. **1927 I**, 298.

Nach Versuchen von A. H. Ebeling[1] sind die Aminosäuren zwar bei passender Konzentration für Fibroblasten nicht giftig, können sogar ihre Wanderungsgeschwindigkeit erhöhen, vermehren aber nicht deren Gewicht, so daß der Bedarf des Bindegewebes an N für die Synthese des Protoplasmas unter gewöhnlichen Bedingungen nicht durch Aminosäuren gedeckt wird.

Fischer[2] berichtet über die Bildung von Aminosäuren im menschlichen Organismus und über deren Vorkommen im Harn.

Über den Zusammenhang zwischen N:C-Quotienten von Aminosäuren und Ausscheidung im Harn berichtet Ackermann[3].

G. Fontès und A. Yovanowitch[4] bestimmten im Harn von Studenten, die bei 3 tägiger Bettruhe gleiche Nahrung aus Rohrzucker, Milch und Wasser erhielten, am Tage und in der Nacht den Aminosäure-N, der am Tage 52,0 und in der Nacht 48,0%, auf Gesamt-N berechnet, betrug. Beim vollständigen Hungern betrug nach den Verfassern[5] der Aminosäure-N am Tage 50,6 und in der Nacht 49,4%, auf Gesamt-N berechnet.

Bei Einnahme von 10 g Glykokoll ist nach A. A. Christman und E. C. Mosier[6] die ausgeschiedene Aminosäuremenge im Harn 5—6mal so groß.

Aminosäuren steigern nach H. B. Lewis und R. C. Corley[7] konstant die Harnsäureausscheidung beim hungernden Menschen.

Nach Selbstversuchen ist nach E. Schmitz und P. Siwon[8] die endogene Komponente der Aminosäureausscheidung mindestens von der gleichen Größenordnung wie die durch die Nahrung bedingte Erhöhung. Bei größerer Arbeitsleistung der Nieren steigt die Aminosäureausfuhr.

Über den Gesamt-N-, NH_3-, Harnstoff- und Aminosäure-N-Gehalt im Urin von Fröschen, die 1—2 Monate hungerten, nach Injektion von Milchsäure und Aminosäuren berichtet St. J. Przylecki[9].

Beim hungernden Meerschweinchen wird nach W. Laubender[10] der zunehmende Rest-N der Leber bei Erniedrigung des Luftdruckes auf 200—300 mm Hg noch stärker erhöht, besonders der Amino- und Harnstoff-N.

Nach F. Serio[11] wird die Aminosäureausscheidung bei N-armer oder N-freier aber fettreicher Nahrung bei Kaninchen nicht beeinflußt, während sie bei Milchdiät sinkt.

Phenol, Kresol, Indol und Skatol bewirken nach Y. Hijikata[12] beim hungernden Kaninchen eine geringe Mehrausscheidung von Aminosäure-N.

Nach intravenöser Injektion von Radium steigt nach J. Rosenbloom[13] die Aminosäureausscheidung im Harn an. Die Wirkung hält drei Tage an.

Ch. Rahier und M. Regnier[14] bestimmten den Aminosäuregehalt im normalen und pathologischen Harn.

Bei Röntgenbestrahlung und Sensibilisierung durch Eosin wird nach L. Pincussen, J. L. Anagnostu und G. Zangrides[15] beim Menschen die Ausscheidung der Aminosäuren nicht verändert.

Nach Versuchen von L. Pincussen[16] an Kaninchen vermindern Erythrosin sowie KJ unter den Bestrahlungsverhältnissen von Davos die Aminosäureausscheidung. Die Versuche

---

[1] A. H. Ebeling: C. r. Soc. Biol. Paris **90**, 31—33 — Chem. Zbl. **1924 I**, 1555.
[2] Fischer: Süddtsch. Apoth.-Ztg. **69**, 371—372 — Chem. Zbl. **1929 II**, 1024.
[3] Ackermann: Klin. Wschr. **5**, 848—849 — Chem. Zbl. **1926 II**, 448.
[4] G. Fontès u. A. Yovanowitch: C. r. Soc. Biol. Paris **88**, 456—458 — Chem. Zbl. **1923 I**, 1516.
[5] G. Fontès u. A. Yovanowitch: Bull. Soc. Chim. biol. Paris **5**, 363—371 (1923) — Ber. Physiol. **24**, 340 (1924) — Chem. Zbl. **1924 II**, 700.
[6] A. A. Christman u. E. C. Mosier: J. of biol. Chem. **83**, 11—19 — Chem. Zbl. **1929 II**, 2068.
[7] H. B. Lewis u. R. C. Corley: J. of biol. Chem. **55**, 373—384 — Chem. Zbl. **1923 I**, 1602.
[8] E. Schmitz u. P. Siwon: Biochem. Z. **160**, 1—19 — Chem. Zbl. **1925 II**, 1371.
[9] St. J. Przylecki: Arch. internat. Physiol. **25**, 280—293 (1925) — Ber. Physiol. **34**, 510 — Chem. Zbl. **1926 II**, 455.
[10] W. Laubender: Biochem. Z. **165**, 427—442 (1925) — Chem. Zbl. **1926 I**, 1839.
[11] F. Serio: Biochem. Z. **142**, 440—453 (1923) — Chem. Zbl. **1924 I**, 1052.
[12] Y. Hijikata: Acta Scholae med. Kioto **4**, 215—249 (1921) — Ber. Physiol. **16**, 78 — Chem. Zbl. **1923 III**, 168.
[13] J. Rosenbloom: J. metabol. Res. **4**, 75—88 — Chem. Zbl. **1924 II**, 1602.
[14] Ch. Rahier u. M. Regnier: C. r. Soc. Biol. Paris **88**, 983—985 — Chem. Zbl. **1923 III**, 400.
[15] L. Pincussen, J. L. Anagnostu u. G. Zangrides: Z. exper. Med. **31**, 410—422 (1923) — Chem. Zbl. **1923 I**, 1138.
[16] L. Pincussen: Biochem. Z. **150**, 36—43 — Chem. Zbl. **1924 II**, 1947.

mit Argoflavin sind sehr ähnlich. Außerdem werden Versuche mit Zusatz von Anthracenderivaten, Argochrom und Methylenblau durchgeführt.

Nach Versuchen von R. W. Seuffert, T. Ito und T. Yokoyama[1] wird das Verhältnis von Gesamt-N zu Formol-N (100:1 mit geringen Schwankungen) weder durch Verfütterung von Aminosäuren noch durch natürliche Proteine im allgemeinen wesentlich geändert. Die absolute Vermehrung im Harn durch die Aminosäuren ist sehr gering ($^1/_2$—1% des in der Nahrung zugeführten N).

Bei Ersatz einer geringen Menge von Nahrungseiweiß durch Aminosäuren, entsprechenden N-Gehaltes, wird nach A. Bickel und J. Remesov[2] die N- und C-Resorption im Darm gesteigert, während die Eiweißoxydation des intermediären Stoffwechsels nicht erhöht ist. Das Plus an N wird reteniert, der dysoxydable Harn-C bei gleichbleibendem N-Gehalt des Harns vermehrt.

Bei Verabreichung von Phenylessig- und Phenylpropionsäure an Kaninchen steigt nach Y. Hijikata[3] der Aminosäuregehalt im Harn, während der Harnstoffgehalt sinkt und der Gesamt-N und das NH_3 wenig verändert werden. Bei größeren Dosen steigt außer dem Aminosäuregehalt der Gesamt-N, NH_3, Harnstoff an, so daß es sich hierbei wohl um einen pathologischen Zerfall des Zellproteins handelt.

Wurde die Speiseröhre direkt mit dem Duodenum verbunden, so sezernierte nach A. C. Yvi, R. K. S. Lim und J. E. McCarthy[4] der so isolierte Magen nach 1—3 Stunden bei gemischter Kost infolge der Wirkung der Verdauungsprodukte Peptone, Aminosäuren und Amine.

Nach Ligatur des Duodenums mit und ohne Gastroenterotomie, sowie nach Unterbindung der oberen Hälfte des Ileums nimmt nach R. L. Haden und Th. G. Orr[5] der Nichtprotein-N und Harnstoff-N des Plasmas zu, während der Aminosäure-N unverändert bleibt.

Nach S. Yoshiue[6] führte schon eine geringe Resorptionsstörung bei Hunden zu einer Verminderung der Harnstoffbildung zugunsten einer Vermehrung der Aminosäuren und des NH_3 im Harn. Die Resorptionsstörung ist die Folge einer Magen-Darmstörung. Die avitaminösen Störungen des N-Stoffwechsels beruhen auf Wachsen der negativen N-Bilanz und werden auch durch reichliches Futter nicht beseitigt.

Über die gesteigerte Aminosäureabgabe im Harn durch Hemmung der Fettoxydation mittels eines reduzierenden Agens berichtet N. R. Dhar[7].

K. Morinaka[8] untersuchte an normalen Hunden und Kaninchen, sowie im Selbstversuch den Einfluß verschiedener Antipyretica auf den Aminosäure-N des Harns.

Nach D. Alpern und J. A. Collazo[9] wurde der Aminosäure-, Harnstoff- und Rest-N-Gehalt des Blutes bei einem vitaminarm ernährten Hund beträchtlich höher als bei einem normal ernährten Hund gefunden.

Bei Morbus Brigthii ist die Aminosäureausscheidung nach F. Widal und M. Laudat[10] kaum verändert.

Aminosäuremangel hebt nach G. Watzadse[11] die Harnsekretion der isolierten Froschniere auf, während Aminosäurezusatz die Sekretion wieder herbeiführt. Aminosäurezusatz verhindert bei Beginn das Aufhören der Sekretion. Eine ähnlich hemmende Wirkung übt Aminosäuremangel auf die Durchströmung der Darmgefäße aus.

Nach G. Montemartini[12] findet nach Chloroformnarkose eine Steigerung der Aminosäure-, Harnstoff- und Gesamtstickstoffausscheidung im Harn statt.

---

[1] R. W. Seuffert, T. Ito u. T. Yokoyama: Biochem. Z. **156**, 255—261 — Chem. Zbl. **1925 II**, 59.

[2] A. Bickel u. J. Remesov: Biochem. Z. **186**, 54—63 — Chem. Zbl. **1927 II**, 1485.

[3] Y. Hijikata: J. of biol. Chem. **51**, 141—154 (1922) — Chem. Zbl. **1922 III**, 71.

[4] A. C. Yvi, R. K. S. Lim u. J. E. McCarthy: Quart. J. exper. Physiol. **15**, 55—68 — Ber. Physiol. **31**, 573 — Chem. Zbl. **1925 II**, 1994.

[5] R. L. Haden u. Th. G. Orr: J. of exper. Med. **37**, 365—375 — Chem. Zbl. **1923 III**, 399.

[6] S. Yoshiue: Biochem. Z. **148**, 1—48 — Chem. Zbl. **1924 II**, 855.

[7] N. R. Dhar: Chemie der Zelle u. Gewebe **13**, 119—133 — Chem. Zbl. **1926 II**, 2823.

[8] K. Morinaka: Hoppe-Seylers Z. **129**, 111—129 — Chem. Zbl. **1923 III**, 1190.

[9] D. Alpern u. J. A. Collazo: Z. exper. Med. **35**, 288—295 (1923) — Chem. Zbl. **1924 I**, 67.

[10] F. Widal u. M. Laudat: C. r. Acad. Sci. Paris **183**, 1002—1004 (1926) — Chem. Zbl. **1927 I**, 1974.

[11] G. Watzadse: Pflügers Arch. **219**, 694—705 — Chem. Zbl. **1929 II**, 3030.

[12] G. Montemartini: Boll. Soc. Biol. sper. **3**, 279—281 (1928) — Chem. Zbl. **1929 I**, 3005.

Über Aminosäurediathesen (Cystinurie-Alkaptonurie) berichtet F. Umber[1].

S. J. Thannhauser und W. Markowicz[2] untersuchten die Einwirkung einiger Aminosäuren auf die Ketonkörperausscheidung beim schweren Diabetes.

An der Acidität des sauren Harnes sind nach L. Lemadte[3] neben den sauren Phosphaten, sauren Ureaten, dem CO_2 und den Pigmenten Aminosäuren beteiligt.

Urine, in denen spontane Krystallisation von Harnsäure zu beobachten war, zeichneten sich nach L. C. Maillard[4] durch einen höheren NH_3- und Aminosäure-N-Gehalt aus. Verfasser glaubt, daß das organische Radikal, an das die Harnsäure zu einer wasserlöslichen Verbindung gekuppelt sein soll, eine Aminosäure ist.

Über die Aminosäureausscheidung durch die Kiemen bei Fischen (Wasserkarpfen, Goldfisch) berichtet H. W. Smith[5].

Über die Veränderungen des Aminosäure-N bei Fisch- und Fleischfäulnis berichten J. Tillmans und R. Otto[6].

Bei der Autolyse von aseptisch behandelten Leberstückchen findet eine Vermehrung des Nichteiweiß-N statt, der nach H. Delaunay[7] zu 60—70% in der Form von Aminosäuren vorliegt, während er für andere Organe (Pankreas, Magen, Lunge, Gehirn, Muskeln) nur 40—50% beträgt, dagegen für Milz und Dünndarm sich dem Leberwert nähert.

Bei der Autolyse von Meerschweinchenlebern ist nach P. Rona und E. Mislowitzer[8] die gebildete Menge von freien Aminosäuren sehr gering.

Die autolytische NH_3-Bildung im Meerschweinchenleberbrei in n-Phosphat- und Lactatpuffern bei 37° unter Zusatz von einigen Tropfen Chloroform in saurem und in alkalischem Milieu bei Zugabe von Aminosäuren untersuchten P. György und H. Röthler[9].

Nach Versuchen von J. M. Luck, G. Morrison und L. F. Wilbur[10] nimmt der Aminosäuregehalt im Blute des Menschen, des Meerschweinchens und der Ratte nach Insulindosen ab, die noch keinen Krampf erzeugen. Die molare Konzentration der Aminosäuren im Blut war bisweilen so groß wie die Abnahme des Blutzuckers.

Nach V. C. Kiech und J. M. Luck[11] wird bei Ratten nach Insulininjektion der Aminosäure-N im Tier verringert, während der Harnstoff-N in entsprechender Weise zunimmt.

Nach F. Wyss[12] hindert Insulin die Oxydation von Aminosäuren zu Acetonkörpern.

Nach J. Born und G. Ivanovics[13] können Aminosäuren als Verunreinigungen des Insulins die Ursachen dessen Wirkung auf die Gewebsatmung (Reduktionssteigerung) sein.

Nach E. Wiechmann[14] sinkt nach Insulininjektion beim Diabetiker der Aminosäuregehalt. Dasselbe erfolgt beim Diabetiker wie beim Gesunden auch nach Einnahme von Traubenzucker. Beim schweren Diabetiker bleibt der Aminosäuregehalt unverändert. Ebenso wird auch die Aminosäure-N-Ausscheidung im Harn beim Diabetiker nach Insulin vermindert.

Über die Veränderung von Reduktion und Rotation im System: Insulin—Glucose—frische Muskulatur—NaCl-Lösung durch das mögliche Auftreten von Aminosäuren berichten Chr. N. J. Gram und O. J. Nielsen[15].

F. Bischoff, M. Sahyun und M. L. Long[16] untersuchten den Einfluß von 25 Guanidinpräparaten auf den Aminosäure- und Harnstoffgehalt des Blutes.

---

[1] F. Umber: Münch. med. Wschr. **72**, 653—655 — Chem. Zbl. **1925 II**, 64.

[2] S. J. Thannhauser u. W. Markowicz: Klin. Wschr. **4**, 2093—2099 (1925) — Chem. Zbl. **1926 I**, 713.

[3] L. Lemadte: Evolut. méd.-chir. **6**, 335—341 — Ber. Physiol. **38**, 272—273 — Chem. Zbl. **1927 I**, 1695.

[4] L. C. Maillard: Bull. Soc. Chim. biol. Paris **5**, 930—934 (1923) — Ber. Physiol. **26**, 380 (1924) — Chem. Zbl. **1924 II**, 2179.

[5] H. W. Smith: J. of biol. Chem. **81**, 727—741 — Chem. Zbl. **1929 II**, 323.

[6] J. Tillmans u. R. Otto: Z. Unters. Nahrgsmitt. usw. **47**, 25—37 — Chem. Zbl. **1924 I**, 2841.

[7] H. Delaunay: C. r. Soc. Biol. Paris **87**, 1091—1093 (1922) — Chem. Zbl. **1923 I**, 792.

[8] P. Rona u. E. Mislowitzer: Biochem. Z. **140**, 517—542 (1923) — Chem. Zbl. **1924 I**, 69.

[9] P. György u. H. Röthler: Biochem. Z. **173**, 334—347 — Chem. Zbl. **1926 II**, 1436.

[10] J. M. Luck, G. Morrison u. L. F. Wilbur: J. of biol. Chem. **77**, 151—156 — Chem. Zbl. **1928 II**, 905.

[11] V. C. Kiech u. J. M. Luck: J. of biol. Chem. **78**, 257—264 — Chem. Zbl. **1928 II**, 1455.

[12] F. Wyss: C. r. Acad. Sci. Paris **181**, 327—328 (1925) — Chem. Zbl. **1926 I**, 991.

[13] J. Born u. G. Ivanovics: Biochem. Z. **173**, 190—200 — Chem. Zbl. **1926 II**, 1869.

[14] E. Wiechmann: Z. exper. Med. **44**, 158—167 (1924) — Chem. Zbl. **1925 I**, 2580.

[15] Chr. N. J. Gram u. O. J. Nielsen: Biochem. Z. **201**, 369—390 (1928) — Chem. Zbl. **1929 I**, 1121.

[16] F. Bischoff, M. Sahyun u. M. L. Long: J. of biol. Chem. **81**, 325—349 — Chem. Zbl. **1929 I**, 2549.

Über die Aminosäureausscheidung des gesunden Menschen bei N-freier und kohlehydratreicher Kost, nach Verabreichung von Thyroxin berichten H. J. Deuel jr., J. Sandiford, K. Sandiford und W. M. Boothby[1].

Über die mögliche Bildung des Adrenalins im Organismus aus Aminosäuren berichtet D. J. Harries[2].

Von E. Abderhalden und E. Gellhorn[3] wurde der Einfluß von Aminosäuren auf die Adrenalinwirkung am Meerschweinchendickdarm untersucht. Konzentrationen von 1:25000—200000 steigerten die Adrenalinwirkung (Herabsetzung des Tonus und Lähmung der automatischen Kontraktionen). Die Wirkung war völlig reversibel. Weitere Versuche der Verfasser[4] am Herzen zeigten, daß die Adrenalinwirkung durch Aminosäuren bedeutend verstärkt wird, so daß sich die Schwellenkonzentration bis auf ca. $^1/_{10}$ des Normalwertes erniedrigt. Ebenso wird an der glatten Muskulatur des Magens und der Speiseröhre des Frosches eine Verstärkung bzw. Lähmung ausgelöst. Den Aminosäuren selbst kommt kein Einfluß auf die automatische Kontraktion der Herz-, Magen- und Speiseröhrenmuskulatur zu. Dabei bestehen zwischen den verschiedenen Komponenten der optisch aktiven Aminosäuren keine Unterschiede. Bei intraperitonealer Injektion wird durch Aminosäurezusatz bei der weißen Maus der Senkung der Temperatur verstärkt. Hierbei erweisen sich die natürlich vorkommenden Komponenten der optisch aktiven Aminosäuren besonders wirksam.

Nach Versuchen von E. Freudenberg und P. György[5] hemmen Aminosäuren die Kalkbindung an Knorpel und ebenso die Bindung von Ca an die Serumkolloide.

Während die Larven des Kabinettkäfers (Anthremus muscorum) nach E. Abderhalden[6] auf Seidenkokons und Seidenfäden gut gediehen, konnten sie sich auf einem Gemisch von verschiedenartigen Aminosäuren nicht entwickeln.

Über die Veränderung des Aminosäuregehaltes bei Roggenähren in verschiedenen Stadien der Reife berichtet A. Kiesel[7].

A. Toschtschewikowa[8] studierte das Verhältnis des Gesamt-N zum Amino-N bei der Keimung der Samen von Lathyrus sinensis L. und Dolochus melanophthalma D. C. im destillierten Wasser im Dunkeln, das erst zu-, später abnahm. Im wässerigen Auszug nahm der Amino-N während der Keimung ständig zu.

Nach S. L. Jodidi[9] findet bei der Keimung von Maissamen unter Lichtausschluß vom Keimungsbeginn bis zum 8. Tage eine Zunahme der Aminosäuren statt.

K. Mothes[10] bestimmte morgens und abends in Blättern neben anderen N-Verbindungen den Aminosäuregehalt.

In Sellerieblättern, die von Cercospora apii Fres. und Septoria apii Chester befallen sind, ist nach G. H. Coons und L. J. Klotz[11] der Aminosäuregehalt niedriger als in gesunden Blättern.

Beim Trocknen der Blätter der Feuerbohne bei niederer Temperatur nehmen nach A. Ch. Chibnall[12] infolge autolytischer Prozesse die in Wasser löslichen N-Verbindungen (NH_4-Salze, Aminosäuren und Asparagin) zu.

In den Stielen jüngster Blätter findet nach W. Ruhland und K. Wetzel[13] starke Eiweißsynthese unter Zufuhr von Aminosäuren aus dem Rhizom statt.

---

[1] H. J. Deuel jr., J. Sandiford, K. Sandiford u. W. M. Boothby: J. of biol. Chem. **76**, 391—406 — Chem. Zbl. **1928 II**, 167.

[2] D. J. Harries: Brit. med. J. **1923 I**, 1015—1016 — Chem. Zbl. **1923 III**, 1046.

[3] E. Abderhalden u. E. Gellhorn: Pflügers Arch. **206**, 154—161 (1924) — Chem. Zbl. **1925 I**, 550.

[4] E. Abderhalden u. E. Gellhorn: Pflügers Arch. **203**, 42—56 — Chem. Zbl. **1924 II**, 497.

[5] E. Freudenberg u. P. György: Biochem. Z. **124**, 299—310 (1921) — Chem. Zbl. **1922 I**, 433.

[6] E. Abderhalden: Hoppe-Seylers Z. **142**, 189—190 — Chem. Zbl. **1925 I**, 2020.

[7] A. Kiesel: Hoppe-Seylers Z. **135**, 61—83 — Chem. Zbl. **1924 II**, 193.

[8] A. Toschtschewikowa: Bull. l'Univ. l'Asie centrale (Tachkent) **7**, 43—45 (1924) — Chem. Zbl. **1926 I**, 1424.

[9] S. L. Jodidi: J. agricult. Res. **31**, 1149—1164 (1925) — Chem. Zbl. **1926 I**, 2710.

[10] K. Mothes: Planta (Berl.) **1**, 317—320 — Ber. Physiol. **32**, 526—527 (1925) — Chem. Zbl. **1926 I**, 2482.

[11] G. H. Coons u. L. J. Klotz: J. agricult. Res. **31**, 287—299 (1925) — Chem. Zbl. **1926 I**, 1476.

[12] A. Ch. Chibnall: Biochemic. J. **16**, 599—607 (1922) — Chem. Zbl. **1923 I**, 1599.

[13] W. Ruhland u. K. Wetzel: Planta (Berl.) **3**, 765—769 (1927) — Chem. Zbl. **1928 II**, 1222.

Nach Versuchen von W. Thomas[1] findet die Reduktion der Nitrate zu Aminosäuren bei mit $NaNO_3$ gedüngten Apfelbäumen während der ganzen Vegetationsperiode ausschließlich in den feinen Wurzeln statt.

Nach E. F. Terroine, S. Trautmann, R. Bonnet und R. Jacquot[2] findet sich bei der Desamidierung, selbst wenn verschiedene Aminosäuren als N-Quelle für Schimmelpilze verwendet wurden, doch ein annähernd konstanter Wert für die Energieproduktion.

Nach G. Klein, A. Eigner und H. Müller[3] führt die Nitratassimilation bei Pilzen (Aspergillus niger) wie bei grünen Pflanzen über NO_2 und NH_3 zur Aminosäure. Beim Warburgschen Nitratgemisch werden nur NH_3 und Aminosäuren gefunden. KCN, Phenylurethan oder anaerobe Bedingungen sind ohne Einfluß auf dieses Ergebnis. Ebenso treten unter alkalischen Kulturbedingungen NH_3 und Aminosäuren auf, in geringer Menge auch Nitrit. Nach den Verfassern findet die Reduktion vom Nitrat bis zur Aminosäure im Außenmedium statt.

E. F. Terroine, S. Trautmann, R. Bonnet und R. Jacquot[4] untersuchten von Sterigmatocystis nigra und Aspergillus orycae den quantitativen Energiestoffwechsel und stellten fest, daß Aminosäuren wie Proteine, als einziger organischer Nahrungsstoff gegeben, von den Pilzen zu 39% ausgenutzt wurden.

Nach W. Vorbrodt[5] wird im Mycelium von Aspergillus niger der mineralische N zunächst hauptsächlich zur Bildung von Aminosäuren verwendet, aus denen sich dann die Polypeptide aufbauen.

Nach S. Kostytschew und W. Tschesnokow[6] wird die vom Aspergillus niger gebildete Citronensäure zum Aufbau von Aminosäuren gebraucht.

D. Tits[7] studierte die Wirkung von Aminosäuren auf die Keimung von Phycomyces nitans Kunze und Schmidt.

Bei Züchtung von Pilzen (Phycomyces nitans, Acremonium, Diplocladium, Penicillium multicolor, Botrydis cinerea, Amblyosporium und Trichothetium) auf Gemischen von Aminosäuren, die kein Arginin enthalten, wird nach N. Iwanow[8] trotz guter Mycelbildung kein Harnstoff gebildet.

Über die Verwendung von Aminosäuren als N-Quelle für Penicillium arenarium nov. spec. berichten W. Schaposchnikow und A. Manteufel[9].

Die gegenüber Mehltau empfindlicheren Gattungen von Oenothera hatten im Gegensatz zu den resistenten Gruppen nach J. M. Marañon[10] einen erhöhten Aminosäuregehalt.

T. Akaghi, I. Nakajima und K. Tsugane[11] untersuchten bei der Herstellung von Hatsucho-Miso während der Reife mittels Schimmelpilzen die Aminosäurebildung und den Zusammenhang zwischen Aminosäuregehalt und dem Geschmack des gewonnenen Produktes.

Ebenso wird von T. Takahashi[12] in der Gärungsflüssigkeit des Koji-Extraktes durch Gärung mittels Willia anomala I, II, III und IV der Aminosäuregehalt bestimmt. Nach Verfasser wird das schmackhafteste Getränk durch Abart I erhalten, die die geringste Aminosäuremenge bildet, so daß das Getränk um so besser ist, je weniger Aminosäuren es enthält. Ferner wird beobachtet, daß bei fortschreitender Reife eine bemerkenswerte Zunahme an Aminosäuren stattfindet.

---

[1] W. Thomas: Science **66**, 115—116 — Chem. Zbl. **1927 II**, 1711.

[2] E. F. Terroine, S. Trautmann, R. Bonnet u. R. Jacquot: C. r. Acad. Sci. Paris **178**, 1488—1491 — Chem. Zbl. **1924 II**, 2762.

[3] G. Klein, A. Eigner u. H. Müller: Hoppe-Seylers Z. **159**, 201—234 (1926) — Chem. Zbl. **1927 I**, 302.

[4] E. F. Terroine, S. Trautmann, R. Bonnet u. R. Jacquot: Bull. Soc. Chim. biol. Paris **7**, 351—379 — Chem. Zbl. **1925 II**, 666.

[5] W. Vorbrodt: Bull. Acad. Pol. Sci. Lettres, Serie B **1927** (17 Seiten sep.) — Chem. Zbl. **1927 I**, 3011.

[6] S. Kostytschew u. W. Tschesnokow: Z. Biol., Planta (Berl.), Arch. wiss. Bot. **4**, 181—200 (1927) — Chem. Zbl. **1928 II**, 1452.

[7] D. Tits: Bull. Acad. Méd. Belg. [5] **12**, 545—555 (1926) — Chem. Zbl. **1927 I**, 1326.

[8] N. Iwanow: Biochem. Z. **162**, 425—440 (1925) — Chem. Zbl. **1926 I**, 702.

[9] W. Schaposchnikow u. A. Manteufel: Trans. scient. chem. pharmac. Inst. Moskau (russ.) **1923**, Nr. 5, 3—27 — Chem. Zbl. **1927 II**, 1712.

[10] J. M. Marañon: Philippine J. Sci. **24**, 369—441 — Chem. Zbl. **1924 II**, 2762.

[11] T. Akaghi, I. Nakajima u. K. Tsugane: J. Coll. Agric. Tokyo **5**, 263—269 (1924) — Chem. Zbl. **1925 I**, 1024.

[12] T. Takahashi: J. Coll. Agric. Tokyo **5**, 283—286 (1924) — Chem. Zbl. **1925 I**, 1024.

Th. Bokorny[1] berichtet über die Verwendung von Aminosäuren als C- und N- Quellen zur Ernährung von Algen und Pilzen (Hefen).

Über den Amino-N-Gehalt von Hefezellen vor, während und nach der Gärung berichten H. v. Euler und H. Fink[2].

Versuche von R. Baestle[3] über die das Hefewachstum anregenden Substanzen ergaben, daß Vitamine und Aminosäuren nicht nur das Wachstum, sondern auch die Gärkraft der Hefe fördern, ohne die Vermehrung zu verringern. Verfasser untersuchte noch speziell die Wirkung eines Aminosäure-, Vitamin- oder eines kombinierten Zusatzes beider Substanzen bei der Lüftung und verschieden starken Aussaat auf Gärung, Wachstum und Hefenernte.

Nach S. Kostytschew und W. Brilliant[4] findet in Hefeautolysaten in 0,33 proz. Essigsäure nach Neutralisation mit $(NH_4)_2CO_3$ oder Na_2CO_3 und Zusatz von Glucose oder Saccharose nach einiger Zeit eine Zunahme des Protein-N statt, wobei der Aminosäure-N der Lösung abnimmt. Der Prozeß soll nicht fermentativer Natur sein, was durch Versuche bestätigt wird, nach denen Aminosäuren mit Glucose und $(NH_4)_2CO_3$ unter Bildung von Substanzen reagieren, die durch $Cu(OH)_2$ gefällt werden.

Nach Versuchen von N. Iwanow[5] sinkt bei Zugabe von K_2HPO_4 oder NaOH zum Autolysensaft der Hefe der Amino-N. Ebenso wird der Amino-N durch Glucosezusatz um ein Vielfaches vermindert. Lactose, Glycerin und Seignettesalz vermögen die Glucose nicht zu ersetzen. Mit Gliadin und Takadiastase findet derselbe Vorgang statt.

Bei der Einwirkung von Hefeautolysat auf Zucker entstehen nach S. Kostytschew und W. Brilliant[6] in großen Mengen N-haltige Stoffe durch Vereinigung der Zucker mit Aminosäuren, wobei nur die Aldosen reaktionsfähig sind. Diese Verbindungen aus Aminosäuren und Zuckern vereinigen sich auch spontan bei schwach alkalischer Reaktion. Bei Zerlegung der Cu-Verbindung wird der Zucker regeneriert, während die Aminosäuren tiefgreifend verändert werden.

Über den Einfluß von Aminosäuren auf die Bildung von l-Apfelsäure aus β-Oxyglutaminsäure durch Hefegärung berichtet H. D. Dakin[7].

C. Neuberg und M. Kobel[8] berichten über Reaktionen einzelner Zuckerarten mit verschiedenen Aminosäuren. Weiterhin teilen sie mit, daß Gemische von Aminosäuren und Zucker schneller als Zucker allein vergären.

Bei der Aufarbeitung von Macerationssäften von Kuhmilchdrüsen wurden von E. Hesse[9] an wohldefinierten Produkten nur Aminosäuren isoliert. Anscheinend wird die Bildung der Maltose durch die Aminosäuren katalytisch beeinflußt, oder der Prozeß der Milchzuckerbildung wird so verlangsamt, daß die Zwischenstufe, die Maltose, faßbar wird.

Der Zuckerverbrauch von Paramäcien wird nach W. E. Burge, G. C. Wickwire, A. M. Estes und M. Williams[10] durch Zusatz von optisch inaktiven Aminosäuren nicht verändert, dagegen durch Zusatz optisch aktiver Säuren erhöht. Weitere Versuche der Verfasser[11] ergaben, daß tierische Zellen (Paramäcien) stärker ansprechen als pflanzliche (Spirogyra).

Nach Versuchen von F. E. Emery[12] nützte Paramaecium caudatum Aminosäuren aus, wobei die Ausnützung mit zunehmender Temperatur (bis 32°) stieg. Untersucht wurden 14 verschiedene Aminosäuren und deren Gemische.

L. Bleyer[13] untersuchte die Abhängigkeit der Zunahme an Amino-N bei der Zersetzung einiger Nährsubstrate durch Bakterienkulturen von der Pufferung des Substrates.

---

[1] Th. Bokorny: Allgem. Brauer- u. Hopfenztg. **65**, 191—192 — Chem. Zbl. **1925 I**, 2314.

[2] H. v. Euler u. H. Fink: Hoppe-Seylers Z. **157**, 222—262 — Chem. Zbl. **1926 II**, 2447.

[3] R. Baestle: Wschr. Brauerei **41**, 251—253 (1924) — Chem. Zbl. **1925 I**, 778.

[4] S. Kostytschew u. W. Brilliant: Bull. Acad. St. Pétersbourg [6], 953—970 (1916) — Chem. Zbl. **1925 I**, 2702.

[5] N. Iwanow: Bull. Acad. St. Pétersbourg [6] 971—992 (1916) — Chem. Zbl. **1925 I**, 2702.

[6] S. Kostytschew u. W. Brilliant: Hoppe-Seylers Z. **127**, 224—233 — Chem. Zbl. **1923 III**, 318.

[7] H. D. Dakin: J. of biol. Chem. **61**, 139—145 — Chem. Zbl. **1924 II**, 2058.

[8] C. Neuberg u. M. Kobel: Biochem. Z. **174**, 464—479 — Chem. Zbl. **1926 II**, 3059 — Biochem. Z. **182**, 273—284 — Chem. Zbl. **1927 I**, 2562.

[9] E. Hesse: Biochem. Z. **138**, 441—460 — Chem. Zbl. **1923 III**, 957.

[10] W. E. Burge, G. C. Wickwire, A. M. Estes u. M. Williams: J. of biol. Chem. **74**, 235 bis 239 — Chem. Zbl. **1927 II**, 2325.

[11] W. E. Burge, G. C. Wickwire, A. M. Estes u. M. Williams: Botanic. Gazette **85**, 344 bis 347 — Chem. Zbl. **1928 II**, 160.

[12] F. E. Emery: J. Morph. a. Physiol. **45**, 555—577 (1928) — Chem. Zbl. **1929 II**, 2689.

[13] L. Bleyer: Biochem. Z. **157**, 220—228 — Chem. Zbl. **1925 II**, 308.

Über die Verwertbarkeit von Aminosäuren als N-Quelle von säurefesten Bakterien berichtet S. Kondo[1].

J. Hirsch[2] studierte den Stoffwechsel von Vibrio cholerae auf Aminosäure- bzw. Peptonlösungen unter aeroben und anaeroben Bedingungen. Die Bedeutung der Aminosäuren für das Wachstum der Vibrionen liegt bei Gegenwart von Zucker hauptsächlich in ihrer Rolle als N-Quelle.

Micrococcus ovalis, der sich im Darm gesunder Säuglinge und im Duodenalinhalt Erwachsener findet, bildet nach A. J. Kendall und R. C. Haner[3] weder Aminosäuren noch Indol.

Über die Abspaltung der Aminosäuren aus Gallensäuren im Organismus der Maus in der Leber und Milz durch Darmbakterien berichten F. Rosenthal, L. Wislicki und H. Pommernelle[4].

Nach A. Adam[5] sind die aliphatischen Aminosäuren für das Wachstum des Bacillus bifidus schädlich.

Beim Studium über das Wachstum von Bacillus botulinus, Bac. sporogonus und Bac. tetani zeigt letzterer nach C. Wagner, C. C. Dozier und K. F. Meyer[6] eine geringere Anhäufung von Aminosäure-N als die anderen. Bei Untersuchung von Wachstum und Toxinbildung des Bacillus botulinus auf N-reichen Nährböden mit und ohne Glucose nimmt nach den Verfassern[7] in beiden Medien der Aminosäure-N zu. Im Nährboden mit Glucose ist die Zunahme nach 96 Stunden stärker.

Über die Anhäufung protaminophager Bakterien mittels Aminosäuren und über den aeroben Abbau der Aminosäuren durch diese Bakterien berichtet L. E. den D. de Yong[8].

Nach J. Supniewski[9] werden vom Bacillus pyocyaneus cyclische wie aliphatische Aminosäuren abgebaut. Zuerst wird die Carboxylgruppe zerstört und NH_3 gebildet.

Auf einer Abkochung der Samen von Lupinus albus mit Zusatz von Aminosäuren entwickelt nach C. Gessard[10] Bacillus pyocyaneus einen unbestimmten schwachen und erst spät auftretenden Geruch.

Nach A. Goris und A. Liot[11] wird das Wachstum des Bacillus pyocyaneus und die Bildung des Pyocyanins verhindert, wenn die Aminogruppe der Aminosäure an eine Mineralsäure gebunden ist. Weiterhin ist es sehr wahrscheinlich, daß der Aminosäure-N erst nach Umwandlung in NH_3 wirksam ist.

Über die Bildung von Katalase und Peroxydase durch Bacillus coli in verschiedenen Medien: Bouillonkulturen mit Luftzutritt, ohne Luftzutritt, Kulturen in synthetischen Medien mit und ohne Luftzutritt berichten O. Fernández und T. Garméndia[12]. Ferner wurde die Menge Ammoniak bestimmt, die der Bacillus aus den Aminosäuren frei macht. Es findet sowohl bei Luftausschluß wie bei Luftzutritt Zersetzung statt, doch handelt es sich stets nur um Zehntelmilligramm.

Colibacillen bilden durch Zersetzung von l-Cystein in Gegenwart von Zucker und Aminosäuren nach H. Yaoi[13] Mercaptan.

Nach M. Kondo[14] bildet Proteus vulgaris aus l-Cystin in Gegenwart von Aminosäuren kein Mercaptan.

---

[1] S. Kondo: Biochem. Z. **153**, 302—312 (1924) — Chem. Zbl. **1925 I**, 683.
[2] J. Hirsch: Z. Hyg. **109**, 387—409 (1928) — Chem. Zbl. **1929 I**, 1360.
[3] A. J. Kendall u. R. C. Haner: J. inf. Dis. **35**, 67—76 — Ber. Physiol. **28**, 473 (1924) — Chem. Zbl. **1925 I**, 1089.
[4] F. Rosenthal, L. Wislicki u. H. Pommernelle: Arch. f. exper. Path. **122**, 159—183 — Chem. Zbl. **1927 II**, 1369.
[5] A. Adam: Z. Kinderheilk. **31**, 331—366 (1922) — Ber. Physiol. **17**, 535 — Chem. Zbl. **1923 III**, 501.
[6] C. Wagner, C. C. Dozier u. K. F. Meyer: J. inf. Dis. **34**, 63—84 — Ber. Physiol. **25**, 248 — Chem. Zbl. **1924 II**, 1356.
[7] C. Wagner, C. C. Dozier u. K. F. Meyer: J. inf. Dis. **34**, 85—102 — Ber. Physiol. **25**, 249 — Chem. Zbl. **1924 II**, 1356.
[8] L. E. den D. de Yong: Zbl. Bakter. II **71**, 193—232 (1927) — Chem. Zbl. **1928 II**, 361.
[9] J. Supniewski: Biochem. Z. **146**, 522—535 — Chem. Zbl. **1924 II**, 682.
[10] C. Gessard: C. r. Acad. Sci. Paris **178**, 1857—1859 — Chem. Zbl. **1924 II**, 851.
[11] A. Goris u. A. Liot: C. r. Acad. Sci. Paris **176**, 191—193 — Chem. Zbl. **1923 III**, 631.
[12] O. Fernández u. T. Garméndia: An. Soc. espanola Fis. Quim. **21**, 166—180 — Chem. Zbl. **1923 III**, 1416.
[13] H. Yaoi: Jap. med. World **6**, 139—144 (1926) — Ber. Physiol. **39**, 133 — Chem. Zbl. **1927 II**, 270.
[14] M. Kondo: Biochem. Z. **136**, 198—202 — Chem. Zbl. **1923 III**, 788.

Über die Abhängigkeit von Säurebildung und Abnahme der Aminosäuren in Streptococcus hämolyticus-Kulturen und über den Unterschied zwischen Passagestämmen und Laboratoriumskulturen in Serumzuckerbouillon, der darin besteht, daß jene deutliche Abnahme der Aminosäurebildung bei gesteigerter NH_3-Ausscheidung und diese Abnahme beider zeigen, berichtet L. F. Foster[1].

Über die Bildung von Aminosäuren durch nichthämolytische Streptokokken, aber nicht durch hämolytische Streptokokken berichtet B. Langwill[2].

Über die Zunahme des NH_2-N in Milch durch Proteolyse wachsender Kulturen von Streptococcus lactis berichten L. T. Anderegg und B. W. Hammer[3].

Nach Ch. Barthel und W. Sadler[4] wird durch „Starters" aus Casein mehr Aminosäure-N gebildet als durch Reinkulturen von Milchsäurebakterien aus der Streptokokkengruppe.

Nach F. Reader[5] können in künstlichen Nährböden für Sarcina arantiaca, Streptothrix corallinus und weißer Streptothrix Aminosäuren als N-Quelle NH_3 nicht ersetzen, wohl aber können sie in gleicher Konzentration wie Glucose diese als C-Quelle vertreten.

Über den Einfluß von Aminosäuren auf das Wachstum empfindlicher Bakterien (Strepto- und Pneumokokken, Diphtheriebacillen) und über die Wirkung des Serums gegenüber dem Einfluß von Aminosäuren berichtet J. Gordon[6].

Nach A. Lwoff und N. Roukhelman[7] wird der durch tryptische Wirkung der Infusorien aus Wittepepton entstehende Aminosäure-N von den Bakterien teilweise absorbiert. In abiuretem Milieu nimmt der Amino-N sogleich ab, um erst mit beginnender Autolyse zu steigen.

Nach S. Kostytschew, A. Ryskaltschuk und O. Schwezowa[8] werden von Acobacter agile Aminosäuren in Gegenwart von Zuckern nicht desaminiert.

Über die Bildung von Amino-N bei der Gärung von Weizen, Gerste, Hafer, Reis, Bohnen, Ryegras, Gemischen von Stärke mit Casein, Gehirn und Eiern durch Bacillus granulobacter pectinovorum berichten H. L. Fulton, W. H. Peterson und E. B. Fred[9]. Der Anteil des Amino-N schwankt zwischen 7—18%.

Über die Aminosäurebildung im Verhältnis zur Proteinbildung durch Kulturen des Bacillus granulobacter pectinovorum in Aufschlämmungen von Maismehl berichten W. H. Peterson, E. B. Fred und B. P. Domogalla[10].

In der 1. Periode des Wachstums von Bacillus granulobacter pectinovorum in Maische findet nach H. B. Speakman[11] keine Desamidierung statt. Ebenso wächst der Bacillus mit Aminosäuren als einziger N-Quelle nicht. In der 2. Periode findet Desamidierung statt.

Nach E. E. Ecker und J. L. Morris[12] hemmen Aminosäuren die Ausnützung der Harnsäure durch Aerobacter aerogenes.

S. A. Waksman und S. Lomanitz[13] untersuchten die Verwertung von Aminosäuren durch die Pilze Trichoderma koningi und Zygorhynchus molleri, durch Bacillus cereus und fluorescens und Actinomyces viridochro mogenus (Krachinski).

Über das Auftreten von Aminosäuren bei der Lyse berichten H. Stassano und A. C. de Beaufort[14].

---

[1] L. F. Foster: J. Bacter. **6**, 211—237 (1921) — Ber. Physiol. **12**, 138—139 — Chem. Zbl. **1922 III**, 65.

[2] B. Langwill: J. Bacter. **9**, 79—94 — Ber. Physiol. **26**, 143 — Chem. Zbl. **1924 II**, 1810.

[3] L. T. Anderegg u. B. W. Hammer: J. Dairy Sci. **12**, 114—128 — Chem. Zbl. **1929 II**, 314.

[4] Ch. Barthel u. W. Sadler: Trans. roy. Soc. Canada [3] 22. Sect. **5**, 233—235 (1928) — Chem. Zbl. **1929 II**, 178.

[5] F. Reader: Biochem. J. **21**, 901—907 — Chem. Zbl. **1927 II**, 2463.

[6] J. Gordon: J. of Path. **27**, 123—124 — Ber. Physiol. **25**, 112 — Chem. Zbl. **1924 II**, 994.

[7] A. Lwoff u. N. Roukhelman: C. r. Acad. Sci. Paris **183**, 156—158 — Chem. Zbl. **1926 II**, 1537.

[8] S. Kostytschew, A. Ryskaltschuk u. O. Schwezowa: Hoppe-Seylers Z. **154**, 1—17 — Chem. Zbl. **1926 II**, 775.

[9] H. L. Fulton, W. H. Peterson u. E. B. Fred: Zbl. Bakter. II **67**, 1—11 — Chem. Zbl. **1926 II**, 442.

[10] W. H. Peterson, E. B. Fred u. B. P. Domogalla: J. amer. chem. Soc. **46**, 2086—2090 — Chem. Zbl. **1924 II**, 2271.

[11] H. B. Speakman: J. of biol. Chem. **70**, 135—150 (1926) — Chem. Zbl. **1927 I**, 305.

[12] E. E. Ecker u. J. L. Morris: J. inf. Dis. **35**, 479—488 (1924) — Ber. Physiol. **30**, 322 — Chem. Zbl. **1925 II**, 930.

[13] S. A. Waksman u. S. Lomanitz: J. agricult. Res. **30**, 263—281 — Chem. Zbl. **1925 II**, 731.

[14] H. Stassano u. A. C. de Beaufort: C. r. Soc. Biol. **93**, 1380—1382 (1925) — Chem. Zbl. **1926 I**, 1666.

Über den Ersatz des Asparagins in synthetischen Nährböden für Tuberkelbacillen durch Aminosäuregemische und durch partiell tryptisch hydrolysiertes Fleisch berichtet L. Boez[1].

H. Braun und C. E. Cahn-Bronner[2] untersuchten die Ausnutzbarkeit einiger Aminosäuren für sich und im Gemisch mit Milchsäure durch Gas bildende und gaslose Paratyphus-B-, Gärtner-, NH_3 assimilierende und NH_3 nichtassimilierende Typhusbacillen.

Aminosäuren können nach S. Kondo[3] als N-Quelle für Tuberkelbacillen des Typus humanus und bovinus dienen, wenn eine weitere C-Quelle zugegen ist. Glycerin ist meist günstiger als Acetat. Zwischen den einzelnen Stämmen bestehen aber erhebliche individuelle Unterschiede.

Über die Desaminierung von Aminosäuren durch aerobe oder anaerobe Bakterien berichten R. P. Cook und P. Woolf[4].

H. Glinka-Tschernorntzky[5] berichtet über die Spaltung des Eiweißes durch Bact. mycoides zu Ammoniak und Aminosäuren. Die Verfasserin[6] bestimmte weiterhin den Anstieg des NH_2-N bei Züchtung der Bakterien auf Peptonnährböden im Kulturfiltrat und in den Bakterienleibern, wobei vom 8. bis 15. Tag ein Anstieg des NH_2-N stattfand.

Über die Fetthärtung durch wasserstofferzeugende Bakterien unter Zusatz von geringen Mengen Aminosäuren berichtet R. v. d. Heyde[7].

Über den Einfluß der Aminosäuren auf die Wirkung (Hemmung oder Förderung der Substratspaltung) von Fermenten bzw. Fermentsystemen berichten A. Fodor, L. Frankenthal und S. Kuk[8].

Aminosäure-Piperazin-Verbindungen werden nach E. Abderhalden und E. Roßner[9] nicht durch Fermente angegriffen.

Von B. Lustig[10] wurden im Dialysat von Casein, Serumalbumin und -globulin bei Trypsineinwirkung gleich zu Anfang größere Mengen von Aminosäuren nachgewiesen.

A. Hunter und R. G. Smith[11] vergleichen den Zuwachs von Amino-N mit dem von NH_3 bei der tryptischen Verdauung von Casein, Gliadin und Wittepepton.

Bei der Spaltung von Casein oder Kuhmilch durch Anwendung von Serumproteasen ist nach S. Kimura[12] die Zunahme an Monoaminosäure- und Albumosen-N größer als bei Anwendung von anderen Fermenten.

Nach K. Oshima[13] ist die durch die Protease des Aspergillus oryzae aus Proteinen gebildete Aminosäuremenge ebenso groß wie die durch Trypsin gebildete Menge.

A. Hunter[14] untersuchte den Verlauf der tryptischen Eiweißverdauung mittels der Butylalkoholextraktionsmethode. Der Butylalkoholextrakt zeigte steigende Mengen von Monoaminocarbonsäuren.

E. Abderhalden, E. Rindtorff und A. Schmitz[15] untersuchten den Einfluß von α- und β-Aminosäuren und Aminen auf die Spaltbarkeit von Leucylglycin, Glycylleucin bzw. Benzoyl-leucylglycin und Phenylisocyanat-glycylleucin durch Erepsin bzw. durch Trypsin. Die Aminosäuren hemmen bei allen Substraten die Spaltbarkeit stärker als die Amine.

Nach M. Loeper, J. Decourt und A. Lesure[16] sind die Quelle der Aminosäurebildung in Pleuraergüssen proteolytische Vorgänge im Exsudat, die in septischen Fällen auf die Tätig-

---

[1] L. Boez: Ann. Inst. Pasteur **40**, 746—754 — Chem. Zbl. **1926 II**, 2187.
[2] H. Braun u. C. E. Cahn-Bronner: Biochem. Z. **131**, 226—271 (1922) — Chem. Zbl. **1923 I**, 965.
[3] S. Kondo: Biochem. Z. **155**, 148—158 — Chem. Zbl. **1925 I**, 2495.
[4] R. P. Cook u. P. Woolf: Biochemic. J. **22**, 474—481 — Chem. Zbl. **1928 II**, 1579.
[5] H. Glinka-Tschernorntzky: Biochem. Z. **206**, 301—307 — Chem. Zbl. **1929 II**, 178.
[6] H. Glinka-Tschernorntzky: Biochem. Z. **206**, 308—313 — Chem. Zbl. **1929 II**, 178.
[7] R. v. d. Heyde: D.R.P. 482919 v. 17. Juni 1926, ausg. 23. Sept. 1929; Chem. Zbl. **1929 II**, 2843.
[8] A. Fodor, L. Frankenthal u. S. Kuk: Fermentforschg **10**, 274—301 (1928) — Chem. Zbl. **1929 I**, 2322.
[9] E. Abderhalden u. E. Roßner: Hoppe-Seylers Z. **144**, 219—233 — Chem. Zbl. **1925 II**, 922.
[10] B. Lustig: Biochem. Z. **169**, 139—148 — Chem. Zbl. **1926 I**, 3241.
[11] A. Hunter u. R. G. Smith: J. of biol. Chem. **62**, 649—665 — Chem. Zbl. **1925 I**, 1757.
[12] S. Kimura: Tôhoku J. exper. Med. **4**, 671—675 — Ber. Physiol. **27**, 444 (1924) — Chem. Zbl. **1925 I**, 1614.
[13] K. Oshima: J. Coll Agricult. **19**, 135—244 (1928) — Chem. Zbl. **1929 II**, 436.
[14] A. Hunter: Trans. roy. Soc. Canada (III) **16**, V, 71—74 (1922) — Chem. Zbl. **1923 III**, 1239.
[15] E. Abderhalden, E. Rindtorff u. A. Schmitz: Fermentforschg **10**, 233—250 (1928) — Chem. Zbl. **1929 I**, 2320.
[16] M. Loeper, J. Decourt u. A. Lesure: C. r. Soc. Biol. Paris **93**, 1348—1349 (1925) — Chem. Zbl. **1926 I**, 1837.

keit der Mikroben und leukocytären Fermente, in aseptischen Fällen auf die Fermente der Leukocyten wie des Exsudates selbst ausgelöst werden.

Nach Versuchen von Y. Uwatoko[1] wird bei der Einwirkung von Pepsin + HCl auf Casein kein Amino-N gebildet.

H. Steudel, J. Elinghaus und A. Gottschalk[2] untersuchten die Einwirkung von Pepsin auf Fibrin, Edestin und Vitellin. Sie bestimmten das Verhältnis des Zuwachses an Carboxylgruppen zum Zuwachs des Amino-N.

E. W. Rockwood und W. J. Husa[3] untersuchten die aktivierende Wirkung von Aminosäuren auf die Urease und kamen zu folgenden Ergebnissen: α-Aminosäuren sind gute, β-Aminosäuren schwache Aktivatoren, während γ-Aminosäuren ohne Einfluß sind. Ersatz eines H-Atoms der Aminogruppe von α-Aminosäuren durch Benzoyl oder Veresterung der Carboxylgruppe vermindert nicht die Aktivatorwirkung. Einführung einer 2. Carboxylgruppe (evtl. einer 2. Aminogruppe) erhöht dagegen diese Wirkung, während weitere Amino- oder Carboxylgruppen anscheinend ohne Einfluß sind. Verlängerung der C-Kette schwächt die Wirkung ab. Optische Isomeren zeigen keinen Unterschied. α-Aminosäuren mit N-haltigem Ring wirken durchschnittlich etwas stärker als einfache Aminosäuren. Die beschriebene Wirkung kann als Nachweis für die α-Stellung der Amino- oder Carboxylgruppe dienen. Ein Teil der Wirkung eines Enzyms beruht also nach den Verfassern auf der Aktivierung durch die α-Aminosäuren. Weitere Versuche von W. J. Husa[4] bestätigten frühere Versuche über den Einfluß von Aminosäuren auf die Aktivität von Urease. So betrug der Einfluß von α-Aminosäuren 20%, von β-Aminosäuren 3%, während γ-Aminosäuren negativ wirkten.

In Gegenwart von Aminosäuren wird nach D. Okuyama[5] die anaerobe Oxydation von Phenolen durch Tyrosinase beschleunigt.

In dem System p-Kresol + Aminosäure + Tyrosinase (aus Lactarius vellereus und aus Mehlwurm) wirkt nach R. A. McCance[6] und M. E. Robinson und R. A. McCance[7] die Aminosäure als Co-Enzym für die Oxydation des Phenols. Die Aminosäure wird dabei nicht desaminiert. Ferner wird festgestellt, daß die spontane Oxydation von Phenolen allein oder in Gegenwart von Aminosäuren durch KCN nicht beeinflußt wird, daß aber $1/500$ n-KCN die aerobe und anaerobe Wirkung der Tyrosinase verhindert.

F. Ch. Happold und H. St. Rapper[8] finden im Gegensatz zu dem Befunde von Schodat und Schweitzer[8], daß bei der Einwirkung von Kartoffeltyrosinase auf Aminosäuren weder NH_3 gebildet noch der Amino-N vermindert wird, noch Adsorption von O_2 stattfindet.

Nach H. C. Sherman, M. L. Caldwell und N. M. Naylor[9] schützt Aminosäurezusatz zu einer Pankreasamylaselösung in reinem Wasser diese vor Inaktivierung durch längeres Stehen oder durch Temperaturerhöhung.

Über den Einfluß von Aminosäuren auf die pankreaslipatische Spaltung von Tributyrin berichtet R. Karasawa[10]. In Gegenwart von Aminosäuren steigert Gallensäure die Pankreaslipasewirkung stärker als Gallensäure allein.

A. Heiduschka und E. Komm[11] untersuchten die Beziehungen zwischen Konstitution und Geschmack von α-Aminosäuren. Weiterhin untersuchten die Verfasser[12] die Abhängigkeit des Süßungsgrades von der Konzentration der Aminosäuren.

Über die Verwendung eines Komplexes, dessen Kationen aus Na, Ca und dessen Anionen aus Aminosäuren und Ameisensäuren bestehen, als Geschmackskorrigens („Hosal") bei salz-

---

[1] Y. Uwatoko: Hoppe-Seylers Z. **139**, 76—81 — Chem. Zbl. **1924 II**, 2595.

[2] H. Steudel, J. Elinghaus u. A. Gottschalk: Hoppe-Seylers Z. **154**, 198—202 — Chem. Zbl. **1926 II**, 1429.

[3] E. W. Rockwood u. W. J. Husa: J. amer. chem. Soc. **45**, 2678—2689 (1923) — Chem. Zbl. **1924 I**, 783.

[4] W. J. Husa: J. amer. chem. Soc. **48**, 3199—3201 (1926) — Chem. Zbl. **1927 I**, 1028.

[5] D. Okuyama: J. of Biochem. **10**, 463—479 — Chem. Zbl. **1929 II**, 2054.

[6] R. A. McCance: Biochemic. J. **19**, 1022—1031 (1925) — Chem. Zbl. **1926 I**, 3064.

[7] M. E. Robinson u. R. A. McCance: Biochemic. J. **19**, 251—256 — Chem. Zbl. **1925 II**, 406.

[8] F. Ch. Happold u. H. St. Rapper: Biochemic. J. **19**, 92—100 — Chem. Zbl. **1925 I**, 2451 — Chem. Zbl. **1913 I**, 1354.

[9] H. C. Sherman, M. L. Caldwell u. N. M. Naylor: J. amer. chem. Soc. **47**, 1702—1709 — Chem. Zbl. **1925 II**, 1989.

[10] R. Karasawa: J. of Biochem. **7**, 117—127 — Chem. Zbl. **1927 II**, 280.

[11] A. Heiduschka u. E. Komm: Z. angew. Chem. **38**, 291—294 — Chem. Zbl. **1925 I**, 2302.

[12] A. Heiduschka u. E. Komm: Z. angew. Chem. **38**, 941—945 (1925) — Chem. Zbl. **1926 I**, 880.

armer bzw. -freier Kost berichtet O. Heß[1]. Über die Herstellung weiterer Gewürzsalze durch Mischen von Aminosäuren mit Halogenwasserstoffsalzen (z. B. KCl) berichten Chemisch-Pharmazeutische A. G. und A. Liebrecht[2].

H. Riffart[3] bestimmte mittels der von ihm angegebenen Aminosäurebestimmung mit Ninhydrin den Aminosäuregehalt von Fleisch, Milch, Eipulver und von daraus hergestellten Präparaten. Die vorherige Entfernung des NH_3 ist nötig.

L. W. Ferris[4] untersuchte den Amino-N- + NH_3-N-Gehalt von alternder Butter und Rahm.

Über die Adsorption von Aminosäuren durch rote Blutkörperchen von Rind oder Pferd, in physiologischer NaCl-Lösung suspendiert, berichten E. Abderhalden und H. Kürten[5].

H. Häusler[6] stellte fest, daß die Aminosäureverteilung zwischen Erythrocyten und Plasma im NaF-Blut die gleiche wie im Paraffinblut ist. Dem Blut zugeführte Aminosäuren werden noch nach 2 Stunden bei 37° quantitativ wiedergefunden, verschwinden aber teilweise aus dem Flüssigkeitssystem zugunsten der Körperchen. Dem Plasma zugeführte Aminosäuren werden durch die Erythrocyten von Mensch und Rind in gleichen, mit steigender Konzentration steigenden Mengen aufgenommen. Die Kurve der Aufnahmewerte entspricht einer Adsorptionskurve. Nach 1 Stunde steht sie in nahezu linearem Verhältnis zur angebotenen Konzentration. Für aufgenommenen Aminosäure-N geben die Erythrocyten nicht Aminosäure-Rest-N in entsprechender Menge an das Flüssigkeitssystem ab.

Nach L. Jarno[7] wird die hämolytische Wirkung von cholsaurem, tauro- und glykocholsaurem Na durch Aminosäuren gesteigert. Besonders wirksam sind die Aminosäureesterchlorhydrate.

Nach Versuchen von F. S. Fowweather und J. Gordon[8] riefen Aminosäureinjektionen bei Kaninchen keine positive Komplementbindungsreaktion hervor. Weiterhin hat Aminosäurezusatz zu negativen menschlichen Seren keinen Einfluß auf die Wassermannsche Reaktion, so daß kein Zusammenhang zwischen Amino-N-Gehalt menschlicher Sera und Wassermannscher Reaktion besteht.

Nach E. Wiechmann[9] ist die Durchlässigkeit der Meningen für den Amino-N geringer als für Zucker. Wird der Amino-N im Plasma durch Gelatinegaben gesteigert, so nimmt der Liquor-Amino-N trotzdem nur wenig zu.

Nach Versuchen von J. M. Luck und E. T. Engle[10] ist die Placenta der Ratte für Aminosäuren völlig durchlässig.

Über die irreziproke Permeabilität der lebenden Froschhaut für Aminosäuren berichtet E. Wertheimer[11]. Die abgetötete Membran zeigt nur sehr schwach die verschiedene Durchlässigkeit. Weitere Versuche des Verfassers[12] zeigten, daß die Aminosäuren durch eine Froschhautmembran nur hindurchgehen, wenn die Membraninnenseite mit einem Nichtleiter in Berührung steht.

Nach P. Mazzocco und C. T. Rietti[13] ist nach Injektion von Schlangengiften der Aminosäuregehalt des Blutes unverändert, während die Milchsäure manchmal etwas erniedrigt ist.

Die Wirkung des „Tyrins" von von Szent-Györgyi[14] werden von B. St. Platt und A. Wormall[15] auf Aminosäuren zurückgeführt, da das Tyrin erhebliche Mengen von diesen enthält.

---

[1] O. Heß: Münch. med. Wschr. **76**, 572—574 — Chem. Zbl. **1929 I**, 2659.
[2] Chemisch-Pharmazeutische A. G. u. A. Liebrecht: E.P. 312088 vom 17. Mai 1929; Auszugveröffentl. 17. Juli 1929; Chem. Zbl. **1929 II**, 3194.
[3] H. Riffart: Z. Unters. Nahrgsmitt. usw. **44**, 225—239 (1922) — Chem. Zbl. **1923 IV**, 338.
[4] L. W. Ferris: J. Dairy Sci. **5**, 399—405 (1922) — Ber. Physiol. **19**, 11 — Chem. Zbl. **1923 IV**, 615.
[5] E. Abderhalden u. H. Kürten: Pflügers Arch. **189**, 311—312 — Chem. Zbl. **1921 III**, 511.
[6] H. Häusler: Arch. f. exper. Path. **116**, 173—188 — Chem. Zbl. **1926 II**, 2190.
[7] L. Jarno: Z. Immun.forschg **60**, 410—416 — Chem. Zbl. **1929 I**, 2550.
[8] F. S. Fowweather u. J. Gordon: Brit. J. exper. Path. **8**, 93—100 (1927) — Chem. Zbl. **1928 II**, 1789.
[9] E. Wiechmann: Dtsch. Z. Nervenheilk. **91**, 245—253 (1926) — Ber. Physiol. **37**, 619—620 — Chem. Zbl. **1927 I**, 1853.
[10] J. M. Luck u. E. T. Engle: Amer. J. Physiol. **88**, 230—236 — Chem. Zbl. **1929 II**, 449.
[11] E. Wertheimer: Pflügers Arch. **199**, 383—401 — Chem. Zbl. **1923 III**, 1090.
[12] E. Wertheimer: Pflügers Arch. **201**, 488—502 (1923) — Chem. Zbl. **1924 I**, 1207.
[13] P. Mazzocco u. C.T.Rietti: C.r.Soc.Biol. Paris **97**, 1342—1343 (1927) — Chem. Zbl. **1928 I**, 1790.
[14] v. Szent-Györgyi: Biochem. Z. **162**, 399 — Chem. Zbl. **1926 I**, 699.
[15] B. St. Platt u. A. Wormall: Biochemic. J. **21**, 26—30 (1927) — Chem. Zbl. **1927 I**, 3010.

Über den Aminosäuregehalt des Detoxins und Novocyts berichtet E. Treibmann[1].
Aminosäuren ohne SH-Gruppe sind nach C. Voegtlin, H. A. Dyer und C. S. Leonard[2] ohne Einfluß auf die toxische Wirkung von Verbindungen des Typus $R-As=O$ auf Trypanosoma equiperdum. Ganz allgemein sind Aminosäuren ohne SH-Gruppe nach den Verfassern[3] ohne Wirkung auf die Toxität von Arsenverbindungen.

H. N. Batham[4] untersuchte die Nitrifikation der Böden durch neutralisierte Aminosäuren. Keine der angewendeten Aminosäuren erreichte unter den gewählten Bedingungen den Nitrifikationsgrad des $(NH_4)_2SO_4$.

A. Oparin[5] untersuchte die Rolle der Oxydation von Aminosäuren ($R \cdot CH(NH_2) \cdot COOH + O \rightarrow R \cdot CH:O + CO_2 + NH_3$) während der Zersetzung eines isolierten Proteines bei der Autolyse und beim Keimen von Samen. Zur Förderung der Oxydation wurde dem System Chlorogensäure zugesetzt. Zur Hemmung derselben ging der Vorgang in einer O-freien Atmosphäre vor sich.

Bei Gegenwart von Chlorogensäure wurden nach A. Oparin[6] Aminosäuren durch den Luftsauerstoff nach folgender Gleichung:

$$R \cdot CHNH_2 \cdot COOH + O \rightarrow R \cdot CH:O + CO_2 + NH_3$$

oxydiert.

Bei der Oxydation von Aminosäuren an Tierkohle steigert nach K. Tsuneyoshi[7] zugefügtes Lecithin die Oxydation, während sie Cholesterin hemmt.

Physikalische Eigenschaften: Aus Versuchen über das spektrale Verhalten von Aminosäuren ergibt sich nach H. Ley und F. H. Zschacke[8], daß in den Lösungen der aliphatischen Aminosäuren vorwiegend die Zwitterform (2 bzw. 3) in den der aromatischen Säuren die Neutralform (1) vorherrscht:

1 $NH_2 \cdot R \cdot COOH$ 2 $^+NH_3 \cdot R \cdot COO'$ 3 $R\diagup\begin{smallmatrix}NH_2\cdots H\\ CO\text{------}O\end{smallmatrix}$

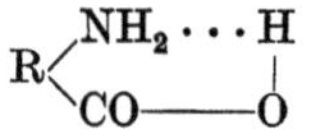

Bei den freien aliphatischen Aminosäuren bestätigt nach H. Ley und F. Vollbert[9] das optische Verhalten die Auffassung der Aminosäuren als Zwitterionen.

Von L. Marchlewski und A. Nowotnówna[10] wurden die Extinktionskoeffizienten von Aminosäuren nach der Methode von Hilgar bestimmt und mit dem von Keratose, einem alkalischen Abbauprodukt von Wolle, verglichen.

Nach E. Abderhalden und K. Franke[11] wird die Drehung wässeriger Lösungen von α-Aminosäuren im Gegensatz zur Drehung wässeriger Lösungen von Dipeptiden durch Zusatz von Pb-Acetat umgedreht und stark erhöht.

Über die Racemisierung von Aminosäuren bei der Herstellung von abgebauten Proteinen durch saure oder alkalische Hydrolyse berichtet J. Wilson[12].

Die Salze der Aminosäuren verhalten sich nach J. Loeb[13] in der Doppelschicht zwischen Kollodiumpartikeln und Wasser wie gewöhnliche Elektrolyte.

Chemische Eigenschaften: Nach P. Pfeiffer[14] sind die Aminosäuren nach der Dipolformel $^+H_3N-R''-COO'$ zu formulieren. Die Annahme dieser Formel führt zu einer ganz bestimmten Auffassung über die Krystallstruktur der Aminosäuren, was ihre hohen Schmelz- und Zersetzungspunkte und ihre geringe Löslichkeit in organischen Lösungsmitteln erklärt.

---

[1] E. Treibmann: Dtsch. med. Wschr. **54**, 1090 — Chem. Zbl. **1928 II**, 788.
[2] C. Voegtlin, H. A. Dyer u. C. S. Leonard: U. S. Public Health Reports Nr 860, 32 S. (1923) — Chem. Zbl. **1924 I**, 1964.
[3] C. Voegtlin, H. A. Dyer u. C. S. Leonard: U. S. Public Health Reports **38**, 1882—1913 (1923) — Ber. Physiol. **31**, 150 — Chem. Zbl. **1925 II**, 1541.
[4] H. N. Batham: Soil Sci. **20**, 337—351 (1925) — Chem. Zbl. **1926 I**, 1476.
[5] A. Oparin: Bull. Acad. St. Pétersbourg [6] 525—534 (1922) — Chem. Zbl. **1925 II**, 727.
[6] A. Oparin: Bull. Acad. St. Pétersbourg [6] 535—546 — Chem. Zbl. **1925 II**, 728.
[7] K. Tsuneyoshi: J. of Biochem. **7**, 235—258 — Chem. Zbl. **1927 II**, 2078.
[8] H. Ley u. F. H. Zschacke: Ber. dtsch. chem. Ges. **57**, 1700—1707 — Chem. Zbl. **1924 II**, 2480.
[9] H. Ley u. F. Vollbert: Ber. dtsch. chem. Ges. **59**, 2119—2131 — Chem. Zbl. **1926 II**, 2389.
[10] L. Marchlewski u. A. Nowotnówna: Bull. internat. Acad. Polon. Sci. Lettres **1925**, 153—164 — Chem. Zbl. **1926 I**, 588.
[11] E. Abderhalden u. K. Franke: Fermentforschg **10**, 39—49 (1928) — Chem. Zbl. **1929 I**, 102.
[12] J. Wilson: Food Manufacture **4**, 11—12 — Chem. Zbl. **1929 I**, 1279.
[13] J. Loeb: J. gen. Physiol. **6**, 105—129 (1923) — Chem. Zbl. **1924 I**, 1008.
[14] P. Pfeiffer: Ber. dtsch. chem. Ges. **55**, 1762—1769 — Chem. Zbl. **1922 III**, 607.

Das Krystallgitter ist als ein Molekülgitter vom allgemeinen Charakter des Ionengitters aufzufassen.

H. K. Barrenscheen und L. Messiner[1] berichten auf Grund ihrer Versuche über die Phosphorylierung von Serumproteinen über die Bedeutung der Oxyaminosäuren für den Aufbau der Proteine und über die mögliche Erfassung der Oxyaminosäuren durch Phosphorylierung.

R. Robinson[2] berichtet über die Entstehung der Alkaloide aus Aminosäuren.

P. A. Levene[3], K. Freudenberg und A. Noë[4] und K. Freudenberg und A. Lux[5] berichten über die konfigurativen Beziehungen der Zucker-, Oxysäuren und entsprechenden Halogensäuren.

Ch. E. Mullin[6] beschreibt Zusammensetzung, Konstitutionsformel, Metall- und Alkalisalze, Löslichkeit, optische Eigenschaften und Reaktionen der Aminosäuren im Vergleich zu denen der Fettsäuren.

P. Pfeiffer[7], P. Pfeiffer, M. Klosmann und O. Angern[8] berichten über die Bildung von Neutralsalzverbindungen mit Aminosäuren, die durch Verdunstenlassen der entsprechenden wässerigen Lösungen gewonnen wurden. Dabei waren folgende Typen festzustellen: $MeX, 1A$; $MeX, 2A$; $MeX, 4A$; $MeX_2, 1A$; $MeX_2, 2A$; $MeX_2, 3A$; $MeX_2, 4A$ und $MeX_3, 3A$.

Beim Kochen von Aminosäuren mit einem großen Überschuß von Knochenkohle werden nach K. Wunderly[9] Oxysäuren und in geringem Maße auch andere Substanzen gebildet. Der Grenzzustand tritt etwa nach einem Tag auf, der Reaktionsverlauf entspricht der monomolekularen Formel, allerdings ist von einer Gegenreaktion auch in der Nähe des Grenzzustandes nichts zu merken. Veränderung der Anfangskonzentration der Aminosäuren und Zusatz von NH_4Cl beeinflussen den Grenzzustand; Säuren befördern die Hydrolyse. Das Haltmachen der Reaktion beruht, wie Versuche mit nachträglich neuem Aminosäurezusatz zeigen, nicht auf Erschöpfung der Kohle. Andererseits handelt es sich nicht um ein Gleichgewicht im gewöhnlichen Sinne, da aus Oxysäuren und NH_3 auch bei Anwesenheit von Aminosäuren keine Spur von Aminosäuren entsteht.

Die Oxydationsgeschwindigkeit der Aminosäuren an Kohleoberflächen nimmt nach O. Meyerhof und H. Weber[10] mit steigender Alkaleszenz und bei Gegenwart von AgO erheblich ab.

E. Negelein[11] untersuchte die Oxydation (mit H_2O_2) von an Kohleoberflächen adsorbierten Aminosäuren und vergleicht das Verhalten der Aminosäuren zueinander.

Nach O. Warburg[12] läßt sich die Empfindlichkeit von Aminosäuren gegen aktivierten Sauerstoff gut mit alkalischem H_2O_2 zeigen.

Aminosäuren werden nach E. Abderhalden und E. Komm[13] bei der Oxydation vollständig desaminiert; im Reaktionsgemisch ließen sich NH_4CO_3 und $CH_3 \cdot COONH_4$ nachweisen.

Über die Dehydrierung von Aminosäuren und über den H-Austausch zwischen ungesättigten und gesättigten Aminosäuren berichten M. Bergmann und H. Enslin[14].

W. Langenbeck[15] untersuchte den Abbau von Aminosäuren mit Hilfe von Sauerstoff und Methylenblau als Wasserstoffacceptoren durch Isatin, N-Methylisatin und Isatin-5-sulfosäure. Bei Luftzutritt kann ein Molekül Isatin mehrere Moleküle Aminosäure verbrennen,

---

[1] H. K. Barrenscheen u. L. Messiner: Biochem. Z. **209**, 251—262 — Chem. Zbl. **1929 II**, 2207.
[2] R. Robinson: Proc. Univ. Durham **8**, 14—19 (1927/1928) — Chem. Zbl. **1929 I**, 1113.
[3] P. A. Levene: Chem. Rev. **2**, 179—216 (1925) — Chem. Zbl. **1926 I**, 1391.
[4] K. Freudenberg u. A. Noë: Ber. dtsch. chem. Ges. **58**, 2399—2408 (1925) — Chem. Zbl. **1926 I**, 1963.
[5] K. Freudenberg u. A. Lux: Ber. dtsch. chem. Ges. **61**, 1083—1089 — Chem. Zbl. **1928 II**, 437.
[6] Ch. E. Mullin: Amer. Dyestuff Reporter **15**, 445—449 — Chem. Zbl. **1926 II**, 1803.
[7] P. Pfeiffer: Z. angew. Chem. **36**, 137—138 — Chem. Zbl. **1923 I**, 1215.
[8] P. Pfeiffer, M. Klosmann u. O. Angern: Hoppe-Seylers Z. **133**, 22—61 — Chem. Zbl. **1924 I**, 1911.
[9] K. Wunderly: Hoppe-Seylers Z. **112**, 175—198 — Chem. Zbl. **1924 II**, 2629.
[10] O. Meyerhof u. H. Weber: Biochem. Z. **135**, 558—575 — Chem. Zbl. **1923 III**, 641.
[11] E. Negelein: Biochem. Z. **142**, 493—505 (1923) — Chem. Zbl. **1924 I**, 1011.
[12] O. Warburg: Naturwiss. **11**, 159 — Chem. Zbl. **1923 I**, 1308.
[13] E. Abderhalden u. E. Komm: Hoppe-Seylers Z. **143**, 128—132 — Chem. Zbl. **1925 I**, 2009.
[14] M. Bergmann u. H. Enslin: Hoppe-Seylers Z. **174**, 76—93 — Chem. Zbl. **1928 I**, 2260.
[15] W. Langenbeck: Z. angew. Chem. **41**, 740—745 — Chem. Zbl. **1928 II**, 1888 — Ber. dtsch. chem. Ges. **60**, 930—934 — Chem. Zbl. **1927 I**, 2505.

während bei Luftabschluß zwei Moleküle Isatin nur ein Molekül Aminosäure abbauen. Weitere Versuche des Verfassers[1] zeigten, daß die katalytische Wirksamkeit des Isatins für die Dehydrierung von Aminosäuren durch Methylenblau bei Kernsubstitutionen (5-Chlorisatin, 5-Bromisatin, 5, 7-Dibromisatin und isatinsulfosaures K) auf über das Doppelte steigt.

Nach M. Lüdtke[2] nimmt der Amino-N von Aminosäuren beim Stehen in der Wärme in saurer und alkalischer Lösung ab.

Über das Verhalten der Aminosäuren bei ultravioletter Bestrahlung berichtet D. Th. Harris[3].

N. Ch. Wright[4] untersuchte die Wirkung von Hypochloritlösungen auf Aminosäurelösungen verschiedener Konzentration. Von Einfluß auf die Reaktion ist die Alkalität der Lösung. Aus den Ergebnissen schließt der Verfasser, daß Oxydation und Chlorierung der Aminosäuren nebeneinander herlaufen. Die Chlorierungsprodukte der einzelnen Aminosäuren besitzen eine sehr wechselnde Stabilität. Ferner untersuchte Verfasser noch den Einfluß von Hypochlorit auf die Kombination von zwei Aminosäuren.

Nach N. O. Engfeldt[5] reagieren die Aminosäuren mit Toluolsulfochloramidnatrium (Chloramin) in gleicher Weise wie mit Hypochlorit.

Äquimolekulare Mengen einer α-Aminosäure und einer Erdalkalibase setzen sich nach A. Blanchetière[6] in wässeriger Lösung beim Einleiten von CO_2 in carbaminsaures Salz um, das durch Erhitzen der Lösung in das Erdalkalicarbonat und in das Erdalkalisalz der Aminosäure zerfällt.

Aminosäuren sind nach E. A. Cooper und S. D. Nicholas[7] im Gegensatz zu Proteinen und Peptonen nicht in Benzaldehyd löslich.

Über die Extraktion der Aminosäuren aus dem Saturationsschlamm mit NH_4- oder K-Carbonat und über die erneute Fällung durch BaO oder CaO und anschließende Saturation berichtet v. Staněk[8].

Über die Abtrennung der Aminodicarbonsäuren von den basischen Aminosäuren aus Proteinhydrolysaten mittels des elektrischen Stromes berichten G. F. Forster und C. A. L. Schmidt[9].

Über die Trennung von Benzoylaminosäuren durch Veresterung und Fraktionierung der Ester im Hochvakuum berichten E. Cherbuliez und R. Wahl[10].

Nach H. Hotz[11] fällt Phosphorwolframsäure keine Aminosäuren.

Nach G. Nagelschmidt[12] lassen sich Aminosäuren, auch Diaminosäuren mittels eines Mercuriacetat-Sodareagenses, evtl. unter Zusatz von Alkohol, ausfällen.

E. A. Cooper und G. E. Forstner[13] studierten die Farbreaktionen von Aminosäuren mit Nitrosophenol.

Nitrosoaniline sind nach E. A. Cooper und R. B. Haines[14] Aminosäuren gegenüber praktisch indifferent.

Nach E. Abderhalden und E. Komm[15] reagieren Aminosäuren weder mit 2, 4-m-Dinitrostilben noch mit 1, 3, 5-m-Dinitrobenzoesäure. Mit letzterem Reagens reagiert aber Cystin und Cystein positiv.

Weiterhin untersuchten E. Abderhalden und E. Komm[16] das Verhalten der Aminosäuren gegen Pikrinsäure.

---

[1] W. Langenbeck: Ber. dtsch. chem. Ges. **61**, 942—947 — Chem. Zbl. **1928 I**, 2772.
[2] M. Lüdtke: Hoppe-Seylers Z. **141**, 100—104 (1924) — Chem. Zbl. **1925 I**, 670.
[3] D. Th. Harris: Biochemic. J. **20**, 288—292 — Chem. Zbl. **1926 II**, 456.
[4] N. Ch. Wright: Biochemic. J. **20**, 524—532 — Chem. Zbl. **1926 II**, 1925.
[5] N. O. Engfeldt: Hoppe-Seylers Z. **126**, 1—28 — Chem. Zbl. **1923 III**, 40.
[6] A. Blanchetière: C. r. Acad. Sci. Paris **176**, 1629—1631 — Chem. Zbl. **1923 III**, 368.
[7] E. A. Cooper u. S. D. Nicholas: Biochemic. J. **19**, 533—537 (1925) — Chem. Zbl. **1926 I**, 410.
[8] v. Staněk: Listy Cukrovarnikę **1921/22**, 41 — Z. Zuckerind. d. Tschechoslwak. Rep. **46**, 189—198 — Chem. Zbl. **1922 II**, 949.
[9] G. F. Forster u. C. A. L. Schmidt: J. amer. chem. Soc. **48**, 1709—1714 — Chem. Zbl. **1926 II**, 899.
[10] E. Cherbuliez u. R. Wahl: Helvet. chim. Acta **8**, 571—582 (1925) — Chem. Zbl. **1926 I**, 450.
[11] H. Hotz: Schweiz. Apoth.-Ztg. **61**, 77—84, 95—101 — Chem. Zbl. **1923 II**, 828.
[12] G. Nagelschmidt: Biochem. Z. **186**, 322—326 — Chem. Zbl. **1927 II**, 1495.
[13] E. A. Cooper u. G. E. Forstner: J. Soc. Chem. Ind. **45**, T. 94—96 — Chem. Zbl. **1926 II**, 239.
[14] E. A. Cooper u. R. B. Haines: Biochemic. J. **23**, 10—16 — Chem. Zbl. **1929 II**, 1310.
[15] E. Abderhalden u. E. Komm: Hoppe-Seylers Z. **140**, 99—108 — Chem. Zbl. **1924 II**, 2757.
[16] E. Abderhalden u. E. Komm: Hoppe-Seylers Z. **139**, 181—204; **141**, 62 — Chem. Zbl. **1925 I**, 89.

Über die Reaktion (Rotfärbung) von glasiger Phosphorsäure mit heterocyclischen Aminosäuren berichtet M. Romieu[1].

Über die Reaktion von Aminosäuren in lackmusneutraler Lösung mit Permutit berichtet I. C. Whitehorn[2].

Die Anhydrisierung von Aminosäuren durch Erhitzen mit wenig Glycerin studierte K. Shibata[3].

Nach Untersuchungen von W. Th. I. Morgan[4] sind die Butylester der Monoaminosäuren beständiger und weniger flüchtig als die entsprechenden Äthylester, so daß sie sich besser zur Trennung der bei der Hydrolyse von Proteinen entstehenden Monoaminosäuren eignen.

Über die Bildung von Karamelsubstanzen aus Lävulose + Aminosäuren durch Erhitzen berichtet B. Ripp[5]. Nach dem Verfasser treten die Aminosäuren in Reaktion.

H. A. Dakin und R. West[6] untersuchten eingehend die Reaktion von α-Aminosäuren mit Essigsäureanhydrid und Pyridin beim Erwärmen. Es wird CO_2 abgespalten, unter Acetylierung werden Acetylaminoacetonderivate gebildet.

Bei der Zersetzung von Glycincarbonsäureanhydrid mit wässerigen Aminosäurelösungen nimmt nach F. Wessely[7] der Amino-N ab.

Über die Acylabspaltung aus Diacylhistidinestern durch Aminosäuren (selbst in Abwesenheit von Wasser) unter Acylierung der Aminosäure berichten M. Bergmann und L. Zervas[8].

Nach E. Wertheimer[9] hemmen einige Aminosäuren die spontane Oxydation von α-Naphthol und p-Phenylendiamin zu Indophenolblau noch in $1/1000$ n- und $1/10000$ n-Lösungen, was auf Bildung komplexer Schwermetallsalze zurückgeführt wird. Die hemmende Wirkung wird durch Zusatz von Schwermetallsalzen in stöchiometrischen Konzentrationen aufgehoben. Die Cu-Salze der Aminosäuren hemmen ebenfalls nicht die Reaktion. Weiterhin wird bei saurer Reaktion die Oxydationshemmung durch Aminosäuren abgeschwächt.

J. M. Ort[10] untersuchte unter Benutzung der Oxydationspotentialmethode den Einfluß von Aminosäuren auf die Oxydation von Dextrose und Lävulose durch sehr verdünntes H_2O_2. Insulinzusatz gleicht die Unterschiede zwischen den verschiedenen Aminosäurewirkungen etwas aus, hatte aber sonst keinen wesentlichen Einfluß auf die Aminosäurekatalyse.

Nach E. A. Cooper und R. B. Haines[11] beruht die germicide Wirkung der Chinone hauptsächlich auf der chemischen Reaktion der Chinone mit den Aminosäuren. So wirkt Benzochinon stärker als Toluchinon, was auf die größere Reaktionsfähigkeit des ersteren mit den Aminosäuren zurückgeführt wird.

C. Neuberg und M. Kobel[12] studierten die Einwirkung von Methylglyoxal auf Aminosäuren. Die Aminosäuren wurden desaminiert, wobei bei einfachen Aminosäuren neben NH_3 und CO_2 der um ein C-Atom ärmere Aldehyd bzw. das Keton der nächst niederen C-Reihe gebildet wird. Die Reaktion kann durch Erwärmen stark beschleunigt werden.

Nach H. von Euler und K. Josephson[13] ist die Reaktion der Aldosen und Ketosen mit Aminosäuren von der Acidität des Reaktionsgemisches stark abhängig, indem sich nicht bloß die Reaktionsfähigkeit der Zucker mit der [H^+] ändert, sondern auch das Gleichgewicht der Reaktion. Nach weiteren Versuchen von H. von Euler und E. Brunius[14] findet die Umsetzung zwischen Glucose und Aminosäuren bei der Alkalinität des Blutes schon in merklichem Umfange statt.

---

[1] M. Romieu: C. r. Acad. Sci. Paris **180**, 875—877 — Chem. Zbl. **1925 II**, 486.
[2] I. C. Whitehorn: J. of biol. Chem. **56**, 751—764 — Chem. Zbl. **1923 IV**, 634.
[3] K. Shibata: Bull. chem. Soc. Jap. **1**, 19—21 — Chem. Zbl. **1926 I**, 2927 — Acta phytochim. (Tokyo) **2**, 39—47 — Chem. Zbl. **1925 II**, 1281.
[4] W. Th. I. Morgan: J. chem. Soc. Lond. **1926**, 79—84 — Chem. Zbl. **1926 I**, 1963.
[5] B. Ripp: Z. Ver. dtsch. Zuckerind. **1926**, 627—662 — Chem. Zbl. **1926 II**, 2697.
[6] H. A. Dakin u. R. West: J. of biol. Chem. **78**, 91—105, 757—764 — Chem. Zbl. **1928 II**, 1667, 2115.
[7] F. Wessely: Hoppe-Seylers Z. **146**, 72—90 — Chem. Zbl. **1925 II**, 1958.
[8] M. Bergmann u. L. Zervas: Hoppe-Seylers Z. **175**, 145—153, 154—157 — Chem. Zbl. **1928 I**, 2614, 2615.
[9] E. Wertheimer: Fermentforschg **8**, 497—517 — Chem. Zbl. **1926 II**, 696.
[10] J. M. Ort: J. amer. chem. Soc. **50**, 420—425 — Chem. Zbl. **1928 I**, 1833 — J. physic. Chem. **33**, 825—841 — Chem. Zbl. **1929 II**, 2013.
[11] E. A. Cooper u. R. B. Haines: Biochemic. J. **22**, 317—325 — Chem. Zbl. **1928 II**, 256.
[12] C. Neuberg u. M. Kobel: Biochem. Z. **188**, 197—210 — Chem. Zbl. **1927 II**, 2677.
[13] H. v. Euler u. K. Josephson: Hoppe-Seylers Z. **153**, 1—9 — Chem. Zbl. **1926 II**, 188.
[14] H. v. Euler u. E. Brunius: Ber. dtsch. chem. Ges. **59**, 1581—1585 — Chem. Zbl. **1926 II**, 1131.

J. A. Ambler [1] untersuchte die Reaktion zwischen Glucose und Aminosäuren in folgenden Konzentrationen: 10 Teile Glucose, 1 Teil Aminosäure, 14 Teile Wasser und 4 Teile Glucose, 1 Teil Aminosäure in 4 Teilen Wasser bei 100° und beim Kochp. der Mischung. Bestimmt werden die verbrauchte Glucose- und Aminosäuremenge und die gebildete Melanoidinmenge.

Beim Erhitzen von Aminosäuren und Rohrzucker über 100° unter Zusatz organischer oder anorganischer Säuren werden malzextraktähnliche Produkte gewonnen [2].

H. v. Euler und K. Rudberg [3] untersuchten den Einfluß aliphatischer Aminosäuren auf die Löslichkeit von Methylorange.

α-Aminosäuren setzen nach H. Freundlich und A. Rosenthal [4] die Umwandlungsgeschwindigkeiten thixotroper Eisenoxydsole stark herab, was auf Komplexbildung an der Oberfläche der Fe_2O_3-Teilchen zurückgeführt wird. So läßt sich ferner bei Gegenwart von Aminosäuren in geeigneter Konzentration die Umwandlungsgeschwindigkeit des Fe_2O_3-Sols bis zu sehr hohen Elektrolytkonzentrationen verfolgen, bei denen sonst die Umwandlung unmeßbar rasch erfolgt. Weiterhin stellten H. Freundlich und H. Söllner [5] fest, daß die verflüssigende Wirkung von Aminosäuren auf thixotrope Fe_2O_3-Sole keine H-Ionenwirkung ist, sondern mit der Bildung hydrophiler Komplexverbindung zusammenhängt. In Gegenwart von Aminosäuren blieben die gewöhnlichen Reaktionen der Fe^{III}-Salze in weitem Umfange aus. Die Fe_2O_3-Aminosäurekomplexe sind wahrscheinlich merklich echt gelöst. Ferner wird die Diffusion einer sauren oder alkalischen aminosäurehaltigen Fe^{III}-Salzlösung durch eine Pergamenthülse gegen Aminosäurelösungen untersucht.

E. R. Theis und E. L. McMillen [6] untersuchten die Veränderungen des Aminosäuregehaltes im Weichwasser, wobei das Weichen der Rohhäute variiert wurde.

Über die Veränderung der Acidität des Quellungswassers von Häuten durch Aminosäurelösungen berichtet V. Casaburi [7].

F. Loebenstein [8] untersuchte den Einfluß von Aminosäuren auf die Quellung und Entquellung der Häute durch Wasser bzw. Alkohol.

E. Glimm und R. Grimm [9] gelingt es nicht, unter streng sterilen Bedingungen Stärke mit Hilfe von Salz, Aminosäure- und Peptonlösungen und deren Gemischen nach den Angaben von Haehn und Biedermann abzubauen.

W. Langenbeck [10] bespricht die Hydrolyse von Stärke durch Aminosäuren.

H. Haehn [11], H. Haehn und H. Berentzen [12] studierten die Stärkehydrolyse durch folgendes System: Neutralsalz + Aminosäuren + Pepton. Nach den Verfassern ist die Stärkehydrolyse durch dieses System rein chemischer Natur.

Die Aminosäure der Schlempe wird nach E. Parisi [13] sehr schwer absorbiert, so daß Gefahr der Auswaschung vorliegt.

Aminosäuren hemmen nach J. Bečka und A. Šimánek [14] stark die Fällung einer 1proz. Lösung von Pferdeserum durch $CuSO_4$.

Durch Zusatz aliphatischer oder aromatischer Aminosäuren oder Oxyaminosäuren läßt sich die hydrolytische Zersetzung von Guajacolkakodylatpräparaten verhindern und die Löslichkeit des Guajacols in Wasser erhöhen [15].

---

[1] J. A. Ambler: Ind. Chem. **21**, 47—50 — Chem. Zbl. **1929 II**, 414.

[2] Verein „Versuchs- und Lehranstalt f. Brauerei Berlin": D.R.P. 480583 v. 20. März 1923, ausg. 19. August 1929; Chem. Zbl. **1929 II**, 2120.

[3] H. v. Euler u. K. Rudberg: Arch. för Kemi, Min. och Geol. **9**, Nr 18, 1—6 — Chem. Zbl. **1925 I**, 2572.

[4] H. Freundlich u. A. Rosenthal: Z. physik. Chem. **121**, 463—483 — Chem. Zbl. **1926 II**, 1249.

[5] H. Freundlich u. H. Söllner: Kolloid-Z. **45**, 348—355 — Chem. Zbl. **1928 II**, 1535.

[6] E. R. Theis u. E. L. McMillen: J. amer. Leather Chemists Assoc. **23**, 372—397 — Chem. Zbl. **1928 II**, 1411.

[7] V. Casaburi: Boll. R. Staz. Industria Pelli **5**, 368—373 (1927) — Chem. Zbl. **1928 I**, 2687.

[8] F. Loebenstein: Kolloid-Z. **35**, 345—353 — Chem. Zbl. **1925 I**, 2540.

[9] E. Glimm u. R. Grimm: Biochem. Z. **197**, 445—459 — Chem. Zbl. **1928 II**, 1200.

[10] W. Langenbeck: Z. angew. Chem. **41**, 740—745 — Chem. Zbl. **1928 II**, 1888.

[11] H. Haehn: Biochem. Z. **135**, 587—602 — Chem. Zbl. **1923 III**, 565.

[12] H. Haehn u. H. Berentzen: Chem. Zelle **12**, 286—316 (1925) — Chem. Zbl. **1926 I**, 1428.

[13] E. Parisi: Ann. chim. appl. **18**, 198—204 — Chem. Zbl. **1928 II**, 1258.

[14] J. Bečka u. A. Šimánek: Biochem. Z. **149**, 150—157 (1924) — Chem. Zbl. **1925 I**, 689.

[15] Rex Chem. Fabrik und Drogen-Großhandels-A.-G.: D.R.P. 384688 v. 24. Febr. 1923, ausg. 5. Nov. 1923; Chem. Zbl. **1924 I**, 2611.

I. Aliphatische Aminosäuren.

A. Monoaminomonocarbonsäuren.

Glykokoll.

Aminoäthansäure, Aminomethancarbonsäure, Aminoessigsäure, Glycin.

Vorkommen: Über das wahrscheinliche Vorkommen von Glykokoll im Filtrat der Phosphorwolframsäurefällung des in Alkohol und Äther unlöslichen, aber in Wasser löslichen Anteiles von Ovarien berichten F. W. Heyl und M. C. Hart[1].

Von J. E. Pichou-Vendeuil[2] wurde aus Kuhmilch durch Essigsäure + 65proz. Alkohol ein krystallines Pulver erhalten, aus dem durch Extraktion 65,25% Glykokoll (0,065% auf Milch berechnet) isoliert wurden.

Aus 27 kg Saftsäcken der Früchte von Citrus grandis Osbeck (Form., Buntan Hayat) ließen sich nach Y. Hiwatari[3] 2,2 g Glykokoll isolieren.

Bildung: In dem aus Heringseiern gewonnenen Ichthulin ließ sich nach K. Iguchi[4] kein Glykokoll nachweisen.

Im Hydrolysat des aus der Eisackflüssigkeit des Laiches von Hemifusus tuba Gmel. dargestellten Rohvitellins ließ sich nach Y. Komori[5] kein Glykokoll nachweisen.

Nach Y. Okuda und K. Oyama[6] ist Glykokoll weder im Hydrolysat der Muskeln vom Heilbutt noch im Hydrolysat der Muskeln von Pagrus major vorhanden.

Im Hydrolysat der Muskelproteine des Walfisches und des Dorsches wurde nach Y. Okuda, T. Okimoto und T. Yada[7] kein bzw. nur Spuren von Glykokoll gefunden.

Im Hydrolysat der Muskelproteine der Molluske Loligo Breekeri und der Crustaceen Palinurus japonicus und Paralithotes kamtschatica wurde von Y. Okuda, S. Uematsu, K. Sakata und K. Fujikawa[8] kein Glykokoll gefunden.

Im Hydrolysat von Octopusmuskeln wurde von K. Morizawa[9] Glykokoll festgestellt.

Im Hydrolysat des Globins vom Pferdehämoglobin ließ sich nach A. Poljakow[10] kein Glykokoll nachweisen.

Über die Bildung glykokollhaltiger Anhydride durch partielle Hydrolyse von Bluteiweiß berichten E. Abderhalden und E. Komm[11].

Im Hydrolysat von Gelatine werden von H. L. Kingston und S. B. Schryver[12] nach der Carbamatmethode 17,44—18,2% Glykokoll bestimmt.

Y. Okuda[13] vergleicht den Glykokollgehalt von Gelatine aus Rinderknochen mit dem von Fischgelatine. Der Glykokollgehalt der letzteren ist erheblich höher.

Im Hydrolysat der Gelatine, aus der getrockneten Haut des Seiwales hergestellt, wurde von S. Oykawa[14] Glykokoll gefunden.

Von D. B. Jones und C. O. Johns[15] konnte unter den Spaltprodukten des Milchalbumins das bisher noch nicht gefundene Glykokoll (0,37%) isoliert werden.

---

[1] F. W. Heyl u. M. C. Hart: J. of biol. Chem. **75**, 407—415 (1927) — Chem. Zbl. **1928 I**, 2511.

[2] J. E. Pichou-Vendeuil: Bull. Sci. pharmacol. **28**, 360—367, 404—413 (1921) — Chem. Zbl. **1922 I**, 55.

[3] Y. Hiwatari: J. of Biochem. **7**, 169—173 — Chem. Zbl. **1927 II**, 268.

[4] K. Iguchi: Hoppe-Seylers Z. **135**, 188—198 — Chem. Zbl. **1924 II**, 485.

[5] Y. Komori: J. of Biochem. **6**, 129—138 — Chem. Zbl. **1926 II**, 1758.

[6] Y. Okuda u. K. Oyama: J. Coll. agricult. Tokyo **5**, 365—372 (1916) — Chem. Zbl. **1925 I**, 1219.

[7] Y. Okuda, T. Okimoto u. T. Yada: J. Coll. agricult. Tokyo **7**, 29—73 (1919) — Chem. Zbl. **1925 I**, 1091.

[8] Y. Okuda, S. Uematsu, K. Sakata u. K. Fujikawa: J. Coll. agricult. Tokyo **7**, 39—54 (1919) — Chem. Zbl. **1925 I**, 1091.

[9] K. Morizawa: Acta Scholae med. Kioto **9**, 299—302 (1927) — Chem. Zbl. **1928 II**, 2479.

[10] A. Poljakow: Biochem. Z. **204**, 97—105 — Chem. Zbl. **1929 I**, 1227.

[11] E. Abderhalden u. E. Komm: Hoppe-Seylers Z. **136**, 134—146 — Chem. Zbl. **1924 II**, 667.

[12] H. L. Kingston u. S. B. Schryver: Biochemic. J. **18**, 1070—1078 (1924) — Chem. Zbl. **1925 I**, 232.

[13] Y. Okuda: J. Coll. agricult. Tokyo **5**, 355—363 (1916) — Chem. Zbl. **1925 I**, 1218.

[14] S. Oykawa: Tôhoku J. exper. Med. **2**, 447—450, 451—454, 455—458 — Ber. Physiol. **14**, 70, 86 — Chem. Zbl. **1922 III**, 928.

[15] D. B. Jones u. C. O. Johns: J. of biol. Chem. **48**, 347—360 — Chem. Zbl. **1922 I**, 141.

Über die Bildung von Glykokoll bei der verlängerten tryptischen Hydrolyse von Casein berichten S. Fraenkel, H. Gallia, A. Liebster und S. Rosen[1].

Über die Bildung von Methylaminchlorhydrat bei der verlängerten tryptischen Verdauung von Casein durch Decarboxylierung des Glykokolls berichten S. Fraenkel und P. Jellinek[2].

Nach E. Winterstein und O. Huppert[3] findet sich unter den Spaltprodukten sowohl des Fett- wie des Magerkäses stets Glykokoll.

H. Lüers und G. Nowack[4] vergleichen den Glykokollgehalt von Zymocasein mit dem von Casein und Vitellin.

Über die Isolierung glykokollhaltiger Spaltprodukte aus Elastin durch Spaltung mit Phthalsäureanhydrid berichten P. Brigl und E. Klenk[5].

Bei der Hydrolyse des Seidenfibroins nach der üblichen Methode wurden nach E. Abderhalden[6] 40,5% Glykokoll, auf aschefreie Substanz bezogen, isoliert, während bei der Hydrolyse mit 25proz. Ameisensäure bei 180° von N. Zelinsky und K. Lawrowsky[7] 34—35% Glykokoll gefunden wurden.

Über die Bildung glykokollhaltiger Anhydride durch partielle Hydrolyse von Seidenfibroin berichten E. Abderhalden und E. Komm[8].

Über die Bildung glykokollhaltiger Anhydride bei der partiellen Hydrolyse von Spinnenseide berichtet E. Abderhalden[9].

Bei der partiellen Hydrolyse von Schweineborsten wurde von E. Abderhalden und E. Komm[10] ein Produkt gewonnen, das neben Glykokoll Prolin, Leucin und Glutaminsäure enthielt.

Über die Bildung glykokollhaltiger Verbindungen aus Gänsefedern durch partielle Hydrolyse berichten E. Abderhalden und H. Suzuki[11].

Im Hydrolysat des Spongins des gemeinen Badeschwammes (Hippospongia equina) wurden nach V. J. Clancey[12] 14% Glykokoll gefunden.

Über das wahrscheinliche Vorkommen von Glykokoll im Edestin berichten Th. B. Osborne, Ch. S. Leawenworth und L. S. Nolan[13]. Das Hydrolysat war nach der etwas modifizierten Methode von Dakin (Chem. Zbl. 1921 I, 454) aufgearbeitet worden.

Das durch 20proz. NaOH-Lösung aus Buchweizenmehl hergestellte Protein enthält nach T. Ukai und S. Morikawa[14] 0,04% Glykokoll.

Unter den Spaltprodukten gereinigten Ricins wurde von P. Karrer, A. P. Smirnoff, H. Ehrensperger, I. van Slooten und M. Keller[15] kein Glykokoll nachgewiesen.

Über die Bildung von Glykokoll aus N-Hippurylphenylserin und N-Toluolsulfophenylserin durch Erhitzen mit NaOH-Lösungen berichten F. Bettzieche und R. Menger[16].

Ein aus Wolle durch Na_2S-Behandlung gewonnenes saures Abbauprodukt ergab nach W. Küster, W. Kumpf und W. Köppel[17] im Hydrolysat (mit Wasser im Autoklaven bei

---

[1] S. Fraenkel, H. Gallia, A. Liebster u. S. Rosen: Biochem. Z. **145**, 225—241 — Chem. Zbl. **1924 I**, 2607.

[2] S. Fraenkel u. P. Jellinek: Biochem. Z. **130**, 592—603 — Chem. Zbl. **1922 III**, 1263.

[3] E. Winterstein u. O. Huppert: Biochem. Z. **141**, 193—221 (1923) — Chem. Zbl. **1924 I**, 112.

[4] H. Lüers u. G. Nowack: Biochem. Z. **154**, 310—320 (1924) — Chem. Zbl. **1925 I**, 1330.

[5] P. Brigl u. E. Klenk: Hoppe-Seylers Z. **131**, 66—96 (1923) — Chem. **1924 I**, 674.

[6] E. Abderhalden: Hoppe-Seylers Z. **120**, 207—213 — Chem. Zbl. **1922 III**. 928.

[7] N. Zelinsky u. K. Lawrowsky: Biochem. Z. **183**, 303—306 — Chem. Zbl. **1927 I**, 3199.

[8] E. Abderhalden u. E. Komm: Hoppe-Seylers Z. **136**, 134—146 — Chem. Zbl. **1924 II**, 667. — E. Abderhalden: Hoppe-Seylers Z. **131**, 284—295 (1923) — Chem. Zbl. **1924 I**, 921.

[9] E. Abderhalden: Hoppe-Seylers Z. **131**, 281—283 (1923) — Chem. Zbl. **1924 I**, 926.

[10] E. Abderhalden u. E. Komm: Hoppe-Seylers Z. **131**, 1—11; **134**, 113—120 — Chem. Zbl. **1924 I**, 1676, 2783.

[11] E. Abderhalden u. H. Suzuki: Hoppe-Seylers Z. **127**, 281—290; **129**, 106—110 — Chem. Zbl. **1923 III**, 318, **1924 II**, 851.

[12] V. J. Clancey: Biochemic. J. **20**, 1186—1189 (1926) — Chem. Zbl. **1927 I**, 1332.

[13] Th. B. Osborne, Ch. S. Leawenworth u. L. S. Nolan: J. of biol. Chem. **61**, 309—313 — Chem. Zbl. **1924 II**, 2849.

[14] T. Ukai u. S. Morikawa: J. Pharm. Soc. Japan **1925**, Nr. 516, 14 — Chem. Zbl. **1925 II**, 192.

[15] P. Karrer, A. P. Smirnoff, H. Ehrensperger, I. van Slooten u. M. Keller: Hoppe-Seylers Z. **135**, 129—166 — Chem. Zbl. **1924 II**, 348.

[16] F. Bettzieche u. R. Menger: Hoppe-Seylers Z. **172**, 56—63 — Chem. Zbl. **1928 I**, 495.

[17] W. Küster, W. Kumpf u. W. Köppel: Hoppe-Seylers Z. **171**, 114—155 — Chem. Zbl. **1928 I**, 439.

150° hydrolysiert) ein Gemisch von Aminosäuren und Diketopiperazinen. Unter den ersteren ließ sich Glykokoll nachweisen.

Über die Bildung von Glykokoll durch Spaltung von Glycylaminolen bzw. von benzoylierten Glycylaminolen durch Säuren oder Alkali berichten F. Bettzieche und R. Menger[1].

Darstellung: Bei der Darstellung des Glykokolls aus Monochloressigsäure mit NH_3 kann nach D. W. Tischtschenko[2] die Trennung des Glykokolls vom NH_4Cl durch 6stündige Extraktion mit Methylalkohol im Soxhlet leicht durchgeführt werden. Die übrigen Beimengungen werden leicht durch kaltes Wasser entfernt. Das so gewonnene Glykokoll enthält weder Cl noch NH_3 und schmilzt bei 236°; die Ausbeute beträgt 46—48%.

G. Schröter[3] berichtet über eine einfache Glykokollsynthese durch Umsetzung von Monochloressigsäure mit aromatischen Sulfamiden, besonders mit p-Toluolsulfamid in alkalischer, wässeriger oder alkoholischer Lösung. Die erhaltene Toluolsulfoaminoessigsäure wird durch Erhitzen mit konzentrierter HCl in Glykokoll und p-Toluolsulfosäure gespalten.

Bei der Synthese des Glykokolls aus Formaldehyd nach Klages[4] wird nach A. R. Ling und D. R. Nanji[5] die Verseifung des Methylenaminoacetonitrils ($CH_2 : N \cdot CH_2 \cdot CN$) mit siedender 40proz. $Ba(OH)_2$-Lösung durchgeführt. Nach Fällung des Ba mit H_2SO_4 und Ansäuern auf 3% wird durch Kochen die Methylengruppe abgespalten. Danach wird SO_4 entfernt, das Filtrat auf dem Wasserbade konzentriert. So lassen sich aus Methylenaminoacetonitril 90%, entsprechend aus dem CH_2O 54% der theoretischen Ausbeute an Glykokoll gewinnen.

Von E. Abderhalden, E. Klarmann und E. Komm[6] wird die E. Fischersche Glykokollesterchlorhydrat-Darstellung in folgender Weise modifiziert: In einer Porzellanschale werden 1 kg Seide mit 3 l konzentrierter HCl bis zum völligen Zerfall der Klumpen gerührt, dann die Masse im Rundkolben unter Rückfluß 6 Stunden gekocht, nach dem Erkalten im Vakuum zur Trockne bzw. Sirupdicke eingeengt, der Rückstand mit 3 l Alkohol unter Rückfluß unter häufigem Schütteln auf dem Wasserbade bis zur völligen Lösung erhitzt. Danach wird sofort HCl eingeleitet und in üblicher Weise auf Glykokollesterchlorhydrat bzw. Glykokoll aufgearbeitet.

Aus Versuchen von G. R. Robertson[7] über die Reaktionsgeschwindigkeit und den Verlauf der Reaktion von wässeriger Chloressigsäure mit Ammoniak ergibt sich, daß die gebildete Glykokollmenge auf Kosten von Nebenprodukten abnimmt, wenn seine Konzentration auf über 1 Mol% der des anwesenden Ammoniaks anwächst. Bei der ausgearbeiteten Methode zur Glykokolldarstellung ist das Verhältnis von NH_3:Chloressigsäure 60:1. NH_4Cl wird mit Ag_2O entfernt; die Ausbeute an reinem Glykokoll beträgt 50%.

Über die Elektrolyse von Glykokollsulfat im Kathodenraum zur Darstellung reinen Glykokolls berichtet Agfa[8].

Über die Darstellung von Glykokoll aus seinem Chlorhydrat durch Verdrängung mit Anilin berichtet H. C. Benedict[9].

Bestimmung und Nachweis: E. M. P. Widmark und E. L. Larsson[10] untersuchten für Glykokoll die Anwendung der konduktometrischen Titration mit Lauge nach Kolthoff.

P. Hirsch[11] untersuchte eingehend den Verlauf der acidimetrischen Titration des Glykokolls und bespricht die Möglichkeiten und Grenzen der Titration.

Nach O. Fernández und T. Garméndia[12] bedingt Glykokoll bei der Bestimmung des NH_4 nach dem Verfahren von Ploech-Kolthoff einen Fehler von 10%, während umgekehrt NH_4Cl auf die Glykokollbestimmung nach Sörensen ohne Einfluß ist.

---

[1] F. Bettzieche u. R. Menger: Hoppe-Seylers Z. **161**, 37—65 (1926) — Chem. Zbl. **1927 I**, 427.
[2] D. W. Tischtschenko: J. russ. phys. chem. Ges. **53**, 300—305 (1921) — Chem. Zbl. **1923 III**, 1001.
[3] G. Schröter: Z. angew. Chem. **39**, 1460 (1926) — Chem. Zbl. **1927 I**, 271.
[4] Klages: Ber. dtsch. chem. Ges. **36**, 1506 — Chem. Zbl. **1903 I**, 1302.
[5] A. R. Ling u. D. R. Nanji: Biochemic. J. **16**, 702—703 (1922) — Chem. Zbl. **1923 I**, 503.
[6] E. Abderhalden, E. Klarmann u. E. Komm: Hoppe-Seylers Z. **140**, 92—98 — Chem. Zbl. **1924 II**, 2757.
[7] G. R. Robertson: J. amer. chem. Soc. **49**, 2889—2894 (1927) — Chem. Zbl. **1928 I**, 321.
[8] Agfa: D.R.P. 348380 v. 18. April 1917, ausg. 17. Febr. 1922; D.R.P. 348381 (Zusatzpat.) vom 14. Juni 1917, ausg. 7. Febr. 1922; Chem. Zbl. **1922 IV**, 43.
[9] H. C. Benedict: J. amer. chem. Soc. **51**, 2277 — Chem. Zbl. **1929 II**, 1395.
[10] E. M. P. Widmark u. E. L. Larsson: Biochem. Z. **140**, 284—294 (1923) — Chem. Zbl. **1924 I**, 1244.
[11] P. Hirsch: Biochem. Z. **147**, 433—480 — Chem. Zbl. **1924 II**, 1964.
[12] O. Fernández u. T. Garméndia: An. soc. española Fis. Quim. **22**, 103—114 — Chem. Zbl. **1924 I**, 2896.

L. J. Harris[1] bestimmte colorimetrisch das p_H bei der Titration von Glykokoll mit NaOH. Bei konstanter Formaldehydkonzentration entspricht die Titrationskurve des Glykokolls mit NaOH der Henderson-Hasselbachschen Gleichung für eine einfache Säure mit bestimmtem p_k. Bei den bei der Titration üblichen Formaldehydkonzentrationen sind die gefundenen scheinbaren p_k-Werte etwa 4 Einheiten kleiner als für Glykokoll in rein wässeriger Lösung. Über weitere Einzelheiten s. unter Aminosäuren, Bestimmung, Seite 276.

Beim Studium der Reaktion zwischen HNO_2 und Glykokoll von Th. W. J. Taylor[2] wurde das unveränderte Glykokoll nach folgender Modifikation der Sörensenschen Methode bestimmt: Die Reaktionslösung wird in überschüssige Barytlauge gegossen, Phenolphthalein zugefügt und verdünnte H_2SO_4 zugesetzt, bis die Rosafärbung eben verschwindet, dann mit Barytlauge gegen Phenolphthalein neutralisiert, 20proz. Formaldehydlösung im Überschuß zugegeben und die Aminosäure mit 0,05n-$Ba(OH)_2$ titriert. Das Verfahren ist bei Konzentrationen <0,01n auf 1% genau.

Nach H. Riffart[3] ist bei der quantitativen colorimetrischen Bestimmung von Aminosäuren mittels Triketohydrindenhydrat (Ninhydrin) folgendes zu beobachten: 1. Die Dauer des Erhitzens, 2. die Konzentration der Aminosäure und 3. in besonders hohem Grade die $[H^+]$. Als optimale $[H^+]$ hat sich die dem p_H-Wert 6,976 entsprechende bewährt. Durch Titration der Aminosäurelösung mit $^1/_{400}$n-Lauge oder Säure gegen Neutralrot wird das p_H auf 6,976 eingestellt und durch Zusatz einer auf das gleiche p_H eingestellten Phosphatpufferlösung bei diesem Werte gehalten. Statt die Lösung über freier Flamme zu kochen, wird sie zweckmäßig im lebhaft siedenden Wasserbade $^1/_2$ Stunde erhitzt. Auf 2 ccm Aminosäurelösung wird 1 ccm einer 1proz. Ninhydrinlösung verwendet, die jedesmal frisch bereitet wird. Der Analysenfehler für Glykokoll beträgt 5%.

Nach A. Blanchetière[4] läßt sich Glykokoll mittels der Carbamatreaktion neben Glycylglycin und Glycinanhydrid folgendermaßen bestimmen: Die abgewogene Substanz wird im Meßkolben im gesättigten Barytwasser (30—50% Überschuß) gelöst, es werden einige Tropfen Phenolphthalein und Caprylalkohol (zur Vermeidung des Schäumens) zugesetzt, unter Eiskühlung wird CO_2 bis zur schwachen Rosafärbung eingeleitet (CO_2 darf nicht bis zur sauren Reaktion eingeleitet werden). Die Lösung wird auf Zimmertemperatur erwärmt, mit Alkohol oder besser mit Aceton aufgefüllt, dann durchgeschüttelt und im aliquoten Teil des Filtrates der N nach Kjeldahl bestimmt. Bei Auffüllung mit Aceton werden 97—98,5% ausgefällt.

Nach F. Bettzieche[5] wird die Bestimmung der freien Carboxylgruppe von Glykokoll folgendermaßen durchgeführt: 0,05—0,1 g Glykokoll werden mehrmals verestert, im Vakuum getrocknet. Im Esterchlorhydrat wird das aus 1 g Mg, 9 g C_6H_5Br oder 10 g $C_6H_5CH_2Br$ in 30 ccm Äther bereitete Grignard-Reagens zugegeben, $^1/_2$ Stunde zum Sieden erhitzt, mit 40 ccm eiskalter 10proz. H_2SO_4 zersetzt, die Säureschicht nach dem Versetzen mit NH_3 ausgeäthert, der Äther mit 20proz. H_2SO_4 ausgeschüttelt, die H_2SO_4-Lösung nach 3stündigem Kochen mit Äther extrahiert und so das entsprechende Reaktionsprodukt isoliert.

Über die Trennung des Glykokoll-Ba-Salzes von den Ba-Salzen der Asparagin- und Glutaminsäure bei deren Bestimmung in Eiweißhydrolysaten s. unter Asparaginsäure, Bestimmung, Seite 461[6].

H. J. Denham und G. W. Scott Blair[7] berichten über eine Bestimmung von Glykokoll im Weizen und Mehl.

Über das Verhalten des Glykokolls bei der Kosselschen Arginin-Histidin-Trennungsmethode berichten A. Kossel und S. Edlbacher[8].

R. A. Gortner und W. M. Sandstrom[9] untersuchten die van Slykesche Methode dahin, welchen Einfluß Kochen mit Säure, Gegenwart von Prolin oder Tryptophan, bei Aminosäuregemischen (Glykokoll neben anderen Aminosäuren) auf die erhaltenen Werte ausübt.

---

[1] L. J. Harris: Proc. roy. Soc. Lond. B **104**, 412—439 — Chem. Zbl. **1929 II**, 860.
[2] Th. W. J. Taylor: J. chem. Soc. Lond. **1928**, 1897—1906 — Chem. Zbl. **1928 II**, 1549.
[3] H. Riffart: Biochem. Z. **131**, 78—96 (1922) — Chem. Zbl. **1923 II**, 827.
[4] A. Blanchetière: Bull. Soc. chim. France [4] **41**, 101—110 — Chem. Zbl. **1927 I**, 1955.
[5] F. Bettzieche: Hoppe-Seylers Z. **161**, 178—190 (1926) — Chem. Zbl. **1927 I**, 777.
[6] D. B. Jones u. O. Moeller: J. of biol. Chem. **79**, 429—441 (1928) — Chem. Zbl. **1929 I**, 270.
[7] H. J. Denham u. G. W. Scott Blair: Cereal Chemistry **4**, 58—62 — Chem. Zbl. **1927 I**, 2023.
[8] A. Kossel u. S. Edlbacher: Hoppe-Seylers Z. **110**, 241—244 (1920) — Chem. Zbl. **1921 I**, 58.
[9] R. A. Gortner u. W. M. Sandstrom: J. amer. chem. Soc. **47**, 1663—1671 — Chem. Zbl. **1925 II**, 1482.

Über eine Trennungsmethode der α-Monoaminosäuren durch Sublimation in sublimierbare und nur teilweise oder gar nicht sublimierende Verbindungen und über ihre mikrochemische Charakterisierung durch Bestimmung von Löslichkeit, Krystallisationsfähigkeit, Fällungsvermögen von Phosphorwolframsäure und Darstellung der Cu-Salze berichtet O. Werner[1]. Glykokoll gehört zur Gruppe der bei Totalkühlung völlig sublimierbaren Aminosäuren. Nach W. D. Treadwell und W. Eppenberger[2] stören 5 mg Glykokoll nicht die Titration von 11,5 mg Hühnereiweiß nach der von ihnen angegebenen maßanalytischen Eiweißbestimmung durch Berlinerblausol.

Biochemische Eigenschaften: Bei Untersuchungen von W. B. Cannon und F. R. Griffith[3] über die Herzbeschleunigung durch Reizung der Leber wurde durch eine intravenöse Injektion einer Glykokollösung keine Beschleunigung erzielt.

Bei Kaninchen werden nach H. Fredericq[4] durch Glykokollzusatz die Herzkontraktionen verstärkt.

Glykokoll steigert nach R. M. Moore[5] bei rascher intravenöser Zuführung die Frequenz des denervierten Herzens bei Katzen. Bei Injektionen in einer physiologischen Verhältnissen angepaßten Geschwindigkeit fehlt die Herzbeschleunigung, so daß die oben geschilderte Wirkung keine spezifisch-reizende Wirkung des Glykokolls ist, sondern daß sie durch eine Störung des Säure-Basengleichgewichtes und des osmotischen Gleichgewichtes im Blute bei schneller Injektion ausgelöst wird.

Nach L. Brouha[6] bewirkt Glykokollinjektion (0,1 g pro kg) beim Hunde wie beim Kaninchen eine Blutdrucksenkung, wenn rasch intravenös injiziert wurde. Der Mechanismus ist peripher bedingt. Der Umfang der Gefäßerweiterung hängt vom gegebenen Tonus ab. Die Versuche über den Einfluß des Glykokolls auf isolierte Organe bestätigen also die Annahme, daß es sich um eine direkte Wirkung auf die Gefäßmuskulatur handelt. Glykokoll ruft nach weiteren Versuchen von H. Fredericq und L. Brouha[7] eine starke Erweiterung der Nierengefäße und der Capillaren an der isolierten Hundeniere hervor, was sich durch eine Vermehrung der aus der Nierenvene und dem Harnleiter fließenden Flüssigkeitsmenge zeigt. Glykokoll in 0,5proz. Lösung ruft nach L. Brouha[8] an der Hundemilz eine kräftige Vasodilatation hervor. An der Schilddrüse wirkt es ebenso vasodilatatorisch. Werden Arteria und Vena cruralis der Pfote mit einer Glykokollösung durchströmt, so wird eine deutliche, wenn auch geringere Gefäßerweiterung als an der Milz und Schilddrüse erhalten.

Bei der Durchströmung von Milz und Pfote des Hundes mit Lockescher Lösung, in der Glykokoll gelöst ist, wird nach L. Mélon[9] die Reaktion der Flüssigkeit ausgesprochen sauer gegen Phenolphthalein, während die Schilddrüse kaum oder gar nicht auf die Reaktion der Flüssigkeit einwirkt. Der Gehalt an formoltitrierbarem N ist nach der Durchströmung in der Lösung stets gleich oder geringer als der vor der Durchströmung. Allerdings war jedoch in der Hälfte der Versuche an der Milz die Gesamtmenge an austretendem NH_2-N höher als die zugeführten, ebenso auch in wenigen Versuchen an der Pfote. Bei weiteren Durchströmungsversuchen von L. Mélon[10] von Bein (Hund und Kaninchen), Uterus (Hund), Darm, Schilddrüse, Nieren, Milz, Pankreas und Leber mit Locke-Lösung + Glykokoll war zu beobachten, daß die Lösung mit Ausnahme von Pankreas und Schilddrüse nach der Durchströmung saurer war. Der Amino-N war meist erhöht, selten blieb er unverändert oder nahm ab.

Glykokollmangel hebt nach G. Watzadse[11] die Harnsekretion der isolierten Froschniere auf, während Glykokollzusatz die Sekretion wieder herbeiführt. Glykokollzusatz verhindert bei Beginn das Aufhören der Sekretion. Eine ähnliche hemmende Wirkung übt Aminosäuremangel auf die Durchströmung der Darmgefäße aus.

---

[1] O. Werner: Mikrochem. **1**, 33—46 (1923) — Chem. Zbl. **1924 I**, 1981.
[2] W. D. Treadwell u. W. Eppenberger: Helvet. chim. Acta **11**, 1053—1062 (1928) — Chem. Zbl. **1929 I**, 2908.
[3] W. B. Cannon u. F. R. Griffith: Amer. J. Physiol. **60**, 544—559 (1922) — Chem. Zbl. **1923 I**, 703.
[4] H. Fredericq: C. r. Soc. Biol. Paris **87**, 373—375 (1922) — Chem. Zbl. **1923 I**, 1196.
[5] R. M. Moore: Amer. J. Physiol. **89**, 515—541 — Chem. Zbl. **1929 II**, 2695.
[6] L. Brouha: Arch. internat. Physiol. **26**, 169—228 — Chem. Zbl. **1926 II**, 1981.
[7] H. Fredericq u. L. Brouha: C. r. Soc. Biol. Paris **89**, 665—667 (1923) — Chem. Zbl. **1924 I**, 213.
[8] L. Brouha: C. r. Soc. Biol. Paris **90**, 634—636 — Chem. Zbl. **1924 II**, 207.
[9] L. Mélon: C. r. Soc. Biol. Paris **90**, 936—937 — Chem. Zbl. **1924 II**, 676.
[10] L. Mélon: Arch. internat. Physiol. **28**, 29—57 — Chem. Zbl. **1927 I**, 3016.
[11] G. Watzadse: Pflügers Arch. **219**, 694—705 — Chem. Zbl. **1929 II**, 3030.

Nach Versuchen von J. M. Luck und E. T. Engle[1] ist nach Glykokollzufuhr der Aminosäuregehalt in der quergestreiften Muskulatur des Muttertieres (Ratten) und im ganzen Fetus fast gleich hoch, so daß die Placenta für Glykokoll völlig durchlässig ist. Es nimmt also die Muskulatur aus dem mütterlichen Plasma das Glykokoll in gleicher Weise auf wie der Fetus aus dem fetalen Plasma.

Versuchsergebnisse von Bang am Kaninchen über den Gehalt an Amino-N im Kreislauf nach Zufuhr von Glykokoll oder Alanin bei nicht bedeutendem Anstieg des NH_2-N werden von T. N. Seth und J. M. Luck[2] bestätigt.

Bei einem Neugeborenen, das infolge eines angeborenen Verschlusses der Speiseröhre bis an sein Lebensende im absoluten Hungerzustande verharrte, stieg am 4. Lebenstage der Aminosäuregehalt im Blute abnorm an. Ebenso war die Aminosäurefraktion im Harn ungewöhnlich hoch. Nach intravenöser Injektion von Glykokoll sank nach F. von Bernuth und F. Göbel[3] der Aminosäuregehalt des Blutes.

R. Agnoli[4] injizierte Kaninchen intravenös Glykokoll und bestimmte das Verschwinden der Aminosäure aus dem Blute. In 60 Minuten war der Aminosäurespiegel des Blutes wieder normal. Während Hinterlappenextrakte eigener Herstellung und Handelspräparate keinen Einfluß auf die Abbaugeschwindigkeit der Aminosäuren hatten, war eine Beschleunigung durch Injektion eines frischen Auszuges aus der Gesamthypophyse und eine noch stärkere Beschleunigung nach Injektion eines alkoholischen Auszuges aus dem Vorderlappen zu beobachten.

Nach H. Schlossmann[5] verschwindet intravenös injiziertes Glykokoll in kurzer Zeit aus der Blutbahn. Während nun eine Nierenexstirpation nichts ändert, verlangsamt Leberausschaltung das Verschwinden.

M. W. Johnston und H. B. Lewis[6] ermittelten nach subcutaner oder peroraler Verabreichung an Kaninchen den Nichteiweiß-N, Harnstoff-N, Aminosäure-N und den dann bleibenden N-Rest des Blutes, wobei die Resorptionsschnelligkeit aus dem Magen-Darmkanal und die Schnelligkeit der Desamidierung unter Bildung von Harnstoff die Schnelligkeit des Aminosäurestoffwechsels bestimmt. Nach Glykokoll und d, l-Alanin war der unbestimmte N-Rest im Blute auffallend vermehrt. Bei einem Vergleich zwischen d-Alanin, Glykokoll und Glutaminsäure ergab sich, daß die beiden ersteren schneller resorbiert wurden.

Bei peroraler Verabreichung von Glykokoll oder Alanin fand sich nach J. M. Luck[7] im Blute eine gleichstarke Vermehrung des Aminosäuregehaltes. Beim Glykokoll fand außer im Muskel, auch in den Organen und in der Leber eine deutliche Zunahme des Aminosäuregehaltes statt. Der NH_3-Gehalt von Leber und Muskel war fast unverändert.

Von E. Mulert[8] konnte bei Hunden und im Selbstversuch eine spezifisch-dynamische Wirkung von intravenös verabreichtem Glykokoll, gemessen am Sauerstoffverbrauch, beobachtet werden.

Nach Ch. M. Wilhelmj und J. L. Bollman[9] steigt nach intravenöser Injektion von Glykokoll die Wärmebildung sofort noch während der Injektion an und dauert bis zu 9 Stunden, bevor der Grundwert wieder erreicht wird, wobei gleichzeitig der respiratorische Quotient zunimmt. Die Beziehung zwischen spezifisch-dynamischer Wirkung und Aminosäurezufuhr läßt sich am einfachsten in den Extracalorien, die durch jedes Millimol von desamidierter Aminosäure abgeleitet werden, ausdrücken. Die spezifisch-dynamische Wirkung von Alanin, Glykokoll und Phenylalanin steht ungefähr im Verhältnis von 1:1,3:2.

Eine Injektion von 5 g Glykokoll bewirkt nach J. C. Aub, M. R. Everett und J. Fine[10] eine starke Stoffwechselsteigerung an der decerebrierten Katze, aber nicht an der urethannarkotisierten.

Bei Untersuchungen von D. Rapport und L. N. Katz[11] über den Stoffwechsel isolierter, durchströmter Muskeln zeigte sich, daß ein Zusatz von 5 g Glykokoll während der ersten 2 bis

---

[1] J. M. Luck u. E. T. Engle: Amer. J. Physiol. **88**, 230—236 — Chem. Zbl. **1929 II**, 449.
[2] T. N. Seth u. J. M. Luck: Biochemic. J. **19**, 366—376 — Chem. Zbl. **1925 II**, 2001.
[3] F. von Bernuth u. F. Göbel: Biochem. Z. **146**, 336—342 — Chem. Zbl. **1924 II**, 1707.
[4] R. Agnoli: Arch. f. exper. Path. **134**, 74—87 — Chem. Zbl. **1928 II**, 2374.
[5] H. Schlossmann: Arch. f. exper. Path. **117**, 132—136 (1926) — Chem. Zbl. **1927 I**, 125.
[6] M. W. Johnston u. H. B. Lewis: J. of biol. Chem. **78**, 67—82 — Chem. Zbl. **1928 II**, 463.
[7] J. M. Luck: J. of biol. Chem. **77**, 13—26 — Chem. Zbl. **1928 II**, 1120.
[8] E. Mulert: Pflügers Arch. **221**, 599—604 — Chem. Zbl. **1929 I**, 2440.
[9] Ch. M. Wilhelmj u. J. L. Bollman: J. of Biochem. **77**, 127—149 — Chem. Zbl. **1928 II**, 911.
[10] J. C. Aub, M. R. Everett u. J. Fine: Amer. J. Physiol. **79**, 559—570 — Chem. Zbl. **1927 II**, 2337.
[11] D. Rapport u. L. N. Katz: Amer. J. Physiol. **80**, 185—199 — Chem. Zbl. **1927 II**, 114.

3 Stunden eine Zunahme des O_2-Verbrauches bewirkt, ohne daß zuvor O_2-Mangel bestanden hätte. Glykokoll wirkt also peripher direkt anregend auf den O_2-Verbrauch in den Zellen des isolierten Muskels.

In Übereinstimmung mit Versuchen von Abderhalden und Markwalder[1] läßt sich nach R. W. Seuffert[2] bei Hunden der Zerfallswert des Eiweißes durch Zugabe von Glykokoll zu der Kohlehydrate und Fette enthaltenden Nahrung erniedrigen, ohne dabei N-Ansatz oder N-Gleichgewicht zu erzielen.

Versuche von R. W. Seuffert und E. Voigt[3] zeigten, daß bei Verabreichung von Glykokoll als solchem oder in Form von Gelatine die Verwertung der reinen Aminosäure viel ungünstiger ist.

Über die Wirkung des Glykokolls auf die spezifisch-dynamische Wirkung von Proteinen in Gelatine-, Casein-, Glycin-Alanin- und Glycin-Asparagingemischen berichten R. Weiss, D. Rapport und J. Evenden[4].

Nach R. Liebeschütz-Plaut und H. Schadow[5] übt Glykokoll nur nach peroraler aber nicht nach intravenöser Zufuhr eine spezifisch-dynamische Wirkung aus. Dabei ist es gleichgültig, ob die Injektion peripher oder intraportal geschieht.

Nach D. Rapport[6] wird die spezifisch-dynamische Wirkung des Glykokolls durch Gelatinehydrolysate nicht gesteigert, sondern im Gegenteil verringert, während sich die spezifisch-dynamischen Wirkungen von Gelatine + Gelatinehydrolysaten addieren. Weitere Versuche von D. Rapport und H. H. Beard[7] ergaben, daß bei gleichzeitiger Gabe von Butylalkoholextrakten aus Gelatine- oder Caseinhydrolysaten und Glykokoll eine vollständige Summation der spezifisch-dynamischen Wirkungen stattfindet. Weitere Versuche der Verfasser[8] ergaben, daß die spezifisch-dynamischen Wirkungen von Gelatine-Caseinhydrolysaten, Fleischeiweiß und Gliadin in erster Linie auf ihren Gehalt an wirksamen Aminosäuren: Glykokoll, Alanin, Leucin, Phenylalanin und Tyrosin zurückzuführen sind.

Nach M. Wowsi und J. Gelbird[9] bleibt zugeführtes Glykokoll durch die Leberpassage quantitativ unverändert, während qualitative Einwirkung nicht ausgeschlossen werden kann.

A. Bornstein[10] studierte die Wirkung des Glykokolls an einer isolierten, mit Blut durchspülten Hundeleber. Die Oxydationsvorgänge werden bei Glykokollzusatz um 30% gesteigert, wobei gleichzeitig Glykokoll im Blute ab- und NH_3 und Harnstoff zunimmt, während im durchspülten Muskel bei Glykokollzusatz zur Durchspülungsflüssigkeit zwar eine Zunahme des O_2-Verbrauches, aber keine NH_3-Vermehrung zu beobachten ist.

Glykokoll steigert nach G. Lusk[11] den Umsatz so, daß sein ganzer Energieinhalt als Extrawärme erscheinen kann, selbst wenn im Phlorrhizintier der ganze C als Extrazucker und N als Harnstoff nach außen abgegeben wurden, so daß die Extrawärme durch Reizung der intermediären Stoffwechselprodukte zustande kommen muß. Zusatz von $NaHCO_3$ ändert nichts. Glykokoll, mit Zucker allein oder auf der Höhe der Wärmesteigerung durch Fett, addiert sich in seiner Wärmebildung, spart also keinen Zucker.

Versuche von G. Lusk, A. J. Deuel jr. und N. H. Plummer[12] ergaben, daß bei Hunden nach Fütterung von 10 g Glykokoll die Wärmebildung nicht größer war, als nach 10 g Glycylglycin.

G. Lusk[13] studierte die Erhöhung der Wärmeproduktion am Hunde bei Zusatz von verschiedenen Verbindungen zu einer aus 400 ccm Brühe mit einem Gehalt von 2,5 g Fleisch-

---

[1] Abderhalden u. Markwalder: Hoppe-Seylers Z. **72**, 63 — Chem. Zbl. **1911 II**, 626.
[2] R. W. Seuffert: Z. Biol. **80**, 381—404 — Chem. Zbl. **1924 I**, 2717.
[3] R. W. Seuffert u. E. Voigt: Beitr. Physiol. **2**, 257—262 (1924) — Chem. Zbl. **1925 I**, 981.
[4] R. Weiss, D. Rapport u. J. Evenden: J. of biol. Chem. **60**, 513—543 — Chem. Zbl. **1924 II**, 1949.
[5] R. Liebeschütz-Plaut u. H. Schadow: Pflügers Arch. **214**, 537—551 (1926) — Chem. Zbl. **1927 I**, 623.
[6] D. Rapport: J. of biol. Chem. **71**, 75—86 (1926) — Chem. Zbl. **1927 I**, 2336.
[7] D. Rapport u. H. H. Beard: J. of biol. Chem. **73**, 285—298 — Chem. Zbl. **1927 II**, 1047.
[8] D. Rapport u. H. H. Beard: J. of biol. Chem. **73**, 299—319 — Chem. Zbl. **1927 I**, 1047.
[9] M. Wowsi u. J. Gelbird: Z. exper. Med. **51**, 518—524 — Chem. Zbl. **1926 II**, 1661.
[10] A. Bornstein: Dtsch. med. Wschr. **54**, 1535—1536 — Chem. Zbl. **1928 II**, 1896.
[11] G. Lusk: Medicine **1**, 311—354 (1922) — Ber. Physiol. **28**, 84—86 (1924) — Chem. Zbl. **1925 I**, 857.
[12] G. Lusk, A. J. Deuel jr. u. N. H. Plummer: 12. Intern. Physiologen-Kongreß in Stockholm **1926**, 99 — Ber. Physiol. **58**, 533 — Chem. Zbl. **1927 I**, 2444.
[13] G. Lusk: J. of biol. Chem. **49**, 453—478 (1921) — Chem. Zbl. **1922 II**, 476.

extrakt bestehenden Zufuhr, die für sich die Wärmeerzeugung eines Hundes von 16 Calorien Grundumsatz um 0,5 Calorien pro Stunde erhöht. 9,55 g Glykokoll, mit $NaHCO_3$ neutralisiert, erhöht um 5,3 Calorien.

Die vermehrte Wärmeabgabe bei Fröschen nach Aufnahme von Glykokoll entspricht nach E. F. Teroine und R. Bonnet[1] stets der Menge des aufgenommenen Amino-N (118 Calorien für 14 mg N).

L. D. Seager, D. J. Verda und W. E. Burge[2] untersuchten vergleichend die Anregung des Stoffwechsels von Goldfischen durch ein Aminosäuregemisch, das neben Glykokoll d, l-Leucin, d, l-Valin, d-Glutaminsäure, d, l-Isoleucin, l-Tryptophan, l-Cystin-, l-Tyrosin, l-Leucin, d, l-Alanin, Arginin, d, l-Phenylalanin und l-Asparaginsäure enthielt, durch ein Gemisch von Glycerin mit Na-Palmitat, Na-Stearat und Na-Oleat und durch Äthylalkohol. Am stärksten regte das Aminosäuregemisch den Stoffwechsel an.

Wurde Glykokoll per os oder durch eine Darmfistel Hunden zugeführt, so war es nach E. Abderhalden und E. S. London[3] im Inhalt des Ductus thoracicus nachweisbar.

Nach E. Ungerer[4] vermag Glykokoll bei Ziegen nicht das Futtereiweiß in seiner vollen Leistungsfähigkeit bzw. Milchbildung zu ersetzen.

Glykokoll beeinflußte nach J. Williger[5] weder die Verdauung der Nährstoffe, noch konnte es Eiweiß völlig ersetzen. Außerdem war auch keine Reizwirkung auf die Milchdrüse von Ziegen zu beobachten.

Nach Versuchen an Schweinen mit einem täglichen Grundfutter von Kartoffelflocken, Fischmehl, Gerstenschrot, Trockenhefe und Ca-Phosphat wurde ein Teil des Fischmehles durch Glykokoll und vermehrte Kartoffelflockengabe ersetzt. Nach H. Buckenauer[6] war nun die Zunahme an Eiweiß-N normal, der Fettzuwachs war erheblich gesteigert.

Fütterungsversuche von E. Abderhalden[7] mit Nahrungsgemischen aus reinen organischen Bausteinen an ausgewachsenen Ratten und Mäusen ergaben, daß Glykokoll bestimmt vom Organismus neu gebildet werden kann.

Junge Ratten werden bei einem Gehalt der Nahrung von 3% Na-Benzoat im Wachstum gehemmt. Werden 1,56 g Glykokoll zugesetzt, so setzt nach W. H. Griffith[8] wieder normales Wachstum ein. 38 g Casein können die Glykokollmenge in diesem Zusammenhange nicht ersetzen.

Nach St. K. Kon[9] erweist sich Glykokollzusatz bei Vitamin-B-freier Diät bei Tauben als unwirksam.

Ch. Achard und A. Leblanc[10] untersuchten am freigelegten Darm narkotisierter Hunde die Resorption von Glykokoll bei hyper- und hypotonischen Lösungen. Bei hypotonischen Lösungen existieren dabei Resorptionsschwellen: eine tiefere, bei der die Resorption beginnt und eine obligatorische. Im übrigen schwankt die Resorptionsschwelle je nach Tierart und Zustand des Darmes, so daß die Schwelle der obligatorischen Resorption nur ungefähr anzugeben ist. Sie beträgt für Glykokoll $14/100$.

Nach E. Abderhalden[11] entwickeln sich die Larven des Kabinettkäfers (Anthremus muscorum) auf Seidenkokons und bauen aus deren Bestandteilen, die hauptsächlich aus Glykokoll, Alanin, Tyrosin, Serin neben wenig Leucin, Phenylalanin, Prolin, Arginin, Lysin und Histidin bestehen, sämtliche Körpersubstanzen auf.

Aus Untersuchungen von H. Thoms und F. A. Heynen[12] über den Aminosäuregehalt von Polytamin, einem Aminosäurepräparat aus den Puppen des Seidenspinners, ergibt sich bei einem Vergleich mit dem Aminosäuregehalt der Seide, daß bereits die Puppe die Haupt-

---

[1] E. F. Teroine u. R. Bonnet: Ann. de Physiol. **2**, 488—508 (1926) — Ber. Physiol. **39**, 680 bis 681 — Chem. Zbl. **1927 II**, 596.

[2] L. D. Seager, D. J. Verda u. W. E. Burge: Science (N. Y.) **69**, 383—384 — Chem. Zbl. **1929 I**, 3003.

[3] E. Abderhalden u. E. S. London: Pflügers Arch. **212**, 735—740 — Chem. Zbl. **1926 II**, 2454.

[4] E. Ungerer: Biochem. Z. **147**, 275—355 — Chem. Zbl. **1924 II**, 696.

[5] J. Williger: Biochem. Z. **180**, 156—192 — Chem. Zbl. **1927 I**, 1610.

[6] H. Buckenauer: Biochem. Z. **174**, 188—231 — Chem. Zbl. **1926 II**, 1872.

[7] E. Abderhalden: Pflügers Arch. **195**, 199—226 — Chem. Zbl. **1922 III**, 1234.

[8] W. H. Griffith: Proc. Soc. exper. Biol. a. Med. **24**, 717 (1927), Sep. — Chem. Zbl. **1928 II**, 2166.

[9] St. K. Kon: Biochemic. J. **21**, 837—839 (1927) — Chem. Zbl. **1928 I**, 1299.

[10] Ch. Achard u. A. Leblanc: C. r. Soc. Biol. Paris **89**, 302—304 — Chem. Zbl. **1923 III**, 1240.

[11] E. Abderhalden: Hoppe-Seylers Z. **142**, 189—190 — Chem. Zbl. **1925 I**, 2020.

[12] H. Thoms u. F. A. Heynen: Apoth.-Ztg. **42**, 1078 — Chem. Zbl. **1927 II**, 2768.

menge des von ihr im Raupenzustand aufgespeicherten Glykokolls, Alanins und Tyrosins beim Spinnen des Kokons abgegeben hat.

E. M. Crowther[1] untersuchte an Gerste und weißem Senf in Topfversuchen die Ausnutzbarkeit des Glykokolls, wobei sich zeigte, daß es noch besser ausgenutzt wurde als $NaNO_3$.

Über die hemmende Wirkung des Glykokolls und seines Na-Salzes auf die Pepsinwirkung berichtet L. Jarno[2].

Glykokoll auf etwa 300° erhitzt, zeigte nach C. von Eweyk und M. Tennebaum[3] keine Sekretinwirkung.

Eine Applikation einer 2proz. Glykokollösung auf die Duodenal- und Jejunalschleimhaut von Darmfistelhunden ist nach A. C. Ivy und G. B. Mc Ilvain[4] im Gegensatz zu anderen organischen Säuren unwirksam.

Nach R. Liebeschütz-Plaut und H. Schadow[5] folgt die Kurve des O_2-Verbrauches bei intraduodenaler Zufuhr von Glykokoll genau der Kurve des Blutamino-N.

Bei der Einführung von Galle in das Duodenum der Katze wird starke Pankreassaftabsonderung erzeugt. Nach J. Mellanby[6] wird diese Wirkung durch die Cholsäure, das Glykokoll, Taurin und das Gallenmucin bedingt.

O. Schürch[7] untersuchte die Hautreaktion von Glykokoll an normalen und an ekzematösen Personen.

Nach Beobachtungen von K. Glässner[8] reagieren gewisse Formen der Urticaria nach Glykokollzufuhr mit Rückgang der Affektionen. Störungen wurden nicht beobachtet. Nach 8—10 Tagen war das Leiden beseitigt.

Nach Versuchen von R. Schwarz, R. Eden und E. Herman[9] verlieren Knochen in 2proz. Glykokollösungen in 5 Tagen 18% Ca, Callus nur 8%. Umgekehrt nimmt Callus aus verdünnten $CaCl_2$-Lösungen Ca auf. Weiterhin wird über die Verwendung von Phosphat- und Glykokollösungen zur Therapie bei verzögerter Frakturheilung berichtet.

Glykokoll, Meerschweinchen parenteral zugeführt, hat nach R. Wigand[10] keinen Einfluß auf den allgemeinen Zustand und die Temperatur der Tiere.

S. Leites[11] untersuchte die Wirkung des Glykokolls und Phenylglycins auf die Leukocytenzahl nach intravenöser Injektion an Kaninchen, bei denen Leukopenie mit relativer Lymphocytose hervorgerufen wird.

Versuche von E. P. Wolf[12] am Mesenterium von Winterfröschen nach Cohnheim und an weißen Mäusen nach intraperitonealer Injektion von 0,25 ccm einer 1proz. Glykokollösung verursachen bei der Maus, aber nicht beim Frosche eine leichte Entzündung (Vermehrung der polymorphkernigen Zellen).

Nach Versuchen an Kaninchen und Hunden mit intravenöser Injektion von neutralisiertem Glykokoll wurde nach L. H. Newburgh und Ph. L. Marsh[13] keine Nierenschädigung hervorgerufen.

Nach M. Florkin[14] wird durch Glykokollösungen (1—5%) die Chronaxie des isolierten Mastdarmendes vom Frosch verlängert.

Nach Versuchen von H. Hummel und J. Püschel[15] unterdrückt Glykokoll in genügender Konzentration auch im eiweißreichen Milieu des Rinderserums die Guanidinzuckungen der unteren Extremitäten von Temporarien.

---

[1] E. M. Crowther: J. agricult. Sci. **15**, 300—302 — Chem. Zbl. **1925 II**, 1710.
[2] L. Jarno: Arch. Verdgskrkh. **30**, 191—202 (1922) — Ber. Physiol. **17**, 342 — Chem. Zbl. **1923 III**, 459.
[3] C. v. Eweyk u. M. Tennebaum: Biochem. Z. **125**, 238—245 (1921) — Chem. Zbl. **1922 I**, 764.
[4] A. C. Ivy u. G. B. Mc Ilvain: Amer. J. Physiol **67**, 124—140 (1923) — Chem. Zbl. **1924 I**, 1053.
[5] R. Liebeschütz-Plaut u. H. Schadow: Pflügers Arch. **217**, 717—722 (1927) — Chem. Zbl. **1928 I**, 714.
[6] J. Mellanby: J. of Physiol. **61**, 419—435 — Chem. Zbl. **1926 II**, 1056.
[7] O. Schürch: Klin. Wschr. **4**, 11—13 — Chem. Zbl. **1925 I**, 1506.
[8] K. Glässner: Klin. Wschr. **6**, 597—599 — Chem. Zbl. **1927 I**, 2666.
[9] R. Schwarz, R. Eden u. E. Herman: Biochem. Z. **149**, 100—108 — Chem. Zbl. **1924 II**, 1708.
[10] R. Wigand: Arch. f. exper. Path. **132**, 18—27 — Chem. Zbl. **1928 II**, 1009.
[11] S. Leites: Arch. f. exper. Path. **103**, 109—114 — Chem. Zbl. **1924 II**, 1953.
[12] E. P. Wolf: J. of exper. Med. **37**, 511—524 — Chem. Zbl. **1923 III**, 413.
[13] L. H. Newburgh u. Ph. L. Marsh: Arch. int. Med. **36**, 682—711 (1925) — Ber. Physiol. **35**, 498 — Chem. Zbl. **1926 II**, 1663.
[14] M. Florkin: C. r. Soc. Biol. **98**, 872—873 — Chem. Zbl. **1928 I**, 2627.
[15] H. Hummel u. J. Püschel: Pflügers Arch. **217**, 441—455 — Chem. Zbl. **1927 II**, 1981.

Nach Versuchen von B. Jovanović[1] ist eine 10proz. Glykokollösung für weiße Mäuse und Meerschweinchen tödlich.

Glykokoll ist nach D. J. Macht und O. R. Hyndman[2] für Ratten, wie für Schößlinge von Lupinus albus und Vicia faba nicht toxisch.

Nach A. Chanutin[3] wird durch Glykokollzufuhr die Alkalireserve des Hundeblutes, an der CO_2 bindenden Kraft des Plasmas gemessen, wesentlich gesteigert.

Nach F. Fowweather und J. Gordon[4] ruft Glykokollinjektion beim Kaninchen keine positive Komplementbindungsreaktion hervor, ebenso ist ein Zusatz von Aminosäuren zu negativen menschlichen Seren unwirksam. Dagegen kann nach G. Marcialis[5] die sonst negative Wassermannsche Reaktion bei Gegenwart von Glykokoll positiv reagieren. Glykokoll für sich hemmt die Hämolyse, besonders in Gegenwart von Serum.

Während Cu die hämoagglutinierende Eigenschaft des Ricins schädigt und dabei Hämolyse erzeugt, wird nach M. Tsuchihashi[6] durch Glykokollzusatz die Hämolyse aufgehoben, aber nicht die Hämoagglutination reaktiviert.

Über den Einfluß des Glykokolls im Vergleich zur Wirkung aromatischer Aminosäuren, Peptonen und Zuckern auf die photodynamische Hämolyse berichtet P. Testoni[7].

Die hemmende Wirkung von Cu auf die Reduktionszeit von Gewebe von Rattenhoden in bezug auf Cytochrom wird nach R. Bierig und A. Rosenbohm[8] durch Glykokoll aufgehoben.

C. Artom[9] untersuchte den Einfluß von folgenden Zusätzen: Glykokoll oder eine Mischung von Casein, Wittepepton und Glykokoll auf die Autolyse (1—4 Tage) von Hundenierenbrei bei 38°. Es wurde eine geringe NH_3- und Harnstoffzunahme gefunden. Es wird also auch außerhalb der Leber Harnstoff gebildet.

Die autolytische NH_3-Bildung im Meerschweinchenleberbrei in n-Phosphat- und Laktatpuffern bei 37° unter Zusatz von einigen Tropfen $CHCl_3$ im sauren und alkalischen Milieu bei Glykokollzusatz untersuchten P. György und H. Röthler[10].

Glykokoll bewirkt nach C. Neuberg und A. Gottschalk[11] keine Steigerung der Aldehydbildung in Leberbrei.

Über das Herauslösen von Glykokoll im tierischen Organismus aus dem Eiweißmolekül, ohne daß es zerfällt, um selbständige Funktionen zu übernehmen, berichtet A. Kossel[12].

Über den Zusammenhang zwischen N:C Quotienten des Glykokolls und dessen Ausscheidung im Harn berichtet Ackermann[13].

Nach Versuchen von E. Müller, H. Steudel und J. Ellinghaus[14] wird auf Grund rechnerischer Überlegungen geschlossen, daß etwa 19% des N der Aminosäurefraktion beim Säugling als Glykokoll-N anzusprechen sind.

Nach F. Wankell[15] wird Glykokoll bei saurer Reaktion durch die Froschniere konzentriert, während es in neutraler Lösung partiell zurückgehalten wird.

Bei der Vergiftung von überlebender Froschniere durch KCN in Konzentrationen von $1/1000$ bis $1/2000$ m bleibt nach E. David[16] die Ausscheidung von Glykokoll unverändert, wird dagegen durch eine $1/500$ m-KCN-Lösung gestört.

---

[1] B. Jovanović: Z. exper. Med. **48**, 306—309 — Chem. Zbl. **1926 I**, 1847.
[2] D. J. Macht u. O. R. Hyndman: J. of Pharmacol. **22**, 483—490 — Chem. Zbl. **1924 I**, 2443.
[3] A. Chanutin: J. of biol. Chem. **49**, 485—486 (1921) — Chem. Zbl. **1922 I**, 477.
[4] F. Fowweather u. J. Gordon: Brit. J. exper. Path. **8**, 93—100 (1927) — Chem. Zbl. **1928 II**, 1789.
[5] G. Marcialis: Arch. di Sci. biol. **4**, 337—351 (1923) — Ber. Physiol. **21**, 446 — Chem. Zbl. **1924 I**, 1840.
[6] M. Tsuchihashi: Biochem. Z. **140**, 140—148 (1923) — Chem. Zbl. **1924 I**, 2439.
[7] P. Testoni: Arch. di Sci. biol. **4**, 123—128 — Ber. Physiol. **19**, 122 — Chem. Zbl. **1923 III**, 1100.
[8] R. Bierig u. A. Rosenbohm: Hoppe-Seylers Z. **184**, 246—256 — Chem. Zbl. **1929 II**, 2906.
[9] C. Artom: Boll. Soc. Biol. sper. **1**, 120—123 (1926) — Ber. Physiol. **37**, 630—631.— Chem. Zbl. **1927 I**, 1852.
[10] P. György u. H. Röthler: Biochem. Z. **173**, 334—347 — Chem. Zbl. **1926 II**, 1436.
[11] C. Neuberg u. A. Gottschalk: Biochem. Z. **146**, 164—184 — Chem. Zbl. **1924 II**, 491.
[12] A. Kossel: Naturwiss. **10**, 999—1005 (1922) — Chem. Zbl. **1923 I**, 1046.
[13] Ackermann: Klin. Wschr. **5**, 848—849 — Chem. Zbl. **1926 II**, 448.
[14] E. Müller, H. Steudel u. J. Ellinghaus: Arch. Kinderheilk. **77**, 7 Seiten, Sep. — Chem. Zbl. **1926 II**, 1542.
[15] F. Wankell: Pflügers Arch. **208**, 604—616 — Chem. Zbl. **1925 II**, 1371.
[16] E. David: Pflügers Arch. **208**, 146—176 — Chem. Zbl. **1925 II**, 949.

Nach C. Artom[1] fördert ein Casein-, Pepton- und Glykokollzusatz zu Nierengewebe (Hundeniere) dessen Harnstoffbildung.

Nach E. Becher und E. Hermann[2] kann bei Niereninsuffizienz der Anstieg des gebundenen, ohne Zunahme des freien Aminosäure-N auf gepaartes Glykokoll bezogen werden.

Nach A. A. Christman und H. B. Lewis[3] wird beim Kaninchen im Gegensatz zu der Beeinflussung der Harnsäureausscheidung beim Menschen die tägliche Allantoinausscheidung durch Glykokollverfütterung deutlich herabgesetzt.

Nach A. A. Christman und E. C. Mosier[4] steigt beim Menschen nach Einnahme von Glykokoll im Hungerzustande die ausgeschiedene Harnsäuremenge 3 Stunden lang an. Bei Einnahme von 10 g ist die Zunahme in den ersten Stunden 5—6mal so groß wie sonst.

Glykokoll steigert nach H. B. Lewis und R. C. Corley[5] die stündliche Harnsäureausscheidung. Diese steigernde Wirkung wird durch vorherige Fettzufuhr nicht verhindert.

Zufuhr von 10—20 g Glykokoll hat nach H. Zwarenstein[6] keinen Einfluß auf die stündliche Kreatinin- und Harnsäureausscheidung.

Über die Aminosäureretention und Harnstoffbildung nach Verabreichung von Glykokoll berichten O. Folin und H. Berglund[7]. Die Versuche zeigten außerdem, daß Verluste an verwertbaren Aminosäuren durchaus normal sind.

Über die Entgiftung der Benzoesäure durch Glykokoll und dessen Synthese im menschlichen Organismus auf Kosten des Harnstoff-N berichten G. J. Shiple und C. P. Sherwin[8].

Nach Versuchen von W. W. Swanson[9] scheint es möglich zu sein, daß bei Benzoatgaben Glykokoll aus den Bestandteilen, die normal in Harnstoff verwandelt werden, synthetisiert wird.

Die Hippursäureausscheidung wird nach W. H. Griffith und H. B. Lewis[10] bei Benzoatgaben durch gleichzeitige Verabreichung von Glykokoll erheblich gesteigert. Dabei ist es gleichgültig, ob das Glykokoll per os oder subcutan gegeben wird, wenn das Benzoat intravenös injiziert ist. Da Alanin die Hippursäureausscheidung nicht steigert, muß diese allein auf das unter diesen Bedingungen reichlich im Organismus vorhandene Glykokoll zurückgeführt werden.

W. H. Griffith und H. B. Lewis[11], W. H. Griffith[12] fanden in Übereinstimmung mit früheren Versuchen, daß glycinreiche, peroral mit Na-Benzoat verabreichte Kost die Hippursäurebildung deutlich steigerte, aber nicht der Ersatz der glycinreichen durch glycinarme Kost. Jedoch konnte in diesem Falle die Hippursäurebildung durch Glykokollzusatz gesteigert werden. Außerdem erhöhte Darreichung von Schilddrüse die Hippursäurebildung, was auf den erhöhten Eiweißstoffwechsel und damit auf das aus den Geweben in größerer Menge freigemachte Glykokoll zurückgeführt wird.

Versuche von F. A. Csonka[13] über die Kuppelung der Benzoesäure zur Hippursäure im Schwein zeigten folgendes: Die Paarung von Benzoesäure an Glykokoll erfolgt bis zu 60%, bei Fällen von präformiertem Glykokoll findet die Kuppelung zum Teil mit synthetisch gebildetem Glykokoll statt, zum Teil mit Glykokoll aus abgebauten Körperproteinen, wobei die Menge an verfügbarem Glykokoll aus beiden Quellen begrenzt ist. Weiterhin wird der Einfluß des Glykokolls auf die Hippursäureausscheidung bei Verfütterung mit Casein oder in präformierter Form (Gelatine) untersucht. Wird Glykokoll im Überschuß mit Casein verfüttert, bleibt der Proteinstoffwechsel unbeeinflußt, während ein Zusatz von Benzoesäure ihn steigert.

---

[1] C. Artom: Arch. internat. Physiol. **26**, 389—427 — Chem. Zbl. **1926 II**, 1975.
[2] E. Becher u. E. Hermann: Münch. med. Wschr. **72**, 2178—2181 (1925) — Chem. Zbl. **1926 I**, 1436.
[3] A. A. Christman u. H. B. Lewis: J. of biol. Chem. **57**, 379—395 — Chem. Zbl. **1923 III**, 1653.
[4] A. A. Christman u. E. C. Mosier: J. of biol. Chem. **83**, 11—19 — Chem. Zbl. **1929 II**, 2068.
[5] H. B. Lewis u. R. C. Corley: J. of biol. Chem. **55**, 373—384 — Chem. Zbl. **1923 I**, 1602.
[6] H. Zwarenstein: Biochemic. J. **22**, 307—312 (1928) — Chem. Zbl. **1929 I**, 3116.
[7] O. Folin u. H. Berglund: J. of biol. Chem. **51**, 395—418 — Chem. Zbl. **1922 III**, 534.
[8] G. J. Shiple u. C. P. Sherwin: J. amer. chem. Soc. **44**, 618—624 (1922) — Chem. Zbl. **1922 III**, 933.
[9] W. W. Swanson: J. of biol. Chem. **62**, 565—573 — Chem. Zbl. **1925 I**, 1757.
[10] W. H. Griffith u. H. B. Lewis: J. of biol. Chem. **57**, 1—24 — Chem. Zbl. **1923 III**, 1329.
[11] W. H. Griffith u. H. B. Lewis: J. of biol. Chem. **57**, 697—707 (1923) — Chem. Zbl. **1924 I**, 570.
[12] W. H. Griffith: J. of biol. Chem. **66**, 671—681 (1925) — Chem. Zbl. **1926 I**, 2597.
[13] F. A. Csonka: J. of biol. Chem. **60**, 545—581 — Chem. Zbl. **1924 II**, 1949.

In Gegenwart von Glykokoll ist Benzoesäure harmlos. Außerdem zeigte sich, daß die in der verfütterten Fleischration enthaltene Menge Glykokoll kaum einen Einfluß auf die Bildung von Hippursäure hat. Die Hippursäureausscheidung ist direkt abhängig von der verfügbaren Menge Glykokoll, ist so am höchsten bei Gelatine, niedriger bei Casein und am niedrigsten bei der ausschließlichen Verabfolgung von Benzoesäure. Bei Verabfolgung von Casein + Glykokoll wird die Glukuronsäureausscheidung beträchtlich gesenkt. Es zeigte sich, daß die Glukuronsäureausscheidung nach Zufuhr von Benzoesäure im umgekehrten Verhältnis zum Glykokollgehalt der Nahrung und die Hippursäureausscheidung im direkten Verhältnis zur Zufuhr dieser Aminosäuren steht. Außerdem zeigte sich, daß die gleiche spezifisch-dynamische Wirkung verschiedener Proteine nicht bedingt sein kann durch eine Gleichheit in der Glycinproduktion.

Hungernde Hühner verwenden nach I. G. M. Bullowa und C. P. Sherwin[1] zur Entgiftung verabreichter Benzoesäure kein Glykokoll.

Fütterung von Glykokoll an Hunde erhöht nach A. J. Quick[2] den als Hippursäure ausgeschiedenen Anteil nur wenig.

Wurden Hunde- und Schweinenieren mit Blut durchströmt, dem Phenylessigsäure und Glykokoll zugefügt war, so ließ sich nach J. Snapper und A. Grünbaum[3, 4] nach der Durchströmung stets Phenacetursäure nachweisen. Bei Durchströmung der Nieren mit Phenylpropionsäure + Glykokoll wurde Hippursäure, bei Phenylbuttersäure + Glykokoll Phenacetursäure nachgewiesen.

Das Verhältnis der Kuppelungsprodukte der Phenylessigsäure mit Glukuronsäure bzw. mit Glykokoll ist nach A. J. Quick[5] 1:2, wobei es gleichgültig ist, ob die Phenylessigsäure als solche verfüttert wird oder nach Oxydation aus Phenylisocrotonsäure oder Phenylbuttersäure entstanden ist.

Nach J. E. Sweet und A. J. Quick[6] wird auch vom pankreaslosen Hund die Phenylbuttersäure zu Phenylessigsäure oxydiert und zum Teil, mit Glykokoll gekuppelt, ausgeschieden.

Nach C. P. Sherwin[7] wird auch von Affen Phenylessigsäure als Phenacetursäure ausgeschieden.

p-Aminophenylessigsäure wird nach C. P. Sherwin[8] im Hunde durch Paarung mit Glykokoll entgiftet. Die Beobachtung von Salkowski über eine Glykokollverbindung im Harn nach Einnahme von m-Aminobenzoesäure konnte nicht bestätigt werden.

Während m-Nitrophenylessigsäure bei Mensch und Kaninchen unverändert hindurchgeht, wird sie nach J. B. Muenzen, L. R. Cerecedo und C. P. Sherwin[9] im Hunde mit Glykokoll kombiniert. m-Chlorphenylessigsäure wird in allen drei Fällen, mit Glykokoll gekuppelt, ausgeschieden.

Nach S. R. Miriam, J. T. Wolf und C. P. Sherwin[10] fand bei peroraler Verabreichung von Diphenylessigsäure an Menschen, Kaninchen und Hunde weder an Glykokoll noch an Glutamin eine Kuppelung statt. Der größere Teil der Diphenylessigsäure wurde unverändert im Harn ausgeschieden.

Nach Versuchen von Y. Sendju[11] wird der Befund von Cohn bestätigt, daß α-Picolin im tierischen Organismus zur α-Picolinsäure oxydiert und mit Glykokoll gekuppelt ausgeschieden wird.

---

[1] I. G. M. Bullowa u. C. P. Sherwin: Proc. Soc. exper. Biol. a. Med. **20**, 125—128 (1922) — Ber. Physiol. **18**, 351—352 — Chem. Zbl. **1923 III**, 955.

[2] A. J. Quick: J. of biol. Chem. **67**, 477—489 — Chem. Zbl. **1926 I**, 3345.

[3] J. Snapper u. A. Grünbaum: Nederl. Tijdschr. Geneesk. **68 I**, 2856—2862 — Chem. Zbl. **1924 II**, 1602.

[4] J. Snapper u. A. Grünbaum: Biochem. Z. **150**, 12—17 — Chem. Zbl. **1924 II**, 1944.

[5] A. J. Quick: J. of biol. Chem. **77**, 581—593 — Chem. Zbl. **1928 II**, 585.

[6] J. E. Sweet u. A. J. Quick: J. of biol. Chem. **80**, 527—534 (1928) — Chem. Zbl. **1929 I**, 1368.

[7] C. P. Sherwin: J. of biol. Chem. **31**, 307—310 — Chem. Zbl. **1921 III**, 187.

[8] C. P. Sherwin: Proc. Soc. exper. Biol. a. Med. **22**, 182 (1924) — Ber. Physiol. **32**, 266 (1925) — Chem. Zbl. **1926 I**, 1596.

[9] J. B. Muenzen, L. R. Cerecedo u. C. P. Sherwin: J. of biol. Chem. **68**, 503—511 — Chem. Zbl. **1926 II**, 1064.

[10] S. R. Miriam, J. T. Wolf u. C. P. Sherwin: J. of biol. Chem. **71**, 249—253 — Chem. Zbl. **1927 I**, 1612.

[11] Y. Sendju: J. of Biochem. **7**, 273—281 — Chem. Zbl. **1927 II**, 2080.

Über die Bedeutung der Lipoidlöslichkeit und -unlöslichkeit der im Organismus mit Glykokoll gekuppelten Substanzen im Gegensatz zu den ungekuppelten Verbindungen berichten J. Schüller, S. Mori und E. Krahé[1].

E. K. Callov und T. H. S. Hele[2] untersuchten die Ausscheidung von Monochlorbenzol, Benzol, o- und m-Dichlorbenzol nach Verabreichung an Hunde. Die Verfasser nehmen an, daß die Verbindungen nach ihrer Oxydation, mit Glykokoll gekuppelt, ausgeschieden werden.

Nach S. Uchida[3] hat Glykokoll — Mäusen subcutan nach tödlicher Gabe eines Giftes injiziert — eine entgiftende Wirkung. So entgiftet es bei Zimtsäure in 66%, bei Benzoesäure in 40% und bei Toluol in 25% der Fälle, während es bei Xylol, Salicylsäure, Chinasäure und Atophan unwirksam war.

Nach F. Nord[4] steigt bei Kaninchen nach Injektion von Glykokoll der Reduktionswert im Blute innerhalb 1—2 Stunden mitunter bis zum 10fachen Wert an.

Subcutane oder intravenöse Injektion von Glykokoll (1—4 g pro kg Körpergewicht) bewirkt nach G. Paasch[5] beim Kaninchen und Hund selten eine deutliche Veränderung des Blutzuckers.

Perorale Zufuhr von Glykokoll ist nach A. Schätti[6] ohne Einwirkung auf den Blutzucker, während nach subcutaner Injektion beim Kaninchen der Blutzucker ansteigt, wahrscheinlich infolge Sympathicusreizes.

Nach Versuchen von H. Fredericq[7] hat die Gegenwart von Glykokoll in defibriniertem Hundeblut keinen Einfluß auf die Glykolyse in vitro.

Nach G. Hecht und F. Eichholtz[8] wird die Glykolyse von Tumorschnitten durch Glykokoll reversibel gehemmt.

Nach M. Chikano[9] hat Glykokoll keinen Einfluß auf Adrenalinhyperglykämie.

1 g subcutan injiziertes Glykokoll rief nach L. Pollak[10] bei Kaninchen eine deutliche Hyperglykämie hervor. Diese Hyperglykämie ist in ihrer Stärke vom Glykogenbestand der Tiere abhängig und läßt sich durch vorhergehende oder gleichzeitige Injektion eines Ergotoxinpräparates vollständig aufheben. Die Hyperglykämie ist nach dem Verfasser wie die Adrenalinhyperglykämie auf gesteigerte Glykogenolyse infolge Erregung sympathischer Nerven zurückzuführen.

Nach Versuchen von E. Wiechmann und M. Dominick[11] wird nach intravenöser Glykokollinjektion bei Gesunden der Ausgangswert des NH_2N-Gehaltes im Blute schneller erreicht als bei schweren Diabetikern. Wird den Diabetikern vor der Glykokollinjektion Insulin injiziert, so wird der Nüchternwert schneller erreicht als bei Normalen. Häufig erfolgte im Anschluß an die infolge der Glykokollinjektion auftretende Erhöhung ein Absinken des NH_2-N-Spiegels unter den Nüchternwert. Das gleiche kann beim Diabetiker nach vorheriger Insulininjektion eintreten. Wird beim Gesunden nach der ersten Glykokollinjektion eine zweite verabreicht, so ist der Anstieg des NH_2-N-Gehaltes im Blute nicht so hoch.

Glykokoll löst nach S. I. Thannhauser und W. Markowicz[12] in keinem Versuche eine Vermehrung der Acetonbildung beim menschlichen Diabetes aus.

Eine intravenös injizierte 5proz. Glykokollösung ist nach E. Wiechmann[13] bereits nach 5 Minuten zum größten Teil aus dem Blute verschwunden. Beim schweren Diabetes ist

---

[1] J. Schüller, S. Mori u. E. Krahé: Arch. f. exper. Path. 106, 265—275 — Chem. Zbl. 1925 II, 1465.
[2] E. K. Callov u. T. H. S. Hele: Biochemic. J. 20, 598—605 — Chem. Zbl. 1926 II, 1974.
[3] S. Uchida: Fol. jap. pharmacol. 3, 16—26 — Ber. Physiol. 37, 900 (1926) — Chem. Zbl. 1927 I, 2102.
[4] F. Nord: Acta med. scand. (Stockh.) 70, 277—284 — Chem. Zbl. 1929 II, 444.
[5] G. Paasch: Biochem. Z. 197, 460—466 (1928) — Chem. Zbl. 1929 I, 1364.
[6] A. Schätti: Biochem. Z. 143, 201—220 (1923) — Chem. Zbl. 1924 I, 797.
[7] H. Fredericq: C. r. Soc. Biol. Paris 88, 625—626 — Chem. Zbl. 1923 III, 1241.
[8] G. Hecht u. F. Eichholtz: Biochem. Z. 206, 282—289 — Chem. Zbl. 1929 II, 2796.
[9] M. Chikano: Biochem. Z. 205, 154—165 — Chem. Zbl. 1929 I, 2199.
[10] L. Pollak: Biochem. Z. 127, 120—136 — Chem. Zbl. 1922 I, 1208.
[11] E. Wiechmann u. M. Dominick: Dtsch. Arch. klin. Med. 151, 350—360 — Chem. Zbl. 1926 II, 1436.
[12] S. I. Thannhauser u. W. Markowicz: Klin. Wschr. 4, 2093—2099 (1925) — Chem. Zbl. 1926 I, 713.
[13] E. Wiechmann: Verh. dtsch. Ges. inn. Med. 1926, 312—313 — Ber. Physiol. 38, 691 — Chem. Zbl. 1927 I, 2571.

der Prozeß verlangsamt, während Insulin noch auf Werte, die unter den normalen Werten liegen, erniedrigt.

Glykokoll übt nach F. Nord[1] eine zuckermobilisierende Wirkung aus, verstärkt aber nicht die Adrenalinwirkung auf den Blutzucker, dagegen wird nach dem Verfasser die Insulinhypoglykämie unterdrückt. Die hyperglykämische Wirkung von Glykokoll unterbleibt bei Kaninchen, denen die Nebennieren exstirpiert sind, so daß die Zuckermobilisierung auf dem Wege über die Nebennierenrinde vor sich zu gehen scheint (Vermehrung der Adrenalinsekretion). Die Versuchsergebnisse auf den Menschen angewendet ergeben, daß die Eiweißempfindlichkeit in Fällen schweren Diabetes durch die Reizwirkung der Eiweißbausteine auf die Nebennierenrinde bedingt zu sein scheint.

Glykokoll ist nach C. Voegtlin, E. R. Dun und I. W. Thompson[2] bei einer Insulinvergiftung unwirksam.

E. Gabbe[3] studierte eingehender die Einwirkung des Glykokolls auf die Insulinwirkung bei Ratten.

Glykokoll, das an isolierten Organen wie im ganzen Tiere (Kaninchen) die Adrenalingefäßreaktion verstärkt, hat nach F. Nord[4] auf die Adrenalinblutzuckerwirkung keinen Einfluß, dagegen wirkt Glykokoll deutlich antagonistisch (bei subcutaner Injektion) auf Insulin.

Nach Untersuchungen von H. Ekerfors[5] konnte zwischen der Wirkung des Glykokolls auf die Adrenalinoxydation und auf den pharmakodynamischen Effekt des Adrenalins kein Zusammenhang festgestellt werden.

Von E. Abderhalden und E. Gellhorn[6] wurde der Einfluß des Glykokolls auf die Adrenalinwirkung am Meerschweinchendickdarm untersucht. Konzentrationen von 1:25000 bis 200000 steigerten die Adrenalinwirkung (verstärkte Herabsetzung des Tonus und Lähmung der automatischen Kontraktionen). Die Wirkung war völlig reversibel.

Nach S. Edlbacher und I. Kraus[7] wird Glykokoll bei Gegenwart geringer Mengen Adrenalin und O_2 unter Bildung von NH_3 und CO_2 oxydiert. Der Grad des Umsatzes ist von der Konzentration abhängig. So sinkt mit steigender Glykokollkonzentration der Betrag des prozentualen Abbaues. Bei Anwesenheit von Adrenalin 1:125000 werden auf 1 Mol. Adrenalin mehr als 30 Mol. Glykokoll oxydiert. Das Optimum der Reaktion liegt bei $p_H = 7,7$. Die obere Grenze ist $p_H = 6$ und die untere $p_H = 10$. Außerdem wird die Ersetzbarkeit des Adrenalins durch andere organische Verbindungen studiert: Brenzkatechin, Resorcin, Hydrochinon, Ephedrin, Guajakol. Als Reaktionsprodukt war neben NH_3 und CO_2 nur noch CH_2O nachweisbar. Bei O-Ausschluß findet keine Zersetzung des Glykokolls statt.

Glykokoll wird nach K. W. Merz[8] in Gegenwart von Adrenalin oxydativ desaminiert. Die Reaktion wird durch Plasma und Serum erheblich gefördert, durch Blutkörperchen, Muskel-, Leber- und Milzbrei gehemmt.

Nach G. Pennetti[9] erweist sich Glykokoll als unwirksam, die photodynamische Wirkung des Eosins auf Adrenalin aufzuheben.

Nach F. Nord[10] nimmt die Anfärbbarkeit des Nebennierenmarkes von Kaninchen mit Chromat nach Injektion mit Glykokoll stark ab, was auf den verringerten Adrenalingehalt in den Nebennieren zurückzuführen ist.

Casein- und Eieralbuminabbauprodukte (durch Pepsinbehandlung) werden nach A. Carrel, L. E. Baker und A. H. Ebeling[11] für das Wachstum sarkomatöser Rattenfibroblasten erheblich verbessert, wenn den Abbauprodukten Glykokoll und Thymonucleinsäure zugesetzt

---

[1] F. Nord: Acta med. scand. (Stockh.) **65**, 1—115 (1926) — Ber. Physiol. **40**, 553 — Chem. Zbl. **1927 II**, 1717.
[2] C. Voegtlin, E. R. Dun u. I. W. Thompson: Amer. J. Physiol. **71**, 574—582 — Chem. Zbl. **1925 II**, 199.
[3] E. Gabbe: Z. exper. Med. **51**, 391—446, 447—465 — Chem. Zbl. **1926 II**, 1658.
[4] F. Nord: C. r. Soc. Biol. Paris **93**, 1185—1188 (1925) — Chem. Zbl. **1926 II**, 247.
[5] H. Ekerfors: C. r. Soc. Biol. Paris **93**, 1162—1167 (1925) — Chem. Zbl. **1926 I**, 1222.
[6] E. Abderhalden u. E. Gellhorn: Pflügers Arch. **206**, 154—161 (1924) — Chem. Zbl. **1925 I**, 550.
[7] S. Edlbacher u. I. Kraus: Hoppe-Seylers Z. **178**, 239—249 — Chem. Zbl. **1928 II**, 2658.
[8] K. W. Merz: Sitzsber. Heidelberg. Akad. Wiss. **1928**, Nr. 10, 3—14 — Chem. Zbl. **1928 II**, 2162.
[9] G. Pennetti: Arch. Sci. Biol. **9**, 398—404 (1927) — Chem. Zbl. **1929 I**, 2199.
[10] F. Nord: Beitr. path. Anat. **78**, 297—302 (1927) — Chem. Zbl. **1928 II**, 1785.
[11] A. Carrel, L. E. Baker u. A. H. Ebeling: Arch. exper. Zellforschg **5**, 125—127 (1927) — Chem. Zbl. **1929 I**, 1839.

werden. Weiterhin wird [1] in solchen Nährflüssigkeiten der Einfluß von zugesetztem Glutathion, Hämoglobin und Leberasche auf das Wachstum der Fibroblasten untersucht. Das Wachstum der sarkomatösen Fibroblasten wird in einer Nährlösung von Caseinhydrolysaten, Glykokoll und Nucleinsäure durch Zusatz von Hämoglobin und Glutathion um ca. 100% gesteigert [2].

E. Abderhalden, E. Rindtorff und A. Schmitz[3] studierten den hemmenden Einfluß von Glykokoll auf die Spaltung von d, l-Leucylglycin und Glycyl-d, l-leucin durch Erepsin und von Benzoyl-d, l-leucylglycin und Phenylisocyanatglycyl-d, l-leucin durch Trypsinkinase. Der Hemmungsgrad wurde mit dem von anderen Aminosäuren und Aminen verglichen.

Die proteolytische Spaltung von Glycylglycin wird nach H. von Euler und K. Josephson[4,5] durch Glykokoll gehemmt. Die Hemmung ist um so stärker, je mehr die Reaktion vom Neutralpunkt entfernt ist, so daß beim Optimum der Enzymwirkung die Hemmung größer ist als beim Neutralpunkt. Nach den Verfassern hemmt isoelektrisches Glykokoll nicht, so daß die Hemmung durch die frei werdende NH_2-Gruppe des Glykokolls bedingt ist. Ebenso wird nach S. Tamura[6] die Glycyltyrosinspaltung durch Hefepreßsaft und Erepsin und die Spaltung von Alanylglycin durch Peptidasen (Glycerinextrakt aus Schweinsdarm) nach H. v. Euler und Z. J. Kertécz[7] durch Glykokoll stark gehemmt.

Nach I. H. Northrop[8] wird die Fermentwirkung von Trypsin durch zugesetztes Glykokoll nicht gehemmt. Außerdem hat Glykokoll nach dem Verfasser[9] im Gegensatz zu tryptischen Eiweißabbauprodukten auch keinen Einfluß auf die Beständigkeit des Trypsins.

Nach Untersuchungen über die Elution verschiedener Hefepeptidasesysteme wirkt nach A. Fodor und R. Schoenfeld[10] nur Glykokoll auf das erste Adsorbat: Kaolin → Protein → zymohaptische Substanz eluierend. Aus dem erhaltenen System: Glykokoll → zymohaptische Substanz kann die letztere erneut durch Kaolin absorbiert werden. Bei neutraler Reaktion läßt sich wiederum mit Glykokoll, das zu gleicher Zeit konservierend wirkt, das Ferment eluieren, während es bei saurer Reaktion vielleicht auch eluiert, aber nicht konserviert, so daß das Eluat unwirksam ist. Glykokoll wirkt also nicht hemmend, sondern konservierend.

Über das Verhalten von Glykokolleluaten proteolytischer Fermente gegenüber verschiedensten Substraten: Leucylglycin, Glycylglycin, Seidenpepton Höchst berichten A. Fodor und R. Schoenfeld[11].

Glykokollzusatz zu Hefemacerationssäften wirkt nach A. Fodor und R. Cohn[12] beschleunigend auf die Aktivität der Peptidasen gegenüber Seidenpepton Höchst.

Die Wirkung von Pankreaslidase auf Buttersäureäthylester und Olivenöl wird nach E. R. Dawson[13] in alkalischer und neutrale, aber nicht in saurer Lösung durch Glykokoll beschleunigt.

Glykokoll wirkt nach E. Karasawa[14] im Gegensatz zu Alanin und Leucin auf die pankreaslipatische Spaltung von Tributyrin schwach hemmend. Weiterhin wird über die Wirkung der Gallensäuren auf die Tributyrinspaltung in Gegenwart der Aminosären berichtet.

Nach H. C. Sherman und F. Walker[15] wird die Hydrolysengeschwindigkeit von Stärke durch gereinigte Pankreatinamylase, Handelspankreatin, Speichel- oder gereinigte Malzamylase, nicht so eindeutig bei Malzextrakt, Taka-Diastase und einer Aspergillusamylase aus Takadiastase durch Glykokollzusatz gesteigert. Der Aminosäurezusatz schützt das Enzym auch vor der zerstörenden Wirkung durch $CuSO_4$ und kann sogar ein durch $CuSO_4$ geschädigtes

---

[1] L. E. Baker: J. of exper. Med. **49**, 163—182 — Chem. Zbl. **1929 I**, 2063.
[2] L. E. Baker: Science (N. Y.) **68**, 459—461 (1928) — Chem. Zbl. **1929 I**, 413.
[3] E. Abderhalden, E. Rindtorff u. A. Schmitz: Fermentforschg **10**, 233—250 (1928) — Chem. Zbl. **1929 I**, 2320.
[4] H. v. Euler u. K. Josephson: Hoppe-Seylers Z. **157**, 122—139 — Chem. Zbl. **1926 II**, 2977.
[5] H. v. Euler u. K. Josephson: Ber. dtsch. chem. Ges. **60**, 1341—1349 — Chem. Zbl. **1927 II**, 707.
[6] S. Tamura: Acta Scholae med. Kioto **6**, 441—447 (1924) — Ber. Physiol. **32**, 640 (1925) — Chem. Zbl. **1926 I**, 2481.
[7] H. v. Euler u. Z. J. Kertécz: Ber. dtsch. chem. Ges. **61**, 1525—1529 — Chem. Zbl. **1928 II**, 1001.
[8] I. H. Northrop: J. gen. Physiol. **4**, 227—244 (1922) — Chem. Zbl. **1922 I**, 764.
[9] I. H. Northrop: J. gen. Physiol. **4**, 261—274 (1922) — Chem. Zbl. **1922 I**, 765.
[10] A. Fodor u. R. Schoenfeld: Hoppe-Seylers Z. **160**, 169—188 (1926) — Chem. Zbl. **1927 I**, 460.
[11] A. Fodor u. R. Schoenfeld: Hoppe-Seylers Z. **170**, 231—246 (1927) — Chem. Zbl. **1928 I**, 362.
[12] A. Fodor u. R. Cohn: Hoppe-Seylers Z. **176**, 17—28 — Chem. Zbl. **1928 II**, 455.
[13] E. R. Dawson: Biochemic. J. **21**, 398—403 — Chem. Zbl. **1927 II**, 1353.
[14] E. Karasawa: J. of Biochem. **7**, 117—127 — Chem. Zbl. **1927 II**, 280.
[15] H. C. Sherman u. F. Walker: J. amer. chem. Soc. **43**, 2461—2469 — Chem. Zbl. **1922 III**, 929.

Enzym wieder zur vollen Wirksamkeit bringen. Deshalb ist nach den Verfassern der günstige Einfluß der Aminosäure auf die Stärkehydrolyse wenigstens zum Teil auf die schützende Wirkung vor Zerstörung in den wässerigen Lösungen zurückzuführen.

Glykokoll verzögert nach H. C. Sherman und F. Walker[1] die Zersetzung hochgereinigter Pankreasamylase durch erhöhte Temperatur, und zwar relativ um so stärker, je länger der Versuch ausgedehnt wird.

H. C. Sherman und M. L. Caldwell[2] untersuchten den Einfluß von $HgCl_2$ auf das System: Amylase + Glykokoll. Durch eine 0,000003 molare $HgCl_2$-Lösung wird die Amylase zu etwa 10% gehemmt, was durch Zusatz von 50—100 mg Glykokoll pro 100 ccm wieder aufgehoben wird.

Nach J. T. Groll[3] findet im Gegensatz zu Sherman[4] durch Glykokoll keine Aktivierung von Amylase statt, die z. B. mit Cu-Salzen vergiftet ist.

Über die diastatische Wirkung des Glykokolls berichtet W. Biedermann[5]. Der Verfasser[6] berichtet ferner über die diastatische Wirkung folgenden Systems: nach Neumeister hergestellte Atmidalalbumose + Glykokoll, geeignete Salze und O_2-Gehalt der Lösung.

Glykokoll steigert nach H. Haehn und H. Schweigart[7] die amylolytische Wirkung von Kartoffelpreßsaft.

N. Katô[8] studierte den Einfluß des Glykokolls auf die Äquivalentharnstoffkonzentration und die Gradation von Ureasepräparaten. Glykokoll verstärkt die Ureasereaktion, die ihr Maximum erst nach einiger Zeit erreicht und abhängig von der Zeit ist, die nach der Mischung von Harnstoff und Glykokoll bis zum Zusatz der Ureaselösung verfließt. Bei Fraktionierung eines Soja-Ureasepräparates mit $Ca_3(PO_4)_2$ in 2 Fraktionen ist nur die eine durch Glykokoll aktivierbar.

G. Revoltella[9] bestätigt die aktivierende Wirkung von Glykokoll auf Ureasepräparate.

Nach E. W. Rockwood[10] beruht die fördernde Wirkung von Glykokoll auf Urease aus Jackbohnen oder auf Speichelamylase zum Teil darin, daß die Zerstörung der Enzyme beim Stehen der Lösungen verhindert wird. Zum weitaus größten Teile ist es aber eine spezifische Aktivatorwirkung der Aminosäure.

Die von verschiedenen Autoren festgestellte Steigerung der Wirkung von Soja-Urease durch Glykokoll beruht nach N. Katô[11] darauf, daß das zugesetzte Glykokoll kofermentartig wirkt und das inzwischen unwirksam gemachte Koferment der Soja-Urease ergänzt.

Nach T. Takahata[12] werden schon kleinste Mengen Urease durch Glykokoll und Cyankali in ihren Wirkungen erheblich gesteigert. Bei der Aktivierung von mit $CuSO_4$ vergifteter Urease wirkt Glykokoll besser als KCN, während Glykokoll bei Vergiftung mit $HgCl_2$ ganz unwirksam sein soll.

Nach M. Kitagawa[13] wird die normale Aktivität von Urease durch Zusatz von Glykokoll, Fibrin und KCN wiederhergestellt, wenn die Urease durch vollständige Entfernung aller natürlichen Aktivatoren inaktiviert worden war.

Glykokoll wirkt nach M. Tsuchihashi[14] schädigend auf verdünnte Blutkatalase.

Nach W. E. Burge[15] wird die Katalaseausfuhr aus Leber- und Verdauungsdrüsen zugleich mit den Verbrennungsprozessen gesteigert, wenn in Narkose in den Dünndarm eine Glykokolllösung direkt eingespritzt wird.

---

[1] H. C. Sherman u. F. Walker: J. amer. chem. Soc. **45**, 1960—1964 (1923) — Chem. Zbl. **1924 I**, 566.

[2] H. C. Sherman u. M. L. Caldwell: J. amer. chem. Soc. **44**, 2923—2926 (1922) — Chem. Zbl. **1923 III**, 1095.

[3] J. T. Groll: Pharm. Weekbl. **65**, 1315—1319 (1928) — Chem. Zbl. **1929 I**, 1011.

[4] Sherman: Chem. Zbl. **1923 III**, 1096.

[5] W. Biedermann: Arch. néerl. Physiol. **7**, 151—156 (1922) — Chem. Zbl. **1923 I**, 364.

[6] W. Biedermann: Münch. med. Wschr. **69**, 1402—1404 — Chem. Zbl. **1922 III**, 1358.

[7] H. Haehn u. H. Schweigart: Biochem. Z. **143**, 516—526 (1923) — Chem. Zbl. **1924 I**, 1389.

[8] N. Katô: Biochem. Z. **136**, 498—529 — Chem. Zbl. **1923 III**, 788 — Biochem. Z. **139**, 352 bis 365 — Chem. Zbl. **1923 III**, 1091.

[9] G. Revoltella: Biochem. Z. **144**, 229—257 — Chem. Zbl. **1924 I**, 1839.

[10] E. W. Rockwood: J. amer. chem. Soc. **46**, 1641—1645 — Chem. Zbl. **1924 II**, 2168.

[11] N. Katô: J. Pharm. Soc. Jap. **1922**, Nr 488 — Chem. Zbl. **1923 I**, 354.

[12] T. Takahata: Biochem. Z. **140**, 154—157 — Chem. Zbl. **1923 III**, 1371.

[13] M. Kitagawa: J. of Biochem. **9**, 347—352 (1928) — Chem. Zbl. **1929 II**, 582.

[14] M. Tsuchihashi: Biochem. Z. **140**, 63—112 (1923) — Chem. Zbl. **1924 I**, 2438.

[15] W. E. Burge: Amer. J. Physiol. **47**, 351—355 (1918) — Chem. Zbl. **1922 III**, 1025.

Nach E. M. Riakhina und S. R. Zubkowa[1] hemmt Glykokoll die Wirkung der Antikatalase nicht.

Die Arginasen aus einer Reihe von malignen Tumoren, Sarkomen, Carcinomen, Granulationen, Polypen und embryonalen Geweben spalten nach S. Edlbacher und K. W. Merz[2] aus Glykokoll kein NH_3 ab.

Ein aus Lebern von Hunden, Meerschweinchen, Kaninchen, Gänsen, Hühnern und Fröschen gewonnenes histidinspaltendes Ferment spaltet nach S. Edlbacher[3] aus Glykokoll kein NH_3 ab.

F. Ch. Happold und H. St. Raper[4] fanden im Gegensatz zu den Befunden von Chodat und Schweitzer[5], daß bei der Einwirkung von Kartoffeltyrosinase auf Glykokoll weder NH_3 gebildet noch der Amino-N vermindert wird, noch Adsorption von O_2 stattfindet.

Nach R. A. McCance[6] katalysiert Tyrosinase die Reduktion von Methylenblau durch eine $p_H = 8$ zeigende Lösung von p-Kresol + Glykokoll, was auf eine H_2-Aktivierung zurückgeführt wird.

Glykokoll wird nach M. E. Robinson und R. A. McCance[7] durch den rohen Enzymextrakt aus Lactarius vellereus nur in Gegenwart von Phenolen (p-Kresol, Brenzkatechin und Resorcin) oxydiert, p-Hydrobenzoesäure oder Tyrosin können dabei nicht an Stelle von p-Kresol verwendet werden.

Nach D. Okuyama[8] wird das Reduktionspotential von Brenzcatechin bzw. Hydrochinon bei Anwesenheit von Glykokoll durch Tyrosinase erhöht.

Nach G. Ssacharow und S. Subow[9] wirkt Glykokoll antagonistisch auf einen mittels Durchspülung von überlebender Milz dargestellten fermentartigen, leukocytolytischen Stoff.

Über die Glykokoll- und Harnstoffbildung aus α-Guanidinoessigsäure durch Rinderleberbrei (Glykozymase) berichtet I. Karashima[10].

Nach G. Schmidt[11] wird Glykokoll nicht durch Adenylsäuredesaminase aus Muskelpreßsaft desaminiert.

Die Enzyme von Aspergillus flavus zersetzen nach A. K. Thakur und R. V. Norris[12] Glykokoll.

Nach H. Zeller[13] ist Glykokoll ohne Einfluß auf die Hefegärung.

Glykokoll wirkt nach A. Gigon und H. Odermatt[14] beschleunigend auf die alkoholische Gärung von Zucker.

Der Abbau von essigsaurem K durch Hefe wird nach St. Weiss[15] bei Zugabe von Glykokoll erhöht.

Versuche von B. Harrow, F. W. Power und C. P. Sherwin[16] ergaben, daß die Kupplung des Acetaldehyd-Essigsäurekomplexes mit p-Aminobenzoesäure im 24-Stunden-Harn nach Beigabe von Glykokoll um 28% gesteigert wurde.

Über den günstigen Einfluß von Glykokollzusatz (1%) auf die Vergärung von Brenztraubensäure durch Hefe berichten H. Haehn und M. Glaubitz[17].

---

[1] E. M. Riakhina u. S. R. Zubkowa: C. r. Soc. Biol. Paris **97**, 479—480 — Chem. Zbl. **1927 II**, 1353.
[2] S. Edlbacher u. K. W. Merz: Hoppe-Seylers Z. **171**, 252—263 (1927) — Chem. Zbl. **1928 I**, 375.
[3] S. Edlbacher: Hoppe-Seylers Z. **157**, 106—114 — Chem. Zbl. **1926 II**, 2453.
[4] F. Ch. Happold u. H. St. Raper: Biochemic. J. **19**, 92—100 — Chem. Zbl. **1925 I**, 2451.
[5] Chodat u. Schweitzer: Arch. Sci. phys. et nat. Genève [4] **35**, 140 — Chem. Zbl. **1923 I**, 1354.
[6] R. A. McCance: Biochemic. J. **19**, 1022—1031 — Chem. Zbl. **1926 I**, 3064.
[7] M. E. Robinson u. R. A. McCance: Biochemic. J. **19**, 251—256 — Chem. Zbl. **1925 II**, 406.
[8] D. Okuyama: J. of Biochem. **10**, 463—479 — Chem. Zbl. **1929 II**, 2054.
[9] G. Ssacharow u. S. Subow: Z. exper. Med. **51**, 346—390 — Chem. Zbl. **1926 II**, 1655.
[10] I. Karashima: Hoppe-Seylers Z. **177**, 42—46 — Chem. Zbl. **1928 II**, 1446.
[11] G. Schmidt: Hoppe-Seylers Z. **179**, 243—282 (1928) — Chem. Zbl. **1929 I**, 1124.
[12] A. K. Thakur u. R. V. Norris: J. Indian Inst. Sci. A **11**, 141—160 (1928) — Chem. Zbl. **1929 I**, 1013.
[13] H. Zeller: Biochem. Z. **176**, 134—141 — Chem. Zbl. **1926 II**, 3060.
[14] A. Gigon u. H. Odermatt: Z. exper. Med. **47**, 294—308 (1925) — Chem. Zbl. **1926 I**, 716.
[15] St. Weiss: Z. exper. Med. **52**, 707—714 (1926) — Chem. Zbl. **1927 I**, 479.
[16] B. Harrow, F. W. Power u. C. P. Sherwin: Proc. Soc. exper. Biol. a. Med. **24**, 422—424 — Ber. Physiol. **40**, 787 — Chem. Zbl. **1927 II**, 2207.
[17] H. Haehn u. M. Glaubitz: Hoppe-Seylers Z. **168**, 233—243 — Chem. Zbl. **1927 II**, 1971.

Den Kohlenstoff des Glykokolls kann nach Th. Bokorny[1] die Hefe nicht zur Ernährung verwenden.

I. S. Maclean und D. Hoffert[2] vergleichen die Ausnutzbarkeit von Na-Glykokoll, β-oxybuttersaurem Na, Alkohol und Na-Acetat durch Hefe.

Hefe entwickelt sich nach A. Morel und J. Bay[3] in N-freiem Milieu bei Gegenwart von Traubenzucker und bei $p_H = 6,6$ wohl bei Glykokollzusatz von 0,5% als N-Quelle, aber nicht bei Zusatz derselben Menge von Dioxopiperazin.

Nach Bokorny[4] können Glykokoll, Tyrosin und Leucin zur Ernährung von Hefe dienen, während Algen daraus Stärke bilden.

F. Lieben[5] untersuchte das Verhalten von Glykokoll in ruhenden Hefesuspensionen, von denen es nicht angegriffen wird. Beim Schütteln unter O_2-Zufuhr nimmt die Glykokollmenge ab, ohne daß wesentliche Mengen CO_2 oder NH_3 gebildet werden. Wie weit Glykokoll zum Aufbau von Lebenssubstanz der Hefe verwendet wird, geht aus den Bilanzversuchen nicht mit genügender Sicherheit hervor.

Aus Untersuchungen über das Stickstoffgleichgewicht in Hefezellen ergab sich nach H. von Euler und H. Fink[6], daß in Lösungen, die neben Zucker und Nährsalzen noch Glykokoll oder Alanin enthielten, der Gesamt-N der Hefe während der Gärung zunahm, also N assimiliert wurde. Weiterhin wird angegeben, daß in Systemen, in denen Hefe in Gegenwart von Glykokoll und Nährsalzen gärt, die Änderung des Amino-N während und nach der Gärung gering ist.

Über die Ausnutzung des Glykokolls als N-Quelle durch die Nektarhefe Anthomyces Reukaufii berichtet F. Hautmann[7]. Im Vergleich mit anderen N-haltigen Verbindungen ist die Ausnutzbarkeit weniger gut.

0,1—0,5 g Glykokoll und Alanin heben nach B. Sbarski und L. Subkowa[8] die Wirkung einer tödlichen Diphtherietoxindosis vollkommen auf.

Glykokoll und Tyrosin verzögerten nach B. Sbarski und C. Jermoljewa[9], zusammen mit einer tödlichen Dosis Diphtheriebacillen injiziert, den Tod von Meerschweinchen. Allerdings gelangen die Versuche nur an einem schwach toxischen Stamm.

Bei dialysiertem Diphtherietoxin (durch Kollodiummembranen 24 Stunden gegen Wasser) wirkt nach B. Sbarski und K. Nikolajew[10] Glykokoll nur auf die Außenflüssigkeit.

7 verschiedene Arten von Mikrosiphoneen wurden von G. Guittonneau[11] in Nährböden kultiviert, die außer den Mineralstoffen Glykokoll als C- und N-Quelle enthielten. Es konnte NH_3-Bildung festgestellt werden.

Der O_2-Verbrauch von Paramaecium caudatum und Colpoda wird nach J. M. Leichsenring[12] durch Glykokoll gesteigert.

Glykokoll oder Gemische von Glykokoll mit anderen Aminosäuren zeigten nach T. Ugata[13] keinen Einfluß auf die Vermehrung von Paramaecium.

B. Schwarzenberg und P. Gindis[14] untersuchten die Entwicklung von Milchsäurebakterien aus Gerbbrühen in einem Gerstenabsud mit Glucose, wobei neben Pepton, Fibrin und verschiedenen Aminosäuren Glykokoll als N-Quelle diente.

E. F. Terroine, S. Trautmann, R. Bonnet und R. Jacquot[15] untersuchten von Sterigmatocystis nigra und Aspergillus Oryzä den quantitativen Energiestoffwechsel und

---

[1] Th. Bokorny: Allgem. Brauer- u. Hopfenztg **1921**, 1413—1414, 1417—1418, 1421—1422 — Chem. Zbl. **1922 I**, 582.
[2] I. S. Maclean u. D. Hoffert: Biochemic. J. **20**, 343—357 — Chem. Zbl. **1926 II**, 777.
[3] A. Morel u. J. Bay: C. r. Soc. Biol. Paris **96**, 289—290 — Chem. Zbl. **1927 I**, 2328.
[4] Bokorny: Allgem. Brauer- u. Hopfenztg **64**, 1214—1216 — Chem. Zbl. **1925 I**, 1538.
[5] F. Lieben: Biochem. Z. **132**, 180—187 (1922) — Chem. Zbl. **1923 I**, 1286.
[6] H. v. Euler u. H. Fink: Hoppe-Seylers Z. **157**, 222—262 — Chem. Zbl. **1926 II**, 2447.
[7] F. Hautmann: Arch. Protistenkde **48**, 213—244 — Chem. Zbl. **1925 I**, 2569.
[8] B. Sbarski u. L. Subkowa: Biochem. Z. **172**, 40—44 — Chem. Zbl. **1926 II**, 605.
[9] B. Sbarski u. C. Jermoljewa: Z. Immun.forschg **54**, 105—109 (1927) — Chem. Zbl. **1928 I**, 935.
[10] B. Sbarski u. K. Nikolajew: Biochem. Z. **183**, 419—425 — Chem. Zbl. **1927 II**, 109.
[11] G. Guittonneau: C. r. Acad. Sci. Paris **179**, 512—514 — Chem. Zbl. **1924 II**, 2607.
[12] J. M. Leichsenring: Amer. J. Physiol. **75**, 84—92 (1925) — Chem. Zbl. **1926 II**, 1871.
[13] T. Ugata: J. of Biochem. **6**, 451—463 (1926) — Chem. Zbl. **1928 II**, 1784.
[14] B. Schwarzenberg u. P. Gindis: Zbl. Bakter. II **78**, 96—105 — Chem. Zbl. **1929 II**, 760.
[15] E. F. Terroine, S. Trautmann, R. Bonnet u. R. Jacquot: Bull. Soc. Chim. biol. Paris **7**, 351—379 — Chem. Zbl. **1925 II**, 666.

stellten fest, daß Glykokoll, wie Proteine und andere Aminosäuren als einziger organischer Nahrungsstoff gegeben, von den Pilzen zu 39% ausgenutzt wurde.

Bei der Entwicklung der Fähigkeit von Aspergillus niger zur Citronensäurebildung ist Glykokoll als N-Quelle nach K. Bernhauer[1] nur von geringer Wirkung.

Glykokoll als N-Verbindung in Zuckernährböden für Aspergillus fumaricus, der keine Fumar-, sondern nur noch Citronen- und Gluconsäure bildete, zeigte nach R. Schreyer[2] anderen N-Verbindungen gegenüber keinen Unterschied im Einfluß auf die Säuerung.

Glykokoll kann nach H. Coupin[3] für Penicillium glaucum sowohl als C- wie als N-Quelle dienen.

A. Morel und L. Bay[4] untersuchten vergleichend das Wachstum von Bakterien und Schimmelpilzen in Glycerin- und Glucosekulturböden mit den nötigen anorganischen Salzen bei Zugabe von 1. $(NH_4)_2SO_4$, 2. Glykokoll, 3. Glykokoll-Arginingemisch, 4. Gemischen von Krystallisationsprodukten der Mutterlauge von Cycloglycylglycin, 5. 2,5-Dioxopiperazin und 6. Asparagin.

Über die Ausnutzung von Glykokoll als N-Quelle durch verschiedene Bakterien bei Ersatz des Asparagins in der Uschinskischen Lösung berichtet J. Carra[5].

Untersuchungen von H. Braun und C. E. Cahn-Bronner[6] über die dem Paratyphus-B-Bacillus nahestehenden Bakterienarten (Gärtnersche, Voldaysen- und Mäusetyphusbacillen) und über Paratyphus-A- und Typhusbacillen ergaben, daß Glykokoll in den benutzten Kombinationen wirkungslos blieb.

Es wurde von H. Braun und C. E. Cahn-Bronner[7] die Ausnutzbarkeit von Glykokoll durch pathogene Bakterien (gasbildende und gaslose Paratyphus-B-, Gärtnersche, NH_3-assimilierende und NH_3-nichtassimilierende Typhusbacillen) für sich allein und im Gemisch mit Milchsäure untersucht. Während nun Glykokoll allein nicht ausgenutzt wurde, fand Wachstum bei Zusatz von Milchsäure statt.

In künstlichen Nährböden wird Glykokoll als N-Quelle durch Typhusbacillus nur in Gegenwart von Zuckern ausgenutzt, wobei es nach A. Doskočil[8] zu einer Säuerung des Nährbodens kommt.

Glykokoll als N-Quelle bedingt nach P. Courmont, A. Morel und J. Bay[9] im Gegensatz zu Dioxopiperazin eine normale Entwicklung des menschlichen Tuberkelbacillus.

Glykokoll als N-Quelle wird nach H. Braun, A. Stamatelakis, S. Kondo und R. Goldschmidt[10] durch Blindschleichen- und Schildkrötentuberkelbacillus (Friedmann) nicht ausgenutzt.

Nach J. H. Quastel und B. Woolf[11] wird unter Bedingungen, bei denen in Gegenwart von Bacillus coli aus Asparaginsäure NH_3 frei wird, aus Glykokoll kein NH_3 abgespalten.

Nach O. Fernández und T. Garméndia[12] werden durch Bacillus coli auf Peptonnährböden nach Zusatz von Glykokoll nur geringe Mengen Aldehyd gebildet, die bei Gegenwart von Lactose, Lactose + Sulfit ansteigend erhöht werden.

Von O. Fernández und T. Garméndia[13] wird vergleichend der Einfluß von Glykokoll, Leucin, Alanin und Asparagin auf die Vergärung von Traubenzucker durch Bacillus coli untersucht. Die Alkoholbildung ist bei allen vier Aminosäuren etwa die gleiche; Aldehyd läßt sich gar nicht oder nur in Spuren nachweisen. Die Bildung von Essigsäure bleibt geringer als bei

---

[1] K. Bernhauer: Hoppe-Seylers Z. **177**, 86—106 — Chem. Zbl. **1928 II**, 1888.
[2] R. Schreyer: Biochem. Z. **202**, 131—156 (1928) — Chem. Zbl. **1929 I**, 1707.
[3] H. Coupin: C. r. Acad. Sci. Paris **185**, 963—965 (1927) — Chem. Zbl. **1928 I**, 1429.
[4] A. Morel u. L. Bay: C. r. Soc. Biol. Paris **97**, 474—477 — Chem. Zbl. **1926 II**, 1958.
[5] J. Carra: Ann. d'Ig. **34**, 397—405 — Ber. Physiol. **29**, 138 (1924) — Chem. Zbl. **1925 I**, 1088.
[6] H. Braun u. C. E. Cahn-Bronner: Zbl. Bakter. I **86**, 196—211 — Chem. Zbl. **1921 III**, 234.
[7] H. Braun u. C. E. Cahn-Bronner: Biochem. Z. **131**, 226—314 (1922) — Chem. Zbl. **1923 I**, 965, 967.
[8] A. Doskočil: Biochem. Z. **190**, 314—321 (1927) — Chem. Zbl. **1928 I**, 2623.
[9] P. Courmont, A. Morel u. J. Bay: C. r. Soc. Biol. Paris **96**, 543—544 — Chem. Zbl. **1927 I**, 3094.
[10] H. Braun, A. Stamatelakis, S. Kondo u. R. Goldschmidt: Biochem. Z. **146**, 573—581 — Chem. Zbl. **1924 II**, 682.
[11] J. H. Quastel u. B. Woolf: Biochemic. J. **20**, 545—555 (1926) — Chem. Zbl. **1927 I**, 115.
[12] O. Fernández u. T. Garméndia: An. soc. española Fis. Quim. **19**, 313—319 (1921) — Chem. Zbl. **1924 I**, 1393.
[13] O. Fernández u. T. Garméndia: An. soc. española Fis. Quim. **12**, 481—492 (1923) — Chem. Zbl. **1924 I**, 1813.

NaHCO$_3$-Zusatz. Die Milchsäureproduktion ist bei allen erheblich. Das Verhältnis zwischen beiden Säuren ist stark abhängig von der Art und Menge des Zusatzes. Bei Zusatz von 1 g Glykokoll oder Asparagin wird mehr Bernsteinsäure gebildet als bei Zusatz der doppelten Menge Alanin. Glycerin entsteht nur wenig. Eine Beziehung zwischen den gebildeten Mengen Essigsäure und Glycerin besteht nicht. In allen Fällen (1 und 2 g Zusatz von Aminosäure zu 4 g Glucose in 200 ccm Wasser) wird merklich weniger Zucker vergoren als ohne Zusatz. Am wenigsten drückt Asparaginzusatz die Gärung herab.

Ein Glykokollzusatz zu einem Nährboden, der neben den nötigen anorganischen Salzen und Glycerin auch Histidinchlorhydrat enthielt, vermehrte nach M. T. Hanke und K. K. Kössler[1] Wachstum und Histaminbildung beim Colibacillus.

O. Fernández und T. Garméndia[2, 3] untersuchten die Bildung von Katalase und Peroxydase durch Bacillus coli in verschiedenen Medien: a) Bouillonkulturen mit Luftzutritt: die meiste Katalase wird mit Lävulose + Glykokoll gebildet; b) Bouillonkulturen ohne Luftzutritt: es findet nur geringe Katalasebildung (bei Zucker + Aminosäure) statt; c) Kulturen in synthetischen Medien unter Luftzutritt: mit Glykokoll ohne Kohlehydrat gedeiht Bacillus coli unter diesen Bedingungen nicht, verhältnismäßig gering ist die Katalasebildung mit Lävulose + Glykokoll; d) Kulturen in synthetischen Medien unter Luftabschluß: bei Zusatz von Glykokoll wird kein Ferment gebildet. Die Zersetzung des Glykokolls beträgt stets nur Zehntelmilligramm.

Untersuchungen über die Bildung von Farbstoffen durch Pyocyaneus auf verschiedenen Nährböden ergaben nach J. Carra[4] bei Verwendung von Glykokoll als N-Quelle, daß eine anfangs schwächere Bildung stattfindet, die allmählich zunimmt, aber nie die gleiche Stärke erreicht, wie es mit Alanin der Fall ist.

Nach A. Gorris und A. Liot[5] lassen sich bei der Züchtung von Bacillus pyocyaneus auf künstlichen Nährböden Glykokoll oder besser noch dessen Salze als N-Quelle verwenden. Allerdings ist die Wirkung von NH$_4$-Salzen stärker. Nach weiteren Versuchen von A. Liot[6] ist Glykokoll durch Bacillus pyocyaneus nur in Gegenwart von Zucker verwertbar.

Glykokoll wird vom Bacillus pyocyaneus nach J. Supniewski[7] nur schwer angegriffen. Bei Gegenwart von Glucose wird diese zuerst abgebaut.

J. Supniewski[8] untersuchte den Stoffwechsel von Bacillus pyocyaneus in Kulturen mit Glykokoll als N-Quelle.

Nach V. Reader[9] kann in künstlichen Nährböden für Sarcina arantiaca, Streptothrix corallinus, weißer Streptothrix Glykokoll nicht als N-Quelle NH$_3$ ersetzen, wohl aber kann es in gleicher Konzentration wie Glucose diese als C-Quelle vertreten.

Nach Untersuchungen von J. Hirsch[10] gediehen Choleravibrionen nicht in einer Mineralsalzlösung mit Glykokoll als einziger C- und N-Quelle.

Glykokoll hemmt nach R. L. Starkey[11] die Oxydation des Schwefels durch Thiobacillus thiooxydans.

E. Gellhorn[12] zeigte, daß die Permeabilität der Spermatozoen von Rana temporaria für K, Rb, NH$_4$, Citrat und Methylenblau durch Glykokoll und Kohlehydrate herabgesetzt wurde, so daß selbst nach längerer Einwirkungsdauer dieser Ionen noch hohe Befruchtungsziffern festzustellen waren. Es handelt sich dabei nicht um eine völlige Hemmung der Durchlässigkeit, sondern um eine Herabsetzung der Permeabilität, wie die weitere Entwicklung der Embryonen zeigte. Die Steigerung der Permeabilität, die die Zellgrenzschichten bei Belichtung in Gegenwart von Eosin, Erythrosin, Fluorescin und Neutralrot erfahren, kann durch Glykokoll und Kohlehydrate vermindert werden.

---

[1] M. T. Hanke u. K. K. Kössler: J. of biol. Chem. **50**, 131—191 (1922) — Chem. Zbl. **1922 I**, 695.
[2] O. Fernández u. T. Garméndia: An. soc. española Fis. Quim. **21**, 166—180 — Chem. Zbl. **1923 III**, 1416.
[3] O. Fernández u. T. Garméndia: Z. Hyg. **108**, 329—335 — Chem. Zbl. **1928 I**, 1783.
[4] J. Carra: Zbl. Bakter. I **91**, 154—159 — Chem. Zbl. **1924 I**, 1550.
[5] A. Gorris u. A. Liot: C. r. Acad. Sci. Paris **174**, 575—578 — Chem. Zbl. **1922 III**, 391.
[6] A. Liot: Ann. Inst. Pasteur **37**, 234—274 — Chem. Zbl. **1923 III**, 631.
[7] J. Supniewski: C. r. Soc. Biol. Paris **89**, 1379—1380 (1923) — Chem. Zbl. **1924 I**, 1679.
[8] J. Supniewski: Biochem. Z. **154**, 98—103 (1924) — Chem. Zbl. **1925 I**, 853.
[9] V. Reader: Biochemic. J. **21**, 901—907 — Chem. Zbl. **1927 II**, 2463.
[10] J. Hirsch: Z. Hyg. **106**, 433—467 — Chem. Zbl. **1926 II**, 2188.
[11] R. L. Starkey: J. Bacter. **10**, 135—163 — Ber. Physiol. **32**, 647—648 — Chem. Zbl. **1926 I**, 2483.
[12] E. Gellhorn: Pflügers Arch. **206**, 250—267 (1924) — Chem. Zbl. **1925 I**, 1337.

A. Th. Czaja[1] untersuchte die Permeabilität durch die Utriculariablase, wobei er feststellte, daß Glykokoll nicht eindrang.

Über die Permeabilität einer Lösung von Farbstoffen in Glykokollösungen durch Froschhautmembranen berichtet E. Wertheimer[2].

Über den mit der Zeit sich verändernden Aminosäure-N-Gehalt von Rindererythrocyten die $1^1/_2$ Stunden in isotonischer Glykokollösung bei 38° suspendiert waren, berichtet K. Hiruma[3].

Glykokoll wird nach B. Sbarsky und A. Muchamedow[4] in vitro durch Kaninchenerythrocyten zu 10—40% adsorbiert.

K. Kosaka und M. Seki[5] untersuchten die Wanderungsgeschwindigkeit und -richtung der roten Blutkörperchen in 2 proz. Glykokollösung. Die Blutkörperchen wandern anodisch. Die Schnelligkeit nimmt in der folgenden Reihe zu: Rind > Schwein > Meerschweinchen > Huhn und Taube > Mensch > Ziege und Maus > Ratte, Katze und Hund.

Bei künstlichen Hämochromogenen aus Hämin durch Kupplung mit Glykokoll an Stelle von Globin ist nach L. M. Anson und A. E. Mirsky[6] die Lage im Spektrum um 21,5 Å nach Blau verschoben und bei der entsprechenden CO-Verbindung um 7 Å nach Rot.

Bei Gegenwart von Chlorogensäure wird nach A. Oparin[7] der Amino-N des Glykokolls in 2—4 Tagen zu etwa 10—20% durch den Luftsauerstoff zu Ammoniak-N übergeführt, außerdem wird CO_2 abgespalten und der Rest der Verbindung zu Aldehyd oxydiert.

Nach C. Voegtlin, J. M. Johnson und H. A. Dyer[8] ist Glykokoll auf die CN-Vergiftung völlig einflußlos.

G. Barry, E. Bunbury und E. L. Kennaway[9] untersuchten den Einfluß von As_2O_3 auf das System Acetaldehyd-Glykokoll-Phosphat. As_2O_3 wirkt in einer Konzentration von 0,01% hemmend.

Über die gegen Ausflockung schützende Wirkung des Glykokolls auf gelöstes $Ca(HCO_3)_2$ und über einen Vergleich mit der Wirkung von Eiweißlösungen berichten R. Mond und H. Netter[10].

Von O. Meyerhof[11] wurde die Beeinflußbarkeit der Dissoziationswärme des Glykokolls untersucht, die sich nicht wesentlich ändert, solange dieses gelöst ist. Die Dissoziationswärme ist in Alkohol ebenso groß wie in Wasser, verschwindet dagegen bis auf 1200 Cal statt 11000 Cal mol. in CH_2O.

Der Süßungsgrad und der molare Süßungsgrad von Glykokoll wurde von A. Heiduschka und E. Komm[12] nach der „Konstanzmethode" von Pauli[13] untersucht und betrug 0,64 bzw. 0,14. In weiteren Versuchen[14] wurde der Süßungsgrad von verschieden konzentrierten Glykokollösungen ermittelt.

Konzentration von Glykokoll	Süßungsgrad	Molarer Süßungsgrad
2,5%	1,19%	0,26%
5,0	1,03	0,22
7,5	0,85	0,18
10,0	0,78	0,17
15,0	0,64	0,14
20,0	0,55	0,12
25,0	0,46	0,10

---

[1] A. Th. Czaja: Ber. dtsch. bot. Ges. **40**, 381—385 (1922) — Chem. Zbl. **1923 I**, 1330.
[2] E. Wertheimer: Pflügers Arch. **201**, 488—502 (1923) — Chem. Zbl. **1924 I**, 1207.
[3] K. Hiruma: Jap. med. World **2**, 65—68 — Ber. Physiol. **14**, 365—366 — Chem. Zbl. **1922 III**, 1274.
[4] B. Sbarsky u. A. Muchamedow: Biochem. Z. **155**, 495—498 — Chem. Zbl. **1925 I**, 2084.
[5] K. Kosaka u. M. Seki: Communication of the Okayama, Med. Soc. Nr 372 — Ber. Physiol. **7**, 545—547 — Chem. Zbl. **1921 III**, 571.
[6] L. M. Anson u. A. E. Mirsky: J. of Physiol. **60**, 50—68 — Chem. Zbl. **1925 II**, 577.
[7] A. Oparin: Bull. Acad. St. Petersbourg [6] **1922**, 535—546 — Chem. Zbl. **1925 II**, 728.
[8] C. Voegtlin, J. M. Johnson u. H. A. Dyer: J. of Pharmacol. **27**, 467—483 — Chem. Zbl. **1926 II**, 1658.
[9] G. Barry, E. Bunbury u. E. L. Kennaway: Biochemic. J. **22**, 1102—1111 (1928) — Chem. Zbl. **1929 I**, 3115.
[10] R. Mond u. H. Netter: Pflügers Arch. **212**, 558—568 — Chem. Zbl. **1926 II**, 1294.
[11] O. Meyerhof: Pflügers Arch. **204**, 295—331 — Chem. Zbl. **1924 II**, 1220.
[12] A. Heiduschka u. E. Komm: Z. angew. Chem. **38**, 291—294 — Chem. Zbl. **1925 I**, 2302.
[13] Pauli: Biochem. Z. **125**, 97 — Chem. Zbl. **1922 II**, 733.
[14] A. Heiduschka u. E. Komm: Z. angew. Chem. **38**, 941—945 (1925) — Chem. Zbl. **1926 I**, 880.

Ein Vergleich mit dem Süßungsgrad entsprechender Alaninlösungen ergab, daß die Kurven für die Süßungsgrade beider Säuren bei den niedrigen Konzentrationen erheblich voneinander abweichen, dagegen von 5% ab in fast gleichen Abständen verlaufen. In Gemischen beider Säuren addieren sich die Süßungsgrade der Komponenten nicht zueinander.

Physikalische Eigenschaften: Über Molekulargewichtsbestimmungen von Glykokoll in wässerigen Salzlösungen ($NaCl$, KJ, $SrCl_2$, $BaCl_2$) berichten eingehend P. Pfeiffer und O. Angern[1]. Die festgestellten Depressionsanomalien beruhen nach den Verfassern darauf, daß die Aminosäuremoleküle durch Salzmoleküle und Salzionen abgefangen werden, wobei die einzelnen Aminosäuren ein verschiedenes Verhalten zeigen. Nach zunehmender Additionsfähigkeit geordnet, ergibt sich folgende Reihe in NaCl-Lösungen: Alanin → Sarkosin → Glykokoll, die für die verschiedenen Salze stets gleichbleibt. Weitere Versuche ergaben, daß bei der Einwirkung verschiedener Salze: $LiCl$, $NaCl$, KCl, NH_4Cl, LiJ, NaJ, KJ, NH_4J, $CaCl_2$, $SrCl_2$, $BaCl_2$ einerseits und CH_3COOK, KCl, KBr, KJ, $KSCN$, KNO_3, $SrCl_2$, $SrBr_2$, SrJ_2, $Sr(NO_3)_2$ andererseits auf Glykokollösungen weder die Natur der Alkali- noch der Erdalkalimetalle für die Additionsreaktionen eine Rolle spielt, daß aber die Erdalkalisalze stets besser addieren als die Alkalisalze. Werden die K- und Sr-Salze nach zunehmender Additionsfähigkeit geordnet, so ergeben sich folgende Reihen: KCl 13,1 → KBr 16,3 → KJ 17,6 → $KSCN$ 19,3 → KNO_3 22,4%; $SrCl_2$ 23,8 → $SrBr_2$ 25,8 → SrJ_2 30,1 → $Sr(NO_3)_2$ 32,9%. Die Salze organischer Säuren addieren nur schwach und geben folgende Reihe: CH_3COONa 7,1 → C_6H_5COONa 7,5 → CCl_3COONa 8,0 → $HCOONa$ 10,0%. Die Additionsfähigkeit ist unabhängig von der Dissoziationskonstante der Säuren. Es wird ein um so größerer Teil von Glykokoll an das Neutralsalz [KNO_3, $Sr(NO_3)_2$] addiert, je konzentrierter die Salzlösungen sind, es herrscht aber keine Proportionalität. Die Additionswerte sind bei gleichbleibender Salzkonzentration fast unabhängig von der Glykokollkonzentration. Ändern sich Salz- und Glykokollkonzentration, während das gegenseitige Verhältnis konstant bleibt, so nehmen die Additionswerte annähernd den Konzentrationen proportional zu.

Das Molekulargewicht des Glykokolls läßt sich nach W. S. Ssadikow und A. K. Michailow[2] trotz seiner guten Campherlöslichkeit nicht nach der Mikromolekulargewichtsbestimmungsmethode nach K. Rast bestimmen.

Von G. L. Keenan[3] wurden Krystallform und optische Eigenschaften von Glykokoll nach der Immersionsmethode festgestellt. Als Immersionsflüssigkeit wurden Gemische von Squibbs Mineralöl (n = 1,49), Monochlornaphthalin (n = 1,64), Monobromnaphthalin (n = 1,66) und Methylenjodid (n = 1,74) in solchen Verhältnissen angewendet, daß sich jedes Gemisch vom anderen um 0,005 unterschied.

A. Hettich und A. Schleede[4] untersuchten die krystallographische Symmetrie von Glykokoll nach neueren piezoelektrischen Methoden. Es besitzt nach dieser Bestimmung eine niedrigere Symmetrie, als bisher angenommen wurde.

Über die refraktometrische und interferometrische Untersuchung von Glykokoll berichten P. Hirsch und R. Kunze[5].

M. H. Simmers[6] nimmt nach der Pulvermethode die Röntgenspektren vier verschiedener Glykokollproben auf: 1. Glykokoll von Pfannstiehl, 2. von Eastman Kodak Co., 3. Präparat nach der Formaldehydmethode von Ling und Nanji und 4. Präparat aus Monochloressigsäure + NH_3. Die ersten 3 Präparate geben identische Spektra (A), das vierte Präparat weicht hiervon ab (Spektrum B). Die 4 Präparate krystallisieren aus Wasser in Platten aus, deren Spektrum für alle 4 Präparate gleich und mit dem von A identisch ist. Durch Zusatz von Alkohol zur wässerigen Lösung der 4 Präparate scheidet sich das Glykokoll in Nadeln aus. Das Spektrogramm dieser nadelförmigen Krystalle ist von dem von A etwas verschieden, was auf Krystallalkoholgehalt der Krystalle zurückgeführt wird. Beim vollständigen Trocknen wird das Spektrogramm mit dem von B identisch.

A. Castille und E. Ruppol[7] berichten über die Absorptionsspektra von Glykokoll.

---

[1] P. Pfeiffer u. O. Angern: Hoppe-Seylers Z. **135**, 16—18 — Chem. Zbl. **1924 II**, 172.
[2] W. S. Ssadikow u. A. K. Michailow: Biochem. Z. **150**, 368—371 — Chem. Zbl. **1924 II**, 1960.
[3] G. L. Keenan: J. of biol. Chem. **62**, 163—171 (1924) — Chem. Zbl. **1925 I**, 617.
[4] A. Hettich u. A. Schleede: Z. Physik **50**, 249—265 (1928) — Chem. Zbl. **1929 I**, 1892.
[5] P. Hirsch u. R. Kunze: Fermentforschg **6**, 30—55 — Chem. Zbl. **1922 III**, 557.
[6] M. H. Simmers: Proc. Soc. exper. Biol. a. Med. **26**, 527—529 — Chem. Zbl. **1929 II**, 1261.
[7] A. Castille u. E. Ruppol: Bull. Acad. Méd. Belg. **6**, 263—275 (1926) — Ber. Physiol. **37**, 262 — Chem. Zbl. **1927 I**, 1551.

Weiterhin beschreiben die Verfasser[1] für Glykokoll die Absorptionsspektren für Ultraviolett zwischen 4800 und 1900 Å.

Versuche von H. Ley und B. Arens[2] über die Absorption im Ultraviolett von Glykokoll, das aus Wasser umkrystallisiert oder aus wässeriger Lösung durch Alkohol gefällt war, ergaben, daß die Absorption innerhalb der Meßfehler völlig identisch war. Gemische verdünnter wässeriger Lösungen von Glykokoll und Alanin beeinflußten sich gegenseitig nicht wesentlich, so daß ein additives Verhalten vorlag. Die Umwandlung des Glykokolls in seine Ionen ($NH_3 \cdot CH_2 \cdot COO' \rightarrow NH_2 \cdot CH_2 \cdot COO'$, z. B. als Na-Salz) hat eine starke Rotverschiebung zur Folge.

Die Ergebnisse werden von E. Abderhalden und E. Rossner[3] bestätigt. Die Lösung eines Gemisches von Glykokoll und Glycinanhydrid ergab ungleichmäßige, aber stetig ansteigende Kurven.

Glykokoll wurde von Y. Shibatha und T. I. Assahina[4] in Wasser, Alkohol und Eisessig spektroskopisch untersucht.

Von L. Marchlewski und A. Nowotnówna[5] wurde der Extinktionskoeffizient von Glykokoll nach der Methode von Hilgar bestimmt und mit dem von Keratose, einem alkalischen Abbauprodukt aus Wolle, verglichen.

Über das Absorptionsspektrum eines Gemisches von Tyrosin, Tryptophan, Phenylalanin, Cystin, Glykokoll, Leucin und Glutaminsäure in dem durch Blutanalyse angezeigten Verhältnisse und über den Vergleich dieses Spektrums mit dem des Blutserums berichten W. Stenström und M. Reinhard[6].

G. Fuseya und K. Murata[7] stellten spektroskopisch fest, daß Gemische von Bleisiliciumfluorid, Bleiperchlorat, $Fe_2(SO_4)_3$ oder $Ca_2(SO_4)_3$ mit Glykokoll tiefer ins ultraviolette Gebiet hinein absorbieren als die Komponenten allein; während bei den Gemischen der Sulfate von Zn, Ni oder Co keine solche Verschiebung zu beobachten war. Die Erscheinung wird auf Komplexbildung zurückgeführt.

H. Hunt und H. T. Briscoe[8] bestimmten die Leitfähigkeit von wässerigen und alkoholischen Glykokollösungen bei verschiedenen Konzentrationen.

Von N. Bjerrum[9] werden die beiden Dissoziations- (K_s und K_b) und Hydrolysenkonstanten (k_a und k_b) von Glykokoll bei 25° wie folgt angegeben:

K_s	K_b	k_a	k_b
$10^{-2,33}$	$10^{-4,15}$	$10^{-9,75}$	$10^{-11,57}$

Über die Schätzung der Dissoziationskonstante K_A^B ($HA \rightleftharpoons H_2A^+ + OH'$) des Glykokolls aus der K_A^B des Glykokolläthylesters berichtet L. Ebert[10].

Über die Dissoziationsverhältnisse, den osmotischen Druck und über die Salzbildung von Glykokoll berichtet H. Hammarsten[11]. Salzbildung findet nur bei sehr großem Überschuß einer der beiden Komponenten statt.

S. Kawai[12] untersuchte die Beeinflussung von k' (Aktivitätskonstante) des Glykokolls durch Neutralsalze. Der Einfluß von KCl, KBr, KJ und KNO_3 ist sehr gering. Die Änderung von $p_H = \log k_w/k_b'$ übersteigt nicht mit Sicherheit die Fehlergrenzen der Methode. Dagegen findet eine Beeinflussung durch die Kationen verschiedener Chloride statt (Li übt den größten, Rb den kleinsten Einfluß aus). 2wertige Ionen Mg, Ca und Ba wirken nicht stärker als Na, Li.

---

[1] A. Castille u. E. Ruppol: Bull. Soc. Chim. biol. Paris **10**, 623—668 — Chem. Zbl. **1928 II**, 622.
[2] H. Ley u. B. Arens: Ber. dtsch. chem. Ges. **61**, 212—222 — Chem. Zbl. **1928 I**, 1263.
[3] E. Abderhalden u. R. Rossner: Hoppe-Seylers Z. **176**, 249—257 (1928) — Chem. Zbl. **1929 I**, 19.
[4] Y. Shibatha u. T. I. Assahina: Bull. Soc. Chem. Jap. **2**, 324—334 — Chem. Zbl. **1928 I**, 1194.
[5] L. Marchlewski u. A. Nowotnówna: Bull. Intern. Acad. Polon. Sci. Lettres **1925**, 153—164 — Chem. Zbl. **1926 I**, 588.
[6] W. Stenström u. M. Reinhard: J. of biol. Chem. **66**, 819—827 (1925) — Chem. Zbl. **1926 I**, 2536.
[7] G. Fuseya u. K. Murata: J. Soc. Chem. Ind. Japan [Suppl.] **31**, 79—80 — Chem. Zbl. **1928 II**, 128.
[8] H. Hunt u. H. T. Briscoe: J. physic. Chem. **33**, 190—199 — Chem. Zbl. **1929 II**, 2147.
[9] N. Bjerrum: Z. physik. Chem. **104**, 147—173 (1923) — Chem. Zbl. **1923 I**, 1575.
[10] L. Ebert: Z. physik. Chem. **121**, 385—400 — Chem. Zbl. **1926 II**, 1510.
[11] H. Hammarsten: Biochem. Z. **147**, 481—543 — Chem. Zbl. **1924 II**, 1063.
[12] S. Kawai: J. of Biochem. **6**, 101—115 — Chem. Zbl. **1926 II**, 1621.

Im allgemeinen wird dabei die basische Dissoziationskonstante verkleinert. Ebenso wird die saure Dissoziationskonstante k'_A durch die Salze der verschiedenen Anionen kaum beeinflußt. Die Kationen wirken in folgender aufsteigender Reihe: K, Rb, Na, Li; Ba und Ca wirken nicht stärker als Li; Mg wirkt sehr stark. Die saure Dissoziationskonstante wird vergrößert.

J. M. Kolthoff und F. Tekelenburg[1] bestimmten mittels der H- und Chinhydronelektrode die [H$^+$] verschiedener Lösungen von Glykokoll, von Glykokollaten und Gemischen des freien Glykokolls mit seinen Salzen zwischen 10—60°.

H. S. Simms[2] untersuchte die Dissoziation von Glykokoll in Gegenwart von Salzen. Es zeigte sich, daß das Kation des Glykokolls nicht der Debye-Hückelschen Gleichung gehorcht. Die $P_{k'_1}$-Werte des Glykokolls sind in Gegenwart von NaCl normal, während sie in Gegenwart von MgCl$_2$ anormal sind.

Über eine acidimetrische Bestimmungsmethode des isoelektrischen Punktes von Glykokoll (der zu 5,8 bestimmt wurde) und über die Fehlergrenze der Methode ($p = \pm 0{,}4$) berichtet D. Bach[3].

In einer vorläufigen Mitteilung berichtet L. J. Harris[4] über seine theoretischen Untersuchungen über die einsäurige und einbasische Gruppe im Glykokoll.

K. Sano[5] untersuchte die Löslichkeit des Glykokolls in Wasser und in Alkohol-Wasser-Gemischen. Die Löslichkeit ändert sich in der Nähe des isoelektrischen Punktes ($p = 6{,}05$) nur geringfügig. Erst bei $p_H = 3{,}32$ nimmt die Löslichkeit langsam zu, die alkalische Seite verhält sich etwa gleichartig. Zusatz von NaCl hat nach dem Verfasser keinen Einfluß. Alkohol wirkt löslichkeitsvermindernd, doch bleibt die Tendenz, auf der sauren wie auf der alkalischen Seite stark löslich zu sein, bestehen.

Nach Untersuchungen über die Spannungsverhältnisse bei Adsorption und Diffusion im elektrischen Feld bewirkt nach O. Blüh[6, 7] Glykokoll einen Anstieg an der Kathode. Aus diesem Ergebnis kann auf den kathodischen Wanderungssinn des Glykokolls geschlossen werden, der chemisch noch nicht nachgewiesen ist.

O. Blüh[8] berichtet über die D. E. wässeriger Lösungen von Glykokoll.

Die D. E. wässeriger Glykokollösungen (0,26—16,6%) beträgt nach Messungen von R. Fürth[9] 80,5—93,0 bei 20°.

Glykokoll bewirkt nach G. Hedestrand[10] eine der Konzentration proportionale Erhöhung der D. E. des Wassers. Neutralsalze setzen die D. E. von Glykokollösungen und von Wasser in gleichem Maße herab.

G. Fuseya und K. Murata[11] messen bei 25° die EMK folgender Zellen:

Pb | $^1/_{10}$n-Pb(NO$_3$)$_2$ | $^1/_{10}$n-Pb(NO$_3$)$_2$ + m-Glykokoll | Pb($E = 0{,}03520$ Volt);

Zn$_x$Hg | $^1/_{10}$n-ZnSO$_4$ | $^1/_{10}$n-ZnSO$_4$ + m-Glykokoll | Zn$_x$Hg($E = 0{,}01800$ Volt) und

Zn$_x$Hg | $^1/_{10}$n-ZnSO$_4$ | $^1/_{10}$n-ZnSO$_4$ + $^1/_{10}$m-Glykokoll | Z$_x$nHg($E = 0{,}00210$ Volt).

In weiteren Versuchen wurde von G. Fuseya und R. Yumoto[12] der Einfluß von zugesetztem Glykokoll auf die Struktur elektrolytischer Metallniederschläge (Pb und Zn) untersucht.

Nach G. Hedestrand[13] hat Glykokoll im isoelektrischen Punkt ein Minimum der inneren Reibung. Die Reibungskonstanten der Ionen sind also größer als die des elektrisch-neutralen Moleküles, wobei die Konstanten der Anionen größer sind als die der Kationen.

---

[1] J. M. Kolthoff u. F. Tekelenburg: Rec. Trav. chim. Pays-Bas et Belg. (Amsterd.) **46**, 33—41 — Chem. Zbl. **1927 I**, 2344.

[2] H. S. Simms: J. physic. Chem. **32**, 1121—1141 — Chem. Zbl. **1928 II**, 2105.

[3] D. Bach: Bull. Soc. Chim. biol. Paris **9**, 1233—1243 (1927) — Chem. Zbl. **1928 I**, 2972.

[4] L. J. Harris: Nature **115**, 119—120 — Chem. Zbl. **1925 I**, 1473.

[5] K. Sano: Biochem. Z. **171**, 277—286 — Chem. Zbl. **1926 II**, 975.

[6] O. Blüh: Physik. Z. **28**, 16—22 — Chem. Zbl. **1927 I**, 1934.

[7] O. Blüh: Biochem. Z. **180**, 415—425 — Chem. Zbl. **1927 I**, 1935.

[8] O. Blüh: Z. physik. Chem. **106**, 341—365 (1923) — Chem. Zbl. **1924 I**, 461.

[9] R. Fürth: Ann. Physik [4] **70**, 63—80 — Chem. Zbl. **1923 III**, 336.

[10] G. Hedestrand: Z. physik. Chem. **135**, 36—48 — Chem. Zbl. **1928 II**, 1984.

[11] G. Fuseya u. K. Murata: J. Soc. Chem. Ind. Japan [Suppl.] **31**, 79—80 — Chem. Zbl. **1928 II**, 128.

[12] G. Fuseya u. R. Yumoto: J. Soc. Chem. Ind. Japan [Suppl.] **31**, 80—81 — Chem. Zbl. **1928 II**, 128.

[13] G. Hedestrand: Z. anorg. u. allg. Chem. **124**, 153—184 (1922) — Chem. Zbl. **1923 I**, 254 — Arkiv för Kemi, Min. och Geol. **8**, Nr 5, 9 Seiten (1920) — Chem. Zbl. **1922 III**, 345.

Das Reibungsminimum wird durch NaCl und $CaCl_2$ zur alkalischen Seite, durch Na_2SO_4 zur sauren Seite hin verschoben.

Bei der Ultrafiltration durch Kollodium- und Eiweißmembranen von Glykokollösungen besteht nach O. Risse[1] im isoelektrischen Punkt ein Permeabilitätsminimum. Dagegen besteht kein Unterschied im Permeabilitätsanstieg zwischen saurer und alkalischer Seite.

R. Collander[2] untersuchte die Permeabilität von Glykokoll durch Kollodiummembranen verschiedenen Permeabilitätsgrades.

Y. Terrada[3] vergleicht die Dialysegeschwindigkeit von Glykokoll mit der von NaCl durch Pergamenthülsen.

Die Diffusionsgeschwindigkeit des Glykokolls durch Kollodiummembranen ist nach A. J. Neill[4] größer als die des Alanins.

Die Durchdringungsfähigkeit der Glykokollionen bei der Berührung mit der Membran der roten Blutkörperchen ist nach R. Ege[5] = 26, wenn die des Glutarsäureions = 1 gesetzt wird.

C. W. Zahn[6] untersuchte die Bewegung von Glykokoll auf Flüssigkeitsoberflächen. Nach Untersuchungen von L. Karczag und P. Roboz[7] über das Verhalten von Substanzen, die auf die Oberfläche von Wasser gestreut waren, gehört Glykokoll zu den deszendierenden Substanzen, die nach dem Aufstreuen auf die Oberfläche zu Boden sinken.

Über die Beziehungen zwischen der Kontraktion des Glykokolls und dessen anderen Eigenschaften berichtet J. J. Saslawsky[8].

Chemische Eigenschaften: H. Bilz und H. Paetzold[9] stellten zu Versuchen über die Aufklärung der zwei verschiedenen Konfigurationen des Glykokolls (Nadel- und Plattenform) durch Umkrystallisieren von Glykokoll aus Wasser die Plattenform und durch Ausfällen des Glykokolls aus lauwarmer wässeriger Lösung (3—4fache Menge) mit einer mehrfachen Menge von entwässertem Alkohol die Nadelform her. Den Nadeln sind manchmal Plättchen beigemengt. Außerdem wird der Alkohol besser durch Aceton ersetzt. Untersucht wird[10] die Angreifbarkeit durch Diazomethan. Beide Formen werden gleichmäßig wenig angegriffen. Erst in einigen Stunden wurde die N-Entwicklung lebhafter. Trotzdem war eine Methylierung des Glykokolls nicht eingetreten. Es gelang durch Zusatz von wenigen Tropfen Wassers eine stürmische N-Entwicklung hervorzurufen, wobei die Hauptmenge Glykokoll in etwa 10 Minuten in Lösung ging, der Rest wurde durch weiteres zugesetztes Diazomethan in Wasser gelöst. Nach Abdunsten des Äthers blieb eine fast farblose Krystallmasse zurück, die als Betain identifiziert wurde. Beide Formen ergaben an Rohprodukt die berechnete Menge Betain. 2. Wurden die Zersetzungspunkte der beiden Formen eingehender untersucht. Das Glykokoll wurde bei 100—103° getrocknet. Der Zersetzungspunkt der Platten lag regelmäßig etwas tiefer, was dadurch erklärbar ist, daß die Plattenform Mutterlaugenschlüsse bei dieser Trocknungstemperatur noch nicht abgegeben hatte. Die Zersetzungspunkte waren gleich, wenn das Glykokoll bei 130° getrocknet wurde. 3. War auch in der Aufnahmefähigkeit von Br und Br-Dampf im Gegensatz zu früheren Ergebnissen kein Unterschied zu finden, dagegen wurden 4. in Übereinstimmung mit E. Fischer bei der Chlorierung (PCl_5) und 5. bei Acetylierung (Acetylchlorid) die unterschiedlichen Ausbeuten an salzsaurem Aminoacetylchlorid erhalten: Bei der Plattenform 16 bzw. 15—20% und bei der Nadelform 36 bzw. 50%. Bei Trocknung des Glykokolls auf 130° vor der Chlorierung und Acetylierung war dieser Unterschied vollkommen aufgehoben. Andererseits wurden alle Proben des salzsauren Aminoacetylchlorides durch Alkohol in die langen Nadeln des salzsauren Glykokolläthylesters vom

---

[1] O. Risse: Pflügers Arch. **212**, 375—402 — Chem. Zbl. **1926 II**, 996.

[2] R. Collander: Societas Scientiarum Fennica, Commentationes biologicae **1926**, 48 Seiten, Sep. — Chem. Zbl. **1926 II**, 1720.

[3] Y. Terrada: Z. physik. Chemie **109**, 199—222 — Chem. Zbl. **1924 II**, 596.

[4] A. J. Neill: Amer. J. Physiol. **57**, 478—495 (1921) — Chem. Zbl. **1923 I**, 781.

[5] R. Ege: C. r. Soc. Biol. Paris **91**, 779—781 — Chem. Zbl. **1924 II**, 2177.

[6] C. W. Zahn: Rec. Trac. chim. Pays-Bas et Belg. (Amsterd.) **45**, 783—791 (1926) — Chem. Zbl. **1927 I**, 707.

[7] L. Karczag u. P. Roboz: Biochem. Z. **162**, 22—27 (1925) — Chem. Zbl. **1926 I**, 328.

[8] J. J. Saslawsky: Ber. Polytechnikum Iwanowo-Wosniessensk Nr 6, 407—412 — Chem. Zbl. **1922 III**, 214.

[9] H. Bilz u. H. Paetzold: Ber. dtsch. chem. Ges. **55**, 1066—1073 — Chem. Zbl. **1922 I**, 1172.

[10] C. A. Brautlecht u. N. F. Eberman: J. chem. amer. Soc. **45**, 1934—1941 — Chem. Zbl. **1923 III**, 1453.

Schmelzp. 144° (korr.) übergeführt. Es sind also alle gefundenen Unterschiede auf geringe Beimengungen von Mutterlauge in der einen Krystallform zurückzuführen.

Nach Versuchen von C. A. Brautlecht und N. F. Eberman[1] stellt sich zwischen den beiden Formen des Glykokolls (Nadeln und Tafeln) bei Gegenwart von Feuchtigkeit bei der Einwirkung von HCl, SO_2 und Br-Dampf rasch ein Gleichgewicht ein. Bei 103° getrocknete Krystalle unterscheiden sich chemisch nicht. Lufttrockene Krystalle von beiden halten kleine Feuchtigkeitsmengen zurück. Die Formen besitzen den gleichen Zersetzungspunkt. Brom bildet mit Glykokoll keine chemische Verbindung. Die absorbierte Brommenge hängt von der Menge und von der Dauer der Einwirkung ab. Bei der Umsetzung des Glykokolls in das Säurechlorid durch $CH_3COCl + PCl_5$ scheint hauptsächlich das Acetylchlorid zu reagieren, während das PCl_5 nur die Reaktion befördert.

Nach Versuchen von Y. Katsu[2] an 1n-Glykokollösungen mit KCl-, NaCl- und $CaCl_2$-Lösungen in Verdünnungen von 50, 100, 200, 400, durch potentiometrische Bestimmungen mit einer AgCl-HgCl-Kette, wird durchweg eine Verminderung der Cl'-Aktivität gegenüber glykokollfreien Lösungen gefunden. Die rechnerische Auswertung zeigt, daß weder Salzbildung noch Bildung einer stark dissoziierten Verbindung oder Änderung der D. E. in Frage kommt, sondern daß die Erscheinung als Adsorptionsphänomen zu erklären ist.

Glykokoll läßt sich nach P. Pfeiffer und O. Angern[3] durch CH_3COOK aussalzen. Die Aussalzbarkeit wurde so bestimmt, daß 5 ccm der gesättigten Lösung 0,02 Mol des Neutralsalzes zugefügt wurden. Nach einer Löslichkeitsbestimmung in Wasser enthalten 100 ccm 19,640 g Glykokoll bei 20—21°.

Nach Löslichkeitsbestimmungen von K. Ando[4] wirken folgende Kationen: Rb, K, Na, Li, Ba und Ca in der genannten Reihenfolge löslichkeitserhöhend auf Glykokoll, während Anionen die Löslichkeit kaum beeinflussen. 1n-$CaCl_2$-Lösung in Gegenwart von Acetatpuffer erhöht um 23,2%; Mannit und Saccharose vermindern die Löslichkeit.

Nach K. Spiro[5] wird die Löslichkeit von Glykokoll durch $CaCl_2$ erhöht, durch KCl wenig verändert oder erniedrigt. Entsprechend wirken die Salze auf die Adsorption des Glykokolls an Tierkohle. Ferner zeigt sich, daß $CaCl_2$ auf Glykokollösungen beträchtlich säuernd wirkt, während KCl nur schwach und eher entgegengesetzt wirkt.

Glykokoll wird nach R. Martens[6] nicht durch Trichloressigsäure gefällt.

Glykokoll wird nach J. H. Cascão de Anciães[7] von Eiweißlösungen zu 5—8% adsorbiert. Säurezusatz ist ohne Einwirkung, während durch Laugezusatz die Adsorption gesteigert wird.

Bei der Reaktion zwischen NH_3 und Monochloressigsäure nimmt nach J. Ssaposhnikowa[8] die Reaktionskonstante der Verseifung mit steigender Konzentration etwas zu: von 0,000355 in 0,5n-Lösungen auf 0,00046 (Minute, Mol/l) in 1n-Lösung bei 25°. In 48proz. Alkohol beträgt die Konstante nur etwa 0,4 der in Wasser. KCl und $BaCl_2$ beschleunigen die Reaktion, während NH_4NO_3 die Geschwindigkeit nicht beeinflußt.

Über die Veränderung von Glykokoll durch verdünnte Säuren (H_2SO_4, HCl, Essigsäure und Ameisensäure) und NaOH berichten N. D. Zelinsky und W. Ssadikow[9].

Im Gegensatz zu den Angaben von Zelinsky und Ssadikow[10] konnte nach E. Abderhalden und E. Schwab[11] bei der Einwirkung von kalter, verdünnter NaOH oder H_2SO_4 auf Glykokoll keine merkliche Abnahme des formoltitrierbaren N festgestellt werden.

Bei der Behandlung von Glykokoll im Autoklaven in N_2-Atmosphäre wird nach W. Ssadikow[12] im Gegensatz zu Proteinen nur eine geringe Menge N adsorbiert.

---

[1] C. A. Brautlecht u. N. F. Eberman: J. chem. amer. Soc. **45**, 1934—1941 — Chem. Zbl. **1923 III**, 1453.

[2] Y. Katsu: J. Biophysics **2**, 151—164 (1927) — Chem. Zbl. **1928 II**, 736.

[3] P. Pfeiffer u. O. Angern: Hoppe-Seylers Z. **133**, 180—192 — Chem. Zbl. **1924 I**, 2257.

[4] K. Ando: Biochem. Z. **173**, 426—432 — Chem. Zbl. **1926 II**, 1924.

[5] K. Spiro: Schweiz. chem. Wschr. **51**, 457—460 — Ber. Physiol. **8**, 340 — Chem. Zbl. **1921 III**, 888.

[6] R. Martens: Bull. Soc. Chim. biol. Paris **10**, 1336—1371 (1928) — Chem. Zbl. **1929 I**, 1363.

[7] J. H. Cascão de Anciães: Biochem. Z. **144**, 179—189 (1923) — Chem. Zbl. **1924 I**, 1424.

[8] J. Ssaposhnikowa: J. russ. phys.-chem. Ges. [russ.] **59**, 125—136 — Chem. Zbl. **1927 II**, 1115.

[9] N. D. Zelinsky u. W. Ssadikow: Biochem. Z. **141**, 97—104 (1923) — Chem. Zbl. **1924 I**, 164.

[10] N. D. Zelinsky u. W. Ssadikow: Chem. Zbl. **1924 I**, 164.

[11] E. Abderhalden u. E. Schwab: Hoppe-Seylers Z. **136**, 219—223 — Chem. Zbl. **1924 II**, 2459.

[12] W. Ssadikow: Biochem. Z. **143**, 496—503 (1923) — Chem. Zbl. **1924 I**, 1387.

Beim Erhitzen einer wässerigen Lösung von Glykokoll auf 150—160° entsteht nach E. Abderhalden und E. Komm[1] kein Glycinanhydrid.

Beim Erhitzen von Glykokoll und Leucin in Glycerinlösung auf 190° wurden von E. Abderhalden und E. Schwab[2] neben Leucinimid etwa 55% Leucylglycinanhydrid erhalten.

Nach K. Shibata[3] entsteht beim Erhitzen je eines Mol von Glykokoll, Alanin, Leucin, Tyrosin und Tryptophan mit 5 Mol Asparagin in weniger als 5 Teilen Glycerin über 170° eine braune Masse, die nach Umfällung aus Methylalkohol mit Baryt oder $CaCl_2$ ein amorphes Pulver bildet, das denaturiertem Eiweiß ähnelt.

Über die Angreifbarkeit des Glykokolls durch schwefelsaure Bichromatlösungen berichtet Th. von Fellenberg[4].

Über die Reaktion von Tyrosin neben Alanin und Glykokoll durch Oxydation des Tyrosins mit Ammoniumpersulfat zu chinonartigen Verbindungen berichten H. Stolzenberg und M. Stolzenberg-Bergius[5].

Nach Versuchen von K. Pfeilsticker[6] wird Glykokoll nicht durch alkalische Anthrachinonlösungen oxydiert.

Bei der Einwirkung von Alkalipermanganat auf Glykokoll wurden nach C. S. Robinson, O. B. Winter und E. J. Miller[7] 99,60% des Gesamt-N in NH_3 übergeführt.

Bei der Oxydation von Glykokoll in neutraler bzw. alkalischer Lösung mit H_2O_2 oder besser mit $KMnO_4$ ließ sich nach W. R. Fearon und E. G. Montgomery[8] Cyansäure erhalten, deren Bildung bei Gegenwart von CH_2O und Glucose vermehrt wird, so daß Cyansäure als Zwischenprodukt der Desaminierung aufzufassen ist.

Glykokoll mit H_2O_2 behandelt, gibt nach E. Abderhalden und E. Komm[9] weder Ninhydrin- noch Carbonylreaktion (1, 3, 5-Dinitrobenzoesäurereaktion).

Die Oxydation von Glykokoll durch H_2O_2 oder auf elektrochemischem Wege an der Platinanode verläuft nach F. Fichter und F. Kuhn[10] in gleicher Weise. Bei der Oxydation mit H_2O_2 in H_2SO_4 ist die Aufspaltung in NH_3, $2CO_2$ und H_2O vollkommen. Bei der elektrochemischen Oxydation wird das Verhältnis von NH_3 zu $CO_2 = 1:2$ erst nach lang fortgesetzter Elektrolyse erreicht. Bei der Oxydation in ammoniakalischer Lösung wurde Harnstoff erhalten. Hierbei sind die Ausbeuten bei der elektrochemischen Oxydation bedeutend besser als bei der mit H_2O_2. Aus weiteren Versuchen läßt sich schließen, daß der Bildung von Harnstoff völliger Abbau des Glykokolls vorausgeht.

Glykokoll zeigt nach H. Wieland und W. Franke[11] geringe peroxydative Wirkung auf die beiden Fe-Stufen, dagegen deutliche Katalasewirkung.

G. B. Ray[12] untersuchte die Oxydation von Glykokoll mit H_2O_2 und $Fe_2(SO_4)_3$.

Über den Einfluß von Glykokoll als Puffersubstanz auf die Oxydation organischer Verbindungen bei Gegenwart von Eisen berichten H. Wieland und W. Franke[13].

C. Frommageot[14] untersuchte die Einwirkung von Fe^{III}, Tl^{III}, Ce^{IV}, $HClO_3$ und $KMnO_4$ auf Glykokoll auf elektrochemischem Wege. Glykokoll wirkt auf Fe^{III}, Tl^{III} und Ce^{IV} nicht merklich ein und reduziert ebenfalls $HClO_3$ und $KMnO_4$ nicht.

C. C. Palit und N. R. Dhar[15] untersuchten die Oxydation von Glykokoll im Sonnenlicht durch Luftsauerstoff. Die Oxydation wird durch zunehmende Intensität des Sonnen-

---

[1] E. Abderhalden u. E. Komm: Hoppe-Seylers Z. **134**, 121—128 — Chem. Zbl. **1924 I**, 2783.
[2] E. Abderhalden u. E. Schwab: Hoppe-Seylers Z. **149**, 298—301 (1925) — Chem. Zbl. **1926 I**, 1193.
[3] K. Shibata: Acta phytochim. (Tokyo) **2**, 193—198 — Chem. Zbl. **1927 II**, 2199.
[4] Th. v. Fellenberg: Mitt. Lebensmittelunters. **18**, 290—296 — Chem. Zbl. **1927 II**, 2086.
[5] H. Stolzenberg u. M. Stolzenberg-Bergius: Hoppe-Seylers Z. **111**, 1—31 — Chem. Zbl. **1921 III**, 1134.
[6] K. Pfeilsticker: Biochem. Z. **199**, 8—11 (1928) — Chem. Zbl. **1929 I**, 2144.
[7] C. S. Robinson, O. B. Winter u. E. J. Miller: J. Michigan Agricol. Exp.-Stat. Nr. 19 — Chem. Trade J. **70**, 65—66 — Chem. Zbl. **1922 II**, 863.
[8] W. R. Fearon u. E. G. Montgomery: Biochemic. J. **18**, 576—582 — Chem. Zbl. **1924 II**, 1335.
[9] E. Abderhalden u. E. Komm: Hoppe-Seylers Z. **144**, 234—240 — Chem. Zbl. **1925 II**, 923.
[10] F. Fichter u. F. Kuhn: Helvet. chim. Acta **7**, 167—172 — Chem. Zbl. **1924 I**, 1766.
[11] H. Wieland u. W. Franke: Liebigs Ann. **457**, 1—70 — Chem. Zbl. **1927 II**, 1658.
[12] G. B. Ray: J. gen. Physiol. **5**, 611—622 — Chem. Zbl. **1923 III**, 951.
[13] H. Wieland u. W. Franke: Liebigs Ann. **464**, 101—226 — Chem. Zbl. **1928 II**, 957.
[14] C. Frommageot: J. Chim. physique **24**, 513—544 — Chem. Zbl. **1927 II**, 2643.
[15] C. C. Palit u. N. R. Dhar: J. physic. Chem. **32**, 1263—1268 — Chem. Zbl. **1928 II**, 2549.

lichtes erhöht, außerdem verstärkt ZnO die Oxydation. Die Verfasser[1] untersuchten weiter die Oxydation des Glykokolls bei gewöhnlicher Temperatur in wässeriger Lösung durch Luft in Gegenwart von Reduktionsmitteln (z. B. $Fe(OH)_2$ oder $NaHSO_3$). In alkalischer Lösung erfolgt die Oxydation auch ohne diese Zusätze. Die Oxydation des Glykokolls wird durch Anwesenheit von Kohlehydraten oder fettsaurem K merklich vermindert.

Glykokoll spaltet nach E. Baur[2] bei tage- bzw. wochenlanger Einwirkung mit Tierkohle und O_2 bei 40° bzw. 100° in fortschreitendem Maße NH_3 ab, wobei der Umsatz mit Vermehrung der Kohlenmenge, der Konzentration der Lösung und Erhöhung der Temperatur steigt. Das Filtrat von der Kohle ist nach der Reaktion sauer. Außerdem wurde Glykolsäure als Ca-Salz nachgewiesen.

Nach M. Gompel, A. Mayer und R. Wurmser[3] werden Glykokollösungen (1% C entsprechend) bei Gegenwart von durch HCl gereinigter Blutkohle bei 40° unter Bildung von CO_2 oxydiert. Die $[H^+]$ hat einen erheblichen Einfluß auf den Verlauf des Vorganges.

K. Wunderly[4] untersuchte die Reaktion von Glykokoll mit Knochenkohle: der Reaktionsverlauf entspricht der monomolekularen Formel. Allerdings ist von einer Gegenreaktion auch in der Nähe des Grenzzustandes, der nach etwa einem Tage auftritt, nichts zu merken. Wegen der Kleinheit der in Frage kommenden Mengen der Abbauprodukte des Glykokolls konnte die entstehende Glykolsäure nicht nachgewiesen werden. Unter den Nebenprodukten ließ sich CH_2O nachweisen. Weiterhin wurde der Einfluß von verschiedenen Anfangskonzentrationen des Glykokolls, eines NH_4Cl-Zusatzes auf den Grenzzustand studiert. Säurezusatz förderte die Reaktion. Der Grenzzustand der Reaktion beruhte nicht auf einer Erschöpfung der Kohle. Aus Oxysäure $+ NH_3$ entstand auch bei Anwesenheit von Glykokoll keine Aminosäure, so daß kein Gleichgewicht im gewöhnlichen Sinne vorliegt.

Bei der Oxydation von Glykokoll in wässerigen Lösungen bei 38° in Anwesenheit von Adsorptionskohle (Sorboid-Sanasorben-Waldhof) und von O_2 werden nach H. Wieland und F. Bergel[5] je nach der Reaktionsdauer, Katalysatormenge und Konzentration im Gegensatz zu O. Warburg und Negelein[6] 6—40% der Säure umgesetzt, wobei NH_3 und CO_2 im Verhältnis 1:1 entstehen. Außerdem entsteht der um 1 C-Atom ärmere Aldehyd und kleinere Mengen der zugehörigen Säure. Der Verlauf der Reaktion wird von den Verfassern folgendermaßen angegeben:

$$\text{I.} \quad \underset{\underset{NH_2}{|}}{R \cdot CH} \cdot COOH \xrightarrow{\frac{1}{2}O_2} \underset{\underset{O}{\|}}{R \cdot CH} + CO_2 + NH_3$$

$$\text{II.} \quad \underset{\underset{NH_2}{|}}{R \cdot CH} \cdot COOH \rightarrow \underset{\underset{NH}{\|}}{R \cdot C} \cdot COOH \rightarrow \underset{\underset{NH}{\|}}{R \cdot CH} + CO_2 \rightarrow \underset{\underset{O}{\|}}{R \cdot CH} + NH_3$$

$$\text{III.} \quad \underset{\underset{NH_2}{|}}{R \cdot CH} \cdot COOH \xrightarrow{O_2} R \cdot COOH + CO_2 + NH_3$$

An Stelle von O_2 wurden als Wasserstoffacceptoren noch andere Verbindungen verwandt. Nach den Verfassern ist eine direkte Abspaltung der NH_2-Gruppe unmöglich. Weiterhin zeigte sich, daß es nach den Berechnungen thermochemisch gleichgültig ist, ob der Abbau der Aminosäure zum Aldehyd oder zur Ketosäure führt. Gegenüber Kohlehydraten und Fetten steht die Dehydrierung der Aminosäuren energetisch hinter diesen. Ferner wurden die von Baur[7] angestellten Versuche mit Glykokoll in Gegenwart von aktiver Kohle in N_2-Atmosphäre bei 38° wiederholt. Dabei ergab sich, daß nicht nur NH_3, sondern im gleichen Verhältnis auch CO_2 gebildet wurde.

Die katalytische Oxydation von Glykokoll an Tierkohle durch Luftsauerstoff zeigt nach S. Toyoda[8] bei 38° ein ausgesprochenes Maximum. Die Adsorption des Glykokolls an Tierkohle sinkt mit steigender Temperatur und fällt bei 38° stark ab. Außerdem läßt sich

---

[1] C. C. Palit u. N. R. Dhar: J. physic. Chem. **32**, 1663—1680 (1928) — Chem. Zbl. **1929 I**, 1700.
[2] E. Baur: Helvet. chim. Acta **5**, 825—828 (1922) — Chem. Zbl. **1923 I**, 580.
[3] M. Gompel, A. Mayer u. R. Wurmser: C. r. Acad. Sci. Paris **178**, 1025—1027 — Chem. Zbl. **1924 I**, 2337.
[4] K. Wunderly: Z. physikal. Chem. **112**, 175—198 — Chem. Zbl. **1924 II**, 2629.
[5] H. Wieland u. F. Bergel: Liebigs Ann. **439**, 196—210 — Chem. Zbl. **1924 II**, 1788.
[6] O. Warburg u. Negelein: Chem. Zbl. **1921 I**, 831.
[7] Baur: Helvet. chim. Acta **5**, 825 — Chem. Zbl. **1923 I**, 580.
[8] S. Toyoda: J. of Biochem. **7**, 209—216, 217—225 — Chem. Zbl. **1927 II**, 2053.

zeigen, daß die Glykolloxydation an Tierkohle durch Amine: Methylamin, Dimethylamin, Trimethylamin, Äthylamin, Diäthylamin, Propylamin, Butylamin, Amylamin, Äthylendiamin, Tyramin, Kadaverin und Histamin verzögert wird. Die Oxydation der Amine selbst war nur sehr gering. Am stärksten hemmen die höheren Homologen.

Nach M. Wright[1] wird die Glykolloxydation an Kohle durch Capronsäure wirksam gehemmt. 1 Mol Capronsäure verdrängt 2 Mol Glykokoll. Es tritt vollständige Vergiftung ein, wenn pro Gramm Kohle etwa $3 \cdot 10^{-4}$ g Mol adsorbiert sind. Ferner wird vom Verfasser die Oxydationsgeschwindigkeit des Glykokolls an einer aktiven aus Zucker, Harnstoff und $FeCl_3$ hergestellten Kohle, sowie die von den Fe- und FeC-Flächen herrührenden Oxydationen untersucht, wobei das Glykokoll verschieden schnell oxydiert wurde. Außerdem wird der depolarisierende Einfluß des Glykokolls auf die anodische O_2-Entwicklung an einer blanken Pt-Anode bei der Elektrolyse einer 1n-Säurelösung in Gegenwart von $1/5$ n-H_2SO_4 untersucht und mit der gleichen Wirkung des Tyrosins verglichen, wobei sich zeigte, daß die depolarisierende Wirkung beider Säuren der Oxydationsgeschwindigkeit an Kohleoberflächen parallel läuft.

Einwirkung von Cl_2 oder HClO auf Glykokoll ergibt nach W. Traube und H. Gockel[2] im Gegensatz zu Glykokollester nur dessen Chlorhydrat.

N. Ch. Wright[3] untersuchte die Wirkung von Hypochloritlösungen auf Glykokolllösungen verschiedener Konzentrationen. Von Einfluß auf die Reaktion ist die Alkalität der Lösung. Aus den Ergebnissen schließt der Verfasser, daß Oxydation und Chlorierung des Glykokolls nebeneinander herlaufen.

Über die Umsetzung der Dakinschen Hypochloritlösung mit Glykokoll berichtet M. O. Engfeldt[4]. Glykokoll reagiert nur träge. Nach 30 Minuten zeigt sich bei 37° ein Verbrauch von 41% an zugesetztem NaOCl. Es entstehen N_2, CO_2 und CH_2O.

Nach E. Schmidt und K. Braunsdorf[5] ist Glykokoll bzw. Glykokollhydrochlorid ClO_2 gegenüber beständig.

Glykokoll reagiert nach V. Cordier[6] mit Bromlauge nur unvollkommen.

Glykokoll wird nach St. Goldschmidt und Chr. Steigerwald[7] durch Hypobromitlauge rasch und vollständig zu CO_2 und N abgebaut.

P. Brigl, R. Held und K. Hartung[8] untersuchten die Einwirkung von Hypobromit auf Glykokoll unter Bedingungen, die von Goldschmidt und Steigerwald[9] angegeben worden waren.

Der Stickstoff vom Glykokoll wird nach P. G. Kronacker[10] durch heiße 95-, 80-, 70- und 60proz. H_2SO_4 leicht in $(NH_4)_2SO_4$ übergeführt.

Die Einwirkung von HNO_2 auf Glykokoll in verdünnter wässeriger Lösung bei 25° verläuft nach Th. W. J. Taylor[11] annähernd als Reaktion 3. Ordnung. Neutralsalze (KCl, $CaCl_2$) oder H_2SO_4 wirken verzögernd.

A. Hynd und M. G. McFarlasse[12] untersuchten die NH_2-Abspaltung aus Glykokoll durch HNO_2.

Die Reaktion zwischen Glucose und Glykokoll tritt nach H. von Euler und K. Josephson[13] beim isoelektrischen Punkt der Aminosäuren nur in geringem Grad ein, während bei schwacher Alkalität der Lösung ($p_H = 8-9$) der Fortschritt der Reaktion durch eine Drehungsänderung der Lösung deutlicher bemerkbar wird. In weiteren Studien über diese Reaktion

---

[1] M. Wright: J. chem. Soc. Lond. **1927**, 2323—2330 — Chem. Zbl. **1927 II**, 2495.
[2] W. Traube u. H. Gockel: Ber. dtsch. chem. Ges. **56**, 384—391 (1923) — Chem. Zbl. **1923 I**, 740.
[3] N. Ch. Wright: Biochemic. J. **20**, 524—532 — Chem. Zbl. **1926 II**, 1952.
[4] M. O. Engfeldt: Hoppe-Seylers Z. **121**, 18—61 — Chem. Zbl. **1922 III**, 1054.
[5] E. Schmidt u. K. Braunsdorf: Ber. dtsch. chem. Ges. **55**, 1529—1534 — Chem. Zbl. **1922 III**, 520.
[6] V. Cordier: Mh. Chem. **47**, 327—340 (1926) — Chem. Zbl. **1927 I**, 421.
[7] St. Goldschmidt u. Chr. Steigerwald: Ber. dtsch. chem. Ges. **58**, 1346—1353 — Chem. Zbl. **1925 II**, 1169.
[8] P. Brigl, R. Held u. K. Hartung: Hoppe-Seylers Z. **173**, 129—154 — Chem. Zbl. **1928 I**, 1778.
[9] St. Goldschmidt u. Chr. Steigerwald: Chem. Zbl. **1925 II**, 1169.
[10] P. G. Kronacker: Bull. Soc. Chim. Belg. **3**, 217—231 — Chem. Zbl. **1924 II**, 839.
[11] Th. W. J. Taylor: J. chem. Soc. Lond. **1928**, 1897—1906 — Chem. Zbl. **1928 II**, 1549.
[12] A. Hynd u. M. G. McFarlasse: Biochemic. J. **20**, 1264—1272 (1926) — Chem. Zbl. **1927 I**, 1291.
[13] H. v. Euler u. K. Josephson: Hoppe-Seylers Z. **153**, 1—9 — Chem. Zbl. **1926 II**, 188.

wurde von H. von Euler und E. Brunius[1] die Abhängigkeit des Gleichgewichts: Glucose + Na-Glykokoll = Na-Glykokollatglucosid + H_2O in wässeriger Lösung vom [H^+] mittels der kryoskopischen Methode untersucht. Die Gleichgewichtskonstante

$$K = \frac{[\text{Na-Glykokollat} - \text{Glucosid}]}{[\text{Na-Glykokollat}] \cdot [\text{Glucose}]}$$

ist stark abhängig von der p_H der Lösung.
Mit steigender p_H steigt K an.

p_H	K	Umgesetzte Glucosemenge
8,1	0,24	11,8%
9,2	1,56	42,5%
10,5	7,76	74,5%

Nach den Versuchen dürfte bei $p_H = 11$ die Bindung der Glucose an Glykokoll fast quantitativ sein. Das Gleichgewicht stellt sich nach H. von Euler, E. Brunius und K. Josephson[2] bei Zimmertemperatur im Verlauf von 30—40 Stunden ein. In saurer Lösung verläuft die Reaktion umgekehrt. Außerdem wurde nachgewiesen, daß die Abnahme an freier Glucose mit der Abnahme an freiem Glykokollat-Na parallel geht. Die Verbindung Glucose und Glykokoll reduziert Methylenblau in H_2-Atmosphäre. In weiteren Versuchen vergleichen die Verfasser[3] die Abhängigkeit der Affinitätskonstanten der Gleichgewichte: Glucose + Glykokoll ⇌ Glucose-Glykokollkomplex und Glucose + Glycylglycin ⇌ Glucose-Glycylglycinkomplex vom p_H. Für beide Systeme werden 2 nahezu parallel verlaufende Kurven erhalten. Die Kurve für das System Glucose-Glykokoll ist dem System Glucose-Glycylglycin gegenüber nach den höheren p_H-Werten verschoben. Aus weiteren Versuchen der Verfasser[4] über die Drehungsänderung von Fructoselösung + Glykokoll ergibt sich folgendes: eine 0,3 molare Fructoselösung + entsprechende Glykokollmenge hat $\alpha = -10,35°$. Die Drehung schwankt während 11 Stunden bei $p_H = 9,1$ bei 17° ungefähr zwischen —10,50 und —10,58°. In weiteren Versuchen wurde von H. von Euler, E. Eriksson und E. Brunius[5] die Reduktion von Methylenblau durch Glucose-Glykokollgemische in ihrer Abhängigkeit vom p_H studiert. Erst vom $p_H = 8$ an setzte innerhalb von 12 Stunden im genannten System die Entfärbung ein. Es sind zwei Vorgänge: Einwirkung des Glykokolls auf die Glucose und die zeitlich verlaufende Reaktion zwischen dem Einwirkungsprodukt des Alkali auf die Glucose einerseits und die Aminosäuren andererseits. Der Einfluß der Inkubationszeit ist im wesentlichen nicht auf die Reaktion zwischen Glucose und NaOH zurückzuführen. Die gleiche Reaktion auf Zucker findet auch mit Glykokollester statt. Bei Verwendung von NH_3 findet auch bei Alkalinitäten von 8,8—9,1 auch nach einer Inkubationszeit von 24 Stunden keine Reduktion statt. H. v. Euler und H. Johansson[6] verfolgen quantitativ die Reduktion von Methylenblau durch eine Lösung von Fructose + Glykokoll.

Ferner stellten H. v. Euler, G. Rengman und E. Brunius[7] fest, daß die Reaktion zwischen Maltose und Glykokoll erst bei $p_H = 8$ mit meßbarer Geschwindigkeit einsetzt, dann mit zunehmender Alkalinität rasch ansteigt. Eine ähnliche Abhängigkeit dieser Reaktion vom p_H wurde auch bei Galaktose beobachtet.

G. Quagliariello und P. de Lucia[8] untersuchten die Drehungsänderungen von Zuckerlösungen nach Glykokollzusatz. Bei Mannose wird die Drehung um etwa 50% in wenigen

---

[1] H. v. Euler u. E. Brunius: Ber. dtsch. chem. Ges. **59**, 1581—1585 — Chem. Zbl. **1926 II**, 1131.

[2] H. v. Euler, E. Brunius u. K. Josephson: Hoppe-Seylers Z. **155**, 259—269 — Chem. Zbl. **1926 II**, 1631.

[3] H. v. Euler, E. Brunius u. K. Josephson: Liebigs Ann. **467**, 201—216 (1928) — Chem. Zbl. **1929 I**, 991.

[4] H. v. Euler, E. Brunius u. K. Josephson: Hoppe-Seylers Z. **161**, 265—269 (1926) — Chem. Zbl. **1927 I**, 715.

[5] H. v. Euler, E. Eriksson u. E. Brunius: Sv. kem. Tidskr. **40**, 163—171 — Chem. Zbl. **1928 II**, 1428.

[6] H. v. Euler u. H. Johansson: Sv. kem. Tidskr. **40**, 263—264 (1928) — Chem. Zbl. **1929 I**, 228.

[7] H. v. Euler, G. Rengman u. E. Brunius: Sv. kem. Tidskr. **41**, 203—209 — Chem. Zbl. **1929 II**, 2436.

[8] G. Quagliariello u. P. de Lucia: Boll. Soc. Biol. sper. **2**, 26—30 — Ber. Physiol. **40**, 764 — Chem. Zbl. **1927 II**, 2179.

Minuten gesenkt. Bei Lävulose ist der Rückgang schon außerhalb der Beobachtungsfehler. Die Drehungsänderung bei Glucose in ihrer Abhängigkeit vom p_H zeigt sich im folgenden:

p_H	8,46	8,95	9,1	9,5	10,4
Rückgang in %	0	37	17,57	50	99

Mit der Drehungsänderung ändert sich auch der Gefrierpunkt. Nach den Verfassern reagieren nur Zucker mit freier oder mit verdeckter Aldehydgruppe (Saccharose), nicht mit Ketogruppe.

D. Krüger[1] schließt aus Ergebnissen von Diffusionsversuchen von Traubenzucker in einer Glykokollösung und in rein wässeriger Lösung gegen Wasser, daß bei etwa neutralem p_H keine merkliche Kondensation zwischen Traubenzucker und Glykokoll stattfindet.

Nach H. Borsook und H. Wasteneys[2] reagiert Glykokoll mit Glucose in alkalischer Lösung so, daß der freie Amino-N abnimmt, ohne daß Bildung von Harnstoff, HCN oder NH_3 eintritt. Zugleich vermag die Mischung in annähernd neutraler Lösung Methylenblau zu reduzieren. Die Reduktion wird durch Gegenwart von Phosphat beschleunigt.

Beim Erwärmen von 10 Teilen Glucose und 1 Teil Glykokoll mit 25 Teilen Wasser wird nach J. A. Ambler[3] kein Formaldehyd gebildet.

Über die Bildung von Karamelsubstanzen aus Lävulose + Glykokoll berichtet B. Ripp[4].

Versuche von J. M. Ort und J. W. Bollman[5] zeigten, daß Glykokoll auf die Reaktion von H_2O_2 auf Dextrose katalytisch beschleunigend einwirkt.

Glykokoll gibt nach E. Abderhalden und F. Gebelein[6] beim Erhitzen auf 240° mit der 20fachen Menge Diphenylamin Methylamin.

Glykokoll verhindert nach H. Lundin[7] die Glucoseoxydation durch alkalische, carbonathaltige Cu-Lösung vom Typus Folin und Folin-Wu bei einem p_H von 9,1—9,8. Erhöhte Kochdauer wirkt der Oxydationshemmung entgegen. Bei höherem p_H ist die Totalreduktion dagegen approximativ gleich der Summe der Einzelreduktionen. Die Glykokolloxydation steigt mit dem p_H und der Kochdauer an. Der Carbonatgehalt der Cu-Lösung ist für die Höhe der Oxydation wichtig. Borathaltige Cu-Lösungen oxydieren Glykokoll im gleichen Grade wie boratfreie Lösungen bei gleichem p_H und Carbonatgehalt.

Von L. Rosenthaler[8] wurde der Einfluß von Glykokoll auf die Glucosebestimmung nach den Verfahren von Allihn-Ambuhl, Rupp-Lehmann, von Fellenberg, Mohr (Bertrand), Willstätter-Schudel in der Abänderung von Auerbach-Bodländer und Pavi-Sahli nachgeprüft.

Die Reaktion von Glykokoll mit Methylglyoxal wurde von C. Neuberg und M. Kobel[9] eingehend studiert. Das Methylglyoxal kann durch Diacetyl, Phenylglyoxal, Glyoxal oder Zucker der 3-C-Reihe, namentlich Dioxyaceton, ersetzt werden. In weiteren Versuchen der Verfasser[10] wurden die Reaktionsprodukte von Glykokoll und Methylglyoxal quantitativ bestimmt. Bei Verwendung von Methylglyoxal ließ sich das erwartete CH_2O nicht nachweisen, wohl aber gelang es, wenn Phenylglyoxal verwendet wurde. Neben der Reaktion erfolgte bereits in der Kälte Huminbildung.

J. Svehla[11] bestimmte die Gleichgewichtskonstante zwischen Formaldehyd und Glykokoll dadurch, daß die Gefrierpunktserniedrigung einer Formaldehyd- und einer Aminosäurelösung bekannter Konzentration und ferner eines Gemisches beider Lösungen ermittelt wurde. Schwankungen der gefundenen Werte beruhen nach dem Verfasser auf dem wechselnden, von der Konzentration der Lösung abhängigen Wert der molaren Gefrierpunktserniedrigung. Für K wurde durchschnittlich 1,73 gefunden.

---

[1] D. Krüger: Biochem. Z. **209**, 119—127 — Chem. Zbl. **1929 II**, 2424.
[2] H. Borsook u. H. Wasteneys: Biochemic. J. **19**, 1128—1137 (1925) — Chem. Zbl. **1926 II**, 16.
[3] J. A. Ambler: Ind. Chem. **21**, 47—50 — Chem. Zbl. **1929 II**, 414.
[4] B. Ripp: Z. Ver. dtsch. Zuckerind. **1926**, 627—662 — Chem. Zbl. **1926 II**, 2697.
[5] J. M. Ort u. J. W. Bollman: J. amer. chem. Soc. **49**, 805—810 — Chem. Zbl. **1927 I**, 2794.
— J. physic. Chem. **33**, 825—841 — Chem. Zbl. **1929 II**, 2013.
[6] E. Abderhalden u. F. Gebelein: Hoppe-Seylers Z. **152**, 125—131 — Chem. Zbl. **1926 I**, 2696.
[7] H. Lundin: Biochem. Z. **207**, 91—106, 107—118 — Chem. Zbl. **1929 II**, 413, 414.
[8] L. Rosenthaler: Pharm. Zentralhalle **66**, 517—520 — Chem. Zbl. **1925 II**, 2014.
[9] C. Neuberg u. K. Kobel: Biochem. Z. **185**, 477—479 — Chem. Zbl. **1927 II**, 923.
[10] C. Neuberg u. M. Kobel: Biochem. Z. **188**, 197—210 — Chem. Zbl. **1927 II**, 2677.
[11] J. Svehla: Ber. dtsch. chem. Ges. **56**, 331—337 (1923) — Chem. Zbl. **1923 I**, 749.

Glykokoll ist nach Ch. Moureu, Ch. Dufraisse und M. Badoche[1] Akrolein und Benzaldehyd gegenüber unwirksam, alkalischen Na_2SO_3-Lösungen gegenüber wirksam.

Über die Wirkung von Glykokoll auf die Oxydation von Na-Lactat durch H_2O_2 berichtet B. G. Ray[2].

E. A. Cooper und S. D. Nicholas[3] untersuchten die Aufnahme von Benzochinon und Toluchinon in wässeriger Lösung durch Glykokoll. Beide Chinone wurden in etwa gleicher Menge aufgenommen.

Bei der Einwirkung von Lecithin auf Glykokoll werden nach L. Guerci[4] Verbindungen erhalten, die schwer zu isolieren sind und kolloidalen Charakter haben.

Glykokollösungen erhöhen nach H. von Euler und K. Rudberg[5] die Löslichkeit von Methylorange unter Farbänderung.

Nach W. Langenbeck[6] wird Methylenblau durch Isatin und Glykokoll in essigsaurer Lösung oder beim Kochen mit Isatid in Essigsäure entfärbt. 1 Mol isatinsulfosaures K entfärbt so 5,4 Mol Methylenblau durch Glykokoll in Wasser bei 95°.

H. Haehn[7] berichtet über folgendes Oxydoreduktionssystem: Glykokoll, ein Aldehyd und Methylenblau in einer Pufferlösung aus primärem und sekundärem Alkaliphosphat vom $p_H = 7,1$. Bei 70° geht der Prozeß in wenigen Minuten vor sich, bei 18° sehr langsam.

H. Haehn und A. Pülz[8] untersuchten eingehend folgendes Oxydoreduktionssystem: Glykokoll, Aldehyd, Methylenblau und Phosphate. In dem System ist Glykokoll der Hauptfaktor, Phosphat der Aktivator und der Aldehyd unbedingt erforderlich. Die Reaktionstemperatur beträgt 74°. Die Intensität kann durch Aktivatoren und Paralysatoren beeinflußt werden. Außerdem wurden verschiedene Aldehyde, Formaldehyd, Propionaldehyd, Benzaldehyd, Salicylaldehyd verwendet.

Glykokoll reduziert nach E. Aupel und L. Genevois[9] nicht Thionin.

Nach E. Wertheimer[10] hemmt Glykokoll die spontane Oxydation von α-Naphthol und p-Phenylendiamin zu Indophenolblau stark, was durch Bildung komplexer Schwermetallsalze erklärt wird.

Nach Versuchen von E. J. Witzemann[11] ergibt sich, daß Glykokoll in neutraler oder saurer, aber nicht in alkalischer Lösung die Buttersäureoxydation merklich beschleunigt.

Über die Spaltung von acylierten Dioxopiperazinen in wässeriger Lösung durch ein Alkalisalz des Glykokolls unter Bildung von Acetursäure und freiem Dioxopiperazin berichten M. Bergmann, V. du Vigneaud und L. Zervas[12].

Die Spaltung von Benzoylleucylglycin mit verdünnter NaOH wird durch zugesetztes Glykokoll nach E. Abderhalden und P. Moeller[13] nicht beeinflußt.

Nach L. P. Bosman[14] ist die hydrolytische Spaltung von Methylacetat, Methylbutyrat und Olivenöl durch Glykokoll nicht von der Säure als solcher, sondern von ihrer $[H^+]$ abhängig, da Puffergemische von gleicher $[H^+]$ ebenso wirken.

Die Reaktion von Glykokoll und Ninhydrin tritt nach W. S. Ssadikow und N. D. Zelinsky[15] bereits in der Kälte allmählich (innerhalb 10 Minuten) ein, verblaßt allmählich und verschwindet ganz, erscheint beim Aufkochen wieder. Selbst bei Luftausschluß verschwindet die Färbung allmählich. Bei 1 proz. Glykokollösungen nach Versetzen mit 1 ccm 0,4 proz. Ninhydrinlösung bleibt die Färbung bei 15 Minuten Kochen erhalten, ist beständig

---

[1] Ch. Moureu, Ch. Dufraisse u. M. Badoche: C. r. Acad. Sci. Paris **183**, 408—412 — Chem. Zbl. **1926 II**, 1818.

[2] B. G. Ray: J. gen. Physiol. **6**, 525—529 — Chem. Zbl. **1924 II**, 822.

[3] E. A. Cooper u. S. D. Nicholas: J. Chem. Soc. Ind. **46**, T. 59—60 — Chem. Zbl. **1927 I**, 2203.

[4] L. Guerci: Ann. Chim. appl. **18**, 495—503 (1928) — Chem. Zbl. **1929 I**, 1224.

[5] H. v. Euler u. K. Rudberg: Z. anorg. u. allg. Chem. **145**, 58—62 — Chem. Zbl. **1925 II**, 1330.

[6] W. Langenbeck: Ber. dtsch. chem. Ges. **60**, 930—934 — Chem. Zbl. **1927 I**, 2505.

[7] H. Haehn: Z. Spiritusindustrie **47**, 61 — Chem. Zbl. **1924 I**, 2784.

[8] H. Haehn u. A. Pülz: Zelle **12**, 65—99 (1924) — Chem. Zbl. **1925 I**, 1213.

[9] E. Aupel u. L. Genevois: C. r. Acad. Sci. Paris **183**, 94—95 — Chem. Zbl. **1926 II**, 2600.

[10] E. Wertheimer: Fermentforschg **8**, 497—517 — Chem. Zbl. **1926 II**, 696.

[11] E. J. Witzemann: J. amer. chem. Soc. **49**, 987—992 — Chem. Zbl. **1927 II**, 212.

[12] M. Bergmann, V. du Vigneaud und L. Zervas: Ber. dtsch. chem. Ges. **62**, 1909 bis 1913 — Chem. Zbl. **1929 II**, 2683.

[13] E. Abderhalden u. P. Moeller: Hoppe-Seylers Z. **174**, 196—213 — Chem. Zbl. **1928 I**, 2376.

[14] L. P. Bosman: Trans. roy. Soc. S. Africa **13**, 245—253 (1926) — Ber. Physiol. **37**, 511 — Chem. Zbl. **1927 I**, 1819.

[15] W. S. Ssadikow u. N. D. Zelinsky: Biochem. Z. **141**, 105—118 (1923) — Chem. Zbl. **1924 I**, 164.

gegen 1 proz. H_3PO_4 und $^1/_{10}$ proz. NaOH-Lösung. Die Färbungen sind beim Kochen mit Glucose unbeständig. Außerdem wird von den Verfassern noch die mögliche Konstitution der Glykokoll-Ninhydrin-Verbindung diskutiert.

Glykokoll gibt nach E. Waser und E. Brauchli[1] beim Erhitzen in sodaalkalischer Lösung mit einer kleinen Menge Nitrobenzoylchlorid im Gegensatz zu anderen Aminosäuren keine Farbreaktion.

Glykokoll gibt nach R. Gregory und T. A. Pascoe[2] keine Farbreaktion beim Erwärmen mit einem Gemisch von 34 Vol.-% Schwefelsäure und 0,05 Vol.-% Furfurol.

Über die Reaktion von Glykokoll mit Essigsäureanhydrid und Pyridin beim Kochen auf dem Wasserbade berichten H. D. Dakin und R. West[3]. Die Reaktion verläuft im Verhältnis zu der mit anderen Aminosäuren weniger vollständig (CO_2-Entwicklung 35—40% der theoretischen Menge).

Über die Umacylierung von Acylhistidinestern mittels Glykokoll unter Bildung der entsprechenden Acylglykokollverbindungen berichten M. Bergmann und L. Zervas[4].

Beim Kochen von Glykokoll mit Anilin wird ersteres nach L. Hugounenq, G. Florence und E. Couture[5] zerstört.

Über die Harnsäuresynthese durch Schmelzen von Glykokoll, Trichlormilchsäureamid, freier Trichlormilchsäure und Monochloressigsäure mit Harnstoff von Horbaczenski berichtet E. Behrend[6].

Glykokoll gibt nach W. E. Lawson und E. E. Reid[7] mit β, β'-Dichloräthylsulfid 4-Thiazanessigsäure-1-dioxyd.

Die Umsetzung von 2-Methyl-3-chloracetindol mit Glykokoll verlief nach Q. Mingoia[8] negativ. Es wurden die unveränderten Ausgangsprodukte zurückerhalten.

Über den Einfluß des Glykokolls auf die Aldehyd-Tryptophan-Reaktion berichtet E. Komm[9].

Nach J. Böhi[10] ist Glykokoll nicht als Depolarisator bei Systemen: Organ. Farbstoff + Chlorophyll geeignet.

Über die Verwendung von Glykokoll zum Nachweis von Guanidin berichtet S. Sakaguchi[11].

Glykokoll setzt nach H. Freundlich und A. Rosenthal[12] die Umwandlungsgeschwindigkeit thixotroper Eisenoxydsole sehr stark herab, was auf Komplexbildung an der Oberfläche der Fe_2O_3-Teilchen zurückgeführt wird. Weiterhin zeigt ein glykokollhaltiges Sol eine merklich höhere kataphoretische Wanderungsgeschwindigkeit als glykokollfreies. Bei der Annahme, daß Zähigkeit und D. E. durch das Glykokoll nicht wesentlich verändert wurden, könnte hieraus auf ein größeres „ζ"-Potential der Teilchen im glykokollhaltigen Sol geschlossen werden. Weitere Versuche von H. Freundlich und K. Söllner[13] zeigten, daß in Gegenwart von Glykokoll die gewöhnlichen Reaktionen der Fe^{III}-Salze in weitem Umfange ausbleiben. So entsteht in einer mit Glykokoll gesättigten Fe^{III}-Salzlösung bei Übersättigung mit NH_3 auch nach Tagen kein Niederschlag. Außerdem stabilisiert Glykokoll in größerer Konzentration das Fe_2O_3-Sol gegen die Koagulation durch NaCl. Die Umwandlung eines thixotropen Al-Acetatsoles vom Sol ins Gel wird nach H. Freundlich und L. L. Bircumshaw[14] verhindert.

H. Haehn[15] untersuchte folgende Systeme: Neutralsalz + Glykokoll + Tyrosin, Leucin + Isoleucin + Glykokoll + Alanin + Tyrosin auf ihre hydrolytische Wirkung auf Stärke. Mit keinem System war ein Abbau zu erzielen.

---

[1] E. Waser u. E. Brauchli: Helvet. chim. Acta **7**, 740—758 — Chem. Zbl. **1924 II**, 947.
[2] R. Gregory u. T. A. Pascoe: J. of biol. Chem. **83**, 35—42 — Chem. Zbl. **1929 II**, 1831.
[3] H. D. Dakin u. R. West: J. of biol. Chem. **78**, 91—105 — Chem. Zbl. **1928 II**, 1667.
[4] M. Bergmann u. L. Zervas: Hoppe-Seylers Z. **175**, 145—153 — Chem. Zbl. **1928 I**, 2614.
[5] L. Hugounenq, G. Florence u. E. Couture: Bull. Soc. Chim. biol. Paris **6**, 672—676 — Chem. Zbl. **1924 II**, 2641.
[6] E. Behrend: Liebigs Ann. **441**, 215—216 — Chem. Zbl. **1925 I**, 1205.
[7] W. E. Lawson u. E. E. Reid: J. amer. chem. Soc. **47**, 2821—2836 (1925) — Chem. Zbl. **1926 I**, 1195.
[8] Q. Mingoia: Gazz. chim. ital. **59**, 105—115 — Chem. Zbl. **1929 I**, 2646.
[9] E. Komm: Hoppe-Seylers Z. **156**, 35—60 — Chem. Zbl. **1926 II**, 1892.
[10] J. Böhi: Helvet. chim. Acta **12**, 121—153 — Chem. Zbl. **1929 II**, 388.
[11] S. Sakaguchi: J. of Biochem. **5**, 25—31 — Chem. Zbl. **1925 II**, 1547.
[12] H. Freundlich u. A. Rosenthal: Z. physik. Chem. **121**, 463—483 — Chem. Zbl. **1926 II**, 1249.
[13] H. Freundlich u. K. Söllner: Kolloid-Z. **45**, 348—355 — Chem. Zbl. **1928 II**, 1535.
[14] H. Freundlich u. L. L. Bircumshaw: Kolloid-Z. **40**, 19—22 — Chem. Zbl. **1926 II**, 2540.
[15] H. Haehn: Biochem. Z. **135**, 587—602 — Chem. Zbl. **1923 III**, 565.

Nach W. Biedermann[1] wird die Salzhydrolyse von Stärke durch Glykokollzusatz stark beschleunigt.

L. de Hoop und M. J. van Tussenbroek[2] untersuchten den Einfluß von Glykokollzusatz (4%) auf die Krystallisation reiner Maltosesirupe, die nach 24 Stunden beendet war.

N. Isgaryschew und A. Pomeranzewa[3] untersuchten die Wirkung des Glykokolls auf die Quellung des Caseins, die durch den Glykokollzusatz stark erniedrigt wurde.

Von F. Loebenstein[4] wurde der Einfluß von Glykokoll auf die Quellung mit Wasser und auf die Entquellung mit Alkohol von nichtchromierten Hautpulvern untersucht.

W. Moeller[5] untersuchte das Verhalten von Glykokoll im System: Hautpulver + Gerbstoff. Es wurde in allen Fällen eine Adsorptionsverminderung des Gerbstoffes beobachtet und gefunden, daß die Glykokoll-Gerbstoffmischung in ihrem Verhalten dem System Nicht-Gerbstoff — Nicht-Hautsubstanz ähnlich ist und nicht Ledersubstanz ergibt.

Über die Verwendung von Glykokoll zur Neutralisation von Gerbstoffen und von vegetabilisch-mineralischen oder mit synthetischen Gerbstoffen gegerbten Häuten berichtet W. Moeller[6].

Über die stark hemmende Wirkung von Glykokoll auf die Fällung einer 1proz. Lösung von Pferdeserum durch $CuSO_4$ und über die beschleunigende Wirkung auf die Fällung von Rindereiweiß durch Cu″, Zn″ und Fe″ berichten J. Bečka und A. Šimáneck[7].

Nach Versuchen von E. A. Hafner[8] wird die Aussalzbarkeit des Phenols aus wässeriger Lösung durch $(NH_4)_2SO_4$ durch Zusatz von Glykokoll erhöht.

Die hydrolytische Zersetzlichkeit von Guajakolkakodylatpräparaten und die Löslichkeit des Guajakols in Wasser läßt sich durch Glykokollzusatz verhindern bzw. erhöhen[9].

Über die Verwendung von Glykokoll in Härte- und Reinigungsmitteln für Zähne berichtet V. V. I. Andresen[10].

Derivate: Glykokollhydrochlorid. Derivate des Hydrochlorides von Arzneimitteln sind in Wasser löslich, ohne ihre therapeutische Aktivität zu verlieren[11]. — **Glykokollchlorhydrat** regt nach M. Arai[12], in 0,1—1 m Lösungen ins Duodenum eingespritzt, bei Hunden mit temporärer Pankreasfistel die Pankreasabsonderung an. Die Absonderung wird durch subcutane Adrenalin-, aber nicht durch Atropininjektion gehemmt. — Wird Glykokollchlorhydrat in eine gesättigte Lösung von $MgCl_2$, $CaCl_2$ und $ZnCl_2$ eingetragen und $NaNO_2$ zugesetzt, so entsteht nach R. Kuhn und E. Eichenberger[13] Chloressigsäure.

Glykokollchlorhydrat: 2 Mol Glykokoll und 1 Mol HCl durch Umkrystallisieren von Glykokollalaninmonochlorhydrat, rhombische Krystalle. Schmelzp. 178°. Beim Fällen einer alkoholischen Lösung mit Äther scheidet sich das Glykokollmonochlorhydrat ab. Das Diglykokollmonochlorhydrat konnte auch aus den Komponenten erhalten werden[14].

Glykokollalaninmonochlorhydrat: 1 Mol Glykokoll + 1 Mol d-Alanin + HCl aus den tyrosinfreien Mutterlaugen von hydrolysierter Seide, sintert bei 105°. Schmelzp. 177°. $[\alpha]_D^{19} = +4,42°$. Beim Umkrystallisieren, Fällen aus alkoholischer Lösung mit Äther, wird das Doppelsalz teilweise gespalten. Das Glykokollalaninmonochlorhydrat konnte aus den Komponenten erhalten werden[14].

Glykokolldiphenylphosphat $C_{14}H_{16}O_6NP$. Aus Glykokollkupfer und Diphenylphosphorsäurechlorid in Benzol beim Schütteln mit Wasser oder durch Vermischen äquivalenter Mengen

---

[1] W. Biedermann: Biochem. Z. **135**, 282—292 — Chem. Zbl. **1923 III**, 663.
[2] L. de Hoop u. M. J. van Tussenbroek: Biochem. Z. **135**, 217—223 — Chem. Zbl. **1923 III**, 662.
[3] N. Isgaryschew u. A. Pomeranzewa: Kolloid-Z. **38**, 235—236 — Chem. Zbl. **1926 I**, 3129.
[4] F. Loebenstein: Kolloid-Z. **35**, 345—353 — Chem. Zbl. **1925 I**, 2540.
[5] W. Moeller: Z. Leder- u. Gerbereichemie **2**, 212—227 — Chem. Zbl. **1923 IV**, 781.
[6] W. Moeller: E.P. 200262 v. 27. April 1922, ausg. 2. Aug. 1923; Chem. Zbl. **1926 II**, 1917.
[7] J. Bečka u. A. Šimáneck: Biochem. Z. **149**, 150—157 (1924) — Chem. Zbl. **1925 I**, 689.
[8] E. A. Hafner: Biochem. Z. **188**, 259—269 (1927) — Chem. Zbl. **1928 I**, 633.
[9] Rex Chem. Fabrik und Drogengroßhandels-A.-G.: D.R.P. 384688 v. 24. Febr. 1923, ausg. 5. Nov. 1923; Chem. Zbl. **1924 I**, 2611.
[10] V. V. I. Andresen: A.P. 1470794 v. 15. April 1921, ausg. 16. Okt. 1923; Chem. Zbl. **1924 I**, 2614.
[11] C. W. Bauer: J. amer. pharmaceut. Assoc. **16**, 1059—1061 (1927) — Chem. Zbl. **1928 I**, 1432.
[12] M. Arai: Biochem. Z. **121**, 175—179 — Chem. Zbl. **1921 III**, 1210.
[13] R. Kuhn u. E. Eichenberger: F.P. 663236 v. 31. Okt. 1928, ausg. 19. August 1929; Chem. Zbl. **1929 II**, 3069.
[14] E. Abderhalden u. H. Sickel: Hoppe-Seylers Z. **135**, 29—31 — Chem. Zbl. **1924 II**, 173.

Glykokoll und Diphenylphosphorsäure in Wasser und Verdunsten. Quadratische Tafeln aus Alkohol. Schmelzp. 177—178°[1].

Cu-Salz $(C_2H_4O_2)_2Cu \cdot 1 H_2O$. Bestimmt wurde die spezifische Leitfähigkeit „x" des Cu-Salzes in folgenden wässerigen Lösungen: $1/50$-, $1/100$-, $1/200$-, $1/400$-, $1/800$- und $1/1600$ n[2]. — H. Ley[3] untersuchte die Extinktion des Kupfersalzes. — **Cu-Glykokollat** wirkt nach C. Neuberg und M. Sandberg[4] aktivierend als Katalysator auf die alkoholische Gärung. — Über die Wirkung des Cu-Salzes bei Tuberkulosen und Leprakranken berichtet C. Serono[5].

Ni-Glykokollat. H. Ley[3] untersuchte die Extinktion des Nickelsalzes.

Co-Glykokollat. H. Ley[3] untersuchte die Extinktion des Cobaltsalzes.

Cd-, Hg-, Ag- und Zn-Salze des Glykokolls. Von E. A. Cooper und L. I. Robinson[6] wird die keimtötende Wirkung von Cd-, Hg-, Ag- und Zn-Salzen des Glykokolls geprüft. Die bactericide Wirkung ist schwächer als die der entsprechenden anorganischen Salze.

Komplexes Silbersalz des Glykokolls $[Ag(C_2H_4O_2)_2](NO_3)$. F. G. Pawelka[7] ermittelte die Zusammensetzung der Komplexverbindung und ihren Zerfall in wässerigen Lösungen durch Messung der Zerfallskonstante.

Pb-Glykokollat: Von W. Dilling[8] wurde die Wirkung des Pb-Salzes nach intravenöser Injektion auf den Blutdruck, die Atmung und die Herztätigkeit der Katze untersucht.

Glykokolldiäthylendiaminkobaltichlorid $[Co(C_2H_8N_2)_2(C_2H_4O_2N)]Cl_2 \cdot 1 H_2O$. Aus Glykokoll und Dichloräthylendiaminkobaltichlorid in Gegenwart von Soda in wenig Wasser nach kurzem Erwärmen (20 Minuten). Aus Alkohol schöne Krystalle, gut ausgebildet, ziegelrot[9].

d-π-Bromcamphersulfonat $[Co(C_2H_8N_2)_2(C_2H_4O_2N)] \cdot (C_{10}H_{14}O_4BrS)_2 \cdot 10 H_2O$. Rote Prismen. Die Spaltung in die optischen Komponenten gelingt ohne große Schwierigkeiten. Die l-Komponente des Bromcamphersulfonates ist viel weniger löslich als die d-Komponente und kann leicht erhalten werden[9].

l-Glykokolldiäthylendiaminkobaltijodid $[Co(C_2H_8N_2)_2(C_2H_4O_2N)] \cdot J_2$. Ziegelrote Nadeln[9].

l-Dithionat $[Co(C_2H_8N_2)_2(C_2H_4O_2N)]S_2O_6$. Gelbrote Nadeln aus heißem Wasser[9].

Cr-Komplexsalz mit Glykokoll. P. B. Sarkar[10] berichtigt die von Florence und Couture[11] angegebene Konfigurationsformel des roten Glykokollsalzes. Die von Hugounenq und Morel[12] angegebene Formel für das violette Glykokollsalz wird vom Verfasser bestätigt. Die Salze sind in Wasser wenig löslich, werden von Mineralsäuren und Alkalien bei gewöhnlicher Temperatur nicht angegriffen.

Mercuriaminoessigsäure $Hg(NH \cdot CH_2COOH)_2$. Wässerige Lösungen der Verbindung werden unter Zusatz von Ätzalkalien oder Alkalicarbonaten zu Saatgutbeizen verwendet[13].

Neutralsalzverbindungen des Glykokolls (P. Pfeiffer[14] und P. Pfeiffer, M. Klosmann und O. Angern[15]). Dabei sind folgende Verbindungstypen möglich: MeX mit 1, 2, 3 und 4 Glykokoll-, MeX_2 mit 1, 2, 3 und 4 Glykokoll- und MeX_3 mit 3 Glykokollmolekülen. Es ist nie möglich, von einer Aminosäure alle 4 Typen darzustellen. Für die Additionsfähigkeit der Alkalisalze gilt folgende Reihe: $Li > Na > K$. NaCl, NaJ_3, KJ, KCl, $(CH_3)_4N \cdot Br$,

---

[1] A. Bernton: Ber. dtsch chem. Ges. **55**, 3361—3365 (1922) — Chem. Zbl. **1923 I**, 50.

[2] E. Abderhalden u. E. Schnitzler: Hoppe-Seylers Z. **163**, 94—119 — Chem. Zbl. **1927 I**, 2068.

[3] H. Ley: Z. anorg. u. allg. Chem. **164**, 377—406 — Chem. Zbl. **1927 II**, 2041.

[4] C. Neuberg u. M. Sandberg: Biochem. Z. **109**, 290—329 (1920) — Chem. Zbl. **1921 I**, 36.

[5] C. Serono: Rass. internaz. Clin. **21**, 177—184 (1922) — Chem. Zbl. **1923 I**, 263.

[6] E. A. Cooper u. L. I. Robinson: J. Soc. Chem. Ind. **45**, T. 321—323 — Chem. Zbl. **1926 II**, 2187.

[7] F. G. Pawelka: Z. Elektrochem. **30**, 180—186 — Chem. Zbl. **1924 I**, 452.

[8] W. J. Dilling: J. of Pharmacol. **35**, 449—462 — Chem. Zbl. **1929 II**, 594.

[9] J. Meisenheimer, L. Angermann u. H. Holsten: Liebigs Ann. **438**, 217—278 — Chem. Zbl. **1924 II**, 2327.

[10] P. B. Sarkar: Bull. Soc. Chim. France [4] **39**, 1385—1389 (1926) — Chem. Zbl. **1927 I**, 2289.

[11] Florence u. Couture: Bull. Soc. Chim. France [4] **39**, 643—646 — Chem. Zbl. **1926 II**, 1520.

[12] Hugounenq u. Morel: C. r. Acad. Soc. Paris **154**, 119 — Chem. Zbl. **1912 I**, 716.

[13] E. I. du Pont de Nemours u. Co.: A.P. 1485021 v. 10. Okt. 1921, ausg. 26. Febr. 1924; Chem. Zbl. **1925 I**, 889.

[14] P. Pfeiffer: Z. angew. Chem. **36**, 137—138 — Chem. Zbl. **1923 I**, 1215.

[15] P. Pfeiffer, M. Klosmann u. O. Angern: Hoppe-Seylers Z. **133**, 22—61 — Chem. Zbl. **1924 I**, 1911.

$(CH_3)_4N \cdot J$, $(C_2H_5)_4N \cdot J$, $(C_2H_5)_2N \cdot HBr$. NH_4J und NH_4CSN können nicht mit Glykokoll vereinigt werden. Können alle drei Halogenide Glykokoll aufnehmen, so sind die Bromide und Jodide den Chloriden überlegen. Dargestellt wurden die einzelnen Verbindungen so, daß entweder die wässerigen Komponenten auf dem Wasserbade bis zur Krystallisation eingedampft wurden bzw. daß Wasser an der Luft oder im Exsiccator verdunstete, oder so, daß die wässerige Lösung mit Alkohol versetzt wurde. Löslichkeitsversuche und Bestimmung des Molekulargewichtes sprechen dafür, daß die Komplexionen auch in wässeriger Lösung existieren. Die krystallisierten Salzverbindungen zeigen große Löslichkeit in Wasser.

Typ: MeX-1-Glykokoll: **Monoglykokollithiumjodid** $C_2H_5O_2N$, $LiJ \cdot H_2O$. Feine durchsichtige Nadeln, luftbeständig (im Gegensatz zu LiJ), verlieren bei 120° ihr Krystallwasser.
— **Monoglykokollnatriumbromid** $C_2H_5O_2N$, $NaBr \cdot 1^1/_2$-H_2O. Erweicht beim Erhitzen im Capillarrohr bei 108—110°, sintert ohne Schmelzp., bei 145—147° treiben Gasblasen die Schmelze hoch. Beim Trocknen auf 100—105° bleibt $^1/_2$ Mol. Wasser zurück.

Typ: MeX-2-Glykokoll: **Diglykokollnatriumjodid** $2 C_2H_5O_2N$, $NaJ \cdot H_2O$. Darstellung gelingt nicht immer, luftbeständig, leicht löslich in Wasser.

Typ: MeX-4-Glykokoll: **Tetraglykokollkaliumtrijodid** $4 C_2H_5O_2N$, KJ_3, luftbeständige, rote dunkelbraune Nadeln, Verbindung mit NaJ_3 konnte nicht erhalten werden.

Typ: MeX_2-2-Glykokoll: **Diglykokollcalciumchlorid** $2 C_2H_5O_2N$, $CaCl_2 \cdot 4 H_2O$, Prismen.
Diglykokollcalciumbromid $2 C_2H_5O_2N$, $CaBr_2 \cdot 4 H_2O$, durchsichtige Prismen, verlieren bei 110—120° den größten Teil des Wassers.
Diglykokollcalciumjodid $2 C_2H_5O_2N$, $CaJ_2 \cdot 3 H_2O$, Krystalle geben bei 140° 2 Mol. Wasser ab. Das J wird mit $AgNO_3$ vollständig gefällt[1].
Diglykokollmagnesiumbromid $2 C_2H_5O_2N$, $MgBr_2 \cdot 2 H_2O$, eckige Krystalle.
Diglykokollmagnesiumjodid $2 C_2H_5O_2N$, $MgJ_2 \cdot 2 H_2O$, schwach glänzende Krystalle werden auf Ton schwach rosa. Aus wässeriger Lösung von $MgJ \cdot 8 H_2O$ + Glykokoll.
Diglykokollzinkchlorid $2 C_2H_5O_2N \cdot ZnCl_2 \cdot 2 H_2O$, etwas hygroskopische Krystalle, Schmelzp. 81—90°.
Diglykokollzinkbromid $2 C_2H_5O_2N$, $ZnBr_2 \cdot 2 H_2O$, Nadeln, Schmelzp. 65—75°.

Typ: MeX_2-3-Glykokoll: **Triglykokollcalciumbromid** $3 C_2H_5O_2N$, $CaBr_2$, durchsichtige Blättchen, luftbeständig, leicht löslich in Wasser, verkohlt auf dem Pt-Blech, ohne vorher zu schmelzen.

Typ: MeX_2-4-Glykokoll: **Tetraglykokollcalciumjodid** $4 C_2H_5O_2N$, CaJ_2, asbestartige Nadeln, luftbeständig, leicht löslich in Wasser.
Tetraglykokollstrontiumjodid $4 C_2H_5O_2N$, SrJ_2. Schmelzp. >240°.
Tetraglykokollbariumjodid $4 C_2H_5O_2N$, BaJ_2, aus $BaJ_2 \cdot 7 H_2O$ + Glykokoll in gleichen molekularen Mengen, durch Fällen mit absolutem Alkohol asbestartige Nadeln.
Tetraglykokollzinkjodid $4 C_2H_5O_2N$, ZnJ_2, tafelförmige Krystalle, luftbeständig. Schmelzp. 65—70°.

Typ: MeX_3-3-Glykokoll: **Triglykokollanthanchlorid** $3 C_2H_5O_2N$, $LaCl_3 \cdot 3 H_2O$, Nadeln.
Triglykokollzinkchlorid $3 C_2H_5O_2N$, $ZnCl_2$ aus der wässerigen Lösung der Komponenten. Nicht hygroskopisch, Krystalle, Zersetzung bei 228° unter Orangerotfärbung[2].

Glykokolläthylester. Der Ester entsteht bei der Hydrolyse von α- und β-Hydroformamincyanid[3]. — Der Ester ist nach E. Schmidt und K. Braunsdorf[4] gegen ClO_2 beständig. — Der Ester ergibt, mit 2 Mol. Guanidin umgesetzt, Guanidinoessigsäureanhydrid. Weiterhin wird noch über die Reaktion des Esters mit Cyanamid von den Verfassern berichtet[5, 6]. Untersucht wurde ferner die Umsetzung von N, N-Dimethylguanidin mit dem Ester. Es entstanden nur geringe Mengen von Cyamidinverbindungen, der Hauptteil des Esters und der Base wurde unverändert zurückgewonnen, als Nebenprodukte wurden etwas Glycinanhydrid und Curtiussche Biuretbase erhalten. Bei der Reaktion zwischen N-Isoamylguanidin und Ester wurde das Isoamylguanidin fast vollkommen zurückgewonnen. Die Cyamidinverbindung wurde nicht gebildet, als Nebenprodukte fielen etwas Biuretbase und

---

[1] Spitz: D.R.P. 318343; Chem Zbl. **1920 III**, 601.
[2] J. V. Dubsky: Z. med. Chem. **5**, 37—42 — Chem. Zbl. **1927 II**, 914.
[3] H. W. Rinehart u. T. B. Johnson: J. amer. chem. Soc. **46**, 1653—1661 — Chem. Zbl. **1924 II**, 1200.
[4] E. Schmidt u. K. Braunsdorf: Ber. dtsch. chem. Ges. **55**, 1529—1534 — Chem. Zbl. **1922 III**, 520.
[5] E. Abderhalden u. H. Sickel: Hoppe-Seylers Z. **173**, 51—60 — Chem. Zbl. **1928 I**, 1021.
[6] E. Abderhalden u. H. Sickel: Hoppe-Seylers Z. **175**, 68—74 — Chem. Zbl. **1928 I**, 2259.

Glycinanhydrid an. Die gleichen Ergebnisse wurden bei der Umsetzung von N-α-Naphthylguanidin bzw. Acetylguanidin mit dem Ester erhalten[1]. — Über die Reaktion des Glykokolläthylesters mit Triactylanhydroarginin unter Bildung von Diacetylglykocyaminester berichten M. Bergmann und L. Zervas[2]. — Der freie Ester reagiert mit Acetobromglucose. Bei einem Überschuß an Ester krystallisiert das Bromhydrat aus. Die Reaktion verläuft nicht einheitlich. Das Glucosid kann durch Extraktion mit Äther isoliert werden, der isolierte Sirup bräunt sich beim Stehen unter Zersetzung[3]. — Der Ester ergibt mit Phenyl-MgBr 2-Amino-1,1-diphenyläthanol-(1), mit Äthyl-MgBr 2-Amino-1,1-diäthyläthanol und mit Benzyl-MgBr 2-Amino-1,1-dibenzyläthanol[4]. — A. Kiprianov[5] berichtet über die Reaktion des Esters mit Äthylenoxyd. Es entsteht die Oxydiäthylaminoessigsäure. — Glykokolläthylester gibt nach E. Waser und E. Brauchli[6] in sodaalkalischer Lösung, mit einer kleinen Menge p-Nitrobenzoylchlorid gekocht, keine Farbreaktion. — Von Y. Shibata und T.-i. Asahina[7] wurde Glykokollester in Wasser, Alkohol und Eisessig spektroskopisch untersucht. — Der Ester bewirkt nach M. Arai[8] beim Hunde und Kaninchen Blutdrucksenkung. Am ausgeschnittenen Uterusstück vom Hunde, Kaninchen und Meerschweinchen bewirkt er Erregung, die durch Atropin kaum beeinflußt wird, während Adrenalin am Meerschweinchenuterus hemmend wirkt. Am ausgeschnittenen Darmstück wirkt der Ester in der 2. Phase deutlich erregbar, auf isolierte Gefäße wirkt er sehr schwach kontrahierend. — **Glykokollesterchlorhydrat** gibt nach E. A. Cooper und S. D. Nicholas[9] mit Chinonlösungen Rotfärbungen. — Bei der Einwirkung von HNO_2 auf den Ester entsteht Chloriminoessigester. Diazoessigester wird aus Glycinester durch konzentrierte H_2SO_4 + Na-Acetat + HNO_2 erhalten[10]. Weiterhin wird vom Verfasser über die Darstellung des Pyrazolintricarbonsäureesters aus dem Esterchlorhydrat berichtet. — Th. W. J. Taylor und L. S. Price[11] untersuchten die mit HNO_2 bzw. $Ba(NO_2)_2$ aus dem Ester hergestellte Diazoverbindung und ermittelten die Reaktionsgeschwindigkeit: Die Reaktion verläuft bei 0,05n-Ester + 0,05n-HNO_2 rasch, unmeßbar schnell bei doppelter HNO_2-Konzentration. KCl, H_2SO_4 hemmen stark. Die Reaktion verläuft analog der Reaktion von Methylamin mit HNO_2, nur ist die Geschwindigkeit 200mal größer.

Glykokolläthylesterpikrat $C_{10}H_{12}O_9N_4$. Durch Kochen äquimolekularer Mengen von Carbonsäureanhydrid mit Pikrinsäure in absolutem Alkohol; CO_2-Abspaltung. Krystalle aus Wasser. Schmelzp. 155° (korr.)[12].

Glykokollesterchlorhydrat-Zinntetrachlorid $(C_4H_9O_2N_2)_2SnCl_4$. Durch Umsetzung des Esters in Benzol mit benzolischer Lösung von $SnCl_4$. Gelbliche, glasartige hygroskopische Masse, trübt sich unter der Mutterlauge beim Stehen (infolge Luftfeuchtigkeit), es scheiden sich allmählich Krystalle von Esterchlorhydrat ab[13].

Glykokollesterchlorhydrat-Titantetrachlorid $(C_4H_9O_2N)_2TiCl_4$ ist der Zinntetrachloridverbindung analog[13].

Glykokollchloräthylesterchlorhydrat Nadeln, Schmelzp. 150°[14].

Glykokoll-n-propylester. Der Ester wurde in der üblichen Weise aus dem Hydrochlorid dargestellt. Die Reinigung geschah durch fraktionierte Destillation. Ausbeute 72,7%. Koch-

---

[1] E. Abderhalden u. H. Sickel: Hoppe-Seylers Z. **180**, 75—89 — Chem. Zbl. **1929 II**, 576.

[2] M. Bergmann u. L. Zervas: Hoppe-Seylers Z. **172**, 277—288 (1927) — Chem. Zbl. **1928 I**, 1647.

[3] K. Maurer: Ber. dtsch. chem. Ges. **59**, 827—829 — Chem. Zbl. **1926 I**, 3315.

[4] K. Thomas u. F. Bettzieche: Hoppe-Seylers Z. **140**, 244—260 (1924) — Chem. Zbl. **1925 I**, 49.

[5] A. Kiprianov: J. chim. Ukraine, wiss. Teil (russ.) **2**, 236—249 (1926) — Chem. Zbl. **1927 I**, 2654.

[6] E. Waser u. E. Brauchli: Helvet. chim. Acta **7**, 740—758 — Chem. Zbl. **1924 II**, 947.

[7] Y. Shibata u. T.-i. Asahina: Bull. chem. Soc. Japan **2**, 324—334 (1927) — Chem. Zbl. **1928 I**, 1194.

[8] M. Arai: Biochem. Z. **136**, 203—212 — Chem. Zbl. **1923 III**, 871.

[9] E. A. Cooper u. S. D. Nicholas: J. Chem. Soc. Ind. **46**, T. 59—60 — Chem. Zbl. **1927 I**, 2203.

[10] G. S. Skinner: J. amer. chem. Soc. **46**, 731—741 — Chem. Zbl. **1924 I**, 2430.

[11] Th. W. J. Taylor u. L. S. Price: J. chem. Soc. Lond. **1929**, 2052—2059 — Chem. Zbl. **1929 II**, 2874.

[12] F. Wessely u. M. John: Mh. Chem. **48**, 1—7 — Chem. Zbl. **1927 II**, 416.

[13] F. Fichter u. F. Reichart: Helvet. chim. Acta **7**, 1078—1082 (1924) — Chem. Zbl. **1925 I**, 589

[14] E. Abderhalden, H. Paffrath u. H. Sickel: Pflügers Arch. **207**, 241—253 — Chem. Zbl. **1925 II**, 934.

punkt$_{16-18}$ 50—53°. Untersucht wurde die Kondensation des Esters zum 2,5-Dioxopiperazin und die Bildung von Guanidinoessigsäureanhydrid durch Behandlung des Esters mit Guanidin[1].

Glykokoll-n-propylesterhydrochlorid. Darstellung durch Aufschwemmung des Glykokolls im Propylalkohol und Einleiten von HCl. Ausbeute 67,3%, Schmelzp. 73—75°, hygroskopisch[1].

Glykokollisopropylester. Der Ester wurde in der üblichen Weise aus dem Hydrochlorid dargestellt, die Reinigung geschah durch fraktionierte Destillation. Ausbeute 64,1%, Kochpunkt$_{12-15}$ 52—55°. Untersucht wurde die Kondensation des Esters zum 2,5-Dioxopiperazin und die Bildung von Guanidinoessigsäureanhydrid durch Behandlung des Esters mit Guanidin[1].

Glykokollisopropylesterhydrochlorid. Darstellung entsprechend der des Glykokoll-n-propylesterhydrochlorids. Ausbeute 70,6%, Schmelzp. 84—86°, etwas hygroskopisch[1].

Glykokoll-n-butylester. Der Ester wurde in der üblichen Weise aus dem Hydrochlorid dargestellt, die Reinigung geschah durch fraktionierte Destillation. Ausbeute 67,6%, Kochpunkt$_{8-11}$ 55—58°. Untersucht wurde die Kondensation des Esters zum 2,5-Dioxopiperazin und die Bildung von Guanidinoessigsäureanhydrid durch Behandlung des Esters mit Guanidin[1]. — Darstellung aus Methylenaminonitril + Butylalkohol + Wasser durch Einleiten von HCl, Kochp.$_5$ 65°, D_4^{20} = 0,967, n_{706} = 1,4209, n_{587} = 1,4257, n_{501} = 1,4294, n_{447} = 1,4333. Durch langsame Zersetzung einer wässerigen Lösung des Esterchlorhydrates mit verdünnter HCl wird Chloressigsäure-n-butylesterchlorhydrat erhalten. Durch Reaktion mit HNO_2 der Chloroximinoessigsäure-n-butylester[2].

Glykokoll-n-butylesterhydrochlorid. Darstellung entsprechend der des Glykokoll-n-propylesterhydrochlorids. Ausbeute 70,3%, Schmelzp. 64—66°, hygroskopisch[1].

Glykokollisobutylester. Der Ester wurde in der üblichen Weise aus dem Hydrochlorid dargestellt, die Reinigung geschah durch fraktionierte Destillation. Ausbeute 71,4%, Kochpunkt$_{5-11}$ 60—63°[1].

Glykokollisobutylesterhydrochlorid. Darstellung entsprechend der des Glykokoll-n-propylesterhydrochlorids. Ausbeute 66,7%, Schmelzp. 70—72°, sehr hygroskopisch[1].

Glykokoll-n-amylester. Der Ester wurde in der üblichen Weise aus dem Hydrochlorid dargestellt. Die Reinigung geschah durch fraktionierte Destillation. Ausbeute 71,05%, Kochpunkt$_{8-11}$ 73—76°. Untersucht wurde die Kondensation des Esters zum 2,5-Dioxopiperazin und die Bildung von Guanidinoessigsäureanhydrid durch Behandlung des Esters mit Guanidin[1].

Glykokoll-n-amylesterhydrochlorid. Darstellung entsprechend der des Glykokoll-n-propylesterhydrochlorids. Ausbeute 68,2%, Schmelzp. 118—120°, sehr hygroskopisch[1].

Glykokollisoamylester. Der Ester wurde in der üblichen Weise aus dem Hydrochlorid dargestellt, die Reinigung geschah durch fraktionierte Destillation. Kochp.$_{8-10}$ 78—80°. Untersucht wurde die Kondensation des Esters zum 2,5-Dioxopiperazin und die Bildung von Guanidinoessigsäureanhydrid durch Behandlung des Esters mit Guanidinin[1].

Glykokollbenzylester. Der Ester wurde in der üblichen Weise aus dem Hydrochlorid dargestellt, die Reinigung geschah durch fraktionierte Destillation. Ausbeute 69,8%, Kochpunkt$_{8-11}$ 93—95°. Untersucht wurde die Kondensation des Esters zum 2,5-Dioxopiperazin und die Bildung von Guanidinoessigsäureanhydrid durch Behandlung des Esters mit Guanidin[1].
— **Glykokollbenzylesterhydrochlorid.** $C_9H_{12}O_2NCl$. Darstellung entsprechend der des Glykokoll-n-propyl-esterhydrochlorids. Ausbeute 31,7%, Schmelzp. 126—128°, nicht hygroskopisch[1].
— Aus Glycylchloridchlorhydrat und Benzylalkohol unter Kühlung, dann auf 90° erwärmen, mit Aceton verreiben[3].

Glykokollglycerinester. Durch Einwirkung des trockenen Na-Glykokollates auf α-Chlorhydrin. Das Gemisch erwärmt sich stark, wird anschließend 1 Stunde auf dem Wasserbade erhitzt, in kaltem Methanol aufgenommen, filtriert, mit Äther gefällt. Ausbeute 20—30%. Schmilzt zwischen 160—170°, zersetzt sich gegen 250°, leicht löslich in Wasser, löslich in Methanol, sonst fast unlöslich, hygroskopisch. Die wässerige, stark alkalische Lösung gibt nach einiger Zeit Ninhydrinreaktion[4].

α-Glycyl-α′,β-dipalmitylglycerin, Schmelzp. 215°, durch Einwirkung des Na-Glykokollates auf α,β-Dipalmityl-α′-jodhydrin. Ausbeute 40—50%. Ester löst sich in warmem Wasser, fällt beim Erkalten als Gel bzw. Pseudogel aus, ist löslich in warmem Methanol und Alkohol[4].

---

[1] E. Abderhalden u. S. Suzuki: Hoppe-Seylers Z. **176**, 101—108 — Chem. Zbl. **1928 II**, 896.
[2] G. S. Skinner: J. amer. chem. Soc. **46**, 731—741 — Chem. Zbl. **1924 I**, 2430.
[3] P. Ruggli, R. Ratti u. E. Henzi: Helvet. chim. Acta **12**, 332—361 — Chem. Zbl. **1929 II**, 42.
[4] Weizmann u. L. Haskelberg: C. r. Acad. Sci. Paris **189**, 104—106 — Chem. Zbl. **1929 II**, 1524.

α-Glycyl-α', β-distearylglycerin, Schmelzp. 170°, durch Umsetzung von Na-Glykokollat mit α, β-Distearyl-α'-jodhydrin. Die Löslichkeit des Esters entspricht der des Dipalmitylglycerinesters[1].

Glycylsalicylsäure. Aus Chloracetylsalicylsäure und alkoholischem NH_3 in Gegenwart von Naturkupfer C[2]. — Chlorhydrat $C_9H_{10}O_4NCl$. Krystalle, Schmelzp. 70°, löslich in Wasser[2]. — NH_4-Salz $C_9H_{12}O_4N_2$. Aus der ausgeätherten wässerigen Lösung von der Darstellung des Chlorhydrates, nach dessen Lösung in Alkohol und Ausfällen mit NH_4Cl durch Äther; Krystalle süß schmeckend, leicht löslich in Wasser, etwas weniger löslich in Alkohol, beim Aufbewahren nach einiger Zeit Zersetzung[2]. — Glycylsalicylsäure-methylester. Aus Glykokollchlorid und dem K-Salz des Salicylsäureesters, Nädelchen (aus heißem Methylalkohol), Schmelzp. 195° (Zers.), löslich in Wasser und den meisten organischen Lösungsmitteln, durch heißes Wasser, Säuren oder Alkalien gespalten[2].

Chloracetylarsanilsäure $C_8H_9O_4NClAs$. Aus Atoxyl und Chloracetylchlorid. Ausbeute 92%[3].

Glycylarsanilsäure $C_8H_{11}O_4N_2As$. Aus Chloracetylarsanylsäure mit NH_3, gezähnte Blättchen bei Fällung mit Na-Acetat. Ausbeute 74%. Die Verfasser studieren die therapeutische Wirksamkeit der Verbindung und vergleichen sie mit der Wirkung des Atoxyls und der von Polyglycylarsanilsäure. Die Wirkung ist größer als die des Atoxyls und etwa gleich stark der Wirkung der Polyglycylarsanilsäuren, da die Seitenketten der letzteren anscheinend leicht im Organismus abgebaut werden, infolgedessen die therapeutische Wirkung hauptsächlich von der zurückgebliebenen Glycylarsanilsäure ausgeübt wird. Die Versuche wurden an einem Stamm von Nagana-Trypanosomen (Mäuseversuch) durchgeführt[3]. — Über die Einwirkung von Darmerepsin auf Glycylarsanilsäure berichten E. Waldschmidt-Leitz, W. Grassmann und A. Schäffner[4].

Carboxyaminoacetylarsanilsäure $C_9H_{11}O_6N_2As$. Aus Methylalkohol, Spieße, Zersetzung bei 205°, Ausbeute 45%[3].

Carbäthoxyglycylarsanilsäure $C_{11}H_{15}O_6N_2As$. Aus Glycylarsanilsäure und Chlorkohlensäureester, aus heißem Wasser Blättchen. Bei 275° Braunfärbung. Ausbeute 78%[3].

p-Anisoylglycylarsanilsäure $C_{16}H_{17}O_6N_2As$, Nadeln, Zersetzung bei 300—302°, Ausbeute 76%[3].

Glycylcholin. Aus dem Glycylcholinchlorhydrat, mit Ag_2O unter Ausschluß des Luft-CO_2. Der Sirup mit absolutem Alkohol wiederholt im Vakuum eingedampft, dann mit trockenem Äther durchgeschüttelt, über P_2O_5 im Vakuumexsiccator aufbewahrt, krystallinisch, sehr hygroskopisch[5].

Glycylcholinchlorhydrat. Aus dem Glycylcholin-Pt-Salz mit H_2S. Weiße, hygroskopische, krystallinische Substanz, sehr leicht löslich in Wasser, unlöslich in absolutem Alkohol. Prismatische Nadeln[5].

Glycylcholin-Pt-Salz $C_7H_{18}O_2N_2Cl$, $PtCl_4$, H_2O. Durch Erhitzen von salzsaurem Glycylchlorid und Cholinchlorid im Vakuum auf 100° und Isolierung des entstandenen Glycylcholins als Pt-Salz. Orangefarbene Nadeln, Schmelzp. 236—238° unter lebhafter Zersetzung[5].

Glycylcholin-Au-Salz $C_7H_{18}O_2N_2Cl_3Au_2$. Glänzende goldgelbe Blättchen oder Nadeln, Schmelzp. 180—184° unter leichter Zersetzung. Ziemlich löslich in Alkohol, etwas weniger in Wasser[5].

Glycylcholin-HgCl-Salz. Feine wollige Nadeln, Schmelzp. 150—156°[5].

Glykokollcholinesterbromid. Nach Untersuchung von E. Abderhalden, H. Paffrath und H. Sickel[6] wirkt Glykokollcholinesterbromid etwa 10mal so stark wie Cholinbromid auf die motorischen Funktionen des Darmes.

Glykokollamid wird nach P. A. Levene, H. S. Simms und M. H. Pfaltz[7] bei $p_H = 7$

---

[1] Weizmann u. L. Haskelberg: C. r. Acad. Sci. Paris 189, 104—106 — Chem. Zbl. 1929 II, 1524.

[2] H. P. Kaufmann u. M. Thomas: Arch. Pharmaz. 262, 117—119 — Chem. Zbl. 1924 II, 637.

[3] G. Giemsa u. C. Tropp: Ber. dtsch. chem. Ges. 59, 1776—1786 — Chem. Zbl. 1926 II, 1847.

[4] E. Waldschmidt-Leitz, W. Grassmann u. A. Schäffner: Ber. dtsch. chem. Ges. 60, 359—364 — Chem. Zbl. 1927 I, 1598.

[5] H. W. Dudley: J. chem. Soc. Lond. 119, 1256—1260 (1921) — Chem. Zbl. 1922 I, 13.

[6] E. Abderhalden, H. Paffrath u. H. Sickel: Pflügers Arch. 207, 241—253 — Chem. Zbl. 1925 II, 934.

[7] P. A. Levene, H. S. Simms u. M. H. Pfaltz: J. of biol. Chem. 70, 253—264 (1926) — Chem. Zbl. 1927 I, 110.

durch Erepsin gespalten. — Über die Einwirkung von Darmerepsin auf salzsaures Glycinamid berichten auch E. Waldschmidt-Leitz, W. Grassmann und A. Schäffner[1].

Chloracetanilid C_8H_8ONCl. Kuppeln von 2 Mol Anilin (in Äther) mit 1 Mol Chloracetylchlorid unter Kühlung. Äther verdampfen, Anilinchlorhydrat mit Wasser herauslösen, Rückstand aus heißem Wasser umkrystallisieren, Verbindung gibt glänzende, sich fettig anfühlende Krystalle. Ausbeute fast quantitativ. Schmelzp. 138° (korr.). Leicht löslich in Aceton, löslich in Alkohol, Chloroform, Äther, Essigester und heißem Toluol, unlöslich in Petroläther[2].

Glykokollanilid $C_8H_{10}ON_2$. Aus Isonitrosoacetanilid, durch Reduktion mit $SnCl_2$ und Eisessig unter Einleiten von trockenem HCl-Gas oder mit Sn und verdünnter Essigsäure bzw. Ameisensäure[3] oder nach P. Karrer u. W. T. Haebler[4], durch elektrolytische Reduktion nach Tafel und Schmitz. Aus Wasser weiße Nadeln. Schmelzp. 62°. — Aus Chloracetanilid und alkoholischem NH_3 bei 37° (3 Tage). Verdampfen, Rückstand mit verdünnter HCl extrahieren, neutralisieren, Glycylanilin scheidet sich in derben Nadeln aus. Rest der Verbindung mit Chloroform extrahieren. Ausbeute ca. 45%. Umkrystallisieren aus heißem Wasser. Schmelzp. 62—63° (korr.). Enthält 2 Mol Krystalwassser. Wässerige Lösung gibt mit wenig $CuSO_4$ dunkelviolette Färbung, bei mehr $CuSO_4$ geht sie in blau über. Ninhydrin- und Isonitrilreaktion positiv. Wird von Erepsin, aber nicht von Trypsinkinase gespalten[2].

Glykokollanilidpikrat $C_{14}H_{13}O_8N_5$. Schmelzp. aus Alkohol 182,5°. Darstellung ist der des Glykokollmethylanilidpikrates analog[5]. — Derbe gelbe Platten aus Wasser, Schmelzp. 186° (korr.; unscharf unter Zersetzung)[2].

Acetylglycinanilid $C_{10}H_{12}O_2N_2$. Aus Acetylglykokoll und Anilin beim Kochen unter Rückfluß oder durch 2 stündiges Erhitzen im Einschlußrohr auf 190—200°. Tafeln (aus Alkohol) Schmelzp. 195° (korr. im zugeschmolzenen Rohr); bei 20° in Wasser zu 0,52%, in 95 proz. Alkohol zu 4,76% löslich; gibt grüne Biuretreaktion. Wird nicht durch Pepsin + HCl oder alkalischen Pankreassaft, wohl aber durch 20 proz. NaOH-Lösung bei Zimmertemperatur langsam zu Glykokoll, Anilin und Essigsäure gespalten[6]. — Aus Acetylglycinäthylester mit siedendem Anilin. Mikroskopische Nädelchen aus Xylol, dann Wasser, Schmelzp. 191°. Verfasser studierten die Überführung des Acetylglycinanilids in 1-Phenyl-2-methyl-5-chlorimidazol[7].

Acetylglycinäthylamid $C_6H_{12}O_2N_2$. Aus Acetylglycinester und wasserfreiem $NH_2C_2H_5$ (Rohr, Zimmertemperatur, 24 Stunden). Fettige Blättchen aus Toluol, Schmelzp. 144°, leicht löslich in Wasser, Alkohol, wenig löslich in Benzol, Toluol, Chloroform, unlöslich in Äther. Verfasser studierten die Überführung des Acetylglycinäthylamids in 1-Äthyl-2-methyl-5-chlorimidazol[7].

Glykokollmethylanilidpikrat $C_{15}H_{15}O_8N_5$. Durch Erhitzen des Carbonsäureanhydrides mit äquimolekularen Mengen Methyl- bzw. Anilinpikrat in Essigester unter CO_2-Entwicklung. Krystalle aus Wasser und Essigester, Schmelzp. 184° (unkorr.)[5].

N-Aminoacetyl-p-phenetidin $C_{10}H_{14}O_2N_2$. Aus Isonitrosoacetyl-p-phenetidin durch Reduktion mit $SnCl_2$ und Eisessig unter Einleiten von trockenem HCl-Gas oder mit Sn und verdünnter Essigsäure bzw. Ameisensäure[3] oder nach P. Karrer und W. T. Haebler[4] durch elektrolytische Reduktion nach Tafel und Schmitz. Aus verdünnter NaOH weiße Nadeln, Schmelzp. 95—96°.

N-Aminoacetyl-p-toluidin. Aus Isonitrosoacetyl-p-toluidin, durch Reduktion mit $SnCl_2$ und Eisessig unter Einleiten von trockenem HCl-Gas oder mit Sn und verdünnter Essigsäure bzw. Ameisensäure[3].

Aminoacetyl-anthranilsäure $C_9H_{10}O_3N_2$. Nach P. Karrer und W. T. Haebler[4] durch

---

[1] E. Waldschmidt-Leitz, W. Grassmann u. A. Schäffner: Ber. dtsch. chem. Ges. **60**, 359—364 — Chem. Zbl. **1927 I**, 1598.

[2] E. Abderhalden u. H. Brockmann: Fermentforschg **10**, 159—172 (1928) — Chem. Zbl. **1929 I**, 2314.

[3] Chem. Fabrik auf Aktien (vorm. Schering) u. H. Ende: D.R.P. 346809 v. 1. Nov. 1919, ausg. 9. Jan. 1922; Chem. Zbl. **1922 II**, 1137.

[4] P. Karrer u. W. T. Haebler: Helvet. chim. Acta **7**, 534—536 — Chem. Zbl. **1924 II**, 183.

[5] F. Wessely u. M. John: Mh. Chem. **48**, 1—7 — Chem. Zbl. **1927 II**, 416.

[6] L. Hugounenq, G. Florence u. E. Couture: Bull. Soc. Chim. biol. Paris **6**, 672—676 — Chem. Zbl. **1924 II**, 2641 — Bull. Soc. Chim. biol. Paris **5**, 717—721 (1923) — Ber. Physiol. **24**, 171 — Chem. Zbl. **1924 II**, 465.

[7] Ch. Gränacher, V. Schelling u. E. Schlatter: Helvet. chim. Acta **8**, 873—883 (1925) — Chem. Zbl. **1926 I**, 1409.

Reduktion mit Sn und H_2SO_4 oder elektrolytisch nach Tafel und Schmitz aus Isonitrosoacetyl-anthranilsäure. Aus Wasser Tafeln oder Nadeln. Schmelzp. 233—234°.

Sulfat $C_9H_{10}O_3N_2 \cdot {}^1/_2H_2SO_4{}^1$.

Aminoacetophenylanilid $C_{14}H_{14}ON_2$. Aus Chloracetophenylanilid mit konzentriertem, alkoholischem NH_3 (4 Tage bei Zimmertemperatur). Beim Eingießen in Wasser fällt ein Öl aus (sekundäres Amin), aus dem Filtrat das Chlorhydrat; freie Base, ölig, leicht löslich in Alkohol, unlöslich in Äther, Chloroform, Benzol, wenig löslich in Wasser. Bei längerem Stehen im Exsiccator über H_2SO_4 wird H_2O abgegeben, es entstehen Nadeln, Schmelzp. 53—55°, leicht löslich in Äther. Verfasser studiert die Einwirkung von Thiophosgen und Aminoacetophenylanilid. Es entsteht ein Gemisch von mit Öl durchsetzten Krystallen; die mit Alkohol gereinigten Krystalle sind anscheinend identisch mit dem s-Aminoacetophenylanilidthioharnstoff, Schmelzp. 258—260°[2].

Nitrat, weniger löslich in Wasser, Tafeln, Schmelzp. 211—214° (Zers.)[2].

Aminoacetophenylaniliddithiocarbamat $C_{29}H_{28}O_2N_4S_2$. Körnige Masse, schwer löslich in $CH_3 \cdot CO_2C_2H_5$, löslich in Alkohol unter Zersetzung, durch langsames Erwärmen Sintern bei 150—153°, Schmelzp. 260° unter Zersetzung, in vorgewärmtem Bad Schmelzp. 150—155° unter Zersetzung und Abgabe von H_2S. Bei Zersetzung durch Alkohol scheidet sich s-Aminoacetophenylanilidthioharnstoff ab. Gelindes Erwärmen des Dithiocarbamates mit alkoholischer HCl führt zu Aminoacetophenylanilidchlorhydrat, das sich abscheidet. Im Filtrat entsteht auf Zugabe von $HgCl_2$ das Mercurisalz der Aminoacetophenylaniliddithiocarbaminsäure[2].

Carbäthoxyaminoacetophenylanliddithiocarbamat $C_{18}H_{18}O_3N_2S_2$. Aus Alkohol durch Kältemischung hellgelbe Nadeln, Sintern bei 101°, Schmelzp. 112—115° (geringe Zersetzung), Erhitzen im Vakuum (30 mm) auf 120° gibt unter Zersetzung einen teerigen in Alkohol löslichen Rückstand[2].

Ag-Salz, orange, schnell dunkel werdend, unlöslich in organischen Mitteln, weniger löslich in HCl, hieraus durch Wasser fällbar; durch Erhitzen auf 250—255° im Vakuum wird H_2S und Diphenylamin abgespalten, Rückstand schwarzer Teer[2].

Hg-Salz, anfangs gelatinös, beim Schütteln fest werdend, beim Erhitzen im Vakuum (30 mm) auf 155° schwarz werdend und teilweise schmelzend, es entsteht wahrscheinlich ebenfalls Diphenylamin, H_2S und CS_2[2].

Mercurisalz der **Aminoacetophenylaniliddithiocarbaminsäure** $C_{30}H_{26}O_2N_4S_4Hg$. Farblose Krystalle, die beim Trocknen grün werden[2].

S-Aminoacetophenylanilidthioharnstoff $C_{29}H_{26}O_2N_4S$. Hellgelbe Krystalle, Schmelzpunkt 260° (Zers.)[2].

Carbäthoxyaminoacetophenylanilid $C_{17}H_{18}O_3N_2$. Aus Aminoacetophenylanilid (in Benzol suspendiert) + Chlorkohlensäureäthylester; aus Benzol Nadeln, Schmelzp. 64—65°. Bei der Umsetzung der Komponenten in ätherischer Lösung entsteht ein nicht näher untersuchtes Öl[2].

Acetaminoacetophenylanilid $C_{16}H_{16}O_2N_2$. Aus 5proz. Alkohol Nadeln, Schmelzp. 157 bis 158°, leicht löslich in Alkohol und Benzol[2].

Chloracetaminoacetophenylanilid $C_{16}H_{15}O_2N_2Cl$. Aus Alkohol Nadeln, Schmelzp. 117 bis 118°[2].

Benzoylaminoacetophenylanilid $C_{21}H_{18}O_2N$. Aus Alkohol Nadeln, Schmelzp. 182°[2].

N-Dibromglykokollester $C_4H_7O_2NBr_2$. Aus Glykokollesterchlorhydrat mit frischer NaBrO-Lösung dargestellt. Rotbraunes Öl, zersetzt sich rasch unter Bildung von Glykokollesterbromhydrat[3].

N-Dichlorglykokollester $C_4H_7O_2NCl_2$. Aus Glykokollesterchlorhydrat in Gegenwart der äquivalenten Menge NaOH. Beim Einleiten von Cl_2 gelbes Öl, mit verdünnter Na_2CO_3-Lösung, mit verdünnter H_2SO_4, zuletzt mit Wasser gewaschen. Zeigt alle Eigenschaften N-chlorierter Verbindungen: stechenden Geruch, starkes Oxydationsvermögen. In kleinen Mengen im hohen Vakuum destillierbar. Bei Destillation im Vakuum der Wasserstrahlpumpe heftige Explosion. Zersetzt sich nach einiger Entwicklung von HCl und Bildung von salzsaurem Glykokollester. Ein Monochlorderivat war nicht erhältlich[3].

Cyanamidoessigsäure $C_3H_4O_2N_2$, entsteht aus gleichen Molekülen $NC \cdot NHNa$ und $Cl \cdot CH_2 \cdot CO_2Na$. Flocken aus absolutem Alkohol, Zersetzung bei 230—265°, lackmussauer, bräunt sich an der Luft und zerfließt. Niederschläge mit Cu-Acetat hellblau, mit $HgCl_2$ weiß,

---

[1] P. Karrer u. W. T. Haebler: Helvet. chim. Acta **7**, 534—536 — Chem. Zbl. **1924 II**, 183.
[2] E. B. Kelsey: J. amer. chem. Soc. **46**, 1693—1700 — Chem. Zbl. **1924 II**, 1339.
[3] W. Traube u. H. Gockel: Ber. dtsch. chem. Ges. **56**, 384—391 (1923) — Chem. Zbl. **1923 I**, 740.

mit $FeCl_2$ rotbraun, mit Phosphorwolframsäure weiß. Mit siedendem Anilin bildet sich Diphenylharnstoff[1].

Dicyandiamidoessigsäure $C_4H_6O_2N_4$. Aus Monochloressigsäure und $NC \cdot NNa_2$ in Wasser und Neutralisation mit HCl. Kristallpulver aus Wasser, Zersetzung bei 220—240°, wenig löslich in Wasser, fällbar durch Phosphorwolfram- und Phosphormolybdänsäure, nicht durch Gerbsäure und Bleiessig. Mit konzentrierter HCl (Rohr 150°; 4 Stunden) werden rund $2 NH_3$ abgespalten; mit siedender $Ba(OH)_2$ bildet sich Guanidoessigsäure, mit siedender NaOH Glykokoll, CO_2 und NH_3, mit siedendem Anilin Diphenylharnstoff. Die Säuresalze der Dicyandiamidoessigsäure werden durch siedendes Wasser dissoziiert[1].

Chlorhyrat $C_4H_7O_2N_4Cl$. Krystalle aus verdünnter HCl, Schmelzp. 205°[1].
Sulfat $C_8H_{14}O_8N_8S$. Mit verdünnter H_2SO_4 in Alkohol, Nadeln, Schmelzp. 188°[1].
Nitrat. Nadeln[1].
Phosphat. Nadeln, Schmelzp. 196°[1].
Tetraoxalat $C_4H_6O_2N_4, 2 C_2H_2O_4$. Aus Wasser + Alkohol, Krystallpulver, Schmelzpunkt 183°[1].
Chloracetat. Blätter, Schmelzp. 192°[1].
Pikrat $C_{10}H_9O_9N_7$. Citronengelbe Nadeln aus Wasser, Schmelzp. 195°[1].
Chloroplatinat. Gelbe Krystalle, Zersetzung bei 220—240°[1].
Phosphorwolframat. Nadeln aus Wasser[1].
Phosphormolybdat. Gelbe Krystalle[1].
Na-Salz. Aus neutraler wässeriger Lösung mit Alkohol, Nadeln[1].
Tribenzoat $C_{25}H_{18}O_5N_4$. In Pyridin dargestellt, bräunliche Krystalle, Zersetzung bei 196—202°, leicht löslich in Alkohol, Chloroform, wenig löslich in Wasser, Äther[1].
Carbonylbisglycin $C_5H_8O_5N_2$. Aus Carbonylbisglycinäthylester mit alkoholischer KOH. Nadeln aus Wasser, Schmelzp. 204° unter Aufschäumen. Daraus durch Verdampfen mit konzentrierter HCl Hydantoin-3-essigsäure, die durch siedende NaOH und durch nachherige Zugabe der äquivalenten Säuremenge zum Carbonylbisglycin wieder aufgespalten wird (Schmelzp. 204—206°)[2, 3].
Carbonylbisglycinäthylester $C_9H_{16}O_5N_2$. Krystalle aus Wasser vom Schmelzp. 148°. Die Bildung erfolgt aus Carbonylbisglycin durch Veresterung mit Alkohol + HCl oder nach E. Fischer oder aus Glykokolläthylester bzw. Esterchlorhydrat + $COCl_2$[3].
Carbonylbisglycindiamid $C_5H_{10}O_3N_4$. Krystalle aus Wasser, Schmelzp. 227—228°, Zersetzung neutral, mit $CuSO_4$ + Alkali Blaufärbung[3].
Glycin-N-carbonsäureanhydrid $C_3H_3O_3N$. Das Rohprodukt wird mit Essigester ausgewaschen. Das gelöste Anhydrid durch ein CO_2-Acetongemisch ausgefroren. Im Aceton ist das Anhydrid monomolekular gelöst[4]. — Bei der Zersetzung des Carbonsäureanhydrids entsteht in geringer Ausbeute Hydantoin-3-essigsäure[5]. F. Sigmund und F. Wessely[6] untersuchten die Zersetzung des Carbonsäureanhydrids mit Pyridin, Chinolin, Trimethylamin und Dimethylphenylamin. Das Carbonsäureanhydrid sublimiert bei 10 mm bei 100—130°, bei 0,5 mm bei 70—80°.
Formylglykokoll. Schmelzp. 151—152°. A. Fodor und M. Frankel[7] untersuchten die Adsorption des Formylglykokolls am Aluminiumhydroxydsole. Die Aminosäure wurde 12—13 Stunden mit Al-Amalgam in Wasser gekocht und filtriert. Die Lösung ist hellgelb, von stark opalescentem Aussehen, zeigt starkes Tyndallphänomen und wandert im kataphoretischen Felde kathodisch. Durch übliche Mittel wird das Sol nicht ausgeflockt. NH_3 und Laugen geben nur $Al(OH)_3$. Die Lösung enthält erhebliche Mengen Al und zeigt starke Ninhydrinreaktion. Außerdem ließ sich Ameisensäure nachweisen, jedoch war die Formylgruppe zu 60—70% abgespalten, außerdem war der Reaktionsverlauf stöchiometrisch nicht faßbar. Bei Ultradialyse reichert sich das zurückbleibende Kolloid an Amino-N an. Außerdem wurde das Verhalten des Soles bei Zusatz von Alkohol studiert. Weitere Versuche zeigten, daß Ameisensäure und Formylglycin, nicht aber Glykokoll die Fähigkeit zur Salzbildung

---

[1] E. Fromm: Liebigs Ann. **442**, 130—149 — Chem. Zbl. **1925 I**, 2443.
[2] F. Wessely u. M. John: Hoppe-Seylers Z. **170**, 167—182 (1927) — Chem. Zbl. **1928 I**, 42.
[3] F. Wessely u. E. Komm: Hoppe-Seylers Z. **174**, 306—318 — Chem. Zbl. **1928 I**, 2506.
[4] F. Wessely: Hoppe-Seylers Z. **146**, 72—90 — Chem. Zbl. **1925 II**, 1958.
[5] F. Wessely u. M. John: Hoppe-Seylers Z. **170**, 38—43 (1927) — Chem. Zbl. **1928 I**, 200.
[6] F. Sigmund u. F. Wessely: Hoppe-Seylers Z. **157**, 91—105 — Chem. Zbl. **1926 II**, 2432.
[7] A. Fodor u. M. Frankel: Hoppe-Seylers Z. **159**, 133—149, 150—162 — Chem. Zbl. **1926 II**, 2774.

mit Al(OH)$_3$ besitzt. — Untersuchungen von O. Steppuhn[1] zeigten, daß Formylglykokoll im Organismus des Kaninchens erheblich stärker zerstört wird als Na-Formiat.

Acetylglykokoll. Das Acetylderivat wird in wässeriger Lösung durch Behandlung mit gasförmigem Keten gebildet[2]. — A. I. Escolme und W. C. M. Lewis[3] untersuchten und verglichen die Hydrolyse des Acetylglycins und Benzoylglycins durch HCl in reinen wässerigen Lösungen und bei Gegenwart von Glycerin, Propylalkohol oder KCl. Es wurden stets befriedigende monomolekulare Geschwindigkeitskonstanten erhalten. Mit Ausnahme der Hydrolyse in Gegenwart von KCl scheint stets die H-Ionenaktivität des Wassers in die Gleichung einzugehen. Das kritische Inkrement beider Verbindungen ergibt sich stets zu 22000 cal. Die Löslichkeit des Acetylglycins in Wasser wird durch Glycerin herabgesetzt, die des Benzoylglycins erhöht. — A. Castille und E. Ruppol[4] beschreiben für Acetylglykokoll das Absorptionsspektrum für Ultraviolett zwischen 4800 und 1900 Å. — Nach H. von Euler und K. Josephson[5] hemmt Acetursäure die proteolytische Spaltung von Glycylglycin.

Guanidoniumsalz des **Acetylglykokolls** $C_5H_{12}O_3N_4$. Bei der Reaktion zwischen Ester und Guanidin findet keine NH_3-Abspaltung statt. Die Temperatur steigt rasch von Zimmertemperatur auf 60°. Das Reaktionsgemisch bleibt über Nacht bei 0° stehen. Die Reaktionsprodukte sind in kaltem Wasser leicht löslich, in heißem Alkohol schwer und in Äther, Aceton, Essigester, Benzol und Chloroform unlöslich. Ausbeute ca. 70% (Rohprodukt). Schmelzp. 205 bis 210°, nach dreimaligem Umkrystallisieren aus 90proz. Alkohol Schmelzp. 217—218°. Jaffésche und Anhydridreaktion negativ[6].

Pikrat, Nädelchen, bei 330° unter Dunkelfärbung zersetzt[6].

Acetylglykokolläthylester. Das Acetylderivat wird in wässeriger Lösung durch Behandlung mit gasförmigen Keten gebildet[2]. — Kochp.$_{11}$ 145°, Kochp.$_2$ 106°. Durch Veresterung der Acetylverbindung mit absolutem Alkohol und HCl-Gas. Der Ester wird für eine partielle Verseifung am besten mit Ba(OH)$_2$ gekocht, Ba mit H_2SO_4 ausgefällt. Filtrat im Vakuum eingedampft, Rückstand mit Alkohol extrahiert[7]. — Aus dem Ester wird mit P_2S_5 2-Methyl-5-äthoxythiazol erhalten[8]. Außerdem berichten über die Reaktion des Esters mit P_2S_5 auch E. S. Gatewood und B. T. Johnson[9]. — Der Ester gibt mit PCl_5 2-Methyl-5-äthoxyoxazol[10].

Hydantoin-3-acetyl-glykokollester $C_5H_5O_3N_2 : N \cdot CH_2 \cdot CO_2C_2H_5$, aus dem Hydantoin-3-acetylchlorid und Glykokollester. Nadeln, Schmelzp. 168°[11].

Acetursäureanilid $C_{10}H_{12}O_2N_2$. Krystalle aus Alkohol, Schmelzp. 186—188° (korr.)[12].

Dichloracetylglykokoll $C_4H_5O_3NCl_2$. Glykokoll wird unter guter Kühlung mit Dichloracetylchlorid gekuppelt, angesäuert, eingedampft, Rückstand mit Aceton extrahiert, Aceton abdestilliert. Rückstand wird mit Äther aufgenommen und mit Petroläther versetzt. Kuppelungsprodukt krystallisiert in gut ausgebildeten Säulen aus, leicht löslich in Wasser, Aceton, schlechter löslich in Äther, unlöslich in Petroläther. Ausbeute 81%. Schmelzp. 125—126° (unkorr.). Untersucht wurde die Spaltbarkeit durch n-NaOH[13].

Pyruvoylglycin (N-α-Oxopropionylaminoessigsäure) entsteht durch Spaltung von Anhydroglycerylserinanhydrid neben NH_4Cl, Brenztraubensäure und Glykokoll[14].

---

[1] O. Steppuhn: Fermentforschg **7**, 68—76 — Chem. Zbl. **1923 III**, 466.
[2] M. Bergmann, Miterfinder F. Stern: D.R.P. 453577 v. 21. Juli 1925, ausg. 10. Dez. 1927; Chem. Zbl. **1928 I**, 2663.
[3] A. I. Escolme u. W. C. M. Lewis: Trans. Faraday Soc. **23**, 651—660 (1927) — Chem. Zbl. **1928 I**, 1490.
[4] A. Castille u. E. Ruppol: Bull. Soc. Chim. biol. Paris **10**, 623—668 — Chem. Zbl. **1928 II**, 622.
[5] H. v. Euler u. K. Josephson: Hoppe-Seylers Z. **157**, 122—139 — Chem. Zbl. **1926 II**, 2977.
[6] E. Abderhalden, H. Sickel u. Reich: Hoppe-Seylers Z. **180**, 75—89 — Chem. Zbl. **1929 II**, 576.
[7] E. Cherbuliez u. Pl. Plattner: Helvet. chim. Acta **12**, 317—329 — Chem. Zbl. **1929 II**, 75.
[8] E. Miyamichi: J. Pharm. Soc. Japan **1926**, Nr. 528, 16—18 — Chem. Zbl. **1926 I**, 3402.
[9] E. S. Gatewood u. B. T. Johnson: J. amer. chem. Soc. **48**, 2900—2905 (1926) — Chem. Zbl. **1927 I**, 438.
[10] P. Karrer u. Ch. Gränacher: Helvet. chim. Acta **7**, 763—780 — Chem. Zbl. **1924 II**, 985.
[11] R. Locquin u. V. Cerchez: C. r. Acad. Sci. Paris **188**, 177—179 — Chem. Zbl. **1929 I**, 999.
[12] H. Scheibler u. H. Neef: Ber. dtsch. chem. Ges. **59**, 1500—1511 — Chem. Zbl. **1926 II**, 1530.
[13] E. Abderhalden, E. Rindtorff u. A. Schmitz: Fermentforschg **10**, 213—232 — (1928) Chem. Zbl. **1929 I**, 2319.
[14] M. Bergmann, A. Miekeley u. E. Kann: Hoppe-Seylers Z. **146**, 247—266 (1925) — Chem. Zbl. **1926 I**, 119.

Succinyl-diglycinäthylester $C_{12}H_{20}O_6N_2$. Aus Glykokollester und Bernsteinsäurechlorid in Benzollösung, wobei jedoch nur 50% der angewandten Estermenge zur Bildung des Diglycinesters verwendet wurden. Geht durch Einwirkung von Hydrazinhydrat in Succinyldiglycinhydrazid über, das mit Benzaldehyd ein Kondensationsprodukt gibt. In absoluter alkoholischer Lösung wurde eine andere Substanz erhalten. Aus 3 g Succinylchlorid und 9 g Glycinäthylester in 25 ccm Benzol bei guter Kühlung, Aufkochen mit viel Benzol und Abfiltrieren. Aus Alkohol prismatische Krystalle, Schmelzp. 127°, leicht löslich in Alkohol, Benzol, Wasser, unlöslich in Äther [1].

Succinyldiglycinhydrazid $C_8H_{16}O_4N_6$. Aus verdünntem Alkohol Täfelchen, Schmelzpunkt 220°, leicht löslich in Wasser, schwerlöslich in absolutem Alkohol, unlöslich in Äther. Hydrazid vom Schmelzp. 225° aus Succinyldiglycinäthylester und Hydrazinhydrat in alkoholischer Lösung, von gleicher Krystallform aus Alkohol und gleicher Löslichkeit wie das ohne Lösungsmittel erhaltene Hydrazid. Kondensationsprodukt mit Benzaldehyd hat Schmelzpunkt 196° aus Alkohol [1].

Benzylidenderivat. Aus verdünntem Eisessig, krystallines Produkt, Schmelzp. 238°, unlöslich in Wasser, Aceton, Alkohol, leicht löslich in Eisessig [1].

Cyclischer Succinylglycinäthylester $C_8H_{11}O_4N$. Schmelzp. 67°. Anisotrope Prismen, leicht löslich in Wasser und Alkohol, sehr wenig löslich in Äther, Kochp.$_{32}$ 198° [1].

Urethan $C_{10}H_{19}O_5N_3$. Aus Alkohol anisotrope Prismen, Schmelzp. 150—152° (Zers.), leicht löslich in Alkohol, Wasser und Aceton, unlöslich in Äther [1].

Hydrazidosuccinyl-glycinhydrazid $C_6H_{13}O_3N_5$. Aus verdünntem Alkohol Täfelchen, Schmelzp. 167° (Zers.), leicht löslich in Wasser, schwerer in Alkohol, unlöslich in Äther. Überschuß von Hydrazinhydrat und gute Kühlung sind bei der Reaktion erforderlich, sonst tritt Bildung eines Körpers von Schmelzp. 210° ein [1].

Hydrazidosuccinyl-glycinhydraziddichlorhydrat. Anisotrope Nädelchen, Schmelzpunkt 174° [1].

Diacetonhydrazido-succinyl-glycinhydrazid $C_{12}H_{21}O_3N_5$. Krystallpulver, Schmelzpunkt 174°, leicht löslich in Alkohol, schwerer in Eisessig, unlöslich in Äther [1].

Dibenzal-hydrazido-succinyl-glycinhydrazid $C_{20}H_{21}O_3N_5$. Aus verdünntem Alkohol Täfelchen, Schmelzp. 218°. Leicht löslich in Eisessig, schwerer in Wasser, unlöslich in Äther, Alkohol, Chloroform, Aceton [1].

Acidosuccinyl-glycinazid. Blättchen, die in der Flamme verpuffen [1].

Dianilid. Aus dem Azidosuccinyl-glycinazid in ätherischer Lösung und Anilin. Aus verdünntem Alkohol Täfelchen, Schmelzp. 223—224°, leicht löslich in Eisessig, Alkohol, unlöslich in Wasser. Spaltung des Dianilids durch Erhitzen mit konzentrierter HCl liefert Phenyl-α-ureidopropionsäure, Täfelchen, Schmelzp. 172°. Aus dem Filtrat wurde salzsaurer Glycinäthylester isoliert, woraus, da gleichzeitig Anilin frei wird, die Konstitution des Dianilids erhellt [1].

Cyclisches Isocyanat. Aus Acidosuccinylglycinazid. Nadeln, Schmelzp. 93° (Zers.) [1].

Urethan $C_8H_{13}O_4N_3$. Aus Alkohol prismatische Stäbchen, Schmelzp. 124°, leicht löslich in Alkohol [1].

Anilid aus dem cyclischen Isocyanat, $C_{12}H_{14}O_3N_4$. Aus Wasser, Krystallpulver, Schmelzpunkt 183° (Zers.) [1].

p-Toluidid $C_{13}H_{16}O_4N_3$. Aus verdünntem Eisessig Stäbchen, Schmelzp. 205°, leicht löslich in Eisessig, schwerer in Alkohol, unlöslich in Wasser [1].

Butyrylglykokoll. Wird nach J. A. Smorodinzew [2] wahrscheinlich durch das in den verschiedenen Geweben vorhandene Histozym gespalten.

i-Valerylglykokolläthylester $C_9H_{17}O_3N$, Kochp.$_{11}$ 154°. Untersucht wurde die Oxazolbildung durch Erhitzen des Esters mit PCl_5 in Chloroform [3].

Capronylglykokolläthylester $C_{10}H_{19}O_3N$, Kochp.$_{11}$ 171°. Untersucht wurde die Oxazolbildung durch Erhitzen des Esters mit PCl_5 in Chloroform [3].

Caprylglykokolläthylester $C_{12}H_{23}O_3N$, Kochp.$_{11}$ 189°; Schmelzp. 32°. Untersucht wurde die Oxazolbildung durch Erhitzen des Esters mit PCl_5 in Chloroform [3].

---

[1] Th. Curtius u. W. Hechtenberg: J. prakt. Chem. **105**, 289—318 — Chem. Zbl. **1923 III**, 854.

[2] J. A. Smorodinzew: Hoppe-Seylers Z. **124**, 123—139 (1923) — Chem. Zbl. **1923 I**, 976.

[3] P. Karrer, E. Miyamichi, H. C. Storm u. R. Widmer: Helvet. chim. Acta 8, 205—211 — Chem. Zbl. **1925 I**, 2228.

Laurylglykokolläthylester $C_{16}H_{31}O_3N$. Aus Äther, Schmelzp. 62°. Untersucht wurde die Oxazolbildung durch Erhitzen des Esters mit PCl_5 in Chloroform [1]. — Wird nach J. A. Smorodinzew [2] wahrscheinlich durch das in den verschiedenen Geweben vorhandene Histozym gespalten.

Palmitylglykokolläthylester $C_{20}H_{39}O_3N$. Nadeln aus Äther, Schmelzp. 80°. Untersucht wurde die Oxazolbildung durch Erhitzen des Esters mit PCl_5 in Chloroform [1]. — E. Miyamichi [3] gelingt es, den Ester mit P_2O_5 in siedendem Chloroform (8 Stunden) in das 2-n-Pentadecyl-5-äthoxyoxazol überzuführen, das durch Säuren wieder zum Ausgangsester hydrolysiert wird.

Phenylisocyanat-Verbindung des Glykokolls. Über die enzymatische Spaltung mit Darm-, Pankreas- und Hefemacerationssaft berichten E. Abderhalden un dE. Schwab [4].

Phenazetursäure A. C. Rose und C. P. Sherwin [5] untersuchten den Zusammenhang von Oberflächenspannung und Entgiftung von Phenazetursäure durch Verfütterung an Mensch, Hund und Kaninchen. — 2proz. Takadiastase spaltet nach C. Neuberg und I. Noguchi [6] eine 1proz. Lösung von Na-Phenylacetylglykokollat bei Gegenwart von Toluol, bei 37° in 2 Tagen zu 39,19% und in 8 Tagen zu 50,10%. — Phenylacetylglykokoll krystallisiert aus heißem Wasser, Schmelzp. 142—143°. Bei Verabreichung an Menschen, Kaninchen, Hunde und Hühner wurde es nach G. J. Shiple und C. P. Sherwin [7] unangegriffen wieder ausgeschieden.

o-Chlorphenacetursäure $C_{10}H_{10}O_3NCl$. Aus o-Chlorphenylacetylchlorid und Glykokoll in alkalischer Lösung. Nadeln aus Wasser, Schmelzp. 135°. Leicht löslich in heißem Wasser, in Alkohol und Aceton, mäßig löslich in Chloroform und Essigester, fast unlöslich in Benzol, Petroläther und absolutem Äther. o-Chlorphenacetursäure wird beim Menschen wie beim Hunde nach Verabreichung von o-Chlorphenylessigsäure ausgeschieden [8].

m-Chlorphenacetursäure $C_{10}H_{10}O_3NCl$. Nadeln aus Wasser, Schmelzp. 144—145°, wird bei Verabreichung von Chlorphenylessigsäure an Menschen, Hunde und Kaninchen gebildet [9].

m-Nitrophenacetursäure $C_{10}H_{10}O_5N_2$. Krystalle aus Wasser, Schmelzp. 176°. Löslich in Alkohol und Essigester, unlöslich in Äther und Aceton. Wird bei der Verfütterung von m-Nitrobenzoesäure an Hunde gebildet [9].

Diphenylacetylglykokoll $C_{16}H_{15}O_3N$. Aus Diphenylacetylchlorid (Öl) mit Glykokoll dargestellt; aus Wasser Prismen, löslich in Wasser, Äther, Alkohol, unlöslich in Chloroform und Benzol, Schmelzp. 157° [10].

Salicylursäure Bei Verabreichung von täglich 2 g Salicylursäure an Menschen enthält der Harn hauptsächlich die Salicylursäure neben wenig Salicylsäure [11]. — W. Storm van Leeuwen und H. Drzimal [12] berichten über die Bindungsfähigkeit normalen und Asthmatikerblutes für Salicylursäure. — Über die Isolierung von Salicylursäure aus dem Harn eines Rheumatikers nach Salicylsäureverabreichung berichtet H. Drzimal [13].

Phthalylglycin wird nach S. Utzino [14] nicht durch den Macerationssaft von Schweineniere gespalten.

---

[1] P. Karrer, E. Miyamichi, H. C. Storm u. R. Widmer: Helvet. chim. Acta **8**, 205—211 — Chem. Zbl. **1925 I**, 2228.

[2] J. A. Smorodinzew: Hoppe-Seylers Z. **124**, 123—139 (1923) — Chem. Zbl. **1923 I**, 976.

[3] E. Miyamichi: J. Pharm. Soc. Japan **1927**, 116 — Chem. Zbl. **1928 I**, 349.

[4] E. Abderhalden u. E. Schwab: Fermentforschg **9**, 252—263 — Chem. Zbl. **1927 II**, 2551.

[5] A. C. Rose u. C. P. Sherwin: J. of biol. Chem. **68**, 565—573 — Chem. Zbl. **1926 II**, 1663.

[6] C. Neuberg u. I. Noguchi: Biochem. Z. **147**, 370—371 — Chem. Zbl. **1924 II**, 849.

[7] G. J. Shiple u. C. P. Sherwin: J. of biol. Chem. **53**, 463—478 — Chem. Zbl. **1922 III**, 1308.

[8] L. R. Cerecedo u. C. P. Sherwin: J. of biol. Chem. **58**, 215—224 (1923) — Chem. Zbl. **1924 I**, 931.

[9] J. B. Muenzen, L. R. Cerecedo u. C. P. Sherwin: J. of biol. Chem. **68**, 503—511 — Chem. Zbl. **1926 II**, 1064.

[10] S. R. Miriam, J. T. Wolf u. C. P. Sherwin: J. of biol. Chem. **71**, 249—253 — Chem. Zbl. **1927 I**, 1612.

[11] A. Baldoni: Biochemica e Ter. sper. **10**, 271—275 (1923) — Ber. Physiol. **23**, 224 — Chem. Zbl. **1924 I**, 2793.

[12] W. Storm van Leeuwen u. H. Drzimal: Arch. f. exper. Path. **102**, 218—225 — Chem. Zbl. **1924 II**, 689.

[13] H. Drzimal: Rec. Trav. chim. Pays-Bas et Belg. (Amsterd.) **43**, 600—605 — Chem. Zbl. **1924 II**, 1708.

[14] S. Utzino: J. of Biochem. **9**, 465—481 (1928) — Chem. Zbl. **1929 II**, 581.

Phthalylglycinester $C_{12}H_{11}O_4N$, Schmelzp. 111—113°. Umkrystallisieren und Reinigen aus Äther oder Wasser[1].

Phthalylglycylamid $C_{10}H_8O_3N_2$. Aus dem Phthalylglycylchlorid mit NH_3. Aus Alkohol gefiederte Sterne, Schmelzp. 257°[2].

Phthaloylglycindiamid $C_{10}H_{11}O_3N_2$. Aus dem Ester durch konzentrierte NH_3-Lösung, Schmelzp. 255°. Unter Aufschäumen und Entwicklung von NH_3, die schon von 100° ab deutlich ist. Wenig löslich in kaltem Wasser, Methylalkohol und Aceton, noch weniger löslich in Alkohol, Äther und Essigester; unlöslich in Benzol und Chloroform[1].

Phthalylglycylanilid $C_{16}H_{12}O_3N_2$. Aus Phthalylglycylchlorid und Anilin in ätherischer Lösung. Aus Alkohol Nadelbüschel, Schmelzp. 227°. Löslich in heißem Wasser[2].

Phthalylglycylanilidchlorid $C_{16}H_{12}O_2N_2Cl$. Aus Phthalylglycylanilid mit PCl_5 in Benzol, aus Ligroin Nadeln, Schmelzp. etwa 90°. Reduktion mit $SnCl_2$ mißlang. Verfasser studierte die Umsetzung des Chlorides in den Phthalimidoacetaldehyd[2].

Verbindung $C_{21}H_{11}O_6N_3$. Aus Phthalylglycylchlorid in Äther mit HCN und Eintropfen von Pyridin. Aus Eisessig Nadelsterne, Schmelzp. 203,5—205,5° (Zers.)[2].

Phthalylglycylnitril $C_{10}H_6O_2N_2$. Aus Verbindung $C_{21}H_{11}O_6N_3$ oder aus $ClCH_2 \cdot CN$ und Phthalimidkalium; aus Alkohol Tafeln, Schmelzp. 124—126°[2].

Glycylnitrilphthaloylsäure $C_{10}H_8O_3N_2$. Aus Phthalylglycylnitril mit siedendem $NaOCH_3$ entsteht über das NH_4-Salz $C_{10}H_{11}O_3N_3$, Schmelzp. 240° (Zers.) und über das leicht lösliche Na-Salz die freie Säure, Nadeln, Schmelzp. 138—139° unter Schäumen. Geht bei 100° langsam in Phthalylglycylnitril über[2].

Ag-Salz $C_{10}H_7O_3N_2Ag$. Nadeln aus heißem Wasser[2].

α-Acetaminocinnamoylglycin $C_{13}H_{14}O_4N_2$. Nadeln aus Wasser, Schmelzp. 185—188° (Zers.)[3].

α-Acetaminocinnamoylglycinäthylester $C_{15}H_{18}O_4N_2$. Aus Glycinesterhydrochlorid mit Benzolacetursäureazlacton (1½ Stunde Kochen). Nädelchen aus verdünntem Methylalkohol, Schmelzp. 155°[3].

α-Benzaminocinnamoylglycin $C_{18}H_{16}O_4N_2$. Mit heißer verdünnter NaOH, nach Ansäuern ersten geringen Niederschlag entfernen. Nadeln aus verdünntem Methylalkohol, Schmelzpunkt 165°. Sehr schwer löslich in Wasser, leicht löslich in Alkohol[3].

α-Benzaminocinnamoylglycyläthylester $C_{20}H_{20}O_4N_2$. Glycinesterhydrochlorid wird in sehr wenig Wasser zu gekühlter $NaOC_2H_5$-Lösung gegeben. Filtrat mit Benzalhippursäureazlacton versetzt, ½ Stunde gekocht, mit Wasser gefällt. Nädelchen aus Methylalkohol + Wasser, Schmelzp. 135—136°. Unlöslich in Wasser, ziemlich wenig löslich in Äther, leicht löslich in Alkohol[3].

α, β-Diphenylpropionylglykokolläthylester $C_{19}H_{21}O_3N$. Aus α, β-Diphenylpropionylchlorid und Glykokollester in Äther. Nädelchen aus Methylalkohol + Wasser, Schmelzpunkt 78—79°. Leicht löslich, außer in Wasser. Eine Überführung in Oxazole gelang nicht[4].

Nicotinursäure $C_8H_8O_3N_2$. Harte, in Wasser wenig lösliche Krystalle, Schmelzp. 284° (unkorr.). Wurde bei Verfütterung von Nicotin an Hunde neben Trigonellin im Harn ausgeschieden, während bei Hühnern, Tauben und Kaninchen Nicotinursäure allein ausgeschieden wurde[5].

α-Pyridinursäure $C_8H_8O_3N_2$. Aus Harn, aus heißem Wasser Krystalle, Schmelzp. 165°. Nach Spaltung mit Baryt wurden die Komponenten Glykokoll und α-Picolinsäure isoliert. Die Ausbeute an α-Pyridinursäure aus Harn betrug beim Kaninchen nach Verfütterung von 9,0 g α-Picolin 5,8 g, von 10 g α-Picolinsäure 4,5 g. Außerdem ließ sich auch im Harne von Hunden und Fröschen α-Pyridinursäure nachweisen, wenn den Tieren α-Picolinsäure verabreicht worden war[6].

Benzolsulfoglykokollester. Bei der Umsetzung mit Phenyl-MgBr wird 2-Benzolsulfoamino-1, 1-diphenyläthanol erhalten[7].

---

[1] P. Brigl u. E. Klenk: Hoppe-Seylers Z. **131**, 66—96 (1923) — Chem. Zbl. **1924 I**, 674.
[2] E. Radde: Ber. dtsch. chem. Ges. **55**, 3174—3179 (1922) — Chem. Zbl. **1923 I**, 64.
[3] Ch. Gränacher u. M. Mahler: Helvet. chim. Acta **10**, 246—262 — Chem. Zbl. **1927 I**, 2543.
[4] Ch. Gränacher: Helvet. chim. Acta **8**, 211—217 — Chem. Zbl. **1925 I**, 2229.
[5] Y. Komori u. Y. Sendju: J. of Biochem. **6**, 163—170 — Chem. Zbl. **1926 II**, 1662.
[6] Y. Sendju: J. of Biochem. **7**, 273—281 — Chem. Zbl. **1927 II**, 2080.
[7] F. Bettzieche, R. Menger u. K. Wolf: Hoppe-Seylers Z. **160**, 270—300 (1926) — Chem. Zbl. **1927 I**, 82.

p-Toluolsulfoglykokoll $C_9H_{12}O_4N$. Erwärmen von 1 Mol Amid mit 1 Mol Säure und 2 Mol wässeriger NaOH. Fällen mit HCl. Schmelzp. 148°[1].

Toluolsulfoglykokollester. Bei der Umsetzung des Esters mit Phenyl-MgBr und entsprechender Aufarbeitung wird 2-Toluolsulfamino-1, 1-diphenyläthanol gewonnen, bei der Umsetzung mit Benzyl-MgBr das Na-Salz des Toluolsulfoglykokollphenylaminols[2].

Toluolsulfoglykokollhydrazid $C_9H_{13}O_3N_3S$. Aus Toluolsulfoglykokolläthylester in alkoholischer Lösung und $NH_2 \cdot NH_2$ bei 100°. Lange Nadeln aus Alkohol, Schmelzp. 155,5°. Ausbeute 91%. Leicht löslich in Wasser und Alkohol[3].

Toluolsulfoglykokollazid. Aus dem Hydrazid mit $NaNO_2$ in essigsaurer Lösung. Ausbeute 96%. Feine weiße Blättchen[3].

Naphthalinsulfoglykokollester. Bei der Umsetzung des Esters mit Phenyl-MgBr wird das 2-Naphthalinsulfamino-1, 1-diphenyläthanol-(1) erhalten[2].

N-(Cyanmethyl-)glycinäthylester $CH_2(CN) \cdot NH \cdot CH_2 \cdot CO_2 \cdot C_2H_5$. Zu $CH_2(OH)(SO_3Na)$ in Wasser unter Rühren Glycinester tropfen lassen, zunächst in Kältemischung, dann bei Zimmertemperatur KCN zugeben. Nach $1/2$ Stunde mit NaCl aussalzen, ausäthern, gelbliches Öl, leicht löslich in Wasser, Alkohol und Äther[4].

Dimethylglycin. Von N. Bjerrum[5] werden die beiden Dissoziations- (K_s und K_b) und Hydrolysenkonstanten (k_a und k_b) vom Dimethylglycin bei 25° wie folgt angegeben:

$$K_s = 10^{-1,93}, \quad K_b = 10^{-4,05}, \quad k_a = 10^{-9,85}, \quad k_b = 10^{-11,97}.$$

Cu-Salz des Dimethylglykokolls. Die Salze zeigten eine gute therapeutische Wirksamkeit gegen Choleravibrionen des El Tor-Stammes und gegen Staphylococcus aureus. Nach Zusatz von Holz- oder Tierkohle war diese Wirksamkeit stark abgeschwächt[6].

N-Triphenylmethylglykokoll $C_{21}H_{19}O_2N$. Aus dem entsprechenden Ester durch Spaltung mit 2proz. alkoholischer KOH bei Zimmertemperatur. Aus Alkohol kleine Prismen, Zersetzung über 180°, sehr wenig löslich bis unlöslich in Äther, CCl_4, Ligroin, sonst mehr oder weniger leicht löslich. Mit siedender 10proz. alkoholischer KOH wird der Triphenylmethylrest in $1/2$ Stunde abgespalten[7].

Na-Salz. Aus Wasser haarfeine Nädelchen mit 7 Mol Krystallwasser, Schmelzp. gegen 100° unter Abgabe des Wassers, Schmelzp. 265—266°[7].

Cu-Salz. Aus CH_3OH und Aceton violette Krystalle mit 3 Mol CH_3OH, die bei 100°/13 mm über P_2O_5 rasch abgegeben werden. Von 100° an Verblassen der Farbe, dann Grünfärbung, bei 159° Zersetzung[7].

N-Triphenylmethylglykokolläthylester $C_{23}H_{23}O_2N$. Aus Glykokollester mit Triphenylchlormethan in absolutem Pyridin bei Zimmertemperatur oder 100° unter Feuchtigkeitsausschluß. Aus Alkohol Prismen vom Schmelzp. 114°, durchweg mehr oder weniger leicht löslich. Von siedender 5proz. alkoholischer KOH wird in 1 Stunde sowohl Alkohol wie der Triphenylmethylrest abgespalten[7].

Methylenglykokoll. Die Dissoziationskonstante wird von L. J. Harris[8] zu $K'_\alpha = 4 \cdot 10^{-6}$ angegeben.

Triformaldehydglykokolläthylester $C_7H_{13}O_4N$. Glykokolläthylester nimmt nach M. Bergmann, M. Jakobsohn und H. Schotte[9] eine größere Menge von CH_2O auf. Mit Äther abgetrenntes Reaktionsprodukt ist eine farblose, dicke Flüssigkeit, im Hochvakuum unzersetzt destillierbar. Auf 1 Mol Glykokoll 3 Mol CH_2O unter Austritt von 1 H_2O. Wird von den Verfassern Triformalglycinester genannt. CH_2O durch Mineralsäuren leicht abspaltbar, mit HCl in Alkohol fast vollständig, mit $Ba(OH)_2$ wird in geringer Menge das Ba-Salz des Methylenglykokolls gewonnen. Bei Einwirkung von NH_3 wird das Triformalglycinamid

---

[1] G. Schroeter: Z. angew. Chem. **39**, 1460 (1926) — Chem. Zbl. **1927 I**, 271.
[2] F. Bettzieche, R. Menger u. K. Wolf: Hoppe-Seylers Z. **160**, 270—300 (1926) — Chem. Zbl. **1927 I**, 82.
[3] R. Schönheimer: Hoppe-Seylers Z. **154**, 203—224 — Chem. Zbl. **1926 II**, 1023.
[4] H. Scheibler u. H. Neef: Ber. dtsch. chem. Ges. **59**, 1500—1511 — Chem. Zbl. **1926 II**, 1530.
[5] N. Bjerrum: Z. physik. Chem. **104**, 147—173 (1923) — Chem. Zbl. **1923 I**, 1575.
[6] v. Linden: Zbl. Bakter. I **85**, 136—166 (1920) — Chem. Zbl. **1921 I**, 154.
[7] B. Helferich, L. Moog u. A. Jünger: Ber. dtsch. chem. Ges. **58**, 872—886 — Chem. Zbl. **1925 II**, 279.
[8] L. J. Harris: Proc. roy. Soc. Lond. B **97**, 364—386 — Chem. Zbl. **1925 II**, 224.
[9] M. Bergmann, M. Jacobsohn u. H. Schotte: Hoppe-Seylers Z. **131**, 18—28 (1923) — Chem. Zbl. **1924 I**, 669. — M. Bergmann: Collegium **1923**, 210—214 — Chem. Zbl. **1924 I**, 296.

gebildet. Schwach basisch riechende Flüssigkeit, Kochp.$_1$ etwa 98—100° (Badtemperatur). Bei einigen Tagen Stehen tritt Geruch nach CH_2O auf, ebenso beim Kochen mit Wasser.

Triformalglycinamid $C_5H_{10}O_3N_2$. Durch Umsetzung von Triformalglycinester mit NH_3. Schmelzp. 140°, aus wässeriger Lösung bei 0° unverändert, mit heißem Wasser durchsichtige, knetbare Gallerte[1].

Hexamethylentetraminverbindung mit Glykokoll, durch Kondensation von CH_2O + Glykokoll in wässeriger Lösung. Farblose, luftbeständige Krystalle. Beim Erhitzen über 50° Zersetzung, sehr leicht löslich in Wasser, unlöslich in Äther, Alkohol, Aceton, Benzol. Wird in wässeriger Lösung zu Injektionszwecken verwendet, wobei eine starke Entwicklung von CH_2O im Organismus stattfindet[2].

N-Methylenglycinnatrium $CH_2:N \cdot CH_2CO_2Na$. Aus dem Cyanmethylglycinäthylester durch Reduktion mit Na und Alkohol + 1 Mol Wasser. Krystalle aus wenig Methylalkohol + warmem, absolutem Alkohol. Sehr leicht löslich in Wasser (Hydrolyse). Wird durch weitere Reduktion mit Na in Alkohol in Sarkosin übergeführt[3].

Ba-Salz des **Methylenglykokolls** $C_6H_8O_4N_2Ba$. Durch Mischung des Triformalglycinesters mit $Ba(OH)_2$ oder aus einer Lösung von Glykokoll in heißer $Ba(OH)_2$- und CH_2O-Lösung bei 50°, krystallisiert mit $5H_2O$[1]. — Entsteht stets bei der Einwirkung von CH_2O auf Glykokoll und Baryt[4,5]. — Voluminös[3].

Cu-Salz. Tiefgrün[3].

Ni-Salz. Schmutziggrün[3].

Cd-, Hg-, Ag- und Zn-Salze des **Methylenglycins.** Von E. A. Cooper und L. I. Robinson[6] wird die keimtötende Wirkung von Cd-, Hg-, Ag- und Zn-Salzen des Methylenglycins geprüft. Die bactericide Wirkung ist schwächer als die der entsprechenden anorganischen Salze.

Oxytrimethylenglycin-Cu $C_{10}H_{18}O_8N_2Cu$, entsteht bei der Einwirkung von 30proz. CH_2O auf Glykokoll-Cu bei etwa 50°. In starker verdünnter CH_2O-Lösung ist der CH_2O-Gehalt der Verbindung infolge Dissoziation niedriger als dem theoretisch berechneten entspricht[4,5].

N-Äthylglykokollhydrochlorid. Durch Verseifung des Esters mit siedendem Wasser. Schmelzp. 180°[7].

N-Äthylglykokolläthylester $C_6H_{13}O_2N$. Der Ester wird durch Hydrierung von Glykokoll + Äthylamin in Wasser oder Alkohol (schwach sauer) dargestellt. Kochp.$_{16}$ 58°[7].

Hydrochlorid $C_6H_{14}O_2NCl$. Aus Alkohol, Schmelzp. 135°[7].

Diäthylaminoessigsäureester des **Phenyläthylalkohols** $(C_2H_5)_2N \cdot CH_2 \cdot COO \cdot CH_2 \cdot CH_2 \cdot C_6H_5$. Bildung aus dem Phenyläthylester der Chloressigsäure mit Diäthylamin; Flüssigkeit. Kochp.$_{135}$ = 222—223°; gibt leicht zerfließliche Salze mit Säuren und Pikrinsäure; gibt mit Meyers Reagens, mit $AgNO_3$, mit Tannin Niederschläge; löslich in Alkohol; mit Phosphorwolframsäure gelber Niederschlag. Gibt auf der Zunge Anästhesieempfindung[8].

Iminodiessigsäure. Zur Darstellung der Iminodiessigsäure wird nach S. Keimatsu und C. Kato[9] der Aminomalonester mit Chloressigester und $NaOC_2H_5$ in Alkohol gekuppelt, das entstandene Gemisch von α-Aminoäthan-α, α, β-tricarbonsäureester und Dimethylamin-α, α′, α-tricarbonsäureester mit kalter 3proz. KOH verseift, die Lösung im Vakuum eingeengt, die Säuren in die Ag-Salze übergeführt, diese mit H_2S zerlegt. Das Filtrat im Vakuum eingeengt. Das auskrystallisierte Säuregemisch besteht aus 5 Teilen d,l-Asparaginsäure und 3 Teilen Iminodiessigsäure. Das Gemisch wird durch Lösen in der berechneten Menge verdünnter HCl und Einengen der Lösung getrennt. Das wenig lösliche HCl-Salz der Iminodiessigsäure fällt sofort aus. Die Ausbeute beträgt ca. 30%. Schmelzp. 230—231° (Zersetzung).

Hydrochlorid. Schmelzp. 238—239° (Zersetzung)[9].

Diäthylester. Kochp.$_{13}$ 126—127°[9].

Hydrochlorid. Schmelzp. 73—75°[9].

---

[1] M. Bergmann, M. Jacobsohn u. H. Schotte: Hoppe-Seylers Z. **131**, 18—28 (1923) — Chem. Zbl. **1924 I**, 669.

[2] R. Bunge, O. Matter: D.R.P. 375462, Kl. 12p v. 1. Febr. 1920, ausg. 14. Mai 1923, Zus. zu D.R.P. 334757; Chem. Zbl. **1921 IV**, 82; **1924 I**, 805.

[3] H. Scheibler u. H. Neef: Ber. dtsch. chem. Ges. **59**, 1500—1511 — Chem. Zbl. **1926 II**, 1530.

[4] M. Bergmann u. H. Enßlin: Hoppe-Seylers Z. **145**, 194—201 — Chem. Zbl. **1925 II**, 1269.

[5] H. Krause: Hoppe-Seylers Z. **150**, 306—308 (1925) — Chem. Zbl. **1926 I**, 1797.

[6] E. A. Cooper u. L. I. Robinson: J. Soc. Chem. Ind. **45**, 321—323 — Chem. Zbl. **1926 II**, 287.

[7] A. Skita u. C. Wulff: Liebigs Ann. **453**, 190—210 — Chem. Zbl. **1927 I**, 2821.

[8] S. Weil: Roczniki Farmacji **2**, 1—28 — Chem. Zbl. **1924 II**, 208.

[9] S. Keimatsu u. C. Kato: J. pharm. Jap. **49**, 111—113 — Chem. Zbl. **1929 II**, 2552.

Dioxydiäthylaminoessigsäure $C_6H_{13}O_4N$. Aus Glykokolläthylester und Äthylenoxyd. Nadeln aus Alkohol. Schmelzp. 193° (Zers.), süß schmeckend, unlöslich in absolutem Alkohol, sehr leicht löslich in Wasser. Bei trockener Destillation der Säure entsteht 1-Oxäthyl-3-morpholon. Diese Verbindung bildet in wässeriger Lösung die Dioxydiäthylaminoessigsäure zurück, und zwar in 10 Minuten. Bei Zimmertemperatur zu etwa 71%, bei längerem Stehen zu über 99%. Eine geringe Menge Morpholon bleibt dennoch im Gleichgewicht mit der Säure und zwar bei 90—100° etwa 2,8%; bei 0° etwa 0,7%[1].

Pikrat $C_6H_{13}O_4N + C_6H_3O_7N_3 + H_2O$. Schmelzp. etwa 95°[1].

Cu-Salz $(C_6H_{12}O_4N)_2Cu + H_2O$. Blaue Krystalle[1].

Chloroplatinat $(C_6H_{13}O_4N)_2 \cdot H_2PtCl_6$. Beim Eindampfen einer wässerigen Lösung von Dioxydiäthylaminoessigsäure mit $PtCl_4$ und HCl. Rote Tafeln aus Wasser, Schmelzp. 190° (Zers.)[1].

Dibenzoat ist weich und schmilzt leicht. Zersetzt sich beim Erwärmen mit Alkohol[1].

N-Oxyäthylimidodiessigsäure $C_6H_{11}O_5N$. Aus Aminoäthylalkohol und Bromessigester in Chloroform. Aus verdünntem Alkohol. Schmelzp. 167—169°[2].

N-Isopropylglycin $C_5H_{11}O_2N$. Aus dem Hydrochlorid in wässeriger Lösung mit Ag_2O. Im Filtrat Ag mit H_2S gefällt, Lösung eingedampft, Rückstand in heißem Alkohol gelöst. Daraus harte, unregelmäßige Krystallmasse. Schmelzp. 192—193° (korr.), leicht löslich in Wasser, wenig löslich in kaltem, leichter in warmem Alkohol, unlöslich in Äther, Essigester und Chloroform[3].

Hydrochlorid. Durch Reduktion des Isopropylidenglycin-Na in wässerigem Alkohol mit Na. Neutralisieren mit konzentrierter HCl, Eindampfen des Filtrates und Ausziehen des Rückstandes mit absolutem Alkohol, mit Äther fällen. Seidig glänzende, hygroskopische Krystallschüppchen, rein nur aus freier Base, Schmelzp. 203—204,5° (korr.), vorher Sintern[3].

C-Dimethyliminodiessigsäureäthylesternitril (N-[α-Cyanisopropyl-]glycinäthylester) $C_8H_{14}O_2N_2$. Aus Aceton-Natriumdisulfit, Glycinester und KCN. Fast farbloses Öl. Vor dem Ausäthern aussalzen mit NaCl. Löslich in Wasser, Alkohol und Äther[3].

Hydrochlorid $C_8H_{15}O_2N_2Cl$. In Äther mit HCl-Gas. Glänzende Kryställchen. Löslich in Alkohol, unlöslich in Äther, Schmelzp. 87° (korr.), mit Wasser Hydrolyse, auch schon an der Luft[3].

N-Isopropylidenglycin-Na. Aus Nitrilester mit Na-Alkoholat. Nicht frei von NaCN. Feinkrystallinisches, sehr hygroskopisches Pulver, wenig löslich in absolutem Alkohol[3].

n-Butylaminoessigsäureäthylester $C_8H_{17}O_2N$. Aus Butylamin und Äthylchloracetat. Bei Atmosphärendruck Zersetzung oberhalb 200°, unlöslich in Wasser, löslich in organischen Lösungsmitteln, $n_D^{25} = 1,460$, $D^{25} = 0,9871$[4].

N-Oxyisobutylaminoessigester $C_8H_{17}O_3N$. Aus Glykolester und Isobutylenoxyd (Kochp. 49—51°) bei 90—100°. $Kochp._4$ 155—160°[5].

Lacton der N-Dioxyisobutylaminoessigsäure $C_{10}H_{19}O_3N$. Entsteht beim Erhitzen von Glykokollester und einem Überschuß von Isobutylenoxyd bei 130—140°. $Kochp._5$ 162—164°[5].

Cu-Salz der Säure. Lacton mit Cu-Hydroxyd erhitzen, kleine blaue Krystalle[5].

[n-Butylallylamino]-essigsäureäthylester $C_{11}H_{21}O_2N$. Aus n-Butylaminoessigsäureäthylester durch Erwärmen mit Allylbromid und Fällung mit K_2CO_3. $Kochp._7$ 150—160°, unlöslich in Wasser, $D^{20} = 0,9593$. Wird durch Reduktion mit Na in β-[n-Butylallylamino-]äthylalkohol übergeführt[4].

Chinonmonoglykokollanilid $C_{14}H_{12}O_3N_2$. Aus Glycinanilid und Chinon. Tiefbrauner Niederschlag[6].

Toluchinonmonoglykokollanilid $C_{15}H_{14}O_3N_2$. Hochrote Blättchen aus Methylalkohol. Zersetzung 177—178°[6].

Naphthochinonglykokollanilid $C_{18}H_{14}O_3N_2$. Orangebraune Täfelchen aus Alkohol. Schmelzp. 226°[6].

---

[1] A. Kiprianow: J. chim. Ukraine, wiss. Teil (russ.) 2, 236—249 (1926) — Chem. Zbl. **1927 I**, 2654.

[2] A. Kiprianow: Ukrain. chem. J. (ukrain.: Ukrainski chemitschni Shurnal) 4, 231—240 — Chem. Zbl. **1929 II**, 2880.

[3] H. Scheibler u. P. Baumgarten: Ber. dtsch. chem. Ges. 55, 1358—1379 — Chem. Zbl. **1922 III**, 359.

[4] I. Supniewski: Roczniki Chemji 7, 163—171 (1927) — Chem. Zbl. **1928 I**, 2088.

[5] A. Kiprianow: Ukrain. chem. J. (ukrain.: Ukrainskï chemitschni Shurnal) 4, 215—229 — Chem. Zbl. **1929 II**, 2879.

[6] S. Hilpert u. F. Brauns: Collegium **1925**, 64—74 — Chem. Zbl. **1925 II**, 122.

N-Glycinsulfonsäure $C_2H_5O_5NS + 1/2 H_2O$. Wird aus dem K-Salz mit $HClO_4$ in Freiheit gesetzt und durch Eindampfen der wässerigen Lösung krystallisiert. Zersetzung bei 132° unter Aufblähen. Leicht löslich in Wasser und Alkohol. In saurer Lösung erfolgt Abspaltung von H_2SO_4[1].

K-Salz der **N-Glycinsulfonsäure** $C_2H_3O_5NSK_2 + H_2O$. Durch Einwirkung von N-Pyridiniumsulfonsäure auf Glykokoll in alkalischer K_2CO_3-Lösung bei 0°. Zur Isolierung wurden die Lösungen mit Essigsäure neutralisiert. Mit wenig Alkohol versetzt, vom ausgeschiedenen K_2SO_4 abgetrennt und mit viel Alkohol das K-Salz gefällt. Körnige Krystalle, in Wasser leicht löslich und bei alkalischer Reaktion beständig. Bei 150° Zersetzung unter Verfärbung. Wässerige Lösung schwach alkalisch. Mit Schwermetallsalzen kein Niederschlag, mit $BaCl_2$ in der Kälte kein $BaSO_4$[1].

β, β'-Diglycinodiäthylsulfid $C_8H_{16}O_4N_2S$. Durch Verseifung des Esters mit siedender wässeriger NaOH (4 Stunden), aus Alkohol Platten. Schmelzp. 132° (ab 107° Schrumpfen), wenig löslich in kaltem Alkohol, leicht löslich in Wasser. Die Verfasser untersuchten die Einwirkung von K-Phthalimid auf das Sulfid[2].

Cu-Salz. Blaue Krystalle, hydrolysiert schnell[2].

Äthylester des **β, β'-Diglycinodiäthylsulfids** $C_{12}H_{24}O_4N_2S$. Durch Umsetzung von Glykokollesterchlorhydrat mit β, β'-Dichlordiäthylsulfid in alkoholischer Lösung, in Gegenwart von wasserfreiem Na-Acetat. Flüssigkeit vom Kochp.$_{15}$ 159—160°, von an 1, 4-Thiazan erinnerndem Geruch, löslich außer in Wasser[2].

Chloroplatinat $C_{12}H_{24}O_4N_2S, 2H_2PtCl_6$. Gelbes amorphes Pulver, weniger löslich in Wasser[2].

1, 4-Sulfonazan-4-essigsäure $C_6H_{11}O_4NS$. Aus dem Ester durch $1/2$ stündiges Erhitzen mit wässeriger NaOH, aus Alkohol Platten. Schmelzp. 177°. Die Verfasser studierten die Einwirkung von K-Phthalimid auf die Sulfonverbindung[2].

Pikrat $C_{14}H_{21}O_{11}N_4S$. Aus Alkohol gelbe Krystalle, Schmelzp. 178°[2].

Cu-Salz $C_{12}H_{20}O_8N_2S_2Cu$. Aus Wasser oder 5proz. wässerigem NH_3 blaue Krystalle[2].

1, 4-Sulfonazan-4-essigsäureäthylester $C_8H_{15}O_4NS$. Durch Umsetzung des Glykokolläthylesters mit Sulfon, aus Alkohol Krystalle, Schmelzp. 68,5°, unlöslich in Äther, löslich in Wasser, CH_3OH und Alkohol[2].

Glykokollphenylaminol gibt mit Benzolsulfochlorid in alkalischer Lösung 2-Benzolsulfoamino-1, 1-diphenyläthanol, mit Naphthalinsulfochlorid unter gleichen Bedingungen 2-Naphthalinsulfoamino-1, 1-diphenyläthanol-(1)[3].

Na-Salz des **Toluolsulfoglykokollphenylaminols** $C_{21}H_{20}O_3NSNa$. Aus dem Aminol, Toluolsulfochlorid und NaOH; umkrystallisiert aus Alkohol. Aus der Lösung in Eisessig erhält man beim Verdünnen mit Wasser das freie 2-Toluolsulfoamino-1, 1-diphenyläthanol vom Schmelzp. 138°[3].

Phenylglycin. Über die Darstellung des Phenylglycins durch Einwirkung von Trichloräthylen oder Tetrachloräthan auf Anilin in einem einzigen Arbeitsgang berichtet British Dyestuffs Corporation, Ltd., London und M. Wyler[4]. — Über die Darstellung aus Anilin und Chloressigsäure und die Aufarbeitung des Reaktionsgemisches berichtet[5]. Die Ausbeute betrug 90%. — Phenylglycin reagiert nach H. Riffart[6] nicht mit Ninhydrin. — Über die Absorption des Phenylglycins im Ultraviolett berichten H. Ley und F. Volbert[7]. — S. Leites[8] untersuchte die Wirkung des Phenylglycins nach intravenöser Injektion an Kaninchen. Es wird Leukopenie mit relativer Lymphocytose hervorgerufen.

---

[1] P. Baumgarten: Hoppe-Seylers Z. **171**, 62—69 (1927) — Chem. Zbl. **1928 I**, 190.

[2] A. E. Cashmore u. H. Mc Combie: J. chem. Soc. Lond. **123**, 2884—2890 (1923) — Chem. Zbl. **1924 I**, 1385.

[3] F. Bettzieche, R. Menger u. K. Wolf: Hoppe-Seylers Z. **160**, 270—300 (1926) — Chem. Zbl. **1927 I**, 82.

[4] British Dyestuffs Corporation, Ltd. (London) u. M. Wyler: E.P. 173540 v. 2. Juli 1920, ausg. 2. Febr. 1922; F.P. 527554 v. 23. Nov. 1920, ausg. 27. Okt. 1921; Schw.P. 93576 v. 16. Nov. 1920, ausg. 16. März 1922; Chem. Zbl. **1922 IV**, 760; E.P. 188933 v. 3. Febr. 1921, ausg. 14. Dez. 1922; Chem. Zbl. **1923 IV**, 663.

[5] Dow Chemical Company: A.P. 1442743 v. 23. Mai 1918, ausg. 16. Jan. 1923; Chem. Zbl. **1925 II**, 1805.

[6] H. Riffart: Biochem. Z. **131**, 78—96 (1922) — Chem. Zbl. **1923 II**, 827.

[7] H. Ley u. F. Volbert: Ber. dtsch. chem. Ges. **59**, 2119—2131 — Chem. Zbl. **1926 II**, 2389.

[8] S. Leites: Arch. f. exper. Path. **103**, 109—114 — Chem. Zbl. **1924 II**, 1953.

Anilinsalz des Phenylglycins. Aus Monochloressigsäure und Anilin [1].
Phenylglycinanilid $C_{14}H_{14}ON_2$. Aus Phenylglycindiphenylamidin mit Anilin und Anilinhydrochlorid in siedendem Alkohol (24 Stunden), 5 proz. Sodalösung zusetzen, Filtrat mit Dampf behandeln, oder erst mit Alkohol 60 Stunden kochen, dann wie oben. Nadeln aus sehr verdünntem Alkohol, Schmelzp. 112—113° [2].
Aus Chloracetylanilid und Anilin durch Erhitzen mit $ZnCl_2$ auf 170—180° ($^1/_2$ Stunde). Nadeln aus Wasser oder Benzin. Schmelzp. 112—113° [3].
Hydrochlorid $C_6H_5 \cdot NH(HCl) \cdot CH_2CO \cdot NH \cdot C_6H_5$. Krystalle aus verdünnter HCl. Schmelzp. 216°. Gibt bei 110° alles HCl ab [3].
Sulfat $C_{14}H_{14}ON_2 \cdot H_2SO_4 \cdot H_2O$. Nadeln aus verdünnter H_2SO_4. Schmelzp. 194—195° unter Aufschäumen [3].
p-Sulfonsäure $HO_3S \cdot C_6H_4NH \cdot CH_2 \cdot CO \cdot NH \cdot C_6H_5 \cdot H_2O$. Mit konzentrierter H_2SO_4 bei Zimmertemperatur, 30 Stunden, Nadeln aus Wasser, zersetzt bei 340° [3].
Na-Salz $C_{14}H_{13}O_4N_2SNa \cdot H_2O$. Nadeln aus Wasser [3].
Nitrosaminverbindung $C_6H_5 \cdot N(NO) \cdot CH_2 \cdot CO \cdot NH \cdot C_6H_5$. Mit KNO_2 in verdünnter HCl. Gelbe Nadeln aus verdünntem Alkohol. Schmelzp. 145°. Gibt die NO-Reaktion [3].
Dibromverbindung $Br \cdot C_6H_4 \cdot NH \cdot CH_2 \cdot CO \cdot NH \cdot C_6H_4Br$. Mit Br in Alkohol, mit Wasser verdünnen. Ausgeschiedenes Hydrobromid mit verdünnter KOH zerlegen. Nadeln aus verdünntem Alkohol. Schmelzp. 132—133°. Weiter wurden Bromierungen in Eisessig oder Chloroform durchgeführt [3].
Phenylglycin-N-carbonsäureanhydrid. Entsteht leicht beim Einleiten von Phosgen in die gekühlte alkalische, wässerige Lösung von Phenylglycin. Beim Kochen mit Anilin entsteht aus dem Anhydrid das Anilid, beim Kochen mit Alkohol der Ester [4].
Na-Salz des N-Carbäthoxy-N-phenylglycins $C_2H_5OOC \cdot N \cdot (C_6H_5)CH_2 \cdot COONa$. Krystalle, Schmelzp. 227°. Leicht löslich in Wasser und 90—95 proz. Alkohol, wenig löslich in absolutem Alkohol. Das Urethan, Kaninchen injiziert, war nicht toxisch und schien im allgemeinen inert zu sein [5].
Phenylglycin-p-bromanilid $C_{14}H_{13}ON_2Br$. Chloracet-p-bromanilid mit überschüssigem Anilin 2 Stunden auf 140—160° erhitzen. Nach Waschen mit 3 proz. HCl Nadeln aus Wasser + Alkohol, dann verdünntem Alkohol, Schmelzp. 153—154° [2].
p-Bromphenylglycin-p-bromanilid $C_{14}H_{12}ON_2Br_2$. Aus Phenylglycindiphenylamidin. Mit etwas über $3 Br_2$ in Chloroform in Gegenwart von wasserfreiem Na_2CO_3, schließlich mit Thiosulfat schütteln, Produkt aus Alkohol umkrystallisieren. Sublimiert bei etwa 145° [2].
p-Anisidinoacet-p-anisidid $C_{16}H_{18}O_3N_2$. Aus Chloressigester und überschüssigem p-Anisidin (180—190°, 5 Stunden), mit sehr verdünnter HCl waschen. Prismen aus verdünntem Alkohol, Schmelzp. 132°, liefert mit weiterem Anisidin und PCl_3 kein Amidin [2].
N-Acetyl-o-phenylglycyl-p-kresol $C_{17}H_{17}O_3N$. Aus der Diacetylverbindung durch gelindes Erwärmen mit NaOH. Vierseitige Blättchen aus Alkohol, Schmelzp. 152—153° [6].
o-N-Diacetyl-o-phenylglycyl-p-kresol $C_{19}H_{19}O_4N$. Prismen aus Alkohol, Schmelzp. 123 bis 124° [6].
Phenylglycin-p-carbonsäure. Aus dem Ester durch alkalische Verseifung, braunes Pulver, Schmelzp. 255° [7].
Phenylglycin-p-carbonsäureäthylester $CO_2H \cdot CH_2 \cdot NH \cdot C_6H_4 \cdot CO_2C_2H_5$. Aus p-Aminobenzoesäureäthylester und Chloressigsäure durch Erhitzen. Blättchen aus verdünntem Alkohol. Schmelzp. 157—160°. Löslich in Soda [7].
Na-Salz. Hat keine anästhesierende Wirkungen [7].
o-N-Methylphenylglycyl-p-kresol $C_{16}H_{17}O_2N$. Aus o-Chloraceto-p-kresol- und Methylanilin, Blättchen aus CH_3OH. Schmelzp. 87—88°. Leicht löslich in Chloroform, Eisessig, Benzol, ziemlich wenig löslich in Alkohol [6].

---

[1] L. E. H. Cone: A.P. 1419720 v. 22. März 1918, ausg. 13. Juni 1922; Chem. Zbl. **1923 IV**, 1004.
[2] P. Ruggli u. I. Marszak: Helvet. chim. Acta **11**, 180—196 — Chem. Zbl. **1928 I**, 1400.
[3] Z. Motylewski: Bull. internat. Acad. Polon. Sci. Lettres **1926**, 93—101 — Chem. Zbl. **1926 II**, 392.
[4] F. Fuchs: Ber. dtsch. chem. Ges. **55**, 2943 (1922) — Chem. Zbl. **1923 I**, 64.
[5] S. Basterfield u. H. N. Wright: J. amer. chem. Soc. **48**, 2367—2370 — Chem. Zbl. **1926 II**, 2424.
[6] K. v. Auwers u. O. Jordan: J. prakt. Chem. **107**, 330—357 — Chem. Zbl. **1924 II**, 1470.
[7] J. Takeda u. S. Kuroda: J. Pharm. Soc. Japan **1925**, Nr 515, 3—4 — Chem. Zbl. **1925 I**, 2304.

Benzoesäureester $C_{23}H_{21}O_3N$. Gelbliche Nadeln, aus Alkohol. Schmelzp. 120—121°. Leicht löslich in Äther, Benzol, wenig löslich in Alkohol, citronengelb, löslich in konzentrierter H_2SO_4[1].

o-α-Methylphenylglycyl-p-kresol $C_{16}H_{17}O_2N$. Aus o-Brompropionkresol und Anilin. Nadeln aus Alkohol. Schmelzp. 96,5—97,5°[1].

N-Oxäthylphenylaminoessigsäure wird dargestellt durch Umsetzung des Na-Salzes des Phenylglycins mit Äthylenchlorhydrin oder durch Umsetzung von Äthanolanilin mit chloressigsaurem Na oder aus Äthanolanilin und Bromessigester. Die Verbindung liegt als Lacton vor[2].

Lacton des N-Oxäthylphenylglycins $C_{10}H_{11}O_2N$. Aus Alkohol Schmelzp. 75°. Die Verseifung des Lactons führt zu einem Gleichgewicht mit nur 10% Säure. Lacton ist leicht oxydierbar, reduziert Permanganat und Fehlingsche Lösung, gibt Silberspiegel. Gibt mit Benzaldehyd und Michlersketon Triphenylmethanfarbstoffe[2].

K-Salz, krystallinisch, durch Verseifen des Lactons mit KOH[2].

Hexahydrophenylglycin-o-carbonsäure $C_9H_{15}O_4N$. Durch Hydrierung der Phenylglycin-o-carbonsäure mittels H_2 und Pt-Mohr. Die Synthese aus Hexahydroanthranilsäure und Chloressigsäure gelang nicht. Die Verbindung läßt sich nicht methylieren. Weder die Nitrosierung noch die Acetylierung verläuft eindeutig. Aus Wasser oder verdünntem Alkohol feine Krystalle. Schmelzp. 234°. Sie zeigt die Betainreaktion und ist ohne jede physiologische Wirkung[3].

Na-Salz. Weiße Krystalldrusen, Zersetzung bei 260°[3].

Hg-Salz. Schmelzp. 175°, unscharf unter Zersetzung[3].

Pb-Salz. Aus Wasser weiße Krystalle, Zersetzung zwischen 246—254°[3].

Dimethylester $C_{11}H_{19}O_4N$. Durch Hydrierung des Esters der Phenylglycin-o-carbonsäure, Schmelzp. 60°, Kochp.$_{25}$ 125—130°[3]. — Kochp.$_{23-25}$ 163—170°, Badtemperatur 200—210°; Kochp.$_{11-12}$ 140—152°; Badtemperatur 160—175°; Kochp.$_{12}$ 148—152°, Badtemperatur 170—176°[4].

Hydrochlorid. Schmelzp. 162° unter Zersetzung[4]. — Schmelzp. etwa 159° (Zers.)[4].

Benzoylverbindung $C_{18}H_{23}O_5N$. Gelbliche Krystalle, Zersetzung bei 66—68°[3].

Nitrosoverbindung $C_{11}H_{18}O_5N_2$. Schmelzp. 54°, Kochp.$_{17}$ 215—220°[3].

Diäthylester $C_{13}H_{23}O_4N$. Durch Hydrierung des Äthylesters der Phenylglycin-o-carbonsäure, ölig[3]. — Kochp.$_{15-16}$ 170—173°, Badtemperatur 198—209°; Kochp.$_{12}$ 165—166°, Badtemperatur 198—203°[4].

Hydrochlorid. Schmelzp. gegen 80—90° (Zers.)[3].

p-Oxyphenylglycin $HO \cdot C_6H_4 \cdot NH \cdot CH_2 \cdot COOH$. Aus p-Oxyphenylglycinnitril und verdünnter NaOH. Meist wenig löslich in Alkalien und Säuren. Mit $FeCl_3$ violettrot. Mit $AgNO_3$ schwarzgrauer Niederschlag. Mit ammoniakalischer Ag-Lösung gelbbraun, gelb, schließlich blau, kolloidal[5]. — p-Oxyphenylglycin eignet sich nach E. Kadisch[6] gut als Sauerstoffindicator in der Bakteriologie.

Methylester $C_9H_{11}O_3N$, Schmelzp. 97—98°[5].

Äthylester $C_{10}H_{13}O_3N$. Schmelzp. 78—79°, wenig löslich in kaltem Wasser, sonst löslich; löslich in Laugen und Säuren. Mit $FeCl_3$ rotviolett. Mit $AgNO_3$ hellrotviolett, dann weißer Niederschlag. Mit ammoniakalischer Ag-Lösung gelbgrün, kolloidal, schmutziggrün, dann schwarzgrauer Niederschlag[5].

Monoacetylverbindung $C_{10}H_{11}O_4N$. Mit Acetanhydrid in Äther, Prismen aus Wasser. Schmelzp. 203—204°. Löslich in Alkohol, Aceton, heißem Wasser, sonst weniger löslich, löslich in Alkalien. Mit $FeCl_3$ schmutzig hellviolett[5].

Diacetylverbindung $CH_3COO \cdot C_6H_4 \cdot N(COCH_3) \cdot CH_2 \cdot COOH$. Mit Acetanhydrid in alkalischer Lösung. Schmelzp. 174—175°. Wenig löslich in kaltem Wasser, Äther, Benzol, sonst löslich; löslich in Alkalien[5].

Anisylglykokoll. Aus p-Anisidin und Chloressigsäure in Gegenwart wässeriger Na-Acetatlösungen. Durch halbstündiges Erhitzen auf dem Wasserbade. Nach Abtrennung unveränderten

---

[1] K. v. Auwers u. O. Jordan: J. prakt. Chem. **107**, 330—357 — Chem. Zbl. **1924 II**, 1470.

[2] A. Kiprianow: Ukrain. chem. J. (ukrain.: Ukrainskï chemistschni Shurnal) **4**, 231—240 — Chem. Zbl. **1929 II**, 2880.

[3] D. Vorländer u. H. Kluge: Ber. dtsch. chem. Ges. **59**, 2075—2078 — Chem. Zbl. **1926 II**, 2296.

[4] D. Vorländer u. W. Fachmann: Ber. dtsch. chem. Ges. **60**, 844 — Chem. Zbl. **1927 I**, 2997.

[5] K. Shimo: Bull. Chem. Soc. Japan **1**, 226—233 (1926) — Chem. Zbl. **1927 I**, 891.

[6] E. Kadisch: Zbl. Bakter. I **90**, 462—468 — Chem. Zbl. **1923 III**, 1233.

Anisidins und gebildeten tertiären Amines wird das Anisylglycin ausgefällt. Verzweigte Nadeln aus Essigester + Benzin. Schmelzp. 154—157° unter Zersetzung, je nach Erhitzungsgeschwindigkeit (Wasserabgabe); färbt sich in Lösung, am Lichte oder beim Erhitzen auf 100° gelb bis braun, leicht löslich in Eisessig, verdünnten Säuren und Alkalien, Aceton, Alkohol, heißem Wasser, wenig löslich in Äther, Benzol, nicht in CS_2 und Petroläther. Bromwasser färbt die wässerige Lösung blauviolett mit stark blauer Fluorescenz, die durch NH_3 in Grün übergeht unter Rot- bzw. Mißfarbigwerden. $FeCl_3$ gibt blauviolette, später violette Farbe; reduziert Ag- und Hg-Salze unter Blauviolett- bis Violettfärbung beim Erwärmen. Zeigt die Reaktion auf Glycin und Na-Hypobromit, wird in Lösung mit $CuSO_4$ intensiv grün, NH_3 färbt diese erst rosa, dann tief violettblau[1].

Cu-Salz $(C_9H_{10}O_3N)_2Cu$. Beim Kochen der Lösung mit aufgeschlämmtem Cu-Carbonat, mattdunkelgrünes Pulver[1].

Zn-Salz $(C_9H_{10}O_3N)_2Zn$. Farblose Nädelchen[1].

[(Methoxy-4-phenyl)-amino]-essigsäureäthylester $C_{11}H_{15}O_3N$. Beim Erwärmen von p-Anisidin, chloressigsaurem Äthyl ($^1/_2$ Mol) und Essigester. Abscheidung vom salzsauren p-Anisidin, mit Äther versetzt, filtriert, Äther mit Sodalösung, dann mit verdünnter HCl ausgezogen, daraus nach Sodazusatz mit Äther extrahiert, Rückstand rotbrauner Krystallbrei, auf Ton farblose Prismen, aus Wasser oder Ligroin rechteckige Platten, aus Alkohol Schmelzp. 57—58°. Leicht löslich in organischen Lösungsmitteln, wenig löslich in Wasser und Petroläther[1].

[(Methoxy-4-phenyl)-amino]-essigsäureamid $C_9H_{12}O_2N$. Aus dem Ester mit NH_3 in Alkohol bei 100° im Rohr. Farblose Nadeln, aus Petroläther. Schmelzp. 146—147°. Leicht löslich in den meisten organischen Flüssigkeiten, violettrote Eisenchloridfärbung in Alkohol und Wasser[1].

[(Methoxy-4-phenyl)-amino]-essigsäure-(methoxy-4'-anilid) $C_{16}H_{18}O_3N_2$. Aus molekularen Mengen p-Anisidin und p-Anisidinoessigsäure bei 2 Stunden Erhitzen auf 135°. Aus Benzol oder Wasser farblose, glänzende, rechteckige Blätter. Schmelzp. 134°. Leicht löslich in Aceton, Chloroform, Essigester und Ligroin (bald blauviolett, dann violettrot, schließlich mißfarbig), wenig löslich in kaltem Alkohol, sehr wenig löslich in Äther, Benzol, CS_2, nicht in Benzin, gibt mit $FeCl_3$ und Brom-H_2O Färbungen; entsteht auch beim Schmelzen von Chloracetanisid mit 2 Mol p-Anisidin[1].

[(Methoxy-4-phenyl)-acetylamino]-essigsäure $C_{11}H_{13}O_4N$. Beim Kochen mit der doppeltmolekularen Menge Essigsäureanhydrid, farblose verzweigte Nadeln aus Alkohol. Schmelzpunkt 185°. Leicht löslich in Alkali, Eisessig, Aceton, wenig löslich in Alkohol, Äther, Benzol, Chloroform, nicht in CS_2, Petroläther, verdünnter Säure; gibt keine Färbungen wie das Glycin; reduziert nicht[1].

[(Methoxy-4-phenyl)-acetylamino]-essigsäureäthylester $C_{13}H_{17}O_4N$. Beim Erwärmen des Esters mit doppeltmolekularer Menge Essigsäureanhydrid, farbloses Öl, leicht löslich in organischen Lösungsmitteln[1].

[(Methoxy-4-phenylacetylamino)]-essigsäure-(methoxy-4'-anilid) $C_{18}H_{20}O_4N_2$. Beim Erhitzen von molekularen Mengen p-Anisidin und N-Acetyl-p-anisidinoessigsäure etwa 1 Stunde auf 174—180°. Aus 50% Alkohol oder Chloroform + Benzin umkrystallisiert. Büschelförmige Nädelchen. Schmelzp. 138°. Wenig löslich in Äther, CS_2, unlöslich in verdünnter Säure, Alkali, Petroläther, kaum in kaltem Wasser, sonst leicht löslich[1].

(Methoxy-4-phenyl)-bis-(methoxy-4'-phenylaminoacetylamin $C_{25}H_{27}O_5N_3$. Bildet neben dem Amid beim Verschmelzen der Komponenten glänzende, rhombische Blättchen. Schmelzpunkt 185°. Leicht löslich in Chloroform und Eisessig (violettblau, dann über violettrot mißfarben rötlichbraun), schwerer in Alkohol, Aceton, Benzol, wenig löslich in verdünnten Säuren, sehr wenig löslich in Äther, Wasser, nicht in Alkalien. In Alkohol mit $FeCl_3$ olivbraune Färbung, nach Verdünnen mit Wasser violettrot, Lösung in H_2SO_4 wird durch $FeCl_3$ tiefrot[1].

N-(Methoxy-4-phenyl-)N-(methoxy-4'-phenylaminoacetyl-)aminoessigsäure $C_{18}H_{20}O_5N_2$. Beim Kochen des 2,5-Diketopiperazins mit Alkohol und n-KOH 3 Stunden auf dem Wasserbade. Aus 60% Alkohol derbe, gespaltene Doppelbüschel oder sechseckige Prismen; sintert bei schnellem Erhitzen gegen 110°, gibt Wasser ab, wird bei 128° flüssig, ohne klar zu schmelzen, erstarrt dann wieder und schmilzt bei 256°, leicht löslich in Äther, Alkohol, Aceton, Chloroform, Alkalien, Säuren, wenig löslich in Benzol, in siedendem Wasser, nicht in Petroläther, CS_2;

---

[1] I. Halberkann: Ber. dtsch. chem. Ges. **54**, 1152—1167 — Chem. Ges. **1921 III**, 339.

färbt sich in Lösung braun bis rot, geht schon beim Kochen in Benzol wieder in das Piperazin über, in H_2SO_4 mit $FeCl_3$ rote Färbung[1].

(Methoxy-4-phenylamino)-essigsäure-(methylmethoxy-4'-phenylamid) $C_{17}H_{20}O_3N_2$. Aus der Mutterlauge bei der Darstellung des 2,5-Diketopiperazins aus Anisidinoessigsäure. Auch beim Erhitzen molekularer Mengen p-Anisidinoessigsäure mit N-Methyl-p-anisidin 3 Stunden auf 145° neben vorwiegend Diketopiperazin; aus Alkohol vierkantige, zweiseitig zugespitzte Nadeln, Schmelzp. 119—120°; beste Darstellung durch langsames Erhitzen von 2 Mol p-Anisidin mit N-Methyl-ω-chloracetanisid[1].

(Methylmethoxy-4-phenyl)-amino-essigsäure-(methoxy-4'-anilid) $C_{17}H_{20}O_3N_2$. Nebenprodukt, bei der Darstellung des N-(Methoxy-4-phenyl-)diglykolamidsäure-bis-(methoxy-4'-anilides). Schmelzp. 129—130°, aus Äther, entsteht auch beim Erhitzen von 2 Mol Anisidinoessigsäure und Chloracetylanisidin auf 130°, wenig löslich in Äther, heißem Wasser, nicht in Alkalien und Petroläther, sonst leicht löslich[1].

p-Äthoxyphenylglycinamid. Aus p-Phenetidin in Alkohol oder Aceton und Chloracetamid unter Zugabe von $NaHCO_3$ und Erhitzen oder aus Phenetidin und Chloressigsäureäthylester mit nachfolgender Einwirkung von NH_3. Weiße Krystalle, Schmelzp. 142—145°, wenig löslich in kaltem Wasser, Benzol, ziemlich löslich in heißem Wasser, leicht löslich in Alkohol und Aceton, löslich in Säuren, zersetzt durch starke Alkalien. Die Verbindung hat antipyretische und analgetische Eigenschaften[2].

p-Oxyphenylglycinnitril $HO \cdot C_6H_4 \cdot NH \cdot CH_2CN$. p-Aminophenol wurde mit Eisessig verrieben, unter Kühlung abwechselnd mit KCN und Formalin versetzt, auf 70—80° erhitzt, am nächsten Tage mit Wasser gefällt, oder eine Lösung von p-Aminophenolhydrochlorid in eine Mischung von Formalin und KCN-Lösung eingetropft, dann auf 60—70° erhitzt. Platten, Schmelzp. 103—104°. Mit $FeCl_3$ fuchsinrote Färbung, mit $AgNO_3$ ebenso, dann weißer Niederschlag. Mit ammoniakalischer Ag-Lösung Gelbfärbung, dann gelbbraune, kolloidale Lösung und schwärzlicher Niederschlag. Mit konzentrierter HNO_3 gelbrote Färbung und Gasentwicklung. Mit Millons Reagens Rot-, mit K_3FeCN_6 Orangefärbung[3].

p-Oxyphenylmethylglycin-nitril $HO \cdot C_6H_4 \cdot NH \cdot CH(CH_3) \cdot CN$. Darstellung wie die vorige Verbindung, an Stelle des Formalins wurde Acetaldehyd verwendet. Mikroskopische Blättchen aus Äther, Schmelzp. 111—112°. Mit $FeCl_3$ braunrot, mit $AgNO_3$ rot, rotviolett, dann weißer Niederschlag. Mit Millons Reagens gelb[3].

p-Oxyphenyldimethylglycinnitril $HO \cdot C_6H_4 \cdot NH \cdot C(CH_3)_2 \cdot CN$. Mit Aceton in Eisessig Blättchen. Schmelzp. 140—142°. Mit $FeCl_3$ violett, dann schokoladenbraun. Mit $AgNO_3$ kobaltblau, dann weißer Niederschlag[3].

p-Oxyphenylphenylglycinnitril $HO \cdot C_6H_4 \cdot NH \cdot CH(C_6H_5)CN$. Mit Benzaldehyd in 50proz. Essigsäure. Gelbe Nädelchen aus Benzol. Schmelzp. 122—124° (Bucherer: 113 bis 114°). Mit $FeCl_3$ gelb, mit $AgNO_3$ gelb, dann braungelber Niederschlag. Mit ammoniakalischer Ag-Lösung orangerote kolloidale Lösung[3].

p-Oxyphenylphenylmethylglycinnitril $HO \cdot C_6H_4 \cdot NH \cdot C(CH_3)(C_6H_5) \cdot CN$. Mit Acetophenon in Eisessig, aus verdünntem Alkohol, Schmelzp. 128—130°, mit $FeCl_3$ blauviolett. Mit $AgNO_3$ ebenso, dann weißer Niederschlag. Mit ammoniakalischer Ag-Lösung graue, dann braune kolloidale Lösung[3].

p-Acetoxyacetphenylglycinnitril $CH_3COO \cdot C_6H_4 \cdot N \cdot (COCH_3)CH_2 \cdot CN$. Mit Acetanhydrid in alkalischer Lösung, Platten aus 50proz. Alkohol. Schmelzp. 94—95°. (Galatis: 75°), unlöslich in Laugen und Säuren[4].

p-Benzoyloxybenzanilinoacetonitril $C_{22}H_{16}O_3N_2$, mit C_6H_5COCl in alkalischer Lösung, Schmelzp. 129—130°[4].

p-Acetoxyphenylmethylglycinnitril $C_{11}H_{12}O_2N_2$. Mit Acetanhydrid und Na-Acetat bei Zimmertemperatur, Platten, Schmelzp. 129—131°. Löslich in Säuren, unlöslich in Alkalien[4].

p-Acetoxyphenyldimethylglycinnitril $C_{12}H_{14}O_2N_2$. In alkalischer Lösung Nadeln aus Alkohol. Schmelzp. 77—78°, löslich in Säuren, unlöslich in Laugen, bei der Benzoylierung wird dasselbe Nitril zu Dibenzoyl-p-aminophenol (Schmelzp. 233—234°) aufgespalten[4].

p-Acetoxyphenylphenylglycinnitril $C_{16}H_{14}O_2N_2$. In alkalischer Lösung, hexagonale Kryställchen, Schmelzp. 119—120°[4].

---

[1] I. Halberkann: Ber. dtsch. chem. Ges. **54**, 1152—1167 — Chem. Zbl. **1921 III**, 339.
[2] Merck & Co.: Inc.A.P. 1672689 v. 22. Juli 1926, ausg. 5. Juni 1928; Chem. Zbl. **1929 I**, 807.
[3] K. Shimo: Bull. Chem. Soc. Japan **1**, 202—207 (1926) — Chem. Zbl. **1927 I**, 597.
[4] K. Shimo: Bull. Chem. Soc. Japan **1**, 226—233 (1926) — Chem. Zbl. **1927 I**, 891.

p-Benzoyloxyphenylphenylglycinnitril $C_{21}H_{16}O_2N_2$. Aus Alkohol, Sintern bei 160°, Schmelzp. etwa 200°, unlöslich in Laugen und Säuren[1].

p-Acetoxyphenylphenylmethylglycinnitril $C_{17}H_{16}O_2N_2$. In alkalischer Lösung oder mit Na-Acetat. Aus verdünntem Alkohol. Schmelzp. 142—143°, unlöslich in Laugen und Säuren. Bei der Benzoylierung wird dasselbe Nitril gespalten[1].

N-Acetyl-o-oxyphenylglycin $C_{10}H_{11}O_4N$. Aus o-Acetoxyphenylglycinnitril und siedender verdünnter NaOH. Krystalle aus Wasser, Schmelzp. 201—202° (Zersetzung), wenig löslich in Äther, Chloroform, Benzol, Wasser, sonst löslich, löslich in Alkalien, unlöslich in Säuren. Mit $FeCl_3$ hellrotviolett [1].

o-Oxyphenylglycinnitril $C_8H_8ON_2$. Darstellung entsprechend der p-Verbindung, nur unter Verwendung von o- statt p-Aminophenol. Aus Äther-Ligroin oder Benzol, Schmelzp. 74 bis 75°, leicht löslich in Alkohol, Äther, Aceton, Eisessig, Essigester, ziemlich wenig löslich in Chloroform, Benzol, Wasser, unlöslich in Ligroin, leichter verseifbar als das p-Isomere. Mit $FeCl_3$ gelbrot. Mit $AgNO_3$ schmutzig hellrot, Ag-Spiegel und schmutzig brauner Niederschlag. Mit ammoniakalischer Ag-Lösung gelbgrün, schwärzlicher Niederschlag [2].

N-Acetyl-o-oxyphenylglycinnitril $C_{10}H_{10}O_2N_2$. In alkalischer Lösung Würfel aus Alkohol, Schmelzp. 167—168°. Löslich in Laugen, unlöslich in Säuren. Mit $FeCl_3$ hellviolett, mit konzentrierter HNO_3 gelbrot, mit Millons Reagens rot[1].

o-Acetoxyacetphenylglycinnitril $C_{12}H_{12}O_3N_2$. Mit Na-Acetat bei Zimmertemperatur, Nadeln, Schmelzp. 105—106°. Unlöslich in Laugen und Säuren[1].

o-Benzoyloxyphenylglycinnitril $C_{15}H_{12}O_2N_2$. Krystallinisch, Schmelzp. 120—121°, löslich in konzentrierter HCl, unlöslich in Laugen[1].

m-Oxyphenylphenylmethylglycinnitril $C_{15}H_{14}ON_2$. Aus m-Aminophenol und Acetophenon. Aus Äther-Ligroin, krystallinisch, Schmelzp. 135—137°. Löslichkeit wie beim vorigen. Mit $FeCl_3$ gelbbraun [2].

m-Acetoxyphenylphenylmethylglycinnitril $C_{17}H_{16}O_2N_2$. Mit Na-Acetat. Aus verdünntem Alkohol. Schmelzp. 123—124°. Unlöslich in Laugen und Säuren[1].

p-Amino-phenylaminoessigsäuremonochlorhydrat. Dichlorhydrat mit Na-acetat behandelt, bis die Lösung gegen Methylorange nicht mehr sauer ist. Glänzende Tafeln, die bei etwa 200° braun werden und bei 250° vollständig zersetzt sind[3].

p-Amino-phenylaminoessigsäure-dichlorhydrat $C_8H_{10}O_2N_2 \cdot 2\,HCl$. Durch Hydrolyse von 5-Amino-4-p-aminophenylglyoxalin mit HCl. Aus verdünnter HCl prismatische Nadeln, die bei 280° nicht schmelzen[3].

p-Tolylglycylanilid $CH_3 \cdot C_6H_4 \cdot NH \cdot CH_2 \cdot CO \cdot NH \cdot C_6H_5$. Aus Chloracetanilid und p-Toluidin durch Kondensation mit $ZnCl_2$, Nadeln aus verdünntem Alkohol. Schmelzp. 161 bis 162°[4].

Tolylglycin-N-carbonsäureanhydrid. F. Fuchs[5] untersuchte die Einwirkung von Anilin und Alkohol auf das Anhydrid.

N-Benzylglycin. Untersucht wurde die Absorption im Ultraviolett. Salzbildung wirkt bathochrom[6].

Benzylaminoessigsäurechlorhydrat $C_9H_{12}O_2NCl$. Aus Benzylaminomalonsäure, in Wasser leicht lösliche Blättchen. Schmelzp. 215°[7]. — Durch 3—4stündiges Kochen von N,N'-Dibenzyl-2,5-dioxopiperazin mit konzentrierter HCl. Eindampfen im Vakuum. Blättrige Krystalle aus absolutem Alkohol. Schmelzp. 226°[8].

N-Benzylglycinäthylester. Durch Reduktion des Rohproduktes von Benzylidenglycin in Äther mit Al-Amalgam. Destillation im Vakuum[9].

---

[1] K. Shimo: Bull. Chem. Soc. Japan **1**, 226—233 (1926) — Chem. Zbl. **1927 I**, 891.

[2] K. Shimo: Bull. Chem. Soc. Japan **1**, 202—207 (1926) — Chem. Zbl. **1927 I**, 597.

[3] R. L. Grant u. F. L. Pyman: J. chem. Soc. Lond. **119**, 1893—1903 (1921) — Chem. Zbl. **1922 I**, 813.

[4] Z. Motylewski: Bull internat. Acad. Polon. Sci. Lettres **1926**, 93—101 — Chem. Zbl. **1926 II**, 392.

[5] F. Fuchs: Ber. dtsch. chem. Ges. **55**, 2943 (1922) — Chem. Zbl. **1923 I**, 64.

[6] H. Ley u. F. Volbert: Ber. dtsch. chem. Ges. **59**, 2119—2131 — Chem. Zbl. **1926 II**, 2389.

[7] Th. Curtius u. G. Ehrhart: Ber. dtsch. chem. Ges. **55**, 1559—1571 — Chem. Zbl. **1922 III**, 555.

[8] Ch. Gränacher, G. Wolf u. A. Weidinger: Helvet. chim. Acta **11**, 1228—1241 (1928) — Chem. Zbl. **1929 I**, 528.

[9] H. Scheibler u. P. Baumgarten: Ber. dtsch. chem. Ges. **55**, 1358—1379 — Chem. Zbl. **1922 III**, 359.

Hydrochlorid. Schmelzp. 214—216° (korr.)[1].

N-(α-Cyanbenzyl-)glycinäthylester. Aus äquivalenten Mengen Benzaldehydnatriumsulfit in Wasser und Glycinester unter Eiskühlung und $2^1/_2$ stündigem Turbinieren, zuletzt $^1/_2$ Stunde bei Zimmertemperatur. Mi t 1 Mol KCN 1 Stunde in konzentrierter wässeriger Lösung stehen gelassen. Sofort Trübung, dann Ölausscheidung. Nach dem Ausäthern hellgelbes Öl. Ausbeute 90,4%. Leicht löslich in Alkohol und Äther. Reinigung durch Destillation im Vakuum nicht möglich[1].

Hydrochlorid in Äther mit HCl-Gas, kleine Krystalle, Schmelzp. 83,5° (korr.) unter Zersetzung. Unlöslich in Äther, in Alkohol bei Zimmertemperatur merklich löslich. Hydrolyse mit heißem Wasser unter Bildung von Nitrilester. In 20 proz. HCl löslich, besonders beim Kochen. Mit wässerigem Alkali weitgehende Spaltung unter Bildung von HCN[1].

C-Phenylimidodiessigsäureäthylesteramid $C_{12}H_{16}O_3N_2$. Beim Eintragen des Nitrilesters in konzentrierte H_2SO_4. Nach 24 Stunden in eiskalten Alkohol gegossen. Flüssigkeit mit NH_3 in Alkohol neutralisiert. Im Filtrat beim Abkühlen Estersäureamid, glänzende Krystallnädelchen, Schmelzp. 135° (korr.), leicht löslich in warmem Alkohol und Wasser, wenig löslich in kaltem, unlöslich in Äther. Mit warmer NaOH völlige Verseifung und NH_3-Entwicklung. Bei $1^1/_2$ stündigem heißem Digerieren mit frisch gefälltem CuO Bildung des Cu-Salzes des C-Phenyliminodiessigsäureamides[1].

Cu-Salz des C-Phenyliminodiessigsäureamides $C_{20}H_{22}O_6N_4Cu$. Himmelblaues Salz beim Einengen des Filtrats[1].

N-Acetyl-N-benzylglycin $C_{11}H_{13}O_3N$. Bei Reduktion des Kondensationsproduktes mit Al-Amalgam oder Acetylierung von N-Benzylglycin-Na. Aus heißem Chloroform und wenig Petroläther büschelförmige Nadeln, Schmelzp. 126,5° (korr.), leicht löslich in Alkohol, kaum löslich in Essigester, Chloroform, Aceton, leicht löslich in den warmen Mitteln. In Benzol wenig löslich, leichter beim Erwärmen. Wenig löslich auch in warmem Äther, CS_2 und Petroläther, wenig löslich in kaltem Wasser, leichter in warmem. Beim Kochen mit 20 proz. HCl Abspaltung des Acetyls[1].

N-Piperonylglycinhydrochlorid $C_{10}H_{12}O_4NCl$. Aus Na-Salz, bei der Darstellung aus Nitrilester, in der warmen alkoholischen Flüssigkeit mit Na hydriert. Glänzende Nadeln aus absolutem Alkohol. Schmelzp. 224° (korr.), unlöslich in Äther, wenig löslich in kaltem, leicht in heißem Alkohol und Wasser[1]. — Durch Reduktion des Kondensationsproduktes von Piperonal und Glycinäthylester mit Na in Alkohol[1].

N-[α-Cyanpiperonyl-]glycinäthylester aus der Natriumdisulfitverbindung des Piperonals und Glycinesters. Rohprodukt dickes, gelbes Öl, leicht löslich in Alkohol und Äther[1].

Hydrochlorid $C_{13}H_{15}O_4N_2Cl$. Krystallpulver, beginnende Zersetzung gegen 115°, Schmelzp. 150—152° (korr.), in Wasser löslich unter Bildung von HCl und Piperonal[1].

N-Benzylidenglycin. Aus C-Phenylimidodiessigsäureäthylesternitril in Alkohol mit 1 Mol NaOH in Alkohol; löslich in Alkohol, unlöslich in Äther, wenig löslich in kaltem Wasser. Wasser wirkt hydrolysierend. Mit kalter verdünnter NaOH-Lösung ohne erhebliche Zersetzung Bildung des Na-Salzes, wird in Alkohol mit Na in N-Benzylglycin übergeführt[1].

Na-Salz $C_9H_8O_2NNa$. Die Kondensation von Benzaldehyd und Glycinester erfolgt in Alkohol, wobei zur Ausfällung des Benzylidenglycin-Na-Salzes eine alkoholische C_2H_5ONa-Lösung zugegeben wird. Die Verbindung ist gegen Alkali sehr beständig im Gegensatz zu Säuren. Aus CH_4O durch trockenen Äther gefällt, Zersetzung bei 255—260° schon an Luft unter Entwicklung von Benzaldehydzersetzung; im verkorkten Gefäß jahrelang haltbar, in Wasser von 0° löslich, aber schon bei Zimmertemperatur zersetzt, schneller noch bei Gegenwart von HCl, in 33 proz. NaOH bis 40° stabil[2]. — Aus 1 Mol Nitrilester mit 2 Mol Na in absolutem Alkohol und mit 1 Mol Wasser unter Kühlung. Aus wenig CH_3OH mit Alkohol feines weißes Krystallpulver, wenig löslich in Alkohol, so gut wie unlöslich in Äther, CCl_4, Chloroform, leicht löslich in Wasser, in kaltem ohne Zersetzung, in warmem unter plötzlicher Abspaltung von Benzaldehyd. Hygroskopisch, durch Luftfeuchtigkeit Zersetzung, dabei Abspaltung von Benzaldehyd. In kalter, konzentrierter, wässeriger Lösung feinkörniges, ziemlich unbeständiges Ag-Salz. Mit Cu-Acetat hellblauer Niederschlag, wird bald unter Bildung von Benzaldehyd gespalten, Lösung dunkelblau von Glykokoll-Cu. Mit $BaCl_2$ unbeständiger Niederschlag, mit $CaCl_2$ Trübung. Unreines, NaCN-haltiges Salz gibt

---

[1] H. Scheibler u. P. Baumgarten: Ber. dtsch. chem. Ges. **55**, 1358—1379 — Chem. Zbl. **1922 III**, 359.

[2] O. Gerngroß u. E. Zühlke: Ber. dtsch. chem. Ges. **57**, 1482—1489 — Chem. Zbl. **1924 II**, 2028.

mit AgNO$_3$ keinen, mit Cu-Acetat apfelgrünen, beständigen Niederschlag, mit BaCl$_2$ und CaCl$_2$ wenig beständigen Niederschlag [1].

Ca-Salz C$_{18}$H$_{16}$O$_4$N$_2$Ca. Farblose Flocken [2]. — Nadeln [3].

Ba-Salz C$_{18}$H$_{16}$O$_4$N$_2$Ba + 4 H$_2$O. Krystallblättchen, leicht löslich in Wasser und in Methanol, zersetzt sich allmählich schon in der Kälte mit Wasser [3]. Aus einem Gelatinehydrolysat (200 g Gelatine werden nach Kuppeln mit Benzaldehyd und Versetzen mit einer Lösung von krystallisiertem Baryt versetzt) wurden etwa 60 g Benzylidenglykokoll-Ba gewonnen [4].

Cu-Salz. Himmelblau, geht bald in dunkelblaues Glykokollsalz über [2].

Ag-Salz. Farblose Flocken, bei Erhitzen in absolutem Alkohol (5 ccm für 0,3 g) violettrotes, in verschlossenem Gefäß wochenlang haltbares Ag-Sol gebend, dessen Farbe mit mehr Alkohol oder bei Verdünnung mit Wasser allmählich in Braun umschlägt [2].

Benzylidenglycinäthylester. Durch Kondensation von Benzaldehyd und Glykokolläthylester in ätherischer Lösung [1].

(N-Benzylidenglycin)-essigsäureanhydrid C$_{11}$H$_{11}$O$_3$N. Aus CCl$_4$, Schmelzp. 103—104°. Adsorbiert kein H. Verfolgt wird die Spaltung mit Anilin, wobei sich Acetursäureanilid bildet, und mit Wasser, wobei eine Spaltung in Benzaldehyd und Acetursäure stattfindet [1, 5].

N-Acetyl-[N, O-benzylidenglycin] (2-Phenyl-3-acetyloxazolidon-(5)) C$_{11}$H$_{11}$O$_3$N. Farblose Nadeln aus CCl$_4$ vom Schmelzp. 103° (korr.). Nach Destillation aus Bad von 210—220° bei 2 mm Druck Schmelzp. 103,5° (korr.) [3].

N-Benzoyl-[N, O-benzylidenglycin] (2-Phenyl-3-benzoyloxazolidon-(5)) C$_{16}$H$_{13}$O$_3$N. Farblose Prismen zuerst aus Alkohol und Petroläther, dann aus Essigester und Petroläther von Schmelzp. 134,5—135° (korr.) [3].

Ba-Salz des N, o-Oxybenzylidenglycins C$_{18}$H$_{16}$O$_6$N$_2$Ba. Nadeln, wenig löslich in kaltem Wasser, citronengelbe Blättchen aus warmem Wasser auf Zusatz von Alkohol und Äther [3].

N-(p-Nitrobenzyliden-)glycinäthylester C$_{11}$H$_{12}$O$_4$N$_2$. Aus p-Nitrobenzaldehyd und Glykokollester. Verfilzte Nädelchen (aus Benzol), Schmelzp. 148°, wenig löslich in kaltem Wasser und organischen Lösungsmitteln, leicht löslich in absolutem, warmem Alkohol, Benzol, Toluol, CH$_4$O, Aceton, Chloroform, Essigester, bei 100°, teilweise auch schon bei Zusatz von Wasser zur alkoholischen Lösung gespalten [2].

N-(Methylendioxy-3, 4-benzyliden-)glycin, (N-Piperonylidenglycin). Aus Nitrilester mit 1 Mol KOH in Alkohol. Hellbrauner zäher Sirup, kalt glasig, unlöslich in Äther, löslich in Alkohol, kaum löslich in kaltem Wasser, mit warmem Hydrolyse, Niederschlag von Piperonal [1].

Piperonylidenglycinnatrium C$_{10}$H$_8$O$_4$NNa. Prismen (aus CH$_3$OH), Schmelzp. 232°, leicht löslich in CH$_3$OH, wenig löslich in Alkohol, in Wasser anfangs klarlöslich, bald zersetzt. Cu-Salz, meergrüne Flocken [2].

Na-Salz. Darstellung wie bei der Benzlidenverbindung. Amorphe, stark gefärbte Masse, unlöslich in Äther, leicht löslich in CH$_3$OH. Mit kaltem Wasser Lösung ohne Zersetzung, mit warmem Bildung von Piperonal auch schon durch Luftfeuchtigkeit [1].

Phenyläthylglycin C$_{10}$H$_{13}$O$_2$N. Aus dem Ester durch Verseifung mit HCl. Schmelzpunkt 244° [6].

Phenyläthylaminoessigsäureäthylester aus β-Phenyläthylamin + Monobromessigester, Öl. Kochp.$_{12}$ 157—159° [6].

N-β-Benzolsulfophenyläthylglycin C$_{16}$H$_{17}$O$_4$NS. Aus N-β-Phenyläthylglycin und Benzolsulfochlorid, leicht löslich in Alkohol, wenig löslich in Benzol, Schmelzp. 122°. Über die Überführung in Isochinolin berichten J. von Braun, G. Blessing und R. S. Cahn [7] sowie J. D. Riedel [6].

---

[1] H. Scheibler u. P. Baumgarten: Ber. dtsch. chem. Ges. **55**, 1358—1379 — Chem. Zbl. **1922 III**, 359.

[2] O. Gerngroß u. E. Zühlke: Ber. dtsch. chem. Ges. **57**, 1482—1489 — Chem. Zbl. **1924 II**, 2028.

[3] M. Bergmann, H. Enßlin u. L. Zervas: Ber. dtsch. chem. Ges. **58**, 1034—1043 — Chem. Zbl. **1925 II**, 810.

[4] M. Bergmann u. L. Zervas: Hoppe-Seylers Z. **152**, 282—299 — Chem. Zbl. **1926 I**, 3060.

[5] H. Scheibler u. H. Neef: Ber. dtsch. chem. Ges. **59**, 1500—1511 — Chem. Zbl. **1926 II**, 1530.

[6] J. D. Riedel A.-G.: D.R.P. 423027, Kl. 12p v. 14. März 1924, ausg. 18. Dez. 1925; Chem. Zbl. **1926 I**, 3184.

[7] J. v. Braun, G. Blessing u. R. S. Cahn: Ber. dtsch. chem. Ges. **57**, 908—912 (1924) — Chem. Zbl. **1924 II**, 844.

Homopiperonylglycinchlorhydrat $C_{11}H_{14}O_4NCl$. Aus dem Ester mit HCl Blättchen, Schmelzp. 241°[1].

Homopiperonylglycinester $CH_2O_2{:}C_6H_3 \cdot CH_2 \cdot CH_2 \cdot NH \cdot CH_2 \cdot CO_2C_2H_5$. Aus Homopiperonylamin mit Bromessigester[1].

Benzolsulfoverbindung $C_{17}H_{17}O_6NS$, Schmelzp. 131°[1].

N-Methylphenyläthylglycin. Aus dem Ester durch Verseifung mit HCl und Behandlung des Chlorhydrates mit KOH, Schmelzp. 163°[1, 2].

N-Methylphenyläthylaminoessigester $C_6H_5 \cdot CH_2 \cdot CH_2 \cdot N(CH_3)CH_2 \cdot CO_2C_2H_5$. Aus N-Phenyläthylmethylamin und Bromessigester. Kochp$_{12}$. 152—154°[2].

N-Methylphenyläthylglycylchlorid. Aus dem freien Glycin durch Einwirkung von $CH_3 \cdot COCl$ und PCl_5. Krystalle, Schmelzp. 98—100°. Berichtet wird über die Überführung in das N-Methyltetrahydroisochinolin[1, 2].

Chlorhydrat des p-Tolyläthylglycins $CH_3 \cdot C_6H_4 \cdot CH_2 \cdot CH_2 \cdot NH \cdot CH_2 \cdot CO_2H \cdot HCl$. Aus dem Ester durch Verseifung mit HCl. Schmelzp. 216°[1].

p-Tolyläthylglycinester $C_{13}H_{19}O_2N$. Aus p-Tolyläthylamin und Bromessigester. Kochpunkt$_{21}$ 176—177°[1].

Benzolsulfoverbindung $CH_3 \cdot C_6H_4 \cdot CH_2 \cdot CH_2 \cdot N(SO_2 \cdot C_6H_5)CH_2 \cdot COOH$. Schmelzpunkt 89°, aus Benzol und Petroläther. Gibt mit PCl_5 und $AlCl_3$ in Nitrobenzol bei 50° das Benzolsulfoderivat vom 7-Methyltetrahydroisochinolin[1].

N-β-m-Tolyläthylglycinchlorhydrat $C_{11}H_{16}O_2NCl$. Aus β-m-Tolyläthylamin und Brom- oder Chloressigester. Leicht löslich in Wasser, Alkohol, Schmelzp. 212—214°[3, 4].

Benzolsulfoverbindung $C_{17}H_{19}O_4NS$. Aus heißem Benzol und Petroläther, Schmelzpunkt 105—106°. Über die Überführung ins Isochinolin berichten J. von Braun, G. Blessing und R. S. Cahn[3].

Phenylpropionylglycinchlorhydrat $C_{11}H_{16}O_2NCl$. Durch Spaltung des Esters mit HCl. Leicht löslich in Alkohol. Zersetzung bei 201°[3, 4].

γ-Phenylpropylglycinäthylester aus γ-Phenylpropylamin und Brom- oder Chloressigsäureäthylester, Kochp.$_{11}$ 167—170°[3, 4].

p-Toluolsulfoverbindung $C_{18}H_{21}O_4NS$. Aus Benzol + Petroläther, Schmelzp. 98—100°, (Schmelzp. 93—94°). Über die Überführung in Isochinolin berichten[3, 4].

γ-p-Isopropylphenyl-n-propylglycinchlorhydrat. Schmelzp. 210°[1].

γ-p-Isopropylphenyl-n-propylglycinäthylester $(CH_3)_2CH \cdot C_6H_4CH_2 \cdot CH_2 \cdot CH_2 \cdot NH \cdot CH_2 \cdot CO_2C_2H_5$. Aus der Benzoylverbindung des entsprechenden Amines mit Bromessigsäureester. Kochp.$_{20}$ 205—210°[1].

Benzolsulfoverbindung $C_{20}H_{25}O_4NS$. Farblose Blättchen aus verdünntem Alkohol und Benzol-Petroläther. Schmelzp. 101[1].

1-Naphthylglycin-8-carbonsäure aus Naphthostyril durch Kochen mit NaOH, Neutralisieren, dann Kochen mit Na_2CO_3 und Chloressigsäure 3 Stunden. Schmelzp. 256°. Beim Kochen mit Na-Alkoholat Niederschlag des Dinatriumsalzes. Schmelzpunktsversuch damit negativ[5].

2, 3-Naphthylglycincarbonsäure $C_{13}H_{12}O_4N$. Kochen der Aminosäure mit Sodalösung und Chloressigsäure. Aus wässerigem Alkohol gelbe, verfilzte Nadeln. Schmelzp. 240°, unlöslich in Wasser, Chloroform, CCl_4, CS_2 und Petroläther; leicht löslich in Alkohol, Äther, Aceton. — **Na-Salz.** Gelbbraune, hygroskopische Nadeln[6].

1, 4-Naphthylglycinsulfosäure $C_{12}H_{11}O_5NS$. In heißem Wasser von 40° leicht löslich. Gelb im Gegensatz zum 1,8-Isomeren. Alkalische Lösung fluoresciert blau. Krystallisiert mit 1 Mol Wasser[5].

1, 5-Naphthylglycinsulfosäure $C_{12}H_{11}O_5NS$. Blättchen oder Nadeln wasserfrei, die alkalische Lösung fluoresciert stark grün[5].

1, 8-Naphthylglycinsulfosäure $C_{12}H_{11}O_5NS$. Aus 1, 8-Naphthylaminsulfosäure beim

---

[1] J. v. Braun u. K. Wirz: Ber. dtsch. chem. Ges. **60**, 102—110 — Chem. Zbl. **1927 I**, 1677.

[2] J. D. Riedel A.-G.: D.R.P. 433098 v. 5. Juli 1924, ausg. 26. Aug. 1926, Zus. z. D.R.P. 423027 (Chem. Zbl. **1926 I**, 3184); Chem. Zbl. **1926 II**, 2224.

[3] J. v. Braun, G. Blessing u. R. S. Cahn: Ber. dtsch. chem. Ges. **57**, 908—912 — Chem. Zbl. **1924 II**, 844.

[4] J. D. Riedel A.-G.: D.R.P. 423027, Kl. 12p v. 14. März 1924, ausg. 18. Dez. 1925; Chem. Zbl. **1926 I**, 3184.

[5] H. E. Fierz u. R. Sallmann: Helvet. chim. Acta **5**, 560—566 — Chem. Zbl. **1922 III**, 670.

[6] H. E. Fierz u. R. Tobler: Helvet. chim. Acta **5**, 557—560 — Chem. Zbl. **1922 III**, 676.

Kochen mit Na_2CO_3 und Chloressigsäure in Wasser. Nadeln, mit 1 Mol Krystallwasser aus Wasser[1].

2, 1-Naphthylglycinsulfosäure $C_{12}H_{11}O_5NS$. Leicht löslich in warmem Wasser, Nadeln mit 2 Mol Wasser, Reinigung über das in Alkohol wenig lösliche Na-Salz[1].

Ba-Salz des N-Furfurylidenglycins $C_{14}H_{12}O_6N_2Ba \cdot H_2O$. Gelbliche Nadeln, sehr leicht löslich in Wasser; Salz kann aus 70proz. Alkohol durch Benzol abgeschieden werden[2].

N-Pyrroylglycin. Durch Verseifung des Esters mit KOH(1:2) bei 30—40°. Aus Äther Prismen, nach zweimaligem Umlösen in Chloroform + Alkohol. Schmelzp. 156°. Leicht löslich in Aceton, ziemlich wenig löslich in Chloroform, Benzol und Benzin[3].

N-Pyrroylglycinester $C_4H_4N \cdot CO \cdot NH \cdot CH_2COOC_2H_5$. Durch Einwirkung von Glycinester auf ätherisches Pyrroylchlorid. Ausfallender Niederschlag. Glycinesterhydrochlorid (Schmelzp. 144°) aus zurückbleibendem Sirup lange Nadeln. Schmelzp. 77—78°, löslich in Ligroin und Benzol[3].

Pyridylglykokoll $C_7H_8O_2N_2$. Aus α-Aminopyridin mit Na- oder K-Acetat in wässeriger Lösung. A. E. Tschitschibabin[4] untersuchte die verschiedenen tautomeren Formen dieser Verbindung. — Über die Bildung eines roten Farbstoffes aus Pyridylglycin durch Kochen mit Alkali und Oxydation berichtet Fr. Reindel[5].

Pyridylglykokollchloroplatinat $(C_7H_8O_2N_2, HCl)_2PtCl_4 + 5 H_2O$. Gelbe Nadeln, wasserfrei, bei Erhitzen der Capillare etwas dunkler, bis 310° nicht geschmolzen[4].

Na-Salz $C_8H_7O_2N_2Na \cdot 3 H_2O$. Graue Nadeln, leicht löslich in Wasser[6].

Pyridin-3-carbonsäure-2-aminoessigsäure. Aus 2-Aminonicotinsäure und Monochloressigsäure, mikrokrystallinisch, Schmelzp. 218—219° (unter Zersetzung), sehr wenig löslich in kaltem Wasser und alkoholischen Solventien, ist stark sauer. Pyridylglycin geht beim Erhitzen der wässerigen oder sauren Lösung in Carboxy-2-oxo-1-(dihydro-2′, 3′-pyrrolo-4′, 5′-)2, 3-pyridin über[6].

N-Glycyl-2-oxopyridin-5-jodidchlorid

$$\begin{array}{c} Cl \\ Cl \end{array} \!\! J \!\!\! \bigcirc \!\!\! = O \\ N \cdot CH_2 \cdot CO_2H$$

entsteht bei der Einwirkung von Cl-Gas auf N-Glycyl-2-oxo-5-jodpyridin in Chloroformsuspension unter Eiskühlung und Rühren. Gelbe Krystalle, wenig löslich in Alkohol, Aceton, Schmelzp. 112°. Die Verbindung findet als Desinfektionsmittel oder in der Therapie Verwendung[7].

Arsenophenylglycin wird von A. G. Young und A. S. Loevenhart[8] auf seine Wirkung auf den Opticusstrang des Kaninchenauges untersucht.

3-Amino-4-oxyarsenophenyl-4′-glycin $C_{14}H_{14}O_3N_2As_2 \cdot 2$ HCl. Durch Reduktion von salzsaurem Phenylglycin-p-arsenchlorür und 3-Amino-4-oxyphenylarsenoxyd in Methanol mit NaOH und $Na_2S_2O_4$, weniger toxisch als Arsenophenylamin[9].

Na-Salz der 3-Amino-4-oxyarsenophenyl-4′-glycin-N-methylensulfinsäure. Aus der vorhergehenden Verbindung mit Na-Formaldehydsulfoxylat[9].

Na-Salz der 3-Amino-4-oxyarsenophenyl-4′-glycin-N-methylensulfonsäure. Aus 3-Amino-4-oxyarsenophenyl-4′-glycin in verdünntem Alkohol, 33proz. CH_2O-Lösung (1 Mol), 30proz. $Na_2S_2O_4$-Lösung (2 Mol) und Zusatz von Na_2CO_3. Die toxische wie bactericide Wirkung ist nicht so stark geschwächt wie beim Sulfinsäurederivat. Beide Verbindungen gewähren große Vorteile in der Anwendung infolge ihrer Wasserlöslichkeit[9].

---

[1] H. E. Fierz u. R. Sallmann: Helvet. chim. Acta **5**, 560—566 — Chem. Zbl. **1922 III**, 670.

[2] M. Bergmann, H. Enßler u. L. Zervas: Ber. dtsch. chem. Ges. **58**, 1034—1043 — Chem. Zbl. **1925 II**, 810.

[3] W. Tschelinzew u. B. Maxorow: Ber. dtsch. chem. Ges. **60**, 194—199 — Chem. Zbl. **1927 I**, 1166.

[4] A. E. Tschitschibabin: Ber. dtsch. chem. Ges. **57**, 2092—2101 — Chem. Zbl. **1925 I**, 384.

[5] Fr. Reindel: D.R.P. 414146, Kl. 22e v. 1. Febr. 1924, ausg. 25. Mai 1925; Chem. Zbl. **1925 II**, 859.

[6] E. Sucharda: Roczniki Chemji **3**, 236—250 (1923) — Chem. Zbl. **1924 II**, 659.

[7] Deutsche Gold- und Silber-Scheideanstalt vorm. Roeßler: Schw.P. 125207 v. 16. Sept. 1926, ausg. 2. April 1928; Chem. Zbl. **1929 II**, 603.

[8] A. G. Young u. A. S. Loevenhart: J. of Pharmacol. **23**, 107—126 — Chem. Zbl. **1924 II**, 208.

[9] M. C. Hart u. W. B. Payne: J. amer. pharmaceut. Assoc. **12**, 759—768 (1923) — Chem. Zbl. **1924 I**, 35.

4-Oxyarsenobenzol-4'-glycinhydrochlorid $C_{14}H_{13}O_3NClAs_2 \cdot H_2O$. Aus p-Arsenophenylglycin und p-Arsenophenol[1].

4-β-Oxyäthylaminoarsenobenzol-4'-N-glycindihydrochlorid $C_{16}H_{20}O_3N_2Cl_2As_2$. Aus p-Arsenophenylaminoäthanol und p-Arsenophenylglycin. Löslich in Na-Bicarbonat[1].

Arsenobenzol-4-glycinamid-4'-oxyessigsäure $C_{16}H_{16}O_4N_2As_2$. Aus p-Arsenophenylglycinamid und p-Arsenophenoxyessigsäure. Leicht löslich in alkalischen Lösungen[1].

4-Oxyarsenobenzol-4'-glycinamidhydrochlorid $C_{14}H_{15}O_2N_2ClAs_2 \cdot H_2O$. Aus p-Arsenophenylglycinamid und p-Arsenophenol[1].

3-Amino-4-oxy-4'-glycinamidarsenobenzol durch Zusatz von Na-Acetat zu einem Gemisch von N-Phenylglycinamid-4-dichlorarsinhydrochlorid und 3-Amino-4-oxybenzol-1-arsenhydrochlorid in wässeriger Lösung, flockiger gelber Niederschlag, unlöslich in Wasser, bildet in Wasser lösliches Hydrochlorid und Mono-Na-Salz. Dieselbe Verbindung entsteht durch Reduktion eines Gemisches von N-Phenylglycinamid-4-arsinsäure und 3-Amino-4-oxybenzol-1-arsinsäure mit $Na_2S_2O_4$ in Gegenwart von $MgCl_2$ in verdünnter NaOH bei 55°[2].

3-Amino-4-oxyarsenobenzol-4'-glycinamid-dihydrochlorid $C_{14}H_{17}O_2N_3Cl_2As_2$. Aus p-Arsenophenylglycinamid und 3-Amino-4-oxyphenylarsinsäure. Löslich in Wasser und verdünntem Alkali[1].

3-Amino-4-oxyarsenobenzol-4'-glycinamid-N-methylensulfoxylsäure $C_{15}H_{17}O_4N_3SAs_2$[1].

3-Acetylamino-4-oxy-4'-glycinamidoarsenobenzol. In entsprechender Weise wie 3-Amino-4-oxy-4'-glycinamidarsenobenzol dargestellt[2].

3-Amino-4-oxy-5-acetylamino-4'-glycinamidoarsenobenzol. Durch Reduktion von 3-Amino-4-oxy-5-acetylaminobenzol-1-arsinsäure und 4-Glycinamidophenylarsinsäure[2].

2-Oxy-5-acetylamino-4'-glycinamidoarsenobenzol. Durch Reduktion von 4-Glycinamidophenylarsinsäure und 2-Oxy-5-acetylaminobenzol-1-arsinsäure[2].

4-Aminoarsenobenzol-4'-N-glycinamiddihydrochlorid $C_{14}H_{17}ON_3Cl_2As_2$. Aus p-Arsenophenylglycinamid und Arsanilsäure + $SnCl_2$[1].

4-Aminoarsenobenzol-4'-glycinamid-N-dimethylensulfoxylat $C_{16}H_{19}O_5N_3S_2As_2$. Aus p-Arsenophenylglycinamid und Arsanilsäure + Na-Formaldehydsulfoxylat[1].

Arsenobenzol-4-N-glycin-4'-N'-glycinamiddihydrochlorid $C_{16}H_{19}O_3N_3Cl_2As_2$. Aus p-Arsenophenylglycinamid und p-Arsenophenylglycin + $SnCl_2$. Löslich in $NaHCO_3$[1].

Tetraarsenobenzol-4-N-glycin-4'-N'-glycinamiddihydochlorid $C_{16}H_{19}O_3N_3Cl_2As_4$. Aus p-Arsenophenylglycinamid und p-Arsenophenylglycin mit hypophosphoriger Säure[1].

Phenylglycyl-m'-aminophenol-p-arsenoxyd $AsO(4) \cdot C_6H_4 \cdot NH \cdot CH_2 \cdot CO \cdot NH \cdot C_6H_4$ $(OH)-(3')$. Durch Reduktion der Arsinsäure mit SO_2 und HJ gewonnen, ist ein weißes, in Wasser wenig lösliches, in verdünnter Alkalilauge, Alkohol, CH_3OH, Aceton und Eisessig ziemlich lösliches Pulver, beginnt oberhalb 130° zu erweichen und ist oberhalb 200° vollständig geschmolzen. Die Arsenoverbindung findet gegen Trypanosomen- und Spirochäteninfektionen therapeutische Verwendung[3].

Phenylglycylanthranilsäure-p-arsenoxyd $AsO(4) \cdot C_6H_4 \cdot NH \cdot CH_2 \cdot CO \cdot NH \cdot C_6H_4$ $\cdot COOH-(2')$. Durch Behandeln der Arsinsäure mit SO_2 und HJ. Es ist in verdünnter Alkali- und Alkalicarbonatlösung ziemlich löslich. Die Arsenoverbindung findet gegen Trypanosomen- und Spirochäteninfektionen therapeutische Verwendung[3].

N-Phenylglycinamid-4-dichlorarsinhydrochlorid. Durch Reduktion von N-Phenylglycinamid-4-arsinsäure mit SO_2 bei Gegenwart von HJ, nachfolgende Behandlung des Arsinoxydes mit konzentrierter HCl[2].

Phenylglycin-p-arsinsäure. Herstellung von C. J. Oechslin[4]. Die Säure wird von A. G. Young und A. S. Loevenhart[5] auf ihre Wirkung auf den Opticusstrang des Kaninchenauges untersucht.

Phenylglycinamid-p-arsinsäure $C_6H_4(NH \cdot CH_2 \cdot CONH_2)^1 \cdot (AsO_3H_2)^4$. Aus den Alkylestern durch Behandlung mit NH_3 in der Kälte[6]. — Durch Einwirkung von Chlor- (Br- oder

---

[1] Ch. Sh. Palmer u. E. B. Kester: J. amer. chem. Soc. **50**, 3109—3119 (1928) — Chem. Zbl. **1929 I**, 381.
[2] May u. Baker Ltd.: E.P. 270091 v. 7. Mai 1926, ausg. 26. Mai 1927; Chem. Zbl. **1929 I**, 1613.
[3] The Rockefeller Institute for Medical Research: Holl.P. 6 352 v. 12. Dez. 1918, ausg. 15. Nov. 1921; A.Prior. 3. Okt. 1917; Chem. Zbl. **1922 II**, 573.
[4] C. J. Oechslin: A.P. 1440621 v. 2. April 1921; ausg. 2. Jan. 1923; Chem. Zbl. **1923 IV**, 722.
[5] A. G. Young u. A. S. Loevenhart: J. of Pharmacol. **23**, 107—126 — Chem. Zbl. **1924 II**, 208.
[6] The Rockefeller Institute for Medical Research: Schw.P. 95299 v. 28. Okt. 1918, ausg. 1. Juli 1922; A. Prior. 3. Okt. 1917; Chem. Zbl. **1923 II**, 336.

J.-) acetamid auf p-aminophenylarsinsaures Na erhalten, farblose, bei 280° noch nicht schmelzende Krystalle, die sich bei noch höherer Temperatur zersetzen. Wenig löslich in kaltem Wasser; in Alkalien, Alkalicarbonaten löslich, gibt mit Schwermetallsalzen unlöslichen Niederschlag. Die Verbindung findet gegen Trypanosomen- und Spirochäteninfektionen therapeutische Verwendung[1].

Na-Salz (Tryparsamid). Farblose Krystallmasse, leicht löslich in Wasser, enthält $1/2$ Mol H_2O und reagiert in Lösung neutral. Die Verbindung findet gegen Trypanosomen- und Spirochäteninfektionen therapeutische Verwendung[1]. Untersucht wurde von L. Pearce und W. H. Brown[2] die therapeutische Wirkung auf künstlich erzeugte Infektionen mit Trypanosoma rhodesiense. Die Versuche wurden an Mäusen, Ratten und Kaninchen durchgeführt. Bei Ratten und Mäusen erfolgte Heilung nach Verabreichung von $2/3$ der Maximaldose, während bei Kaninchen fortgesetzte Behandlung mit Dosen, die hart an die Maximaldose grenzten, nötig waren. Trotzdem waren die Tiere vor Rückfällen nicht geschützt. — Über die As-Ausscheidung nach intravenöser Zufuhr von Tryparsamid im Vergleich zu anderen Arsenverbindungen berichten J. A. Fordyce, I. Rosen und C. N. Myers[3]. — Nach Versuchen von A. G. Young und C. W. Muehlberger[4] geht Tryparsamid unverändert in den Harn, und zwar in den ersten 24 Stunden zu 88—95% über. Von einzelnen Individuen kann es länger zurückgehalten werden, wobei es zur Kumulation kommen kann. — Über die Schädigung am Sehorgan nach Verabreichung von Tryparsamid berichtet P. Walravens[5]. — G. E. Wakerlin, W. F. Lorenz und A. S. Loevenhart[6] studierten die Heilwirkung von Tryparsamid bei Kaninchensyphilis, die 67% beträgt, wenn der Heilfaktor des Neosalvarsans gleich 100 gesetzt wurde. — Über die Tryparsamidtherapie bei Neurosyphilis berichtet J. D. Silverston[7] und bei Paralyse berichten M. Brown und A. R. Martin[8]. — Nach H. Claude und R. Targowla[9] erweist sich Tryparsamid bei Paralytikern zwar als unschädlich, besitzt aber den anderen Arsenpräparaten gegenüber keinen Vorzug. — A. S. Loevenhart und W. K. Stratmann-Thomas[10] sowie A. S. Loevenhart[11] berichten über die Wirkung des Tryparsamids bei menschlicher postluetischer Parese, Tabes dorsalis und bei Trypanosomeninfektionen von Ratten und Kaninchen. Bei Tabes und bei Paresen wirkt es in etwa 50% der Fälle äußerst günstig. Die günstige Wirkung des Tryparsamids beruht nicht allein auf Abtötung der Spirochäten, auf Besserung des serologischen Befundes im Liquor, sondern auch auf allgemein roborierenden und entzündungheilenden Momenten. — Über Erfolge mit relativ kleinen Dosen von Tryparsamid bei der Behandlung von Schlafkrankheit (bei 62% der krankhaften Fälle Heilung ohne Vorbehandlung) berichtet G. Le Dentu[12]. — Über die Anwendung von Tryparsamid bei menschlicher Trypanosomiase, vor allem bei der prophylaktischen Wirkung der Schlafkrankheit berichtet J. Laigret[13]. — Ist nach W. Kikuth[14] allen Mitteln in fortgeschrittenen Fällen von Schlafkrankheit überlegen, so half es selbst noch in Fällen, wo Germanin versagte. Toxische Nebenerscheinungen ließen sich bei regelrechter Dosierung fast völlig vermeiden. Die Maximaldosis ist in diesen Fällen etwa 2 g wöchentlich für einen erwachsenen Menschen. Die Dosierung ist wegen der individuellen Verträglichkeit des Mittels schwieriger als bei anderen Medikamenten. — M. Lauterburg[15] konnte in 66% der mit Tryparsamid behandelten, meist schweren Fälle

---

[1] The Rockefeller Institute for Medical Research: Holl. P. 6581 v. 10. Dez. 1918, ausg. 15. Febr. 1922; A. Prior. 3. Okt. 1917; Chem. Zbl. **1922 II**, 873.
[2] L. Pearce u. W. H. Brown: J. of exper. Med. **33**, 193—200 (1921) — Chem. Zbl. **1921 I**, 1007.
[3] J. A. Fordyce, I. Rosen u. C. N. Myers: Amer. J. Syph. **8**, 619—703 (1924) — Ber. Physiol. **33**, 474 (1925) — Chem. Zbl. **1926 II**, 463.
[4] A. G. Young u. C. W. Muehlberger: J. of Pharmacol. **23**, 461—464 — Chem. Zbl. **1924 II**, 2275.
[5] P. Walravens: C. r. Soc. Biol. Paris **95**, 254—256 — Chem. Zbl. **1926 II**, 1069.
[6] G. E. Wakerlin, W. F. Lorenz u. A. S. Loevenhart: J. of Pharmacol. **26**, 187—197 (1925) — Chem. Zbl. **1926 II**, 2001.
[7] J. D. Silverston: Lancet **211**, 693—698 — Chem. Zbl. **1926 II**, 2930.
[8] M. Brown u. A. R. Martin: Lancet **211**, 699—700 — Chem. Zbl. **1926 II**, 2930.
[9] H. Claude u. R. Targowla: C. r. Soc. Biol. Paris **91**, 527—529 — Chem. Zbl. **1924 II**, 2278.
[10] A. S. Loevenhart u. W. K. Stratmann-Thomas: J. of Pharmacol. **29**, 69—82 (1926) — Chem. Zbl. **1927 I**, 1858.
[11] A. S. Loevenhart: Ind. Chem. **18**, 1268—1272 (1926) — Chem. Zbl. **1927 II**, 118.
[12] G. Le Dentu: Ann. Inst. Pasteur **41**, 982—1001 — Chem. Zbl. **1927 II**, 2510.
[13] J. Laigret: Ann. Inst. Pasteur **40**, 173—199 — Chem. Zbl. **1926 I**, 3252.
[14] W. Kikuth: Arch. Schiffs- u. Tropenhyg. **33**, 50—57 — Chem. Zbl. **1929 I**, 2795.
[15] M. Lauterburg: Arch. Schiffs- u. Tropenhyg. **33**, 251—257 — Chem. Zbl. **1929 II**, 1321.

von Schlafkrankheit Heilung erzielen. Die Wirkung tritt erst nach längerer Zeit ein. Das Schwinden der Trypanosomen in Blut und Cerebrospinalflüssigkeit mit dem Absinken der Leukocytenzahlen zeigt den Erfolg an. In etwa 20% der Fälle ruft Tryparsamid Augenstörungen hervor, die vor allem bei kachektischen Individuen zu Erblindung führen können. Nach Versuchen von A. St. Corbet und A. P. Jameson[1] ist eine Lösung von Tryparsamid 1:7227 noch völlig ungiftig gegenüber Kulturen von Bacillus coli (von Schweinen).

Bi-Salz. Angabe einer wässerigen Lösung mit Piperazinhydrat und K-Na-Tartrat[2].

Racemische Phenylmethylglcinamidarsinsäure (Methyltryparsamid) $C_9H_{13}O_4N_2As$. Die Synthese geht von der Propionsäure aus. Propionylchlorid (Kochp. 80°) wird durch tropfenweise Zugabe von Br (3% Überschuß) bei 80°, einstündiges Erhitzen und Fraktionierung (Kochp. 153—155°) in das α-Brompropionylbromid übergeführt, das dann durch Eintropfen des Säurebromides in stark gekühltes konzentriertes NH_4OH (Temperatur nicht über 0°) in das α-Brompropionamid umgesetzt wird. Rhomboeder aus Wasser. Schmelzp. 120 bis 121°. 70 g Brompropionamid werden mit 70 g Arsanilsäure in 376 ccm n-NaOH 45 Min. gekocht, nach Stehen über Nacht abgesaugt, aus Wasser umkrystallisiert. Ausbeute 74%. Läßt sich durch Chinin in seine optischen Komponenten spalten. Lösung von 46 g des Amides in 2550 ccm siedendem Wasser wird mit 49 g wasserfreiem Chinin versetzt, gekocht filtriert. Erst auf dem warmen Wasserbad, dann in Eis krystallisieren lassen, ausgefallenes Salz (45 g) mit verdünnter NaOH verreiben, Filtrat mit HCl fällen. Der Chininniederschlag gibt an Soda noch etwas Säure ab. Erhalten wird so die l-Säure. Die ursprüngliche Mutterlauge wird auf 900 ccm eingeengt, ausfallendes Salz (13 g) verworfen, Filtrat mit Soda alkalisiert, Chinin entfernt, eingeengt auf 200 ccm, mit HCl gefällt, ergibt die d-Säure[3].

d-Säure nach 2maliger Krystallisation aus Wasser optisch rein. Seidige Krystalle. $[\alpha]_D = +16°6'$ in 2 n-Soda. Verfasser berichten über die Verwendung der d-Säure zur Zerlegung des Ephedrins[3].

l-Säure ist nach 5maliger Krystallisation aus Wasser so gut wie optisch rein. Hexagonale Nadeln. $[\alpha]_D^{20} = -15°50'$ in 2 n-Soda. Verfasser berichten weiterhin über die Verwendbarkeit der l-Säure zur optischen Zerlegung des Ephedrins[3].

Na-Salz $C_9H_{12}O_4N_2AsNa + H_2O$. Durch Lösen der Säure in n-NaOH, Fällen mit viel absolutem Alkohol. Wirkung auf Trypanosomen gering[3].

3-Oxy-1,4-benzisoxazin-6-arsinsäure-8-glycinamid $C_{10}H_{12}O_6N_3As$. Aus der Aminosäure mit Chloracetamid. Aus Wasser hexagonale Blättchen[4].

8-Glycylamino-3-oxy-1,4-benzisoxazin-6-arsinsäure $C_{10}H_{12}O_6N_3As$. Aus der Aminosäure und Chloracetylchlorid nach Schotten-Baumann über die 8-Chloracetamino-3-oxy-1,4-benzisoxazin-6-arsinsäure und Behandeln der letzteren mit NH_3. Kleine Nadeln, löslich in Mineralsäuren und Alkali[4].

2-Chlor-4-aminoglycinamidbenzol-1-arsinsäure. Aus 2-Chlor-4-aminobenzol-1-arsinsäure und Chloracetamid bei Gegenwart verdünnter NaOH. Hellgelbe Nadeln aus Wasser[5].

4-Glycinamid-2-chlorphenylarsinsäure. Bestimmt wird der chemotherapeutische Index[6].

Phenylphenylglycinamidarsinsäure $AsO_3H_2 \cdot C_6H_4 \cdot NH \cdot CH(C_6H_5) \cdot CO \cdot NH_2$. Lösung von 32 g Arsanilsäure in 146 ccm n-NaOH mit 36 g Phenylbromacetamid (aus Phenylbromacetylbromid und verdünntem wässerigen NH_4OH. Aus Benzol, dann 60proz. Alkohol. Schmelzp. 146°), 100 ccm Wasser und 170 ccm Alkohol versetzen, 45 Min. kochen, nach Erkalten 20 ccm konzentrierter HCl zugeben, Niederschlag absaugen, im Vakuum trocknen. Langsam löslich in Soda, sehr wenig löslich in Wasser und Alkohol. Eine Spaltung mit Chinin in die optischen Komponenten gelang nicht[3].

---

[1] A. St. Corbet u. A. P. Jameson: Biochemic. J. **21**, 986—990 — Chem. Zbl. **1927 II**, 2684.

[2] Alan Haythornthwaite und May & Baker Ltd.: E.P. 277774 v. 16. Juli 1926, ausg. 20. Okt. 1927; Chem. Zbl. **1929 I**, 1397.

[3] E. Fourneau u. V. Nicolitch: Bull. Soc. chim. France [4] **43**, 1232—1264 (1928) — Chem. Zbl. **1929 I**, 746.

[4] G. Newbery, M. A. Phillips u. R. W. E. Stickings: J. chem. Soc. Lond. **1928**, 3051—3066 — Chem. Zbl. **1929 I**, 530.

[5] Etablissement Poulenc Frères u. E. Fourneau: E.P. 279379 v. 25. April 1927, Auszug veröff. 14. Dez. 1927, F.P. 636658 v. 21. Okt. 1926, ausg. 14. April 1928; Chem. Zbl. **1929 I**, 807.

[6] E. Fourneau, Tréfouel u. de Lestrange-Trévise: Ann. Inst. Pasteur **40**, 933—951 (1926) — Chem. Zbl. **1927 I**, 768.

p-Phenylglycylanilidarsinsäure $C_6H_4(AsO_3H_2)^1 \cdot (NH \cdot CH_2 \cdot CO \cdot NH \cdot C_6H_5)^4$. Aus Jodacetanilid und der Aminosäure erhalten, krystallinische Masse. Die Verbindung findet gegen Trypanosomen- und Spirochäteninfektionen therapeutische Verwendung[1].

p-Phenylglycyl-m'-aminophenolarsinsäure $C_6H_4(AsO_3H_2)^2 \cdot (NH \cdot CH_2 \cdot CO \cdot NH \cdot C_6H_4OH)^4$. Durch Einwirkung von 3-N-Chloracetylamido-1-p-oxybenzol auf eine alkoholische Lösung von p-Aminophenylarsinsäure. Kleine sich oberhalb 230° zersetzende Platten. Die Verbindung findet gegen Trypanosomen- und Spirochäteninfektionen therapeutische Verwendung[1].

Na-Salz der N-Phenylglycinamid-p-stibinsäure wurde von U. N. Brahmachari und J. Das[2] auf seine therapeutische Wirkung bei Kala-Azar-Infektionen geprüft und in seiner Wirkung mit der anderer Antimonverbindungen verglichen.

Sarkosin.
Methylaminoessigsäure, Methylglycin.

Bildung: Bei Verfütterung von N-Methylglutaminsäure an Hunde wurde nach F. Knoop und H. Oesterlin[3] auch nicht eine Spur von Sarkosin im Harn gefunden.

Durch Einwirkung von Wasserdampf bei Zimmertemperatur auf Sarkosin-N-carbonsäureanhydrid entstehen nach F. Wessely und F. Sigmund[4] neben einer hygroskopischen, amorphen Verbindung 7,2% Sarkosin und 4% Sarkosinanhydrid.

Darstellung: Sarkosin läßt sich folgendermaßen darstellen: 1. Aus N-Methylenglycin durch Reduktion mit Na in Alkohol, dann mit konzentrierter HCl aufnehmen, im Vakuum eindampfen und das Sarkosinchlorhydrat mit Alkohol herauslösen. Mit Ag_2O zerlegen oder mit Alkohol + HCl verestern, den Ester mit Wasser verseifen. Aus Methylalkohol umkrystallisieren, Schmelzp. 212°. Ausbeute 33%. 2. Aus (Methylenamino)-acetonitril durch Reduktion mit Na in Alkohol, einengen, mit Wasser kochen bis NH_3 verschwunden ist, eindampfen und mit Alkohol + HCl behandeln. Es wird Sarkosinchlorhydrat erhalten, Nadeln aus Alkohol, Schmelzp. 168—170°. Ausbeute 54%[5].

Bestimmung und Nachweis: Während der Eintritt einer Phenylgruppe in die Aminogruppe die Ninhydrinreaktion verhindert (z. B. Phenylglycin), ist die Ninhydrinreaktion beim Sarkosin (Eintritt einer Methylgruppe) nach H. Riffart[6] positiv.

Biochemische Eigenschaften: Stoffwechselversuche von R. B. Gibson und F. T. Martin[7] ergaben, daß die Kreatinausscheidung im Gegensatz zu Protein- durch Sarkosinzusatz nicht vermehrt wurde.

Nach E. Abderhalden[8] wurde im überlebenden Gewebe (Muskel-, Leber- und Milzgewebe) kein Kreatin aus Arginin und Sarkosin gebildet.

Sarkosin direkt in den Magen eingeführt, regt nach A. C. Ivy und A. J. Javois[9] die Magensaftabsonderung an.

E. Abderhalden, E. Rindtorff und A. Schmitz[10] untersuchten den hemmenden Einfluß von Sarkosin auf die Spaltbarkeit von d, l-Leucylglycin und Glycyl-d, l-leucin durch Erepsin und von Benzoyl-d, l-leucylglycin und Phenylisocyanat-glycyl-d, l-leucin durch Trypsinkinase, außerdem verglichen sie den Hemmungsgrad mit dem von anderen Aminosäuren und Aminen.

Der Süßungsgrad und der molare Süßungsgrad von Sarkosin wurde von A. Heiduschka und E. Komm[11] nach der Konstanzmethode von Pauli[12] untersucht und betrug: 0,62 bzw.

---

[1] The Rockefeller Institute for Medical Research: Holl.P. 6581 v. 10. Dez. 1918, ausg. 15. Febr. 1922, A.Prior. 3. Okt. 1917; Chem. Zbl. **1922 II**, 873.
[2] U. N. Brahmachari u. J. Das: Ind. J. med. Res. **13**, 693—694 — Chem. Zbl. **1926 II**, 458.
[3] F. Knoop u. H. Oesterlin: Hoppe-Seylers Z. **170**, 186—211 (1927) — Chem. Zbl. **1928 I**, 40.
[4] F. Wessely u. F. Sigmund: Hoppe-Seylers Z. **159**, 102—119 — Chem. Zbl. **1926 II**, 3048.
[5] H. Scheibler u. H. Neef: Ber. dtsch. chem. Ges. **59**, 1500—1511 — Chem. Zbl. **1926 II**, 1530.
[6] H. Riffart: Biochem. Z. **131**, 78—96 (1922) — Chem. Zbl. **1923 II**, 827.
[7] R. B. Gibson u. F. T. Martin: J. of biol. Chem. **49**, 319—326 (1921) — Chem. Zbl. **1922 I**, 1341.
[8] E. Abderhalden: Naturwiss. **17**, 293—294 — Chem. Zbl. **1929 II**, 2353.
[9] A. C. Ivy u. A. J. Javois: Amer. J. Physiol. **71**, 604—620 — Chem. Zbl. **1925 II**, 197.
[10] E. Abderhalden, E. Rindtorff u. A. Schmitz: Fermentforschg **10**, 233—250 (1928) — Chem. Zbl. **1929 I**, 2320.
[11] A. Heiduschka u. E. Komm: Z. angew. Chem. **38**, 291—294 — Chem. Zbl. **1925 I**, 2302.
[12] Pauli: Biochem. Z. **125**, 97.

0,16. Bemerkenswert ist daran, daß Sarkosin gegenüber Glykokoll im süßen Geschmack keine Veränderung zeigt. (Konstanten des Glykokolls: 0,64 und 0,14.)

Bei Verfütterung von Sarkosin an Hunde wurden nach F. Knoop und H. Oesterlin[1] weniger als 10% unverändert im Harn ausgeschieden.

M. Cloetta und F. Wünsche[2] untersuchten den Einfluß des Sarkosins auf den Blutdruck des Hundes und die Temperatur des Kaninchens.

Physikalische Eigenschaften: Von N. Bjerrum[3] werden die beiden Dissoziations- (K_s und K_b) und Hydrolysenkonstanten (k_a und k_b) bei 25°, wie folgt angegeben:

$$K_s = 10^{-2,15}, \quad K_b = 10^{-4,01}, \quad k_a = 10^{-9,89}, \quad k_b = 10^{-11,75}.$$

Chemische Eigenschaften: Bei der Zersetzung von Kreatinin mit Ba(OH)$_2$ läßt sich nach O. H. Gaebler[4] das Sarkosin aus der Reaktionsmasse von Harnstoff und unverändertem Kreatinin durch 2n-Na-Äthylat als Na-Salz isolieren (Na-Salz silberglänzende Blättchen, die bei 105° noch unverändert sind). Zweckmäßig werden Methylhydantoine entfernt und wird die Gegenwart von anorganischen Verbindungen außer NH$_3$ vermieden.

Nach P. Pfeiffer und O. Angern[5] läßt sich Sarkosin durch K-Acetat aussalzen. Die Aussalzbarkeit wurde so bestimmt, daß zu 5 ccm der gesättigten Lösung 0,02 Mol des Neutralsalzes zugefügt wurden. 100 ccm einer bei 20—21° gesättigten Sarkosinlösung enthalten 42,824 g Sarkosin.

Über Molekulargewichtsbestimmungen von Sarkosin und weiteren Aminosäuren in wässerigen Salzlösungen (NaCl, KJ, SrCl$_2$, BaCl$_2$) berichten P. Pfeiffer und O. Angern[6] eingehend. Die festgestellten Depressionsanomalien beruhen nach den Verfassern darauf, daß die Aminosäuremoleküle durch Salzmoleküle und Salzionen abgefangen werden, wobei die einzelnen Aminosäuren ein verschiedenes Verhalten zeigen. So ergibt sich, nach zunehmender Additionsfähigkeit geordnet, in NaCl-Lösungen folgende Reihe: Alanin → Sarkosin → Glykokoll, was für die verschiedenen Salze stets gleich bleibt.

Nach W. R. Fearon und E. G. Montgomery[7] entsteht aus Sarkosin in neutraler bzw. alkalischer Lösung durch Oxydation mit H$_2$O$_2$ oder KMnO$_4$ Cyansäure, deren Bildung bei der Anwesenheit von HCHO oder Glucose vermehrt wird.

Sarkosin hemmt nach E. Wertheimer[8] die spontane Oxydation von α-Naphthol und p-Phenylendiamin zu Indophenolblau deutlich, was durch Bildung komplexer Schwermetallsalze erklärt wird.

Sarkosin gibt nach E. Waser und E. Brauchli[9] beim Erhitzen in sodaalkalischer Lösung mit einer kleinen Menge p-Nitrobenzoylchlorid im Gegensatz zu anderen Aminosäuren keine Farbreaktion.

Sarkosin ist nach G. Bruni und T. G. Levi[10] ein guter Beschleuniger der Kautschukvulkanisation.

Über die Umsetzung von Sarkosin über 1-Methylhydantoin durch dessen Kondensation mit Benzaldehyd zu 1-Methyl-5-benzalhydantoin berichten B. H. Nicolet und E. D. Campbell[11].

Derivate: Cu-Salz des Sarkosins (C$_3$H$_6$O$_2$N)$_2$Cu + 2 H$_2$O. Bestimmt wurde die spezifische Leitfähigkeit „x" des Cu-Salzes in folgenden wässerigen Lösungen: $1/50$, $1/100$, $1/200$, $1/400$, $1/800$ und $1/1600$ n[12].

Neutralsalzverbindungen des Sarkosins. Dabei sind folgende Verbindungstypen möglich: MeX mit 1, 2, 3 und 4 Sarkosin-, MeX$_2$ mit 1, 2, 3 und 4 Sarkosin- und schließlich MeX$_3$ mit 3 Sarkosinmolekülen.

Es ist nie möglich, von einer Aminosäure alle 4 Typen darzustellen. Dargestellt wurden die einzelnen Verbindungen so, daß entweder die wässerigen Komponenten auf dem Wasser-

---

[1] F. Knoop u. H. Oesterlin: Hoppe-Seylers Z. **170**, 186—211 (1927) — Chem. Zbl. **1928 I**, 40.
[2] M. Cloetta u. F. Wünsche: Arch. f. exper. Path. **96**, 307—329.
[3] N. Bjerrum: Z. physik. Chem. **104**, 147—173 (1923) — Chem. Zbl. **1923 I**, 1575.
[4] O. H. Gaebler: J. of biol. Chem. **69**, 613—624 — Chem. Zbl. **1926 II**, 2808.
[5] P. Pfeiffer u. O. Angern: Hoppe-Seylers Z. **133**, 180—192 — Chem. Zbl. **1924 I**, 2257.
[6] P. Pfeiffer u. O. Angern: Hoppe-Seylers Z. **135**, 16—28 — Chem. Zbl. **1924 II**, 172.
[7] W. R. Fearon u. E. G. Montgomery: Biochemic. J. **18**, 576—582 — Chem. Zbl. **1924 II**, 1335.
[8] E. Wertheimer: Fermentforschg **8**, 497—517 — Chem. Zbl. **1926 II**, 696.
[9] E. Waser u. E. Brauchli: Helvet. chim. Acta **7**, 740—758 — Chem. Zbl. **1924 II**, 947.
[10] G. Bruni u. T. G. Levi: Giorn. Chim. ind. Appl. **9**, 161—164 — Chem. Zbl. **1927 II**, 513.
[11] B. H. Nicolet u. E. D. Campbell: J. amer. chem. Soc. **50**, 1155—1160 — Chem. Zbl. **1928 I**, 2827.
[12] E. Abderhalden u. E. Schnitzler: Hoppe-Seylers Z. **163**, 94—119 — Chem. Zbl. **1927 I**, 2068.

bade bis zur Krystallisation eingedampft wurden bzw. das Wasser an der Luft oder im Exsiccator verdunstete, oder so, daß die wässerige Lösung mit Alkohol versetzt wurde. Löslichkeitsversuche, Bestimmungen des Molekulargewichtes und die Messung der optischen Aktivität der wässerigen Lösungen (bei optisch aktiven Aminosäuren) sprechen dafür, daß die Komplexionen auch in wässeriger Lösung existieren. Die krystallisierten Salzverbindungen zeigen große Löslichkeit in Wasser.

Typ: MeX · 1 Sarkosin: **Monosarkosinlithiumchlorid** 1 $C_3H_7O_2N$, LiCl · 1 H_2O. Luftbeständige Nadeln.

Monosarkosinlithiumbromid 1 $C_3H_7O_2N$, LiBr · 1 H_2O.

Monosarkosinlithiumjodid 1 $C_3H_7O_2N$, LiJ · 1½ H_2O. Wie das Chlorid.

Monosarkosinnatriumchlorid 1 $C_3H_7O_2N$, NaCl · 1 H_2O. Nur einmal erhalten, indem die wässerige Lösung der Komponenten 1:2 bis zum dünnen Sirup eingeengt wurde.

Monosarkosinnatriumbromid 1 $C_3H_7O_2N$, NaBr · 1 H_2O. Prismen.

Monosarkosinnatriumjodid 1 $C_3H_7O_2N$, NaJ · 1 H_2O.

Monosarkosinammoniumjodid 1 $C_3H_7O_2N$, $(NH_4)J$. Schillernde Blättchen, aus Wasser, Schmelzp. 152—157°.

Monosarkosinammoniumrhodanid 1 $C_3H_7O_2N$, $(NH_4)CSN$.

Typ: MeX · 3 Sarkosin: **Trisarkosinkaliumperjodid** 3 $C_3H_7O_2N$, KJ_4. Braun-dunkelrote Nadeln.

Typ: MeX_2 · 2 Sarkosin: **Disarkosinmagnesiumchlorid** 2 $C_3H_7O_2N$, $MgCl_2$ · 2 H_2O. Glänzende Blättchen.

Disarkosinmagnesiumbromid 2 $C_3H_7O_2N$, $MgBr_2$ · 2 H_2O. Glänzende Krystalle.

Typ: MeX_2 · 3 Sarkosin: **Trisarkosinstrontiumjodid** 3 $C_3H_7O_2N$, SrJ_2 · 2 H_2O.

Typ: MeX_3 · 3 Sarkosin: **Trisarkosinlanthanbromid** 3 $C_3H_7O_2N$, $LaBr_3$ · 3 H_2O.

Versuche, Sarkosin an Ammoniumsulfat, Äthylaminjodid, Tetramethylammoniumjodid, Tetramethylammoniumbromid und Tetraäthylammoniumjodid zu addieren, waren vergeblich[1].

Sarkosin-diäthylendiamin-kobaltichlorid $[Co(C_2H_8N_2)_2 \cdot (C_3H_6O_2N)] \cdot Cl_2 \cdot 1½ H_2O$. Darstellung aus Sarkosin und Dichloroäthylendiaminkobaltichlorid in 30 ccm Wasser bei Gegenwart von NaOH und Erwärmen (15 Minuten) auf dem Wasserbade, Reinigung mit absolutem Alkohol. Erdbeerrote Blättchen[2].

Sarkosin-diäthylendiamin-kobalti-d-π-bromcamphersulfonat $[Co(C_2H_8N_2)_2 \cdot (C_3H_6O_2N)]$ · $(C_{10}H_{14}O_4BrS)_2$. Derbe rote Prismen aus Alkohol und Wasser. Das gut krystallisierende d-Brom-Camphersulfonat läßt sich leicht unter Benutzung von 65proz. Alkohol als Lösungsmittel zur Trennung in 2 Komponenten zerlegen. Dargestellt wurde das Heptahydrat und das Alkoholhydrat[2].

Sarkosin-diäthylendiamin-kobaltijodid $[Co(C_2H_8N_2)_2 \cdot (C_4H_6O_2N)] \cdot J_2$. Rote Nadeln[3].

Sarkosin-diäthylendiamin-kobalti-dithionat $[Co(C_2H_8N_2)_2 \cdot (C_3H_6O_2N)] \cdot S_2O_6$. Rote Prismen aus heißem Wasser[2].

Molekülverbindung aus Sarkosin + Benzolazophenol (1:1). Bildung in Alkohol + wenig Wasser, goldgelbe Blättchen, Zersetzung bei 188° (Vorwärmen auf 170°, schnelles Erhitzen), wird durch Wasser gespalten[3].

Molekülverbindung aus Sarkosin + Benzolazoresorcin (2:1). Bildung in Alkohol + wenig Wasser, goldgelbe Nadeln, Zersetzung bei 180—183° (Vorwärmen bis 160°, schnell weiter Erhitzen), wird durch Wasser gespalten[3].

Molekülverbindung aus Sarkosin und Sarkosinanhydrid. Sarkosin gibt mit Sarkosinanhydrid keine Molekülverbindung[4].

Sarkosinnitril $C_3H_6N_2$. Zu 160 g Methylaminsulfat und 250 ccm 40proz. Formaldehydlösung und 100 ccm Wasser werden unter Umrühren und Einleiten von CO_2 130 g KCN in konzentrierter Lösung zugegeben. Temperatur darf nicht über 10° steigen. Nach einigen Stunden wird mit Äther extrahiert und mit BaO getrocknet. Die Ausbeute an Sarkosinnitril beträgt 133 g[5].

---

[1] Paul Pfeiffer, M. Kloßmann u. O. Angern: Hoppe-Seylers Z. **133**, 22—61 — Chem. Zbl. **1924 I**, 1911 — Z. angew. Chem. **36**, 137—138 — Chem. Zbl. **1923 I**, 1215.

[2] J. Meisenheimer, L. Angermann u. H. Holsten: Liebigs Ann. **438**, 217—278 — Chem. Zbl. **1924 II**, 2323.

[3] P. Pfeiffer u. O. Angern: Z. angew. Chem. **39**, 253—259 — Chem. Zbl. **1926 I**, 2744.

[4] P. Pfeiffer, O. Angern u. L. Wang: Hoppe-Seylers Z. **164**, 182—202 — Chem. Zbl. **1927 I**, 3196.

[5] W. Staudt: Hoppe-Seylers Z. **146**, 286—289 — Chem. Zbl. **1925 II**, 2139.

Sarkosinäthylesterchlorhydrat $C_5H_{11}O_2N$, HCl. 70 g Sarkosinnitril werden mit 900 ccm Alkohol und 500 ccm HCl versetzt, der Alkohol etwa 3 Stunden zum Sieden erhitzt, vom NH_4Cl abfiltriert, auf 300 ccm eingeengt, wobei sich zum Teil das reine Sarkosinesterchlorhydrat abscheidet. Weiße, glänzende, fettige Schüppchen. Schmelzp. 121—122°. Stark hygroskopisch. Ausbeute beträgt 62% der Theorie. Ausbeute an freiem Ester auf Methylaminsulfat berechnet etwa 40% der Theorie[1]. — Über den Verlauf der Umsetzung von Sarkosinäthylester mit Guanidin, über die Bildung von Kreatinin mit 65% Ausbeute und über die Reaktion des Esters mit Cyanamid mit und ohne Guanidinzusatz und über die Bildung von Kreatinin berichten E. Abderhalden und H. Sickel[2]. — Über die Reaktion von Sarkosinäthylester mit Triacetylanhydroarginin unter Bildung von Diacetylkreatinäthylester berichten M. Bergmann und L. Zervas[3]. Aus dem Diacetylkreatinäthylester läßt sich durch Spaltung mit konzentrierter HCl (im Rohr) Kreatininhydrochlorid gewinnen, das in üblicher Weise mit Alkali in Kreatin übergeführt wird.

Pikrat $C_{11}H_{14}O_9N_4$. Kochen äquimolekularer Mengen Sarkosincarbonsäureanhydrid mit Pikrinsäure in absolutem Alkohol. Schmelzp. (aus Alkohol) 149,5° (korr.). (F. Wessely und M. John[4]).

Sarkosin-N-carbonsäureanhydrid $C_4H_5O_3N$. Carbomethoxysarkosin (aus $ClCOO \cdot CH_3$ und Sarkosin) wird mit $SOCl_2$ behandelt. Aus Chloroform Schmelzp. 99—100° bei raschem Erhitzen unter Bildung eines festen Körpers. Bei langsamem Erhitzen Schmelzpunkt unscharf unter allmählicher Entwicklung von CO_2. Leicht löslich in heißem Chloroform, Essigester, Benzol, wenig löslich in Äther, unlöslich in Petroläther. Sarkosin-N-carbonsäureanhydrid spaltet mit Pyridin CO_2 ab[5]. — Über die Pyridinzersetzung des Sarkosin-N-carbonsäureanhydrides berichten F. Wessely und M. John[6].

Sarkosin-methylanilidpikrat $C_{16}H_{17}O_8N_5$. Durch Reaktion äquimolekularer Mengen Methylanilinpikrates und Sarkosin-N-carbonsäureanhydrides in Essigester. Krystalle aus Essigester. Schmelzp. 163° (unkorr.)[7].

O-Tetraacetyl-sarkosinester-glucosid $C_{19}H_{29}O_{11}N$. Dargestellt durch Lösen von Acetobromglucose in Sarkosinester und Extrahieren des Glucosides mit Äther aus der Reaktionsmasse. Ausbeute 79%. Feine Nadeln aus Methanol. Schmelzp. 87—88°. Leicht löslich in Alkohol, Äther, Chloroform, Benzol, unlöslich in Wasser und Ligroin. Das Glucosid ist gegen Säuren und Alkali sehr empfindlich, es wird sofort zerlegt. Beim Auflösen in 0,1 n-HCl nimmt die Drehung den Wert für die bei der Hydrolyse freiwerdende Glucose an. Die Titration des in 0,1 n-NaOH gelösten Glucosides mit Hypojodit nach Willstätter und Schudel ergab fast quantitativ die bei der Hydrolyse entstehende Menge Traubenzucker. Fehlingsche Lösung wurde reduziert. Eine Verseifung der Acetylverbindung war nicht durchführbar[8].

Sarkosinamid-glucosid $C_9H_{18}O_6N_2$. Aus dem Tetra-acetylsarkosinester-glucosid und methylalkoholischem Ammoniak, harte Krystalle, aus absolutem Alkohol. Schmelzp. 169 bis 170° unter Aufschäumen[8].

Hippursäure.

Benzoylaminoessigsäure, Benzoylglykokoll, Benzoylglycin.

Vorkommen: Nach H. Reinwein und H. Heinlein[9] ließ sich im Fruchtwasser des Rindes Hippursäure nachweisen.

Im Harn einer graviden Frau konnte von M. Honda[10] neben anderen Aminosäuren Hippursäure nachgewiesen werden.

---

[1] W. Staudt: Hoppe-Seylers Z. **146**, 286—289 — Chem. Zbl. **1925 II**, 2139.
[2] E. Abderhalden u. H. Sickel: Hoppe-Seylers Z. **175**, 68—74 — Chem. Zbl. **1928 I**, 2259.
[3] M. Bergmann u. L. Zervas: Hoppe-Seylers Z. **172**, 277—288 (1927) — Chem. Zbl. **1928 I**, 1647 — Hoppe-Seylers Z. **173**, 80—83 — Chem. Zbl. **1928 I**, 1647.
[4] F. Wessely u. M. John: Mh. Chem. **48**, 1—7 — Chem. Zbl. **1927 II**, 416.
[5] F. Sigmund u. F. Wessely: Hoppe-Seylers Z. **157**, 91—105 — Chem. Zbl. **1926 II**, 2432.
[6] F. Wessely u. M. John: Hoppe-Seylers Z. **170**, 38—43 (1927) — Chem. Zbl. **1928 I**, 200.
[7] F. Wessely u. M. John: Mh. Chem. **48**, 1—7 — Chem. Zbl. **1927 II**, 416.
[8] K. Maurer: Ber. dtsch. chem. Ges. **59**, 827—829 — Chem. Zbl. **1926 I**, 3315.
[9] H. Reinwein u. H. Heinlein: Z. Biol. **81**, 283—290 — Chem. Zbl. **1924 II**, 1698.
[10] H. Honda: Acta Scholae med. Kioto **6**, 405—413 (1924) — Ber. Physiol. **32**, 598 (1925) — Chem. Zbl. **1926 I**, 2486.

Unter den organischen Substanzen einer Felsausschwitzung aus den Himalayavorbergen bei Hardwar, Simla und Nepal ließ sich nach R. N. Chopra, N. N. Ghosh und J. P. Bose[1] unter anderem Hippursäure nachweisen.

Bildung: Nach F. Bettzieche und R. Menger[2] wird Hippursäure — teilweise als Zwischenprodukt — bei der Spaltung des Benzoylglycylaminols und der Dibenzylderivate durch Alkali oder Säure gebildet.

Bei der Spaltung von Dibenzoyldiketopiperazin zerfällt ein Teil nach St. Goldschmidt und W. Schön[3] in 2 Mole Hippursäure.

Umsetzung von Benzoyltheobromin mit Glykokoll gibt nach M. Bergmann und L. Zervas[4] neben Theobromin Hippursäure.

Bestimmung: J. Snapper und E. Laqueur[5] geben zur Bestimmung der Hippursäure im Urin folgende Methode an: 100 ccm Harn werden mit NaCl gesättigt — Volumenzunahme feststellen (etwa 108—111 ccm) —, davon 50 ccm + 0,3 ccm konzentrierte HCl 6mal (da nur mehrfache Ausschüttlung erschöpfend extrahiert) mit Essigester ausgeschüttelt, die Auszüge mit Wasser zur Entfernung des Harnstoffes gewaschen, darauf das Waschwasser nochmals mit frischem Essigester ausgeschüttelt und nun die vereinigten Auszüge eingedampft, der Rückstand in 50 ccm Alkohol gelöst, davon einmal 10 ccm nach Kjeldahl verbrannt, zweimal je 20 ccm im Kolben wieder verdampft, mit 20 ccm Bromwasser übergossen, dann nach 1 Minute ebenfalls nach Kjeldahl verarbeitet. Aus der Differenz ergibt sich die mit Bromwasser zerstörte Harnstoffmenge; weitere 7% davon sind als Korrektur anzurechnen. Der übrige N wird auf Hippursäure (mit 7,83% N) umgerechnet. Zum Urin von Personen mit benzoefreier Nahrung zugesetzte Hippursäuremengen wurden befriedigend wiedergefunden. Zu beachten ist, da sich die Hippursäure leicht zersetzt, daß vorheriges Eindampfen oder Stehenlassen des Urins vermieden wird.

Bei der Methode von J. Snapper und Laqueur[6] zur Bestimmung der Hippursäure werden nach W. H. Griffith[7] nur bei ganz bestimmtem p_H richtige Werte erhalten, da im Harn im besten Fall bei $p_H = 3,0$ eine annähernd vollkommene Extraktion der vorhandenen Hippursäure erreicht wird. Der Verfasser[8] gibt weiter eine bequeme Bestimmungsmethode für Hippursäure im Harn durch kontinuierliche Extraktion mit Äther in einem Apparat von Clausen[9] an.

Eine weitere schnelle Bestimmungsmethode von Hippursäure im Harn geben F. B. Kingsbury und W. W. Swanson[10] an: 50 ccm Urin werden mit 7,5 g NaOH und 0,5 g MgO gekocht. Nach etwa $1/2$ Stunde wird 1 ccm 7proz. $KMnO_4$-Lösung zu der kochenden Flüssigkeit gegeben, 1—2 Minuten geschüttelt, schnell abgekühlt und 30 ccm konzentrierte HNO_3 hinzugefügt. Unter guter Rückflußkühlung wird vorsichtig 40 Minuten weiter gekocht, dann schnell abgekühlt und mit Chloroform nach der Methode von Folin und Flanders extrahiert. Bei normalem Urin läßt sich so in 2, bei eiweißhaltigem Harn in 3 Stunden die Hippursäure bestimmen.

Im Harn wird von A. J. Quick[11] die Hippursäure nach Extraktion mit Äther und nach Hydrolyse mit HCl als Glycin bestimmt.

Für die Bestimmung der Hippursäure im Urin gibt A. von Beznák[12] ein besonders geeignetes Extraktionssystem an, mit dem die Hippursäure durch Äther aus dem Urin extrahiert wird. Der ätherische Extrakt wird bei saurer Reaktion im Autoclaven hydrolysiert, das entstandene Glykokoll nach van Slyke bestimmt.

---

[1] R. N. Chopra, N. N. Ghosh u. J. P. Bose: Ind. J. med. Res. **14**, 145—155 — Chem. Zbl. **1926 II**, 1986.
[2] F. Bettzieche u. R. Menger: Hoppe-Seylers Z. **161**, 37—65 (1926) — Chem. Zbl. **1927 I**, 427.
[3] St. Goldschmidt u. W. Schön: Hoppe-Seylers Z. **165**, 279—294 — Chem. Zbl. **1927 II**, 91.
[4] M. Bergmann u. L. Zervas: Hoppe-Seylers Z. **175**, 145—153 — Chem. Zbl. **1928 I**, 2614.
[5] J. Snapper u. E. Laqueur: Arch. néerl. Physiol. **6**, 48—57 (1921) — Chem. Zbl. **1922 IV**, 16.
[6] J. Snapper u. Laqueur: Arch. néerl. Physiol. **6**, 48—57 (1921) — Chem. Zbl. **1922 IV**, 16 — Biochem. Z. **145**, 32—39 — Chem. Zbl. **1924 I**, 2292.
[7] W. H. Griffith: J. of biol. Chem. **64**, 401—408 — Chem. Zbl. **1925 II**, 1999.
[8] W. H. Griffith: J. of biol. Chem. **69**, 197—208 — Chem. Zbl. **1926 II**, 2736.
[9] Clausen: Chem. Zbl. **1922 IV**, 531.
[10] F. B. Kingsbury u. W. W. Swanson: J. of biol. Chem. **48**, 13—20 (1921) — Chem. Zbl. **1922 II**, 239.
[11] A. J. Quick: J. of biol. Chem. **67**, 477—489 — Chem. Zbl. **1926 I**, 3345.
[12] A. von Beznák: Biochem. Z. **205**, 409—413 — Chem. Zbl. **1929 II**, 77.

Die Titration der Hippursäure mit 0,2n-Alkali gibt nach S. L. Jodidi[1] ebenso gute Resultate wie die Formoltitration nach Sörensen.

Hippursäure und Phenacetursäure werden nach E. J. Wayne[2] folgendermaßen im Harn bestimmt: Der Harn wird mit NaOH gekocht, mit H_2SO_4 stark angesäuert, filtriert, das Filtrat mit Äther ausgeschüttelt, abdestilliert, die Säuren sublimiert und nach Lösen in Alkohol mit $1/_{10}$n-NaOH titriert.

Hippursäure und freie Benzoesäure werden nach F. J. Warth und N. Ch. D. Gupta[3] im Harn so bestimmt, daß nach Extraktion des Urins mit Kerosin oder Toluen die Benzoesäure titriert wird, deren Menge im Harn sich aus dem experimentell ermittelten Verteilungskoeffizienten Wasser:Kerosin ergibt. Die Hippursäure wird nach ihrer Hydrolyse in üblicher Weise bestimmt.

Biochemische Eigenschaften: Nach J. Snapper[4] werden beim gesunden wie beim kranken Menschen mit normaler Niere oder beim Nierenkranken ohne N-Retention aus 5 g Na-Benzoat innerhalb 12 Stunden 5 g Hippursäure gebildet und im Harn ausgeschieden. In den folgenden 12 Stunden nach der Benzoesäuregabe ist die Hippursäureausscheidung mit einigen 100 mg wieder normal geworden. Das gleiche Verhalten wird bei verschiedenen Leiden, wie Pneumonie, kompletter Gallenfistel und anderen gefunden. Gesunde Nieren können Harn sezernieren, der bis 2% Hippursäure enthält. Weiterhin wurde von J. Snapper und A. Grünbaum[5] festgestellt, daß beim normalen und nierengesunden Menschen bei Einnahme von 3—5 g Na-Hippurat höchstens Spuren von Hippursäure im Blut sind, daß aber der Hippursäuregehalt bei Patienten mit leichtverzögerter Hippursäureausscheidung auf 4—10 mg%, mit schwerer Nierenstörung und stark gehemmter Hippursäureausscheidung (chronische Nephretiden und Sklerosen) auf 25—40 mg% erhöht ist. Die kranke Niere bildet zwar wie die normale Hippursäure, scheidet sie aber schlecht aus.

In einem Krankheitsfalle von doppelseitiger Pyonephrose war nach J. Snapper[6] trotz objektiver Besserung und beträchtlicher Erniedrigung der N-Menge die Hippursäureausscheidung wenig oder gar nicht gebessert. Weiterhin stellte der Verfasser fest, daß alle Patienten mit einer Ausnahme, die zweifelhaft war, mit gestörter Hippursäureausscheidung Schrumpfnieren hatten, während andererseits bei anderen untersuchten Patienten mit Schrumpfniere und mäßiger Harnstoffretention die Hippursäureausscheidung normal war. Diese Insuffizienz der Niere, eine konzentrierte Hippursäureausscheidung zu leisten, konnten nun J. Snapper und A. Grünbaum[7] in einem Falle von Schrumpfniere mit Azotämie dadurch zeigen, daß sie 5 g Na-Benzoat bei eingeschränkter wie bei reichlicher Zufuhr von Wasser eingaben. Es handelt sich nicht um eine Störung in der Hippursäuresynthese, da sich die Anhäufung von Hippursäure im Blute nachweisen ließ.

J. Snapper, A. Grünbaum und J. Neuberg[8] konnten weiterhin ältere Versuche über die Hippursäurebildung in der exstirpierten Hundeniere bei Durchströmung mit Blut und einem Zusatz von Na-Benzoat und Glykokoll bestätigen. Ebenso ließ sich an 2 frisch exstirpierten Menschennieren die Hippursäuresynthese nachweisen. Es ist also die Niere als einzige Bildungsstätte für die Hippursäure anzusehen. Nach weiteren Versuchen von J. Snapper, A. Grünbaum und J. Neuberg[9] findet die gleiche Hippursäuresynthese in der Schweinsniere statt, in der Schafsniere nur bei vermindertem Benzoatzusatz zum Durchströmungsblute. Dagegen konnte bei Hunden, denen beide Nieren exstirpiert waren, im Gegensatz zu Kingsbury und Bell[10] nach Injektion von Na-Benzoat und Glykokoll weder im Blut noch in der Leber Hippursäure nachgewiesen werden.

---

[1] S. L. Jodidi: J. amer. chem. Soc. **48**, 751—753 — Chem. Zbl. **1926 I**, 3416.
[2] E. J. Wayne: Biochemic. J. **22**, 183—187 — Chem. Zbl. **1928 II**, 474.
[3] F. J. Warth u. N. Ch. D. Gupta: Biochemic. J. **22**, 621—627 — Chem. Zbl. **1928 II**, 2174.
[4] J. Snapper: Klin. Wschr. **3**, 55—56 — Chem. Zbl. **1924 I**, 1225.
[5] J. Snapper u. A. Grünbaum: Klin. Wschr. **3**, 101—104 — Chem. Zbl. **1924 I**, 1689 — Presse méd. **34**, 1524—1526 (1926) — Ber. Physiol. **40**, 706—707 — Chem. Zbl. **1927 II**, 1977.
[6] J. Snapper: Nederl. Tijdschr. Geneesk. **65 II**, 1284—1288 — Chem. Zbl. **1922 I**, 107.
[7] J. Snapper u. A. Grünbaum: Nederl. Tijdschr. Geneesk. **66 II**, 2910—2916 (1922) — Chem. Zbl. **1923 I**, 866.
[8] J. Snapper, A. Grünbaum u. J. Neuberg: Nederl. Tijdschr. Geneesk. **67**, 426—433 (1923) — Chem. Zbl. **1923 I**, 1638.
[9] J. Snapper, A. Grünbaum u. J. Neuberg: Biochem. Z. **145**, 40—46 — Chem. Zbl. **1924 I**, 2286.
[10] Kingsbury u. Bell: J. of biol. Chem. **21**, 297 — Chem. Zbl. **1915 II**, 753.

W. H. Griffith[1] studierte die Ausscheidungsverhältnisse von Benzoesäure, Hippursäure und kombinierter Benzoesäure beim Kaninchen bei Zufuhr von Na-Benzoat: 0,25, 0,5 und 1 g. Es zeigte sich, daß bei 0,5 g Benzoat der größte Prozentsatz als Hippursäure ausgeschieden wurde, während es bei 1 g Benzoat pro kg im Harn von 6 und 24 folgenden Stunden nur 65—90% der gesamten kombinierten Benzoesäure ausmachte.

W. H. Griffith und H. B. Lewis[2] fanden in Übereinstimmung mit früheren Versuchen, daß glykokollreiche (hydrolysiertes Elastin, hydrolysierte Gelatine), peroral mit Na-Benzoat verabreichte Kost die Hippursäurebildung deutlich steigerte im Gegensatz zu einer glykokollarmen Kost (Pepton, hydrolysiertes Edestin, hydrolysiertes Glutenin, hydrolysiertes Casein, Eiereiweiß und Erdnußmehl). Die Hippursäurebildung konnte jedoch im letzteren Falle durch Glykokollzusatz gesteigert werden. Im gleichen Sinne wirkte Schilddrüsensubstanz, die durch erhöhten Eiweißstoffwechsel größere Mengen Glykokoll aus den Geweben frei machen konnte. Diese gesteigerte Hippursäureausscheidung bei Kaninchen, die Benzoat erhielten, durch gleichzeitige Gabe von Glykokoll kann nach W. H. Griffith und H. B. Lewis[3] nicht auf einer Anregung der sekretorischen Nierenfunktion beruhen, da äquivalente Na-Hippuratmengen, intravenös gereicht, in der Versuchszeit vollständig ausgeschieden wurden. Ebenso kann eine schnellere Absorption des Benzoates vom Darm aus durch einen vom Glykokoll ausgeübten Absorptionsreiz nicht die Ursache sein, denn die Zunahme trat ebenso ein, wenn das Benzoat intravenös, das Glykokoll peroral oder subcutan gereicht wurde. Auch die Anregung des allgemeinen Stoffwechsels kommt nicht in Betracht, denn das in dieser Richtung gleichfalls wirksame Alanin steigert die Hippursäureausscheidung nicht. Die Erscheinung kann also wohl nur auf eine Steigerung der Hippursäurebildung infolge des reichlich im Organismus vorhandenen Glykokolls zurückgeführt werden. Weitere Versuche ergaben, daß ebensowenig wie Alanin, Cystin, Leucin, Norleucin, Isovalin, Asparaginsäure, Glykolsäure, Glykolaldehyd, Glucose, Harnstoff oder Na-Acetat die Hippursäureausscheidung steigerten.

Nach G. Bignami[4, 5] wird nach Verabreichung von Na-Benzoat vom Menschen nur ein Teil als Hippursäure ausgeschieden (von 20—42 g höchstens 21 g), da dem Körper nach dem Verfasser nur eine begrenzte Glykokollmenge (13 g) täglich zur Verfügung stehen soll. Die restliche Menge Benzoesäure wird frei oder an Glucuronsäure gebunden ausgeschieden. Nach dem Verfasser[6] ist also auch beim Menschen die Niere der wesentliche Ort der Hippursäuresynthese. Normalerweise werden über 90% eingeführten Benzoates an Glykokoll gebunden. Bei fast allen Nierenkrankheiten soll die Ausscheidung verzögert und die Synthese vermindert sein, so daß dadurch eine wichtige klinische Methode der Nierenfunktionsprüfung gegeben ist.

Nach J. Neuberg[7] werden bei peroraler Na-Benzoatgabe von 10—15 g an Menschen etwa 90% als Hippursäure und wahrscheinlich 7,5—11% als Benzoeglucuronsäure im Harn ausgeschieden.

Da nach F. B. Kingsbury und W. W. Swanson[8] beim Menschen keine beachtenswerte Hippursäurebildung aus Benzoesäure in der Niere stattfindet, läßt sich die Bestimmung der Hippursäure im 3-Stundenharn nach Eingabe von 2,4 g Na-Benzoat als Funktionsprüfung der Niere besonders für Grenzfälle verwenden.

Thyroxin führt nach A. Schittenhelm und B. Eisler[9] die bei Myxödem verminderte Hippursäuresynthese aus exogener Benzoesäure zur Norm zurück.

Nach Verfütterung von 1—5 g Benzoesäure an Hunde lassen sich nach A. J. Quick[10] stets etwa 0,8—1 g als Hippursäure, der Rest an Glucuronsäure gebunden wiederfinden.

---

[1] W. H. Griffith: J. of biol. Chem. **69**, 197—208 — Chem. Zbl. **1926 II**, 2736 — Proc. Soc. exper. Biol. a. Med. **23**, 750—751 (1926) — Ber. Physiol. **38**, 233 — Chem. Zbl. **1927 I**, 1702.

[2] W. H. Griffith u. H. B. Lewis: J. of biol. Chem. **57**, 697—707 (1923) — Chem. Zbl. **1924 I**, 570.

[3] W. Griffith u. H. B. Lewis: J. of biol. Chem. **57**, 1—24 — Chem. Zbl. **1923 III**, 1329.

[4] G. Bignami: Biochemica e Ter. sper. **11**, 383—393 (1924) — Ber. Physiol. **30**, 418—419 — Chem. Zbl. **1925 II**, 944.

[5] G. Bignami u. L. Boracchia: Boll. Soc. med.-chir. Pavia **36**, 121—138 — Ber. Physiol. **27**, 336 (1924) — Chem. Zbl. **1925 I**, 251.

[6] G. Bignami: Arch. Pat. e Clin. med. **3**, 592—636 (1924) — Ber. Physiol. **31**, 99—100 — Chem. Zbl. **1925 II**, 1484.

[7] J. Neuberg: Biochem. Z. **145**, 249—273 — Chem. Zbl. **1924 I**, 2717.

[8] F. B. Kingsbury u. W. W. Swanson: Arch. int. Med. **28**, 220—236 (1921) — Ber. Physiol. **10**, 418—419 — Chem. Zbl. **1922 II**, 613. — F. B. Kingsbury: Arch. int. Med. **32**, 175—187 (1923) — Ber. Physiol. **22**, 429—430 — Chem. Zbl. **1924 I**, 2725.

[9] A. Schittenhelm u. B. Eisler: Z. exper. Med. **61**, 239—277 — Chem. Zbl. **1928 II**, 459.

[10] A. J. Quick: J. of biol. Chem. **67**, 477—489 — Chem. Zbl. **1926 I**, 3345.

Gleichzeitige Fütterung von Glykokoll erhöht den als Hippursäure ausgeschiedenen Anteil nur wenig.

Das Verhältnis zwischen Hippursäure und mit Glucuronsäure gekuppelter Benzoesäure ist nach A. J. Quick[1] beim Hunde etwa 3:1, dabei ist es gleichgültig, ob die Benzoesäure direkt verfüttert oder durch Oxydation aus Zimtsäure oder Phenylpropionsäure im Organismus entstanden ist. Im 24-Stundenharn werden von der verfütterten Benzoesäure 80% und noch mehr als Hippursäure oder an Glucuronsäure gekuppelt ausgeschieden. In weiteren Versuchen findet A. J. Quick[2], daß Monobenzoylglucuronsäure im menschlichen Organismus gespalten und die Benzoesäure völlig als Hippursäure ausgeschieden wird, während beim Hund nur ein Teil der Benzoylglucuronsäure gespalten und als Hippursäure ausgeschieden wird. Nach dem Verfasser wird beim Hunde zunächst alle Benzoesäure mit Glucuronsäure gekuppelt, so daß die Hippursäure erst aus der Benzoesäure entsteht, die durch Rückspaltung der Benzoylglucuronsäure frei wird.

Y. Komori, Y. Sendju, J. Sagara und M. Takamatsu[3] können bestätigen, daß Benzoesäure und Phenylpropionsäure — nach subcutaner Injektion der Na-Salze der Phenylpropionsäure — im Organismus des Frosches in Hippursäure umgewandelt werden. Weiterhin wurden aus dem Harn von Schildkröten nach Injektion von insgesamt 10 g Benzoesäure 73 mg Hippursäure neben 2,3 g unveränderter Benzoesäure isoliert.

Nach C. E. Koch[4] ist bei gleicher Benzoatgabe die Hippursäureausscheidung beim Kaninchen und Hunde bei einem p_H von 5,5—8,2 gleich. Bei einem hungernden Hunde ist die Hippursäuresynthese vermindert.

Bei Verabreichung von 1,8 g Na-Benzoat auf 1 qm Körperoberfläche war nach F. B. Kingsbury[5] die Hippursäureausscheidung annähernd konstant, im allgemeinen ohne Beziehung zur Ausscheidung des Wassers, meist 85% der berechneten Menge. — 80% sprechen für Niereninsuffizienz. In einer weiteren Versuchsreihe, in der 50 mg Na-Benzoat pro 1 kg Körpergewicht gegeben wurde, war die ausgeschiedene Hippursäure, bezogen auf 1 kg, dem Harnvolumen proportional.

W. H. Griffith[6] untersuchte die Hippursäureausscheidung bei Kaninchen bis 6 Stunden nach innerlicher Eingabe. Die Ausscheidung wurde durch Hippursäuresalz mit Glykokoll gesteigert, was dadurch erklärt wird, daß die durch Hydrolyse der eingeführten Hippursäure im Darm gebildete Benzoesäure mit dem überschüssigen Glykokoll rasch synthetisiert wird. Von Dünndarmschlingen, die Na-Benzoat schnell absorbieren, wurde das Hippurat nur langsam resorbiert.

E. Widmark und K. Jensen-Carlen[7] zeigten, daß bei Gegenwart von Kohlehydraten in der Nahrung die Hippursäuresynthese im menschlichen Organismus leichter erfolgt als bei Ausschaltung der Kohlehydrate, so daß im letzteren Falle die Menge der ausgeschiedenen Hippursäure stark vermindert und die zugeführte Benzoesäure größtenteils unverändert ausgeschieden wurde.

Versuche am Schwein über die Abhängigkeit der Hippursäurebildung von der Nahrung und deren Glykokollgehalt ergaben nach F. A. Csonka[8] folgendes: Bei ausschließlicher Verfütterung von Stärke werden von 16 g Benzoesäure 60% als Hippursäure ausgeschieden. Bei gleichzeitiger Caseinverfütterung mit Benzoesäure ist die Hippursäurebildung etwas höher, dabei ist zu beobachten, daß bei Ausnützung allen verfügbaren Glykokolls ein Maximum in der Hippursäurebildung erreicht wird, das auch durch eine Steigerung des Casein-N in der Diät von 6,16 auf 12,32 g oder die der Benzoesäure von 16 auf 24 g nicht überschritten wird. Bei Glykokollzusatz oder Zusatz von präformiertem Glykokoll (Gelatine in molaren Äquivalenten) werden 85—89% der Benzoesäure als Hippursäure ausgeschieden. Wird Glykokoll

---

[1] A. J. Quick: J. of biol. Chem. **77**, 581—593 — Chem. Zbl. **1928 II**, 585.
[2] A. J. Quick: J. of biol. Chem. **80**, 535—541 (1928) — Chem. Zbl. **1929 I**, 1368.
[3] Y. Komori, Y. Sendju, J. Sagara u. M. Takamatsu: J. of Biochem. **6**, 21—26 — Chem. Zbl. **1926 II**, 787.
[4] C. E. Koch: Arch. f. exper. Path. **121**, 83—88 — Chem. Zbl. **1927 I**, 2664.
[5] F. B. Kingsbury: Proc. Soc. exper. Biol. a. Med. **20**, 405—408 (1923) — Ber. Physiol. **25**, 455 — Chem. Zbl. **1924 II**, 1361.
[6] W. H. Griffith: J. of biol. Chem. **66**, 671—681 (1925) — Chem. Zbl. **1926 I**, 2597.
[7] E. Widmark u. K. Jensen-Carlen: C. r. Soc. Biol. Paris **90**, 1185—1186 — Chem. Zbl. **1924 II**, 493 — Biochem. Z. **179**, 272—275 (1926) — Chem. Zbl. **1927 I**, 1612.
[8] F. A. Csonka: J. of biol. Chem. **60**, 545—581 — Chem. Zbl. **1924 II**, 1949 — Proc. Soc. exper. Biol. a. Med. **21**, 169—170 — Ber. Physiol. **25**, 209 — Chem. Zbl. **1924 II**, 1222.

im Überschuß mit Casein verfüttert, so wird der Proteinstoffwechsel nicht beeinflußt, während ihn ein Zusatz von Benzoesäure steigert. Die in der verfütterten Fleischration enthaltene Menge Glykokoll hat kaum einen Einfluß auf die Hippursäurebildung, 66% Benzoesäure werden als Hippursäure ausgeschieden. Die Hippursäureausscheidung ist also direkt abhängig von der verfügbaren Menge Glykokoll, ist am höchsten bei Gelatine, niedriger bei Casein und am niedrigsten bei ausschließlicher Verabfolgung von Benzoesäure. Während nun die Hippursäureausscheidung direkt proportional dem Glykokollgehalte der Nahrung ist, steht die Glucuronsäureausscheidung im umgekehrten Verhältnisse zum Glykokollgehalte der Nahrung.

W. H. Griffith[1] kann nachweisen, daß grüne Gemüsenahrung die Hippursäurebildung nicht beeinflußt. Die Angaben von W. H. Griffith über die Unabhängigkeit des Hippursäuregehaltes im Harn auch bei Ernährung mit Grünfutter können von E. Abderhalden und E. Wertheimer[2] bestätigt werden.

F. Rogozinski und M. Starzewska[3] berichten über die Muttersubstanzen der im Harn von Wiederkäuern auftretenden Hippursäuremengen, die nach ihnen in erster Linie in den in verdünntem kalten Alkali löslichen Extrakten von Heu und Stroh zu suchen sind und erst in untergeordneter Weise im Lignin und in den Eiweißsubstanzen.

Nach G. D. Delprat und G. H. Whipple[4] wird zwar bei Hunden nach schwerer Nekrose der Leberzellen durch Chloroform die Hippursäurebildung und Ausscheidung verzögert, doch unterbleibt die Synthese nicht vollkommen, so daß nach den Verfassern wahrscheinlich noch andere Zellen an ihrer Synthese beteiligt sind.

Nach Versuchen von A. Palladin und D. Zuwerkalow[5] wird die Fähigkeit zur Hippursäuresynthese bei der Mehrzahl von Meerschweinchen bei Skorbut vermindert, da eingespritzte Benzoesäure gegen Ende in einer prozentual geringeren Menge als Hippursäure ausgeschieden wird als von normalen Tieren. Ferner nimmt die Spontanausscheidung der Hippursäure bei allen skorbutkranken Tieren bereits in der Periode ab, wo die Futteraufnahme sich noch nicht vermindert.

Bei Versuchen mit Benzylalkohol, Benzylestern von Essigsäure, Zimtsäure, Hydrozimtsäure, Benzoesäure, Valeriansäure und mit Spasmyl (Gehe) beim Menschen zeigte sich nach J. Snapper, A. Grünbaum und S. Sturkop[6], daß innerhalb der ersten 12 Stunden nach der Darreichung 80—90% der theoretischen Menge Benzoesäure in Form von Hippursäure ausgeschieden werden, fast ebenso schnell und in ebenso großer Menge wie nach entsprechender Menge von Na-Benzoat.

S. L. Diack und H. B. Lewis[7] vergleichen die Geschwindigkeit der Hippursäureausscheidung beim Kaninchen durch die Niere nach peroraler Verabreichung von Benzylalkohol und Na-Benzoat. Die Ausscheidung bei Benzylalkohol ist nur sehr wenig geringer als die bei Benzoat. Außerdem wurde die Hippursäureausscheidung nach Verabreichung von Mono- und Dibenzylbernsteinsäureester untersucht.

Nach J. H. Crowdle und C. P. Sherwin[8] entsteht nach p-Oxybenzaldehydgabe bei niederen Tieren im Gegensatz zu Menschen und Vögeln p-Oxyhippursäure. m-Nitrobenzaldehyd wird vom Hunde in m-Nitrohippursäure verwandelt und m-Aminobenzoesäure wird als m-Uraminobenzoesäure oder m-Aminohippursäure ausgeschieden.

o- und p-Brom- und p-Jodbenzoesäure wurden nach N. J. Novello, S. R. Miriam und C. P. Sherwin[9] von Kaninchen zu den entsprechenden Hippursäuren verarbeitet, während Hunde p-Chlor-, o-, m- und p-Brom- und o-, m- und p-Jodbenzoesäure zu den entsprechenden Hippursäuren synthetisierten.

---

[1] W. H. Griffith: J. of biol. Chem. **64**, 401—408 — Chem. Zbl. **1925 II**, 1999.
[2] E. Abderhalden u. E. Wertheimer: Pflügers Arch. **209**, 611—612 (1925) — Chem. Zbl. **1926 I**, 714.
[3] F. Rogozinski u. M. Starzewska: Bull. Acad. Polon. Sci. Lettres, Serie B. Sciences natur. **1926**, 157—175 — Ber. Physiol. **40**, 789 — Chem. Zbl. **1927 II**, 2205.
[4] G. D. Delprat u. G. H. Whipple: J. of biol. Chem. **49**, 229—246 (1921) — Chem. Zbl. **1922 I**, 660.
[5] A. Palladin u. D. Zuwerkalow: Biochem. Z. **195**, 8—13 (1928) — Chem. Zbl. **1929 II**, 2067.
[6] J. Snapper, A. Grünbaum u. S. Sturkop: Nederl. Tijdschr. Geneesk. **68 II**, 3125—3133 (1924) — Chem. Zbl. **1925 I**, 702.
[7] S. L. Diack u. H. B. Lewis: J. of biol. Chem. **77**, 89—95 — Chem. Zbl. **1928 II**, 911.
[8] J. H. Crowdle u. C. P. Sherwin: J. of biol. Chem. **55**, 15—31 (1923) — Chem. Zbl. **1923 I**, 859.
[9] N. J. Novello, S. R. Miriam u. C. P. Sherwin: J. of biol. Chem. **67**, 555—566 — Chem. Zbl. **1926 II**, 257.

Nach C. A. L. Schmidt und W. E. Scott[1] wurden bei gleichzeitiger Verfütterung von Benzoesäure und Taurin an Hunde und Menschen Hippursäure und Benzoesäure, aber keine merkliche Menge Benzoyltaurin ausgeschieden.

Nach Durchströmung der Nieren von Hunden und Schweinen mit Phenylpropionsäure und Glykokoll wurde von J. Snapper und A. Grünbaum[2] Hippursäure im Blute nachgewiesen, so daß in der Niere die Oxydation der Phenylpropionsäure zur β-CH_2-Gruppe mit Bildung von Benzoesäure erfolgt.

Phenylvaleriansäure, Phenyl-α, β-pentensäure und Phenyl-β, γ-pentensäure werden nach A. J. Quick[3] von Hunden als Benzoesäure und zwar zu $^1/_3$ mit Glykokoll gekuppelt als Hippursäure ausgeschieden, während Phenyl-β-oxypropionsäure nur zu 25% zu Benzoesäure oxydiert wird, von der die Hälfte als Hippursäure ausgeschieden wird. Vom Acetophenon wird der Teil, der zur Benzoesäure oxydiert wird, fast vollständig als Hippursäure ausgeschieden.

Nach subcutanen Gaben von β-Phenyl-i-buttersäure als Na-Salz an Hunde und Katzen wurden im Harn von H. D. Kay und H. St. Raper[4] Benzoesäure und Hippursäure (77% der Theorie) gefunden.

Nach subcutaner Darreichung von 6 g Methylphenylcarbinol an Kaninchen wurden von H. Thierfelder und E. Klenk[5] neben Mandelsäure methylphenylcarbinolglucuronsaures K und 1,23 g Hippursäure nachgewiesen. Ebenso ließ sich nach intraperitonealer Darreichung von Hexaphenyläthylketon im Harn Benzoesäure bzw. Hippursäure feststellen.

Wurden einem Hunde in 2 Tagen 7 g Toluol verfüttert, so ließen sich nach F. Knoop und M. Gehrke[6] 12 g Hippursäure aus dem Harn isolieren, während nach Verfütterung von Dibenzyl, Benzhydrol und Desoxybenzoin keine merklichen Mengen von Benzoesäure oder Hippursäure gebildet wurden.

Nach J. Snapper und A. Grünbaum[7] trat durch Akineton, die Phthalylverbindung des Benzylamins, im Gegensatz zur Benzylverbindung keine vermehrte Ausscheidung von Hippursäure auf.

Bei peroraler Verabreichung oder intravenöser Injektion von β-Triphenylpropionsäure an Kaninchen wurde nach H. D. Dakin[8] neben 55—72% der unveränderten Säure nur noch die normale Menge Hippursäure aus dem Harn isoliert.

M. Sekine[9] zeigte, daß nach subcutaner Phenylalanininjektion bei Hunden und Kaninchen eine vermehrte Hippursäurebildung auftrat, so daß nach dem Verfasser die Hippursäurebildung auch ohne Darmfäulnis stattfinden kann. Ebenso wurde Hippursäure aus Phenylalanin in der überlebenden Niere gebildet. Dagegen wurden subcutan injizierte Phenylbrenztraubensäure und Phenylmilchsäure, Phenylbrenztraubensäure auch in der überlebenden Niere nicht in Hippursäure umgewandelt.

Nach A. A. Christomanos[10] nimmt nach subcutaner Verabreichung einer Öllösung mit 7—8% Diphenylenoxyd beim Kaninchen die Hippursäureausscheidung zu.

J. Brakefield und C. L. A. Schmidt[11] zeigten, daß nach Abbindung des Galleganges Kaninchen und Hunde etwa 60% weniger Hippursäure als normale Tiere unter gleichen Ernährungsbedingungen ausschieden. Auch beim Hunde wurde die Ausscheidung zugeführter Benzoesäure in gepaartem Zustande durch die gleiche Operation um etwa $^1/_3$ herabgesetzt.

Versuche von H. B. Lewis und W. G. Karr[12] an jungen Männern ergaben, daß Na-Hippurat, peroral verabreicht, den Harnsäure- und Kreatiningehalt des Harnes unverändert

---

[1] C. A. L. Schmidt u. W. E. Scott: Proc. Soc. exper. Biol. a. Med. **19**, 403—408 (1922) — Ber. Physiol. **15**, 237 (1922) — Chem. Zbl. **1923 I**, 859.
[2] J. Snapper u. A. Grünbaum: Nederl. Tijdschr. Geneesk. **68 I**, 2856—2862 — Chem. Zbl. **1924 II**, 1602.
[3] A. J. Quick: J. of biol. Chem. **80**, 515—526 (1928) — Chem. Zbl. **1929 I**, 1368.
[4] H. D. Kay u. H. St. Raper: Biochemic. J. **18**, 153—160 — Chem. Zbl. **1924 I**, 2442.
[5] H. Thierfelder u. E. Klenk: Hoppe-Seylers Z. **141**, 13—28 (1927) — Chem. Zbl. **1925 I**, 861.
[6] F. Knoop u. M. Gehrke: Hoppe-Seylers Z. **146**, 63—71 — Chem. Zbl. **1925 II**, 2004.
[7] J. Snapper u. A. Grünbaum: Nederl. Tijdschr. Geneesk. **69 I**, 443—447 — Chem. Zbl. **1925 I**, 1506.
[8] H. D. Dakin: J. of biol. Chem. **67**, 341—350 — Chem. Zbl. **1926 II**, 1064.
[9] M. Sekine: Hoppe-Seylers Z. **164**, 226—235 — Chem. Zbl. **1927 I**, 3104.
[10] A. A. Christomanos: Hoppe-Seylers Z. **181**, 182—184 — Chem. Zbl. **1929 I**, 2553.
[11] J. Brakefield u. C. L. A. Schmidt: Proc. Soc. exper. Biol. a. Med. **21**, 206 — Ber. Physiol. **25**, 455—456 — Chem. Zbl. **1924 II**, 1361.
[12] H. B. Lewis u. W. G. Karr: J. of biol. Chem. **25**, 13—20 (1916) — Chem. Zbl. **1922 I**, 588.

läßt, aber die Hippursäureausscheidung gegenüber derjenigen herabsetzt, die bei Benzoatgabe stattfindet.

Über die Wirkung der Hippursäure auf die Harnbildung in der Froschniere berichtet G. Watzadse[1].

Nach D. Rapport, R. Weiss und F. A. Csonka[2] hatte die Hippursäurebildung bei einem jungen Schweine unter den verschiedensten Diätbedingungen keinen Einfluß auf die Wärmebildung. Ebenso war die Zufuhr von 10 g Hippursäure ohne Einfluß.

O. Schürch[3] untersuchte die Hautreaktion von Na-Hippurat an normalen und ekzematösen Personen.

Über Versuche zur Klärung der Frage zur Herkunft des Glykokolls für die Hippursäurebildung bei Zufuhr von Benzoesäure berichtet J. P. Hofstee[4].

Nach B. M. Hendrix und J. P. Sanders[5] wird bei hungernden Hunden das Na von hippursaurem Na quantitativ zurückgehalten.

Nach J. A. Smorodinzew[6] wird durch Histocym nicht nur Hippursäure, sondern auch deren Homologe gespalten. Auch die Histocyme aus anderen Organen von Hunden (Nieren, Leber, Milz, Lungen, Herz und Skelettmuskeln), aus den Nieren von Kälbern, Ochsen und Pferden spalten die Hippursäure.

Nach A. Clementi[7] wird die Hydrolyse der Hippursäure zu Benzoesäure und Glykokoll in vitro durch Nierenbrei von Schwein, Hund, weißer Ratte, Meerschweinchen und durch Leberbrei von Schwein in Gegenwart von Toluol bewirkt, während die Wirkung des Leberbreis von Hund und Meerschweinchen zweifelhaft war. Nach längerem Kochen waren die Organbreie wirkungslos, während die aus den wässerigen Extrakten der genannten Organe mit Alkohol erhaltenen Niederschläge wirksam waren. Es handelt sich also um ein spezifisches Ferment, Hippuricase, da Pankreas- und Darmsaft der genannten Tiere Hippursäure nicht aufzuspalten vermögen.

Hippursäure wird nach H. Kimura[8] wenig oder gar nicht durch Leber und Niere vom Kaninchen, vollständig durch Leber und Niere vom Schwein und durch Nierenextrakt vom Hunde gespalten. Pankreassaft spaltet Hippursäure fast gar nicht.

Im Dickdarm des Kaninchens wurden Hippursäure und Benzoylalanin nach W. H. Griffith und P. B. Cappel[9] gespalten, wahrscheinlich durch ein intracelluläres Histocym von Darmbakterien. Nach Eingabe von Benzoyl-α-aminobuttersäure, die durch das Histocym nicht gespalten wurde, konnte keine Hippursäure aus dem Harn isoliert werden, wohl aber nach Benzoylalaninverabreichung.

Ein aus Schweinsnieren und Hundemuskeln dargestelltes Histocympräparat baute nach T. Shizuaki[10] Dibenzoyl-l-tyrosin und Dibenzoyl-l-leucin in schwächerem Grade ab als Hippursäure.

Die Enzyme von Aspergillus flavus greifen nach A. K. Thakur und R. V. Norris[11] im Gegensatz zu anderen Aminosäuren Hippursäure nicht an.

Nach Versuchen von Th. Bokorny[12] wirkt Hippursäure für die Keimlinge in der Keimschale giftig. Erst bei einer Konzentration von 0,09% hört diese Wirkung auf. Sie ist nach dem Verfasser auf die bei der Spaltung entstehende Benzoesäure zurückzuführen. Bei Topfpflanzen

---

[1] G. Watzadse: Pflügers Arch. **219**, 694—705 — Chem. Zbl. **1929 II**, 3030.

[2] D. Rapport, R. Weiß u. F. A. Csonka: J. of biol. Chem. **60**, 583—601 — Chem. Zbl. **1924 II**, 1950.

[3] O. Schürch: Klin. Wschr. **4**, 11—13 — Chem. Zbl. **1925 I**, 1506.

[4] J. P. Hofstee: Nederl. Tijdschr. Geneesk. **68 I**, 1139—1144 — Chem. Zbl. **1924 I**, 2443.

[5] B. M. Hendrix u. J. P. Sanders: J. of biol. Chem. **58**, 503—513 (1923) — Chem. Zbl. **1924 I**, 1956.

[6] J. A. Smorodinzew: Hoppe-Seylers Z. **124**, 123—139 (1923) — Chem. Zbl. **1923 I**, 976.

[7] A. Clementi: Atti Accad. naz. Lincei [5] **32 II**, 172—174 (1923) — Chem. Zbl. **1924 I**, 2437.

[8] H. Kimura: J. of Biochem. **10**, 207—223 — Chem. Zbl. **1929 II**, 580.

[9] W. H. Griffith u. P. B. Cappel: J. of biol. Chem. **66**, 683—690 (1925) — Chem. Zbl. **1926 I**, 2598.

[10] T. Shizuaki: Acta Scholae med. Kioto **6**, 467—470 (1924) — Ber. Physiol. **33**, 203 (1925) — Chem. Zbl. **1926 I**, 3240.

[11] A. K. Thakur u. R. V. Norris: J. Indiana Inst. Sci. A **11**, 141—160 (1928) — Chem. Zbl. **1929 I**, 1013.

[12] Th. Bokorny: Biochem. Z. **132**, 197—209 (1922) — Chem. Zbl. **1923 I**, 1285 — Allg. Brauer- u. Hopfenztg **63**, 180—182, 263—264 — Chem. Zbl. **1923 IV**, 212 — Allg. Brauer- u. Hopfenztg **65**, 59—61 — Chem. Zbl. **1925 I**, 2193.

gleichen sich die Unterschiede zwischen Hippursäure und Harnstoff mehr aus, da der Boden die Lösungen verdünnt und die in ihm vorkommenden Pilze die Hippursäure angreifen und unschädlich machen.

Nach Th. Bokorny[1] wird nicht der C, sondern der N der Hippursäure oder eines hippursauren Salzes von der Hefe ausgenützt. Allerdings ist die Ausnützung nicht so gut wie mit Harnstoff, da die abgespaltene Benzoesäure stört.

Von Chr. Barthel[2] wird gezeigt, daß Knöllchenbakterien auf festen Nährböden auch mit Hippursäure Bakteroide zu bilden vermögen.

Zusatz von 0,2% Na-Hippurat zu aufgeschlossenem Stroh führt nach C. Brahm[3] zu einer bedeutenden Steigerung der CO_2-Bildung durch Pansenbakterien.

Die entwicklungshemmende Wirkung von Hippursäure in einer Konzentration von 0,036 bis 2,00% auf Penicillium glaucum (hauptsächlich auf Sporen, bei starker Wirkung auch auf dessen Mycel), Micrococcus candicans, Bacillus coli und Sarcina flava auf einheitlichen, gegen Lackmus neutralen Nährböden) studierten Th. Sabalitschka und W. R. Dietrich[4].

Nach H. Coupin[5] kann Hippursäure für Penicillium glaucum sowohl als C- wie als N-Quelle dienen.

Die proteolytische Spaltung von Glycylglycin wird nach H. v. Euler und K. Josephson[6] durch Hippursäure gehemmt.

E. Abderhalden, E. Rindtorff und A. Schmitz[7] untersuchten den hemmenden Einfluß von Hippursäure auf die Spaltbarkeit von d, l-Leucylglycin und Glycyl-d, l-leucin durch Erepsin und von Benzoyl-d, l-leucylglycin und Phenylisocyanatglycyl-d, l-leucin durch Trypsinkinase, außerdem verglichen sie den Hemmungsgrad mit dem von anderen Aminosäuren und Aminen.

Nach E. W. Rockwood[8] beruht die fördernde Wirkung von Hippursäure auf Urease aus Jackbohnen oder auf Speichelamylase zum Teil darin, daß die Zerstörung der Enzyme beim Stehen der Lösung verhindert wird, doch ist sie zum weitaus größten Teile eine spezifische Aktivatorwirkung der Hippursäure.

O. Oestberg[9] untersuchte den Einfluß von Hippursäure auf die Oxydationsintensität der Citronensäuredehydrogenase.

Die Durchdrängungsfähigkeit der Hippursäureionen bei Berührung mit der Membran der roten Blutkörperchen ist nach R. Ege[10] 16, wenn die des Glutarsäureanions = 1 gesetzt wird.

Nach H. Vincent[11] werden selbst mehrfach tödliche Dosen Tetanustoxin durch Na-Hippuratzusatz unter geeigneten Bedingungen (wechselndes Mischungsverhältnis und verschieden lange Einwirkung bei 39°) völlig entgiftet, dabei wird das Blut des mit den Mischungen behandelten Tieres antitoxisch.

Physikalische Eigenschaften: Von P. R. Edwards[12] wurde die Oberflächenspannung wässeriger Hippursäurelösungen verschiedener Konzentrationen bei Zimmertemperatur nach der Methode von Ferguson bestimmt.

O. Blüh[13] bestimmte die Dielektrizitätskonstante wässeriger Hippursäurelösungen nach einer Methode von Fürth. Die Konstante dieser Lösungen war höher als die von Wasser. Die Dielektrizitätskonstanten-Konzentrations-Kurve zeigte nur ein Maximum.

Nach P. Gaubert[14] bildet die Hippursäure, der rhomboholoedrischen Krystallklasse angehörend, beim Erstarren aus der Schmelze unter Unterkühlungserscheinungen schrauben-

---

[1] Th. Bokorny: Allg. Brauer- u. Hopfenztg **1921**, 1413—1414, 1417—1418, 1421—1422 — Chem. Zbl. **1922 I**, 582 — Allg. Brauer- u. Hopfenztg **67**, 13 — Chem. Zbl. **1927 I**, 1761.
[2] Chr. Barthel: Ann. Inst. Pasteur **35**, 634—646 (1921) — Chem. Zbl. **1922 I**, 209.
[3] C. Brahm: Biochem. Z. **178**, 28—35 (1926) — Chem. Zbl. **1928 II**, 2573.
[4] Th. Sabalitschka u. W. R. Dietrich: Desinfektion **11**, 67—71, 94—104 (1926) — Chem. Zbl. **1927 I**, 2670.
[5] H. Coupin: C. r. Acad. Sci. Paris **185**, 963—965 (1927) — Chem. Zbl. **1928 I**, 1429.
[6] H. v. Euler u. K. Josephson: Hoppe-Seylers Z. **157**, 122—139 — Chem. Zbl. **1926 II**, 2977.
[7] E. Abderhalden, E. Rindtorff u. A. Schmitz: Fermentforsch **10**, 233—250 (1928) — Chem. Zbl. **1929 I**, 2320.
[8] E. W. Rockwood: J. amer. chem. Soc. **46**, 1641—1645 — Chem. Zbl. **1924 II**, 2168.
[9] O. Oestberg: Biochem. Z. **208**, 352—353 — Chem. Zbl. **1929 II**, 2905.
[10] R. Ege: C. r. Soc. Biol. Paris **91**, 779—781 — Chem. Zbl. **1924 II**, 2177.
[11] H. Vincent: C. r. Acad. Sci. Paris **186**, 1175—1177 — Chem. Zbl. **1928 II**, 262.
[12] P. R. Edwards: J. chem. soc. Lond. **127**, 744—747 — Chem. Zbl. **1925 I**, 2360.
[13] O. Blüh: Z. f. physik. Chem. **106**, 341—365 (1923) — Chem. Zbl. **1924 I**, 461.
[14] P. Gaubert: C. r. Acad. Sci. Paris **184**, 1565—1567 — Chem. Zbl. **1927 II**, 1426.

förmig aufgerollte Krystalle, die sich zwischen den gekreuzten Nicols bereits an den Maxima und Minima zeigenden Interferenzfarben erkennen lassen. Die schraubenförmige Aufrollung findet um die optische C-Achse statt.

Hippursäurekrystalle sind nach S. B. Elings und P. Terpstra[1] positiv piezoelektrisch.

A. Hettich und A. Schleede[2] untersuchten von Hippursäure die krystallographische Symmetrie nach neueren piezoelektrischen Methoden.

A. Castille und E. Ruppol[3] beschreiben von Hippursäure das Absorptionsspektrum für Ultraviolett zwischen 4800 und 1900 Å.

Chemische Eigenschaften: Nach E. Schmidt und K. Braunsdorf[4] ist Hippursäure ClO_2 gegenüber sehr beständig.

Nach N. O. Engfeldt[5] verbraucht 1 g Hippursäure in 48 Stunden von 284 ccm $^1/_{10}$n-NaOCl 216 ccm (= 76%) unter Bildung von Benzoesäure und Formaldehyd, wobei sich der Formaldehyd durch Zusatz von NH_3 mit Chloroform als Hexamethylentetramin extrahieren läßt. Dagegen wird nach N. O. Engfeldt[6] die Hippursäure durch Chloramin nicht oxydiert.

P. Brigl, R. Held und K. Hartung[7] untersuchten die Einwirkung von Hypobromit auf Hippursäure unter Bedingungen, die von Goldschmidt und Steigerwald[8] angegeben worden waren.

Nach H. Hotz[9] fällt Phosphorwolframsäure Hippursäure nicht aus.

Berylliumcarbonat wird nach S. Einhorn[10] durch eine wässerige Hippursäurelösung nicht gelöst.

Von L. Rosenthaler[11] wird der Einfluß von Hippursäure auf die Glucosebestimmung nach folgenden Verfahren: Allihn-Ambühl, Rupp, Lehmann, v. Fellenberg, Mohr (Bertrand), Willstätter-Schudel in der Abänderung von Auerbach-Bodländer und Pavy-Sahli nachgeprüft.

Nach E. Wertheimer[12] hemmt die Hippursäure im Gegensatz zu anderen Aminosäuren die spontane Oxydation von α-Naphthol und p-Phenylendiamin zu Indophenolblau nicht.

Im Gegensatz zu anderen Aminosäuren gibt Hippursäure mit p-Benzochinon und Toluchinon nach E. A. Cooper und S. D. Nicholas[13] keine Rotfärbung.

Die Xanthoproteinreaktion der Hippursäure ist nach E. Becher[14] im Vergleich zu der des Tryptophans oder Tyrosins schwächer.

G. Colombo[15] berichtet über Versuche zur Erhöhung der Lichtechtheit von zinnbeschwerter Seide mit Hippursäure und vergleicht deren Wirkung mit der des Thioharnstoffs.

M. R. Mehrotra und N. R. Dhar[16] bestimmten die Adsorption von Hippursäure durch frisch gefällte und gut ausgewaschene Kieselsäure. Das Adsorptionsvermögen wurde so bestimmt, daß eine SiO_2-Suspension mit der zu adsorbierenden Substanz versetzt, auf 100 ccm aufgefüllt und nach 24 Stunden die klare, überstehende Flüssigkeit untersucht wurde.

K. Ch. Sen[17] untersuchte die Adsorption von Hippursäure durch $Al(OH)_3$ und durch $Cr(OH)_3$.

Über die Oxydation von Hippursäure im Sonnenlicht mit Luftsauerstoff (evtl. ZnO als Katalysator) und über die Abhängigkeit des Umfanges der Oxydation von der Intensität des

---

[1] S. B. Elings u. P. Terpstra: Z. kristallogr. Min. **67**, 279—284 — Chem. Zbl. **1928 I**, 3040.
[2] A. Hettich u. A. Schleede: Z. Physik. **50**, 259—265 (1928) — Chem. Zbl. **1929 I**, 1892.
[3] A. Castille u. E. Ruppol: Bull. Soc. Chim. biol. Paris **10**, 623—668 — Chem. Zbl. **1928 II**, 622.
[4] E. Schmidt u. K. Braunsdorf: Ber. dtsch. chem. Ges. **55**, 1529—1534 — Chem. Zbl. **1922 III**, 520.
[5] N. O. Engfeldt: Hoppe-Seylers Z. **121**, 18—61 — Chem. Zbl. **1922 III**, 1054.
[6] N. O. Engfeldt: Hoppe-Seylers Z. **126**, 1—28 — Chem. Zbl. **1923 III**, 40.
[7] P. Brigl, R. Held u. K. Hartung: Hoppe-Seylers Z. **173**, 129—154 — Chem. Zbl. **1928 I**, 1778.
[8] Goldschmidt u. Steigerwald: Chem. Zbl. **1925 II**, 1169.
[9] H. Hotz: Schweiz. Apoth.-Ztg **61**, 77—84, 95—101 — Chem. Zbl. **1923 II**, 828.
[10] S. Einhorn: Bull. Soc. Chim. Romania **7**, 100—101 — Chem. Zbl. **1926 I**, 2895.
[11] L. Rosenthaler: Pharm. Zentralhalle **66**, 517—520 — Chem. Zbl. **1925 II**, 2014.
[12] E. Wertheimer: Fermentforschg **8**, 497—517 — Chem. Zbl. **1926 II**, 696.
[13] E. A. Cooper u. S. D. Nicholas: J. chem. Soc. Ind. **46**, T. 59—60 — Chem. Zbl. **1927 I**, 2203.
[14] E. Becher: Dtsch. Arch. klin. Med. **148**, 159—182 (1925) — Chem. Zbl. **1926 I**, 742.
[15] G. Colombo: Giorn. Chim. ind. appl. **3**, 405—407 (1921) — Chem. Zbl. **1922 II**, 161.
[16] M. R. Mehrotra u. N. R. Dhar: Z. anorg. u. allg. Chem. **155**, 298—302 — Chem. Zbl. **1926 II**, 2673.
[17] K. Ch. Sen: J. physik. Chem. **31**, 686—692 — Chem. Zbl. **1927 II**, 400 — J. physik. Chem. **31**, 922—930 — Chem. Zbl. **1927 II**, 1452.

Sonnenlichtes berichten C. C. Palit und R. M. Dhar[1]. Die Verfasser[2] studierten weiterhin die Oxydation von Hippursäure bei gewöhnlicher Temperatur in wässeriger Lösung durch Luft in Gegenwart von Reduktionsmitteln (z. B. $Fe(OH)_2$ oder $NaHSO_3$). In alkalischer Lösung erfolgt die Oxydation auch ohne diese Zusätze. Die Oxydation der Hippursäure wird durch Anwesenheit von Kohlehydraten oder fettsaurem K merklich vermindert.

Bei der Einwirkung von Acetanhydrid + Pyridin auf Hippursäure verhält sich diese nach H. D. Dakin und R. West[3] wie Glykokoll. 35—40% CO_2 werden abgespalten, Benzoesäure, Methylglyoxal als Hydrazon und 2, 5-Dimethylpyrazin nachgewiesen.

Derivate: Na-Hippurat. E. Kolshorn[4] stellte beständige Lösungen von Eiweißkörpern beliebiger Art, Fetten und Lipoiden, Lecithinen, Gehirnsubstanz und Milchfett, Aufschwemmungen von Organteilen und Mikroorganismen in Na-Hippuratlösungen her. Die Lösungen können eingedampft und wieder gelöst werden, so daß die Lösungen sterilisierbar sind.

Na-Hippurat $C_9H_8O_3NNa$. Krystallisiert schwer aus Wasser; aus Alkohol enthält es 1,5 Mol Krystallwasser, 1 Mol Krystallwasser bleibt auch nach dem Trocknen über H_2SO_4 zurück. Ein Na-Salz mit 0,5 Mol Krystallwasser war nicht zu erhalten[5].

K-Hippurat $C_9H_8O_3NK \cdot 1 H_2O$. Ist zerfließlich, die Formel von Schwarz[6] wird bestätigt[5].

Li-Hippurat $C_9H_8O_3NLi \cdot 2 H_2O$. Sehr leicht krystallinisch zu erhalten[5].

NH_4-Hippurat $C_9H_8O_3N \cdot NH_4$. Das Salz wird leicht erhalten, wenn es während des Eindampfens dauernd mit NH_3 gesättigt wird. Das Verfahren von McMaster[7] wird bestätigt. Das von Schwarz beschriebene saure Ammoniumhippurat ist eine Mischung von neutralem Salz und freier Hippursäure[5]. —

Hippursäureäthylester. Aus dem Ester entsteht mit der fünffachen Menge von PCl_5 (Wasserbad 3—4 Stunden), nach Entfernen von $POCl_3$, Lösen in Benzol, Behandeln mit Na-Alkoholat, Auswaschen mit Wasser, Entfernen des Benzoesäureäthylesters 2-Phenyl-5-äthoxy-oxazol, das aus wässeriger Lösung mit Äther extrahiert wird[8]. — Weiterhin wird aus Hippursäureäthylester mit P_2S_5 2-Phenyl-5-äthoxythiazol erhalten[9]. — Aus dem Hippursäureäthylester läßt sich mit P_2S_5 in Benzol Hippursäurethioäthylester darstellen[10]. — Hippursäureäthylester gibt mit C_2H_5MgBr 76 bzw. 57% 2-Benzoylamino-1, 2-diäthyläthanol-(1), in Anisol statt in Äther beträgt die Ausbeute 81%[4], mit C_6H_5MgBr gibt der Ester 63% 2-Benzoylamino-l, l-diphenyläthanol-(1)[11]. — Das Stabilitätsmaximum des Esters liegt bei 25° bei $p_H = 4,4$[12].

Hippursäurebenzylester. Aus Hippurylchlorid und Benzylalkohol, 10 Min. Wasserbad, kurz auf 130°, dann mit etwas Aceton verrühren. Aus Äther und Petroläther, Schmelzp. 91 bis 92°. Wird durch HCl in Hippursäure und Benzylchlorid gespalten[13].

Hippurylchlorid $C_9H_8O_2NCl$. Aus Hippursäure mit PCl_5 und CH_3COCl dargestellt, aus CH_3COCl umkrystallisiert[11]. — Säurechlorid gibt mit C_2H_5MgBr 2-Benzoylamino-1, 2-diäthyläthanol-(1), Ausbeute 46%[11]. — Hippursäurechlorid gibt mit Diazomethan in Äther eine Verbindung, die als Phenyloxydihydrometoxazin aufgefaßt wird[14].

Hippursäureamid. Aus dem Säureamid entsteht mit PCl_5 2-Phenyl-glyoxalon-5, das mit HCl in Hippursäure und wenig Benzoesäure aufgespalten wird[8].

---

[1] C. C. Palit u. M. R. Dhar: J. physik. Chem. **32**, 1263—1268 — Chem. Zbl. **1928 II**, 2549.

[2] C. C. Palit u. M. R. Dhar: J. physik. Chem. **32**, 1663—1680 (1928) — Chem. Zbl. **1929 I**, 1700.

[3] H. D. Dakin u. R. West: J. of biol. Chem. **78**, 91—105 — Chem. Zbl. **1928 II**, 1667.

[4] E. Kolshorn: D.R.P. 341607 v. 26. Juli 1916, ausg. 5. Okt. 1921 — Chem. Zbl. **1921 IV**, 1176.

[5] C. E. Corfield u. B. W. Melhuish: Pharmaceut. J. **111**, 97—98 — Chem. Zbl. **1923 III**, 1011.

[6] Schwarz: Ann. Pharm. **54**, 29 (1845).

[7] McMaster: J. amer. chem. Soc. **36**, 1923 — Chem. Zbl. **1915 I**, 657.

[8] P. Karrer u. Ch. Gränacher: Helvet. chim. Acta **7**, 763—780 — Chem. Zbl. **1924 II**, 985.

[9] E. Miyamichi: J. Pharm. Soc. Jap. **1926**, Nr 528, 16—18 — Chem. Zbl. **1926 I**, 3402.

[10] E. S. Gatewood u. T. B. Johnson: J. amer. chem. Soc. **48**, 2900—2905 (1926) — Chem. Zbl. **1927 I**, 438.

[11] K. Thomas u. F. Bettzieche: Hoppe-Seylers Z. **140**, 279—298 (1924) — Chem. Zbl. **1925 I**, 52.

[12] J. Bolin: Z. anorg. Chem. **177**, 227—252 (1928) — Chem. Zbl. **1929 I**, 1187.

[13] P. Ruggli, R. Ratti u. E. Henzi: Helvet. chim. Acta **12**, 332—361 — Chem. Zbl. **1929 II**, 42.

[14] P. Karrer u. R. Wiedmer: Helvet. chim. Acta **8**, 203—205 — Chem. Zbl. **1925 I**, 2228.

Hippursäureäthylamid $C_{11}H_{14}O_2N_2$. Aus Wasser. Schmelzp. 147—148°[1]. — Aus dem Säureamid entsteht mit PCl_5 1-Äthyl-2-phenyl-5-chlorimidazol[1]. — Aus 2 Mol. Hippursäureäthylamid entsteht mit der 4—5fachen Menge P_2O_5 (Wasserbad 7—8 Stunden) unter Austritt von 2 H_2O eine gelbe Verbindung, die als 2-Phenyl-4-glykokolläthylamidimino-benzyl-5-äthylimino-oxazolin angesehen wird[2].

Hippursäurediäthylamid $C_{13}H_{18}O_2N_2$. Aus Hippursäureäthylester und Diäthylamin bei Zimmertemperatur. Blätter aus verdünntem Methylalkohol. Schmelzp. 80—81°[3].

Hippurylguanidin $C_6H_5CO \cdot NH \cdot CH_2 \cdot CO \cdot NH \cdot C(NH) \cdot NH_2$. Aus 1 Mol. Hippursäureäthylester und Guanidin. Bei der Reaktion stieg die Temperatur auf 42°, NH_3 wurde nicht abgespalten. Reaktionsprodukt in Alkohol löslich, in Essigester, Aceton und anderen organischen Lösungsmitteln unlöslich. Produkt in kleinen Portionen aus Wasser umkrystallisieren (Temperatur darf 50—60° nicht übersteigen). Schmelzp. 138°. Ausbeute sehr gering. Biuret- und Anhydridreaktion negativ. Bei Verwendung von Hippursäuremethylester wurde keine in Wasser schwer lösliche Verbindung erhalten[4]. Pikrat, schwer löslich, zu Krystallbüscheln vereinigte kleine Nädelchen, ohne scharfen Schmelzp., Zersetzung oberhalb 320°[4].

Hippursäureanilid. Aus dem Säureanilid entsteht mit 2 Mol. PCl_5 in 1 Mol. Chloroform 1, 2-Diphenyl-5-chlorimidazol[1]. — Hippursäureanilid gibt eine grüne Biuretverbindung[5].

N-Benzylhippursäureäthylamid $C_{18}H_{20}O_2N_2$. Eindampfen des Amides mit einer $NaOCH_3$ Lösung im Vakuum bei tiefer Temperatur, Reaktion des Rückstandes mit Benzylchlorid. Ätherischer Auszug gibt nach Einengen und Stehen in Eis Krystalle und öliges Reaktionsprodukt. Erstere bilden nach Absaugen Nadeln aus Eisessig und Wasser, Nadelbüschel aus Toluol, Schmelzp. 117—119°[6].

N-Benzylhippursäurebenzyläthylamid $C_{25}H_{26}O_2N_2$. Öliges Produkt unter 1—2 mm fraktioniert. Hauptfraktion bei 230—240°, zäher, nicht erstarrender Sirup, meist leicht löslich[6].

o-Nitrobenzoylglykokoll $C_9H_8O_5N_2$. Aus Glykokollhydrochlorid und o-Nitrobenzoylchlorid durch Schütteln mit MgO. Filtrat ausäthern, ansäuern und wieder ausäthern. Aus Wasser. Schmelzp. 191°, wenig löslich in Äther[7]. — Bei Verfütterung von o-Nitrozimtsäure an Hunde wurde nach A. A. Christomanos[8] im Harn o-Nitrohippursäure neben nur geringen Mengen o-Nitrozimtsäure gefunden. Die Kynurensäureausscheidung war vermehrt. So fanden sich nach Eingabe von 3,5 g o-Nitrozimtsäure 0,328 g und 0,12 g o-Nitrohippursäure, nach 4,0 g: 0,62 und 0,14 g.

p-Nitrobenzylhippurat $C_{16}H_{14}O_5N_2$. Aus Na-Hippurat und p-Nitrobenzylhaloid in 63 proz. Alkohol. Schmelzp. 136°. 1 g löslich in 12 ccm heißem und in 750 ccm kaltem 63 proz. Alkohol[9].

Vanillidenhippursäure (p-Oxy-m-meth-oxy-α-benzoyl-aminozimtsäure) $C_{17}H_{15}O_5N$. Nadeln aus verdünntem Alkohol. Schmelzp. 214—215° unter Aufschäumen. Löslichkeit in siedendem Alkohol etwa 1:10. Die Lösungen in verdünnter NaOH, Soda und Na-Acetat sind gelb. Die Hydrierung in Alkohol mit Platinschwarz konnte auch bei 70° wegen zu langsamen Verlaufes nicht beendigt werden, doch wurde die Bildung von Benzoesäureäthylester, also Abspaltung der Benzoylgruppe, mit Sicherheit nachgewiesen[10].

α-Benzoylhippursäure, α-Benzoylbenzoylglykokolläthylester $C_{16}H_{13}O_4N$ bzw. $C_{18}H_{17}O_4N$. Durch Einwirkung von C_6H_5MgBr auf Phthalimidoessigester, Zersetzung durch kalten Eisessig, Ausäthern, Eindampfen des Äthers, Wasserdampfdestillation, Lösen des festen Kolbenrückstandes in Aceton, Abdampfen desselben, aus Benzol und Aceton. Schmelzp. 143—144°. Die freie Säure: Aufnehmen der Mutterlaugen der Ätherfraktionen der Grignardierungen in Äther,

---

[1] P. Karrer u. Ch. Gränacher: Helvet. chim. Acta **7**, 763—780 — Chem. Zbl. **1924 II**, 985.
[2] Ch. Gränacher: Helvet. chim. Acta **8**, 865—873 (1925) — Chem. Zbl. **1926 I**, 1408.
[3] Ch. Gränacher: Helvet. chim. Acta **8**, 211—217 — Chem. Zbl. **1925 I**, 2229.
[4] E. Abderhalden, H. Sickel u. Reich: Hoppe-Seylers Z. **180**, 75—89 — Chem. Zbl. **1929 II**, 578.
[5] L. Hugounenq, S. Florence u. E. Couture: Bull. Soc. Chim. biol. Paris **5**, 717—721 (1923) — Ber. Physiol. **24**, 171 (1924) — Chem. Zbl. **1924 II**, 465.
[6] Ch. Gränacher, G. Wolf u. A. Weidinger: Helvet. chim. Acta **11**, 1228—1241 (1928) — Chem. Zbl. **1929 II**, 528.
[7] F. Knoop u. H. Österlin: Hoppe-Seylers Z. **170**, 186—211 (1927) — Chem. Zbl. **1928 I**, 40.
[8] A. A. Christomanos: Hoppe-Seylers Z. **176**, 74—75 — Chem. Zbl. **1928 II**, 369.
[9] J. A. Lyman u. E. E. Reid: J. amer. chem. Soc. **39**, 701—711 — Chem. Zbl. **1921 I**, 19.
[10] E. Waser (mit H. Sommer u. H. Holzach): Helvet. chim. Acta **8**, 117—125 — Chem. Zbl. **1925 I**, 2225.

ausschütteln mit NaOH, ansäuern mit HCl. Schmelzp. 179°. Aus unreinen Teilen des Esters vom Schmelzp. 144° wurde die Säure mit dem Schmelzp. 183° erhalten. Die Säure wurde mit HCl in Benzoylbenzoesäure und Glykokoll gespalten[1].

α-Benzoylhippursäureäthylester $C_{18}H_{17}O_4N$. Aus α-Aminobenzoylessigsäureäthylesterchlorhydrat mit C_6H_5COCl in siedendem Benzol (16 Stunden), Nädelchen aus Alkohol. Schmelzpunkt 128—129°, unlöslich in Wasser, wenig löslich in kaltem Alkohol. Mit $FeCl_3$ in Alkohol allmählich intensiv rot[2].

α-Benzoylhippursäureäthylamid $C_{18}H_{18}O_3N_2$. Aus 2-Phenyl-4-glykolläthylamidiminobenzoyl-5-äthyliminoxazolin oder aus 2-Phenyl-4-benzoyl-5-äthyliminoxazolin mit 20proz. HCl (Wasserbad 1—2 Stunden). Nadeln aus Methylalkohol. Schmelzp. 197—198°, unlöslich in Wasser, wenig löslich in Äther, leicht löslich in Alkohol, Eisessig, langsam löslich in heißem Alkali unter Zersetzung. Mit $FeCl_3$ in Alkohol allmählich tief violettrot. Nicht acetylierbar[2].

Hippurylsalicylsäure $C_{16}H_{13}O_5N$. Aus Hippurylchlorid und Na-Salicylat in Benzol, warzenförmige Krystallgruppen. Schmelzp. 119°, unlöslich in kaltem Wasser, bei Erwärmen durch Wasser gespalten[3].

Hippurylsalicylsäure-phenylester $C_{22}H_{17}O_5N$. Aus Salolkalium. Schmelzp. 45°, gut löslich in indifferenten Lösungsmitteln, schon von kaltem Wasser stark angegriffen[3].

Benzalhippursäureazlacton. Gibt mit Glycinäthylester α-Benzaminocinnamoylglycinäthylester, mit Leucinäthylester α-Benzaminocinnamoylleucinäthylester und mit Alaninester α-Benzaminocinnamoylalaninäthylester[4].

p-Aminohippursäure $C_9H_{10}O_3N_2$. Durch Reduktion der Nitroverbindung mit NH_4SH, Prismen (aus heißem Wasser). Schmelzp. 199°. Löslich in Alkohol, Benzol, Chloroform, Aceton, unlöslich in kaltem Wasser, Äther und Tetrachlorkohlenstoff[5].

o-Chlorhippursäure $C_9H_8O_3NCl$. Aus Glykokoll und o-Chlorbenzoylchlorid nach Schotten-Baumann. Hellgelbe Blättchen aus heißem Wasser. Schmelzp. 176°. Leicht löslich in heißem Wasser, Alkohol, Essigester, unlöslich in Äther, Chloroform, Benzol und Petroläther[6].

Ca-o-Chlorhippurat. Unlöslich, amorph[6].

Ba-o-Chlorhippurat. Unlöslich, amorph[6].

Cu-o-Chlorhippurat. Grüne Blättchen aus heißem Wasser[6].

m-Chlorhippursäure $C_9H_8O_3NCl$. Aus Glykokoll und m-Chlorbenzoylchlorid, Nadelbüschel aus Wasser. Schmelzp. 143—144°. Leicht löslich in heißem Wasser, Alkohol, fast unlöslich in kaltem Wasser, Äther, Petroläther und Benzol[6].

p-Chlorhippursäure $C_9H_8O_3NCl$. Aus Glykokoll und p-Chlorbenzoylchlorid, unregelmäßige Blättchen aus Wasser. Schmelzp. 143°. Wenig löslich in kaltem Wasser, Äther, Petroläther und Tetrachlorkohlenstoff, leicht löslich in Alkohol und Essigester, heißem Wasser[6].

o-Bromhippursäure $C_9H_8O_3NBr$. Aus Glykokoll und o-Brombenzoylchlorid, Nadeln aus Wasser. Schmelzp. 192—193°. Unlöslich in kaltem Wasser, Butylalkohol, Äther, Petroläther, sehr leicht löslich in heißem Wasser und Essigester[6].

m-Bromhippursäure $C_9H_8O_3NBr$. Aus Glykokoll und m-Brombenzoylchlorid, Nadelbüschel aus Wasser. Schmelzp. 146—147°. Leicht löslich in heißem Wasser, Methylalkohol, Alkohol, Eisessig, wenig löslich in Benzol, Toluol, kaltem Wasser[6].

Ag-m-Bromhippurat. Amorph[6].

m-Bromhippursäureäthylester $C_{11}H_{13}O_3NBr$. Aus m-Bromhippuronitril in absolutem Alkohol durch gasförmige HCl, Öl. Kochp. 110—118°[6].

m-Bromhippuronitril $C_9H_7ON_2Br$. Aus Aminoacetonitrilsulfat und Brombenzoylchlorid unter zeitweiligem Zusatz von sehr verdünnter NaOH-Lösung. Schmelzp. 103,5—104,5°. Sehr leicht löslich in Methylalkohol, Alkohol, Eisessig, mäßig löslich in heißem Wasser und Äther, unlöslich in kaltem Wasser, Benzol und Toluol[6].

o-Jodhippursäure $C_9H_8O_3NJ$. Aus Glykokoll und o-Jodbenzoylchlorid, Nadeln aus

---

[1] F. Bettzieche, R. Menger u. K. Wolf: Hoppe-Seylers Z. **160**, 270—300 (1926) — Chem. Zbl. **1927 I**, 82.

[2] Ch. Gränacher: Helvet. chim. Acta **8**, 865—873 (1925) — Chem. Zbl. **1926 I**, 1408.

[3] H. P. Kaufmann u. M. Thomas: Arch. Pharmaz. **262**, 117—119 — Chem. Zbl. **1924 II**, 637.

[4] Ch. Gränacher u. M. Mahler: Helvet. chim. Acta **10**, 246—262 — Chem. Zbl. **1927 I**, 2543.

[5] J. B. Muenzen, L. C. Cerecedo u. C. P. Sherwin: J. of biol. Chem. **67**, 469—476 — Chem. Zbl. **1926 II**, 257.

[6] N. J. Novello, S. R. Miriam u. C. P. Sherwin: J. of biol. Chem. **67**, 555—566 — Chem. Zbl. **1926 II**, 257.

Wasser. Schmelzp. 170°, löslich in heißem Wasser, Äther, Alkohol, Essigester, Chloroform, schwer löslich in kaltem Wasser und Benzol[1].

m-Jodhippursäure $C_9H_8O_3NJ$. Aus Glykokoll und m-Jodbenzoylchlorid nur mühsam über das Ca-Salz erhältlich, Blättchen aus heißem Wasser. Schmelzp. 167—169°, ziemlich schwer löslich selbst in heißem Wasser, Äther, Alkohol, unlöslich in Aceton, Chloroform, Tetrachlorkohlenstoff und Benzol[1].

p-Jodhippursäure $C_9H_8O_3NJ$. Aus Glykokoll und p-Jodbenzoylchlorid, schwachgelbe Blättchen aus heißem Wasser. Schmelzp. 188—190°, wenig löslich in heißem Wasser, leicht löslich in Alkohol, Essigester, unlöslich in kaltem Wasser, Aceton, Äther und Tetrachlorkohlenstoff[1].

Thionhippursäure $C_9H_9O_2NS$. Durch Verseifung des Thionhippursäureäthylesters mit alkoholischem KOH bei Zimmertemperatur gewonnen. Krystalle aus heißem Wasser. Schmelzpunkt 148—150°, beständig in kaltem Alkali. Verliert seinen S beim Kochen mit Säuren oder Alkalilösungen[2].

Die Giftigkeit der Thionhippursäure und des Äthylhippurates ist nach J. v. Supniewski[3] dem S-Gehalt einigermaßen proportional. Die Vergiftungserscheinungen gleichen einer Sulfidvergiftung. Die Dosis letalis beträgt pro kg Maus etwa 3,0 g. Eine Wirkung auf den Blutzucker außerhalb toxischer Dosen war nicht feststellbar.

Thionhippursäureäthylester $C_{11}H_{13}O_2NS$. Aus Hippursäureäthylester mit P_2S_5 in Benzol gekocht, Benzol abdestilliert. Der ölige, tiefgelbe Rückstand erstarrt. Der Ester krystallisiert aus Petroläther in schwachgelben Nadeln. Schmelzp. 38—40°. Leicht löslich in Alkohol, Äther, Benzol, unlöslich in kaltem Wasser, wenig löslich in heißem Wasser. Der Ester kann selbst bei vermindertem Druck nicht unzersetzt destilliert werden[2].

Hexahydrohippursäureäthylester $C_{11}H_{19}O_3N$. Aus Hippursäureäthylester durch Hydrieren in Eisessig in Gegenwart von Platinoxyd. Aus Alkohol Schmelzp. 76°. Schmelzp. stimmt mit dem von Godchot[4] angegebenen überein[5].

C-Phenylglycin.

C-Phenylaminoessigsäure, C-Phenylglykokoll.

Bildung: Bei der Umsetzung von Benzil mit Ammoniumcyanid wird nach H. D. Dakin und C. R. Harington[6] in verschwindend geringer Menge Phenylglycin gebildet.

Darstellung: C. S. Marvel und W. A. Noyes[7] geben folgende Darstellung für d, l-Phenylglycin an: Eine Lösung von 100 g NaCN und 100 g NH_4Cl in 400 ccm H_2O wird zu einer Lösung von 212 g Benzaldehyd in 400 ccm Methanol gegeben. Nach Beendigung der Reaktion wird 1 l Wasser zugesetzt und mit 1 l Benzol extrahiert. Das Ammoniumcyanid wird aus der Benzollösung durch zweimaliges Schütteln mit 600 ccm HCl [HCl; D = 1,19 (1:1)] ausgezogen. Zur völligen Hydrolyse wird 2 Stunden gekocht, die freie Säure mit NH_4OH ausgefällt. Ausbeute 34—36%.

Durch 12stündiges Schütteln von Phenylglyoxylsäure in 30proz. NH_4OH mit $FeSO_4$ (= 1 H_2) entstanden nach F. Knoop und H. Oesterlin[8], wenn der $Fe(OH)_3$-Niederschlag mitaufgearbeitet wurde, 17% Phenylglycin. Bei Ersatz des $FeSO_4$ durch Cystein als Reduktionsmittel wurden 10% Phenylglycin erhalten.

Bestimmung: Nach F. Bettzieche[9] wird die Bestimmung der freien Carboxylgruppe vom Phenylglycin folgendermaßen durchgeführt: 0,05—0,1 g Aminosäure werden mehrmals verestert, im Vakuum getrocknet. Zum Esterchlorhydrat wird das aus 1 g Mg, 9 g C_6H_5Br

---

[1] N. J. Novello, S. R. Miriam u. C. P. Sherwin: J. of. biol. Chem. **67**, 555—566 — Chem. Zbl. **1926 II**, 257.
[2] E. S. Gatewood u. T. B. Johnson: J. amer. chem. Soc. **48**, 2900—2905 (1926) — Chem. Zbl. **1927 I**, 438.
[3] J. v. Supniewski: J. of Pharmacol. **28**, 317—323 (1926) — Chem. Zbl. **1927 I**, 486.
[4] Godchot: Bull. Soc. chim. France [4] **9**, 261 (1911).
[5] W. Langenbeck u. R. Hutschenreuter: Hoppe-Seylers Z. **182**, 305—310 — Chem. Zbl. **1929 II**, 1538.
[6] H. D. Dakin u. C. R. Harington: J. of biol. Chem. **55**, 487—494 — Chem. Zbl. **1923 I**, 1584.
[7] C. S. Marvel u. W. A. Noyes: J. amer. chem. Soc. **42**, 2259—2278 (1920) — Chem. Zbl. **1921 I**, 324.
[8] F. Knoop u. H. Oesterlin: Hoppe-Seylers Z. **170**, 186—211 (1927) — Chem. Zbl. **1928 I**, 40.
[9] F. Bettzieche: Hoppe-Seylers Z. **161**, 178—190 (1926) — Chem. Zbl. **1927 I**, 777.

oder 10 g $C_6H_5CH_2Br$ und 30 ccm Äther bereitete Grignardreagens zugegeben, $^1/_2$ Stunde zum Sieden erhitzt, mit 40 ccm eiskalter 10proz. H_2SO_4 zersetzt. Die Säureschicht wird nach dem Versetzen mit NH_3 ausgeäthert, der Äther mit 20proz. H_2SO_4 ausgeschüttelt, die H_2SO_4-Lösung nach 3stündigem Kochen mit Äther extrahiert und so das entsprechende Reaktionsprodukt isoliert.

Biochemische Eigenschaften des l-Phenylglycins. Über das gleiche Verhalten des Phenylglycins und der Phenylaminobuttersäure im Organismus berichten F. Knoop und J. G. Blanco[1].

Phenylglycin hat nach J. Q. Quigley und A. D. Hirschfelder[2] nur eine schwach lokalanästhesierende Wirkung.

Nach F. C. Happold und H. St. Raper[3] findet im Gegensatz zu Versuchsergebnissen von Chodat und Schweizer[4] bei der Einwirkung von Tyrosinase aus Kartoffeln auf Phenylglycin keine Bildung von Aldehyd statt, ebenso wird weder NH_3 frei, noch sinkt der Amino-N-Gehalt.

Bei der Einwirkung von Oidium lactis auf d, l-Phenylglycin wird nach M. Chikano und T. Kitano[5] vor allem die d-Verbindung in Phenylglyoxylsäure, l-Mandelsäure und Benzoesäure gespalten, während die l-Form schwer angreifbar ist.

Biochemische Eigenschaften des d-Phenylglycins: Über die Spaltung des d-Phenylglycins durch Oidium lactis berichten M. Chikano und T. Kitano[5], siehe unter l-Phenylglycin, biochemische Eigenschaften.

Biochemische Eigenschaften des d, l-Phenylglycins: Über die Spaltung des d, l-Phenylglycins durch Oidium lactis berichten M. Chikano und T. Kitano[5], siehe unter l-Phenylglycin, biochemische Eigenschaften.

Physikalische Eigenschaften des l-Phenylglycins: l-Phenylaminoessigsäure krystallisiert nach G. L. Clark und G. R. Yohe[6] im orthorhombischen System, Raumgruppe $C_{2v}5$. Der Elementarkörper, der 4 Mol. enthält, hat die Dimensionen a = 15,2, b = 5,05, c = 9,66 Å (Achsenverhältnis 3,01:1:1,91). d- und l-Form lassen sich, mittels Röntgenstrahlen untersucht, nicht unterscheiden. Die Dichte der Krystalle beträgt 1,30 (in Petroläther).

Physikalische Eigenschaften des d-Phenylglycins: G. L. Clark und G. R. Yohe[6] untersuchten d-Phenylaminoessigsäure mittels Röntgenstrahlen. d- und l-Phenylaminoessigsäure unterschieden sich nicht. Siehe unter l-Phenylaminoessigsäure. Die Dichte der Krystalle beträgt 1,30 (in Petroläther).

Physikalische Eigenschaften des d, l-Phenylglycins: G. L. Clark und G. R. Yohe[6] untersuchten d, l-Phenylaminoessigsäure mittels Röntgenstrahlen. Die Identitätsperiode beträgt 4,26 Å, was stark von den bei den aktiven Formen gemessenen Werten abweicht.

Chemische Eigenschaften des l-Phenylglycins. Nach E. Schmidt und K. Braunsdorf[7] ist Phenylglycin ClO_2 gegenüber beständig.

Über die Reaktion zwischen Methylglyoxal und Phenylglycin beim Kochen und über die quantitative Bestimmung der Reaktionsprodukte berichten C. Neuberg und M. Kobel[8]. Bei dieser Reaktion kann das Methylglyoxal auch durch Diacetyl, Phenylglyoxal, Glyoxal oder Zucker der 3-C-Reihe, namentlich durch Dioxyaceton ersetzt werden.

Bei der Einwirkung von käuflichem Acetanhydrid auf Phenylglycin in Pyridin bei 80—90° erhalten P. Levene und R. E. Steiger[9] unter lebhafter CO_2-Abspaltung ein Kondensationsprodukt $C_{11}H_{13}O_2N$. H. D. Dakin und R. West[10] erhalten bei der Reaktion von Essigsäureanhydrid und Pyridin mit Phenylglycin α-Phenyl-α-acetylaminoaceton.

---

[1] F. Knoop u. J. G. Blanco: Hoppe-Seylers Z. **146**, 267—275 — Chem. Zbl. **1925 II**, 2174.

[2] J. Q. Quigley u. A. D. Hirschfelder: J. of Pharmacol. **24**, 405—422 (1924) — Chem. Zbl. **1925 II**, 1067.

[3] F. C. Happold u. H. St. Raper: Biochemic. J. **19**, 92—100 — Chem. Zbl. **1925 I**, 2451.

[4] Chodat u. Schweizer: Chem. Zbl. **1913 I**, 1354.

[5] M. Chikano u. T. Kitano: Hoppe-Seylers Z. **164**, 217—225 — Chem. Zbl. **1927 II**, 100.

[6] G. L. Clark u. G. R. Yohe: J. amer. chem. Soc. **51**, 2796—2807 — Chem. Zbl. **1929 II**, 2298.

[7] E. Schmidt u. K. Braunsdorf: Ber. dtsch. chem. Ges. **55**, 1529—1534 — Chem. Zbl. **1922 III**, 520.

[8] C. Neuberg u. M. Kobel: Biochem. Z. **185**, 477—479 — Chem. Zbl. **1927 II**, 923 — Biochem. Z. **188**, 197—210 — Chem. Zbl. **1927 II**, 2677.

[9] P. Levene u. R. E. Steiger: J. of biol. Chem. **74**, 689—693 — Chem. Zbl. **1928 I**, 495.

[10] H. D. Dakin u. R. West: J. of biol. Chem. **78**, 91—105 — Chem. Zbl. **1928 II**, 1667 — J. of biol. Chem. **78**, 757—764 — Chem. Zbl. **1928 II**, 2117.

Über dieselbe Umsetzung der Aminosäure, aber mit reinstem Acetanhydrid und reinstem Pyridin, zum Acetylaminoaceton berichten P. A. Levene und R. E. Steiger[1].

Phenylglycin gibt nach E. A. Cooper und S. D. Nicholas[2] mit Chinonlösungen (Benzochinon und Toluchinon) Rotfärbung.

Über den Einfluß des Phenylglycins auf die Aldehyd-Tryptophanreaktion berichtet E. Komm[3].

Chemische Eigenschaften des d, l-Phenylglycins. A. W. Ingersoll[4] berichtet sehr eingehend über die vollständige optische Spaltung von d, l-Phenylglycin mittels Camphersulfonsäure. Durch Spaltung dieser Salze mit NH_3 wird freies d- und l-Phenylglycin erhalten.

Derivate: Zn-, Cd-, Hg- und Ag-Salze des Phenylglycins. Von E. A. Cooper und L. I. Robinson[5] wird die keimtötende Wirkung der Cd-, Zn-, Hg- und Ag-Salze des Phenylglycins geprüft. Die bactericide Wirkung ist schwächer als die der entsprechenden anorganischen Salze.

Camphersulfonat des l-Phenylglycins. W. R. Brode und R. Adams[6] bestimmen die Rotationsdispersionskurve.

Phenylglycinäthylester. Der Ester wurde bei 5—10° oxydiert. Als Hauptprodukt der Oxydation fiel 2, 5-Diphenylimidazolidon-(4)-2-carbonsäureäthylester an. Diese Verbindung lieferte bei der Hydrolyse neben Benzoylameisensäureäthylester und NH_3 Phenylglycin[7].

Chlorhydrat. 81 g l-Phenylglycin ergaben 83 g l-Esterchlorhydrat, Drehung —84,6° (C. S. Marvel und W. A. Noyes)[8]. — Das Esterchlorhydrat gibt nach K. Thomas und F. Bettzieche[9], F. Bettzieche, R. Menger und K. Wolf[10], A. McKenzie und A. C. Richardson[11], A. McKenzie und G. O. Wills[12], A. McKenzie und R. Roger[13], C. A. McKenzie und A. K. Mills[14] und A. McKenzie und M. St. Lesslie[14] mit C_6H_5MgBr 2-Phenyl-2-amino-1, 1-diphenyläthanol-(1), mit C_2H_5MgBr 2-Phenyl-2-amino-1, 1-diäthyläthanol-(1), mit C_7H_7MgBr 2-Phenyl-2-amino-1, 1-dibenzyläthanol-(1) mit n-Propyl-MgBr 1-2-Phenyl-2-amino-1, 1-di-n-propyläthanol-(1), mit CH_3MgBr 2-Phenyl-2-amino-1, 1-dimethyläthanol-(1) und mit CH_3MgJ und nachfolgender Zersetzung mit HCl und Benzoylierung 2-Benzoylamino-2-phenyl-1, 1-dimethyläthanol, während mit $C_{10}H_7MgBr$ nur ein N-freies Produkt erhalten werden konnte.

Acetylphenyl-glycinäthylester. Durch Umsetzung des l-Esternitrites (aus l-Esterchlorhydrat mit $AgNO_2$ in absolutem Äther) mit Essigsäureanhydrid. Schmelzp. 69—70°, $[\alpha]_D = -138,7°$[8].

Benzoylphenyl-glycinäthylesterchlorhydrat. Das Esterchlorhydrat gibt mit CH_3MgJ 2-Benzoylamino-2-phenyl-1, 1-dimethyläthanol[10].

d-Camphersulfonat der l-Phenyl-p-nitrobenzoylaminoessigsäure. W. R. Brode und R. Adams[6] bestimmten die Rotationsdispersionskurve.

l-Phenyl-p-aminobenzoylaminoessigsäure. W. R. Brode und R. Adams[6] kuppelten d-, l- und d, l-Phenyl-p-aminobenzoylaminoessigsäure mit β-Naphthol oder Dimethylanilin,

---

[1] P. A. Levene u. R. E. Steiger: J. of biol. Chem. **79**, 95—103 (1928) — Chem. Zbl. **1929 I**, 76.

[2] E. A. Cooper u. S. D. Nicholas: J. chem. Soc. Ind. **46**, 59—60 — Chem. Zbl. **1927 I**, 2203.

[3] E. Komm: Hoppe-Seylers Z. **156**, 35—60 — Chem. Zbl. **1926 II**, 1892.

[4] A. W. Ingersoll: J. amer. chem. Soc. **47**, 1168—1173 — Chem. Zbl. **1925 II**, 551.

[5] E. A. Cooper u. L. I. Robinson: J. chem. Soc. Ind. **45**, 321—323 — Chem. Zbl. **1926 II**, 2187.

[6] W. R. Brode u. R. Adams: J. amer. chem. Soc. **48**, 2193—2201, 2202—2206 — Chem. Zbl. **1926 II**, 2173.

[7] St. Goldschmidt u. W. Beuschel: Liebigs Ann. **447**, 197—210 — Chem. Zbl. **1926 I**, 3393.

[8] C. S. Marvel u. W. A. Noyes: J. amer. chem. Soc. **42**, 2259—2278 (1920) — Chem. Zbl. **1921 I**, 324.

[9] K. Thomas u. F. Bettzieche: Hoppe-Seylers Z. **140**, 244—260 (1924) — Chem. Zbl. **1925 I**, 49.

[10] F. Bettzieche, R. Menger u. K. Wolf: Hoppe-Seylers Z. **160**, 270—300 (1926) — Chem. Zbl. **1927 I**, 82.

[11] A. McKenzie u. A. C. Richardson: J. chem. Soc. Lond. **123**, 79—91 (1923) — Chem. Zbl. **1923 I**, 925.

[12] A. McKenzie u. G. O. Wills: J. chem. Soc. Lond. **127**, 283—295 — Chem. Zbl. **1925 I**, 1596.

[13] A. McKenzie u. R. Roger: J. chem. Soc. Lond. **1927**, 571—576 — Chem. Zbl. **1927 I**, 2906.

[14] C. A. McKenzie u. A. K. Mills u. A. McKenzie u. M. St. Lesslie: Ber. dtsch. chem. Ges. **62**, 284—288, 288—295 — Chem. Zbl. **1929 I**, 881.

ermittelten das Absorptionsspektrum der Kupplungsprodukte, bestimmten die Rotationsdispersionskurven der aktiven Verbindungen und studierten die Anfärbbarkeit von Seide und Wolle mit diesen Verbindungen, die gleich schnell aufgenommen werden, so daß also keine Abhängigkeit der Anfärbbarkeit von der optischen Aktivität besteht.

Phenylmethylaminoessigsäure gibt, mit reinstem Acetanhydrid und reinstem Pyridin umgesetzt, Acetylphenylmethylaminoessigsäure [1].

Acetylphenylmethylaminoessigsäure $C_{11}H_{13}O_3N$. Aus absolutem Alkohol Krystalle vom Schmelzp. 192—193,5° [1].

Phenyl-N-acetylmethylglycin $C_{11}H_{13}O_3N$. Schmelzp. 126—128° [2].

Phenyl-N-dimethylglycin $C_{10}H_{13}O_2N$. Aus Wasser, Schmelzp. 260—262° [2].

Zn-, Cd-, Hg- und Ag-Salz des Methylenphenylglycins. Von E. A. Cooper und L. I. Robinson [3] wird die keimtötende Wirkung der Zn-, Cd-, Hg- und Ag-Salze des Methylenphenylglycins geprüft. Die bactericide Wirkung ist schwächer als die der entsprechenden anorganischen Salze.

Lacton des N-Dioxydiäthyl-C-phenylglycins $C_{12}H_{15}O_3N$. Aus Äthylenoxyd und C-Phenylglycinester im Rohr bei 100°. Kochp.$_7$ 239—240° [4].

Cu-Salz der freien Säure. Durch Erhitzen des Lactons mit Cu-Hydroxyd. Violettes, krystallinisches Pulver [4].

N-Oxyisobutyl-C-phenylglycinester $C_{13}H_{19}O_3N$. Aus Isobutylenoxyd und C-Phenylglycinester bei 140—150° im Rohr. Kochp.$_7$ 170—173 [4].

Cu-Salz [4].

l-α-Phthaliminophenylessigsäure $C_{16}H_{11}O_4N$. Läßt sich aus der inaktiven Verbindung über das Morphinsalz (Nadeln aus Alkohol) darstellen. Nadeln aus wässerigem Aceton. Schmelzpunkt 192—193°, $[α]_D^{14,5} = -51,9°$ ($c = 3,5385$ in Aceton), $[α]_D^{17,5} = -20,3°$, $[α]_{5461}^{12,5} = -24,7°$ ($c = 4,588$ in Methanol) [5].

l-Desylphthalaminsäure $C_{22}H_{17}O_4N$. Durch Spaltung der inaktiven Verbindung über das Morphinsalz (Prismen), Nadeln aus Äther, Schmelzp. 155—157° (zersetzt) $[α]^{18} = -159,1°$ ($c = 2,545$ in Aceton). Wasserabspaltung durch Eindampfen der Lösung in wässerigem Aceton auf dem Wasserbade gibt racemisches Desylphthalimid; durch Eindampfen mit konzentrierter HCl entsteht l-Desylamin; starke HCl bewirkt unter geeigneten Bedingungen Racemisierung [5].

Oxyphenylglycin ist nach Fütterungsversuchen von G. H. Whipple und H. P. Smith [6] ohne Einfluß auf die Gallensäureausscheidung.

Derivate des d-Phenylglycins. **d-Phenyl-p-aminobenzoyl-aminoessigsäure** über die Kuppelung mit β-Naphthol und Dimethylanilin, über das Absorptionsspektrum der Farbstoffe, die Rotationsdispersionskurve und die Anfärbbarkeit von Seide und Wolle berichten W. R. Brode und R. Adams [7], siehe unter l-Phenyl-p-aminobenzoylaminoessigsäure, S. 385.

d-Phthalylphenylglycin $C_{16}H_{13}O_5N$. Durch wässerige KOH aus der l-Phthaliminophenylessigsäure. Schmelzp. 177—179°, $[α]_D = +101,8°$ ($c = 1,2525$ in Aceton) [5].

Derivate des d, l-Phenylglycins. **d, l-Phenylglycinäthylester** Kochp.$_5$ 114—115° $n_D^{25} = 1,500$ [8].

Hydrochlorid. Schmelzp. 200° [8]. — Das Esterchlorhydrat gibt mit n-Propyl-MgBr d, l-2-Phenyl-2-amino-1, 1-di-n-propyläthanol-(1)-hydrochlorid [9].

d, l-Phenylglycin-l-menthylester $C_{18}H_{27}O_2N$. Aus Phenylchloressigsäure-l-menthylester mit konzentrierter alkoholischer NH_3 bei Zimmertemperatur 2 Tage und dann bei 90 bis

---

[1] P. A. Levene u. R. E. Steiger: J. of biol. Chem. **79**, 95—103 (1928) — Chem. Zbl. **1929 I**, 76.

[2] F. Knoop u. H. Oesterlin: Hoppe-Seylers Z. **170**, 186—211 (1927) — Chem. Zbl. **1928 I**, 40.

[3] E. A. Cooper u. L. I. Robinson: J. chem. Soc. Ind. **45**, 321—323 — Chem. Zbl. **1926 II**, 2187.

[4] A. Kiprianow: Ukrain. chem. J. (ukrain.: Ukrainski chemitschni Shurnal) **4**, 215—229 — Chem. Zbl. **1929 II**, 2879.

[5] A. Mc Kenzie u. N. Walker: J. chem. Soc. Lond. **1928**, 646—652 — Chem. Zbl. **1928 I**, 2610.

[6] G. H. Whipple u. H. P. Smith: J. of biol. Chem. **80**, 685—695 (1928) — Chem. Zbl. **1929 II**, 1559.

[7] W. R. Brode u. R. Adams: J. amer. chem. Soc. **48**, 2193—2201, 2202—2206 — Chem. Zbl. **1926 II**, 2173.

[8] C. S. Marvel u. W. A. Noyes: J. amer. chem. Soc. **42**, 2259—2278 (1920) — Chem. Zbl. **1921 I**, 324.

[9] A. Mc. Kenzie u. M. St. Lesslie: Ber. dtsch. chem. Ges. **62**, 288—295 — Chem. Zbl. **1929 I**, 881.

100° (3 Stunden). Aus dem Chlorhydrat (Nadeln, Schmelzp. 249° unter Zersetzung) mit NH_4OH. Aus Alkohol seidige Nadeln. Schmelzp. 55°. Löslich in den gewöhnlichen organischen Lösungsmitteln[1].

Acetyl-d, l-phenylglycinäthylester $C_{12}H_{15}O_3N$, Schmelzp. 65—66°[2].

Carbäthoxy-d, l-phenylglycinäthylester $C_{13}H_{17}O_4N$. 18 g (2 Mol) freier Aminoester und 5,5 g Äthylchlorcarbonat werden in 50 ccm absolutem Äther in Reaktion gebracht. Aus Lösung Schmelzp. 57°[2].

d, l-Phenyl-p-aminobenzoyl-aminoessigsäure. Über die Kuppelung mit β-Naphthol und Dimethylanilin, das Absorptionsspektrum der Farbstoffe und die Anfärbbarkeit von Seide und Wolle berichten W. R. Brode und R. Adams[3], siehe unter l-Phenyl-p-aminobenzoyl-aminoessigsäure, S. 385.

d, l-α-Phthalimidophenylessigsäure. Durch Einwirkung von Phthalsäureanhydrid auf l-Phenylaminoessigsäure bei 160—170°, Schmelzp. 170,5—171,5°[4].

d, l-Desylphthalimid. Durch Umsetzung des l-α-Phthaliminophenylessigsäurechlorides mit Benzol und $AlCl_3$ oder durch Wasserabspaltung aus l-Desylphthalaminsäure[4].

Alanin.

2-Amino-propansäure, α-Amino-äthan-α-carbonsäure, α-Amino-propionsäure.

Vorkommen: Über den d-Alaningehalt des Extraktstoffes der Glaskörper von Rinderaugen berichtet T. Ikeda[5].

Im Harn gravider Frauen konnte nach M. Honda[6] neben anderen Aminosäuren Alanin nachgewiesen werden.

Aus 50 l Diazoharn bei Typhus abdominalis wurden von Y. Sendju[7] 0,22 g Alanin isoliert.

Über das wahrscheinliche Vorkommen von Alanin im Filtrat der Phosphorwolframsäurefällung des in Äther-Alkohol unlöslichen, aber in Wasser löslichen Anteils von Ovarien berichten F. W. Heyl und M. C. Hart[8].

Ein von den Spermien getrenntes Filtrat frischer Heringstestikel wurde von H. Steudel und K. Suzuki[9] durch Alkoholfällung weiter fraktioniert, dann das Filtrat mit Phosphorwolframsäure nochmals fraktioniert. Im Filtrat wurde neben Leucin Alanin nachgewiesen.

Aus dem Muskelfleisch der Crustacee Palinurus japonicus wurden von Y. Okuda[10] 0,035% Alanin (auf frisches Fleisch bezogen) isoliert.

Unter den Extraktstoffen von Octopus Octopodia ließ sich nach K. Morizawa[11] d-Alanin nachweisen und identifizieren.

Im wässerigen Extrakt des Regenwurmes fanden Y. Murayama und S. Aoyama[12] Alanin.

Nach W. Vorbrodt[13] findet sich im wässerigen Extrakt des Mycels von Aspergillus niger Alanin neben anderen Aminosäuren.

---

[1] A. Shimomura u. J. B. Cohen: J. chem. Soc. Lond. **119**, 1816—1825 (1921) — Chem. Zbl. **1922 I**, 684.

[2] C. S. Marvel u. W. A. Noyes: J. amer. chem. Soc. **42**, 2259—2278 (1920) — Chem. Zbl. **1921 I**, 324.

[3] W. R. Brode u. R. Adams: J. amer. chem. Soc. **48**, 2193—2201, 2202—2206 — Chem. Zbl. **1926 II**, 2173.

[4] A. McKenzie u. N. Walker: J. chem. Soc. Lond. **1928**, 646—652 — Chem. Zbl. **1928 I**, 2610.

[5] T. Ikeda: J. of orient. Med. **2**, 135—141 (1924) — Ber. Physiol. **31**, 925 (1925) — Chem. Zbl. **1926 I**, 1830.

[6] M. Honda: Acta Scholae med. Kioto **6**, 405—413 (1924) — Ber. Physiol. **32**, 598 (1925) — Chem. Zbl. **1926 I**, 2486 — J. of Biochem. **2**, 351—359 (1923) — Ber. Physiol. **20**, 464 (1923) — Chem. Zbl. **1924 I**, 1223.

[7] Y. Sendju: J. of Biochem. **7**, 311—317 — Chem. Zbl. **1927 II**, 2078.

[8] F. W. Heyl u. M. C. Hart: J. of biol. Chem. **75**, 407—415 (1927) — Chem. Zbl. **1928 I**, 2511.

[9] H. Steudel u. K. Suzuki: Hoppe-Seylers Z. **127**, 1—13 — Chem. Zbl. **1923 III**, 259.

[10] Y. Okuda: J. Coll. Agric. Tokyo **7**, 55—67 (1919) — Chem. Zbl. **1925 I**, 1091.

[11] K. Morizawa: Acta Scholae med. Kioto **9**, 285—298 (1927) — Chem. Zbl. **1928 II**, 2479.

[12] Y. Murayama u. S. Aoyama: J. Pharm. Soc. Jap. **47**, Nr 484 — Chem. Zbl. **1922 III**, 928.

[13] W. Vorbrodt: Bull. Acad. Polon. Sci. Lettres, classe des sc. math. et nat., sér. B. **1921**, 223—236 — Ber. Physiol. **16**, 376—377 — Chem. Zbl. **1923 III**, 259.

Im Safte der Luzerne ließ sich nach H. B. Vickery[1] neben anderen Aminosäuren Alanin nachweisen.

Bildung des d-Alanins. Die Hydrolyse von Rinderaugenlinsen ergab nach A. Jess[2] für die drei charakteristischen Proteine der Linse folgendes: α-Krystallin 3,6%, β-Krystallin 2,6% und Albumoid 0,8% Alanin, auf asche- und wasserfreie Eiweißsubstanz berechnet.

Im Hydrolysat der Linse von Rinderaugen wurde von Y. Hijikata[3] 4,7% Alanin bestimmt.

Der Alaningehalt der Muskelproteine von Pagrus major ist nach Y. Okuda und K. Ōyama[4] sehr beträchtlich von dem des Heilbutts unterschieden.

Aus den hydrolytischen Spaltprodukten der Muskelproteine des Walfisches und des Dorsches wurden nach Y. Okuda, T. Okinoto und T. Yada[5] 4,66 und 3,53% Alanin und aus den Muskelproteinen der Molluske Loligo breekeri und der Crustaceen Palinurus japonicus und Paralithodes camtschatika nach Y. Okuda, S. Uematsu, K. Sakata und K. Fujikawa[6] 3,10, 3,01 und 4,41% Alanin isoliert, auf asche- und wasserfreies Eiweiß berechnet.

Unter den Hydrolysenprodukten des Octopusmuskels ließ sich von K. Morizawa[7] d-Alanin nachweisen.

In den fettfreien Rückständen der Gonaden von Rhizostoma Cuvieri ließen sich von F. Haurowitz[8] Polypeptide und Proteide nachweisen, die neben verschiedenen Aminosäuren Alanin enthielten.

Aus dem aus Heringseiern gewonnenen Ichthulin ließen sich nach K. Iguchi[9] 0,31% Alanin, auf Gesamt-N berechnet, isolieren.

Im Hydrolysat des aus der Eisackflüssigkeit des Laiches von Hemifusus tuba Gmel dargestellten Rohvitellins ließen sich nach Y. Komori[10] 0,71% Alanin nachweisen.

Das aus Karpfensperma isolierte und fraktionierte basische Protamin: Cyprinodipepton 1 enthält nach A. Kossel und E. G. Schenck[11] 13,31% des Gesamt-N an Alanin.

Im Hydrolysat menschlicher Epidermis ließ sich nach Y. Jono[12] mit Sicherheit Alanin nachweisen.

Y. Okuda[13] vergleicht den Alaningehalt von Gelatine aus Rinderknochen mit dem von Fischgelatine. Der Alaningehalt der letzteren ist erheblich höher.

Im Hydrolysat des Keratins des japanischen Speckes, aus Cetacea hergestellt, wurde von S. Oikawa[14] Alanin nachgewiesen; im Hydrolysat der Gelatine, aus der getrockneten Haut des Seiwales hergestellt, wurde vom Verfasser ebenfalls Alanin gefunden.

Der Alaningehalt der Psoriasisschuppen betrug nach E. Abderhalden und B. Zorn[15] 4,50%, auf wasserfreie Schuppen berechnet.

Bei der Hydrolyse des Seidenfibroins nach der üblichen Methode wurden nach E. Abderhalden[16] 25% d-Alanin, auf aschefreie Substanz bezogen, isoliert, während bei der Hydrolyse mit 25proz. Ameisensäure bei 180° von N. Zelinsky und K. Lawrowsky[17] nur 20% Alanin gefunden wurden.

---

[1] H. B. Vickery: J. of biol. Chem. **65**, 657—664 (1925) — Chem. Zbl. **1926 I**, 1422.
[2] A. Jess: Hoppe-Seylers Z. **110**, 266—276 (1920) — Chem. Zbl. **1921 I**, 99.
[3] Y. Hijikata: J. of biol. Chem. **51**, 155—164 (1922) — Chem. Zbl. **1922 I**, 1415.
[4] Y. Okuda u. K. Ōyama: J. Coll. Agric. Tokyo **5**, 365—372 (1916) — Chem. Zbl. **1925 I**, 1219.
[5] Y. Okuda, T. Okinoto u. T. Yada: J. Coll. Agric. Tokyo **7**, 29—37 (1919) — Chem. Zbl. **1925 I**, 1091.
[6] Y. Okuda, S. Uematsu, K. Sakata u. K. Fujikawa: J. Coll. Agric. Tokyo **7**, 39—54 (1919) — Chem. Zbl. **1925 I**, 1091.
[7] K. Morizawa: Acta Scholae med. Kioto **9**, 299—302 (1927) — Chem. Zbl. **1928 II**, 2479.
[8] F. Haurowitz: Hoppe-Seylers Z. **122**, 145—159 (1922) — Chem. Zbl. **1923 I**, 112.
[9] K. Iguchi: Hoppe-Seylers Z. **135**, 188—198 — Chem. Zbl. **1924 II**, 485.
[10] Y. Komori: J. of Biochem. **6**, 129—138 — Chem. Zbl. **1926 II**, 1758.
[11] A. Kossel u. E. G. Schenck: Hoppe-Seylers Z. **173**, 278—308 — Chem. Zbl. **1928 I**, 2096.
[12] Y. Jono: J. of orient. Med. **5**, 12 — Ber. Physiol. **37**, 769 (1926) — Chem. Zbl. **1927 I**, 1968 — J. of Biochem. **10**, 311—323 — Chem. Zbl. **1929 II**, 1701.
[13] Y. Okuda: J. Coll. Agric. Tokyo **5**, 355—363 (1916) — Chem. Zbl. **1925 I**, 1218.
[14] S. Oikawa: Tôhoku J. exper. Med. **2**, 447—450, 451—454, 455—458 — Ber. Physiol. **14**, 70, 86 — Chem. Zbl. **1922 III**, 928.
[15] E. Abderhalden u. B. Zorn: Hoppe-Seylers Z. **120**, 214—219 — Chem. Zbl. **1922 III**, 928.
[16] E. Abderhalden: Hoppe-Seylers Z. **120**, 207—213 — Chem. Zbl. **1922 III**, 928 — Hoppe-Seylers Z. **131**, 281—283 (1923) — Chem. Zbl. **1924 I**, 926.
[17] N. Zelinsky u. K. Lawrowsky: Biochem. Z. **183**, 303—306 — Chem. Zbl. **1927 I**, 3199.

Über die Bildung alaninhaltiger Fraktionen und Anhydride durch partielle Hydrolyse von Seidenfibroin berichten E. Abderhalden[1], E. Abderhalden und E. Komm[2].

Über die Bildung alaninhaltiger Anhydride bei partieller Hydrolyse von Schweineborsten berichten E. Abderhalden und E. Komm[3].

Über die Isolierung alaninhaltiger Spaltprodukte aus Elastin durch Spaltung mit Phthalsäureanhydrid berichten P. Brigl und E. Klenk[4].

H. Lüers und G. Nowak[5] vergleichen den Alaningehalt von Zymocasein mit dem von Casein und Vitellin, der in allen drei Proteinen etwa gleich hoch ist.

Im Caseoglutin von Emmentaler, Tilsiter und Weichkäsesorten findet sich nach W. Grimmer und B. Wagenführ[6] Alanin.

Nach E. Winterstein und O. Huppert[7] findet sich unter den Spaltprodukten des Fett- wie des Magerkäses stets Alanin.

Über die Extraktion von d-Alanin und alaninhaltigen Anhydriden aus partiell hydrolysiertem Casein „Hammarsten" berichtet E. Abderhalden[1].

Im H_2SO_4-Hydrolysat von Zein ließen sich nach H. D. Dakin[8] mittels der Butylalkoholmethode[9] und nach weiterer Aufarbeitung des Extraktes nach Levene und van Slyke 3,8% Alanin nachweisen.

Bei der Aufarbeitung des Hydrolysates von Glutelin aus Hafermehl nach der Carbamatmethode wurde nach S. B. Schryver und H. W. Buston[10] in der 2. Fraktion hauptsächlich Alanin und Valin erhalten.

Das durch 2proz. NaOH-Lösung aus Buchweizenmehl hergestellte Protein enthielt nach T. Ukai und S. Morikawa[11] 0,91% Alanin.

Aus Bohnenabkochwasser ließ sich nach Hydrolyse mit HCl ein Produkt isolieren, das nach M. Suzuki[12] 10% Alanin enthielt, während bei analoger Aufarbeitung von Sojabohnenrückständen vom Verfasser[13] ein Produkt mit 7% Alanin gewonnen wurde.

Im Proteinhydrolysat der Sporen von Aspidium filix mas ließ sich nach A. Kiesel[14] Alanin nachweisen.

Unter den Spaltprodukten des gereinigten Ricins konnte von P. Karrer, A. P. Smirnoff, N. Ehrensperger, L. van Slooten und M. Keller[15] 1,0% Alanin nachgewiesen werden.

Im Hydrolysat des Spongins des gemeinen Badeschwammes, Hippospongia equina, wurden nach V. J. Clancey[16] 0,2% Alanin gefunden.

Das Eiweiß des Pilzes Oidium lactis enthält nach W. Grimmer und E. Steinlechner[17] Alanin.

Unter den hydrolytischen Spaltprodukten von Dearginocasein, das aus Casein durch Einwirkung einer alkalischen Hypochloritlösung dargestellt wurde, konnte S. Sakaguchi[18] Alanin nachweisen; aus den Spaltprodukten des Deguanidocaseins, das aus Casein durch Alkalibehandlung (n-NaOH) dargestellt war, gelang es dem Verfasser[19] 1,5% Alanin zu isolieren.

---

[1] E. Abderhalden: Hoppe-Seylers Z. **131**, 284—295 (1923) — Chem. Zbl. **1924 I**, 921.
[2] E. Abderhalden u. E. Komm: Hoppe-Seylers Z. **136**, 134—146 — Chem. Zbl. **1924 II**, 667.
[3] E. Abderhalden u. E. Komm: Hoppe-Seylers Z. **134**, 113—120 — Chem. Zbl. **1924 I**, 2783. Hoppe-Seylers Z. **132**, 1—2 — Chem. Zbl. **1924 I**, 1676.
[4] P. Brigl u. E. Klenk: Hoppe-Seylers Z. **131**, 66—96 (1923) — Chem. Zbl. **1924 I**, 674.
[5] H. Lüers u. G. Nowak: Biochem. Z. **154**, 310—320 (1924) — Chem. Zbl. **1925 I**, 1330.
[6] W. Grimmer u. B. Wagenführ: Milchwirtsch. Forschgn **2**, 193—198 (1925) — Ber. Physiol. **31**, 492 — Chem. Zbl. **1925 II**, 1718.
[7] E. Winterstein u. O. Huppert: Biochem. Z. **141**, 193—221 (1923) — Chem. Zbl. **1924 I**, 112.
[8] H. D. Dakin: Hoppe-Seylers Z. **130**, 159—168 (1923) — Chem. Zbl. **1924 I**, 206.
[9] H. D. Dakin: J. of biol. Chem. **44**, 499 — Chem. Zbl. **1921 I**, 454.
[10] S. B. Schryver u. H. W. Buston: Proc. roy. Soc. Lond., Serie B **99**, 476—487 — Chem. Zbl. **1926 II**, 1953.
[11] T. Ukai u. S. Morikawa: J. Pharm. Soc. Jap. **1925**, Nr 516, 14 — Chem. Zbl. **1925 II**, 192.
[12] M. Suzuki: Japan.P. 79084 v. 3. Nov. 1927, ausg. 10. Dez. 1928; Chem. Zbl. **1929 II**, 506.
[13] M. Suzuki: Japan.P. 79083 v. 9. Nov. 1927, ausg. 10. Dez. 1928 — Chem. Zbl. **1929 II**, 506.
[14] A. Kiesel: Hoppe-Seylers Z. **149**, 231—258 (1925) — Chem. Zbl. **1926 I**, 1215.
[15] P. Karrer, A. P. Smirnoff, M. Ehrensperger, L. van Slooten u. M. Keller: Hoppe-Seylers Z. **135**, 129—166 — Chem. Zbl. **1924 II**, 348.
[16] V. J. Clancey: Biochemic. J. **20**, 1186—1189 (1926) — Chem. Zbl. **1927 I**, 1332.
[17] W. Grimmer u. E. Steinlechner: Milchwirtsch. Forschgn **3**, 122—131 — Ber. Physiol. **37**, 205 (1926) — Chem. Zbl. **1927 I**, 1328.
[18] S. Sakaguchi: J. of Biochem. **5**, 159—169 (1925) — Chem. Zbl. **1926 I**, 1420.
[19] S. Sakaguchi: J. of Biochem. **5**, 143—157 (1925) — Chem. Zbl. **1926 I**, 1420.

Ein aus Wolle durch Na_2S-Behandlung gewonnenes saures Abbauprodukt ergab nach W. Küster, W. Kumpf und W. Köppel[1] im Hydrolysat (mit Wasser im Autoklaven bei 150° hydrolysiert) ein Gemisch von Aminosäuren und Diketopiperazinen. Unter den ersteren ließ sich Alanin nachweisen.

Nach C. Hoppert[2] wurde aus Benzoyl-d,l-alanin durch die von Neuberg und Linhardt entdeckte Aminoacidase d-Alanin und Benzoyl-l-alanin gebildet.

Aus Polytamin, einem Aminosäurepräparat, angeblich aus den Puppen des Seidenspinners, wurden durch HCl-Hydrolyse von H. Thoms und F. A. Heynen[3] 10,6% Alanin erhalten.

Bildung von l-Alanin: Bei der Fraktionierung tryptischer Hydrolysate von Casein ließ sich von S. Fränkel, H. Gallia, A. Liebster und S. Rosen[4] aus dem Filtrat durch Aufarbeitung mit Alkohol l-Alanin isolieren.

l-Alanin läßt sich mit frisch gefälltem $Pb(OH)_2$ nach B. Sjollema und L. Seekles[5] aus l-Alaninhydrochlorid gewinnen.

Bildung von d,l-Alanin: Bei verlängerter tryptischer Hydrolyse von Casein wurde von S. Fränkel, H. Gallia, A. Liebster und S. Rosen[4] aus dem Hydrolysat d,l-Alanin isoliert.

Aus Dehydroalanyl-phenylalanin-anhydrid B bildet sich nach M. Bergmann und A. Miekeley[6] bei der Hydrolyse neben Phenylbrenztraubensäure, NH_4Cl d,l-Alanin. Ebenso bildet sich aus inaktivem Alanyl-phenylalaninanhydrid neben d,l-Phenylalanin d,l-Alanin.

Nach H. D. Dakin und R. C. Harington[7] wurde unter den Verseifungsprodukten des Diacetyls kein Alanin gefunden.

K. Maurer[8] gelang es, aus einer Lösung von 800 g Rohrzucker in 3200 ccm Wasser (bei 40°) und 800 g abgepreßter Unterhefe nach Zusatz von 20 g Brenztraubensäureoxim in 400 ccm Wasser nach 60 Stunden 3 g Alanin zu erhalten.

Aubel und Bourguel[9] gelingt die Bildung von Alanin aus Brenztraubensäure auf folgendem Wege: Dehydrierung mittels Pd unter Anlagerung von NH_3. 4 g Brenztraubensäure, 2 Mol NH_4OH und 0,25 g Pd wurden in 400 ccm Wasser 5—6 Tage ständig mit H_2 geschüttelt, im Vakuum verdampft, mit Alkohol gekocht, das Filtrat eingeengt, aus Alkohol mit Äther fraktioniert gefällt, aus Wasser und siedendem Alkohol umkrystallisiert. Aus 9 g Brenztraubensäure ließen sich so 2,9 g reines Alanin gewinnen.

Über die Bildung von Alanin durch Hydrolyse eines Kondensationsproduktes von Lactamid berichtet A. Schmuck[10].

Darstellung des d,l-Alanins: Alanin läßt sich aus der Methylmalonsäure nach T. Curtius und W. Sieber[11] folgendermaßen darstellen: äthylisobernsteinsaures K wird mit Hydrazinhydrat auf dem Wasserbad bis zur raschen Lösung erwärmt. Es erstarrt über H_2SO_4 zu einer krystallinen Masse, die mit Alkohol und Äther gewaschen methylmalonhydrazidsaures K als farbloses, krystallines Pulver vom Schmelzp. 120—122° ergibt. Das methylmalonhydrazidsaure K wird in üblicher Weise diazotiert. Die Lösung zur Trockene verdampft, der Rückstand mit alkoholischer HCl ausgezogen und dann noch eine halbe Stunde mit alkoholischer HCl digeriert. Bei Verwendung von äthylalkoholischer HCl wird das Alaninäthylesterchlorhydrat als schwach bräunlich gefärbtes Öl erhalten, das erst nach einigen Tagen erstarrt, während das entsprechend dargestellte Methylesterchlorhydrat schon beim Ausziehen mit methylalkoholischer HCl schnell und vollständig erstarrt.

---

[1] W. Küster, W. Kumpf u. W. Köppel: Hoppe-Seylers Z. **171**, 114—155 (1927) — Chem. Zbl. **1928 I**, 439.

[2] C. Hoppert: Biochem. Z. **149**, 510—512 — Chem. Zbl. **1924 II**, 1928.

[3] H. Thoms u. F. H. Heynen: Apoth. Ztg. **42**, 1078 — Chem. Zbl. **1927 II**, 2768.

[4] S. Fränkel, H. Gallia, A. Liebster u. S. Rosen: Biochem. Z. **145**, 225—241 — Chem. Zbl. **1924 I**, 2607.

[5] B. Sjollema u. L. Seekles: Rec. Trav. chim. Bays-Pas et Belg. (Amsterd.) **45**, 232—235 — Chem. Zbl. **1926 I**, 2692.

[6] M. Bergmann u. A. Miekeley: Liebigs Ann. **458**, 40—75 — Chem. Zbl. **1927 II**, 2759.

[7] H. D. Dakin u. R. C. Harington: J. of biol. Chem. **55**, 487—494 — Chem. Zbl. **1923 I**, 1584.

[8] K. Maurer: Biochem. Z. **189**, 216—219 — Chem. Zbl. **1927 II**, 2767.

[9] Aubel u. Bourguel: C. r. Acad. Sci. Paris **186**, 1844—1866 — Chem. Zbl. **1928 II**, 643.

[10] A. Schmuck: Biochem. Z. **147**, 193—202 (1924) — Chem. Zbl. **1929 I**, 1211.

[11] T. Curtius u. W. Sieber: Ber. dtsch. chem. Ges. **54**, 1430—1437 — Chem. Zbl. **1921 III**, 464.

Bei der Darstellung des Alanins aus α-Brompropionsäure kann nach D. W. Tischtschenko[1] die Trennung des Alanins von NH_4Br mittels Methylalkoholextraktion im Soxleth sehr leicht durchgeführt werden.

d, l-Alanin läßt sich nach A. Skita und C. Wulff[2] folgendermaßen darstellen: Brenztraubensäure wird in Alkohol mit NH_4OH bis eben noch zur schwach sauren Reaktion versetzt, nach 1 Stunde bei 3 at Überdruck hydriert. Krystalle aus Alkohol. Schmelzp. 295 bis 296°. Ausbeute 30%. Äthylester, $Kochp._{14}$ 149—150°; Hydrochlorid, Schmelzp. 66°.

H. C. Benedict[3] gibt folgende Darstellung von Alanin an: 1 Mol Acetaldehyd wird mit 2 Mol wässeriger NH_4Cl-Lösung und 1 Mol NaCN gemischt, dann das Kondensationsprodukt mit konzentrierter HCl hydrolysiert. Die Lösung im Vakuum eingedampft, der Rückstand mit 10 Mol Methanol behandelt, filtriert und mit 1,2 Mol Anilin versetzt. Die Ausbeute an umkrystallisiertem Alanin beträgt 50%.

Darstellung des l-Alanins: Aus d, l-Alaninäthylester läßt sich l-Alanin nach F. B. Kipping und W. J. Pope[4] folgendermaßen darstellen: d, l-Alaninäthylester wird 2 Stunden mit d-Oxymethylencampher auf dem Wasserbade erhitzt. Durch Wasserdampfdestillation mit konzentrierter HCl wird der Ester gespalten. Oxymethylencampher entweicht und l-Alaninhydrochlorid bleibt zurück. Hieraus wird l-Alanin in üblicher Weise dargestellt. $[\alpha]_{Hg\ grün} = -12,2°$ (in 1,25n-HCl).

Bestimmung und Nachweis: E. M. P. Widmark und E. L. Larsson[5] untersuchten für Alanin die Anwendung der konduktometrischen Titration mit Lauge nach Kolthoff.

P. Hirsch[6] untersuchte eingehend den Verlauf der acidimetrischen Titration von Alanin und bespricht die Möglichkeiten und Grenzen der Titration.

Nach H. Riffart[7] ist bei der quantitativen colorimetrischen Alaninbestimmung mittels Ninhydrin folgendes zu beachten: 1. die Dauer des Erhitzens, 2. die Konzentration der Aminosäure und 3. in besonders hohem Grade die $[H^+]$. Als optimale $[H^+]$ hat sich die dem p_H-Wert 6,976 entsprechende bewährt. Durch Titration der Aminosäurelösung mit $^1/_{400}$n-Lauge oder -Säure gegen Neutralrot wird das p_H auf = 6,976 eingestellt und durch Zusatz einer auf das gleiche p_H eingestellten Phosphatpufferlösung bei diesem Werte gehalten. Statt die Lösung über freier Flamme zu kochen, wird sie zweckmäßig im lebhaft siedenden Wasserbade $^1/_2$ Stunde erhitzt. Auf 2 ccm Aminosäurelösung wird 1 ccm 1proz. Ninhydrinlösung verwendet, die jedesmal frisch bereitet wird. Der Analysenfehler für Alanin beträgt 7,5%.

L. J. Harris[8] bestimmte colorimetrisch das p_H bei der Titration von Alanin in Gegenwart von Formaldehyd mit NaOH. Bei konstanter Formaldehydkonzentration entspricht die Titrationskurve des Alanins mit NaOH der Henderson-Hasselbachschen Gleichung für eine einfache Säure mit bestimmtem p_k. Bei den bei der Formoltitration üblichen Formaldehydkonzentrationen sind die gefundenen scheinbaren p_k-Werte etwa 3 Einheiten kleiner als für Alanin in rein wässeriger Lösung. Innerhalb der Konzentration von 2—18% Formaldehyd und von 0,005—0,05 mol.-Alanin ist bei konstanter Formaldehydkonzentration der scheinbare p_k-Wert praktisch unabhängig vom Verhältnis Alanin:Formaldehyd und von der Alaninkonzentration. Mit steigender Formaldehydkonzentration nimmt das scheinbare p_k immer mehr ab. Die scheinbare basische Konstante bleibt in Gegenwart von Formaldehyd unverändert.

Nach O. Fernández und T. Garméndia[9] bedingt Alanin bei der Bestimmung des NH_4 nach dem Verfahren Ploech-Kolthoff 6,5% als höchste Fehlergrenze, während umgekehrt NH_4Cl auf die Alaninbestimmung nach Sörensen einen Fehler bis zu 15% verursachen kann.

---

[1] D. W. Tischtschenko: J. russ. phys.-chem. Ges. **53**, 300—305 (1921) — Chem. Zbl. **1923 III**, 1001.

[2] A. Skita u. C. Wulff: Liebigs Ann. **453**, 190—210 — Chem. Zbl. **1927 I**, 2821.

[3] H. C. Benedict: J. amer. chem. Soc. **51**, 2277 — Chem. Zbl. **1929 II**, 1395.

[4] F. B. Kipping u. W. J. Pope: J. chem. Soc. Lond. **1926**, 494—497 — Chem. Zbl. **1926 I**, 3050.

[5] E. M. P. Widmark u. E. L. Larsson: Biochem. Z. **140**, 284—294 (1923) — Chem. Zbl. **1924 I**, 1244.

[6] P. Hirsch: Biochem. Z. **147**, 433—480 — Chem. Zbl. **1924 II**, 1964.

[7] H. Riffart: Biochem. Z. **131**, 78—96 (1922) — Chem. Zbl. **1923 II**, 827.

[8] L. J. Harris: Proc. roy. Soc. Lond. B **104**, 412—439 — Chem. Zbl. **1929 II**, 860.

[9] O. Fernández u. T. Garméndia: An. Soc. española Fis. Quim. **22**, 103—114 — Chem. Zbl. **1924 I**, 2896.

T. W. J. Taylor[1] gibt eine etwas modifizierte Sörensensche Bestimmungsmethode für Alanin bzw. Aminosäuren an.

R. A. Gortner und W. M. Sandstrom[2] untersuchten die van Slykesche Methode dahin, welchen Einfluß Kochen mit Säuren, die Gegenwart von Prolin oder Tryptophan bei Aminosäuregemischen (Alanin neben anderen Aminosäuren) auf die erhaltenen Werte ausübt.

Nach F. Bettzieche[3] wird die Bestimmung der freien Carboxylgruppe von Alanin folgendermaßen durchgeführt: 0,05—0,1 g Aminosäure werden mehrmals verestert, im Vakuum getrocknet. Zum Esterchlorhydrat wird das aus 1 g Mg, 9 g Phenylbromid oder 10 g Benzylbromid in 30 ccm Äther bereitete Grignardreagenz zugegeben, $^1/_2$ Stunde zum Sieden erhitzt, mit 40 ccm eiskalter 10proz. H_2SO_4 zersetzt. Die Säureschicht wird nach dem Zersetzen mit NH_3 ausgeäthert, der Äther mit 20proz. H_2SO_4 ausgeschüttelt, die H_2SO_4-Lösung nach 3stündigem Kochen mit Äther extrahiert und so die entsprechenden Reaktionsprodukte isoliert.

Über eine Trennungsmethode der α-Monoaminosäuren durch Sublimation in sublimierbare und nur teilweise oder gar nicht sublimierende Verbindungen und über ihre mikrochemische Charakterisierung durch Bestimmung von Löslichkeit, Krystallisationsfähigkeit, Fällungsvermögen von Phosphorwolframsäure und Darstellung der Cu-Salze berichtet O. Werner[4]. Alanin gehört zur Gruppe der bei Totalkühlung völlig sublimierbaren Aminosäuren.

Über den Nachweis von Tyrosin neben Alanin und Glykokoll durch die Oxydation des Tyrosins mit Ammoniumpersulfat zu chinonartigen Verbindungen berichten H. Stoltzenberg und M. Stoltzenberg-Bergius[5].

Nach W. D. Treadwell und W. Ellenberger[6] wird die Titration von 11,5 mg Hühnereiweiß nach der von ihnen angegebenen maßanalytischen Eiweißbestimmung mittels Berliner Blausol nicht durch 5 mg Alanin gestört.

Biochemische Eigenschaften des d-Alanins: Bei der Durchströmung isolierter Hundeniere mit Lockelösung + d-Alanin war nach H. Fredericq und L. Mélon[7] nach der Durchströmung der Gehalt der Flüssigkeit an formoltitrierbarem N erhöht. Bei der Durchströmung von Milz und Pfote mit Lockescher Lösung + Alanin ist nach L. Mélon[8] die Reaktion der Flüssigkeit gegen Phenolphthalein ausgesprochen sauer, während die Schilddrüse kaum oder nicht auf die Reaktion der Flüssigkeit einwirkt. Der Gehalt an formoltitrierbarem N ist nach der Durchströmung in der Lösung gleich oder geringer. Andererseits war jedoch in etwa der Hälfte der Versuche an der Milz die Gesamtmenge an austretendem NH_3-N höher als an zugeführtem, ebenso auch in wenigen Versuchen an der Pfote. Bei weiteren Durchströmungsversuchen von Bein (Hund und Kaninchen), Uterus (Hund), Darm, Schilddrüse, Niere, Milz, Pankreas und Leber mit Lockelösung + Alanin war nach L. Mélon[9] zu beobachten, daß die Lösung mit Ausnahme von Pankreas und Schilddrüse nach der Durchströmung saurer war, der Amino-N war meist erhöht, selten blieb er unverändert oder nahm ab.

d-Alanin ruft nach H. Fredericq und L. Brouha[10] eine starke Erweiterung der Nierengefäße und Capillaren an der isolierten Hundeniere hervor, was sich durch eine Vermehrung der aus Nierenvene und Harnleiter fließenden Flüssigkeitsmenge zeigt. Ebenso ruft nach L. Brouha[11] Alanin in 0,5proz. Lösung in der Hundemilz eine kräftige Vasodilatation hervor. Versuche von L. Brouha[12] über den Einfluß von Alanin auf isolierte Organe bestätigen die Annahme, daß es sich um eine direkte Wirkung auf die Gefäßmuskulatur handelt.

---

[1] T. W. J. Taylor: J. chem. Soc. Lond. **1928**, 1879—1906 — Chem. Zbl. **1928 II**, 1549.

[2] R. A. Gortner u. W. M. Sandstrom: J. amer. chem. Soc. **47**, 1663—1671 — Chem. Zbl. **1925 II**, 1482.

[3] F. Bettzieche: Hoppe-Seylers Z. **161**, 178—190 (1926) — Chem. Zbl. **1927 I**, 777.

[4] O. Werner: Mikrochem. **1**, 33—46 (1923) — Chem. Zbl. **1924 I**, 1981.

[5] H. Stoltzenberg u. M. Stoltzenberg-Bergius: Hoppe-Seylers Z. **111**, 1—31 — Chem. Zbl. **1921 III**, 1134.

[6] W. D. Treadwell u. W. Ellenberger: Helvet. chim. Acta **11**, 1053—1062 (1928) — Chem. Zbl. **1929 I**, 2908.

[7] H. Fredericq u. L. Mélon: C. r. Soc. Biol. Paris **89**, 668—669 (1923) — Chem. Zbl. **1924 I**, 213.

[8] L. Mélon: C. r. Soc. Biol. Paris **90**, 636—637 — Chem. Zbl. **1924 II**, 208.

[9] L. Mélon: Arch. internat. Physiol. **28**, 29—57 — Chem. Zbl. **1927 I**, 3016.

[10] H. Fredericq u. L. Brouha: C. r. Soc. Biol. Paris **89**, 665—667 (1923) — Chem. Zbl. **1924 I**, 213.

[11] L. Brouha: C. r. Soc. Biol. Paris **90**, 634—636 — Chem. Zbl. **1924 II**, 207.

[12] L. Brouha: Arch. internat. Physiol. **26**, 169—228 — Chem. Zbl. **1926 II**, 1981.

Nach Versuchen an Kaninchen und Hunden mit intravenöser Injektion von neutralisiertem Alanin wurde von L. H. Newburgh und P. L. Marsh[1] keine Nierenschädigung beobachtet.

Alaninmangel hebt nach G. Watzadse[2] die Harnsekretion der isolierten Froschniere auf, während Zusatz die Sekretion wieder in Gang bringt und bei Beginn das Aufhören der Sekretion verhindert. Ähnlich wird die Durchströmung der Darmgefäße durch Alaninmangel gehemmt.

Bei Untersuchungen von W. B. Cannon und F. R. Griffith[3] über die Herzbeschleunigung durch Reizung der Leber wurde durch intravenöse Injektion einer Alaninlösung keine Beschleunigung erzielt.

Beim Kaninchen wurden nach H. Fredericq[4] durch d-Alanin die Herzkontraktionen verstärkt.

Am Hunde mit schwach positiver Stickstoffbilanz wurde enteral oder parenteral zugeführtes d-Alanin nach E. Abderhalden und K. Franke[5] zu 100% abgebaut.

Nach F. W. Krzywanek[6] findet beim Hunde weder nach peroraler, noch nach intravenöser Alaninzufuhr N-Retention statt. Selbst einige Tage nach Infusion ist die N-Bilanz negativ. Der kalorische Verbrauch und der respiratorische Quotient steigen steil nach der Infusion an. Alanin wird also wie Glykokoll nicht zum Eiweißaufbau verwertet.

Bei peroraler Verabreichung von Alanin oder Glykokoll fand sich im Blut eine gleich starke Vermehrung des Aminosäuregehaltes. Beim Glykokoll eine deutliche Zunahme des Aminosäuregehaltes in der Leber. Der NH_2-Gehalt von Leber und Muskel war fast unverändert[7].

Nach Ch. M. Wilhelmi und J. L. Bollman[8] steigt nach intravenöser Injektion von Alanin die Wärmebildung sofort noch während der Injektion und dauert bis zu 9 Stunden, bevor der Grundwert wieder erreicht wird, wobei gleichzeitig der respiratorische Quotient zunimmt. Die Beziehung zwischen spezifisch-dynamischer Wirkung und Aminosäurezufuhr läßt sich am einfachsten in den Extracalorien ausdrücken, die durch jedes Millimol von desaminierter Aminosäure abgeleitet werden. Die spezifisch-dynamische Wirkung von Alanin, Glykokoll und Phenylalanin steht ungefähr im Verhältnis von 1:1,3:2.

M. W. Johnston und H. B. Lewis[9] ermittelten nach subcutaner Injektion und peroraler Verabreichung von d- und d,l-Alanin an Kaninchen den Nichteiweiß-N, Harnstoff-N, Aminosäure-N und den dann bleibenden N-Rest des Blutes, wobei die Resorptionsschnelligkeit aus dem Magen-Darm-Kanal und die Schnelligkeit der Desamidierung unter Bildung von Harnstoff die Schnelligkeit des Aminosäurestoffwechsels bestimmt. Bei einem Vergleich zwischen d-Alanin, Glykokoll und Glutaminsäure ergab sich, daß die ersten beiden schneller resorbiert werden.

Nach A. Gottschalk und W. Nonnenbruch[10] steigt der Harnstoffgehalt des Herzblutes beim normalen und entleberten Frosch oder bei der Kröte nach Injektion von etwa 0,025 g N — als Alanin gegeben — bis auf das Dreifache an.

Nach E. S. London, N. Kotschneff, A. Cholopoff, T. S. Abaschidze und A. K. Alexandry[11] fördert Alanin die Harnstoffbildung im Organismus stark.

Wurde Hunden d-Alanin per os oder durch eine Darmfistel zugeführt, so war nach E. Abderhalden und E. S. London[12] d-Alanin im Inhalt des Ductus thoracicus nachweisbar. Ein Teil der resorbierten Aminosäure schlägt also den Lymphweg ein.

---

[1] L. H Newburgh u. P. L. Marsh: Arch. int. Med. **36**, 682—711 (1925) — Ber. Physiol. **35**, 498 — Chem. Zbl. **1926 II**, 1663.

[2] G. Watzadse: Pflügers Arch. **219**, 694—705 — Chem. Zbl. **1929 II**, 3030.

[3] W. B. Cannon u. F. R. Griffith: Amer. J. Physiol. **60**, 544—559 (1922) — Chem. Zbl. **1923 I**, 703.

[4] H. Fredericq: C. r. Soc. Biol. Paris **87**, 373—375 (1922) — Chem. Zbl. **1923 I**, 1196.

[5] E. Abderhalden u. K. Franke: Fermentforschg **10**, 39—49 (1928) — Chem. Zbl. **1929 I**, 102.

[6] F. W. Krzywanek: Biochem. Z. **134**, 500—527 — Chem. Zbl. **1923 III**, 405.

[7] J. M. Luck: J. of biol. Chem. **77**, 13—26 — Chem. Zbl. **1928 II**, 1120.

[8] Ch. M. Wilhelmi u. J. L. Bollman: J. of biol. Chem. **77**, 127—149 — Chem. Zbl. **1928 II**, 911.

[9] M. W. Johnston u. H. B. Lewis: J. of biol. Chem. **78**, 67—82 — Chem. Zbl. **1928 II**, 463.

[10] A. Gottschalk u. W. Nonnenbruch: Arch. f. exper. Path. **99**, 261—269 (1923) — Chem. Zbl. **1924 I**, 1953.

[11] E. S. London, N. Kotschneff, A. Cholopoff, T. S. Abaschidze u. A. K. Alexandry: Pflügers Arch. **219**, 238—245 — Chem. Zbl. **1928 I**, 2962.

[12] E. Abderhalden u. E. S. London: Pflügers Arch. **212**, 735—740 — Chem. Zbl. **1926 II**, 2454.

Perorale Zufuhr von Alanin ist nach A. Schätti[1] ohne Einfluß auf den Blutzucker, während nach subcutaner Injektion beim Kaninchen — wahrscheinlich infolge Sympathicusreizung — der Blutzucker ansteigt.

1 g subcutan injiziertes Alanin rief nach L. Pollak[2] bei Kaninchen eine deutliche Hyperglykämie hervor. Diese Hyperglykämie ist in ihrer Stärke vom Glykogenbestand der Tiere abhängig und läßt sich durch vorhergehende oder gleichzeitige Injektion eines Ergotoxinpräparates vollständig aufheben. Die Hyperglykämie ist nach dem Verfasser wie die Adrenalinhyperglykämie auf gesteigerte Glykogenolyse infolge Erregung sympathischer Nerven zurückzuführen.

Nach I. K. Parnas und R. Wagner[3] zeigt sich Alanin als kräftiger Zuckerbildner.

Bei vergleichenden Versuchen, bei denen Menschen neben 3 l Milch täglich wechselnde Mengen Glucose oder Alanin oder Milchsäure oder Brenztraubensäure gegeben wurden und bei denen festgestellt wurde, nach welcher Gabe Acetonurie auftrat, woraus auf Umwandlung der anderen in Betracht kommenden Stoffe in entsprechende Mengen Glucose geschlossen wurde, zeigte sich nach E. Aubel und R. Wurmer[4], daß Alanin und Milchsäure zu 92%, Brenztraubensäure aber nur in den günstigsten Fällen zu 80% in Glucose verwandelt wurde. Der Unterschied steht nach den Verfassern in Einklang mit thermochemischen Betrachtungen.

Nach J. A. Collazo und J. Supniewski[5] wird durch Alanin unerwarteterweise der Milchsäurespiegel des Blutes um etwa 30% herabgesetzt, während gleichzeitig der Blutzucker leicht ansteigt. Andererseits wird nach den gleichen Verfassern[6] durch injiziertes Alanin der Milchsäurespiegel beim Kaninchen erhöht.

Alanin löst nach S. I. Thannhauser und W. Markowicz[7] in keinem Versuche eine Vermehrung der Acetonbildung beim menschlichen Diabetes aus.

Bei Insulinvergiftung geht nach C. Voegtlin, E. R. Dunn und I. W. Thompson[8] die Hypoglykämie nach d-Alaninzusatz zurück.

E. Gabbe[9] studierte eingehend die Einwirkung des Alanins auf die Insulinwirkung.

Nach F. Nord[10] nimmt die Färbbarkeit des Nebennierenmarkes im Kaninchen mit Chromat nach Injektion von Alanin stark ab, was auf den verringerten Adrenalingehalt in den Nebennieren zurückzuführen ist.

Die Hippursäureausscheidung wird nach W. H. Griffith und H. B. Lewis[11] durch Alanin beim Kaninchen nicht gesteigert.

Über die Steigerung der Harnsäureausscheidung beim Menschen durch Alanin berichten H. V. Gibson und E. A. Doisy[12].

Nach A. A. Christman und H. B. Lewis[13] wird beim Kaninchen im Gegensatz zur Beeinflussung der Harnsäureausscheidung beim Menschen (Lewis, Dunn und Doisy) die tägliche Allantoinausscheidung durch Alaninverfütterung deutlich herabgesetzt.

Nach H. Zwarenstein[14] hat Zufuhr von Alanin (10—20 g) keinen Einfluß auf die stündliche Kreatinin- und Harnsäureausscheidung.

Nach A. Chanutin[15] wird durch Alaninzufuhr die Alkalireserve des Hundes — an der CO_2-bindenden Kraft des Plasmas gemessen — wesentlich gesteigert.

Nach Versuchen von E. P. Wolf[16] am Mesenterium von Winterfröschen nach Cohnheim und an weißen Mäusen nach intraperitonealer Injektion verursachen 0,25 ccm 1proz. Alanin-

---

[1] A. Schätti: Biochem. Z. **143**, 201—220 (1923) — Chem. Zbl. **1924 I**, 797.
[2] L. Pollak: Biochem. Z. **127**, 120—136 — Chem. Zbl. **1922 I**, 1208.
[3] I. K. Parnas u. R. Wagner: Biochem. Z. **127**, 55—65 (1922) — Chem. Zbl. **1922 I**, 886.
[4] E. Aubel u. R. Wurmer: C. r. Acad. Sci. Paris **177**, 836—837 (1923) — Chem. Zbl. **1924 I**, 570.
[5] J. A. Collazo u. J. Supniewski: Biochem. Z. **154**, 423—443 (1924) — Chem. Zbl. **1925 I**, 2708.
[6] J. A. Collazo u. J. Supniewski: C. r. Soc. Biol. Paris **92**, 367—369 — Chem. Zbl. **1925 II**, 411.
[7] S. I. Thannhauser u. W. Markowicz: Klin. Wschr. **4**, 2093—2099 (1925) — Chem. Zbl. **1926 I**, 713.
[8] C. Voegtlin, E. R. Dunn u. I. W. Thompson: Amer. J. Physiol. **71**, 574—582 — Chem. Zbl. **1925 II**, 199.
[9] E. Gabbe: Z. exper. Med. **51**, 391—446, 447—465 — Chem. Zbl. **1926 II**, 1658.
[10] F. Nord: Beitr. path. Anat. **78**, 297—302 (1927) — Chem. Zbl. **1928 II**, 1785.
[11] W. H. Griffith u. H. B. Lewis: J. of biol. Chem. **57**, 1—24 — Chem. Zbl. **1923 III**, 1329.
[12] H. V. Gibson u. E. A. Doisy: J. of biol. Chem. **55**, 605—610 — Chem. Zbl. **1923 III**, 171.
[13] A. A. Christman u. H. B. Lewis: J. of biol. Chem. **57**, 379—395 — Chem. Zbl. **1923 III**, 1653.
[14] H. Zwarenstein: Biochemic. J. **22**, 307—312 (1928) — Chem. Zbl. **1929 I**, 3116.
[15] A. Chanutin: J. of biol. Chem. **49**, 485—486 (1921) — Chem. Zbl. **1922 I**, 477.
[16] E. P. Wolf: J. of exper. Med. **37**, 511—524 — Chem. Zbl. **1923 III**, 413.

lösungen bei der Maus, aber nicht beim Frosch, eine leichte Entzündung (Vermehrung der Polymorphkernigen).

Die vermehrte Wärmeabgabe bei Fröschen nach Aufnahme von Alanin entspricht nach E. F. Terroine und E. Bonnet[1] stets der Menge des aufgenommenen Amino-N (118 Cal pro 14 mg N).

Nach M. Florkin[2] wird durch d-Alaninlösungen (1—5$^0/_{00}$) die Chronaxie des isolierten Mastdarmendes vom Frosch verlängert.

Nach G. Hecht und F. Eichholtz[3] wird die Glykolyse von Tumorschnitten durch Alanin reversibel gehemmt.

Nach Versuchen von O. Meyerhof, K. Lohmann und R. Meier[4] ist Alanin ohne Einfluß auf die Atmungsgröße von Froschmuskeln, während die Atmung der Leberzellen durch Alanin unter Desaminierung erhöht wird.

H. Reinwein[5] untersuchte die Wirkung von Alanin auf die Atmung von Leberschnitten nach Warburg. Es tritt Steigerung des O_2-Verbrauches ein, da Alanin zu den Aminosäuren gehört, bei denen das NH_2 abgespalten und der Rest zur Zuckersynthese Verwendung findet.

Von L. J. Simon und E. Aubel[6] konnte aus Alanin weder durch Boullion aus Leber oder frischem Muskel, noch durch Einspritzung in vivo in die Leber Brenztraubensäurebildung nachgewiesen werden.

St. J. Przylecki[7] berichtet über den Abbau von Alanin + l-Milchsäure bei Fröschen. Bei einem Überschuß von l-Milchsäure werden 70—80% des N als NH_3 ausgeschieden.

Nach F. Wankell[8] wird Alanin in saurer Lösung durch die Froschniere konzentriert, während es in neutraler Lösung partiell zurückgehalten wird.

Ch. Achard und A. Leblanc[9] untersuchten am freigelegten Darm narkotisierter Hunde die Resorption von Alanin bei hypertonischen und hypotonischen Lösungen. Bei hypotonischen Lösungen bestehen dabei Resorptionsschwellen: eine tiefere, bei der die Resorption beginnt, und eine obligatorische. Im übrigen schwankt die Resorptionsschwelle je nach Tierart und Zustand des Darmes, so daß die obligatorische Resorptionsschwelle nur ungefähr anzugeben ist, sie beträgt für Alanin $^{33}/_{100}$.

Wird trächtigen Ratten Alanin subcutan verabreicht, so ist die Vermehrung des Aminosäuregehaltes in der quergestreiften Muskulatur des Muttertieres und im ganzen Fetus fast gleich hoch. Die Placenta ist also nach J. M. Luck und E. T. Engle[10] für Alanin völlig durchlässig. Die Muskulatur nimmt aus dem mütterlichen Plasma das Alanin in gleicher Weise auf, wie der Fetus aus dem fetalen Plasma.

Alanin wirkt nach C. A. Ivy und A. J. Javois[11] nicht auf die Magensekretion ein.

Von E. Abderhalden und E. Gellhorn[12] wurde der Einfluß von d-Alanin auf die Adrenalinwirkung am Meerschweinchendarm untersucht. Konzentrationen von 1:25000 bis 200000 steigerten die Adrenalinwirkung (Herabsetzung des Tonus und Lähmung der automatischen Kontraktionen). Die Wirkung war völlig reversibel. Ebenso war nach Versuchen der Verfasser[12] am Herzstreifen die Adrenalinwirkung durch d- und l-Alanin bedeutend verstärkt, so daß sich die Schwellenkonzentration bis auf etwa $^1/_{10}$ des normalen Wertes erniedrigte. Gleichfalls wurde an der glatten Muskulatur des Magens und der Speiseröhre des Frosches eine Verstärkung der Erregung bzw. Lähmung ausgelöst. Dem Alanin selbst kommt kein Einfluß auf die automatischen Kontraktionen von Herz-, Magen- und Speiseröhren-

---

[1] E. F. Terroine u. R. Bonnet: Ann. de Physiol. **2**, 488—508 (1926) — Ber. Physiol. **39**, 680 bis 681 — Chem. Zbl. **1927 II**, 596.
[2] M. Florkin: C. r. Soc. Biol. **98**, 872—873 — Chem. Zbl. **1928 I**, 2627.
[3] G. Hecht u. F. Eichholtz: Biochem. Z. **206**, 282—289 — Chem. Zbl. **1929 II**, 2796.
[4] O. Meyerhof, K. Lohmann u. R. Meier: Biochem. Z. **157**, 459—491 — Klin. Wschr. **4**, 341—343 — Chem. Zbl. **1925 II**, 317.
[5] H. Reinwein: Dtsch. Arch. klin. Med. **160**, 278—299 — Chem. Zbl. **1928 II**, 1896.
[6] L. J. Simon u. E. Aubel: C. r. Acad. Sci. Paris **178**, 657—659 — Chem. Zbl. **1924 I**, 1827.
[7] St. J. Przylecki: Arch. internat. Physiol. **25**, 280—293 (1925) — Ber. Physiol. **34**, 510 — Chem. Zbl. **1926 II**, 455.
[8] F. Wankell: Pflügers Arch. **208**, 604—606 — Chem. Zbl. **1925 II**, 1371.
[9] Ch. Achard u. A. Leblanc: C. r. Soc. Biol. Paris **89**, 302—304 — Chem. Zbl. **1923 III**, 1240.
[10] J. M. Luck u. E. T. Engle: Amer. J. Physiol. **88**, 230—236 — Chem. Zbl. **1929 II**, 449.
[11] C. A. Ivy u. A. J. Javois: Amer. J. Physiol. **71**, 591—603 — Chem. Zbl. **1925 II**, 197.
[12] E. Abderhalden u. E. Gellhorn: Pflügers Arch. **206**, 154—161 (1924) — Chem. Zbl. **1925 I**, 550 — Pflügers Arch. **203**, 42—56 — Chem. Zbl. **1924 II**, 497.

muskulatur zu. Zwischen den verschiedenen Komponenten der optisch-aktiven Aminosäuren bestehen keine Unterschiede. Bei intraperitonealer Injektion wurde durch Alaninzusatz bei der weißen Maus die Senkung der Temperatur verstärkt. Namentlich d-Alanin erweist sich hierbei als besonders wirksam.

Nach Untersuchungen von H. Ekerfors[1] konnte zwischen der Wirkung des Alanins auf die Adrenalinoxydation und auf den pharmakodynamischen Effekt des Adrenalins kein Zusammenhang festgestellt werden.

Von B. Sure[2] wurde der Einfluß eines zu Arachin und Erbseneiweiß (Vicia) zugesetzten Gemisches von Alanin, Leucin und Valin auf das Wachstum von Ratten studiert. Eine Verbesserung in dieser Beziehung wurde von beiden Proteinen nicht erzielt.

In Fütterungsversuchen an ausgewachsenen Ratten und Mäusen mit Nahrungsgemischen aus reinen organischen Bausteinen wurde von E. Abderhalden[3] beobachtet, daß Alanin anscheinend durch andere Aminosäuren ersetzbar ist.

Nach E. Abderhalden[4] entwickeln sich die Larven des Kabinettkäfers (Anthremus muscorum) auf Seidenkokons und bauen aus deren Bestandteilen, die hauptsächlich aus Glykokoll, Alanin, Tyrosin und Serin neben wenig Leucin, Phenylalanin, Prolin, Arginin, Lysin und Histidin bestehen, sämtliche Körpersubstanzen auf.

Alanin übt nach G. Lusk[5] wie Eiweiß und Glykokoll die gleiche spezifisch-dynamische Wirkung aus. Nach R. Liebeschütz-Plaut und H. Schadow[6] übt Alanin nur nach peroraler, aber nicht nach intravenöser Zufuhr eine spezifisch-dynamische Wirkung aus. Dabei ist es gleichgültig, ob die Injektion peripher oder intraportal geschieht.

Versuchsergebnisse von Bang[7] am Kaninchen über den hohen Gehalt an Amino-N im Kreislauf nach Zufuhr von Alanin oder Glykokoll werden von T. N. Seth und J. M. Luck[8] bestätigt.

Über die Wirkung des Alanins auf die spezifisch-dynamische Wirkung von Proteinen in Gelatine-, Casein- und Glykokollgemischen berichten R. Weiss, D. Rapport und J. Evenden[9]. Die spezifisch-dynamische Wirkung von Gelatine-, Caseinhydrolysaten, Fleischeiweiß und Gliadin wird nach D. Rapport und H. H. Beard[10] in erster Linie auf ihren Gehalt an wirksamen Aminosäuren (Alanin, Glykokoll, Leucin, Phenylalanin und Tyrosin) zurückgeführt.

Nach S. Mulert[11] wirken intravenöse Alaningaben weder bei Hunden noch beim Selbstversuch, gemessen am Sauerstoffverbrauch, spezifisch-dynamisch.

E. F. Terroine, S. Trautmann, R. Bonnet und R. Jacquot[12] untersuchten die Ausnützbarkeit von Alanin durch Schimmelpilze als N-Quelle.

E. F. Terroine, S. Trautmann, R. Bonnet und R. Jacquot[13] untersuchten von Sterigmatocystis nigra und Aspergillus oryzae den quantitativen Energiestoffwechsel und stellten fest, daß Alanin wie Proteine und andere Aminosäuren als einziger organischer Nahrungsstoff gegeben von den Pilzen zu 39% ausgenutzt wurde.

Versuche von B. Harrow, F. W. Power und C. P. Sherwin[14] ergaben, daß die Kuppelung des Acetaldehyd-Essigsäurekomplexes mit p-Aminobenzoesäure nach Beigabe von Alanin um 27% gesteigert wurde.

---

[1] H. Ekerfors: C. r. Soc. Biol. Paris **93**, 1162—1167 (1925) — Chem. Zbl. **1926 I**, 1222.

[2] B. Sure: J. of biol. Chem. **43**, 443—456 (1920) — Chem. Zbl. **1921 I**, 41 — J. of biol. Chem. **46**, 443—452 — Chem. Zbl. **1921 III**, 236.

[3] E. Abderhalden: Pflügers Arch. **195**, 199—226 — Chem. Zbl. **1922 III**, 1234.

[4] E. Abderhalden: Hoppe-Seylers Z. **142**, 189—190 — Chem. Zbl. **1925 I**, 2020.

[5] G. Lusk: Medicine **1**, 311—354 (1922) — Ber. Physiol. **28**, 84—86 (1924) — Chem. Zbl. **1925 I**, 857.

[6] R. Liebeschütz-Plaut u. H. Schadow: Pflügers Arch. **214**, 537—551 (1926) — Chem. Zbl. **1927 I**, 623.

[7] Bang: Chem. Zbl. **1916 II**, 99.

[8] T. N. Seth u. J. M. Luck: Biochemic. J. **19**, 366—376 — Chem. Zbl. **1925 II**, 2001.

[9] R. Weiss, D. Rapport u. J. Evenden: J. of biol. Chem. **60**, 513—543 — Chem. Zbl. **1924 II**, 1949.

[10] D. Rapport u. H. H. Beard: J. of biol. Chem. **73**, 299—319 — Chem. Zbl. **1927 II**, 1047.

[11] S. Mulert: Pflügers Arch. **221**, 599—604 — Chem. Zbl. **1929 I**, 2440.

[12] E. F. Terroine, S. Trautmann, R. Bonnet u. R. Jacquot: C. R. Acad. Sci. Paris **178**, 1488—1491 — Chem. Zbl. **1924 II**, 2762.

[13] E. F. Terroine, S. Trautmann, R. Bonnet u. R. Jacquot: Bull. Soc. Chim. biol. Paris **7**, 351—379 — Chem. Zbl. **1925 II**, 666.

[14] B. Harrow, F. W. Power u. C. P. Sherwin: Proc. roy. Soc. exper. Biol. a. Med. **24**, 422 bis 424 — Ber. Physiol. **40**, 787 — Chem. Zbl. **1927 II**, 2207.

Alanin ist nach St. Weiss[1] auf den Abbau von acetessigsaurem K durch Hefe ohne Einfluß.

Aus Untersuchungen von H. v. Euler und H. Fink[2] über das Stickstoffgleichgewicht in Hefezellen ergab sich, daß in Lösungen, die neben Zucker und Nährsalzen noch Alanin enthielten, der Gesamt-N der Hefe während der Gärung zunahm, also N assimiliert wurde. Weiterhin wird noch angegeben, daß in Systemen, in denen Hefe in Gegenwart von Alanin und Nährsalzen gärt, die Änderung des Amino-N während und nach der Gärung gering war.

F. Lieben[3] untersuchte das Verhalten des Alanins in ruhenden Hefesuspensionen. Beim Schütteln unter O_2-Zufuhr nimmt die Alaninmenge ab, ohne daß wesentliche Mengen CO_2 oder NH_3 gebildet werden. Wieweit Alanin zum Aufbau von Leibessubstanz der Hefe verwendet wird, geht aus den Bilanzversuchen nicht mit genügender Sicherheit hervor.

Nach H. Zeller[4] steigert Alanin die Hefegärung um 50%.

Alanin steigerte nach G. Klein und K. Pirschle[5] bei Weizenkeimlingen die Verwertbarkeit verschiedener Nährstoffe bei maximaler Atmungsintensität nur in geringem Maße.

Über den Alaningehalt an verschiedenen Stellen von Tomaten nach 3—5 Tagen bei Nitratgaben berichtet S. H. Eckerson[6].

Über die Entwicklung von Milchsäurebakterien aus Gerbbrühen in Gerstenabsud mit Glucose und mit Pepton, Fibrin, Alanin neben weiteren Aminosäuren als N-Quelle berichten B. Schwarzberg und P. Gindis[7].

Über Alanin als besonders geeignete N-Quelle für Bacterium busae asiaticae nov. spec. berichtet L. Tschekan[8].

Nach V. Reader[9] kann in künstlichen Nährböden für Sarcina arantiaca, Streptothrix corallinus und weißer Streptothrix Alanin nicht als N-Quelle NH_3 ersetzen, wohl aber kann es in gleicher Konzentration wie Glucose diese als C-Quelle vertreten.

7 verschiedene Arten von Mikrosiphoneen wurden von G. Guittonneau[10] in Nährböden kultiviert, die außer den Mineralstoffen Alanin als C- und N-Quelle enthielten. Es konnte NH_3-Bildung festgestellt werden.

Nach Untersuchungen von J. Hirsch[11] gediehen Choleravibrionen in einer Mineralsalzlösung mit Alanin als alleiniger C-N-Quelle nur mäßig.

Untersuchungen von H. Braun und C. E. Cahn-Bronner[12] über die dem Paratyphus B-Bacillus nahestehenden Bakterienarten: Gärtnerschen, Voldaysenschen, Mäusetyphusbacillen und über Paratyphus A- und Typhusbacillen ergaben, daß Alanin in den benutzten Kombinationen wirkungslos blieb.

Es wurde von H. Braun und C. E. Cahn-Bronner[13] die Ausnützbarkeit von Alanin für sich und im Gemisch mit Milchsäure durch folgende pathogene Bakterien: gasbildende und gaslose Paratyphus-B-, Gärtner-, NH_3-assimilierende und NH_3-nichtassimilierende Typhusbacillen untersucht. Alanin wird als einzige Aminosäure von allen 4 Bakterienarten gleich gut verwertet.

Aus Untersuchungen von 5000 säurefesten Bakterien verschiedenster Herkunft ergab sich nach E. R. Long[14], daß Alanin als alleinige N-Quelle das Wachstum der säurefesten ermöglichte und nur bei 2 Vogeltuberkelstämmen versagte.

Über die Ausnutzung von Alanin als N-Quelle durch verschiedene Bakterien bei Ersatz des Asparagins in der Uschinskischen Lösung durch Alanin berichtet J. Carra[15]. Bei

---

[1] St. Weiss: Z. exper. Med. 52, 707—714 (1926) — Chem. Zbl. 1927 I, 479.
[2] H. v. Euler u. H. Fink: Hoppe-Seylers Z. 157, 222—262 — Chem. Zbl. 1926 II, 2447.
[3] F. Lieben: Biochem. Z. 132, 180—187 (1922) — Chem. Zbl. 1923 I, 1286.
[4] H. Zeller: Biochem. Z. 176, 134—141 — Chem. Zbl. 1926 II, 3060.
[5] G. Klein u. K. Pirschle: Biochem. Z. 176, 20—31 — Chem. Zbl. 1926 II, 2444.
[6] S. H. Eckerson: Bot. Gaz. 77, 377—390 — Ber. Physiol. 28, 65 (1924) — Chem. Zbl. 1925 I, 852.
[7] B. Schwarzberg u. P. Gindis: Zbl. Bakter. II. 78, 96—105 — Chem. Zbl. 1929 II, 760.
[8] L. Tschekan: Zbl. Bakter. II 78, 74—93 — Chem. Zbl. 1929 II, 1085.
[9] V. Reader: Biochem. J. 21, 901—907 — Chem. Zbl. 1927 II, 2463.
[10] G. Guittonneau: C. r. Acad. Sci. 179, 512—514 — Chem. Zbl. 1924 II, 2607.
[11] J. Hirsch: Z. Hyg. 106, 433—467 — Chem. Zbl. 1926 II, 2188.
[12] H. Braun u. C. E. Cahn-Bronner: Z. Bakter., I. 86, 196—211 — Chem. Zbl. 1921 III, 234.
[13] H. Braun u. C. E. Cahn-Bronner: Biochem. Z. 131, 226—271 (1922) — Chem. Zbl. 1923 I, 965 — Biochem. Z. 131, 272—314 (1922) — Chem. Zbl. 1923 I, 967.
[14] E. R. Long: Amer. Rev. Tbc. 5, 705—714 (1921) — Ber. Physiol. 12, 299 — Chem. Zbl. 1922 III, 173.
[15] J. Carra: Ann. d'Ig. 34, 397—405 — Ber. Physiol. 29, 138 (1924) — Chem. Zbl. 1925 I, 1088.

den empfindlicheren Bakterien war die Lösung mit Alanin der üblichen überlegen, deshalb empfiehlt Verfasser, die Uschinski-Lösung mit Alanin + Tryptophan allgemein zu verwenden.

Alanin wird nach H. Braun, A. Stamatelakis, S. Kondo und R. Goldschmidt[1] als N-Quelle von Blindschleichen- und Schildkrötentuberkelbacillus (Friedmann) ausgenutzt.

A. Doskočil[2] untersuchte die Ausnützung von Alanin durch Typhusbacillen als N-Quelle in künstlichen Nährböden, dabei wird in zuckerfreien Nährböden dessen Reaktion alkalisch. Aus dem Alanin soll dabei Milchsäure, vielleicht auch Brenztraubensäure und Glyoxylsäure gebildet werden.

Nach A. Goris und A. Liot[3] lassen sich auch bei der Züchtung von Bacillus pyocyaneus auf künstlichen Nährböden Alanin oder besser dessen Salze als N-Quelle verwenden. Allerdings ist die Wirkung von NH_4-Salzen stärker.

Nach Untersuchungen über die Farbstoffbildung durch Bacillus pyocyaneus auf verschiedenen Nährböden wurde nach J. Carra[4] bei Verwendung von Alanin sehr gute Pigmentbildung mit andauernder Färbung erhalten. Bei Tyrosin- und Glykokoll- statt Alaninzusatz wird die Farbstoffbildung nie völlig erreicht. Ebenso blieb die Vermehrung mit Indol + Alanin viel spärlicher als mit Alanin allein.

Von O. Fernández und T. Garméndia[5] wird vergleichend der Einfluß von Glykokoll, Leucin, Alanin und Asparagin auf die Vergärung von Traubenzucker durch Bacillus coli untersucht. Die Bildung von Alkohol ist bei allen 4 etwa die gleiche; Aldehyd läßt sich gar nicht oder nur in Spuren nachweisen; die Bildung von Essigsäure bleibt geringer als bei $NaHCO_3$-Zusatz. Die Milchsäureproduktion ist bei allen 4 Aminosäuren erheblich. Das Verhältnis von beiden Säuren ist stark abhängig von der Art und Menge des Zusatzes. Bernsteinsäure tritt bei Alanin und Leucinzusatz nicht auf. In allen Fällen (1—2 g Zusatz von Aminosäuren zu 4 g Glucose in 200 ccm Wasser) wird merklich weniger Zucker vergoren, als ohne Zusatz.

Nach O. Fernández und T. Garméndia[6] werden durch Bacillus coli auf Peptonnährböden nach Zusatz von Alanin sehr geringe Mengen Aldehyd gebildet, die bei Gegenwart von Lactose und Lactose + Sulfit ansteigend erhöht werden.

Ein Alaninzusatz zu einem Nährboden, der neben den nötigen anorganischen Salzen und Glycerin Histidindichlorid enthielt, vermehrt nach M. T. Hanke und K. K. Kössler[7] Wachstum und Histaminbildung beim Colibacillus.

Wird der Reduktionskoeffizient des Bacillus coli mit Methylenblau als Acceptor für Bernsteinsäure gleich 100 gesetzt, so ist er nach J. Hirsch-Quastel und M. D. Whetham[8] für Alanin 1,0.

Auf alaninhaltigem, NH_4-freiem Nährboden bildet nach L. K. Campell[9] der Tuberkelbacillus flüchtige Säuren, unter denen Essigsäure vorherrscht.

Nach B. Sure[10] hat der tierische Organismus nicht die Fähigkeit, bei oraler Darreichung von Alanin und Indol das Tryptophan aus diesen beiden Bestandteilen aufzubauen.

Bei der Desaminierung der verschiedenen optischen Formen des Alanins mittels Oidium lactis entsteht nach Z. Ôtani und K. Ichitara[11] stets d-Milchsäure.

Über die Hyposulfitbildung aus Schwefel durch Mikroben (MM1) auf Alaninnährböden berichtet G. Guittonneau[12].

---

[1] H. Braun, A. Stamatelakis, S. Kondo u. R. Goldschmidt: Biochem. Z. **146**, 573—581 — Chem. Zbl. **1924 II**, 682.

[2] A. Doskočil: Biochem. Z. **190**, 314—321 (1927) — Chem. Zbl. **1928 I**, 2623.

[3] A. Goris u. A. Liot: C. r. Acad. Sci. Paris **174**, 575—578 — Chem. Zbl. **1922 III**, 391.

[4] J. Carra: Zbl. Bakter., I. **91**, 154—159 — Chem. Zbl. **1924 I**, 1550.

[5] O. Fernández u. T. Garméndia: An. Soc. española Fis. Quim. **21**, 481—492 (1923) — Chem. Zbl. **1924 I**, 1813.

[6] O. Fernández u. T. Garméndia: An. Soc. española Fis. Quim. **19**, 313—319 (1921) — Chem. Zbl. **1924 I**, 1393.

[7] M. T. Hanke u. K. K. Kössler: J. of biol. Chem. **50**, 131—191 (1922) — Chem. Zbl. **1922 I**, 695.

[8] J. Hirsch-Quastel u. M. D. Whetham: Biochemic. J. **19**, 645—651 (1925) — Chem. Zbl. **1926 I**, 967.

[9] L. K. Campell: J. Dairy Sci. **8**, 370—389 (1925) — Ber. Physiol. **33**, 778 — Chem. Zbl. **1926 I**, 3244.

[10] B. Sure: Amer. J. Physiol. **72**, 260—263 — Chem. Zbl. **1925 II**, 1185.

[11] Z. Ôtani u. K. Ichitara: Fol. jap. pharmacol. **1**, 397—405 (1925) — Ber. Physiol. **37**, 279 (1926) — Chem. Zbl. **1927 I**, 1605.

[12] G. Guittonneau: C. r. Acad. Sci. Paris **182**, 661—663 — Chem. Zbl. **1926 I**, 3244.

0,1—0,5 g Alanin + Glykokoll heben nach B. Sbarsky und L. Subkowa[1] die Wirkung einer tödlichen Diphtherietoxindosis vollkommen auf.

Alanin verstärkt nach C. Neuberg und A. Gottschalk[2] die Aldehydbildung im Leberbrei.

Die autolytische NH_3-Bildung im Meerschweinchenleberbrei in normalen Phosphat- und Lactatpuffern bei 37° unter Zusatz von einigen Tropfen Chloroform in saurem und alkalischem Medium bei Zugabe von Alanin untersuchten P. György und H. Röthler[3].

Es konnte nach E. Rosling[4] auch bei mehrfach wiederholten Versuchen von gepuffertem Menschenmuskelbrei bei 40° keine Einwirkung auf Alanin beobachtet werden.

Die Arginasen aus einer Reihe von malignen Tumoren, Sarkomen, Carcinomen, Granulationen, Polypen und embryonalen Geweben spalten nach S. Edlbacher und K. W. Merz[5] aus Alanin kein NH_3 ab.

Ein aus Lebern von Hunden, Meerschweinchen, Kaninchen, Gänsen, Hühnern und Fröschen gewonnenes histidinspaltendes Ferment spaltet nach S. Edlbacher[6] kein NH_3 ab.

F. C. Happold und H. St. Raper[7] finden im Gegensatz zu den Befunden von Chodat und Schweitzer[8], daß bei der Einwirkung von Kartoffeltyrosinase auf Alanin weder NH_3 gebildet, noch der Amino-N vermindert wird, noch Adsorption von O_2 stattfindet.

Alanin wird nach M. C. Robinson und R. A. McCance[9] durch den rohen Enzymextrakt aus Lactarius vellereus nur in Gegenwart von Phenolen, p-Kresol, Brenzcatechin und Resorcin oxydiert. p-Hydrobenzoesäure oder Tyrosin kann dabei nicht an Stelle von p-Kresol verwendet werden.

Alanin auf etwa 300° erhitzt, zeigte nach C. van Ewegk und M. Tennebaum[10] keine Secretinwirkung.

A. Niskowski[11] berichtet über die Erhöhung der antitryptischen Wirkung der Durchspülungsflüssigkeit einer übelriechenden Hundespeicheldrüse nach Alaninzusatz.

Nach J. H. Northrop[12] wird die Fermentwirkung von Trypsin durch zugesetztes Alanin nicht gehemmt.

E. Abderhalden, E. Rindtorff und A. Schmitz[13] untersuchten den hemmenden Einfluß von d-Alanin auf die Spaltung von d, l-Leucylglycin und Glycyl-d, l-leucin durch Erepsin und von Benzoyl-d, l-leucylglycin und Phenylisocyanatglycyl-d, l-leucin durch Trypsinkinase und verglichen den Hemmungsgrad mit dem von anderen Aminosäuren und Aminen.

d-Alaninzusatz wirkt nach A. Fodor und R. Cohn[14] zu Hefemacerationssäften beschleunigend auf die Aktivität der Peptidasen gegenüber Seidenpepton Höchst.

Die Glycyl-tyrosinspaltung durch Hefepreßsaft und Erepsin wird nach S. Tamura[15] durch d-Alanin gehemmt. Ebenso wird nach H. v. Euler und K. Josephson[16] die Spaltung von Glycylglycin durch Hefepeptidase und Erepsin, Darmpeptidase und die Spaltung von Alanylglycin durch Peptidasen (Glycerinextrakt aus Schweinsdarm) durch Alanin gehemmt (H. v. Euler und Z. J. Kertécz[17]).

---

[1] B. Sbarsky u. L. Subkowa: Biochem. Z. **172**, 40—44 — Chem. Zbl. **1926 II**, 605.
[2] C. Neuberg u. A. Gottschalk: Biochem. Z. **146**, 164—184 — Chem. Zbl. **1924 II**, 491.
[3] P. György u. H. Röthler: Biochem. Z. **173**, 334—347 — Chem. Zbl. **1926 II**, 1436.
[4] E. Rosling: Skand. Arch. Physiol. (Berl. u. Lpz.) **45**, 132—155 — Chem. Zbl. **1924 II**, 347.
[5] S. Edlbacher u. K. W. Merz: Hoppe-Seylers Z. **171**, 252—263 (1927) — Chem. Zbl. **1928 I**, 375.
[6] S. Edlbacher: Hoppe-Seylers Z. **157**, 106—114 — Chem. Zbl. **1926 II**, 2453.
[7] F. C. Happold u. H. St. Raper: Biochemic. J. **19**, 92—100 — Chem. Zbl. **1925 I**, 2451.
[8] Chodat u. Schweitzer: Chem. Zbl. **1913 I**, 1354.
[9] M. C. Robinson u. R. A. Mc Cance: Biochemic. J. **19**, 251—256 — Chem. Zbl. **1925 II**, 406.
[10] C. van Ewegk u. M. Tennebaum: Biochem. Z. **125**, 238—245 (1921) — Chem. Zbl. **1922 I**, 764.
[11] A. Niskowski: Biochem. Z. **179**, 62—69 (1926) — Chem. Zbl. **1928 II**, 2660.
[12] J. H. Northrop: J. gen. Physiol. **4**, 227—244 (1922) — Chem. Zbl. **1922 I**, 764.
[13] E. Abderhalden, E. Rindtorff u. A. Schmitz: Fermentforschg **10**, 233—250 (1928) — Chem. Zbl. **1929 I**, 2320.
[14] A. Fodor u. R. Cohn: Hoppe-Seylers Z. **176**, 17—28 — Chem. Zbl. **1928 II**, 455.
[15] S. Tamura: Acta Scholae med. Kioto **6**, 441—447 (1924) — Ber. Physiol. **32**, 640 (1925) — Chem. Zbl. **1926 I**, 2481.
[16] H. v. Euler u. K. Josephson: Ber. dtsch. chem. Ges. **60**, 1341—1349 — Chem. Zbl. **1927 II**, 707 — Hoppe-Seylers Z. **157**, 122—139 — Chem. Zbl. **1926 II**, 2977.
[17] H. v. Euler u. Z. J. Kertécz: Ber. dtsch. chem. Ges. **61**, 1525—1529 — Chem. Zbl. **1928 II**, 1001.

Nach H. H. Weber und H. Gesenius[1] wird die Caseinspaltung sowohl von Trypsinkinase wie von Pepsin durch Alanin gehemmt. L. Jarno[2] berichtet ebenfalls über die hemmende Wirkung des Alanins und seines Na-Salzes auf die Pepsinwirkung.

Alanin fördert nach R. Karasawa[3] die pankreaslipatische Spaltung von Tributyrin schwach. In Gegenwart von Alanin steigert Gallensäure die Pankreaslipasewirkung stärker als Gallensäure allein. Die Wirkung von Pankreaslipase auf Buttersäureäthylester und Olivenöl wird nach E. R. Dawson[4] in alkalischer und neutraler, aber nicht in saurer Lösung durch Alanin beschleunigt.

Nach W. E. Barge[5] wird die Katalaseausfuhr aus Leber und Verdauungsdrüsen zugleich mit den Verbrennungsprozessen gesteigert, wenn in Narkose in den Dünndarm eine Lösung von Alanin direkt eingespritzt wird.

O. Fernández und T. Garméndia[6] untersuchten die Bildung von Katalase und Peroxydase durch Bacillus coli in verschiedenen Medien: a) Bouillonkulturen mit Luftzutritt: die meiste Katalase wird mit Lävulose + Alanin gebildet, b) Bouillonkulturen ohne Luftzutritt; findet nur geringe Katalasebildung statt bei Zucker + Aminosäure; c) Kulturen in synthetischen Medien unter Luftzutritt: auch ohne Kohlehydrate bildet sich mit Alanin und Ammoniumlactat etwas Peroxydase und Katalase, am stärksten ist die Katalasebildung mit Alanin + Lävulose; d) Kulturen in synthetischen Medien unter Luftabschluß: bei Zusatz von Alanin wird kein Ferment gebildet. — Die Zersetzung des Alanins beträgt stets nur Zehntel Milligramm, am stärksten wird Alanin bei Luftausschluß umgewandelt.

Alanin wirkt nach M. Tsuchihashi[7] schädigend auf verdünnte Katalase.

Nach E. M. Riakhina und S. R. Zubkowa[8] hemmt Alanin die Wirkung der Antikatalase nicht.

Alanin steigert nach H. Haehn und H. Schweigart[9] die amylolytische Wirkung von Kartoffelpreßsaft. Die Wirkung ist etwas schwächer als die von Glykokoll, aber stärker als die von Leucin. Nach H. C. Sherman und F. Walker[10] wird die Hydrolysengeschwindigkeit durch gereinigte Pankreatinamylase, Handelspankreatin, Speichel oder gereinigte Malzamylase, nicht so eindeutig bei Malzextrakt, Takadiastase und einer Aspergillusamylase aus Takadiastase, bei Alaninzusatz gesteigert. Der Aminosäurezusatz schützt das Enzym auch vor der zerstörenden Wirkung durch $CuSO_4$ und kann selbst ein durch $CuSO_4$ geschädigtes Enzym wieder zur vollen Wirksamkeit bringen. Deshalb ist nach den Verfassern der günstige Einfluß der Aminosäuren auf die Stärkehydrolyse wenigstens zum Teil auf eine schützende Wirkung vor Zerstörung in wässerigen Lösungen zurückzuführen. Über die Vergiftung von Malz- und Speichelamylase durch Alanin berichtet U. Olsson[11]. Nach J. T. Groll[12] findet im Gegensatz zu Sherman[13] durch Alanin keine Aktivierung von Amylase statt, die z. B. durch Cu-Salze vergiftet ist.

Die Enzyme von Aspergillus flavus zersetzen nach A. K. Thakur und R. V. Norris[14] Alanin.

Der Süßungsgrad und der molare Süßungsgrad von d, l- und d-Alanin wurde von A. Heiduschka und E. Komm[15] nach der Konstantmethode von Pauli[16] untersucht und betrug

---

[1] H. H. Weber u. H. Gesenius: Biochem. Z. **187**, 410—436 — Chem. Zbl. **1927 II**, 2066.

[2] L. Jarno: Arch. Verdgskrkh. **30**, 191—202 (1922) — Ber. Physiol. **17**, 342 — Chem. Zbl. **1923 III**, 459.

[3] R. Karasawa: J. of Biochem. **7**, 117—127 — Chem. Zbl. **1927 II**, 280.

[4] E. R. Dawson: Biochemic. J. **21**, 398—403 — Chem. Zbl. **1927 II**, 1353.

[5] W. E. Barge: Amer. J. Physiol. **47**, 351—355 (1918) — Chem. Zbl. **1922 III**, 1025.

[6] O. Fernández u. T. Garméndia: An. Soc. española Fis. Quim. **21**, 166—180 — Chem. Zbl. **1923 III**, 1416 — Z. Hyg. **108**, 329—335 — Chem. Zbl. **1928 I**, 1783.

[7] M. Tsuchihashi: Biochem. Z. **140**, 63—112 (1923) — Chem. Zbl. **1924 I**, 2438.

[8] E. M. Riakhina u. S. R. Zubkowa: C. r. Soc. Biol. **97**, 479—480 — Chem. Zbl. **1927 II**, 1353.

[9] H. Haehn u. H. Schweigart: Biochem. Z. **143**, 516—526 (1923) — Chem. Zbl. **1924 I**, 1389.

[10] H. C. Sherman u. F. Walker: J. amer. chem. Soc. **43**, 2461—2469 — Chem. Zbl. **1922 III**, 929.

[11] U. Olsson: Hoppe-Seylers Z. **117**, 91—145 (1921) — Chem. Zbl. **1922 I**, 473.

[12] J. T. Groll: Pharmac. Weekbl. **65**, 1315—1319 (1928) — Chem. Zbl. **1929 I**, 1011.

[13] Sherman: Chem. Zbl. **1923 III**, 1096.

[14] A. K. Thakur u. R. V. Norris: J. Indian Inst. Sci. A **11**, 141—160 (1928) — Chem. Zbl. **1929 I**, 1013.

[15] A. Heiduschka u. E. Komm: Z. angew. Chem. **38**, 291—294 — Chem. Zbl. **1925 I**, 2302.

[16] Pauli: Biochem. Z. **125**, 97 — Chem. Zbl. **1922 II**, 733.

für d, l-Alanin 0,92 und 0,24; für d-Alanin 0,73 und 0,19. Stereoisomerie bringt wesentliche Geschmacksunterschiede hervor.

S. Leites[1] untersuchte die Wirkung des Alanins auf die Leukocytenzahl nach intravenöser Injektion an Kaninchen, bei denen Leukopenie mit relativer Lymphocytose hervorgerufen wird.

Alanin wird nach B. Sbarsky und A. Muchamedow[2] in vitro durch Kaninchenerythrocyten zu 10—40% adsorbiert.

Nach A. Kultjugin und N. Iwanowsky[3] adsorbieren mit physiologischer NaCl-Lösung gewaschene Erythrocyten von Katze, Hund und Kuh zugesetztes Alanin. Der Prozeß ist nach etwa $^1/_2$ Stunde beendet, aus verdünnten Lösungen wird relativ mehr Alanin adsorbiert als aus konzentrierten.

Alanin steigert nach L. Jarno[4] am stärksten die hämolytische Wirkung von cholsaurem, tauro- und glykocholsaurem Na. Außerdem wird noch über den Einfluß des Alaninesterchlorhydrates auf die hämolytische Wirkung berichtet.

H. N. Batham[5] untersuchte die Nitrifikation der Böden. Er gab zu 100 g lufttrockenem gesiebtem Versuchsboden — leichter Lehm mit der Reaktionszahl p_H 6,35 — in sterilisierten Gefäßen $CaCO_3$ und neutralisiertes Alanin. Nach einer Inkubationszeit von 30—40 Tagen — bei optimalem Wassergehalt und Zimmertemperatur — wurde das gebildete Nitrat im Vergleich zu dem aus $(NH_4)_2SO_4$ nach der Methode von Schloesnig bestimmt. Unter den Versuchsbedingungen wurde der Nitrifikationsgrad des $(NH_4)_2SO_4$ nicht erreicht.

In einem Oxydoreduktionssystem: Alanin, Aldehyd (Propionaldehyd), Methylenblau und Phosphat reagiert d-Alanin nach H. Haehn und A. Pülz[6] im Vergleich zu den anderen Alaninstereoisomeren am besten.

Bei Gegenwart von Chlorogensäure wird nach A. Oparin[7] der Amino-N des Alanins in 2—4 Tagen zu etwa 10—20% durch den Luftsauerstoff in NH_3-N übergeführt, außerdem wird CO_2 abgespalten und der Rest der Verbindung zu einem Aldehyd oxydiert.

Biochemische Eigenschaften des l-Alanins: An Hunde mit schwach positiver Stickstoffbilanz enteral oder parenteral zugeführtes l-Alanin wurde nach E. Abderhalden und K. Franke[8] nur teilweise ausgenützt, da ein Teil des l-Alanins unverändert aus dem Harn isoliert werden konnte.

Über die Wirkungssteigerung von Adrenalin durch l-Alanin berichten E. Abderhalden und E. Gellhorn[9], siehe unter d-Alanin, S. 395.

Über die d-Milchsäurebildung aus l-Alanin berichten Z. Ôtani und K. Ichihara[10] siehe unter d-Alanin, S. 398.

E. Abderhalden, E. Rindtorff und A. Schmitz[11] untersuchten den hemmenden Einfluß von l-Alanin auf die Spaltung von d, l-Leucyl-glycin und Glycyl-d, l-leucin durch Erepsin und von Benzoyl-d, l-leucylglycin und Phenylisocyanat-glycyl-d, l-leucin durch Trypsinkinase und verglichen den Hemmungsgrad mit dem von anderen Aminosäuren und Aminen.

Über das Verhalten von l-Alanin in einem Oxydoreduktionssystem: Alanin, Aldehyd (Propionaldehyd), Methylenblau und Phosphat berichten H. Haehn und A. Pülz[6], siehe unter d-Alanin, S. 401.

Biochemische Eigenschaften des d, l-Alanins: Über die Wirkung auf die N-haltigen Substanzen des Blutes nach subcutaner Injektion oder peroraler Verabreichung von d, l-Alanin an Kaninchen berichten M. W. Johnston und H. B. Lewis[12], siehe unter d-Alanin, S. 393.

Sowohl von normaler wie von diabetischer Leber wird nach V. Laufberger[13] zugesetztes

---

[1] S. Leites: Arch. f. exper. Path. **103**, 109—114 — Chem. Zbl. **1924 II**, 1953.
[2] B. Sbarsky u. A. Muchamedow: Biochem. Z. **155**, 495—498 — Chem. Zbl. **1925 I**, 2084.
[3] A. Kultjugin u. N. Iwanowsky: Biochem. Z. **200**, 236—243 (1928) — Chem. Zbl. **1929 I**, 550.
[4] L. Jarno: Z. Immun.forschg **60**, 410—416 — Chem. Zbl. **1929 I**, 2550.
[5] H. N. Batham: Soil Sci. **20**, 337—351 (1925) — Chem. Zbl. **1926 I**, 1476.
[6] H. Haehn u. A. Pülz: Chem. Zelle **12**, 65—99 (1924) — Chem. Zbl. **1925 I**, 1213.
[7] A. Oparin: Bull. Acad. St. Pétersbourg [6], 535—546 (1922) — Chem. Zbl. **1925 II**, 728.
[8] E. Abderhalden u. K. Franke: Fermentforschg **10**, 39—49 (1928) — Chem. Zbl. **1929 I**, 102.
[9] E. Abderhalden u. E. Gellhorn: Pflügers Arch. **203**, 42—56 — Chem. Zbl. **1924 II**, 497.
[10] Z. Ôtani u. K. Ichihara: Folia jap. pharmacol. **1**, 397—405 (1925) — Ber. Physiol. **37**, 279 (1926) — Chem. Zbl. **1927 I**, 1605.
[11] E. Abderhalden, E. Rindtorff u. A. Schmitz: Fermentforschg **10**, 233—250 (1928) — Chem. Zbl. **1929 I**, 2320.
[12] M. W. Johnston u. H. B. Lewis: J. of biol. Chem. **78**, 67—82 — Chem. Zbl. **1928 II**, 463.
[13] V. Laufberger: Biochem. Z. **181**, 220—224 — Chem. Zbl. **1927 I**, 2212.

d, l-Alanin nicht in Milchsäure umgewandelt. Alanin zeigte bei der verwandten Versuchsanordnung antiketogene Wirkung. Der Durchblutungsflüssigkeit zugesetzt, wird es in wenigen Minuten vom Leberparenchym resorbiert.

Die Glycyl-tyrosinspaltung wird nach S. Tamura[1] durch Hefepreßsaft und Erepsin durch d, l-Alanin gehemmt.

Nach G. Schmidt[2] wird d, l-Alanin nicht durch Adenylsäuredesaminase aus Muskelbrei desaminiert.

Über die d-Milchsäurebildung aus d, l-Alanin berichten Z. Ôtani und K. Ichihara[3], siehe unter d-Alanin, S. 398.

Über den Süßungsgrad des d, l-Alanins berichten A. Heiduschka und E. Komm[4], siehe unter d-Alanin, S. 400.

Von A. Heiduschka und E. Komm[5] wird der Süßungsgrad von verschieden konzentrierten d, l-Alaninlösungen ermittelt:

Konz. der Lösung	Süßungsgrad	Molarer Süßungsgrad
2,5% d, l-Alanin	1,70	0,44
5,0% ,,	1,28	0,33
7,5% ,,	1,06	0,27
10,0% ,,	0,93	0,24

Ein Vergleich mit dem Süßungsgrad entsprechender Glykokollösungen ergab, daß die Kurven für die Süßungsgrade beider Säuren bei den niedrigen Konzentrationen erheblich voneinander abweichen, dagegen verlaufen sie von 5% an in fast gleichen Abständen. In Gemischen beider Säuren addieren sich die Süßungsgrade der Komponenten nicht zueinander.

Über das Verhalten von d, l-Alanin in einem Oxydoreduktionssystem: Alanin, Aldehyd (Propionaldehyd), Methylenblau und Phosphat berichten H. Haehn und A. Pülz[6], siehe unter d-Alanin, S. 401.

Physikalische Eigenschaften: Berichtigungen und Ergänzungen zu älteren chemischkrystallographischen Beobachtungen über Alanin teilt H. Steinmetz[7] mit.

I. S. Jaitschnikow[8] hat am Alanin folgende Winkel gemessen: $(\overline{1}01):(101) = 52°\,20'$, $(101):(001) = 26°\,10'$, $(\overline{1}01):(\overline{1}0\overline{1}) = 128°$, $(10\overline{1}):(\overline{1}00) = 64°$. Der Alaninkrystall konnte eindeutig erkannt werden.

Von G. L. Keenan[9] wurden Krystallform und optische Eigenschaften nach der Immersionsmethode von Alanin festgestellt. Als Immersionsflüssigkeiten wurden Gemische von Squibbs Mineralöl $n = 1,49$, Monochlornaphthalin $n = 1,64$, Monobromnaphthalin $n = 1,66$ und Methylenjodid $n = 1,74$ in solchen Verhältnissen angewendet, daß sich jedes Gemisch vom anderen um 0,005 unterschied.

P. A. Levene, L. W. Bass, R. E. Steiger und I. Bencowitz[10] berichten über Drehungsmessungen an d-Alanin, d-Alanyl-d-alaninanhydrid und Glycyl-l-alanyl-l-alanylglycin, die bei verschiedener [H$^+$] in den Grenzen von 0,57 bis etwa 13,5 vorgenommen wurden.

G. W. Clough[11] ermittelte für d-Alanin, d-Milchsäuremethylester, l-Äpfelsäuremethylester, l-Asparaginsäure und l-Asparagin für die Wellenlängen Na 5893 und Hg 5461 den rationalen Nullpunkt, der für alle etwa $-2,5$ beträgt, und den rationalen Dispersionskoeffizienten, der sich dann zu $([\alpha]_\alpha + 2,5)/([\alpha]_{gr} + 2,5) = 0,844$ bestimmen läßt.

Ch. E. Wood und S. D. Nicholas[12] erläutern an l-Tyrosin, l-Alanin und l-Asparagin-

---

[1] S. Tamura: Acta Scholae med. Kioto **6**, 441—447 (1924) — Ber. Physiol. **32**, 640 (1925) — Chem. Zbl. **1926 I**, 2481.

[2] G. Schmidt: Hoppe-Seylers Z. **179**, 243—282 (1928) — Chem. Zbl. **1929 I**, 1124.

[3] Z. Ôtani u. K. Ichihara: Folia jap. pharmacol. **1**, 397—405 (1925) — Ber. Physiol. **37**, 279 (1926) — Chem. Zbl. **1927 I**, 1605.

[4] A. Heiduschka u. E. Komm: Z. angew. Chem. **38**, 291—294 — Chem. Zbl. **1925 I**, 2302.

[5] A. Heiduschka u. E. Komm: Z. angew. Chem. **38**, 941—945 (1925) — Chem. Zbl. **1926 I**, 880.

[6] H. Haehn u. A. Pülz: Chem. Zelle **12**, 65—99 (1924) — Chem. Zbl. **1925 I**, 1213.

[7] H. Steinmetz: Z. Krystallogr. **56**, 157—166 — Chem. Zbl. **1921 III**, 790.

[8] I. S. Jaitschnikow: J. russ. phys.-chem. Ges. **52**, 145—147 (1920) — Chem. Zbl. **1923 IV**, 976.

[9] G. L. Keenan: J. of biol. Chem. **62**, 163—171 (1924) — Chem. Zbl. **1925 I**, 617.

[10] P. A. Levene, L. W. Bass, R. E. Steiger u. I. Bencowitz: J. of biol. Chem. **72**, 815—826 — Chem Zbl. **1927 II**, 1151.

[11] G. W. Clough: J. chem. Soc. Lond. **1926**, 1674—1676 — Chem. Zbl. **1926 II**, 2412.

[12] Ch. E. Wood u. S. D. Nicholas: J. chem. Soc. Lond. **1928**, 1712—1727 — Chem. Zbl. **1928 II**, 1186.

säure, die konfigurativ in Beziehung zur l-Weinsäure stehen, die anomale Drehungsdispersion als zuverlässiges Kriterium für Konfigurationsbestimmungen.

Alanin wird nach P. A. Levene und M. H. Pfaltz[1] selbst beim Stehen mit $^1/_{10}$, $^1/_5$ und l-n-Alkali während 35 Tagen nicht racemisiert.

Alanin setzt nach A. Gigon[2] das Drehungsvermögen des Traubenzuckers herab.

Von L. Marchlewski und A. Nowotnówna[3] wurde der Extinktionskoeffizient von d-Alanin nach der Methode von Hilger bestimmt.

Alanin wurde von Y. Shibata und T.-i. Asahina[4] in Wasser, Alkohol und Eisessig spektroskopisch untersucht.

Versuche von H. Ley und B. Arends[5] über die Absorption in Ultraviolett von Alanin, das aus Wasser umkrystallisiert und aus wässeriger Lösung durch Alkohol gefällt war, ergaben, daß die Absorption innerhalb der Meßfehler völlig identisch war. Gemische verdünnter wässeriger Lösungen von Alanin + Glykokoll beeinflußten sich gegenseitig nicht wesentlich, so daß ein additives Verhalten vorlag. Die Umwandlung des Alanins in seine Ionen $NH_3 \cdot R \cdot COO' \rightarrow NH_2 \cdot R \cdot COO'$ z. B. als Na-Salz hat eine starke Rotverschiebung zur Folge. — Der Befund der Verfasser über die gleiche Lichtabsorption von d-Alanin, das aus Wasser umkrystallisiert oder aus Wasser mit Alkohol gefällt war, konnte von E. Abderhalden und E. Roßner[6] nach neueren Untersuchungen bestätigt werden. Ferner wurde die Absorption von $^1/_2$ mol. Alanin- + $^1/_2$ mol. Glykokoll- und von $^1/_2$ mol. Alanin- + $^1/_2$ mol. Valinlösungen in verschiedenen Mengenverhältnissen untersucht, es ergab sich eine gerade ansteigende Absorptionskurve, während Gemische von $^1/_5$ mol. Alanin- + $^1/_5$ mol. Alaninanhydridlösungen ungleichmäßige, aber stetig ansteigende Kurven zeigten. Außerdem wurde die Absorptionskurve des Alanins mit den Kurven von anderen aliphatischen und aromatischen Aminosäuren verglichen.

A. Castille und E. Ruppol[7] beschreiben vom Alanin das Absorptionsspektrum für Ultraviolett zwischen 4800 und 1900 Å.

Über die interferometrische Untersuchung von Alanin berichten P. Hirsch und R. Kunze[8].

Von N. Bjerrum[9] werden die beiden Dissoziations- (K_s und K_b) und Hydrolysenkonstanten (k_a und k_b) von Alanin bei 25° wie folgt angegeben:

$$K_s = 10^{-2,61}; \quad K_b = 10^{-4,18}; \quad k_a = 10^{-9,72}; \quad k_b = 10^{-11,29}.$$

Die Leitfähigkeit des Alanins beträgt nach A. Bork[10] $\Lambda_\infty = 100,9$, die Wanderungsgeschwindigkeit des Kations 25,7, woraus sich die Dissoziationskonstante k_{Base} zu $2,5 \cdot 10^{-12}$ ergibt.

Über eine acidimetrische Bestimmungsmethode des isoelektrischen Punktes von Alanin und über ihre Fehlergrenze berichtet D. Bach[11].

Nach G. Hedestrand[12] hat Alanin im isoelektrischen Punkte ein Minimum der inneren Reibung. Die Reibungskonstanten der Ionen sind also größer als die des elektrisch neutralen Moleküles, wobei die Konstanten der Anionen größer sind als die der Kationen. NaCl verschiebt beim Alanin das Reibungsminimum zur sauren Seite, während durch KCl und Na_2SO_4 das Minimum ohne Verschiebung nur verbreitert wird. Bei Alanin + $AlCl_3$ wird das steile Ansteigen der inneren Reibung bei $p_H = 4,1$ auf die Bildung von kolloidalem $Al(OH)_3$ oder

---

[1] P. A. Levene u. M. H. Pfaltz: J. of biol. Chem. **70**, 219—227 (1926) — Chem. Zbl. **1927 I**, 100.

[2] A. Gigon: Schweiz. med. Wschr. **52**, 1258—1259 (1922) — Ber. Physiol. **17**, 479 — Chem. Zbl. **1923 III**, 507.

[3] L. Marchlewski u. A. Nowotnówna: Bull. intern. Acad. Polon. Sci. Lettres **1925**, 153—164 — Chem. Zbl. **1926 I**, 588.

[4] Y. Shibata u. T.-i. Asahina: Bull. chem. Soc. Jap. **2**, 324—334 (1927) — Chem. Zbl. **1928 I**, 1194.

[5] H. Ley u. B. Arends: Ber. dtsch. chem. Ges. **61**, 212—222 — Chem. Zbl. **1928 I**, 1263.

[6] E. Abderhalden u. E. Roßner: Hoppe-Seylers Z. **176**, 249—257 (1928) — Chem. Zbl. **1929 I**, 19.

[7] A. Castille u. E. Ruppol: Bull. Soc. Chim. biol. Paris **10**, 623—668 — Chem. Zbl. **1928 II**, 622.

[8] P. Hirsch u. R. Kunze: Fermentforsch **6**, 30—55 — Chem. Zbl. **1922 III**, 557.

[9] N. Bjerrum: Z. physik. Chem. **104**, 147—173 (1923) — Chem. Zbl. **1923 I**, 1575.

[10] A. Bork: Z. physik. Chem. **129**, 58—68 — Chem. Zbl. **1927 II**, 2267.

[11] D. Bach: Bull. Soc. Chim. biol. Paris **9**, 1233—1243 (1927) — Chem. Zbl. **1928 I**, 2972.

[12] G. Hedestrand: Z. anorg. u. allg. Chem. **124**, 153—184 (1922) — Chem. Zbl. **1923 I**, 254 — Arkiv för Kemi, Min. och Geol. **8**, Nr 5, 9 Seiten (1920) — Chem. Zbl. **1922 III**, 345.

Verbindungen zwischen $AlCl_3$ und Alanin zurückgeführt. Die Lösung ist nach einem Tage getrübt und die innere Reibung beträchtlich angestiegen.

Alanin erhöht nach P. Walden und O. Werner[1] die D.E. des Wassers.

Nach Versuchen von G. Hedestrand[2] ist die Erhöhung der D.E. des Wassers durch Alanin dessen Konzentrationen proportional.

Von O. Meyerhof[3] wurde die Beeinflußbarkeit der Dissoziationswärme von Alanin untersucht, die sich nicht wesentlich ändert, solange dieses gelöst ist; die Dissoziationswärme ist in Alkohol ebenso groß wie in Wasser, verschwindet dagegen bis auf 1200 Cal statt 11 000 Cal pro Mol in Formaldehyd.

Alanin setzt nach H. Freundlich und A. Rosenthal, H. Freundlich und K. Söllner[4] die Umwandlungsgeschwindigkeit thixotroper Eisenoxydsole sehr stark herab, was auf Komplexbildung an der Oberfläche der Fe_2O_3-Teilchen zurückgeführt wird.

Die Durchdrängungsfähigkeit der Alaninionen bei Berührung mit der Membran der roten Blutkörperchen ist nach R. Ege[5] = 33, wenn die des Glutarsäureions gleich 1 gesetzt wird.

Die Diffusionsgeschwindigkeit des Alanins durch Kollodiummembranen ist nach A. J. Neill[6] kleiner als die des Glykokolls.

Nach Untersuchungen von L. Karczag und P. Roboz[7] über das Verhalten von Substanzen, die auf die Oberfläche des Wassers gestreut waren, gehört Alanin zu den deszendierenden Substanzen, die nach dem Aufstreuen auf die Oberfläche zu Boden sinken.

Physikalische Eigenschaften von d, l-Alanin: Über Molekulargewichtsbestimmungen von d, l-Alanin, Sarkosin und Glykokoll in wässerigen Salzlösungen ($NaCl$, KJ, $SrCl_2$, $BaCl_2$) berichten eingehend P. Pfeiffer und O. Angern[8]. Die festgestellten Depressionsanomalien beruhen nun nach den Versuchen darauf, daß die Aminosäuremoleküle durch Salzmoleküle und Salzionen abgefangen werden, wobei die einzelnen Aminosäuren ein verschiedenes Verhalten zeigen. Nach zunehmender Additionsfähigkeit geordnet, ergibt sich folgende Reihe in NaCl-Lösungen: Alanin → Sarkosin → Glykokoll, die für die verschiedenen Salze stets gleich bleibt.

Chemische Eigenschaften des d-Alanins: Der stereochemische Zusammenhang zwischen Alanin, Serin und Glycerinabkömmlingen ist nach A. Wohl und R. Schellenberg[9] folgender, wobei Alanin und Milchsäure entsprechend dem Vorschlage von E. Fischer, um den genetischen Zusammenhang zu charakterisieren, umzubenennen sind in l-Alanin (+) und l-Milchsäure (+):

$$\begin{array}{ccc}
COOH & COOH & COOH \\
H_2N-C-H & HO-C-H & H_2N-C-H \\
CH_2OH & CH_3 & CH_3 \\
\text{l-Serin (−)} & \text{l-Milchsäure (+)} & \text{l-Alanin (+)}
\end{array}$$

$$\begin{array}{cc}
COOH & COOH \\
HO-C-H & HO-C-H \\
CH_2NH_2 & CH_2OH \\
\text{l-Isoserin (−)} & \text{l-Glycerinsäure (+)}
\end{array}$$

Zur Aufklärung der Konfiguration des Alanins und des Zusammenhanges mit l-Milchsäure (+) (Fleischmilchsäure) wurden von K. Freudenberg und F. Rhino[10] Milchsäure

---

[1] P. Walden u. O. Werner: Z. physik. Chem. **129**, 405—416 (1927) — Chem. Zbl. **1928 I**, 476.
[2] G. Hedestrand: Z. physik. Chem. **135**, 36—48 — Chem. Zbl. **1928 II**, 1984.
[3] O. Meyerhof: Pflügers Arch. **204**, 295—331 — Chem. Zbl. **1924 II**, 1220.
[4] H. Freundlich u. A. Rosenthal: Z. physik. Chem. **121**, 463—483 — Chem. Zbl. **1926 II**, 1249 — H. Freundlich u. K. Söllner: Kolloid-Z. **45**, 348—355 — Chem. Zbl. **1928 II**, 1535.
[5] E. Ege: C. r. Soc. Biol. Paris **91**, 779—781 — Chem. Zbl. **1924 II**, 2177.
[6] A. J. Neill: Amer. J. Physiol. **57**, 478—495 (1921) — Chem. Zbl. **1923 I**, 781.
[7] L. Karczag u. P. Roboz: Biochem. Z. **162**, 22—27 (1925) — Chem. Zbl. **1926 I**, 328.
[8] P. Pfeiffer u. O. Angern: Hoppe-Seylers Z. **135**, 16—28 — Chem. Zbl. **1924 II**, 172.
[9] A. Wohl u. R. Schellenberg: Ber. dtsch. chem. Ges. **55**, 1404—1408 — Chem. Zbl. **1922 III**, 343.
[10] K. Freudenberg u. F. Rhino: Ber. dtsch. chem. Ges. **57**, 1547—1557 — Chem. Zbl. **1924 II**, 2027.

und Alanin in einer Reihe von Derivaten verglichen. Um von äußeren Umständen unabhängige Konstanten der Drehung zu erhalten, wurde möglichst ohne Lösungsmittel gearbeitet, wo dieses unmöglich war, wurde in verschiedenen, zuletzt möglichst hohen Konzentrationen gemessen und auf von Lösungsmitteln freie Substanz extrapoliert, evtl. auch mit mehreren Lösungsmitteln gearbeitet. Der Wert K_M wird in einer vom Verfahren Akermanns etwas abweichenden Weise errechnet. Es zeigt sich nun, daß die Alaninderivate, nach der Größe ihres K_M geordnet, dieselbe Reihenfolge wie die der l-Milchsäure einhalten, so daß das natürliche Alanin entsprechend der Annahme von Clough in der Konfiguration mit l-Milchsäure übereinstimmt und daher als l-Alanin (+) bezeichnet werden muß. Es ergibt sich weiterhin, daß die Einwirkung von HNO_2 auf Alanin ohne Umlagerung verläuft.

Die Oxydation von Alanin durch H_2O_2 oder auf elektrochemischem Wege an der Platinanode verläuft nach F. Fichter und F. Kuhn[1] gleich. Es entstehen folgende Verbindungen: NH_3, Acetaldehyd, Essigsäure, Formaldehyd, Ameisensäure und Kohlendioxyd.

Bei der Oxydation von Alanin in neutraler bzw. alkalischer Lösung mit H_2O_2 oder besser $KMnO_4$ ließ sich nach W. R. Fearon und E. G. Montgomery[2] aus Alanin Cyansäure erhalten, deren Bildung bei Gegenwart von Formaldehyd und Glucose vermehrt wird, so daß Cyansäure als Zwischenprodukt der Desaminierung aufzufassen ist.

Bei der Oxydation von Alanin in wässeriger Lösung bei 38° in Anwesenheit von Adsorptionskohle (Sorboid-, Sanasorben-Waldhof) und von O_2 werden nach H. Wieland und F. Bergel[3] je nach der Reaktionsdauer, Katalysatormenge und Konzentration im Gegensatz zu Warburg und Negelein[4] nur 6—40% der Säure umgesetzt, wobei NH_3 und CO_2 im Verhältnis 1:1 entstehen, außerdem der um ein C-Atom ärmere Aldehyd und kleine Mengen der zugehörigen Säuren. Ketosäuren wurden nicht festgestellt. Der Verlauf der Reaktion wird von den Verfassern folgendermaßen angegeben:

$$\text{I.} \quad \underset{\underset{NH_2}{|}}{R \cdot CH \cdot COOH} \xrightarrow{\tfrac{1}{2} O_2} \underset{\underset{O}{\|}}{R \cdot CH} + CO_2 + NH_3$$

$$\text{II.} \quad \underset{\underset{NH_2}{|}}{R \cdot CH \cdot COOH} \xrightarrow{\tfrac{1}{2} O_2} \underset{\underset{NH}{\|}}{R \cdot C \cdot COOH} \rightarrow \underset{\underset{NH}{\|}}{R \cdot CH} + CO_2 \rightarrow \underset{\underset{O}{\|}}{R \cdot CH} + NH_3$$

$$\text{III.} \quad \underset{\underset{NH_2}{|}}{R \cdot CH \cdot COOH} \xrightarrow{O_2} R \cdot COOH + CO_2 + NH_3$$

An Stelle von O_2 wurden als Wasserstoffacceptoren noch folgende Verbindungen verwandt: Alloxan und m-Dinitrobenzol, als Reaktionsprodukte waren dabei Murexid bzw. m-Nitrophenylhydroxylamin nachweisbar. Ebenso ließen sich Dithioglykolsäure und Chinon, dagegen nicht Methylenblau als Wasserstoffacceptor verwenden. Nach den Verfassern ist die direkte Abspaltung der NH_2-Gruppe unmöglich. Weiterhin zeigte sich, daß es nach den thermochemischen Berechnungen gleichgültig ist, ob der Abbau der Aminosäure zum Aldehyd oder zur Ketosäure führt. Gegenüber Kohlehydraten und Fetten steht die Dehydrierung der Aminosäuren energetisch hinter diesen.

Über die Oxydation von Alanin im Sonnenlicht mit Luftsauerstoff (evtl. ZnO als Katalysator) und über die Abhängigkeit des Umfanges der Oxydation von der Intensität des Sonnenlichtes berichten C. C. Palit und M. R. Dhar[5].

Während Glykokoll bei Gegenwart geringer Mengen Adrenalin und O_2 unter Bildung von NH_3 und CO_2 zerlegt wird, ist die Oxydation anderer Aminosäuren (z. B. von Alanin) sehr gering (S. Edlbacher und I. Kraus[6]).

Werden äquivalente Mengen von Brenzkatechin und Alanin mit O_2 in Gegenwart von Dimethylhydroresorcin (Dimedon) geschüttelt, so entsteht nach F. Schaaf[7] eine kleine Menge Acetaldehyd.

---

[1] F. Fichter u. F. Kuhn: Helvet. chim. Acta **7**, 167—172 — Chem. Zbl. **1924 I**, 1766.
[2] W. R. Fearon u. E. G. Montgomery: Biochemic. J. **18**, 576—582 — Chem. Zbl. **1924 II**, 1335.
[3] H. Wieland u. F. Bergel: Liebigs Ann. **439**, 196—210 — Chem. Zbl. **1924 II**, 1788.
[4] Warburg u. Negelein: Chem. Zbl. **1921 I**, 831.
[5] C. C. Palit u. M. R. Dhar: J. physik. Chem. **32**, 1263—1268 — Chem. Zbl. **1928 II**, 2549.
[6] S. Edlbacher u. I. Kraus: Hoppe-Seylers Z. **178**, 239—249 — Chem. Zbl. **1928 II**, 2658.
[7] F. Schaaf: Biochem. Z. **205**, 449—450 — Chem. Zbl. **1929 II**, 559.

Nach M. Gompel, A. Mayer und R. Wurmser[1] werden Alaninlösungen — entsprechend 1% C — bei Gegenwart von durch HCl gereinigter Blutkohle bei 40° unter Bildung von CO_2 oxydiert. Die [H$^+$] hat einen erheblichen Einfluß auf den Verlauf des Vorganges.

C. Fromageot[2] untersuchte die Einwirkung von Fe^{III}, Tl^{III}, Ce^{IV}, $HClO_3$ und $KMnO_4$ auf Alanin auf elektrometrischem Wege. Alanin wirkt auf Fe^{III}, Tl^{III} und Ce^{IV} nicht merklich ein und reduziert $HClO_3$ und $KMnO_4$ nicht.

Über die Oxydation des Alanins durch H_2O_2 in Gegenwart von Fe^{II} berichten H. Wieland und W. Franke[3].

Bei der Einwirkung von Ferrobicarbonat und Luft auf Alanin läßt sich nach L. W. Bass[4] Brenztraubensäure als Phenyl- und p-Nitrophenylhydrazon nachweisen.

Über die Angreifbarkeit des Alanins durch schwefelsaure Bichromatlösung berichtet T. v. Fellenberg[5].

Nach E. Schmidt und K. Braunsdorf[6] ist Alanin gegen ClO_2 beständig.

Über die Umsetzung der Dakinschen Hypochloritlösung mit Alanin berichtet N. O. Engfeldt[7]. Der Verbrauch an NaOCl beträgt 4,6 Mol. Unter den Oxydationsprodukten konnte Acetaldehyd nachgewiesen werden.

N. C. Wright[8] untersuchte die Wirkung von Hypochloritlösungen auf Alaninlösungen verschiedener Konzentrationen. Von Einfluß auf die Reaktion ist die Alkalität der Lösung. Aus den Resultaten schließt der Verfasser, daß Oxydation und Chlorierung der Aminosäure nebeneinander herlaufen.

Die Gleichgewichtskonstante zwischen Formaldehyd und Alanin wurde von J. Svehla[9] so ermittelt, daß die Löslichkeit von Alanin in reinem Wasser und in Formaldehydlösungen verschiedener Konzentrationen bei 25° ermittelt wurde. Im Durchschnitt wurde bei Alanin $K = 14,1$ bzw. 16,7 gefunden. Die Schwankungen der gefundenen Konstanten beruhen auf Versuchsfehlern.

Über die Reaktion zwischen Alanin und Gallensäure (beobachtet an der geringeren Gefrierpunktserniedrigung) und über ihre Abhängigkeit vom p_H, die sich bei der Cholsäure erst bei $p_H = 11$ in einer Förderung, bei der Desoxycholsäure in einer Hemmung äußert, berichtet T. Hatakeyama[10].

Die Umsetzung von 2-Methyl-3-chloracetindol mit Alanin verlief nach Q. Mingoia[11] negativ, es wurden die Ausgangsprodukte unverändert zurückerhalten.

E. A. Cooper und S. D. Nicholas[12] untersuchten die Aufnahme von Benzochinon und Toluchinon in wässeriger Lösung durch Alanin.

Über die Bildung von Karamelsubstanz aus Lävulose + Alanin berichtet B. Ripp[13].

Beim Erwärmen von 10 Teilen Glucose, 1 Teil Alanin und von 25 Teilen Wasser wird nach J. A. Ambler[14] Alanin zu Acetaldehyd abgebaut.

D. Krüger[15] schließt aus Ergebnissen von Diffusionsversuchen von Traubenzucker in einer Alaninlösung und in rein wässeriger Lösung gegen Wasser, daß bei etwa neutralem p_H keine merkliche Kondensation zwischen Traubenzucker und Alanin stattfindet.

Nach C. Neuberg und M. Kobel[16] tritt bei $p_H = 7$ eine Drehungsänderung eines Gemisches von d-Alanin + Fructose, hexosediphosphorsaurem Mg ein, die mit Glucose und Maltose geringer ist.

---

[1] M. Gompel, A. Mayer u. R. Wurmser: C. r. Acad. Sci. Paris **178**, 1025—1027 — Chem. Zbl. **1924 I**, 2337.
[2] C. Fromageot: J. Chim. physique **24**, 513—544 — Chem. Zbl. **1927 II**, 2643.
[3] H. Wieland u. W. Franke: Liebigs Ann. **457**, 1—70 — Chem. Zbl. **1927 II**, 1658.
[4] L. W. Bass: C. r. Soc. Biol. Paris **93**, 570—571 — Chem. Zbl. **1925 II**, 2204.
[5] T. v. Fellenberg: Mitt. Lebensmittelunters. **18**, 290—296 — Chem. Zbl. **1927 II**, 2086.
[6] E. Schmidt u. K. Braunsdorf: Ber dtsch. chem. Ges. **55**, 1529—1534 — Chem. Zbl **1922 III**, 520.
[7] N. O. Engfeldt: Hoppe-Seylers Z. **121**, 18—61 — Chem. Zbl. **1922 III**, 1054.
[8] N. C. Wright: Biochemic. J. **20**, 524—532 — Chem. Zbl. **1926 II**, 1952.
[9] J. Svehla: Ber. dtsch. chem. Ges. **56**, 331—337 (1923) — Chem. Zbl. **1923 I**, 749.
[10] T. Hatakeyama: J. of Biochem. **8**, 381—390 — Chem. Zbl. **1928 I**, 2841.
[11] Q. Mingoia: Gazz. chim. ital. **59**, 105—115 — Chem. Zbl. **1929 I**, 2646.
[12] E. A. Cooper u. S. D. Nicholas: J. chem. Soc. Ind. **46**, 59—60 — Chem. Zbl. **1927 I**, 2203.
[13] B. Ripp: Z. Ver. deutsch. Zuckerind. **1926**, 627—662 — Chem. Zbl. **1926 II**, 2697.
[14] J. A. Ambler: Ind. Chem. **21**, 47—50 — Chem. Zbl. **1929 II**, 414.
[15] D. Krüger: Biochem. Z. **209**, 119—127 — Chem. Zbl. **1929 II**, 2424.
[16] C. Neuberg u. M. Kobel: Biochem. Z. **174**, 464—479 — Chem. Zbl. **1926 II**, 3059.

H. v. Euler und H. Johansson[1] verfolgten quantitativ die Reduktion von Methylenblau durch eine Lösung von Fructose + Alanin.

Bei der Destillation von 0,89 g d-Alanin und 0,72 g Methylglyoxal wurden nach C. Neuberg und M. Kobel[2] 0,11 g CO_2, 0,21 g Acetaldehyd und 0,008 g NH_3 erhalten. Das Methylglyoxal kann durch Diacetyl, Phenylglyoxal, Glyoxal oder Zucker der 3-C-Reihe, namentlich Dioxyaceton, ersetzt werden. Weiterhin wurde aus der Drehungsänderung die Reaktion in der Kälte zwischen Methylglyoxal und Alanin verfolgt.

Bei der Reaktion von Alanin mit Acetanhydrid + Pyridin entsteht nach H. D. Dakin und R. West[3] 2-Methyl-α-acetylaminoaceton.

Nach L. P. Bosman[4] ist die hydrolytische Spaltung von Methylacetat, Methylbutyrat und Olivenöl durch Alanin nicht von der Säure als solcher, sondern von ihrer $[H^+]$ abhängig, da Puffergemische von gleicher $[H^+]$ ebenso wirken.

Über die im Gegensatz zu Glykokoll und Leucin schwächere diastatische Wirkung des Alanins berichtet W. Biedermann[5]. Nach dem Verfasser[6] wird die Salzhydrolyse von Stärke durch Alaninzusatz stark beschleunigt.

H. Haehn[7] gelang eine Hydrolyse der Stärke mit folgenden Systemen: Neutralsalzlösung + $^m/_{10}$ Alanin + $^m/_{10}$ l-Leucin, ebenso fielen die Versuche mit Neutralsalzlösung + Leucylglycin + Alanin + Leucin teilweise positiv aus, während das System Neutralsalz + Leucin + Isoleucin + Alanin + Tyrosin + Glykokoll unwirksam war. Diese Wirkungen wurden durch Wittepeptonzusatz sehr verstärkt. Die Hydrolyse ist nach Annahme des Verfassers eine rein chemische.

Über die Veränderung von Alanin durch verdünnte Säure (H_2SO_4, HCl, Essigsäure und Ameisensäure) und NaOH berichten N. D. Zelinsky und W. S. Ssadikow[8]. Im Gegensatz zu diesen Angaben von Zelinsky und Ssadikow konnte nach E. Abderhalden und E. Schwab[9] bei der Einwirkung von kalter verdünnter NaOH oder H_2SO_4 auf Alanin keine merkliche Abnahme des formoltitrierbaren N festgestellt werden.

Beim Erhitzen einer wässerigen Lösung von d-Alanin auf 150—160° entsteht nach E. Abderhalden und E. Komm[10] nicht das entsprechende Diketopiperazin.

Nach K. Shibata[11] entsteht beim Erhitzen eines Mol Alanins mit 5 Mol Asparagin in weniger als 5 Teilen Glycerin über 170° eine braune Masse, die nach Umfällung aus Methylalkohol mit Baryt oder $CaCl_2$ ein amorphes Pulver bildet, das denaturiertem Eiweiß ähnelt.

Alanin, mit der 20fachen Menge Diphenylamin auf 240° erhitzt, gibt nach E. Abderhalden und F. Gebelein[12] Äthylamin.

Die Reaktion von Alanin + Ninhydrin tritt nach N. D. Zelinsky und W. S. Ssadikow[13] bereits in der Kälte — innerhalb 10 Minuten — ein, verblaßt allmählich und verschwindet ganz, erscheint beim Aufkochen wieder. Selbst bei Luftabschluß verschwindet die Färbung allmählich.

Alanin gibt nach E. Waser und E. Brauchli[14] beim Erhitzen in sodaalkalischer Lösung mit einer kleinen Menge p-Nitrobenzoylchlorid eine dunkelweinrote bis violettblaue Färbung. Die Gegenwart von Na-Bisulfit, Na-Sulfid, Na-Hyposulfit verhindert die Reaktion, während Sulfat, Thiosulfat und kolloidaler Schwefel ohne Einfluß sind. Die o- und m-Verbindungen, Benzoylchlorid, p-Nitrophenol, p-Nitrobenzoesäure, p-Nitrobenzaldehyd zeigen die Reaktion

---

[1] H. v. Euler u. H. Johansson: Sv. kem. Tidskr. **40**, 263—264 (1928) — Chem. Zbl. **1929 I**, 228.

[2] C. Neuberg u. M. Kobel: Biochem. Z. **185**, 477—479 — Chem. Zbl. **1927 II**, 923 — Biochem. Z. **188**, 197—210 — Chem. Zbl. **1927 II**, 2677.

[3] H. D. Dakin u. R. West: J. of biol. Chem. **78**, 91—105 — Chem. Zbl. **1928 II**, 1667.

[4] L. P. Bosman: Trans. roy. Soc. S. Africa **13**, 245—253 (1926) — Ber. Physiol. **37**, 511 — Chem. Zbl. **1927 I**, 1819.

[5] W. Biedermann: Arch. néerl. Physiol. **7**, 151—156 (1922) — Chem. Zbl. **1923 I**, 364.

[6] W. Biedermann: Biochem. Z. **135**, 282—292 — Chem. Zbl. **1923 III**, 663.

[7] H. Haehn: Biochem. Z. **135**, 587—602 — Chem. Zbl. **1923 III**, 565.

[8] N. D. Zelinsky u. W. S. Ssadikow: Biochem. Z. **141**, 97—104 (1923) — Chem. Zbl. **1924 I**, 164.

[9] E. Abderhalden u. E. Schwab: Hoppe-Seylers Z. **136**, 219—223 — Chem. Zbl. **1924 II**, 2459.

[10] E. Abderhalden u. E. Komm: Hoppe-Seylers Z. **134**, 121—128 — Chem. Zbl. **1924 I**, 2783.

[11] K. Shibata: Acta phytochim. (Tokyo) **2**, 193—198 — Chem. Zbl. **1927 II**, 2199.

[12] E. Abderhalden u. F. Gebelein: Hoppe-Seylers Z. **152**, 125—131 — Chem. Zbl. **1926 I**, 2696.

[13] N. D. Zelinsky u. W. S. Ssadikow: Biochem. Z. **141**, 105—108 (1923) — Chem. Zbl. **1924 I**, 164.

[14] E. Waser u. E. Brauchli: Helvet. chim. Acta **7**, 740—758 — Chem. Zbl. **1924 II**, 947.

nicht, außerdem bleibt die Färbung bei Gegenwart von Na-Acetat oder Chinolin aus, zeigt sich aber sonst bei jeder alkalischen Substanz (auch Pyridin).

Alanin in 1 proz. Lösung gibt nach Z. Dische[1], mit 4 Teilen konzentrierter Schwefelsäure erhitzt, nach Zufügen $^1/_2$ proz. alkoholischer Carbazollösung eine schwache rote Färbung.

Über ein Hexamethylentetraminderivat durch Kondensation von Formaldehyd und Alanin berichten R. Bunge und O. Matter[2].

Alanin ist nach Ch. Moureu, Ch. Dufraise und M. Badoche[3] Acrolein und alkalischer Na_2SO_3-Lösung gegenüber unwirksam, Benzaldehyd gegenüber wirksam.

P. W. J. Taylor[4] untersuchte den Reaktionsverlauf zwischen HNO_2 und Alanin in verdünnter wässeriger Lösung bei 25°. Die Einwirkung verlief annähernd als Reaktion 3. Ordnung. Neutralsalze (KCl, $CaCl_2$) oder H_2SO_4 wirkten verzögernd.

Versuche von J. M. Ort und J. W. Bollman[5] zeigten, daß Alanin auf die Reaktion von H_2O_2 auf Dextrose katalytisch beschleunigend einwirkt.

Alanin hemmt nach E. Wertheimer[6] im Gegensatz zu anderen Aminosäuren die spontane Oxydation von α-Naphthol und p-Phenylendiamin zu Indophenolblau sehr stark, was durch die Bildung von komplexen Schwermetallsalzen erklärt wird.

Von F. Loebenstein[7] wurde der Einfluß von Alanin auf Quellung mit Wasser und Entquellung mit Alkohol auf nicht chromiertem Hautpulver untersucht.

Die Reduktion von Thionin durch Alanin ist bei $p_H = 7$ im Vakuum und im Dunkeln bei 20—40° nach E. Aubel und L. Genevois[8] sehr gering.

Über den Einfluß des Alanins auf die Aldehyd-Tryptophanreaktion berichtet E. Komm[9].

Chemische Eigenschaften des d, l-Alanins: d, l-Alanin läßt sich nach P. Pfeiffer und O. Angern[10] mehr oder weniger weitgehend durch K-Acetat und $(NH_4)_2SO_4$ ausfällen. Die Aussalzbarkeit wurde so bestimmt, daß zu 5 ccm der gesättigten Lösung 0,02 Mol der Neutralsalze zugefügt wurden. Nach einer Löslichkeitsbestimmung in Wasser enthalten 100 ccm einer gesättigten Lösung von d, l-Alanin 13,870 g bei 20—21°.

Nach H. Pringsheim und M. Winter[11] ließ sich durch Titration mit Fehlingscher Lösung der Nachweis einer Kondensation von Alanin mit Zucker nicht erbringen.

Nach C. Neuberg und M. Kobel[12] tritt im Gegensatz zu Glucose beim Mischen einer Fructoselösung mit einer Lösung von d, l-Alanin bei Zimmertemperatur augenblicklich eine Erhöhung der Linksdrehung ein, selbst bei wochenlangem Stehen findet weder Melaninbildung noch CO_2-Entwicklung statt.

Nach H. v. Euler, E. Brunius und K. Josephson[13] beträgt die durch Gefrierpunktsbestimmung ermittelte Gleichgewichtskonstante

$$K = \frac{[\text{Na-}\alpha\text{-Aminopropionat} - \text{Glucose}]}{[\text{Na-}\alpha\text{-Aminopropionat}] \cdot [\text{Glucose}]}$$

einer wässerigen Lösung von Alanin und Glucose bei $p_H = 9{,}25$—9,5 etwa 0,7. Bei Zimmertemperatur stellt sich das Gleichgewicht im Verlaufe von 30—40 Stunden ein. In saurer Lösung verläuft die Reaktion umgekehrt. Die Verbindung von Glucose und Alanin besitzt die Fähigkeit, Methylenblau in H_2-Atmosphäre zu reduzieren. Von H. v. Euler und E. Brunius[14] wird die Reaktion zwischen Alanin und Fructose noch durch Bestimmung der Abnahme der Gesamtmolzahl an einer 0,6 molaren Alanin- und Fructoselösung verfolgt

---

[1] Z. Dische: Biochem. Z. **189**, 77—80 — Chem. Zbl. **1928 II**, 1760.
[2] R. Bunge u. O. Matter: D.R.P. 375462 v. 1. Febr. 1920, ausg. 14. Mai 1923, Zus. zu D.R.P. 334757; Chem. Zbl. **1924 I**, 805.
[3] Ch. Moureu, Ch. Dufraise u. M. Badoche: C. r. Acad. Sci. Paris **183**, 408—412 — Chem. Zbl. **1926 II**, 1818.
[4] P. W. J. Taylor: J. chem. Soc. Lond. **1928**, 1897—1906 — Chem. Zbl. **1928 II**, 1549.
[5] J. M. Ort u. J. W. Bollman: J. amer. chem. Soc. **49**, 805—810 — Chem. Zbl. **1927 I**, 2794.
[6] E. Wertheimer: Fermentforschg. **8**, 497—517 — Chem. Zbl. **1926 II**, 696.
[7] F. Loebenstein: Kolloid-Z. **35**, 345—353 — Chem. Zbl. **1925 I**, 2540.
[8] E. Aubel u. L. Genevois: C. r. Acad. Sci. Paris **183**, 94—95 — Chem. Zbl. **1926 II**, 2600.
[9] E. Komm: Hoppe-Seylers Z. **156**, 35—60 — Chem. Zbl. **1926 II**, 1892.
[10] P. Pfeiffer u. O. Angern: Hoppe-Seylers Z. **133**, 180—192 — Chem. Zbl. **1924 I**, 2257.
[11] H. Pringsheim u. M. Winter: Ber. dtsch. chem. Ges. **60**, 278—284 — Chem. Zbl. **1927 I**, 1026.
[12] C. Neuberg u. M. Kobel: Biochem. Z. **162**, 496—501 (1925) — Chem. Zbl. **1926 I**, 621.
[13] H. v. Euler, E. Brunius u. K. Josephson: Hoppe-Seylers Z. **155**, 259—269 — Chem. Zbl. **1926 II**, 1631.
[14] H. v. Euler u. E. Brunius: Hoppe-Seylers Z. **161**, 265—269 (1926) — Chem. Zbl. **1927 I**, 715.

(bei $p_H = 6{,}2$). Nach Einführung einer Korrektur, da Abweichung vom Henry-Daltonschen Gesetz stattfindet, errechnet sich für die entstehende Verbindung unter der Annahme, daß 1 Mol Fructose mit 1 Mol Alanin reagiert, die Affinitätskonstante K zu 0,133, ein Wert, der wahrscheinlich nicht mit der Temperatur zunimmt. Wird der Wert auf 0,2 abgerundet, so beträgt in einer an Fructose und Alanin etwa 0,1 n-Flüssigkeit der durch die momentane Reaktion erzielte Umsatz etwa 2% der angewandten Fructosemenge. Für die Korrektion von der Abweichung vom Henry-Daltonschen Gesetz wird ein Versuch mit 0,6 molar. Glycerin und Alanin unter der Annahme, daß die Abweichung bei der Fructose um 2,5% größer ist als beim Glycerin, durchgeführt. Wird nun unter denselben Bedingungen ein Versuch mit Fructose + Alanin angestellt, so ergibt sich ein Umsatz von 6,9% der Fructose oder von 0,0414 g Mol/Liter, daraus $K = 0{,}133$.

Wird d,l-Alanin mit etwa der dreifachen Menge Glucose in Glycerin auf 120—130° erhitzt, so entsteht nach S. Akabori[1] etwas Acetaldehyd, aber kein NH_3.

Nach L. J. Simon und L. Piaux[2] entstehen beim Schütteln von einem Mol d,l-Alanin in Gegenwart eines Mol NaOH und 0,25 Atome Cu mit O_2 nach 20 Stunden 8% Brenztraubensäure. Bei größeren Mengen Cu wird statt der Brenztraubensäure Acetaldehyd und NH_3 erhalten, obwohl an und für sich Brenztraubensäure gegen diese Cu-Mengen beständig ist. Bei Abwesenheit von Alkali findet keine Oxydation statt. Es wird nur das Cu-Salz des Alanins gebildet.

Über die Dehydrierung von Alanin bei 70 bzw. 40° durch Isatin, 5-Chlorisatin, 5-Bromisatin, 5,7-Dibromisatin, isatinsulfosaures K und Isatin-N-essigsäure berichtet W. Langenbeck[3]. Die Dehydrierung wird an der Geschwindigkeit der Entfärbung von Methylenblau gemessen. Die Dehydrierungsgeschwindigkeit steigt bei den kernsubstituierten Isatinderivaten über das Doppelte, während die Isatin-N-essigsäure etwas weniger aktiv ist als die äquimolare Menge Isatin. Bei der Einwirkung vom Isatin auf d,l-Alanin in siedender, stark essigsaurer Lösung wird Isatyd erhalten. W. Langenbeck[4] teilt noch weitere quantitative Befunde über diese Dehydrierungsreaktion mit.

Derivate des d-Alanins: **d-Alaninchlorhydrat** regt nach M. Arai[5], in 0,1—1 n-Lösungen ins Duodenum eingespritzt, bei Hunden mit temporärer Pankreasfistel die Pankreasabsonderung an. Die Absonderung wird durch subcutane Adrenalin-, aber nicht durch Atropininjektion gehemmt.

Dialaninmonochlorhydrat. Schmelzp. 214°, feine Nädelchen, $[\alpha]_D^{21} = +9{,}13°$ [6].

Alaninglykokollmonochlorhydrat. 1 Mol d-Alanin + 1 Mol Glykokoll + 1 Mol HCl, aus den tyrosinfreien Mutterlaugen von hydrolysierter Seide. Sintert bei 105°, Schmelzp. 177°, $[\alpha]_D^{19} = +4{,}42°$. Beim Umkrystallisieren, Fällen aus alkoholischer Lösung mit Äther werden die Doppelsalze teilweise gespalten[6].

Alanindiphenylphosphat $C_{15}H_{18}O_6NP$. Aus äquivalenten Mengen Alanin und Diphenylphosphat in Wasser, voluminöser Niederschlag, Schmelzp. 193°[7].

Alaninsalz des Pyrophosphorsäuremonoäthylesters. Aus Alanin mit Äthylmetaphosphat. Cu-Carbonat fällt Alanin-Cu und Cu-Äthylphosphat, Benzoylchlorid gibt Benzoylalanin[8].

Toluolsulfosaures d-Alanin $C_{10}H_{16}O_4N_2S$. Aus reinem Toluolsulfo-d-Alaninamid, Schmelzpunkt 162°, $[\alpha]_{578}^{17} = +5{,}11°$; leichter löslich als das Salz des racemischen Alanins[9].

Kupfersalz des d-Alanins $[C_3H_6O_2N]_2 \cdot Cu + 1 H_2O$. Bestimmt wurde die spezifische Leitfähigkeit „x" des Cu-Salzes in folgenden wässerigen Lösungen: $1/50$, $1/100$, $1/200$, $1/400$, $1/800$ und $1/1600$ n[10]. — Über die Messung des Extinktionskoeffizienten des Cu-Salzes von d-Alanin

---

[1] S. Akabori: Proc. imp. Acad. Tokyo **3**, 672—674 (1927) — Chem. Zbl. **1928 I**, 1757.
[2] L. J. Simon u. L. Piaux: C. r. Acad. Sci. Paris **176**, 1227—1229 — Chem. Zbl. **1923 III**, 1352 — Bull. Soc. Chim. biol. Paris **6**, 412—423 — Chem. Zbl. **1924 II**, 1457.
[3] W. Langenbeck: Ber. dtsch. chem. Ges. **61**, 942—947 — Chem. Zbl. **1928 I**, 2772.
[4] W. Langenbeck: Ber. dtsch. chem. Ges. **60**, 930—934 — Chem. Zbl. **1927 I**, 2505.
[5] M. Arai: Biochem. Z. **121**, 175—179 — Chem. Zbl. **1921 III**, 1210.
[6] E. Abderhalden u. H. Sickel: Hoppe-Seylers Z. **135**, 29—31 — Chem. Zbl. **1924 II**, 173.
[7] A. Bernton: Ber. dtsch. chem. Ges. **55**, 3361—3365 (1922) — Chem. Zbl. **1923 I**, 50.
[8] R. H. A. Plimmer u. W. J. N. Burch: J. chem. Soc. Lond. **1929**, 292—300 — Chem. Zbl. **1929 I**, 2309.
[9] K. Freudenberg u. O. Huber: Ber. dtsch. chem. Ges. **58**, 148—150 — Chem. Zbl. **1925 I**, 948.
[10] E. Abderhalden u. E. Schnitzler: Hoppe-Seylers Z. **163**, 94—119 — Chem. Zbl. **1927 I**, 2068.

berichtet H. Ley[1]. — Weiterhin wird die Beeinflussung der Drehung des Cu-Salzes von d-Alanin durch verschiedene NH_3-Konzentrationen verfolgt:

NH_3-Konz.	0	0,475	0,950	4,755	6,34 Mol [2]
$[\alpha]_{blau}$	$+14,19°$	$-24,31°$	$-32,41°$	$-12,15°$	$-10,13°$

Nickelsalz des d-Alanins. Über die Messung des Extinktionskoeffizienten des Ni-Salzes von d-Alanin berichtet H. Ley[1].

Cd-, Hg-, Ag-, Zn-Salze des Alanins. Von E. A. Cooper und L. I. Robinson[3] wird die keimtötende Wirkung der genannten Salze geprüft. Die bactericide Wirkung ist schwächer als die der entsprechenden anorganischen Salze.

Tri-d-alaninkobaltiat $(C_3H_6O_2N)_3Co$. Durch Kochen von d-Alanin mit $Co(OH)_3$. Violettes α-Isomeres, durch Fraktionierung der ursprünglichen Lösung erhalten, ähnelt dem Leyschen α-Salz, aus Wasser umkrystallisierbar, in 50 proz. H_2SO_4 Drehung bestimmt. Purpurgefärbtes α'-Isomeres aus den Mutterlaugen des α-Salzes isoliert. Leicht löslich, hygroskopisch. Drehung in Wasser und in 50 proz. H_2SO_4 bestimmt. Aus den gemessenen Drehungen schließt der Verfasser, daß die α- und α'-Salze nichts anderes als die partiellen Antipoden d-(Co-d-Alanin$_3$) und l-(Co-d-Alanin$_3$) sind. Rotes β-Isomere, unlöslich in Wasser, in 50 proz. H_2SO_4 ohne Zersetzung löslich. Drehung wird bestimmt[4]. — Die Molrotationen für die Kobaltisalze des d-Alanins betragen nach H. Ley[2] für das rote Salz:

$$[M]_{rot} = -480°, \quad \text{für das violette Salz} \quad [M]_{rot} = +1330°.$$

Alaninmethylesterchlorhydrat. Aus Alkohol Schmelzp. 158—158,5° (korr.). Gibt mit $NaNO_2$ Acrylsäureäthylester, α-Chlorpropionsäuremethylester, α-Oxypropionsäuremethylester, eine dunkel gefärbte zähe Flüssigkeit, vielleicht ein Pyrazolindicarbonsäureester, Methoxypropionsäure und Milchsäure[5].

Alaninäthylester. Bei der Umsetzung von Alaninäthylester in Chloroform mit Indol-2-carbonsäurechlorid entsteht Indol-2-carboxy-α-(carbäthoxy-)äthylamid[6]. — Nach G. D. Skinner[7] wurde aus Alaninäthylester bei der Reaktion mit HNO_2 eine krystalline Verbindung erhalten, die anscheinend ein Nitronitrosoderivat war. — Bei der Oxydation des Alaninäthylesters bei Zimmertemperatur unter Ausschluß jeder Feuchtigkeit wird ein öliges Produkt erhalten, aus dem nach S. Goldschmidt und W. Beuschel[8] nach Zerlegung durch einen feuchten Luftstrom Brenztraubensäureäthylester als Phenylhydrazon und p-Nitrophenylhydrazon nachgewiesen werden konnte, so daß Iminopropionsäureäthylester als Oxydationsprodukt aus Alaninäthylester anzunehmen ist. Der MnO_2-Niederschlag liefert mit verdünnter H_2SO_4 Brenztraubensäure und Essigsäure.

Alaninäthylesterchlorhydrat. Schmelzp. 70—75° (im zugeschmolzenen Röhrchen) (korr.), gibt mit HNO_2 Acrylsäureäthylester, α-Chlorpropionsäureäthylester, Milchsäureäthylester, Diazopropionsäureester und α-Äthoxypropionsäure[5]. — Aus Alaninesterchlorhydrat ließ sich mit 67% Ausbeute durch Umsetzung mit Phenyl-Mg-Br 2-Amino-1, 1-diphenylpropanol-(1) und mit 55% Ausbeute durch Reaktion mit Äthyl-Mg-Br 2-Amino-1, 1-diäthylproponal-(1) erhalten[9].

Alaninäthylester-$SnCl_4$. Zersetzt sich durch Luftfeuchtigkeit unter Abscheidung von Esterchlorhydrat[10].

Alaninäthylester-$TiCl_4$[10].

---

[1] H. Ley: Z. anorg. u. allg. Chem. **164**, 377—406 — Chem. Zbl. **1927 II**, 2041.

[2] H. Ley u. Th. Temme: Ber. dtsch. chem. Ges. **59**, 2712—2719 (1926) — Chem. Zbl. **1927 I**, 1287.

[3] E. A. Cooper u. L. I. Robinson: J. Soc. Chem. Ind. **45**, 321—323 — Chem. Zbl. **1926 II**, 2187.

[4] J. Lifschitz: Koninkl. Akad. van Wetensch. Amsterdam, Wisk. en Natk. Afd. **33**, 661—666 (1924) — Chem. Zbl. **1925 I**, 479.

[5] A. L. Barker u. G. Skinner: J. amer. chem. Soc. **46**, 403—414 — Chem. Zbl. **1924 I**, 1910.

[6] W. O. Kermack, W. H. Perkin jr. u. R. Robinson: J. chem. Soc. Lond. **119**, 1602—1642 (1921) — Chem. Zbl. **1922 I**, 564.

[7] G. D. Skinner: J. amer. chem. Soc. **46**, 731—741 — Chem. Zbl. **1924 I**, 2430.

[8] S. Goldschmidt u. W. Beuschel: Liebigs Ann. **447**, 197—210 — Chem. Zbl. **1926 I**, 3393.

[9] K. Thomas u. Fr. Bettzieche: Hoppe-Seylers Z. **140**, 244—260 (1924) — Chem. Zbl. **1925 I**, 49.

[10] Fr. Fichter u. Fr. Reichardt: Helvet. chim. Acta **7**, 1078—1082 (1924) — Chem. Zbl. **1925 I**, 589.

Acetylalanin durch partielle Verseifung aus dem Ester. Schmelzp. 136—137°[1].
Acetylalaninäthylester $C_7H_{13}O_3N$, Schmelzp. 39°, hygroskopisch, l-Verbindung ebenfalls hygroskopisch, Schmelzp. 34—35°, $[\alpha]^{20}_{578} = -66,4°$ (in Alkohol 6%; in Tetrachloräthan mit der Konzentration ansteigend) $K_M = -22°$[2]. — Kochp.$_1$ 96°, erst nach 3 Monaten krystallisiert. Schmelzp. 38—39°[1].
Butyrylalanin wird nach J. A. Smorodinzew[3] wahrscheinlich wie andere Acylverbindungen durch das in den verschiedenen Geweben vorkommende Histozym gespalten.
Laurylalanin wird nach J. A. Smorodinzew[3] wahrscheinlich wie andere Acylverbindungen durch das in den verschiedenen Geweben vorkommende Histozym gespalten.
N-Benzoyl-d-alanin wird bei Behandlung mit PCl_5, in Acetylchlorid suspendiert, innerhalb 1 Stunde bei 0° racemisiert[4]. — Benzoyl-d-alanin wird durch Takadiastase in d-Alanin und Benzoesäure gespalten[5]. — Benzoylalanin wurde nach W. H. Griffith und B. P. Cappel[6] im Dickdarm des Kaninchens wahrscheinlich durch ein intracelluläres Histozym von gewissen Darmmikroorganismen gespalten.
Benzoyl-d-alaninmethylester. Schmelzp. 58°, $K_M = 0°$ (± 1, nach Drehungen in Tetrachloräthan und in Pyridin)[2].
Benzoyl-d-alaninäthylester $C_{12}H_{15}O_3N$, $K_M = +3°$[2]. — Aus Benzoylalaninester wird in einer Ausbeute von 78% durch Umsetzung mit Äthyl-Mg-Br 2-Benzoyl-amino-1, 1-diäthyl-propanol-(1) erhalten[7].
Hexahydrobenzoylalaninäthylester $C_{12}H_{21}O_3N$. Aus Ligroin Schmelzp. 77—78°, leicht löslich in Chloroform, Alkohol, Benzol, wenig löslich in Wasser. d-Verbindung Schmelzp. 75°, $K_M = -19$ (± 4; Mittel aus den nach Drehungswerten in Tetrachloräthan und in Alkohol errechneten Werten)[2].
d-p-Nitrobenzoylalanin $C_{10}H_{10}O_5N_2$. Aus dem Strychninsalz. Nadeln aus Wasser, Schmelzp. 168,5—169°, $[\alpha]_{5461}$ des NH_4-Salzes $= +51,40°$ (in Wasser, $c = 1,7940$) bzw. $+15,76°$ (in Alkohol, $c = 1,9882$). Leicht löslich in Alkohol, Löslichkeit in Wasser bei 15° 0,26[8].
Strychninsalz $C_{21}H_{22}O_2N_2 + C_{10}H_{10}O_5N_2 + 1\frac{1}{2}H_2O$. Nadeln aus Wasser, löslich in Wasser bei 20°:0,4; bei 100°:4. $[\alpha]_{5461} = -1,90°$ ($c = 1,5018$ in Alkohol)[8].
Äthylester. Nadeln aus Benzol + Ligroin, Schmelzp. 121—121,5°. Hält hartnäckig Benzol zurück. $[\alpha]_{5461} = +1,32°$ ($c = 1,416$ in Alkohol). Bei der Verseifung entsteht die reine d-Säure[8].
Dinitrophenylalaninester. Aus Alaninester und 2,4-Dinitrochlorbenzol bei bicarbonatalkalischer Reaktion. Gelbe Krystalldrüsen, sehr wenig löslich in kaltem, leichter löslich in heißem Wasser; leicht löslich in Alkohol, Äther usw. Schmelzp. 60°[9].
Phenylacetyl-d-alanin. 3 Mol Phenylacetylchlorid auf 1 Mol Alanin. Aus heißem Wasser Nadelbüschel, Schmelzp. 150—152°. Löslich in Äther, Essigester, Alkohol, Tetrachlorkohlenstoff und heißem Benzol. Bei seiner Verabreichung an Kaninchen, Hunde, Hühner und Menschen wurde es unangegriffen wieder ausgeschieden[10].
α-Benzaminocinnamoylalanin $C_{19}H_{18}O_4N_2$. Aus dem Ester durch siedende verdünnte alkoholische KOH (2 Minuten). Aus verdünnter Na-Carbonatlösung + HCl, amorph[11].
α-Benzaminocinnamoylalaninäthylester $C_{21}H_{22}O_4N_2$. Alaninester mit Benzalhippursäureazlacton $2\frac{1}{2}$ Stunden Kochen, Blättchen aus Alkohol + Wasser, dann Toluol, Schmelzpunkt 116—117°[11].

---

[1] E. Cherbuliez u. Pl. Plattner: Helv. chim. Acta **12**, 317—329 — Chem. Zbl. **1929 II**, 75.
[2] K. Freudenberg u. F. Rhino: Ber. dtsch. chem. Ges. **57**, 1547—1557 — Chem. Zbl. **1924 II**, 2027.
[3] J. A. Smorodinzew: Hoppe-Seylers Z. **124**, 123—139 (1923) — Chem. Zbl. **1923 I**, 976.
[4] P. Karrer u. M. dalla Vedova: Helvet. chim. Acta **11**, 368 — Chem. Zbl. **1928 I**, 2393.
[5] C. Hoppert: Biochem. Z. **149**, 510—512 — Chem. Zbl. **1924 II**, 1928.
[6] W. H. Griffith u. B. P. Cappel: J. of biol. Chem. **66**, 683—690 (1925) — Chem. Zbl. **1926 I**, 2598.
[7] K. Thomas u. Fr. Bettzieche: Hoppe-Seylers Z. **140**, 244—260 (1924) — Chem. Zbl. **1925 I**, 49.
[8] W. M. Colles u. Ch. St. Gibson: J. chem. Soc. Lond. **1928**, 99—108 — Chem. Zbl. **1928 I**, 1650.
[9] E. Abderhalden u. W. Stix: Hoppe-Seylers Z. **129**, 143—156 — Chem. Zbl. **1923 III**, 1168.
[10] G. J. Shiple u. C. P. Sherwin: J. of biol. Chem. **53**, 463—478 — Chem. Zbl. **1922 III**, 1308.
[11] Ch. Gränacher u. M. Mahler: Helvet. chim. Acta **10**, 246—262 — Chem. Zbl. **1927 I**, 2543.

p-Toluolsulfo-d-alaninäthylester $K_M = -26°$[1].

p-Toluolsulfo-d-alaninamid $C_{10}H_{14}O_3N_2S$. Nadeln aus Alkohol, Schmelzp. 212—213°; sehr wenig löslich in fast allen Lösungsmitteln, $K_M = -26°$ (± 8)[1].

d-α-Naphthalinsulfoalaninäthylester. Nadeln aus Benzollösung, Schmelzp. 83,5—84°. $[\alpha]_{5461} = -47,15°$ ($c = 1,9842$ in Alkohol). Verseifung gibt die reine d-Säure[2].

Alaninamid. Bei der Einwirkung von NH_3 auf den Äthylester der Toluolsulfo-l-milchsäure entsteht außer dem Amid dieser Säure, toluolsulfosaures NH_4, auch aktives toluolsulfosaures Alaninamid[1, 3].

Alaninimid. Über den Einfluß von Alaninimid auf die Aldehyd-Tryptophanreaktion berichtet E. Komm[4].

N-Dichlor-α-alaninester $C_5H_9O_2NCl_2$, gelbliches, äußerst unbeständiges Öl[5].

N-Methylalanin $C_4H_9O_2N$. Aus optisch-aktiver α-Brompropionsäure — nach von Ramberg mit einer kleinen Abänderung gewonnen — und Methylamin bei Eiskühlung. Zur Spaltung des Methylamids wurde die Lösung mit $Pb(OH)_2$ verdampft, mit H_2S entbleit und die Säure in ihr Kupfersalz verwandelt. Die Trennung der aktiven von der gebildeten racemischen Verbindung erfolgte durch fraktionierte Krystallisation, die Löslichkeit der racemischen Verbindung ist geringer als die der aktiven. Aus den Kupfersalzen wird mit H_2S die aktive Säure gewonnen: Nadeln, Schmelzp. wasserfrei 274° (Zersetzung und Sublimierung), die inaktive Säure hat Schmelzp. 265°, $[\alpha]_{blau} = -34,11°$, $[\alpha]_{gelb} = +7,92°$ (0,2652 g in 10 ccm Wasser)[6].

Kupfersalz $(C_4H_8O_2N)_2Cu + 2 H_2O$, $[\alpha]_{blau} = -34,1°$ (der noch nicht völlig reinen Substanz)[6].

Nickelsalz bildet blaue Krystalle, wenig löslich in Wasser[6].

Cobaltsalz die Reindarstellung der Salze gelang nicht[6].

Platinsalz $C_4H_8O_2NPtCl_2K$. 2 Mol aktive Säure mit einem Mol Platin-K-chlorür, gelbliche Krystalle, leicht löslich in Wasser, wenig löslich in Alkohol[6].

Methylenalanin. Die Dissoziationskonstante des Methylenalanins wird von L. J. Harris[7] zu $5 \cdot 10^{-7}$ angegeben.

d-N-Phenylalanin-4-arsinsäure $C_9H_{12}O_5NAs$. Aus dem Brucinsalz, Nadeln, Schmelzpunkt 220—221° (Zers.). $[\alpha]_D^{20} = +56,40°$ (als Di-Na-Salz in Wasser)[8].

Brucinsalz $C_9H_{12}O_5NAs$, $2 C_{23}H_{26}O_4N_2$, $7 H_2O$. Aus einer siedenden Lösung der inaktiven Säure in NaOH und Brucin. Aus Wasser Blättchen. $[\alpha]_D^{20} = -10,61°$ in Wasser[8].

Methylester. Lange Nadeln. Schmelzp. 277—278° (Zers.). Kaum löslich in Wasser. $[\alpha]_D^{20} = +117,6°$ (als Na-Salz in Wasser)[8].

Äthylester. Schmelzp. 275—276°. $[\alpha]_D^{20} = +127,9°$ in Alkohol. $[\alpha]_D^{20} = +103,0°$ (als Na-Salz in Wasser)[8].

l-N-Phenylalaninamid-4-arsinsäure $C_9H_{13}O_4N_2As$. Aus dem d-Methylester durch NH_3. Nadeln aus Wasser. Schmelzp. 240—243°. $[\alpha]_D^{20} = -13,3°$ (als Na-Salz in Wasser). Durch Kochen mit NaOH wird das Amid in l-N-Phenylalanin-4-arsinsäure übergeführt. Das l-Amid, aus dem d, l-Amid über die Chininsalze hergestellt, zeigt $[\alpha]_D^{20} = -17,88°$ (als Na-Salz in Wasser). Schmelzp. 247° (Zers.)[8]. — Aus der d, l-Verbindung über die Chininsalze dargestellt. 5mal aus Wasser umkrystallisiert, dann optisch rein. Hexagonale Nadeln. $[\alpha]_D^{20} = -15°50'$ in 2n-Soda. Siehe auch unter „racemische Phenylmethylglycinamidarsinsäure", S. 366[9].

Chininsalz $C_9H_{13}O_4N_2As$, $C_{20}H_{24}O_2N_2$. $[\alpha]_D^{20} = -123,8°$ (in Wasser)[8].

N-Benzylalanin $C_{10}H_{13}O_2N$. Durch 12stündiges Kochen mit konzentrierter HCl von N, N'-Dibenzylalaninanhydrid, Eindampfen im Vakuum, Zerlegen mit NH_4OH, Eindampfen

---

[1] K. Freudenberg u. Fr. Rhino: Ber. dtsch. chem. Ges. **57**, 1547—1557 — Chem. Zbl. **1924 II**, 2027.

[2] W. M. Colles u. Ch. St. Gibson: J. chem. Soc. Lond. **1928**, 99—108 — Chem. Zbl. **1928 I**, 1650.

[3] K. Freudenberg u. O. Huber: Ber. dtsch. chem. Ges. **58**, 148—150 — Chem. Zbl. **1925 I**, 948.

[4] E. Komm: Hoppe-Seylers Z. **156**, 35—60 — Chem. Zbl. **1926 II**, 1892.

[5] W. Traube u. H. Gockel: Ber. dtsch. chem. Ges. **56**, 384—391 (1923) — Chem. Zbl. **1923 I**, 740.

[6] H. Ley u. Th. Temme: Ber. dtsch. chem. Ges. **59**, 2712—2719 (1926) — Chem. Zbl. **1927 I**, 1287.

[7] L. J. Harris: Proc. roy. Soc. Lond., Serie B **97**, 364—386 — Chem. Zbl. **1925 II**, 224.

[8] Ch. St. Gibson, J. D. A. Johnson u. B. Levin: J. chem. Soc. Lond. **1929**, 479—488 — Chem. Zbl. **1929 I**, 2971.

[9] E. Fourneau u. V. Nicolitch: Bull. Soc. chim. France [4] **43**, 1232—1264 (1928) — Chem. Zbl. **1929 I**, 746.

des Filtrates. Kugelige Aggregate aus sehr wenig Wasser. Sintern bei 265°. Schmelzp. 269 bis 270° (Zers.), sehr wenig löslich in Alkohol[1].
Cu-Salz. Mikroskopische, graublaue Nadeln[1].
Derivate des l-Alanins: l-Alaninhydrochlorid. Aus l-Benzoylalanin mit 20 proz. HCl, $[\alpha]_D^{20} = -9{,}6°$ (11,68 proz. wässerige Lösung). Gibt mit NH_4SCN und Acetanhydrid 1-5-Methyl-2-thiohydantoin[2].
Cobaltsalze des l-Alanins $Co(C_3H_6O_2N)_3$. Aus 4,5 g eines Gemisches von rotem und violettem Kobalti-l-alanin, aus dem 1,7 g rotes und 1,5 g violettes rein isoliert wurden, die mit den Isomeren aus d-Alanin übereinstimmten. Die Molrotationen $[M] (= M \cdot (\alpha)/100)$ betrugen (0,626 g in 100 ccm 50 proz. H_2SO_4) für $[M]_{rot} = +475°$ für das rote und für $[M_{rot}] = -1315°$ für das violette Salz. Die Rotationen der Lösungen in 50 proz. H_2SO_4, Wasser und in 10 proz. NH_3 sind nur unwesentlich verschieden. Die optischen Schwerpunkte für rotes, grünes und blaues Licht sind etwa 0,666; 0,533 und 0,448 μ[3].
l-Alanin-äthylester gibt beim Aufbewahren l-Lactimid, aus Alkohol Schmelzp. 272°, in Alkohol $[\alpha]_D^{20} = +29{,}1°$[4].
l-Benzoylalanin. Nach 6 maligem Umkrystallisieren des Brucinsalzes zeigte die daraus abgeschiedene Säure für etwa 140° $[\alpha]_D^{15} = -37{,}4°$ (8,823 proz. Lösung des K-Salzes). l-Benzoylalanin gibt mit NH_4SCN und Acetanhydrid 1-1-Benzoyl-5-methyl-2-thiohydantoin[2]. — l-Benzoylalanin wird von Takadiastase nicht gespalten, so daß es bei der Spaltung von Benzoyl-d,l-alanin mit Takadiastase, nach der Entfernung der Benzoesäure mit Ligroin, mit Äther quantitativ extrahiert werden kann, Schmelzp. 146°[5, 6].
l-p-Nitrobenzoylalanin $C_{10}H_{10}O_5N_2$. Aus dem Strychninsalz. Blaßgelbe Nadeln aus Wasser, Schmelzp. 167,5—168°, $[\alpha]_{5461}$ des NH_4-Salzes $= -51{,}66°$ ($c = 1{,}6462$ in Wasser) bzw. $-15{,}81°$ ($c = 0{,}9960$ in Alkohol)[7].
Strychninsalz $C_{21}H_{22}O_2N_2 + C_{10}H_{10}O_5N_2 + C_2H_6O$. Nadeln aus absolutem Alkohol, $[\alpha]_{5461} = -48{,}8°$ ($c = 0{,}7340$ in Alkohol)[7].
d-Methylencampher-l-alaninäthylester $C_{16}H_{25}O_3N$. Aus Petroläther, Schmelzp. 108 bis 109°. Sehr leicht löslich in allen organischen Lösungsmitteln, in Alkohol $[\alpha]_{Hg\ grün} = +256°$[4].
l-N-Methylalanin $C_4H_9O_2N$. Aus optisch-aktiver α-Brompropionsäure — nach von Ramberg mit einer kleinen Abänderung gewonnen — und Methylamin bei Eiskühlung, zur Spaltung des Methylamids wurde die Lösung mit $Pb(OH)_2$ eingedampft, mit H_2S entbleit und die Säure in ihr Kupfersalz verwandelt. Die Trennung der aktiven von der gebildeten racemischen Verbindung erfolgt durch fraktionierte Krystallisation. Die Löslichkeit der racemischen Verbindung ist geringer als die der aktiven. Aus den Kupfersalzen wurde mit H_2S die aktive Säure gewonnen: Nadeln, Schmelzp. wasserfrei 274° (Zersetzung und Sublimierung), Drehung der l-Säure aus Kupfersalz $[\alpha]_{blau} = +35{,}2°$, $[\alpha]_{rot} = -5{,}1°$, $[\alpha]_{gelb} = -6{,}85°$, $[\alpha]_{grün} = -7{,}84°$ (1,039 g in 100 ccm Wasser)[3].
Chlorhydrat. $[\alpha]_{rot} = -6{,}25°$, $[\alpha]_{gelb} = -11{,}3°$, $[\alpha]_{grün} = -13{,}2°$, $[\alpha]_{blau} = -14{,}9°$ (4,1588 g in 100 ccm Wasser)[3].
Na-Salz. $[\alpha]_{rot} = -2{,}4°$, $[\alpha]_{gelb} = -3{,}61°$, $[\alpha]_{grün} = -4{,}3°$, $[\alpha]_{blau} = -5{,}5°$ (4,1588 g in 100 ccm Wasser)[3].
Kupfersalz $(C_4H_8O_2N)_2Cu + 2H_2O$. Tiefindigoblaue Krystalle, stark doppelbrechend, unter dem Mikroskop monoklin. $[\alpha]_{blau} = +35{,}2°$ (1,818 g in 100 ccm Wasser). Außerdem wurde die Beeinflussung der Drehung des Cu-Salzes durch verschiedene NH_3-Konzentrationen verfolgt:

NH_3-Konz.	0	0,079	0,136	0,211	0,26	0,475	0.951	4,755	6,34 mol
$[\alpha]_{blau}$	+30,8°	+13,2°	−1,2°	−2,2°	−9,9°	−16,5°	−24,2°	−18,4°	−7,7°[3]

---

[1] Ch. Gränacher, G. Wolf u. A. Weidinger: Helvet. chim. Acta **11**, 1228—1241 (1928) — Chem. Zbl. **1929 I**, 528.
[2] B. Sjollema u. L. Seekles: Rec. Trav. chim. Pay-Bas et Belg. (Amsterd.) **45**, 232—235 — Chem. Zbl. **1926 I**, 2692.
[3] H. Ley u. Th. Temme: Ber. dtsch. chem. Ges. **59**, 2712—2719 (1926) — Chem. Zbl. **1927 I**, 1287.
[4] F. B. Kipping u. W. J. Pope: J. chem. Soc. Lond. **1926**, 494—497 — Chem. Zbl. **1926 I**, 3050.
[5] C. Hoppert: Biochem. Z. **149**, 510—512 — Chem. Zbl. **1924 II**, 1928.
[6] C. Neuberg u. K. Linhardt: Biochem. Z. **147**, 372—376 — Chem. Zbl. **1924 II**, 849.
[7] W. M. Colles u. Ch. St. Gibson: J. chem. Soc. Lond. **1928**, 99—108 — Chem. Zbl. **1928 I**, 1650.

Nickelsalz bildet blaue Krystalle, wenig löslich in Wasser[1].

Platindoppelsalz $C_4H_8O_2NCl_2PtK$. 2 Mol aktive Säure mit 1 Mol Platinkaliumchlorür, gelbliche Krystalle; leicht löslich in Wasser, wenig löslich in Alkohol. $[\alpha]_{rot} = -12,7°$, $[\alpha]_{gelb} = -16,76°$ (1,96 g in 100 ccm Wasser)[1].

l-N-Phenylalanin-4-arsinsäure $C_9H_{12}O_5NAs$. $[\alpha]_D^{20} = -55,94°$ (als Di-Na-Salz in Wasser)[2].

l-Methylester $[\alpha]_D^{20} = -116,3°$ (als Na-Salz in Wasser)[2].

l-Äthylester $[\alpha]_D^{20} = -125,8°$ in Alkohol. $[\alpha]_D^{20} = -102,8°$ (als Na-Salz in Wasser)[2].

d-N-Phenylalaninamid-4-arsinsäure. Aus dem l-Methylester durch NH_3. $[\alpha]_D^{20} = +13,9°$ (als Na-Salz in Wasser). Durch Kochen mit NaOH wird das d-Amid in die d-N-Phenylalanin-4-arsinsäure übergeführt. Das d-Amid, aus dem d, l-Amid über die Chininsalze hergestellt, zeigt $[\alpha]_D = +16,5°$ (als Na-Salz in Wasser)[2]. — Aus der d, l-Verbindung über die Chininsalze dargestellt. 2mal aus Wasser umkrystallisiert, dann optisch rein. Seidige Krystalle. $[\alpha]_D = +16°6'$ in 2n-Soda. Siehe auch unter „racemische Phenylmethylglycinamidarsinsäure", S. 366[3].

Derivate des d, l-Alanins: Monoalaninlithiumbromid $C_3H_7O_2NLiBr \cdot 1H_2O$ [4].

Monoalaninlithiumjodid $C_3H_7O_2NLiJ \cdot nH_2O$, kleine durchsichtige Nadeln[4].

Es wurde vergeblich versucht, NaBr, KBr, KJ, $MgCl_2$, $BaCl_2$ an d, l-Alanin anzulagern[4].

Molekülverbindung mit Sarkosinanhydrid. Es gelang nicht, mit Alanin und Sarkosinanhydrid eine Molekülverbindung darzustellen[5].

Toluolsulfosaures Alanin $C_{10}H_{16}O_4N_2S$, Schmelzp. 213—214°[6].

Kupfersalz des d, l-Alanins. Über die Messung des Extinktionskoeffizienten des Cu-Salzes berichtet H. Ley[7].

Nickelsalz des d, l-Alanins. Über die Messung des Extinktionskoeffizienten des Ni-Salzes berichtet H. Ley[7].

d, l-Alaninäthylester. Bei der Hydrolyse von Dehydroalanylphenylalaninanhydrid (nach Bergmann) läßt sich d, l-Alaninester als Pikrat, Schmelzp. 171,5° (korr.), isolieren[8].

d, l-Alaninglycerinester. Der Ester wird durch Einwirkung des Na-Salzes von Alanin auf α-Chlorhydrin dargestellt. Das Gemisch erwärmt sich stark, wird noch 1 Stunde auf dem Wasserbade erhitzt, in kalten CH_3OH aufgenommen, filtriert und mit Äther gefällt. Ausbeute 20—30%. Schmelzp. 219°[9].

α-d, l-Alanyl-α', β-dipalmitylglycerin. Durch Einwirkung des Na-Salzes von Alanin auf α, β-Dipalmityl-α-jodhydrin. Ausbeute 40—50%. Schmelzp. 216°. Der Ester löst sich in warmem Wasser, jedoch trübe, und fällt beim Erkalten als Gel bzw. als Pseudogel aus. Löslich in warmem CH_3OH und Alkohol, sonst unlöslich[9].

α-d, l-Alanyl-α', β-distearylglycerin. Die Darstellung des Esters aus Alanin und α, β-Distearyl-α'-jodhydrin ist der des Palmitinesters analog. Schmelzp. 233°. Die Löslichkeit ist die gleiche wie die des Palmitinesters[9].

d, l-Benzoylalanin. 0,965 g des d, l-Benzoylalanin-Na werden in 100 ccm Wasser mit 0,5proz. japanischer Takadiastase in Gegenwart von 1% Toluol bei 37° in 14 Tagen zu 44% hydrolysiert. Aus der Lösung läßt sich nach dem Ansäuern mit HCl und Entfernen der Benzoesäure mit Ligroin durch Extraktion mit Äther Benzoyl-l-alanin gewinnen. Aus der im Vakuum eingeengten Lösung läßt sich mit absolutem Alkohol d-Alaninchlorhydrat extrahieren[10]. —

---

[1] H. Ley u. Th. Temme: Ber. dtsch. chem. Ges. **59**, 2712—2719 (1926) — Chem. Zbl. **1927 I**, 1287.

[2] Ch. St. Gibson, J. D. A. Johnson u. B. Levin: J. chem. Soc. Lond. **1929**, 479—488 — Chem. Zbl. **1929 I**, 2971.

[3] E. Fourneau u. V. Nicolitch: Bull. Soc. chim. France [4] **43**, 1232—1264 (1928) — Chem. Zbl. **1929 I**, 746.

[4] P. Pfeiffer, M. Klosman u. O. Angern: Hoppe-Seylers Z. **133**, 22—61 — Chem. Zbl. **1924 I**, 1911.

[5] P. Pfeiffer, O. Angern u. L. Wang: Hoppe-Seylers Z. **164**, 182—206 — Chem. Zbl. **1927 I**, 3196.

[6] K. Freudenberg u. O. Huber: Ber. dtsch. chem. Ges. **58**, 148—150 — Chem. Zbl. **1925 I**, 948.

[7] H. Ley: Z. anorg. u. allg. Chem. **164**, 377—406 — Chem. Zbl. **1927 II**, 2041.

[8] M. Bergmann u. A. Miekeley: Liebigs Ann. **458**, 40—75 — Chem. Zbl. **1927 II**, 2759.

[9] Weitzmann u. L. Haskelberg: C. r. Acad. Sci. Paris **189**, 104—106 — Chem. Zbl. **1929 II**, 1524.

[10] C. Hoppert: Biochem. Z. **149**, 510—512 — Chem. Zbl. **1924 II**, 1928.

Nach C. Neuberg und K. Linhardt[1] wird 1 g d, l-Benzoylalanin-Na in 5 Tagen zu 52,5% gespalten. Die Drehung nahm von $+0,58°$ auf $0,04°$ ab. Bei Spaltung des Ba-Salzes erhielten die Verfasser in 4 Tagen 51% Benzoesäure. Aus der Lösung wurde mit warmem Essigester eine gelbliche Substanz isoliert, deren Lösung in Alkali eine beträchtliche Linksdrehung zeigte. — E. Abderhalden, E. Rindtorff und A. Schmitz[2] untersuchten den hemmenden Einfluß von Benzoyl-d, l-alanin auf die Spaltung von Glycyl-d, l-leucin durch Erepsin und von Phenylisocyanatglycyl-d, l-leucin durch Trypsinkinase und verglichen den Hemmungsgrad mit dem von anderen Aminosäuren und Aminen.

Benzoylalaninäthylester. Wird mit P_2S_5 in 2-Phenyl-4-methyl-5-äthoxythiazol übergeführt[3]. — Benzoylalaninester gibt mit Benzyl-Mg-Br und Zersetzung mit HCl 2-Benzoylamino-1, 1-dibenzyl-propanol-(1)[4].

d, l-p-Nitrobenzoylalanin $C_{10}H_{10}O_5N_2$. Aus d, l-Alanin mit p-Nitrobenzoylchlorid und KOH unter Zusatz von Benzol. Schwach gelbe Nadeln aus Wasser, Schmelzp. 194°. Löslichkeit in Wasser bei 26° 0,27 g, in 100 g Alkohol bei 78° 19 g; sehr wenig löslich in Äther, Chloroform, Benzol, ziemlich löslich in Aceton[5].

Silbersalz $C_{10}H_9O_5N_2Ag$, körnig, wenig löslich in Wasser[5].

Brucinsalz $C_{23}H_{26}O_4N_4 + C_{10}H_{10}O_5N_2 + 4H_2O$. Dünne, gelbe Tafeln, leicht löslich in Wasser und Alkohol[5].

Cinchonidinsalz $C_{19}H_{22}ON_2 + C_{10}H_{10}O_5N_2 + 3H_2O$. Nadeln aus Wasser[5].

Äthylester $C_{12}H_{14}O_5N_2$. Nadeln aus Benzollösung, Schmelzp. 117,5—118°. Leicht löslich in Alkohol, Chloroform, wenig löslich in Äther[5].

p-Toluolsulfoalanin. p-Toluolsulfoalanin läßt sich nach G. Schröter[6] leicht durch Verkochen von p-Toluolsulfamidkalium mit α-brompropionsaurem K in alkoholischer Lösung erhalten. Schmelzp. 138°.

Toluolsulfo-d, l-alaninäthylester $C_{12}H_{17}O_4NS$. Nadeln aus Benzol. Schmelzp. 68°[7]. — Der Toluolsulfoalaninäthylester gibt mit Benzyl-MgBr 2-Toluolsulfoamino-1, 1-dibenzyl-propanol[4].

Toluolsulfo-d, l-alaninhydrazid $C_{10}H_{15}O_3N_3S$, aus dem Toluolsulfoalaninester in alkoholischer Lösung mit $NH_2 \cdot NH_2$ bei 100°. Ausbeute 92%. Schmelzp. 171°. Prismen aus Alkohol[7].

Toluolsulfo-d, l-alaninazid. Ausbeute fast quantitativ[7].

d, l-α-Naphthalinsulfoalaninäthylester $C_{15}H_{17}O_4NS$. Rhomben aus Alkohol, Schmelzpunkt 104°[5].

d, l-α-Brompropionyl-colamin $C_5H_{10}O_2NBr$, 2 Mol Colamin in Chloroform gelöst, 1 Mol Brompropionylchlorid in Chloroformlösung unter Kühlung langsam zugesetzt. Colaminchlorid fällt aus, Filtrat eingedampft, Rückstand erstarrt allmählich. Ausbeute etwa 90%. Löslich in Wasser, Chloroform, Aceton, Alkohol und heißem Toluol, wenig löslich in Äther und Petroläther. Umkrystallisieren aus heißem Toluol. Schmelzp. 78,5° (korr.). Oder Darstellung in wässeriger Lösung unter Zusatz von n-NaOH. Neutralisieren, Rückstand mit Toluol extrahieren, Ausbeute etwa 80%[8].

d, l-Alanyl-colamin $C_5H_{12}O_2N_2$. Aus der Br-Verbindung durch 25proz. NH_3 bei 20° (3 Tage). Aminierungsgemisch eindampfen, Rückstand mit KOH unter Kühlen übergießen, K_2CO_3 zugeben, mit Chloroform extrahieren. Verbindung aus Alkohol durch Petroläther umfällen. Ausbeute sehr mäßig. Schmelzp. 78—79° (korr.). Löslich in Wasser, Alkohol, Aceton, Chloroform, unlöslich in Äther und Petroläther. Wird durch Erepsin, aber nicht durch Trypsinkinase gespalten[8].

Pikrat $C_{11}H_{15}O_9N_5$. Aus heißem Wasser in derben, kleinen, gelben Nadeln. Schmelzpunkt 105—108° (korr.)[8].

---

[1] C. Neuberg u. K. Linhardt: Biochem. Z. **147**, 372—376 — Chem. Zbl. **1924 II**, 849.

[2] E. Abderhalden, E. Rindtorff u. A. Schmitz: Fermentforschg **10**, 233—250 (1928) — Chem. Zbl. **1929 I**, 2320.

[3] E. Miyamichi: J. Pharm. Soc. Jap. **1926**, Nr 528, 16—18 — Chem. Zbl. **1926 I**, 3402.

[4] F. Bettziche, R. Menger u. K. Wolf: Hoppe-Seylers Z. **160**, 270—300 (1926) — Chem. Zbl. **1927 I**, 82.

[5] W. M. Colles u. Ch. St. Gibson: J. chem. Soc. Lond. **1928**, 99—108 — Chem. Zbl. **1928 I**, 1650.

[6] G. Schröter: Z. angew. Chem. **39**, 1460 (1926) — Chem. Zbl. **1927 I**, 271.

[7] R. Schönheimer: Hoppe-Seylers Z. **154**, 203—224 — Chem. Zbl. **1926 II**, 1023.

[8] E. Abderhalden u. H. Brockmann: Fermentforschg **10**, 159—172 (1928) — Chem. Zbl. **1929 I**, 2314.

d, l-α-Brompropionylanilin $C_9H_{10}ONBr$. Aus 2 Mol Anilin (in Äther) und 1 Mol Brompropionylbromid. Kuppelungsprodukt krystallisiert in büschelförmig vereinigten Nadeln, Schmelzp. 101° (korr.), löslich in Alkohol und heißem Wasser, unlöslich in kaltem Wasser und Petroläther [1].

d, l-Alanylanilin $C_9H_{12}ON_2$. Aus der Bromverbindung und alkoholischem NH_3 bei 20° (5 Tage). Lösung eindampfen, Rückstand mit verdünnter HCl extrahieren, Lösung mit n-NaOH neutralisieren, eindampfen, Rückstand mit Wasser aufnehmen und mit Pikrinsäure in Pikrat umsetzen, aus dem die freie Base hergestellt wird. Dickes Öl, das nicht krystallisiert. Kochpunkt$_{15-16}$ 190—196°. Wird durch Erepsin, aber nicht durch Trypsinkinase gespalten [1].

Pikrat. Kleine gelbe Nadeln aus Wasser. Schmelzp. 175° (korr.)[1].

d, l-Brompropionyldiphenylamin $C_{15}H_{14}ONBr$. Diphenylamin (in Äther) und Brompropionylbromid unter Kühlung, Diphenylaminhydrobromid fällt aus. Filtrat eingedampft, Rückstand gelbes Öl, das im Exsiccator krystallinisch erstarrt. Ausbeute 3 g aus 3,2 g Diphenylamin. Aus dem Kuppelungsprodukt restliches Diphenylamin durch Petroläther extrahiert. Aus Alkohol umkrystallisiert. Schmelzp. 110° (korr.), leicht löslich in Alkohol, löslich in Äther, Essigester, Chloroform, Toluol und Aceton, unlöslich in Wasser. Lange büschelig verwachsene Nadeln. Diphenylaminreaktion negativ [1].

d, l-Alanyldiphenylamin $C_{15}H_{16}ON_2$. Aminiert mit alkoholischem NH_3 bei 37° (4 Tage). Im Vakuum eindampfen, mit Wasser und etwas Alkohol aufnehmen. Beim Erkalten scheidet sich unverändertes Bromprodukt ab. Eindampfen, Alanyldiphenylaminhydrobromid bleibt als glasige Masse zurück. Mit konzentrierter NaOH aus der konzentrierten wässerigen Lösung des Rückstandes die Base als Öl in Freiheit gesetzt, mit Äther ausgeschüttelt. Dicke, alkalisch reagierende, aminartig riechende Flüssigkeit, beim Stehen krystallinisch erstarrend. Schmelzpunkt 86° (korr.). Löslich in Alkohol, Äther und Chloroform, wenig löslich in Wasser. Wird weder von Erepsin noch von Trypsinkinase gespalten [1].

N-Methylalanin $C_4H_9O_2N$. Aus N-Methylenalanin-Na mit Na in Alkohol als Äthylester isoliert; aus dem Ester durch Verseifen mit siedendem Wasser [2]. — Reduktion von 4-Nitro-1, 5-dimethylglyoxalin ergab neben 4-Amino-1, 5-dimethylglyoxalinpikrat, NH_4Cl d, l-Methylalanin $C_4H_9O_2N + {}^1/_2 H_2O$. Prismen aus Wasser oder Alkohol, sublimiert bei 295° und Schmelzp. bei 307° (korr.), leicht löslich in Wasser und heißem Alkohol [3].

Kupfersalz $C_8H_{16}O_4N_2Cu$. Kochen mit $Cu(OH)_2$ und Fällen mit Alkohol, himmelblau, mikrokrystallin [2].

N-Dimethylalaninäthylester. Aus α-Brompropionsäure mit wässeriger Dimethylaminlösung bei 6tägigem Stehen bei Zimmertemperatur, eindampfen im Vakuum, verestern mit Alkohol und HCl, Alkohol im Vakuum entfernen, Rückstand mit NaOH und Äther ausschütteln. Kochp.$_{740}$ 154°. Ausbeute etwa 40% [4].

N-(Cyanmethyl-)alaninäthylester $C_7H_{13}O_2N_2$. Zu $CH_2(OH)(SO_3Na)$ in Wasser unter Rühren Alaninester tropfen lassen, erst Kältemischung, dann Zimmertemperatur, KCN zugeben, nach $^1/_2$ Stunde mit NaCl aussalzen, ausäthern. Aminartig riechendes Öl, sehr leicht löslich in Wasser, Alkohol und Äther [2].

N-Methylamidin-d, l-alanin $C_4H_{11}N_3$. Bei der Reduktion von 14 g 5-Nitro-1, 4-dimethylglyoxalin mit $SnCl_2$ in konzentrierter HCl wurden nach Zusatz von Pikrinsäure neben 5-Amino-1, 4-dimethylglyoxalin d, l-N-Methylamidin-d, l-alanindipikrat erhalten. Bei Einwirkung von HCl und Entfernung der Pikrinsäure mit Äther wird das **Dihydrochlorid** $C_4H_{11}N_3 \cdot 2$ HCl erhalten, lange Prismen aus Wasser. Schmelzp. 242° (korr.), wenig löslich in Wasser, sehr wenig löslich in absolutem Alkohol. Mit überschüssigem $Ba(OH)_2$ destilliert, wird es in NH_3, CH_3NH_2 und d, l-Alanin gespalten [3].

Dipikratsalz $C_4H_{11}N_3(C_6H_3O_7N_3)_2$. Schmelzp. 200° (korr.) (zersetzt); ziemlich löslich in heißem Wasser, sehr wenig löslich in kaltem Wasser [3].

N-Methylenalanin-Na $C_4H_5O_2NNa$. Aus N-(Cyanmethyl-)alaninäthylester und einer Lösung von 2 Atomen Na in Alkohol + 1 Mol Wasser, nach Waschen mit kaltem, absolutem Alkohol; krystallines Pulver [2].

Barium- und Kupfersalz. Ziemlich wenig löslich [2].

---

[1] E. Abderhalden u. H. Brockmann: Fermentforschg. **10**, 159—172 (1928) — Chem. Zbl. **1929 I**, 2314.
[2] H. Scheibler u. H. Neef: Ber. dtsch. chem. Ges. **59**, 1500—1511 — Chem. Zbl. **1926 II**, 1530.
[3] F. L. Pyman: J. chem. Soc. Lond. **121**, 2616—2626 (1922) — Chem. Zbl. **1923 I**, 531.
[4] P. Karrer: Helvet. chim. Acta **5**, 469—489 — Chem. Zbl. **1922 III**, 766.

N-Äthylalanin $C_5H_{11}O_2N$. 1. Äthylidenäthylamin mit Brenztraubensäure in absolutem Alkohol unter Eiskühlung kondensieren, nach 2—3 Stunden unter 1 at Überdruck hydrieren. 2. Schwach saures Gemisch von Brenztraubensäure und 33proz. wässeriger Äthylaminlösung oder Aldehydammoniak in Alkohol wie bei 1 hydrieren. 3. Aus α-Brompropionsäure und Äthylamin im Rohr bei 120° 5 Stunden. Aus Alkohol. Schmelzp. 211—215°[1].
Methylester $C_6H_{13}O_2N$. Kochp.$_{11}$ 44°[1].
Äthylester $C_7H_{15}O_2N$. Kochp.$_{10}$ 53°[1].
Hydrochlorid des Äthylesters $C_7H_{16}O_2NCl$. Aus Alkohol. Schmelzp. 129°[1].
α-**Diäthylaminopropionsäureäthylester** $C_9H_{19}O_2N$. Aus 1 Mol meso-α, α'-Dibromadipinsäurediäthylester mit 6 Mol Diäthylamin neben Brenztraubensäureäthylester. Kochp.$_{13}$ 85—88°[2].
Jodmethylat $C_{10}H_{22}O_2NJ$. Schmelzp. 79—80°, sehr hygroskopisch[2].
α-**(Dioxydiäthylamino-)propionsäure** $C_7H_{15}O_4N$. 24,5 g Alaninester werden mit 30 g Äthylenoxyd im Rohr bei 90° erhitzt, aus dem Reaktionsprodukt das überschüssige Äthylenoxyd abgetrieben, der Rückstand 1-Oxyäthyl-2-methyl-3-morpholon mit Wasser verdünnt, auf dem Wasserbade in einem Luftstrom eingedampft und die ausgeschiedenen Krystalle aus Alkohol umkrystallisiert. Ausbeute 87%. Schmelzp. 136° (zersetzt). Sehr leicht löslich in Wasser, wenig löslich in absolutem Alkohol, unlöslich in Äther, Benzol[3].
Pikrat $C_7H_{15}O_4N + C_6H_5O_7N_3 + H_2O$. Gelbe Tafeln. Schmelzp. 80—85°[3].
Kupfersalz $(C_7H_{14}O_4N)_2Cu + 5 H_2O$. Lilafarbene Krystalle[3].
Dibenzoylverbindung. Weich. Schmelzp. 42—43°[3].
α-**Di-n-propylamino-propionsäureäthylester** $C_{11}H_{23}O_2N$. Aus Di-n-propylamin und meso-α, α'-Dibromadipinsäureester neben Brenztraubensäureäthylester, basisch riechende Flüssigkeit. Kochp.$_{12}$ 102—104°[2].
Jodmethylat. Schmelzp. 76°, leicht löslich in Alkohol und Wasser[2].
α-**Di-iso-amylamino-propionsäureäthylester** $C_{15}H_{31}O_2N$. Aus meso-α, α'-Dibromadipinsäureäthylester mit Di-iso-amylamin, basisches Öl. Kochp.$_{15}$ 148—150°[2].
d, l-N-Phenylalanin-4-arsinsäure $C_9H_{12}O_5NAs$. Kochen einer Lösung von α-Brompropionsäure in Wasser mit dem Na-Salz der p-Aminophenylarsinsäure. Aus Wasser Nadeln, Zersetzung bei 207—210°. In kaltem Wasser zu etwa 0,5%, in siedendem Wasser zu 6% löslich. Leicht löslich in verdünnten Mineralsäuren, Essigsäure, heißem Alkohol und heißem CH_3OH, wenig löslich in Aceton, unlöslich in Benzol und Äther. Reduziert ammoniakalische $AgNO_3$-Lösung[4].
Methylester $C_{10}H_{14}O_5NAs$. Aus Wasser Nadeln. Schmelzp. 181° (schwache Zersetzung). Die Verbindung wird über die Brucinsalze in die optisch aktiven Komponenten gespalten. — Durch Reduktion mit Na-Hydrosulfit entsteht eine stark S-haltige, gelbe Verbindung, mit SO_2 in konzentrierter HCl eine krystalline Verbindung[4].
Äthylester $C_{11}H_{16}O_5NAs$. Aus verdünntem Alkohol doppelbrechende Prismen. Schmelzpunkt 175—177° (Zersetzung). Leicht löslich in Alkohol und heißem Wasser[4].
d, l-N-Phenylalaninamid-4-arsinsäure $C_9H_{13}O_4N_2As$. Aus dem Äthylester mit wässerigem NH_3 unter Eiskühlung und Stehenlassen der Lösung bei gewöhnlicher Temperatur. Aus siedendem Wasser Nadeln. Schmelzp. 233—240° (Zers.). Ebenfalls aus α-Brompropionamid und Atoxyl. Schmelzp. 244°[4]. — Von E. Fourneau und V. Nicolitch[5] wird über die Darstellung des Methyltryparsamids berichtet. Die Darstellung geht vom Propionylchlorid aus, das durch Br in α-Brompropionylbromid umgesetzt und durch Eintropfen in konzentriertes NH_4OH in α-Brompropionamid übergeführt wird. Durch Kuppeln des Amides mit Arsanilsäure in n-NaOH wird das Methyltryparsamid mit 74proz. Ausbeute erhaten. Weiterhin wird über die Spaltung mit Chininsalzen in die optischen Komponenten berichtet. Siehe auch unter „racemische Phenylmethylglycinamidarsinsäure", S. 366.
Na-Salz $C_9H_{12}O_4N_2AsNa \cdot H_2O$. Durch Lösen der Säure in n-NaOH, Fällen mit viel absolutem Alkohol. Wirkung auf Trypanosomen gering[5].

---

[1] A. Skita u. C. Wulff: Liebigs Ann. **453**, 190—210 — Chem. Zbl. **1927 I**, 2821.
[2] J. von Braun, W. Leistner, W. Münch u. E. Metz: Ber. dtsch. chem. Ges. **59**, 1950 bis 1958 — Chem. Zbl. **1926 II**, 2589.
[3] A. Kiprianow: J. chim. Ukraine, wiss. Teil (russ.) **2**, 236—249 (1926) — Chem. Zbl. **1927 I**, 2654.
[4] Ch. St. Gibson, J. D. A. Johnson u. B. Levin: J. chem. Soc. Lond. **1929**, 479—488 — Chem. Zbl. **1929 I**, 2971.
[5] E. Fourneau u. V. Nicolitch: Bull. Soc. chim. France [4] **43**, 1232—1264 (1928) — Chem. Zbl. **1929 I**, 746.

N-Benzylalanin $C_{10}H_{13}O_2N$. Durch Reduktion von in CH_3OH suspendiertem Na-Salz des Benzylidenalanins mit Na in der Wärme. Lösung in konzentrierte HCl gießen, filtrieren, das Hydrochlorid in wässeriger Lösung durch Schütteln mit wässeriger Suspension von Ag_2O in die freie Aminosäure umsetzen. Krystalle aus Alkohol. Schmelzp. 258°, leicht löslich in Wasser, wenig löslich oder unlöslich in den üblichen organischen Lösungsmitteln. Die mineralsauren Salze sind in Wasser leicht löslich[1]. — Bildung aus Methylbenzylaminomalonsäure im Vakuum bei 100°, gelb, amorph. Produkt zeigt nur den Schmelzp. 65—68° (unscharf), nicht rein[2].

Chlorhydrat $C_{10}H_{14}O_2NCl$. Beim Erhitzen des rohen Reaktionsgemisches von Methylbenzylaminomalonester mit konzentrierter HCl im Rohr 5 Stunden lang auf 120°, gelbliche, anisotrope Täfelchen, wenig löslich in Äther, Alkohol, Benzol, spielend löslich in Wasser[2].

Phosphorwolframat. In Wasser wenig löslich[1].

Kupfersalz. Durch Zusatz von $CuSO_4$ zu der schwach ammoniakalischen Lösung. Hellblaue Krystalle[1].

Cyanbenzylalaninäthylester. Alaninäthylesterhydrochlorid in Eiswasser gelöst, unter Kühlung mit Na_2SO_3 und Benzaldehyd und mit einer konzentrierten wässerigen Lösung von KCN versetzt[1].

Natriumsalz des Benzylidenalanins $C_{10}H_{10}O_2NNa$. Die alkoholische Lösung des Cyanderivates wird mit alkoholischem NaOH versetzt, Na-Salz krystallisiert aus, ziemlich löslich in Wasser, Methylalkohol, fast unlöslich in warmem Alkohol[1]. — Nadeln, hygroskopisch und gegen Wasser empfindlich[3].

α-Kopellidinopropionsäureäthylester $C_{13}H_{25}O_2N$. Aus meso-α, α'-Dibromadipinsäurediäthylester mit Kopellidin neben Brenztraubensäureäthylester, Fraktion 130—132° (bei 12 mm)[4].

N-Triphenylmethyl-d, l-alanin $C_{22}H_{21}O_2N$. Aus Triphenylmethylalaninäthylester mit siedender 5proz. alkoholischer KOH (¼ Stunde), aus Alkohol mit ½ Mol Krystallalkohol, leicht löslich in Benzol, weniger in Methylalkohol, Alkohol, sonst wenig löslich bis unlöslich[5].

Natriumsalz. Sehr hygroskopisch[5].

Äthylester $C_{24}H_{25}O_2N$. Aus Alaninester mit Triphenylchlormethan in absolutem Pyridin bei Zimmertemperatur oder bei 100° unter Ausschluß von Feuchtigkeit. Siedende 5proz. alkoholische KOH spaltet in 2 Stunden den Triphenylmethylrest ab, in ¼ Stunde dagegen nur den Alkoholrest. Prismen. Schmelzp. 100°[5].

α-Cyclopropylalanin (Methylcyclopropylaminoessigsäure) $C_6H_{11}O_2N$. Aus Acetyltrimethylen mit KCN und NH_4Cl, das Nitril mit HCl verseift und über das Hydrochlorid die freie Säure gewonnen. Nadeln aus Wasser, leicht löslich in Wasser und Alkohol. Schmelzp. 273 bis 275° (in zugeschmolzener Capillare). Sublimiert ab 110° ohne Zersetzung. Schmeckt ziemlich süß, riecht deutlich nach Milch[6].

Kupfersalz $(C_6H_{10}O_2N)_2Cu \cdot 2H_2O$. Blauviolette Täfelchen[6].

N-Cyclohexylalanin $C_9H_{17}O_2N$. 1. Brenztraubensäure mit Äthylidencyclohexylamin oder Propylidencyclohexylamin in Alkohol tropfenweis kondensieren, nach 1 Stunde unter 1 at Überdruck hydrieren. 2. Durch Hydrierung von α-Oxy-N-cyclo-hexylalanin und α-Cyclohexyliminopropionsäure in verdünntem bzw. reinem Alkohol. 3. Aus α-Brompropionsäureester und Cyclohexylamin unter Rückfluß, Ester mit siedendem Wasser bis zur neutralen Reaktion verseifen. Rechtwinklige Schuppen. Schmelzp. 230°. Gibt beim Eintragen in geschmolzenes Fluoren bei 230° N-Äthylcyclohexylamin[7].

Äthylester $C_{11}H_{21}O_2N$. Kochp.$_{12}$ 110—112°[7].

Hydrochlorid $C_{11}H_{22}O_2NCl$. Aus Alkohol + Äther. Schmelzp. 173°[7].

---

[1] H. Scheibler: D.R.P. 386743, Kl. 12q v. 17. Juli 1921, ausg. 15. Dez. 1923; Chem. Zbl. **1924 I**, 1592.

[2] Th. Curtius u. G. Ehrhardt: Ber. dtsch. chem. Ges. **55**, 1559—1571 — Chem. Zbl. **1922 III**, 555—556.

[3] O. Gerngroß u. E. Zühlke: Ber. dtsch. chem. Ges. **57**, 1482—1489 — Chem. Zbl. **1924 II**, 2028.

[4] J. von Braun, W. Leistner, W. Münch u. E. Metz: Ber. dtsch. chem. Ges. **59**, 1950 bis 1958 — Chem. Zbl. **1926 II**, 2589.

[5] B. Helferich, L. Moog u. A. Jünger: Ber. dtsch. chem. Ges. **58**, 872—886 — Chem. Zbl. **1925 II**, 279.

[6] N. D. Zelinsky u. E. F. Dengin: Ber. dtsch. chem. Ges. **55**, 3354—3361 (1922) — Chem. Zbl. **1923 I**, 48.

[7] A. Skita u. C. Wulff: Liebigs Ann. **453**, 190—210 — Chem. Zbl. **1927 I**, 2821.

Pikrolonat $C_{21}H_{29}O_7N_5$. Aus Wasser. Schmelzp. 164°[1].

α-Oxy-N-cyclohexyl-alanin $C_9H_{17}O_3N$. Aus Cyclohexylamin und Brenztraubensäure in Äther, weiße Flocken. Schmelzp. 67°, leicht löslich in Wasser und Alkohol, hygroskopisch, lichtempfindlich. Färbt sich bald dunkelbraun und zersetzt sich zu plastischen Massen[1].

Phenylpropionylbenzylalanin. Aus dem entsprechenden Amid durch Verseifung mit wässeriger alkoholischer NaOH, farblose Nadeln aus Benzol. Schmelzp. 160°, unlöslich in Wasser, wenig löslich in kaltem Äther, Benzol, leicht löslich in Aceton. Wird aus alkalischer Lösung durch Essigsäure gefällt. Liefert beim Erhitzen mit HCl Phenylpropionsäure und Benzylalanin[2].

Phenylpropionylbenzylalaninamid. Aus Benzylbrenztraubensäure und NH_3 auf dem Wasserbade, aus Na-Salz wird nur wenig Amid, überwiegend freie Säure erhalten. Amid bildet farblose Nadeln. Schmelzp. 185°, unlöslich in Wasser, Chloroform und Äther, leicht löslich in siedendem Alkohol von 90%, wenig löslich in kaltem Alkohol. Das Amid entsteht weiter aus Benzyliden-α-oxypropionsäure und ihrem Amid, aus der Verbindung $C_6H_5 \cdot CH_2 \cdot CH_2 \cdot COH$ $(CONH_2) \cdot O \cdot C(OH)(CO_2H) \cdot CH_2 \cdot CH_2 \cdot C_6H_5$ und aus dem entsprechenden Diamid[2].

α-Phenyl-α-urethanpropionsäuremethylester. Aus α-Phenyl-α-aminopropionsäuremethylester mit Chlorameisensäuremethylester und Na-Carbonat-Lösung, farblose Krystalle. Schmelzp. 45°. Leicht löslich in Alkohol, Äther, Benzol, unlöslich in Wasser und verdünnter Säure. Durch Erhitzen des Urethans mit alkoholischem NH_3 während 8—10 Stunden auf 140—150°, abdestillieren des NH_3 und des Alkohols, lösen des Rückstandes in verdünnter NaOH-Lauge, und durch Ansäuern wird γ,γ-Phenylmethylhydantoin erhalten[3].

α-Piperonyl-α-aminopropionsäure. Durch Einwirkung von NH_4CN auf Acetopiperon und Verseifung des Nitrils[3].

Methylester. Durch Kochen der Piperonylaminopropionsäure mit methylalkoholischer HCl, farbloses Öl. Kochp.$_{20}$ 193—194°[3].

α-Piperonyl-α-urethanpropionsäuremethylester. Aus dem entsprechenden Methylester durch Schütteln mit Chlorameisensäuremethylester und Na-Carbonatlösung, farblose, in Wasser unlösliche, in Alkohol und Äther leicht lösliche Krystalle. Schmelzp. 78—80°. Beim Erhitzen des Esters mit alkoholischem NH_3 auf 140—170° wird das γ,γ-Piperonylmethylhydantoin erhalten[3].

NH_4-Salz des β-(1-Methyl-4-chlor-5-brom-imidazolyl-2-)α-alanins $C_7H_{12}O_2N_4ClBr$. Das Kondensationsprodukt aus 1-Methyl-2-chlormethyl-4-chlorimidazol und Natriummalonester wird in Tetrachlorkohlenstofflösung bromiert durch Erhitzen mit HBr (D. 1,78) auf 140 bis 160° verseift, nach dem Eindampfen im Ölbad auf 140—160° erhitzt, mit einer gesättigten Ammoniaklösung 12 Stunden auf 50—55° erwärmt, aus Wasser Nadeln. Schmelzp. 205—206° (Sintern)[4].

Pikrat $C_{13}H_{12}O_9N_6ClBr$. Aus verdünntem Alkohol. Schmelzp. 231°[4].

β-[3, 5-Dimethyl-4-carboxäthylpyrryl-(2-)]alanin $C_{12}H_{18}O_4N_2$. 1. 3, 5-Dimethyl-4-carboxäthyl-2-formylpyrrol und 2, 5-Diketopiperazin mit Na-Acetat in siedendem Eisessig 8 Stunden gekuppelt. Reaktionsprodukt 3, 6-Di-[3′, 5′-Dimethyl-4′-carboxäthylpyrral-(2′)]-2,5-diketopiperazin in 90proz. Alkohol suspendiert und mit Al-Amalgam geschüttelt, dabei mit 2, 5proz. H_2SO_4 stets neutral gehalten, schließlich bis zur Gelbfärbung gekocht. Filtrat im Vakuum verdampft. 3, 6-Di-[3′, 5′-dimethyl-4′-carboxäthylpyrryl-(2′)- methyl]-2, 5-diketopiperazin mit 20proz. Barytlösung 12 Stunden kochen, nach Zusatz von Wasser, Ba mit sehr verdünnter H_2SO_4 entfernen, im Vakuum verdampfen. Blättchen aus 90proz. Alkohol, Zersetzung bei 180—186°, wenig löslich in heißem Wasser, Alkohol, Chloroform, unlöslich in Äther. Wässerige Lösung sauer. Cu-Salz nicht erhältlich. 2. Auf folgendem Wege synthetisiert: 3, 5-Dimethyl-4-carboxäthylpyrral-(2-)rhodanin, aus den Komponenten mit Na-Acetat in siedendem Eisessig 4 Stunden, mit 20proz. HCl vorsichtig ansäuern, hellgelbe Flocken, aus alkalischer Lösung mehrfach umfällen. Die erhaltene [3, 5-Dimethyl-4-carboxäthylpyrryl-(2)]-thiobrenztraubensäure mit NH_2OH in siedendem Alkohol verdampfen, aus alkalischer

---

[1] A. Skita u. C. Wulff: Liebigs Ann. **453**, 190—210 — Chem. Zbl. **1927 I**, 2821.
[2] J. Bougault: Bull. Soc. chim. France (4) **29**, 47—53 (1921) — Chem. Zbl. **1921 I**, 811.
[3] Chemische Fabrik von Heyden, A.-G.: D.R.P. 335993, Kl. 12p v. 2. Febr. 1916, ausg. 20. April 1921 (Zus.P. zu 310427; Chem. Zbl. **1919 II**, 423); Chem. Zbl. **1921 IV**, 126.
[4] A. Sonn, E. Hotes u. H. Sieg: Ber. dtsch. chem. Ges. **57**, 953—959 — Chem. Zbl. **1924 II**, 470.

Lösung mit 1proz. H_2SO_4 bei $-10°$ umfällen, die Oximverbindung mit Na-Amalgam in siedendem Alkohol reduzieren, dabei mit Milchsäure stets sauer halten, Filtrat in Kältemischung kühlen[1].

β, β-Bis-(3, 5-dijod-4-oxyphenyl-)alanin. J. A. Gaddum[2] untersuchte seine Wirkung auf das Wachstum von Kaulquappen.

Pyruvoylalanin (N-α-Oxopropionyl-α-aminopropionsäure) $C_6H_9O_4N$. Durch Spaltung von Anhydroalanylserinanhydrid neben NH_4Cl, Brenztraubensäure und Alanin, Nadeln aus Essigester. Schmelzp. 143,5° (korr.), leicht löslich in Wasser mit saurer Reaktion, Alkohol, ziemlich löslich in Äther, Essigester, unlöslich in Petroläther[3].

Äthylester Flüssigkeit von brennendem Geschmack. $Kochp._{12}$ 140°[3].

Phthalyl-α-alanylamid $C_{11}H_{10}O_3N_2$. Sternchen aus Alkohol. Schmelzp. 211—212°. Gibt mit P_2O_5 das entsprechende Nitril, $C_{11}H_8O_2N_2$, aus Wasser Tafeln. Schmelzp. 139—140°[4].

NH_4-Salz der α-Alanylnitrilphthaloylsäure $C_{11}H_{14}O_3N_3$. Aus dem Nitril mit Na-Alkoholat, Prismen, liefert mit Säuren das Ausgangsmaterial zurück[4].

Alaninbenzylaminol $C_{17}H_{21}ON$. Bei der Spaltung von Glycyl-alaninbenzylaminol. Gibt mit Toluolsulfochlorid und NaOH 2-Toluolsulfoamino-1, 1-dibenzylpropanol[5].

Alanylarsanilsäure $C_9H_{13}O_4N_2As$. Aus α-Brompropionylarsanilsäure, die durch Kuppeln von Arsanilsäure und α-Brompropionylbromid erhalten war (Zersetzung gegen 245°, Ausbeute 73%), mit NH_3, aus heißem Wasser mit Alkohol Nadeln, Zersetzung oberhalb 300°, Ausbeute 33%[6].

Alanincholinjodid $C_6H_{16}ONJ$. Beim Stehen mit Methyljodid und Fällen mit Äther. Spielend löslich in Wasser, weniger in absolutem Alkohol. Schmelzp. 296°. In Wasser mit AgCl Bildung von Chlorid, schön krystallisierte, sehr hygroskopische Verbindung. Vergleich von Fällungsreaktionen mit einer Reihe Alkaloidreagenzien von Cholin und Alanincholin, deren Verhalten sehr ähnlich ist. Vergleich der Schmelzpunkte mit denen von Cholin-, Valin- und Leucincholinjodhydraten[7].

Pikrat. Goldgelbe Krystalle. Schmelzp. 265°[7].

Aurichloriddoppelsalz $C_6H_{16}ONCl$, $AuCl_3$. Schmelzp. 247°, in Wasser ziemlich löslich[7].

Platindoppelsalz $(C_6H_{16}ON)_2PtCl_6$. Derbe Krystalle. Schmelzp. 228°[7].

Alanincholinjodidpalmitinsäureester $C_{22}H_{46}O_2NJ$. Weiße Nadeln, Erweichen bei 203°, Tropfenbildung bei 206°, fließt bei etwa 210°[8].

Alanincholinchloridpalmitinsäureester $C_{22}H_{46}O_2NCl$. Erweichen bei 202°. Schmelzpunkt 205°[8].

Alanincholinjodidstearinsäureester $C_{24}H_{50}O_2NJ$. Aus absolutem Alkohol, seidenglänzende Blättchen. Schmelzp. 210—212°[8].

Alanincholinchloridstearinsäureester $C_{24}H_{50}O_2NCl$. Aus absolutem Alkohol + Äther, Nadeln, erweichen bei 202°. Schmelzp. 205°[8].

Acetylalanincholin. Gibt am isolierten Froschherzen die typische, parasympathisch erregende, durch Atropin reversible Depressionswirkung wie Acetylcholin. Deutlicher Beginn bei Konzentration von $1/100000$, am isolierten Kaninchendarm auch parasympathisch erregende Wirkung bei $1/200000$ bis $1/500000$. Am isolierten Froschmuskelpräparat mit Nerv typische acetylcholinähnliche Wirkung bei $1/50000$. Muskelkontraktion schwächer als bei Acetylcholin. Weiterhin wird über Blutdrucksenkung, Einfluß auf Speichelsekretion berichtet[7]. Acetylalanincholin in der Form seines Jodhydrates zeigte nach T. Gordonoff[9] im Gegensatz zum Alanincholin die bekannten Endplattenwirkungen des Cholins, also die parasympathische Hemmungswirkung am nach Straub isolierten Froschherzen, die kontraktionserregende Wirkung am Kaninchendünndarm, die Contracturwirkung am isolierten

---

[1] W. Küster u. G. Koppenhöfer: Hoppe-Seylers Z. **172**, 126—137 (1927) — Chem. Zbl. **1928 I**, 509.
[2] J. A. Gaddum: J. of Physiol. **64**, 246—254 (1927) — Chem. Zbl. **1928 I**, 1676.
[3] M. Bergmann, A. Miekeley u. E. Kann: Hoppe-Seylers Z. **146**, 247—266 (1925) — Chem. Zbl. **1926 I**, 119.
[4] E. Radde: Ber. dtsch. chem. Ges. **55**, 3174—3179 (1922) — Chem. Zbl. **1923 I**, 64.
[5] Fr. Bettzieche u. R. Menger: Hoppe-Seylers Z. **161**, 37—65 (1926) — Chem. Zbl. **1927 I**, 427.
[6] G. Giemsa u. C. Tropp: Ber. dtsch. chem. Ges. **59**, 1776—1786 — Chem. Zbl. **1926 II**, 1847.
[7] P. Karrer: Helvet. chim. Acta **5**, 469—489 — Chem. Zbl. **1922 III**, 766.
[8] P. Karrer, E. Horlacher, F. Locher u. M. Giesler: Helvet. chim. Acta **6**, 905—919 (1923) — Chem. Zbl. **1924 I**, 477.
[9] T. Gordonoff: Biochem. Z. **160**, 451—463 (1925) — Chem. Zbl. **1928 II**, 785.

Meerschweinchenuterus und auf den parasympathischen Teil der receptiven Substanz am isolierten Skelettmuskelpräparat des Frosches. Die parasympathische Wirkung wurde nur am isolierten Organ, nicht aber am intakten Organismus, selbst nicht bei intravenöser Injektion großer Dosen beobachtet, was sich durch die schnelle Zerstörung des Acetylcholins durch die Blutesterase erklären läßt.

d, l-α-Uramino-β-trimethylpropionsäure $C_7H_{14}O_3N_2$. Aus α-Amino-β-trimethylpropionsäure mit KCNO, hexagonale Tafeln, gelegentlich auch Nadeln (aus siedendem Wasser). Schmelzp. 221° (unkorr.) unter Aufschäumen, sehr wenig löslich in kaltem Wasser, Äther, leicht löslich in Alkohol. Es wurde nach Eingabe an Kaninchen zu 46% wiedergewonnen[1].

N-Dimethylalaninol $C_5H_{13}ON$. Durch Reduktion mit Na und Alkohol, schwach gelbes Öl. Kochp.$_{738}$ 140—141°[2].

β-Diäthylamino-n-propylalkohol. Durch Reduktion von α-Diäthylaminopropionsäureäthylester mit Na und Alkohol[3].

d, l-α, α-Diphenyl-β-amino-n-propylalkohol $C_{15}H_{17}ON$. Durch Einwirkung von Phenyl-Mg-Br auf racemisches Alanin, Blättchen vom Schmelzp. 101,5—102,5° (aus Alkohol). Mit HNO_2 wird dieser Alkohol durch Semipinakolindesaminierung in Methyldesoxybenzoin umgesetzt[4].

α-Aminopropionsäurenitril. C. Sannié[5] versuchte durch kinetische Messungen den tatsächlichen Verlauf der α-Aminopropionsäurenitrilbildung aus Acetaldehyd + HCN + NH_3 aufzuklären. Die Versuche ergaben 2 Reaktionsstadien, 1. das der Aminonitrilbildung, 2. das seines Zerfalls. Bildung wie Zerfall sind bimolekulare Reaktionen. Die entsprechenden Konstanten sind folgende: $K_2 =$ etwa 0,0034 (Min., Mol/1, bei 20°) und $K_2 =$ etwa 0,0113[5].

N-(Cyanmethyl-)α, α'-iminodipropionsäureäthylester $C_{12}H_{20}O_4N_2$. Aus $CH_2(OH)(SO_3Na)$ und Iminodipropionsäureester. Dickes, gelbliches aminartig riechendes Öl[6].

Hydrochlorid $C_{12}H_{21}O_4N_2Cl$. Fein krystallinisch. Schmelzp. 256—258°, leicht löslich in warmem Alkohol, konzentrierter HCl, unlöslich in Äther, wird von siedender Lauge unter NH_3-Entwicklung zersetzt[6].

α-Cyclohexyliminopropionsäure $C_9H_{15}O_2N$. Aus Äthylidencyclohexylamin und Brenztraubensäure. Erst ausfallendes Öl mit absolutem Äther waschen, Äther im Vakuum entfernen. Gelb, amorph, äußerst wasserempfindlich, an der Luft schnell in braunes Harz übergehend[7].

Nitriloessig-α, α'-dipropionsäure $C_8H_{13}O_6N$. Aus N-[Cyanmethyl]-α, α'-iminodipropionsäureäthylester mit siedender alkoholischer NaOH. Isolierung durch Veresterung mit Alkohol + HCl, dann Verseifung des Esters mit siedender konzentrierter HCl. Krystalle aus Wasser. Schmelzp. 232° (korr.)[6].

Kupfersalz $C_{16}H_{20}O_{12}N_2Cu_3$. Durch Kochen mit $Cu(OH)_2$ und Fällen mit Alkohol[6].

Serin.

2-Amino-propanol-(3)-säure, β-Oxy-α-amino-äthan-α-carbonsäure, β-Oxy-α-amino-propionsäure, α-Amino-hydracrylsäure.

Vorkommen des l-Serins: In dem von den Spermien getrennten Filtrat frischer Heringstestikel ließ sich nach H. Steudel und K. Suzuki[8] kein Serin nachweisen.

Im Luzernensaft ließ sich von H. B. Vickery[9] Serin nachweisen, das durch die Bildung des d-Naphthylhydantoinsäurederivates identifiziert wurde.

Aus 50 l Diazoharn von Lungentuberkulosen ließen sich nach Y. Komori[10] 0,4 g Serin isolieren.

---

[1] H. Dakin: J. of biol. Chem. **67**, 341—350 — Chem. Zbl. **1926 II**, 1064.
[2] P. Karrer: Helvet. chim. Acta **5**, 469—489 — Chem. Zbl. **1922 III**, 766.
[3] J. von Braun, W. Leistner, W. Münch u. E. Metz: Ber. dtsch. chem. Ges. **59**, 1950 bis 1958 — Chem. Zbl. **1926 II**, 2589.
[4] A. McKenzie u. G. O. Wills: J. chem. Soc. Lond. **127**, 283—295 — Chem. Zbl. **1925 I**, 1595.
[5] C. Sannié: Bull. Soc. chim. France [4] **39**, 254—273 — Chem. Zbl. **1926 I**, 3314 — Bull. Soc. chim. France [4] **39**, 274—278 — Chem. Zbl. **1926 I**, 3315.
[6] H. Scheibler u. H. Neef: Ber. dtsch. chem. Ges. **59**, 1500—1511 — Chem. Zbl. **1926 II**, 1530.
[7] A. Skita u. C. Wulff: Liebigs Ann. **453**, 190—210 — Chem. Zbl. **1927 I**, 2821.
[8] H. Steudel u. K. Suzuki: Hoppe-Seylers Z. **127**, 1—13 — Chem. Zbl. **1923 III**, 259.
[9] H. B. Vickery: J. of biol. Chem. **65**, 657—664 (1925) — Chem. Zbl. **1926 I**, 1422.
[10] Y. Komori: J. of Biochem. **6**, 297—305 — Chem. Zbl. **1926 II**, 2191.

Über das wahrscheinliche Vorkommen von Serin im Filtrat der Phosphorwolframsäurefällung des in Äther-Alkohol unlöslichen, aber in Wasser löslichen Anteils von Ovarien berichten F. W. Heyl und M. C. Hart[1].

Bildung des l-Serins: Die Hydrolyse von Rinderaugenlinsen ergab nach A. Jess[2] für die 3 charakteristischen Proteine der Linse: α-Krystallin, β-Krystallin und Albumoid die Anwesenheit des Serins.

Aus den Hydrolysenprodukten der Muskelproteine des Walfisches und des Dorsches wurden von Y. Okuda, T. Okimoto und T. Yada[3] 0,49 und 0,51% Serin (auf asche- und wasserfreies Eiweiß berechnet) isoliert, während der Seringehalt der Muskelproteine der Molluske Loligo breekeri und der Crustaceen Palinurus japonicus und Paralithodes camtschatika nach Y. Okuda, S. Uematsu, K. Sakata und K. Fujikawa[4] fraglich ist.

In dem aus der Eisackflüssigkeit des Laiches von Hemifusus tuba Gmel isolierten Vitellin ließ sich nach Y. Komori[5] kein Serin nachweisen.

Über den Seringehalt hydrolysierter Muskeln von Pagrus major berichten Y. Okuda und K. Ōyama[6].

Die Trennung der Aminosäuren von hydrolysierter Fischgelatine mittels Estermethode ergab nach Y. Okuda[7] nur einen sehr geringen Seringehalt.

Der Seringehalt der Psoriasisschuppen (auf wasserfreie Schuppen berechnet) betrug nach E. Abderhalden und B. Zorn[8] 0,78%.

Von D. B. Jones und C. O. Johns[9] konnten unter den Spaltungsprodukten des Milchalbumins 1,76% Serin isoliert werden.

Unter den hydrolytischen Spaltprodukten des Zeins konnte von H. D. Dakin[10] kein Serin nachgewiesen werden.

Über den Seringehalt der Hydrolysenprodukte gereinigten Ricins berichten P. Karrer, A. P. Smirnoff, H. Ehrensperger, J. van Slooten und M. Keller[11].

Durch Hydrolyse von Seidenfibroin nach der üblichen Methode wurden — auf aschefreie Substanz bezogen — nach E. Abderhalden[12] 1,8% l-Serin isoliert.

Über den l-Seringehalt von Ovotyrin α, $β_1$ und $β_2$ berichten Swigel und T. Posternak[13]. Es werden beträchtliche Mengen l-Serin gebildet. Der Seringehalt eines Mols von Ovotyrin $β_1$ beträgt 7,9 Mol. l-Serin gibt, aus Wasser umkrystallisiert, hexagonale Tafeln, die 1 Mol Krystallwasser enthalten, $[α]_D^{22} = -6,67°$. Entstandenes NH_3 führen die Verfasser auf Desaminierung von l-Serin zu NH_3 und Brenztraubensäure zurück.

Über die Bildung von Serin und serinhaltigen Polypeptiden aus den P-haltigen Polypeptiden des Caseins, die durch tryptische Spaltung gewonnen waren, berichtet S. Posternak[14].

Im Hydrolysat des Phosphorpeptons aus Casein wurde von Cl. Rimington[15] Serin nachgewiesen.

Ein aus Wolle durch Na_2S-Behandlung gewonnenes, saures Abbauprodukt ergab nach W. Küster, W. Kumpf und W. Köppel[16] im Hydrolysat (mit Wasser im Autoklaven

---

[1] F. W. Heyl u. M. C. Hart: J. of biol. Chem. **75**, 407—415 (1927) — Chem. Zbl. **1928 I**, 2511.

[2] A. Jess: Hoppe-Seylers Z. **110**, 266—276 (1920) — Chem. Zbl. **1921 I**, 99.

[3] Y. Okuda, T. Okimoto u. T. Yada: J. Coll. Agric. Tokyo **7**, 29—37 (1919) — Chem. Zbl. **1925 I**, 1091.

[4] Y. Okuda, S. Uematsu, K. Sakata u. K. Fujikawa: J. Coll. Agric. Tokyo **7**, 39—54 (1919) — Chem. Zbl. **1925 I**, 1091.

[5] Y. Komori: J. of Biochem. **6**, 129—138 — Chem. Zbl. **1926 II**, 1758.

[6] Y. Okuda u. K. Ōyama: J. Coll. Agric. Tokyo **5**, 365—372 (1916) — Chem. Zbl. **1925 I**, 1219.

[7] Y. Okuda: J. Coll. Agric. Tokyo **5**, 355—363 (1916) — Chem. Zbl. **1925 I**, 1218.

[8] E. Abderhalden u. B. Zorn: Hoppe-Seylers Z. **120**, 214—219 — Chem. Zbl. **1922 III**, 928.

[9] D. B. Jones u. C. O. Johns: J. of biol. Chem. **48**, 347—360 — Chem. Zbl. **1922 I**, 141.

[10] H. D. Dakin: Hoppe-Seylers Z. **130**, 159—168 (1923) — Chem. Zbl. **1924 I**, 206.

[11] P. Karrer, A. P. Smirnoff, H. Ehrensperger, J. van Slooten u. M. Keller: Hoppe-Seylers Z. **135**, 129—166 — Chem. Zbl. **1924 II**, 348.

[12] E. Abderhalden: Hoppe-Seylers Z. **120**, 207—213 — Chem. Zbl. **1922 III**, 928.

[13] Swigel u. T. Posternak: C. r. Acad. Sci. Paris **185**, 615—617 (1927) — Chem. Zbl. **1928 I**, 211.

[14] S. Posternak: C. r. Acad. Sci. Paris **184**, 306—307 — Chem. Zbl. **1927 I**, 2323 — C. r. Acad. Sci. Paris **186**, 1762—1765 — Chem. Zbl. **1928 II**, 2154.

[15] Cl. Rimington: Biochemic. J. **21**, 1187—1193 (1927) — Chem. Zbl. **1928 I**, 705.

[16] W. Küster, W. Kumpf u. W. Köppel: Hoppe-Seylers Z. **171**, 114—155 (1927) — Chem. Zbl. **1928 I**, 439.

bei 150° hydrolysiert) ein Gemisch von Aminosäuren und Diketopiperazinen, unter denen sich kein Serin nachweisen ließ.

Bildung von d, l-Serin: Bei der verlängerten Hydrolyse reinsten Caseins durch Pankreatin wurde von S. Fränkel, H. Gallia, A. Liebster und S. Rosen[1] d, l-Serin erhalten, das durch den Schmelzp. 204° und das β-Naphthalinsulfoderivat charakterisiert wurde.

Bestimmung und Nachweis: R. A. Gortner und W. M. Sandstrom[2] untersuchten die van Slykesche Methode dahin, welchen Einfluß Kochen mit Säure, die Gegenwart von Prolin oder Tryptophan bei Aminosäuregemischen (Serin mit anderen Aminosäuren) auf die erhaltenen Werte ausübt.

Biochemische Eigenschaften: Nach E. Abderhalden[3] entwickeln sich die Larven des Kabinettkäfers (Anthremus muscorum) auf Seidenkokons und bauen aus deren Bestandteilen — hauptsächlich Glykokoll, Alanin, Tyrosin und Serin neben wenig Leucin, Phenylalanin, Prolin, Arginin, Lysin und Histidin — sämtliche Körpersubstanzen auf.

Versuche von B. Harrow, F. W. Power und C. P. Sherwin[4] ergaben, daß die Kuppelung des Acetaldehyd-Essigsäurekomplexes mit p-Aminobenzoesäure im 24-Stundenharn nach Beigabe von Serin um 49% gesteigert wurde.

Biochemische Eigenschaften des d, l-Serins: Nach G. Schmidt[5] wird d, l-Serin nicht durch die Adenylsäuredesaminase aus Muskelbrei desaminiert.

Physikalische Eigenschaften: Nach G. L. Keenan[6] wurden Krystallform und die optischen Eigenschaften von Serin nach der Immersionsmethode festgestellt. Als Immersionsflüssigkeiten wurden Gemische von Squibbs Mineralöl $n = 1,49$; Monochlornaphthalin $n = 1,64$; Monobromnaphthalin $n = 1,66$ und Methylenjodid $n = 1,74$ in solchen Verhältnissen angewendet, daß sich jedes Gemisch im „n" vom anderen um 0,005 unterschied.

E. Abderhalden und E. Roßner[7] bestimmten von Serin die Absorptionskurve im Ultraviolett und verglichen sie mit der von Alanin.

P. L. Kirk und C. L. A. Schmidt[8] berechnen für Serin folgende Werte für die scheinbaren sauren und basischen Dissoziationskonstanten: K'_a und K'_b und den isoelektrischen Punkt p_J:

K'_a	K'_b	p_J
$7,08 \cdot 10^{-10}$	$1,62 \cdot 10^{-12}$	5,68.

Chemische Eigenschaften: F. Bettzieche[9] erhielt bei 48stündigem Kochen von Serin mit 15proz. H_2SO_4 nur wenig Brenztraubensäure (als Phenylhydrazon), während Versuche zur alkalischen Spaltung in CH_2O und Glykokoll mißlangen. Bei der Einwirkung von HNO_2 auf Serin waren bisher Glycerinsäure und Acetaldehyd als Reaktionsprodukte beobachtet worden. Bettzieche gelang es nachzuweisen, daß mit HNO_2 bei 0° fast kein Acetaldehyd entsteht, wohl aber beim nachfolgenden Erhitzen auf 80°, und zwar zu 7,2% der berechneten Menge.

Serin liefert nach M. Bergmann[10] mit CH_2O ohne Komplikationen eine Triformalverbindung.

Serin gibt nach E. Waser und E. Brauchli[11] beim Erhitzen in sodaalkalischer Lösung mit einer kleinen Menge p-Nitrobenzoylchlorid eine bräunliche Färbung.

Über die genetischen Zusammenhänge von d-Serin (+) mit d-Glycerinsäure (—) und d-Glycerinaldehyd (+), von l-Serin (—) mit l-Milchsäure (+) und l-Alanin (+) berichten A. Wohl und R. Schellenberg[12].

---

[1] S. Fränkel, H. Gallia, A. Liebster u. S. Rosen: Biochem. Z. **145**, 225—241 — Chem. Zbl. **1924 I**, 2607.
[2] R. A. Gortner u. W. M. Sandstrom: J. amer. chem. Soc. **47**, 1663—1671 — Chem. Zbl. **1925 II**, 1482.
[3] E. Abderhalden: Hoppe-Seylers Z. **142**, 189—190 — Chem. Zbl. **1925 I**, 2020.
[4] B. Harrow, F. W. Power u. C. P. Sherwin: Proc. Soc. exper. Biol. a. Med. **24**, 422—424 — Ber. Physiol. **40**, 787 — Chem. Zbl. **1927 II**, 2207.
[5] G. Schmidt: Hoppe-Seylers Z. **179**, 243—282 (1928) — Chem. Zbl. **1929 I**, 1124.
[6] G. L. Keenan: J. of biol. Chem. **62**, 163—171 (1924) — Chem. Zbl. **1925 I**, 617.
[7] E. Abderhalden u. E. Roßner: Hoppe-Seylers Z. **176**, 249—257 (1928) — Chem. Zbl. **1929 I**, 19.
[8] P. L. Kirk u. C. L. A. Schmidt: J. of biol. Chem. **81**, 237—248 — Chem. Zbl. **1929 I**, 2860.
[9] F. Bettzieche: Hoppe-Seylers Z. **150**, 177—190 (1925) — Chem. Zbl. **1926 I**, 1986.
[10] M. Bergmann: Collegium **1923**, 210—214 — Chem. Zbl. **1924 I**, 296.
[11] E. Waser u. E. Brauchli: Helvet. chim. Acta **7**, 740—758 — Chem. Zbl. **1924 II**, 947.
[12] A. Wohl u. R. Schellenberg: Ber. dtsch. chem. Ges. **55**, 1404—1408 — Chem. Zbl. **1922 III**, 343.

Aus d-Serin konnte von P. Karrer[1] über die d-Aminochlorpropionsäure die l-Diaminopropionsäure erhalten werden, wodurch bewiesen ist, daß diese Verbindungen die gleiche Konfiguration besitzen.

Nach E. Schmidt und K. Braunsdorf[2] ist Serin ClO_2 gegenüber sehr beständig. Wird Serin einige Minuten mit Acetanhydrid erwärmt, dann mit verdünnter Phosphorsäure unter Erwärmung zerlegt, so kann nach M. Bergmann und D. Delis[3] die gebildete Brenztraubensäure im Wasserdampfdestillat nachgewiesen werden. Die Reaktion selbst verläuft nach Annahme der Verfasser über Bildung des N-Acetylderivates, unter Abspaltung von Wasser zu der des Azlactones bzw. ungesättigten Azlactones und unter dessen hydrolytischer Spaltung zur Bildung der Brenztraubensäure und des NH_3.

Serin gibt nach H. D. Dakin und R. West[4] bei der Behandlung mit Pyridin und Essigsäureanhydrid eine geringe Menge eines Acetylaminoketonderivates (nur qualitativ nachgewiesen).

Während freies Serin bei Säurebehandlung nur 8% seines N als NH_3 abspaltet, gibt es nach Swigel und T. Posternak[5], in Serinphosphorsäureketten gebunden und mit siedender n-NaOH behandelt, in kurzer Zeit bis zu 75% seines N ab.

Derivate des d, l-Serins: Cu-Salz des d, l-Serins $(C_3H_6O_3N)_2Cu$. Bestimmt wurde die spezifische Leitfähigkeit „x" des Cu-Salzes in folgenden wässerigen Lösungen: $1/50$, $1/100$, $1/200$, $1/400$, $1/800$ und $1/1600$ n. — E. Abderhalden und E. Schnitzler[6].

N-Benzoyl-d, l-serinmethylester $C_{11}H_{13}O_4N$. Kochp.$_1$ 210° (Badtemperatur) teilweise zersetzt[7].

O-Benzoylserin $C_{10}H_{11}O_4N$. Entsteht aus 2-Phenyloxazolin-4-carbonsäure auch schon beim Stehen der wässerigen Lösung. Nadeln aus Wasser, Bräunung von 148° an, Zersetzung bei 149—150°, ziemlich leicht löslich in warmem Wasser und Alkohol, nicht merklich löslich in Äther, Petroläther, Essigester. Reagiert nicht mit Diazomethan in Äther. Bildet beständige Salze, auch mit Pikrinsäure, enthält also eine basische Gruppe. Ist im Gegensatz zu anderen O-Acylverbindungen von O-Aminoalkoholen, die sehr leicht in N-Acylverbindungen umgelagert werden, recht beständig. Wird die Carboxylgruppe durch eine Base abgesättigt, so erfolgt die Umlagerung in die N-Acylverbindung ohne besondere Schwierigkeiten[7].

Chlorhydrat $C_{10}H_{11}O_4N$, HCl. Mikroskopische Prismen. Schmelzp. 185—186° (unter Schäumen und Dunkelfärbung) (unkorr.), leicht löslich in kaltem Wasser[7].

Pikrat $C_{16}H_{14}O_{11}N_4$. Nadeln aus wässerigem Methylalkohol oder Prismen aus Wasser. Schmelzp. 168—169° (unkorr.)[7].

o-Oxybenzyliden-d, l-serinchinin $C_{30}H_{35}O_6N_3$. Aus 1 Mol Aldehyd + 1 Mol Serin + 1 Mol Chinin. Citronengelbe Nadeln mit 3 Mol H_2O. Löslich in Alkohol, Chloroform, Essigester, wenig löslich in Wasser, Äther und Petroläther[8].

o-Oxybenzyliden-d, l-serincinchonidin $C_{29}H_{33}O_5N_3$. Hellgelb[8].

o-Oxybenzylidenserinbrucin $C_{33}H_{37}O_8N_3$. Gelbe Nadeln oder Prismen, löslich in viel Wasser, Alkohol, Chloroform, Essigester. Schmelzp. 140° (zersetzt). Das Salz enthält neben d, l- etwas d-Serin[8].

Serinesterformaldehyd $C_9H_{17}O_5N$. Nicht sehr dicke Flüssigkeit. Kochp.$_{0,7}$ 76—78°[9].

α-Methylserin, α-Amino-α-methyl-β-oxypropionsäure $C_4H_9O_3N$. Aus Acetylcarbinolacetat (aus K-Acetat und Chloraceton nach Perkin[10]) oder dem daraus durch Verseifung entstehenden Acetol bei der Einwirkung von KCN und NH_4Cl. Schmelzp. 243° (zersetzt), durchsichtige Täfelchen, löslich in Wasser, unlöslich in Alkohol[11].

Cu-Salz $C_8H_{16}O_6N_2Cu \cdot 2 H_2O$. Blaue, in Wasser leicht lösliche Nädelchen[11].

---

[1] P. Karrer: Helvet. chim. Acta **6**, 957—959 (1923) — Chem. Zbl. **1924 I**, 751.

[2] E. Schmidt u. K. Braunsdorf: Ber. dtsch. chem. Ges. **55**, 1529—1534 — Chem. Zbl. **1922 III**, 520.

[3] M. Bergmann u. D. Delis: Liebigs Ann. **458**, 76—92 — Chem. Zbl. **1927 II**, 2761.

[4] H. D. Dakin u. R. West: J. of biol. Chem. **78**, 745—756 — Chem. Zbl. **1928 II**, 2115.

[5] Swigel u. T. Posternak: C. r. Acad. Sci. Paris **187**, 313—316 — Chem. Zbl. **1928 II**, 1335.

[6] E. Abderhalden u. E. Schnitzler: Hoppe-Seylers Z. **163**, 94—119 — Chem. Zbl. **1927 I**, 2068.

[7] M. Bergmann u. A. Miekeley: Hoppe-Seylers Z. **140**, 128—145 — Chem. Zbl. **1924 II**, 2744.

[8] M. Bergmann u. L. Zervas: Hoppe-Seylers Z. **152**, 282—299 — Chem. Zbl. **1926 I**, 3060.

[9] M. Bergmann, M. Jacobsohn u. H. Schotte: Hoppe-Seylers Z. **131**, 18—28 (1923) — Chem. Zbl. **1924 I**, 669.

[10] Perkin: J. chem. Soc. Lond. **59**, 786.

[11] N. D. Zelinsky u. E. F. Deugin: Ber. dtsch. chem. Ges. **55**, 3354—3361 (1922) — Chem. Zbl. **1923 I**, 48.

β, β-**Dimethylserin** $C_5H_{11}O_3N$. 1,5 g der β-Methoxy-α-aminoisovaleriansäure werden unter Rückfluß mit 10 ccm HBr (D. = 1,47) gekocht. Aus Wasser durch Alkohol gefällt. Schmelzp. 218° (Braunfärbung und Gasentwicklung). Von süßem Geschmack, leicht löslich in Wasser, unlöslich in Äther, Benzol und Essigester[1].

Phenylisocyanatverbindung $C_{12}H_{16}O_4N_2$. Schmelzp. 162°. Leicht löslich in Alkohol, Äther und Essigester, löslich in Wasser[1].

β-**Naphthalinsulfoverbindung** $C_{15}H_{17}O_5NS$. Aus Alkohol weiße Nadeln. Schmelzp. 261°[1].

O-Methyl-β, β**-dimethylserin** $C_6H_{13}O_3N$. β-Methoxy-α-bromisovaleriansäure mit NH_4OH (25proz.) im Rohr auf 100° erhitzt. Aus verdünntem Alkohol glänzende Platten, sintern zwischen 250—260° unter Braunfärbung und Gasentwicklung. Leicht löslich in Wasser, unlöslich in Chloroform, Äther, Alkohol und Essigester[1].

α-Amino-n-buttersäure.

2-Amino-butansäure-(1), α-Amino-propansäure-α-carbonsäure.

Vorkommen der d-α**-Amino-n-buttersäure:** S. Oikawa[2] isolierte aus der Sclera des Walfischauges d-α-Aminobuttersäure. Schmelzp. 301° (geschlossene Capillare), sublimierbare büschelförmig angeordnete, langgestreckte Blättchen, löslich in Wasser und Methylalkohol, wenig löslich in Alkohol und Äther, $[\alpha]_D$ in Wasser $+ 8,05°$, in 20proz. HCl $+ 14,1°$.

Synthese: Die Darstellung der α-Aminobuttersäure nach der Methode von Curtius und Sieber aus Glutarsäureglycinester über die Hydrazid- und Azidverbindungen ergibt nur 16% Ausbeute. Th. Curtius und W. Hechtenberg[3] halten diese Synthese praktisch für unverwertbar.

α-Aminobuttersäure ließ sich nach F. Knoop und H. Oesterlin[4] in 58proz. Ausbeute aus α-Ketobuttersäure in alkoholischer NH_3-Lösung und in 56proz. Ausbeute in wässeriger NH_3-Lösung durch katalytische Hydrierung darstellen.

Biochemische Eigenschaften der d, l-Aminobuttersäure: Nach J. Nissen[5] gibt α-Aminobuttersäure einen Extrazuckerwert von 12.

W. J. Husa[6] untersuchte den Einfluß eines Zusatzes von d, l-α-Amino-n-buttersäure auf die Aktivität von Urease, die gegenüber dem Kontrollverbrauch um etwa 22% gesteigert war.

Physikalische Eigenschaften: H. Ley und B. Arends[7] bestimmten die Absorptionsspektren von α-Amino-n-buttersäure und α-Amino-iso-buttersäure, die nahezu übereinstimmend waren. — Die Ergebnisse wurden von E. Abderhalden und E. Roßner[8] bestätigt.

P. Hirsch und R. Kunze[9] untersuchten die d, l-α-Aminobuttersäure interferometrisch.

H. Eckweiler, H. M. Noyes und K. G. Falk[10] bestimmten elektrometrisch den H-Ionengehalt von Lösungen von α-Aminobuttersäure bei Zusatz wachsender Mengen von verdünnter HCl und NaOH.

Chemische Eigenschaften: α-Aminobuttersäure gibt nach E. Waser und E. Brauchli[11] beim Kochen in sodaalkalischer Lösung mit einer kleinen Menge p-Nitrobenzoylchlorid eine dunkelweinrote bis violettblaue Färbung. Die Gegenwart von Na-Sulfit, Na-Hyposulfit und Na-Sulfid verhindert die Reaktion, während Sulfat, Thiosulfat und kolloidaler S ohne Einfluß auf die Reaktion sind. Die o- und m-Verbindungen, Benzoylchlorid, p-Nitrobenzoesäure, p-Nitrophenol und p-Nitrobenzaldehyd zeigen diese Reaktion nicht. Außerdem bleibt die Färbung bei Gegenwart von Na-Acetat oder Chinolin aus, sie zeigt sich aber sonst bei jeder alkalischen Substanz (auch Pyridin).

---

[1] W. Schrauth u. H. Geller: Ber. dtsch. chem. Ges. **55**, 2783—2796 (1922) — Chem. Zbl. **1923 I**, 305.

[2] S. Oikawa: Jap. J. med. Sci., Trans. Biochem. **1**, 61—67 (1925) — Chem. Zbl. **1926 I**, 148.

[3] Th. Curtius u. W. Hechtenberg: J. prakt. Chem. **105**, 319—326 — Chem. Zbl. **1923 III**, 856.

[4] F. Knoop u. H. Oesterlin: Hoppe-Seylers Z. **148**, 294—315 (1925) — Chem. Zbl. **1926 I**, 1157.

[5] J. Nissen: Beitr. Physiol. **2**, 87—88 — Chem. Zbl. **1923 III**, 84.

[6] W. J. Husa: J. amer. chem. Soc. **48**, 3199—3201 (1926) — Chem. Zbl. **1927 I**, 1028.

[7] H. Ley u. B. Arends: Ber. dtsch. chem. Ges. **61**, 212—222 — Chem. Zbl. **1928 I**, 1263.

[8] E. Abderhalden u. E. Roßner: Hoppe-Seylers Z. **176**, 249—257 (1928) — Chem. Zbl. **1929 I**, 19.

[9] P. Hirsch u. R. Kunze: Fermentforschg **6**, 30—55 — Chem. Zbl. **1922 III**, 557.

[10] H. Eckweiler, H. M. Noyes u. K. G. Falk: J. gen. Physiol. **3**, 291—300 (1921) — Chem. Zbl. **1921 I**, 614.

[11] E. Waser u. E. Brauchli: Helvet. chim. Acta **7**, 740—758 — Chem. Zbl. **1924 II**, 947.

Derivate der d-Amino-n-buttersäure: d-α-Benzoylamino-n-buttersäure wird nach I. A. Smorodinzew[1] im Gegensatz zur l-Verbindung durch Histozyme (aus Kalb-, Ochsen- und Pferdeniere) gespalten.

d-N-Acetyl-γ-phenylaminobuttersäure wird vom Organismus ausgeschieden, gleichgültig, ob d, l-Phenylaminobuttersäure oder Phenylketobuttersäure verfüttert wurde, so daß nach diesem Befund anzunehmen ist, daß sich in jedem Falle zunächst die Ketosäure bildet, die unter Anlagerung von NH_3 acetyliert wird. Die Annahme, daß zunächst beide Verbindungen der d, l-Aminosäure gleichzeitig acetyliert werden und dann die l-Verbindung leichter quantitativ verbrannt wird, ist nicht möglich, da im Gegenteil die d-Form rascher verbrannt wird. Andererseits erscheint bei Verfütterung der freien l-Phenylaminobuttersäure diese im Harn. Der Grad der optischen Reinheit hängt von der verfütterten Menge ab. Bei größeren Gaben bleibt stets auch ein Teil der d-Form unverbrannt. Neben dem Acetylprodukt fand sich im Harn stets Oxy- und Ketosäure[2].

Derivate der l-α-Aminobuttersäure: l-α-Benzoylamino-n-buttersäure. Nach I. A. Smorodinzew[3] wird l-α-Benzoylaminobuttersäure durch Histozyme (aus Kalb-, Ochsen- und Pferdeniere) nicht gespalten.

l-γ-Phenyl-N-acetylaminobuttersäure. Schmelzp. 178°[4].

Derivate der d, l-α-Aminobuttersäure: Cu-Salz der α-Amino-n-buttersäure ($CH_3 \cdot CH_2 \cdot CH \cdot NH_2 \cdot COO)_2 \cdot Cu$. Bestimmt wurde von E. Abderhalden und E. Schnitzler[5] die spezifische Leitfähigkeit „x" des Cu-Salzes in folgenden wässerigen Lösungen: $1/50$, $1/100$, $1/200$, $1/400$, $1/800$ und $1/1600$ n.

Benzoyl-α-aminobuttersäure wurde nach W. H. Griffith und P. B. Cappel[6] nicht im Dickdarm des Kaninchens (Histozyme gewisser Darmmikroorganismen) gespalten. Im Harn konnten nach Verfütterung der Verbindung wohl Benzoylalanin, aber nicht Hippursäure isoliert werden.

α-Methylaminobuttersäure $C_5H_{11}O_2N$ ließ sich in 62proz. Ausbeute aus α-Ketobuttersäure und alkoholischer Methylaminlösung durch katalytische Hydrierung gewinnen. Aus Alkohol, gibt bei 110° Krystallwasser ab und sublimiert bei 280°[7].

γ-Phenyl-α-aminobuttersäure entsteht nach F. Knoop und H. Oesterlin[8] aus Phenyloxobuttersäure mit 2 Mol NH_4OH bei der katalytischen Hydrierung in einer Ausbeute von 62%. — F. Knoop[9] berichtet über das Auftreten von acetylierter γ-Phenyl-α-aminobuttersäure im Harn nach Verfütterung der acetylfreien Säure. Durch Zugabe von Buttersäure und besonders von Brenztraubensäure, aber nicht von Essigsäure zum Futter wurde die Ausscheidung der Acetylverbindung gesteigert.

d, l-γ-Phenyl-N-acetylaminobuttersäure. Zur Acetylierung kocht man mit einer zur Lösung nicht genügenden Menge Eisessig und versetzt mit 1,1 Mol Essigsäureanhydrid. Nach Konzentration und Zugabe von Toluol krystallisiert das Acetylprodukt quantitativ aus. Schmelzp. 149°[4].

γ-Phenyl-N-methylaminobuttersäure $C_{11}H_{15}O_2N$. Aus γ-Phenyl-α-brombuttersäure und Methylamin oder durch Methylierung von Toluolsulfophenylaminobuttersäure (aus verdünntem Alkohol, Schmelzp. 124—125°). Sublimiert bei 282°, wenig löslich in heißem Wasser. Die Buttersäure, an Hunde verfüttert, wurde im Gegensatz zur nicht methylierten Verbindung nicht acetyliert, sondern zum Teil unverändert, zum Teil als Phenyloxybuttersäure ausgeschieden[8].

HCl-Salz. Schmelzp. 190°[8].

Toluolsulfoderivat. Aus Benzol-Petroläther. Schmelzp. 115—116°[8].

Acetylderivat $C_{13}H_{17}O_3N$. Mit Acetanhydrid in siedendem Eisessig, nach Zusatz von Toluol bei 0° halten. Aus Wasser. Schmelzp. 137—138°. Wird, an Hunde verfüttert, zu 70% unverändert zurückgewonnen[8].

---

[1] I. A. Smorodinzew: Hoppe-Seylers Z. **124**, 123—139 (1923) — Chem. Zbl. **1923 I**, 976.
[2] F. Knoop u. J. G. Blanco: Hoppe-Seylers Z. **146**, 267—275 — Chem. Zbl. **1925 II**, 2174.
[3] I. A. Smorodinzew: Hoppe-Seylers Z. **124**, 123—139 (1923) — Chem. Zbl. **1923 I**, 976.
[4] F. Knoop u. J. G. Blanco: Hoppe-Seylers Z. **146**, 267—275 — Chem. Zbl. **1925 II**, 2174.
[5] E. Abderhalden u. E. Schnitzler: Hoppe-Seylers Z. **163**, 94—119 — Chem. Zbl. **1927 I**, 2068.
[6] W. H. Griffith u. P. B. Cappel: J. of biol. Chem. **66**, 683—690 (1925) — Chem. Zbl. **1926 I**, 2597.
[7] F. Knoop u. H. Oesterlin: Hoppe-Seylers Z. **148**, 294—315 (1925) — Chem. Zbl. **1926 I**, 1157.
[8] F. Knoop u. H. Oesterlin: Hoppe-Seylers Z. **170**, 186—211 (1927) — Chem. Zbl. **1928 I**, 40.
[9] F. Knoop: Biochem. Z. **127**, 200—209 (1922) — Chem. Zbl. **1922 I**, 886.

γ-Phenyl-N-dimethylaminobuttersäure $C_{12}H_{17}O_2N$. Aus Phenylbrombuttersäure und Dimethylamin über das sehr wenig lösliche Cu-Salz. Aus Alkohol-Äther, Zersetzung bei 178 bis 180°. Leicht löslich in Wasser, Alkohol[1].

Valin.

3-Amino-2-methyl-butansäure-(4), α-Amino-β-methyl-propan-α-carbonsäure, α-Amino-isovaleriansäure.

Vorkommen: Im Acetonextrakt des Corpus luteum war nach M. C. Hart und F. W. Heyl[2] ein Gemisch folgender Aminosäuren: Leucin, Isoleucin und wahrscheinlich Valin vorhanden.

In dem von den Spermien getrennten Filtrat frischer Heringstestikel ließ sich nach H. Steudel und K. Suzuki[3] kein Valin nachweisen.

Im Harn gravider Frauen konnte nach M. Honda[4] neben anderen Aminosäuren Valin isoliert werden, während dessen Vorhandensein in einem anderen Falle zweifelhaft war[5].

Aus 50 l Diazoharn bei Typhus abdominalis wurden von Y. Sendju[6] 0,36 g Valin isoliert.

Von T. Ikada[7] wurde im Glaskörper der Rinderaugen Valin (?) gefunden.

Aus dem Harz des Kautschuks von Hevea brasiliensis ließen sich durch Acetonextraktion von G. Stafford, Whitby, J. Dolid und F. H. Yorston[8] 0,015% d-Valin — auf Kautschuk berechnet — isolieren. Schmelzp. etwa 260° (Zers.) und $[\alpha]_D^{16} = +26,5°$ (in 20 proz. HCl).

Über das Vorkommen von Valin im wässerigen Teil des Acetonextraktes von gereiftem Kautschuk (Slabs) berichten G. Bruni und T. G. Levi[9].

Im Luzernesaft ließ sich von H. B. Vickery[10] Valin nachweisen.

Nach H. Lüers und G. Nowak[11] fehlt dem Zymocasein im Gegensatz zum Casein das Valin.

Nach E. Winterstein und O. Huppert[12] findet sich unter den Spaltprodukten sowohl des Fett- wie des Magerkäses Valin.

Bildung: Die Hydrolyse von Rinderaugenlinsen ergab nach A. Jess[13] für die 3 charakteristischen Proteine der Linse folgendes: α-Krystallin 0,9; β-Krystallin 2,1 und Albumoid 0,2% Valin (auf asche- und wasserfreie Eiweißsubstanz berechnet).

Nach Y. Higikato[14] wurde bei der Hydrolyse von Rinderaugenlinsen 1% Valin isoliert.

Aus dem aus Heringseiern gewonnenen Ichthulin ließen sich nach K. Iguchi[15] 2,33% Valin isolieren — auf Gesamt-N berechnet.

In dem aus der Eisackflüssigkeit des Laiches von Hemifusus tuba Gmel isolierten Vitellin ließen sich von Y. Komori[16] 0,27% Valin isolieren.

S. Osato[17] fand im Hydrolysat von 28,7 g getrockneter Heringseierschalen 1,1 g Valin.

Aus den hydrolytischen Spaltprodukten der Muskelproteine des Walfisches und des Dorsches wurden nach Y. Okuda, T. Okimoto und T. Yada[18] 6,25 und 3,88% Valin isoliert

---

[1] F. Knoop u. H. Oesterlin: Hoppe-Seylers Z. **170**, 186—211 (1927) — Chem. Zbl. **1928 I**, 40.
[2] M. C. Hart u. F. W. Heyl: J. amer. pharmaceut. Assoc. **14**, 770—773 (1925) — Chem. Zbl. **1926 II**, 52 — J. of biol. Chem. **66**, 639—651 (1925) — Chem. Zbl. **1926 II**, 52.
[3] H. Steudel u. K. Suzuki: Hoppe-Seylers Z. **127**, 1—13 (1923) — Chem. Zbl. **1923 III**, 259.
[4] M. Honda: J. of Biochem. **2**, 351—359 (1923) — Ber. Physiol. **20**, 464 (1923) — Chem. Zbl. **1924 I**, 1223.
[5] M. Honda: Acta Scholae med. Kioto **6**, 405—413 (1924) — Ber. Physiol. **32**, 598 (1925) — Chem. Zbl. **1926 I**, 2486.
[6] Y. Sendju: J. of Biochem. **7**, 311—317 — Chem. Zbl. **1927 II**, 2078.
[7] T. Ikada: Il. of orient. med. **2**, 135—141 (1924) — Ber. Physiol. **31**, 925 (1925) — Chem. Zbl. **1926 I**, 1830.
[8] G. Stafford, Whitby, J. Dolid u. F. H. Yorston: J. chem. Soc. Lond. **1926**, 1448—1457 — Chem. Zbl. **1926 II**, 1864.
[9] G. Bruni u. T. G. Levi: Giorn. Chim. ind. appl. **9**, 161—164 — Chem. Zbl. **1927 II**, 513.
[10] H. B. Vickery: J. of biol. Chem. **65**, 657—664 (1925) — Chem. Zbl. **1926 I**, 1422.
[11] H. Lüers u. G. Nowak: Biochem. Z. **154**, 310—320 (1924) — Chem. Zbl. **1925 I**, 1330.
[12] E. Winterstein u. O. Huppert: Biochem. Z. **141**, 193—221 (1923) — Chem. Zbl. **1924 I**, 112.
[13] A. Jess: Hoppe-Seylers Z. **110**, 266—276 (1920) — Chem. Zbl. **1921 I**, 99.
[14] Y. Higikato: J. of biol. Chem. **51**, 155—164 (1922) — Chem. Zbl. **1922 I**, 1415.
[15] K. Iguchi: Hoppe-Seylers Z. **135**, 188—198 (1924) — Chem. Zbl. **1924 II**, 485.
[16] Y. Komori: J. of Biochem. **6**, 129—138 — Chem. Zbl. **1926 I**, 1758.
[17] S. Osato: Hoppe-Seylers Z. **131**, 151—158 (1923) — Chem. Zbl. **1924 I**, 566.
[18] Y. Okuda, T. Okimoto u. T. Yada: J. Coll. Agric. Tokyo **7**, 29—37 (1919) — Chem. Zbl. **1925 I**, 1091.

und aus den Muskelproteinen der Molluske Loligo breekeri und der Crustaceen Palinurus japonicus und Paralithodes camtschatika nach Y. Okuda, S. Uematsu, K. Sakata und K. Fujikawa[1] 1,5%, (wahrscheinlich vorhanden) und 2,79% Valin isoliert — auf asche- und wasserfreies Eiweiß berechnet.

Im Hydrolysat der Octopusmuskeln wurde von K. Morizawa[2] d-Valin nachgewiesen.

Im Hydrolysat menschlicher Epidermis ließ sich nach Y. Jono[3] mit Sicherheit Valin nachweisen.

Der Valingehalt der Psoriasisschuppen betrug nach E. Abderhalden und B. Zorn[4] (auf wasserfreie Schuppen berechnet) 3,25%.

Im Hydrolysat des aus dem Schlangenhemd (Pythonschlangen) dargestellten Keratins bestimmte S. Oikawa[5] 2% Valin.

Bei der Hydrolyse reinsten Caseins durch Pankreatin wurde nach S. Fränkel und K. Gallia[6] an Aminosäuren neben Tyrosin d, l- und d-Valin erhalten. Das d-Valin hatte die Drehung $[\alpha]_D^{26} = 13,87°$, die beim längeren Kochen der wässerigen Lösung stark zurückging.

Im Caseoglutin von Emmentaler, Tilsiter und Weichkäsesorten findet sich nach W. Grimmer und B. Wagenführ[7] Valin.

Unter den Spaltprodukten des Edestins ließ sich nach Th. B. Osborne, Ch. S. Leavenworth und L. S. Nolan[8] kein Valin nachweisen.

Das aus Buchweizen isolierte Protein enthielt nach T. Ukai und S. Morikawa[9] 3,70% Valin.

Im Gegensatz zu früheren Untersuchungen[10] ließ sich aus reinem Zein von H. D. Dakin[11] etwa 1% Valin isolieren.

Unter den hydrolytischen Spaltprodukten der Sporen von Aspidium filix mas wurde von A. Kiesel[12] Valin nachgewiesen.

Bei der Hydrolyse von Glutelin (aus Hafermehl) wurde von S. B. Schryver und H. W. Buston[13] Valin nachgewiesen.

Unter den hydrolytischen Spaltprodukten von Dearginocasein, das aus Casein durch Einwirkung einer alkalischen Hypochloritlösung dargestellt wurde, konnte S. Sakaguchi[14] Valin nachweisen. Aus den Spaltprodukten des Deguanidocaseins gelang es dem Verfasser[15], das aus Casein durch Alkalibehandlung (n-NaOH) dargestellt war, 4,00% Valin zu isolieren.

Aus gereinigtem Ricin ließen sich nach P. Karrer, A. P. Smirnoff, H. Ehrensperger, J. van Slooten und M. Keller[16] 2% Valin isolieren.

Ein aus Wolle durch Na$_2$S-Behandlung gewonnenes saures Abbauprodukt ergab nach W. Küster, W. Kumpf und W. Köppel[17] im Hydrolysat (mit Wasser im Autoklaven bei 150° hydrolysiert) ein Gemisch von Aminosäuren und Diketopiperazinen, unter den ersteren ließ sich Valin nachweisen.

---

[1] Y. Okuda, S. Uematsu, K. Sakata u. K. Fujikawa: J. Coll. Agric. Tokyo **7**, 39—54 — Chem. Zbl. **1925 I**, 1091.

[2] K. Morizawa: Acta Scholae med. Kioto **9**, 299—302 (1927) — Chem. Zbl. **1928 II**, 2479.

[3] Y. Jono: J. of orient. Med. **5**, 12 — Ber. Physiol. **37**, 769 (1926) — Chem. Zbl. **1927 I**, 1968. — J. of Biochem. **10**, 311—323 — Chem. Zbl. **1929 II**, 1701.

[4] E. Abderhalden u. B. Zorn: Hoppe-Seylers Z. **120**, 214—219 — Chem. Zbl. **1922 III**, 928.

[5] S. Oikawa: J. of Biochem. **5**, 57—61 — Chem. Zbl. **1925 I**, 1537.

[6] S. Fränkel u. K. Gallia: Biochem. Z. **134**, 308—321 (1922) — Chem. Zbl. **1923 III**, 70. — Biochem. Z. **145**, 225—241 (1924) — Chem. Zbl. **1924 I**, 2607.

[7] W. Grimmer u. B. Wagenführ: Milchwirtsch. Forschgn **2**, 193—198 (1925) — Ber. Physiol. **31**, 492 — Chem. Zbl. **1925 II**, 1718.

[8] Th. B. Osborne, Ch. S. Leavenworth u. L. S. Nolan: J. of biol. Chem. **61**, 309—313 — Chem. Zbl. **1924 II**, 2849.

[9] T. Ukai u. S. Morikawa: J. Pharm. Soc. Japan **1925**, Nr 516, 14 — Chem. Zbl. **1925 II**, 192.

[10] H. D. Dakin: Hoppe-Seylers Z. **130**, 159—168 (1923) — Chem. Zbl. **1924 I**, 206.

[11] H. D. Dakin: J. of biol. Chem. **61**, 137—138 — Chem. Zbl. **1924 II**, 2340.

[12] A. Kiesel: Hoppe-Seylers Z. **149**, 231—258 (1925) — Chem. Zbl. **1926 I**, 1215.

[13] S. B. Schryver u. H. W. Buston: Proc. roy. Soc. Lond., Serie B **99**, 476—487 — Chem. Zbl. **1926 II**, 1953.

[14] S. Sakaguchi: J. of Biochem. **5**, 143—157 (1925) — Chem. Zbl. **1926 I**, 1420.

[15] S. Sakaguchi: J. of Biochem. **5**, 159—169 (1925) — Chem. Zbl. **1926 I**, 1420.

[16] P. Karrer, A. P. Smirnoff, H. Ehrensperger, J. van Slooten u. M. Keller: Hoppe-Seylers Z. **135**, 129—166 — Chem. Zbl. **1924 II**, 348.

[17] W. Küster, W. Kumpf u. W. Köppel: Hoppe-Seylers Z. **171**, 114—155 (1927) — Chem. Zbl. **1928 I**, 439.

Über die Bildung des Valins beim Weichen von Fellen und Häuten berichten E. R. Theis und E. L. Mc Millen[1].

Aus Polytamin, einem Aminosäurepräparat, angeblich aus den Puppen des Seidenspinners, wurden durch HCl-Hydrolyse von H. Thoms und F. A. Heynen[2] 1,8% Valin erhalten.

Über die Bildung valinhaltiger Anhydride bei der katalytischen Spaltung von Roßhaaren berichtet W. S. Ssadikow[3].

Darstellung des d, l-Valins: Über eine etwas modifizierte Darstellung von d, l-Valin berichten P. A. Levene und R. E. Steiger[4].

Bestimmung und Nachweis: R. A. Gortner und W. M. Sandstrom[5] untersuchten die van Slykesche Methode der Aminosäurebestimmung dahin, welchen Einfluß verschiedene Bedingungsänderungen (Kochen mit Säuren, Gegenwart von Prolin oder Tryptophan) bei Aminosäuregemischen (Valin mit anderen Aminosäuren) auf die erhaltenen Werte ausübten.

Über eine Trennungsmethode der α-Monoaminosäuren durch Sublimation in sublimierbare und nur teilweise oder gar nicht sublimierende Verbindungen und über ihre mikrochemische Charakterisierung durch Bestimmung von Löslichkeit, Krystallisationsfähigkeit, Fällungsvermögen von Phosphorwolframsäure und Darstellung der Cu-Salze berichtet O. Werner[6]. Valin gehört zur Gruppe der bei Totalkühlung völlig sublimierbaren Aminosäuren.

Biochemische Eigenschaften des d-Valins: M. Cloetta und F. Wünsche[7] untersuchten den Einfluß der α-Aminovaleriansäure auf den Blutdruck des Hundes und die Temperatur des Kaninchens.

Wird die Milz und Pfote mit Lockescher Lösung, in der Valin gelöst ist, durchströmt, so ist nach L. Mélon[8] die Reaktion der Lösung gegen Phenolphthalein ausgesprochen sauer, während die Schilddrüse kaum oder gar nicht auf die Reaktion der Flüssigkeit einwirkt. Der Gehalt an formoltitrierbarem N ist nach der Durchströmung in der Lösung stets gleich oder geringer. Andererseits war jedoch in etwa der Hälfte der Versuche an der Milz die Gesamtmenge an austretendem NH_2-N höher als an zugeführtem, ebenso auch in den Versuchen an der Pfote. Bei weiteren Durchströmungsversuchen vom Bein (Hund und Kaninchen), Uterus (Hund), Darm, Schilddrüse, Niere, Milz, Pankreas und Leber mit Locke-Lösung + Valin, war nach L. Mélon[9] zu beobachten, daß die Lösung mit Ausnahme von Pankreas und Schilddrüse nach der Durchströmung saurer war; der Amino-N war meist erhöht, selten blieb er unverändert oder nahm ab.

Valin in 0,5 proz. Lösung ruft nach L. Brouha[10] in der Hundemilz eine kräftige Vasodilatation hervor, während es an der Schilddrüse nicht so kräftig wirkt. Werden Arteria und Vena cruralis der Pfote mit einer Valinlösung durchströmt, so wird eine deutliche, wenn auch geringere Gefäßerweiterung als an den vorhergenannten Drüsen erhalten.

Nach L. Brouha[11] bestätigen also die Versuche über den Einfluß des Valins auf isolierte Organe die Annahme, daß es sich um eine direkte Wirkung auf die Gefäßmuskulatur handelt.

Bei angiostomierten Hunden zeigte sich nach E. Abderhalden und E. S. London[12], daß sich nach Zufuhr von d, l-Valin in das Blutgefäßsystem in der Lymphe des Ductus thoracicus die in der Natur nicht vorkommende optisch-aktive Komponente nachweisen läßt. Nach Eiweißverdauung ließen sich im Chylus des Ductus thoracicus Aminosäuren nachweisen; wurden d-Valin oder d, l-Valin per os oder durch eine Darmfistel zugeführt, dann waren sie im Inhalt des Ductus nachweisbar. Ein Teil der resorbierten Aminosäuren schlägt also den Lymphweg ein.

---

[1] E. R. Theis u. E. L. Mc Millen: J. amer. leather chem. Assoc. **23**, 372—397 — Chem. Zbl. **1928 II**, 1411.

[2] H. Thoms u. F. A. Heynen: Apoth.-Ztg. **42**, 1078 — Chem. Zbl. **1927 II**, 2768.

[3] W. S. Ssadikow: Biochem. Z. **143**, 504—511 (1923) — Chem. Zbl. **1924 I**, 1397.

[4] P. A. Levene u. R. E. Steiger: J. of biol. Chem. **76**, 299—318 — Chem. Zbl. **1928 II**, 1672.

[5] R. A. Gortner u. W. M. Sandstrom: J. amer. chem. Soc. **47**, 1663—1671 — Chem. Zbl. **1925 II**, 1482.

[6] O. Werner: Mikrochem. **1**, 33—46 (1923) — Chem. Zbl. **1924 I**, 1981.

[7] M. Cloetta u. F. Wünsche: Arch. f. exper. Path. **96**, 307—329 — Chem. Zbl. **1923 III**, 87.

[8] L. Mélon: C. r. Soc. Biol. Paris **90**, 636—637 — Chem. Zbl. **1924 II**, 208.

[9] L. Mélon: Arch. internat. Physiol. **26**, 29—57 — Chem. Zbl. **1927 I**, 3016.

[10] L. Brouha: C. r. Soc. Biol. Paris **90**, 634—636 — Chem. Zbl. **1924 II**, 207.

[11] L. Brouha: Arch. internat. Physiol. **26**, 169—228 — Chem. Zbl. **1926 II**, 1981.

[12] E. Abderhalden u. E. S. London: Pflügers Arch. **212**, 735—740 — Chem. Zbl. **1926 II**, 2454.

Versuche von P. E. Wolf[1] am Mesenterium von Winterfröschen nach Cohnheim und an weißen Mäusen nach intraperitonealer Injektion von 0,25 ccm 1 proz. Lösung mit Valin verursachen bei der Maus, aber nicht beim Frosch eine leichte Entzündung (Vermehrung der polymorphkernigen Leukocyten).

Die vermehrte Wärmeabgabe bei Fröschen nach Aufnahme von Valin entspricht nach E. F. Terroine und C. R. Bonnet[2] stets der Menge des aufgenommenen Amino-N (118 Cal pro 14 mg N).

Valin ist nach D. Rapport und H. H. Beard[3] ohne Einfluß auf die spezifisch-dynamische Wirkung.

E. F. Terroine, S. Trautmann, R. Bonnet und R. Jacquot[4] untersuchten von Sterigmatocystis nigra und Aspergillus oryzae den quantitativen Energiestoffwechsel und stellten fest, daß Valin wie Proteine und andere Aminosäuren, als einziger organischer Nahrungsstoff gegeben, von den Pilzen zu 39% ausgenützt wurde.

Von B. Sure[5,6] wurde der Einfluß eines zugesetzten Gemisches von Alanin, Leucin und Valin zu Arachin (Globulin der Erdnuß) und zu Erbseneiweiß (Vicia sativa) auf das Wachstum von Ratten studiert. Eine Verbesserung in dieser Beziehung wurde bei beiden Proteinen nicht erzielt.

E. Abderhalden, E. Rindtorff und A. Schmitz[7] untersuchen den hemmenden Einfluß von d-Valin auf die Spaltung von Glycyl-d,l-leucin durch Erepsin und vergleichen den Hemmungsgrad mit dem von anderen Aminosäuren und Aminen.

Biochemische Eigenschaften des l-Valins: E. Abderhalden, E. Rindtorff und A. Schmitz[7] untersuchen den hemmenden Einfluß von l-Valin auf die Spaltung von d,l-Leucylglycin und Glycyl-d,l-leucin durch Erepsin und Phenylisocyanatglycyl-d,l-leucin durch Trypsinkinase und vergleichen den Hemmungsgrad mit dem von anderen Aminosäuren und Aminen.

Biochemische Eigenschaften des d,l-Valins: d,l-Valin ruft nach H. Fredericq und L. Brouha[8] eine starke Erweiterung der Nierengefäße und -capillaren an der isolierten Hundeniere hervor.

Über das Verhalten von d,l-Valin im Organismus des Hundes berichten E. Abderhalden und E. S. London[9], siehe unter d-Valin, S. 429.

Physikalische Eigenschaften: Von G. L. Keenan[10] wurden Krystallform und optische Eigenschaften von Valin nach der Immersionsmethode festgestellt. Als Immersionsflüssigkeiten wurden Gemische von Squibbs Mineralöl $n = 1,49$; Monochlornaphthalin $n = 1,64$; Monobromnaphthalin $n = 1,66$ und Methylenjodid $n = 1,74$ in solchen Verhältnissen verwendet, daß sich das „n" jedes Gemisches vom anderen um 0,005 unterschied.

Von L. J. Harris[11] wurde die basische Dissoziationskonstante des Valins bei einer Konzentration von $1/20$ m und bei 25° ermittelt. Sie betrug $k_b = 2 \cdot 10^{-12}$.

P. L. Kirk und C. L. A. Schmidt[12] berechnen für Valin folgende Werte für die scheinbaren basischen und sauren Dissoziationskonstanten K_a' und K_b' und den isoelektrischen Punkt p_J:

K_a'	K_b'	p_J
$2,40 \cdot 10^{-10}$	$2,09 \cdot 10^{-12}$	5,97

---

[1] P. E. Wolf: J. exper. Med. **37**, 511—524 — Chem. Zbl. **1923 III**, 413.

[2] E. F. Terroine u. C. R. Bonnet: Ann. di Fisiol. physicochim. biol. **2**, 488—508 (1926) — Ber. Physiol. **39**, 680—681 — Chem. Zbl. **1927 II**, 596.

[3] D. Rapport u. H. H. Beard: J. of biol. Chem. **73**, 299—319 — Chem. Zbl. **1927 II**, 1047

[4] E. F. Terroine, S. Trautmann, R. Bonnet u. R. Jacquot: Bull. Soc. Chim. biol. Paris **7**, 351—379 — Chem. Zbl. **1925 II**, 666 — C. r. Acad. Sci. Paris **178**, 1488—1491 — Chem. Zbl. **1924 II**, 2762.

[5] B. Sure: J. of biol. Chem. **43**, 443—456 (1920) — Chem. **1921 I**, 41.

[6] B. Sure: J. of biol. Chem. **46**, 443—452 (1921) — Chem. Zbl. **1921 III**, 236.

[7] E. Abderhalden, E. Rindtorff u. A. Schmitz: Fermentforschg **10**, 233—250 (1928) — Chem. Zbl. **1929 I**, 2320.

[8] H. Fredericq u. L. Brouha: C. r. Soc. Biol. Paris **89**, 665—667 (1923) — Chem. Zbl. **1924 I**, 213.

[9] E. Abderhalden u. E. S. London: Pflügers Arch. **212**, 735—740 — Chem. Zbl. **1926 II**, 2454.

[10] G. L. Keenan: J. of biol. Chem. **62**, 163—171 (1924) — Chem. Zbl. **1925 I**, 617.

[11] L. J. Harris: Biochem. J. **17**, 693—695 (1923) — Chem. Zbl. **1924 I**, 1173.

[12] P. L. Kirk u. C. L. A. Schmidt: J. of biol. Chem. **81**, 237—248 — Chem. Zbl. **1929 I**, 2860.

Interferometrische Bestimmungen von d-Valin führten P. Hirsch und R. Kunze[1] aus.

E. Abderhalden und E. Roßner[2] fanden bei der Untersuchung der Lichtabsorption im Ultraviolett von $1/2$ Mol Valin- + $1/2$ Mol Alaninlösungsgemischen in verschiedenen Mengenverhältnissen gerade ansteigende Absorptionskurven.

Über eine acidimetrische Bestimmungsmethode des isoelektrischen Punktes von Valin und über ihre Fehlergrenze berichtet D. Bach[3].

Physikalische Eigenschaften des l-Valins: P. A. Levene. L. W. Bass, A. Rothen und R. E. Steiger[4] zeigen am l-Valin und an anderen Aminosäuren, daß die Änderung der spezifischen Drehung beim Übergang der nichtdissoziierten Säure in ihre Ionen eine lineare Funktion des Dissoziationsgrades ist. Konz. 0,5 und 0,25 molar. $pG_1' = 2,24$, $pG_2' = 9,65$, $[M_1]_{5461}^{25} = -34,1°$, $[M_0]_{5461}^{25} = -8,3°$, $[M_2]_{5461}^{25} = -21,4°$. pG'-Werte wurden durch elektrometische Titration ermittelt. $[M_0]$ Mol-Drehung in neutraler, M_1 in saurer und M_2 in alkalischer Lösung.

Chemische Eigenschaften: Von J. Svehla[5] wurde die Gleichgewichtskonstante zwischen CH_2O und Valin dadurch bestimmt, daß die Gefrierpunktserniedrigungen einer CH_2O-, einer Valinlösung und eines Gemisches beider Lösungen festgestellt wurden. Die Schwankungen der gefundenen Konstanten sind als Versuchsfehler zu bewerten. Ermittelt wurde nach dieser Methode folgende Konstante des Valins: $K = 28,9$.

Nach E. Schmidt und K. Braunsdorf[6] ist Valin ClO_2 gegenüber sehr beständig. N. Ch. Wright[7] untersuchte die Wirkung von Hypochloritlösungen auf Valinlösungen verschiedener Konzentration. Von Einfluß auf die Reaktion ist die Alkalität der Lösung. Aus den Resultaten schließt der Verfasser, daß Oxydation und Chlorierung der Aminosäure nebeneinander herlaufen.

Über den Einfluß von Valin im Gegensatz zur δ-Amino-n-valeriansäure auf die Geschwindigkeit der Sol-Gelumwandlung konzentrierter Eisenoxydsole berichten H. Freundlich und A. Rosenthal[8]. Valin wirkt durch die größere Neigung zur Komplexbildung stärker verflüssigend als die isomere Verbindung.

Über den Einfluß des Valins auf die Tryptophanreaktion mit Aldehyden wird von E. Komm[9] berichtet.

Während Glykokoll bei Gegenwart geringer Mengen von Adrenalin durch O_2 unter Bildung von NH_3 und CO_2 abgebaut wird, werden andere Aminosäuren (z. B. Valin) nach S. Edlbacher und I. Kraus[10] nur in geringem Maße oxydiert.

Valin gibt nach E. Waser und E. Brauchli[11] beim Erhitzen in sodaalkalischer Lösung mit einer kleinen Menge p-Nitrobenzoylchlorid eine dunkelweinrote bis violettblaue Färbung. Die Gegenwart von Na-Bisulfit, Na-Sulfid, Na-Hyposulfit verhindert die Reaktion, während Sulfat, Thiosulfat und kolloidaler Schwefel ohne Einfluß sind. Die entsprechenden o- und m-Verbindungen, Benzoylchlorid, p-Nitrophenol, p-Nitrobenzoesäure und p-Nitrobenzaldehyd zeigen die Reaktion nicht. Außerdem bleibt die Färbung bei Gegenwart von Na-Acetat oder Chinolin aus, zeigt sich aber sonst bei jeder alkalischen Substanz (auch Pyridin).

Versuche von J. M. Ort und J. W. Bollman[12] zeigten, daß Valin auf die Reaktion von H_2O_2 auf Dextrose katalytisch beschleunigend einwirkte.

Derivate des d-Valins: Formyl-d-valin. Über eine etwas modifizierte Darstellung von Formyl-d-valin berichten P. A. Levene und R. E. Steiger[13].

---

[1] P. Hirsch u. R. Kunze: Fermentforschg **6**, 30—55 — Chem. Zbl. **1922 III**, 557.
[2] E. Abderhalden u. E. Roßner: Z. physiol. Chem. **176**, 249—257 (1928).
[3] D. Bach: Bull. Soc. Chim. biol. Paris **9**, 1233—1243 (1927) — Chem. Zbl. **1928 I**, 2972.
[4] P. A. Levene, L. W. Bass, A. Rothen u. R. E. Steiger: J. of biol. Chem. **81**, 687—695 — Chem. Zbl. **1929 I**, 2524.
[5] J. Svehla: Ber. dtsch. chem. Ges. **56**, 331—337 (1923) — Chem. Zbl. **1923 I** 749.
[6] E. Schmidt u. K. Braunsdorf: Ber. dtsch. chem. Ges. **55**, 1529—1534 — Chem. Zbl. **1922 III**, 520.
[7] N. Ch. Wright: Biochemic. J. **20**, 524—532 — Chem. Zbl. **1926 II**, 1952.
[8] H. Freundlich u. A. Rosenthal: Z. f. physik. Chem. **121**, 463—483 — Chem. Zbl. **1926 II**, 1249.
[9] E. Komm: Hoppe-Seylers Z. **156**, 35—60 — Chem. Zbl. **1926 II**, 1892.
[10] S. Edlbacher u. I. Kraus: Hoppe-Seylers Z. **178**, 239—249 — Chem. Zbl. **1928 II**, 2658.
[11] E. Waser u. E. Brauchli: Helvet. chim. Acta **7**, 740—758 — Chem. Zbl. **1924 II**, 947.
[12] J. M. Ort u. J. W. Bollman: J. amer. chem. Soc. **49**, 805—810 — Chem. Zbl. **1927 I**, 2794.
[13] P. A. Levene u. R. E. Steiger: J. of biol. Chem. **76**, 299—318 — Chem. Zbl. **1928 II**, 1672.

Acetyl-valinäthylester $C_9H_{17}O_3N$. Durch Acetylieren von Valinäthylester. Kochpunkt$_2$ 99°[1].

Derivate des d, l-Valins: Cu-Salz des d, l-Valins $(C_5H_{10}O_2N)_2Cu$. Bestimmt wurde die spezifische Leitfähigkeit „x" des Cu-Salzes in folgenden wässerigen Lösungen: $1/50$, $1/100$, $1/200$, $1/400$, $1/800$ und $1/1600$ n (E. Abderhalden und E. Schnitzler[2]).

d, l-Valinol $C_5H_{13}ON$. Aus d, l-Valinäthylester mit Na und Alkohol. Öl von intensivem Amingeruch. Kochp.$_{720}$ 181—186°. Sehr leicht löslich in Wasser, Alkohol, ziemlich leicht löslich in Äther[3].

Chlorhydrat $C_5H_{13}ON$, HCl. Mit alkoholischer HCl. Aus Alkohol + Äther, feine Nadeln. Schmelzp. 114°, äußerst hygroskopisch[3].

d, l-N-Dimethylvalin $C_7H_{15}O_2N$. Bildung durch Erhitzen des entsprechenden Äthylesters mit Wasser auf 120—130°, feinkrystallinisch, sehr hygroskopisch[3].

Äthylester $C_9H_{19}O_2N$. Aus α-Bromisovaleriansäure mit $(CH_3)_2NH$ und Verestern mit Alkohol und HCl. Kochp. etwa 160°, gibt beim Erhitzen mit Wasser auf 120—130° d, l-N-Dimethylvalin[3].

d, l-N-Dimethylvalinol (1-Isopropyl-1-dimethylaminoäthanol-2) $C_7H_{17}ON$. Aus N-Dimethylvalinester mit Na und Alkohol. Alkohol im Vakuum verdampfen, wässerige Lösung mit Äther extrahieren und destillieren[3].

Chlorhydrat $C_7H_{17}ON$, HCl. Mit alkoholischer HCl. Sehr hygroskopische Nädelchen[3].

d, l-Valincholinjodid $C_8H_{20}ONJ$. Methyliert mit CH_3J. Aus absolutem Alkohol. Schmelzpunkt 195°, vorher erweichen. Mit AgCl entsteht das Chlorid[3].

Goldsalz $C_8H_{20}ONCl_4Au$. Gelbe, flimmernde Blättchen. Schmelzp. 225° aus heißem Wasser[3].

Platinsalz $C_{16}H_{40}O_2N_2Cl_6Pt$. Braunrote Prismen. Schmelzp. 210—211°. Bei langsamem Verdunsten der Lösung[3].

β-Oxy-α-amino-isovaleriansäure $C_5H_{11}O_3N$. 1,5 g der β-Methoxy-α-amino-isovaleriansäure werden mit 10 ccm HBr (D. = 1,47) unter Rückfluß gekocht. Aus Wasser durch Alkohol gefällt. Schmelzp. 218° (Braunfärbung und Gasentwicklung). Besitzt süßen Geschmack. Leicht löslich in Wasser, unlöslich in Äther, Benzol und Essigester[4].

Phenylisocyanatverbindung $C_{12}H_{16}O_4N_2$. Schmelzp. 162°. Leicht löslich in Alkohol, Äther und Essigester, löslich in Wasser[4].

β-Naphthalinsulfoverbindung $C_{15}H_{17}O_5NS$. Aus Alkohol weiße Nadeln. Schmelzpunkt 261°[4].

β-Methoxy-α-amino-isovaleriansäure $C_6H_{13}O_3N$. β-Methoxy-α-bromisovaleriansäure mit NH_4OH (25 proz.) im Rohr auf 100° erhitzt. Aus verdünntem Alkohol glänzende Platten, sintern zwischen 250—260° unter Braunfärbung und Gasentwicklung. Leicht löslich in Wasser, unlöslich in Chloroform, Äther, Alkohol und Essigester[4].

Acetyl-α-iminoisovaleriansäure $C_7H_{11}O_3N$. Bildung bei der Einwirkung von PCl_5 auf Chloracetyl-d-valin in CH_3COCl, Äther oder CCl_4 und Zersetzung des Reaktionsproduktes mit Wasser. Derbe Nadeln. Schmelzp. 203°. $KMnO_4$ und Br-Lösung werden entfärbt. Reagiert stark sauer. Hydrolyse mit 25 proz. H_2SO_4 gibt α-Oxo-isovaleriansäure[5].

Norvalin.

2-Amino-pentansäure-(1), α-Amino-butan-α-carbonsäure, α-Amino-n-valeriansäure.

Darstellung der d, l-α-Amino-n-valeriansäure: Über die Verwendung von Anilin bei der Isolierung der α-Amino-n-valeriansäure aus dem Chlorhydrat berichtet H. C. Benedict[6].

Biochemische Eigenschaften der d, l-α-Amino-n-valeriansäure: W. J. Husa[7] untersuchte den Einfluß eines Zusatzes von d, l-α-Amino-n-valeriansäure auf die Aktivität von Urease, die gegenüber dem Kontrollverbrauch um 20% gesteigert wurde.

---

[1] P. Karrer, E. Miyamichi, H. C. Storm u. R. Widmer: Helvet. chim. Acta 8, 205—211 — Chem. Zbl. **1925 I**, 2228.

[2] E. Abderhalden u. E. Schnitzler: Hoppe-Seylers Z. **163**, 94—119 — Chem. Zbl. **1927 I**, 2068.

[3] P. Karrer: Helvet. chim. Acta 5, 469—489 — Chem. Zbl. **1922 III**, 766.

[4] W. Schrauth u. H. Geller: Ber. dtsch. chem. Ges. 55, 2783—2796 (1922) — Chem. Zbl. **1923 I**, 305.

[5] E. Abderhalden u. E. Roßner: Hoppe-Seylers Z. **163**, 261—266 — Chem. Zbl. **1927 I**, 2406.

[6] H. C. Benedict: J. amer. chem. Soc. **51**, 2277 — Chem. Zbl. **1929 II**, 1395.

[7] W. J. Husa: J. amer. chem. Soc. **48**, 3199—3201 (1926) — Chem. Zbl. **1927 I**, 1028.

Derivate: α-Aminovaleriansäuremethylester. J. Estermann[1] bestimmte die DE. und D. des Esters bei verschiedenen Temperaturen.

Leucin.

4-Amino-2-methyl-pentansäure-(5), α-Amino-γ-methyl-butan-α-carbonsäure, α-Amino-iso-butylessigsäure.

Vorkommen: Von J. E. Pichou-Vendeuil[2] wurde aus Kuhmilch durch Essigsäure + 65proz. Alkohol ein krystallines Pulver erhalten, aus dem durch Extraktion 0,18% Leucin, 0,0092% auf Milch berechnet, isoliert wurden.

Über den Leucingehalt des Extraktstoffes der Glaskörper von Rinderaugen berichtet T. Ikeda[3].

Aus 1500 ccm stagnierender Galle der Choledochuscyste ließen sich nach T. Takaki[4] 0,43 g Leucin isolieren.

Über das Vorkommen von Leucin im alkoholischen Leberextrakt eines Vergiftungsfalles berichten G. Joachimoglu und A. Ogata[5].

Bei dem größeren Prozentsatz der Fälle von katarrhalischem Ikterus und ebenso bei Fällen von Ikterus im Sekundärstadium der Lues wurde nach A. Géronne[6] im Urin Leucin und Tyrosin ausgeschieden. Das Vorkommen von Leucin im ikterischen Harn ist nach G. Dorner[7] selten, selbst in Fällen von akuter gelber Leberatrophie gelingt der sichere Nachweis nicht in allen Fällen.

Aus 50 l Diazoharn bei Typhus abdominalis wurden von Y. Sendju[8] 0,07 g Leucin isoliert.

Im Harn einer 38 jährigen nierenkranken Frau konnte von A. Sylla[9] neben Cystein und Tyrosin Leucin nachgewiesen werden.

Im Harn gravider Frauen konnte von M. Honda[10] neben anderen Aminosäuren Leucin isoliert werden.

Im Acetonextrakt des Corpus luteum war nach M. C. Hart und F. W. Heyl[11] ein Gemisch folgender Aminosäuren: Leucin, Isoleucin und wahrscheinlich Valin vorhanden.

Im sirupösen Extrakt aus reifen Heringseiern wurde von H. Steudel und E. Takahashi[12] Leucin nachgewiesen.

In dem von Spermien getrennten Filtrat frischer Heringstestikel ließ sich nach H. Steudel und K. Suzuki[13] neben anderen Aminosäuren Leucin nachweisen.

Im Kloakeninhalt erkrankter Reistauben findet sich nach E. Abderhalden und E. Wertheimer[14] neben Tyrosin Leucin.

Über das Vorkommen von Leucin im Fleisch von Petromycom fluviatilis L. berichten O. Flössner und E. Kutscher[15].

In den Extraktstoffen von Lumbricus terrestris ließ sich nach D. Ackermann und F. Kutscher[16] Leucin nachweisen.

---

[1] J. Estermann: Z. physik. Chem. B **1**, 134—160 — Chem. Zbl. **1928 II**, 2096.

[2] J. E. Pichou-Vendeuil: Bull. Sci. pharmacol. **28**, 360—367, 404—413 (1921) — Chem. Zbl. **1922 I**, 55.

[3] T. Ikeda: J. of orient. Med. **2**, 135—141 (1924) — Ber. Physiol. **31**, 925 (1925) — Chem. Zbl. **1926 I**, 1830.

[4] T. Takaki: J. of Biochem. **6**, 27—29 — Chem. Zbl. **1926 II**, 780.

[5] G. Joachimoglu u. A. Ogata: Mitt. pharmaz. Ges. **1925**, 6 Seiten Sep. — Chem. Zbl. **1926 II**, 82.

[6] A. Géronne: Klin. Wschr. **1**, 828—832 — Chem. Zbl. **1922 III**, 89.

[7] G. Dorner: Dtsch. med. Wschr. **48**, 453—454 — Chem. Zbl. **1922 III**, 585.

[8] Y. Sendju: J. of Biochem. **7**, 311—317 — Chem. Zbl. **1927 II**, 2078.

[9] A. Sylla: Med. Klin. **25**, 469—471 — Chem. Zbl. **1929 II**, 323.

[10] M. Honda: J. of biochem. **2**, 351 — 359 (1923) — Ber. Physiol. **20**, 464 (1923) — Chem. Zbl. **1924 I**, 1223 — Acta Scholae med. Kioto **6**, 405—413 (1924) — Ber. Physiol. **32**, 598 (1925) — Chem. Zbl. **1926 I**, 2486.

[11] M. C. Hart u. F. W. Heyl: J. amer. pharmaceut. Assoc. **14**, 770—773 — Chem. Zbl. **1926 II**, 52 — J. of biol. Chem. **66**, 639—651 (1925) — Chem. Zbl. **1926 II**, 52.

[12] H. Steudel u. E. Takahashi: Hoppe-Seylers Z. **131**, 99—106 (1923) — Chem. Zbl. **1924 I**, 565.

[13] H. Steudel u. K. Suzuki: Hoppe-Seylers Z. **127**, 1 — 13 — Chem. Zbl. **1923 III**, 259.

[14] E. Abderhalden u. E. Wertheimer: Pflügers Arch. **194**, 647—673 — Chem. Zbl. **1922 III**, 632.

[15] O. Flössner u. E. Kutscher: Z. Biol. **82**, 302—305, 306—310 — Chem. Zbl. **1925 I**, 1217.

[16] D. Ackermann u. F. Kutscher: Z. Biol. **75**, 315—324 — Chem. Zbl. **1922 III**, 736.

Aus dem alkoholischen Auszug von Amanita muscaria wurde von H. King[1] neben KCl und Mannit l-Leucin isoliert.

Aus $6\frac{1}{2}$ l Ascitesflüssigkeit wurden von R. Engeland[2] 0,06 g Chloraurat des Leucinbetains neben einigen mg Tetramethylammoniumaurat isoliert.

Nach W. Vorbrodt[3] ließ sich im wässerigen Extrakt des Mycels von Aspergillus niger neben anderen Aminosäuren Leucin nachweisen.

Im Safte der Luzerne ließ sich nach H. B. Vickery[4] neben anderen Aminosäuren Leucin nachweisen.

Über das Vorkommen von Leucin im wässerigen Teil des Acetonextraktes von gereiftem Kautschuk (Slabs) berichten G. Bruni und T. G. Levi[5].

Nach O. Laxa[6] bestehen die mikroskopischen Körnchen im Käse aus Leucin und Tyrosin.

Über das Vorkommen und die Trennung von Leucin und einer neuen Thioaminosäure, $C_5H_{11}O_2NS$, aus alkoholischen Hefeextrakten durch $HgCl_2$ berichtet S. Odake[7].

Bildung von l-Leucin: Die Hydrolyse von Rinderaugenlinsen ergab nach A. Jess[8] für die drei charakteristischen Proteine der Linse folgendes: α-Krystallin 5,7, β-Krystallin 2,8 und Albumoid 5,3% Leucin und Isomere auf asche- und wasserfreie Eiweißsubstanz berechnet.

Im Hydrolysat der Linse von Rinderaugen wurden von Y. Hijikata[9] 6,8% Leucin bestimmt.

M. B. Schmidt[10] berichtet über die Bildung von Leucin in atrophierter Leber nach der Sektion.

Aus den hydrolytischen Spaltprodukten der Muskelproteine des Walfisches und des Dorsches wurden nach Y. Okuda, T. Okimoto und T. Yada[11] 3,45 und 2,46% Leucin und aus den Muskelproteinen der Molluske Loligo breekeri und der Crustaceen Palinurus japonicus und Paralithodes camtschatika nach Y. Okuda, S. Uematsu, K. Sakata und K. Fujikawa[11] 10,80; 11,30 und 9,09% Leucin isoliert — auf asche- und wasserfreies Eiweiß berechnet.

Unter den Hydrolysenprodukten der Octopusmuskeln läßt sich nach K. Morizawa[12] l-Leucin nachweisen.

Im Hydrolysat menschlicher Epidermis ließ sich nach Y. Jono[13] mit Sicherheit Leucin nachweisen.

In den fettfreien Rückständen der Gonaden von Rhizostoma Cuvieri ließen sich von F. Haurowitz[14] Polypeptide und Proteide nachweisen, die neben anderen Aminosäuren Leucin enthielten.

Im Säurehydrolysat der Eisackflüssigkeit von Gastropoden (Hemifusus tuba Gmel.) konnte von Y. Komori[15] Leucin nachgewiesen werden.

Im Hydrolysat des aus der Eisackflüssigkeit des Laiches von Hemifusus tuba Gmel. dargestellten Rohvitellins ließen sich nach Y. Komori[16] 10,29% Leucin nachweisen.

Aus dem aus Heringseiern gewonnenen Ichthulin ließen sich nach K. Iguchi[17] 9,18% Leucin (auf den Gesamt-N berechnet) isolieren.

---

[1] H. King: J. chem. Soc. Lond. **122**, 1743—1753 (1922) — Chem. Zbl. **1923 III**, 309.
[2] R. Engeland: Hoppe-Seylers Z. **120**, 130—140 — Chem. Zbl. **1922 IV**, 614.
[3] W. Vorbrodt: Bull. Acad. Sci. Lettres, classe sc. math. et nat. sér. B **1921**, 223—236 — Ber. Physiol. **16**, 376—377 — Chem. Zbl. **1923 III**, 259.
[4] H. B. Vickery: J. of biol. Chem. **65**, 657—664 (1925) — Chem. Zbl. **1926 I**, 1422.
[5] G. Bruni u. T. G. Levi: Giorn. chim ind. appl. **9**, 161—164 — Chem. Zbl. **1927 II**, 513.
[6] O. Laxa: Lait **7**, 521—525 — Chem. Zbl. **1927 II**, 1314.
[7] S. Odake: Biochem. Z. **161**, 446—455 (1925) — Chem. Zbl. **1926 I**, 142.
[8] A. Jess: Hoppe-Seylers Z. **110**, 266—276 (1920) — Chem. Zbl. **1921 I**, 99.
[9] Y. Hijikata: J. of biol. Chem. **51**, 155—164 (1922) — Chem. Zbl. **1922 I**, 1415.
[10] M. B. Schmidt: Beitr. pathol. Anat. **69**, 222—223 (1921) — Ber. Physiol. **11**, 389 — Chem. Zbl. **1922 I**, 1250.
[11] Y. Okuda, T. Okimoto u. T. Yada: J. Coll. Agric. Tokyo **7**, 29—37 (1919) — Chem. Zbl. **1925 I**, 1091 — J. Coll. Agric. Tokyo **7**, 39—54 (1919) — Chem. Zbl. **1925 I**, 1091.
[12] K. Morizawa: Acta Scholae med. Kioto **9**, 299—302 (1927) — Chem. Zbl. **1928 II**, 2479.
[13] Y. Jono: J. of orient. Med. **5**, 12 — Ber. Physiol. **37**, 769 (1926) — Chem. Zbl. **1927 I**, 1968. — J. of Biochem. **10**, 311—323 — Chem. Zbl. **1929 II**, 1701.
[14] F. Haurowitz: Hoppe-Seylers Z. **122**, 145—159 (1922) — Chem. Zbl. **1923 I**, 112.
[15] Y. Komori: J. of Biochem. **6**, 1—20 — Chem. Zbl. **1926 II**, 780.
[16] Y. Komori: J. of Biochem. **6**, 129—138 — Chem. Zbl. **1926 II**, 1758.
[17] K. Iguchi: Hoppe-Seylers Z. **135**, 188—198 — Chem. Zbl. **1924 II**, 485.

Über die Bildung leucinhaltiger Fraktionen und Anhydride durch partielle Hydrolyse von Bluteiweiß berichten E. Abderhalden und E. Komm[1].

Bei der partiellen Hydrolyse von Schweineborsten wurden mehrere Fraktionen durch Extraktion gewonnen, die nach E. Abderhalden und E. Komm[2] neben anderen Aminosäuren Leucin enthielten.

Über die Isolierung leucinhaltiger Spaltprodukte aus Elastin durch Spaltung mit Phthalsäureanhydrid berichten P. Brigl und E. Klenk[3].

Ein aus Wolle durch Na_2S-Behandlung gewonnenes saures Abbauprodukt ergab nach W. Küster, W. Kumpf und W. Köppel[4] im Hydrolysat (mit Wasser im Autoklaven bei 150° hydrolysiert) ein Gemisch von Aminosäuren und Diketopiperazinen, unter den ersteren ließ sich Leucin nachweisen.

Im Hydrolysat des Harnfarbstoffes sowohl von normalem wie von Porphyrinurin ließ sich nach H. Fischer und W. Zerweck[5] qualitativ Leucin nachweisen.

Im Hydrolysat des Keratins des japanischen Speckes, aus Cetacea hergestellt, wurde nach Sh. Oikawa[6] Leucin nachgewiesen, ebenso wurde im Hydrolysat der Gelatine, aus der getrockneten Haut des Seiwales hergestellt, vom Verfasser Leucin gefunden.

Y. Okuda[7] vergleicht den Leucingehalt von Gelatine aus Rinderknochen mit dem von Fischgelatine. Der Leucingehalt der letzteren ist erheblich höher.

Der Leucingehalt der Psoriasisschuppen betrug nach E. Abderhalden und B. Zorn[8], auf wasserfreie Schuppen berechnet, 5,25%.

Bei der Hydrolyse des Seidenfibroins nach der üblichen Methode wurden von E. Abderhalden[9] 2,5% l-Leucin isoliert.

Über die Extraktion von leucinhaltigen Anhydriden aus partiell hydrolysiertem Casein „Hammarsten" und Seide berichtet E. Abderhalden[10].

Nach E. Winterstein und O. Huppert[11] findet sich unter den Spaltprodukten sowohl des Fett- wie des Magerkäses stets Leucin.

W. Grimmer, W. Bodschwinna u. K. Schützler[12] isolierten Leucin aus den Abbauprodukten von Limburger Käse.

Menschenserum, das mit Alkohol ausgefällt war, baute nach M. Schierge[13] in gewissen Fällen das Casein bis zum Tryptophan, Leucin und Tyrosin ab. Mit Alkohol gefälltes Harneiweiß baute stets bis zum Tryptophan, Leucin und Tyrosin ab.

Im Caseoglutin von Emmentaler, Tilsiter und Weichkäsesorten findet sich nach W. Grimmer und B. Wagenführ[14] Leucin.

Über die Bildung eines Gemisches von Tyrosin, Leucin und höheren Fettsäuren in abgerahmter Milch bei Gegenwart von Bacillus pruni berichtet S. L. Jodidi[15].

Das Eiweiß des Pilzes Oidium lactis enthält nach W. Grimmer und E. Steinlechner[16] Leucin.

---

[1] E. Abderhalden u. E. Komm: Hoppe-Seylers Z. **136**, 134—146 — Chem. Zbl. **1924 II**, 667.

[2] E. Abderhalden u. E. Komm: Hoppe-Seylers Z. **132**, 1—11 — Chem. Zbl. **1924 I**, 1676.

[3] P. Brigl u. E. Klenk: Hoppe-Seylers Z. **131**, 66—96 (1923) — Chem. Zbl. **1924 I**, 674.

[4] W. Küster, W. Kumpf u. W. Köppel: Hoppe-Seylers Z. **171**, 114—155 (1927) — Chem. Zbl. **1928 I**, 439.

[5] H. Fischer u. W. Zerweck: Hoppe-Seylers Z. **137**, 176—241 — Chem. Zbl. **1924 II**, 1218.

[6] Sh. Oikawa: Tôhoku J. exper. Med. **2**, 447—450, 451—454, 455—458 — Ber. Physiol. **14**, 70, 86 — Chem. Zbl. **1922 III**, 928.

[7] Y. Okuda: J. Coll. Agric. Tokyo **5**, 355—363 (1916) — Chem. Zbl. **1925 I**, 1218.

[8] E. Abderhalden u. B. Zorn: Hoppe-Seylers Z. **120**, 214—219 — Chem. Zbl. **1922 III**, 928.

[9] E. Abderhalden: Hoppe-Seylers Z. **120**, 207—213 — Chem. Zbl. **1922 III**, 928.

[10] E. Abderhalden: Hoppe-Seylers Z. **131**, 284—295 (1923) — Chem. Zbl. **1924 I**, 921.

[11] E. Winterstein u. O. Huppert: Biochem. Z. **141**, 193—221 (1923) — Chem. Zbl. **1924 I**, 112.

[12] W. Grimmer, W. Bodschwinna u. K. Schützler: Milchwirtschaftl. Forschg **7**, 595—602 — Chem. Zbl. **1929 II**, 106.

[13] M. Schierge: Klin. Wschr. **1**, 2427 (1922) — Chem. Zbl. **1923 I**, 1378 — Z. exper. Med. **32**, 142—157 — Chem. Zbl. **1923 III**, 400.

[14] W. Grimmer u. B. Wagenführ: Milchwirtsch. Forschgn **2**, 193—198 (1925) — Ber. Physiol. **31**, 492 — Chem. Zbl. **1925 II**, 1718.

[15] S. L. Jodidi: J. amer. chem. Soc. **49**, 1556—1558 — Chem. Zbl. **1927 II**, 841.

[16] W. Grimmer u. E. Steinlechner: Milchwirtsch. Forschgn **3**, 122—131 — Ber. Physiol. **37**, 205 (1926) — Chem. Zbl. **1927 I**, 1328.

Bei der Aufarbeitung des Hydrolysates von Glutelin aus Hafermehl nach der Carbamatmethode wurde nach S. B. Schryver und H. W. Buston[1] in der ersten Fraktion vorwiegend Leucin erhalten.

Das durch 2proz. NaOH-Lösung aus Buchweizenmehl hergestellte Protein enthielt nach T. Ukai und S. Morikawa[2] 4,42% Leucin.

Im Hydrolysat eines Produktes, das aus Abkochwasser von Bohnen gewonnen war, wurden von M. Suzuki[3] 30% Leucin gefunden, während sich im Hydrolysat eines analog gewonnenen Produktes aus Sojabohnenrückständen[4] 22% Leucin befanden.

Unter den Spaltprodukten des Edestins, die nach der etwas modifizierten Methode von Dakin[5] aufgearbeitet wurden, ließ sich nach Th. Osborne, Ch. S. Leavenworth und L. S. Nolan[5] kein Leucin nachweisen.

Das mit 80proz. Alkohol aus dem kleiefreien Mehl von Coix lacryma L. gewonnene Protamin „Coicin" hatte nach G. Hattori und S. Komatsu[6] 4,10% Leucin.

Aus dem H_2SO_4-Hydrolysat von Zein ließen sich nach H. D. Dakin[7] mittels der Butylalkoholmethode und nach weiterer Aufarbeitung des Extraktes nach Levene und van Slyke 25% Leucin nachweisen.

Unter den Spaltprodukten gereinigten Ricins konnten von P. Karrer, A. P. Smirnoff, H. Ehrensperger, L. van Slooten und M. Keller[8] 16,0% Leucin nachgewiesen werden.

Im Proteinhydrolysat der Sporen von Aspidium filix mas ließ sich nach A. Kiesel[9] Leucin nachweisen.

Über den Leucingehalt eines Insulinpräparates berichten E. Glaser und G. Halpern[10].

Von H. Jensen, O. Wintersteiner und V. du Vigneaud[11] wurde im Hydrolysat des krystallisierten Insulins Leucin nachgewiesen.

Im Hydrolysat des Spongins des gemeinen Badeschwammes, Hippospongia equina, wurden von V. J. Clancey[12] 7,9% Leucin gefunden.

Unter den hydrolytischen Spaltprodukten von Dearginocasein, das aus Casein durch Einwirkung einer alkalischen Hypochloritlösung dargestellt wurde, konnte S. Sakaguchi[13] Leucin nachweisen. Aus den Spaltprodukten des Deguanidocaseins, das aus Casein durch Alkalibehandlung (n-NaOH) dargestellt war, gelang es dem Verfasser[14], 10,7% Leucin zu isolieren.

Aus Polytamin, einem Aminosäurepräparat — angeblich aus den Puppen des Seidenspinners — wurden durch HCl-Hydrolyse von H. Thoms und F. A. Heynen[15] 24,4% Leucin erhalten.

Bildung von d, l-Leucin: Nach M. Bergmann und A. Miekeley[16] wird aus Glycyld,l-leucin nach Kuppeln mit Phenylisocyanat und Hydrolyse mit 5 n-HCl neben 3-Phenylhydantoin d, l-Leucin gebildet.

d, l-Leucin wird nach P. Karrer, E. Miyamichi, H. C. Storm und R. Widmer[17] durch Spaltung von optisch-aktivem 2-sek.-Butyl-4-iso-butyl-5-äthoxyoxazol mit siedender

---

[1] S. B. Schryver u. H. W. Buston: Proc. roy. Soc. Lond., Serie B **99**, 476—487 — Chem. Zbl. **1926 II**, 1953.

[2] T. Ukai u. S. Morikawa: J. pharm. Soc. Jap. **1925**, Nr 516, 14 — Chem. Zbl. **1925 II**, 192.

[3] M. Suzuki: Japan.P. 79084 v. 3. Nov. 1927, ausg. 10. Dez. 1928; Chem. Zbl. **1929 II**, 506.

[4] M. Suzuki: Japan.P. 79083 v. 9. Nov. 1927, ausg. 10. Dez. 1928, Chem. Zbl. **1929 II**, 506.

[5] H. D. Dakin: Chem. Zbl. **1921 I**, 454. — Th. Osborne, Ch. S. Leavenworth u. L. S. Nolan: J. of biol. Chem. **61**, 309—313 — Chem. Zbl. **1924 II**, 2849.

[6] G. Hattori u. S. Komatsu: J. of Biochem. **1**, 365—369 (1922) — Ber. Physiol. **20**, 373 (1923) — Chem. Zbl. **1924 I**, 1209.

[7] H. D. Dakin: Hoppe-Seylers Z. **130**, 159—168 (1923) — Chem. Zbl. **1924 I**, 206.

[8] P. Karrer, A. P. Smirnoff, H. Ehrensperger, L. van Slooten u. M. Keller: Hoppe-Seylers Z. **135**, 129—166 — Chem. Zbl. **1924 II**, 348.

[9] A. Kiesel: Hoppe-Seylers Z. **149**, 231—258 (1925) — Chem. Zbl. **1926 I**, 1215.

[10] E. Glaser u. G. Halpern: Biochem. Z. **161**, 121—127 (1925) — Chem. Zbl. **1926 I**, 145.

[11] H. Jensen, O. Wintersteiner u. V. du Vigneaud: J. of pharmacol. **32**, 387—395 — Chem. Zbl. **1928 II**, 259.

[12] V. J. Clancey: Biochemic. J. **20**, 1186—1189 (1926) — Chem. Zbl. **1927 I**, 1332.

[13] S. Sakaguchi: J. of Biochem. **5**, 143—157 (1925) — Chem. Zbl. **1926 I**, 1420.

[14] S. Sakaguchi: J. of Biochem. **5**, 159—169 (1925) — Chem. Zbl. **1926 I**, 1420.

[15] H. Thoms u. F. A. Heynen: Apoth.-Ztg. **42**, 1078 — Chem. Zbl. **1927 II**, 2768.

[16] M. Bergmann u. A. Miekeley: Liebigs Ann. **458**, 40—75 — Chem. Zbl. **1927 II**, 2759.

[17] P. Karrer, E. Miyamichi, H. C. Storm u. R. Widmer: Helvet. chim. Acta **8**, 205—211 — Chem. Zbl. **1925 I**, 2228.

HCl (20 Stunden) und nach Ch. Gränacher[1] von Tetramethylcyclopentyl-4-isobutyl-5-äthoxyoxazol mit konzentrierter HCl (4—5 Stunden) gebildet.

Bestimmung und Nachweis: E. M. P. Widmark u. E. L. Larsson[2] untersuchten für Leucin die Anwendung der konduktometrischen Titrationsmethode mit Lauge nach Kolthoff. P. Hirsch[3] untersuchte eingehend den Verlauf der acidimetrischen Titration von Leucin und bespricht die Möglichkeiten und Grenzen der Titration.

Bei der Titration des Leucins mit Thymolblau ($p_H = 1,2-2,8$) und Alizaringelb ($p_H = 10,1$ bis 12,1) als Indicatoren betrug nach K. Felix und H. Müller[4] die auf 1 N gefundene basische und Carboxylgruppe 1 und 0,95.

Nach H. Riffart[5] ist bei der quantitativen colorimetrischen Bestimmung von Leucin mittels Triketohydrindenhydrat (Ninhydrin) folgendes zu beachten: 1. Die Dauer des Erhitzens, 2. die Konzentration der Aminosäure und 3. in besonders hohem Grade die [H$^+$]. Als optimale [H$^+$] hat sich die dem p_H-Wert 6,976 entsprechende bewährt. Durch Titration der Aminosäurelösung mit $1/400$ n-Lauge oder Säure gegen Neutralrot wird das p_H auf $= 6,976$ eingestellt und durch Zusatz einer auf das gleiche p_H eingestellten Phosphatpufferlösung bei diesem Werte gehalten. Statt die Lösung über freier Flamme zu kochen, wird sie zweckmäßig im lebhaft siedenden Wasserbade $1/2$ Stunde erhitzt. Auf 2 ccm Aminosäurelösung wird 1 ccm 1 proz. Ninhydrinlösung verwendet, die jedesmal frisch bereitet wird. Der Analysenfehler für Leucin beträgt 7,5%.

Nach F. Bettzieche[6] wird die Bestimmung der freien Carboxylgruppe von Leucin folgendermaßen durchgeführt: 0,05—0,1 g Aminosäure werden mehrmals verestert, im Vakuum getrocknet. Zum Esterchlorhydrat wird das aus 1 g Mg, 9 g Monobrombenzol oder 10 g Benzylbromid in 30 ccm Äther bereitete Grignardreagens zugegeben, $1/2$ Stunde zum Sieden erhitzt, mit 40 ccm eiskalter 10 proz. H_2SO_4 zersetzt. Die Säureschicht wird nach dem Versetzen mit NH_3 ausgeäthert. Der Äther mit 20 proz. H_2SO_4 ausgeschüttelt, die H_2SO_4-Lösung nach 3 stündigem Kochen mit Äther extrahiert und so das entsprechende Reaktionsprodukt isoliert.

R. A. Gortner und W. M. Sandström[7] untersuchten die van Slykesche Methode dahin, welchen Einfluß Kochen mit Säuren, die Gegenwart von Prolin oder Tryptophan bei Aminosäuregemischen (Leucin neben anderen Aminosäuren) auf die erhaltenen Werte ausübt.

Über eine Trennungsmethode der α-Monoaminosäuren durch Sublimation in sublimierbare und nur teilweise oder gar nicht sublimierende Verbindungen und über ihre mikrochemische Charakterisierung durch Bestimmung von Löslichkeit, Krystallisationsfähigkeit, Fällungsvermögen von Phosphorwolframsäure und Darstellung der Cu-Salze berichtet O. Werner[8]. Leucin gehört zur Gruppe der bei Totalkühlung völlig sublimierbaren Aminosäuren.

Über den Nachweis von Leucin im Harn berichtet F. Goebel[9].

Nach O. Fernández und T. Garméndia[10] stört Leucin in kleinen Mengen die Bestimmung des NH_4 nach dem Verfahren Ploech-Kolthoff nicht.

Nach W. D. Treadwell und W. Eppenberger[11] wird die Titration von 11,5 mg Hühnereiweiß nach der von ihnen angegebenen maßanalytischen Eiweißbestimmung mittels Berlinerblausol nicht durch 5 mg Leucin gestört.

Bei einer kombinierten Einwirkung von $HgCl_2$, Sulfanilsäure und Jodsäure in ganz reinem Zustande und unter genau einzuhaltenden Bedingungen auf Leucin wird nach B. Stuber, A. Russmann und E. A. Pröbsting[12] keine Färbung erhalten.

---

[1] Ch. Gränacher: Helvet. chim. Acta **8**, 211—217 — Chem. Zbl. **1925 I**, 2229.
[2] E. M. P. Widmark u. E. L. Larsson: Biochem. Z. **140**, 284—294 (1923) — Chem. Zbl. **1924 I**, 1244.
[3] P. Hirsch: Biochem. Z. **147**, 433—480 — Chem. Zbl. **1924 II**, 1964.
[4] K. Felix u. H. Müller: Hoppe-Seylers Z. **171**, 4—15 (1927) — Chem. Zbl. **1928 I**, 233.
[5] H. Riffart: Biochem. Z. **131**, 78—96 (1922) — Chem. Zbl. **1923 II**, 827.
[6] F. Bettzieche: Hoppe-Seylers Z. **161**, 178—190 (1926) — Chem. Zbl. **1927 I**, 777.
[7] R. A. Gortner u. W. M. Sandström: J. amer. chem. Soc. **47**, 1663—1671 — Chem. Zbl. **1925 II**, 1482.
[8] O. Werner: Mikrochem. **1**, 33—46 (1923) — Chem. Zbl. **1924 I**, 1981.
[9] F. Goebel: Klin. Wschr. **1**, 1158 — Chem. Zbl. **1922 IV**, 478.
[10] O. Fernández u. T. Garméndia: An. Soc. española Fis. Quim. **22**, 103—114 — Chem. Zbl. **1924 I**, 2896.
[11] W. D. Treadwell u. W. Eppenberger: Helvet. chim. Acta **11**, 1053—1062 (1928) — Chem. Zbl. **1929 I**, 2908.
[12] B. Stuber, A. Rußmann u. E. A. Pröbsting: Z. exper. Med. **32**, 448—454 (1923) — Chem. Zbl. **1923 II**, 1138.

Biochemische Eigenschaften von l-Leucin: Nach Untersuchungen von W. B. Cannon und F. R. Griffith[1] über die Herzbeschleunigung durch Reizung der Leber, wurde durch intravenöse Injektion einer Leucinlösung keine Beschleunigung erzielt.

Beim Kaninchen wurden nach H. Fredericq[2] die Herzkontraktionen durch l-Leucin verstärkt.

Versuchsergebnisse von Bang[3] am Kaninchen über den Gehalt an Amino-N im Kreislauf nach Zufuhr von Glycin oder Alanin werden von T. N. Seth und J. M. Luck[4] bestätigt und durch Versuche an Kaninchen und Hunden auch mit Histidin, Leucin, Tryptophan, Glutaminsäure, Asparaginsäure und Cystin erweitert. Die Steigerung durch diese Aminosäuren ist schwächer als durch Glykokoll oder Alanin und nimmt in der genannten Reihenfolge ab. Der Harnstoff-N ist nach 6 Stunden deutlich erhöht.

Bei der Durchströmung isolierter Hundeniere mit Lockelösung + l-Leucin war nach der Durchströmung nach H. Fredericq und L. Mélon[5] der Gehalt der Flüssigkeit an formoltitrierbarem N erhöht. Nach L. Mélon[6] ist bei der Durchströmung von Milz und Pfote mit Lockescher Lösung, in der Leucin gelöst ist, die Reaktion der Flüssigkeit gegen Phenolphthalein ausgesprochen sauer, während die Schilddrüse kaum oder nicht auf die Reaktion der Flüssigkeit einwirkt. Der Gehalt an formoltitrierbarem N ist nach der Durchströmung in der Lösung stets gleich oder geringer. Andererseits war jedoch in etwa der Hälfte der Versuche an der Milz die Gesamtmenge an austretendem NH_2-N höher als an zugeführtem, ebenso auch in wenigen Versuchen an der Pfote. Bei weiteren Durchströmungsversuchen vom Bein (Hund und Kaninchen), Uterus (Hund), Darm, Schilddrüse, Niere, Milz, Pankreas und Leber mit Lockelösung + Leucin, war zu beobachten, daß die Lösung mit Ausnahme von Pankreas und Schilddrüse nach der Durchströmung saurer war. Der Amino-N war meist erhöht, selten blieb er unverändert oder nahm ab.

Leucin in 0,5 proz. Lösung ruft nach L. Brouha[7] in der Hundemilz eine kräftige Vasodilatation hervor, während es an der Schilddrüse nicht so kräftig wirkt. Werden Arteria und Vena cruralis der Pfote mit einer Leucinlösung durchströmt, so wird eine deutliche, wenn auch geringere Gefäßerweiterung als an der Milz und Schilddrüse erhalten.

Die Versuche von L. Brouha[8] über den Einfluß von Leucin auf isolierte Organe bestätigen die Annahme, daß es sich um eine direkte Wirkung auf die Gefäßmuskulatur handelt.

l-Leucin ruft nach H. Fredericq und L. Brouha[9] eine starke Erweiterung der Nierengefäße und Capillaren an der isolierten Hundeniere hervor, was sich durch eine Vermehrung der aus Nierenvene und Harnleiter fließenden Flüssigkeitsmenge zeigt.

Nach Versuchen am Kaninchen und Hund mit intravenöser Injektion von Leucin wurde nach L. H. Newburgh und Ph. L. Marsh[10] keine Nierenschädigung beobachtet.

Leucin, Meerschweinchen parenteral zugeführt, hat nach R. Wigand[11] keinen besonderen Einfluß auf den Allgemeinzustand und die Temperatur der Tiere.

Die Hippursäureausscheidung wird nach W. H. Griffith und H. B. Lewis[12] bei Kaninchen durch Leucin nicht gesteigert.

Nach S. J. Thannhauser und W. Markowicz[13] übt Leucin keine funktionelle Wirkung auf die Ketonkörperausscheidung von schweren Diabetikern aus, die Steigerung der Acetonkörperbildung entspricht der verabreichten Mol-Menge.

---

[1] W. B. Cannon u. F. R. Griffith: Amer. J. Physiol. **60**, 544—559 (1922) — Chem. Zbl. **1923 I**, 703.

[2] H. Fredericq: C. r. Soc. Biol. Paris **87**, 373—375 (1922) — Chem. Zbl. **1923 I**, 1196.

[3] Bang: Chem. Zbl. **1916 II**, 99.

[4] T. N. Seth u. J. M. Luck: Biochemic. J. **19**, 366—376 — Chem. Zbl. **1925 II**, 2001.

[5] H. Fredericq u. L. Mélon: C. r. Soc. Biol. Paris **89**, 668—669 (1923) — Chem. Zbl. **1924 I**, 213.

[6] L. Mélon: C. r. Soc. Biol. Paris **90**, 636—637 — Chem. Zbl. **1924 II**, 208 — Arch. internat. Physiol. **28**, 29—57 — Chem. Zbl. **1927 I**, 3016.

[7] L. Brouha: C. r. Soc. Biol. Paris **90**, 634—636 — Chem. Zbl. **1924 II**, 207.

[8] L. Brouha: Arch. internat. Physiol. **26**, 169—228 — Chem. Zbl. **1926 II**, 1981.

[9] H. Fredericq u. L. Brouha: C. r. Soc. Biol. Paris **89**, 665—667 (1923) — Chem. Zbl. **1924 I**, 213.

[10] L. H. Newburgh u. Ph. L. Marsh: Arch. int. Med. **36**, 682—711 (1925) — Ber. Physiol. **35**, 498 — Chem. Zbl. **1926 II**, 1663.

[11] R. Wigand: Arch. f. exper. Path. **132**, 18—27 — Chem. Zbl. **1928 II**, 1009.

[12] W. H. Griffith u. H. B. Lewis: J. of biol. Chem. **57**, 1—24 — Chem. Zbl. **1923 III**, 1329.

[13] S. J. Thannhauser u. W. Markowicz: Klin. Wschr. **4**, 2093—2099 (1925) — Chem. Zbl. **1926 I**, 713.

Aus Pankreaspräparaten wurden von L. Petschacher[1] 2 Fraktionen von unreinem l-Leucin isoliert, von denen besonders die unreinere Fraktion den Blutzuckerspiegel herabsetzte. Die Wirkung ist auf die Verunreinigungen zurückzuführen, da reines Leucin eine Erhöhung des Blutzuckers bewirken soll.

1 g subcutan injiziertes Leucin rief nach L. Pollak[2] bei Kaninchen im Gegensatz zu anderen Aminosäuren keine Hyperglykämie hervor.

Nach M. Chikano[3] hat Leucin einen fördernden Einfluß auf Adrenalinhyperglykämie.

Nach W. Robson[4] wird bei Cystinurie kein Leucin im Urin ausgeschieden.

Leucin wirkte nach A. C. Ivy und A. I. Javois[5] nicht auf die Magensekretion ein.

Wurde angiostomierten Hunden l-Leucin per os oder durch eine Darmfistel zugeführt, dann war es nach E. Abderhalden und E. S. London[6] im Inhalt des Ductus thoracicus nachweisbar.

St. J. Przylecki[7] berichtet über den Abbau von Leucin + Milchsäure bei Fröschen. 70—80% des N werden bei einem Überschuß von l-Milchsäure als NH_3 ausgeschieden.

Die vermehrte Wärmeabgabe bei Fröschen nach Aufnahme von Leucin entspricht nach E. F. Terroine und R. Bonnet[8] stets der Menge des aufgenommenen Amino-N.

Bei der Aufarbeitung von Macerationssäften von Kuhmilchdrüsen wurden von E. Hesse[9] an wohldefinierten Produkten nur Aminosäuren, am meisten Leucin isoliert, die Gegenwart des Leucins bzw. der Aminosäuren ist maßgebend für das Auftreten von Maltose, anscheinend wird die Bildung der Maltose durch Leucin katalytisch beeinflußt oder der Prozeß der Milchzuckerbildung so verlangsamt, daß die Zwischenstufe, die Maltose, faßbar wird.

Leucin zeigt im Gegensatz zu Alanin und Glykokoll nach G. Lusk[10] keine spezifisch-dynamische Wirkung. Nach D. Rapport und H. H. Beard[11] ist Leucin ebenfalls ohne Einfluß auf die spezifisch-dynamische Wirkung.

In Übereinstimmung mit Versuchen von Abderhalden und Markwalder[12] läßt sich nach R. W. Seuffert[13] der Zerfallswert des Eiweißes bei Hunden durch Zugabe von Leucin zu der Kohlehydrate und Fett enthaltenden Nahrung erniedrigen, ohne dabei N-Ansatz oder N-Gleichgewicht zu erzielen.

In Fütterungsversuchen an ausgewachsenen Ratten und Mäusen mit organischen Nahrungsgemischen aus reinen organischen Bausteinen wird von E. Abderhalden[14] beobachtet, daß bei Verabreichung von Leucin wahrscheinlich Norleucin und Isoleucin ersetzbar sind.

Von B. Sure[15] wurde der Einfluß eines zugesetzten Gemisches von Alanin, Leucin und Valin 1. zu Arachin (Globulin der Erdnuß) und 2. zu Erbseneiweiß (Vicia sativa) auf das Wachstum von Ratten studiert. Eine Verbesserung in dieser Beziehung wurde von beiden Proteinen nicht erzielt.

Nach E. Abderhalden[16] entwickeln sich die Larven des Kabinettkäfers (Anthremus muscorum) auf Seidenkokons und bauen aus deren Bestandteilen — die hauptsächlich aus Glykokoll, Alanin, Tyrosin und Serin, neben wenig Leucin, Phenylalanin, Prolin, Arginin, Lysin und Histidin bestehen — sämtliche Körpersubstanzen auf.

---

[1] L. Petschacher: Biochem. Z. **141**, 109—120 (1923) — Chem. Zbl. **1924 I**, 62.
[2] L. Pollak: Biochem. Z. **127**, 120—136 — Chem. Zbl. **1922 I**, 1208.
[3] M. Chikano: Biochem. Z. **205**, 154—165 — Chem. Zbl. **1929 I**, 2199.
[4] W. Robson: Biochemic. J. **23**, 138—148 — Chem. Zbl. **1929 II**, 2576.
[5] A. C. Ivy u. A. I. Javois: Amer. J. Physiol. **71**, 591—603 — Chem. Zbl. **1925 II**, 197.
[6] E. Abderhalden u. E. S. London: Pflügers Arch. **212**, 735—740 — Chem. Zbl. **1926 II**, 2454.
[7] St. J. Przylecki: Arch. internat. Physiol. **25**, 280—293 (1925) — Ber. Physiol. **34**, 510 — Chem. Zbl. **1926 II**, 455.
[8] E. F. Terroine u. R. Bonnet: Ann. de Physiol. **2**, 488—508 (1926) — Ber. Physiol. **39**, 680—681 — Chem. Zbl. **1927 II**, 596.
[9] E. Hesse: Biochem. Z. **138**, 441—460 — Chem. Zbl. **1923 III**, 957.
[10] G. Lusk: Medicine **1**, 311—354 (1922) — Ber. Physiol. **28**, 84—86 (1924) — Chem. Zbl. **1925 I**, 857.
[11] D. Rapport u. H. H. Beard: J. of biol. Chem. **73**, 299—319 — Chem. Zbl. **1927 II**, 1047.
[12] E. Abderhalden u. Markwalder: Hoppe-Seylers Z. **72**, 63 — Chem. Zbl. **1911 II**, 626.
[13] R. W. Seuffert: Z. Biol. **80**, 381—404 — Chem. Zbl. **1924 I**, 2717.
[14] E. Abderhalden: Pflügers Arch. **195**, 199—226 — Chem. Zbl. **1922 III**, 1234.
[15] B. Sure: J. of biol. Chem. **43**, 443—456 (1920) — Chem. Zbl. **1921 I**, 41 — J. of biol. Chem. **46**, 443—452 — Chem. Zbl. **1921 III**, 236.
[16] E. Abderhalden: Hoppe-Seylers Z. **142**, 189—190 — Chem. Zbl. **1925 I**, 2020.

Nach Versuchen am Herzstreifen ist die Adrenalinwirkung nach E. Abderhalden und E. Gellhorn[1] durch l-Leucin bedeutend verstärkt, so daß sich die Schwellenkonzentration bis auf etwa $^1/_{10}$ des normalen Wertes erniedrigt. Ebenso wird an der glatten Muskulatur des Magens und der Speiseröhre des Frosches eine Verstärkung der Erregung bzw. Lähmung ausgelöst. Dem Leucin selbst kommt kein Einfluß auf die automatische Kontraktion der Herz-, Magen- und Speiseröhrenmuskulatur zu. Bei intraperitonealer Injektion wird durch Zusatz von Leucin bei der weißen Maus die Senkung der Temperatur verstärkt.

Nach Untersuchungen von H. Ekerfors[2] konnte zwischen der Wirkung des Leucins auf die Adrenalinoxydation und auf den pharmako-dynamischen Effekt des Adrenalins kein Zusammenhang festgestellt werden.

E. Gellhorn[3] zeigte, daß die Permeabilität der Spermatozoen von Rana temporaria für K, Rb, NH_4, Citrat und Methylenblau durch Aminosäuren z. B. l-Leucin und Kohlehydrate herabgesetzt wurde, so daß selbst nach längerer Einwirkungsdauer dieser Ionen noch hohe Befruchtungsziffern festzustellen waren. Es handelte sich dabei nicht um eine völlige Hemmung der Durchlässigkeit, sondern nur um eine Herabsetzung der Permeabilität, wie die Weiterentwicklung der Embryonen zeigte (Mißbildungen). Die Steigerung der Permeabilität, die die Zellgrenzschichten bei Belichtung in Gegenwart von Eosin, Erythrosin, Fluorescin und Neutralrot erfahren, kann durch Leucin vermindert werden.

A. Th. Czaja[4] zeigte, daß das Leucin entsprechend seiner Capillarinaktivität nicht durch die Außenmembran der Utriculariablase durchdringt.

B. Schwarzberg und P. Gindis[5] berichten über das Wachstum von Milchsäurebakterien aus Gerbbrühen in Gerstenabsud mit Glucose und Leucin neben Pepton, Fibrin und anderen Aminosäuren als N-Quelle.

Aus Untersuchungen an 5000 säurefesten Bakterien verschiedenster Herkunft ergab sich nach E. R. Long[6], daß Leucin als alleinige N-Quelle das Wachstum der säurefesten ermöglicht.

Es wurde von H. Braun und C. E. Cahn-Bronner[7] die Ausnützbarkeit von Leucin für sich und im Gemisch mit Milchsäure durch folgende pathogene Bakterien: gasbildende und gaslose Paratyphus B-, Gärtner-, NH_3 assimilierende und NH_3 nichtassimilierende Typhusbacillen untersucht. Während nun Leucin allein nicht ausgenutzt wurde, fand Wachstum bei Zusatz von Milchsäure statt. Weitere Untersuchungen von H. Braun und C. E. Cahn-Bronner[8] über die dem Paratyphus B-Bacillus nahestehenden Bakterienarten: Gärtnersche, Voldaysen- und Mäusetyphusbacillen und über Paratyphus A- und Typhusbacillen, ergaben, daß Leucin in den benutzten Kombinationen wirkungslos blieb.

Nach R. A. Peters[9] kann Leucin für Colpidium bei Gegenwart von Phosphat als C-Quelle dienen.

Nach Untersuchungen von J. Hirsch[10] gediehen Choleravibrionen nicht in einer Mineralsalzlösung mit Leucin als alleiniger C-N-Quelle.

Über die Ausnutzung von Leucin als N-Quelle durch verschiedene Bakterien bei Ersatz des Asparagins in der Uschinskischen Lösung durch Leucin berichtet J. Carra[11].

Nach A. Goris und A. Liot[12] lassen sich bei der Züchtung von Bacillus pyocyaneus auf künstlichen Nährböden Leucin oder besser noch dessen Salze als N-Quelle verwenden. Allerdings ist die Wirkung von NH_4-Salzen stärker.

---

[1] E. Abderhalden u. E. Gellhorn: Pflügers Arch. **203**, 42—56 — Chem. Zbl. **1924 II**, 497.

[2] H. Ekerfors: C. r. Soc. Biol. Paris **93**, 1162—1167 (1925) — Chem. Zbl. **1926 I**, 1222.

[3] E. Gellhorn: Pflügers Arch. **206**, 250—267 (1924) — Chem. Zbl. **1925 I**, 1337.

[4] A. Th. Czaja: Ber. dtsch. botan. Ges. **40**, 381—385 (1922) — Chem. Zbl. **1923 I**, 1330.

[5] B. Schwarzberg u. P. Gindis: Zbl. Bakter. II **78**, 96—105 — Chem. Zbl. **1929 II**, 760.

[6] E. R. Long: Amer. Rev. Tbc. **5**, 705—714 (1921) — Ber. Physiol. **12**, 299 — Chem. Zbl. **1922 III**, 173.

[7] H. Braun u. C. E. Cahn-Bronner: Biochem. Z. **131**, 226—271, 272—314 (1922) — Chem. Zbl. **1923 I**, 965, 967.

[8] H. Braun u. C. E. Cahn-Bronner: Zbl. Bakter. I **86**, 196—211 — Chem. Zbl. **1921 III**, 234.

[9] R. A. Peters: J. of Physiol. **54**, L—LII (1920) — Chem. Zbl. **1921 III**, 422.

[10] J. Hirsch: Z. Hyg. **106**, 433—467 — Chem. Zbl. **1926 II**, 2188.

[11] J. Carra: Ann. d'Ig. **34**, 397—405 — Ber. Physiol. **29**, 138 (1924) — Chem. Zbl. **1925 I**, 1088.

[12] A. Goris u. A. Liot: C. r. Acad. Sci. Paris **174**, 575—578 — Chem. Zbl. **1922 III**, 391.

l-Leucin als N-Quelle wird nach H. Braun, A. Stamatelakis, S. Kondo und R. Goldschmidt[1] von Blindschleichen- und Schildkrötentuberkelbacillus (Friedmann) nur in geringem Maße ausgenutzt.

Untersuchungen über die Farbstoffbildung durch Bacillus pyocyaneus auf verschiedenen Nährböden ergaben nach J. Carra[2] bei Verwendung von Leucin als N-Quelle, daß trotz guter Entwicklung kein Farbstoff produziert wurde.

l-Leucin wurde nach K. Hirai[3] im Gegensatz zu l-Tyrosin durch Proteus vulgaris in Ringerlösung nicht zu Melanin abgebaut.

Verschiedene Arten von Mikrosiphoneen wurden von G. Guittonneau[4] in Nährböden kultiviert, die außer den Mineralstoffen Leucin als C- und N-Quelle enthielten. Es konnte NH_3-Bildung festgestellt werden.

Von O. Fernández und Th. Garméndia[5] wird der Einfluß von Glykokoll, Leucin, Alanin, Asparagin auf die Vergärung von Traubenzucker durch Bac. coli vergleichend untersucht. Die Bildung von Alkohol ist bei allen vier Aminosäuren etwa die gleiche; Aldehyd läßt sich gar nicht oder nur in Spuren nachweisen; die Bildung von Essigsäure bleibt geringer bei $NaHCO_3$-Zusatz. Die Milchsäureproduktion ist bei allen vieren erheblich; das Verhältnis zwischen beiden Säuren ist stark abhängig von der Art und Menge des Zusatzes: Bernsteinsäure tritt bei Alanin- und Leucinzusatz nicht auf. Glycerin entsteht bei Zusatz von Leucin und Asparagin nicht, mit den anderen Aminosäuren wenig. In allen Fällen (1 und 2 g Aminosäurezusatz zu 4 g Glucose in 200 g Wasser) wird merklich weniger Zucker vergoren als ohne Zusatz.

M. T. Hanke und K. K. Kössler[6] studierten das Verhalten einer größeren Anzahl von Mikroorganismen in einem Medium, das neben den nötigen anorganischen Salzen und Glycerin Histidindichlorid (auf 200 ccm Gesamtflüssigkeit 0,2 mg) enthielt. Ein Zusatz von Leucin zu diesem Nährboden steigerte das Wachstum aller untersuchten Mikroorganismen und die Bildung von Histamin, führte aber nicht zur Bildung von Histamin, wo dieses nicht auch ohne Leucin gebildet wurde. Ebenso vermehrte Leucinzusatz Wachstum und Histaminausbeute beim Colibacillus.

E. F. Terroine, S. Trautmann, R. Bonnet und R. Jacquot[7] untersuchten von Sterigmatocystis nigra und Aspergillus oryzae den quantitativen Energiestoffwechsel und stellten fest, daß Leucin wie Proteine und andere Aminosäuren, als einziger organischer Nahrungsstoff gegeben, von den Pilzen zu 39% ausgenutzt wurde.

Paraplectrum foetidum bildet nach W. Grimmer und S. Rauschning[8] bei der Einwirkung auf Casein als einzige Aminosäuren Leucin und Tyrosin.

Nach Th. Bokorny[9] können Glykokoll, Tyrosin und Leucin zur Ernährung von Hefe dienen, während Algen daraus Stärke bilden.

Die Keimung von Sporen von Phycomyces nitens wird nach D. Tits[10] in einer 2proz. Peptonlösung durch Leucin stark begünstigt.

H. N. Batham[11] untersuchte die Nitrifikation der Böden. Er gab zu 100 g lufttrockenem, gesiebtem Nährboden — leichter Lehm mit der Reaktionszahl $p_H = 6,35$ — in sterilisierten Gefäßen $CaCO_3$ und neutralisiertes Leucin. Nach einer Inkubationszeit von 30—40 Tagen — bei optimalem Wassergehalt und Zimmertemperatur — wurde das gebildete Nitrat im Vergleich zu $(NH_4)_2SO_4$ nach der Methode von Schloesnig bestimmt. Unter den Versuchsbedingungen wurde der Nitrifikationsgrad des $(NH_4)_2SO_4$ nicht erreicht.

---

[1] H. Braun, A. Stamatelakis, S. Kondo u. R. Goldschmidt: Biochem. Z. **146**, 573—581 — Chem. Zbl. **1924 II**, 682.

[2] J. Carra: Zbl. Bakter. I **91**, 154—159 — Chem. Zbl. **1924 I**, 1550.

[3] K. Hirai: Biochem. Z. **135**, 299—307 — Chem. Zbl. **1923 III**, 681.

[4] G. Guittonneau: C. r. Acad. Sci. Paris **179**, 512—514 — Chem. Zbl. **1924 II**, 2607.

[5] O. Fernández u. Th. Garméndia: An. Soc. española Fis. Quim. **21**, 166—180 — Chem. Zbl. **1923 III**, 1416.

[6] M. T. Hanke u. K. K. Kössler: J. of biol. Chem. **50**, 131—191 (1922) — Chem. Zbl. **1922 I**, 695.

[7] E. F. Terroine, S. Trautmann, R. Bonnet u. R. Jacquot: Bull. Soc. Chim. biol. Paris **7**, 351—379 — Chem. Zbl. **1925 II**, 666.

[8] W. Grimmer u. S. Rauschning: Milchwirtsch. Forschg **7**, 534—539 — Chem. Zbl. **1929 II**, 314.

[9] Th. Bokorny: Allg. Brauer- u. Hopfenztg **64**, 1214—1216 — Chem. Zbl. **1925 I**, 1538.

[10] D. Tits: Bull. Acad. Méd. Belg., Classe des sciences (5) **12**, 545—555 (1926) — Chem. Zbl. **1927 I**, 1326.

[11] H. N. Batham: Soil Sci. **20**, 337—351 (1925) — Chem. Zbl. **1926 I**, 1476.

Über die Leucinmenge an verschiedenen Stellen von Tomaten nach 3—5 Tagen bei Nitratgaben berichtet S. H. Eckerson[1].

D. I. Macht[2] untersuchte den Einfluß von l-, d, l- und von l + d, l-Leucin auf das Wachstum der Wurzeln von Samen von Lupinus albus. Das Maximum der Wachstumsbeschleunigung lag bei allen drei Leucinisomeren bei der Konzentration: 1 : 500 und betrug bei l-Leucin 106%, bei d, l-Leucin 155% und bei l + d, l-Leucin 138% der Kontrolle, bei der Konzentration von 1 : 200 98%, 125% und 108% und bei der Konzentration von 1 : 80 64%, 91% und 69% der Kontrolle.

Nach A. Blagowestschenski[3] entstehen aus Leucin beim längeren Stehen in Glycerin mit einem Trockenpräparat aus gekeimten Samen von Phaseolus mungo L. Verbindungen, die den Diketopiperazinen nahestehen, so ließ sich aus dem Reaktionsgemisch Leucinimid isolieren. Während Leucin allein in Glycerin dieser Reaktion nicht unterliegt, findet beim Trockenpräparat sogar eine Zunahme an NH_2-N statt.

Leucin hat nach B. Sbarsky und L. Subkowa[4] im Gegensatz zu Tyrosin, Glykokoll und Alanin keinen Einfluß auf die Wirkung einer tödlichen Diphtherietoxindosis.

Nach B. Sbarsky und Z. Jermoljewa[5] gelingt es bei Mäusen durch eine prophylaktische Behandlung mit Leucin einen Schutz gegen Tetanus zu erzielen, der Schutz beginnt am 3.—5. Tage und dauert bis zum 10. Tage.

Leucin wird nach M. P. Robinson und R. A. Mc Cance[6] durch den rohen Enzymextrakt aus Lactarius vellereus nur in Gegenwart von Phenolen, p-Kresol, Brenzkatechin und Resorcin oxydiert. p-Hydrobenzoesäure oder Tyrosin können dabei nicht an Stelle von p-Kresol verwendet werden.

Bacillus coli bildet nach O. Fernández und T. Garméndia[7] in verschiedenen Kulturböden mit l-Leucin keine oxydierenden Fermente (Katalasen, Peroxydasen). Nach Untersuchung der Verfasser[8] über die Katalasebildung durch aerobe Züchtung von Bacillus coli in synthetischen Nährböden, die 2% verschiedener Zucker und 0,5% Leucin enthalten, ergibt sich ein Optimum für die Enzymbildung mit Galaktose und Dulcit.

Leucin hemmt nach E. M. Riakhina und S. R. Zubkowa[9] die Wirkung der Antikatalase nicht.

Die Steigerung der Ureasebildung in Proteuskulturen durch Leucin hat nach T. Takahata[10] ihr Optimum beim Neutralpunkt und fällt mit steigender oder fallender [H^+] nur langsam ab.

Die Arginase aus einer Reihe von malignen Tumoren, Sarkomen, Carcinomen, Granulationen, Polypen und embryonalen Geweben spalten nach S. Edlbacher und K. W. Merz[11] aus Leucin kein NH_3 ab. Ebenso spaltet nach S. Edlbacher[12] ein aus Leberbrei von Hunden, Meerschweinchen, Kaninchen, Gänsen, Hühnern und Fröschen gewonnenes histidinspaltendes Ferment aus Leucin kein NH_3 ab.

Die Wirkung von Pankreaslipase auf Buttersäureäthylester und Olivenöl wird nach E. R. Dawson[13] in alkalischer und neutraler, aber nicht in saurer Lösung durch Leucin beschleunigt. Nach R. Krasawa[14] fördert Leucin die pankreaslipatische Spaltung von Tributyrin schwach. In Gegenwart von Leucin steigert Gallensäure die Pankreaslipasewirkung stärker als Gallensäure allein.

---

[1] S. H. Eckerson: Bot. Gaz. **77**, 377—390 (1924) — Ber. Physiol. **28**, 65 (1924) — Chem. Zbl. **1925 I**, 852.

[2] D. I. Macht: J. of Pharmacol. **36**, 243—250 — Chem. Zbl. **1929 II**, 3033.

[3] A. Blagowestschenski: Biochem. Z. **168**, 1—5 — Chem. Zbl. **1926 I**, 2801.

[4] B. Sbarsky u. L. Subkowa: Biochem. Z. **172**, 40—44 — Chem. Zbl. **1926 II**, 605.

[5] B. Sbarsky u. Z. Jermoljewa: Biochem. Z. **182**, 180—187 — Chem. Zbl. **1927 I**, 3012.

[6] M. P. Robinson u. R. A. Mc Cance: Biochemic. J. **19**, 251—256 — Chem. Zbl. **1925 II**, 406.

[7] O. Fernández u. T. Garméndia: An. soc. española Fis. Quim. **21**, 166—180 — Chem. Zbl. **1923 III**, 1416.

[8] O. Fernández u. T. Garméndia: Z. Hyg. **108**, 329—335 — Chem. Zbl. **1928 I**, 1783.

[9] E. M. Riakhina u. S. R. Zubkowa: C. r. Soc. Biol. Paris **97**, 479—480 — Chem. Zbl. **1927 II**, 1353.

[10] T. Takahata: Biochem. Z. **140**, 166—167 — Chem. Zbl. **1923 III**, 1416.

[11] S. Edlbacher u. K. W. Merz: Hoppe-Seylers Z. **171**, 252—263 (1928) — Chem. Zbl. **1928 I**, 375.

[12] S. Edlbacher: Hoppe-Seylers Z. **157**, 106—114 — Chem. Zbl. **1926 II**, 2453.

[13] E. R. Dawson: Biochemic. J. **21**, 398—403 — Chem. Zbl. **1927 II**, 1353.

[14] R. Krasawa: J. of Biochem. **7**, 117—127 — Chem. Zbl. **1927 II**, 280.

Über die hemmende Wirkung des Leucins und seines Na-Salzes auf die Pepsinwirkung berichtet L. Jarno[1].

E. Abderhalden, E. Rindtorff und A. Schmitz[2] untersuchten den hemmenden Einfluß von l-Leucin auf die Spaltung von d, l-Leucylglycin und Glycyl-d, l-leucin durch Erepsin und von Benzoyl-d, l-leucylglycin und Phenylisocyanatglycyl-d, l-leucin durch Trypsinkinase und verglichen den Hemmungsgrad mit dem von anderen Aminosäuren und Aminen.

Nach J. H. Northrop[3] wird die Fermentwirkung von Trypsin durch zugesetztes Leucin nicht gehemmt.

Ein Zusatz von Glykokoll und Leucin zu sog. Glykokolleluaten aus Hefemacerationssäften beeinflußt nach A. Fodor und R. Schoenfeld[4] die Spaltung von Glycyl-leucin kaum, während es die von Seidenpepton Höchst fördert. Weitere Versuche von A. Fodor und R. Cohn[5] über die Aktivierbarkeit von Hefepeptidasesystemen durch d-, d, l- und l-Leucin zeigen, daß d-Leucin stärker aktivierend wirkt als l- und d, l-Leucin, während sich die zwei letzteren als gleichwertig erwiesen.

Über die diastatische Wirkung des Leucins berichtet W. Biedermann[6].

Leucin steigert nach H. Haehn und H. Schweigart[7] die amylolytische Wirkung von Kartoffelpreßsaft. Die Wirkung ist allerdings etwas schwächer als die von Glykokoll und Alanin.

Über die Vergiftung von Malz und Speichelamylase durch Leucin berichtet U. Olsson[8].

Nach J. T. Groll[9] findet im Gegensatz zu Sherman[10] durch Leucin keine Aktivierung von Amylase statt, die z. B. durch Cu-Salze vergiftet ist.

Die Enzyme, die Acylderivate von Aminosäuren spalten, werden nach H. Kimura[11] durch Leucinzusatz stark gehemmt.

Leucin ist nach St. Weiss[12] auf den Abbau von acetessigsaurem K durch Hefe ohne Einfluß.

Versuche von B. Harrow, F. W. Power und C. P. Sherwin[13] ergaben, daß die Kuppelung des Acetaldehyd-Essigsäurekomplexes mit p-Aminobenzoesäure im 24-Stundenharn nach Beigabe von n-Leucin um 42% gesteigert wurde.

Über das Verhalten von Leucin in reifendem Käse berichtet O. Laxa[14].

Die autolytische NH_3-Bildung im Meerschweinchenleberbrei in normalen Phosphat- und Lactatpuffern bei 37° unter Zusatz von einigen Tropfen $CHCl_3$ in saurem und in alkalischem Milieu bei Zugabe von Leucin untersuchten P. György und H. Röthler[15].

Nach G. Marcialis[16] kann die sonst negative Wassermannsche Reaktion bei Gegenwart von Leucin mehr oder minder positiv reagieren. Nach F. S. Fowweather und J. Gordon[17] ruft Leucininjektion bei Kaninchen keine positive Komplementbindungsreaktion hervor. Ebenso hat der Zusatz zu negativen menschlichen Seren keinen Einfluß auf die Wassermannsche Reaktion.

---

[1] L. Jarno: Arch. Verdgskrkh. **30**, 191—202 (1922) — Ber. Physiol. **17**, 342 — Chem. Zbl. **1923 III**, 459.
[2] E. Abderhalden, E. Rindtorff u. A. Schmitz: Fermentforschg **10**, 233—250 — Chem. Zbl. **1929 I**, 2320.
[3] J. H. Northrop: J. gen. Physiol. **4**, 227—244 (1922) — Chem. Zbl. **1922 I**, 764.
[4] A. Fodor u. R. Schoenfeld: Hoppe-Seylers Z. **170**, 231—246 (1927) — Chem. Zbl. **1928 I**, 362.
[5] A. Fodor u. R. Cohn: Hoppe-Seylers Z. **176**, 17—28 — Chem. Zbl. **1928 II**, 455.
[6] W. Biedermann: Arch. néerl. Physiol. **7**, 151—156 (1922) — Chem. Zbl. **1923 I**, 364.
[7] H. Haehn u. H. Schweigart: Biochem. Z. **143**, 516—526 (1923) — Chem. Zbl. **1924 I**, 1389.
[8] U. Olsson: Hoppe-Seylers Z. **117**, 91—145 (1921) — Chem. Zbl. **1922 I**, 473.
[9] J. T. Groll: Pharmac. Weekbl. **65**, 1315—1319 (1928) — Chem. Zbl. **1929 I**, 1011.
[10] Sherman: Chem. Zbl. **1923 III**, 1096.
[11] H. Kimura: J. of Biochem. **10**, 225—250 — Chem. Zbl. **1929 II**, 580.
[12] St. Weiss: Z. exper. Med. **52**, 707—714 (1926) — Chem. Zbl. **1927 I**, 479.
[13] B. Harrow, F. W. Power u. C. P. Sherwin: Proc. Soc. exper. Biol. a. Med. **24**, 422—424 — Ber. Physiol. **40**, 787 — Chem. Zbl. **1927 II**, 2207.
[14] O. Laxa: Lait **7**, 521—525 — Chem. Zbl. **1927 II**, 1314.
[15] P. György u. H. Röthler: Biochem. Z. **173**, 334—347 — Chem. Zbl. **1926 II**, 1436.
[16] G. Marcialis: Arch. di Sci. biol. **4**, 337—351 (1923) — Ber. Physiol. **21**, 446 — Chem. Zbl. **1924 I**, 1840.
[17] F. S. Fowweather u. J. Gordon: Brit. J. exper. Path. **8**, 93—100 (1927) — Chem. Zbl. **1928 II**, 1789.

l-Leucin wurde nach M. Arai[1] durch Proteus vulgaris in d-Leucinsäure und durch Bacillus subtilis in l-Leucinsäure verwandelt. Bei Anwesenheit von Milchzucker wird l-Leucin zu Isoamylamin abgebaut, als Nebenprodukt entstanden reichliche Mengen Bernsteinsäure.

Über die Adsorption von Leucin durch rote Blutkörperchen von Rind oder Pferd, in physiologischer NaCl-Lösung suspendiert, berichten E. Abderhalden und H. Kürten[2]. Leucin wird nach B. Sbarsky und A. Muchamedow[3] in vitro nicht durch Kaninchenerythrocyten adsorbiert.

Über den Einfluß des Leucins auf die photodynamische Hämolyse berichtet P. Testoni[4].

Nach C. Voegtlin, J. M. Johnson und H. A. Dyer[5] ist Leucin auf die CN-Vergiftung völlig einflußlos.

Bei Gegenwart von Chlorogensäure wird nach A. Oparin[6] der Amino-N des Leucins durch den Luftsauerstoff in 2—4 Tagen zu etwa 10—20% in NH_3-N übergeführt, außerdem wird CO_2 abgespalten und der Rest der Verbindung zu einem Aldehyd oxydiert.

Nach Sh. Kodama[7] stammten die Amylester im Apfelöl von Bestandteilen der Eiweißstoffe, besonders von Leucin her.

Biochemische Eigenschaften von d-Leucin: Von E. Abderhalden und E. Gellhorn[8] wurde der Einfluß von d-Leucin auf die Adrenalinwirkung am Meerschweinchendickdarm untersucht. Konzentrationen von 1:25000—200000 steigerten die Adrenalinwirkung (Herabsetzung des Tonus und Lähmung der automatischen Kontraktionen). Die Wirkung war völlig reversibel.

Nach H. Ch. Geelmuyden[9] ist die Zucker- und Ketonkörperausscheidung bei schweren Diabetikern nach Zufuhr von d-Leucin erhöht.

Biochemische Eigenschaften von d, l-Leucin: Bei angiostomierten Hunden zeigt sich nach E. Abderhalden und E. S. London[10], daß sich nach Zufuhr von d, l-Leucin in das Blutgefäßsystem in der Lymphe des Ductus thoracicus die in der Natur nicht vorkommende optische Komponente nachweisen läßt.

D. I. Macht[11] untersuchte den Einfluß von d, l-Leucin auf das Wachstum der Wurzeln der Samen von Lupinus albus und verglich den Wirkungsgrad mit dem von l- und l + d, l-Leucin. Siehe l-Leucin, Biochemische Eigenschaften, S. 442.

Nach S. Condelli[12] wird d, l-Leucin von Penicillium glaucum asymmetrisch abgebaut, und zwar unter Bevorzugung der l-Form.

Bacillus coli bildet nach O. Fernández und T. Garméndia[13] in verschiedenen Kulturböden mit d, l-Leucin keine oxydierenden Fermente (Katalasen und Peroxydasen).

Nach Untersuchungen über die Elution verschiedener Hefepeptidasesysteme wirkt nach A. Fodor und R. Schoenfeld[14] d, l-Leucin zwar auf das 2. Adsorbat (Kaolin-zymohaptische Substanz) eluierend, aber nicht konservierend, so daß Selbstinaktivierung des Fermentes erfolgt, während es in Gegenwart des Substrates konserviert. Weiterhin wird von den Verfassern der Einfluß des Leucins auf Hefemacerate studiert und Abhängigkeit vom Alter der Macerate und vom Zustand des nativen Trägers gefunden. Ebenso ändert sich nach den Verfassern die Leucinwirkung mit dem p_H, so ist es bei $p_H = 6$ ohne Wirkung, bei $p_H = 7$

---

[1] M. Arai: Biochem. Z. **122**, 251—257 (1921) — Chem. Zbl. **1922 I**, 423.
[2] E. Abderhalden u. H. Kürten: Pflügers Arch. **189**, 311—312 — Chem. Zbl. **1921 III**, 1511.
[3] B. Sbarsky u. A. Muchamedow: Biochem. Z. **155**, 495—498 — Chem. Zbl. **1925 I**, 2084.
[4] P. Testoni: Arch. di Sci. biol. **4**, 123—138 — Ber. Physiol. **19**, 122 — Chem. Zbl. **1923 III**, 1100.
[5] C. Voegtlin, J. M. Johnson u. H. A. Dyer: J. of pharmacol. **27**, 467—483 — Chem. Zbl. **1926 II**, 1658.
[6] A. Oparin: Bull. Acad. St. Pétersbourg (**6**), 535—546 (1922) — Chem. Zbl. **1925 II**, 728.
[7] Sh. Kodama: J. of Biochem. **1**, 213—217 (1922) — Ber. Physiol. **20**, 370 (1923) — Chem. Zbl. **1924 I**, 1173.
[8] E. Abderhalden u. E. Gellhorn: Pflügers Arch. **206**, 154—161 (1924) — Chem. Zbl. **1925 I**, 550.
[9] H. Ch. Geelmuyden: Skand. Arch. Physiol. (Berl. u. Lpz.) **40**, 211—225 (1920) — Chem. Zbl. **1921 III**, 1508.
[10] E. Abderhalden u. E. S. London: Pflügers Arch. **212**, 735—740 — Chem. Zbl. **1926 II**, 2454.
[11] D. I. Macht: J. of Pharmacol. **36**, 243—250 — Chem. Zbl. **1929 II**, 3033.
[12] S. Condelli: Gazz. chim. ital. **51 II**, 309—324 (1921) — Chem. Zbl. **1922 I**, 1202.
[13] O. Fernández u. T. Garméndia: An. soc. española Fis. Quim. **21**, 166—180 — Chem. Zbl. **1923 III**, 1416.
[14] A. Fodor u. R. Schoenfeld: Hoppe-Seylers Z. **160**, 169—188 (1926) — Chem. Zbl. **1927 I**, 460.

und 8 beschleunigt es die Peptidasewirkung. Auf die Glycinelution des Enzyms wirkt Leucin nicht aktivierend.

Nach G. Schmidt[1] wird d, l-Leucin nicht durch die Adenylsäuredesaminase aus Muskelbrei desaminiert.

Von E. A. Cooper und E. J. Robinson[2] wird die keimtötende Wirkung der Cd-, Hg-, Ag- und Zn-Salze des d, l-Leucins geprüft. Die bactericide Wirkung ist schwächer als die der entsprechenden anorganischen Salze.

Physikalische Eigenschaften von l-Leucin: Molekulargewichtsbestimmungen von l-Leucin ergaben nach P. Pfeiffer und O. Angern[3] häufig statt 131 nur den Wert von 99.

Leucin läßt sich nach W. S. Ssadikow und A. K. Michailow[4] trotz seiner guten Löslichkeit in Campher nicht nach der Mikromolekulargewichtsbestimmungsmethode nach K. Rast bestimmen.

Von G. L. Keenan[5] wurden Krystallform und optische Eigenschaften von Leucin nach der Immersionsmethode festgestellt. Als Immersionsflüssigkeiten wurden Gemische von Squibbs Mineralöl $n = 1,49$, Monochlornaphthalin $n = 1,64$, Monobromnaphthalin $n = 1,66$ und Methylenjodid $n = 1,74$ in solchen Verhältnissen angewendet, daß sich das „n" jedes Gemisches vom anderen um 0,005 unterschied.

G. Takahashi u. T. Yaginuma[6] untersuchten die Löslichkeit von l-Leucin in Wasser (kryohydrat. Punkt — 0,2° bei 2,21% Leucingehalt), Zustandsdiagramme, Drehungsvermögen und Rotationsdispersion von Systemen aus Leucin, HCl und H_2O. Das letztere stimmte mit der Formel von Boltzmann $\alpha = A/\lambda^2 + B/\lambda^4$ überein.

P. A. Levene, L. W. Bass, A. Röthen u. R. E. Steiger[7] zeigen am l-Leucin und an anderen Aminosäuren, daß die Änderung der spezifischen Drehung beim Übergang der nichtdissoziierten Säure in ihre Ionen eine lineare Funktion des Dissoziationsgrades ist. Konz. 0,1 Molar. $pG'_1 = 2,31$, $pG'_2 = 9,64$, $[M_1]_D^{25} = +18,5°$, $[M_0]_D^{25} = -13,1°$, $[M_2]_D^{25} = +11,2°$. Die pG'-Werte sind durch elektrometrische Titration ermittelt. $[M_0]$ Mol.-Drehung in neutraler, $[M_1]$ in saurer und $[M_2]$ in alkalischer Lösung.

Die spezifische Drehung $[\alpha]_D$ des l-Leucins wurde von M. A. Rakusin[8] zu $-3,39°$ bestimmt.

Ch. Okinaka[9] untersuchte die optische Drehung und die Rotationsdispersion von l-Leucin bei verschiedenem p_H.

Von L. Marchlewski und A. Nowotnówna[10] wurde der Extinktionskoeffizient von Leucin nach der Methode von Hilger bestimmt.

l-Leucin wurde von Y. Shibata und T.-i. Asahina[11] in Wasser, Alkohol und Eisessig spektroskopisch untersucht.

A. Castille und E. Ruppol[12] beschreiben von Leucin das Absorptionsspektrum für Ultraviolett zwischen 4800 und 1900 Å.

Über die Absorptionsspektren eines Gemisches von Tyrosin, Tryptophan, Phenylalanin, Cystin, Glycin, Leucin und Glutaminsäure in dem durch Blutanalyse angezeigten Verhältnis und über den Vergleich dieser Spektren mit dem des Blutserums berichten W. Stenström und M. Reinhard[13].

---

[1] G. Schmidt: Hoppe-Seylers Z. **179**, 243—282 (1928) — Chem. Zbl. **1929 I**, 1124.
[2] E. A. Cooper u. E. J. Robinson: J. Soc. Chem. Ind. **45**, 321—323 — Chem. Zbl. **1926 II**, 2187.
[3] P. Pfeiffer u. O. Angern: Hoppe-Seylers Z. **133**, 180—192 — Chem. Zbl. **1924 I**, 2257.
[4] W. S. Ssadikow u. A. K. Michailow: Biochem. Z. **150**, 368—371 — Chem. Zbl. **1924 II**, 1960.
[5] G. L. Keenan: J. of biol. Chem. **62**, 163—171 (1924) — Chem. Zbl. **1925 I**, 617.
[6] G. Takahashi u. T. Yaginuma: Proc. Imp. Acad. Tokyo 4, 561—564 (1928) — Chem. Zbl. **1929 I**, 991.
[7] P. A. Levene, L. W. Bass, A. Röthen u. R. E. Steiger: J. of biol. Chem. **81**, 687—695 — Chem. Zbl. **1929 I**, 2524.
[8] M. A. Rakusin: J. russ. phys.-chem. Ges. **49**, 92—93 (1917) — Chem. Zbl. **1923 III**, 1554.
[9] Ch. Okinaka: Sexagint. Collection of Papers dedicated to Yukishi Osaka, in celebration of his 60. Birth day Kyoto **1927**, 27—59 — Chem. Zbl. **1928 I**, 2399.
[10] L. Marchlewski u. A. Nowotnówna: Bull. internat. Acad. Polon. Sci. Lettres **1925**, 153 bis 164 — Chem. Zbl. **1926 I**, 588.
[11] Y. Shibata u. T.-i. Asahina: Bull. Chem. Soc. Jap. **2**, 324—334 (1927) — Chem. Zbl. **1928 I**, 1194.
[12] A. Castille u. E. Ruppol: Bull. Soc. Chim. biol. Paris **10**, 623—668 — Chem. Zbl. **1928 II**, 622.
[13] W. Stenström u. M. Reinhard: J. of biol. Chem. **66**, 819—827 (1925) — Chem. Zbl. **1926 I**, 2536.

Von N. Bjerrum[1] werden die beiden Dissoziations- (K_s und K_b) und Hydrolysenkonstanten (k_a und k_b) von Leucin bei 25° wie folgt angegeben:

$$K_s = 10^{-2,26};\ K_b = 10^{-4,15};\ k_a = 10^{-9,75};\ k_b = 10^{-11,64}.$$

O. Blüh[2] berichtet über die D.E. wässeriger Lösungen von Leucin.

Von O. Meyerhof[3] wurde die Beeinflussung der Dissoziationswärme von Leucin untersucht, die sich nicht wesentlich ändert, solange Leucin gelöst ist. Die Dissoziationswärme ist in Alkohol ebenso groß wie in Wasser, verschwindet dagegen bis auf 1200 Cal statt 11000 Cal pro Mol in Formaldehyd.

Über eine acidimetrische Bestimmungsmethode des isoelektrischen Punktes von Leucin und über ihre Fehlergrenze berichtet D. Bach[4].

Nach Untersuchungen von L. Karczag und P. Roboz[5] über das Verhalten von Substanzen, die auf die Oberfläche des Wassers gestreut waren, gehört Leucin zum kinetischen Typus ohne Ordnungsformen. Es führt Rotationsbewegungen aus.

Physikalische Eigenschaften von d, l-Leucin: Über die refraktometrische und interferometrische Untersuchung von d, l-Leucin berichten P. Hirsch und R. Kunze[6].

Chemische Eigenschaften von l-Leucin: Von P. Karrer, W. Jäggi und T. Takahashi[7] wurde die Zugehörigkeit des l-Leucins zur l-Reihe dadurch bewiesen, daß N-Benzoyl-l-leucinester durch CH_3MgJ in Äther in l-2, 5-Dimethyl-4-benzoylamino-5-oxy-n-hexan übergeführt wurde, dessen spezifische Drehung sehr nahe der Drehung von l-2, 5-Dimethyl-4-benzoylamino-5-oxy-n-hexen lag, so daß beiden Verbindungen, da sie sich nur durch eine Doppelbindung unterscheiden, die gleiche Konfiguration zukommt. l-2, 5-Dimethyl-4-benzoyl-amino-5-oxyhexen war über l-2, 5-Dimethyl-2, 5-dioxy-4-benzoylamino-hexan aus N-Benzoyl-l-asparaginsäurediäthylester synthetisiert worden.

Nach P. Pfeiffer und O. Angern[8] wird l-Leucin sowohl durch NaCl wie durch CH_3COOK und $(NH_4)_2SO_4$ — von letzterem zu etwa 54—60% — ausgesalzen. Aus einem Gemisch von l-Leucin und l-Cystin wird durch $(NH_4)_2SO_4$ hauptsächlich Leucin abgeschieden. Nach einer Löslichkeitsbestimmung in Wasser enthalten 100 ccm 2,224 g l-Leucin bei 20—21°.

Nach K. Spiro[9] wird die Löslichkeit von Leucin durch $CaCl_2$ erhöht, durch KCl wenig verändert oder erniedrigt. Entsprechend wirken die Salze auf die Adsorption von Leucin an Tierkohle.

Darstellung von α-Cl- oder Br-Isobutylessigsäure aus Leucin läßt sich nach Chemische Fabrik „Flora"[10] folgendermaßen durchführen. Leucin wird mit konzentrierter HCl (D. 1,12) und konzentrierter HNO_3 (D. 1,4) übergossen, ½ Stunde auf dem Wasserbade erwärmt. Das sich abscheidende wasserhelle Öl besteht aus nahezu reiner α-Cl-Isobutylessigsäure. Bei Anwendung von HBr (D. 1,4) und HNO_3 (D. 1,49) wird α-Br-Isobutylessigsäure erhalten.

l-Leucin mit alkoholischer H_2SO_4 gekocht, gibt nach S. Kodama[11] nach Acetylierung des entstandenen Esters l-Acetyl-leucinsäureester.

Beim Erhitzen von Leucin und Glykokoll in Glycerinlösung auf 190° wurden von E. Abderhalden und E. Schwab[12] neben Leucinimid etwa 55% Leucylglycinanhydrid erhalten.

Im Gegensatz zu den Angaben von Zelinski und Ssadikow[13] konnte nach E. Abderhalden und E. Schwab[14] bei Einwirkung von kalter verdünnter NaOH oder H_2SO_4 auf Leucin keine merkliche Abnahme des formoltitrierbaren N festgestellt werden.

---

[1] N. Bjerrum: Z. physik. Chem. **104**, 147—173 (1923) — Chem. Zbl. **1923 I**, 1575.
[2] O. Blüh: Z. physik. Chem. **106**, 341—365 (1923) — Chem. Zbl. **1924 I**, 461.
[3] O. Meyerhof: Pflügers Arch. **204**, 295—331 — Chem. Zbl. **1924 II**, 1220.
[4] D. Bach: Bull. Soc. Chim. biol. Paris **9**, 1233—1243 (1927) — Chem. Zbl. **1928 I**, 2972.
[5] L. Karczag u. P. Roboz: Biochem. Z. **162**, 22—27 (1925) — Chem. Zbl. **1926 I**, 328.
[6] P. Hirsch u. R. Kunze: Fermentforschg **6**, 30—55 — Chem. Zbl. **1922 III**, 557.
[7] P. Karrrer, W. Jäggi u. T. Takahashi: Helvet. chim. Acta **8**, 360—364 — Chem. Zbl. **1925 II**, 1269.
[8] P. Pfeiffer u. O. Angern: Hoppe-Seylers Z. **133**, 180—192 — Chem. Zbl. **1924 I**, 2257.
[9] K. Spiro: Schweiz. med. Wschr. **51**, 457—460 — Ber. Physiol. **8**, 340 — Chem. Zbl. **1921 III**, 888.
[10] Chemische Fabrik „Flora": Holl.P. 6121 v. 26. August 1919, ausg. 15. Sept. 1921; Schweiz.Prior. v. 31. August 1918; Chem. Zbl. **1921 IV**, 1140.
[11] S. Kodama: J. of Biochem. **1**, 213—217 (1922) — Ber. Physiol. **20**, 370 (1923) — Chem. Zbl. **1924 I**, 1173.
[12] E. Abderhalden u. E. Schwab: Hoppe-Seylers Z. **149**, 298—301 (1925) — Chem. Zbl. **1926 I**, 1193.
[13] Zelinski u. Ssadikow: Chem. Zbl. **1924 I**, 164.
[14] E. Abderhalden u. E. Schwab: Hoppe-Seylers Z. **136**, 219—223 — Chem. Zbl. **1924 II**, 2459.

Beim Erhitzen von Leucin oder Leucin-Ba, mit Eisenfeilen gemischt im Vakuum, unter gewöhnlichem Druck oder im Autoklaven entsteht nach E. Waser[1] neben i-Amylamin Leucinimid und i-Butylcyanid, deren Ausbeute gesteigert werden kann, wenn das Leucin in die dreifache Menge auf 120° erhitzten Fluorens eingetragen und die Temperatur auf 180°, schließlich auf 235° gesteigert wird. S. Keimatsu und S. Yamamoto[2] verwenden anstatt des Fluorens Petroleum zur Decarboxylierung. 17 g Leucin werden mit 150 ccm Petroleum vom Kochp. 190—220° und 20 ccm vom Kochp. 220—260° destilliert. Beim Siedepunkt findet plötzliche Zersetzung statt. i-Amylamin geht als Carbonat mit dem Petroleum über, daraus werden 11 g (97,3%) i-Amylamin gewonnen.

Die Oxydation von Leucin durch H_2O_2 oder auf elektrochemischem Wege verläuft nach F. Fichter und F. Kuhn[3] gleich, es entstehen folgende Verbindungen: Isovaleraldehyd, Isovaleriansäure, Isobuttersäure, Aceton, Essigsäure, Ameisensäure, CO_2 und NH_3.

Bei der Oxydation von Leucin in neutraler bzw. alkalischer Lösung mit H_2O_2 oder $KMnO_4$ ließ sich aus Leucin im Gegensatz zu anderen Aminosäuren nach W. R. Fearon und E. G. Montgomery[4] keine Cyansäure erhalten.

Leucin mit H_2O_2 behandelt, gibt nach E. Abderhalden und E. Komm[5] weder eine Ninhydrin- noch eine Carbonylreaktion (1, 3, 5-Dinitrobenzoesäurereaktion).

Die Hemmung der katalytischen Verbrennung des Leucins mit Blutkohle durch HCN beruht nach O. Warburg[6] auf einer Reaktion der HCN mit den in der Blutkohle enthaltenen Schwermetallsalzen. Wird die Blutkohle mit HCl extrahiert, so ist die hemmende Wirkung geringer. Die Oxydation mit Zuckerkohle wird von HCN nicht spezifisch gehemmt. Die Empfindlichkeit der Aminosäuren gegen aktivierten O_2 läßt sich mit alkalischem H_2O_2 zeigen.

R. Kuhn und A. Wassermann[7] studierten die Übertragung von O_2 an Leucin als Substrat, bei Zusatz von Hämin und sekundärer Phosphatlösung, bei weiterem Zusatz von Tonerde oder Metazinnsäure. Es fand keine O_2-Aufnahme statt. Übereinstimmung mit dem Warburgschen Versuch besteht bei einem System: Leucin, Phosphatlösung (primäres und sekundäres) und Kohle. Ersatz des sekundären Phosphates durch Hämin verändert die O_2-Aufnahme nicht.

H. Wieland und W. Franke[8] untersuchten die Autoxydation von Fe bei Gegenwart von Leucin, das stark beschleunigend wirkte.

Während Glykokoll bei Gegenwart geringer Mengen von Adrenalin durch O_2 unter Bildung von NH_3 und CO_2 zerlegt wird, ist die Oxydation anderer Aminosäuren (z. B. von Leucin) nach S. Edlbacher und J. Kraus[9] sehr gering.

Leucin allein oder im Hydrolysat von Casein wird nach P. Karrer[10] nach Veresterung und Acetylierung durch Reduktion mit Na und absolutem Alkohol in Isobutyl-äthyl-1-aminoalkohol-2 übergeführt.

Nach E. Schmidt und K. Braunsdorf[11] ist Leucin bzw. Leucinhydrochlorid gegen ClO_2 beständig.

N. Ch. Wright[12] untersuchte die Wirkung von Hypochloritlösungen auf Leucinlösungen verschiedener Konzentration. Von Einfluß auf die Reaktion ist die Alkalität der Lösung. Aus den Resultaten schließt der Verfasser, daß Oxydation und Chlorierung der Aminosäure nebeneinander herlaufen.

---

[1] E. Waser: Helvet. chim. Acta 8, 758—773 (1925) — Chem. Zbl. 1926 I, 1400.

[2] S. Keimatsu u. S. Yamamoto: J. pharmacol. Soc. Jap. 1927, 129—130 — Chem. Zbl. 1928 I, 904.

[3] F. Fichter u. F. Kuhn: Helvet. chim. Acta 7, 167—172 — Chem. Zbl. 1924 I, 1766.

[4] W. R. Fearon u. E. G. Montgomery: Biochemic. J. 18, 576—582 — Chem. Zbl. 1924 II, 1335.

[5] E. Abderhalden u. E. Komm: Hoppe-Seylers Z. 144, 234—240 — Chem. Zbl. 1925 II, 923.

[6] O. Warburg: Naturwissensch. 11, 159 — Chem. Zbl. 1923 I, 1308.

[7] R. Kuhn u. A. Wassermann: Ber. dtsch. chem. Ges. 61, 1550—1567 — Chem. Zbl. 1928 II, 1099.

[8] H. Wieland u. W. Franke: Liebigs Ann. 469, 267—308 — Chem. Zbl. 1929 II, 20.

[9] S. Edlbacher u. J. Kraus: Hoppe-Seylers Z. 178, 239—249 — Chem. Zbl. 1928 II, 2658.

[10] P. Karrer: D.R.P. 347377, Kl. 12q v. 24. August 1920, ausg. 17. Jan. 1922; Chem. Zbl. 1922 II, 1137.

[11] E. Schmidt u. K. Braunsdorf: Ber. dtsch. chem. Ges. 55, 1529—1534 — Chem. Zbl. 1922 III, 520.

[12] N. Ch. Wright: Biochemic. J. 20, 524—532 — Chem. Zbl. 1926 II, 1952.

E. Negelein[1] untersuchte die O_2-Aufnahme von Blutkohle, die mit einer Leucinlösung ins Adsorptionsgleichgewicht gebracht ist. Die Aufnahme ist im wesentlichen von der Adsorptionskonstante abhängig. Die O_2-Aufnahme des Leucins ist in etwa $^1/_{10\,000}$ n-Lösung > 50mal so groß wie bei Glykokoll gleicher Konzentration.

Nach K. Wunderly[2] eignet sich Leucin nicht für hydrolytische Untersuchungen an Kohle.

Die Gleichgewichtskonstante zwischen Formaldehyd und Leucin wurde von J. Svehla[3] so ermittelt, daß die Löslichkeit von Leucin in reinem Wasser und in Formaldehydlösungen verschiedener Konzentrationen bei 25° ermittelt wurde. Im Durchschnitt wurde für Leucin $K = 36,8$ gefunden.

Nach Ch. Moureu, Ch. Dufraisse und M. Badoche[4] ist Leucin Benzaldehyd gegenüber wirksam, Na_2SO_3 gegenüber unwirksam.

Über die Reaktion zwischen Methylglyoxal und Leucin beim Kochen und über die quantitative Bestimmung der Reaktionsprodukte berichten C. Neuberg und M. Kobel[5].

Leucin mit Acetanhydrid + Pyridin behandelt, gibt nach H. D. Dakin und R. West[6] ein α-Isobutyl-α-acetylaminoaceton.

Wird l-Leucin mit etwa der dreifachen Menge Glucose in Glycerin auf 120—130° erhitzt, so entstehen nach S. Akabori[7] CO_2, Melanoidin und mit etwa 15% Ausbeute Isovaleraldehyd, bei einem Versuch mit l-Arabinose entstehen vermutlich Isovaleraldehyd und Furfurol.

Nach K. Shibata[8] entsteht beim Erhitzen eines Mols Leucin mit 5 Mol Asparagin in weniger als 5 Teilen Glycerin über 170° eine braune Masse, die nach Umfällung aus Methylalkohol mit Baryt oder $CaCl_2$ ein amorphes Pulver bildet, das denaturiertem Eiweiß ähnelt.

Der N des Leucins wird nach P. G. Kronacker[9] durch 66proz. H_2SO_4 leicht in $(NH_4)_2SO_4$ übergeführt.

Leucin gibt nach E. Waser und E. Brauchli[10] beim Erhitzen in sodaalkalischer Lösung mit einer kleinen Menge p-Nitrobenzoylchlorid eine dunkelweinrote bis blauviolette Färbung. Die Gegenwart von Na-Bisulfit, Na-Sulfid und Na-Hyposulfit verhindert die Reaktion, während Sulfat, Thiosulfat und kolloidaler Schwefel ohne Einfluß sind. Die o- und m-Verbindungen, Benzoylchlorid, p-Nitrophenol, p-Nitrobenzoesäure und p-Nitrobenzaldehyd zeigen die Reaktion nicht. Außerdem bleibt die Färbung bei Gegenwart von Na-Acetat oder Chinolin aus, zeigt sich aber sonst bei jeder alkalischen Substanz (auch Pyridin).

Nach E. Wertheimer[11] hemmt Leucin im Gegensatz zu anderen Aminosäuren die spontane Oxydation von α-Naphthol und p-Phenylendiamin zu Indophenolblau stark, was durch die Bildung komplexer Schwermetallsalze erklärt wird.

Versuche von J. M. Ort und J. W. Bollman[12] zeigten, daß Leucin auf die Reaktion von H_2O_2 auf Dextrose katalytisch beschleunigend einwirkte.

Nach L. P. Bosman[13] ist die hydrolytische Spaltung von Methylacetat, Methylbutyrat und Olivenöl durch Leucin nicht von der Säure als solcher, sondern von ihrer [H^+] abhängig, da Puffergemische von gleicher [H^+] ebenso wirken.

H. Haehn[14] gelang eine Hydrolyse von Stärke mit folgendem System: Neutralsalz + $^m/_{10}$-Alanin + $^m/_{10}$-l-Leucin. Ebenso fielen die Versuche mit Neutralsalz + Leucyl-glycin + Alanin + Leucin teilweise positiv aus, während das System Neutralsalz + Leucin + Isoleucin + Gly-

---

[1] E. Negelein: Biochem. Z. **142**, 493—505 (1923) — Chem. Zbl. **1924 I**, 1011.
[2] K. Wunderly: Z. physik. Chem. **112**, 175—198 — Chem. Zbl. **1924 II**, 2629.
[3] J. Svehla: Ber. dtsch. chem. Ges. **56**, 331—337 (1923) — Chem. Zbl. **1923 I**, 749.
[4] Ch. Moureu, Ch. Dufraisse u. M. Badoche: C. r. Acad. Sci. Paris **183**, 408—412 — Chem. Zbl. **1926 II**, 1819.
[5] C. Neuberg u. M. Kobel: Biochem. Z. **188**, 197—210 — Chem. Zbl. **1927 II**, 2677.
[6] H. D. Dakin u. R. West: J. of biol. Chem. **78**, 91—105 — Chem. Zbl. **1928 II**, 1667.
[7] S. Akabori: Proc. imp. Acad Tokyo **3**, 672—674 (1927) — Chem. Zbl. **1928 I**, 1757.
[8] K. Shibata: Acta phytochim. **2**, 193—198 (Tokyo) — Chem. Zbl. **1927 II**, 2199.
[9] P. G. Kronacker: Bull. Soc. Chim. Belg. **3**, 217—231 — Chem. Zbl. **1924 II**, 839.
[10] E. Waser u. E. Brauchli: Helvet. chim. Acta **7**, 740—758 — Chem. Zbl. **1924 II**, 947.
[11] E. Wertheimer: Fermentforsch **8**, 497—517 — Chem. Zbl. **1926 II**, 696.
[12] J. M. Ort u. J. W. Bollman: J. amer. chem. Soc. **49**, 805—810 — Chem. Zbl. **1927 I**, 2794.
[13] L. P. Bosman: Trans. roy. Soc. S. Africa **13**, 245—253 (1926) — Ber. Physiol. **37**, 511 — Chem. Zbl. **1927 I**, 1819.
[14] H. Haehn: Biochem. Z. **135**, 587—602 — Chem. Zbl. **1923 III**, 565.

kokoll + Alanin + Tyrosin unwirksam war. Die Hydrolyse ist nach Annahme des Verfassers eine rein chemische.

Nach V. Staněk[1] wird bei der Zuckergewinnung neben Asparaginsäure und Glutaminsäure Leucin bei der ersten Kalksaturation in geringer Menge ausgefällt.

Über den Einfluß des Leucins auf die Aldehyd-Tryptophanreaktion berichtet E. Komm[2].

Über den Einfluß von Leucin auf den Nachweis von Carnosin nach der Knoopschen Reaktion berichtet G. Hunter[3].

Über die stark hemmende Wirkung von Leucin auf die Fällung einer 1proz. Lösung von Pferdeserum durch $CuSO_4$ und über die beschleunigende Wirkung auf die Fällung von Rindereiweiß durch Cu-, Zn- und Fe-Ionen berichten J. Bečka und A. Šimánek[4].

Nach Untersuchungen von H. v. Euler und K. Rydberg[5] ist bei Leucin + NaCl keine Löslichkeitserhöhung zu beobachten, an Leucin + primärem oder sekundärem Phosphat läßt sich zeigen, daß p_H und isoelektrischer Punkt definiert sein müssen. In Gemischen von Leucin und Tyrosin in NaCl-Lösungen wurde keine gegenseitige Beeinflussung der Aminosäuren gefunden.

Aus Untersuchungen von K. Sano[6] über die Löslichkeit des Leucins bei 25° und wechselndem p_H läßt sich zeigen, daß für Leucin die Löslichkeitstheorie von Michaelis bestätigt wird.

Chemische Eigenschaften von d, l-Leucin: Beim Erhitzen einer wässerigen Lösung von d, l-Leucin auf 150—160° entsteht nach E. Abderhalden und E. Komm[7] nicht das entsprechende Diketopiperazin.

Versuche von H. v. Euler und K. Rydberg[8] über die Löslichkeit von d,l-Leucin ergaben, daß Wasser bei 21° 0,0771 g-Mol d, l-Leucin und 0,01 n-HCl 0,1004 g-Mol löst. Weiterhin teilen die Verfasser mit, daß die Löslichkeit von d,l-Leucin in Wasser durch l-Tyrosin erniedrigt wird.

Derivate von l-Leucin. Natriumsalz des l-Leucins, $[\alpha]_D = -20,21°$ [9].

Kaliumsalz des l-Leucins, $[\alpha]_D = -23,22°$ [9].

Ammoniumsalz des l-Leucins, $[\alpha]_D = -10,34°$ [9].

Lithiumsalz des l-Leucins, $[\alpha]_D = -8,35°$ [9].

Kupfersalz des l-Leucins $(C_6H_{12}O_2N)_2 \cdot Cu$. Bestimmt wurde die spezifische Leitfähigkeit „x" des Cu-Salzes in folgenden wässerigen Lösungen: $1/50$, $1/100$, $1/200$, $1/400$, $1/800$, $1/1600$ n. Der Wert „x" ist von Leucin-Cu im Verhältnis zu dem anderer Cu-Salze von Aminosäuren besonders niedrig[10].

Leucindiphenylphosphat $C_{18}H_{24}O_6NP$. Aus äquivalenten Mengen Leucin und Diphenylphosphat in Wasser, verfilzte Nadeln, Schmelzp. 217°[11].

l-Leucin-äthylester bewirkt nach M. Arai[12] beim Hunde Blutdrucksenkung, beim Kaninchen nach einer kurzen, leichten Senkung eine deutliche Steigerung. Am ausgeschnittenen Uterusstück vom Hunde, Kaninchen und Meerschweinchen wirkt der Ester erregend, was durch Atropin kaum beeinflußt wird, während Adrenalin hemmend wirkt. Am ausgeschnittenen Darmstück findet Hemmung statt, auf isolierte Gefäße wirkt der Ester zunächst leicht dilatierend, dann aber hauptsächlich kontrahierend. — Der Leucinäthylester wird nach P. Rona und P. E. Speidel[13] von Pankreaslipase gespalten. — Angegeben werden Diagramme über Kochp. des Esters unter Drucken bis etwa 500 mm[14].

Chlorhydrat $C_8H_{17}O_2N + HCl$. Existiert außer in der bekannten Form vom Schmelzpunkt 119° (α) in einer zweiten Form (β), die sich aus der heißgesättigten, HCl-haltigen alkoholischen Lösung ausscheidet und bei Zimmertemperatur leicht in die α-Form übergeht[14]. —

---

[1] V. Staněk: Listy cukrovarnické **1920/21**, Nr. 37, 38 — Z. Zuckerind. Tschechoslowakei **46**, 45—48 (1921) — Chem. Zbl. **1922 II**, 151.
[2] E. Komm: Hoppe-Seylers Z. **156**, 35—60 — Chem. Zbl. **1926 II**, 1892.
[3] G. Hunter: Biochemic. J. **16**, 640—654 (1922) — Chem. Zbl. **1923 II**, 511.
[4] J. Bečka u. A. Šimánek: Biochem. Z. **149**, 150—152 (1924) — Chem. Zbl. **1925 I**, 689.
[5] H. v. Euler u. K. Rydberg: Hoppe-Seylers Z. **140**, 113—127 (1924) — Chem. Zbl. **1925 I**, 194.
[6] K. Sano: Biochem. Z. **168**, 14—33 — Chem. Zbl. **1926 I**, 2528.
[7] E. Abderhalden u. E. Komm: Hoppe-Seylers Z. **134**, 121—128 — Chem. Zbl. **1924 I**, 2783.
[8] H. v. Euler u. K. Rydberg: Arkiv för Kemi, Min. och Geol. **9**, Nr. 18, 1—6 — Chem. Zbl. **1925 I**, 2527.
[9] M. A. Rakusin: J. russ. phys.-chem. Ges. **49**, 92—93 (1917) — Chem. Zbl. **1923 III**, 1554.
[10] E. Abderhalden u. E. Schnitzler: Hoppe-Seylers Z. **163**, 94—119 — Chem. Zbl. **1927 I**, 2068.
[11] A. Bernton: Ber. dtsch. chem. Ges. **55**, 3361—3365 (1922) — Chem. Zbl. **1923 I**, 50.
[12] M. Arai: Biochem. Z. **136**, 203—212 (1923) — Chem. Zbl. **1923 III**, 871.
[13] P. Rona u. P. E. Speidel: Biochem. Z. **149**, 385—392 (1924) — Chem. Zbl. **1924 II**, 1928.
[14] G. Takahashi u. T. Yaginuma: Proc. imp. Acad. Tokyo **4**, 561—564 (1928) — Chem. Zbl. **1929 I**, 991.

Durch Behandlung von Leucinesterchlorhydrat mit $NaNO_2$ in Gegenwart von HCl wird nach Sh. Kodama[1] Isocapronsäureester erhalten. — Leucinesterhydrochlorid gibt mit Benzalhippursäureazlacton α-Benzaminocinnamoylleucinäthylester[2]. — Behandlung von Leucinesterhydrochlorid mit Phenyl-Mg-Br in Äther (1 Stunde Wasserbad) gibt nach F. Bettzieche und A. Ehrlich[3] und nach S. Kanao und T. Yaguchi[4] 2-Isobutyl-2-amino-1, 1-diphenyläthanol-(1), mit Benzyl-Mg-Br 2-Isobutyl-2-amino-1, 1-dibenzyl-äthanol-(1), mit Äthyl-Mg-Br 3-Äthyl-6-methyl-4-amino-heptanol-(3) und mit p-Tolyl-Mg-Br 1-1, 1-Di-p-tolyl-4-methyl-2-aminopentanol-(1).

Leucinpropylester wird nach P. Rona und P. E. Speidel[5] von Pankreaslipase gespalten.

Leucinamidbromhydrat. Über die Einwirkung von Darmerepsin auf bromwasserstoffsaures Leucinamid berichten E. Waldschmidt-Leitz, W. Grassmann und A. Schäffner[6].

Leucinuraminosäure. P. Brigl, R. Held und K. Hartung[7] untersuchten das Verhalten gegenüber Hypobromit.

Leucylarsanilsäure $C_{12}H_{19}O_4N_2As$. Aus α-Bromisocapronylarsanilsäure, Nadeln. Zersetzt bei 272—275°; Ausbeute 76%[8].

Acetylleucin wird durch Behandlung von Leucin in wässeriger Lösung mit gasförmigem Keten gebildet[9]. — N-Acetylleucin gibt mit Essigsäureanhydrid behandelt das entsprechende Azlacton[10].

Acetylleucinäthylester $C_{10}H_{19}O_3N$. $Kochp._2$ 114°, $Kochp._1$ 101—103°. E. Cherbuliez und Pl. Plattner[11] berichten weiterhin über die Darstellung und Isolierung des Esters in Eiweißhydrolysaten. — Aus dem Ester entsteht in Chloroformlösung mit PCl_5 2-Methyl-4-isobutyl-5-äthoxyoxazol[12].

N-Acetylleucinamid $C_8H_{16}O_2N_2$. Aus Acetylleucinester durch bei 10° mit NH_3 gesättigtem Alkohol (Autoklaven 120—140°, 24 Stunden), Blättchen aus verdünntem Alkohol, Schmelzp. 200—202°[10]. — Schmelzp. 202°[13].

Chloracetylleucinäthylester $C_{10}H_{18}O_3NCl$. Aus Leucinesterchlorhydrat wird mit verdünnter NaOH und Äther der Ester in Freiheit gesetzt und mit Chloracetylchlorid umgesetzt. Dickflüssiges Öl, $Kochp._{15-18}$ 164—166°[13].

Butyrylleucinäthylester $C_{12}H_{23}O_3N$. Aus l-Leucinäthylester und Buttersäureanhydrid (Wasserbad 1 Stunde), $Kochp._1$ 126—127°. Gibt nach Behandlung mit 1 Mol PCl_5 in Chloroform beim Erhitzen auf dem Wasserbade 2-Propyl-4-iso-butyl-5-äthoxyoxazol[14].

d-Methyläthylacetyl-l-leucinäthylester $C_{13}H_{25}O_3N$. Aus l-Methyläthylester und d-Methyläthylacetylchlorid (aus optisch nicht ganz reiner Säure, Kochp. 112°) in Äther, $Kochp._2$ 132 bis 133°. Gibt nach Behandlung mit PCl_5 in Chloroform beim Erhitzen auf dem Wasserbade das optisch-aktive 2-sek.-Butyl-4-iso-butyl-5-äthoxyoxazol[14].

l-Benzoylleucin wird nach J. A. Smorodinzew[15] durch das in den verschiedenen Ge-

---

[1] Sh. Kodama: J. of Biochem. **1**, 213—217 (1922) — Ber. Physiol. **20**, 370 (1923) — Chem. Zbl. **1924 I**, 1173.

[2] Ch. Gränacher u. M. Mahler: Helvet. chim. Acta **10**, 246—262 — Chem. Zbl. **1927 I**, 2543.

[3] F. Bettzieche u. A. Ehrlich: Hoppe-Seylers Z. **160**, 1—24 — Chem. Zbl. **1926 II**, 3045.

[4] S. Kanao u. T. Yaguchi: J. pharmacol. Soc. Jap. **48**, 46—48 — Chem. Zbl. **1928 II**, 51.

[5] P. Rona u. P. E. Speidel: Biochem. Z. **149**, 385—392 — Chem. Zbl. **1924 II**, 1928.

[6] E. Waldschmidt-Leitz, W. Grassmann u. A. Schäffner: Ber. dtsch. chem. Ges. **60**, 359—364 — Chem. Zbl. **1927 I**, 1598.

[7] P. Brigl, R. Held u. K. Hartung: Hoppe-Seylers Z. **173**, 129—154 — Chem. Zbl. **1928 I**, 1778.

[8] G. Giemsa u. C. Tropp: Ber. dtsch. chem. Ges. **59**, 1776—1786 — Chem. Zbl. **1926 II**, 1847.

[9] M. Bergmann u. F. Stern: D.R.P. 453577, Kl. 12o v. 21. Juli 1925, ausg. 10. Dez. 1927; Chem. Zbl. **1928 I**, 2663.

[10] M. Bergmann, F. Stern u. Ch. Witte: Liebigs Ann. **449**, 277—302 — Chem. Zbl. **1926 II**, 2706.

[11] E. Cherbuliez u. Pl. Plattner: Helvet. chim. Acta **12**, 317—329 — Chem. Zbl. **1929 II**, 75.

[12] P. Karrer u. Ch. Gränacher: Helvet. chim. Acta **7**, 763—780 — Chem. Zbl. **1924 II**, 985.

[13] Ch. Gränacher: Helvet. chim. Acta **8**, 211—217 — Chem. Zbl. **1925 I**, 2229.

[14] P. Karrer, E. Miyamichi, H. C. Storm u. R. Widmer: Helvet. chim. Acta **8**, 205—211 — Chem. Zbl. **1925 I**, 2228.

[15] J. A. Smorodinzew: Hoppe-Seylers Z. **124**, 123—139 (1923) — Chem. Zbl. **1923 I**, 976.

weben vorkommende Histozym gespalten. — Die Benzoylverbindung wird bei Behandlung mit PCl_5 — in Acetylchlorid suspendiert — innerhalb einer Stunde bei 0° racemisiert[1].

l-Benzoyl-leucinäthylester. Kochp. 200—220°, aus dem Ester entsteht in Chloroformlösung mit PCl_5 2-Phenyl-4-isobutyl-5-äthoxyoxazol[2]. — Der Ester gibt mit Phenyl-Mg-Br 2-Benzoylamino-2-isobutyl-1, 1-diphenyläthanol $C_{25}H_{27}O_2N$ [3].

α-Benzaminocinnamoylleucin $C_{22}H_{24}O_4N_2$. Aus dem Ester durch siedende, verdünnte alkoholische KOH (2 Minuten). Aus verdünnter Na-Carbonatlösung + HCl amorph[4].

α-Benzaminocinnamoylleucinäthylester $C_{24}H_{28}O_4N_2$. Leucinesterhydrochlorid in sehr wenig Wasser zu gekühlter Na-Äthylatlösung gegeben, Filtrat mit Benzalhippursäureazlacton versetzen. Nadeln aus heißem Methylalkohol + Wasser, Schmelzp. 173°[4].

d-Campholyl-l-leucin $C_{16}H_{29}O_3N$, Schmelzp. 155—156°, hat sehr ähnliche Eigenschaften mit einem d-Campholyl-l-leucin, das durch alkalische Spaltung aus Tetramethylcyclopentyl-4-iso-butyl-5-äthoxyoxazol gebildet wurde[5].

d-Campholyl-l-leucin-äthylester $C_{18}H_{33}O_3N$. Aus d-Campholylchlorid und l-Leucinäthylester in Äther, Kochp.$_{12-14}$ 200—205°. Aus Methylalkohol + Wasser, Schmelzp. 66—67°. Durch Behandlung mit P_2O_5 wird Tetramethylcyclopentyl-4-iso-butyl-5-äthoxyoxazol erhalten[5].

α-Diazoisocapronsäureäthylester $C_8H_{14}O_2N_2$. Aus l-Leucinäthylester, Kochp.$_{0,5}$ 49—50°, $D_4^{20} = 0,961$; $n_D^{20} = 1,4333$; $[\alpha]_D^{24} = -1,52°$ [6].

Xanthylureido-l-isocapronsäureäthylester $C_{22}H_{26}O_3N_2$. Ureidoisocapronsäure wird mit Alkohol und HCl verestert. Die Lösung auf dem Wasserbade im Vakuum eingeengt, der sirupöse Rückstand nach Zusatz von Wasser, Na-Acetat und Eisessig mit Xanthydrol behandelt. Kleine Nädelchen aus Äther + Petroläther, Schmelzp. 162—163°[7].

l-Isobutyl-äthyl-l-amino-alkohol-2 $C_6H_{17}ON$. Eine absolut alkoholische Acetylleucinesterlösung wird auf metallisches Na unter zeitweisem Erhitzen getropft, nach 2 stündigem Kochen unter Zugabe von Alkohol wird mit Wasser verdünnt, der Alkohol abdestilliert, wobei gleichzeitig der Acetylrest abgespalten wird, dann wird ausgeäthert, der Äther abdestilliert und der Rückstand rektifiziert. Der Aminoalkohol ist ein farbloses, stark basisch riechendes Öl, Kochp. 194—200°. Bildet mit Mineralsäuren gut krystallisierende Salze, wie Sulfat oder Chlorid, Schmelzp. 148—150°[8].

1, 1-Dimethylleucinol $C_8H_{19}ON$. Aus Leucinäthylester in Äther und Methyl-Mg-J im Überschuß. Lebhafte Reaktion, dann 2 Stunden auf dem Wasserbade mit HCl zersetzen, saure Lösung mit NH_3 und NaOH übersättigen und ausäthern. Unangenehm riechendes Öl, Kochp.$_{720}$ 187—190°; leicht löslich in Alkohol und Äther, wenig löslich in Wasser[9].

1, 1-Dimethylleucinolchlorhydrat $C_8H_{20}ONCl$. Mit HCl in Alkohol und Fällen mit Äther. Feine Nadeln, Schmelzp. 166°; sehr leicht löslich in Wasser, schwerer löslich in Alkohol, unlöslich in Äther[9].

1, 1-Dimethylleucinolsulfat $[C_8H_{20}ON]_2SO_4$. Aus Alkohol mit verdünnter H_2SO_4, Nadeln, Schmelzp. 237° hygroskopisch[9].

Leucincholinjodhydrat. Vergleich des Schmelzpunktes mit dem von Cholin-, Alanin- und Valincholinjodhydrat[9].

l-Leucincholinchloridstearinsäureester $C_{27}H_{56}O_2NCl$. Aus Jodid in Alkohol mit AgCl, feine Nadeln, hygroskopisch. Wird gegen 100° allmählich weich und fließend, tropft erst bei etwa 120° ab[9].

l-Leucincholinjodidstearinsäureester $C_{27}H_{56}O_2NJ$. Aus Leucincholinjodid und Stearinsäurechlorid bei 3 stündigem Erhitzen auf dem Wasserbade, Masse mit Äther ausgekocht, umgelöst aus absolutem Alkohol, blumenkohlartige Krystallaggregate aus feinen Nadeln,

---

[1] P. Karrer u. M. dalla Vedova: Helvet. chim. Acta **11**, 368 — Chem. Zbl. **1928 I**, 2393.
[2] P. Karrer u. Ch. Gränacher: Helvet. chim. Acta **7**, 763—780 — Chem. Zbl. **1924 II**, 985.
[3] F. Bettzieche, R. Menger u. K. Wolf: Hoppe-Seylers Z. **160**, 270—300 (1926) — Chem. Zbl. **1927 I**, 82.
[4] Ch. Gränacher u. M. Mahler: Helvet. chim. Acta **10**, 246—262 — Chem. Zbl. **1927 I**, 2543.
[5] Ch. Gränacher: Helvet. chim. Acta **8**, 211—217 — Chem. Zbl. **1925 I**, 2229.
[6] H. M. Chiles u. W. A. Noyes: J. amer. chem. Soc. **44**, 1798—1810 (1922) — Chem. Zbl. **1923 I**, 42.
[7] R. Fosse, Th. Hagène u. R. Dubois: C. r. Acad. Sci. Paris **177**, 331—334 — Chem. Zbl. **1923 III**, 1020.
[8] P. Karrer: D.R.P. 347377, Kl. 12q v. 24. August 1920, ausg. 17. Jan. 1922; Chem. Zbl. **1922 II**, 1137.
[9] P. Karrer: Helvet. chim. Acta **5**, 469—489 — Chem. Zbl. **1922 III**, 766.

leicht löslich in Wasser, heißem Alkohol, wenig löslich in kaltem Alkohol. Sintert über 105°, bei 108—110° Tropfenbildung, fließt bei 138—140° zusammen. Wurde auf seine hämolytische Wirkung untersucht. 0,5- und 0,05proz. Lösungen wirken innerhalb 1 Stunde stark hämolytisch, in $^5/_{100\,000}$ Verdünnung ist die Wirkung noch nach 12 Stunden wahrnehmbar[1].

l-Leucincholinjodidpalmitinsäureester $C_{25}H_{52}O_2NJ$. Ähnlich dem Stearinsäureester, sintert von 105° ab, fließt bei 113—115° zusammen. Wirkt in 0,5 und 0,05proz. Lösung innerhalb 1 Stunde stark hämolytisch, bei einer Konzentration von $^5/_{100\,000}$ ist die Wirkung noch nach 12 Stunden wahrnehmbar[1].

l-Leucincholinchloridpalmitinsäureester $C_{25}H_{52}O_2NCl$. Wird gegen 100° weich und fließend, fließt um 110° herum ab[1].

Acetylleucincholin. Über dessen physiologische Wirkungen im Vergleich zum Acetylalanincholin berichtet P. Karrer[1]. — **Acetylleucincholinjodhydrat** zeigt nach T. Gordonoff[2] im Gegensatz zum Leucincholinjodhydrat die bekannten Endplattenwirkungen des Cholins, also parasympathische Hemmungswirkung am nach Straub isolierten Froschherzen, die kontraktionserregende Wirkung am isolierten Kaninchendünndarm, die Contracturwirkung am isolierten Meerschweinchenuterus und auf den parasympathischen Teil der receptiven Substanz am isolierten Skeletmuskelpräparat des Frosches. Die parasympathische Wirkung wurde nur am isolierten Organ, nicht aber am intakten Organismus, selbst nicht bei intravenöser Injektion großer Dosen, beobachtet, was sich durch die schnelle Zerstörung des Acetylleucincholins durch die Blutesterase erklären läßt.

Acetyl-α-imino-iso-capronsäure $C_8H_{13}O_3N$. Aus Chloracetyl-l-leucin mittels PCl_5 und CH_3COCl, Nadeln aus Wasser + Methylalkohol. Schmelzp. 150°. Geschmack bittersauer. Sehr leicht löslich in Alkohol, $[\alpha]_D = -22.4°$[3].

Derivate von d, l-Leucin: d, l-Leucinäthylester ergibt mit 2 Mol Guanidin umgesetzt d, l-5-Isobutyl-2-imino-4-oxotetrahydroimidazol[4].

d, l-Leucinglycerinester $C_9H_{19}O_4N$. Aus dem Na-Salz des d, l-Leucins mit Monochlorhydrin, aus konzentrierter alkoholischer Lösung, Schmelzp. 196—198°. Sehr leicht löslich in Wasser mit schwach alkalischer Reaktion. Triketohydrindenhydratreaktion, erst nach dem Kochen positiv. Sehr leicht löslich in Methylalkohol, weniger löslich in Alkohol, unlöslich in Äther, Benzol, Chloroform, löslich in heißem Glycerin. Mit Säure nicht titrierbar[5].

α-d, l-Leucyl-α′, β-dipalmitylglycerin. Durch Einwirkung des Na-Salzes von Leucin auf α, β-Dipalmityl-α′-jodhydrin. Schmelzp. 219°. Löst sich in warmem Wasser, jedoch trübe, fällt beim Erkalten als Gel bzw. Pseudogel aus. Löslich in warmem CH_3OH und Alkohol, sonst meist unlöslich[6].

α-d, l-Leucyl-α′, β-distearylglycerin. Durch Einwirkung des Na-Salzes von Leucin auf α, β-Distearyl-α′-jodhydrin. Schmelzp. 150°. Löslichkeit ist der des Dipalmitylglycerinesters analog[6].

d, l-Formylleucin. Untersuchung der Einwirkung von Al-Amalgam auf d, l-Formylleucin ergab nach A. Fodor und M. Frankel[7] folgendes: Es wird ein sehr beständiges Sol in Alkohol + etwas Wasser erhalten, das neben Ameisensäure und Al freies d, l-Leucin enthält und mit NH_3 und $(NH_4)_2SO_4$ ausgeflockt werden kann. Das alkoholische Sol zeigt starkes Tyndallphänomen, diffundiert nicht durch Membranen. Beim Eingießen in viel Wasser wird ein trübes Sol erhalten, das sich dialysieren läßt und vom Ultrafilter zurückgehalten wird. Außerdem wird über spontane Fällung, Fällung durch Erwärmen oder Reiben, Ausfall der Ninhydrinreaktion im Niederschlag, Filtration und Wiederauflösung des Niederschlages von diesem wässerigen alkoholischen Sol berichtet. — H. Kimura[8] berichtet über die Spaltung der Formylverbindung durch Leber und Niere von Kaninchen durch die Organe des Hundes und Schweines. Die Spaltung erfolgt asymmetrisch.

d, l-Acetylleucin. Durch Hydrolyse beim Erwärmen von 2-Methyl-4-isobutyl-5-äthoxyoxazol, Schmelzp. 162°[9]. — H. Kimura[8] untersuchte die Spaltung von Acetyl-d, l-leucin durch

---

[1] P. Karrer: Helvet. chim. Acta **5**, 469—489 — Chem. Zbl. **1922 III**, 766.
[2] T. Gordonoff: Biochem. Z. **160**, 451—463 (1925) — Chem. Zbl. **1928 II**, 785.
[3] E. Abderhalden u. E. Roßner: Hoppe-Seylers Z. **163**, 261—266 — Chem. Zbl. **1927 I**, 2406.
[4] E. Abderhalden u. H. Sickel: Hoppe-Seylers Z. **173**, 51—60 — Chem. Zbl. **1928 I**, 1021.
[5] A. Fodor u. M. Weizmann: Hoppe-Seylers Z. **154**, 290—292 — Chem. Zbl. **1926 II**, 1012.
[6] Weizmann u. L. Haskelberg: C. r. Acad. Sci. Paris **89**, 104—106 — Chem. Zbl. **1929 II**, 1524.
[7] A. Fodor u. M. Frankel: Hoppe-Seylers Z. **159**, 133—149, 150—162 — Chem. Zbl. **1926 II**, 2774.
[8] H. Kimura: J. of Biochem. **10**, 207—223 — Chem. Zbl. **1929 II**, 580.
[9] P. Karrer u. Ch. Gränacher: Helvet. chim. Acta **7**, 763—780 — Chem. Zbl. **1924 II**, 985.

Niere und Leber des Kaninchens, durch Organe des Schweines und des Hundes. Besonders gut wird die Leucinverbindung im Gegensatz zur Acetylverbindung anderer Aminosäuren durch Hundeleber gespalten. Die Spaltung erfolgt stets asymmetrisch.

Phenylacetyl-d, l-leucin. Aus heißem Wasser Nadelbüschel, Schmelzp. 133—134°. Sehr leicht löslich in Alkohol, Äther, Essigester, Aceton, mäßig löslich in Benzol, unlöslich in Tetrachlorkohlenstoff und Petroläther. Bei Verfütterung an Kaninchen, Hunde, Hühner und Menschen wurde es unangegriffen wieder ausgeschieden[1].

Ba-Salz. Nadeln, löslich in 25 Teilen Wasser[1].

Benzoyl-d, l-leucin wird aus Benzoyl-d, l-leucylglycin durch Spaltung mit n-NaOH gebildet. Die Spaltung des Benzoyldipeptides wird durch zugesetztes Benzoylleucin nicht beeinflußt[2].

Phenylisocyanatleucin. Über die enzymatische Spaltung mit Darm-, Pankreas- und Hefemacerationssaft berichten E. Abderhalden und E. Schwab[3].

Toluolsulfo-d, l-leucinäthylester $C_{12}H_{17}O_4NS$. Prismen aus Benzol, Schmelzp. 83,5°. Sehr leicht löslich in Methylalkohol, weniger löslich in Alkohol, wenig löslich in Wasser[4].

Toluolsulfo-d, l-leucinhydrazid $C_{15}H_{21}O_3N_3S$, Ausbeute 87%, Schmelzp. 146°[4].

Toluolsulfo-d, l-leucinazid. Ausbeute 38%, Krystalle zersetzlich[4].

d, l-Leucintyramin $C_{14}H_{22}O_2N_2$. Aus dem α-Bromisocapronyltyramin mit NH_3, Zersetzung 105°, leicht löslich in Alkohol und Wasser, fällt aus alkoholischer Lösung mit Äther. Als Nebenprodukt bei der Darstellung wurde Imino di-isocapronyltyramin erhalten. Wird nicht durch Darm- und Pankreassaft, aber durch Hefemacerationssaft gespalten[3].

Iminodiisocapronyltyramin $C_{28}H_{41}O_4N_2$. Als Nebenprodukt bei der Aminierung von α-Bromisocapronyltyramin erhalten, wird von Hefemacerations-, aber nicht von Darm- und Pankreassaft gespalten[3].

Leucinolchlorhydrat. Durch Reduktion von Leucylglycin mit Na und Alkohol erhalten[5].

N-Diäthylleucinester $C_{12}H_{25}O_2N$. 130 g α-Bromisocapronsäure + einer Lösung von 305 g Diäthylamin in 380 ccm Alkohol 14 Tage stehen lassen, dann nach 12 Stunden am Rückflußkühler kochen lassen, Alkohol abdestillieren, gelatinösen Rückstand in Alkohol mit gasförmiger HCl 10 Stunden sättigen (die letzten 4 Stunden Einleiten unter Kochen), schwach gelbes Öl. Kochp.$_{720}$ 204—208°, löslich in Wasser, Alkohol und Äther[6].

N-Pentamethylenleucinester. Aus Piperidin (3stündiges Erhitzen) im Autoklaven bei 100—110°, Kochp.$_{726}$ 248—255°[6].

p-Nitrobenzoyl-N-dimethylleucinolchlorhydrat $C_{15}H_{23}O_4N_2Cl$. Aus N-Dimethylleucinol in Chloroform + p-Nitrobenzoylchlorid, in Alkohol und Chloroform gelöst, mit Äther gefällt, gelbliche Nädelchen, leicht löslich in Wasser und Alkohol, wenig löslich in Äther, Schmelzpunkt 149,5°[6, 7].

p-Aminobenzoyl-N-dimethylleucinolchlorhydrat $C_{15}H_{25}O_2N_2Cl$. Aus absolutem Alkohol gelbliche Nädelchen, Schmelzp. 196°, löslich wie die p-Nitrobenzoylverbindung. Wurde auf seine anästhesierende Wirkung untersucht[6, 7].

N-Diäthylleucinol $C_{10}H_{23}ON$. Aus dem Diäthylleucinester in Alkohol durch Aufgießen auf Na, nach Beendigung der ersten heftigen Reaktion im Ölbad erhitzen, wenn Na verschwunden ist, Wasser zugeben und nach Abdestillieren des Alkohols und Zufügen von Wasser mit Äther extrahieren, farbloses Öl, Kochp. 208—211°, löslich in Wasser, Alkohol und Äther[6].

p-Nitrobenzoyl-N-diäthylleucinolchlorhydrat $C_{17}H_{27}O_4N_2Cl$. Aus Alkohol + Äther + Chloroform, gelbliche Nadeln, Schmelzp. 163° (abhängig von der Schnelligkeit des Erhitzens), leicht löslich in Wasser, Alkohol, Chloroform, unlöslich in Äther[6, 7].

p-Aminobenzoyl-N-diäthylleucinolchlorhydrat $C_{17}H_{29}O_2N_2Cl$. Aus Alkohol weiße Blättchen, von bitterem Geschmack. Schmelzp. 191°. Leicht löslich in Wasser, wenig löslich in kaltem Alkohol, unlöslich in Äther, in physiologischer NaCl-Lösung besonders in der Wärme ziemlich löslich, Lösungen färben sich mit der Zeit gelblich. Fällt Eiweiß und Pepton nicht. Die Trockensubstanz wird durch HNO_3 braunrot. Bei der Prüfung auf anästhesierende Wirkung

---

[1] G. J. Shiple u. C. P. Sherwin: J. of biol. Chem. **53**, 463—478 — Chem. Zbl. **1922 III**, 1308.
[2] E. Abderhalden u. P. Möller: Hoppe-Seylers Z. **174**, 196—213 — Chem. Zbl. **1928 I**, 2376.
[3] E. Abderhalden u. E. Schwab: Fermentforschg **9**, 252—263 — Chem. Zbl. **1927 II**, 2551.
[4] R Schönheimer: Hoppe-Seylers Z. **154**, 203—224 — Chem. Zbl. **1926 II**, 1023.
[5] E. Abderhalden u. E. Schwab: Hoppe-Seylers Z. **139**, 68—75 — Chem. Zbl. **1924 II**, 2037.
[6] P. Karrer, E. Horlacher, F. Locher u. M. Giesler: Helvet. chim. Acta **6**, 905—919 (1923) — Chem. Zbl. **1924 I**, 477.
[7] H. Graf: Arch. f. exper. Path. **99**, 315—345 (1923) — Chem. Zbl. **1924 I**, 1830.

ergab sich, daß diese Verbindung, die im Vergleich zu ihren Homologen am besten wirkt, reizlos ist, sich dem Novocain durch raschen Eintritt der Anästhesie und größere Tiefenwirkung an der Cornea überlegen zeigt, die sensiblen Nerven ebenso oder gleichfalls später beeinflußt, in der toxischen Wirkung am Kaninchen dem Cocain näher als dem Novocain steht[1, 2].

Methansulfosaures Salz des p-Aminobenzoyl-N-diäthylleucinol(Panthesin)[3]. Schmelzp. 157—159°, leicht löslich in Wasser (1 : 3) und Alkohol. Wässerige Lösung (1 : 9) gegen Lackmus schwach sauer, sterilisierbar. Lokalanaestheticum. Bei Tiefen- und Oberflächenanästhesie ebenso wirksam wie Cocain, aber kein Rauschgift. 3—4mal ungiftiger als Cocain[4]. — Eine Lösung von S.F. 147 (Sandoz) zeigt $p_H = 5{,}107$ für $1^0/_{00}$. S.F. 147 läßt sich durch $NaHCO_3$ nur unter Ausflockung neutralisieren. S.F. 147 ist 4,5mal toxischer als Novocain, wirkt stark hämolytisch und ist auf das Herz ausgesprochen giftig. O. Geßner[5] lehnt es wegen dieser Nachteile trotz seiner höheren lokalanästhetischen Wirkung gegenüber Novocain ab.

N-Dipropylleucinol. Bildung analog der Diäthylverbindung[1].

p-Nitrobenzoyl-N-dipropylleucinolchlorhydrat. Prismen[1].

p-Aminobenzoyl-N-dipropylleucinolchlorhydrat wurde auf seine anästhetisierende Wirkung untersucht[6].

N-Pentamethylenleucinol. Kochp. 250—252°. Löslich in Wasser und Äther, Geruch basisch[1].

p-Nitrobenzoyl-N-pentamethylenleucinolchlorhydrat $C_{18}H_{27}O_4N_2$. Prismen[1]. Aus Alkohol + Äther, warzenförmige Drusen aus Prismen bestehend. Schmelzp. 156°, Sintern von 141° ab[2].

p-Aminobenzoyl-N-pentamethylenleucinolchlorhydrat $C_{18}H_{29}O_2N_2Cl$. Aus Alkohol + Äther warzenförmige Krystalle. Wurde auf seine anästhesierende Wirkung untersucht[1, 2].

p-Aminobenzoyl-2-piperidylleucinolchlorhydrat wurde auf seine lokalanästhetisierende Wirkung untersucht[6].

Leucinisomere:

Methyl-n-propyl-α-aminoessigsäure $C_6H_{13}O_2N$. Aus Methylpropylketon, NH_4Cl und KCN in 50proz. Alkohol in Druckflaschen bei 50—60°. Nadeln, Schmelzp. 295° im zugeschmolzenen Röhrchen. Leicht löslich in Wasser, ziemlich löslich in Alkohol, Methylalkohol, sonst unlöslich[7].

Kupfersalz, kleine blaue Krystalle, verkohlt bei 200°, ohne zu schmelzen. Leicht löslich in Wasser, löslich in Methylalkohol, verdünntem Alkohol, siedendem Amylalkohol, Benzylalkohol[7].

α-Naphthylisocyanatmethylpropylaminoessigsäure $C_{17}H_{22}O_3N_2$. Aus Alkohol kleine Nadeln, Schmelzp. 191°[7].

Ag-Salz. In Wasser unlöslich[7].

Cu-Salz. In Wasser unlöslich[7].

Hg-Salz. In Wasser unlöslich[7].

Methylisopropyl-α-aminoessigsäure $C_6H_{13}O_2N$. Nadelförmige Krystalle, Schmelzp. 293°, im zugeschmolzenen Röhrchen, durchgehend leichter löslich als das n-Isomere[7].

Kupfersalz. Tiefblaue Nädelchen[7].

Isoleucin.

2-Amino-3-methyl-pentansäure-(1), α-Amino-β-methyl-butan-α-carbonsäure,
α-Amino-β-methyl-n-valeriansäure.

Vorkommen: Über den d-Isoleucingehalt des Extraktstoffes der Glaskörper von Rinderaugen berichtet T. Ikeda[8].

---

[1] P. Karrer, E. Horlacher, F. Locher u. M. Giesler: Helvet. chim. Acta **6**, 905—919 (1923) — Chem. Zbl. **1924 I**, 477.
[2] J. Schmidt: Schweiz. Apoth.-Z. **63**, 81—84 — Chem. Zbl. **1925 I**, 2237.
[3] Sandoz, A.-G. Chem. Pharm. Fabr. Nürnberg.
[4] Pharmaz. Z. **74**, 1276 — Chem. Zbl. **1929 II**, 2916.
[5] O. Geßner: Narkose und Anästhesie **2**, 129—147 — Chem. Zbl. **1929 II**, 1319.
[6] H. Graf: Arch. f. exper. Path. **99**, 315—345 (1923) — Chem. Zbl. **1914 I**, 1830.
[7] K. Kurono: Biochem. Z. **134**, 434—436 (1922) — Chem. Zbl. **1923 III**, 198.
[8] T. Ikeda: J. of orient. Med. **2**, 135—141 (1924) — Ber. Physiol. **31**, 925 (1925) — Chem. Zbl. **1926 I**, 1830.

Im Acetonextrakt des Corpus luteum war nach M. C. Hart und F. W. Heyl[1] ein Gemisch folgender Aminosäuren: Leucin, Isoleucin und wahrscheinlich Valin vorhanden.

Über das Vorkommen von Isoleucin im wässerigen Extrakt von Ovarienrückständen nach Alkohol-Äther-Extraktion berichten F. W. Heyl und M. C. Hart[2], F. W. Heyl und B. Fullerton[2].

Im Harn gravider Frauen konnte nach M. Honda[3] neben anderen Aminosäuren Isoleucin isoliert werden, während dessen Vorhandensein in einem anderen Falle zweifelhaft war[4].

Von E. Parisi und A. Corazza[5] wurde unter den N-haltigen Verbindungen der Rübenmelasse Isoleucin isoliert.

Bildung: Über die Bildung von isoleucinhaltigen Fraktionen und Anhydriden durch partielle Hydrolyse im Bluteiweiß berichten E. Abderhalden und E. Komm[6].

Im Hydrolysat des aus der Eisackflüssigkeit des Laiches von Hemifusus tuba Gmel. dargestellten Rohvitellins ließ sich nach Y. Komori[7] kein Isoleucin nachweisen.

Im Hydrolysat menschlicher Epidermis ließ sich nach Y. Jono[8] mit Sicherheit Isoleucin nachweisen.

Im Hydrolysat des aus dem Schlangenhemd (Pythonschlange) dargestellten Keratins bestimmte S. Oikawa[9] 0,3% Isoleucin.

Über die Bildung von d-Isoleucin [Schmelzp. 284° (bloc Maquenne) $[\alpha]_D^{12} = +12{,}77°$] bei verlängerter tryptischer Caseinhydrolyse berichten S. Fränkel, H. Gallia, A. Liebster und S. Rosen[10]. Das Isoleucin wird durch die verlängerte Einwirkung des pankreatischen Fermentes nicht verändert.

Über die Bildung von Isoleucin aus dem P-haltigen Polypeptid Lactotyrin α, das durch tryptische Spaltung aus Casein gewonnen war, berichtet S. Posternak[11].

Im Caseoglutin von Emmentaler, Tilsiter und Weichkäsesorten findet sich nach W. Grimmer und B. Wagenführ[12] Isoleucin als Baustein.

Nach E. Winterstein und O. Huppert[13] findet sich unter den Spaltprodukten sowohl des Fett- wie des Magerkäses stets Isoleucin.

Bestimmung: P. Hirsch[14] untersuchte eingehend den Verlauf der acidimetrischen Titration des Isoleucins und bespricht die Möglichkeiten und Grenzen der Titration.

Biochemische Eigenschaften des d-Isoleucins: Versuche von B. Harrow, E. W. Power und C. P. Sherwin[15] ergaben, daß die Kuppelung des Acetaldehyd-Essigsäurekomplexes mit p-Aminobenzoesäure im 24-Stundenharn nach Beigabe von Isoleucin um 12% gesteigert wurde.

Isoleucin ist nach D. Rapport und H. H. Beard[16] ohne Einfluß auf die spezifisch-dynamische Wirkung.

---

[1] M. C. Hart u. F. W. Heyl: J. amer. pharmaceut. Assoc. **14**, 770—773 (1925) — Chem. Zbl. **1926 II**, 52 — J. of biol. Chem. **66**, 639—651 (1925) — Chem. Zbl. **1926 II**, 52.

[2] F. W. Heyl u. M. C. Hart: J. of biol. Chem. **75**, 407—415 (1927) — Chem. Zbl. **1928 I**, 2511. — F. W. Heyl u. B. Fullerton: J. amer. pharmaceut. Assoc. **15**, 549—556 — Chem. Zbl. **1926 II**, 1540.

[3] M. Honda: J. of Biochem. **2**, 351—359 (1923) — Ber. Physiol. **20**, 464 (1923) — Chem. Zbl. **1924 I**, 1223.

[4] M. Honda: Acta Scholae med. Kioto **6**, 405—413 (1924) — Ber. Physiol. **32**, 598 (1925) — Chem. Zbl. **1926 I**, 2486.

[5] E. Parisi u. A. Corazza: Ann. chim. appl. **16**, 224—230 — Chem. Zbl. **1926 II**, 1344.

[6] E. Abderhalden u. E. Komm: Hoppe-Seylers Z. **136**, 134—146 — Chem. Zbl. **1924 II**, 667.

[7] Y. Komori: J. of Biochem. **6**, 129—138 — Chem. Zbl. **1926 II**, 1758.

[8] Y. Jono: J. of orient. Med. **5**, 12 — Ber. Physiol. **37**, 769 (1926) — Chem. Zbl. **1927 I**, 1968 — J. of Biochem. **10**, 311—323 — Chem. Zbl. **1929 II**, 1701.

[9] S. Oikawa: J. of Biochem. **5**, 57—61 — Chem. Zbl. **1925 II**, 1537.

[10] S. Fränkel, H. Gallia, A. Liebster u. S. Rosen: Biochem. Z. **145**, 225—241 — Chem. Zbl. **1924 I**, 2607.

[11] S. Posternak: C. r. Acad. Sci. Paris **184**, 306—307 — Chem. Zbl. **1927 I**, 2323 — C. r. Acad. Sci. Paris **186**, 1762—1765 — Chem Zbl. **1928 II**, 2154.

[12] W. Grimmer u. B. Wagenführ: Milchwirtsch. Forschgn **2**, 193—198 (1925) — Ber. Physiol. **31**, 492 — Chem. Zbl. **1925 II**, 1718.

[13] E. Winterstein u. O. Huppert: Biochem. Z. **141**, 193—221 (1923) — Chem. Zbl. **1924 I**, 112.

[14] P. Hirsch: Biochem. Z. **147**, 433—480 — Chem. Zbl. **1924 II**, 1964.

[15] B. Harrow, E. W. Power u. C. P. Sherwin: Proc. Soc. exper. Biol. a. Med. **24**, 422—424 — Ber. Physiol. **40**, 787 — Chem. Zbl. **1927 II**, 2207.

[16] D. Rapport u. H. H. Beard: J. of biol. Chem. **73**, 299—319 — Chem. Zbl. **1927 II**, 1047.

In Fütterungsversuchen an ausgewachsenen Ratten und Mäusen mit Nahrungsgemischen aus reinen organischen Bausteinen wurde von E. Abderhalden[1] beobachtet, daß Isoleucin und Norleucin ersetzbar sind, wenn an ihrer Stelle Leucin zugeführt wird.

Der O_2-Verbrauch von Paramaecium caudatum und Colpoda wird nach J. M. Leichsenring[2] durch Isoleucin gesteigert. Ebenso wird nach W. E. Burge, G. C. Wickwire, A. M. Ester und M. Williams[3] der Zuckerverbrauch von Paramäcien durch Zusatz von d-Isoleucin um 100% erhöht, während d, l-Isoleucin nach den Verfassern unwirksam bleibt.

Biochemische Eigenschaften des d, l-Isoleucins: Über die Einwirkung von d, l-Isoleucin auf den Zuckerverbrauch von Paramaecien berichten W. E. Burge, G. C. Wickwire, A. M. Ester und M. Williams[3], siehe unter d-Isoleucin, biochemische Eigenschaften, S. 456.

Nach G. Schmidt[4] wird d, l-Isoleucin nicht durch die Adenylsäuredesaminase aus Muskelbrei desaminiert.

Physikalische Eigenschaften des d-Isoleucins: Von L. Marchlewski und A. Nowotnówna[5] wurde der Extinktionskoeffizient von Isoleucin nach der Methode von Hilger bestimmt und mit dem von Keratose, einem alkalischen Abbauprodukt aus Wolle, verglichen.

Über die refraktometrische und interferometrische Untersuchung von d-Isoleucin berichten P. Hirsch und R. Kunze[6].

Physikalische Eigenschaften des l-Isoleucins: P. L. Kirk und C. L. A. Schmidt[7] berechnen für l-Isoleucin folgende Werte für die scheinbaren sauren und basischen Dissoziationskonstanten K'_a und K'_b und den isoelektrischen Punkt p_J:

K'_a	K'_b	p_J
$2{,}09 \cdot 10^{-10}$	$2{,}29 \cdot 10^{-12}$	6,02.

Chemische Eigenschaften: Folgendes System: Leucin + Isoleucin + Glykokoll + Alanin + Tyrosin blieb im Gegensatz zu anderen Systemen: Neutralsalz + Aminosäure ohne Wirkung auf die Salzhydrolyse von Stärke, die, soweit Hydrolyse stattfindet, nach H. Haehn[8] rein chemischer Natur ist.

Norleucin.

2-Amino-hexansäure-(1), α-Amino-pentan-α-carbonsäure, α-Amino-n-capronsäure.

Bestimmung: E. M. P. Widmark und E. L. Larsson[9] untersuchten für Norleucin die Anwendung der konduktometrischen Titrationsmethode mit Lauge nach Kolthoff.

R. A. Gortner und W. M. Sandstrom[10] untersuchten die van Slykesche Titration dahin, welchen Einfluß Kochen mit Säuren, die Gegenwart von Prolin oder Tryptophan bei Aminosäuregemischen (Norleucin neben anderen Aminosäuren) auf die erhaltenen Werte ausübt.

Biochemische Eigenschaften: Die Hippursäureausscheidung wird nach W. H. Griffith und H. B. Lewis[11] beim Kaninchen durch Norleucin nicht gesteigert.

In Fütterungsversuchen an ausgewachsenen Ratten und Mäusen mit Nahrungsgemischen aus reinen organischen Bausteinen wurde von E. Abderhalden[12] beobachtet, daß Norleucin und Isoleucin ersetzbar sind, wenn an ihrer Stelle Leucin zugeführt wird.

---

[1] E. Abderhalden: Pflügers Arch. **195**, 199—226 — Chem. Zbl. **1922 III**, 1234.
[2] J. M. Leichsenring: Amer. J. Physiol. **75**, 84—92 (1925) — Chem. Zbl. **1926 II**, 1871.
[3] W. E. Burge, G. C. Wickwire, A. M. Ester u. M. Williams: J. of biol. Chem. **74**, 235 bis 239 — Chem. Zbl. **1927 II**, 2325.
[4] G. Schmidt: Hoppe-Seylers Z. **179**, 243—282 (1928) — Chem. Zbl. **1929 I**, 1124.
[5] L. Marchlewski u. A. Nowotnówna: Bull. internat. Acad. Polon. Sci. Lettres **1925**, 153 bis 164 — Chem. Zbl. **1926 I**, 588.
[6] P. Hirsch u. R. Kunze: Fermentforsch **6**, 30—55 — Chem. Zbl. **1922 III**, 557.
[7] P. L. Kirk u. C. L. A. Schmidt: J. of biol. Chem. **81**, 237—248 — Chem. Zbl. **1929 I**, 2860.
[8] H. Haehn: Biochem. Z. **135**, 587—602 — Chem. Zbl. **1923 III**, 565.
[9] E. M. P. Widmark u. E. L. Larsson: Biochem. Z. **140**, 284—294 (1923) — Chem. Zbl. **1924 I**, 1244.
[10] R. A. Gortner u. W. M. Sandstrom: J. amer. chem. Soc. **47**, 1663—1671 — Chem. Zbl. **1925 II**, 1482.
[11] W. H. Griffith u. H. B. Lewis: J. of biol. Chem. **57**, 1—24 — Chem. Zbl. **1923 III**, 1329.
[12] E. Abderhalden: Pflügers Arch. **195**, 199—226 — Chem. Zbl. **1922 III**, 1234.

Biochemische Eigenschaften des d, l-Norleucins: Nach G. Schmidt[1] wird d, l-Norleucin nicht durch die Adenylsäuredesaminase aus Muskelbrei desaminiert.

Physikalische Eigenschaften des d, l-Norleucins: Über die refraktometrische und interferometrische Untersuchung von d, l-Norleucin berichten P. Hirsch und R. Kunze[2]. P. L. Kirk und C. L. A. Schmidt[3] berechnen für Norleucin folgende Werte für die scheinbaren sauren und basischen Dissoziationskonstanten K'_a und K'_b und den isoelektrischen Punkt p_J:

$$K'_a \qquad K'_b \qquad p_J$$
$$1{,}72 \cdot 10^{-10} \qquad 2{,}46 \cdot 10^{-12} \qquad 6{,}08.$$

Chemische Eigenschaften: Über den Einfluß des Norleucins auf die Aldehyd-Tryptophanreaktion berichtet E. Komm[4].

Pseudoleucin.

Tertiäres Leucin, α-Amino-β-trimethyl-propionsäure, Pseudobutyl-α-aminoessigsäure.

Darstellung: Über die Darstellung des Pseudoleucins über die Trimethylbrenztraubensäure, die aus Pinacolin dargestellt war, berichten F. Knoop und G. Landmann[5]. E. Abderhalden und E. Roßner[6] geben folgende Synthese für Pseudoleucin an: Natriummalonester wird mit $(CH_3)_3CBr$ gekuppelt (spießige Krystalle aus Äther, beim Erhitzen wird CO_2 abgespalten unter Übergang in Isobutylessigsäure). Butylbrommalonsäure (körnige Krystalle aus Äther + Benzol, löslich in Wasser, sehr leicht löslich in Alkohol und Äther, fast unlöslich in Benzol. Schmelzp. 183°) ergibt unter CO_2-Abspaltung Trimethylbrompropionsäure (Krystalle, Schmelzp. 157°, dest. im Vakuum). α-Amino-β-trimethylpropionsäure (tertiäres Leucin) aus Wasser, undeutlich ausgeprägte sechseckige Blättchen. Kein Schmelzpunkt, Sublimation gegen 280°.

Pseudoleucin entsteht nach F. Knoop und H. Oesterlin[7] durch katalytische Reduktion mit Pt und Pd in der Schüttelbirne bei 10—15° ohne Überdruck mit 30% Ausbeute aus Trimethylbrenztraubensäure und wässeriger oder alkoholischer NH_3-Lösung.

Biochemische Eigenschaften des d, l-Pseudoleucins: Bei Verfütterung von 12 g d, l-Pseudoleucin konnte innerhalb von 2 Tagen im Gegensatz zu verfütterter Phenylaminobuttersäure im Harn kein Acetylprodukt isoliert werden. Die Verbindung wurde asymmetrisch angegriffen, die d-Komponente verbrannt, das l-Stereomere ausgeschieden. Sie konnte als Toluolsulfopseudoleucin (Schmelzp. 238°) isoliert werden. Außerdem fand sich ein im Äther lösliches, krystallines Produkt vom Schmelzp. 141°, aber in so kleiner Menge, daß eine nähere Charakterisierung vor der Hand nicht möglich war. Phenacetursäure (Schmelzp. 141°) war es nicht[8].

Derivate des d, l-Pseudoleucins: Acetylpseudoleucin. Durch Kochen von Pseudoleucin mit Essigsäureanhydrid in Benzol, Umkrystallisieren aus Wasser, Schmelzp. 234°, hergestellt. — Wird nach Verfütterung aus dem Harn in reichlicher Menge, aber in der gleichen inaktiven Form, also offenbar unverändert, wiedergewonnen[8].

B. Monoamino-dicarbonsäuren.

Asparaginsäure.

Aminobutandisäure, α-Amino-äthan-α, β-dicarbonsäure, Aminobernsteinsäure.

Vorkommen: Aus 50 l Diazoharn bei Typhus abdominalis wurden von Y. Sendju[9] 0,07 g Asparaginsäure isoliert.

Aus 50 l Harn von schwer Lungentuberkulosen ließen sich nach Y. Komori[10] 0,37 g Asparaginsäure isolieren.

---

[1] G. Schmidt: Hoppe-Seylers Z. **179**, 243—282 (1928) — Chem. Zbl. **1929 I**, 1124.
[2] P. Hirsch u. R. Kunze: Fermentforschg **6**, 30—55 — Chem. Zbl. **1922 III**, 557.
[3] P. L. Kirk u. C. L. A. Schmidt: J. of biol. Chem. **81**, 237—248 — Chem. Zbl. **1929 I**, 2860.
[4] E. Komm: Hoppe-Seylers Z. **156**, 35—60 — Chem. Zbl. **1926 II**, 1892.
[5] F. Knoop u. G. Landmann: Hoppe-Seylers Z. **89**, 157 — Chem. Zbl. **1914 I**, 964.
[6] E. Abderhalden u. E. Roßner: Hoppe-Seylers Z. **163**, 149—184 — Chem. Zbl. **1927 I**, 2069.
[7] F. Knoop u. H. Oesterlin: Hoppe-Seylers Z. **148**, 294—315 (1925) — Chem. Zbl. **1926 I**, 1157.
[8] F. Knoop u. N. Okada: Pflügers Arch. **201**, 3—5 (1923) — Chem. Zbl. **1924 I**, 796.
[9] Y. Sendju: J. of Biochem. **7**, 311—317 — Chem. Zbl. **1927 II**, 2078.
[10] Y. Komori: J. of Biochem. **6**, 297—305 — Chem. Zbl. **1926 II**, 2191.

Von J. E. Pichou-Vendeuil[1] wurde aus Kuhmilch durch Essigsäure + 65proz. Alkohol ein krystallines Pulver erhalten, aus dem durch Extraktion 1,98% Asparaginsäure (= 0,0020% auf Milch berechnet) isoliert wurden.

Im Safte der Luzerne ließ sich nach H. B. Vickery[2] neben anderen Aminosäuren Asparaginsäure nachweisen, die wahrscheinlich auf ursprünglich vorhandenes Asparagin zu beziehen ist.

Nach V. Staněk[3] wurde Saturationsschlamm mit NH_4- oder K-Carbonat ausgelaugt. Die N-haltigen Verbindungen ließen sich mit $Cu(OH)_2$ fraktioniert fällen; im nicht gefällten Anteil wurde an Aminosäuren Asparaginsäure (in Mengen von höchstens 0,03%), wahrscheinlich Glutaminsäure und eine noch nicht identifizierte Verbindung gefunden.

Bildung der l-Asparaginsäure: Im Hydrolysat der Linsen von Rinderaugen wurden von Y. Hijikata[4] 1,4% Asparaginsäure bestimmt.

Die Hydrolyse von Rinderaugenlinsen ergab nach A. Jess[5] für die 3 charakteristischen Proteine der Linse folgendes: α-Krystallin 1,2; β-Krystallin 0,4 und Albumoid 0,5% Asparaginsäure — auf asche- und wasserfreie Eiweißsubstanz berechnet.

Aus den hydrolytischen Spaltprodukten der Muskelproteine des Walfisches und des Dorsches wurden nach Y. Okuda, T. Okimoto und J. Yada[6] 1,47 und 0,61% Asparaginsäure — auf asche- und wasserfreies Eiweiß berechnet — isoliert.

Aus Garnelenmuskulatur (Peneus satiferus) wurde durch Extraktion mit 95proz. Alkohol und dann mit Äther ein N-haltiger Extrakt gewonnen, der nach D. B. Jones, O. Möller und Ch. E. F. Gersdorff[7] 6,98% Asparaginsäure enthielt.

Y. Okuda[8] vergleicht den Asparaginsäuregehalt von Gelatine aus Rinderknochen mit dem von Fischgelatine; der Asparaginsäuregehalt der letzteren ist erheblich höher.

Aus den Muskelproteinen der Molluske Loligo breekeri und der Crustaceen Palinurus japonicus und Paralithodes camtschatica wurden von Y. Okuda, S. Uematsu, K. Sakata und K. Fujikawa[9] 3,87; 4,24 und 2,08% Asparaginsäure — auf wasser- und aschefreies Eiweiß berechnet — isoliert.

Im Hydrolysat des aus der Eisackflüssigkeit des Laiches von Hemifusus tuba Gmel. dargestellten Rohvitellins ließen sich nach Y. Komori[10] 1,60% Asparaginsäure nachweisen.

Über den möglichen Asparaginsäuregehalt des Insulins berichten E. Glaser und G. Halpern[11].

Der Asparaginsäuregehalt der Muskelproteine von Pagrus major ist nach Y. Okuda und K. Ōyama[12] etwas geringer als der des Heilbutts.

D. B. Jones und C. O. Johns[13] konnten unter den Spaltprodukten des Milchalbumins Asparaginsäure in bedeutend größerer Menge (9,3%) isolieren, als in früheren Untersuchungen gefunden wurde.

Bei verlängerter tryptischer Hydrolyse von Casein wurde von S. Fränkel, H. Gallia, A. Liebster und S. Rosen[14] aus dem Hydrolysat l-Asparaginsäure (Zers. 270°. $[\alpha]_D^{19} = +5{,}33°$ [in 10proz. HCl; $c = 1{,}5$]) isoliert.

---

[1] J. E. Pichou-Vendeuil: Bull. Sci. pharmacol. **28**, 360—367, 404—413 (1921) — Chem. Zbl. **1922 I**, 55.

[2] H. B. Vickery: J. of biol. Chem. **65**, 657—664 (1925) — Chem. Zbl. **1926 I**, 1422.

[3] V. Staněk: Listy Cukrovarnicki **1921/22**, 41 — Z. Zuckerind. tschechoslowak. Rep. **46**, 189—198 — Chem. Zbl. **1922 II**, 949.

[4] Y. Hijikata: J. of biol. Chem. **51**, 155—164 (1922) — Chem. Zbl. **1922 I**, 1415.

[5] A. Jess: Hoppe-Seylers Z. **110**, 266—276 (1920) — Chem. Zbl. **1921 I**, 99.

[6] Y. Okuda, T. Okimoto u. J. Yada: J. Coll. agric. Tokyo **7**, 29—37 (1919) — Chem. Zbl. **1925 I**, 1091.

[7] D. B. Jones, O. Möller u. Ch. E. F. Gersdorff: J. of biol. Chem. **65**, 59—65 (1925) — Chem. Zbl. **1926 I**, 706.

[8] Y. Okuda: J. Coll. agric. Tokyo **5**, 355—363 (1916) — Chem. Zbl. **1925 I**, 1218.

[9] Y. Okuda, S. Uematsu, K. Sakata u. K. Fujikawa: J. Coll. agric. Tokyo **7**, 39—54 (1919) — Chem. Zbl. **1925 I**, 1091.

[10] Y. Komori: J. of Biochem. **6**, 129—138 — Chem. Zbl. **1926 II**, 1758.

[11] E. Glaser u. G. Halpern: Biochem. Z. **161**, 121—127 (1925) — Chem. Zbl. **1926 I**, 145.

[12] Y. Okuda u. K. Ōyama: J. Coll. agric. Tokyo **5**, 365—372 (1916) — Chem. Zbl. **1925 I**, 1219.

[13] D. B. Jones u. C. O. Johns: J. of biol. Chem. **48**, 347—360 — Chem. Zbl. **1922 I**, 141.

[14] S. Fränkel, H. Gallia, A. Liebster u. S. Rosen: Biochem. Z. **145**, 225—241 — Chem. Zbl. **1924 I**, 2607.

Über die Bildung von Asparaginsäure aus dem P-haltigen Polypeptid Lactotyrin α, das durch tryptische Spaltung des Caseins gewonnen war, berichtet S. Posternak[1].

Nach E. Winterstein und O. Huppert[2] findet sich unter den Spaltprodukten sowohl das Fett- wie des Magerkäses stets Asparaginsäure.

Nach A. Kiesel[3] läßt sich aus Roggenähren in verschiedenem Reifezustand nach Abtrennung der wenig löslichen Pikrate Asparaginsäure über das Ag-Salz, dann über das Cu-Salz isolieren.

Aus dem H_2SO_4-Hydrolysat des Zeins, das nach der Butylalkoholmethode aufgearbeitet war, wurden von H. D. Dakin[4] aus dem mit Butylalkohol nicht extrahierten Anteil 1,8% Asparaginsäure isoliert.

Unter den Spaltprodukten des Edestins, die nach der etwas modifizierten Methode von Dakin[5] aufgearbeitet wurden, ließ sich nach T. B. Osborne, Ch. S. Leavenworth und S. L. Nolan[6] Asparaginsäure nachweisen.

D. B. Jones und B. Wilson[7] isolierten aus Gliadinhydrolysaten 0,5% Asparaginsäure.

Aus dem eiweißfreien Safte der Luzerne konnte nach H. B. Vickery und C. G. Vinson[8] mit Pb-Acetat ein Niederschlag gewonnen werden, aus dessen Hydrolysat sich Asparaginsäure isolieren ließ.

Unter den Spaltprodukten des gereinigten Ricins wurden von P. Karrer, A. P. Smirnoff, H. Ehrensperger, J. van Slooten und M. Keller[9] 2,0% Asparaginsäure isoliert.

Die aus der Rinde des Akazienbaumes (Robinia pseudacacia) durch NaCl-Lösung extrahierten Proteine wurden fraktioniert, die Globuline vom Albumin durch Dialyse getrennt, das nach D. B. Jones, C. E. F. Gersdorff und O. Möller[10] 7,72% Asparaginsäure enthielt. Die Asparaginsäure war als Cu-Salz isoliert worden.

Über das wahrscheinliche Vorhandensein von Asparagin- oder Glutaminsäure unter den Spaltprodukten des wasserunlöslichen Anteils der Plasmodien von Fuligo varians berichtet W. W. Lepeschkin[11].

Im Hydrolysat des Spongins des gemeinen Badeschwammes (Hipposponia equina) wurden nach V. J. Clancey[12] 4,5% Asparaginsäure gefunden.

Unter den hydrolytischen Spaltprodukten von Dearginocasein, das aus Casein durch Einwirkung einer alkalischen Hypochloritlösung dargestellt wurde, konnte S. Sakaguchi[13] Asparaginsäure nachweisen, während es dem Verfasser[14] gelang, aus den Spaltprodukten des Deguanidocaseins, das aus Casein durch Alkalibehandlung (n-NaOH) dargestellt war, 1,0% Asparaginsäure zu isolieren.

Ein aus Wolle durch Na_2S-Behandlung gewonnenes saures Abbauprodukt ergab nach W. Küster, W. Kumpf und W. Köppel[15] im Hydrolysat (mit Wasser im Autoklaven bei 150° hydrolysiert) ein Gemisch aus Aminosäuren und Diketopiperazinen, unter den ersteren ließ sich Asparaginsäure nachweisen.

Aus Polytamin, einem Aminosäurepräparat (angeblich aus den Puppen des Seidenspinners), wurde durch HCl-Hydrolyse von H. Thoms und F. A. Heynen[16] 1,0% Asparaginsäure erhalten.

---

[1] S. Posternak: C. r. Acad. Sci. Paris **184**, 306—307 — Chem. Zbl. **1927 I**, 2323.
[2] E. Winterstein u. O. Huppert: Biochem. Z. **141**, 193—221 (1923) — Chem. Zbl. **1924 I**, 112.
[3] A. Kiesel: Hoppe-Seylers Z. **135**, 61—83 — Chem. Zbl. **1924 II**, 193.
[4] H. D. Dakin: Hoppe-Seylers Z. **130**, 159—168 (1923) — Chem. Zbl. **1924 I**, 206.
[5] Dakin: Chem. Zbl. **1921 I**, 454.
[6] T. B. Osborne, Ch. S. Leavenworth u. S. L. Nolan: J. of biol. Chem. **61**, 309—313 — Chem. Zbl. **1924 II**, 2849.
[7] D. B. Jones u. B. Wilson: Cereal Chem. **5**, 473—477 (1928) — Chem. Zbl. **1929 I**, 1401.
[8] H. B. Vickery u. C. G. Vinson: J. of biol. Chem. **65**, 91—95 (1925) — Chem. Zbl. **1926 I**, 136.
[9] P. Karrer, A. P. Smirnoff, H. Ehrensperger, J. van Slooten u. M. Keller: Hoppe-Seylers Z. **135**, 129—166 — Chem. Zbl. **1924 II**, 348.
[10] D. B. Jones, C. E. F. Gersdorff u. O. Möller: J. of biol. Chem. **64**, 655—671 (1925) — Chem. Zbl. **1926 I**, 416.
[11] W. W. Lepeschkin: Biochem. Z. **171**, 126—145 — Chem. Zbl. **1926 I**, 3607.
[12] V. J. Clancey: Biochemic. J. **20**, 1186—1189 (1926) — Chem. Zbl. **1927 I**, 1332.
[13] S. Sakaguchi: J. of Biochem. **5**, 143—157 (1925) — Chem. Zbl. **1926 I**, 1420.
[14] S. Sakaguchi: J. of Biochem. **5**, 159—169 (1925) — Chem. Zbl. **1926 I**, 1420.
[15] W. Küster, W. Kumpf u. W. Köppel: Hoppe-Seylers Z. **171**, 114—155 (1927) — Chem. Zbl. **1928 I**, 439.
[16] H. Thoms u. F. A. Heynen: Apoth.-Ztg **42**, 1078 — Chem. Zbl. **1927 II**, 2768.

Über die Bildung der Asparaginsäure durch Hydrolyse mit 20proz. HCl aus einem Kondensationsprodukt „Aspartane", das beim Erhitzen von Asparagin mit 3—4 Teilen Glycerin auf 160—170° entsteht, berichtet K. Shibata[1].

Über die Bildung der l-Asparaginsäure (Benzoyl-l-asparaginsäure) aus Histidin berichtet W. Langenbeck[2], siehe unter Histidin chemische Eigenschaften.

Bildung der d, l-Asparaginsäure: Aus Gelatinehydrolysaten konnten H. L. Kingston und S. B. Schryver[3] durch die Carbamatmethode 5,6% d, l-Asparaginsäure isolieren.

Über die Bildung der d, l-Asparaginsäure durch Hydrierung (über die Propionyl-asparaginsäure) aus dem Propionylaminomalein- bzw. -fumarsäuredimethylester bzw. dem NH_4-Salz der Säure, die durch Behandlung mit Acetylchlorid aus α-Brompropionyl-l-asparagin und Methylierung mit Diazomethan dargestellt wurde, berichten M. Bergmann, E. Kann und A. Miekeley[4].

Aus 3-Carboxy-methylen-6-benzyldioxopiperazin entstehen nach M. Bergmann und H. Ensslin[5] bei saurer Reaktion d, l-Asparaginsäure, Phenylbrenztraubensäure, d, l-Phenylalanin und Brenztraubensäure.

Darstellung: Sehr reine Asparaginsäure wird nach F. Pachlopnik[6] mit 93% Ausbeute aus Asparagin durch dessen Verseifung mit verdünnter HNO_3 (auf 10 g Asparagin 5,66 g HNO_3 [auf 100 ccm verdünnt] während 4 Stunden) erhalten. Die überschüssige HNO_3 wird mit NH_3 neutralisiert und das NH_4NO_3 mit 96proz. Alkohol ausgelaugt.

Synthese der d, l-Asparaginsäure: Die Synthese der Asparaginsäure verläuft nach S. Keimatsu und C. Kato[7] so, daß der Aminomalonester mit Chloressigester und $NaOC_2H_5$ in Alkohol gekuppelt, das Gemisch von α-Aminoäthan-α, α, β-tricarbonsäureester und Dimethylamin-α, α' α-tricarbonsäureester mit kalter 3proz. KOH verseift, die Lösung im Vakuum eingeengt, die Säuren in die Ag-Salze übergeführt, diese mit H_2S zerlegt, das Filtrat im Vakuum eingeengt wird. Das auskrystallisierte Säuregemisch besteht aus 5 Teilen d, l-Asparaginsäure und 3 Teilen Iminodiessigsäure, das durch Lösen in der berechneten Menge HCl und Einengen getrennt wird. Das HCl-Salz der Iminodiessigsäure fällt sofort aus, während das der Asparaginsäure erst bei längerem Stehen aus der Mutterlauge auskrystallisiert. Ausbeute an Asparaginsäure 55%. Zersetzung oberhalb 300°.

Bestimmung und Nachweis: Nach L. J. Harris[8] ist bei der Asparaginsäure die eine Carboxylgruppe in Form des Na-Salzes vollkommen (99% und mehr) bei jedem p_H dissoziiert, das weniger sauer ist als 5,8, während die zweite Carboxylgruppe erst bei alkalischer Reaktion dissoziiert.

E. M. P. Widmark und E. L. Larsson[9] untersuchten für die Asparaginsäure die Anwendung der konduktometrischen Titration mit Lauge nach Kolthoff. Asparaginsäure zeigt 2 Knickpunkte, je einen für die Neutralisation jeder ihrer beiden Carboxylgruppen.

L. J. Harris[10] gibt für die Asparaginsäure Titrationsmethoden bei Anwendung der Chinhydronelektrode an.

Bei der Titration der Asparaginsäure mit Thymolblau ($p_H = 1,2$—$2,8$) und Alizaringelb ($p_H = 10,1$—$12,1$) als Indicatoren betrug nach K. Felix und H. Müller[11] die auf 1 N gefundene basische und Carboxylgruppe 0,96 und 2,06.

P. Hirsch[12] untersuchte eingehend den Verlauf der acidimetrischen Titration der Asparaginsäure und bespricht die Möglichkeiten und Grenzen der Titration.

---

[1] K. Shibata: Acta phytochim. (Tokyo) **2**, 193—198 — Chem. Zbl. **1927 II**, 2199.

[2] W. Langenbeck: Ber. dtsch. chem. Ges. **58**, 227—229 — Chem. Zbl. **1925 I**, 1198.

[3] H. L. Kingston u. S. B. Schryver: Biochemic. J. **18**, 1070—1078 (1924) — Chem. Zbl. **1925 I**, 231.

[4] M. Bergmann, E. Kann u. A. Miekeley: Liebigs Ann. **449**, 135—145 — Chem. Zbl. **1926 II**, 2692.

[5] M. Bergmann u. H. Ensslin: Hoppe-Seylers Z. **174**, 76—93 — Chem. Zbl. **1928 I**, 2260.

[6] F. Pachlopnik: Listy Cukrovarnicki **43**, 348 — Z. Zuckerind. tschechoslowak. Rep. **50**, 139—141 (1925) — Chem. Zbl. **1926 I**, 1391.

[7] S. Keimatsu u. C. Kato: J. pharm. Soc. Jap. **49**, 111—113 — Chem. Zbl. **1929 II**, 2552.

[8] L. J. Harris: Proc. roy. Soc. Lond., Serie B **95**, 440—484 (1923) — Chem. Zbl. **1924 I**, 435.

[9] E. M. P. Widmark u. E. L. Larsson: Biochem. Z. **140**, 284—294 (1923) — Chem. Zbl. **1924 I**, 1244.

[10] L. J. Harris: J. chem. Soc. Lond. **123**, 3294—3303 (1923) — Chem. Zbl. **1924 I**, 1069.

[11] K. Felix u. H. Müller: Hoppe-Seylers Z. **171**, 4—15 (1927) — Chem. Zbl. **1928 I**, 233.

[12] P. Hirsch: Biochem. Z. **147**, 433—480 — Chem. Zbl. **1924 II**, 1964.

L. J. Harris[1] bestimmte colorimetrisch das p_H bei der Titration von Asparaginsäure in Gegenwart von Formaldehyd mit NaOH. Bei konstanter Formaldehydkonzentration entspricht die Titrationskurve der Asparaginsäure mit NaOH der Henderson-Hasselbachschen Gleichung für eine einfache Säure mit bestimmtem p_k. Bei den bei der Formoltitration üblichen Formaldehydkonzentrationen sind die gefundenen scheinbaren p_k-Werte etwa 3 Einheiten kleiner als für Asparaginsäure in rein wässeriger Lösung. Innerhalb der Konzentration von 2—18% Formaldehyd und von 0,005—0,05 mol.-Asparaginsäure ist bei konstanter Formaldehydkonzentration der scheinbare p_k-Wert praktisch unabhängig vom Verhältnis Asparaginsäure : Formaldehyd und von der Asparaginsäurekonzentration. Mit steigender Formaldehydkonzentration nimmt das scheinbare p_k immer mehr ab. Die scheinbare basische Konstante bleibt in Gegenwart von Formaldehyd unverändert.

L. J. Harris[2] gibt an, daß sich nach der modifizierten Methode von Foreman — zunächst Titration der Carboxylgruppe mit $1/_{10}$n-NaOH nach Zusatz von 80% des Gesamtvolumens an Alkohol und evtl. 5% neutralisiertem Formol zur Aminosäurelösung bei Verwendung von Thymophthalein als Indicator — nach Zufügen von Methylrot mit n-HCl die Aminogruppe der Asparaginsäure titrieren läßt, da das Methylrot selbst in alkoholischer Lösung gegen das Mononatriumsalz der Asparaginsäure neutral reagiert.

Nach H. Riffart[3] ist bei der quantitativen colorimetrischen Bestimmung der Asparaginsäure mittels Triketohydrindenhydrat (Ninhydrin) folgendes zu beachten: 1. die Dauer des Erhitzens, 2. die Konzentration der Aminosäuren und 3. in besonders hohem Grade die [H^+]. Als optimale [H^+] hat sich die dem p_H-Wert 6,976 entsprechende bewährt. Durch Titration der Aminosäurelösung mit $1/_{400}$n-Lauge oder Säure gegen Neutralrot wird das p_H auf = 6,976 eingestellt und durch Zusatz einer auf das gleiche p_H eingestellten Phosphatpufferlösung bei diesem Werte gehalten. Statt die Lösung über freier Flamme zu Kochen, wird sie zweckmäßig im lebhaft siedenden Wasserbade $1/_2$ Stunde erhitzt. Auf 2 ccm Aminosäurelösung wird 1 ccm 1 proz. Ninhydrinlösung verwendet, die jedesmal frisch bereitet wird. Mit Asparaginsäure wird eine Blauviolettfärbung erhalten, die noch bei einem Gehalt von 0,003% Asparaginsäure = etwa 3 mg Aminosäure-N sichtbar ist und bis zu einem Gehalt von 20 mg N pro l gleichmäßig zunimmt, so daß Unterschiede von 1 mg/l sich deutlich bemerkbar machen. Oberhalb 20 mg/l wird die Farbe zu intensiv, um eine genauere Abschätzung des Aminosäuregehaltes zu ermöglichen.

Nach D. B. Jones und O. Moeller[4] werden Asparaginsäure und Glutaminsäure direkt aus den Eiweißhydrolysaten als Ba-Salze durch Eingießen der wässerigen Lösung in 5 Volumina 95 proz. Alkohols abgeschieden. Von den mitausgefallenen Ba-Salzen anderer Aminosäuren (Tyrosin, Glykokoll, Diaminosäuren) werden sie durch nochmaliges Lösen und Ausfällen mit 2 Volumina Alkohol getrennt. Die Lösungen der Ba-Salze müssen unterhalb 50° im Vakuum eingedampft werden. Die Ausbeuten an Asparaginsäure sind teilweise sehr viel höher als die nach älteren Verfahren.

Über eine Trennungsmethode der α-Monoaminosäuren durch Sublimation in sublimierbare und nur teilweise oder gar nicht sublimierende Verbindungen und über ihre mikrochemische Charakterisierung durch Bestimmung von Löslichkeit, Krystallisationsfähigkeit, Fällungsvermögen von Phosphorwolframsäure und Darstellung der Cu-Salze berichtet O. Werner[5]. Asparaginsäure gehört zur Gruppe der auch bei Totalkühlung kein oder nur wenig zersetztes Sublimat liefernden Aminosäuren.

R. A. Gortner und W. M. Sandstrom[6] untersuchten die van Slykesche Methode dahin, welchen Einfluß Kochen mit Säuren, die Gegenwart von Prolin oder Tryptophan bei Aminosäuregemischen (Asparaginsäure neben anderen Aminosäuren) auf die erhaltenen Werte ausübt.

Biochemische Eigenschaften der l-Asparaginsäure: Nach Versuchen an Kaninchen und Hunden mit intravenöser Injektion von neutralisierter Asparaginsäure wurde nach L. H. Newburgh und Ph. L. Marsh[7] nur beim Kaninchen eine vorübergehende Schädigung hervorgerufen.

---

[1] L. J. Harris: Proc. roy. Soc. Lond. B **104**, 412—439 — Chem. Zbl. **1929 II**, 860.
[2] L. J. Harris: Proc. roy. Soc. Lond., Serie B **95**, 500—522 — Chem. Zbl. **1924 I**, 1421.
[3] H. Riffart: Biochem. Z. **131**, 78—96 (1922) — Chem. Zbl. **1923 II**, 827.
[4] D. B. Jones u. O. Moeller: J. of biol. Chem. **79**, 429—441 (1928) — Chem. Zbl. **1929 I**, 270.
[5] O. Werner: Mikrochem. **1**, 33—46 (1923) — Chem. Zbl. **1924 I**, 1981.
[6] R. A. Gortner u. W. M. Sandstrom: J. amer. chem. Soc. **47**, 1663—1671 — Chem. Zbl. **1925 II**, 1482.
[7] L. H. Newburgh u. Ph. L. Marsh: Arch. int. Med. **36**, 682—711 (1925) — Ber. Physiol. **35**, 498 — Chem. Zbl. **1926 II**, 1663.

Nach F. Wankell[1] wird Asparaginsäure durch die Froschniere konzentriert.

Die Hippursäureausscheidung wird nach W. H. Griffith und H. B. Lewis[2] beim Kaninchen durch Asparaginsäure nicht gesteigert.

Bei Untersuchungen von W. B. Cannon und F. R. Griffith[3] über die Herzbeschleunigung durch Reizung der Leber wurde durch intravenöse Injektion einer Asparaginsäurelösung keine Beschleunigung erzielt.

1 g subcutan injizierte Asparaginsäure rief nach L. Pollak[4] beim Kaninchen eine deutliche Hyperglykämie hervor. Diese Hyperglykämie ist in ihrer Stärke vom Glykogenbestand der Tiere abhängig und läßt sich durch vorhergehende oder gleichzeitige Injektion eines Ergotoxinpräparates komplett aufheben. Die Hyperglykämie ist nach dem Verfasser wie die Adrenalinhyperglykämie auf gesteigerte Glykogenolyse infolge Erregung sympathischer Nerven zurückzuführen.

Mit den Ergebnissen von Ringer und Lusk[5] über die Verwertung der 3 C-Atome der Asparaginsäure zum Zuckeraufbau stimmen die Versuche von W. Langer[6] an schwer phlorrhizindiabetischen Hunden gut überein.

Asparaginsäure wirkte nach A. C. Ivy und A. J. Javois[7] nicht auf die Magensekretion ein.

Über die Oxydation von Asparaginsäure im ausgewaschenen und nicht ausgewaschenen Froschmuskel mit Methylenblau als Acceptor berichtet G. Ahlgren[8], der annimmt, daß unter dem Einfluß einer im Muskel vorhandenen, durch destilliertes Wasser leicht extrahierbaren oder zerstörbaren Desaminase die Asparaginsäure in Äpfelsäure übergeführt wird.

Über die Entbehrlichkeit der Asparaginsäure in der Nahrung wachsender Ratten berichten W. E. Bunney und W. C. Rose[9].

Die vermehrte Wärmeabgabe bei Fröschen nach Aufnahme von Asparaginsäure entspricht nach E. F. Terroine und R. Bonnet[10] stets der Menge des aufgenommenen Amino-N (118 Cal für 14 mg N).

Versuchsergebnisse von Bang am Kaninchen über den Gehalt an Amino-N im Kreislauf nach Zufuhr von Glykokoll oder Alanin werden bestätigt und durch Versuche von T. N. Seth und J. M. Luck[11] an Kaninchen und Hunden auch mit Histidin, Leucin, Tryptophan, Glutaminsäure, Asparaginsäure und Cystin erweitert. Die Steigerung dieser Aminosäuren ist schwächer als die von Alanin oder Glykokoll und nimmt in der genannten Reihenfolge ab. Der Harnstoff ist nach 6 Stunden deutlich erhöht.

Asparaginsäure zeigt nach G. Lusk[12] im Gegensatz zu Alanin und Glykokoll keine spezifisch-dynamische Wirkung.

Nach D. Rapport und H. H. Beard[13] steigert die Dicarbon- und Diaminosäurefraktion von Casein- und Gelatinehydrolysaten den Gesamtstoffwechsel des Hundes, wobei neben Glutaminsäure und Arginin Asparaginsäure zu den spezifisch wirksamen Komponenten gehört.

Nach Untersuchungen von H. Ekerfors[14] konnte zwischen der Wirkung der Asparaginsäure auf die Adrenalinoxydation und auf den pharmako-dynamischen Effekt des Adrenalins kein Zusammenhang festgestellt werden.

Über den Asparaginsäuregehalt an verschiedenen Stellen von Tomaten nach 3—5 Tagen bei Nitratgaben berichtet S. H. Eckerson[15].

---

[1] F. Wankell: Pflügers Arch. **208**, 604—616 — Chem. Zbl. **1925 II**, 1371.
[2] W. H. Griffith u. H. B. Lewis: J. of biol. Chem. **57**, 1—24 — Chem. Zbl. **1923 III**, 1329.
[3] W. B. Cannon u. F. R. Griffith: Amer. J. Physiol. **60**, 544—559 (1922) — Chem. Zbl. **1923 I**, 703.
[4] L. Pollak: Biochem. Z. **127**, 120—136 — Chem. Zbl. **1922 I**, 1208.
[5] Ringer u. Lusk: Hoppe-Seylers Z. **66**, 106 — Chem. Zbl. **1910 II**, 103.
[6] W. Langer: Beitr. Physiol. **2**, 47—50 (1922) — Chem. Zbl. **1923 I**, 697.
[7] A. C. Ivy u. A. J. Javois: Amer. J. Physiol. **71**, 591—603 — Chem. Zbl. **1925 II**, 197.
[8] G. Ahlgren: C. r. Soc. Biol. Paris **90**, 1187—1190 — Chem. Zbl. **1924 II**, 492.
[9] W. E. Bunney u. W. C. Rose: J. of biol. Chem. **76**, 521—534 — Chem. Zbl. **1928 II**, 70.
[10] E. F. Terroine u. R. Bonnet: Ann. de Physiol. **2**, 488—508 (1926) — Ber. Physiol. **39**, 680—681 — Chem. Zbl. **1927 II**, 596.
[11] T. N. Seth u. J. M. Luck: Biochemic. J. **19**, 366—376 — Chem. Zbl. **1925 II**, 2001.
[12] G. Lusk: Medicine **1**, 311—354 (1922) — Ber. Physiol. **28**, 84—86 (1924) — Chem. Zbl. **1925 I**, 857.
[13] D. Rapport u. H. H. Beard: J. of biol. Chem. **80**, 413—429 (1928) — Chem. Zbl. **1929 II**, 1814.
[14] H. Ekerfors: C. r. Soc. Biol. **93**, 1162—1167 (1925) — Chem. Zbl. **1926 I**, 1222.
[15] S. H. Eckerson: Botan. Gaz. **77**, 377—390 — Ber. Physiol. **28**, 65 (1924) — Chem. Zbl. **1925 I**, 852.

Asparaginsäure steigert nach H. Zeller[1] die Hefegärung optimal um 33%.

Nach H. D. Dakin[2] wird die Äpfelsäurebildung aus β-Oxyglutaminsäure bei Hefegärung nach Zusatz von Asparaginsäure gehemmt.

Der Abbau von acetessigsaurem K durch Hefe wird nach St. Weiß[3] nach Zugabe von Asparaginsäure erhöht.

Nach Bokorny[4] kann Asparaginsäure zur Ernährung von Hefe dienen, während Algen daraus Stärke bilden.

Nach S. Condelli[5] wird von der Asparaginsäure im Gegensatz zum Asparagin besonders die l-Verbindung durch Penicillium glaucum und dem Bacillus der Hühnercholera zerstört. Dieser Unterschied ist nach dem Verfasser durch die verschiedene Acidität der beiden Verbindungen bedingt.

Nach Untersuchungen von J. Hirsch[6] gediehen Choleravibrionen in einer Mineralsalzlösung mit Asparaginsäure als alleiniger C-N-Quelle im Gegensatz zu anderen Aminosäuren gut. Der Abbau durch die Choleraerreger führt zu NH_3, $CH_3 \cdot COOH$ und CO_2. Die Gesamtmenge dieser Abbauprodukte ist etwa 100% der angesetzten Aminosäure äquivalent. Wurde der Asparaginsäurelösung noch Glucose zugesetzt, so bildeten die Vibrionen kleine Mengen Alkohol, Ameisensäure, Essigsäure und Milchsäure. Nach J. Hirsch[7] erfolgt die Desaminierung der Asparaginsäure durch Vibriocholerae bei anaeroben Bedingungen in Gegenwart von Kohlehydraten auf reduktivem Wege, wobei aus 1 Mol Asparaginsäure 1 Mol NH_3 und 1 Mol Bernsteinsäure entstehen.

Mit ruhenden Bakterien (B. coli) wurde nach J. H. Quastel und B. Woolf[8] unter anaeroben Bedingungen bei $p_H = 7,4$ und bei 37° sowohl Bildung von l-Asparaginsäure aus Fumarsäure und NH_3 wie Abgabe von NH_3 und Bildung von Fumarsäure aus Asparaginsäure festgestellt. Nur wenn Wachstumshinderer (wie Toluol, Isopropylalkohol, Na-Nitrit) fehlten, trat Reduktion zu Bernsteinsäure ein, diese Substanzen beeinflußten das Gleichgewicht der umkehrbaren Reaktion nicht. Bei Gegenwart von 1% Na-Nitrit oder 4% Isopropylalkohol wird dasselbe Gleichgewicht aerob wie anaerob erreicht, Gegenwart von 10% Isopropylalkohol hinderte die Reaktion fast vollständig. Verfasser ermitteln das Gleichgewicht dieser reversiblen Reaktion. Bei Untersuchungen von R. P. Cook und B. Woolf[9] über die gleichen Reaktionen Fumarsäure + $NH_3 \rightleftarrows$ Asparaginsäure und deren Desamidierung zu Bernsteinsäure und über den Einfluß von Hemmungsmitteln auf diese Desamidierung bei streng anaeroben, streng aeroben und fakultativen Bakterien zeigte sich, daß die fakultativen Bakterien ebenso wie Bac. coli ein reversibles Gleichgewicht zwischen Asparaginsäure $\rightleftarrows$ Fumarsäure + NH_3 herstellen, während es bei den streng Aerobiern und Anaerobiern nicht zu diesem Gleichgewicht kommt. Gekochte Bakterien sind unwirksam.

Über das Wachstum von Bacillus coli und prodigiosus unter anaeroben Bedingungen auf Asparaginaten berichten J. H. Quastel und M. Stephenson[10].

Nach H. Braun und R. Goldschmidt[11] wurde sowohl bei Coli- wie bei Paratyphus-B-Bacillen das anaerobe Wachstum gesteigert, wenn den Nährböden Traubenzucker als C-Quelle und asparaginsaures Na zugesetzt wurde.

Untersuchungen von H. Braun und C. E. Cahn-Bronner[12] über die dem Paratyphus B-Bacillus nahestehenden Bakterienarten (Gärtnerschen, Voldaysen- und Mäusetyphusbacillen) und über Paratyphus-A- und Typhusbacillen ergaben, daß Asparaginsäure in den benutzten Kombinationen wirkungslos war.

---

[1] H. Zeller: Biochem. Z. **176**, 134—141 — Chem. Zbl. **1926 II**, 3060.
[2] H. D. Dakin: J. of biol. Chem. **61**, 139—145 — Chem. Zbl. **1924 II**, 2058.
[3] St. Weiß: Z. exper. Med. **52**, 707—714 (1926) — Chem. Zbl. **1927 I**, 479.
[4] Bokorny: Allg. Brauer- u. Hopfenztg **64**, 1214—1216 — Chem. Zbl. **1925 I**, 1538.
[5] S. Condelli: Gazz. chim. ital. **51 II**, 309—324 (1920) — Chem. Zbl. **1922 II**, 1202.
[6] J. Hirsch: Z. Hyg. **106**, 433—467 — Chem. Zbl. **1926 II**, 2188.
[7] J. Hirsch: Z. Inf.krkh. Haustiere **109**, 387—409 (1928) — Chem. Zbl. **1929 I**, 1360.
[8] J. H. Quastel u. B. Woolf: Biochemic. J. **20**, 545—555 (1926) — Chem. Zbl. **1927 I**, 115.
[9] R. P. Cook u. B. Woolf: Biochemic. J. **22**, 474—481 — Chem. Zbl. **1928 II**, 1579.
[10] J. H. Quastel u. M. Stephenson: Biochemic. J. **19**, 660—666 (1925) — Chem. Zbl. **1926 I**, 967.
[11] H. Braun u. R. Goldschmidt: Zbl. Bakter. I **109**, 353—361 (1928) — Chem. Zbl. **1929 I**, 763.
[12] H. Braun u. C. E. Cahn-Bronner: Zbl. Bakter. I **86**, 196—211 — Chem. Zbl. **1921 III**, 234.

Es wurde von H. Braun und C. E. Cahn-Bronner[1] die Ausnützbarkeit von Asparaginsäure für sich und im Gemisch mit Milchsäure durch folgende pathogene Bakterien: gasbildende und gaslose Paratyphus-B-, Gärtner-, NH_3-assimilierende und NH_3-nichtassimilierende Typhusbacillen untersucht. Außer von zwei NH_3-assimilierenden Typhusstämmen wurde Asparaginsäure von allen Bakterienarten verhältnismäßig gut ausgenützt.

A. Doskočil[2] untersuchte die Ausnützung von Asparaginsäure durch Typhusbacillen als N-Quelle in künstlichen Nährböden, dabei wird in zuckerfreien Nährböden dessen Reaktion alkalisch. Aus der Asparaginsäure als C-Quelle soll dabei Milchsäure, vielleicht auch Brenztraubensäure und Glyoxylsäure gebildet werden.

Asparaginsaures Na wird nach H. Braun, A. Stamatelakis, S. Kondo und R. Goldschmidt[3] vom Blindschleichen- und Schildkrötentuberkelbacillus (Friedmann) nicht als N-Quelle ausgenutzt.

Für das Wachstum von Diphtheriebacillen ist nach Versuchen von H. Braun und F. Mündel[4] in synthetischen Nährböden neben Cystin (min. 0,0002 %) und Phosphat vor allem Na-Asparaginat (min. 0,25 %) lebensnotwendig.

Nach A. Clementi und G. Cantamessa[5] hemmt Asparaginsäure die Enzymreaktion der Asparaginase mehr als NH_3.

Über die hemmende Wirkung der Asparaginsäure und ihres Na-Salzes auf die Pepsinwirkung berichtet L. Jarno[6].

Über das Verhalten der Asparaginsäure des Caseins bei dessen tryptischer Spaltung berichten S. Fränkel und P. Jellinek[7], wahrscheinlich stammt das bei der Verdauung gebildete NH_3 zum Teil aus der Asparaginsäure.

Die Wirkung von Pankreaslipase auf Buttersäureäthylester und Olivenöl wird nach E. R. Dawson[8] in alkalischer und neutraler, aber nicht in saurer Lösung durch Asparaginsäure beschleunigt.

Nach E. W. Rockwood[9] beruht die fördernde Wirkung von Asparaginsäure auf Urease aus Jackbohnen oder auf Speichelamylase zum Teil darauf, daß die Zerstörung der Enzyme beim Stehen der Lösungen verhindert wird, zum weitaus größeren Teile ist es aber eine spezifische Aktivatorwirkung der Aminosäure.

Asparaginsäure hemmt nach H. Haehn und H. Schweigart[10] im Gegensatz zu anderen Aminosäuren die amylolytische Wirkung von Kartoffelpreßsaft.

Werden intakte oder abgeschnittene Wurzeln mit schwachen Lösungen von Chloriden der ein- oder zweiwertigen Metalle behandelt, so verschwindet in kurzer Zeit die Stärke aus den Wurzelhaubenzellen. Dies wird nach J. Roubal[11] verhindert, wenn die Zweige mit einer schwachen Asparaginsäurelösung vorbehandelt wurden.

Die Arginasen aus einer Reihe von malignen Tumoren, Sarkomen, Carcinomen, Granulationen, Polypen und embryonalen Geweben spalten nach S. Edlbacher und K. W. Merz[12] aus Asparaginsäure kein NH_3 ab.

Wird eine Asparaginsäurelösung in Narkose direkt in den Dünndarm eingespritzt, so erfolgt nach W. E. Barge[13] im Gegensatz zu anderen Aminosäuren weder eine Katalaseausfuhr aus der Leber und den Verdauungsdrüsen, noch werden die Verbrennungsprozesse gesteigert.

---

[1] H. Braun u. C. E. Cahn-Bronner: Biochem. Z. **131**, 226—271 (1922) — Chem. Zbl. **1923 I**, 965.
[2] A. Doskočil: Biochem. Z. **190**, 314—321 (1927) — Chem. Zbl. **1928 I**, 2623.
[3] H. Braun, A. Stamatelakis, S. Kondo u. R. Goldschmidt: Biochem. Z. **146**, 573—581 — Chem. Zbl. **1924 II**, 682.
[4] H. Braun u. F. Mündel: Zbl. Bakter. I **112**, 347—354 — Chem. Zbl. **1929 II**, 1805.
[5] A. Clementi u. G. Cantamessa: Gazz. chim. ital. **54**, 781—818 (1924) — Chem. Zbl. **1925 I**, 674.
[6] L. Jarno: Arch. Verdgskrkh. **30**, 191—202 (1922) — Ber. Physiol. **17**, 342 — Chem. Zbl. **1923 III**, 459.
[7] S. Fränkel u. P. Jellinek: Biochem. Z. **130**, 592—603 — Chem. Zbl. **1922 III**, 1263.
[8] E. R. Dawson: Biochemic. J. **21**, 398—403 — Chem. Zbl. **1927 II**, 1353.
[9] E. W. Rockwood: J. amer. chem. Soc. **46**, 1641—1645 — Chem. Zbl. **1924 II**, 2168.
[10] H. Haehn u. H. Schweigart: Biochem. Z. **143**, 516—526 (1923) — Chem. Zbl. **1924 I**, 1389.
[11] J. Roubal: Studies from the plant physiol laborat. of Charles Univ. Prague **3**, 106—114 (1926) — Ber. Physiol. **41**, 339 — Chem. Zbl. **1928 I**, 81.
[12] S. Edlbacher u. K. W. Merz: Hoppe-Seylers Z. **171**, 252—263 (1927) — Chem. Zbl. **1928 I**, 375.
[13] W. E. Barge: Amer. J. Physiol. **47**, 351—355 (1918) — Chem. Zbl. **1922 III**, 1025.

Bei Gegenwart von Chlorogensäure wird nach A. Oparin[1] der Amino-N der Asparaginsäure in 2—4 Tagen zu etwa 10—20% durch den Luftsauerstoff in Ammoniak-N übergeführt, außerdem wird CO_2 abgespalten und der Rest der Verbindung zu einem Aldehyd oxydiert.

Nach Versuchen von E. Ponder[2] hat die Hemmung der Hämolyse durch Asparaginsäure den Charakter einer linearen Funktion. Weiterhin läßt sich zeigen, daß Asparaginsäure bei der Hämolyse durch Saponin oder gallensaure Salze an den Zellen selbst angreift.

Biochemische Eigenschaften der d, l-Asparaginsäure: M. W. Johnston und H. B. Lewis[3] ermittelten nach subcutaner Injektion oder peroraler Verabreichung von d, l-Asparaginsäure an Kaninchen den Nichteiweiß-N, Harnstoff-N, Aminosäure-N und den dann bleibenden N-Rest des Blutes, wobei die Resorptionsschnelligkeit aus dem Magen-Darmkanal und die Schnelligkeit der Desamidierung unter Bildung von Harnstoff die Schnelligkeit des Aminosäurestoffwechsels bestimmt.

Nach G. Schmidt[4] wird d, l-Asparaginsäure nicht durch die Adenylsäuredesaminase aus Muskelbrei desaminiert.

Physikalische Eigenschaften: Von G. L. Keenan[5] wurden Krystallform und optische Eigenschaften nach der Immersionsmethode von Asparaginsäure festgestellt. Als Immersionsflüssigkeiten wurden Gemische von Sqibbs Mineralöl $n = 1{,}49$, Monochlornaphthalin $n = 1{,}64$, Monobromnaphthalin $n = 1{,}66$ und Methylenjodid $n = 1{,}74$ in solchen Verhältnissen angewendet, daß sich das „n" jedes Gemisches vom anderen um 0,005 unterschied.

Ch. E. Wood und S. D. Nicholas[6] erläutern an der l-Asparaginsäure, am l-Tyrosin und l-Alanin, die konfigurativ in Beziehung zur l-Weinsäure stehen, die anomale Drehungsdispersion als zuverlässiges Kriterium für Konfigurationsbestimmungen.

F. P. Mazza und G. D. Jojo[7] untersuchten an einigen Derivaten der l-Asparaginsäure (l-Asparaginsäure-β-monoäthylester, l-Asparaginsäure-β-monoisoamylester, l-Asparaginsäurediäthylester und l-Asparaginsäure-diisoamylester) die Abhängigkeit der Änderung des Drehungsvermögens von der Wellenlänge des angewandten Lichtes. [Als Lichtquellen wurden verwendet: Spektrum der Na- und Li-Flamme, Bogenspektrum a) einer Legierung von Cu und Zn, b) einer Legierung von Cd und Ag und c) des Hg (im ganzen 18 Wellenlängen zwischen 6708 und 4678 Å).]

Über die interferometrische Untersuchung von Asparaginsäure berichten P. Hirsch und R. Kunze[8].

Von L. Marchlewski und A. Nowotnówna[9] wurde der Extinktionskoeffizient von Asparaginsäure nach der Methode von Hilger bestimmt und mit dem von Keratose, einem alkalischen Abbauprodukt aus Wolle, verglichen.

A. Castille und E. Ruppol[10] beschreiben das Absorptionsspektrum von Asparaginsäure für Ultraviolett zwischen 4800 und 1900 Å.

Von N. Bjerrum[11] werden die beiden Dissoziations- (K_s und K_b) und Hydrolysenkonstanten (k_a und k_b) von Asparaginsäure bei 25° wie folgt angegeben:

$K_s = 10^{-1,98}$; $K_b = 10^{-1,8}$; $k_a = 10^{-3,82}$ und $k_b = 10^{-11,92}$ für die erste Stufe;
$K_s = 10^{-3,82}$; K_b — — —; $k_a = 10^{-12,1}$ und k_b — — — für die zweite Stufe.

H. S. Simms[12] berechnet aus der potentiometrischen Titration einer 0,01-mol. Asparaginsäurelösung bei Zusätzen von 0,075- und 0,0375-mol. NaCl- und 0,025- und 0,0125-mol. $MgCl_2$-Mengen die Dissoziationsindices ($P_K = -\log K$ [K = Dissoziationskonstante]). Die weiteren Berechnungen aus diesen Ergebnissen zeigen, daß die Aminosäuren nicht der Debye-

---

[1] A. Oparin: Bull. Acad. St. Pétersbourg [6], 535—546 (1922) — Chem. Zbl. **1925 II**, 728.
[2] E. Ponder: Proc. roy. Soc. Lond., Serie B **99**, 461—476 — Chem. Zbl. **1926 II**, 2075.
[3] M. W. Johnston u. H. B. Lewis: J. of biol. Chem. **78**, 67—82 — Chem. Zbl. **1928 II**, 463.
[4] G. Schmidt: Hoppe-Seylers Z. **179**, 243—281 (1928) — Chem. Zbl. **1929 I**, 1124.
[5] G. L. Keenan: J. of biol. Chem. **62**, 163—171 (1924) — Chem. Zbl. **1925 I**, 617.
[6] Ch. E. Wood u. S. D. Nicholas: J. chem. Soc. Lond. **1928**, 1712—1727 — Chem. Zbl. **1928 II**, 1186.
[7] F. P. Mazza u. G. D. Jojo: Atti R. Accad. Lincei [Roma] Rend. [6] **5**, 294—301 — Chem. Zbl. **1927 I**, 2981.
[8] P. Hirsch u. R. Kunze: Fermentforschg **6**, 30—55 — Chem. Zbl. **1922 III**, 557.
[9] L. Marchlewski u. A. Nowotnówna: Bull. intern. Acad. Polon. Sci. Lettres **125**, 153 bis 164 — Chem. Zbl. **1926 I**, 588.
[10] A. Castille u. E. Ruppol: Bull. Soc. Chim. biol. Paris **10**, 623—668 — Chem. Zbl. **1928 II**, 622.
[11] N. Bjerrum: Z. physik. Chem. **104**, 147—173 (1923) — Chem. Zbl. **1923 I**, 1575.
[12] H. S. Simms: J. physic. Chem. **32**, 1121—1141 — Chem. Zbl. **1928 II**, 2105.

Hückelschen Gleichung gehorchen. Ferner ergibt sich, daß die Werte von $P_{K_3'}$ der Asparaginsäure in Gegenwart von $MgCl_2$ anomal sind.

Ch. Morton[1] bestimmte die „thermo-dynamischen" Dissoziationskonstanten der Asparaginsäure.

Über eine acidimetrische Bestimmungsmethode des isoelektrischen Punktes von Asparaginsäure und über ihre Fehlergrenze berichtet D. Bach[2].

O. Blüh[3] berichtet über die D.E. wässeriger Asparaginsäurelösungen.

Ch. Morton[1] bestimmte die Änderung des p_H bei einer $^1/_4$ neutralisierten Lösung von Asparaginsäure nach Zusatz von n-KCl, n-NaCl, $^1/_3$ m-K_2SO_4, $^1/_3$ m-$BaCl_2$ und $^1/_4$ m-$MgSO_4$, außerdem wurde der Verdünnungseffekt ermittelt.

Nach Untersuchungen von L. Karczag und P. Roboz[4] über das Verhalten von Substanzen, die auf die Oberfläche des Wassers gestreut waren, gehört Asparaginsäure zu den deszendierenden Substanzen, die nach dem Aufstreuen auf die Oberfläche zu Boden sinken.

Chemische Eigenschaften: Zur Klärung der Konfiguration der l-Asparaginsäure und zum Vergleich mit der l-Äpfelsäure wurde die Drehung analoger Derivate der Diäthylester beider Säuren bestimmt. Während die Derivate bei 20° nur eine geringe Übereinstimmung zeigten, war bei 100° eine ausreichende Übereinstimmung feststellbar. Der Einfluß der Temperatur auf die Drehung der Asparaginsäurederivate ist völlig regellos und häufig außerordentlich stark. Es ergibt sich aus diesen Untersuchungen, daß für die festen Substanzen der Asparaginsäurederivate die wahre Drehung in einem höheren Temperaturbereich ermittelt werden kann, in dem die flüssige Phase stabil ist. Außerdem stellten K. Freudenberg und A. Noë[5] fest, daß bei der Einwirkung von HNO_2 auf Asparaginsäure oder Asparagin die Äpfelsäure gleicher Konfiguration entsteht, also keine Umkehrung eintritt. Versuche, aus den Sulfosäurederivaten der Äpfelsäure zur Asparaginsäure zu gelangen, schlugen fehl.

P. Karrer, W. Jäggi und T. Takahashi[6] synthetisierten aus der l-Asparaginsäure (N-Benzoyl-l-asparaginsäurediäthylester) mittels Grignardreagens (CH_3MgJ) das l-2, 5-Dimethyl-4-benzoylamino-5-oxyhexen-(1), was sich auch von l-2, 5-Dimethyl-4-benzoylamino-5-oxy-n-hexan aus l-Leucin mittels CH_3MgJ erhalten läßt und sich nur durch eine Doppelbindung vom ersteren unterscheidet. Die Drehungen beider Verbindungen sind nur unwesentlich verschieden.

G. W. Clough[7] ermittelte für l-Asparaginsäure, l-Asparagin, d-Alanin, d-Milchsäuremethylester und l-Äpfelsäuremethylester für die Wellenlänge Na 5893 und Hg 5461 den rationalen Nullpunkt, der für alle etwa $-2,5°$ beträgt und den rationalen Dispersionskoeffizienten, der sich dann zu $([\alpha]_\alpha + 2,5)([\alpha]_{gr} + 2,5) = 0{,}844$ bestimmen läßt.

Über den Alkaliverbrauch der Asparaginsäure bei gewöhnlicher, bei Formoltitration und bei Formoltitration von in 25 proz. H_2SO_4 gelöster Asparaginsäure berichten N. D. Zelinsky und W. S. Ssádikow[8].

Bei der Oxydation von Asparaginsäure in wässeriger Lösung bei 38° in Anwesenheit von Adsorptionskohle (Sorboid-, Sanasorben-Waldhof) und von O_2 werden nach H. Wieland und F. Bergel[9] je nach der Reaktionsdauer, Katalysatormenge und Konzentration im Gegensatz zu Warburg und Negelein[10] nur 6—40% der Säure umgesetzt, wobei NH_3 und CO_2 im Verhältnis 2:1 entstehen, außerdem entstehen Acetaldehyd und kleine Mengen der zugehörigen Säuren. Ketosäuren wurden nicht festgestellt. Der Verlauf der Reaktion wird von den Verfassern folgendermaßen angegeben:

---

[1] Ch. Morton: J. chem. Soc. Lond. **1928**, 1401—1413 (1928) — Chem. Zbl. **1929 I**, 1196.

[2] D. Bach: Bull. Soc. Chim. biol. Paris **9**, 1233—1243 — Chem. Zbl. **1928 I**, 2972.

[3] O. Blüh: Z. physik. Chem. **106**, 341—365 (1923) — Chem. Zbl. **1924 I**, 461.

[4] L. Karczag u. P. Roboz: Biochem. Z. **162**, 22—27 — Chem. Zbl. **1926 I**, 328.

[5] K. Freudenberg u. A. Noë: Ber. dtsch. chem. Ges. **58**, 2399—2408 (1925) — Chem. Zbl. **1926 I**, 1963.

[6] P. Karrer, W. Jäggi u. T. Takahashi: Helvet. chim. Acta **8**, 360—364 — Chem. Zbl. **1925 II**, 1269.

[7] G. W. Clough: J. chem. Soc. Lond. **1926**, 1674—1676 — Chem. Zbl. **1926 II**, 2412.

[8] N. D. Zelinsky u. W. S. Ssádikow: Biochem. Z. **141**, 97—104 (1923) — Chem. Zbl. **1924 I**, 164.

[9] H. Wieland u. F. Bergel: Liebigs Ann. **439**, 196—210 — Chem. Zbl. **1924 II**, 1788.

[10] Warburg u. Negelein: Chem. Zbl. **1921 I**, 831.

I. $\underset{NH_2}{R \cdot CH \cdot COOH} \xrightarrow{+O_2} R \cdot \underset{O}{\overset{\|}{C}H} + CO_2 + NH_3$

II. $\underset{NH_2}{R \cdot CH \cdot COOH} \xrightarrow{+O_2} R \cdot \underset{NH}{\overset{\|}{C}} \cdot COOH \rightarrow R \cdot \underset{NH}{\overset{\|}{C}H} + CO_2 \rightarrow R \cdot \underset{O}{\overset{\|}{C}H} + NH_3$

III. $\underset{NH_2}{R \cdot CH \cdot COOH} \xrightarrow{O_2} R \cdot COOH + CO_2 + NH_3$

Nach den Verfassern ist die direkte Abspaltung der NH_2-Gruppe unmöglich. Weiterhin zeigt sich, daß es nach den Berechnungen thermochemisch gleichgültig ist, ob der Abbau der Aminosäuren zum Aldehyd oder zur Ketosäure führt. Gegenüber Kohlehydraten und Fetten steht die Dehydrierung der Aminosäuren energetisch hinter diesen.

K. Wunderly[1] untersuchte die Reaktion von Asparaginsäure mit Knochenkohle. Der Reaktionsverlauf entspricht der monomolekularen Formel, allerdings ist von einer Gegenreaktion auch in der Nähe des Grenzzustandes, der nach etwa 1 Tag eintritt, nichts zu merken. 1 g Asparaginsäure und 30 g Kohle in 200 ccm Wasser lieferten 0,62 g saures Ammoniummalat. Weiterhin wurde der Einfluß verschiedener Anfangskonzentrationen der Asparaginsäure und eines NH_4Cl-Zusatzes auf den Grenzzustand studiert. Säurezusatz fördert die Reaktion. Der Grenzzustand der Reaktion beruht nicht auf einer Erschöpfung der Kohle. Aus Oxysäuren und NH_3 entsteht auch bei Anwesenheit von Asparaginsäure keine Aminosäure, so daß kein Gleichgewicht im gewöhnlichen Sinne vorliegt.

B. Holmberg[2] untersuchte den Einfluß des Säuregehaltes des Reaktionsgemisches bei der Diazotierung von d-Asparaginsäure auf die Aktivität der entstehenden Äpfelsäure, weiterhin wurde noch der Einfluß des Nitrit-, Nitrat-, Sulfat-, Sulfonat- und Chlorions auf die Reaktion studiert.

V. Majer[3] zeigt, daß sich die Carbaminate der Asparaginsäure im geeigneten Medium nicht nur bei 40°, sondern auch bei 80—90° bilden, wobei die Abhängigkeit der Menge des durch die Asparaginsäure gebundenen CO_2 eine typische Funktion der Alkalität der Lösung ist. So wurde der Einfluß der Asparaginsäure auf die Absorption von CO_2 bei 80° untersucht.

Asparaginsäure ist nach Ch. Moureu, Ch. Dufraisse und M. Badoche[4] Acrolein und Benzaldehyd gegenüber unwirksam.

Nach E. Schmidt und K. Braunsdorf[5] ist Asparaginsäure gegen ClO_2 beständig.

Der Stickstoff der Asparaginsäure wird nach P. G. Kronacker[6] durch heiße 95-, 80-, 70- und 60proz. H_2SO_4 leicht in $(NH_4)_2SO_4$ übergeführt.

Über die Aufnahme von N_2 durch Asparaginsäure, die im Autoklaven in einer N_2-Atmosphäre behandelt wird, berichtet W. S. Ssádikow[7].

Nach P. Pfeiffer, M. Kloßmann und O. Angern[8] ließ sich Asparaginsäure nicht an $MgCl_2$ und $Sr(NO_3)_2$ addieren.

Nach der Chemischen Fabrik „Flora"[9] gibt Asparaginsäure beim Erwärmen mit HCl (D. = 1,12) und HNO_3 (D. = 1,2) auf dem Wasserbade α-Chlorbernsteinsäure, mit HBr und HNO_3 bereits bei gewöhnlicher Temperatur α-Brombernsteinsäure.

Wird Asparaginsäure in eine gesättigte Lösung von $MgCl_2$, $CaCl_2$ und $ZnCl_2$ eingetragen und $NaNO_2$ zugesetzt, so entsteht nach R. Kuhn u. E. Eichenberger[10] Chlorbernsteinsäure.

---

[1] K. Wunderly: Z. physik. Chem. **112**, 175—198 — Chem. Zbl. **1924 II**, 2629.
[2] B. Holmberg: Ber. dtsch. chem. Ges. **61**, 1893—1905 (1928) — Chem. Zbl. **1929 I**, 1092.
[3] V. Majer: Z. Zuckerind. tschechoslowak. Rep. **53**, 213—229 — Chem. Zbl. **1929 I**, 2481.
[4] Ch. Moureu, Ch. Dufraisse u. M. Badoche: C. r. Acad. Sci. Paris **183**, 408—412 — Chem. Zbl. **1926 II**, 1818.
[5] E. Schmidt u. K. Braunsdorf: Ber. dtsch. chem. Ges. **55**, 1529—1534 — Chem. Zbl. **1922 III**, 520.
[6] P. G. Kronacker: Bull. Soc. Chim. Belg. **3**, 217—231 — Chem. Zbl. **1924 II**, 839.
[7] W. S. Ssádikow: Biochem. Z. **143**, 496—503 (1923) — Chem. Zbl. **1924 I**, 1387.
[8] P. Pfeiffer, M. Kloßmann u. O. Angern: Hoppe-Seylers Z. **133**, 22—61 — Chem. Zbl. **1924 I**, 1911.
[9] Chemische Fabrik „Flora": Holl.P. 6121 v. 26. August 1919, ausg. 15. Sept. 1921; Schwed.Prior. v. 31. August 1918; Chem. Zbl. **1921 IV**, 1140.
[10] R. Kuhn u. E. Eichenberger: F.P. 663236 v. 31. Okt. 1928, ausg. 19. Aug. 1929; Chem. Zbl. **1929 II**, 3069.

Die Gleichgewichtskonstante zwischen CH_2O und Asparaginsäure wurde von J. Svehla[1] so ermittelt, daß die Löslichkeit von Asparaginsäure in reinem Wasser und andererseits in CH_2O-Lösungen verschiedener Konzentrationen bei 25° bestimmt wurde. Im Durchschnitt wurde für Asparaginsäure $K = 25{,}7$ gefunden.

Über die Reaktion zwischen Methylglyoxal und Asparaginsäure beim Kochen und über die quantitative Bestimmung der Reaktionsprodukte berichten C. Neuberg und M. Kobel[2]. Ferner untersuchten die Verfasser die Reaktion zwischen Asparaginsäure und Methylglyoxal in der Kälte durch Beobachtung der Drehungsänderung.

Nach C. Neuberg und M. Kobel[3] tritt bei $p_H = 7$ eine Drehungsänderung eines Gemisches von Asparaginsäure + Fructose oder mit hexosephosphorsaurem Mg ein; mit Maltose und Glucose ist die Drehungsänderung geringer.

Über die Bildung von Karamelsubstanzen aus Lävulose + Asparaginsäure berichtet B. Ripp[4].

Aus Versuchen von O. Spengler und F. Tödt[5] über die Verfärbbarkeit von verschiedenen Zuckersorten bei Anwendung hoher Temperaturen mit und ohne Zusatz von Asparaginsäure ergab sich, daß diese Säure unter den gewählten Bedingungen nicht die Verfärbung der Zucker verursachte.

Bei der Behandlung der Asparaginsäure mit Acetanhydrid in Gegenwart von Pyridin erhielten H. D. Dakin und R. West[6] eine gummiartige Masse, die mit Phenylhydrazin oder verdünnter HCl behandelt, unter CO_2-Abspaltung Diacetyl ergab, beim Ausschütteln der wässerigen Lösung mit Äther wurde β-Oxylävulinsäure und beim Behandeln mit NH_3 Tetramethylpyrazin erhalten. Nach den Verfassern ist der Reaktionsverlauf so, daß zunächst β-Acetylaminolävulinsäure entsteht, die weiter in β-Acetamino-γ-acetoxy-γ-valerolacton übergeht.

Asparaginsäure gibt nach E. Waser und E. Brauchli[7] beim Erhitzen in sodaalkalischer Lösung mit einer kleinen Menge p-Nitrobenzoylchlorid eine dunkelweinrote bis violettblaue Färbung. Die Gegenwart von Na-Bisulfit, Na-Sulfid, Na-Hyposulfit verhindert die Reaktion, während Sulfat, Thiosulfat und kolloidaler Schwefel ohne Einfluß sind. Die entsprechenden o- und m-Verbindungen, Benzoylchlorid, p-Nitrophenol, p-Nitrobenzoesäure und p-Nitrobenzaldehyd zeigen die Reaktion nicht. Außerdem bleibt die Färbung bei Gegenwart von Na-Acetat oder Chinolin aus, zeigt sich aber sonst bei jeder alkalischen Substanz (auch Pyridin).

Über die Ausfällung der Asparaginsäure und Glutaminsäure bei der Saturation berichtet F. Pachlopník[8]. Weiterhin berichtet der Verfasser über das Alkalibildungsvermögen, das in Prozenten des K-Salzes für die Asparaginsäure 34,1 betrug.

Nach L. P. Bosman[9] ist die hydrolytische Spaltung von Methylacetat, Methylbutyrat und Olivenöl durch Asparaginsäure nicht von der Säure als solcher, sondern von ihrer $[H^+]$ abhängig, da Puffergemische von gleicher $[H^+]$ ebenso wirken.

Nach J. M. Ort und J. W. Bollman[10] übt Asparaginsäure im Gegensatz zu anderen Aminosäuren keine katalytisch beschleunigende Wirkung auf die Reaktion von H_2O_2 mit Dextrose aus.

Die Reduktion von Thionin durch Asparaginsäure ist bei $p_H = 7$ im Vakuum und im Dunkeln bei 20—40° nach E. Aubel und L. Genevois[11] sehr gering.

Über den Einfluß der Asparaginsäure auf die Aldehyd-Tryptophanreaktion berichtet E. Komm[12].

---

[1] J. Svehla: Ber. dtsch. chem. Ges. **56**, 331—337 (1923) — Chem. Zbl. **1923 I**, 749.
[2] C. Neuberg u. M. Kobel: Biochem. Z. **188**, 197—210 — Chem. Zbl. **1927 II**, 2677.
[3] C. Neuberg u. M. Kobel: Biochem. Z. **174**, 464—479 — Chem. Zbl. **1926 II**, 3059.
[4] B. Ripp: Z. Ver. Dtsch. Zuckerind. **1926**, 627—662 — Chem. Zbl. **1926 II**, 2697.
[5] O. Spengler u. F. Tödt: Z. Ver. Dtsch. Zuckerind. **1927**, 623—640 — Chem. Zbl. **1928 I**, 1107.
[6] H. D. Dakin u. R. West: J. of biol. Chem. **78**, 745—756 — Chem. Zbl. **1928 II**, 2115.
[7] E. Waser u. E. Brauchli: Helvet. chim. Acta **7**, 740—758 — Chem. Zbl. **1924 II**, 947.
[8] F. Pachlopník: Listy Cukrovarnické **44**, 57 — Z. Zuckerind. tschechoslowak. Rep. **50**, 269—279, 281—288 — Chem. Zbl. **1926 II**, 117.
[9] L. P. Bosman: Trans. roy. Soc. S. Afrika **13**, 245—253 (1926) — Ber. Physiol. **37**, 511 — Chem. Zbl. **1927 I**, 1819.
[10] J. M. Ort u. J. W. Bollman: J. amer. chem. Soc. **49**, 805—810 — Chem. Zbl. **1927 I**, 2794.
[11] E. Aubel u. L. Genevois: C. r. Acad. Sci. Paris **183**, 94—95 — Chem. Zbl. **1926 II**, 2600.
[12] E. Komm: Hoppe-Seylers Z. **156**, 35—60 — Chem. Zbl. **1926 II**, 1893.

Von F. Loebenstein[1] wurde der Einfluß von Asparaginsäure auf die Quellung mit Wasser und Entquellung mit Alkohol von nichtchromierten Hautpulvern untersucht, wobei die Säure sowohl in der Wasser- wie in der Alkoholreihe die Quellung verstärkte.

L. de Hoop und M. J. van Tussenbroek[2] untersuchten den Einfluß von Asparaginsäurezusatz (4%) auf die Krystallisation reiner Maltosesirupe, die nach 24 Stunden beendet war.

Derivate der l-Asparaginsäure: Na-Asparaginat $[\alpha]_D -9,09°$[3].

K-Asparaginat, $[\alpha]_D -14,20°$[3].

Li-Asparaginat, $[\alpha]_D -4,86°$[3].

NH$_4$-Asparaginat, $[\alpha]_D -7,60°$[3].

Doppelverbindungen zwischen Asparaginaten und Erdalkalihalogeniden: Die Verbindungen werden durch Behandlung der sauren Erdalkalisalze der Asparaginsäure mit den Erdalkalihalogeniden oder durch Absättigung eines Gemisches von Asparaginsäure und Halogenwasserstoffsäure mit Erdalkalicarbonaten oder durch Umsetzung der wässerigen Lösungen der Asparaginsäurehalogenide mit frisch gefälltem $CaCO_3$ oder $BaCO_3$ oder mit den entsprechenden Hydroxyden und folgendem Sättigen der Lösung mit CO_2 hergestellt.

Ca-Asparaginat + $CaCl_2$, die Verbindung krystallisiert gut, ist luftbeständig, leicht löslich in Wasser und besitzt einen angenehmen Geschmack. Sie findet therapeutische Verwendung[4]. — W. K. Anslow und H. King[5] konnten kein krystallisiertes Produkt mit äquimolaren Mengen erhalten.

Ba-Asparaginat-BaCl$_2$ gab mit viel überschüssigem $BaCl_2$ eine krystallisierte, aber keine einheitliche Additionsverbindung[5].

Sr-Asparaginat-SrCl$_2$ $(C_4H_6O_4N)_2Sr \cdot SrCl_2 \cdot 2 H_2O$. Mikrokrystallines Pulver. Entsteht nach den Verfassern im Gegensatz zur entsprechenden Ba-Verbindung sofort[5].

Cu-Asparaginat. Bestimmt wurde von E. Abderhalden und E. Schnitzler[6] die spezifische Leitfähigkeit „x" des Cu-Salzes in folgenden wässerigen Lösungen: $1/_{50}$, $1/_{100}$, $1/_{200}$, $1/_{400}$, $1/_{800}$ und $1/_{1600}$ n. Beim n-zweibasischen Cu-Salze $C_4H_5O_4NCu + 1\frac{1}{2} H_2O$ ist „x" sehr gering, während ein zweites dunkelgrünblaues Cu-Salz der Asparaginsäure wegen der Schwerlöslichkeit in Wasser für die Bestimmung von „x" nicht in Betracht kommt.

Pb-Asparaginat. W. J. Dilling[7] untersuchte den Einfluß von intravenös injiziertem asparaginsauren Pb auf Blutdruck, Atmung und Herztätigkeit der Katze.

Asparaginsäuremonoäthylester. Es wird die Drehung „α" und das Brechungsvermögen „n" wässeriger 0,748 proz. Lösungen des Esters bei 20° für verschiedene Wellenlängen zwischen 670 und 405 bzw. 436 $\mu\mu$ bestimmt. L. Pagliarulo[8] beschreibt eingehend den Verlauf der α-λ-Kurve und der n-λ-Kurve. Aus der Form der α-λ- bzw. Δn-λ-Kurve wird geschlossen, daß die Asparaginsäureesterlösung bei etwa 578 $\mu\mu$ ein Absorptionszentrum besitzt. Für Wasser findet der Verfasser $\Delta n/\Delta t$ zwischen 15 und 20° = $-0,000087$.

Diäthylester. Bei der Umsetzung des Diäthylesters mit Grignardreagenz werden nach S. Kanao und S. Inagawa[9] folgende Verbindungen erhalten: mit CH_3MgJ 2,5-Dimethyl-3-aminohexandiol-(2,5), mit C_2H_5MgJ 3,6-Diäthyl-4-aminooctandiol-(3,6), mit C_3H_7MgJ 4,7-Dipropyl-5-aminodecandiol-(4,7), mit C_4H_9MgJ 5,8-Dibutyl-6-aminododecandiol-(5,8) und mit C_6H_5MgBr 1,1,4,4-Tetraphenyl-2-aminobutandiol-(1,4). — B. Holmberg[10] untersuchte den Einfluß des p_H des Reaktionsgemisches bei der Diazotierung des Esters auf die Aktivität der entstehenden Äpfelsäure, weiterhin wurde noch der Einfluß des Nitrat- und Halogenions auf die Reaktion untersucht.

Asparaginsäuremonoisoamylester. M. L. Pagliarulo[11] untersuchte das Drehungs- und Brechungsvermögen wässeriger Lösungen des Esters (3,198 g in 100 ccm) bei 25° für

---

[1] F. Loebenstein: Kolloid-Z. **35**, 345—353 — Chem. Zbl. **1925 I**, 2540.
[2] L. de Hoop u. M. J. van Tussenbroek: Biochem. Z. **135**, 217—223 — Chem. Zbl. **1923 III**, 662.
[3] M. A. Rakusin: J. russ. phys.-chem. Ges. **49**, 245—247 (1917) — Chem. Zbl. **1923 III**, 739.
[4] Farbenfabrik vorm. F. Bayer & Co.: Ö.P. 86983 v. 21. Okt. 1920, ausg. 10. Jan. 1922; D.Prior. 7. August 1919; Schw.P. 90414; Schwz.P. 90888; Chem. Zbl. **1922 IV**, 709.
[5] W. K. Anslow u. H. King: Biochemic. J. **21**, 1168—1178 (1927) — Chem. Zbl. **1928 I**, 2077.
[6] E. Abderhalden u. E. Schnitzler: Hoppe-Seylers Z. **163**, 94—119 — Chem. Zbl. **1927 I**, 2068.
[7] W. J. Dilling: J. of Pharmacol. **35**, 449—462 (1929) — Chem. Zbl. **1929 II**, 594.
[8] L. Pagliarulo: Atti R. Accad. Lincei [Roma], Rend. [6] **5**, 505—510 — Chem. Zbl. **1927 II**, 217.
[9] S. Kanao u. S. Inagawa: J. pharmac. Soc. Jap. **48**, 40—46 — Chem. Zbl. **1928 II**, 50.
[10] B. Holmberg: Ber. dtsch. chem. Ges. **61**, 1893—1905 (1928) — Chem. Zbl. **1929 I**, 1092.
[11] M. L. Pagliarulo: Atti R. Accad. Lincei [Roma], Rend. [6] **6**, 157—159 (1927) — Chem. Zbl. **1928 I**, 646.

Wellenlängen zwischen 671 und 405 $\mu\mu$. Der Isoamylester zeigt ein dem Monoäthylester ganz analoges Verhalten.

Diisoamylester, aus Isoamylalkohol und Asparaginsäure im HCl-Strom. Ölige, leicht zersetzliche Flüssigkeit. Kochp.$_{20}$ 199°[1].

Formyl-l-asparaginsäurediäthylester. Kochen des Esters mit Ameisensäure. Kochp.$_1$ 145 bis 146°; $[M]_{578}^t = -0.3°$ (flüssig; bei 20°; D. 1,163) $= -12.9°$ (flüssig; bei 100°; D. 1,090)[2].

Acetyl-l-asparaginsäuredimethylester. Kochp.$_{1,5}$ 154—155°. Schmelzp. 63° (aus Essigester); $[M]_{578}^t = -30.7°$ (überschmolzen; bei 20°; D. 1,221); $= -25.0°$ (flüssig; bei 100°; D. 1,135)[2].

Diäthylester $C_{10}H_{17}O_5N$. Durch Stehenlassen von Ester, Acetanhydrid und Pyridin und anschließender Destillation. Kochp.$_{20}$ 183°. Schmelzp. 31° (aus Benzol), löslich in Wasser; $[M]_{578}^t = -21.0°$ (überschmolzen; bei 19°; D. 1,141); $= -18.0°$ (flüssig; bei 100°; D. 1,058)[2]. — Kochp.$_{15}$ 180°, Kochp.$_{1-2}$ 124°, sehr schwach rechtsdrehend. Die daraus mit siedender 10proz. HCl regenerierte Asparaginsäure zeigte $[\alpha]_D = +3.92°$ statt $+25.16°$ in verdünnter HCl. Weiterhin wird über die Darstellung und Isolierung des Esters aus Eiweißhydrolysaten berichtet[3].

N-Acetyl-l-asparaginsäureanhydrid $C_6H_7O_4N$. Kochen von Asparaginsäure mit Essigsäureanhydrid bis zur Lösung, abkühlen, bei 0,5 mm verdampfen; aus Eisessig sechsseitige Prismen. Schmelzp. 141°[4].

Äthansulfonyl-l-asparaginsäurediäthylester. Durch Kuppeln des Esters mit Äthansulfochlorid in Pyridin. Schmelzp. 50°, aus Ligroin; $[M]_{578}^t = -28.7°$ (überschmolzen; bei 20°; D. 1,229); $= -31.2°$ (flüssig; bei 100°; D. 1,149); $= -59.1°$ (in Pyridin; Konz. 8,12; bei 17°; D. 0,986); $= -62.9°$ (in Pyridin; Konz. 44,0; bei 17°; D. 1,076); $= -57.3°$ (in Pyridin; Konz. 74,4; bei 17°; D. 1,156); $= -49.1°$ (in Ameisensäure; Konz. 27,7; bei 18°; D. 1,213); $= -48.3°$ (in Ameisensäure; Konz. 47,9; bei 18°; D. 1,214); $= -39.7°$ (in Ameisensäure; Konz. 76,5, bei 18°; D. 1,214)[2].

n-Heptoyl-l-asparaginsäurediäthylester. Durch Kuppeln des Esters mit Heptoylchlorid in Pyridin. Schmelzp. 29° (aus wässerigem Methanol). $[M]_{578}^t = -46.0°$ (überschmolzen; bei 20°; D. 1,041); $= -19.9°$ (flüssig; bei 100°; D. 0,981)[2].

Phenylacetyl-asparaginsäure wurde Menschen, Kaninchen, Hunden und Hühnern verabreicht oder injiziert, es wurde nach G. Shipple und C. P. Sherwin[5] unangegriffen im Harn wieder ausgeschieden.

Benzoyl-l-asparaginsäurediäthylester. $[M]_{578}^t = +11.8°$ (flüssig; bei 100°; D. 1,095); $= -67.6°$ (in Alkohol; Konz. 3,9; bei 14°; D. 0,810); $= -74.3°$ (in Pyridin; Konz. 3,0; bei 20°; D. 0,989); $= -73.3°$ (in Pyridin; Konz. 17,2; bei 20°; D. 1,007); $= -69.7$ (in Pyridin; Konz. 30,3; bei 20°; D. 1,031); $= +142.9°$ (in Acetylentetrachlorid; Konz. 4,8; bei 20°; D. 1,587)[2]. — Diese Benzoylverbindung gibt nach E. Miyamichi[6], in Chloroform mit der etwa 4fachen Menge P_2O_5 behandelt, ein Reaktionsprodukt, das der Verfasser für 2-Phenyl-5-äthoxyoxazol-4-essigsäureäthylester hält. Es wird in kalter verdünnter HCl zu Benzoylasparaginsäure wieder aufgespalten.

Benzoylasparaginsäure-α-äthylester-β-amid $C_{13}H_{16}O_4N_2$, gibt nach E. Miyamichi[7] mit PCl_5 in Chloroform behandelt 2-Phenyl-6-oxo-tetrahydropyrimidin-4-carbonsäureäthylester.

p-Toluol-sulfonyl-l-asparaginsäure. Durch Verseifen des Esters mit 2n-NaOH, enthält 1 Mol Krystallwasser, das bei 60° leicht im Vakuum entweicht. Schmelzp. (trocken) 139 bis 140°; dreht in Wasser schwach nach rechts[2].

p-Toluol-sulfonyl-l-asparaginsäurediäthylester. Durch Kuppeln des Esters mit p-Toluolsulfonylchlorid in Pyridin. Schmelzp. 79°; aus Ligroin; $[M]_{578}^t = +37.5°$ (überschmolzen; bei 20°; D. 1,230); $= -36.0°$ (flüssig; bei 100°; D. 1,52); $= -59.3°$ (in Pyridin; Konz. 10,9; bei 22°; D. 1,000); $= -60.7°$ (in Pyridin; Konz. 25,6; bei 22°; D. 1,034); $= -61.7°$ (in

---

[1] F. P. Mazza u. G. D. Jojo: Atti R. Accad. Lincei [Roma], Rend. [6] **5**, 294—301 — Chem. Zbl. **1927 I**, 2981.

[2] K. Freudenberg u. A. Noë: Ber. dtsch. chem. Ges. **58**, 2399—2408 (1925) — Chem. Zbl. **1926 I**, 1963.

[3] E. Cherbuliez u. Pl. Plattner: Helvet. chim. Acta **12**, 317—329 — Chem. Zbl. **1929 II**, 75.

[4] M. Bergmann, F. Stern u. Ch. Witte: Liebigs Ann. **349**, 277—302 — Chem. Zbl. **1926 II**, 2706.

[5] G. Shipple u. C. P. Sherwin: J. of biol. Chem. **53**, 463—478 — Chem. Zbl. **1922 III**, 1308.

[6] E. Miyamichi: J. pharmac. Soc. Japan Nr **534**, 66—67 (1926) — Chem. Zbl. **1927 I**, 1417.

[7] E. Miyamichi: J. pharmac. Soc. Japan **1927**, 116—117 — Chem. Zbl. **1928 I**, 350.

Pyridin, Konz. 36,3; bei 18°; D. 1,062); = −58,5° (in Pyridin; Konz. 46,8; bei 22°; D. 1,082); = + 9,6° (in Ameisensäure; Konz. 25,9; bei 18°; D. 1,206); = +14,5° (in Ameisensäure; Konz. 50,6; bei 18°; D. 1,206); = + 17,8° (in Ameisensäure; Konz. 57,9; bei 18°; D. 1,216); = + 19,3° (in Ameisensäure; Konz. 65,8; bei 18°; D. 1,217); = +109,2° (in Acetylentetrachlorid; Konz. 9,8; bei 18°; D. 1,551); = +96,6° (in Acetylentetrachlorid; Konz. 24,2; bei 18°; D. 1,475); = +85,0° (in Acetylentetrachlorid; Konz. 44,4; bei 18°; D. 1,413)[1].

p-Toluol-sulfonyl-l-asparaginsäuredichlorid. Durch Umsetzung der Säure mit PCl_5. Schmelzp. 96—97°, aus Äther + Petroläther[1].

Cinnamoyl-l-asparaginsäurediäthylester. Durch Kuppeln des Esters in Pyridin mit Cinnamoylchlorid. Schmelzp. 72°. $[M]_{578}^t$ = +25,4° (überschmolzen; bei 20°; D. 1,154); = + 19,7° (flüssig; bei 100°; D. 1,099); = +63,5° (in Ameisensäure; Konz. 17,9; bei 22°; D. 1,175); = +79,4° (in Ameisensäure; Konz. 27,3; bei 18°; D. 1,172); = +94,8° (in Ameisensäure; Konz. 45,2; bei 18°; D. 1,161). In Pyridin ist bei Konzentrationen bis zu 54% keine Drehung wahrzunehmen[1].

Hydrocinnamoyl-l-asparaginsäurediäthylester. Durch Kuppeln des Esters mit Hydrocinnamoylchlorid in Pyridin. Kochp.$_2$ 203°. Schmelzp. 34°; $[M]_{578}^t$= −17,8° (überschmolzen; bei 20°; D. 1,132); = −9,1° (flüssig; bei 100°; D. 1,069)[1].

Methylasparaginsäure gab nach H. D. Dakin und R. West[2] bei der Behandlung mit Acetanhydrid + Pyridin weder CO_2-Abspaltung noch Ketonbildung. — Die Säure gibt nach N. D. Zelinsky und W. S. Ssádikow[3] mit Ninhydrin einen blauen, in Amylalkohol löslichen Farbstoff.

Diäthylester $C_9H_{17}O_4N$, reagiert nach den Verfassern[3] nicht mit Ninhydrin.

Methylenasparaginsäure. Die Dissoziationskonstanten der Methylenverbindung werden von L. J. Harris[4] zu $K_{\alpha_1} > 10^{-3}$ und $K_{\alpha_2} = 1,3 \cdot 10^{-7}$ angegeben.

N-Trichloräthylidenasparaginsäure-Brucinsalz $C_{52}H_{58}O_{12}N_5Cl_3$. Farblose Nadeln[5].

N-o-Oxybenzyliden-l-asparaginsäure-Ba-Salz $C_{11}H_9O_5NBa$. Gelbe Nädelchen[5].

Brucin-Salz $C_{57}H_{63}O_{13}N_5 + 10 H_2O$(?). Citronengelbe Prismen oder Tafeln. Schmelzpunkt des wasserfreien Salzes 145° (Aufschäumen), wenig löslich in Wasser, wird von Alkohol zersetzt; löslich in Methylalkohol, scheidet sich daraus ab, anscheinend unter Abgabe von 1 Mol Brucin und Aufnahme von Methylalkohol (Verbindung $C_{35}H_{41}O_{10}N_3$)[5].

N-p-Nitrobenzyliden-l-asparaginsäure-Brucin-Salz $C_{57}H_{62}O_{14}N_6$. Blaßgelbe Nadeln oder Prismen. Schmelzp. gegen 116° (Aufschäumen und Rotfärbung nach Sintern bei 95°)[5].

Uraminoasparaginsäure. Aus l-Asparaginsäure und der entsprechenden Hydantoinessigsäure; war nach H. D. Dakin[6], an Kaninchen verfüttert, nur zu 20—36% unverändert im Harn nachzuweisen.

α-Diazobernsteinsäurediäthylester $C_8H_{12}O_4N_2$. Aus l-Asparaginsäurediäthylesterhydrochlorid (Schmelzp. 95°). Kochp.$_{0,1}$ 77—88°. $D_4^{20} = 1,139$, $n_D^{20} = 1,4620$, $[\alpha]_D^{22} = -1,23°$[7].

Hydrochlorid. Schmelzp. 185—186° (zersetzt)[8].

Derivate der d, l-Asparaginsäure: d, l-Asparaginsäurediäthylester. Kochp.$_{13}$ 130—131°[8].

Hydrochlorid. Schmelzp. 85—86°[8].

Propionyl-d, l-asparaginsäuredimethylester $C_9H_{15}O_5N$. Kochp.$_{1,5}$ 150°, $n_D^{18} = 1,4592$; krystallisiert beim Stehen; Nädelchen. Schmelzp. 46—48°. Dieselbe Verbindung entsteht aus dem sauren NH_4-Salz der Propionylaminomaleinsäure durch Hydrierung und Methylierung mit Diazomethan und ist aus dem Anhydrid der Propionylmalonsäure darstellbar. Durch Kochen mit HCl wurde die Propionyl-d, l-asparaginsäure in Asparagin und Propionsäure gespalten[9].

---

[1] K. Freudenberg u. A. Noë: Ber. dtsch. chem. Ges. **58**, 2399—2408 (1925) — Chem. Zbl. **1926 I**, 1963.
[2] H. D. Dakin u. R. West: J. of biol. Chem. **78**, 745—756 — Chem. Zbl. **1928 II**, 2115.
[3] N. D. Zelinsky u. W. S. Ssádikow: Biochem. Z. **141**, 105—108 (1923) — Chem. Zbl. **1924 I**, 164.
[4] L. J. Harris: Proc. roy. Soc. Lond., Serie B **97**, 364—386 — Chem. Zbl. **1925 II**, 224.
[5] M. Bergmann, H. Enßlin u. L. Zervas: Ber. dtsch. chem. Ges. **58**, 1034—1045 — Chem. Zbl. **1925 II**, 810.
[6] H. D. Dakin: J. of biol. Chem. **67**, 341—350 — Chem. Zbl. **1926 II**, 1064.
[7] H. M. Chiles u. W. A. Noyes: J. amer. chem. Soc. **44**, 1798—1810 (1922) — Chem. Zbl. **1923 I**, 42.
[8] S. Keimatsu u. C. Kato: J. of Pharmacol. **49**, 111—113 — Chem. Zbl. **1929 II**, 2552.
[9] M Bergmann, E Kann u. A. Miekeley: Liebigs Ann. **449**, 135—145 — Chem. Zbl. **1926 II**, 2692.

Homoasparaginsäure $C_5H_9O_4N$. Aus Wasser. Schmelzp. 232°. Aus Homoasparagin mit HCl[1].

Diäthylester $C_9H_{17}O_4N$. Durch 5tägige Einwirkung von flüssigem NH_3 auf Citraconsäureäthylester in der Kälte oder auf Mesaconsäurediäthylester in der Hitze. Kochp.$_{12}$ 118 bis 119°[1].

Homoasparaginsäurediamid $C_5H_{11}O_2N_3$. Durch längere Einwirkung (1 Monat) von flüssigem NH_3 auf Citraconsäureäthylester in der Kälte. Längeres Einwirken des NH_3 verbessert zwar die Ausbeute an Diamid, doch verschwindet der Homoasparaginsäureester nicht ganz. Nadeln aus wässerigem Alkohol. Schmelzp. 175°. Leicht löslich in Wasser, wenig löslich in Alkohol, durch Verseifen daraus Homoasparaginsäuremonoamid[1].

Oxalat des Diamids $C_{12}H_{24}O_6N_6$. Aus Alkohol. Schmelzp. 237°[1].

Homoasparaginsäureimid. Aus Citraconsäuremethylester mit flüssigem NH_3 nach 12tägiger Einwirkung oder aus Mesaconsäurediäthylester und Itaconsäurediäthylester in der Hitze. Aus Methylalkohol. Schmelzp. 185°[1].

Anhydroureidohomoasparaginsäure $C_6H_8O_4N_2$. Aus Homoasparaginsäure und Harnstoff oder durch Verseifung mit 15proz. HCl von Anhydroureidohomoasparagin. Prismen vom Schmelzp. 264—265° unter Zersetzung. Wenig löslich in Alkohol und organischen Lösungsmitteln. Die Lösung reagiert sauer[2].

Asparagin.

Asparaginsäure-monoamid, 2-Amino-butanamid-(4)-säure.

Vorkommen von l-Asparagin: Über das wahrscheinliche Vorkommen von Asparagin im Filtrat der Phosphorwolframsäurefällung des im Alkohol-Äther unlöslichen, aber im Wasser löslichen Anteils von Ovarien berichten F. W. Heyl und M. C. Hart[3].

Es ließ sich nach A. Kiesel[4] in keinem Stadium von reifenden Roggenähren in diesen Asparagin nachweisen.

Der Asparagingehalt des Luzernensaftes beträgt nach H. B. Vickery[5] 1—8% von der gesamten festen organischen Substanz und 5—8% vom N des Filtrates aus der Alkoholfällung des Saftes der Alfalfapflanze, aber nur $^1/_3$ des Amido-N. Ferner ist nach dem Verfasser[6] die im Luzernensafte gefundene Asparaginsäure wahrscheinlich auf ursprünglich vorhandenes Asparagin zu beziehen.

A. Tokarewa[7] fand in etiolierten Keimlingen von Lupinus luteus neben wenig Kreatinin und Betain viel Asparagin.

M. A. Piutti[8] konnte erneut das Vorkommen von d- und l-Asparagin in den Preßsäften von Lupinenkeimlingen (Lupinus albus) bestätigen. Eine Umwandlung von l- in d-Asparagin ist unter den gewählten Isolierungsbedingungen nicht anzunehmen.

Aus den wässerigen Extrakten sowohl der Blätter wie der Rinde von Salix trianda L. konnten M. Bridel und C. Béguin[9] durch Alkoholfällung l-Asparagin isolieren.

Über das Vorkommen von l-Asparagin in frischen Blüten von Ulex europaeus L. berichtet M. Bridel[10].

Im alkalischen Alkoholextrakt der Blätter von Kuzu (japanische Arrow-root-Pflanze, Pueraria hirsuta, Matsum) wurde von R. Sasaki[11] nach Ausfällung des Proteins durch Neutralisation mit HCl im Filtrat Asparagin nachgewiesen.

---

[1] K. Stosius u. E. Philippi: Mh. Chemie **45**, 457—470 — Chem. Zbl. **1925 II**, 1428.

[2] C. Migliacci u. M. Furia: Gazz. chim. ital. **58**, 103—110 — Chem. Zbl. **1928 I**, 2246.

[3] F. W. Heyl u. M. C. Hart: J. of biol. Chem. **75**, 405—415 (1927) — Chem. Zbl. **1928 I**, 2511.

[4] A. Kiesel: Hoppe-Seylers Z. **135**, 61—83 — Chem. Zbl. **1924 II**, 193.

[5] H. B. Vickery: J. of biol. Chem. **61**, 117—127 — Chem. Zbl. **1924 II**, 2405 — J. of biol. Chem. **60**, 647—655 — Chem. Zbl. **1924 II**, 1929.

[6] H. B. Vickery: J. of biol. Chem. **65**, 657—664 (1925) — Chem. Zbl. **1926 I**, 1422.

[7] A. Tokarewa: Hoppe-Seylers Z. **158**, 28—31 (1926) — Chem. Zbl. **1927 I**, 113.

[8] M. A. Piutti: Atti I Congr. naz. chim. pur. ed appl. **1923**, 384—386 — Chem. Zbl. **1924 I**, 1941 — Bull. Soc. Chim. France [4] **33**, 804—806 — Chem. Zbl. **1923 III**, 861.

[9] M. Bridel u. C. Béguin: C. r. Acad. Sci. Paris **183**, 231—233 — Chem. Zbl. **1926 II**, 1289.

[10] M. Bridel: Bull. Soc. Chim. biol. Paris **10**, 1378—1379 (1928) — Chem. Zbl. **1929 I**, 1360 — J. of Pharmacol. [8] **9**, 112—113 — Chem. Zbl. **1929 I**, 2195.

[11] R. Sasaki: Bull. agricult. chem. Soc. Japan **4**, 1—5 (1928) — Chem. Zbl. **1929 II**, 583.

Aus der Trockensubstanz des Fruchtwassers von Gingko biloba wurde von J. Kawamura[1] neben Zuckern und H_3PO_4 Asparagin isoliert.

Vorkommen des d-Asparagins: Über das Vorkommen von d-Asparagin in Preßsäften aus Lupinenkeimlingen (Lupinus albus) berichtet M. A. Piutti[2], siehe unter Vorkommen des l-Asparagins.

Bildung: Unter den hydrolytischen Spaltprodukten eines Lactotyrines (P-haltiges Polypeptid, durch tryptische Spaltung aus Casein gewonnen) wurde von S. Posternak[3] Asparagin nachgewiesen.

Darstellung: Bei der Darstellung von Asparagin aus Lupinus albus nach den Diffusionsverfahren, wobei die Keimepidermis als Diffusionsmembran wirkt, durch etwa 1 Monat lange Extraktion der von Wurzeln, Kotyledonen und Blättchen befreiten Sprößlingen mit Wasser bei Gegenwart von Toluol wurde nach A. Piutti[4] die doppelte Ausbeute an Asparagin gegenüber den früheren Methoden erhalten. Die Entfernung der Kotyledonen ist wichtig, da ihre Enzyme auch bei Gegenwart von Toluol das Asparagin sehr schnell zersetzen. Dagegen ergibt die Anwendung der Diffusionsmethode auf Vicia sativa eine kleinere Ausbeute an Asparagin.

Bestimmung und Nachweis: E. M. P. Widmark und E. L. Larsson[5] untersuchten für Asparagin die Anwendung der konduktometrischen Titrationsmethode mit Lauge nach Kolthoff. Asparagin verhält sich typisch wie eine einbasische Säure.

Asparagin kann nach O. Fernández und T. Garméndia[6] auch bei Gegenwart von NH_4Cl nach Sörensen quantitativ bestimmt werden, während es umgekehrt auf die Bestimmung des NH_4 nach dem Verfahren von Ploech-Kolthoff sogar begünstigend einwirkt.

Nach der von K. Linderstrøm-Lang[7] angegebenen Titrationsmethode für NH_2-N mit $^1/_{10}$ n-alkoholischer HCl in acetonhaltiger Flüssigkeit (100—200 ccm 99proz. Aceton pro 10 ccm Wasser) konnten unter Anwendung von Naphthylrot, Benzolazo-α-naphthylamin, als Indicator 50% des Gesamt-N des Asparagins erfaßt werden.

Über eine Trennungsmethode der α-Monoaminosäuren durch Sublimation in sublimierbare und nur teilweise oder gar nicht sublimierende Verbindungen und über ihre mikrochemische Charakterisierung durch Bestimmung von Löslichkeit, Krystallisationsfähigkeit, Fällungsvermögen von Phosphorwolframsäure und Darstellung der Cu-Salze berichtet O. Werner[8]. Asparagin gehört zur Gruppe der auch bei Totalkühlung kein oder nur wenig zersetztes Sublimat liefernden Aminosäuren.

Biochemische Eigenschaften: Nach Untersuchungen von W. B. Cannon und F. R. Griffith[9] über die Herzbeschleunigung durch Reizung der Leber wurde durch intravenöse Injektion einer Asparaginlösung keine Beschleunigung erzielt.

Asparagin, Meerschweinchen parenteral zugeführt, hat nach R. Wigand[10] keinen besonderen Einfluß auf den Allgemeinzustand und die Temperatur der Tiere.

S. Leites[11] untersuchte die Wirkung des Asparagins auf die Leukocytenzahl nach intravenöser Injektion an Kaninchen, bei denen Leukopenie mit relativer Lymphocytose hervorgerufen wird.

Nach H. Schloßmann[12] verschwindet intravenös injiziertes Asparagin in kurzer Zeit

---

[1] J. Kawamura: Jap. J. chem. **3**, 89—108 — Chem. Zbl. **1928 II**, 2255.

[2] M. A. Piutti: Atti I Congr. naz. chim. pur. ed. appl. **1923**, 384—386 — Chem. Zbl. **1924 I**, 1941 — Bull. Soc. Chim. France [4] **33**, 804—806 — Chem. Zbl. **1923 III**, 861.

[3] S. Posternak: C. r. Acad. Sci. **186**, 1762—1765 — Chem. Zbl. **1928 II**, 2154.

[4] A. Piutti: Rendiconto Accad. Sci. Fisiche e. Mat di Napoli [3] **30**, 188—191 (1924) — Chem. Zbl. **1925 II**, 17; **1926 II**, 596.

[5] E. M. P. Widmark u. E. L. Larsson: Biochem. Z. **140**, 284—294 (1923) — Chem. Zbl. **1924 I**, 1244.

[6] O. Fernández u. T. Garméndia: An. Soc. española Fis. Quim. **22**, 103—114 — Chem. Zbl. **1924 I**, 2896.

[7] K. Linderstrøm-Lang: C. r. Lab. Carlsberg **17**, Nr. 4, 1—17 (1927) — Hoppe-Seylers Z. **173**, 32—50 — Chem. Zbl. **1928 I**, 1796.

[8] O. Werner: Mikrochem. **1**, 33—46 (1923) — Chem. Zbl. **1924 I**, 1981.

[9] W. B. Cannon u. F. R. Griffith: Amer. J. Physiol. **60**, 544—559 (1922) — Chem. Zbl. **1923 I**, 703.

[10] R. Wigand: Arch. exper. Path. **132**, 18—27 — Chem. Zbl. **1928 II**, 1009.

[11] S. Leites: Z. exper. Med. **40**, 52—58 — Chem. Zbl. **1924 II**, 197 — Arch. f. exper. Path. **103**, 109—114 — Chem. Zbl. **1924 II**, 1953.

[12] H. Schloßmann: Arch. f. exper. Path. **117**, 132—136 (1926) — Chem. Zbl. **1927 I**, 125.

aus der Blutbahn. Während eine Nierenexstirpation nichts ändert, verlangsamt eine Leberausschaltung das Verschwinden.

Eine Applikation einer 0,75 proz. Asparaginlösung auf die Duodenal- und Jejunalschleimhaut von Darmfistelhunden ist nach A. C. Ivy und G. B. McIlvain[1] im Gegensatz zu anderen organischen Säuren unwirksam.

Nach P. Kubikowski[2] ruft Asparagin eine Vergrößerung der Pankreassekretion hervor, wobei jenes jedoch nicht direkt auf das Pankreas, sondern nur mittels des Magens wirkt. Das Maximum der Sekretion findet 20—45 Minuten nach Eingabe des Asparagins dann statt, wenn der Magen den HCl-reichsten Saft entleert.

Asparagin wirkte nach A. C. Ivy und A. J. Javois[3] nicht auf die Magensekretion ein.

Nach Versuchen von O. Meyerhof, K. Lohmann und R. Meier[4] ist Asparagin ohne Einfluß auf die Atmungsgröße von Froschmuskeln, während die Atmung der Leberzellen durch Asparagin unter Desamidierung erhöht wird. H. Reinwein[5] untersuchte die Wirkung von Asparagin auf die Atmung von Leberschnitten nach Warburg. Er fand gleichfalls Steigerung des O_2-Verbrauches unter Desamidierung des Asparagins und Verwendung des Asparaginrestes zur Zuckersynthese.

Asparagin wird nach F. Wankell[6] im Gegensatz zu anderen Aminosäuren unverändert durch die Froschniere durchgelassen.

Stoffwechselversuche nach R. B. Gibson und F. T. Martin[7] ergaben, daß die Kreatinausscheidung im Gegensatz zu Proteinzusatz durch zugesetztes Asparagin nicht vermehrt wird.

L. Emerique[8] untersuchte die Quellung des Mucins von Froscheiern in Asparaginlösungen verschiedener Konzentration.

Der quellende Einfluß von entsprechenden NaCl-Lösungen auf Froschlaich wird nach L. Emerique[9] durch Asparaginzusatz in Übereinstimmung mit anderen organischen Verbindungen enorm gesteigert.

A. Th. Czaja[10] zeigte, daß das Asparagin entsprechend seiner Capillarinaktivität nicht durch die Außenmembran der Utriculariablase durchdrang.

Nach M. Starzewska[11] hatte Asparaginzusatz zu einer an verdaulichem Eiweiß armen Kost bei einem Widder positiven Einfluß auf die N-Bilanz. In gleicher Weise wirkte NH_4NO_3-Zusatz.

In Fütterungsversuchen an ausgewachsenen Ratten und Mäusen mit Nahrungsgemischen aus reinen organischen Bausteinen beobachtete E. Abderhalden[12], daß das Asparagin nicht durch andere Aminosäuren ersetzt werden kann.

Asparagin mit Glykokoll zusammen steigert nach R. Weiß, D. Rapport und J. Evenden[13] die spezifisch-dynamische Wirkung nicht mehr als Glykokoll allein.

In Übereinstimmung mit Versuchen von E. Abderhalden und Markwalder[14] läßt sich nach R. Seuffert[15] bei Hunden der Zerfallswert des Eiweißes durch Zugabe von Asparagin zu der Kohlehydrate und Fett enthaltenden Nahrung erniedrigen, ohne dabei N-Ansatz oder N-Gleichgewicht zu erzielen.

---

[1] A. C. Ivy u. G. B. McIlvain: Amer. J. Physiol. **67**, 124—140 (1923) — Chem. Zbl. **1924 I**, 1053.

[2] P. Kubikowski: C. r. Soc. Biol. Paris **98**, 142—145 — Chem. Zbl. **1928 I**, 2953.

[3] A. C. Ivy u. A. J. Javois: Amer. J. Physiol. **71**, 591—603 — Chem. Zbl. **1925 II**, 197.

[4] O. Meyerhof, K. Lohmann u. R. Meier: Biochem. Z. **157**, 459—491 — Klin. Wschr. **4**, 341—343 — Chem. Zbl. **1925 II**, 317.

[5] H. Reinwein: Dtsch. Arch. klin. Med. **160**, 278—299 — Chem. Zbl. **1928 II**, 1896.

[6] F. Wankell: Pflügers Arch. **208**, 604—616 — Chem. Zbl. **1925 II**, 1371.

[7] R. B. Gibson u. F. T. Martin: J. of biol. Chem. **49**, 319—326 (1921) — Chem. Zbl. **1922 I**, 1341.

[8] L. Emerique: Ann. de Physiol. **1928**, 251—296 — Chem. Zbl. **1929 II**, 435.

[9] L. Emerique: C. r. Soc. Biol. **92**, 850—853 — Chem. Zbl. **1925 II**, 202.

[10] A. Th. Czaja: Ber. dtsch. botan. Ges. **40**, 381—385 (1922) — Chem. Zbl. **1923 I**, 1330.

[11] M. Starzewska: Roczniki Nauk Rolniczych **10**, 527—544 (1923) — Ber. Physiol. **29**, 74 (1924) — Chem. Zbl. **1925 I**, 1098.

[12] E. Abderhalden: Pflügers Arch. **195**, 199—226 — Chem. Zbl. **1922 III**, 1234.

[13] R. Weiß, D. Rapport u. J. Evenden: J. of biol. Chem. **60**, 513—543 — Chem. Zbl. **1924 II**, 1949.

[14] E. Abderhalden u. Markwalder: Hoppe-Seylers Z. **72**, 63 — Chem. Zbl. **1911 II**, 626.

[15] R. Seuffert: Z. Biol. **80**, 381—404 — Chem. Zbl. **1924 I**, 2717.

Asparaginzusatz zum Wasser, in dem Fische ohne sonstiges Futter gehalten werden, ist nach W. J. Dakin und C. M. G. Dakin[1] ohne Einfluß auf deren Lebensdauer.

Über die Bildung von Asparagin und Glutamin aus NH_4 von der Pflanze (Zuckerrübe, Hafer) berichtet D. Prjanischnikow[2].

D. Prjanischnikow[3] vergleicht den Bildungsverlauf von Asparagin und Harnstoff und den Zweck dieser Bildung (Entgiftung des Organismus von NH_3, gegen das die höheren Organismen in alkalischem oder neutralem Medium sehr empfindlich sind). Unterschiedlich ist dagegen das weitere Schicksal, da Asparagin als Reservestoff für N aufgestapelt wird.

Die Bildung des Asparagins ist sowohl mit Hydrations- wie mit Oxydationsprozessen verbunden. D. Prjanischnikow[4] beobachtete bei früheren Versuchen mit etiolierten Gerstenkeimlingen, daß fast die gesamte NH_3-Menge auf Asparagin verarbeitet wurde, während bei Versuchen mit Erbsenkeimlingen, Ölpflanzen (Kürbis), Vicia sativa diese Synthese nur vor sich ging, wenn neben $(NH_4)Cl$ und $(NH_4)_2SO_4$ in den Nährlösungen $CaCO_3$ zugegen war. Abweichendes Verhalten zeigten die Lupinen, da die Asparaginsynthese bei Verabreichung von sauren NH_4-Salzen überhaupt nicht, sogar nicht in Anwesenheit von $CaCO_3$ vor sich ging, wohl aber dann, wenn statt der physiologisch sauren NH_4-Salze solche Salze verwendet wurden, deren Säuren die Pflanze assimilieren konnte. Bei genügendem Kohlehydratvorrat kann jede Pflanze, auch die Lupine, Asparagin auf Kosten der Ammoniumsalze bilden, dagegen kann die Pflanze im Hungerzustande leicht die Fähigkeit zur Asparaginbildung verlieren.

Über entsprechende Versuche und Versuchsergebnisse über die Synthese von Asparagin bei Ernährung von Pflanzen (Gerstensamen und Lupinus angustifolius) mit NH_3-Salzen, von Pflanzen mit hohem Reservekohlehydratgehalt oder mit an armen bzw. hungernden Pflanzenkeimlingen, mit oder ohne Glucosezusatz und mit Ca-Salzzusatz und über die gleichen Versuche an Mais mit Äpfel- bzw. Bernsteinsäure als Glucoseersatz berichtet A. I. Smirnoff[5], wobei die letzteren Versuche daraufhin weisen, daß diese Säuren als Zwischenprodukte bei der Asparaginsynthese aus Glucose eine Rolle spielen.

R. Bonnet[6] berichtet über die Bildung von Asparagin bei der Keimung von Lupinus luteus und Ervum lens durch Eiweißabbau unter NH_3-Entwicklung und durch Synthese unter Anlagerung von NH_3 an ternäre Ketten.

Über die täglichen und jahreszeitlichen Schwankungen des N-Gehaltes (Asparagin-N neben Gesamt-N, Protein-N, Monoamino-N, NH_3-N und NO_3-N) der Blätter von Phaseolus vulgaris und multifloris berichtet A. Ch. Chibnall[7]. Beim Trocknen der Blätter der Feuerbohne bei niederer Temperatur nehmen infolge amylolytischer Prozesse die in Wasser löslichen N-Verbindungen NH_4-Salze, Aminosäuren, Asparagin zu, wobei A. Ch. Chibnall[8] glaubt, daß das Asparagin nicht ein primäres Zerfallsprodukt des Eiweißes, sondern das Produkt einer enzymatischen Synthese (einer Asparaginase) aus Zerfallsprodukten ist.

Nach A. Ch. Chibnall[9] bestehen die Abbauprodukte des N-Stoffwechsels der Bohnenblätter zum großen Teile aus Asparagin und unbestimmten anderen Substanzen, die freien Aminostickstoff enthalten, wobei Asparagin der verwertbare Baustein für die Eiweißsynthese in der Pflanze zu sein scheint.

Über abnormale Kletterbohnenpflanzen, in deren Blättern kein Asparagin gebildet wird, berichtet A. Ch. Chibnall[10]. Gleichzeitig wurden von dieser Bohne keine Fruchtschoten gebildet.

Nach J. Vondrák[11] konnte unter den Amiden weder in normal wachsenden Rüben noch bei Wassermangel Asparagin oder dessen Zerfallsprodukte nachgewiesen werden.

---

[1] W. J. Dakin u. C. M. G. Dakin: Brit. J. exper. Biol. **2**, 293—322 (1925) — Ber. Physiol. **31**, 825—826 (1925) — Chem. Zbl. **1926 I**, 158.

[2] D. Prjanischnikow: Biochem. Z. **207**, 341—349 — Chem. Zbl. **1929 II**, 1577.

[3] D. Prjanischnikow: Biochem. Z. **150**, 407—423 (1924) — Chem. Zbl. **1925 I**, 544.

[4] D. Prjanischnikow: Landw. Versuchsstat. **99**, 267—286 — Chem. Zbl. **1922 III**, 679 — Ber. dtsch. bot. Ges. **40**, 242—248 (1922) — Chem. Zbl. **1923 I**, 357.

[5] A. I. Smirnoff: Biochem. Z. **137**, 1—34 — Chem. Zbl. **1923 III**, 864.

[6] R. Bonnet: C. r. Acad. Sci. Paris **189**, 373—375 — Chem. Zbl. **1929 II**, 2470.

[7] A. Ch. Chibnall: Biochemic. J. **16**, 344—362 (1922) — Chem. Zbl. **1923 I**, 963.

[8] A. Ch. Chibnall: Biochemic. J. **16**, 599—607 (1922) — Chem. Zbl. **1923 I**, 1599.

[9] A. Ch. Chibnall: Biochemic. J. **18**, 395—404 — Chem. Zbl. **1924 II**, 1214.

[10] A. Ch. Chibnall: Biochemic. J. **18**, 405—407 — Chem. Zbl. **1924 II**, 1214.

[11] J. Vondrák: Z. Zuckerind. tschechoslowak. Rep. **53**, 537—542 — Chem. Zbl. **1929 II**, 1083.

Über die Rolle des Asparagins für den N-Stoffwechsel der höheren Pflanze berichtet K. Mothes[1]. Angeschlossen wurden Versuche über den Einfluß der Kohlehydraternährung auf den N-Stoffwechsel der Blätter. Bei Kohlehydratzufuhr wird die Asparagin- bzw. die Eiweißsynthese ermöglicht.

Asparagin wirkt nach A. Becker[2] stimulierend auf Weizenkeimlinge, während es auf Wachstum und Ertrag von Weizen, Roggen, Gerste, Mais, Hirse, Kartoffel, Bohnen, Buchweizen, Kohlrabi, Senf und Spinat ohne Wirkung war.

Asparagin steigerte nach G. Klein und K. Pirschle[3] bei Weizenkeimlingen die Verwertbarkeit verschiedener Nährstoffe bei maximaler Atmungsintensität nur in geringem Maße.

Über den Vergleich der Funktion des Harnstoffes in höheren Pilzen (z. B. Bovisten) mit der des Asparagins und Glutamins als Vorratssubstanzen berichtet N. Iwanow[4].

A. de Dominicis und F. Gangitano[5] studierten den Einfluß verschiedener N-Quellen (Asparagin neben anorganischen Verbindungen) auf das Wachstum der Keimpflanzen von Pferdebohne, Mais, Erbsen, Gartenbohne und Weizen.

Über die Bedeutung des Asparagins als N-Quelle für Hefe, über den Vergleich zum Wert des Succinamids oder Succinimids, über das Hefewachstum bei Vitaminzusatz und bei Gegenwart oder in Abwesenheit von $(NH_4)_2SO_4$ und über die wahrscheinliche Amido- oder α-Amino-Gruppe, die die N-Assimilation der Hefe fördert, berichtet F. K. Swoboda[6].

Über die Ausnützung des Asparagins als N-Quelle durch Nektarhefe (Anthomyces Reukaufii) berichtet F. Hautmann[7]; im Vergleich mit anderen N-haltigen Verbindungen ist die Ausnützung gut.

F. Lieben[8] untersuchte das Verhalten von Asparagin in ruhenden Hefesuspensionen, von denen es nicht angegriffen wird. Beim Schütteln unter O_2-Zufuhr nimmt die Asparaginmenge ab, ohne daß wesentliche Mengen CO_2 oder NH_3 gebildet werden. Wie weit Asparagin zum Aufbau von Leibessubstanz der Hefe verwendet wird, geht aus den Bilanzversuchen nicht mit genügender Sicherheit hervor.

Asparagin steigert nach H. Zeller[9] die Hefegärung um 100%.

Über die Vorteile und über die zu beobachtenden Umstände bei Zugabe von Asparagin zu gärenden Flüssigkeiten berichten P. Petit und J. Raux[10].

Nach H. D. Dakin[11] wird die Äpfelsäurebildung aus β-Oxyglutaminsäure durch Hefegärung nach Zusatz von Asparagin gehemmt.

Versuche von W. Dieter[12] zeigen, daß eine Reinzucht obergäriger Hefe aus Asparagin und einigen anderen Säureamiden den Amidstickstoff nicht abspalten kann, solange sie nur gärt, aber nicht wächst.

Für gut citronensäurebildende Pilzdecken hat Asparagin nach K. Bernhauer[13] als N-Quelle nur eine geringe Wirkung.

Asparagin als N-Verbindung in Zuckernährböden für Aspergillus fumaricus, der keine Fumar-, sondern nur noch Citronen- und Gluconsäure bildete, zeigte nach R. Schreyer[14] anderen N-Verbindungen gegenüber keinen Unterschied im Einfluß auf die Säuerung.

B. Schwarzberg u. P. Gindis[15] untersuchten das Wachstum von Milchsäurebakterien

---

[1] K. Mothes: Z. Biol., Planta (Berl.) **1**, 317—320 — Ber. Physiol. **32**, 526—527 (1925) — Chem. Zbl. **1926 I**, 2482 — Z. Biol., Planta (Berl.) **1**, 472—552 — Ber. Physiol. **35**, 823—824 — Chem. Zbl. **1926 II**, 2067.

[2] A. Becker: Landw. Jb. **63**, 501—552 — Chem. Zbl. **1926 II**, 487.

[3] G. Klein u. K Pirschle: Biochem. Z. **176**, 20—31 — Chem. Zbl. **1926 II**, 2444.

[4] N. Iwanow: Biochem. Z. **154**, 376—390 (1924) — Chem. Zbl. **1925 I**, 1214.

[5] A. de Dominicis u. F. Gangitano: Staz. sperim. agrar. ital. **54**, 425—436 (1921) — Chem. Zbl. **1922 I**, 1112.

[6] F. K. Swoboda: J. biol. Chem. **52**, 91—109 — Chem. Zbl. **1922 III**, 1091.

[7] F. Hautmann: Arch. Protistenkde **48**, 213—244 (1924) — Ber. Physiol. **29**, 562—563 — Chem. Zbl. **1925 I**, 2569.

[8] F. Lieben: Biochem. Z. **132**, 180—187 (1922) — Chem. Zbl. **1923 I**, 1286.

[9] H. Zeller: Biochem. Z. **176**, 134—141 — Chem. Zbl. **1926 II**, 3060.

[10] P. Petit u. J. Raux: Le Petit Journal du Brasseur **32**, 359 — Brewers J. **60**, 283—284 — Chem. Zbl. **1924 II**, 766.

[11] H. D. Dakin: J. of biol. Chem. **61**, 139—145 — Chem. Zbl. **1924 II**, 2058.

[12] W. Dieter: Hoppe-Seylers Z. **120**, 281—291 — Chem. Zbl. **1922 III**, 927.

[13] K. Bernhauer: Hoppe-Seylers Z. **177**, 86—106 — Chem. Zbl. **1928 II**, 1888.

[14] R. Schreyer: Biochem. Z. **202**, 131—156 (1928) — Chem. Zbl. **1929 I**, 1707.

[15] B. Schwarzberg u. P. Gindis: Zbl. Bakter. II, **78**, 96—105 — Chem. Zbl. **1929 II**, 760.

aus Gerbbrühen in Gerstenabsud mit Glucose und mit Asparagin neben Pepton, Fibrin und anderen Aminosäuren als N-Quelle.

E. F. Terroine, S. Trautmann, R. Bonnet und R. Jacquot[1] untersuchten von Sterigmatocystis nigra und Aspergillus oryzae den quantitativen Energiestoffwechsel und stellten fest, daß Asparagin wie Proteine und andere Aminosäuren, als einziger organischer Nahrungsstoff gegeben, von den Pilzen zu 39% ausgenutzt wurde.

Nach H. Coupin[2] kann Asparagin von Penicillium glaucum sowohl als C- wie als N-Quelle dienen.

Nach Ch. Kilian[3] wird Asparagin durch Penicillium glaucum und Cladosporium herbarum ausgenutzt und durch Asparagin deren C-Ansatz gefördert.

A. Morel und J. Bay[4] untersuchten vergleichend das Wachstum von Bakterien und Schimmelpilzen in Glycerin-Glucosekulturböden mit den entsprechenden anorganischen Salzen bei Zugabe von 1. $(NH_4)_2SO_4$, 2. Glykokoll, 3. einem Glykokoll-Arginingemisch, 4. einem Gemisch der Krystallisationsprodukte der Mutterlauge des Cycloglycylglycins, 5. 2, 5-Dioxopiperazins und 6. von Asparagin.

Untersuchungen von H. Braun und C. E. Cahn-Bronner[5] über die dem Paratyphus B-Bacillus nahestehenden Bakterienarten: Gärtnerschen, Voldaysen-, Mäusetyphus- und über Paratyphus A- und Typhusbacillen ergaben, daß Asparagin in den benutzten Kombinationen wirkungslos blieb.

Bakterien, namentlich apathogene (Bacillus coli, prodigiosus, proteus, pyocyaneus, subtilis, Sarcina) erzeugen nach R. C. Robertson[6] auf Asparagin-Nährböden Substanzen, die zu derartigen synthetischen Nährböden zugesetzt, selbst Hefewachstum ermöglichen, das normalerweise nicht erfolgt.

Nach V. Reader[7] kann in künstlichen Nährböden für Sarcina arantiaca, Streptothrix corallinus, weißer Streptothrix Asparagin als N-Quelle nicht NH_3 ersetzen, wohl aber kann es in gleicher Konzentration wie Glucose diese als C-Quelle vertreten.

Über die Ausnutzung von Asparagin oder anderen Aminosäuren als N-Quelle durch verschiedene Bakterien in der Uschinskischen Lösung berichtet J. Carra[8].

Über den Ersatz des Asparagins in synthetischen Nährböden für Tuberkelbacillen durch Aminosäuregemische aus partielltryptisch hydrolysiertem Fleisch berichtet L. Boez[9].

Nach A. Froulin und M. Guillaumie[10] wird zwar bei Asparaginzusatz die Entwicklung von Tuberkelbacillen verbessert, aber andererseits die Glycerinausnutzung gehemmt, die sonst der Konzentration im Kulturboden parallel geht.

Asparagin als N-Quelle wird nach H. Braun, A. Stamatelakis, S. Kondo und R. Goldschmidt[11] vom Blindschleichen- und Schildkrötentuberkelbacillus (Friedmann) nicht ausgenutzt.

Nach E. Aubel[12] sind bei der Einwirkung des Bacillus pyocyaneus auf Asparagin Äpfel-, Fumar-, Propion- und Ameisensäure, aber nicht Bernsteinsäure nachweisbar, trotzdem wird letztere nach dem Verfasser als Zwischenprodukt bei der Aufspaltung entstehen.

J. Supniewski[13] untersucht den Stoffwechsel von Bacillus pyocyaneus in Kulturen mit Asparagin als N-Quelle.

---

[1] E. F. Terroine, S. Trautmann, R. Bonnet u. R. Jacquot: Bull. Soc. Chim. biol. Paris 7, 351—379 — Chem. Zbl. 1925 II, 666 — C. r. Acad. Sci. Paris 178, 1488—1491 — Chem. Zbl. 1924 II, 2762.

[2] H. Coupin: C. r. Acad. Sci. 185, 963—965 (1927) — Chem. Zbl. 1928 I, 1429.

[3] Ch. Kilian: C. r. Acad. Sci. 176, 1828—1830 — Chem. Zbl. 1923 III, 631.

[4] A. Morel u. J. Bay: C. r. Soc. Biol. Paris 95, 474—477 — Chem. Zbl. 1926 II, 1958.

[5] H. Braun u. C. E. Cahn-Bronner: Zbl. Bakter. I 86, 196—211 — Chem. Zbl. 1921 III, 234.

[6] R. C. Robertson: J. inf. Dis. 35, 311—314 (1924) — Ber. Physiol. 30, 625 — Chem. Zbl. 1925 II, 931.

[7] V. Reader: Biochemic. J. 21, 901—907 — Chem. Zbl. 1927 II, 2463.

[8] J. Carra: Ann. Igiene 34, 397—405 — Ber. Physiol. 29, 138 (1924) — Chem. Zbl. 1925 I, 1088.

[9] L. Boez: Ann. Inst. Pasteur 40, 746—754 — Chem. Zbl. 1926 II, 2187.

[10] A. Froulin u. M. Guillaumie: Bull. Soc. Chim. biol. Paris 8, 1151—1177, 1178—1197 (1926) — Chem. Zbl. 1927 I, 3093.

[11] H. Braun, A. Stamatelakis, S. Kondo u. R. Goldschmidt: Biochem. Z. 146, 573—581 — Chem. Zbl. 1924 II, 682.

[12] E. Aubel: C. r. Acad. Sci. Paris 173, 179—181 (1921) — Chem. Zbl. 1923 III, 1285.

[13] J. Supniewski: Biochem. Z. 154, 98—103 (1924) — Chem. Zbl. 1925 I, 853.

Bacillus pyocyaneus baut Asparagin nach J. Supniewski[1] folgendermaßen ab: Zuerst Bildung von NH_3-Asparaginat, sodann Bildung von Malat; außer NH_3 und den von Aubel beschriebenen Produkten wird noch $CH_3 \cdot CHO$ gefunden.

Über die Verwertung von Asparagin durch Knöpfchenbakterien berichtet A. Adam[2]. Weder Asparagin noch Ammoniumtartrat ist nach H. Zikes[3] allein oder in Mischung miteinander als N-Quelle für Mycodermaarten geeignet, dagegen wird dies durch Alkoholzusatz selbst in Spuren völlig verändert.

Im Gegensatz zur Asparaginsäure wird von den beiden enantiomorphen Asparaginen von Penicillium glaucum vorwiegend das süß schmeckende, rechtsdrehende angegriffen. S. Condelli[4] glaubt, daß dies durch den Unterschied der verschiedenen Acidität der beiden Verbindungen bedingt ist. Im übrigen nimmt der Verfasser an, daß die Mikrobe die optisch aktive Form assimiliert, an die sie gewöhnt ist, und die je nach den Bedingungen variieren kann.

Über die Hyposulfitbildung aus Schwefel durch Mikroben (MM_1) auf Asparaginnährböden berichtet G. Guittonneau[5].

J. H. Quastel und W. R. Wooldridge[6] untersuchten das Aktivationsvermögen einiger Bakterien (Bacillus coli, proteus, prodigiosus) gegenüber Asparaginaten als H_2-Acceptoren.

Nach O. Fernández und T. Garméndia[7] werden durch Bacillus coli auf Peptonnährböden nach Zusatz von Asparagin sehr geringe Mengen Aldehyd gebildet, die bei Gegenwart von Lactose und Lactose + Sulfit ansteigend erhöht werden.

O. Fernández und T. Garméndia[8] untersuchten die Bildung von Katalase und Peroxydase durch Bacillus coli in verschiedenen Medien: a) Bouillonkulturen mit Luftzutritt; die meiste Katalase wird mit Lävulose + Asparagin gebildet; b) Bouillonkulturen ohne Luftzutritt, findet nur geringe Katalasebildung (Zucker + Asparagin) statt; c) Kulturen in synthetischen Nährböden unter Luftzutritt; am stärksten ist die Katalasebildung mit Lävulose + Asparagin; d) Kulturen in synthetischen Nährböden unter Luftabschluß. Die Zersetzung des Asparagins beträgt stets nur zehntel mg.

Von O. Fernández und T. Garméndia[9] wird vergleichend der Einfluß von Glykokoll, Leucin, Alanin und Asparagin auf die Vergärung von Traubenzucker durch Bacillus coli untersucht. Die Bildung von Alkohol ist bei allen vieren etwa die gleiche; Aldehyd läßt sich gar nicht oder nur in Spuren nachweisen. Die Bildung von Essigsäure bleibt geringer als bei $NaHCO_3$-Zusatz. Die Milchsäureproduktion ist bei allen 4 Aminosäuren erheblich; das Verhältnis zwischen beiden Säuren ist stark abhängig von der Art und Menge des Zusatzes. Bei Zusatz von 1 g Asparagin oder Glykokoll wird mehr Bernsteinsäure gebildet als bei Zusatz der doppelten Menge Alanin. Glycerin entsteht bei Zusatz von Leucin und Asparagin nicht, mit den anderen Aminosäuren wenig. In allen Fällen (1 und 2 g Zusatz von Aminosäure zu 4 g Glucose in 200 ccm Wasser) wird merklich weniger Zucker vergoren als ohne Zusatz. Am wenigsten drückt Asparaginzusatz die Gärung herab; es wirkt etwa ebenso stark wie $NaHCO_3$.

A. Clementi[10] gibt eine Zusammenstellung der Organe verschiedener Tierarten, die mittels ihres Asparaginasegehaltes das Asparagin desamidieren: Bei Herbivoren und omnivoren Säugetieren findet sie sich hauptsächlich in der Leber, beim Meerschweinchen auch im Blut, bei Huhn, Elster, Grasmücke und Eule in Leber und Niere, beim Hahn außerdem noch im Hoden. Vollkommen fehlt sie beim Menschen und bei carnivoren Säugern: Hund, Katze und

---

[1] J. Supniewski: C. r. Soc. Biol. Paris **89**, 1379—1380 (1923) — Chem. Zbl. **1924 I**, 1679.

[2] A. Adam: Z. Kinderheilk. **33**, 308—312 (1922) — Ber. Physiol. **17**, 536 — Chem. Zbl. **1923 III**, 502.

[3] H. Zikes: Zbl. Bakter. II **68**, 24—26 — Chem. Zbl. **1926 II**, 1958.

[4] S. Condelli: Gazz. chim. ital. **51 II**, 309—324 (1920) — Chem. Zbl. **1922 I**, 1202.

[5] G. Guittonneau: C. r. Acad. Sci. Paris **182**, 661—663 — Chem. Zbl. **1926 I**, 3244.

[6] J. H. Quastel u. W. R. Wooldridge: Biochemic. J. **19**, 652—659 (1925) — Chem. Zbl. **1926 I**, 967.

[7] O. Fernández u. T. Garméndia: An. soc. española Fis. Quim. **19**, 313—319 (1921) — Chem. Zbl. **1924 I**, 1393.

[8] O. Fernández u. T. Garméndia: An. soc. española Fis. Quim. **21**, 166—180 — Chem. Zbl. **1923 III**, 1416 — Z. Hyg. **108**, 329—335 — Chem. Zbl. **1928 I**, 1783.

[9] O. Fernández u. T Garméndia: An. soc. española Fis. Quim. **21**, 481—492 (1923) — Chem. Zbl. **1924 I**, 1813.

[10] A. Clementi: Atti R. Acad. Lincei [Roma] [5] **31 I**, 488—490 (1922) — Chem. Zbl. **1923 III**, 637 — Atti R. Accad. Lincei [Roma] [5] **30 II**, 198—200 (1921) — Chem. Zbl. **1922 III**, 842 — Arch. Farmacol. sper. **41**, 241—256 (1926) — Chem. Zbl. **1927 I**, 1686.

Fledermaus, bei den Reptilien: Zamensis viridiflavus, Emis europaea und Testudo graeca, bei den Amphibien: Triton und Bufo vulgaris, bei einem Fische: Cyprinus cuvitus und schließlich bei den Wirbellosen: Helix pernata, Sepia und Diliens-Arten.

Versuche von A. Clementi[1], durch Verfütterung oder Injektion von Asparagin bei Hunden und Katzen künstlich die Bildung einer Asparaginase hervorzurufen, waren erfolglos.

Im Gegensatz zu Ergebnissen von Lang und Kato konnte M. Mario[2] in Kälberhoden kein Ferment nachweisen, das Asparagin desamidiert.

Nach K. Maeda[3] kann Placenta Asparagin mittels einer Desamidase abbauen.

C. E. Grover und A. Ch. Chibnall[4] berichten über das Vorkommen eines Asparagin desamidierenden Enzyms in den Würzelchen von keimender Gerste. Das Enzym wirkt optimal bei 37° und bei $p_H = 7$ und ist spezifisch auf l-Asparagin eingestellt. Nach den Verfassern erfolgt die Spaltung nicht durch eine spezifische Amidase (Asparaginase), sondern durch das desamidierende Enzym.

A. Clementi und G. Cantomessa[5] untersuchen den Verlauf der Desamidierung von Asparagin durch Asparaginase insofern, als der Konzentrationseinfluß von Ferment und von Asparagin auf die Spaltungsgeschwindigkeit ermittelt wird. Weiterhin wird der Einfluß der Wirkungsdauer und der Einfluß der Spaltprodukte (NH_3 und Asparaginsäure) studiert. Die enzymatische Desamidierung des Asparagins verläuft nach den Verfassern anscheinend nur ausnahmsweise gemäß der Theorie der katalytischen Reaktionen erster Ordnung. Sie scheint durch Adsorptionserscheinungen beeinflußt zu werden.

Eine 5proz. Asparaginlösung wird nach D. Bach[6] durch die Asparaginase des Aspergillus niger bei $p_H = 8,6$ und bei 42° nur zu 80% gespalten. Die Selbstzerstörung des Enzyms wird durch die Gegenwart von Asparagin verzögert. Die Wirkung ist der Asparaginkonzentration proportional.

Die Hydrolyse von Asparagin durch die Enzyme von Aspergillus flavus nimmt nach A. K. Thakur und R. V. Norris[7] mit fallender [H^+] zu, ein Optimum besteht bei $p_H = 8,8$. P_2O_5 verstärkt die Hydrolyse, NH_4 beschleunigt sie anfänglich, am günstigsten wirken $P_2O_5 + NH_4$ ein.

Die aktive, gereinigte und durch Safraninfällung konzentrierte Asparaginase greift nach W. F. Geddes und A. Hunter[8] beim Asparagin nur dessen Amid-N, aber nicht Amino-N an. Außerdem wird berichtet, daß die Reaktion nicht monomolekular verläuft. Die p_H-Grenzen der Reaktion liegen zwischen 5,5 und 10,3, der optimale Bereich zwischen 7,9 und 8,1.

Nach J. T. Grol[9] findet im Gegensatz zu Sherman[10] durch Asparagin keine Aktivierung von Amylase statt, die z. B. durch Cu-Salze vergiftet ist.

Biochemische Eigenschaften des d, l-Asparagins: Nach G. Schmidt[11] wird d, l-Asparagin nicht durch die Adenylsäuredesaminase aus Muskelbrei desaminiert.

Physikalische Eigenschaften des l-Asparagins: J. Liquier[12] bestimmte die Drehung von Asparagin (1,25proz. wässerige Lösung) bei:

$p_H = 1,29$ $[\alpha]_{578} = +19,41°$; bei $p_H = 3$ $[\alpha]_{578} = -0,78°$; bei $p_H = 9,91$ $[\alpha]_{578} = -7,64°$
$_{546} = +21,96°$; $_{546} = -0,98°$; $_{546} = -8,62°$
$_{436} = +38,82°$; $_{436} = 0$; $_{436} = -14,31°$

Dadurch, daß es für die Drehungsänderung gleichgültig ist, welche Säure zum Ansäuern (HCl oder Essigsäure) verwendet wird, läßt sich zeigen, daß die Drehungsänderung nur vom p_H

---

[1] A. Clementi: Atti R. Accad. Lincei [Roma] [5] **31 I**, 488—490 (1922) — Chem. Zbl. **1923 III**, 637.

[2] M. Mario: Arch. Farmacol. sper. **41**, 216—218 (1926) — Chem. Zbl. **1927 I**, 1686.

[3] K. Maeda: Biochem. Z. **143**, 347—364 (1923) — Chem. Zbl. **1924 I**, 785.

[4] C. E. Grover u. A. Ch. Chibnall: Biochemic. J. **21**, 857—868 — Chem. Zbl. **1928 I**, 1428.

[5] A. Clementi u. G. Cantomessa: Gazz. chim. ital. **54**, 781—818 (1924) — Chem. Zbl. **1925 I**, 674.

[6] D. Bach: C. r. Acad. Sci. Paris **187**, 955—956 (1928) — Chem. Zbl. **1929 I**, 1010 — Bull. Soc. Chim. biol. Paris **11**, 119—145 — Chem. Zbl. **1929 I**, 2891.

[7] A. K. Thakur u. R. V. Norris: J. Ind. Inst. Sci. A **11**, 141—160 (1928) — Chem. Zbl. **1929 I**, 1013.

[8] W. F. Geddes u. A. Hunter: J. of biol. Chem. **77**, 197—229 — Chem. Zbl. **1928 II**, 2369.

[9] J. T. Grol: Pharmac. Weekbl. **65**, 1315—1319 (1928) — Chem. Zbl. **1929 I**, 1011.

[10] Sherman: Chem. Zbl. **1923 III**, 1096.

[11] G. Schmidt: Hoppe-Seylers Z. **179**, 243—282 (1928) — Chem. Zbl. **1929 I**, 1124.

[12] J. Liquier: C. r. Acad. Sci. Paris **180**, 1917—1919 — Chem. Zbl. **1925 II**, 1132.

abhängig ist. Der Verlauf der Kurve „$[\alpha]_{546}$ gegen p_H" stimmt mit der Berechnung überein, wenn als Dissoziationskonstanten $K_1 = 1,4 \cdot 10^{-9}$ und $K_2 = 1,5 \cdot 10^{-12}$ angesetzt werden. Beim isoelektrischen Punkt $p_H = 6,5$ beträgt das molare Drehungsvermögen $-950°$. Ferner wurde von J. Liquier und R. Descamps[1] die optische Brechung des Asparagins in Lösungen von verschiedener $[H^+]$ für Wellenlängen von 5780; 5460,9; 4358,6 (sichtbares Gebiet) und 4046,9—2536,7 $\mu\mu$ untersucht. Die Anomalien sind wie die der Rotationsdispersion im sichtbaren Gebiet auf den amphoteren Charakter des Asparagins zurückzuführen. Weitere Versuche von J. Liquier[2] zeigten, daß durch die Gegenwart von Neutralsalzen die Drehung des Asparagins verändert wird, obwohl dabei keine qualitative Veränderung der optisch aktiven Bestandteile der Lösungen stattfindet. Die individuelle Einwirkung von Neutralsalzen bleibt auch bei gleichbleibender $[H^+]$ bestehen. Aus diesen Versuchsergebnissen läßt sich annehmen, daß das Drehungsvermögen des Anions durch das Neutralsalz beeinflußt wird. Weiterhin läßt sich annehmen, daß einem bestimmten $[\alpha]$ stets dasselbe Dissoziationsgleichgewicht entspricht, so daß aus der Neutralsalzwirkung auf $[\alpha]$ auf die Beeinflussung der Aktivität des Asparagins durch Neutralsalze geschlossen werden kann.

M. L. Pagliarulo[3] ermittelte zur Bestimmung der Rotationsdispersion von d- und l-Asparagin die Drehwerte α von verschiedenen Wellenlängen zwischen λ_{4046} und λ_{7665}. Als Lichtquellen wurden verwendet: Na-Dampf in der Flamme, K-Dampf im Lichtbogen, eine He-Röhre und eine Hg-Lampe. Statt einer kontinuierlichen Abnahme mit zunehmender Wellenlänge zeigen die α-Werte von jeder Seite des Spektrums aus ein Anwachsen zu einem Maximum im Grünen. Die Differenzen der absoluten α-Werte der beiden optischen Antipoden liegen bei gleichen $\lambda\lambda$ innerhalb der Fehlergrenzen, so daß abgesehen vom Einfluß der Temperaturkorrektion für beide Isomere die gleichen Drehungsgesetze gelten. Bei beiden Isomeren liegt der maximale α-Wert für die Konzentration 2 g in 100 ccm Wasser bei 20°, für die Konzentration 1,7 g in 100 ccm Wasser bei 17° und für die Konzentration 1,5 g in 100 ccm Wasser bei 13,5°. Zur Ermittelung der den maximalen α entsprechenden λ-Werte wurden die Differenzen $\Delta\alpha$, die sich aus gleichen Intervallen $\Delta\lambda$ beim Anwachsen von λ um 100 Å ergaben, festgestellt. Die Kurve, die so aus der Beziehung $\alpha = f(\lambda)$ abgeleitet ist, muß die Abszissenachse im Punkte des maximalen λ-Wertes schneiden. Ferner wurden die Brechungsindices „n" der gleichen Lösungen für dieselben $\lambda\lambda$ unter Berücksichtigung eines Temperaturkoeffizienten $dn/dt = -0,000080$ und der n-Wert vom benutzten destillierten Wasser bestimmt. d- und l-Asparagin zeigen gleiche Brechungsindices. Die Kurven der n-Werte der Asparaginlösungen und des reinen Wassers bleiben bis auf eine geringe Konvergenz bei 4046 λ immer parallel; die Dispersionsgesetz der wässerigen Asparaginlösungen zeigt gegenüber dem des Wassers keine Abweichung. Dagegen zeigen die Kurven bei Anwendung der gleichen Ableitungen wie oben an derselben Stelle, an der die Kurven der Rotationsdispersion ein Maximum aufweisen, einen kleinen Knick, der bei der Kurve des reinen Wassers fehlt, so daß ein Unterschied zwischen der Dispersion in reinem Wasser und der in Asparaginlösungen besteht. Da also die Anomalien der gewöhnlichen und der Rotationsdispersion in derselben Gegend des Spektrums liegen, ist ein Hinweis auf Beziehungen zwischen den beiden Dispersionen gegeben.

G. W. Clough[4] ermittelt für l-Asparagin, l-Asparaginsäure, d-Alanin, d-Milchsäuremethylester und l-Äpfelsäuremethylester für die Wellenlängen Na 5893 und Hg 5461 den rationalen Dispersionskoeffizienten, der sich dann zu $[\alpha]_\alpha + 2,5/([\alpha]_{gr} +2,5) = 0,844$ bestimmen läßt.

Von L. Marchlewski und A. Nowotnówa[5] wurde der Extinktionskoeffizient von Asparagin nach der Methode von Hilger bestimmt und mit dem von Keratose, einem alkalischen Abbauprodukt von Wolle, verglichen.

A. Castille und E. Ruppol[6] beschreiben für Asparagin das Absorptionsspektrum für Ultraviolett zwischen 4800 und 1900 Å.

---

[1] J. Liquier u. R. Descamps: Bull. Soc. Chim. Belgique **35**, 459—465 — Chem. Zbl. **1927 I**, 1572.

[2] J. Liquier: Ann. Physique [10] **8**, 121—203 — Chem. Zbl. **1927 II**, 1671.

[3] M. L. Pagliarulo: Nuovo Cimento **3**, 87—97 — Chem. Zbl. **1926 II**, 538.

[4] G. W. Clough: J. chem. Soc. Lond. **1926**, 1674—1676 — Chem. Zbl. **1926 II**, 2412.

[5] L. Marchlewski u. A. Nowotnówa: Bull. intern. Acad. Polon. Sci. Lettres **1925**, 153—164 — Chem. Zbl. **1926 I**, 588.

[6] A. Castille u. E. Ruppol: Bull. Soc. Chim. biol. Paris **10**, 623—668 — Chem. Zbl. **1928 II**, 622.

Von N. Bjerrum[1] werden die beiden Dissoziations- (K_s und K_b) und die beiden Hydrolysenkonstanten (k_a und k_b) von Asparagin bei 25° wie folgt angegeben:

$$K_s = 10^{-2{,}08}; \quad K_b = 10^{-5{,}03}; \quad k_a = 10^{-8{,}87} \text{ und } k_b = 10^{-11{,}82}.$$

J. Tillmans, P. Hirsch u. F. Strache[2] bestimmten die reduzierte Dissoziationskonstante $m_s = -\log K$ für Asparagin zu 8,85.

Nach einer acidimetrischen Bestimmungsmethode des isoelektrischen Punktes von Asparagin liegt dieser nach D. Bach[3] bei $p_H = 4{,}3$.

O. Blüh[4] berichtet über die D.E. wässeriger Lösungen von Asparagin.

M. v. Laue[5] und E. Giebel und A. Scheibe[6] stellten auch für Asparaginkrystalle (Rhomb. bisphenoid.) das Vorhandensein von Piezoelektrizität fest.

A. Hettich u. A. Schleede[7] untersuchten von Asparagin die krystallographische Symmetrie nach neueren piezoelektrischen Methoden.

Physikalische Eigenschaften des d-Asparagins: Über die Rotationsdisperion von d-Asparagin und über die Brechungsindices bei verschiedenen Wellenlängen zwischen λ 4046 und λ 7665 berichtet M. L. Pagliarulo[8], siehe unter l-Asparagin, physikalische Eigenschaften.

Chemische Eigenschaften des l-Asparagins: Nach M. A. Piutti[9] findet zwar beim längeren Kochen wässeriger l-Asparaginlösungen eine geringfügige Umwandlung in d-Asparagin statt, aber nicht beim Erwärmen auf nur 55°.

l-Asparagin wird nach P. Pfeifer und O. Angern[10] nicht durch NaCl, $(NH_4)_2SO_4$ und $CH_3 \cdot COONa$ ausgesalzen.

Bei der Verseifung des l-Asparagins mit verdünnter HNO_3 kann nach F. Pachlopnik[11] mit 93% Ausbeute sehr reine l-Asparaginsäure erhalten werden.

Asparagin gibt nach P. N. van Eck[12] mit NaOH, aber auch schon langsam mit Wasser NH_3 ab.

Der Stickstoff vom Asparagin wird nach P. C. Kronacker[13] durch heiße 95-, 80-, 70- und 60proz. H_2SO_4 leicht in $(NH_4)_2SO_4$ übergeführt.

Bei der Einwirkung von Alkalipermanganat auf Asparagin werden nach C. S. Robinson, O. B. Winter und E. J. Miller[14] etwa 53,9% des Gesamt-N in NH_3 übergeführt.

H. Wieland u. W. Franke[15] untersuchten die Autoxydation von Fe bei Gegenwart von Asparagin.

Nach E. Schmidt und K. Braunsdorf[16] ist Asparagin gegen ClO_2 beständig.

Über die Umsetzung der Dakinschen Hypochloritlösung mit Asparagin berichtet N. O. Engfeldt[17]. Asparagin verbraucht nach 1 Minute bei 37° 63,5% an zugesetztem NaOCl.

Über die Rolle des Asparagins bei der Kalksaturation mit CO_2 und SO_2 von Zuckerrübensäften berichtet V. Staněk[18].

---

[1] N. Bjerrum: Z. physik. Chem. **104**, 147—173 (1923) — Chem. Zbl. **1923 I**, 1575.
[2] J. Tillmans, P. Hirsch u. F. Strache: Biochem. Z. **199**, 399—433 — Chem. Zbl. **1929 I**, 1353.
[3] D. Bach: Bull. Soc. Chim. biol. Paris **9**, 1233—1243 (1927) — Chem. Zbl. **1928 I**, 2972.
[4] O. Blüh: Z. physik. Chem. **106**, 341—365 (1923) — Chem. Zbl. **1924 I**, 461.
[5] M. v. Laue: Z. Krystallogr. **63**, 312—315 — Chem. Zbl. **1926 II**, 353.
[6] E. Giebel u. A. Scheibe: Z. Physik **33**, 760—766 (1925) — Chem. Zbl. **1926 I**, 317.
[7] A. Hettich u. A. Schleede: Z. Physik **50**, 249—265 (1928) — Chem. Zbl. **1929 I**, 1892.
[8] M. L. Pagliarulo: Nuovo Cimento **3**, 87—97 — Chem. Zbl. **1926 II**, 538.
[9] M. A. Piutti: Bull. Soc. Chim. France [4] **33**, 804—806 — Chem. Zbl. **1923 III**, 861.
[10] P. Pfeifer u. O. Angern: Hoppe-Seylers Z. **133**, 180—192 — Chem. Zbl. **1924 I**, 2257.
[11] F. Pachlopnik: Listy Cukrovarnické **43**, 348 — Z. Zuckerind. d. tschechoslowak. Rep. **50**, 139—141 (1925) — Chem. Zbl. **1926 I**, 1391.
[12] P. N. van Eck: Pharm. Weekblad **62**, 365—376 — Chem. Zbl. **1925 II**, 76.
[13] P. C. Kronacker: Bull. Soc. Chim. Belgique **3**, 217—231 — Chem. Zbl. **1924 II**, 839.
[14] C. S. Robinson, O. B. Winter u. E. J. Miller: J. Michigan agric. Coll. Exp. Station Nr. 19 — Chem. Trade J. **70**, 65—66 — Chem. Zbl. **1922 II**, 863.
[15] H. Wieland u. W. Franke: Liebigs Ann. **469**, 257—308 — Chem. Zbl. **1929 II**, 20.
[16] E. Schmidt u. K. Braunsdorf: Ber. dtsch. chem. Ges. **55**, 1529—1534 — Chem. Zbl. **1922 III**, 520.
[17] N. O. Engfeldt: Hoppe-Seylers Z. **121**, 28—61 — Chem. Zbl. **1922 III**, 1054.
[18] V. Staněk: Listy Cukrovarnické 1920/1921, Nr. 37, 38 — Z. Zuckerind. d. tschechoslowak. Rep. **46**, 45—48 (1921) — Chem. Zbl. **1923 II**, 151.

Nach P. Pfeiffer, M. Klossmann und O. Angern[1] ließ sich Asparagin nicht an KJ, $MgCl_2$ und $MgSO_4$ addieren.

K. Freudenberg und A. Noë[2] stellten fest, daß bei der Einwirkung von HNO_2 auf Asparagin oder Asparaginsäure Äpfelsäure gleicher Konfiguration entsteht, also keine Umkehrung stattfindet.

Die d-β-Chlorsuccinamidsäure (—) stellte B. Holmberg[3] folgendermaßen aus Asparagin her: Eine Lösung von 30 g Asparagin und 50 g NaCl in 200 ccm 2 n-HCl wurde unter Eiskühlung innerhalb 2 Stunden mit 25 g Na-Nitrit, dann mit H_2SO_4 versetzt. Die ausgeschiedene Chlorsuccinamidsäure wurde abgesaugt.

Bei der Umsetzung von Asparagin-N-acylderivaten mit Essigsäureanhydrid entstehen nach M. Bergmann und F. Stern[4] folgende Verbindungstypen: $HOOC \cdot CH = C(NH \cdot Acyl) \cdot COOH$ bzw. $HOOC \cdot CH_2 \cdot C = (N \cdot Acyl) \cdot COOH$.

β, β'-Dichlordiäthylsulfid reagiert nach W. E. Lawson und E. E. Reid[5] nicht mit Asparagin.

Bei der Einwirkung von Isatin auf l-Asparagin in siedender stark essigsaurer Lösung wird nach W. Langenbeck[6] Isatyd erhalten.

E. A. Cooper und S. D. Nicholas[7] untersuchten die Aufnahme von Benzochinon und Toluchinon in wässeriger Lösung durch Asparagin. Die Aminosäure gibt mit Chinonlösungen Rotfärbung.

Asparagin gibt nach E. Waser und E. Brauchli[8] beim Erhitzen in sodaalkalischer Lösung mit einer kleinen Menge p-Nitrobenzoylchlorid eine dunkelweinrote bis violettblaue Färbung. Die Gegenwart von Na-Bisulfit, Na-Sulfid und Na-Hyposulfit verhindert die Reaktion, während Sulfat, Thiosulfat und kolloidaler Schwefel ohne Einfluß sind. Die entsprechenden o- und m-Verbindungen, Benzoylchlorid, p-Nitrophenol-, p-Nitrobenzoesäure und p-Nitrobenzaldehyd zeigen die Reaktion nicht. Außerdem bleibt die Färbung bei Gegenwart von Na-Acetat oder Chinolin aus, zeigt sich aber sonst bei jeder alkalischen Substanz (auch Pyridin).

Über die Reaktion zwischen Methylglyoxal und Asparagin beim Kochen und über die quantitative Bestimmung der Reaktionsprodukte berichten C. Neuberg und M. Kobel[9].

Über die Bildung von Karamelsubstanzen aus Asparagin + Lävulose berichtet B. Ripp[10].

Aus Versuchen von O. Spengler und F. Tödt[11] über die Verfärbbarkeit von verschiedenen Zuckersorten bei Anwendung hoher Temperaturen mit und ohne Zusatz von Asparagin ergab sich, daß diese Säure unter den gewählten Bedingungen nicht die Verfärbung der Zucker verursachte.

Beim Erwärmen eines Gemisches von 10 Teilen Glucose, 1 Teil Asparagin und 25 Teilen Wasser wurde Asparagin nach J. A. Ambler[12] zu Acetaldehyd oxydiert.

Nach K. Shibata[13] entstehen beim Erhitzen je eines Moles von Glykokoll, Alanin, Leucin, Tyrosin oder Tryptophan mit 5 Mol Asparagin in weniger als 5 Teilen Glycerin über 170° braune Massen, die nach Umfällung aus Methylalkohol mit Baryt oder $CaCl_2$ ein amorphes Pulver bilden, das denaturiertem Eiweiß ähnelt. Weiterhin werden beim Erhitzen von Asparagin mit 3—4 Teilen Glycerin auf 160—170° Kondensationsprodukte erhalten (vom Verfasser „Aspartane" genannt), aus denen bei einer Hydrolyse Asparaginsäure gebildet wird. Diese „Aspartane" sind Nährstoffe für Schimmelpilze.

---

[1] P. Pfeiffer, M. Klossmann u. O. Angern: Hoppe-Seylers Z. **133**, 22—61 — Chem. Zbl. **1924 I**, 1911.

[2] K. Freudenberg u. A. Noë: Ber. dtsch. chem. Ges. **58**, 2399—2408 (1925) — Chem. Zbl. **1926 I**, 1963.

[3] B. Holmberg: Ber. dtsch. chem. Ges. **59**, 1569—1581 — Chem. Zbl. **1926 II**, 2410.

[4] M. Bergmann u. F. Stern: Liebigs Ann. **448**, 20—31 — Chem. Zbl. **1926 II**, 566.

[5] W. E. Lawson u. E. E. Reid: J. amer. chem. Soc. **47**, 2821—2836 (1925) — Chem. Zbl. **1926 I**, 1195.

[6] W. Langenbeck: Ber. dtsch. chem. Ges. **60**, 930—934 — Chem. Zbl. **1927 I**, 2505.

[7] E. A. Cooper u. S. D. Nicholas: J. Soc. Chem. Ind. **46**, T. 59—60 — Chem. Zbl. **1927 I**, 2203.

[8] E. Waser u. E. Brauchli: Helvet. chim. Acta **7**, 740—758 — Chem. Zbl. **1924 II**, 947.

[9] C. Neuberg u. M. Kobel: Biochem. Z. **188**, 197—210 — Chem. Zbl. **1927 II**, 2677.

[10] B. Ripp: Z. Ver. Dtsch. Zuckerind. **1926**, 627—662 — Chem. Zbl. **1926 II**, 2697.

[11] O. Spengler u. F. Tödt: Z. Ver. Dtsch. Zuckerind. **1927**, 623—640 — Chem. Zbl. **1928 I**, 1107.

[12] J. A. Ambler: Ind. Chem. **21**, 47—50 — Chem. Zbl. **1929 II**, 414.

[13] K. Shibata: Acta phytochim. (Tokyo) **2**, 193—198 — Chem. Zbl. **1927 II**, 2199.

K. Shibata[1] berichtet ferner über Polymerisationsprodukte aus Asparagin allein oder Asparagin + Tyrosin oder Cystin, die durch Erhitzen in der 5—10fachen Menge Glycerin auf 170° (1—2 Stunden) erhalten werden.

Asparagin hemmt nach E. Wertheimer[2] im Gegensatz zu anderen Aminosäuren die spontane Oxydation von α-Naphthol mit p-Phenylendiamin zu Indophenolblau stark, was durch die Bildung komplexer Schwermetallsalze erklärt wird.

Über den Einfluß des Asparagins auf die Aldehyd-Tryptophanreaktion berichtet E. Komm[3].

Von L. Rosenthaler[4] wurde der Einfluß von Asparagin auf die Glucosebestimmung nach den Verfahren von Allihn-Ambühl, Rupp-Lehmann, v. Fellenberg, Mohr-Bertrand, Willstätter-Schudel in der Abänderung von Auerbach-Bodländer und von Pavy-Sahli nachgeprüft.

Über die Verwendung von Asparagin zur Neutralisation von Gerbstoffen und von vegetabilisch-mineralischen oder mit synthetischen Gerbstoffen gegerbten Häuten berichtet W. Möller[5].

Über die stark hemmende Wirkung von Asparagin auf die Fällung einer 1proz. Lösung von Pferdeserum durch $CuSO_4$ und über die beschleunigende Wirkung auf die Fällung von Rindereiweiß durch Cu^{II}, Zn^{II} und Fe^{II} berichten I. Bečka und A. Šimánek[6].

Chemische Eigenschaften des d-Asparagins: Über die Umwandlung von l-Asparagin in d-Asparagin durch Erhitzen wässeriger l-Asparaginlösungen berichtet M. A. Piutti[7], siehe unter l-Asparagin, chemische Eigenschaften, S. 481.

Derivate des l-Asparagins: Cu-Salz des l-Asparagins $(C_4H_7O_3N_2)_2Cu$. Bestimmt wurde von E. Abderhalden und E. Schnitzler[8] die spezifische Leitfähigkeit „x" des Cu-Salzes folgender wässeriger Lösungen: $1/50$, $1/100$, $1/200$, $1/400$, $1/800$ und $1/1600$ n.

Komplexverbindungen von Chrom mit Asparagin $[Cr_2(OH)_3(C_4H_8O_3N_2)_6]$, behandeln von frisch gefälltem Cr_2O_3 mit siedendem Asparagin oder über eine Cr-Pyridinverbindung durch Umsetzung mit Asparagin in NH_3-Wasser. Rote, nadelförmige Krystallrosetten. Verbindung gehört der Rhodoso-Cr-Reihe an. — $[Cr_2(OH)_3(C_4H_8O_3N_2)_6] \cdot 2 H_2O$, aus der vorigen Verbindung durch langes Kochen mit Wasser. Feinnadelige, violette Krystalle. G. Florence und E. Couture[9]. — Die von G. Florence und E. Couture[9] angegebene Konfigurationsformel des Cr-Komplexsalzes wird von P. B. Sarkar[10] berichtigt.

Formylasparagin $C_5H_8O_4N_2 + H_2O$. Aus Asparagin und stärkster Ameisensäure (Wasserbad, 4 Stunden), nochmals unter Zusatz von Ameisensäure im Vakuum verdampfen. Durch fraktionierte Fällung aus wenig Wasser mit Alkohol, dann mit Äther, Nadeln. Schmelzp. 168 bis 169° unter Gasentwicklung, löslich in 3 Teilen heißem Wasser, 5 Teilen heißem Alkohol, schwer löslich in Äther, Benzol, Ligroin. Das Krystallwasser läßt sich ohne Zersetzung austreiben[11].

Acetylasparagin. Bei der Destillation von Acetylasparagin wird in 20proz. Ausbeute Acetylaminosuccinimid nach E. Cherbuliez und J. F. Chambers[11] erhalten. — Dargestellt aus l-Asparagin in NaOH mit Essigsäureanhydrid unter Schütteln (10 Minuten), mit H_2SO_4 schwach kongosauer gemacht und im Vakuum nicht über 45° eingedampft. Aus Alkohol Polyeder. Schmelzp. 165°; 1,5proz. wässerige Lösung ist inaktiv. Acetylasparagin gibt mit Br und $Ba(OH)_2$ eine Stunde auf 90° erhitzt l-Glyoxalidon-2-carbonsäure-(5)[12].

d-Acetylasparaginmethylester. Nicht krystallisierender Sirup. $[\alpha]_D^{19} = -41,14°$[12].

d-Acetylasparaginamid $C_6H_{11}O_3N_3$. Aus Wasser weiße, filzige Nadeln. Zersetzung bei

---

[1] K. Shibata: Acta phytochim. (Tokyo) **2**, 39—47 — Chem. Zbl. **1925 II**, 1281.
[2] E. Wertheimer: Fermentforschg **8**, 497—517 — Chem. Zbl. **1926 II**, 696.
[3] E. Komm: Hoppe-Seylers Z. **156**, 35—60 — Chem. Zbl. **1926 II**, 1892.
[4] L. Rosenthaler: Pharm. Zentralhalle **66**, 517—520 — Chem. Zbl. **1925 II**, 2014.
[5] W. Möller: E.P. 200262 v. 27. April 1922, ausg. 2. August 1923; Chem. Zbl. **1926 II**, 1917.
[6] I. Bečka u. A. Šimánek: Biochem. Z. **149**, 150—157 (1924) — Chem. Zbl. **1925 I**, 689.
[7] M. A. Piutti: Bull. Soc. Chim. France [4] **33**, 804—806 — Chem. Zbl. **1923 III**, 861.
[8] E. Abderhalden u. E. Schnitzler: Hoppe-Seylers Z. **163**, 94—119 — Chem. Zbl. **1927 I**, 2068.
[9] G. Florence u. E. Couture: Bull. Soc. Chim. France [4] **39**, 643—646 — Chem. Zbl. **1926 II**, 1520.
[10] P. B. Sarkar: Bull. Soc. Chim. France [4] **39**, 1385—1389 (1926) — Chem. Zbl. **1927 I**, 2289.
[11] E. Cherbuliez u. J. F. Chambers: Helvet. chim. Acta **8**, 395—403 — Chem. Zbl. **1925 II**, 1348.
[12] P. Karrer u. A. Schlosser: Helvet. chim. Acta **6**, 411—418 — Chem. Zbl. **1923 III**, 228.

230° (vorheriges Sintern), leicht löslich in heißem Wasser, wenig löslich in kaltem Wasser, Alkohol, Äther und Chloroform[1].

Chloracetyl-l-asparagin $C_6H_9O_4Cl$. Nadeln. Schmelzp. 148—149°[2].

K-Salz, $[\alpha]_D^{20} = +4,71°$[2].

Phenylacetyl-asparagin wurde Menschen, Kaninchen, Hunden und Hühnern verabreicht oder injiziert, es wurde nach G. Shiple und C. P. Sherwin[3] unangegriffen im Harn wieder ausgeschieden.

Benzoyl-l-asparagin $C_{11}H_{12}O_4N_2$. Nadeln. Schmelzp. 189°[2]. Beim Erhitzen von Benzoylasparagin im Vakuum auf 200° entsteht nach E. Cherbuliez und J. F. Chambers[4] in 60proz. Ausbeute Benzoylamino-succinimid. Bei der Hydrolyse dieser Verbindung mit heißer $Ba(OH)_2$-Lösung wird allerdings racemisches Benzoylasparagin erhalten, wobei aus Versuchen ersichtlich ist, daß Benzoylamino-succinimid schon racemisiert ist, nicht erst die Benzoylverbindung bei der Hydrolyse racemisiert wird.

K-Salz $C_{11}H_{11}O_4N_2K$. Aus Benzoylasparagin in Alkohol mit wässeriger K_2CO_3-Lösung, Blättchen. Liefert beim Erhitzen im Vakuum Benzamid[4]. — $[\alpha]_D^{20} = +15,35°$[2].

[o-Chlorbenzoyl]-l-asparagin. Aus l-Asparagin, Säurechlorid und n-NaOH, weiße Schüppchen, Schmelzp. 171° (zersetzt). $[m]_D^{20} = +20,5°$[5].

[o-Brombenzoyl]-l-asparagin. Aus l-Asparagin, Säurechlorid und n-NaOH, weiße Nadeln, Schmelzp. 163° (zersetzt). $[m]_D^{20} = +13,4°$[5].

[p-Chlorbenzoyl]-l-asparagin. Aus l-Asparagin, Säurechlorid und n-NaOH, weiße Nadeln, Schmelzp. 181° (zersetzt) $[m]_D^{20} = +41,2°$[5].

m-Nitrobenzoyl-l-asparagin $C_{11}H_{11}O_6N_3$. Aus Asparagin und m-Nitrobenzoylchlorid. Krystalle vom Schmelzp. 176°, wenig löslich in Wasser[2].

K-Salz, $[\alpha]_D^{20} = +12,55°$[2].

p-Nitrobenzoyl-l-asparagin $C_{11}H_{11}O_6N_3$. Nadeln vom Schmelzp. 178°[2].

K-Salz, $[\alpha]_D^{20} = +10,96°$[2].

Anisoyl-l-asparagin $C_{12}H_{14}O_5N_2$. Aus in n-NaOH gelöstem Asparagin und Anisoylchlorid in ätherischer Lösung. Mit n-HCl farbloser Niederschlag. Nach Reinigung von beigemengter Anissäure durch nochmaliges Lösen in Alkali und Ausfällen mit HCl. Blättchen vom Schmelzpunkt 190—191°[2].

K-Salz, $[\alpha]_D^{20} = +15,11°$[2].

[m-Toluyl]-l-asparagin. Aus l-Asparagin, Säurechlorid und n-NaOH, weiße, seidenförmige Nadeln, Schmelzp. 162° (zersetzt) $[m]_D^{20} = +49°$[5].

[4-Nitro-3-methylbenzolsulfonyl]-l-asparagin. Aus l-Asparagin, Säurechlorid und n-NaOH. Lange, weiße Nadeln, Schmelzp. 174° (zersetzt). $[m]_D^{20} = -85,6°$[5].

[p-Toluyl]-l-asparagin $H_2N \cdot CO \cdot CH_2 \cdot CH(CO_2H)NH \cdot CO \cdot C_6H_4 \cdot CH_3$. Aus l-Asparagin, Säurechlorid und n-NaOH. Weiße Nadeln, Schmelzp. 192° (zersetzt). $[m]_D^{20} = +43,2°$[5].

p-Toluolsulfonyl-l-asparagin $C_{11}H_{14}O_5N_2S$. Schon bei der ersten Fällung rein. Nadeln vom Schmelzp. 175°[2].

K-Salz, $[\alpha]_D^{20} = +6,83°$[2].

[4-Isopropyl-benzoyl]-l-asparagin $H_2N \cdot CO \cdot CH_2 \cdot CH(CO_2H) \cdot NH \cdot CO \cdot C_6H_4 \cdot CH \cdot (CH_3)_2$, aus l-Asparagin, Säurechlorid und n-NaOH. Kugelige, weiße, mikrokrystalline Aggregate, Schmelzp. 158—159° (zersetzt). $[m]_D^{20} = +43,9°$[5].

Methylenasparagin. Bei der Einwirkung von 3 Mol Hypobromit entsteht nach E. Cherbuliez und K. N. Stavritsch[6] 5-Brom-6-oxy-pyrimidin-2-carbonsäure, so daß das Hypobromit gleichzeitig oxydierend und bromierend wirkt. 6-Oxy-pyrimidon-4-carbonsäure entsteht in mäßiger Ausbeute aus Methylenasparagin durch Einwirkung von 5proz. $KMnO_4$-Lösung.

Äthyliden-asparagin. Am besten in schwach alkalischer Lösung bei —8° dargestellt; ist sehr unbeständig. Offen erhitzt, zersetzt es sich ohne Schmelzpunkt. Im geschlossenen Gefäß Schmelzp. 230—231°. Unlöslich in organischen Lösungsmitteln, durch heißes Wasser

---

[1] P. Karrer u. A. Schlosser: Helvet. chim. Acta **6**, 411—418 — Chem. Zbl. **1923 III**, 228.

[2] S. Berlingozzi: Gazz. chim. Ital. **57**, 814—819 (1927) — Chem. Zbl. **1928 I**, 1387.

[3] G. Shiple u. C. P. Sherwin: J. of biol. Chem. **53**, 463—478 — Chem. Zbl. **1922 III**, 1308.

[4] E. Cherbuliez u. J. F. Chambers: Helvet. chim. Acta **8**, 395—403 — Chem. Zbl. **1925 II**, 1348.

[5] S. Berlingozzi: Atti Accad. dei Lincei, Roma [6] **7**, 925—929 (1928) — Chem. Zbl. **1929 I**, 869.

[6] E. Cherbuliez u. K. N. Stavritsch: Helvet. chim. Acta **5**, 267—284 — Chem. Zbl. **1922 III**, 153.

wird es glatt in die Komponenten zerlegt, und schon die kalte wässerige Lösung, die gegen Lackmus sauer reagiert, riecht nach Acetaldehyd. Ergibt mit 3 Mol HBrO umgesetzt 6-Oxy-5-brom-2-methylpyrimidin-4-carbonsäure [1].

Phenylasparagin $C_{10}H_{11}O_3N_2$. Durch langsames Versetzen einer heißen wässerigen Lösung von l-Bromsuccinamidsäure mit Anilin (6 Tage). Aus kaltem Wasser. Schmelzp. 147 bis 148°. Zur Drehungsbestimmung wurden 0,2600 g Substanz in 25 ccm Wasser gelöst. Für 2,5 ccm 1 ccm 1 n-HCl $[\alpha]_D = -65,3°$, für 12,5 ccm 1 ccm 1 n-HCl $[\alpha]_D = -80,7°$. Die Drehung nimmt in Gegenwart wässeriger Mineralsäuren allmählich ab [2].

Benzyliden-asparagin ist noch unbeständiger als die Äthylenverbindung. Es ergibt mit 3 Mol HBrO 6-Oxy-5-brom-2-phenylpyrimidin-4-carbonsäure [1].

d-o-Toluidino-bernsteinsäuremonoamid $C_{11}H_{14}O_3N_2$. Wässerige Lösung von 10 g l-Brombernsteinsäuremonoamid allmählich mit methylalkoholischer Lösung von 15 g o-Toluidin versetzen, nach 5 Tagen Methylalkohol im Vakuum entfernen, Niederschlag mit heißem Wasser extrahieren. Seidige Kryställchen aus Methanol, Schmelzp. 164—166°. $[\alpha]_D^{20} = -70,7°$ (in n-HCl) [3].

d-m-Toluidino-bernsteinsäuremonoamid $C_{11}H_{14}O_3N_2$. 10 g l-Bromsuccinamidsäure in 125 ccm Wasser bei 45° mit m-Toluidin geschüttelt, die Krystalle filtriert, aus Wasser + etwas m-Toluidin umkrystallisiert. Ausbeute gering. Schmelzp. 160—161°. Zur Drehungsbestimmung wurden 0,2775 g Substanz in 10 ccm 1 n-H_2SO_4 gelöst (da in HCl sehr wenig löslich), auf 25 ccm mit Wasser aufgefüllt. $[\alpha]_D = -74,8°$. Die Drehung nimmt in Gegenwart wässeriger Mineralsäuren allmählich ab [2].

d-p-Toluidino-bernsteinsäuremonoamid $C_{11}H_{14}O_3N_2$. Nach 6 Tagen ausgefallenes Produkt aus Wasser von 80° unter Zusatz von etwas p-Toluidin umkrystallisieren, im braunen Vakuumexsiccator trocknen. Schmelzp. 100—101°. $[\alpha]_D^{20} = -55,8°$ (in n-HCl) [3].

d-o-Anisidino-bernsteinsäuremonoamid $C_{11}H_{14}O_4N_2$. Mehrere Wochen unter Schutz vor Licht und Luft stehen lassen, Produkt aus verdünntem Methanol (1 : 1) umkrystallisieren, auf Tonplatte mit Benzol waschen. Schmelzp. 153—154°. $[\alpha]_D^{20} = -72,2°$ (in 0,5n-HCl) [3].

d-p-Anisidino-bernsteinsäuremonoamid $C_{11}H_{14}O_4N_2$. Nach O. E. Lutz [2] 20 g l-Bromsuccinamidsäure in 150 ccm Wasser unter Kühlung mit 34 g p-Anisidin, in wenig Alkohol gelöst, versetzt (6 Tage). Weißer Körper. Schmelzp. 135°. Zur Drehungsbestimmung wurden 0,2881 g Substanz in 25 ccm Flüssigkeit gelöst und im 2-dm-Rohr bei 18—21° bestimmt. Für 1,25 ccm 1 n-HCl $[\alpha]_i = -53,32°$, für 2,5 ccm 1 n-HCl $[\alpha]_i = -72,45°$. Die Drehung nimmt in Gegenwart wässeriger Mineralsäuren allmählich ab.

d-m-Phenetidino-bernsteinsäuremonoamid $C_{12}H_{16}O_4N_2$. Komponenten in Wasser bei 45° schütteln, ausgeschiedenen Syrup mit Benzol verreiben. Wässerige Lösung scheidet weitere Mengen aus. Aus Wasser, Schmelzp. 153—154°, $[\alpha]_D^{20} = -71,3°$ (in n-HCl) [3].

d-p-Phenetidino-bernsteinsäuremonoamid $C_{12}H_{16}O_4N_2$. Methanol nach 1 Stunde im Vakuum entfernen, 5 Tage unter Schutz vor Licht und Luft stehen lassen. Aus Wasser, Schmelzp. 139—140°. $[\alpha]_D^{20} = -43,6°$ (in verd. HCl) [3].

d-asymm. m-Xylidino-bernsteinsäuremonoamid $C_{12}H_{16}O_3N_2$. Nach 2 Wochen Syrup abtrennen, mit Benzol reinigen, wässerige Lösung im Vakuum bei Raumtemperatur einengen. Aus Wasser von 80°, Schmelzp. 145—146° (unter Rötung) $[\alpha]_D^{20} = -67,8°$ (in 0,5n-HCl) [3].

d-p-Xylidino-bernsteinsäuremonoamid $C_{12}H_{16}O_3N_2$. Nach 24 Stunden Methanol im Vakuum entfernen, einige Wochen stehen lassen. Aus Wasser, Schmelzp. unscharf 138—139°. $[\alpha]_D^{20} = -43,2°$ (in 0,5n-HCl), $= -48,2°$ (in 3n-HCl) [3].

Derivate des d-Asparagins: Benzoyl-d-asparagin. Aus d-Asparagin, Säurechlorid und n-NaOH. $[m]_D^{20} = -36,4°$ [4].

m-Nitrobenzoyl-d-asparagin. Aus d-Asparagin, Säurechlorid und n-NaOH. $[m]_D^{20} = -35,1°$ [4].

4-Nitro-3-methylbenzolsulfonyl-d-asparagin. Aus d-Asparagin, Säurechlorid und n-NaOH, aus Wasser lange, dünne Nadeln, Schmelzp. 174° (zersetzt). $[m]_D^{20} = -85,2°$ [4].

Derivate des d, l-Asparagins: m-Nitrobenzoyl-d, l-asparagin. Aus d, l-Asparagin, Säurechlorid und n-NaOH, aus Wasser durchsichtige prismatische Täfelchen. Schmelzp. 191° (zersetzt) [4].

---

[1] E. Cherbuliez u. K. N. Stavritsch: Helvet. chim. Acta **5**, 267—284 — Chem. Zbl. **1922 III**, 153.
[2] O. E. Lutz: J. russ. phys.-chem. Ges. **48**, 1881—1887 (1917) — Chem. Zbl. **1923 I**, 1576.
[3] O. Lutz: Ber. dtsch. chem. Ges. **62**, 1879—1884 — Chem. Zbl. **1929 II**, 1914.
[4] S. Berlingozzi: Atti Accad. dei Lincei, Roma [6] **7**, 1037—1040 (1928) — Chem. Zbl. **1929 I**, 869.

4-Nitro-3-methylbenzolsulfonyl-d, l-asparagin. Aus d, l-Asparagin, Säurechlorid und n-NaOH, aus Wasser durchsichtige Prismen, Schmelzp. 190° (zersetzt)[1].

Homoasparagin $C_5H_{10}O_3N_2$. Entsteht bei der Einwirkung von flüssigem NH_3 (1 Monat lang) auf Mesaconsäuremethylester und Citraconsäuremethylester neben dem Homoasparaginsäurediamid. Rhomboeder aus Wasser. Schmelzp. 242°. Außerdem entsteht es durch Verseifen von Homoasparaginsäurediamid[2]. — Versuche, Homoasparagin durch Einwirkung von flüssigem NH_3 auf Citraconsäureanhydrid zu erhalten, führten nur zur Bildung von Ammoniumcitraconat[3].

Anhydroureidohomoasparagin $C_6H_9O_3N_3$. Aus Homoasparagin + Harnstoff bei 125 bis 130° unter Entwicklung von NH_3 und H_2O. Nach 10—12 Stunden Extraktion mit heißem Wasser. Monokline Krystalle vom Schmelzp. 266—267°. Löslich in konzentrierter H_2SO_4, HNO_3, $CuSO_4$, wenig löslich in Alkohol, Äther, Benzol und Chloroform[3].

Glutaminsäure.

2-Amino-pentandisäure, α-Amino-propan-α, γ-dicarbonsäure, α-Amino-glutarsäure.

Vorkommen: Von J. E. Pichou-Vendeuil[4] wurde aus Kuhmilch durch Essigsäure und 65proz. Alkohol ein krystallines Pulver erhalten, aus dem durch Extraktion 5,37% Glutaminsäure (= 0,0054% auf Milch berechnet) isoliert wurden.

Aus 50 l Diazoharn bei Typhus abdominalis wurden von Y. Sendju[5] 0,13 g Glutaminsäure isoliert.

Aus 50 l Harn von schwer Lungentuberkulosen ließen sich nach Y. Komori[6] 0,024 g Glutaminsäure isolieren.

Über den Glutaminsäuregehalt des Detoxins, eines nach den Angaben von E. Jena aus der Haut gewonnenen Präparates (unreines Glutathionpräparat) berichtet E. Treibmann[7].

Im alkalischen Alkoholextrakt der Blätter von Kuzu (japanische Arrow-root-Pflanze, Pueraria hirsuta, Matsum) wurde von R. Sasaki[8] nach Ausfällung des Proteins durch Neutralisation mit HCl im Filtrat Glutaminsäure nachgewiesen.

Im Erysimum crepidifolium wurde nach R. Berger[9] keine Glutaminsäure gefunden.

Saturationsschlamm wurde mit NH_4- oder K-Carbonat ausgelaugt, die N-haltigen Verbindungen ließen sich mit $Ca(OH)_2$ fraktioniert fällen. Im nichtgefällten Anteil wurden an Aminosäuren nach V. Staněk[10] Asparaginsäure, wahrscheinlich Glutaminsäure und eine noch nicht identifizierte Verbindung gefunden.

Bildung: Im Hydrolysat der Linsen von Rinderaugen wurden von Y. Hijikata[11] 15,5% Glutaminsäure bestimmt.

Die Hydrolyse von Rinderaugenlinsen ergab nach A. Jess[12] für die 3 charakteristischen Proteine der Linse folgendes: α-Krystallin 3,6, β-Krystallin 2,7 und Albumoid 4,6% Glutaminsäure — auf asche- und wasserfreie Eiweißsubstanz berechnet.

In den fettfreien Rückständen der Gonaden von Rhizostoma Cuvieri ließen sich nach F. Haurowitz Polypeptide[13] und Proteide nachweisen, die neben anderen Aminosäuren Glutaminsäure enthielten.

In dem aus Heringseiern gewonnenen Ichthulin ließ sich nach K. Iguchi[14] keine Glutaminsäure nachweisen.

---

[1] S. Berlingozzi: Atti Accad. dei Lincei, Roma [6] **7** 1037—1040 (1928) — Chem. Zbl. **1929 I**, 869.

[2] K. Stosius u. E. Philippi: Mh. Chem. **45**, 457—470 — Chem. Zbl. **1925 II**, 1428.

[3] C. Migliacchi u. M. Furia: Gazz. chim. Ital. **58**, 103—110 — Chem. Zbl. **1928 I**, 2246.

[4] J. E. Pichou-Vendeuil: Bull. Sci. pharmacol. **28**, 360—367, 400—413 (1921) — Chem. Zbl. **1922 I**, 55.

[5] Y. Sendju: J. of Biochem. **7**, 311—317 — Chem. Zbl. **1927 II**, 2078.

[6] Y. Komori: J. of Biochem. **7**, 297—305 — Chem. Zbl. **1926 II**, 2191.

[7] E. Treibmann: Dtsch. med. Wschr. **54**, 1090 — Chem. Zbl. **1928 II**, 788.

[8] R. Sasaki: Bull. agricult. chem. Soc. Japan **4**, 1—5 (1928) — Chem. Zbl. **1929 II**, 583.

[9] R. Berger: Heil- u. Gewürzpflanzen **1925**, 36 Seiten — Chem. Zbl. **1926 I**, 1213.

[10] V. Staněk: Listy Cukrovarnicki **1921/22**, 41 — Z. Zuckerind. tschechoslowak. Rep. **46**, 189—198 — Chem. Zbl. **1922 II**, 949.

[11] Y. Hijikata: J. of biol. Chem. **51**, 155—164 (1922) — Chem. Zbl. **1922 I**, 1415.

[12] A. Jess: Hoppe-Seylers Z. **110**, 266—276 (1920) — Chem. Zbl. **1921 I**, 99.

[13] F. Haurowitz: Hoppe-Seylers Z. **122**, 145—159 (1922) — Chem. Zbl. **1923 I**, 112.

[14] K. Iguchi: Hoppe-Seylers Z. **135**, 188—198 — Chem. Zbl. **1924 II**, 485.

Ebenso ließ sich im Vitellin, das aus der Eisackflüssigkeit des Laiches von Hemifusus tuba Gmel. dargestellt war, nach Y. Komori[1] keine Glutaminsäure nachweisen.

Y. Okuda[2] vergleicht den Glutaminsäuregehalt von Gelatine aus Rinderknochen mit dem von Fischgelatine. Der Glutaminsäuregehalt der letzteren ist erheblich höher.

H. L. Kingston und S. B. Schryver[3] isolierten aus Gelatinehydrolysaten 3,2% Glutaminsäure.

Im Hydrolysat des Keratins des japanischen Speckes, aus Cetacea hergestellt, konnte S. Oikawa[4] Glutaminsäure nachweisen.

Aus Garnelenmuskulatur wurde durch Extraktion mit 95proz. Alkohol und dann mit Äther ein N-haltiger Extrakt gewonnen, der nach D. B. Jones, O. Möller und Ch. E. F. Gersdorff[5] 15,0% Glutaminsäure enthielt.

Der Glutaminsäuregehalt der Muskelproteine von Pagrus major ist nach Y. Okuda und K. Ōyama[6] sehr beträchtlich von dem des Heilbutts unterschieden.

Aus den Hydrolysenprodukten der Muskelproteine des Walfisches und des Dorsches wurden von Y. Okuda, T. Okimoto und T. Yada[7] 3,28 und 5,24% Glutaminsäure (auf asche- und wasserfreies Eiweiß berechnet) isoliert.

Im Hydrolysat der Octopusmuskeln ließ sich nach K. Morizawa[8] Glutaminsäure nachweisen.

Der Glutaminsäuregehalt der Muskelproteine der Molluske Loligo breekeri und der Crustaceen Palinurus japonicus und Paralithodes camtschatica beträgt nach Y. Okuda, S. Uematsu, K. Sakata und K. Fujikawa[9] 8,80; wahrscheinlich vorhanden und 9,67%, auf asche- und wasserfreies Eiweiß berechnet.

Im Hydrolysat menschlicher Epidermis ließ sich nach Y. Jono[10] mit Sicherheit Glutaminsäure nachweisen.

Über die Isolierung glutaminsäurehaltiger Spaltprodukte aus Elastin durch Spaltung mit Phthalsäureanhydrid berichten P. Brigl und E. Klenk[11].

Bei der partiellen Hydrolyse von Schweineborsten wurde nach E. Abderhalden und E. Komm[12] ein Produkt gewonnen, das neben Prolin, Leucin und Glykokoll Glutaminsäure enthielt.

Der Glutaminsäuregehalt der Psoriasisschuppen betrug nach E. Abderhalden und B. Zorn[13] 6,50%, auf wasserfreie Schuppen berechnet.

Über die Bildung einer glutaminsäurehaltigen Verbindung bei der partiellen Hydrolyse von Spinnenseide berichtet E. Abderhalden[14].

Nach E. Winterstein und O. Huppert[15] findet sich unter den Spaltprodukten sowohl des Fett- wie des Magerkäses stets Glutaminsäure.

Über die Isolierung einer Verbindung, die neben Leucin und Valin Glutaminsäure enthielt, aus partiell hydrolysiertem Casein „Hammarsten" berichtet E. Abderhalden[16].

---

[1] Y. Komori: J. of Biochem. **6**, 129—138 — Chem. Zbl. **1926 II**, 1758.
[2] Y. Okuda: J. Coll. agric. Tokyo **5**, 355—363 (1916) — Chem. Zbl. **1925 I**, 1218.
[3] H. L Kingston u. S. B. Schryver: Biochemic. J. **18**, 1070—1078 (1924) — Chem. Zbl. **1925 I**, 232.
[4] S. Oikawa: Tôhoku J. exper. Med. **2**, 447—450, 451—458 — Ber. Physiol. **14**, 70, 86 — Chem. Zbl. **1922 III**, 928.
[5] D. B. Jones, O. Möller u. Ch. E. F. Gersdorff: J. of biol. Chem. **65**, 59—65 (1925) — Chem. Zbl. **1926 I**, 706.
[6] Y. Okuda u. K. Ōyama: J. Coll. agric. Tokyo **5**, 365—372 (1916) — Chem. Zbl. **1925 I**, 1219.
[7] Y. Okuda, T. Okimoto u. T. Yada: J. Coll. agric. Tokyo **7**, 29—37 (1919) — Chem. Zbl. **1925 I**, 1091.
[8] K. Morizawa: Acta Scholae med. Kioto **9**, 299—302 (1927) — Chem. Zbl. **1928 II**, 2479.
[9] Y. Okuda, S. Uematsu, K. Sakata u. K. Fujikawa: J. Coll. agric. Tokyo **7**, 39—54 (1919) — Chem. Zbl. **1925 I**, 1091.
[10] Y. Jono: J. of orient. Med. **5**, 12 — Ber. Physiol. **37**, 769 (1926) — Chem. Zbl. **1927 I**, 1968 — J. of Biochem. **10**, 311—323 — Chem. Zbl. **1929 II**, 1701.
[11] P. Brigl u. E. Klenk: Hoppe-Seylers Z. **131**, 66—96 (1923) — Chem. Zbl. **1924 I**, 674.
[12] E. Abderhalden u. E. Komm: Hoppe-Seylers Z. **132**, 1—11 — Chem. Zbl. **1924 I**, 1676.
[13] E. Abderhalden u. B. Zorn: Hoppe-Seylers Z. **120**, 214—219 — Chem. Zbl. **1922 III**, 928.
[14] E. Abderhalden: Hoppe-Seylers Z. **131**, 281—283 (1923) — Chem. Zbl. **1924 I**, 926.
[15] E. Winterstein u. O. Huppert: Biochem. Z. **141**, 193—221 (1923) — Chem. Zbl. **1924 I**, 112.
[16] E. Abderhalden: Hoppe-Seylers Z. **131**, 284—295 (1923) — Chem. Zbl. **1924 I**, 921.

Der Rückstand des Caseinogens bei tryptischer Verdauung ergibt nach J. M. Luck[1] bei Säurehydrolyse neben Lysin fast nur Glutaminsäure.

Über die Bildung von Glutaminsäure aus dem P-haltigen Polypeptid Lactotyrin α, das durch tryptische Spaltung von Casein gewonnen war, berichtet S. Posternak[2].

Im Caseoglutin von Emmentaler, Tilsiter und Weichkäsesorten findet sich nach W. Grimmer und B. Wagenführ[3] Glutaminsäure.

H. Lüers und G. Nowak[4] vergleichen den Glutaminsäuregehalt im Zymocasein mit dem von Casein und Vitellin. Das Zymocasein zeichnet sich durch einen hohen Glutaminsäuregehalt aus.

Unter den Spaltprodukten des Edestins, die nach der etwas modifizierten Methode von Dakin[5] aufgearbeitet wurden, ließ sich nach T. B. Osborne, Ch. S. Leavenworth und L. S. Nolan[6] Glutaminsäure nachweisen.

Aus dem Schwefelsäurehydrolysat des Zeins, das nach der Butylalkoholmethode aufgearbeitet war, wurden von H. D. Dakin[7] aus dem mit Butylalkohol nicht extrahierbaren Anteil 31,3% Glutaminsäure isoliert.

Das mit 80proz. Alkohol aus dem kleiefreien Mehl von Coix lacryma L. gewonnene Protamin, Coicin, hatte nach G. Hattori und S. Komatsu[8] 20,65% Glutaminsäure.

Das durch 2proz. NaOH-Lösung aus Buchweizenmehl hergestellte Protamin enthielt nach T. Ukai und S. Morikawa[9] 7,38% Glutaminsäure.

Unter den Spaltprodukten gereinigten Ricins wurden von P. Karrer, A. P. Smirnoff, H. Ehrensperger, L. van Slooten und M. Keller[10] 20,0% Glutaminsäure bestimmt.

Die aus der Rinde des Akazienbaumes, Robinia pseudacacia, durch NaCl-Lösung extrahierten Proteine wurden fraktioniert, die Globuline vom Albumin durch Dialyse getrennt, das nach D. B. Jones, C. E. F. Gersdorff und O. Möller[11] 4,48% Glutaminsäure enthielt. Die Glutaminsäure war als Hydrochlorid isoliert worden.

Über ein aus dem Gliadin gewonnenes glutaminsäurehaltiges Tetrapeptid berichtet R. Nakashima[12].

D. B. Jones und R. Wilson[13] isolierten aus Gliadinhydrolysaten 43,0% Glutaminsäure.

Durch Hydrolyse der im Bohnenabkochwasser befindlichen Proteine wurde von M. Suzuki[14] ein Produkt mit 35% Glutaminsäure erhalten, während die analoge Aufarbeitung von Sojabohnenrückständen[15] ein Produkt mit 55% Glutaminsäure ergab.

Über das wahrscheinliche Vorkommen von Glutaminsäure unter den Spaltprodukten des wasserunlöslichen Anteils der Plasmodien von Fuligo varians berichtet W. W. Lepeschkin[16].

Im Hydrolysat des Spongins des gemeinen Badeschwammes, Hippospongia equina, wurden von V. J. Clancey[17] 18,4% Glutaminsäure gefunden.

Unter den hydrolytischen Spaltprodukten von Dearginocasein, das aus Casein durch Einwirkung einer alkalischen Hypochloritlösung dargestellt wurde, konnte S. Sakaguchi[18] Glutaminsäure nachweisen. Aus den Spaltprodukten des Guanidocaseins, das aus Casein durch

---

[1] J. M. Luck: Biochemic. J. **18**, 679—692 — Chem. Zbl. **1924 II**, 1352.
[2] S. Posternak: C. r. Acad. Sci. Paris **184**, 306—307 — Chem. Zbl. **1927 I**, 2323.
[3] W. Grimmer u. B. Wagenführ: Milchwirtsch. Forschgn **2**, 193—198 (1925) — Ber. Physiol. **31**, 492 — Chem. Zbl. **1925 II**, 1718.
[4] H. Lüers u. G. Nowak: Biochem. Z. **154**, 310—320 (1924) — Chem. Zbl. **1925 I**, 1330.
[5] Dakin: Chem. Zbl. **1921 I**, 454.
[6] T. B. Osborne, Ch. S. Leavenworth u. L. S. Nolan: J. of biol. Chem. **61**, 309—313 — Chem. Zbl. **1924 II**, 2849.
[7] H. D. Dakin: Hoppe-Seylers Z. **130**, 159—168 (1923) — Chem. Zbl. **1924 I**, 206.
[8] G. Hattori u. S. Komatsu: J. of Biochem. **1**, 365—369 (1922) — Ber. Physiol. **20**, 373 (1923) — Chem. Zbl. **1924 I**, 1209.
[9] T. Ukai u. S. Morikawa: J. Pharm. Soc. Japan **1925**, Nr. 516, 14 — Chem. Zbl. **1925 II**, 192.
[10] P. Karrer, A. P. Smirnoff, H. Ehrensperger, L. van Slooten u. M. Keller: Hoppe-Seylers Z. **135**, 129—166 — Chem. Zbl. **1924 II**, 348.
[11] D. B. Jones, C. E. F. Gersdorff u. O. Möller: J. of biol. Chem. **64**, 655—671 (1925) — Chem. Zbl. **1926 I**, 416.
[12] R. Nakashima: J. of Biochem. **6**, 55—60 — Chem. Zbl. **1926 II**, 769.
[13] D. B. Jones u. R. Wilson: Cereal Chem. **5**, 473—477 (1928) — Chem. Zbl. **1929 I**, 1401.
[14] M. Suzuki: JapanP. 79084 v. 3. Nov. 1927, ausg. 10. Dez. 1928 — Chem. Zbl. **1929 II**, 506.
[15] M. Suzuki: JapanP. 79083 v. 9. Nov. 1927, ausg. 10. Dez. 1928 — Chem. Zbl. **1929 II**, 506.
[16] W. W. Lepeschkin: Biochem. Z. **171**, 126—145 — Chem. Zbl. **1926 I**, 3607.
[17] V. J. Clancey: Biochemic. J. **20**, 1186—1189 (1926) — Chem. Zbl. **1927 I**, 1332.
[18] S. Sakaguchi: J. of Biochem. **5**, 143—157 (1925) — Chem. Zbl. **1926 I**, 1420.

Alkalibehandlung (n-NaOH) dargestellt war, gelang es dem Verfasser[1], 12,1% Glutaminsäure zu isolieren.

Ein aus Wolle durch Na_2S-Behandlung gewonnenes saures Abbauprodukt ergab nach W. Küster, W. Kumpf und W. Köppel[2] im Hydrolysat (mit Wasser im Autoclaven bei 150° hydrolysiert) ein Gemisch von Aminosäuren und Diketopiperazinen, unter den ersteren ließ sich Glutaminsäure nachweisen.

Aus Polytamin, einem Aminosäurepräparat, angeblich aus den Puppen des Seidenspinners, wurden durch HCl-Hydrolyse von H. Thoms und F. A. Heynen[3] 14,0% Glutaminsäurechlorhydrat erhalten.

Bildung von d, l-Glutaminsäure: Bei verlängerter tryptischer Hydrolyse von Casein wurde von S. Fränkel, H. Gallia, A. Liebster und S. Rosen[4] d, l-Glutaminsäure isoliert.

Darstellung der d-Glutaminsäure: Glutaminsäure läßt sich aus Melasseschlempe nach deren Hydrolyse mit $Ca(OH)_2$, H_2SO_4 oder HCl aus der neutralisierten Lösung mit $Ca(OH)_2$ oder aus dem sauren Hydrolysat als Chlorhydrat abscheiden, dieses mit $Ca(OH)_2$ in das wenig lösliche Ca-Salz überführen. Bei der Hydrolyse mit $Ca(OH)_2$ ist hohe Temperatur und zu langes Erhitzen wegen sonst eintretender Racemisierung zu vermeiden[5]. Bei der Hydrolyse mit H_2SO_4 oder HCl sind die entstandenen humusartigen Stoffe abzufiltrieren, die Flüssigkeit mit $Ca(OH)_2$ zu neutralisieren, mit Tierkohle zu entfärben, weiter mit $Ca(OH)_2$ zu digerieren, zu filtrieren und der Krystallisation zu überlassen. Zur Abscheidung der Glutaminsäure als Chlorhydrat wird nach Entfernung der Humusstoffe aus der mit HCl hydrolysierten Schlempe die Flüssigkeit zunächst der Krystallisation überlassen, wobei KCl und Betainchlorhydrat krystallinisch ausgeschieden werden. Das Filtrat hiervon wird durch Eindampfen konzentriert und mit konzentrierter HCl oder gasförmiger HCl übersättigt. Nach wenigen Tagen erstarrt das Ganze zu einem Krystallbrei, der abgenutscht wird. Nach dem Lösen des Chlorhydrates in Wasser wird durch Einwirkung von $Ca(OH)_2$ bei etwa 80° das wenig lösliche Ca-Salz gewonnen. Die Abscheidung des letzteren kann durch Zugabe von Alkohol beschleunigt werden. Zusatz von löslichen Ca-Salzen und etwas freiem NH_3 haben die gleiche Wirkung. Das wenig lösliche Ca-Salz läßt sich durch Behandeln mit $NaHCO_3$ in das Na-Salz der Glutaminsäure überführen, auch andere saure Alkalisalze, wie saures Na-Oxalat, eignen sich hierfür.

K. Ikeda[6] gibt eine weitere Darstellungsmöglichkeit von Glutaminsäure aus völlig oder teilweise entzuckerter Rübenzuckermelasse an. Zur Bindung der anorganischen Basen und eines Teiles des Betaines wird H_2SO_4 zur Melasse zugesetzt K_2SO_4, mit Na_2SO_4 gemischt, fällt aus. Filtrat wird auf 80—180° zur Überführung der Pyrrolidoncarbonsäure in die Glutaminsäure erhitzt. Lösung filtriert, abgekühlt, H_2SO_4 als $CaSO_4$ ausgefällt. Hierbei ist Erhöhung der Temperatur zu vermeiden, um eine Rückverwandlung der Glutaminsäure in Pyrrolidoncarbonsäure zu verhindern. Aus dem Filtrat scheidet sich nach mehrtägigem Stehen Glutaminsäure ab. Ausbeute aus 1 kg durch Fermentation entzuckerter Steffenslauge (40° Bé) 57 g Glutaminsäure (93 proz.).

Y. Takayama[7] gewinnt aus Runkelrübenmelasse oder aus der nach dem Abdestillieren des Alkohols aus vergorener Melasse zurückbleibenden Schlempe durch Elektrolyse auf folgendem Wege die Glutaminsäure: Ein hölzernes, gut abgedichtetes Elektrolysiergefäß wird durch Pergamentpapier in 3 Abteilungen geteilt (Mittelraum mit Melasse gefüllt). Als Anode wird ein mit organischen Säuren lösliche Salze bildendes Metall, wie Fe, Zn und Al verwendet. Stromdichte beträgt 10—0,1 Amp. pro qdm. Im Anodenraum sammeln sich die gebildeten Salze der Glutaminsäure, Pyrrolidoncarbonsäure und Bernsteinsäure an. Die Metalle wurden aus der Anodenflüssigkeit durch Na_2CO_3, $Ca(OH)_2$ oder H_2S gefällt, abfiltriert. Das Filtrat mit HCl oder H_2SO_4 versetzt und erhitzt, dabei wird die Pyrrolidoncarbonsäure in Glutaminsäure umgewandelt. Nach Zugabe von HCl bzw. von $Ca(OH)_2$ wird die Glutaminsäure als Chlor-

---

[1] S. Sakaguchi: J. of Biochem. **5**, 159—169 — Chem. Zbl. **1926 I**, 1420.

[2] W. Küster, W. Kumpf u. W. Köppel: Hoppe-Seylers Z. **171**, 114—155 (1927) — Chem. Zbl. **1928 I**, 439.

[3] H. Thoms u. F. A. Heynen: Apoth.-Ztg. **42**, 1078 — Chem. Zbl. **1927 II**, 2768.

[4] S. Fränkel, H. Gallia, A. Liebster u. S. Rosen: Biochem. Z. **145**, 225—241 — Chem. Zbl. **1924 I**, 2607.

[5] K. Ikeda: A.P. 1582472 v. 5. Jan. 1925, ausg. 27. April 1926, Can.P. 256279, E.P. 248453, F.P. 591059; Chem. Zbl. **1926 II**, 1460.

[6] K. Ikeda: A.P. 1721820 v. 17. Dez. 1927, ausg. 23. Juli 1929; Chem. Zbl. **1929 II**, 2261.

[7] Y. Takayama: A.P. 1595529 v. 30. Juni 1924, ausg. 10. August 1926, E.P. 233196, F.P. 583519; Chem. Zbl. **1926 II**, 2023.

hydrat bzw. als Dicalciumsalz krystallinisch ausgeschieden. Die Aufarbeitung auf freie Säure erfolgt auf übliche Weise.

Die Anodenflüssigkeit kann auch unmittelbar mit Mineralsäuren erhitzt, dann von den Metallhydroxyden wie oben befreit werden, oder sie kann nach Entfernen der Metallhydroxyde mit $Ca(OH)_2$ erhitzt werden. Die Ca-Salze der Glutaminsäure und Pyrrolidoncarbonsäure werden mit Alkohol gefällt. Bei Verwendung von Schlempe wird diese vor der Elektrolyse zweckmäßig zur Umwandlung der Pyrrolidoncarbonsäure in Glutaminsäure mit einer Mineralsäure behandelt.

Das Verfahren des Patentes von Larrowe, Construction Co.[1] zur Gewinnung der Glutaminsäure aus Melasseschlempe und anderen Abläufen der Rübenzuckerfabrikation ist so, daß die Ablauge mit HCl unterhalb 70° gesättigt oder nach dem Eingengen auf D. 1,42 mit konzentrierter HCl versetzt wird. Dann bleibt die Lösung etwa 18 Stunden unter Kühlung stehen, zur Abscheidung vom KCl und Betainchlorhydrat. Der Niederschlag wird abgeschleudert, das Filtrat auf 70—95° erhitzt. Beim Abkühlen scheidet sich das Glutaminsäurechlorhydrat ab, das mit heißem Wasser aufgenommen wird. Die Lösung wird mit Tierkohle entfärbt. Aus den Lösungen kann die Glutaminsäure als freie Säure mit Alkali oder mit HCl als Hydrochlorid gefällt werden. Ausbeute etwa 19% des Trockenrückstandes. Statt mit HCl kann bei der ersten Säurebehandlung mit H_2SO_4 gearbeitet werden. Die H_2SO_4 wird dann mit einem Chlorid (z. B. $CaCl_2$) umgesetzt, wobei das SO_4 gleichzeitig ausgefällt wird. Die weitere Behandlung ist der oben angegebenen gleich. Zur Gewinnung von Glutaminsäure aus den Ablaugen der Rübenzuckerfabrikation wird weiter folgendes angegeben: die Steffenssche Ablauge wird mit Säure gegen Thymolblau angesäuert, mit wasserfreiem $CaCl_2$ bei etwa 50° versetzt. Innerhalb von 12 Stunden krystallisiert Betainhydrochlorid, KCl und NaCl aus, die abgetrennt werden. Die Mutterlaugen werden durch 18stündiges Erhitzen auf 80—100° hydrolysiert, die Laugen gegen Methylorange neutralisiert und so die Glutaminsäure ausgefällt[2].

Nach einem weiteren Verfahren werden die bei der Vergärung von Melasse abfallenden Laugen dialysiert. Das Dialysat eingeengt, mit HCl angesäuert, gekühlt, wobei sich KCl abscheidet, das Filtrat weiter eingeengt, ausgeschiedenes KCl und Betainhydrochlorid abgetrennt. Der Rückstand wird nun nach S. Suzuki[3] mit HCl unter Druck hydrolysiert, eingeengt. Nach einigem Stehen krystallisiert die Glutaminsäure aus.

S. Sugasawa[4] führt zur Spaltung der d, l-Glutaminsäure in ihre optisch-aktiven Komponenten diese zunächst durch Erhitzen in die d, l-Pyrrolidoncarbonsäure über und löst sie mit 1 Mol Chinin in heißem Wasser. Beim Erkalten fällt d-pyrrolidoncarbonsaures Chinin aus, das in üblicher Weise mit n-NaOH in die freie d-Pyrrolidoncarbonsäure zerlegt und diese durch Eindampfen im Vakuum (nach der Neutralisation mit HCl) und Extraktion mit absolutem Alkohol isoliert wird. Aus dem Filtrat des d-Chininsalzes wird in analoger Weise die l-Pyrrolidoncarbonsäure isoliert. Die aktiven Säuren werden dann mit 15proz. HCl 2 Stunden auf dem Wasserbade erhitzt, die Hydrochloride mit n-NaOH zerlegt. d-Glutaminsäure, Schmelzp. 206—208°, $[\alpha]_D = +12{,}04°$. Bei der weiteren Verarbeitung auf Säurehydrochloride ließen sich nach diesem Verfahren etwa 8,0 g d-Säurehydrochlorid und etwa 4,6 g l-Säurehydrochlorid erhalten.

Darstellung der l-Glutaminsäure: Über die Darstellung der l-Glutaminsäure aus d, l-Glutaminsäure durch deren Überführung in die d, l-Pyrrolidoncarbonsäure und deren Spaltung mit Chinin in die optisch-aktiven Komponenten und über die Isolierung der d- und l-Glutaminsäure berichtet S. Sugasawa[4], siehe unter d-Glutaminsäure, Darstellung. l-Glutaminsäure, Schmelzp. 208°, $[\alpha]_D = -12{,}54°$.

Darstellung der d, l-Glutaminsäure: Die Synthese der d, l-Glutaminsäure aus Acrolein verläuft nach S. Keimatsu und S. Sugasawa[5] in folgender Weise: Acrolein wird mit HCl-Gas in absolutem Alkohol in β-Chlorpropionaldehydacetal, dieses mit KCN + KJ in wässeriger

---

[1] Larrowe,Construction Co., Detroit, Michigan, übertr. v. D. K. Treßler, Pittsburgh, Pennsylvania, V.St.A.: A.P. 1634221 v. 2. Juli 1924, ausg. 28. Juni 1927, E.P. 265831, F.P. 616974, A.P. 1634222 v. 13. Juli 1925, ausg. 28. Juni 1927; Chem. Zbl. **1928 II**, 1627.
[2] Larrowe, Construction: A.P. 1685758 v. 13. Juli 1925, ausg. 25. Sept. 1928; Chem. Zbl. **1929 I**, 1400.
[3] S. Suzuki: A.P. 1681379 v. 12. Jan. 1927, ausg. 21. Aug. 1928, F.P. 629044 v. 12. Febr. 1927, ausg. 3. Nov. 1927, E.P. 288390 v. 22. Jan. 1927, ausg. 3. Mai 1928; Chem. Zbl. **1929 I**, 1400.
[4] S. Sugasawa: J. Pharm. Soc. Japan **1926**, Nr. 537, 90—94 — Chem. Zbl. **1927 I**, 1464.
[5] S. Keimatsu u. S. Sugasawa: J. Pharm. Soc. Japan **1926**, Nr 531, 33—34 — Chem. Zbl. **1926 II**, 1129.

Lösung in β-Cyanpropionaldehydacetal übergeführt. Mit alkoholischem KOH zu γ-Diäthoxybuttersäure verseift und diese mit verdünnter H_2SO_4 in Bernsteinsäurehalbaldehyd umgesetzt, dessen Cyanhydrin in γ-Cyan-γ-aminobuttersäure übergeführt wird. Letztere liefert mit konzentrierter HCl d,l-Glutaminsäure, deren Hydrochlorid aus Wasser Schmelzp. 192—193° (zersetzt) hat.

S. Sugasawa[1] vereinfachte die Glutaminsäuresynthese folgendermaßen: Der Succinaldehydsäureester bleibt in wässeriger Lösung von $NH_4Cl + KCN$ unter Zusatz von wenig Methylalkohol bis zur Lösung einige Stunden stehen. Das Reaktionsprodukt wird dann mit HCl in üblicher Weise behandelt. Die Ausbeute an Glutaminsäure beträgt 54%.

Bestimmung und Nachweis: E. M. P. Widmark und E. L. Larsson[2] untersuchten für Glutaminsäure die Anwendung der konduktometrischen Titration mit Lauge nach Kolthoff. Glutaminsäure zeigte 2 Knickpunkte, je einen für die Neutralisation jeder ihrer beiden Carboxylgruppen.

L. J. Harris[3] gibt für die Glutaminsäure Titrationsmethoden bei Anwendung der Chinhydronelektrode an.

Bei der Titration der Glutaminsäure mit Thymolblau ($p_H = 1,2—2,8$) und Alizaringelb ($p_H = 10,1—12,1$) als Indicatoren betrug nach K. Felix und H. Müller[4] die auf 1 N gefundene basische und Carboxylgruppe für Glutaminsäure 1,02 und 2.

L. J. Harris[5] gibt an, daß sich nach der modifizierten Methode von Foreman — zunächst Titration der Carboxylgruppe mit $^n/_{10}$-NaOH nach Zusatz von 80% des Gesamtvolumens an Alkohol und evtl. 5% neutralisiertem Formol zur Aminosäurelösung bei Verwendung von Thymolphthalein als Indicator — nach Zufügen von Methylrot mit n-HCl die Aminogruppe der Glutaminsäure titrieren läßt, da das Methylrot selbst in alkoholischer Lösung gegen das Mononatriumsalz der Glutaminsäure neutral reagiert.

L. J. Harris[6] bestimmte colorimetrisch das p_H bei der Titration von Glutaminsäure in Gegenwart von Formaldehyd mit NaOH. Bei konstanter Formaldehydkonzentration entspricht die Titrationskurve der Glutaminsäure mit NaOH der Henderson-Hasselbachschen Gleichung für eine einfache Säure mit bestimmtem p_k. Bei den bei der Formoltitration üblichen Formaldehydkonzentrationen sind die gefundenen scheinbaren p_k-Werte etwa 3 Einheiten kleiner als für Glutaminsäure in rein wässeriger Lösung. Innerhalb der Konzentration von 2 bis 18% Formaldehyd und von 0,005—0,05 mol. Glutaminsäure ist bei konstanter Formaldehydkonzentration der scheinbare p_k-Wert praktisch unabhängig vom Verhältnis Glutaminsäure: Formaldehyd und von der Glutaminsäurekonzentration. Mit steigender Formaldehydkonzentration nimmt das scheinbare p_k immer mehr ab. Die scheinbare basische Konstante bleibt in Gegenwart von Formaldehyd unverändert.

Über den Alkaliverbrauch der Glutaminsäure bei gewöhnlicher Titration und bei Formoltitration berichten N. D. Zelinsky und W. S. Ssádikow[7].

Nach H. Riffart[8] ist bei der quantitativen colorimetrischen Bestimmung der Glutaminsäure mittels Triketohydrindenhydrat (Ninhydrin) folgendes zu beachten: 1. Die Dauer des Erhitzens, 2. die Konzentration der Aminosäure und 3. in besonders hohem Grade die [H⁺]. Als optimale [H⁺] hat sich die dem p_H-Wert 6,976 entsprechende bewährt. Durch Titration der Aminosäurelösung mit $^1/_{400}$n-Lauge oder Säure gegen Neutralrot wird das p_H auf 6,976 eingestellt und durch Zusatz einer auf das gleiche p_H eingestellten Phosphatpufferlösung bei diesem Werte gehalten. Statt die Lösung über freier Flamme zu kochen, wird sie zweckmäßig im lebhaft siedenden Wasserbade $^1/_2$ Stunde erhitzt. Auf 2 ccm Aminosäurelösung wird 1 ccm 1 proz. Ninhydrinlösung verwendet, die jedesmal frisch bereitet wird. Der Analysenfehler für Glutaminsäure beträgt 5%.

R. Engeland[9] gibt eine Bestimmungsmethode für Glutaminsäure an, die auf der Überführung der Aminosäure in die Edelmetallsalze des entsprechenden Betains beruht. Es gelingt

---

[1] S. Sugasawa: J. Pharm. Soc. Japan **1926**, Nr 534, 64—66 — Chem. Zbl. **1927 I**, 1463.
[2] E. M. P. Widmark u. E. L. Larsson: Biochem. Z. **140**, 284—294 (1923) — Chem. Zbl. **1924 I**, 1244.
[3] L. J Harris: J. chem. Soc. Lond. **123**, 3294—3303 (1923) — Chem. Zbl. **1924 I**, 1069.
[4] K. Felix u. H. Müller: Hoppe-Seylers Z. **171**, 4—15 (1927) — Chem. Zbl. **1928 I**, 233.
[5] L. J. Harris: Proc. roy. Soc. Lond., Serie B **95**, 500—522 (1923) — Chem. Zbl. **1924 I**, 1421.
[6] L. J. Harris: Proc. roy. Soc. Lond. B **104**, 412—439 — Chem. Zbl. **1929 II**, 860.
[7] N. D. Zelinsky u. W. S. Ssádikow: Biochem. Z. **141**, 97—104 (1923) — Chem. Zbl. **1924 I**, 164.
[8] H. Riffart: Biochem. Z. **131**, 78—96 (1922) — Chem. Zbl. **1923 II**, 827.
[9] R. Engeland: Hoppe-Seylers Z. **120**, 130—140 — Chem. Zbl. **1922 IV**, 614.

ihm mittels dieser Methode in einem Handelspräparat von Glutaminsäure etwa 50% Oxyglutaminsäure nachzuweisen, die mit keiner der sonst üblichen Methoden feststellbar war, da Drehung und elementare Zusammensetzung des unreinen Produktes nahezu gleich der von reiner Glutaminsäure waren. Das erhaltene Aurat der Tetramethylglutaminsäure war optisch inaktiv und unterschied sich von der optisch aktiven Verbindung durch die Abwesenheit von 1 Mol H_2O.

Nach D. B. Jones u. O. Moeller[1] werden Glutaminsäure und Asparaginsäure direkt aus den Eiweißhydrolysaten als Ba-Salze durch Eingießen der wässerigen Lösung in 5 Volumina 95proz. Alkohols abgeschieden. Von den mitausgefallenen Ba-Salzen anderer Aminosäuren (Tyrosin, Glykokoll, Diaminosäuren) werden sie durch nochmaliges Lösen und Ausfällen mit 2 Volumina Alkohol getrennt. Die Lösungen der Ba-Salze müssen unterhalb 50° im Vakuum eingedampft werden, um eine beträchtlichere Anhydrisierung von Glutaminsäure zu Pyrrolidoncarbonsäure zu vermeiden.

R. A. Gortner und W. M. Sandstrom[2] untersuchten die van Slykesche Methode dahin, welchen Einfluß Kochen mit Säuren, die Gegenwart von Tryptophan oder Prolin bei Aminosäuregemischen (Glutaminsäurehydrochlorid neben anderen Aminosäuren) auf die erhaltenen Werte ausübt.

Über eine Trennungsmethode der α-Monoaminosäuren durch Sublimation in sublimierbare und nur teilweise oder gar nicht sublimierende Verbindungen und über ihre mikrochemische Charakterisierung durch Bestimmung von Löslichkeit, Krystallisationsfähigkeit, Fällungsvermögen von Phosphorwolframsäure und Darstellung der Cu-Salze berichtet O. Werner[3]. Glutaminsäure gehört zur Gruppe der bei Totalkühlung völlig sublimierbaren Aminosäuren.

Biochemische Eigenschaften: Glutaminsäure ist nach M. Cloetta und F. Wünsche[4] bis zu 50 mg pro kg injiziert ohne Einfluß auf die Temperatur des Kaninchens und bis zu 15 mg pro kg ohne Wirkung auf den Blutdruck des Hundes. Aus weiteren Untersuchungen ergab sich, daß ohne CO_2-Abspaltung kein Glutaminsäurederivat darstellbar war, das auf Temperatur und Blutdruck aktiv einwirkte.

Eine Injektion von Glutaminsäure hat nach J. C. Aub, M. R. Everett und J. Fine[5] keine deutliche Wirkung auf den Stoffwechsel der decerebrierten Katze.

Nach E. Abderhalden[6] steigert Glutaminsäure nicht den sinkenden Gaswechsel und die fallende Körpertemperatur von Tauben, die durch Fütterung mit geschliffenem Reis an alimentärer Dystrophie leiden.

Bei Untersuchungen über die Steigerung der Atmung von roten Blutzellen, Leber-, Nieren-, Lungen- und Muskelgewebe, auch von Nervengewebe und Froschhaut zeigte sich nach E. Abderhalden und E. Wertheimer[7], daß Glutaminsäure atmungssteigernd wirkt.

Der O_2-Verbrauch von Paramaecium caudatum und Colpoda wird nach J. M. Leichsenring[8] durch Glutaminsäure gesteigert.

Aus Fütterungsversuchen mit β-Phenylglutaminsäure, die bis zu 13% als Hippursäure ausgeschieden werden kann, schließt A. von Beznák[9], daß die Glutaminsäure neben der α-Oxydation (zu α-Ketoglutarsäure bzw. Bernsteinsäure), auch durch Oxydation am β-C-Atom verändert wird.

M. W. Johnston und H. B. Lewis[10] ermittelten nach subcutaner Injektion oder peroraler Verabreichung von d-Glutaminsäure an Kaninchen den Nichteiweiß-N, Harnstoff-N, Aminosäure-N und den dann bleibenden N-Rest des Blutes, wobei die Resorptionsschnelligkeit aus dem Magen-Darmkanal und die Schnelligkeit der Desamidierung unter Bildung von Harnstoff die Schnelligkeit des Aminosäurestoffwechsels bestimmt. Bei einem Vergleich

---

[1] D. B. Jones u. O. Moeller: J. of biol. Chem. **79**, 429—441 (1928) — Chem. Zbl. **1929 I**, 270.
[2] R. A. Gortner u. W. M. Sandstrom: J. amer. chem. Soc. **47**, 1663—1671 — Chem. Zbl. **1925 II**, 1482.
[3] O. Werner: Mikrochem. **1**, 33—46 (1923) — Chem. Zbl. **1924 I**, 1981.
[4] M. Cloetta u. F. Wünsche: Arch. f. exper. Path. **96**, 307—329 — Chem. Zbl. **1923 III**, 87.
[5] J. C. Aub, M. R. Everett u. J. Fine: Amer. J. Physiol. **79**, 559—570 — Chem. Zbl. **1927 I**, 2337.
[6] E. Abderhalden: Pflügers Arch. **192**, 163—173 (1921) — Chem. Zbl. **1922 I**, 425.
[7] E. Abderhalden u. E. Wertheimer: Pflügers Arch. **191**, 258—277 (1921) — Chem. Zbl. **1922 I**, 424.
[8] J. M. Leichsenring: Amer. J. Physiol. **75**, 84—92 (1925) — Chem. Zbl. **1926 II**, 1871.
[9] A. v. Beznák: Biochem. Z. **205**, 420—432 — Chem. Zbl. **1929 II**, 909.
[10] M. W. Johnston u. H. B. Lewis: J. of biol. Chem. **78**, 67—82 (1928) — Chem. Zbl. **1928 II**, 463.

zwischen d-Alanin, Glykokoll und Glutaminsäure ergab sich, daß die ersten beiden Aminosäuren schneller resorbiert werden.

Nach Untersuchungen von W. B. Cannon und F. R. Griffith[1] über die Herzbeschleunigung durch Reizung der Leber wurde durch intravenöse Injektion einer Glutaminsäurelösung keine Beschleunigung erzielt.

Nach J. K. Parnas und R. Woyner[2] zeigte sich Glutaminsäure als kräftiger Zuckerbildner.

Glutaminsäure übt nach F. Nord[3] eine zuckermobilisierende Wirkung aus, verstärkt dagegen nicht die Adrenalinwirkung auf den Blutzucker, wohl aber wird nach dem Verfasser die Insulinhypoglykämie vollständig unterdrückt. Die hyperglykämische Wirkung von Glutaminsäure unterbleibt bei Kaninchen, denen die Nebennierenrinde exstirpiert ist, so daß die Zuckermobilisierung auf dem Umwege über die Nebennierenrinde vor sich zu gehen scheint (Vermehrung der Adrenalinsekretion). Die Versuchsergebnisse auf den Menschen angewendet: die Eiweißempfindlichkeit scheint in Fällen schweren Diabetes durch die Reizwirkung der Eiweißbausteine auf die Nebennierenrinde bedingt zu sein.

Bei Insulinvergiftung geht nach C. Voegtlin, E. R. Dunn und J. W. Thompson[4] die Hypoglykämie nach Glutaminsäurezusatz nicht zurück.

Nach M. Chikano[5] hat Glutaminsäure keinen Einfluß auf Adrenalinhyperglykämie.

W. Robsen[6] untersuchte den Einfluß von Glutaminsäurezusatz zur Nahrung bei Cystinurikern.

Glutaminsäure, Meerschweinchen parenteral zugeführt, hat nach R. Wigand[7] keinen besonderen Einfluß auf den Allgemeinzustand und die Temperatur der Tiere.

Versuche von E. P. Wolf[8] am Mesenterium von Winterfröschen nach Cohnheim und an weißen Mäusen nach intraperitonealer Injektion von 0,25 ccm 1 proz. Lösungen von Glutaminsäure verursachen bei der Maus, aber nicht beim Frosch, eine leichte Entzündung (Vermehrung der polymorphkernigen Zellen).

Nach Versuchen an Kaninchen und Hunden mit intravenöser Injektion von Glutaminsäure wurde nach L. H. Newburgh und Ph. L. Marsh[9] keine Nierenschädigung beobachtet.

Nach F. Nord[10] nimmt die Färbbarkeit des Nebennierenmarkes im Kaninchen mit Chromat nach Injektion von Glutaminsäure stark ab, was auf den verringerten Adrenalingehalt in den Nebennieren zurückzuführen ist.

Glutaminsäure vermehrt nach T. Addis und D. R. Drury[11] nach peroraler Zufuhr unabhängig von der Konzentration des Harnstoffes im Blute dessen Ausscheidung.

Nach A. A. Christman und H. B. Lewis[12] wird beim Kaninchen im Gegensatz zu der Beeinflussung der Harnsäureausscheidung beim Menschen die tägliche Allantoinausscheidung durch Glutaminsäureverfütterung deutlich herabgesetzt.

Nach F. Wankell[13] wird Glutaminsäure durch die Froschniere konzentriert.

Aus Versuchen von R. M. Bethke und H. Steenbock[14] an Schweinen ergab sich, daß Pyrrolidoncarbonsäure, in größeren Mengen gegeben, nicht im Tierorganismus zur Bildung größerer Glutaminsäuremengen führt.

---

[1] W. B. Cannon u. F. R. Griffith: Amer. J. Physiol. **60**, 544—559 (1922) — Chem. Zbl. **1923 I**, 703.
[2] J. K. Parnas u. R. Woyner: Biochem. Z. **127**, 55—65 (1922) — Chem. Zbl. **1922 I**, 886.
[3] F. Nord: Acta med. scand. (Stockh.) **65**, 1—115 (1926) — Ber. Physiol. **40**, 553 — Chem. Zbl. **1927 II**, 1717.
[4] C. Voegtlin, E. R. Dunn u. J. W. Thompson: Amer. J. Physiol. **71**, 574—582 — Chem. Zbl. **1925 II**, 199.
[5] M. Chikano: Biochem. Z. **205**, 154—165 — Chem. Zbl. **1929 I**, 2199.
[6] W. Robsen: Biochemic. J. **23**, 138—148 — Chem. Zbl. **1929 II**, 2576.
[7] R. Wigand: Arch. f. exper. Path. **132**, 18—27 — Chem. Zbl. **1928 II**, 1009.
[8] E. P. Wolf: J. exper. Med. **37**, 511—524 — Chem. Zbl. **1923 III**, 413.
[9] L. H. Newburgh u. Ph. L. Marsh: Arch. int. Med. **36**, 682—711 (1925) — Ber. Physiol. **35**, 498 — Chem. Zbl. **1926 II**, 1663.
[10] F. Nord: Beitr. path. Anat. **78**, 297—302 (1927) — Chem. Zbl. **1928 II**, 1785.
[11] T. Addis u. D. R. Drury: J. of biol. Chem. **55**, 629—638 — Chem. Zbl. **1923 III**, 168.
[12] A. A. Christman u. H. B. Lewis: J. of biol. Chem. **57**, 379—395 — Chem. Zbl. **1923 III**, 1653.
[13] F. Wankell: Pflügers Arch. **208**, 604—616 — Chem. Zbl. **1925 II**, 1371.
[14] R. M. Bethke u. H. Steenbock: J. of biol. Chem. **58**, 105—115 (1923) — Chem. Zbl. **1924 I**, 2526.

Über die mögliche Bildung von γ-Butyrobetain über γ-Aminobuttersäure aus Glutaminsäure im Tierorganismus berichten W. Keil, W. Linneweh und K. Poller[1]. γ-Butyrobetain wurde im Muskelextrakt von Riesenschlangen (Python moturus und reticulatus) gefunden.

Von E. Abderhalden und E. Gellhorn[2] wurde der Einfluß von Glutaminsäure auf die Adrenalinwirkung am Meerschweinchendickdarm untersucht. Konzentrationen von 1:25000 bis 200000 steigerten im Gegensatz zur Pyrrolidoncarbonsäure, aber in Übereinstimmung mit anderen Aminosäuren die Adrenalinwirkung (Herabsetzung des Tonus und Lähmung der automatischen Kontraktionen).

Glutaminsäure läßt nach P. Kubikowski[3] im Gegensatz zu anderen Aminosäuren die Pankreassekretion sinken.

Glutaminsäure auf etwa 300° erhitzt, zeigte nach C. v. Eweyk und M. Tennebaum[4] keine Sekretinwirkung.

Nach C. Voegtlin, J. M. Johnson und H. A. Dyer[5] ist Glutaminsäure auf die CN-Vergiftung völlig einflußlos.

Über die entgiftende Wirkung einer Gabe äquimolekularer Mengen von Glutaminsäure und Cystein, die mit der Magensonde verabreicht wurden, auf Arsenik (als 3-Amino-4-oxy-phenyl-arsenoxyd gegeben) und über den Vergleich der Wirkung mit der von reduziertem Glutathion berichten C. Voegtlin, H. A. Dyer und C. S. Leonard[6].

Die autolytische NH_3-Bildung im Meerschweinchenleberbrei in normalen Phosphat- und Lactatpuffern bei 37° unter Zusatz von einigen Tropfen Chloroform in saurem und in alkalischem Milieu bei Zugabe von Glutaminsäure untersuchten P. György und H. Röthler[7].

In Fütterungsversuchen an ausgewachsenen Ratten und Mäusen mit Nahrungsgemischen aus reinen organischen Bausteinen wurde von E. Abderhalden[8] beobachtet, daß Glutaminsäure nicht durch andere Aminosäuren ersetzt werden kann.

Nach D. Rapport u. H. H. Beard[9] steigert die Dicarbonsäure- und Diaminosäurefraktion von Casein- und Gelatinehydrolysaten den Gesamtstoffwechsel des Hundes, wobei Glutaminsäure, Asparaginsäure und Arginin in diesen Fraktionen die spezifisch wirksamen Komponenten sind.

Glutaminsäure zeigte nach G. Lusk[10] im Gegensatz zu Alanin und Glykokoll keine spezifisch-dynamische Wirkung.

Versuchsergebnisse von Bang am Kaninchen über den Gehalt an Amino-N im Kreislauf nach Zufuhr von Glykokoll oder Alanin werden von T. N. Seth und J. M. Luck[11] bestätigt und durch Versuche an Kaninchen und Hunden auch mit anderen Aminosäuren (z. B. Glutaminsäure) erweitert, jedoch sind bei diesen Aminosäuren die Steigerungen nicht so stark wie bei Alanin und Glykokoll.

Die vermehrte Wärmeabgabe bei Fröschen nach Aufnahme von Glutaminsäure entspricht nach E. F. Terroine und R. Bonnet[12] stets der Menge des aufgenommenen Amino-N (118 Cal für 14 mg N).

Über den Einfluß von Fe + Glutaminsäure + Tryptophan + Histidin auf Tauben, die nur mit geschliffenem Reis gefüttert wurden, im Zusammenhang mit anderen Fütterungsversuchen berichtet E. Abderhalden[13].

---

[1] W. Keil, W. Linneweh u. K. Poller: Z. Biol. **86**, 187—198 — Chem. Zbl. **1927 II**, 1483.

[2] E. Abderhalden u. E. Gellhorn: Pflügers Arch. **206**, 154—161 (1924) — Chem. Zbl. **1925 I**, 550.

[3] P. Kubikowski: C. r. Soc. Biol. Paris, **98**, 142—145 — Chem. Zbl. **1928 I**, 2953.

[4] C. v. Eweyk u. M. Tennebaum: Biochem. Z. **125**, 238—245 (1921) — Chem. Zbl. **1922 I**, 764.

[5] C. Voegtlin, J. M. Johnson u. H. A. Dyer: J. of pharmacol. **27**, 467—483 — Chem. Zbl. **1926 II**, 1658.

[6] C. Voegtlin, H. A. Dyer u. C. S. Leonard: J. of pharmacol. **25**, 297—307 — Chem. Zbl. **1925 II**, 1466.

[7] P. György u. H. Röthler: Biochem. Z. **173**, 334—347 — Chem. Zbl. **1926 II**, 1436.

[8] E. Abderhalden: Pflügers Arch. **195**, 199—226 — Chem. Zbl. **1922 III**, 1234.

[9] D. Rapport u. H. H. Beard: J. of biol. Chem. **80**, 413—429 (1928) — Chem. Zbl. **1929 II**, 1814.

[10] G. Lusk: Medicine **1**, 311—354 (1922) — Ber. Physiol. **28**, 84—86 (1924) — Chem. Zbl. **1925 I**, 857.

[11] T. N. Seth u. J. M. Luck: Biochemic. J. **19**, 366—376 — Chem. Zbl. **1925 II**, 2001.

[12] E. F. Terroine u. R. Bonnet: Ann. de Physiol. **2**, 488—508 (1926) — Ber. Physiol. **39**, 680—681 — Chem. Zbl. **1927 II**, 596.

[13] E. Abderhalden: Pflügers Arch. **201**, 416—431 (1923) — Chem. Zbl. **1924 I**, 791.

In Verbindung mit verschiedenen Nährstoffen und Aminosäuren hatte Glutaminsäure, dem gewöhnlichen Futter zugesetzt, nach E. Abderhalden[1] keinen merklichen Einfluß auf das Wachstum der Wolfsmilchschwärmerraupen.

Nach F. E. Emery[2] wird Glutaminsäurehydrochlorid von allen Aminosäuren von Paramaecium caudatum am besten, und zwar zu 45,6% ausgenutzt.

E. F. Terroine, S. Trautmann, R. Bonnet und R. Jacquot[3] untersuchten von Sterigmatocystis nigra und Aspergillus oryzae den quantitativen Energiestoffwechsel und stellten fest, daß Glutaminsäure, wie Proteine und andere Aminosäuren, als einziger organischer Nahrungsstoff gegeben, von den Pilzen zu 39% ausgenützt wurde.

A. Dolinek[4] vergleicht die Verwertbarkeit des N der Alkalisalze von Glutaminsäure, Pyrrolidoncarbonsäure und von $(NH_4)_2SO_4$ durch Hefe in einer 10proz. Zuckerlösung. Die CO_2-Entwicklung und die CO_2-Menge ist nach 96stündiger Gärung bei allen etwa gleich. Die Hefeausbeute ist beim K-Glutaminat am größten. Bei doppelter Nachgärung unter Zusatz von Zucker und Nährstoffen (KH_2PO_4 und $MgSO_4$) wurden vom Gesamtgehalt des ursprünglichen N vom pyrrolidoncarbonsauren K 69,3% aufgenommen, während der assimilierbare N des K-Glutaminates 99,62%, der des Ammoniumsulfates 99,87% betrug.

Nach H. D. Dakin[5] wird die Äpfelsäurebildung aus β-Oxyglutaminsäure durch Hefegärung nach Zusatz von Glutaminsäure gehemmt.

Der Abbau von acetessigsaurem K durch Hefe wird nach St. Weiß[6] bei Zugabe von Glutaminsäure erhöht.

Die Keimung der Sporen von Phycomyces nitens wird nach D. Tits[7] in einer 2proz. Peptonlösung durch Glutaminsäure stark begünstigt.

A. Doskocil[8] untersuchte die Ausnützung von Glutaminsäure als N-Quelle durch Typhusbacillen in künstlichen Nährböden, dabei wurde in zuckerfreien Nährböden dessen Reaktion alkalisch.

Glutaminsäure (als Na-Salz) wird nach H. Braun, A. Stamatelakis, S. Kondo und R. Goldschmidt[9] als N-Quelle vom Blindschleichen- und Schildkrötentuberkelbacillus (Friedmann) ausgenutzt.

Über die wahrscheinlich gute Ausnützung der Glutaminsäure durch den Diphtheriebacillus berichtet G. Abt[10].

Zusatz von Glutaminsäure zu einem künstlichen Nährboden mit Histidindichlorid vermehrt nach M. T. Hanke und K. K. Koeßler[11] das Wachstum des Colibacillus, vermindert aber die gebildete Histaminmenge.

Nach J. H. Quastel und B. Woolf[12] wird unter den Bedingungen, die in Gegenwart von Bacillus coli aus Asparaginsäure NH_3 frei werden lassen, aus Glutaminsäure kein NH_3 abgespalten. Entsprechend findet auch keine Synthese der Glutaminsäure statt, wie es bei der Asparaginsäure aus Fumarsäure + NH_3 in Gegenwart von Bacillus coli zu beobachten ist.

Wird der Reduktionskoeffizient des Bacillus coli (mit Methylenblau als Acceptor) für Bernsteinsäure = 100 gesetzt, so ist er nach J. H. Quastel und M. D. Whetham[13] für Glutaminsäure = 25.

Bei Einwirkung von Fäulnisbakterien auf d,l-Pyrrolidoncarbonsäure entsteht nach R. Murachi[14] d-Glutaminsäure und Bernsteinsäure.

---

[1] E. Abderhalden: Hoppe-Seylers Z. **127**, 93—98 — Chem. Zbl. **1923 III**, 265.
[2] F. E. Emery: J. Morph. a. Physiol. **45**, 555—577 (1928) — Chem. Zbl. **1929 II**, 2689.
[3] E. F. Terroine, S. Trautmann, R. Bonnet u. R. Jacquot: Bull. Soc. Chim. biol. Paris **7**, 351—379 — Chem. Zbl. **1925 II**, 666.
[4] A. Dolinek: Z. Zuckerind. tschechoslowak. Rep. **52**, 35—43 (1927) — Chem. Zbl. **1928 I**, 424.
[5] H. D. Dakin: J. of biol. Chem. **61**, 139—145 — Chem. Zbl. **1924 II**, 2058.
[6] St. Weiß: Z. exper. Med. **52**, 707—714 (1926) — Chem. Zbl. **1927 I**, 479.
[7] D. Tits: Bull. Acad. roy. Belgique, Classe des sciences [5] **12**, 545—555 (1926) — Chem. Zbl. **1927 I**, 1326.
[8] A. Doskocil: Biochem. Z. **190**, 314—321 (1927) — Chem. Zbl. **1928 I**, 2623.
[9] H. Braun, A. Stamatelakis, S. Kondo u. R. Goldschmidt: Biochem. Z. **146**, 573—581 — Chem. Zbl. **1924 II**, 682.
[10] G. Abt: Ann. Inst. Pasteur **39**, 387—416 — Chem. Zbl. **1925 II**, 831.
[11] M. T. Hanke u. K. K Koeßler: J. of biol. Chem. **50**, 131—191 (1922) — Chem. Zbl. **1922 I**, 695.
[12] J. H. Quastel u. B. Woolf: Biochemic. J. **20**, 545—555 (1926) — Chem. Zbl. **1927 I**, 115.
[13] J. H. Quastel. M. D. Whetham: Biochemic. J. **19**, 645—651 (1925) — Chem. Zbl. **1926 I**, 967.
[14] R. Murachi: Acta Scholae med. Kioto **7**, 445—448 (1925) — Ber. Physiol. **34**, 825 — Chem. Zbl. **1926 II**, 610.

Untersuchungen von H. Braun und C. E. Cahn-Bronner[1] über die dem Paratyphus B-Bacillus nahestehenden Bakterienarten: Gärtnerschen, Voldaysen- und Mäusetyphusbacillen und über Paratyphus A- und Typhusbacillen ergaben, daß Glutaminsäure in den benutzten Kombinationen wirkungslos blieb.

Nach H. Braun u. R. Goldschmidt[2] wurde sowohl bei Coli- wie bei Paratyphus B-Bacillen das anaerobe Wachstum gesteigert, wenn dem Nährboden Traubenzucker als C-Quelle und glutaminsaures Na zugesetzt wurden.

E. Rosling[3] untersuchte den Einfluß von Pankreasextrakt auf die fermentative Spaltung der Glutaminsäure durch Muskelfermente. Die Spaltung der Aminosäure ist im Muskelextrakt an und für sich schwach. Als Maß diente die Entfärbung von Methylenblau. Pankreasextrakt beschleunigte die fermentative Spaltung bedeutend.

Die Arginasen aus einer Reihe von malignen Tumoren, Sarkomen, Carcinomen, Granulationen, Polypen und embryonalen Geweben spalten nach S. Edlbacher und K. W. Merz[4] aus Glutaminsäure kein NH_3 ab.

Eine aus der Leber von Hunden, Meerschweinchen, Kaninchen, Gänsen, Hühnern und Fröschen gewonnene Histidase spaltete nach S. Edlbacher[5] aus Glutaminsäure kein NH_3 ab.

Über das Verhalten von Glutaminsäure bei tryptischer Verdauung von Casein berichten S. Fränkel und P. Jellinek[6], wahrscheinlich stammt das bei der Verdauung gebildete NH_3 zum Teil aus der Glutaminsäure.

A. Niskowski[7] berichtet über die Erhöhung der antitryptischen Wirkung der Durchspülungsflüssigkeit einer übelriechenden Hundespeicheldrüse nach Glutaminsäurezusatz.

d-Glutaminsäurezusatz zu Hefemacerationssäften wirkt nach A. Fodor und R. Cohn[8] beschleunigend auf die Aktivität der Peptidasen gegenüber Seidenpepton Höchst.

Die Glycyltyrosinspaltung durch Hefepreßsaft und Erepsin wird nach S. Tamura[9] durch Glutaminsäure gehemmt.

Über den Zusammenhang zwischen dem unkonstanten NH_2:COOH-Quotienten bei der Pepsinspaltung von Gliadin, Zein und deren Glutamin- und Pyrrolidoncarbonsäuregehalt berichten E. Waldschmidt-Leitz und E. Simons[10].

Die Wirkung von Pankreaslipase auf Buttersäureäthylester und Olivenöl wird nach E. R. Dawson[11] in alkalischer und in neutraler, aber nicht in saurer Lösung durch Glutaminsäure beschleunigt.

Bei Untersuchungen von O. Fernández und T. Garméndia[12] über die Katalasebildung durch aerobe Züchtung von Bacillus coli in synthetischen Nährböden, die 2% verschiedener Zucker und 0,5% Glutaminsäure enthalten, ergibt sich ein Optimum für die Enzymbildung mit Saccharose. Bei anaeroben Verhältnissen wird nur selten Katalase, dagegen häufiger Peroxydase gebildet.

Wird eine Glutaminsäurelösung in Narkose direkt in den Dünndarm eingespritzt, so erfolgt nach W. E. Barge[13] im Gegensatz zu anderen Aminosäuren weder eine Katalaseausfuhr aus der Leber und den Verdauungsdrüsen, noch werden die Verbrennungsprozesse gesteigert.

Nach G. Schmidt[14] wird d-Glutaminsäure nicht durch die Adenylsäuredesaminase aus Muskelbrei desaminiert.

---

[1] H. Braun u. C. E. Cahn-Bronner: Zbl. Bakter. I **86**, 196—211 — Chem. Zbl. **1921 III**, 234.

[2] H. Braun u. R. Goldschmidt: Zbl. Bakter. I **109**, 353—361 (1928) — Chem. Zbl. **1929 I**, 763.

[3] E. Rosling: C. r. Soc. Biol. Paris **88**, 112—113 — Chem. Zbl. **1923 III**, 262.

[4] S. Edlbacher u. K. W. Merz: Hoppe-Seylers Z. **171**, 252—263 (1927) — Chem. Zbl. **1928 I**, 375.

[5] S. Edlbacher: Hoppe-Seylers Z. **157**, 106—114 — Chem. Zbl. **1926 II**, 2453.

[6] S. Fränkel u. P. Jellinek: Biochem. Z. **130**, 592—603 — Chem. Zbl. **1922 III**, 1263.

[7] A. Niskowski: Biochem. Z. **179**, 62—69 (1926) — Chem. Zbl. **1928 II**, 2660.

[8] A. Fodor u. R. Cohn: Hoppe-Seylers Z. **176**, 17—28 — Chem. Zbl. **1928 II**, 455.

[9] S. Tamura: Acta Scholae med. Kioto **6**, 441—447 (1924) — Ber. Physiol. **32**, 640 (1925) — Chem. Zbl. **1926 I**, 2481.

[10] E. Waldschmidt-Leitz u. E. Simons: Hoppe-Seylers Z. **156**, 114—127 — Chem. Zbl. **1926 II**, 2443.

[11] E. R. Dawson: Biochemic. J. **21**, 398—403 — Chem. Zbl. **1927 II**, 1353.

[12] O. Fernández u. T. Garméndia: An. Soc. española Fis. Quim. **24**, 495—507 (1926) — Chem. Zbl. **1927 I**, 301 — Z. Hyg. **108**, 329—335 — Chem. Zbl. **1928 I**, 1783.

[13] W. E. Barge: Amer. J. Physiol. **47**, 351—355 — Chem. Zbl. **1922 III**, 1025.

[14] G. Schmidt: Hoppe-Seylers Z. **179**, 243—282 (1928) — Chem. Zbl. **1929 I**, 1124.

Glutaminsäure hemmt nach H. Haehn und H. Schweigart[1] im Gegensatz zu anderen Aminosäuren die amylolytische Wirkung von Kartoffelpreßsaft.

Über das Verhalten der Glutaminsäure den Dehydrogenasen aus dem Blütenstaub von Corylus avellana gegenüber berichtet T. Thunberg[2].

In einem Oxydo-Reduktionssystem: Aminosäure, Aldehyd (Propionaldehyd), Methylenblau und Phosphat reagiert nach H. Haehn und A. Pülz[3] Glutaminsäure im Gegensatz zu anderen Aminosäuren nicht.

Bei Gegenwart von Chlorogensäure wird nach A. Oparin[4] der Amino-N der Glutaminsäure in 2—4 Tagen zu etwa 10—20% durch den Luftsauerstoff in Ammoniak-N übergeführt, außerdem wird CO_2 abgespalten und der Rest der Verbindung zu einem Aldehyd oxydiert.

Nach Versuchen von E. Ponder[5] hat die Hemmung der Hämolyse durch Glutaminsäure den Charakter einer linearen Funktion. Weiterhin läßt sich zeigen, daß Glutaminsäure bei der Hämolyse durch Saponin oder gallensaure Salze an den Zellen selbst angreift.

Über die Verwendung eines Komplexes, dessen Kationen aus Na, Ca, und dessen Anionen vorwiegend aus Glutaminsäure und Ameisensäure bestehen, als Geschmackskorrigens („Hosal") bei salzarmer bzw. -freier Kost berichtet O. Heß[6].

Berichtet wird über die Herstellung von Gewürzsalzen z. B. aus KCl und Glutaminsäure[7].

Physikalische Eigenschaften: Von G. L. Keenan[8] wurden Krystallform und optische Eigenschaften von Glutaminsäure nach der Immersionsmethode festgestellt. Als Immersionsflüssigkeiten wurden Gemische von Squibbs Mineralöl $n = 1,49$; Monochlornaphthalin $n = 1,64$; Monobromnaphthalin $n = 1,66$ und Methylenjodid $n = 1,74$ in solchen Verhältnissen verwendet, daß sich das „n" jedes Gemisches vom anderen um 0,005 unterschied.

Das Absorptionsspektrum von Glutaminsäure wurde durch F. W. Ward[9] bestimmt.

Von L. Marchlewski und A. Nowotnówna[10] wurde der Extinktionskoeffizient von Glutaminsäure nach der Methode von Hilger bestimmt und mit dem von Keratose, einem alkalischen Abbauprodukt aus Wolle, verglichen.

A. Castille und E. Ruppol[11] beschreiben für die Glutaminsäure das Absorptionsspektrum für Ultraviolett zwischen 4800 und 1900 Å.

Über das Absorptionsspektrum eines Gemisches von Tyrosin, Tryptophan, Phenylalanin, Cystin, Glykokoll, Leucin und Glutaminsäure in dem durch Blutanalyse angezeigten Verhältnis und über den Vergleich dieses Spektrums mit dem des Blutserums berichten W. Stenström und M. Reinhard[12].

Über die interferometrische Untersuchung von Glutaminsäure berichten P. Hirsch und R. Kunze[13].

P. L. Kirk u. C. L. A. Schmidt[14] berechnen folgende Werte für die scheinbaren sauren und basischen Dissoziationskonstanten K_a' und K_b' und den isoelektrischen Punkt p_J der Glutaminsäure

K_a'	K_b'	p_J
$5,62 \cdot 10^{-5}$	$1,55 \cdot 10^{-12}$	3,22
$2,19 \cdot 10^{-10}$		

---

[1] H. Haehn u. H. Schweigart: Biochem. Z. **143**, 516—526 (1923) — Chem. Zbl. **1924 I**, 1389.
[2] T. Thunberg: Skand. Arch. Physiol. (Berl. u. Lpz.) **46**, 137—142 — Chem. Zbl. **1925 I**, 1743.
[3] H. Haehn u. A. Pülz: Chem. Zelle **12**, 65—99 — Chem. Zbl. **1925 I**, 1213.
[4] A. Oparin: Bull. Acad. St. Pétersbourg [6] 535—546 (1922) — Chem. Zbl. **1925 II**, 728.
[5] E. Ponder: Proc. roy. Soc. Lond., Serie B **99**, 461—476 — Chem. Zbl. **1926 II**, 2075.
[6] O. Heß: Münch. med. Wschr. **76**, 572—574 — Chem. Zbl. **1929 I**, 2659.
[7] Chemisch-Pharmazeutische Akt.-Ges. u. A. Liebrecht: E.P. 312088 v. 17. Mai 1929, Auszug veröffentl. 17. Juli 1929 — Chem. Zbl. **1929 II**, 3194.
[8] G. L. Keenan: J. of biol. Chem. **62**, 163—171 (1924) — Chem. Zbl. **1925 I**, 617.
[9] F. W. Ward: Biochemic. J. **17**, 898—902 (1923) — Chem. Zbl. **1924 I**, 1484.
[10] L. Marchlewski u. A. Nowotnówna: Bull. intern. Acad. Polon. Sci. Lettres **1925**, 153 bis 164 — Chem. Zbl. **1926 I**, 588.
[11] A. Castille u. E. Ruppol: Bull. Soc. Chim. biol. Paris **10**, 623—668 — Chem. Zbl. **1928 II**, 622.
[12] W. Stenström u. M. Reinhard: J. of biol. Chem. **66**, 819—827 (1925) — Chem. Zbl. **1926 I**, 2536.
[13] P. Hirsch u. R. Kunze: Fermentforschg **6**, 30—55 — Chem. Zbl. **1922 III**, 557.
[14] P. L. Kirk u. C. L. A. Schmidt: J. of biol. Chem. **81**, 237—248 — Chem. Zbl. **1929 I**, 2860.

Nach L. J. Harris[1] ist bei der Glutaminsäure die eine Carboxylgruppe in Form des Na-Salzes vollkommen (99% und mehr) bei jedem p_H dissoziiert, das weniger sauer ist als 6,4, während die zweite Carboxylgruppe erst bei alkalischerer Reaktion dissoziiert.

Über eine acidimetrische Bestimmungsmethode des isoelektrischen Punktes von Glutaminsäure und über ihre Fehlergrenze berichtet D. Bach[2].

Glutaminsäurekrystalle sind nach Untersuchungen von S. B. Elings und P. Terpstra[3] positiv piezoelektrisch.

Chemische Eigenschaften: Die Gleichgewichtskonstante zwischen CH_2O und Glutaminsäure wurde von J. Svehla[4] so ermittelt, daß die Löslichkeit von Glutaminsäure in reinem Wasser und in CH_2O-Lösungen verschiedener Konzentration bei 25° bestimmt wurde. Im Durchschnitt wurde für Glutaminsäure K = 30,7 gefunden.

Glutaminsäure wird nach P. Pfeiffer und O. Angern[5] durch NaCl, $(NH_4)_2SO_4$ und CH_3COONa nicht ausgesalzen. Nach einer Löslichkeitsbestimmung enthalten 100 ccm einer gesättigten Lösung 0,658 g d-Glutaminsäure bei 20—21°.

Nach V. Staněk[6] wird bei der Zuckergewinnung bei der ersten Kalksaturation Asparaginsäure und Glutaminsäure im Schlamm ausgefällt.

Über die Ausfällung der Glutamin- und Asparaginsäure bei der Saturation berichtet F. Pachlopník[7]. Weiterhin berichtet der Verfasser über das Alkalibindungsvermögen, das in % des K-Salzes für Glutaminsäure 21,8% betrug.

Während Glykokoll bei Gegenwart geringer Mengen von Adrenalin durch O_2 unter Bildung von NH_3 und CO_2 abgebaut wird, werden andere Aminosäuren (z. B. Glutaminsäure) nach S. Edlbacher und J. Kraus[8] nur in geringem Maße oxydiert.

Bei der Einwirkung von Alkalipermanganat auf Glutaminsäure werden nach C. S. Robinson, O. B. Winter und E. I. Miller[9] 95,6% des Gesamt-N in NH_3 übergeführt.

Nach P. G. Kronacker[10] wird der Stickstoff der Glutaminsäure durch heiße 95-, 80-, 70- und 60proz. H_2SO_4 leicht in $(NH_4)_2SO_4$ übergeführt.

Im Gegensatz zu den Angaben von Zelinski und Ssádikow konnten E. Abderhalden und E. Schwab[11] bei der Einwirkung von kalter verdünnter n-NaOH oder H_2SO_4 auf Glutaminsäure keine merkliche Abnahme des formoltitrierbaren N der Glutaminsäure feststellen. Erst beim Kochen mit n-H_2SO_4 trat eine solche in geringem Umfange ein, wodurch ein Befund Skolas über den Übergang dieser Säure in Glutiminsäure bestätigt wird. Andererseits trifft die Angabe desselben, daß sich nicht der gesamte N der Glutaminsäure durch Formoltitration feststellen ließe, nicht zu.

Nach E. Schmidt und K. Braunsdorf[12] ist Glutaminsäure gegen ClO_2 beständig.

N. Ch. Wright[13] untersuchte die Wirkung von Hypochloritlösungen auf Glutaminsäurelösungen verschiedener Konzentrationen. Von Einfluß auf die Reaktion ist die Alkalität der Lösung. Aus den Resultaten schließt der Verfasser, daß Oxydation und Chlorierung der Aminosäure nebeneinander herlaufen.

V. Majer[14] zeigt, daß sich die Carbaminate der Glutaminsäure im geeigneten Medium nicht nur bei 40°, sondern schon bei 80—90° bilden können, wobei die Abhängigkeit der aufgenommenen CO_2-Menge eine typische Funktion der Alkalität der Lösung ist. So wurde der Einfluß der Glutaminsäure auf die Absorption von CO_2 bei 80° untersucht.

---

[1] L. J. Harris: Proc. roy. Soc. Lond., Serie B **95**, 440—484 (1923) — Chem. Zbl. **1924 I**, 435.
[2] D. Bach: Bull. Soc. Chim. biol. Paris **9**, 1233—1243 (1927) — Chem. Zbl. **1928 I**, 2972.
[3] S. B. Elings u. P. Terpstra: Z. Krystallogr. **67**, 279—284 — Chem. Zbl. **1928 I**, 3040.
[4] J. Svehla: Ber. dtsch. chem. Ges. **56**, 331—337 (1923) — Chem. Zbl. **1923 I**, 749.
[5] P. Pfeiffer u. O. Angern: Hoppe-Seylers Z. **133**, 180—192 — Chem. Zbl. **1924 I**, 2257.
[6] V. Staněk: Listy Cucrovarnické **1920/21**, Nr 37/38 — Z. Zuckerind. tschechloslowak. Rep. **46**, 45—48 (1921) — Chem. Zbl. **1922 II**, 151.
[7] F. Pachlopník: Listy Cucrovarnické **44**, 57 — Z. Zuckerind. tschechloslowak. Rep. **50**, 269—279, 281—288 — Chem. Zbl. **1926 II**, 117.
[8] S. Edlbacher u. J. Kraus: Hoppe-Seylers Z. **178**, 239—249 — Chem. Zbl. **1928 II**, 2658.
[9] C. S. Robinson, O. B. Winter u. E. I. Miller: J. of Michigan agric. Coll. Exp. Station Nr 19 — Chem. Trade J. **70**, 65—66 — Chem. Zbl. **1922 II**, 863.
[10] P. G. Kronacker: Bull. Soc. Chim. Belgique **3**, 217—231 — Chem. Zbl. **1924 II**, 839.
[11] E. Abderhalden u. E. Schwab: Hoppe-Seylers Z. **136**, 219—223 — Chem. Zbl. **1924 II**, 2459.
[12] E. Schmidt u. K. Braunsdorf: Ber. dtsch. chem. Ges. **55**, 1529—1534 — Chem. Zbl. **1922 III**, 520.
[13] N. Ch. Wright: Biochemic. J. **20**, 524—532 — Chem. Zbl. **1926 II**, 1952.
[14] V. Majer: Z. Zuckerind. tschechoslowak. Rep. **53**, 213—229 — Chem. Zbl. **1929 I**, 2481.

H. D. Dakin u. R. West[1] haben bei der Methylierung der Glutaminsäure mit Dimethylsulfat nach der Arbeitsmethode von Ackermann u. Kutscher[2] ein Trimethyl-α-glutarsäurebetain erhalten.

Nach C. Neuberg und M. Kobel[3] tritt bei $p_H = 7$ eine Drehungsänderung eines Gemisches von Glutaminsäure + Fructose oder hexosediphosphorsaurem Mg ein, die entsprechende Drehungsänderung mit Glucose oder Maltose ist geringer.

Über die Bildung von Karamelsubstanzen aus Lävulose + Glutaminsäure berichtet B. Ripp[4].

Über die Reaktion zwischen Methylglyoxal und Glutaminsäure beim Kochen und über die quantitative Bestimmung der Reaktionsprodukte berichten C. Neuberg und M. Kobel[5]. Weiterhin untersuchten die Verfasser die Reaktion zwischen Glutaminsäure und Methylglyoxal in der Kälte durch Beobachtung der Drehungsänderung.

Bei der Behandlung von Glutaminsäure mit überschüssigem CH_2O und 1 Mol HCl auf dem Wasserbade entsteht nach S. Sugasawa[6] nicht die N-Methylenglutaminsäure, sondern es entstehen eine N-Methylen-bis-pyrrolidoncarbonsäure und eine N-Methylenglutaminpyrrolidoncarbonsäure.

Nach W. H. Gray[7] findet die Bildung einer Pyrrolidoncarbonsäure neben wenig l-Pyrrolidoncarbonsäure auch beim Erhitzen von Glutaminsäure mit Diphenylamin statt.

Glutaminsäure gibt nach E. Waser und E. Brauchli[8] beim Erhitzen in sodaalkalischer Lösung mit einer kleinen Menge p-Nitrobenzoylchlorid eine dunkelweinrote bis violettblaue Färbung. Die Gegenwart von Na-Bisulfit, Na-Sulfid, Na-Hyposulfit verhindert die Reaktion, während Sulfat, Thiosulfat und kolloidaler Schwefel ohne Einfluß sind. Die entsprechenden o- und m-Verbindungen, Benzoylchlorid, p-Nitrophenol, p-Nitrobenzoesäure und p-Nitrobenzaldehyd zeigen die Reaktion nicht. Außerdem bleibt die Färbung bei Gegenwart von Na-Acetat oder Chinolin aus, zeigt sich aber sonst bei jeder alkalischen Substanz (auch Pyridin).

Glutaminsäure spaltet nach H. D. Dakin und R. West[9] beim mehrstündigen Erhitzen mit Pyridin und Essigsäureanhydrid nur 15—20% CO_2 ab, der größte Teil der Säure ging in Pyrrolidoncarbonsäure über, außerdem wurde in einer Ausbeute von 2—3% 2,5-Dimethylpyrazin-3,6-dipropionsäure erhalten.

Durch Erhitzen einer wässerigen Lösung von Glutaminsäure im Autoklaven 8 Stunden auf 135°, läßt sich nach A. Dolinek[10] in einer Ausbeute von 65% l-Pyrrolidoncarbonsäure gewinnen.

Ch. Okinaka[11] untersuchte die Bildung von Pyrrolidoncarbonsäure bzw. ihres Esters aus Glutaminsäure bzw. Diäthylester unter folgenden Bedingungen: 1. 5 Tage stehen lassen und dann destillieren, 2. eine wässerige Lösung 10 Stunden auf 66° erwärmen, es entsteht außerdem noch Glutaminsäuremonoäthylester, 3. Glutaminsäure mit 10 Teilen Wasser in einem durch Ausdämpfen von Alkali befreiten Glasgefäß auf 120° und danach auf 180—200° erhitzen. Der Ringschluß wird durch Temperatursteigerung und durch verdünnte Alkalien begünstigt, durch starke Säuren oder Alkalien gehemmt. Weiterhin wird aus den Bestimmungen der optischen Drehung und Rotationsdispersion von Glutaminsäure, l-Leucin, Tyrosin und Tyrosinäthylester bei verschiedenem p_H abgeleitet, daß Glutaminsäure in Form eines inneren Salzes vorliegt, das sehr leicht in das Lactam (Pyrrolidoncarbonsäure) übergeht.

Die Umsetzung von Glutaminsäure in Pyrrolidoncarbonsäure ist nach V. Skola[12] eine Gleichgewichtsreaktion von molekularem Verlauf, wobei die polarimetrische Untersuchung der Umsetzung ergab, daß der Gleichgewichtszustand in 2 proz. Lösung nach 100 stündigem

---

[1] H. D. Dakin u. R. West: J. of biol. Chem. **83**, 773—776 — Chem. Zbl. **1929 II**, 3124.
[2] Ackermann u. Kutscher: Chem. Zbl. **1921 I**, 543.
[3] C. Neuberg u. M. Kobel: Biochem. Z. **174**, 464—469 — Chem. Zbl. **1926 II**, 3059.
[4] B. Ripp: Z. Ver. dtsch. Zuckerind. **1926**, 627—662 — Chem. Zbl. **1926 II**, 2697.
[5] C. Neuberg u. M. Kobel: Biochem. Z. **188**, 197—210 — Chem. Zbl. **1927 II**, 2677.
[6] S. Sugasawa: J. pharmac. Soc. Japan **1927**, Nr 543, 53—56 — Chem. Zbl. **1927 II**, 932.
[7] W. H. Gray: J. chem. Soc. Lond. **1928**, 1264—1267 — Chem. Zbl. **1928 II**, 354.
[8] E. Waser u. E. Brauchli: Helvet. chim. Acta **7**, 740—758 — Chem. Zbl. **1924 II**, 947.
[9] H. D. Dakin u. R. West: J. of biol. Chem. **78**, 745—756 — Chem. Zbl. **1928 II**, 2115.
[10] A. Dolinek: Z. Zuckerind. tschechoslowak. Rep. **52**, 35—43 (1927) — Chem. Zbl. **1928 I**, 424.
[11] Ch. Okinaka: Sexagint. Coll. of Papers dedicated to Y. Osaka in celebration of his 60. Birthday Kyoto **1927**, 27—59 — Chem. Zbl. **1928 I**, 2399.
[12] V. Skola: Z. Zuckerind. tschechoslowak. Rep. **44**, 355—360 (1920) — Chem. Zbl. **1921 III**, 213.

Kochen erreicht ist. Die Lösung erhält dann 0,0026 Mol Glutaminsäure und 0,1336 Mol Pyrrolidoncarbonsäure.

C. Ravenna u. R. Nuccorini[1] berichten über die Darstellung der Oxyglutarsäure aus Glutaminsäure durch Diazotieren und Verkochen. Weiterhin berichten sie über Kondensationsversuche von Glutaminsäure, wobei anscheinend eine labile Verbindung aus Glutaminsäure und Pyrrolidoncarbonsäure entsteht.

Glutaminsäure hemmt nach E. Wertheimer[2] im Gegensatz zu anderen Aminosäuren die spontane Oxydation von α-Naphthol und p-Phenylendiamin zu Indophenolblau stark, was durch Bildung komplexer Schwermetallsalze erklärt wird.

Nach J. M. Ort und J. W. Bollman[3] übt Glutaminsäure im Gegensatz zu anderen Aminosäuren keine katalytisch beschleunigende Wirkung auf die Reaktion von H_2O_2 mit Dextrose aus.

Nach L. P. Bosman[4] ist die hydrolytische Spaltung von Methylacetat, Methylbutyrat und Olivenöl durch Glutaminsäure nicht von der Säure als solcher, sondern von ihrer $[H^+]$ abhängig, da Puffergemische von gleicher $[H^+]$ ebenso wirken.

Bei der Einwirkung von Isatin auf Glutaminsäure in siedender, stark essigsaurer Lösung wird nach W. Langenbeck[5] Isatyd erhalten.

Über den Einfluß der Glutaminsäure auf die Tryptophan-Aldehydreaktion berichtet E. Komm[6].

L. de Hoop und M. J. van Tussenbroek[7] untersuchten den Einfluß von Glutaminsäurezusatz (4%) auf die Krystallisation reiner Maltosesirupe, die nach 24 Stunden beendet war.

Derivate: Glutaminsäurehydrochlorid regt nach M. Arai[8] in 0,1- bis 1-molaren Lösungen, Hunden mit temporärer Pankreasfistel ins Duodenum eingespritzt, die Pankreasabsonderung an. Die Absonderung wird durch subcutane Adrenalininjektion, aber nicht durch Atropininjektion gehemmt. — W. K. Anslow und H. King[9] geben die spezifischen Drehwerte des HCl-Salzes in Wasser bei verschiedenen Konzentrationen an:

$c = 10,0\ \%,\ [\alpha]_{5461} = +28,63°$; $\qquad c = 7,5\ \%,\ [\alpha]_{5461} = +28,63°$;
$c = 5\ \%,\ [\alpha]_{5461} = +27,45°$; $\qquad c = 2,5\ \%,\ [\alpha]_{5461} = +26,85°$;
$c = 1,25\%,\ [\alpha]_{5461} = +26,28°$; $\qquad c = 0,6\ \%,\ [\alpha]_{5461} = +23,54°$;
$c = 0,5\ \%,\ [\alpha]_{5461} = +22,87°$; $\qquad c = 0,25\%,\ [\alpha]_{5461} = +20,59°$.

Glutaminsäurehydrobromid. Die Verfasser[9] geben für das Hydrobromid (große hexagonale Täfelchen, Schmelzp. 214° [abhängig von der Art des Erhitzens]) folgende spezifische Drehwerte in Wasser für verschiedene Konzentrationen an:

$c = 10,0\ \%,\ [\alpha]_{5461} = +23,09°$; $\qquad c = 7,5\ \%,\ [\alpha]_{5461} = +23,30°$;
$c = 5,0\ \%,\ [\alpha]_{5461} = +23,13°$; $\qquad c = 3,0\ \%,\ [\alpha]_{5461} = +22,50°$;
$c = 2,0\ \%,\ [\alpha]_{5461} = +22,0\ °$; $\qquad c = 1,0\ \%,\ [\alpha]_{5461} = +20,57°$;
$c = 0,5\%,\ [\alpha]_{5461} = +18,70°$.

Glutaminsäurehydrojodid. Verfasser[9] geben für das Salz (Schmelzp. unter Schäumen 180—185°) folgende Drehwerte an:

$c = 10,0\%,\ [\alpha]_{5461} = +18,64°$; $\qquad c = 7,5\%,\ [\alpha]_{5461} = +18,39°$;
$c = 5,0\%,\ [\alpha]_{5461} = +18,35°$; $\qquad c = 3,0\%,\ [\alpha]_{5461} = +18,14°$;
$c = 2,0\%,\ [\alpha]_{5461} = +17,59°$; $\qquad c = 1,0\%,\ [\alpha]_{5461} = +15,79°$;
$c = 0,5\%,\ [\alpha]_{5461} = +11,57°$.

---

[1] C. Ravenna u. R. Nuccorini: Gazz. chim. ital. **58**, 853—864 (1928) — Chem. Zbl. **1929 I**, 1455.

[2] E. Wertheimer: Fermentforschg **8**, 497—517 — Chem. Zbl. **1926 II**, 696.

[3] J. M. Ort u. J. W. Bollman: J. amer. chem. Soc. **49**, 805—810 — Chem. Zbl. **1927 I**, 2794.

[4] L. P. Bosman: Trans. roy. Soc. S. Africa **13**, 245—253 (1926) — Ber. Physiol. **37**, 511 — Chem. Zbl. **1927 I**, 1819.

[5] W. Langenbeck: Ber. dtsch. chem. Ges. **60**, 930—934 — Chem. Zbl. **1927 I**, 2505.

[6] E. Komm: Hoppe-Seylers Z. **156**, 35—60 — Chem. Zbl. **1926 II**, 1892.

[7] L. de Hoop u. M. J. van Tussenbroek: Biochem. Z. **135**, 217—223 — Chem. Zbl. **1923 III**, 662.

[8] M. Arai: Biochem. Z. **121**, 175—179 — Chem. Zbl. **1921 III**, 1210.

[9] W. K. Anslow u. H. King: Biochemic. J. **21**, 1168—1178 (1927) — Chem. Zbl. **1928 I**, 2077.

Die Drehwerte der drei Halogenide fallen mit fortschreitender Hydrolyse.
Glutaminate: Na-Salz. W. K. Anslow und H. King[1] geben folgende Drehwerte an:

$c = 15,0\%$, $[\alpha]_{5461} = -2,57°$; $c = 10,0\%$, $[\alpha]_{5461} = -3,57°$;
$c = 5,0\%$, $[\alpha]_{5461} = -4,30°$; $c = 2,5\%$, $[\alpha]_{5461} = -4,67°$;
$c = 1,25\%$, $[\alpha]_{5461} = -4,75°$.

Mono-Na-Salz der d-Glutaminsäure. J. E. S. Hau[2] berichtet über die Eigenschaften, die technische Herstellung des Salzes (bes. aus Gluten), die Verwendung des Salzes als chemisches Würzmittel und die wirtschaftliche Bedeutung der Verbindung. Siehe auch O. Heß[3] unter Glutaminsäure, physiologische Eigenschaften; Verwendung als Geschmackskorrigens bei salzarmer Diät, Seite 497.

Li-Salz $C_5H_8O_4NLi$. Unregelmäßige wasserfreie hexagonale Platten. Folgende Drehwerte:

$c = 10,0\%$, $[\alpha]_{5461} = -3,01°$; $c = 5,0\%$, $[\alpha]_{5461} = -4,52°$;
$c = 2,5\%$, $[\alpha]_{5461} = -5,19°$; $c = 1,25\%$, $[\alpha]_{5461} = -5,68°$[1].

Mit Li_2CO_3 wurde ausschließlich Li-Glutaminat erhalten[4].

Ca-Salz $(C_5H_8O_4N)_2Ca \cdot H_2O$. Hexagonale Platten, leicht löslich in Wasser, Drehwerte:

$c = 30,0\%$, $[\alpha]_{5461} = +0,81°$; $c = 25,0\%$, $[\alpha]_{5461} = -0,34°$;
$c = 20,0\%$, $[\alpha]_{5461} = -1,71°$; $c = 15,0\%$, $[\alpha]_{5461} = -2,62°$;
$c = 10,0\%$, $[\alpha]_{5461} = -3,84°$; $c = 5,0\%$, $[\alpha]_{5461} = -5,05°$;
$c = 2,5\%$, $[\alpha]_{5461} = -5,22°$[1].

Ca-Salz $C_5H_7O_4NCa \cdot H_2O$. Wenig löslich, siehe dessen Darstellung aus Melasseschlempe unter Darstellung der Glutaminsäure[1,4], Seite 489.

Ca-Salz $(C_5H_8O_4N)_2Ca$. Leicht löslich, durch Einwirkung von CO_2 auf das wenig lösliche Ca-Salz in Gegenwart von Wasser[4].

Sr-Salz $(C_5H_8O_4N)_2Sr \cdot 4H_2O$. Hexagonale Platten. Drehwerte:

$c = 10,0\%$, $[\alpha]_{5461} = -2,96°$; $c = 5,0\%$, $[\alpha]_{5461} = -3,59°$;
$c = 2,5\%$, $[\alpha]_{5461} = -3,95°$[1].

Sr-Salz $(C_5H_8O_4N)_2Sr \cdot 4^1/_2H_2O$. Rechteckige Platten[1].

Ba-Salz $(C_5H_8O_4N)_2Ba \cdot 5^1/_4H_2O$. Unregelmäßige hexagonale Platten aus konzentrierter Lösung. Drehwerte:

$c = 10,0\%$, $[\alpha]_{5461} = -2,44°$; $c = 5,0\%$, $[\alpha]_{5461} = -2,94°$;
$c = 2,5\%$, $[\alpha]_{5461} = -3,22°$[1].

Glutaminat-Doppelsalze. Die Doppelverbindungen werden nach W. K. Anslow und H. King[1] so dargestellt, daß die entsprechenden Glutaminsäure-Halogenwasserstoffverbindungen in wässeriger Lösung mit frisch gefälltem $CaCO_3$, $BaCO_3$ oder mit den entsprechenden Hydroxyden und folgendem Sättigen der Lösung mit CO_2 gekocht werden. Aus den eingeengten Filtraten scheiden sich dann die Doppelverbindungen aus. In ähnlicher Weise werden nach dem D.R.P. 357754[5] die Doppelsalze durch Absättigen eines Gemisches von Glutaminsäure, Halogenwasserstoffsäure und Erdalkalicarbonaten oder durch Behandlung der sauren Erdalkali- oder Mg-Salze der Glutaminsäure mit Erdalkalihalogeniden bzw. Mg-Halogeniden gewonnen. Die Verbindungen krystallisieren gut und sind luftbeständig, leicht löslich in Wasser und besitzen einen angenehmen Geschmack. Sie finden therapeutische Anwendung.

Ca-Salz-CaCl₂ $(C_5H_8O_4N)_2Ca \cdot CaCl_2 \cdot 2H_2O$. Hexagonale Platten und Nadeln. Ein Teil löst sich in 2,5 Teilen Wasser, aus dem es unverändert umkristallisiert werden

---
[1] W. K. Anslow u. H. King: Biochemic. J. **21**, 1168—1178 (1927) — Chem. Zbl. **1928 I**, 2077.
[2] J. E. S. Hau: Ind. Chem. **21**, 984—987 — Chem. Zbl. **1929 II**, 2952.
[3] O. Heß: Münch. med. Wschr. **76**, 572—574 — Chem. Zbl. **1929 I**, 2659.
[4] K. Ikeda: A.P. 1582472 v. 5. Jan. 1925, ausg. 2. Juli 1926, Can.P. 256279, E.P. 248453, F.P. 591059; Chem. Zbl. **1926 II**, 1460.
[5] Farbenfabriken vorm. F. Bayer & Co.: D.R.P. 357754 v. 8. August 1919, ausg. 31. Aug. 1922, Ö.P. 86983, Schwz.P. 90414, Schwz.P. 90888; Chem. Zbl. **1922 IV**, 709.

kann. Dieselbe Verbindung wird auch in Gegenwart von überschüssigem $CaCl_2$ erhalten. Drehwerte:

$c = 33,8\%$, $[\alpha]_{5461} = +0,9°$; $\qquad c = 26,9\%$, $[\alpha]_{5461} = -0,18°$;
$c = 21,0\%$, $[\alpha]_{5461} = -1,13°$; $\qquad c = 14,9\%$, $[\alpha]_{5461} = -2,02°$;
$c = 10,0\%$, $[\alpha]_{5461} = -2,7°$; $\qquad c = 5,0\%$, $[\alpha]_{5461} = -3,40°$;
$c = 3,0\%$, $[\alpha]_{5461} = -3,50°$; $\qquad c = 2,0\%$, $[\alpha]_{5461} = -3,38°$;
$c = 1,3\%$, $[\alpha]_{5461} = -3,56°$ [1,2].

Ca-Salz-CaBr$_2$ $(C_5H_8O_4N)_2Ca \cdot CaBr_2 \cdot 2H_2O$. Hexagonale Platten. Drehwerte:

$c = 15,0\%$, $[\alpha]_{5461} = -2,07°$; $\qquad c = 10,0\%$, $[\alpha]_{5461} = -2,45°$;
$c = 5,0\%$, $[\alpha]_{5461} = -2,95°$; $\qquad c = 3,75\%$, $[\alpha]_{5461} = -3,0°$;
$c = 1,9\%$, $[\alpha]_{5461} = -3,0°$ [1,2].

Ca-Salz-CaJ$_2$ $(C_5H_8O_4N)_2Ca \cdot CaJ_2 \cdot 2\frac{1}{2}H_2O$. Unregelmäßige hexagonale Platten[2].
Ca-Salz-SrCl$_2$ [1].
Ba-Salz-BaCl$_2$ $(C_5H_8O_4N)_2Ba \cdot BaCl_2 \cdot 6H_2O$. Unregelmäßige hexagonale Platten. Drehwerte:

$c = 18,0\%$, $[\alpha]_{5461} = -1,38°$; $\qquad c = 15,0\%$, $[\alpha]_{5461} = -1,62°$;
$c = 10,0\%$, $[\alpha]_{5461} = -1,90°$; $\qquad c = 5,0\%$, $[\alpha]_{5461} = -2,45°$;
$c = 4,0\%$, $[\alpha]_{5461} = -2,49°$; $\qquad c = 3,0\%$, $[\alpha]_{5461} = -2,25°$;
$c = 2,0\%$, $[\alpha]_{5461} = -2,47°$ [2].

Ba-Salz-BaBr$_2$ $(C_5H_8O_4N)_2Ba \cdot BaBr_2$. Beim Umkrystallisieren aus Wasser das Tetrahydrat, hexagonale Platten, Drehwerte des anhydridischen Salzes. Drehwerte:

$c = 20,0\%$, $[\alpha]_{5461} = -1,41°$; $\qquad c = 15,0\%$, $[\alpha]_{5461} = -1,74°$;
$c = 10,0\%$, $[\alpha]_{5461} = -2,03°$; $\qquad c = 5,0\%$, $[\alpha]_{5461} = -2,38°$;
$c = 4,0\%$, $[\alpha]_{5461} = -2,34°$; $\qquad c = 3,0\%$, $[\alpha]_{5461} = -2,49°$ [2].

Ba-Salz-BaJ$_2$ $(C_5H_8O_4N)_2Ba \cdot BaJ_2 \cdot 6H_2O$. Unregelmäßige Krystalle[2].
Sr-Salz-SrCl$_2$ $(C_5H_8O_4N)_2Sr \cdot SrCl_2 \cdot 12H_2O$. Täfelchen[2].
Sr-Salz-SrBr$_2$ $(C_5H_8O_4N)_2Sr \cdot SrBr_2 \cdot 11H_2O$. Nadeln[2].
Sr-Salz-SrJ$_2$ $(C_5H_8O_4N)_2Sr \cdot SrJ_2 \cdot 7H_2O$. Hexagonale Platten[2].
Mg-Salz-SrCl$_2$ [1].
Cu-Salz. Über die Bestimmung des Drehwertes „α" des Cu-Salzes berichten E. Abderhalden und E. Schnitzler[3]. Als Lichtquelle wurde eine Hg-Quarzlampe verwendet. — Weiterhin wurde vom Cu-Salz die spezifische Leitfähigkeit „$\varkappa$" von E. Abderhalden und E. Schnitzler[4] in folgenden wässerigen Lösungen: $1/50$, $1/100$, $1/200$, $1/400$, $1/800$ und $1/1600$ n bestimmt. Einbasisches glutaminsaures Cu, aus der durch Erhitzen von CuO mit Glutaminsäure erhaltenen wässerigen Lösung mit Alkohol ausgefällt, zeigt ein um 10^{-1} größeres „$\varkappa$" als die Cu-Salze anderer Aminosäuren, während ein durch Konzentration der wässerigen Lösung erhaltenes, sehr wenig lösliches grünblaues Cu-Salz wegen Schwerlöslichkeit zur Messung nicht verwendet werden konnte.

Glutaminsäuredimethylester. Der Ester ist nach M. Cloetta und F. Wünsche[5], in Dosen von 70 mg pro kg injiziert, ohne Einfluß auf die Temperatur des Kaninchens und ist bis zu 15 mg pro kg ohne Wirkung auf den Blutdruck des Hundes.

Glutaminsäurediäthylester. Bei der Umsetzung des Esters mit Grignardreagens werden nach S. Kanao und S. Inagawa[6] die entsprechenden α-Pyrrolidonderivate gewonnen, mit CH_3MgJ 1-[α-Pyrrolidonyl-α'-]1-methyläthanol-(1), mit Äthyl-MgBr 1-[α-Pyrrolidonyl-α'-]1-äthylpropanol-(1), mit C_4H_9MgJ 1-[α-Pyrrolidonyl-α'-]1-butylpentanol-(1), mit Phenyl-MgCl α-Pyrrolidonyl-α-diphenylcarbinol und mit Benzyl-MgCl 1-[α-Pyrrolidonyl-α'-]1-benzyl-

---

[1] Farbenfabriken vorm. F. Bayer & Co.: D.R.P. 357754 v. 8. August 1919, ausg. 31. Aug. 1922, Ö.P. 86983, Schwz.P. 90414, Schwz.P. 90888; Chem. Zbl. **1922 IV**, 709.
[2] W. K. Anslow u. H. King: Biochemic. J. **21**, 1168—1178 (1927) — Chem. Zbl. **1928 I**, 2077.
[3] E. Abderhalden u. E. Schnitzler: Hoppe-Seylers Z. **164**, 37—49 — Chem. Zbl. **1927 I**, 2828.
[4] E. Abderhalden u. E. Schnitzler: Hoppe-Seylers Z. **163**, 94—119 — Chem. Zbl. **1927 I**, 2068.
[5] M. Cloetta u. F. Wünsche: Arch. f. exper. Path. **96**, 307—329 — Chem. Zbl. **1923 III**, 87.
[6] S. Kanao u. S. Inagawa: J. pharmac. Soc. Japan **48**, 40—46 — Chem. Zbl. **1928 II**, 50.

2-phenyläthanol-(1). — Der Diäthylester ergibt nach E. Abderhalden und H. Sickel[1], mit Guanidin umgesetzt d-β-[2-imino-4-oxotetrahydroimidazolyl-(5-)propionsaures] oder d-[anhydro-α-guanidinoglutarsaures] Guanidonium. — Der Ester ist nach M. Cloetta und F. Wünsche[2], bis zu 76 mg pro kg injiziert, ohne Einfluß auf die Temperatur des Kaninchens, und ist bis zu 20—30 mg pro kg ohne Wirkung auf den Blutdruck des Hundes, allerdings verursachen hohe Gaben vorübergehende Blutdrucksenkung.

Chlorhydrat des Esters, aus Chloroform durch Äther gefällte weiße Nadeln, Schmelzpunkt 96—98°[3]. — Nadeln aus Aceton-Äther, Schmelzp. 107—108°, $[\alpha]_D = +22,8°$ (in absolutem Alkohol)[4].

d-Glutaminsäurediisopropylester $C_{11}H_{21}O_4N$, Kochp.$_{0,15}$ 115—117°. Viscoses Öl D_4^{20} 1,023; n_D^{20} 1,4402; $[\alpha]_D^{22} = +5,08°$[3].

Glutaminsäureanilid $C_{11}H_{13}O_3N_2$. Kochen von Glutaminsäure mit Anilin. Blättchen von anfangs zuckerartigem, dann bitterem Geschmack. Schmelzp. 190—193° (Capillarrohr), $[\alpha] = +2,6°$ (in Wasser bei 20° gesättigt), löslich in Wasser 0,96% bei 20°[5].

Glutaminanilid. Erhitzen von Glutaminsäureanilid auf 240°, Prismen, Schmelzp. 200° (bloc Maquenne), wenig löslich in Wasser[5].

Carbäthoxyglutaminsäure. Bis 107 mg dieser Verbindung sind ohne Einfluß auf die Temperatur des Kaninchens und bis 40 mg ohne Wirkung auf den Blutdruck des Hundes[2].

Diäthylester. Aus Carboxylglutaminsäure mit HCl + Alkohol, leicht löslich in Äther und Alkohol, unlöslich in Wasser. Der Ester ist ohne Wirkung auf die Temperatur des Kaninchens, 160 mg pro kg bewirken beim Kaninchen Krämpfe, 40 mg pro kg sind ohne Wirkung auf den Blutdruck des Hundes[2].

Carbäthoxyglutaminsäurediamid. Aus dem Ester mit alkoholischem NH_3, leicht löslich in Wasser und heißem Alkohol, wenig löslich in Äther und Ligroin. Schmelzp. 179°. Die physiologische Wirkung auf die Temperatur des Kaninchens und auf den Blutdruck des Hundes ist dem Ester gegenüber nicht wesentlich verändert[2].

Uraminoglutaminsäure. Aus d-Glutaminsäure und der entsprechenden Hydantoinpropionsäure, war nach H. D. Dakin[6] nur zu etwa 10% unverändert im Harn des Kaninchens nachzuweisen.

Acetylglutaminsäure $C_7H_{11}O_5N$. Suspension von Glutaminsäure in siedendem Eisessig mit Acetanhydrid versetzen, sofort gebildete Lösung abkühlen. Aus Eisessig Schmelzpunkt 195—197°, $[\alpha]_D = -22,7°$ (in Wasser)[7]. Mit Acetanhydrid und 2n-NaOH, dann mit 5n-H_2SO_4 versetzen, im Vakuum eindampfen, mit absol. Alkohol auskochen. Aus wenig Wasser Schmelzp. 199° (korr.). $[\alpha]_D^{22} = +3,83$ (in n-NaOH). Regenerierte d-Glutaminsäure zeigte $[\alpha]_D^{21} = +31,0°$ (in Wasser + 1 Mol HCl)[8].

Diäthylester $C_{11}H_{19}O_5N$. Kochp.$_2$ 142°, $[\alpha]_D^{20} \infty -10°$ (offenbar nicht optisch rein). Berichtet wird noch über Darstellung und Isolierung des Esters aus Eiweißhydrolysaten[9].

Chloracetylglutaminsäure. Bei ihrer Verfütterung gingen die Tiere schon nach kleinen Dosen ein[7].

Oxalyl-di-d-glutaminsäureäthylester $C_{20}H_{32}O_{10}N_2$. Glutaminsäureesterchlorhydrat mit Oxalylchlorid in Benzollösung unter Rückfluß gekocht. Eingeengt, Rückstand mit Alkohol aufgenommen, beim Einengen krystallisiert das Kuppelungsprodukt aus, aus heißem Alkohol umkrystallisiert. Ausbeute etwa 80%. Löslich in Äther, Chloroform, Benzol, schwer löslich in Alkohol, sehr schwer löslich in Wasser. Untersucht wurde die Spaltbarkeit durch n-NaOH, Erepsin und Trypsinkinase[10].

Succinyl-d-glutaminsäureäthylester $C_{13}H_{19}O_6N$. Glutaminsäureesterchlorhydrat unter Rückfluß mit Bernsteinsäurechlorid in Benzollösung gekocht. Im Vakuum eingeengt, Rück-

---

[1] E. Abderhalden u. H. Sickel: Hoppe-Seylers Z. **173**, 51—60 — Chem. Zbl. **1928 I**, 1021.
[2] M. Cloetta u. F. Wünsche: Arch. f. exper. Path. **96**, 307—329 — Chem. Zbl. **1923 III**, 87.
[3] H. M. Chiles u. W. A. Noyes: J. amer. chem. Soc. **44**, 1798—1810 — Chem. Zbl. **1923 I**, 42.
[4] F. Knoop u. H. Oesterlin: Hoppe-Seylers Z. **170**, 186—211 (1927) — Chem. Zbl. **1928 I**, 40.
[5] L. Hugounenq, G. Florence u. E. Couture: Bull. Soc. Chim. biol. Paris **6**, 672—676 — Chem. Zbl. **1924 II**, 2641.
[6] H. D. Dakin: J. of biol. Chem. **67**, 341—350 — Chem. Zbl. **1926 II**, 1064.
[7] F. Knoop u. H. Oesterlin: Hoppe-Seylers Z. **170**, 186—211 (1927) — Chem. Zbl. **1928 I**, 40.
[8] M. Bergmann u. L. Zervas: Biochem. Z. **203**, 280—292 (1928) — Chem. Zbl. **1929 I**, 1106.
[9] E. Cherbuliez u. Pl. Plattner: Helvet. chim. Acta **12**, 317—329 — Chem. Zbl. **1929 II**, 75.
[10] E. Abderhalden, E. Rindtorff u. A. Schmitz: Fermentforschg **10**, 213—232 (1928) — Chem. Zbl. **1929 I**, 2319.

stand mit Alkohol aufgenommen, mit Wasser ausgefällt. Kuppelungsprodukt krystallisiert nicht, bleibt ölig. Löslich in Alkohol, Benzol, unlöslich in Wasser und Petroläther. Ausbeute etwa 60%. Untersucht wurde die Spaltung durch n-NaOH, Erepsin und Trypsinkinase[1].

Phenylacetylglutaminsäure. Die Säure wurde Menschen, Kaninchen, Hunden und Hühnern verabreicht oder injiziert; sie wurde nach G. J. Shiple und C. P. Sherwin[2] unangegriffen im Harn wieder ausgeschieden.

Benzoyl-d-glutaminsäuremethylester $C_{14}H_{17}O_5N$. Aus Alkohol + Wasser fein büschelförmige Nadeln. Schmelzp. 76—78,5°. Löslichkeit wie beim Äthylester. Destillation im Vakuum bei 200° (Badtemperatur), leicht gelbliches Öl, das erstarrt und bei 74—75° schmilzt[3].

Benzoyl-d-glutaminsäureäthylester $C_{15}H_{21}O_5N$. Verfilzte Nadeln aus Wasser und Alkohol und aus Ligroin, wenig löslich in Wasser, ziemlich löslich in Ligroin, Petroläther, sehr leicht löslich in den übrigen Lösungsmitteln. Schmelzp. 73—74°, $[\alpha]_D = +17,8°$ (0,112 g Substanz in 1,1285 g Chloroform). Der Ester destilliert im Vakuum bei 290° (Badtemperatur) unzersetzt, bei gewöhnlichem Druck destilliert bei 330° eine gelbliche Flüssigkeit, die sich allmählich verfestigt und aus Alkohol und Petroläther derbe Prismen vom Schmelzpunkt 77—78° liefert. Die Substanz ist optisch-inaktiv und wahrscheinlich die Racemform des Benzoylglutaminsäureäthylesters[3].

Benzoylglutaminsäure-diamid $C_{12}H_{15}O_2N_3$. Beim Erhitzen des Esters auf 80—90° mit alkoholischem NH_3. Drusenförmige Nadeln aus Alkohol oder Alkohol + Äther. Schmelzpunkt 202—204°[3].

o-Nitrobenzoylglutaminsäure $C_{12}H_{12}O_7N_2$. o-Nitrobenzoesäure mit PCl_5 erwärmen, $POCl_3$ entfernen, Rückstand in Äther und mit wässeriger Lösung von Glutaminsäureanhydrid und MgO schütteln, Filtrat ausäthern, ansäuern, wieder ausäthern. Aus Wasser Schmelzpunkt 151°, $[\alpha]_D = +74,5°$ (in absolutem Alkohol)[4].

α-Acetaminocinnamoyl-d-glutaminsäure $C_{16}H_{18}O_6N_2$. Schütteln von d-Glutaminsäure in NaOH mit Acetaminozimtsäureazlacton und Aceton, aus Alkohol, Nadeln, Schmelzpunkt 170° (korr., nach vorherigem Sintern), $[\alpha]_D^{22} = -4,6°$ (in Pyridin). Durch Hydrierung in N-Acetyl-l-phenylalanyl-d-glutaminsäure übergeführt[5].

Toluolsulfoglutaminsäure. Glutaminsäurehydrochlorid mit überschüssigem Toluolsulfochlorid und MgO in Wasser und Äther 1 Tag schütteln, mit Äther extrahieren, nach Ansäuern mit verdünnter H_2SO_4 erneut extrahieren. Nadeln aus wenig Alkohol und viel Toluol, Schmelzp. 135°, $[\alpha]_D = -16,7°$ (in absolutem Alkohol)[4].

Diäthylester. Durch Verestern des vorigen oder entsprechend aus Glutaminsäurediäthylesterhydrochlorid. Nadeln aus Wasser und Alkohol oder Eisessig und Wasser. Schmelzp. 77 bis 78°. Drehung sehr gering[4].

N-Methylglutaminsäure. Dargestellt durch Einwirkung von KCN und Methylamin in Alkohol oder vom Hydrochlorid in wässerigem Alkohol auf Succinaldehydsäure oder deren Ester. Rhomben, Schmelzp. 156—158°[6]. — F. Knoop u. H. Oesterlin[4] geben folgende Darstellung an: 1. Glutaminsäure-diäthylesterhydrochlorid mit Na-Acetat und Acetanhydrid in Eisessig kurz kochen, aus Filtrat Eisessig entfernen, Rückstand in Wasser mit $(CH_3)_2SO_4$ und $Ba(OH)_2$ schütteln, 3 Stunden kochen, Ba·· entfernen, einengen. 2. Acetylglutaminsäure in Wasser mit $(CH_3)_2SO_4$ und berechneter Menge $Ba(OH)_2$ schütteln, $1/2$ Stunde kochen, Ba·· entfernen, einengen. Sirup scheidet einzelne Krystalle von Acetyl-N-methylglutaminsäure aus (aus Eisessig Zersetzung bei 203°). Sirup mit konz. HCl erhitzen, auf 0° kühlen. 3. Toluolsulfoglutaminsäure in 2n-NaOH mit CH_3J in der Druckflasche bei 70° schütteln, Lösung mit HCl übersättigen, ausäthern, ätherische Lösung mit Thiosulfat schütteln, erhaltene Toluolsulfo-N-methylglutaminsäure (aus absol. Alkohol-Toluol, Schmelzp. 131—132°, $[\alpha]_D = -14,6°$ in absol. Alkohol) mit konz. HCl im Rohr 20 Stunden auf 100° erhitzen, nach starkem Abkühlen Filtrat im Vakuum einengen.

Hydrochlorid $C_6H_{12}O_4NCl$. Aus Wasser + HCl-Gas bei 0° umfällen. Zersetzt bei 210 bis 213°, $[\alpha]_D = -20,1°$ (in Wasser)[4]. — Krystalle, Schmelzp. 159—160°[6].

---

[1] E. Abderhalden, E. Rindtorff u. A. Schmitz: Fermentforschg 10, 213—232 (1928) — Chem. Zbl. 1929 I, 2319.

[2] G. J. Shiple u. C. P. Sherwin: J. of biol. Chem. 53, 463—478 — Chem. Zbl. 1922 III, 1308.

[3] E. Abderhalden u. E. Roßner: Hoppe-Seylers Z. 152, 271—281 — Chem. Zbl. 1926 I, 3051.

[4] F. Knoop u. H. Oesterlin: Hoppe-Seylers Z. 170, 186—211 (1927) — Chem. Zbl. 1928 I, 40.

[5] M. Bergmann, F. Stern u. Ch. Witte: Liebigs Ann. 449, 277—302 — Chem. Zbl. 1926 II, 2706.

[6] S. Sugasawa: J. pharmac. Soc. Japan 1927, 147 — Chem. Zbl. 1928 I, 1646.

Diäthylester. Kochp.$_2$ 108—109°, mit Wasser mischbar[1].
N-Cyanmethyl-glutaminsäureesterhydrochlorid $C_{11}H_{19}O_4N_2Cl$. Aus Glutaminsäureester, $CH_2(OH)(SO_3Na)$ und KCN. Schmelzp. 95—98°. Wird durch Reduktion mit $NaOC_2H_5$ + NaOH nicht in die N-Methylglutaminsäure übergeführt, sondern es entsteht als Hauptprodukt ein Pyrrolidoncarbonsäure-N-essigester[2].
N-Dimethylglutaminsäure. Dargestellt entsprechend der Methylglutaminsäure, Prismen, Schmelzp. 155—156°[1].
Diäthylester. Kochp.$_{0,5}$ 101—103°, nicht mit Wasser mischbar[1].
N-Äthylglutaminsäure. Dargestellt entsprechend der Methylglutaminsäure, Nadeln Schmelzp. 159—160°[1].
Diäthylester. Kochp.$_2$ 109—110°, nicht mit Wasser mischbar[1].
Methylenglutaminsäure. Die Dissoziationskonstante der Methylenverbindung wurde von L. J. Harris[3] zu $K_{\alpha 1} > 3 \cdot 10^{-4}$ und $K_{\alpha 2} = 1,6 \cdot 10^{-7}$ angegeben.
N-Methylenglutaminsäure-pyrrolidoncarbonsäure $C_{11}H_{16}O_7N_2$. Entsteht bei der Einwirkung von überschüssigem Formol + 1 Mol HCl auf 1 Mol d-Glutaminsäure. Geht beim Zersetzungspunkt unter H_2O-Verlust in eine isomere N-Methylenbispyrrolidoncarbonsäure über[2].
Ba-Salz der N-o-Oxybenzyliden-d-glutaminsäure $C_{12}H_{11}O_5NBa$. Zur Anwendung kam natürliche d-Glutaminsäure, die in HCl-Lösung $[\alpha]_D^{20} = +30,36°$ zeigte. Gelbe Nadeln[4].
Brucin-Salz $C_{58}H_{85}O_{13}N_5$. Aus CH_3OH in citronengelben Tafeln vom Schmelzp. 148° (Aufschäumen)[4].
Verbindung aus **d-Glutaminsäure, p-Nitrobenzaldehyd** und **Brucin.** Krystalle[4].
β-Phenylglutaminsäure. Aus α-i-Nitroso-β-phenylglutarsäure (durch Umsetzung des Kondensationsproduktes von Zimtsäure und Malonsäureäthylester mit Äthylnitrit + Na-Alkoholat dargestellt) + Na-Amalgam; aus Wasser Platten, unlöslich in Alkohol, erweicht bei 170°, Schmelzpunkt unter Wasserabgabe 179°[5]. — β-Phenylglutaminsäure steigert nach A. von Beznák[6] bei Hunden und Kaninchen subcutan verabreicht die Hippursäureausscheidung, die bis zu 13% der verabreichten β-Phenylglutaminsäuremenge betragen kann. Dosen von 0,5 g β-Phenylglutaminsäure pro kg sind tödlich, während nach einer früheren Mitteilung von A. v. Beznák[7] mindestens die dreifache Menge schadlos gegeben werden kann.
α-Benzoylamino-β-phenylglutarsäure $C_{18}H_{17}O_5N$. Aus Wasser farblose Nadeln; leicht löslich in Alkohol, ziemlich löslich in Äther, Schmelzp. 171—172°[5].
α-Diazoglutarsäuredimethylester $C_7H_{10}O_4N_2$. Entsprechend dem Diäthylester aus dem nicht krystallisierenden Hydrochlorid des α-Glutaminsäuredimethylesters dargestellt. Kochp.$_{0,4}$ 85—86°, $D_4^{20} = 18,15$; $n_D^{22} = 1,4753$; $[\alpha]_D^{20} = +0,89°$[8].
α-Diazoglutarsäurediäthylester $C_9H_{14}O_4N_2$. Zu 50 g Glutaminsäurediäthylesterhydrochlorid in 100 ccm Wasser werden 25 g Na-Acetat gegeben, auf 10° abgekühlt und unter Rühren 25 g $NaNO_2$ und 300 ccm Äther zugefügt. Hierzu während einer Stunde 50 ccm 10proz. H_2SO_4, wonach noch eine Stunde gerührt wird. Die ätherische Schicht wird mit kalter verdünnter H_2SO_4 und konzentrierter $NaHCO_3$ und dann Na_2CO_3-Lösung gewaschen und getrocknet. Kochp.$_{0,1}$ 92—93°; $[\alpha]_D$ wechselt von +0,87 bis +1,68°. Mol-Gewicht 214, eine typische Probe hatte $D_4^{20} = 1,124$; $[\alpha]_D^{20} = +1,68°$, $n_D^{20} = 1,4730$. — Behandlung mit verdünnter H_2SO_4 ergibt ein Gemisch ($[\alpha]_D = +1,07°$) von Glutaconsäurediäthylester und 5-Oxyfurantetrahydrid-2-carbonsäureäthylester. Durch direkte Hydrolyse des diazotierten Glutaminsäurediäthylesters kann ebenfalls die d-Oxyglutarsäure erhalten werden. Reduktion des α-Diazoglutarsäurediäthylesters mit Al-Amalgam in Äther führte zum d-Glutaminsäurehydrochlorid $[\alpha]_D = +2,90$ bis 3,20°, also etwa 10% Aktivität des reinen Hydrochlorids ($[\alpha]_D = +24,5°$)[8].
α-Diazoglutarsäurediisopropylester. Zersetzt beim Destillieren. Seine Behandlung mit verdünnter H_2SO_4 liefert α-Oxyglutarsäurediisopropylester, $n_D^{20} = 1,4440$; $[\alpha]_D^{24} = +1,12°$[8].

---

[1] S. Sugasawa: J. pharmac. Soc. Japan **1927**, 147 — Chem. Zbl. **1928 I**, 1646.
[2] S. Sugasawa: J. pharmac. Soc. Japan **1927**, Nr 543, 53—56 — Chem. Zbl. **1927 II**, 932.
[3] L. J. Harris: Proc. roy. Soc. Lond., Serie B **97**, 364—386 — Chem. Zbl. **1925 II**, 224.
[4] M. Bergmann, H. Enßlin u. L. Zervas: Ber. dtsch. chem. Ges. **58**, 1034—1045 — Chem. Zbl. **1925 II**, 810.
[5] Ch. R. Harington: J. of biol. Chem. **64**, 29—39 — Chem. Zbl. **1925 II**, 811.
[6] A. von Beznák: Biochem. Z. **205**, 420—432 — Chem. Zbl. **1929 II**, 909.
[7] A. v. Beznák: Biochem. Z. **205**, 414—419 — Chem. Zbl. **1929 II**, 730.
[8] H. M. Chiles u. W. A. Noyes: J. amer. chem. Soc. **44**, 1798—1810 — Chem. Zbl. **1923 I**, 42

Derivate der d, l-Glutaminsäure: Acetyl-d, l-glutaminsäure $C_7H_{11}O_5N$. Durch Racemisierung der aktiven Verbindung mit Acetanhydrid bei 100° in 2 Stunden. Aus Wasser, Schmelzp. 180°[1].

γ-Phenylglutaminsäure $C_{11}H_{13}O_4N$. α-Phenyl-β-chlorpropionsäure[2] wird in absol. alkoholischer Lösung mit Na-Äthylmalonat 18 Stunden am Rückflußkühler gekocht, das Kondensationsprodukt $C_{18}H_{24}O_6$ (Ausbeute 57 bis 60%, süßlich riechendes dickflüssiges Öl, Kochp.$_{15}$ 215°) mit Äther extrahiert. Durch Stehenlassen (15 Stunden bei — 7°) mit Na-Äthylmalonat und Äthylnitrit wird der γ-Phenyl-α-oximinoglutarsäureäthylester erhalten, der zur Säure hydrolysiert wird. Durch deren Reduktion mit Na-Amalgam wird die γ-Phenylglutaminsäure erhalten. Rhombische Krystalle, Schmelzp. 185° unter Zersetzung, wenig löslich in Wasser. Dosen von 0,5 g Säure pro kg Körpergewicht (subcutan) sind bei Kaninchen und Hunden tödlich. Im Gegensatz dazu soll noch die dreifache Menge der β-Verbindung schadlos sein[3].

Benzoylderivat $C_{18}H_{17}O_5N$. Lange Nadeln, Schmelzp. 173—175°[3].

γ-Phenyl-α-oximinoglutarsäure $C_{11}H_{12}O_5N$. Nadeln aus Äther. Schmelzp. 143,5°[3].

γ-Phenyl-α-oximinoglutarsäureäthylester[3].

5-Pyrrolidon-(2-)carbonsäure.

α'-Pyrrolidon-α-carbonsäure, 2-Keto-tetrahydropyrrol-(5-)carbonsäure, 2-Oxo-pyrroltetrahydrid-carbonsäure-(5), Pyro-glutaminsäure, Glutiminsäure.

Bildung: Nach W. H. Gray[4] findet Bildung einer Pyrrolidoncarbonsäure neben wenig l-Pyrrolidoncarbonsäure beim Erhitzen von Glutaminsäure mit Diphenylamin statt.

Darstellung: A. Dolinek[5] stellte reine l-Pyrrolidoncarbonsäure durch 8stündiges Erhitzen einer wässerigen Glutaminsäurelösung im Autoklaven bei 135° dar. Die Lösung wurde eingedampft, mit Äther extrahiert. Ausbeute 65%.

Über die Darstellung der Pyrrolidoncarbonsäure neben Glutaminsäure aus Runkelrübenmelasse oder aus der nach dem Abdestillieren des Alkohols aus vergorener Melasse zurückbleibenden Schlempe durch Elektrolyse berichtet Y. Takayama[6], siehe auch unter Glutaminsäure. Darstellung, Seite 489—490.

Biochemische Eigenschaften: Aus Versuchen von R. Bethke und H. Steenbock[7] an Schweinen ergibt sich, daß die l-Pyrrolidoncarbonsäure vom tierischen Organismus abgebaut werden kann. In größeren Mengen aufgenommen, wird sie teilweise im Urin unverändert ausgeschieden. Außerdem zeigt sich, daß keine wesentliche Aufspaltung zur Glutaminsäure stattfindet, es ist also die Spaltung und Desamidierung eine Funktion der Körpergewebe.

Aus Fütterungsversuchen von B. Sure[8] ergibt sich, daß der Organismus nicht befähigt ist, Pyrrolidoncarbonsäure in Pyrrolidoncarbonsäure zu verwandeln.

Bei Untersuchung über die Steigerung der Atmung von roten Blutzellen, Leber-, Nieren-, Lungen-, Muskel- und von Nervengewebe und Froschhaut zeigte sich nach E. Abderhalden und E. Wertheimer[9], daß Pyrrolidoncarbonsäure atmungssteigernd wirkte.

Im Gegensatz zur Glutaminsäure wirkt Pyrrolidoncarbonsäure nach E. Abderhalden und E. Gellhorn[10] nicht auf die sympathische Endapparatur ein.

H. Dolinek[5] vergleicht die Verwertbarkeit des N der Alkalisalze von Pyrrolidoncarbon-, Glutaminsäure und $(NH_4)_2SO_4$ durch Hefe in einer 10proz. Zuckerlösung, die CO_2-Entwicklung beim Versuch mit Pyrrolidoncarbonsäure ist am langsamsten, die CO_2-Menge ist nach 96stündiger Gärung bei allen etwa gleich. Bei doppelter Nachgärung unter Zusatz

---

[1] M. Bergmann u. L. Zervas: Biochem. Z. **203**, 280—292 (1928) — Chem. Zbl. **1929 I**, 1106.
[2] Spiegel: Ber. dtsch. chem. Ges. **14**, 235 (1881).
[3] A. v. Beznák: Biochem. Z. **205**, 414—419 — Chem. Zbl. **1929 II**, 730.
[4] W. H. Gray: J. chem. Soc. Lond. **1928**, 1264—1267 — Chem. Zbl. **1928 II**, 354.
[5] A. Dolinek: Z. Zuckerind. tschechoslowak. Rep. **52**, 35—43 (1927) — Chem. Zbl. **1928 I**, 424.
[6] Y. Takayama: A.P. 1595529 v. 30. Juni 1924, ausg. 10. August 1926, E.P. 233196, F.P. 583519; Chem. Zbl. **1926 II**, 2023.
[7] R. Bethke u. H. Steenbock: J. of biol. Chem. **58**, 105—115 (1923) — Chem. Zbl. **1924 I**, 2526.
[8] B. Sure: J. of biol. Chem. **59**, 577—586 — Chem. Zbl. **1924 II**, 1702.
[9] E. Abderhalden u. E. Wertheimer: Pflügers Arch. **191**, 258—277 (1921) — Chem. Zbl. **1922 I**, 424.
[10] E. Abderhalden u. E. Gellhorn: Pflügers Arch. **206**, 154—161 (1924) — Chem. Zbl. **1925 I**, 550.

von Zucker und Nährstoffen (KH_2PO_4 und $MgSO_4$) wurden vom Gesamtgehalt des ursprünglichen N des l-glutiminsauren K 69,3% aufgenommen, während der assimilierbare N des K-Glutaminates 99,62% und der des $(NH_4)_2SO_4$ 99,87% betrug.

Biochemische Eigenschaften der d, l-Pyrrolidoncarbonsäure: Nach R. Murachi[1] wird vom Hund und Kaninchen bei Verabreichung von d, l-Pyrrolidoncarbonsäure die l-Form abgebaut, die d-Form zum größten Teil ausgeschieden. Bei Einwirkung von Fäulnisbakterien auf d, l-Pyrrolidoncarbonsäure entsteht d-Glutaminsäure und Bernsteinsäure.

Physikalische Eigenschaften: Über die interferometrische Untersuchung von Pyrrolidoncarbonsäure berichten P. Hirsch und R. Kunze[2].

E. Abderhalden u. E. Roßner[3] bestimmen von der Pyrrolidoncarbonsäure die Absorptionskurve im Ultraviolett, die von den Kurven der entsprechenden aliphatischen und aromatischen Aminosäuren weit abliegt.

C. M. McCay und C. L. A. Schmidt[4] geben für die Pyrrolidon-α-carbonsäure folgende Dissoziationskonstante an: $K_s = 5{,}6 \cdot 10^{-4}$.

Chemische Eigenschaften: Bei der Trennung von künstlichen Aminosäuregemischen und von Gemischen aus Proteinhydrolysaten durch den elektrischen Strom konnten bei p_H 5,5 drei Fraktionen erhalten werden. Pyrrolidoncarbonsäure wandert mit den Dicarbonsäuren zur Anode, während die basischen Aminosäuren zur Kathode wandern. Die Säuren mit etwa gleich basischen wie sauren Eigenschaften wandern nicht[5].

Pyrrolidoncarbonsäure wird nach E. Abderhalden und E. Schwab[6] nicht von Ozon angegriffen.

Pyrrolidoncarbonsäure gibt nach E. Waser und E. Brauchli[7] beim Erhitzen in sodaalkalischer Lösung mit einer kleinen Menge p-Nitrobenzoylchlorid im Gegensatz zu anderen Aminosäuren keine Farbreaktion.

Nach E. Wertheimer[8] hemmt die Pyrrolidoncarbonsäure im Gegensatz zu anderen Aminosäuren die spontane Oxydation von α-Naphthol und p-Phenylendiamin zu Indophenolblau nicht.

Über die Spaltung der d, l-Glutaminsäure in ihre optisch-aktiven Komponenten durch fraktionierte Krystallisation der Chininsalze der d, l-Pyrrolidoncarbonsäure berichtet S. Sugasawa[9].

Versuche von C. M. McCay und C. L. A. Schmidt[10], die Pyrrolidon-α-carbonsäure, sowohl die freie Säure wie den Äthylester mit Zn-Amalgam, Sn + HCl, Na + Alkohol, Na-Amalgam + Wasser, Al + NaOH, Al-Amalgam, P + HJ im Einschmelzrohr, durch katalytische Hydrierung in Gegenwart von Pt in Wasser, Eisessig und Alkohol mit H bei Zimmertemperatur und bei 100° zu reduzieren, waren ergebnislos.

Versuche derselben Verfasser[10], die Säure mit Phenylhydrazin und Hydroxylamin umzusetzen, waren gleichfalls ohne Erfolg.

Derivate: 5-Pyrrolidon-2-carbonsäure-n-butylester $C_9H_{15}O_3N$ entstand bei Versuchen, Glutaminsäure-di-n-butylester darzustellen. Kochp.$_{0,3}$ 151—153°, $D_4^{20} = 1{,}1101$, $n_D^{20} = 1{,}4773$, $[\alpha]_D^{12} = -12{,}39°$[11].

Pyrrolidoncarbonsäureamid. Bildung aus Glutaminsäureester mit alkoholischem NH_3 beim Erwärmen auf 80—90°[12].

l-2-Pyrrolidon-5-carbonsäureanilid $C_{11}H_{12}O_2N_2$. Durch Erhitzen von d-Glutaminsäure und Anilin auf 150°. Behandlung des Produktes mit Aceton. Täfelchen mit starker

---

[1] R. Murachi: Acta Scholae med. Kioto **7**, 445—448 (1925) — Ber. Physiol. **34**, 825 — Chem. Zbl. **1926 II**, 610.
[2] P. Hirsch u. R. Kunze: Fermentforschg **6**, 30—55 — Chem. Zbl. **1922 III**, 557.
[3] E. Abderhalden u. E. Roßner: Hoppe-Seylers Z. **176**, 249—257 (1928) — Chem. Zbl. **1929 I**, 19.
[4] C. M. McCay u. C. L. A. Schmidt: J. gen. Physiol. **9**, 333—339 — Chem. Zbl. **1926 I**, 2778.
[5] G. L. Foster u. C. L. A. Schmidt: J. amer. chem. Soc. **48**, 1709—1714 — Chem. Zbl. **1926 II**, 899.
[6] E. Abderhalden u. E. Schwab: Hoppe-Seylers Z. **157**, 146—147 — Chem. Zbl. **1926 II**, 2435.
[7] E. Waser u. E. Brauchli: Helvet. chim. Acta **7**, 740—758 — Chem. Zbl. **1924 II**, 947.
[8] E. Wertheimer: Fermentforschg **8**, 497—517 — Chem. Zbl. **1926 II**, 696.
[9] S. Sugasawa: J. pharmac. Soc. Japan **1926**, Nr 537, 90—94 (1926) — Chem. Zbl. **1927 I**, 1464.
[10] C. M. McCay u. C. L. A. Schmidt: J. amer. chem. Soc. **48**, 1933—1939 — Chem. Zbl. **1926 II**, 1418.
[11] H. M. Chiles u. W. A. Noyes: J. amer. chem. Soc. **44**, 1798—1810 (1922) — Chem. Zbl. **1923 I**, 42.
[12] E. Abderhalden u. E. Roßner: Hoppe-Seylers Z. **152**, 271—281 — Chem. Zbl. **1926 I**, 3051.

Zwillingsbildung aus Alkohol. Schmelzp. 191°, $[\alpha]_D^{15} = +17,9°$ ($c = 4,8$ in 80proz. Alkohol). Leicht löslich in kaltem Eisessig, β-Chloräthylalkohol, konzentrierter HCl, ziemlich leicht löslich in Alkohol, wenig löslich in kaltem Wasser, in heißem Wasser 1:7,4, fast unlöslich in Benzol. Kochen mit NaOH liefert die Komponenten zurück. Entsteht auch aus 1-2-Pyrrolidon-5-carbonsäure und Anilin bei 150°. Es erfolgt keine Hydrierung, Br-Lösung wird durch Substitution entfärbt[1].

1-2-Pyrrolidon-5-carbonsäure-p-bromanilid $C_{11}H_{11}O_2N_2Br$. Aus Pyrrolidoncarbonsäureanilid und Br in 50proz. Aceton, Prismen aus Alkohol. Schmelzp. 212°. Unlöslich in kalter konzentrierter HCl. Gibt bei Hydrolyse p-Bromanilin[1].

l-Acetyl-2-pyrrolidon-5-carbonsäureanilid $C_{13}H_{14}O_3N_2$. Aus Pyrrolidoncarbonsäureanilid und siedendem Acetanhydrid, Nadeln aus Wasser. Schmelzp. 166°[1].

l-Dibenzyl-2-pyrrolidon-5-carbonsäureanilid $C_{25}H_{24}O_2N_2$. Aus Pyrrolidoncarbonsäureanilid mit Benzylchlorid, NaOH und etwas Pyridin bei 100°. Tafeln aus wässerigem Aceton. Schmelzp. 158°. Unlöslich in Wasser, wenig löslich in Ligroin[1].

N-Methylenbispyrrolidoncarbonsäure $C_{11}H_{14}O_6N_2$. Entsteht durch Behandlung von d-Glutaminsäure mit 1 Mol HCl und überschüssigem Formalin neben anderen Reaktionsprodukten. $[\alpha]_D^{15} = +85,05°$, Schmelzp. 286°[2].

Ag-Salz $C_{11}H_{12}O_6N_2Ag_2$[2].

Diäthylester $C_{15}H_{22}O_6N_2$, Schmelzp. 118—119°[2].

Pyrrolidoncarbonsäure-N-essigester. Charakterisiert als Diäthylester $C_{11}H_{17}O_5N$. Öl, Kochp.$_{2-3}$ 155—156°. Aus N-[Cyanmethyl-]glutaminsäureester bei der Einwirkung von Na-Alkoholat + NaOH [2].

N-Methylenglutaminsäurepyrrolidoncarbonsäure $C_{11}H_{16}O_7N_2$. Entsteht bei der Einwirkung von überschüssigem Formalin, 1 Mol HCl auf 1 Mol d-Glutaminsäure. Geht beim Zersetzungspunkt unter H_2O-Verlust in eine isomere N-Methylenbispyrrolidoncarbonsäure $C_{11}H_{14}O_6N_2$ über. Zersetzt bei 266°, offenbar ein optisch Isomeres von der oben beschriebenen N-Methylenbispyrrolidoncarbonsäure[2].

1-[α-Pyrrolidonyl-(α')-]1-methyläthanol-(1) $C_7H_{13}O_2N$. Aus d-Glutaminsäurediäthylester und CH_3MgJ, Produkt mit Essigester extrahieren, viscoses Öl, Kochp.$_{15}$ 201—202°, in der Kälte erstarrend, leicht löslich in Wasser[3]. Reagiert mit 3,5-Dinitrobenzoesäure ähnlich dem Dioxopiperazin.

1-[α-Pyrrolidonyl-(α')-]1-äthylpropanol-(1) $C_9H_{17}O_2N$. Aus d-Glutaminsäurediäthylester mit Äthyl-MgBr. Prismen, Schmelzp. 91—92°, Kochp.$_{11}$ 209—210°, $[\alpha]_D^{20} = -7,1°$ in Wasser. Leicht löslich in Wasser, Alkohol. Reagiert mit 3,5-Dinitrobenzoesäure ähnlich dem Dioxopiperazin[3].

1-[α-Pyrrolidonyl-(α')-]1-butylpentanol-(1) $C_{13}H_{25}O_2N$. Aus d-Glutaminsäurediäthylester mit C_4H_5MgJ, Nadeln aus 5proz. Essigsäure. Schmelzp. 102,5—103°. Wenig löslich in kaltem Wasser. Reagiert mit 3,5-Dinitrobenzoesäure ähnlich dem Dioxopiperazin[3].

1-[α-Pyrrolidonyl-(α')-]1-benzyl-2-phenyläthanol-(1) $C_{19}H_{21}O_2N$. Aus d-Glutaminsäurediäthylester mit Benzyl-MgBr, Nadeln aus Aceton, Schmelzp. 202°. Reagiert mit 3,5-Dinitrobenzoesäure ähnlich dem Dioxopiperazin[3].

Derivate der d, l-Pyrrolidoncarbonsäure: d, l-Pyrrolidon-5-carbonsäureanilid $C_{11}H_{12}O_2N_2$. Aus d, l-Pyrrolidon-5-carbonsäure und Anilin bei 205—210°. Tafeln aus Wasser. Schmelzpunkt 204°. In Wasser erheblich schwerer löslich als die l-Verbindung (1:24 bei 100°), fast unlöslich in Alkohol, wässerigem Aceton, ziemlich leicht löslich in β-Chloräthylalkohol[1].

γ-Phenylpyrrolidoncarbonsäure $C_{11}H_{11}O_3N$. Schmelzp. 198° durch Kochen der wässerigen Lösung von γ-Phenylglutaminsäure im Vakuum[4].

Glutamin.
Glutaminsäure-monoamid.

Vorkommen: J. J. Willaman, R. M. West, D. O. Spriestersbach und G. E. Holm[5] fanden unter den N-haltigen Substanzen der Sorghumpflanze Glutamin.

---

[1] W. H. Gray: J. chem. Soc. Lond. **1928**, 1264—1267 — Chem. Zbl. **1928 II**, 354.
[2] S. Sugasawa: J. pharmac. Soc. Japan **1927**, Nr 543, 53—56 — Chem. Zbl. **1927 II**, 932.
[3] S. Kanao u. S. Inagawa: J. pharmac. Soc. Japan **48**, 40—46 — Chem. Zbl. **1928 II**, 50
[4] A. v. Beznák: Biochem. Z. **205**, 414—419 — Chem. Zbl. **1929 II**, 730.
[5] J. J. Willaman, R. M. West, D. O. Spriestersbach u. G. E. Holm: J. agric. Res. **18**, 1—31 (1919) — Chem. Zbl. **1921 I**, 92.

Bildung: Über den möglichen Glutamingehalt des Insulins berichten E. Glaser und G. Halpern[1].

Unter den Hydrolysenprodukten der P-haltigen Polypeptide, die durch Trypsinspaltung aus Casein dargestellt waren, wurde von S. Posternak[2] Glutamin gefunden.

Darstellung: W. Eisenschimmel[3] beschreibt eine verbesserte Darstellungsweise des Glutamins aus Zuckerrübensaft.

Biochemische Eigenschaften: Nach F. Wankell[4] wird Glutamin im Gegensatz zu anderen Aminosäuren unverändert durch die Froschniere durchgelassen.

In Fütterungsversuchen an ausgewachsenen Ratten und Mäusen mit Nahrungsgemischen aus reinen organischen Bausteinen wird von E. Abderhalden[5] beobachtet, daß Glutamin anscheinend durch andere Aminosäuren ersetzbar ist.

Über die Entgiftung der Phenylessigsäure durch Glutamin und dessen Synthese im Tierorganismus berichten G. J. Shiple und C. P. Sherwin[6].

Nach S. R. Miriam, J. T. Wolf und C. P. Sherwin[7] fand bei peroraler Verabreichung von Diphenylessigsäure an Menschen, Kaninchen und Hunde weder eine Kuppelung an Glutamin noch an Glykokoll statt. Der größere Teil der Diphenylessigsäure wurde unverändert im Harn ausgeschieden.

Nach D. Prianischnikow[8] wird das NH_4 von der Pflanze (Hafer, Zuckerrübe) rasch in die Amidogruppe unter Bildung von Glutamin und Asparagin verwandelt.

Nach J. Vondrák[9] ist der Glutamingehalt normal wachsender Rüben höher als bei Wassermangel, obwohl bei letzterem der Gesamtamidgehalt größer ist.

C. Ravenna u. R. Nuccorini[10] studierten den Glutamingehalt in den Wurzeln der Zuckerrübe in den verschiedenen Vegetationsperioden. In der 1. Periode vermehrte sich das Glutamin, um in der folgenden schnell abzunehmen und schließlich ganz zu verschwinden.

Nach Versuchen von D. Prianischnikow[11] sind für die Bildung von Glutamin oder Asparagin unter Verwendung von NH_3 aus dessen Salzen bei Keimlingen (Gerste, Erbsen, Ölpflanzen, z. B. Kürbis, Vicia sativa und Lupinus luteus) nicht die Arteigenschaften, sondern die Ernährungszustände der Keimlinge entscheidend. Außerdem wird über die Bedeutung des Glutamins bzw. Asparagins als unentbehrliche Zwischenstufe beim Auf- und Abbau der Eiweißstoffe berichtet.

Über den Vergleich der Funktion des Harnstoffes in höheren Pilzen, z. B. Bovisten, mit der des Asparagins und Glutamins als Vorratssubstanz berichtet N. Iwanow[12].

Glutamin wirkte nach E. Abderhalden und E. Wertheimer[13] auf die Spaltung von Substraten durch Polypeptidasen, Carbohydrasen und Esterasen etwas hemmend.

Nach J. T. Groll[14] findet im Gegensatz zu Sherman[15] durch Glutamin keine Aktivierung von Amylase statt, die z. B. durch Cu-Salze vergiftet ist.

Nach E. Schmidt[16] wird Glutamin nicht durch die Adenylsäuredesaminase aus Muskelbrei desaminiert.

In dem Maße, wie die Gärung durch Bäckereihefe vorschreitet, nimmt nach P. F. Sharp und O. M. Schreiner[17] die Konsistenz und die Viscosität wässeriger Glutaminaufschwemmun-

---

[1] E. Glaser u. G. Halpern: Biochem. Z. **161**, 121—127 (1925) — Chem. Zbl. **1926 I**, 145.
[2] S. Posternak: C. r. Acad. Sci. Paris **186**, 1762—1765 — Chem. Zbl. **1928 II**, 2154.
[3] W. Eisenschimmel: Z. Zuckerind. tschechoslowak. Rep. **51**, 337—347 — Chem. Zbl. **1927 I**, 2915.
[4] F. Wankell: Pflügers Arch. **208**, 604—616 — Chem. Zbl. **1925 II**, 1371.
[5] E. Abderhalden: Pflügers Arch. **195**, 199—226 — Chem. Zbl. **1922 III**, 1234.
[6] G. J. Shiple u. C. P. Sherwin: J. amer. chem. Soc. **44**, 618—624 (1922) — Chem. Zbl. **1922 III**, 933.
[7] S. R. Miriam, J. T. Wolf u. C. P. Sherwin: J. of biol. Chem. **71**, 249—253 — Chem. Zbl. **1927 I**, 1612.
[8] D. Prianischnikow: Biochem. Z. **207**, 341—349 — Chem. Zbl. **1929 II**, 1577.
[9] J. Vondrák: Z. Zuckerind. tschechoslowak. Rep. **53**, 537—542 — Chem. Zbl. **1929 II**, 1083.
[10] C. Ravenna u. R. Nuccorini: Ann. chim. appl. **18**, 509—512 (1928) — Chem. Zbl. **1929 I**, 1225.
[11] D. Prianischnikow: Ber. dtsch. bot. Ges. **40**, 242—248 (1922) — Chem. Zbl. **1923 I**, 357.
[12] N. Iwanow: Biochem. Z. **154**, 376—390 (1924) — Chem. Zbl. **1925 I**, 1214.
[13] E. Abderhalden u. E. Wertheimer: Fermentforschg **6**, 1—26 — Chem. Zbl. **1922 III**, 558.
[14] J. T. Groll: Pharmac. Weekbl. **65**, 1315—1319 (1928) — Chem. Zbl. **1929 I**, 1011.
[15] Sherman: Chem. Zbl. **1923 III**, 1096.
[16] E. Schmidt: Hoppe-Seylers Z. **179**, 243—282 (1928) — Chem. Zbl. **1929 I**, 1124.
[17] P. F. Sharp u. O. M. Schreiner: Cereal Chem. **3**, 90—101 — Chem. Zbl. **1926 II**, 501.

gen nach Entfernung der Elektrolyte und nach Zusatz von Milchsäure bis zu einem Höchstwerte zu.

Physikalische Eigenschaften: W. Eisenschimmel[1] berichtet über die Bestimmung einiger physikalischer Eigenschaften des Glutamins (Brechungsindex, D verschieden konzentrierter Lösungen, Löslichkeit, p_H und Drehungsvermögen).

Chemische Eigenschaften: Beim Kochen von Glutamin in wässeriger Lösung wurde nach C. Ravenna u. R. Nuccorini[2] außer der Pyrrolidoncarbonsäure eine Verbindung erhalten, die nach den Verfassern ein Gemisch von Glutaminsäure mit ihrem Anhydrid ist.

Über die Bildung von Karamelsubstanzen aus Lävulose + Glutamin berichtet B. Ripp[3].

Glutamin gibt nach E. Waser und E. Brauchli[4] beim Erhitzen in sodaalkalischer Lösung mit einer kleinen Menge p-Nitrobenzoylchlorid eine dunkelweinrote bis violettblaue Färbung. Die Gegenwart von Na-Bisulfit, Na-Sulfid, Na-Hyposulfit verhindert die Reaktion, während Sulfat, Thiosulfat und kolloidaler Schwefel ohne Einfluß sind. Die entsprechenden o- und m-Verbindungen, Benzoylchlorid, p-Nitrophenol, p-Nitrobenzoesäure und p-Nitrobenzaldehyd zeigen die Reaktion nicht. Außerdem bleibt die Färbung bei Gegenwart von Na-Acetat oder Chinolin aus, zeigt sich aber sonst bei jeder alkalischen Substanz (auch Pyridin).

Über die Rolle des Glutamins bei der Kalksaturation mit CO_2 und SO_2 von Zuckerrübensäften berichtet V. Staněk[5].

Die Einwirkung des Na-Salzes von Glutamin auf die Hydrazindarstellung ist nach Versuchen von R. A. Joyner[6] sehr gering.

Derivate: Glutamindiphenylphosphat $C_{17}H_{21}O_7N_2P$. Aus äquivalenten Mengen Glutamin und Diphenylphosphat in Wasser. Verfilzte Nadeln, Schmelzp. 137°[7].

Phenylacetylglutamin wurde Menschen, Kaninchen, Hunden und Hühnern verabreicht oder injiziert. Es wurde nach G. J. Shiple und C. P. Sherwin[8] unangegriffen im Harn wieder ausgeschieden. — Nach N. Suzuki und N. Hasui[9] wird subcutan zugeführte Phenylessigsäure im Harn zu geringem Teile unverändert, hauptsächlich als Phenylacetylglutamin und Phenylacetylglutaminharnstoff ausgeschieden. Bei Hungernden war der Anteil des letzten vermehrt.

β-Oxyglutaminsäure.

Bildung: Aus dem H_2SO_4-Hydrolysat des Zeins, das nach der Butylalkoholmethode aufgearbeitet war, wurden von H. D. Dakin[10] aus dem mit Butylalkohol nicht extrahierbaren Anteil aus den Mutterlaugen der Glutamin- und Asparaginsäure 2,5% β-Oxyglutaminsäure über das leicht lösliche Zn-Salz isoliert.

Unter den Spaltprodukten des Edestins, die nach der etwas modifizierten Methode von Dakin[11] aufgearbeitet wurden, ließ sich nach Th. B. Osborne, Ch. S. Leavenworth und L. S. Nolan[12] keine Oxyglutaminsäure nachweisen.

D. B. Jones u. R. Wilson[13] isolierten aus Gliadinhydrolysaten 7,7% Oxyglutaminsäure.

Unter den Spaltprodukten des gereinigten Ricins wurde von P. Karrer, A. P. Smirnoff, H. Ehrensperger, J. v. Slooten und M. Keller[14] keine Oxyglutaminsäure nachgewiesen.

---

[1] W Eisenschimmel: Z. Zuckerind. tschechoslowak. Rep. **51**, 337—347 — Chem. Zbl. **1927 I**, 2915.

[2] C. Ravenna u. R. Nuccorini: Gazz. chim. ital. **58**, 853—864 (1928) — Chem. Zbl. **1929 I**, 1455.

[3] B. Ripp: Z. Ver. Dtsch. Zuckerind. **1926**, 627—662 — Chem. Zbl. **1926 II**, 2697.

[4] E. Waser u. E. Brauchli: Helvet. chim. Acta **7**, 740—758 — Chem. Zbl. **1924 II**, 947.

[5] V. Staněk: Listy Cukrovarnicki **1920/21**, Nr. 37/38 — Z. Zuckerind. tschechoslowak. Rep. **46**, 45—48 (1921) — Chem. Zbl. **1922 II**, 151.

[6] R. A. Joyner: J. chem. Soc. Lond. **123**, 1114—1121 — Chem. Zbl. **1923 III**, 815.

[7] A. Berton: Ber. dtsch. chem. Ges. **55**, 3361—3365 (1922) — Chem. Zbl. **1923 I**, 50.

[8] G. J. Shiple u. C. P. Sherwin: J. of biol. Chem. **53**, 463—478 — Chem. Zbl. **1922 III**, 1308.

[9] N. Suzuki u. N. Hasui: Acta Scholae med. Kioto **4**, 105—171 (1921) — Ber. Physiol. **11**, 102 — Chem. Zbl. **1922 I**, 768.

[10] H. D. Dakin: Hoppe-Seylers Z. **130**, 159—168 (1923) — Chem. Zbl. **1924 I**, 206.

[11] Dakin: Chem. Zbl. **1921 I**, 454.

[12] Th. B. Osborne, Ch. S. Leavenworth u. L. S. Nolan: J. of biol. Chem. **61**, 309—313 — Chem. Zbl. **1924 II**, 2849.

[13] D. B. Jones u. R. Wilson: Cereal Chem. **5**, 473—477 (1928) — Chem. Zbl. **1929 I**, 1401.

[14] P. Karrer, A. P. Smirnoff, H. Ehrensperger, J. v. Slooten u. M. Keller: Hoppe-Seylers Z. **135**, 129—166 — Chem. Zbl. **1924 II**, 348.

Von D. B. Jones und C. O. Johns[1] konnte unter den Spaltprodukten des Milchalbumins die bisher noch nicht festgestellte Oxyglutaminsäure (wenigstens 10%) isoliert werden.

Im Hydrolysat des Phosphorpeptons aus Casein wurde von C. Rimington[2] neben Serin und Oxyaminoisobuttersäure Oxyglutaminsäure nachgewiesen.

Bestimmung: R. Engeland[3] gibt eine Bestimmungsmethode für Oxyglutaminsäure an, die auf der Überführung der Aminosäure in die Edelmetallsalze der entsprechenden Betaine beruht. Es gelingt ihm, mittels dieser Methode in einem Handelspräparat von Glutaminsäure etwa 50% Oxyglutaminsäure nachzuweisen, die mit keiner der sonst üblichen Methoden feststellbar war, da Drehung und elementare Zusammensetzung des unreinen Produktes nahezu gleich der von reiner Glutaminsäure waren. Das Chloraurat der Tetramethyloxyglutaminsäure $C_9H_{18}O_5N \cdot AuCl_4$ war stark rechtsdrehend $[\alpha]_D = +19,9°$.

Biochemische Eigenschaften: In Fütterungsversuchen an ausgewachsenen Ratten und Mäusen mit Nahrungsgemischen aus reinen organischen Bausteinen wurde von E. Abderhalden[4] beobachtet, daß die Oxyglutaminsäure anscheinend durch andere Aminosäuren ersetzbar ist.

H. D. Dakin[5] untersuchte den Einfluß verschiedener Aminosäuren (Ornithin, Arginin, Oxyprolin, Glutaminsäure, Asparaginsäure und Asparagin) auf die Bildung von Äpfelsäure aus β-Oxyglutaminsäure bei der Hefegärung. Die Aminosäuren wirken mehr oder weniger hemmend.

Physikalische Eigenschaften: P. L. Kirk u. C. L. A. Schmidt[6] berechnen für β-Oxyglutaminsäure folgende Werte für die scheinbaren sauren und basischen Dissoziationskonstanten K_a' und K_b' und den isoelektrischen Punkt p_J

K_a'	K_b'	p_J
$5,85 \cdot 10^{-5}$	$2,12 \cdot 10^{-12}$	3,28
$2,76 \cdot 10^{-10}$		

C. Diamino-monocarbonsäuren.

Arginin.

α-Amino-δ-guanidino-n-valeriansäure.

Vorkommen: Im Harn einer graviden Frau konnte von M. Honda[7] neben anderen Aminosäuren Arginin nachgewiesen werden.

F. A. Hoppe-Seyler[8] gelingt es, aus Cystinurikerharn durch Ausfällung mit Flaviansäure, Zersetzen des Flavianates und Umfällung mit $Cu(NO_3)_2$ d-Arginin als $Cu(NO_3)_2$-Salz zu isolieren. Nach dem Verfasser ist die Ausscheidung von Arginin im Harn eines Cystinurikers für die Cystinurie als Folge des gestörten Eiweißstoffwechsels spezifisch.

Aus 50 l Diazoharn bei Typhus abdominalis wurden von Y. Sendju[9] 0,44 g Arginin isoliert.

Aus 50 l Harn von schwer Lungentuberkulosen ließen sich nach Y. Komori[10] 2,39 g Arginin isolieren.

Von Y. Hijikata[11] konnte in der Kuhmilch Arginin nachgewiesen werden.

W. Gulewitsch und S. Kaplanski[12] bestätigen das Ergebnis von Hagihara, daß in der Rindermilz kein Arginin nachzuweisen ist.

---

[1] D. B. Jones u. C. O. Johns: J. of biol. Chem. **48**, 347—360 — Chem. Zbl. **1922 I**, 141.
[2] C. Rimington: Biochemic. J. **21**, 1187—1193 (1927) — Chem. Zbl. **1928 I**, 705.
[3] R. Engeland: Hoppe-Seylers Z. **120**, 130—140 — Chem. Zbl. **1922 IV**, 614.
[4] E. Abderhalden: Pflügers Arch. **195**, 199—226 — Chem. Zbl. **1922 III**, 1234.
[5] H. D. Dakin: J. of biol. Chem. **61**, 139—145 — Chem. Zbl. **1924 II**, 2058.
[6] P. L. Kirk u. C. L. A. Schmidt: J. of biol. Chem. **81**, 237—248 — Chem. Zbl. **1929 I**, 2860.
[7] M. Honda: Acta Scholae med. Kioto **6**, 405—413 (1924) — Ber. Physiol. **32**, 598 (1925) — Chem. Zbl. **1926 I**, 2486.
[8] F. A. Hoppe-Seyler: Dtsch. Arch. klin. Med. **154**, 97—106 — Chem. Zbl. **1927 I**, 3100.
[9] Y. Sendju: J. of Biochem. **7**, 311—317 — Chem. Zbl. **1927 II**, 2078.
[10] Y. Komori: J. of Biochem. **6**, 297—305 — Chem. Zbl. **1926 II**, 2191.
[11] Y. Hijikata: J. of biol. Chem. **51**, 165—170 (1922) — Chem. Zbl. **1922 I**, 1415.
[12] W. Gulewitsch u. S. Kaplanski: J. russ. phys.-chem. Ges. **58**, 620—622 (1926) — Chem. Zbl. **1927 I**, 471.

Aus 1500 ccm stagnierender Galle der Choledochuscyste ließen sich nach T. Takaki[1] 0,18 g Arginin als Pikrat isolieren.

Unter den Extraktstoffen des Stierhodens fand sich nach H. Müller[2] im Gegensatz zu Morinaka[3] kein Arginin.

Ein von den Spermien getrenntes Filtrat frischer Heringstestikel wurde von H. Steudel und K. Suzuki[4] durch Alkoholfällung weiter fraktioniert, dann das Filtrat mit Phosphorwolframsäure nochmals fraktioniert. Die Argininfraktion enthielt Agmatin und Kreatinin. Das Agmatin wird von den Verfassern als physiologisches Umwandlungsprodukt des Arginins angesehen.

Aus 154 g sirupösem Extrakt aus 4 kg reifen Eiern wurde von H. Steudel und E. Takahashi[5] etwa 1 g Argininpikrolonat isoliert.

In den Extraktstoffen der Embryonen vom Dornhai (Acanthias vulgaris) wurde nach E. Berlin und F. Kutscher[6] Arginin nachgewiesen.

Von der aus den wässerigen Extraktstoffen von Ovarialsubstanz isolierten basischen Fraktion entfallen nach F. W. Heyl und B. Fullerton[7] 24% auf Arginin.

Der alkoholische und wässerige Extrakt aus dem zerkleinerten Fleisch vom Stör (Acipenser sturio) wurde mit Äther fraktioniert. Der im Äther unlösliche Anteil enthielt nach O. Flössner und F. Kutscher[8] kein Arginin.

Aus der Argininfraktion der wässerigen Extrakte der Muskulatur von Riesenschlangen (Python moturus und reticulatus) ließ sich nach W. Keil, W. Linneweh und K. Poller[9] keine reine Verbindung isolieren.

Aus dem Muskelfleisch der Crustacee Palinurus japonicus wurden von Y. Okuda[10] 0,52% Arginin — auf frisches Fleisch bezogen — isoliert.

Unter den Extraktstoffen von Lumbricus terrestris wird von D. Ackermann und F. Kutscher[11] neben anderen Aminosäuren Arginin vermutet.

Über die Fällung von Arginin mit Phosphorwolframsäure aus einer Monoaminosäurefraktion von hydrolysiertem Caseinogen, die 15 Monate aufbewahrt war, berichten R. H. A. Plimmer und J. Lowndes[12].

Nach E. Winterstein und O. Huppert[13] fehlt das Arginin in den Fettkäsen, während es in Magerkäsen in kleinen Mengen vorhanden ist.

Nach W. Grimmer, W. Bodschwinna u. K. Schützler[14] findet sich unter den Abbauprodukten des Backsteinkäses (Limburger Käse) kein Arginin.

Aus den wässerigen Extrakten der Früchte der Chayote (Hayatouri) ließen sich nach K. Yoshimura[15] 0,7 g Arginin als Nitrat isolieren.

In den Saftsäcken der Früchte von Citrus Grandis Osbeck, Form., Buntan, Hayat wurde nach Y. Hiwatari[16] kein Arginin gefunden.

Nach A. Kiesel[17] läßt sich in Roggenähren von verschiedenem Reifezustand Arginin nicht als $Cu(NO_3)$-Doppelsalz nachweisen. Die aus der Argininfraktion isolierten Salze sind nach dem Verfasser möglicherweise Agmatinsalze.

---

[1] T. Takaki: J. of Biochem. **6**, 27—29 — Chem. Zbl. **1926 II**, 780.

[2] H. Müller: Z. Biol. **82**, 573—580 — Chem. Zbl. **1925 II**, 660.

[3] Morinaka: Hoppe-Seylers Z. **124**, 259—266 — Chem. Zbl. **1923 I**, 973.

[4] H. Steudel u. K. Suzuki: Hoppe-Seylers Z. **127**, 1—13 — Chem. Zbl. **1923 III**, 259.

[5] H. Steudel u. E. Takahashi: Hoppe-Seylers Z. **131**, 99—106 (1923) — Chem. Zbl. **1924 I**, 565.

[6] E. Berlin u. F. Kutscher: Z. Biol. **81**, 87—92 — Chem. Zbl. **1924 II**, 851.

[7] F. W. Heyl u. B. Fullerton: J. amer. pharmacent Assoc. **15**, 549—556 — Chem. Zbl. **1926 II**, 1540.

[8] O. Flössner u. F. Kutscher: Z. Biol. **81**, 305—308 — Chem. Zbl. **1924 II**, 1811.

[9] W. Keil, W. Linneweh u. K. Poller: Z. Biol. **86**, 187—198 — Chem. Zbl. **1927 II**, 1483.

[10] Y. Okuda: J. Coll. agric. Tokyo **7**, 55—67 (1919) — Chem. Zbl. **1925 I**, 1091.

[11] D. Ackermann u. F. Kutscher: Z. Biol. **75**, 315—324 — Chem. Zbl. **1922 III**, 736.

[12] R. H. A. Plimmer u. J. Lowndes: Biochemic. J. **21**, 247—253 — Chem. Zbl. **1927 II**, 145.

[13] E. Winterstein u. O. Huppert: Biochem. Z. **141**, 193—221 (1923) — Chem. Zbl. **1924 I**, 112.

[14] W. Grimmer, W. Bodschwinna u. K. Schützler: Milchwirtsch. Forschgn **7**, 595—602 — Chem. Zbl. **1929 II**, 106.

[15] K. Yoshimura: J. of Biochem. **1**, 347—351 (1922) — Ber. Physiol. **20**, 252 — Chem. Zbl. **1924 I**, 782.

[16] Y. Hiwatari: J. of Biochem. **7**, 169—173 — Chem. Zbl. **1927 II**, 268.

[17] A. Kiesel: Hoppe-Seylers Z. **135**, 61—83 — Chem. Zbl. **1924 II**, 193.

Aus dem Preßsaft von 6,46 kg frischer Lucernen ließen sich nach H. B. Vickery[1] 0,522 g Arginin isolieren.

Über den Arginingehalt von gewöhnlichem Reisoryzanin berichtet T. Tadokoro[2].

Aus dem wässerigen Extrakt von 118 g unreifen Pollensäcken ließen sich nach A. Kiesel[3] 0,3437 g Argininpikrat isolieren.

Nach W. Vorbrodt[4] ließ sich im wässerigen Extrakt des Mycels von Aspergillus niger kein Arginin nachweisen.

Unter den wässerigen Extraktstoffen von Mytilus edulis ließ sich nach D. Ackermann[5] Arginin nachweisen.

Im Extraktstoffe von Arbatia pustulosa wurde von F. Holtz und F. Thielmann[6] Arginin gefunden.

Aus Entzuckerungslaugen ließ sich nach E. O. v. Lippmann[7] d-Arginin, Tafeln, Schmelzp. 207°, gewinnen.

Aus der Trockenmasse von Promonta wurden von E. Waldschmidt-Leitz[8] 0,78% Arginin isoliert.

Bildung: Der Arginin-N-Gehalt der im Harn ausgeschiedenen Albumine bei Brightscher- und bei Amyloidniere beträgt nach U. Sammartino[9] 11,72 und 10,77%.

Nach van Slyke ließen sich nach E. Lüscher[10] im Bence-Jonesschen Eiweißkörper durchschnittlich 9,27% Arginin-N nachweisen.

Über die Schwankungen des Arginingehaltes von Gehirnsubstanz und Lebern verschieden alter Menschen, Kaninchen und Mäuse berichtet R. Ehrenberg[11].

Die Globulin-Albuminfraktion von Ochsenfleisch und von Gefrierfleisch hatte nach C. R. Moulton und E. G. Sieveking[12] 11,77—14,74% Arginin-N.

Der Arginin-N-Gehalt der Hydrolysate der Fleischmuskelfasern von Ochs, Kalb, Schwein, Hammel, Pferd, Gans und Kabeljau beträgt nach K. Beck und E. Casper[13] 12,52—13,40%, bezogen auf den Gesamt-Basen-N.

Über den verschiedenen Arginingehalt der Muskelproteine (Myosin und Myogen) und des Serumglobulins von männlichen und weiblichen Tieren (Ochse, Kuh, Hahn und Henne) und der Serumglobuline von Mann und Frau berichten T. Tadokoro, M. Abe und S. Watanabe[14]. Der Arginingehalt des männlichen Geschlechtes ist stets höher.

Die 3 Linsenproteine α-Krystallin, β-Krystallin und Albumoid enthalten nach A. Jess[15] 8,0; 7,5 und 10,26% Arginin.

Im Hydrolysat von Lederhaut und Hornhaut des Auges wurden von A. Jess[16] 2,90 und 5,51% Arginin gefunden.

Im Hydrolysat der Linse von Rinderaugen wurden von Y. Hijikata[17] 3,3% Arginin bestimmt.

Über den Arginingehalt der Nucleinsubstanzen der Milz berichtet J. Hagihara[18].

---

[1] H. B. Vickery: J. of biol. Chem. **61**, 117—127 — Chem. Zbl. **1924 II**, 2405.
[2] T. Tadokoro: Proc. imp. Acad. Tokyo **2**, 498—501 (1926) — Chem. Zbl. **1927 II**, 96.
[3] A. Kiesel: Hoppe-Seylers Z. **120**, 85—90 — Chem. Zbl. **1922 III**, 732.
[4] W. Vorbrodt: Bull l'Acad. polon. Sci. des Lettres, classe des sc. math. et nat., sér. B **1921**, 223—236 — Ber. Physiol. **16**, 376—377 — Chem. Zbl. **1923 III**, 259.
[5] D. Ackermann: Z. Biol. **74**, 67—76 (1921) — Chem. Zbl. **1922 III**, 561.
[6] F. Holtz u. F. Thielmann: Z. Biol. **81**, 296—298 — Chem. Zbl. **1924 II**, 1698.
[7] E. O. v. Lippmann: Ber. dtsch. chem. Ges. **57**, 256—258 — Chem. Zbl. **1924 I**, 1388.
[8] E. Waldschmidt-Leitz: Z. Unters. Lebensmitt. **54**, 291—94 (1927) — Chem. Zbl. **1928 I**, 430.
[9] U. Sammartino: Biochem. Z. **133**, 85—88 (1922) — Chem. Zbl. **1923 III**, 167.
[10] E. Lüscher: Biochemic. J. **16**, 556—563 (1922) — Chem. Zbl. **1923 I**, 455.
[11] R. Ehrenberg: Biochem. Z. **164**, 175—182 (1925) — Chem. Zbl. **1926 II**, 444.
[12] C. R. Moulton u. E. G. Sieveking: J. Assoc. official agricult Chem. **8**, 155—158 — Chem. Zbl. **1925 II**, 1717.
[13] K. Beck u. E. Casper: Z. Unters. Lebensm. **56**, 437—457 (1928) — Chem. Zbl. **1929 I**, 1954.
[14] T. Tadokoro, M. Abe u. S. Watanabe: Proc. imp. Acad. Tokyo **3**, 543—546 (1927) — Chem. Zbl. **1928 I**, 710.
[15] A. Jess: Hoppe-Seylers Z. **122**, 160—165 (1922) — Chem. Zbl. **1923 I**, 112.
[16] A. Jess: Graefes Arch. **112**, 489—494 (1923) — Ber. Physiol. **24**, 386 (1924) — Chem. Zbl. **1924 II**, 686.
[17] Y. Hijikata: J. of biol. Chem. **51**, 155—164 (1922) — Chem. Zbl. **1922 I**, 1415.
[18] J. Hagihara: Hoppe-Seylers Z. **135**, 294—316 — Chem. Zbl. **1924 II**, 65.

Im Hydrolysat der menschlichen Epidermis ließ sich nach Y. Jono[1] mit Sicherheit Arginin nachweisen.

Der Arginin-N-Gehalt von Haaren, Nägeln und Hühneraugen ist nach U. Sammartino[2] 14,91—16,58; 15,88—17,36 und 12,92—14,82%.

Mit Wasser aus der Magenschleimhaut des Schweines extrahierte Peptone werden fraktioniert. Die mit Ag-Ba(OH)$_2$ gefällte Fraktion enthält nach K. Felix[3] 23 bzw. 45% Arginin-N, die mit Phosphorwolframsäure gefällte Fraktion 14% Arginin-N.

Bei der Darstellung des Histons aus der Darmschleimhaut wird eine weitere N-haltige Fraktion — wahrscheinlich Spaltprodukte von Zellproteinen — erhalten, die nach K. Felix[4] 26,4% Arginin-N enthält.

Eine aus Lymphknoten isolierte N-haltige Fraktion — wahrscheinlich Spaltprodukte von Zellproteinen — hatte nach K. Felix[4] 14% Arginin-N.

Ein aus Kalbsthymushiston durch Hydrolyse mit Pepsinsalzsäure von K. Felix[5] hergestelltes Histopepton hatte 28,4% Arginin-N. Von 5 Fraktionen von Eiweißspaltprodukten (durch Hydrolyse mit Pepsinsalzsäure aus Kalbsthymushiston dargestellt) waren 3 nach K. Felix[6] argininreich. Ein aus Thymusdrüsen hergestelltes Pepton enthielt nach K. Felix[7] 62,5% Arginin-N. Nach dem Verfasser soll diese Verbindung auf 2 Mol Monoaminosäuren 1 Mol Arginin enthalten.

Bei der Hydrolyse des Histonsulfates mit Pepsinsalzsäure wurden nach der Abtrennung des Histonpikrates weitere Fraktionen isoliert, von denen die mit Ag-Ba(OH)$_2$ fällbare 25,5% und die mit Ag-Ba(OH)$_2$ nicht gefällte Fraktion 17% Arginin-N enthielten, so daß nach K. Felix[8] das Arginin teilweise auch mit der sonst im Eiweiß freien Guanidingruppe verkettet ist.

Im Thyreoglobulin, das durch NaCl-Extraktion aus Schilddrüsen extrahiert wurde, ermittelte H. C. Eckstein[9] nach der van Slykeschen Methode durchschnittlich 16,55% Arginin-N. Diese Argininwerte unterschieden sich von denen, die nach der Kossel-Kutscherschen Methode bestimmt waren.

Im Hydrolysat des Harnfarbstoffes von normalem und Porphyrinurin ließ sich nach H. Fischer und W. Zerweck[10] Arginin nachweisen.

Das Keratin des japanischen Speckes, aus Cetacea hergestellt, enthält nach S. Oikawa[11] 0,27% Arginin-N. Die Gelatine, aus der getrockneten Haut des Seiwales hergestellt, enthält nach dem Verfasser 0,45% Arginin-N.

Über den Arginingehalt des Eiweißes von Walfleisch berichtet W. L. Davies[12].

Aus den Hydrolysenprodukten der Muskelproteine des Walfisches und des Dorsches wurden von Y. Okuda, T. Okimoto und T. Yada[13] 6,48 und 6,68% Arginin — auf asche- und wasserfreies Eiweiß berechnet — isoliert.

J. L. Rosedale[14] ermittelte den Arginin- und Lysingehalt vom Fleisch einiger tropischer Fische.

Der Arginingehalt der Muskelproteine von Pagrus major ist nach Y. Okuda und K. Ōyama[15] geringer als der vom Heilbutt.

---

[1] Y. Jono: J. of orient Med. 5, 12 — Ber. Physiol. 37, 769 (1926) — Chem. Zbl. 1927 I, 1968 — J. of Biochem. 10, 311—323 — Chem. Zbl. 1929 II, 1701.

[2] U. Sammartino: Biochem. Z. 133, 476—486 (1922) — Chem. Zbl. 1923 III, 319.

[3] K. Felix: Hoppe-Seylers Z. 135, 175—179 — Chem. Zbl. 1924 II, 484.

[4] K. Felix: Hoppe-Seylers Z. 116, 150—163 (1921) — Chem. Zbl. 1922 I, 56.

[5] K. Felix: Hoppe-Seylers Z. 119, 66—71 — Chem. Zbl. 1922 I, 1415.

[6] K. Felix: Sitzgsber. Ges. Morph. u. Physiol. Münch. 37, 82—85 — Ber. Physiol. 40, 638—639 — Chem. Zbl. 1927 II, 1974.

[7] K. Felix: Hoppe-Seylers Z. 120, 91—93 — Chem. Zbl. 1922 III, 735.

[8] K. Felix: Hoppe-Seylers Z. 120, 94—102 — Chem. Zbl. 1922 III, 735.

[9] H. C. Eckstein: J. of biol. Chem. 67, 601—607 — Chem. Zbl. 1926 II, 1962.

[10] H. Fischer u. W. Zerweck: Hoppe-Seylers Z. 137, 176—241 — Chem. Zbl. 1924 II, 1218.

[11] S. Oikawa: Tôhoku J. exper. Med. 2, 447—450, 451—454, 455—458 — Ber. Physiol. 14, 70, 86 — Chem. Zbl. 1922 III, 928.

[12] W. L. Davies: J. Soc. chem. Ind. 46, T. 99—100 — Chem. Zbl. 1927 II, 1411.

[13] Y. Okuda, T. Okimoto u. T. Yada: J. Coll. agric. Tokyo 7, 29—37 (1919) — Chem. Zbl. 1925 I, 1091.

[14] J. L. Rosedale: Biochemic. J. 23, 161—165 — Chem. Zbl. 1929 II, 3230.

[15] Y. Okuda u. K. Ōyama: J. Coll. agric. Tokyo 5, 365—372 (1916) — Chem. Zbl. 1925 I, 1219.

Aus der Garnelenmuskulatur (Peneus satiferus) wurde durch Extraktion mit 95 proz. Alkohol und dann mit Äther ein N-haltiger Extrakt gewonnen, der nach D. B. Jones, O. Moeller und Ch. E. F. Gersdorff[1] 19,52% Arginin-N enthielt.

Der Arginingehalt der Muskelproteine der Molluske: Loligo breekeri und der Crustaceen Palinurus japonicus und Paralithodes camtschatica beträgt nach Y. Okuda, S. Uematsu, K. Sakata und K. Fujikawa[2] 8,12; 7,21 und 8,75% — auf asche- und wasserfreies Eiweiß berechnet.

Das asche- und wasserfreie Protein der Körperwand der Seewalze, Stichopus japonicus Selenka, enthielt nach K.-H. Lin und Ch.-Ch. Chen[3] 5,74% Arginin.

In den fettfreien Rückständen der Gonaden von Rhizostoma Cuvieri ließen sich von F. Haurowitz[4] Polypeptide und Proteide nachweisen, die neben anderen Aminosäuren auch Arginin enthielten.

Der Arginin-N-Gehalt eßbarer Holothurien beträgt nach S. Fränkel und C. Jellinek[5] 17,26%.

Über den Arginingehalt der Wohnröhren der Spirographis Spallanzani berichten S. Fränkel und C. Jellinek[6].

Im Hydrolysat des in Wasser unlöslichen Anteils der Plasmodien von Fuligo varians, der im wesentlichen aus Nucleoproteiden besteht, ließ sich nach W. W. Lepeschkin[7] Arginin nachweisen.

Über den Aminosäuregehalt (Arginin neben anderen Aminosäuren) verschiedener Plastinpräparate von Myxomyceten, die mit $1/2$ und $1/4$ n-NaOH aus verschiedenartigen und -altrigen Plasmodien extrahiert waren, berichtet A. Kiesel[8].

Im Hydrolysat des aus der Eisackflüssigkeit des Laiches von Hemifusus tuba Gmel. dargestellten Rohvitellins ließen sich nach Y. Komori[9] 3,73% Arginin nachweisen.

Über den Arginingehalt von Ovotyrin-α und Ovotyrin-β_2 berichten S. Swigel und Th. Posternak[10]. Der Arginingehalt des Ovotyrin-β_1 beträgt nach den Verfassern 0,62 Mol.

Das aus Heringseiern durch NaCl- bzw. NaOH-Extraktion isolierte Ichthulin enthält nach H. Steudel und E. Takahashi[11] 6,33% Arginin.

Der Arginin-N-Gehalt der nach der Isolierung des Proteins zurückbleibenden Schalen von Heringseiern beträgt nach H. Steudel und S. Osato[12] 6,35%.

Aus den Proteinen des Ovarienrückstandes — vom Corpus luteum befreite Drüsen — hauptsächlich aus einer Albuminfraktion — läßt sich nach B. Fullerton und F. W. Heyl[13] Arginin isolieren, dessen Menge etwa 3 Molekülen entsprechen würde.

Im Hydrolysat der Spaltprodukte von glucosaminhaltigen Glykoproteiden, dem Ovomucoid und der Mucoidsubstanz aus der Eisackflüssigkeit von Gastropoden (Hemifusus tuba Gmel.), wie im Hydrolysat der Eisackflüssigkeit selbst ließ sich nach Y. Komori[14] Arginin nachweisen.

Das durch Alkohol aus dem Liquor folliculi gefällte Rohprotein enthält nach B. Fullerton und F. W. Heyl[15] 5,7% Arginin.

Über den etwa gleichen Arginingehalt eines aus der Spermamasse der Testikel von

---

[1] D. B. Jones, O. Moeller u. Ch. E. F. Gersdorff: J. of biol. Chem. **65**, 59—65 (1925) — Chem. Zbl. **1926 I**, 706.
[2] Y. Okuda, S. Uematsu, K. Sakata u. K. Fujikawa: J. Coll. agric. Tokyo **7**, 39—54 (1919) — Chem. Zbl. **1925 I**, 1091.
[3] K.-H. Lin u. Ch.-Ch. Chen: Chin. J. Physiol. **1**, 169—173 — Chem. Zbl. **1927 II**, 271.
[4] F. Haurowitz: Hoppe-Seylers Z. **122**, 145—159 (1922) — Chem. Zbl. **1923 I**, 112.
[5] S. Fränkel u. C. Jellinek: Biochem. Z. **185**, 389—391 — Chem. Zbl. **1927 II**, 1044.
[6] S. Fränkel u. C. Jellinek: Biochem. Z. **185**, 379—383 — Chem. Zbl. **1927 II**, 1044.
[7] W. W. Lepeschkin: Biochem. Z. **171**, 126—145 — Chem. Zbl. **1926 I**, 3607.
[8] A. Kiesel: Hoppe-Seylers Z. **173**, 169—183 — Chem. Zbl. **1928 I**, 1779.
[9] Y. Komori: J. of Biochem. **6**, 129—138 — Chem. Zbl. **1926 II**, 1758.
[10] S. Swigel u. Th. Posternak: C. r. Acad. Sci. Paris **185**, 615—617 (1927) — Chem. Zbl. **1928 I**, 211.
[11] H. Steudel u. E. Takahashi: Hoppe-Seylers Z. **127**, 210—219 — Chem. Zbl. **1923 III**, 320.
[12] H. Steudel u. S. Osato: Hoppe-Seylers Z. **127**, 220—223 — Chem. Zbl. **1923 III**, 320.
[13] B. Fullerton u. F. W. Heyl: J. amer. pharmaceut. Assoc. **15**, 18—30 — Chem. Zbl. **1926 II**, 52.
[14] Y. Komori: J. of Biochem. **6**, 1—20 — Chem. Zbl. **1926 II**, 780.
[15] B. Fullerton u. F. W. Heyl: J. amer. chem. Soc. **15**, 16—18 — Chem. Zbl. **1926 I**, 3556.

Echinus esculentes isolierten Histons im Vergleich zu dem von anderen Histonen berichten A. Kossel und W. Staudt[1].

Ein Protamin, das aus den Spermien des Gangfisches, Coregonus macrophthalmus (Nüsslin) einer Felchenart des Bodensees, gewonnen war, enthielt nach A. Kossel und W. Staudt[1] etwa 90,5% Arginin-N.

In den Hydrolysaten von 6 neuen Protaminen: Lateolin, Sciaenin, Scombropin, Seriolin, Scombremin und Stereolin — aus dem Sperma von 6 japanischen Fischarten dargestellt — war nach M. Yamagawa[2] neben Histidin hauptsächlich Arginin vorhanden.

R. Hirohata[3] isolierte aus dem Sperma der Formosa-Meeräsche (Mugil japonicus Temminck und Schlegel) ein neues Protamin „Mugulin β", das 70,58% Arginin enthielt.

Die aus Karpfensperma isolierten und fraktionierten basischen Protamine: Cyprinodipepton 1, Cyprinodipepton 2 enthalten nach A. Kossel und E. G. Schenck[4] folgenden Arginin-N-Gehalt 0,36—18,02 bzw. 13,45—34,02% vom Gesamt-N, 2 Cyprinotripeptone 1—15,17% und Cyprinohiston 19,05%. Weiterhin wurde der Arginingehalt verschiedener Clupeine ermittelt. Ein aus den reifen Testikeln der Flußbarbe (Barbe fluvialis) dargestelltes Barbopepton hatte 11,50% Arginin. Salmin und Sturin, nach den gleichen Methoden aufgearbeitet, zeigten den gleichen Arginingehalt.

Der Arginin-N-Gehalt folgender Protamine: Alalongin aus Thymus alalonga (germon), Ancylodin aus Sagenichthys ancylodon, Protaminsulfat, aus Pelamys sarda und Leuciscin aus den Testikeln der Plötze (Leuciscus rutilus) beträgt nach A. Kossel und W. Staudt[5]: 89,33; 77,67; 82,55 und 14%.

St. Goldschmidt u. H. Kahn[6] zerlegten das Serumalbumin des Rinderblutes in drei Fraktionen. Der Arginin-N-Gehalt der drei Fraktionen war folgender: I. 13,9, II. 11,5 und III. 12,6%.

H. B. Vickery u. Ch. S. Leavenworth[7] ermittelten im Pferdehämoglobin 3,32% Arginin. Es kommen also 13 Mole Arginin auf ein Hämoglobinmolekül.

Vom N des Hämoglobins und des Globins aus Hämoglobin vom Pferdeblut entfallen nach A. Poljakow[8] 2,0% auf Arginin-N.

Bei der Hydrolyse von Stromaeiweiß der Erythrocyten wurden von F. Haurowitz und I. Sládek[9] 4,26—10,44% Arginin-N gefunden.

Ein Insulinpräparat enthielt nach E. Glaser und G. Halpern[10] 1,7% Arginin-N. Nach M. Sandberg und E. Brand[11] beträgt der Arginin-N-Gehalt des Insulins 10—12%, der nach Hydrolyse des Insulins mit Proteasen mittels Arginase und Urease ermittelt wurde.

Von H. Jensen, O. Wintersteiner und V. du Vigneaud[12] und von V. du Vigneaud[12] wurde im Hydrolysat von krystallisiertem Insulin Arginin nachgewiesen; der Arginin-N-Gehalt betrug 6,60%, also 3,22% Arginin.

Im Caseoglutin von Emmentaler, Tilsiter und Weichkäsesorten findet sich nach W. Grimmer und B. Wagenführ[13] Arginin.

H. Lüers und G. Nowak[14] vergleichen den Arginingehalt von Zymocasein mit dem von Casein und Vitellin, der in allen drei Proteinen etwa gleich groß ist.

---

[1] A. Kossel u. W. Staudt: Hoppe-Seylers Z. **159**, 172—178 — Chem. Zbl. **1926 II**, 2606.
[2] M. Yamagawa: J. Coll. agric. Tokyo **5**, 419—459 (1916) — Chem. Zbl. **1925 I**, 1092.
[3] R. Hirohata: J. of Biochem. **10**, 251—258 — Chem. Zbl. **1929 II**, 179.
[4] A. Kossel u. E. G. Schenck: Hoppe-Seylers Z. **173**, 278—308 — Chem. Zbl. **1928 I**, 2096.
[5] A. Kossel u. W. Staudt: Hoppe-Seylers Z. **171**, 156—173 (1927) — Chem. Zbl. **1928 I**, 215.
[6] St. Goldschmidt u. H. Kahn: Hoppe-Seylers Z. **183**, 19—31 — Chem. Zbl. **1929 II**, 1173.
[7] H. B. Vickery u. Ch. S. Leavenworth: J. of biol. Chem. **79**, 377—388 (1928) — Chem. Zbl. **1929 I**, 2541.
[8] A. Poljakow: Biochem. Z. **204**, 88—96, 97—105 — Chem. Zbl. **1929 I**, 1226—1227.
[9] F. Haurowitz u. I. Sládek: Hoppe-Seylers Z. **173**, 268—277 — Chem. Zbl. **1928 I**, 2101.
[10] E. Glaser u. G. Halpern: Biochem. Z. **161**, 121—127 (1925) — Chem. Zbl. **1926 I**, 145.
[11] M. Sandberg u. E. Brand: Proc. Soc. exper. Biol. a. Med. **24**, 373—376 — Ber. Physiol. **40**, 849 — Chem. Zbl. **1927 II**, 2203.
[12] H. Jensen, O. Wintersteiner u. V. du Vigneaud: J. of Pharmacol. **32**, 387—395 — Chem. Zbl. **1928 II**, 259 — J. of Pharmacol. **32**, 397—411 — Chem. Zbl. **1928 II**, 259. — V. du Vigneaud: J. of biol Chem. **75**, 393—405 (1927) — Chem. Zbl. **1928 II**, 164.
[13] W. Grimmer u. B. Wagenführ: Milchwirtsch. Forschgn **2**, 193—198 (1925) — Ber. Physiol. **31**, 492 — Chem. Zbl. **1925 II**, 1718.
[14] H. Lüers u. G. Nowak: Biochem. Z. **154**, 310—320 (1924) — Chem. Zbl. **1925 I**, 1330.

Aus dem Hydrolysat von 69 g Glutencasein aus Buchweizen wurden von A. Kiesel[1] 6,71 und 7,55% Arginin isoliert.

Zymocasein-Phosphorprotein, aus der Hefe dargestellt, enthielt nach P. Thomas[2] Arginin.

Im Hydrolysat von Hefeeiweiß aus autolysierter Hefe wurden von A. Kiesel[3] 3,15% Arginin bestimmt.

Im Spinacin, Protein aus Spinatblättern, wurden von A. Ch. Chibnall[4] 13,80% Arginin-N nachgewiesen.

Das pflanzliche Albumin Leukosin besaß nach H. Lüers und M. Landauer[5] 11,49% Arginin-N.

Unter den Spaltprodukten von Rohricin konnten von P. Karrer, A. P. Smirnoff, H. Ehrensperger, J. van Slooten und M. Keller[6] 3,6% Arginin-N, und in einem Ricinpräparat, das als unverdauter Rest aus einer Verdauungsflüssigkeit isoliert wurde, 1% Arginin-N nachgewiesen werden. Unter den Spaltprodukten gereinigten Ricins wurden von den Verfassern 11,7% Arginin nachgewiesen.

Nach P. Thomas[7] ist der Arginingehalt von Cerevisin geringer als der von anderen pflanzlichen Albuminen, denen es nahesteht.

Das mit 80proz. Alkohol aus dem kleiefreien Mehl von Coix lacryma L. gewonnene Protamin, Coicin, hatte nach G. Hattori und S. Komatsu[8] 0,20% Arginin.

Einige Eiweißstoffe aus Weizenkleie und anderen Weizenkornteilen: Prolamine, Globuline und Albumine wurden von D. B. Jones und C. E. F. Gersdorff[9] auf den Gehalt verschiedener Aminosäuren, unter anderem auf den von Arginin, analytisch untersucht.

Der Arginin-N-Gehalt des α- und β-Glutelins aus Weizen ist nach F. A. Csonka und D. B. Jones[10] 10,95 und 6,10%.

Über den Arginingehalt der in Alkohol löslichen Haferproteine im Vergleich zu dem von Gerste und Weizen berichten H. Lüers und M. Siegert[11].

Aus Hafer (Avena sativa) isoliertes Glutelin enthielt nach F. A. Csonka[12] 15,30% Arginin-N.

F. A. Csonka u. D. B. Jones[13] ermittelten im Roggen-Glutelin 7,07% und im α-Gerste-Glutelin 5,59% Arginin.

D. B. Jones und C. E. F. Gersdorff[14] isolierten aus dem Endosperm von Reis (Oryza sativa) 2 Globuline, deren Arginin-N-Gehalt 15,5 und 27,23% betrug. Weiterhin isolierten D. B. Jones und F. A. Csonka[15] aus dem Glutelin von poliertem Reis ein Globulin, dessen Arginin-N-Gehalt 20,4%, also 11,13% Arginin betrug.

D. B. Jones und F. A. Csonka[16] isolierten 2 Gluteline aus Mais (Zea mais), von denen das α-Glutelin 15,11% Arginin-N enthielt.

Ein Eiweißkörper aus den Blättern von Zea mais enthielt nach A. Ch. Chibnall und L. S. Nolan[17] 14,69% Arginin-N.

---

[1] A. Kiesel: Hoppe-Seylers Z. **118**, 301—303 (1922) — Chem. Zbl. **1922 I**, 823.
[2] P. Thomas: Ann. Inst. Pasteur **35**, 43—95 — Chem. Zbl. **1921 I**, 576.
[3] A. Kiesel: Hoppe-Seylers Z. **118**, 304—306 (1922) — Chem. Zbl. **1922 I**, 824.
[4] A. Ch. Chibnall: J. of biol. Chem. **61**, 303—308 — Chem. Zbl. **1924 II**, 2589.
[5] H. Lüers u. M. Landauer: Biochem. Z. **133**, 598—602 (1922) — Chem. Zbl. **1923 III**, 313.
[6] P. Karrer, A. P. Smirnoff, H. Ehrensperger, J. van Slooten u. M. Keller: Hoppe. Seylers Z. **135**, 129—146 — Chem. Zbl. **1924 II**, 348.
[7] P. Thomas: Ann. Inst. Pasteur **35**, 43—95 — Chem. Zbl. **1921 I**, 576.
[8] G. Hattori u. S. Komatsu: J. of Biochem. **1**, 365—369 (1922) — Ber. Physiol. **20**, 373. (1923) — Chem. Zbl. **1924 I**, 1209.
[9] D. B. Jones u. C. E. F. Gersdorff: J. of biol. Chem. **64**, 241—251 — Chem. Zbl. **1925 II**, 1534.
[10] F. A. Csonka u. D. B. Jones: J. of biol. Chem. **73**, 321—329 — Chem. Zbl. **1927 II**, 2070.
[11] H. Lüers u. M. Siegert: Biochem. Z. **144**, 467—476 — Chem. Zbl. **1924 I**, 1939.
[12] F. A. Csonka: J. of biol. Chem. **75**, 189—194 — Chem. Zbl. **1928 II**, 903.
[13] F. A. Csonka u. D. B. Jones: J. of biol. Chem. **82**, 17—21 — Chem. Zbl. **1929 II**, 3229.
[14] D. B. Jones u. C. E. F. Gersdorff: J. of biol. Chem. **74**, 415—426 (1927) — Chem. Zbl. **1928 II**, 456.
[15] D. B. Jones u. F. A. Csonka: J. of biol. Chem. **74**, 427—431 (1927) — Chem. Zbl. **1928 II**, 456.
[16] D. B. Jones u. F. A. Csonka: J. of biol Chem. **78**, 289—292 — Chem. Zbl. **1928 II**, 1890.
[17] A. Ch. Chibnall u. L. S. Nolan: J. of biol. Chem. **62**, 179—181 (1924) — Chem. Zbl. **1925 I**, 677.

Die aus dem Samen der Luzerne isolierten Proteine enthalten nach H. C. Miller[1] 20,75% Arginin-N.

Das aus dem Luzernenheu durch verdünntes Alkali extrahierte Protein enthält nach H. C. Miller[2] Arginin.

Im Hydrolysat eines Eiweißkörpers aus Luzernenblättern wurden von A. Ch. Chibnall und S. L. Nolan[3] 15,32% Arginin-N bestimmt.

Im Hydrolysat von Preßsäften aus Luzernen ließen sich nach Ch. S. Leavenworth, A. I. Wakeman und Th. Osborne[4] 3,6% Arginin-N bestimmen.

Aus dem eiweißfreien Safte der Luzerne konnte nach H. B. Vickery und C. G. Vinson[5] mit Pb-Acetat ein Niederschlag gewonnen werden, aus dem sich nach Hydrolyse mit H_2SO_4 merkliche Mengen von Arginin isolieren ließen.

Nach partieller Hydrolyse des Arachins mit verdünnter heißer NaOH wird durch Fällung mit HCl ein Niederschlag gewonnen, der etwa $1/3$ der Gesamtmenge beträgt und nach D. B. Jones und H. C. Waterman[6] neben $1/3$ des gesamten Arginins, etwa $2/3$ des gesamten Histidins, $1/3$ des gesamten Cystins und $2/5$ des gesamten Lysins enthält.

Die aus der Adsukibohne, Phaseolus Angularis, isolierten α- und β-Globuline enthalten nach D. B. Jones, A. J. Finks und C. E. F. Gersdorff[7] 5,45 und 7,00% Arginin.

Der Arginin-N-Gehalt der amerikanischen Mungobohne beträgt nach V. G. Heller[8] 13,51%.

Über den Arginingehalt der Proteine aus den fettfreien Mehlen von Baumwollsamen, Sojabohnen und Cocosnuß, die durch eine 0,2 proz. NaOH- bzw. 5 proz. $Ba(OH)_2$-Lösung extrahiert waren, berichtet W. G. Friedemann[9].

Aus den Baumwollsamen durch NaOH-Lösung extrahierte Proteine wurden von D. B. Jones und F. A. Csonka[10] weiter fraktioniert und in folgenden Proteinen, α-Globulin, β-Globulin und Pentose-Protein, der Arginin-N-Gehalt ermittelt: 22,90; 23,94 und 23,02%.

Das Hydrolysat des Baumwollsamenmehles enthält nach W. B. Nevens[11] — nach van Slyke bestimmt — 18,7% Arginin-N.

Die durch Extraktion mit 10 proz. NaCl-Lösung aus Sesamsamen isolierten α- und β-Globuline enthielten nach D. B. Jones und C. E. F. Gersdorff[12] 15,07 und 15,58% Arginin.

Nach C. O. Johns und C. E. F. Gersdorff[13] besitzen sowohl α- wie β-Globulin des Tomatensamens, Solanum esculentum, einen hohen Arginingehalt.

Ein durch Extraktion mit 2 proz. NaCl-Lösung aus enthülsten Samen von Cucumis isoliertes Globulin enthält nach D. B. Jones und C. E. F. Gersdorff[14] 16,26% Arginin. Ein durch Extraktion mit 0,5 proz. NaOH-Lösung aus hülsenhaltigen Samen isoliertes Glutenin enthielt 12,42% Arginin.

Ein aus Walnüssen isoliertes Globulin enthält nach F. A. Cajori[15] 22,9% Arginin-N.

Aus dem alkalischen Alkoholextrakt aus den Blättern von Kuzu (japan. Arrow-root-Pflanze, Pueraria hirsuta, Matsum) wurde durch Neutralisieren mit HCl ein Protein gefällt, das nach R. Sasaki[16] einen Arginin-N-Gehalt von 8,80% besitzt.

---

[1] H. C. Miller: J. amer. chem. Soc. **43**, 906—913 (1921) — Chem. Zbl. **1922 I**, 1378.
[2] H. C. Miller: J. amer. chem. Soc. **43**, 2656—2663 (1921) — Chem. Zbl. **1922 III**, 627.
[3] A. Ch. Chibnall u. S. L. Nolan: J. of biol. Chem. **62**, 173—178 (1924) — Chem. Zbl. **1925 I**, 677.
[4] Ch. S. Leavenworth, A. I. Wakeman u. Th. Osborne: J. of biol. Chem. **58**, 209—214 (1923) — Chem. Zbl. **1924 I**, 922.
[5] H. B. Vickery u. C. G. Vinson: J. of biol. Chem. **65**, 91—95 (1925) — Chem. Zbl. **1926 I**, 136.
[6] D. B. Jones u. H. C. Waterman: J. of biol. Chem. **52**, 357—366 — Chem. Zbl. **1922 III**, 1307.
[7] D. B. Jones, A. J. Finks u. C. E. F. Gersdorff: J. of biol. Chem. **51**, 103—114 — Chem. Zbl. **1922 I**, 1378.
[8] V. G. Heller: J. of biol. Chem. **75**, 435—442 (1927) — Chem. Zbl. **1928 I**, 2513.
[9] W. G. Friedemann: J. of biol. Chem. **51**, 17—20 (1922) — Chem. Zbl. **1922 I**, 1378.
[10] D. B. Jones u. F. A. Csonka: J. of biol. Chem. **64**, 673—683 (1925) — Chem. Zbl. **1926 I**, 418.
[11] W. B. Nevens: J. Dairy Sci. **4**, 375—400, 552—591 (1921) — Ber. Physiol. **12**, 444—445 — Chem. Zbl. **1922 III**, 393.
[12] D. B. Jones u. C. E. F. Gersdorff: J. of biol. Chem. **75**, 213—225 (1927) — Chem. Zbl. **1928 I**, 933.
[13] C. O. Johns u. C. E. F. Gersdorff: J. of biol. Chem. **51**, 439—451 — Chem. Zbl. **1922 III**, 437.
[14] D. B. Jones u. C. E. F. Gersdorff: J. of biol. Chem. **56**, 79—96 — Chem. Zbl. **1923 III**, 313.
[15] F. A. Cajori: J. of biol. Chem. **49**, 389—397 (1921) — Chem. Zbl. **1922 I**, 474.
[16] R. Sasaki: Bull. agricult. chem. soc. Japan **4**, 1—5 (1928) — Chem. Zbl. **1929 II**, 583.

Die aus der Rinde des Akazienbaumes, Robinia pseudacacia, durch NaCl-Lösung extrahierten Proteine wurden fraktioniert, die Globuline vom Albumin durch Dialyse getrennt, das nach D. B. Jones, C. E. F. Gersdorff und O. Moeller[1] 9,41% Arginin-N bzw. 4,39% Arginin enthielt.

Aus der lufttrockenen Masse der Pollenkörper von Pinus silvestris ließen sich nach A. Kiesel[2] 0,5% Arginin extrahieren.

Im Proteinhydrolysat der Sporen von Aspidium filix mas ließ sich nach A. Kiesel[3] kein Arginin nachweisen.

Ein durch partielle Hydrolyse aus dem Protoplasma von Myxomyceten dargestelltes Protein enthielt nach N. Iwanow[4] 12,24% Arginin.

Im Hydrolysat eines Peptones, das durch Extraktion neben Chitosan aus Lycoperdon piriforme dargestellt wurde, ließ sich nach N. Iwanow[5] Arginin als Pikrolonat nachweisen.

Das Eiweiß des Pilzes Oidium lactis enthält nach W. Grimmer und E. Steinlechner[6] Arginin.

D. M. Hetler[7] bestimmt und vergleicht den Arginingehalt der autoclavierten und nicht autoclavierten Bakterienzellen (Bacillus lactis aerogenes), die auf künstlichen Nährböden gezüchtet waren. Der Arginingehalt des autoclavierten Materials war geringer als der des nicht autoclavierten.

Das aus Tuberkelbacillen durch Wasser extrahierte Albumin enthält nach R. D. Coghill[8] 22,2% Arginin.

Ein aus Tuberkelbacillen durch 0,5proz. NaOH-Extraktion isoliertes Protein enthielt nach R. D. Coghill[9] 17,3—17,8% Arginin.

Nach einer Methode von O. Fürth und O. Deutschberger[10] wurde der Arginingehalt folgender Proteine bestimmt: Gelatine, Hämoglobin, Fibrin und Wittepepton, Serumalbumin, Globulin, Casein, Ovalbumin, Ovoglobulin, Legumin, Hornkeratin, Fibroin, Sericin und Pankreasnucleoproteid: 9; 4,4; 7; 7; 6,1; 6,1; 5,2; 6,0; 4,1; 11,4; 4,7; 1,5; 4,3; 10,0%. Bei Organen wurden folgende Argininwerte gefunden: Rinderpankreas 8,79, Rindermuskel 5,65, Lunge (Kalb) 5,25, Niere (Mensch) 6,48, Leber (Mensch) 7,35 und Milz (Mensch) 7,14%.

Bei der Hydrolyse des Seidenfibroins nach der üblichen Methode wurden von E. Abderhalden[11] 1,5% Arginin — auf aschefreie Substanz bezogen — isoliert.

Im Sericin wurden von N. Alders[12] 4,3% Arginin gefunden.

Nach H. S. Simms[13] findet die Umwandlung vom Präarginin des Edestins in Arginin durch Pepsin-HCl erst bei vollkommener Hydrolyse des Proteins statt.

Im Hydrolysat des Spongins des gemeinen Badeschwammes (Hippospongia equina) wurden von V. J. Clancey[14] 5,9% Arginin gefunden.

Bei partieller Hydrolyse von Clupein mit 4proz. H_2SO_4 ließ sich nach R. E. Groß[15] neben Argininpeptiden freies Arginin nachweisen.

Nach der Kosselschen Argininbestimmungsmethode wurden von A. Kossel und W. Staudt[16] 68,77 und 69,49% Arginin im Sturinsulfat ermittelt.

Nach S. B. Schryver und H. W. Buston[17] soll sich aus Gelatinehydrolysaten, die

---

[1] D. B. Jones, C. E. F. Gersdorff u. O. Moeller: J. of biol. Chem. **64**, 655—671 (1925) — Chem. Zbl. **1926 I**, 416.
[2] A. Kiesel: Hoppe-Seylers Z. **120**, 85—90 — Chem. Zbl. **1922 III**, 732.
[3] A. Kiesel: Hoppe-Seylers Z. **149**, 231—258 (1925) — Chem. Zbl. **1926 I**, 1215.
[4] N. Iwanow: Biochem. Z. **162**, 441—454 (1925) — Chem. Zbl. **1926 I**, 702.
[5] N. Iwanow: Biochem. Z. **137**, 331—340 — Chem. Zbl. **1923 III**, 862.
[6] W. Grimmer u. E. Steinlechner: Milchwirtsch. Forschgn **3**, 122—131 — Ber. Physiol. **37**, 205 (1926) — Chem. Zbl. **1927 I**, 1328.
[7] D. M. Hetler: J. of biol. Chem. **72**, 573—585 (1927) — Chem. Zbl. **1928 II**, 361.
[8] R. D. Coghill: J. of biol. Chem. **70**, 439—447 (1926) — Chem. Zbl. **1927 I**, 759.
[9] R. D. Coghill: J. of biol. Chem. **70**, 449—455 (1926) — Chem. Zbl. **1927 I**, 759.
[10] O. Fürth u. O. Deutschberger: Biochem. Z. **186**, 139—154 — Chem. Zbl. **1927 II**, 1482.
[11] E. Abderhalden: Hoppe-Seylers Z. **120**, 207—213 — Chem. Zbl. **1922 III**, 928.
[12] N. Alders: Biochem. Z. **183**, 446—450 — Chem. Zbl. **1927 I**, 3159.
[13] H. S. Simms: J. gen. Physiol. **12**, 231—239 (1928) — Chem. Zbl. **1929 I**, 1330.
[14] V. J. Clancey: Biochemic. J. **20**, 1186—1189 (1926) — Chem. Zbl. **1927 I**, 1332.
[15] R. E. Groß: Hoppe-Seylers Z. **120**, 167—184 — Chem. Zbl. **1922 III**, 925.
[16] A. Kossel u. W. Staudt: Hoppe-Seylers Z. **156**, 270—274 — Chem. Zbl. **1926 II**, 2093.
[17] S. B. Schryver u. H. W. Buston: Proc. roy. Soc. Lond., Serie B **101**, 519—527 — Chem. Zbl. **1927 II**, 708.

längere Zeit mit Säure (25proz. H_2SO_4) stehen blieben, in der Argininfraktion Arginin und d, l-Lysin isolieren lassen.

Von den oxydativen und reduktiven Proteinspaltprodukten: Apocasein, Apogelatine, Apoarachin, Apoclupein und Oxyprotsulfonsäure wird von S. Edlbacher[1] folgender Arginin-N-Gehalt angegeben: 4,9; 22,5; 13,0; 45,7 und 7,47%. Die Apoproteine waren durch Einwirkung von H_2O_2 auf die entsprechenden Proteine und die Oxyprotsulfonsäure durch Einwirkung von $KMnO_4$ auf Casein erhalten worden.

Nach 18stündiger Hydrolyse von methyliertem Casein mit 30proz. H_2SO_4 ließ sich nach T. Imai[2] Arginin in geringer Menge nachweisen.

Über die Isolierung von Arginin aus Proteinhydrolysaten, bei denen die NH_2-Gruppen der Proteine durch Cyanamid in die entsprechenden Guanidingruppen übergeführt wurden, berichten K. Thomas und J. Kapfhammer[3].

Über den Arginingehalt von desaminiertem und methyliertem Casein berichtet S. Hirai[4].

Die aus Harn isolierte Antoxyproteinsäure enthält nach S. Edlbacher[5] 3,11% Arginin-N.

Darstellung: Die Darstellung des Arginins nach A. Kossel und R. E. Groß[6] ist folgendermaßen: 100 Gewichtsteile des Proteins werden mit siedender konzentrierter HCl oder 33proz. H_2SO_4, die vor der Fällung mit Flaviansäure durch Baryt entfernt wird, hydrolysiert, die HCl entfernt, der Rückstand mit NaOH neutralisiert und mit Naphtholgelb S oder der freien 1-Naphthol-2, 4-dinitro-7-sulfosäure versetzt (4 Teile Farbsäure auf 1 Teil Arginin). Das Argininsalz wird mit 33proz. H_2SO_4 gekocht und die Farbsäure abfiltriert oder das Argininsalz wird mit NH_3 in heißem Wasser gelöst, die Flaviansäure mit $Ba(OH)_2$ abgeschieden. Die Flüssigkeit wird dann mit H_2SO_4 angesäuert, filtriert und in Argininsulfat und Carbonat übergeführt.

Die Kosselsche Arginindarstellung wurde von A. E. Pratt[7] dadurch verbessert, daß nach der Proteinhydrolyse und Fällung des Arginins mit Flaviansäure (4 Teile Flaviansäure auf 1 Teil Arginin) der erhaltene Niederschlag 24 Stunden bei 0° stehen blieb, dann aus etwa 2 l heißer verdünnter H_2SO_4 (50 ccm Säure von D. 1,84 in 1 l) umkrystallisiert wurde. Das Argininsalz fiel beim 24stündigen Stehen bei 0° in goldgelben Blättchen aus, die mit Eiswasser gewaschen und im Vakuum getrocknet wurden. Das Argininsalz wurde (nicht über 25 g) in heißer verdünnter H_2SO_4 gleicher Konzentration, wie oben, gelöst, mit n-Butylalkohol ausgeschüttelt, bis die wässerige Lösung fast farblos war. Die butylalkoholischen Extrakte wurden mit wenig Wasser, die wässerigen Lösungen wieder mit Butylalkohol durchgeschüttelt. Die wässerigen Lösungen wurden dann langsam mit gesättigter reinster $Ba(OH)_2$-Lösung in geringem Überschuß versetzt, mit CO_2 gesättigt, nach Stehen über Nacht filtriert, gewaschen, die Lösungen zu dünnem Sirup eingedampft. Letzteres krystallisierte beim Reiben mit dem Glasstab völlig. Ausbeute nach dem Trocknen im Vakuum 85—90%, aus 500 g Gelatine 35 bis 40 g Arginincarbonat. Das daraus hergestellte Pikrolonat schmilzt ohne umzukrystallisieren bei 237,5° (zersetzt), es enthält 1 H_2O.

G. J. Cox[8] ändert die Kosselsche Darstellung dahin ab, daß er das Argininflavianat mit konzentrierter HCl zerlegt, nach Filtration der abgeschiedenen Flaviansäure den Überschuß der HCl an Anilin bindet und das Hydrochlorid des d-Arginins mit Alkohol fällt. Wird nach der Hydrolyse der Gelatine die HCl nicht neutralisiert, so wird ein Gemisch des Mono- und Diflavianates erhalten, das bei Behandlung mit Wasser in das orangefarbige Monoflavianat übergeht. Argininmonohydrochlorid enthält kein Krystallwasser und zeigt den Schmelzpunkt 222°.

Von H. B. Vickery und Ch. S. Leavenworth[9] wird folgendes Darstellungsverfahren vorgeschlagen: Gelatine oder aus Hanf dargestelltes Edestin wird 24—30 Stunden mit 20proz.

---

[1] S. Edlbacher: Hoppe-Seylers Z. **134**, 129—139 — Chem. Zbl. **1924 I**, 2880.

[2] T. Imai: Hoppe-Seylers Z. **136**, 188—191 — Chem. Zbl. **1924 II**, 345.

[3] K. Thomas u. J. Kapfhammer: Ber. sächs. Ges. Wiss., math.-phys. Kl. **77**, 181—188 (1925) — Chem. Zbl. **1926 II**, 768.

[4] S. Hirai: Acta Scholae med. Kioto **7**, 527—530 (1925) — Ber. Physiol. **34**, 616 — Chem. Zbl. **1926 II**, 1953.

[5] S. Edlbacher: Hoppe-Seylers Z. **127**, 187—189 — Chem. Zbl. **1923 III**, 264.

[6] A. Kossel u. R. E. Groß: Sitzgsber. Heidelberg. Akad. Wiss., Abt. B **1923**, 1. Abh. 1—6 — Chem. Zbl. **1923 III**, 1151.

[7] A. E. Pratt: J. of biol. Chem. **67**, 351—356 — Chem. Zbl. **1926 I**, 3397.

[8] G. J. Cox: J. of biol. Chem. **78**, 475—479 — Chem. Zbl. **1928 II**, 2345.

[9] H. B. Vickery u. Ch. S. Leavenworth: J. of biol. Chem. **75**, 115—122 (1925) — Chem. Zbl. **1928 I**, 800.

HCl oder 33 proz. H_2SO_4 oder 5 Stunden bei 150° mit $^1/_5$ n-H_2SO_4 hydrolysiert, der größte Teil der Säure entfernt. Der Rest wird durch Ag_2O-Überschuß in wässeriger Suspension bei saurer Reaktion entfernt. Bei $p_H = 7,0$ [Zusatz von $Ba(OH)_2$-Lösung] wird der Niederschlag gesammelt, mit Wasser gewaschen, das Filter mit H_2SO_4 kongosauer gemacht, mit Ag_2O gefällt, mit heiß gesättigter $Ba(OH)_2$-Lösung gegen Phenolphthalein alkalisch gemacht und der Niederschlag mit alkalischem Wasser gewaschen. Die Niederschläge werden in ganz schwach kongosaurem Wasser suspendiert, mit H_2S zersetzt, das Filtrat konzentriert, H_2S entfernt, H_2SO_4 durch reines $Ba(OH)_2$ quantitativ entfernt, Filtrat im Vakuum zur Sirupdicke konzentriert. Das Arginin krystallisiert aus. Die weitere Reinigung geschieht über das Pikrat und Umwandlung in das Carbonat.

Argininpräparate aus Casein mit etwa 95% Reinheit werden nach H. B. Vickery und S. Leavenworth[1] am besten über das Pikrat (zersetzt bei 217—218°; 2 Mol Krystallwasser) gereinigt. Hieraus dargestelltes Arginin verfärbt sich bei 223°, zersetzt sich bei 238°, $[\alpha]_D^{20}$ für $c = 16,27\% = +12,53°$; für $c = 8,13\% = +12,86°$.

Aus Proteinhydrolysaten, z. B. Gelatinehydrolysaten, lassen sich nach G. L. Foster und C. A. L. Schmidt[2] durch Einwirkung eines elektrischen Stromes bei einem p_H von 7,5—8 in einer dreikammerigen Zelle relativ große Mengen Arginin und Lysin isolieren. Das Arginin wird als Pikrolonat abgetrennt. Die Ausbeute an Pikrolonat betrug 85% der nach van Slyke erwarteten.

Über die Isolierung von Arginin, Histidin und Lysin durch Elektrolyse der Hydrolysate von Casein und Ochsenblut, die sich im Kathodenraum einer dreiteiligen Zelle befanden, berichtet T. Noguchi[3].

Darstellung von d-Arginin aus Gelatine nach M. Bergmann und L. Zervas[4]: 200 g Gelatine werden 6 Stunden mit konzentrierter HCl gekocht, die Hauptmenge der HCl verjagt, mit NaOH neutralisiert, mit einer Lösung von 260 g krystallisiertem Baryt und mit 210 g Benzaldehyd versetzt. Zunächst folgt Abscheidung von etwa 60 g Benzylidenglycin-Ba. Aus dem unterhalb 28° konzentrierten Filtrat scheidet sich das krystallisierte Benzylidenarginin ab. Die Ausbeute beträgt 2,95—4,43% Arginin.

Zur Darstellung von Arginin neben Lysin und Prolin aus Gelatine wird von M. Bergmann und L. Zervas[4] für die Isolierung des Arginins folgende Methode angegeben: 200 g Gelatine werden, wie oben angegeben, mit konzentrierter HCl hydrolysiert, die HCl verdampft, etwa 925 g Phosphorwolframsäure zugesetzt. Der Niederschlag wird mit Baryt zersetzt, die Lösung der freien Aminosäuren zur Trockene eingedampft, in 40—50 ccm Wasser gelöst und mit 20 g Benzaldehyd versetzt, wobei sich das Arginin und ein Teil des Lysins als krystallisierte Benzylidenverbindung abscheiden. Ausbeute etwa 22 g. Zur Trennung des Benzylidenlysins wird der Niederschlag mit einer Lösung von 5 g Baryt in 60 ccm Wasser geschüttelt, wobei das Benzylidenarginin ungelöst zurückbleibt. Es wurde mit der berechneten Menge 5 n-HNO_3 zerlegt. Nach Ausäthern des Benzaldehydes krystallisiert das Argininnitrat aus. Ausbeute 15,1 g.

K. Felix und K. Dirr[5] geben für die Darstellung von d-Arginin folgendes Verfahren an: 1 kg Gelatine wird mit 1 l 36 proz. HCl 8—10 Stunden hydrolysiert, etwa 1250 ccm 33 proz. NaOH bis zur schwachsauren Reaktion (Kongopapier darf noch nicht gebläut werden) zugegeben, mit Wasser auf etwa 6 l verdünnt, filtriert, das Filtrat mit 200 g Flaviansäure (2, 4-Dinitro-1-oxynaphthalinsulfonsäure-7) in 1 l Wasser versetzt. Am nächsten Tage wird das abgeschiedene Flavianat zur Entfernung von NaCl mit 1 l kochendem Wasser verrieben, abgesaugt. Ausbeute 170—190 g. Das noch feuchte Flavianat in 1 l heißem Wasser suspendiert, mit 200 g krystallisiertem Baryt in 1 l heißem Wasser verrieben und noch heiß abgesaugt; der Niederschlag nochmals mit 30 g Baryt in 2 l heißem Wasser behandelt, die Filtrate werden nach Entfernung des überschüssigen Baryts als $BaCO_3$ auf $^1/_2$ l eingeengt und mit HCl bis zur Kongobläuung angesäuert (35—38 ccm 36 proz. HCl); die mit Tierkohle entfärbte Lösung wird mit NH_3 schwach alkalisch gemacht und eingedampft. Der Rückstand in möglichst

---

[1] H. B. Vickery u. S. Leavenworth: J. of biol. Chem. **72**, 403—413 — Chem. Zbl. **1927 I**, 3022.
[2] G. L. Foster u. C. A. L. Schmidt: J. amer. chem. Soc. **48**, 1709—1714 — Chem. Zbl. **1926 II**, 899 — Proc. Soc. exper. Biol. a. Med. **19**, 348—351 (1922) — Ber. Physiol. **15**, 459 (1922) — Chem. Zbl. **1923 II**, 382.
[3] N. Noguchi: Bull. Inst. physical. Chem. Res. (Abstracts) Tokyo **2**, 22 — Chem. Zbl. **1929 I**, 1834.
[4] M. Bergmann u. L. Zervas: Hoppe-Seylers Z. **152**, 282—299 — Chem. Zbl. **1926 I**, 3060.
[5] K. Felix u. K. Dirr: Hoppe-Seylers Z. **176**, 29—42 — Chem. Zbl. **1928 II**, 36.

wenig heißem Wasser gelöst und mit Alkohol versetzt. Erhalten werden 70—85 g d-Argininhydrochlorid, drusenförmig angeordnete Birnen aus Alkohol ohne Krystallwasser, nicht hygroskopisch, sintert bei 218°, wird bei 225° wieder fest und zersetzt sich bei 235°. Bei 218° wird Wasser und wenig NH_3 abgegeben, bei 235° etwa 1 Mol Wasser unter Übergang in das Anhydrid.

Bestimmung und Nachweis: Die Argininbestimmung nach Kossel und W. Staudt[1] wird folgendermaßen ausgeführt: 10 ccm einer 1proz. Arginincarbonatlösung werden mit 10 ccm einer 5proz. wässerigen Lösung von Flaviansäure versetzt und auf 30 ccm verdünnt, nach 3 Tagen filtriert, auf dem Goochtiegel mit 5—10 ccm flaviansäurehaltigem Wasser ausgewaschen und bei 105° getrocknet. Gegenwart von Histidin beeinträchtigt die Genauigkeit der Bestimmung nicht, so daß der Arginingehalt der in der nach Kossel und Kutscher erhaltenen Silbernitrat-barytfällung durch Flaviansäure bestimmt und der Histidingehalt als Differenz berechnet werden kann. Für die Analyse von argininärmeren Proteinen sind mehrere Gramm Ausgangsmaterial nötig. Die Ausfällung des Arginins ist nach den Verfassern praktisch vollkommen, wenn die Acidität der Lösung zwischen schwach sauer und $^1/_{10}$ n-H_2SO_4 liegt.

Die Bestimmung des Arginins aus neutralisierten Proteinhydrolysaten erfolgt nach A. Kossel und R. E. Groß[2] so, daß der Hydrolysenrückstand mit Naphtholgelb S oder der freien 1-Naphthol-2, 4-dinitro-7-sulfonsäure (4 Teile Flaviansäure auf 1 Teil Arginin) versetzt wird. Das Argininsalz wird mit 33proz. H_2SO_4 gekocht und die Flaviansäure abfiltriert. Bei einigen Argininbestimmungen wurden folgende Werte erhalten: Edestin 24,9, Gelatine 16,45, Salmin 89,3, Casein 9,13 und Arachinprotein 30,85%. Diese Werte sind durchschnittlich etwas höher als beim Ag-Barytverfahren.

Bei der Kosselschen Trennungsmethode des Histidins vom Arginin ergab sich nach A. Kossel und S. Edlbacher[3], daß die Histidinfällung bereits bei saurer Reaktion beginnt und bei Eintritt von Phenolphthaleinrötung quantitativ beendet ist, während Arginin erst bei Phenolphthaleinbläuung ausfällt. Außerdem wird von den Verfassern noch das Verhalten von Imidazol, Carnosin, Kreatinin und Guanidin bei dieser Trennungsmethode angegeben.

Nach H. B. Vickery und Ch. S. Leavenworth[4] fällt bei der Kosselschen Trennungsmethode bei einer gegen Phenolphthalein schwach alkalischen Reaktion bereits ein großer Teil des vorhandenen Arginins mit dem Histidin aus; sie halten es aber für möglich, daß trotzdem bei genauer Kontrolle des p_H diese Trennung durchgeführt werden könnte. Für die Arginin- und Histidinbestimmung in Proteinhydrolysaten geben H. B. Vickery und Ch. S. Leavenworth[5] weiterhin an, daß sich Arginin-Ag bei $p_H = 7,0$ löst, während Histidin-Ag bei $p_H = 7,0$ vollkommen gefällt wird. Statt $AgNO_3$ wurde Ag_2O zur schwefelsauren Lösung zugesetzt, so daß das Auswaschen vom NO_3 vermieden wurde. Bei der Analyse von 50 g Eiweiß ist es nach den Verfassern empfehlenswert, die gefundenen Basenmengen um 10% zu erhöhen, um Verluste einzukalkulieren. Bei Fällung der Basen mit Phosphorwolframsäure vor der Ag-Fällung wird Arginin und Histidin verloren. Das Arginin-Phosphorwolframat ist auffallend leicht löslich, ohne daß Arginin dabei optisch inaktiv wird. Die Basen selbst werden als Dinitronaphtholsulfosäurederivate bestimmt. H. O. Calvery[6] arbeitete die Bestimmungsmethode von Vickery u. Leavenworth[5] dahin um, daß die Bestimmung auch bei Anwendung von nur 5 g Protein durchführbar ist. Hierbei wurde noch beobachtet, daß der Total-N der Argininfraktion kein Maß für das wirklich vorhandene Arginin ist, daß der Total-N jedoch bei der alkalischen Hydrolysenmethode nach van Slyke einen richtigen Aufschluß über den Arginingehalt dieser Fraktion gibt.

Nach O. Fürth und O. Deutschberger[7] gibt die Ausfällung des Arginins mit Flaviansäure nur gute und eindeutige Resultate bei reinen Eiweißkörpern, versagt aber bei Organanalysen. Sie schlagen deshalb folgende Methode vor: Zuerst wird das Arginin mit Phosphorwolframsäure gefällt, dann in der Basenfraktion das Verhältnis Arginin-N : Gesamtbasen-N

---

[1] Kossel u. W. Staudt: Hoppe-Seylers Z. **156**, 270—274 — Chem. Zbl. **1926 II**, 2093.
[2] A. Kossel u. R. E. Groß: Sitzgsber. Heidelberg. Akad. Wiss., Abt. B **1923**, 1. Abh. 1—6 — Chem. Zbl. **1923 III**, 1151.
[3] A. Kossel u. S. Edlbacher: Hoppe-Seylers Z. **110**, 241—244 (1920) — Chem. Zbl. **1921 II**, 58.
[4] H. B. Vickery u. Ch. S. Leavenworth: J. of biol. Chem. **68**, 225—228 — Chem. Zbl. **1926 II**, 922.
[5] H. B. Vickery u. Ch. S. Leavenworth: J. of biol. Chem. **76**, 707—722 — Chem. Zbl. **1928 II**, 172.
[6] H. O. Calvery: J. of biol. Chem. **83**, 631—648 — Chem. Zbl. **1929 II**, 3167.
[7] O. Fürth u. O. Deutschberger: Biochem. Z. **186**, 139—154 — Chem. Zbl. **1927 II**, 1482.

bestimmt, indem das Arginin-N durch Flaviansäure ermittelt wird. Die Verfasser empfehlen diese Methode auch für reine Eiweißkörper.

Zur Trennung des Arginins vom Histidin wird nach H. B. Vickery und Ch. S. Leavenworth[1] die schwach schwefelsaure Lösung mit heißgesättigter Ag_2SO_4-Lösung im Überschuß versetzt, die Lösung mit kalt gesättigter $Ba(OH)_2$-Lösung auf p_H 7,0 (6,8—7,2) gebracht, wodurch Ag-Histidin ausfällt. Die [H˙] wird colorimetrisch mit Bromthymolblau als Indicator bestimmt. Der Niederschlag vom Histidin-Ag wird in heißem Wasser mit wenig HCl gelöst und die Fällung als Ag-Salz wiederholt. Die vereinigten Filtrate werden zur Ausfällung des Arginins im Vakuum auf etwa das Anderthalbfache des Ausgangsvolumens eingeengt und dann die Lösung mit heiß gesättigter $Ba(OH)_2$-Lösung auf $p_H = 10-11$ gebracht. Das Ag-Salz fällt also in der Nähe des isoelektrischen Punktes der freien Base ($p_H = 10,97$) aus. Die so erhaltene Argininfraktion ist praktisch histidinfrei. Das Arginin kann nach Zersetzung des Ag-Salzes mit HCl durch Flaviansäure nachgewiesen werden. Die von Kossel empfohlene Sättigung mit festem $Ba(OH)_2$ zur Ausfällung des Arginin-Ag ist nach den Verfassern unnötig und schädlich. Bei einem hohen Verhältnis von Arginin zu Histidin erfolgt nach H. B. Vickery und Ch. S. Leavenworth[2] die Trennung der Ag-Verbindungen am besten bei $p_H = 7,4$. Die Trennung ist erst nach wiederholter Fällung vollständig. Die beste Grundlage für die tatsächliche Zusammensetzung der Argininfraktion gibt das Gewicht des Dinitronaphtholsulfonates.

L. J. Harris[3] gibt für Arginin eine Titrationsmethode bei Anwendung der Chinhydronelektrode an.

Nach einer Untersuchung von E. M. P. Widmark und E. L. Larsson[4] über die Anwendung der konduktometrischen Titrationsmethode mit Lauge nach Kolthoff läßt sich Arginin nach dieser Methode nicht bestimmen.

Bei der Titration des Arginins mit Thymolblau ($p_H = 1,2-2,8$) und Alizaringelb ($p_H = 10,1$ bis 12,1) als Indicatoren erwies sich nach K. Felix und H. Müller[5] die Carboxylgruppe des Arginins als nicht titrierbar. Weiterhin wird über den störenden Einfluß des Arginins auf die Titration von Aminosäure- und Peptidgemischen mit Säure oder Lauge berichtet.

Nach der von K. Linderstrøm-Lang[6] angegebenen Titrationsmethode für Amino-N mit $1/10$ n-alkoholischer HCl in acetonhaltiger Flüssigkeit (100—200 ccm 99proz. Aceton pro 10 ccm Wasser) unter Verwendung von Naphthylrot, Benzolazo-α-naphthylamin, als Indicator konnten nach dem Verfasser 50% des gesamten Arginin-N erfaßt werden.

Nach R. H. A. Plimmer[7] erfordern Arginin und Histidin 15—20 Minuten zur vollständigen Reaktion mit HNO_2 bei 14—17°, während der NH_2-N von Lysin bei dieser Temperatur erst in 1 Stunde abgegeben wird. Eine längere Zeit der Einwirkung als 1 Stunde hat zwar keine Wirkung auf Histidin, führt aber zu einer verstärkten N-Entwicklung aus Arginin, so daß bei der Bestimmung eines Gemisches dieser 3 Basen 1 Stunde bei 14—17° für die Einwirkung von HNO_2 notwendig und ausreichend ist. Der von Arginin abgegebene N-Überschuß verursacht keinen größeren Fehler.

Nach A. Hunter[8] gibt Arginin bei der Einwirkung von HNO_2 bei Zimmertemperatur in 5 Min. genau ein Viertel seines gesamten N ab. In 30 Min. ist die N-Abgabe um 5% und in 3 Stunden um 30% größer. Eine Verdoppelung der N-Abgabe bei 3stündiger Einwirkung konnte nicht beobachtet werden.

Nach Sh. Sakaguchi[9] läßt sich das Arginin in Proteinen auf folgendem Wege quantitativ ermitteln: 5 ccm 1proz. Proteinlösung werden mit 2 ccm 15proz. NaOH, 5 ccm 0,15proz. α-Naphthollösung und einer nach der Eiweißart gewählten Menge 0,3 n-Hypochloritlösung

---

[1] H. B. Vickery u. Ch. S. Leavenworth: J. of biol. Chem. **72**, 403—413 — Chem. Zbl. **1927 I**, 3022.
[2] H. B. Vickery u. Ch. S. Leavenworth: J. of biol. Chem. **79**, 377—388 (1928) — Chem. Zbl. **1929 I**, 2541.
[3] L. J. Harris: J. chem. Soc. Lond. **123**, 3294—3303 (1923) — Chem. Zbl. **1924 I**, 1069.
[4] E. M. P. Widmark u. E. L. Larsson: Biochem. Z. **140**, 284—294 (1923) — Chem. Zbl. **1924 I**, 1244.
[5] K. Felix u. H. Müller: Hoppe-Seylers Z. **171**, 4—15 (1927) — Chem. Zbl. **1928 I**, 233.
[6] K. Linderstrøm-Lang: C. r. Labor. Carlsberg **17**, Nr 4, 1—17 (1927) — Hoppe-Seylers Z. **173**, 32—50 — Chem. Zbl. **1928 I**, 1796.
[7] R. H. A. Plimmer: Biochemic. J. **18**, 105—119 — Chem. Zbl. **1924 I**, 2460.
[8] A. Hunter: J. of biol. Chem. **82**, 731—736 — Chem. Zbl. **1929 II**, 2436.
[9] Sh. Sakaguchi: J. of Biochem. **5**, 133—142 (1925) — Chem. Zbl. **1926 I**, 1419.

gemischt, 40 Minuten bei 2—4° gehalten. Danach wird der Inhalt des Glases auf 250 ccm aufgefüllt und die Farbintensität colorimetrisch bestimmt. Als Vergleichslösung dient eine 1proz. Edestinlösung, die als 100 angenommen wird. Weiterhin ist zu beachten, daß das Hypochlorit individuell nach dem Arginingehalt dosiert werden muß, da bei einem größeren Überschuß leicht Oxydation des zu bestimmenden Farbstoffes eintritt. So gibt Verfasser noch eine Tabelle für die geeignetsten Hypochloritmengen bei verschiedenen Proteinen an. Gliadin und Zein geben nach dieser Methode einen zu hohen Argininwert. Nach O. Fürth und O. Deutschberger[1] kann diese Methode nur zur Unterstützung dienen, da sie nicht absolut einwandfrei ist.

Nach O. Fürth und O. Deutschberger[1] ist das Walpole-Diacetylverfahren für Argininbestimmungen ungeeignet.

Nach A. Bonot und Th. Cahn[2] wird Arginin folgendermaßen bestimmt: 3 g trockenes, extrahiertes und entfettetes Gewebe bzw. 3 g reines Protein werden 48 Stunden mit 60 ccm 20proz. HCl hydrolysiert, die Flüssigkeit wird im Vakuum eingedampft, mit warmem Wasser aufgenommen, mit 0,5 g Tierkohle entfärbt, wieder im Vakuum eingedampft, auf 250 ccm mit Wasser verdünnt und mit Na_2CO_3 auf $p_H = 9,9$ eingestellt. Nach 72stündiger Einwirkung der Arginase bei 37° wird mit Essigsäure neutralisiert, filtriert, unterhalb 70° eingeengt, der Rückstand mit 70proz. Essigsäure aufgenommen, Eiweißspuren (aus dem Arginasepräparat) entfernt und der Harnstoff mit überschüssiger 10proz. Xanthydrollösung in Methylalkohol gefällt. Nach 10 Stunden wird der Niederschlag mit wenig, an Xanthylharnstoff gesättigtem Methylalkohol gewaschen, bei 100° getrocknet und gewogen. Fehlergrenze 2%.

Von S. Edlbacher und H. Röthler[3] wird für die Bestimmung des Verlaufes der Argininspaltung durch Arginase folgende Methode angegeben: 10 ccm 1proz. Arginincarbonatlösung + 5 ccm Puffer $p_H = 9,5$ (Glykokoll-NaOH-NaCl) werden 60 Minuten bei 38° mit Arginaselösung gespalten. Die Enzymwirkung wird durch Einstellen in siedendes Wasser (15 Minuten lang) unterbrochen. Nach dem Erkalten wird mit 1,5 ccm 0,1 n-H_2SO_4 neutralisiert, dann werden 2 ccm konzentrierter Phosphatpuffer $p_H = 7$ und Ureasepulver (Sojaurease) zugegeben, das 60 Minuten auf den gebildeten Harnstoff bei 38° einwirkt. Das gebildete NH_3 wird aus der Reaktionslösung nach Zusatz von 1 ccm konzentrierter NaOH und einigen Tropfen Octylalkohol abgesaugt, in $1/50$ n-H_2SO_4 aufgefangen, die unverbrauchte Säure mit $1/50$ n-NaOH zurücktitriert.

Bei der Bestimmung der Argininspaltung durch Arginase kann nach A. Kossel und F. Curtius[4] das nicht gespaltene Arginin durch Fällung mit Flaviansäure isoliert werden, der Niederschlag wird mit 33proz. H_2SO_4 verrieben und auf dem Wasserbade gelöst. In der Lösung wird das Arginin polarimetrisch bestimmt.

Nach R. H. A. Plimmer und J. L. Rosedale[5] ist es nötig, um das gesamte Arginin in Eiweißhydrolysaten zu ermitteln, entweder das Arginin direkt im Gesamthydrolysat zu bestimmen oder das Arginin in der durch Phosphorwolframsäure gefällten Diaminofraktion und in der aus der Monoaminofraktion in gleicher Weise erhaltenen Fraktion zu bestimmen.

R. A. Gortner und W. M. Sandstrom[6] untersuchten die van Slykesche Methode dahin, welchen Einfluß Kochen mit Säuren, die Gegenwart von Prolin oder Tryptophan bei Aminosäuregemischen (Argininhydrochlorid neben anderen Aminosäuren) auf die erhaltenen Werte ausübt. So werden bei Gegenwart von Tryptophan in ungekochten Aminosäuregemischen besonders in der Argininfraktion ungenaue Werte erhalten.

Die von S. Sakaguchi[7] angegebene quantitative Bestimmungsmethode läßt sich auch zum Nachweis von Arginin verwenden: Zu 3 ccm einer alkalischen Eiweiß- bzw. Argininlösung wurden 2 Tropfen der obigen α-Naphthollösung und darauf einige Tropfen NaOCl-Lösung gegeben, es tritt rasch Rotfärbung ein. Bei Proteinen ist die Empfindlichkeit der Reaktion $1/50000$, sonst ist sie $1/100000$. Nur noch Glykocyamin und α-Guanidinobuttersäure geben eine

---

[1] O. Fürth u. O. Deutschberger: Biochem. Z. **186**, 139—154 — Chem. Zbl. **1927 II**, 1482.

[2] A. Bonot u. Th. Cahn: C. r. Acad. Sci. Paris **184**, 246—247 — Chem. Zbl. **1927 I**, 2456 — Bull. Soc. Chem. biol. Paris **9**, 1001—1016 (1927) — Chem. Zbl. **1928 I**, 1075.

[3] S. Edlbacher u. H. Röthler: Hoppe-Seylers Z. **148**, 264—272 (1925) — Chem. Zbl. **1926 I**, 964.

[4] A. Kossel u. F. Curtius: Hoppe-Seylers Z. **148**, 283—289 (1925) — Chem. Zbl. **1926 I**, 963.

[5] R. H. A. Plimmer u. J. L. Rosedale: Biochemic. J. **19**, 1020—1021 (1925) — Chem. Zbl. **1926 II**, 77.

[6] R. A. Gortner u. W. M. Sandstrom: J. amer. chem. Soc. **47**, 1663—1671 — Chem. Zbl. **1925 II**, 1482.

[7] S. Sakaguchi: J. of Biochem. **5**, 25—31 — Chem. Zbl. **1925 II**, 1547.

positive Reaktion. Nach dem Verfasser ist eine freie Guanidingruppe für die Reaktion notwendig. Die Reaktion fällt völlig oder fast vollkommen negativ aus, wenn die Proteine nitriert sind, während die nach van Slyke desamidierten Proteine positive Reaktion geben.

Nach N. Iwanow[1] läßt sich die Bildung von Harnstoff aus Arginin durch Pilze als Nachweis von Arginin in Proteinen bzw. Spaltprodukten verwenden.

Biochemische Eigenschaften des d-Arginins: Nach Versuchen an einer Reihe gesunder Studenten nimmt W. C. Rose[2] an, daß die endogenen Purinkörper letzten Endes aus dem Arginin und Histidin stammen, so sollen Arginin und Histidin namentlich beim Erwachsenen direkt in Purinbasen übergeführt werden.

Über die Synthese der Pyrimidinkomplexe in den Nucleinsäuren aus dem Arginin der Histone und Protamine des Zellkernes berichtet A. Clementi[3].

Bei Verfütterung von arginin- und histidinfreiem Casein setzt nach W. C. Rose und G. J. Cox[4] schneller und dauernder Gewichtsverlust ein, der auch bei Argininzusatz im Gegensatz zu Histidin nicht merklich beeinflußt wird, ebenso verbessert Argininzusatz auch die Wirkung von 0,1 g Histidinzusatz nicht, so daß nach den Verfassern im Gegensatz zu Ackroyd und Hopkins[5] keine Vertretbarkeit zwischen beiden Aminosäuren besteht. Nach P. György und S. J. Thannhauser[6] tritt beim Säugling auch nach einem Argininzusatz keine Abhängigkeit der Harnsäureausscheidung vom Histidinangebot ein, während von anderen Forschern bei wachsenden Ratten unter diesen Bedingungen ein Einfluß auf die Allantoinausscheidung beobachtet werden konnte.

Nach Stoffwechseluntersuchungen an wachsenden Ratten mit arginin- und histidinfreiem Casein sinkt nach W. C. Rose und K. G. Cook[7] die Allantoinausscheidung um 40 bis 50%. Während nun Histidinzusatz zur Nahrung die Ausführwerte, die durch Fehlen von Arginin und Histidin verändert wurden, zur Norm zurückführt, bleibt Argininzusatz völlig wirkungslos. Nach den Verfassern soll diese Beziehungslosigkeit zwischen Arginingehalt der Nahrung zum Kreatininhaushalt darauf zurückzuführen sein, daß keine Nahrung wirklich argininfrei sei.

Nach Versuchen von W. E. Bunney und W. C. Rose[8] wachsen Ratten 100 Tage ohne Arginin. Weiterhin wird berichtet, daß das Wachstum normal blieb, wenn die argininfreie Mischung von Aminosäuren 12% der Gesamtnahrung betrug, und erst bei 9% auf die Hälfte sank. Zugabe von Arginin war ohne Einfluß. Arginin ist also nach den Verfassern entbehrlich.

Nach E. M. K. Greiling[9] reicht auch zur Ernährung von erwachsenen Ratten und Mäusen hydrolysiertes, diaminosäurefreies Casein nicht aus. Bei Fehlen von Arginin und Histidin tritt Gewichtsverlust ein. Nach Verfasser sollen Arginin und Histidin im Gegensatz zu W. C. Rose[4] und in Übereinstimmung mit Ackroyd[5] vertauschbar sein.

Nach Versuchen von C. P. Stewart[10] an jungen Ratten über die Wirkung von Arginin und Histidin auf Gewicht und Purinhaushalt (Allantoin) soll sich ganz im Gegensatz zu den Versuchsergebnissen von W. C. Rose und G. J. Cox[11] ergeben, daß Arginin das Histidin nicht völlig vertreten kann, so daß es zweifelhaft bleibe, ob es im Purinhaushalt überhaupt eine Rolle spiele. Erwachsene Ratten mit einer Nahrung, die nur Spuren von Arginin und Histidin enthielt, blieben 28 Tage am Leben, ohne daß Verlust an Gewicht oder Allantoinausscheidung eintrat.

Nach C. P. Stewart[12] konnte mit der Methode der Leberdurchströmung die Anschauung, daß Arginin und Histidin im Organismus Vorläufer der Purine sind, nicht bestätigt werden.

Über die Wachstumssteigerung von Ratten bei einer Grundnahrung mit 6% Edestin unter Zusatz von Arginin, Lysin und Cystin durch Prolin berichtet B. Sure[13].

---

[1] N. Iwanow: Biochem. Z. **162**, 425—440 (1925) — Chem. Zbl. **1926 I**, 702.
[2] W. C. Rose: J. of biol. Chem. **48**, 575—590 (1921) — Chem. Zbl. **1922 I**, 426.
[3] A. Clementi: Atti R. Accad. dei Lincei, Roma (5) **29 II**, 298 (1920) — Chem. Zbl. **1921 III**, 187.
[4] W. C. Rose u. G. J. Cox: J. of biol. Chem. **61**, 747—773 (1924) — Chem. Zbl. **1925 I**, 247.
[5] Ackroyd u. Hopkins: Biochemic. J. **10**, 551 — Chem. Zbl. **1917 I**, 888.
[6] P. György u. S. J. Thannhauser: Hoppe-Seylers Z. **180**, 286—304 — Chem. Zbl. **1929 I**, 2072.
[7] W. C. Rose u. K. G. Cook: J. of biol. Chem. **64**, 325—338 — Chem. Zbl. **1925 II**, 2002.
[8] W. E. Bunney u. W. C. Rose: J. of biol. Chem. **76**, 521—534 — Chem. Zbl. **1928 II**, 70.
[9] E. M. K. Greiling: J. of biol. Chem. **31**, 173—199 — Chem. Zbl. **1921 III**, 185.
[10] C. P. Stewart: Biochemic. J. **19**, 1101—1110 (1925) — Chem. Zbl. **1926 I**, 2810.
[11] W. C. Rose u. G. J. Cox: J. of biol. Chem. **68**, 217—223 — Chem. Zbl. **1926 II**, 257.
[12] C. P. Stewart: Biochemic. J. **19**, 266—269 — Chem. Zbl. **1925 II**, 413.
[13] B. Sure: J. of biol. Chem. **59**, 577—586 — Chem. Zbl. **1924 II**, 1702.

In Fütterungsversuchen an ausgewachsenen Ratten und Mäusen mit Nahrungsgemischen aus reinen organischen Bausteinen wird von E. Abderhalden[1] in Übereinstimmung mit anderen Autoren beobachtet, daß Arginin nicht durch andere Aminosäuren ersetzt werden kann.

Über den Zusammenhang zwischen Kreatinausscheidung und Arginin berichten F. Lieben und D. László[2].

Über die Beeinflussung der Kreatinausscheidung durch argininreiche Proteine (Edestin) berichten R. B. Gibson und F. T. Martin[3].

Nach E. G. Groß und H. Steenbock[4] wird die Kreatinausscheidung beim Schwein durch Verfütterung genügender Mengen von Arginin vermehrt, so daß nach den Verfassern die Kreatinurie nach Caseinfütterung größtenteils auf der Bildung von Kreatin aus Arginin beruht.

Nach Versuchen an Kaninchen und Hunden mit intravenöser Injektion von Arginin wurde nach L. H. Newburgh und Ph. L. Marsh[5] nur beim Kaninchen eine vorübergehende Nierenschädigung hervorgerufen.

J. L. Rosedale[6] bestimmt den Diaminosäuregehalt (Histidin, Arginin und Lysin) von normalem Gewebe bei normaler Diät. Die Werte weichen nicht erheblich voneinander ab.

Über die Rolle des Arginins in der Entwicklungsgeschichte der basischen Peptone während der Testikelreifung des Karpfens bzw. Herings berichten sehr eingehend A. Kossel und E. G. Schenck[7].

R. Cahn und A. Bonot[8] untersuchten eingehend den Arginin- und Cystingehalt verschiedener Gewebe. In verschiedenen Wachstumsstadien und ebenso im Hungerzustande ist der Arginingehalt für das Eiweiß einer Reihe von Organen konstant. Das Verhältnis von Arginin zu Cystin wird nicht verändert und ist für das Eiweiß von Niere, Muskel, Gehirn stets konstant 8 : 3. Das Verhältnis für das Eiweiß der Lunge weicht davon ab, das für Darmmuskulatur und Darmschleimhaut ist 8 : 4 bzw. 8 : 2.

Nach D. Rapport u. H. H. Beard[9] wird der Gesamtstoffwechsel des Hundes durch die Dicarbon- und die Diaminosäurefraktion von Casein- und Gelatinehydrolysaten gesteigert. Zu den spezifisch wirksamen Substanzen dieser Fraktionen gehört auch Arginin.

M. W. Johnston und H. B. Lewis[10] ermittelten nach subcutaner Injektion oder peroraler Verabreichung von d-Arginin an Kaninchen den Nichteiweiß-N, Harnstoff-N, Aminosäure-N und den dann bleibenden N-Rest des Blutes, wobei die Resorptionsschnelligkeit aus dem Magen-Darmkanal und die Schnelligkeit der Desamidierung unter Bildung von Harnstoff die Schnelligkeit des Aminosäurestoffwechsels bestimmt.

Arginin bewirkt nach R. Hazard[11] beim Hunde keine Veränderung des Blutzuckerspiegels.

Nach P. Thomas, M. Malevanaia und R. Imas[12] steht bei der Phlorrhizinvergiftung besonders der Argininabbau im Vordergrund.

Nach F. S. Fowweather und J. Gordon[13] ruft Arginininjektion bei Kaninchen keine positive Komplementbindungsreaktion hervor. Ebenso hat der Zusatz zu negativen menschlichen Seren keinen Einfluß auf die Wassermannsche Reaktion.

Nach F. Wankell[14] wird durch die Froschniere Arginin konzentriert.

---

[1] E. Abderhalden: Pflügers Arch. **195**, 199—226 — Chem. Zbl. **1922 III**, 1234.
[2] F. Lieben u. D. László: Biochem. Z. **176**, 403—430 — Chem. Zbl. **1926 II**, 3063.
[3] R. B. Gibson u. F. T. Martin: J. of biol. Chem. **49**, 319—326 (1921) — Chem. Zbl. **1922 I**, 1341.
[4] E. G. Groß u. H. Steenbock: J. of biol. Chem. **47**, 33—43 — Chem. Zbl. **1921 III**, 493.
[5] L. H. Newburgh u. Ph. L. Marsh: Arch. int. Med. **36**, 682—711 (1925) — Ber. Physiol. **35**. 498 — Chem. Zbl. **1926 II**, 1663.
[6] J. L. Rosedale: Biochemic. J. **22**, 826—829 — Chem. Zbl. **1928 II**, 1783.
[7] A. Kossel u. E. G. Schenck: Hoppe-Seylers Z. **173**, 278—308 — Chem. Zbl. **1928 I**, 2096.
[8] R. Cahn u. A. Bonot: Ann. de Physiol. **4**, 781—845 (1928) — Chem. Zbl. **1929 I**, 2890.
[9] D. Rapport u. H. H. Beard: J. of biol. Chem. **80**, 413—429 (1928) — Chem. Zbl. **1929 II**, 1814.
[10] M. W. Johnston u. H. B. Lewis: J. of biol. Chem. **78**, 67—82 — Chem. Zbl. **1928 II**, 463.
[11] R. Hazard: J. Pharmacie (8) **9**, 371—380 — Chem. Zbl. **1929 II**, 903.
[12] P. Thomas, M. Malevanaia u. R. Imas: C. r. Soc. Biol. Paris **100**, 375—377 — Chem. Zbl. **1929 I**, 2202.
[13] F. S. Fowweather u. J. Gordon: Brit. J. exper. Path. **8**, 93—100 (1927) — Chem. Zbl. **1928 II**, 1789.
[14] F. Wankell: Pflügers Arch. **208**, 604—616 — Chem. Zbl. **1925 II**, 1371.

Über den Zusammenhang zwischen dem Guanidingehalt des Blutes und Harnes nach Nebenschilddrüsenentfernung und Arginin berichtet I. Spadolini[1].

Nach E. S. London, N. Kotschneff, A. Cholopoff, T. S. Abaschidze und A. K. Alexandry[2] hemmt Arginin die Harnstoffbildung im Organismus.

Über den Zusammenhang zwischen dem N:C-Quotienten von Arginin und dessen Ausscheidung im Harn berichtet Ackermann[3].

Nach R. Ehrenberg und W. Liebenow[4] fällt mit steigendem Alter der Placenta besonders ihr Gehalt an Arginin.

Nach R. H. A. Plimmer und J. Lowndes[5] hatte der Arginin-N in den Proteinen des Hühnereies nach 15tägiger Bebrütung um 1% zugenommen.

H. O. Calvery[6] studierte 21 Tage lang die Stickstoffverteilung im sich entwickelnden Hühnerei. Der Arginin-N des gesamten Eiinhaltes fiel in der Mitte der Beobachtungszeit ab, um gegen Ende hin wieder stark anzusteigen.

Der Arginingehalt verändert sich nach J.-i. Sagara[7] bei der Bebrütung des Hühnereies folgendermaßen: 0,0009 (9. Tag); 0,0149 (14. Tag); 0,0129 (17. Tag) und 0,0118% (19. Tag).

Nach G. Russo[8] findet während der embryonalen Entwicklung des Huhnes eine deutliche Abnahme an Arginin statt.

Nach G. Russo[9] nimmt neben den übrigen Hexonbasen vor allem der Arginin-N bei der Reifung des Hodens von Strongylocentrotus lividus zu.

Über den Einfluß auf die gesteigerte Ornithinausscheidung bei Hühnern nach Zugabe von Arginin berichten J. H. Crowdle und C. P. Sherwin[10].

Arginin (0,0001—0,03%) erweitert nach C. A. Brodd[11] bei Durchströmung von Froschextremitäten die Gefäße nicht. Die Adrenalingefäßkontraktion wird dagegen durch 0,0003 bis 0,03% Arginin stark gesteigert. Am Uterusmuskel ist Arginin allein ohne Wirkung, dagegen steigern 0,1—0,25% Arginin gleichfalls die Adrenalinwirkung.

J. I. Perichanjanz[12] untersuchte die elektrische Reizbarkeit eines Nervenmuskelpräparates durch Lösungen von Arginin in Konzentrationen von 0,02—0,5 g.

Nach Untersuchungen von H. Ekerfors[13] konnte zwischen der Wirkung des Arginins auf die Adrenalinoxydation und auf den pharmako-dynamischen Effekt des Adrenalins kein Zusammenhang festgestellt werden.

In Verbindung mit verschiedenen Nährstoffen und Aminosäuren hatte Arginin, dem gewöhnlichen Futter zugesetzt, nach E. Abderhalden[14] keinen merklichen Einfluß auf das Wachstum der Wolfsmilchschwärmerraupen.

Nach E. Abderhalden[15] entwickeln sich die Larven des Kabinettkäfers (Anthremus muscorum) auf Seidenkokons und bauen aus deren Bestandteilen, die hauptsächlich aus Glykokoll, Alanin, Tyrosin und Serin, neben wenig Leucin, Phenylalanin, Prolin, Arginin, Lysin und Histidin bestehen, sämtliche Körpersubstanzen auf.

Nach E. Abderhalden und S. Buadze[16] erfolgt eine bedeutende Zunahme des Gesamtkreatinins aus Cholin + Arginin mit arginasehaltigen Organgemischen: Gehirn + Leber bzw. Muskel + Leber, die fehlt, wenn nur Arginin zugegeben wurde. Durch Kochen verloren die Organe das Vermögen, aus Arginin + Cholin Kreatinin zu bilden. Versuche von E. Abder-

---

[1] I. Spadolini: Arch. di Fisiol. **23**, 450—472 (1926) — Chem. Zbl. **1928 II**, 1002.
[2] E. S. London, N. Kotschneff, A. Cholopoff, T. S. Abaschidze u. A. K. Alexandry: Pflügers Arch. **219**, 238—245 — Chem. Zbl. **1928 I**, 2962.
[3] Ackermann: Klin. Wschr. **5**, 848—849 — Chem. Zbl. **1926 II**, 448.
[4] R. Ehrenberg u. W. Liebenow: Pflügers Arch. **201**, 387—392 (1923) — Chem. Zbl. **1924 I**, 790.
[5] R. H. A. Plimmer u. J. Lowndes: Biochemic. J. **21**, 254—258 — Chem. Zbl. **1927 II**, 101.
[6] H. O. Calvery: J. of biol. Chem. **83**, 231—241 — Chem. Zbl. **1929 II**, 2065.
[7] J.-i. Sagara: Hoppe-Seylers Z. **178**, 298—301 — Chem. Zbl. **1928 II**, 2571.
[8] G. Russo: Arch. Sci. Biol. **10**, 128—137 (1927) — Chem. Zb. **1929 I**, 2200.
[9] G. Russo: Arch. di Sci. biol. **8**, 161—181 — Ber. Physiol. **36**, 682—683 (1926) — Chem. Zbl. **1927 I**, 119.
[10] J. H. Crowdle u. C. P. Sherwin: J. of biol. Chem. **55**, 365—371 — Chem. Zbl. **1923 I**, 1602.
[11] C. A. Brodd: Skand. Arch. Physiol. (Berl. u. Lpz.) **50**, 97—154 — Chem. Zbl. **1927 I**, 1691.
[12] J. I. Perichanjanz: Z. Biol. **87**, 336—344 — Chem. Zbl. **1928 II**, 2964.
[13] H. Ekerfors: C. r. Soc. Biol. Paris **93**, 1162—1167 (1925) — Chem. Zbl. **1926 I**, 1222.
[14] E. Abderhalden: Hoppe-Seylers Z. **127**, 93—98 — Chem. Zbl. **1923 III**, 265.
[15] E. Abderhalden: Hoppe-Seylers Z. **142**, 189—190 — Chem. Zbl. **1925 I**, 2020.
[16] E. Abderhalden u. S. Buadze: Hoppe-Seylers Z. **164**, 280—305 — Chem. Zbl. **1927 I**, 3104.

halden und P. Möller[1] an den verschiedensten Organen von Hunden, Kaninchen, Ratten und Fröschen bestätigten die frühere Feststellung, daß im Muskelbrei nach Zusatz von Cholin + Arginin und Leberbrei das Gesamtkreatinin deutlich gesteigert war. Nicht wesentlich verändert wurde dieses Verhalten, wenn noch Schilddrüse zugesetzt, O_2 durchgeleitet, das Verhältnis von Leber : Muskelbrei verändert oder die Tiere besonders vorbehandelt wurden.

In weiteren Versuchen wurden von E. Abderhalden u. S. Buadze[2] und E. Abderhalden[3] die oben mitgeteilten Befunde über die Kreatinin- bzw. Kreatinbildung bestätigt und weiter ausgebaut.

Der Durchschnittswert des Kreatingehaltes von Muskeln und Lebern junger Mäuse wurde nach A. Chanutin und H. H. Beard[4] nicht durch Fütterung von argininreichem Eiweiß erhöht.

In einer Arbeit von F. K. Swoboda[5] wird der Einfluß von Arginin in Gegenwart und bei Fehlen von hydrolysiertem Edestin auf die N-Ernährung der Hefe untersucht. Bei Fehlen des Edestins fördern schwächere Argininkonzentrationen das Wachstum in geringem Maße, während höhere Konzentrationen eher hemmend wirken. Bei Anwesenheit von Edestin wird durch Arginin eine geringe Steigerung erzielt.

A. Morel und I. Bay[6] untersuchten vergleichend das Wachstum von Bakterien und Schimmelpilzen in Glycerin-Glucose-Kulturböden mit den entsprechenden organischen Salzen bei Zugabe von 1. $(NH_4)_2SO_4$, 2. Glykokoll, 3. einem Glykokoll-Arginingemisch, 4. einem Gemisch von Krystallisationsprodukten der Mutterlaugen von Cycloglycylglycin, 5. 2,5-Dioxopiperazin und 6. Asparagin.

Nach A. Goris und A. Liot[7] lassen sich bei der Züchtung von Bacillus pyocyaneus auf künstlichen Nährböden Arginin oder besser seine Salze als N-Quelle verwenden. Allerdings ist die Wirkung von NH_4-Salzen stärker.

In milchzuckerhaltigem Milieu bildet nach K. Morizawa[8] Proteus vulgaris aus d-Arginin (wahrscheinlich durch die Arginase) Harnstoff und Ornithin, das in Putrescin übergeführt wird; ferner entsteht d, l-Arginin. Bei alkalischem Puffer im Nährboden entsteht d, l-Ornithin und d, l-Arginin.

Über den Einfluß eines Argininzusatzes zu künstlichen Nährböden auf die Histaminbildung aus Histidindichlorid durch den Colibacillus berichten M. T. Hanke und K. K. Koessler[9].

Nach H. Reinwein und K. L. Kochinki[10] soll bei der Einwirkung von Saprophyten auf Arginin sowohl Ornithin wie Agmatin gebildet werden. Es gelang zwar nicht, Agmatin als Spaltprodukt bei der Argininfäulnis direkt zu isolieren, aber nach den Verfassern ist die obige Annahme durch die Beobachtung der Bildung von Putrescin aus Agmatin durch Fäulnisbakterien gestützt.

H. Müller[11] gelang es weder im Fäulnis- noch im Tierversuch (Kaninchen) eine Decarboxylierung von Arginin zu Agmatin zu beobachten. 7,5% des subcutan injizierten Arginincarbonates wurden unverändert im Harn wiedergefunden.

Arginin beschleunigte nach E. Abderhalden[12] die alkoholische Gärung.

Nach H. D. Dakin[13] wird die Äpfelsäurebildung aus β-Oxyglutaminsäure durch Hefe nach Zusatz von Arginin gehemmt.

Arginin wirkt nach H. C. Sherman und M. L. Caldwell[14] beschleunigend auf die Hydrolyse von löslicher Stärke durch gereinigte Pankreatinamylase.

---

[1] E. Abderhalden u. P. Möller: Hoppe-Seylers Z. **170**, 212—215 (1927) — Chem. Zbl. **1928 I**, 542.
[2] E. Abderhalden u. S. Buadze: Med. Klinik **25**, 11—12 — Chem. Zbl. **1929 I**, 2897.
[3] E. Abderhalden: Naturwissensch. **17**, 293—294 — Chem. Zbl. **1929 II**, 2353.
[4] A. Chanutin u. H. H. Beard: J. of biol. Chem. **78**, 167—180 — Chem. Zbl. **1928 II**, 463.
[5] F. K. Swoboda: J. of biol. Chem. **52**, 91—109 — Chem. Zbl. **1922 III**, 1091.
[6] A. Morel u. I. Bay: C. r. Soc. Biol. **95**, 474—477 — Chem. Zbl. **1926 II**, 1958.
[7] A. Goris u. A. Liot: C. r. Acad. Sci. Paris **174**, 575—578 — Chem. Zbl. **1922 III**, 391.
[8] K. Morizawa: Acta Scholae med. Kioto **7**, 339—347 (1925) — Ber. Physiol. **34**, 764 — Chem. Zbl. **1926 II**, 777.
[9] M. T. Hanke u. K. K. Koeßler: J. of biol. Chem. **50**, 131—191 (1922) — Chem. Zbl. **1922 I**, 695.
[10] H. Reinwein u. K. L. Kochinki: Z. Biol. **81**, 291—295 — Chem. Zbl. **1924 II**, 1810.
[11] H. Müller: Z. Biol. **83**, 320—324 (1925) — Chem. Zbl. **1926 I**, 716.
[12] E. Abderhalden: Fermentfoschg **6**, 149—161 — Chem. Zbl. **1922 III**, 887.
[13] H. D. Dakin: J. of biol. Chem. **61**, 139—145 — Chem. Zbl. **1924 II**, 2058.
[14] H. C. Sherman u. M. L. Caldwell: J. amer. chem. Soc. **43**, 2469—2476 — Chem. Zbl. **1922 III**, 929.

Im Gegensatz zu anderen Aminosäuren ist Arginin nach A. Niskowski[1] auf die antitryptische Wirkung der Durchspülungsflüssigkeit einer übelriechenden Hundespeicheldrüse ohne Einfluß.

Nach J. H. Northrop[2] wird die Fermentwirkung von Trypsin durch zugesetztes Arginin nicht gehemmt.

d-Argininzusatz zu Hefemacerationssäften wirkt nach A. Fodor und R. Cohn[3] beschleunigend auf die Aktivität der Peptidasen gegenüber Seidenpepton Höchst.

Nach E. R. Dawson[4] ist Arginin auf die Hydrolyse von Buttersäureäthylester und Olivenöl durch Pankreaslipase wirkungslos.

Bei optimalen Bedingungen wird nach S. Edlbacher und P. Bonem[5] das d-Arginin bis zu 99% durch Arginase gespalten, während l-Arginin bei den optimalen Bedingungen nicht angegriffen wird.

Nach A. Hunter und J. A. Morrell[6] scheint die Harnstoffabspaltung von Arginin durch Arginase quantitativ zu sein. Das Optimum der Reaktion lag bei $p_H = 7{,}0$. Bei zunehmender Alkalität sinkt die Reaktion weniger schnell als bei abnehmender. Selbst bei $p_H = 8{,}8$ wurden noch 20% Arginin zerlegt. Bei 50° verlief die Reaktion am schnellsten, bei 70° wurde das Ferment inaktiviert.

Über den Einfluß von normalem Serum, von NaF, KBr, J, Chinin und Atoxyl auf die Argininspaltung durch Arginase und über die Wirkung der Temperatur auf diese Reaktion berichtet S. Hino[7]. Das Optimum der Spaltung wurde bei $p_H = 7{,}4$ gefunden.

Nach Versuchen von R. E. Gross[8] ergibt sich, daß die Argininspaltung durch Arginase bei etwa 70—85% Abbau stehenbleibt, der auch nach Zusatz von frischem Ferment nur in beschränktem Maße weitergeht und bald zum Stillstand kommt. Hemmend auf die Reaktion wirkt Ornithin. Während Harnstoff allein die Spaltung nicht beeinflußt, verstärkt es die Ornithinwirkung, so daß der Stillstand der Reaktion nicht einem chemischen Gleichgewicht entspricht, sondern daß das Ferment vor Erreichung eines Gleichgewichtes unwirksam wird.

Nach K. Felix und K. Morinaka[9] wurde peptidartig gebundenes Arginin (z. B. im Clupein) bei der Leberdurchströmung von der Arginase wohl umgewandelt, aber nicht angegriffen. Ein Resorptionsversuch zeigte, daß gebundenes Arginin die Darmwand passiert.

Die Spaltung von d-Arginincarbonat durch Arginase wurde von K. Poller[10] durch Bestimmung der Farbintensität (nach der Reaktion von Sakaguchi) verfolgt.

Untersuchungen von Y. Sendju[11] über die Argininspaltung in verschiedenen Organen ergaben folgendes: Bei Hühnern spaltete nur Niere, aber nicht Pankreas, Milz, Darm, Muskel und Blut, bei Kröten Leber, manchmal Niere, aber nie Milz, bei Schildkröten Niere, Leber, Milz und Pankreas, aber nicht Muskel und Darm, bei Meerbrassen Leber, aber nicht Milz, Niere und Darm Arginin. Weiterhin war Aspergillus oryzae aber nicht Bacillus coli communis wirksam. Gekochte Organbreie waren nach dem Verfasser unwirksam.

Nach S. Edlbacher und H. Röthler[12] ließ sich bei Huhn, Hund, Katze, Meerschweinchen und Ratte zeigen, daß die Männchen einem den Weibchen gegenüber stark gesteigerten Argininumsatz haben. Während die Hoden Arginin gut spalten, sind die Ovarien fast stets frei von Arginase. Mit wachsender Geschlechtsreife wird der Argininumsatz erhöht. Die Säuger haben im Gegensatz zu den Vögeln 500mal mehr Arginase; trotzdem besteht für beide Tierklassen das gleiche Verhältnis zwischen dem männlichen und weiblichen Geschlecht, 100:60—70.

Bei Untersuchungen einer großen Anzahl von Tierklassen von S. Edlbacher und H. Röthler[13] über den Verlauf der Argininspaltung durch die Arginasen ergab sich, daß der Verlauf der Spaltungen stets der für Kalbsleber aufgestellten Kurve folgte. Eine Ausnahme

---

[1] A. Niskowski: Biochem. Z. **179**, 62—69 (1926) — Chem. Zbl. **1928 II**, 2660.
[2] J. H. Northrop: J. gen. Physiol. **4**, 227—244 (1922) — Chem. Zbl. **1922 I**, 764.
[3] A. Fodor u. R. Cohn: Hoppe-Seylers Z. **176**, 17—28 — Chem. Zbl. **1928 II**, 455.
[4] E. R. Dawson: Biochemic. J. **21**, 398—403 — Chem. Zbl. **1927 II**, 1353.
[5] S. Edlbacher u. P. Bonem: Hoppe-Seylers Z. **145**, 69—90 — Chem. Zbl. **1925 II**, 1605.
[6] A. Hunter u. J. A. Morrell: Trans. roy. Soc. Canada (III), **16 V**, 75—77 (1922) — Chem. Zbl. **1923 III**, 1235.
[7] S. Hino: J. of Biochem. **6**, 335—366 — Chem. Zbl. **1926 II**, 2444.
[8] R. E. Gross: Hoppe-Seylers Z. **112**, 236—251 (1920) — Chem. Zbl. **1921 III**, 119.
[9] K. Felix u. K. Morinaka: Hoppe-Seylers Z. **132**, 152—166 — Chem. Zbl. **1924 I**, 1688.
[10] K. Poller: Z. Biol. **86**, 309—316 — Chem. Zbl. **1927 II**, 2067.
[11] Y. Sendju: J. of Biochem. **5**, 229—244 (1925) — Chem. Zbl. **1926 I**, 1662.
[12] S. Edlbacher u. H. Röthler: Hoppe-Seylers Z. **148**, 273—282 (1925) — Chem. Zbl. **1926 I**, 964.
[13] S. Edlbacher u. H. Röthler: Hoppe-Seylers Z. **148**, 264—272 (1925) — Chem. Zbl. **1926 I**, 964.

ergaben Hühnernieren, bei denen Proportionalität zwischen zerlegter Argininmenge und Fermentmenge bestand, während Leber und Hoden vom Hahn Arginin entsprechend der Kurve für Kalbsleber spalteten. Die Ausnahme der Hühnerniere wird vom Verfasser auf das Fehlen eines Hemmungskörpers zurückgeführt. Außerdem wird mitgeteilt, daß im Serum der Vögel eine die Argininspaltung hemmende Substanz vorkommt.

Aus Durchblutungsversuchen an überlebenden Lebern ergibt sich nach K. Felix und M. Tomita[1], daß bei den Säugern (Katzen) freies Arginin vollständig in Harnstoff und Ornithin zerlegt wird, während es von Vogellebern (Gans) nicht angegriffen wird.

Nach S. Edlbacher, F. Krause und K. W. Merz[2] spaltet das Blut von Mensch, Rind, Hammel und Schwein Arginin. Defibriniertes Blut spaltet Arginin bei 38° und $p_H = 9,5$ bis zu 30%, die vom Serum befreiten Blutkörperchen spalten bis zu 70—80%. Im Serum liegt also ein Hemmungskörper vor, der sehr stark bei $p_H = 9,5$ hemmt, bei neutraler und saurer Reaktion aber aktiviert. Die Hemmung ist nicht artspezifisch. Arginasen vom Hund und Kaninchen werden durch Serum nicht gehemmt, Schweinearginase nimmt eine Mittelstellung ein, die des Rindes wird stark gehemmt. Je stärker die Argininwirkung des betreffenden Blutes ist, desto größer ist die Hemmbarkeit.

Alle malignen Säugertumoren, Sarkome, Carcinome, Granulationen, Polypen und embryonalen Gewebe zeigten nach S. Edlbacher und K. W. Merz[3] ein über die Norm gesteigertes Argininspaltungsvermögen. Durch ein geringeres Argininspaltungsvermögen unterscheidet sich in charakteristischer Weise das Roussarkom von den Säugertumoren.

Nach B. Fuchs[4] wurde in einer Carcinommetastase menschlicher Leber ein Argininabbau bis zu 160% festgestellt.

Die vermehrte Kreatinausscheidung beim Schwein nach Fütterung von Schilddrüsen soll nach E. G. Gross und H. Steenbock[5] in erster Linie durch eine Störung des Arginin-Arginasegleichgewichtes verursacht sein.

Über die Bildung des pflanzlichen Harnstoffs durch Spaltung des Arginins mittels Urease berichtet G. Klein[6].

Nach A. Kiesel[7] vermag Secale cornutum zugesetztes Arginin in wässeriger Lösung bei Gegenwart von Chloroform und Toluol mit Hilfe einer Arginase in Ornithin und Harnstoff abzubauen. Das Ornithin konnte zum Teil isoliert werden. Außerdem wurde Arginin von Samen und Keimpflanzen von Vicia sativa, von reifen Früchten von Angelica silvestris und von 22tägigen Keimpflanzen von Trifolium pratense fermentativ angegriffen. Außer Ornithin und NH_3 ließen sich keine anderen Substanzen nachweisen.

Über die Harnstoffbildung aus einer $^1/_2$proz. Argininnitratlösung durch lebende Champignons oder Preßsäfte aus diesen Pilzen berichten N. Iwanow und A. Toschewikowa[8].

Über die völlige enzymatische Argininspaltung im Samen von Lupinus luteus berichtet O. Walter[9].

Nach Versuchen von S. Hino[10] vermögen Bacillus pyocyaneus und Bacillus fluorescens d-Arginin in einer Salzlösung unter NH_3-Entwicklung zu spalten. Auch nach Abtötung der Bakterien durch Aceton bleibt diese Fähigkeit erhalten, allerdings erfolgt die Spaltung langsamer. Wahrscheinlich vermögen die mit Aceton abgetöteten Pyocyaneuskulturen auch l-Arginin zu spalten. Dagegen wurde Arginin nicht vom Filtrat der Bakterienkulturen und von den abgetöteten Kulturen von Staphylokokken, Bacillus prodigiosus, Bacillus coli, Bacillus paratyphi, Bacillus typhi, Bacillus dysenteriae shiga und Streptokokken angegriffen.

Von A. Kossel und F. Curtius[11] wurde beim Züchten einer unwirksam gewordenen Kultur von Pyocyaneus in Gegenwart von Arginincarbonat bzw. d- oder l-Arginin eine Spaltung

---

[1] K. Felix u. M. Tomita: Hoppe-Seylers Z. **128**, 40—52 — Chem. Zbl. **1923 III**, 956.

[2] S. Edlbacher, F. Krause u. K. W. Merz: Hoppe-Seylers Z. **170**, 68—78 (1927) — Chem. Zbl. **1928 I**, 79.

[3] S. Edlbacher u. K. W. Merz: Hoppe-Seylers Z. **171**, 252—263 (1927) — Chem. Zbl. **1928 I**, 375.

[4] B. Fuchs: Hoppe-Seylers Z. **114**, 101—107 — Chem. Zbl. **1921 III**, 1294.

[5] E. G. Gross u. H. Steenbock: J. of biol. Chem. **47**, 45—52 — Chem. Zbl. **1921 III**, 493.

[6] G. Klein: Z. Pflanzenernährg, Düngg Abt. A **12**, 390—391 (1928) — Chem. Zbl. **1929 II**, 2210.

[7] A. Kiesel: Hoppe-Seylers Z. **118**, 267—276 (1922) — Chem. Zbl. **1922 I**, 827 — Bull. Acad. St. Pétersbourg (6) **1915**, 1337—1364 — Chem. Zbl. **1925 I**, 1743.

[8] N. Iwanow u. A. Toschewikowa: Biochem. Z. **181**, 1—7 — Chem. Zbl. **1927 I**, 2558.

[9] O. Walter: Bull. Acad. St. Pétersbourg (6), 1071—1074 (1917) — Chem. Zbl. **1925 II**, 44.

[10] S. Hino: Hoppe-Seylers Z. **133**, 100—115 — Chem. Zbl. **1924 I**, 2376.

[11] A. Kossel u. F. Curtius: Hoppe-Seylers Z. **148**, 283—289 (1925) — Chem. Zbl. **1926 I**, 963.

aller 3 Verbindungen beobachtet. Da die Spaltung von l-Arginin normalerweise nicht eintritt, scheint hier nach den Verfassern ein oxydativer Abbau vorzuliegen.

Nach Versuchen von E. Ponder[1] hat die Hemmung der Hämolyse durch Argininmonochlorid den Charakter einer linearen Funktion. Weiterhin läßt sich zeigen, daß Arginin bei der Hämolyse durch Saponin oder gallensaure Salze an den Zellen selbst angreift.

Die autolytische NH_3-Bildung im Meerschweinchenleberbrei in normalem Phosphat- und Lactatpuffer bei 37° unter Zusatz von einigen Tropfen Chloroform in saurem und in alkalischem Milieu bei Zugabe von Arginin untersuchten P. György und H. Röthler[2].

Bei Gegenwart von Chlorogensäure wird nach A. Oparin[3] der Amino-N des Arginins in 2—4 Tagen zu etwa 10—20% durch den Luftsauerstoff in NH_3-N übergeführt.

Über die Beziehung des Säurebindungsvermögens des Hämocyanins von Limulus polyphemus und seinem Gehalt an zweibasischen Aminosäuren (Arginin, Lysin und Histidin) berichten A. C. Redfield und E. D. Mason[4], wobei das maximale Säurebindungsvermögen mit dem aus dem Gehalt an zweibasischen Aminosäuren berechneten Wert übereinstimmt.

Biochemische Eigenschaften des l-Arginins: l-Arginin wird nach S. Edlbacher und P. Bonem[5] durch Arginase nicht bei Bedingungen angegriffen, die für die Arginasespaltung von d-Arginin optimal sind.

Über die wahrscheinliche Spaltung von l-Arginin durch mit Aceton abgetötete Pyocyaneuskulturen berichtet S. Hino[6].

Über die anscheinend oxydative Spaltung von l-Arginin durch eine beim Züchten unwirksam gewordene Pyocyaneuskultur berichten A. Kossel und F. Curtius[7]; siehe auch unter Biochemische Eigenschaften des d-Arginins, S. 530.

Biochemische Eigenschaften des d, l-Arginins: K. Morizawa[8] berichtet über die Bildung von d, l-Arginin durch Proteus vulgaris in milchzuckerhaltigem Milieu nach d-Argininzusatz und über die Bildung von d, l-Arginin und d, l-Ornithin bei alkalischer Pufferung des Nährbodens. Siehe auch unter biochemische Eigenschaften des d-Arginins, S. 528.

Physikalische Eigenschaften: Von N. Bjerrum[9] werden die beiden Dissoziations- (K_s und K_b) und Hydrolysenkonstanten (k_a und k_b) von Arginin bei 25°, wie folgt, angegeben:

$K_s = 10^{-2,24}$; $K_b = 1$; $k_a = 10^{-13,96}$; $k_b = 10^{-7,0}$ Konstanten für die erste Stufe.

$K_s = \ldots$; $K_b = 10^{-6,9}$; $k_a = \ldots$; $k_b = 10^{-11,96}$ Konstanten für die zweite Stufe.

Von A. Hunter und H. Borsook[10] wurden die Dissoziationskonstanten des Arginins aus den Titrationswerten des Argininmonochlorids, mit $Ba(OH)_2$ (unter Ausschluß von CO_2) und HCl titriert, wie folgt, berechnet:

$K'_{b1} = 1{,}07 \cdot 10^{-5}$ ($p_{K'_{b1}} = 4{,}97$); $K'_{b2} = 1{,}3 \cdot 10^{-12}$ ($p_{K'_{b2}} = 11{,}90$) ($K'_\alpha = 12{,}84$);

isoelektrischer Punkt: $I = 1{,}1 \cdot 10^{-11}$ ($p_I = 10{,}97$).

In einer vorläufigen Mitteilung berichtet L. J. Harris[11] über seine theoretischen Untersuchungen über die einsäurige und zweibasische Gruppe des Arginins.

Ch. Morton[12] bestimmte die Änderung des p_H bei einer $1/4$ neutralisierten Lösung von Arginin nach Zusatz von n-KCl, n-NaCl, $1/3$ m-K_2SO_4, $1/3$ m-$BaCl_2$ und $1/4$ m-$MgSO_4$, außerdem wurde der Verdünnungseffekt ermittelt.

Ch. Morton[12] bestimmte die „thermo-dynam." Dissoziationskonstanten von Arginin.

A. Hunter[13] berechnete für d-Arginin aus der Drehung einer Argininlösung in wässeriger HCl (8 Mol HCl, 1 Mol Arginin) $[\alpha]_D^{20}$ zu $+26{,}54°$.

---

[1] E. Ponder: Proc. roy. Soc. Lond., Serie B **99**, 461—476 — Chem. Zbl. **1926 II**, 2075.
[2] P. György u. H. Röthler: Biochem. Z. **173**, 334—347 — Chem. Zbl. **1926 II**, 1436.
[3] A. Oparin: Bull. Acad. St. Pétersbourg (6), 535—546 (1922) — Chem. Zbl. **1925 II**, 728.
[4] A. C. Redfield u. E. D. Mason: J. of biol. Chem. **77**, 451—457 — Chem. Zbl. **1928 II**, 1347.
[5] S. Edlbacher u. P. Bonem: Hoppe-Seylers Z. **145**, 69—90 — Chem. Zbl. **1925 II**, 1605.
[6] S. Hino: Hoppe-Seylers Z. **133**, 100—115 — Chem. Zbl. **1924 I**, 2376.
[7] A. Kossel u. F. Curtius: Hoppe-Seylers Z. **148**, 283—289 (1925) — Chem. Zbl. **1926 I**, 963.
[8] K. Morizawa: Acta Scholae med. Kioto **7**, 339—347 (1925) — Ber. Physiol. **34**, 764 — Chem. Zbl. **1926 II**, 777.
[9] N. Bjerrum: Hoppe-Seylers Z. **104**, 147—173 (1923) — Chem. Zbl. **1923 I**, 1575.
[10] A. Hunter u. H. Borsook: Biochemic. J. **18**, 883—890 — Chem. Zbl. **1925 I**, 204.
[11] L. J. Harris: Nature **115**, 119—120 — Chem. Zbl. **1925 I**, 1473.
[12] Ch. Morton: J. chem. Soc. Lond. **1928**, 1401—1413 — Chem. Zbl. **1929 I**, 1196.
[13] A. Hunter: J. of biol. Chem. **82**, 731—736 — Chem. Zbl. **1929 II**, 2436.

G. L. Keenan[1] teilt folgende Refraktionsindices von Arginindihydrat mit: aus Wasser: $n_\alpha = 1{,}528$; $n_\beta = 1{,}549$; $n_\gamma = 1{,}579$ ($\pm\, 0{,}003$); aus 66proz. Alkohol: $n_\alpha = 1{,}548$; $n_\beta = 1{,}562$; $n_\gamma = 1{,}610$.

A. Castille und E. Ruppol[2] beschreiben das Absorptionsspektrum des Arginins für Ultraviolett zwischen 4800 und 1900 Å.

Chemische Eigenschaften: Aus Wasser krystallisiert Arginin nach H. B. Vickery und C. S. Leavenworth[3] in Prismen des Dihydrades, aus 66proz. Alkohol in Tafeln des Anhydrides aus.

Wird nach M. Bergmann und H. Köster[4] d-Arginin mit Essigsäureanhydrid bei Zimmertemperatur 3 Stunden geschüttelt, so entsteht in 90proz. Ausbeute ein d, l-Monoacetylarginin, das nach Acetylabspaltung mit 2n-HCl in das d, l-Arginin übergeführt wird. Durch Kochen von d-Arginin mit viel Essigsäureanhydrid wird nach den Verfassern d, l-Triacetylanhydroarginin gewonnen.

Wird nach M. Bergmann und L. Zervas[5] Argininnitrat mit Baryt gekocht, mit Salicylaldehyd bei Gegenwart von Baryt versetzt, so scheidet sich das o-Oxybenzylidenornithin-Ba in gelben Nadeln ab.

In Eiweißhydrolysaten wandern nach G. L. Foster und C. L. A. Schmidt[6] unter der Einwirkung eines elektrischen Stromes bei einem $p_H = 5{,}5$ Arginin, Histidin und Lysin in ungefähr der gleichen Geschwindigkeit zur Kathode, während bei einem p_H von 7,5 nur Arginin und Lysin wandern, Histidin im Mittelteil des Apparates unverändert zurückbleibt.

Der Stickstoff des Arginins wird nach P. G. Kronacker[7] durch 66proz. H_2SO_4 nur unvollständig zersetzt, was nach dem Verfasser entweder auf Ringbildung oder auf den Widerstand der Guanidingruppe zurückzuführen ist.

Arginin reagiert nach R. H. A. Plimmer[8] mit HNO_2 bei Gegenwart von Eisessig im Gegensatz zur Anwesenheit von HCl nur mit der α-Aminogruppe.

Bei der Einwirkung von Alkalipermanganat auf Arginin werden nach C. S. Robinson, O. B. Winter und E. J. Miller[9] etwa 54,2% des Gesamt-N in NH_3 übergeführt.

Während Glykokoll bei Gegenwart geringer Mengen Adrenalin durch O_2 unter Bildung von NH_3 und CO_2 zerlegt wird, ist die Oxydation anderer Aminosäuren (z. B. von Arginin) sehr gering[10].

Arginin absorbiert nach R. H. A. Plimmer und H. Phillips[11] praktisch kein Br.

P. Brigl, R. Held und K. Hartung[12] untersuchten die Einwirkung von Hypobromit auf Arginin unter Bedingungen, die von Goldschmidt und Steigerwald[13] angegeben worden waren.

Nach G. Nagelschmidt[14] läßt sich d-Arginin neben den Diaminosäuren mittels eines Hg-Acetat-Sodareagenzes, evtl. unter Zusatz von Alkohol, ausfällen.

Über die Reaktion zwischen Methylglyoxal und Arginin beim Kochen und über die quantitative Bestimmung der Reaktionsprodukte berichten C. Neuberg und M. Kobel[15].

Nach K. Felix und A. Lang[16] setzt sich Arginin mit Permutit um. Die Reaktion verläuft nicht nach dem Massenwirkungsgesetz, sondern ändert sich mit der Argininkonzentration und erfüllt die von Rothmund und Kornfeld für den Austausch des Na im Permutit gegen andere anorganische Basen aufgestellte Gleichung: $\log(b-x)/x = \beta \log x/(a-x) + \log K$.

---

[1] G. L. Keenan: J. of biol. Chem. **83**, 137—138 (1929) — Chem. Zbl. **1929 II**, 1790.
[2] A. Castille u. E. Ruppol: Bull. Soc. Chim. biol. Paris **10**, 623—668 — Chem. Zbl. **1928 II**, 622.
[3] H. B. Vickery u. C. S. Leavenworth: J. of biol. Chem. **76**, 701—705 — Chem. Zbl. **1928 II**, 149.
[4] M. Bergmann u. H. Köster: Hoppe-Seylers Z. **159**, 179—189 — Chem. Zbl. **1926 II**, 2693.
[5] M. Bergmann u. L. Zervas: Hoppe-Seylers Z. **152**, 282—299 — Chem. Zbl. **1926 I**, 3060.
[6] G. L. Foster u. C. L. A. Schmidt: J. of biol. Chem. **56**, 545—553 — Chem. Zbl. **1923 III**, 1493.
[7] P. G. Kronacker: Bull. Soc. Chim. Belgique **3**, 217—231 — Chem. Zbl. **1924 II**, 839.
[8] R. H. A. Plimmer: J. chem. Soc. Lond. **127**, 2651—2659 (1925) — Chem. Zbl. **1926 I**, 1650.
[9] C. S. Robinson, O. B. Winter u. E. J. Miller: J. Michigan agric. Coll. exper. Station Nr 19 — Chem. Trade J. **70**, 65—66 — Chem. Zbl. **1922 II**, 863.
[10] S. Edlbacher u. J. Kraus: Hoppe-Seylers Z. **178**, 239—249 — Chem. Zbl. **1928 II**, 2658.
[11] R. H. A. Plimmer u. H. Phillips: Biochem. J. **18**, 312—321 — Chem. Zbl. **1924 II**, 1252.
[12] P. Brigl, R. Held u. K. Hartung: Hoppe-Seylers Z. **173**, 129—154 — Chem. Zbl. **1928 I**, 1778.
[13] Goldschmidt u. Steigerwald: Chem. Zbl. **1925 II**, 1169.
[14] G. Nagelschmidt: Biochem. Z. **186**, 322—326 — Chem. Zbl. **1927 II**, 1495.
[15] C. Neuberg u. M. Kobel: Biochem. Z. **188**, 197—210 — Chem. Zbl. **1927 II**, 2677.
[16] K. Felix u. A. Lang: Hoppe-Seylers Z. **182**, 125—140 — Chem. Zbl. **1929 II**, 754.

β ist ein Exponent < 1. Bei 32° war das Gleichgewicht zwischen Argininchlorid und Na-Permutit nach etwa 5 Stunden erreicht, wobei etwa mehr als die Hälfte der Base ausgetauscht wird, und zwar 80% davon bereits in den ersten 10 Minuten. Mit fallender Temperatur verlangsamt sich die Reaktion. Der Temperaturkoeffizient für 10° beträgt 1,8. Der Wert für β ist 0,6055, für $K = 45,8$. Arginin läßt sich durch NH_3 aus dem Permutit austreiben. Aus einem Gemisch von Ornithin und Argininchlorid wird die erstere Verbindung in viel stärkerem Maße ausgetauscht, so daß auf diesem Wege eine Trennung der beiden Verbindungen möglich ist. Die gesamten ausgetauschten Äquivalente Ornithin + Arginin sind etwa ebenso groß wie bei der Reaktion von Ornithin allein in gleicher Konzentration mit Permutit.

Nach Cl. Rimington[1] soll das bei der Einwirkung von NaOH auf Caseinogen entwickelte NH_3 zum Teil vom Arginin stammen.

Bei Desamidierung von Proteinen (Gelatine, Eialbumin) werden nach H. S. Simms[2] nicht die Präarginin-, Arginin- oder Histidingruppen, wohl aber fast alle Lysingruppen entfernt.

Über die Umlagerung von Dioxopiperazinen, z. B. Phenylalanylserinanhydrid durch längeres Aufbewahren oder kurzes Erwärmen mit verdünnter wässeriger Argininlösung berichten M. Bergmann, A. Miekeley und E. Kann[3]. Über die Aufspaltung von Glycinanhydrid zum Dipeptid durch Arginin berichten M. Bergmann und H. Köster[4].

Über die Spaltung von acylierten Dioxopiperazinen in wässeriger Lösung durch freies d-Arginin unter Bildung von Acyl-d-arginin und freiem Dioxopiperazin berichten M. Bergmann, V. du Vigneaud u. L. Zervas[5]. In alkoholischer Lösung werden die Diacyldioxopiperazine durch Arginin katalytisch-alkoholytisch gespalten.

Über die Umacylierung von Acylhistidinestern mittels Arginin unter Bildung der entsprechenden Acylargininverbindungen berichten M. Bergmann und L. Zervas[6].

Über den Einfluß von Arginin auf den Carnosinnachweis nach der Knoopschen Reaktion berichtet G. Hunter[7].

Durch Behandeln der Proteine in stark alkalischer Lösung mit NaOCl oder NaOBr wird nach S. Sakaguchi[8] der Arginineil des Proteins desamidiert. Auf diese Weise wurden Casein, Ovalbumin und Edestin behandelt.

Weiterhin wird vom Verfasser[9] der Abbau des freien und des im Protein (z. B. Gelatine, Salmin) gebundenen Arginins durch $^1/_5$n-NaOH bei 100° vergleichend untersucht. Der Angriff an der Guanidingruppe des freien Arginins erfolgt bedeutend leichter als beim gebundenen Arginin.

Bei der alkalischen Hydrolyse von Weizengliadin ist die sekundäre Spaltung nach H. B. Vickery[10] besonders von Arginin beträchtlich, wobei 0,2n-$Ba(OH)_2$ stärker als 0,2n-NaOH hydrolysiert.

Nach C. Neuberg und M. Kobel[11] tritt bei einem $p_H = 7$ eine Drehungsänderung eines Gemisches von Arginin + Fructose und hexosediphosphorsaurem Mg ein, die mit Maltose und Glucose geringer ist.

Über die Spaltung des Arginins in NH_3 und Ornithin beim Weichen der Häute und Felle berichten E. R. Theis und E. L. Mc Millen[12].

Derivate des d-Arginins: d-Argininhydrochlorid $[\alpha]_D^{20} = +21,94°$ [13].

Argininnitrit $C_6H_{15}O_4N_5$. Aus Argininchlorhydrat + $AgNO_2$. Farblose drusenförmige Nadeln aus Wasser + Alkohol, Zersetzung bei 160°, leicht löslich in Wasser, wenig löslich

---

[1] Cl. Rimington: Biochemic. J. **21**, 204—207 — Chem. Zbl. **1927 I**, 3014.
[2] H. S. Simms: J. gen. Physiol. **11**, 629—640 — Chem. Zbl. **1928 II**, 1673.
[3] M. Bergmann, A. Miekeley u. E. Kann: Biochem. Z. **177**, 1—9 — Chem. Zbl. **1927 I**, 1024. — Liebigs Ann. **458**, 40—75 — Chem. Zbl. **1927 II**, 2759.
[4] M. Bergmann u. H. Köster: Hoppe-Seylers Z. **173**, 259—267 — Chem. Zbl. **1928 I**, 2093.
[5] M. Bergmann, V. du Vigneaud u. L. Zervas: Ber. dtsch. chem. Ges. **62**, 1909—1913 — Chem. Zbl. **1929 II**, 2683.
[6] M. Bergmann u. L. Zervas: Hoppe-Seylers Z. **175**, 145—153 — Chem. Zbl. **1928 I**, 2614 — Hoppe-Seylers Z. **175**, 154—157 — Chem. Zbl. **1928 I**, 2615.
[7] G. Hunter: Biochemic. J. **16**, 640—654 (1922) — Chem. Zbl. **1923 II**, 511.
[8] S. Sakaguchi: J. of Biochem. **5**, 143—157 (1925) — Chem. Zbl. **1926 I**, 1420.
[9] S. Sakaguchi: J. of Biochem. **5**, 159—169 (1925) — Chem. Zbl. **1926 I**, 1420.
[10] H. B. Vickery: J. of biol. Chem. **53**, 495—512 (1922) — Chem. Zbl. **1923 I**, 853.
[11] C. Neuberg u. M. Kobel: Biochem. Z. **174**, 464—479 — Chem. Zbl. **1926 II**, 3059.
[12] E. R. Theis, E. L. Mc Millen: J. amer. leather chem. Assoc. **23**, 372—397 — Chem. Zbl. **1928 II**, 1411.
[13] A. Hunter: J. of biol. Chem. **82**, 731—736 — Chem. Zbl. **1929 II**, 2436.

in Alkohol, unlöslich in Äther. Reaktion lackmusneutral, $[\alpha]_D^{20} = +13,0°$. Ninhydrin- und Nitritreaktion positiv. Die wässerige Lösung zersetzt sich beim Erwärmen, rascher nach Zusatz von Mineralsäuren[1].

Argininnitrat. Das Nitrat, Meerschweinchen parenteral zugeführt, hat nach R. Wigand[2] keinen besonderen Einfluß auf den allgemeinen Zustand und die Temperatur der Tiere. — Aus Monoacetyl-d-arginin regeneriertes d-Argininnitrat zeigte Schmelzp. 130° $[\alpha]_D^{22} = +10,05°$ in Wasser[3].

d-Argininhydrochloridpikrat. Sintert bei 160°, zersetzt sich bei 190°[4].

d-Argininmonopikrat. Krystallisiert aus Wasser mit 2 Mol Wasser, die es an der Luft allmählich verliert; zersetzt sich lufttrocken bei 205—206°, völlig trocken bei 217°[4].

d-Arginindipikrat. Sintert bei 160°, zersetzt sich bei 190°, in Wasser etwas schwerer löslich als das Monopikrat[4].

Monosalz des Arginins mit 2,4-Dinitro-1-naphthol-7-sulfosäure $C_6H_{14}O_2N_4 \cdot C_{10}H_6O_8N_2S$. Bei 260° noch nicht geschmolzen. Löslichkeit des Salzes in:

Wasser bei 19°	$1/_{200}$ n-H_2SO_4 bei 19°	$1/_{50}$ n-H_2SO_4 bei 19°	2,5 proz. HCl bei 19°	$1/_{50}$ n-Farbsäure bei 19°	96 proz. Alkohol bei 17°
0,0177	0,0109	0,0121	0,081	0,00	0,0020 [5]

Löslichkeit in siedendem Wasser 0,566 (0,580)[6].

Argininmethylester. Wird nach S. Edlbacher und P. Bonem[7] nicht durch Arginase gespalten.

Monoacetyl-d-arginin $C_8H_{16}O_3N_4 + 2 H_2O$. Tafeln oder Prismen aus Wasser + Aceton, Sintern ab 114°, Schmelzp. teilweise gegen 120°, wasserfrei 270° (korr., Zers.) $[\alpha]_D^{22} = +7,80°$ in Wasser. Daraus regeneriertes d-Argininnitrat zeigte Schmelzp. 130°, $[\alpha]_D^{22} = +10,05°$ in Wasser. Racemisierung mit 1 Mol Acetanhydrid bei 90° war in 2 Stunden vollständig[8].

d-Monobenzoylarginin $C_{13}H_{18}O_3N_4$. Es ist in neutraler bis $1/_{10}$n-alkalischer Lösung zu kuppeln. Das gleichzeitig entstandene Dibenzoylarginin scheidet sich bei schwach kongosaurer Reaktion ab, das Monobenzoylarginin aus der mit NH_3 neutralisierten konzentrierten wässerigen Lösung. Ausbeute aus 20 g Argininchlorid 9 g Dibenzoylarginin und 13 g Monobenzoylarginin. Das Monobenzoylarginin läßt sich aus dem Filtrat des Dibenzoylarginins über den Ester isolieren. Schief abgeschnittene Platten oder dreieckige Platten aus heißem Wasser. Schmelzp. 298° (unkorr.), wenig löslich in kaltem Wasser, löslich in heißem Wasser, wenig löslich in Laugen, löslich in Säuren. Die wässerige Lösung reagiert schwach alkalisch. $[\alpha]_D^{20} = -8,1°$. Die Carboxylgruppe läßt sich weder alkoholisch noch gegen Alizaringelb titrieren[9]. — Das Monobenzoylarginin wird nach Angabe derselben Verfasser von Arginase bei $p_H = 9$ und bei 38° gespalten, allerdings findet die optimale Spaltung bei $p_H = 6,5$ bis 7,5 statt, was nach den Verfassern durch Löslichkeitsunterschiede Arginin gegenüber bedingt ist[9].

Pikrat. Nadeln, Schmelzp. 270° (unkorr.)[9].

Äthylester. Wird durch Arginase nicht gespalten[9].

d-Dibenzoylarginin $C_{20}H_{22}O_4N_4$. Aus d-Arginin und 6 Mol Benzoylchlorid nach Schotten-Baumann. Ausbeute 70—75%. Aus Alkohol 6seitige Täfelchen. Zersetzungspunkt 235°. Sehr wenig löslich in Wasser, wenig löslich in Alkohol, unlöslich in Äther. Die Lösung in verdünnter NaOH gibt beim Ansäuern mit 15 proz. HCl und kurzem Erwärmen auf 40—50° das Hydrochlorid[10]. — Nädelchen aus Alkohol, Schmelzp. 244° (korr.), $[\alpha]_D^{20} = +10,12°$ (in 0,2n-NaOH)[11]. — P. Brigl, R. Held und K. Hartung[12] untersuchten die Einwirkung von Hypobromit auf Dibenzoylarginin unter Bedingungen, die von Goldschmidt

---

[1] K. Felix u. H. Müller: Hoppe-Seylers Z. **174**, 112—118 — Chem. Zbl. **1928 I**, 2172.
[2] R. Wigand: Arch. f. exper. Path. **132**, 18—27 — Chem. Zbl. **1928 II**, 1009.
[3] M. Bergmann u. L. Zervas: Biochem. Z. **203**, 280—292 (1928) — Chem. Zbl. **1929 I**, 1106.
[4] K. Felix u. K. Dirr: Hoppe-Seylers Z. **176**, 29—42 — Chem. Zbl. **1928 II**, 36.
[5] A. Kossel u. R. E. Groß: Sitzgsber. Heidelberg. Akad. Wiss., Abt. B **1923**, 1. Abh. 1—6 — Chem. Zbl. **1923 III**, 1151.
[6] A. Kossel u. R. E. Groß: Hoppe-Seylers Z. **135**, 167—174 — Chem. Zbl. **1924 II**, 335.
[7] S. Edlbacher u. P. Bonem: Hoppe-Seylers Z. **145**, 69—90 — Chem. Zbl. **1925 II**, 1605.
[8] M. Bergmann u. L. Zervas: Biochem. Z. **203**, 280—292 (1928) — Chem. Zbl. **1929 I**, 1106.
[9] K. Felix, H. Müller u. K. Dirr: Hoppe-Seylers Z. **178**, 192—201 — Chem. Zbl. **1928 II**, 2661.
[10] K. Felix u. K. Dirr: Hoppe-Seylers Z. **176**, 29—42 — Chem. Zbl. **1928 II**, 36.
[11] L. Zervas u. M. Bergmann: Ber. dtsch. chem. Ges. **61**, 1195—1203 — Chem. Zbl. **1928 II**, 543.
[12] P. Brigl, R. Held u. K. Hartung: Hoppe-Seylers Z. **173**, 129—154 — Chem. Zbl. **1928 I**, 1778.

und Steigerwald[1] angegeben worden waren. — d-Dibenzoylarginin wird nach K. Felix, H. Müller und K. Dirr[2] durch Arginase bei $p_H = 9$ und bei $38°$ nicht gespalten.

Hydrochlorid $C_{20}H_{23}O_4N_4Cl$. Nadeln. Zersetzt sich bei $218°$, leicht löslich in Alkohol, sehr wenig löslich in Äther und in HCl. Dissoziiert in Wasser; dreht selbst nicht, liefert jedoch bei der Hydrolyse d-Arginin. Die alkoholische Lösung gibt mit HCl das Äthylesterhydrochlorid[3].

Äthylesterhydrochlorid $C_{22}H_{27}O_4N_4Cl$. Nadeln aus Alkohol + Äther. Schmelzp. $148°$. Sehr leicht löslich in Alkohol, unlöslich in Äther, $[\alpha]_D^{20} = -8°$. Gibt mit Na-Alkoholat d-Dibenzoylarginin[3].

Benzyliden-d-arginin $C_{13}H_{18}O_2N_4 + 1 H_2O$. Wetzsteinartige Blättchen. Schwer löslich in fast allen organischen Lösungsmitteln, löslich in heißem Wasser und in benzaldehydhaltigem Methylalkohol, wird durch Säuren leicht unter Abspaltung von Benzaldehyd gelöst. Sintert bei $200°$, schmilzt bei $204-205°$ zu einer gelbbraunen Flüssigkeit[4].

o-Oxybenzyliden-d-arginin $C_{13}H_{18}O_3N_4$. Hellgelbe Prismen. Schmelzp. $211°$ unter Aufschäumen. Löslich in viel Wasser und Alkalien, wenig löslich in organischen Lösungsmitteln[4].

o-Oxybenzyliden-d-arginin-Na-nitrat $(C_{13}H_{18}O_3N_4)_4 \cdot NaNO_3 \cdot 16 H_2O$. Büschelförmige, gelbe Nadeln. Leicht löslich in Wasser[4].

Argininphosphorsäure $C_6H_{15}O_2N_3P$. Die Verbindung findet sich im Muskel von Echinodermen, Mollusken und Würmern, Pecten Jacobaeus, Pecten opercularis, Holothuria tubulosa; bei Echinodermen und Würmern auch in einzelnen glatten Muskeln. Amphioxus, die Muskeln des Cephalopodenmantels, des Schneckenfußes und die glatten Adduktoren der Ringmuskulatur der Holothurien enthalten nach O. Meyerhof[5] keine Argininphosphorsäure. Die Darstellung der Argininphosphorsäure aus Krebsmuskel erfolgt analog der von Kreatinphosphorsäure. Die endgültige Reinigung geschieht etwas abweichend durch Ausfällen der freien Säure selbst oder ihres schwefelsauren Salzes mit Alkohol. Die Argininphosphorsäure findet sich nach O. Meyerhof und K. Lohmann[6] in der gleichen Menge in Krebsmuskeln wie Kreatinphosphorsäure im Wirbeltiermuskel. Die Verbindung zerfällt bei Muskelkontraktion, synthetisiert sich bei Erholung. Ebenso verläuft die enzymatische Spaltung und Resynthese im Muskelsaft. Die Verfasser vergleichen ferner das Verhalten von Argininphosphorsäure und Kreatinphosphorsäure, das etwas unterschiedlich ist, so wird Argininphosphorsäure durch gelöstes Muskelenzym besonders am Neutralpunkt schwerer aufgespalten als Kreatinphosphorsäure und entsprechend bei schwach alkalischer Reaktion auch leichter aus den Komponenten resynthetisiert. Die Aufspaltung der beiden Verbindungen durch Säuren in etwa 0,1n-Säure verläuft gleich schnell, dagegen nimmt die von Argininphosphorsäure mit wachsender $[H^+]$ langsam ab, die von Kreatinphosphorsäure langsam zu. Die Spaltung katalytisch beeinflussende Substanzen (Molybdat) wirken bei beiden Verbindungen in umgekehrter Richtung. Argininphosphorsäure besitzt in gespaltenem wie ungespaltenem Zustand eine freie, nach van Slyke bestimmbare NH_2-Gruppe. Arginase wirkt auf die ungespaltene Verbindung nicht ein. Argininphosphorsäure wird auch im Froschmuskelextrakt aufgespalten. Weiterhin wird eine indirekte Bestimmungsmethode für die Argininphosphorsäure angegeben. Die Wärmetönung bei der Säurespaltung ergibt für die Wärme bei saurer Reaktion (w_s) und bei neutraler Reaktion (w_n) folgendes: w_s 11000—12000, w_n 8000—10000 cal pro Mol. Die Dissoziationskonstanten, mittels Elektrotitration bestimmt, sind folgende: $K_{s_1} = 10^{-4,5}$; $K_{s_2} = 10^{-9,6}$ und $K_b = 10^{-2,8}$. Eingehend werden die Veränderungen der Dissoziationskonstanten vom Arginin selbst gegenüber der Argininphosphorsäure besprochen. Die Aufspaltung der Guanidinophosphorsäuren geht im Muskel praktisch ohne Verschiebung des p_H vor sich, doch entsteht aus einer nicht puffernden Verbindung ein Gemisch mit starker Pufferungskapazität.

Ba-Salz der **Argininphosphorsäure** $(C_6H_{14}O_5N_4P)_2 \cdot Ba \cdot 2H_2O$, $[\alpha]_D = +2° \cdot [\alpha]_D$ der freien Säure $= +5°$ [6].

---

[1] Goldschmidt u. Steigerwald: Chem. Zbl. **1925 II**, 1169.
[2] K. Felix, H. Müller u. K. Dirr: Hoppe-Seylers Z. **178**, 192—201 — Chem. Zbl. **1928 II**, 2661.
[3] K. Felix u. K. Dirr: Hoppe-Seylers Z. **176**, 29—42 — Chem Zbl. **1928 II**, 36.
[4] M. Bergmann u. L. Zervas: Hoppe-Seylers Z. **152**, 282—299 — Chem. Zbl. **1926 I**, 3060.
[5] O. Meyerhof: Arch. di Sci. biol. **12**, 536—548 (1928) — Chem. Zbl. **1929 I**, 2203.
[6] O. Meyerhof u. K. Lohmann: Naturwiss. **16**, 47 — Chem. Zbl. **1928 I**, 1674.— Biochem. Z. **196**, 22—48, 49—72 — Chem. Zbl. **1928 II**, 1102.

d-Nitroarginin, Schmelzp. 258°. Wird nach K. Felix, H. Müller und K. Dirr[1] durch Arginase bei p_H 9 bei 38° nicht gespalten.

d-Arginisäure, $C_6H_{13}O_3N_3$. Aus Argininnitrit durch Erwärmen dessen wässeriger Lösung, drusenförmig angeordnete spitze Nadeln aus Wasser und Alkohol. Sintern bei 224 bis 227°, Zersetzung 228°, leicht löslich in Wasser und Essigsäure, wenig löslich in Methylalkohol und Alkohol, unlöslich in Äther und Chloroform. Reaktion neutral. Kein N nach van Slyke und Sörensen, mit Ninhydrin schwache Braunfärbung. $[\alpha]_D^{20} = -12,5°$. Fällbar mit Ag-Baryt und Phosphorwolframsäure. Gegen Thymolblau läßt sich eine basische Gruppe titrieren. Die Carboxylgruppe läßt sich weder alkoholisch noch gegen Alizaringelb titrieren. Bei der Spaltung mit Baryt entsteht daraus α-Oxy-δ-aminovaleriansäure. Beim Erhitzen über den Schmelzpunkt bildet sich β-Oxy-α-piperidon. Mit heißer konzentrierter H_2SO_4 erfolgt Übergang in Guanidinobuttersäure. Ba-Permanganat oxydiert zu Guanidin, Guanidinobuttersäure und Bernsteinsäure[2]. — d-Arginisäure wird nach K. Felix, H. Müller und K. Dirr[1] durch Arginase bei p_H 9 und 38° nicht gespalten.

Pikrat aus Wasser. Schmelzp. 145°. Zersetzung 205°[2].

Pikrolonat. Dunkelfärbung bei 223°, Zersetzung 227—228°[2].

d-α, δ-Bisguanido-n-valeriansäureanhydrid. Aus d-Arginin mit S-Äthylpseudothioharnstoffhydrobromid und sehr wenig Wasser unter CO_2-Ausschluß geschüttelt, nach 15 Stunden mit konzentrierter HCl erhitzt, letztere durch Verdampfen mit Wasser entfernt, mit Na-Pikrat umgesetzt, Pikrat in das Dinitrat übergeführt, aus verdünnter HNO_3 Schmelzp. 189° (korr.), $[\alpha]_D^{19} = -28,6°$ (in Wasser). Wird das d-Nitrat in Wasser mit 0,2n-NaOH zerlegt und die Lösung bei 20° stehengelassen, so ist nach kaum 2 Stunden, infolge Racemisierung, keine Drehung mehr erkennbar[3].

Dipikrat $C_{19}H_{20}O_{15}N_{12}$. Gelbe Blättchen oder Stäbchen. Schmelzp. 228° (korr.)[3].

Derivate des d, l-Arginins: d, l-Argininmonohydrochlorid. Durch Erhitzen der d-Form bis zum Sintern, 95% Ausbeute, hygroskopisch, mit 1 Mol Krystallwasser, sintert wasserfrei bei 200°, zersetzt sich bei 230°[4].

d, l-Argininhydrochloridpikrat. Zersetzt sich bei 196°[4].

d, l-Argininmonopikrat. Zersetzt sich bei 223°. In Wasser schwerer löslich als das d-Salz[4].

d, l-Arginindipikrat. Zersetzt sich bei 196°[4].

Monosalz des d, l-Arginins mit 2, 4-Dinitro-1-naphthol-7-sulfosäure $C_6H_{14}O_2N_4 \cdot C_{10}H_6O_8N_2S$. Die Löslichkeit des Salzes in siedendem Wasser beträgt 0,437 (0,411)[5].

d, l-Dibenzoylarginin. Analog der d-Verbindung oder besser durch Schmelzen des Hydrochlorides der d-Verbindung. Prismen mit 1 Mol. H_2O aus Alkohol + Wasser, 6 seitige Tafeln aus Alkohol, schmilzt bei 176° im Krystallwasser, zersetzt sich bei 230°, das Hydrochlorid ist in HCl löslich[4].

Äthylesterhydrochlorid. Sintert bei 135°, Schmelzp. 143°[4].

Dinitrodibenzoyl-arginin $C_{26}H_{20}O_8N_6$. Gemisch aus der d- und d, l-Form. Aus d-Dibenzoylarginin in rauchender HNO_3 auf Zusatz von konzentrierter H_2SO_4. Kugelige Aggregate; sintert bei 176° wenig, stark bei 220°, zersetzt sich gegen 225°. Leicht löslich in Alkohol, Eisessig und NaOH, sehr wenig löslich in Wasser, Äther, HCl, H_2SO_4. Hydrolyse ergibt m-Nitrobenzoesäure, d- und d, l-Arginin[4].

d, l-α-Methylarginin $C_7H_{16}O_2N_4$. Aus α-Toluolsulfo-α-methylarginin mit HJ (D. 1,96) und PH_4J im Druckrohr bei 85° 1 Stunde lang, dann in Wasser gießen, Filtrat im Hochvakuum bei 50—55° einengen, in viel Wasser lösen, mit Ag_2O schütteln, gelöstes Ag mit H_2S entfernen, im Vakuum bei 70° einengen, mit CO_2 sättigen. Aus dem N-Gehalt der Lösung folgt eine Ausbeute von etwa 84%. Methylarginin wird aus mineralsaurer Lösung durch Phosphorwolframsäure, aus baryt-alkalischer Lösung durch $AgNO_3$ gefällt[6]. — d, l-α-Methylarginin wird nach K. Felix, H. Müller und K. Dirr[1] durch Arginase bei $p_H = 9$ und bei 38° nicht gespalten.

Nitrat $C_7H_{16}O_2N_4, HNO_3$. Das mit HNO_3 aus der Lösung von Methylarginin erhaltene Salz hatte nicht die erwartete Zusammensetzung, dicke Nadeln aus Alkohol. Dagegen wurde

---

[1] K. Felix, H. Müller u. K. Dirr: Hoppe-Seylers Z. **178**, 192—201 — Chem. Zbl. **1928 II**, 2661.
[2] K. Felix u. H. Müller: Hoppe-Seylers Z. **174**, 112—118 — Chem. Zbl. **1928 I**, 2172.
[3] L. Zervas u. M. Bergmann: Ber. dtsch. chem. Ges. **61**, 1195—1223 — Chem. Zbl. **1928 II**, 543.
[4] K. Felix u. K. Dirr: Hoppe-Seylers Z. **176**, 29—42 — Chem. Zbl. **1928 II**, 36.
[5] A. Kossel u. R. E. Groß: Hoppe-Seylers Z. **135**, 167—174 — Chem. Zbl. **1924 II**, 335.
[6] H. Steib: Hoppe-Seylers Z. **155**, 279—291 — Chem. Zbl. **1926 II**, 878.

es bei Zersetzung des basischen Kupfernitratsalzes mit H_2S erhalten. Vierkantige Prismenrosetten aus 85 proz. Alkohol. Schmelzp. 192°[1].

Flavianat $C_7H_{16}O_2N_4 \cdot C_{10}H_6O_8N_2S$. Hellgelbe Krystalle aus Wasser. Zersetzt bei 245—248°[1].

Kupfernitratsalz $(C_7H_{16}O_2N_4)_2, Cu(NO_3)_2 + 2H_2O$. Aus der Argininmethylnitratlösung mit $Cu(NO_3)_2$, blaue Krystalle aus Wasser, wasserfrei violett, Zersetzung bei 228—229°. Verliert das Krystallwasser auch mit absolutem Alkohol. Bildet mit Wasser übersättigte Lösungen. 10 Teile lösen sich in 165 Teilen Wasser bei 19°[1].

α-Toluolsulfo-α-methylarginin $C_{14}H_{22}O_3N_4S$. Aus α-Toluolsulfo-α-methylornithin durch Cyanamid. Die Ausbeute ist gering, deshalb besser mit S-Äthylpseudothioharnstoffhydrobromid und n-NaOH bei Zimmertemperatur 4 Tage. Aus Wasser, zersetzt bei 268°, schwer löslich in kaltem Wasser, verdünnter NaOH, unlöslich in organischen Lösungsmitteln, leicht löslich in wässerigen Säuren[1].

d, l-δ-Methylarginin $C_7H_{16}O_2N_4$. δ-Methyl-α-benzoylarginin 10 Stunden mit 20 proz. HCl gekocht, die Benzoesäure und die HCl entfernt. Das Dichlorhydrat krystallisiert in büschelförmigen Nadeln. Ausbeute 87,4%. Erweicht bei 210°, zersetzt sich bei 215°. Mit $AgNO_3$ entsteht eine Fällung bei Gegenwart von NaOH oder $Ba(OH)_2$, auch sonst verhält sich das Methylarginin Fällungsmitteln gegenüber wie Arginin. Mit $KBiJ_4$ Niederschlag von kupferfarbenen, stark glänzenden, rechteckigen, dünnen Tafeln, nicht quantitativ[2]. — d, l-δ-Methylarginin wird nach K. Felix, H. Müller und K. Dirr[3] durch die Arginase bei p_H 9 und bei 38° nicht gespalten.

Dinitrat $C_7H_{16}O_2N_4 \cdot 2HNO_3$. Rhombische Tafeln und Prismen, Schmelzp. 153°, leicht löslich in Wasser und verdünnter HNO_3, kaum löslich in Alkohol[2].

Kupfernitratsalz $(C_7H_{16}O_2N_4)_2 \cdot Cu(NO_3)_2$. Dunkelblaue Krystalle mit Krystallwasser, das leicht weggeht. Zersetzung der wasserfreien Verbindung bei 250°[2].

Monopikrat $C_7H_{16}O_2N_4 \cdot C_6H_3O_7N_3$. Aus dem Carbonat mit alkoholischer Pikrinsäure, verfilzte, zarte Nadeln. Erweicht bei 200°, Schmelzp. 207—209°. Sehr leicht löslich in heißem Wasser, wenig löslich in heißem Alkohol und Methylalkohol[2].

Dipikrat $C_7H_{16}O_2N_4 \cdot 2C_6H_3O_7N_3$. Das Carbonat mit überschüssiger Pikrinsäure zur Trockene eingedampft, mit Benzol extrahiert und mehrere Tage im Hochvakuum erhitzt, um die überschüssige Pikrinsäure zu entfernen. Sintert bei 145°, Schmelzp. 155°, zersetzt bei 168°. Beim Umkrystallisieren aus heißem Wasser werden stets Verbindungen mit mehr als 2 Mol Pikrinsäure erhalten, die zuerst ölig ausfallen. Auch das natürliche Arginin gibt unter gleichen Bedingungen ein Dipikrat von unscharfem Schmelzpunkt[2].

d, l-δ-Methyl-α-benzoyl-arginin $C_{14}H_{20}O_2N_4$. α-Benzoylamino-δ-methylornithin wird mit Cyanamid in wässeriger Lösung bei Gegenwart von wenig NH_3 umgesetzt, scheidet sich bei 3 wöchigem Stehen krystallisiert ab, verunreinigt mit Dicyandiamid, das mit Alkohol extrahiert wird. Derbe Nadeln aus warmem Wasser. Zersetzt bei 265°. Ausbeute 70,5%. Löslich in heißem Wasser, krystallisiert langsam aus, unlöslich in Alkohol, Äther, Aceton, leicht löslich in Säuren[2].

α-Guanidino-δ-aminovaleriansäure, Isoarginin

$$NH_2 \cdot CH_2 \cdot CH_2 \cdot CH_2 \cdot CH-COOH$$
$$|$$
$$NH$$
$$|$$
$$NH_2-C=NH$$

d, l-α-Amino-δ-benzoylaminovaleriansäuremethylester, aus Benzoylpiperidin über das Benzoylornithin dargestellt, wurde mit Guanidin behandelt. Das Reaktionsprodukt wurde nach seiner Isolierung durch Alkoholextraktion 7 Stunden mit der 10fachen Menge konzentrierter HCl am Rückflußkühler gekocht. Die abgespaltene Benzoesäure wurde mit Äther entfernt und die Base nach der Silbersulfatmethode unter Ausschluß von Luft-CO_2 isoliert. Dann wurde das zunächst gebildete 5-γ-Aminopropyl-2-imino-4-oxotetrahydroimidazol durch Stehenlassen der wässerigen Lösung mit n-NaOH etwa 90 Stunden lang bei 40° aufgespalten, mit

---

[1] H. Steib: Hoppe-Seylers Z. **155**, 279—291 — Chem. Zbl. **1926 II**, 878.
[2] K. Thomas, J. Kapfhammer u. B. Flaschenträger: Hoppe-Seylers Z. **124**, 75—102 (1922) — Chem. Zbl. **1923 I**, 535.
[3] K. Felix, H. Müller u. K. Dirr: Hoppe-Seylers Z. **178**, 192—201 — Chem. Zbl. **1928 II**, 2661.

n-H_2SO_4 neutralisiert und die Verbindung aus der Lösung als Pikrat isoliert. Isoarginin wurde durch Arginase nicht angegriffen[1].

Pikrat $C_6H_{14}O_2N_4 \cdot C_6H_3O_7N_3$. Kugelige Aggregate, mikroskopische Nädelchen oder wohlausgebildete Stäbchen. Von 190° ab sich dunkler färbend, gegen 212° eine erste Zersetzung, bei etwa 305° eine zweite Zersetzung zeigend. Aus der Mutterlauge ließen sich noch weitere Mengen von Pikrat gewinnen. Nach Zerlegung des Pikrates mit H_2SO_4 wurde ein Sirup gewonnen, stark basische Reaktion, Wasser und CO_2 stark anziehend. Zeigte die Reaktionen der Guanidinosäuren und gab mit Phosphorwolframsäure im Überschuß einen unlöslichen Niederschlag[1].

d, l-α, δ-Bisguanidino-n-valeriansäureanhydrid. L. Zervas und M. Bergmann[2] verbesserten die Darstellung nach E. Fischer und Suzuki. d-Argininmethylesterdihydrochlorid in Kältemischung mit n-Na-Methylalkoholatlösung zerlegen, absoluten Äther zusetzen, Filtrat im Vakuum unter Ausschluß von Wasser und CO_2 zu dünnem Sirup eindampfen, im Wasser mit Pikrinsäure erhitzen, 24 Stunden bei 0° stehen lassen, Pikrat aus Wasser umkrystallisieren und in das Dinitrat überführen, Schmelzp. 189° (korr.), optisch-inaktiv. Gibt mit K-Wismutjodid carminrote Kryställchen, mit $HgCl_2$ und Na-Acetat farblosen, in Säure löslichen Niederschlag, ferner Niederschläge mit $AgNO_3$-NaOH und Nesslers Reagens.

Dipikrat $C_{19}H_{20}O_{15}N_{12}$. Aus vorigem mit Na-Pikrat. Aus Wasser. Schmelzp. 228° (korr.)[2].

Ornithin.

2, 5-Diamino-pentansäure, α, δ-Diamino-butan-α-carbonsäure, α, δ-Diamino-n-valeriansäure.

Bildung: Über die Bildung von Ornithin durch Secale cornutum, Samen und Keimpflanzen von Vicia sativa, reifen Früchten von Angelica silvestris und 22tägigen Keimpflanzen von Trifolium pratense nach Zusatz wässeriger Argininlösungen berichtet A. Kiesel[3].

Über die Ornithinbildung in milchzuckerhaltigem Milieu durch Proteus vulgaris aus d-Arginin, das in Putrescin übergeführt wird, berichtet K. Morizawa[4].

Über die Bildung des Ornithins aus Arginin beim Weichen von Fellen und Häuten berichten E. R. Theis und E. L. McMillen[5].

Über die Bildung von Ornithin bei der Kondensation des freien Argininmethylesters berichten L. Zervas und M. Bergmann[2].

Darstellung: M. Bergmann und L. Zervas[6] geben folgende Darstellung von Ornithin aus Arginin an: 3 g d-Argininnitrat werden mit 5 g krystallisiertem Baryt und 15 ccm Wasser $1^1/_2$ Stunde gekocht, nach dem Erkalten filtriert und mit 3 g Salicylaldehyd geschüttelt, wobei sich das o-Oxybenzylidenornithin-Ba in gelben Nadeln abscheidet. Der Niederschlag wird mit HCl zerlegt, ausgeäthert, zur Trockene gedampft, das Ornithinchlorid mit Methylalkohol vom $BaCl_2$ abgetrennt und mit absolutem Alkohol abgeschieden. Ausbeute 23%. Der Hauptverlust entsteht voraussichtlich bei der Verkochung mit Baryt.

Bestimmung: Bei der Titration des Ornithins mit Thymolblau ($p_H = 1,2-2,8$) und Alizaringelb ($p_H = 10,1-12,1$) als Indicatoren erwies sich nach K. Felix und H. Müller[7] die Carboxylgruppe des Ornithins als nicht titrierbar; die auf ein N gefundenen basischen und Carboxylgruppen betragen für Ornithin + HCl 0,49 und 0,84.

A. Kiesel[8] berichtet ausführlich über die Bestimmung von Ornithin.

Biochemische Eigenschaften: Über den Zusammenhang zwischen N:C-Quotienten vom Ornithin und dessen Ausscheidung im Harn berichtet Ackermann[9].

Das bei der Durchblutung von überlebenden Katzenlebern aus Arginin gebildete Ornithin wird nach K. Felix und M. Tomita und K. Felix und M. Morinaka[10] größtenteils weiter

---

[1] E. Abderhalden u. H. Sickel: Hoppe-Seylers Z. **180**, 75—89 — Chem. Zbl. **1929 II**, 576.
[2] L. Zervas u. M. Bergmann: Ber. dtsch. chem. Ges. **61**, 1195—1203 — Chem. Zbl. **1928 II**, 543.
[3] A. Kiesel: Hoppe-Seylers Z. **118**, 267—276 (1922) — Chem. Zbl. **1922 I**, 827.
[4] K. Morizawa: Acta Scholae med. Kioto **7**, 339—347 — Ber. Physiol. **34**, 764 — Chem. Zbl. **1926 II**, 777.
[5] E. R. Theis u. E. L. McMillen: J. amer. leather chem. Assoc. **23**, 372—397 — Chem. Zbl. **1928 II**, 1411.
[6] M. Bergmann u. L. Zervas: Hoppe-Seylers Z. **152**, 282—299 — Chem. Zbl. **1926 I**, 3060.
[7] K. Felix u. H. Müller: Hoppe-Seylers Z. **171**, 4—15 (1927) — Chem. Zbl. **1928 I**, 233.
[8] A. Kiesel: Bull. Acad. St. Pétersbourg [6], 1337—1364 (1915) — Chem. Zbl. **1925 I**, 1743.
[9] Ackermann: Klin. Wschr. **5**, 848—849 — Chem. Zbl. **1926 II**, 448.
[10] K. Felix u. M. Tomita: Hoppe-Seylers Z. **128**, 40—52 — Chem. Zbl. **1923 III**, 956. — K. Felix u. M. Morinaka: Hoppe-Seylers Z. **132**, 152—166 — Chem. Zbl. **1924 I**, 1688.

umgewandelt. Allerdings wird nach K. Felix und H. Röthler[1] Ornithin selbst in der überlebenden, künstlich durchbluteten Leber nicht angegriffen. Deshalb halten es die Verfasser für möglich, daß das Ornithin in einer Vorstufe zur Leber gelangt, aus der es beim Freiwerden weiter umgewandelt wird.

Über γ-Aminobuttersäure als mögliches Zwischenprodukt beim intermediären Abbau von Ornithin berichtet R. C. Corley[2].

Bei Verfütterung mit α-Picolin oder α-Picolinsäure an Hühner wurde von Y. Sendju[3] aus den Exkrementen durch Alkoholextraktion eine Verbindung isoliert, die bei ihrer Spaltung α-Picolinsäure und Ornithin gab, die deshalb als eine α-Pyridinornithursäure, $C_{17}H_{18}O_4N_4$, angesehen wird. Aus 10 g verfüttertem α-Picolin wurden 2,1 g, aus 10 g α-Picolinsäure 1,7 g der α-Pyridinornithursäure gefunden.

Über die Beeinflussung der Ornithinausscheidung — als Ornithursäure — nach Verabreichung von Benzoesäure durch andere Aminosäuren berichten J. H. Crowdle und C. P. Sherwin[4]. Anscheinend steigert nur Arginin diese Ausscheidung, dagegen nicht Histidin.

Nach H. D. Dakin[5] wird die Äpfelsäurebildung aus β-Oxyglutaminsäure durch Hefe nach Zusatz von Ornithin gehemmt.

Die Wirkung von Pankreaslipase auf Buttersäureäthylester und Olivenöl wird nach E. R. Dawson[6] in alkalischer und neutraler, aber nicht in saurer Lösung durch Ornithin beschleunigt.

Bei der Argininspaltung durch Arginase wirkt nach R. Groß[7] namentlich Ornithin auf die Spaltung hemmend ein, während Harnstoff allein nicht wirkt; wohl aber verstärkt Harnstoff den hemmenden Einfluß des Ornithins.

Physikalische Eigenschaften: W. Schmidt, P. L. Kirk und C. L. A. Schmidt[8] berechnen für Ornithin folgende Dissoziationskonstanten und folgenden isoelektrischen Punkt:

K'_a	K'_{b_1}	K'_{b_2}	p_J
$1{,}74 \cdot 10^{-11}$	$4{,}46 \cdot 10^{-6}$	$8{,}70 \cdot 10^{-13}$	$9{,}70$

Chemische Eigenschaften: Nach Untersuchung von A. Kiesel[9] erwiesen sich für die Ornithinausfällung folgende Bedingungen als optimale: möglichst konzentrierte Lösungen des Ornithins, großer Überschuß von Phosphorwolframsäure, wobei keine Lösung des gefällten Ornithins im Reagensüberschuß zu befürchten ist, möglichst neutrale Reaktion vor der Fällung. Auswaschen der Fällungen mit Phosphorwolframsäure oder mit einer Mischung von Phosphorwolframsäure + 5proz. H_2SO_4. Längere Zeit stehen lassen, da die Fällung nur langsam verläuft. Weiterhin wurde gefunden, daß die Fällbarkeit des Ornithins durch Silicowolframsäure sehr gering ist. Unter Umständen ist die Fällung mit Na-Wolframat und Ansäuern mit H_2SO_4 der Fällung mit Phosphorwolframsäure vorzuziehen. Mit Phosphormolybdänsäure wird nur in neutraler Lösung ein Niederschlag erzeugt, der beim Ansäuern in Lösung geht. Mit Stanekschem Reagens fällt nur wenig klebriger Niederschlag; mit $KBiJ_4$ unvollständige Fällung; mit $KHgJ_3$ in neutraler Lösung kein Niederschlag, beim Ansäuern leichte Trübung; mit $CdCl_2$ kein Niederschlag.

K. Felix u. A. Lang[10] untersuchten die Reaktion zwischen Permutit und Ornithin. Die Reaktion verläuft nicht nach dem Massenwirkungsgesetz, sondern ändert sich mit der Konzentration an Ornithin und gehorcht einer Gleichung, die Rothmund und Kornfeld für den Austausch des Na im Permutit gegen andere anorganische Basen aufstellten: $\log(b-x)/x = \beta \log x/(a-x) + \log K$. β ist ein Exponent < 1. β beträgt für Ornithin 0,2652 und K 42,02. Aus einem Gemisch von Ornithin und Argininchlorid wird ersteres in viel stärkerem

---

[1] K. Felix u. H. Röthler: Hoppe-Seylers Z. **143**, 133—140 — Chem. Zbl. **1925 I**, 2386.
[2] R. C. Corley: Proc. exper. Biol. a. Med. **23**, 839 (1926) — Ber. Physiol. **38**, 232 — Chem. Zbl. **1927 I**, 1853.
[3] Y. Sendju: J. of Biochem. **7**, 273—281 — Chem. Zbl. **1927 II**, 2080.
[4] J. H. Crowdle u. C. P. Sherwin: J. of biol. Chem. **55**, 365—371 — Chem. Zbl. **1923 I**, 1602.
[5] H. D. Dakin: J. of biol. Chem. **61**, 139—145 — Chem. Zbl. **1924 II**, 2058.
[6] E. R. Dawson: Biochemic. J. **21**, 398—403 — Chem. Zbl. **1927 II**, 1353.
[7] R. Groß: Hoppe-Seylers Z. **112**, 236—254 (1921) — Chem. Zbl. **1921 III**, 119.
[8] W. Schmidt, P. L. Kirk u. C. L. A. Schmidt: J. of biol. Chem. **81**, 249—250 — Chem. Zbl. **1929 I**, 2860.
[9] A. Kiesel: Hoppe-Seylers Z. **118**, 254—266 (1922) — Chem. Zbl. **1922 I**, 805.
[10] K. Felix u. A. Lang: Hoppe-Seylers Z. **182**, 125—140 — Chem. Zbl. **1929 II**, 754.

Maße ausgetauscht. Die gesamten ausgetauschten basischen Äquivalente Ornithin + Arginin sind annähernd so groß wie die Äquivalente Ornithin bei der Reaktion von Ornithin allein mit Permutit. Es läßt sich also Ornithin weitgehend durch Permutit vom Arginin trennen.

Während Glykokoll bei Gegenwart von geringen Mengen Adrenalin durch O_2 unter Bildung von NH_3 und CO_2 zerlegt wird, ist die Oxydation anderer Aminosäuren (z. B. von Ornithin) sehr gering[1].

Derivate: Ornithinphosphorwolframat. A. Kiesel[2] gibt folgende Löslichkeiten der Verbindung an:

in 100 ccm Wasser	in 100 ccm Wasser + 5% H_2SO_4	in 100 ccm Wasser + 5% H_2SO_4 + 5% Phosphorwolframsäure	in 100 ccm Wasser + 5% Phosphorwolframsäure
0,0485 g	0,0631 g	0,0329 g	0,0188 g

Ornithinflavianat. A. Kossel und E. R. Groß[3] bestimmen die Löslichkeit in verschiedenen Lösungsmitteln: Wasser, $^1/_{50}$ n-H_2SO_4, 2,5 proz. HCl und $^1/_{50}$ n-Farbsäure bei 19°.

d-α-Benzoylornithin $C_{12}H_{16}O_3N_2$. Arginin wird in Ornithin, dieses in Ornithursäure (aus Alkohol, Schmelzp. 185—186°) übergeführt und letzteres nach Sörensen verseift. Aus Wasser, Schmelzp. 224—226°, $[\alpha]_D^{20} = +8,03°$ (in Wasser)[4]. — Über die Benzoylornithinausscheidung nach Verabreichung von Phenylpropionsäure (2,5 g Phenylpropionsäure 0,5 g Benzoylornithin neben freier Benzoesäure) und von Zimtsäure (3 g Zimtsäure 0,5 g Benzoylornithin) berichten C. P. Sherwin und J. H. Crowdle[5].

ď-Benzoylornithin. Wird nach F. Peters[6] bei subcutaner Injektion nicht angegriffen.

Ornithursäure. Über die Ornithursäureausscheidung der Vögel nach Benzaldehyd- (aus 3 g Benzaldehyd 6,5 g Ornithursäure), Phenylpropion- und Zimtsäureverabreichung berichten J. H. Crowdle und C. P. Sherwin[7]. — Während hungernde Hühner Benzoesäure zu 63% unverändert im Harn ausscheiden, lassen sich bei guter Fütterung erhebliche Mengen Ornithursäure, aber keine Hippursäure nachweisen, so daß zur Entgiftung Ornithin und nicht Glykokoll verwendet wird[8]. — Selbst im fortgeschrittenen Stadium der alimentären Dystrophie ist die Taube noch fähig, bei Zufuhr von Benzoesäure Ornithursäure zu bilden und auszuscheiden[9]. — Wurde Hühnereiern Na-Benzoat injiziert, so konnte M. Takahashi[10] nach 14 tägiger Bebrütung in der Allantoisflüssigkeit Ornithursäure nachweisen (1411 Eier —0,005 g Na-Benzoat injiziert — geben 0,4541 g Ornithursäure, 744 Eier nach 18 Tagen 0,5964 g), Amniosflüssigkeit, Dotter und Eierklar waren frei von Ornithursäure; nach 9 tägiger Bebrütung fand sich in der Allantoisflüssigkeit nur Na-Benzoat. — Über den Zusammenhang zwischen der Oberflächenspannung von Ornithursäure und ihrer Entgiftung im Organismus berichten A. R. Rose und C. P. Sherwin[11].

Diphenylacetyl-ornithin wurde Menschen, Kaninchen, Hunden und Hühnern verabreicht oder injiziert, bis auf die Spaltung im Hundekörper wurde die Verbindung nach G. J. Shiple und C. P. Sherwin[12] im Harn unangegriffen wieder ausgeschieden.

α-Pyridinornithursäure $C_{17}H_{18}O_4N_4$. Aus dem alkoholischen Extrakt der getrockneten Exkremente von Hühnern nach Verfütterung von α-Picolin und α-Picolinsäure. Aus dem ätherischen Extrakt nach der Fällung mit Phosphorwolframsäure Krystallblättchen.

---

[1] S. Edlbacher u. J. Kraus: Hoppe-Seylers Z. **178**, 239—249 — Chem. Zbl. **1928 II**, 2658.
[2] A. Kiesel: Hoppe-Seylers Z. **118**, 254—266 (1922) — Chem. Zbl. **1922 I**, 805.
[3] A. Kossel u. E. R. Groß: Hoppe-Seylers Z. **135**, 167—174 — Chem. Zbl. **1924 II**, 335.
[4] P. Karrer u. M. Ehrenstein: Helvet. chim. Acta **9**, 323—331 — Chem. Zbl. **1926 I**, 3023.
[5] C. P. Sherwin u. J. H. Crowdle: Proc. Soc. exper. Biol. a. Med. **19**, 318—320 — Ber. Physiol. **16**, 78 — Chem. Zbl. **1923 III**, 171.
[6] F. Peters: Hoppe-Seylers Z. **159**, 309—320 — Chem. Zbl. **1927 I**, 1497.
[7] J. H. Crowdle u. C. P. Sherwin: J. of biol. Chem. **55**, 15—31 (1923) — Chem. Zbl. **1923 I**, 859 — Proc. Soc. exper. Biol. a. Med. **19**, 318—320 — Ber. Physiol. **16**, 78 (1922) — Chem. Zbl. **1923 III**, 171.
[8] J. G. M. Bullowa u. C. P. Sherwin: Proc. Soc. exper. Biol. a. Med. **20**, 125—128 (1922). — Ber. Physiol. **18**, 351—352 — Chem. Zbl. **1923 III**, 955.
[9] E. Abderhalden u. E. Wertheimer: Pflügers Arch. **195**, 460—479 — Chem. Zbl. **1923 I**, 856.
[10] M. Takahashi: Hoppe-Seylers Z. **178**, 294—297 — Chem. Zbl. **1928 II**, 2571.
[11] A. R. Rose u. C. P. Sherwin: J. of biol. Chem. **68**, 565—573 — Chem. Zbl. **1926 II**, 1663.
[12] G. J. Shiple u. C. P. Sherwin: J. of biol. Chem. **53**, 463—478 — Chem. Zbl. **1922 III**, 1308.

Schmelzp. 189—190°. Sehr wenig löslich in Wasser und Äther, leicht löslich in heißem Alkohol. Spaltung mit Baryt gibt Ornithin und α-Picolinsäure[1].

Dihexahydrobenzoyl-γ-oxyornithin $C_{19}H_{32}O_5N_2$. Durch Spaltung des entsprechenden Lactons mit 1proz. NaOH. Prismen Schmelzp. 236—240°. Wurde die Säure mit Eisessig erhitzt, so entstand ein Lacton vom Schmelzp. 245—246°. Aus Mutterlauge der Säure fiel dagegen mit HCl das ursprüngliche Lacton (Schmelzp. 222°) aus[2].

Dihexahydrobenzoyl-γ-oxy-ornithinlacton $C_{19}H_{30}O_4N_2$

$$\begin{array}{c} \overbrace{\qquad\qquad O \qquad\qquad}\\ OC \cdot CH-CH_2-CH-CH_2 \cdot NH \cdot CO \cdot C_6H_{11} \\ | \\ NH \cdot CO \cdot C_6H_{11} \end{array}$$

Dibenzoyl-γ-oxoornithinmethylester wird katalytisch hydriert, die Eisessiglösung im Vakuum eingeengt, das Rohprodukt mit Wasser ausgefällt. Es fallen zunächst farblose Krystalle, Schmelzp. 215—216°, aus. Beim Einengen der Lösung findet bereits unter Methanolabspaltung Lactonbildung statt, beim Umkrystallisieren steigt der Schmelzp. auf 222°. Das reine Lacton krystallisiert in büschelig gruppierten Nadeln. Wurde das Lacton mit 10proz. NaOH geschüttelt, die Lösung des Na-Salzes angesäuert, so fiel das Lacton wieder aus, während beim Schütteln mit 1proz. NaOH die freie Säure darstellbar war. Beim Verseifen des Lactons mit konz. HCl wurde Hexahydrobenzoesäure isoliert. Die salzsaure Lösung gab mit Phosphorwolframsäure keinen Niederschlag, wobei noch ungeklärt blieb, ob das γ-Oxyornithin zersetzt war oder ein lösliches Phosphorwolframat lieferte.

Verbindung $C_{19}H_{30}O_4N_2$ ist wahrscheinlich die enantiomere Verbindung zum obigen Lacton. Wird aus den Mutterlaugen dieses Lactons durch Fraktionieren gewonnen. Mikroskopische Nadeln. Schmelzp. 248°[2].

α, δ-Bis-[benzoylamino]-γ-oxo-n-valeriansäuremethylester, Dibenzoyl-γ-oxoornithinmethylester

$$\begin{array}{c} CH_3OOC \cdot CH \cdot CH_2 \cdot CO \cdot CH_2 \cdot NH \cdot CO \cdot C_6H_5 \\ | \\ NH \cdot CO \cdot C_6H_5 \end{array}$$

l-Histidinmethylester wurde mit Benzoylchlorid und Sodalösung nach Kossel und Edlbacher[3] aufgespalten und die erhaltene Verbindung nach Windaus, Dörries und Jensen[4] mit methylalkoholischer HCl in den Ketonester übergeführt. $[\alpha]_{Hg\ gelb}^{22} = -40,4°$ (in Pyridin, $c = 4,2$)[2].

Derivate des d, l-Ornithins: α-Benzoylornithin $C_{12}H_{16}O_3N_2$. Bei der partiellen Hydrolyse der Ornithursäure ist es vorteilhafter, unangegriffene Ornithursäure mit dem Baryt durch H_2SO_4 zu entfernen, aus dem Filtrat die Benzoesäure auszuäthern, die H_2SO_4 quantitativ zu entfernen und im Vakuum zu konzentrieren. Das α-Benzoylornithin krystallisiert in langgestreckten Blättchen, Schmelzpunkt je nach der Art des Erhitzens 230—250° (Zersetzung). Als Beimengung enthält es Benzoylpiperidon, mit Essigester entfernbar[5].

α-Toluolsulfo-α-methylornithin $C_{13}H_{20}O_4N_2S$. 1. Aus α-Toluolsulfo-α-methyl-δ-benzoylornithin mit 20proz. HCl in siedendem Alkohol (33 Stunden), von unangegriffener Substanz und Benzoesäure filtrieren und eindampfen. Aus dem Hydrochlorid mit Ag_2O die freie Base. 2. Besser aus α-Toluolsulfo-α-methyl-δ-benzoylornithin mit gesättigter Barytlösung (Wasserbad 35 Stunden), mit H_2SO_4 ansäuern, Filtrat mit Baryt neutralisieren und filtrieren. Benzoesäure mit Äther entfernen, im Vakuum eindampfen, aus dem $BaSO_4$-Niederschlag die unveränderte Substanz und Benzoesäure mit verdünntem NH_4OH extrahieren, ansäuern, Benzoesäure mit Äther entfernen, Substanz von neuem mit Baryt behandeln, Ausbeute 75—86%. Blättchen aus Wasser. Schmelzp. 214—219°. Rein sehr wenig löslich in Wasser (0,45 g in 100 ccm Wasser bei 18°). Praktisch unlöslich in Alkohol, Äther, Ligroin[6].

Hydrochlorid $C_{13}H_{20}O_4N_2S$, HCl, Krystalle aus wenig Wasser, Schmelzp. 224°[6].

---

[1] Y. Sendju: J. of Biochem. **7**, 273—281 — Chem. Zbl. **1927 II**, 2080.

[2] W. Langenbeck u. R. Hutschenreuter: Hoppe-Seylers Z. **182**, 305—310 — Chem. Zbl. **1929 II**, 1538.

[3] Kossel u. Edlbacher: Hoppe-Seylers Z. **93**, 396 (1915).

[4] Windaus, Dörries u. Jensen: Ber. dtsch. chem. Ges. **54**, 2745 (1921).

[5] K. Thomas, J. Kapfhammer u. B. Flaschenträger: Hoppe-Seylers Z. **124**, 75—102 (1922) — Chem. Zbl. **1923 I**, 535.

[6] H. Steib: Hoppe-Seylers Z. **155**, 279—291 — Chem. Zbl. **1926 II**, 878.

α-Toluolsulfo-α-methyl-δ-benzoylornithin $C_{20}H_{24}O_5N_2S$. Aus α-Toluolsulfo-δ-benzoylornithin mit Dimethylsulfat und NaOH, mit Eisessig fällen, Nadelrosetten aus 70 proz. Alkohol, dann mit viel Wasser, Schmelzp. 185°. Sehr wenig löslich in Wasser, leicht löslich in Methylalkohol, Alkohol, ziemlich löslich in Essigester, Eisessig[1].

α-Toluolsulfo-δ-benzoylornithin $C_{19}H_{22}O_5N_2S$. Durch 10 stündiges Schütteln von δ-Benzoylornithin in wässeriger, alkalischer Lösung mit ätherischer Lösung von Toluolsulfochlorid, mit verdünnter HCl fällen, das dicke Öl erstarrt nach 3 Wochen im Eisschrank, Nadeln aus Essigester, dann mit Wasser auskochen. Schmelzp. 183°. Wenig löslich in Wasser, leicht löslich in Methylalkohol, Alkohol, Aceton[1].

d, l-δ-Methyl-ornithin $C_6H_{14}O_2N_2$. Die Methylbenzoylverbindung 10 Stunden mit der 8—10 fachen Menge 20 proz. HCl gekocht, die Benzoesäure entfernt, zur Trockene gedampft. Über Natronkalk krystallisiert das Dichlorhydrat $C_6H_{14}O_2N_2 \cdot 2HCl$, mikrokrystalline Nadeln oder derbe Krusten von Rhomboiden. Schmelzp. 157°. Bei höherem Erhitzen Zersetzung. Sehr leicht löslich in Wasser, weniger in Alkohol und Methylalkohol. Die wässerige Lösung reagiert kongosauer. Durch Ringschluß entsteht leicht N-Methyl-β-(2-)aminopiperidon. Das δ-Methylornithin gibt mit $KBiJ_4$ keinen Niederschlag, wenn es von Piperidon frei ist. Das Piperidon fällt noch in 0,02 proz. Lösung aus. Mit Phosphorwolfram- und -molybdänsäure fällt das Methylornithin; mit Nesslers Reagens, sowie mit Sublimat + NaOH nur das Piperidon[2].

Chloroplatinat $C_6H_{14}O_2N_2, H_2PtCl_6$. Braune Krusten aus verdünnter HCl, Schmelzpunkt 206° (Zersetzung), leicht löslich in Wasser, HCl und Alkohol[2].

Monochlorhydrat. Kreidiges Pulver, Zersetzung unscharf bei 215—225°[2].

δ-Toluolsulfomethyl-ornithin $C_{13}H_{20}O_4N_2S$. 4,0 g δ-Toluolsulfomethyl-α-benzoylornithin werden mit 100 ccm 20 proz. HCl und 10 ccm Alkohol 30 Stunden gekocht. Die ausgeschiedene Benzoesäure und das unveränderte Ausgangsmaterial werden entfernt. Aus der konzentrierten Mutterlauge krystallisiert das Chlorhydrat in glänzenden Blättchen. Schmelzpunkt 228°. Ziemlich löslich in kaltem Wasser und Alkohol, unlöslich in Äther, konzentrierter HCl. Aus der Mutterlauge läßt sich freies Toluolsulfonornithin gewinnen. Aus Wasser dünne Blättchen mit schrägen Kanten, die bei 230° weich werden, sich bei 245° zersetzen und $Cu(OH)_2$ wie α-Aminosäuren mit tiefblauer Farbe beim Kochen lösen[2].

δ-Methyl-α-benzoylornithin. 8 g Toluolsulfoverbindung mit 80 ccm HJ (D. = 1,96) und 10 g PH_4J auf 50—60° erwärmt, nach 1 Stunde wird die Reaktion unterbrochen, von dem erstarrten Toluylmercaptan filtriert, im Vakuum verdampft, der Rückstand mit PbO behandelt, das Pb mit H_2S entfernt, konzentriert und mit 4 Volumen Alkohol versetzt. Mikrokrystallines weißes Pulver. Schmelzp. bei 215°. Leicht löslich in Wasser, weniger in Methylalkohol, sehr wenig in Alkohol, Aceton, Essigester, Äther. Aus der Mutterlauge kann nach Entfernung des HJ mit Ag_2CO_3 weitere Substanz gewonnen werden. Ausbeute 82%. Läßt sich mit Cyanamid in das entsprechende Argininderivat überführen[2].

δ-Toluolsulfomethylamino-α-benzoylaminovaleriansäure $C_{20}H_{24}O_5N_2S$. Durch Methylierung von Toluolsulfobenzoylornithin mit Dimethylsulfat in alkalischer Lösung. Zarte Nadeln aus Eisessig. Schmelzp. 188—189°, Ausbeute 94,6%[2].

δ-Toluolsulfo-α-benzoylornithin $C_{19}H_{22}O_5N_2S$. Ätherische Lösung von Toluolsulfochlorid mit α-Benzoylornithin bei alkalischer Reaktion. Das Kupplungsprodukt fällt aus der alkalischen Lösung beim Ansäuern honigartig aus. Krystallisiert aus wenig Eisessig um. Ausbeute 57%. Feine Nadeln. Schmelzp. 160—164°. Leicht löslich in kaltem Alkohol, Methylalkohol, Aceton, wenig löslich in Essigester und Chloroform, unlöslich in Wasser, wenig löslich in kaltem, leicht löslich in heißem Eisessig[2].

d, l-δ-Monobenzoylornithin. Darstellung von δ-Monobenzoylornithin aus γ-Benzaminobutyraldehyd erfolgt nach S. Keimatsu und S. Sugasawa[3] so, daß der Aldehyd mit konzentrierter wässeriger KCN zum γ-Benzaminobutyraldehydcyanhydrin umgesetzt, dieses mit alkoholischem NH_4OH unter Druck erhitzt wird, das d, l-Ornithursäurenitril mehrere Stunden mit konzentrierter HCl stehen bleibt, mit 2—3 Volumen Wasser verdünnt, einige Stunden erhitzt und so das δ-Monobenzoylornithinhydrochlorid und aus diesem mit NH_4OH d, l-δ-Monobenzoylornithin erhalten wird, Schuppen aus Wasser. Schmelzp. 260°. Noch einfacher wird die Verbindung durch Behandlung des Aminonitrils mit HCl gewonnen. Durch Benzoylierung läßt sich weiterhin Ornithursäure gewinnen.

---

[1] H. Steib: Hoppe-Seylers Z. **155**, 279—291 — Chem. Zbl. **1926 II**, 878.

[2] K. Thomas, J. Kapfhammer u. B. Flaschenträger: Hoppe-Seylers Z. **124**, 75—102 (1922) — Chem. Zbl. **1923 I**, 535.

[3] S. Keimatsu u. S. Sugasawa: J. pharmac. Soc. Japan **48**, 10—11 — Chem. Zbl. **1928 I**, 2077.

d, l-Ornithursäure. Schmelzp. 185°. Darstellung aus γ-Benzaminobutyraldehyd, siehe unter δ-d, l-Monobenzoylornithin[1]. — d, l-Ornithursäure läßt sich nach M. Bergmann und H. Köster[2] leicht aus d, l-Triacetylanhydroarginin durch Spaltung mit n-HCl (4 Stunden gekocht) und Kuppelung mit Benzoylchlorid gewinnen. — P. Brigl, R. Held und K. Hartung[3] untersuchten die Einwirkung von Hypobromit auf die d, l-Ornithursäure unter Bedingungen, die von Goldschmidt und Steigerwald[4] angegeben worden waren.

d, l-Ornithursäurenitril $C_{19}H_{19}O_2N_2$. Darstellung aus γ-Benzaminobutyraldehyd siehe unter δ-d, l-Monobenzoylornithin; sandige Krystalle aus Alkohol, Schmelzp. 161—162°[1].

γ-Oxyornithin. γ-Phthalimid-β-oxypropylphthalimidmalonester aus Na-Phthalimidmalonester und Chloroxypropylphthalimid durch etwa 4stündiges Erhitzen auf 150—190°, wird durch Erhitzen mit konzentrierter HCl auf α, δ-Diamino-γ-oxy-valeriansäure (γ-Oxyornithin) weiter verarbeitet. Die ausgeschiedene Phthalsäure und das beim Einengen auskrystallisierende Glykokollchlorhydrat werden abfiltriert, der Sirup mit Ag_2O, dann mit H_2S behandelt, gibt die Biuretreaktion[5].

Pikrolonat $C_5H_{10}O_2N_2 \cdot C_{10}H_8O_5N_4$. Aus siedendem Wasser goldgelbe Krystalle. Schmelzpunkt 250° unter Schwärzung. Die Verbindung hat Lactonform[5].

Lysin.

2, 6-Diamino-hexansäure, α, ε-Diamino-pentan-α-carbonsäure, α, ε-Diæmino-n-capronsäure.

Vorkommen des d-Lysins: Aus 1500 ccm stagnierender Galle der Choledochuscyste ließen sich nach T. Takaki[6] 0,06 g Lysin als Pikrat isolieren.

Von Y. Hijikata[7] konnte in der Kuhmilch Lysin nachgewiesen werden.

Im Harn gravider Frauen konnte nach M. Honda[8] neben anderen Aminosäuren Lysin isoliert werden.

Im sirupösen Extrakt aus reifen Heringseiern wurden von H. Steudel und E. Takahashi[9] 3,3 g Lysinpikrat isoliert.

Ein von den Spermien getrenntes Filtrat frischer Heringstestikel wurde von H. Steudel und K. Suzuki[10] durch Alkoholfällung weiter fraktioniert, dann das Filtrat mit Phosphorwolframsäure nochmals fraktioniert. Im Phosphorwolframsäureniederschlag wurde neben Agmatin und Kreatinin Lysin nachgewiesen.

In den Extraktstoffen von Lumbricus terrestris wurde sowohl von D. Ackermann und F. Kutscher[11] wie von Y. Muragama und S. Aoyama[12] Lysin nachgewiesen.

Aus dem Muskelfleisch der Crustacee Palinurus japonicus wurden von Y. Okuda[13] 0,035% Lysin — auf frisches Fleisch bezogen — isoliert.

Nach W. Vorbrodt[14] findet sich im wässerigen Extrakt des Mycels von Aspergillus niger neben anderen Aminosäuren wahrscheinlich auch Lysin.

Aus dem Preßsaft von 6,46 kg frischer Luzernen ließen sich nach H. B. Vickery[15] 0,073 g Lysin isolieren.

Aus Entzuckerungslaugen ließ sich nach E. O. v. Lippmann[16] d-Lysin gewinnen.

---

[1] S. Keimatsu u. S. Sugasawa: J. pharmac. Soc. Japan **48**, 10—11 — Chem. Zbl. **1928 I**, 2077.
[2] M. Bergmann u. H. Köster: Hoppe-Seylers Z. **159**, 179—189 — Chem. Zbl. **1926 II**, 2693.
[3] P. Brigl, R. Held u. K. Hartung: Hoppe-Seylers Z. **173**, 129—154 — Chem. Zbl. **1928 I**, 1778.
[4] Goldschmidt u. Steigerwald: Chem. Zbl. **1925 II**, 1169.
[5] M. Tomita u. T. Fukagawa: Hoppe-Seylers Z. **158**, 58—61 — Chem. Zbl. **1926 II**, 2424.
[6] T. Takaki: J. of Biochem. **6**, 27—29 — Chem. Zbl. **1926 II**, 780.
[7] Y. Hijikata: J. of biol. Chem. **51**, 165—170 (1922) — Chem. Zbl. **1922 I**, 1415.
[8] M. Honda: J. of Biochem. **2**, 351—359 (1923) — Ber. Physiol. **20**, 464 (1923) — Chem. Zbl. **1924 I**, 1223 — Acta Scholae med. Kioto **6**, 405—413 (1924) — Ber. Physiol. **32**, 598 (1925) — Chem. Zbl. **1926 I**, 2486.
[9] H. Steudel u. E. Takahashi: Hoppe-Seylers Z. **131**, 99—106 (1923) — Chem. Zbl. **1924 I**, 565.
[10] H. Steudel u. K. Suzuki: Hoppe-Seylers Z. **127**, 1—13 — Chem. Zbl. **1923 III**, 259.
[11] D. Ackermann u. F. Kutscher: Z. Biol. **75**, 315—324 — Chem. Zbl. **1922 III**, 736.
[12] Y. Muragama u. S. Aoyama: J. pharm. Soc. Japan **1922**, Nr 484 — Chem. Zbl. **1922 III**, 928.
[13] Y. Okuda: J. Coll. agric. Tokyo **7**, 55—67 (1919) — Chem. Zbl. **1925 I**, 1091.
[14] W. Vorbrodt: Bull. Acad. polon. Sci. Lettres, classe sc. math. et nat., Sér. B **1921**, 223 bis 236 — Ber. Physiol. **16**, 376—377 — Chem. Zbl. **1923 III**, 259.
[15] H. B. Vickery: J. of biol. Chem. **61**, 117—127 — Chem. Zbl. **1924 II**, 2405.
[16] E. O. v. Lippmann: Ber. dtsch. chem. Ges. **57**, 256—258 — Chem. Zbl. **1924 I**, 1388.

In den wässerigen Extraktstoffen von Ovarialsubstanz sind nach F. W. Heyl und B. Fullerton[1] kleine Mengen Lysin enthalten.

Über den Lysingehalt des Phosphorwolframsäureniederschlages des in Äther und Alkohol unlöslichen, aber in Wasser löslichen Anteils von Ovarien berichten F. W. Heyl und M. C. Hart[2].

Aus 50 l Diazoharn bei Typhus abdominalis wurden von Y. Sendju[3] 0,67 g Lysin isoliert.

Aus der Lysinfraktion der wässerigen Extrakte der Muskulatur von Riesenschlangen (Python moturus und reticulatus) ließ sich nach W. Keil, W. Linneweh und K. Poller[4] neben einer nicht zu identifizierenden Verbindung und Methylguanidin γ-Butyrobetain (γ-Dimethylaminobuttersäurehydroxymethylat) gewinnen.

In der Trockenmasse von Promonta wurden von E. Waldschmidt-Leitz[5] 0,80% Lysin gewonnen.

Bildung des d-Lysins: Nach der van Slykeschen Methode ließen sich von E. Lüscher[6] im Bence-Jonesschen Eiweißkörper im Durchschnitt 8,04% Lysin-N nachweisen.

Der Lysin-N-Gehalt der im Harn ausgeschiedenen Albumine bei Brightscher und bei Amyloidniere beträgt nach U. Sammartino[7] 14,32 und 12,12%.

Über die Schwankungen des Lysingehaltes von Gehirnsubstanz verschieden alter Mäuse und Kaninchen berichtet R. Ehrenberg[8].

Im Hydrolysat menschlicher Epidermis ließ sich nach Y. Jono[9] mit Sicherheit Lysin nachweisen.

Der Lysin-N-Gehalt von Haaren, Hühneraugen und Nägeln ist nach U. Sammartino[10] 5,38—5,58, 6,65—12,53 und 5,25—6,02%.

Im Hydrolysat von Hornhaut und Lederhaut des Auges wurden von A. Jeß[11] 5,52 bzw. 11,56% Lysin gefunden.

Die 3 Linsenproteine α-Krystallin, β-Krystallin und Albumoid enthalten nach A. Jeß[12] 3,7, 4,6 und 3,8% Lysin.

Y. Hijikata[13] isolierte aus dem Hydrolysat der Linsen von Rinderaugen 1,6% Lysin.

Im Hydrolysat des Harnfarbstoffes aus normalem und Porphyrinurin ließ sich nach H. Fischer und W. Zerweck[14] kein Lysin nachweisen.

Im Hydrolysat der Spaltprodukte von glucosaminhaltigen Glykoproteiden, dem Ovomucoid und der Mucoidsubstanz aus der Eisackflüssigkeit von Gastropoden (Hemifusus tuba Gmel), wie im Hydrolysat der Eisackflüssigkeit selbst, ließ sich nach Y. Komori[15] Lysin nachweisen.

Aus den Proteinen des Ovarienrückstandes — vom Corpus luteum befreite Drüsen — läßt sich — hauptsächlich aus einem Albumin — nach B. Fullerton und F. W. Heyl[16] Lysin isolieren, dessen Menge etwa 7 Molekülen entsprechen würde.

Das aus Heringseiern durch NaCl- bzw. NaOH-Extraktion isolierte Ichthulin enthielt nach H. Steudel und E. Takahashi[17] 7,40% Lysin. Das aus den zurückbleibenden Eiern isolierte Protein enthielt nach H. Steudel und S. Osata[18] 5,55% Lysin.

---

[1] F. W. Heyl u. B. Fullerton: J. amer. pharmac. Assoc. **15**, 549—556 — Chem. Zbl. **1926 II**, 1540.

[2] F. W. Heyl u. M. C. Hart: J. of biol. Chem. **75**, 407—415 (1927) — Chem. Zbl. **1928 I**, 2511.

[3] Y. Sendju: J. of Biochem. **7**, 311—317 — Chem. Zbl. **1927 II**, 2078.

[4] W. Keil, W. Linneweh u. K. Poller: Z. Biol. **86**, 187—198 — Chem. Zbl. **1927 II**, 1484.

[5] E. Waldschmidt-Leitz: Z. Unters. Lebensmitt. **54**, 291—294 (1927) — Chem. Zbl. **1928 I**, 430.

[6] E. Lüscher: Biochemic. J. **16**, 556—563 (1922) — Chem. Zbl. **1923 I**, 455.

[7] U. Sammartino: Biochem. Z. **133**, 85—88 (1922) — Chem. Zbl. **1923 III**, 167.

[8] R. Ehrenberg: Biochem. Z. **164**, 175—182 (1925) — Chem. Zbl. **1926 II**, 444.

[9] Y. Jono: J. of orient. Med. **5**, 12 — Ber. Physiol. **37**, 769 (1926) — Chem. Zbl. **1927 I**, 1968. J. of Biochem. **10**, 311—323 — Chem. Zbl. **1929 II**, 1701.

[10] U. Sammartino: Biochem. Z. **133**, 476—486 (1922) — Chem. Zbl. **1923 III**, 319.

[11] A. Jeß: Graefes Arch. **112**, 489—494 (1923) — Ber. Physiol. **24**, 386 (1924) — Chem. Zbl. **1924 II**, 686.

[12] A. Jeß: Hoppe-Seylers Z. **122**, 160—165 (1922) — Chem. Zbl. **1923 I**, 112.

[13] Y. Hijikata: J. of biol. Chem. **51**, 155—164 (1922) — Chem. Zbl. **1922 I**, 1415.

[14] H. Fischer u. W. Zerweck: Hoppe-Seylers Z. **137**, 176—241 — Chem. Zbl. **1924 II**, 1218.

[15] Y. Komori: J. of Biochem. **6**, 1—20 — Chem. Zbl. **1926 II**, 780.

[16] B. Fullerton u. F. W. Heyl: J. amer. pharmac. Assoc. **15**, 18—30 — Chem. Zbl. **1926 II**, 52.

[17] H. Steudel u. E. Takahashi: Hoppe-Seylers Z. **127**, 210—219 — Chem. Zbl. **1923 III**, 320.

[18] H. Steudel u. S. Osata: Hoppe-Seylers Z. **127**, 220—223 — Chem. Zbl. **1923 III**, 320.

Das durch Alkohol aus dem Liquor folliculi gefällte Rohprotein enthält nach B. Fullerton und F. W. Heyl[1] 11% Lysin.

Das aus der Eisackflüssigkeit des Laiches von Hemifusus tuba Gmel. isolierte Vittelin lieferte nach Y. Komori[2] bei der Hydrolyse mit verdünnter H_2SO_4 0,86% Lysin.

Über den Lysingehalt von Ovotyrin α, β_1 und β_2 berichten Swigel und Th. Posternak[3]. Der Lysingehalt des Ovotyrins β_1 beträgt nach den Verfassern 0,75 Mol auf 1 Mol Ovotyrin berechnet.

Die aus Karpfensperma isolierten und fraktionierten basischen Protamine: Cyprinodipepton 1 und Cyprinodipepton 2 haben nach A. Kossel und E. G. Schenck[4] folgenden Lysin-N-Gehalt: 28,60 bzw. 15,93—30,02% vom Gesamt-N, 2 isolierte Cyprinotripeptone 3,47—16,98% und Cyprinohiston 19,07%. Ein aus den reifen Testikeln der Flußbarbe (Barbe fluvialis) dargestelltes Barbopepton hat 38,82% Lysin-N.

Der Lysingehalt des Protamins Leuciscin (aus den Testikeln der Plötze, Leuciscus rutilus; ist ein histonähnlicher Körper von der Art des α-Cyprinins) beträgt nach A. Kossel und W. Staudt[5] 30%.

Über den Lysingehalt des Protamins aus den männlichen Geschlechtsdrüsen der Sardine (Sardina caerulea) berichtet M. S. Dunn[6].

Ein von R. Hirohata[7] aus dem Sperma der Formosa-Meeräsche oder „Bora" (Mugil japonicus Temminck und Schlegel) neues isoliertes Protamin „Mugilin β" enthält kein Lysin.

Bei der Hydrolyse von Stromaeiweiß von Erythrocyten wurden 6,74—9,7% Lysin-N nach F. Haurowitz und I. Sládek[8] gefunden.

St. Goldschmidt und H. Kahn[9] fraktionierten das Serumalbumin des Rinderblutes in 3 Fraktionen. Der Lysin-Cystin-N-Gehalt der 3 Fraktionen war folgender: I. 16,7; II. 17,8 und III. 13,1%.

H. B. Vickery und Ch. S. Leavenworth[10] ermittelten im Pferdehämoglobin 8,10% Lysin. Es kommen also 37 Mol Lysin auf 1 Hämoglobinmolekül. Vom N des Hämoglobins und des Globins aus Hämoglobin vom Pferdeblut entfallen nach A. Poljakow[11] 1,11 bzw. 1,17% auf Lysin-N.

Über den verschiedenen Lysingehalt der Muskelproteine (Myosin und Myogen) und des Serumglobulins von männlichen und weiblichen Tieren (Ochse, Kuh, Hahn, Henne) und der Serumglobuline von Mann und Frau berichten T. Tadokoro, M. Abe und S. Watanabe[12]. Der Lysingehalt des männlichen Geschlechtes ist stets höher.

Der Lysin-N-Gehalt der Hydrolysate der Fleischmuskelfasern von Ochse, Kalb, Schwein, Hammel, Pferd, Gans und Kabeljau beträgt nach K. Beck und E. Casper[13] 6,96—7,84%, bezogen auf Gesamt-Basen-N.

Die Globulin- und Albuminfraktion von Ochsenfleisch und Gefrierfleisch hatte nach C. R. Moulton und E. G. Sieveking[14] 11,83 und 14,83% Lysin-N.

Aus den Hydrolysenprodukten der Muskelproteine des Walfisches und des Dorsches wurden von Y. Okuda, T. Okimoto und T. Yada[15] 9,48 und 8,35% Lysin — auf asche- und wasserfreies Eiweiß berechnet — isoliert.

---

[1] B. Fullerton u. F. W. Heyl: J. amer. pharm. Soc. **15**, 16—18 — Chem. Zbl. **1926 I**, 3556.
[2] Y. Komori: J. of Biochem. **6**, 129—138 — Chem. Zbl. **1926 II**, 1758.
[3] Swigel u. Th. Posternak: C. r. Acad. Sci. Paris **185**, 615—617 (1927) — Chem. Zbl. **1928 I**, 211.
[4] A. Kossel u. E. G. Schenck: Hoppe-Seylers Z. **173**, 278—308 — Chem. Zbl. **1928 I**, 2096.
[5] A. Kossel u. W. Staudt: Hoppe-Seylers Z. **171**, 156—173 (1927) — Chem. Zbl. **1928 I**, 215.
[6] M. S. Dunn: J. of biol. Chem. **70**, 697—703 (1926) — Chem. Zbl. **1928 II**, 2657.
[7] R. Hirohata: J. of Biochem. **10**, 251—258 — Chem. Zbl. **1929 II**, 179.
[8] F. Haurowitz u. I. Sládek: Hoppe-Seylers Z. **173**, 268—277 — Chem. Zbl. **1928 I**, 2101.
[9] St. Goldschmidt u. H. Kahn: Hoppe-Seylers Z. **183**, 19—31 — Chem. Zbl. **1929 II**, 1173.
[10] H. B. Vickery u. Ch. S. Leavenworth: J. of biol. Chem. **79**, 377—388 (1928) — Chem. Zbl. **1929 I**, 2541.
[11] A. Poljakow: Biochem. Z. **204**, 88—96, 97—105 — Chem. Zbl. **1929 I**, 1226—1227.
[12] T. Tadokoro, M. Abe u. S. Watanabe: Proc. imp. Acad. Tokyo **3**, 543—546 (1927) — Chem. Zbl. **1928 I**, 710.
[13] K. Beck u. E. Casper: Z. Unters. Lebensmitt. **56**, 437—457 (1928) — Chem. Zbl. **1929 I**, 1954.
[14] C. R. Moulton u. E. G. Sieveking: J. Assoc. official agricult. Chemists **8**, 155—158 — Chem. Zbl. **1925 II**, 1717.
[15] Y. Okuda, T. Okimoto u. T. Yada: J. Coll. agric. Tokyo **7**, 29—37 (1919) — Chem. Zbl. **1925 I**, 1091.

Über den Lysingehalt des Eiweißes aus Walfleisch berichtet W. L. Davies[1].

Der Lysingehalt der Muskelproteine von Pagrus major ist nach Y. Okuda und K. Oyama[2] geringer als der vom Heilbutt.

Aus Garnelenmuskulatur wurde durch Extraktion mit 95proz. Alkohol, dann mit Äther ein N-haltiger Extrakt gewonnen, der nach D. B. Jones, O. Möller und C. E. F. Gersdorff[3] 8,63% Lysin-N enthielt.

J. L. Rosedale[4] untersuchte verschiedene tropische Fische auf ihren Diaminosäuregehalt (Lysin neben Arginin und Histidin).

Das Keratin des japanischen Speckes (aus Cetacea hergestellt) enthält nach S. Oikawa[5] 0,08% Lysin.

Nach S. B. Schryver und H. W. Buston[6] soll sich in Gelatinehydrolysaten, die längere Zeit mit Säure (25proz. H_2SO_4) stehen blieben, mehr Lysin und Arginin bilden, als bei sofortiger Aufarbeitung des Hydrolysates nachweisbar ist. Weiterhin soll sich in der Argininfraktion neben Arginin d, l-Lysin isolieren lassen.

Gelatine, aus der getrockneten Haut des Seiwales hergestellt, enthält nach S. Oikawa[5] 0,38% Lysin.

Das asche- und wasserfreie Protein der Körperwand der Seewalze, Stichopus japonicus Selenka, enthielt nach K.-H. Lin und Ch.-Ch. Chen[7] 3,89% Lysin.

Bei der Darstellung des Histons aus Darmschleimhaut wird eine weitere N-haltige Fraktion — wahrscheinlich Spaltprodukte von Zellproteinen — erhalten, die nach K. Felix[8] 17% Lysin enthält.

Von H. Jensen, O. Wintersteiner und V. du Vigneaud[9] wurde im Hydrolysat von krystallisiertem Insulin Lysin nachgewiesen, der Lysin-N-Gehalt betrug 2,76, also 2,26% Lysin.

Ein Insulinpräparat enthielt nach E. Glaser und G. Halpern[10] 0,5% Lysin-N.

Eine N-haltige Fraktion — wahrscheinlich Spaltprodukte von Zellproteinen — aus Lymphknoten isoliert, hatte nach K. Felix[8] 27% Lysin-N.

Bei der Hydrolyse des Histonsulfates mit Pepsinsalzsäure wurden nach der Abtrennung des Histons von K. Felix[11] weitere Fraktionen isoliert, von denen die mit Ag + Ba(OH)$_2$ fällbare 5,4% Lysin-N und die durch Ag nicht gefällte Fraktion 13,0% Lysin-N enthielten.

Ein von K. Felix[12] aus Kalbsthymushiston durch Hydrolyse mit Pepsinsalzsäure hergestelltes Histopepton hatte 13,2% Lysin-N.

Von 5 Fraktionen, aus dem Histon von Kalbsthymusdrüsen durch Pepsin-HCl dargestellt, besteht nach K. Felix[13] die 5. Fraktion aus freiem Lysin, dessen Menge etwa ein Viertel des ganzen im Histon enthaltenen Lysins beträgt.

Mit Wasser aus der Magenschleimhaut des Schweines extrahierte Peptone werden fraktioniert. Die mit Ag-Ba(OH)$_2$ gefällte Fraktion enthält nach K. Felix[14] 3 bzw. 0% Lysin-N, während die mit Phosphorwolframsäure gefällte Fraktion 17% Lysin-N enthält.

In den fettfreien Rückständen der Gonaden von Rhizostoma Cuvieri ließen sich von F. Haurowitz[15] Proteide nachweisen, die Lysin enthielten.

---

[1] W. L. Davies: J. Soc. chem. Ind. **46**, 99—100 — Chem. Zbl. **1927 II**, 1411.

[2] Y. Okuda u. K. Oyama: J. Coll. agric. Tokyo **5**, 365—372 (1916) — Chem. Zbl. **1925 I**, 1219.

[3] D. B. Jones, O. Möller u. C. E. F. Gersdorff: J. of biol. Chem. **65**, 59—65 (1925) — Chem. Zbl. **1926 I**, 706.

[4] J. L. Rosedale: Biochemic. J. **23**, 161—165 — Chem. Zbl. **1929 II**, 3230.

[5] S. Oikawa: Tôhoku J. exper. Med. **2**, 447—450, 451—454, 455—458 — Ber. Physiol. **14**, 70, 86 — Chem. Zbl. **1922 III**, 928.

[6] S. B. Schryver u. H. W. Buston: Proc. roy. Soc. Lond. B **101**, 519—527 — Chem. Zbl. **1927 II**, 1708.

[7] K.-H. Lin u. Ch.-Ch. Chen: Chinese J. Physiol. **1**, 169—173 — Chem. Zbl. **1927 II**, 271.

[8] K. Felix: Hoppe-Seylers Z. **116**, 150—163 (1921) — Chem. Zbl. **1922 I**, 56.

[9] H. Jensen, O. Wintersteiner u. V. du Vigneaud: J. of Pharmacol. **32**, 387—395, 397 bis 411 — Chem. Zbl. **1928 II**, 259.

[10] E. Glaser u. G. Halpern: Biochem. Z. **161**, 121—127 (1925) — Chem. Zbl. **1926 I**, 145.

[11] K. Felix: Hoppe-Seylers Z. **120**, 94—102 — Chem. Zbl. **1922 III**, 735.

[12] K. Felix: Hoppe-Seylers Z. **119**, 66—71 (1922) — Chem. Zbl. **1922 I**, 1415.

[13] K. Felix: Sitzgsber. Morph. u. Physiol. Münch. **37**, 82—85 — Ber. Physiol. **40**, 638—639 — Chem. Zbl. **1927 II**, 1974.

[14] K. Felix: Hoppe-Seylers Z. **135**, 175—179 — Chem. Zbl. **1924 II**, 484.

[15] F. Haurowitz: Hoppe-Seylers Z. **122**, 145—159 (1922) — Chem. Zbl. **1923 I**, 112.

Der Lysingehalt der Muskelproteine der Molluske Loligo breekeri und der Crustaceen Palinurus japonicus und Paralithodes camtschatica beträgt nach Y. Okuda, S. Uematsu, K. Sakata und K. Fujikawa[1] 6,87, 9,06 und 5,88% — auf asche — und wasserfreies Eiweiß berechnet.

Im Hydrolysat des im Wasser unlöslichen Anteils der Plasmodien von Fuligo varians, der im wesentlichen aus Nucleoproteiden besteht, ließ sich nach W. L. Lepeschkin[2] Lysin nachweisen.

In den Extraktstoffen von Arbatia pustulosa wurde von Fr. Holtz und Fr. Thielmann[3] d-Lysin sowohl in der Lysinfraktion wie im Filtrat vom ausgefällten Trigonellin gefunden.

Nach H. Lüers und G. Nowak[4] ist das Zymocasein durch einen besonders hohen Lysingehalt ausgezeichnet.

Aus dem Hydrolysat von Hefeeiweiß autolysierter Hefe wurden von A. Kiesel[5] 3,63% Lysin isoliert.

Nach P. Thomas[6] hat Cerevisin (ein Albumin aus der Hefe) den höchsten Lysingehalt. Ebenso enthält Zymocasein nach dem Verfasser Lysin.

Bei der Hydrolyse des Seidenfibroins nach der üblichen Methode wurden nach E. Abderhalden[7] 0,85% Lysin — auf aschefreie Substanz berechnet — isoliert.

Im Sericin wurden von N. Alders[8] 0,7% Lysin gefunden.

Im Hydrolysat eines Peptons, das durch Extraktion neben Chitosan aus Lycoperdon piriforme dargestellt wurde, ließ sich nach N. N. Iwanow[9] Lysin als Pikrat isolieren.

Ein aus Walnüssen isoliertes Globulin enthielt nach F. A. Cajori[10] 6,2% Lysin-N.

Aus dem Hydrolysat von Glutencasein aus Buchweizen wurden von A. Kiesel[11] 1,66% und 1,29% Lysin als Lysinpikrat isoliert.

Das mit 80proz. Alkohol aus dem kleiefreien Mehl von Coix lacryma L. gewonnene Protamin, Coicin, hatte nach G. Hattori und S. Komatsu[12] 0,76% Lysin.

Der Lysin-N-Gehalt der amerikanischen Mungobohne beträgt nach V. G. Heller[13] 12,81%.

Über den Lysingehalt der Proteine aus dem fettfreien Mehle von Baumwollsamen, Sojabohnen und Cocosnuß, die durch eine 0,2proz. NaOH- bzw. 5proz. $Ba(OH)_2$-Lösung extrahiert waren, berichtet W. G. Friedemann[14].

Das Hydrolysat des Baumwollsamenmehles enthält nach W. B. Nevens[15] 3,8% Lysin-N.

Im Spinacin, einem Protein aus Spinatblättern, wurden von Ch. Chibnall[16] nach van Slyke 9,63% Lysin-N nachgewiesen.

Das pflanzliche Albumin Leucosin besitzt nach H. Lüers und M. Landauer[17] 8,32% Lysin-N.

In den Proteinhydrolysaten der Blätter von Zea mais wurden von A. Ch. Chibnall und L. S. Nolan[18] 8,78% Lysin-N bestimmt.

---

[1] Y. Okuda, S. Uematsu, K. Sakata u. K. Fujikawa: J. Coll. agric. Tokyo 7, 39—54 (1919) — Chem. Zbl. **1925 I**, 1091.
[2] W. L. Lepeschkin: Biochem. Z. **171**, 126—145 — Chem. Zbl. **1926 I**, 3607.
[3] Fr. Holtz u. Fr. Thielmann: Hoppe-Seylers Z. **81**, 296—298 — Chem. Zbl. **1924 II**, 1698.
[4] H. Lüers u. G. Nowak: Biochem. Z. **154**, 310—320 (1924) — Chem. Zbl. **1925 I**, 1330.
[5] A. Kiesel: Hoppe-Seylers Z. **118**, 304—306 (1922) — Chem. Zbl. **1922 I**, 824.
[6] P. Thomas: Ann. Inst. Pasteur **35**, 43—95 — Chem. Zbl. **1921 I**, 576.
[7] E. Abderhalden: Hoppe-Seylers Z. **120**, 207—213 — Chem. Zbl. **1922 III**, 928.
[8] N. Alders: Biochem. Z. **183**, 446—450 — Chem. Zbl. **1928 I**, 3159.
[9] N. N. Iwanow: Biochem. Z. **137**, 331—340 — Chem. Zbl. **1923 III**, 862.
[10] F. A. Cajori: J. of biol. Chem. **49**, 389—397 (1921) — Chem. Zbl. **1922 I**, 474.
[11] A. Kiesel: Hoppe-Seylers Z. **118**, 301—303 (1922) — Chem. Zbl. **1922 I**, 823.
[12] G. Hattori u. S. Komatsu: J. of Biochem. **1**, 365—369 (1922) — Ber. Physiol. **20**, 373 (1923) — Chem. Zbl. **1924 I**, 1209.
[13] V. G. Heller: J. of biol. Chem. **75**, 435—442 (1927) — Chem. Zbl. **1928 I**, 2513.
[14] W. G. Friedemann: J. of biol. Chem. **51**, 17—20 (1922) — Chem. Zbl. **1922 I**, 1378.
[15] W. B. Nevens: J. Dairy Sci. **4**, 375—400, 552—591 (1921) — Ber. Physiol. **12**, 444—445 — Chem. Zbl. **1922 III**, 393.
[16] Ch. Chibnall: J. of biol. Chem. **61**, 303—308 — Chem. Zbl. **1924 II**, 2589.
[17] H. Lüers u. M. Landauer: Biochem. Z. **133**, 598—602 (1922) — Chem. Zbl. **1923 III**, 313.
[18] A. Ch. Chibnall u. L. S. Nolan: J. of biol. Chem. **62**, 179—181 (1924) — Chem. Zbl. **1925 I**, 677.

Der Lysin-N-Gehalt des α-Glutelins aus Mais (Zea Mais) beträgt nach D. B. Jones und F. A. Csonka[1] 7,99%.

Nach partieller Hydrolyse des Arachins mit verdünnter heißer NaOH wird durch Fällung mit HCl nach D. B. Jones und H. C. Waterman[2] ein Niederschlag erhalten, der etwa $^1/_3$ der Gesamtmenge beträgt und neben $^2/_3$ des gesamten Histidins, $^1/_3$ des gesamten Arginins und Cystins, etwa $^2/_5$ des gesamten Lysins enthält.

Einige Eiweißstoffe aus der Weizenkleie und anderen Weizenkornteilen: Prolamine, Globuline und Albumine wurden von D. B. Jones und C. E. F. Gersdorff[3] auf den Gehalt verschiedener Aminosäuren unter anderen auf den von Lysin analytisch untersucht.

Der Lysin-N-Gehalt des α- und β-Glutelins aus Weizen ist nach F. A. Csonka und D. B. Jones[4] 3,09 bzw. 6,85%.

Die aus der Adsukibohne (Phaseolus angularis) isolierten α- und β-Globuline enthalten nach D. B. Jones, A. J. Finks und C. E. F. Gersdorff[5] 8,30 und 8,41% Lysin.

In den Proteinhydrolysaten der Luzernenblätter wurden von A. Ch. Chibnall und L. S. Nolan[6] nach van Slyke 9,97% Lysin-N bestimmt.

Das aus Luzernenheu durch verdünntes Alkali extrahierte Protein enthält nach H. C. Miller[7] Lysin.

Aus dem eiweißfreien Safte der Luzerne konnte von H. B. Vickery und C. G. Vinson[8] mit Pb-Acetat ein Niederschlag gewonnen werden, aus dem sich nach Hydrolyse mit H_2SO_4 Lysin isolieren ließ.

Die aus dem Luzernensamen isolierten Proteine enthalten nach H. C. Miller[9] 5,14% Lysin-N.

Im Hydrolysat von Preßsäften aus Luzernen ließ sich nach Ch. S. Leavenworth, A. I. Wakeman und Th. B. Osborne[10] 1,16% Lysin isolieren.

Edestin enthält nach H. B. Vickery und Ch. S. Leavenworth[11] 2,19% Lysin, als Pikrat isoliert und bestimmt.

Der Lysin-N-Gehalt des Glutelins vom Hafer (Avena sativa) beträgt nach F. A. Csonka[12] 5,45%.

Über den Lysingehalt von gewöhnlichem Reisoryzanin berichtet T. Tadokoro[13].

D. B. Jones und F. A. Csonka[14] isolierten aus dem Glutelin von poliertem Reis ein Globulin, dessen Lysin-N-Gehalt 5,16% betrug.

Die durch Extraktion mit 10 proz. NaCl-Lösung isolierten α- und β-Globuline aus Sesamsamen enthielten nach D. B. Jones und C. E. F. Gersdorff[15] 5,43 und 3,99% Lysin.

Ein durch Extraktion mit 2 proz. NaCl-Lösung aus enthülstem Cucumissamen isoliertes Globulin enthält nach D. B. Jones und C. E. F. Gersdorff[16] 3,29% Lysin. Ein durch Extraktion mit 0,5 proz. NaOH-Lösung aus hülsenhaltigen Samen isoliertes Glutenin enthält 4,59% Lysin.

Nach C. O. Johns und C. E. F. Gersdorff[17] haben die α- und β-Globuline des Tomatensamens, Solanum esculentum, einen hohen Lysingehalt.

---

[1] D. B. Jones u. F. A. Csonka: J. of biol. Chem. **78**, 289—292 — Chem. Zbl. **1928 II**, 1890.

[2] D. B. Jones u. H. C. Waterman: J. of biol. Chem. **52**, 357—366 — Chem. Zbl. **1922 III**, 1307.

[3] D. B. Jones u. C. E. F. Gersdorff: J. of biol. Chem. **64**, 241—251 — Chem. Zbl. **1925 II**, 1534.

[4] F. A. Csonka u. D. B. Jones: J. of biol. Chem. **73**, 321—329 — Chem. Zbl. **1927 II**, 2070.

[5] D. B. Jones, A. J. Finks u. C. E. F. Gersdorff: J. of biol. Chem. **51**, 103—114 — Chem. Zbl. **1922 I**, 1378.

[6] A. Ch. Chibnall u. L. S. Nolan: J. of biol. Chem. **62**, 173—178 (1924) — Chem. Zbl. **1925 I**, 677.

[7] H. C. Miller: J. amer. chem. Soc. **43**, 2656—2663 (1921) — Chem. Zbl. **1922 III**, 627.

[8] H. B. Vickery u. C. G. Vinson: J. of biol. Chem. **65**, 91—95 (1925) — Chem. Zbl. **1926 I**, 136.

[9] H. C. Miller: J. amer. chem. Soc. **43**, 906—913 (1921) — Chem. Zbl. **1922 I**, 1378.

[10] Ch. S. Leavenworth, A. I. Wakeman u. Th. B. Osborne: J. of biol. Chem. **58**, 209—214 (1923) — Chem. Zbl. **1924 I**, 922.

[11] H. B. Vickery u. Ch. S. Leavenworth: J. of biol. Chem. **76**, 707—722 — Chem. Zbl. **1928 II**, 172.

[12] F. A. Csonka: J. of biol. Chem. **75**, 189—194 — Chem. Zbl. **1928 II**, 903.

[13] T. Tadokoro: Proc. imp. Acad. Tokyo **2**, 498—501 (1926) — Chem. Zbl. **1927 II**, 96.

[14] D. B. Jones u. F. A. Csonka: J. of biol. Chem. **74**, 427—431 (1927) — Chem. Zbl. **1928 II**, 456.

[15] D. B. Jones u. C. E. F. Gersdorff: J. of biol. Chem. **75**, 213—225 (1927) — Chem. Zbl. **1928 I**, 933.

[16] D. B. Jones u. C. E. F. Gersdorff: J. of biol. Chem. **56**, 79—96 — Chem. Zbl. **1923 III**, 313.

[17] C. O. Johns u. C. E. F. Gersdorff: J. of biol. Chem. **51**, 439—451 — Chem. Zbl. **1922 III**, 437.

Aus dem alkalischen Alkoholextrakt der Blätter von Kuzu (japanische Arrow-root-Pflanze, Pueraria hirsuta, Matsum) wurde von R. Sasaki[1] durch Neutralisation des Extraktes mit HCl ein Protein isoliert, das 2,0% Lysin-N, auf Gesamt-N berechnet, enthielt.

Die aus der Rinde des Akazienbaumes, Robinia pseudacacia, durch NaCl-Lösung isolierten Proteine, wurden fraktioniert, die Globuline vom Albumin durch Dialyse entfernt, das nach D. B. Jones, C. E. F. Gersdorff und O. Moeller[2] 6,96% Lysin-N bzw. 5,45% Lysin enthielt.

Im Hydrolysengemisch der Trockensubstanz von dunklem Münchener Bier wurden von O. Jung[3] nach van Slyke 4,42% Lysin-N gefunden.

Der Lysingehalt der Hydrolysenprodukte gereinigten Ricins beträgt nach P. Karrer, A. P. Smirnoff, H. Ehrensperger, J. van Slooten und M. Keller[4] 6,3%.

Aus 1865 g Casein ließen sich aus dem Filtrate des ausgefällten Lysinpikrates durch Konzentration, Versetzen mit H_2SO_4 und Phosphorwolframsäure ein Niederschlag gewinnen, aus dem sich bei nochmaliger Aufarbeitung auf Lysin nach Ch. S. Leavenworth[5] weitere 8 g Lysinpikrat isolieren ließen, so daß der Gesamtlysingehalt des Caseins 5,77% betrug.

Der Rückstand des Caseinogens bei tryptischer Verdauung ergibt nach J. M. Luck[6] bei der Säurehydrolyse neben Lysin fast nur Glutaminsäure.

Über den Lysingehalt von desaminiertem und methyliertem Casein berichtet S. Hirai[7].

Unter den hydrolytischen Spaltprodukten von Dearginocasein, das aus Casein durch Einwirkung einer alkalischen Hypochloritlösung dargestellt wurde, konnte S. Sakaguchi[8] Lysin nachweisen, aus den Spaltprodukten des Deguanidocaseins, das aus Casein durch Alkalibehandlung (n-NaOH) dargestellt war, konnten 2,6% Lysin isoliert werden.

Für die oxydativen und reduktiven Spaltprodukte: Apocasein, Apogelatine, Apoarachin, Apoclupein und Oxyprotsulfonsäure wird von S. Edlbacher[9] folgender Lysin-N-Gehalt angegeben: 0, 3,9, 2,0, 0 und 5,76%. Die Apoproteine waren durch Einwirkung von H_2O_2 auf die entsprechenden Proteine und die Oxyprotsulfonsäure durch Einwirkung von $KMnO_4$ auf Casein erhalten worden.

Die aus Harn isolierten Antoxyproteinsäuren enthalten nach S. Edlbacher[10] 3,0% Lysin-N.

Über die Isolierung eines Aurates, das einem Halbbetain des Lysins entsprach, nach Verfütterung von methyliertem Casein, berichten K. Thomas und J. Kapfhammer[11].

Im Caseoglutin von Emmentaler, Tilsiter und Weichkäsesorten findet sich nach W. Grimmer und B. Wagenführ[12] Lysin.

Über das Vorkommen von Lysin unter den Abbauprodukten von Backsteinkäse (Limburger Käse) berichten W. Grimmer, W. Bodschwinna und K. Schützler[13].

Im Thyreoglobulin, das durch NaCl-Lösung aus Schilddrüsen extrahiert war, ermittelte H. Eckstein[14] nach der van Slykeschen Methode durchschnittlich 4,43% Lysin-N. Dieser Lysinwert unterscheidet sich etwas von dem, der nach der Methode von Kossel-Kutscher bestimmt wurde.

---

[1] R. Sasaki: Bull. agricult. chem. Soc. Japan **4**, 1—5 (1928) — Chem. Zbl. **1929 II**, 583.
[2] D. B. Jones, C. E. F. Gersdorff u. O. Moeller: J. of biol. Chem. **64**, 655—671 (1925) — Chem. Zbl. **1926 I**, 416.
[3] O. Jung: Z. ges. Brauwesen **46**, 74—76 — Chem. Zbl. **1923 IV**, 250.
[4] P. Karrer, A. P. Smirnoff, H. Ehrensperger, J. van Slooten u. M. Keller: Hoppe-Seylers Z. **135**, 129—166 — Chem. Zbl. **1924 II**, 348.
[5] Ch. S. Leavenworth: J. of biol. Chem. **61**, 315—316 — Chem. Zbl. **1924 II**, 2589.
[6] J. M. Luck: Biochemic. J. **18**, 679—692 — Chem. Zbl. **1924 II**, 1352.
[7] S. Hirai: Acta Scholae med. Kioto **7**, 527—530 (1925) — Ber. Physiol. **34**, 616 — Chem. Zbl. **1926 II**, 1953.
[8] S. Sakaguchi: J. of Biochem. **5**, 143—157, 159—160 (1925) — Chem. Zbl. **1926 I**, 1420.
[9] S. Edlbacher: Hoppe-Seylers Z. **134**, 129—139 — Chem. Zbl. **1924 I**, 2880.
[10] S. Edlbacher: Hoppe-Seylers Z. **127**, 187—189 — Chem. Zbl. **1923 III**, 264.
[11] K. Thomas u. J. Kapfhammer: Ber. sächs. Ges. Wiss., math.-phys. Kl. **77**, 181—188 (1925) — Chem. Zbl. **1926 II**, 768.
[12] W. Grimmer u. B. Wagenführ: Milchwirtsch. Forschgn **2**, 193—198 (1925) — Ber. Physiol. **31**, 492 — Chem. Zbl. **1925 II**, 1718.
[13] W. Grimmer, W. Bodschwinna u. K. Schützler: Milchwirtsch. Forschgn **7**, 595—602 — Chem. Zbl. **1929 II**, 106.
[14] H. Eckstein: J. of biol. Chem. **67**, 601—607 — Chem. Zbl. **1926 II**, 1962.

Über den höheren Lysingehalt eines aus der Spermamasse der Testikel von Echinus esculentus isolierten Histons, im Vergleich zu dem Lysingehalt anderer Histone, berichten A. Kossel und W. Staudt[1].

Ein aus Tuberkelbacillen durch kalte Extraktion mit Wasser isoliertes Eiweiß (ein Albumin) und ein durch Extraktion mit 0,5proz. NaOH-Lösung isoliertes Protein enthielten nach D. R. Coghill[2] 4,8 bzw. 7,0—7,5% Lysin.

Im Hydrolysat des Spongins des gemeinen Badeschwammes (Hippospongia equina) finden sich nach V. J. Clancey[3] 3,6% Lysin.

Über den Aminosäuregehalt (Lysin neben anderen Aminosäuren) verschiedener Plastinpräparate von Myxomyceten, die mit $1/2$- und $1/4$n-NaOH aus verschieden-alten und -artigen Plasmodien extrahiert waren, berichtet A. Kiesel[4].

D. M. Hetler[5] bestimmt und vergleicht den Lysingehalt von autoklavierten und nichtautoklavierten Bakterienzellen des Bacillus lactis aerogenes, der auf künstlichem Nährboden gezüchtet war. Der Lysingehalt des autoklavierten Materials war größer als der des nichtautoklavierten.

Das Eiweiß des Pilzes Oidium lactis enthielt nach W. Grimmer und E. Steinlechner[6] Lysin.

Bildung des d, l-Lysins: Nach S. B. Schryver und H. W. Buston[7] soll sich in Gelatinehydrolysaten, die mit Säure (25proz. H_2SO_4) stehen blieben, in der Argininfraktion neben Arginin d, l-Lysin isolieren lassen, das nach Annahme der Verfasser nicht durch Racemisierung von d-Lysin entstanden ist. Das d, l-Lysin läßt sich durch Fällung mit Flaviansäure und Überführung in das Pikrat abtrennen.

Darstellung des d-Lysins: 200 g Gelatine werden mit konzentrierter HCl hydrolysiert, HCl verdampft, etwa 925 g Phosphorwolframsäure zugesetzt. Der Niederschlag mit Baryt zerlegt, die Lösung der freien Aminosäuren zur Trockene eingedampft. Der Rückstand in 40—50 ccm Wasser gelöst und mit 20 g Benzaldehyd versetzt, wobei sich das Arginin und ein Teil des Lysins als krystallisierte Benzylidenverbindungen abscheiden. Ausbeute beträgt etwa 22 g. Zur Trennung des Benzylidenlysins wird der Niederschlag mit einer wässerigen Barytlösung (5 g Baryt in 60 ccm) geschüttelt, wobei das Benzylidenlysin in Lösung geht. Das Lysin findet sich zum Teil in dieser baryThaltigen Waschflüssigkeit, zum größeren Teile aber im Filtrat des Niederschlages vom Benzylidenarginin und -lysin. Aus ersterem wird es nach Entfernung des Ba über die Oxybenzylidenverbindung rein oder weniger rein gewonnen, wenn mit HCl angesäuert wird, zur Trockene gedampft, das Lysinchlorhydrat mit Methylalkohol von $BaCl_2$ getrennt und mit Äther abgeschieden wird. Zur Gewinnung des anderen Teiles wird das Filtrat der Benzylidenverbindung mit 5n-H_2SO_4 angesäuert, ausgeäthert, von H_2SO_4 befreit und eingedampft. Der Rückstand wird mit Alkohol ausgekocht. Aus dem ungelösten Rückstand wird das Lysin als Pikrat isoliert. Gesamtausbeute an d-Lysindichlorhydrat 2,3%[8].

Aus Gelatinehydrolysaten lassen sich nach G. L. Foster und C. L. A. Schmidt[9] durch die Einwirkung eines elektrischen Stromes bei einem p_H von 7,5—8 relativ große Mengen Arginin und Lysin isolieren. Lysin wurde vom Arginin als Pikrat abgetrennt, dessen Menge 67% der nach van Slyke erwarteten betrug.

Über die Isolierung von Lysin, Arginin und Histidin durch Elektrolyse der Hydrolysate von Casein oder Ochsenblut, die sich im Kathodenraum einer 3teiligen Zelle befanden, berichtet T. Noguchi[10].

---

[1] A. Kossel u. W. Staudt: Hoppe-Seylers Z. **159**, 172—178 — Chem. Zbl. **1926 II**, 2606.
[2] D. R. Coghill: J. of biol. Chem. **70**, 439—447, 449—455 — Chem. Zbl. **1927 I**, 759.
[3] V. J. Clancey: Biochemic. J. **20**, 1186—1189 (1926) — Chem. Zbl. **1927 I**, 1332.
[4] A. Kiesel: Hoppe-Seylers Z. **173**, 169—183 — Chem. Zbl. **1928 I**, 1779.
[5] D. M. Hetler: J. of biol. Chem. **72**, 573—585 (1927) — Chem. Zbl. **1928 II**, 361.
[6] W. Grimmer u. E. Steinlechner: Milchwirtsch. Forschgn **3**, 122—131 — Ber. Physiol. **37**, 205 (1926) — Chem. Zbl. **1927 I**, 1328.
[7] S. B. Schryver u. H. W. Buston: Proc. roy. Soc. Lond., Serie B **101**, 519—527 — Chem. Zbl. **1927 II**, 1708 — Biochemic. J. **21**, 1284—1301 — Chem. Zbl. **1928 II**, 1780.
[8] M. Bergmann u. L. Zervas: Hoppe-Seylers Z. **152**, 282—299 — Chem. Zbl. **1926 I**, 3060.
[9] G. L. Foster u. C. L. A. Schmidt: J. amer. chem. Soc. **48**, 1709—1714 — Chem. Zbl. **1926 II**, 899.
[10] T. Noguchi: Bull. Inst. physical chem. Res. (Abstracts) Tokyo **2**, 22 — Chem. Zbl. **1929 I**, 1834.

Darstellung des d, l-Lysins: S. Sugasawa[1] gibt folgende Synthese für d, l-Lysin an: Acrolein wird in γ-Aminobutyracetal und dieses in γ-Benzamino-butyracetal übergeführt (viscoses Öl, Kochp.$_1$ 187—189°, in Kältemischung erstarrend). Liefert, 1 1/2 Stunden mit n-H_2SO_4 geschüttelt, γ-Benzaminobutyraldehyd (Semicarbazon, Schmelzp. 155—156°). Der Aldehyd wird nach Dutt[2] mit Malonsäure in Pyridin + etwas Piperidin zur β-[γ'-Benzaminopropyl]-acrylsäure kondensiert. Krystalle aus Alkohol und Äther. Schmelzp. 108—109°. Diese liefert durch katalytische Hydrierung in Alkohol die von v. Braun[3] synthetisierte ε-Benzamino-n-capronsäure, Schmelzp. 79°, die nach der von v. Braun angegebenen Methode in d,l-Lysin übergeführt wird.

Bestimmung: Nach L. J. Harris[4] überschneiden sich zwar bei der Bestimmung des Lysins nach der Methode von Sörensen, Eckweiler, Noyes und Falk, Tague oder nach der des Verfassers die verschiedenen Dissoziationskurven, doch kann die schließliche Titrationskurve durch Addition abgeleitet und in ihren einzelnen Teilen dargestellt werden. Eine NH_2-Gruppe des Lysins ist in der Form des Chlorhydrates vollständig dissoziert. Weiterhin gibt L. J. Harris[1] an, daß sich nach der modifizierten Methode von Foreman — zunächst Titration der Carboxylgruppe mit $^n/_{10}$-NaOH nach Zusatz von 80% des Gesamtvolumens an Alkohol und evtl. 5% neutralisiertem Formol zur Aminosäurelösung bei Verwendung von Thymolphthalein als Indicator — nach Zufügen von Methylrot — mit n-HCl die eine Aminogruppe des Lysins titrieren läßt.

L. J. Harris[5] gibt ferner eine Titrationsmethode für Lysin bei Anwendung der Chinhydronelektrode an.

E. M. P. Widmark und E. L. Larsson[6] untersuchten für Lysinchlorhydrat die Anwendungsmöglichkeit der konduktometrischen Titration mit Lauge in der Anordnung von Kolthoff.

Nach R. H. A. Plimmer[7] erfordert Lysin 1 Stunde zur vollständigen Reaktion mit HNO_2 bei 14—17°, während der NH_2-N vom Histidin und Arginin bei dieser Temperatur in 15—20 Minuten abgegeben wird, so daß bei der Bestimmung eines Gemisches dieser 3 Basen 1 Stunde bei 14—17° für die Einwirkung von HNO_2 notwendig und ausreichend ist.

Nach H. B. Vickery und Ch. S. Leavenworth[8] gibt das Gewicht des Lysinpikrates die beste Grundlage für die tatsächliche Zusammensetzung der Lsyinfraktion.

R. A. Gortner und W. M. Sandstrom[9] untersuchten die van Slykesche Methode dahin, welchen Einfluß Kochen mit Säuren, die Gegenwart von Prolin oder Tryptophan bei Aminosäuregemischen (Lysindihydrochlorid neben anderen Aminosäuren) auf die erhaltenen Werte ausübt.

Biochemische Eigenschaften des d-Lysins: M. W. Johnston und H. B. Lewis[10] ermittelten nach subcutaner Injektion oder peroraler Verabreichung von d-Lysin an Kaninchen den Nichteiweiß-N, Harnstoff-N, Aminosäure-N und den dann bleibenden N-Rest des Blutes, wobei die Resorptionsschnelligkeit aus dem Magen-Darmkanal und die Schnelligkeit der Desamidierung unter Bildung von Harnstoff die Schnelligkeit des Aminosäurestoffwechsels bestimmen.

H. Labbé und A. Kotzareff[11] studierten die Einwirkung einer Flüssigkeit, die Ra (in 1 ccm 1,05—1,59 Milli-Curie-Einheiten), Gelatine, Lysin, Ca- und Cd-Salze enthielt und ein $p_H = 7,4—7,8$ hatte, auf den Blutzucker weißer Mäuse. Es wurde Hypoglykämie beobachtet, die in die 3. bis 5. Stunde fiel und nach etwa 24 Stunden zum normalen Wert zurückkehrte.

---

[1] S. Sugasawa: J. pharmac. Soc. Japan **1927**, 148—149 — Chem. Zbl. **1928 I**, 1646.
[2] Dutt: Chem. Zbl. **1925 II**, 1852.
[3] v. Braun: Ber. dtsch. chem. Ges. **42**, 839 (1909).
[4] L. J. Harris: Proc. roy. Soc. Lond. B **95**, 440—484 (1923) — Chem. Zbl. **1924 I**, 435.
[5] L. J. Harris: J. chem. Soc. Lond. **123**, 3294—3303 (1923) — Chem. Zbl. **1924 I**, 1069.
[6] E. M. P. Widmark u. E. L. Larsson: Biochem. Z. **140**, 284—294 (1923) — Chem. Zbl. **1924 I**, 1244.
[7] R. H. A. Plimmer: Biochemic. J. **18**, 105—119 — Chem. Zbl. **1924 I**, 2460.
[8] H. B. Vickery u. Ch. S. Leavenworth: J. of biol. Chem. **79**, 377—388 (1928) — Chem. Zbl. **1929 I**, 2541.
[9] R. A. Gortner u. W. M. Sandstrom: J. amer. chem. Soc. **47**, 1663—1671 — Chem. Zbl. **1925 II**, 1482.
[10] M. W. Johnston u. H. B. Lewis: J. of biol. Chem. **78**, 67—82 — Chem. Zbl. **1928 II**, 463.
[11] H. Labbé u. A. Kotzareff: C. r. Acad. Sci. Paris **184**, 474—476 — Chem. Zbl. **1927 I**, 3015.

Die Proteine des Ovariums von Strongylocentrotus lividus zeigen nach G. Russo[1] im Verlaufe der Entwicklung eine beträchtliche Vermehrung ihres Lysingehaltes, während Histidin- und Cystingehalt abnehmen.

Der Lysingehalt des Hühnereies verändert sich nach J.-i. Sagara[2] bei der Bebrütung des Eies folgendermaßen: 0,0102 (9. Tag), 0,1606 (14. Tag), 0,1517 (17. Tag) und 0,1166 (19. Tag).

H. O. Calvery[3] untersuchte die Stickstoffverteilung im sich entwickelnden Hühnerei 21 Tage lang. Der Lysin-N, vom gesamten Eiinhalt bestimmt, zeigte eine geringe Zunahme.

Über die Rolle des Lysins in der Entwicklungsgeschichte der basischen Peptone während der Testikelreifung des Karpfens bzw. Herings berichten A. Kossel und E. G. Schenck[4] sehr eingehend.

Über die Rolle des Lysins im Aufbau des Histons der Thymusdrüse berichtet K. Felix[5].

Nach K. Felix und H. Röthler[6] wird Lysin in der überlebenden, künstlich durchbluteten Leber nicht angegriffen.

Nach F. Wankell[7] wird Lysin durch die Froschniere konzentriert.

Lysinmangel hebt nach G. Watzadse[8] die Harnsekretion der isolierten Froschniere auf, während Lysinzusatz die Sekretion wieder herbeiführt, Lysinzusatz verhindert bei Beginn das Aufhören der Sekretion. Eine ähnlich hemmende Wirkung übt Aminosäuremangel auf die Durchströmung der Darmgefäße aus.

Nach Untersuchungen von H. Ekerfors[9] konnte zwischen der Wirkung des Lysins auf die Adrenalinoxydation und auf den pharmako-dynamischen Effekt des Adrenalins kein Zusammenhang festgestellt werden.

Bei Gegenwart von Chlorogensäure wird nach A. Oparin[10] der Amino-N des Lysins in 2—4 Tagen zu etwa 10—20% durch den Luftsauerstoff in Ammoniak-N übergeführt, außerdem wird CO_2 abgespalten und der Rest der Verbindung zu einem Aldehyd oxydiert.

Nach A. Goris und A. Liot[11] lassen sich bei der Züchtung von Bacillus pyocyaneus auf künstlichen Nährböden Lysin oder besser noch die Na-Salze des Lysins als N-Quelle verwenden, wenn auch die Wirkung schwächer ist als die von NH_4-Salzen.

In einer Arbeit von F. K. Swoboda[12] wird der Einfluß von Lysin in verschiedenen Konzentrationen, in Gegenwart und bei Fehlen von hydrolysiertem Edestin auf die N-Ernährung der Hefe untersucht. Bei Fehlen des Edestins fördern in geringerem Maße schwächere Lysinkonzentrationen das Wachstum, während höhere Konzentrationen eher hemmend wirken. Bei Anwesenheit von Edestin ist durch Lysin eine geringe Steigerung zu erzielen.

Nach E. Abderhalden[13] entwickeln sich die Larven des Kabinettkäfers (Anthremus muscorum) auf Seidenkokons und bauen aus deren Bestandteilen — die hauptsächlich aus Glykokoll, Alanin, Tyrosin und Serin, neben wenig Leucin, Phenylalanin, Prolin, Arginin, Lysin und Histidin bestehen — sämtliche Körpersubstanzen auf.

Nach Versuchen von Ch. Champy und P. Gley[14] führt bei Froschlarven ein Mangel an Lysin in der Nahrung zu vollkommenem Wachstumstillstand, so daß Lysin ein unentbehrliches Baumaterial ist. Wird nun Lysin zugesetzt, so erfolgt normales Wachstum und normale Entwicklung. Tryptophan beseitigt die durch Lysinmangel hervorgerufenen Störungen nicht. Schilddrüsenextrakt beeinflußt zwar die Entwicklung, ist aber in seiner Wirkung von der des Lysins völlig verschieden.

---

[1] G. Russo: Arch. di Sci. biol. 8, 293—309 (1926) — Ber. Physiol. 38, 599—600 — Chem. Zbl. **1927 I**, 2662.

[2] J.-i. Sagara: Hoppe-Seylers Z. **178**, 298—301 — Chem. Zbl. **1928 II**, 2571.

[3] H. O. Calvery: J. of biol. Chem. **83**, 231—241 — Chem. Zbl. **1929 II**, 2065.

[4] A. Kossel u. E. G. Schenck: Hoppe-Seylers Z. **173**, 278—308 — Chem. Zbl. **1928 I**, 2096.

[5] K. Felix: 12. Intern. Physiologenkongreß in Stockholm **1926**, 51—52 — Ber. Physiol. **38**, 495 — Chem. Zbl. **1927 I**, 2661.

[6] K. Felix u. H. Röthler: Hoppe-Seylers Z. **143**, 133—140 — Chem. Zbl. **1925 I**, 2386.

[7] F. Wankell: Pflügers Arch. **208**, 604—616 — Chem. Zbl. **1925 II**, 1371.

[8] G. Watzadse: Pflügers Arch. **219**, 694—705 — Chem. Zbl. **1929 II**, 3030.

[9] H. Ekerfors: C. r. Soc. Biol. Paris **93**, 1162—1167 (1925) — Chem. Zbl. **1926 I**, 1222.

[10] A. Oparin: Bull. Acad. St. Pétersbourg [6] **1922**, 535—546 — Chem. Zbl. **1925 II**, 728.

[11] A. Goris u. A. Liot: C. r. Acad. Sci. Paris **174**, 575—578 — Chem. Zbl. **1922 III**, 391.

[12] F. K. Swoboda: J. of biol. Chem. **52**, 91—109 — Chem. Zbl. **1922 III**, 1091.

[13] E. Abderhalden: Hoppe-Seylers Z. **142**, 189—190 — Chem Zbl. **1925 I**, 2020.

[14] Ch. Champy u. P. Gley: C. r. Soc. Biol. Paris **89**, 374—376 (1923) — Chem. Zbl. **1924 I**, 428.

In Fütterungsversuchen an ausgewachsenen Tieren mit Nahrungsgemischen aus reinen organischen Bausteinen wird in Übereinstimmung mit anderen Beobachtungen von E. Abderhalden[1] beobachtet, daß Lysin nicht durch andere Aminosäuren ersetzt werden kann. Versuche von Th. B. Osborne und L. B. Mendel[2] an Ratten ergaben, daß Tryptophan zur Erhaltung und Lysin zum Wachstum unentbehrlich sind. Die notwendige Menge beider Aminosäuren ist durch das Gesetz des Minimums geregelt. Mit Zein gefütterte Ratten wachsen monatelang nicht, wurde nur Tryptophan zugefügt, begannen aber sofort nach Zugabe von Lysin zu wachsen. Durch Zugabe von 1% Lysin zu Gliadin wird ein Wachstum von Ratten verschiedenen Alters erzielt, während reine Gliadinfütterung nur zur Erhaltung der Ratten genügt. Bei Zugabe von 3% Lysin wird wieder normales Wachstum erreicht. Die Tryptophan- und Lysinmengen in der Nahrung können also zu Faktoren gemacht werden, die das Ernährungsgleichgewicht und die Möglichkeit zur Zunahme eines Individuums bestimmen.

Versuche an Ratten von A. G. Hogan[3] ergaben, daß nur mit Maisproteinen ernährte Tiere bald starben, während ein Zusatz von Lysin und Tryptophan das Wachstum wiederherstellte. Da die Tiere, die mit Lysin allein gefüttert wurden, an Körpergewicht verloren, bei alleiniger Tryptophanzugabe ein langsameres Wachstum hatten als mit dem Gemisch beider Aminosäuren, so ist zu den Maisproteinen, sollen sie zur Ernährung tauglich gemacht werden, zunächst ein Tryptophan- und erst in zweiter Linie ein Lysinzusatz unbedingt erforderlich.

Bei einer Nahrung von 12—18% Edestin, die nur eine geringe Menge eines alkoholischen Weizenkeimlingsextraktes enthielt, blieben wachsende Tiere im Wachstum zurück. Das Wachstum wurde nach B. Sure[4] um 31,4% verbessert, wenn neben Cystin zugleich lysinreiche Gelatine verabreicht wurde. Beim Fehlen des Lysinzusatzes wirkte auch Cystin nicht.

D. A. Mc Ginty, H. B. Lewis und C. S. Marvel[5] konnten zeigen, daß wohl Lysin — auch d,l-Lysin — den Mangel des Gliadins für das Wachstum weißer Ratten genügend auszugleichen vermag, daß dies aber bei Verabreichung von α-Oxycapronsäure, ε-Oxycapronsäure, ε-Aminocapronsäure und α-Oxy-ε-aminocapronsäure nicht möglich ist. Verfasser schließen daraus, daß keine dieser Verbindungen im Organismus in Lysin verwandelt wird.

H. D. Lightbody und H. B. Lewis[6] untersuchten die Wirkung von Lysinmangel im Futter von jungen weißen Ratten auf Cystin- und S-Gehalt des Haarkleides.

Nach Versuchen von B. Sure[7] fördert ein Cystinzusatz zu Milchproteinen auch bei Gegenwart von Lysin die Fortpflanzungsfähigkeit nicht. Lysin aber scheint Milch- und Bohneneiweiß für das Wachstum zu ergänzen.

Nach Versuchen an Kaninchen und Hunden mit intravenöser Injektion von Lysin wurde nach L. H. Newburgh und P. L. Marsh[8] eine schwere tubuläre Nierenschädigung hervorgerufen.

In Verbindung mit verschiedenen Nährstoffen und Aminosäuren hatte Lysin, dem gewöhnlichen Futter zugesetzt, nach E. Abderhalden[9] auf das Wachstum der Wolfsmilchschwärmerraupen keinen merklichen Einfluß.

Lysin allein oder in Kombination mit anderen Aminosäuren zeigte nach T. Ugata[10] keinen Einfluß auf die Vermehrung von Paramaecium caudatum.

In künstlichen Nährböden wird Lysin als N-Quelle durch Typhusbacillus nur in Gegenwart von Zuckern ausgenutzt, wobei es zu einer Säuerung des Nährbodens kommt[11].

d-Lysinzusatz zu Hefemacerationssäften wirkt nach A. Fodor und R. Cohn[12] beschleunigend auf die Aktivität der Peptidasen gegenüber Seidenpepton Höchst.

---

[1] E. Abderhalden: Pflügers Arch. **195**, 199—226 — Chem. Zbl. **1922 III**, 1234.
[2] Th. B. Osborne u. L. B. Mendel: J. of biol. Chem. **25**, 1—12 (1916) — Chem. Zbl. **1922 I**, 585.
[3] A. G. Hogan: J. of biol. Chem. **29**, 485—493 (1917) — Chem. Zbl. **1922 I**, 585.
[4] B. Sure: Amer. J. Physiol. **61**, 1—13 (1922) — Chem. Zbl. **1923 I**, 855.
[5] D. A. Mc Ginty, H. B. Lewis u. C. S. Marvel: J. of biol. Chem. **62**, 75—92 (1924) — Chem. Zbl. **1925 I**, 696.
[6] H. D. Lightbody u. H. B. Lewis: J. of biol. Chem. **82**, 663—671 — Chem. Zbl. **1929 II**, 1423.
[7] B. Sure: J. metabol. Res. **3**, 373—382, 383—391 — Chem. Zbl. **1923 III**, 1651.
[8] L. H. Newburgh u. P. L. Marsh: Arch. int. Med. **36**, 682—711 (1925) — Ber. Physiol. **35**, 498 — Chem. Zbl. **1926 II**, 1663.
[9] E. Abderhalden: Hoppe-Seylers Z. **127**, 93—98 — Chem. Zbl. **1923 III**, 265.
[10] T. Ugata: J. of Biochem. **6**, 417—450 — Chem. Zbl. **1928 II**, 1784.
[11] A. Doskočil: Biochem. Z. **190**, 314—321 (1927) — Chem. Zbl. **1928 I**, 2623.
[12] A. Fodor u. R. Cohn: Hoppe-Seylers Z. **176**, 17—28 — Chem. Zbl. **1928 II**, 455.

Die Wirkung von Pankreaslipase auf Buttersäureäthylester und Olivenöl wird nach E. R. Dawson[1] in alkalischer und neutraler, aber nicht in saurer Lösung durch Lysin beschleunigt.

Die Arginasen aus einer Reihe von malignen Säugertumoren, Sarkomen, Carcinomen, Granulationen, Polypen und embryonalem Gewebe spalten nach S. Edlbacher und K. W. Merz[2] aus Lysin kein NH_3 ab.

Über den günstigen Einfluß von Lysinzusatz (1%) auf die Vergärung von Brenztraubensäure durch Hefe berichten H. Haehn und M. Glaubitz[3].

J. L. Rosedale[4] vergleicht den Diaminosäuregehalt (Histidin, Arginin, Lysin) von normalem Gewebe bei normaler Diät miteinander. Die Werte weichen nur unerheblich voneinander ab, dagegen wird ein niedrigerer Lysingehalt in Carcinomen und Fleisch von Hühnern gefunden, die ausschließlich mit Mais als Nahrungsprotein gefüttert waren.

Über die Beziehung des Säurebindungsvermögens des Hämocyanins von Limulus polyphemus und seinem Gehalt an zweibasischen Aminosäuren (Arginin, Lysin und Histidin) berichten A. C. Redfield und E. D. Mason[5], wobei das maximale Säurebindungsvermögen mit dem aus dem Gehalt an zweibasischen Aminosäuren berechneten Wert übereinstimmt.

Biochemische Eigenschaften des d, l-Lysins: Nach Versuchen von D. A. Mc Ginty, H. B. Lewis und C. S. Marvel[6] gleicht d, l- wie d-Lysin den Mangel des Gliadins für das Wachstum weißer Ratten genügend aus. Siehe auch unter biochemische Eigenschaften des d-Lysins, S. 553.

Physikalische Eigenschaften: Von N. Bjerrum[7] werden die beiden Dissoziations- (K_s und K_B) und Hydrolysenkonstanten (k_a und k_b) von Lysin bei 25°, wie folgt, angegeben:

$K_s = 10^{-1,94}$; $K_B = 10^{-1,9}$; $k_a = 10^{-12}$; $k_b = 10^{-6,96}$ Konstanten für die 1. Stufe.
$K_s \ldots$; $K_B = 10^{-6,96}$; $k_a \ldots$; $k_b = 10^{-11,96}$ Konstanten für die 2. Stufe.

Über die Dissoziationsverhältnisse und über den osmotischen Druck des Lysins berichtet H. Hammarsten[8].

Über den Zusammenhang zwischen dem Lysin-, Histidingehalt und den basischen Gruppen von Gelatine und Eialbumin mit den Dissoziationsindices bei $p_H = 6{,}1$ bzw. 10,4—10,6 berichtet H. S. Simms[9].

Über eine acidimetrische Bestimmungsmethode des isoelektrischen Punktes von Lysin und über ihre Fehlergrenze berichtet D. Bach[10].

A. Castille und E. Ruppol[11] beschreiben die Absorptionsspektren des Lysins für Ultraviolett zwischen 4800 und 1900 Å.

Chemische Eigenschaften des d-Lysins: Lysin absorbiert nach R. H. A. Plimmer und H. Phillips[12] praktisch kein Br.

Bei der Einwirkung von Alkalipermanganat auf Lysin werden nach S. C. Robinson, O. B. Winter und E. J. Miller[13] etwa 41% des Gesamt-N in NH_3 übergeführt.

Aus den optischen Eigenschaften der Hydrochloride, N-Dibenzoylmethyl- und -äthylester der d-Glutaminsäure, des d-Ornithins und des d-Lysins läßt sich nach P. Karrer, K. Escher und R. Widmer[14] schließen, daß sich diese Aminosäuren konfigurativ an die mit l- bezeichnete Reihe der natürlichen Aminosäuren anschließen.

---

[1] E. R. Dawson: Biochemic. J. **21**, 398—403 — Chem. Zbl. **1927 II**, 1353.
[2] S. Edlbacher u. K. W. Merz: Hoppe-Seylers Z. **171**, 252—263 (1927) — Chem. Zbl. **1928 I**, 375.
[3] H. Haehn u. M. Glaubitz: Hoppe-Seylers Z. **168**, 233—243 — Chem. Zbl. **1927 II**, 1971.
[4] J. L. Rosedale: Biochemic. J. **22**, 826—829 — Chem. Zbl. **1928 II**, 1783.
[5] A. C. Redfield u. E. D. Mason: J. of biol. Chem. **77**, 451—457 — Chem. Zbl. **1928 II**, 1347.
[6] D. A. Mc Ginty, H. B. Lewis u. C. S. Marvel: J. of biol. Chem. **62**, 75—92 (1924) — Chem. Zbl. **1925 I**, 696.
[7] N. Bjerrum: Hoppe-Seylers Z. **104**, 147—173 (1923) — Chem. Zbl. **1923 I**, 1575.
[8] H. Hammarsten: Biochem. Z. **147**, 481—543 — Chem. Zbl. **1924 II**, 1063.
[9] H. S. Simms: J. gen. Physiol. **11**, 629—640 — Chem. Zbl. **1928 II**, 1673.
[10] D. Bach: Bull. Soc. Chim. biol. Paris **9**, 1233—1243 (1927) — Chem. Zbl. **1928 I**, 2972.
[11] A. Castille u. E. Ruppol: Bull. Soc. Chim. biol. Paris **10**, 623—668 — Chem. Zbl. **1928 II**, 622.
[12] R. H. A. Plimmer u. H. Phillips: Biochem. J. **18**, 312—321 — Chem. Zbl. **1924 II**, 1252.
[13] S. C. Robinson, O. B. Winter u. E. J. Miller: J. Michigan agric. Coll. exper. Station Nr. 19 — Chem. Trade J. **70**, 65—66 — Chem. Zbl. **1922 II**, 863.
[14] P. Karrer, K. Escher u. R. Widmer: Helvet. chim. Acta **9**, 301—323 — Chem. Zbl. **1926 I**, 3021.

In Eiweißhydrolysaten wandern nach G. L. Foster und C. L. A. Schmidt[1] unter der Einwirkung eines elektrischen Stromes bei einem $p_H = 5{,}5$ Arginin, Histidin und Lysin in ungefähr der gleichen Geschwindigkeit zur Kathode, während bei einem $p_H = 7{,}5$ nur Arginin und Lysin wandern, Histidin dagegen im Mittelteil des Apparates unverändert zurückbleibt.

Über die Salzbildung von Lysin und die leichte Spaltbarkeit der Salze durch geringe Konzentrationen von Neutralsalzen berichtet H. Hammarsten[2].

Nach H. B. Vickery und Ch. S. Leavenworth[3] ist es empfehlenswert, das Lysin über das Pikrat zu reinigen, das sich bei etwa 266° unter charakteristischen Explosionserscheinungen zersetzt. Das Lysin selbst krystallisiert aus wässeriger Lösung, bei sorgfältigem CO_2-Ausschluß, in Nadeln vom Zersetzungspunkt etwa 224° und $[\alpha]_D^{20} = +14{,}6°$. Aus Alkohol dünne Nadeln oder hexagonale Platten.

Über die Reaktion zwischen Methylglyoxal und Lysin beim Kochen und über die quantitative Bestimmung der Reaktionsprodukte berichten C. Neuberg und M. Kobel[4].

Während Glykokoll bei Gegenwart geringer Mengen Adrenalin durch O_2 unter Bildung von NH_3 und CO_2 zerlegt wird, ist die Oxydation anderer Aminosäuren (z. B. von Lysin) sehr gering[5].

Nach G. Nagelschmidt[6] läßt sich d-Lysin neben Diaminosäuren mittels eines Hg-Acetat-Sodareagenzes, evtl. unter Zusatz von Alkohol, ausfällen.

Bei der Desamidierung von Proteinen (Gelatine, Eialbumin) werden nach H. S. Simms[7] nicht die Präarginin-, Arginin- und Histidingruppen, wohl aber fast alle Lysingruppen entfernt.

Chemische Eigenschaften des d, l-Lysins: d, l-Lysin wird nach S. B. Schryver und H. W. Buston[8] zum Unterschied von aktivem Lysin durch Ag_2SO_4 und $Ba(OH)_2$ gefällt.

Derivate des l-Lysins: Lysindichlorid. Das Dichlorid, Meerschweinchen parenteral zugeführt, hat nach R. Wigand[9] keinen besonderen Einfluß auf den allgemeinen Zustand und die Temperatur der Tiere.

l-Naphthol-2, 3-dinitro-7-sulfosaures Lysin (1 : 1). Schmelzp. 213° unter Zersetzung. Löslichkeit des Salzes in:

Wasser bei 19°	$1/200$ n-H_2SO_4 bei 19°	$1/50$ n-H_2SO_4 bei 19°	2,5 proz. HCl bei 19°	$1/50$ n-Farbsäure bei 19°	96 proz. Alkohol bei 17°
1,862	2,289	2,424	0,828	1,760	0,0405[10]

d-ε-Benzoyllysin $C_{13}H_{18}O_3N_2$. Durch Spaltung von Lysursäure mit $Ba(OH)_2$, aus siedendem Wasser Blättchen, Sintern bei 248°. Schmelzp. etwa 253°. $[\alpha]_D^{19} = +20{,}12°$ (in n-HCl). Benzoyllysin geht durch Behandlung mit Nitrosylbromid in α-Brom-ε-benzoylaminocapronsäure über[11]. — Über die Bildung von ε-Benzoyl-d-lysin bei der Benzoylierung von Ovalbumin und dessen Isolierung aus dem H_2SO_4-Proteinhydrolysat durch fraktionierte Krystallisation oder Abtrennung mit Butylalkohol berichten St. Goldschmidt und Ad. Kinsky[12]. Blättchen aus heißem Wasser, Braunfärbung bei 230°, Schmelzp. 240°, sehr wenig löslich in kaltem Wasser, löslich in heißem Wasser, leicht löslich in Laugen, Säuren und Eisessig. Phosphorwolframsäure fällt aus saurer Lösung. $[\alpha]_D$ in 50 proz. Essigsäure $= +27{,}2°$. Bei der Oxydation mit $KMnO_4$ entsteht δ-Benzoylaminovaleriansäure.

---

[1] G. L. Foster u. C. L. A. Schmidt: J. of biol. Chem. **56**, 545—553 — Chem. Zbl. **1923 III**, 1493 — Proc. Soc. exper. Biol. a. Med. **19**, 348—351 (1922) — Ber. Physiol. **15**, 459 (1922) — Chem. Zbl. **1923 II**, 382.

[2] H. Hammarsten: Biochem. Z. **147**, 481—543 — Chem. Zbl. **1924 II**, 1063.

[3] H. B. Vickery u. Ch. S. Leavenworth: J. of biol. Chem. **76**, 437—443 — Chem. Zbl. **1928 I**, 2376.

[4] C. Neuberg u. M. Kobel: Biochem. Z. **188**, 197—210 — Chem. Zbl. **1927 II**, 2677.

[5] S. Edlbacher u. J. Kraus: Hoppe-Seylers Z. **178**, 239—249 — Chem. Zbl. **1928 II**, 2658.

[6] G. Nagelschmidt: Biochem. Z. **186**, 322—326 — Chem. Zbl. **1927 II**, 1495.

[7] H. S. Simms: J. gen. Physiol. **11**, 629—640 — Chem. Zbl. **1928 II**, 1673.

[8] S. B. Schryver u. H. W. Buston: Proc. roy. Soc. Lond. B **101**, 519—527 — Chem. Zbl. **1927 II**, 1708.

[9] R. Wigand: Arch. f. exper. Path. **132**, 18—27 — Chem. Zbl. **1928 II**, 1009.

[10] A. Kossel u. R. E. Groß: Sitzgsber. Heidelberg. Akad. Wiss. B, 1. Abh., 1—6 (1923) — Chem. Zbl. **1923 III**, 1151.

[11] P. Karrer u. M. Ehrenstein: Helvet. chim. Acta **9**, 323—331 — Chem. Zbl. **1926 I**, 3023 — Helvet. chim. Acta **9**, 1063—1066 (1926) — Chem. Zbl. **1927 I**, 892.

[12] St. Goldschmidt u. Ad. Kinsky: Hoppe-Seylers Z. **183**, 244—260 — Chem. Zbl. **1929 II**, 2568.

d-Lysursäure. Durch Benzoylierung von d-Lysinhydrochlorid nach Fischer und Weigert. Krystalle aus verdünntem Alkohol. Schmelzp. 149—150°[1].

Phenylisocyanat $C_{20}H_{23}O_4N_3$. Aus Benzoyllysin in n-NaOH mit Phenylisocyanat (Eiskühlung), mit HCl fällen. Aus Essigester gallertig, Schmelzp. 128—130° (Zersetzung)[1].

Hydantoin $C_{20}H_{21}O_3N_3$. Aus der Phenylisocyanatverbindung des Benzoyllysins mit siedender 12proz. HCl (2 Stunden), Nädelchen aus wässerigem Alkohol, Schmelzp. 145°, $[\alpha]_D^{16} = -45,84°$ (in Alkohol). Geht mit siedender HCl (bis zu 20%) in die d, l-Verbindung über, Nädelchen aus wässerigem Alkohol, Schmelzp. 156,5—157°[1].

Monobenzyliden-d-lysin $C_{13}H_{18}O_2N_2$. Beginnt bei 140° zu sintern und schmilzt bei 205—206°. Löslich in warmem Wasser und Alkalien[2].

Monooxybenzyliden-d-lysin $C_{13}H_{18}O_3N_2$. Gelbe büschelförmige Nadeln[2].

ε-Benzoyl-α-toluolsulfolysin $C_{20}H_{25}O_5N_2S$. Aus ε-Benzoyllysin und p-Toluolsulfochlorid in Äther, besser in Benzol. Nadeln aus Methylalkohol, Alkohol, Aceton oder Eisessig, Schmelzp. 197°, unlöslich in Wasser, Äther, Benzol, Ligroin, leicht löslich in Alkalien, auch NH_4OH, Na- und besonders Ba-Salz, schwerlöslich in Wasser[3].

α-Toluolsulfolysin $C_{13}H_{21}O_4N_2S$. Aus ε-Benzoyl-α-toluolsulfolysin mit n-KOH (Wasserbad 40 Stunden), mit HCl schwach ansäuern, Filtrat im Vakuum einengen, nach Entfernung der Benzoesäure mit NH_4OH zerlegen. Nadeln aus Wasser, wenig löslich in Wasser und verdünntem NH_4OH, löslich in Alkalien, unlöslich in organischen Lösungsmitteln[3].

ε-Guanido-α-toluolsulfamino-n-capronsäure $C_{14}H_{22}O_4N_4S$. Aus α-Toluolsulfolysin mit S-Äthylpseudothioharnstoffhydrobromid und n-NaOH + Wasser (Zimmertemperatur, einige Tage). Prismen aus Wasser mit $2H_2O$, Schmelzp. 149° (Zersetzung bei 237°), wasserfrei sehr hygroskopisch, wenig löslich in Wasser, verdünnten Alkalien, unlöslich in verdünntem NH_4OH, organischen Lösungsmitteln, leicht löslich in Säuren[3].

ε-Guanido-α-amino-n-capronsäure $C_7H_{16}O_2N_4$. Aus ε-Guanido-α-toluolsulfaminocapronsäure mit HJ (D. = 1,96) und PH_4J (Rohr bei 85°, 35 Minuten). Die Guanidosäure wird aus mineralsaurer Lösung durch Phosphorwolframsäure, aus barytalkalischer Lösung durch $AgNO_3$ gefällt, durch Arginase nicht gespalten[3].

Pikrolonat $C_7H_{16}O_2N_4$, $C_{10}H_8O_5N_4$. Gelbes Krystallmehl, Zersetzung bei 252°, löslich in Wasser, wenig löslich in Alkohol.

Flavianat $C_7H_{16}O_2N_4$, $C_{10}H_6O_8N_2S$. Aus heißem Wasser, ziegelrot, verkohlt bei 241°[3].

Basisches Kupfernitratsalz $(C_7H_{16}O_2N_4)_2Cu(NO_3)_2 + \frac{1}{2}H_2O$. Dunkelblaue Rhomboeder aus Wasser, wasserfrei hellblau, Zersetzung bei 230—231°, bildet übersättigte Lösungen, 1 Teil löst sich in 60 Teilen Wasser bei 19°[3].

Nitrat $C_7H_{16}O_2N_4$, $HNO_3 + H_2O$. Nadeln aus 85proz. Alkohol, Schmelzp. 97°, wasserfrei 115—120°, dann sehr hygroskopisch, sehr leicht löslich in Wasser, fast unlöslich in absolutem Alkohol[4].

α-Guanido-ε-benzoylamino-n-capronsäure $C_{14}H_{20}O_3N_4$. Aus ε-Benzoyllysin und S-Äthylpseudothioharnstoffhydrobromid in n-NaOH (1 Woche). Nadeln aus Wasser mit $3H_2O$, lufttrocken, Schmelzp. 216°, wasserfrei sehr hygroskopisch, löslich in 100 Teilen heißen Wassers, schwerlöslich in kaltem Wasser und verdünnter NaOH, leicht löslich in Säuren, unlöslich in organischen Lösungsmitteln. α-Guanido-ε-benzoylamino-n-capronsäure geht beim Erhitzen mit 5n-HCl im CO_2-Strome in 5-(δ-Aminobutyl)-glykocyamidin über[3].

5-(δ-Aminobutyl)-glykocyamidin $C_7H_{14}ON_4$. Aus α-Guanido-ε-benzoylamino-n-capronsäure durch Erhitzen mit 5n-HCl im CO_2-Strome (10 Stunden), Benzoesäure entfernen, im Vakuum einengen, mit Alkohol verrühren. Das so erhaltene **Dihydrochlorid** des 5-(δ-Aminobutyl)-glykocyamidins, $C_7H_{14}ON_4$, $2HCl$, krystallisiert aus wenig Wasser, ist sehr leicht löslich in Wasser, löslich in Alkohol, unlöslich in Äther, Benzol und Ligroin. Nach Umsetzung mit $AgNO_3$ gibt das Filtrat (Nitrat) mit wenig $AgNO_3$ und Baryt einen krystallinen Niederschlag. — Verbindungen mit $Cu(NO_3)_2$ und $ZnCl_2$ konnten nicht erhalten werden. Ebenso konnte die freie Base nicht isoliert werden, da sie bei Zerlegung mit Ag_2O quantitativ im Ag-Niederschlage eingeschlossen blieb[3].

---

[1] P. Karrer u. M. Ehrenstein: Helvet. chim. Acta **9**, 323—331 — Chem. Zbl. **1926 I**, 3023 — Helvet. chim. Acta **9**, 1063—1066 (1926) — Chem. Zbl. **1927 I**, 892.
[2] M. Bergmann u. L. Zervas: Hoppe-Seylers Z. **152**, 282—299 — Chem. Zbl. **1926 I**, 3060.
[3] H. Steib: Hoppe-Seylers Z. **155**, 292—305 — Chem. Zbl. **1926 II**, 879. — K. Thomas, J. Kapfhammer u. H. Steib: Ber. Sächs. Ges. Wiss., math.-phys. Kl. **77**, 181—188 (1925) — Chem. Zbl. **1926 II**, 768.
[4] R. Wigand: Arch. f. exper. Path. **132**, 18—27 — Chem. Zbl. **1928 II**, 1009.

Pikrolonat $C_7H_{14}ON_4$, $C_{10}H_8O_5N_4$. Aus Wasser, Zersetzung bei 252°, schwerlöslich in Alkohol[1].

Derivate des d, l-Lysins: Pikrat des d, l-Lysins, goldbraune Nadeln aus Wasser, Schmelzpunkt 225°[2].

Dibenzoyl-d, l-lysin $C_{20}H_{22}O_4N_2$. Krystalle aus Wasser. Schmelzp. 145°. Löslich in Alkohol, ziemlich wenig löslich in Äther, unlöslich in kaltem Wasser[2].

Phenylhydantoin-derivat $C_{20}H_{22}O_3N_2$. Bildung mit Phenylisocyanat, Nadeln aus Alkohol + Aceton. Schmelzp. 192°[2].

D. Schwefelhaltige Aminosäuren.

Cystein.

β-Mercapto-α-amino-propionsäure, 2-Amino-propanthiol-(3)-säure, [β-Amino-β-carboxy-äthyl]-mercaptan.

Vorkommen: Nach M. Loeper, J. Decourt und R. Garcin[3] entfallen 20—30% des Gesamt-S-Gehaltes des Blutes auf den S-Gehalt von Cystein und Cystin.

Der S im Hämoglobin liegt nach E. Timár[4] ganz in Form von Cystein vor.

Nach Y. Shoji[5] gab die Linse von den Teilen des Auges die stärkste Cysteinreaktion. β-Krystallin gibt sie sehr deutlich, α-Krystallin schwächer und das Albuminoid überhaupt nicht.

A. Kozlowski[6] gelang es, Cystein im Samen verschiedener Leguminosen und von einigen anderen Pflanzen (Iris, Fritillaria, Cilla, Papaver, Acer, Melandrium, Primula und Helianthum) mikrochemisch nachzuweisen. Ebenso wurde aus Erbsensamen Cystein in geringer Ausbeute isoliert.

H. E. Tunnicliffe[7] konnte weder in Hefe noch im Muskel noch in der Leber von Ratten Cystein nachweisen.

Über den Cystein- und Glutaminsäuregehalt von reduziertem Glutathion berichten G. Hunther und B. A. Eagles[8].

Über den Cysteingehalt des Detoxins, eines nach den Angaben von Jena aus der Haut gewonnenen Präparates (unreines Glutathionpräparat), berichtet E. Treibmann[9].

Bildung des l-Cysteins: Über die Bildung von l-Cystein aus l-Cystin durch Reduktion mit Sn und HCl berichten R. A. Gortner und W. F. Hoffman[10]. Die Verbindung hat keine definierte Krystallform, gibt mit NaOH und Na-Nitroprussid violettrote Farbe, mit $CuSO_4$ schnell verschwindende blaue Farbe, mit $FeCl_3$ rasch verschwindende Purpurfarbe.

Über die Bildung von Cystein aus Cystin bei dessen Reaktion mit KCN berichten Pulewka und Winzer[11].

Nach Y. Okuda[12] enthielt Eieralbumin und Wolle nur wenig, dagegen frisch bereitetes Muskelprotein reichlich Cystein, und zwar fast ebensoviel wie Cystin, wenn im CO_2-Strom hydrolysiert wurde.

Bildung des i-Cysteins: Über die Bildung von i-Cystein aus i-Cystin durch Reduktion mit Sn und HCl berichten R. A. Gortner und W. F. Hoffman[10]. Die Verbindung krystalli-

---

[1] H. Steib: Hoppe-Seylers Z. **155**, 292—305 — Chem. Zbl. **1926 II**, 879. — K. Thomas, J. Kapfhammer u. H. Steib: Ber. Sächs. Ges. Wiss., math.-phys. Kl. **77**, 181—188 (1925) — Chem. Zbl. **1926 II**, 768.

[2] S. B. Schryver u. H. W. Buston: Proc. roy. Soc. Lond. B **101**, 519—527 — Chem. Zbl. **1927 II**, 1708.

[3] M. Loeper, J. Decourt u. R. Garcin: Presse méd. **35**, 321—323 — Ber. Physiol. **41**, 351—352 (1925) — Chem. Zbl. **1928 I**, 691.

[4] E. Timár: Biochem. Z. **202**, 365—379 (1928) — Chem. Zbl. **1929 I**, 1016.

[5] Y. Shoji: Fukuoka-Ikwadaigaku-Zasshi (jap.) **20**, 8—13 — Ber. Physiol. **40**, 636 — Chem. Zbl. **1927 II**, 1978.

[6] A. Kozlowski: Biochemic. J. **20**, 1346—1350 (1926) — Chem. Zbl. **1927 I**, 1488.

[7] H. E. Tunnicliffe: Biochemic. J. **19**, 194—198 — Chem. Zbl. **1925 II**, 576.

[8] G. Hunther u. B. A. Eagles: J. of biol. Chem. **72**, 147—166 — Chem. Zbl. **1927 II**, 107.

[9] E. Treibmann: Dtsch. med. Wschr. **54**, 1090 — Chem. Zbl. **1928 II**, 788.

[10] R. A. Gortner u. W. F. Hoffman: J. of biol. Chem. **72**, 433—448 — Chem. Zbl. **1927 I**, 2900.

[11] Pulewka u. Winzer: Arch. f. exper. Path. **138**, 154—155 (1928) — Chem. Zbl. **1929 I**, 2037.

[12] Y. Okuda: Proc. imp. Akad. Tokyo **2**, 277—279 — Chem. Zbl. **1926 I**, 2728.

siert in Platten, gibt die gleiche Farbreaktion wie l-Cystein, spaltet mit NaOH schwerer S ab als die l-Verbindung.

Bestimmung: Nach Y. Okuda[1] läßt sich Cystein folgendermaßen bestimmen: 10 ccm einer Cysteinlösung in 10% HCl oder H_2SO_4 werden mit 10 ccm einer 20proz. NaBr-Lösung versetzt und mit $^1/_{20}$n-$KBrO_3$ auf schwach gelb titriert. Die Farbe muß 5 Minuten beständig sein. 1 ccm $^1/_{20}$n-$KBrO_3$-Lösung entspricht 0,00606 g Cystein. Bei Gegenwart von Cystin, Tyrosin, Histidin und Tryptophan versagt die Methode. Wird statt des Br J zur Titration verwendet, so setzt sich unter geeigneten Bedingungen das Cystein auch bei Gegenwart anderer Aminosäuren nur mit Jod um. Da sich für die Reaktion keine stöchiometrische Gleichung aufstellen läßt, muß die Titration nach einem empirischen Faktor berechnet werden. 20 ccm einer Cysteinstandardlösung in 2% HCl werden mit 5 ccm 5proz. KJ-Lösung und 5 ccm 4proz. HCl versetzt und mit $^1/_{300}$n-KJO_3-Lösung auf schwach gelb titriert. Nach der Titration wird die Temperatur der Lösung sofort abgelesen. Es ist notwendig, eine Temperaturkurve aufzunehmen, da sich der Verbrauch der KJO_3-Menge mit der Temperatur ändert. Für die angegebene Standardlösung verläuft die Temperaturkurve folgendermaßen: $15° = 4,55$, $17,5° = 4,65$, $20° = 4,75$, $25° = 5,20$, $30° = 6,00$ ccm. Zur Titration wird die Substanz — 0,005—0,05 g Cystein enthaltend — in 20 ccm 2proz. HCl gelöst, dann, wie oben angegeben, mit derselben Menge KJ-Lösung und HCl versetzt und mit $^1/_{300}$n-KJO_3 titriert. Bei $17,5°$ berechnet sich das Resultat folgendermaßen:

$$\frac{0,01 \cdot \text{ccm } KJO_3}{4,65} = \text{g Cystein in 20 ccm}.$$

Die Methode läßt sich nach dem Verfasser[2] auch dazu verwenden, um Cystein + Cystin, das dazu durch Reduktion in Cystein übergeführt wird, zusammen zu bestimmen. In einer Sonderbestimmung wird dann das Cystein allein bestimmt, und aus der Differenz der beiden Werte der Cystingehalt ermittelt. Bei Cysteinbestimmungen in Proteinen[3] nach der Jodmethode des Verfassers wird das Eiweiß mit Sulfosalicylsäure ausgefällt und die Bestimmung statt in HCl-saurer in sulfosaurer Lösung durchgeführt.

Y. Okuda[4] beschreibt eingehend eine Modifikation seiner J-Methode, bei der alle Operationen unter Vermeidung jeglicher Oxydation durchgeführt werden.

Y. Teruuchi und L. Okabe[5] ändern die Methode von Okuda zur Bestimmung von Cystein und Cystin in Proteinhydrolysaten dahin ab, daß sie das Eiweiß 10 Stunden mit 20proz. HCl hydrolysieren, die Lösung nicht mit Tierkohle entfärben, um Adsorptionsverluste zu vermeiden, und die Titration mit Jodatlösung und Stärke als Indicator ausführen. Die Verfasser erhalten nach dieser verbesserten Methode etwas höhere Cysteinwerte der Proteine.

R. Bierich und K. Kalle[6] vergleichen die Genauigkeit der Jodstärkemethode mit der Nitroprussidtüpfelmethode von Tunnicliffe zur Bestimmung von SH-Gruppen. Dabei läßt sich an Cysteinlösungen zeigen, daß die Nitroprussidtüpfelmethode richtigere Zahlen liefert, obwohl sie auch noch zu hoch liegen. Die nach beiden Methoden erhaltenen Werte liegen um so höher, je größer die Verdünnung mit Wasser ist. Doch besitzen die Methoden einen verschiedenen Verdünnungsfaktor, der durch Säuren nur unwesentlich verschoben wird. Außerdem wurde festgestellt, daß Gewebe, das vor der Extraktherstellung an der Luft stehenbleibt, mehr Jod verbraucht, was wahrscheinlich auf Abspaltung von Cystein aus dem SH-haltigen Komplex des Extraktes zurückzuführen ist.

E. Abderhalden und E. Wertheimer[7] bestimmen das Cystein colorimetrisch mittels der Nitroprussidnatriumreaktion. Die entstehende rotviolette Färbung wird mit einer Farblösung aus Bordeauxrot (Grübler) und Methylenblau 1:30000 verglichen. Die Testprobe ist für jeden einzelnen Fall empirisch festzustellen.

M. X. Sullivan[8] gibt folgende Cysteinbestimmungsmethode mit 1,2-naphthochinon-4-sulfonsaurem Na an: 5 ccm einer sehr verdünnten Lösung von Cystein in 0,1 n-HCl werden

---

[1] Y. Okuda: J. of Biochem. **5**, 201—214 — Chem. Zbl. **1926 I**, 1462.
[2] Y. Okuda: J. of Biochem. **5**, 217—227 (1925) — Chem. Zbl. **1926 I**, 1462.
[3] Y. Okuda: Proc. imp. Akad. Tokyo **3**, 287—290 — Chem. Zbl. **1927 II**, 1495.
[4] Y. Okuda: Proc. imp. Acad. Tokyo **5**, 246—248 — Chem. Zbl. **1929 II**, 2904.
[5] Y. Teruuchi u. L. Okabe: J. of Biochem. **8**, 459—467 — Chem. Zbl. **1928 I**, 2850.
[6] R. Bierich u. K. Kalle: Hoppe-Seylers Z. **175**, 115—134 — Chem. Zbl. **1928 II**, 171.
[7] E. Abderhalden u. E. Wertheimer: Pflügers Arch. **198**, 122—127 — Chem. Zbl. **1923 III**, 463.
[8] M. X. Sullivan: Publ. Health Rep. **44**, 1421—1428 — Chem. Zbl. **1929 II**, 3041.

mit 1—2 ccm 1proz. Na-Cyanidlösung in 0,8 n-NaOH versetzt, 1 ccm 0,5proz. Lösung von 1,2-naphthochinon-4-sulfonsaurem Na in Wasser, dann 5 ccm 10—20proz. Na-Sulfitlösung in 0,5 n-NaOH, nach 30 Min. 1 ccm 2proz. Na-Hydrosulfitlösung in 0,5 n-NaOH zugegeben. Die entstandene Rotfärbung wird colorimetrisch ausgewertet. Die Rotfärbung wird von Reduktionsmitteln nicht verändert, dagegen stören Schwermetallsalze und Oxydationsmittel. Ferner dürfen bei der Bestimmung keine Verbindungen mit einer SH-, NH_2- und COOH-Gruppe anwesend sein oder Verbindungen, die durch Reduktion und Verseifung Cystein liefern (Glutathion). o-Aminophenylmercaptan, Diamidoäthyldisulfid und Verbindungen mit der SH- oder NH_2-Gruppe allein geben keine Farbreaktion mit Naphthochinon[1].

Über die Cu-Bestimmung im menschlichen Blutserum mittels der Cysteinmethode berichten H. A. Krebs[2] und O. Warburg und H. A. Krebs[3].

Cystein läßt sich in salzsauren Hydrolysaten gut durch die Gelbfärbung der Lösung nach Zusatz von wenig KJ und 1 Tropfen KJO_3-Lösung nachweisen. Die Reduktion ist nach Y. Okuda[4] empfindlicher als die Nitroprussidreaktion.

Biochemische Eigenschaften: Untersuchungen von Y. Okuda[5] an verschiedenen Gewebsproteinen ergaben, daß in frischen Proteinen physiologisch aktiver Gewebe (Muskel, Leber) der größte Teil der S-haltigen Aminosäuren aus Cystein besteht, während im Haar und in Eiproteinen das Cystin überwiegt.

E. Keeser[6] berichtet über die physiologische Bedeutung der SH-Gruppen (Cystein bei Entgiftungen im Organismus).

Über die Wirkung von Cystein (Cysteinchlorhydrat, Merck) auf die Gefäße des überlebenden Warmblüterherzens berichtet P. Wiemer[7].

Nach Untersuchungen von W. B. Cannon und F. R. Griffith[8] über die Herzbeschleunigung durch Reizung der Leber wurde durch intravenöse Injektion einer Cysteinlösung keine Beschleunigung erzielt.

Wird zu einem isolierten, in Tyrodelösung sich rhythmisch kontrahierenden Dünndarmstück vom Kaninchen eine neutralisierte Lösung von Cysteinhydrochlorid (0,001 Mol) zugesetzt, so nimmt der Tonus zunächst zu, um nach wenigen Minuten in Erschlaffung überzugehen. In den folgenden $1^{1}/_{2}$ Stunden schwankt der Tonus periodisch. Bei weiterem Zusatz von Cysteinlösung wird der Vorgang wiederholt: starke Tonussteigerung und nachfolgende Erschlaffung. Die Erscheinung kann 2—3mal wiederholt werden, bis Cystein nur noch Tonusabfall herbeiführt. Es zeigte sich nun nach C. Voegtlin und H. A. Dyer[9], daß Cystein bei reichlicher O_2-Anwesenheit zu Cystin oxydiert wird, und daß dieses das wirksame Produkt ist.

J. M. Johnson, W. T. Mc Closky und C. Voegtlin[10] untersuchten das Verhalten von reinem Cystein und Glutathion, wenn sie zu virginalem Meerschweinchenuterus oder Kaninchenjejunum in passender Tyrodelösung bei p_H = 7,1—7,4 zugesetzt werden, und O_2 oder N durch die Lösung geleitet wird.

Nach D. C. Harrison[11] kann die Oxydation und Desoxydation von Cystein dann ohne Metallkatalysatoren im Gewebe vor sich gehen, wenn eine S-S-Gruppe gegenwärtig ist. So wird Cystein nach Zusatz von Dithiodiglykolsäure oxydiert, selbst bei Gegenwart von $^{1}/_{400}$ bis $^{1}/_{500}$ Mol KCN bei 25—37° und p_H = 7,4—7,6.

Nach J. H. Mueller[12] wird die Inaktivierung von Tumorfiltraten bei 37° völlig oder teilweise durch Cysteinzusatz verhindert, besonders wenn das Filtrat durch flüssiges Paraffin von der Luft abgeschlossen ist.

---

[1] M. X. Sullivan u. W. C. Hess: Publ. Health Rep. **44**, 1599—1608 — Chem. Zbl. **1929 II**, 3042.
[2] H. A. Krebs: Klin. Wschr. **7**, 584—585 — Chem. Zbl. **1928 I**, 2419.
[3] O. Warburg u. H. A. Krebs: Biochem. Z. **190**, 143—149 (1927) — Chem. Zbl. **1928 II**, 1004.
[4] Y. Okuda: J. of Biochem. **5**, 217—227 (1925) — Chem. Zbl. **1926 I**, 1462.
[5] Y. Okuda: Proc. imp. Acad. Tokyo **5**, 246—248 — Chem. Zbl. **1929 II**, 2904.
[6] E. Keeser: Arch. f. exper. Path. **122**, 82—89 — Chem. Zbl. **1927 II**, 460.
[7] P. Wiemer: Arch. f. exper. Path. **143**, 10—28 — Chem. Zbl. **1928 II**, 1711.
[8] W. B. Cannon u. F. R. Griffith: Amer. J. Physiol. **60**, 544—559 (1922) — Chem. Zbl. **1923 I**, 703.
[9] C. Voegtlin u. H. A. Dyer: J. of Pharmacol. **29**, 105—116 (1926) — Chem. Zbl. **1927 I**, 2096.
[10] J. M. Johnson, W. T. Mc Closky u. C. Voegtlin: Amer. J. Physiol. **83**, 15—27 (1927) — Chem. Zbl. **1928 II**, 1793.
[11] D. C. Harrison: Biochemic. J. **21**, 1404—1415 (1927) — Chem. Zbl. **1928 II**, 33.
[12] J. H. Mueller: Science (N. Y.) **68**, 88—89 — Chem. Zbl. **1928 II**, 1357.

Nach S. T. Kon und C. Funk[1] besitzt von S-haltigen Verbindungen nur Cystein eine geringe blutzuckersenkende Wirkung.

Über die Zunahme an SH-Gruppen bei Kontraktionen in der glatten Muskulatur berichten E. Abderhalden und E. Wertheimer[2]. Innervierte Muskulatur zeigt keine große Abweichung. $CaCl_2$ steigert die Reaktion und noch stärker die Einwirkung von Pepsin-HCl, während Trypsin unwirksam ist.

Y. Sendju[3] untersuchte Eiweiß, Dotter und Embryo im frischen Zustande und nach 3-, 7-, 14- und 19 tägiger Bebrütung auf ihren Cystin- und Cysteingehalt.

Y. Shoji[4] berichtet über die Veränderung der Cysteinreaktion bei zunehmender Starerkrankung.

E. Abderhalden[5] gibt an, daß die Linse des Auges eine positive Cysteinreaktion gibt, während sie bei Katarakt negativ ist.

H. B. Kranz[6] konnte keine Beeinträchtigung der cysteinhaltigen Linsenkrystalline durch ultrarote Bestrahlung beobachten.

Über den Zusammenhang der Reduktion von elementarem S, der, in Salben inkorporiert, von der Haut resorbiert wird, mit dem Cystein-Cystinsystem berichtet C. Moncorps[7].

A. Sylla[8] berichtet über die Cysteinausscheidung einer 38 jährigen nierenkranken Frau. Die höchste ausgeschiedene Tagesmenge an Cystein betrug 1,47 g in 1100 ccm Harn.

H. Handovsky[9] untersuchte den Einfluß von verfüttertem Cystein auf den Kohlehydrat- und Eiweißstoffwechsel von Kaninchen und Meerschweinchen. Die Ergebnisse zeigten, daß Verabreichung von Thioschwefel in geeigneten Konzentrationen glutathionsparend wirkte und im normalen Tier eine Reihe von Reaktionen auslöste, die denen bei diabetischen Tieren und Menschen beobachteten entgegengesetzt waren.

Die Gewebe, besonders von Leber und Muskeln von Ratten und Mäusen, die bei Fortlassung von Cystein in einer Nahrung aus reinen organischen Verbindungen unter Erscheinungen alimentärer Dystrophie zugrunde gegangen waren, gaben nach E. Abderhalden[10] nur eine schwache Cysteinreaktion.

Bei Reistauben ist nach E. Abderhalden und E. Wertheimer[11] der Gehalt der Organgewebe an Cystein stark herabgesetzt, während das Verhältnis von C:N:S das gleiche wie beim normalen Tier ist, so daß also genügend Cystin zur Überführung in Cystein zur Verfügung steht. Versuche ergaben, daß Muskelgewebe von Reistauben Cystein gar nicht oder nur in geringem Maße zu Cystin reduzieren kann, im Gegensatz zu Gewebe von normalen Tieren. Das Reduktionsvermögen des Muskelgewebes von Reistauben wird durch Zusatz von 0,1 g Trockenhefe rasch wiederhergestellt.

Über die Auswirkung der bei alimentärer Dystrophie und bei Blausäurevergiftung gestörten Wechselbeziehungen zwischen Cystein und Cystin auf den Organismus berichten E. Abderhalden und E. Wertheimer[12].

Verfütterung von Cystin- und Cysteingemischen an Ratten, die sich im S-Gleichgewicht befinden, führt nach C. P. Sherwin, G. J. Shiple und A. R. Rose[13] zu vermehrter Schwefelausscheidung im Urin. Bei Verfütterung von Phenylhydantoincystein wird der anorganische S-Gehalt des Urins, der sich auf Sulfate bezieht, vermindert, während der Sulfhydrylgehalt vermehrt ist und höhere Werte erreicht, als dem aufgenommenen Schwefel entspricht.

---

[1] S. T. Kon u. C. Funk: Chem. Zelle 13, 39—43 — Chem. Zbl. **1926 II**, 1059.

[2] E. Abderhalden u. E. Wertheimer: Pflügers Arch. **201**, 626—628 (1923) — Chem. Zbl. **1924 I**, 792.

[3] Y. Sendju: J. of Biochem. **7**, 175—180 — Chem. Zbl. **1927 II**, 280.

[4] Y. Shoji: Fukuoka-Ikwadaigaku-Zasshi (jap.) **20**, 8—13 — Ber. Physiol. **40**, 636 — Chem. Zbl. **1927 II**, 1987.

[5] E. Abderhalden: Arch. néerl. Physiol. **7**, 234—235 (1922) — Chem. Zbl. **1923 I**, 364.

[6] H. B. Kranz: Klin. Mbl. Augenheilk. **74**, 56—68 — Ber. Physiol. **32**, 618—619 (1925) — Chem. Zbl. **1926 I**, 2493.

[7] C. Moncorps: Arch. f. exper. Path. **141**, 67—86 — Chem. Zbl. **1929 II**, 597.

[8] A. Sylla: Med. Klinik **25**, 469—471 — Chem. Zbl. **1929 II**, 323.

[9] H. Handovsky: Klin. Wschr. **6**, 2462—2466 (1927) — Chem. Zbl. **1928 I**, 1059.

[10] E. Abderhalden: Pflügers Arch. **195**, 199—226 — Chem. Zbl. **1922 III**, 1234.

[11] E. Abderhalden u. E. Wertheimer: Pflügers Arch. **198**, 169—178 — Chem. Zbl. **1923 III**, 82.

[12] E. Abderhalden u. E. Wertheimer: Pflügers Arch. **198**, 415—420 — Chem. Zbl. **1923 III**, 690.

[13] C. P. Sherwin, G. J. Shiple u. A. R. Rose: J. of biol. Chem. **73**, 607—615 — Chem. Zbl. **1927 II**, 1863.

Von Cystein wird der S nach peroraler Verfütterung nach A. R. Rose, G. J. Shiple und C. P. Sherwin[1] zu 75—90% oxydiert. Ist die Amino- und SH-Gruppe besetzt, so fehlt jede Oxydationsmöglichkeit. Cystin und Cystein gehen beim Kaninchen wechselseitig ineinander über. Bei subcutaner Injektion sind die Resultate im Prinzip die gleichen, nur die Oxydation des S ist relativ geringer als bei peroraler Gabe.

Über die Ausscheidung des S nach Cysteinverfütterung berichten C. P. Sherwin, A. R. Rose und A. Weber[2].

Nach C. L. A. Schmidt und G. W. Clark[3] wird an Hunde verfüttertes Cystein nach seiner Desaminierung unverändert im Harn ausgeschieden.

Nach Fütterungsversuchen von H. B. Lewis und D. A. Mc Ginty[4] mit Phenyluraminocystin an Kaninchen wurde Phenyluraminocystein im Harn ausgeschieden, so daß Cystein das erste Abbauprodukt des Cystins im Stoffwechsel ist.

Nach H. Flurin[5] ist Taurin bisher das einzige bekannte Abbauprodukt des Cysteins.

Nach E. S. London, N. Kotschneff, A. Cholopoff, T. S. Abaschidze und A. K. Alexandry[6] fördert Cystein die Harnstoffbildung im Hunde stark.

Über die Beziehungen der Lipoidlöslichkeit der mit Cystein gekuppelten Verbindungen zu ihrer Entgiftung im Organismus berichten J. Schüller, S. Mori und E. Krahé[7].

K. Thomas und H. Straczewski[8] gelingt es nicht, beim Zerfall von Organeiweiß Cystein mit Brombenzol abzufangen und als Bromphenylmercaptursäure im Harn zu isolieren, so daß aus dem Organeiweiß beim Zerfall gar kein Cystein frei wird.

Da Bromphenylmercaptursäure bei mit Brombenzol vergifteten Hunden nach S. A. Muldoon, G. J. Shiple und C. P. Sherwin[9] nur bei gleichzeitiger Verfütterung von Cystin gebildet wird, findet also auch unter diesen Umständen keine Synthese von Cystein im Organismus statt.

Cystein vermag nach C. Voegtlin, J. M. Johnson und H. A. Dyer[10] eine tödliche Giftdosis von NaCN zu entgiften, wenn das Verhältnis von S:NaCN der eingespritzten Lösung 5:1 ist. Fe-Salzzufuhr stört die Entgiftung nicht.

Über die Aufhebung der Giftwirkung von R — As = O bei mit Trypanosoma equiperdum infizierten Albinoratten durch Verbindungen mit SH-Gruppen, die aus Cystein und Glutathion durch die Milieuänderung in größerer Menge als sonst gebildet werden, berichten C. Voegtlin, H. A. Dyer und D. W. Miller[11].

Über die entgiftende Wirkung einer Gabe äquimolekularer Mengen von Cystein und Glutaminsäure, die mit der Magensonde verabreicht werden, auf Arsenik (als 3-Amino-4-oxyphenyl-arsenoxyd gegeben), und über den Vergleich der Wirkung mit der von reduziertem Glutathion berichten C. Voegtlin, H. A. Dyer und C. S. Leonard[12]. Cystein und Thioglykolsäure wirken bedeutend schwächer als reduziertes Glutathion.

Nach R. Labes[13] vereinigen sich 3 Moleküle Cystein mit 1 Molekül arseniger Säure zu

---

[1] A. R. Rose, G. J. Shiple u. C. P. Sherwin: Amer. J. Physiol. **69**, 518—530 — Chem. Zbl. **1924 II**, 1947.

[2] C. P. Sherwin, A. R. Rose u. A. Weber: Proc. Soc. exper. Biol. a. Med. **21**, 234—236 — Ber. Physiol. **26**, 361 — Chem. Zbl. **1924 II**, 2675.

[3] C. L. A. Schmidt u. G. W. Clark: J. of biol. Chem. **53**, 193—209 (1922) — Chem. Zbl. **1923 I**, 365.

[4] H. B. Lewis u. D. A. Mc Ginty: J. of biol. Chem. **53**, 349—356 — Chem. Zbl. **1922 III**, 969.

[5] H. Flurin: Progr. méd. **54**, 1706—1713 (1926) — Ber. Physiol. **39**, 519—520 — Chem. Zbl. **1927 II**, 282.

[6] E. S. London, N. Kotschneff, A. Cholopoff, T. S. Abaschidze u. A. K. Alexandry: Pflügers Arch. **219**, 238—245 — Chem. Zbl. **1928 I**, 2962.

[7] J. Schüller, S. Mori u. E. Krahé: Arch. f. exper. Path. **106**, 265—275 — Chem. Zbl. **1925 II**, 1465.

[8] K. Thomas u. H. Straczewski: Arch. f. Physiol. **1919**, 249—262 — Chem. Zbl. **1921 I**, 917.

[9] S. A. Muldoon, G. J. Shiple u. C. P. Sherwin: J. of biol. Chem. **59**, 675—681 — Chem. Zbl. **1924 II**, 1706.

[10] C. Voegtlin, J. M. Johnson u. H. A. Dyer: J. of Pharmacol. **27**, 467—483 — Chem. Zbl. **1926 II**, 1658.

[11] C. Voegtlin, H. A. Dyer u. D. W. Miller: J. of Pharmacol. **25**, 55—86 — Chem. Zbl. **1924 II**, 364.

[12] C. Voegtlin, H. A. Dyer u. C. S. Leonard: J. of Pharmacol. **25**, 297—307 — Chem. Zbl. **1925 II**, 1466.

[13] R. Labes: Arch. f. exper. Path. **141**, 148—160 — Chem. Zbl. **1929 II**, 1819.

einer sehr schwer löslichen Verbindung, die nicht mehr giftig wirkt. Die Arsenvergiftung soll nach dem Verfasser auf einer Störung des Cystin-Cysteingleichgewichtes beruhen.

Über die mögliche Hemmung der Oxydation von $CHCl_3$ im Organismus durch Cystein als Antikatalysator berichtet H. Fühner[1].

Über den Einfluß von Cystein auf das Hefewachstum berichten F. C. Koch und H. Sugata[2].

Cystein beschleunigte nach einer anfänglich geringen Hemmung nach E. Abderhalden[3] die alkoholische Gärung.

Cystein wird nach F. Bernheim[4] nicht durch die Aldehydoxydase der Kartoffel oxydiert.

Über die Nitritoxydation während der Autoxydation von Cystein bei Gegenwart von Milchperoxydase berichtet S. Thurlow[5].

Über die Beziehungen anaerober Bakterien in Bouillonkulturen mit Zusatz von 0,001% l-Cysteinchlorhydrat bei einem p_H von 7,2—7,4 berichtet S. Hosoya[6]. Es tritt reichliche Bildung von Tetanustoxin und Sporenbildung ein, l-Cystein kann nicht durch Taurin und Thioglykolsäure ersetzt werden. Cystein- und Natriumsulfidzusatz zu trypsinverdauter Gelatine als Nährboden für Anaerobier (Tetanus, Botulinus und Gasbrand) ermöglicht nach S. Hosoya und S. Kishino[7] auch unter aeroben Bedingungen deren Wachstum.

Nach H. Yaoi und S. Hosoya[8] reduzieren Colibacillen im proteinfreien Medium l-Cystin zu l-Cystein, und zwar ist unter anaeroben Bedingungen die Ausbeute größer als unter aeroben.

Colibacillen bilden nach H. Yaoi[9] durch Zersetzung von l-Cystein in protein- und zuckerfreiem Nährmedium H_2S, Spuren von Diäthylsulfid, aber kein Mercaptan. Dagegen kommt es zur Mercaptanbildung bei Gegenwart von Zuckerarten und Aminosäuren.

Über die Bildung von Cystein aus Cystin durch Bacillus coli unter aeroben Züchtungsbedingungen auf eiweißfreien synthetischen Nährböden nach Zusatz von l-Cystin berichten S. Hosoya und H. Yaoi[10].

Versuche von S. Glaubach[11] über die Giftwirkung des Cyanamids auf die Oxydoreduktion von Cystein-Cystin zeigten, daß die Gegenwart von Cyanamid die Reduktion von Cystin mit Geweben verzögert, die Oxydation von Cystein beschleunigt und in vitro die Beschleunigung der Cysteinoxydation durch Alkohol und Strychnin steigert, durch Pilocarpin hemmt. Weitere Versuche[12] zeigten, daß die Cysteinmenge in einem Gemisch: Gewebe + Cyanamid + Phosphat kleiner ist als in einem Gemisch aus Gewebe + Cystin + Phosphat, während im Gemisch von Gewebe + Cystin + Cyanamid + Phosphat die Cysteinmenge auch nach längerem Stehen fast unverändert bleibt. Außerdem gelingt es nicht, die Cyanamidvergiftung durch Cysteinzugabe zu beeinflussen.

Physikalische Eigenschaften: R. K. Cannan und B. C. J. G. Knight[13] finden nach Messungen mit der H_2-Elektrode bei 30° für Cystein in 0,1 bzw. 0,02 m-Lösungen folgende scheinbare Dissoziationskonstanten:

$$P_{K_1'} = 1{,}86 \text{ bzw. } 1{,}96$$
$$P_{K_2'} = 8{,}14 \quad ,, \quad 8{,}18$$
$$P_{K_3'} = 10{,}34 \quad ,, \quad 10{,}28$$

---

[1] H. Fühner: Dtsch. med. Wschr. **55**, 1331—1332 — Chem. Zbl. **1929 II**, 2476.

[2] F. C. Koch u. H. Sugata: Proc. Soc. exper. Biol. a. Med. **23**, 764—765 (1926) — Ber. Physiol. **39**, 288—289 — Chem. Zbl **1927 II**, 27.

[3] E. Abderhalden: Fermentforschg. **6**, 149—161 — Chem. Zbl. **1922 III**, 887.

[4] F. Bernheim: Biochemic. J. **22**, 344—352 — Chem. Zbl. **1928 II**, 1220.

[5] S. Thurlow: Biochemic. J. **19**, 175—187 — Chem. Zbl. **1925 II**, 406.

[6] S. Hosoya: Sci. Rep. Gov. Inst. inf. Dis. **4**, 103—106 (1925) — Ber. Physiol. **38**, 736 — Chem. Zbl. **1927 I**, 2560.

[7] S. Hosoya u. S. Kishino: Sci. Rep. Gov. Inst. int. Dis. **4**, 123—128 (1925) — Ber. Physiol. **38**, 738 — Chem. Zbl. **1927 I**, 2559.

[8] H. Yaoi u. S. Hosoya: Jap. med. World **6**, 81—83 (1926) — Ber. Physiol. **40**, 731 — Chem. Zbl. **1927 II**, 1971.

[9] H. Yaoi: Jap. med. World **6**, 139—144 (1926) — Ber. Physiol. **39**, 133 — Chem. Zbl. **1927 II**, 270.

[10] S. Hosoya u. H. Yaoi: Sci. Rep. Gov. Inst. int. Dis. **4**, 141—144 (1925) — Ber. Physiol. **38**, 885 — Chem. Zbl. **1927 I**, 3011 — Jap. med. World **6**, 81—83 (1926) — Ber. Physiol. **40**, 731 — Chem. Zbl. **1927 II**, 1971.

[11] S. Glaubach: Klin. Wschr. **5**, 1089—1090 — Chem. Zbl. **1926 II**, 1665).

[12] S. Glaubach: Arch. f. exper. Path. **117**, 247—256 (1926) — Chem. Zbl. **1927 I**, 137.

[13] R. K. Cannan u. B. C. J. G. Knight: Biochemic. J. **21**, 1384—1390 — Chem. Zbl. **1928 I**, 2079.

J. C. Andrews[1] ermittelte die spezifische Drehung von reinem Cystein, das aus l-Cystin mit $[\alpha]_D = -215{,}5°$ durch elektrolytische Reduktion hergestellt wurde. $[\alpha]_D$ dieses Präparates betrug etwa $+9{,}7°$. Dieser Wert kann bis auf $0°$ abfallen, wenn der Drehungswert des Ausgangsmaterials entsprechend niedriger lag.

E. Abderhalden und E. Roßner[2] untersuchten spektrographisch den Übergang von reinem Cystein in wässerigen Lösungen in Cystin, der beim Stehen der Cysteinlösungen allmählich erfolgt.

Physicochemische und chemische Eigenschaften: Die sog. Autoxydation des Cysteins wird nach O. Warburg und S. Sakuma[3] auf eine metallkatalytische Oxydation und Reduktion einer komplexen Cyanmetallverbindung zurückgeführt. Weitere Versuche von S. Sakuma[4] ergaben, daß die Oxydation des Cysteins 100—200mal langsamer verläuft, wenn das Cystein mit Alkalisulfit und durch Umkrystallisation aus der 5fachen Menge Alkohol oder Amylalkohol gereinigt wurde. Die Oxydation ist also nach dem Verfasser zumindest zu 90% eine Oxydationskatalyse durch Verunreinigung. Die Hemmung der Cysteinoxydation durch HCN wäre entsprechend als Fe-Katalyse zu erklären.

D. C. Harrison[5] bestätigte die Angabe von Warburg und Sakuma über den Oxydationsverlauf von möglichst Fe-freiem Cystein. So ist die Geschwindigkeit der atmosphärischen Oxydation stark vermindert, wird auf Zusatz von Fe-Ionen ($^1/_{10\,000}$ mg) deutlich erhöht. Auch Fe in Form von Hämatin katalysiert die Oxydation. Die Oxydationskurven sowohl von diesen reinen Präparaten, als auch von ungereinigten verlaufen in Gegenwart von Cyanamid linear. Die Cyanamidhemmung der Oxydation wird auf Komplexbildung mit dem Fe zurückgeführt.

H. A. Krebs[6] untersuchte die Hämatinkatalyse der Cysteinoxydation zu Cystin unter verschiedenen Bedingungen. In verschiedenen Medien werden pro mg Cystein etwa 36,3 ccm O aufgenommen. Im Boratpuffer (p_H 10,3) steigt die Geschwindigkeit der Sauerstoffaufnahme an, im Phosphatpuffer (p_H 6,8) bleibt diese Geschwindigkeit bis zur Hälfte des Umsatzes konstant, sinkt dann aber langsam ab. Die Oxydationsgeschwindigkeit ist vom Sauerstoffdruck abhängig und der Cysteinkonzentration proportional. Die Häminverbindungen sind nicht gleichmäßig in bezug auf die Sauerstoffübertragung, so z. B. ist Hämoglobin unwirksam. Ausschlaggebend für die Katalysengeschwindigkeit ist die Anwesenheit von Ferro-Cystein. Weiterhin wird der Einfluß eines Ferrosulfatzusatzes zu Pyridin-Hämatin, Nicotin-Hämatin und Hämatin und der Einfluß des Sauerstoffdruckes bei diesen Systemen auf die Katalyse untersucht. Unter gleichen Bedingungen ist Pyridin-Hämatin 11mal, Nicotin-Hämatin 28mal wirksamer als Hämatin. CO hemmt die Katalyse reversibel. Belichtung führt die Katalyse wieder herbei. HCN hemmt ebenfalls die Katalyse, doch ist der Mechanismus anders als beim CO.

M. Dixon[7] untersuchte den Einfluß von CO auf die katalytische Autoxydation von Cystein durch $FeSO_4$, $CuSO_4$, frisch bereitete und einige Zeit aufbewahrte Hämatinlösungen in Phosphatpuffern ($p_H = 7{,}3$). Cu ist viel wirksamer als Fe. CO ist ohne Einfluß auf die Geschwindigkeit der Autoxydation in Gegenwart von Fe, Cu oder frisch bereiteten Hämatinlösungen.

Zu letzterer Beobachtung teilt W. Cremer[8] mit, daß Cystein in CO mit 1% O_2 bei Belichtung, bei der die Kohlenoxydferrocysteinverbindung dissoziiert, 4mal schneller gespalten wird als im Dunkeln.

Versuche von E. Abderhalden und E. Wertheimer[9] über die Cysteinoxydation ergaben folgendes: Die Reaktion ist abhängig vom p_H, saure Reaktion verlangsamt die Oxydation, bei Lackmusneutralität verläuft sie sehr rasch und bei alkalischer Reaktion ist sie noch deutlich. Einen weiteren Einfluß auf die Oxydation hat die Temperatur. Während Fe, Cu,

---

[1] J. C. Andrews: J. of biol. Chem. **69**, 209—217 — Chem. Zbl. **1926 II**, 2781.
[2] E. Abderhalden u. E. Roßner: Hoppe-Seylers Z. **178**, 156—163 (1928) — Chem. Zbl. **1929 I**, 19.
[3] O. Warburg u. S. Sakuma: Pflügers Arch. **200**, 203—206 — Chem. Zbl. **1923 III**, 1290.
[4] S. Sakuma: Biochem. Z. **142**, 68—78 (1923) — Chem. Zbl. **1924 I**, 428.
[5] D. C. Harrison: Biochemic. J. **18**, 1009—1022 (1924) — Chem. Zbl. **1925 I**, 702.
[6] H. A. Krebs: Biochem. Z. **204**, 322—342 — Chem. Zbl. **1929 I**, 2200.
[7] M. Dixon: Biochem. J. **22**, 902—908 (1928) — Chem. Zbl. **1929 I**, 90.
[8] W. Cremer: Biochem. Z. **201**, 490 (1928) — Chem. Zbl. **1929 I**, 1951.
[9] E. Abderhalden u. E. Wertheimer: Pflügers Arch. **197**, 131—146 (1922) — Chem. Zbl. **1923 III**, 463.

Hg, As die Oxydation beschleunigen, sind Pb, Ni, Co, Ur, Th, Cd und Licht einflußlos. Die Oxydation des Cysteins wird nach den Verfassern[1] durch Na_3AsO_4 deutlich gehemmt, aber nicht durch As_2O_3 bei schwach alkalischer Reaktion. Weitere Versuche zeigten, daß Organe mit KCN vergifteter Tiere doppelt solange die Cysteinreaktion gaben als die normaler Tiere. Ferner wurde die Oxydationshemmung durch KCN an einem Leberextrakt verfolgt und die Oxydationshemmung durch KCN im Cystein selbst nachgewiesen. Alkohole der homologen Reihe, Chloroform und Äther beschleunigen die Reaktion. Anschließend wurde der Prozeß der Reduktion des oxydierten Produktes studiert. Das Cystein wird von den Geweben wieder reduziert. Nach den Verfassern ist die Hemmung der Cysteinoxydation durch KCN so zu erklären, daß der Angriffspunkt in der Thiogruppe des Cysteins liegt. Die Autoxydation des Cysteins wird nach den Verfassern[2] durch Cystin beschleunigt. HCN greift nun nach den Verfassern am Cystein-Cystin, aber nicht am System Cystein-Eisen an. In früheren Versuchen wurde von den Verfassern[3] die Cysteinoxydation mit Fe-freiem Cystein und ihre Hemmung durch KCN verfolgt. Zusatz von $FeCl_3$-Lösung beschleunigt die Oxydation.

In weiteren Versuchen von E. Abderhalden und E. Wertheimer[4] über die Cysteinoxydation wurde folgendes gefunden: H_2O_2 oxydiert Cystein sofort ohne O_2-Abspaltung. HCN verhindert die Oxydation durch H_2O_2 nicht. Ebenso wird in Gewebesäften Cystein durch H_2O_2 oxydiert, selbst in Anwesenheit einer HCN-Menge, die sonst die Oxydation verhindert. Auch dann wird Cystein durch H_2O_2 oxydiert, wenn die Möglichkeit seiner Zerlegung im Sinne einer O_2-Aktivierung nicht besteht, so daß an Stelle einer O_2-Wirkung ein Dehydrierungsvorgang vorliegt.

M. Dixon und H. E. Tunnicliffe[5] studierten die Oxydation von Cystein durch Methylenblau und O_2. Die Oxydation verläuft autokatalytisch und wird durch Zusatz von Disulfiden stark beschleunigt. Diese scheinen die Ursache zur Beschleunigung zu sein. Die Reaktion verläuft wahrscheinlich über die Bildung einer Verbindung von Cystein mit den Sulfiden. Deshalb geht die anfängliche Beschleunigung gegen Ende der Reaktion in eine Verzögerung über. Das Maximum der Oxydationsgeschwindigkeit während der ersten 20 Minuten liegt bei p_H etwa 7,4, ist bei Verwendung von Phosphatpuffern auf der sauren Seite größer als bei Boratpuffern, während die Verhältnisse auf der alkalischen Seite umgekehrt liegen. Die katalytische Wirksamkeit der Disulfidverbindungen ist um so größer, je saurer die Lösungen sind. Die Thioglykolsäure bildet in bezug auf die Abhängigkeit der Oxydationsgeschwindigkeit vom p_H eine Ausnahme, indem bei $p_H = 7,4$ kein Maximum auftritt, sondern mit zunehmendem p_H steiler ansteigt. Weiterhin wird noch der Einfluß von Glaswolle, Kieselgur, Pt-Schwarz, Cellulose, direktem Sonnenlicht und erhöhter Temperatur auf die Entfärbung des Methylenblaus durch Cystein studiert. Der Temperaturkoeffizient der Reaktion ist von normaler Größenordnung.

M. Dixon und J. H. Quastel[6] gelingt die elektrochemische Verfolgung des Systems Cystin $\rightleftharpoons$ Cystein mittels einer Goldkalomelkette: Elektrode reines Gold in verschlossenem Gefäß, durch das ein N_2-Strom geleitet wird, und das durch eine Salzbrücke mit der HgCl-Zelle verbunden ist. Es zeigte sich, daß die EMK wie bei reversiblen Oxydations-Reduktionssystemen nur von der Konzentration des Cysteins und nicht von der des Cystins abhängig ist. Die EMK ist bei konstanter Cysteinkonzentration linear vom p_H abhängig, bei konstantem p_H logarithmisch von der Cysteinkonzentration. Die Messungen stimmen auf Formel (1):

$$\pi = \pi_0 + \frac{RT}{F} \log [H^+] - \frac{RT}{F} \log [CSH]. \qquad \begin{array}{l} \pi = EK \text{ bezogen auf n-H-Elektrode} \\ \pi_0 = \text{Konstante} \end{array}$$

Einer reversiblen Reaktion $2 CSH - 2e \rightleftharpoons CSSC + 2H^+$ entspräche Gleichung (2):

$$E = \frac{RT}{2F} \log K + \frac{RT}{F} \log [H^+] - \frac{RT}{F} \log \frac{CSH}{[CSSC]}.$$

---

[1] E. Abderhalden u. E. Wertheimer: Pflügers Arch. **201**, 626—628 (1923) — Chem. Zbl. **1924 I**, 792.
[2] E. Abderhalden u. E. Wertheimer: Pflügers Arch. **200**, 649—654 (1923) — Chem. Zbl. **1924 I**, 792.
[3] E. Abderhalden u. E. Wertheimer: Pflügers Arch. **198**, 122—127 — Chem. Zbl. **1923 III**, 463.
[4] E. Abderhalden u. E. Wertheimer: Pflügers Arch. **199**, 336—351 — Chem. Zbl. **1923 III**, 952.
[5] M. Dixon u. H. E. Tunnicliffe: Proc. roy. Soc. Lond. B **94**, 266—297 — Chem. Zbl. **1923 III**, 610.
[6] M. Dixon u. J. H. Quastel: J. chem. Soc. Lond. **123**, 2943—2953 (1923) — Chem. Zbl. **1924 I**, 2099.

Die Gleichung entspricht der gefundenen, wenn [CSSC] als konstant angenommen wird, wobei CSSC nicht Cystin, sondern ein noch nicht näher definierbares Zwischenprodukt sein müßte, das in Cysteinlösungen, aus denen es reversibel entsteht, sich gleichsam in bestimmter Sättigungskonzentration einstellt und irreversibel in Cystin übergeht.

Aus Versuchen von E. C. Kendall und F. F. Nord[1] ergab sich, daß Cystein in Gegenwart von Indigocarmin oder einem anderen H_2-Acceptor mit H_2O_2, Na_2S unter Bildung eines Additionsproduktes reagiert. In Lösungen, die Cystin und Cystein zusammen mit Sauerstoff- oder Schwefeladditionsprodukten enthalten, ändert sich das Potential nicht allein mit der Cysteinkonzentration, sondern das Verhältnis von Cystein zu Cystin bestimmt den absoluten Potentialwert beim Gleichgewicht. In solchen Lösungen wird reduziertes Indigo rasch oxydiert, während in Abwesenheit des O_2-Additionsproduktes Indigocarmin nicht reduziert und reduziertes Indigo nicht oxydiert werden kann.

Im Gegensatz zu Kendall und Nord gelingt es M. Dixon und H. E. Tunnicliffe[2], Indigo und Methylenblau durch Cystein unter völlig anaeroben Bedingungen zu reduzieren. Die in Gegenwart von Luft schneller verlaufende Reaktion des Indigocarmins im Gegensatz zu der des Methylenblaus wird von den Verfassern darauf zurückgeführt, daß durch die Autoxydation der SH-Gruppe des Cysteins H_2O_2 entsteht. H_2O_2 reagiert mit Indigocarmin unter Bildung einer schnell durch SH reduzierbaren Oxydationsverbindung, was durch Versuche mit H_2O_2 bewiesen werden konnte, während diese Reaktion mit H_2O_2 und Methylenblau nicht stattfand. Die Reduktion ist völlig reversibel. Die Einwirkung des H_2O_2 auf Indigocarmin wird durch Fe-Spuren bedingt und wird durch Zusatz geringer Mengen Fe noch beschleunigt bzw. durch HCN gehemmt. Außerdem werden die Versuche von Kendall und Nord über die Wirkung des Na_2S_2 abgelehnt, da Na_2S_2 bereits allein Indigocarmin reduziert. Ferner werden die Folgerungen aus den Messungen des Reduktionspotentials betreffend der Reversibilität des —SH-, —SS-Systems abgelehnt.

E. C. Kendall und D. F. Loewen[3] teilen weitere Untersuchungen über die Reduktion des Indigocarmins durch Cystein mit. Nach den Verfassern findet keine Oxydation statt, wenn als dritte Komponente der Aktivator fehlt, der durch Einwirkung von O_2 oder Na-Disulfid auf Indigocarmin entsteht. Fe aktiviert weder die SH- noch die —S-S-Gruppe, sondern beschleunigt die Reaktion zwischen O_2 und Indigocarmin. Dagegen wird die Wirkung von Na-Disulfid auf Indigocarmin nicht beeinflußt. Als Aktivator wird ein unbeständiges O- oder S-Additionsprodukt des Farbstoffes angenommen, das das H-Atom der Sulfhydrylgruppe zu aktivieren scheint. Es entsteht ein Wechsel von Reduktions- und Oxydationsvorgängen, so daß bei konstanter Aktivatorkonzentration die Geschwindigkeit der Reduktions- und Oxydationsvorgänge nur vom Verhältnis der SH- und —S-S-Gruppen abhängt. Weitere Versuche der Verfasser[4] über das Oxydations-Reduktionspotential von Cystein und Cystin ergaben, daß Cystein nicht direkt zu Cystin oxydiert wird, sondern daß zunächst ein intermediäres Produkt entsteht, das der Oxydator des Systems ist. Auch hier ließ sich zeigen, daß bei Gegenwart von Cystein, Cystin und einem Aktivator das Potential durch das Verhältnis der vorhandenen SH- und —S-S-Gruppen bestimmt wird.

Über die Hemmung der aeroben und anaeroben Oxydation von Cystein durch HCN und über die Hemmung der Oxydationsgeschwindigkeit durch Zusatz von Schwermetallspuren, wobei Cu^{II} etwa 100mal wirksamer als Fe^{III} ist, und über die Rolle der Metalle bei der Oxydation, die nach dem Verfasser nicht als O_2-Aktivatoren, sondern als O_2-Überträger anzusehen sind, berichtet D. C. Harrison[5].

D. C. Harrison und J. H. Quastel[6] stellten fest, daß metallfreies Cystein an einer Au-Elektrode ein höheres negatives Reduktionspotential hat, das nicht durch Zusatz von Spuren Ferri- oder Cupriionen vermehrt wird.

Aus Messungen von L. Michaelis und L. Flexner[7] über das Reduktionspotential des Cysteins ergab sich, daß Cysteinlösungen bei völligem O_2-Abschluß an Elektroden aus blankem oder vergoldetem Pt oder Hg vollkommen gleiche Reduktionspotentiale hatten. Nur an massivem Au waren die Potentiale für jede einzelne Elektrode verschieden. Wurde

---

[1] E. C. Kendall u. F. F. Nord: J. of biol. Chem. **69**, 295—337 — Chem. Zbl. **1926 II**, 2413.
[2] M. Dixon u. H. E. Tunnicliffe: Biochemic. J. **21**, 844—851 — Chem. Zbl. **1927 II**, 2662.
[3] E. C. Kendall u. D. F. Loewen: Biochemic. J. **22**, 649—668 — Chem. Zbl. **1928 II**, 1119.
[4] E. C. Kendall u. D. F. Loewen: Biochemic. J. **22**, 669—682 — Chem. Zbl. **1928 II**, 1119.
[5] D. C. Harrison: Biochemic. J. **21**, 335—346 — Chem. Zbl. **1927 II**, 366.
[6] D. C. Harrison u. J. H. Quastel: Biochemic. J. **22**, 683—688 — Chem. Zbl. **1928 II**, 1120.
[7] L. Michaelis u. L. Flexner: Naturwiss. **16**, 688—690 — Chem. Zbl. **1928 II**, 1655.

die Lösung mit H_2 von einer Atmosphäre gesättigt, so wurde das Potential an Hg gegenüber dem Wert in N_2-Atmosphäre nicht geändert. Nach den Verfassern läßt sich die Formel von Dixon und Quastel formal über einen Konzentrationsbereich des Cysteins von 0,0002—0,1 mol. und über einen p_H-Bereich von 2—8 aufrechterhalten: $E = E + RT \mid F \cdot \ln[H^+] \mid$ Cystein; $E_0 = -0,001$ Volt ($\pm$ 0,002 Volt) bezogen auf die n-H-Elektrode bei 38°. Nach den Verfassern sind die Potentiale von der Menge anwesender Fe-Salze in weiten Grenzen unabhängig und ändern sich nicht, wenn die in den Lösungen gewöhnlich vorhandenen Fe-Spuren durch KCN gebunden werden. Abgelehnt wird von den Verfassern die Theorie von Dixon für die Einstellung der Potentiale. — Diese Mitteilungen werden in einer neueren Arbeit von L. Michaelis und L. B. Flexner[1] ergänzt. Es wird sehr ausführlich über die Abhängigkeit des Reduktionspotentiales des Cysteins an den verschiedenen Elektroden (blankes, platiniertes und vergoldetes Pt, Hg) von den verschiedensten Faktoren (p_H, O_2-Gehalt der Lösung, Ersatz des O_2 durch N_2, H_2, Schütteln der Lösung, Durchperlen des Gases, Cystin, Veränderung des Fe-Gehaltes) berichtet. Nach den Verfassern kann eine umfassende Deutung des Mechanismus noch nicht gegeben werden. Das anaerobe Potential ist negativ genug, um die Reduktion aller Indicatorfarbstoffe durch Zellen auch unter anaeroben Bedingungen zu erklären.

Nach L. Michaelis und E. S. G. Barron[2] wird Cystein in Gegenwart von Hg durch O_2 oxydiert; das Maximum der Oxydation findet bei $p_H = 12,8$ statt, bei abnehmendem p_H wird asymptotisch ein Minimum erreicht. Amalgamierte Pt-Elektroden wirken ähnlich, aber etwas schwächer. Bei Zusatz von $Hg_2(NO_3)_2$, Hg_2Cl_2 oder $HgCl_2$ statt Hg findet keine Oxydation statt. Oberflächenaktive Stoffe (Äthyl-, Phenylurethan) beeinflussen die Hg-Wirkung nicht. Während platiniertes Pt einen starken, vergoldetes und blankes Pt einen geringen Effekt zeigen, sind Ag und massives Au wirkungslos. Während KCN in hoher Konzentration die Oxydation des Cysteins oder die Reduktion von Methylenblau durch Cystein in Gegenwart von Hg nicht beeinflußt, findet eine starke Inhibitorwirkung auf die katalytische Aktivität von platiniertem Pt statt. Weiterhin wurde die Reduktion von Methylenblau durch Cystein in Gegenwart von $FeSO_4$, Hg oder platiniertem Pt untersucht. Der Einfluß des p_H auf die Reduktion ist der gleiche wie auf den O_2-Verbrauch. Au- oder Ag-plattiertes Pt und massives Au zeigen auch hierbei keinen meßbaren Effekt. Nach weiteren Versuchen von E. S. G. Barron, L. B. Flexner und L. Michaelis[3] entstehen beim Schütteln der Cysteinlösungen mit Hg Komplexe wie beim Schütteln der Cysteinlösungen mit Hg^{II}-Verbindungen. Bei nicht zu hohem p_H entstehen nadelförmige Krystalle, bei $p_H > 9,5$ kugelige Krystalle, die bei $p_H = 7$ in Nadeln übergehen. Die Ergebnisse lassen sich durch folgende Reaktion darstellen: $2\,RSH + Hg \rightleftharpoons (RS)_2Hg + 2\,H$. Die Komplexe sollen nach den Verfassern aus der primären Verbindung $(RS)_2Hg$ hervorgehen und mit ihr im Gleichgewicht stehen. Hg arbeitet also in Cysteinlösungen als eine angreifbare Elektrode. Das Cysteinpotential an Hg wird durch folgende Gleichung dargestellt: $E = E_0 - RT/F \cdot \ln[RSH]/\sqrt{[(RS)_2Hg]} + RT/F \cdot \ln[H^+]$, wobei $[(RS)_2Hg]$ in Abwesenheit von O_2 durch Reaktion zwischen RSH und Hg so wenig verändert wird, daß es bei der Auswertung von Versuchen in die Konstante einbezogen werden kann. Potentialbestimmend ist also das System „Cystein-Hg-Cysteinat". Die Werte des Cysteinpotentials an Hg sind nicht die, die zur Charakterisierung der Reduktionsintensität des Cysteins unter physiologischen Bedingungen erforderlich sind.

Nach J. C. Andrews[4] ist eine vollständige Reduktion des Cystins zu Cystein nur mit Sn + HCl oder durch Elektrolyse, aber nicht mit Sulfiten, Sulfiden oder Titanchlorid erreichbar. Die Elektrolyse liefert die reinsten Präparate; aber nur bei sorgfältiger Kühlung tritt keine Racemisierung ein. Bei der Herstellung von festem HCl-Salz aus völlig reduzierter Cysteinlösung muß sorgfältig die Luft beim Eindampfen abgeschlossen werden, um teilweise Oxydation zu verhindern.

Über den Reaktionsverlauf und die Farberscheinungen bei der Oxydation von Cystein durch O_2 in alkalischer Lösung in Gegenwart von Schwermetallverbindungen berichtet L. J. Harris[5]. Sie werden nach dem Verfasser auf Bildung der entsprechenden Cysteinmetallsalze (Fe, Co, Cu, Ni, Cr, Mn, Bi) zurückgeführt.

---

[1] L. Michaelis u. L. B. Flexner: J. of biol. Chem. **79**, 689—722 (1928) — Chem. Zbl. **1929 I**, 2525.
[2] L. Michaelis u. E. S. G. Barron: J. of biol. Chem. **81**, 29—40 — Chem. Zbl. **1929 II**, 30.
[3] E. S. G. Barron, L. B. Flexner u. L. Michaelis: J. of biol. Chem. **81**, 743—754 — Chem. Zbl. **1929 II**, 906.
[4] J. C. Andrews: J. of biol. Chem. **69**, 209—217 — Chem. Zbl. **1926 II**, 2781.
[5] L. J. Harris: Biochemic. J. **16**, 739—746 (1922) — Chem. Zbl. **1923 III**, 546.

Die O_2-Aufnahme von Cystein ist nach D. Th. Harris[1] bereits im Dunkeln so stark, daß die durch ultraviolette Bestrahlung erreichbare Beschleunigung nur sehr gering ist.

Nach N. Tarugi[2] beruht die Blaufärbung von Cystein durch $FeCl_3$ auf der Bildung einer intermediären Persäure.

E. Abderhalden und E. Wertheimer[3] studierten den Einfluß von Cystein und Cystin auf die Umsetzung von Aldehyden in Alkohol und in Säure (Cannizzarosche Reaktion). Bei Gegenwart von Cystin verläuft die Reaktion so, daß im wesentlichen Säure und nur wenig Alkohol gebildet wird, während bei Cysteinzusatz die Alkoholbildung überwiegt. Doch verläuft die Umwandlung von Cystin so rasch, daß stets eine Doppelwirkung eintritt. So wird bei Anwendung von Cystein bald ein Überschuß von Cystin vorhanden sein, was eine Förderung der Säurebildung bewirkt. Auch die Wechselwirkung von β-Oxybuttersäure und Acetessigsäure läßt sich durch Cystein bzw. Cystin beeinflussen. In einer Traubenzuckerlösung vermindert Cystein das Reduktionsvermögen.

S. Glaubach[4] studiert die Veränderungen des Cysteins durch Cyanamid. Nach der Verfasserin zeigt sich die Umwandlung in der Abnahme der Intensität der Nitroprussidnatriumreaktion, im herabgesetzten Jodbindungsvermögen und in einer Verschiebung der [H$^+$] nach der alkalischen Seite. Die Cysteinveränderung durch Cyanamid erfolgt am raschesten und vollständigsten bei $p_H = 7$. Die Umwandlung beruht nicht auf Oxydation vom Cystein, sondern auf einer Veränderung der S-Bindung im Cystein.

Über die Bildung von Aminosäuren aus Ketosäuren $+ NH_3$ durch Einwirkung von Cystein berichtet F. Knoop[5, 6]. So wurden von F. Knoop und H. Oesterlin[7] aus Phenylglyoxylsäure durch Reduktion mit Cystein 10% Phenylaminoessigsäure erhalten.

Über die Reduktion von Proteinen, die durch Glutathion oxydiert sind, mit konzentrierten Cysteinlösungen berichtet F. G. Hopkins[8].

Nach Y. Okuda[9] wird auch bei längerer Hydrolyse von Proteinen mit HCl aus Cystin kein Cystein gebildet, wohl aber soll der umgekehrte Vorgang stattfinden. Wurde eine Mischung von reinem Cystein und Gelatine an der Luft mit HCl hydrolysiert, so war nach etwa 100 Stunden die Cysteinreaktion negativ. Bei gleichen Versuchen mit Muskelproteinen ist die Reaktion schon nach 20 Stunden negativ. Nach dem Verfasser wird Cystein im Augenblick der Abspaltung leichter oxydiert, als wenn es fertig vorgebildet ist.

Cystein gibt im Gegensatz zu Cystin nach J. Kühnau[10] mit H_2 praktisch keinen Schwefel ab.

Nach E. Abderhalden und E. Komm[11] gibt Cystein mit m-Dinitrobenzoesäure eine Farbreaktion, dagegen nicht mit m-Dinitrostilben.

Cystein gibt nach R. Andreasch[12] eine rote Thioglykolsäurereaktion.

Über den Einfluß des Cysteins auf die Aldehyd-Tryptophanreaktion berichtet E. Komm[13].

Cystein wirkt nach H. Fischer und F. Lindner[14] auf die rote Farbe von Pyridin-Häminlösungen ein.

Derivate: Cysteinchlorhydrat wird folgendermaßen metallfrei hergestellt: Die bei der Reduktion von Cystin (mit Sn und H_2S) erhaltenen Krystalle von rohem Cysteinchlorhydrat werden mit reinem Aceton (etwa 10mal) verrieben, bis das Produkt völlig metallfrei ist. Aus-

---

[1] D. Th. Harris: Biochemic. J. **20**, 288—292 — Chem. Zbl. **1926 II**, 456.
[2] N. Tarugi: Ann. Chim. Appl. **15**, 416—426 (1925) — Chem. Zbl. **1926 I**, 3606.
[3] E. Abderhalden u. E. Wertheimer: Pflügers Arch. **198**, 415—420 — Chem. Zbl. **1923 III**, 690.
[4] S. Glaubach: Arch. f. exper. Path. **117**, 257—265 (1926) — Chem. Zbl. **1927 II**, 123.
[5] F. Knoop: Münch. med. Wschr. **73**, 2151—2153 (1926) — Chem. Zbl. **1927 I**, 1027.
[6] F. Knoop: 12. Intern. Physiol. Kongr. in Stockholm **1926**, 99 — Ber. Physiol. **38**, 533 — Chem. Zbl. **1927 I**, 2444.
[7] F. Knoop u. H. Oesterlin: Hoppe-Seylers Z. **170**, 186—211 (1927) — Chem. Zbl. **1928 I**, 40.
[8] F. G. Hopkins: Biochemic. J. **19**, 787—819 (1925) — Chem. Zbl. **1926 I**, 1661.
[9] Y. Okuda: Proc. imp. Acad. Tokyo **2**, 277—279 — Chem. Zbl. **1926 II**, 2728.
[10] J. Kühnau: Arch. f. exper. Path. **123**, 24—49 — Chem. Zbl. **1927 II**, 1278.
[11] E. Abderhalden u. E. Komm: Hoppe-Seylers Z. **140**, 99—108 — Chem. Zbl. **1924 II**, 2757.
[12] R. Andreasch: Sitzgsber. Akad. Wiss. Wien, Abt. IIb **137**, 122—132 — Mh. Chem. **49**, 122 bis 132 — Chem. Zbl. **1928 II**, 1093.
[13] E. Komm: Hoppe-Seylers Z. **156**, 35—60 — Chem. Zbl. **1926 II**, 1892.
[14] H. Fischer u. F. Lindner: Hoppe-Seylers Z. **153**, 54—66 — Chem. Zbl. **1926 II**, 224.

beute 60%[1]. — E. Abderhalden und E. Rossner[2] untersuchten die Absorptionskurve im Ultraviolett von Cysteinchlorhydrat in wässeriger und salzsaurer Lösung. Die Kurven unterscheiden sich nicht wesentlich.

Mn-Cystein reagiert nicht mit CO^3.

l-Ferro-Cystein, $[\alpha]_D = +3{,}66°^3$.

Kohlenoxyd-Ferro-Cystein entsteht nach W. Cremer[4] durch Vermischen von Cystein mit $FeSO_4$ in CO-Atmosphäre durch Absorption von CO. 1 Atom Fe bindet 2 Moleküle Cystein und 2 Moleküle CO. Die Lösung ist orangefarben. Das Spektrum zeigt ein Maximum bei 480 $\mu\mu$. Wird Kohlenoxyd-Ferro-Cystein belichtet, so wird es in CO und Ferro-Cystein gespalten. Ein absorbiertes Lichtquantum spaltet 2 CO ab. $[\alpha]_D = +595°$. Die Verbindung ließ sich nicht krystallisieren. Durch das Absorptionsspektrum läßt sich die orangefarbene CO-Verbindung des Ferro-Cysteins von den CO-Verbindungen des Atmungsfermentes und des Hämins unterscheiden.

Ni-Cystein reagiert nicht mit CO^3.

Kohlenoxyd-Cobalt-Cystein enthält pro Atom Co 2 Moleküle Cystein und 1 Molekül CO. Die Lösung ist olivgrün und nicht lichtempfindlich[3].

Cu-Salz des Cysteins ist in neutralem Medium ein unlösliches, weißes, voluminöses Produkt[5]. Reagiert nicht mit CO^3.

Ru-Cystein reagiert nicht mit CO^3.

Pd-Cystein reagiert nicht mit CO^3.

Ir-Cystein reagiert nicht mit CO^3.

Kohlenoxyd-Blei-Cystein ist sehr wenig löslich, aber in Lösungen von Weinsäure und weinsauren Salzen löslich[3].

Komplexsalzverbindungen des Cysteins, erhalten durch Behandlung der neutralen Alkali- oder Erdalkalisalze mit Oxyden oder Hydroxyden von Ag, Hg oder Bi. Die Verbindungen sind in Wasser mit schwach alkalischer Reaktion löslich[6].

Ag-Na-Cystein, gelbe Verbindung; **Hg-Na-Cystein, Bi-Na-Cystein,** gelbe Verbindung; wird in wässeriger Lösung durch $(NH_4)_2S$ zersetzt[6].

Na-Salz der β-Auromercapto-α-aminopropionsäure. 14 g Cysteinchlorhydrat werden in 150 ccm Wasser gelöst und mit 130 ccm einer 4,4 proz. Lösung von SO_2 versetzt. Bei 0° werden langsam unter Rühren 525 ccm einer 10 proz. Lösung von $KAuBr_4$ zugegeben, der Niederschlag wird abgesaugt, in NaOH gelöst und mit Alkohol gefällt. Verbindung leicht löslich in Wasser, unlöslich in Alkohol und den üblichen Lösungsmitteln, besitzt einen Au-Gehalt von 57,5%. Die Verbindung besitzt wertvolle therapeutische Eigenschaften[7].

Cysteinäthylesterchlorhydrat $C_5H_{12}O_2NClS$. Cystin mit Sn und HCl reduzieren, mit H_2S entzinnen, im Vakuum verdampfen, Rückstand verestern. Nädelchen aus Alkohol-Äther. Schmelzp. 115°[8].

S, N-Diacetylcysteinäthylester $C_9H_{15}O_4NS$. Darstellung aus dem Ester mit Na-Acetat und Acetanhydrid bei 140°. Kochp.$_3$ 150—151°, eigentümlich riechend. Spaltet beim Kochen mit konzentrierter NaOH schnell H_2S ab[8].

l-Benzylcystein $C_{10}H_{13}O_2SN$. Aus heißem Wasser Nadeln, Schmelzp. 213°, unter Bräunung und Gasentwicklung, wasserfrei[9]. — Blättchen aus heißem Wasser, Schmelzp. 215°

---

[1] Schering-Kahlbaum-A.-G.: D.R.P. 472822 v. 9. Juni 1927, ausg. 11. März 1929; Chem. Zbl. **1929** I, 2921.

[2] E. Abderhalden u. E. Roßner: Hoppe-Seylers Z. **178**, 156—163 (1928) — Chem. Zbl. **1929** I, 19.

[3] W. Cremer: Biochem. Z. **206**, 228—239 — Chem. Zbl. **1929** I, 2164.

[4] W. Cremer: Biochem. Z. **206**, 228—239 — Chem. Zbl. **1929** I, 2164 — Biochem. Z. **194**, 231—232 (1928) — Chem. Zbl. **1929** I, 3086.

[5] L. J. Harris: Biochemic. J. **16**, 739—746 (1922) — Chem. Zbl. **1923** III, 546.

[6] Farbenfabriken vorm. Friedrich Bayer u. Co.: D.R.P. 392656 v. 20. Mai 1921, ausg. 22. März 1924 — Chem. Zbl. **1924** II, 888.

[7] Chem. Fabrik auf Actien vorm. E. Schering, W. Schoeller u. H. G. Allardt: A.P. 1683104 v. 10. Febr. 1927, ausg. 4. Sept. 1928; E.P. 266346 v. 15. Febr. 1927, Ausz. veröff. 13. April 1927; Zus. zu E.P. 265777; Chem. Zbl. **1927** II, 1081; Holl.P. 19478 v. 1. Febr. 1927, ausg. 15. Febr. 1929; Schw.P. 125090 v. 16. Febr. 1927, ausg. 16. März 1928; Chem. Zbl. **1929** II, 1430.

[8] E. Cherbuliez u. Pl. Plattner: Helv. chim. Acta **12**, 317—329 — Chem. Zbl. **1929** II, 75.

[9] R. A. Gortner u. W. F. Hoffman: J. of biol. Chem. **72**, 433—448 — Chem. Zbl. **1927** I, 2900.

(Zers.). Leicht löslich in heißem Wasser, in Mineralsäuren, Alkalien und Eisessig, sehr wenig löslich in Alkohol, Äther, Essigester, Petroläther, Aceton, CCl_4, CS_2, Benzol[1].

Acetylbenzylcystein $C_{12}H_{15}O_3NS$. Erhalten in Gegenwart von Pyridin, Nadeln (aus Alkohol durch viel Wasser). Schmelzp. 156—157°. Sehr wenig löslich in kaltem Wasser, Eisessig, Essigester, Aceton, unlöslich in Äther, Benzol, CCl_4[1]. — 58% des S werden nach peroraler Gabe im tierischen Organismus oxydiert[2].

Phenylacetylbenzylcystein $C_{18}H_{19}O_3NS$. Schwer isolierbar, aus viel Wasser bei sehr allmählichem Abkühlen Bündel langer, feiner Nadeln, Schmelzp. 87—89°, sehr leicht löslich in Alkohol, Äther, CCl_4, Benzol, Aceton, Essigester, Eisessig, Alkalien, sehr wenig löslich in Petroläther, CS_2, Mineralsäuren[1]. — 30—32% des Schwefels werden nach peroraler Gabe im tierischen Organismus oxydiert[2].

p-Chlorbenzylcystein, Schmelzp. 219—220°. Löslichkeit wie bei Benzylcystein[1]. — 53% des S werden nach peroraler Gabe im tierischen Organismus oxydiert[2].

Phenyluraminocystein $C_{10}H_{12}O_3N_2S$. Kurze mikroskopische Nadeln, aus Alkohol durch Wasser. Schmelzp. 134—136°. Sehr leicht löslich in Alkohol, Aceton, besonders in Essigester, mäßig löslich in Äther, sehr wenig löslich in CCl_4, CS_2, Benzol. Gibt starke Nitroprussidreaktion[1]. — Nach H. B. Lewis und D. A. Mc Ginty[3] läßt sich Phenyluraminocystein aus Kaninchenharn nach Verfütterung von Phenyluraminocystin isolieren. — 41% des S werden im tierischen Organismus oxydiert[2].

Kondensationsprodukt aus **Cysteinchlorhydrat + p-Acetylaminophenylarsinoxyd**, weiße Krystalle, Zers. bei 196—198°. Löslich in Wasser, konzentrierter HCl, wenig löslich in Alkohol, unlöslich in Äther, Aceton[4].

Phenyluraminobenzylcystein $C_{17}H_{18}O_3N_2S$. Federförmige Krystalle (aus Aceton durch Wasser). Schmelzp. 145—146,5°. Leicht löslich in Alkohol, Essigester, Äther, wenig löslich in heißem Eisessig, sehr wenig löslich in Benzol, CCl_4, Wasser und Mineralsäuren[1]. — Wird im Gegensatz zu anderen Cysteinverbindungen nicht oxydiert[2].

Cysteinsäure. Wird nach E. Schmidt, W. Haag und L. Sperling[5] aus Cystin durch Behandlung mit eiskalter wässeriger Lösung von ClO_2, Eindampfen bei 12 mm Druck, Waschen mit siedendem, absoluten Alkohol (10 Minuten), Lösen des Rückstandes in heißem Wasser und Fällen mit Aceton erhalten. Ausbeute 95%. — Über die Isolierung der Cysteinsäure aus Keratin bei dessen Oxydation mit $KMnO_4$ berichtet Th. Lissizin[6]. — Aus den Titrationskurven von Cysteinsäure wurde von S. Andrews und C. L. A. Schmidt[7] für K_{a_2} $2 \cdot 10^{-9}$ gemessen, und aus der Formel des isoelektrischen Punktes mit $J = 1,6$ für K_{a_1} $1,3 \cdot 10^{-2}$ berechnet, während für Kb der Wert $2 \cdot 10^{-13}$ angenommen wurde.

Ba-Salz der Cysteinsäure $(C_3H_6O_5NS)_2Ba \cdot H_2O$. Krystalle aus Wasser[8].

Cu-Salz $C_3H_6O_5NS \cdot CuOH$[8].

Bromphenylmercaptursäure. Über die Mercaptursäurebildung nach Zufuhr von Cystin und Brombenzol berichten G. Shiple, J. A. Muldoon und C. P. Sherwin[9] und H. Rhode[10], wobei sich nach dem letzteren Verfasser Brombenzol wie Bromphenol im Kaninchenorganismus verhält. — Nach Versuchen von H. J. Coombs und Th. S. Hele[11] kann das Schwein im Gegensatz zum Hund weder Mercaptursäure bilden, noch diese in Schwefeläther überführen. — E. Abderhalden und E. Wertheimer[12] berichten über die Bildung von Mercaptursäure nach Verfütterung von Brombenzol an Kaninchen bei Cystinzufuhr in ihrer Abhängigkeit

---

[1] G. J. Shiple u. C. P. Sherwin: J. of biol. Chem. **55**, 671—686 — Chem. Zbl. **1923 III**, 119.
[2] A. R. Rose, E. G. Shiple u. C. P. Sherwin: Amer. J. Physiol. **69**, 518—530 — Chem. Zbl. **1924 II**, 1947.
[3] H. B. Lewis u. D. A. Mc Ginty: J. of biol. Chem. **53**, 349—356 — Chem. Zbl. **1922 III**, 969.
[4] M. S. Kharasch: A.P. 1677392 v. 22. Jan. 1927, ausg. 17. Juli 1928; Chem. Zbl. **1929 I**, 805.
[5] E. Schmidt, W. Haag u. L. Sperling: Ber. dtsch. chem. Ges. **58**, 1394—1403 — Chem. Zbl. **1925 II**, 1765.
[6] Th. Lissizin: Hoppe-Seylers Z. **173**, 309—311 — Chem. Zbl. **1928 I**, 2098.
[7] S. Andrews u. C. L. A. Schmidt: J. of biol. Chem. **73**, 651—654 — Chem. Zbl. **1927 II**, 2053.
[8] Th. Lissizin: Hoppe-Seylers Z. **173**, 309—311 — Chem. Zbl. **1928 I**, 2098.
[9] G. Shiple, J. A. Muldoon u. C. P. Sherwin: J. of biol. Chem. **60**, 59—67 — Chem. Zbl. **1924 II**, 1002 — Proc. Soc. exper. Biol. a. Med. **21**, 145 (1923) — Ber. Physiol. **25**, 325—326 — Chem. Zbl. **1924 II**, 1363 — J. of biol. Chem. **59**, 675—681 — Chem. Zbl. **1924 II**, 1706.
[10] H. Rhode: Hoppe-Seylers Z. **124**, 15—36 (1922) — Chem. Zbl. **1923 I**, 1603.
[11] H. J. Coombs u. Th. S. Hele: Biochemic. J. **21**, 11—22 (1927) — Chem. Zbl. **1928 I**, 783.
[12] E. Abderhalden u. E. Wertheimer: Pflügers Arch. **207**, 215—221 — Chem. Zbl. **1925 I**, 2086 — Pflügers Arch. **209**, 611—612 (1925) — Chem. Zbl. **1926 I**, 714.

von saurer oder alkalischer Nahrung. — Über die Abhängigkeit der Mercaptursäureausscheidung im Eiweißminimum bei Hunden von einer gleichzeitigen subcutanen Cystininjektion berichten J. Kapfhammer[1] und J. A. Muldoon, G. J. Shiple und C. P. Sherwin[2]. — Nach K. Thomas und H. S. Strazewski[3] gelingt es nicht, beim Zerfall von Organeiweiß nach Brombenzolzusatz im Harn Mercaptursäure zu isolieren. — Dosen von mehr als 1 g p-Bromphenylmercaptursäure rufen nach E. H. Callow und Th. S. Hele[4] beim Hunde eine Hämoglobinurie und Ausscheidung von roten Blutzellen im Urin hervor. Die Substanzen werden nicht als Ätherschwefelsäure ausgeschieden. In vitro findet keine Hämolyse statt, so daß die Wirkung wahrscheinlich ihren Angriffspunkt in der Niere hat. — Nach Versuchen von H. J. Coombs und Th. S. Hele[5] ruft auch die 3fache der für den Hund toxischen Dosis von Mercaptursäure beim Schwein keine Hämoglobinurie hervor.

Chlorphenylmercaptursäure. Über die Mercaptursäurebildung nach Zufuhr von p-Chlorphenol und Cystin berichten G. Shiple, J. A. Muldoon und C. P. Sherwin[6] und Th. S. Hele[7]. — Über die mögliche Mercaptursäurebildung bei Verabreichung von Benzol, o- und m-Dichlorbenzol an Hunde berichten E. H. Callow und Th. S. Hele[8], dabei soll aus Benzol weniger Mercaptursäure als aus o- und aus diesem weniger als aus m-Dichlorbenzol gebildet werden. Weitere Versuche von H. J. Coombs und Th. S. Hele[9] zur Klärung über die Abhängigkeit der Mercaptursäurebildung von der Parastellung des Halogens im Chlorbenzol ergaben bei Verfütterungsversuchen mit weiteren Halogenverbindungen folgendes: p-Chloracetanilid und p-Chloranisol geben keine Mercaptursäure, ebenso sind die o- und m-Verbindungen negativ. p-Chlorphenol ergibt ebenfalls keine Mercaptursäureausscheidung, so daß p-Chlorphenol nicht als Zwischenprodukt zwischen Chlorbenzol und Mercaptursäure in Frage kommt. Versuche mit p-Dichlorbenzol verhinderten wegen geringer Löslichkeit und Reizung des Intestinaltractus einwandfreie Stoffwechselversuche. — Dosen von mehr als 1 g p-Chlorphenylmercaptursäure rufen nach E. H. Callow und Th. S. Hele[4] beim Hunde eine Hämoglobinurie und Ausscheidung von roten Blutzellen im Harn hervor. Die Substanzen werden nicht als Ätherschwefelsäure ausgeschieden. In vitro findet keine Hämolyse statt, so daß die Wirkung wahrscheinlich ihren Angriffspunkt in der Niere hat.

Derivate des i-Cysteins: i-Benzylcystein $C_{10}H_{13}O_2SN$. Platten, Schmelzp. 190° unter Bräunung und Gasentwicklung, enthält 2 Mol Krystallwasser[10].

Derivate des Isocysteins: Ferro-Isocystein, über eine Ferro-Isocystein-Kohlenoxydverbindung berichtet W. Cremer[11].

Cystin.
Bis-[β-amino-β-carboxy-äthyl-]disulfid.

Vorkommen: Über die Schwankungen des Cystingehaltes von Gehirnsubstanz und Lebern verschieden alter Mäuse und Kaninchen berichtet R. Ehrenberg[12].

Cystin fehlt nach O. Floeßner und F. Kutscher[13] sowohl im alkoholischen wie im wässerigen Extrakt aus dem zerkleinerten Fleisch vom Stör (Acipenser sturio).

In dem von den Spermien getrennten Filtrat frischer Heringstestikel fällt nach H. Steudel und K. Suzuki[14] nach Einengen ein Niederschlag aus, der neben anorganischen Salzen Cystin, Tyrosin, Leucin und Tryptophan enthält.

---

[1] J. Kapfhammer: Hoppe-Seylers Z. **116**, 302—307 (1921) — Chem. Zbl. **1922 I**, 292.
[2] J. A. Muldoon, G. J. Shiple u. C. P. Sherwin: Proc. Soc. exper. Biol. a. Med. **20**, 46—47 (1922) — Ber. Physiol. **18**, 82 — Chem. Zbl. **1923 III**, 506.
[3] K. Thomas u. H. S. Strazewski: Arch. f. Physiol. **1919**, 249—262 — Chem. Zbl. **1921 I**, 917.
[4] E. H. Callow u. Th. S. Hele: Biochemic. J. **36**, 606—610 — Chem. Zbl. **1928 I**, 2961.
[5] H. J. Coombs u. Th. S. Hele: Biochemic. J. **21**, 11—22 (1927) — Chem. Zbl. **1928 I**, 783.
[6] G. Shiple, J. A. Muldoon u. C. P. Sherwin: J. of biol. Chem. **60**, 59—67 — Chem. Zbl. **1924 II**, 1002. — Proc. Soc. exper. Biol. a. Med. **21**, 145 (1923) — Ber. Physiol. **25**, 325—326 — Chem. Zbl. **1924 II**, 1363.
[7] Th. S. Hele: Biochemic. J. **18**, 586—613 — Chem. Zbl. **1924 II**, 1360.
[8] E. H. Callow u. Th. S. Hele: Biochemic. J. **20**, 598—605 — Chem. Zbl. **1926 II**, 1974.
[9] H. J. Coombs u. Th. S. Hele: Biochemic. J. **20**, 606—612 — Chem. Zbl. **1926 II**, 1975.
[10] R. A. Gortner u. W. F. Hoffman: J. of biol. Chem. **72**, 433—448 — Chem. Zbl. **1927 I**, 2900.
[11] W. Cremer: Biochem. Z. **206**, 228—239 — Chem. Zbl. **1929 I**, 2164.
[12] R. Ehrenberg: Biochem. Z. **164**, 175—182 (1925) — Chem. Zbl. **1926 II**, 444.
[13] O. Floeßner u. F. Kutscher: Z. Biol. **81**, 305—308 — Chem. Zbl. **1924 II**, 1811.
[14] H. Steudel u. K. Suzuki: Hoppe-Seylers Z. **127**, 1—13 — Chem. Zbl. **1923 III**, 259.

Im sirupösen Extrakt aus reifen Heringseiern wurde von H. Steudel und E. Takahashi[1] Cystin nachgewiesen.

In den fettfreien Rückständen der Gonaden von Rhizostoma Cuvieri ließen sich nach F. Haurowitz[2] Proteide nachweisen, die neben anderen Aminosäuren Cystin enthielten.

Nach M. Loeper, J. Decourt und R. Garcin[3] bestehen 20—30% des Blut-S aus Cystin- und Cystein-S.

Über den Cystingehalt der Kuhmilch berichtet G. Viale[4].

Über den Cystingehalt verschieden pigmentierter Haare berichtet K. Klinke[5], wobei keine Abhängigkeit der Färbung der Haare vom S-Gehalt besteht.

Über das Vorkommen von Cystin neben noch weiteren S-Verbindungen im Eiweiß und Caseinogen berichtet R. H. A. Plimmer und J. Lowndes[6].

Über den Cystingehalt eines Glutathionpräparates aus Lebern berichten G. Hunter und B. A. Eagles[7].

Über den Cystingehalt des Detoxins eines nach den Angaben von Jena aus der Haut gewonnenen Präparates (unreines Glutathionpräparat) berichtet E. Treibmann[8].

Die Gesamtmenge der löslichen SH-Gruppen von Hefe sowie von Muskel und Leber von Ratten gehört nach H. E. Tunnicliffe[9] dem Glutathion an. Cystin und Cystein wurden nicht gefunden.

In einem vesicalen Cystinstein wurden von C. Th. Moerner[10] in der äußersten Schicht 97,91, in der mittleren 83,10 und in der innersten 77,01% Cystin gefunden.

Ein von F. Nicola[11] untersuchter Blasenstein bestand neben wenig Feuchtigkeit ganz aus Cystin.

R. A. Gortner und W. A. Hoffman[12] stellten aus Nierensteinen (mit 93% l-Cystin) ein Cystinpräparat her, das eine um 20° höhere spezifische Drehung hatte: $[\alpha]_D^{20} = -242{,}6°$.

Über den Cystingehalt eines Harnsteines berichtet E. Lobstein[13].

In der Trockensubstanz von Promonta wurden von E. Waldschmidt-Leitz[14] 0,74% Cystin nachgewiesen.

Aus einer ammoniakalischen Lauge des Weinrichschen Elutionsverfahrens ließ sich nach E. O. von Lippmann[15] l-Cystin, Täfelchen, Schmelzp. 260°, gewinnen.

Bildung: Y. Teruuchi und L. Okabe[16] bestimmten in einer Reihe von Proteinen folgende Cystinwerte:

Serumalbumin 1,58, Eiweiß 2,01, Serumglobulin 1,64, Fibrin 1,48, Rindfleisch 0,66, Hühnerfleisch 0,64, Salm 0,58, Edestin 1,13, Legumin 0,90, Gliadin 2,19, Zein 0,58, Globin 0,61, Gelatine 0,04, Menschenhaar 14,26, Pferdehaar 11,07, Wolle 9,12 und Casein 0,33%.

O. Folin und A. D. Marenzi[17] ermittelten nach einer neuen colorimetrischen Cystinbestimmungsmethode in verschiedenen Proteinen den Cystingehalt: Casein 0,3, Gliadin 2,19 und Edestin 1,36%. Die bisher bekannten Werte liegen bedeutend tiefer.

Über die Bildung von Cystein und Cystin bei der Hydrolyse von frisch bereiteten Muskelproteinen im CO_2-Strom berichtet Y. Okuda[18].

Die Globulin-Albuminfraktion von Ochsenfleisch und Gefrierfleisch hatte nach

---

[1] H. Steudel u. E. Takahashi: Hoppe-Seylers Z. **131**, 99—106 (1923) — Chem. Zbl. **1924 I**, 565.
[2] F. Haurowitz: Hoppe-Seylers Z. **122**, 145—159 (1922) — Chem. Zbl. **1923 I**, 112.
[3] M. Loeper, J. Decourt u. R. Garcin: Presse méd. **35**, 321—323 (1927) — Ber. Physiol. **41**, 351—352 (1927) — Chem. Zbl. **1928 I**, 88.
[4] G. Viale: Biochemica e Ter. sper. **8**, 321—324 (1921) — Ber. Physiol. **12**, 371 — Chem. Zbl. **1922 III**, 304 — Arch. ital. Biol. **73**, 116—119 (1924) — Ber. Physiol. **34**, 764 — Chem. Zbl. **1926 II**, 836.
[5] K. Klinke: Biochem. Z. **160**, 28—42 — Chem. Zbl. **1925 II**, 1456.
[6] R. H. A. Plimmer u. J. Lowndes: Biochemic. J. **21**, 247—253 — Chem. Zbl. **1927 II**, 145.
[7] G. Hunter u. B. A. Eagles: J. of biol. Chem. **72**, 147—166, 167—175 — Chem. Zbl. **1927 II**, 107.
[8] E. Treibmann: Dtsch. med. Wschr. **54**, 1090 — Chem. Zbl. **1928 II**, 788.
[9] H. E. Tunnicliffe: Biochemic. J. **19**, 194—198 — Chem. Zbl. **1925 II**, 576.
[10] C. Th. Moerner: Uppsala Läk.för. Förh. **26**, 7 Seiten (1921) — Ber. Physiol. **11**, 359 — Chem. Zbl. **1922 I**, 1302.
[11] F. Nicola: Giorn. Farmac. Chim. **77**, Nr 6/7, 15 — Chem. Zbl. **1928 II**, 259.
[12] R. A. Gortner u. W. A. Hoffmann: J. of biol. Chem. **72**, 433—448 — Chem. Zbl. **1927 I**, 2900.
[13] E. Lobstein: J. Pharmac. Chim. [8] **6**, 156—159 — Chem. Zbl. **1927 II**, 2406.
[14] E. Waldschmidt-Leitz: Z. Unters. Lebensmitt. **54**, 291—294 (1927) — Chem. Zbl. **1928 I**, 430.
[15] E. O. von Lippmann: Ber. dtsch. chem. Ges. **57**, 256—258 — Chem. Zbl. **1924 I**, 1388.
[16] Y. Teruuchi u. L. Okabe: J. of Biochem. **8**, 459—467 — Chem. Zbl. **1928 I**, 2850.
[17] O. Folin u. A. D. Marenzi: J. of biol. Chem. **83**, 103—108 — Chem. Zbl. **1929 II**, 2082.
[18] Y. Okuda: Proc. imp. Acad. Tokyo **2**, 277—279 — Chem. Zbl. **1926 II**, 2728.

C. R. Moulton und E. G. Sieveking[1] 0,79—1,06% Cystin-N, während sich aus S-Bestimmungen 2,08—3,36% Cystin ergeben würden.

Aus Garnelenmuskulatur wurde mit 95 proz. Alkohol und dann mit Äther ein N-haltiger Extrakt gewonnen, der nach D. B. Jones, O. Moeller und C. E. F. Gersdorff[2] 1,21% Cystin-N bzw. 1,75% Cystin, auf wasser- und aschefreien Muskel berechnet, enthielt. Colorimetrisch bestimmten die Verfasser 1,78% Cystin.

Das asche- und wasserfreie Protein der Körperwand der Seewalze (Stichopus japonicus Selenca) enthielt nach K. H. Lin und Ch. Ch. Chen[3] 0,97% Cystin.

Aus dem aus Heringseiern gewonnenen Ichthulin ließen sich nach K. Iguchi[4] 0,93% Cystin, auf Gesamt-N berechnet, isolieren.

Aus den Proteinen des Ovarienrückstandes (vom Corpus luteum befreite Drüsen), hauptsächlich aus einem Albumin, isolierten B. Fullerton und F. W. Heyl[5] Cystin, dessen Menge etwa 2 Molekülen entsprechen würde.

Der nach Äther- und Alkoholextraktion verbleibende Ovarialrückstand enthielt nach F. W. Heyl und M. C. Hart[6] im wässerigen Extrakt Cystin.

Im Leuciscin, einem histonähnlichen Körper aus den Testikeln der Plötze (Leuciscus rutilus), läßt sich nach A. Kossel und W. Staud[7] kein Cystin nachweisen.

In dem Protamin der Sardine (Sardina caerulea) ist nach M. S. Dunn[8] nur in kleinen Mengen Cystin vorhanden.

Ein von R. Hirohata[9] aus dem Sperma der Formosa-Meeräsche oder „Bora" (Mugil japonicus Temminck u. Schlegel) isoliertes neues Protamin „Mugilin β" enthält kein Cystin.

St. Goldschmidt und H. Kahn[10] fraktionierten das Serumalbumin des Rinderblutes in 3 Fraktionen. Der Lysin-Cystin-N-Gehalt der 3 Fraktionen war folgender: I. 16,7; II. 17,8; III. 13,1%.

Vom N des Hämoglobins und des Globins aus Hämoglobin von Pferdeblut entfallen nach A. Poljakow[11] 0,141 bzw. 0,142% auf Cystin-N.

Bei der Hydrolyse von Stromaeiweiß der Erythrocyten wurden von F. Haurowitz und J. Sladek[12] 0,2—0,26% Cystin-N gefunden.

In den Benze-Jonesschen Eiweißkörpern ließen sich nach E. Lüscher[13] im Durchschnitt 1,25% Cystin-N nachweisen.

Der Cystin-N-Gehalt der im Harn ausgeschiedenen Albumine bei Brightscher — und bei Amyloidniere beträgt nach U. Sammartino[14] 0,08 und 0,33%.

Aus krystallisiertem Insulin ließen sich nach V. du Vigneaud, H. Jensen und O. Wintersteiner[15] nach Hydrolyse mit HCl 14,20% Cystin (nach Folin-Looney) und 7,6% (nach Sullivan) nachweisen. In weiteren Hydrolysen von krystallisiertem Insulin wurden nach O. Wintersteiner, V. du Vigneaud und H. Jensen[16] 6,08% Cystin-N nachgewiesen. Würde aller S für Cystin berechnet, so wären 11,88% Cystin vorhanden, und zwar in der Basenfraktion 6,83 und in der Aminosäurefraktion 5,55%. Bestimmungen nach Folin-Looney und Sullivan ergaben für die Basenfraktion 6,4 bzw. 5,5 und für die Aminosäurefraktion 3,7 bzw. unter 1%, so daß nur $^2/_3$ des S auf Cystin kommen.

---

[1] C. R. Moulton u. E. G. Sieveking: J. Assoc. official agricult. Chemists 8, 155—158 — Chem. Zbl. 1925 II, 1717.
[2] D. B. Jones, O. Moeller u. C. E. F. Gersdorff: J. of biol. Chem. 65, 59—65 (1925) — Chem. Zbl. 1926 I, 706.
[3] K. H. Lin u. Ch. Ch. Chen: Chines. J. Physiol. 1, 169—173 — Chem. Zbl. 1927 II, 271.
[4] K. Iguchi: Hoppe-Seylers Z. 135, 188—198 — Chem. Zbl. 1924 II, 485.
[5] B. Fullerton u. F. W. Heyl: J. amer. pharmaceut. Assoc. 15, 18—30 — Chem. Zbl. 1926 II, 52.
[6] F. W. Heyl u. M. C. Hart: J. of biol. Chem. 75, 407—415 (1927) — Chem. Zbl. 1928 I, 2511.
[7] A. Kossel u. W. Staud: Hoppe-Seylers Z. 171, 156—173 (1927) — Chem. Zbl. 1928 I, 215.
[8] M. S. Dunn: J. of biol. Chem. 70, 697—703 (1926) — Chem. Zbl. 1928 II, 657.
[9] R. Hirohata: J. of Biochem. 10, 251—258 — Chem. Zbl. 1929 II, 179.
[10] St. Goldschmidt u. H. Kahn: Hoppe-Seylers Z. 183, 19—31 — Chem. Zbl. 1929 II, 1173.
[11] A. Poljakow: Biochem. Z. 204, 88—96, 97—105 — Chem. Zbl. 1929 I, 1226—1227.
[12] F. Haurowitz u. J. Sladek: Hoppe-Seylers Z. 173, 268—277 — Chem. Zbl. 1928 I, 2101.
[13] E. Lüscher: Biochemic. J. 16, 556—563 (1922) — Chem. Zbl. 1923 I, 455.
[14] U. Sammartino: Biochem. Z. 133, 85—88 (1922) — Chem. Zbl. 1923 III, 167.
[15] V. du Vigneaud, H. Jensen u. O. Wintersteiner: J. of Pharmacol. 32, 367—385 — Chem. Zbl. 1928 II, 259.
[16] O. Wintersteiner, V. du Vigneaud u. H. Jensen: J. of Pharmacol. 32, 397—411 — Chem. Zbl. 1928 II, 259.

Über den Cystingehalt und seine Abspaltbarkeit aus Insulin berichtet V. du Vigneaud[1].

Im Hydrolysat des Keratins des japanischen Speckes, aus Cetacea hergestellt, wurden von S. Oikawa[2] 0,23% Cystin, und im Hydrolysat der Gelatine, aus der getrockneten Haut des Seiwales hergestellt, 0,05% Cystin gefunden.

Unter den Spaltprodukten menschlicher Epidermis ließ sich nach Y. Jono[3] mit Sicherheit Cystin nachweisen.

Von H. B. Vickery und Ch. S. Leavenworth[4] wurden im menschlichen Haar 16,5% Cystin colorimetrisch bestimmt.

R. H. Wilson und H. B. Lewis[5] bestimmten den Cystingehalt von Haaren und anderen epidermalen Geweben: Menschenhaar 15,6—21,2, Schafwolle 8—10,9, Federn 7,05—12,2, Kaninchenhaar 11,9—14,0, Schildpatt 6,4—8,1, Rattenhaar 14,1, Katzenhaar 13,1, Hundehaar 19,0 und Menschenhaut 1,82—3,24%. Es zeigte sich, daß zwischen Farbe, Alter und Rasse des Haares und dem Cystingehalt keine Beziehungen bestanden.

Der Cystin-N-Gehalt von Haaren, Hühneraugen und Nägeln beträgt nach U. Sammartino[6] 6,11—6,70, 0,53 und 3,21—3,38%.

Cl. Rimington[7] bestimmte den Cystingehalt von Wolle verschiedenster Herkunft nach Folin, Looney und Sullivan. Die erhaltenen Werte stimmten gut überein.

H. R. Marston[8] bestimmte von 20 Wollproben den Cystingehalt. Er betrug in allen Proben des gereinigten Haares 13,1%. Der Cystin-S war um etwa 0,1% niedriger als der Gesamt-S-Gehalt.

Der Cystin-S-Gehalt des Gesamt-S von Wolle beträgt nach J. Barritt[9] 66% und der von Menschenhaar 70%.

M. Bergmann und F. Stather[10] berichten über den Cystingehalt (13,0) nicht vorbehandelter Wolle und über den (9,7) von Wolle, die bei 15° in wässeriger Na_2S-Lösung vor dem Hydrolysieren gelöst war.

Z. Stary[11] bestimmte in Wolle, bromiertem Keratin und Oxykeratin den Cystingehalt.

Der Diamino- und Cystin-N-Gehalt des Gorgonins beträgt nach Z. Stary und J. Andratschke[12], 22,76 (22,95), der des Spongins 14,73 (14,8), der des Conchiolins (aus Muschelschalen von Mytilus edulis) 19,33, der des Byssus 16,02 und der von Ovokeratin aus Hühnereiern 20,91%.

Im Hydrolysat des Spongins des gemeinen Badeschwammes (Hippospongia equina) wurde nach V. J. Clancey[13] Cystin nur in Spuren nachgewiesen.

Im Sericin wurde von N. Alders[14] 1,20% Cystin gefunden.

Der Cystingehalt der Psoriasisschuppen beträgt nach E. Abderhalden und B. Zorn[15] 1,85%, auf wasserfreie Schuppen berechnet.

Über den Cystingehalt der eßbaren Nester chinesischer Vögel berichtet Ch. Ch. Wang[16].

H. Yaoi[17] bestimmte den Cystingehalt einiger Peptone: Wittepepton: 0,807, Gehe: 0,795, Riedel: 0,730, Shiono: 0,721, Basel: 0,398, Chapoteau: 0,290, Tamba: 0,245, Billault: 0,221, Teruuchi: 0,114, Difke: 0,063, May und Bakers: 0,040%.

---

[1] V. du Vigneaud: J. of biol. Chem. **75**, 393—405 (1927) — Chem. Zbl. **1928 II**, 164.

[2] S. Oikawa: Tôhoku J. exper. Med. **2**, 447—450, 451—454, 455—458 — Ber. Physiol. **14**, 70, 86 — Chem. Zbl. **1922 III**, 928.

[3] Y. Jono: J. of Biochem. **10**, 311—323 — Chem. Zbl. **1929 II**, 1701.

[4] H. B. Vickery u. Ch. S. Leavenworth: J. of biol. Chem. **85**, 523—534 — Chem. Zbl. **1929 II**, 3167.

[5] R. H. Wilson u. H. B. Lewis: J. of biol. Chem. **73**, 543—553 — Chem. Zbl. **1927 II**, 1483.

[6] U. Sammartino: Biochem. Z. **133**, 476—486 (1922) — Chem. Zbl. **1923 III**, 319.

[7] Cl. Rimington: Biochemic. J. **23**, 41—46 — Chem. Zbl. **1929 II**, 367.

[8] H. R. Marston: Commonwealth of Australia Council f. Scientific and industrial Res. Bull. 1928, Nr. **38**, 34 Seiten, Sep. — Chem. Zbl. **1929 II**, 507.

[9] J. Barritt: J. Soc. chem. Ind. **46**, 338—341 — Chem. Zbl. **1927 II**, 1774.

[10] M. Bergmann u. F. Stather: Collegium **1925**, 109—110 — Ledertechn. Rundschau **17**, 81—82 — Chem. Zbl. **1925 II**, 1874.

[11] Z. Stary: Hoppe-Seylers Z. **144**, 147—177 — Chem. Zbl. **1925 II**, 933.

[12] Z. Stary u. J. Andratschke: Hoppe-Seylers Z. **148**, 83—98 (1925) — Chem. Zbl. **1926 I**, 686.

[13] V. J. Clancey: Biochemic. J. **20**, 1186—1189 (1926) — Chem. Zbl. **1927 I**, 1332.

[14] N. Alders: Biochem. Z. **183**, 446—450 — Chem. Zbl. **1927 I**, 3159.

[15] E. Abderhalden u. B. Zorn: Hoppe-Seylers Z. **120**, 214—219 — Chem. Zbl. **1922 III**, 928.

[16] Ch. Ch. Wang: J. of biol. Chem. **49**, 429—439 (1921) — Chem. Zbl. **1922 II**, 1181.

[17] H. Yaoi: Sci. Rep. Gov. Inst. inf. Dis. **4**, 145—148 (1925) — Ber. Physiol. **38**, 886—887 — Chem. Zbl. **1927 I**, 3011.

H. Lüers und G. Nowak[1] vergleichen den Cystingehalt von Zymocasein mit dem von Casein und Vitellin, der in allen drei Proteinen nur wenig unterschiedlich ist.

Über den Cystingehalt von Tuberkelbacilleneiweiß berichtet T. B. Johnson und R. D. Coghill[2].

Einige Eiweißstoffe aus Weizenkleie und anderen Weizenkornteilen: Prolamine, Globuline und Albumine wurden von D. B. Jones und C. E. F. Gersdorff[3] auf den Gehalt verschiedener Aminosäuren, unter anderen auf den von Cystin, analytisch untersucht.

Der Cystin-N-Gehalt des α- und β-Globulins aus Weizen betrug nach F. A. Csonka und D. B. Jones[4] 1,76 und 5,43%.

Über den höheren Cystingehalt der in Alkohol löslichen Haferproteine im Vergleich zu denen von Gerste und Weizen berichten H. Lüers und M. Siegert[5].

Nach D. B. Jones, C. E. F. Gersdorff und O. Moeller[6] übersteigt der Cystingehalt des Haferprolamins den der meisten anderen Pflanzeneiweißstoffe. Albumin und Globulin der Weizenkleie besitzen ebenfalls einen höheren Cystingehalt. Bei verschiedenen Bohnen ist der Cystingehalt der α-Globuline größer als der der β-Globuline.

Das Glutelin von Hafer enthält nach F. A. Csonka[7] 1,99% Cystin-N.

F. A. Csonka und D. B. Jones[8] ermittelten im Roggen-Glutelin 2,56 und im α-Gerste-Glutelin 3,10% Cystin.

D. B. Jones und F. A. Csonka[9] isolierten aus dem Glutelin von poliertem Reis ein Globulin, dessen Cystingehalt 1,56% betrug.

Über den Cystingehalt von gewöhnlichem Reisoryzanin und Oryzanin aus Klebreis berichtet T. Tadokoro[10].

Ein Protamin aus Blättern von Zea mays enthielt nach A. Ch. Chibnall und L. S. Nolan[11] 0,77% Cystin-N.

Das α-Glutelin aus Zea mays enthielt nach D. B. Jones und F. A. Csonka[12] 2,04% Cystin-N.

Zein enthält nach J. M. Looney[13] 0,75% Cystin.

Der Cystin-N-Gehalt der amerikanischen Mungobohne beträgt nach V. G. Heller[14] 1,62%.

Über den Cystingehalt der Globuline der Jackbohne (Canavalia ensiformis): Concanavalin a, b und Canavalin berichten J. B. Sumner und V. A. Graham[15].

Die aus der Adsukibohne (Phaseolus angularis) isolierten α- und β-Globuline enthielten nach D. B. Jones, A. I. Finks und C. E. F. Gersdorff[16] 1,63 und 0,68% Cystin bzw. 0,6 und 1,21% Cystin-N.

Die Proteine: α-Globulin, β-Globulin und Albumin der Limabohne (Phaseolus lunatus), durch NaCl-Extraktionen aus Bohnenmehl, enthielten nach D. B. Jones, C. E. F. Gersdorff, C. O. Johns und A. J. Finks[17] kein Cystin.

Ein durch Extraktion mit 2 proz. NaCl-Lösung aus enthülsten Cucumissamen isoliertes Globulin enthielt nach D. B. Jones und C. E. F. Gersdorff[18] 1,27% Cystin. Ein durch

---

[1] H. Lüers u. G. Nowak: Biochem. Z. **154**, 310—320 (1924) — Chem. Zbl. **1925 I**, 1330.
[2] T. B. Johnson u. R. D. Coghill: J. of biol. Chem. **63**, 225—231 — Chem. Zbl. **1925 II**, 47.
[3] D. B. Jones u. C. E. F. Gersdorff: J. of biol. Chem. **64**, 241—251 — Chem. Zbl. **1925 II**, 1534.
[4] F. A. Csonka u. D. B. Jones: J. of biol. Chem. **73**, 321—329 — Chem. Zbl. **1927 II**, 2070.
[5] H. Lüers u. M. Siegert: Biochem. Z. **144**, 467—476 — Chem. Zbl. **1924 I**, 1939.
[6] D. B. Jones, C. E. F. Gersdorff u. O. Moeller: J. of biol. Chem. **62**, 183—185 (1924) — Chem. Zbl. **1925 I**, 677.
[7] F. A. Csonka: J. of biol. Chem. **75**, 189—194 — Chem. Zbl. **1928 II**, 903.
[8] F. A. Csonka u. D. B. Jones: J. of biol. Chem. **82**, 1721 — Chem. Zbl. **1929 II**, 3229.
[9] D. B. Jones u. F. A. Csonka: J. of biol. Chem. **74**, 427—431 (1927) — Chem. Zbl. **1928 II**, 456.
[10] T. Tadokoro: Proc. imp. Acad. Tokyo **2**, 498—501 (1926) — Chem. Zbl. **1927 II**, 96.
[11] A. Ch. Chibnall u. L. S. Nolan: J. of biol. Chem. **62**, 179—181 (1924) — Chem. Zbl. **1925 I**, 677.
[12] D. B. Jones u. F. A. Csonka: J. of biol. Chem. **78**, 289—292 — Chem. Zbl. **1928 II**, 1890.
[13] J. M. Looney: J. of biol. Chem. **69**, 519—538 — Chem. Zbl. **1926 II**, 2466.
[14] V. G. Heller: J. of biol. Chem. **75**, 435—442 (1927) — Chem. Zbl. **1928 I**, 2513.
[15] J. B. Sumner u. V. A. Graham: J. of biol. Chem. **64**, 257—261 — Chem. Zbl. **1925 II**, 2060.
[16] D. B. Jones, A. I. Finks u. C. E. F. Gersdorff: J. of biol. Chem. **51**, 103—114 — Chem. Zbl. **1922 I**, 1378.
[17] D. B. Jones, C. E. F. Gersdorff, C. O. Johns u. A. J. Finks: J. of biol. Chem. **53**, 231 bis 240 (1922) — Chem. Zbl. **1923 I**, 853.
[18] D. B. Jones u. C. E. F. Gersdorff: J. of biol. Chem. **56**, 79—96 — Chem. Zbl. **1923 III**, 313.

Extraktion mit 0,5proz. NaOH aus hülsenhaltigen Samen isoliertes Glutenin enthielt 1,09% Cystin.

Über den Cystingehalt der Proteine der fettfreien Mehle von Baumwollsamen, Sojabohnen und Cocosnuß, die durch 0,2proz. NaOH- bzw. 5proz. Ba(OH)$_2$-Lösung extrahiert waren, berichtet W. G. Friedemann[1].

Der Cystin-N-Gehalt des Baumwollsamenmehles beträgt nach W. B. Nevens[2] 0,9%. Aus Baumwollsamen durch NaCl-Lösung extrahierte Proteine wurden von D. B. Jones und F. A. Csonka[3] weiter fraktioniert, und in folgenden Proteinen: α-Globulin, β-Globulin und Pentoseprotein der Cystin-N-Gehalt ermittelt: 0,54, 0,51 und 1,43%.

Die durch Extraktion mit 10proz. NaCl-Lösung aus Sesamsamen isolierten α- und β-Globuline enthielten beide nach D. B. Jones und C. E. F. Gersdorff[4] 1,61% Cystin.

Das pflanzliche Albumin Leukosin enthielt nach H. Lüers und M. Landauer[5] 1,49% Cystin-N.

Im Spinacin, einem Protein aus Spinatblättern, wurden von A. Ch. Chibnall[6] 1,27% Cystin-N nachgewiesen.

Unter den Spaltprodukten gereinigten Ricins wurde von P. Karrer, A. P. Smirnoff, H. Ehrensperger, J. van Slooten und M. Keller[7] 1% Cystin nachgewiesen.

Ein Protein aus Luzernenblättern enthält nach A. Ch. Chibnall und L. S. Nolan[8] 0,84% Cystin-N.

Das aus Luzernenheu durch verdünntes Alkali extrahierte Protein enthält nach H. C. Miller[9] Cystin.

Aus dem alkalischen Alkoholextrakt der Blätter von Kuzu (japanische Arrow-root-Pflanze, Pueraria hirsuta, Matsum) wurde von R. Sasaki[10] durch Neutralisation mit HCl ein Protein gewonnen, das 0,14% Cystin-N, auf Gesamt-N bezogen, enthielt.

Die aus der Rinde des Akazienbaumes, Robinia pseudacacia, durch NaCl-Lösung extrahierten Proteine wurden fraktioniert, die Globuline vom Albumin durch Dialyse getrennt, das nach D. B. Jones, C. E. F. Gersdorff und O. Moeller[11] 1,07% Cystin-N bzw. 1,37 (1,03)% Cystin enthielt.

Ein aus Walnüssen isoliertes Globulin enthält nach F. A. Cajori[12] 0,8% Cystin vom Gesamt-N.

Ein nach partieller Hydrolyse des Arachins mit verdünnter heißer NaOH durch Fällung mit HCl erhaltener Niederschlag, der etwa $^1/_3$ der Gesamtmenge beträgt, enthält nach D. B. Jones und H. C. Waterman[13] etwa $^2/_3$ des gesamten Histidins, $^1/_3$ des gesamten Arginins und Cystins und etwa $^2/_5$ des gesamten Lysins.

Im Hydrolysat der Trockensubstanz von dunklem Münchner Bier werden von O. Jung[14] 1,57% Cystin-N nachgewiesen.

Bildung des i-Cystins: l-Cystin wird nach R. A. Gortner und W. F. Hoffman[15] durch Kochen mit 20proz. HCl in das i-Cystin übergeführt. i-Cystin ist nicht in aktive Komponenten aufspaltbar, es wird als meso-Form angesehen. Die abweichenden Eigenschaften des l-Cystins,

---

[1] W. G. Friedemann: J. of biol. Chem. **51**, 17—20 (1922) — Chem. Zbl. **1922 I**, 1378.
[2] W. B. Nevens: J. Dairy Sci. **4**, 375—400, 552—591 (1921) — Ber. Physiol. **12**, 444—445 — Chem. Zbl. **1922 III**, 393.
[3] D. B. Jones u. F. A. Csonka: J. of biol. Chem. **64**, 673—683 (1925) — Chem. Zbl. **1926 I**, 418.
[4] D. B. Jones u. C. E. F. Gersdorff: J. of biol. Chem. **75**, 213—225 (1927) — Chem. Zbl. **1928 I**, 933.
[5] H. Lüers u. M. Landauer: Biochem. Z. **133**, 598—602 (1922) — Chem. Zbl. **1923 III**, 313.
[6] A. Ch. Chibnall: J. of biol. Chem. **61**, 303—308 — Chem. Zbl. **1924 II**, 2589.
[7] P. Karrer, A. P. Smirnoff, H. Ehrensperger, J. van Slooten u. M. Keller: Hoppe-Seylers Z. **135**, 129—166 — Chem. Zbl. **1924 II**, 348.
[8] A. Ch. Chibnall u. L. S. Nolan: J. of biol. Chem. **62**, 173—178 (1924) — Chem. Zbl. **1925 I**, 677.
[9] H. C. Miller: J. amer. chem. Soc. **43**, 2656—2663 (1921) — Chem. Zbl. **1922 III**, 672.
[10] R. Sasaki: Bull. agricult. chem. Soc. Japan **4**, 1—5 (1928) — Chem. Zbl. **1929 II**, 583.
[11] D. B. Jones, C. E. F. Gersdorff u. O. Moeller: J. of biol. Chem. **64**, 655—671 (1925) — Chem. Zbl. **1926 I**, 416.
[12] F. A. Cajori: J. of biol. Chem. **49**, 389—397 (1921) — Chem. Zbl. **1922 I**, 474.
[13] D. B. Jones u. H. C. Waterman: J. of biol. Chem. **52**, 357—366 — Chem. Zbl. **1922 III**, 1307.
[14] O. Jung: Z. ges. Brauwesen **46**, 74—76 — Chem. Zbl. **1923 IV**, 250.
[15] R. A. Gortner u. W. F. Hoffman: J. of biol. Chem. **72**, 433—448 — Chem. Zbl. **1927 I**, 2900.

das durch Säurehydrolyse aus Eiweißen gewonnen wurde, sind nach den Verfassern auf Verunreinigungen durch i-Cystin zurückzuführen.

Darstellung: Zur Darstellung von Cystin eignen sich folgende Verfahren nach A. R. Th. Merrill[1]: 100 g Wolle werden mit 200 ccm HCl (D. = 1,19) hydrolysiert, dann auf 500 ccm aufgefüllt. Cystin wird durch Zugabe von 750 g Na-Acetat-trihydrat ($p_H = 4$) ausgefällt. Ausbeute beträgt 5,2%. Noch höher war die Ausbeute, wenn das Hydrolysat mit NaOH neutralisiert und im Vakuum eingedampft wurde. Aus dem wiederaufgelösten Trockenrückstand wurde 6,5% Cystin gewonnen. Wird mit verdünnter HCl gearbeitet, so muß zur Fällung mit Na-Acetat Alkohol zugesetzt werden. Das dunkelbraun gefärbte Hydrolysat läßt sich am besten mit Norrit entfärben, das nach Behandlung mit siedender verdünnter HCl fast kein Cystin adsorbiert. Zur colorimetrischen Bestimmung der [H$^+$] ist Bromphenolblau als Indicator geeignet. Die zur Fällung des Cystins aus seinen Lösungen am besten geeignete [H$^+$] liegt zwischen 10^{-6} und 10^{-3}. Um Cystin tyrosinfrei zu erhalten, wird es am zweckmäßigsten bei einem $p_H = 3$ gefällt.

L. Okabe[2] empfiehlt zur Darstellung des Cystins folgende Arbeitsweise: Pferdehaare werden mit 20proz. HCl hydrolysiert, mit Tierkohle entfärbt, im Vakuum zum Sirup eingeengt, mit wässeriger NH$_3$ auf $p_H = 4,8$ neutralisiert, auf 0° abgekühlt, dann mit 30% Alkohol versetzt. Die NH$_4$Cl-Konzentration in der Lösung beträgt während der Abscheidung des Cystins 1,5 Mol. Die Ausbeute beträgt 6,4% Cystin (= etwa 60% des nach Okudas Titrationsmethode nachweisbaren Cystins.)

C. L. A. Schmidt[3] gibt folgende Darstellung von Cystin aus Menschenhaar oder Wolle an: Nach Entfettung mit Gasolin wird das Ausgangsmaterial mit der doppelten Gewichtsmenge konzentrierter HCl bei 100° hydrolysiert, zweckmäßig nur 12 Stunden. Die Hauptmenge der Flüssigkeit wird im Vakuum bei 60—70° entfernt, mit Wasser bis zum ursprünglichen Volumen verdünnt, dann eine dicke Aufschlemmung von Kalk unter Vermeidung einer Temperaturerhöhung langsam bis zur schokoladebraunen Farbe zugegeben, filtriert und mit Wasser gewaschen, Filtrat mit HCl neutralisiert, darauf mit Essigsäure angesäuert. Beim Stehen über Nacht bei 0° scheidet sich rohes Cystin ab. Es wird abfiltriert, in möglichst wenig 5proz. HCl gelöst, mit Tierkohle entfärbt, durch Na-Acetatzusatz zur heißen Lösung, bis sie gegen Kongo neutral ist, gefällt, abfiltriert und zur vollständigen Entfernung des Tyrosins mit heißem Wasser ausgewaschen. Ausbeute 6,3%.

Bestimmung und Nachweis: Die gravimetrische Methode von L. J. Harris[4] zur Bestimmung des Cystins in Hydrolysegemischen beruht auf der Fällung des Cystins mit HgSO$_4$—H$_2$S, Fällung des resultierenden Cysteins mit Cu(OH)$_2$—H$_2$S und Oxydation in ammoniakalischer Lösung mittels Luftstromes zu Cystin. Aus der mit verdünntem NH$_4$OH auf $p_H = 7$ gebrachten Flüssigkeit krystallisiert das Cystin in einigen Tagen aus. Kontrolle ergab, daß so etwa 40% des vorhandenen Cystins bestimmt wurden. Verfasser gibt noch die Abtrennung des Tyrosins an. Außerdem werden die Verlustquellen eingehender besprochen. Nach dieser Methode beträgt der Cystingehalt des Serumalbumins des Rindes 89, der des Ovalbumins 14% des Gesamt-S.

C. Th. Moerner[5] gibt folgende Bestimmung des Cystins im Urin an: Der evtl. mit Essigsäure angesäuerte Harn wird mit NH$_3$ versetzt, bleibt 2 Tage in verschlossener Flasche stehen und wird filtriert. Ein Teil des Filtrates wird mit 3 ccm konzentrierter Essigsäure versetzt, auf etwa $^2/_5$ eingeengt, mit $^3/_4$ Vol. einer Mischung aus 1$^1/_2$ Vol. Aceton, 1$^1/_2$ Vol. Alkohol und 1 Vol. Äther versetzt, nach 10 Tagen dekantiert und der Niederschlag auf einem Filter mit einem Gemenge von 1$^1/_2$ Vol. obiger Mischung, 1 Vol. Wasser und 1 Tropfen Essigsäure gewaschen, mit verdünnter HCl behandelt, filtriert, das Filtrat eingeengt, mit NH$_3$ ausgezogen, mit HNO$_3$ behandelt, eingedampft, schließlich mit 0,1 proz. Essigsäure ausgezogen, mit dieser und mit Alkohol und Äther gewaschen.

Zur Bestimmung des S vom Cystin als BaSO$_4$ wird nach R. H. A. Plimmer und J. Lowndes[6] die Lösung des Cystin-Phosphorwolframates mit 5—10 ccm des Benedict-Denis-Reagenzes zur Trockne eingeengt, zunächst vorsichtig bis zur beginnenden Verkohlung, dann noch 15 Minuten

---

[1] A. R. Th. Merrill: J. amer. chem. Soc. **43**, 2688—2696 (1921) — Chem. Zbl. **1922 III**, 345.
[2] L. Okabe: J. of Biochem. **8**, 441—457 — Chem. Zbl. **1928 I**, 2803.
[3] C. L. A. Schmidt: Proc. Soc. exper. Biol. a. Med. **19**, 50—52 (1921) — Chem. Zbl. **1922 I**, 1277.
[4] L. J. Harris: Proc. roy. Soc. Lond. B **94**, 441—450 — Chem. Zbl. **1923 IV**, 6.
[5] C. Th. Moerner: Uppsala Läk.för. Förh. **27**, 367—374 (1922) — Ber. Physiol. **18**, 507—508 — Chem. Zbl. **1923 IV**, 567.
[6] R. H. A. Plimmer u. J. Lowndes: Biochemic. J. **31**, 247—253 — Chem. Zbl. **1927 II**, 145.

über freier Flamme erhitzt, der Rückstand wird mit 25 ccm konzentrierter HCl gekocht, das Wolframoxyd nach Stehen über Nacht durch ein gehärtetes Filter filtriert, der Niederschlag mit 25—50 ccm heißer konzentrierter, dann mit heißer halbverdünnter HCl gewaschen, nach Verdünnen mit 200—500 ccm Wasser und Erwärmen vom wiederausgefallenen Oxyd filtriert. Das Filtrat wird mit $BaCl_2$ gefällt. Schließlich wird das $BaSO_4$ mit verdünntem NH_3 gewaschen.

A. Magnus-Levy[1] ändert die Cystinbestimmungsmethode nach Gaskell dahin ab, daß die 2. Ausfällung und Wägung durch eine polarimetrische Bestimmung ersetzt wird. Die Drehung ist bei einer Konzentration von 1—7% konstant, in konzentrierter HCl geringer. Geringer NH_4Cl-Zusatz und n-HCl ändern die Drehung nicht. Schwach saurer 50proz. Alkohol löst kein Cystin. In 200 ccm Cystinlösungen bleiben nach der Ausfällung unabhängig von der zugesetzten Cystinmenge stets 5 mg gelöst. In 200 ccm konzentriertem Urin blieben ohne vorherige Ausfällung der Phosphate 16 mg, in wenig konzentriertem Harn 12 mg Cystin gelöst. Nach Ausfällung der Phosphate blieben 8 statt 11 mg gelöst. Die gelösten Cystinmengen können nach Gaskell nicht bestimmt werden.

Bei der Titration des Cystins nach der Formoltitrationsmethode von Sörensen werden nach S. L. Jodidi[2] genaue Werte erhalten, wenn Cystin in 0,2 n-NaOH gelöst und mit 0,2 n-HCl, mit Phenolphthalein als Indicator, titriert wird.

Die Cystinbestimmungsmethode von Y. Okuda[3] beruht darauf, daß das Cystin durch nascierenden H_2 zu Cystein reduziert wird, das mit KJO_3 titriert wird. Andere Aminosäuren reagieren nach der Behandlung mit nascierendem H_2 nicht mit KJO_3. Zunächst wird eine Standardlösung von Cystin hergestellt. 1,01 g Cystin werden in 50 ccm etwa 5proz. HCl gelöst, mit einigen Dezigramm Zn-Staub 30 Minuten bei Zimmertemperatur unter Umschütteln behandelt. 1 ccm dieser Lösung wird mit 19 ccm 2proz. HCl, 5 ccm 5proz. KJ und 5 ccm 4proz. HCl versetzt, mit $1/300$ n-KJO_3 auf schwach gelb titriert. Während der Titration ist die Temperatur der Lösung abzulesen. 1 ccm $1/300$ n-KJO_3 entspricht 0,0101 g Cystin. Angegeben wird noch eine Kurve der Abhängigkeit der verbrauchten Menge KJO_3 von der Temperatur, die für die Standardlösung etwa folgende Werte enthält: 15° = 4,55, 17,5° = 4,65, 20° = 4,75, 25° = 5,20 und 30° = 6,00 ccm. Die Cystinbestimmung in Proteinen verläuft folgendermaßen: 1—5 g Protein werden mit der dreifachen Menge konzentrierter HCl (D. = 1,19) 20 Stunden hydrolysiert. Enthält die Lösung mehr als 6 g HCl, so wird der Überschuß im Vakuum abdestilliert. Die Lösung wird mit Wasser verdünnt, mit Tierkohle entfärbt, filtriert, nachgewaschen. Das Filtrat wird bei Zimmertemperatur mit wenig Zn-Staub versetzt, 30 Min. unter häufigem Umschütteln stehengelassen, filtriert und auf 100 ccm aufgefüllt. In 1 ccm der Lösung wird die HCl durch Titration bestimmt und die Gesamtlösung danach auf 2% HCl gebracht. 20 ccm dieser Lösung werden mit 5 ccm 5proz. KJ und 5 ccm 4proz. HCl versetzt und mit $1/300$ n-KJO_3 auf schwach gelb titriert. Die Temperatur bei der Titration ist entsprechend zu berücksichtigen. Bei 17,5° enthalten die 20 ccm-Lösung: $\frac{0{,}0101 \cdot \text{ccm } KJO_3}{4{,}65} = g$ Cystin. Bei Anwesenheit von Cystein neben Cystin wird zunächst das Cystein, dann in einer entsprechenden Probe durch Reduktion das Cystin + Cystein ermittelt. Die Differenz der beiden Werte ergibt den Cystingehalt. Diese Bestimmungsmethode für Cystin bzw. Cystein kann nach Y. Okuda[4] dahin abgeändert werden, daß das Eiweiß mit Sulfosalicylsäure entfernt wird und statt in salzsaurer Lösung die Titration in sulfosalicylsaurer Lösung durchgeführt wird.

Y. Teruuchi und L. Okabe[5] geben folgende Verbesserung für die Cystinbestimmungsmethode nach Okuda an: Das Protein wird nur 10 Stunden mit 20proz. HCl hydrolysiert, das Hydrolysat wird nicht mit Tierkohle entfärbt, die Titration wird mit der Jodatlösung unter Verwendung von Stärke als Indicator durchgeführt.

Da nach R. Defay[6] bei der Folin-Looneyschen Cystinbestimmungsmethode besonders bei Anwendung schwach gefärbter Vergleichslösungen die Schichthöhen nicht genau umgekehrt

---

[1] A. Magnus-Levy: Biochem. Z. **156**, 150—160 — Chem. Zbl. **1925 II**, 78.
[2] S. L. Jodidi: J. amer. chem. Soc. **48**, 751—753 — Chem. Zbl. **1926 I**, 3416.
[3] Y. Okuda: J. of Biochem. **5**, 201—214, 217—227 (1925) — Chem. Zbl. **1926 I**, 1462.
[4] Y. Okuda: Proc. imp. Acad. Tokyo **3**, 287—290 — Chem. Zbl. **1927 II**, 1495.
[5] Y. Teruuchi u. L. Okabe: J. of Biochem. **8**, 459—467 — Chem. Zbl. **1928 I**, 2850.
[6] R. Defay: Bull. Soc. Chim. biol. Paris **8**, 715—732, 733—745 — Chem. Zbl. **1926 II**, 2466 bis 2467.

proportional den Konzentrationen der entsprechenden Lösungen sind, wird vom Verfasser eine Korrektur angegeben: Es werden in einer Reihe (100 ccm-Kolben) von je $1/2$, 1, $1^1/_2$, 2, $2^1/_2$, 3, $3^1/_2$ und 4 ccm der Vergleichslösungen die Färbungen nach der Vorschrift entwickelt, zur Marke aufgefüllt und bei Verwendung der Lösung mit 2 ccm als Standard die übrigen Lösungen damit verglichen. Es werden folgende Werte erhalten: $r_2 = 1$ Standard/l entsprechend den Werten $x_2 = c/c$ Standard für die Verhältnisse der Schichthöhen und der Konzentrationen. Die x-Werte werden als Abszissen und die r-Werte als Ordinaten aufgetragen. Beim Vergleich einer unbekannten Lösung mit demselben Standard, also der 2 ccm enthaltenden Vergleichslösung, ist für den gefundenen r_2-Wert der entsprechende Wert auf der Abszisse aufzusuchen.

Bei der Titration von Cystin durch $KBrO_3$ in Gegenwart von NaBr erfordert 1 Mol Cystin 10 Atome Br. Bei Anwendung von $1/_{20}$n-$KBrO_3$-Lösung entspricht 1 ccm 0,00721 g Cystin. Die Konzentration an Cystin und an Säure ist praktisch ohne Einfluß. Statt $KBrO_3$ kann auch Bromwasser benutzt werden. Als Endpunkt dient das Stehenbleiben der Gelbfärbung während einer Minute. Weiterhin wird von Y. Okuda[1] noch der Einfluß von Histidin und Tyrosin auf die Bestimmungsmethode untersucht. Bei einem Gemisch von Tyrosin und Cystin absorbiert das Tyrosin pro Mol 2 Atome Br. Bei einer Titration dieses Gemisches läßt sich das Cystin noch durch Bestimmung des S-Gehaltes nach Koch oder Upson oder nach Denis ermitteln. Die Tyrosinmenge ergibt sich aus der Differenz der erhaltenen Werte.

O. Folin und J. M. Looney[2] geben folgende Cystinbestimmungsmethode an: Cystin wird durch 10 proz. Na_2SO_3-Lösung zu Cystein reduziert. Zu 3 mg Cystin werden im 100 ccm-Meßkolben 20 ccm gesättigte Na_2CO_3-Lösung und verschiedene Mengen frisch bereiteter 20 proz. Na_2SO_3-Lösung, nach 5 Minuten 2 ccm Harnsäurereagens zugesetzt. Ein Zusatz von 10 ccm Sulfidlösung gilt als Standard. In Proteinen ergibt sich dann die Cystinbestimmung folgendermaßen: 1—5 g des trockenen Proteins werden mit 20 ccm 20 proz. H_2SO_4 im Kjeldahl-Kolben 12 Stunden hydrolysiert, auf 100 ccm verdünnt; von der Lösung werden 1—20 ccm mit 20 ccm gesättigter Na_2CO_3-Lösung und 10 ccm 20 proz. Na_2SO_3-Lösung versetzt. Die Standard-Cystinlösung soll 5% H_2SO_4 und 1 mg Cystin pro ccm enthalten. Verwendet werden 2 Standardlösungen vom 1- bzw. 3 mg-Cystin. Zu den Lösungen werden 20 ccm gesättigter Na_2CO_3-Lösung und 10 ccm 20 proz. Sulfitlösung, nach 5 Minuten 3 ccm Harnsäurereagens nach Folin und Denis zu allen Lösungen zugegeben. Es wird auf 100 ccm aufgefüllt und abgelesen.

O. Folin und A. D. Marenzi[3] geben für die obige Bestimmungsmethode folgende Verbesserungen an: Als Harnsäurereagens wird ein phenolfreies Reagens, außerdem eine 20 proz. Li_2SO_4-Lösung, eine frisch hergestellte 3—20 proz. Lösung von Merckschem Na-Sulfit und eine Cystinstandardlösung in n-H_2SO_4, die im ccm 1 mg Cystin enthält, verwendet.

Bei der Bestimmung des Cystins im Harn wird nach J. M. Looney[4] die Zunahme der Färbung von — mit Phosphorwolframsäurereagens versetztem, evtl. mit Trichloressigsäure enteiweißtem — Harn auf Zusatz von Na_2SO_3 bestimmt.

Nach O. Fürth und W. Fleischmann[5] gibt Cystin mit Folinschem Reagens für die Bestimmung von Tyrosin eine schwache, aber deutliche Reaktion.

G. Hunter und B. A. Eagles[6] bestimmen und vergleichen Cystin colorimetrisch mittels Li_2SO_4 und Phosphorwolframsäure in alkalischer Lösung mit verschiedenen Glutathionpräparaten. 4,64 Teile reines Cystin geben die gleiche Färbung wie 10 Teile Glutathion.

M. X. Sullivan[7] gibt folgende Cystinbestimmungsmethode an: 5 ccm einer höchstens 0,04 proz. Cystinlösung in 0,1 n-HCl werden mit 1—2 ccm einer 5 proz. Cyannatriumlösung versetzt, dann wird nach 10 Minuten 1 ccm einer 0,5 proz. Lösung von 1,2-naphthochinon-4-sulfonsaurem Na in Wasser zugegeben, ferner werden 5 ccm 10—20 proz. Na-Sulfitlösung in 0,5 n-NaOH, nach 30 Min. 1 ccm 2 proz. Na-Hydrosulfitlösung in 0,5 n-NaOH zugesetzt und die entstandene Rotfärbung colorimetrisch ausgewertet. Die Methode kann nur dann zum spezifischen Nachweis benutzt werden, wenn keine weiteren Verbindungen mit einer SH-, NH_2- und COOH-Gruppe anwesend sind. Ferner stören Schwermetallsalze und Oxydationsmittel die

---

[1] Y. Okuda: J. Coll. agric. Tokyo **7**, 69—76 (1919) — Chem. Zbl. **1925 I**, 1232.
[2] O. Folin u. J. M. Looney: J. of biol. Chem. **51**, 421—434 — Chem. Zbl. **1922 IV**, 349.
[3] O. Folin u. A. D. Marenzi: J. of biol. Chem. **83**, 103—108 — Chem. Zbl. **1929 II**, 2082.
[4] J. M. Looney: J. of biol. Chem. **54**, 171—175 (1922) — Chem. Zbl. **1923 II**, 6.
[5] O. Fürth u. W. Fleischmann: Biochem. Z. **127**, 137—149 (1922) — Chem. Zbl. **1922 II**, 1044.
[6] G. Hunter u. B. A. Eagles: J. of biol. Chem. **72**, 177—183 — Chem. Zbl. **1927 II**, 145.
[7] M. X. Sullivan: Publ. Health Rep. **44**, 1421—1428 — Chem. Zbl. **1929 II**, 3041.

Farbreaktion. Weitere Versuche von M. X. Sullivan und W. C. Hess[1] zeigten, daß o-Aminophenylmercaptan, Diamidoäthyldisulfid, Verbindungen mit einer SH- oder NH_2-Gruppe allein mit Naphthochinon keine Reaktion gaben, daß wohl aber reduziertes Glutathion und Verbindungen, die durch Reduktion und Verseifung Cystein liefern, mit dem Chinon reagieren.

E. Herzfeld[2] gibt folgende colorimetrische Cystinbestimmungsmethode an: Das Cystin wird in alkalischer Lösung mit $CuSO_4$ entschwefelt, das ausgeschiedene Cu-Sulfid durch verdünnte H_2SO_4 vom beigemengten Oxyd befreit, in HNO_3 gelöst und nach Zusatz von Ammoniak colorimetriert. Als Vergleichslösung dient eine aus reinem Cystin erhaltene Flüssigkeit, die in 25 ccm so viel Cu enthält, wie durch 50 mg verbraucht werden. Eiweißhaltige Flüssigkeiten müssen durch Hitzekoagulation bei neutraler Reaktion enteiweißt werden. Farbstoffreiche Harne werden durch Tierkohle unter Zusatz von etwas NH_3 entfärbt, zuckerreiche werden eingedampft, mehrmals mit Alkohol ausgekocht. Fe muß durch Auflösen in HCl und Wiederausfällen des Cu-Sulfides aus dessen Lösung entfernt werden. Isolierte Eiweißkörper können direkt im Autoklaven mit Natronlauge und $CuSO_4$ zersetzt werden. Die so erhaltenen Cystinwerte liegen bis 50mal höher als die in der Literatur angegebenen.

Über eine Cystinbestimmung von Proteinen durch Wachstumskurven berichten H. C. Sherman und E. Woods[3].

H. B. Vickery und Ch. S. Leavenworth[4] geben folgende Abtrennungsmethode des Cystins aus der Histidinfraktion, in der es bei der üblichen Eiweißanalyse eingeschlossen ist, an: Die wässerige, mit H_2SO_4 schwach angesäuerte Lösung dieser Fraktion wird $^1/_2$ Stunde mit $Cu(OH)_2$ [auf 1 Teil Cystin 6 Teile $Cu(OH)_2$] gekocht. Die Flüssigkeit bleibt $^1/_2$ Stunde stehen, bevor filtriert wird. Die Entfernung des Cystins wird durch Bindung des Histidins mit Dinitronaphtholsulfosäure wesentlich erleichtert.

Über den störenden Einfluß von Cystin auf die Histidinbestimmung berichtet H. O. Calvery[5], siehe auch unter Histidin, Bestimmung, S. 727.

R. A. Gortner und W. M. Sandstrom[6] untersuchten die van Slykesche Methode dahin, welchen Einfluß Kochen mit Säuren, die Gegenwart von Tryptophan oder Prolin bei Aminosäuregemischen (Cystin neben anderen Aminosäuren) auf die erhaltenen Werte ausübt. So werden nach dem Kochen mit HCl 35,5% des Cystin-N nicht durch Phosphorwolframsäure gefällt. Bei Gegenwart von Tryptophan fallen nach dem Kochen die Hauptfehler in die Cystin- und Histidinfraktion. Nach dem Kochen eines Prolin enthaltenden Säuregemisches wird Cystin nur teilweise ausgefällt.

Über die Tryptophanbestimmung von Onslow in cystinreichen Proteinen berichtet H. Onslow[7].

Cystin wirkt nach G. Hunter[8] nicht auf den Nachweis des Carnosins nach der Knoopschen Methode störend ein.

Über eine Trennungsmethode der α-Monoaminosäuren durch Sublimation in sublimierbare und nur teilweise oder gar nicht sublimierende Verbindungen und über ihre mikrochemische Charakterisierung durch Bestimmung der Löslichkeit, Krystallisationsfähigkeit, Fällungsvermögen von Phosphorwolframsäure und Darstellung der Cu-Salze berichtet O. Werner[9]. Cystin gehört zur Gruppe der auch bei Totalkühlung nicht oder unter Zersetzung nur wenig sublimierbaren Verbindungen.

Cystin läßt sich nach G. Hunter und B. A. Eagles[10] in eiweißfreien Leberextrakten und in Glutathionpräparaten durch β-Naphthochinon colorimetrisch nachweisen.

Bei der Isolierung von l-Cystin aus Harn durch Kuppeln mit β-Naphthalinsulfochlorid ist nach E. Abderhalden[11] nur eine Spur NH_3, um Bildung von β-Naphthalinsulfamid zu

---

[1] M. X. Sullivan u. W. C. Hess: Publ. Health Rep. 44, 1599—1608 — Chem. Zbl. **1929 II**, 3042.

[2] E. Herzfeld: Schweiz. med. Wschr. 52, 411—412 — Chem. Zbl. **1922 IV**, 1076.

[3] H. C. Sherman u. E. Woods: J. of biol. Chem. 66, 29—36 (1925) — Chem. Zbl. **1926 II**, 607.

[4] H. B. Vickery u. Ch. S. Leavenworth: J. of biol. Chem. 83, 523—534 — Chem. Zbl. **1929 II**, 3167.

[5] H. O. Calvery: J. of biol. Chem. 83, 631—648 — Chem. Zbl. **1929 II**, 3167.

[6] R. A. Gortner u. W. M. Sandstrom: J. amer. chem. Soc. 47, 1663—1671 — Chem. Zbl. **1925 II**, 1482.

[7] H. Onslow: Biochemic. J. 18, 63—84 — Chem. Zbl. **1924 I**, 2290.

[8] G. Hunter: Biochemic. J. 16, 640—654 (1922) — Chem. Zbl. **1923 II**, 511.

[9] O. Werner: Mikrochem. 1, 33—46 (1923) — Chem. Zbl. **1924 I**, 1981.

[10] G. Hunter u. B. A. Eagles: J. of biol. Chem. 72, 167—175 — Chem. Zbl. **1927 II**, 107.

[11] E. Abderhalden: J. of biol. Chem. 75, 195—197 — Chem. Zbl. **1928 II**, 899.

vermeiden, aber ein großer Überschuß von NaOH und β-Naphthalinsulfochlorid anzuwenden. Nach R. A. Gortner[1] ist das NH_3 vor Zusatz des β-Naphthalinsulfochlorides zu entfernen.

Nach R. Monceaux[2] läßt sich Cystin bei Tuberkulosen nach folgender Methode am zweckmäßigsten im Harn nachweisen: Der Harn wird mit basischem Pb-Acetat geklärt, das Pb mit H_2S entfernt, das Filtrat konzentriert, mit NH_3 aufgenommen, erneut konzentriert und der Krystallisation überlassen.

Nachweis: Bei einer kombinierten Einwirkung von $HgCl_2$, Sulfanilsäure und Jodsäure in ganz reinem Zustande und unter genau einzuhaltenden Bedingungen auf Cystin wird nach B. Stuber, A. Rußman und E. A. Proebsting[3] keine Färbung erhalten.

Biochemische Eigenschaften des l-Cystins: Nach Untersuchungen von W. B. Cannon und F. R. Griffith[4] über die Herzbeschleunigung durch Reizung der Leber wurde durch intravenöse Injektion einer Cystinlösung keine Beschleunigung erzielt.

Cystin, Meerschweinchen parenteral zugeführt, hat nach R. Wigand[5] keinen besonderen Einfluß auf den Allgemeinzustand und die Temperatur der Tiere.

T. Addis, E. M. Mac Kay und L. L. Mac Kay[6] stellten bei Verfütterung von 1% Cystin keine pathologischen Veränderungen an den Nieren fest.

Nach Versuchen an Kaninchen und Hunden mit intravenöser Injektion von neutralisiertem Cystin wurde nach L. H. Newburgh und Ph. L. Marsh[7] eine schwere tubuläre Nierenschädigung hervorgerufen.

Versuche von A. C. Curtis und L. H. Newburgh[8] über die toxische Wirkung von Cystin auf die Niere ergaben folgendes: Bei einer Kost (Casein-Stärke-Vitamine), die neben 8% Casein 0,021% Cystin enthielt, gediehen Ratten schlecht, bei 18% Casein und 0,047% Cystin gut. Erhöhung des Cystingehaltes auf über 0,5% führt nach längerer Zeit zu degenerativen Erscheinungen an den Nieren, während Zufuhr von 20% Cystin bereits in wenigen Tagen Nekrose der Nierenepithelien herbeiführt.

In 2 Fällen von progressiver Atrophie von Kindern fand nach G. O. Lignac[9,10] post mortem eine erhebliche Cystinablagerung in den Geweben statt. Als mögliche Ursache dieser Ablagerung nimmt der Verfasser ein Unvermögen der Leberzellen an, aus Cystin Taurin zu bilden.

R. A. Gortner und W. F. Hoffman[11] studierten die Eigenschaften des aus Nierensteinen gewonnenen Cystins, die teilweise mit den Eigenschaften des in der Literatur beschriebenen „Steincystins" übereinstimmten.

Nach Versuchen von E. Abderhalden und E. Gellhorn[12] am Herzstreifen ist die Adrenalinwirkung durch l-Cystin bedeutend verstärkt, so daß sich die Schwellenkonzentration bis auf etwa $1/_{10}$ des normalen Wertes erniedrigt. Ebenso wird an der glatten Muskulatur des Magens und der Speiseröhre beim Frosch eine Verstärkung der Erregung bzw. Lähmung ausgelöst. Dem Cystin selbst kommt kein Einfluß auf die automatischen Kontraktionen der Herz-, Magen- und Speiseröhrenmuskulatur zu. Bei intraperitonealer Injektion wird durch Cystin bei der weißen Maus die Temperatursenkung verstärkt.

Untersuchungen von Y. Okuda[13] an verschiedenen Gewebsproteinen ergaben, daß in frischen Proteinen physiologisch aktiver Gewebe (Muskel, Leber) nur der kleinere Teil der

---

[1] R. A. Gortner: J. of biol. Chem. **75**, 199—200 — Chem. Zbl. **1928 II**, 899.

[2] R. Monceaux: C. r. Soc. Biol. Paris **96**, 323—324 — Chem. Zbl. **1927 I**, 3100.

[3] B. Stuber, A. Rußman u. E. A. Proebsting: Z. exper. Med. **32**, 448—454 (1923) — Chem. Zbl. **1923 II**, 1138.

[4] W. B. Cannon u. F. R. Griffith: Amer. J. Physiol. **60**, 544—559 (1922) — Chem. Zbl. **1923 I**, 703.

[5] R. Wigand: Arch. f. exper. Path. **132**, 18—27 — Chem. Zbl. **1928 II**, 1009.

[6] T. Addis, E. M. Mac Kay u. L. L. Mac Kay: J. of biol. Chem. **71**, 139—156, 157—166 (1926) — Chem. Zbl. **1927 I**, 1696.

[7] L. H. Newburgh u. Ph. L. Marsh: Arch. int. Med. **36**, 682—711 (1925) — Ber. Physiol. **35**, 498 — Chem. Zbl. **1926 II**, 1663.

[8] A. C. Curtis u. L. H. Newburgh: Arch. int. Med. **39**, 817—827 (1927) — Chem. Zbl. **1928 II**, 2487.

[9] G. O. Lignac: Nederl. Tijdschr. Geneesk. **68 I**, 2987—2995 — Chem. Zbl. **1924 II**, 1602.

[10] G. O. Lignac: Münch. med. Wschr. **71**, 1016—1017 — Chem. Zbl. **1924 II**, 1947.

[11] R. A. Gortner u. W. F. Hoffman: Proc. Soc. exper. Biol. a. Med. **23**, 691—693 — Ber. Physiol. **37**, 764—765 (1926) — Chem. Zbl. **1927 I**, 1967.

[12] E. Abderhalden u. E. Gellhorn: Pflügers Arch. **203**, 42—56 — Chem. Zbl. **1924 II**, 497.

[13] Y. Okuda: Proc. imp. Akad. Tokyo **5**, 246—248 — Chem. Zbl. **1929 II**, 2904.

S-haltigen Aminosäuren aus Cystin besteht, während im Haar und in Eiproteinen das Cystin überwiegt.

Th. Cahn und A. Bonot[1] studierten eingehend den Cystin- und Arginingehalt verschiedener Gewebe. In Wachstumsstadien schwankt der Cystingehalt bis zu 40%. Das Verhältnis von Arginin:Cystin bleibt konstant und ist für das Eiweiß von Niere, Muskel, Gehirn stets 8:3. Das Verhältnis für das Eiweiß der Lunge weicht von dieser Zahl ab, das für Darmschleimhaut und Darmmuskulatur ist 8:2 bzw. 8:4.

Versuchsergebnisse von Bang am Kaninchen über den Gehalt an Amino-N im Kreislauf nach Zufuhr von Glykokoll oder Alanin werden durch T. N. Seth und J. M. Luck[2] bestätigt und durch Versuche an Kaninchen und Hunden mit weiteren Aminosäuren, u. a. Cystin, erweitert, wobei Cystin am schwächsten auf den Anstieg des Amino-N einwirkt.

Nach D. Rapport und J. Evenden[3] bleibt ein Zusatz von Cystin zu Glycerin ohne Einfluß auf den spezifisch-dynamischen Effekt.

Cystin ist nach D. Rapport und H. H. Beard[4] ohne Einfluß auf die spezifisch-dynamische Wirkung.

Nach D. Rapport und H. H. Beard[5] steigert die Dicarbon- und Diaminosäurefraktion von Casein- und Gelatinehyrolysaten den Gesamtstoffwechsel des Hundes. Zu den spezifisch wirksamen Substanzen dieser Fraktionen gehört Cystin.

Die vermehrte Wärmeabgabe bei Fröschen nach Aufnahme von Cystin entspricht nach E. F. Terroine und R. Bonnet[6] stets der Menge des aufgenommenen Amino-N (118 Cal für 14 mg N).

W. C. Rose und B. T. Huddlestun[7] bestätigen die Unentbehrlichkeit des Cystins für das Wachstum junger Ratten.

Tiere, die wegen Cystinmangels in der Nahrung im Wachstum zurückgeblieben waren, zeigten nach E. Woods[8] gutes Wachstum und Ansatz bei Verfütterung von Trockenmilch und Weizenschrot.

Eine Kost, der neben 2% Zusatz eines alkoholischen Extraktes aus Weizenkeimlingen 12—18% Lactalbumin zugesetzt waren, war nach B. Sure[9] für das Wachstum ungeeignet, dagegen war die Kost sehr brauchbar, wenn 1% des gesamten Eiweißes an Cystin zugefügt wurde. Bei 9% Lactalbumin war auch dieser Cystinzusatz ungenügend, erst ein Zusatz von 5% Tyrosin war wirksam. Eiweißfreie Milch hat nach dem Verfasser einen Gehalt von 0,2% S, der im Tierorganismus in Cystin übergehen kann.

Über den unzureichenden Nährwert von Kuherbsen (Vigna sinensis) infolge Cystinmangels berichten A. J. Finks, D. B. Jones und C. O. Johns[10].

B. Sure[11] teilt weiterhin mit, daß weder Cystin noch Cystin + Tryptophan das mangelnde Wachstumsvermögen bei Arachinverfütterung zu beheben vermag, daß Cystin aber deutliche Wirkung in Gegenwart von Gliadin und Zein und besonders in Gegenwart von Gelatine ausübt.

Nach Versuchen von E. M. K. Geiling[12] scheint Cystin in der Nahrung nicht fehlen zu dürfen.

Während Ratten bei Fütterung mit einer Nahrung, die 66% Linsen (Lens aesculenta Moench) enthält, an Gewicht abnehmen und zugrunde gehen, wachsen nach D. B. Jones, J. C. Murphy und O. Moeller[13] die Tiere leidlich bei einem Zusatz von 0,36% Cystin.

---

[1] Th. Cahn u. A. Bonot: Ann. de Physiol. 4, 781—845 (1928) — Chem. Zbl. **1929 I**, 2890.
[2] T. N. Seth u. J. M. Luck: Biochemic. J. 19, 366—376 — Chem. Zbl. **1925 II**, 2001.
[3] D. Rapport u. J. Evenden: J. of biol. Chem. 60, 497—511 — Chem. Zbl. **1924 II**, 1949.
[4] D. Rapport u. H. H. Beard: J. of biol. Chem. 73, 299—319 — Chem. Zbl. **1927 II**, 1047.
[5] D. Rapport u. H. H. Beard: J. of biol. Chem. 80, 413—429 (1928) — Chem. Zbl. **1929 II**, 1814.
[6] E. F. Terroine u. R. Bonnet: Ann. de Physiol. 2, 488—508 (1926) — Ber. Physiol. 39, 680—681 — Chem. Zbl. **1927 II**, 596.
[7] W. C. Rose u. B. T. Huddlestun: J. of biol. Chem. 69, 599—605 — Chem. Zbl. **1927 I**, 1696.
[8] E. Woods: J. of biol. Chem. 66, 57—61 (1925) — Chem. Zbl. **1926 II**, 254.
[9] B. Sure: J. of biol. Chem. 43, 457—468 — Chem. Zbl. **1921 I**, 41.
[10] A. J. Finks, D. B. Jones u. C. O. Johns: J. of biol. Chem. 52, 403—410 — Chem. Zbl. **1922 III**, 1013.
[11] B. Sure: J. of biol. Chem. 50, 103—111 (1922) — Chem. Zbl. **1922 I**, 766.
[12] E. M. K. Geiling: J. of biol. Chem. 31, 173—199 — Chem. Zbl. **1921 III**, 185.
[13] D. B. Jones, J. C. Murphy u. O. Moeller: J. of biol. Chem. 59, 243—253 — Chem. Zbl. **1924 II**, 1817.

Nach A. J. Finks und C. O. Johns[1] kann das Protein der Limabohne nach dem Kochen ebenso wie das der Schiffsbohne durch Cystin so ergänzt werden, daß es mit der nötigen Menge eiweißfreier Nahrung normales Wachstum junger Albinoratten ermöglicht. Ebenso können die Proteine von Phaseolus angularis sowohl nach dem Kochen, wie im rohen Zustande durch Cystinzusatz nach den Verfassern[2] zur Vollwertigkeit für normales Wachstum junger Ratten ergänzt werden.

Von B. Sure[3] wurde der Einfluß eines Cystinzusatzes zu Arachin auf das Wachstum von jungen Ratten studiert. Eine Verbesserung in dieser Beziehung wurde nicht erzielt, dagegen konnte durch Zusatz von Lactalbumin, besonders durch zugesetztes Cystin, eine wirksame Ergänzung herbeigeführt werden. Bei der Fütterung junger Ratten mit Erbseneiweiß (Vicia sativa), das an sich ungenügend ist, bleiben nach dem Verfasser[4] auch Zusätze von Cystin, von Tyrosin + Cystin oder von Prolin mit Leucin und Cystin wirkungslos.

Das Wachstum wurde um 31,4% verbessert, wenn bei einer Nahrung, die 12—18% Edestin und eine geringe Menge eines alkoholischen Weizenkeimlingextraktes enthielt, neben Cystin zugleich lysinreiche Gelatine verabreicht wurde. Beim Fehlen des Lysinzusatzes wirkte nach B. Sure[5] Cystin nicht.

Über die Wachstumssteigerung von Ratten bei einer Grundnahrung mit 6% Edestin unter Zusatz von Lysin, Cystin, Arginin durch Prolin berichtet B. Sure[6].

Über die Förderung des Wachstums von Ratten durch Cystin bei Kostformen, die vom fettlöslichen Faktor A frei waren, berichten H. Pénau und M. Simonnet[7].

Diglycylcystin oder Dialanylcystin förderten nach C. T. Lewis und H. B. Lewis[8] bei weißen Ratten, die mit cystinarmem Futter ernährt wurden, das Wachstum.

Cystin kann nach B. D. Westerman und W. C. Rose[9] in der Nahrung von Ratten nicht durch synthetische Dithiodiglykolsäure und β-Dithiodipropionsäure ersetzt werden. Dithiodiglykolsäure wirkt sogar bei gleichzeitiger Fütterung mit Cystin schädlich, während β-Dithiodipropionsäure das Wachstum kaum beeinflußt.

Über die Wachstumssteigerung von Ratten nach einem Zusatz von 0,2% Cystin zu einer Nahrung aus Milch und Stärke berichten H. C. Sherman und A. Th. Merrill[10].

Aus Versuchen von H. H. Beard[11] an Mäusen mit verschiedenen Diäten ergab sich, daß Cystin nicht durch Taurin ersetzt werden kann, da der Organismus nicht den Schwefel an sich, sondern den Cystinstoffwechsel benötigt. Da Casein nur wenig Cystin enthält, ist für ein gutes Wachstum eine Beifütterung von Cystin erforderlich.

Bei Trockenmilch-Stärkeverfütterung an weiße Ratten wird nach G. T. Lewis und H. B. Lewis[12] die Gewichtszunahme durch Zusatz von 0,3% Cystin verbessert, während sie durch Taurinzulage (1%) verschlechtert wird.

Über die Werterhöhung des Kostzusatzes von eiweißfreier Milch durch geringe Mengen von Cystin (0,4%) berichtet B. Sure[13].

In Fütterungsversuchen an ausgewachsenen Ratten und Mäusen mit Nahrungsgemischen aus reinen organischen Bausteinen wird von E. Abderhalden[14] in Übereinstimmung mit früheren Beobachtungen festgestellt, daß l-Cystin völlig unentbehrlich ist. Ratten und Mäuse, die bei Fehlen von Cystin in der Nahrung unter Erscheinungen alimentärer Dystrophie zugrunde gegangen waren, zeigten in ihren Geweben, insbesondere in der Leber und in den Muskeln, nur eine schwache Cystinreaktion.

---

[1] A. J. Finks u. C. O. Johns: Amer. J. Physiol. **56**, 205—207 — Chem. Zbl. **1921 III**, 361.
[2] A. J. Finks u. C. O. Johns: Amer. J. Physiol. **56**, 208—212 — Chem. Zbl. **1921 III**, 361.
[3] B. Sure: J. of biol. Chem. **43**, 443—456 (1920) — Chem. Zbl. **1921 I**, 41.
[4] B. Sure: J. of biol. Chem. **46**, 443—452 — Chem. Zbl. **1921 III**, 236.
[5] B. Sure: Amer. J. Physiol. **61**, 1—13 (1922) — Chem. Zbl. **1923 I**, 855.
[6] B. Sure: J. of biol. Chem. **59**, 577—586 — Chem. Zbl. **1924 II**, 1702.
[7] H. Pénau u. M. Simonnet: Bull. Soc. Chim. biol. Paris **4**, 192—205 (1922) — Ber. physiol. **25**, 52 (1924) — Chem. Zbl. **1924 II**, 855.
[8] C. T. Lewis u. H. B. Lewis: J. of biol. Chem. **73**, 535—542 (1927) — Chem. Zbl. **1928 II**, 2262.
[9] B. D. Westerman u. W. C. Rose: J. of biol. Chem. **75**, 533—541 (1927) — Chem. Zbl. **1928 I**, 1543.
[10] H. C. Sherman u. A. Th. Merrill: J. of biol. Chem. **63**, 331—337 — Chem. Zbl. **1925 II**, 941.
[11] H. H. Beard: Amer. J. Physiol. **75**, 658—667 — Chem. Zbl. **1926 II**, 1062.
[12] G. T. Lewis u. H. B. Lewis: Proc. Soc. exper. Biol. a. Med. **23**, 359 — Ber. Physiol. **36**, 474—475 (1926) — Chem. Zbl. **1927 I**, 127.
[13] B. Sure: J. metabol. Res. **3**, 373—382 — Chem. Zbl. **1923 III**, 1651.
[14] E. Abderhalden: Pflügers Arch. **195**, 199—226 — Chem. Zbl. **1922 III**, 1234.

Fehlt Cystin in der Nahrung, so kann es nach M. L. Mitchell[1] durch Zulage von Cystin oder Taurin ersetzt werden. Allerdings kann ein deutlicher Erfolg dieser Zusätze nur bei Hefezulage festgestellt werden.

R. Takata[2] untersuchte den Einfluß eines Cystinzusatzes auf die Ausnutzung von Miso-Präparaten (gegorener Sojabohnenbrei, NaCl und Wasser) im Rattenversuch. 1% Cystin bewirkte eine wesentliche Förderung des Wachstums. Bei einem Vergleich von 1. Miso, 2. Miso + 0,5% Cystin und 3. Miso + gegorene Hefe, war die mittlere Diät auf das Wachstum wirksamer als die 1., aber nicht so wirksam wie die 3. In einem weiteren Versuche zeigte sich, daß Miso + 0,3% Cystin die gleiche Gewichtszunahme bedingte wie Miso + 6% Casein.

Über die Verbesserung des Nährwertes von „Misopräparaten" durch Zusatz von Haarhydrolysaten (Zufuhr von Cystin) nach Beendigung des Reifeprozesses berichtet R. Takata[3].

In Verbindung mit verschiedenen Nährstoffen und Aminosäuren hatte Cystin, dem gewöhnlichen Futter zugesetzt, nach E. Abderhalden[4] keinen merklichen Einfluß auf das Wachstum von Wolfsmilchschwärmerraupen.

Nach Verfütterung von Cystin an Hunde konnte nach C. L. A. Schmidt und G. W. Clark[5] im Harn eine Vermehrung des Sulfates nachgewiesen werden.

Nach N. Suzuki und N. Hasui[6] wird bei Hungernden verabreichtes Cystin oxydiert und der Cystin-S im Harn als Sulfat ausgeschieden.

Bei Ratten, die sich im S-Gleichgewicht befinden, führen nach C. P. Sherwin, G. J. Shiple und A. R. Rose[7] Cystin- und Cysteingemische zu vermehrter Schwefelausscheidung, was auf eine Störung des Schwefelstoffwechsels zurückgeführt wird, da ein Teil des Schwefels aus dem Körpergewebe stammt. Einführung einer Benzylphenyluramino- oder Phenylhydantoingruppe in die Sulfhydrylgruppe reduziert die Oxydation des Cystinschwefels auf die Hälfte.

Cystinzufuhr vermehrt nach G. Shiple, J. A. Muldoon und C. P. Sherwin[8] beim Schwein bei gleichzeitiger Verfütterung von Phenol die Ätherschwefelsäureausscheidung, während sie bei Verfütterung von Brombenzol und p-Chlorphenol vermindert wird. Bei Phenol steigt zugleich die Neutralschwefelfraktion an. Die Entgiftung von Phenolsubstanzen wird zum Teil durch Ausnützung von exogenem Cystin durchgeführt, vielleicht unter Bildung einer Mercaptursäure, die entweder als solche ausgeschieden oder zu Sulfat oxydiert werden kann. Bei Bildung der Ätherschwefelsäure aus endogenem S wird eine Bindung der Phenole an ein Zwischenprodukt des Stoffwechsels von Gewebscystin angenommen.

Über die Bildung von Mercaptursäure nach Verfütterung von Brombenzol an Kaninchen bei Zufuhr von Cystin in ihrer Abhängigkeit von saurer oder alkalischer Nahrung berichten E. Abderhalden und E. Wertheimer[9].

Bei Verabreichung von Phenol an Kaninchen werden nach H. Rhode[10] bei gleichzeitiger Cystinfütterung 33% des Phenols als Ätherschwefelsäure im Harn ausgeschieden. Bei Verfütterung von Brombenzol und Cystin wird Mercaptursäure ausgeschieden.

Das Verhältnis von Extraätherschwefelsäure zu Extraätherschwefelsäure + Extraneutralschwefel wird bei peroral verabreichtem Chlorbenzol beim Hunde durch gleichzeitige Gabe von Cystin nicht merklich verändert, obwohl Cystin per os stets zu geringer Erhöhung

---

[1] M. L. Mitchell: Austral. J. exper. Biol. a. med. Sci. 1, 59 — Ber. Physiol. 27, 89 (1924) — Chem. Zbl. 1925 I, 108.

[2] R. Takata: J. Soc. chem. Ind. Japan (Suppl.) 31, 196B—198B, 198B—199B, 199B (1928) — Chem. Zbl. 1929 I, 552, 553.

[3] R. Takata: J. Soc. chem. Ind. Japan (Suppl.) 31, 233B — Chem. Zbl. 1929 I, 2201.

[4] E. Abderhalden: Hoppe-Seylers Z. 127, 93—98 — Chem. Zbl. 1923 III, 265.

[5] C. L. A. Schmidt u. G. W. Clark: J. of biol. Chem. 53, 193—209 (1922) — Chem. Zbl. 1923 I, 365.

[6] N. Suzuki u. N. Hasui: Acta Scholae med. Kioto 4, 105—171 (1921) — Ber. Physiol. 11, 102 — Chem. Zbl. 1922 I, 768.

[7] C. P. Sherwin, G. J. Shiple u. A. R. Rose: J. of biol. Chem. 73, 607—615 — Chem. Zbl. 1927 II, 1863.

[8] G. Shiple, J. A. Muldoon u. C. P. Sherwin: J. of biol. Chem. 60, 59—67 — Chem. Zbl. 1924 II, 1002 — Proc. Soc. exper. Biol. a. Med. 21, 145 (1923) — Ber. Physiol. 25, 325—326 — Chem. Zbl. 1924 II, 1363.

[9] E. Abderhalden u. E. Wertheimer: Pflügers Arch. 207, 215—221 — Chem. Zbl. 1925 I, 2086 — Pflügers Arch. 209, 611—612 (1925) — Chem. Zbl. 1926 I, 714.

[10] H. Rhode: Hoppe-Seylers Z. 124, 15—36 (1922) — Chem. Zbl. 1923 I, 1603.

des Extraneutralschwefels führt. Die Konstanz dieses Verhältnisses wird von Th. S. Hele[1] als ein Beweis für ein Gleichgewicht zwischen 3 Reihen von Reaktionen in der Zelle angesehen: Mercaptursäuresynthese, Ätherschwefelsäuresynthese und Oxydation von Cystin zu Sulfat, deren Geschwindigkeit von der Konzentration der Katalysatoren in wirksamen Mengen der reagierenden Stoffe am Sitz der Synthese abhängt.

Cystin wird nach Th. S. Hele[2] vom Hunde bei gleichzeitiger oraler Verfütterung von Guajakolcarbonat teilweise als Ätherschwefelsäure ausgeschieden.

Während Bildung von Bromphenylmercaptursäure im Eiweißminimum bei Hunden nicht stattfand, konnte nach J. Kapfhammer[3] deren Bildung erreicht werden, wenn gleichzeitig mit Verabreichung von Brombenzol Cystin subcutan injiziert wurde. J. A. Muldoon, G. J. Shiple und C. P. Sherwin[4] bestätigen die Ergebnisse von Kapfhammer.

Nach Versuchen von J. A. Muldoon, G. J. Shiple und C. P. Sherwin[5] an mit Brombenzol vergifteten Hunden wurde bei einer Nahrung aus Kohlehydraten und Fett unter Zulage von Schwefel in verschiedener Form nur dann Bromphenylmercaptursäure gebildet, wenn Cystin als solches verfüttert wurde.

Der S des Cystins wird nach peroraler Verfütterung nach A. R. Rose, G. J. Shiple und C. P. Sherwin[6] zu 75—90% oxydiert. Ist die Amino- und die SH-Gruppe besetzt, so fehlt jede Oxydationsmöglichkeit. Cystin und Cystein gehen beim Kaninchen wechselseitig ineinander über. Bei subcutaner Injektion sind die Resultate im Prinzip die gleichen, nur die Oxydation des S ist relativ geringer als nach peroraler Gabe.

Nach E. S. London, N. Kotschneff, A. Cholopoff, T. S. Abaschidze und A. K. Alexandry[7] beeinflußt Cystin die Harnstoffbildung im Organismus des Hundes kaum.

Die Hippursäureausscheidung wird nach W. H. Griffith und H. B. Lewis[8] durch Cystin nicht gesteigert.

Cystinfütterung verursacht nach E. G. Groß und H. Steenbock[9] beim Schwein nur dann Kreatinurie, wenn die durch Oxydation des S entstehende H_2SO_4 nicht neutralisiert wird. — Nach R. B. Gibson und F. T. Martin[10] wird die Kreatinausscheidung durch Cystin nicht vermehrt.

Nach Versuchen von H. B. Lewis und D. A. Mc Ginty[11] über das Verhalten von Phenyluraminocystin im Kaninchenorganismus ist Cystein die erste Stufe im Stoffwechsel des Cystins.

J. M. Looney, H. Berglund und R. C. Graves[12] untersuchten in mehreren Fällen von Cystinurie das Verhältnis der Cystinausscheidung zum allgemeinen Stoffwechsel. Nach den Ergebnissen erscheint die Cystinurie in Übereinstimmung mit früheren Erfahrungen als besonderer Komplex, nicht als Ausdruck einer allgemeinen Störung im Aminosäurestoffwechsel. $NaHCO_3$ vermindert die Cystinausscheidung, während die anderer Aminosäuren erhöht wird. Die Gesamtausscheidung hängt zu einem verhältnismäßig geringen und konstanten Teil vom endogenen Stoffwechsel, zum größeren und wechselnden Teil von der Eiweißzufuhr ab. Verabreichtes Cystin wird nur in einem geringen Betrage unverändert ausgeschieden.

Bei Cystinurie ist nach W. Robson[13] die Stoffwechselstörung auf die hohe Cystinausscheidung begrenzt, da weder Tyrosin, Leucin noch die Diamine Putrescin und Cadaverin gefunden wurden. Cystinzugabe (bis zu 8 g) steigerte den Cystingehalt des Urins nicht, es ist also noch die Fähigkeit zur Cystinoxydation vorhanden. Nach Verfasser passiert das Cystin

---

[1] Th. S. Hele: Biochemic. J. **18**, 586—613 — Chem. Zbl. **1924 II**, 1360.

[2] Th. S. Hele: Biochemic. J. **18**, 110—119 — Chem. Zbl. **1924 I**, 2284.

[3] J. Kapfhammer: Hoppe-Seylers Z. **116**, 302—307 (1921) — Chem. Zbl. **1922 I**, 292.

[4] J. A. Muldoon, G. J. Shiple u. C. P. Sherwin: Proc. Soc. exper. Biol. a. Med. **20**, 46—47 (1922) — Ber. Physiol. **18**, 82 — Chem. Zbl. **1923 III**, 506.

[5] J. A. Muldoon, G. J. Shiple u. C. P. Sherwin: J. of biol. Chem. **59**, 675—681 — Chem. Zbl. **1924 II**, 1706.

[6] A. R. Rose, G. J. Shiple u. C. P. Sherwin: Amer. J. Physiol. **69**, 518—530 — Chem. Zbl. **1924 II**, 1947.

[7] E. S. London, N. Kotschneff, A. Cholopoff, T. S. Abaschidze u. A. K. Alexandry: Pflügers Arch. **219**, 238—245 — Chem. Zbl. **1928 I**, 2962.

[8] W. H. Griffith u. H. B. Lewis: J. of biol. Chem. **57**, 1—24 — Chem. Zbl. **1923 III**, 1329.

[9] E. G. Groß u. H. Steenbock: J. of biol. Chem. **47**, 33—43 — Chem. Zbl. **1921 III**, 493.

[10] R. B. Gibson u. F. T. Martin: J. of biol. Chem. **49**, 319—326 (1921) — Chem. Zbl. **1922 I**, 1341.

[11] H. B. Lewis u. D. A. Mc Ginty: J. of biol. Chem. **53**, 349—356 — Chem. Zbl. **1922 III**, 969.

[12] J. M. Looney, H. Berglund u. R. C. Graves: J. of biol. Chem. **57**, 513—531 — Chem. Zbl. **1923 III**, 1652.

[13] W. Robson: Biochemic. J. **23**, 138—148 — Chem. Zbl. **1929 II**, 2576.

bei der vermehrten Cystinausscheidung nach hoher Eiweißzufuhr in Peptidform die Darmwand und wird in dieser Form im Gegensatz zu freiem Cystin nicht von der Leber abgebaut. Zusatz von $NaHCO_3$, aber nicht von Na_2HPO_4 verminderte die S-Ausscheidung, beeinflußte aber nicht die Cystinausscheidung. Außerdem wurde der Einfluß von Glutaminsäure, Eiweiß und eiweißarmer Diät untersucht.

H. B. Lewis und S. A. Lough[1] beobachteten bei einem Patienten mit Cystinurie, daß bei eiweißreicher Kost mit konstant gehaltenem N-Gehalt, aber verschiedenem Cystingehalt in der Cystinausscheidung kein Unterschied auftrat, daß bei eiweißärmerer Kost die Cystinausscheidung sogar anstieg. Der Patient konnte 2—3 g Cystin vollkommen oxydativ verändern. Nach den Verfassern entsteht das Cystin bei der Cystinurie in den Geweben, wobei hohe Eiweißgaben diesen endogenen Cystinstoffwechsel steigern.

Über das Vorkommen des Arginins im Cystinurikerharn und über die Bedeutung als spezifisches Zeichen für die Cystinurie als Folge des gestörten Eiweißstoffwechsels berichtet F. A. Hoppe-Seyler[2].

Bei einem Patienten, der seit seiner Kindheit an Nierensteinkoliken (Cystinsteinen) litt, betrug nach H. Misawa[3] die Cystinausscheidung pro Tag bei cystinreicher Kost etwa 290 bis 300 mg, bei Reisgemüsekost etwa 40 mg. Während der Reisgemüsekost war die Gesamt-S-Menge niedriger, wozu auch Erniedrigung von Gesamt-SO_4 und Ätherschwefelsäuren beitrugen. Die Cystinurie war also in diesen Falle im wesentlichen exogener Natur.

In allen Stadien der menschlichen Tuberkulose wird Cystin im Harn ausgeschieden, bisweilen erscheint Cystin krystallisiert in den Harnsedimenten. Nach R. Monceaux[4] kann dann von einer Cystinurie gesprochen werden, wenn 25% des Total-S als Neutral-S vorhanden sind. Die Feststellung von Cystinurie ist sehr wesentlich bei Ernährungsstörungen von Tuberkulosen.

Nach G. Russo[5] nimmt der Cystingehalt bei Reifung des Hodens von Strongylocentrotus lividus ab. Im Verlaufe der Entwicklung des Ovariums von Strongylocentrotus lividus zeigen die Proteine nach dem Verfasser[6] eine Verminderung ihres Histidin- und Cystingehaltes.

Y. Sendju[7] untersuchte Eiweiß, Dotter und Embryo im frischen Zustande und nach 3-, 7-, 14- und 19tägiger Bebrütung auf ihren Cystin- und Cysteingehalt.

H. O. Calvery[8] untersuchte die Stickstoffverteilung im sich entwickelnden Hühnerei 21 Tage lang. Eine bestimmte Änderung im Cystin-N wurde nicht gefunden.

Nach B. Sure[9] fördert ein Cystinzusatz zu gekochtem Bohnenmehl und Casein und ebenso zu Milchproteinen auch in Gegenwart von Lysin nicht die Fortpflanzungsfähigkeit von Ratten.

S. T. Kon und C. Funk[10] untersuchten die Wirkung von Cystin und Cystinderivaten auf den Blutzucker.

Nach R. Labes[11] beruht die Arsenvergiftung wahrscheinlich auf einer Störung des Cystin-Cysteingleichgewichtes.

Nach Versuchen von H. D. Lightbody und H. B. Lewis[12] ist das Cystin für die Entwicklung des Haarkleides junger weißer Ratten weniger wichtig als für das Körperwachstum. Cystin- und S-Gehalt der Haare wechseln mit dem Cystingehalt der Nahrung und in gewissen Grenzen mit dem Alter der Tiere; so ist der Cystingehalt bei jungen Tieren niedriger als bei Tieren mit cystinreicher Kost. Bei ungenügendem Cystingehalt in der Nahrung ähnelt der Cystin- und S-Gehalt in den Haaren der Menge, die sich im ersten Haarkleid junger Tiere

---

[1] H. B. Lewis u. S. A. Lough: J. of biol. Chem. 81, 285—297 — Chem. Zbl. 1929 I, 2260.
[2] F. A. Hoppe-Seyler: Arch. klin. Med. 154, 97—106 — Chem. Zbl. 1927 I, 3100.
[3] H. Misawa: Jap. J. Med. Sci., Trans. Int. Med. etc. 1, 193—202 (1927) — Chem. Zbl. 1929 II, 1316.
[4] R. Monceaux: C. r. Soc. Biol. Paris 96, 323—324 — Chem. Zbl. 1927 I, 3100.
[5] G. Russo: Arch. di Sci. biol. 8, 161—181 — Ber. Physiol. 36, 682—683 (1926) — Chem. Zbl. 1927 I, 119.
[6] G. Russo: Arch. di Sci. biol. 8, 293—309 (1926) — Ber. Physiol. 38, 599—600 — Chem. Zbl. 1927 I, 2662.
[7] Y. Sendju: J. of Biochem. 7, 175—180 — Chem. Zbl. 1927 II, 280.
[8] H. O. Calvery: J. biol. Chem. 83, 231—241 — Chem. Zbl. 1929 II, 2065.
[9] B. Sure: J. metabol. Res. 3, 383—391 — Chem. Zbl. 1923 III, 1651.
[10] S. T. Kon u. C. Funk: Chem. Zelle 13, 39—43 — Chem. Zbl. 1926 II, 1059.
[11] R. Labes: Arch. f. exper. Pathol. 141, 148—160 — Chem. Zbl. 1929 II, 1819.
[12] H. D. Lightbody u. H. B. Lewis: J. of biol. Chem. 82, 663—671 — Chem. Zbl. 1929 II, 1423.

findet. Ist das Wachstum der Tiere durch Fehlen anderer Faktoren bedingt, so ist im Haar weder Cystin- noch S-Gehalt abnorm niedrig.

Über die Förderung des Haarwuchses durch ein Präparat von hydrolysiertem Keratin unter Zusatz von Cystin berichtet H. C. Nagel[1].

Über die Vermehrung von Cystin in Haaren bei Verabreichung von Humagsolan berichtet K. Klinke[2].

D. I. Macht[3] untersuchte den Einfluß von l-, d- und d, l-Cystin auf das Wachstum der Wurzeln der Samen von Lupinus albus. Die Cystinkonzentration betrug 1:25000. Das relative Wachstum betrug bei d-Cystin 104,5% gegenüber den Kontrollen, bei d, l- und l-Cystin 91,5%.

Nach F. E. Emery[4] reduziert Paramaecium caudatum Cystin nicht zu Cystein.

Der O_2-Verbrauch von Paramaecium caudatum und Colpoda wird nach J. M. Leichsenring[5] durch Cystin im Gegensatz zu anderen Aminosäuren nicht gesteigert.

Cystin hat allein oder im Gemisch mit anderen Aminosäuren nach T. Ugata[6] keinen Einfluß auf das Wachstum von Paramaecium caudatum.

Ruhrbakterien entwickeln aus l-Cystin nach H. Yaoi[7] kein H_2S.

Über den Einfluß eines Cystinzusatzes in relativ niedrigen Konzentrationen zwischen 0,2—2% auf Bakterienwachstum berichten G. A. Wyon und J. W. Mc Leod[8]. Einige Darmbakterien sind gegen diesen Einfluß unempfindlich.

Untersuchungen von H. Braun und C. E. Cahn-Bronner[9] über die dem Paratyphus B-Bacillus nahestehenden Bakterienarten (Gärtnersche-, Voldaysensche- und Mäusetyphusbacillen) und über Paratyphus A- und Typhusbacillen ergaben, daß l-Cystin in den benutzten Kombinationen wirkungslos blieb.

Bakterien, mit Ausnahme von Paratyphus A- und Flexner-Bacillen, die Cystin unter Bildung von H_2S zersetzten, vertrugen nach J. Gordon[10] seinen Zusatz zum Nährboden gut, anaerobe Bakterien zeigten sogar Verbesserung des Wachstums, während empfindlichere Bakterien (Strepto- und Pneumokokken, Diphtheriebacillen) im Wachstum gehemmt wurden.

Cystin- und Natriumsulfidzusatz ermöglichten nach S. Hosoya und S. Kishino[11] das Wachstum von Tetanus, Botulinus und Gasbrand auch unter aeroben Bedingungen.

Nach H. Braun und F. Mündel[12] befördert ein Zusatz von 0,0125% Cystin zum Nährboden (Agar bzw. Löfflerserum) das Wachstum von Diphtheriebacillen. Nach weiteren Untersuchungen der Verfasser[13] ist für die Züchtung von Diphtheriebacillen in synthetischen Nährböden Cystin (min. 0,0002%) neben Na-Asparaginat (min. 0,25%) und Phosphat lebensnotwendig.

Nach A. Goris und A. Liot[14] läßt sich bei der Züchtung von Bacillus pyocyaneus auf künstlichen Nährböden auch Cystin oder besser dessen Salze als N-Quelle verwenden. Allerdings ist die Wirkung von NH_4-Salzen stärker.

S. Hosoya und H. Yaoi[15, 16], züchteten auf eiweißfreien, synthetischen Nährböden mit l-Cystin Bacillus coli unter aeroben und anaeroben Bedingungen. Bei anaeroben Bedingungen wird mehr Cystein gebildet.

---

[1] H. C. Nagel: A.P. 1608686 v. 12. Okt. 1925, ausg. 30. Nov. 1926; Chem. Zbl. **1928 I**, 1070.
[2] K. Klinke: Biochem. Z. **160**, 28—42 — Chem. Zbl. **1925 II**, 1456.
[3] D. I. Macht: J. of Pharmacol. **36**, 243—250 — Chem. Zbl. **1929 II**, 3033.
[4] F. E. Emery: J. Morph. a. Physiol. **45**, 555—577 (1928) — Chem. Zbl. **1929 II**, 2689.
[5] J. M. Leichsenring: Amer. J. Physiol. **75**, 84—92 (1925) — Chem. Zbl. **1926 II**, 1871.
[6] T. Ugata: J. of Biochem. **6**, 417—450 (1926) — Chem. Zbl. **1928 II**, 1784.
[7] H. Yaoi: Sci. Rep. Gov. Inst. inf. Dis. **4**, 129—140 — Ber. Physiol. **38**, 737—738 — Chem. Zbl. **1927 I**, 2560.
[8] G. A. Wyon u. J. W. Mc Leod: J. of Hyg. **21**, 376—385 (1923) — Ber. Physiol. **26**, 306 (1924) — Chem. Zbl. **1924 II**, 2271.
[9] H. Braun u. C. E. Cahn-Bronner: Zbl. Bakter. I **86**, 196—211 — Chem. Zbl. **1921 III**, 234.
[10] J. Gordon: J. of Path. **27**, 123—124 — Ber. Physiol. **25**, 112 — Chem. Zbl. **1924 II**, 994.
[11] S. Hosoya u. S. Kishino: Sci. Rep. Gov. Inst. inf. Dis. **4**, 123—128 (1925) — Ber. Physiol. **38**, 738 — Chem. Zbl. **1927 I**, 2559.
[12] H. Braun u. F. Mündel: Zbl. Bakter. I **103**, 182—184 — Chem. Zbl. **1927 II**, 1853.
[13] H. Braun u. F. Mündel: Zbl. Bakter. I **112**, 347—354 — Chem. Zbl. **1929 II**, 1805.
[14] A. Goris u. A. Liot: C. r. Acad. Sci. Paris **174**, 575—578 — Chem. Zbl. **1922 III**, 391.
[15] S. Hosoya u. H. Yaoi: Sci. Rep. Gov. Inst. inf. Dis. **4**, 141—144 (1925) — Ber. Physiol. **38**, 885 — Chem. Zbl. **1927 I**, 3011.
[16] S. Hosoya u. H. Yaoi: Jap. med. World **6**, 81—83 (1926) — Ber. physiol. **40**, 731 — Chem. Zbl. **1927 II**, 1971.

O. Fernández und T. Garméndia[1] studierten den Einfluß von Cystin auf die Bildung oxydierender Fermente durch Bacillus coli.

M. T. Hanke und K. K. Kößler[2] studierten das Verhalten einer großen Anzahl von Mikroorganismen in einem Medium, das neben den nötigen anorganischen Salzen und Glycerin Histidindichlorid (auf 200 ccm Gesamtflüssigkeit 0,2 mg) enthielt. Ein Cystinzusatz verminderte das Wachstum des Colibacillus und reduzierte die Histaminbildung nahezu auf Null.

Nach E. Löffler und R. Rigler[3,4] geht nach Untersuchungen über die CN-Empfindlichkeit von Bakterien bei sehr vielen Bakterienstämmen die CN-Empfindlichkeit mit der Spaltung von Cystin parallel. Nach den Verfassern scheint bei den Bakterien demnach eine unspezifische CN-Entgiftung durch Cystin gegenüber einem an spezifische fermentative Leistungen gebundenen Entgiftungsvorgang, der durch eine Wechselwirkung von Cystin und Bakterienzellen charakterisiert ist, in den Hintergrund zu treten. Der schützende Einfluß des Cystins ist deutlich an bestimmte Bakterienstämme gebunden. So tritt bei Shiga-Ruhrbacillen bei Cystinzusatz eine Wachstumshemmung erst bei einer Konzentration von $^m/_{800}$ KCN ein, während ohne Zusatz das Wachstum schon bei $^m/_{3200}$ gehemmt wird. Bei Typhusbacillen ist ein Einfluß des Cystins auf die Hemmung durch KCN nicht zu beobachten. Der Cystinzusatz beträgt 0,03%, der Blausäurezusatz $^m/_{100}-^m/_{25600}$ KCN.

Die Keimung der Sporen von Phycomyces nitens wird nach D. Tits[5] in einer 2proz. Peptonlösung durch Cystin stark begünstigt.

Über die positive Cystinreaktion der Kulturen von Ustulina vulgaris L. bei Peptonzusatz zur Nährlösung berichten H. Wünschendorff und Ch. Killian[6].

In einer Arbeit von F. K. Swoboda[7] wird der Einfluß von Cystin bei Gegenwart und bei Fehlen von hydrolysiertem Edestin auf die N-Ernährung der Hefe untersucht. Bei Fehlen von hydrolysiertem Edestin wirkt Cystin hemmend, während bei Anwesenheit von hydrolysiertem Edestin das Hefewachstum angeregt wird, wobei der Hefe-N um mehr zunimmt, als dem zugeführten Cystin-N entspricht; z. B. ergibt ein Zusatz von 20 mg Cystin bzw. 2,33 mg Cystin-N ein Plus von 3,59 mg Hefe-N.

Nach F. C. Koch und H. Sugata[8] stimuliert Cystin in Konzentrationen von 1—4 mg das Wachstum von Hefe, während es in höheren Konzentrationen verlangsamend wirkt. Der Cystin-„S" wird teilweise zum Eiweißaufbau verwendet, teilweise bleibt er im Substrat als S.

Nach C. Neuberg und M. Sandberg[9] zeigt Cystin deutliche Stimulationseffekte bei der alkoholischen Gärung. Ebenso zeigt nach E. Abderhalden[10] Cystin in kleineren Mengen Beschleunigung, in größeren anfänglich sehr starke Beschleunigung, dann Hemmung der alkoholischen Gärung.

Über die hemmende Wirkung des Cystins und seines Na-Salzes auf die Pepsinwirkung berichtet L. Jarno[11].

l-Cystin wirkt nach A. Fodor und R. Schoenfeld[12] auf das 2. Adsorbat von Hefepeptidasen (Kaolin ↔ zymohaptische Substanz) eluierend, hemmt aber die zymohaptische Substanz vollständig.

l-Cystinzusatz zu Hefemacerationssäften wirkt nach A. Fodor und R. Cohn[13] beschleunigend auf die Aktivität der Peptidasen gegenüber Seidenpepton Hoechst.

---

[1] O. Fernández u. T. Garméndia: An. Soc. española Fis. Quim. **24**, 495—507 (1926) — Chem. Zbl. **1927 I**, 301.

[2] M. T. Hanke u. K. K. Kößler: J. of biol. Chem. **50**, 131—191 (1922) — Chem. Zbl. **1922 I**, 695.

[3] E. Löffler u. R. Rigler: Klin. Wschr. **6**, 1712 — Chem. Zbl. **1927 II**, 2081.

[4] E. Löffler u. R. Rigler: Zbl. Bakter. I **104**, 265—266 (Beiheft) — Chem. Zbl. **1927 II**, 2684.

[5] D. Tits: Bull. Acad. roy. Belg., classe des Sci. [5] **12**, 545—555 (1926) — Chem. Zbl. **1927 I**, 1326.

[6] H. Wünschendorff u. Ch. Killian: C. r. Acad. Sci. Paris **188**, 1124—1126 — Chem. Zbl. **1929 II**, 584.

[7] F. K. Swoboda: J. of biol. Chem. **52**, 91—109 — Chem. Zbl. **1922 III**, 1091.

[8] F. C. Koch u. H. Sugata: Proc. Soc. exper. Biol. a. Med. **23**, 764—765 (1926) — Ber. Physiol. **39**, 288—289 — Chem. Zbl. **1927 II**, 271.

[9] C. Neuberg u. M. Sandberg: Biochem. Z. **126**, 153—178 (1921) — Chem. Zbl. **1922 III**, 170.

[10] E. Abderhalden: Fermentforschg **6**, 149—161 — Chem. Zbl. **1922 III**, 887.

[11] L. Jarno: Arch. Verdgskrkh. **30**, 191—202 (1922) — Ber. Physiol. **17**, 342 — Chem. Zbl. **1923 III**, 459.

[12] A. Fodor u. R. Schoenfeld: Hoppe-Seylers Z. **160**, 169—188 (1926) — Chem. Zbl. **1927 I**, 460.

[13] A. Fodor u. R. Cohn: Hoppe-Seylers Z. **176**, 17—28 (1928) — Chem. Zbl. **1928 II**, 455.

Cystin wirkt nach H. S. Sherman und M. L. Caldwell[1] beschleunigend auf die Hydrolyse von löslicher Stärke durch gereinigte Pankreatinamylase.

Nach G. Schmidt[2] wird l-Cystin nicht durch die Adenylsäuredesaminase aus Muskelbrei desaminiert.

Die autolytische NH_3-Bildung im Meerschweinchenleberbrei in normalen Phosphat- und Lactatpuffern bei 37° unter Zusatz von einigen Tropfen Chloroform, in saurem und alkalischem Milieu bei Zugabe von Cystin und Glutaminsäure untersuchten P. György und H. Röthler[3]. Im alkalischen Milieu war eine beträchtliche Steigerung zu beobachten.

E. Abderhalden und E. Wertheimer[4] studierten die Reduktion von Cystin und Diglycyl-l-cystin im Muskelgewebe. Das letztere wurde rascher reduziert als Cystin. Die Reduktion verläuft bei $p_H = 8-9$. Werden die Muskeln gründlich gewaschen, so reduzieren sie Cystin nicht mehr. Zusatz von Bernsteinsäure, Fumarsäure, β-Oxybuttersäure, Glycerinphosphorsäure, Glutaminsäure, Aldehyde und Traubenzucker bringen die Reduktion nicht in Gang, wohl aber Hefe- und Muskelkochsaft. Doch besteht zwischen der Reduktionskraft eines gekochten Muskels und der eines normalen Muskels folgender Unterschied: Während normaler Muskel nach kurzem Schütteln mit 2proz. H_2O_2-Lösung Cystin wie gewöhnlich reduziert, wird gekochter Muskel nach der Behandlung unwirksam. Andererseits ist aber nur die primäre Reduktionsfähigkeit eines Muskels auswaschbar.

Cystin steigert nach G. B. Ray[5] die CO_2-Bildung von Natriumlactat, was zum größeren Teil durch die SH-Gruppe und nur zum kleineren Teil durch die NH_2-Gruppe bedingt wird. Nach dem Verfasser ist die Wirkung des Cystins dem Atmungsferment nach Meyerhof vergleichbar.

Von Y. Okuda[6] wurden Versuche über die O_2-Aufnahme von Muskelproteinen und Gelatine mit und ohne Zusatz von Cystin angestellt, wobei die Versuchsergebnisse mit Muskelproteinen mit denen von Hopkins übereinstimmten. Oxydiertes Muskelprotein, in dem Cystein in Cystin umgesetzt war, und Gelatine nehmen auch bei Cystinzusatz kein O auf.

Über die Sauerstoffübertragung in getrocknetem Muskelpulver und in Lecithin durch Cystin berichtet O. Meyerhof[7].

C. Moncorps[8] berichtet über den wahrscheinlichen Zusammenhang zwischen der Reduktion von in Salben incorporiertem S während der Resorption von der Haut mit dem System: Cystein-Cystin.

Über die Hämatinkatalyse der Cysteinoxydation zu Cystin berichtet H. A. Krebs[9], siehe unter Cystein, S. 563.

Versuche von S. Glaubach[10], die Cyanamidvergiftung in Geweben von Fröschen durch Cystin zu beeinflussen, gelangen nicht.

H. N. Batham[11] untersuchte die Nitrifikation der Böden. Er gab zu lufttrockenen Versuchsböden (leichter Lehm mit der Reaktionszahl $p_H = 6,35$) in sterilisierten Gefäßen $CaCO_3$ und neutralisiertes Cystin. Nach einer Inkubationszeit von 30—40 Tagen bei optimalem Wassergehalt und Zimmertemperatur wurde das gebildete Nitrat im Vergleich zu $(NH_4)_2SO_4$ nach der Methode von Schloesnig bestimmt. Unter den Versuchsbedingungen wurde der Nitrifikationsgrad des $(NH_4)_2SO_4$ nicht erreicht.

Biochemische Eigenschaften des d-Cystins: D. I. Macht[12] untersucht den Einfluß von d-Cystin im Vergleich zu dem von l- und d, l-Cystin auf das Wachstum der Wurzeln der Samen von Lupinus albus; siehe auch unter l-Cystin, biochemische Eigenschaften, S. 586.

Biochemische Eigenschaften des d, l-Cystins: D. I. Macht[12] untersuchte den Einfluß von d, l-Cystin im Vergleich zu dem von l- und d-Cystin auf das Wachstum der Wurzeln der Samen von Lupinus albus; siehe auch unter l-Cystin, biochemische Eigenschaften, S. 586.

---

[1] H. S. Sherman u. M. L. Caldwell: J. amer. chem. Soc. **43**, 2469—2476 (1921) — Chem. Zbl. **1922 III**, 929.
[2] G. Schmidt: Hoppe-Seylers Z. **179**, 243—282 (1928) — Chem. Zbl. **1929 I**, 1124.
[3] P. György u. H. Röthler: Biochem. Z. **173**, 334—347 — Chem. Zbl. **1926 II**, 1436.
[4] E. Abderhalden u. E. Wertheimer: Pflügers Arch. **199**, 336—351 — Chem. Zbl. **1923 III**, 952.
[5] G. B. Ray: J. gen. Physiol. **6**, 525—529 — Chem. Zbl. **1924 II**, 822.
[6] Y. Okuda: Proc. imp. Akad. Tokyo **5**, 246—248 — Chem. Zbl. **1929 II**, 2904.
[7] O. Meyerhof: Pflügers Arch. **199**, 531—566 — Chem. Zbl. **1923 III**, 1089.
[8] C. Moncorps: Arch. f. exper. Pathol. **141**, 67—86 — Chem. Zbl. **1929 II**, 597.
[9] H. A. Krebs: Biochem. Z. **204**, 322—342 — Chem. Zbl. **1929 I**, 2200.
[10] S. Glaubach: Arch. f. exper. Path. **117**, 247—256 (1926) — Chem. Zbl. **1927 I**, 137.
[11] H. N. Batham: Soil Sci. **20**, 337—351 (1925) — Chem. Zbl. **1926 I**, 1476.
[12] D. I. Macht: J. of Pharmacol. **36**, 243—250 — Chem. Zbl. **1929 II**, 3033.

Physikalische Eigenschaften: H. Nakano[1] berichtet über krystallographische Untersuchungen an Cystinkrystallen und Cystinsteinen.

Von G. L. Keenan[2] werden Krystallform und optische Eigenschaften des Cystins nach der Immersionsmethode festgestellt. Als Immersionsflüssigkeiten wurden Gemische von Squibbs Mineralöl $n = 1{,}49$, Monochlornaphthalin $n = 1{,}64$, Monobromnaphthalin $n = 1{,}66$ und Methylenjodid $n = 1{,}74$ in solchen Verhältnissen angewendet, daß sich das „n" jedes Gemisches vom anderen um 0,005 unterschied.

Das Drehungsvermögen alkalischer Cystinlösungen ändert sich nach J. C. Andrews[3] beim Durchleiten von O_2 nicht mehr als beim Durchleiten von N_2.

J. C. Andrews[4] studierte die Racemisierung von Cystin mit einer Reihe von Säuren: HCl, H_3PO_4, Trichloressigsäure, Pikrinsäure, Sulfosalicylsäure und diese Säuren mit Salzzusätzen. Aus den Versuchen ergab sich, daß bei niedriger Cystinkonzentration ($< 0{,}2\%$) $[\alpha]_D$ hauptsächlich vom p_H abzuhängen scheint, bei höheren Cystinkonzentrationen dagegen die Wirkung der verschiedenen Ionen fast völlig spezifischer Natur ist, so daß für jede Säure die Verdünnungen (bei gleichbleibenden Konzentrationen dieser Säuren) zu praktisch konstanten $[\alpha]_D$-Werten führen. Anwendung von Na-Salzen verändert bei äquimolekularen Konzentrationen deutlich die Gestalt der Verdünnungskurven. Sicherlich übt auch der innere Druck auf die Drehung im Sinne von Patterson seinen Einfluß aus. Die konstantesten, am besten reproduzierbaren Bedingungen für die Bestimmung des $[\alpha]_D$ ergaben sich bei Verwendung von HCl von konstanter Konzentration (zweckmäßig 1 molar) bei 1 g Cystin in 100 ccm Lösung. $[\alpha]_D^{29} = -215{,}5°$, der mittlere Temperaturkoeffizient beträgt für $1°$ zwischen 20 und $29°$ $= -1{,}7°$.

Von F. W. Ward[5] wurde das Absorptionsspektrum für Cystin bestimmt. Die Absorptionsbanden im Cystinspektrum waren wesentlich intensiver als bei den übrigen Aminosäuren. Auf Grund dieser und anderer (chemischer) Eigenschaften wird vom Verfasser eine besondere Konfigurationsformel diskutiert.

Über das Absorptionsspektrum eines Gemisches von Tyrosin, Tryptophan, Phenylalanin, Cystin, Glykokoll, Leucin und Glutaminsäure in dem durch Blutanalyse angezeigten Verhältnis und über den Vergleich dieses Spektrums mit dem des Blutserums berichten W. Stenström und M. Reinhard[6].

Den Übergang von Cystein in wässeriger Lösung in Cystin, der durch Stehen allmählich erfolgt, beobachteten E. Abderhalden und E. Rossner[7] auf spektrographischem Wege.

Versuche von J. C. Andrews[8] über die Racemisierung von Cystin durch Säuren ergeben bei der Verdünnung mit Wasser Kurven, die die für Dissoziationsreaktionen charakteristische Form zeigen, und wahrscheinlich in der Hauptsache der Dissoziation von Cystinsalzen in die Ionen entsprechen. Unbestimmt bleibt dabei, wieweit Bildung und Dissoziation von Oxoniumsalzen vorliegt. Beim Pikrat scheinen unter den gewählten Versuchsbedingungen die Erscheinungen der elektrolytischen Dissoziation völlig zu fehlen.

R. K. Cannan und B. C. J. Knight[9] fanden nach Messungen an der Methylenblau-Methylenweiß-Elektrode bei $30°$ für Cystin in 0,02 mol. Lösungen folgende scheinbare Dissoziationskonstanten: $p_{K_1'} = <1{,}0$, $p_{K_2'} = 1{,}7$, $p_{K_3'} = 7{,}48$, $p_{K_4'} = 9{,}02$.

Chemische Eigenschaften des l-Cystins: J. C. Andrews und E. J. Debeer[10] untersuchten die Löslichkeit von isoelektrischem l-Cystin in Wasser bei $25°$. l-Cystin ist etwa 4 mal weniger löslich als d-Cystin.

G. Blix[11] untersuchte die Löslichkeit von Cystin im Harn. Während die Cystinlös-

---

[1] H. Nakano: J. of Biochem. **2**, 437—445 (1923) — Ber. Physiol. **20**, 464 (1923) — Chem. Zbl. **1924 I**, 1223.
[2] G. L. Keenan: J. of biol. Chem. **62**, 163—171 (1924) — Chem. Zbl. **1925 I**, 617.
[3] J. C. Andrews: J. of biol. Chem. **65**, 161—164 (1925) — Chem. Zbl. **1926 I**, 55.
[4] J. C. Andrews: J. of biol. Chem. **65**, 147—159 (1925) — Chem. Zbl. **1926 I**, 55.
[5] F. W. Ward: Biochemic. J. **17**, 898—902 (1923) — Chem. Zbl. **1924 I**, 1484.
[6] W. Stenström u. M. Reinhard: J. of biol. Chem. **66**, 819—827 (1925) — Chem. Zbl. **1926 I**, 2536.
[7] E. Abderhalden u. E. Rossner: Hoppe-Seylers Z. **178**, 156—163 (1928) — Chem. Zbl. **1929 I**, 19.
[8] J. C. Andrews: J. of biol. Chem. **65**, 147—159 (1925) — Chem. Zbl. **1926 I**, 55.
[9] R. K. Cannan u. B. C. J. Knight: Biochemic. J. **21**, 1384—1390 (1927) — Chem. Zbl. **1928 I**, 2079.
[10] J. C. Andrews u. E. J. Debeer: J. physic. Chem. **32**, 1031—1039 — Chem. Zbl. **1928 II**, 1668.
[11] G. Blix: Hoppe-Seylers Z. **178**, 109—124 — Chem. Zbl. **1928 II**, 2375.

lichkeit im Wasser vom $p_H = 5{,}6$ 0,109 g ($\pm 0{,}002$) beträgt, ist sie im Harn auf das 5fache erhöht, was durch die Anwesenheit der Harnsalze verursacht sein soll. So beträgt die Löslichkeitserhöhung in $^1/_4$n-Lösungen bei KCl 22, NaCl 28, NH_4Cl 11, $MgCl_2$ 42, $CaCl_2$ 59, K_2SO_4 16, $KH_2PO_4 + K_2HPO_4$ 22, $NaH_2PO_4 + Na_2HPO_4$ 52%. $CaCl_2$ steigert die Löslichkeit in $^1/_{16}$n-Lösungen um 18, in $^1/_8$n-Lösungen um 34, in $^1/_2$n-Lösungen um 97 und in $^1/_1$n-Lösungen um 151%. In einer dem Harn nachgebildeten Salzlösung vom $p_H = 5{,}6$ beträgt die Löslichkeit des Cystins 0,143—0,149 pro Liter. $^1/_4$n- bzw. 1proz. Lösungen von Harnstoff, Glucose und Kreatinin zeigten keinen merklichen Einfluß auf die Löslichkeit, wohl aber hatten Harnkolloide, von den Krystalloiden durch Dialyse getrennt, einen deutlichen Einfluß. Doch war die Löslichkeitserhöhung im nichtdialysierten Harn bedeutend größer.

Versuche von L. Okabe[1] über die Löslichkeit von Cystin ergaben folgendes: Die Löslichkeit von Cystin wird durch Neutralsalze und durch die [H^+] beeinflußt. Beim isoelektrischen Punkt besitzt es die geringste Löslichkeit. NaCl, $(NH_4)_2SO_4$ und Na_2SO_4 erhöhen die Löslichkeit, während NH_4Cl und NH_4-Acetat unwirksam sind und Alkohol die Löslichkeit verhindert. Unterhalb 20° ist die Temperatur ohne merklichen Einfluß. Ferner soll sich die Löslichkeit des Cystins im Haarhydrolysat merklich von der reinen Cystins unterscheiden.

l-Cystin läßt sich nach P. Pfeiffer und O. Angern[2] durch $(NH_4)_2SO_4$ zu etwa 67% ausfällen. Aus einer Lösung von l-Leucin und l-Cystin fällt $(NH_4)_2SO_4$ hauptsächlich Leucin aus. Die Aussalzbarkeit wurde so bestimmt, daß 5 ccm der gesättigten Lösung 0,02 Mol des $(NH_4)_2SO_4$ zugefügt wurden. Nach einer Löslichkeitsbestimmung in Wasser enthalten 100 ccm einer gesättigten Cystinlösung 0,0168 g bei 20—21°.

Reines Cystin wird nach R. H. A. Plimmer und J. Lowndes[3] von Phosphorwolframsäure zu 97% gefällt.

Cystin wird nach W. F. Hoffman und R. A. Gortner[4] durch langes Kochen mit 20proz. HCl nur langsam zerstört. Nach 192 Stunden Kochen waren an CO_2 etwa 6% abgespalten. Vom S waren nach dieser Zeit noch ungefähr 90% in unveränderter Bindung vorhanden. Während der ersten 48 Stunden nahm die Menge des durch Phosphorwolframsäure fällbaren Cystins rasch ab, blieb dann aber konstant. Vom N waren nach 24 Stunden 2,81, nach 192 Stunden 9,57% als NH_3 in der Lösung vorhanden. Die optische Drehung (anfangs $-201{,}7°$) nahm im Laufe der ersten 48 Stunden rasch ab, und war nach 96 Stunden 0. Aus der Lösung wurde als einziges Produkt ein isomeres Cystin isoliert, mikroskopische Prismen, $2^1/_2$mal löslicher als das gewöhnliche Cystin. Die Löslichkeit des Phosphorwolframates ist ebenfalls 4mal größer. Das Cystin ist optisch inaktiv. Verfasser nehmen an, daß dieses isomere Cystin mit dem bis jetzt synthetisierten Cystin identisch ist.

Nach H. R. Marston[5] wird l-Cystin bei der Hydrolyse nach van Slyke teilweise racemisiert. Das racemisierte phosphorwolframsaure Cystin ist sehr leicht löslich im Vergleich mit dem phosphorwolframsauren l-Cystin. Es läßt sich also aus dem Phosphorwolframsäureniederschlag nur ein kleiner Teil des Gesamtcystins wiedergewinnen.

Nach R. H. A. Plimmer und J. Lowndes[6] verliert Cystin beim 36stündigen Kochen mit 10proz. HCl 7% seines N. Ferner lassen sich nur noch 40% mit Phosphorwolframsäure fällen. Beim 6stündigen Kochen mit 20proz. NaOH werden aus Cystin 10% des N als NH_3 abgespalten, in Gegenwart von Phosphorwolframsäure etwa 20%.

Bei der Spaltung von Weizengliadin bei 100° mit 0,027—4,0n-HCl, 20proz. HCl, 0,2 bis 4,0 n-H_2SO_4, 0,2—1,0 n-NaOH und 0,2 n-$Ba(OH)_2$ zeigte sich nach H. B. Vickery[7], daß bei längerer Einwirkung Tryptophan und Cystin zerstört wurden.

Über die Rolle der Cystingruppen im Haar bei der Enthaarung von Häuten in alkalischen Lösungen berichtet R. H. Marriott[8]. Verfasser untersuchte die Einwirkung verschiedener Alkalien auf Cystin. $Ca(OH)_2$ spaltet Cystin unter Bildung von Sulfiden und NH_3, während

---

[1] L. Okabe: J. of Biochem. **8**, 441—457 — Chem. Zbl. **1928 I**, 2803.
[2] P. Pfeiffer u. O. Angern: Hoppe-Seylers Z. **133**, 180—192 — Chem. Zbl. **1924 I**, 2257.
[3] R. H. A. Plimmer u. J. Lowndes: Biochemic. J. **21**, 247—253 — Chem. Zbl. **1927 II**, 145.
[4] W. F. Hoffman u. R. A. Gortner: J. amer. chem. Soc. **44**, 341—361 (1922) — Chem. Zbl. **1922 III**, 346.
[5] H. R. Marston: Commonwealth of Austria Council Scientific and industrial Res. Bull. **1928**, Nr. 38, 34 Seiten, Sep. — Chem. Zbl. **1929 II**, 507.
[6] R. H. A. Plimmer u. J. Lowndes: Biochemic. J. **21**, 247—253 — Chem. Zbl. **1927 II**, 145.
[7] H. B. Vickery: J. of biol. Chem. **53**, 495—512 (1922) — Chem. Zbl. **1923 I**, 853.
[8] R. H. Marriott: J. Int. Soc. leather Trades Chemists **12**, 216—234, 281—303, 342—360 — Chem. Zbl. **1928 II**, 1514.

Na-, K-, Sr- und Ba-Hydroxyd unwirksam sind. Weiterhin wurde die Wirkung von $Ca(OH)_2$-Suspensionen auf Kollagen + Cystin untersucht.

Pulewka und Winzer[1] untersuchten das Verhalten von Cystin gegenüber Lösungen von Alkalisulfid und -cyanid. Isomolare Lösungen der beiden Reagentien veränderten die spezifische Drehung in etwa gleichem Grade. Aus O-freien, Na_2S-haltigen Cystinlösungen wurde durch CO_2 der Sulfid-S als H_2S ausgetrieben. Es fiel ein Niederschlag, der die spezifische Drehung von Cystin zeigte, aber keine Nitroprussidreaktion gab. Durch Luft-O_2 wurde Na_2S in Cystinlösungen rasch zu freiem S oxydiert. KCN ließ sich aus Cystinlösungen durch CO_2 nicht austreiben. Die Nitroprussidreaktion blieb dabei stark positiv. Bei der Reaktion von 1 Mol Cystin und 1 Mol KCN entstand 1 Mol Cystein, daneben entstand noch eine weitere Verbindung, anscheinend eine α-Amino-β-rhodanpropionsäure. In gepufferten Na_2S-Lösungen war die cystinspaltende Wirkung vom p_H abhängig.

Cystin spaltet nach J. Kühnau[2] mit H_2 Schwefel ab, was sich durch KCN steigern und durch Cyanamid wesentlich vermindern läßt. Bei einem Vergleich von Insulin mit Cystin vermag jenes mit H_2 15mal mehr Schwefel abzugeben als Cystin. KCN und Cyanamid sind jedoch ohne Einwirkung auf die Menge des abspaltbaren Insulin-S.

E. Brand und M. Sandberg[3] untersuchten vergleichend die Abspaltung von S aus Cystin, Cystinpeptiden, Insulin und Glutathion aus Rinderblut durch NaOH + Bleiacetat und durch Sodalösung. Die einzelnen Verbindungen zeigten ein sehr verschiedenes Verhalten.

H. Steudel und R. Schumann[4] berichten über die Veränderungen des Cystins im Casein bei der Herstellung von Desamidocasein (Einwirkung von HNO_2). Bei dieser Reaktion werden alle Gruppen des Cystins reaktionsfähig.

Über die O_2-Aufnahme des Cystins bei ultravioletter Bestrahlung berichtet D. Th. Harris[5].

Nach W. Stenström und A. Lohmann[6] ist auch nach 95stündiger Röntgenbestrahlung beim Cystin mittels der colorimetrischen Methode von Folin und Looney keine Veränderung nachweisbar.

Nach M. Bergmann und F. Stather[7] entsteht die als Zwischenprodukt bei der hydrolytischen Zersetzung von Cystin auftretende Brenztraubensäure wahrscheinlich über die α-Aminoacrylsäure und Iminobrenztraubensäure.

Versuche von Y. Okuda[8] zeigten, daß bei längerer Hydrolyse von Proteinen mit HCl aus Cystin kein Cystein gebildet wird, wohl aber soll der umgekehrte Vorgang stattfinden.

Cystin oxydiert nach E. C. Kendall und D. F. Loewen[9] weder reduziertes Indigocarmin noch reduziertes Indigo, wenn als 3. Komponente der Aktivator fehlt, der durch Einwirkung von O_2 oder Na-Disulfid auf Indigocarmin entsteht. Weitere Versuche der Verfasser[9] zeigten, daß die Oxydation des Cysteins zu Cystin nicht direkt, sondern über ein intermediäres Produkt verläuft, das der Oxydator des Systems ist. Bei Fehlen eines Aktivators wirkt Cystin nicht auf die Pt-Elektrode. Bei Gegenwart von Cystein und Cystin und einem Aktivator wird das Reduktionspotential durch das Verhältnis der vorhandenen SH- und —S—S-Gruppen bestimmt[10, 11], während nach M. Dixon und H. E. Tunnicliffe[12] nur die Konzentrationen der SH-Gruppen für das Potential bestimmend sind.

Über die Beschleunigung der autokatalytischen Oxydation des Cysteins durch Cystin berichtet D. C. Harrison[13]. Wird die —S—S-Gruppe des Cystins durch Oxydation mit Br getrennt, so tritt keine katalytische Wirkung ein.

Über die Rolle des Fe bei der Oxydation von Cystein zu Cystin und über die Wirkung der HCN auf die Reaktion berichten E. Abderhalden und E. Wertheimer[14].

---

[1] Pulewka u. Winzer: Arch. f. exper. Pathol. **138**, 154—155 (1928) — Chem. Zbl. **1929 I**, 2037.
[2] J. Kühnau: Arch. f. exper. Path. **123**, 24—49 — Chem. Zbl. **1927 II**, 1278.
[3] E. Brand u. M. Sandberg: J. of biol. Chem. **70**, 381—395 (1926) — Chem. Zbl. **1927 I**, 439.
[4] H. Steudel u. R. Schumann: Hoppe-Seylers Z. **183**, 168—176 (1929) — Chem. Zbl. **1929 II**, 2207.
[5] D. Th. Harris: Biochemic. J. **20**, 288—292 — Chem. Zbl. **1926 II**, 456.
[6] W. Stenström u. A. Lohmann: J. of biol. Chem. **79**, 673—678 (1928) — Chem. Zbl. **1929 I**, 1367.
[7] M. Bergmann u. F. Stather: Hoppe-Seylers Z. **152**, 189—201 — Chem. Zbl. **1926 I**, 3051.
[8] Y. Okuda: Proc. imp. Acad. Tokyo **2**, 277—279 — Chem. Zbl. **1926 II**, 2728.
[9] E. C. Kendall u. D. F. Loewen: Biochemic. J. **22**, 649—668 — Chem. Zbl. **1928 II**, 1119.
[10] E. C. Kendall u. D. F. Loewen: Biochemic. J. **22**, 669—682 — Chem. Zbl. **1928 II**, 1119. —
[11] E. C. Kendall u. F. F. Nord: J. of biol. Chem. **69**, 295—337 — Chem. Zbl. **1926 II**, 2413.
[12] M. Dixon u. H. E. Tunnicliffe: Biochemic. J. **21**, 844—851 — Chem. Zbl. **1927 II**, 2662.
[13] D. C. Harrison: Biochemic. J. **21**, 1404—1415 (1927) — Chem. Zbl. **1928 II**, 33.
[14] E. Abderhalden u. E. Wertheimer: Pflügers Arch. **198** 122—127 — Chem. Zbl. **1923 III**, 463.

In einem Oxydoreduktionssystem: Aminosäure, Aldehyd (Propionaldehyd), Methylenblau und Phosphat reagiert nach H. Haehn und A. Pülz[1] Cystin im Gegensatz zu anderen Aminosäuren nicht.

Nach E. Abderhalden und E. Wertheimer[2] beschleunigt Cystin die Autoxydation des Cysteins. Nach den Verfassern greift HCN wahrscheinlich am System Cystein-Cystin, aber nicht am System Cystin-Eisen-Blausäure an.

Nach M. Dixon und J. H. Quastel[3] ist Cystin ohne Einfluß auf das Potential an der Pt-Elektrode.

Bei der Einwirkung von Cyanamid auf Cystin sind nach S. Glaubach[4] keine Veränderungen im Verhalten des Cystins nachweisbar.

Cystin wird nach S. Edlbacher und J. Kraus[5] bei Gegenwart von geringen Mengen von Adrenalin durch O_2 unter Bildung von NH_3 zerlegt. Die NH_3-Bildung ist etwa $^4/_5$ geringer als beim Glykokoll.

Nach Versuchen von J. C. Andrews[6] ist die Oxydation des Cystins in alkalischer Lösung durch O_2 keine direkte, sondern eine solche des durch die Wirkung des Alkalis gebildeten Sulfidions.

Nach Y. Jnoue[7] läßt sich Cystin selbst wegen seiner Zersetzlichkeit und Unlöslichkeit nicht acetylieren.

1 Mol Cystin bindet nach R. H. A. Plimmer und H. Philipps[8] in saurer Lösung 16 Atome Brom.

Nach F. Lieben und R. Müller[9] reagiert Cystin mit 10 Atomen Br, nimmt aber kein J auf.

Nach E. Schmidt und K. Braunsdorf[10] reagiert Cystin mit ClO_2, was auf die Disulfidgruppe zurückzuführen ist.

Aus einer Lösung von Tyrosin- und Cystinchlorhydrat läßt sich nach V. du Vigneaud, H. Jensen und O. Wintersteiner[11] ersteres durch ein angesäuertes Gemisch von Alkohol und Butylalkohol vollständig extrahieren und so eine gute Trennung beider Aminosäuren erreichen.

Über die Reaktion zwischen Methylglyoxal und Cystin beim Kochen und über die quantitative Bestimmung der Reaktionsprodukte berichten C. Neuberg und M. Kobel[12].

K. Shibata[13] berichtet über die Polymerisationsprodukte aus Asparagin + Cystin, die durch Erhitzen des Cystins in der 5—10fachen Menge Glycerin auf 170° (1—2 Stunden) erhalten wurden.

Cystin wirkt nach E. Abderhalden und E. Wertheimer[14] auf die Cannizzarosche Reaktion in dem Sinne, daß H abgefangen wird und Cystein entsteht, wobei eine Mehrbildung von Säure und eine geringere Bildung von Alkohol eintritt. Auch die Wechselbeziehung zwischen β-Oxybuttersäure und Acetessigsäure läßt sich durch Cystin beeinflussen.

Versuche von J. M. Ort und J. W. Bollman[15] zeigten, daß Cystin auf die Reaktion von H_2O_2 auf Dextrose katalytisch beschleunigend einwirkte.

---

[1] H. Haehn u. A. Pülz: Chem. Zelle **12**, 65—99 (1924) — Chem. Zbl. **1925 I**, 1213.
[2] E. Abderhalden u. E. Wertheimer: Pflügers Arch. **200**, 649—654 (1923) — Chem. Zbl. **1924 I**, 792.
[3] M. Dixon u. J. H. Quastel: J. chem. Soc. Lond. **123**, 2943—2953 (1923) — Chem. Zbl. **1924 I**, 2099.
[4] S. Glaubach: Arch. f. exper. Path. **117**, 257—265 (1926) — Chem. Zbl. **1927 II**, 123.
[5] S. Edlbacher u. J. Kraus: Hoppe-Seylers Z. **178**, 239—249 — Chem. Zbl. **1928 II**, 2658.
[6] J. C. Andrews: J. of biol. Chem. **65**, 161—164 (1925) — Chem. Zbl. **1926 I**, 55.
[7] Y. Inoue: Bull. inst. physical. chem. Res. [Abstracts] Tokyo **2**, 81 — Chem. Zbl. **1929 II**, 2770.
[8] R. H. A. Plimmer u. H. Philipps: Biochemic. J. **18**, 312—321 — Chem. Zbl. **1924 II**, 1252.
[9] F. Lieben u. R. Müller: Biochem. Z. **197**, 119—135 (1928) — Chem. Zbl. **1929 I**, 1353.
[10] E. Schmidt u. K. Braunsdorf: Ber. dtsch. chem. Ges. **55**, 1529—1534 — Chem. Zbl. **1922 III**, 520.
[11] V. du Vigneaud, H. Jensen u. O. Wintersteiner: J. of Pharmacol. **32**, 367—385 — Chem. Zbl. **1928 II**, 259.
[12] C. Neuberg u. M. Kobel: Biochem. Z. **188**, 197—210 — Chem. Zbl. **1927 II**, 2677.
[13] K. Shibata: Acta phytochim. (Tokyo) **2**, 39—47 — Chem. Zbl. **1925 II**, 1281.
[14] E. Abderhalden u. E. Wertheimer: Pflügers Arch. **198**, 415—420 — Chem. Zbl. **1923 III**, 690.
[15] J. M. Ort u. J. W. Bollman: J. amer. chem. Soc. **49**, 805—810 — Chem. Zbl. **1927 I**, 2794.

Cystin hemmt nach E. Wertheimer[1] die spontane Oxydation von α-Naphthol und p-Phenylendiamin zu Indophenolblau stark, was durch Bildung komplexer Schwermetallsalze erklärt wird.

Cystin verzögert nach A. Steigmann[2] selbst in geringsten Mengen die Reduktion von Na-Ag-Thiosulfat durch Hydrosulfit stark, und flockt in Anwesenheit von Gelatine im Gemisch von Na-Ag-Thiosulfat + Hydrosulfit nach bereits erfolgter Solbildung das entstandene kolloide Ag aus. Neuere Versuche des Verfassers[3] zeigten bei Na-Silberthiosulfat mit Gelatine als Schutzkolloid durch Cystin eine Reduktionsverzögerung und eine Verringerung des Dispersitätsgrades. Während Cystin bei gelatinehaltigem Na-Quecksilbersulfit nur von unwesentlichem Einfluß war, wurde die Reduktion von Na-Goldthiosulfat mit Hydrosulfit durch Cystin beschleunigt. Die Reduktion des Komplexsalzes von Goldchlorid mit NH_3 wurde durch Cystin verzögert, die Reduktion des entsprechenden Komplexsalzes mit Pyridin wurde beschleunigt. Weiterhin wurde vom Verfasser der wachstumshemmende Einfluß des Cystins auf die Ostwald-Reifung von Bromsilber untersucht.

Cystin gibt nach E. Waser und E. Brauchli[4] beim Erhitzen in soda-alkalischer Lösung mit einer kleinen Menge p-Nitrobenzoylchlorid im Gegensatz zu anderen Aminosäuren keine Farbreaktion.

Cystin gibt nach E. Abderhalden und E. Komm[5] und E. Brand und M. Sandberg[6] mit Pikrinsäure, m-Dinitrobenzol und m-Dinitrobenzoesäure eine Farbreaktion, dagegen gibt es nach E. Abderhalden und E. Komm[5] mit Dinitrostilben keine Farbreaktion.

E. A. Cooper und S. D. Nicholas[7] untersuchten die Aufnahme von Benzochinon und Toluchinon in wässeriger Lösung durch Cystin.

Über den Einfluß des Cystins auf die Tryptophan-Aldehydreaktion berichtet E. Komm[8].

Cystin wirkt nach H. Fischer und F. Lindner[9] nicht auf die rote Farbe von Pyridin-Häminlösungen ein.

Chemische Eigenschaften des d-Cystins: J. C. Andrews und E. J. Debeer[10] bestimmten die Löslichkeit von isoelektrischem d-Cystin in Wasser bei 25°. Die d-Form ist etwa 4 mal so löslich wie die l-Form.

Chemische Eigenschaften des meso-Cystins: J. C. Andrews und E. J. Debeer[10] ermittelten die Löslichkeit von isoelektrischem meso-Cystin in Wasser bei 25°.

Chemische Eigenschaften des racemischen Cystins: J. C. Andrews und E. J. Debeer[10] bestimmten die Löslichkeit von isoelektrischem racemischen Cystin in Wasser bei 25°.

Derivate: l-Cystindihydrochlorid. Lange Nadeln aus konzentrierter HCl[11]. — E. Abderhalden und E. Roßner[12] untersuchten die Absorptionskurve von Cystinchlorhydrat in wässeriger und in salzsaurer Lösung. Die Kurven zeigten keinen wesentlichen Unterschied.

Dihydrochlorid eines „Stein"-Cystins, lange Nadeln aus konzentrierter HCl[11].

Cu-Salz des Cystins $C_6H_{10}O_4N_2S_2 \cdot Cu$. Bestimmt wurde die spezifische Leitfähigkeit „x" des Cu-Salzes in folgenden wässerigen Lösungen: $1/50$-, $1/100$-, $1/200$-, $1/400$-, $1/800$- und $1/1600$ n[13].

Komplexsalzverbindung des Cystins: Ag-Na-Cystin, aus Na-Cystin und Ag_2O. Leicht lösliches, reizloses Produkt, hat starke antiseptische Wirkung, ist mit schwach alkalischer Reaktion in Wasser löslich[14].

Methylester des Cystins, sehr hygroskopisch und unbeständig[15].

---

[1] E. Wertheimer: Fermentforschg 8, 497—517 — Chem. Zbl. **1926 II**, 696.
[2] A. Steigmann: Kolloid-Z. **41**, 276—277 — Chem. Zbl. **1927 I**, 2582.
[3] A. Steigmann: Kolloid-Z. **48**, 194—195 — Chem. Zbl. **1929 II**, 975.
[4] E. Waser u. E. Brauchli: Helvet. chim. Acta **7**, 740—758 — Chem. Zbl. **1924 II**, 947.
[5] E. Abderhalden u. E. Komm: Hoppe-Seylers Z. **140**, 99—108 — Chem. Zbl. **1924 III**, 2757.
[6] E. Brand u. M. Sandberg: J. of biol. Chem. **70**, 381—395 (1926) — Chem. Zbl. **1927 I**, 439.
[7] E. A. Cooper u. S. D. Nicholas: J. Soc. chem. Ind. **46**, T. 59—60 — Chem. Zbl. **1927 I**, 2203.
[8] E. Komm: Hoppe-Seylers Z. **156**, 35—60 — Chem. Zbl. **1926 II**, 1892.
[9] H. Fischer u. F. Lindner: Hoppe-Seylers Z. **153**, 54—66 — Chem. Zbl. **1926 II**, 224.
[10] J. C. Andrews u. E. J. Debeer: J. physik. Chem. **32**, 1031—1039 — Chem. Zbl. **1929 II**, 1668.
[11] R. A. Gortner u. W. F. Hoffman: J. of biol. Chem. **72**, 433—448 — Chem. Zbl. **1927 I**, 2900.
[12] E. Abderhalden u. E. Roßner: Hoppe-Seylers Z. **178**, 156—163 (1928) — Chem. Zbl. **1929 I**, 19.
[13] E. Abderhalden u. E. Schnitzler: Hoppe-Seylers Z. **163**, 94—119 — Chem. Zbl. **1927 I**, 2068.
[14] Farbenfabriken vorm. Friedr. Bayer & Co.: D.R.P. 392656 v. 20. Mai 1921, ausg. 22. März 1924; Chem. Zbl. **1924 II**, 888.
[15] Y. Inoue: Bull. Inst. physical. chem. Res. [Abstracts] Tokyo **2**, 81 — Chem. Zbl. **1929 II**, 2770.

l-Cystinäthylester. Sehr hygroskopisch und unbeständig[1]. — Der Ester erhöht nach M. Arai[2] beim Kaninchen schwach den Blutdruck, beim Hunde ist er wirkungslos. Ausgeschnittene Uterusstücke vom Hund und Kaninchen werden erregt, vom Meerschweinchen gehemmt. Ebenso wird die Darmbewegung gehemmt. — Über die Umsetzung des Esters mit Guanidin berichten E. Abderhalden und H. Sickel[3]. Der Ester wird zu 55% umgesetzt.

l-Cystindiäthylesterdihydrochlorid $C_{10}H_{20}O_4N_2S_2 \cdot 2HCl$. Aus absolutem Alkohol und Äther Nadeln. Schmelzp. 177—178° (Zers.)[4].

Dipropylester, Schmelzp. 117—118°[1].

Diamylester, Schmelzp. 128—129°[1].

Dibenzylester, Schmelzp. 126—128°[1].

l-Tetracarbäthoxycystin $C_{18}H_{28}O_{12}N_2S_2$. Aus Butylalkohol braune Krystalle. Schmelzpunkt etwa 63°[4].

Diacetylcystin aus dem Diacetylcystinpropylester durch Verseifung. Der Ester war in Pyridin acetyliert worden. Die Acetylierung des Cystins selbst gelang nicht. Schmelzp. 75°[1].

Diacetylcystindiäthylester $C_{14}H_{24}O_6N_2S_2$. Die Veresterung des Cystins dauert 15 Stunden. Nadeln aus Alkohol + Äther, Schmelzp. 123—124°, $[\alpha]_D^{29} = -102,3°$ (in Alkohol). Leicht löslich in organischen Lösungsmitteln, ziemlich löslich in Wasser. Spaltet beim Kochen mit verdünnter KOH sofort H_2S ab. Zersetzt sich beim Erhitzen bei 130° im Hochvakuum, wobei ein scharfriechendes, zunächst leichtflüssiges und leichtlösliches Öl übergeht. Dieses verwandelt sich in einigen Tagen in eine viscose Masse, die in Chloroform löslich ist und daraus durch Äther gumminös gefällt wird[5].

l-Dibenzoylcystin $C_{20}H_{20}O_6N_2S_2$. Nadeln, Schmelzp. 181°[4]. — Bei subcutaner Zufuhr von Dibenzoylcystin an Kaninchen wird keine wesentliche Oxydation beobachtet. Eine geringe Oxydation findet bei peroraler Verabreichung statt. Anscheinend werden die am N substituierten Gruppen im Verdauungskanal teilweise abgespalten und so Cystin für die Oxydation frei. In beiden Fällen bestanden die im Harn ausgeschiedenen Verbindungen zu etwa $^1/_2$ aus unverändertem Cystin und zu $^1/_2$ aus Cystinderivaten[6]. — Schmelzp. 180—181°, ist in Wasser unlöslich, enthält kein Krystallwasser, ist in krystallisiertem Zustand nicht hygroskopisch, in den meisten organischen Flüssigkeiten löslich, kann bereits in sehr schwacher Konzentration als steifes Gel erhalten werden. Die Darstellung eines solchen wässerigen Gels mit 0,2% Substanz geschieht so, daß die Substanz in wenig heißem 95proz. Alkohol gelöst und dann mit Wasser versetzt wird. Beim Abkühlen geht die Masse in ein steifes Gel über. Nach einiger Zeit bilden sich in dem anfangs durchsichtigen Gel opake Kerne. Das Gel scheint eine diskontinuierliche faserige Struktur zu besitzen[7]. Wird Dibenzoylcystin nach dem Umkrystallisieren aus verdünntem Alkohol durch Extraktion mit Benzin im Soxhlet von allen Resten der Benzoesäure und des Benzoylchlorids befreit, so hat es nach Ch. G. L. Wolf und E. K. Rideal[8] Schmelzp. 189° (unkorr.). Die Verbindung ist eine ziemlich starke Säure. Ein 0,266proz. wässeriges Gel hat bei 20° ein $p_H = 3,05$. Die Dissoziationskonstante beträgt $1,49 \cdot 10^{-3}$. Die Gelstruktur erscheint fibrillär und ziemlich grob. Säuren verringern die Löslichkeit des Dibenzoylcystins stark, lyotropische Salze (NH_4-Thiocyanat) setzen die wasserbindende Kraft des Gels herab und bewirken schließlich Verflüssigung. Basische Farbstoffe werden vom Gel adsorbiert und gefällt, während saure Farbstoffe diffundieren und halogenierte Farbstoffe (Eosin, Bengalrot) mit der S-Gruppe zu reagieren scheinen. Die Goldzahl beträgt etwa 10. Weitere Versuche zeigten, daß die Gelbildung von der Gegenwart einer elektronegativen, an Amino-N gebundenen Gruppe, die nicht zu polar sein darf, von der Gegenwart einer relativ negativen Carboxylgruppe und von der elektropositiven Gruppe —S—S- abhängig zu sein scheint. — H. Zocher und H. W. Albu[9] untersuchten mikroskopisch Gele von Dibenzoylcystin (189°) verschiedener Konzentrationen

---

[1] Y. Inoue: Bull. Inst. physical. chem. Res. [Abstracts] Tokyo **2**, 81 — Chem. Zbl. **1929 II**, 2770.

[2] M. Arai: Biochem. Z. **136**, 203—212 — Chem. Zbl. **1923 III**, 871.

[3] E. Abderhalden u. H. Sickel: Hoppe-Seylers Z. **173**, 51—60 — Chem. Zbl. **1928 I**, 1021.

[4] R. A. Gortner u. W. F. Hoffman: J. of biol. Chem. **72**, 433—448 — Chem. Zbl. **1927 I**, 2900.

[5] E. Cherbuliez u. Pl. Plattner: Helvet. chim. Acta **12**, 317—329 — Chem. Zbl. **1929 II**, 75.

[6] H. B. Lewis, H. Updegraff u. D. Mc Ginty: J. of biol. Chem. **59**, 59—71 — Chem. Zbl. **1924 II**, 205.

[7] R. A. Gortner u. W. F. Hoffman: J. amer. chem. Soc. **43**, 2199—2202 (1921) — Chem. Zbl. **1922 I**, 1396.

[8] Ch. G. L. Wolf u. E. K. Rideal: Biochemic. J. **16**, 548—555 (1922) — Chem. Zbl. **1923 I**, 417.

[9] H. Zocher u. H. W. Albu: Kolloid-Z. **46**, 27—33 — Chem. Zbl. **1928 II**, 2335.

und in verschiedenen Lösungsmitteln (Wasser + Alkohol, Methylalkohol, Propylalkohol, Glycerin, Aceton) im gewöhnlichen und polarisierten Licht. Bei Deformation eines 0,2proz. Geles tritt starke Doppelbrechung auf. Das Gel ist also aus positiv doppelbrechenden, nadelförmigen Teilen aufgebaut, deren Durchmesser unter der Grenze der mikroskopischen Auflösbarkeit liegt, und erst in alten Gelen derselben nahekommt. Da auch ohne Deformation schwache Doppelbrechung vorhanden ist, ist das Gel aus Kugeln mit vorzugsweise radiärstehenden Nädelchen aufgebaut. Das Gel ist thixotrop. Beim Fließenlassen des Soles tritt starke Doppelbrechung auf, die bei geringem Elektrolytzusatz verschwindet. 0,05proz. Systeme in 5proz. alkoholischer Lösung sind nur kurze Zeit gelförmig und erleiden schnell Synärese, 0,025proz. Systeme zeigen starken Tyndalleffekt, 0,1proz. sind molekular gelöst. Beim Eindampfen der Sole und beim Wiederbefeuchten des trockenen Rückstandes tritt ein Umschlag der Doppelbrechung von negativ in positiv ein. Das Kolloid, welches das Gel aufbaut, ist wahrscheinlich ein Hydrat. Weiterhin wird der Einfluß verschiedener Alkohole auf die Eigenschaften der Gele untersucht. Mit Methylenblau oder Neutralrot angefärbte Gele zeigen Dichroismus und anormale Dispersion der Doppelbrechung, mit Eosin und Methylviolett ist keine Anfärbung zu beobachten. — Über Viscositätsmessungen eines Dibenzoylcystinsoles in Abhängigkeit vom Druck berichten H. Freundlich und H. A. Abramson[1].

Dibenzoylcystin („Stein"-Cystin) $C_{20}H_{20}O_6N_2S_2$. Platten, Schmelzp. 160°[2].

Na-Salz, hat keine gelatinierende Eigenschaft[3].

Di-m-nitrobenzoylcystin, hat ähnliche Eigenschaften wie Dibenzoylcystin[3].

Di-p-nitrobenzoylcystin. Schmelzp. 193—194°[4].

Diphenylacetylcystin $C_{22}H_{24}O_6N_2S_2$. Durch Kuppeln von Diphenylacetylchlorid und Cystin[5]. — 68% des S werden nach peroraler Gabe im tierischen Organismus oxydiert[6].

Dinaphthalylcystin. Schmelzp. 194—195°[4].

Benzyliden-l-cystin-Ba $C_{20}H_{18}O_4N_2S_2Ba$. Farblose Nadeln aus Wasser[7].

o-Oxybenzyliden-l-cystin-Ba $C_{20}H_{18}O_6N_2S_2Ba$. Gelbe Nadeln[7].

l-Cystinphenylisocyanat $C_{20}H_{22}O_6N_4S_2$. Aus verdünntem Alkohol Nadeln. Schmelzpunkt 148—149°[2].

Cystinphenylisocyanat („Stein"-Cystin) $C_{20}H_{22}O_6N_4S_2$. Platten, Schmelzp. 132—133°[8].

K-Salz der N, N'-Cystindisulfonsäure mit Cystin, $4[KOOC \cdot (KSO_3 \cdot NH) \cdot CH \cdot CH_2 \cdot S]_2 + [HOOC \cdot (NH_2)CH \cdot CH_2 \cdot S]_2$. Die Cystinverbindung wurde durch Einwirkung von N-Pyridiniumsulfonsäure auf Cystin erhalten. Aus Wasser + Alkohol zunächst ölig, dann krystallinisch, hygroskopisch, in Wasser leicht löslich und bei alkalischer Reaktion beständig. In saurer Lösung erfolgt Abspaltung von H_2SO_4[9].

l-Di-β-naphtholsulfoncystin $C_{26}H_{24}O_8N_2S_4 \cdot 2H_2O$. Aus verdünntem Alkohol mikroskopische Nadeln oder Prismen. Schmelzp. 203—204°[8].

Phenyluraminocystin. Lange, federartige Krystalle, Schmelzp. 160°, sehr leicht löslich in Alkohol, Aceton, Alkalien, mäßig löslich in Eisessig, sehr wenig löslich in Wasser, Mineralsäuren, Benzol, Essigester, Äther und CCl_4[10]. — Phenyluraminocystin wird nach H. B. Lewis und D. A. McGinty[11] und H. B. Lewis und L. E. Root[12] bei Verfütterung an Kaninchen im Harn als Phenyluraminocystein ausgeschieden. Das Phenyluraminocystin wird bei subcutaner Verabreichung nicht oxydiert, dagegen findet bei Verfütterung eine geringe Oxydation statt. — 41% des S werden nach peroraler Gabe im tierischen Organismus oxydiert[13].

---

[1] H. Freundlich u. H. A. Abramson: Z. physik. Chem. **131**, 278—284 — Chem. Zbl. **1928 I**, 1511.
[2] R. A. Gortner u. W. F. Hoffman: J. of biol. Chem. **72**, 433—448 — Chem. Zbl. **1927 I**, 2900.
[3] Ch. G. L. Wolf u. E. K. Rideal: Biochemic. J. **16**, 548—555 (1922) — Chem. Zbl. **1923 I**, 417.
[4] Y. Inoue: Bull. Inst. physical. chem. Res. [Abstracts] Tokyo **2**, 81 — Chem. Zbl. **1929 II**, 2770.
[5] G. J. Shiple u. C. P. Sherwin: J. of biol. Chem. **55**, 671—686 — Chem. Zbl. **1923 III**, 119.
[6] A. R. Rose, G. J. Shiple u. C. P. Sherwin: Amer. J. Physiol. **69**, 518—530 — Chem. Zbl. **1924 II**, 1947.
[7] M. Bergmann u. L. Zervas: Hoppe-Seylers Z. **152**, 282—299 — Chem. Zbl. **1926 I**, 3060.
[8] R. A. Gortner u. W. F. Hoffman: J. of biol. Chem. **72**, 433—448 — Chem. Zbl. **1927 I**, 2900 vgl. dazu Emil Abderhalden: J. of biol. Chem. **75**, 195 (1927).
[9] P. Baumgarten: Hoppe-Seylers Z. **171**, 62—69 (1927) — Chem. Zbl. **1928 I**, 190.
[10] G. J. Shiple u. C. P. Sherwin: J. of biol. Chem. **55**, 671—686 — Chem. Zbl. **1923 III**, 119.
[11] H. B. Lewis u. D. A. McGinty: J. of biol. Chem. **53**, 240—256 — Chem. Zbl. **1922 III**, 969.
[12] H. B. Lewis u. L. E. Root: J. of biol. Chem. **50**, 303—310 — Chem. Zbl. **1922 I**, 984.
[13] A. R. Rose, G. J. Shiple u. C. P. Sherwin: Amer. J. Physiol. **69**, 518—530 — Chem. Zbl. **1924 II**, 1947.

Benzylcystin, 58% des S werden nach peroraler Gabe im tierischen Organismus oxydiert[1].

l-Cystinsäure $C_3H_7O_5NS$. Durch Ausfällen mit Alkohol aus Wasser mikroskopische Nadeln[2].

l-Diphenacylester $C_{19}H_{19}O_7NS$. Aus 40proz. Alkohol Nadeln oder Prismen. Schmelzpunkt 203—204° (unkorr.)[2].

α-Dioxy-β-dithiopropionsäure aus Cystin mit HNO_2 bei 0° gewonnen. Amorphes Pulver. $[\alpha]_D^{28} = -11,3°$ (Aceton; $c = 2$), $= -15,6°$ (Essigester; $c = 2$). Schmelzp. 85—90°. Wässerige Lösung gibt mit $HgCl_2$ weißen Niederschlag, mit Cu-Acetat in der Wärme unlösliches, grünes Cu-Salz, mit $AgNO_3$ weiße Flocken. Gibt krystallines **Di-p-nitrobenzoylderivat**. Die Verbindung kann Cystin in der Nahrung von Ratten nicht ersetzen, wohl aber wird sie wie die β-Dithiodipropionsäure im Organismus leicht oxydiert, unabhängig davon, ob sie per os oder subcutan zugeführt wurde. Der S wird in Form von H_2SO_4 ausgeschieden[3].

Derivate des l-Cystins: l-Dihydrochlorid. Diamantartige Krystalle[2].

i-Cystindiäthylesterdihydrochlorid $C_{10}H_{20}O_4N_2S_2 \cdot 2HCl$. Prismen. Schmelzp. 169 bis 170° (Zersetzung), leichter löslich in Äther und schwerer löslich in absolutem Alkohol als die l-Verbindung[2].

i-Tetracarbäthoxycystin $C_{18}H_{28}O_{12}N_2S_2$. Graues Pulver. Schmelzp. etwa 64°[2].

i-Dibenzoylcystin $C_{20}H_{20}O_6N_2S_2$. Platten, Schmelzp. 168°, unscharf, erweicht bei 120°[2].

i-Cystinphenylisocyanat $C_{20}H_{22}O_6N_4S_2$. Lange Nadeln, Schmelzp. 181°. Die i-Verbindung bildet weniger leicht Gele als die l-Verbindung[2].

i-Di-β-naphtholsulfoncystin $C_{26}H_{24}O_8N_2S_4 \cdot 2H_2O$. Schmelzp. 215° (Gasentwicklung). In Gegenwart von NH_3 bei der Darstellung der Verbindung wurde stets β-Naphtholsulfonamid erhalten[2].

i-Cystinsäure $C_3H_7O_5NS$. Durch Ausfällen mit Alkohol aus Wasser, Platten[2].

i-Diphenacylester $C_{19}H_{19}O_7NS$. Platten, Schmelzp. 210°[2].

Methionin
α-Amino-γ-methylthiobuttersäure.

Mol-Gewicht 149,17.

Zusammensetzung: $C_5H_{11}O_2NS$.

Formel: $CH_3S \cdot CH_2 \cdot CH_2 \cdot CH(NH_2) \cdot COOH$.

Bildung: J. H. Mueller[4] gelang es, aus dem Schwefelsäurehydrolysat von 30 kg Handelscasein, und zwar aus dem Filtrat der nach wiederholter Fällung mit Hg-Sulfat und Fällung mit $Ba(OH)_2$- und Ag-Lösung gewonnenen Lösung durch fraktionierte Krystallisation, zuletzt aus verdünntem Aceton, 10 g (Rohprodukt) Methionin in weißen durchsichtigen Platten oder Rosetten zu isolieren. In weiteren Versuchen gelang es dem Verfasser[5], Methionin auch aus dem H_2SO_4-Hydrolysat von Eieralbumin zu gewinnen. Die Isolierung erfolgte über die $HgSO_4$-Verbindung, die weitere Reinigung über die $HgCl_2$-Verbindung.

S. Odake[6] isolierte Methionin aus den Mutterlaugen der aus dem alkoholischen Extrakt von Hefe erhaltenen Adenylthiomethylpentose. Methionin ist nach dem Verfasser aus der Hefe wahrscheinlich durch Autolyse entstanden.

G. Barger und F. P. Coyue[7] isolierten das Methionin aus dem H_2SO_4-Hydrolysat von Caseinogen. Nach Fällung mit $HgCl_2$ war das Methionin 85—95proz. Dagegen konnten die Verfasser aus dem HCl-Hydrolysat von Gelatine nur eine geringe Menge unreinen Methionins gewinnen.

Synthese: G. Barger und F. P. Coyue[7] synthetisierten das Methionin nach der Streckerschen Methode vom β-Methylthiopropionaldehyd, $CH_3S \cdot CH_2 \cdot CH_2 \cdot CHO$, aus. Der

---

[1] A. R. Rose, G. J. Shiple u. C. P. Sherwin: Amer. J. Physiol. **69**, 518—530 — Chem. Zbl. **1924 II**, 1947.

[2] R. A. Gortner u. W. F. Hoffman: J. of biol. Chem. **72**, 433—448 — Chem. Zbl. **1927 I**, 2900.

[3] B. D. Westerman u. W. C. Rose: J. of biol. Chem. **79**, 413—421, 423—428 (1928) — Chem. Zbl. **1929 I**, 101/102.

[4] J. H. Mueller: Proc. Soc. exper. Biol. a. Med. **19**, 161—163 — Ber. Physiol. **13**, 156—157 — Chem. Zbl. **1922 III**, 626.

[5] J. H. Mueller: J. of biol. Chem. **56**, 157—169 — Chem. Zbl. **1923 III**, 298.

[6] S. Odake: Biochem. Z. **161**, 446—455 (1925) — Chem. Zbl. **1926 I**, 142.

[7] G. Barger u. F. P. Coyue: Biochemic. J. **22**, 1417—1425 (1928) — Chem. Zbl. **1929 I**, 1212.

Aldehyd (Kochp.$_{12}$ 60°) war aus dem Methylmercaptan, $NaOC_2H_5$ und β-Chlorpropionaldehyddiäthylacetal und durch Spaltung des Acetales (Kochp.$_{14}$ 89°; Kochp.$_{20}$ 96°) mit verdünnter HCl dargestellt worden. Die ätherische Lösung des Aldehyds wurde mit KCN in möglichst wenig Wasser und mit konzentrierter wässeriger NH_4Cl-Lösung versetzt. Das α-Amino-γ-methylthiobutyronitril wurde nicht rein erhalten. Das Nitril wurde weiter mit siedender konzentrierter HCl unter großen Verlusten in das Methionin übergeführt, so daß das Methionin auch jetzt noch schwer zugänglich bleibt.

Versuche der Verfasser, Methionin vom Methylthioacetaldehyd aus zu synthetisieren, scheiterten daran, daß sich der Aldehyd weder mit Hippursäure noch mit Diketopiperazin kondensieren ließ. Das Kondensationsprodukt mit Hydantoin konnte zwar rein erhalten werden, ließ sich aber nicht reduzieren. Die Kondensation des Phenoxyacetaldehyds mit Hydantoin und späterem Austausch der C_6H_5O- gegen die CH_3S-Gruppe war undurchführbar.

Biochemische Eigenschaften: Nach Einführung von 0,5—1 g Methionin war nach J. H. Mueller[1] der anorganische Sulfat-S im Harn beträchtlich vermehrt, dagegen nicht der unoxydierte und neutrale S. Die Verfolgung der N-Ausscheidung zeigte, daß diese Vermehrung nicht auf eine Anregung des Stoffwechsels mit Spaltung von Körpereiweiß zurückzuführen, sondern durch das zugeführte Methionin bedingt ist. Das Methionin wird also in normaler Weise im Körper oxydiert.

Physikalische Eigenschaften: Mikroskopische, hexagonale Platten, oft zusammengelagert, sintern bei Schmelzp. 278° unter Bräunung, Schmelzp. 283° (Zers.); im zugeschmolzenen Capillarröhrchen Schmelzp. 280—281°. $[\alpha]_D^{20} = -7,2°$ (0,4439 g in 16 ccm Wasser)[2].

Nach S. Odake[3] krystallisiert das Methionin in dünnen, farblosen, weichen, glänzenden, monoklinen Tafeln aus Wasser oder verdünntem Alkohol aus. In offener Capillare bei 272 bis 273° zersetzt, in geschlossenem Capillarröhrchen bei 271—272°. $[\alpha]_D^{16} = -11,77°$ (41,0 mg in 2,0107 ccm Wasser).

Physikalische Eigenschaften des synthetischen Methionins: Blättchen aus Alkohol, Schmelzp. 281° (Zers.)[4].

Chemische Eigenschaften: J. H. Mueller[2] und S. Odake[3] geben folgende Löslichkeit an: Löslich in kaltem Wasser und in warmem verdünnten Alkohol, aus dem es sich beim Erkalten wieder ausscheidet, leichter löslich in warmem Wasser, unlöslich in absolutem Alkohol, Äther, Benzol und Aceton.

Die wässerige Lösung von Methionin gibt nach S. Odake[3] mit Ninhydrin violette Färbung, beim Erwärmen mit $Cu(OH)_2$, Cu-Acetat, $CuCO_3$ blauviolette Färbung, beim Erkalten scheidet sich fast unlösliches Cu-Salz ab. Mit $HgCl_2$, $HgSO_4$ und $Hg(NO_3)_2$ fällt in kaltem Wasser ein unlöslicher weißer Niederschlag aus. Die wässerige Lösung gibt keinen Niederschlag mit $BaCl_2$, ebenso findet keine Reaktion mit Phosphorwolframsäure, Pikrinsäure, Bials-Reagens, Kossels Adeninreagens, $FeCl_3$, Ferrocyankalium, Diazoreagens, Biuretreagens, Millons- und Folins-Reagens statt.

Methionin ist nach den Beobachtungen J. H. Muellers[2] gegen siedende verdünnte Natronlauge stabil, nach S. Odake[3] wird auch durch heiße konzentrierte Lauge kein S abgespalten. Der S läßt sich erst nach Schmelzen mit metallischem Na nachweisen.

Methionin ist von anderen Aminosäuren, vor allem von Leucin und Phenylalanin, nur schwer trennbar, am besten läßt es sich mit $HgCl_2$ abtrennen[2, 3, 4]. Über den Zusammenhang zwischen Methionin und Cheirolin ($CH_3 \cdot SO_2 \cdot CH_2 \cdot CH_2 \cdot CH_2 \cdot N:CS$) berichten G. Barger und F. P. Coyue[4].

Nach M. X. Sullivan[5] reagiert Methionin im Gegensatz zu Cystein und anderen Aminosäuren mit einer SH-, NH_2- und COOH-Gruppe, nicht mit 1, 2-naphthochinon-4-sulfonsaurem Na.

Derivate: Cu-Salz $(C_5H_{10}O_2NS)_2Cu$. Fast unlöslich. Wird bei 230—240° grau, schmilzt bis 350° nicht[3]. — Tiefblaue Platten[6].

Äthylester zersetzt sich bei der Destillation auch im Holzkohlenvakuum[4].

---

[1] J. H. Mueller: J. of biol. Chem. **58**, 373—375 (1923) — Chem. Zbl. **1924 I**, 2888.
[2] J. H. Mueller: J. of biol. Chem. **56**, 157—169 — Chem. Zbl. **1923 III**, 298.
[3] S. Odake: Biochem. Z. **161**, 446—455 (1925) — Chem. Zbl. **1926 I**, 142.
[4] G. Barger u. F. P. Coyue: Biochemic. J. **22**, 1417—1425 (1928) — Chem. Zbl. **1929 I**, 1212.
[5] M. X. Sullivan: Publ. Health Rep. **44**, 1421—1428 — Chem. Zbl. **1929 II**, 3041.
[6] J. H. Mueller: Proc. Soc. exper. Biol. a. Med. **19**, 161—163 — Ber. Physiol, **13**, 156—157 — Chem. Zbl. **1922 III**, 626.

α-**Naphthylisocyanatverbindung** $C_{16}H_{18}O_3N_2S$. Schmelzp. 187° (unkorr.), wenig löslich in Wasser, leichter löslich in Alkohol, unlöslich in Äther und Benzol[1]. Aus natürlichem Methionin, Schmelzp. 187°, aus synthetischem, schlecht krystallisiert, Schmelzp. 181—182°[2].

Thiohydantoinderivat $C_6H_{10}ON_2S_2$

$$CH_3 \cdot S \cdot CH_2 \cdot CH_2 \cdot \underset{\underset{NH\text{———}CS}{|}}{\overset{\overset{CO\text{———}NH}{|}}{CH}}\underset{}{\bigg|}$$

aus Methionin, KCNS und Acetanhydrid + etwas Eisessig. Nadeln aus Alkohol, Schmelzpunkt 146°[2].

Pikrolonat. Schwach gelbe Krystalle, Schmelzp. 178°. Sehr leicht löslich in Wasser und Alkohol[2].

α-**Amino-γ-methylthiobutyronitril.** KCN wird in möglichst wenig Wasser zu einem Gemisch von Methylthiopropionaldehyd in Äther und konzentrierter, wässeriger NH_4Cl-Lösung zugesetzt. Nicht rein erhalten[2].

β-**Methylthiopropionaldehyd.** Aus dem Acetal mit verdünnter HCl. $Kochp._{12}$ 60°[2].

β-**Methylthiopropionaldehyddiäthylacetal** $C_8H_{18}O_2S$. Aus Methylmercaptan, $NaOC_2H_5$ und β-Chlorpropionaldehyddiäthylacetal. $Kochp._{14}$ 89°, $Kochp._{20}$ 96°[2].

β-**Methylthiopropionsäure** $C_4H_8O_2S$. Aus Methylmercaptan und β-Jodpropionsäure[2]. (**Äthylester**, $Kochp._{760}$ 192°; $Kochp._{20}$ 95° mit HCl verseift) $Kochp._{760}$ 235—240° gibt mit $KMnO_4$ in neutraler Lösung β-Methylsulfonpropionsäure, $CH_3 \cdot SO_2 \cdot CH_2 \cdot CH_2 \cdot CO_2H$. Schmelzp. 105°, $Kochp._4 > 200°$[2].

Taurin.

2-Amino-äthan-sulfonsäure-(1), β-Amino-äthan-α-sulfonsäure.

Vorkommen: In den fettfreien Rückständen der Gonaden von Rhizostoma Cuvieri ließ sich von F. Haurowitz[3] Taurin nachweisen.

In den Extraktstoffen von Eledone moschata ließ sich von D. Ackermann, F. Holtz und F. Kutscher[4] Taurin nachweisen.

Aus dem alkoholischen Extrakt des Gewebes der Miesmuschel (Mytilus edulis) ließ sich von R. J. Daniel und W. Doran[5] Taurin isolieren, das sich aus 70—80proz. Alkohol krystallinisch abschied.

Im frischen Fleisch von Katsuwonus pelamis Kishinouye = Gymnosarda affinis wurde von Y. Okuda[6] Taurin nachgewiesen.

Aus dem Muskelfleisch der Crustacee Palinurus japonicus wurde von Y. Okuda[7] wenig Taurin isoliert, aus dem der Molluske Loligo breekeri 0,18% Taurin, auf frisches Muskelfleisch bezogen.

Im alkoholischen Extrakt frischer Quallen (Velella spirans) ließ sich von F. Haurowitz und H. Waelsch[8] kein Taurin nachweisen.

Unter den Extraktstoffen von Oktopus Oktopodia ließ sich nach K. Morizawa[9] Taurin nachweisen.

Bildung: Nach T. Hosokawa[10] ließ sich aus der Galle von Muraenesox cinereus Taurin isolieren.

Nach Versuchen von R. A. Gortner und W. F. Hoffman[11] gelang es nicht, Taurin aus Cystinsäure nach Friedmann darzustellen.

---

[1] S. Odake: Biochem. Z. **161**, 446—455 (1925) — Chem. Zbl. **1926 I**, 142.
[2] G. Barger u. F. P. Coyue: Biochemic. J. **22**, 1417—1425 (1928) — Chem. Zbl. **1929 I**, 1212.
[3] F. Haurowitz: Hoppe-Seylers Z. **122**, 145—159 (1922) — Chem. Zbl. **1923 I**, 112.
[4] D. Ackermann, F. Holtz u. F. Kutscher: Z. Biol. **80**, 155—162 — Chem. Zbl. **1924 I**, 1816.
[5] R. J. Daniel u. W. Doran: Biochemic. J. **20**, 676—684 — Chem. Zbl. **1927 I**, 472.
[6] Y. Okuda: J. Coll. agric. Tokyo **7**, 1—28 (1919) — Chem. Zbl. **1925 I**, 1091.
[7] Y. Okuda: J. Coll. agric. Tokyo **7**, 55—67 (1919) — Chem. Zbl. **1925 I**, 1091.
[8] F. Haurowitz u. H. Waelsch: Hoppe-Seylers Z. **161**, 300—317 (1926) — Chem. Zbl. **1927 I**, 908.
[9] K. Morizawa: Acta Scholae med. Kioto **9**, 285—298 (1927) — Chem. Zbl. **1928 II**, 2479.
[10] T. Hosokawa: Okayama-Igakkai-Zasshi **39**, 311—313 — Ber. Physiol. **41**, 166 (1927) — Chem. Zbl. **1928 I**, 216.
[11] R. A. Gortner u. W. F. Hoffman: J. of biol. Chem. **72**, 433—448 — Chem. Zbl. **1927 I**, 2900.

Darstellung: Taurin wird nach A. Reychler[1] durch 3stündiges Erhitzen auf dem Wasserbade von Bromäthylaminchlorhydrat (aus 15 g Bromäthylphthalimid und 40 ccm HCl) mit konzentrierter Ammoniumsulfatlösung dargestellt. Die Ausbeute aus 15 g Bromäthylphthalimid beträgt 11,16 g Taurin.

C. S. Marvel, C. F. Bailey und M. S. Sparberg[2] geben folgende Darstellung für Taurin über das Na-2-Bromäthylsulfonat an: Äthylendibromid wird in Alkohol mit Na-Sulfit zum Bromäthylsulfonat (Ausbeute 78—90%) umgesetzt und dieses mit PCl_5 in das entsprechende Säurechlorid mit einer Ausbeute von 64—70% übergeführt, aus dem durch Einwirkung von wässerigem NH_3 mit 16% Ausbeute Taurin gewonnen wird. Besser kann das Taurin direkt aus dem Na-2-Bromäthylsulfonat beim Stehen mit wässerigem NH_3 dargestellt werden.

Für die Darstellung des Taurins aus Tauroglykocholat geben W. O. Kermack und R. H. Slater[3] folgendes an: Tauroglykocholat wird mit $1/3$ konzentrierter HCl 10 Stunden hydrolysiert, heiß vom Ungelösten abfiltriert, dann im Vakuum eingedampft, heiß vom ausgeschiedenen NaCl abfiltriert, weiter eingedampft, zu $1/5$n-HCl aufgefüllt und mit der neunfachen Menge Alkohol versetzt. Aus diesem scheidet sich NaCl und fast reines Taurin aus. Umkrystallisieren und Entfernen des NaCl. Aus 5 kg Tauroglykocholat wurden so 173 g Taurin erhalten.

Bestimmung: Taurin läßt sich indirekt durch die Bestimmung seines Schwefels nach Y. Okuda und K. Sanada[4] im Muskelfleisch folgendermaßen bestimmen: Das frische oder getrocknete Fleisch wird zerrieben und erst mit kaltem, dann mit warmem Wasser extrahiert. Der Gesamtextrakt nach Zusatz von etwas Essigsäure gekocht und vom Koagulat filtriert. Das Filtrat wird nach Neutralisation mit Bleiacetat unter Vermeidung eines Überschusses gereinigt. Mit H_2SO_4 wird das Pb und mit $Ba(OH)_2$ der Überschuß der H_2SO_4 ausgefällt. Im verbleibenden Filtrat wird dann der Schwefel nach Koch und Upson[5] oder nach Denis[6] bestimmt.

Bei der Titration des Taurins mit Thymolblau ($p_H = 1,2—2,8$) und Alizaringelb ($p_H = 10,1$ bis 12,1) betrugen nach K. Felix und H. Müller[7] die auf 1 N gefundene basische und Carboxylgruppe 0,205 und 1, so daß sich also die Aminogruppe des Taurins unter diesen Bedingungen nicht titrieren läßt.

Nach der von Linderstrøm-Lang angegebenen Titrationsmethode für Amino-N mit $1/10$n-alkoholischer HCl in acetonhaltigen Flüssigkeiten (100—200 ccm 99proz. Aceton pro 10 ccm Wasser) unter Verwendung von Naphthylrot, Benzolazo-α-naphthylamin, als Indicator konnte nach K. Linderstrøm-Lang[8] die Aminogruppe des Taurins nicht bestimmt werden.

Biochemische Eigenschaften: Im Gegensatz zu Salkowski konnten C. L. A. Schmidt und G. W. Clark[9] feststellen, daß an Hunde verfüttertes Taurin im Harn unverändert ausgeschieden wurde.

C. L. A. Schmidt und L. R. Cerecedo[10] konnten dieses Ergebnis erneut bestätigen.

Nach C. L. A. Schmidt und W. E. Scott[11] ließ sich bei gleichzeitiger Verfütterung von Benzoesäure und Taurin an Hunde und Menschen keine merkliche Menge Benzoyltaurin im Harne nachweisen, dagegen wurde Benzoesäure und Hippursäure ausgeschieden.

H. Rhode[12] gibt an, daß unter konstanten Versuchsbedingungen im Harn von Kaninchen nach Phenolgaben von 0,2 g pro kg, bei gleichzeitiger Fütterung von Taurin, 17% des Phenols

---

[1] A. Reychler: Bull. Soc. chim. Belg. **32**, 247—250 — Chem. Zbl. **1923 III**, 430.

[2] C. S. Marvel, C. F. Bailey u. M. S. Sparberg: J. amer. chem. Soc. **49**, 1833—1837 — Chem. Zbl. **1927 II**, 1240.

[3] W. O. Kermack u. R. H. Slater: Biochem. J. **21**, 1065—1067 (1927) — Chem. Zbl. **1928 I**, 1520.

[4] Y. Okuda u. K. Sanada: J. Coll. agric. Tokyo **7**, 77—80 (1919) — Chem. Zbl. **1925 I**, 1110.

[5] Koch u. Upson: J. amer. chem. Soc. **31**, 1355.

[6] Denis: J. of biol. Chem. **8**, 401.

[7] K. Felix u. H. Müller: Hoppe-Seylers Z. **171**, 4—15 (1927) — Chem. Zbl. **1928 I**, 233.

[8] K. Linderstrøm-Lang: C. r. Lab. Carlsberg **17**, Nr. 4, 1—17 (1927) — Hoppe-Seylers Z. **173**, 32—50 — Chem. Zbl. **1928 I**, 1796.

[9] C. L. A. Schmidt u. G. W. Clark: J. of biol. Chem. **53**, 193—209 (1922) — Chem. Zbl. **1923 I**, 365.

[10] C. L. Schmidt A. u. L. R. Cerecedo: Proc. Soc. exper. Biol. a. Med. **25**, 270—271 (1928) — Chem. Zbl. **1929 II**, 324.

[11] C. L. A. Schmidt u. W. E. Scott: Proc. Soc. exper. Biol. a. Med. **19**, 403—408 (1922) — Ber. Physiol. **15**, 237 (1922) — Chem. Zbl. **1923 I**, 859.

[12] H. Rhode: Hoppe-Seylers Z. **124**, 15—36 (1922) — Chem. Zbl. **1923 I**, 1603.

als Ätherschwefelsäure ausgeschieden werden. Anorganisches Sulfat und Thiosulfat haben keinen Einfluß auf die Ausscheidung der Phenolschwefelsäure.

Die Ergebnisse von Kapfhammer[1] werden von J. A. Muldoon, G. J. Shiple und C. P. Sherwin[2] bestätigt und dahin erweitert, daß im Eiweißminimum bei gleichzeitiger Fütterung von Taurin und Brombenzol keine Bildung von Mercaptursäure beobachtet werden kann.

Untersucht wurde von D. I. Macht und O. R. Hyndman[3] die toxische Wirkung von Taurin an Ratten, Schößlingen von Lupinus albus und Vicia faba. Die Aminosäure war nicht toxisch.

In der Durchspülungsflüssigkeit der überlebenden Milz ließ sich von S. Ssacharow und S. Subow[4] ein fermentartiger, leukocytolytischer Stoff — Leukocytolysin — nachweisen, zu dem Taurin antagonistisch wirkte.

J. Mellanby[5] berichtet über die Beziehungen von Taurin, Glycin, Cholsäure und Gallenmucin in der Galle bei deren Einwirkung auf die Pankreassaftabsonderung bei Einführung der Galle in das Duodenum von Katzen.

O. Fernández und T. Garméndia[6] untersuchten die Erzeugung oxydierender Fermente durch Bacillus coli auf einem Nährboden von Kohlehydraten und Taurin.

Nach Versuchen von M. L. Mitchell[7] kann Taurin Cystin ersetzen, wenn dieses in der Nahrung von Mäusen fehlt. Ein deutlicher Erfolg war dann zu beobachten, wenn dem Futter noch Hefe zugesetzt wurde.

Nach G. T. Lewis und H. B. Lewis[8] verschlechterte sich bei weißen Ratten die Gewichtszunahme bei einer Trockenmilch-Stärkefütterung mit einer 1 proz. Taurinzulage, während eine Cystinzulage die Gewichtszunahme verbesserte.

Nach Angaben von H. H. Beard[9] kann in der Nahrung von Mäusen Cystin nicht durch Taurin ersetzt werden, da der Organismus nicht den Schwefel an und für sich, sondern den Cystinschwefel benötigt.

Über den Wert des Taurins als Ergänzungsstoff cystinfreier Kost für das Wachstum junger Ratten berichten W. C. Rose und B. T. Huddlestun[10].

Nach F. S. Fowweather und J. Gordon[11] ruft Taurininjektion bei Kaninchen keine positive Komplementbindungsreaktion hervor. Ebenso hat der Zusatz zu negativen menschlichen Seren keinen Einfluß auf die Wassermannsche Reaktion.

Taurin in einer Konzentration von 2—20 mg ist nach F. C. Koch und H. Sugata[12] ohne Einfluß auf das Wachstum der Hefe.

Taurin als S-Quelle ist nach S. Hosoya und S. Kishino[13] im Gegensatz zu Cystin und Na-Sulfid bei Anaerobiern (Tetanus, Botulinus, Gasbrand) wirkungslos.

Taurin führt nach H. Yaoi[14] bei Colistämmen weder zur Mercaptanbildung noch zur H_2S-Bildung.

---

[1] Kapfhammer: Hoppe-Seylers Z. **116**, 302.

[2] J. A. Muldoon, G. J. Shiple u. C. P. Sherwin: Proc. Soc. exper. Biol. a. Med. **20**, 46—47 (1922) — Ber. Physiol. **18**, 82 —Chem. Zbl. **1923 III**, 506.

[3] D. I. Macht u. O. R. Hyndman: J. of Pharmacol. **22**, 483—490 — Chem. Zbl. **1924 I**, 2443.

[4] S. Ssacharow u. S. Subow: Z. exper. Med. **51**, 346—390 — Chem. Zbl. **1926 II**, 1655.

[5] J. Mellanby: J. of Physiol. **61**, 419—435 — Chem. Zbl. **1926 II**, 1056.

[6] O. Fernández u. T. Garméndia: An. Soc. española Fis. Quim. **24**, 495—507 (1926) — Chem. Zbl. **1927 I**, 301.

[7] M. L. Mitchell: Austr. J. exper. Biol. a. med. Sci. **1**, 5—9 — Ber. Physiol. **27**, 89 — Chem. Zbl. **1925 I**, 108.

[8] G. T. Lewis u. H. B. Lewis: Proc. Soc. exper. Biol a. Med. **23**, 359 — Ber. Physiol. **36**, 474—475 — Chem. Zbl. **1927 I**, 127.

[9] H. H. Beard: Amer. J. Physiol. **75**, 658—667 — Chem. Zbl. **1926 II**, 1062.

[10] W. C. Rose u. B. T. Huddlestun: J. of biol. Chem. **69**, 599—605 — Chem. Zbl. **1927 I**, 1696.

[11] F. S. Fowweather u. J. Gordon: Brit. J. exper. Path. **8**, 93—100 (1927) — Chem. Zbl. **1928 II**, 1789.

[12] F. C. Koch u. H. Sugata: Proc. Soc. exper. Biol. a. Med. **23**, 764—765 (1926) — Ber. Physiol. **39**, 288—289 — Chem. Zbl. **1927 II**, 271.

[13] S. Hosoya u. S. Kishino: Sci. Rep. Gov. Inst. inf. Dis. **4**, 123—128 (1925) — Ber. Physiol. **38**, 738 — Chem. Zbl. **1927 I**, 2559 — Sci. Rep. Gov. Inst. inf. Dis. **4**, 103—106 (1925) — Ber. Physiol. **38**, 736 — Chem. Zbl. **1927 I**, 2560.

[14] H. Yaoi: Sci. Rep. Gov. Inst. inf. Dis. **4**, 129—140 (1925) — Ber. Physiol. **38**, 737—738 — Chem. Zbl. **1927 I**, 2560.

Nach G. Schmidt[1] wird Taurin nicht durch die Adenylsäuredesaminase aus Muskelbrei desaminiert.

Physikalische Eigenschaften: A. Hettrich und A. Schleede[2] untersuchten an Taurin die krystallographische Symmetrie nach neueren piezoelektrischen Methoden.

Von N. Bjerrum[3] werden die beiden Dissoziations- und Hydrolysenkonstanten von Taurin bei 25°, wie folgt, angegeben:

K_s etwa 1; K_b $10^{-5,1}$; k_a $10^{-8,8}$; k_b etwa 10^{-14}. (K_s und K_b = Dissoziationskonstanten; k_a und k_b = Hydrolysenkonstanten.)

A. Reychler[4] gibt für Taurin (a) und für äquimolekulare Mengen von Taurin und Betain (b) die spezifischen Leitfähigkeiten bei 18° bei verschiedenen Verdünnungen an:

Verdünnung in Liter	2 l	4 l	8 l	16 l
a	0,000012	0,000008	0,000008	0,000010
b	0,000019	0,000012	0,000011	0,000011

Aus den Titrationskurven vom Taurin wurde von S. Andrews und C. L. A. Schmidt[5] für K_a $1,8 \cdot 10^{-9}$ gemessen und aus der Formel des isoelektrischen Punktes mit $J = 5,1$ für K_b $3 \cdot 10^{-13}$ berechnet.

B. Josephson[6] bestimmte die Dissoziationskonstante des Taurins als Säure zu $5,77 \cdot 10^{-10}$, also nur $1/3$ des von Andrews und Schmidt gefundenen Wertes. Die basische Konstante konnte nicht exakt ermittelt werden.

Nach Versuchen von G. Hedestrand[7] ist die Erhöhung der D. E. des Wassers durch Taurin dessen Konzentrationen proportional.

Chemische Eigenschaften: Taurin ist nach den Angaben von E. Schmidt und K. Braunsdorf[8] gegen ClO_2 sehr beständig.

Taurin gibt nach E. Waser und E. Brauchli[9] beim Erhitzen in sodaalkalischer Lösung mit einer kleinen Menge p-Nitrobenzoylchlorid im Gegensatz zu anderen Aminosäuren keine Farbreaktion.

Taurin gibt nach R. Gregory und T. A. Pascoe[10] keine Farbreaktion beim Erwärmen mit einem Gemisch von 34 Vol.-% Schwefelsäure und 0,05 Vol.-% Furfurol.

Nach C. Moureu, C. Dufraisse und M. Badoche[11] ist Taurin Acrolein gegenüber unwirksam.

Während Glykokoll bei Gegenwart geringer Mengen Adrenalin durch O_2 unter Bildung von NH_3 und CO_2 zerlegt wird, ist die Oxydation anderer Aminosäuren (z. B. von Taurin) sehr gering[12].

Derivate: Phenyltaurin, $C_8H_{11}O_3NS$. Zur Darstellung des Phenyltaurins werden nach R. Demars[13] 1 Mol Chloräthansulfonsäure und 1 Mol Anilin zusammengegeben, dann zu dem unter Erwärmen und Erstarrung gebildeten Anilinsalz langsam ein zweites Mol Anilin zugesetzt. Das Reaktionsprodukt wird 6—8 Stunden im Ölbad auf 130—140° erwärmt. Nach Beendigung der Reaktion wird mit der 10—12fachen Menge Wasser ausgeschüttelt. Nach mehrfacher Umkrystallisation werden große braunschwarze Krystalle des Anilinsalzes von Phenyltaurin erhalten, das durch Wasserdampfdestillation hydrolysiert wird. Das noch vorhandene Anilinchlorhydrat wird durch eine zweite Wasserdampfdestillation in Gegenwart von $Ba(OH)_2$ entfernt. Dann wird filtriert, Ba durch H_2SO_4 ausgefällt, zur Trockene einge-

---

[1] G. Schmidt: Hoppe-Seylers Z. **179**, 243—282 (1928) — Chem. Zbl. **1929 I**, 1124.
[2] A. Hettrich u. A. Schleede: Z. Physik **50**, 249—265 (1928) — Chem. Zbl. **1929 I**, 1892.
[3] N. Bjerrum: Z. physik. Chem. **104**, 147—173 (1923) — Chem. Zbl. **1923 I**, 1575.
[4] A. Reychler: Bull. Soc. chim. Belg. **32**, 247—250 (1923) — Chem. Zbl. **1923 III**, 430.
[5] S. Andrews u. C. L. A. Schmidt: J. of biol. Chem. **73**, 651—654 — Chem. Zbl. **1927 II**, 2053.
[6] B. Josephson: Acta med. scand. (Stockh.) **68**, 284—286 (1928) — Chem. Zbl. **1929 II**, 25.
[7] G. Hedestrand: Z. physik. Chem. **135**, 36—48 — Chem. Zbl. **1928 II**, 1984.
[8] E. Schmidt u. K. Braunsdorf: Ber. dtsch. chem. Ges. **55**, 1529—1534 — Chem. Zbl. **1922 III**, 520.
[9] E. Waser u. E. Brauchli: Helvet. chim. Acta **7**, 740—758 — Chem. Zbl. **1924 II**, 947.
[10] R. Gregory u. T. A. Pascoe: J. of biol. Chem. **83**, 35—42 — Chem. Zbl. **1929 II**, 1831.
[11] C. Moureu, C. Dufraisse u. M. Badoche: C. r. Acad. Sci. Paris **183**, 408—412 — Chem. Zbl. **1926 II**, 1818.
[12] S. Edlbacher u. J. Kraus: Hoppe-Seylers Z. **178**, 239—249 — Chem. Zbl. **1928 II**, 2658.
[13] R. Demars: Bull. Sci. pharmacol. **29**, 492—495 (1922) — Chem. Zbl. **1923 I**, 1019.

dampft, dreimal rasch mit 95 proz. Alkohol gewaschen und schließlich aus Wasser und Alkohol umkrystallisiert.

Cu-Salz. Die Aminosäure löst nach M. Delépine und R. Demars[1] CuO sehr leicht mit schöner, grünblauer Farbe, die aber bald in eine rote und später in eine braune übergeht.

N-Methylphenyltaurin $C_9H_{13}O_3NS$. Die Darstellung des Methylphenyltaurins ist nach R. Demars[2] der des Phenyltaurins analog: aus Chloräthansulfonsäure und Methylanilin. Nur wird schon bei der ersten Wasserdampfdestillation $Ba(OH)_2$ zugegeben, damit das gesamte Methylanilin bereits bei der ersten Destillation übergetrieben wird. Violette Krystalle aus Alkohol. Schmelzp. 239—240°. Leicht löslich in Wasser und heißem Alkohol.

Cu-Salz. Methylphenyltaurin gibt nach M. Delépine und R. Demars[1] kein Kupfersalz konstanter Zusammensetzung.

N-Aethylphenyltaurin $C_{10}H_{15}O_3NS$. Die Darstellung des Äthylphenyltaurins ist nach R. Demars[2] analog der des Phenyltaurins bzw. N-Methylphenyltaurins: aus Chloräthansulfonsäure und Äthylanilin. Grünlichweiße Krystalle. Leicht löslich in Wasser und heißem Alkohol, weniger löslich in kaltem Alkohol.

Cu-Salz. Äthylphenyltaurin gibt nach M. Delépine und R. Demars[1] kein Kupfersalz konstanter Zusammensetzung.

N, N-Dimethyltaurin. $C_4H_{11}O_3NS$. Wird nach M. Teraoka[3] aus Taurin mit Methyljodid, Natriumcarbonat und MgO in Wasser (20 Stunden bei 100°) über das Ammoniumjodid-Doppelsalz dargestellt. Tafeln aus Essigester, Prismen aus Methylalkohol. Leicht löslich in Wasser und Eisessig, unlöslich in Alkohol, Äther und anderen organischen Lösungsmitteln. Schmelzp. 315—316°.

Doppelsalz von N, N-Dimethyltaurin mit Ammoniumjodid $NH_4J \cdot 2[(CH_3)_2N \cdot CH_2 \cdot CH_2 \cdot SO_3H] \cdot 5H_2O$. Dünne Tafeln aus Alkohol[3].

N-Acetyltaurin-Na $C_4H_8O_4NSNa$. Wird nach M. Teraoka[3] bei der Einwirkung von Essigsäureanhydrid auf Taurin in Gegenwart von NaOH gebildet. Leicht löslich in Wasser, löslich in Eisessig und Methylalkohol, wenig löslich in Essigester und kaltem Alkohol. Schmelzpunkt 233—234°. Sehr hygroskopisch. Die Reaktion des Acetyltaurins ist neutral. Beim Ansäuern entsteht kein freies Acetyltaurin, sondern stets Taurin.

II. Aromatische Aminosäuren.

Phenylalanin.
β-Phenyl-α-aminopropionsäure, α-Aminohydrozimtsäure.

Vorkommen: Über den l-Phenylalaningehalt des Extraktstoffes der Glaskörper von Rinderaugen berichtet T. Ikeda[4].

Im Harn gravider Frauen konnte M. Honda[5] neben anderen Aminosäuren Phenylalanin nachweisen.

Aus 50 l Diazoharn bei Typhus abdominalis wurden von Y. Sendju[6] 0,10 g Phenylalanin isoliert.

Im Diazoharn von schwer Lungentuberkulosen ließ sich nach Y. Komori[7] Phenylalanin nachweisen.

Im wässerigen Extrakt des Regenwurms fanden Y. Murayama und S. Aoyama[8] Phenylalanin.

Im Safte der Luzerne ließ sich nach H. B. Vickery[9] neben anderen Aminosäuren Phenylalanin nachweisen.

---

[1] M. Delépine u. R. Demars: Bull. Sci. pharmacol. **29**, 14—20 — Chem. Zbl. **1922 I**, 634.
[2] R. Demars: Bull. Sci. pharmacol. **29**, 492—495 (1922) — Chem. Zbl. **1923 I**, 1019.
[3] M. Teraoka: Hoppe-Seylers Z. **145**, 238—243 — Chem. Zbl. **1925 II**, 1420.
[4] T. Ikeda: J. of orient. Med. **2**, 135—141 (1924) — Ber. Physiol. **31**, 925 (1925) — Chem. Zbl. **1926 I**, 1830.
[5] M. Honda: J. of Biochem. **2**, 351—359 (1923) — Ber. Physiol. **20**, 464 — Chem. Zbl. **1924 I**, 1223 — Acta Scholae med. Kioto **6**, 405—413 (1924) — Ber. Physiol. **32**, 598 (1925) — Chem. Zbl. **1926 I**, 2486.
[6] Y. Sendju: J. of Biochem. **7**, 311—317 — Chem. Zbl. **1927 II**, 2078.
[7] Y. Komori: J. of Biochem. **6**, 297—305 — Chem. Zbl. **1926 II**, 2191.
[8] Y. Murayama u. S. Aoyama: J. pharm. Soc. Jap. **1922**, Nr. 484 — Chem. Zbl. **1922 III**, 928.
[9] H. B. Vickery: J. of biol. Chem. **65**, 657—664 (1925) — Chem. Zbl. **1926 I**, 1422.

Über das Vorkommen geringer Mengen l-Phenylalanins in den Säften von in den Mieten ausgewachsenen und von noch unreifen Rüben berichtet E. O. v. Lippmann[1].

Bildung: G. Kollmann[2] bestimmte den Phenylalaningehalt folgender Proteine: Casein 3,1%, Fibrin 2,11%, Edestin 3,47%, Hämoglobin 3,57%, Zein 6,57%, Legumin 5,1% und Gelatine 0,24%.

Im Hydrolysat der Linsen von Rinderaugen wurden von Y. Hijikata[3] 1,9% Phenylalanin bestimmt.

Die Hydrolyse von Rinderaugenlinsen ergab nach A. Jess[4] für die drei charakteristischen Proteine der Linse folgendes: α-Krystallin 5,5, β-Krystallin 4,1 und Albumoid 4,6% Phenylalanin, auf asche- und wasserfreie Substanz berechnet.

Aus den Hydrolysenprodukten der Muskelproteine des Walfisches und des Dorsches wurden von Y. Okuda, T. Okimoto und Y. Yada[5] 2,59 und 2,31% Phenylalanin, auf asche- und wasserfreies Eiweiß berechnet, isoliert.

Der Phenylalaningehalt der Muskelproteine von Pagrus major ist nach Y. Okuda und K. Ōyama[6] etwas von dem des Heilbutts verschieden.

Der Phenylalaningehalt der Muskelproteine der Molluske Loligo breekeri und der Crustaceen Palinurus japonicus und Paralithodes camtschatica beträgt nach Y. Okuda, S. Uematsu, K. Sakata und K. Fujikawa[7] 3,41, 3,18 und 3,07%, auf asche- und wasserfreies Eiweiß berechnet.

Unter den Hydrolysenprodukten der Oktopusmuskeln ließ sich nach K. Morizawa[8] Phenylalanin nachweisen.

In dem von R. Hirohata[9] aus dem Sperma der Formosa-Meeräsche oder „Bora" (Mugil japonicus Temminck und Schlegel) isolierten neuen Protamin „Mugilin β" findet sich wahrscheinlich kein Phenylalanin.

Im Hydrolysat des aus der Eisackflüssigkeit des Laiches von Hemifusus tuba Gmel. dargestellten Rohvitellins ließen sich nach Y. Komori[10] 0,22% Phenylalanin nachweisen.

In den fettfreien Rückständen der Gonaden von Rhizostoma Cuvieri ließen sich von F. Haurowitz[11] Proteide isolieren, die neben anderen Aminosäuren Phenylalanin enthielten.

Im Hydrolysat der Gelatine, aus der getrockneten Haut des Seiwales hergestellt, wurde nach S. Oikawa[12] Phenylalanin gefunden.

Y. Okuda[13] vergleicht den Phenylalaningehalt von Fischgelatine mit dem von Gelatine aus Rinderknochen. Der Phenylalaningehalt der ersteren ist erheblich größer.

Im Hydrolysat der menschlichen Epidermis ließ sich nach Y. Jono[14] mit Sicherheit Phenylalanin nachweisen.

Über die Isolierung phenylalaninhaltiger Spaltprodukte aus Elastin durch Spaltung mit Phthalsäureanhydrid berichten P. Brigl und E. Klenk[15].

Bei der Hydrolyse des Seidenfibroins nach der üblichen Methode wurden von E. Abderhalden[16] 1,5% Phenylalanin, auf aschefreie Substanz bezogen, isoliert.

---

[1] E. O. v. Lippmann: Ber. dtsch. chem. Ges. **57**, 256—258 — Chem. Zbl. **1924 I**, 1388.

[2] G. Kollmann: Biochem. Z. **194**, 1—14 (1928) — Chem. Zbl. **1929 I**, 418.

[3] Y. Hijikata: J. of biol. Chem. **51**, 155—164 (1922) — Chem. Zbl. **1922 I**, 1415.

[4] A. Jess: Hoppe-Seylers Z. **110**, 266—276 (1920) — Chem. Zbl. **1921 I**, 99.

[5] Y. Okuda, T. Okimoto u. Y. Yada: J. Coll. agric. Tokyo **7**, 29—37 (1919) — Chem. Zbl. **1925 I**, 1091.

[6] Y. Okuda u. K. Ōyama: J. Coll. agric. Tokyo **5**, 365—372 (1916) — Chem. Zbl. **1925 I**, 1219.

[7] Y. Okuda, S. Uematsu, K. Sakata u. K. Fujikawa: J. Coll. agric. Tokyo **7**, 39—54 (1919) — Chem. Zbl. **1925 I**, 1091.

[8] K. Morizawa: Acta Scholae med. Kioto **9**, 299—302 (1927) — Chem. Zbl. **1928 II**, 2479.

[9] R. Hirohata: J. of Biochem. **10**, 251—258 (1929) — Chem. Zbl. **1929 II**, 179.

[10] Y. Komori: J. of Biochem. **6**, 129—138 — Chem. Zbl. **1926 II**, 1758.

[11] F. Haurowitz: Hoppe-Seylers Z. **122**, 145—159 (1922) — Chem. Zbl. **1923 I**, 112.

[12] S. Oikawa: Tôhoku J. exper. Med. **2**, 447—450, 451—454, 455—458 — Ber. Physiol. **14**, 70, 86 — Chem. Zbl. **1922 III**, 928.

[13] Y. Okuda: J. Coll. agric. Tokyo **5**, 355—363 (1916) — Chem. Zbl. **1925 I**, 1218.

[14] Y. Jono: J. of orient. Med. **5**, 12 — Ber. Physiol. **37**, 769 (1926) — Chem. Zbl. **1927 I**, 1968. — J. of Biochem. **16**, 311—323 — Chem. Zbl. **1929 II**, 1701.

[15] P. Brigl u. E. Klenk: Hoppe-Seylers Z. **131**, 66—96 (1923) — Chem. Zbl. **1924 I**, 674.

[16] E. Abderhalden: Hoppe-Seylers Z. **120**, 207—213 (1922) — Chem. Zbl. **1922 III**, 928.

Der Phenylalaningehalt der Psoriasisschuppen betrug nach E. Abderhalden und B. Zorn[1] 2,32% Phenylalanin, auf wasserfreie Schuppen berechnet.

Im Hydrolysat des aus dem Schlangenhemd (Pythonschlange) dargestellten Keratins bestimmte S. Oikawa[2] 2% Phenylalanin.

H. Lüers und G. Nowak[3] vergleichen den Phenylalaningehalt von Zymocasein mit dem von Casein und Vitellin, der in allen drei Proteinen nur wenig unterschiedlich ist.

Nach E. Winterstein und O. Huppert[4] findet sich unter den Spaltprodukten sowohl des Fett- wie des Magerkäses stets Phenylalanin.

Im Caseoglutin von Emmentaler, Tilsiter und Weichkäsesorten findet sich nach W. Grimmer und B. Wagenführ[5] Phenylalanin.

Nach A. Kiesel[6] läßt sich aus Roggenähren in verschiedenem Reifezustand nach Abtrennung der wenig löslichen Pikrate Phenylalanin über das Ag-, dann über das Cu-Salz isolieren.

Das durch 2proz. NaOH-Lösung aus Buchweizenmehl hergestellte Protein enthielt nach T. Ukai und S. Morikawa[7] 2,51% Phenylalanin.

Aus dem H_2SO_4-Hydrolysat von Zein ließen sich nach H. D. Dakin[8] mittels der Butylalkoholmethode[9] und nach weiterer Aufarbeitung des Extraktes nach Levene und van Slyke 7,6% Phenylalanin isolieren.

Unter den Spaltprodukten des Edestins, die nach der etwas modifizierten Methode von Dakin[9] aufgearbeitet wurden, ließ sich nach T. B. Osborne, C. S. Leavenworth und L. S. Nolan[10] in der wässerigen Lösung kein Phenylalanin nachweisen.

Das Eiweiß des Pilzes Oidium lactis enthält nach W. Grimmer und E. Steinlechner[11] Phenylalanin.

Unter den Spaltprodukten gereinigten Ricins konnte von P. Karrer, A. P. Smirnoff, H. Ehrensperger, J. van Slooten und M. Keller[12] 0,4% Phenylalanin nachgewiesen werden.

Aus Polytamin, einem Aminosäurepräparat, angeblich aus den Puppen des Seidenspinners, wurden durch HCl-Hydrolyse von H. Thoms und F. A. Heynen[13] 3,6% Phenylalanin erhalten.

Unter den hydrolytischen Spaltprodukten von Dearginocasein, das aus Casein durch Einwirkung einer alkalischen Hypochloritlösung dargestellt wurde, konnte S. Sakaguchi[14] Phenylalanin nachweisen. Aus den Spaltprodukten des Deguanidocaseins, das aus Casein durch Alkalibehandlung (n-NaOH) dargestellt war, gelang es dem Verfasser[15] 3,2% Phenylalanin zu isolieren.

Bildung des d, l-Phenylalanins: 2-Phenyl-4-benzylimidazolidon gibt nach Ch. Gränacher und G. Gulbas[16] bei der Spaltung mit heißer n-HCl Benzaldehyd, Phenylalanin (Blättchen aus Wasser, Schmelzp. 264°) und Phenylalaninamid (Kryställchen aus Alkohol, Schmelzp. 138°, mit Biuretreaktion).

---

[1] E. Abderhalden u. B. Zorn: Hoppe-Seylers Z. **120**, 214—219 — Chem. Zbl. **1922 III**, 928.
[2] S. Oikawa: J. of Biochem. **5**, 57—61 — Chem. Zbl. **1925 II**, 1537.
[3] H. Lüers u. G. Nowak: Biochem. Z. **154**, 310—320 (1924) — Chem. Zbl. **1925 I**, 1330.
[4] E. Winterstein u. O. Huppert: Biochem. Z. **141**, 193—221 (1923) — Chem. Zbl. **1924 I**, 112.
[5] W. Grimmer u. B. Wagenführ: Milchwirtsch. Forschgn **2**, 193—198 (1925) — Ber. Physiol. **31**, 492 — Chem. Zbl. **1925 II**, 1718.
[6] A. Kiesel: Hoppe-Seylers Z. **135**, 61—83 — Chem. Zbl. **1924 II**, 193.
[7] T. Ukai u. S. Morikawa: J. pharm. Soc. Jap. **1925**, Nr 516, 14 — Chem. Zbl. **1925 II**, 192.
[8] H. D. Dakin: Hoppe-Seylers Z. **130**, 159—168 (1923) — Chem. Zbl. **1924 I**, 206.
[9] H. D. Dakin: J. of biol. Chem. **44**, 499 — Chem. Zbl. **1921 I**, 454.
[10] T. B. Osborne, C. S. Leavenworth u. L. S. Nolan: J. of biol. Chem. **61**, 309—313 — Chem. Zbl. **1924 II**, 2849.
[11] W. Grimmer u. E. Steinlechner: Milchwirtsch. Forschgn **3**, 122—131 — Ber. Physiol. **37**, 205 (1926) — Chem. Zbl. **1927 I**, 1328.
[12] P. Karrer, A. P. Smirnoff, H. Ehrensperger, J. van Slooten u. M. Keller: Hoppe-Seylers Z. **135**, 129—166 — Chem. Zbl. **1924 II**, 348.
[13] H. Thoms u. F. A. Heynen: Apoth.-Ztg. **42**, 1078 — Chem. Zbl. **1927 II**, 2768.
[14] S. Sakaguchi: J. of Biochem. **5**, 143—157 (1925) — Chem. Zbl. **1926 I**, 1420.
[15] S. Sakaguchi: J. of Biochem. **5**, 159—169 (1925) — Chem. Zbl. **1926 I**, 1420.
[16] Ch. Gränacher u. G. Gulbas: Helvet. chim. Acta **10**, 819—826 (1927) — Chem. Zbl. **1928 I**, 698.

Aus 3-Carboxymethylen-6-benzyldioxopiperazin entstehen nach M. Bergmann und H. Enßlin[1] bei saurer Reaktion d, l-Phenylalanin, Brenztraubensäure, d, l-Asparaginsäure und Phenylbrenztraubensäure.

Darstellung des d, l-Phenylalanins: Bei der Hydrierung von Phenylbrenztraubensäure bei $10-15°$ ohne Überdruck mit Pt oder Pd als Katalysatoren in Gegenwart von alkoholischem NH_3 wurde von F. Knoop und H. Oesterlin[2] Phenylalanin (Schmelzp. $263°$) neben 10% Phenylmilchsäure erhalten. Verfasser[3] geben weiterhin für die Darstellung von Phenylalanin aus Phenylbrenztraubensäure folgendes an: Bei der katalytischen Hydrierung lieferte Phenylbrenztraubensäure mit 2 Mol NH_4OH 64; mit 1,1 Mol nur 38—40% Phenylalanin, nachträglicher NH_4OH-Zusatz erhöhte die Ausbeute nur noch um 3—4%. Bei Ersatz des H_2 durch $FeSO_4$ ($= 1\,H_2$) wurden 15% Phenylalanin erhalten.

Phenylalanin läßt sich nach Knoll & Co.[4] aus Benzylacetessigester folgendermaßen darstellen: In Benzol gelöstes N_3H wird mit konzentrierter H_2SO_4 versetzt und unter kräftigem Rühren 1 Mol Benzylacetessigester zugetropft. Nach Beendigung der Gasentwicklung wird die H_2SO_4-Schicht vom Benzol getrennt und mit Eis versetzt. Der N-Acetylphenylalaninester scheidet sich als Öl ab, wird in Äther aufgenommen, mit Na_2CO_3-Lösung durchgeschüttelt, gut getrocknet und der Äther abdestilliert. Durch 5stündiges Erwärmen mit konzentrierter HCl auf $100°$ wird es in Phenylalaninchlorhydrat (Schmelzp. $240°$) übergeführt, aus dem in üblicher Weise freies Phenylalanin erhalten werden kann.

Th. Curtius und W. Sieber[5] führten die Darstellung des β-Phenylalanins auf folgendem Wege durch: Zunächst Bildung des K-Salzes des Benzylmalonsäureesters durch kaltes alkoholisches Kali; das K-Salz wird nach Erwärmen mit Hydrazin in absolutem Alkohol auf dem Wasserbade in das Hydrazid-K-Salz (Täfelchen, sehr hygroskopisch, sehr leicht löslich in Wasser, unlöslich in Alkohol und Äther, wässerige Lösung schwach alkalisch) umgesetzt, aus dem mittels HCl die Benzylmalonhydrazidsäure dargestellt wird, die zur Benzylmalonazidsäure (schweres, gelbliches Öl, stark sauer, unlöslich in Wasser, sehr leicht löslich in Äther, Alkohol und Chloroform) umgesetzt, beim Erwärmen der trockenen ätherischen Lösung Phenylalanin-N-carbonsäureanhydrid bzw. beim Erwärmen mit Wasser Phenylalaninanhydrid gibt. Das Anhydrid wird mit konzentrierter HCl zum Phenylalaninchlorhydrat (mikroskopische Prismen, Schmelzp. $234-235°$) aufgespalten. Beim Verkochen der Benzylmalonazidsäure mit Chloroform wird eine gallertige Masse erhalten, die durch Alkohol fraktioniert wird. Beide Fraktionen geben ebenfalls beim Erhitzen mit konzentrierter HCl bei $125°$ Phenylalaninchlorhydrat.

R. Locquin und F. Cachez[6] berichten über die Darstellung des Phenylalanins über den Phenylaminomalonsäureäthylester aus dem Aminomalonsäureäthylester, der durch Reduktion des Isonitrosomalonsäureesters rein dargestellt ist.

Phenylalanin wird durch Reduktion mit HJ und rotem P in Eisessig aus der nach Erlenmeyer erhaltenen α-Benzoylaminocinnaminsäure nach Ch. R. Harington und W. Mc Cartney[7] mit 88% Ausbeute erhalten.

Eine einfache Phenylalanindarstellung gibt F. Hoffmann-La Roche und Co. A.-G.[8] an: Das aus Benzaldehyd und Hippursäure erhältliche Azlacton wird mit HJ (D. 1,7) 5 Stunden am Rückfluß erhitzt, etwas $NaHSO_3$ zugesetzt, im Vakuum zur Trockene verdampft, der Rückstand in Wasser aufgenommen, die Benzoesäure mit Äther ausgeschüttelt und die wässerige Lösung nach Erwärmen mit NH_3 neutralisiert. Beim Abkühlen scheidet sich Phenylalanin in 50proz. Ausbeute ab. Wird das Azlacton mit HJ, Essigsäureanhydrid und rotem P erhitzt, so steigt die Ausbeute auf 83%.

Bestimmung und Nachweis: P. Hirsch[9] untersucht eingehend den Verlauf der acidimetrischen Titration des Phenylalanins und bespricht die Möglichkeiten und Grenzen der Titration.

---

[1] M. Bergmann u. H. Enßlin: Hoppe-Seylers Z. **174**, 76—93 — Chem. Zbl. **1928 I**, 2260.
[2] F. Knoop u. H. Oesterlin: Hoppe-Seylers Z. **148**, 294—315 (1925) — Chem. Zbl. **1926 I**, 1157.
[3] F. Knoop u. H. Oesterlin: Hoppe-Seylers Z. **170**, 186—211 (1927) — Chem. Zbl. **1928 I**, 40.
[4] Knoll & Co.: Schwz.P. 114912 v. 21. Febr. 1925, ausg. 17. Mai 1926; Chem. Zbl. **1926 II**, 2116 — K. F. Schmidt: Ber. dtsch. chem. Ges. **57**, 704—706.
[5] Th. Curtius u. W. Sieber: Ber. dtsch. chem. Ges. **55**, 1543—1558 — Chem. Zbl. **1922 III**, 499.
[6] R. Locquin u. F. Cachez: C. r. Acad. Sci. Paris **186**, 1360—1362 — Chem. Zbl. **1928 II**, 33.
[7] Ch. R. Harington u. W. McCartney: Biochem. J. **21**, 852—856 — Chem. Zbl. **1927 II**, 2667.
[8] F. Hoffmann-La Roche u. Co., A.-G.: D.R.P. 484838 vom 7. Sept. 1928, ausg. 10. Okt. 1929; E.P. 318582 vom 4. März 1929, Auszug veröff. 30. Okt. 1929.
[9] P. Hirsch: Biochem. Z. **147**, 433—480 — Chem. Zbl. **1924 II**, 1964.

L. J. Harris[1] bestimmte colorimetrisch das p_H bei der Titration von Phenylalanin in Gegenwart von Formaldehyd mit NaOH. Bei konstanter Formaldehydkonzentration entspricht die Titrationskurve des Phenylalanins mit NaOH der Henderson-Hasselbachschen Gleichung für eine einfache Säure mit bestimmtem p_k. Bei den bei der Formoltitration üblichen Formaldehydkonzentrationen sind die gefundenen scheinbaren p_k-Werte etwa 3 Einheiten kleiner als für Phenylalanin in rein wässeriger Lösung. Innerhalb der Konzentration von 2—18% Formaldehyd und von 0,005—0,05 mol.-Phenylalanin ist bei konstanter Formaldehydkonzentration der scheinbare p_k-Wert praktisch unabhängig vom Verhältnis Phenylalanin:Formaldehyd und von der Phenylalaninkonzentration. Mit steigender Formaldehydkonzentration nimmt das scheinbare p_k immer mehr ab. Die scheinbare basische Konstante bleibt in Gegenwart von Formaldehyd unverändert.

Nach H. Riffart[2] ist bei der quantitativen colorimetrischen Bestimmung von Phenylalanin mittels Triketohydrindenhydrat (Ninhydrin) folgendes zu beachten: 1. die Dauer des Erhitzens, 2. die Konzentration der Aminosäure und 3. in besonders hohem Grade die $[H^+]$. Als optimale $[H^+]$ hat sich die dem p_H-Wert 6,976 entsprechende bewährt. Durch Titration der Aminosäurelösung mit $^1/_{400}$n-Lauge oder Säure gegen Neutralrot wird das p_H auf = 6,976 eingestellt und durch Zusatz einer auf das gleiche p_H eingestellten Phosphatpufferlösung bei diesem Werte gehalten. Statt die Lösung über freier Flamme zu kochen, wird sie zweckmäßig im lebhaft siedenden Wasserbade erhitzt ($^1/_2$ Stunde). Auf 2 ccm Aminosäurelösung wird 1 ccm 1proz. Ninhydrinlösung verwendet, die jedesmal frisch bereitet wird. Der Analysenfehler für Phenylalanin beträgt 7,5%.

G. Kollmann[3] bestimmte Phenylalanin in Proteinen so, daß er diese mit K-Dichromat in saurer Lösung oxydierte, die gebildete Benzoesäure durch Ätherextraktion ermittelte und auf Phenylalanin berechnete.

Nach F. Bettzieche[4] wird die Bestimmung der freien Carboxylgruppe von Phenylalanin folgendermaßen durchgeführt: 0,05—0,1 g Aminosäure werden mehrmals verestert, im Vakuum getrocknet. Zu dem Esterchlorhydrat wird das aus 1 g Mg, 9 g Monobrombenzol oder 10 g Benzylbromid in 30 ccm Äther bereitete Grignardreagens zugegeben, $^1/_2$ Stunde zum Sieden erhitzt, mit 40 ccm eiskalter 10proz. H_2SO_4 zersetzt. Die Säureschicht wird nach dem Versetzen mit NH_3 ausgeäthert. Der Äther mit 20proz. H_2SO_4 ausgeschüttelt, die H_2SO_4-Lösung nach 3stündigem Kochen mit Äther extrahiert und so das entsprechende Reaktionsprodukt isoliert.

Über eine Trennungsmethode der α-Monoaminosäuren durch Sublimation in sublimierbare und nur teilweise oder gar nicht sublimierende Verbindungen und über ihre mikrochemische Charakterisierung durch Bestimmung von Löslichkeit, Krystallisationsfähigkeit, Fällungsvermögen von Phosphorwolframsäure und Darstellung der Cu-Salze berichtet O. Werner[5]. Phenylalanin gehört zur Gruppe der bei Totalkühlung völlig sublimierbaren Aminosäuren.

R. A. Gortner und W. M. Sandstrom[6] untersuchten die van Slykesche Methode dahin, welchen Einfluß Kochen mit Säure, die Gegenwart von Prolin oder Tryptophan bei Aminosäuregemischen (Phenylalanin neben anderen Aminosäuren) auf die erhaltenen Werte ausübt.

Nach W. D. Treadwell und W. Eppenberger[7] wird die Titration von 11,5 mg Hühnereiweiß nach der von ihnen angegebenen maßanalytischen Eiweißbestimmung mittels Berlinerblausol nicht durch 5 mg Phenylalanin gestört.

Biochemische Eigenschaften des l-Phenylalanins: Aus den Ergebnissen der Versuche von Y. Kotake[8] ergibt sich für den Abbau des Phenylalanins im Organismus folgendes Schema:

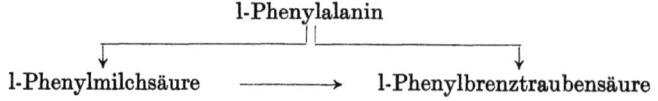

---

[1] L. J. Harris: Proc. Roy. Soc. Lond. B **104**, 412—439 — Chem. Zbl. **1929 II**, 860.
[2] H. Riffart: Biochem. Z. **131**, 78—96 (1922) — Chem. Zbl. **1923 II**, 827.
[3] G. Kollmann: Biochem. Z. **194**, 1—14 (1928) — Chem. Zbl. **1929 I**, 418.
[4] F. Bettzieche: Hoppe-Seylers Z. **161**, 178—190 (1926) — Chem. Zbl. **1927 I**, 777
[5] O. Werner: Mikrochem. **1**, 33—46 (1923) — Chem. Zbl. **1924 I**, 1981.
[6] R. A. Gortner u. W. M. Sandstrom: J. amer. chem. Soc. **47**, 1663—1671 — Chem. Zbl. **1925 II**, 1482.
[7] W. D. Treadwell u. W. Eppenberger: Helvet. chim. Acta **11**, 1053—1062 (1928) — Chem. Zbl. **1929 I**, 2908.
[8] Y. Kotake: Hoppe-Seylers Z. **122**, 241—244 (1922) — Chem. Zbl. **1923 I**, 117.

Die Umwandlung des Phenylalanins in der künstlich durchbluteten Hundeleber in Tyrosin erscheint nach Y. Kotake, Y. Masai und Y. Mori[1] merklich zurückgedrängt, wenn das Versuchstier vor der Entnahme der Leber durch Carmin vital gefärbt wurde, während die Bildung von Acetessigsäure dagegen nicht erheblich beeinflußt wird. Verfasser schließen daraus, daß Phenylalanin in den parenchymatösen Leberzellen vorwiegend in Phenylmilchsäure umgewandelt wird, während in den Kupfferschen Sternzellen wie in den sogenannten histiocytären Zellen eine oxydative Desamidierung zu Phenylbrenztraubensäure stattfindet. In weiteren Versuchen zeigten die Verfasser[2], daß Kaninchen, bei denen die oxydative Desaminierung durch intravenöse Zufuhr von Sodacarminlösung herabgesetzt war, nach Verabreichung von Phenylalanin nicht mehr die entsprechende Menge Phenylbrenztraubensäure bilden. Verfasser schließen daraus, daß die sogenannten histiocytären Zellen, insbesondere die Reticuloendothelien, bei der oxydativen Desaminierung der Aminosäuren eine wichtige Rolle spielen.

Nach Y. Kotake, Y. Masai und Y. Mori[3] bilden Kaninchen nach reichlicher Verfütterung von l- und d,l-Phenylalanin Phenylbrenztraubensäure, wobei ein Teil derselben zu Oxyphenylbrenztraubensäure oxydiert wird.

Nach Untersuchungen von W. B. Cannon und F. R. Griffith[4] über die Herzbeschleunigung durch Reizung der Leber wurde durch intravenöse Injektion einer Phenylalaninlösung keine Beschleunigung erzielt.

Bei Durchströmungsversuchen von L. Mélon[5] von Bein (Hund und Kaninchen), Uterus (Hund), Darm, Schilddrüse, Niere, Milz, Pankreas und Leber mit Lockelösung + Phenylalanin war zu beobachten, daß die Lösung mit Ausnahme von Schilddrüse und Pankreas nach der Durchströmung saurer war; der Amino-N war meist erhöht, selten blieb er unverändert oder nahm ab.

Versuche von L. Brouha[6] über den Einfluß von Phenylalanin auf isolierte Organe bestätigen die Annahme, daß es sich um eine direkte Wirkung auf die Gefäßmuskulatur handelt.

Über das unterschiedliche Verhalten von Phenylalanin und Tyrosin nach intraperitonealer Injektion bei Kaninchen mit entnervten Nieren berichten N. F. Schambough[7] und N. F. Schambough und G. M. Curtis[8]. Weiterhin zeigen Phenylalanin und Tyrosin nach intraperitonealer Injektion speziell Diuretica gegenüber Unterschiede in der Größe der Diurese. Bei oraler Zufuhr von Phenylalanin und Tyrosin kommen dagegen nach 6 Stunden noch keine Unterschiede zum Vorschein.

Nach Versuchen von G. Watzadse[9] wird bei Phenylalaninmangel die Harnsekretion der isolierten Froschniere aufgehoben. Dagegen bringt Phenylalaninzusatz die Sekretion wieder in Gang und verhindert bei Beginn das Aufhören der Sekretion. Ferner hemmt Phenylalaninmangel die Durchströmung der Darmgefäße.

Nach Versuchen an Kaninchen und Hunden mit intravenöser Injektion von Phenylalanin wurde nach L. H. Newburgh und Ph. L. Marsh[10] keine Nierenschädigung hervorgerufen.

M. Sekine[11] zeigte, daß nach subcutaner Phenylalanininjektion bei Hunden und Kaninchen eine vermehrte Bildung von Hippursäure auftrat. Ebenso wurde Hippursäure aus Phenylalanin in der überlebenden Niere gebildet, während der Organismus subcutan injizierte Phenylbrenztraubensäure und Phenylmilchsäure nicht in Hippursäure überführte, so daß es nach dem Verfasser möglich ist, daß die Hippursäurebildung aus Phenylalanin über Zimtsäure erfolgt.

---

[1] Y. Kotake, Y. Masai u. Y. Mori: Hoppe-Seylers Z. **122**, 220—224 (1922) — Chem. Zbl. **1923 I**, 116.

[2] Y. Kotake, Y. Masai u. Y. Mori: Hoppe-Seylers Z. **122**, 211—219 (1922) — Chem. Zbl. **1923 I**, 116.

[3] Y. Kotake, Y. Masai u. Y. Mori: Hoppe-Seylers Z. **122**, 195—200 (1922) — Chem. Zbl. **1923 I**, 116.

[4] W. B. Cannon u. F. R. Griffith: Amer. J. Physiol. **60**, 544—559 (1922) — Chem. Zbl. **1923 I**, 703.

[5] L. Mélon: Arch. internat. Physiol. **28**, 29—57 — Chem. Zbl. **1927 I**, 3016.

[6] L. Brouha: Arch. internat. Physiol. **26**, 169—228 — Chem. Zbl. **1926 II**, 1981.

[7] N. F. Schambough: Biochem. Z. **187**, 444—460 — Chem. Zbl. **1927 II**, 1979.

[8] N. F. Schambough u. G. M. Curtis: Biochem. Z. **187**, 437—443 — Chem. Zbl. **1927 II**, 1979.

[9] G. Watzadse: Pflügers Arch. **219**, 694—705 — Chem. Zbl. **1929 II**, 3030.

[10] L. H. Newburgh u. Ph. L. Marsh: Arch. int. Med. **36**, 682—711 (1925) — Ber. Physiol. **35**, 498 — Chem. Zbl. **1926 II**, 1663.

[11] M. Sekine: Hoppe-Seylers Z. **164**, 226—235 — Chem. Zbl. **1927 I**, 3104.

Nach S. J. Thannhauser und W. Markowicz[1] übt Phenylalanin keine funktionelle Wirkung auf die Ketonkörperausscheidung von schweren Diabetikern aus; die Steigerung der Acetonkörperbildung entspricht der verabreichten Molmenge Phenylalanin.

Nach H. Ch. R. Geelmuyden[2] ist die Zucker- und Ketonkörperausscheidung von schweren Diabetikern nach Zufuhr von Phenylalanin erhöht.

Versuche von E. P. Wolf[3] am Mesenterium von Winterfröschen nach Cohnheim und an weißen Mäusen nach intraperitonealer Injektion von 0,25 ccm 1 proz. Phenylalaninlösung verursachen bei der Maus, aber nicht beim Frosch eine leichte Entzündung (Vermehrung der polymorphkernigen Zellen).

Phenylalanin wirkt nach A. C. Ivy und A. J. Javois[4] nicht auf die Magensekretion ein.

Phenylalanin hat nach R. Arnold und P. Gley[5] keinen Einfluß auf die Adrenalinbildung in der Nebenniere.

Über das Verhalten der verfütterten N-freien und N-haltigen Abbauprodukte des Phenylalanins (Benzoesäure, Phenylessig- und Phenylpropionsäure, Phenyläthylamin) und deren Entgiftung im menschlichen Organismus berichten F. W. Power und C. P. Sherwin[6].

Nach E. Abderhalden und O. Schiffmann[7] ist Phenylalanin auf die Entwicklung von Kaulquappen unwirksam.

Die spezifisch-dynamische Wirkung von Gelatine-, Caseinhydrolysaten, Fleischeiweiß und Gliadin wird nach D. Rapport und H. H. Beard[8] in erster Linie auf ihren Gehalt an wirksamen Aminosäuren (Glykokoll, Alanin, Leucin, Phenylalanin und Tyrosin) zurückgeführt.

Nach Ch. M. Wilhelmj und J. L. Bollman[9] steigt nach intravenöser Injektion von Phenylalanin die Wärmebildung sofort noch während der Injektion an und dauert bis zu 9 Stunden, bevor der Grundwert wieder erreicht wird, wobei gleichzeitig der respiratorische Quotient zunimmt. Die Beziehung zwischen spezifisch-dynamischer Wirkung und Aminosäurezufuhr läßt sich am einfachsten in Extracalorien ausdrücken, die durch jedes Millimol von desamidierter Aminosäure abgeleitet werden. Die spezifisch-dynamische Wirkung von Alanin, Glykokoll und Phenylalanin stehen ungefähr im Verhältnis von 1:1,3:2.

Nach E. F. Terroine und R. Bonnet[10] beträgt die Wärmeabgabe bei Fröschen bei Phenylalaninaufnahme 129 Cal (+ 8%) pro 14 mg N.

In Fütterungsversuchen mit Nahrungsgemischen aus reinen organischen Bausteinen an ausgewachsenen Ratten und Mäusen beobachtete E. Abderhalden[11], daß sich l-Phenylalanin und l-Tyrosin gegenseitig ersetzen können, so daß die beiden homocyclischen Aminosäuren nicht einzeln, aber nicht insgesamt entbehrt werden können.

Nach E. Abderhalden[12] entwickeln sich die Larven des Kabinettkäfers (Anthremus muscorum) auf Seidenkokons und bauen aus deren Bestandteilen, die hauptsächlich aus Glykokoll, Alanin, Tyrosin und Serin, neben wenig Leucin, Phenylalanin, Prolin, Arginin, Lysin und Histidin bestehen, sämtliche Körpersubstanzen auf.

Über die Rolle des Phenylalanins bei der Bildung von Blausäureverbindungen und Alkaloiden in Pflanzen (z. B. die mögliche Bildung von Ephedrin oder Benzaldehydcyanhydrin aus Phenylalanin) berichtet L. Rosenthaler[13].

---

[1] S. J. Thannhauser u. W. Markowicz: Klin. Wschr. 4, 2093—2099 (1925)—Chem. Zbl. **1926 I**, 713.

[2] H. Ch. R. Geelmuyden: Skand. Arch. Physiol. (Berl. u. Lpz.) 40, 211—225 (1920) — Chem. Zbl. **1921 III**, 1508.

[3] E. P. Wolf: J. of exper. Med. 37, 511—524 — Chem. Zbl. **1923 III**, 413.

[4] A. C. Ivy u. A. J. Javois: Amer. J. Physiol. 71, 591—603 — Chem. Zbl. **1925 II**, 197.

[5] R. Arnold u. P. Gley: C. r. Soc. Biol. Paris 92, 1413—1414 — Chem. Zbl. **1925 II**, 733.

[6] F. W. Power u. C. P. Sherwin: Arch. int. Med. 39, 60—66 (1927) — Chem. Zbl. **1928 II**, 1358.

[7] E. Abderhalden u. O. Schiffmann: Pflügers Arch. 198, 128—144 (1923) — Chem. Zbl. **1923 I**, 1338.

[8] D. Rapport u. H. H. Beard: J. of biol. Chem. 73, 299—319 — Chem. Zbl. **1927 II**, 1047.

[9] Ch. M. Wilhelmj u. J. L. Bollman: J. of biol. Chem. 77, 127—149 — Chem. Zbl. **1928 II**, 911.

[10] E. F. Terroine u. R. Bonnet: Ann de Physiol. 2, 488—508 (1926) — Ber. Physiol. 39, 680 bis 681 — Chem. Zbl. **1927 II**, 596.

[11] E. Abderhalden: Pflügers Arch. 195, 199—226 — Chem. Zbl. **1922 III**, 1234.

[12] E. Abderhalden: Hoppe-Seylers Z. 142, 189—190 — Chem. Zbl. **1925 I**, 2020.

[13] L. Rosenthaler: Pharm. Acta Helvet. 2, 207—210 (1927) — Chem. Zbl. **1928 I**, 706.

Die mögliche Bildung von Zimtalkohol aus Phenylalanin in Pflanzen leiten P. Karrer und E. Horlacher[1] aus analogen Versuchen her (pyrogene Zersetzung von Phenylalanincholin und Methoxyphenylalanincholin. Schütteln der Cholinjodide in Wasser mit Ag_2O). Nach F. E. Emery[2] wird Phenylalanin von Paramaecium caudatum nur zu 7,7% ausgenutzt.

Aus Untersuchungen an 5000 säurefesten Bakterien verschiedenster Herkunft ergab sich nach E. Long[3], daß Phenylalanin als alleinige N-Quelle nicht brauchbar ist, wahrscheinlich infolge toxischer Wirkung seiner Abbauprodukte.

Über die Behinderung von Bakterienwachstum durch Phenylalanin berichten G. A. Wyon und J. W. Mc Leod[4]. Einige Darmbakterien sind gegen diesen Einfluß unempfindlich.

Nach A. Goris und A. Liot[5] lassen sich auch bei der Züchtung von Bacillus pyocyaneus auf künstlichen Nährböden Phenylalanin oder besser dessen Salze als alleinige N-Quelle verwenden. Allerdings ist die Wirkung von NH_4-Salzen stärker.

E. Abderhalden, E. Rindtorff und A. Schmitz[6] studierten den hemmenden Einfluß von l-Phenylalanin auf die Spaltung von d, l-Leucylglycin und Glycyl-d, l-leucin durch Erepsin und von Benzoyl-d, l-leucylglycin und Phenylisocyanatglycyl-d, l-leucin durch Trypsinkinase. Der Hemmungsgrad wurde mit dem von anderen Aminosäuren und Aminen verglichen.

Die Wirkung von Pankreaslipase auf Buttersäureäthylester und Olivenöl wird nach R. E. Dawson[7] in alkalischer und neutraler, aber nicht in saurer Lösung durch Phenylalanin beschleunigt.

Nach H. C. Sherman und F. Walker[8] wird die Hydrolysengeschwindigkeit von Stärke durch gereinigte Pankreatinamylase, Handelspankreatin, Speichel- oder gereinigte Malzamylase, nicht so eindeutig bei Malzextrakt, Takadiastase und einer Aspergillusamylase, aus Takadiastase, durch Phenylalaninzusatz gesteigert. Der Aminosäurezusatz schützt das Enzym auch vor der zerstörenden Wirkung von $CuSO_4$ und kann selbst ein durch $CuSO_4$ geschädigtes Enzym wieder zur vollen Wirksamkeit bringen. Deshalb ist nach den Verfassern der günstige Einfluß der Aminosäure auf die Stärkehydrolyse, wenigstens zum Teil, auf die schützende Wirkung vor Zerstörung in den wässerigen Lösungen zurückzuführen.

H. C. Sherman und M. L. Caldwell[9] untersuchten den Einfluß von $HgCl_2$ auf das System Amylase + Glykokoll bzw. Phenylalanin. Durch Zusatz einer 0,000003molar. $HgCl_2$-Lösung wird die Amylase zu etwa 10% gehemmt, was durch Zusatz von 50—100 mg Glykokoll pro 100 ccm wieder aufgehoben wird.

Über den Einfluß des Phenylalanins auf die Dopareaktion und auf die Möglichkeit mit der von H. Schmalfuß[10] vorgeschlagenen Reaktion Phenylalanin von Tyrosin und Dioxyphenylalanin zu unterscheiden, berichtet der Verfasser.

Die Dioxyphenylalaninase aus Tenebrio molitor gibt nach H. Schmalfuß und H. Werner[11] mit Phenylalanin eine schwache Reaktion.

Über die Beziehung des Phenylalanins zum wasserlöslichen gelbgrünen Farbstoff der Kuhmilch berichten B. Bleyer und O. Kallmann[12].

Über die mögliche Bildung von Benzoesäure und Salicylsäure aus Phenylalanin bzw. Tyrosin im Wein berichtet J. L. Chelle[13].

---

[1] P. Karrer u. E. Horlacher: Helvet. chim. Acta 5, 571—575 — Chem. Zbl. **1922 III**, 769.

[2] F. E. Emery: J. Morph. a. Physiol. 45, 555—577 (1928) — Chem. Zbl. **1929 II**, 2689.

[3] E. Long: Amer. Rev. Tbc. 5, 705—714 (1921) — Ber. Physiol. 12, 299 — Chem. Zbl. **1922 III**, 173.

[4] G. A. Wyon u. J. W. Mc Leod: J. of Hyg. 21, 376—385 (1923) — Ber. Physiol. 26, 306 (1924) — Chem. Zbl. **1924 II**, 2271.

[5] A. Goris u. A. Liot: C. r. Acad. Sci. Paris 174, 575—578 — Chem. Zbl. **1922 III**, 391.

[6] E. Abderhalden, E. Rindtorff u. A. Schmitz: Fermentforschg 10, 233—250 (1928) — Chem. Zbl. **1929 I**, 2320.

[7] R. E. Dawson: Biochemic. J. 21, 398—403 — Chem. Zbl. **1927 II**, 1353.

[8] H. C. Sherman u. F. Walker: J. amer. chem. Soc. 43, 2461—2469 — Chem. Zbl. **1922 III**, 929. — J. amer. chem. Soc. 45, 1960—1964 (1923) — Chem. Zbl. **1924 I**, 566.

[9] H. C. Sherman u. M. L. Caldwell: J. amer. chem. Soc. 44, 2923—2926 (1922) — Chem. Zbl. **1923 III**, 1095.

[10] R. Schmalfuß: Fermentforschg 8, 1—41 — Chem. Zbl. **1924 II**, 2342.

[11] Schmalfuß u. H. Werner: Fermentforschg 8, 86—115 — Chem. Zbl. **1924 II**, 2343.

[12] B. Bleyer u. O. Kallmann: Biochem. Z. 155, 54—79 — Chem. Zbl. **1925 I**, 2596.

[13] J. L. Chelle: Bull. Soc. pharm. Bordeaux 63, 14—37 (1925) — Chem. Zbl. **1926 I**, 2631.

H. N. Batham[1] untersuchte die Nitrifikation der Böden: Er gab zu lufttrocknem, gesiebten Versuchsboden (leichter Lehm mit der Reaktionszahl p_H 6,35) in sterilisierten Gefäßen $CaCO_3$ und neutralisiertes Phenylalanin. Nach einer Inkubationszeit von 30—40 Tagen (bei optimalem Wassergehalt und Zimmertemperatur) wurde das gebildete Nitrat im Vergleich zum $(NH_4)_2SO_4$ nach der Methode von Schloesnig bestimmt. Unter diesen Versuchsbedingungen wurde der Nitrifikationsgrad des $(NH_4)_2SO_4$ nicht erreicht.

Bei Gegenwart von Chlorogensäure wird nach A. Oparin[2] der N des Phenylalanins in 2—4 Tagen zu etwa 10—20% durch den Luftsauerstoff in Ammoniak-N übergeführt, außerdem wird CO_2 abgespalten und der Rest der Verbindung zu einem Aldehyd oxydiert.

Biochemische Eigenschaften des d, l-Phenylalanins: Eine Wirkung von d, l-Phenylalanin auf die isolierte Hundeniere ist nach H. Fredericq und L. Brouha[3] zweifelhaft, zumindest bei einer Messung an der Nierenvene.

Beim Kaninchen werden nach H. Fredericq[4] durch d, l-Phenylalanin die Herzkontraktionen deutlich geschwächt. Die Vermehrung des Coronarkreislaufes, auf die lokale gefäßerweiternde Wirkung zu beziehen, ist am stärksten beim d, l-Phenylalanin.

Über die Bildung von Phenylbrenztraubensäure im Kaninchenorganismus aus verfüttertem d, l-Phenylalanin berichten Y. Kotake, Y. Masai und Y. Mori[5], siehe unter l-Phenylalanin, biochemische Eigenschaften, S. 607.

d, l-Phenylalanin wurde nach K. Hirai[6] in Ringerlösung durch Proteus vulgaris im Gegensatz zu l-Tyrosin nicht zu Melanin abgebaut.

Nach G. Schmidt[7] wird d,l-Phenylalanin nicht durch die Adenylsäuredesaminase aus Muskelbrei desaminiert.

Physikalische Eigenschaften des l-Phenylalanins: Von G. L. Keenan[8] wurden Krystallform und optische Eigenschaften nach der Immersionsmethode für Phenylalanin festgestellt. Als Immersionsflüssigkeiten wurden Gemische von Squibbs Mineralöl $n = 1,49$, Monochlornaphthalin $n = 1,64$, Monobromnaphthalin $n = 1,66$ und Methylenjodid $n = 1,74$ in solchen Verhältnissen angewendet, daß sich das „n" jedes Gemisches vom anderen um 0,005 unterschied.

Über die refraktometrische und interferometrische Untersuchung des Phenylalanins berichten P. Hirsch und R. Kunze[9].

Das Absorptionsspektrum von Phenylalanin wurde von F. W. Ward[10] bestimmt.

Im ultravioletten Absorptionsspektrum vom Phenylalanin konnte F. C. Smith[11] im Gegensatz zu Ward nur eine Absorptionsbande feststellen.

l- und d, l-Phenylalanin wurden von Y. Shibata und T.-i. Asahina[12] in Wasser, Eisessig und Alkohol spektroskopisch untersucht. Phenylalanin zeigte in 0,01 molarer Lösung 2 Maxima bei 3780 und 3900; die d, l-Verbindung absorbierte genau so wie die l-Verbindung. Die Derivate des Phenylalanins absorbierten ebenso wie die Muttersubstanz.

Von L. Marchlewski und A. Nowotnówna[13] wurde der Extinktionskoeffizient des Phenylalanins nach der Methode von Hilger bestimmt und mit dem von Keratose, einem alkalischen Abbauprodukt aus Wolle, verglichen.

A. Castille und E. Ruppol[14] beschreiben das Absorptionsspektrum von Phenylalanin für Ultraviolett zwischen 4800 und 1900 Å.

---

[1] H. N. Batham: Soil Sci. **20**, 337—351 (1925) — Chem. Zbl. **1926 I**, 1476.
[2] A. Oparin: Bull. Acad. St. Pétersbourg [6] **1922**, 535—546 — Chem. Zbl. **1925 II**, 728.
[3] H. Fredericq u. L. Brouha: C. r. Soc. Biol. Paris **89**, 665—667 (1923) — Chem. Zbl. **1924 I**, 213.
[4] H. Fredericq: C. r. Soc. Biol. Paris **87**, 373—375 (1922) — Chem. Zbl. **1923 I**, 1196.
[5] Y. Kotake, Y. Masai u. Y. Mori: Hoppe-Seylers Z. **122**, 195—200 (1922) — Chem. Zbl. **1923 I**, 116.
[6] K. Hirai: Biochem. Z. **135**, 299—307 — Chem. Zbl. **1923 III**, 681.
[7] G. Schmidt: Hoppe-Seylers Z. **179**, 243—282 (1928) — Chem. Zbl. **1929 I**, 1124.
[8] G. L. Keenan: J. of biol. Chem. **62**, 163—171 (1924) — Chem. Zbl. **1925 I**, 617.
[9] P. Hirsch u. R. Kunze: Fermentforschg **6**, 30—55 — Chem. Zbl. **1922 III**, 557.
[10] F. W. Ward: Biochemic. J. **17**, 898—902 (1923) — Chem. Zbl. **1924 I**, 1484.
[11] F. C. Smith: Proc. Roy. Soc. Lond. B **104**, 198—205 — Chem. Zbl. **1929 I**, 1928.
[12] Y. Shibata u. T.-i. Asahina: Bull. chem. Soc. Jap. **2**, 324—334 (1927) — Chem. Zbl. **1928 I**, 1194.
[13] L. Marchlewski u. A. Nowotnówna: Bull. Intern. Acad. Polon. Sci. et Lettres **1925**, 153—164 — Chem. Zbl. **1926 I**, 588.
[14] A. Castille u. E. Ruppol: Bull. Soc. Chim. biol. Paris **10**, 623—668 — Chem. Zbl. **1928 II**, 622.

W. Stenström und M. Reinhard[1] bestimmen die Lage der ultravioletten Absorptionsbanden einer wässerigen Lösung von Phenylalanin bei wechselndem p_H. Sie können zeigen, daß die Banden vom p_H unabhängig sind.

Über das Absorptionsspektrum eines Gemisches von Tyrosin, Tryptophan, Phenylalanin, Cystin, Glykokoll, Leucin und Glutaminsäure in dem durch Blutanalyse angezeigten Verhältnis berichten W. Stenström und M. Reinhard[2].

Von N. Bjerrum[3] werden die beiden Dissoziations- (K_s und K_b) und Hydrolysenkonstanten (k_a und k_b) vom Phenylalanin bei 25°, wie folgt, angegeben:

$$K_s = 10^{-2,01}; \quad K_b = 10^{-5,30}; \quad k_a = 10^{-8,60} \quad \text{und} \quad k_b = 10^{-11,89}.$$

Nach G. Hedestrand[4] hat Phenylalanin im isoelektrischen Punkte ein Minimum der inneren Reibung. Die Reibungskonstanten der Ionen sind also größer als die des isoelektrisch-neutralen Moleküls, wobei die Konstanten der Anionen größer sind als die der Kationen.

Physikalische Eigenschaften des d, l-Phenylalanins: Über das Absorptionsspektrum von d, l-Phenylalanin in Wasser, Alkohol und Eisessig berichten Y. Shibata und T.-i. Asahina[5], siehe unter l-Phenylalanin, physikalische Eigenschaften, S. 610.

Chemische Eigenschaften: Nach Versuchen von J. Svehla[6] wird die Löslichkeit des Phenylalanins durch CH_2O nicht erhöht.

Bei der Oxydation von Phenylalanin in wässeriger Lösung bei 38° in Anwesenheit von Adsorptionskohle (Sorboid-, Sanasorben-Waldhof) und von O_2 werden nach H. Wieland und F. Bergel[7] je nach der Reaktionsdauer, Katalysatormenge und Konzentration im Gegensatz zu O. Warburg und Negelein nur 6—40% der Säuren umgesetzt, wobei NH_3 und CO_2 im Verhältnis 1:1 entstehen, außerdem der um 1-C-Atom ärmere Aldehyd und kleine Mengen der zugehörigen Säure. Ketosäuren wurden nicht festgestellt. Der Verlauf der Reaktion wird von den Verfassern folgendermaßen angegeben:

$$\text{I.} \quad R\cdot\underset{NH_2}{CH}-COOH \xrightarrow{\frac{1}{2}O_2} R-CH\!\!\!\underset{O}{\overset{\|}{}}\!\!\! + CO_2 + NH_3$$

$$\text{IIa.} \quad R\cdot\underset{NH_2}{CH}\cdot COOH \xrightarrow{\frac{1}{2}O_2} R\cdot\underset{NH}{\overset{\|}{C}}\cdot COOH \longrightarrow R\cdot\underset{NH}{\overset{\|}{CH}} + CO_2 \longrightarrow R\cdot\underset{O}{\overset{\|}{CH}} + NH_3$$

$$\text{II.} \quad R\cdot\underset{NH_2}{CH}\cdot COOH \xrightarrow{O_2} R\cdot COOH + CO_2 + NH_3$$

An Stelle von O_2 wurden als Wasserstoffacceptoren noch folgende Verbindungen verwendet: Alloxan und m-Dinitrobenzol, als Reaktionsprodukte waren dabei CO_2, NH_3 und der entsprechende Aldehyd, Murexid bzw. m-Nitrophenylhydroxylamin nachweisbar. Ebenso ließ sich Dithioglykolsäure und Chinon, dagegen nicht Methylenblau als H_2-Acceptor verwenden. Nach den Verfassern ist die direkte Abspaltung von NH_3 unmöglich. Weiterhin zeigte sich, daß es nach den Berechnungen thermochemisch gleichgültig ist, ob der Abbau der Aminosäuren zum Aldehyd oder zur Ketosäure führt. Gegenüber Kohlehydraten und Fetten steht die Dehydrierung der Aminosäuren energetisch hinter diesen.

Während Glykokoll bei Gegenwart geringer Mengen von Adrenalin durch O_2 unter Bildung von NH_3 und CO_2 abgebaut wird, werden andere Aminosäuren (z. B. Phenylalanin) nach S. Edlbacher und I. Kraus[8] nur in geringem Maße oxydiert.

---

[1] W. Stenström u. M. Reinhard: J. physic. Chem. **29**, 1477—1481 (1925) — Chem. Zbl. **1926 I**, 1109.
[2] W. Stenström u. M. Reinhard: J. of biol. Chem. **66**, 819—827 (1925) — Chem. Zbl. **1926 I**, 2536.
[3] N. Bjerrum: Z. physik. Chem. **104**, 147—173 (1923) — Chem. Zbl. **1923 I**, 1575.
[4] G. Hedestrand: Z. anorg. u. allg. Chem. **124**, 153—184 (1922) — Chem. Zbl. **1923 I**, 254.
[5] Y. Shibata u. T.-i. Asahina: Bull. chem. Soc. Jap. **2**, 324—334 (1927) — Chem. Zbl. **1928 I**, 1194.
[6] J. Svehla: Ber. dtsch. chem. Ges. **56**, 331—337 (1923) — Chem. Zbl. **1923 I**, 749.
[7] H. Wieland u. F. Bergel: Liebigs Ann. **439**, 196—210 — Chem. Zbl. **1924 II**, 1788.
[8] S. Edlbacher u. I. Kraus: Hoppe-Seylers Z. **178**, 239—249 — Chem. Zbl. **1928 II**, 2658.

Nach E. Schmidt und K. Braunsdorf[1] ist Phenylalanin ClO_2 gegenüber beständig.

Über die Umsetzung der Dakinschen Hypochloritlösung mit Phenylalanin berichtet N. O. Engfeldt[2]. Phenylalanin verbraucht nach 1 Minute bei 37° 69,7% an zugesetztem NaClO. Weiterhin untersuchte N. Ch. Wright[3] die Wirkung von Hypochloritlösungen auf Phenylalaninlösungen verschiedener Konzentrationen. Von Einfluß auf die Reaktion ist die Alkalität der Lösung. Aus den Resultaten schließt der Verfasser, daß Oxydation und Chlorierung der Aminosäure nebeneinander herlaufen.

E. Becher[4] untersuchte vergleichend die Stärke der Xanthoproteinreaktion von Phenylalanin, Tyrosin, Tryptophan, Phenol- und Indolderivaten bei saurer und alkalischer Reaktion. Die Reaktion des Phenylalanins ist schwächer als die des Tyrosins und Tryptophans.

Über die Reaktion des Phenylalanins beim Kochen in sodaalkalischer Lösung mit einer kleinen Menge p-Nitrobenzoylchlorid berichten E. Waser und E. Brauchli[5].

Bei einer kombinierten Einwirkung von $HgCl_2$, Sulfanilsäure und Jodsäure in ganz reinem Zustande und unter genau einzuhaltenden Bedingungen auf Phenylalanin wurde nach B. Stuber, A. Rußmann und E. A. Pröbsting[6] keine Färbung erhalten.

Bei der Einwirkung von Acetanhydrid und Pyridin auf Phenylalanin in der Wärme entsteht nach H. D. Dakin und R. West[7] Benzylacetylaminoaceton. Über die gleiche Umsetzung des Phenylalanins mit reinstem Acetanhydrid und reinstem Pyridin zum entsprechenden Acetylaminoaceton berichten P. A. Levene und R. E. Steiger[8].

Phenylalanin gibt nach W. E. Lawson und E. E. Reid[9] mit β, β'-Dichloräthylsulfid α-Benzyl-4-thiazanessigsäure-1-dioxyd.

Phenylalanin gibt mit Sarkosinanhydrid nach P. Pfeiffer, O. Angern und L. Wang[10] keine Molekülverbindung.

Wird l-Phenylalanin mit etwa der 3fachen Menge Glucose in Glycerin auf 120—130° erhitzt, so entsteht nach S. Akabori[11] CO_2, Melanoidin und Phenylacetaldehyd.

Versuche von J. M. Ort und J. W. Bollman[12] zeigten, daß Phenylalanin auf die Reaktion von H_2O_2 auf Dextrose katalytisch beschleunigend einwirkte.

Über den Einfluß des Phenylalanins auf die Aldehyd-Tryptophanreaktion berichtet E. Komm[13].

Von F. Loebenstein[14] wurde der Einfluß des Phenylalanins auf die Quellung von nicht chromiertem Hautpulver mit Wasser und Alkohol untersucht, wobei in beiden Fällen Quellungsverminderung beobachtet wurde.

Chemische Eigenschaften des d, l-Phenylalanins: d, l-Phenylalanin wird nach P. Pfeiffer und O. Angern[15] sowohl durch NaCl wie durch K-Acetat und $(NH_4)_2SO_4$ — von letzterem zu etwa 54—60% — ausgesalzen. Die Aussalzbarkeit wurde so bestimmt, daß zu 5 ccm der gesättigten Lösung 0,02 Mol der Neutralsalze zugefügt wurden.

Nach einer Löslichkeitsbestimmung der Verfasser[15] enthalten 100 ccm Wasser 1,488 g d, l-Phenylalanin bei 20—21°.

---

[1] E. Schmidt u. K. Braunsdorf: Ber. dtsch. chem. Ges. **55**, 1529—1534 — Chem. Zbl. **1922 III**, 520.

[2] N. O. Engfeldt: Hoppe-Seylers Z. **121**, 18—61 — Chem. Zbl. **1922 III**, 1054.

[3] N. Ch. Wright: Biochemic. J. **20**, 524—532 — Chem. Zbl. **1926 II**, 1952.

[4] E. Becher: Dtsch. Arch. klin. Med. **148**, 159—182 (1925) — Chem. Zbl. **1926 I**, 742.

[5] E. Waser u. E. Brauchli: Helvet. chim. Acta **7**, 740—758 — Chem. Zbl. **1924 II**, 947.

[6] B. Stuber, A. Rußmann u. E. A. Pröbsting: Z. exper. Med. **32**, 448—454 (1923) — Chem. Zbl. **1923 II**, 1138.

[7] H. D. Dakin u. R. West: J. of biol. Chem. **78**, 91—105 — Chem. Zbl. **1928 II**, 1667 — J. of biol. Chem. **78**, 745—756 — Chem. Zbl. **1928 II**, 2115 — J. of biol. Chem. **78**, 757 bis 764 — Chem. Zbl. **1928 II**, 2117.

[8] P. A. Levene u. R. E. Steiger: J. of biol. Chem. **79**, 95—103 (1928) — Chem. Zbl. **1929 I**, 76.

[9] W. E. Lawson u. E. E. Reid: J. amer. chem. Soc. **47**, 2821—2836 (1925) — Chem. Zbl. **1926 I**, 1195.

[10] P. Pfeiffer, O. Angern u. L. Wang: Hoppe-Seylers Z. **164**, 182—202 — Chem. Zbl. **1927 I**, 3196.

[11] S. Akabori: Proc. imp. Acad. Tokyo **3**, 672—674 (1927) — Chem. Zbl. **1928 I**, 1757.

[12] J. M. Ort u. J. W. Bollman: J. amer. chem. Soc. **49**, 805—810 — Chem. Zbl. **1927 I**, 2794.

[13] E. Komm: Hoppe-Seylers Z. **156**, 35—60 — Chem. Zbl. **1926 II**, 1892.

[14] F. Loebenstein: Kolloid-Z. **35**, 345—353 (1924) — Chem. Zbl. **1925 I**, 2540.

[15] P. Pfeiffer u. O. Angern: Hoppe-Seylers Z. **133**, 180—192 — Chem. Zbl. **1924 I**, 2257.

Die Spaltung des d, l-Phenylalanins in die optisch-aktiven Komponenten ist nach A. Mc Kenzie, R. Roger und G. O. Wills[1] über die Camphersulfonatsalze möglich.

Derivate des l-Phenylalanins: Phenylalanin + Benzolazophenol $C_{21}H_{19}O_2N_3$, (1:1). Aus Wasser + 96proz. Alkohol, goldgelbe Nadeln, Schmelzp. 188° (zersetzt), wenn auf 170° vorgewärmt und schnell erhitzt wurde; durch Wasser, Äther, Benzol leicht spaltbar[2].

l-Camphersulfonat-l-phenylalanin. Schmelzp. 109—111°, $[\alpha]_D^{18,5} = -18,3°$[1].

Phenylalaninäthylesterchlorhydrat. Das Esterchlorhydrat (aus Toluol + Petroläther, Schmelzp. 124—125°) gibt nach A. Mc Kenzie und A. C. Richardson[3] und A. Mc Kenzie, R. Roger und G. O. Wills[1] mit 6 Mol Phenyl-MgBr durch $9^1/_2$stündiges Erhitzen γ-Oxy-α, γ, γ-triphenylisopropylamin. Der Ester gibt mit C_7H_7MgBr mit 58% Ausbeute 2-Benzyl-2-amino-1, 1-dibenzyläthanol-(1), mit C_2H_5MgBr 2-Benzyl-2-amino-1, 1-diäthyläthanol-(1)[4].

Phenylisocyanat des Phenylalanins. Über die enzymatische Spaltung mit Darm-, Pankreas- und Hefemacerationssaft berichten E. Abderhalden und E. Schwab[5].

l-Acetylphenylalanin. Schmelzp. 170°, $[\alpha]_D = -51,8°$[6].

Äthylester $C_{13}H_{17}O_3N$. Nach Veresterung der Aminosäure wird der Ester mit Na-Acetat und Acetanhydrid durch Erwärmen (1 Stunde) auf dem Wasserbade acetyliert. Acetanhydrid und Eisessig werden im Vakuum entfernt, Rückstand in Äther und Chloroform aufgenommen, dann im Vakuum und schließlich im Hochvakuum destilliert. Kochp.$_2$ 155—157°, Nadeln aus Äther-Petroläther, Schmelzp. 68°. Leicht löslich in organischen Lösungsmitteln, ziemlich schwer löslich in Wasser[7]. — Gibt bei der Reduktion mit Na und Alkohol nach P. Karrer[8] l-Benzyl-l-aminoäthylalkohol-2.

Benzoylphenylalanin gibt nach E. Waser und E. Brauchli[9] beim Erhitzen in sodaalkalischer Lösung mit einer kleinen Menge p-Nitrobenzoylchlorid im Gegensatz zu anderen Aminosäuren keine Farbreaktion.

Äthylester gibt mit C_2H_5MgBr nach Zersetzung mit HCl 2-Benzoylamino-2-benzyl-1, 1-diäthanol[10].

Phenyl-N-methylalanin. Im Organismus des Hundes werden aus dem Phenylmethylalanin merkliche Mengen Benzoesäure gebildet, während die Phenyldimethylverbindung unangegriffen blieb, so daß daraus geschlossen werden kann, daß der Abbau der Aminosäuren zum Teil über die Iminosäuren verläuft[11].

Phenyl-N-acetylmethylalanin $C_{12}H_{15}O_3N$. Aus β-Phenyl-α-brompropionsäure und Methylamin oder durch Methylierung von Toluolsulfophenylalanin und Acetylierung mit Acetanhydrid in siedendem Eisessig. Aus Wasser, Schmelzp. 149°. Phenyl-N-acetylmethylalanin wurde vom Hunde zu 85% unverändert wieder ausgeschieden[11].

Phenyl-N-dimethylalanin $C_{11}H_{15}O_2N$. Aus β-Phenyl-α-brompropionsäure und Dimethylamin im Rohr. Aus 90proz. Alkohol, Schmelzp. 235°, leicht löslich in Wasser. Phenyl-N-dimethylalanin ergab, an Hunde verfüttert, kein ätherlösliches Produkt im Harn, sondern es fand sich in erheblicher Menge unverändert im Harn vor[11].

Methylenphenylalanin. Die Dissoziationskonstante wurde von L. J. Harris[12] zu $1,3 \cdot 10^{-6}$ angegeben.

p-Jodphenylalanin. Nach E. Abderhalden und O. Schiffmann[13] ist p-Jodphenylalanin auf die Entwicklung von Kaulquappen unwirksam.

---

[1] A. Mc Kenzie, R. Roger u. G. O. Wills: J. chem. Soc. Lond. **1926**, 779—791 — Chem. Zbl. **1926 II**, 399.
[2] P. Pfeiffer u. O. Angern: Z. angew. Chem. **39**, 253—259 — Chem. Zbl. **1926 I**, 2744.
[3] A. Mc Kenzie u. A. C. Richardson: J. chem. Soc. Lond. **123**, 79—91 (1923) — Chem. Zbl. **1923 I**, 925.
[4] K. Thomas u. F. Bettzieche: Hoppe-Seylers Z. **140**, 244—260 (1924) — Chem. Zbl. **1925 I**, 49.
[5] E. Abderhalden u. E. Schwab: Fermentforschg **9**, 252—263 — Chem. Zbl. **1927 II**, 2551.
[6] F. Knoop u. J. G. Blanco: Hoppe-Seylers Z. **146**, 267—275 — Chem. Zbl. **1925 II**, 2174.
[7] E. Cherbuliez u. Pl. Plattner: Helvet. chim. Acta **12**, 317—329 — Chem. Zbl. **1929 II**, 75.
[8] P. Karrer: D.R.P. 347377 v. 24. Aug. 1920, ausg. 17. Jan. 1922; Chem. Zbl. **1922 II**, 1137.
[9] E. Waser u. E. Brauchli: Helvet. chim. Acta **7**, 740—758 — Chem. Zbl. **1924 II**, 947.
[10] F. Bettzieche, R. Menger u. K. Wolf: Hoppe-Seylers Z. **160**, 270—300 (1926) — Chem. Zbl. **1927 I**, 82.
[11] F. Knoop u. H. Oesterlin: Hoppe-Seylers Z. **170**, 186—211 (1927) — Chem. Zbl. **1928 I**, 40.
[12] L. J. Harris: Proc. roy. Soc. Lond. B **94**, 364—386 — Chem. Zbl. **1925 II**, 224.
[13] E. Abderhalden u. O. Schiffmann: Pflügers Arch. **198**, 128—144 (1923) — Chem. Zbl. **1923 I**, 1338.

p-Methoxyphenylalanin. Nach P. Karrer und E. Horlacher[1] zersetzt sich p-Methoxyphenylalanin beim Erwärmen zu Methoxyzimtalkohol.

Phenylalanin-N-carbonsäureanhydrid. Zur Darstellung des Anhydrides ist Trocknung der ätherischen Lösung der Benzylmalonazidsäure mit P_2O_5 nötig, da die nur mit Na_2SO_4 getrocknete ätherische Lösung sich infolge ihres Wassergehaltes zu polymeren Anhydriden polymerisiert[2]. — Phenylalanin-N-carbonsäureanhydrid reagiert nach F. Siegmund und F. Wessely[3] mit Aminen und Aminosäuren nach folgendem Schema:

$$\begin{array}{c} N(C_6H_5)\cdot(CH_2)_2\cdot CO \\ | \qquad\qquad\qquad | \\ CO\text{---------------}O \end{array} + NH_2R \xrightarrow{-CO_2} HN\cdot(C_6H_5)\cdot(CH_2)_2\cdot CO\cdot NHR$$

Bei der Einwirkung von Pyridin auf Phenylalanin wurden von F. Wessely und M. John[4] neben hochmolekularen Verbindungen niedermolekulare Verbindungen (z. B. 5-Benzylhydantoin-3-β-phenylpropionsäure) erhalten, die sich durch Lauge zu Carbonylbisphenylalanin aufspalten lassen.

Hexahydrophenylalanin $C_9H_{17}O_2N$. Reindarstellung aus dem Chlorhydrat + NaOH oder PbO oder aus dem Ester; aus heißem Wasser mikroskopische Nädelchen, bisweilen beim raschen Abkühlen aus konzentrierten Lösungen lange Nadeln, die in der Mutterlauge allmählich vorige Form annehmen; durch Hydrierung in neutraler Suspension und durch direkte Krystallisation erhaltenes Produkt hatte Schmelzp. 324° (korr., unter Zersetzung), Sintern ab 306°; durch Verseifung des Äthylesters dargestellte Verbindung hatte Schmelzp. 282° (korr., unter starker Zersetzung); weniger löslich in kaltem Wasser als Hexahydrotyrosin; unlöslich in Äther; wässerige Lösung riecht gasartig, Geschmack sehr bitter; $[\alpha]^{20}_{656,3} = +10,15°$; $[\alpha]^{20}_{626} = +11,43°$; $[\alpha]^{20}_D = +13,30°$; $[\alpha]^{20}_{567,5} = +15,27°$; $[\alpha]^{20}_{546,3} = +16,43°$; $[\alpha]^{20}_E = +18,47°$ (1 g in 25 ccm 4 proz. HCl)[5]. — Bei der pyrogenen Zersetzung ohne Wärmeüberträger eines Gemisches von Hexahydrophenylalanin + -tyrosin wird nach E. Waser und H. Fauser[6] die Tyrosinverbindung durch Decarboxylierung in Tyramin umgesetzt, während das Hexahydrophenylalanin in hochmolekulare Produkte übergeht. — E. Waser[7] prüfte die Wirkungen von Hexahydrophenylalanin auf Frösche, Kaninchen und Hunde sowie auf den überlebenden Darm und Uterus von Meerschweinchen. Es ist relativ ungiftig.

Chlorhydrat $C_9H_{18}O_2NCl$. Aus absolutem Alkohol + Äther, Schmelzp. 246°, wird durch Wasser leicht hydrolysiert, wenig löslich in HCl, Propylalkohol, unlöslich in Essigester, Äther, Chloroform[5].

Chloroplatinat $(C_9H_{17}O_2N)_2 \cdot H_2PtCl_6 \cdot 3H_2O$. Hellgelbe Nadeln, leicht löslich in Wasser und Alkohol, Schmelzp. 204° (korr., unter Zersetzung), 3 Mol Krystallwasser werden bei 110—115° abgegeben[5, 8].

Äthylester. Durch Verestern der Säure oder durch katalytische Hydrierung von l-Tyrosinester in HCl, farbloses, basisch riechendes Öl, Kochp.$_{11}$ 149—150°, an Luft CO_2 anziehend unter Bildung des Carbonates; bei längerem Stehen Übergang in das Diketopiperazinderivat; in 5 proz. ätherischer Lösung mehrere Wochen haltbar; wenig löslich in Wasser, leicht löslich in Petroläther, Alkohol, Äther[5].

Chlorhydrat $C_{11}H_{22}O_2NCl$. Aus heißem Alkohol + Äther oder + Essigester, Nadeln, Schmelzp. 195—196°(korr.), leicht löslich in Alkohol, Wasser, unlöslich in Äther; $[\alpha]^{20}_C = +8,59°$; $[\alpha]^{20}_{626} = +9,60°$; $[\alpha]^{20}_D = +11,45°$; $[\alpha]^{20}_{567,5} = +12,85°$; $[\alpha]^{20}_{546,3} = +15,04°$; $[\alpha]^{20}_E = +16,00°$ (0,590 g in 25 ccm 4 proz. HCl)[5]. — E. Waser[7] prüfte die Wirkungen vom Äthylesterchlorhydrat auf Frösche, Kaninchen und Hunde sowie auf den überlebenden Darm und Uterus vom Meerschweinchen. Es ist relativ ungiftig.

N-Benzoyl-l-hexahydrophenylalanin $C_{16}H_{21}O_3N$. Aus Alkohol + Wasser glänzende Blättchen, in Wasser sehr wenig löslich, wässerige Lösung reagiert schwach sauer. Schmelzpunkt nicht ganz scharf 186° (korr.), unter vorherigem Sintern[5, 8].

---

[1] P. Karrer u. E. Horlacher: Helvet. chim. Acta **5**, 571—575 — Chem. Zbl. **1922 III**, 769.
[2] F. Wessely: Hoppe-Seylers Z. **146**, 72—90 — Chem. Zbl. **1925 II**, 1958.
[3] F. Siegmund u. F. Wessely: Hoppe-Seylers Z. **157**, 91—105 — Chem. Zbl. **1926 II**, 2432.
[4] F. Wessely u. M. John: Hoppe-Seylers Z. **170**, 167—182 (1927) — Chem. Zbl. **1928 I**, 42 — Hoppe-Seylers Z. **170**, 38—43 (1927) — Chem. Zbl. **1928 I**, 200.
[5] E. Waser u. E. Brauchli: Helvet. chim. Acta **7**, 740—758 — Chem. Zbl. **1924 II**, 947.
[6] E. Waser u. H. Fauser: Helvet. chim. Acta **10**, 262—267 — Chem. Zbl. **1927 I**, 2414.
[7] E. Waser: Arch. f. exper. Path. **125**, 129—139 — Chem. Zbl. **1927 II**, 2408.
[8] E. Waser u. E. Brauchli: Helvet. chim. Acta **6**, 199—205 — Chem. Zbl. **1923 I**, 910.

Phenylisocyanatverbindung ließ sich nicht krystallinisch erhalten[1,2].

Phenylhydantoinderivat $C_{16}H_{20}O_2N_2$. Aus Äther mit Tierkohle farblose Nadeln, Schmelzpunkt 159—161° (korr.)[1,2].

1-Benzyl-1-aminoäthylalkohol-(2) $C_6H_5 \cdot CH_2 \cdot CH \cdot (NH_2) \cdot CH_2 \cdot OH$. Dickes, stark basisch riechendes Öl, das im Hochvakuum zwischen 150—160° destilliert und krystallisierende Salze liefert[3].

Chlorhydrat. Schmelzp. 128°[3].

Phenylalanincholin. Nach P. Karrer und E. Horlacher[4] zersetzt sich Phenylalanincholin beim Erwärmen glatt in Zimtalkohol (Styron). — Die Cholinverbindung wirkt nach P. Karrer[5] bei 1:1000 einmalig erregend, wobei die Herzamplitude vergrößert ist. — Phenylalanincholin erregt nach T. Gordonoff[6] im Gegensatz zu anderen proteinogenen Cholinen wenigstens in hohen Konzentrationen (1:10000 — 1:2000) das isolierte Froschherz schwach.

Jodid gibt bei 1 stündigem Schütteln in Wasser mit frisch gefälltem Ag_2O Zimtalkohol[4].

Acetylphenylalanincholin-HJ zeigte die bekannten Endplattenwirkungen des Cholins, also die parasympathische Hemmungswirkung am nach Straub isolierten Froschherzen, die kontraktionserregende Wirkung am isolierten Kaninchendünndarm, die Kontrakturwirkung am isolierten Meerschweinchenuterus und auf den parasympathischen Teil der receptiven Substanz am isolierten Skelettmuskelpräparat des Frosches. Die parasympathische Wirkung wurde nur am isolierten Organ, nicht aber am intakten Organismus, selbst nicht bei intravenöser Injektion großer Dosen beobachtet, was sich durch die schnelle Zerstörung des Acetylcholins durch die Blutesterase erklären läßt[6].

p-Methoxyphenylalanincholinjodid gibt nach P. Karrer und E. Horlacher[4] bei 1 stündigem Schütteln in Wasser mit frisch gefälltem Ag_2O p-Methoxyzimtalkohol.

p-Methoxyphenylalanincholin gibt nach P. Karrer[5] bei einer Verdünnung von 1:2000 eine ähnliche Wirkung wie Phenylalanincholin.

Derivate des d-Phenylalanins: d-Camphersulfonat des d-Phenylalanins. In Wasser $[\alpha]_D^{18,5} = +18,3°$[7].

d-Phenylalaninäthylester. Der d-Ester gibt mit Phenyl-MgBr d-β-Amino-α, α-diphenyl-β-benzyläthylalkohol[7,8].

Formyl-d-phenylalanin. H. Kimura[9] berichtet über die Bildung von Formyl-d-phenylalanin durch asymmetrische Spaltung der d, l-Verbindung mittels Niere, Leber und Pankreasextrakt von Kaninchen, Schwein und Hund.

Acetyl-d-phenylalanin. H. Kimura[9] berichtet über die Bildung des Acetyl-d-phenylalanins durch asymmetrische Spaltung der d, l-Verbindung mittels Niere, Leber und Pankreasextrakt von Kaninchen, Schwein und Hund.

Benzoyl-d-phenylalanin. H. Kimura[9] studierte die Bildung des Benzoyl-d-phenylalanins durch die asymmetrische Spaltung der d, l-Verbindung mittels Niere, Leber und Pankreasextrakt von Kaninchen, Schwein und Hund.

d-Hexahydrophenylalaninchlorhydrat $C_9H_{18}O_2NCl$. Schmelzp. 246°. $[\alpha]_C^{20} = -10,66°$; $[\alpha]_{626}^{20} = -11,77°$; $[\alpha]_D^{20} = -13,32°$; $[\alpha]_{587,5}^{20} = -13,92°$; $[\alpha]_{546,3}^{20} = -15,56°$; $[\alpha]_E^{20} = -17,54°$; die Eigenschaften der freien Base gleichen, bis auf die entgegengesetzte Drehung, denen der l-Verbindung[1].

Derivate des d, l-Phenylalanins: Phenylalaninhalbchlorhydrat $C_{18}H_{23}O_4N_2Cl$. Bei der Spaltung von 1-Benzoyl-2-phenyl-5-benzylglyoxalon-(4) mit 15proz. HCl wurde die Verbindung aus der salzsauren Lösung durch Verdampfen und Auskochen mit absolutem Alkohol erhalten (aus Wasser). Zersetzt bei 240—255°[10].

---

[1] E. Waser u. E. Brauchli: Helvet. chim. Acta **7**, 740—758 — Chem. Zbl. **1924 II**, 947.
[2] E. Waser u. E. Brauchli: Helvet. chim. Acta **6**, 199—205 — Chem. Zbl. **1923 I**, 910.
[3] P. Karrer: D.R.P. 347377 v. 24. Aug. 1920, ausg. 17. Jan. 1922; Chem. Zbl. **1922 II**, 1137.
[4] P. Karrer u. E. Horlacher: Helvet. chim. Acta **5**, 571—575 — Chem. Zbl. **1922 III**, 769.
[5] P. Karrer: Helvet. chim. Acta **5**, 469—489 — Chem. Zbl. **1922 III**, 766.
[6] T. Gordonoff: Biochem. Z. **160**, 451—463 (1925) — Chem. Zbl. **1928 II**, 785.
[7] A. McKenzie, R. Roger u. G. O. Wills: J. chem. Soc. Lond. **1926**, 779—791 — Chem. Zbl. **1926 II**, 399.
[8] A. McKenzie u. G. O. Wills: J. chem. Soc. Lond. **127**, 283—295 — Chem. Zbl. **1925 I**, 1595.
[9] H. Kimura: J. of Biochem. **10**, 207—223, 225—250 — Chem. Zbl. **1929 II**, 580.
[10] P. Ruggli, R. Ratti u. E. Henzi: Helvet. chim. Acta **12**, 332—361 — Chem. Zbl. **1929 II**, 42.

d, l-Phenylalaninäthylester bewirkt nach M. Arai[1] beim Hunde eine Blutdrucksenkung, während er beim Kaninchen eine leichte Blutdruckerhöhung hervorruft. Am ausgeschnittenen Uterusstück von Hunden, Kaninchen und Meerschweinchen wirkt der Ester erregend, was durch Atropin kaum beeinflußt wird, während Adrenalin am Meerschweinchenuterus hemmend wirkt. Am ausgeschnittenen Darmstück findet Hemmung statt. Die isolierten Gefäße werden nur schwach dilatiert.

Phenylalaninäthylesterpikrat $C_{17}H_{18}O_9N_4$. Kochen äquimolekularer Mengen des Carbonsäureanhydrides und der Pikrinsäure in absolutem Alkohol. CO_2-Abspaltung. Schmelzpunkt aus Alkohol 154° (korr.)[2].

d, l-Phenylalaninamid $C_9H_{12}ON_2$, wird nach Ch. Gränacher und G. Gulbas[3] bei der Spaltung von 2-Phenyl-4-benzylimidazolidon mit heißer n-HCl gebildet. Kryställchen aus Alkohol, Schmelzp. 138°; gibt Biuretreaktion. — Durch Umsetzung des Phenylalanin-N-carbonsäureanhydrides mit NH_3. Schmelzp. 137—138°[4].

Phenylalaninäthylamidpikrat $C_{17}H_{19}O_8N_5$. Durch Umsetzung des Phenylalanincarbonsäureanhydrides mit Äthylamid, Nadeln aus Alkohol. Schmelzp. 190—191°[4].

Phenylalanylaminoacetalpikrolonat $C_{25}H_{32}O_8N_6$. Bildung aus Phenylcarbonsäureanhydrid und Aminoacetal. Öl. Nadeln aus Alkohol + Wasser, Schmelzp. 162° (Zersetzung)[4].

Phenylalaninanilid $C_{15}H_{16}ON_2$. Schütteln der Benzollösung von Phenylalaninanilidpikrat mit wässerigem NH_3 und Waschen mit Wasser, Schmelzpunkt aus Alkohol + Wasser 79—80,5°. Leicht löslich in Alkohol, Benzol, Toluol und Bromoform, wenig löslich in Äther, Petroläther und Wasser[2].

Anilidpikrat $C_{21}H_{19}O_8N_5$. Durch Erhitzen des Carbonsäureanhydrides mit äquimolekularen Mengen Anilinpikrat in Essigester (unter CO_2-Entwicklung). Gelbe Nadeln aus Alkohol. Schmelzp. 242°[2].

Chlorhydrat $C_{15}H_{17}ON_2Cl$. Schmelzp. 212°[2].

Methylanilidpikrat $C_{22}H_{21}O_8N_5$. Gelbe Nadeln aus Alkohol. Schmelzp. 220—231° (unkorr.)[2].

β-Naphthalinsulfophenylalaninmethylanilid $C_{26}H_{24}O_3N_2S$. Durch Kuppeln des Chlorhydrates mit β-Naphthalinsulfochlorid. Schmelzpunkt aus 80proz. Alkohol 189—190° (korr.)[2].

Carbonylbisphenylalanin $C_{19}H_{20}O_5N_2$ (Meso- und Racemform B und C). Aus einem Reaktionsprodukt von Phenylalanin-N-carbonsäureanhydrid mit Pyridin und durch Behandlung mit n-NaOH. Nadeln aus 20proz. Essigsäure, C: Schmelzp. 211—212° (korr.) unter starkem Aufschäumen. Ist wenig löslich in kaltem Wasser, Äther, leicht löslich in Alkohol, Eisessig, nicht hygroskopisch. B: Nadelbüschel aus Wasser, Schmelzp. 185° (korr.), unter Aufschäumen, ist leichter löslich, enthält lufttrocken Krystallwasser und ist wasserfrei hygroskopisch. Bildung durch Synthese: Aus Phenylalaninäthylester in Benzol und 20proz. $COCl_2$-Toluollösung (Wasserbad), im Vakuum verdunsten, mit Wasser waschen. In siedender NaOH lösen, heiß mit 1 Äquivalent Säure fällen, Krystallgemisch durch Umkrystallisieren aus 20proz. Essigsäure und Wasser zerlegen. Läßt sich durch HCl und Eisessig in 5-Benzylhydantoin-3-β-phenylpropionsäure überführen[5]. Weitere Untersuchungen über die ster. Beziehungen am Äthylester ergaben, daß Säure C, Schmelzp. 206°, die inaktive, spaltbare Säure ist, während Säure B, Schmelzp. 181°, die Mesoform darstellt. Weiterhin zeigten Verseifungsversuche mit n-NaOH, daß die Säuren in sterischer Hinsicht alkalibeständig sind[6].

Diäthylester $C_{23}H_{28}O_5N_2$ wird mit Diazoäthan dargestellt und aus wässerigem Alkohol umkrystallisiert. Ester aus B: Nädelchen, Schmelzp. 140 (korr.). Ester aus C: Stäbchen, Schmelzp. 144—145 (korr.)[5]. — F. Wessely und J. Mayer[6] untersuchten die sterischen Verhältnisse der Carbonylbisverbindung, die in einer Mesoform und in einer inaktiv spaltbaren Form existiert, was die Synthese der optisch aktiven Verbindung und deren Mischung (1:1) zeigte. Der Ester D ist Mesoform, Schmelzp. 141,5°, während Ester E, Schmelzp. 145°, die inaktive spaltbare Verbindung ist. Weiterhin wurde die Umwandlung in die Hydantoine untersucht.

---

[1] M. Arai: Biochem. Z. **136**, 203—212 — Chem. Zbl. **1923 III**, 871.
[2] F. Wessely u. M. John: Mh. Chem. **48**, 1—7 — Chem. Zbl. **1927 II**, 416.
[3] Ch. Gränacher u. G. Gulbas: Helvet. chim. Acta **10**, 819—826 (1927) — Chem. Zbl. **1928 I**, 698.
[4] F. Sigmund u. F. Wessely: Hoppe-Seylers Z. **157**, 91—105 — Chem. Zbl. **1926 II**, 2432.
[5] F. Wessely u. M. John: Hoppe-Seylers Z. **170**, 167—182 (1927) — Chem. Zbl. **1928 I**, 42.
[6] F. Wessely u. J. Mayer: Mh. Chem. **50**, 439—449 (1928) — Chem. Zbl. **1929 I**, 1457.

Formyl-d, l-phenylalanin. H. Kimura[1] berichtet über die Spaltung von Formyl-d, l-phenylalanin durch Niere, Leber und Pankreasextrakt von Kaninchen, Schwein und Hund. Pankreasextrakt spaltet besser als Niere und Leber. Tritt Spaltung ein, so erfolgt sie stets asymmetrisch.

N-Acetyl-d, l-phenylalanin, aus d, l-2-Methyl-4-benzyloxazolin-4, 5-on-5, aus d,l-Phenylalanin und Essigsäureanhydrid, das beim Stehen mit Wasser in das Acetylphenylalanin übergeht. Schmelzp. 150—151°[2]. — Nadeln vom Schmelzp. 151°[3]. — H. Kimura[1] berichtet über die Spaltung von Acetyl-d, l-phenylalanin durch Niere, Leber und Pankreasextrakt von Kaninchen, Hund und Schwein. Pankreasextrakt spaltet besser als Niere und Leber. Tritt Spaltung ein, so erfolgt sie stets asymmetrisch.

N-Acetylphenylalaninester aus Benzylacetessigester durch Umsetzung mit einer benzolischen, mit konzentrierter H_2SO_4 versetzten N_3H-Lösung. Der Ester scheidet sich als Öl ab. Nach Reinigung und Umkrystallisation Schmelzp. 60°. Siehe auch unter Phenylalanin, Darstellung[4], S. 605.

N-Acetylphenylalaninamid $C_{19}H_{14}O_2N_2$. Nadeln, Schmelzp. 165°[2].

Benzoylphenylalanin $C_{16}H_{15}O_3N$, wird nach E. Waser, H. Sommer und H. Holzach[5] durch Hydrierung von 2 g α-Benzoylaminozimtsäure in 25 ccm absolutem Alkohol + 0,5 g Pt-Mohr bei Zimmertemperatur und 10—12 cm Hg-Überdruck (etwa 8 Tage) dargestellt. Schmelzp. 184°. — Wurde bei der Spaltung von l-Benzoyl-2-phenylglyoxalon-(4) und von l-Benzoyl-2-phenyl-5-benzylglyoxalon-(4) durch siedende 15proz. HCl gewonnen. Blättchen aus heißem Alkohol + Wasser. Schmelzp. 180,5—182°[6]. — H. Kimura[1] studierte die Spaltung von Benzoyl-d, l-phenylalanin durch Niere, Leber und Pankreasextrakt von Kaninchen, Schwein und Hund. Tritt Spaltung ein, so erfolgt sie stets asymmetrisch.

α-Uramino-d, l-phenylpropionsäure wurde nach H. D. Dakin[7] vom Kaninchen nach peroraler Zufuhr zu mindestens 72—95% unverändert ausgeschieden.

p-Bromphenylalanin $C_9H_{10}O_2NBr$. Wurde bei der Spaltung von l-Benzoyl-2-phenyl-5-[p-brombenzyl]-glyoxalon-(4) mit HCl neben Benzoesäure und NH_4Cl erhalten. Aus Wasser. Sintern ab 225°, zersetzt bei 245°[6].

d, l-m-Oxyphenylalanin $C_9H_{11}O_3N$. Durch Diazotieren von m-Aminophenylalanin[8].

d, l-m-Aminophenyl-α-alanin $C_9H_{12}O_2N_2$. Durch Reduktion mit HJ + rotem P und Aufspaltung von 3, 6-Bis-[m-nitrobenzal-]2, 5-diketopiperazin (aus m-Nitrobenzaldehyd und Glycinanhydrid). Zersetzungsp. 260°, über das Hydrojodid, aus Eisessig gelbe Krystalle[8].

Hydrojodid $C_9H_{14}O_2N_2J_2$[8].

Cu-Salz ist indigoblau, Schmelzp. 245° (Zersetzung)[8].

Phenylisocyanat $C_{23}H_{22}O_4N_4$. Farblose Krystalle, Zersetzung bei 204°[8].

d, l-p-Aminophenylalanin $C_9H_{12}O_2N_2 \cdot H_2O$. Durch Reduktion mit HJ + rotem P und Aufspaltung von 3, 6-Bis-[p-nitrobenzal-]2, 5-diketopiperazin. Schmelzp. 256° (Zersetzung)[8].

Cu-Salz ist schwach violett[8].

Phenylisocyanatverbindung $C_{23}H_{22}O_4N_4$. Farblose schuppenförmige Krystalle, Schmelzpunkt 236° (Zersetzung)[8].

d, l-2, 4-Dioxyphenylalanin (Resorcylalanin) $C_9H_{11}O_4N$. Resorcylaldehyddimethyläther wird nach Sasaki mit Glycinanhydrid in Gegenwart von Na-Acetat und Essigsäureanhydrid bei 160—170° in 7 Stunden zu Di-2, 4-methoxybenzalglycinanhydrid kondensiert (Ausbeute 83,3%), aus dem durch Spaltung mit HJ d, l-2, 4-Dioxyphenylalanin gewonnen wird, aus SO_2-haltigem Wasser fast farblose Tafeln. Schmelzp. 223—224°, zersetzt, leicht löslich in Wasser, wenig löslich in Aceton, Äther, Chloroform und Alkohol. Ausbeute 43%. Die wässerige Lösung reagiert neutral, sie färbt sich schwach blau bei Zusatz von NH_3 und dunkel grünlich-violett mit $FeCl_3$[9].

d, l-2, 5-Dioxyphenylalanin (Gentisinalanin) $C_9H_{11}O_4N$. Aus 2,5-Dimethoxybenzalglycinanhydrid, das durch Kondensation von Gentisinaldehyddimethylester und Glycin-

---

[1] H. Kimura: J. of Biochem. **10**, 207—223, 225—250 — Chem Zbl. **1929 II**, 580.
[2] M. Bergmann, F. Stern u. Ch. Witte: Liebigs Ann. **449**, 277—302 — Chem. Zbl. **1926 II**, 2706.
[3] F. Knoop u. J. G. Blanco: Hoppe-Seylers Z. **146**, 267—275 — Chem. Zbl. **1925 II**, 2174.
[4] Knoll u. Co.: Schw. P. 114912 vom 21. Febr. 1925, ausg. 17. Mai 1926; Chem. Zbl. **1926 II**, 2116.
[5] E. Waser, H. Sommer u. H. Holzach: Helvet. chim. Acta **8**, 117—125 — Chem. Zbl. **1925 I**, 2225.
[6] P. Ruggli, R. Ratti u. E. Henzi: Helvet. chim. Acta **12**, 332—361 — Chem. Zbl. **1929 II**, 42.
[7] H. D. Dakin: J. of biol. Chem. **67**, 341—350 — Chem. Zbl. **1926 II**, 1064.
[8] H. Ueda: Ber. dtsch. chem. Ges. **61**, 146—151 — Chem. Zbl. **1928 I**, 1047.
[9] K. Hirai: Biochem. Z. **177**, 449—452 — Chem. Zbl. **1927 I**, 79.

anhydrid mit Na-Acetat und Essigsäureanhydrid bei 160—170° (7 Stunden) erhalten wurde, durch Kochen mit rotem P und HJ, Krystalle aus SO_2-haltigem Wasser, Schmelzp. 203—204° (unkorr.), unlöslich in organischen Lösungsmitteln, leicht löslich in Wasser. Die wässerige Lösung reagiert gegen Lackmus neutral, färbt sich mit NH_3 allmählich schwarz und mit $FeCl_3$ schwärzlich-grün[1]. — L. Freedman[2] synthetisierte die Aminosäure nach demselben Verfahren wie Hirai, isolierte dann die Säure als caseinähnliches Pb-Salz, das mit H_2S zerlegt wurde. Das Filtrat wurde im Vakuum im CO_2-Strom eingedampft. Prismen aus etwas SO_2 enthaltendem Wasser. Schmelzp. 204—205° (Zers.). Reduziert kalte ammoniakalische Ag-Lösung schnell, gibt positive Ninhydrinreaktion.

N-Methylphenylalanin $C_{10}H_{18}O_2N$. Aus Phenylbrenztraubensäure durch Hydrierung bei 10—15° ohne Überdruck mit Pt oder Pd, als Katalysatoren, in Gegenwart von alkalischem Methylamin[3]. — Bei der Spaltung von 5-Benzyl-kreatinin mit $Ba(OH)_2$ wurde nach B. H. Nicholet und E. D. Campbell[4] mit 44% Ausbeute N-Methylphenylalanin erhalten. Weiße Nadeln (sublimieren bei 252—254° unter geringer Zersetzung).

Ba-Salz des o-Oxybenzyliden-d, l-phenylalanins $C_{32}H_{28}O_6N_2Ba$. Blättchen, sehr leicht löslich in Wasser[5].

d, l-Hexahydrophenylalanin, inaktive Eigenschaften, sonst wie die aktiven Derivate[6]. **Chlorhydrat**, Schmelzp. 246°[6].

d, l-Phenylalanincholinjodidstearinsäureester $C_{30}H_{54}O_2NJ$. Zu Büscheln vereinigte Nädelchen. Schmelzp. 224—225°. Löslich in heißem Wasser und heißem Alkohol, weniger löslich in kaltem[7].

d, l-Phenylalanincholinchloridstearinsäureester $C_{30}H_{54}O_2NCl$. Blumenkohlartige Krystallaggregate, wenig löslich in kaltem Wasser und Alkohol, leicht löslich in heißen Flüssigkeiten, Schmelzpunkt unscharf, bei etwa 147° Sintern und Schmelzen, fließt gegen 172° zusammen[7].

d, l-Phenylalanincholinjodidpalmitinsäureester $C_{28}H_{50}O_2NJ$. Der Ester wurde auf seine hämolytische Wirkung untersucht, er wirkt schon in 0,05—0,5 proz. Lösung innerhalb einer Stunde stark hämolytisch, selbst in einer Verdünnung von 5:100000 ist die Wirkung noch nach 12 Stunden wahrnehmbar[7].

d, l-Phenylalanincholinchloridpalmitinsäureester $C_{28}H_{50}O_2NCl$. Nadelbüschel, Schmelzpunkt 147° unter Sintern, bei 172° Zusammenfließen der Schmelze unter Gasentwicklung[7].

p-Methoxyphenylalanincholinjodidstearinsäureester $C_{31}H_{56}O_3NJ$. Aus d, l-Methyläther-tyrosincholinjodid + Stearinsäurechlorid, aus Äther Nadeln, wenig löslich in kaltem Wasser und Alkohol, leicht löslich in heißem Alkohol, Schmelzpunkt unscharf, Sintern bei 98°, Tropfenbildung bei 105—110°, fließt bei 195°[8].

p-Methoxyphenylalanincholinjodidpalmitinsäureester $C_{29}H_{52}O_3NJ$, Schmelzp. 138 bis 141°[8].

Tyrosin.
p-Oxy-β-phenyl-α-amino-propionsäure.

Vorkommen: Aus 1500 ccm stagnierender Galle der Choledochuscyste ließen sich nach T. Takaki[9] 0,03 g Tyrosin isolieren.

Bei der natürlichen Pigmentation werden nach D. Steiger-Kazal[10] bei heller Hautfarbe niedere, bei brauner höhere Tyrosinwerte gefunden. Personen, die zu intensiver Pigmentation neigen, haben höhere Tyrosinwerte.

Im sirupösen Extrakt aus reifen Heringseiern wurde von H. Steudel und E. Takahashi[11] Tyrosin nachgewiesen.

---

[1] K. Hirai: Biochem. Z. **189**, 88—91 (1927) — Chem. Zbl. **1928 I**, 337.
[2] L. Freedman: Proc. Soc. exper. Biol. a. Med. **25**, 350—351 (1928) — Chem. Zbl. **1929 I**, 1687.
[3] F. Knoop u. H. Oesterlin: Hoppe-Seylers Z. **148**, 294—315 (1925) — Chem. Zbl. **1926 I**, 1158.
[4] B. H. Nicholet u. E. D. Campbell: J. amer. chem. Soc. **50**, 1155—1160 — Chem. Zbl. **1928 I**, 2827.
[5] M. Bergmann, H. Enßlin u. L. Zervas: Ber. dtsch. chem. Ges. **58**, 1034—1045 — Chem. Zbl. **1925 II**, 810.
[6] E. Waser u. E. Brauchli: Helvet. chim. Acta **7**, 740—758 — Chem. Zbl. **1924 II**, 947.
[7] P. Karrer: Helvet. chim. Acta **5**, 469—489 — Chem. Zbl. **1922 III**, 766.
[8] P. Karrer, E. Horlacher, F. Locher u. M. Giesler: Helvet. chim. Acta **6**, 905—919 (1923) — Chem. Zbl. **1924 I**, 477.
[9] T. Takaki: J. of Biochem. **6**, 27—29 — Chem. Zbl. **1926 II**, 780.
[10] D. Steiger-Kazal: Arch. f. Dermat. **152**, 420—426 (1926) — Chem. Zbl. **1927 I**, 2096.
[11] H. Steudel u. E. Takahashi: Hoppe-Seylers Z. **131**, 99—106 (1923) — Chem. Zbl. **1924 I**, 565.

In dem von Spermien getrennten Filtrat frischer Heringstestikel fiel nach dem Einengen ein Niederschlag aus, der nach H. Steudel und K. Suzuki[1] neben anorganischen Salzen auch Tyrosin, Cystin, Leucin und Tryptophan enthielt.

Der nach Äther und Alkoholextraktion vorhandene Ovarialrückstand enthält nach F. W. Heyl und M. C. Hart[2] im wässerigen Extrakt Tyrosin.

Tyrosin fehlte nach O. Flößner und F. Kutscher[3] im alkoholischen, wie im wässerigen Extrakt des zerkleinerten Fleisches vom Stör (Acipenser sturio).

Über das Vorkommen von Tyrosin im Fleisch des Neunauges, Petromyzon fluviatilis L., berichten O. Flößner und F. Kutscher[4].

In den Extraktstoffen von Lumbricus terrestris ließ sich nach D. Ackermann und F. Kutscher[5] Tyrosin nachweisen.

Aus dem Muskelfleisch der Crustacee Palinurus japonicus und der Molluske Loligo breekeri wurden nach Y. Okuda[6] geringe Mengen Tyrosin isoliert.

Nach A. Mader[7] fehlt im Ultrafiltrat von Kuhmilch regelmäßig Tyrosin, während es im Filtrat von Frauenmilch vorhanden ist.

Nach B. Sure[8] läßt sich Tyrosin in der eiweißfreien Milch nachweisen. Von J. E. Pichou-Vendeuil[9] wurde aus Kuhmilch durch Essigsäure + 65 proz. Alkohol ein krystallines Pulver erhalten, aus dem durch Extraktion 9,00% Tyrosin — = 0,0090% auf Milch berechnet — isoliert wurden. Nach G. Viale[10] ist in der Kuhmilch die Tyrosinreaktion negativ.

Bei dem größeren Prozentsatz der Fälle von katarrhalischem Ikterus und ebenso bei Fällen von Ikterus im Sekundärstadium der Lues wird nach A. Géronne[11] im Harn Tyrosin und Leucin gefunden. Das Vorkommen von Tyrosin im ikterischen Harn ist nach G. Dorner[12] selten; selbst in Fällen von akuter, gelber Leberatrophie gelingt der sichere Nachweis nicht in allen Fällen. Über das Vorkommen von Tyrosin im Harn bei akuter Leberatrophie, Ikterus catarrhalis, Salvarsanikterus und Cystopyelitis berichten O. Schumm und A. Papendieck[13].

Tyrosin kommt nach M. Weiß[14] im Harn äußerst selten und dann nur in relativ geringer Menge vor.

In einem vesicalen Cystinstein wurde nach C. Th. Mörner[15] kein Tyrosin gefunden.

Im Kloakeninhalt erkrankter Reistauben wurde von E. Abderhalden und E. Wertheimer[16] neben Leucin Tyrosin gefunden.

In den Kotballen von Samenkäfern (Lariaarten) in Linsen, Puff- und Brasilbohnen finden sich nach C. Griebel[17] aus Tyrosin bestehende Kugeln, während in Leguminosenmehlen, die vom Brotkäfer (Anobium panicrum) befallen waren, in keinem Falle in den Exkrementen Tyrosinsphärite nachzuweisen waren.

Vorkommen von Tyrosin im Sputum siehe A. Tercinot[18]. Über das Vorkommen von Tyrosin in bacillenhaltigen tuberkulösen Sputen und von denen typischer tuberkulöser Lungenveränderungen ohne deutlichen positiven Bacillenbefund im Gegensatz zu denen unspezifischer bronchitischer Prozesse berichten A. Pissavy und R. Monceaux[19].

---

[1] H. Steudel u. K. Suzuki: Hoppe-Seylers Z. **127**, 1—13 — Chem. Zbl. **1923 III**, 259.
[2] F. W. Heyl u. M. C. Hart: J. of biol. Chem. **75**, 407—415 (1927) — Chem. Zbl. **1928 I**, 2511.
[3] O. Flößner u. F. Kutscher: Z. Biol. **81**, 305—308 — Chem. Zbl. **1924 II**, 1811.
[4] O. Flößner u. F. Kutscher: Z. Biol. **82**, 302—305, 306—310 — Chem. Zbl. **1925 I**, 1217.
[5] D. Ackermann u. F. Kutscher: Z. Biol. **75**, 315—324 — Chem. Zbl. **1922 III**, 736.
[6] Y. Okuda: J. Coll. agric. Tokyo **7**, 55—67 (1919) — Chem. Zbl. **1925 I**, 1091.
[7] A. Mader: Z. Kinderheilk. **36**, 127—133 (1923) — Ber. Physiol. **24**, 27 — Chem. Zbl. **1924 II**, 356.
[8] B. Sure: J. of biol. Chem. **43**, 457—468 (1920) — Chem. Zbl. **1921 I**, 41.
[9] J. E. Pichou-Vendeuil: Bull. Sci. pharmacol. **28**, 360—367, 404—413 (1921) — Chem. Zbl. **1922 I**, 55.
[10] G. Viale: Arch. ital. Biol. **73**, 116—119 (1924) — Ber. Physiol. **34**, 764 — Chem. Zbl. **1926 II**, 836.
[11] A. Géronne: Klin. Wschr. **1**, 828—832 — Chem. Zbl. **1922 III**, 89.
[12] G. Dorner: Dtsch. med. Wschr. **48**, 453—454 — Chem. Zbl. **1922 III**, 585.
[13] O. Schumm u. A. Papendieck: Hoppe-Seylers Z. **121**, 1—17 — Chem. Zbl. **1922 IV**, 926.
[14] M. Weiß: Biochem. Z. **134**, 269—291 (1922). — Chem. Zbl. **1923 II**, 608.
[15] C. Th. Mörner: Uppsala Läk.för. Förh. **26**, 7 Seiten (1921) — Ber. Physiol. **11**, 359 — Chem. Zbl. **1922 I**, 1302.
[16] E. Abderhalden u. E. Wertheimer: Pflügers Arch. **194**, 647—673 — Chem. Zbl. **1922 III**, 632.
[17] C. Griebel: Z. Unters. Nahrgsmitt. usw. **45**, 237—238 — Chem. Zbl. **1923 IV**, 734.
[18] A. Tercinot: Bull. Sci. pharmacol. **32**, 524—527 (1925) — Chem. Zbl. **1926 I**, 1867.
[19] A. Pissavy u. R. Monceaux: Bull. Soc. méd. Hôp. Paris **38**, 376—380 — Ber. Physiol. **14**, 68 — Chem. Zbl. **1922 IV**, 786.

Nach J. Mellanby[1] ist Tyrosin ein Baustein des Sekretinmoleküls.

Aus dem alkoholischen Extrakt von Pepsin-Fibrinpepton lassen sich nach M. A. Rakusin[2] an Al(OH)$_3$ beim Aufbewahren bei Zimmertemperatur (nicht Schütteln) 26,87% Tyrosin adsorbieren.

Im Safte der Luzerne ließ sich nach H. B. Vickery[3] Tyrosin neben anderen Aminosäuren nachweisen.

Über das Vorkommen von Tyrosin — wahrscheinlich als Anhydrid — in den Säften von noch unreifen und in den Mieten ausgewachsenen Rüben berichtet E. O. v. Lippmann[4].

Von E. Parisi und A. Corazza[5] wurde unter den stickstoffhaltigen Verbindungen der Rübenmelasse Tyrosin isoliert.

Nach W. Vorbrodt[6] findet sich im wässerigen Extrakt des Mycels von Aspergillus niger Tyrosin neben anderen Aminosäuren.

Über das Verhältnis von Tyrosin und 3, 4-Dioxyphenylalanin im Kokonchromogen des Puppenblutes (Eriogaster, Saturnia) berichtet H. Przibram[7]. Hauptsächlich ist Dioxyphenylalanin vorhanden.

In der Trockenmasse von Promonta wurden von E. Waldschmidt-Leitz[8] 0,99% Tyrosin nachgewiesen.

Nach H. Popper und J. Warkany[9] enthalten Tuberkelbacillen etwa 1,4% Tyrosin. Das Vorkommen des Tyrosins ist unabhängig von der Zusammensetzung des Nährbodens.

Bildung des l-Tyrosins: Der Tyrosingehalt einer Reihe verschiedener Proteine nach verschiedenen Methoden ermittelt[10]:

Protein	Folin	Gravimetrisch	Br-Addition	Millon	Diazork.
Casein	6,5	4,5	5,3	3,5	5,5
	6,2	4,5	5,2	—	—
	6,1	—	4,7	—	—
Fibrin	7,5	3,3	4,7	4,0	4,4
	8,5	3,5	—	—	—
	—	3,8	—	—	—
Legumin	5,5	1,5	2,1	3,5	—
	4,5	2,4	—	—	—
	6,0	—	—	—	—
Conglutin	5,0	—	4,7	3,7	—
Ovalbumin	6,0	1,1	6,0	4,5	5,0
	—	1,8	—	—	—
Blutalbumin	6,5	2,0	6,0	3,5	4,0
	—	2,5	5,0	—	3,4
Keratin A	6,5	4,6	7,1	7,7	6,0
	6,7	—	9,4	—	—
Keratin B	6,3	3,6	8,7	—	6,2
	7,9	—	10,2	—	—
Gelatine	0	0	0	0	0
Amyloid (Eppinger)	—	—	7,9	—	7,6
Seidenfibroin	11,0	10,5	11,0	8,0	10,0

[1] J. Mellanby: J. of Physiol. **66**, 1—17 (1928) — Chem. Zbl. **1929 I**, 765.
[2] M. A. Rakusin: Biochem. Z. **130**, 432—441 (1922) — Chem. Zbl. **1924 I**, 504.
[3] H. B. Vickery: J. of biol. Chem. **65**, 657—664 (1925) — Chem. Zbl. **1926 I**, 1422 — J. of biol. Chem. **60**, 647—655 — Chem. Zbl. **1924 II**, 1929 — J. of biol. Chem. **61**, 117—127 — Chem. Zbl. **1924 II**, 2405.
[4] E. O. v. Lippmann: Ber. dtsch. chem. Ges. **57**, 256—258 — Chem. Zbl. **1924 I**, 1388.
[5] E. Parisi u. A. Corazza: Ann. Chim. Appl. **16**, 224—230 — Chem. Zbl. **1926 II**, 1344.
[6] W. Vorbrodt: Bull. Acad. polon. Sci. Lettres classe des Sc. math. et nat. B **1921**, 223—236 — Ber. Physiol. **16**, 376—377 — Chem. Zbl. **1923 III**, 259.
[7] H. Przibram: Biochem. Z. **127**, 286—292 (1922) — Chem. Zbl. **1922 I**, 880.
[8] E. Waldschmidt-Leitz: Z. Unters. Lebensmitt. **54**, 291—294 (1927) — Chem. Zbl. **1928 I**, 430.
[9] H. Popper u. J. Warkany: Z. Tbk. **43**, 368—371 (1925) — Ber. Physiol. **36**, 542 — Chem. Zbl. **1926 II**, 2732.
[10] O. Fürth u. W. Fleischmann: Biochem. Z. **127**, 137—149 (1922) — Chem. Zbl. **1922 II**, 1044.

Der Tyrosingehalt verschiedener Proteine nach der von P. Thomas modifizierten Millonschen Reaktion und nach dem Br-Additionsverfahren bestimmt[1]:

Protein	Casein	Fibrin	Hämoglobin	Edestin	Fibroin
Millonsche Reaktion	6,6—6,8	4,4—4,8	2,8	4,3	10—11
Br-Additionsverfahren	6,8—6,9	4,9	2,5—2,7	4,9	9,4—10

Tyrosingehalt einer Reihe von Proteinen nach der Millonschen Reaktion nach der Modifikation von Weiß ermittelt[2]:

Protein	Casein	Fibrin	Legumin	Conglutin	Ovalbumin	Blutalbumin	Keratin
% Tyrosin	5,6	6,20	3,8	3,7	3,8	4,8; 4,9; 5,0	6,5

Tyrosingehalt einiger Proteine[3]:

Protein:	Gliadin	Glutenin	Edestin	Eieralbumin	Zein
% Tyrosin	3,04	4,56	4,58	4,10	5,66

Tyrosingehalt einiger Proteine nach der von Zuwerkalow modifizierten Millonschen Reaktion[4]:

Protein:	Casein	Edestin	Eieralbumin	Pepton Witte
% Tyrosin	6,8—7,2	4,8—5,0	4,2—4,8	6,4—6,6

Tyrosingehalt von Casein (Kahlbaum „nach Hammarsten") beträgt nach der neueren Folinschen Tyrosinbestimmung 6,37%[5].

Nach einer Methode von M. T. Hanke[6] wurde in einer Reihe von Proteinen folgender Tyrosingehalt gefunden:

Protein:	Gelatine	Casein	Krystallin. Eieralbumin	Kürbissamenglobulin	Gliadin
% Tyrosin	0,25	4,5	2,35	3,05	2,35

Protein:	Hordein	Zein	Secalin	Sativin	Sorghumin	Fibrin vom Schaf
% Tyrosin	2,43	3,66	1,37	1,56	2,3	3,3

Protein:	Fibrin vom Schwein	Fibrin vom Rind
% Tyrosin	3,45	3,5

Im Hydrolysat der Linse von Rinderaugen wurden von Y. Hijikata[7] 4,5% Tyrosin bestimmt.

Die Hydrolyse von Rinderaugenlinsen ergab nach A. Jeß[8] für die drei charakteristischen Proteine der Linse folgendes: α-Krystallin 3,5, β-Krystallin 3,7 und Albumoid 3,6% Tyrosin, auf asche- und wasserfreie Eiweißsubstanz berechnet.

In atrophierter Leber wurde von M. B. Schmidt[9] nach ihrer Sektion noch Leucin- aber keine Tyrosinbildung beobachtet.

Im Thyreoglobulin, das durch NaCl-Lösung aus Schilddrüsen extrahiert wurde, ermittelte H. C. Eckstein[10] den Tyrosingehalt nach Folin-Looney.

---

[1] O. Fürth u. A. Fischer: Biochem. Z. **154**, 1—23 (1924) — Chem. Zbl. **1925 I**, 872.
[2] G. Haas u. W. Trautmann: Hoppe-Seylers Z. **127**, 52—66 — Chem. Zbl. **1923 IV**, 84.
[3] J. M. Looney: J. of biol. Chem. **69**, 519—538 — Chem. Zbl. **1926 II**, 2466.
[4] D. Zuwerkalow: Hoppe-Seylers Z. **163**, 185—192 — Chem. Zbl. **1927 I**, 2456.
[5] O. Folin u. V. Ciocalteu: J. of biol. Chem. **73**, 627—650 — Chem. Zbl. **1927 II**, 2089.
[6] M. T. Hanke: J. of biol. Chem. **66**, 489—493 (1925) — Chem. Zbl. **1926 I**, 2612.
[7] Y. Hijikata: J. of biol. Chem. **51**, 155—164 (1922) — Chem. Zbl. **1922 I**, 1415.
[8] A. Jeß: Hoppe-Seylers Z. **110**, 266—276 (1920) — Chem. Zbl. **1921 I**, 99.
[9] M. B. Schmidt: Beitr. path. Anat. **69**, 222—223 (1921) — Ber. Physiol. **11**, 389 — Chem. Zbl. **1923 I**, 1250.
[10] H. C. Eckstein: J. of biol. Chem. **67**, 601—607 — Chem. Zbl. **1926 II**, 1962.

Der Tyrosingehalt der Blutproteine: Globin, Serumalbumin, Serumglobulin und Fibrin beträgt nach H. Kiyotaki[1] 3,5—4, 5,7, 6,6 und 5,3%.

Der Tyrosingehalt der mit Alkohol gefällten Plasmaeiweißkörper war nach A. Fischer und H. Weiß[2] bei zahlreichen Krankheiten unverändert; freies Tyrosin wurde im Serum nicht gefunden.

Bei der Hydrolyse von Stromaeiweiß der Erythrocyten wurden von F. Haurowitz und I. Sládek[3] 3,76—4,0% Tyrosin gefunden.

Aus Garnelenmuskulatur wurde durch Extraktion mit 95proz. Alkohol und dann mit Äther ein N-haltiger Extrakt gefunden, der nach D. B. Jones, O. Möller und C. E. F. Gersdorff[4] 4,88% Tyrosin (colorimetrisch bestimmt) enthielt.

Im frischen Fleisch von Katsuwonus pelamis Kishinouye $\doteq$ Gymnosarda affinis wurde von Y. Okuda[5] Tyrosin nachgewiesen.

Aus den hydrolytischen Spaltprodukten der Muskelproteine des Walfisches und des Dorsches wurden nach Y. Okuda, T. Okimoto und T. Yada[6] 2,40 und 2,46% Tyrosin und aus den Muskelproteinen der Molluske Loligo breekeri und der Crustaceen Palinurus japonicus und Paralithodes camtschatica nach Y. Okuda, S. Uematsu, K. Sakata und K. Fujikawa[7] 2,56, 3,31 und 1,87% Tyrosin isoliert, auf asche- und wasserfreies Eiweiß berechnet.

Im Hydrolysat von Oktopusmuskeln wurde nach K. Morizawa[8] neben anderen Aminosäuren Tyrosin nachgewiesen.

Das asche- und wasserfreie Protein der Körperwand der Seewalze (Stichopus japonicus Selenka) enthielt nach K. H. Lin und C. C. Chen[9] 4,36% Tyrosin.

Über den Aminosäuregehalt (Tyrosin neben anderen Aminosäuren) verschiedener Plastinpräparate der Myxomyceten, die mit $^1/_2$- und $^1/_4$n-NaOH aus verschiedenartigen und -altrigen Plasmodien extrahiert waren, berichtete A. Kiesel[10].

Im Hydrolysat der Gelatine aus der getrockneten Haut des Seiwales hergestellt, wurde von S. Oikawa[11] Tyrosin gefunden.

In den fettfreien Rückständen der Gonaden von Rhizostoma Cuvieri ließen sich von F. Haurowitz[12] Polypeptide und Proteide nachweisen, die neben Tyrosin noch andere Aminosäuren enthielten.

Aus den Proteinen des Ovarienrückstandes — vom Corpus luteum befreite Drüsen — läßt sich nach B. Fullerton und F. W. Heyl[13] Tyrosin nachweisen, dessen Menge etwa 4 Molekülen entsprechen würde.

Durch Alkohol aus dem Liquor folliculi gefälltes Rohprotein enthält nach B. Fullerton und F. W. Heyl[14] 7,1% Tyrosin.

Aus dem aus Heringseiern gewonnenen Ichthulin ließen sich nach K. Iguchi[15] 3,89% Tyrosin — auf Gesamt-N berechnet — isolieren.

Im Hydrolysat des aus der Eisackflüssigkeit des Laiches von Hemifusus tuba Gmel. dargestellten Rohvitellins ließen sich nach Y. Komori[16] 0,80% Tyrosin nachweisen.

---

[1] H. Kiyotaki: Biochem. Z. **134**, 322—335 (1922) — Chem. Zbl. **1923 III**, 71.
[2] A. Fischer u. H. Weiß: Z. exper. Med. **48**, 111—118 (1926) — Chem. Zbl. **1926 I**, 3075.
[3] F. Haurowitz u. I. Sládek: Hoppe-Seylers Z. **173**, 268—277 — Chem. Zbl. **1928 I**, 2101.
[4] D. B. Jones, O. Möller u. C. E. F. Gersdorff: J. of biol. Chem. **65**, 59—65 (1925) — Chem. Zbl. **1926 I**, 706.
[5] Y. Okuda: J. Coll. agric. Tokyo **7**, 1—28 (1919) — Chem. Zbl. **1925 I**, 1091.
[6] Y. Okuda, T. Okimoto u. T. Yada: J. Coll. agric. Tokyo **7**, 29—37 (1919) — Chem. Zbl. **1925 I**, 1091.
[7] Y. Okuda, S. Uematsu, K. Sakata u. K. Fujikawa: J. Coll. agric. Tokyo **7**, 39—54 (1919) — Chem. Zbl. **1925 I**, 1091.
[8] K. Morizawa: Acta Scholae med. Kioto **9**, 299—302 (1927) — Chem. Zbl. **1928 II**, 2479.
[9] K. H. Lin u. C. C. Chen: Chin. J. Physiol. **1**, 169—173 — Chem. Zbl. **1927 II**, 271.
[10] A. Kiesel: Hoppe-Seylers Z. **173**, 169—183 — Chem. Zbl. **1928 I**, 1779.
[11] S. Oikawa: Tôhoku J. exper. Med. **2**, 447—450, 451—454, 455—458 — Ber. Physiol. **14**, 70, 86 — Chem. Zbl. **1922 III**, 928.
[12] F. Haurowitz: Hoppe-Seylers Z. **122**, 145—159 (1922) — Chem. Zbl. **1923 I**, 112.
[13] B. Fullerton u. F. W. Heyl: J. amer. pharmaceut. Assoc. **15**, 18—30 — Chem. Zbl. **1926 II**, 52.
[14] B. Fullerton u. F. W. Heyl: J. amer. pharmaceut. Assoc. **15**, 16—18 — Chem. Zbl. **1926 I**, 3556.
[15] K. Iguchi: Hoppe-Seylers Z. **135**, 188—198 — Chem. Zbl. **1924 II**, 485.
[16] Y. Komori: J. of biol. Chem. **6**, 129—138 — Chem. Zbl. **1926 II**, 1758.

Im Hydrolysat der Eisackflüssigkeit von Gastropoden (Hemifusus tuba Gmel.) wurde nach Y. Komori[1] Tyrosin gefunden.

Das aus Karpfensperma isolierte und fraktionierte basische Protamin Cyprinodipepton 1 enthält nach A. Kossel und E. G. Schenck[2] wenig Tyrosin, ebenso das basische Cyprinodipepton 2.

Im Protamin aus reifen männlichen Geschlechtsdrüsen von Sardinen (Sardina caerulea) ist nach M. S. Dunn[3] nur wenig Tyrosin vorhanden.

Nach R. Hirohata[4] enthält das aus dem Sperma der Formosa-Meeräsche oder „Bora" (Mugil japonicus Temminck und Schlegel) isolierte neue Protamin „Mugilin β" wahrscheinlich kein Tyrosin.

Im Hydrolysat von Harnfarbstoff von normalem wie von Porphyrinurin ließ sich nach H. Fischer und W. Zerweck[5] ungefähr die gleiche Menge Tyrosin nachweisen.

Bei der Hydrolyse des Seidenfibroins nach der üblichen Methode wurden von E. Abderhalden[6] 11,0% l-Tyrosin — auf aschefreie Substanz bezogen — isoliert, während bei der Hydrolyse mit 25 proz. Ameisensäure bei 180° von N. Zelinsky und K. Lawrowsky[7] 10% Tyrosin gefunden wurden.

Über die Bildung tyrosinhaltiger Verbindungen bei partieller Hydrolyse von Spinnenseide berichtet E. Abderhalden[8].

Im Sericin wurden von N. Alders[9] 6% Tyrosin gefunden.

Im Hydrolysat menschlicher Epidermis ließ sich nach Y. Jono[10] mit Sicherheit Tyrosin nachweisen.

Der Tyrosingehalt von Haaren, Hühneraugen und Nägeln — nach Folin und Looney bestimmt — beträgt nach U. Sammartino[11] 3,642, 4,088 und 3,578%.

Über den Tyrosingehalt verschieden pigmentierter Haare berichtet K. Klinke[12]. Tyrosin ist bei rotem und Ringelhaar vermehrt. In einem Falle von Hungerödem konnte eine Verminderung der Haare an Tyrosin und Tryptophan festgestellt werden.

Der Tyrosingehalt des Wollkeratins beträgt nach H. R. Marston[13] 4,8%.

Über die Isolierung tyrosinhaltiger Spaltprodukte aus Elastin durch Spaltung mit Phthalsäureanhydrid berichten P. Brigl und E. Klenk[14].

In den Fasern, die durch Wässerung aus getrockneten Haifischflossen gewonnen waren, wurden von K.-H. Lin[15] 3,63% Tyrosin gefunden.

Der Tyrosingehalt der Psoriasisschuppen betrug nach E. Abderhalden und B. Zorn[16], auf wasserfreie Schuppen berechnet, 3,25%.

Bei der Untersuchung eines Insulinpräparates nach van Slyke konnten E. Glaser und G. Halpern[17] kein Tyrosin nachweisen.

Aus krystallisiertem Insulin lassen sich nach V. du Vigneaud, H. Jensen und O. Wintersteiner[18] nach Hydrolyse mit HCl 12,2% Tyrosin isolieren.

Nach A. Hunter[19] ist bei der Butylalkoholextraktion von tryptischen Eiweißverdauungs-

---

[1] Y. Komori: J. of Biochem. **6**, 1—20 — Chem. Zbl. **1926 II**, 780.
[2] A. Kossel u. E. G. Schenck: Hoppe-Seylers Z. **173**, 278—308 — Chem. Zbl. **1928 I**, 2096.
[3] M. S. Dunn: J. of biol. Chem. **70**, 697—703 (1926) — Chem. Zbl. **1928 II**, 2657.
[4] R. Hirohata: J. of Biochem. **10**, 251—258 — Chem. Zbl. **1929 II**, 179.
[5] H. Fischer u. W. Zerweck: Hoppe-Seylers Z. **137**, 176—241 — Chem. Zbl. **1924 II**, 1218.
[6] E. Abderhalden: Hoppe-Seylers Z. **120**, 207—213 — Chem. Zbl. **1922 III**, 928.
[7] N. Zelinsky u. K. Lawrowsky: Biochem. Z. **183**, 303—306 — Chem. Zbl. **1927 I**, 3199.
[8] E. Abderhalden: Hoppe-Seylers Z. **131**, 281—283 (1923) — Chem. Zbl. **1924 I**, 926.
[9] N. Alders: Biochem. Z. **183**, 446—450 — Chem. Zbl. **1927 I**, 3159.
[10] Y. Jono: J. of orient. Med. **5**, 12 — Ber. Physiol. **37**, 769 (1926) — Chem. Zbl. **1927 I**, 1968. — J. of Biochem. **10**, 311—323 — Chem. Zbl. **1929 II**, 1701.
[11] U. Sammartino: Biochem. Z. **133**, 476—486 (1922) — Chem. Zbl. **1923 III**, 319.
[12] K. Klinke: Biochem. Z. **160**, 28—42 — Chem. Zbl. **1925 II**, 1456.
[13] H. R. Marston: Commonwealth of Australia Council f. Scientific and industrial Res. Bull **1928**, Nr. 38, 34 Seiten Sep. — Chem. Zbl. **1929 II**, 507.
[14] P. Brigl u. E. Klenk: Hoppe-Seylers Z. **131**, 66—96 (1923) — Chem. Zbl. **1924 I**, 674.
[15] K.-H. Lin: J. of biol. Chem. **6**, 323—333 — Chem. Zbl. **1926 II**, 2240.
[16] E. Abderhalden u. B. Zorn: Hoppe-Seylers Z. **120**, 214—219 — Chem. Zbl. **1922 III**, 928.
[17] E. Glaser u. G. Halpern: Biochem. Z. **161**, 121—127 (1925) — Chem. Zbl. **1926 I**, 145.
[18] V. du Vigneaud, H. Jensen u. O. Wintersteiner: J. of Pharmacol. **32**, 367—385 — Chem. Zbl. **1928 II**, 259 — J. of biol. Chem. **75**, 393—405 (1927) — Chem. Zbl. **1928 II**, 164.
[19] A. Hunter: Trans. roy. Soc. Canada [III] **16**, V, 71—74 (1922) — Chem. Zbl. **1923 III**, 1239.

produkten in der Äthylalkoholfraktion stets eine geringe Menge Tyrosin und Tryptophan enthalten.

Nach S. L. Jodidi[1] bilden sich in abgerahmter Milch bei Gegenwart von Bacillus pruni Krystalle, die ein Gemisch von Tyrosin, Leucin und höheren Fettsäuren sind.

Menschenserum, das mit Alkohol gefällt war, baute nach M. Schierge[2] in gewissen Fällen das Casein bis zum Tryptophan, Leucin und Tyrosin ab. Mit Alkohol gefälltes Harneiweiß baute stets bis zum Tryptophan, Tyrosin und Leucin ab.

Über die Bildung von Tyrosin und Tryptophan aus Casein durch proteolytische Fermente des Meckelschen Divertikels und des Ductus omphalomesaraicus berichtet T. Kamei[3].

Nach O. Laxa[4] bestehen die mikroskopischen Körnchen im Käse aus Tyrosin und Leucin.

Im Caseoglutin von Emmentaler, Tilsiter und Weichkäsesorten findet sich nach W. Grimmer und B. Wagenführ[5] Tyrosin.

W. Grimmer, W. Bodschwinna und K. Schützler[6] isolierten aus den Abbauprodukten von Backsteinkäse (Limburger Käse) Tyrosin.

Über die Bildung einer tyrosinhaltigen l-Prolin- oder α-Amino-δ-oxyvaleriansäureverbindung aus Casein durch Hydrolyse mit 25 proz. H_2SO_4 berichten E. Abderhalden und H. Sickel[7].

H. Lüers und G. Nowak[8] vergleichen den Tyrosingehalt von Zymocasein mit dem von Casein und Vitellin, das in allen drei Proteinen in etwa gleicher Menge vorhanden ist.

R. I. Cross und R. E. Swain[9] berichten über den Tyrosingehalt von Gliadin und Glutenin, die aus Weizenmehl dargestellt waren.

Einige Eiweißstoffe aus der Weizenkleie und anderen Weizenkornteilen: Prolamine, Globuline, Albumine wurden von D. B. Jones und C. E. F. Gersdorff[10] auf den Gehalt verschiedener Aminosäuren, unter anderen auf den von Tyrosin analytisch untersucht.

Über ein aus dem Gliadin gewonnenes tyrosinhaltiges Tetrapeptid berichtet R. Nakashima[11].

Das mit 80 proz. Alkohol aus dem kleiefreien Mehl von Coix lacryma L. gewonnene Protamin Coicin enthielt nach G. Hattori und S. Komatsu[12] 1,46% Tyrosin.

Aus dem H_2SO_4-Hydrolysat von Zein ließen sich nach H. D. Dakin[13] mittels Butylalkohol[14] 53,4% Monoaminosäuren extrahieren. Das schwer auskrystallisierende Tyrosin (5,3%) ließ sich von den anderen Monoaminosäuren am besten dadurch abtrennen, daß das Gemisch mit KOCN in die Hydantoinsäuren übergeführt wurde. Nach Abtrennung der weniger löslichen Verbindungen des Leucins und Phenylalanins wurde die Hydantoinsäureverbindung des Tyrosins aus dem Filtrat mit Äther extrahiert.

Über den verschiedenen Tyrosingehalt verschiedener Bohnen- und Erbsensorten berichten A. Kiesel, A. Belosersky und S. Skworzow[15].

Über den Tyrosingehalt der Globuline (Concanavalin A und B und Canavalin) der Jackbohne (Canavalia ensiformis) berichten J. B. Sumner und V. A. Graham[16].

---

[1] S. L. Jodidi: J. amer. chem. Soc. **49**, 1556—1558 — Chem. Zbl. **1927 II**, 841.

[2] M. Schierge: Klin. Wschr. **1**, 2427 (1922) — Chem. Zbl. **1923 I**, 1378 — Z. exper. Med. **32**, 142—157 — Chem. Zbl. **1923 III**, 400.

[3] T. Kamei: J. of Biochem. **7**, 203—204 — Chem. Zbl. **1927 II**, 2202.

[4] O. Laxa: Lait **7**, 521—525 — Chem. Zbl. **1927 II**, 1314.

[5] W. Grimmer u. B. Wagenführ: Milchwirtsch. Forschgn **2**, 193—198 (1925) — Ber. Physiol. **31**, 492 — Chem. Zbl. **1925 II**, 1718.

[6] W. Grimmer, W. Bodschwinna u. K. Schützler: Milchwirtsch. Forschgen. **7**, 595—602 — Chem. Zbl. **1929 II**, 106.

[7] E. Abderhalden u. H. Sickel: Hoppe-Seylers Z. **144**, 80—84 — Chem. Zbl. **1925 II**, 41.

[8] H. Lüers u. G. Nowak: Biochem. Z. **154**, 310—320 (1924) — Chem. Zbl. **1925 I**, 1330.

[9] R. I. Cross u. R. E. Swain: Ind. Chem. **16**, 49—52 — Chem. Zbl. **1924 II**, 766.

[10] D. B. Jones u. C. E. F. Gersdorff: J. of biol. Chem. **64**, 241—251 — Chem. Zbl. **1925 II**, 1534.

[11] R. Nakashima: J. of Biochem. **6**, 55—60 — Chem. Zbl. **1926 II**, 769.

[12] G. Hattori u. S. Komatsu: J. of Biochem. **1**, 365—369 (1922) — Ber. Physiol. **20**, 373 (1923) — Chem. Zbl. **1924 I**, 1209.

[13] H. D. Dakin: Hoppe-Seylers Z. **130**, 159—168 (1923) — Chem. Zbl. **1924 I**, 206.

[14] H. D. Dakin: J. of. biol. Chem. **44**, 499 — Chem. Zbl. **1921 I**, 454.

[15] A. Kiesel, A. Belosersky u. S. Skworzow: Ž. eksper. Biol. i. Med. (russ.) **4**, 538—546 — Ber. Physiol. **40**, 781 — Chem. Zbl. **1927 II**, 2318.

[16] J. B. Sumner u. V. A. Graham: J. of biol. Chem. **64**, 257—261 — Chem. Zbl. **1925 II**, 2060.

Die durch Extraktion mit 10proz. NaCl-Lösungen aus Sesamsamen isolierten α- und β-Globuline enthielten nach D. B. Jones und C. E. F. Gersdorff[1] 4,72 bzw. 4,48% Tyrosin.

Aus dem eiweißfreien Safte der Luzerne konnten H. B. Vickery und C. G. Vinson[2] mit Pb-Acetat einen Niederschlag gewinnen, aus dem sich nach Hydrolyse merkliche Mengen Tyrosin isolieren ließen.

Das durch Extraktion mit 70proz. Alkohol aus Eleusine coracana isolierte Protein „Eleusinin" enthält nach N. Narayana und R. V. Norris[3] neben Tryptophan Tyrosin.

Unter den Spaltprodukten des gereinigten Ricins wurden von P. Karrer, A. P. Smirnoff, H. Ehrensperger, J. van Slooten und M. Keller[4] 2,7% Tyrosin bestimmt.

Die aus der Rinde des Akazienbaumes, Robinia pseudacacia, durch NaCl-Extraktion isolierten Proteine wurden fraktioniert. Die Globuline vom Albumin durch Dialyse getrennt, das nach D. B. Jones, C. E. F. Gersdorff und O. Möller[5] 6,27% Tyrosin enthielt.

Im Proteinhydrolysat der Sporen von Aspidium filix mas ließ sich nach A. Kiesel[6] Tyrosin nachweisen.

Das Eiweiß des Pilzes Oidium lactis enthält nach W. Grimmer und E. Steinlechner[7] kein Tyrosin.

Im Hydrolysat des Spongins des gemeinen Badeschwammes „Hippospongia equina" wurden nach V. J. Clancey[8] 2,8% Tyrosin gefunden.

Über die Bildung von Tyrosin und Tryptophan aus Proteinen durch 0,05n-NaOH und HCl berichten H. Wu und D. Y. Wu[9].

Desaminocasein, mit Eisessig und $NaNO_2$ bei 0—3° dargestellt, enthält nach H. B. Lewis und H. Updegraff[10] 5% Tyrosin, unbehandeltes Casein 5,8%. Der Tyrosingehalt fällt proportional der Zeitdauer, der Wirkung und der Temperatur, die bei der Reaktion eingehalten wurde, noch weiter ab.

Aus den Spaltprodukten des Deguanidocaseins, das aus Casein durch Alkalibehandlung (n-NaOH) dargestellt war, konnte S. Sakaguchi[11] 4,6% Tyrosin isolieren.

Ein aus Wolle durch Na_2S-Behandlung gewonnenes saures Abbauprodukt ergab nach W. Küster, W. Kumpf und W. Köppel[12] im Hydrolysat (mit Wasser im Autoklaven bei 150° hydrolysiert) ein Gemisch von Aminosäuren und Diketopiperazinen, das mit Äther und weiteren organischen Lösungsmitteln extrahiert wurde, es gelang aber trotz positiver Millonscher Reaktion der Ätherextrakte nicht, Tyrosin zu isolieren.

Aus Polytamin, einem Aminosäurepräparat — angeblich aus den Puppen des Seidenspinners — wurden durch HCl-Hydrolyse von H. Thoms und F. A. Heynen[13] 2,9% Tyrosin erhalten.

Provita enthält nach E. Komm und R. Müller[14] 2,60% Tyrosin.

Bildung des d-Tyrosins: Bei der Hydrolyse reinsten Caseins durch Pankreatin wurde an Aminosäuren neben d, l- und d-Valin d-Tyrosin erhalten, Schmelzp. 310° (in zugeschmolzener Capillare) unter Zersetzung und $[\alpha]_D^{26} = +17,91°$, durch verdünnte HCl leicht racemisierbar, wobei S. Fraenkel und K. Gallia[15] annehmen, daß das d-Tyrosin durch ein Ferment direkt aus l-Tyrosin gebildet wird.

---

[1] D. B. Jones u. C. E. F. Gersdorff: J. of biol. Chem. 75, 213—225 (1927) — Chem. Zbl. **1928 I**, 933.
[2] H. B. Vickery u. C. G. Vinson: J. of biol. Chem. 65, 91—95 (1925) — Chem. Zbl. **1926 I**, 136.
[3] N. Narayana u. R. V. Norris: J. Indian Inst. Sci. A 11, 91—95 — Chem. Zbl. **1928 II**, 2477.
[4] P. Karrer, A. P. Smirnoff, H. Ehrensperger, J. van Slooten u. M. Keller: Hoppe-Seylers Z. 135, 129—166 — Chem. Zbl. **1924 II**, 348.
[5] D. B. Jones, C. E. F. Gersdorff u. O. Möller: J. of biol. Chem. 64, 655—671 (1925) — Chem. Zbl. **1926 I**, 416.
[6] A. Kiesel: Hoppe-Seylers Z. 149, 231—258 (1925) — Chem. Zbl. **1926 I**, 1215.
[7] W. Grimmer u. E. Steinlechner: Milchwirtsch. Forschgn 3, 122—131 — Ber. Physiol. 37, 205 (1926) — Chem. Zbl. **1927 I**, 1328.
[8] V. J. Clancey: Biochem. J. 20, 1186—1189 (1926) — Chem. Zbl. **1927 I**, 1332.
[9] H. Wu u. D. Y. Wu: J. of Biochem. 4, 345—384 (1924) — Chem. Zbl. **1925 II**, 1362.
[10] H. B. Lewis u. H. Updegraff: J. of biol. Chem. 56, 405—414 — Chem. Zbl. **1923 III**, 1279.
[11] S. Sakaguchi: J. of Biochem. 5, 159—169 (1925) — Chem. Zbl. **1926 I**, 1420.
[12] W. Küster, W. Kumpf u. W. Köppel: Hoppe-Seylers Z. 171, 114—155 (1927) — Chem. Zbl. **1928 I**, 439.
[13] H. Thoms u. F. A. Heynen: Apoth.-Ztg. 42, 1078 — Chem. Zbl. **1927 II**, 2768.
[14] E. Komm u. R. Müller: Z. Unters. Lebensmitt. 55, 53—59 — Chem. Zbl. **1928 I**, 2216.
[15] S. Fraenkel u. K. Gallia: Biochem. Z. 134, 308—321 (1922) — Chem. Zbl. **1923 III**, 70.

Darstellung des d-Tyrosins: d-Tyrosin wird nach E. Abderhalden, H. Sickel und H. Ueda[1] durch Züchtung von Bacillus subtilis, proteus und megaterium in einer Nährlösung mit d, l-Tyrosin nur mit schwankenden Ausbeuten erhalten. Ebenso verläuft die Spaltung der Benzoylverbindung mit Alkaloiden nicht glatt. Es wird deshalb die Spaltung mit Esterasen aus käuflichem Pankreatin in $^1/_{10}$ n-NaHCO$_3$-Lösung durchgeführt. Die Spaltung verläuft zunächst asymmetrisch, erreicht nach etwa 24 Stunden bei gewöhnlicher Temperatur ihren Höhepunkt. Bei weiterer Einwirkung wird auch die d-Verbindung angegriffen, so daß es sich empfiehlt, wenn die maximale Linksdrehung erreicht ist, den noch unverseiften Esteranteil mit Chloroform zu extrahieren und für sich zu verseifen. Zur Darstellung von d-Tyrosin aus d, l-Tyrosin eignet sich nach E. Abderhalden und H. Sickel[2] außer der Spaltung durch Pankreaslipasen auch die fraktionierte Krystallisation der Brucinsalze des Formyl-d, l-tyrosins aus Wasser, Spaltung der d-Formylverbindung mit 10 proz. HCl. Die Ausbeute an d-Tyrosin betrug 39%. Aus der Mutterlauge des Formyl-d-tyrosinsalzes konnte die l-Tyrosinverbindung nicht völlig optisch rein erhalten werden, $[\alpha]_D^{28} = +8{,}7°$ (in 21% HCl).

M. Chikano[3] gibt eine Darstellungsweise für d-Tyrosin aus racemischem Tyrosin durch dessen asymmetrischen Abbau mittels Oidium lactis an. Oidium lactis wird auf Tyrosin und Rohrzuckerlösungen 20—25 Tage bei 18° kultiviert. Das gewonnene d-Tyrosin zeigt $[\alpha]_D > +10$, Ausbeute 40—60%. Aus der Mutterlauge läßt sich auch d-Oxyphenylmilchsäure isolieren.

F. Ehrlich[4] erhielt d-Tyrosin aus d, l-Tyrosin durch 2—3 tägige Vergärung mit Hefe bei Zusatz geringer Mengen pflanzlicher Nährsubstrate (Auszüge aus Malz und Malzkeimen oder Hefeautolysat) in einer Ausbeute von 60%. Spezifische Drehung war $[\alpha]_D^{20} = +8{,}5°$.

Synthese und Darstellung des d, l-Tyrosins: d, l-Tyrosin läßt sich nach E. Waser und E. Brauchli[5] aus l-Tyrosin folgendermaßen gewinnen: 50 g reines l-Tyrosin werden in 750 ccm Wasser + 250 g NaOH solange gekocht, bis eine Probe, auf das Doppelte verdünnt, keine Drehung mehr zeigt (3 Tage). Empfohlen wird die Anwendung silberner oder kupferner Kochgefäße, damit sich weniger Verunreinigungen anorganischer Art bilden können wie bei Glasgefäßen. Nach dem Filtrieren wird mit HCl genau neutralisiert, ausfallendes Tyrosin durch Lösen und Wiederausfällen und schließliches Umkrystallisieren aus heißem Wasser gereinigt. Es wurden so 36 g d, l-Tyrosin als feine Nadeln erhalten. Chlorhydrat aus Wasser, feine Nadeln ohne charakteristischen Schmelzpunkt, leicht löslich in Alkohol, sehr bald dissoziierend.

Zur Synthese des Tyrosins aus Äthyl-α-benzoylamino-p-methoxycinnamat nach der Erlenmeyerschen Methode schlagen C. R. Harington und W. McCartney[6] folgende Abänderung vor: die Reduktion statt mit Na-Amalgam oder Na + A mit HJ und rotem P in Essigsäureanhydrid vorzunehmen. Ausbeute 60%.

Bestimmung und Nachweis: Für die Ninhydrinreaktion als quantitative, colorimetrische Bestimmungsmethode für Tyrosin nach H. Riffart[7] ist folgendes zu beachten: 1. Dauer des Erhitzens, 2. Konzentration der Aminosäure und 3. in besonders hohem Grade das p_H. Als optimaler Wert hat sich das p_H von 6,976 bewährt. Im einzelnen wird die Bestimmung, wie folgt, ausgeführt: Durch Titration der Aminosäurelösung mit $^1/_{400}$ n-Lauge oder -Säure gegen Neutralrot wird auf p_H 6,976 eingestellt und durch Zusatz einer auf das gleiche p_H eingestellten Phosphatpufferlösung bei diesem Wert gehalten. Statt die Lösung über freier Flamme zu kochen, wird sie zweckmäßig im lebhaft siedenden Wasserbade $^1/_2$ Stunde lang erhitzt. Auf 2 ccm Aminosäurelösung wird 1 ccm 1 proz. Ninhydrinlösung, die jedesmal frisch bereitet wird, verwendet. Der Analysenfehler für Tyrosin beträgt 2,5%.

E. M. P. Widmark und E. P. Larsson[8] untersuchten für Tyrosin die Anwendung der konduktometrischen Titrationsmethode nach Kolthoff mit Lauge, Tyrosin verhält sich zweibasisch, wobei der zweite Knick der Neutralisation der Phenolgruppe entspricht.

---

[1] E. Abderhalden, H. Sickel u. H. Ueda: Fermentforschg **7**, 91—94 (1923) — Chem. Zbl. **1924 I**, 567.
[2] E. Abderhalden u. H. Sickel: Hoppe-Seylers Z. **131**, 277—280 (1923) — Chem. Zbl. **1924 I**, 902.
[3] M. Chikano: Hoppe-Seylers Z. **180**, 149—152 — Chem. Zbl. **1929 I**, 1929.
[4] F. Ehrlich: Biochem. Z. **182**, 245—263 — Chem. Zbl. **1927 I**, 2562 — Hoppe-Seylers Z. **181**, 140 — Chem. Zbl. **1929 I**, 2640.
[5] E. Waser u. E. Brauchli: Helvet. chim. Acta **6**, 199—205 — Chem. Zbl. **1923 I**, 910.
[6] C. R. Harington u. W. McCartney: Biochemic. J. **21**, 852—856 — Chem. Zbl. **1927 II**, 2667.
[7] H. Riffart: Biochem. Z. **131**, 78—96 (1922) — Chem. Zbl. **1923 II**, 827.
[8] E. M. P. Widmark u. E. P. Larsson: Biochem. Z. **140**, 284—294 (1923) — Chem. Zbl. **1924 I**, 1244.

L. J. Harris[1] bestimmte colorimetrisch das p_H bei der Titration von Tyrosin in Gegenwart von Formaldehyd mit NaOH. Bei konstanter Formaldehydkonzentration entspricht die Titrationskurve des Tyrosins mit NaOH der Henderson-Hasselbachschen Gleichung für eine einfache Säure mit bestimmtem p_k. Bei den bei der Formoltitration üblichen Formaldehydkonzentrationen sind die gefundenen scheinbaren p_k-Werte etwa 3 Einheiten kleiner als für Tyrosin in rein wässeriger Lösung. Innerhalb der Konzentration von 2—18% Formaldehyd und von 0,005—0,05 Mol Tyrosin ist bei konstanter Formaldehydkonzentration der scheinbare p_k-Wert praktisch unabhängig vom Verhältnis Tyrosin:Formaldehyd und von der Tyrosinkonzentration. Mit steigender Formaldehydkonzentration nimmt das scheinbare p_k immer mehr ab. Die scheinbare basische Konstante bleibt in Gegenwart von Formaldehyd unverändert.

Nach L. J. Harris[2] überschneiden sich zwar bei der Bestimmung des Tyrosins nach den Methoden von Sörensen, Eckweiler, Noyes und Falk, Tague und nach der des Verfassers die verschiedenen Dissoziationskurven, doch kann die schließliche Titrationskurve durch Addition abgeleitet und in ihren einzelnen Teilen dargestellt werden.

P. Hirsch[3] untersucht eingehend den Verlauf der acidimetrischen Titration von Tyrosin und bespricht die Möglichkeiten und Grenzen der Titration.

Nach R. H. A. Plimmer und H. Phillips[4] wird Tyrosin in salzsaurer Lösung mit einem Überschuß von NaBr- und KBr-Lösung versetzt, nach 10—15 Minuten im Überschuß 4proz. NaJ-Lösung hinzugegeben, das J wird in üblicher Weise zurücktitriert. Tyrosin verbraucht 2 Atome Br.

M. T. Hanke und K. K. Koeßler[5] geben folgende colorimetrische Bestimmungsmethode für Tyrosin, Tyramin und andere Phenole an: Tyrosin wird in Na_2CO_3-Lösung mit einer frisch bereiteten Lösung von p-Phenyldiazoniumsulfonat gekuppelt. Zunächst entsteht eine rötliche Färbung, die aber bald zu einem Gelb von unbeständiger Intensität übergeht, was durch NaOH verstärkt wird, doch die Intensität der Färbung ist auch dann nicht dem Gehalt an betreffenden Phenolen proportional, wird es aber bei Zusatz von wenig salzsaurem Hydroxylamin. Es entstehen intensiv blaurote Färbungen, deren Intensität dem Gehalte an Tyrosin und Tyramin direkt proportional ist. Die Genauigkeit der Reaktion beträgt 0,5 bis 1,5%. Alkalisalze gewöhnlicher anorganischer und organischer Säuren sind ohne Einfluß, NH_4-Salze und Aminosäuren geben intensiv gelbe Farbe und bei genügender Konzentration zu hohe Werte, H_2O_2 und Formaldehyd unterdrücken die Färbungen mit Tyrosin; Acetaldehyd, Aceton und Acetessigsäure geben qualitativ gleiche Färbungen wie Tyrosin und Tyramin von großer Intensität, Alkohole geben zu hohe Werte.

Nach M. T. Hanke[6] stört Tryptophan die Tyrosinbestimmung mit diazotierter Sulfanilsäure erst dann, wenn es in größerer Menge als Tyrosin vorhanden ist.

M. T. Hanke[7] schlägt folgende Tyrosinbestimmungsmethode im Eiweiß vor: Tyrosin wird mit Hg-Acetat gekocht, die entstandene klare Lösung mit NaCl behandelt, wodurch Tyrosin von den anderen Aminosäuren abgetrennt werden kann. Der Niederschlag kann in verdünnter H_2SO_4 oder 20proz. HCl gelöst werden, durch H_2S vom Hg befreit und der Tyrosingehalt der Lösung dann nach Hanke und Koeßler bestimmt werden. Histidin, das die Bestimmung beeinflußt, wird mit Ag_2SO_4 und $Ba(OH)_2$ gefällt.

Zur Bestimmung von Tyrosin in Proteinhydrolysaten gibt M. T. Hanke[6] weiter folgendes an: Nach der Ausfällung des Tyrosins aus dem Hydrolysat als Tyrosin-Hg-chlorid ist mit dieser Fraktion die Millonsche Reaktion nach Folin und Ciocalteu auszuführen, wobei genaue Werte erhalten werden; denn die rohen Hydrolysate enthalten noch Substanzen, die ebenfalls mit Millonschem Reagens oder mit diazotierter Sulfanilsäure reagieren. Ferner wird angegeben, daß der Tyrosingehalt desselben Proteines nicht konstant ist, was auf Alter und Herstellung der Proteine zurückgeführt wird.

Von H. Hotz[8] wird Tyrosin im Harn folgendermaßen bestimmt: Zunächst wird mit H_2O_2 die Harnsäure zerstört, dann 1 ccm eiweißfreier, nicht mit Tierkohle behandelter Harn

---

[1] L. J. Harris: Proc. Roy. Soc. Lond. B **104**, 412—439 — Chem. Zbl. **1929 II**, 860.
[2] L. J. Harris: Proc. roy. Soc. Lond. B **95**, 440—484 (1923) — Chem. Zbl. **1924 I**, 435.
[3] P. Hirsch: Biochem. Z. **147**, 433—480 — Chem. Zbl. **1924 I**, 1964.
[4] R. H. A. Plimmer u. H. Phillips: Biochemic. J. **18**, 312—321 — Chem. Zbl. **1924 II**, 1252.
[5] M. T. Hanke u. K. K. Koeßler: J. of biol. Chem. **50**, 235—270 (1922) — Chem. Zbl. **1922 II**, 609 — J. of biol. Chem. **50**, 271—288 (1922) — Chem. Zbl. **1922 II**, 609.
[6] M. T. Hanke: J. of biol. Chem. **79**, 587—609 (1928) — Chem. Zbl. **1929 I**, 115.
[7] M. T. Hanke: J. of biol. Chem. **66**, 475—488 (1925) — Chem. Zbl. **1926 I**, 2612.
[8] H. Hotz: Schweiz. Apoth.-Ztg. **61**, 77—84, 95—101 — Chem. Zbl. **1923 II**, 828.

mit 0,5 ccm NaOH (30proz.) und 3 Tropfen H_2O_2-Lösung (3proz.) 3 Minuten gekocht, nach Erkalten mit Essigsäure schwach angesäuert und auf 100 ccm aufgefüllt. 1 ccm dieser Lösung wird mit 10 ccm Phenolreagens (Folin-Denis) 5 Minuten geschüttelt und auf 100 ccm aufgefüllt und colorimetriert. Zum Vergleich wird 1 ccm einer 1proz. Tyrosinlösung in gleicher Weise mit Phenolreagens behandelt. Der Ansatz der Standardtyrosinlösung ist folgender: 0,1000 g Tyrosin und 1 g Li_2CO_3 werden in etwa 80 ccm destilliertem Wasser warm gelöst, abgekühlt, auf 100 ccm Lösung ergänzt. Die Lösung hält sich, mit Toluol überschichtet, in dunkler Flasche einige Monate. Bei Einhalten der angegebenen Bedingungen läßt sich der Prozentgehalt auf 2 Dezimalen genau bestimmen.

O. Folin und V. Ciocalteu[1] ändern die früheren Bestimmungsmethoden[2] für Tyrosin und Tryptophan folgendermaßen ab: 1 g trockenes Eiweiß wird in 20 ccm 20proz. NaOH in einem neuen Kjeldahlkolben aus Pyrexglas hydrolysiert. Die Lösung wird dann mit H_2SO_4 angesäuert, auf 100 ccm aufgefüllt und aliquote Teile des Filtrats zur Bestimmung verwendet. Für die Bestimmung des Tyrosins wird das Tryptophan in schwefelsaurer Lösung mit $HgSO_4$ gefällt, die Lösung neben einer Tyrosinstandardlösung von gleichem H_2SO_4- und $HgSO_4$-Gehalt gekocht, beide Lösungen werden mit $NaNO_2$ versetzt (also Millons-Reagens) und colorimetriert. Das verwandte $HgSO_4$ muß Fe- und Hg^+-frei sein. Das $HgSO_4$ wird so gereinigt, daß 1000 g $HgSO_4$ (Handelspräparat) mit 150 ccm konzentrierter H_2SO_4 verrührt, dann durch langsames Versetzen mit 1700—1800 ccm Wasser gelöst, vom Ungelösten filtriert und aus dem Filtrat das $HgSO_4$ durch Zugabe von 450 ccm konzentrierter H_2SO_4 unter Kühlung ausgefällt und mit 400 ccm 25proz. H_2SO_4 gewaschen werden. Nach Wiederholung wird das gut abgesaugte Salz mit Alkohol und Äther (1:1) gewaschen.

O. Folin und A. D. Marenzi[3] geben eine Mikromethode zu ihrer Tyrosinbestimmung[1] an: 0,1 g trockenes Protein wird durch 12—18stündiges Kochen im Wasserbade und durch Zusatz von 2 ccm 20proz. NaOH-Lösung hydrolysiert, dann werden 3 ccm einer heißen 7 n-H_2SO_4 zugesetzt, nun auf 25 ccm verdünnt, unter Zusatz von 0,2—0,5 g Kaolin filtriert. Vom Filtrat werden 20 ccm tropfenweise mit 4 ccm 15proz. $HgSO_4$ in 6 n-H_2SO_4 versetzt. Nach 2—3 Stunden wird das abgeschiedene Tryptophan abzentrifugiert. Das ausgeschiedene Tryptophan enthält nur noch Spuren von Tyrosin. Zur überstehenden Lösung, die durch das Waschwasser mit $^1/_{10}$n-H_2SO_4 vermehrt wird, wird gleichfalls die Waschflüssigkeit mit 1,5proz. $HgSO_4$ in 2n-H_2SO_4 gebracht. Zur colorimetrischen Bestimmung wird nun genau die gleiche Menge an Wasser, H_2SO_4 und $HgSO_4$ benutzt, und es werden in ihr 4 mg Tyrosin gelöst. Zu den zu vergleichenden Lösungen werden 6 ccm 7n-H_2SO_4 zugesetzt. Die beiden Lösungen werden 5 Minuten in siedendem Wasserbade erwärmt, je 1 ccm einer 2proz. $NaNO_2$-Lösung zugesetzt, dann colorimetriert. Die Farbe beginnt nach $^1/_2$ Stunde zu verblassen. Analysen von Globulin, Gliadin, Edestin und Hämoglobin ergaben gut übereinstimmende Werte.

Zur Bestimmung des Tyrosins im Blutserum mittels der Millonschen Reaktion nach Weiß muß nach G. Haas[4] das Eiweiß unbedingt mit gesättigter Na_2SO_4-Lösung bei schwach saurer Reaktion in der Hitze gefällt werden, da die anderen Fällungsreagenzien die Reaktion stören. 5—10 ccm Serum werden mit dem gleichen Volumen Na_2SO_4-Lösung und 8—16 Tropfen 5proz. Essigsäure versetzt und etwa $^1/_2$ Stunde auf dem Wasserbade erhitzt. Das eiweißfreie Filtrat auf 2% H_2SO_4 gebracht, im Autoklaven auf 105° erhitzt. Ein bestimmter Teil des Filtrates wird mit Äther extrahiert. Das Tyrosin verbleibt in der wässerigen Lösung, 3 ccm dieser Lösung werden von Äther befreit, mit 2 ccm des Weißschen Reagenzes (10proz. Lösung von $HgSO_4$ in 5proz. H_2SO_4) auf 95° erhitzt, von einer Trübung abfiltriert und mit 3 Tropfen einer 0,5proz. $NaNO_2$-Lösung versetzt, wobei eine rosarote Färbung auftritt, die in einem Autenriethschen Apparat oder in einem Wolffschen Colorimeter, das die Verwendung von viermal verdünnteren Lösungen gestattet, gegen eine Standardtyrosinlösung colorimetrisch verglichen wird. Die Standardtyrosinlösung ist folgende: 6 ccm Hg-Reagens werden zu 9 ccm einer Tyrosinlösung 1:25000 gegeben und mit 9 Tropfen einer 0,5proz. $NaNO_2$-Lösung bei 95° versetzt. Die mit verschiedenen Seren erhaltenen Werte liegen zwischen 2,1—9,1 mg Tyrosin pro 100 ccm Blut. Bei Verwendung des Wolffschen Colorimeters werden etwas höhere Werte erhalten, da in den verdünnteren Lösungen die Anwesenheit des Salzes weniger stört.

Nach G. Haas und W. Trautmann[5] beträgt die Genauigkeit der Folin-Denisschen

---

[1] O. Folin u. V. Ciocalteu: J. of biol. Chem. **73**, 627—650 — Chem. Zbl. **1927 II**, 2089.
[2] O. Folin u. J. M. Looney: J. of biol. Chem. **51**, 421—434 — Chem. Zbl. **1922 IV**, 349.
[3] O. Folin u. A. D. Marenzi: J. of biol. Chem. **83**, 89—108 — Chem. Zbl. **1929 II**, 2082.
[4] G. Haas: Hoppe-Seylers Z. **127**, 39—51 — Chem. Zbl. **1923 IV**, 84.
[5] G. Haas u. W. Trautmann: Hoppe-Seylers Z. **127**, 52—66 — Chem. Zbl. **1923 IV**, 84.

Methode bei Lösungen von 2,5—15 mg Tyrosin pro 100 ccm etwa 20%, während sie für Tyrosinbestimmungen in enteiweißten Seren infolge der geringeren Spezifität des Phenolreagenzes unzuverlässig sind, was sich auch nicht nach Zerstörung der Harnsäure mit 33proz. NaOH und mit H_2SO_4 ändert, da auch Tyrosin angegriffen wird. Deshalb wird die Millonsche Reaktion nach Weiß vorgeschlagen. Während nach den Verfassern bei der Modifikation von Fürth und Fleischmann[1] die HCl die Reaktion stört (denn 1% HCl ergibt negative Millonsche Reaktion, 0,5% HCl hemmen, und erst von 0,33% an bleibt die Reaktion unbeeinflußt), ist die Reaktion in schwefelsaurer Lösung unabhängig von der Konzentration der Säure. Zur Bestimmung des Tyrosins in Proteinen wird 1 g Protein mit 50 ccm 20proz. H_2SO_4 12 Stunden gekocht, vom Filtrat werden 5 ccm auf 100 ccm verdünnt, davon 3 ccm mit 2 ccm 10proz. $HgSO_4$ in 5proz. H_2SO_4 gelöst und unter Zugabe von 3 Tropfen 0,5proz. $NaNO_2$-Lösung der Reaktion unterworfen. Zum colorimetrischen Vergleich diente eine Lösung, die in 1 ccm 0,012 mg Tyrosin enthielt. Im übrigen liegen die mit dem Folinschen Phenolreagens erhaltenen Werte durchweg höher als die mit dem Millonschen.

Nach P. Thomas[2] reagiert in Übereinstimmung mit Abderhalden und Fuchs Tryptophan ebenfalls mit dem Folin-Denisschen Reagens, außerdem wirken nach dem Verfasser auch Indol und seine Derivate auf das Phenolreagens reduzierend ein, so daß diese Tyrosinbestimmungsmethode für Proteinhydrolysate nicht anwendbar ist. Ferner gibt der Verfasser an, daß die Hoffmann-Millonsche Methode gleichfalls nicht exakte Werte liefert, da Hydrolysenprodukte von Phenolcharakter die Bestimmung stören, so daß auch diese Methode nur zur Charakterisierung der Proteine dienen könne.

O. Fürth und W. Fleischmann[3] vergleichen folgende Tyrosinbestimmungsmethoden miteinander: 1. Das colorimetrische Verfahren von Folin-Denis, das nach den Verfassern nur in einem Konzentrationsbereich von 0,005—0,020% Tyrosin annähernde Proportionalität zwischen Konzentration und Färbungsintensität mit einer Fehlerbreite von 5—30% besitzt. Meist betragen die erhaltenen Werte ein Vielfaches von denen, die nach der gravimetrischen Methode ermittelt werden. Die diesen Unterschied verursachenden Substanzen konnten nicht ermittelt werden. 2. Das Br-Additionsverfahren, das nach den Verfassern viel zuverlässigere Werte gibt, vor allem dann, wenn nach der Säurehydrolyse und nach der Fällung mit Phosphorwolframsäure der Überschuß der letzteren mit Barytwasser entfernt worden ist. 3. Das Verfahren von Weiß, das auf der Millonschen Reaktion beruht und 4. die Diazoreaktion.

O. Fürth und A. Fischer[4] bestimmen nach der Modifikation der Millonschen Reaktion nach Thomas (die Reaktion bei Zimmertemperatur im Laufe einiger Stunden vor sich gehenlassen) und nach dem Br-Additionsverfahren in verschiedenen neutralisierten Eiweißhydrolysaten, nach Ausfällung störender Beimengungen in der schwefelsauren Lösung mit Phosphorwolframsäure, Beseitigung dessen Überschusses mit Chininsulfat und des Chininüberschusses mit NaOH deren Tyrosingehalt. Die Ergebnisse stimmen zum Teil überein, zum Teil ergibt das zweite Verfahren höhere Werte, wobei es nicht möglich war, die noch Br-bindenden Bestandteile unbekannter Art mit Petroläther bei saurer oder alkalischer Reaktion zu extrahieren oder mit Wasserdampf überzutreiben.

Nach Untersuchungen von O. Fürth[5] ist 1. die Diazoreaktion nach Hanke-Koeßler nur für reine Tyrosinlösungen geeignet, da die Reaktion durch Gegenwart anderer Aminosäuren gehemmt wird, 2. das Br-Additionsverfahren nur zur Orientierung geeignet, und 3. sind auch die Farbenreaktionen weder mit Phosphormolybdänsäure, noch mit Millonsreagens zuverlässig.

Nach D. Zuwerkalow[6] läßt sich Tyrosin im nicht hydrolysierten Eiweiß in folgender Weise bestimmen: 1 ccm 1proz. Eiweißlösung wird mit 3 ccm Eisessig, 2 ccm 10proz. $HgSO_4$ in 5proz. H_2SO_4 und 1 Tropfen 0,5proz. $NaNO_2$-Lösung über freier Flamme bis zum beginnenden Kochen erhitzt. Als Standard wird eine 0,04proz. Tyrosinlösung in gleicher Weise wie die Eiweißlösung behandelt. Colorimetriert wird im Colorimeter von Dubosq. Die Gegenwart von Eisessig verhütet störende Niederschläge, Zugabe von mehr als 2 Tropfen der 0,5proz. $NaNO_2$-Lösung bedingt Abschwächung der Rotfärbung, die ihr Maximum beim Abkühlen

---

[1] Fürth u. Fleischmann: Biochem. Z. **127**, 137 — Chem. Zbl. **1922 II**, 1044.
[2] P. Thomas: Ann. Inst. Pasteur **36**, 253—272 — Chem. Zbl. **1922 II**, 1242.
[3] O. Fürth u. W. Fleischmann: Biochem. Z. **127**, 137—149 (1922) — Chem. Zbl. **1922 II**, 1044.
[4] O. Fürth u. A. Fischer: Biochem. Z. **154**, 1—23 (1924) — Chem. Zbl. **1925 I**, 872.
[5] O. Fürth: Biochem. Z. **146**, 259—274 — Chem. Zbl. **1924 II**, 737.
[6] D. Zuwerkalow: Hoppe-Seylers Z. **163**, 185—192 — Chem. Zbl. **1927 I**, 2456.

der Lösung nach 15—20 Minuten erreicht, 2—3 Stunden konstant bleibt, beim reinen Tyrosin nach 4 Stunden verblaßt, während sie sich bei Eiweißlösungen mehrere Tage unverändert hält.

In Proteinen gebundenes Tyrosin läßt sich nach F. Lieben[1] mittels der Fürthschen Methode mit der Abänderung von Zuwerkalow gut bestimmen.

Besprechung der Bestimmungsmethoden von Gortner und Holm, Fürth und Lieben, Kraus, Fürth und Dische[2] und Bestätigung der früheren Resultate von J. M. Looney[3].

Über die Bestimmung von Tyrosin und 1-β-3, 4-Dioxyphenyl-α-aminopropionsäure nebeneinander in Lösungen von Konzentrationen: $^m/_{2000}$—$^m/_{30000}$ berichten H. Schmalfuß und H. Lindemann[4].

Über die Bestimmung des Tyrosins in Proteinen (Serumalbumin, Serumglobulin, Lactalbumin, Edestin, Gliadin und Keratin) durch Nitrierung mit 20proz. HNO_3 und Bestimmung der eingetretenen Nitrogruppen nach dem von Desverghes[5] modifizierten Verfahren von Young und Swain[6] berichtet F. Lieben[7].

R. A. Gortner und W. M. Sandstrom[8] untersuchten die van Slykesche Methode dahin, welchen Einfluß Kochen mit Säuren, die Gegenwart von Prolin oder Tryptophan bei Aminosäuregemischen (Tyrosin neben anderen Aminosäuren) auf die erhaltenen Werte ausübte.

Über die Trennung des Tyrosin-Ba-Salzes von den Ba-Salzen der Asparagin- und Glutaminsäure bei deren Bestimmung in Eiweißhydrolysaten siehe unter Asparaginsäure, Bestimmung[9], S. 461.

Über Gelatineanalysen nach van Slyke nach Zusatz von Tyrosin und Histidin berichten R. H. A. Plimmer und T. Shimamura[10].

Nach I. Kraus[11] ist die Abtrennung des Tyrosins vom Tryptophan nach Folin durch Hg-Fällung bei H_2SO_4-Konzentration über 3,5% nur bei geringer Konzentration an Tyrosin brauchbar.

Aus einer Lösung von Tyrosin- und Cystinchlorhydrat läßt sich nach V. du Vigneaud, H. Jensen und O. Wintersteiner[12] ersteres durch ein angesäuertes Gemisch von Alkohol und Butylalkohol vollständig extrahieren und so eine gute Trennung beider Aminosäuren erreichen.

Über die Abtrennung des Tyrosins bei der gravimetrischen Cystinbestimmung im Eiweiß nach Harris berichtet L. J. Harris[13].

Über die Bestimmung des Tyrosins und Cystins durch $KBrO_3$ in Gegenwart von KBr berichtet Y. Okuda[14].

Über die Histidinbestimmung mittels der Paulyschen Reaktion in Gegenwart von Tyrosin nach H. Brunswik[15] siehe unter Histidin, S. 728.

E. Becher[16] untersuchte vergleichend die Stärke der Xanthoproteinreaktion von Phenylalanin, Tyrosin, Tryptophan, Phenol und Indolderivaten bei saurer und alkalischer Reaktion.

---

[1] F. Lieben: Biochem. Z. **187**, 307—314 — Chem. Zbl. **1927 II**, 1952.
[2] Gortner u. Holm: Chem. Zbl. **1920 IV**, 668. — Fürth u. Lieben: Chem. Zbl. **1921 II**, 5. — Kraus: Chem. Zbl. **1925 I**, 2177. — Fürth u. Dische: Chem. Zbl. **1924 II**, 737.
[3] J. M. Looney: J. of biol. Chem. **69**, 519—538 — Chem. Zbl. **1926 II**, 2466.
[4] H. Schmalfuß u. H. Lindemann: Biochem. Z. **184**, 10—18 — Chem. Zbl. **1927 II**, 612.
[5] Desverghes: Ann. Chim. analyt. appl. [II] **2**, 141 — Chem. Zbl. **1920 IV**, 310.
[6] Young u. Swain: J. amer. chem. Soc. **19**, 812 — Chem. Zbl. **1897 II**, 1162.
[7] F. Lieben: Biochem. Z. **145**, 535—554 — Chem. Zbl. **1924 II**, 50. — F. Lieben u. L. Brings: Biochem. Z. **145**, 555—559 — Chem. Zbl. **1924 II**, 50.
[8] R. A. Gortner u. W. M. Sandstrom: J. amer. chem. Soc. **47**, 1663—1671 — Chem. Zbl. **1925 II**, 1482.
[9] D. B. Jones u. O. Moeller: J. of biol. Chem. **79**, 429—441 (1928) — Chem. Zbl. **1929 I**, 270.
[10] R. H. A. Plimmer u. T. Shimamura: Biochemic. J. **18**, 323—328 — Chem. Zbl. **1924 II**, 1252.
[11] I. Kraus: J. of biol. Chem. **63**, 157—178 — Chem. Zbl. **1925 I**, 2177.
[12] V. du Vigneaud, H. Jensen u. O. Wintersteiner: J. of Pharmacol. **32**, 367—385 — Chem. Zbl. **1928 II**, 259.
[13] L. J. Harris: Proc. roy. Soc. Lond. B **94**, 441—450 — Chem. Zbl. **1923 IV**, 6.
[14] Y. Okuda: J. Coll. agric. Tokyo **7**, 69—76 (1919) — Chem. Zbl. **1925 I**, 1232 — J. of Biochem. **5**, 201—214 (1925) — Chem. Zbl. **1926 I**, 1462.
[15] H. Brunswik: Hoppe-Seylers Z. **127**, 268—273 — Chem. Zbl. **1923 IV**, 136.
[16] E. Becher: Dtsch. Arch. klin. Med. **148**, 159—182 (1925) — Chem. Zbl. **1926 I**, 742.

Die gleichzeitige Bestimmung von Tryptophan und Tyrosin nach J. Tillmans, P. Hirsch und F. Stoppel[1] beruht auf der Xanthoproteinreaktion und Colorimetrierung in saurer und alkalischer Lösung (colorimetrisch-acidimetrisches Verfahren), da (nach Mörner) das Tryptophan in saurer Reaktion dreimal stärker färbt als Tyrosin, in alkalischer Lösung dagegen Tyrosin fünfmal stärker als Tryptophan. In Proteinen können die beiden Aminosäuren ohne vorhergehende Hydrolyse bestimmt werden.

Über den Einfluß von Tyrosin auf den Nachweis von Carnosin nach der Knoopschen Reaktion berichtet G. Hunter[2].

Nach W. D. Treadwell und W. Eppenberger[3] wird die Titration von 11,5 mg Hühnereiweiß nach der von ihnen angegebenen maßanalytischen Eiweißbestimmung mittels Berlinerblausol nicht durch 5 mg Tyrosin gestört.

Über Beziehung des alkalischen Jodindexes von Peptonen (Menge mg J, die von 1 g Pepton in alkalischer bzw. saurer Lösung gebunden wird) zum Spaltungsvermögen und zum Gehalt an gewissen Aminosäuren (z. B. Tyrosin) berichten A. Berthelot und M. Chaduc[4].

Über den Nachweis von Tyrosin neben Alanin und Glykokoll durch die Oxydation des Tyrosins mit Ammoniumpersulfat zu chinonartigen Verbindungen berichten H. Stolzenberg und M. Stolzenberg-Bergius[5].

Nach C. Stapp[6] lassen sich mit Bakterientyrosinase noch 0,005% Tyrosin sicher nachweisen. $1/450$ molare Tyrosinlösungen färben nach H. Schmalfuß und H. Werner[7] nicht die Spitze des mit Hämolymphe von Arctia caja L. benetzten Prüfsteins.

Nach O. Schumm und A. Papendieck[8] eignet sich für den Nachweis von Tyrosin im Harn 1. das Verfahren von Lippich[9], dessen Empfindlichkeitsgrenze bei 0,01—0,02 g in 100 ccm liegt, 2. das von Frerichs-Städeler, bei dem der unverdünnte Harn mit neutralem Pb-Acetat, bis nichts mehr ausfällt, versetzt, filtriert, nochmals genügend basisches Pb-Acetat zugefügt, das Filtrat mit H_2S entbleit, auf 10 ccm eingeengt wird, wobei sich charakteristische Tyrosinkrystalle abscheiden, dessen Empfindlichkeitsgrenze bei 0,20 g Tyrosin in 400 ccm Harn liegt.

Über einen klinischen Nachweis von Tyrosin, beruhend auf der Bräunung mit dem Glycerinextrakt von Russula wird von A. Pissary und R. Mouclaux[10] berichtet.

Das Lafon-Meckesche Reagens, Lösung von seleniger Säure oder ihrer Alkalisalze, gibt nach V. E. Levine[11] mit Tyrosin braune, olivengrüne, dann blaugrüne und blaue Färbungen, die nach 5 Stunden verschwinden.

Über den Nachweis von Tyrosin mit den Reagenzien von Marquis, Erdmann und Fulton berichten V. E. Levine und Ch. C. Fulton[12].

Über eine Trennungsmethode der α-Monoaminosäuren durch Sublimation in sublimierbare und nur teilweise oder gar nicht sublimierende Verbindungen und über ihre mikrochemische Charakterisierung, durch Bestimmung von Löslichkeit, Krystallisationsfähigkeit, Fällungsvermögen von Phosphorwolframsäure und Darstellung der Cu-Salze berichtet O. Werner[13]. Tyrosin gehört zur Gruppe der bei Totalkühlung völlig sublimierbaren Aminosäuren.

Über den Nachweis und die Bestimmung von Tyrosin im Harn berichten F. Goebel u. M. Weiß[14].

---

[1] J. Tillmans, P. Hirsch u. F. Stoppel: Biochem. Z. **198**, 379—401 — Chem. Zbl. **1928 II**, 1916.

[2] G. Hunter: Biochemic. J. **16**, 640—654 (1922) — Chem. Zbl. **1923 II**, 511.

[3] W. D. Treadwell u. W. Eppenberger: Helvet. chim. Acta **11**, 1053—1062 (1928) — Chem. Zbl. **1929 I**, 2908.

[4] A. Berthelot u. M. Chaduc: Bull. Soc. Chim. biol. Paris **8**, 936—939 — Chem. Zbl. **1926 II**, 3068.

[5] H. Stolzenberg u. M. Stolzenberg-Bergius: Hoppe-Seylers Z. **111**, 1—31 — Chem. Zbl. **1921 III**, 1134.

[6] C. Stapp: Biochem. Z. **141**, 42—69 (1923) — Chem. Zbl. **1924 I**, 347.

[7] H. Schmalfuß u. H. Werner: Fermentforschg **8**, 423—427 (1925) — Chem. Zbl. **1926 I**, 127.

[8] O. Schumm u. A. Papendieck: Hoppe-Seylers Z. **121**, 1—17 — Chem. Zbl. **1922 IV**, 926.

[9] Lippich: Hoppe-Seylers Z. **90**, 145 — Chem. Zbl. **1914 I**, 1852.

[10] A. Pissary u. R. Mouclaux: Bull. Soc. méd. Hôp. Paris **38**, 376—380 — Ber. Physiol. **14**, 68 — Chem. Zbl. **1922 IV**, 786.

[11] V. E. Levine: J. Labor. a. clin. Med. **11**, 809—816 — Chem. Zbl. **1926 II**, 925.

[12] V. E. Levine u. Ch. C. Fulton: J. Labor. a. clin. Med. **14**, 350—363 — Chem. Zbl. **1929 I**, 2089.

[13] O. Werner: Mikrochem. **1**, 33—46 (1923) — Chem. Zbl. **1924 I**, 1981.

[14] F. Goebel: Klin. Wschr. **1**, 1158 — Chem. Zbl. **1922 IV**, 478. — M. Weiß: Biochem. Z. **134**, 269—291 (1922) — Chem. Zbl. **1923 II**, 608.

Biochemische Eigenschaften des l-Tyrosins: Nach Untersuchungen von W. B. Cannon und F. R. Griffith[1] über die Herzbeschleunigung durch Reizung der Leber wurde durch intravenöse Injektion einer Tyrosinlösung eine Beschleunigung bewirkt; blieb aber ohne Wirkung auf den Effekt der Leberreizung.

Wurde l-Tyrosin per os oder durch eine Darmfistel angiostomierten Hunden zugeführt, so war es nach E. Abderhalden und E. S. London[2] im Inhalt des Ductus thoracicus nachweisbar. Ein Teil der resorbierten Aminosäuren schlägt also den Lymphweg ein. Intravenös eingespritztes l-Tyrosin ist also im Blutgefäßsystem in geringer Menge unverändert feststellbar, wenn es nicht Gelegenheit hatte, die Leber zu passieren. Im Lebervenenblut fanden sich Produkte, die für erfolgten Abbau von Tyrosin sprachen, es konnten phenolartige Substanzen isoliert werden, offenbar gepaarte Verbindungen, ferner konnte mit größter Wahrscheinlichkeit p-Oxyphenylmilchsäure festgestellt werden.

Nach E. S. London, N. Kotschneff, A. Cholopoff, T. S. Abaschidze und A. K. Alexandry[3] hemmt Tyrosin die Harnstoffbildung im Organismus.

Tyrosinmangel hebt nach Versuchen von G. Watzadse[4] die Harnsekretion von isolierter Froschniere auf. Tyrosinzusatz bringt die Sekretion wieder in Gang und verhindert bei Beginn das Aufhören der Sekretion. Ferner wird durch Tyrosinmangel die Durchströmung der Darmgefäße gehemmt.

Nach Versuchen an Kaninchen und Hunden mit intravenöser Injektion von neutralisiertem Tyrosin wurden nach L. H. Newburgh und P. L. Marsh[5] an der Niere glomeruläre Veränderungen hervorgerufen.

Nach N. F. Shambough und G. M. Curtis[6] und N. F. Shambough[6] hemmt intraperitoneal zugeführtes Tyrosin bei Kaninchen eine durch Entnervung der Nieren herbeigeführte starke Harnabsonderung und auch die Euphyllindiurese. Phenylalanin und Tyrosin zeigen nach intraperitonealer Injektion spezifischen Diuretica gegenüber Unterschiede in der Größe der Diurese. Bei Tyrosinzufuhr fanden sich weiterhin schwere morphologische Schädigungen der Leber. Bei peroraler Verabreichung von Tyrosin und Phenylalanin lassen sich nach 6 Stunden keine Unterschiede erkennen.

Nach S. I. Thannhauser und W. Markowicz[7] übt Tyrosin keine funktionelle Wirkung auf die Ketonkörperausscheidung von schweren Diabetikern aus, da Steigerung der Acetonkörperbildung der verabreichten Molmenge entspricht. Nach H. Chr. Geelmuyden[8] ist die Zucker- und Ketonkörperausscheidung nach Zufuhr von Tyrosin erhöht.

Nach N. Suzuki und N. Hasui[9] ist die Phenolausscheidung nach Tyrosingaben bei Hungernden verringert.

Die Tyrosinbildung aus Phenylalanin in der künstlich durchströmten Hundeleber erscheint nach Y. Kotake, Y. Masai und Y. Mori[10] merklich herabgesetzt, wenn das Versuchstier vor der Entnahme der Leber durch Carmin vital gefärbt wurde.

Bei Verfütterung von d,l- und l-Tyrosin (3mal täglich je 10 g) an Kaninchen wurden nach Y. Kotake, Z. Matzuoka und M. Okagawa[11] Oxyphenylbrenztraubensäure und nur bei l-Tyrosin d,l-Oxyphenylmilchsäure und beträchtliche Mengen l-Oxyphenylmilchsäure

---

[1] W. B. Cannon u. F. R. Griffith: Amer. J. Physiol. **60**, 544—559 (1922) — Chem. Zbl. **1923 I**, 703.

[2] E. Abderhalden u. E. S. London: Pflügers Arch. **212**, 735—740 — Chem. Zbl. **1926 II**, 2454.

[3] E. S. London, N. Kotschneff, A. Cholopoff, T. S. Abaschidze u. A. K. Alexandry: Pflügers Arch. **219**, 238—245 — Chem. Zbl. **1928 I**, 2962.

[4] G. Watzadse: Pflügers Arch. **219**, 694—705 — Chem. Zbl. **1929 II**, 3030.

[5] L. H. Newburgh u. P. L. Marsh: Arch. int. Med. **36**, 682—711 (1925) — Ber. Physiol. **35**, 498 — Chem. Zbl. **1926 II**, 1663.

[6] N. F. Shambough u. G. M. Curtis: Biochem. Z. **187**, 437—443 — Chem. Zbl. **1927 II**, 1979. — N. F. Shambough: Biochem. Z. **187**, 444—460 — Chem. Zbl. **1927 II**, 1979.

[7] S. I. Thannhauser u. W. Markowicz: Klin. Wschr. 4, 2093—2099 (1925) — Chem. Zbl. **1926 I**, 713.

[8] H. Chr. Geelmuyden: Skand. Arch. Physiol. (Berl. u. Lpz.) **40**, 211—225 (1920) — Chem. Zbl. **1921 III**, 1508.

[9] N. Suzuki u. N. Hasui: Acta Scholae med. Kioto 4, 105—171 (1921) — Ber. Physiol. **11**, 102 — Chem. Zbl. **1922 I**, 768.

[10] Y. Kotake, Y. Masai u. Y. Mori: Hoppe-Seylers Z. **122**, 220—224 (1922) — Chem. Zbl. **1923 I**, 116.

[11] Y. Kotake, Z. Matzuoka u. M. Okagawa: Hoppe-Seylers Z. **122**, 166—175 (1922) — Chem. Zbl. **1923 I**, 115.

im Harn gefunden. Die l-Oxyphenylmilchsäure wird nach den Verfassern durch asymmetrische Reduktion der Oxyphenylbrenztraubensäure im Organismus gebildet, während die Quelle der d,l-Oxyphenylmilchsäure wahrscheinlich im Darm liegt. d,l-Tyrosin wird asymmetrisch abgebaut, das unveränderte d-Tyrosin wird im Harn ausgeschieden, daneben werden reichliche Mengen von Phenol gebildet. Die mit Tyrosin überfütterten Tiere erkrankten und starben an nephritischen Erscheinungen. Die gleichen Resultate werden auch bei Verfütterung kleinerer Mengen (4—6 g Tyrosin) erhalten[1].

Kaninchen, bei denen die oxydative Desaminierung durch intravenöse Zufuhr von Jodocarminlösung herabgesetzt war, bilden nach Y. Kotake, Y. Masai und Y. Mori[2] nach Verabreichung von Tyrosin nicht mehr die entsprechende Menge Phenylbrenztraubensäure, dagegen werden bei Verfütterung von l-Tyrosin verhältnismäßig große Mengen von l-Oxyphenylmilchsäure ausgeschieden. Verfasser schließen daraus, daß die sog. histiocytären Zellen, insbesondere die Reticuloendothelien, bei der oxydativen Desaminierung der Aminosäuren eine wichtige Rolle spielen.

Nach Y. Kotake[3] erfolgt der Tyrosinabbau zu Oxysäuren und zur Bildung von Homogentisinsäure, schematisiert, folgendermaßen:

$$\begin{array}{ccc} \text{Tyrosin} & \longrightarrow & \text{l-Oxyphenylmilchsäure} \\ \downarrow & & \\ \text{l-Oxyphenylbrenztraubensäure} & & \\ \downarrow & & \\ \text{Homogentisinsäure} & & \end{array}$$

Weiterhin ist festzustellen, daß eine Oxysäure unabhängig von ihrer Bildungsweise (primär durch hydrolytische Desaminierung oder sekundär durch eine der oxydativen Desaminierung folgende Reduktion) dieselbe Drehung zeigt, die die Aminosäure hatte, aus der sie im Organismus gebildet wurde.

Über die Aufspaltung des Tyrosins der Nahrungsproteine durch die Einwirkung von Bakterien zu Hydroxysäuren: p-Oxyphenylpropionsäure, p-Oxybenzoesäure und p-Oxyphenylessigsäure sowie in flüchtige Phenole (primär in p-Kresol und Phenol) und über deren Ausscheidung als solche oder als gepaarte Phenole oder ihren weiteren Abbau im Organismus berichten K. F. Pelkan und G. H. Whipple[4].

Über das Verhalten der verabreichten N-freien und N-haltigen Abbauprodukte des Tyrosins (p-Oxybenzoe-, p-Oxyphenylessig-, p-Oxyphenylpropionsäure und Tyramin) und deren Entgiftung im menschlichen Organismus berichten F. W. Power und C. P. Sherwin[5].

Nach M. Cloetta und F. Wünsche[6] ist injiziertes Tyrosin ohne Wirkung auf die Temperatur des Kaninchens und den Blutdruck des Hundes. Aus weiteren Untersuchungen ergab sich, daß ohne CO_2-Abspaltung kein Tyrosinderivat darstellbar war, das auf den Blutdruck und die Temperatur aktiv einwirkte.

Tyrosin, Meerschweinchen parenteral zugeführt, ruft nach R. Wigand[7] im Gegensatz zu anderen Aminosäuren einen ausgesprochenen Kollaps mit Temperatursturz und Krämpfen hervor.

Tyrosin zeigt nach G. Lusk[8] im Gegensatz zu Alanin und Glykokoll keine spezifisch-dynamische Wirkung.

Nach E. F. Terroine und R. Bonnet[9] beträgt die Wärmeabgabe der Frösche bei Tyrosinaufnahme 129 Cal (+8%) pro 14 mg N.

---

[1] Y. Kotake u. M. Okagawa: Hoppe-Seylers Z. **122**, 201—205 (1922) — Chem. Zbl. **1923 I**, 115
[2] Y. Kotake, Y. Masai u. Y. Mori: Hoppe-Seylers Z. **122**, 211—219 (1922) — Chem. Zbl. **1923 I**, 116.
[3] Y. Kotake: Hoppe-Seylers Z. **122**, 241—244 (1922) — Chem. Zbl. **1923 I**, 117.
[4] K. F. Pelkan u. G. H. Whipple: J. of biol. Chem. **50**, 499—511 (1922) — Chem. Zbl. **1922 I**, 1084.
[5] F. W. Power u. C. P. Sherwin: Arch. int. Med. **39**, 60—66 (1927) — Chem. Zbl. **1928 II**, 1358.
[6] M. Cloetta u. F. Wünsche: Arch. f. exper. Path. **96**, 307—329 — Chem. Zbl. **1923 III**, 87.
[7] R. Wigand: Arch. f. exper. Path. **132**, 18—27 — Chem. Zbl. **1928 II**, 1009.
[8] G. Lusk: Medicine **1**, 311—354 (1922) — Ber. Physiol. **28**, 84—86 (1924) — Chem. Zbl. **1925 I**, 857.
[9] E. F. Terroine u. R. Bonnet: Ann. de Physiol. **2**, 488—508 (1926) — Ber. Physiol. **39**, 680—681 → Chem. Zbl. **1927 II**, 596.

St. J. Przylecki[1] berichtet über Tyrosinabbau + Milchsäure bei hungernden Fröschen. Bei einem Überschusse an l-Milchsäure werden 70—80% des N als NH_3 ausgeschieden.

Nach K. Maeda[2] vermag Placenta Phenolverbindungen: Brenzkatechin, Adrenalin und Dioxyphenylalanin, aber nicht Tyrosin zu oxydieren.

Über die Rolle des Tyrosins in der Entwicklungsgeschichte der basischen Peptone während der Testikelreifung des Karpfens berichten A. Kossel und E. G. Schenck[3].

Der Tyrosingehalt des Hühnereies nimmt nach Y. Sendju[4] bei der Bebrütung allmählich ab.

In Fütterungsversuchen an ausgewachsenen Ratten und Mäusen mit Nahrungsgemischen aus reinen organischen Bausteinen wird von E. Abderhalden[5] beobachtet, daß sich l-Tyrosin und l-Phenylalanin gegenseitig ersetzen können.

Über die Werterhöhung des Kostzusatzes von eiweißfreier Milch durch geringe Tyrosinmengen (0,4%) berichtet B. Sure[6].

Nach B. Sure[7] wird Erbseneiweiß (Vicia sativa) auch nach Zusatz von Tyrosin allein oder Tyrosin mit Leucin und Cystin nicht für das Wachstum junger Ratten geeigneter.

Eine Kost, der neben 2% Zusatz eines alkoholischen Extraktes aus Weizenkeimlingen 9% Lactalbumin zugesetzt waren, reichte für das Wachstum nicht aus, wohl aber führte nach B. Sure[8] ein weiterer Zusatz von 5% Tyrosin zum Erfolge, während 1% Cystin, das bei 12—18% Lactalbumin als Ergänzung genügt hatte, bei 9% Lactalbumin ungenügend gewesen war.

R. Takata[9] untersuchte den Einfluß eines Zusatzes von 1% Tyrosin auf die Ausnutzung eines Miso-Präparates (gegorener Brei aus Sojabohnen, Kochsalz und Wasser) im Rattenversuch. Tyrosin übt keinen Einfluß aus.

Nach E. Abderhalden[10] entwickeln sich die Larven des Kabinettkäfers (Anthremus muscorum) auf Seidenkokons und bauen aus deren Bestandteilen, die hauptsächlich aus Glykokoll, Alanin, Tyrosin und Serin neben wenig Leucin, Phenylalanin, Prolin, Arginin, Lysin und Histidin bestehen, sämtliche Körpersubstanzen auf.

Nach W. Robson[11] wird bei Cystinurie kein Tyrosin im Urin ausgeschieden.

A. Sylla[12] konnte im Harn einer 38jährigen, nierenkranken Frau (ein Fall von vorübergehender Cystinurie) neben Cystein und Leucin Tyrosin nachweisen.

G. H. Whipple und H. P. Smith[13] untersuchten den Stoffwechsel der gallensauren Salze. Bei Gelatineverfütterung wurden nur 0,07 g gallensaure Salze pro kg und Tag ausgeschieden. Tyrosinzusatz beeinflußte die Gallensäureausscheidung nicht.

Über eine aus dem Körper des Regenwurms hergestellte Substanz, die bei gesunden Meerschweinchen die Temperatur herabdrückt und mit Tyrosin identisch sein soll, berichtet U. Hintzelmann[14].

Tyrosin (1:1000000 und 1:100000) wirkt nach M. P. Nikolaeff[15] auf die Gefäße der isolierten Nebennieren von Ochsen und Kühen nicht erweiternd und verändert auch die Sekretion nicht wahrnehmbar. Tyrosin hat nach R. Arnold und P. Gley[16] keinen Einfluß auf die Adrenalinbildung in der Nebenniere.

---

[1] St. J. Przylecki: Arch. internat. Physiol. **25**, 280—293 (1925) — Ber. Physiol. **34**, 510 — Chem. Zbl. **1926 II**, 455.
[2] K. Maeda: Biochem. Z. **143**, 347—364 (1923) — Chem. Zbl. **1924 I**, 785.
[3] A. Kossel u. E. G. Schenck: Hoppe-Seylers Z. **173**, 278—308 — Chem. Zbl. **1928 I**, 2096.
[4] Y. Sendju: J. of Biochem. **5**, 391—415 (1925) — Chem. Zbl. **1926 I**, 3164.
[5] E. Abderhalden: Pflügers Arch. **195**, 199—226 — Chem. Zbl. **1922 III**, 1234.
[6] B. Sure: J. metabol. Res. **3**, 373—382 — Chem. Zbl. **1923 III**, 1651.
[7] B. Sure: J. of biol. Chem. **46**, 443—452 — Chem. Zbl. **1921 III**, 236.
[8] B. Sure: J. of biol. Chem. **43**, 457—468 — Chem. Zbl. **1921 I**, 41.
[9] R. Takata: J. Soc. chem. Ind. Japan (Suppl.) **31**, 196B—198B (1928) — Chem. Zbl. **1929 I**, 552.
[10] E. Abderhalden: Hoppe-Seylers Z. **142**, 189—190 — Chem. Zbl. **1925 I**, 2020.
[11] W. Robson: Biochemic. J. **23**, 138—148 — Chem. Zbl. **1929 II**, 2576.
[12] A. Sylla: Med. Klin. **25**, 469—471 — Chem. Zbl. **1929 II**, 323.
[13] G. H. Whipple u. H. P. Smith: J. of biol. Chem. **80**, 685—695 (1928) — Chem. Zbl. **1929 II**, 1559.
[14] U. Hintzelmann: Biol. Zbl. **42**, 293—300 (1922) — Ber. Physiol. **15**, 541 — Chem. Zbl. **1923 I**, 554.
[15] M. P. Nikolaeff: Z. exper. Med. **42**, 213—227 — Chem. Zbl. **1924 II**, 1826.
[16] R. Arnold u. P. Gley: C. r. Soc. Biol. Paris **92**, 1413—1414' — Chem. Zbl. **1925 II**, 733.

Nach Versuchen von E. Abderhalden und E. Gellhorn[1] am Herzstreifen ist die Adrenalinwirkung durch d- und l-Tyrosin bedeutend verstärkt, so daß sich die Schwellenkonzentration bis auf etwa $^1/_{10}$ des normalen Wertes erniedrigt. Ebenso wird an der glatten Muskulatur des Magens, der Speiseröhre des Frosches eine Verstärkung der Erregung bzw. Lähmung ausgelöst. Dem Tyrosin selbst kommt kein Einfluß auf die automatische Kontraktion der Herz-, Magen- und Speiseröhrenmuskulatur zu. Bei intraperitonealer Injektion wird durch Zusatz von Tyrosin bei der weißen Maus die Senkung der Temperatur verstärkt. Bei einem Vergleich von l- mit d-Tyrosin ergibt sich, daß die natürlich vorkommende Komponente besonders auf die Temperatursenkung wirksam ist. Weiterhin wurde von den Verfassern[2] der Einfluß von l- und d-Tyrosin auf die Adrenalinwirkung am Meerschweinchendickdarm untersucht. Konzentrationen von 1:25000—200000 steigerten die Adrenalinwirkung (verstärkte Herabsetzung des Tonus und Lähmung der automatischen Kontraktionen). Die Wirkung war völlig reversibel.

Nach M. Chikano[3] hat Tyrosin einen fördernden Einfluß auf Adrenalinhyperglykämie.

Nach Untersuchungen von H. Ekerfors[4] konnte zwischen der Wirkung des Tyrosins auf die Adrenalinoxydation und auf den pharmakodynamischen Effekt des Adrenalins kein Zusammenhang festgestellt werden.

Während Glykokoll bei Gegenwart geringer Mengen Adrenalin durch O_2 unter Bildung von NH_3 und CO_2 zerlegt wird, ist nach S. Edlbacher und I. Kraus[5] die Oxydation anderer Aminosäuren, z. B. von Tyrosin, sehr gering.

Nach B. Sawatowski, A. Titajew, Z. Perelmutter und N. Raspopowa[6] bewirkt bei Axolotln Tyrosin auch bei starken Dosen nur anfängliche Stadien der Metamorphose, wahrscheinlich dient es in der Schilddrüse zur Synthese des Thyroxins. Nach neueren Versuchen von B. Zawadowski, N. Raspopowa, T. Rolitsch und E. Umanowa-Zawadowskaja[7] über die Wirkung von Thyroxin auf Axolotln, das ihnen nach der Methode von Blacher und Belkin einverleibt war, bleibt die Frage über die Zwischenprodukte des Thyroxins aus J und Tyrosin noch offen. Tyrosin war nach E. Abderhalden und O. Schiffmann[8] auf Wachstum und Entwicklung der Kaulquappen von Bufo ohne Einfluß. Untersuchungen von E. Abderhalden[9] und E. Abderhalden und O. Schiffmann[10] an Kaulquappen mit d- und l-Tyrosin bei gleichzeitiger Verabreichung der gleichen Menge KJ ergaben mit d-Tyrosin keine ausgesprochene Wirkung, während mit der l-Verbindung wiederholt ganz charakteristische Wirkungen zu erzielen waren.

Versuche von K. Hansen[11] über die Acetonitrilresistenz von mit Tyrosin unter Zusatz mit KJ gefütterten weißen Mäusen ergaben, daß Tyrosin per os oder subcutan gegeben (0,2 mg 8—10 Tage lang) ohne erkennbare Wirkung auf die Acetonitrilresistenz ist, gleichzeitige KJ-Gaben sogar die Widerstandsfähigkeit vermindern. Deshalb wird gefolgert, daß Thyroxin im Organismus nicht unmittelbar aus Tyrosin entstehen kann.

Über die Erhöhung der Acetonitrilresistenz bei Gelatine + Tyrosin als alleinigem Protein in der Nahrung berichtet M. Miura[12].

H. Ch. Chang und T. P. Feng[13] untersuchten den Einfluß von Tyrosin auf den Haarwuchs von Albinoratten im Vergleich zum Einfluß von Thyreoidin. Dieses kann durch Tyrosin nicht ersetzt werden.

---

[1] E. Abderhalden u. E. Gellhorn: Pflügers Arch. **203**, 42—56 — Chem. Zbl. **1924 II**, 497.
[2] E. Abderhalden u. E. Gellhorn: Pflügers Arch. **206**, 154—161 (1924) — Chem. Zbl. **1925 I**, 550.
[3] M. Chikano: Biochem. Z. **205**, 154—165 — Chem. Zbl. **1929 I**, 2199.
[4] H. Ekerfors: C. r. Soc. Biol. Paris **93**, 1162—1167 (1925) — Chem. Zbl. **1926 I**, 1222.
[5] S. Edlbacher u. I. Kraus: Hoppe-Seylers Z. **178**, 239—249 — Chem. Zbl. **1928 II**, 2658.
[6] B. Sawatowski, A. Titajew, Z. Perelmutter u. N. Raspopowa: Ž. eksper. Biol. i. Med. (russ.) **4**, 665—679 — Ber. Physiol. **40**, 776 — Chem. Zbl. **1927 II**, 2207.
[7] B. Zawadowski, N. Raspopowa, T. Rolitsch u. E. Umanowa-Zawadowskaja: Z. exper. Med. **61**, 526—538 — Chem. Zbl. **1928 II**, 2662.
[8] E. Abderhalden u. O. Schiffmann: Pflügers Arch. **195**, 167—198 — Chem. Zbl. **1922 III**, 637.
[9] E. Abderhalden: Pflügers Arch. **201**, 432—444 (1923) — Chem. Zbl. **1924 I**, 789.
[10] E. Abderhalden u. O. Schiffmann: Pflügers Arch. **198**, 128—144 (1923) — Chem. Zbl. **1923 I**, 1338.
[11] K. Hansen: Arch. f. exper. Path. **117**, 137—146 (1926) — Chem. Zbl. **1927 I**, 133.
[12] M. Miura: J. Labor. a. clin. Med. **7**, 267—272 — Ber. Physiol. **13**, 200 — Chem. Zbl. **1922 III**, 636.
[13] H. Ch. Chang u. T. P. Feng: Chinese J. Physiol. **3**, 57—68 — Chem. Zbl. **1929 II**, 586.

Versuche von S. K. Kon und T. Moore[1] über den Zusatz von 0,5% belichteten Tyrosins zu der McCollum-Diät 3143 ergaben keine Besserung von Rattenrachitis.

Versuche von B. Harrow, F. W. Power und C. P. Sherwin[2] ergaben, daß die Kuppelung des Acetaldehyd-Essigsäurekomplexes mit p-Aminobenzoesäure im 24 Stundenharn nach Beigabe von Tyrosin um 188% gesteigert wurde.

Tyrosin ist nach St. Weiß[3] auf den Abbau von acetessigsaurem K durch Hefe auch nach Dextrosezusatz ohne Einfluß.

Über den Einfluß von Tyrosin in Gegenwart oder Abwesenheit von hydrolysiertem Edestin auf das Hefewachstum berichtet F. K. Swoboda[4]. Tyrosin wirkt fördernd, wobei der Hefe-N um mehr zugenommen hat, als dem zugeführten Tyrosin-N entspricht (z. B. 1,5 mg Tyrosin-N lieferte 2,84 mg Hefe-N).

F. Lieben[5] untersuchte das Verhalten von Tyrosin in ruhender Hefesuspension, von der es nicht angegriffen wird. Beim Schütteln unter O_2-Zufuhr nimmt die Tyrosinmenge ab, ohne daß wesentliche Mengen CO_2 und NH_3 gebildet werden. Wieweit Tyrosin zum Aufbau von Leibessubstanz der Hefe verwendet wird, geht aus den Bilanzversuchen nicht mit genügender Sicherheit hervor.

Nach Bokorny[6] können Glykokoll, Leucin und Tyrosin zur Ernährung von Hefe dienen, während Algen daraus Stärke bilden.

Kleinere Mengen Tyrosin wirken nach E. Abderhalden[7] auf die alkoholische Gärung zunächst hemmend, dann beschleunigend, während größere Mengen die Gärung sofort beschleunigen.

P. S. Pistschimuka[8] untersuchte die Bildung von Tyrosol aus Tyrosin durch Vergärung. Tyrosin wird quantitativ in Tyrosol übergeführt. Es entstehen 76% freies Tyrosol, der Rest besteht hauptsächlich aus Tyrosolestern der Ameisen-, Essig-, Butter-, Valerian- und Bernsteinsäure. Die Esterbildung wird durch Enzyme hervorgerufen. Die Tyrosolester wurden synthetisch dargestellt, aus ihrem Verhalten (Löslichkeit) ist zu schließen, daß nur die Alkoholgruppe verestert ist. Wahrscheinlich verläuft die Alkoholbildung zuerst über das Amin. So ließen sich aus 15 g bzw. 95 g Tyrosin mit Preßhefe N_{12} 8,4 g reines Tyrosol und 4,60 g Estergemisch bzw. 57,5 g reines Tyrosol, 7 g neutrale und 6,36 g saure Ester gewinnen. An Verseifungsprodukten der Ester wurden Bernstein-, Essig-, Ameisensäure und einige andere Homologe gewonnen, dagegen ließ sich nicht p-Oxyphenylmilchsäure oder p-Oxyphenylbrenztraubensäure nachweisen.

Über die Ausnützung des Tyrosins als N-Quelle für Nektarhefe Anthomyces Reukaufii berichtet F. Hautmann[9]. Im Vergleich mit anderen N-haltigen Verbindungen ist die Ausnützung gering.

Von L. Lutz[10] wurde der Oxydationseinfluß verschiedener Pilzarten auf Tyrosin untersucht, das dem Kulturmilieu zugesetzt war.

l-Tyrosin wird nach Y. Kotake, M. Chikano und K. Ichihara[11] durch Oidium lactis fast quantitativ in d-Oxyphenylmilchsäure umgewandelt.

M. Yukawa[12] gelingt es, aus „Shogu" und „Tamari-Shogu" als Tyrosinabbauprodukte Tyrosol (als Dibenzoat) und Tyrosamin (als Chloroplatinat und Benzoat) zu isolieren. Weiter wurden die Gärungsprodukte von Pilzen, die (aus Shogu-Moromi isoliert) auf Nährlösungen mit 0,1 proz. Tyrosingehalt gezüchtet waren: Zygosaccharomyces soja, major und japonicus untersucht; die Pilze erzeugten Tyrosol, jedoch kein Tyrosamin und keine p-Hydroxyl-phenylmilchsäure, während in Monilia- und Mycodermakulturen — die nur im Koji isoliert werden —

---

[1] S. K. Kon u. T. Moore: Biochemic. J. **21**, 1368—1369 (1927) — Chem. Zbl. **1928 II**, 166.
[2] B. Harrow, F. W. Power u. C. P. Sherwin: Proc. Soc. exper. Biol. a. Med. **24**, 422—424 — Ber. Physiol. **40**, 787 — Chem. Zbl. **1927 II**, 2207.
[3] St. Weiß: Z. exper. Med. **52**, 707—714 (1926) — Chem. Zbl. **1927 I**, 479.
[4] F. K. Swoboda: J. of biol. Chem. **52**, 91—109 — Chem. Zbl. **1922 III**, 1091.
[5] F. Lieben: Biochem. Z. **132**, 180—187 (1922) — Chem. Zbl. **1923 I**, 1286.
[6] Bokorny: Allg. Brauer- u. Hopfenztg **64**, 1214—1216 — Chem. Zbl. **1925 I**, 1538.
[7] E. Abderhalden: Fermentforschg **6**, 149—161 — Chem. Zbl. **1922 III**, 887.
[8] P. S. Pistschimuka: J. russ. phys.-chem. Ges. **48**, 1—55 (1916) — Chem. Zbl. **1922 III**, 1303.
[9] F. Hautmann: Arch. Protistenkde **48**, 213—244 (1924) — Ber. Physiol. **29**, 562—563 — Chem. Zbl. **1925 I**, 2569.
[10] L. Lutz: C. r. Soc. Biol. Paris **183**, 95—97 (1926) — Chem. Zbl. **1927 I**, 110.
[11] Y. Kotake, M. Chikano u. K. Ichihara: Hoppe-Seylers Z. **143**, 218—228 — Chem. Zbl. **1925 I**, 2570.
[12] M. Yukawa: J. Coll. agric. Tokyo **5**, 291—299 (1924) — Chem. Zbl. **1925 I**, 1499.

auch p-Hydroxylphenylmilchsäure (Schmelzp. 169°) neben Tyrosol, jedoch kein Tyrosamin gefunden wurde. Der Verfasser nimmt deshalb an, daß Tyrosamin in „Shogu" oder „Tamari" aus Tyrosin bzw. seinen Zersetzungsprodukten oder direkt aus den Eiweißstoffen in Moromi durch Aspergillus oryzae entsteht.

Der O_2-Verbrauch von Paramaecium caudatum und Colpoda wird nach J. M. Leichsenring[1] durch Tyrosin im Gegensatz zu anderen Aminosäuren nicht gesteigert.

Tyrosin zeigte nach T. Ugata[2] weder allein noch in Kombination mit anderen Aminosäuren einen Einfluß auf die Vermehrung von Paramaecium caudatum.

Nach B. Sbarsky und Z. Jermoljewa[3] sind 0,01 g Tyrosin im Gegensatz zu anderen Aminosäuren imstande, in vitro binnen 1 Stunde bei 37° 1—2 tödliche Dosen von Tetanustoxin für Mäuse und Meerschweinchen völlig zu entgiften. Zur Entgiftung der fünffachen tödlichen Dosis ist eine 5tägige Einwirkung erforderlich, dagegen werden noch stärkere Giftmengen nicht beeinflußt. Wird Tyrosin Mäusen gleichzeitig mit Tetanustoxin, aber an einer anderen Stelle injiziert, so bleibt jeder Entgiftungseffekt aus. Andererseits gelingt es, durch eine prophylaktische Behandlung mit Tyrosin einen Schutz gegen Tetanus bei Mäusen zu erzielen, der am 3. bis 5. Tage beginnt und bis zum 10. Tage dauern kann. Das Gemisch Tyrosin-Tetanustoxin besitzt die Eigenschaften eines „Anatoxins" und kann zur Immunisierung verwandt werden.

Bei dialysiertem Diphtherietoxin durch Kollodiummembranen 24 Stunden gegen Wasser wirkt nach B. Sbarsky und K. Nikolajev[4] Tyrosin nur auf die Außenflüssigkeit. 0,05 bis 0,1 g Tyrosin heben nach B. Sbarsky und L. Subkowa[5] die Wirkung einer tödlichen Diphtherietoxindosis vollkommen auf. Die Versuche gelangen nach B. Sbarsky und Z. Jermoljewa[6] nur an einem schwach toxischen Stamm. Werden 0,5% Tyrosin der Nährbouillon zugesetzt, so ist die Toxinbildung trotz guten Wachstums der Keime 10—20mal geringer als in Kontrollbouillonkulturen.

In künstlichen Nährböden wird Tyrosin nach A. Doskočil[7] als N-Quelle durch Typhusbacillen nur in Gegenwart von Zucker ausgenutzt, wobei es zu einer Säuerung des Nährbodens kommt.

Typhusbacillen — aus dem Blut immunisierter Tiere — produzieren eine Substanz mit adrenalinähnlichen Wirkungen. Die Typhusbacillen können nach T. J. Kanai[8] in eiweißfreien Nährböden weder aus Tyrosin noch aus seinen Umwandlungsprodukten diese Substanz erzeugen.

Über die Ausnützung von Tyrosin als N-Quelle durch verschiedene Bakterien bei Ersatz des Asparagins in der Uschinskischen Lösung durch Tyrosin berichtet J. Carra[9].

7 verschiedene Arten von Mikrosiphoneen wurden von G. Guittonneau[10] in Nährböden kultiviert, die außer den Mineralstoffen Tyrosin als C- und N-Quelle enthielten. Es konnte NH_3-Bildung festgestellt werden. Tyrosin wurde sehr schwer zerlegt. Kulturen hiermit wurden rosa bis dunkelrot, die Färbung deutete auf Produktion von Tyrosinase.

Tyrosin als N-Quelle für Tuberkelbacillen des Typus humanus und Typus bovinus war nach S. Kondo[11] meist unbrauchbar.

Tyrosin als N-Quelle wird nach H. Braun, A. Stamatelakis, S. Kondo und R. Goldschmidt[12] vom Blindschleichen- und Schildkrötentuberkelbacillus (Friedmann) nicht verwendet.

Es wurde von H. Braun und C. E. Cahn-Bronner[13] die Ausnützbarkeit von Tyrosin für sich und im Gemisch mit Milchsäure durch folgende pathogene Bakterien: gasbildende

---

[1] J. M. Leichsenring: Amer. J. Physiol. **75**, 84—92 (1925) — Chem. Zbl. **1926 II**, 1871.
[2] T. Ugata: J. of Biochem. **6**, 417—450 (1926) — Chem. Zbl. **1928 II**, 1784.
[3] B. Sbarsky u. Z. Jermoljewa: Biochem. Z. **182**, 180—187 — Chem. Zbl. **1927 I**, 3012.
[4] B. Sbarsky u. K. Nikolajev: Biochem. Z. **183**, 419—425 — Chem. Zbl. **1927 II**, 109.
[5] B. Sbarsky u. L. Subkowa: Biochem. Z. **172**, 40—44 — Chem. Zbl. **1926 II**, 605.
[6] B. Sbarsky u. Z. Jermoljewa: Z. Immun.forschg **54**, 105—109 (1927) — Chem. Zbl. **1928 I**, 935.
[7] A. Doskočil: Biochem. Z. **190**, 314—321 (1927) — Chem. Zbl. **1928 I**, 2623.
[8] T. J. Kanai: Biochem. Z. **132**, 26—52 (1922) — Chem. Zbl. **1923 I**, 1295.
[9] J. Carra: Ann. d'Ig. **34**, 397—405 — Ber. Physiol. **29**, 138 (1924) — Chem. Zbl. **1925 I**, 1088.
[10] G. Guittonneau: C. r. Acad. Sci. Paris **179**, 512—514 — Chem. Zbl. **1924 II**, 2607.
[11] S. Kondo: Biochem. Z. **155**, 148—158 — Chem. Zbl. **1925 I**, 2495.
[12] H. Braun, A. Stamatelakis, S. Kondo u. R. Goldschmidt: Biochem. Z. **146**, 573—581 — Chem. Zbl. **1924 II**, 682.
[13] H. Braun u. C. E. Cahn-Bronner: Biochem. Z. **131**, 226—271 (1922) — Chem. Zbl. **1923 I**, 965.

und gaslose Paratyphus B-, Gärtner-, NH_3-assimilierende und NH_3-nichtassimilierende Typhusbacillen untersucht. Während nun Tyrosin allein nicht ausgenutzt wurde, fand Wachstum bei Zusatz von Milchsäure statt.

Über die Behinderung von Bakterienwachstum durch Tyrosin berichtet G. A. Wyon und J. W. Mc Leod[1]. Einige Darmbakterien sind gegen diesen Einfluß unempfindlich. Nach A. Goris und A. Liot[2] lassen sich bei der Züchtung von Bacillus pyocyaneus auf künstlichen Nährböden Tyrosin oder dessen NH_4-Salz als N-Quelle verwenden. Allerdings ist die Wirkung der NH_4-Salze stärker. Von A. Liot[3] wird Tyrosin in künstlichen Nährböden nur sehr schlecht vom Bacillus pyocyaneus verwertet. l-Tyrosin wird nach J. Supniewski[4] durch Bacillus pyocyaneus bis zu Produkten abgebaut, die kein Br mehr binden. Untersuchungen über die Bildung von Farbstoff durch Bacillus pyocyaneus auf verschiedenen Nährböden ergaben nach J. Carra[5] bei Verwendung von Tyrosin als N-Quelle, daß anfangs nur eine schwächere Bildung stattfindet, die allmählich zunimmt, aber nie die gleiche Stärke erreicht, wie es mit Alanin der Fall ist.

Über den Abbau von Tyrosin durch Bacillus fluorescens, Bacillus pyocyaneus, Bacillus prodigiosus und Bacillus proteus vulgaris bei Gegenwart oder Abwesenheit von Glycerin berichten H. Raistrick und A. B. Clark[6].

Beim Abbau von l-Tyrosin durch Proteus vulgaris in Ringerlösung konnte nach K. Hirai[7] p-Oxybenzaldehyd (als p-Nitrophenylhydrazon isoliert) und p-Oxybenzoesäure nachgewiesen werden. Daneben entstand ein Melanin (0,5 g aus 4 g Tyrosin).

Tyrosin ist nach A. Adam[8] ohne wesentlichen Einfluß auf das Wachstum des Bacillus bifidus.

Tyrosin als N-Verbindung in Zuckernährböden für Aspergillus fumaricus, der keine Fumar-, sondern nur noch Citronen- und Gluconsäure bildete, zeigte nach R. Schreyer[9] anderen N-Verbindungen gegenüber keinen Unterschied im Einfluß auf die Säuerung.

B. Schwarzberg und P. Gindis[10] untersuchten die Lebensfähigkeit von Milchsäurebakterien in Gerbbrühen. Als N-Quelle diente in einem Gerstenabsud mit Glucose Tyrosin neben Pepton, Fibrin und anderen Aminosäuren.

Bei der Einwirkung von Paraplectrum foetidum auf Casein wurden von W. Grimmer und S. Rauschning[11] an Aminosäuren Tyrosin und Leucin ermittelt. Als sekundäres Abbauprodukt des Tyrosins wurde eine Oxyphenylcarbonsäure mit dem Schmelzpunkt der Oxyphenylessigsäure gefunden.

O. Fernández und T. Garméndia[12] untersuchten die Bildung von Katalase und Peroxydase durch Bacillus coli in verschiedenen Medien: a) Bouillonkulturen mit Luftzutritt: Die meiste Katalase wird mit Lävulose + Tyrosin gebildet, b) Bouillonkulturen ohne Luftzutritt: findet nur geringe Katalasebildung bei Zucker + Aminosäure statt, c) Kulturen in synthetischen Medien unter Luftzutritt: mit Tyrosin ohne Kohlehydrate gedeiht Bacillus coli unter diesen Bedingungen nicht; verhältnismäßig gering ist die Katalasebildung mit Lävulose + Tyrosin, d) Kulturen in synthetischen Medien unter Luftabschluß: bei Zusatz von Tyrosin wird kein Ferment gebildet.

Ein Tyrosinzusatz zu einem Medium, das neben den nötigen anorganischen Salzen und Glycerin Histidindichlorid enthält, hat nach M. T. Hanke und K. K. Koeßler[13] auf die

---

[1] G. A. Wyon u. J. W. Mc Leod: J. of Hyg. **21**, 376—385 (1923) — Ber. Physiol. **26**, 306 (1924) — Chem. Zbl. **1924 II**, 2271.
[2] A. Goris u. A. Liot: C. r. Acad. Sci. Paris **174**, 575—578 — Chem. Zbl. **1922 III**, 391.
[3] A. Liot: Ann. Inst. Pasteur **37**, 234—274 — Chem. Zbl. **1923 III**, 631.
[4] J. Supniewski: C. r. Soc. Biol. Paris **90**, 1111—1112 — Chem. Zbl. **1924 II**, 483. — Biochem. Z. **146**, 522—535 — Chem. Zbl. **1924 II**, 682.
[5] J. Carra: Zbl. Bakter. I **91**, 154—159 — Chem. Zbl. **1924 I**, 1550.
[6] H. Raistrick u. A. B. Clark: Biochemic. J. **15**, 76—82 (1921) — Chem. Zbl. **1921 III**, 233.
[7] K. Hirai: Biochem. Z. **135**, 299—307 — Chem. Zbl. **1923 III**, 681.
[8] A. Adam: Z. Kinderheilk. **31**, 331—366 (1922) — Ber. Physiol. **17**, 535 — Chem. Zbl. **1923 III**, 501.
[9] R. Schreyer: Biochem. Z. **202**, 131—156 (1928) — Chem. Zbl. **1929 I**, 1707.
[10] B. Schwarzberg u. P. Gindis: Zbl. Bakter. **78**, 96—105 — Chem. Zbl. **1929 II**, 760.
[11] W. Grimmer u. S. Rauschning: Milchwirtsch. Forschg **7**, 534—539 — Chem. Zbl. **1929 II**, 314.
[12] O. Fernández u. T. Garméndia: An. soc. española Fis. Quim. **21**, 166—180 — Chem. Zbl. **1923 III**, 1416 — Z. Hyg. **108**, 329—335 — Chem. Zbl. **1928 I**, 1783.
[13] M. T. Hanke u. K. K. Koeßler: J. of biol. Chem. **50**, 131—191 (1922) — Chem. Zbl. **1922 I**, 695.

Histaminbildung durch folgende Bacillen: Bacillus paratyphosus A, Bacillus dysenteriae Flexner, Morgan und Shiga, Bacillus fäcalis alkaligenes I, Bacillus mucosus capsulatus, Bacillus tuberculosis und Bacillus coli, keinen Einfluß.

Versuche von M. T. Hanke und K. K. Koeßler[1] über das Verhalten von Bakterien aus menschlichem Dickdarm Histidin und Tyrosin gegenüber zeigten, daß von Bakteriengemischen aus 26 menschlichen Stühlen 16 Histidin zu Histamin, 17 Tyrosin zu Tyramin und 12 beide decarboxylierten; aus 18 Stühlen, die von normalen Individuen stammten, decarboxylierten 14 Histidin, 11 Tyrosin und 10 beide. Flüchtige Phenole wurden aus Tyrosin in den Kohlehydrat enthaltenden künstlichen Nährböden nicht gebildet, Oxyphenylmilchsäure nur in 3 Fällen in kleinen Mengen. Aus 2 Stühlen, die Aminbildner enthielten, wurden 11 bzw. 9 Bakterienstämme gezüchtet, keiner von diesen produzierte Histamin, dagegen verwandelten 7 von den 11 Stämmen des einen Stuhles (I) und 2 von den 9 Stämmen des anderen (II) Tyrosin in Tyramin. Über die Umsetzung des Tyrosins in Tyramin durch einen Colibacillusstamm in Milch, Blutnährbrühe und Ascitesnährbrühe berichten M. T. Hanke und K. K. Koeßler[2]. Die Bildung des Amines erfolgte nicht in kohlehydratfreien Nährböden, in denen keine saure Reaktion auftrat, wohl aber in der beträchtlich saure Reaktion annehmenden Milch. In Blut und Ascitesbrühe, die alkalisch blieben, bildete der Stamm aus Tyrosin Phenol. Weitere Untersuchungen der Verfasser[3] von Colistämmen ergaben die Existenz von 3 Gruppen, von denen I Tyrosin in Tyramin, II Histidin in Histamin zu verwandeln und III beider Fähigkeiten ermangelte. Bei Pufferung des Nährbodens oder, wenn die Bildung von Säure unmöglich ist, verwandeln die Stämme der Gruppe I Tyrosin in Phenol, während andere es unverändert lassen.

F. Sieke[4] untersuchte die Phenolbildung aus Tyrosin (0,3% Tyrosinzusatz zu Frieberscher Trypsinbouillon) durch Absprengung der Seitenkette durch Bakterien: Bacillus coli phenologenes und Bacillus paracoli phenologenes, durch 3 Stämme von Hühnercholera und durch 2 Stämme des Perezeschen Ozaenabacillus, und berichtete über den Nachweis des gebildeten Phenols.

Nach J. H. Northrop[5] wird die Fermentwirkung von Trypsin durch zugesetztes Tyrosin nicht gehemmt.

Über die Erhöhung der antitryptischen Wirkung einer Durchspülungsflüssigkeit von einer übelriechenden Hundespeicheldrüse durch Tyrosinzusatz berichtet A. Niskowski[6].

Applikation von 500 mg Tyrosin, in 150 ccm Wasser suspendiert, auf die Duodenal- und Jejunalschleimhaut von Darmfistelhunden ruft nach C. Ivy und G. B. McIlvain[7] eine deutliche Sekretion hervor.

Nach Untersuchungen über die Elution verschiedener Hefepeptidasesysteme wirkt nach A. Fodor und R. Schoenfeld[8] Tyrosin auf das 2. Adsorbat (Kaolin $\rightleftharpoons$ zymohaptische Substanz) eluierend, hemmt aber die zymohaptische Substanz vollständig.

Bei Versuchen von A. Fodor und R. Cohn[9] über die Wirkung von l-Tyrosin auf Hefepeptidase ließ sich zeigen, daß l-Tyrosin im Gegensatz zu allen anderen geprüften Aminosäuren eine leichte Depression der Hefepeptidaseaktivität verursachte.

Tyrosin auf etwa 300° erhitzt, zeigte nach C. van Eweyk und M. Tennenbaum[10] keine Sekretinwirkung.

Tyrosin wirkt nach A. C. Ivy und A. J. Javois[11] nicht auf die Magensekretion ein.

Über die hemmende Wirkung des Tyrosins und seines Na-Salzes auf die Pepsinwirkung berichtet L. Jarno[12].

---

[1] M. T. Hanke u. K. K. Koeßler: J. of biol. Chem. **59**, 835—853 — Chem. Zbl. **1924 II**, 361.
[2] M. T. Hanke u. K. K. Koeßler: J. of biol. Chem. **59**, 855—866 — Chem. Zbl. **1924 II**, 361.
[3] M. T. Hanke u. K. K. Koeßler: J. of biol. Chem. **59**, 867—877 — Chem. Zbl. **1924 II**, 361.
[4] F. Sieke: Z. Hyg. **94**, 214—223 (1921) — Chem. Zbl. **1922 I**, 472.
[5] J. H. Northrop: J. gen. Physiol. **4**, 227—244 (1922) — Chem. Zbl. **1922 I**, 764.
[6] A. Niskowski: Biochem. Z. **179**, 62—69 (1927) — Chem. Zbl. **1928 II**, 2660.
[7] C. Ivy u. G. B. McIlvain: Amer. J. Physiol. **67**, 124—140 (1923) — Chem. Zbl. **1924 I**, 1053.
[8] A. Fodor u. R. Schoenfeld: Hoppe-Seylers Z. **160**, 169—188 (1926) — Chem. Zbl. **1927 I**, 460.
[9] A. Fodor u. R. Cohn: Hoppe-Seylers Z. **176**, 17—28 — Chem. Zbl. **1928 II**, 455.
[10] C. van Eweyk u. M. Tennenbaum: Biochem. Z. **125**, 238—245 (1921) — Chem. Zbl. **1922 I**, 764.
[11] A. C. Ivy u. A. J. Javois: Amer. J. Physiol. **71**, 591—603 — Chem. Zbl. **1925 II**, 197.
[12] L. Jarno: Arch. Verdgskrkh. **30**, 191—202 (1922) — Ber. Physiol. **17**, 342 — Chem. Zbl. **1923 III**, 459.

H. Wasteneys und H. Borsook[1] gelang es nicht, aus den Verdauungsprodukten der Gelatine auch bei Gegenwart von Tyrosin mit Pepsin ein synthetisches Produkt zu gewinnen.

Glykokoll, Leucin oder Alanin werden nach M. E. Robinson und R. A. McCance[2] durch den rohen Enzymextrakt aus Lactarius vellereus nur in Gegenwart von Phenolen, p-Kresol, Brenzkatechin und Resorcin oxydiert. p-Hydrobenzoesäure oder Tyrosin können dabei nicht an Stelle von p-Kresol verwendet werden.

Nach H. C. Sherman und F. Walker[3] wird die Hydrolysengeschwindigkeit von Stärke durch gereinigte Pankreatinamylase, Handelspankreatin, Speichel- oder gereinigte Malzamylase, nicht so eindeutig bei Malzextrakt, Takadiastase und einer Aspergillusamylase aus Takadiastase durch Tyrosinzusatz gesteigert. Der Aminosäurezusatz schützt das Enzym auch vor der zerstörenden Wirkung durch $CuSO_4$ und kann selbst ein durch $CuSO_4$ geschädigtes Enzym wieder zur vollen Wirksamkeit bringen. Deshalb ist nach den Verfassern der günstige Einfluß der Aminosäuren auf die Stärkehydrolyse wenigstens zum Teil auf die schützende Wirkung vor Zerstörung in den wässerigen Lösungen zurückzuführen.

Tyrosin wurde nach F. Bernheim[4] von der Aldehydoxydase der Kartoffel nicht oxydiert.

Tyrosin wirkt nach R. Karasawa[5] im Gegensatz zu Alanin und Leucin auf die pankreaslipatische Spaltung von Tributyrin schwach hemmend. Weiterhin wird über die Wirkung der Gallensäure auf die Tributyrinspaltung bei Gegenwart der Aminosäure berichtet.

Nach G. Schmidt[6] wird l-Tyrosin nicht durch die Adenylsäuredesaminase aus Muskelbrei desaminiert.

Die Enzyme von Aspergillus flavus greifen nach A. K. Thakur und R. V. Norris[7] im Gegensatz zu anderen Aminosäuren Tyrosin nicht an.

Über die Pigmentation des Katarakts, die die Bildung oxydierten Tyrosins aus den zersetzten Linsenalbuminen anzeigt, und deren Verhinderung durch Insulininjektionen berichten D. Michaïl und P. Vancea[8].

Über die Angreifbarkeit von Tyrosin durch Hautextrakte (Phenolase der Haut) berichtet Y. Yamasaki[9].

Eine in Hühnereiweiß vorhandene Oxydase greift nach T. Koga[10] zwar Dioxyphenylalanin aber nicht Tyrosin an.

Nach Versuchen von M. W. Onslow und M. E. Robinson[11] wird Tyrosin durch Oxygenase nicht oxydiert, wenn diese einmalig mit Tierkohle behandelt wurde. Nach Zusatz von wenig Brenzcatechin wird jedoch das Tyrosin durch Oxygenase in geringem Maße wieder oxydiert.

Über den Pigmentierungsverlauf des sich entwickelnden Flügels vom Eulenspinner (Cym. or F. ab. albingensis Warm.) in wässerigen Tyrosin- und 3, 4-Dioxyphenylalaninlösungen berichtet K. Hasebroek[12].

Hydrophilus enthält nach D. Rywosch[13] eine Tyrosinase, die auf Tyrosin und Adrenalin einwirkt.

Aus Tyrosin werden nach H. St. Raper und H. Br. Speakman[14] durch Tyrosinasepräparate aus Kartoffel, aus dem Mehlwurm (Tenebrio molitor) und Agaricus hydrophilus rote Produkte gewonnen, die in allen Fällen gleiche Eigenschaften zeigen.

---

[1] H. Wasteneys u. H. Borsook: J. of biol. Chem. **62**, 15—19 (1924) — Chem. Zbl. **1925 I**, 674.

[2] M. E. Robinson u. R. A. McCance: Biochemic. J. **19**, 251—256 — Chem. Zbl. **1925 II**, 406.

[3] H. C. Sherman u. F. Walker: J. amer. chem. Soc. **43**, 2461—2469 — Chem. Zbl. **1922 III**, 929.

[4] F. Bernheim: Biochemic. J. **22**, 344—352 — Chem. Zbl. **1928 II**, 1220.

[5] R. Karasawa: J. of Biochem. **7**, 117—127 — Chem. Zbl. **1927 II**, 280.

[6] G. Schmidt: Hoppe-Seylers Z. **179**, 243—282 (1928) — Chem. Zbl. **1929 I**, 1124.

[7] A. K. Thakur u. R. V. Norris: J. Indian. Inst. Sci. A **11**, 141—160 (1928) — Chem. Zbl. **1929 I**, 1013.

[8] D. Michaïl u. P. Vancea: C. r. Soc. Biol. Paris **96**, 63—65 — Chem. Zbl. **1927 I**, 2212.

[9] Y. Yamasaki: Biochem. Z. **147**, 203—215 — Chem. Zbl. **1924 II**, 848.

[10] T. Koga: Biochem. Z. **141**, 430—446 (1923) — Chem. Zbl. **1924 I**, 353.

[11] M. W. Onslow u. M. E. Robinson: Biochemic. J. **22**, 1327—1331 — Chem. Zbl. **1929 I**, 911.

[12] K. Hasebroek: Fermentforschg **5**, 1—40 — Chem. Zbl. **1921 III**, 1171 — Fermentforschg **7**, 139—142 (1923) — Chem. Zbl. **1924 I**, 1226.

[13] D. Rywosch: Fermentforschg **8**, 48—51 — Chem. Zbl. **1924 II**, 2344.

[14] H. St. Raper u. H. Br. Speakman: Biochemic. J. **20**, 69—72 — Chem. Zbl. **1926 I**, 2803.

Nach L. Kaufmann[1] ist das Chromogen in der Haut des Russenkaninchens nicht aus Tyrosin entstanden.

Über die Steigerung der Bildung von schwarzem, mikroskopisch nachweisbaren Pigment bei Fröschen nach Einspritzen von Tyrosin berichtet T. Comini[2].

Nach D. Steiger-Kazal[3] nimmt der Tyrosingehalt des Serums (colorimetrisch bestimmt) bei zunehmender künstlicher Pigmentation (Bestrahlung) ab.

Über die Bildung des Melanins aus Tyrosin durch Tyrosinase aus Tenebrio molitor berichtet R. A. Gortner[4]. Es findet zunächst Rotfärbung statt, für die die OH-Gruppe maßgebend ist, dann Melaninbildung, die durch die NH_2-Gruppe verursacht ist. Zur Stützung dieser Anschauung läßt sich zeigen, daß mit Tyrosol Rotfärbung, aber keine Melaninbildung stattfindet.

Während sich durch Anordnung eines Gazetupfers, mit Dioxyphenylalaninlösung getränkt, auf eine nicht zu tief excoriierte Hautstelle die Dioxyphenylalaninreaktion intravital hervorrufen läßt, gelingt nach Fr. v. Gröer, W. Stütz und J. Tomeszewski[5] der Nachweis nicht mit Tyrosin.

Nach H. Przibram[6] ist die Melaninbildung durch Tyrosinase aus Tyrosin über Dioxyphenylalanin unwahrscheinlich, da Dioxyphenylalanin in den Vorstufen der Melaninbildung auch nicht in Spuren nachgewiesen werden konnte.

Über die Pigmentbildung des tierischen Organismus durch Tyrosin oder Dioxyphenylalanin berichten H. Przibram, J. Dembowski und L. Brecher[7].

B. Bloch[8] berichtet über Pigmentbildung aus Tyrosin durch Tyrosinase, die sich in Tieren und Pflanzen findet.

Über die Melaninbildung aus Tyrosin durch Tyrosinase berichten R. Chodat und F. Wyß[9], das notwendige p_H-Bereich beträgt nach ihnen 5—11.

Über die Spezifität von Tyrosin und Dioxyphenylalanin als Melaninvorstufen und über die Bedeutung dieser Vorstufen als ausschlaggebende Faktoren für die natürliche Entstehung der melanistischen Cym. or ab. albingensis berichtet K. Hasebroek[10].

C. Stapp[11] vergleicht die Angreifbarkeit von Tyrosin und tyrosinsulfosaurem Ba durch Bakterientyrosinase. Weiterhin teilt er mit, daß die Geschwindigkeit des Reaktionseintrittes der Oxydation mit steigender Temperatur zunimmt. Homogentisinsäure ließ sich nicht als Zwischenprodukt der Tyrosinaufspaltung nachweisen.

Aus Untersuchungen von H. St. Raper und A. Wormall[12] ergibt sich, daß die Umsetzung des Tyrosins durch Tyrosinase vom p_H abhängig ist, daß sie eine monomolekulare Reaktion ist und in 3 Stadien erfolgt: 1. Umwandlung des Tyrosins in eine rote Substanz, abhängig von der Gegenwart von O_2 und Enzym. 2. Verwandlung der roten Substanz in farblose, freiwillig, schnell bei Erwärmen erfolgende, nicht von der Gegenwart des Enzyms abhängige, wahrscheinlich intramolekulare Umwandlung. 3. Oxydation der farblosen Substanz durch O_2 zu Melanin; kann freiwillig erfolgen, schnell in alkalischen, langsam in sauren Lösungen, kann durch die in der Tyrosinase vorhandene Phenolase beschleunigt werden. Die Grenzen der Kartoffeltyrosinasewirkung sind p_H 5 und 10. Die Geschwindigkeit ist bei p_H 8 > 7 > 6. Außerdem wird die beschleunigende Wirkung eines Zusatzes von gekochtem Kartoffelsaft

---

[1] L. Kaufmann: Biol. generalis (Wien) **1**, 7—21 — Ber. Physiol. **33**, 59 (1925) — Chem. Zbl. **1926 I**, 3343.

[2] T. Comini: Arch. di Fisiol. **23**, 247 (1925) — Ber. Physiol. **35**, 404—405 — Chem. Zbl. **1926 II**, 1661.

[3] D. Steiger-Kazal: Arch. f. Dermat. **152**, 420—426 (1926) — Chem. Zbl. **1927 I**, 2096.

[4] R. A. Gortner: Proc. Soc. exper. Biol. a. Med. **21**, 543—545 (1924) — Ber. Physiol. **29**, 292 — Chem. Zbl. **1925 I**, 1614.

[5] Fr. v. Gröer, W. Stütz u. J. Tomeszewski: Z. exper. Med. **33**, 147—160 (1923) — Chem. Zbl. **1923 III**, 872.

[6] H. Przibram: Arch. mikrosk. Anat. u. Entw.mechan. **102**, 624—634 (1924) — Ber. Physiol. **29**, 353 — Chem. Zbl. **1925 I**, 2092.

[7] H. Przibram, J. Dembowski u. L. Brecher: Arch. Entw.mechan. **48**, 140—165 (1921) — Ber. Physiol. **9**, 35—37 — Chem. Zbl. **1922 I**, 55.

[8] B. Bloch: Amer. J. med. Sci. **177**, 609—616 — Chem. Zbl. **1929 II**, 1176.

[9] R. Chodat u. F. Wyß: C. r. séances de la soc. phys. et d'hist. nat. de Genève **39**, 22—26 (1922) — Ber. Physiol. **18**, 139—140 — Chem. Zbl. **1923 III**, 503.

[10] K. Hasebroek: Fermentforsch **5**, 297—333 (1922) — Chem. Zbl. **1922 I**, 1302.

[11] C. Stapp: Biochem. Z. **141**, 42—69 (1923) — Chem. Zbl. **1924 I**, 347.

[12] H. St. Raper u. A. Wormall: Biochemic. J. **17**, 454—469 — Chem. Zbl. **1923 III**, 1623.

und gewisser Salze[1], nicht aber die der Asche des gekochten Saftes bestätigt; der wirksame Bestandteil darin muß also organischer Natur sein. Er findet sich nicht in allen Kartoffelsäften, gewöhnlich bei neuen Kartoffeln.

Die Tyrosinase-Tyrosinreaktion verläuft nach H. Haehn und J. Stern[2] monomolekular, wenn [H$^+$] und Temperatur konstant bleiben und O_2 im Überschuß vorhanden ist. Die Konstante ist von der Tyrosinkonzentration (untersucht 0,03—0,1%) unabhängig, jedoch abhängig von der Enzymmenge.

E. Abderhalden und H. Sickel[3] untersuchten vergleichend die Tyrosinaseeinwirkung auf l-, d- und d, l-Tyrosin. In Übereinstimmung mit Abderhalden und Guggenheim[4] tritt am raschesten bei l-, am langsamsten bei d-Tyrosin die Färbung ein, während d, l-Tyrosin genau in der Mitte steht. Die optisch-aktiven Lösungen werden zunächst inaktiv, bei d-Tyrosin wird dieser Zustand am spätesten erreicht. Die Inaktivität tritt auch bei Ausschluß von O_2 ein, bei nachheriger Durchlüftung tritt in allen Lösungen gleich rasch Färbung ein, so daß der Unterschied in der verschiedenen Reaktionszeit nicht gegenüber der eigentlichen Oxydation, sondern gegenüber der ersten Phase der Fermentwirkung stattfindet. Bei Ausschluß von O_2 erfolgt die Zunahme der Rotfärbung zunächst viel langsamer. Durchleiten von CO_2, sowie Spuren von H_2O_2 bedingen dauernde Hemmung der Farbstoffbildung, während H_2O_2 auf den fertigen Farbstoff nicht einwirkt.

Nach E. Abderhalden und M. Behrens[5] ist bei der Oxydation des Tyrosins durch Tyrosinase aus Kartoffeln, Champignons, Russula emetica weder Tyramin noch Homogentisinsäure als Zwischenprodukt anzusehen.

Nach E. Abderhalden und A. B. Gutmann[6] vermag Tyrosinase aus getrockneten Champignons, mit Wasser extrahiert, nur p-Tyrosin, nicht aber o- und m-Tyrosin zu oxydieren.

Über den Vorgang der Melaninbildung aus Tyrosin durch mit Salzen aktivierte α-Tyrosinase berichtet H. Haehn[7].

K. Landsteiner und J. van der Scheer[8] untersuchten eingehend den Einfluß einer sehr großen Menge von organischen Salzen auf die Tyrosin-Tyrosinasereaktion.

Über den Einfluß des Tyrosins auf die Dioxyphenylalaninreaktion und auf die Möglichkeit mittels der von ihm vorgeschlagenen Reaktion, Phenylalanin von Tyrosin und 1-β-3, 4-Dioxyphenylalanin zu unterscheiden, berichtet H. Schmalfuß[9].

Über die Bildung von 1, 2, 4-Dioxyphenylalanin aus Tyrosin bei Gegenwart von aktivem O_2 durch eine Oxydase aus Tyrosinase — die Oxydase wurde durch Alkohol vorbehandelt — berichtet M. W. Onslow[10].

R. T. Hance[11] beobachtet, daß bei Bestrahlung der Kartoffel mit Röntgenstrahlen die Fähigkeit der wässerigen Tyrosinaseauszüge zur Melaninbildung mit Tyrosin stark erhöht ist. Diese Erhöhung ist der Röntgenstrahlendosis proportional. Länger als 2stündige Einwirkung der Röntgenstrahlen wirkt nicht stärker. Allzulange Röntgenbestrahlung hemmt die Aktivität der Tyrosinase.

Über die kolloidchemische Deutung der Färbungen von Tyrosinlösungen durch die Wirkung von Tyrosinase und über den Verlauf der Reaktion selbst berichtet H. Haehn[12].

Über die Eigenschaften des aus Tyrosin durch Oxydation mit H_2O_2 und $FeCl_3$ entstandenen alkalilöslichen Melanins berichten O. Adler und W. Wiechowski[13]. Charakteristisch für die Melanine ist die Hemmung der Blutgerinnbarkeit. 1 mg hebt die Gerinnung von 1 ccm Blut in vitro vollständig auf, die sich auch durch Ca-Salze und durch Gewebsextrakte (Extrakt

---

[1] Haehn: Ber. dtsch. chem. Ges. **52**, 2029 — Chem. Zbl. **1920 I**, 15 — Biochem. Z. **105**, 169 — Chem. Zbl. **1920 III**, 354.

[2] H. Haehn u. J. Stern: Fermentforschg **22**, 395—402 — Chem. Zbl. **1928 II**, 1220.

[3] E. Abderhalden u. H. Sickel: Fermentforschg **7**, 85—90 (1923) — Chem. Zbl. **1924 I**, 567.

[4] Abderhalden u. Guggenheim: Hoppe-Seylers Z. **54**, 337 — Chem. Zbl. **1908 I**, 870.

[5] E. Abderhalden u. M. Behrens: Fermentforschg **8**, 479—486 — Chem. Zbl. **1926 II**, 232.

[6] E. Abderhalden u. A. B. Gutmann: Fermentforschg **9**, 117 (1926) — Chem. Zbl. **1927 I**, 299.

[7] H. Haehn: Fermentforschg **4**, 301—315 (1921) — Chem. Zbl. **1921 III**, 350.

[8] K. Landsteiner u. J. van der Scheer: Proc. Soc. exper. Biol. a. Med. **24**, 692—693 (1927) — Chem. Zbl. **1929 I**, 2543.

[9] H. Schmalfuß: Fermentforschg **8**, 1—41 — Chem. Zbl. **1924 II**, 2342.

[10] M. W. Onslow: Biochemic. J. **17**, 216—219 — Chem. Zbl. **1923 III**, 862.

[11] R. T. Hance: Science **66**, 353 (1927) — Chem. Zbl. **1928 I**, 1198.

[12] H. Haehn: Kolloid-Z. **29**, 125—130 (1921) — Chem. Zbl. **1922 I**, 50.

[13] O. Adler u. W. Wiechowski: Arch. f. exper. Path. **92**, 22—33 — Chem. Zbl. **1922 I**, 1117.

aus Schweinelungen, Koagulin) nicht regenerieren läßt. 150 mg Tyrosinschwarz-Na heben bei einem 2 kg schweren Kaninchen die Blutgerinnung für mehrere Stunden auf. Die Injektionen von 1 proz. Lösungen sind ohne Einfluß auf den Blutdruck, Atmung und Pulszahl, zeigen aber doch eine deletär toxische Wirkung. Die intravenös injizierten Melaninsäuren wurden zum Teil im Harn ausgeschieden. Die stomachale Verabreichung ist beim Kaninchen und Meerschweinchen ohne Einfluß auf die Blutgerinnung und ohne Giftwirkung. Weiße Mäuse und Ratten gehen nach subcutanen und intraperitonealen Injektionen allmählich zugrunde. Nach Injektion der Präparate vermindern sich die Thrombocyten erheblich, die Zahl der Leukocyten und Erythrocyten wird nicht wesentlich verändert.

Nach O. Adler[1] ist die Giftigkeit der natürlichen Sepiamelaninsäure im Verhältnis zu der der Tyrosinmelaninsäure mehrfach größer.

Zusammenfassende Darstellung seiner neueren Arbeiten über die biochemische Umwandlung des Tyrosins in Derivate des Pyrrols unter besonderer Berücksichtigung ihrer Bedeutung für die Melaninbildung im Organismus gibt A. Angeli[2].

Nach der Anschauung von R. A. Mc Cance[3] wirkt die Tyrosinase durch H_2-Aktivierung so, daß die Tyrosinasewirkung (aus Lactarius vellereus und aus Mehlwurm) auf Tyrosin darauf beruht, daß dieses gleichzeitig ein Phenol und eine Aminosäure ist und daß, obwohl die Aminosäure nicht einer Desaminierung unterliegt, diese dort als ein Co-Enzym für die Oxydation des Phenols wirkt. Ähnlich kann die Aminosäure im System p-Kresol + Aminosäure + Tyrosinase zwar nicht oxydiert werden, hat aber an der Reaktion wesentlichen Anteil.

Nach Untersuchungen von D. Okuyama[4] über das Oxydations-Reduktions-Potential des Tyrosinasesystems behält Tyrosin auch in Abwesenheit von Tyrosinase ein hohes Reduktionspotential.

Bei der Aufarbeitung der roten Pigmentlösung aus Tyrosin durch Tyrosinase (durch Einwirkung von Vakuum oder von SO_2 entfärbt, in CO_2-Atmosphäre eingeengt und der Rückstand im H_2-Strom mit Dimethylsulfat methyliert) lassen sich nach H. St. Raper[5] eine saure (Hauptprodukt) und eine basische Verbindung isolieren. Die basische Verbindung ist 5, 6-Dimethoxyindol, während die saure Verbindung 5, 6-Dimethoxyindol-2-carbonsäure ist. 5, 6-Dimethoxyindol entsteht auch bei der Einwirkung von Tyrosinase auf 3, 4-Dioxyphenylalanin, das bei der Bildung von Melanin aus Tyrosin als Zwischenprodukt anzunehmen ist. Ob nun das Melanin aus Tyrosin mit dem in Pigmentzellen vorkommenden identisch ist, ist nach dem Verfasser noch nicht bewiesen. Das rote Pigment selbst wird als 5, 6-Chinon der Dihydroindol-2-carbonsäure angesehen.

H. St. Raper[6] gelingt es bei der Einwirkung von Tyrosinase (aus Mehlwürmern: Tenebrio molitor) auf l-Tyrosin in der Lösung 1-3, 4-Dioxyphenylalanin zu isolieren, so daß die gegenteilige Behauptung von Mc Cance widerlegt ist. Die Ausbeute an Dioxyphenylalanin überstieg 3% des oxydierten Tyrosins nicht. Vermutlich entsteht das 3, 4-Dioxyphenylalanin als erstes Produkt bei der Reaktion: Tyrosinase-Tyrosin; geht bei weiterer Oxydation in den für die Reaktion charakteristischen roten Stoff über. In Gegenwart von wenig 3, 4-Dioxyphenylalanin steigert sich die Geschwindigkeit der Tyrosinoxydation, was die Anschauung von Onslow über den Mechanismus der Tyrosinasewirkung stützt.

Nach H. St. Raper und A. Wormall[7] verläuft im Gegensatz zu Bach die Melaninbildung aus Tyrosin durch Tyrosinase nicht unter NH_3-Abspaltung, da 1. kein Anwachsen des NH_3-Gehaltes stattfindet, solange noch $2/3$ des Tyrosins unumgesetzt sind, 2. die Bildung von Melanin bzw. den Zwischenprodukten nicht durch das Entfernen von jedem NH_3 aus der Lösung beeinträchtigt wird. Weiterhin wird die p-Oxyphenylbrenztraubensäure (Zwischenprodukt nach Bach) durch Tyrosinase weder in Gegenwart noch in Abwesenheit von NH_3 zu Melanin oxydiert. Außerdem hat das Melanin einen etwas höheren N-Gehalt als Tyrosin (8,4% gegenüber 7,73%).

Zusammenfassende Darstellung der Ergebnisse des Verfassers[8] über die Einwirkung der Tyrosinase auf Tyrosin.

---

[1] O. Adler: Biochem. Z. **185**, 169—172 — Chem. Zbl. **1927 II**, 1044.
[2] A. Angeli: Atti Accad. dei Lincei, Roma [6] **6**, 87—90 (1927) — Chem. Zbl. **1928 I**, 221.
[3] R. A. Mc Cance: Biochemic. J. **19**, 1022—1031 (1925) — Chem. Zbl. **1926 I**, 3064.
[4] D. Okuyama: J. of Biochem. **10**, 463—479 — Chem. Zbl. **1929 II**, 2054.
[5] H. St. Raper: Biochemic. J. **21**, 89—96 (1927) — Chem. Zbl. **1928 I**, 1881.
[6] H. St. Raper: Biochemic. J. **20**, 735—742 (1926) — Chem. Zbl. **1928 I**, 1881.
[7] H. St. Raper u. A. Wormall: Biochemic. J. **19**, 84—91 — Chem. Zbl. **1925 I**, 2451.
[8] H. St. Raper: Fermentforschg **9**, 206—213 — Chem. Zbl. **1928 I**, 1881.

Über die mögliche Bildung von Benzoesäure und Salicylsäure aus Phenylalanin bzw. Tyrosin im Wein berichtet J. L. Chelle[1].

Tyrosin wirkt nach G. Marcialis[2] im Gegensatz zu anderen Aminosäuren nicht auf den Ausfall der Wassermannschen Reaktion ein.

Tyrosin fördert nach L. Jarno[3] im Gegensatz zu anderen Aminosäuren und zum Chlorhydrat des Tyrosinesters nicht die hämolytische Wirkung von cholsaurem, tauro- und glykocholsaurem Na.

Über den Einfluß des Tyrosins im Vergleich zur Wirkung aliphatischer Aminosäuren, Peptone und Zucker auf die photodynamische Hämolyse berichtet P. Testoni[4].

Tyrosin wird nach B. Sbarsky und A. Muchamedow[5] nicht durch Kaninchenerythrocyten adsorbiert.

Nach C. Voegtlin, J. M. Johnson und H. A. Dyer[6] ist Tyrosin auf die CN-Vergiftung völlig einflußlos.

Bei Gegenwart von Chlorogensäure wird nach A. Oparin[7] der Amino-N des Tyrosins in 2—4 Tagen zu etwa 10—20% durch den Luftsauerstoff in NH_3-N übergeführt, außerdem wird CO_2 abgespalten und der Rest der Verbindung zum Aldehyd oxydiert.

Über das Verhalten von Tyrosin im reifenden Käse berichtet O. Laxa[8].

H. N. Batham[9] untersuchte die Nitrifikation der Böden. Er gab zu lufttrockenem, gesiebten Versuchsboden — leichter Lehm mit der Reaktionszahl $p_H = 6{,}35$ — in sterilisierten Gefäßen $CaCO_3$ und neutralisiertes Tyrosin. Nach einer Inkubationszeit von 30—40 Tagen — bei optimalem Wassergehalt und Zimmertemperatur — wurde das gebildete Nitrat im Vergleich zu $(NH_4)_2SO_4$ nach der Methode von Schloesnig bestimmt. Unter den Versuchsbedingungen wurde der Nitrifikationsgrad des $(NH_4)_2SO_4$ nicht erreicht.

Biochemische Eigenschaften des d-Tyrosins: Über die Einwirkung von d-Tyrosin + KJ auf die Entwicklung von Kaulquappen berichten E. Abderhalden[10] und E. Abderhalden und O. Schiffmann[10], siehe unter l-Tyrosin, S. 635.

Über die Wirkungssteigerung von Adrenalin durch d-Tyrosin berichten E. Abderhalden und E. Gellhorn[11], siehe unter l-Tyrosin, S. 635.

Bei der Einwirkung von Oidium lactis auf d-Tyrosin entsteht nach Y. Kotake, M. Chikano und K. Ichihara[12] d-Oxyphenylmilchsäure, jedoch nicht quantitativ, wahrscheinlich wird intermediär Oxyphenylbrenztraubensäure gebildet.

Über die Einwirkung von Tyrosinase auf d-Tyrosin berichten E. Abderhalden und H. Sickel[13], siehe unter l-Tyrosin, S. 642.

Über die Gewinnung von d-Tyrosin durch asymmetrische Hefespaltung aus d, l-Tyrosin berichtet F. Ehrlich[14], siehe unter d, l-Tyrosin, S. 626.

Biochemische Eigenschaften des d, l-Tyrosins: Bei Verfütterung von d, l-Tyrosin an Hunde zeigte sich nach E. Waser[15], daß dieses vollständig abgebaut wird. Die dem alkoholischen Urinextrakt eigentümlichen Reaktionen waren auf Vorhandensein von p-Oxyphenylbrenztraubensäure und p-Oxyphenylmilchsäure als Abbauprodukte des Tyrosins zurückzuführen.

---

[1] J. L. Chelle: Bull. Soc. Pharm. Bordeaux 63, 14—37 (1925) — Chem. Zbl. 1926 I, 2631.
[2] G. Marcialis: Arch. di Sci. biol. 4, 337—351 (1923) — Ber. Physiol. 21, 446 — Chem. Zbl. 1924 I, 1840.
[3] L. Jarno: Z. Immun.forschg 60, 410—416 — Chem. Zbl. 1929 I, 2550.
[4] P. Testoni: Arch. di Sci. biol. 4, 123—138 — Ber. Physiol. 19, 122 — Chem. Zbl. 1923 III, 1100.
[5] B. Sbarsky u. A. Muchamedow: Biochem. Z. 155, 495—498 — Chem. Zbl. 1925 I, 2084.
[6] C. Voegtlin, J. M. Johnson u. H. A. Dyer: J. of Pharmacol. 27, 467—483 — Chem. Zbl. 1926 II, 1658.
[7] A. Oparin: Bull. Acad. St. Pétersbourg [6], 535—546 (1922) — Chem. Zbl. 1925 II, 728.
[8] O. Laxa: Lait 7, 521—525 — Chem. Zbl. 1927 II, 1314.
[9] H. N. Batham: Soil Sci. 20, 337—351 (1925) — Chem. Zbl. 1926 I, 1476.
[10] E. Abderhalden: Pflügers Arch. 201, 432—444 (1923) — Chem. Zbl. 1924 I, 789. — E. Abderhalden u. O. Schiffmann: Pflügers Arch. 198, 128—144 (1923) — Chem. Zbl. 1923 I, 1338.
[11] E. Abderhalden u. E. Gellhorn: Pflügers Arch. 203, 42—56 (1924) — Chem. Zbl. 1924 II, 497 — Pflügers Arch. 206, 154—161 (1924) — Chem. Zbl. 1925 I, 550.
[12] Y. Kotake, M. Chikano u. K. Ichihara: Hoppe-Seylers Z. 143, 218—228 — Chem. Zbl. 1925 I, 2570.
[13] E. Abderhalden u. H. Sickel: Fermentforschg 7, 85—90 (1923) — Chem. Zbl. 1924 I, 567.
[14] F. Ehrlich: Biochem. Z. 182, 245—263 — Chem. Zbl. 1927 I, 2562.
[15] E. Waser: Helvet. chim. Acta 6, 206—214 — Chem. Zbl. 1923 I, 911.

Über den Abbau des d, l-Tyrosins im Organismus des Kaninchens berichten Y. Kotake, Z. Matsuoka und M. Okagawa[1], Y. Kotake und M. Okagawa[2], siehe unter l-Tyrosin, S. 632—633.

Das Verhalten von Penicillium glaucum und des Bacillus der Hühnercholera d, l-Tyrosin gegenüber untersuchte S. Condelli[3], während Penicillium glaucum das Tyrosin selektiv angreift, bleibt es vom Bacillus der Hühnercholera unangegriffen.

d, l-Tyrosin wird nach Y. Kotake, M. Chikano und K. Ichihara[4] durch Oidium lactis asymmetrisch gespalten, wenn der Pilz nur etwa 16 Tage einwirkt.

Über die asymmetrische Spaltung von d, l-Tyrosin durch Bakterien und Esterasen berichten E. Abderhalden, H. Sickel und H. Ueda[5], siehe unter Darstellung, S. 626.

Über die Einwirkung von Tyrosinase auf d, l-Tyrosin berichten E. Abderhalden und H. Sickel[6], siehe unter l-Tyrosin, S. 626.

Aus d, l-Tyrosin läßt sich nach F. Ehrlich[7] durch Hefe d-Tyrosin mit 60% Ausbeute in optischer Reinheit gewinnen, wenn den gärenden Lösungen geringe Mengen pflanzlicher Nährsubstrate, wie Auszüge aus Malz oder aus Malzkeimen oder Hefeautolysat, zugesetzt werden.

Physikalische Eigenschaften: Von G. L. Keenan[8] wurden Krystallform und optische Eigenschaften nach der Immersionsmethode von Tyrosin festgestellt. Als Immersionsflüssigkeiten wurden Gemische von Squibbs Mineralöl $n = 1,49$, Monochlornaphthalin $n = 1,64$, Monobromnaphthalin $n = 1,66$ und Methylenjodid $n = 1,74$ in solchen Verhältnissen angewendet, daß sich das „n" jedes Gemisches vom anderen um 0,005 unterschied.

Nach J. C. Andrews[9] scheidet sich das Tyrosin bei schwachsaurer Reaktion (Umschlagspunkt von Kongorot) in gut ausgebildeten, kurzen Prismen aus, die die gleichen Eigenschaften besitzen wie die feinen Nädelchen, die sich beim isoelektrischen Punkt abscheiden. Schmelzp. 289° (Zers.) $[\alpha]_D^{25} = -9,5$ bis $-10,0°$. Nach Untersuchungen von G. L. Keenan stimmen auch Brechungsindices und das Verhalten im polarisierten Licht von Prismen und Nadeln überein.

Von L. F. Hewitt[10] wird die spezifische Drehung $[\alpha]^{20}$ des Tyrosins in verschieden konzentrierter HCl und NaOH und bei verschiedenen $\lambda\lambda$ bestimmt:

Tyrosin in	4359	5461	5780	6660
4% HCl	−14,8°	−12,5°	−11,5°	− 8,9°
20% HCl	− 7,8°	− 9,6°	− 9,3°	− 7,2°
4% NaOH	−22,9°	−15,1°	−13,1°	− 9,8°
20% NaOH	−27,8°	−17,4°	−15,2°	−11,2°

Weiterhin werden mittels der Drudegleichung $\alpha_\lambda = k_0/\lambda^2 - \lambda_0^2 \pm k_1/\lambda^2 - \lambda_1^2 \ldots$, wo k_0 und k_1 Konstanten sind, optische Drehung und Wellenlänge sowie Drehungsdispersion und Absorptionsspektren zueinander in Beziehung gesetzt, wobei die Verhältnisse beim Tyrosin dadurch kompliziert sind, daß $[H^+]$ das Absorptionsspektrum kaum, die Dispersion jedoch stark beeinflußt.

Ch. Okinata[11] untersuchte die optische Drehung und die Rotationsdispersion von l-Tyrosin bei verschiedenem p_H.

E. Waser[12] untersuchte vergleichend die Rotationsdispersion von l-Tyrosin und einigen seiner Derivate: l-3-Nitrotyrosin, l-3-Aminotyrosin, l-Tyrosin-3-diazoniumchlorid, l-3, 4-Dioxy-

---

[1] Y. Kotake, Z. Matsuoka u. M. Okagawa: Hoppe-Seylers Z. **122**, 166—175 (1922) — Chem. Zbl. **1923 I**, 115.
[2] Y. Kotake u. M. Okagawa: Hoppe-Seylers Z. **122**, 201—205 (1922) — Chem. Zbl. **1923 I**, 115.
[3] S. Condelli: Gazz. chim. ital. **51 II**, 309—324 (1920) — Chem. Zbl. **1922 I**, 1202.
[4] Y. Kotake, M. Chikano u. K. Ichihara: Hoppe-Seylers Z. **143**, 218—228 — Chem. Zbl. **1925 I**, 2570.
[5] E. Abderhalden, H. Sickel u. H. Ueda: Fermentforschg **7**, 91—94 (1923) — Chem. Zbl. **1924 I**, 567.
[6] E. Abderhalden u. H. Sickel: Fermentforschg **7**, 85—90 (1923) — Chem. Zbl. **1924 I**, 567.
[7] F. Ehrlich: Biochem. Z. **182**, 245—263 — Chem. Zbl. **1927 I**, 2562.
[8] G. L. Keenan: J. of biol. Chem. **62**, 163—171 (1924) — Chem. Zbl. **1925 I**, 617.
[9] J. C. Andrews: J. of biol. Chem. **83**, 353—355 — Chem. Zbl. **1929 II**, 3129.
[10] L. F. Hewitt: Biochemic. J. **21**, 216—224 — Chem. Zbl. **1927 I**, 2746.
[11] Ch. Okinata: Sexagint. Collection of Papers dedicated to Osaka in celebration of his 60. Birthday, Kyoto **1927**, 27—59 — Chem. Zbl. **1928 I**, 2399.
[12] E. Waser: Helvet. chim. Acta **6**, 206—214 (1923) — Chem. Zbl. **1923 I**, 911.

phenylalanin, 1-3, 5-Dinitrotyrosin, 1-3, 4-Diaminotyrosin und l-Hexahydrotyrosin, wobei l-Tyrosin und 1-3, 4-Dioxyphenylalanin durch einen stark ins Negative strebenden Verlauf der Rotationsdispersionskurven ausgezeichnet sind, während die rechtsdrehenden Derivate mit Ausnahme von Aminotyrosin und Diaminotyrosin, eine starke positive Zunahme der Rotationsdispersionswerte aufweisen.

Ch. E. Wood und S. D. Nicholas[1] erläutern am l-Tyrosin, l-Alanin und an der l-Asparaginsäure, die konfigurativ in Beziehung zur l-Weinsäure stehen, die anomale Drehungsdispersion als zuverlässiges Kriterium für Konfigurationsbestimmungen.

Von F. W. Ward[2] wurde das Absorptionsspektrum von Tyrosin bestimmt.

l-Tyrosin wurde von Y. Shibata und T.-i. Asahina[3] in Wasser, Alkohol und Eisessig spektroskopisch untersucht. Tyrosin zeigt in 0,01 molarer Lösung ein Maximum bei 3580. Es absorpiert sehr ähnlich dem Phenol; in alkalischer Lösung ist das Band bei beiden in derselben Weise verschoben. Daraus folgt nach den Verfassern, daß die Absorption vom Phenolkern herrührt. Die Derivate des Tyrosins absorbieren ebenso wie die Muttersubstanz.

Nach Messungen über das ultraviolette Absorptionsspektrum des Tyrosins bei wechselndem p_H sind nach W. Stenström und M. Reinhard[4] dessen Absorptionsbande in der alkalischen Lösung gegen die größeren Wellenlängen verschoben und hatten an Intensität zugenommen. Weiterhin berichten Verfasser über die Absorptionsspektren eines Gemisches von Tyrosin, Tryptophan, Phenylalanin, Cystin, Glykokoll, Leucin und Glutaminsäure, in dem durch Blutanalyse angezeigten Verhältnis und über den Vergleich dieser Spektren mit dem des Blutserums.

Von L. Marchlewski und A. Nowotnówna[5] wurde der Extinktionskoeffizient von Tyrosin nach der Methode von Hilger bestimmt und mit dem von Keratose, einem alkalischen Abbauprodukt aus Wolle, verglichen.

A. Castille und E. Ruppol[6] beschreiben die Absorptionsspektren von Tyrosin für Ultraviolett zwischen 4800 und 1900 Å.

F. C. Smith[7] beobachtete im ultravioletten Absorptionsspektrum von Tyrosin zwei neue Banden bei 2240 und 1940 Å.

E. Abderhalden und E. Roßner[8] ermitteln von Tyrosin die Absorptionskurve im Ultraviolett und vergleichen sie mit der des Phenylalanins.

D. I. Hitchcock[9] untersuchte die Löslichkeit des Tyrosins — aus hydrolysiertem Casein dargestellt — bei 25° in Wasser, HCl und NaOH-Lösungen in einem Konzentrationsintervall von 0,001—0,05 m. — Erst bei höherer H^+ — oder OH'-Konzentration steigt die Löslichkeit rasch an:

p_H	5,1—5,5	1,450	9,953
Konzentration des Tyrosins Mol/Liter $\cdot 10^3$	$c = 2{,}62$	16,5	35,8

Ebenso untersuchte K. Sano[10] die Löslichkeit des Tyrosins bei wechselndem p_H bei 25°.

Nach Untersuchungen von H. v. Euler und K. Rydberg[11] ist bei Tyrosin + NaCl und Tyrosin + $LiNO_3$ zu beobachten, daß die Löslichkeit des Tyrosins durch steigenden Salzzusatz vermindert wird. Weiterhin wurde festgestellt, daß in Gemischen von Leucin und Tyrosin in NaCl-Lösungen keine gegenseitige Beeinflussung der Aminosäuren stattfindet. In 0,01 n-HCl ist Tyrosin leichter löslich als in Wasser.

---

[1] Ch. E. Wood u. S. D. Nicholas: J. chem. Soc. Lond. **1928**, 1712—1727 — Chem. Zbl. **1928 II**, 1186.

[2] F. W. Ward: Biochemic. J. **17**, 898—902 (1923) — Chem. Zbl. **1924 I**, 1484.

[3] Y. Shibata u. T.-i. Asahina: Bull. chem. Soc. Japan **2**, 324—334 (1927) — Chem. Zbl. **1928 I**, 1194.

[4] W. Stenström u. M. Reinhard: J. of biol. Chem. **66**, 819—827 (1925) — Chem. Zbl. **1926 I**, 2536 — J. physic. Chem. **29**, 1477—1481 (1925) — Chem. Zbl. **1926 I**, 1109.

[5] L. Marchlewski u. Nowotnówna: Bull. intern. Acad. Polon. Sci. Lettres **1925**, 153—164 — Chem. Zbl. **1926 I**, 588.

[6] A. Castille u. E. Ruppol: Bull. Soc. Chim. biol. Paris **10**, 623—668 — Chem. Zbl. **1928 II**, 622.

[7] F. C. Smith: Proc. Roy. Soc. Lond. B **104**, 198—205 — Chem. Zbl. **1929 I**, 1928.

[8] E. Abderhalden u. E. Roßner: Hoppe-Seylers Z. **176**, 249—257 (1928) — Chem. Zbl. **1929 I**, 19.

[9] D. I. Hitchcock: J. gen. Physiol. **6**, 747—757 — Chem. Zbl. **1924 II**, 2249.

[10] K. Sano: Biochem. Z. **168**, 14—33 — Chem. Zbl. **1926 I**, 2528.

[11] H. v. Euler u. K. Rydberg: Hoppe-Seylers Z. **140**, 113—127 (1924) — Chem. Zbl. **1925 I**, 194 — Z. anorg. u. allg. Chem. **145**, 58—62 — Chem. Zbl. **1925 II**, 1330.

l-Tyrosin wird nach P. Pfeiffer und O. Angern[1] durch NaCl, $(NH_4)_2SO_4$ und CH_3COONa nicht ausgesalzen. Die Aussalzbarkeit wurde so bestimmt, daß zu 5 ccm der gesättigten Lösung 0,02 Mol der Neutralsalze zugefügt wurden. Nach einer Löslichkeitsbestimmung in Wasser enthalten 100 ccm 0,452 g l-Tyrosin bei 20—21°. Nach Löslichkeitsuntersuchungen von K. Ando[2] wirken die Anionen: SO_4, Cl, Br und J — ansteigend in der genannten Reihe — beträchtlich löslichkeitserhöhend, dagegen nicht einwertige, wohl aber zweiwertige Kationen.

Der isoelektrische Punkt des Tyrosins liegt nach D. I. Hitchcock[3] zwischen p_H 5—6. Weiterhin wird die [H$^+$] einer gesättigten wässerigen Tyrosinlösung mittels einer Wasserstoffelektrode gemessen.

Die aus seinen Löslichkeitsbestimmungen in Säure und Alkali berechneten Dissoziationskonstanten des Tyrosins sind nach D. I. Hitchcock[3] $K_b = 1,57 \cdot 10^{-12}$, $k_{a_1} = 7,8 \cdot 10^{-10}$ und $k_{a_2} = 8,5 \cdot 10^{-11}$. Von N. Bjerrum[4] werden die beiden Dissoziations- (K_s und K_b) und Hydrolysenkonstanten (k_a und k_b) vom Tyrosin bei 25°, wie folgt, angegeben: $K_s = 10^{-2,51}$; $K_b = 10^{-5,50}$; $k_a = 10^{-8,40}$; $k_b = 10^{-11,39}$. Von W. Stenström und N. Goldsmith[5] wurde die Dissoziationskonstante der Hydroxylgruppe des Tyrosins aus dessen Absorption im Ultraviolett bei verschiedenem p_H nach folgender Formel berechnet:

$$D = \frac{\varepsilon - a}{b - \varepsilon} \cdot [H^+],$$

D = Dissoziationskonstante, ε = Extinktionskoeffizient des Gemisches von Ionen und Molekülen, a = Extinktionskoeffizient des nicht an der Hydroxylgruppe dissoziierten Moleküles, b = Extinktionskoeffizient des an der OH-Gruppe dissoziierten Moleküles; $a = 1050$, $b = 2160$, $\varepsilon = 1600$, $p_H = 9,9$, $D = 1,24 \cdot 10^{-10}$; und für $a = 1090$, $b = 2055$, $\varepsilon = 1550$, $p_H = 9,70$, $D = 1,83 \cdot 10^{-10}$.

O. Blüh[6] berichtet über die D.E. wässeriger Tyrosinlösungen.

Über die Beziehung des Tyrosingehaltes im Eialbumin zu dem $p_H = 9,4$ seiner sauren Gruppe berichtet H. S. Simms[7].

Chemische Eigenschaften: Nach E. Waser[8] gelingt die Hydrierung des Tyrosins gut in salzsaurer Lösung — 1 Mol Tyrosin zu 2 Mol HCl ist ein besonders günstiges Verhältnis — unter Verwendung von Pt-Schwarz als Katalysator, wobei eine Beimischung von 5% O_2 zu H_2 die Reaktion befördert und das sonst häufige Aktivieren des Pt mit Luft oder O_2 erspart, während die Hydrierung von Tyrosin in alkalischer Lösung oder neutraler Suspension nur sehr langsam erfolgt. 18,1 g Tyrosin werden bei Gegenwart von 2,5 g Pt-Schwarz in salzsaurer Lösung in 90 Stunden bei 12maligem Aktivieren des Pt glatt hydriert. Erwärmen auf 80° ist ohne Vorteil. Es entstehen Gemische von Hexahydrotyrosin und -phenylalanin. Im übrigen waren die Verhältnisse so, daß 3tägiges Hydrieren von Tyrosin in wässerigen Suspensionen (Pt-Schwarz) 44% Hexahydrophenylalanin ergab, während Hydrierung in HCl-Lösung mehr als 75% Hexahydrophenylalanin lieferte. Dagegen war die OH-Gruppe in alkalischer Lösung resistenter gegen H.

Bei der Einwirkung von Alkalipermanganat auf Tyrosin werden nach C. S. Robinson, O. B. Winter und E. I. Miller[9] etwa 98,8% des Gesamt-N in NH_3 übergeführt.

Tyrosin adsorbiert nach D. T. Harris[10] bei ultravioletter Bestrahlung schnell O_2.

H. Gaffron[11] findet bei einem Vergleich der Photooxydation von Tyrosin und Tyrosin-Na (p_H 9,4), daß die des letzteren wesentlich rascher verläuft. 1 Mol Tyrosin nahm dabei z. B. mehr als $4^1/_2$ Mol O_2 auf. Das Verhältnis CO_2/O_2 betrug $^1/_3$.

---

[1] P. Pfeiffer u. O. Angern: Hoppe-Seylers Z. **133**, 180—192 — Chem. Zbl. **1924 I**, 2257.
[2] K. Ando: Biochem. Z. **173**, 426—432 — Chem. Zbl. **1926 II**, 1924.
[3] D. I. Hitchcock: J. gen. Physiol. **6**, 747—757 — Chem. Zbl. **1924 II**, 2249.
[4] N. Bjerrum: Z. physik. Chem. **104**, 147—173 (1923) — Chem. Zbl. **1923 I**, 1575.
[5] W. Stenström u. N. Goldsmith: J. physic. Chem. **30**, 1683—1687 (1926) — Chem. Zbl. **1927 I**, 1554 — J. physic. Chem. **29**, 1477—1481 (1925) — Chem. Zbl. **1926 I**, 1109.
[6] O. Blüh: Z. physik. Chem. **106**, 341—365 (1923) — Chem. Zbl. **1924 I**, 461.
[7] H. S. Simms: J. gen. Physiol. **11**, 629—640 — Chem. Zbl. **1928 II**, 1673.
[8] E. Waser: Helvet. chim. Acta **7**, 740—758 — Chem. Zbl. **1924 II**, 947 — Helvet. chim. Acta **6**, 199—205 — Chem. Zbl. **1923 I**, 910.
[9] C. S. Robinson, O. B. Winter u. E. I. Miller: J. Michigan agric. Coll. Exp. Station. Nr 19 — Chem. Trade J. **70**, 65—66 — Chem. Zbl. **1922 II**, 863.
[10] D. T. Harris: Biochemic. J. **20**, 288—292 — Chem. Zbl. **1926 II**, 456.
[11] H. Gaffron: Biochem. Z. **179**, 157—185 (1926) — Chem. Zbl. **1927 I**, 1027.

F. Lieben[1] untersuchte die Photooxydation des Tyrosins je nach Art, Intensität und Dauer der Belichtung, des Einflusses von Sensibilisatoren und von Zusätzen, mit Hilfe colorimetrischer Methoden. Sensibilisatoren (Hämatoporphyrin, Rose bengale) erhöhen die Zerstörung des Tyrosins im Quarzlampenlicht und bedingen sie im diffusen Tageslicht, Alkali beschleunigt die im sauren und neutralen Gebiet kaum meßbare Zerstörung. Die oxydative Wirkung des H_2O_2 addiert sich zur Lichtwirkung, $NaNO_2$, das im Dunkeln kaum wirkt, verstärkt die Lichtoxydation. Ein Ra-Präparat (76 mg Ra) wirkt, etwa 10 Tage in eine 0,1 proz. Tyrosinlösung in $1/_{50}$ n-NaOH eingetaucht, nur schwach, ebenso wirken auch Röntgenstrahlen nur schwach. Nach F. Lieben[2] wird in Proteinen gebundenes Tyrosin durch ultraviolettes Licht der Quarzlampe wie durch diffuses Tageslicht bei Gegenwart eines Sensibilisators oxydativ zerstört. Alkalescenz und Formaldehyd erhöhen die Wirkung.

Durch längere Röntgenbestrahlung (therapeut. Stärke) von schwefelsauren oder wässerigen Tyrosinlösungen wird nach W. Stenström und A. Lohmann[3] ein Teil des Tyrosins an der Phenolgruppe so verändert, daß es mit dem Phenolreagens nach Folin nicht mehr nachweisbar ist. Die umgewandelte Menge ist der absorbierten Strahlung proportional.

Tyrosin wirkt nach H. Wieland und W. Franke[4] auf H_2O_2 bei Gegenwart von Fe^{II} anfänglich stark ein.

In einem Oxydoreduktionssystem: Aminosäure, Aldehyd (Propionaldehyd), Methylenblau und Phosphat reagiert nach H. Haehn und A. Pülz[5] Tyrosin im Gegensatz zu anderen Aminosäuren nicht.

Beim Erhitzen einer wässerigen Lösung von l-Tyrosin auf 150—160° entsteht nach E. Abderhalden und E. Komm[6] nicht das entsprechende Diketopiperazin.

Nach F. Lieben und R. Müller[7] verbraucht Tyrosin 4 Atome Br.

Nach E. Schmidt und K. Braunsdorf[8] erfolgt die Reaktion des Tyrosins mit ClO_2 unter Rotfärbung.

Nach J. Svehla[9] wird die Löslichkeit des Tyrosins durch Formaldehyd nicht erhöht.

Tyrosin ist nach Ch. Moureu, Ch. Dufraisse und M. Badoche[10] Acrolein, Benzaldehyd und alkalischem Na_2SO_3 gegenüber unwirksam.

Nach R. A. Gortner und E. N. Norris[11] wirken Aceton und Acetophenon im Gegensatz zu Tryptophan nicht auf Tyrosin ein.

Nach H. Pringsheim und M. Winter[12] ließ sich durch Titration mit Fehlingscher Lösung der Nachweis einer Kondensation von Tyrosin mit Zuckern nicht erbringen. Verfasser[13] stellten weiterhin fest, daß Maltose bei $p_H = 5,3$ und bei 37° im Gegensatz zu mit Pepsin verdautem Casein, Myosin, Pepton ex albumine nicht mit Tyrosin kondensiert werden kann.

Zur Aufklärung der Richardschen Reaktion wurde von A. Morl und P. Sisley[14] Tyrosin diazotiert und gekuppelt. Die Diazotierung erfolgte sehr langsam und betrug höchstens 70%. Bei Kuppeln mit alkalischer β-Naphthollösung entstand ein Tyrosin-azo-β-naphtholfarbstoff. Es wurden noch weitere Farbstoffe hergestellt.

Tyrosin gibt nach E. Waser und E. Brauchli[15] beim Erhitzen in sodaalkalischer Lösung mit einer kleinen Menge p-Nitrobenzoylchlorid eine dunkelweinrote bis violettblaue Färbung. Die Gegenwart von Na-Bisulfit, Na-Sulfid, Na-Hyposulfit verhindert die Reaktion,

---

[1] F. Lieben: Biochem. Z. **184**, 453—473 — Chem. Zbl. **1927 II**, 1004.
[2] F. Lieben: Biochem. Z. **187**, 307—314 — Chem. Zbl. **1927 II**, 1952.
[3] W. Stenström u. A. Lohmann: J. of biol. Chem. **79**, 673—678 (1928) — Chem. Zbl. **1929 I**, 1367.
[4] H. Wieland u. W. Franke: Liebigs Ann. **457**, 1—70 — Chem. Zbl. **1927 II**, 1658.
[5] H. Haehn u. A. Pülz: Chem. Zelle **12**, 65—99 (1924) — Chem. Zbl. **1925 I**, 1213.
[6] E. Abderhalden u. E. Komm: Hoppe-Seylers Z. **134**, 121—128 — Chem. Zbl. **1924 I**, 2783.
[7] F. Lieben u. R. Müller: Biochem. Z. **197**, 119—135 (1928) — Chem. Zbl. **1929 I**, 1353.
[8] E. Schmidt u. K. Braunsdorf: Ber. dtsch. chem. Ges. **55**, 1529—1534 — Chem. Zbl. **1922 III**, 520.
[9] J. Svehla: Ber. dtsch. chem. Ges. **56**, 331—337 (1923) — Chem. Zbl. **1923 I**, 749.
[10] Ch. Moureu, Ch. Dufraisse u. M. Badoche: C. r. Acad. Sci. Paris **183**, 408—412 — Chem. Zbl. **1926 II**, 1818.
[11] R. A. Gortner u. E. N. Norris: J. amer. chem. Soc. **45**, 550—553 — Chem. Zbl. **1923 III**, 1575.
[12] H. Pringsheim u. M. Winter: Ber. dtsch. chem. Ges. **60**, 278—284 — Chem. Zbl. **1927 I**, 1026.
[13] H. Pringsheim u. M. Winter: Biochem. Z. **177**, 406—417 (1926) — Chem. Zbl. **1927 I**, 461.
[14] A. Morl u. P. Sisley: Bull. Soc. Chim. France [4] **43**, 881—883 — Chem. Zbl. **1928 II**, 2016.
[15] E. Waser u. E. Brauchli: Helvet. chim. Acta **7**, 740—758 — Chem. Zbl. **1924 II**, 947.

während Sulfat, Thiosulfat und kolloidaler Schwefel ohne Einfluß sind. Die o- und m-Verbindungen, Benzoylchlorid, p-Nitrophenol, p-Nitrobenzoesäure und p-Nitrobenzaldehyd zeigen die Reaktion nicht. Außerdem bleibt die Färbung bei Gegenwart von Na-Acetat oder Chinolin aus, zeigt sich aber sonst bei jeder alkalischen Substanz (auch Pyridin).

Nach R. H. A. Plimmer und W. J. N. Burch[1] wird Tyrosin durch Äthylmetaphosphat in siedendem Chloroform anscheinend unverändert gelöst.

Tyrosin (0,1proz. Lösung) gibt nach Z. Dische[2] mit Carbazol und konzentrierter H_2SO_4 eine ganz schwache, grüne Färbung.

Bei einer kombinierten Einwirkung von $HgCl_2$, Sulfanilsäure und Jodsäure in ganz reinem Zustande und unter genau einzuhaltenden Bedingungen auf Tyrosin wird nach B. Stuber, A. Rußmann und E. A. Pröbsting[3] keine Färbung erhalten.

K. Shibata[4] berichtet über Polymerisationsprodukte aus Tyrosin und Asparagin, die durch Erhitzen in der 5—10fachen Menge Glycerin auf 170° (1—2 Stunden) erhalten wurden. Die Produkte ähneln nach ihrer Umfällung aus Methylalkohol mit Baryt oder $CaCl_2$ denaturiertem Eiweiß.

Beim Erwärmen von Tyrosin mit Essigsäureanhydrid und Pyridin auf dem Wasserbade tritt unter Abgabe von CO_2 nach H. D. Dakin und R. West[5] je eine Acetylgruppe an ein N- und an ein C-Atom unter Bildung von p-Oxybenzylacetylaminoaceton, wobei zuerst das O-Acetylderivat entsteht, das sich durch Na_2CO_3 verseifen läßt.

Über die gleiche chemische Umsetzung des Tyrosins mit reinstem Acetanhydrid und reinstem Pyridin zum Acetylaminoketon berichten P. A. Levene und R. Steiger[6].

Bei der Einwirkung von käuflichem Acetanhydrid auf l-Tyrosin in Pyridin bei 80—90° erhalten P. A. Levene und R. E. Steiger[7] ein Kondensationsprodukt, $C_{14}H_{17}O_4N$.

Beim Kochen von 5 g Tyrosin in heißer gesättigter Lösung mit der 5fachen Menge von $(NH_4)_2S_2O_8$ entsteht nach H. Stolzenberg und M. Stolzenberg-Bergius[8] nach vorübergehendem Geruch nach Aldehyd und einer weinroten Färbung ein Kondensationsprodukt aus 4 Mol Tyrosin von ziegelroter Farbe.

Über die Darstellung von Tyrosinmelanin über die Melaninsäure aus Tyrosin durch Oxydation mit H_2O_2 in Gegenwart von $FeCl_3$ und Erhitzen auf 270° und über die Löslichkeit der Reaktionsprodukte berichtet O. Adler[9,10].

Über die Bedeutung des Amino-N in den verschiedenen künstlichen und natürlichen Melaninen (Tyrosinmelanin, Dioxyphenylalaninmelanin usw.) berichten B. R. Bloch und F. Schaaf[11].

Über Tyrosin als wesentliches Ausgangsmaterial des Melanins, über die Unnachahmbarkeit der natürlichen Melaninbildung durch Tyrosinoxydation mittels K-Persulfat oder anderer kräftiger Oxydationsmittel berichtet H. Heinlein[12].

Durch Erhitzen von Tyrosin in Chinolin und Diphenylamin, auf 210—230° ansteigend, entsteht nach G. Zemplén[13] in guter Ausbeute das p-Oxyphenyläthylamin. Bei 210° beginnt bereits die CO_2-Abspaltung.

Tyrosin gibt nach E. Abderhalden und F. Gebelein[14] beim Erhitzen auf 240° in der 20fachen Menge Diphenylamin 95% Oxyphenyläthylamin.

---

[1] R. H. A. Plimmer u. W. J. N. Burch: J. chem. Soc. Lond. **1929**, 292—300 — Chem. Zbl. **1929 I**, 2309.

[2] Z. Dische: Biochem. Z. **189**, 77—80 (1927) — Chem. Zbl. **1928 II**, 1760.

[3] B. Stuber, A. Rußmann u. E. A. Pröbsting: Z. exper. Med. **32**, 448—454 (1923) — Chem. Zbl. **1923 II**, 1138.

[4] K. Shibata: Acta phytochim. (Tokyo) **2**, 39—47 — Chem. Zbl. **1925 II**, 1281 — Acta phytochim. (Tokyo) **2**, 193—198 — Chem. Zbl. **1927 II**, 2199.

[5] H. D. Dakin u. R. West: J. of biol. Chem. **78**, 91—105 — Chem. Zbl. **1928 II**, 1667.

[6] P. A. Levene u. R. Steiger: J. of biol. Chem. **79**, 95—103 (1928) — Chem. Zbl. **1929 I**, 76.

[7] P. A. Levene u. R. E. Steiger: J. of biol. Chem. **74**, 689—693 (1927) — Chem. Zbl. **1928 I**, 495.

[8] H. Stolzenberg u. M. Stolzenberg-Bergius: Hoppe-Seylers Z. **111**, 1—31 — Chem. Zbl. **1921 III**, 1134.

[9] O. Adler: Biochem. Z. **141**, 304—309 (1923) — Chem. Zbl. **1924 I**, 1387.

[10] O. Adler u. W. Wichowski: Arch. f. exper. Path. **92**, 22—33 — Chem. Zbl. **1922 I**, 1117.

[11] B. R. Bloch u. F. Schaaf: Biochem. Z. **162**, 181—206 (1925) — Chem. Zbl. **1926 I**, 696.

[12] H. Heinlein: Biochem. Z. **154**, 24—34 (1924) — Chem. Zbl. **1925 I**, 1501.

[13] G. Zemplén: D.R.P. 389881 v. 4. Mai 1922, ausg. 9. Febr. 1924; Ung.Prior. 16. Aug. 1921; Chem. Zbl. **1924 II**, 888. — Helvet. chim. Acta **9**, 115 — Chem. Zbl. **1926 I**, 2458.

[14] E. Abderhalden u. F. Gebelein: Hoppe-Seylers Z. **152**, 125—131 — Chem. Zbl. **1926 I**, 2696.

Über die Decarboxylierung von Tyrosin berichtet E. Waser[1] folgendes: 1. Decarboxylierung ohne Wärmeüberträger durch Erhitzen des Tyrosins auf einer elektrischen Heizplatte auf 310—340° unter gleichzeitiger Evakuierung, wobei der übersublimierende Teil des Tyramins in Vorlagen mit verdünnter HCl aufgefangen wird; dabei können praktischerweise nicht mehr als 30 g auf einmal verarbeitet werden. 2. Decarboxylierung mit Wärmeüberträger durch Erhitzen in Fluoren statt Diphenylmethan, da ersteres die Reaktionsdauer beträchtlich abzukürzen erlaubt, indem bis zu 500 g Tyrosin in $1/2$—1 Stunde decarboxyliert werden können. Wegen der starken Sublimierbarkeit des Fluorens muß im geschlossenen Apparat gearbeitet werden, der eingehend beschrieben wird. 1200—1500 g Fluoren werden auf 280—290° erhitzt und 400—500 g Tyrosin in Portionen von etwa 10 g pro Minute eingetragen, schließlich die Schmelze auf Kupferbleche aufgegossen. Die Masse mit verdünnter HCl ausgekocht, eingedampft, das Hydrochlorid aus konzentrierter NaCl-Lösung umkrystallisiert oder die Fluorenschmelze mehrmals mit Wasser ausgekocht, im Vakuum, im H_2-Strom eingedampft und das Tyramin im Vakuum destilliert. Ausbeute nicht unter 90%. S. Keimatsu und S. Yamamoto[2] verwenden anstatt des Fluorens Petroleum zur Decarboxylierung. 10 g Tyrosin — in wenig Petroleum suspendiert — werden in 100 ccm Petroleum vom Kochp. 240—260° und 20 ccm vom Kochp. 260—280°, die bis fast zum Kochen erhitzt sind, gegeben, dann destilliert. Ausbeute etwa 69% Tyramin. Als Erhitzungsflüssigkeit zur Bildung von Tyramin aus Tyrosin schlagen T. B. Johnson und P. G. Daschavsky[3] eine Mischung gleicher Teile Diphenylmethan und Diphenylamin vor. Das Gemisch hat Kochp. 260—300°, bleibt bei 0° flüssig, löst Tyramin in der Hitze, läßt es aber beim Erkalten ausfallen. Die Ausbeute beträgt 95—97%.

Die Reduktion von Thionin durch Tyrosin ist bei $p_H = 7$ im Vakuum und im Dunkeln bei 20—40° nach E. Aubel und L. Genevois[4] sehr gering.

Nach J. M. Ort und J. W. Bollman[5, 6] übt Tyrosin im Gegensatz zu anderen Aminosäuren keine katalytisch beschleunigende Wirkung auf die Reaktion von H_2O_2 mit Dextrose aus.

Tyrosin hemmt nach E. Wertheimer[7] im Gegensatz zu anderen Aminosäuren die spontane Reaktion von α-Naphthol und p-Phenylendiamin zu Indophenolblau stark, was durch die Bildung komplexer Schwermetallsalze erklärt wird.

W. M. Wright[8] untersuchte die depolarisierende Wirkung des Tyrosins auf die anodische O_2-Entwicklung an einer blanken Pt-Anode bei der Elektrolyse einer 1n-Säurelösung in Gegenwart von $1/5$n-H_2SO_4 und vergleicht sie mit der von Glykokoll, wobei sich zeigt, daß die depolarisierende Wirkung beider Säuren der Oxydationsgeschwindigkeit an Kohleoberflächen parallel läuft.

Über die Bildung desmotroper Formen von Diketopiperazinen, z. B. Glycinanhydrid und Leucylglycinanhydrid, durch Erhitzen mit l-Tyrosin in Glycerin berichten E. Abderhalden und E. Schwab[9].

Nach G. Viale[10] wird die photodynamische Wirkung des Eosins auf die Hämolyse und auf die Oxydation von KJ durch Tyrosin gehemmt, aber nicht die beschleunigende Wirkung auf die Edersche Reaktion, so daß sich deren Hemmwirkung nur gegen die Oxydationsbeschleunigung durch Eosin zu richten scheint. Weiterhin wird die photodynamische Wirkung von Benzoflavin, die des Erythrosins auf KJ durch Tyrosin gehemmt, während die von Chinin, Äskulin und U-Salz nicht beeinflußt wird.

Tyrosin wirkt nach H. Fischer und F. Lindner[11] erst nach längerem Stehen auf die rote Farbe von Pyridin-Häminlösungen ein.

---

[1] E. Waser: Helvet. chim. Acta 8, 758—773 (1925) — Chem. Zbl. **1926 I**, 1400.
[2] S. Keimatsu u. S. Yamamoto: J. pharm. Soc. Japan **1927**, 129—130 — Chem. Zbl. **1928 I**, 904.
[3] T. B. Johnson u. P. G. Daschavsky: J. of biol. Chem. **62**, 725—735 — Chem. Zbl. **1925 II**, 1054.
[4] E. Aubel u. L. Genevois: C. r. Acad. Sci. Paris **183**, 94—95 — Chem. Zbl. **1926 II**, 2600.
[5] J. M. Ort u. J. W. Bollman: J. amer. chem. Soc. **49**, 805—810 — Chem. Zbl. **1927 I**, 2794.
[6] J. M. Ort: J. amer. chem. Soc. **50**, 420—425 — Chem. Zbl. **1928 I**, 1833.
[7] E. Wertheimer: Fermentforschg **8**, 497—517 — Chem. Zbl. **1926 II**, 696.
[8] W. M. Wright: J. chem. Soc. Lond. **1927**, 2323—2330 — Chem. Zbl. **1927 II**, 2495.
[9] E. Abderhalden u. E. Schwab: Hoppe-Seylers Z. **149**, 298—301 (1925) — Chem. Zbl. **1926 I**, 1193 — Hoppe-Seylers Z. **149**, 100—102 (1925) — Chem. Zbl. **1926 I**, 949.
[10] G. Viale: Arch. di Fisiol. **22**, 61—75 — Ber. Physiol. **29**, 170 — Chem. Zbl. **1925 I**, 1565.
[11] H. Fischer u. F. Lindner: Hoppe-Seylers Z. **153**, 54—66 — Chem. Zbl. **1926 II**, 224.

Nach M. T. Hanke und K. K. Koeßler[1] wird aus einer 0,05proz. Tyrosinlösung 0,0385 g Tyrosin durch 1 g Pflanzenkohle adsorbiert.

Nach Adsorptionsversuchen von W. Möller[2] wird Tyrosin aus Lösungen durch amphoteres Hautpulver in beträchtlichem Maße adsorbiert, wobei gleichzeitig die Hydrolyse des intakten Eiweißkomplexes zum Stillstand kommt. Außerdem wird der Charakter des amphoteren Eiweißproduktes des Bindegewebes unter Aufnahme des aromatischen Komplexes verändert.

Von F. Loebenstein[3] wurde der Einfluß von Tyrosin auf Quellung mit Wasser und Entquellung mit Alkohol von nicht chromierten Hautpulvern untersucht, wobei Quellungsverminderung beobachtet wurde.

Eine Stärkehydrolyse war nach H. Haehn[4] im Gegensatz zu anderen Neutralsalz- und Aminosäuregemischen durch folgende Gemische: Neutralsalz + Glykokoll + Tyrosin, Neutralsalz + Leucin + Isoleucin + Alanin + Glykokoll + Tyrosin nicht zu erreichen.

Über die stark hemmende Wirkung von Tyrosin auf die Fällung einer 1proz. Lösung von Pferdeserum durch $CuSO_4$ und über die beschleunigende Wirkung auf die Fällung von Rindereiweiß durch Cu^{II}, Zn^{II} und Fe^{II} berichten I. Bečka und A. Šimáneck[5].

Derivate des l-Tyrosins: Na-Salz des Tyrosins. Die Einwirkung des Na-Salzes von Tyrosin auf die Hydrazindarstellung ist nach Versuchen von R. A. Joyner[6] sehr gering.

Cu-Salz des l-Tyrosins. Bestimmt wurde von E. Abderhalden und E. Schnitzler[7] die spezifische Leitfähigkeit „x" des Cu-Salzes in folgenden wässerigen Lösungen: $1/50$-, $1/100$-, $1/200$-, $1/400$-, $1/800$- und $1/1600$ n. l-Tyrosin-Cu zeigt ein höheres „x" als das d-Salz. — Über die Bestimmung von $[\alpha]$ des Cu-Salzes berichten E. Abderhalden und E. Schnitzler[8]. Als Lichtquelle wurde eine Hg-Quarzlampe verwendet. l-Tyrosin-Cu in 0,07proz. Lösung im 2 dm-Rohr $= -85°$.

Tyrosinchlorhydrat. Versuche von E. P. Wolf[9] am Mesenterium von Winterfröschen nach Cohnheim und an weißen Mäusen nach intraperitonealer Injektion von 0,25 ccm 1proz. Lösungen von Tyrosin-HCl verursachen bei der Maus, aber nicht beim Frosch eine leichte Entzündung (Vermehrung der Polymorphkernigen).

Tyrosinäthylester. Gibt nach E. Waser und E. Brauchli[10] beim Erhitzen in sodaalkalischer Lösung mit einer kleinen Menge p-Nitrobenzoylchlorid im Gegensatz zu Tyrosin keine Farbreaktion. — Tyrosinäthylester, in Dosen von 11—150 mg bzw. 11—50 mg verabreicht, ist nach M. Cloetta und F. Wünsche[11] ohne Einfluß auf die Temperatur des Kaninchens. — Tyrosinäthylester ist nach M. Arai[12] auf den Blutdruck des Hundes wirkungslos, während es beim Kaninchen eine Blutdrucksteigerung hervorruft, am ausgeschnittenen Uterusstück von Hunden, Kaninchen und Meerschweinchen wirkt der Ester erregend, was durch Atropin kaum beeinflußt wird, während Adrenalin am Meerschweinchenuterus hemmend wirkt, die isolierten Gefäße werden nur schwach dilatiert, am ausgeschnittenen Darmstück findet Hemmung statt.

K-Salz der O, N-Tyrosindisulfonsäure $C_9H_8O_9NS_2K_3 + C_2H_5OH$. Durch Einwirkung von N-Pyridiniumsulfonsäure in wässeriger alkalischer K_2CO_3-Lösung bei 0° auf Tyrosin. Zur Isolierung wurden die Lösungen mit Essigsäure neutralisiert, mit wenig Alkohol versetzt, vom ausgeschiedenen K_2SO_4 abgetrennt und darauf mit viel Alkohol das K-Salz abgeschieden. Krystallinisches Pulver aus Alkohol, sehr hygroskopisch[13].

Tyrosinisopropyläther. Gibt nach E. Waser und E. Brauchli[10] beim Erhitzen in sodaalkalischer Lösung mit einer kleinen Menge p-Nitrobenzoylchlorid eine dunkelweinrote

---

[1] M. T. Hanke u. K. K. Koeßler: J. of biol. Chem. **50**, 235—270 (1922) — Chem. Zbl. **1922 II**, 609.
[2] W. Möller: Biochem. Z. **144**, 152—158 — Chem. Zbl. **1924 I**, 1726.
[3] F. Loebenstein: Kolloid-Z. **35**, 345—353 — Chem. Zbl. **1925 I**, 2540.
[4] H. Haehn: Biochem. Z. **135**, 587—602 — Chem. Zbl. **1923 III**, 565.
[5] I. Bečka u. A. Šimáneck: Biochem. Z. **149**, 150—157 (1924) — Chem. Zbl. **1925 I**, 689.
[6] R. A. Joyner: J. chem. Soc. Lond. **123**, 1114—1121 — Chem. Zbl. **1923 III**, 815.
[7] E. Abderhalden u. E. Schnitzler: Hoppe-Seylers Z. **163**, 94—119 — Chem. Zbl. **1927 I**, 2068.
[8] E. Abderhalden u. E. Schnitzler: Hoppe-Seylers Z. **164**, 37—49 — Chem. Zbl. **1927 I**, 2728.
[9] E. P. Wolf: J. of exper. Med. **37**, 511—524 — Chem. Zbl. **1923 III**, 413.
[10] E. Waser u. E. Brauchli: Helvet. chim. Acta **7**, 740—758 — Chem. Zbl. **1924 II**, 947.
[11] M. Cloetta u. F. Wünsche: Arch. f. exper. Path. **96**, 307—329 — Chem. Zbl. **1923 III**, 87.
[12] M. Arai: Biochem. Z. **136**, 203—212 — Chem. Zbl. **1923 III**, 871.
[13] P. Baumgarten: Hoppe-Seylers Z. **171**, 62—69 (1927) — Chem. Zbl. **1928 I**, 190.

bis violettblaue Färbung. Über weitere Einzelheiten siehe unter l-Tyrosin, chemische Eigenschaften, S. 648—649.

Dicarbomethoxytyrosin $C_{13}H_{15}O_7N$. Aus Tyrosin, Chlorkohlensäuremethylester in NaOH, Nädelchen, Schmelzp. 97°, leicht löslich in Äther, Alkohol, Aceton und Chloroform, wenig löslich in Essigester, unlöslich in Petroläther und Benzol, fast unlöslich in kaltem Wasser, leichter löslich in heißem Wasser mit saurer Reaktion[1].

Dicarbomethoxytyrosylchlorid. Gelbliches Öl[1].

Monocarbäthoxytyrosinamid. Ist nach M. Cloetta und F. Wünsche[2] bei 100 mg ohne Wirkung auf die Temperatur des Kaninchens; 13 mg bewirken Blutdrucksteigerung von 16 mm beim Hunde.

Dicarbäthoxytyrosin $C_{15}H_{19}O_7N$. Schmelzp. 96—97°[1]. — Dicarbäthoxytyrosin wirkt nach M. Cloetta und F. Wünsche[2] in alkalischer Lösung nicht auf die Temperatur des Kaninchens und den Blutdruck des Hundes.

Dicarbäthoxytyrosylchlorid. Aus Dicarbäthoxytyrosin in Acetylchloridlösung durch PCl_5[1].

l-Tyrosin-O-methyläther $C_{10}H_{13}O_3N$. Beim Erwärmen mit 10proz. H_2SO_4. Flüssigkeit mit $Ba(OH)_2$ behandelt, Filtrat eingedampft. Glänzende Blättchen. Schmelzp. 243° aus Wasser[3]. — Über die Zersetzung des Methyläthers beim Erwärmen zu Methoxyzimtalkohol berichten P. Karrer und E. Horlacher[4].

Methylester des l-Tyrosin-O-methyläthers $C_{11}H_{15}O_3N$. Bildung bei der Einwirkung von Diazomethan auf Tyrosin in alkoholisch-ätherischer Suspension neben der N-Methylverbindung. Das nach dem Abdampfen des Lösungsmittels zurückbleibende Öl wird mit Äther aufgenommen, wobei ein Teil ungelöst zurückbleibt und unter vermindertem Druck destilliert. $Kochp._{12}$ 158°, gelblich gefärbtes Öl, Ausbeute 0,4 g aus 4 g Tyrosin. Millonsche Reaktion beim Erwärmen, Ninhydrinreaktion bei längerem Kochen positiv[5].

Chlorhydrat des Methylesters $C_{11}H_{16}O_3NCl$. Voluminöse Masse, leicht löslich in Wasser, Äther + Chloroform, unlöslich in Äther, sehr hygroskopisch. Kugelige Krystalle aus Alkohol + Äther. Schmelzpunkt unterhalb 100°[5].

Äthylesterchlorhydrat des l-Tyrosin-O-methyläthers $C_{12}H_{18}O_3Cl$. Beim Verestern mit Alkohol und HCl, feine Nadeln aus Alkohol[3].

Methylester des O-Methyläther-N-methyltyrosins $C_{12}H_{17}O_3N$. Der in Äther unlösliche Anteil der Tyrosinmethylierung mit Diazomethan wird aus Alkohol umgelöst. Gibt beim Erhitzen ein Anhydrid[5].

O-Methyläther des Tyrosinbetains. Bildung bei der Einwirkung von Diazomethan auf Tyrosin bei Gegenwart von Wasser neben geringen Mengen O-Methyläther des Tyrosinesters. Feine Nädelchen aus Alkohol + Äther, sehr leicht löslich in Wasser, leicht löslich in Alkohol, Chloroform, unlöslich in Äther, Schmelzp. 222° (Zersetzung[5]).

Chlorhydrat $C_{13}H_{20}O_3NCl$. Rosettenförmige Nadeln. Schmelzp. 107°[5].

Pt-Salz $C_{13}H_{22}O_3NPtCl_4$. Quadratische Tafeln, Zersetzung bei 232°[5].

N-Acetyl-l-tyrosin $C_{11}H_{13}O_4N$. Gut krystallisierte Verbindung, in heißem Wasser sehr leicht löslich, in kaltem leicht löslich. Schmelzp. 165°. Reagiert sauer[3]. — l-Acetyltyrosin wird nach Y. Takenaka[6] im Organismus zu etwa 20% abgebaut.

O-Methyl-N-acetyl-l-tyrosin $C_{12}H_{15}O_4N$. Aus N-Acetyltyrosin mit Dimethylsulfat und NaOH, Nadeln aus heißem Wasser. Schmelzp. 147—148°[3].

Äthylester. Läßt sich nicht durch Reduktion in den entsprechenden Alkohol überführen[3].

O, N-Diacetyl-l-tyrosin $C_{13}H_{15}O_5N$. Mit Acetanhydrid und NaOH, Nädelchen aus Aceton + Petroläther, dann Aceton + Wasser. Schmelzp. 170°. Wird bei 100° in 2 Stunden völlig racemisiert[7].

---

[1] L. Havestadt u. R. Fricke: Ber. dtsch. chem. Ges. **57**, 2048—2054 (1924) — Chem. Zbl. **1925 I**, 367.

[2] M. Cloetta u. F. Wünsche: Arch. f. exper. Path. **96**, 307—329 — Chem. Zbl. **1923 III**, 87.

[3] P. Karrer: Helvet. chim. Acta **5**, 469—489 — Chem. Zbl. **1922 III**, 766.

[4] P. Karrer u. E. Horlacher: Helvet. chim. Acta **5**, 571—575 — Chem. Zbl. **1922 III**, 769.

[5] E. Abderhalden u. E. Schwab: Hoppe-Seylers Z. **148**, 17—22 (1925) — Chem. Zbl. **1926 I**, 636.

[6] Y. Takenaka: Acta Scholae med. Kioto **4**, 367—378 (1922) — Ber. Physiol. **16**, 75—76 — Chem. Zbl. **1923 III**, 171.

[7] M. Bergmann u. L. Zervas: Biochem. Z. **203**, 280—292 (1928) — Chem. Zbl. **1929 I**, 1106.

O, N-Diacetyltyrosinäthylester $C_{15}H_{19}O_5N$. Aus Äther feine Nadeln, vom Schmelzp. 86°, wenig löslich in Wasser. 10—20 mg des Esters sind ohne Wirkung auf die Temperatur des Kaninchens, 8 mg verursachen dagegen eine deutliche Blutdrucksenkung beim Hunde[1]. — — Durch Acetylierung des Esters mit Na-Acetat und Essigsäureanhydrid 1 Stunde auf dem Wasserbade. Zuerst wird der Acetylierungsrückstand mit Chloroform ausgeschüttelt, Chloroform abgedampft und der Rückstand mit Äther aufgenommen. Krystalle aus viel Äther. Schmelzp. 90°. $[\alpha]_D^{29} = -16,30°$ in Alkohol, Kochp.$_2$ 184°, nach der Destillation Schmelzp. 102 bis 103°, optisch inaktiv. Färbung mit Millonschem Reagens beim Erwärmen[2].

Dinitrophenyltyrosin. Aus Tyrosin + 2, 4-Dinitrochlorbenzol bei bicarbonatalkalischer Reaktion, gelb, amorph, unlöslich in kaltem, leicht löslich in heißem Wasser und organischen Lösungsmitteln. Schmelzp. 57°[3].

Äthylester. Gelb amorph. Schmelzp. 46°[3].

Dinitrophenylacetyltyrosin. Bildung aus Dinitrophenyltyrosin und Essigsäureanhydrid, farblose Nadeln, löslich in organischen Lösungsmitteln. Schmelzp. 106°[3].

Bisdinitrophenyltyrosin. Bildung aus Tyrosin und überschüssigem Dinitrochlorbenzol, Krystalle aus Methylalkohol. Schmelzp. 84°. Wird zum Abstumpfen der HCl NH_3 verwendet, so läßt sich ein Produkt mit 11,99% N vom Schmelzp. 104° isolieren, möglicherweise $NO_2 \cdot C_6H_4 \cdot O \cdot C_6H_4 \cdot CH_2 \cdot CH[NH \cdot C_6H_3 \cdot (NO_2)_2] \cdot COOH$[3].

N-Benzoyl-l-tyrosin. 5 g l-Tyrosinäthylesterchlorhydrat werden in 25 ccm Alkohol gelöst, HCl durch berechnete Menge Na-Alkoholat ausgefällt, Filtrat mit 2,7 g Benzoyldisulfid unter Rückfluß gekocht, bis H_2S-Entwicklung beendet, auf Zusatz von Wasser fällt ein bald erstarrendes Öl aus; aus Benzol Tafeln. Schmelzp. 120—121° (korr.). Dieser Ester wird durch Stehen mit NaOH verseift; aus wenig Alkohol mit Wasser umkrystallisiert. Schmelzp. 164°[4].

Dibenzoyl-l-tyrosin. Ein aus Schweinsnieren und Hundemuskeln dargestelltes Histozympräparat baute nach T. Shizuaki[5] Dibenzoyl-l-tyrosin in schwächerem Grade ab als Hippursäure.

N-p-Toluolsulfotyrosin und -ester geben nach E. Waser und E. Brauchli[6] beim Erhitzen in sodaalkalischer Lösung mit einer kleinen Menge p-Nitrobenzoylchlorid im Gegensatz zu Tyrosin keine Farbreaktion.

N-(Cyanmethyl-)tyrosinäthylester $C_{13}H_{16}O_3N_2$. Aus $CH_2(OH)(SO_3Na)$ und Tyrosinester und KCN. Mit Benzol extrahieren, gelbliches Öl[7].

N-Methylentyrosin-Na, $C_{10}H_{10}O_3NNa$. Gelbliche Krystalle. Hydrierung gelang nur sehr unvollständig[7]. — Die Dissoziationskonstanten des Methylentyrosins werden von L. J. Harris[8] zu $K_{\alpha 1} = 6{,}3 \cdot 10^{-7}$, $K_{\alpha 2}$ etwa 10^{-9} angegeben. — Über eine komplexe Fe-haltige Verbindung von Methylentyrosin-Na durch Behandlung mit $FeCl_3$ berichtet Chem. Fabrik Flora[9] und über eine Bi-haltige Komplexverbindung durch Behandlung der wässerigen Lösung von Methylentyrosin-Na mit $Bi(OH)_3$ und Essigsäure berichtet die gleiche Verfasserin[10].

N-Benzyliden-l-tyrosin-Na $C_{16}H_{14}O_3NNa$. Kugelig aggregierte Nadeln aus Methylalkohol nach Zusatz von Äther. Bräunung von etwa 240° an, Zersetzung etwa 275°, sehr leicht löslich in Methylalkohol, löslich in etwa 20 Teilen Alkohol bei Zimmertemperatur, Verhalten wie Benzylidenglykokoll[11].

N-[p-Nitrobenzyliden-]tyrosinmethylester $C_{17}H_{16}O_5N_2$. Ganz schwach gelbliche Pyramiden. Schmelzp. 125°. Leicht löslich in Essigester, Aceton, Äther, Chloroform (aus diesem

---

[1] M. Cloetta u. F. Wünsche: Arch. f. exper. Path. **96**, 307—329 — Chem. Zbl. **1923 III**, 87.
[2] E. Cherbuliez u. Pl. Plattner: Helvet. chim. Acta **12**, 317—329 — Chem. Zbl. **1929 II**, 75.
[3] E. Abderhalden u. W. Stix: Hoppe-Seylers Z. **129**, 143—156 — Chem. Zbl. **1923 III**, 1168.
[4] M. Bergmann, R. Ulpts u. F. Camacho: Ber. dtsch. chem. Ges. **55**, 2796—2812 (1922) — Chem. Zbl. **1923 I**, 328.
[5] T. Shizuaki: Acta Scholae med. Kioto **6**, 467—470 (1924) — Ber. Physiol. **33**, 203 (1925) — Chem. Zbl. **1926 I**, 3240.
[6] E. Waser u. E. Brauchli: Helvet. chim. Acta **7**, 740—758 (1924) — Chem. Zbl. **1924 II**, 947.
[7] H. Scheibler u. H. Neef: Ber. dtsch. chem. Ges. **59**, 1500—1511 — Chem. Zbl. **1926 II**, 1530.
[8] L. J. Harris: Proc. roy. Soc. Lond. B **97**, 364—386 — Chem. Zbl. **1925 II**, 224.
[9] Chem. Fabrik Flora: Schwz.P. 97750 v. 5. Juli 1921, ausg. 1. Febr. 1923; Chem. Zbl. **1923 IV**, 829.
[10] Chem. Fabrik Flora: Schwz.P. 113833 v. 7. Nov. 1924, ausg. 16. Febr. 1926; Chem. Zbl. **1927 I**, 917.
[11] O. Gerngroß u. E. Zühlke: Ber. dtsch. chem. Ges. **57**, 1482—1489 — Chem. Zbl. **1924 II**, 2028.

durch Petroläther krystallin abgeschieden), löslich in heißem, wenig löslich in kaltem Benzol, kaum löslich in kaltem Wasser, in heißem oberhalb 80° zersetzt[1].

α-Acetaminocinnamoyl-l-tyrosin $C_{20}H_{20}O_5N_2$. Schütteln von l-Tyrosin in NaOH mit Acetaminozimtsäureazlacton und Aceton, filtrieren, versetzen mit n-HCl (dabei fällt eine Substanz, Schmelzp. 280°, in geringer Menge aus), Einengen, Reinigen der Lösung durch Fällen in HCl mit NH_3, Schmelzp. 217—218° (korr.); $[\alpha]_D^{20} = +47,1°$ (in wasserfreiem Pyridin). Hydriert geht es in N-Acetyl-d-phenylalanyl-l-tyrosin über[1].

l-Monochlortyrosin. Tyrosin in Eisessig mit SO_2Cl_2. Ausbeute an Chlorhydrat 81—87%. Das freie Chlortyrosin scheidet sich aus essigsaurer Lösung in derben Krystallen mit einem Mol H_2O ab. Schmelzp. 256—257°. Wenig löslich in Alkohol, Geschmack schwach bitter, mit Millons- oder Nasses-Reagens erst nach längerem Stehen Färbung, mit $FeCl_3$ violett, beim Erwärmen rot. Mit Phosphorwolframsäure in verdünnter HCl keine Fällung. Bei der Formoltitration wird $1/3$ NaOH mehr, als der theoretisch berechneten Menge entspricht, verbraucht. Konzentrierte H_2SO_4 spaltet schon bei Wasserbadtemperatur HCl ab. Ebenso verdünnte HNO_3 bei Gegenwart von $AgNO_3$, bei der Einwirkung von J in Eisessig auf Chlortyrosin entsteht kein Jodchlortyrosin. $[\alpha]_D^{20} = -8,6°$ (in 4,38proz. wässeriger Lösung des Chlorhydrates), $[\alpha]_D^{20} = -3,1°$ (in 4proz. wässeriger HCl)[2].

Formylverbindung. Bildung beim Erhitzen mit Ameisensäure. Krystalle vom Schmelzpunkt 198°[2].

Dibenzoylchlortyrosin. Nadeln aus Eisessig. Schmelzp. 195°[2].

3,5-Dichlortyrosin. Ein rascher Cl_2-Strom wird in eine Suspension von 30 g Tyrosin in 200—300 ccm Eisessig eingeleitet, wobei zuerst Lösung, dann Abscheidung von Dichlortyrosinchlorhydrat in prismatischen Nadeln erfolgt. Aus letzterem wird beim Neutralisieren der wässerigen Lösung des Chlorhydrates Dichlortyrosin als sandiger Niederschlag von 6seitigen, meist in die Länge gezogenen Tafeln mit 2 Mol H_2O erhalten. Rhombische Krystalle weisen Prismen-, End- und Pyramidenflächen auf. Schmelzp. 260° (Zersetzung). Millonsche und Nasses-Reaktion negativ. Aus der heißgesättigten wässerigen Lösung, die 2,3% Dichlortyrosin enthält, krystallisierten beim Erkalten wasserfreie, rechteckige Prismen mit 2 diagonal liegenden abgestumpften Ecken. Rhombische Täfelchen, eventuell pseudosymmetrisch, flächig entwickelt nach der Basis (110), das Längsdoma (011) und das Querdoma (101). Wasser löst bei Zimmertemperatur 0,44%, Alkohol 0,26%. Beim Kochen mit Zn-Staub bildet sich l-Tyrosin zurück. $[\alpha]_D^{20} = -7,8°$ (5proz. wässerige Lösung des Chlorhydrates), $[\alpha]_D^{20} = -2,9°$ (in 4proz. HCl). Dichlortyrosin wird durch Kochen mit konzentrierter NaOH nur langsam racemisiert. Wahrscheinlich identisch mit der von Wheeler, Hoffmann, Johnson[3] beschriebenen Verbindung[4,5]. — l-Dichlortyrosin rhombisch-bipyramidal[6].

Chlorbromtyrosin. Aus heißem Wasser derbe Krystalle. Schmelzp. 252—254°[2].

Bromhydrat. Löslich in Wasser, entsteht bei der Einwirkung von Br auf Monochlortyrosin[2].

Chlornitrotyrosin. Durch Einwirkung von HNO_3 auf Monochlortyrosin in Eisessig. Gelbe Blättchen vom Schmelzp. 208—210°[2].

l-Monobromtyrosin. Bildung bei Einwirkung von 2 Atomen Br auf 1 Mol Tyrosin in Ameisensäure. Entstandene Formylverbindung wird durch Kochen mit HCl zersetzt. Derbe, sandige Körnchen mit 1 Mol H_2O. Unterhalb 30° scheiden sich Nadeln mit 2 Mol H_2O ab. Schmelzp. 246—249° (Zersetzung). Leicht löslich in heißem Wasser und heißem Eisessig, $[\alpha]_D^{20} = -7,0°$ (in 5proz. wässeriger Lösung des Chlorhydrates), $[\alpha]_D^{20} = -3,7°$ (in 4proz. HCl)[2]. — Monobromtyrosin krystallisiert analog dem Monochlortyrosin der rhombisch-bipyramidalen Klasse. Die Flächen sind die gleichen. Stark negative Doppelbrechung $\gamma = 1,632$ (Monochlortyrosin 1,628)[7].

3,5-Dibrom-l-tyrosin. Eine Suspension von 30 g l-Tyrosin wird in 10 ccm Eisessig mit einer Lösung von 54 g Br im dreifachen Volumen Eisessig versetzt. Beim Erkalten des

---

[1] M. Bergmann, F. Stern u. Ch. Witte: Liebigs Ann. **449**, 277—302 — Chem. Zbl. **1926 II**, 2706.

[2] R. Zeynek: Hoppe-Seylers Z. **144**, 246—254 — Chem. Zbl. **1925 II**, 919.

[3] Wheeler, Hoffmann u. Johnson: J. of biol. Chem. **10**, 147 — Chem. Zbl. **1911 II**, 1682.

[4] R. Zeynek: Hoppe-Seylers Z. **114**, 275—285 — Chem. Zbl. **1921 III**, 1278.

[5] Chem. Fabrik Flora: Schwz.P. 99453 v. 26. März 1922, ausg. 1. Juni 1923 (Zus. zu Schwz.P. 95300); Chem. Zbl. **1923 IV**, 828.

[6] W. R. Zartner: Z. Krystallogr. **59**, 555—557 — Chem. Zbl. **1924 II**, 464.

[7] W. R. Zartner: Z. Krystallogr. **62**, 144—145 — Chem. Zbl. **1925 II**, 2315.

Filtrates scheiden sich 70—80% des Dibromtyrosins krystallisiert ab. Im Vakuum wird die Hauptmenge des HBr und Eisessigs abdestilliert[1].

Bromhydrat. Ist mit dem von Mörner hergestellten Produkt identisch[1, 2]. — Dibromtyrosin gibt nach Th. Ingvaldsen und A. T. Cameron[3] im Gegensatz zu Thyroxin und 3, 5-Dijodtyrosin keine Farbreaktion mit HNO_2 und NH_3.

Äthylester $C_{11}H_{13}O_3NBr_2$. Aus dem Chlorhydrat durch K_2CO_3 und Ausschütteln mit Essigester. Ausbeute 72%. Löslich in Essigester, absolutem Alkohol, Methylalkohol, Aceton, heißem Wasser, schwer löslich in Äther, kaltem Wasser, unlöslich in Petroläther. Ester läßt sich aus Wasser umkrystallisieren. Schmelzp. 163—165° (unkorr.), nach Sinterung bei 157 bis 158°. Aus heißem Wasser krystallisiert der Ester in kleinen dreieckigen, an den Ecken abgestumpften Blättchen[4].

Chlorhydrat. Durch Veresterung der Säure mit absolutem Alkohol und HCl. Ausbeute 97%. Chlorhydrat läßt sich aus heißem Alkohol umkrystallisieren, Schmelzp. 115—116°, nach Sinterung bei 114° (unkorr.) Chlorhydrat krystallisiert in langen, flachen an den Ecken zugespitzten, büscheligen Täfelchen[4].

Nitrobromtyrosin. Nadeln, Schmelzp. 204—206° unter Schwärzung[5].

l-Nitrotyrosin $C_9H_{10}O_5N_2$. In Wasser suspendiertes Tyrosin ergibt, mit konzentrierter HNO_3 (Temperatur nicht über 25°) nitriert, Nitrotyrosinnitrat, das in heißem Wasser gelöst und zur Abscheidung der freien Base mit NH_3 neutralisiert wird. Aus siedendem Wasser umkrystallisiert, Schmelzp. 222—224° (korr.) (unter Zersetzung und nach vorhergehender Bräunung). $[\alpha]_D^{15} = +3,21°$[6]. — Aus Nitrotyrosin entstehen bei der Einwirkung von Cl in Eisessig Harze[5].

Chlorhydrat. Beim Stehenlassen der schwach salzsauren Lösung über H_2SO_4 in zentimeterlangen, häufig sternförmig gruppierten Nadeln von intensiv gelber Farbe. Schmelzp. 237° (korr.) (unter Zersetzung)[6]. — Nitrotyrosin ist nach M. Cloetta und F. Wünsche[7] ohne Wirkung auf Temperatur des Kaninchens und Blutdruck des Hundes.

l-3, 5-Dinitrotyrosin. Die Vorschrift von Johnson und Kohmann[8] wurde so weit verbessert, daß 10 g Tyrosin auf einmal nitriert wurden. Nach beendeter Nitrierung (Temperatur nicht über 0°) wurde so viel starke NaOH zugesetzt, daß das Mononatriumsalz des Dinitrotyrosins gemischt mit Na_2SO_4 ausfällt, letzteres wurde mit wenig Wasser entfernt. Das Na-Salz aus möglichst wenig H_2O umkrystallisiert (rote Nädelchen), mit HCl zerlegt und das Produkt aus Wasser und wenig Tierkohle umkrystallisiert, Ausbeute 40%, färbt sich bei 150° rot, zersetzt sich über 200°, verpufft bei raschem Erhitzen auf 230°, löslich in etwa 60 Teilen siedenden, 120 Teilen kalten Wassers[9].

l-3-Aminotyrosin. Wird erhalten durch Reduktion des l-3-Nitrotyrosins mit Sn und HCl. Vom unverbrauchten Sn abfiltriert, die überschüssige HCl im Vakuum durch Eindampfen entfernt und das noch in Lösung befindliche Sn durch H_2S entfernt. Das Aminotyrosin wird mit der berechneten Menge 2 n-KOH in Freiheit gesetzt und aus heißem Wasser umkrystallisiert. Ausbeute 68%. Feine weiße, verfilzte Nadeln, Schmelzp. 287,5° (korr.) (unter Zersetzung), fast unlöslich in Alkohol, in Wasser bedeutend leichter löslich als Nitrotyrosin, $[\alpha]_D^{15} = -3,61°$. Durch Diazotierung und Behandlung der wässerigen Lösung mit $CuSO_4$ wird Dioxyphenylalanin gewonnen[6]. — Aminotyrosin gibt nach E. Waser und E. Brauchli[10] beim Erhitzen in sodaalkalischer Lösung mit einer kleinen Menge p-Nitrobenzoylchlorid eine dunkelweinrote bis violettblaue Färbung. Über weitere Einzelheiten siehe unter l-Tyrosin, chemische Eigenschaften, S. 648—649. — Aminotyrosin ist nach

---

[1] R. Zeynek: Hoppe-Seylers Z. **114**, 275—285 — Chem. Zbl. **1921 III**, 1278.

[2] Chem. Fabrik Flora: Schwz.P. 95300 v. 19. März 1921, ausg. 1. Juli 1922; Chem. Zbl. **1923 IV**, 663.

[3] Th. Ingvaldsen u. A. T. Cameron: Trans. roy. Soc. Canada [3] **20**, Sect. 5, 297—305 (1926) — Chem. Zbl. **1927 II**, 1854.

[4] E. Abderhalden u. H. Mahn: Hoppe-Seylers Z. **178**, 253—275 (1928) — Chem. Zbl. **1929 I**, 89.

[5] R. Zeynek: Hoppe-Seylers Z. **144**, 246—254 — Chem. Zbl. **1925 II**, 919.

[6] E. Waser u. M. Lewandowski: Helvet. chim. Acta **4**, 657—666 (1921) — Chem. Zbl. **1922 I**, 857.

[7] M. Cloetta u. F. Wünsche: Arch. f. exper. Path. **96**, 307—329 — Chem. Zbl. **1923 III**, 87.

[8] Johnson u. Kohmann: J. amer. chem. Soc. **37**, 1870 — Chem. Zbl. **1915 II**, 1008.

[9] E. Waser, A. Labouchère u. H. Sommer: Helvet. chim. Acta **8**, 773—779 (1925) — Chem. Zbl. **1926 I**, 1400.

[10] E. Waser u. E. Brauchli: Helvet. chim. Acta **7**, 740—758 — Chem. Zbl. **1924 II**, 947.

M. Cloetta und F. Wünsche[1] ohne Wirkung auf die Temperatur des Kaninchens und den Blutdruck des Hundes.

Chlorhydrat. Krystallisiert beim langsamen Eindunsten seiner schwachsalzsauren Lösung über H_2SO_4 in prachtvollen, glasglänzenden, farblosen, vierseitigen Prismen, die häufig scharf abgeschnitten sind, Schmelzp. 175° (korr.) (unter Zersetzung)[2].

l-3, 5-Diaminotyrosin. Durch Hydrierung von Dinitrotyrosin + Pt aus schwefel- oder salzsaurer Lösung (3 Äquivalente Säure), dann im Vakuum in H_2-Atmosphäre eingedampft. Die Lösung der aus dem Sulfat mit $BaCO_3$ erhaltenen freien Base ist äußerst oxydabel, gibt mit $FeCl_3$ rote, dann violette Färbungen, die durch Na-Acetat nicht verändert, durch Soda, NaOH, NH_4OH, Na_2HPO_4 beseitigt werden. Mit Millons-Reagens gelbliche, beim Kochen bräunliche Fällung. Diaminotyrosin gibt durch Diazotierung und Behandlung mit $CuSO_4$ das entsprechende Trioxyphenylalanin[3].

Chlorhydrat. Sehr hygroskopische Nadeln. Lösung wird an der Luft sehr rasch braun bis schwarz[3].

Sulfat. Ebenso[3].

Hexahydrotyrosin $C_9H_{17}O_3N$. Zur Darstellung des Hexahydrotyrosins aus dem Hydrierungsgemisch aus schwach alkalischer Suspension wurde mehrfach unter Rückfluß mit Alkohol-HCl verestert, im Vakuum eingedampft, in Wasser gelöst, mit Petroläther überschichtet, K_2CO_3 bis zur Bildung eines Breies zugegeben, dieser zur Entfernung des Hexahydrophenylalaninesters mit Petroläther extrahiert; aus dem in Petroläther unlöslichen Rückstand der Hexahydrotyrosinester mit Äther oder Essigester ausgezogen, der Ester mit siedendem Wasser verseift. Aus Wasser mikroskopische Nädelchen, löslich in 3 Teilen siedenden Wassers; in 12 Teilen kalten Wassers (18°), wenig löslich in Alkohol, Schmelzp. 285° (korr.) (unter vorherigem Sintern, Zersetzung im zugeschmolzenen Röhrchen), auf 260° vorgewärmtes Bad. $KMnO_4$-Lösung wird nicht entfärbt, Br in Chloroform erst nach längerer Zeit. Millonsche und Tyrosinasereaktion negativ. Fällung durch Phosphorwolframsäure erst in konzentrierter Lösung. Geschmack erst süß, später bitter. $[\alpha]_C^{20} = +10{,}58°$, $[\alpha]_{626}^{20} = +12{,}90°$, $[\alpha]_D^{20} = +14{,}65°$, $[\alpha]_{567,5}^{20} = +15{,}57°$, $[\alpha]_{546,3}^{20} = +17{,}80°$, $[\alpha]_{527,0}^{20} = +20{,}01°$ (1 g gelöst in 25 ccm 4proz. HCl)[4,5]. — Hexahydrotyrosin gibt nach E. Waser und E. Brauchli[6] beim Erhitzen in sodaalkalischer Lösung mit einer kleinen Menge p-Nitrobenzoylchlorid eine dunkelweinrote bis violettblaue Färbung; über weitere Einzelheiten siehe unter l-Tyrosin, chemische Eigenschaften, S. 648—649. — Über die Bildung von Hexahydrotyramin (β-[p-Oxy-cyclohexyl]-äthylamin) durch pyrogene Decarboxylierung des Hydrierungsgemisches von Tyrosin berichten E. Waser und H. Fauser[7]. — Untersucht wurde von E. Waser[8] die pharmakologische Wirksamkeit von Hexahydrotyrosin an Fröschen, Kaninchen und Hunden, sowie am überlebenden Darm und Uterus des Meerschweinchens. Die Verbindung erweist sich als relativ ungiftig und beeinflußt Pupille, Atmung, Herz, Uterus, Darm und Temperatur nur sehr wenig oder gar nicht.

Chlorhydrat $C_9H_{18}O_3NCl$. Leicht löslich in Wasser, löslich in Alkohol, aus Alkohol + Äther oder Essigester Nädelchen, Schmelzp. 238° (korr.) unter Aufschäumen. Wenig löslich in Propylalkohol, unlöslich in Chloroform, Äther, Essigester[4].

Pt-Salz. Sehr leicht löslich in Wasser und Alkohol, konnte nicht krystallisiert erhalten werden[4].

Äthylester $C_{11}H_{21}O_3N$. Darstellung durch direkte Hydrierung von l-Tyrosinäthylester gelingt nicht, in HCl-Lösung entstehen 90% der hydrierten Alaninverbindung. Darstellung am besten wie oben angegeben; aus kaltem Äther Schmelzp. 99—100°

---

[1] M. Cloetta u. F. Wünsche: Arch. f. exper. Path. **96**, 307—329 — Chem. Zbl. **1923 III**, 87.

[2] E. Waser u. M. Lewandowski: Helvet. chim. Acta **4**, 657—666 (1921) — Chem. Zbl. **1922 I**, 857.

[3] E. Waser, A. Labouchère u. H. Sommer: Helvet. chim. Acta **8**, 773—779 (1925) — Chem. Zbl. **1926 I**, 1400.

[4] E. Waser u. E. Brauchli: Helvet. chim. Acta **7**, 740—758 — Chem. Zbl. **1924 II**, 947. — E. Waser: Helvet. chim. Acta **6**, 206—214 — Chem. Zbl. **1923 I**, 911.

[5] Chem. Fabrik Flora: Schwz.P. 101401 v. 15. Nov. 1922, ausg. 17. Dez. 1924; Chem. Zbl. **1925 I**, 1244.

[6] E. Waser u. E. Brauchli: Helvet. chim. Acta **7**, 740—758 — Chem. Zbl. **1924 II**, 947.

[7] E. Waser u. H. Fauser: Helvet. chim. Acta **10**, 262—267 — Chem. Zbl. **1927 I**, 2414.

[8] E. Waser: Arch. f. exper. Path. **125**, 129—139 — Chem. Zbl. **1927 II**, 2408.

(korr.) (Zersetzung); Kochp.$_{11}$ 184,5°, leicht löslich in heißem Wasser, Alkohol, hieraus Nädelchen[1, 2].

Chlorhydrat $C_{11}H_{22}O_3NCl$. Aus Alkohol + Äther Nädelchen, Schmelzp. 201° (korr.) (Zersetzung), unlöslich in Äther, Essigester[1]. — Untersucht wurde von E. Waser[3] die pharmakologische Wirksamkeit des Äthylesterchlorhydrates an Fröschen, Kaninchen, Hunden, sowie am überlebenden Darm und Uterus des Meerschweinchens. Die Verbindung erweist sich als relativ ungiftig und beeinflußt Pupille, Atmung, Herz, Uterus, Darm und Temperatur nur sehr wenig oder gar nicht.

Chloroplatinat, Pikrat, konnten nicht krystallisiert erhalten werden[1].

Nitrobenzoyl-l-hexahydrotyrosin $C_{16}H_{20}O_6N_2$. Aus siedendem Alkohol und heißem Wasser gelbliche Nädelchen, Schmelzp. 225—226° (korr.), zersetzt, leicht löslich in Alkohol, unlöslich in Äther, wenig löslich in heißem Wasser mit saurer Reaktion[1].

Monophenylisocyanatverbindung $C_{16}H_{22}O_4N_2$, $1\,H_2O$. Aus heißem Wasser Prismen, Schmelzp. 112° (korr.), H_2O wird bei 100° im Vakuum abgegeben, Schmelzp. danach 141° (korr.), zersetzt bei 145°, leicht löslich in Alkohol, heißem Wasser, wässerige Lösung reagiert sauer gegen Lackmus[1].

Phenylhydantoinderivat $C_{16}H_{20}O_3N_2$. Aus H_2SO_4-haltigem Wasser. Prismen, Schmelzpunkt 206,5° (korr.)[1].

Tyrosinsulfosäure. Durch Oxydation mit H_2O_2 in Gegenwart von $FeCl_3$ in der Kälte in Tyrosinsulfomelanin übergeführt, das dunkelgraue, amorphe Pulver ist leicht löslich in Wasser, verdünnter HCl, Na_2CO_3-Lösung, warmem 60proz. Alkohol, verdünntem Aceton, ziemlich löslich in Essigester, wenig löslich in trockenem Aceton, unlöslich in kaltem absoluten Alkohol, dessen Na-Salz (schwarzbraunes, amorphes Pulver) hemmend auf die Blutgerinnung wirkt. Ba-Salz schwarzbraunes, amorphes Pulver[4].

Derivate des d-Tyrosins: Cu-Salz des d-Tyrosins. Über die spezifische Leitfähigkeit „x" des Cu-Salzes berichten E. Abderhalden und E. Schnitzler[5], siehe unter l-Tyrosin-Cu, S. 651. — Über die Bestimmung von $[\alpha]$ des Cu-Salzes berichten E. Abderhalden und E. Schnitzler[6]. Als Lichtquelle wurde eine Hg-Quarzlampe verwendet. d-Tyrosin-Cu zeigt in 0,07proz. Lösung im 2 dm-Rohr = +85°.

Formyl-d-tyrosin-Brucinsalz. Das Salz, aus einem Mol Säure und einem Mol Brucin, krystallisiert in 4—6 kantigen Blättchen mit 5 Mol H_2O. Zersetzungsp. 145°[7].

Derivate des d, l-Tyrosins: Cu-Salz des d, l-Tyrosins. Über die spezifische Leitfähigkeit „x" des Cu-Salzes berichten E. Abderhalden und E. Schnitzler[5].

d, l-Tyrosinäthylester. Aus dem Ester entsteht bei der Reaktion mit 2 Mol Guanidin d, l-5-p-Oxybenzyl-2-imino-4-oxotetrahydroimidazol oder d, l-Anhydro-[β-oxyphenyl-α-guanidinopropionsäure][8].

Formyl-d, l-tyrosin. Prismen mit einem Mol H_2O aus 4 Volumen Wasser. Zersetzung bei 182°[7].

Acetyl-d, l-tyrosin. Wird nach Y. Takenaka[9] im Harn asymmetrisch gespalten.

d, l-Monochlortyrosin. Aus Wasser, rhombisch-bipyramidal[10].

d, l-3,5-Dichlortyrosin. Krystallisiert in Tafeln mit $1\,H_2O$[11]. — Rhombisch-bipyramidal[10].

---

[1] E. Waser u. E. Brauchli: Helvet. chim. Acta **7**, 740—758 — Chem. Zbl. **1924 II**, 947 — Helvet. chim. Acta **6**, 199—205 — Chem. Zbl. **1923 I**, 910.

[2] Chem. Fabrik Flora: Schwz.P. 101401 v. 15. Nov. 1922, ausg. 17. Dez. 1924 — Chem. Zbl. **1925 I**, 1244.

[3] E. Waser: Arch. exper. f. Path. **125**, 129—139 — Chem. Zbl. **1927 II**, 2408.

[4] O. Adler: Biochem. Z. **148**, 541—547 — Chem. Zbl. **1924 II**, 1208.

[5] E. Abderhalden u. E. Schnitzler: Hoppe-Seylers Z. **163**, 94—119 — Chem. Zbl. **1927 I**, 2068.

[6] E. Abderhalden u. E. Schnitzler: Hoppe-Seylers Z. **164**, 37—49 — Chem. Zbl. **1927 I**, 2728.

[7] E. Abderhalden u. H. Sickel: Hoppe-Seylers Z. **131**, 277—280 (1923) — Chem. Zbl. **1924 I**, 902.

[8] E. Abderhalden u. H. Sickel: Hoppe-Seylers Z. **175**, 68—74 — Chem. Zbl. **1928 I**, 2259.

[9] Y. Takenaka: Acta Scholae med. Kioto **4**, 367—378 (1922) — Ber. Physiol. **16**, 75—76 — Chem. Zbl. **1923 III**, 171.

[10] W. R. Zartner: Z. Krystallogr. **59**, 555—557 — Chem. Zbl. **1924 II**, 464.

[11] R. Zeynek: Hoppe-Seylers Z. **114**, 275—285 — Chem. Zbl. **1921 III**, 1278.

d, l-N-Dimethyltyrosinmethyläther-äthylester. Aus inaktiver p-Methoxy-β-phenyl-α-brompropionsäure mit Dimethylamin in Wasser, Eindampfen im Vakuum und Verestern mit Alkohol und HCl, unangenehm riechendes Öl. Kochp.$_4$ 165°[1].

d, l-N-Dimethyltyrosinol-methyläther. Durch Reduktion des Esters, Ausbeute etwa 40%. Kaum gefärbtes Öl von aminartigem Geruch. Kochp.$_4$ 133°. Mit Alkohol und Wasser mischbar[1].

d, l-β-[4-Oxy-2-methylphenyl]-α-aminopropionsäure, d, l-2-Methyltyrosin $C_{10}H_{13}O_3N$, wurde folgendermaßen synthetisiert: Aus 15 g 4-Oxy-2-methylbenzaldehyd, 20 g Hippursäure, 9 g Na-Acetat (wasserfrei) und 33 g Essigsäureanhydrid werden 26 g 4-[Acetyloxy]-2-methyl-α-[benzoylamino]-zimtsäurelactimid (gelbe Krystalle, Schmelzp. 157°) erhalten, das durch Verseifen mit NaOH in 50proz. Alkohol 4-Oxy-2-methyl-α-[benzoylamino]-zimtsäure (Zers. bei 254°) ergibt. Durch Reduktion dieser Verbindung mit HJ (D. 1,96) und Phosphor in Essigsäureanhydrid wird das Methyltyrosin erhalten. Zers. bei 261°. Die Verbindung läßt sich durch Tyrosinase bei Gegenwart von Wasser und Sauerstoff nicht in Melanin überführen[2].

d, l-3-Methyltyrosin wird durch Tyrosinase bei Gegenwart von Wasser und Sauerstoff nicht in Melanin übergeführt[2].

d, l-2, 3-Dimethyltyrosin $C_{11}H_{15}O_3N$. Aus 4-Oxy-2, 3-dimethylbenzaldehyd wird über das 4-[Acetyloxy]-2, 3-dimethyl-α-[benzoylamino]-zimtsäurelactimid (Schmelzp. 183°) und durch dessen Verseifung über die 4-Oxy-2, 3-dimethyl-α-[benzoylamino]-zimtsäure (Schmelzpunkt 236°) und durch deren Reduktion die Dimethyltyrosinverbindung erhalten. Schmelzpunkt 284°. Wird von Tyrosinase in Gegenwart von Wasser und Sauerstoff nicht in Melanin übergeführt[2].

d, l-2, 5-Dimethyltyrosin $C_{11}H_{15}O_3N$. Aus 4-Oxy-2, 5-dimethylbenzaldehyd wird in gleicher Weise wie beim Methyltyrosin über das 4-[Acetyloxy]-2, 5-dimethyl-α-[benzoylamino]-zimtsäurelactimid (Schmelzp. 166°), das zur 4-Oxy-2, 5-dimethyl-α-[benzoylamino]-zimtsäure (Zers. bei 239°) verseift und dann reduziert wird, die Dimethyltyrosinverbindung erhalten. Zers. bei 249°. Wird von Tyrosinase bei Gegenwart von Wasser und Sauerstoff nicht in Melanin übergeführt[2].

d, l-3, 5-Dimethyltyrosin $C_{11}H_{15}O_3N$. Aus 4-Oxy-3, 5-dimethylbenzaldehyd wird über das 4-[Acetyloxy]-3, 5-dimethyl-α-[benzoylamino]-zimtsäurelactimid (Schmelzp. 190°) und durch dessen Verseifung über die 4-Oxy-3, 5-dimethyl-α-[benzoylamino]-zimtsäure und durch deren Reduktion das Dimethyltyrosin erhalten. Zers. bei 253°. Wird durch Tyrosinase in Gegenwart von Wasser und Sauerstoff nicht in Melanin übergeführt[2].

d, l-Tyrosincholinjodid $C_{12}H_{20}O_2NJ$. Aus Methyläthertyrosincholinjodid im Rohr mit HJ und PH_4J 2 Stunden bei 70° erhitzt. Flüssigkeit mit Äther versetzt, filtriert, im Vakuum eingedampft. Aus Alkohol Nadeln, Schmelzp. 176°, leicht löslich in heißem Alkohol, gut in Wasser[1].

Chlorid. Kleine in Wasser leicht lösliche Blättchen[1].

Acetyltyrosincholin. Zeigt deutlich vagotrope Cholinwirkung, die etwa halb so stark ist, wie die der entsprechenden Alaninverbindung. Weiterhin wird über Blutdrucksenkung, Einfluß auf Speichelsekretion berichtet[1]. — Acetyltyrosincholin zeigt nach T. Gordonoff[3] in Form seines Jodsalzes die bekannten Endplattenwirkungen des Cholins, also die parasympathische Hemmungswirkung am nach Straub isolierten Froschherzen, die kontraktionserregende Wirkung am isolierten Kaninchendünndarm, die Kontrakturwirkung am isolierten Meerschweinchenuterus und auf den parasympathischen Teil der receptiven Substanz am isolierten Skelettmuskelpräparat des Frosches. Die parasympathische Wirkung wurde nur am isolierten Organ, nicht aber am intakten Organismus, selbst nicht bei intravenöser Injektion großer Dosen beobachtet, was sich durch die schnelle Zerstörung des Acetylcholins durch die Blutesterase erklären läßt. Tyrosincholin und Methyltyrosin erregten im Gegensatz zu den anderen proteinogenen Cholinen wenigstens in hohen Konzentrationen (1:10000 bis 1:2000) das isolierte Froschherz schwach.

Methyläthertyrosincholin gibt nach P. Karrer[1] bei einer Verdünnung von 1:2000 eine ähnliche Wirkung wie Phenylalanincholin.

---

[1] P. Karrer: Helvet. chim. Acta **5**, 469—489 — Chem. Zbl. **1922 III**, 766.

[2] H. Schmalfuß u. W. Peschke: Ber. dtsch. chem. Ges. **62**, 2591—2598 — Chem. Zbl. **1929 II**, 2774.

[3] T. Gordonoff: Biochem. Z. **160**, 451—463 (1925) — Chem. Zbl. **1928 II**, 785.

Jodid gibt nach P. Karrer und E. Horlacher[1] bei 1stündigem Schütteln in Wasser mit frisch gefälltem Ag_2O p-Methoxyzimtalkohol.

Cholinjodidpalmitinsäureester $C_{29}H_{52}O_3NJ$. Schmelzp. 138—141°[2].

Cholinjodidstearinsäureester $C_{31}H_{56}O_3NJ$. Aus dem d, l-Methyläthertyrosincholinjodid + Stearinsäurechlorid, aus Äther Nadeln, wenig löslich in kaltem Wasser und Alkohol, leicht löslich in heißem Alkohol, Schmelzpunkt unscharf, Sintern bei 89°, Tropfenbildung bei 105—110°, fließt bei 195°[2].

Acetylmethyltyrosincholinjodid $C_{13}H_{22}O_2NJ$. Mit CH_3J in Alkohol, Schmelzp. 137 bis 138°, zeigt parasympathisch erregende Wirkung, etwa wie beim Acetylalanincholin[3]. T. Gordonoff[4] berichtet über die gleichen Wirkungen des Methylderivates, die beim Acetyltyrosincholin beobachtet wurden.

Chlorid. Aus dem Jodid in wässeriger Lösung mit AgCl, hygroskopische Krystallmasse[3].

Au-Doppelsalz. Plattenförmige Blätter oder zu Rosetten vereinigte gelbe Nadeln, in Wasser ziemlich leicht löslich, Schmelzp. 112—115° (vorher Sintern)[3].

Pt-Cl$_4$-Doppelsalz. Lanzettförmige, orangegelbe Blättchen. Schmelzp. 204°. In Wasser leicht löslich[3].

o-Tyrosin.
β-(o-Oxyphenyl)-α-aminopropionsäure.

Darstellung: o-Tyrosin läßt sich nach H. Ueda[5] aus 3, 6-Bis-[o-acetoxybenzal]-2, 5-dioxopiperazin, das aus Glycinanhydrid, Salicylaldehyd, Na-Acetat und Acetanhydrid hergestellt war, mit siedender HJ (D. = 1,7) und P (5 Stunden) darstellen. Lösung wird im Vakuum eingedampft und mit KOH neutralisiert. Nadeln aus Wasser. Schmelzp. 248—249°. Gibt Millonsche Reaktion, mit $FeCl_3$ rotviolett.

Über die Darstellung des o-Tyrosins durch Kondensation von o-Methoxy- oder o-Äthoxybenzaldehyd mit Glycinanhydrid nach Sasaki und Reduktion des Kondensationsproduktes (gelbe Nadeln aus Eisessig. Schmelzp. 268°. Mit konzentrierter H_2SO_4 orangegelbe Färbung bzw. gelbe Nadeln aus Toluol + Äthylacetat, Schmelzp. 205—206°. Mit konzentrierter H_2SO_4 kirschrote Färbung) mit HJ und rotem P oder durch Kondensation von o-Acetoxybenzaldehyd mit Glycinanhydrid und entsprechender Aufarbeitung des Kondensationsproduktes (gelbbraunes Pulver. Schmelzp. 272°. Mit konz. H_2SO_4 orangegelbe Färbung) berichten W. P. Dickinson und P. G. Marshall[6]. Bei der Kuppelung des Acetoxybenzaldehydes war die Ausbeute schlechter, da stets Cumarin als Nebenprodukt gebildet wurde. Das o-Tyrosin krystallisierte in Tafeln aus wässerigem Alkohol. Schmelzp. 249—250°.

Biochemische Eigenschaften: Tyrosinase aus Champignons oxydiert nach E. Abderhalden und A. B. Gutmann[7] zwar p-Tyrosin aber weder o- noch m-Tyrosin.

Chemische Eigenschaften: Nach W. P. Dickinson und P. G. Marshall[6] gibt o-Tyrosin bei der Millonschen Probe in der Modifikation von Folin und Ciocalteu einen vom m- und p-Tyrosin abweichenden Farbton, die Farbintensität betrug 35% von der des p-Tyrosins. Bei Verwendung des Phenolreagenzes von Folin und Ciocalteu, das ohne NaCN angewandt wurde, gab die o-Verbindung 126,5% von der Farbstärke des p-Tyrosins.

Derivate: Dibenzoyl-o-tyrosin $C_{23}H_{19}O_5N$. Schuppen aus Benzol. Schmelzp. 172°[5].

m-Tyrosin.
β-(m-Oxyphenyl)-α-amino-propionsäure.

Darstellung: m-Tyrosin läßt sich nach H. Ueda[5] aus 3, 6-Bis-[m-acetoxybenzal]-2, 5-dioxopiperazin, das aus Glycinanhydrid, m-Oxybenzaldehyd dargestellt war, durch Aufspaltung mit HJ und P darstellen. Lösung wird im Vakuum eingedampft, mit KOH neutralisiert, Nadeln aus Wasser. Schmelzp. 280° (Zersetzung).

---

[1] P. Karrer u. E. Horlacher: Helvet. chim. Acta **5**, 571—575 — Chem. Zbl. **1922 III**, 769.

[2] P. Karrer, E. Horlacher, F. Locher u. M. Gießler: Helvet. chim. Acta **6**, 905—919 (1923) — Chem. Zbl. **1924 I**, 477.

[3] P. Karrer: Helvet. chim. Acta **5**, 469—489 — Chem. Zbl. **1922 III**, 766.

[4] T. Gordonoff: Biochem. Z. **160**, 451—463 (1925) — Chem. Zbl. **1928 II**, 785.

[5] H. Ueda: J. of Biochem. **8**, 397—407 — Chem. Zbl. **1928 I**, 2618.

[6] W. P. Dickinson u. P. G. Marshall: J. chem. Soc. Lond. **1929**, 1495—1498 — Chem. Zbl. **1929 II**, 1527.

[7] E. Abderhalden u. A. B. Gutmann: Fermentforsch **9**, 117 (1926) — Chem. Zbl. **1927 I**, 299.

Über die gleiche Darstellung von m-Tyrosin durch Kondensation von m-Oxybenzaldehyd mit Glycinanhydrid und Reduktion des Kondensationsproduktes (schwachgelbe Tafeln aus Eisessig. Schmelzp. 272°) mit HJ und P berichten W. P. Dickinson und P. G. Marshall[1]. m-Tyrosin wurde in Blättchen vom Schmelzp. 275° erhalten.

Über die Darstellung von d, l-m-Tyrosin durch Diazotierung von m-Aminophenylalanin in salzsaurer Lösung berichtet H. Ueda[2]. Das m-Aminophenylalanin war durch Reduktion und Aufspaltung des 3, 6-Bis-[m-Nitrobenzal]-2, 5-diketopiperazin hergestellt. Das Diketopiperazin war durch Kondensation des Glycinanhydrids mit m-Nitrobenzaldehyd gewonnen worden.

Biochemische Eigenschaften: Tyrosinase aus Champignons oxydiert nach E. Abderhalden und A. B. Gutmann[3] zwar p-Tyrosin aber weder o- noch m-Tyrosin.

Chemische Eigenschaften: W. P. Dickinson und P. G. Marshall[1] untersuchten die Millonsche Reaktion in der Modifikation von Folin und Ciocalteu; die Farbintensität betrug 60% von der des p-Tyrosins. Bei Anwendung des Phenolreagenzes von Folin und Ciocalteu, das ohne NaCN angewendet wurde, betrug die Farbstärke 123,5% von der des p-Tyrosins.

3, 5-Dijodtyrosin.

Jodgorgosäure, Jodgorgon.

Bildung: Schilddrüsenhydrolysate, aus denen das Thyroxin isoliert ist, geben nach Th. Ingvaldsen und R. T. Cameron[4] noch die für Dijodtyrosin mit HNO_2 und NH_3 charakteristische Farbreaktion. Dijodtyrosin selbst ließ sich aber trotzdem nicht isolieren. Aus weiteren Versuchen ist anzunehmen, daß es bei der Hydrolyse mit $Ba(OH)_2$ stark zersetzt wird.

G. L. Forster[5] gelang es bei dem Abbau des Thyreoglobulins 33% des gesamten ursprünglichen Jodgehaltes als 3, 5-Dijodtyrosin und 16% als Thyroxin wieder zu finden.

Im Sponginhydrolysat (Hippospongia equina) konnte V. J. Clancey[6] 4,7% Dijodtyrosin, nach dem J- und Tyrosingehalt berechnet, bestimmen.

Aus Plexaura flexuosa wurde von K. Sugimoto[7] (bei 2,63% J-Gehalt) 3, 5-Dijodtyrosin isoliert.

Darstellung des l-3, 5-Dijodtyrosins: E. Abderhalden[8] gibt folgende Darstellungsmethode für l-3, 5- bzw. d-Dijodtyrosin an: l- bzw. d-Tyrosin wird in etwa 2,5 Mol 2,5proz. NaOH-Lösung bei 0° mit 4 Atomen J portionsweise unter Schütteln versetzt; vom auftretenden gelben bis braunen, krystallinisch erscheinenden Niederschlag sofort abfiltriert, mit eiskaltem Wasser gewaschen, bis das Filtrat hellgelb war. Aus der Jodierungslauge fällt zum Teil schon während des Filtrierens weiteres Jodprodukt krystallinisch aus, Rest nahezu quantitativ durch vorsichtiges Ansäuern mit Eisessig; 2—3mal aus Wasser von 85—95° umkrystallisiert; farblose, wetzsteinartige Nadeln, Schmelzp. 202° (unkorr.) unter Aufschäumen; $[\alpha]_D^{19} = +$ bzw. $-2,9°$ $(+0,05)$; in 4proz. HCl zu etwa 5% gelöst.

Darstellung des d-3, 5-Dijodtyrosins: E. Abderhalden[8] gibt die Darstellung von d-3, 5-Dijodtyrosin aus d-Tyrosin an, siehe unter l-3, 5-Dijodtyrosin, Darstellung.

Bestimmung und Nachweis: Die Farbreaktion des 3, 5-Dijodtyrosins mit HNO_2 ist nach Th. Ingvaldsen und A. T. Cameron[4] anfänglich orangegelb, dann gelb und wird nach Zufügen von NH_3 rot.

Biochemische Eigenschaften: 3, 5-Dijodtyrosin läßt nach W. Knipping und E. Wheeler-Hill[9] den Gesamtstoffwechsel unbeeinflußt.

---

[1] W. P. Dickinson u. P. G. Marshall: J. chem. Soc. Lond. **1929**, 1495—1498 — Chem. Zbl. **1929 II**, 1527.

[2] H. Ueda: Ber. dtsch. chem. Ges. **61**, 146—151 — Chem. Zbl. **1928 I**, 1047.

[3] E. Abderhalden u. A. B. Gutmann: Fermentforschg **9**, 117 (1926) — Chem. Zbl. **1927 I**, 299.

[4] Th. Ingvaldsen u. R. T. Cameron: Proc. Trans. roy. Soc. Canada [3] **20**, Sect. V, 297—305 (1926) — Chem. Zbl. **1927 II**, 1854.

[5] G. L. Forster: J. of biol. Chem. **83**, 345—346 — Chem. Zbl. **1929 II**, 3230.

[6] V. J. Clancey: Biochemic. J. **20**, 1186—1189 (1926) — Chem. Zbl. **1927 I**, 1322.

[7] K. Sugimoto: J. of biol. Chem. **76**, 723—728 — Chem. Zbl. **1928 II**, 162.

[8] E. Abderhalden: Pflügers Arch. **201**, 432—444 (1923) — Chem. Zbl. **1924 I**, 789.

[9] W. Knipping u. E. Wheeler-Hill: Dtsch. Arch. klin. Med. **153**, 223—238 (1926) — Chem. Zbl. **1927 I**, 1499.

Über die Wirkung des 3, 5-Dijodtyrosins auf den normalen und hyperthyreoidischen Menschen berichtet H. Baur[1].

Nach F. Hoffmann[2] übten 3—5 g l-3, 5-Dijodtyrosin am Menschen keine dem Thyroxin ähnliche Wirkung auf den Stoffwechsel aus.

Nach Versuchen von H. Beumer und B. Kornhuber[3] zeigt Dijodtyrosin weder im Stoffwechselversuch noch bei klinischer Prüfung (Myxödem) Wirkungen, die denen des Schilddrüsensekretes ähnlich sind.

Chronische Zufuhr von Dijodtyrosin bedingt beim Säugetier nach Th. von Zwehl[4] auch in steigenden Dosen keine thyreotoxischen Symptome, wenn die Nahrungszufuhr nicht eingeschränkt ist, während bei Verminderung der Nahrung eine beträchtliche Gewichtsabnahme auftritt. Die tödliche Dosis beim normalen Tier ist etwa 0,95 mg pro g Tier (subcutan). Der Glykogengehalt der Leber, der bei Zufuhr J-äquivalenter NaJ-Dosen ansteigt, sinkt bei Dijodtyrosin. Die Resistenz gegen Acetonitril wird durch Dijodtyrosin nur bei weiblichen Tieren und nur nach mehrfacher Injektion erhöht.

Dijodtyrosin war nach A. T. Cameron und I. Carmichael[5] bei einem Vergleiche mit anderen Jod- und Schilddrüsenpräparaten auf Wachstum, Herz, Leber und Niere weißer Ratten unwirksam.

Nach Verfütterung von Dijodtyrosin an Ratten fanden sich nach J. Abelin und N. Scheinfinkel[6] in deren Harn Stoffe, die die Metamorphose der Kaulquappen in charakteristischer Weise beschleunigten, dagegen waren sie nicht im Blut oder in den Organen vorhanden.

Die durch Dijodtyrosin zu vorzeitiger Metamorphose gebrachten Kaulquappen von Rana pipiens zeigten nach O. M. Helff[7] ein Ansteigen des Stoffwechselumsatzes durch Steigerung des O_2-Verbrauches, pro Gramm Körpergewicht durchschnittlich um 79%. Ferner untersuchte und verglich der Verfasser[8] den O_2-Verbrauch von normalen oder mit Dijodtyrosin gefütterten Froschlarven.

Über den Vergleich der Wirkung von Dijodtyrosin und Dijodtyramin mit der des Tyramins auf den Gaswechsel berichtet J. Abelin[9].

Über die Wirkung des Dijodtyrosins auf Froschlarven im Vergleich zu Thyroxin und weiteren Jodpräparaten berichtet B. Romeis[10]; über die Wirkung auf die Amphibienmetamorphose berichtet W. W. Swingle[11].

J. H. Gaddum[12] vergleicht an Kaulquappen die Wirkungen von 3, 5-Dijodtyrosin, Thyroxin, KJ, Dijodthyroxin, Desjodothyroxin und von β, β-Bis-[3, 5-dijod-4-oxyphenyl]-alanin.

Neuere Untersuchungen von E. Abderhalden und E. Wertheimer[13] über die Einwirkung von 3, 5-Dijodtyrosin im Zusammenhang mit der Untersuchung anderer Thyroxinabkömmlinge auf die Metamorphose von Kaulquappen, Axolotln und auf den Gaswechsel von Ratten bestätigten die früheren Befunde und zeigten erneut, daß 3, 5-Dijodtyrosin eine milde Thyroxinwirkung ausübt.

Dosen von 0,0015 g Dijodtyrosin in 100 ccm Wasser und zwar in einmaliger Gabe beeinflußten nach E. Abderhalden[14] Wachstum und Metamorphose von Kaulquappen.

---

[1] H. Baur: Dtsch. Arch. klin. Med. **160**, 212—232 — Chem. Zbl. **1928 II**, 1002.
[2] F. Hoffmann: Z. exper. Med. **57**, 68—76 — Chem. Zbl. **1927 II**, 2408.
[3] H. Beumer u. B. Kornhuber: Münch. med. Wschr. **72**, 2057 (1925) —Chem. Zbl. **1926 I**,1433.
[4] Th. von Zwehl: Z. Biol. Roux' Arch. **107**, 456—480 (1926) — Ber. Physiol. **37**, 457 — Chem. Zbl. **1927 I**, 1606.
[5] A. T. Cameron u. I. Carmichael: Proc. Trans. roy. Soc. Canada [3] **20**, Sect. V, 307—318 — Chem. Zbl. **1927 II**, 2074.
[6] J. Abelin u. N. Scheinfinkel: Klin. Wschr. **3**, 1764—1765 — Chem. Zbl. **1924 II**, 2184 — Erg. Physiol. **24**, 690—700 (1925) — Ber. Physiol. **34**, 707 — Chem. Zbl. **1926 II**, 601.
[7] O. M. Helff: Proc. Soc. exper. Biol. a. Med. **21**, 34—39 (1923) — Ber. Physiol. **25**, 29 (1924) — Chem. Zbl. **1924 II**, 856.
[8] O. M. Helff: J. of exper. Zool. **45**, 69—93 (1926) — Ber. Physiol. **39**, 653 — Chem. Zbl. **1927 II**, 587.
[9] J. Abelin: Biochem. Z. **138**, 161—168 — Chem. Zbl. **1923 III**, 1113.
[10] B. Romeis: Biochem. Z. **141**, 121—159 (1923) — Chem. Zbl. **1924 I**, 359.
[11] W. W. Swingle: Biol. Bull. Mar. biol. Labor. Wood's Hole **45**, 229—253 (1923) — Ber. Physiol. **24**, 30—31 (1924) — Chem. Zbl. **1924 II**, 365.
[12] J. H. Gaddum: J. of Physiol. **64**, 246—254 (1927) — Chem. Zbl. **1928 I**, 1676.
[13] E. Abderhalden u. E. Wertheimer: Z. ges. exper. Med. **63**, 557—577 (1928).
[14] E. Abderhalden: Pflügers Arch. **206**, 467—472 (1924) — Chem. Zbl. **1925 I**, 1341.

Dabei zeigten die Kaulquappen, die ohne besondere Nahrungszufuhr (Algen) blieben, früher diese Erscheinungen als solche, denen Nahrung zur Verfügung stand.

Untersuchungen von E. Abderhalden[1] über die Wirkungen von l-3, 5-Dijodtyrosin und d-3, 5-Dijodtyrosin auf Wachstum und Entwicklung der Kaulquappen ergaben folgendes: Die l-Verbindung übt die charakteristische Schilddrüsenwirkung aus, während die d-Verbindung wesentlich langsamer und schwächer wirkt, was vielleicht noch auf die optische Unreinheit der d-Verbindung zurückgeführt werden muß, so daß die optisch einheitliche d-Verbindung überhaupt keine Wirkung ausübt. In Versuchen, bei denen l- oder d-Tyrosin + äquivalente Menge KJ verabreicht wurde, konnten zum Teil mit l- aber nicht mit d-Tyrosin ausgesprochene Wirkungen erzielt werden, die vielleicht auf die Wirkung des im Organismus möglicherweise synthetisierten 3, 5-Dijod-l-tyrosins zurückzuführen sind.

Über den Gaswechsel und die Metamorphose von Axolotln (Amblystoma mexicanum) und Froschlarven nach Fütterung von 3, 5-Dijodtyrosin berichten J. Abelin und N. Scheinfinkel[2]. Die Metamorphose wird beschleunigt. Zunächst findet eine vermehrte Steigerung des Gaswechsels statt, die vielleicht den wirksamen Reiz für den Eintritt der Metamorphose darstellt. Mit dem Einsetzen der Metamorphose sinkt die Bildung der CO_2 bis auf 70% des Larvenstadiums herab.

Dijodtyrosin erzeugt nach B. Zawadowsky, A. Titajew, Z. Perelmutter und N. Raspopowa[3] selbst in Dosen bis zu 30 mg keine vollständige Metamorphose der Axolotln.

3, 5-Dijodtyrosin, das Axolotln nach der Methode von Blacher und Belkin einverleibt wurde, ist nach B. Zawadowsky, N. Raspopowa, T. Rolitsch und E. Umanowa-Zawadowskaja[4] auf die Metamorphose der Tiere schwächer wirksam als krystallisiertes J. Es ist nach diesen Befunden sogar anzunehmen, daß Dijodtyrosin nicht als Zwischenprodukt für die Thyroxinsynthese im Organismus in Frage kommt.

Über die Ausscheidung organischer J-Verbindungen (unter anderen 3, 5-Dijodtyrosin) durch Galle und Harn berichtet D. Ibuki[5].

Nach Versuchen am Herzstreifen ist nach E. Abderhalden und E. Gellhorn[6] die Adrenalinwirkung durch 3, 5-Dijodtyrosin bedeutend verstärkt, so daß sich die Schwellenkonzentration bis auf etwa $1/10$ des normalen Wertes erniedrigt. Ebenso wird an der glatten Muskulatur des Magens und der Speiseröhre des Frosches eine Verstärkung der Erregung bzw. Lähmung ausgelöst. Der Aminosäure selbst kommt kein Einfluß auf die automatische Kontraktion der Herz-, Magen- und Speiseröhrenmuskulatur zu. Bei intraperitonealer Injektion wird durch Zusatz von Dijodtyrosin bei der weißen Maus die Senkung der Temperatur verstärkt.

Dijodtyrosin hemmt nach E. Abderhalden[7] die alkoholische Gärung nach anfänglicher Beschleunigung.

Nach E. Abderhalden und W. Stix[8] wurde durch keine Fermentlösung aus 3, 5-Dijod-l-tyrosin J-Abspaltung bewirkt.

Nach E. Abderhalden und E. Wertheimer[9] wirkt l-3, 5-Dijodtyrosin nicht auf die Wirkung von Polypetidasen, Carbohydrasen und Esterasen ein.

Nach E. Abderhalden und K. Franke[10] kann sowohl die Autolyse als auch die Wirkung des Erepsins oder Trypsins durch 3, 5-Dijodtyrosin beschleunigt werden. Bei einem Vergleich mit der Wirkung des Thyroxins verläuft die Stärke des Einflusses nicht dem J-Gehalt parallel.

Biochemische Eigenschaften des d-3, 5-Dijodtyrosins: Über die Wirkung von 3, 5-Dijod-d-tyrosin auf die Entwicklung von Froschlarven berichtet E. Abderhalden[11], siehe unter l-3, 5-Dijodtyrosin, biochemische Eigenschaften.

---

[1] E. Abderhalden: Pflügers Arch. **201**, 432—444 (1923) — Chem. Zbl. **1924 I**, 789.
[2] J. Abelin u. N. Scheinfinkel: Pflügers Arch. **198**, 151—163 — Chem. Zbl. **1923 III**, 90.
[3] B. Zawadowsky, A. Titajew, Z. Perelmutter u. N. Raspopowa: Pflügers Arch. **217**, 198—204 — Chem. Zbl. **1927 II**, 1162.
[4] B. Zawadowsky, N. Raspopowa, T. Rolitsch u. E. Umanowa-Zawadowskaja: Z. exper. Med. **61**, 526—538 — Chem. Zbl. **1928 II**, 2662.
[5] D. Ibuki: Arch. f. exper. Path. **124**, 370—384 — Chem. Zbl. **1927 II**, 2080.
[6] E. Abderhalden u. E. Gellhorn: Pflügers Arch. **203**, 42—56 — Chem. Zbl. **1924 II**, 497.
[7] E. Abderhalden: Fermentforschg **6**, 149—161 — Chem. Zbl. **1922 III**, 887.
[8] E. Abderhalden u. W. Stix: Fermentforschg **7**, 179—182 (1923) — Chem. Zbl. **1924 I**, 1819.
[9] E. Abderhalden u. E. Wertheimer: Fermentforschg **6**, 1—26 — Chem. Zbl. **1922 III**, 558.
[10] E. Abderhalden u. K. Franke: Fermentforschg **9**, 485—493 — Chem. Zbl. **1928 II**, 577.
[11] E. Abderhalden: Pflügers Arch. **201**, 432—444 (1923) — Chem. Zbl. **1924 I**, 789.

Chemische Eigenschaften: Nach Versuchen von Ch. R. Harington[1] ist das niedrige Drehungsvermögen des 1-3, 5-Dijodtyrosins ($[\alpha]_{5461}^{23} = +2,6°$) nicht durch Racemisierung bei der Jodierung des l-Tyrosins ($[\alpha]_{5461}^{23} = -12,0°$) bedingt, da sich zeigte, daß bei der Reduktion der Jodverbindung mit H_2 und $Pd \cdot CaCO_3$ das Tyrosin mit fast unverändertem Drehungsvermögen zurückgewonnen wurde.

3, 5-Dijodtyrosin hemmt nach E. Wertheimer[2] im Gegensatz zu anderen Aminosäuren die spontane Oxydation von α-Naphthol und p-Phenylendiamin zu Indophenolblau stark, was durch die Bildung komplexer Schwermetallsalze erklärt wird.

Thyroxin.

β-3, 5-Dijod-4-[3′, 5′-dijod-4′-oxyphenoxy]-phenyl-α-aminopropionsäure.

A. T. Cameron[3] schlägt eine Änderung des Namens Thyroxin (aus Thyro-oxyindol entstanden) in Thyrosin oder Thyroisin vor.

Ch. R. Harington[1] bezeichnet den jodfreien Grundkörper des Thyroxins als Thyronin, so daß das Thyroxin hiernach ein 3, 5, 3′, 5′-Tetrajodthyronin ist.

Mol.-Gewicht: 712,74.

Zusammensetzung: $C_{15}H_{11}O_4NJ_4$.

Formel:

$$HO\underset{J}{\overset{J}{\bigcirc}}O\underset{J}{\overset{J}{\bigcirc}}CH_2-\underset{NH_2}{CH}-COOH.$$

Vorkommen und Bildung: Der Thyroxingehalt von Schilddrüsen ist in den Vereinigten Staaten nach E. C. Kendall[4] im Winter bedeutend geringer als im Sommer. Weiterhin soll in den in England verarbeiteten Schilddrüsen der Thyroxingehalt höher sein, als in den in den Vereinigten Staaten verarbeiteten Drüsen.

Nach den Untersuchungen von E. C. Kendall und D. G. Simonsen[5] werden bei der Alkalihydrolyse von Schilddrüsengewebe eine säurelösliche und eine säureunlösliche Fraktion erhalten, in der letzteren sind nicht mehr als 20—30% des J in Form von Thyroxin vorhanden.

Weiterhin wurde gefunden, daß frisches Schilddrüsengewebe nicht mehr als 14% des Gesamt-J in Form von Thyroxin enthält, im Durchschnitt waren es 5%. Getrocknetes Schilddrüsengewebe oder Jodothyrin enthalten nach den Verfassern kein Thyroxin.

G. L. Forster[6] gelang es bei dem Abbau des Thyreoglobulins, 16% des gesamten ursprünglichen Jodgehaltes als Thyroxin und 33% als 3, 5-Dijodtyrosin wiederzufinden.

Bestimmungen des Thyroxingehaltes von Handelspräparaten ergaben nach T. A. Redonnet[7], daß einige Präparate von Thyroxin frei gefunden wurden, während andere recht schwankenden Gehalt aufwiesen.

Nach F. Blum[8] ist Thyroxin als ein durch chemische Operation entstandenes Spaltprodukt anzusehen. Es ist dem Verfasser niemals gelungen, Thyroxin selbst im Blute nachzuweisen.

Synthese des l-Thyroxins: Zur Synthese des l-Thyroxins geht Ch. R. Harington[9] vom d, l-Formyl-3, 5-dijodthyronin aus, das mit l-α-Phenyläthylamin in seine Komponenten gespalten wird. Das l-Phenyläthylaminsalz wird mit verdünnter HCl gespalten. Formyl-l-dijodthyronin wird nun durch Spaltung mit heißer 15proz. HBr in l-3, 5-Dijodthyronin übergeführt, das mit Jod in ammoniakalischer Lösung l-Thyroxin gibt. Schmelzp. 235—236°. (Zers.)

Synthese des d-Thyroxins: Zur Synthese des d-Thyroxins geht Ch. R. Harington[9] vom d, l-Formyl-3, 5-dijodthyronin aus, das mit d-α-Phenyläthylamin in seine optisch aktiven

---

[1] Ch. R. Harington: Biochem. J. **22**, 1429—1435 (1928) — Chem. Zbl. **1929 I**, 1216.
[2] E. Wertheimer: Fermentforschg **8**, 497—517 — Chem. Zbl. **1926 II**, 696.
[3] A. T. Cameron: Nature **119**, 925 — Chem. Zbl. **1927 II**, 1714.
[4] E. C. Kendall: J. of biol. Chem. **72**, 213—221 — Chem. Zbl. **1927 II**, 104.
[5] E. C. Kendall u. D. G. Simonsen: J. of biol. Chem. **80**, 357—377 (1928) — Chem. Zbl. **1929 II**, 1552.
[6] G. L. Forster: J. of biol. Chem. **83**, 345—346 — Chem. Zbl. **1929 II**, 3230.
[7] T. A. Redonnet: C. r. Soc. Biol. Paris **91**, 816—817 — Chem. Zbl. **1924 II**, 2535.
[8] F. Blum: Zbl. inn. Med. **48**, 914—923 — Chem. Zbl. **1927 II**, 2407.
[9] Ch. R. Harington: Biochem. J. **22**, 1429—1435 (1928) — Chem. Zbl. **1929 I**, 1216.

Komponenten gespalten wird. Das d-Phenyläthylaminsalz wird mit verdünnter HCl gespalten. Formyl-d-dijodthyronin wird durch Spaltung mit heißer 15proz. HBr in d-Dijodthyronin übergeführt, das mit Jod in ammoniakalischer Lösung d-Thyroxin gibt. Schmelzp. 237° (Zers.).

Synthese des racemischen Thyroxins: Ch. R. Harington und E. Barger[1] synthetisierten das Thyroxin auf folgendem Wege:

3, 5-Dijod-4-[4'-methoxyphenoxy]-benzonitril wird in Chloroform mit $SnCl_2$ in mit HCl gesättigtem Äther in den Aldehyd umgesetzt, der mit Hippursäure durch Acetanhydrid und Na-Acetat zum Azlacton kondensiert wird. Das Azlacton wird durch Spaltung und Veresterung mit konzentrierter H_2SO_4 in absolutem Alkohol in den α-Benzoylamino-3, 5-dijod-4-[4'-methoxyphenoxy]-zimtsäureäthylester übergeführt. Durch Reduktion mit HJ und rotem P läßt sich aus der Zimtsäure die β-3, 5-Dijod-4-[4'-oxyphenoxy]-phenyl-α-aminopropionsäure erhalten. Bei der Jodierung der Dijodsäure in konzentriertem NH_3 mit J in KJ-Lösung wird dann das Thyroxin, β-3, 5-Dijod-4-[3', 5'-dijod-4'-oxyphenoxy]-phenyl-α-aminopropionsäure, erhalten. Mikroskopische Krystalle mit dem für Thyroxin charakteristischen Habitus, Schmelzpunkt 231° (Zersetzung), mit natürlichem Thyroxin keine Depression.

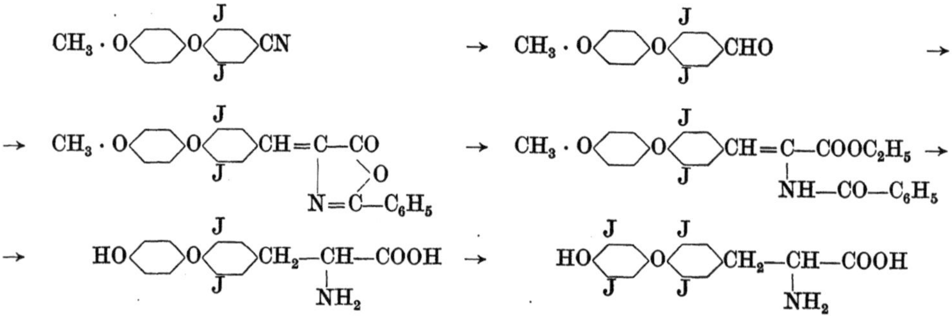

$$CH_3 \cdot O\langle\rangle O\langle\rangle CN \;(J,J) \rightarrow CH_3 \cdot O\langle\rangle O\langle\rangle CHO \;(J,J) \rightarrow$$

$$\rightarrow CH_3 \cdot O\langle\rangle O\langle\rangle CH=C-CO \;(J,J) \;\; \substack{\mid \\ N=C-C_6H_5} \substack{\rangle \\ O} \rightarrow CH_3 \cdot O\langle\rangle O\langle\rangle CH=C-COOC_2H_5 \;(J,J) \;\; \substack{\mid \\ NH-CO-C_6H_5} \rightarrow$$

$$\rightarrow HO\langle\rangle O\langle\rangle CH_2-CH-COOH \;(J,J) \;\; \substack{\mid \\ NH_2} \rightarrow HO\langle\rangle O\langle\rangle CH_2-CH-COOH \;(J,J,J,J) \;\; \substack{\mid \\ NH_2}$$

Von F. Hoffmann-La Roche & Co. A.-G.[2] wird folgende einfache Thyroxinsynthese angegeben: 4-[3', 5'-Dijod-4'-(4''-methoxyphenoxy)-benzyliden]-2-phenyl-5-oxazolon wird mit HJ, Essigsäureanhydrid und rotem P 5 Stunden erhitzt. Die entstandene β-[3, 5-Dijod-4-(4'-oxyphenoxy)-phenyl]-α-aminopropionsäure wird nun wie üblich jodiert und so in das Thyroxin übergeführt.

Darstellung: Die von E. C. Kendall[3] angegebene Methode zur Darstellung von Thyroxin (mit einer Ausbeute von 0,001% auf frisches Gewebe) aus Schilddrüsen durch alkalische Hydrolyse, mehrfache Umfällung aus alkalischer Lösung mit verdünnter HCl, nochmalige alkalische Hydrolyse und weitere mehrfache fraktionierte Umfällung aus alkalischer Lösung mit HCl wird von Ch. R. Harington[4] abgekürzt und verbessert, so daß nach Carr[5] die Ausbeute auf 0,025% Thyroxin, auf frisches Gewebe berechnet, gesteigert wird. Das Material wird mit 10proz. $Ba(OH)_2 \cdot 8H_2O$-Lösung hydrolysiert. Die beim Stehen ausgeschiedene Fällung wird mit 2proz. NaOH-Lösung gekocht, mit einem Überschuß von Na_2SO_4 versetzt, die filtrierte Lösung mit HCl angesäuert und der entstandene Niederschlag in NH_3 gelöst, mit $Ba(OH)_2$ versetzt und nach Austreiben des NH_3 18 Stunden auf dem Wasserbade (Temperatur nicht über 100°) unter Rückfluß gekocht. Der abfiltrierte Niederschlag wird nun in siedender verdünnter NaOH mit konzentrierter Na_2SO_4-Lösung behandelt, die danach filtrierte Lösung im Sieden mit 50proz. H_2SO_4 gegen Kongo angesäuert und einige Minuten gekocht, bis der zunächst flockige Niederschlag schwerer und körnig wird. Nach dem Abkühlen wird er abfiltriert, in n-NaOH-Lösung gelöst, dann Alkohol bis zu einer Konzentration von 80% zugefügt, die filtrierte siedende Lösung mit 33proz. Essigsäure angesäuert.

---

[1] Ch. R. Harington u. E. Barger: Biochemic. J. **21**, 169—181 — Chem. Zbl. **1927 II**, 2666.

[2] F. Hoffmann-La Roche & Co. A.-G.: D. R. P. 448838 v. 7. 9. 1928, ausg. 19. 10. 1929; E. P. 318582 v. 4. 3. 1929, Auszug veröff. 30. 10. 1929.

[3] E. C. Kendall: A.P. 1392767 v. 7. Juni 1916, ausg. 4. Okt. 1921 u. 1392768 v. 20. August 1919, ausg. 4. Okt. 1921; Chem. Zbl. **1922 II**, 204 — J. of biol. Chem. **39**, 125—147 (1919) — Chem. Zbl. **1920 III**, 314.

[4] Ch. R. Harington: Biochemic. J. **20**, 293—299 — Chem. Zbl. **1926 II**, 244.

[5] Carr: J. Soc. Chem. Ind. **45**, T. 241—244 — Chem. Zbl. **1926 II**, 2320.

Die Reinigung erfolgt über das wenig lösliche Na-Salz. Die Ausbeute nach diesem Verfahren beträgt 1,2—1,3 g Rohprodukt, etwas über 1 g ganz reines Thyroxin aus 1 kg trockener Schilddrüse. Das so dargestellte Thyroxin hatte Schmelzp. 231—233° (unter Zersetzung und J-Entwicklung, nachdem es sich bei 220° dunkel färbte). Löslich in kalten, nicht zu konzentrierten Alkalien, in alkalischem oder saurem 90proz. Alkohol (mit Ausnahme von Essigsäure), unlöslich in Wasser und in den gewöhnlichen organischen Lösungsmitteln. Das so dargestellte Thyroxin war racemisch, was auf eine Racemisation durch die Hydrolyse zurückzuführen ist.

Nach F. H. Carr[1] müssen für die Thyroxindarstellung die Schilddrüsen schnell getrocknet und die Temperaturen bei der Hydrolyse genau nach Harington eingehalten werden.

B. Neppi[2] berichtet über die gleiche Schwierigkeit wie Kendall[3] bei der Thyroxinextraktion nach Harington. — Weiterhin teilt der Verfasser[4] einige technische Bemerkungen zur Thyroxindarstellung mit.

Bestimmung: Der Thyroxingehalt von Schilddrüsen und Schilddrüsenpräparaten läßt sich nach T. A. Redonnet[5] so bestimmen, daß das J der Drüse bzw. des Präparates colorimetrisch nach dem Veraschen ermittelt und daraus der Thyroxingehalt (100:65) errechnet wird. Diese Art der Bestimmung ergab bei Verfolgung des Thyroxingehaltes bei Rindern von Monat zu Monat nicht so präzise Daten, wie Seidel und Fenger berichten. Weitere Untersuchungen zeigten, daß bei Verwendung derselben Drüsen die Extrakte aus frischen gehaltreicher waren als die aus trockenen, Glycerinextrakte reicher als die mit physiologischem Serum bereiteten, daß zwischen den Extrakten mit Wasser, verdünnter HCl oder $^n/_{10}$-NaOH keine großen Unterschiede bestanden, daß die Produkte der peptischen Verdauung nur geringe Mengen wirksamen Prinzips, diejenigen der tryptischen reichliche Mengen enthielten.

Nach B. Zawadowsky und G. Asimow[6] ist die Beschleunigung der Metamorphose des Axolotl eine bequemere und sicherere Methode des Hormonnachweises als die Beschleunigung der Metamorphose und die Verzögerung des Wachstums von Kaulquappen (Gudernatsch).

Die Bestimmungsmethode von H. Kreitmair[7] und E. Nobel[8] beruht darauf, daß die Anregung des Stoffwechsels durch Thyroxin an der Gewichtsabnahme der behandelten Tiere verfolgt wird. Am geeignetsten erweisen sich Meerschweinchen von 250—300 g Gewicht, die bei gleichmäßiger Fütterung und Haltung das ganze Jahr über recht gleichmäßig ansprechen. Als eine „Meerschweincheneinheit" (Ms. E.) wird diejenige Menge bezeichnet, die 6 Tage lang hintereinander verfüttert, bei mindestens 3 von 4 Meerschweinchen das Gewicht in 7 Tagen um 10% senkt. Synthetisches Thyroxin hat etwa 1000 Ms. E. in g. Die Methode zeigt bei Prüfung anderer Substanzen und Präparate in weiten Grenzen Unabhängigkeit der Wirksamkeit der Präparate vom J-Gehalt.

Für die Auswertung von Thyroxinpräparaten nach der „letalen Meerschweinchendosis" werden nach W. Kornfeld und E. Nobel[9] nur dann Vergleichswerte erhalten, wenn die Tiere auf bestimmter Kost gehalten werden. Sehr geeignet ist eine strenge Milch-Haferdiät; Grünfütterung gibt schwankende Werte. Die letale Dosis für Präparate von Schering und Henning beträgt 10—20 mg. Für die Bestimmung der täglich zu verwendenden therapeutischen Dosis wird folgende Formel empfohlen: $1/10\ \gamma$. (Sitzhöhe)^2.

Biochemische Eigenschaften des l-Thyroxins: Nach Versuchen von Ch. R. Harington und Gaddum[10] wirkt l-Thyroxin auf den O-Verbrauch von Ratten 3mal so stark wie d-Thyroxin; weiterhin wirkt die l-Verbindung auch auf das Wachstum von Kaulquappen stärker als die d-Verbindung. So ist l-Thyroxin wahrscheinlich das natürliche Isomere.

Biochemische Eigenschaften des d-Thyroxins: Nach Versuchen von Ch. R. Harington und J. N. Gaddum[10] beträgt die Wirksamkeit der d-Verbindung auf den O-Verbrauch von

---

[1] F. H. Carr: J. chem. Soc. Ind. **45**, T. 241—244 — Chem. Zbl. **1926 II**, 2320.
[2] B. Neppi: Giorn. Chim. ind. appl. **10**, 67—72 — Chem. Zbl. **1928 I**, 2511.
[3] Kendall: Chem. Zbl. **1927 II**, 104.
[4] B. Neppi: Boll. Soc. Biol. sper. **3**, 165—173 (1928) — Chem. Zbl. **1929 I**, 3002.
[5] T. A. Redonnet: C. r. Soc. Biol. Paris **91**, 816—817 — Chem. Zbl. **1924 II**, 2535.
[6] B. Zawadowsky u. G. Asimow: Pflügers Arch. **216**, 65—81 — Chem. Zbl. **1927 I**, 2918.
[7] H. Kreitmair: Z. exper. Med. **61**, 202—209 — Chem. Zbl. **1928 II**, 366.
[8] E. Nobel: Z. exper. Med. **62**, 540—541 — Chem. Zbl. **1928 II**, 2671.
[9] W. Kornfeld u. E. Nobel: Klin. Wschr. **7**, 2377—2380 (1928) — Chem. Zbl. **1929 I**, 769.
[10] Ch. R. Harington u. Gaddum: Biochem. J. **22**, 1429—1435 (1928) — Chem. Zbl. **1929 I**, 1216.

Ratten nur den dritten Teil der l-Verbindung; ebenso wirkt die d-Verbindung auf das Wachstum von Kaulquappen schwächer als die l-Verbindung.

Biochemische Eigenschaften des racemischen Thyroxins: Übersichtsreferate über Thyroxin und weitere Inkretstoffe geben E. Abderhalden und E. Schmitz[1].

Wie weit die Schilddrüse neben Thyroxin noch andere Hormone sezerniert, diskutieren K. Csépai und J. Fernbach[2].

E. C. Kendall und D. G. Simonsen[3] schließen aus ihren Untersuchungen, daß Thyroxin nur eine Zwischenform ist und sich erst in „aktives Thyroxin" umwandelt, das die typische biologische Wirkung der Drüse besitzt.

E. Abderhalden und E. Wertheimer[4] untersuchten die Thyroxinbildung aus Thyronin + KJ im Organismus und überlebenden Gewebe von Säugetieren, siehe unter Thyronin, S. 681.

H. Dryerre[5] diskutiert über die Zeitdauer bei Untersuchungen über die Einwirkung von Thyroxin und über den Einfluß der Zeitdauer auf die Versuchsergebnisse.

Aus eigenen Versuchen und aus denen anderer Autoren über die Natur der Steigerungsperiode in der Wärmeerzeugungskurve nach Behandlung mit Thyroxin war nach J. M. Rabinowitch[6] zu erkennen, daß der Stoffwechsel unmittelbar nach Thyroxininjektion so kompliziert war, daß ein spezifischer Geschwindigkeitskoeffizient der Reaktion auf Grund der experimentellen Ergebnisse kaum errechnet werden kann.

Nach A. T. Cameron und J. Carmichael[7] zeigt Thyroxin im Vergleich zu Thyreoidin nicht die gleich starke Wirkung auf Wachstum, Herz, Leber und Niere weißer Ratten. Ein enzymatisches Hydrolysat von Thyreoglobulin war, trotzdem es nur eine Spur von Thyroxin enthielt, deutlich wirksam. Hydrolyse von Thyreoglobulin durch NaOH gab eine Thyroxinfraktion mit etwas größerer Aktivität, als das ursprüngliche Thyreoglobulin, und eine inaktive säurelösliche Fraktion.

Vergleiche in den Wirkungen zwischen peroral verabreichtem Thyroxin und Thyreoid ergaben nach A. T. Cameron und J. Carmichael[8] gleiche Veränderungen: Zurückbleiben des Wachstums, Hypertrophie von Herz, Leber, Niere und Nebenniere. Die Hypertrophie des Herzens und des lymphatischen Gewebes ist der ähnlich, wie sie beim Hyperthyreoidismus beobachtet wird.

R. Boller und F. Högler[9] untersuchten die Wirkung von Thyropurin Jaffe, Thyreoidin Merck, Thyroxin Schering und Thyroxin Henning und verglichen sie miteinander. Bei Nephrose wurde die Entwässerung nur dann beschleunigt, wenn gleichzeitig die Salzzufuhr beschränkt wurde. Bei Fettsucht war bei gleichzeitiger Einschränkung der Calorienzufuhr eine Gewichtsabnahme erzielbar. Zwischen synthetischem Thyroxin und nativem Thyropurin bestanden nur graduelle Unterschiede. Durch J wurde die Thyroxinwirkung nicht wesentlich beeinflußt. Thyroxin Schering und Henning waren bei subcutaner, intramuskulärer und intravenöser Injektion sehr wirksam. Bei peroraler Zufuhr waren alle Präparate in größeren Dosen wirksam, nur Thyroxin Schering blieb in einem Falle wirkungslos.

E. Giacomini[10] berichtet über Jodeiweißverbindungen, durch Jodieren von Milz- und Lebergewebe gewonnen, die eine dem Thyroxin gleichartige Wirkung auf Axolotln ausüben.

Nach H. Baur und G. Loewe[11] ist synthetisches Thyroxin bei Gesunden, subcutan oder peroral verabreicht, 100mal so wirksam wie die gleiche Menge getrockneter Schilddrüse. 2 mg Subcutan verabreichtes Thyroxin steigern während 20—48 Stunden den Grundumsatz

---

[1] E. Abderhalden: Wien. med. Wschr. **74**, 5—9 — Chem. Zbl. **1924 I**, 686. — E. Schmitz: Z. angew. Chem. **36**, 593—595 (1923) — Chem. Zbl. **1924 I**, 1217.

[2] K. Csépai u. J. Fernbach: Arch. f. exper. Path. **129**, 256—260 — Chem. Zbl. **1928 II**, 778.

[3] E. C. Kendall u. D. G. Simonsen: J. of biol. Chem. **80**, 357—377 (1928) — Chem. Zbl. **1929 II**, 1552.

[4] E. Abderhalden u. E. Wertheimer: Z. ges. exper. Med. **68**, 563—568 (1929).

[5] H. Dryerre: Quart. J. exper. Physiol. **14**, 221—224 — Ber. Physiol. **28**, 444 (1924) — Chem. Zbl. **1925 I**, 1102.

[6] J. M. Rabinowitch: J. of biol. Chem. **62**, 245—258 (1924) — Chem. Zbl. **1925 I**, 703.

[7] A. T. Cameron u. J. Carmichael: Proc. Trans. roy. Soc. Canada [3] **20**, Sect. V, 307—318 — Chem. Zbl. **1927 II**, 2074.

[8] A. T. Cameron u. J. Carmichael: J. of biol. Chem. **46**, 35—52 — Chem. Zbl. **1921 III**, 189.

[9] R. Boller u. F. Högler: Klin. Wschr. **8**, 1297—1302 — Chem. Zbl. **1929 II**, 1421.

[10] E. Giacomini: Boll. Soc. Biol. sper. **3**, 92—97 (1928) — Chem. Zbl. **1929 I**, 2198.

[11] H. Baur u. G. Loewe: Dtsch. Arch. klin. Med. **159**, 275—286 — Chem. Zbl. **1928 II**, 64.

um 10—37%. Wird die gleiche Dosis mehrere Tage hintereinander gegeben, so wird die anfangs erreichte Höhe des Grundumsatzes nicht verändert, es tritt keine Kumulation auf. Bei Aussetzen des Thyroxins hält sich der Grundumsatz noch wochenlang auf fast gleicher Höhe. Bei fortgesetzter Thyroxinverabreichung stellen sich die bekannten Erscheinungen der Überfunktion der Schilddrüse — Tremor, Schweiß, Haarausfall usw. — ein. Die Stärke der Erscheinungen ist von der Höhe des Grundumsatzes abhängig. Weitere Versuche von H. Baur[1] am hyperthyreoidischen Menschen mit synthetischem Thyroxin zeigen, daß der Grundumsatz in ungefähr $1/3$ der Fälle eine Erhöhung in der Größenordnung der Befunde bei Normalen, jedoch mit zeitlich verändertem Ablauf, erfährt, während in $2/3$ aller Fälle der Grundumsatz unbeeinflußt bleibt oder zum Teil bis auf normale Werte gesenkt wird. Eine Überempfindlichkeit hyperthyreoidischer Menschen gegen synthetisches Thyroxin kann nicht beobachtet werden. Werden dem Thyroxin äquivalente Jodmengen verabreicht, tritt Senkung des Grundumsatzes ein. Die Thyroxinwirkung bei Hyperthyreose ist bestimmt nicht als reine Jodwirkung aufzufassen. Verstärkte Empfindlichkeit gegenüber synthetischem Thyroxin zeigen eine Reihe Fettsüchtiger und Kranker mit vegetativer Labilität.

Als Gradmesser für die Thyroxinwirkung bestimmt E. A. Schmieder[2] den Grundumsatz. Synthetisches und aus der Schilddrüse isoliertes Thyroxin stimmten in klinischen und Stoffwechselwirkungen weitgehend überein. Außerdem war zu erkennen, daß Thyroxin, soll eine sichere Wirkung erzielt werden, parenteral gegeben werden mußte. Die auftretenden Nebenwirkungen waren durchaus nicht unbedenklich, bestanden in Pulsbeschleunigung, Druckgefühlen, Stichen in der Herzgegend und Atembeschleunigung.

F. Haffner[3] untersuchte ein von Schöller und K. Schmidt (Schering) hergestelltes Thyroxin auf seine pharmakologischen Wirkungen. Es erwies sich als vollwertiges Thyroxinpräparat. Untersuchungen von W. Schöller und M. Gehrke[4] mit demselben Thyroxinpräparat (Schering) zeigten folgende Ergebnisse: Das Thyroxin vermochte bei kastrierten männlichen Mäusen etwa die Hälfte der stoffwechselsteigernden Wirkung auszulösen, die es in gleicher Dosis beim normalen Tier zeigte, während sich bei kastrierten weiblichen Tieren ein solcher Unterschied gegen die normalen Tiere nicht zeigte. Normale weibliche Mäuse reagierten bezüglich der Steigerung der CO_2-Produktion schwächer und unregelmäßiger auf Thyroxin als normale männliche Tiere.

Ein Thyroxinpräparat von Henning wirkte nach E. R. Grawitz und W. Dubberstein[5] per os gegeben einwandfrei als spezifisches Schilddrüsenpräparat. Die Oxydationssteigerung durch 0,5 mg Thyroxin beträgt maximal 48%. Bei 2 Patienten wurden die klinischen Zeichen eines hyperthyreoidischen Zustandes erzeugt, wobei Nebenwirkungen nicht beobachtet wurden.

Nach E. Abderhalden und J. Hartmann[6] wirkten Thyroxin aus Schilddrüse und synthetisches Thyroxin gleich stark auf Wachstum und Entwicklung von Kaulquappen.

In klinischen Versuchen mit synthetischem Thyroxin (Schering) und Thyropurin (Jaffé) konnten von E. A. Burmeister[7] die Resultate von Schittenhelm und Eisler bestätigt werden. — Synthetisches Thyroxin ist nach peroraler Darreichung in Dosen, die bei nativem Thyroxin sehr stark wirken, beinahe wirkungslos.

H. Löhr[8] untersuchte synthetisches Thyroxin der Firma Squibb und erhielt gute Erfolge in Stoffwechselversuchen und bei Myxödematösen.

J. H. Gaddum[9] vergleicht an Kaulquappen die Wirkung von Thyroxin mit KJ, Dijodthyroxin, Desjodothyroxin, β, β-Bis-(3, 5-dijod-4-oxyphenyl)-alanin und 3, 5-Dijodtyrosin. Vergleichbar mit Thyroxin ist nur die Wirkung des Dijodthyroxins, die etwa $1/40$ von der des Thyroxins beträgt.

E. Abderhalden und E. Wertheimer[10] untersuchten eingehend den Einfluß von

---

[1] H. Baur: Dtsch. Arch. klin. Med. **160**, 212—232 — Chem. Zbl. **1928 II**, 1002.
[2] E. A. Schmieder: Dtsch. med. Wschr. **54**, 1561—1562 — Chem. Zbl. **1928 II**, 1901.
[3] F. Haffner: Klin. Wschr. **6**, 1932—1935 — Chem. Zbl. **1927 II**, 2508.
[4] W. Schöller u. M. Gehrke: Klin. Wschr. **6**, 1938—1939 — Chem. Zbl. **1927 II**, 2508.
[5] E. R. Grawitz u. W. Dubberstein: Klin. Wschr. **7**, 797—800 — Chem. Zbl. **1928 I**, 2953.
[6] E. Abderhalden u. J. Hartmann: Pflügers Arch. **217**, 531—534 — Chem. Zbl. **1927 II**, 2077.
[7] E. A. Burmeister: Münch. med. Wschr. **75**, 1073—1074 — Chem. Zbl. **1928 II**, 906.
[8] H. Löhr: Verh. dtsch. Ges. inn. Med. 383—386 (1925) — Ber. Physiol. **34**, 751—752 — Chem. Zbl. **1926 II**, 609.
[9] J. H. Gaddum: J. of Physiol. **64**, 246—254 (1927) — Chem. Zbl. **1928 I**, 1676.
[10] E. Abderhalden u. E. Wertheimer: Z. exper. Med. **63**, 557—577 (1928).

3, 5-Dijod- und 3, 5-Dibromtyrosin und von einer großen Anzahl Thyroxinabkömmlingen auf die Metamorphose von Kaulquappen, Axolotln und auf den Gaswechsel von Ratten.

Nach F. Hoffmann[1] haben 3—5 g 3, 5-Dijod-l-tyrosin am Menschen keine dem Thyroxin ähnliche Wirkung auf den Stoffwechsel.

Der Wirkungsgrad des Dijodtyrosins auf den Stoffwechsel von weißen Mäusen ist nach B. Romeis und Th. von Zwehl[2] im Verhältnis zu dem des Thyroxins sehr schwach.

Mitgeteilte Beobachtungen von Kendall[3] wurden von W. W. Swingle, O. M. Helff und R. L. Zwemer[4] mit folgendem Ergebnis nachgeprüft: Bei schilddrüsen- und hypophysektomierten Kaulquappen fördern sowohl Thyroxin wie sein Acetylderivat bei Verfütterung wie bei Injektion die Metamorphose lebhaft. Bei normal erwachsenen Menschen ist die perorale Verabreichung selbst hoher Gaben wirkungslos, während intravenös verabreichtes Thyroxin, nicht aber das Acetylderivat, ähnliche Erscheinungen wie übermäßige Zufuhr von Schilddrüse erzeugt.

Nach H. Löhr und W. Freydank[5] ist synthetisches Thyroxin nach Prüfung am respiratorischen Stoffwechsel sehr wirksam. So wird bei normalen Individuen der oxydative Stoffwechsel nach 2 mg intravenöser Injektion um rund 25%, nach 3 mg um 50% erhöht. Die Wirkung intramuskulärer und intravenöser Injektion ist nur zeitlich verschieden. Die Stoffwechselsteigerung kann bereits nach 2 Stunden, aber auch erst nach 9—10 Stunden beginnen, und hält 24—48 Stunden an, bisweilen aber auch 10 Tage. Mit gesteigerter Oxydation geht auch vermehrte Ventilation parallel, während die Körpertemperatur sich verschieden verhält, Blutdruck und Herztätigkeit dagegen unbeeinflußt bleiben.

Mit Thyroxin vorbehandelte Ratten erliegen nach Versuchen von H. Rydin[6] bei vermindertem Druck unter einer Glasglocke schon bei einem Druck von 190—200 mm Hg, während normale Tiere erst bei einem Druck von 130—140 mm reagieren.

Die Versuche von B. Romeis[7] ergaben erhebliche Unterschiede in der Empfindlichkeit der einzelnen Tiere gegen Thyroxin, die nicht durch Unterschiede von Geschlecht und Gewicht zu erklären sind. Schon geringe Mengen (0,005—0,02 mg) können bei mehrmaliger subcutaner Injektion starkes Sinken des Körpergewichtes unter starkem Fettschwund herbeiführen. Diese Wirkung nach chronischer Thyroxinverabfolgung hält auch bei deren Aussetzen noch ziemlich lange an. Wird Thyroxin auf mehrere Einzeldosen verteilt, so wirken schon beträchtlich kleinere Mengen tödlich als bei einmaliger Injektion. Dabei ließen sich auch nervöse Reizerscheinungen feststellen. Außerordentlich wirksam zeigte sich Thyroxin noch in der Herabsetzung des Glykogengehaltes in der Leber.

E. Abderhalden und E. Wertheimer[8] fanden, daß die Thyroxinwirkung, nach dem Verhalten des Körpergewichtes und der Lebensdauer beurteilt, in engster Beziehung zum Lebensalter steht. So ist die Gewichtsabnahme bei erwachsenen Tieren (Meerschweinchen, Kaninchen, Ratten) nach Thyroxinzufuhr bedeutend stärker als bei jungen, wachsenden Tieren; ebenso verläuft der Glykogenverlust bei erwachsenen Tieren rascher als bei wachsenden. Dagegen ist im Gas-, im Stickstoff-Stoffwechsel und im Verhalten des Fettes kein Unterschied im Verhalten junger und alter Tiere unter Thyroxinwirkung zu beobachten. Bei Gewichtsabnahme wird der Verlust von jungen Tieren rascher ausgeglichen als von alten Tieren. Selbst bei Erhöhung der Thyroxinzufuhr läßt sich bei ganz jungen Meerschweinchen keine in Betracht kommende Steigerung der Thyroxinwirkung erzielen. Außerdem wird beobachtet, daß keine Gewöhnung an die fortlaufenden täglichen Thyroxineinspritzungen festgestellt werden konnte. Die Versuche, das verschiedene Verhalten der jungen und alten Tiere Thyroxin gegenüber durch Eingreifen bestimmter Inkretionsorgane (Thymus, Geschlechtsdrüsen) im hemmenden oder fördernden Sinn zu erklären, verliefen ergebnislos. Die Verfasser bringen deshalb die verschiedene Thyroxinwirkung mit der Verschiebung zwischen den assimilatorischen und dissimilatorischen Vorgängen mit zunehmendem Alter in Zusammenhang. Thyroxin wird als Indicator für den Stand zwischen Assimilation und Dissimilation betrachtet. Zum

---

[1] F. Hoffmann: Z. exper. Med. **57**, 68—76 — Chem. Zbl. **1927 II**, 2408.
[2] B. Romeis u. Th. v. Zwehl: Klin. Wschr. **4**, 703—704 — Chem. Zbl. **1925 II**, 68.
[3] Kendall: Chem. Zbl. **1920 III**, 314.
[4] W. W. Swingle, O. M. Helff u. R. L. Zwemer: Amer. J. Physiol. **70**, 208—224 — Chem. Zbl. **1924 II**, 2277.
[5] H. Löhr u. W. Freydank: Z. exper. Med. **46**, 429—442 — Chem. Zbl. **1925 II**, 1993.
[6] H. Rydin: C. r. Soc. biol. Paris **99**, 1685—1687 (1928) — Chem. Zbl. **1929 I**, 769.
[7] B. Romeis: Biochem. Z. **135**, 85—106 — Chem. Zbl. **1923 III**, 960.
[8] E. Abderhalden u. E. Wertheimer: Z. exper. Med. **68**, 1—19 (1929).

Schluß wird noch erwähnt, daß schwangere Tiere Thyroxin gegenüber besonders empfindlich sind.

Thyroxininjektionen führen bei Ratten Gewichtsstillstand und Gewichtsverlust herbei, was nach H. Rydin[1] teilweise durch Injektionen kleiner Dosen von Natriumchlorophyllat verstärkt wird.

Nach W. M. Boothby und L. G. Rowntree[2] beeinflußt Thyroxin nicht direkt den Grundumsatz.

Respiratorische Messungen von F. Hildebrand[3] an Ratten zeigten, daß bereits intravenöse Injektionen von 0,1—0,2 mg Thyroxin die für Schilddrüsenpräparate charakteristische Steigerung des Gasstoffwechsels hervorrufen.

Thyroxin erhöht nach K. Kita[4] den Gasstoffwechsel normaler und thyreoidektomierter Tiere erheblich.

Nach J. C. Aub, E. M. Bright und J. Uridil[5] ruft Urethan bei Katzen, die Thyroxin erhalten haben, eine gleichgroße Stoffwechselsteigerung hervor wie bei normalen Tieren, so daß die durch Thyroxin hervorgerufene Stoffwechselsteigerung auf eine direkte Wirkung auf den Stoffwechsel zurückgeführt werden muß. Auch nach Entfernung der Nebennieren läßt sich bei Katzen die Stoffwechselsteigerung durch Thyroxin auf einem höheren Niveau halten.

Nach H. J. Deuel jr., I. Sandiford, K. Sandiford und W. M. Boothby[6] wird das N-Minimum im Harn von 2,1 g in 24 Stunden nach 30 Tagen N-freier und kohlehydratreicher Kost beim gesunden Menschen noch übertroffen mit 1,75—1,79 g nach Thyroxinwirkung und Erschöpfung der Eiweißdepots bei gleichfalls N-freier Kost. Weitere Versuche der Verfasser[7] ergaben, daß auch, nachdem 149 g N vom Körper durch N-freie Ernährung abgegeben waren, Thyroxininjektion von täglich 0,2—0,5 mg Steigerung des O_2-Ruheverbrauchs, des Harn-N von 2,5 bis zu 3,5 g täglich und des Harnstoffs von 1,4—2,0 g bewirkte, während alle anderen Harnbestandteile konstant blieben. Eine einmalige Injektion von 7 mg Thyroxin bewirkte das gleiche. Die Nachwirkung dauerte mehrere Tage an.

Nach L. Korowitzky[8] findet im Gegensatz zum Hunde beim Kaninchen nach Thyroxinverabreichung eine Senkung der Harnquotienten C:N und Vakat-O:N statt.

Nach Versuchen von W. Arnoldi[9] steigert synthetisches Thyroxin (7 mg in 0,5—1,0 ccm Wasser pro kg Ratte) bei Ratten vorübergehend den Gaswechsel, 0,4—0,6 mg pro kg bewirken Schwankungen, höhere Dosen dagegen Abfall der Gaswechselwerte. Nach einer einmaligen Injektion von 0,02—0,4 mg Thyroxin pro kg scheint eine etwa 8 Tage dauernde Nachwirkung zu bestehen.

Versuche von E. Abderhalden und E. Wertheimer[10] zeigen, daß die Art der Ernährung für die Wirkung des Thyroxins auf den Stoffwechsel von ausschlaggebender Bedeutung ist. So zeigen Ratten bei kohlehydratreicher und eiweißarmer Kost eine geringe, rasch abklingende Gaswechselsteigerung, dagegen eine sehr starke, längere Zeit anhaltende Steigerung bei Fleischkost, während bei Fettkost eine Mittelstellung (etwas mehr nach der Seite der Eiweißkost neigend) erzielt wird.

E. Abderhalden[11] berichtet über die Thyroxinwirkung bei überwiegendem Eiweißgehalt der Nahrung.

L. M. Degener[12] untersuchte an Ratten den Einfluß thyroxinhaltiger Kost (gemischte Kost + Thyroxin) neben verschiedenen Nahrungsgemischen auf die Gewichtszunahme der

---

[1] H. Rydin: C. r. Soc. biol. Paris **99**, 1687—1688 (1928) — Chem. Zbl. **1929 I**, 799.
[2] W. M. Boothby u. L. G. Rowntree: J. of Pharmacol. **22**, 99—108 (1923) — Chem. Zbl. **1924 I**, 799.
[3] F. Hildebrand: Arch. f. exper. Path. **96**, 292—304 (1922) — Chem. Zbl. **1923 I**, 1405.
[4] K. Kita: Fol. endocrin. jap. **2**, 15 (1926) — Chem. Zbl. **1929 II**, 1310.
[5] J. C. Aub, E. M. Bright u. J. Uridil: Amer. J. Physiol. **61**, 300—310 (1922) — Chem. Zbl. **1923 I**, 1137.
[6] H. J. Deuel jr., I. Sandiford, K. Sandiford u. W. M. Boothby: J. of biol. Chem. **76**, 391—406 — Chem. Zbl. **1928 II**, 167.
[7] H. J. Deuel jr., I. Sandiford, K. Sandiford u. W. M. Boothby: J. of biol. Chem. **76**, 407—414 — Chem. Zbl. **1928 II**, 167.
[8] L. Korowitzky: Z. exper. Med. **63**, 340—352 (1928) — Chem. Zbl. **1929 I**, 1015.
[9] W. Arnoldi: Z. exper. Med. **52**, 249—259 — Chem. Zbl. **1926 II**, 2610.
[10] E. Abderhalden u. E. Wertheimer: Pflügers Arch. **213**, 328—335 — Chem. Zbl. **1926 II**, 2451.
[11] E. Abderhalden: Arch. di Sci. biol. **12**, 26—29 (1928) — Chem. Zbl. **1929 I**, 2323.
[12] L. M. Degener: Amer. J. Physiol. **60**, 107—118 (1922) — Chem. Zbl. **1923 I**, 985.

Tiere, Gewicht und Wassergehalt der Gehirne, auf das Gewicht von Hypophyse und Schilddrüse.

A. v. Arvay[1] untersuchte die Wirkung von Thyroxin und Präphyson auf Grundumsatz und spezifisch-dynamische Wirkung nach Thyreoideaexstirpation und bei Avitaminose an männlichen weißen Ratten. Während Präphyson ohne Einfluß war, glich Thyroxin den erniedrigten Grundumsatz und die verringerte spezifisch-dynamische Wirkung zur Norm aus oder erhöhte noch stärker.

Nach E. Gabbe[2] wird bei Ratten durch Thyroxin in Dosen bis zu 2,3 mg pro kg der O_2-Verbrauch gesteigert, während größere Gaben zu einer Abnahme führen.

Versuche von M. Glaser[3] zeigten, daß Thyroxin bei weißen Mäusen in schwachen Dosen Mästung, in höheren Inanition bewirkt, wobei die Ernährung der Tiere und die Temperatur von Einfluß sind. Bei niedrigen und mittleren Thyroxindosen ist die Stoffwechselsteigerung durch erhöhte Calorienzufuhr ausgleichbar.

Nach A. Sierens und A. K. Noyons[4] ist die Intensität der Stoffwechselerhöhung und der Wirkungsbeginn von der Dosis abhängig, wobei mit dem früheren Beginn der Stoffwechselsteigerung bei Gabe größerer Dosen anscheinend auch ein schnelleres Abklingen parallel geht.

Ratten, die mit Thyroxin (0,1—0,2 mg) behandelt waren und einer erhöhten Außentemperatur (37—40°) ausgesetzt wurden, zeigten nach E. Abderhalden und E. Wertheimer[5] eine Steigerung der Körpertemperatur auf 41,5° und mehr. Die Kohlehydratvorräte der Leber wurden fast aufgebraucht, der Blutzucker fiel, und die CO_2-Abgabe stieg an. Die Tiere gingen häufig zugrunde. Normale Ratten zeigten unter diesen Bedingungen eine geringe Temperaturerhöhung und ein Sinken der CO_2-Abgabe. Es ist also im Verhalten der Ratten gegen erhöhte Außentemperatur ein wichtiges Reagens auf die Thyroxinwirkung gefunden.

Nach B. Romeis[6] wirkt Thyroxin in einer Konzentration von 1:10 bis 100 Millionen stark bei Kaulquappen. Die Grenze ist 1:1000. Thyroxin in der Konzentration 1:1 Million entspricht 1:3000 bis 5000 Dijodtyrosin. Am höheren Tier ist der Unterschied noch erheblicher.

Sowohl Thymus wie Thyroxincalcium wirken nach H. Zondek und T. Reiter[7] im gleichen Sinne wachstumsfördernd auf Kaulquappen, wobei die Wirkung der Thyroxinverbindung stärker ist. Der Grad der Wirkung ist nach den Verfassern wahrscheinlich durch die jeweilige Kationenkonzentration bestimmt, so daß vegetativer Nerv, Elektrolytkonzentration am Erfolgsorgan und Hormon eine biologische Einheit bilden.

E. Abderhalden[8] berichtet über die Metamorphose von Axolotln nach einmaligen Thyroxindosen von 0,01 mg, wobei histologisch keine Veränderung der Schilddrüse feststellbar ist.

0,01 mg Thyroxin vermag nach B. Savadowski, A. Titajew, Z. Perelmutter und N. Raspopowa[9] bei einem etwa 10 g schweren Axolotl bei einmaliger Injektion in die Körperhöhle die Metamorphose hervorzurufen, während Tyrosin und Tryptophan auch bei starken Dosen nur anfängliche Stadien der Metamorphose bewirken. Nach den Verfassern dienen sie wahrscheinlich zur Synthese des Thyroxins in der eigenen Schilddrüse.

Nach A. Nagel[10] verursacht Thyroxin (von der Firma Squibb) bei Axolotln eine der wirksamen Substanzmenge entsprechende Gaswechselsteigerung (maximal 35—40%). Den Veränderungen des Habitus geht vermehrte Bildung von CO_2 (erhöhte Arbeitsleistung während der Abbau- und Umbaubildungsprozesse) parallel, die wieder normal wird, sobald die anderen Wirkungen, wie Gewichtsabnahme und Formveränderungen, aufhören. Die Gewichtsabnahme nach Thyroxingabe übertrifft die von Hungertieren etwa um das $3^1/_2$fache ungleicher Zeit. Nach 1 mg Thyroxin per os tritt ein Gewichtssturz ein, der zunächst einen Verlust von Wasser darstellt (etwa 5% bis zum 6. Tage nach der Verfütterung, von da ab etwa unverändert).

---

[1] A. v. Arvay: Biochem. Z. **205**, 433—440 — Chem. Zbl. **1929 II**, 315.
[2] E. Gabbe: Z. exper. Med. **51**, 391—446, 447—465 — Chem. Zbl. **1926 II**, 1658.
[3] M. Glaser: Z. Anat. **80**, 704—725 — Ber. Physiol. **37**, 848—849 — Chem. Zbl. **1927 I**, 2089.
[4] A. Sierens u. A. K. Noyons: C. r. Soc. Biol. Paris **94**, 789—792 — Chem. Zbl. **1926 I**, 3411.
[5] E. Abderhalden u. E. Wertheimer: Pflügers Arch. **219**, 588—608 — Chem. Zbl. **1928 II**, 1454.
[6] B. Romeis: Klin. Wschr. **1**, 1262 — Chem. Zbl. **1922 III**, 571.
[7] H. Zondek u. T. Reiter: Z. klin. Med. **99**, 139—148 (1923) — Chem. Zbl. **1924 I**, 1959.
[8] E. Abderhalden: Arch. di Sci. biol. **12**, 26—29 (1928) — Chem. Zbl. **1929 I**, 2323.
[9] B. Savadowski, A. Titajew, Z. Perelmutter u. N. Raspopowa: Ž. eksper. Biol. i. Med. (russ.) **4**, 665—679 — Ber. Physiol. **40**, 776 — Chem. Zbl. **1927 II**, 2207.
[10] A. Nagel: Arch. f. exper. Path. **120**, 1—15 — Chem. Zbl. **1927 I**, 2329.

Die Metamorphose von höchstens 6 Monate alten Axolotln wird nach C. O. Jensen[1] durch Thyroxin schnell bewirkt; die gleichen Wirkungen treten auch bei den Tieren auf, denen die Schilddrüse exstirpiert war, nur waren kleinere Dosen, als die Metamorphose erfordert, tödlich.

Versuche von B. Romeis und J. Wüst[2] zeigten, daß Thyroxinlösungen (1 mg in 500 ccm 1proz. NaCl-Lösung oder 1 mg in 1000 ccm Wasser) während 8—14 Tagen eine andauernde Steigerung des Sauerstoffverbrauches von Schmetterlingspuppen um etwa 50% hervorriefen. Bei verdünnten Lösungen ($1:10^4$, $1:10^5$, $1:10^6$) stieg der O-Verbrauch am 4. oder 5. Tage bis auf das 10- oder 30- bis 40fache des gewöhnlichen Wertes an, blieb 1—2 Tage auf dieser Höhe, sank dann rasch meist unter den normalen Wert. Bei Lösungen $1:10^7 - 1:10^9$ begann die Steigerung erst am 7.—10. Tage. Die übrigen Erscheinungen waren gleich. In der verdünntesten Lösung wirkten noch 20 Billionstel ($2,10^{-11}$) g Thyroxin auf ein Tier von 800 mg Gewicht.

Nach A. Schittenhelm und B. Eisler[3] wirkt Thyroxin (Schering) günstig bei Stoffwechselstörungen auf endokriner Basis. Die unangenehmen Erscheinungen, die bei Zufuhr von Schilddrüsenorganpräparaten auftreten, waren nach Thyroxin geringer. Für die chronische Hormonbehandlung ist nur perorale Darreichung zu empfehlen.

Nach Versuchen von M. Loeper, J. Tonnet und Lebert[4] findet nach Thyroxinverabreichung bei Hyperthyreoidismus und bei Morbus Basedow eine relative Serinvermehrung im Blut statt.

Über die Möglichkeit der Schilddrüse von Basedowikern, nach Verabreichung von Neodorm mit J wieder Thyroxin zu speichern, berichten H. W. Bansi und H. Kretzschmar[5].

Thyroxin (Dijodtyrosin) beeinflußt nach A. Oswald[6] im Gegensatz zu Thyreoglobulin im akuten Tierversuch nicht den vagosympathischen Nervenapparat. Dagegen sind die übrigen Eigenschaften beider Präparate anscheinend identisch.

Nach B. Neppi[7] ist das Fehlen der Wirkung des synthetischen wie des aus der Schilddrüse dargestellten Thyroxins auf das sympathische Nervensystem, im Gegensatz zu Präparaten aus der ganzen Schilddrüse, möglicherweise auf die optische Inaktivität des ersteren zurückzuführen.

Nach F. Hildebrandt[8] und Y. Fujimaki und F. Hildebrandt[9] trat nach intravenöser Injektion von 1 mg Thyroxin bei Kaninchen starke Hydrämie (Erhöhung der Gesamtblutmenge um 40% in der 5. bis 6. Stunde bis zum nächsten Tage anhaltend) und parallel damit starke Diurese mit Ausfuhr von NaCl (Höhepunkt 3. bis 6. Stunde) ein. Die Niere spielt bei der Diurese nur eine passive Rolle. Die Wirkung wurde nicht beeinträchtigt, wenn das Halsmark vorher durchschnitten wurde.

Versuche von A. Schittenhelm und P. Eisler[10] zeigten, daß beim Hunde durch wirksame Thyroxindosen die N-Ausscheidung und die Wasserausscheidung gesteigert werden, wobei sich im Wasserhaushalt nach einiger Zeit wieder ein Gleichgewicht einstellt. Die erhöhte N-Ausscheidung beruht auf Erhöhung der Harnstoffsekretion, während NH_4 zuerst vermindert ist. Beim normalen Menschen ist die Wirkung auf den Eiweißstoffwechsel gering, NH_4-Ausscheidung ist vermehrt. Die bei Myxödem (kongenitalem und klimakterischem) herabgesetzte Harnstoffbildung, Ausscheidung größerer Mengen S als Neutral-S, Senkung des Gesamtstoffwechsels, Verminderung der Hippursäuresynthese aus exogener Benzoesäure, werden durch Thyroxin zur Norm zurückgebracht.

Nach Verabreichung von Thyroxin und einer Flüssigkeitsbelastung strömt als Zeichen einer extrarenalen Wirkung nach Kl. Gollwitzer-Meier und W. Bröcker[11] eine Na- und

---

[1] C. O. Jensen: C. r. Soc. Biol. Paris **85**, 391—392 — Chem. Zbl. **1921 III**, 1443.
[2] B. Romeis u. J. Wüst: Naturwiss. **17**, 104—105 — Chem. Zbl. **1929 I**, 1477.
[3] A. Schittenhelm u. B. Eisler: Klin. Wschr. **6**, 1935—1938 — Chem. Zbl. **1927 II**, 2508.
[4] M. Loeper, J. Tonnet u. Lebert: C. r. Soc. biol. Paris **101**, 424—426 — Chem. Zbl. **1929 II**, 2574.
[5] H. W. Bansi u. H. Kretzschmar: Klin. Wschr. **8**, 395—397 — Chem. Zbl. **1929 I**, 2324.
[6] A. Oswald: Z. exper. Med. **58**, 623—628 (1927) — Chem. Zbl. **1928 I**, 1053.
[7] B. Neppi: Giorn. Chim. ind. appl. **10**, 67—72 — Chem. Zbl. **1928 II**, 2511.
[8] F. Hildebrandt: Klin. Wschr. **3**, 279—280 — Chem. Zbl. **1924 I**, 1962.
[9] Y. Fujimaki u. F. Hildebrandt: Arch. f. exper. Path. **102**, 226—235 — Chem. Zbl. **1924 II**, 709.
[10] A. Schittenhelm u. P. Eisler: Z. exper. Med. **61**, 239—277 — Chem. Zbl. **1928 II**, 459.
[11] Kl. Gollwitzer-Meier u. W. Bröcker: Z. exper. Med. **62**, 105—113 — Chem. Zbl. **1928 II**, 1585.

Cl-reiche, aber relativ K-, P- und Ca-arme Flüssigkeit aus dem Gewebe in das Blut ein. So sinkt der Na- und Ca-Spiegel im Blut gegenüber dem reinen Wasserversuch kaum oder steigt sogar an, während der K- und P-Spiegel eher stark abnimmt. Selbst wenn die Wasserausscheidung unbeeinflußt bleibt, steigt nach Thyroxin die absolute Na- und Cl-Ausscheidung im Harn an.

W. M. Boothby, J. Sandiford, K. Sandiford und E. J. Baldes[1] berichten über die Wirkung von Thyroxin an einem Myxödemkranken.

Nach A. M. Snell, F. Ford und L. G. Rowntree[2] werden durch Thyroxin (5 mg in mehrtägigen Zwischenräumen) große Stoffwechselsteigerungen bei Myxödemkranken hervorgerufen.

W. O. Thompsen, P. K. Thompson, A. G. Brailey und A. C. Cohen[3] studierten die wärmebildende Wirkung des Thyroxins bei verschiedener Höhe des Grundstoffwechsels bei Myxödem. Sie fanden, daß die nach der ersten intravenösen Injektion erzeugte Wärme 7mal so groß und der prozentuale Anstieg des Gesamtstoffwechsels pro mg Thyroxin 2mal so groß war wie nach der zweiten Thyroxininjektion. Die Folgen der Thyroxininjektion bei normalem Grundumsatz der Myxödematösen unterschieden sich nur wenig von denen bei Injektion von gesunden Personen.

Während intravenöse Injektionen von Thyroxin bei Myxödematösen nach H. S. Plummer[4] günstig wirken, ist die Injektion selbst großer Dosen Thyroxin in Fällen von Exophthalmus mit Steigerung des Grundumsatzes um 60% und bei großen Kolloidkröpfen unwirksam. Nach dem Verfasser ist es möglich, daß bei Infektionskrankheiten das in den Geweben deponierte Thyroxin infolge des gesteigerten Stoffwechsels schneller verbraucht wird, so daß kompensatorisch eine Hypertrophie der Schilddrüse eintritt.

R. F. Weiß[5] berichtet über die Thyroxintherapie bei Fettsucht.

Thyroxin (Schering) übt nach M. Nothmann und G. W. Parade[6] intravenös oder peroral verabreicht keinen Einfluß auf die Pulsfrequenz und auf den Ablauf der elektro-cardiographischen Kurve aus.

Nach V. Kalnins[7] übt Thyroxin keine Wirkung auf die autonome Erregbarkeit des Froschherzens aus.

Nach J. Waldenstrom[8] hat Thyroxin (Hoffmann-La Roche) am isolierten Froschherzen keinen Einfluß auf die parasympathische Reizbarkeit.

Während der Zuckerverbrauch überlebender Herzen von Katzen, denen die Schilddrüse exstirpiert war, nach G. Ambrus[9] geringer war als der von normalen Katzen, stieg der Zuckerverbrauch der Herzen der schilddrüsenlosen Katzen nach vorausgegangener Thyroxinzufuhr an.

Thyroxin ist nach H. Gremels[10] ohne Einfluß auf den Sauerstoffverbrauch am Starlingschen Nierenpräparat.

Stoffwechselversuche von K. Dresel[11] an verschiedenen Geweben (Leber und Niere) von Ratten ergaben nach subcutaner Injektion von Thyroxin (Hoffmann-La Roche) insbesondere an der Leber Oxydationssteigerungen.

Nach H. Reinwein und W. Singer[12] wird die Atmung überlebender Leberzellen durch Thyroxin (La Roche, Schering) in einer Konzentration von 10^{-8} bis 10^{-11} etwas gesteigert, von 10^{-5} gehemmt.

---

[1] W. M. Boothby, J. Sandiford, K. Sandiford u. E. J. Baldes: XII. Intern. Physiologenkongreß in Stockholm **1926**, 25—27 — Ber. Physiol. **38**, 437—438 — Chem. Zbl. **1927 I**, 1847.

[2] A. M. Snell, F. Ford u. L. G. Rowntree: J. amer. med. Assoc. **75**, 221—224 (1920) — Ber. Physiol. **5**, 53 — Chem. Zbl. **1921 I**, 416.

[3] W. O. Thompsen, P. K. Thompson, A. G. Braily u. A. C. Cohen: J. clin. Invest. **7**, 437—463 — Chem. Zbl. **1929 II**, 3232.

[4] H. S. Plummer: J. amer. med. Assoc. **77**, 243—247 (1921) — Ber. Physiol. **10**, 421—422 — Chem. Zbl. **1922 I**, 593.

[5] R. F. Weiß: Dtsch. med. Wschr. **54**, 2056—2057 (1928) — Chem. Zbl. **1929 I**, 918.

[6] M. Nothmann u. G. W. Parade: Klin. Wschr. **8**, 699—700 — Chem. Zbl. **1929 I**, 2666.

[7] V. Kalnins: C. r. Soc. Biol. Paris **98**, 802—804 — Chem. Zbl. **1928 I**, 2625.

[8] J. Waldenstrom: C. r. Soc. biol. Paris **99**, 1681—1682 (1928) — Chem. Zbl. **1929 I**, 769.

[9] G. Ambrus: Biochem. Z. **205**, 194—213 — Chem. Zbl. **1929 I**, 3116.

[10] H. Gremels: Arch. f. exper. Path. **140**, 205—219 — Chem. Zbl. **1929 I**, 2898.

[11] K. Dresel: Klin. Wschr. **7**, 504—505 — Chem. Zbl. **1928 I**, 2184.

[12] H. Reinwein u. W. Singer: Biochem. Z. **197**, 152—159 (1928) — Chem. Zbl. **1929 I**, 1227.

K. J. Anselmino, O. Eichler und H. Schloßmann[1] studierten nach der Warburgschen Methode den Einfluß von Thyroxin auf Atmung und Gärung überlebender Nieren-, Leber- und Milzgewebe. Thyroxin erhöhte die Atmung innerhalb von 24 Stunden bis 7 Tagen gar nicht oder nur sehr wenig. Dagegen stieg die anaerobe Glykolyse der Niere an, und zwar um so höher, je stärker am lebenden Tiere der O_2-Verbrauch erhöht war. Die anaerobe Glykolyse von Leber und Milz war nicht erhöht. Nach den Verfassern greift Thyroxin in erster Linie an der anaeroben Phase des Stoffwechsels an.

Nach R. Siegel[2] ist die Glykolyse in der Leber von weißen Mäusen einige Zeit nach der Tötung nach vorhergehender Thyroxininjektion beschleunigt. So beträgt der Zuckergehalt der Leber nach Injektion von 0,2 mg Thyroxin einige Stunden vor der Tötung ,10 Minuten nach der Tötung 1020 mg%, während er normal etwa 851 mg% beträgt.

Nach einmaliger subcutaner Thyroxininjektion steigt nach Versuchen von A. Bodansky[3] der Blutzucker vorübergehend wenig an, nach wiederholten Injektionen in Zwischenpausen etwas mehr, hält aber nicht an. Wird die Schilddrüse exstirpiert, so steigt durch Thyroxin der Blutzucker im Durchschnitt nur in der ersten Woche an, wahrscheinlich auf Kosten der noch vorhandenen Glykogenvorräte. Sind diese erschöpft, so beträgt beim schilddrüsenlosen Schaf der Blutzucker 50 mg% mit und ohne Thyroxinbehandlung. Die durch Thyroxin erzeugten Schwankungen sind um den Mittelwert größer als normal.

Nach A. Bodansky[4] beschleunigt Thyroxin bei Schafen die Rückkehr des durch Insulin erniedrigten Blutzuckers zu normalen Werten.

Nach W. Cramer[5] läßt Thyroxin den Blutzucker unbeeinflußt, macht aber die Leber glykogenfrei und beschleunigt die Glucosenachbildung der Leber.

Nach O. Bösl[6] sinkt beim Meerschweinchen bei täglicher Thyroxininjektion das Körpergewicht. Das Muskelglykogen bleibt erhalten, während das Leberglykogen abnimmt. Bei erhöhter Nahrungszufuhr kann diese Abnahme aufgehalten werden, während bei Nahrungseinschränkung auch das Muskelglykogen abnimmt.

A. Simon[7] untersucht die Beeinflussung der intermediären Acetaldehydbildung in der überlebenden Kaninchenleber durch Thyroxin. Mit einigen Ausnahmen, deren Ursache unbekannt ist, findet stets Vermehrung statt. Nach Anschauung der Verfasser beruht die Acetaldehydbildung unter Thyroxinwirkung auf Beeinflussung des Kohlehydratstoffwechsels.

Erst sehr große Thyroxindosen (0,5—1 ccm einer 0,1 proz. Lösung) rufen nach V. Kalnins[8] zuweilen eine deutliche, stets aber vorübergehende Wirkung auf die Kontraktionsamplitude des Darmes hervor, zuweilen auch eine Verminderung des Tonus. Beim Kaninchen wird die Wirkung des Adrenalins auf Darm und Uterus durch Thyroxin verstärkt. In kleinen Dosen wird die parasympathische Innervation sensibilisiert, in größeren Dosen gehemmt.

Mehrtägige subcutane Injektionen von je $1/4$ g Thyroxin führten nach H. S. Liddell und S. Simpson[9] eine erhebliche Steigerung der Beweglichkeit bei Schafen herbei, die nach Thyreoidektomie an schwerer allgemeiner Muskelschwäche litten. Während Schilddrüsenextrakt sofort wirkt, hat Thyroxin eine Latenz von 3—8 Tagen.

Wird nach N. B. Eddy[10] der Froschsartorius von einer Thyroxinlösung durchströmt, so wird die Muskelarbeit gehemmt.

Die kompensatorische Hypertrophie der Schilddrüse nach Entfernung eines Teiles der Schilddrüsenlappen wird nach L. Loeb[11] durch Thyroxin aufgehoben, während KJ die Hyper-

---

[1] K. J. Anselmino, O. Eichler u. H. Schloßmann: Biochem. Z. **205**, 481—488 — Chem. Zbl. **1929 II**, 58.

[2] R. Siegel: Klin. Wschr. 8, 1069—1071 — Chem. Zbl. **1929 II**, 1702.

[3] A. Bodansky: Amer. J. Physiol. **69**, 498—509 — Chem. Zbl. **1924 II**, 1955.

[4] A. Bodansky: Proc. Soc. exper. Biol. a. Med. **20**, 538—540 (1923) — Ber. Physiol. **21**, 413—414 — Chem. Zbl. **1924 I**, 1830.

[5] W. Cramer: Brit. J. exper. Path. **5**, 128—140 (1924) — Ber. Physiol. **29**, 405—406 — Chem. Zbl. **1925 I**, 2091.

[6] O. Bösl: Biochem. Z. **202**, 299—319 (1928) — Chem. Zbl. **1929 I**, 1125.

[7] A. Simon: Biochem. Z. **189**, 265—269 (1927) — Chem. Zbl. **1928 I**, 1300.

[8] V. Kalnins: C. r. Soc. Biol. Paris **98**, 800—801 — Chem. Zbl. **1928 I**, 2625.

[9] H. S. Liddell u. S. Simpson: Proc. Soc. exper. Biol. a. Med. **20**, 197—198 (1922) — Ber. Physiol. **19**, 324 — Chem. Zbl. **1923 III**, 1114 — Amer. J. Physiol. **72**, 63—68 — Chem. Zbl. **1925 II**, 409.

[10] N. B. Eddy: Amer. J. Physiol. **69**, 432—440 — Chem. Zbl. **1924 II**, 1954.

[11] L. Loeb: Endocrinology **13**, 49—62 — Chem. Zbl. **1929 II**, 1311.

trophie verstärkt. Nach J. Watrin und P. Florentin[1] werden die Genitaldrüsen nach Thyroxininjektion degenerativ verändert.

Nach R. Bierich und A. Rosenbohm[2] wirkt Thyroxin wenig auf die Reduktionszeit ein, in der Zytochrom durch Gewebe von Rattenhoden reduziert wird.

Nach A. Lieberhart[3] verlängerten Thyroxininjektionen die Dauer der Tätigkeit des leeren Hühnerkropfes. Der Stimulierung der Kropftätigkeit durch Thyroxininjektion oder durch Fleischfütterung ging eine kurze Hemmung voran.

Nach W. Feldberg und E. Schilf[4] wird im akuten Experiment durch Thyroxin weder die blutdrucksteigernde Wirkung des Adrenalins noch die blutdrucksenkende Wirkung der Vagusreizung oder die pupillenerweiternde Wirkung der Halssympathicusreizung sensibilisiert.

Bei gleichzeitiger Injektion von Thyroxin und Adrenalin ist nach W. König[5] weder am normalen noch am schilddrüsenlosen Hunde eine Aktivierung der Adrenalinwirkung zu beobachten. Werden normale Tiere längere Zeit mit Thyroxin behandelt, so ist die Adrenalinwirkung nicht einheitlich verändert. Dagegen ist bei schilddrüsenlosen Tieren die sonst herabgesetzte Adrenalinwirkung bei längerer Vorbehandlung mit Thyroxin fast bis zur Norm gesteigert.

Über die Blutdruckwirkung des Adrenalins nach Thyroxininjektion berichten O. Krayer und G. Sato[6].

Nach L. Asher[7] steigert Thyroxin, das allein ohne Wirkung auf den Glykogengehalt ist, die Wirksamkeit des Adrenalins auf den Kohlehydratstoffwechsel. So betrug die Abnahme des Glykogengehaltes im Extensormuskel von Ratten nach Adrenalininjektion (1:10000) 21,8%, (1:1000) 25,28% und nach Vorbehandlung mit Thyroxin (1:1000) und nachfolgender Adrenalininjektion 37,06%; für den Glykogengehalt der Leber ergaben sich folgende Zahlen: 1,79, 0,90 und 0,257%.

Nach Versuchen von D. Alpern, L. Tutkewitsch und W. Besuglow[8] wird unter der Einwirkung von Thyroxin und Hunger die Kurve des Blutfettes im Gegensatz zum Neutralfett durch Adrenalin meist nicht schroff herabgedrückt. Außerdem wurde beobachtet, daß beim Hunger und bei Darreichung von Thyroxin die Kohlehydratentziehung rascher erreicht wird als bei Hunger allein.

Nach Versuchen von S. L. Baker, F. Dickens und E. J. Gallimore[9] hat ein Zusatz von Thyroxin und Insulin keinen Einfluß auf die Milchsäurebildung von Gewebeschnitten.

Der nach Pituitrininjektion erfolgende Anstieg des Grundumsatzes tritt nach C. A. Mc Kinlay[10] besonders stark bei Personen auf, die 1 Woche zuvor eine Injektion von Thyroxin erhalten haben, so daß ein Synergismus des Thyroxins mit dem Hypophysenextrakt anzunehmen ist.

Nach W. Borchardt[11] können schilddrüsen- und nebennierenlose Hunde nach Injektion von Thyroxin und Ephetonin innerhalb gewisser Grenzen nach Verabreichung von Tetrahydronaphthylamin wieder fiebern.

Nach F. S. Smith und G. H. Whipple[12] steigert Thyroxin den Eiweißstoffwechsel, ohne die Ausscheidung der Gallensalze zu beeinflussen.

Thyroxin wirkt nach M. Miura[13] in kleinen Mengen bei Mäusen als sehr gutes Schutzmittel gegen Acetonitril, versagt jedoch in größeren Dosen infolge starker Stoffwechselbeschleunigung.

---

[1] J. Watrin u. P. Florentin: C. r. Soc. biol. Paris **100**, 111—113 — Chem. Zbl. **1929 I**, 3112.
[2] R. Bierich u. A. Rosenbohm: Hoppe-Seylers Z. **184**, 246—256 —Chem. Zbl. **1929 II**, 2906.
[3] A. Lieberhart: J. exper. biol. Med. (russ.) **1928**, 492—500 — Chem. Zbl. **1929 II**, 2214.
[4] W. Feldberg u. E. Schilf: Arch. f. exper. Path. **124**, 94—101 — Chem. Zbl. **1927 II**, 1714.
[5] W. König: Arch. f. exper. Path. **134**, 36—43 — Chem. Zbl. **1928 II**, 2481.
[6] O. Krayer u. G. Sato: Arch. f. exper. Path. **128**, 67—81 — Chem. Zbl. **1928 I**, 2418.
[7] L. Asher: Biochem. Z. **206**, 368—400 — Chem. Zbl. **1929 II**, 3231.
[8] D. Alpern, L. Tutkewitsch u. W. Besuglow: Klin. Wschr. **8**, 1719—1720 — Chem. Zbl. **1929 II**, 2789.
[9] S. L. Baker, F. Dickens u. E. J. Gallimore: Brit. J. exper. Path. **10**, 19—25 — Chem. Zbl. **1929 I**, 2555.
[10] C. A. Mc Kinlay: Arch. int. Med. **28**, 703—710 (1921) — Chem. Zbl. **1922 III**, 189.
[11] W. Borchardt: Arch. f. exper. Path. **137**, 45—70 (1928) — Chem. Zbl. **1929 I**, 1363.
[12] F. S. Smith u. G. H. Whipple: J. of biol. Chem. **59**, 637—646 — Chem. Zbl. **1924 II**, 1002.
[13] M. Miura: J. Labor. a. clin. Med. **7**, 349—356 — Ber. Physiol. **13**, 365 — Chem. Zbl. **1922 III**, 636.

Da nach R. Hunt[1] die Schutzwirkung gegen Vergiftung mit Acetonitril dem J-Gehalt parallel geht, ist zwar Thyroxin weniger wirksam als gleiche J-Mengen enthaltende Schilddrüsensubstanz, ist aber doch das bei weitem wirksamste aller Präparate, was mit den Ergebnissen über Wachstumsbeschleunigung bei Kaulquappen und Ratten übereinstimmt.

Nach B. Romeis und Th. v. Zwehl[2] zeigten Mäuse, die im Verlaufe von 8 Tagen mit insgesamt 0,32 mg Thyroxin vorbehandelt waren, im Gegensatz zu denen, die mit der gleichen Menge Dijodtyrosin vorbehandelt waren, eine vollkommene Schutzwirkung gegen die doppelte und dreifache tödliche Dosis Acetonitril (1,8 und 2,7 mg pro g Maus).

Die Beeinflussung der Metamorphose von Kaulquappen durch Thyroxin und Schilddrüsenpräparate kann nach St. Kroszczynski und G. Modrakowski[3] durch Chininzusatz aufgehoben werden.

Nach F. Merke und Th. Huber[4] hemmt Jod den Einfluß von Thyroxin, wirkt also günstig bei Hyperthyreosen.

Versuche von B. Romeis[5] über die Beständigkeit des Thyroxins ergaben, daß das einem Tiere wenige Minuten nach einmaliger intravenöser Thyroxininjektion entnommene Blut im Kaulquappenversuch keinen Schilddrüseneffekt hervorruft, ebenso die Einwirkung von Leber, Galle oder Harn dieser Tiere ohne spezifische Wirkung ist, so daß das Thyroxin sehr rasch verändert und unwirksam gemacht wird. Ebenso wird durch mehrstündiges Verweilen in einer Körperhöhle die charakteristische Wirkung der Thyroxinlösung deutlich vermindert, wenn auch nicht so stark wie in der Blutbahn. Anscheinend geht die Zerstörung bei häufiger Injektion in die Blutbahn allmählich langsamer und unvollständiger vor sich. Eine sehr deutliche Abschwächung der spezifischen Wirkung tritt auch in vitro in Gegenwart frisch entnommenen Blutes ein, wobei der Erfolg am stärksten bei Anwendung unverdünnten Blutes ist, während er mit zunehmender Thyroxinkonzentration abnimmt. Dauert die Einwirkung des Blutes in vitro 1—2 Stunden, so wirkt der Zusatz des Blut-Thyroxingemisches zum Zuchtwasser auf Kaulquappen stark toxisch. In geringerem Maße wie unverdünntes Blut schwächt auch unverdünntes Blutserum ab. Stärker wirkt das Schütteln mit gewaschenen roten Blutkörperchen.

Nach B. Zawadowsky und G. Asimow[6] gelingt es innerhalb der ersten 7 Stunden nach Verfütterung von Thyreoideatabletten an Meerschweinchen, in deren Blut, Leber und Nieren Thyroxin durch Injektion an Axolotln nachzuweisen. Im Blut findet sich das Thyroxin hauptsächlich in der Serumfraktion. Weiterhin konnte festgestellt werden, daß Vögel (Hühner) das Hormon langsamer zerstören.

Nach G. Asimow[7] läßt sich nach Verfütterung von Schilddrüse an Vögel Thyroxin nach der Axolotlmethode im Blutserum, in Leber, Niere und den Keimdrüsen, besonders in den Ovarien nachweisen.

Wurden junge Hühner mit Schilddrüse gefüttert, und die Bestandteile des Blutes im Kaulquappenversuch auf Thyroxin geprüft, so war nach B. Zawadowsky und N. A. Nowikow[8] das Serum stark thyroxinhaltig, die roten Blutkörperchen thyroxinfrei.

Über den Nachweis von Thyroxin bzw. einer gleichwirkenden Substanz in fast allen Organen und im Harn von Tieren, die mit Schilddrüsen überfüttert sind, durch den Kaulquappenversuch berichtet E. Giacomini[9]. Besonders reich an wirksamen Verbindungen sind Leber und Galle.

Nach G. Asimow und M. Lapiner[10] ließ sich sowohl im Blute wie im Harn Thyroxin nach der Axolotlmethode nachweisen, wenn Hunde mit 100—180 g getrockneter Schilddrüse gefüttert wurden. Nach 24 Stunden war das Hormon ausgeschieden oder zerstört.

---

[1] R. Hunt: Amer. J. Physiol. **63**, 257—299 (1923) — Chem. Zbl. **1923 I**, 1293.
[2] B. Romeis u. Th. v. Zwehl: Klin. Wschr. **4**, 703—704 — Chem. Zbl. **1925 II**, 68.
[3] St. Kroszczynski u. G. Modrakowski: C. r. Soc. Biol. Paris **93**, 939—942 (1925) — Chem. Zbl. **1926 II**, 54.
[4] F. Merke u. Th. Huber: Bruns' Beitr. **140**, 432—443 — Chem. Zbl. **1928 II**, 260.
[5] B. Romeis: Biochem. Z. **141**, 500—522 (1923) — Chem. Zbl. **1924 I**, 359.
[6] B. Zawadowsky u. G. Asimow: Pflügers Arch. **216**, 65—81 — Chem. Zbl. **1927 I**, 2918.
[7] G. Asimow: Roux' Arch. **110**, 183—194 (1927) — Chem. Zbl. **1928 II**, 1784.
[8] B. Zawadowski u. N. A. Nowikow: Endocrinology **10**, 541—549 (1926) — Chem. Zbl. **1928 II**, 1582.
[9] E. Giacomini: Boll. Soc. Biol. sper. **2**, 955—1001 (1927) — Chem. Zbl. **1929 I**, 2198.
[10] G. Asimow u. M. Lapiner: Pflügers Arch. **220**, 588—592 (1928) — Chem. Zbl. **1929 I**, 766.

Nach intravenöser Injektion von Thyroxin fängt nach O. Krayer[1] die Leber der Ratte sehr rasch einen großen Teil ab, baut es zum Teil ab und leitet es durch die Galle in den Darm. So werden nach 5—6 Stunden etwa 50% des J mit dem Kot ausgeschieden. Auch in den ersten Tagen wird J hauptsächlich auf diesem Wege ausgeschieden, während keine meßbaren Mengen durch die Niere weggehen. Selbst 5 Tage nach der Injektion ist der Jodgehalt der Muskeln, Knochen und Haut etwas größer als normal. Bei Verfütterung von Schilddrüsenpulver oder Jodthyreoglobulin ist der Anteil der Niere an der Ausscheidung etwas größer als nach intravenöser Thyroxinzufuhr. Es bleiben also geringe Mengen von Jod nach Thyroxininjektion sehr lange im Organismus. Eine Beteiligung der Schilddrüse an der Jodspeicherung konnte nicht nachgewiesen werden.

Nach W. Knipping und E. Wheeler-Hill[2] ist Thyroxin gegen die Magen-Darmverdauung sehr empfindlich, so daß sogar 2 mg, peroral verabreicht, ohne oxydationssteigernde Wirkung bleiben.

K. Hansen[3] folgert aus seinen Versuchen über die nicht erhöhte Acetonitrilresistenz weißer Mäuse, die mit Tyrosin und Tryptophan unter Zusatz von KJ gefüttert waren, daß das Thyroxin im Organismus nicht unmittelbar aus Tyrosin und Tryptophan entstehen kann. Versuche an weißen Ratten von H.-Ch.-Chang[4] ließen erkennen, daß bei täglicher Injektion von Tryptophan keine Einwirkung auf die Schilddrüsenfunktion, also nach dem Verfasser auch keine Umwandlung von Tryptophan in Thyroxin im Organismus stattfand.

Nach Versuchen von B. Zawadowski, N. Raspopowa, T. Rolitsch und E. Umanowa-Zawadowskaja[5] an Axolotln ließ sich auch durch krystallines Jod nach der Methode von Blacher und Belkin eine Metamorphose erreichen, wobei nur der 80. Teil an Jod in bezug auf Thyroxin notwendig war. Dijodtyrosin zeigte eine sehr schwache Wirkung. Auch nach diesen Versuchen blieb die Frage über die Zwischenprodukte von Thyroxin aus Jod und Tyrosin offen. Es ist sogar sehr wahrscheinlich, daß Dijodtyrosin nicht als Zwischenprodukt in Frage kommt.

Versuche von L. Asher und B. Kobori[6] ergaben, daß die Bildung von Thyroxin am geringsten bei Ca-armer, am reichsten bei K-reicher Nahrung war.

Nach W. W. Swingle[7] spielt die für den Stoffwechsel der Säugetiere maßgebende Bedeutung der CO-NH-Gruppe im Thyroxin bei der Amphibienverwandlung keine Rolle.

A. R. Abel, R. W. Backus, H. Bourquin und R. W. Gerard[8] studierten den Einfluß von Thyroxinzusatz zu tryptophanfreier Kost, wobei Thyroxin, spät zugesetzt, die entstandenen Krankheitserscheinungen nicht mehr behebt, während bei sofortigem Thyroxinzusatz diese Erscheinungen fehlen. In beiden Fällen wurde die Schilddrüse atrophisch und kolloidreich gefunden.

Im Gegensatz zu Vögeln und einigen Säugetieren, deren Feder- bzw. Haarpigment durch Thyroxinzufuhr wesentlich beeinflußt wird, bleiben gewisse Arten von Ratten und Mäusen nach H. B. Torrey[9] unempfindlich.

Nach O. B. Pribram[10] kürzt intravenös zugeführtes Thyroxin die Avertinnarkose wesentlich ab und beschleunigt die Entgiftung.

E. Abderhalden und E. Wertheimer[11] studierten die Aufnahmefähigkeit von Thyroxin aus seinen Lösungen durch verschiedene Gewebe (Leber, Muskel, Gehirn, Hoden, Herz, Blutkörperchen, Plasma und Eier). Die größte Aufnahmefähigkeit zeigte Muskelgewebe, die geringste Lebergewebe. Gekochte Gewebe zeigten etwas gesteigerte Aufnahmefähigkeit. Das

---

[1] O. Krayer: Arch. f. exper. Path. **128**, 116—125 — Chem. Zbl. **1928 I**, 2418.

[2] W. Knipping u. E. Wheeler-Hill: Dtsch. Arch. klin. Med. **153**, 223—238 (1926) — Chem. Zbl. **1927 I**, 1499.

[3] K. Hansen: Arch. f. exper. Path. **117**, 137—146 (1926) — Chem. Zbl. **1927 I**, 133.

[4] H.-Ch.-Chang: Amer. J. Physiol. **73**, 275—286 — Chem. Zbl. **1925 II**, 1537.

[5] B. Zawadowski, N. Raspopowa, T. Rolitsch u. E. Umanowa-Zawadowskaja: Z. exper. Med. **61**, 526—538 — Chem. Zbl. **1928 II**, 2662.

[6] L. Asher u. B. Kobori: Biochem. Z. **173**, 54—68 — Chem. Zbl. **1926 II**, 1979.

[7] W. W. Swingle: Biol. Bull. Mar. biol. Labor. Wood's Hole **45**, 229—253 (1923) — Ber. Physiol. **24**, 30—31 (1924) — Chem. Zbl. **1924 II**, 365.

[8] A. R. Abel, R. W. Backus, H. Bourquin u. R. W. Gerard: Amer. J. Physiol. **73**, 287 bis 295 — Chem. Zbl. **1925 II**, 1537.

[9] H. B. Torrey: Science **66**, 380—381 — Chem. Zbl. **1928 I**, 221.

[10] O. B. Pribram: Dtsch. med. Wschr. **55**. 1457—1458 — Chem. Zbl. **1929 II**, 2476.

[11] E. Abderhalden u. E. Wertheimer: Pflügers Arch. **221**, 82—92 (1928) — Chem. Zbl. **1929 II**, 315.

vom Gewebe aufgenommene Thyroxin ließ sich durch Auskochen nur in ganz geringem Betrage, bei Dialyse durch Froschhaut gar nicht zurückgewinnen. Wie das vom Gewebe aufgenommene Thyroxin verändert wurde, ließ sich nicht ermitteln.

Nach Versuchen von R. Courrier und M. Aron[1] kann Thyroxin die Placenta von Hündinnen nicht passieren.

Weder von L. L. Woodruff und W. W. Swingle[2] noch von Riddle und Torrey konnte durch Thyroxin oder durch das handelsübliche Trockenpräparat der Schilddrüse oder durch frisches Schilddrüsengewebe der Schildkröte eine teilungsbeschleunigende Wirkung auf Paramäcien erzielt werden.

Nach G. T. Cori[3] vermehrt Thyroxin das Wachstum von Paramäcien im Heuinfus im Gegensatz zu alkalischen Extrakten aus Schilddrüsen nicht nennenswert.

Während einige Stoffwechselprozesse bei Paramäcien nach H. B. Torrey, M. C. Riddle und J. L. Brodie[4] durch Thyroxinkonzentrationen: $1:10^4$ bis 10^6 in alkalischer Lösung ($p_H = $ Blut) beschleunigt werden, wird die Teilungsgeschwindigkeit durch Thyroxin im Gegensatz zu Schilddrüsenextrakten von der Konzentration gehemmt.

Der O_2-Verbrauch von Paramaecium caudatum und Colpoda wird nach J. M. Leichsenring[5] durch Thyroxin gesteigert.

In Versuchen von W. E. Burge und M. Williams[6] und W. E. Burge und A. M. Estes[7] wurde der Einfluß von Thyroxin auf den Verbrauch von Dextrose, Lävulose oder Galaktose durch Paramaecium caudatum und Spirogyra und auf die Insulinwirkung, die als solche den Zuckerverbrauch steigert, studiert.

Nach S. Miyamura[8] ist die Indolbildung von Colibacillen verstärkt, wenn zur Peptonnährlösung Thyroxin zugesetzt ist.

Thyroxin beeinflußt nach W. Fleischmann[9] in vitro die Zellatmung von Exsudatleukocyten nicht. Dagegen wird die anaerobe Glykolyse beschleunigt.

Thyroxin ist nach E. Abderhalden[10] ohne Einfluß auf die Spaltung von d, l-Leucylglycin durch Pankreassaft.

Nach E. Abderhalden und K. Franke[11] werden sowohl die Autolyse als auch die Wirkungen des Erepsins und Trypsins durch Thyroxin beschleunigend oder hemmend beeinflußt, wobei die angewendete Thyroxinmenge ausschlaggebend ist. Die Hemmung tritt bei größeren Thyroxingaben ein.

Nach Versuchen von R. Weil[12] besitzt Thyroxin selbst weder proteolytische Eigenschaften, noch beeinflußt es die enzymatische Eiweißspaltung in vitro durch direkte Einwirkung auf Ferment, Proferment oder Substrat. Dagegen steigert Thyroxin schon in kleinsten Mengen die Autolyse von Meerschweinchenleber bei neutraler Reaktion. Eine Verdünnung von 1:400000 erhöht nach 24 Stunden noch über 50%.

Nach A. Simon und P. Weiner[13] beeinflußt Thyroxin in vitro die Autolyse von Katzenlebern nicht.

Sowohl synthetisches wie aus der Schilddrüse dargestelltes Thyroxin übte in einer großen Anzahl von Fällen nach E. Abderhalden[14] einen deutlichen, beschleunigenden Einfluß auf die Traubenzuckergärung aus. Andererseits wurde wiederholt kein Einfluß, teilweise sogar eine geringfügige Hemmung gefunden.

---

[1] R. Courrier u. M. Aron: C. r. Soc. biol. Paris **100**, 839—841 — Chem. Zbl. **1929 II**, 1702.

[2] L. L. Woodruff u. W. W. Swingle: Proc. Soc. exper. Biol. a. Med. **20**, 386 (1923) — Ber. Physiol. **21**, 91 (1923) — Chem. Zbl. **1924 I**, 1391.

[3] G. T. Cori: Amer. J. Physiol. **65**, 295—299 — Chem. Zbl. **1923 III**, 1114.

[4] H. B. Torrey, M. C. Riddle u. J. L. Brodie: J. gen. Physiol. **7**, 449—460 — Chem. Zbl. **1925 II**, 938.

[5] J. M. Leichsenring: Amer. J. Physiol. **75**, 84—92 (1925) — Chem. Zbl. **1926 II**, 1871.

[6] W. E. Burge u. M. Williams: Amer. J. Physiol. **81**, 307—314 — Chem. Zbl. **1927 II**, 2077.

[7] W. E. Burge u. A. M. Estes: J. metabol. Res. **7/8**, 183—186 (1925/26) — Chem. Zbl. **1928 I**, 2102.

[8] S. Miyamura: Fol. endocrin. jap. **4**, 93—94 — Chem. Zbl. **1929 II**, 584.

[9] W. Fleischmann: Biochem. Z. **187**, 324—327 — Chem. Zbl. **1927 II**, 2202.

[10] E. Abderhalden: Fermentforschg **9**, 243—245 — Chem. Zbl. **1927 II**, 2612.

[11] E. Abderhalden u. K. Franke: Fermentforschg **9**, 485—493 — Chem. Zbl. **1928 II**, 577.

[12] R. Weil: Klin. Wschr. **8**, 652 — Chem. Zbl. **1929 II**, 315.

[13] A. Simon u. P. Weiner: Biochem. Z. **207**, 319—331 — Chem. Zbl. **1929 II**, 1421.

[14] E. Abderhalden: Fermentforschg **9**, 243—245 — Chem. Zbl. **1928 I**, 1430.

Vergleichende Versuche von F. A. Hartmann, W. J. Rose und E. P. Smith[1] über die Adsorption von Wasser durch Schnitte von Gehirn, Rückenmark, Kleinhirn und Mittelhirn aus destilliertem Wasser oder Thyroxinlösungen ergaben, daß die Wasseraufnahme für die zwei ersten Organe von der Lösung unabhängig war, dagegen von den beiden letzten Organen aus der Thyroxinlösung weniger Wasser aufgenommen wurde.

Nach C. M. Wilhelmj und J. S. Fleisher[2] nahm in 20 von 27 Fällen sowohl nach Thyroxin- wie nach Schilddrüsenfütterung die Oberflächenspannung des Blutplasmas ab.

Nach E. Gellhorn und H. Gellhorn[3] erhöht Thyroxin in einer Konzentration von 1:10000 bis 1:1000000 die Zuckerpermeabilität von tierischen Membranen (Muskelmembran, Froschhautsack).

Physikalische Eigenschaften des l-Thyroxins: Die Drehung des l-Thyroxins beträgt nach Ch. R. Harington[4] $[\alpha]_{5461}^{21} = -3,2°$ (in NaOH + Alkohol).

Physikalische Eigenschaften des d-Thyroxins: Die Drehung des d-Thyroxins beträgt nach Ch. R. Harington[4] $[\alpha]_{5461}^{21} = +2,97°$ (in NaOH + Alkohol).

Physikalische Eigenschaften des racemischen Thyroxins: Die ultravioletten Spektren von gereinigtem Thyroxin (Schmelzp. 250°), gereinigtem Tryptophan (Schmelzp. 289°) und 2-Oxyindol-3-propionsäure zeigen nach C. St. Hicks[5] bestimmte gemeinsame Eigentümlichkeiten. Die Spektren weisen zwei Hauptbanden auf. Die Absorptionskoeffizienten sind im Gebiet von 2500—3300 Å von gleicher Größenordnung und liegen im gleichen Teil innerhalb 700 Å. Weiterhin sollen nach dem Verfasser im Thyroxin die Banden mehr gegen Rot gelagert und durch J weiter (und zwar die beiden Banden in verschiedenem Maße) gegen Rot verschoben werden. Die dem Indoltypus entsprechende 2. Bande soll sich nach dem Verfasser auch im Thyroxin und den anderen Vergleichsverbindungen nachweisen lassen. Außerdem wurde vom Verfasser[6] die Absorption von Thyroxin, das in 75proz. Alkohol mit 4 Äquivalenten HCl gelöst war, und von Thyroxin in 60proz. Alkohol, das durch Einleiten von CO_2 in eine Lösung von Thyroxin in seinem Äquivalent NaOH erhalten war, gemessen.

W. Graubner[7] untersuchte das ultraviolette Absorptionsspektrum von Thyroxin, das eine Bande bei 325 $\mu\mu$ besitzt. Bei Mischungen von Thyroxin mit Insulin oder Adrenalin oder Hypophysin trat stets eine starke Verschiebung nach Rot unter Verschwinden der charakteristischen Banden ein.

Chemische Eigenschaften: E. C. Kendall und A. E. Osterberg[8] geben für das von Kendall isolierte Thyroxin folgende chemische Eigenschaften an: Thyroxin kann aus wässerigen und alkoholischen Lösungen in mikroskopischen Krystallen abgeschieden werden. Es ist unlöslich in allen organischen Lösungsmitteln, außer solchen von stark basischer oder saurer Natur, löslich in Alkohol in Gegenwart von Mineralsäure oder Alkalihydroxyd. Thyroxin ist sehr leicht löslich in Alkalien und NH_4OH, das NH_4-Salz wird beim Kochen mit Wasser vollständig hydrolysiert. Alkalicarbonate werden durch die Verbindung bei 100° zerlegt, dagegen fällt überschüssiges CO_2 bereits die Monometallsalze aus der Lösung aus. Dieses Verhalten und besonders auch das des Ba-Salzes wird dadurch erklärt, daß die Phenolgruppe nur sehr locker Basen bindet und hier leicht Hydrolyse eintritt. Beim Waschen der Mono-Na-, -K- und -NH_4-Salze mit reinem Wasser unterliegt auch die Bindung an der Carboxylgruppe der Hydrolyse. Ein Di-Silbersalz konnte zwar nicht gewonnen werden, aber das erhaltene Salz kam im Ag-Gehalte dem für jenes berechneten doch recht nahe. Di-Salze mit Na, K und NH_4 werden aus den Lösungen in Alkalien bzw. NH_4OH durch Zusatz eines entsprechenden Salzes, am besten des Chlorides, krystallinisch abgeschieden. Solche Salze wurden auch vom Ba, Ca, Mg, Ni, Zn und Cu gewonnen. Ferner wurde aus dem Ag-Salz mit CH_3J der Dimethylester gewonnen, der bei Erhitzen mit verdünnter alkoholischer NaOH zum Monomethyläther verseift wird. Das Thyroxin ist schwer oxydierbar und reduzierbar

---

[1] F. A. Hartmann, W. J. Rose u. E. P. Smith: Amer. J. Physiol. **78**, 47—49 — Chem. Zbl. **1926 II**, 2321.

[2] C. M. Wilhelmj u. J. S. Fleisher: J. exper. Med. **43**, 179—193, 195—205 — Chem. Zbl. **1926 I**, 3074.

[3] E. Gellhorn u. H. Gellhorn: Pflügers Arch. **221**, 247—263 (1928) — Chem. Zbl. **1929 I**, 1470.

[4] Ch. R. Harington: Biochem. J. **22**, 1429—1435 (1928) — Chem. Zbl. **1929 I**, 1216.

[5] C. St. Hicks: J. chem. Soc. Lond. **127**, 771—776 — Chem. Zbl. **1925 II**, 178.

[6] C. St. Hicks: J. chem. Soc. Lond. **1926**, 643—645 — Chem. Zbl. **1926 I**, 3230.

[7] W. Graubner: Z. exper. Med. **63**, 527—551 (1928) — Chem. Zbl. **1929 I**, 2068.

[8] E. C. Kendall u. A. E. Osterberg: J. of biol. Chem. **40**, 265—334 (1919) — Chem. Zbl. **1920 III**, 343.

und ist eine schwache Säure, hat Schmelzp. etwa 250°. Mit Zn läßt sich aus Thyroxin in alkalischer wie in saurer Lösung J abspalten. Durch Metalle, Ag, Au und Pb, außer Ni und den Schwermetallen kann Thyroxin von alkalischer Lösung reduziert werden. H_2O_2 ist ohne unmittelbare Wirkung. In saurer, kalter Suspension widersteht die Verbindung der Oxydation durch $K_2Cr_2O_7$ oder HJO_3, während sie von $KMnO_4$ oder Br in kalter, wässeriger Lösung angegriffen wird. Benedictsche Cu-Lösung oxydiert nur in Gegenwart von NaOH, nicht von NH_3. Beim Stehen am Sonnenlicht färbt sich die schwach alkalische Lösung erst gelb, dann braun. Zugleich tritt aromatischer, etwas an Nicotin erinnernder Geruch auf. Es wird J abgespalten. Durch starkes NaOH wird Thyroxin erst oberhalb 110° zersetzt. In alkoholischer Lösung erzeugt HCl bei längerer Einwirkung Braunfärbung, wahrscheinlich durch Polymerisation. Weitere mitgeteilte Eigenschaften des Thyroxins beziehen sich auf eine von den Verfassern angenommene tautomere Form des Thyroxins. Weiterhin teilt E. C. Kendall[1] mit, daß Thyroxin in $Ba(OH)_2$-Lösung und in 5proz. NaOH-Lösung beständig ist. Es wird in alkalischer Lösung weder durch den O der Luft noch durch H_2O_2 während der Reingewinnung zersetzt, so daß die Eiweißkörper der Schilddrüse durch 5proz. NaOH in 24 Stunden zerstört und dann Thyroxin durch Säure gefällt werden kann.

Thyroxin wirkt nach E. C. Kendall[2] als Oxydationskatalysator, wobei es in einer oxydierten und reduzierten Form im Organismus vorkommen soll. Der Oxydationspotentialunterschied der beiden Verbindungen soll nach dem Verfasser 0,3 Volt betragen.

Versuche von Ch. R. Harington und W. McCartney[3] verschiedene Tetrajodthyroxine herzustellen, waren erfolglos.

Thyroxin lieferte nach C. R. Harington und G. Barger[4] mit KOH bei 310° im H_2-Strome ein Produkt, das nach Lösen in HCl und Neutralisieren mit NH_3 pyrogallolähnliche Farbreaktionen gibt.

Derivate des l-Thyroxins: l-3,5-Dijodthyronin. Aus der l-Formylverbindung durch Kochen mit 15proz. HBr Tafeln; Schmelzp. 256° (Zers.) $[\alpha]_{5461}^{20} = -1,3°$ in konzentriertem NH_3[5].

l-Formyl-3,5-dijodthyronin $C_{16}H_{13}O_5NJ_2$. Aus der d, l-Verbindung durch Spaltung mit l-Phenyläthylamin. Das Phenyläthylaminsalz wird mit verdünnter HCl gespalten. Tafeln, Schmelzp. 214° (Zers.), nach Dunkelfärbung bei 195° $[\alpha]_{5461}^{21} = +27,8°$[5].

l-Phenyläthylaminsalz $C_{16}H_{13}O_5NJ_2 + C_8H_9N$. Nadeln aus Wasser. Schmelzp. 188 bis 189°. $[\alpha]_{5461}^{22} = +23,8°$ in 50proz. Alkohol[5].

Derivate des d-Thyroxins: d-3,5-Dijodthyronin Schmelzp. 256° (Zers.) $[\alpha]_{5461}^{18} = +1,15°$[5].

d-Formyl-3,5-dijodthyronin. Aus der d, l-Verbindung über das d-Phenyläthylaminsalz. Tafeln, Schmelzp. 210°. $[\alpha]_{5461}^{21} = -26,9°$[5].

d-Phenyläthylaminsalz. Nadeln, Schmelzp. 187—188°. $[\alpha]_{5461}^{19,5} = -21,9°$ in 50proz. Alkohol[5].

Derivate des racemischen Thyroxins: Thyroxinmethylester $C_{16}H_{13}O_4NJ_4$. Aus Thyroxin und methylalkoholischer HCl. Prismatische Nadeln aus verdünntem Alkohol. Schmelzp. 156°. Leicht löslich in Alkohol, sonst wenig löslich[6].

Chlorhydrat $C_{16}H_{13}O_4NJ_4 \cdot HCl$. Nadeln aus verdünnter alkoholischer HCl. Schmelzpunkt 221,5° (Zers.). Wenig löslich in Wasser und Alkohol, ziemlich leicht löslich in wässerigem Alkohol[6].

Acetylthyroxin. 100 mg reines Thyroxin werden zu 20 ccm Alkohol mit 100 mg NaOH gegeben, nach vollständiger Lösung mit 2 ccm Essigsäureanhydrid versetzt, dann nach $1/2$ Stunde mit 5 ccm Wasser und 5 ccm 50proz. H_2SO_4. Der Alkohol wird unter vermindertem Druck (Temperatur nicht über 40°) abdestilliert, die abgeschiedenen Krystalle des Sulfates in etwa 15 ccm Alkohol gelöst, die filtrierte Lösung in ein Gemisch von 200 ccm siedenden Wassers und 5 ccm 50proz. H_2SO_4 gegeben (oder die Lösung in 25proz. Alkohol

---

[1] E. C. Kendall: J. of biol. Chem. **72**, 213—221 — Chem. Zbl. **1927 II**, 104.
[2] E. C. Kendall: Proc. Soc. exper. Biol. a. Med. **22**, 307—308 (1925) — Ber. Physiol. **31**, 640 — Chem. Zbl. **1925 II**, 1993.
[3] Ch. R. Harington u. W. McCartney: J. chem. Soc. Lond. **1929**, 892—897 — Chem. Zbl. **1929 II**, 571.
[4] Ch. R. Harington u. G. Barger: Biochemic. J. **21**, 169—181 — Chem. Zbl. **1927 II**, 2666.
[5] Ch. R. Harington u. J. H. Gaddum: Biochem. J. **22**, 1429—1435 (1928) — Chem. Zbl. **1929 I**, 1216.
[6] J. N. Ashley u. Ch. R. Harington: Biochem. J. **22**, 1436—1445 (1928) — Chem. Zbl. **1929 I**, 1217.

mit 5 g Na-Acetat und 10 ccm 30proz. NaOH versetzt, der Alkohol unter vermindertem Druck abdestilliert und das abgeschiedene Di-Natriumsalz [lange, flache Tafeln] in Alkohol gelöst und in siedende verdünnte H_2SO_4, wie vorher, eingetragen). Es scheidet sich die freie Acetylverbindung ab, die in reinem Zustande nach Trocknen in Äther unlöslich ist, während sie vorher aus dem Wasser ausgeäthert werden konnte. Sie hat bei dieser Art der Abscheidung Schmelzp. 238°, bei Abscheidung aus dem Na-Salz durch Waschen mit verdünnter Essigsäure Schmelzp. 152°. — Mit einem noch weniger reinen Produkt (60% J enthaltend) hat Kendall[1] bei Myxödem und Kretinismus durch lange fortgesetzte Darreichung typische Heilerfolge, nach sehr lange fortgesetzter Injektion auch toxische Herzwirkung erzielt. Einmalige Anwendung bei Tieren hatte für sich weder vermehrte Pulsgeschwindigkeit noch Sinken des Blutdruckes zur Folge, wohl aber wurde bei gleichzeitiger Gabe von Aminosäuren die Pulsgeschwindigkeit enorm beeinflußt, es konnte sogar der Tod eintreten. — M. M. Hoskins[2] untersuchte die biologische Wirksamkeit vom acetylierten Thyroxin. Es war im Kaulquappenversuch wirksam und beschleunigte die Entwicklung von jungen Ratten.

N-Lactylthyroxin $C_{18}H_{15}O_6NJ_4$. Aus N-Acetyllactylthyroxinmethylester durch Spaltung mit n-NaOH. Nadeln aus Essigsäure, Schmelzp. 199—200° (Zers.). Sehr leicht löslich in Alkohol, Eisessig, fast unlöslich in Wasser[3].

N-Acetyllactylthyroxin $C_{21}H_{19}O_7NJ_4$. Aus Thyroxinmethylester und Acetylmilchsäurechlorid in Anisol bei Eiskühlung. Krystalle aus Petroläther. Sehr leicht löslich in Benzol[3].

β-3, 5-Dijod-4-[4'-oxyphenoxy-]phenyl-α-aminopropionsäure, 3, 5-Dijodthyronin $C_{15}H_{13}O_4NJ_2$, aus dem Benzoylaminozimtsäureester mit HJ und rotem P. Silberige Täfelchen. Schmelzp. 245—246°[4]. — Die Verbindung wird durch 5stündiges Erhitzen von 4-[3', 5'-Dijod-4'-(4''-methoxyphenoxy)-benzyliden]-2-phenyl-5-oxazolon mit HJ, Essigsäureanhydrid und rotem P erhalten[5]. — J. H. Gaddum[6] untersuchte die Wirkung der Verbindung auf das Wachstum von Kaulquappen. Sie betrug etwa $1/40$ von der des Thyroxins. — Über die Wirkung von Dijodthyroxin auf hyperthyreoidische Menschen berichtet H. Baur[7]. E. Abderhalden und E. Wertheimer[8] untersuchten den Einfluß des 3,5-Dijodthyronins auf die Metamorphose von Kaulquappen, Axolotln und auf den Gaswechsel von Ratten.

3, 5-Dijodthyroninmethylester $C_{16}H_{15}O_4NJ_2$. Aus Dijodthyronin und methylalkoholischer HCl. Nadeln aus verdünntem Alkohol, Schmelzp. 174—175°. Unlöslich in Wasser, ziemlich löslich in Alkohol, sonst sehr wenig löslich[3].

Chlorhydrat $C_{16}H_{15}O_4NJ_2 \cdot HCl$. Nadeln. Schmelzp. 230° (Zers.). Wenig löslich in Wasser und absolutem Alkohol, ziemlich leicht löslich in wässerigem Alkohol[3].

Formyl-3, 5-dijodthyronin $C_{16}H_{13}O_5NJ_2$. Aus Dijodthyronin und 99proz. Ameisensäure auf dem Wasserbad. Tafeln aus absolutem Alkohol durch Eingießen in Wasser. Schmelzp. 207°. Unlöslich in Wasser, leicht löslich in Alkohol, wenig löslich in anderen organischen Lösungsmitteln[9]. Die Spaltung des d,l-Formyldijodthyronins in die optisch aktiven Komponenten über die Brucin-, Strychnin- und Cinchoninsalze gelang nicht, wohl aber gelang die Spaltung über die Phenyläthylaminsalze[9].

Thyronin (Desjodothyroxin), $C_{15}H_{15}O_4N$. Aus Thyroxin durch katalytische Reduktion mittels des Pd-Katalysators —$CaCO_3$ von Busch und Stöve. Gibt Millonsche und Ninhydrinreaktion, entwickelt mit N_2O_3 den gesamten N, bildet Salze mit Säuren und Alkalien. Schmelzen mit KOH bei 250° im offenen Gefäße ergab p-Oxybenzoesäure, eine Verbindung $C_{13}H_{12}O_2$ mit einer Phenolgruppe und wenig Hydrochinon, neben NH_3 und Oxalsäure. Bei erschöpfender Methylierung verhielt sich Desjodothyroxin ähnlich wie Thyroxin, das völlig methylierte Produkt (Betain) verlor beim Kochen mit Alkali leicht $(CH_3)_3N$ unter Bildung einer ungesättigten Säure $C_{16}H_{14}O_4$ mit 1 Methoxygruppe, die mit $KMnO_4$ neben Oxalsäure eine neutrale Ver-

---

[1] Kendall: Boston med. J. **175**, 557.
[2] M. M. Hoskins: J. of exper. Zool. **48**, 373 (1927).
[3] J. N. Ashley u. Ch. R. Harington: Biochem. J. **22**, 1436—1445 (1928) — Chem. Zbl. **1929 I**, 1217.
[4] Ch. R. Harington u. G. Barger: Biochemic. J. **21**, 169—181 — Chem. Zbl. **1927 II**, 2666.
[5] F. Hoffmann-La Roche A.-G.: D. R. P. 484838 v. 7. 9. 1928, ausg. 19. 10. 1929; E. P. 318582 v. 4. 3. 1929. Auszug veröff. 30. 10. 1929.
[6] J. H. Gaddum: J. of Physiol. **64**, 246—254 (1927) — Chem. Zbl. **1928 I**, 1676.
[7] H. Baur: Dtsch. Arch. klin. Med. **160**, 212—232 — Chem. Zbl. **1928 II**, 1002.
[8] E. Abderhalden u. E. Wertheimer: Z. exper. Med. **63**, 557—577 (1928).
[9] Ch. R. Harington u. J. H. Gaddum: Biochem. J. **22**, 1429—1435 (1928) — Chem. Zbl. **1929 I**, 1216.

bindung $C_{14}H_{12}O_3$ liefert, die Semicarbazon und Phenylhydrazon bildet, nach dem Verhalten ihres Oxims gegen PCl_5 (Bildung eines Nitrils vom Schmelzp. 107,5°) ein Aldehyd ist, und bei weiterer Oxydation mit $KMnO_4$ in die Säure $C_{14}H_{12}O_4$ übergeht. Läßt sich auch aus 4-[4'-Methoxyphenoxy-]benzaldehyd auf folgendem Wege synthetisieren: 1. Nach der Methode von Sasaki durch Kondensation mit Glycinanhydrid in Gegenwart von Essigsäureanhydrid und Na-Acetat und Kochen des Produktes mit HJ und rotem P, oder 2. nach der Methode von Wheeler und Hoffmann durch Kondensation des Aldehydes mit Hydantoin und weiterer Behandlung wie bei 1. Bündel von Nadeln oder Prismen (aus verdünnter Lösung), Schmelzpunkt bei raschem Erhitzen 253—254° (Zersetzung), sehr wenig löslich in Wasser, Alkohol, anderen organischen Lösungsmitteln. Die Salze sowohl mit Säuren wie mit Alkalien sind löslich in Alkohol, die Säuresalze ziemlich wenig löslich in Wasser[1]. Untersucht wurde die Wirkung der Verbindung auf das Wachstum von Kaulquappen[2]. **HCl-Salz.** Dünne Tafeln (aus verdünnter HCl), Schmelzp. 237—239° (Zersetzung)[1]. — Neuere Versuche von E. Abderhalden und E. Wertheimer[3] bestätigten die früheren Ergebnisse von Gaddum, daß Thyronin weder auf die Metamorphose von Kaulquappen, Axolotln noch auf den Gaswechsel von Ratten einwirkt. — E. Abderhalden und E. Wertheimer[4] konnten zeigen, daß weder Thyronin noch KJ allein, an Ratten und Meerschweinchen parenteral verabreicht, einen Einfluß auf den Gaswechsel haben, daß wohl aber Thyronin + KJ einen der Thyroxinwirkung qualitativ entsprechenden Einfluß zeigten. Bei schilddrüsenlosen Tieren war die gleichzeitige Zufuhr von Thyronin + KJ wirkungslos. Ebenso konnten Wachstum und Metamorphose weder von Kaulquappen noch von Axolotln bei der gleichzeitigen Verabreichung beider Verbindungen beeinflußt werden. Außerdem gelang es den Verfassern nicht, den Glykogenvorrat von Muskel- und Lebergewebe durch längere Zeit umfassende Thyronin- und KJ-Zufuhr zum Verschwinden zu bringen. Es gelang nicht, bei Zusatz von Thyronin + KJ zu überlebenden Geweben (Muskel, Leber, Schilddrüse von Meerschweinchen) im Preßsaft dieser Gewebe Thyroxin oder eine Verbindung mit thyroxinähnlicher Wirkung nachzuweisen. Versuche über die Acetonitrilresistenz von Mäusen nach parenteraler Verabreichung von KJ und Thyronin ergaben keine eindeutigen Ergebnisse für die Synthese von Thyroxin aus Thyronin + KJ im Organismus.

3, 5-Dijod-3', 5'-dichlorthyronin $C_{15}H_{11}O_4NCl_2J_2$. Mit der berechneten Menge Cl in Eisessig, im Vakuum verdampfen, in verdünntem Alkohol und wenig NaOH lösen, mit Essigsäure fällen. Schmelzp. 262° (Zers.). Unlöslich in siedendem Alkohol, Eisessig, wenig löslich in verdünnter HCl.[5] — E. Abderhalden und E. Wertheimer[3] untersuchten die Einwirkung der Verbindung auf die Metamorphose von Kaulquappen, Axolotln und auf den Gaswechsel von Ratten. Die Verbindung war wirksam, allerdings war die noch wirksame Dosis höher als beim Thyroxin.

3, 5-Dichlor-3', 5'-dijodthyronin $C_{15}H_{11}O_4NCl_2J_2$. Schmelzp. 229°. (Zers.), unlöslich in 15proz., wenig löslich in 2proz. HCl[5].

β-[3, 5-Dijod-4-(3', 5'-dibrom-4'-oxyphenoxy)-phenyl]-α-aminopropionsäure wird durch Einwirkung von Br-Dampf auf β-[3, 5-Dijod-4-(4'-oxyphenoxy)-phenyl]-α-aminopropionsäure erhalten. Produkt mit 15proz. HCl kochen, filtrieren, lösen des Rückstandes in verdünntem Alkohol unter Zusatz von wenig verdünnter NaOH. Fällen mit Essigsäure. Fein krystallinisch, farblose Krystalle, unlöslich in Wasser, organischen Lösungsmitteln (siedendem Alkohol und Eisessig), wenig löslich in verdünnter HCl. Schmelzp. 245—246°. Die Verbindung hat thyroxinähnliche Wirkung[6]. — Ch. R. Harington und W. McCartney[7] stellen 3', 5'-Dibrom-3, 5-dijodthyronin aus 3, 5-Dijodthyronin und Brom in Eisessig dar. Krystalle. Schmelzpunkt 244,5°. — E. Abderhalden und E. Wertheimer[3] untersuchten die Einwirkung der Verbindung auf die Metamorphose von Kaulquappen, Axolotln und auf den Gaswechsel von Ratten. Die Verbindung war wirksam, allerdings war die noch wirksame Dosis höher als beim Thyroxin.

---

[1] Ch. R. Harington: Biochemic. J. **20**, 300—313 — Chem. Zbl. **1926 II**, 245.
[2] J. H. Gaddum: J. of Physiol. **64**, 246—254 (1927) — Chem. Zbl. **1928 I**, 1676.
[3] E. Abderhalden u. E. Wertheimer: Z. exper. Med. **63**, 557—577 (1928).
[4] E. Abderhalden u. E. Wertheimer: Z. exper. Med. **68**, 563—568 (1929).
[5] K. Schuegraf: Helvet. chim. Acta **12**, 405—414 — Chem. Zbl. **1929 II**, 33.
[6] F. Hoffmann-La Roche & Co. A.-G.: Schwz. P. 133335 v. 24. 3. 1928, ausg. 1. 8. 1929. Chem. Zbl. **1929 II**, 2698 u. K. Schuegraf[5].
[7] Ch. R. Harington u. W. McCartney: J. chem. Soc. Lond. **1929**, 892—897 — Chem. Zbl. **1929 II**, 571.

3, 5-Dibrom-3′, 5′-dijodthyronin $C_{15}H_{11}O_4NBr_2J_2$. Lösung des 3, 5-Dibromthyronins in 25 proz. NH_4OH mit KJ-Lösung versetzen, NH_3 im Vakuum entfernen, Produkt aus verdünntem Alkohol-NaOH (Kohle) mit Essigsäure umfällen, über das Na-Salz reinigen. Schmelzpunkt 229° (Zers.), unlöslich in HCl und Alkohol[1]. — E. Abderhalden und E. Wertheimer[2] untersuchten die Einwirkung der Verbindung auf die Metamorphose von Kaulquappen, Axolotln und auf den Gaswechsel von Ratten. Die Verbindung war wirksam, aber die noch wirksame Dosis war höher als beim Thyroxin.

3, 5-Dichlorthyronin $C_{15}H_{13}O_4NCl_2$. K. Schuegraf[1] berichtet über die Synthese der Verbindung. 3, 5-Dichlor-4-[4′-methoxyphenoxy]-nitrobenzol (Prismen aus Eisessig oder Methyläthylketon. Schmelzp. 147°) wird mit $SnCl_2$ und HCl-Gas in Eisessig (Wasserbad 2 bis 3 Stunden) zum entsprechenden Anilin (aus Alkohol Schmelzp. 144°) reduziert, das in Eisessig mit Amylnitrit diazotiert, in CuCSN-Lösung eingerührt und zum Nitril (Schmelzp. 97°) umgesetzt wird. Das Nitril wird in Chloroformlösung zu einer Lösung von $SnCl_2$ in salzsaurem absoluten Äther zugegeben, 5 Stunden unter Einleiten von HCl gerührt, Doppelsalz mit heißer verdünnter HCl zum 3, 5-Dichlor-4-[4′-methoxyphenoxy]-benzaldehyd hydrolysiert. Der Aldehyd wird durch Kondensation mit Hippursäure und Na-Acetat in Acetanhydrid (Wasserbad 10 Minuten) zum 4-[3′, 5′-Dichlor-4′-(4″-methoxyphenoxy)-benzyliden]-2-phenylglyoxazolon-(5) (aus Eisessig Schmelzp. 191°) umgesetzt. Das Azlacton wird mit HJ (D. 1,7), Acetanhydrid und rotem P 3 Stunden gekocht, Filtrat im Vakuum destilliert, Rückstand in heißer 5 proz. HCl gelöst, mit Kohle entfärbt, mit NH_4OH neutralisiert. Schmelzp. 266° (Zers.). Wenig löslich in heißer 15 proz. HCl.

3, 5, 3′, 5′-Tetrachlorthyronin $C_{15}H_{11}O_4NCl_4$. Aus der Dichlorverbindung und Cl-Dampf. Mikrokrystallin, Schmelzp. 231° (Zers.), sehr wenig löslich in heißer 15 proz., ziemlich löslich in heißer 2 proz. HCl[1].

3, 5-Dichlor-3′, 5′-dibromthyronin $C_{15}H_{11}O_4NCl_2Br_2$. Nädelchen, Schmelzp. 240° (Zers.), sehr wenig löslich in heißer 2 proz. HCl[1].

3, 5-Dibrom-3′, 5′-dichlorthyronin $C_{15}H_{11}O_4NCl_2Br_2$. Aus der Dibromverbindung durch Chlorieren. Gebildetes Hydrochlorid in warmer 2 proz. HCl lösen (Kohle), mit NH_4OH fällen. Schmelzp. 234° (Zers.), sehr wenig löslich in siedender 15 proz. HCl[1].

3, 5-Dibromthyronin $C_{15}H_{13}O_4NBr_2$. K. Schuegraf[1] berichtet über die Synthese der Dibromverbindung, die analog der Dichlorverbindung verläuft: 3, 5-Dibrom-4-[4′-methoxyphenoxy]-nitrobenzol (gelbliche Prismen aus Eisessig oder Methyläthylketon, Schmelzp. 151 bis 152°). — Anilin (aus Alkohol, Schmelzp. 117°). — Nitril (Prismen aus Alkohol-Äther, Schmelzp. 107°). — Aldehyd (aus Eisessig. Schmelzp. 98°). — 4′-[3′, 5′-Dibrom-4′-(4″-methoxyphenoxy)-benzyliden]-2-phenylazolon-(5) (aus viel Eisessig, Schmelzp. 195°). Spaltung des Azlactones mit HJ (D. 1,7) Acetanhydrid und rotem P durch 3stündiges Kochen, Filtrat im Vakuum destillieren, Rückstand in heißer 5 proz. HCl lösen, mit Kohle entfärben, mit NH_4OH neutralisieren. Blättchen in heißem 70 proz. Alkohol und NaOH lösen, mit heißer Essigsäure fällen. Schmelzp. 275° (Zers.), ziemlich löslich in heißer 15 proz. HCl.

3, 5, 3′, 5′-Tetrabromthyronin $C_{15}H_{11}O_4NBr_4$. Aus der Dibromverbindung und Br-Dampf. Produkt in heißem, verdünnten Alkohol lösen, mit Na-Acetat fällen. Schmelzp. 241—242° (Zers.), unlöslich in 15 proz. HCl[1]. — E. Abderhalden und E. Wertheimer[2] untersuchten die Einwirkung der Tetrabromverbindung auf die Metamorphose von Kaulquappen, Axolotln und auf den Gaswechsel von Ratten. Die Verbindung war wirksam, allerdings war die noch wirksame Dosis höher als beim Thyroxin.

β-4-[4′-Methoxyphenoxy-phenyl-]α-aminopropionsäure $C_{16}H_{17}O_4N$. Nadelbüschel, Dunkelfärbung bei 210°, Schmelzp. 220—221° (Zersetzung)[3].

3, 5-Dijod-4-[3′, 5′-dijod-4′-oxyphenoxy-]benzoesäure $C_{13}H_6O_4J_4$. Durch Oxydation aus Thyroxin erhalten. Weiterhin aus Oxyphenoxydijodbenzonitril in konzentriertem NH_3 mit J in KJ-Lösung erhalten. Nadeln aus Eisessig, Schmelzp. 255° (Zers.). Liefert mit Dimethylsulfat und KOH den Methyläther. Ergebnislos verliefen Versuche, die Säure vom Hydrochinonmonomethyläther und 3, 5-Dinitro-4-bromtoluol aus aufzubauen, ebenso Versuche, p-Bromnitrobenzol mit 3, 5-Dijod-4-oxybenzoesäure umzusetzen[4].

---

[1] K. Schuegraf: Helvet. chim. Acta **12**, 405—414 — Chem. Zbl. **1929 II**, 33.
[2] Emil Abderhalden u. E. Wertheimer: Z. exper. Med. **63**, 557—577 (1928).
[3] Ch. R. Harington: Biochemic. J. **20**, 300—313 — Chem. Zbl. **1926 II**, 245.
[4] Ch. R. Harington u. G. Barger: Biochem. J. **21**, 169—181 — Chem. Zbl. **1927 II**, 2666.

3,5 - Dijod - 4 - [3′, 5′-dijod - 4′- methoxyphenoxy]-benzoesäure $C_{14}H_8O_4J_4$. Aus dem Aldehyd $C_{14}H_8O_3J_4$. In Pyridin mit 5proz. $KMnO_4$-Lösung, Nadeln aus Eisessig. Schmelzpunkt 283°. Oder durch Methylierung der 3, 5-Dijod-4-[3′, 5′-dijod-4′-oxyphenoxy]-benzoesäure mit Dimethylsulfat erhalten. Schmelzp. 286°[1].
Methylester. Prismen aus Eisessig. Schmelzp. 233° (233,5°)[1].
Äthylester. Nadeln. Schmelzp. 171,5° (172,5°)[1].
3, 5-Dijod-4-[4′-oxyphenoxy]-benzoesäure $C_{13}H_8O_4J_2$. Aus Oxyphenoxydijodbenzonitril mit HJ in Eisessig. Das Benzonitril wurde über folgende Verbindungen synthetisiert: 3, 4, 5-Trijodnitrobenzol (aus diazotiertem Dijod-p-nitroanilin durch Umsetzung mit wässeriger KJ-Lösung. Schmelzp. 165°). — 3, 5-Dijod-4-[4′-methoxyphenoxy]-nitrobenzol (aus Hydrochinonmonomethyläther und 3, 4, 5-Trijodnitrobenzol mit K_2CO_3 in Methyläthylketon. Gelbe Prismen aus Methyläthylketon. Schmelzp. 144°. Unlöslich in Wasser, sehr wenig löslich in Alkohol, Äther, leichter in Chloroform und Eisessig.) — 3, 5-Dijod-4-[4′-methoxyphenoxy]-anilin (aus der Nitroverbindung mit $SnCl_2$ und HCl-Gas in Eisessig. Prismen aus Ligroin. Schmelzp. 121—122°. Sehr wenig löslich in heißem Wasser, sonst leicht löslich außer in Petroläther.) Das letztere wurde in Eisessig mit Amylnitrit diazotiert und mit einem sehr großen Überschuß an CuCN umgesetzt. Prismen aus Methyläthylketon. Schmelzp. 167 bis 169°[1].
4-[4′-Methoxyphenoxy]-benzoesäure $C_{14}H_{12}O_4$. Tafeln (aus verdünntem Alkohol). Schmelzp. 177°[2].
4-[4′-Methoxyphenoxy]-zimtsäure $C_{16}H_{14}O_4$. Blättchen (aus verdünntem Alkohol). Schmelzp. 175,5°. Sehr wenig löslich in Wasser, etwas leichter löslich in Alkohol[2].
Na-Salz. Schwer löslich in kaltem Wasser[2].
K-Salz. Schwer löslich in kaltem Wasser[2].
Methylester, $C_{17}H_{16}O_4$. Blättchen (aus Methanol, worin kalt schwer löslich). Schmelzpunkt 128,5°[2].
α-Benzoylamino-3, 5-dijod-4-[4′-methoxyphenoxy]-zimtsäureäthylester $C_{25}H_{21}O_5NJ_2$. Aus dem Azlacton mit absolutem Alkohol und konzentrierter H_2SO_4. Nadeln aus Eisessig. Schmelzp. 203°[1].
Azlacton $C_{23}H_{15}O_4NJ_2$. Aus dem 3, 5-Dijod-4-[4′-methoxyphenoxy]-benzaldehyd und Hippursäure mit Na-Acetat und Acetanhydrid. Gelbe Nadeln aus Eisessig. Schmelzp. 211°[1].
4-[3′, 5′-Dichlor-4′-(4″-methoxyphenoxy)-benzyliden]-2-phenyloxazolon-(5) $C_{23}H_{15}O_4NCl_2$. Aus Eisessig. Schmelzp. 191°. Siehe auch unter 3, 5-Dichlorthyronin[3], S. 682.
4-[3′, 5′-Dibrom-4′-(4″-methoxyphenoxy)-benzyliden]-2-phenyloxazolon-(5) $C_{23}H_{15}O_4NBr_2$. Aus viel Eisessig. Schmelzp. 195°. Siehe auch unter 3, 5-Dibromthyronin[3], S. 682.
3, 5-Dijod-4-[4′-methoxyphenoxy]-benzaldehyd $C_{14}H_{10}O_3J$. Aus dem 3, 5-Dijod-4-[4′-methoxyphenoxy]-benzonitril in Chloroform mit $SnCl_2$ in mit HCl gesättigtem Äther. Prismen aus Eisessig. Schmelzp. 121°. Unlöslich in Wasser, sonst leicht löslich außer in Petroläther[1].
Phenylhydrazon. Gelbe Nadeln. Schmelzp. 175—176°[1].
4-[4′-Methoxyphenoxy]-benzaldehyd $C_{14}H_{12}O_3$. Nadeln oder Prismen (aus Leichtpetroleum). Schmelzp. 60,5°[2].
Oxim. Blättchen aus Leichtpetroleum. Schmelzp. 74—75°[2].
Semicarbazon. Tafeln. Schmelzp. 210—211°[2].
Phenylhydrazon. Blaßgelbe Nadeln. Schmelzp. 135—136°[2].
3, 5-Dichlor-4-[4′-methoxyphenoxy]-benzaldehyd $C_{14}H_{10}O_3Cl_2$. Siehe auch unter 3, 5-Dichlorthyronin[3], S. 682.
3, 5-Dibrom-4-[4′-methoxyphenoxy]-benzaldehyd $C_{14}H_{10}O_3Br_2$. Aus Eisessig, Schmelzpunkt 98°. Siehe auch unter 3, 5-Dibromthyronin[3], S. 682.
3, 5-Dichlor-4-[4′-methoxyphenoxy]-benzonitril $C_{14}H_9O_2NCl_2$. Schmelzp. 97°. Siehe auch unter 3, 5-Dichlorthyronin[3], S. 682.
3, 5-Dibrom-4-[4′-methoxyphenoxy]-benzonitril $C_{14}H_9O_2NBr_2$. Prismen aus Alkohol-Äther. Schmelzp. 107°. Siehe auch unter 3, 5-Dibromthyronin[3], S. 682.
Kondensationsprodukt von 4-[4′-Methoxyphenoxy]-benzaldehyd mit Glycinanhydrid

---
[1] Ch. R. Harington u. G. Barger: Biochemic. J. **21**, 169—181 — Chem. Zbl. **1927 II**, 2666.
[2] Ch. R. Harington: Biochemic. J. **20**, 300—313 — Chem. Zbl. **1926 II**, 245.
[3] K. Schuegraf: Helvet. chim. Acta **12**, 405—414 — Chem. Zbl. **1929 II**, 33.

$C_{32}H_{26}O_6N_2$. Gelbe rechtwinklige Tafeln (aus viel Eisessig). Schmelzp. 286—287°. Sehr wenig löslich [1].

4-[4'-Methoxyphenoxy]-benzalhydantoin $C_{17}H_{16}O_5N_2$. Blaßgelbe Nadeln (aus Eisessig). Schmelzp. 211°[1].

4-[4'-Methoxyphenoxy]-benzylhydantoin $C_{17}H_{18}O_5N_2$. Aus dem vorigen in alkalisch-alkoholischer Lösung durch Na-Amalgam, rechtwinklige Tafeln (aus verdünntem Alkohol). Schmelzp. 177,5°[1].

4-[4'-Oxyphenoxy]-benzylhydantoin $C_{16}H_{16}O_5N_2$. Würfel aus verdünntem Alkohol. Schmelzp. 245—246°[1].

Ungesättigte Säure $C_{16}H_{10}O_4J_6$. Aus Thyroxin mit CH_3J und KOH in Methylalkohol. Reaktionsprodukt wird mit alkoholisch-wässeriger KOH gekocht, bis kein Trimethylamin abgespalten wird. Nadeln aus Eisessig, darin wenig löslich, spaltet bei 286°J ab, unscharf oberhalb 290°[2].

Aldehyd $C_{14}H_8O_3J_4$. Aus dem K-Salz der ungesättigten Säure durch Oxydation mit $KMnO_4$ in Wasser. Nadeln aus Eisessig. Schmelzp. 198°[2].

3,5-Dijod-4-[3',5'-dijod-4'-oxyphenoxy]-phenyläthylamin, Thyroxamin $C_{14}H_{11}O_2NJ_4$. Thyroxin wird in H-Atmosphäre mit Diphenylamin auf 190—240° erhitzt. Besser ist es, da bei der direkten Decarboxylierung viel Zersetzungsprodukte entstehen, Dijodthyronamin in Methanol und konzentriertem NH_3 mit J-KJ-Lösung zu jodieren. Nadeln, Schmelzp. 207°. (Zers.)[3]. — E. Abderhalden und E. Wertheimer[4] untersuchten Thyroxamin auf seine Einwirkung auf die Metamorphose von Axolotln, wobei sich zeigte, daß das Amin in seiner Wirkung dem Thyroxin sehr nahe kam. Es war noch eine Dosis von 0,02 mg wirksam.

Chlorhydrat } sind in Wasser sehr wenig löslich, löslich in verdünntem Alkohol, krystallisieren
Sulfat } schlecht[3].

Chloracetat $C_{14}H_{11}O_2NJ_4 + C_2H_3O_2Cl$. Nadeln, Schmelzp. 152° unter Dunkelfärbung. Ziemlich leicht löslich in warmem Wasser, die Lösung ist infolge Dissoziation trüb[3].

3,5-Dijodthyronamin $C_{14}H_{13}O_2NJ_2$

$$HO \cdot \underset{J}{\overset{J}{\bigcirc}} \cdot O \cdot \bigcirc \cdot CH_2 \cdot CH_2 \cdot NH_2$$

Dijodthyronin wird in H-Atmosphäre mit Diphenylamin auf 190—240° erhitzt. Rhombenförmige Krystalle. Schmelzp. 243—245°. Ziemlich leicht löslich in Alkohol, sonst unlöslich[3].

Chlorhydrat $C_{14}H_{13}O_2NJ_2 \cdot HCl$. Tafeln. Wenig löslich in kaltem Wasser, leichter in verdünntem Alkohol[3].

Sulfat. Nadeln[3].

β,β-Bis-[3,5-dijod-4-oxyphenyl]-α-aminopropionsäure $C_{15}H_{11}O_4NJ_4$
$(HO \cdot C_6H_2J_2)_2 \cdot CH \cdot CH(NH_2) \cdot CO_2 \cdot H$

Bis-4-methoxyphenylmethylphthalimidomalonester (Prismen aus Alkohol, Schmelzp. 106°), der aus Bis-4-methoxyphenylchlormethan und Phthalimidomalonesterkalium in Xylol bei 145° dargestellt war, wurde nach Anfeuchten mit Alkohol durch Einwirkung von KOH (1:2) auf dem Wasserbade und Erhitzen des Reaktionsproduktes auf 180 bis 200° (13 mm) in das Anhydrid der α-o-Carboxybenzamido-β,β-bis-4-methoxyphenylpropionsäure (Prismen aus Eisessig, Schmelzp. 209—210°) übergeführt, das durch Kochen mit HJ und Acetanhydrid in die α-Amino-β,β-bis-4-oxyphenylpropionsäure (Nadeln aus Wasser, erweicht bei 190—200°, Schmelzp. 241° [Zers.]) übergeht. Durch Jodierung der Säure in NH_3 (D. 0,880) mit J—KJ-Lösung wird die β,β-Bis-3,5-dijod-4-oxyphenyl-α-propionsäure erhalten. Krystallinisches Pulver. Schmelzp. 218° (Zers.). Sehr wenig löslich in Wasser und Alkohol. — Die Verbindung zeigt nach Ch. R. Harington und W. McCartney[5] keine thyroxinartige Wirkung. — J. H. Gaddum[6] untersuchte die Einwirkung der Verbindung auf die Metamorphose von Kaulquappen. Sie war wirkungslos.

---

[1] Ch. R. Harington: Biochemic. J. **20**, 300—313 — Chem. Zbl. **1926 II**, 245.

[2] Ch. R. Harington u. G. Barger: Biochemic. J. **21**, 169—181 — Chem. Zbl. **1927 II**, 2666.

[3] J. N. Ashley u. Ch. R. Harington: Biochem. J. **22**, 1436—1445 (1928) — Chem. Zbl. **1929 I**, 1217.

[4] E. Abderhalden u. E. Wertheimer: Z. exper. Med. **63**, 557—577 (1928).

[5] Ch. R. Harington u. W. McCartney: J. chem. Soc. Lond. **1929**, 892—897 — Chem. Zbl. **1929 II**, 571.

[6] J. H. Gaddum: J. of Physiol. **64**, 246—254 (1927) — Chem. Zbl. **1928 I**, 1676.

α-Amino-β-bis-4-oxyphenylpropionsäure $C_{15}H_{15}O_4N$

$$(HO \cdot C_6H_4)_2 \cdot CH \cdot CH(NH)_2 \cdot COOH$$

Nadeln aus Wasser, erweicht bei 190—200°, Schmelzp. 241° (Zers.). Ziemlich leicht löslich in Wasser, wenig löslich in Alkohol. Enthält lufttrocken stets etwas Wasser[1].

α-Amino-β, β-diphenylpropionsäure (β, β-Diphenylalanin) $C_{15}H_{15}O_2N$. Diphenylmethylphthalimidomalonester (Prismen aus Alkohol, Schmelzp. 117°), aus Diphenylbrommethan und Phthalimidomalonesterkalium dargestellt, wird durch Einwirkung von KOH und Erhitzen auf 180—200° im Vakuum in das Anhydrid der α-o-Carboxybenzamido-β,β-diphenylpropionsäure (Prismen aus Essigsäure, Schmelzp. 214—215°), dieses durch Kochen mit HJ und Acetanhydrid in das β,β-Diphenylalanin übergeführt. Prismen aus verdünntem NH_3 durch Essigsäure. Schmelzp. 236° (Zers.). Wenig löslich in Wasser und Alkohol[1].

β, β'-Bis-3, 5-dijod-4-oxyphenyläthylamin $C_{14}H_{11}O_2NJ_4$. Durch Jodierung von β, β-Bis-4-oxyphenyläthylamin (Nadeln aus Wasser, Schmelzp. 207—208°), das aus der entsprechenden Aminosäure auf 290—310° unter 2 mm erhitzt war. Nadeln aus wässerigem NH_3, Schmelzpunkt 232—233° unter J-Abgabe. Unlöslich in Wasser, Alkohol, leicht löslich in verdünnter NaOH, wässeriger, alkoholischer HCl und H_2SO_4. — Die Verbindung zeigt keine thyroxinartige Wirkung. Der Blutdruckeffekt des Amins ist minimal[1].

β, β-Bis-4-oxyphenyläthylamin $C_{14}H_{15}O_2N$. Nadeln aus Wasser, Schmelzp. 207—208°. Leicht löslich in Alkohol, fast unlöslich in anderen organischen Mitteln. Siehe auch unter β, β'-Bis-3, 5-dijod-4-oxyphenyläthylamin[1].

Chlorhydrat. Schmelzp. 275°, sehr leicht löslich in Wasser[1].

Tribenzoylderivat $C_{35}H_{27}O_5N$. Nadeln aus Alkohol. Schmelzp. 200°[1].

β, β-Diphenyläthylamin. Durch Erhitzen von β, β-Diphenylalanin mit Diphenylamin auf 200—250°. Schmelzp. 39—40°. Kochp$_{15}$ 180°[1].

Chlorhydrat. Schmelzp. 259°[1].

Pikrat. Schmelzp. 216—217°[1].

3, 4-Dioxyphenylalanin.

3, 4-Dioxyphenyl-α-aminopropionsäure.

Vorkommen: H. Schmalfuß und H. P. Müller[2] und H. Schmalfuß[3] gelang es, aus den Flügeldecken des Maikäfers l-Dioxyphenylalanin zu isolieren.

H. Przibram und H. Schmalfuß[4] isolierten aus den Kokons des Nachtpfauenauges (Samia cecropia L. [Saturnidae]) 3, 4-Dioxyphenylalanin.

Bildung: Nach H. St. Raper[5] wird bei der Einwirkung von Tyrosinase (aus Mehlwürmern, Tenebrio molitor) auf l-Tyrosin l-3, 4-Dioxyphenylalanin gebildet. Die aus Wasser in Prismen oder Nadeln krystallisierende reine Substanz hatte Schmelzp. 279° (Zersetzung). Die Ausbeute übersteigt nicht 3% des oxydierten Tyrosins.

Darstellung des l-Dioxyphenylalanins: E. Waser und M. Lewandowski[6] und E. Waser[7] synthetisierten l-3, 4-Dioxyphenylalanin (das erhaltene Dioxyphenylalanin erwies sich in allen untersuchten Eigenschaften [Tyrosinase-, Millonsche, Chinon- und $FeCl_3$-Reaktion] mit dem aus Vicia faba hergestellten Präparat identisch) auf folgendem Wege: In Wasser suspendiertes Tyrosin wird mit konzentrierter HNO_3 (Temperatur nicht über 25°) nitriert, das erhaltene Nitrotyrosinnitrat wird in heißem Wasser gelöst und zur Abscheidung der freien Base mit NH_3 neutralisiert. Dann wird das l-3-Nitrotyrosin mit Sn und HCl reduziert, vom unverbrauchten Sn abfiltriert, die überschüssige HCl durch Eindampfen im Vakuum entfernt und das noch in Lösung befindliche Sn durch H_2S entfernt. Das Aminotyrosin wird mit 2 n-KOH in Freiheit gesetzt und aus heißem Wasser umkrystallisiert. Ausbeute 68%. Das Aminotyrosin wird diazotiert und die Diazolösung in stark siedende $CuSO_4$-Lösung eingetragen, rasch ab-

---

[1] Ch. R. Harington u. W. McCartney: J. chem. Soc. Lond. **1929**, 892—897 — Chem. Zbl. **1929 II**, 571.
[2] H. Schmalfuß u. H. P. Müller: Biochem. Z. **183**, 362—368 — Chem. Zbl. **1927 II**, 101.
[3] H. Schmalfuß: Naturwiss. **15**, 453—457 — Chem. Zbl. **1927 II**, 713.
[4] H. Przibram u. H. Schmalfuß: Biochem. Z. **187**, 467—469 — Chem. Zbl. **1927 II**, 1969.
[5] H. St. Raper: Biochemic. J. **20**, 735—742 (1926) — Chem. Zbl. **1928 I**, 1881.
[6] E. Waser u. M. Lewandowski: Helvet. chim. Acta **4**, 657—666 (1921) — Chem. Zbl. **1922 I**, 857.
[7] E. Waser: Schwz.P. 96566 v. 16. Juni 1921, ausg. 16. Okt. 1922 — Chem. Zbl. **1923 IV**, 663.

gekühlt, vom ausgeschiedenen $CuSO_4$ abfiltriert, das Filtrat vom in Lösung gegangenen Cu durch H_2S befreit, die H_2SO_4 entfernt. Die Filtrate und Waschwasser werden im Vakuum unter Durchleiten von H_2 oder CO_2 zur Trockene gebracht. Ausbeute 85%. Die Aminosäure wird mit Tierkohle aus heißem Wasser umkrystallisiert (1:40). Schön ausgebildete Prismen oder Nädelchen. Schmelzp. 284,5° (Zersetzung).

Darstellung des d, l-Dioxyphenylalanins: Für die Darstellung des Äthylbenzoylamino-3-methoxy-4-oxycinnamates als Zwischenprodukt für die Synthese von 3, 4-Dioxyphenylalanin wird nach Ch. R. Harington[1] und Ch. R. Harington und W. McCartney[2] folgende Modifikation vorgeschlagen: Das durch Kondensation aus Vanillin und Hippursäure erhaltene Azlacton wird in der 10fachen Menge Alkohol mit 10proz. H_2SO_4 20 Minuten gekocht, $^3/_4$ des Alkohols unterhalb 40° verdampft, die Lösung mit Bicarbonat alkalisiert, das sich abscheidende Öl sowie die wässerige Lösung mit Essigester aufgenommen, der Rückstand in warmem Alkohol gelöst und vorsichtig mit Wasser gefällt. Aus 60—65proz. Alkohol Krystalle vom Schmelzp. 129°. Ausbeute 55—60%. Durch Reduktion mit rotem P und HJ im H_2-Strom wird das 3, 4-Dioxyphenylalanin erhalten. Aus SO_2-haltigem Wasser Krystalle. Schmelzp. 269°. Ausbeute 50%.

Bestimmung: F. Lieben[3] bestimmt Dioxyphenylalanin folgendermaßen: 1—4 ccm einer 0,1proz. Lösung werden auf 4 ccm verdünnt, mit 10proz. Na_2CO_3 oder 10proz. Na-Acetatlösung auf 15 ccm aufgefüllt, dann tropfenweise so lange mit $FeCl_3$-Lösung versetzt, bis die Farbe nicht mehr vertieft wird, dann auf 20 ccm aufgefüllt und nach wenig Minuten mit Standardlösungen verglichen. Die Lösungen sind mit Na_2CO_3 violettstichig-rot, mit Acetat blauviolett und bleiben mindestens 2 Stunden unverändert.

Die Überführung des Dioxyphenylalanins in Melanin benutzen H. Schmalfuß und H. Lindemann[4] zu einer quantitativen Bestimmung der Aminosäure. Weiterhin beschreiben die Verfasser eine Methode, mit der es möglich ist, 3, 4-Dioxyphenylalanin und Tyrosin nebeneinander in Lösungen der Konzentrationen $^m/_{2000}$—$^m/_{30000}$ zu bestimmen.

Über die Einwirkung von Dioxyphenylalanin auf die Tyrosinbestimmungen von Folin-Denis und Hoffman-Millon berichtet P. Thomas[5].

Über eine Trennungsmethode der α-Monoaminosäuren durch Sublimation in sublimierbare und nur teilweise oder gar nicht sublimierende Verbindungen und über ihre mikrochemische Charakterisierung durch Bestimmung von Löslichkeit, Krystallisationsfähigkeit, Fällungsvermögen von Phosphorwolframsäure und Darstellung der Cu-Salze berichtet O. Werner[6]. Dioxyphenylalanin gehört zur Gruppe der auch bei Totalkühlung gar nicht oder nur wenig unter Zersetzung sublimierenden Verbindungen.

Biochemische Eigenschaften: D. J. Harries[7] berichtet über die Möglichkeit des Dioxyphenylalanins als Vorstufe des Adrenalins.

Dioxyphenylalanin hat nach R. Arnold und P. Gley[8] keinen Einfluß auf die Adrenalinbildung in der Nebenniere.

Nach M. Chikano[9] hat Dioxyphenylalanin einen fördernden Einfluß auf Adrenalinhyperglykämie.

Nach K. Maeda[10] kann Placenta Dioxyphenylalanin oxydieren.

Die Phenolasen des Blutes greifen nach K. Hizume[11] sowohl Dioxyphenylalanin wie Brenzkatechin an.

Über das Vorkommen einer im Eiweiß des Hühnereies vorhandenen Oxydase, die aus Dioxyphenylalanin einen braunen Farbstoff zu bilden vermag, berichtet T. Koga[12].

Bei der Anordnung eines Gazetupfers, mit Dioxyphenylalaninlösung getränkt, auf einer nicht zu tief excoriierten Hautstelle tritt nach einiger Zeit charakteristische Färbung des Tupfers

---

[1] Ch. R. Harington: Biochemic. J. **22**, 407 — Chem. Zbl. **1928 II**, 41.

[2] Ch. R. Harington u. W. McCartney: Biochemic. J. **21**, 852—856 — Chem. Zbl. **1927 II**, 2667.

[3] F. Lieben: Biochem. Z. **184**, 453—473 — Chem. Zbl. **1927 II**, 1004.

[4] H. Schmalfuß u. H. Lindemann: Biochem. Z. **184**, 10—18 — Chem. Zbl. **1927 II**, 612.

[5] P. Thomas: Ann. Inst. Pasteur **36**, 253—272 — Chem. Zbl. **1922 II**, 1242.

[6] O. Werner: Mikrochemie **1**, 33—46 — Chem. Zbl. **1924 I**, 1981.

[7] D. J. Harries: Brit. med. J. **1923 I**, 1015—1016 — Chem. Zbl. **1923 III**, 1046.

[8] R. Arnold u. P. Gley: C. r. Soc. Biol. Paris **92**, 413—414 — Chem. Zbl. **1925 II**, 733.

[9] M. Chikano: Biochem. Z. **205**, 154—165 — Chem. Zbl. **1929 I**, 2199.

[10] K. Maeda: Biochem. Z. **143**, 347—364 (1923) — Chem. Zbl. **1924 I**, 785.

[11] K. Hizume: Biochem. Z. **147**, 216—220 — Chem. Zbl. **1924 II**, 849.

[12] T. Koga: Biochem. Z. **141**, 430—446 (1923) — Chem. Zbl. **1924 I**, 353.

und der Hautstelle ein. Tyrosin und Adrenalin besitzen nach Fr. v. Gröer, W. Stütz und J. Tomeszewski[1] diese spezifische Wirkung des Dioxyphenylalanins nicht. Die Intensität der Reaktion unterliegt beträchtlichen individuellen Schwankungen. Nach den Verfassern findet da gesteigerte Bildung von Dioxyphenylalanin als Stoffwechsel- und Zerfallsprodukt statt, wo Steigerung des Stoffwechsels bzw. Zellschädigung und -zerfall eintritt. Ist dies an der Epidermis der Fall, so wird das im Überschuß entstehende Dioxyphenylalanin wenigstens zum Teil durch die oxydasehaltigen Zellen oxydiert und festgehalten.

Über Dioxyphenylalanin als mögliche Muttersubstanz für die Pigmentierung in den höheren Tierklassen berichtet B. Bloch[2].

Nach Hämatoporphyrininjektion bei weißen Mäusen tritt nach H. Smetana[3] weder im Sonnenlicht noch im Dunkeln oder im diffusen Tageslicht die Dopareaktion im mikroskopischen Schnitt auf.

Über die Dioxyphenylalaninreaktion der menschlichen Haut in vivo berichten E. Schulmann und K. Kitchevatz[4]. Nach Freilegung der Basalzellenschicht der Haut werden Umschläge mit einem Filtrierpapier, das mit dem Reagens getränkt ist und Maßeinteilung besitzt, ausgeführt.

Über die Pigmentbildung des tierischen Organismus durch Dioxyphenylalanin oder durch Tyrosin berichten H. Przibram, J. Dunbowski und L. Brecher[5]. Außerdem zeigen die Verfasser, daß gleich konzentrierte Lösungen von Dioxyphenylalanin und Tyrosin durch wässerige Lösungen von Tyrosinase aus Schmetterlingspuppen oder Halimasch gleich rasch geschwärzt werden.

Nach H. Przibram[6] beruht auch die Pigmentierung der Puppenkokons von Blattwespen (Cimbex, Lophyrus) auf der Melaninbildung aus dem in den Kokonfäden enthaltenen Dioxyphenylalanin bei Zutritt von Wasser. Nach dem Verfasser ist die Melaninbildung aus Tyrosin über Dioxyphenylalanin unwahrscheinlich.

Das Chromogen des Kokons von Eriogaster, Saturnia enthielt nach H. Przibram[7] im Gegensatz zu dem des Puppenblutes nur wenig Tyrosin, aber hauptsächlich 3, 4-Dioxyphenylalanin.

Aus seinen Versuchsergebnissen schließt H. St. Raper[8], daß Dioxyphenylalanin als erstes Produkt bei der Reaktion Tyrosinase-Tyrosin entsteht. Weiterhin zeigten Versuche, daß die Gegenwart von wenig Dioxyphenylalanin die Geschwindigkeit der Tyrosinoxydation steigert, was die Anschauung von Onslow über den Mechanismus der Tyrosinasewirkung unterstützt.

Bei der Einwirkung von Tyrosinase auf Dioxyphenylalanin und Aufarbeitung der erhaltenen roten Lösung durch Entfärbung im Vakuum oder mit SO_2, durch Einengen in CO_2-Atmosphäre und Methylierung des Rückstandes im H_2-Strome mit Dimethylsulfat wird nach H. St. Raper[9] 5, 6-Dimethyloxyindol erhalten wie bei der entsprechenden Reaktion von Tyrosinase auf Tyrosin.

H. Schmalfuß[10] untersuchte nach einer schon früher angegebenen Methode[11] den hemmenden oder beschleunigenden Einfluß einer großen Zahl organischer Verbindungen auf die Dioxyphenylalaninreaktion. Außerdem gelingt es ihm, mit diesen Reaktionen Phenylalanin von Tyrosin und Dioxyphenylalanin zu unterscheiden. Beim künstlichen Prüfstreifen durch Auftragen von KOH durch Hühnereiweiß oder AlO_3 auf Filtrierpapier ließ sich wohl mit Dioxyphenylalanin und mit Brenzkatechin, aber nicht mit Tyrosin eine der Bildung von Melanin ähnliche Reaktion herbeiführen.

---

[1] Fr. v. Gröer, W. Stütz u. J. Tomeszewski: Z. exper. Med. **33**, 147—160 (1923) — Chem. Zbl. **1923 III**, 872.

[2] B. Bloch: Arch. f. Dermat. **136**, 231—244 (1921) — Chem. Zbl. **1922 I**, 369 — Amer. J. med. Sci **177**, 609—616 — Chem. Zbl. **1929 II**, 1176.

[3] H. Smetana: J. of exper. Med. **47**, 593—610 — Chem. Zbl. **1928 II**, 168.

[4] E. Schulmann u. M. Kitchevatz: C. r. Soc. Biol. **94**, 318—319 — Chem. Zbl. **1926 II**, 82.

[5] H. Przibram, J. Dunbowski u. L. Brecher: Arch. Entw.mechan. **48**, 140—165 (1921) — Ber. Physiol. **9**, 35—37 — Chem. Zbl. **1922 I**, 55.

[6] H. Przibram: Arch. mikrosk. Anat. u. Entw.mechan. **102**, 624—634 (1924) — Ber. Physiol. **29**, 353 — Chem. Zbl. **1925 I**, 2092.

[7] H. Przibram: Biochem. Z. **127**, 286—292 (1922) — Chem. Zbl. **1922 I**, 880.

[8] H. St. Raper: Biochemic. J. **20**, 735—742 (1926) — Chem. Zbl. **1928 I**, 1881.

[9] H. St. Raper: Biochemic. J. **21**, 89—96 (1927) — Chem. Zbl. **1928 I**, 1881.

[10] H. Schmalfuß: Fermentforschg **8**, 1—41 — Chem. Zbl. **1924 II**, 2342.

[11] H. Schmalfuß: Chem. Zbl. **1923 IV**, 699.

Die Bildung von Melanin aus Dioxyphenylalanin erfolgt nach H. Schmalfuß und H. Werner[1] und H. Schmalfuß[2] nur in Gegenwart von Wasser; Säuren hemmen bei einer [H$^+$], die größer als 5,10 ist, die Reaktion durch Schädigung der Oxydase, Alkali macht das Ferment nicht wieder wirksam, Basen schädigen das Ferment wenig, Licht beeinflußt die Reaktion nicht, die optimale Temperatur liegt bei etwa 40°. Bei Erhitzen über 74° werden die Oxydase und Katalase inaktiviert, während ein zweiter melaninbildender, hitzebeständiger Körper noch wirksam ist, und dessen Wirkung bei 50—60° beginnend bis zur Temperatur von 100° stetig ansteigt. Weitere Versuche der Verfasser[3] zeigten, daß die Hauptmenge des gebildeten Pigments in verhältnismäßig kurzer Zeit entsteht, um so langsamer und weniger, je geringer die Konzentrationen von Ferment und Dioxyphenylalanin sind. Eine $1/_{14400}$ mol.-Lösung färbt die Spitze des Prüfsteines (mit Hämolymphe von Arctia caja L.) noch deutlich.

H. Schmalfuß und H. Werner[4] dehnten das Studium der fermentativen Melaninbildung aus Dioxyphenylalanin auch auf andere Insekten und den Menschen aus. Die Tiere ließen sich in 2 Gruppen einteilen, von denen die der ersten eine hitzebeständige und eine durch Hitze zerstörbare Komponente zur Melaninbildung hatte, während die zweite Gruppe nur den hitzebeständigen Anteil besaß.

Aus Untersuchungen über die Pigmentbildung aus Dioxyphenylalanin durch Hämolymphe einer Kohlweißlingsraupe ergab sich nach H. Schmalfuß[5], daß die Konzentration des Fermentes aber nicht die absolute Menge für die Wirkung ausschlaggebend ist.

Über Dioxyphenylalanin und Tyrosin als Melaninvorstufen und über die Bedeutung dieser Vorstufen als ausschlaggebende Faktoren für die natürliche Entstehung der melanistischen Cym. or ab. albigensis berichtet K. Hasebroek[6]. In weiteren Untersuchungen über den Melanismus der Schmetterlinge wurde auch die Bildung von Melanin aus aromatischen Oxyverbindungen durch eine Dopaoxydase bearbeitet. Es zeigte sich, daß auch nicht annähernd die Schwarzfärbung wie mit Dioxyphenylalanin oder Tyrosin erreicht wurde.

Den Pigmentierungsverlauf des sich entwickelnden Flügels vom Eulenspinner in wässerigen Tyrosin- und Dioxyphenylalaninlösungen oder durch subchitinöse Injektion von Dioxyphenylalaninlösung studiert K. Hasebroek[7]. Verfasser weist dadurch neben Tyrosinase auch Dopaoxydase nach. Dioxyphenylalanin ist also als Pigmentvorstufe anzusehen, das über das zuführende Tracheensystem sich verbreitend in den Schuppenelementen eine verstärkte Melaninfällung zu liefern vermag.

Nach L. Kaufmann[8] ist das Chromogen in der Haut des Russenkaninchens nicht aus Tyrosin, aber möglicherweise aus Dioxyphenylalanin entstanden.

Über die Bildung von 1, 2, 4-Dioxyphenylalanin aus Tyrosin durch eine Oxydase, die aus Tyrosinase abgespalten und mit Alkohol extrahiert wurde, berichtet M.W. Onslow[9].

Nach R. Chodat und F. Wyss[10] ist Dioxyphenylalanin wegen seiner Autoxydation zu Untersuchungen über Tyrosinase ungeeignet.

H. Schmalfuß, H. Barthmeyer und H. Brandes[11] berichten eingehend über die Melaninbildung durch Oxydation von Chromogenen, insbesondere von 1-3, 4-Dioxyphenylalanin bei Pflanzen vom „Sarothamnus-Typus" (Schoten des Besenginsters, Fruchtfleisch des Apfels) und vom „Viciatypus" (Schoten der Saubohne [V. Faba L.]).

Dioxyphenylalanin zeigt nach E. Abderhalden[12] in kleinen Gaben Beschleunigung, in größeren Hemmung auf die alkoholische Gärung.

---

[1] H. Schmalfuß u. H. Werner: Fermentforschg 8, 116—134 — Chem. Zbl. **1924 II**, 2343.
[2] H. Schmalfuß: Naturwiss. **15**, 453—457 — Chem. Zbl. **1927 II**, 713.
[3] H. Schmalfuß u. H. Werner: Fermentforschg 8, 423—427 (1925) — Chem. Zbl. **1926 I**, 127.
[4] H. Schmalfuß u. H. Werner: Fermentforschg 8, 86—115 — Chem. Zbl. **1924 II**, 2343.
[5] H. Schmalfuß: Biochem. Z. **178**, 224—227 (1926) — Chem. Zbl. **1927 I**, 458.
[6] K. Hasebroek: Fermentforschg **5**, 297—333 (1922) — Chem. Zbl. **1922 I**, 1302.
[7] K. Hasebroek: Fermentforschg **5**, 1—40 — Chem. Zbl. **1921 III**, 1170 — Fermentforschg **7**, 139—142 (1923) — Chem. Zbl. **1924 I**, 1226.
[8] L. Kaufmann: Biol. generalis (Wien.) **1**, 7—21 — Ber. Physiol. **33**, 59 (1925) — Chem. Zbl. **1926 I**, 3343.
[9] M. W. Onslow: Biochemic. J. **17**, 216—219 — Chem. Zbl. **1923 III**, 862.
[10] R. Chodat u. F. Wyss: C. r. Soc. Phys. et d'Hist. nat. Genève **39**, 22—26 (1922) — Ber. Physiol. **18**, 139—140 — Chem. Zbl. **1923 III**, 503.
[11] H. Schmalfuß, H. Barthmeyer u. H. Brandes: Z. ind. Abstammungs-Vererbungslehre **47**, 261—269 (1928) — Chem. Zbl. **1929 II**, 2211.
[12] E. Abderhalden: Fermentforschg **6**, 149—161 — Chem. Zbl. **1922 III**, 887.

Biochemische Eigenschaften des d, l-Dioxyphenylalanins: Nach Untersuchungen von K. Hirai und K. Gondo[1] wird nur durch d, l-3, 4-Dioxyphenylalanin und nicht durch d, l-2, 4- und d, l-2, 5-Dioxyphenylalanin bei Kaninchen nach Injektion in die Bauchwand der Blutzucker erhöht. Die Blutzuckersteigerung geht etwa proportional der angewandten Aminosäuremenge. Das Maximum der Hyperglykämie lag etwa 3 Stunden nach der Injektion. Die Körpertemperatur war bei allen drei Verbindungen schwach erniedrigt. Der Harn war nicht zuckerhaltig, zeigte aber die Diazoreaktion.

Physikalische Eigenschaften: Die spezifische Drehung eines von E. Waser und M. Lewandowski[2] dargestellten 1-3, 4-Dioxyphenylalanins betrug $[\alpha]_D^{15} = -12{,}74°$.

E. Abderhalden und E. Roßner[3] bestimmten von 3, 4-Dioxyphenylalanin die Absorptionskurve im Ultraviolett und verglichen sie mit der des Phenylalanins.

Chemische Eigenschaften: In feuchtem Zustande ist nach E. Waser und M. Lewandowski[2] das Dioxyphenylalanin sehr empfindlich gegen den Sauerstoff der Luft, nicht dagegen in trockener Form.

Dioxyphenylalanin ist nach H. Schmalfuß und H. Werner[4] in organischen Lösungsmitteln weniger löslich, Glycerin und Methyl-n-nonylketon lösen es in der Hitze.

G. Denigès[5] beschreibt einige Reaktionen des Dioxyphenylalanins, die es mit Alkapton gemeinsam hat: Braunfärbung der Lösung in verdünnter NaOH beim Schütteln mit Luft, Rotbraunfärbung beim Schütteln mit PbO_2, Reduktion von ammoniakalischer $AgNO_3$-Lösung. Eine tiefbraune Farbe entsteht, wenn eine wässerige Suspension mit 1 Tropfen NH_4OH und 10 Tropfen 8—10proz. H_2O_2 gekocht und 1 Tropfen 3—4proz. $CuSO_4$-Lösung zugegeben und wieder gekocht wird. Eine tiefviolette Färbung entsteht, wenn 2 Tropfen einer Lösung. mit 1 Tropfen H_2SO_4 zu 2 ccm H_2SO_4 und 1 Tropfen Formalin zugesetzt und durchgeschüttelt werden. Bei Verwendung von Paraldehyd statt Formalin tritt rotbraune Färbung ein. Dieselben Reaktionen gibt auch Alkapton. Zur Unterscheidung beider Verbindungen läßt man beide aus ammoniakalischer Lösung auskrystallisieren und bestimmt die Verbindungen mittels ihrer charakteristischen Formen.

Über die Oxydation von Dioxyphenylalanin durch Fe^{III} berichten H. Wieland und W. Franke[6].

Nach E. Schmidt und K. Braunsdorf[7] reagiert Dioxyphenylalanin mit ClO_2.

F. Lieben[8] studierte die photooxydative Zerstörung von Dioxyphenylalanin je nach Art, Intensität und Dauer der Belichtung, des Einflusses von Sensibilisatoren und von Zusätzen mit Hilfe colorimetrischer Methoden. Dioxyphenylalanin wurde in neutraler Lösung nicht oxydiert, während es in alkalischer Lösung wegen der starken Melaninbildung nicht geprüft werden konnte.

Br. Bloch und L. Schaaf[9] untersuchten die Darstellung von Dopamelanin aus Dioxyphenylalanin. Es wird durch Einleiten von Luft in eine kaltgesättigte Lösung von Dioxyphenylalanin in $^1/_{10}$n-$NaHCO_3$ oder n-NaOH dargestellt. Das Melanin wird durch Eindampfen oder durch Ausfällen mit Salz oder Säure, Kaolin, Tierkohle oder Phosphat gewonnen. Weiterhin wird über die Bedeutung des Amino-N in den verschiedenen künstlichen oder natürlichen Melaninen (Dopamelanin, Tyrosinmelanin usw.) berichtet.

Über das Verhalten von 1-3, 4-Dioxyphenylalanin bei der Oxydation mit l-Ammoniumchlorodiäthylendiamincobaltibromid berichten Y. Shibata und R. Tsuchida[10]. Siehe auch unter d, l-3, 4-Dioxyphenylalanin, chemische Eigenschaften, S. 690.

Dioxyphenylalanin gibt nach E. Waser und E. Brauchli[11] beim Erhitzen in sodaalkalischer Lösung mit einer kleinen Menge p-Nitrobenzoylchlorid eine dunkelweinrote bis

---

[1] K. Hirai u. K. Gondo: Biochem. Z. **189**, 92—100 (1927) — Chem. Zbl. **1928 I**, 713.

[2] E. Waser u. M. Lewandowski: Helvet. chim. Acta **4**, 257—266 (1921) — Chem. Zbl. **1922 I**, 857.

[3] E. Abderhalden u. E. Roßner: Hoppe-Seylers Z. **176**, 249—257 (1928) — Chem. Zbl. **1929 I**, 19.

[4] H. Schmalfuß u. H. Werner: Fermentforschg **8**, 116—134 — Chem. Zbl. **1924 II**, 2343.

[5] G. Denigès: Bull Soc. pharm. Bordeaux **64**, 157—161 — Chem. Zbl. **1927 I**, 1580.

[6] H. Wieland u. W. Franke: Liebigs Ann. **457**, 1—70 — Chem. Zbl. **1927 II**, 1658.

[7] E. Schmidt u. K. Braunsdorf: Ber. dtsch. chem. Ges. **55**, 1529—1534 — Chem. Zbl. **1922 III**, 520.

[8] F. Lieben: Biochem. Z. **184**, 453—473 — Chem. Zbl. **1927 II**, 1004.

[9] Br. Bloch u. L. Schaaf: Biochem. Z. **162**, 181—206 (1925) — Chem. Zbl. **1926 I**, 696.

[10] Y. Shibata u. R. Tsuchida: Bull. chem. Soc. Japan **4**, 142—149 — Chem. Zbl. **1929 II**, 2043.

[11] E. Waser u. E. Brauchli: Helvet. chim. Acta **7**, 740—758 — Chem. Zbl. **1924 II**, 947.

violettblaue Färbung. Die Gegenwart von Na-Bisulfit, Na-Hyposulfit und Na-Sulfid verhindert die Reaktion, während Sulfat, Thiosulfat und kolloidaler Schwefel ohne Einfluß sind. Die o- und m-Verbindungen, Benzoylchlorid, p-Nitrophenol, p-Nitrobenzoesäure und p-Nitrobenzaldehyd zeigen die Reaktion nicht.

Über die Verwendung von l-β-(3, 4-Dioxyphenyl)-α-alanin zum Sauerstoffnachweis durch Bildung von Melanin mit Hilfe von mit Raupenblut getränktem Filtrierpapierstreifen berichtet H. Schmalfuß[1].

Dioxyphenylalanin wirkt nach H. Fischer und F. Lindner[2] auf die rote Farbe von Pyridin-Häminlösungen ein.

Chemische Eigenschaften des d-3, 4-Dioxyphenylalanins: Y. Shibata und R. Tsuchida[3] berichten über das Verhalten der d-Verbindung bei der Oxydation mit l-Ammoniumchlorodiäthylendiamincobaltibromid. Siehe auch unter d, l-3, 4-Dioxyphenylalanin, chemische Eigenschaften.

Chemische Eigenschaften des d, l-3, 4-Dioxyphenylalanins: Y. Shibata und R. Tsuchida[3] untersuchten die Einwirkung von l-Ammoniumchlorodiäthyldiamincobaltibromid auf d, l-3, 4-Dioxyphenylalanin. Aus den Ergebnissen schließen die Verfasser, daß das l-3, 4-Dioxyphenylalanin leichter oxydiert wird als die d-Komponente. Die l-Verbindung soll über eine chinonartige l-Verbindung, schließlich durch Zersetzung oder Polymerisation in eine inaktive Verbindung übergeführt werden, so daß zum Schluß die d-Drehung der d-Komponente erhalten wird.

Derivate des l-Dioxyphenylalanins: l-3, 4-Dioxyphenylalaninchlorhydrat. Durch Eindunsten seiner schwach salzsauren Lösung über H_2SO_4 im Vakuum. Schöne, farblose, prismatische Krystalle, meist rosettenförmig angeordnet, die sich beim langen Stehen an der Luft allmählich dunkel färben. Schmelzp. 209° (korr.)[4].

l-3, 4, 5-Trioxyphenylalanin. Das Sulfat von l-3, 5-Diaminotyrosin wird tetrazotiert, die Lösung in siedende $CuSO_4$-Lösung eingegossen, nach dem Erkalten H_2S eingeleitet, $BaCO_3$ zugesetzt, ein Teil des Ba mit H_2SO_4 entfernt, filtriert, im Vakuum eingedampft; Rückstand zersetzt sich beim raschen Erhitzen zwischen 225 und 230°, ist sehr hygroskopisch, leicht löslich in Wasser, etwas löslich in Alkohol. Alle Oxydationen müssen in H_2-Atmosphäre ausgeführt werden. Die wässerige Lösung färbt sich an der Luft rasch dunkel. Färbung mit $FeCl_3$ rotviolett, rasch braun, mit $FeCl_3$ + NaOH rot, + Na_2CO_3 dunkelrot, + Na-Acetat indigoblau, + Na_2HPO_4 rotviolett, mit Diazobenzolsulfosäure in Sodalösung braun, mit Millonschem Reagens gelblich, heiß braune Fällung, Lösung in konzentrierter HNO_3 bräunlichgelb, + NaOH dunkelbraun, Tyrosinasereaktion über rötlich, braun zu dunkelbraun[5].

Methylen-3, 4-dioxyphenylalanin gibt nach E. Waser und E. Brauchli[6] beim Erhitzen in sodaalkalischer Lösung mit einer kleinen Menge p-Nitrobenzoylchlorid eine dunkelweinrote bis violettblaue Färbung. Die Gegenwart von Na-Bisulfit, Na-Hyposulfit, Na-Sulfid verhindert die Reaktion, während Sulfat, Thiosulfat und kolloidaler S ohne Einfluß sind. Die o- und m-Verbindungen, Benzoylchlorid, p-Nitrobenzoesäure, p-Nitrophenol und p-Nitrobenzaldehyd zeigen die Reaktion nicht.

Derivate des d, l-Dioxyphenylalanins: N-Dimethylmethylendioxyphenylalanin. Brompiperonylmalonsäure wird durch Erhitzen auf 120—130° in die Brompiperonylessigsäure übergeführt, die mit 33proz. alkoholischem Dimethylamin im Rohr bei 100° die Dioxyphenylalaninverbindung ergibt. Die Brompiperonylmalonsäure wird folgendermaßen erhalten: Piperonylalkohol wird in Benzol + gasförmigem HBr in Piperonylbromid übergeführt, das mit Malonsäureester zu Piperonylmalonsäureester umgesetzt wird. Dieser ergibt nach Verseifung mit heißem Na-Alkoholat Piperonylmalonsäure, die durch Bromierung in die entsprechende Bromverbindung übergeführt wird[7].

---

[1] H. Schmalfuß: Ber. dtsch. chem. Ges. **56**, 1855—1856 — Chem. Zbl. **1923 IV**, 699.
[2] H. Fischer u. F. Lindner: Hoppe-Seylers Z. **153**, 54—66 — Chem. Zbl. **1926 II**, 224.
[3] Y. Shibata u. R. Tsuchida: Bull. chem. Soc. Japan **4**, 142—149 — Chem. Zbl. **1929 II**, 2043.
[4] E. Waser u. M. Lewandowski: Helvet. chim. Acta **4**, 257—266 (1921) — Chem. Zbl. **1922 I**, 857.
[5] E. Waser, A. Labouchère u. H. Sommer: Helvet. chim. Acta **8**, 773—779 (1925) — Chem. Zbl. **1926 I**, 1400.
[6] E. Waser u. E. Brauchli: Helvet. chim. Acta **7**, 740—758 — Chem. Zbl. **1924 II**, 947.
[7] P. Karrer, E. Horlacher, F. Locher u. M. Giesler: Helvet. chim. Acta **6**, 905—919 (1923) — Chem. Zbl. **1924 I**, 477.

N-Dimethylmethylendioxyphenylalaninäthylester. Viscoses, gelbes Öl[1].
N-Dimethylmethylendioxyphenylalaninol. Kochp.$_{14}$ 180°[1].
Chlorhydrat $C_{12}H_{18}O_3NCl$. Aus Alkohol + Äther weiße Blättchen, leicht löslich in Wasser, aus Methylalkohol + Äther. Schmelzp. 165°[1].
Jodmethylat des N-Dimethylmethylendioxyphenylalanincholins. Krystalle aus Alkohol und Wasser. Schmelzp. 184°[1].

2, 3, 4-Trioxyphenylalanin $C_9H_{11}O_5N$. Aus der Trimethoxyverbindung mittels HJ ($D. = 1,70$) aus Wasser, Schmelzp. 225° (Zersetzung). Arbeiten in CO_2-Atmosphäre. Wässerige Suspensionen in NH_4OH und verdünnter Säure löslich. Gegen Lackmus sauer reagierend, rotorange Färbung mit Diazobenzolsulfosäure, mit Millons-Reagenz schwachrote Färbung, mit $HgCl_2$ nach Zusatz von Na_2CO_3 rotbrauner Niederschlag. Reduktion von $AgNO_3$ in der Kälte, Blaufärbung mit 1proz. $FeCl_3$-Lösung, Violettfärbung durch Na_2CO_3-Zusatz; wässerige Lösung wird an der Luft gelb, bei Anwesenheit von Alkalien braun. Mit HCl getränkter Fichtenspan wird durch die Dämpfe rot. Gibt mit Dopaoxydase keine Reaktion[2]. Das Trioxyphenylalanin gibt nach E. Waser und E. Brauchli[3] beim Erhitzen in sodaalkalischer Lösung mit einer kleinen Menge p-Nitrobenzoylchlorid eine dunkelweinrote bis violettblaue Färbung. Die Gegenwart von Na-Bisulfit, Na-Hyposulfit und Na-Sulfid verhindert die Reaktion, während Sulfat, Thiosulfat und kolloidaler S ohne Einfluß sind. Die o- und m-Verbindungen, Benzoylchlorid, p-Nitrobenzoesäure, p-Nitrophenol und p-Nitrobenzaldehyd zeigen die Reaktion nicht.

2, 3, 4-Trimethoxyphenylalanin $C_{12}H_{17}O_5N$. Aus 1, 2, 3-Trimethoxy-4-benzylhydantoin + siedender $Ba(OH)_2$-Lösung, aus heißem Wasser, Schmelzp. 216°[2].

α-Ureido-β-2, 3,4-Trimethoxyphenylpropionsäure $C_{13}H_{18}O_6N_2$. Durch unvollständige Spaltung des 1, 2, 3-Trimethoxy-4-benzylhydantoins mit siedender $Ba(OH)_2$-Lösung. Löslich in 250 Teilen kalten Wassers. Schmelzp. 189° (Zersetzung)[2].

3, 4, 5-Trioxyphenylalanin $C_9H_{11}O_5N$. Aus der Trimethoxyverbindung durch Spaltung mit HJ ($D. = 1,70$). Das Trioxyphenylalanin gibt nach E. Waser und E. Brauchli[3] beim Erhitzen in sodaalkalischer Lösung mit einer kleinen Menge p-Nitrobenzoylchlorid eine dunkelweinrote bis violettblaue Färbung. Die Gegenwart von Na-Bisulfit, Na-Hyposulfit und Na-Sulfid verhindert die Reaktion, während Sulfat, Thiosulfat und kolloidaler S ohne Einfluß sind. Die o- und m-Verbindung, Benzoylchlorid, p-Nitrobenzoesäure, p-Nitrophenol und p-Nitrobenzaldehyd zeigen die Reaktion nicht. — Säulen, Schmelzp. 290° (Zersetzung). Schwerer löslich in Wasser als das 2, 3, 4-Trioxyphenylalanin. Fichtenspanreaktion negativ. Die Verbindung gibt keine Reaktion mit der Dopaoxydase[2].

3, 4, 5-Trimethoxyphenylalanin $C_{12}H_{17}O_5N$. Aus 1, 2, 3-Trimethoxy-5-benzylhydantoin, durch Aufspaltung mit $Ba(OH)_2$, Nadeln, Schmelzp. 210° (Zersetzung). Geht beim Erhitzen über den Schmelzpunkt und beim Versetzen der alkoholischen Lösung in der Schmelze mit Pikrinsäure in das Pikrat des 3, 4, 5-Trimethoxyphenyläthylamins über[2].

Phenylserin.
β-Phenyl-β-oxy-α-amino-propionsäure.

Darstellung des cis- und trans-Phenylserins: cis-β-Phenylserin wurde von M. O. Forster und K. A. N. Rao[4] auf folgenden Wegen dargestellt: 1. α-Triazo-β-oxy-phenylpropionsäure mit $(NH_4)_2S$ in verdünnter NH_4OH umsetzen, eindampfen, S abtrennen, mit Essigsäure ansäuern, eindampfen, NH_4-Acetat mit Alkohol entfernen oder 2. Zimtsäure-Chlorhydrin mit konzentrierter NH_4OH umsetzen, wobei das Reaktionsprodukt in gleicher Weise aufgearbeitet wird. Oder 3. durch Umsetzung des Chlorhydrins mit alkoholischer NaOH, das isolierte Na-Salz wird mit konzentrierter NH_4OH (2 Wochen) behandelt. Nadeln aus wenig Wasser + Alkohol. Schmelzp. 230—232° (Zersetzung), bei langsamer Abscheidung Hydrat, Schmelzp. 213°. Untersucht wurde die Einwirkung von Oxalsäure, $KHSO_4$, PCl_3, Glycerin und $ZnCl_2$, durch die letzteren Reagenzien wurde Benzaldehyd abgespalten.

---

[1] P. Karrer, E. Horlacher, F. Locher u. M. Giesler: Helvet. chim. Acta **6**, 905—919 (1923) — Chem. Zbl. **1924 I**, 477.
[2] F. Schaaf u. A. Labouchère: Helvet. chim. Acta **7**, 357—363 — Chem. Zbl. **1924 I**, 2599.
[3] E. Waser u. E. Brauchli: Helvet. chim. Acta **7**, 740—758 — Chem. Zbl. **1924 II**, 947.
[4] M. O. Forster u. K. A. N. Rao: J. chem. Soc. Lond. **1926**, 1943—1951 — Chem. Zbl. **1926 II**, 2790.

Zur Darstellung des trans-Phenylserins geben Verfasser folgende Methode an: Zu Glykokoll und Benzaldehyd in Wasser-Alkohollösung wird wässerige NaOH zugegeben, gekühlt, geschüttelt, nach 24 Stunden Niederschlag abfiltriert, NaOH mit Alkohol entfernt, mit heißem Wasser extrahiert, mit Essigsäure angesäuert, abgespaltener Aldehyd mit Äther entfernt, stark eingeengt. Aus wenig Wasser + Alkohol Blättchen. Schmelzp. 200—202° (Zersetzung). Wird durch Acetylierung und Benzoylierung in Acetyl- bzw. Benzoylaminozimtsäurelactimid übergeführt.

Nach neueren Versuchen von M. Oesterlin[1] ist die von Forster und Rao synthetisierte Verbindung aus α-Halogen-β-oxy-β-phenylpropionsäure und α-Triazo-β-oxyphenylpropionsäure kein cis-Phenylserin, wie die Verfasser glaubten, sondern Phenylisoserin. Entsprechend werden von M. Oesterlin die weiteren Phenylserinderivate von Forster und Rao als Phenylisoserinderivate angesehen. Siehe auch unter Isoserin, Derivate, S. 764.

Nachweis: E. Becher[2] vergleicht die Xanthoproteinreaktion des Phenylserins mit der des Tryptophans und Tyrosins, die im Vergleich zu den genannten Aminosäuren schwächer ist.

Chemische Eigenschaften: F. Bettzieche[3] untersuchte das Verhalten des Phenylserins gegen Säure und Alkali. Bei der Behandlung mit siedender 10proz. H_2SO_4 erhält der Verfasser fast die berechnete Menge NH_3, außerdem Phenylacetaldehyd und β-Phenylnaphthalin, ferner ließ sich Phenylbrenztraubensäure nachweisen. Wurde die Spaltung bei 160—170° vorgenommen, entstanden 65% β-Phenylnaphthalin. Bei der Spaltung mit 10proz. NaOH und gleichzeitiger Wasserdampfdestillation wurden im Destillat Benzaldehyd, im Rückstand Glykokoll annähernd in der berechneten Menge gefunden. Wurde unter Rückfluß gekocht, so bildete sich aus den beiden Spaltprodukten Benzyliden-1, 2-diphenyl-2-amino-äthanol-(1). Ferner waren etwas Oxalsäure und Spuren von Benzylamin nachzuweisen.

Über die Umwandlung des Phenylserins über das Azlacton, das durch Schütteln mit Acetanhydrid gewonnen war, durch alkalische Spaltung in Phenylbrenztraubensäure berichten M. Bergmann und D. Delis[4].

Phenylserin gibt nach H. D. Dakin und R. West[5] beim Erwärmen mit Pyridin und Essigsäureanhydrid unter Abspaltung geringer Mengen CO_2 Acetaminozimtsäure.

Über den Einfluß des Phenylserins auf die Tryptophan-Aldehydreaktion berichtet E. Komm[6].

Derivate: Cu-Salz des cis-β-Phenylserins, blau, wenig löslich[7]. — Ist nach M. Oesterlin[1] eine Phenylisoserinverbindung, siehe auch unter Isoserin, Derivate, S. 764.

Phenylserinäthylesterchlorhydrat. Kugelige Aggregate. Schmelzp. 133°[8]. Gibt mit C_6H_5MgBr 3-Oxy-3-phenyl-2-amino-1, 1-diphenylpropanol, mit Benzyl-MgBr 3-Oxy-3-phenyl-2-amino-1, 1-dibenzylpropanol-(1)[9].

Pikrat des cis-Phenylserinäthylesters $C_{17}H_{18}O_{10}N_4$. Aus dem Äthylesterchlorhydrat in heißem Wasser. Gelbe Nadeln aus verdünntem Alkohol. Schmelzp. 170°[7]. — Ist nach M. Oesterlin[1] eine Phenylisoserinverbindung.

N-Benzoylphenylserin $C_{16}H_{15}O_4N$. Aus Phenylserin mit Benzoylchlorid in alkalischer Lösung. Nadeln aus Wasser. Schmelzp. 158°. Dampfdestillation mit 8proz. NaOH ergibt Benzaldehyd und Benzoesäure, aber keine Hippursäure. Beim Kochen mit 10proz. $NaHCO_3$-Lösung wird kein NH_3 abgespalten[10].

N-Benzoyl-cis-β-Phenylserin $C_{16}H_{15}O_4N$. Aus verdünntem Alkohol. Schmelzpunkt 197°. Löslich in Soda[7]. — Ist nach M. Oesterlin[1] eine Phenylisoserinverbindung.

N-Toluolsulfophenylserin $C_{16}H_{17}O_5NS$. Durch Schütteln von Phenylserin in verdünnter NaOH mit ätherischer Toluolsulfochloridlösung. Aus Alkohol + Wasser. Schmelzp. 191—192°.

---

[1] M. Oesterlin: Metallbörse **19**, 1237—1238 — Chem. Zbl. **1929 II**, 1398.
[2] E. Becher: Dtsch. Arch. klin. Med. **148**, 159—182 (1925) — Chem. Zbl. **1926 I**, 742.
[3] F. Bettzieche: Hoppe-Seylers Z. **150**, 177—190 (1925) — Chem. Zbl. **1926 I**, 1986.
[4] M. Bergmann u. D. Delis: Liebigs Ann. **458**, 76—92 — Chem. Zbl. **1927 II**, 2761.
[5] H. D. Dakin u. R. West: J. of biol. Chem. **78**, 745—756 — Chem. Zbl. **1928 II**, 2115.
[6] E. Komm: Hoppe-Seylers Z. **156**, 35—60 — Chem. Zbl. **1926 II**, 1892.
[7] W. O. Forster u. K. A. N. Rao: J. chem. Soc. Lond. **1926**, 1943—1951 — Chem. Zbl. **1926 II**, 2790.
[8] E. Abderhalden u. S. Buadze: Fermentforschg **8**, 487—496 — Chem. Zbl. **1926 II**, 778.
[9] F. Bettzieche u. R. Menger: Hoppe-Seylers Z. **172**, 64—68 (1927) — Chem. Zbl. **1928 I**, 496.
[10] F. Bettzieche u. R. Menger: Hoppe-Seylers Z. **172**, 56—63 (1927) — Chem. Zbl. **1928 I**, 495.

Leicht löslich in Alkohol, Benzol, Eisessig, unlöslich in Wasser. Die Verbindung ist gegen siedende 15proz. HCl oder 20proz. H_2SO_4 beständig. Im Rohr bei 200° zersetzt sie sich wie Phenylserin, doch ist die Ausbeute an β-Phenylnaphthalin gering. Gegen siedende Lauge ist sie ebenfalls konstant, es tritt nur schwacher Geruch nach Benzaldehyd auf, unter Druck entstehen neben Schmieren nur geringe Mengen Benzylamin[1]. — Die Verbindung, mit 3proz. NaOH im Rohr bei 200° (5 Stunden) gespalten, bildet: NH_3, Benzylamin, 1, 2-Diphenyl-2-benzaminoäthanol-(1), Benzaldehyd, Benzylalkohol, Toluolsulfonsäure, Benzoesäure, Phenylbrenztraubensäure (Spuren), Toluolsulfoglykokoll, Glykokoll[2].

Phenylserinphenylisocyanat $C_{16}H_{16}O_4N$. Aus Phenylserin in n-NaOH bei 0° und Phenylisocyanat, Zusatz von HCl, Blättchen aus Alkohol, Schmelzp. 194—195° (korr.), gibt beim Kochen mit 5n-HCl Phenylhydantoin[3].

cis-Phenylserin-O-methyläther $C_{10}H_{13}O_3N$. Aus α-Triazo-β-methoxy-β-phenylpropionsäure mit $(NH_4)_2S$ in verdünntem NH_4OH. Weißes Pulver aus Wasser + Alkohol. Schmelzpunkt 227—232° (Zersetzung), bei langsamem Verdunsten rhombische Platten mit $2H_2O$, Schmelzp. 215—216°, verlieren im Exsiccator $1H_2O^4$. — Ist nach M. Oesterlin[5] eine Phenylisoserinverbindung. — Phenylserin-O-methyläther wird aus β-Phenyl-β-methoxy-α-brompropionsäure durch Umsetzung mit Ammoniak dargestellt. Die letztere Verbindung wird aus β-Phenyl-β-methoxy-α-bromquecksilberpropionsäure hergestellt, die aus Zimtsäure durch Umsetzung aus Quecksilberacetat und KBr gewonnen war. Aus 30proz. Alkohol längliche Platten. Schmelzp. 236° (Gasentwicklung), unlöslich in Alkohol, Äther, Chloroform und Essigester, weniger löslich in Wasser. Die Abspaltung der Methoxygruppe durch HJ oder HBr gelang nicht.[6]

Cu-Salz. Blauviolette Prismen aus Wasser[4]. — Ist nach M. Oesterlin[5] eine Phenylisoserinverbindung. Siehe auch unter Isoserin, Derivate, S. 764.

N-Benzoylverbindung $C_{17}H_{17}O_4N$. Nadeln aus Alkohol. Schmelzp. 208°. Löslich in Soda[4]. — Ist nach M. Oesterlin[5] eine Phenylisoserinverbindung.

Phenylisocyanatverbindung $C_{17}H_{18}O_4N_2$. Aus Wasser, Platten. Schmelzp. 161° unter Gasentwicklung, leicht löslich in Alkohol und Essigester[6].

β-Naphthalinsulfoverbindung $C_{20}H_{19}O_5NS$. Aus heißem Wasser, Prismen. Schmelzpunkt 157°. Leicht löslich in Alkohol, Äther und Essigester, wenig löslich in Wasser[6].

Pikrat des cis-Phenylserinmethylätheräthylesters $C_{18}H_{20}O_{10}N_4$, Schmelzp. 155°[4]. — Ist nach M. Oesterlin[5] eine Phenylisoserinverbindung.

cis-Phenylserinamid $C_9H_{12}O_2N_2$. Aus Esterchlorhydrat + konzentrierter NH_4OH. — Ist nach M. Oesterlin[5] eine Phenylisoserinverbindung. — Prismen aus Wasser. Schmelzp. 199 bis 200°. Löslich in Alkohol, stabil gegen kalte Lauge[4].

III. Heterocyclische Aminosäuren.

Tryptophan.

β-Indol-α-amino-propionsäure.

Vorkommen: Von H. Steudel und E. Takahashi[7] wurde in einem sirupösen Extrakt aus Heringseiern Tryptophan nachgewiesen. Ebenso konnte von H. Steudel und K. Suzuki[8] Tryptophan in dem von den Spermien getrennten Filtrat frischer Heringstestikel nachgewiesen werden.

Der nach Alkohol- und Ätherextraktion verbleibende Ovarialrückstand enthält nach F. W. Heyl und M. C. Hart[9] im wässerigen Extrakt kein Tryptophan.

---

[1] F. Bettzieche: Hoppe-Seylers Z. **150**, 177—190 (1925) — Chem. Zbl. **1926 I**, 1986.
[2] F. Bettzieche u. R. Menger: Hoppe-Seylers Z. **172**, 56—63 (1927) — Chem. Zbl. **1928 I**, 495.
[3] M. Bergmann u. D. Delis: Liebigs Ann. **458**, 76—92 — Chem. Zbl. **1927 II**, 2761.
[4] M. O. Forster u. K. A. N. Rao: J. chem. Soc. Lond. **1926**, 1943—1951 — Chem. Zbl. **1926 II**, 2790.
[5] M. Oesterlin: Metallbörse **19**, 1237—1238 — Chem. Zbl. **1929 II**, 1398.
[6] W. Schrauth u. H. Geller: Ber. dtsch. chem. Ges. **55**, 2783—2796 (1922) — Chem. Zbl. **1923 I**, 305.
[7] H. Steudel u. E. Takahashi: Hoppe-Seylers Z. **131**, 99—106 (1923) — Chem. Zbl. **1924 I**, 565.
[8] H. Steudel u. K. Suzuki: Hoppe-Seylers Z. **127**, 1—13 — Chem. Zbl. **1923 III**, 259.
[9] F. W. Heyl u. M. C. Hart: J. of biol. Chem. **75**, 407—415 (1927) — Chem. Zbl. **1928 I**, 2511.

Der Tryptophangehalt — bestimmt nach Fürth und Nobel — beträgt nach C. Boccadoro[1] bei Frauenmilch zu Beginn der Lactation etwa 11% des Gesamteiweißes, sinkt im Laufe der folgenden Monate bis auf 7,3—4,8% ab. Kuhmilch enthält 9,3—14,1, Ziegenmilch 8,6—9,4 und Stutenmilch 9,3—10,1% Tryptophan vom Gesamteiweiß.

Nach G. Viale[2] enthalten 100 ccm Kuhmilch durchschnittlich 8,4 mg Amino-N, die als Tryptophan und Cystin anzusprechen sind.

Der Tryptophangehalt des Milchserums schwankt nach den Angaben von W. Grimmer, C. Kurtenacker und R. Berg[3] je nach dessen N-Gehalt zwischen 0,012—0,021%. Nicht hitzekoagulable und koagulable Eiweißkörper haben anscheinend denselben Tryptophangehalt, im Mittel 3,1%. Das Filtrat des Gerbsäure- oder Phosphorwolframsäureniederschlages ist tryptophanfrei.

Y. Hijikata[4] weist in den Linsen von Rinderaugen Spuren von Tryptophan nach.

Der mit Alkohol und Äther aus Garnelenmuskulatur (Peneus setiferus) erhaltene Extrakt hatte nach D. B. Jones, O. Moeller und C. E. F. Gersdorff[5] 1,21% Tryptophan — auf wasser- und aschefreie Muskulatur berechnet.

J. L. Demjanowski[6] weist in der Milz von Rind und Pferd Tryptophan nach (etwa 0,0056% der frischen Pulpa beim Pferde).

Über den wahrscheinlichen Gehalt von Tryptophanderivaten im hellen Harn und im Blut schwer insuffizienter Schrumpfnierenkranker, in den Exsudaten und Gewebsextrakten berichtet E. Becher[7].

Eine aus dem Harn eines Diabetes insipidus-Kranken gewonnene Substanz enthielt nach A. B. Illievitz[8] kein Tryptophan.

Nach den Angaben von A. Fischer und H. Weiß[9] ist der Tryptophangehalt bei den meisten Krankheiten gleich dem normalen, bei Krebskrankheiten erniedrigt und bei Lueskranken erhöht.

Nach H. Popper und J. Warkany[10] enthalten Tuberkelbacillen etwa 1,1% Tryptophan und 1,4% Tyrosin. Das Vorkommen der beiden Aminosäuren ist unabhängig von der Zusammensetzung des Nährbodens.

Über den Tryptophangehalt gereinigter Uricaselösungen berichten St. J. Przylecki und E. Truszkowski[11].

F. Kretz[12] bestimmte den Tryptophangehalt im Gewebe höherer Pflanzen. Die embryonalen Gewebe von Triticum, Phaseolus, Gerste, Roggen und Mais sind reich an Tryptophan, besonders in den Wurzelspitzen, am Vegetationspunkte und oberhalb desselben. Rindenparenchym hat sehr wenig Tryptophan, eine starke Anreicherung findet sich am Vegetationspunkt des embryonalen Sprosses, bei Bohnenkeimlingen auch an den Spitzen der Primordialblätter. Dauergewebe gibt keine oder nur eine sehr schwache Tryptophanreaktion. Abweichendes Verhalten zeigen Idioblasten (Myrosinzellen von Cruziferen usw.), Pallisadenparenchym von Laubblättern und Speicherparenchym, die reichlich Tryptophan enthalten. In Gramineensamen ist in der Kleberschicht und in den angrenzenden Stärkeschichten reichlich Tryptophan vorhanden. Das Innere der Kartoffelknolle zeigt einen gleichmäßigen Tryptophangehalt. Im Haupt- und Stranggewebe, mit Ausnahme des Siebteils, findet sich kein Tryptophan. Hinsichtlich der Lokalisation des Tryptophans in der Zelle höherer Pflanzen stellt Verfasser

---

[1] C. Boccadoro: Pediatria **30**, 257—278 — Ber. Physiol. **13**, 266 — Chem. Zbl. **1922 III**, 585.

[2] G. Viale: Biochimica e Ter. sper. **8**, 321—324 (1921) — Ber. Physiol. **12**, 371 — Chem. Zbl. **1922 III**, 304.

[3] W. Grimmer, C. Kurtenacker u. R. Berg: Biochem. Z. **137**, 465—483 — Chem. Zbl. **1923 III**, 1103.

[4] Y. Hijikata: J. of biol. Chem. **51**, 155—164 (1922) — Chem. Zbl. **1922 I**, 1415.

[5] D. B. Jones, O. Moeller u. C. E. F. Gersdorff: J. of biol. Chem. **65**, 59—65 (1925) — Chem. Zbl. **1926 I**, 706.

[6] J. L. Demjanowski: Russk. fiziol. Ž. **5**, H. 1—3 (1922) — Ber. Physiol. **17**, 440 — Chem. Zbl. **1923 III**, 568.

[7] E. Becher: Dtsch. Arch. klin. Med. **148**, 46—57 — Chem. Zbl. **1925 II**, 1998.

[8] A. B. Illievitz: J. of biol. Chem. **71**, 693—694 — Chem. Zbl. **1927 I**, 2441.

[9] A. Fischer u. H. Weiß: Z. exper. Med. **48**, 111—118 (1925) — Chem. Zbl. **1926 I**, 3075.

[10] H. Popper u. J. Warkany: Z. Tbk. **43**, 368—371 (1925) — Ber. Physiol. **36**, 542 — Chem. Zbl. **1926 II**, 2732.

[11] St. J. Przylecki u. R. Truszkowski: C. r. Soc. Biol. Paris **98**, 790—792 — Chem. Zbl. **1928 I**, 2725.

[12] F. Kretz: Biochem. Z. **130**, 86—98 (1922) — Chem. Zbl. **1923 II**, 664.

folgendes fest: Der Tryptophangehalt des Nucleolus ist etwas höher als der des übrigen Zellkernes. Das Protoplasma von eiweißspeichernden Endosperm- und ähnlichen Zellen ist reich an Tryptophan. Aleuronkörner geben eine starke Tryptophanreaktion, Leukoblasten eine negative, während bei den Chromoblasten die Endergebnisse verschieden ausfielen.

Nach F. Hering[1] sollen im „Vitamin R" (R = Anfangsbuchstabe des Herstellernamens), einem aus umgezüchteten Heferassen gewonnenen Extrakt, neben Lipoidphosphor, 2% Lecithin, Fermenten, Nucleoproteiden Tryptophan enthalten sein.

In der Trockensubstanz von Promonta wurde von E. Waldschmidt-Leitz[2] 0,14% Tryptophan nachgewiesen.

Bildung: E. Komm und E. Böhringer[3] und E. Komm[3] geben für verschiedene Proteine folgenden Tryptophangehalt an: Ovalbumin 1,43, Eigelbalbumin 1,67, Eigelbvitellin 1,40, Gesamteiereiweiß 1,25, Blutalbumin 2,66, Blutglobulin 2,49, Blutfibrin 2,08, Pflanzenfibrin 0,40, Legumin 1,35, krystallisiertes Eiweiß aus Antiaris toxic. 5,29, Myosin aus Rinderfleisch 1,46, Gelatine 0, Casein 2,2—2,3 und Wittepepton 5,27—5,3%.

Von folgenden Proteinen wurde von Cl. E. May und E. R. Rose[4] der Tryptophangehalt bestimmt und auf der Grundlage berechnet, daß 100 g Casein 1,5 g Tryptophan enthalten: Lactalbumin 2,4; Gliadin 1,05; Glutenin 1,80; Edestin 1,5; Glycinin 1,65; Ovovitellin 1,74; Eiereiweiß 1,11; Phaseolin 1,08; Legumin 1,05; Zein und Gelatine 0,0% Tryptophan.

Die von J. Tillmans und A. Alt[5] durchgeführten Bestimmungen des Tryptophangehaltes ergaben folgendes: Die Proteine der Frauenmilch sind reicher an Tryptophan als die von Kuh- und Ziegenmilch, zwischen denen sich kein Unterschied ergab. Durch den Reifungsprozeß des Käses wurde der Tryptophangehalt nicht verändert. Die Myosine von Fleisch (von Pferd und Rind) ließen keine erheblichen Unterschiede erkennen. Weizenproteine haben im allgemeinen einen höheren Tryptophangehalt als Roggenproteine. Dem Zein fehlt das Tryptophan. Bei den übrigen Cerealiensamen ist der Gehalt der Proteine an Tryptophan von dem des Weizen- und Roggenmehles nicht verschieden, ebensowenig bei den Proteinen der Leguminosensamen.

F. Lieben[6] bestimmte den Tyrosin- und Tryptophangehalt von Seidenfibroin, Blutfibrin und Casein durch Nitrierung mit 20proz. NHO_3 und Bestimmung der eingetretenen Nitrogruppen nach dem durch Desvergnes[7] modifizierten Verfahren von Yang und Swain.

Nach G. Holm und G. R. Greenbank[8] enthält Casein 2,24, Blutfibrin 5 und Wittepepton 5,4% Tryptophan.

Die Untersuchungen von U. Suzuki, Y. Matsuyama und N. Hashimoto[9] zeigten, daß die vegetabilischen Proteine im allgemeinen weniger Tryptophan enthalten als die tierischen Proteine.

Nach A. Jess[10] läßt sich in dem Albumoid, α- und β-Krystallin der Linsen von Rinderaugen, Tryptophan nachweisen.

Der Tryptophangehalt von Gehirnteilen verschieden alter Kaninchen wurde von R. Ehrenberg[11] bestimmt.

B. Fullerton und F. W. Heyl[12] erhalten durch Alkoholfällung aus dem Liquor folliculi ein Rohprodukt, das 2,5% Tryptophan enthält.

Y. Okuda, T. Okimoto und T. Yada[13] weisen im hydrolisierten Muskelprotein vom Walfisch und Dorsch Tryptophan nach.

---

[1] F. Hering: Z. med. Chem. **4**, 56—57 — Chem. Zbl. **1926 II**, 1906.
[2] E. Waldschmidt-Leitz: Z. Unters. Lebensmitt. **54**, 291—294 (1927) — Chem. Zbl. **1928 I**, 430.
[3] E. Komm u. E. Böhringer: Hoppe-Seylers Z. **124**, 387—394 — Chem. Zbl. **1923 II**, 664. — E. Komm: Hoppe-Seylers Z. **156**, 161—201, 202—217 — Chem. Zbl. **1926 II**, 2094.
[4] Cl. E. May u. E. R. Rose: J. of biol. Chem. **54**, 213—216 (1922) — Chem. Zbl. **1923 I**, 770.
[5] J. Tillmans u. A. Alt: Biochem. Z. **164**, 135—162 (1925) — Chem. Zbl. **1926 II**, 278.
[6] F. Lieben: Biochem. Z. **145**, 535—554 — Chem. Zbl. **1924 II**, 50.
[7] Desvergnes: Chem. Zbl. **1920 IV**, 310.
[8] G. Holm u. G. R. Greenbank: J. amer. chem. Soc. **45**, 1788—1792 (1923) — Chem. Zbl. **1924 I**, 1421.
[9] U. Suzuki, Y. Matsuyama u. N. Hashimoto: Sci. Papers Inst. Phys. Chem. Res. **4**, 1—48 — Chem. Zbl. **1926 II**, 606.
[10] A. Jess: Hoppe-Seylers Z. **110**, 266—276 (1920) — Chem. Zbl. **1921 I**, 99.
[11] R. Ehrenberg: Biochem. Z. **164**, 175—182 (1925) — Chem. Zbl. **1926 II**, 444.
[12] B. Fullerton u. F. W. Heyl: J. amer. pharmaceut. Assoc. **15**, 16—18 — Chem. Zbl. **1926 I**, 3556.
[13] Y. Okuda, T. Okimoto u. T. Yada: J. Coll. agric. Tokyo **7**, 29—37 (1919) — Chem. Zbl. **1925 I**, 1091.

W. J. Boyd[1] ermittelte nach der etwas modifizierten Methode von May-Rose im Dorschmuskeleiweiß 1,87% Tryptophan.

In den Fasern, die durch Wässerung aus getrockneten Haifischflossen gewonnen waren, wurde von K. H. Lin[2] nur in sehr geringer Menge Tryptophan gefunden.

In den Muskelproteinhydrolysaten der Molluske Loligo breekeri und der Crustaceen Palinurus japonicus und Paralithodes camtschatica läßt sich nach Y. Okuda, S. Uematsu, K. Sakata und K. Fujikawa[3] Tryptophan nachweisen.

Im Hydrolysat der Octopusmuskeln läßt sich nach K. Morizawa[4] Tryptophan nachweisen.

Das asche- und wasserfreie Protein der Körperwand der Seewalze (Stichopus japonicus Selenca) enthielt nach K. H. Lin und Ch. Ch. Chen[5] 0,90% Tryptophan.

Das aus Heringseiern isolierte Ichthulin enthielt nach K. Iguchi[6] 1,78% Tryptophan — auf Gesamt-N berechnet.

Aus den Proteinen des Ovarienrückstandes — vom Corpus luteum befreite Drüsen —, hauptsächlich aus einem Albumin, läßt sich nach B. Fullerton und F. W. Heyl[7] Tryptophan in einer Menge isolieren, die etwa einem Molekül Aminosäure auf das Gesamtproteinmolekül entspricht.

Über den Tryptophangehalt des aus dem Ovarien-Nucleoproteid abgespaltenen Proteinanteils berichtet E. Meiersdorf[8].

In dem aus der Eisackflüssigkeit von Hemifusus tuba Gmel. isolierten Vitellin wurden von Y. Komori[9] 1,49% Tryptophan gefunden.

Im Protamin der Sardine (Sardina caerulea) sind nach M. S. Dunn[10] kleine Mengen Tryptophan vorhanden.

In dem von R. Hirohata[11] aus der Formosa-Meeräsche oder „Bora" (Mugil japonicus Temminck und Schlegel) isolierten neuen Protamin „Mugilin β" findet sich wahrscheinlich kein Tryptophan.

Über die Bildung von Tryptophan und Tyrosin aus Casein durch proteolytische Fermente des Meckelschen Divertikels und des Ductus omphalomesaraicus berichtet T. Kamei[12].

Bei der Hydrolyse von Stromaeiweiß der Erythrocyten wurden von F. Haurowitz und J. Sládek[13] 2,04—2,2% Tryptophan gefunden.

St. Goldschmidt und H. Kahn[14] fraktionierten Serumalbumin des Rinderblutes in 3 Fraktionen und ermittelten nach der Methode von Tillmanns und Alt in den 3 Fraktionen folgenden Tryptophangehalt: I. 1,1, II. 1,05, und III. 0,0%.

Im Thyreoglobulin wurde von H. C. Eckstein[15] nach der Methode von Folin und Looney der Tryptophangehalt bestimmt.

Der Tryptophangehalt der Bence-Jonesschen Eiweißkörper beträgt nach E. Lüscher[16] — nach der Methode von Fürth bestimmt — durchschnittlich 2,89%.

Von U. Sammartino[17] wurde der Nichtamino-N-Gehalt (Prolin, Oxyprolin, Tryptophan) der Proteine im Harn bei der Amyloidose der Niere und bei der Brightschen Nierenerkrankung bestimmt.

Tryptophanbestimmungen nach Folin und Looney ergaben nach U. Sammartino[18]

---

[1] W. J. Boyd: Biochem. J. **23**, 78—82 — Chem. Zbl. **1929 II**, 1188.
[2] K. H. Lin: J. of Biochem. **6**, 323—333 — Chem. Zbl. **1926 II**, 2240.
[3] Y. Okuda, S. Uematsu, K. Sakata u. K. Fujikawa: J. Coll. agric. Tokyo **7**, 39—54 (1919) — Chem. Zbl. **1925 I**, 1091.
[4] K. Morizawa: Acta Scholae med. Kioto **9**, 299—302 (1927) — Chem. Zbl. **1928 II**, 2479.
[5] K. H. Lin u. Ch. Ch. Chen: Chin. J. Physiol. **1**, 169—173 — Chem. Zbl. **1927 II**, 271.
[6] K. Iguchi: Hoppe-Seylers Z. **135**, 188—198 — Chem. Zbl. **1924 II**, 485.
[7] B. Fullerton u. F. W. Heyl: J. amer. pharm. Assoc. **15**, 18—30 — Chem. Zbl. **1926 II**, 52.
[8] E. Meiersdorf: Biochem. Z. **176**, 127—133 (1926) — Chem. Zbl. **1927 I**, 121.
[9] Y. Komori: J. of biol. Chem. **6**, 129—138 — Chem. Zbl. **1926 II**, 1758.
[10] M. S. Dunn: J. of biol. Chem. **70**, 697—703 — Chem. Zbl. **1928 II**, 2657.
[11] R. Hirohata: J. of Biochem. **10**, 251—258 — Chem. Zbl. **1929 II**, 179.
[12] T. Kamei: J. of Biochem. **7**, 203—204 — Chem. Zbl. **1927 II**, 2202.
[13] F. Haurowitz u. J. Sládek: Hoppe-Seylers Z. **173**, 268—277 — Chem. Zbl. **1928 I**, 2101.
[14] St. Goldschmidt u. H. Kahn: Hoppe-Seylers Z. **183**, 19—31 — Chem. Zbl. **1929 II**, 1173.
[15] H. C. Eckstein: J. of biol. Chem. **67**, 601—607 — Chem. Zbl. **1926 II**, 1962.
[16] E. Lüscher: Biochemic. J. **16**, 556—563 (1922) — Chem. Zbl. **1923 I**, 455.
[17] U. Sammartino: Biochem. Z. **133**, 85—88 (1922) — Chem. Zbl. **1923 III**, 167.
[18] U. Sammartino: Biochem. Z. **133**, 476—486 (1922) — Chem. Zbl. **1923 III**, 319.

in Menschenhaaren 1,611, in Hühneraugen 1,201 und in menschlichen Nägeln 2,243% Tryptophan.

Von K. Klinke[1] wurde der Tryptophangehalt verschieden gefärbter Haare bestimmt. H. R. Marston[2] bestimmte den Tryptophangehalt von Wollkeratin zu 1,8%.

Im mehrfach umkrystallisierten Oxyhämoglobin wurde von A. Hunter und H. Borsook[3] der Tryptophangehalt bestimmt, der nach den Verfassern 2 Mol Tryptophan auf das Globulinmolekül beträgt.

Der Tryptophangehalt von Gliadin und Glutenin verschiedener Weizenmehle wurde von R. J. Groß und R. E. Swain[4] bestimmt.

Der Tryptophangehalt von Prolaminen des Hafers, Sorghum und „teo sinte", vom Zein und Albumin der Weizenkleie wurde nach May und Rose von D. B. Jones, C. E. F. Gersdorff und O. Moeller[5] bestimmt.

D. B. Jones, C. E. F. Gersdorff, C. O. Johns und A. J. Finks[6] weisen in den mit NaCl-Lösungen aus Bohnenmehl extrahierten Proteinen: Albumin, α-Globulin und β-Globulin Tryptophan nach.

W. J. Boyd[7] ermittelte nach der etwas modifizierten Methode von May-Rose im Edestin 3,5% Tryptophan.

D. B. Jones, C. E. F. Gersdorff und O. Moeller[8] berichten über den Tryptophangehalt von α- und β-Globulinen verschiedener Bohnen, vom Eiweiß der Ölfrüchte und vom β-Globulin der Georgiasamtbohne.

Über den Tryptophangehalt der Globuline der Jackbohne (Concanavalin A und B und Canavalin) berichten J. B. Sumner und V. A. Graham[9].

H. Miller[10] kann in den Proteinen des Luzernensamens in Spuren Tryptophan nachweisen.

In dem durch Wasser gewonnenen Reiskleieextrakt wurde von S. Tsukiye[11] kein Tryptophan gefunden.

Das aus selbsthergestelltem Buchweizenmehl hydrolysierte Eiweiß enthielt nach T. Ukai und S. Morikawa[12] 1,45% Tryptophan.

Das krystallisierte Globulin des Cantaloupesamens enthält nach D. B. Jones und C. E. F. Gersdorff[13] 2,63 und das Glutenin 3,03% Tryptophan.

Über den Tryptophangehalt des Eleusinins (aus Eleusine coracana) berichten Narayana und R. V. Norris[14].

Der Tryptophangehalt des aus der Rinde von Robinia pseudacacia isolierten Albumins betrug nach D. B. Jones, C. E. F. Gersdorff und O. Moeller[15] 4,18% — colorimetrisch geschätzt.

Spaltprodukte aus Ricin enthielten nach P. Karrer, A. P. Smirnoff, H. Ehrensperger, J. van Slooten und M. Keller[16] 0,4% Tryptophan.

---

[1] K. Klinke: Biochem. Z. **160**, 28—42 — Chem. Zbl. **1925 II**, 1456.
[2] H. R. Marston: Commonwealth of Australia Council Sci. a. industrial Res. Bull. **1928**, Nr 38, 34 S. Sep. — Chem. Zbl. **1929 II**, 507.
[3] A. Hunter u. H. Borsook: Trans roy. Soc. Canada [III] **16 V**, 79—81 — Chem. Zbl. **1923 III**, 1231.
[4] R. J. Groß u. R. E. Swain: Ind. Chem. **16**, 49—52 — Chem. Zbl. **1924 II**, 766.
[5] D. B. Jones, C. E. F. Gersdorff u. O. Moeller: J. of biol. Chem. **62**, 183—195 (1924) — Chem. Zbl. **1925 I**, 677.
[6] D. B. Jones, C. E. F. Gersdorff, C. O. Johns u. A. J. Finks: J. of biol. Chem. **53**, 231 bis 240 (1922) — Chem. Zbl. **1923 I**, 853.
[7] W. J. Boyd: Biochem. J. **23**, 78—82 — Chem. Zbl. **1929 II**, 1188.
[8] D. B. Jones, C. E. F. Gersdorff u. O. Moeller: J. of biol. Chem. **62**, 183—195 (1924) — Chem. Zbl. **1925 I**, 677.
[9] J. B. Sumner u. V. A. Graham: J. of biol. Chem. **64**, 257—261 — Chem. Zbl. **1925 II**, 2060.
[10] H. Miller: J. amer. chem. Soc. **43**, 906—913 (1921) — Chem. Zbl. **1922 I**, 1378.
[11] S. Tsukiye: Biochem. Z. **131**, 124—139 (1922) — Chem. Zbl. **1923 I**, 1192.
[12] T. Ukai u. S. Morikawa: J. Pharm. Soc. Japan **1925**, Nr 516, 14 — Chem. Zbl. **1925 II**, 192.
[13] D. B. Jones u. C. E. F. Gersdorff: J. of biol. Chem. **56**, 79—96 — Chem. Zbl. **1923 III**, 313.
[14] Narayana u. R. V. Norris: J. Indian. Inst. Sci. A **11**, 91—95 — Chem. Zbl. **1928 II**, 2477.
[15] D. B. Jones, C. E. F. Gersdorff u. O. Moeller: J. of biol. Chem. **64**, 655—671 (1925) — Chem. Zbl. **1926 I**, 416.
[16] P. Karrer, A. P. Smirnoff, H. Ehrensperger, J. van Slooten u. M. Keller: Hoppe-Seylers Z. **135**, 129—166 — Chem. Zbl. **1924 II**, 348.

Über den Aminosäuregehalt (Tryptophan neben anderen Aminosäuren) verschiedener Plastinpräparate von Myxomyceten, die mit $^1/_2$ und $^1/_4$ n-NaOH aus verschiedenartigen und -altrigen Plasmodien extrahiert waren, berichtet A. Kiesel[1].

Über den Tryptophangehalt des die Fettkügelchen der Milch umgebenden Eiweißes berichten R. W. Titus, H. H. Sommer und E. B. Hart[2].

Nach einer neuen Tryptophanbestimmungsmethode fanden O. Folin und V. Ciocalteu[3] im Casein (Kahlbaum nach „Hammarsten") 1,4% Tryptophan.

Die durch Extraktion mit 10proz. NaCl-Lösung aus Sesamsamen isolierten α- und β-Globuline enthielten nach D. B. Jones und C. E. F. Gersdorff[4] 2,77 bzw. 2,65% Tryptophan.

P. Aschmarin[5] berechnet den Tryptophangehalt des Caseins mit der Annahme, daß 1 Mol Tryptophan auf 1 Mol Casein kommt, zu 2,3 statt 1,5%.

Caseoglutin aus Emmentaler, Tilsiter und Weichkäsesorten enthält nach W. Grimmer und B. Wagenführ[6] einen 3mal höheren Tryptophangehalt als Casein.

Der Tryptophangehalt im Zymocasein von Hefe wurde von H. Lüers und G. Nowak[7] bestimmt.

P. Thomas[8] bestimmte im Zymocasein (Phosphorprotein aus der Hefe gewonnen) 1,51 und im Cerevisin (Albumin aus der Hefe gewonnen) 2,82% Tryptophan.

Nach Zd. Stary und I. Andratschke[9] gibt Georgonin eine negative, Conchiolin, Byssus und Ovokeratin eine positive Tryptophanreaktion.

Im Spongin des gemeinen Badeschwammes (Hippospongia equina) wurde von V. J. Clancey[10] kein Tryptophan gefunden.

E. Hiratsuka[11] hydrolysierte einige Seidenarten und isolierte aus gewöhnlicher Zuchtseide 0,6, Chinesischer Tussahseide 2,24 und Yamamaiseide 2,22% racemisches Tryptophan.

Im Sericin wurde von N. Alders[12] 1% Tryptophan gefunden.

Provita enthält nach E. Komm und R. Müller[13] 1,19% Tryptophan.

Darstellung: Zur Darstellung von Tryptophan wurde von R. Majima und M. Kotake[14] zunächst die Darstellung des β-Indolaldehydes verbessert. β-Indolaldehyd wurde aus Indolyl-Mg-J durch Umsetzung mit Ameisensäureester statt in Äther in Anisol in einer Ausbeute von 40% gewonnen. — Verwendung von Amyläther statt Anisol ergibt wie mit Äther nur eine sehr geringe Ausbeute. — Aus 3,5 g β-Indolaldehyd wurden 2,9 g Indolalhydantoin dargestellt. 5,8 g entwässertes Na-Acetat und 12 ccm Essigsäureanhydrid wurden 30 Minuten auf 106 bis 108° erwärmt. Die Ausbeute an reinem Produkt betrug 2,7 g. Als Nebenprodukt wurde N-Acetyl-β-indolalaldehyd erhalten. 8,4 g β-Indolalhydantoin wurden mit 46 ccm 20proz. NaOH, 400 ccm Wasser und 350 g 2,5proz. Na-Amalgam zu ω-Hydantylskatol reduziert, dann wurde mit HCl neutralisiert. Die Ausbeute an reiner Verbindung betrug 5,75 g. Aus 5,5 g ω-Hydantylskatol wurde durch Aufspaltung mit 50 g Baryt und 95 ccm Wasser bei 108° ($6^1/_2$ Stunde) ein racemisches Tryptophan, $C_{11}H_{12}O_2N_2$, dargestellt. Das Reaktionsprodukt wurde mit $HgSO_4$ isoliert. Die Ausbeute an reinem Tryptophan betrug 2,8 g = 53%. Als Nebenprodukt entstand eine unbekannte, krystallisierende Verbindung, $C_{12}H_{13}O_3N_3$,

---

[1] A. Kiesel: Hoppe-Seylers Z. **173**, 169—183 — Chem. Zbl. **1928 I**, 1779.

[2] R. W. Titus, H. H. Sommer u. E. B. Hart: J. of biol. Chem. **76**, 237—250 — Chem. Zbl. **1928 II**, 501.

[3] O. Folin u. V. Ciocalteu: J. of biol. Chem. **73**, 627—650 — Chem. Zbl. **1927 II**, 2089.

[4] D. B. Jones u. C. E. F. Gersdorff: J. of biol. Chem. **75**, 213—225 — Chem. Zbl. **1928 I**, 933.

[5] P. Aschmarin: Arch. Sc. biol. St. Pétersbourg **23**, 327—346 (1924) — Chem. Zbl. **1926 I**, 3338.

[6] W. Grimmer u. B. Wagenführ: Milchwirtsch. Forschgn **2**, 193—198 (1925) — Ber. Physiol. **31**, 492 — Chem. Zbl. **1925 II**, 1718.

[7] H. Lüers u. G. Nowak: Biochem. Z. **154**, 310—320 (1924) — Chem. Zbl. **1925 I**, 1330.

[8] P. Thomas: Ann. Inst. Pasteur **35**, 43—95 — Chem. Zbl. **1921 I**, 576.

[9] Zd. Stary u. I. Andratschke: Hoppe-Seylers Z. **148**, 83—98 (1925) — Chem. Zbl. **1926 I**, 686.

[10] V. J. Clancey: Biochem. J. **20**, 1186—1189 (1926) — Chem. Zbl. **1927 I**, 1332.

[11] E. Hiratsuka: Biochem. Z. **157**, 46—49 — Chem. Zbl. **1925 II**, 192.

[12] N. Alders: Biochem. Z. **183**, 446—450 — Chem. Zbl. **1927 I**, 3159.

[13] E. Komm u. R. Müller: Z. Unters. Lebensmitt. **55**, 53—59 — Chem. Zbl. **1928 I**, 2216.

[14] R. Majima u. M. Kotake: Ber. dtsch. chem. Ges. **55**, 3859—3865 (1922) — Chem. Zbl. **1923 I**, 322.

vom Schmelzp. 207°, die leicht löslich in Alkohol und löslich in Alkali war. Formel für den Reaktionsverlauf:

I. β-Indolalhydantoin.   II. β-Hydantylskatol.   III. Tryptophan.

Die Darstellung von Tryptophan aus Lactalbumin durch Hydrolyse mit $Ba(OH)_2$ nach Hopkins und Cole[1] wird von C. H. Waterman[2] eingehend beschrieben. Allerdings wird stets etwas Tryptophan durch die Hydrolyse zerstört.

Bestimmung und Nachweis: Nach G. E. Holm u. G. R. Greenbank[3] ist die beste Methode zur quantitativen Bestimmung von Tryptophan die colorimetrische mittels p-Dimethylaminobenzaldehyd. Sie arbeiten mit kleinen Abänderungen nach den Angaben von Herzberg[4]. Zur Herstellung einer Vergleichslösung wird reines Tryptophan bei 25° oder 37° bei Gegenwart von 20proz. HCl mit einer Lösung versetzt, die auf 1 Mol Tryptophan 2 Mol Aldehyd enthält. Sobald das Maximum der Färbung erreicht ist, wird die Lösung bei 25° oder niedrigeren Temperaturen aufbewahrt. Unter diesen Bedingungen hält sich die Färbung mehrere Tage konstant. Der Tryptophangehalt von Proteinen läßt sich am besten bestimmen, wenn die Hydrolyse durch Enzyme bewirkt wird. Die beste Reaktionstemperatur ist 37°.

Wird nach E. Komm und E. Böhringer[5] eine wässerige Lösung oder Suspension von Tryptophan oder Eiweiß mit Spuren von CH_2O enthaltender HCl versetzt, dann konzentrierte H_2SO_4 zugefügt, bis unter Erwärmen HCl entweicht, so tritt eine charakteristische Blauviolettfärbung ein. Beim Erhitzen mit CH_2O-haltiger HCl allein erfolgt nur eine schwache Rosafärbung. Wird H_2SO_4 zu einer Tryptophanlösung zugegeben, so entsteht bei Gegenwart von Spuren CH_2O eine schmutzige, schwarzblaue Färbung. Die Empfindlichkeitsgrenze der Reaktion ist bei einer Tryptophankonzentration 1:175000. Der Farbton wechselt zwischen Rotviolett bis Blau. Für den colorimetrischen Vergleich werden die Farbunterschiede durch ein grünes Glasfilter ausgeschaltet. In einer späteren Mitteilung wird von E. Komm[6] die Ausführung der colorimetrischen Bestimmung etwas modifiziert und so angegeben, daß 5 ccm der zu prüfenden wässerigen Tryptophanlösung mit 5 ccm 10proz. HCl versetzt werden, die soviel CH_2O enthält, daß das Reaktionsgemisch ungefähr 0,375 mg% enthält. Bei Zugabe von 10 ccm konzentrierter H_2SO_4 entsteht die blauviolette Färbung. Der colorimetrische Vergleich verschieden konzentrierter Tryptophanlösungen ergab im Apparat von Dubosq als Fehlergrenze etwa 2—4%; 10% wurden nicht überstiegen. Auch bei 24stündigem Stehen erhöht sich der Bestimmungsfehler nicht. Mit Glycin und Tyrosin, sowie mit Gelatine ist die Reaktion negativ. Weiterhin wurde festgestellt, daß die größte Farbstärke dieser Reaktion mit freiem Tryptophan erst nach erheblich längerer Zeit (5 Tage), worauf die Färbung wieder abblaßt, als mit an Eiweiß gebundenem oder mit freiem Tryptophan bei Zusatz eines die Reaktion beschleunigenden Stoffes erreicht wird. Als beschleunigende Stoffe sind besonders Prolin, Derivate desselben und Eiweißstoffe, die es als Baustein enthalten, ferner H_2O_2, $NaNO_2$ in starker Verdünnung, Pyrrol, Pyrrolidoncarbonsäure, Pyrrolidonylamid geeignet, während andere Aminosäuren und Peptide versagen.

Es wird von E. Komm angegeben, daß sich für eine genaue Bestimmung von Tryptophan als vorteilhaft erweist, den CH_2O durch $OHC \cdot C_6H_4 \cdot N(CH_3)_2$ zu ersetzen. Die Reaktion ist hierbei bis zu einer Tryptophankonzentration von 1:125000 noch deutlich. Die optimale Konzentration für $OHC \cdot C_6H_4 \cdot N(CH_3)_2$ ist 0,01—0,075%. Die Ausführung der Reaktion ist so, daß 2 ccm Tryptophanlösung mit 2 ccm 0,25proz. $OHC \cdot C_6H_4 \cdot N(CH_3)_2$-Lösung in 10proz. HCl und weiteren 6 ccm 10proz. HCl versetzt werden. Darauf wird mit 10 ccm konzentrierter H_2SO_4 unterschichtet und allmählich gemischt. Die maximale Farbintensität wird nach $2^1/_2$—3 Tagen erreicht, tritt bei Gegenwart geringer Mengen eines Oxydationsmittels

---

[1] Hopkins u. Cole: Chem. Zbl. **1903 II**, 1011.
[2] C. H. Waterman: J. of biol. Chem. **56**, 75—77 — Chem. Zbl. **1923 III**, 306.
[3] G. E. Holm u. G. R. Greenbank: J. amer. chem. Soc. **45**, 1788—1792 (1923) — Chem. Zbl. **1924 I**, 1421.
[4] Herzberg: Biochem. Z. **56**, 256 (1915).
[5] E. Komm u. E. Böhringer: Hoppe-Seylers Z. **124**, 287—294 (1923) — Chem. Zbl. **1923 II**, 664 — Hoppe-Seylers Z. **140**, 74—79 — Chem. Zbl. **1924 II**, 2777.
[6] E. Komm: Hoppe-Seylers Z. **156**, 35—60 — Chem. Zbl. **1926 II**, 1892.

rascher ein. Ein Überschuß an letzterem muß vermieden werden. Beschleunigend wirken: d, l-Prolin, l-Prolin, Glycylprolinanhydrid, Dipropylvalinanhydrid, Glycyldioxyprolinanhydrid, Pyrrolidoncarbonsäure, Pyrrolidonylamid, Gelatine, H_2O_2 in starker Verdünnung, $NaNO_2$-Lösung in starker Verdünnung; nicht beschleunigend wirken: Glycin, Alanin, Valin, Leucin, Norleucin, Glutaminsäure, Asparaginsäure, Asparagin, Oxyaminoisovaleriansäure, Cystein, Cystin, Phenylglycin, Phenylalanin, Phenylserin, Tyrosin, Histidin, Glycylglycin, Glycylalanin, Glycylleucin, Glycylaminocaprylsäure, Leucylleucin, Diglycylglycin, Leucyldiglycylglycin, Glycinanhydrid, Alaninimid, Alanylleucinanhydrid, Leucinimid, Glycylleucinanhydrid, Leucylphenylalaninanhydrid, Tyrosinanhydrid, Phenylalaninanhydrid, Seidenpepton (tryptophanfrei).

In einer weiteren Mitteilung zeigte E. Komm[1], daß die maximale Farbintensität bei Verwendung tryptophanhaltiger Proteine dadurch sofort eintritt, daß die pyrrolkernhaltigen Eiweißbausteine, speziell das Prolin die Reaktion katalytisch beschleunigend beeinflussen. Das Prolin allein gibt mit $OHC \cdot C_6H_4 \cdot N(CH_3)_2$ keine Farbreaktion. Bei Anwendung von 0,6 mg Tryptophan sind etwa 4,5 mg Prolin notwendig, um einen deutlich sichtbaren katalytischen Einfluß auszuüben. Die gleichzeitige Anwesenheit anderer Aminosäuren stört den Einfluß des Prolins nicht. d, l-Prolin verhält sich genau so wie l-Prolin. Mit zunehmender Konzentration der Tryptophanlösung muß auch die Prolinkonzentration erhöht werden, um den gleichen Einfluß auszuüben. — Bei Verwendung von Gelatine sind statt 4,5 mg Prolin 17 mg hydrolysierte Gelatine notwendig, während schon 3,5 mg nicht hydrolysierte Gelatine den gleichen Effekt auslösen. Casein vermag für sich die Aldehydreaktion mit größter Farbstärke herbeizuführen. Zusatz von Gelatine beschleunigt in diesem Falle die Reaktion nicht weiter. Durch fermentative Hydrolyse wird jedoch ein Teil der die Reaktion begünstigenden Strukturen im Casein zerstört. Folgende Eiweißkörper sind imstande, die Aldehydreaktion ihres eigenen Tryptophans mit größter Farbstärke in kurzer Zeit herbeizuführen: Albumin aus Eigelb, Gesamteiereiweiß, Vitellin aus Eigelb und ein Pflanzenfibrinpräparat, dagegen nicht Blutglobulin, Blutfibrin und das krystallisierte Eiweiß aus dem Milchsaft von Antiaris toxicaria. Die Proteole Troensegaards besitzen eine stark beschleunigende Wirkung auf die Farbreaktion. Wird nun die Tryptophanreaktion zur quantitativen Bestimmung des Tryptophangehaltes in Proteinen verwendet, so muß durch Gelatinezusatz dafür gesorgt sein, daß die maximale Farbintensität sich sehr rasch einstellt. Für die colorimetrischen Bestimmungen wird eine Lösung von freiem Tryptophan als Standardlösung verwendet, 2 ccm dieser Lösung werden mit 2 ccm einer Lösung von $OHC \cdot C_6H_4 \cdot N(CH_3)_2$ oder HCHO, dessen Konzentration in der Reaktionsflüssigkeit 0,375 mg% betragen soll, in 10proz. HCl mit 1 ccm einer 5proz. Gelatinelösung und mit 5 ccm 10proz. HCl versetzt, dann mit 10 ccm konzentrierter H_2SO_4 unterschichtet. Nach dem Abkühlen und 20 Minuten langem Stehen läßt sich die Lösung colorimetrieren. Die Lösungen der zu prüfenden Substanzen werden in der gleichen Weise hergestellt. Sind sie nicht in Wasser löslich, werden Aufschwemmungen verwendet. Dabei wird die Konzentration berücksichtigt, damit die Farbstärke der verwendeten Standardlösung annähernd gleich ist.

Onslow[2] gibt folgende Methode zur Bestimmung des Tryptophans in Caseinogen an. Eine bestimmte Menge Caseinogen wird mit Trypsin in einer bekannten Menge Flüssigkeit verdaut, dann mit einer bekannten Menge des Reagenzes von Hopkins und Cole versetzt, wobei freies Tryptophan, Tryptophan-polypeptide, freies Tyrosin, Histidin und vielleicht kleine Mengen anderer Aminosäuren ausfallen, und der erste Niederschlag nach 4 Tagen abfiltriert. Aus dem Filtrat setzt sich ein zweiter Niederschlag ab, der nach 14 Tagen abfiltriert wird. Die beiden Niederschläge werden getrennt mit 7proz. H_2SO_4, die 2—3% $HgSO_4$ enthält, gewaschen, bis die Tyrosinreaktion in der Waschflüssigkeit auch nach 24stündigem Stehen mit dem Niederschlag negativ ist. Die vereinigten Niederschläge werden in mit Baryt schwach alkalisiertem Wasser suspendiert, mehrfach mit H_2S behandelt, zuletzt in heißer Lösung, bis die Filtrate von HgS, mit 10proz. Barytlösung 1 Stunde gekocht, keine Glyoxylreaktion mehr geben. Der HgS-Rückstand wird mit 10proz. Barytlösung 1 Stunde gekocht, filtriert, die Filtrate vereinigt. Die Lösung enthält jetzt Tryptophan, Histidin, Polypeptide und vielleicht Spuren anderer Aminosäuren. Das Ba wird quantitativ aus der Lösung entfernt, die dann im Vakuum eingeengt und auf ein bekanntes Volumen gebracht wird. Dann werden Histidin-N, Gesamt-N, Amino-N bestimmt. Drei Portionen der ursprünglichen Lösung werden

---

[1] E. Komm: Hoppe-Seylers Z. **156**, 161—201, 202—217 — Chem. Zbl. **1926 II**, 2094.
[2] Onslow: Biochemic. J. **18**, 63—84 — Chem. Zbl. **1924 I**, 2290.

mit gleichem Volumen 6 n-HCl in einem Autoklaven 3 verschiedene Zeitperioden hindurch von 1—2 Stunden bei 140° bei einem Druck von $3^{1}/_{2}$ Atmosphären hydrolysiert. Die hydrolysierten Lösungen werden dann im Vakuum zur Trockene eingedampft, der Rückstand mit $Ca(OH)_2$ destilliert (→ NH_3-N), Melanin wird abfiltriert, der Gesamt-N bestimmt, ebenso der Amino-N und der Gesamt-N im Filtrat. Nach diesen Werten kann dann nach folgender Gleichung der Tryptophangehalt berechnet werden:

$$\text{Tryptophan-N} = 2\,[\text{Nichtamino-N-}(\text{Histidin-}\frac{2\,\text{N}}{3} + \text{Peptidnichtamino-N})].$$

In Eiweißen, wie z. B. Gelatine, die reichlich Prolin enthält, müssen besondere Maßregeln angewandt werden. Bei solchen mit viel Cystin muß eine Berechnung durch Bestimmung des S-Gehaltes erfolgen.

C. A. Cary[1] gibt eine Tryptophanbestimmungsmethode im Blute an: Citratblut oder Blutplasma wird mit Essigsäure enteiweißt, durch Kaolin filtriert, im Vakuum konzentriert, nochmals durch Kaolin filtriert. Im eiweißfreien Filtrat wird das Tryptophan bei Gegenwart von 33% H_2SO_4 durch $HgSO_4$ gefällt, zu dem ausgewaschenen Niederschlag wird das Glyoxylsäurereagenz von Hopkins-Cole zugesetzt, nach 2 tägigem Stehen mit Tryptophanlösungen bekannter Stärke colorimetrisch verglichen. Ein $HgSO_4$-Überschuß ist notwendig.

Bei der Bestimmung des Tryptophans nach Fürth und Nobel[2], Fürth und Lieben[2] ist die Intensität der Färbung im Vergleich mit einer Standardlösung geringer, wenn das Protein nicht im nativen Zustande, sondern nach einer weitgehenden tryptischen Verdauung oder nach langdauernder alkalischer Hydrolyse untersucht wird. Dies läßt sich vermeiden, wenn der Eiweißkörper mit Pepsin abgebaut oder durch kurzdauernde Trypsinverdauung nur in Wasser löslich gemacht oder in heißem, konzentrierten Alkali gelöst wird. Fehler in den Bestimmungen werden auf den Einfluß des Wassers zurückgeführt, da beim Verdünnen mit Wasser die Färbung der violetten Lösung nicht entsprechend der Verdünnung, sondern in schnellerem Tempo abnimmt. Die Intensität der Färbung hängt bei einer Lösung von freiem Tryptophan stark von der Konzentration des HCl ab, während im Eiweißmolekül gebundenes Tryptophan davon unabhängig ist. Man kommt also bei Verwendung einer Vergleichslösung von reinem Tryptophan bei Bestimmung desselben im Eiweiß zu einer Überschätzung des Tryptophangehaltes. Verfasser[3] empfehlen deshalb folgende Methode: Als Vergleichslösung dient eine 5proz. Lösung von 24 Stunden lang bei 80° getrocknetem Casein nach „Hammarsten" in 30 proz. KOH; diese Lösung enthält 0,685% Tryptophan. In einem graduierten Reagenzglase werden 2 ccm der Vergleichslösung bzw. der 5proz. Lösung des Proteins mit je 1 Tropfen 2,5proz. Formaldehydlösung und nach Umschütteln mit 15 ccm HCl ($D = 1,175$) versetzt und durch Umgießen gemischt. Nach 10 Minuten fügt man 10 Tropfen 0,05proz. $NaNO_2$-Lösung hinzu und füllt auf 20 ccm auf. Durch weiteren tropfenweisen Zusatz von Nitrit überzeugt man sich, daß die Färbung maximal ist. Dann wird nach Abfiltrieren des KCl unter Benutzung von Glaströgen nach Fürth und Nobel[4] colorimetriert.

Statt der Voisenetschen Reaktion, die von Fürth und Nobel[4] zur colorimetrischen Bestimmung des Tryptophans benutzt wird, verwenden die Verfasser J. Tillmans und A. Alt[5] die mit HCHO in Gegenwart von stark überschüssiger 66proz. H_2SO_4 eintretende weingelbe Färbung für die Tryptophanbestimmung. Als Vergleichslösung dient die Lösung von Tryptophan in 50proz. Alkohol, die sich auch ohne Zusatz antiseptischer Mittel gut hält. Eine mit der Zeit eintretende Gelbfärbung beeinträchtigt die Bestimmung nicht. Bei einigen Proteinen, die in Begleitung von Stärke auftreten, erfolgt die Reaktion schon durch die H_2SO_4 ohne Zusatz von HCHO und läßt sich dann ebenso wie die mit solchem Zusatz durch Behandlung mit N_2O_3 oder H_2O_2 in die Voisenetsche Reaktion überführen. Reine Tryptophanlösung gibt zwar mit H_2SO_4 in Gegenwart von Zucker allmählich Gelbfärbung, läßt sich aber niemals maximal und auch nicht deutlich in die Voisenetsche Reaktion überführen. Nach den Verfassern ist die Methode von Fürth und Nobel wegen der Verschiedenheit der Färbungen in reiner Tryptophanlösung und in Eiweißlösungen als quantitative Methode auszuschalten. Die Werte der Verfasser stimmen mit einigen an denselben Eiweißstoffen nach den Methoden von

---

[1] C. A. Cary: J. of Biochem. **78**, 377—398 (1928) — Chem. Zbl. **1928 II**, 1468.
[2] Fürth u. Nobel, Fürth u. Lieben: Biochem. Z. **109**, 103, 123 — Chem. Zbl. **1921 I**, 61; **II**, 5 — Biochem. Z. **146**, 275—296 — Chem. Zbl. **1924 II**, 737.
[3] Fürth u. Nobel, Fürth u. Lieben: Biochem. Z. **146**, 275—296 — Chem. Zbl. **1924 II**, 737.
[4] Fürth u. Nobel: Biochem. Z. **109**, 103 — Chem. Zbl. **1921 I**, 61.
[5] J. Tillmans u. A. Alt: Biochem. Z. **164**, 135—162 (1925) — Chem. Zbl. **1926 II**, 278.

Folin und Looney[1] ermittelten Werten befriedigend überein. Das Verfahren der Verfasser zeichnet sich durch große Einfachheit aus.

Fürth[2] gibt in einer Polemik gegen J. Tillmans und A. Alt an, daß die eben beschriebene Reaktion unter Verwendung von HCl bereits von ihm und seinen Mitarbeitern[3] benutzt wurde. Der Unterschied ist nur der, daß Fürth und seine Mitarbeiter statt der ersten gelben die zweite violette Phase der Voisenetschen Reaktion colorimetrisch verwenden.

C. E. May und E. R. Rose[4] schlagen folgende Tryptophanbestimmung vor: 0,05—0,1 g Protein werden unter Zusatz von 1 ccm einer 0,5 proz. Lösung von p-Dimethylaminobenzaldehyd in 10 proz. H_2SO_4 mit 100 ccm konzentrierter HCl bei 35° 24 Stunden hydrolysiert. Die entstandene Blaufärbung wird nach 40 Stunden Stehen bei Zimmertemperatur mit der einer ebenso behandelten Caseinlösung verglichen, wobei die Verfasser annehmen, daß 100 g Casein 1,5 g Tryptophan enthalten.

W. J. Boyd[5] beobachtete, daß die Reaktion des Tryptophans mit p-Dimethylaminobenzaldehyd durch Gegenwart von Reduktionsmitteln (H_2S, CH_2O) verzögert, durch Belichtung stark beschleunigt wird. Er fand weiterhin, daß die Reaktion durch Zusatz geringer Mengen von Oxydationsmitteln ($NaNO_2$, HNO_3, H_2O_2) auch im Dunkeln beschleunigt wird. Er schlägt deshalb vor, die Angaben von May und Rose dahin abzuändern, daß dem Reaktionsgemisch nach 24 stündiger Spaltung bei 36° 3 Tropfen einer 0,5 proz. $NaNO_2$-Lösung zugefügt werden und dieser Zusatz nach je 3 Tagen 2 mal wiederholt wird.

S. L. Jodidi[6] gibt an, daß Tryptophan, nach der Formolmethode von Sörensen titriert, sich zu 87% erfassen läßt.

Nach der von K. Linderstrøm-Lang[7] angegebenen Titrationsmethode für NH_2-N mit $1/_{10}$ n-alkoholischer HCl in acetonhaltiger Flüssigkeit (100—200 ccm 99 proz. Aceton pro 10 ccm Wasser) unter Verwendung von Naphthylrot, Benzolazo-α-naphthylamin, als Indikator, konnten 50% des Gesamt-N des Tryptophans erfaßt werden.

Nach P. G. Kronacker[8] wird der Stickstoff von Tryptophan durch heiße H_2SO_4 nur teilweise in $(NH_4)_2SO_4$ übergeführt.

Für die Ausführung der Reaktion nach I. Kraus[9] ist folgende Vorschrift die beste: Zu 0,2—1 mg Tryptophan in 2 ccm Wasser werden 0,4 ccm einer 0,5 proz. Lösung von Vanillin in 50 proz. Essigsäure, dann 15 ccm konzentrierte HCl gegeben, nach 24 stündigem Stehen auf 50 ccm aufgefüllt und die Färbung mit denen bekannter Lösungen im Colorimeter rasch innerhalb mehrerer Stunden verglichen. Soll die Fällung mit $HgSO_4$ benutzt werden, so wird diese nach dem Zentrifugieren in 0,4 ccm der Vanillinlösung suspendiert und dann mit kleinen Portionen HCl in den Reaktionskolben gespült. Die Hg-Verbindung zeigt eine intensivere Färbung als die entsprechende Menge Tryptophan, und diese wird noch intensiver durch Zusatz von $HgSO_4$. Es wird ein Zusatz von 1—2% dieses Salzes zum abgetrennten und gewaschenen Niederschlag empfohlen. Die Vergleichslösungen sind natürlich ebenso zu behandeln. Die Behandlung des Tryptophans nach Hover mit $Ba(OH)_2$ ergibt einen Verlust von 20%, die direkte Anwendung des Phenolreagenzes nach Folin und Looney[10] ohne Ausziehen mit Toluol einen Verlust von 7%. Bei der Spaltung von Eiweißstoffen mit $Ba(OH)_2$ treten andere Zersetzungsprodukte auf als bei entsprechender Behandlung von reinem Tryptophan; sie werden bei der Hg-Fällung des Tryptophans mit niedergerissen. Folins Verfahren zur Abtrennung des Tyrosins vom Tryptophan durch Hg-Fällung bei H_2SO_4-Konzentration über 3,5% ist nur bei geringer Konzentration an Tyrosin brauchbar. Wird Tryptophan mit der Diaminosäurefraktion oder salzsaurem Glucosamin und Pankreatin bebrütet, so läßt es sich nicht mehr quantitativ wiedergewinnen. Andere einfache Aminosäuren stören die Bestimmung nicht. Aus Eiweißstoffen läßt sich also Tryptophan nach der Hydrolyse mit Säuren, $Ba(OH)_2$ oder Pankreatin nicht quantitativ wiedergewinnen.

---

[1] Folin u. Looney: Chem. Zbl. **1922 IV**, 351.
[2] Fürth: Biochem. Z. **169**, 117—119 — Chem. Zbl. **1926 II**, 922.
[3] Fürth: Chem. Zbl. **1921 I**, 61; **II**, 5.
[4] C. E. May u. E. R. Rose: J. of biol. Chem. **54**, 213—216 (1922) — Chem. Zbl. **1923 I**, 770.
[5] W. J. Boyd: Biochem. J. **23**, 78—82 — Chem. Zbl. **1929 II**, 1188.
[6] S. L. Jodidi: J. amer. chem. Soc. **48**, 751—753 — Chem. Zbl. **1926 I**, 3416.
[7] K. Linderstrøm-Lang: C. r. Labor. Carlsberg **17**, Nr. 4, 1—17 (1927) — Hoppe-Seylers Z. **173**, 32—50 — Chem. Zbl. **1928 I**, 1796.
[8] P. G. Kronacker: Bull Soc. Chim. Belgique **3**, 217—231 — Chem. Zbl. **1924 II**, 839.
[9] I. Kraus: J. of biol. Chem. **63**, 157—178 — Chem. Zbl. **1925 I**, 2177.
[10] Folin u. Looney: J. of biol. Chem. **51**, 421 — Chem. Zbl. **1922 IV**, 349.

I. Kraus Ragins[1] vereinfachte die Vanillin-Salzsäurereaktion für die Tryptophanbestimmung so, daß sie in dem Zentrifugenröhrchen ausgeführt werden kann, in dem der Tryptophan-Hg-Niederschlag gesammelt und ausgewaschen worden ist. Mit hochgereinigten Eiweißstoffen gibt diese Reaktion sehr ungenügende Resultate, dagegen gute Resultate nach Hydrolyse mit Trypsin und Fällung mit $HgSO_4$. Im Filtrat des Hg-Tryptophan-Niederschlages ist kein Tryptophan mehr nachweisbar. Wie freies Tryptophan, gibt auch in Peptiden gebundenes Tryptophan die Reaktion, wenn die Peptide mit Hg fällbar sind. Für die Ausfällung des Tryptophans ist hauptsächlich der [Cl']-Gehalt maßgebend. Bei mehr als 0,3% ist die Fällung sehr unvollständig, bei 0,77% [Cl']-Gehalt ist sie völlig gehindert. Ein [Na^+]-Gehalt bis zu 2% ist für die Fällung einflußlos. Prolin oder prolinhaltige Proteine geben bei der üblichen Verdünnung keinen positiven Ausfall, stören aber durch eine schwache Färbung bei höherer Konzentration.

Von E. M. P. Widmark und E. L. Larsson[2] wurde die Bestimmung des Tryptophans durch die konduktometrische Titrationsmethode nach dem Verfahren von Kolthoff studiert.

Über die Anwendung der acidimetrischen Titration zur Bestimmung von Tryptophan berichtet P. Hirsch[3].

Bei der Titration des Tryptophans mit Thymolblau ($p_H = 1{,}2-2{,}8$) und Alizaringelb ($p_H = 10{,}1-12{,}1$) als Indicatoren betrugen nach K. Felix und H. Müller[4] die auf 1 N gefundenen basischen und Carboxylgruppen 0,786 und 0,57. Die Imidogruppe des Tryptophans ist nicht titrierbar.

Nach H. Riffart[5] ist bei der quantitativen colorimetrischen Bestimmung von Tryptophan mittels des Triketohydrindenhydrats (Ninhydrin) folgendes zu beachten: 1. Die Dauer des Erhitzens, 2. die Konzentration der Aminosäure und 3. in besonders hohem Grade die [H^+]. Als optimale [H^+] hat sich die dem p_H-Wert 6,976 entsprechende bewährt. Durch Titration der Aminosäurelösung mit $^1/_{400}$ n-Lauge oder Säure gegen Neutralrot wird das $p_H = 6{,}976$ eingestellt und durch Zusatz einer auf das gleiche p_H eingestellten Phosphatpufferlösung bei diesem Werte gehalten. Statt die Lösung über freier Flamme zu kochen, wird sie zweckmäßig im lebhaft siedenden Wasserbade $^1/_2$ Stunde lang erhitzt. Auf 2 ccm Aminosäurelösung wird 1 ccm einer 1proz. Ninhydrinlösung verwendet, die jedesmal frisch bereitet wird. Tryptophan läßt sich so quantitativ bestimmen.

E. Lüscher[6] berichtet, daß bei der Tryptophanbestimmung mit Hilfe der Fürthschen colorimetrischen Methode besser die Anwendung von Benzaldehyd als von Formaldehyd zu empfehlen ist, da die mit diesem erhaltenen Werte wahrscheinlich 30—60% zu hoch sind.

P. Danila[7] gibt folgende Methode an: Wässerige Lösungen von freiem Tryptophan setzen bei Siedetemperatur aus HJO$_3$ in Freiheit, während andere von biologischen Gesichtspunkten aus in Frage kommende Substanzen, z. B. Indol, Skatol, diese Reaktion nicht geben. So läßt sich dadurch Tryptophan im Urin nachweisen, auch dann noch, wenn die Reaktion mit Br-Wasser negativ ausfällt.

Nach E. Wollmann und Frau Wollmann[8] läßt sich die Bildung von Indol aus Tryptophan durch Bacterium coli zur Bestimmung dieser Aminosäure benutzen. Zu untersuchende Eiweißstoffe werden durch Trypsinverdauung oder durch Säurehydrolyse gespalten, dann — im 2. Falle nach Neutralisation — mit Bacterium coli geimpft und nach 24—28stündiger Bebrütung mit p-Dimethylaminobenzaldehyd auf Indol geprüft. Die Empfindlichkeit dieser Reaktion ist 1:500000 und noch höher.

Beim Nachweis des Tryptophans in der Pflanze nach der Reaktion von Voisenet wird nach F. Kretz[9] am zweckmäßigsten eine HCl von der $D = 1{,}19$ verwendet, die Zellbestandteile durch Formalin oder $HgCl_2$ fixiert, wobei letzteres ein schnelleres Arbeiten gestattet. Dann werden die Zellbestandteile in ein SiO_2-Gel eingebettet. Die Zusammensetzung des Rea-

---

[1] I. Kraus Ragins: J. of biol. Chem. **80**, 543—550 (1928) — Chem. Zbl. **1929 I**, 1382.
[2] E. M. P. Widmark u. E. L. Larsson: Biochem. Z. **140**, 284—294 (1923) — Chem. Zbl. **1924 I**, 1244.
[3] P. Hirsch: Biochem. Z. **147**, 433—480 — Chem. Zbl. **1924 II**, 1964.
[4] K. Felix u. H. Müller: Hoppe-Seylers Z. **171**, 4—15 (1927) — Chem. Zbl. **1928 I**, 233.
[5] H. Riffart: Biochem. Z. **131**, 78—96 (1922) — Chem. Zbl. **1923 II**, 827.
[6] E. Lüscher: Biochemic. J. **16**, 556—563 (1922) — Chem. Zbl. **1923 I**, 455.
[7] P. Danila: C. r. Soc. Biol. Paris **88**, 278—280 — Chem. Zbl. **1923 IV**, 565.
[8] E. Wollmann u. Frau Wollmann: Bull. Soc. Chim. Biol. **6**, 869—872 (1924) — Chem. Zbl. **1925 I**, 732.
[9] F. Kretz: Biochem. Z. **130**, 86—98 (1922) — Chem. Zbl. **1923 II**, 664.

genzes entspricht den Angaben von Fürth[1]. Die Färbung selbst ist bei 1500facher Vergrößerung noch an den kleinsten Zellinhaltskörpern deutlich erkennbar. Nach 5 Stunden beginnt der Farbstoff aus dem Gewebe herauszudiffundieren. Die Reaktion wird von Fe- und Cu-Ion gestört, dagegen nicht von Sublimat.

J. M. Looney[2] bespricht die Methoden von Gortner und Holm[3], Fürth und Lieben[1], Kraus[4], Fürth und Dische[1] zur Bestimmung von Tyrosin, Tryptophan und Cystin in Proteinen, wobei die Resultate der früheren Autoren bestätigt werden.

Nach E. Adler und B. Hilgenfeldt[5] ist die Ehrlichsche Aldehydreaktion eine Tryptophanreaktion und vom Koagulationsgrad des Serums abhängig.

Rotfärbung von Proteinen durch glasige Phosphorsäure beim Erwärmen auf etwa 50° oder schon in der Kälte sieht M. Romieu[6] als spezifisch für Tryptophan bzw. heterocyclische Aminosäuren an.

R. A. Gortner und W. M. Sandström[7] berichten über den störenden Einfluß des Tryptophans auf die Bestimmungsmethode des Amino-N in Proteinen nach van Slyke.

O. Folin und V. Ciocalteu[8] ändern die frühere Bestimmungsmethode für Tyrosin und Tryptophan folgendermaßen ab: 1 g trockenes Eiweiß wird in 20 ccm 20proz. NaOH in einem neuen Kjeldahlkolben aus Pyrexglas hydrolysiert. Die Lösung wird dann mit H_2SO_4 angesäuert, auf 100 ccm aufgefüllt und aliquote Teile des Filtrates zur Bestimmung verwendet. Das Tryptophan wird in schwefelsaurer Lösung mit $HgSO_4$ gefällt, der Niederschlag nach dem Waschen mit H_2S vom Hg befreit und in der durch Kochen vom H_2S befreiten Lösung die Menge des Tryptophans mit Phenolreagenz und Tyrosin als Standardlösung colorimetriert. Nach einer 2. Methode wird der $HgSO_4$-Niederschlag durch Kochen mit HCl zersetzt, 30 Minuten nach Zusatz des Phenolreagenzes wird KCN oder KSCN zum Auflösen des ausgefallenen Hg-Niederschlages hinzugegeben. Beide Methoden geben mit den Faktoren 0,887 bzw. 0,843 übereinstimmende Werte. Das verwendete $HgSO_4$ muß Fe- und Hg^I-frei sein. Das $HgSO_4$ wird so gereinigt: 1000 g $HgSO_4$ (Handelspräparat) werden mit 150 ccm konzentrierter H_2SO_4 verrührt, dann durch langsames Versetzen mit 1700—1800 ccm Wasser gelöst, vom Ungelösten filtriert und aus dem Filtrat das $HgSO_4$ durch Zugabe von 450 ccm konzentrierter H_2SO_4 unter Kühlung ausgefällt und mit 400 ccm 25proz. H_2SO_4 gewaschen. Nach Wiederholung wird das gut abgesaugte Salz mit Alkohol und Äther (1:1) gewaschen.

O. Folin und A. D. Marenzi[9] geben eine Mikromethode zur Bestimmung von Tryptophan und Tyrosin an, die eine Modifikation ihrer früheren Methode[8] darstellt. 0,1 g trockenes Eiweiß wird durch 12—18stündiges Kochen im Wasserbade mit 2 ccm einer 20proz. NaOH gelöst und hydrolysiert, darauf werden 3 ccm einer heißen 7n-H_2SO_4 zugesetzt. Dann wird auf 25 ccm verdünnt, unter Zusatz von 0,2—0,5 g Kaolin filtriert. 20 ccm des Filtrates werden tropfenweise mit 4 ccm einer Lösung versetzt, die 15% $HgSO_4$ in 6n-H_2SO_4 enthält. Nach 2—3 Stunden wird das Tryptophan abzentrifugiert. Der Niederschlag wird in 10 ccm n-HCl während $1/2$ Stunde im kochenden Wasser gelöst, nach Abkühlen filtriert und ausgewaschen. Zum Vergleich wird 1 mg Tryptophan in der gleichen Menge Wasser, etwa 60 ccm, gelöst. Zu beiden Lösungen werden 25 ccm gesättigter Sodalösung und 5 ccm des Phenolreagenzes von Folin und Ciocalteu zugesetzt. Nach $1/2$ Stunde werden 2 oder 3 ccm einer 5proz. NaCN-Lösung zugegeben und colorimetriert. Analysen von Globulin, Gliadin, Edestin und Hämoglobin ergaben sehr gut übereinstimmende Werte.

W. P. Dickinson und P. G. Marshall[10] vergleichen die Farbstärke von o-Tyrosin, m-Tyrosin, p-Tyrosin und von Tryptophan mit dem Phenolreagenz von Folin und Ciocalteu. Wird p-Tyrosin zu 100 angenommen, so beträgt die Intensität der o-Verbindung 126,5%, der m-Verbindung 123,5% und die des Tryptophans 84,7%.

---

[1] Fürth: Biochem. Z. **122**, 58 — Chem. Zbl. **1921 IV**, 1236.
[2] J. M. Looney: J. of biol. Chem. **69**, 519—538 — Chem. Zbl. **1926 II**, 2466.
[3] Gortner u. Holm: Chem. Zbl. **1920 IV**, 668.
[4] Kraus: J. of biol. Chem. **63**, 157—178 — Chem. Zbl. **1925 I**, 2177.
[5] E. Adler u. B. Hilgenfeldt: Z. klin. Med. **103**, 614—627 — Chem. Zbl. **1926 II**, 2098.
[6] M. Romieu: C. r. Acad. Sci. Paris **180**, 875—877 — Chem. Zbl. **1925 II**, 486.
[7] R. A. Gortner u. W. M. Sandstrom: J. amer. chem. Soc. **47**, 1663—1671 — Chem. Zbl. **1925 II**, 1482.
[8] O. Folin u. V. Ciocalteu: J. of biol. Chem. **73**, 627—650 — Chem. Zbl. **1927 II**, 2089.
[9] O. Folin u. A. D. Marenzi: J. of biol. Chem. **83**, 89—108 — Chem. Zbl. **1929 II**, 2082.
[10] W. P. Dickinson u. P. G. Marshall: J. chem. Soc. Lond. **1929**, 1495—1498 — Chem. Zbl. **1929 II**, 1527.

Die gleichzeitige Bestimmung von Tryptophan und Tyrosin nach J. Tillmans, P. Hirsch und F. Stoppel[1] beruht auf der Xanthoproteinreaktion und Colorimetrierung in saurer und alkalischer Lösung (colorimetrisch-acidimetrisches Verfahren), da (nach Moerner) das Tryptophan in saurer Reaktion 3mal stärker färbt als Tyrosin, in alkalischer Lösung dagegen Tyrosin 5mal stärker als Tryptophan. In Proteinen können die beiden Aminosäuren ohne vorhergehende Hydrolyse bestimmt werden.

A. Fischer[2] beschreibt eine leicht durchführbare colorimetrische Tryptophanbestimmung, mit deren Hilfe die Albumin- und Globulinverteilung im Blutserum ermittelt wird.

Über den störenden Einfluß des Tryptophans auf die colorimetrische Bestimmung des Tyrosins berichtet P. Thomas[3].

Über den störenden Einfluß des Tryptophans und seiner Zersetzungsprodukte bei der Plimmer-Phillipsschen Bromierungsmethode zur Bestimmung von Histidin berichtet H. O. Calvery[4]. Siehe auch unter Histidin, Bestimmung, S. 727.

M. Weiß[5] berichtet über den Einfluß des Tryptophans auf die Diazoreaktion von Ehrlich.

Nach A. Blanchetière[6] ist die von Romieu[7] angegebene Farbreaktion nicht für Tryptophan spezifisch, da dieses mit sirupöser H_3PO_4 nur eine schwache Gelbfärbung mit leicht grüner Fluorescens gibt. Dagegen ist die sirupöse H_3PO_4 ein vorzügliches Kondensationsmittel für die Bildung der Farbstoffe aus Tryptophan und Aldehyden, von denen sich p-Dimethylaminobenzaldehyd und besonders Vanillin gut eignen. Ersterer gibt in der Kälte rosarote, auf dem Wasserbade violette, dann rein blaue Färbung, letzteres violette Färbung, Reaktion von Steensma, die auch beim Verdünnen mit Wasser unverändert bleibt. Die Färbungen mit H_3PO_4 sind denen mit H_2SO_4 und HCl vorzuziehen, weil die Farbtöne reiner und haltbarer sind. Die Reaktion mit Vanillin ist für die quantitative colorimetrische Bestimmung am besten geeignet. Andere Aminosäuren liefern diese Farbreaktionen nicht.

E. Goldstein[8] berichtet über Tryptophanbestimmungen, mittels denen der Abbau von Casein durch Trypsin verfolgt wird.

Über ein einfaches Verfahren zum Nachweis von Tryptophan in Proteinen (Oktopusmuskeln) berichtet K. Morizawa[9].

Biochemische Eigenschaften des l-Tryptophans: Von E. Abderhalden und E. Gellhorn[10] wurde der Einfluß von Tryptophan auf die Adrenalinwirkung am Meerschweinchendickdarm untersucht. Konzentrationen von 1:25000 bis 200000 steigerten die Adrenalinwirkung (verstärkte Herabsetzung des Tonus und Lähmung der automatischen Kontraktionen). Die Wirkung war völlig reversibel.

Nach Versuchen von M. Chikano[11] hat Tryptophan einen fördernden Einfluß auf Adrenalinhyperglykämie.

Nach Untersuchungen von W. B. Cannon und F. R. Griffith[12] über die Herzbeschleunigung durch Reizung der Leber wurde durch intravenöse Injektion einer Tryptophanlösung keine Beschleunigung erzielt.

Tryptophan wirkte nach A. C. Ivy und A. J. Javois[13] nicht auf die Magensekretion ein.

Von E. Abderhalden und E. Wertheimer[14] konnte beobachtet werden, daß Tryptophan auf die Gehirnsubstanz atmungssteigernd einwirkt.

---

[1] J. Tillmans, P. Hirsch u. F. Stoppel: Biochem. Z. **198**, 379—401 — Chem. Zbl. **1928 II**, 1916.

[2] A. Fischer: Z. klin. Med. **110**, 224—240 — Chem. Zbl. **1929 I**, 2674.

[3] P. Thomas: Ann. Inst. Pasteur **36**, 253—272 — Chem. Zbl. **1922 II**, 1242.

[4] H. O. Calvery: J. of biol. Chem. **83**, 631—648 — Chem. Zbl. **1929 II**, 3167.

[5] M. Weiß: Biochem. Z. **134**, 269—291 (1922) — Chem. Zbl. **1923 II**, 608.

[6] A. Blanchetière: C. r. Acad. Sci. Paris **180**, 2071—2074 — Chem. Zbl. **1925 II**, 2221.

[7] Romieu: C. r. Acad. Sci. Paris **180**, 875—877 — Chem. Zbl. **1925 II**, 486.

[8] E. Goldstein: Fermentforschg **9**, 322—328 — Chem. Zbl. **1928 II**, 1241.

[9] K. Morizawa: Acta Scholae med. Kioto **9**, 299—302 (1927) — Chem. Zbl. **1928 II**, 2479.

[10] E. Abderhalden u. E. Gellhorn: Pflügers Arch. **206**, 154—161 (1924) — Chem. Zbl. **1925 I**, 550.

[11] M. Chikano: Biochem. Z. **205**, 154—165 — Chem. Zbl. **1929 I**, 2199.

[12] W. B. Cannon u. F. R. Griffith: Amer. J. Physiol. **60**, 544—559 (1922) — Chem. Zbl. **1923 I**, 703.

[13] A. C. Ivy u. A. J. Javois: Amer. J. Physiol. **71**, 591—603 — Chem. Zbl. **1925 II**, 197.

[14] E. Abderhalden u. E. Wertheimer: Pflügers Arch. **191**, 258—277 (1921) — Chem. Zbl. **1922 I**, 424.

Nach R. Ehrenberg und W. Liebenow[1] fällt mit steigendem Alter der Placenta der Gehalt an Prolin + Oxyprolin + Tryptophan.

Nach Y. Sendju[2] erfolgt nach 3 tägiger Bebrütung, wo fast plötzlich der Blutfarbstoff auftritt, im Hühnerei eine starke Abnahme des Tryptophans, bei längerer Bebrütung, während der die Gallenfarbstoffe auftreten, sinkt weiterhin die Tryptophanmenge, so daß anscheinend das im Hühnerei frei und gebunden vorhandene Tryptophan für die Bildung von Blut- und Gallenfarbstoffen von Bedeutung ist.

K. Klinke[3] konnte in einem Falle von Hungerödem eine Verminderung der Haare an Tyrosin und Tryptophan feststellen.

Bei schweren Erkrankungen der Lunge und des Herzens, sowie bei akuten Entzündungsvorgängen im Lebergewebe fällt nach E. Adler und B. Hilgenfeldt[4] die Ehrlichsche Aldehydreaktion stets positiv aus.

Versuche von E. P. Wolf[5] am Mesenterium von Winterfröschen nach Cohnheim und an weißen Mäusen nach intraperitonealer Injektion von 0,25 ccm einer 1 proz. Lösung von Tryptophan ergaben bei der Maus, aber nicht beim Frosch, eine leichte Entzündung (Vermehrung der Polymorphkernigen).

Nach Versuchen an Kaninchen und Hunden mit intravenöser Injektion von Tryptophan wurde nach L. H. Newburgh und P. L. Marsh[6] eine schwere tubuläre Nierenschädigung hervorgerufen.

Tryptophan, Meerschweinchen parenteral zugeführt, hat nach R. Wigand[7] keinen besonderen Einfluß auf den Allgemeinzustand und die Temperatur der Tiere.

F. W. Power und C. P. Sherwin[8] verabreichten an Meerschweinchen die N-freien Abbauprodukte (Indolameisen- und Indolessigsäure) und das N-haltige Abbauprodukt (Indoläthylamin) von Tryptophan. Die Säuren wurden unverändert ausgeschieden, während das Amin durch N-Abspaltung entgiftet wurde. Der Ort der Entgiftung scheint hauptsächlich die Leber zu sein, zum Teil auch die Niere oder der Gastrointestinaltraktus.

Versuchsergebnisse von Bang[9] am Kaninchen über den Gehalt an Amino-N nach Zufuhr von Glykokoll und Alanin werden von T. N. Seth und J. M. Luck[10] bestätigt und durch Versuche an Kaninchen und Hunden auch mit Histidin, Leucin, Tryptophan, Glutaminsäure, Asparaginsäure und Cystin erweitert. Die durch die Injektion der Aminosäuren erfolgende Steigerung des Amino-N im Kreislauf ist bei diesen Aminosäuren schwächer als bei Glykokoll oder Alanin und nimmt in der genannten Reihenfolge ab.

E. Gellhorn[11] zeigte, daß die Permeabilität der Spermatozoen von Rana temporaria für K, Rb, NH_4, Citrat und Methylenblau durch Aminosäuren, z. B. Tryptophan und Kohlehydrate, herabgesetzt wurde, so daß selbst nach längerer Einwirkungsdauer dieser Ionen noch hohe Befruchtungsziffern festzustellen waren. Es handelt sich dabei nicht um eine völlige Hemmung der Durchlässigkeit, sondern nur um eine Herabsetzung der Permeabilität, wie die weitere Entwicklung der Embryonen zeigte. Die Steigerung der Permeabilität, die die Zellgrenzschichten bei Belichtung in Gegenwart von Eosin, Erythrosin, Fluorescin und Neutralrot erfahren, konnte durch Aminosäuren und Kohlehydrate vermindert werden.

Über das Verhalten des Tryptophans im Stickstoffgleichgewicht der Hefezellen berichten H. v. Euler und H. Fink[12].

Bei Stoffwechseluntersuchungen an wachsenden Ratten mit einer Nahrung, der nur Tryptophan fehlte, trat nach W. C. Rose und K. G. Cook[13] Gewichtsverlust, aber keine Änderung der Allantoin- oder Harnsäureausscheidung ein.

---

[1] R. Ehrenberg u. W. Liebenow: Pflügers Arch. **201**, 387—392 (1923) — Chem. Zbl. **1924 I**, 790.
[2] Y. Sendju: J. of Biochem. **5**, 391—415 (1925) — Chem. Zbl. **1926 I**, 3164.
[3] K. Klinke: Biochem. Z. **160**, 28—42 — Chem. Zbl. **1925 II**, 1456.
[4] E. Adler u. B. Hilgenfeldt: Z. klin. Med. **103**, 614—627 — Chem. Zbl. **1926 II**, 2098.
[5] E. P. Wolf: J. of exper. Med. **37**, 511—524 — Chem. Zbl. **1923 III**, 413.
[6] H. L. Newburgh u. P. L. Marsh: Arch. int. Med. **36**, 682—711 (1925) — Ber. Physiol. **35**, 498 — Chem. Zbl. **1926 II**, 1663.
[7] R. Wigand: Arch. f. exper. Path. **132**, 18—27 — Chem. Zbl. **1928 II**, 1009.
[8] F. W. Power u. C. P. Sherwin: Arch. int. Med. **30**, 60—66 (1927) — Chem. Zbl. **1928 II**, 1358.
[9] Bang: Chem. Zbl. **1916 II**, 99.
[10] T. N. Seth u. J. M. Luck: Biochemic. J. **19**, 366—376 — Chem. Zbl. **1925 II**, 2001.
[11] E. Gellhorn: Pflügers Arch. **206**, 250—267 (1924) — Chem. Zbl. **1925 I**, 1337.
[12] H. v. Euler u. H. Fink: Hoppe-Seylers Z. **157**, 222—262 — Chem. Zbl. **1926 II**, 2447.
[13] W. C. Rose u. K. G. Cook: J. of biol. Chem. **64**, 325—338 — Chem. Zbl. **1925 II**, 2002.

Nach Versuchen von G. H. Whipple und H. P. Smith[1] werden bei Fütterung von Gelatine pro kg und Tag nur 0,07 g gallensaure Salze ausgeschieden. Diese Ausscheidung wird durch Tryptophan bis auf etwa 0,18 g pro kg und Tag gesteigert. Bei Fütterung mit Zucker wirkt Tryptophan gallentreibend, wobei aber die Ausscheidung der gallensauren Salze nicht parallel zu gehen braucht.

Nach A. Hunter[2] ist bei der Butylalkoholextraktionsmethode von tryptischen Eiweißverdauungsprodukten in der Äthylalkoholfraktion stets eine geringe Menge Tyrosin und Tryptophan vorhanden.

Eine Untersuchung von H. Ch. Chang[3] über den Einfluß des Tryptophans auf die Schilddrüsentätigkeit bei Ratten ergab folgendes: Wenn täglich 0,4—0,7 g Tryptophan subcutan während 3 bis 16 Wochen zu einer aus Milch, Brot und Milchzucker bestehenden Kost verabreicht wurden, ließ sich keine Änderung im Bau der Schilddrüse beobachten. Wurden einen Monat lang täglich etwa 0,5 g Tryptophan injiziert, so blieb das Körpergewicht gleich. Die Schilddrüsen waren normal. Die allgemeine Ernährung wurde bei einer Erhaltungskost durch 2 Monate lang täglich 0,295 g injiziertes Tryptophan nicht verbessert.

Nach H. Ch. Chang und W. Ch. Ma[4] wirkt Tryptophanmangel nicht spezifisch schädigend auf die Schilddrüse.

Nach weiteren Untersuchungen von H. Ch. Chang und T. P. Feng[5] kann Tryptophan Thyreoidin nicht als Stimulans für den Haarwuchs bei unterernährten weißen Ratten ersetzen.

Nach A. R. Abel, R. W. Backus, H. Bourquin und R. W. Gerard[6] zeigten Ratten bei einer tryptophanfreien Kost eine Zunahme der Zelltätigkeit in der Schilddrüse bei charakteristischen zum Tode führenden Krankheitserscheinungen. Ein Zusatz von Tryptophan oder Thyroxin beseitigte diese nicht mehr. Wurde Thyroxin von Anfang an der Fütterung zu tryptophanfreier Kost zugesetzt, so wurden die Schilddrüsen kolloidreich, atrophisch, und bei Abmagerung fehlten bis zum Tode die sonstigen charakteristischen Krankheitserscheinungen. Nach den Verfassern ist also Tryptophan für die Funktion der Schilddrüse notwendig. Es soll vom Blute aus auch bei tryptophanarmer Nahrung in der notwendigen Menge gespeichert und den anderen Organen entzogen werden.

Nach K. Hansen[7] ist Tryptophan per os oder subcutan gegeben (0,2 mg 8—10 Tage) täglich ohne erkennbaren Einfluß auf die Acetonitrilresistenz weißer Mäuse. Gleichzeitige KJ-Gaben vermindern sogar die Widerstandsfähigkeit. Es wird deshalb gefolgert, daß Thyroxin im Organismus nicht unmittelbar aus der genannten Aminosäure entstehen kann und kaum eine entscheidende Rolle bei der Thyroxinsynthese spielen wird.

Nach B. Savadovski, A. Titajew, Z. Perelmutter und N. Raspopowa[8] erzeugten Tryptophan und Tyrosin auch bei gleichzeitiger Jodinjektion keine vollständige Metamorphose von Axolotln.

Eine Änderung der Tryptophaneinnahme zwischen 5 und 15 mg täglich erhöhte nach Versuchen von G. F. Cartland und F. C. Koch[9] bei schwer anämischen Ratten durch Blutentnahme nicht die Fähigkeit des Hämoglobinersatzes.

Nach S. Demianowski[10] beträgt der Tryptophangehalt von Kokons kultivierter Seidenraupenrassen 0,84—0,88%, der sich durch Kreuzung auf 0,93% steigern läßt. Die Kokons wilder Rassen weisen 4,69% auf. Ferner zeigt sich, daß kranke und schwache Raupen gezüchteter Rassen mehr Tryptophan sezernieren als gesunde und starke Raupen.

Nach H. Wasteneys und H. Borsook[11] konnte selbst bei Zusatz von Tryptophan aus den Verdauungsprodukten der Gelatine mit Pepsin kein synthetisches Produkt gewonnen werden.

---

[1] G. H. Whipple u. H. P. Smith: J. of biol. Chem. **80**, 685—695 (1928) — Chem. Zbl. **1929 II**, 1559.

[2] A. Hunter: Trans. roy. Soc. Canada (III) **16 V**, 71—74 (1922) — Chem. Zbl. **1923 III**, 1239.

[3] H. Ch. Chang: Amer. J. Physiol. **73**, 275—286 — Chem. Zbl. **1925 II**, 1537.

[4] H. Ch. Chang u. W. Ch. Ma: Chin. J. Physiol. **2**, 329—333 — Chem. Zbl. **1928 II**, 2482.

[5] H. Ch. Chang u. T. P. Feng: Chin. J. Physiol. **3**, 57—68 — Chem. Zbl. **1929 II**, 586.

[6] A. R. Abel, R. W. Backus, H. Bourquin u. R. W. Gerard: Amer. J. Physiol. **73**, 287—295 — Chem. Zbl. **1925 II**, 1537.

[7] K. Hansen: Arch. f. exper. Path. **117**, 137—146 (1926) — Chem. Zbl. **1927 I**, 133.

[8] B. Savadovski, A. Titajew, Z. Perelmutter u. N. Raspopowa: Pflügers Arch. **217**, 198—204 — Chem. Zbl. **1927 II**, 1162 — Ž. eksper. Biol. i. Med. (russ.) **4**, 665—679 — Ber. Physiol. **40**, 776 — Chem. Zbl. **1927 II**, 2207.

[9] G. F. Cartland u. F. C. Koch: Amer. J. Physiol. **87**, 249—261 (1928) — Chem. Zbl. **1929 I**, 669.

[10] S. Demianowski: Biochem. Z. **193**, 245—250 (1928) — Chem. Zbl. **1929 I**, 409.

[11] H. Wasteneys u. H. Borsook: J. of biol. Chem. **62**, 15—29 (1924) — Chem. Zbl. **1925 I**, 674.

H. N. Batham[1] untersuchte die Nitrifikation der Böden. Er gab zu lufttrockenem, gesiebten Boden — leichter Lehm mit dem $p_H = 6{,}35$ — in sterilisierten Gefäßen 0,5 g $CaCO_3$ und neutralisiertes Tryptophan. Nach einer Inkubationszeit von 30—40 Tagen — bei optimalem Wassergehalt und Zimmertemperatur — wurden die gebildeten Nitrate im Vergleich zu $(NH_4)_2SO_4$ nach der Methode von Schloesnig bestimmt. Beim Vergleichen des Nitrifikationsgrades von verschiedenen Aminosäuren stand das Tryptophan an der Spitze. Der Verfasser führte dies auf die Gegenwart des ringförmig gebundenen N zurück. Der Nitrifikationsgrad des $(NH_4)_2SO_4$ wurde aber auch vom Tryptophan nicht erreicht.

Nach subcutaner Zufuhr von 2 g Tryptophan an einen Gallenfistelhund konnten Y. Kotake und K. Ichihara[2] aus der Galle 0,0610 g, aus dem Harn 0,3572 g Kynurensäure, und in einem anderen Versuche aus der Galle 0,2327 g und aus dem Harn 0,1842 g isolieren.

Bei der Durchblutung von Hundelebern mit 1 g Tryptophan und 1 g Indolbrenztraubensäure wurden nach Z. Matsuoka und S. Takemura[3] in 2 Stunden 0,1285 g bzw. 0,1202 g Kynurensäure erhalten, so daß die Verfasser die Bildung der Kynurensäure aus dem Tryptophan über die Indolbrenztraubensäure als Zwischenprodukt annehmen. Bei dieser Umwandlung von l-Tryptophan und Indolbrenztraubensäure in Kynurensäure in der überlebenden Leber erfolgt nun nach Z. Matsuoka, S. Takemura und N. Joshimatsu[4] die Desaminierung vorzugsweise in den Reticuloendothelien, während die Umlagerung in die Alkoholsäuren in den Parenchymzellen stattfindet. Durch Carminvitalfärbung wird beim Kaninchen die Kynurensäure nicht beeinflußt. Aus d,l-Tryptophan wird viel weniger Kynurensäure gebildet als aus l-Tryptophan. Vielleicht ist d-Tryptophan hierbei überhaupt nicht beteiligt.

Bei der Verfütterung größerer Mengen (16—30 g) l-Tryptophans an Kaninchen innerhalb 4 bzw. 6 Tagen krystallisiert nach Z. Matsuoka und N. Joshimatsu[5] aus dem mit 25 proz. H_2SO_4 angesäuerten und mit Äther überschichteten Harn nach einigen Tagen Stehens neben Kynurensäure eine neue Verbindung, $C_{13}H_{14}O_5N_2$, aus, die aus 50 proz. Alkohol in gelblichen 6 seitigen Tafeln ausfällt. Schmelzp. 195—196° (Dunkelfärbung bei 170°).

W. Robson[6] injizierte Kaninchen subcutan Tryptophan, Bz-3-Methyltryptophan, 6-Methylkynurensäure und 8-Methylkynurensäure. Vollständig verbrannt wurden im Organismus Bz-3-Methyltryptophan und 8-Methylkynurensäure, während 6-Methylkynurensäure unangegriffen ausgeschieden wurde. Nach dem Verfasser verläuft die Kynurensäurebildung im Organismus aus Tryptophan durch Eliminierung des Pyrrol-N und durch Bildung des Pyrimidinringes mit dem Amino-N.

Nach Versuchen von F. Lieben und P. Kronfeld[7] wird der Tryptophangehalt der Linsen bei Bestrahlung von Augenlinsen des Menschen und Schweines bei intakter Linse oder bei deren Lösung nicht vermindert. Dagegen tritt eine Verminderung ein, wenn die in NaOH gelösten Linsen einen Eiweißgehalt der Lösung von 0,5% oder weniger enthalten.

Nach Untersuchungen von T. Ugata[8] zeigt Tryptophan allein oder im Gemisch mit anderen Aminosäuren keinen Einfluß auf die Vermehrung von Paramaecium caudatum.

Aus 12 g l-Tryptophan lassen sich nach T. Sasaki[9] durch Subtilisbakterien 0,63 g Anthranilsäure gewinnen.

Ist freies oder leicht gebundenes Tryptophan im Nährboden, so wird nach A. Perin[10] Indol durch indolbildende Bakterien gebildet, und zwar im entsprechenden Verhältnis zur Tryptophanmenge. Zucker verhindert diese Bildung.

Mit Hilfe von spezifischen Reaktionen auf Indol und Indolderivate wird von W. Frieber[11] die Bildung von Indol aus Tryptophan durch indolnegative Bakterien verfolgt. Anscheinend

---

[1] H. N. Batham: Soil Sci. **20**, 337—351 (1925) — Chem. Zbl. **1926 I**, 1476.
[2] Y. Kotake u. K. Ichihara: Hoppe-Seylers Z. **169**, 1—2 — Chem. Zbl. **1927 II**, 2325.
[3] Z. Matsuoka u. S. Takemura: J. of Biochem. **1**, 175—180 (1922) — Ber. Physiol. **20**, 429 (1923) — Chem. Zbl. **1924 I**, 1226.
[4] Z. Matsuoka, S. Takemura u. N. Joshimatsu: Hoppe-Seylers Z. **143**, 199—205 — Chem. Zbl. **1925 I**, 2579.
[5] Z. Matsuoka u. N. Joshimatsu: Hoppe-Seylers Z. **143**, 206—210 — Chem. Zbl. **1925 I**, 2580.
[6] W. Robson: Biochem. J. **22**, 1165—1168 (1928) — Chem. Zbl. **1929 I**, 246.
[7] F. Lieben u. P. Kronfeld: Biochem. Z. **197**, 136—140 — Chem. Zbl. **1928 II**, 1794.
[8] T. Ugata: J. of Biochem. **6**, 417—450 (1926) — Chem. Zbl. **1928 II**, 1784.
[9] T. Sasaki: J. of Biochem. **2**, 251—254 (1923) — Ber. Physiol. **20**, 371 — Chem. Zbl. **1924 I**, 1215.
[10] A. Perin: Arch. Pat. e Clin. med. **1**, 279—297 — Ber. Physiol. **13**, 135 — Chem. Zbl. **1922 III**, 560.
[11] W. Frieber: Zbl. Bakter. I **87**, 254—277 (1921) — Chem. Zbl. **1922 I**, 420.

wird durch diese Bakterien aus Tryptophan unter Abspaltung des N-Atomes wahrscheinlich Indolessigsäure gebildet, während der Abbau des Tryptophans durch indolpositive Bakterien sich anscheinend in 2 Etappen vollzieht, deren erste unter Abspaltung der $-CH_2-NH_2$-Gruppe zur Indolessigsäure, deren zweite von dieser Säure zum Indol führt. Gemeinsam ist also die Verwendbarkeit der NH_2-Gruppe des Tryptophans als N-Quelle. Indolpositive Bakterien können durch Zugabe einer leichter assimilierbaren C-Quelle in Form von Kohlehydraten dazu gebracht werden, daß auch sie im Tryptophanabbau am Endpunkt der ersten Etappe stehen bleiben. Auf die Bildung der Indolessigsäure durch die indolnegativen Bakterien üben also die Kohlehydrate keinen hemmenden Einfluß aus. Die N_2-Gruppe des Tryptophans ist also für die Bakterien prinzipiell zugänglich, sie kann nicht durch andere Aminosäuren ersetzt werden. Von den bisher als Indolbildnern angegebenen Arten führen Pest-, Rotz-, Pneumonie- und Diphtheriebacillen, Sarcinen, Staphylokokken, Bacterium Zopfii, vitulinum, ochraceum, Microc. bicolor und ebenso Typhus-, Paratyphus A- und B-, Enteritis-, Ruhr-, Paracolibacillen, anindolische Proteusstämme und Bacterium myocoides nur zur Bildung von Indolessigsäure.

Sowohl Bacterium coli wie Bacterium vibrio cholerae entwickeln nach E. Zdansky[1] in Kulturen mit Pepton Roche bedeutend früher als in solchen mit Pepton Witte Indol. Die Ursache scheint in dem höheren Gehalt des Pepton Roche an Tryptophan zu liegen. Das Tryptophan ist nicht nur in Polypeptidform, sondern auch als freie Aminosäure darin vorhanden. Das präformierte Tryptophan dürfte nun die Quelle für das in den ersten Stunden des Bakterienwachstums auftretende Indol sein.

Lösungen von Witte-Pepton, die nach 9 tägiger Reaktion mit Bacillus prodigiosus verstärkte Tryptophanreaktion aufgewiesen hatten, zeigten nach H. von Euler[2] bei einjähriger Aufbewahrung der Kulturen im Pasteurkolben keine Tryptophanreaktion mehr, wobei es unentschieden blieb, ob es sich um Zerstörung oder Verwendung des Tryptophans zur Bildung löslicher Produkte handelte.

l-Tryptophan wird nach J. Supniewski[3] durch Bacillus pyocyaneus sehr schnell, wahrscheinlich über Indol und Anthranilsäure zu $(NH_4)_2CO_3$ zersetzt.

Untersuchungen über die Bildung von Farbstoff durch Bacillus pyocyaneus auf verschiedenen Nährböden ergaben nach J. Carra[4] bei Verwendung von Tryptophan als N-Quelle, daß die Bildung des Farbstoffes dem Wachstum nicht parallel geht. So ist zwar das Wachstum sehr üppig, aber eine Farbstoffbildung fehlt, was nach dem Verfasser dadurch zu erklären ist, daß das Tryptophan als Ganzes vom Pyocyaneus verwertet wird.

C. Gessard[5] setzte, um den Einfluß verschiedener Stoffe auf das Auftreten des spezifischen Geruches von Bacillus pyocyaneus zu prüfen, einer Abkochung der Samen von Lupinus albus als geeignetstem Nährboden für Pyocyaneuskulturen Tryptophan zu. Schon in einer sehr kleinen Menge von Tryptophan war nach kurzer Zeit der ausgesprochene, für Pyocyaneus charakteristische Geruch zu bemerken.

Untersuchungen von H. Braun und C. E. Cahn-Bronner[6] über die dem Paratyphus B-Bacillus nahestehenden Arten — Gärtnerschen-, Voldaysenschen-, Mäusetyphusbacillen — und über Paratyphus A- und Typhusbacillus ergaben, daß l-Tryptophan zu regelmäßigem Wachstum führte. Neben diesem muß Lactat oder eine andere geeignete C-Verbindung, z. B. Traubenzucker, zugegen sein; beschleunigend wirkte ein Zusatz von 0,1% $MgSO_4$, 0,05% $CaCl_2$ und eine Spur $FeSO_4$. Diphtherie- und Milzbrandbacillen konnten sich auch nach einem Zusatz von Tryptophan zu einem künstlichen Nährboden nicht aufbauen.

Von H. Braun und C. E. Cahn-Bronner[7] wurde weiterhin die Ausnutzbarkeit von Tryptophan im Gemisch mit Milchsäure untersucht. Die Aminosäure wurde je nach der Darstellungsweise in verschiedenem Grade ausgenutzt. In einer Nährflüssigkeit, die 0,5% dieser Säure und 0,5% milchsaures Na enthielt, wachsen alle untersuchten Stämme (gasbildende und gaslose Paratyphus-B-, Gärtner-, NH_3-assimilierende und NH_3-nichtassimilierende Typhusbacillen). Nur ein Präparat der Grenzach-Werke gab in allen Fällen negative Resultate.

---

[1] E. Zdansky: Zbl. Bakter. I **89**, 1—3 (1922) — Chem. Zbl. **1923 I**, 692.
[2] H. v. Euler: Ark. Kemi Mineral. Geol. **9**, Nr 47, 1—6 (1927) — Chem. Zbl. **1928 I**, 714.
[3] J. Supniewski: C. r. Soc. Biol. Paris **90**, 1111—1112 — Chem. Zbl. **1924 II**, 483 — Biochem. Z. **146**, 522—535 — Chem. Zbl. **1924 II**, 682.
[4] J. Carra: Z. Bakter. I **91**, 154—159 — Chem. Zbl. **1924 I**, 1550.
[5] C. Gessard: C. r. Acad. Sci. Paris **178**, 1857—1859 — Chem. Zbl. **1924 II**, 851.
[6] H. Braun u. C. E. Cahn-Bronner: Zbl. Bakter. I **86**, 196—211 — Chem. Zbl. **1921 III**, 234.
[7] H. Braun u. C. E. Cahn-Bronner: Biochem. Z. **131**, 226—271 (1922) — Chem. Zbl. **1923 I**, 965.

Die Verwertbarkeit des Tryptophans führen die Verfasser auf die Sprengung des Indolringes zurück. Andere Indolpräparate können das Tryptophan nicht ersetzen, wie Indol-α-carbonsäure, Indol-α, β-dicarbonsäure, Indol selbst.

Nach H. Braun und R. Goldschmidt[1] wurde sowohl bei Coli- wie bei Paratyphus-B-Bacillen das anaerobe Wachstum gesteigert, wenn den Nährböden Traubenzucker als C-Quelle und Tryptophan zugesetzt wurden.

Nach A. Goris und A. Liot[2] lassen sich bei der Züchtung von Bacillus pyocyaneus auf künstlichen Nährböden Tryptophan oder besser noch dessen Salze als N-Quelle verwenden, wenn auch die Wirkungen dieser Verbindungen nicht so stark wie die der NH_4-Salze sind.

Aus Untersuchungen von 5000 säurefesten Bakterien verschiedenster Herkunft ergab sich nach E. R. Long[3], daß Tryptophan als alleinige N-Quelle nicht brauchbar ist, weil wahrscheinlich seine Abbauprodukte toxische Wirkungen haben.

Über die Behinderung von Bakterienwachstum durch Tryptophan in relativ niedrigen Konzentrationen zwischen 0,2—2% berichten G. A. Wyon und J. W. Mc Leod[4]. Einige Darmbakterien sind gegen diesen Einfluß unempfindlich.

Wurden nach J. Carra[5] in der Uschinskischen Lösung die N-haltigen Bestandteile (NH_4-Lactat, Asparagin) durch Tryptophan oder andere Aminosäuren ersetzt, so gab Tryptophan bei einem Vergleich mit der Wirkung von anderen Aminosäuren bei verschiedenen untersuchten Bakterien durchweg die besten Resultate. Da bei den empfindlicheren Bakterien auch die Lösung mit Alanin der üblichen überlegen war, empfiehlt Verfasser die Uschinski-Lösung mit Alanin + Tryptophan als allgemein verwendbar.

Zusatz von Tryptophan zu einem künstlichen Nährboden mit Histidindichlorhydrat vermehrt nach M. T. Hanke und K. K. Koeßler[6] das Wachstum des Colibacillus, vermindert aber die gebildete Histaminmenge.

l-Tryptophan wurde nach K. Hirai[7] in Ringerscher Lösung durch Proteus vulgaris im Gegensatz zu l-Tyrosin nicht zu Melanin abgebaut.

In Untersuchungen von K. Hasebroek[8] über den Melanismus der Schmetterlinge wurde auch die Frage der Bildung von Melanin aus Tryptophan durch eine Dopaoxydase bearbeitet. Es zeigte sich, daß auch nicht annähernd eine solch schwarze Färbung wie mit Tyrosin oder Dioxyphenylalanin erreicht wurde.

Über proteolytische Wirkungen von Menschenserum, das mit Alkohol ausgefällt war, berichtet M. Schierge[9]. So ließ sich in gewissen Fällen der Abbau des Caseins bis zum Tryptophan, Leucin und Tyrosin nachweisen. Mit Alkohol gefälltes Harneiweiß baute stets bis zum Tryptophan, Tyrosin und Leucin ab.

Nach I. Kraus Ragins[10] spaltet Pepsin aus Proteinen kein Tryptophan ab, wohl aber spaltet Trypsin aus Casein, Edestin und aus einem Globulin aus Kürbissamen das Tryptophan quantitativ ab. Erepsin setzt aus Trypsinhydrolysaten kein Tryptophan mehr frei.

Nach J. H. Northrop[11] wird die Fermentwirkung von Trypsin durch zugesetztes Tryptophan nicht gehemmt.

Eine beschleunigende Wirkung auf die Hydrolyse der Stärke durch Pankreatinamylase mittels Tryptophan konnten H. C. Sherman und M. L. Caldwell[12] nicht beobachten.

Weitere Versuche von H. C. Sherman und M. L. Caldwell[13] über die Amylasewirkung

---

[1] H. Braun u. R. Goldschmidt: Zbl. Bakter. **109 I**, 353—361 (1928) — Chem. Zbl. **1929 I**, 763.
[2] A. Goris u. A. Liot: C. r. Acad. Sci. Paris **174**, 575—578 — Chem. Zbl. **1922 III**, 391.
[3] E. R. Long: Amer. Rev. Tbc. **5**, 705—714 (1921) — Ber. Physiol. **12**, 299 — Chem. Zbl. **1922 III**, 173.
[4] G. A. Wyon u. J. W. Mc Leod: J. of Hyg. **21**, 376—385 — Ber. Physiol. **26**, 306 (1924) — Chem. Zbl. **1924 II**, 2271.
[5] J. Carra: Ann. d'Ig. **34**, 397—405 — Ber. Physiol. **29**, 138 (1924) — Chem. Zbl. **1925 I**, 1088.
[6] M. T. Hanke u. K. K. Koeßler: J. of biol. Chem. **50**, 131—191 (1922) — Chem. Zbl. **1922 I**, 695.
[7] K. Hirai: Biochem. Z. **135**, 299—307 — Chem. Zbl. **1923 III**, 681.
[8] K. Hasebroek: Fermentforschg **5**, 297—333 (1922) — Chem. Zbl. **1922 I**, 1302.
[9] M. Schierge: Klin. Wschr. **1**, 2427 (1922) — Chem. Zbl. **1923 I**, 1378.
[10] I. Kraus Ragins: J. of biol. Chem. **80**, 551—556 (1928) — Chem. Zbl. **1929 I**, 1383.
[11] J. H. Northrop: J. gen. Physiol. **4**, 227—244 (1922) — Chem. Zbl. **1922 I**, 764.
[12] H. C. Sherman u. M. L. Caldwell: J. amer. chem. Soc. **43**, 2469—2476 (1921) — Chem. Zbl. **1922 III**, 929.
[13] H. C. Sherman u. M. L. Caldwell: J. amer. chem. Soc. **44**, 2923—2926 (1922) — Chem. Zbl. **1923 III**, 1095.

im System Amylase + Glycin bzw. Phenylalanin + 0,000003 molare $HgCl_2$-Lösung zeigten, daß die Hemmung der Amylase durch Tryptophan nicht auf Verunreinigungen durch Hg-Spuren zurückzuführen ist.

In einer weiteren Arbeit von H. C. Sherman, M. L. Caldwell und N. M. Naylor[1] läßt sich zeigen, daß Tryptophan in den ersten 30—40 Minuten eine Schutzwirkung auf die Wirksamkeit von Amylase ausübt, die diese durch Temperaturerhöhung verliert. Noch nach längerer Zeit (50 Minuten) läßt sich eindeutig die Schutzwirkung des Tryptophans nachweisen.

Nach E. Abderhalden[2] beschleunigte Tryptophan die alkoholische Gärung durch Hefezellen. Die gleiche Beobachtung konnte H. Zeller[3] bestätigen, der angibt, daß Tryptophan die Hefegärung um 50% steigert.

Aus den Arbeiten von R. Willstätter[4] ergibt sich, daß im Gegensatz zur Ansicht Eulers und Josephsons Tryptophan ein für die Saccharase bedeutungsloser Begleitstoff ist. Tryptophan dürfte noch weiter als bisher zu entfernen sein, wenn die aus invertinreicher Hefe gewonnenen Autolysate vor ihrer Dialyse einer Alterung unterworfen werden, wobei erfahrungsgemäß der tryptophanhaltige Begleitstoff durch andere verdrängt wird.

Die Wirkung von Pankreaslipase auf Buttersäureäthylester und Olivenöl wird nach E. R. Dawson[5] in alkalischer und neutraler, aber nicht in saurer Lösung durch Tryptophan beschleunigt.

Ein Unterschied hinsichtlich der Tryptophanabspaltung aus Proteinen (Gelatine, Casein und Wittepepton) durch Coliproteasen und die Proteasen der Fäulniserreger ist nach M. Schierge[6] zu konstatieren.

K. Oshima[7] berichtet über die Tryptophanbildung aus Proteinen durch Proteasen von Aspergillus oryzae im Vergleich zu der Tryptophanbildung durch Trypsin.

Die Arginasen aus einer Reihe von malignen Tumoren, Sarkomen, Carcinomen, Granulationen, Polypen und embryonalen Geweben spalten nach S. Edlbacher und K. W. Merz[8] aus Tryptophan kein NH_3 ab.

Nach G. Schmidt[9] wird l-Tryptophan nicht durch die Adenylsäuredesaminase aus Muskelbrei desaminiert.

Nach Untersuchungen von B. Sure[10] ist der Mangel an Tryptophan im Maiseiweiß die Hauptursache des unzureichenden Wachstums bei der Maisfütterung. Der tierische Organismus hat nach dem Verfasser nicht die Fähigkeit, bei oraler Verabreichung von Alanin und Indol das Tryptophan aus diesen beiden Bestandteilen aufzubauen.

Die Abhängigkeit des Konzentrationswechsels des freien Tryptophans im Blute der Kühe von der Fütterung ist eingehend durch C. A. Cary und E. B. Meigs[11] untersucht worden.

Nach C. A. Cary und E. B. Meigs[12] schwankt der Tryptophangehalt im Rinderblut zwischen 1,0—1,5 mg% und im Blutplasma zwischen 0,71—1,31 mg%. Während der Lactation ist weniger freies Tryptophan im Blute der Vena mammaria als in der Halsvene (bis etwa —17%).

Tryptophanbestimmungen des Serumeiweißes ergaben nach A. Fischer[13] einen durchschnittlichen Gehalt von 2,4% bei Annahme des Albumin-Globulin-Quotienten von 4,5:3,1. Tryptophanwerte von 2,8—3,9% wurden durch Globulinvermehrung erklärt. Bei normaler Senkungsreaktion war der Tryptophangehalt des Serumeiweißes stets normal, bei beschleunigter Senkungsreaktion meist erhöht. Die Tryptophanbestimmungen im Citratplasma ergaben zu niedrige Werte.

In Übereinstimmung mit eigenen früheren und späteren Befunden anderer Beobachter wird in Fütterungsversuchen mit Nahrungsgemischen aus reinen organischen Bausteinen an

---

[1] H. C. Sherman, M. L. Caldwell u. N. M. Naylor: J. amer. chem. Soc. **47**, 1702—1709 — Chem. Zbl. **1925 II**, 1989.
[2] E. Abderhalden: Fermentforschg **6**, 149—161 — Chem. Zbl. **1922 III**, 887.
[3] H. Zeller: Biochem. Z. **176**, 134—141 — Chem. Zbl. **1926 II**, 3060.
[4] R. Willstätter: Ber. dtsch. chem. Ges. **59**, 1591—1594 — Chem. Zbl. **1926 II**, 1154.
[5] E. R. Dawson: Biochemic. J. **21**, 398—403 — Chem. Zbl. **1927 II**, 1353.
[6] M. Schierge: Z. exper. Med. **50**, 680—699 — Chem. Zbl. **1926 II**, 1428.
[7] K. Oshima: J. Coll. Agricult. **19**, 135—244 (1928) — Chem. Zbl. **1929 II**, 436.
[8] S. Edlbacher u. K. W. Merz: Hoppe-Seylers Z. **171**, 252—263 (1927) — Chem. Zbl. **1928 I**, 375.
[9] G. Schmidt: Hoppe-Seylers Z. **179**, 243—282 (1928) — Chem. Zbl. **1929 I**, 1124.
[10] B. Sure: Amer. J. Physiol. **72**, 260—263 — Chem. Zbl. **1925 II**, 1185.
[11] C. A. Cary u. E. B. Meigs: J. agricult. Res. **29**, 603—624 (1924) — Chem. Zbl. **1925 II**, 232.
[12] C. A. Cary u. E. B. Meigs: J. of biol. Chem. **78**, 399—407 — Chem. Zbl. **1928 II**, 1582.
[13] A. Fischer: Z. klin. Med. **110**, 224—240 — Chem. Zbl. **1929 I**, 2674.

ausgewachsenen Tieren von E. Abderhalden[1] festgestellt, daß l-Tryptophan völlig unentbehrlich ist.

In einer weiteren Arbeit wird von E. Abderhalden[2] über den Einfluß von Fe + Glutaminsäure + Tryptophan + Histidin auf Tauben, die nur mit geschliffenem Reis gefüttert wurden, im Zusammenhang mit anderen Fütterungsversuchen berichtet.

Nach einer Arbeit von Ch. Champy und P. Gley[3] vermag Tryptophan bei Froschlarven Störungen, die durch Lysinmangel in der Nahrung hervorgerufen wurden, nicht zu beheben.

Versuche von W. Kolmer und F. Scheminzky[4] ergaben, daß auch für Kaulquappen der Tryptophankomplex auf die Dauer zur Ernährung nötig ist.

In Verbindung mit verschiedenen Nährstoffen und Aminosäuren hatte Tryptophan, dem gewöhnlichen Futter zugesetzt, nach E. Abderhalden[5] keinen merklichen Einfluß auf das Wachstum der Wolfsmilchschwärmerraupen.

Nach Versuchen von C. P. Berg und W. C. Rose[6] ist es bei Tryptophanzusatz zu einer Kost, in der Tryptophan fehlt, am zweckmäßigsten, dieses zur Grundkost nicht auf einmal, sondern in 2 Teilen (aller 12 Stunden die Hälfte der Ration) zu verfüttern. Die Fütterung aller 6 Stunden bringt kaum Vorteile.

Die Aufnahme an Tryptophan beträgt bei optimaler Nahrung 0,3—0,4 mg, bei minimaler 0,15—0,2 mg pro qcm Ernährungsfläche. Colostralmilch scheint nach I. Toshio[7] deshalb für die Ernährung des Neugeborenen wertvoller als Dauermilch zu sein, weil jene mehr Tryptophan enthält.

Nach Untersuchungen von H. Firgau, C. Hartmann und E. Voit[8] beträgt das Tryptophanminimum für einen ausgewachsenen Hund pro kg Tier 19 mg bzw. für 1 qm Oberfläche 411 mg.

Nach Versuchen von O. Fürth und F. Lieben[9] wurde von den mit genau bekannten Mengen eines bestimmten Nahrungsgemisches zugefügten Tryptophanmengen nur ein geringer (3—8%) Bruchteil der Körpersubstanz einverleibt, die Hauptmenge (92—97%) wurde zerstört. Die Verfasser schließen daraus in Übereinstimmung mit Osborne und Mendel, daß der tierische Organismus seinen Bedarf an gewissen cyclischen Komplexen vollkommen aus der Nahrung decken kann und sie nicht selbst aufzubauen braucht. Der minimale Tryptophanbedarf einer wachsenden Ratte (0,07—0,13 g pro Tag und kg) übertrifft denjenigen eines menschlichen Säuglings um das 3—6fache. Besonders reichliche Tryptophanernährung scheint das Wachstum nicht zu beschleunigen und keine Anreicherung der Leibessubstanz der Ratte an Tryptophan (im Mittel 0,23%, annähernd wie beim Menschen) herbeizuführen.

Versuche von T. B. Osborne und L. B. Mendel[10] an Ratten ergaben, daß das Tryptophan zur Erhaltung unentbehrlich ist. Die notwendige Menge der Aminosäure ist durch das Gesetz des Minimums geregelt. Mit Zein gefütterte Ratten blieben monatelang beim gleichen Körpergewicht, wenn nur Tryptophan zugeführt wurde, begannen aber auf Zugabe von Lysin sofort zu wachsen. Durch Zugabe beider Aminosäuren zu Zein konnte dieses Futter zur Erhaltung und sogar zu leichtem Wachstum hinreichen, und zwar merkwürdigerweise mit einem viel geringeren Betrag an Tryptophan, als wenn dieses allein zugegeben wurde. Die Menge an Tryptophan und Lysin in der Nahrung kann also zu Faktoren gemacht werden, die das Ernährungsgleichgewicht und die Möglichkeit zur Zunahme eines Individuums bestimmen.

Nach Versuchen von C. S. Hicks[11] verhindert tryptophanfreie Nahrung das Wachstum. Während ein zu großer Zusatz von freiem Tryptophan schädlich ist, schadet ein höherer Tryptophangehalt als 2% nicht, wenn das Tryptophan im natürlichen Eiweiß gebunden ist. Bei synthetischer Nahrung liegt der optimale Tryptophangehalt zwischen 0,5 und 2%.

---

[1] E. Abderhalden: Pflügers Arch. **195**, 199—226 — Chem. Zbl. **1922 III**, 1234.
[2] E. Abderhalden: Pflügers Arch. **201**, 416—431 (1923) — Chem. Zbl. **1924 I**, 791.
[3] Ch. Champy u. P. Gley: C. r. Soc. Biol. **89**, 374—376 (1923) — Chem. Zbl. **1924 I**, 428.
[4] W. Kolmer u. F. Scheminzky: Pflügers Arch. **193**, 93—101 (1921) — Chem. Zbl. **1922 I**, 474.
[5] E. Abderhalden: Hoppe-Seylers Z. **127**, 93—98 — Chem. Zbl. **1923 III**, 265.
[6] C. P. Berg u. W. C. Rose: J. of biol. Chem. **82**, 479—484 — Chem. Zbl. **1929 II**, 1556.
[7] I. Toshio: Z. Kinderheilk. **31**, 257—289 — Ber. Physiol. **12**, 476 — Chem. Zbl. **1922 III**, 393.
[8] H. Firgau, C. Hartmann u. E. Voit: Z. Biol. **86**, 203—226 — Chem. Zbl. **1927 II**, 1486.
[9] O. Fürth u. F. Lieben: Biochem. Z. **132**, 325—342 (1922) — Chem. Zbl. **1923 I**, 206.
[10] T. B. Osborne u. L. B. Mendel: J. of biol. Chem. **25**, 1—12 (1916) — Chem. Zbl. **1922 I**, 585.
[11] C. S. Hicks: Austral. J. exper. Biol. a. med. Sci. **3**, 193—202 (1926) — Ber. Physiol. **40**, 227 — Chem. Zbl. **1927 II**, 952.

Versuche an Ratten von A. G. Hogan[1] ergaben, daß nur mit Maisproteinen ernährte Ratten bald starben, während ein Zusatz von Tryptophan und Lysin das Wachstum wiederherstellten. Wurde Tryptophan der Nahrung allein zugefügt, so erfolgte ein langsameres Wachstum als mit einem Gemisch von Tryptophan und Lysin. Sollen also die Maisproteine zur Ernährung tauglich gemacht werden, so ist in erster Linie ein Tryptophan- und in zweiter Linie ein Lysinzusatz unbedingt erforderlich.

Von B. Sure[2] wurde der Einfluß eines Tryptophanzusatzes zu Arachin auf das Wachstum von Ratten studiert. Allerdings wurde eine Verbesserung in dieser Beziehung damit nicht erzielt. B. Sure[3] teilte weiterhin mit, daß bei Arachinverfütterung das mangelhafte Wachstumsvermögen auch nach Zusatz von Cystin + Tryptophan nicht behoben wurde.

Nach E. F. Terroine und R. Bonnet[4] beträgt die Wärmeabgabe von Fröschen bei Tryptophanaufnahme 140 Cal. (+18%) pro 14 mg N.

In einer Arbeit von F. K. Swoboda[5] wird der Einfluß von Tryptophan in verschiedenen Konzentrationen in Gegenwart und bei Fehlen von hydrolysiertem Edestin auf die N-Ernährung von Hefe untersucht. Bei Fehlen des hydrolysierten Edestins fördern in sehr geringem Maße schwächere Tryptophankonzentrationen das Wachstum, während höhere Konzentrationen eher hemmend wirken. Bei Anwesenheit von hydrolysiertem Edestin ist eine geringe Steigerung durch zugesetztes Tryptophan erzielbar.

Versuche von B. Harrow, F. W. Power und C. P. Sherwin[6] ergaben, daß die Kupplung des Acetaldehyd-Essigsäurekomplexes mit p-Aminobenzoesäure im 24-Stunden-Harn nach Beigabe von Tryptophan um 15% gesteigert wurde.

Nach K. Mitsuba[7] findet die Bildung der Urochromfarbstoffe aus Tryptophan im Tierorganismus anscheinend in der Milz statt.

Biochemische Eigenschaften des d-Tryptophans: Über die Rolle des d-Tryptophans bei der Bildung der Kynurensäure aus Tryptophan in der überlebenden Leber und im Organismus berichten Z. Matsuoka, S. Takemura und N. Joshimatsu[8]. Siehe auch unter l-Tryptophan, biochemische Eigenschaften, S. 708.

Biochemische Eigenschaften des d, l-Tryptophans: Nach Z. Matsuoka, S. Takemura und N. Joshimatsu[8] wird aus d,l-Tryptophan im Organismus des Kaninchens viel weniger Kynurensäure gebildet als aus l-Tryptophan. Siehe auch unter l-Tryptophan, biochemische Eigenschaften, S. 708.

Physikalische Eigenschaften: Die Krystallform und die optischen Eigenschaften von Tryptophan wurden von G. L. Keenan[9] nach der Immersionsmethode bestimmt. Als Immersionsflüssigkeiten wurden Gemische von Squibbs Mineralöl $n = 1,49$, Monochlornaphthalin $n = 1,46$, Monobromnaphthalin $n = 1,66$ und Dijodmethan $n = 1,74$ in solchen Verhältnissen verwendet, daß sich das „n" jedes Gemisches vom anderen um 0,005 unterschied.

Das Absorptionsspektrum von Tryptophan wurde durch F. W. Ward[10] aufgenommen. F. C. Smith[11] untersuchte das ultraviolette Absorptionsspektrum von Tryptophan. Er fand einen erheblich niedrigeren Extinktionskoeffizienten als Ward.

Über die Absorptionsspektren eines Gemisches von Tyrosin, Tryptophan, Phenylalanin, Cystin, Glycin, Leucin und Glutaminsäure in dem durch Blutanalyse angezeigten Verhältnis und über den Vergleich dieser Spektren mit denen des Blutserums berichten W. Stenström und M. Reinhard[12].

---

[1] A. G. Hogan: J. of biol. Chem. **29**, 485—493 (1917) — Chem. Zbl. **1922 I**, 585.

[2] B. Sure: J. of biol. Chem. **43**, 443—456 (1920) — Chem. Zbl. **1921 I**, 41.

[3] B. Sure: J. of biol. Chem. **50**, 103—111 (1922) — Chem. Zbl. **1922 I**, 766.

[4] E. F. Terroine u. R. Bonnet: Ann. de Physiol. **2**, 488—508 (1926) — Ber. Physiol. **39**, 680—681 — Chem. Zbl. **1927 II**, 596.

[5] F. K. Swoboda: J. of biol. Chem. **52**, 91—109 — Chem. Zbl. **1922 III**, 1091.

[6] B. Harrow, F. W. Power u. C. P. Sherwin: Proc. Soc. exper. Biol. a. Med. **24**, 422—424 — Ber. Physiol. **40**, 787 — Chem. Zbl. **1927 II**, 2207.

[7] K. Mitsuba: Hoppe-Seylers Z. **164**, 236—243 — Chem. Zbl. **1927 II**, 454.

[8] Z. Matsuoka, S. Takemura u. N. Joshimatsu: Hoppe-Seylers Z. **143**, 199—205 — Chem. Zbl. **1925 I**, 2579.

[9] G. L. Keenan: J. of biol. Chem. **62**, 163—171 (1924) — Chem. Zbl. **1925 I**, 617.

[10] F. W. Ward: Biochemic. J. **17**, 898—902 (1923) — Chem. Zbl. **1924 I**, 1484.

[11] F. C. Smith: Proc. roy. Soc. Lond. B **104**, 198—205 — Chem. Zbl. **1929 I**, 1928.

[12] W. Stenström u. M. Reinhard: J. of biol. Chem. **66**, 819—827 (1925) — Chem. Zbl. **1926 I**, 2536.

Von C. S. Hicks[1] werden von sorgfältigst gereinigtem Tryptophan, Schmelzp. 289°, von 2-Oxy-indol-3-propionsäure und von Thyroxin die Absorptionsbanden gemessen und miteinander verglichen.

L. Marchlewski und A. Nowotnówna[2] bestimmten die Absorption des Tryptophans im ultravioletten Lichte in wässeriger Lösung.

A. Castille und E. Ruppol[3] beschreiben das Absorptionsspektrum des Tryptophans für Ultraviolett zwischen 4800 und 1900 Å.

W. Stenström und M. Reinhard[4] bestimmen die Lage der ultravioletten Absorptionsbanden einer wässerigen Lösung von Tryptophan bei wechselndem p_H und können zeigen, daß die Lage der Banden vom p_H unabhängig ist.

Nach L. J. Harris[5] scheint Tryptophan ganz ähnliche Dissoziationskonstanten zu haben wie Alanin.

Chemische Eigenschaften: Von G. H. Holm und R. A. Gortner[6] wird die Einwirkung von 20 proz. HCl auf Tryptophan bei verschieden langem Kochen untersucht. Tryptophan wird langsam verändert. Teile des Moleküls werden bei langer Säurehydrolyse abgespalten. Tryptophan wird verhältnismäßig leicht bei dieser Behandlung desaminiert. Aus den erhaltenen Ergebnissen wird von den Verfassern der Einfluß des Tryptophans auf die Huminbildung bei Proteinhydrolysen diskutiert.

Zur Klärung der Entstehung des Humins bei Proteinhydrolysen wird von R. A. Gortner und E. R. Norris[7] die Reaktion zwischen den Ketonen: Aceton und Acetophenon und Tryptophan studiert. Die Bildung von säureunlöslichem Humin aus Tryptophan wird durch die beiden Ketone nicht wesentlich beeinflußt, wohl aber diejenige von säurelöslichem Humin. Die Verfasser nehmen daher an, daß die Bildung des säureunlöslichen Humins auf eine Reaktion zwischen Tryptophan und einen bisher noch unbekannten Aldehyd zurückzuführen ist.

Weiterhin berichten G. O. Burr und R. A. Gortner[8] über die Bildung von Huminen aus den Kondensationsprodukten aromatischer Aldehyde mit Tryptophan und Indolderivaten. Aus Tryptophan entsteht in HCl-gesättigtem Alkohol mit Salicylaldehyd beim Eindampfen ein braunes Pulver folgender Zusammensetzung: $C_{12}H_{24}O_5N_2Cl$, das die Tryptophanreaktion nach Voisenet gibt und mit HNO_2 in Eisessig Amino-N unter Bildung eines orangefarbenen Niederschlages abspaltet. Wird Tryptophan, wie eben geschildert, mit überschüssigem Salicylaldehyd behandelt, so entsteht ein typisches unlösliches Humin.

Diskussion von Fürth und Lieben[9] über den Einfluß des Tryptophans auf die Melanoidbildung aus Proteinen durch Säurehydrolyse.

P. Thomas und E. Maftei[10] berichten über die Reaktionen von Zuckern mit Tryptophan in starker HCl. Wird eine 1 proz. Tryptophanlösung in HCl 1:1 mit einigen Milligramm Zucker 5 Minuten auf 100° erhitzt, so werden folgende Reaktionen erhalten: Arabinose hellgrün, Xylose hellbraun, Glucose hellviolett, Fructose und Sorbose tiefbraunrot, Rhamnose lachsrot, Galactose und Mannose gelblich. Holzgummi und Xylan geben die Xylosereaktion, Ribose, Arabon und Bierhefe die Arabinosereaktion, Maltose, Trehalose, Glykogen und Stärke die Glucosereaktion, die bei Stärke allerdings etwas röter ausfällt, Saccharose und Raffinose die Fructosereaktion.

Das durch Polymerisation mit Glycerin aus Tryptophan gewonnene Reaktionsprodukt zeigt nach H. Shibata[11] alle Farbreaktionen der Eiweißkörper.

Nach K. Shibata[12] entsteht beim Erhitzen je eines Moles von Glykokoll, Alanin, Leucin,

---

[1] C. S. Hicks: J. chem. Soc. Lond. **127**, 771—776 — Chem. Zbl. **1925 II**, 178.
[2] L. Marchlewski u. A. Nowotnówna: Bull. Intern. Acad. Polon. Sci. Lettres **1925**, 153 bis 164 — Chem. Zbl. **1926 I**, 588.
[3] A. Castille u. E. Ruppol: Bull. Soc. Chim. biol. Paris **10**, 623—668 — Chem. Zbl. **1928 II**, 622.
[4] W. Stenström u. M. Reinhard: J. physic. Chem. **29**, 1477—1481 (1925) — Chem. Zbl. **1926 I**, 1109.
[5] L. J. Harris: Proc. roy. Soc. London B **95**, 440—484 (1923) — Chem. Zbl. **1924 I**, 435.
[6] G. H. Holm u. R. A. Gortner: J. amer. chem. Soc. **42**, 2378—2385 (1920) — Chem. Zbl. **1921 I**, 370.
[7] R. A. Gortner u. E. R. Norris: J. amer. chem. Soc. **45**, 550—553 — Chem. Zbl. **1923 III**, 1575.
[8] G. O. Burr u. R. A. Gortner: J. amer. chem. Soc. **46**, 1224—1246 — Chem. Zbl. **1924 II**, 668.
[9] Fürth u. Lieben: Biochem. Z. **116**, 224—231 — Chem. Zbl. **1921 III**, 231.
[10] P. Thomas u. E. Maftei: Bull. Soc. de Stiinţe din Cluj **3**, 41—44 (1926) — Chem. Zbl. **1927 I**, 779.
[11] H. Shibata: Acta phytochim. (Tokyo) **2**, 39—47 — Chem. Zbl. **1925 II**, 1281.
[12] K. Shibata: Acta phytochim. (Tokyo) **2**, 193—198 — Chem. Zbl. **1927 II**, 2199.

Tyrosin und Tryptophan mit 5 Mol Asparagin in weniger als 5 Teilen Glycerin über 170° eine braune Masse, die nach Umfällung aus Methylalkohol mit Baryt oder $CaCl_2$ ein amorphes Pulver bildet, das denaturiertem Eiweiß ähnelt.

Über die Xanthoproteinreaktion von Tryptophan in Gemischen mit Tyrosin, Phenylalanin oder chemisch verwandten Verbindungen in alkalischer und in saurer Lösung berichtet E. Becher[1].

Die Bromreaktion des Tryptophans, das nach der Methode von Hopkins und Cole isoliert wurde, schlägt nach M. Stegelmann[2] auf Zusatz von überschüssigem Pyridin in Blau um. Der Farbstoff läßt sich mit Amylalkohol oder Essigester ausschütteln.

Der aus Tryptophan durch Einwirkung von Brom gebildete Farbstoff läßt sich nach G. Hunter[3] mit Amylalkohol ausschütteln.

Die Untersuchungen über die Farbreaktionen von heterocyclischen Verbindungen: Skatol, Indol, Pyrrol, Thiophen und Tryptophan mit konzentrierter H_2SO_4 und verschiedenen Aldehyden: Formaldehyd, Acetaldehyd, Paraldehyd, Benzaldehyd, Zimtaldehyd, p-Dimethylaminobenzaldehyd (Ehrlichs Aldehyd), Vanillin, o-Nitrobenzaldehyd, Piperonal, Furfurol und Glucose ergibt nach F. Lieben und H. Popper[4] — als allgemeine Regel gefaßt —, daß die jeweils auftretende Farbe nach ihrer qualitativen und quantitativen Farbstärke durch die heterocyclische Verbindung bedingt ist, wenn die heterocyclische Verbindung im Überschuß ist. Während ein Molverhältnis der beiden Komponenten 1:1 ein Störungsbereich gibt, wo sich beide Einflüsse überlagern und der sich zum Teil bis 1:10 erstreckt, besteht zumeist bei einem Verhältnis von 1:5 Mol gute Proportionalität zu der nicht im Überschuß befindlichen Komponente. Die Verbindung Heterocyclicum—Aldehyd scheint keine rein chemische zu sein. Die Farbstärke beruht wahrscheinlich auch auf einer Änderung (Herabsetzung) des Dispersitätsgrades.

Tryptophan gibt nach Z. Dische[5] keine Farbreaktion mit Carbazol.

Bei einer kombinierten Einwirkung von $HgCl_2$, Sulfanilsäure und Jodsäure in ganz reinem Zustande und unter genau einzuhaltenden Bedingungen auf Tryptophan wird nach B. Stuber, A. Rußmann und E. A. Pröbsting[6] keine Färbung erhalten.

Über die Reaktion des Tryptophans mit den Reagenzien von Marquis, Erdmann und Fulton berichten V. E. Levine und Ch. C. Fulton[7].

Tryptophan absorbiert bei ultravioletter Bestrahlung nach D. Th. Harris[8] sehr schnell Sauerstoff.

Nach P. Pfeiffer und O. Angern[9] wird Tryptophan sowohl durch NaCl wie auch durch K-Acetat und Ammoniumsulfat — von diesem zu etwa 54—60% — ausgesalzen. Die Aussalzbarkeit wurde so bestimmt, daß 5 ccm der gesättigten Lösung 0,02 Mol der Neutralsalze zugefügt wurden.

R. A. Joyner[10] berichtet über die Einwirkung des Na-Salzes von Tryptophan auf die Hydrazindarstellung, die nach dem Verfasser sehr gering ist.

Über die Umsetzung des Tryptophans mit ClO_2 berichten E. Schmidt und K. Braunsdorf[11].

Beim Versetzen einer salzsauren Tryptophanlösung mit einem Überschuß von NaBr- und KBr-Lösung werden nach R. H. A. Plimmer und H. Phillips[12] vom Tryptophan 6 bis 8 Atome Br gebunden.

Das Hopkinssche Reagens fällt nach J. L. Demjanowski[13] nicht nur Tryptophan, sondern auch andere organische Substanzen.

---

[1] E. Becher: Dtsch. Arch. klin. Med. 148, 159—182 (1925) — Chem. Zbl. 1926 I, 742.
[2] M. Stegelmann: Beitr. Physiol. 2, 5—6 — Ber. Physiol. 13, 19 — Chem. Zbl. 1922 III, 555.
[3] G. Hunter: Biochemic. J. 16, 637—639 (1922) — Chem. Zbl. 1923 II, 1207.
[4] F. Lieben u. H. Popper: Biochem. Z. 173, 455—466 — Chem. Zbl. 1926 II, 2094.
[5] Z. Dische: Biochem. Z. 189, 77—80 (1927) — Chem. Zbl. 1928 II, 1760.
[6] B. Stuber, A. Rußmann u. E. A. Pröbsting: Z. exper. Med. 32, 448—454 (1923) — Chem. Zbl. 1923 II, 1138.
[7] V. E. Levine u. Ch. C. Fulton: J. Labor a. clin. Med. 14, 350—363 — Chem. Zbl. 1929 I, 2089.
[8] D. Th. Harris: Biochemic. J. 20, 288—292 — Chem. Zbl. 1926 II, 456.
[9] P. Pfeiffer u. O. Angern: Hoppe-Seylers Z. 133, 180—192 — Chem. Zbl. 1924 I, 2257.
[10] R. A. Joyner: J. chem. Soc. Lond. 123, 1114—1121 — Chem. Zbl. 1923 III, 815.
[11] E. Schmidt u. K. Braunsdorf: Ber. dtsch. chem. Ges. 55, 1529—1534 — Chem. Zbl. 1922 III, 520.
[12] R. H. A. Plimmer u. H. Phillips: Biochemic. J. 18, 312—321 — Chem. Zbl. 1924 II, 1252.
[13] J. L. Demjanowski: Russk. fiziol. Ž. 5, H. 1—3 (1922) — Ber. Physiol. 17, 440 — Chem. Zbl. 1923 III, 568.

H. D. Dakin und R. West[1] studierten die Einwirkung von Essigsäureanhydrid und Pyridin auf Tryptophan. Bei der Spaltung von Weizengliadin bei 100° mit 0,027—4,0n-HCl, 20proz. HCl, 0,2—4n-H_2SO_4, 0,2 und 1,0n-NaOH und 0,2n-Ba(OH)$_2$ konnte H. B. Vickery[2] zeigen, daß Tryptophan bei längerer Einwirkung zerstört wird.

Tryptophan wird nach S. Edlbacher und J. Kraus[3] im Gegensatz zu Glykokoll bei Gegenwart geringer Mengen Adrenalin durch O_2 nur in geringem Betrage unter Bildung von NH_3 und CO_2 oxydiert.

F. Lieben[4] studierte die photo-oxydative Zerstörung von Tryptophan je nach Art, Intensität und Dauer der Belichtung, des Einflusses von Sensibilisatoren und von Zusätzen mit Hilfe colorimetrischer Methoden. Sensibilisatoren (Hämatoporphyrin, Rose Bengale) erhöhen die Zerstörung des Tryptophans im Quarzlampenlicht und bedingen sie im diffusen Tageslicht. Alkali beschleunigt die im sauren und neutralen Gebiete kaum meßbare Zerstörung. Die oxydative Wirkung des H_2O_2 addiert sich zur Lichtwirkung; $NaNO_2$, das im Dunkeln kaum wirkt, verstärkt die Lichtoxydation, Formaldehyd wirkt ähnlich wie H_2O_2. Röntgenstrahlen wirken nur schwach. — Nach dem Verfasser[5] wird auch in Proteinen gebundenes Tryptophan durch ultraviolettes Licht der Quarzlampe wie durch diffuses Tageslicht, dann aber nur bei Gegenwart eines Sensibilisators, oxydativ zerstört. Nach G. Viale[6] wird zwar die photochemische Wirkung des Eosins auf die Hämolyse und auf die Oxydation von KJ durch Tryptophan gehemmt, aber nicht die beschleunigende Wirkung auf die Edersche Reaktion, so daß sich deren Hemmwirkung nur gegen die Oxydationsbeschleunigung durch Eosin zu richten scheint. Weiterhin wird die photochemische Wirkung von Benzoflavin, die von Erythrosin auf KJ durch Tryptophan gehemmt, während die von Chinin, Aeskulin und Uransalzen nicht beeinflußt wird.

Über die Veränderungen des Tryptophans beim Weichen von Rohhäuten berichten E. R. Theis und E. L. McMillen[7]. Tryptophan soll durch Reduktionswirkung in Indolpropionsäure und NH_3, die Indolpropionsäure durch Oxydation in Indolessigsäure, CO_2 und Wasser und die Indolessigsäure durch CO_2-Abspaltung in Skatol verwandelt werden.

Derivate: Molekülverbindung aus Tryptophan und Sarkosinanhydrid. Sternchenförmig angeordnete Prismen aus Wasser, sirupös bei 223—226°, Schmelzp. 232° (Gasentwicklung)[8].

Dijod-l-tryptophan $C_{11}H_{10}O_2N_2J_2$. l-Tryptophan bei rotem Licht in 2,5proz. Lösung mit NaOH und 2 Atomen J bei 0° portionsweise versetzt und geschüttelt. Die Dijodverbindung mit Eisessig oder verdünnter Essigsäure ausgefällt. Die Verbindung fällt als braunes bis gelbes Gel aus, das 2mal mit Tierkohle umgelöst wird. Amorphes Pulver, dunkel bei 120°, sintert bei 150° und zersetzt sich gegen 168° (unter Gasentwicklung), J wird erst über 300° abgegeben. Hellgelb in Alkali und verdünnten Säuren löslich, mit Säuren wieder fällbar, erst starke Säuren machen J frei. Aus Lösungen in Eisessig durch Verdünnen mit Wasser unverändert als Gel ausflockbar. Unlöslich in Alkohol, Äther, Benzol, Chloroform, Essigester und Petroläther. Auch beim starken Erhitzen in diesen Lösungsmitteln wird kein J frei, das aber durch $Na_2S_2O_3$ nach einiger Zeit abgespalten wird. Die verdünnte schwefelsaure Lösung gibt mit $HgSO_4$ jodhaltigen Niederschlag. Keine Indolreaktion mit Glyoxylsäure. Isonitrilreaktion positiv. $[\alpha]_D^{20} = -25,70°$ (in 4% HCl). — Stellung der J-Atome noch ungeklärt. Jodierung in saurer oder neutraler Lösung führten zu keinem Erfolg. Wurden größere Mengen J als 2 Atome auf ein Tryptophan angewandt, trat Zersetzung ein[9]. — Nach E. Abderhalden[9] ist Dijodtryptophan ziemlich giftig; nach Wochen sind ähnliche, aber viel schwächere Wirkungen wie mit Dijod-l-tyrosin zu erzielen, die vielleicht nicht auf die intakte Verbindung zu beziehen sind, sondern auf Bildung von Thyroxin oder auf die Abgabe von J, das dann zum Aufbau von 3,5-Dijod-l-tyrosin verwandt wird. — Dijod-tryptophan läßt nach W. Knipling und E. Wheeler-Hill[10] den Gesamtstoffwechsel vollkommen unbeeinflußt. — Dijodtryptophan

---

[1] H. D. Dakin u. R. West: J. of biol. Chem. **78**, 745—756 — Chem. Zbl. **1928 II**, 2115.
[2] H. B. Vickery: J. of biol. Chem. **53**, 495—512 (1922) — Chem. Zbl. **1923 I**, 853.
[3] S. Edlbacher u. J. Kraus: Hoppe-Seylers Z. **178**, 239—249 — Chem. Zbl. **1928 II**, 2658.
[4] F. Lieben: Biochem. Z. **184**, 453—473 — Chem. Zbl. **1927 II**, 1004.
[5] F. Lieben: Biochem. Z. **187**, 307—314 — Chem. Zbl. **1927 II**, 1952.
[6] G. Viale: Arch. di Fisiol. **22**, 61—75 (1924) — Ber. Physiol. **29**, 170 — Chem. Zbl. **1925 I**, 1565.
[7] E. R. Theis u. E. L. McMillen: J. amer. Leather Chem. Assoc. **23**, 372—397 — Chem. Zbl. **1928 II**, 1411.
[8] P. Pfeiffer, O. Angern u. L. Wang: Hoppe-Seylers Z. **164**, 182—202 — Chem. Zbl. **1927 I**, 3196.
[9] E. Abderhalden: Pflügers Arch. **201**, 432—444 (1923) — Chem. Zbl. **1924 I**, 789.
[10] W. Knipling u. E. Wheeler-Hill: Dtsch. Arch. klin. Med. **153**, 223—238 (1926) — Chem. Zbl. **1927 I**, 1499.

erzeugt nach B. Zawadowsky, A. Titajew, Z. Perelmutter und N. Raspopowa[1] selbst in Dosen bis zu 30 mg keine vollständige Metamorphose von Axolotln.

Bz-3-Methyltryptophan $C_{12}H_{14}O_2N_2$, wurde durch Spaltung mit $Ba(OH)_2$ aus 5-Methylindolylhydantylmethan hergestellt. Täfelchen aus Wasser durch Alkohol ausgefällt. Schmelzpunkt 259—263°. Leicht löslich in Wasser. Von sehr bitterem Geschmack. Gibt mit dem Reagenz von Hopkins und Cole schöne Purpurfärbung, in verdünnter, kalt gehaltener Lauge ziemlich lange haltbar. Mit Br-Wasser Purpurfärbung, die durch Butylalkohol ausschüttelbar ist. Bei sorgfältiger Neutralisation starke Ninhydrinreaktion[2]. — Bz-3-Methyltryptophan Kaninchen subcutan injiziert wurde nach W. Robson[3] im Organismus vollständig verbrannt.

Oxytryptophan.

Synthese: H. Fischer und K. Smeykal[4] berichten über Versuche zur Synthese von Oxytryptophan aus Oxindolaldehyd und Hippursäure. Es gelang zwar die Kondensation zum Azlacton, aber nicht die Aufspaltung zur ungesättigten Säure. Es wurde nur eine Acetylgruppe abgespalten.

Histidin.

β-Imidazol-α-aminopropionsäure.

Vorkommen: Nach R. W. Gerhard[5] ließ sich Histidin im Inhalt, wie in der Schleimhaut der Darmschlingen nachweisen.

Im Extrakt von Stierhoden wurde von K. Morinaka[6] mit den üblichen Methoden Histidin nachgewiesen.

In den wässerigen Extraktstoffen von Ovarialsubstanz sind nach F. W. Heyl und B. Fullerton[7] kleine Mengen Histidin enthalten.

Über das Histidinvorkommen im alkoholischen Extrakt aus ätherunlöslichem Ovarienrückstand und über das Vorkommen im Phosphorwolframsäureniederschlag des äther- und alkoholunlöslichen, aber wasserlöslichen Anteils berichten F. W. Heyl und M. C. Hart[8].

Im sirupösen Extrakt aus 4 kg reifen Eiern wurden von H. Steudel und E. Takahashi[9] 1,12 g Histidinpikrolonat isoliert.

Von Y. Hijikata[10] konnte in der Kuhmilch Histidin nachgewiesen werden.

Im Harn gravider Frauen konnte von M. Honda[11] neben anderen Aminosäuren Histidin isoliert werden.

Nach H. Reinwein und H. Heinlein[12] wurde im Fruchtwasser des Rindes in der Histidinfraktion unreines Histidin gefunden. Verfasser glauben aus diesem Befunde annehmen zu dürfen, daß das Carnosin als Histidin im Harn wieder auftritt.

Aus 40 l Harn wurden von J. Hefter[13] 0,1 g einer linksdrehenden basischen Verbindung, Schmelzp. 249°, isoliert, die nach dem Verfasser mit Histidin identisch war.

Nach H. Reinwein und F. Thielmann[14] ließ sich im Harn bei perniciöser Anämie Histidin isolieren und identifizieren.

---

[1] B. Zawadowsky, A. Titajew, Z. Perelmutter u. N. Raspopowa: Pflügers. Arch. **217**, 198—204 — Chem. Zbl. **1927 II**, 1162.

[2] W. Robson: J. of biol. Chem. **62**, 495—514 (1924) — Chem. Zbl. **1925 I**, 1304.

[3] W. Robson: Biochem. J. **22**, 1165—1168 (1928) — Chem. Zbl. **1929 I**, 246.

[4] H. Fischer u. K. Smeykal: Ber. dtsch. chem. Ges. **56**, 2368—2378 (1923) — Chem. Zbl. **1924 I**, 327.

[5] R. W. Gerhard: J. of biol. Chem. **52**, 111—123 (1922) — Chem. Zbl. **1922 III**, 1099.

[6] K. Morinaka: Hoppe-Seylers Z. **124**, 259—266 — Chem. Zbl. **1923 I**, 973.

[7] F. W. Heyl u. B. Fullerton: J. amer. pharmaceut. Assoc. **15**, 549—556 — Chem. Zbl. **1926 II**, 1540.

[8] F. W. Heyl u. M. C. Hart: J. of biol. Chem. **75**, 407—415 (1927) — Chem. Zbl. **1928 I**, 2511.

[9] H. Steudel u. E. Takahashi: Hoppe-Seylers Z. **131**, 99—106 (1923) — Chem. Zbl. **1924 I**, 565.

[10] Y. Hijikata: J. of biol. Chem. **51**, 165—170 (1922) — Chem. Zbl. **1922 I**, 1415.

[11] M. Honda: J. of Biochem. **2**, 351—359 (1923) — Ber. Physiol. **20**, 464 (1923) — Chem. Zbl. **1924 I**, 1223.

[12] H. Reinwein u. H. Heinlein: Z. Biol. **81**, 283—290 — Chem. Zbl. **1924 II**, 1698.

[13] J. Hefter: Hoppe-Seylers Z. **145**, 290—294 — Chem. Zbl. **1925 II**, 1460.

[14] H. Reinwein u. F. Thielmann: Arch. f. exper. Path. **103**, 115—126 — Chem. Zbl. **1924 II**, 1814.

Im Harn von schwer Lungentuberkulosen ließ sich nach Y. Komori[1] die Histidinfraktion nachweisen.

Aus 50 l Diazoharn bei Typhus abdominalis wurde von Y. Sendju[2] 0,01 g Histidin isoliert.

Nach P. Mazzocco[3] wurde in der Cystenflüssigkeit von Rindern 0,0024—0,010% Histidin (colorimetrisch nach Koeßler) bestimmt.

Im Sputum eines Patienten mit Bronchektasien wurde von H. Reinwein[4] Histidin als Pikrolonat isoliert. Über den Gehalt von Histidin und Imidazolverbindungen im Sputum von 14 Patienten berichtet A. Kubasch[5].

Im frischen Fleisch von Katsuwonus pelamis Kishinouye = Gymnosarda affinis wurde von Y. Okuda[6] Histidin nachgewiesen.

Aus dem Muskelfleisch der Crustacee Palinurus japonicus und der Molluske Loligo breekeri wurden von Y. Okuda[7] 0,0013 und 0,001% Histidin — auf frisches Fleisch bezogen — isoliert.

In der Histidinfraktion vom wässerigen Extrakte der Muskulatur von 20 Riesenschlangen (Python moturus und reticulatus) wurde von W. Keil, W. Linneweh und K. Poller[8] neben Carnosin eine Imidazolverbindung gefunden, deren Identität mit Histidin nicht sicher gestellt werden konnte.

Unter den Extraktstoffen von Octopus Octopodia konnte K. Morizawa[9] Histidin isolieren und als solches identifizieren.

Unter den wasserlöslichen Extraktstoffen der Leber vom Stachelrochen (Raja clavata) wurde von O. Flößner und F. Kutscher[10] Histidin nachgewiesen.

Nach J. Mellanby[11] ist Histidin wahrscheinlich ein Baustein des Secretins.

Im wässerigen Extrakt von unreifen Pollensäcken von Pinus silvestris fand sich nach A. Kiesel[12] wenig Histidin.

Nach A. Kiesel[13] ließ sich in Roggenähren von verschiedenem Reifezustand Histidin colorimetrisch nachweisen.

Nach W. Vorbrodt[14] ließ sich im wässerigen Extrakt des Mycels von Aspergillus niger kein Histidin nachweisen.

In den Sporen von Aspergillus oryzae findet sich nach M. Sumi[15] etwas Histidin.

Aus Entzuckerungslaugen ließ sich nach E. O. v. Lippmann[16] l-Histidin (Blättchen, Schmelzp. oberhalb 280°) gewinnen.

Im Extrakt von Reiskleie ließ sich nach S. Tsukiyo[17] kein Histidin nachweisen.

Aus der Trockenmasse von Promonta wurden von E. Waldschmidt-Leitz[18] 0,64% Histidin isoliert.

Bildung: Nach E. Lüscher[19] ließen sich im Bence-Jonesschen Eiweißkörper im Durchschnitt 4,54% Histidin-N nachweisen.

Der Histidin-N-Gehalt der im Harn ausgeschiedenen Albumine bei Brightscher — und bei Amyloidniere nach U. Sammartino[20] 4,15 und 4,78%.

---

[1] Y. Komori: J. of Biochem. **6**, 297—305 — Chem. Zbl. **1926 II**, 2191.
[2] Y. Sendju: J. of Biochem. **7**, 311—317 — Chem. Zbl. **1927 II**, 2078.
[3] P. Mazzocco: C. r. Soc. Biol. Paris **88**, 342—343 (1923) — Chem. Zbl. **1923 I**, 1334.
[4] H. Reinwein: Hoppe-Seylers Z. **156**, 144—152 — Chem. Zbl. **1926 II**, 1962.
[5] A. Kubasch: Dtsch. Arch. klin. Med. **152**, 247—251 — Chem. Zbl. **1926 II**, 2191.
[6] Y. Okuda: J. Coll. agric. Tokyo **7**, 1—28 (1919) — Chem. Zbl. **1925 I**, 1091.
[7] Y. Okuda: J. Coll. agric. Tokyo **7**, 55—67 (1919) — Chem. Zbl. **1925 I**, 1091.
[8] W. Keil, W. Linneweh u. K. Poller: Z. Biol. **86**, 187—198 — Chem. Zbl. **1927 II**, 1483.
[9] K. Morizawa: Acta Scholae med. Kioto **9**, 285—298 (1927) — Chem. Zbl. **1928 II**, 2479.
[10] O. Flößner u. F. Kutscher: Z. Biol. **88**, 390—394 — Chem. Zbl. **1929 I**, 1955.
[11] J. Mellanby: J. of Physiol. **66**, 1—17 (1928) — Chem. Zbl. **1929 I**, 765.
[12] A. Kiesel: Hoppe-Seylers Z. **120**, 85—90 — Chem. Zbl. **1922 III**, 732.
[13] A. Kiesel: Hoppe-Seylers Z. **135**, 61—83 — Chem. Zbl. **1924 II**, 193.
[14] W. Vorbrodt: Bull. l'Acad. Polon. Sci. Lettres, classe sc. math. et nat., sér. B **1921**, 223 bis 236 — Ber. Physiol. **16**, 376—377 — Chem. Zbl. **1923 III**, 259.
[15] M. Sumi: Biochem. Z. **195**, 161—174 (1928) — Chem. Zbl. **1929 I**, 2545.
[16] E. O. v. Lippmann: Ber. dtsch. chem. Ges. **57**, 256—258 — Chem. Zbl. **1924 I**, 1388.
[17] S. Tsukiyo: Biochem. Z. **131**, 124—139 (1922) — Chem. Zbl. **1923 I**, 1192.
[18] E. Waldschmidt-Leitz: Z. Unters. Lebensm. **54**, 291—294 (1927) — Chem. Zbl. **1928 I**, 430.
[19] E. Lüscher: Biochemic. J. **16**, 556—563 (1922) — Chem. Zbl. **1923 I**, 455.
[20] U. Sammartino: Biochem. Z. **133**, 85—88 (1922) — Chem. Zbl. **1923 III**, 167.

Über die Schwankungen des Histidingehaltes von Gehirnsubstanz verschieden alter Mäuse berichtet R. Ehrenberg[1].

Im Hydrolysat der Linsen von Rinderaugen wurden von Y. Hijikata[2] 1,6% Histidin bestimmt.

Die 3 Linsenproteine: α-Krystallin, β-Krystallin und Albumoid enthalten nach A. Jeß[3] 3,8; 2,63 und 2,74% Histidin.

Im Hydrolysat von Hornhaut und Lederhaut des Auges wurden nach A. Jeß[4] 0,99 und 0,78% Histidin gefunden.

Der Histidin-N-Gehalt von Haaren, Hühneraugen und Nägeln ist nach U. Sammartino[5] 2,51–3,96; 1,68–3,48 und 2,06–3,42%.

Menschliches Haar enthält nach H. B. Vickery und Ch. S. Leavenworth[6] 0,5% Histidin.

Im Hydrolysat des Harnfarbstoffes von normalem und von Porphyrinurin ließ sich nach H. Fischer und W. Zerweck[7] Histidin nachweisen.

Bei der Darstellung des Histidins aus Darmschleimhaut wird nach K. Felix[8] eine weitere N-haltige Fraktion erhalten — wahrscheinlich Spaltprodukte von Zellproteinen — die nach dem Verfasser 11% Histidin-N — vom Gesamt-N — enthält.

Die mit Wasser aus der Magenschleimhaut des Schweines extrahierten Peptone werden fraktioniert. Die mit Ag-Ba(OH)$_2$ gefällte Fraktion enthält nach K. Felix[9] 17 bzw. 7% Histidin-N, die mit Phosphorwolframsäure gefällte Fraktion 13% Histidin-N vom Gesamt-N.

Ein aus Kalbsthymushiston durch Hydrolyse mit Pepsinsalzsäure von K. Felix[10] dargestelltes Histopepton hatte 3,6% Histidin-N. Bei der Hydrolyse des Histonsulfates mit Pepsinsalzsäure wurden nach der Abtrennung des Histonpikrates von K. Felix[11] weitere Fraktionen isoliert, von denen die mit Ag — Ba(OH)$_2$ fällbare 10,7% Histidin-N enthielt.

Über den höheren Histidingehalt eines aus der Spermamasse der Testikel von Echinus esculentes isolierten Histons im Vergleich zu dem von anderen Histonen berichten A. Kossel und W. Staudt[12].

Ein von den Spermien getrenntes Filtrat frischer Heringstestikel wurde von H. Steudel und K. Suzuki[13] durch Alkoholfällung weiter fraktioniert, dann das Filtrat mit Phosphorwolframsäure nochmals fraktioniert. Die Histidinfraktion enthielt Kreatinin, gab positive Paulysche, aber negative Knoopsche Reaktion.

Das aus Heringseiern durch NaCl- bzw. NaOH-Extraktion isolierte Ichthulin enthält nach H. Steudel und E. Takahashi[14] 1,28% Histidin.

In den Hydrolysaten von 6 neuen Protaminen: Lateolin, Sciaenin, Scombropin, Seriolin, Scombremin und Stereolin — aus dem Sperma von 6 japanischen Fischarten dargestellt — war nach M. Yamagawa[15] neben Arginin stets Histidin vorhanden.

Der Histidingehalt des Protamines Leuciscin (aus den Testikeln der Plötze [Leuciscus rutilus], ist ein histonähnlicher Körper von der Art des α-Cyprinins) beträgt nach A. Kossel und W. Staudt[16] 3%.

In den aus Karpfensperma isolierten und fraktionierten basischen Protaminen: Cyprino-

---

[1] R. Ehrenberg: Biochem. Z. **164**, 175—182 (1925) — Chem. Zbl. **1926 II**, 444.
[2] Y. Hijikata: J. of biol. Chem. **51**, 155—164 (1922) — Chem. Zbl. **1922 I**, 1415.
[3] A. Jeß: Hoppe-Seylers Z. **122**, 160—165 (1922) — Chem. Zbl. **1923 I**, 112.
[4] A. Jeß: Graefes Arch. **112**, 489—494 (1923) — Ber. Physiol. **24**, 386 (1924) — Chem. Zbl. **1924 II**, 686.
[5] U. Sammartino: Biochem. Z. **133**, 476—486 (1922) — Chem. Zbl. **1923 III**, 319.
[6] H. B. Vickery u. Ch. S. Leavenworth: J. biol. Chem. **83**, 523—534 — Chem. Zbl. **1929 II**, 3167.
[7] H. Fischer u. W. Zerweck: Hoppe-Seylers Z. **137**, 176—241 — Chem. Zbl. **1924 II**, 1218.
[8] K. Felix: Hoppe-Seylers Z. **116**, 150—163 (1921) — Chem. Zbl. **1922 I**, 56.
[9] K. Felix: Hoppe-Seylers Z. **135**, 175—179 — Chem. Zbl. **1924 II**, 484.
[10] K. Felix: Hoppe-Seylers Z. **119**, 66—71 (1922) — Chem. Zbl. **1922 I**, 1415.
[11] K. Felix: Hoppe-Seylers Z. **120**, 94—102 — Chem. Zbl. **1922 III**, 735.
[12] A. Kossel u. W. Staudt: Hoppe-Seylers Z. **159**, 172—178 — Chem. Zbl. **1926 II**, 2606.
[13] H. Steudel u. K. Suzuki: Hoppe-Seylers Z. **127**, 1—13 — Chem. Zbl. **1923 III**, 259.
[14] H. Steudel u. E. Takahashi: Hoppe-Seylers Z. **127**, 210—219, 220—223 — Chem. Zbl. **1923 III**, 320.
[15] M. Yamagawa: J. Coll. agric. Tokyo **5**, 419—459 (1916) — Chem. Zbl. **1925 I**, 1092.
[16] A. Kossel u. W. Staudt: Hoppe-Seylers Z. **171**, 156—173 (1927) — Chem. Zbl. **1928 I**, 215.

dipepton 2 konnte nach W. Kossel und E. G. Schenck[1] kein Histidin nachgewiesen werden, dagegen enthielten 2 Cyprinodipeptone 15,72—30,87% und Cyprinohiston 3,45% Histidin-N.

Das von R. Hirohata[2] aus dem Sperma der Formosa-Meeräsche oder „Bora" (Mugil japonicus Temminck und Schlegel) isolierte neue Protamin „Mugilin β" enthielt kein Histidin.

Im Hydrolysat der Spaltprodukte von glukosaminhaltigen Glykoproteiden, dem Ovomukoid und der Mukoidsubstanz aus der Eisackflüssigkeit von Gastropoden (Hemifusus tuba Gmel.) ließ sich nach Y. Komori[3] im Gegensatz zum Hydrolysat der Eisackflüssigkeit selbst Histidin nachweisen.

Im Hydrolysat des aus der Eisackflüssigkeit des Laiches von Hemifusus tuba Gmel. dargestellten Roh-Vitellins ließ sich nach Y. Komori[4] kein Histidin nachweisen.

Über den Histidingehalt von Ovotyrin α, β_1 und β_2 berichten Swigel und Th. Posternak[5]. Der Histidingehalt des Ovotyrins β_1 beträgt auf 1 Mol Ovotyrin berechnet 0,7 Mol.

Das durch Alkoholfällung aus dem Liquor folliculi gefällte Rohprotein enthält nach B. Fullerton und F. W. Heyl[6] nur Spuren von Histidin.

Nach der Kosselschen Arginbestimmungsmethode berechnet, sind nach A. Kossel und W. Staudt[7] im Sturinsulfat 13,10 und 12,78% Histidin vorhanden.

Über den verschiedenen Histidingehalt der Muskelproteine (Myosin und Myogen) und der Serumglobuline männlicher und weiblicher Tiere (Ochse, Kuh, Hahn, Henne) und der Serumglobuline von Mann und Frau berichten T. Tadokoro, M. Abe und S. Watanabe[8]. Der Histidingehalt des weiblichen Geschlechtes ist stets höher.

Der Histidin-N-Gehalt der Hydrolysate der Fleischmuskelfasern von Ochs, Kalb, Schwein, Hammel, Pferd, Gans und Kabeljau beträgt nach K. Beck und E. Casper[9] 9,19—11,42%, bezogen auf Gesamtbasen-N.

Die Globulin-Albuminfraktion von Ochsenfleisch und Gefrierfleisch hatte nach C. R. Moulton und E. G. Sieveking[10] 3,47—7,60% Histidin-N.

Das Keratin des japanischen Speckes — aus Cetacea dargestellt — enthält nach S. Oikawa[11] 0,12% Histidin. Die Gelatine, aus der getrockneten Haut des Seiwales hergestellt, enthält nach Verfasser 0,31% Histidin-N.

Aus den Hydrolysenprodukten der Muskelproteine des Walfisches und des Dorsches wurden von Y. Okuda, T. Okimoto und T. Yada[12] 3,44 und 2,29% Histidin — auf asche- und wasserfreies Eiweiß berechnet — isoliert.

Über den Histidingehalt des Eiweißes aus Walfleisch berichtet W L. Davies[13].

Aus Garnelenmuskulatur wurde durch Extraktion mit 95proz. Alkohol und dann mit Äther ein N-haltiger Extrakt gewonnen, der nach D. B. Jones, O. Möller und Ch. E. F. Gersdorff[14] 6,07% Histidin-N bzw. 3,78% Histidin enthält.

Der alkoholische und wäßrige Extrakt aus dem zerkleinerten Fleisch vom Stör (Acepenser sturio) wurde mit Äther fraktioniert. Der im Äther unlösliche Anteil enthielt nach O. Flößner und F. Kutscher[15] kein Histidin.

---

[1] W. Kossel u. E. G. Schenck: Hoppe-Seylers Z. **173**, 278—308 — Chem. Zbl. **1928 I**, 2096.
[2] R. Hirohata: J. of Biochem. **10**, 251—258 — Chem. Zbl. **1929 II**, 179.
[3] Y. Komori: J. of Biochem. **6**, 1—20 — Chem. Zbl. **1926 II**, 780.
[4] Y. Komori: J. of Biochem. **6**, 129—138 — Chem. Zbl. **1926 II**, 1758.
[5] Swigel u. Th. Posternak: C. r. Acad. Sci. **185**, 615—617 (1927) — Chem. Zbl. **1928 I**, 211.
[6] B. Fullerton u. F. W. Heyl: J. amer. pharm. Soc. **15**, 16—18 — Chem. Zbl. **1926 I**, 3556.
[7] A. Kossel u. W. Staudt: Hoppe-Seylers Z. **156**, 270—274 — Chem. Zbl. **1926 II**, 2093.
[8] T. Tadokoro, M. Abe u. S. Watanabe: Proc. imp. Acad. Tokyo **3**, 543—546 (1927) — Chem. Zbl. **1928 I**, 710.
[9] K. Beck u. E. Casper: Z. Unters. Lebensmitt. **56**, 437—457 (1928) — Chem. Zbl. **1929 I**, 1954.
[10] C. R. Moulton u. E. G. Sieveking: J. Assoc. official agricult. Chemists **8**, 155—158 — Chem. Zbl. **1925 II**, 1717.
[11] S. Oikawa: Tôhoku J. exper. Med. **2**, 447—450, 451—454, 455—458 — Ber. Physiol. **14**, 70, 86 — Chem. Zbl. **1922 III**, 928.
[12] Y. Okuda, T. Okimoto u. T. Yada: J. Coll. agric. Tokyo **7**, 29—37 (1919) — Chem. Zbl. **1925 I**, 1091.
[13] W. L. Davies: J. Soc. chem. Ind. **46**, T. 99—100 — Chem. Zbl. **1927 II**, 1411.
[14] D. B. Jones, O. Möller u. Ch. E. F. Gersdorff: J. of biol. Chem. **65**, 59—65 (1925) — Chem. Zbl. **1926 I**, 706.
[15] O. Flößner u. F. Kutscher: Z. Biol. **81**, 305—308 — Chem. Zbl. **1924 II**, 1811.

Der Histidingehalt der Muskelproteine von Pagrus major ist nach Y. Okuda und K. Oyama[1] geringer als der vom Heilbutt.

J. L. Rosedale[2] berichtet über den Histidingehalt des Fleisches von verschiedenen tropischen Fischen.

Der Histidingehalt der Muskelproteine der Molluske Loligo breekeri und der Crustaceen Palinurus japonicus und Paralithodes camtschatica beträgt nach Y. Okuda, S. Uematsu, K. Sakata und K. Fujikawa[3] 2,33; 2,87 und 2,21% — auf asche- und wasserfreies Eiweiß berechnet.

Das asche- und wasserfreie Protein der Körperwand der Seewalze, Stichopus japonicus Selenka enthielt nach K. H. Lin und Ch. Ch. Chen[4] 1,57% Histidin.

Im Hydrolysat des im Wasser unlöslichen Anteils der Plasmodien von Fuligo varians, der im wesentlichen aus Nucleoproteiden besteht, ließ sich nach W. W. Lepeschkin[5] Histidin nachweisen.

Über den Aminosäuregehalt (Histidin neben anderen Aminosäuren) verschiedener Plastinpräparate von Myxomyceten, die mit $1/2$ und $1/4$ n-NaOH aus verschiedenartigen und -altrigen Plasmodien extrahiert waren, berichtet A. Kiesel[6].

Im Thyreoglobulin, das durch NaCl-Lösung aus Schilddrüsen extrahiert wurde, ermittelte H. C. Eckstein[7] nach der van Slykeschen Methode durchschnittlich 11,92% Histidin-N. Dieser Histidinwert unterscheidet sich von dem, der nach der Kossel-Kutscherschen Methode bestimmt wurde.

Bei der Hydrolyse von Stromaeiweiß der Erythrocyten wurden von F. Haurowitz und I. Sládek[8] 3,2—10,35% Histidin-N gefunden. Zur Abtrennung von evtl. beigemengtem Hämoglobineiweiß wurde das Stromaeiweiß mit Pepsin-HCl hydrolysiert und die N-Verteilung im solubilisierten und gelösten Anteil gesondert bestimmt. Der durch Pepsin solubilisierbare Anteil besaß einen größeren Histidingehalt als der unlösliche Rückstand, der 2,35% Histidin-N (von 14%-Diaminosäure-N) hatte.

St. Goldschmidt und H. Kahn[9] fraktionierten das Serumalbumin des Rinderblutes in 3 Fraktionen. Die N-Verteilung nach van Slyke ergab für den Histidin-N folgende Zahlen für die 3 Fraktionen: I. 0, II. 0 und III. 5,7%; die colorimetrische Bestimmung des Histidins in dem mit Sublimat fällbaren Anteil des Phosphorwolframsäureniederschlages ergab folgende Zahlen: I. 0,25, II. 0,52 und III. 6,60% Histidin.

Vom N des Hämoglobins und Globins aus Hämoglobin vom Pferdeblut entfallen nach A. Poljakow[10] 3,74 bzw. 3,61% auf Histidin-N.

Im Pferdehämoglobin wurden von H. B. Vickery und Ch. S. Leavenworth[11] 7,64% Histidin ermittelt. Es kommen also 33 Mol Histidin auf 1 Hämoglobinmolekül.

Ein Insulinpräparat enthielt nach E. Glaser und G. Halpern[12] 0,4% Histidin-N. Von H. Jensen, O. Wintersteiner und V. du Vigneaud[13] wurde im Hydrolysat von krystallisiertem Insulin Histidin nachgewiesen, der Histidin-N-Gehalt betrug 7,6%, also 4,4% Histidin, während er in einem anderen Versuche auf 2,6% geschätzt worden war.

Nach D. D. van Slyke und A. Hiller[14] erklärt sich die Differenz zwischen der direkt bestimmten (1,8%) und der berechneten Histidinmenge (6,1%) aus Gelatinehydrolysaten

---

[1] Y. Okuda u. K. Oyama: J. Coll. agric. Tokyo **5**, 365—372 (1916) — Chem. Zbl. **1925 I**, 1219.
[2] J. L. Rosedale: Biochem. J. **23**, 161—165 — Chem. Zbl. **1929 II**, 3230.
[3] Y. Okuda, S. Uematsu, K. Sakata u. K. Fujikawa: J. Coll. agric. Tokyo **7**, 39—54 (1919) — Chem. Zbl. **1925 I**, 1091.
[4] K. H. Lin u. Ch. Ch. Chen: Chin. J. Physiol. **1**, 169—173 — Chem. Zbl. **1927 II**, 271.
[5] W. W. Lepeschkin: Biochem. Z. **171**, 126—145 — Chem. Zbl. **1926 I**, 3607.
[6] A. Kiesel: Hoppe-Seylers Z. **173**, 169—183 — Chem. Zbl. **1928 I**, 1779.
[7] H. C. Eckstein: J. of biol. Chem. **67**, 601—607 — Chem. Zbl. **1926 II**, 1962.
[8] F. Haurowitz u. I. Sládek: Hoppe-Seylers Z. **173**, 268—277 — Chem. Zbl. **1928 I**, 2101.
[9] St. Goldschmidt u. H. Kahn: Hoppe-Seylers Z. **183**, 19—31 — Chem. Zbl. **1929 II**, 1173.
[10] A. Poljakow: Biochem. Z. **204**, 88—96, 97—105 — Chem. Zbl. **1929 I**, 1226—1227.
[11] H. B. Vickery u. Ch. S. Leavenworth: J. of biol. Chem. **79**, 377—388 (1928) — Chem. Zbl. **1929 I**, 2541.
[12] E. Glaser u. G. Halpern: Biochem. Z. **161**, 121—127 (1925) — Chem. Zbl. **1926 I**, 145.
[13] H. Jensen, O. Wintersteiner u. V. du Vigneaud: J. of Pharmacol. **32**, 387—395 — Chem. Zbl. **1928 II**, 259 — J. of Pharmacol. **32**, 397—411 — Chem. Zbl. **1928 II**, 259. — V. du Vigneaud: J. of biol. Chem. **75**, 393—405 (1927) — Chem. Zbl. **1928 II**, 164.
[14] D. D. van Slyke u. A. Hiller: Proc. nat. Acad. Sc. Washington **7**, 185—186 (1921) — Chem. Zbl. **1922 I**, 412.

dadurch, daß eine noch unbekannte basische Substanz von der Phosphorwolframsäure mit niedergerissen wurde.

Die aus Harn isolierten Antoxyproteinsäuren enthalten nach S. Edlbacher[1] 8,62% Histidin-N. Aus 150 l Harn wurden vom Verfasser 4,7 g Histidinpikrolonat isoliert, so daß sich nach dem Verfasser die Diazoreaktion der Antoxyproteinsäuren hauptsächlich auf das Histidin zurückführen läßt.

Über die Abnahme des Histidingehaltes der Wolle bei Behandlung mit Na_2S berichten W. Küster, W. Kumpf und W. Köppel[2].

Bei der Hydrolyse des Seidenfibroins nach den üblichen Methoden wurden von E. Abderhalden[3] 0,75% Histidin — auf aschefreie Substanz bezogen — isoliert.

Im Sericin wurde von N. Alders[4] kein Histidin gefunden.

Über den Histidingehalt von desaminiertem und methyliertem Casein berichtet S. Hirai[5].

Nach 18 stündiger Hydrolyse von methyliertem Casein mit 30 proz. H_2SO_4 ließ sich nach T. Imai[6] Histidin nur in Spuren nachweisen.

Für die oxydativen und reduktiven Proteinspaltprodukte: Oxyprotsulfonsäure, Apocasein, Apogelatine, Apoarachin und Apoclupein wurden von S. Edlbacher[7] folgende Histidin-N-Gehalte angegeben: 3,81; 0,0; 0,0; 1,1 und 0,0. Die Apoproteine waren durch Einwirkung durch H_2O_2 auf die entsprechenden Proteine und die Oxyprotsulfonsäure durch Einwirkung von $KMnO_4$ auf Casein erhalten worden.

H. Lüers und G. Nowack[8] vergleichen den Histidingehalt von Zymocasein mit dem von Casein und Vitellin, der in allen 3 Proteinen nur wenig unterschiedlich ist.

Aus dem Hydrolysat des Glutencaseins aus Buchweizen wurden von A. Kiesel[9] 0,76 g Histidindichlorhydrat = 0,84% Histidin isoliert.

Im Caseoglutin von Emmentaler, Tilsiter und Weichkäsesorten findet sich nach W. Grimmer und B. Wagenführ[10] Histidin.

W. Grimmer, W. Bodschinna und K. Schützler[11] isolierten aus den Abbauprodukten von Backsteinkäse (Limburger Käse) Histidin.

Im Hydrolysat von Hefeeiweiß aus autolysierter Hefe wurden von A. Kiesel[12] 2,97% Histidin bestimmt.

Ein durch kaltes Wasser aus Tuberkelbacillen extrahiertes Protein mit den Eigenschaften eines Albumins hatte 10,1% Histidin und ein durch 0,5 proz. NaOH-Lösung extrahiertes Protein enthielt nach R. D. Coghill[13] 4,2—5,2% Histidin.

D. M. Hetler[14] bestimmt und vergleicht den Histidingehalt von autoklavierten und nicht autoklavierten Bakterienzellen von Bacillus lactis aerogenes, der auf künstlichem Nährboden gezüchtet war. Der Histidingehalt des autoklavierten Materials war geringer als der des nicht autoklavierten.

Das Eiweiß des Pilzes Oidium lactis enthält nach W. Grimmer und E. Steinlechner[15] Histidin.

---

[1] S. Edlbacher: Hoppe-Seylers Z. **127**, 187—189 — Chem. Zbl. **1923 III**, 264.

[2] W. Küster, W. Kumpf u. W. Köppel: Hoppe-Seylers Z. **171**, 114—155 (1927) — Chem. Zbl. **1928 I**, 439.

[3] E. Abderhalden: Hoppe-Seylers Z. **120**, 207—213 — Chem. Zbl. **1922 III**, 928.

[4] N. Alders: Biochem. Z. **183**, 446—450 — Chem. Zbl. **1927 I**, 3159.

[5] S. Hirai: Acta Scholae med. Kioto **7**, 527—530 (1923) — Ber. Physiol. **34**, 616 — Chem. Zbl. **1926 II**, 1953.

[6] T. Imai: Hoppe-Seylers Z. **136**, 188—191 — Chem. Zbl. **1924 II**, 345.

[7] S. Edlbacher: Hoppe-Seylers Z. **134**, 129—139 — Chem. Zbl. **1924 I**, 2880.

[8] H. Lüers u. G. Nowack: Biochem. Z. **154**, 310—320 (1924) — Chem. Zbl. **1925 I**, 1330.

[9] A. Kiesel: Hoppe-Seylers Z. **118**, 301—303 (1922) — Chem. Zbl. **1922 I**, 823.

[10] W. Grimmer u. B. Wagenführ: Milchwirtsch. Forschgn **2**, 193—198 (1925) — Ber. Physiol. **31**, 492 — Chem. Zbl. **1925 II**, 1718.

[11] W. Grimmer, W. Bodschwinna u. K. Schützler: Milchwirtsch. Forschgn **7**, 595—602 — Chem. Zbl. **1929 II**, 106.

[12] A. Kiesel: Hoppe-Seylers Z. **118**, 304—306 (1922) — Chem. Zbl. **1922 I**, 824.

[13] R. D. Coghill: J. of biol. Chem. **70**, 439—447, 449—455 (1926) — Chem. Zbl. **1927 I**, 759.

[14] D. M. Hetler: J. of biol. Chem. **72**, 573—585 (1927) — Chem. Zbl. **1928 II**, 361.

[15] W. Grimmer u. E. Steinlechner: Milchwirtsch. Forschgn **3**, 122—131 — Ber. Physiol. **37**, 205 (1926) — Chem. Zbl. **1927 I**, 1328.

Im Hydrolysat eines Peptones, das durch Extraktion neben Chitosan aus Lycoperdon piriforme dargestellt wurde, ließ sich nach N. Iwanow[1] Histidin als Pikrolonat nachweisen.

Nach einer Methode von M. T. Hanke wurde von N. Iwanow[2] der Histidingehalt verschiedener Proteine bestimmt: Gelatine 0,53, Casein 2,61, krystallines Eieralbumin 2,3, Kürbissamenglobulin 2,26, Gliadin 2,1, Hordein 0,98, Zein 1,25, Secalin 1,23, Sativin 0,74, Sorghumin 0,51, Fibrin vom Schaf 2,18, vom Schwein 2,27 und vom Rind 2,05%.

Über den Histidingehalt von in Alkohol löslichen Haferproteinen im Vergleich zu dem von Gerste und Weizen, berichten H. Lüers und M. Siegert[3].

F. Csonka und D. B. Jones[4] ermittelten im Roggen-Glutelin 2,75 und im α-Gerste-Glutelin 1,09% Histidin.

Aus Hafer (Avena sativa) isoliertes Glutelin enthielt nach F. A. Csonka[5] 3,49% Histidin-N.

Einige Eiweißstoffe aus Weizenkleie und anderen Weizenkornteilen: Prolamine, Globuline und Albumine wurden von D. B. Jones und C. E. F. Gersdorff[6] auf den Gehalt verschiedener Aminosäuren, unter anderem auf den von Histidin, analytisch untersucht.

R. J. Cross und R. E. Swain[7] berichten über den Histidingehalt von Gliadin und Glutenin, die aus Weizenmehl dargestellt waren.

Der Histidin-N-Gehalt des α- und β-Glutelins aus Weizen beträgt nach F. A. Csonka und D. B. Jones[8] 5,50 und 6,17%.

Über den Histidingehalt von Reisoryzanin und Oryzanin aus Klebreis (Oryza glutinosa) berichtet T. Tadokoro[9].

D. B. Jones und C. E. F. Gersdorff[10] isolierten aus dem Endosperm von Reis (Oryza sativa) 2 Globuline, deren Histidin-N-Gehalt 4,0 und 4,5% betrug. Weiterhin isolierten D. B. Jones und F. A. Csonka[11] aus dem Glutelin von poliertem Reis ein Globulin, dessen Histidin-N-Gehalt 3,68%, also 2,39% Histidin betrug.

Über den Histidingehalt der Proteine, aus den fettfreien Mehlen von Baumwollsamen, Sojabohnen und Cocosnuß, die durch eine 0,2 proz. NaOH-, bzw. 5 proz. $Ba(OH)_2$-Lösung extrahiert waren, berichtet W. G. Friedemann[12].

Aus Baumwollsamen durch NaCl-Lösung extrahierte Proteine wurden von D. B. Jones und F. A. Csonka[13] weiter fraktioniert und in den folgenden Proteinen: α-Globulin, β-Globulin und Pentose-Protein der Histidin-N-Gehalt ermittelt: 5,27, 6,15 und 3,09%.

Die aus der Adsukibohne, Phaseolus angularis, isolierten α- und β-Globuline enthalten nach D. B. Jones, A. J. Finks und C. E. F. Gersdorff[14] 2,25 und 2,51% Histidin.

Der Histidin-N-Gehalt der amerikanischen Mungobohne beträgt nach V. G. Heller[15] 6,76%.

Das Hydrolysat des Baumwollsamenmehles enthält nach W. B. Nevens[16] 7,4% Histidin-N.

Edestin enthält 2,08% Histidin, was nach einer von H. B. Vickery und Ch. S. Leavenworth[17] vorgeschlagenen Bestimmungsmethode ermittelt war.

---

[1] N. Iwanow: Biochem. Z. **137**, 331—340 — Chem. Zbl. **1923 III**, 862.
[2] N. Iwanow: J. of biol. Chem. **66**, 489—493 (1925) — Chem. Zbl. **1926 I**, 2612.
[3] H. Lüers u. M. Siegert: Biochem. Z. **144**, 467—476 — Chem. Zbl. **1924 I**, 1939.
[4] F. Csonka u. D. B. Jones: J. of biol. Chem. **82**, 17—21 — Chem. Zbl. **1929 II**, 3229.
[5] F. A. Csonka: J. of biol. Chem. **75**, 189—194 — Chem. Zbl. **1928 II**, 903.
[6] D. B. Jones u. C. E. F. Gersdorff: J. of biol. Chem. **64**, 241—251 — Chem. Zbl. **1925 II**, 1534.
[7] R. J. Croß u. R. E. Swain: Ind. Chem. **16**, 49—52 — Chem. Zbl. **1924 II**, 766.
[8] F. A. Csonka u. D. B. Jones: J. of biol. Chem. **73**, 321—329 — Chem. Zbl. **1927 II**, 2070.
[9] T. Tadokoro: Proc. imp. Acad. Tokyo **2**, 498—501 (1926) — Chem. Zbl. **1927 II**, 96.
[10] D. B. Jones u. C. E. F. Gersdorff: J. of biol. Chem. **74**, 415—426 (1927) — Chem. Zbl. **1928 II**, 456.
[11] D. B. Jones u. F. A. Csonka: J. of biol. Chem. **74**, 427—431 (1927) — Chem. Zbl. **1928 II**, 456.
[12] W. G. Friedemann: J. of biol. Chem. **51**, 17—20 (1922) — Chem. Zbl. **1922 I**, 1378.
[13] D. B. Jones u. F. A. Csonka: J. of biol. Chem. **64**, 673—683 (1925) — Chem. Zbl. **1926 I**, 418.
[14] D. B. Jones, A. J. Finks u. C. E. F. Gersdorff: J. of biol. Chem. **51**, 103—114 — Chem. Zbl. **1922 I**, 1378.
[15] V. G. Heller: J. of biol. Chem. **75**, 435—442 (1927) — Chem. Zbl. **1928 I**, 2513.
[16] W. B. Nevens: J. Dairy Sci. **4**, 375—400, 552—591 (1921) — Ber. Physiol. **12**, 444—445 — Chem. Zbl. **1922 III**, 393.
[17] H. B. Vickery u. Ch. S. Leavenworth: J. of biol. Chem. **76**, 707—722 — Chem. Zbl. **1928 II**, 172.

Über den Histidingehalt verschiedener Bohnen- und Erbsensorten berichten A. Kiesel, A. Beloserski und S. Skworzow[1].

Das mit 80proz. Alkohol aus dem kleiefreien Mehl gewonnene Protamin, Coicin, hatte nach G. Hattori und S. Komatsu[2] 1,88% Histidin.

Nach partieller Hydrolyse des Arachins mit verdünnter heißer NaOH wird durch Fällung mit HCl ein Niederschlag nach D. B. Jones und H. C. Waterman[3] erhalten, der etwa $1/3$ der Gesamtmenge beträgt und etwa $2/3$ des gesamten Histidins, neben $1/3$ des gesamten Arginins, Cystins und etwa $2/5$ des gesamten Lysins enthält.

Nach C. A. Johns und Ch. E. F. Gersdorff[4] ist der Histidingehalt des β-Globulins des Tomatensamens (Solanum esculentum) sehr hoch.

Ein aus Walnüssen isoliertes Globulin enthält nach F. A. Cajori[5] 3,7% Histidin-N.

Die durch Extraktion mit 10proz. NaCl-Lösung aus Sesamsamen isolierten α- und β-Globuline enthielten nach D. B. Jones und C. E. F. Gersdorff[6] 2,68 und 3,45% Histidin.

Im Proteinhydrolysat der Sporen von Aspidium filix mas ließen sich nach A. Kiesel[7] nur Spuren von Histidin nachweisen.

Ein durch Extraktion mit 2proz. NaCl-Lösung aus enthülsten Cucumissamen isoliertes Globulin enthält nach D. B. Jones und C. E. F. Gersdorff[8] 4,22% Histidin. Ein durch Extraktion mit 0,5proz. NaOH-Lösung aus hülsenhaltigen Samen isoliertes Protein enthält 2,72% Histidin.

Das pflanzliche Albumin Leucosin besaß nach H. Lüers und M. Landauer[9] 4,61% Histidin-N.

Unter den Spaltprodukten des gereinigten Ricins konnte nach P. Karrer, A. P. Smirnoff, H. Ehrensperger, J. van Slooten und M. Keller[10] kein Histidin nachgewiesen werden.

Die aus dem Samen der Luzerne isolierten Proteine enthielten nach H. G. Miller[11] 6,75% Histidin-N.

Ein Eiweißkörper aus den Luzernenblättern enthielt nach A. Ch. Chibnall und L. S. Nolan[12] 3,09% Histidin-N.

Das aus Luzernenheu durch verdünntes Alkali extrahierte Protein enthält nach H. C. Miller[13] Histidin.

Ein Eiweißkörper aus den Blättern von Zea mays enthält nach A. Ch. Chibnall und L. S. Nolan[14] 4,70% Histidin-N.

D. B. Jones und F. A. Csonka[15] isolierten 2 Gluteline aus Mais (Zea mais), von denen das α-Glutelin 2,81% Histidin-N enthielt.

Die aus der Rinde des Akazienbaumes, Robinia pseudacacia, durch NaCl-Lösung extrahierten Proteine wurden fraktioniert, die Globuline von Albumin durch Dialyse getrennt, das nach D. B. Jones, C. E. F. Gersdorff und O. Möller[16] 3,14% Histidin-N bzw. 1,74% Histidin enthielt.

---

[1] A. Kiesel, A. Beloserski u. S. Skworzow: Z. eksper. Biol. i. Med. (russ.) **4**, 538—546 — Ber. Physiol. **40**, 781 — Chem. Zbl. **1927 II**, 2318.

[2] G. Hattori u. S. Komatsu: J. of Biochem. **1**, 365—369 (1922) — Ber. Physiol. **20**, 373 (1923) — Chem. Zbl. **1924 I**, 1209.

[3] D. B. Jones, H. C. Waterman: J. of biol. Chem. **52**, 357—366 — Chem. Zbl. **1922 III**, 1307.

[4] C. A. Johns u. Ch. E. F. Gersdorff: J. of biol. Chem. **51**, 439—451 — Chem. Zbl. **1922 III**, 437.

[5] F. A. Cajori: J. of biol. Chem. **49**, 389—397 (1921) — Chem. Zbl. **1922 I**, 474.

[6] D. B. Jones u. C. E. F. Gersdorff: J. of biol. Chem. **75**, 213—225 (1927) — Chem. Zbl. **1928 I**, 933.

[7] A. Kiesel: Hoppe-Seylers Z. **149**, 231—258 (1925) — Chem. Zbl. **1926 I**, 1215.

[8] D. B. Jones u. C. E. Gersdorff: J. of biol. Chem. **56**, 79—96 — Chem. Zbl. **1923 III**, 313.

[9] H. Lüers u. M. Landauer: Biochem. Z. **133**, 598—602 (1922) — Chem. Zbl. **1923 III**, 313.

[10] P. Karrer, A. P. Smirnoff, H. Ehrensperger, J. van Slooten u. M. Keller: Hoppe-Seylers Z. **135**, 129—166 — Chem. Zbl. **1924 II**, 348.

[11] H. G. Miller: J. amer. chem. Soc. **43**, 906—913 (1921) — Chem. Zbl. **1922 I**, 1378.

[12] A. Ch. Chibnall u. L. S. Nolan: J. of biol. Chem. **62**, 173—178 (1924) — Chem. Zbl. **1925 I**, 677.

[13] H. C. Miller: J. amer. chem. Soc. **43**, 2656—2663 (1921) — Chem. Zbl. **1922 III**, 627.

[14] A. C. Chibnall u. L. S. Nolan: J. of biol. Chem. **62**, 179—181 (1924) — Chem. Zbl. **1925 I**, 677.

[15] D. B. Jones u. F. A. Csonka: J. of biol. Chem. **78**, 289—292 (1928) — Chem. Zbl. **1928 II**, 1890.

[16] D. B. Jones, C. E. F. Gersdorff u. O. Möller: J. of biol. Chem. **64**, 655—671 (1925) — Chem. Zbl. **1926 I**, 416.

R. Sasaki[1] isolierte aus dem alkalischen Alkoholextrakt der Blätter von Kuzu (japanische Arrow-root-Pflanze, Pueraria hirsuta, Matsum) durch Neutralisation mit HCl ein Protein, das einen Histidin-N-Gehalt von 4,63% aufwies.

Im Hydrolysengemisch der Trockensubstanz von dunklem Münchener Bier wurde von O. Jung[2] 4,02% Histidin-N gefunden.

Im Hydrolysat des Spongins des gemeinen Badeschwammes (Hippospongia equina) wurde von V. J. Clancey[3] kein Histidin gefunden.

Nach B. Lustig[4] lassen sich im Dialysat von Casein, Serumalbumin und Globulin bei Trypsineinwirkung sehr frühzeitig geringe Mengen Histidin nachweisen.

Nach L. Broude[5] ist nach 5stündiger Hydrolyse in 13proz. H_2SO_4 die Spaltung des Carnosins in Histidin und β-Alanin beendet.

Darstellung: S. Demjanowski[6] gibt für die Darstellung von Histidin folgende Arbeitsweise an: Defibriniertes Blut wird etwa 5 Stunden mit $^1/_2$ Volumen konzentrierter HCl bei 1—2 Atmosphären Überdruck hydrolysiert. Dann wird mit Na-Carbonat bis zur schwach lackmussauren Reaktion neutralisiert. Nach 24 Stunden wird filtriert, dem weißgelben Filtrat heiß gesättigte Na-Carbonatlösung zugefügt, bis zur Vertreibung des NH_3 gekocht. Die filtrierte Lösung wird bei schwach sodaalkalischer Reaktion mit einer $HgCl_2$-Lösung solange versetzt, bis durch weiteren Zusatz von kalter, gesättigter $HgCl_2$-Lösung kein Niederschlag mehr ausfällt. Der Niederschlag wird nach 24 Stunden filtriert, ausgewaschen, mit Wasser verrührt, bis zur schwach kongosauren Reaktion mit 10—15proz. HCl versetzt. Das Histidin-Hg geht in Lösung, $HgCl_2$ und andere Beimengungen bleiben ungelöst. Das Filtrat wird wieder mit heiß gesättigter Na-Carbonatlösung und wenig $HgCl_2$-Lösung versetzt, der Niederschlag abfiltriert, ausgewaschen und mit H_2S zersetzt. Das Filtrat wird bis zum Syrup eingeengt, worauf bei stark salzsaurer Reaktion das Histidinchlorhydrat auskrystallisiert. Ausbeute 90 g aus $8^1/_3$ l Blut. Nach dem Verfasser ist H_2SO_4, 3—5proz. HCl, gewöhnlicher Druck für die Hydrolyse nicht empfehlenswert. Nach Ausfällung der Lösung mit $HgCl_2$ ist weiterer Zusatz von Na-Carbonat zu vermeiden.

Nach H. B. Vickery und S. Leavenworth[7] wird das Histidin aus Blutkörperchen am besten über das Ag-Salz gereinigt. Verfärbung bei 255°, Zersetzung bei 265°, bei schnellem Erhitzen bei 260° bzw. 280°.

J. Kapfhammer und H. Spörer[8] schlagen folgende Histidindarstellung aus Eiweißhydrolysaten vor: Zunächst wird aus dem Schwefelsäurehydrolysat vom Hämoglobin das Arginin als Flavianat gefällt, dann bei kongosaurer Reaktion ohne vorherige Entfernung der überschüssigen Flaviansäure Histidin, Prolin, Oxyprolin mit Reineckesalz (Tetrarhodanatodiamminchromisäure) gefällt. Die gemischten in 50proz. Methylalkohol gelösten Reineckate mit $CuSO_4$ und SO_2 zerlegt und das Histidin als Pikrolonat abgeschieden. Die Ausbeute an Histidinmonochlorhydrat aus 250 g lufttrockenem Hämoglobin beträgt 12,2 g.

H. B. Vickery und Ch. S. Leavenworth[9] geben folgende Histidindarstellung aus Hämoglobin oder geronnenem Blut an: Das Protein wird mit H_2SO_4 mehrere Stunden heiß hydrolysiert, dann bei $p_H = 7,4$ die Ag-Verbindung des Histidins gefällt, mit H_2S zersetzt und in 5proz. H_2SO_4-Lösung mit dem Hopkinsschen $HgSO_4$-Reagens von neuem gefällt. Der Niederschlag wird wiederum mit H_2S zersetzt und $Ba(OH)_2$ bis zu $p_H = 7,2$ zugesetzt, im Vakuum konzentriert und das rohe Histidin als freie Base zum Auskrystallisieren gebracht. Das rohe Produkt enthält noch etwas Tyrosin und andere Aminosäuren. Es wird über das Dichlorid umkrystallisiert. Die Ausbeute beträgt 4—5% der Trockensubstanz der Blutkörperchenmasse[10].

---

[1] R. Sasaki: Bull. agricult. chem. Soc. Japan **4**, 1—5 (1928) — Chem. Zbl. **1929 II**, 583.
[2] O. Jung: Z. Brauwesen **46**, 74—76 — Chem. Zbl. **1923 IV**, 250.
[3] V. J. Clancey: Biochemic. J. **20**, 1186—1189 (1926) — Chem. Zbl. **1927 I**, 1332.
[4] B. Lustig: Biochem. Z. **169**, 139—148 — Chem. Zbl. **1926 I**, 3241.
[5] L. Broude: Hoppe-Seylers Z. **158**, 22—27 (1926) — Chem. Zbl. **1927 I**, 119.
[6] S. Demjanowski: Hoppe-Seylers Z. **122**, 93—97 — Chem. Zbl. **1922 III**, 1347.
[7] H. B. Vickery u. S. Leavenworth: J. of biol. Chem. **72**, 403—413 — Chem. Zbl. **1927 I**, 3022.
[8] J. Kapfhammer u. H. Spörer: Hoppe-Seylers Z. **173**, 245—249 — Chem. Zbl. **1928 I**, 2088.
[9] H. B. Vickery u. Ch. S. Leavenworth: J. of biol. Chem. **78**, 627—635 — Chem. Zbl. **1928 II**, 1670.
[10] Vgl. zu dieser Methode die Stellungnahme von E. Abderhalden, R. Fleischmann u. W. Irion: Fermentforschg **10**, 446 (1929).

Über die Isolierung von Histidin, Arginin und Lysin durch Elektrolyse der Hydrolysate von Casein oder Ochsenblut, die sich im Kathodenraum einer 3 teiligen Zelle befinden, berichtet T. Noguchi[1].

Bestimmung: Nach L. J. Harris[2] läßt sich Histidin gut mit n-HCl auf $p_H = 2{,}5$ mit Thymolblau als Indicator titrieren, wobei eine basische Gruppe vollständig als Chlorhydrat dissoziiert ist.

Bei der Titration des Histidins mit Thymolblau ($p_H = 1{,}2-2{,}8$) und Alizaringelb ($p_H = 10{,}1-12{,}1$) betrugen nach K. Felix und H. Müller[3] die auf 1 N gefundenen basischen und Carboxylgruppen für Histidin + HCl 0,34 bzw. 0,7 und für Histidincarbonat 0,68 bzw. 0,40.

L. J. Harris[4] gibt ferner für Histidin Titrationsmethoden bei Anwendung der Chinhydronelektrode an.

E. M. P. Widmark und E. L. Larsson[5] untersuchten für Histidinchlorhydrat die Anwendung der konduktometrischen Titration mit Lauge nach Kolthoff.

P. Hirsch[6] untersuchte eingehend den Verlauf der acidimetrischen Titration von Histidin und bespricht die Möglichkeiten und Grenzen der Titration.

Bei der Bestimmung der Aminosäuren durch die Ninhydrinreaktion nimmt nach H. Riffart[7] Histidin (als Chlorhydrat untersucht) eine Ausnahmestellung insofern ein, als das Optimum der Reaktion bei $p_H = 6{,}239$ liegt. Fehlergrenze beträgt 10%. Die Farbe verblaßt im diffusen Licht langsam, im direkten Sonnenlicht sehr rasch.

Nach der von K. Linderstrøm-Lang[8] angegebenen Titrationsmethode für Amino-N mit $^1/_{10}$ n-alkoholischer HCl in acetonhaltigen Flüssigkeiten (100—200 ccm 99proz. Aceton auf 10 ccm Wasser) unter Verwendung von Naphthylrot, Benzolazo-α-naphthylamin, als Indicator konnten nach dem Verfasser 66,6% des gesamten Histidin-N erfaßt werden.

Nach R. H. A. Plimmer und H. Phillips[9] wird Histidin in salzsaurer Lösung mit einem Überschuß von NaBr- und KBr-Lösung versetzt, nach 10—15 Minuten im Überschuß 4proz. NaJ-Lösung hinzugegeben. Übliche Titration des freien J. Histidin reagiert in saurer Lösung nach 5 Minuten. HCl-Überschuß stört nicht.

R. H. A. Plimmer und T. Shimamura[10] konnten feststellen, daß eine zu hydrolysierter Gelatine zugefügte Menge Histidin sich nach der van Slykeschen Methode nicht genau bestimmen ließ. Ebenso war nach den Verfassern die colorimetrische Bestimmung nach Weiß und Ssobolew unzuverlässig.

Nach R. H. A. Plimmer[11] wird der NH_2-N von Histidin und Arginin bei 14—17° in 15—20 Minuten abgegeben, während Lysin zur vollständigen Reaktion mit HNO_2 1 Stunde erfordert, so daß bei der Bestimmung eines Gemisches dieser 3 Basen 1 Stunde bei 14—17° für die Einwirkung von HNO_2 notwendig und ausreichend ist. Eine längere Zeit der Einwirkung als 1 Stunde hat keine Wirkung auf Histidin.

Bei der Kosselschen Trennungsmethode des Histidins vom Arginin ergab sich nach A. Kossel und S. Edlbacher[12], daß die Fällung von Histidin bereits bei saurer Reaktion beginnt und bei Eintritt von Phenolphthaleinrötung quantitativ beendet ist.

Bei der Argininbestimmung mittels Flaviansäurefällung nach Kossel und Kutscher läßt sich nach A. Kossel und W. Staudt[13] der Histidingehalt als Differenz berechnen.

Nach H. B. Vickery und Ch. S. Leavenworth[14] fällt bei der Kosselschen Trennungsmethode (von Arginin und Histidin) bei einer gegen Phenolphthalein schwach alkalischen

---

[1] T. Noguchi: Bull. Inst. physic. chem. Res. Tokyo **2**, 22 — Chem. Zbl. **1929 I**, 1834.
[2] L. J. Harris: Proc. roy. Soc. London B **95**, 440—485 (1923) — Chem. Zbl. **1924 I**, 435.
[3] K. Felix u. H. Müller: Hoppe-Seylers Z. **171**, 4—15 (1927) — Chem. Zbl. **1928 I**, 233.
[4] L. J. Harris: J. chem. Soc. Lond. **123**, 3294—3303 (1923) — Chem. Zbl. **1924 I**, 1069.
[5] E. M. P. Widmark u. E. L. Larsson: Biochem. Z. **140**, 284—294 (1923) — Chem. Zbl. **1924 I**, 1244.
[6] P. Hirsch: Biochem. Z. **147**, 433—480 — Chem. Zbl. **1924 II**, 1964.
[7] H. Riffart: Biochem. Z. **131**, 78—96 (1922) — Chem. Zbl. **1923 II**, 827.
[8] K. Linderstrøm-Lang: C. r. Labor. Carlsberg **11**, Nr. 4, 1—17 — Hoppe-Seylers Z. **173**, 32—50 (1927) — Chem. Zbl. **1928 I**, 1796.
[9] R. H. A. Plimmer u. H. Phillips: Biochemic. J. **18**, 312—321 — Chem. Zbl. **1924 II**, 1252.
[10] R. H. A. Plimmer u. T. Shimamura: Biochemic. J. **18**, 322—328 — Chem. Zbl. **1924 II**, 1252.
[11] R. H. A. Plimmer: Biochemic. J. **18**, 105—119 — Chem. Zbl. **1924 I**, 2460.
[12] A. Kossel u. S. Edlbacher: Hoppe-Seylers Z. **110**, 241—244 (1920) — Chem. Zbl. **1921 II**, 58.
[13] A. Kossel u. W. Staudt: Hoppe-Seylers Z. **156**, 270—274 — Chem. Zbl. **1926 II**, 2093.
[14] H. B. Vickery u. Ch. S. Leavenworth: J. of biol. Chem. **68**, 225—228 — Chem. Zbl. **1926 II**, 922.

Reaktion bereits ein großer Teil des vorhandenen Arginins mit aus, sie halten es aber für möglich, daß trotzdem bei genauer Kontrolle der [H$^+$] diese Trennung durchgeführt werden könnte.

Zur Trennung von Histidin und Arginin wird nach H. B. Vickery und S. Leavenworth[1] die schwach schwefelsaure Lösung mit heiß gesättigter Ag_2SO_4-Lösung im Überschuß versetzt, die Lösung mit kalt gesättigter $Ba(OH)_2$-Lösung auf $p_H = 7{,}0$ (6,8—7,2) gebracht, wodurch Histidin-Ag ausfällt. Die [H$^+$] wird colorimetrisch mit Bromthymolblau als Indicator bestimmt. Der Niederschlag vom Histidin-Ag wird in heißem Wasser mit wenig HCl gelöst und die Fällung als Ag-Salz wiederholt. Das Ag-Salz fällt also in der Nähe des isoelektrischen Punktes der freien Base aus ($p_H = 7{,}15$). Die so erhaltene Histidinfraktion ist praktisch argininfrei. Das Histidin kann nach Zersetzung des Ag-Salzes mit HCl durch Flaviansäure nachgewiesen werden.

Für die Arginin- und Histidinbestimmung in Proteinhydrolysaten geben H. B. Vickery und Ch. S. Leavenworth[2] weiterhin an, daß sich Arginin-Ag bei $p_H = 7{,}0$ löst, während Histidin-Ag bei demselben p_H vollkommen gefällt wird. Statt $AgNO_3$ wurde Ag_2O zu schwefelsaurer Lösung zugesetzt, so daß das Auswaschen von HNO_3 vermieden wurde. Bei Analysen von 50 g Eiweiß ist es nach den Verfassern empfehlenswert, die gefundenen Basenmengen um 10% zu erhöhen, um Verluste einzukalkulieren. Bei Fällung der Basen mit Phosphorwolframsäure vor der Ag-Fällung wird Arginin und Histidin verloren. Die Basen selbst werden als Dinitronaphtholsulfosäurederivate bestimmt.

Bei einem hohen Verhältnis von Histidin zu Arginin erfolgt nach H. B. Vickery und Ch. S. Leavenworth[3] die Trennung der Ag-Verbindungen am besten bei $p_H = 7{,}4$. Die Trennung ist erst bei wiederholter Fällung vollständig. Die beste Grundlage für die tatsächliche Zusammensetzung der Histidinfraktion gibt das Gewicht des Dinitronaphtholsulfonates. Die Histidinfällung mit Hopkins Reagenz ist nur bei einer relativ reinen Lösung der Base praktisch vollständig. H. O. Calvery[4] arbeitete die Bestimmungsmethode von Vickery und Leavenworth[2] für Histidin so um, daß sie auch für 5 g Protein durchführbar ist. Verfasser gibt weiter an, daß der Total-N der Histidinfraktion auch bei der Methode von Vickery und Leavenworth den wahren Histidingehalt angibt und mit den Werten übereinstimmt, die nach der colorimetrischen Methode von Hanke und Koeßler und der Bromierungsmethode von Plimmer und Phillips gefunden werden. Die Werte der letzteren Methode werden von der Säurekonzentration, Bromierungsdauer und von der Reaktionsdauer stark beeinflußt, außerdem stören hierbei Cystin, Tryptophan und deren Zersetzungsprodukte. Zum Schluß gibt der Verfasser an, daß die Löslichkeit der Hg-Verbindung des Histidins durch die Säurekonzentration stark verändert wird; so fällt bei einem 13%-Gehalt von H_2SO_4 die Hg-Verbindung überhaupt nicht mehr aus. Die optimale Fällung findet bei 3—5% H_2SO_4 statt.

H. B. Vickery und Ch. S. Leavenworth[5] berichten über die Trennung von Cystin und Histidin, da jenes von Schwermetallsalzen weitgehend gefällt wird, sich also stets in der Histidinfraktion befindet. Das Cystin wird mittels des sehr wenig löslichen Cu-Salzes vom Histidin getrennt. Die wässerige, schwach angesäuerte H_2SO_4-Lösung wird $^1/_2$ Stunde mit $Cu(OH)_2$ (6 Teile $Cu(OH)_2$ auf 1 Teil Cystin) gekocht, nach $^1/_2$ stündigem Stehen filtriert. Durch diese Abtrennung des Cystins ist die Bestimmung des Histidins mit Dinitronaphtholsulfosäure wesentlich erleichtert.

Bei der Histidin-Tyrosinbestimmungsmethode nach Hanke und Koeßler[6] wird nach M. T. Hanke[7] das Histidin mit Ag_2SO_4 und $Ba(OH)_2$ gefällt und nach Zerlegung der Ag-Verbindung mit HCl das Histidin in entsprechender Weise bestimmt.

H. Onslow[8] berichtet über eine Tryptophanbestimmung von histidinhaltigem Eiweiß (Caseinogen).

---

[1] H. B. Vickery u. S. Leavenworth: J. of biol. Chem. **72**, 403—413 — Chem. Zbl. **1927 I**, 3022.
[2] H. B. Vickery u. Ch. S. Leavenworth: J. of biol. Chem. **76**, 707—722 — Chem. Zbl. **1928 II**, 172.
[3] H. B. Vickery u. Ch. S. Leavenworth: J. of biol. Chem. **79**, 377—388 (1928) — Chem. Zbl. **1929 I**, 2541.
[4] H. O. Calvery: J. of biol. Chem. **83**, 631—648 — Chem. Zbl. **1929 II**, 3167.
[5] H. B. Vickery u. Ch. S. Leavenworth: J. of biol. Chem. **83**, 523—534 — Chem. Zbl. **1929 II**, 3167.
[6] Hanke u. Koeßler: J. of biol. Chem. **66**, 475—488 (1925) — Chem. Zbl. **1926 I**, 2612.
[7] M. T. Hanke: J. of biol. Chem. **50**, 235—271 — Chem. Zbl. **1922 II**, 609.
[8] H. Onslow: Biochemic. J. **18**, 63—84 — Chem. Zbl. **1924 I**, 2290.

Über den störenden Einfluß des Histidins auf die Cysteinbestimmungsmethode mit K-Bromat berichtet Y. Okuda[1].

R. A. Gortner und W. M. Sandström[2] untersuchten die van Slykesche Methode dahin, welchen Einfluß Kochen mit Säuren, die Gegenwart von Prolin oder Tryptophan bei Aminosäuregemischen (Histidindihydrochlorid neben anderen Aminosäuren) auf die erhaltenen Werte ausübt.

G. Hunter[3] gibt für die Knoopsche Reaktion an, daß die Färbungen vom angewendeten Br-Überschuß abhängen, daß sie verschärft werden, wenn nach Zusatz eines bestimmten Überschusses vor dem Erwärmen mit Chloroform ausgeschüttelt wird, bis dieses ungefärbt bleibt. Als günstigstes Verhältnis von Histidin:Br fand sich 1:3. Histidin läßt sich noch in einer Konzentration von 1:10000 mit Sicherheit nachweisen. Der Verfasser gibt noch an, daß zur Trennung des Histidins vom Carnosin die Knoopsche Reaktion die einzige Methode sei.

Nach L. Broude[4] ist eine Trennung des Histidins vom Carnosin weder nach dem Verfahren von Kossel durch Fällung mit $AgNO_3 + BaCO_3$ noch durch Fällung mit K-Wismutjodid und K-Quecksilberjodid zu erreichen.

Zum Nachweis des Histidins neben Tyrosin mittels der Paulyschen Reaktion wird nach H. Brunswik[5] das Tyrosin durch Erwärmen mit 20—50proz. HNO_3 in Nitrotyrosin übergeführt. Die Lösung wird mit Na-Carbonat neutralisiert. Ist so alles Tyrosin in Nitrotyrosin übergeführt, gibt die positive Paulysche Reaktion den eindeutigen Nachweis von Histidin.

Über die Beziehung des Histidins zur Diazoreaktion des Blutfiltrates bei Niereninsuffiziens berichtet E. Becher[6].

Über Versuche zur Darstellung des Diazofarbstoffes des Histidins und über einen Vergleich zwischen der Diazoreaktion dieser Verbindung mit der, die Harn bei gewissen Krankheiten gibt, berichtet L. Hermanns[7].

Nach M. Weiß[8] können Histidin und verwandte Verbindungen für die Diazoreaktion nicht in Betracht kommen.

Biochemische Eigenschaften: Nach Versuchen an einer Reihe junger Studenten nimmt W. C. Rose[9] an, daß die endogenen Purinkörper letzten Endes aus dem Histidin und Arginin stammen; so sollen Histidin und Arginin namentlich beim Erwachsenen direkt in Purinbasen übergeführt werden.

Nach Stoffwechseluntersuchungen an wachsenden Ratten mit histidin- und argininfreiem Casein sinkt nach W. C. Rose und K. G. Cook[10] die Allantoinausscheidung um 40—50%. Während nun Histidinzusatz zur Nahrung die Ausfuhrwerte wieder zur Norm zurückführt, bleibt Argininzusatz gänzlich wirkungslos, so daß nach den Verfassern Histidin wahrscheinlich ein intravitales Ausgangsprodukt für die Purine ist.

Nach Versuchen von C. P. Stewart[11] an jungen Ratten über die Wirkung von Histidin und Arginin auf das Gewicht der Tiere und den Purinhaushalt (Allantoin) soll sich im Gegensatz zu den Versuchsergebnissen von W. C. Rose und G. J. Cox[2] ergeben, daß Histidin das Arginin nicht vollkommen vertreten kann, aber doch Einfluß auf Wachstum und Purinausscheidung ausübt. Erwachsene Ratten blieben mit einer Nahrung, die nur Spuren von Arginin und Histidin enthielt, 28 Tage am Leben, ohne daß Verlust an Gewicht oder Allantoinausscheidung eintrat.

Versuche von G. J. Cox und W. C. Rose[12] ergaben, daß weder Adenin, noch Guanidin,

---

[1] Y. Okuda: J. of Biochem. **5**, 201—214 (1925) — Chem. Zbl. **1926 I**, 1462 — J. Coll. agric. Tokyo **7**, 69—76 (1919) — Chem. Zbl. **1925 I**, 1232.

[2] R. A. Gortner u. W. M. Sandström: J. amer. chem. Soc. **47**, 1663—1671 — Chem. Zbl. **1925 II**, 1482.

[3] G. Hunter: Biochemic. J. **16**, 640—654 (1922) — Chem. Zbl. **1923 II**, 511 — Biochemic. J. **16**, 637—639 (1922) — Chem. Zbl. **1923 II**, 1207.

[4] L. Broude: Hoppe-Seylers Z. **158**, 22—27 (1926) — Chem. Zbl. **1927 I**, 119.

[5] H. Brunswik: Hoppe-Seylers Z. **127**, 268—273 — Chem. Zbl. **1923 IV**, 136.

[6] E. Becher: Dtsch. Arch. klin. Med. **148**, 10—18 — Chem. Zbl. **1925 II**, 2016.

[7] L. Hermanns: Dtsch. Arch. klin. Med. **152**, 153—165 — Chem. Zbl. **1926 II**, 2209.

[8] M. Weiß: Biochem. Z. **134**, 269—291 (1922) — Chem. Zbl. **1923 II**, 608.

[9] W. C. Rose: J. of biol. Chem. **48**, 575—590 (1921) — Chem. Zbl. **1922 I**, 426.

[10] W. C. Rose u. K. G. Cook: J. of biol. Chem. **64**, 325—338 — Chem. Zbl. **1925 II**, 2002. — W. C. Rose u. G. J. Cox: J. of biol. Chem. **68**, 217—223 — Chem. Zbl. **1926 II**, 257.

[11] C. P. Stewart: Biochemic. J. **19**, 1101—1110 (1925) — Chem. Zbl. **1926 I**, 2810.

[12] G. J. Cox u. W. C. Rose: J. of biol. Chem. **68**, 769—780 — Chem. Zbl. **1926 II**, 1296.

noch Kreatinin oder Kreatin, noch Mischungen das Histidin in der Ernährung ersetzten, so daß die Purinsynthese aus Histidin im tierischen Organismus irreversibel sein soll.

Nach C. P. Stewart[1] konnte mit der Methode der Leberdurchströmung die Anschauung, daß Arginin und Histidin im Organismus Vorläufer der Purine sind, nicht bestätigt werden. Histidin vermag nach P. György und S. J. Thannhauser[2] beim Säugling selbst bei gleichzeitiger Zulage von Arginin bei einer gewöhnlichen Milchgrunddiät weder die Harnsäureausscheidung noch die Urin-Kreatininwerte nachhaltig und konstant zu verändern. Das Ergebnis war auch dann gleich, wenn eine fast völlig histidin- und argininfreie Kost (Caseinhydrolysate) gegeben wurde. Es wurde also die von verschiedenen anderen Forschern bei wachsenden Ratten beobachtete Abhängigkeit der Allantoinausscheidung vom Histidingehalt beim wachsenden menschlichen Organismus in bezug auf die Urin-Harnsäurewerte nicht festgestellt.

G. J. Cox und W. C. Rose[3] untersuchten weiterhin an Ratten, Histidin durch 1 bis 2 Äquivalente Imidazol, 4-Methyl-imidazol, 4-Oxymethyl-imidazol, 4-Imidazolformaldehyd, 4-Imidazol-carbonsäure, 4-Imidazol-essigsäure, β-4-Imidazol-propionsäure, β-4-Imidazol-acrylsäure zu ersetzen. Gewichtsverlust der Tiere wurde nicht ausgeglichen, wohl aber setzte bei Fütterung mit d, l-β-4-Imidazol-milchsäure sofort Wachstum ein, wenn es auch etwas langsamer als mit der äquivalenten Menge Histidin verlief. Vielleicht wird diese Säure durch die Zellen in Histidin verwandelt.

B. Harrow und C. P. Sherwin[4] untersuchten die Wirkung einer Caseinnahrung auf Ratten, wobei das Casein unhydrolysiert, völlig hydrolysiert, histidin- und argininfrei oder mit Histidinzusatz verfüttert wurde. Es zeigte sich weiterhin, daß Imidazolbrenztrauben- und noch besser Imidazolmilchsäure, nicht dagegen Imidazolacrylsäure und Imidazol selbst das Histidin ersetzen konnten. Verfasser halten es nach diesen Beobachtungen für möglich, daß Histidin aus Brenztrauben- und Imidazolmilchsäure aufgebaut wird. Als erstes Zwischenprodukt des Histidinstoffwechsels wäre also die Entstehung der α-Keto- und α-Oxysäure in Erwägung zu ziehen.

Nach L. Leites[5] wirkt intravenös injiziertes Histidin bei Hunden noch bis zu 250 mg pro kg unschädlich. Das Histidin wird vom Blut völlig retiniert und abgebaut. Eine Umwandlung von Histidin in Imidazolverbindungen und umgekehrt von diesen Verbindungen nach intravenöser Injektion in Histidin wurde nicht festgestellt.

Ratten mit hydrolysiertem, histidin- und argininfreien Casein ernährt, zeigen dauernden Gewichtsverlust. Wurde dem Casein 0,1% Histidinchlorhydrat zugesetzt, so blieb nach W. C. Rose und G. J. Cox[6] das Gewicht der Tiere konstant. Nach Zusatz von 0,2—0,5% Histidin erfolgte mäßiges und nach Zusatz von 0,5% so gut wie normales Wachstum. Argininzusatz steigerte die Histidinwirkung von 0,1% nicht.

Nach E. M. K. Geiling[7] reicht auch zur Ernährung von erwachsenen Mäusen hydrolysiertes, diaminosäurefreies Casein nicht. Bei Fehlen von Arginin und Histidin tritt Gewichtsverlust ein. Nach dem Verfasser soll Histidin und Arginin im Gegensatz zu Rose[8] und in Übereinstimmung mit Ackroyd und Hopkins[9] vertauschbar sein.

In Fütterungsversuchen mit Nahrungsgemischen aus reinen organischen Bausteinen wird von E. Abderhalden[10] an ausgewachsenen Ratten und Mäusen beobachtet, daß Histidin nicht durch andere Aminosäuren ersetzt werden kann.

Nach H. Steudel und R. Freise[11] erhöhte bei Hunden eine Injektion von 8,6 g Histidin und 5 g Histidinmonochlorhydrat nicht die Kreatininausscheidung. In dem einen Histidinversuch enthielt der Harn Glucose.

---

[1] C. P. Stewart: Biochemic. J. **19**, 266—269 — Chem. Zbl. **1925 II**, 413.
[2] P. György u. S. J. Thannhauser: Hoppe-Seylers Z. **180**, 286—304 — Chem. Zbl. **1929 I**, 2072.
[3] G. J. Cox u. W. C. Rose: J. of biol. Chem. **68**, 781—799 — Chem. Zbl. **1926 II**, 1296.
[4] B. Harrow u. C. P. Sherwin: J. of biol. Chem. **70**, 683—695 (1926) — Chem. Zbl. **1928 II**, 2573.
[5] L. Leites: J. of biol. Chem. **64**, 125—139 — Chem. Zbl. **1925 II**, 838.
[6] W. C. Rose u. G. J. Cox: J. of biol. Chem. **61**, 747—773 (1924) — Chem. Zbl. **1925 I**, 247.
[7] E. M. K. Geiling: J. of biol. Chem. **31**, 173—199 — Chem. Zbl. **1921 III**, 185.
[8] W. C. Rose u. K. G. Cook: J. of biol. Chem. **64**, 325—338 — Chem. Zbl. **1925 II**, 2002.
[9] Ackroyd u. Hopkins: Biochemic. J. **10**, 551 — Chem. Zbl. **1917 I**, 888.
[10] E. Abderhalden: Pflügers Arch. **195**, 199—226 — Chem. Zbl. **1922 III**, 1234.
[11] H. Steudel u. R. Freise: Hoppe-Seylers Z. **120**, 244—248 — Chem. Zbl. **1922 III**, 933.

Über die gesteigerte Kreatinbildung nach Histidinzusatz zu Muskelbrei berichten E. Abderhalden und S. Buadze[1] und E. Abderhalden[2]. Ferner fanden sie eine Steigerung der Kreatininausscheidung nach Verfütterung größerer Mengen von Histidin und insbesondere nach Zugabe des histidinreichen Globin[3].

Nach Y. Kotake und M. Konishi[4] wird nach oraler Verfütterung von 5—12 g Histidin (täglich während zweier Wochen) sowie nach intravenöser Injektion von 2 mal 5 g von Hunden im Harn regelmäßig Urocaninsäure ausgeschieden. Die Mengen wechseln bei einzelnen Versuchstieren. Imidazolaldehyd, Imidazolcarbonsäure, Imidazolmilchsäure und Brenztraubensäure konnten nicht nachgewiesen werden. Da nun nach Verfütterung von Imidazolmilchsäure keine Urocaninsäure ausgeschieden wird, nehmen Verfasser an, daß diese Säure aus Histidin durch direkte Desamidierung entsteht.

Weitere Versuche an der überlebenden Hundeleber lassen nach M. Konishi[5] gleichfalls Urocaninsäure als normales Zwischenabbauprodukt des Histidins erscheinen.

Über den Einfluß von Eisen + Glutaminsäure + Tryptophan + Histidin auf Tauben, die nur mit geschliffenem Reis gefüttert wurden, im Zusammenhang mit anderen Fütterungsversuchen berichtet E. Abderhalden[6].

Nach Versuchen an Kaninchen und Hunden mit intravenöser Injektion von Histidin wurde nach L. H. Newburgh und Ph. L. Marsh[7] eine schwere tubuläre Nierenschädigung hervorgerufen.

Nach Versuchen von E. P. Wolf[8] am Mesenterium von Winterfröschen nach Cohnheim und an weißen Mäusen verursachte intraperitoneale Injektion von 0,25 ccm einer 1 proz. Histidinlösung Diapedese der roten Blutkörperchen.

Histidin, Meerschweinchen parenteral zugeführt, hat nach R. Wigand[9] keinen besonderen Einfluß auf den allgemeinen Zustand und die Temperatur der Tiere.

Nach Untersuchungen von D. Rapport und H. H. Beard[10] über die Wirkung der Dicarbon- und der Diaminosäurefraktion von Casein- und Gelatinehydrolysaten auf den Stoffwechsel von Hunden beeinflußt Histidin den Gesamtstoffwechsel des Hundes nicht.

Versuchsergebnisse von Bang am Kaninchen über den Gehalt an Amino-N im Kreislauf nach Zufuhr von Glykokoll oder Alanin werden von T. N. Seth und J. M. Luck[11] bestätigt und durch Versuche an Kaninchen und Hunden auch mit Histidin, Leucin, Tryptophan, Glutaminsäure, Asparaginsäure und Cystin erweitert. Allerdings ist im Gegensatz zu den anderen Aminosäuren bei Histidin der Harnstoff-N auch nach 6 Stunden nicht erhöht. Die Steigerung durch diese Aminosäuren ist schwächer als von Glykokoll oder Alanin und nimmt in der genannten Reihenfolge ab.

Über den Einfluß auf die Ornithinausscheidung bei Hühnern nach Eingabe von Histidin berichten J. H. Crowdle und C. P. Sherwin[12].

H. Reinwein[13] untersuchte den Einfluß von Histidin auf die Atmung von Leberschnitten nach Warburg. Es tritt, trotzdem NH_3-Entwicklung in erheblichem Maße stattfand, keine Erhöhung der O_2-Aufnahme ein, dagegen zeigt Histidin am ganzen Tiere eine spezifisch-dynamische Stoffwechselerhöhung.

Der Abbau von acetessigsaurem K durch Hefe wird nach S. Weiß[14] bei Zugabe von Histidin erhöht.

---

[1] E. Abderhalden u. S. Buadze: Z. exper. Med. **65**, 1 (1929) — Med. Klin. **25**, 11—12 — Chem. Zbl. **1929 I**, 2897.
[2] E. Abderhalden: Naturwiss. **17**, 293—294 — Chem. Zbl. **1929 II**, 2353.
[3] E. Abderhalden u. S. Buadze: Z. exper. Med. **65**, 1 (1929); **69**, 561 (1930).
[4] Y. Kotake u. M. Konishi: Hoppe-Seylers Z. **122**, 230—236 (1922) — Chem. Zbl. **1923 I**, 116.
[5] M. Konishi: Hoppe-Seylers Z. **122**, 237—240 (1922) — Chem. Zbl. **1923 I**, 117.
[6] E. Abderhalden: Pflügers Arch. **201**, 416—431 (1923) — Chem. Zbl. **1924 I**, 791.
[7] L. H. Newburgh u. Ph. L. Marsh: Arch. int. Med. **36**, 682—711 (1925) — Ber. Physiol. **35**, 498 — Chem. Zbl. **1926 II**, 1663.
[8] E. P. Wolf: J. of exper. Med. **37**, 511—524 — Chem. Zbl. **1923 III**, 413.
[9] R. Wigand: Arch. f. exper. Path. **132**, 18—27 — Chem. Zbl. **1928 II**, 1009.
[10] D. Rapport u. H. H. Beard: J. of biol. Chem. **80**, 413—429 (1928) — Chem. Zbl. **1929 II**, 1814.
[11] T. N. Seth u. J. M. Luck: Biochemic. J. **19**, 366—376 — Chem. Zbl. **1925 II**, 2001.
[12] J. H. Crowdle u. C. P. Sherwin: J. of biol. Chem. **55**, 365—371 — Chem. Zbl. **1923 I**, 1602.
[13] H. Reinwein: Dtsch. Arch. klin. Med. **160**, 278—299 — Chem. Zbl. **1928 II**, 1896.
[14] S. Weiß: Z. exper. Med. **52**, 707—714 (1926) — Chem. Zbl. **1927 I**, 479.

Versuche von B. Harrow, F. W. Power und C. P. Sherwin[1] ergaben, daß die Kupperlung des Acetaldehyd-Essigsäurekomplexes mit p-Aminobenzoesäure im 24 Stunden-Harn nach Zugabe von Histidin um 102% gesteigert wurde.

Nach G. Russo[2] zeigen im Verlaufe der Entwicklung des Ovariums von Strongylocentrotus lividus die Proteine eine Verminderung ihres Histidingehaltes.

Nach R. Ehrenberg und W. Liebenow[3] wächst mit steigendem Alter der Placenta vielleicht ihr Gehalt an Histidin.

Untersuchungen von J.-i. Sagara[4] über die Veränderung der Diaminosäuren während der Bebrütung des Hühnereies ergaben, daß der Histidingehalt im Gegensatz zu dem von Lysin und Arginin ziemlich wenig schwankt: 0,0009 (9. Tag); 0,0005 (14. Tag); 0,0007 (17. Tag) und 0,0008 (19. Tag).

Nach G. Russo[5] findet während der embryonalen Entwicklung des Huhnes eine deutliche Abnahme an Histidin statt.

H. O. Calvery[6] studierte die Stickstoffverteilung im sich entwickelnden Hühnerei 21 Tage lang. Der Histidin-N, bezogen auf den gesamten Eiinhalt, neigte zu Abnahme mit starken, täglichen Schwankungen.

J. L. Rosedale[7] bestimmte den Diaminosäuregehalt (Histidin, Arginin und Lysin) von normalem Gewebe bei normaler Diät. Die Werte weichen nicht erheblich voneinander ab.

Nach E. Terroine und R. Bonnet[8] beträgt die Wärmeabgabe von Fröschen bei Histidinaufnahme 140 Cal (+18%) pro 14 mg N.

Die Entstehung von Histamin aus Histidin diskutiert K. Spiro[9].

Histidinchlorhydrat, in 1 proz. Lösung mit der Hg-Quarzlampe bestrahlt, übt nach F. Ellinger[10] nach Versuchen am Meerschweinchendarmpräparat und an einer narkotisierten Katze auf Darm und Blutdruck eine histaminähnliche Wirkung aus. Die Verbindung ließ sich mit Chloroform extrahieren. Die Ausbeute betrug etwa $1/500$ der angewandten Histidinmenge. Die Umwandlung war abhängig von der Dauer der Bestrahlung, unabhängig vom p_H, unterblieb bei sehr sauren Bedingungen. Photokatalysatoren ($FeCl_3$, Eosin) beschleunigten die Umwandlung nicht. Besonders wirksam war der langwellige Teil des ultravioletten Lichtes. Unwirksam waren im biologischen Versuch bestrahlte Lösungen mit Licht von der Wellenlänge 297—302 $\mu\mu$.

Nach E. Abderhalden[11] entwickeln sich die Larven des Kabinettkäfers (Anthremus muscorum) auf Seidenkokons und bauen aus deren Bestandteilen, die hauptsächlich aus Glykokoll, Alanin, Tyrosin und Serin, neben wenig Leucin, Phenylalanin, Prolin, Arginin, Lysin und Histidin bestehen, sämtliche Körpersubstanzen auf.

In Verbindung mit verschiedenen Nährstoffen und Aminosäuren hatte nach E. Abderhalden[12] Histidin, dem gewöhnlichen Futter zugesetzt, keinen merklichen Einfluß auf das Wachstum der Wolfsmilchschwärmerraupen.

Von E. Abderhalden und E. Gellhorn[13] wurde der Einfluß von Histidin auf die Adrenalinwirkung am Meerschweinchendickdarm untersucht. Konzentrationen von 1:25 000 bis 200 000 steigerten die Adrenalinwirkung (verstärkte Herabsetzung des Tonus und Lähmung der automatischen Kontraktionen). Die Wirkung war völlig reversibel. Ebenso wird nach Versuchen[13] am Herzstreifen die Adrenalinwirkung durch Histidin bedeutend verstärkt, so

---

[1] B. Harrow, F. W. Power u. C. P. Sherwin: Proc. Soc. exper. Biol. a. Med. **24**, 422—424 — Ber. Physiol. **40**, 787 — Chem. Zbl. **1927 II**, 2207.

[2] G. Russo: Arch. di Sci. biol. **8**, 293—309 (1926) — Ber. Physiol. **38**, 599—600 — Chem. Zbl. **1927 I**, 2662.

[3] R. Ehrenberg u. W. Liebenow: Pflügers Arch. **201**, 387—392 (1923) — Chem. Zbl. **1924 I**, 790.

[4] J.-i. Sagara: Hoppe-Seylers Z. **178**, 298—301 — Chem. Zbl. **1928 II**, 2571

[5] G. Russo: Arch. di Sci. biol. **10**, 128—137 (1927) — Chem. Zbl. **1929 I**, 2200.

[6] H. O. Calvery: J. of biol. Chem. **83**, 231—241 — Chem. Zbl. **1929 II**, 2065.

[7] J. L. Rosedale: Biochemic. J. **22**, 826—829 — Chem. Zbl. **1928 II**, 1783.

[8] E. Terroine u. R. Bonnet: Ann. de Physiol. **2**, 488—508 (1926) — Ber. Physiol. **39**, 680—681 — Chem. Zbl. **1927 II**, 596.

[9] K. Spiro: Arch. néerl. Physiol. **7**, 227—233 (1922) — Chem. Zbl. **1923 I**, 365.

[10] F. Ellinger: Arch. f. exper. Path. **136**, 129—157 (1928) — Chem. Zbl. **1929 I**, 923.

[11] E. Abderhalden: Hoppe-Seylers Z. **142**, 189—190 — Chem. Zbl. **1925 I**, 2020.

[12] E. Abderhalden: Hoppe-Seylers Z. **127**, 93—98 — Chem. Zbl. **1923 III**, 265.

[13] E. Abderhalden u. E. Gellhorn: Pflügers Arch. **206**, 154—161 (1924) — Chem. Zbl. **1925 I**, 550 — Pflügers Arch. **203**, 42—56 — Chem. Zbl. **1924 II**, 497.

daß die Schwellenkonzentration sich bis auf etwa $^1/_{10}$ des normalen Wertes erniedrigt. Gleichfalls wird an der glatten Muskulatur des Magens und der Speiseröhre des Frosches eine Verstärkung der Erregung bzw. Lähmung ausgelöst. Dem Histidin selbst kommt kein Einfluß auf die automatische Kontraktion der Herz-, Magen- und Speiseröhrenmuskulatur zu. Bei intraperitonealer Injektion wird durch Histidinzusatz bei der weißen Maus die Senkung der Temperatur verstärkt.

Nach M. Chikano[1] hat Histidin einen fördernden Einfluß auf Adrenalinhyperglykämie.

Über den Zusammenhang zwischen N: C-Quotienten von Histidin und dessen Ausscheidung im Harn berichtet Ackermann[2].

Über die Rolle des Histidins beim Cystinuriniker berichtet F. A. Hoppe-Seyler[3].

Histidin allein oder in Kombination mit anderen Aminosäuren zeigte nach T. Ugata[4] keinen Einfluß auf die Vermehrung von Paramaecium caudatum.

Versuche von K. Frankenthal[5] über den Abbau des Histidins durch die Influenzabacillen unter Decarboxylierung zu Histamin ergaben bei der Prüfung am Meerschweinchenuterus ein negatives Resultat.

M. T. Hanke und K. K. Koeßler[6] studierten das Verhalten einer größeren Anzahl von Mikroorganismen in einem Medium, das neben den nötigen anorganischen Salzen und Glycerin Histidindichlorid (auf 200 ccm Gesamtflüssigkeit 0,2 mg) enthielt. Unter 29 Stämmen von Colibacillen vermochten 6 Histidin zu verwandeln, 5 erzeugten eine alkalibeständige carboxylierte Triaminoverbindung. Imidazolessig-, -propion-, -milch- oder -acrylsäure wurden durch Stämme von Bacillus paratyphosus A, Bacillus dysenteriae Flexner, Morgan und Shiga, Bacillus faecalis alkaligenes I, Bacillus mucosus capsulatus und Bacillus tuberculosis gebildet. Ein Zusatz von Leucin steigert das Wachstum aller untersuchten Mikroorganismen und die Bildung von Histamin, führt aber nicht zur Bildung von Histamin, wo dieses nicht auch ohne Leucin gebildet wurde. Ein Zusatz von Alanin, Leucin, Arginin oder Glykokoll oder Pepton vermehrt Wachstum und Histaminausbeute beim Colibacillus, von Glutaminsäure oder Tryptophan vermehrt das Wachstum, vermindert das gebildete Histamin, von Cystin vermindert das Wachstum und reduziert die Histaminbildung nahezu auf Null. Tyrosin scheint ohne Einfluß auf die Histaminbildung zu sein.

Über die Umsetzung von Histidin in Histamin durch Colistämme und weiter über diese Umsetzung durch zwei einzelne Stämme von Colibacillen in Milch, Blutnährbrühe und Ascitesnährbrühe als Nährboden berichten M. T. Hanke und K. K. Koeßler[7].

Weitere Versuche von M. T. Hanke und K. K. Koeßler[8] über das Verhalten von Bakterien Histidin gegenüber zeigten, daß von Bakteriengemischen aus 26 menschlichen Stühlen 16 Histidin zu Histamin und von 18 Stühlen, die von normalen Individuen stammten, 14 Histidin zu Histamin decarboxylierten. Aus 2 Stühlen, die Aminbildner enthielten, wurden 11 bzw. 9 Bakterienstämme gezüchtet, doch keiner von ihnen erzeugte Histamin.

Aus Untersuchungen von 5000 säurefesten Bakterien verschiedenster Herkunft ergab sich nach E. R. Long[9], daß Histidin als alleinige N-Quelle das Wachstum der säurefesten ermöglichte.

Nach A. Goris und A. Liot[10] lassen sich auch bei der Züchtung von Bacillus pyocyaneus auf künstlichen Nährböden Histidin oder besser noch dessen Salze als alleinige N-Quelle verwenden. Allerdings ist die Wirkung von NH_4-Salzen stärker.

Im Gegensatz zu Ergebnissen über die Förderung des Wachstums von Influenzabacillen durch Histidinhydrochlorid wurde nach M. Knorr und W. Gehlen[11] das Wachstum des

---

[1] M. Chikano: Biochem. Z. **205**, 154—165 — Chem. Zbl. **1929 I**, 2199.
[2] Ackermann: Klin. Wschr. **5**, 848—849 — Chem. Zbl. **1926 II**, 448.
[3] F. A. Hoppe-Seyler: Dtsch. Arch. klin. Med. **154**, 97—106 — Chem. Zbl. **1927 I**, 3100.
[4] T. Ugata: J. of Biochem. **6**, 417—450 (1926) — Chem. Zbl. **1928 II**, 1784.
[5] K. Frankenthal: Biochem. Z. **128**, 122—123 (1922) — Chem. Zbl. **1922 III**, 65.
[6] M. T. Hanke u. K. K. Koeßler: J. of biol. Chem. **50**, 131—191 (1922) — Chem. Zbl. **1922 I**, 695.
[7] M. T. Hanke u. K. K. Koeßler: J. of biol. Chem. **59**, 855—866 — Chem. Zbl. **1924 II**, 361. — J. of biol. Chem. **59**, 867—877 — Chem. Zbl. **1924 II**, 361.
[8] M. T. Hanke u. K. K. Koeßler: J. of biol. Chem. **59**, 835—853 — Chem. Zbl. **1924 II**, 361.
[9] E. R. Long: Amer. Rev. Tbc. **5**, 705—714 (1921) — Ber. Physiol. **12**, 299 — Chem. Zbl. **1922 III**, 173.
[10] A. Goris u. A. Liot: C. r. Acad. Sci. Paris **174**, 575—578 — Chem. Zbl. **1922 III**, 391.
[11] M. Knorr u. W. Gehlen: Zbl. Bakter. I **94**, 321—326 — Chem. Zbl. **1925 I**, 2701.

Koch-Weeksschen Bacillus durch Histidin unter Benutzung eines Präparates von Schuchhardt auch nach weiterer Reinigung dieses Präparates nicht gesteigert.

Über die Behinderung des Bakterienwachstums durch Histidin in relativ niedrigen Konzentrationen zwischen 0,2—2% berichten G. A. Wyon und J. W. Mc Leod[1]. Einige Darmbakterien sind gegen diesen Einfluß unempfindlich.

Die Keimung der Sporen von Phycomyces nitens wird nach D. Tits[2] in einer 2proz. Peptonlösung durch Histidin stark begünstigt.

Nach L. K. Campbell[3] bildet der Tuberkelbacillus aus Histidin wahrscheinlich Imidazolessigsäure.

Bei vergleichenden Versuchen über die Spaltbarkeit von Carnosin und von Histidin in künstlichen Nährböden durch Bakterien (Mischkulturen aus Faeces, Reinkulturen: Bacillus pyocyaneus, Typhi, p-Typhi A und B, dysenter. Flexner, enteritidis Gaertner, coli communis, subtilis, mesentericus, lactis aerogenes) wird nach J. Hefter[4] Histidin viel leichter als Carnosin gespalten.

In einer Arbeit von F. K. Swoboda[5] wird der Einfluß von Histidin auf Hefewachstum in Gegenwart und bei Fehlen von hydrolysiertem Edestin untersucht. Bei Fehlen von hydrolysiertem Edestin wirkt Histidin auf das Hefewachstum hemmend.

Über die H_2S- und Mercaptanbildung aus l-Cystin durch Proteus vulgaris und Colibacillen nach Histidinzusatz berichtet M. Kondo[6].

Histidin beschleunigte nach E. Abderhalden[7] die alkoholische Gärung. Nach H. Zeller[8] dagegen ist Histidinchlorhydrat ohne Einfluß auf die Hefegärung.

Die autolytische NH_3-Bildung in Meerschweinchenleberbrei in n-Phosphat- und Lactatpuffern bei 37° unter Zusatz von einigen Tropfen Chloroform in saurem und in alkalischem Milieu bei Zugabe von Histidin untersuchten P. György und H. Röthler[9].

E. Gellhorn[10] zeigte, daß die Permeabilität der Spermatozoen von Rana temporaria für K, Rb, NH_4, Citrat und Methylenblau durch Aminosäuren, z. B. Histidin und Kohlehydrate herabgesetzt wurde, so daß selbst nach längerer Einwirkungsdauer dieser Ionen noch hohe Befruchtungsziffern festzustellen waren. Es handelt sich dabei nicht um eine völlige Hemmung der Durchlässigkeit, sondern um eine Herabsetzung der Permeabilität, wie die weitere Entwicklung der Embryonen zeigt (Mißbildungen). Die Steigerung der Permeabilität, die die Zellgrenzschichten bei Belichtung in Gegenwart von Eosin, Erythrosin, Fluorescin und Neutralrot erfahren, kann durch Histidin vermindert werden.

Über den Histidingehalt nach 3—5 Tagen an verschiedenen Stellen von Tomaten nach Nitratgaben berichtet S. H. Eckerson[11].

Über Veränderungen von Histidinlösungen beim Erhitzen unter dem Einfluß von Kalbsleber oder Dorschmuskel berichtet W. M. Clifford[12].

Nach S. Edlbacher[13] wird eine Lösung von Histidin durch Leberbrei und Leberglycerinextrakt fermentativ unter starker NH_3-Bildung zersetzt. Das optimale p_H der Spaltung ist 9,0, das Grenz-p_H etwa 5, bei p_H = 2 findet keine Spaltung mehr statt. Die Lebern von Hunden, Meerschweinchen, Kaninchen, Gänsen, Hühnern und Fröschen besitzen das histidinspaltende Ferment. Arginasereiche Vogelniere spaltet im Gegensatz zu arginasearmer Vogelleber kein Histidin. 58—62% des im Histidin enthaltenen N werden als NH_3 durch Histidase abgespalten. Es konnte stets unverändertes Histidin wiedergewonnen werden.

---

[1] G. A. Wyon u. J. W. Mc Leod: J. of Hyg. **21**, 376—385 (1923) — Ber. Physiol. **26**, 306 (1924) — Chem. Zbl. **1924 II**, 2271.
[2] D. Tits: Bull. Acad. roy. Belgique, Classe des Sci. [5] **12**, 545—555 (1926) — Chem. Zbl. **1927 I**, 1326.
[3] L. K. Campbell: J. Dairy Sci. **8**, 370—389 (1925) — Ber. Physiol. **33**, 778 — Chem. Zbl. **1926 I**, 3244.
[4] J. Hefter: Hoppe-Seylers Z. **145**, 276—289 — Chem. Zbl. **1925 II**, 1460.
[5] F. K. Swoboda: J. of biol. Chem. **52**, 91—109 — Chem. Zbl. **1922 III**, 1091.
[6] M. Kondo: Biochem. Z. **136**, 198—202 — Chem. Zbl. **1923 III**, 788.
[7] E. Abderhalden: Fermentforschg **6**, 149—161 — Chem. Zbl. **1922 III**, 887.
[8] H. Zeller: Biochem. Z. **176**, 134—141 — Chem. Zbl. **1926 II**, 3060.
[9] P. György u. H. Röthler: Biochem. Z. **173**, 334—347 — Chem. Zbl. **1926 II**, 1436.
[10] E. Gellhorn: Pflügers Arch. **206**, 250—267 (1924) — Chem. Zbl. **1925 I**, 1337.
[11] S. H. Eckerson: Bot. Gaz. **77**, 377—390 (1924) — Ber. Physiol. **28**, 65 (1924) — Chem. Zbl. **1925 I**, 852.
[12] W. M. Clifford: Biochemic. J. **17**, 549—555 — Chem. Zbl. **1923 III**, 1627.
[13] S. Edlbacher: Hoppe-Seylers Z. **157**, 106—114 — Chem. Zbl. **1926 II**, 2453.

Histidin wird nach S. Edlbacher und E. Simons[1] von einer gereinigten Arginaselösung, die durch Adsorption und entsprechende Elution dargestellt ist, nicht mehr angegriffen.

Die Arginasen aus einer Reihe von malignen Tumoren, Sarkomen, Carcinomen, Granulationen, Polypen und embryonalen Geweben spalten nach S. Edlbacher und K. W. Merz[2] aus Histidin kein NH_3 ab.

Eine beschleunigende Wirkung auf die Stärkehydrolyse durch Pankreatinamylase mittels Histidins konnten H. C. Shermann und M. L. Caldwell[3] nicht beobachten. Weitere Versuche von beiden Verfassern[3] über die Amylasewirkung im System Amylase + Glykokoll bzw. Phenylalanin + 0,000003 molare $HgCl_2$-Lösung zeigten, daß das Ausbleiben der aktivierenden Wirkung des Histidins nicht auf Verunreinigungen durch Hg-Spuren zurückzuführen ist.

Nach P. Kubikowski[4] ruft Histidin eine Vergrößerung der Pankreassekretion hervor, wobei jenes jedoch nicht direkt auf das Pankreas, sondern nur mit Hilfe des Magens wirkt. Das Maximum der Sekretion findet 20—45 Minuten nach Eingabe des Histidins dann statt, wenn der Magen den HCl-reichsten Saft entleert.

Die Wirkung von Pankreaslipase auf Buttersäureäthylester und Olivenöl wird nach E. R. Dawson[5] in alkalischer und neutraler, aber nicht in saurer Lösung durch Histidin beschleunigt. Die Wirkung des Histidins ist im Vergleich zu der von anderen Aminosäuren am stärksten.

Nach J. H. Northrop[6] wird die Fermentwirkung von Trypsin nicht durch zugesetztes Histidin gehemmt.

Im Gegensatz zu anderen Aminosäuren ist Histidin nach A. Niskowski[7] auf die antitryptische Wirkung der Durchspülungsflüssigkeit einer übelriechenden Hundespeicheldrüse ohne Einfluß.

l-Histidinzusatz zu Hefemacerationssäften wirkt nach A. Fodor und R. Cohn[8] beschleunigend auf die Aktivität der Peptidasen gegenüber Seidenpepton Höchst.

Nach H. Wieland und W. Franke[9] tritt beim Histidin die Katalasewirkung hinter der Peroxydasewirkung zurück.

Nach G. Schmidt[10] wird l-Histidin nicht durch die Adenylsäuredesaminase aus Muskelbrei desaminiert.

Nach E. Ponder[11] steigert Histidin die schwach hämolysierende Wirkung des Glykocholats sehr stark. Histidin allein hämolysiert nicht, es wird sogar bei Vorbehandlung der Blutkörperchen mit Histidin eine gewisse schützende Wirkung gegen das Histidin-Glykocholat-Gemisch ausgeübt. Nach weiteren Versuchen vom Verfasser[12] hat die Beschleunigung der Hämolyse durch Histidinmonochlorhydrat den Charakter einer linearen Funktion. Außerdem läßt sich zeigen, daß Histidin bei Hämolyse durch Saponin oder gallensaure Salze an den Zellen selbst angreift.

Nach C. Voegtlin, J. M. Johnson und H. A. Dyer[13] ist Histidin auf die CN-Vergiftung völlig einflußlos.

Nach A. Oparin[14] wird der Amino-N des Histidins in 2—4 Tagen zu etwa 10—20% bei Gegenwart von Chlorogensäure durch den Luftsauerstoff in NH_3 übergeführt, außerdem wird CO_2 abgespalten und der Rest der Verbindung zu einem Aldehyd oxydiert.

---

[1] S. Edlbacher u. E. Simons: Hoppe-Seylers Z. **167**, 76—87 — Chem. Zbl. **1927 II**, 1478.

[2] S. Edlbacher u. K. W. Merz: Hoppe-Seylers Z. **171**, 252—263 — Chem. Zbl. **1928 I**, 375.

[3] H. C. Shermann u. M. L. Caldwell: J. amer. chem. Soc. **43**, 2469—2476 (1921) — Chem. Zbl. **1922 III**, 929 — J. amer. chem. Soc. **44**, 2923—2926 (1922) — Chem. Zbl. **1923 III**, 1095.

[4] P. Kubikowski: C. r. Soc. Biol. Paris **98**, 142—145 — Chem. Zbl. **1928 I**, 2953.

[5] E. R. Dawson: Biochem. J. **21**, 398—403 — Chem. Zbl. **1927 II**, 1353.

[6] J. H. Northrop: J. gen. Physiol. **4**, 227—244 (1922) — Chem. Zbl. **1922 I**, 764.

[7] A. Niskowski: Biochem. Z. **179**, 62—69 (1926) — Chem. Zbl. **1928 II**, 2660.

[8] A. Fodor u. R. Cohn: Hoppe-Seylers Z. **176**, 17—28 — Chem. Zbl. **1928 II**, 435.

[9] H. Wieland u. W. Franke: Liebigs Ann. **457**, 1—70 — Chem. Zbl. **1927 II**, 1658.

[10] G. Schmidt: Hoppe-Seylers Z. **179**, 243—282 (1928) — Chem. Zbl. **1929 I**, 1124.

[11] E. Ponder: Proc. roy. Soc. Lond. B **93**, 86—103 (1922) — Chem. Zbl. **1922 I**, 664.

[12] E. Ponder: Proc. roy. Soc. Lond. B **99**, 461—476 (1922) — Chem. Zbl. **1926 II**, 2075.

[13] C. Voegtlin, J. M. Johnson u. H. A. Dyer: J. of Pharmacol. **27**, 467—483 — Chem. Zbl. **1926 II**, 1658.

[14] A. Oparin: Bull. Acad. St. Pétersbourg (6) 535—546 (1922) — Chem. Zbl. **1925 II**, 728.

Histidin, auf etwa 300° erhitzt, ergibt nach C. van Eweyk und M. Tennebaum[1] Secretinwirkung.

Über die Beziehung des Säurebindungsvermögens des Hämocyanins von Limulus polyphemus und seines Gehaltes an zweibasischen Aminosäuren (Arginin, Lysin und Histidin) berichten A. C. Redfield und E. T. Mason[2], wobei das maximale Säurebindungsvermögen mit dem aus dem Gehalt an zweibasischen Aminosäuren berechneten Wert übereinstimmt.

Physikalische Eigenschaften des Histidins: G. L. Keenan[3] untersuchte das optische Verhalten von Histidin im gewöhnlichen parallelpolarisierten und konvergentpolarisierten Licht. Er bestimmte folgende Refraktionsindices: $n\alpha = 1{,}520$, $n\beta$ unbestimmbar und $n_\gamma = 1{,}610$.

Von F. W. Ward[4] wurde das Absorptionsspektrum von Histidin bestimmt.

Von L. Marchlewski und A. Nowotnówna[5] wurde der Extinktionskoeffizient vom Histidinchlorhydrat nach der Methode von Hilger ermittelt.

A. Castille und E. Ruppol[6] beschreiben für Histidin das Absorptionsspektrum für Ultraviolett zwischen 4800 und 1900 Å.

Von N. Bjerrum[7] werden die beiden Dissoziations- (K_s und K_b) und Hydrolysenkonstanten (k_a und k_b) von Histidin bei 25°, wie folgt, angegeben:

$K_s = 10^{-1,60}$; $K_b = 10^{-5,24}$; $k_a = 10^{-8,66}$; $k_b = 10^{-8,24}$ Konstanten für die 1. Stufe;
$K_s = \ldots$; $K_b = 10^{-8,24}$; $k_a = \ldots$; $k_b = 10^{-12,30}$ Konstanten für die 2. Stufe.

Über eine acidimetrische Bestimmungsmethode des isoelektrischen Punktes von Histidin und über ihre Fehlergrenze berichtet D. Bach[8].

Über den Zusammenhang zwischen dem Lysin-, Histidingehalt und den basischen Gruppen von Gelatine und Eialbumin mit den Dissoziationsindices bei $p_H = 6{,}1$ bzw. $10{,}4-10{,}6$ berichtet H. S. Simms[9].

Chemische Eigenschaften: Histidin krystallisiert nach H. B. Vickery und Ch. S. Leavenworth[10] aus Wasser und 50proz. Alkohol in Tafeln als Anhydrid aus.

W. Langenbeck[11] gelingt es, l-Histidin zur Benzoyl-l-asparaginsäure in einer Ausbeute von 8% abzubauen. Histidinmethylester wird nach Kossel und Edlbacher benzoyliert, wobei eine Tribenzoylverbindung erhalten wird (aus CH_3OH, Schmelzpunkt unscharf, $[\alpha]_{633}^{18} = -52{,}4°$ [in Pyridin]), die in Eisessig mit 3proz. Ozon behandelt wird. Nach Abdestillation des Eisessigs wird der Rückstand mit konzentrierter methylalkoholischer HCl 1 Stunde gekocht, nach Entfernen des CH_3OH nochmals mit wässeriger n-HCl 1 Stunde erhitzt. Die Benzoyl-l-asparaginsäure krystallisierte in Nadeln, Schmelzp. 179°, $[\alpha]_{633}^{18} = +38{,}4°$ (in $2n\text{-}Na_2CO_3$) und war identisch mit dem aus l-Asparagin hergestellten Vergleichsmaterial. Dadurch ist nachgewiesen, daß auch dem Histidin die l-Konfiguration zukommt.

Nach E. Schmidt und K. Braunsdorf[12] reagiert Histidin mit ClO_2.

Nach F. Lieben und R. Müller[13] verbraucht Histidin 4 Atome Br, weiterhin wird Histidin, das mit 2 Atomen Br bereits reagiert hat, nicht mehr durch Phosphorwolframsäure gefällt.

F. Lieben[14] studierte die photooxydative Zerstörung von Histidin nach Art, Intensität und Dauer der Belichtung, des Einflusses von Sensibilisatoren und von Zusätzen mit Hilfe colorimetrischer Methoden. Histidin wurde bereits in schwach saurem Medium abgebaut.

---

[1] C. van Eweyk u. M. Tennebaum: Biochem. Z. **125**, 238—245 (1921) — Chem. Zbl. **1922 I**, 764.
[2] A. C. Redfield u. E. T. Mason: J. of Biol. Chem. **77**, 451—457 — Chem. Zbl. **1928 II**, 1347.
[3] G. L. Keenan: J. of biol. Chem. **83**, 137—138 (1929) — Chem. Zbl. **1929 II**, 1790.
[4] F. W. Ward: Biochemic. J. **17**, 898—902 (1923) — Chem. Zbl. **1924 I**, 1484.
[5] L. Marchlewski u. A. Nowotnówna: Bull. Intern. Acad. Polon. Sci. Lettres **1925**, 153 bis 164 — Chem. Zbl. **1926 I**, 588.
[6] A. Castille u. E. Ruppol: Bull. Soc. Chim. biol. Paris **10**, 623—668 — Chem. Zbl. **1928 II**, 622.
[7] N. Bjerrum: Z. physik. Chem. **104**, 147—173 — Chem. Zbl. **1923 I**, 1575.
[8] D. Bach: Bull. Soc. Chim. biol. Paris **9**, 1233—1243 (1927) — Chem. Zbl. **1928 I**, 2972.
[9] H. S. Simms: J. gen. Physiol. **11**, 629—640 — Chem. Zbl. **1928 II**, 1673.
[10] H. B. Vickery u. Ch. S. Leavenworth: J. of biol. Chem. **76**, 701—705 — Chem. Zbl. **1928 II**, 149.
[11] W. Langenbeck: Ber. dtsch. chem. Ges. **58**, 227—229 — Chem. Zbl. **1925 I**, 1198.
[12] E. Schmidt u. K. Braunsdorf: Ber. dtsch. chem. Ges. **55**, 1529—1534 — Chem. Zbl. **1922 III**, 520.
[13] F. Lieben u. R. Müller: Biochem. Z. **197**, 119—135 (1928) — Chem. Zbl. **1929 I**, 1353.
[14] F. Lieben: Biochem. Z. **184**, 453—473 — Chem. Zbl. **1927 II**, 1004.

K. Felix und A. Lang[1] untersuchten die Reaktion von Permutit mit Histidin. Die Reaktion verläuft nicht nach dem Massenwirkungsgesetz, sondern erfüllt die von Rothmund und Kornfeld für den Austausch des Na im Permutit gegen andere anorganische Basen aufgestellte Gleichung, die von den Verfassern auf die folgende Form umgerechnet wurde: $\log(b-x)/x = \beta \log x/(a-x) + \log K$.

β ist ein Exponent < 1, er beträgt für Histidin 0,3075, während der Wert für K 54,2 beträgt.

Nach G. Nagelschmidt[2] läßt sich l-Histidin neben Diaminosäuren mittels eines Mercuriacetat-Na-Carbonatreagenzes evtl. unter Zusatz von Alkohol ausfällen.

Versuche von J. M. Ort und J. W. Bollman[3] zeigten, daß Histidin auf die Reaktion von H_2O_2 auf Dextrose katalytisch beschleunigend einwirkte.

Über den Einfluß des Histidins auf die Aldehyd-Tryptophanreaktion berichtet E. Komm[4].

Werden Proteinhydrolysate (z. B. Gelatine) in einer dreikammerigen Zelle elektrolysiert, so wandert nach G. L. Foster und C. L. A. Schmidt[5] das Histidin bei einem p_H von 5,5 zur Kathode, während es bei einem p_H von 7,5 im Mittelteil bleibt.

Über die Reaktionsprodukte des Histidins mit Acetanhydrid + Pyridin und deren Eigenschaften nach ihrer Reduktion auf den Blutdruck berichten H. D. Dakin und R. West[6]. Es ließ sich das Dihydrochlorid des (4)-Imidazol-(3)-amino-butanons-(2) erhalten.

Histidin gibt nach E. Waser und E. Brauchli[7] beim Erhitzen einer sodaalkalischen Lösung mit einer kleinen Menge von p-Nitrobenzoylchlorid eine dunkelweinrote bis violettblaue Färbung. Die Gegenwart von Na-Bisulfit, Na-Sulfid, Na-Hyposulfit verhindert die Reaktion, während Sulfat, Thiosulfat und kolloidaler Schwefel ohne Einfluß sind. Die o- und m-Verbindungen, Benzoylchlorid, p-Nitrophenol, p-Nitrobenzoesäure und p-Nitrobenzaldehyd zeigen die Reaktion nicht. Außerdem bleibt die Färbung bei Gegenwart von Na-Acetat oder Chinolin aus, zeigt sich aber sonst bei jeder alkalischen Substanz (auch Pyridin).

Während Glykokoll bei Gegenwart geringer Mengen Adrenalin durch O_2 unter Bildung von NH_3 und CO_2 zerlegt wird, ist die Oxydation anderer Aminosäuren (z. B. von Histidin) sehr gering[8].

Bei Desamidierung von Proteinen (Gelatine, Eialbumin) werden nach H. S. Simms[9] nicht die Präarginin-, Arginin- und Histidingruppen, wohl aber fast alle Lysingruppen entfernt.

Derivate des l-Histidins: Monosalz des Histidins mit 2,4-Dinitro-1-naphthol-7-sulfonsäure $C_6H_9O_2N_3 \cdot C_{10}H_6O_8N_2S$. Krystallisiert (schwierig) in Gegenwart von überschüssigem Histidin aus 66proz. Alkohol, chromgelbe Platten mit 3 Mol Krystallwasser. Beim Erhitzen auf 100° färbt es sich orange, sintert bei 190° und zersetzt sich bei 212—214°[10]. — Löslichkeit des Salzes in:

Wasser bei 19°	1/200 n-H_2SO_4 bei 19°	1/50 n-H_2SO_4 bei 19°	2,5 proz. HCl bei 19°	1/50 n-Farbsäure bei 19°	96 proz. Alkohol bei 17°
0,146	0,086	0,102	0,554	0,128	0,0095 [11]

Disalz des Histidins mit 2,4-Dinitro-1-naphthol-7-sulfonsäure $C_6H_9O_2N_3 \cdot 2C_{10}H_6O_8N_2S$. Mikrokrystalline, schwefelgelbe Nadeln mit $1/2$ Mol Krystallwasser, Verfärbung bei 240°, zersetzt bei 251—254°. Dargestellt aus Histidin in Gegenwart von überschüssiger Sulfonsäure. Ausbeute quantitativ. Geringe Mengen Mineralsäure beeinflussen die Ausbeute und die Zusammensetzung der Verbindung nicht. Das Histidin kann aus dem Salz durch Hydrolyse mit verdünnter Mineralsäure und Extraktion der Sulfonsäure mit Butylalkohol zurückgewonnen werden[10].

---

[1] K. Felix u. A. Lang: Hoppe-Seylers Z. **182**, 125—140 — Chem. Zbl. **1929 II**, 754.

[2] G. Nagelschmidt: Biochem. Z. **186**, 322—326 — Chem. Zbl. **1927 II**, 1495.

[3] J. M. Ort u. J. W. Bollman: J. amer. chem. Soc. **49**, 805—810 — Chem. Zbl. **1927 I**, 2794.

[4] E. Komm: Hoppe-Seylers Z. **156**, 35—60 — Chem. Zbl. **1926 II**, 1892.

[5] G. L. Foster u. C. L. A. Schmidt: Proc. Soc. exper. Biol. a. Med. **19**, 348—351 (1922) — Ber. Physiol. **15**, 459 (1922) — Chem. Zbl. **1923 II**, 382.

[6] H. D. Dakin u. R. West: J. of biol. Chem. **78**, 91—105 — Chem. Zbl. **1928 II**, 1667 — J. of biol. Chem. **78**, 745—756 — Chem. Zbl. **1928 II**, 2115.

[7] E. Waser u. E. Brauchli: Helvet. chim. Acta **7**, 740—758 — Chem. Zbl. **1924 II**, 947.

[8] S. Edlbacher u. I. Kraus: Hoppe-Seylers Z. **178**, 239—249 — Chem. Zbl. **1928 II**, 2658.

[9] H. S. Simms: J. gen. Physiol. **11**, 629—640 — Chem. Zbl. **1928 II**, 1673.

[10] H. B. Vickery: J. of biol. Chem. **71**, 303—307 — Chem. Zbl. **1927 I**, 1589. — H. B. Vickery u. S. Leavenworth: J. of biol. Chem. **72**, 403—413 — Chem. Zbl. **1927 I**, 3022.

[11] A. Kossel u. R. E. Groß: Sitzgsber. Heidelberg. Akad. Wiss. B **1923**, 1. Abh. 1—6 — Chem. Zbl. **1923 III**, 1151.

Histidinreineckat $C_6H_9O_2N_3 \cdot 2C_4H_7N_6S_4Cr \cdot 4H_2O$. Bildet 6seitige Tafeln. Zersetzung bei 220°. 0,71 Teile lösen sich in 100 Teilen Wasser bei 20°, leicht löslich in Aceton, Methylalkohol und Alkohol[1].

Histidinmethylester. Nach M. Arai[2] erniedrigt der Ester beim Hunde den Blutdruck, beim Kaninchen auch nach Durchschneidung der Vagi oder Atropinisierung unregelmäßig. Am ausgeschnittenen Uterus- und Darmstück wird der Tonus gesteigert. Auf die isolierten Gefäße des Kaninchenohres wirkt es kontrahierend. Erregbarkeitsverminderung der vegetativen Nervenendigungen tritt beim Ester im Gegensatz zum Histamin nicht auf. — W. Langenbeck und R. Hutschenreuter[3] berichten über die Aufspaltung des Esters mit Benzoylchlorid in Sodalösung und die Überführung der entstandenen Verbindung in das Di-hexahydrobenzoyl-γ-oxyornithinlacton. Siehe auch unter Ornithin, Derivate, S. 541.

o-Oxybenzyliden-l-histidinbrucin $C_{109}H_{120}O_{24}N_{12}$. Schmelzp. 96—102°. Unter Zersetzung. Leicht löslich in Alkohol, Chloroform und Essigester unter Spaltung[4].

Monoacetyl-l-histidin $C_8H_{11}O_3N_3 + H_2O$. l-Histidin in Eisessig mit 1 Mol Acetanhydrid 2 Stunden auf 100° erhitzen, mehrfach mit Wasser im Vakuum verdampfen. Prismen aus heißem Wasser + Aceton, dann Wasser, Schmelzp. 169° (korr. Zers.) $[\alpha]_D^{20} = +44{,}7°$ in Wasser. Krystallwasser haftet sehr fest. Das mit siedender 2n-HCl regenerierte l-Histidin zeigte $[\alpha]_D^{21} = -40{,}70°$ in Wasser. Weiterhin wird über die Racemisierung der Verbindung berichtet[5].

Acetyl-benzoyl-l-histidinmethylester $C_{16}H_{17}O_4N_3$. Aus Benzoyl-l-histidinmethylester und Acetanhydrid. Prismen aus Alkohol. Schmelzp. 168° (korr.). Gibt durch Einwirkung: a) von Wasser + NH_3 unter Acetylabspaltung, b) von d-Arginin unter Bildung von Acetyl-d-arginin und c) von Glykokoll bzw. Glykokollester unter Bildung von Acetursäure bzw. deren Äthylester Benzoyl-l-histidinmethylester[6].

Trimethylhistidin, Histidinbetain. Wird durch Kochen des Ergothioneins (Thiasins) mit 10proz. $FeCl_3$-Lösung gebildet[7].

Dipikrat, wasserhaltig, Schmelzp. 121—123°, getrocknet, Schmelzp. 213—214°[7].

μ-Mercapto-histidin-methylbetain, Ergothionein, Sympectothion, Thiasin.

$$HS \cdot C \begin{matrix} N\!\!-\!\!-\!\!-C\!\!-\!\!CH_2\!\!-\!\!CH\!\!-\!\!CO \\ \| \quad | \quad\quad | \\ NH\!\!-\!\!CH(CH_3)_3 \cdot N\!\!-\!\!-\!\!-O \end{matrix}$$

B. A. Eagles und T. B. Johnson[8] fanden, daß Sympectothion, Thiasin und Ergothionein identisch sind. Diese Identität der drei Verbindungen konnte auf chemischem und optischem Wege erwiesen werden.

G. Tanret[9] isolierte aus dem wässerigen Extrakt des Mutterkornes von „Dis" (Ampelodesmos tenax Linck, Arnuto festucoides Desfontaines) und des Mutterkornes von Hafer nach Entfernung der Zucker und nach Behandlung der Lösung mit $HgCl_2$ 0,4 g Ergothioneinchlorhydrat ($[\alpha]_D = -114°$) bzw. 0,5 g Ergothionein pro kg Ausgangsmaterial. B. A. Eagles[10] isolierte aus dem Mutterkorn des Roggens Ergothionein bis zur Abtrennung der Verbindung als HgCl-Salz nach der Methode von Tanret. Dann wurde weiter nach dem Verfahren von Hunter und Eagles[11] gearbeitet und so die freie Base rein erhalten. G. Hunter und Eagles[11] isolierten das Betain auf folgende Weise: 1 Volumen Blut mit $1/2$ Volumen Wasser und $3/8$ Volumen 0,1n-H_2SO_4 auf 80° erhitzen, abkühlen, mit Uranylacetat fällen, auf 10 ccm Filtrat 0,13 ccm basisches Pb-Acetat zusetzen, um Glutathion zu entfernen, fällen mit $HgCl_2$-Lösung,

---

[1] J. Kapfhammer u. H. Spörer: Hoppe-Seylers Z. **173**, 245—249 — Chem. Zbl. **1928 I**, 2088.

[2] M. Arai: Biochem. Z. **136**, 203—212 — Chem. Zbl. **1923 III**, 871.

[3] W. Langenbeck und R. Hutschenreuter: Hoppe-Seylers Z. **182**, 305—310 — Chem. Zbl. **1929 II**, 1538.

[4] M. Bergmann u. L. Zervas: Hoppe-Seylers Z. **152**, 282—299 — Chem. Zbl. **1926 I**, 3060.

[5] M. Bergmann u. L. Zervas: Biochem. Z. **203**, 280—292 (1928) — Chem. Zbl. **1929 I**, 1106.

[6] M. Bergmann u. L. Zervas: Hoppe-Seylers Z. **175**, 145—153 — Chem. Zbl. **1928 I**, 2614.

[7] E. B. Newton, S. R. Benedict u. H. D. Dakin: J. of biol. Chem. **72**, 367—373 — Chem. Zbl. **1927 I**, 2827.

[8] B. A. Eagles u. T. B. Johnson: J. amer. chem. Soc. **49**, 575—580 — Chem. Zbl. **1927 I**, 3078.

[9] G. Tanret: Bull. Sci. pharmacol. **29**, 169—175 — Chem. Zbl. **1922 III**, 1229 — Bull. Soc. Chim. biol. Paris **31 IV**, 444—448 — Chem. Zbl. **1923 III**, 565.

[10] B. A. Eagles: J. amer. chem. Soc. **50**, 1386—1387 — Chem. Zbl. **1928 I**, 3083.

[11] Hunter u. Eagles: J. of biol. Chem. **72**, 123—132 — Chem. Zbl. **1927 II**, 107.

auswaschen, durch H_2S Hg abtrennen, zentrifugieren, H_2S durch Luft vertreiben. 600 ccm Filtrat mit 2,5n-NaOH fast neutralisieren und mit 300 ccm 20proz. Pb-Acetatlösung (auf 12—14 l Blut) weiter von Glutathion befreien. 2,5n-NaOH bis zum schwachen Gelb und 0,5 ccm 10proz. NaCl-Lösung (auf 10 ccm) zusetzen, zentrifugieren. Die Flüssigkeit darf sich auf Zusatz von Phosphorwolframsäure und Na-Carbonat nicht färben. (Bei 13 l Blut und 1 l Filtrat: 90 ccm NaOH und 50 ccm NaCl-Lösung). Auswaschen des Pb-Niederschlages mit 0,5proz. NaCl-Lösung, dann mit Wasser. Pb durch Verreiben mit $0,2n$-H_2SO_4 entfernen, mit NaOH-Filtrat neutralisieren, dann H_2SO_4 bis 0,5 n zusetzen, mit Phosphorwolframsäure fällen. Ausbeute 6,1 g aus 117 l Blut. Schmelzpunkt der Krystalle 273—274°. — Auch ohne Anwendung von H_2S kann die Substanz bei Wegfall der $HgCl_2$-Fällung dargestellt werden.[1] — M. Somogyi[2] berichtet über den wahrscheinlichen Ergothioneingehalt in normalem und pathologischem Menschenblut. — B. Sjollema[3] berichtet ebenfalls über den wahrscheinlichen Ergothioneingehalt des Blutes. Nach G. Hunter und B. A. Eagles[4] geben Sympectothion und Glutathion zusammen 10—15 mg Nicht-Eiweiß-S auf 100 ccm Erythrocyten. —

G. Hunter[5] schlägt folgende Probe zum Nachweis von Ergothionein vor: Die zu prüfende Lösung wird mit einer bestimmten Menge Diazoreagenz, Na-Acetatcarbonatlösung und einige Sekunden später mit 10n-NaOH versetzt. Es entwickelt sich eine tiefrote Farbe, die gegen eine Standardlösung von Phenolrot colorimetriert wird. Bei Blutfiltraten sind die mit Phenolverbindungen auftretenden Färbungen etwas störend.

Nach Untersuchungen von E. B. Newton, St. R. Benedict und H. D. Dakin[6, 7] und von B. A. Eagles und T. B. Johnson[8] werden folgende Abbauprodukte aus Ergothionein auch bei verschiedenem Ursprunge gewonnen: Durch Kochen des Thiasins mit 40proz. NaOH Trimethylamin und Thioglyoxalin-4-acrylsäure, die sich mit HNO_3 in Urocaninsäure (Schmelzp. 230—233°, Pikrat 212—214°) überführen läßt; durch Kochen mit 10proz. $FeCl_3$-Lösung Trimethylhistidin.

M. L. Tainter[9] untersuchte das pharmakologische Verhalten des Ergothioneins. 0,1 bis 0,2 g Substanz pro kg subcutan verändern weder Atmung, Pulszahl, Pupillenweite noch den Blutzuckerspiegel beim Kaninchen. Auch bei Katzen waren Mengen bis 0,06 g pro kg ohne erkennbare Wirkung auf Teile des vegetativen Systems.

Derivate des d, l-Histidins: Monoacetyl-d, l-histidin $C_8H_{11}O_3N_3 + H_2O$. l-Histidin wird mit 2 Mol Acetanhydrid acetyliert, im Vakuum eingedampft, dann Behandlung wiederholt. Aus Wasser + Aceton. Schmelzp. 148° (korr. Zers.). Krystallwasser leicht entfernbar[10].

Benzoyl-d, l-histidin $C_{13}H_{13}O_3N_3$. Aus wasserfreiem Benzoyl-l-histidin mit 1 Mol Acetanhydrid in Eisessig bei 20° (8 Stunden). Krystalle aus Alkohol. Mit 0,5 Mol Acetanhydrid war nach 144 Stunden noch nicht alles, mit 1 Mol Benzoesäureanhydrid nach 8 Stunden etwa $4/5$ racemisiert[10].

d, l-Methylhistidin, d, l-α-Amino-β-[N-methyl-4-(5)-imidazolyl]-propionsäure $C_7H_{11}O_2N_3$. Entsteht neben β-Alanin bei der Spaltung des Anserins (Alanyl-[α-amino-β-N-methyl-4-(5)-imidazolyl]-propionsäure) mit Baryt. Es wird über das Pikrolonat gereinigt. Glitzernde Krystalle aus Wasser, Zersetzung bei 248—252°[11].

Nitrat $C_7H_{11}O_2N_3$, $2 HNO_3$. Mikroskopische Plättchen, Zersetzung bei 144—146°. Paulysche Reaktion und Biuretreaktion negativ, Knoopsche Reaktion positiv mit dunkelrotem Farbton[11].

---

[1] Hunter u. Eagles: J. of biol. Chem. **72**, 123—132 — Chem. Zbl. **1927 II**, 107.
[2] M. Somogyi: J. of biol. Chem. **75**, 33—43 (1927) — Chem. Zbl. **1928 II**, 778.
[3] B. Sjollema: Biochem. Z. **188**, 465—474 (1927) — Chem. Zbl. **1928 II**, 1115.
[4] G. Hunter u. B. A. Eagles: J. of biol. Chem. **72**, 133—146 — Chem. Zbl. **1927 II**, 107.
[5] G. Hunter: Biochem. J. **22**, 4—10 — Chem. Zbl. **1928 II**, 473.
[6] E. B. Newton, St. R. Benedict u. H. D. Dakin: J. of biol. Chem. **72**, 367—373 — Chem. Zbl. **1927 I**, 2827.
[7] H. D. Dakin: Science (N. Y.) **64**, 602 (1926) — Chem. Zbl. **1927 I**, 1312.
[8] B. A. Eagles u. T. B. Johnson: J. amer. chem. Soc. **49**, 575—580 — Chem. Zbl. **1927 I**, 3078.
[9] M. L. Tainter: Proc. Soc. exper. Biol. a Med. **24**, 621—622 (1927) — Chem. Zbl. **1929 I**, 922.
[10] M. Bergmann u. L. Zervas: Biochem. Z. **203**, 280—292 (1928) — Chem. Zbl. **1929 I**, 1106.
[11] W. Linneweh, A. W. Keil u. F. A. Hoppe-Seyler: Hoppe-Seylers Z. **183**, 11—18 — Chem. Zbl. **1929 II**, 1170.

Prolin.

Pyrrolidin-2-carbonsäure, α-Pyrrolidincarbonsäure.

Vorkommen des l-Prolins: Über den l-Prolingehalt der Extraktstoffe der Glaskörper von Rinderaugen berichtet T. Ikeda[1].

In dem von den Spermien getrennten Filtrat frischer Heringstestikel ließ sich nach H. Steudel und K. Suzuki[2] kein Prolin nachweisen.

Über das wahrscheinliche Vorkommen von Prolin im Filtrat der Phosphorwolframsäurefällung des in Äther-Alkohol unlöslichen, aber in Wasser löslichen Anteils von Ovarien berichten F. W. Heyl und M. C. Hart[3].

Aus dem Muskelfleisch der Crustacee Palinurus japonicus wurde von Y. Okuda[4] 0,1% Prolin isoliert.

Im Harn einer graviden Frau konnte von M. Honda[5] neben anderen Aminosäuren Prolin nachgewiesen werden.

Aus 50 l Diazoharn bei Typhus abdominalis wurden von Y. Sendju[6] 0,21 g l-Prolin isoliert.

Aus 50 l Harn von schwer Lungentuberkulosen ließen sich nach Y. Komori[7] 0,15 g l-Prolin isolieren.

Aus Entzuckerungslaugen ließ sich von E. O. v. Lippmann[8] Prolin, Nadeln 203° (wasserfrei), gewinnen.

Vorkommen des d-Prolins: Über den d-Prolingehalt der Extraktstoffe der Glaskörper von Rinderaugen berichtet T. Ikeda[9].

Vorkommen des d, l-Prolins: Aus 50 l Diazoharn bei Typhus abdominalis wurden von Y. Sendju[6] 0,18 g d, l-Prolin isoliert.

Bildung des l-Prolins: Im Hydrolysat der Linsen von Rinderaugen wurden von Y. Hijikata[10] 2,2% Prolin bestimmt.

Die Hydrolyse von Rinderaugenlinsen ergab nach A. Jeß[11] für die 3 charakteristischen Proteine der Linse folgendes: α-Krystallin 1,8, β-Krystallin 1,4 und Albumoid 1,9% Prolin — auf asche- und wasserfreie Eiweißsubstanz berechnet.

Aus den Hydrolysenprodukten der Muskelproteine des Walfisches und des Dorsches wurden von Y. Okuda, T. Okimoto und T. Yada[12] 1,51 und 1,68% Prolin — auf asche- und wasserfreies Eiweiß berechnet — isoliert.

Der Prolingehalt der Muskelproteine von Pagrus major ist nach Y. Okuda und K. Ōyama[13] etwas von dem des Heilbutts verschieden.

Der Prolingehalt der Muskelproteine der Molluske Loligo breekeri und der Crustaceen Palinurus japonicus und Paralithodes camtschatica beträgt nach Y. Okuda, S. Uematsu, K. Sakata und K. Fujikawa[14] 3,09, 2,26 und 2,89% — auf asche- und wasserfreies Eiweiß berechnet.

Unter den Hydrolysenprodukten von Octopusmuskeln konnte K. Morizawa[15] l-Prolin nachweisen.

---

[1] T. Ikeda: J. of orient. Med. **2**, 135—141 (1924) — Ber. Physiol. **31**, 925 (1925) — Chem. Zbl. **1926 I**, 1830.

[2] H. Steudel u. K. Suzuki: Hoppe-Seylers Z. **127**, 1—13 — Chem. Zbl. **1923 III**, 259.

[3] F. W. Heyl u. M. C. Hart: J. of biol. Chem. **75**, 407—415 (1927) — Chem. Zbl. **1928 I**, 2511.

[4] Y. Okuda: J. Coll. agric. Tokyo **7**, 55—67 (1919) — Chem. Zbl. **1925 I**, 1091.

[5] M. Honda: Acta Scholae med. Kioto **6**, 405—413 (1924) — Ber. Physiol. **32**, 598 — Chem. Zbl. **1926 I**, 2486.

[6] Y. Sendju: J. of Biochem. **7**, 311—317 — Chem. Zbl. **1927 II**, 2078.

[7] Y. Komori: J. of Biochem. **6**, 297—305 — Chem. Zbl. **1926 II**, 2191.

[8] E. O. v. Lippmann: Ber. dtsch. chem. Ges. **57**, 256—258 — Chem. Zbl. **1924 I**, 1388.

[9] T. Ikeda: J. of orient. Med. **2**, 135—141 (1924) — Ber. Physiol. **31**, 925 (1925) — Chem. Zbl. **1926 I**, 1830.

[10] Y. Hijikata: J. of biol. Chem. **51**, 155—164 (1922) — Chem. Zbl. **1922 I**, 1415.

[11] A. Jeß: Hoppe-Seylers Z. **110**, 266—276 (1920) — Chem. Zbl. **1921 I**, 99.

[12] Y. Okuda, T. Okimoto u. T. Yada: J. Coll. agric. Tokyo **7**, 29—37 (1919) — Chem. Zbl. **1925 I**, 1091.

[13] Y. Okuda u. K. Ōyama: J. Coll. agric. Tokyo **5**, 365—372 (1916) — Chem. Zbl. **1925 I**, 1219.

[14] Y. Okuda, S. Uematsu, K. Sakata u. K. Fujikawa: J. Coll. agric. Tokyo **7**, 39—54 (1919) — Chem. Zbl. **1925 I**, 1091.

[15] K. Morizawa: Acta Scholae med. Kioto **9**, 299—302 (1927) — Chem. Zbl. **1928 II**, 2479.

Das aus Karpfensperma isolierte und fraktionierte basische Protamin Cyprinodipepton 1 enthält nach A. Kossel und E. G. Schenck[1] 3,6% Prolin. Ein aus den reifen Testikeln der Flußbarbe (Barbe fluvialis) dargestelltes Barbopepton hat nach den Verfassern 7,66% Prolin.

Aus Gelatine-, Elastin- und Eihäutehydrolysaten von Hühnereiern konnte R. Engeland[2] nach einer von ihm vorgeschlagenen Bestimmungsmethode 10,9 bzw. 11,5 bzw. 1,1% Prolin als Aurat des entsprechenden Betains isolieren.

Im Hydrolysat des aus der Eisackflüssigkeit des Laiches von Hemifusus tuba Gmel. dargestellten Rohvitellins ließen sich nach Y. Komori[3] 1,10% Prolin nachweisen.

Aus dem aus Heringseiern gewonnenen Ichthulin ließen sich nach K. Iguchi[4] 0,47% Prolin — auf Gesamt-N berechnet — isolieren.

In den fettfreien Rückständen der Gonaden von Rhizostoma Cuvieri ließen sich von F. Haurowitz[5] Proteide isolieren, die neben anderen Aminosäuren Prolin enthielten.

Der Nichtamino-N-Gehalt des Filtrates der Basen (Prolin, Oxyprolin und $^1/_2$ Tryptophan) der im Harn ausgeschiedenen Albumine bei Brightscher- und Amyloidniere beträgt nach U. Sammartino[6] 1,94 und 0,79%.

Über die Bildung einer prolinhaltigen Verbindung aus Bluteiweiß durch partielle Hydrolyse berichten E. Abderhalden und E. Komm[7].

Im Hydrolysat menschlicher Epidermis ließ sich nach Y. Jono[8] mit Sicherheit Prolin nachweisen.

H. S. Kingston und S. B. Schryver[9] isolierten aus Gelatinehydrolysaten mittels der Carbamatmethode 12,06—14,8% Prolin.

Y. Okuda[10] vergleicht den Prolingehalt mit dem von Gelatine aus Rinderknochen. Nach der Estermethode wurden nur geringe Mengen Prolin erhalten, während für beide Gelatinearten gleiche Prolinmengen gefunden wurden, wenn mittels der Barytmethode gearbeitet wurde.

Im Hydrolysat der Gelatine, aus der getrockneten Haut des Seiwales hergestellt, wurde von S. Oikawa[11] Prolin nachgewiesen.

Über die Isolierung prolinhaltiger Spaltprodukte aus Elastin durch Spaltung mit Phthalsäureanhydrid berichten P. Brigl und E. Klenk[12].

Bei der Hydrolyse des Seidenfibroins nach der üblichen Methode wurde nach E. Abderhalden[13] 1,0% l-Prolin isoliert.

Der Nichtamino-N des Filtrates der Basen (unter anderen Prolin) von Haaren, Hühneraugen und Nägeln beträgt nach U. Sammartino[14] 2,62—4,09, 0,54—2,38 und 0,93—4,47%.

Bei der partiellen Hydrolyse von Schweineborsten wurden nach E. Abderhalden und E. Komm[15] mehrere Fraktionen durch Extraktion gewonnen, die neben anderen Aminosäuren Prolin enthielten.

Über die Bildung prolinreicher Produkte bei der partiellen Hydrolyse von Gänsefedern berichtet E. Abderhalden[16].

Der Prolingehalt der Psoriasisschuppen betrug nach E. Abderhalden und B. Zorn[17] 3,05% — auf wasserfreie Schuppen berechnet.

---

[1] A. Kossel u. E. G. Schenck: Hoppe-Seylers Z. **173**, 273—308 — Chem. Zbl. **1928 I**, 2096.
[2] R. Engeland: Hoppe-Seylers Z. **120**, 130—140 (1922) — Chem. Zbl. **1922 IV**, 614.
[3] Y. Komori: J. of Biochem. **6**, 129—138 — Chem. Zbl. **1926 II**, 1758.
[4] K. Iguchi: Hoppe-Seylers Z. **135**, 188—198 — Chem. Zbl. **1924 II**, 485.
[5] F. Haurowitz: Hoppe-Seylers Z. **122**, 145—159 (1922) — Chem. Zbl. **1923 I**, 112.
[6] U. Sammartino: Biochem. Z. **133**, 85—88 (1922) — Chem. Zbl. **1923 III**, 167.
[7] E. Abderhalden u. E. Komm: Hoppe-Seylers Z. **136**, 134—146 — Chem. Zbl. **1924 II**, 667.
[8] Y. Jono: J. of orient. Med. **5**, 12 — Ber. Physiol. **37**, 769 (1926) — Chem. Zbl. **1927 I**, 1968 — J. of Biochem. **10**, 311—323 — Chem. Zbl. **1929 II**, 1701.
[9] H. S. Kingston u. S. B. Schryver: Biochemic. J. **18**, 1070—1078 (1924) — Chem. Zbl. **1925 I**, 232.
[10] Y. Okuda: J. Coll. agric. Tokyo **5**, 355—363 (1916) — Chem. Zbl. **1925 I**, 1218.
[11] S. Oikawa: Tôhoku J. of exper. Med. **2**, 447—450, 451—454, 455—458 — Ber. Physiol. **14**, 70, 86 — Chem. Zbl. **1922 III**, 928.
[12] P. Brigl u. E. Klenk: Hoppe-Seylers Z. **131**, 66—96 (1923) — Chem. Zbl. **1924 I**, 674.
[13] E. Abderhalden: Hoppe-Seylers Z. **120**, 207—213 — Chem. Zbl. **1922 III**, 928.
[14] U. Sammartino: Biochem. Z. **133**, 476—486 (1922) — Chem. Zbl. **1923 III**, 319.
[15] E. Abderhalden u. E. Komm: Hoppe-Seylers Z. **132**, 1—11 — Chem. Zbl. **1924 I**, 1676.
[16] E. Abderhalden: Hoppe-Seylers Z. **129**, 106—110 — Chem. Zbl. **1924 II**, 851.
[17] E. Abderhalden u. B. Zorn: Hoppe-Seylers Z. **120**, 214—219 — Chem. Zbl. **1922 III**, 928.

Über den Aminosäuregehalt (Prolin neben anderen Aminosäuren) verschiedener Plastinpräparate von Myxomyceten, die mit $^1/_2$- und $^1/_4$ n-NaOH aus verschiedenartigen und -altrigen Plasmodien extrahiert waren, berichtet A. Kiesel[1].

Das Eiweiß des Pilzes Oidium lactis enthält nach W. Grimmer und E. Steinlechner[2] Prolin.

Aus dem H_2SO_4-Hydrolysat von Zein ließen sich nach H. D. Dakin[3] mittels der Butylalkoholmethode[4] nach weiterer Aufarbeitung des Extraktes 8,9% Prolin isolieren.

Das durch 2 proz. NaOH-Lösung aus Buchweizenmehl hergestellte Protein enthielt nach T. Ukai und S. Morikawa[5] 2,38% Prolin.

M. Suzuki[6] isolierte aus dem Hydrolysat des Proteins aus Bohnenabkochwasser 5% Prolin und aus dem Hydrolysat von Sojabohnenrückständen 2% Prolin.

Unter den Spaltprodukten gereinigten Ricins wurden von P. Karrer, A. P. Smirnoff, H. Ehrensperger, J. van Slooten und M. Keller[7] 4,6% Prolin gefunden.

Im Proteinhydrolysat der Sporen von Aspidium filix mas ließ sich nach A. Kiesel[8] Prolin nachweisen.

H. Lüers und B. Nowak[9] vergleichen den Prolingehalt von Zymocasein mit dem von Casein und Vitellin, der von allen drei Proteinen kleine Abweichungen zeigt.

Über die Bildung von l-Prolin bei verlängerter tryptischer Hydrolyse von Casein berichten S. Fränkel, H. Gallia, A. Liebster und S. Rosen[10].

Über die Bildung einer tyrosinhaltigen l-Prolin- oder α-Amino-δ-oxyvaleriansäureverbindung aus Casein durch Hydrolyse mit 25 proz. H_2SO_4 berichten E. Abderhalden und H. Sickel[11].

Über die Extraktion eines prolinhaltigen Anhydrides aus partiell-hydrolysiertem Casein „Hammarsten" berichtet E. Abderhalden[12].

Nach E. Winterstein und O. Huppert[13] findet sich unter den Spaltprodukten sowohl des Fett- wie des Magerkäses stets Prolin.

Im Caseoglutin von Emmentaler, Tilsiter und Weichkäsesorten findet sich nach W. Grimmer und B. Wagenführ[14] Prolin.

Unter den hydrolytischen Spaltprodukten von Deargincasein, das aus Casein durch Einwirkung einer alkalischen Hypochloritlösung dargestellt wurde, konnte S. Sakaguchi[15] Prolin nachweisen. Aus den Spaltprodukten des Deguanidocaseins, das aus Casein durch Alkalibehandlung (n-NaOH) dargestellt war, gelang es dem Verfasser[16], 3,6% Prolin zu isolieren.

Ein aus Wolle durch Na_2S-Behandlung gewonnenes saures Abbauprodukt ergab nach W. Küster, W. Kumpf und W. Köppel[17] im Hydrolysat (mit Wasser im Autoklaven bei 150° hydrolysiert) ein Gemisch von Aminosäuren und Diketopiperazinen. Unter den ersteren ließ sich Prolin nachweisen.

---

[1] A. Kiesel: Hoppe-Seylers Z. **173**, 169—183 — Chem. Zbl. **1928 I**, 1779.
[2] W. Grimmer u. E. Steinlechner: Milchwirtsch. Forschgn **3**, 122—131 — Ber. Physiol. **37**, 205 (1926) — Chem. Zbl. **1927 I**, 1328.
[3] H. D. Dakin: Hoppe-Seylers Z. **130**, 159—168 (1923) — Chem. Zbl. **1924 I**, 206.
[4] H. D. Dakin: J. of biol. Chem. **44**, 499 — Chem. Zbl. **1921 I**, 454.
[5] T. Ukai u. S. Morikawa: J. pharm. Soc. Japan **1925**, Nr 516, 14 — Chem. Zbl. **1925 II**, 192.
[6] M. Suzuki: Jap. P. 79084 v. 3. 11. 1927 ausg. 10. 12. 1928 u. Jap. P. 79083 v. 9. 11. 1927, ausg. 10. 12. 1928 — Chem. Zbl. **1929 II**, 506.
[7] P. Karrer, A. P. Smirnoff, H. Ehrensperger, J. van Slooten u. M. Keller: Hoppe-Seylers Z. **135**, 129—166 — Chem. Zbl. **1924 II**, 348.
[8] A. Kiesel: Hoppe-Seylers Z. **149**, 231—258 (1925) — Chem. Zbl. **1926 I**, 1215.
[9] H. Lüers u. B. Nowak: Biochem. Z. **154**, 310—320 (1924) — Chem. Zbl. **1925 I**, 1330.
[10] S. Fränkel, H. Gallia, A. Liebster u. S. Rosen: Biochem. Z. **145**, 225—241 — Chem. Zbl. **1924 I**, 2607.
[11] E. Abderhalden u. H. Sickel: Hoppe-Seylers Z. **144**, 80—84 — Chem. Zbl. **1925 II**, 41.
[12] E. Abderhalden: Hoppe-Seylers Z. **131**, 284—295 (1923) — Chem. Zbl. **1924 I**, 921.
[13] E. Winterstein u. O. Huppert: Biochem. Z. **141**, 193—221 (1923) — Chem. Zbl. **1924 I**, 112.
[14] W. Grimmer u. B. Wagenführ: Milchwirtsch. Forschgn **2**, 193—198 (1925) — Ber. Physiol. **31**, 492 — Chem. Zbl. **1925 II**, 1718.
[15] S. Sakaguchi: J. of Biochem. **5**, 143—157 (1925) — Chem. Zbl. **1926 I**, 1420.
[16] S. Sakaguchi: J. of Biochem. **5**, 159—169 (1925) — Chem. Zbl. **1926 I**, 1420.
[17] W. Küster, W. Kumpf u. W. Köppel: Hoppe-Seylers Z. **171**, 114—155 — Chem. Zbl. **1928 I**, 439.

Über den Prolingehalt einer wahrscheinlich prosthetischen Gruppe der Blutkörperchen, die durch Behandlung mit heißem Methylalkohol aus diesen gewonnen war, berichten W. Küster und G. F. Koppenhöfer[1].

Eine durch Reduktion von acetyliertem Gliadin gewonnene Fraktion enthält nach N. Troensegaard und E. Fischer[2] etwa 36% Prolin.

Im Hydrolysat des Spongins des gemeinen Badeschwammes „Hippospongia equina" wurden nach F. J. Clancey[3] 5,7% Prolin gefunden.

Bildung von d, l- und etwas l-Prolin aus d-α-Benzoyl-ornithin (aus Ornithursäure) über die α-Benzoylamino-δ-oxyvaleriansäure durch 3stündiges Erhitzen mit HJ (D. = 1,96) auf 120—140° nach P. Karrer und M. Ehrenstein[4]. Nach Entfernung der Benzoesäure, J, HJ wurde neutralisiert, eingeengt und mit $CuCO_3$ gekocht. Mit Alkohol wurde l-Prolin extrahiert, während das inaktive Prolin-Cu ungelöst zurückblieb, beim Eindunsten scheiden sich blaue Blättchen und Säulenbüschel ab. In wässeriger Lösung wird Cu mit H_2S entfernt, Prolin mit H_2SO_4 und Phosphorwolframsäure gefällt. Das nach Eindampfen erhaltene Produkt war sehr hygroskopisch, in Alkohol löslich, durch Äther fällbar, gab Fichtenspanreaktion und Fällung mit Pikrinsäure.

Bildung des d, l-Prolins: Über die Bildung von d, l-Prolin neben etwas l-Prolin aus d-α-Benzoylornithin berichten P. Karrer und M. Ehrenstein[4], siehe unter l-Prolin.

Nach Versuchen von C. M. Mc Cay und C. L. A. Schmidt[5] konnte aus dem Reaktionsgemisch von Pyrrolidin + Methyl-MgJ nach dessen Behandlung mit CO_2 kein Prolin isoliert werden.

Darstellung des l- und d, l-Prolins: N. J. Putochin[6] gibt für Prolin folgende Synthese an: Trockenes $NO(OCH_3)$ wird in alkoholischen Lösungen von Na-Malonester bei 21—23° eingeleitet. Der Isonitrosomalonester entsteht in einer Ausbeute von 90%. Die Reduktion zum Aminomalonester erfolgt entweder mit Al-Amalgam + Wasser in ätherischer Lösung unter starker Kühlung oder mit Pd-Mohr in Äther, nachdem die Luft durch CO_2 ersetzt und auf 10 mm ausgepumpt ist. 5 g Ester erfordern 2 Tage zur Aufnahme des berechneten H_2. Der Aminoester wird als Chlorhydrat isoliert. Aus Aceton oder Alkohol + Äther. Schmelzp. 162°. Ausbeute in beiden Fällen etwa 60%. 1 Mol Chlorhydrat, 2 Atome Na und 2 Mol $(CH_2)_3Br_2$ werden in Alkohol bis zu neutraler Reaktion gekocht (6 Stunden). Das sirupöse Rohprodukt wird mit Wasserdampf und dann mit starker HCl behandelt; die Aminosäuren werden mit Ag_2CO_3 frei gemacht, das Ag mit H_2S ausgefällt. Die weitere Isolierung erfolgt über das mit 2 Mol H_2O krystallisierende Cu-Salz. Das Prolin bildet Prismen aus Alkohol. Schmelzp. 205°. Ausbeute etwa 25%. Nebenbei entsteht etwas Glykokoll.

Nach J. Kapfhammer und R. Eck[7] lassen sich aus Gelatinehydrolysaten nach Abtrennung des Arginins als Flavianat l-Prolin mit l-Oxyprolin als krystallisierte Reineckatverbindungen niederschlagen. Zur Überführung der Reineckate in freies Prolin und Oxyprolin wird aus deren wässeriger Lösung die Reineckesäure mit $HgCl_2$, Ag_2SO_4 oder am besten mit einem Cu'-Salz (dargestellt durch Einleiten von SO_2 in eine Suspension des Reineckates in einer wässerigen $CuSO_4$-Lösung) als schwerlösliche Metallverbindung abgeschieden. Im Filtrat finden sich die freien Aminosäuren neben geringen Mengen von NH_3, HSCN und Cr, die von einer Zersetzung des Reineckesalzes herrühren. Die HSCN läßt sich mit Ag_2SO_4 leicht entfernen, das Ag und Cu mit H_2S, die H_2SO_4 und das Cr mit Baryt. Wird das nach dem Eindampfen erhaltene Gemisch von l-Prolin und l-Oxyprolin mit Alkohol behandelt, so hinterbleibt reines l-Oxyprolin, während l-Prolin mit etwas Oxyprolin in Lösung geht. Die Reindarstellung des l-Prolins gelingt durch Fällen mit $CdCl_2$ in alkoholischer Lösung. Ausbeute aus 200 g Handelsgelatine mit 14% N beträgt etwa 8 g l-Prolin. Bei der gleichen Aufarbeitung eines Hämoglobinhydrolysates lassen sich nach J. Kapfhammer und H. Spörer[8] aus 250 g Hämoglobin 2,17 g l-Prolin gewinnen.

---

[1] W. Küster u. G. F. Koppenhöfer: Hoppe-Seylers Z. **170**, 106—109 (1927) — Chem. Zbl. **1928 I**, 76.

[2] N. Troensegaard u. E. Fischer: Hoppe-Seylers Z. **142**, 35—70; **143**, 304 — Chem. Zbl. **1925 I**, 2008.

[3] F. J. Clancey: Biochemic. J. **20**, 1186—1189 (1926) — Chem. Zbl. **1927 I**, 1332.

[4] P. Karrer u. M. Ehrenstein: Helvet. chim. Acta **9**, 323—331 — Chem. Zbl. **1926 I**, 3023.

[5] C. M. McCay u. C. L. A. Schmidt: J. amer. chem. Soc. **48**, 1933—1939 — Chem. Zbl. **1926 II**, 1418.

[6] N. J. Putochin: Ber. dtsch. chem. Ges. **56**, 2213—2216 — Chem. Zbl. **1923 III**, 1570.

[7] J. Kapfhammer u. R. Eck: Hoppe-Seylers Z. **170**, 294—312 (1927) — Chem. Zbl. **1928 I**, 361.

[8] J. Kapfhammer u. H. Spörer: Hoppe-Seylers Z. **173**, 245—249 — Chem. Zbl. **1928 I**, 2088.

Bei der Aufarbeitung von Gelatinehydrolysaten auf Arginin und Lysin läßt sich nach deren Ausfällung als Benzylidenverbindung aus der Phosphorwolframsäurefraktion durch Extraktion mit absolutem Alkohol l- und d, l-Prolin gewinnen. Aus 100 g Gelatine werden so nach M. Bergmann und L. Zervas[1] 4,5 g l-Prolin und 2,6 g d, l-Prolin isoliert.

B. W. Town[2] trennt die Hydrolysenprodukte von Weizengliadin (Glutenin, Gelatine) durch fraktionierte Extraktion der Cu-Salze. Aus der in Wasser und in Methylalkohol löslichen Fraktion (Prolin, Valin, Hydroxyvalin und Phenylalanylprolin) wird durch Alkoholextraktion das Prolin gewonnen, das aus dieser Lösung fast quantitativ als Pikrat gefällt werden kann. Das reine Prolin ist weiß, nicht zerfließlich, krystallisiert aus konzentrierten wässerigen Lösungen in langen Nadeln. Wenig löslich in kaltem absoluten Alkohol, leicht löslich in heißem Alkohol; auch aus Isopropylalkohol umkrystallisierbar. Schmelzp. 215°.

Bestimmung und Nachweis: Bei der Titration des Prolins mit Thymolblau ($p_H = 1,2$ bis 2,8) und Alizaringelb ($p_H = 10,1$ bis 12,1) als Indicatoren erwies sich nach K. Felix und H. Müller[3] die Carboxylgruppe des Prolins als nicht titrierbar. Die auf 1 N gefundenen basischen und Carboxylgruppen betrugen für Prolin 0,9 und 0,67.

l-Prolin läßt sich nach J. Kapfhammer und R. Eck[4] in alkoholischer Lösung mit n-NaOH quantitativ gegen Phenolphthalein titrieren.

Nach der von Linderstrøm-Lang[5] angegebenen Titrationsmethode für NH_2-N mit $^1/_{10}$ n-alkoholischer HCl in acetonhaltigen Flüssigkeiten (100—200 ccm 99proz. Aceton pro 10 ccm Wasser) unter Anwendung von Naphthylrot, Benzolazo-α-naphthylamin, als Indicator konnten nach dem Verfasser 100% des gesamten N des Prolins erfaßt werden.

R. Engeland[6] gibt eine quantitative Bestimmungsmethode für Prolin an, die auf dessen Abscheidung als Metallsalz des Betains beruht. 0,678 g Gelatine wurden mit 15 ccm konzentrierter HCl am Rückflußkühler 5 Stunden gekocht, die Flüssigkeit zum Sirup konzentriert, mit CH_3OH aufgenommen, mit 10proz. methylalkoholischer KOH schwach alkalisch gemacht, von einer schwarzen Masse und KCl filtriert, mit methylalkoholischer KOH stark alkalisiert, der Methylalkohol im Vakuum größtenteils abdestilliert, allmählich mit 6 g Dimethylsulfat versetzt und durch Zusatz von 10proz. methylalkoholischer KOH dauernd stark alkalisch gehalten. Schließlich wurde mit wenig konzentrierter HCl angesäuert, vom KCl abfiltriert und der Methylalkohol abdestilliert. Der Rückstand wurde durch wiederholtes Aufnehmen mit absolutem Methylalkohol und absolutem Alkohol vom KCl befreit, zum Sirup eingedampft, mit wenig Wasser aufgenommen, mit HCl angesäuert und mit gesättigter $HgCl_2$-Lösung versetzt. Von der zunächst sich abscheidenden schmierigen Fällung wird rasch filtriert, darauf mit $HgCl_2$ übersättigt. Es bildet sich ein krystalliner Niederschlag, der nach 2tägigem Stehen abfiltriert und mit gesättigter $HgCl_2$-Lösung gewaschen wird. Zersetzt in heißer salzsaurer, wässeriger Lösung mit H_2S, das Filtrat vom HgS wird eingedampft, der Rückstand mit absolutem Alkohol aufgenommen und mit 20proz. alkoholischer $PtCl_4$-Lösung ausgefällt. Das Pt-Salz wurde in das Chloraurat übergeführt, das durch Umkrystallisieren gereinigt werden konnte. Aus dem Filtrat des $PtCl_4$-Niederschlages lassen sich nach Entfernung des Pt ebenfalls beträchtliche Mengen des Au-Salzes gewinnen. Gesamtausbeute 0,3110 g N-Methylhygrinsäure-chloraurat, entsprechend 10,9% Prolin.

E. Komm[7] untersuchte den Einfluß des l- und d, l-Prolins auf die Aldehyd-Tryptophanreaktion. Es zeigt sich, daß Prolin selbst keine Farbreaktion gibt, wohl aber die Tryptophanreaktion außerordentlich beschleunigt. Für 0,6 mg Tryptophan sind 4,5 mg Prolin nötig, um einen deutlichen Einfluß auszuüben. Eine Tatsache, die sich auch für eine Prolinbestimmungsmethode verwenden läßt.

Über den Einfluß von Prolin oder prolinhaltigen Proteinen auf die Vanillin-HCl-Reaktion von Tryptophan berichtet I. Kraus Ragins[8].

---

[1] M. Bergmann u. L. Zervas: Hoppe-Seylers Z. **152**, 282—299 — Chem. Zbl. **1926 I**, 3060.
[2] B. W. Town: Biochem. J. **22**, 1083—1086 (1928) — Chem. Zbl. **1929 I**, 65.
[3] K. Felix u. H. Müller: Hoppe-Seylers Z. **171**, 4—15 (1927) — Chem. Zbl. **1928 I**, 233.
[4] J. Kapfhammer u. R. Eck: Hoppe-Seylers Z. **170**, 294—312 (1927) — Chem. Zbl. **1928 I**, 361.
[5] Linderstrøm-Lang: C. r. Labor. Carlsberg **17**, Nr 4, 1—17 (1927) — Hoppe-Seylers Z. **173**, 32—50 — Chem. Zbl. **1928 I**, 1796.
[6] R. Engeland: Hoppe-Seylers Z. **120**, 130—140 — Chem. Zbl. **1922 IV**, 614.
[7] E. Komm: Hoppe-Seylers Z. **140**, 74—79 — Chem. Zbl. **1924 II**, 2777 — Hoppe-Seylers Z. **156**, 161—201, 202—217 — Chem. Zbl. **1926 II**, 2094 — Hoppe-Seylers Z. **156**, 35—60 — Chem. Zbl. **1926 II**, 1892.
[8] I. Kraus Ragins: J. of biol. Chem. **80**, 543—550 (1928) — Chem. Zbl. **1929 I**, 1382.

H. Riffart[1] untersuchte das Verhalten des Prolins bei der Ninhydrinreaktion; es reagierte nicht.

R. A. Gortner und W. M. Sandstrom[2] studierten den Einfluß von Prolin auf die van Slykesche Bestimmungsmethode. Die Gegenwart von Prolin stört bereits im ungekochten Aminosäuregemisch. Es wird anscheinend teilweise durch Phosphormolybdänsäure mitgefällt, beim Kochen des Gemisches wird der Analysenfehler noch größer.

Über den Einfluß des Prolins auf die Tryptophanbestimmung nach H. Onslow[3] siehe unter Tryptophan, S. 727.

Bestimmung und Nachweis von d, l-Prolin: Über den Einfluß des d, l-Prolins auf die Aldehyd-Tryptophanreaktion und über dessen Möglichkeit zu einer Prolinbestimmung berichtet E. Komm[4], siehe unter l-Prolin, S. 743.

Biochemische Eigenschaften: Der geringe Wert des Arachins (Globulin der Erdnuß) als Nahrungsprotein für das Wachstum von Ratten ist nach B. Sure[5] nicht durch den Prolingehalt bedingt, da auch Zusatz von Gelatine und Zein (prolinreiche Proteine) den Wert nicht verbessern.

Nach B. Sure[6] wird Erbseneiweiß (Vicia sativa) durch Zeinzusatz für das Wachstum junger Ratten geeigneter, was aber nicht durch den Prolingehalt des Zeins bedingt ist, da Zusatz bis zu 1% Prolin statt des Zeins nicht diese Wirkung hat. Auch Zusätze von Aminosäuregemischen mit Prolin blieben wirkungslos.

Über die Wachstumssteigerung von Ratten bei einer Grundnahrung mit 6% Edestin unter Zusatz von Lysin, Cystin und Arginin durch Prolin berichtet B. Sure[7], so daß hiernach Prolin für das Wachstum unentbehrlich ist. Weitere Versuche zeigten, daß der Tierorganismus nicht die Fähigkeit besitzt, Pyrrolidon- in Pyrrolidincarbonsäure (oder Prolin) zu verwandeln.

Nach J. Kapfhammer und C. Bischoff[8] vermag der phlorrhizindiabetische Hund l-Prolin in Zucker zu verwandeln; so lieferten 15 g l-Prolin 12,08 g Extrazucker.

Über den Einfluß des Prolins auf die Ornithinausscheidung bei Hühnern nach dessen Eingabe berichten J. H. Crowdle und C. P. Sherwin[9].

Von E. Abderhalden und E. Gellhorn[10] wurde der Einfluß von Prolin auf die Adrenalinwirkung am Meerschweinchendickdarm untersucht. Konzentrationen von 1:25000 bis 200000 steigerten die Adrenalinwirkung (verstärkte Herabsetzung des Tonus und Lähmung der automatischen Kontraktionen). Die Wirkung war völlig reversibel.

Nach P. Saccardi[11] verursacht Prolin im Organismus im Gegensatz zu anderen Prolinderivaten keine Melanurie.

Mit steigendem Alter der Placenta fällt nach R. Ehrenberg und W. Liebenow[12] der Gehalt an Prolin + Oxyprolin + Tryptophan und namentlich der Gehalt an Arginin, während er an Monoaminosäuren und Melanoidinen und vielleicht auch an Histidin wächst. Für diese Tendenzen ist die Zeit um den 7. Monat deutlich markiert.

Nach E. Abderhalden[13] entwickeln sich die Larven des Kabinettkäfers (Anthremus muscorum) auf Seidenkokons und bauen aus deren Bestandteilen, die hauptsächlich aus Glykokoll, Alanin, Tyrosin und Serin, neben wenig Leucin, Phenylalanin, Prolin, Arginin, Lysin und Histidin bestehen, sämtliche Körpersubstanzen auf.

---

[1] H. Riffart: Biochem. Z. **131**, 78—96 (1922) — Chem. Zbl. **1923 II**, 827.

[2] R. A. Gortner u. W. M. Sandstrom: J. amer. chem. Soc. **47**, 1663—1671 — Chem. Zbl. **1925 II**, 1482.

[3] H. Onslow: Biochemic. J. **18**, 63—84 — Chem. Zbl. **1924 I**, 2290.

[4] E. Komm: Hoppe-Seylers Z. **156**, 161—201, 202—217 — Chem. Zbl. **1926 II**, 2094.

[5] B. Sure: J. of biol. Chem. **43**, 453—456 (1920) — Chem. Zbl. **1921 I**, 41 — J. of biol. Chem. **50**, 103—111 (1922) — Chem. Zbl. **1922 I**, 766.

[6] B. Sure: J. of biol. Chem. **46**, 443—452 — Chem. Zbl. **1921 III**, 236.

[7] B. Sure: J. of biol. Chem. **59**, 577—586 — Chem. Zbl. **1924 II**, 1702.

[8] J. Kapfhammer u. C. Bischoff: Hoppe-Seylers Z. **172**, 251—254 (1927) — Chem. Zbl. **1928 I**, 1547.

[9] J. H. Crowdle u. C. P. Sherwin: J. of biol. Chem. **55**, 365—371 — Chem. Zbl. **1923 I**, 1602.

[10] E. Abderhalden u. E. Gellhorn: Pflügers Arch. **206**, 154—161 (1924) — Chem. Zbl. **1925 I**, 550.

[11] P. Saccardi: Arch. ital de Biol. (Pisa) **72**, 208—221 — Ber. Physiol. **26**, 431 — Chem. Zbl. **1924 II**, 2677.

[12] R. Ehrenberg u. W. Liebenow: Pflügers Arch. **201**, 387—392 (1923) — Chem. Zbl. **1924 I**, 790.

[13] E. Abderhalden: Hoppe-Seylers Z. **142**, 189—190 — Chem. Zbl. **1925 I**, 2020.

Über den Einfluß von Prolin in Gegenwart oder Abwesenheit von hydrolysiertem Edestin auf das Hefewachstum berichtet F. K. Swoboda[1]. Prolin ist nach dem Verfasser wirkungslos.

Die Wirkung von Pankreaslipase auf Buttersäureäthylester und Olivenöl wird nach E. R. Dawson[2] in alkalischer und neutraler, aber nicht in saurer Lösung durch Prolin beschleunigt.

Nach J. H. Northrop[3] wird die Fermentwirkung von Trypsin durch zugesetztes Prolin nicht gehemmt.

Über den Zusammenhang zwischen dem unkonstanten $NH_2 : COOH$-Quotienten bei der Pepsinspaltung von Gliadin, Zein und deren Pyrrolidincarbonsäure- und Glutaminsäuregehalt berichten E. Waldschmidt-Leitz und E. Simons[4].

J. T. Groll[5] berichtet über den Einfluß von Prolin auf die Aktivität von Amylasen, die z. B. mit Cu-Salzen vergiftet sind.

Über die Zunahme des Tryptophan-Prolingehaltes des Kaninchengehirnes mit fortschreitendem Alter berichtet R. Ehrenberg[6].

Bei Gegenwart von Chlorogensäure wird nach A. Oparin[7] der Stickstoff des Prolins in 2—4 Tagen zu etwa 10—20% durch den Luftsauerstoff in Ammoniak-N übergeführt, außerdem wird CO_2 abgespalten und der Rest der Verbindung zu einem Aldehyd oxydiert.

Physikalische Eigenschaften: J. Kapfhammer und R. Eck[8] geben die spezifische Drehung in verschiedenen Lösungsmitteln an: $[\alpha]_D^{20} = -84{,}9°$ (in wässeriger Lösung), $= -95{,}24°$ (in alkalisch-wässeriger Lösung) und $= -54{,}46°$ (in 20proz. HCl).

B. W. Town[9] bestimmte die optische Drehung des Prolins zu $[\alpha]_D^{18} = -86{,}6°$ (0,6206 g in 50 ccm Wasser).

E. Abderhalden und E. Roßner[10] berichten über die ultraviolette Absorptionskurve von Prolin und vergleichen sie mit der von Oxyprolin.

C. M. McCay und C. L. A. Schmidt[11] geben für Prolin folgende Dissoziationskonstanten an: $K_s = 2{,}5 \cdot 10^{-11}$; $K_b = 1 \cdot 10^{-12}$.

Chemische Eigenschaften: Während Glykokoll bei Gegenwart geringer Mengen Adrenalin durch O_2 unter Bildung von NH_3 und CO_2 zerlegt wird, ist die Oxydation anderer Aminosäuren (z. B. von Prolin) sehr gering[12].

Absoluter Alkohol gibt bei 19° nach J. Kapfhammer und R. Eck[13] 1,5 proz. Lösungen. Aus heißem n-Propyl- und n-Butylalkohol läßt sich l-Prolin gut umkrystallisieren. Pikrolonsäure und Imidazoldicarbonsäure geben mit l-Prolin keine schwerlöslichen Verbindungen. l-Prolin gibt in schwefelsaurer Lösung mit Phosphorwolframsäure einen Niederschlag; jedoch erfolgt keine quantitative Abscheidung. Alkoholische Lösungen von l-Prolin lösen l-Oxyprolin, und zwar konzentrierte Lösungen mehr als verdünnte.

Prolin gibt nach E. Waser und E. Brauchli[14] beim Erhitzen in sodaalkalischer Lösung mit einer kleinen Menge p-Nitrobenzoylchlorid im Gegensatz zu anderen Aminosäuren keine Farbreaktion.

Prolin hemmt nach E. Wertheimer[15] im Gegensatz zu anderen Aminosäuren die spontane Oxydation von α-Naphthol und p-Phenylendiamin zu Indophenolblau stark, was durch die Bildung komplexer Schwermetallsalze erklärt wird.

---

[1] F. K. Swoboda: J. of biol. Chem. **52**, 91—109 — Chem. Zbl. **1922 III**, 1091.
[2] E. R. Dawson: Biochemic. J. **21**, 398—403 — Chem. Zbl. **1927 II**, 1353.
[3] J. H. Northrop: J. gen. Physiol. **4**, 227—244 (1922) — Chem. Zbl. **1922 I**, 764.
[4] E. Waldschmidt-Leitz u. E. Simons: Hoppe-Seylers Z. **156**, 114—127 — Chem. Zbl. **1926 II**, 2443.
[5] J. T. Groll: Pharmac. Weekbl. **65**, 1315—1319 (1928) — Chem. Zbl. **1929 I**, 1011.
[6] R. Ehrenberg: Biochem. Z. **164**, 175—182 (1925) — Chem. Zbl. **1926 II**, 444.
[7] A. Oparin: Bull. Acad. St. Pétersbourg [6] 535—546 (1922) — Chem. Zbl. **1925 II**, 728.
[8] J. Kapfhammer u. R. Eck: Hoppe-Seylers Z. **170**, 294—312 — Chem. Zbl. **1928 I**, 361.
[9] B. W. Town: Biochem. J. **22**, 1083—1086 (1928) — Chem. Zbl. **1929 I**, 65.
[10] E. Abderhalden u. E. Roßner: Hoppe-Seylers Z. **176**, 249—257 (1928) — Chem. Zbl. **1929 I**, 19.
[11] C. M. McCay u. C. L. A. Schmidt: J. gen. Physiol. **9**, 333—339 — Chem. Zbl. **1926 I**, 2778.
[12] S. Edlbacher u. J. Kraus: Hoppe-Seylers Z. **178**, 239—249 — Chem. Zbl. **1928 II**, 2658.
[13] J. Kapfhammer u. R. Eck: Hoppe-Seylers Z. **170**, 294—312 (1927) — Chem. Zbl. **1928 I**, 361.
[14] E. Waser u. E. Brauchli: Helvet. chim. Acta **7**, 740—758 — Chem. Zbl. **1924 II**, 947.
[15] E. Wertheimer: Fermentforschg **8**, 497—517 — Chem. Zbl. **1926 II**, 696.

Über die Verwendung von Prolin zur Neutralisation von Gerbstoffen und mit vegetabilisch-mineralischen oder mit synthetischen Gerbstoffen gegerbten Häuten berichtet W. Möller[1].

Derivate: Prolinchlorhydrat $C_5H_9O_2N \cdot HCl$. Derbe Krystalle aus Wasser. Schmelzpunkt 140°, Zersetzung bei 240°[2].

$CdCl_2$-Verbindung des Prolins $C_5H_9O_2N \cdot CdCl_2 \cdot H_2O$. Prismen aus Alkohol. In Wasser und Eisessig leicht löslich, in Alkohol und Methylalkohol fast unlöslich, in Aceton, Chloroform, Benzol, Petroläther unlöslich[3].

Pikrat $C_{11}H_{12}O_9N_4$. Nadeln aus Alkohol. Schmelzp. 152—154°. Gut krystallisierend[3]. — Durch Versetzen der heißen wässerigen Prolinlösung mit der erforderlichen Menge Pikrinsäure, Abkühlen. Unlöslich in kaltem Wasser. Schmelzp. 148°, einmal ein Pikrat mit Schmelzp. 152 bis 154° erhalten (Schmelzp. 148°) krystallisiert in langen, gelben Nadeln. Pikrat (Schmelzpunkt 154°), krystallisiert in kurzen, braunen Nadeln. Beide Verbindungen geben Prolin mit der gleichen optischen Drehung[4].

Reineckat $C_5H_9O_2N \cdot C_4H_7N_6S_4Cr$. Nadeln, rechtwinklig abgestumpfte Prismen aus Wasser. Schmelzp. 199°, unter Zersetzung. Leicht löslich in Aceton, Alkohol, sehr wenig löslich in Essigester, unlöslich in Eisessig, Benzol, Petroläther, Äther, Chloroform[3].

Prolinäthylester $C_7H_{15}O_3N$. Kochp.$_{10-11}$ 78—79°. Leicht bewegliche Flüssigkeit von eigentümlichem Geruch und brennendem Geschmack, mit organischen Lösungsmitteln mischbar. Beim Stehen in wasserfreiem Äther erfolgt Bildung von geringen Mengen Prolinanhydrid[2].

Chlorhydrat $C_7H_{15}O_3N \cdot HCl$. Mit Wasser nur schwierig verseifbar, mikrokrystallin, sehr hygroskopisch[2].

Acetylprolinäthylester $C_9H_{15}O_3N$. Veresterung des Prolins mit absolutem Alkohol und HCl, destilliert den Alkohol ab, gibt zum Rückstand das gleiche Gewicht geschmolzenen Na-Acetates und das doppelte Gewicht Acetanhydrides, erhitzt 1 Stunde auf dem Wasserbade entfernt Acetanhydrid und Eisessig im Vakuum, nimmt mit Äther oder Chloroform auf und destilliert nochmals im Vakuum und schließlich im Hochvakuum. Kochp.$_{1-2}$ 107—110°, Kochp.$_{13}$ 155°, $[\alpha]_D^{24} = -80,43°$ in Alkohol, nicht ganz rein erhalten[5].

2, 4-Dinitrophenylprolin $C_{11}H_{11}O_6N_3$. Aus Prolin und 1-Chlor-2-dinitrobenzol bei Gegenwart von $NaHCO_3$. Sechsseitige, schwach doppelbrechende Tafeln aus Eisessig und Wasser. Schmelzp. 136°. Sehr leicht löslich in Alkohol, Chloroform, Aceton, unlöslich in Benzol[3].

p-Toluolsulfo-l-prolin $C_{12}H_{15}O_4NS$. Aus der alkalischen Lösung beim Ansäuern erst ölig, dann rosettenförmige, schwach doppelbrechende Krystalle. Schmelzp. 130—133°. Leicht löslich in Alkohol, Aceton, Chloroform, Eisessig, wenig löslich in Äther, sehr wenig löslich in Wasser und Benzol, unlöslich in Petroläther[3].

Pyrrolidylcarbinol $C_5H_{11}ON$. Lösung von 5 g Ester in 35 ccm absolutem Alkohol wird auf 6 g Na gegossen. Nach der ersten stürmischen Reaktion wird noch 3—4 Stunden erhitzt, schließlich noch etwas Alkohol zugesetzt, bis zur Lösung des Na, dann wird mit Wasser erhitzt, mit HCl neutralisiert, Alkohol und Wasser im Vakuum abdestilliert, die Base mit starker KOH freigemacht, mit K_2CO_3 übersättigt, mit Äther extrahiert, Ausbeute etwa 40%[6]. — Dicke, unangenehm riechende, an der Luft CO_2 absorbierende Flüssigkeit. Kochp.$_{12}$ 148—153°. Leicht löslich in Wasser, Alkohol und Äther.

Chloroplatinat $(C_5H_{11}ON)_2H_2PtCl_6$. Orangegelbe Blättchen. Schmelzp. 204° (zersetzt). Leicht löslich in Wasser, wenig löslich in Alkohol[6].

Chloraurat $C_5H_{11}ON, HAuCl_4$. Federförmige Krystalle aus Wasser. Schmelzp. 152°. Leicht löslich in Alkohol, wenig löslich in Wasser[6].

1-[Pyrrolidyl-(α)-]l-äthylpropanol-(1) $C_9H_{19}ON$. Durch Reduktion von l-[Pyrrolidonyl-(α)-]l-äthylpropanol-(1) mit Na in siedendem Isoamylalkohol, mit Dampf destilliert, Destillat liefert, mit HCl neutralisiert und verdampft, das Hydrochlorid. Freie Base, Kochp.$_{757}$ 214 bis 218°, D_4^{20} 0,95769, $n_D^{20} = 1,4718$, EM $= -0,75$; in der Kälte erstarrend, stark basisch riechend, begierig CO_2 anziehend[7].

---

[1] W. Möller: E.P. 200262 v. 27. April 1922, ausg. 2. Aug. 1923; Chem. Zbl. **1926 II**, 1917.
[2] E. Abderhalden u. H. Sickel: Hoppe-Seylers Z. **152**, 95—100 — Chem. Zbl. **1926 I**, 2697.
[3] J. Kapfhamer u. R. Eck: Hoppe-Seylers Z. **170**, 294—312 (1927) — Chem. Zbl. **1928 I**, 361.
[4] B. W. Town: Biochem. J. **22**, 1083—1086 (1928) — Chem. Zbl. **1929 I**, 65.
[5] E. Cherbuliez u. Pl. Plattner: Helvet. chim. Acta **12**, 317—329 — Chem. Zbl. **1929 II**, 75.
[6] N. J. Putochin: Ber. dtsch. chem. Ges. **56**, 2216—2217 — Chem. Zbl. **1923 III**, 1571.
[7] S. Kanao u. S. Inagawa: J. pharmac. Soc. Japan **48**, 40—46 — Chem. Zbl. **1928 II**, 50.

Hydrochlorid $C_9H_{19}ON \cdot HCl$. Nadeln aus Aceton. Schmelzp. 160—161°, $[\alpha]_D^{20} = -9,22°$ in Wasser; mit alkalischer Cu-Lösung hellviolette Färbung[1].
Chloraurat $(C_9H_{20}ON)AuCl_4$. Gelbe Nadeln. Schmelzp. 103—104°[1].
Pikrat $C_{15}H_{22}O_8N_4$. Gelbe Nadeln. Schmelzp. 147—148°[1].

Oxyprolin.

β_1-Oxypyrrolidin-α-carbonsäure.

Bildung: Der Nichtamino-N-Gehalt des Filtrates der Basen (Prolin, Oxyprolin, $^1/_2$-Tryptophan) der im Harn ausgeschiedenen Albumine bei Brightscher- und Amyloidniere beträgt nach U. Sammartino[2] 1,94 und 0,79%.

H. L. Kingston und S. B. Schryver[3] isolierten aus einem Gelatinehydrolysat mittels der Carbamatmethode 11,25% Oxyprolin.

Bei der Gewinnung einer Dodecandiaminodicarbonsäure aus Caseinhydrolysaten durch verlängerte tryptische Verdauung ließ sich nach S. Fränkel und M. Friedmann[4] aus deren Mutterlauge durch Alkoholfällung in einfacher Weise Oxyprolin erhalten.

Im Caseoglutin von Emmentaler, Tilsiter und Weichkäsesorten findet sich nach W. Grimmer und B. Wagenführ[5] Oxyprolin.

Über die Bildung eines oxyprolinhaltigen Produktes bei der partiellen Hydrolyse von Gänsefedern berichtet E. Abderhalden[6].

Im Hydrolysat des Spongins des gemeinen Badeschwammes (Hippospongia equina) wurde nach V. J. Clancey[7] kein Oxyprolin gefunden.

Über das Vorkommen von Oxyprolin (3,2%) im Edestin berichten T. B. Osborne, Ch. S. Leavenworth und L. S. Nolan[8]. Das Edestinhydrolysat war nach der etwas modifizierten Methode von Dakin[9] aufgearbeitet worden.

Über die Bildung eines oxyprolinhaltigen Anhydrides bei der partiellen Hydrolyse von Schweineborsten berichten E. Abderhalden und E. Komm[10].

Bei der Aufarbeitung des Zeinhydrolysates mittels der Butylalkoholmethode ließ sich nach H. D. Dakin[11] kein Oxyprolin nachweisen.

Unter den Spaltprodukten gereinigten Ricins konnte nach P. Karrer, A. P. Smirnoff, H. Ehrensperger, J. van Slooten und M. Keller[12] kein Oxyprolin nachgewiesen werden.

Über die Bildung von Oxyprolin, und zwar über die b-Form von Leuchs[13] aus dem freien Lacton von α-Brom-δ-amino-γ-valerolacton unter HBr-Abspaltung und Umlagerung — langsam bei gewöhnlicher Temperatur, schnell beim Erwärmen — berichten W. Traube, R. Johow und W. Tepohl[14]. Das gewonnene Oxyprolin zeigte Schmelzp. 243—244°.

Bildung von d, l-Oxyprolin: Über die Bildung von d, l-Oxyprolin bei verlängerter tryptischer Hydrolyse von Casein berichten S. Fränkel, H. Gallia, A. Liebster und S. Rosen[15].

Darstellung: Die Darstellung des l-Oxyprolins aus Casein- oder Gelatinehydrolysaten ist so, daß zunächst Arginin mit Flaviansäure, dann das Oxyprolin und Prolin mit Reinecke-

---

[1] S. Kanao u. S. Inagawa: J. pharmac. Soc. Japan **48**, 40—46 — Chem. Zbl. **1928 II**, 50.
[2] U. Sammartino: Biochem. Z. **133**, 85—88 (1922) — Chem. Zbl. **1923 III**, 167.
[3] H. L. Kingston u. S. B. Schryver: Biochemic. J. **18**, 1070—1078 (1924) — Chem. Zbl. **1925 I**, 231.
[4] S. Fränkel u. M. Friedmann: Biochem. Z. **182**, 434—441 — Chem. Zbl. **1927 II**, 1351.
[5] W. Grimmer u. B. Wagenführ: Milchwirtsch. Forschgn **2**, 193—198 (1925) — Ber. Physiol. **31**, 492 — Chem. Zbl. **1925 II**, 1718.
[6] E. Abderhalden: Hoppe-Seylers Z. **129**, 106—110 — Chem. Zbl. **1924 II**, 851.
[7] V. J. Clancey: Biochemic. J. **20**, 1186—1189 (1926) — Chem. Zbl. **1927 I**, 1332.
[8] T. B. Osborne, Ch. S. Leavenworth u. L. S. Nolan: J. of biol. Chem. **61**, 309—313 — Chem. Zbl. **1924 II**, 2849.
[9] H. D. Dakin: Chem. Zbl. **1921 I**. 454.
[10] E. Abderhalden u. E. Komm: Hoppe-Seylers Z. **134**, 113—120 — Chem. Zbl. **1924 I**, 2783.
[11] H. D. Dakin: Hoppe-Seylers Z. **130**, 159—168 (1923) — Chem. Zbl. **1924 I**, 206.
[12] P. Karrer, A. P. Smirnoff, H. Ehrensperger, J. van Slooten u. M. Keller: Hoppe-Seylers Z. **135**, 129—166 — Chem. Zbl. **1924 II**, 348.
[13] Leuchs: Ber. dtsch. chem. Ges. **46**, 986 — Chem. Zbl. **1913 I**, 1979.
[14] W. Traube, R. Johow u. W. Tepohl: Ber. dtsch. chem. Ges. **56**, 1861—1866 — Chem. Zbl. **1923 III**, 1223.
[15] S. Fränkel, H. Gallia, A. Liebster u. S. Rosen: Biochem. Z. **145**, 225—241 — Chem. Zbl. **1924 I**, 2607.

säure abgeschieden werden, aus denen entsprechend wie beim Prolin durch Ausfällung des Reineckates als Schwermetallsalz Oxyprolin und Prolin in Freiheit gesetzt werden. Die Lösung wird in der beim Prolin beschriebenen Methode von Verunreinigungen, die aus zersetztem Reineckat stammen, befreit, dann die Lösung eingedampft. Das Prolin wird mit Alkohol aus dem Prolingemisch extrahiert, während sich im Rückstand reines l-Oxyprolin befindet. Die Ausbeute an l-Oxyprolin aus 200 g Handelsgelatine mit 14% N beträgt etwa 14 g. Bei der gleichen Aufarbeitung eines Hämoglobinhydrolysates ließen sich aus 250 g Hämoglobin 4,2 g Oxyprolin isolieren. $[\alpha]_D^{20} = -80,60°$[1, 2].

Bestimmung: l-Oxyprolin läßt sich nach J. Kapfhammer und R. Eck[1] in wässerig-alkoholischer Lösung quantitativ mit NaOH gegen Phenolphthalein titrieren.

Nach der von K. Linderstrøm-Lang[3] angegebenen Titrationsmethode für Amino-N mit $^1/_{10}$n-alkoholischer HCl in acetonhaltiger Flüssigkeit (100—200 ccm 99proz. Aceton pro 10 ccm Wasser) konnten unter Verwendung von Naphthylrot, Benzolazo-α-naphthylamin, als Indicator 100% des Oxyprolin-N erfaßt werden.

Biochemische Eigenschaften: Oxyprolin ist nach D. Rapport und H. H. Beard[4] ohne Einfluß auf die spezifisch-dynamische Wirkung.

Der phlorrhizindiabetische Hund vermag nach J. Kapfhammer und C. Bischoff[5] ebenso wie l-Prolin auch l-Oxyprolin in Zucker zu verwandeln; so lieferten 15 g l-Oxyprolin 10,48 g Extrazucker.

Mit steigendem Alter der Placenta fällt nach R. Ehrenberg und W. Liebenow[6] der Gehalt an Prolin + Oxyprolin + Tryptophan und namentlich der Gehalt an Arginin, während er an Monaminosäuren und Melanoidinen, vielleicht auch an Histidin wächst. Für diese Tendenzen ist die Zeit um den 7. Monat deutlich markiert.

Nach H. D. Dakin[7] wird die Äpfelsäurebildung aus β-Oxyglutaminsäure durch Hefe nach Zusatz von Oxyprolin gehemmt.

E. Gellhorn[8] zeigte, daß die Permeabilität der Spermatozoen von Rana temporaria für K, Rb, NH_4, Citrat und Methylenblau durch Aminosäuren (z. B. Oxyprolin) und Kohlehydrate herabgesetzt wurde, so daß selbst nach längerer Einwirkungsdauer dieser Ionen noch hohe Befruchtungsziffern festzustellen waren. Es handelte sich dabei nicht um eine völlige Hemmung der Durchlässigkeit, sondern nur um eine Herabsetzung der Permeabilität, wie die weitere Entwicklung der Embryonen zeigte (Mißbildungen). Die Steigerung der Permeabilität, die die Zellgrenzschichten bei Belichtung in Gegenwart von Eosin, Erythrosin, Fluorescin und Neutralrot erfahren, kann durch Aminosäuren und Kohlehydrate vermindert werden.

Physikalische Eigenschaften: E. Abderhalden und E. Roßner[9] ermitteln von Oxyprolin die Absorptionskurve im Ultraviolett und vergleichen sie mit der des Prolins.

P. L. Kirk und C. L. A. Schmidt[10] berechnen für Oxyprolin folgende Werte für die scheinbare saure und basische Dissoziationskonstante K'_a und K'_b und für den isoelektrischen Punkt p_J:

K'_a	K'_b	p_J
$1,86 \cdot 10^{-10}$	$8,32 \cdot 10^{-13}$	5,82

Chemische Eigenschaften: Nach J. Kapfhammer und R. Eck[11] läßt sich l-Oxyprolin mit Phosphorwolframsäure in schwefelsaurer Lösung fällen, jedoch erfolgt keine quantitative Abscheidung. Weiterhin teilen Verfasser mit, daß alkoholische Lösungen von l-Prolin l-Oxyprolin lösen, und zwar konzentrierte Lösungen mehr als verdünnte. Außerdem stellen die Verfasser fest, daß mit Dinitrochlorbenzol keine Kupplung stattfindet.

---

[1] J. Kapfhammer u. R. Eck: Hoppe-Seylers Z. **170**, 294—312 (1927) — Chem. Zbl. **1928 I**, 361.

[2] J. Kapfhammer u. H. Spörer: Hoppe-Seylers Z. **173**, 245—249 — Chem. Zbl. **1928 I**, 2088.

[3] K. Linderstrøm-Lang: C. r. Labor. Carlsberg **17**, Nr 4, 1—17 — Hoppe-Seylers Z. **173**, 32—50 (1927) — Chem. Zbl. **1928 I**, 1796.

[4] D. Rapport u. H. H. Beard: J. of biol. Chem. **73**, 299—319 — Chem. Zbl. **1927 II**, 1047.

[5] J. Kapfhammer u. C. Bischoff: Hoppe-Seylers Z. **172**, 251—254 (1927) — Chem. Zbl. **1928 I**, 1547.

[6] R. Ehrenberg u. W. Liebenow: Pflügers Arch. **201**, 387—392 (1923) — Chem. Zbl. **1924 I**, 790.

[7] H. D. Dakin: J. of biol. Chem. **61**, 139—145 — Chem. Zbl. **1924 II**, 2058.

[8] E. Gellhorn: Pflügers Arch. **206**, 250—267 (1924) — Chem. Zbl. **1925 I**, 1337.

[9] E. Abderhalden u. E. Roßner: Hoppe-Seylers Z. **176**, 249—257 (1928) — Chem. Zbl. **1929 I**, 19.

[10] P. L. Kirk u. C. L. A. Schmidt: J. of biol. Chem. **81**, 237—248 — Chem. Zbl. **1929 I**, 2860.

[11] J. Kapfhammer u. R. Eck: Hoppe-Seylers Z. **170**, 294—312 — Chem. Zbl. **1928 I**, 361.

Nach E. Schmidt und K. Braunsdorf[1] ist Oxyprolin gegen ClO_2 sehr beständig.
Derivate: Chlorhydrat des l-Oxyprolins $C_5H_9O_3N$, HCl. Zersetzung oberhalb 190°. Sehr leicht löslich in Wasser, wenig löslich in Alkohol, sehr wenig löslich in Eisessig und Essigester[2].

Pikrat $C_{11}H_{12}O_{10}N_4$. Büschelförmige Nadeln aus Wasser. Schmelzp. 188°. Leicht löslich in Wasser, wenig löslich in Alkohol, Aceton, Eisessig, Essigester, unlöslich in Äther Petroläther, Chloroform und Benzol. Gut krystallisierend[2].

Reineckat $C_5H_9O_3N \cdot C_4H_7O_6S_4Cr$. Aus wässeriger Lösung Aggregate aus rechteckigen Tafeln. Bei 20° lösen sich 1,13 g in 100 g Wasser. Schmelzp. 248° unter Zersetzung. Leicht löslich in Alkohol und Aceton, wenig löslich in Essigester, unlöslich in Eisessig, Benzol, Petroläther, Äther und Chloroform[2].

O, N-Diacetyloxyprolinäthylester $C_{11}H_{17}O_5N$. Oxyprolin wird in absolutem Alkohol mit HCl-Gas verestert. Der Ester wird mit dem gleichen Gewicht geschmolzenen Na-Acetates und dem doppelten Gewicht Acetanhydrid 1 Stunde auf dem Wasserbade erhitzt. Dann wird Acetanhydrid und Eisessig im Vakuum entfernt, Rückstand in Äther oder Chloroform aufgenommen, erst im gewöhnlichen, dann im Hochvakuum destilliert. Nach mehrfachem Fraktionieren Kochp.$_2$ 142°, annähernd rein, gesättigt gegen $KMnO_4$[3].

---

[1] E. Schmidt u. K. Braunsdorf: Ber. dtsch. chem. Ges. **55**, 1529—1534 — Chem. Zbl. **1922 III**, 520.
[2] J. Kapfhammer u. R. Eck: Hoppe-Seylers Z. **170**, 294—312 — Chem. Zbl. **1928 I**, 361.
[3] E. Cherbuliez u. Pl. Plattner: Helvet. chim. Acta **12**, 317—329 — Chem. Zbl. **1929 II**, 75.

Biologisch interessante Aminosäuren, die im Eiweiß nicht vorkommen, Abbauprodukte von solchen und von im Eiweiß vorkommenden Aminosäuren.

Von

Herbert Mahn-Dessau.

β-Alanin.

β-Aminopropionsäure, β-Aminoäthan-α-carbonsäure, 3-Aminopropionsäure.

Bildung: Über den Nachweis von β-Alanin im Hydrolysat von Muskeln berichtet S. Kaplansky[1].

Nach L. Broude[2] ist nach 5stündiger Hydrolyse in 13proz. H_2SO_4 die Spaltung des Carnosins in β-Alanin und Histidin beendet.

Bei der Spaltung von Anserin (Alanyl-[α-amino-β-N-methyl-4 (5)-imidazolyl]-propionsäure) mit Baryt erhielten W. Linneweh, A. W. Keil und F. A. Hoppe-Seyler[3] β-Alanin neben d, l-Methylhistidin.

β-Alanin wird nach P. Karrer und A. Widmer[4] bei der CrO_3-Oxydation von Piperidin, α-Picolin und ε-Aminocapronsäure gebildet.

Darstellung: Th. Curtius und B. Hechtenberg[5] geben folgende Darstellungsmethode für β-Alanin an: Salzsaurer Glykokollester wird mit Succinylchlorid durch Kochen in Benzol zum cyclischen Succinylglycinäthylester gekuppelt, der mit Hydrazinhydrat zum Hydrazidosuccinylglycinhydrazid umgesetzt wird. Das Hydrazid wird diazotiert, das entstandene Azidobernsteinsäureglycinazid wird durch absoluten Alkohol in das Urethan übergeführt, aus dem durch konzentrierte wässerige HCl β-Alaninäthylesterchlorhydrat gewonnen wird. Der Alaninester wird durch Kondensation mit Benzolsulfochlorid als Benzolsulfo-β-alanin isoliert. Die Ausbeute beträgt nur 30%. Der Versuch, direkt aus dem durch Diazotieren des Hydrazides der Carbonsäure erhaltenen Azid das β-Alanin durch Umlagerung und Hydrolyse in wässeriger Lösung zu gewinnen, führte nicht zum Ziele. Beim Versuche, aus Äthylendiamin über das Succinyldihydrazid und über das entsprechende Azid das β-Alanin aus der Diazotierungsflüssigkeit direkt ohne Zwischenprodukt zu gewinnen, wurde nur geringe Ausbeute erhalten.

Bestimmung und Nachweis: T. W. J. Taylor[6] gibt eine etwas modifizierte Sörensensche Bestimmungsmethode für β-Alanin bzw. Aminosäuren an.

Über den Nachweis von β-Alanin durch Überführung in den Acrylsäureester durch Erhitzen des Aminosäureesters berichtet S. Kaplansky[1].

---

[1] S. Kaplansky: Hoppe-Seylers Z. **158**, 19—21 (1926) — Chem. Zbl. **1927 I**, 119.
[2] L. Broude: Hoppe-Seylers Z. **158**, 22—27 (1926) — Chem. Zbl. **1927 I**, 119.
[3] W. Linneweh, A. W. Keil u. F. A. Hoppe-Seyler: Hoppe-Seylers Z. **183**, 11—18 — Chem. Zbl. **1929 II**, 1170.
[4] P. Karrer u. A. Widmer: Helvet. chim. Acta **9**, 886—891 — Chem. Zbl. **1926 II**, 2911.
[5] Th. Curtius u. B. Hechtenberg: J. prakt. Chem. **105**, 289—318 — Chem. Zbl. **1923 III**, 854.
[6] T. W. J. Taylor: J. chem. Soc. Lond. **1928**, 1897—1906 — Chem. Zbl. **1928 II**, 1549.

Biochemische Eigenschaften: Nach Versuchen von E. Abderhalden und E. Gellhorn[1] wird am Herzstreifen die Adrenalinwirkung durch β-Alanin bedeutend verstärkt, so daß sich die Schwellenkonzentration bis auf etwa $1/10$ des normalen Wertes erniedrigt. Ebenso wird an der glatten Muskulatur des Magens und der Speiseröhre des Frosches eine Verstärkung der Erregung bzw. Lähmung ausgelöst. Dem β-Alanin selbst kommt kein Einfluß auf die automatische Kontraktion der Herz-, Magen- und Speiseröhrenmuskulatur zu. Bei intraperitonealer Injektion wird durch Zusatz der Aminosäure bei der weißen Maus die Temperatursenkung verstärkt.

Nach R. C. Corley[2] wirkt β-Alanin beim phlorrhizinvergifteten Hunde wahrscheinlich nicht als Zuckerbildner.

Nach Versuchen von R. K. S. Lim, A. C. Ivy und J. M. Mc Carthy[3] ruft β-Alanin beim Menschen und Hunde von der Magenschleimhaut aus Sekretion hervor.

Unter den Abbauprodukten der δ-Aminovaleriansäure im Organismus des Hundes konnte nach W. Keil[4] β-Alanin nicht nachgewiesen werden.

Physikalische Eigenschaften: Die Dissoziationskonstante des β-Alanins ist nach A. Bork[5] bei $25°$ $k_{Säure} = 9{,}7 \cdot 10^{-11}$ und $k_{Base} = 4{,}6 \cdot 10^{-11}$. Die Leitfähigkeit des β-Alanins ist sehr gering, $\Lambda\infty = 112{,}7$. Die Wanderungsgeschwindigkeit des Kations des Chlorhydrates beträgt 37,5.

Nach Untersuchungen von G. Hedestrand[6] bewirkt β-Alanin eine der Konzentration proportionale Erhöhung der D.E. des Wassers.

Chemische Eigenschaften: T. W. J. Taylor[7] untersuchte den Reaktionsverlauf zwischen HNO_2 und β-Alanin in verdünnter wässeriger Lösung bei $25°$. Die Einwirkung verläuft annähernd als Reaktion 3. Ordnung. Neutralsalze (KCl, $CaCl_2$) oder H_2SO_4 wirken verzögernd.

β-Alanin läßt sich nach G. Zemplén und Z. Csürös[8] durch Nitrosylbromid erst bei $20°$ in β-Brompropionsäure überführen.

Nach W. Riffart[9] tritt zwar eine Reaktion zwischen β-Alanin und Triketohydrindenhydrat (Ninhydrin) ein, doch ist die Empfindlichkeit beträchtlich geringer als mit α-Aminosäuren.

Derivate: Methylester. Dargestellt durch Veresterung der Aminosäure mit Methylalkohol und HCl. Über Kondensationsprodukte des Esters, die sich beim Stehen des Esters bilden, berichten E. Abderhalden und F. Reich[10].

Acetyl-β-alaninäthylester $C_7H_{13}O_3N$. Hellgelbes Öl, Kochp.$_6$ $142°$. Gibt mit P_2S_5 ein Metathiazinderivat[11].

N-Benzoyl-β-aminopropionsäure $C_{10}H_{11}O_3N$. Durch Benzoylierung von β-Aminopropionsäure unter Kühlung. Mit HCl fällen, Benzoesäure mit heißem Ligroin entfernen. Säulen aus Wasser. Schmelzp. $133°$[12]. — Benzoyl-β-alanin wird nach J. A. Smorodinzew[13] durch Histozym aus den verschiedensten Geweben nicht gespalten.

Äthylester $C_{12}H_{15}O_3N$. Mit Alkohol + HCl-Gas auf dem Wasserbad. Öl, Kochp.$_3$ 184 bis $186°$. Der Ester gibt mit der 4fachen Menge P_2O_5 2-Phenyl-6-äthoxymethoxazin[12].

Benzoyl-β-alaninäthylamid $C_6H_5 \cdot CO \cdot NH \cdot CH_2 \cdot CH_2 \cdot CO \cdot NH \cdot C_2H_5$. Entsteht aus Benzoyl-$\beta$-alaninäthylester und 33proz. alkoholischem Äthylamin (Raumtemperatur 24 Stunden). Prismen aus Wasser. Schmelzp. $138°$. Wird mit P_2O_5 in 1-Äthyl-2-phenyl-6-oxotetrahydropyrimidin, mit PCl_5 in 1-Äthyl-2-phenyl-6-chlordihydropyrimidinhydrochlorid übergeführt[14].

---

[1] E. Abderhalden u. E. Gellhorn: Pflügers Arch. **203**, 42—56 — Chem. Zbl. **1924 II**, 497.
[2] R. C. Corley: J. of biol. Chem. **81**, 545—549 — Chem. Zbl. **1929 II**, 1815.
[3] R. K. S. Lim, A. C. Ivy u. J. M. Mc Carthy: Quart. J. exper. Physiol. **15**, 13—53 — Ber. Physiol. **31**, 572—573 — Chem. Zbl. **1925 II**, 1993.
[4] W. Keil: Hoppe-Seylers Z. **172**, 310—313 (1927) — Chem. Zbl. **1928 I**, 1886.
[5] A. Bork: Z. physik. Chem. **129**, 58—68 — Chem. Zbl. **1927 II**, 2267.
[6] G. Hedestrand: Z. physik. Chem. **135**, 36—48 — Chem. Zbl. **1928 II**, 1984.
[7] T. W. J. Taylor: J. chem. Soc. Lond. **1928**, 1897—1906 — Chem. Zbl. **1928 II**, 1549.
[8] G. Zemplén u. Z. Csürös: Ber. dtsch. chem. Ges. **62**, 2118—2125 — Chem. Zbl. **1929 II**, 2320.
[9] W. Riffart: Biochem. Z. **131**, 78—96 (1922) — Chem. Zbl. **1923 II**, 827.
[10] E. Abderhalden u. F. Reich: Hoppe-Seylers Z. **178**, 169—172 (1928) — Chem. Zbl. **1929 I**, 42.
[11] E. Miyamichi: J. pharmac. Soc. Japan **48**, 114—115 — Chem. Zbl. **1928 II**, 1887.
[12] P. Karrer u. E. Miyamichi: Helvet. chim. Acta **9**, 336—339 — Chem. Zbl. **1926 I**, 3052.
[13] J. A. Smorodinzew: Hoppe-Seylers Z. **124**, 123—139 (1923) — Chem. Zbl. **1923 I**, 976.
[14] E. Miyamichi: J. pharmac. Soc. Japan **48**, 114—115 — Chem. Zbl. **1928 II**, 1887.

Thiobenzoyl-β-alaninäthylester $C_6H_5 \cdot CS \cdot NH \cdot CH_2 \cdot CH_2 \cdot CO_2C_2H_5$. Aus Benzoyl-β-alaninäthylester mit der berechneten Menge P_2S_5 in trockenem Benzol bei 100°. Neutrale, hellbraune, dicke Flüssigkeit. Kochp.$_1$ 175—182°. Löslich in Wasser, Petroläther, durch wenig Alkali verseift. Gibt beim Erhitzen mit der doppelten Menge P_2S_5 2-Phenyl-6-äthoxymetathiazin[1].

Benzolsulfo-β-alanin. Schmelzp. 111°[2].

Toluolsulfo-β-phenylaminopropionsäure $C_6H_5 \cdot N(SO_2 \cdot C_6H_4 \cdot CH_3) \cdot CH_2 \cdot CH_2 \cdot CO_2H$. Aus p-Toluolsulfonanilid und β-Chlorpropionsäure. Bei Behandlung mit $POCl_3$ bzw. P_2O_5 in Xylol wird das entsprechende 4-Tetrahydrochinolon erhalten[3].

β-Benzolsulfomethylaminopropionsäure $C_{10}H_{13}O_4NS$. Lange Nadeln vom Schmelzpunkt 99—100° aus Wasser, wird im Hundeorganismus aus peroral oder subcutan verabreichter δ-Benzolsulfomethylaminovaleriansäure zu 94 bzw. 79,5% zum Aminopropionsäurederivat abgebaut, während dieses unverändert im Harn ausgeschieden wird[4]. — Die Verbindung wird auch bei subcutaner Injektion von ζ-Benzolsulfomethylaminoheptansäure an Hunde neben Kynurensäure gebildet. Zwischenstufen konnten nicht festgestellt werden[5].

β-Di-n-propylaminopropionsäureäthylester. Aus β-Chlorpropionsäureäthylester und Di-n-propylamin oder in 85proz. Ausbeute durch Umsetzung von Meso-α, α′-dibromadipinsäureäthylester. Kochp.$_{20}$ 112—114°[6].

Methyljodid. Schmelzp. 76°[6].

β-Anilinopropionsäure. Aus einer Lösung von Acrylsäure und Anilin in Toluol, die 3 Tage mit Quecksilberlicht bestrahlt wurde[7].

β-Anilinopropionsäureäthylester $C_{11}H_{15}O_2N$. Kochp.$_{30}$ 185—186°. Hellgelbes Öl, gibt mit HNO_2 den öligen Nitrosoanilinpropionsäureester[7].

Hydrochlorid. Schmelzp. etwa 64°. An der Luft zerfließlich[7].

β-Anilinopropionsäureanilid. In geringer Ausbeute aus einer mit ultraviolettem Licht bestrahlten Lösung von Acrylsäure und Anilin in Toluol. Aus HCl-Lösung + Alkali perlmutterglänzende Schüppchen. Schmelzp. 195°[7].

β-Piperidinopropionsäureäthylester. Aus Piperidin und β-Chlorpropionsäureäthylester oder aus Meso-α, α′-dibromadipinsäurediäthylester durch Umsetzung mit Piperidin mit 75% Ausbeute. Kochp.$_{22}$ 113—116°[6]. — J. v. Braun[8] fand bei der Nacharbeit eigener Versuche und der Versuche von R. C. Fuson und R. L. Bradley[6], daß sich der β-Piperidinopropionsäureester bei der Umsetzung von Meso-α, α′-dibromadipinsäureester mit Piperidin dann bildete, wenn anfänglich nicht stark gekühlt wurde. Die Ausbeute überstieg aber 40% nicht.

Methyljodid. Schmelzp. 100—102°[6].

α-Phenyl-β-aminopropionsäurechlorhydrat $C_9H_{12}O_2NCl$. Wurde aus dem Reaktionsgemisch von Phenylmalonsäure, Ammoniak und Formaldehyd beim Aufarbeiten erhalten; aus Alkohol mit Äther gefällt. Schmelzp. 185°. Leicht löslich in verdünntem Alkohol, löslich in Wasser, wenig löslich in absolutem Alkohol. Beim Kochen entsteht Atropasäure, beim Acylieren mit Phenylessigsäurechlorid entsteht neben viel Amid der Phenylessigsäure nur wenig β-Phenylacetylamino-α-phenylpropionsäure[9].

β-Phenylacetylamino-α-phenylpropionsäure $C_{17}H_{17}O_3N$. Aus verdünntem Alkohol kleine Nadeln. Schmelzp. 185°[9].

α-Phenyl-β-aminoäthanol hat nach G. A. Alles[10] ausgesprochene sympathicuserregende Wirkung. Die Blutdruckwirkung ist fast so groß wie die des Adrenalins und so anhaltend wie dies des Ephedrins. Die Toxicität ist wesentlich geringer als die des Ephedrins, die Wirksamkeit ist wesentlich größer als die des Phenyläthylamins.

α-Phenyl-β-dimethylaminopropionsäure $C_{11}H_{15}O_2N$. Aus Phenylmalonsäure, Dimethylamin, Formaldehyd, aus 70proz. Alkohol mit Äther gefällt, Nadeln. Schmelzp. 143°.

---

[1] E. Miyamichi: J. pharmac. Soc. Japan **48**, 114—115 — Chem. Zbl. **1928 II**, 1887.
[2] Th. Curtius u. W. Hechtenberg: J. prakt. Chem. **105**, 289—318 — Chem. Zbl. **1923 III**, 854.
[3] Brit. Dyestuffs Corporation Ltd.: E.P. 230607 v. 12. Febr. 1924, ausg. 9. April 1925; Chem. Zbl. **1927 II**, 1308.
[4] F. Peters: Hoppe-Seylers Z. **159**, 270—285 — Chem. Zbl. **1927 I**, 1496.
[5] B. Flaschenträger u. E. Beck: Hoppe-Seylers Z. **159**, 279—285 — Chem. Zbl. **1927 I**, 1496.
[6] R. C. Fuson u. R. L. Bradley: J. amer. chem. Soc. **51**, 599—602 — Chem. Zbl. **1929 I**, 1802.
[7] R. Stoermer u. E. Robert: Ber. dtsch. chem. Ges. **55**, 1030—1040 — Chem. Zbl. **1922 I**, 1275.
[8] J. v. Braun: Ber. dtsch. chem. Ges. **62**, 1694 — Chem. Zbl. **1929 II**, 858.
[9] C. Mannich u. E. Ganz: Ber. dtsch. chem. Ges. **55**, 3486—3504 (1922) — Chem. Zbl. **1923 I**, 334.
[10] G. A. Alles: J. of Pharmacol. **32**, 121—133 — Chem. Zbl. **1928 I**, 3091.

Leicht löslich in Wasser, fast unlöslich in Äther und absolutem Alkohol, wässerige Lösung reagiert schwach sauer, beim Kochen entsteht Atropasäure[1].

α-Benzyl-β-aminopropionsäure $C_{10}H_{13}O_2N$. Entsteht aus der Verbindung (Schiffsche Base), die durch Hydrierung des Benzylidencyanessigesters gebildet wird, durch Hydrolyse mit NaOH, Hydrolysat mit HCl neutralisieren, einengen, nach Erkalten filtrieren, Rückstand mit wenig Wasser waschen. Krystalle aus Wasser, Schmelzp. 225°. Sehr wenig löslich, gegen siedende Mineralsäuren beständig, durch heiße Laugen zersetzt[2].

Sulfat $(C_{10}H_{13}O_2N)_2 \cdot H_2SO_4$. Aus heißer verdünnter H_2SO_4. Blättchen aus Wasser oder verdünntem Alkohol[2].

β-Phenyl-β-aminopropionsäure $C_9H_{11}O_2N$. Durch Lösen des festen Reaktionsrückstandes in heißem Wasser, Fällen der Zimtsäure durch Abkühlen. Schmelzp. 228°[3]. — Bei der Reduktion von γ-Phenylisoxazolon entsteht β-Phenyl-β-aminopropionsäure[4].

Chlorhydrat $C_9H_{12}O_2NCl$. Mittels Benzaldehyd oder Benzhydramid, aus Alkohol, Schmelzp. 218° bzw. 115—117°; neben Zimtsäure, Schmelzp. 223°[3, 5]. — Aus dem Na-Salz durch HCl-Gas in Alkohol. Schmelzp. 216°[3].

Na-Salz der β-Phenyl-β-aminopropionsäure $C_9H_{10}O_2NNa$. Sehr hygroskopisch[4].

Benzoyl-β-amino-β-phenylpropionsäure $C_{16}H_{15}O_3N$. Zimtsäure wird mit NCl_3 in CCl_4 zu β-Amino-α-chlor-β-phenylpropionsäurechlorid (freie Säure Schmelzp. 199—200°) umgesetzt, das mit Na-Amalgam in Wasser reduziert und anschließend benzoyliert wird. Schmelzp. 194—195°[6].

β-Nitrophenyl-β-aminopropionsäure $C_9H_{10}O_4N_2$. Aus dem Chlorhydrat, aus heißem Wasser. Schmelzp. 226—227°[3].

Chlorhydrat $C_9H_{11}O_4N_2Cl$. Mittels m-Nitrobenzaldehyd, aus Alkohol, Schmelzp. 210 bis 211°, neben m-Nitrozimtsäure, Schmelzp. 202—204°[3, 5].

β-[o-Methoxyphenyl-]β-aminopropionsäurehydrochlorid $C_{10}H_{14}O_3NCl$. Aus o-Methoxybenzaldehyd. Aus Alkohol, Schmelzp. 208—210°[7].

β-[m-Methoxyphenyl-]β-aminopropionsäurehydrochlorid $C_{10}H_{14}O_3NCl$. Aus Alkohol, Schmelzp. 190°[7].

β-[p-Methoxyphenyl-]β-aminopropionsäurehydrochlorid $C_{10}H_{14}O_3NCl$. Aus Alkohol, Schmelzp. 205° (Zersetzung)[7].

β-2, 4-Dimethoxyphenyl-β-aminopropionsäurehydrochlorid. Aus 2, 4-Dimethoxybenzaldehyd[7].

β-[3, 4-Dimethoxyphenyl-]β-aminopropionsäurehydrochlorid $(CH_3O)_2 \cdot C_6H_3 \cdot CH(NH_2 \cdot HCl) \cdot CH_2 \cdot CO_2H$. Aus Veratrumaldehyd und Malonsäure mit 10proz. alkoholischen NH_3 1½ Stunde auf siedendem Wasserbad, in Wasser und etwas Soda lösen, ausäthern, mit HCl ansäuern, Dimethoxyzimtsäure (Schmelzp. 180—182°) abfiltrieren, verdampfen. Aus Alkohol, Schmelzp. 207—208°[7].

β-Piperonyl-β-aminopropionsäure $C_{10}H_{11}O_4N$. Dargestellt aus dem Chlorhydrat oder durch Lösen des festen Reaktionsrückstandes in Wasser, Versetzen mit Eisessig, Abfiltrieren der Piperonylacrylsäure, Konzentrieren des Filtrates, aus Wasser, Schmelzp. 226°[8].

Chlorhydrat $C_{10}H_{12}O_4NCl$. Kondensation von Piperonal und Malonsäure in Gegenwart von NH_3, aus Alkohol, Schmelzp. 232—234°, neben Piperonylacrylsäure und Methylendioxystyroldicarbonsäure[8, 9].

β-Piperonyl-β-methylaminopropionsäure $C_{11}H_{13}O_4N$. Aus wässerigem Alkohol, Nadeln, Schmelzp. 199—200°[8].

Chlorhydrat $C_{11}H_{14}O_4NCl$. Bei Verwendung von Methylamin; leicht löslich in Alkohol, Wasser, wenig löslich in Äther. Schmelzp. 204—206°[8, 9].

---

[1] C. Mannich u. E. Ganz: Ber. dtsch. chem. Ges. **55**, 3486—3504 (1922) — Chem. Zbl. **1923 I**, 334.

[2] H. Rupe u. B. Pieper: Helvet. chim. Acta **12**, 637—649 — Chem. Zbl. **1929 II**, 1009.

[3] W. Rodionow u. E. Malewinskaja: Ber. dtsch. chem. Ges. **59**, 2952—2958 (1926) — Chem. Zbl. **1927 I**, 423.

[4] P. Billon: Ann. Chim. [10] **7**, 314—384 — Chem. Zbl. **1927 II**, 1474.

[5] W. Rodionow u. A. Fedorowa: Ber. dtsch. chem. Ges. **60**, 804—807 — Chem. Zbl. **1927 I**, 2191.

[6] G. H. Coleman u. G. M. Mullins: J. amer. chem. Soc. **51**, 937—940 — Chem. Zbl. **1929 I**, 2530.

[7] W. Rodionow u. A. Fedorowa: Arch. Pharmaz. **266**, 116—121 — Chem. Zbl. **1928 I**, 2250.

[8] W. Rodionow u. E. Malewinskaja: Ber. dtsch. chem. Ges. **59**, 2952—2958 — Chem. Zbl. **1927 I**, 423.

[9] W. Rodionow u. A. Fedorowa: Ber. dtsch. chem. Ges. **60**, 804—807 — Chem. Zbl. **1927 I**, 219.

β-Piperonyl-β-dimethylaminopropionsäurechlorhydrat $C_{12}H_{16}O_4NCl$. Analog der Äthylverbindung mit Dimethylamin dargestellt. Ausbeute 2—3%[1].

β-Piperonyl-β-äthylaminopropionsäure $C_{12}H_{15}O_4N$. Aus Piperonal, alkoholischer Äthylaminlösung und Malonsäure beim Erhitzen. Weiße Nadeln aus Wasser Schmelzp. 198—200°[1]. **Nitrosamin.** Nadeln aus Wasser. Schmelzp. 136—138°[1].

β, β′-Imino-bis-[α-phenylpropionsäure-]chlorhydrat $C_{18}H_{20}O_4NCl$. Aus Phenylmalonsäure, NH_4Cl, Formaldehyd, aus verdünntem Alkohol auf Zusatz von Äther, Krystallblättchen, leicht löslich in verdünntem Alkohol, wenig löslich in Wasser. Schmelzp. 112°. Beim Kochen entsteht Atropasäure[2].

β-Phenyl-β-amino-α-methylpropionsäurechlorhydrat $C_{10}H_{14}O_2NCl$. Aus Methylmalonsäure und Benzaldehyd in Gegenwart eines kleinen Überschusses von alkoholischem NH_3. Schmelzp. 225° aus Alkohol[3].

β-Piperonyl-β-amino-α-methylpropionsäurechlorhydrat $C_{11}H_{14}O_4NCl$. Aus Methylmalonsäure und Piperonal in Gegenwart eines kleinen Überschusses von alkoholischem NH_3[3].

β-Phenyl-β-amino-α-äthylpropionsäurechlorhydrat $C_{11}H_{16}O_2NCl$. Analog wie die Methylverbindung dargestellt. Schmelzp. 249°, aus Alkohol[3].

β-Piperonyl-β-amino-α-äthylpropionsäurechlorhydrat $C_{12}H_{16}O_4NCl$. Analog wie die Methylverbindung dargestellt. Schmelzp. 215° (unter Zers.), aus Alkohol[3].

β-Phenyl-β-amino-α-benzylpropionsäurechlorhydrat $C_{16}H_{18}O_2NCl$. Analog wie die Methylverbindung dargestellt. Schmelzp. 222°, aus Alkohol[3].

β-Piperonyl-β-amino-α-benzylpropionsäurechlorhydrat $C_{17}H_{18}O_4NCl$. Analog wie die Methylverbindung dargestellt. Schmelzp. 203—205° (unter Zers.), aus Alkohol[3].

β-Amino-n-buttersäure.

β-Amino-propan-α-carbonsäure, 3-Amino-butan-säure.

Bildung: Bei der Oxydation des α-Methylpyrrolidins und α-Picolins mit CrO_3 wird nach T. Takahashi, P. Karrer und E. Widmer[4] β-Aminobuttersäure, Schmelzp. 183°, aus Alkohol und Äther, gebildet.

Nach Wl. Gulewitsch und B. Ssemenowitsch[5] läßt sich von β-Oximinobuttersäureester durch katalytische Reduktion keine β-Aminobuttersäure erhalten.

Darstellung: A. Anziegin und Wl. Gulewitsch[6] geben folgende Darstellungsmethode der β-Aminobuttersäure durch Elektroreduktion nach Tafel von β-Oximinobuttersäureäthylester an: Kathodenflüssigkeit: β-Oximinobuttersäureäthylester, Alkohol und 50proz. H_2SO_4; Anodenflüssigkeit: 50proz. H_2SO_4; Kathodenfläche 20 qcm, 3 Stunden bei 4 Amp. Nach Beendigung der Elektrolyse wird der Alkohol verdampft, H_2SO_4 entfernt, eingedampft, mit Alkohol extrahiert, eingedampft, aus der wässerigen Lösung mit Cu-Carbonat das Cu-Salz in kornblumenfarbigen Tafeln gewonnen. Ausbeute 50—80%.

A. Skita und C. Wulff[7] beschreiben die Darstellung von β-Aminobuttersäure aus β-Acetyliminobuttersäure durch Hydrierung in Alkohol + kolloidaler Pt-Lösung.

G. H. Coleman und G. M. Mullins[8] stellen die β-Aminobuttersäure auf folgendem Wege dar: Crotonsäure wird mit NCl_3 in CCl_4 zum β-Amino-α-chlorbuttersäurehydrochlorid (freie Säure, weiße Nadeln, Schmelzp. 161—161,5°, Benzoylderivat Schmelzp. 174—174,5°) umgesetzt, das Hydrochlorid wird mit Na-Amalgam in Methanol reduziert. Die Säure hat Schmelzp. 184—185°.

---

[1] W. Rodinow: J. amer. chem. Soc. **51**, 847—852 — Chem. Zbl. **1929 I**, 2413.

[2] C. Mannich u. E. Ganz: Ber. dtsch. chem. Ges. **55**, 3486—3504 (1922) — Chem. Zbl. **1923 I**, 334.

[3] W. Rodinow u. E. Postowskaja: J. amer. chem. Soc. **51**, 841—847 — Chem. Zbl. **1929**, 2412.

[4] T. Takahashi, P. Karrer u. E. Widmer: Helvet. chim. Acta **9**, 886—891, 892—893 — Chem. Zbl. **1926 II**, 2911.

[5] Wl. Gulewitsch u. B. Ssemenowitsch: Ber. dtsch. chem. Ges. **57**, 1645—1653 — Chem. Zbl. **1924 II**, 2399.

[6] A. Anziegin u. Wl. Gulewitsch: Hoppe-Seylers Z. **158**, 32—41 — Chem. Zbl. **1926 II**, 2434.

[7] A. Skita u. C. Wulff: Liebigs Ann. **453**, 190—210 — Chem. Zbl. **1927 I**, 2821.

[8] G. H. Coleman u. G. M. Mullins: J. amer. chem. Soc. **51**, 937—940 — Chem. Zbl. **1929 I**, 2530.

Darstellung nach R. Stoermer und E. Robert[1]: Aus dem Äthylester durch Verseifung. Der Ester war aus einer Reaktionslösung von Crotonsäure und Ammoniak, die mit ultraviolettem Licht bestrahlt war, gewonnen. Aus Alkohol weiße Kryställchen. Schmelzpunkt 186—187°.

Biochemische Eigenschaften: E. Abderhalden, E. Rindtorff und A. Schmitz[2] studierten den hemmenden Einfluß von β-Aminobuttersäure auf die Spaltung von d, l-Leucylglycin und Glycyl-d, l-leucin durch Erepsin und von Benzoyl-d, l-leucylglycin und Phenylisocyanatglycyl-d, l-leucin durch Trypsinkinase.

Derivate: Cu-Salz $C_8H_{16}O_4N_2Cu + 4H_2O$ [3]. — Von E. Abderhalden und E. Schnitzler[4] wurde die spezifische Leitfähigkeit des Cu-Salzes „x" in folgenden wässerigen Lösungen: $1/50$-, $1/100$-, $1/200$-, $1/400$-, $1/800$- und $1/1600$ n bestimmt.

Basisches Bleisalz der β-Aminobuttersäure $C_4H_9O_3NPb$. Aus der Säure mit PbO, Schmelzpunkt unscharf bei 193—197°[1].

β-Aminobuttersäuremethylester. Bei der entsprechenden Aufarbeitung einer konzentrierten Lösung von Crotonsäure und überschüssigem Ammoniak nach Belichtung mit einer Quecksilberlampe. Kochp.$_{20}$ 59—60°[1]. Der Ester ergibt beim Stehen im geschlossenen Rohr ein amorphes Produkt, das aus heißem Alkohol mit Äther ausgefällt wurde. Leicht löslich in Wasser, schwer löslich in kaltem Wasser, schwerer löslich in Essigester. Schmilzt nicht, zersetzt sich von 250° ab mehr und mehr, Ninhydrinreaktion positiv, Biuret- und Dinitrobenzoesäurereaktion negativ[5].

β-Aminobuttersäureäthylester. Bei der entsprechenden Aufarbeitung der beim Methylester erwähnten Reaktionslösung. Kochp.$_{20}$ 65—67°[1]. — Kochp.$_{15}$ 64—65°[6]. — Durch Hydrierung des Acetyliminoesters in Alkohol + kolloidaler Pt-Lösung bei 20—35° und 1 at Überdruck. Teilweise verseiftes Produkt nachverestern. Kochp. 158°[7].

β-Aminobuttersäureäthylester wird aus Crotonsäureäthylester und flüssigem NH_3 bei 100stündiger Einwirkung in einer Ausbeute von 55% gewonnen. Kochp.$_{14}$ 64—65°[8].

N-Carbomethoxyl-β-aminobuttersäure $C_6H_{11}O_4N$. Aus der Aminosäure, n-Lauge, chlorkohlensaurem Methyl und calciniertem Soda, Nadeln, aus Äther, Schmelzp. 90—91° (korr.), sehr leicht löslich in Wasser und organischen Lösungsmitteln, sehr wenig löslich in Petroläther[9].

N-Carbomethoxyl-β-aminobutyrylamid $C_6H_{12}O_3N_2$. Aus der Säure mit Thionylchlorid und NH_3, Nadeln, Schmelzp. 141—142°. Leicht löslich in Wasser, Methylalkohol, sehr wenig löslich in Äther[9].

Ureidoacetyl-β-aminobuttersäureamid (β-Reihe) $C_7H_{14}O_3N_4$, aus β-Diester mit CH_3OH —NH_3, Blättchen aus absolutem Alkohol, enthält 1 Mol H_2O, sintert um 95—100°, schmilzt gegen 172° (Zersetzung), sehr leicht löslich in Wasser, wenig löslich in Äther[9].

Benzoyl-β-aminobuttersäure. Schmelzp. 154°[7].

d, l-β-Benzoyl-aminobuttersäure wurde nach J. A. Smorodinzew[10] durch das Histozym aus verschiedenen Organen nicht angegriffen.

β-Anilinobuttersäure $C_{10}H_{13}O_2N$. Wird aus Crotonsäure und Anilin in Benzol durch 3tägige Belichtung mit der Quarzlampe erhalten, aus dem Äthylester. Leicht löslich in Wasser, unlöslich in Äther. Auffallend leicht verseifbar. Konnte auch über das Bleisalz nicht krystallinisch erhalten werden. Zerfällt bei der Destillation im Vakuum in Anilin und Crotonsäure[1].

β-Anilinobuttersäureäthylester $C_{12}H_{17}O_2N$. Schwach gelbliches Öl, krystallisiert nicht. Kochp.$_{13}$ 154—156°[1].

β-Anilinobuttersäureäthylesterchlorhydrat $C_{12}H_{17}O_2N \cdot HCl$. Schmelzp. 173°, unlöslich in Äther und Benzol, löslich in Wasser und Alkohol, schmeckt brennend scharf, sein Staub reizt außerordentlich stark zum Niesen[1].

---

[1] R. Stoermer u. E. Robert: Ber. dtsch. chem. Ges. **55**, 1030—1040 — Chem. Zbl. **1922 I**, 1275.
[2] E. Abderhalden, E. Rindtorff u. A. Schmitz: Fermentforschg **10**, 233—250 (1928) — Chem. Zbl. **1929 I**, 2320.
[3] A. Anziegin u. Wl. Gulewitsch: Hoppe-Seylers Z. **158**, 32—41 — Chem. Zbl. **1926 II**, 2434.
[4] E. Abderhalden u. E. Schnitzler: Hoppe-Seylers Z. **163**, 94—119 — Chem. Zbl. **1927 I**, 2068.
[5] E. Abderhalden u. W. Fleischmann: Fermentforschg **10**, 195—212 (1928) — Chem. Zbl. **1929 I**, 2317.
[6] P. Bruylants: Bull. Soc. Chim. Belgique **32**, 256—269 — Chem. Zbl. **1924 I**, 1668.
[7] A. Skita u. C. Wulff: Liebigs Ann. **453**, 190—210 — Chem. Zbl. **1927 I**, 2821.
[8] E. Philippi u. E. Galter: Mh. Chem. **51**, 253—266 — Chem. Zbl. **1929 I**, 2963.
[9] H. Leuchs u. P. Sander: Ber. dtsch. chem. Ges. **58**, 1528—1534 — Chem. Zbl. **1925 II**, 2141.
[10] J. A. Smorodinzew: Hoppe-Seylers Z. **124**, 123—139 (1923) — Chem. Zbl. **1923 I**, 976.

β-Anilinobuttersäureanilidchlorhydrat. Schmelzp. 212—213°[1].

β-p-Toluidinobuttersäure. Aus einer mit ultraviolettem Licht bestrahlten Lösung von p-Toluidin und Crotonsäure, nicht krystallisierend[1].

Äthylester $C_{13}H_{19}O_2N$. Kochp.$_{30}$ 186—188°, liefert ein schlecht krystallisierendes Hydrochlorid, leicht eine ölige Nitrosoverbindung[1].

β-Methylaminobuttersäureäthylester $C_7H_{15}O_2N$. Aus β-Methylaminobutyronitril über das viscose Chlorhydrat der Säure. Ausbeute etwa 50%. Von schwach aminartigem Geruch, löslich in Wasser, Kochp.$_{12,5}$ 72°, $D_4^{20} = 0{,}92817$, $n_D^{20} = 1{,}42501$; Mol.-Refr. 39,94 (bzw. 39,93). Untersucht wurde die Einwirkung von Äthyl-MgBr auf den Ester[2].

β-Methylaminobuttersäuremethylamid $C_6H_{14}ON_2$. Aus Crotonsäureäthylester mit 5 Mol absolutem Methylamin durch 8stündiges Erhitzen auf 65° neben etwas β-Methylaminobuttersäureäthylester. Schweres, schwach gelbliches, aminartig riechendes Öl von stark basischem Charakter[3].

β-Methylaminobuttersäurelactam C_5H_9ON. Kochp.$_{12}$ 73—74°, gibt ein öliges Chlorhydrat[2].

β-Dimethylaminobuttersäurechlorhydrat. Durch Verseifung des Nitriles mit überschüssiger konzentrierter HCl 2—3mal auf dem Wasserbade und Entfernung des NH_4Cl. Durch den viscosen Rückstand wird auf dem Wasserbad ein trockener warmer Luftstrom geblasen, bis die Masse völlig zu Nadeln krystallisiert ist. Sehr hygroskopisch, schwer von den letzten Spuren NH_4Cl trennbar, löslich in warmem Alkohol, Aceton, unlöslich in Äther. Untersucht wurde die Einwirkung von Äthyl-MgBr auf den Ester[2].

Chloroplatinat. Orangefarbige Krystalle, Schmelzp. 194—195° (Zersetzung)[2].

Äthylester. Verestert in absolutem Alkohol mit HCl. Ausbeute 40%, äther- und aminartig riechend, löslich in Wasser, Alkohol, Äther, Aceton. Kochp.$_{12}$ 69,5°, Kochp.$_{758}$ 183,5 bis 184,5° unter teilweiser Zersetzung, $D_4^{20} = 0{,}91958$, $n_D^{20} = 1{,}42641$, Mol.-Refr. 44,34 (ber. 44,89)[2].

Jodmethylat $C_9H_{20}O_2NJ$. Nadeln aus Aceton. Schmelzp. 127—128°[2].

Chloroplatinat. Orangerote Prismen. Schmelzp. 178—179° (Zersetzung)[2].

β-Äthylaminobuttersäure. Nadeln. Schmelzp. 159—160°[4].

β-Äthylaminobuttersäurechlorhydrat. Durch Behandlung des Nitrils mit konzentrierter HCl. Schmelzp. 72—73°. Löslich in Alkohol, Aceton, Benzol, unlöslich in Äther, Chloroform, nicht hygroskopisch. Untersucht wurde die Einwirkung von Äthyl-MgBr auf den Ester[2]. — Hygroskopisch, aus Alkohol und Äther, Schmelzp. 70°[4].

Äthylester $CH_3 \cdot CH \cdot (NH \cdot C_2H_5) \cdot CH_2 \cdot CO_2C_2H_5$. Schmelzp. 111—114°. Aus Benzol, löslich in Wasser, Alkohol, Benzol, Chloroform, unlöslich in Äther. Ausbeute 40%. Kochp.$_{12}$ = 74°, $D_4^{20} = 0{,}91549$, $n_D^{20} = 1{,}42531$, Mol.-Refr. 44,43 (ber. 44,89), löslich in Wasser[2]. — Kochp.$_{19}$ = 82—85°[4].

Hydrochlorid $C_8H_{18}O_2NCl$. Aus Alkohol + Äther. Schmelzp. 123—124°[4].

β-Äthylaminobuttersäurelactam $C_6H_{11}ON$. Flüssigkeit von krauseminzartigem Geruch und schwach basischer Reaktion. Kochp.$_{12,5}$ = 79,5—80,5°, $D_4^{20} = 0{,}9420$, $n_D^{20} = 1{,}4478$, Mol.-Refr. 32,19 (ber. 31,82). Mit HCl-Gas in absolutem Äther scheint ein Chlorhydrat zu entstehen, Schmelzpunkt unscharf 58—60°, das an der Luft bald in das oben beschriebene β-Äthylaminobuttersäurechlorhydrat übergeht. Letzteres bildet sich direkt mit konzentrierter wässeriger HCl[2].

β-Cyclohexylaminobuttersäure. Aus dem Ester mit siedendem Wasser, aus Alkohol + Äther, Schmelzp. 150—155°, hygroskopisch[4].

Hydrochlorid $C_{10}H_{20}O_2NCl$. Aus Alkohol + Äther. Schmelzp. 177°[4].

β-Isoamylaminobuttersäure $C_9H_{19}O_2N$. Nadeln, aus Alkohol + Äther. Schmelzpunkt 170°[2].

Äthylester, Kochp.$_{17}$ 108—110°[4].

Hydrochlorid $C_{11}H_{24}O_2NCl$. Aus Alkohol + Äther. Schmelzp. 115—116°[4].

Nitrobenzoyl-β-isoamylaminobuttersäureäthylester $C_{18}H_{26}O_5N_2$. Schmelzp. 74—75°[4].

β-Cyclohexylaminobuttersäureäthylester. Der Iminoester wird zur Neutralisierung unter Eiskühlung in alkoholische Eisessiglösung eingetragen, bei 3 at Überdruck hydriert, Rohprodukt nachverestert. Kochp.$_{17}$ 130°[4].

---

[1] R. Stoermer u. E. Robert: Ber. dtsch. chem. Ges. **55**, 1030—1040 — Chem. Zbl. **1922 I**, 1275.
[2] R. Breckpot: Bull. Soc. Chim. Belgique **32**, 412—433 (1923) — Chem. Zbl. **1924 I**, 1669.
[3] E. Philippi u. E. Galter: Mh. Chem. **51**, 253—266 — Chem. Zbl. **1929 I**, 2963.
[4] A. Skita u. C. Wulff: Liebigs Ann. **453**, 190—210 — Chem. Zbl. **1927 I**, 2821.

Hydrochlorid $C_{12}H_{24}O_2NCl$. Aus Alkohol. Schmelzp. 156—157°[1].

β-Phenylaminobuttersäureäthylester Kochp.$_{17}$ 149—152°. Der Ester konnte bisher nicht verseift werden[1].

Hydrochlorid $C_{12}H_{18}O_2NCl$. Aus Alkohol. Schmelzp. 174—175°[1].

Na-Salz der N-Benzyliden-β-aminobuttersäure $C_6H_5 \cdot CH\!:\!N \cdot CH(CH_3) \cdot CH_2 \cdot CO_2Na$. Abscheidung erst nach 3 Tagen. Nach Waschen mit Methylalkohol + Alkohol Krystalle. Sehr leicht löslich in Wasser, beim Erhitzen Hydrolyse, unlöslich in Alkohol und Äther. Bei der Hydrierung tritt hydrolytische Spaltung ein[2].

N-(α′-Cyanbenzyl-)β-amino-n-buttersäureäthylester $C_6H_5 \cdot CH(CN) \cdot NH \cdot CH(CH_3) \cdot CH_2 \cdot CO_2C_2H_5$. Aus $C_6H_5 \cdot CH(OH) \cdot (SO_3Na)$, β-Aminobuttersäureester und HCN, aminartig riechendes, gelbes Öl[2].

Hydrochlorid $C_{14}H_{19}O_2N_2Cl$. Mit HCl-Gas in Äther, Kryställchen aus Alkohol + Äther. Schmelzp. 132—134° (korr.). Sehr leicht löslich in Wasser, Alkohol, unlöslich in Äther, löslich in konzentrierter HCl, wird von warmem Wasser hydrolysiert, von Laugen gespalten[2].

β-Piperidinobuttersäureäthylester $C_{11}H_{21}O_2N$, durch 2½ stündiges Erhitzen des Crotonsäureäthylesters mit 2 Mol Piperidin auf 120° und Destillation nach längerem Stehen über H_2SO_4 in 60 proz. Ausbeute. Kochp.$_{15}$ 125°. Gibt bei gewöhnlichem Druck destilliert wieder Piperidin ab[3].

β-Äthyliminobuttersäureäthylester $C_8H_{15}O_2N$. Kochp.$_8$ 103—104°[1].

β-Isoamyliminobuttersäureäthylester $C_{11}H_{21}O_2N$. Kochp.$_{12}$ 148—149°[1].

β-Cyclohexyliminobuttersäureäthylester $C_{12}H_{21}O_2N$. Aus Acetessigester und Cyclohexylamin bei Raumtemperatur, nach Trocknen in Äther. Kochp.$_{12}$ 156—157°[1].

β-Iminodibuttersäurediäthylester $C_{12}H_{23}O_4N$. Bei der entsprechenden Aufarbeitung einer mit ultraviolettem Licht bestrahlten Lösung von Crotonsäure und Ammoniak. Kochp.$_{21}$ 159—160°. Bildet eine in Wasser kaum lösliche Nitrosoverbindung[4].

β-Aminobutyronitril $CH_3 \cdot CH(NH_2) \cdot CH_2 \cdot CN$. Aus Vinylnitril und NH_3, bewegliche, schwach basisch riechende Flüssigkeit, Kochp.$_{18}$ 76—77°, Kochp. 186° unter teilweisem Zerfall in NH_3 und Crotonsäurenitrile, $D_4^{20} = 0{,}91565$, $n_{H\alpha}^{20} = 1{,}43283$, $n_D^{20} = 1{,}43533$, $n_{H\beta}^{20} = 1{,}45213$, $[M]_D = 23{,}95$ (ber. 23,97). Leicht löslich außer in Petroläther[5].

Chlorhydrat, Nadeln aus Alkohol + Äther. Schmelzp. 157°. Sehr leicht löslich in Alkohol, Wasser. Läßt sich mit konzentrierter HCl in β-Aminobuttersäurechlorhydrat überführen[5].

Chloroplatinat. Goldgelbe Blättchen, Schmelzp. 236° (Zersetzung), leicht löslich in Wasser[5].

Benzoyl-β-aminobutyronitril $C_{11}H_{12}ON_2$. Aus Wasser, Schmelzp. 118—119°[5].

β-Methylaminobutyronitril $C_5H_{10}N_2$. Aus Vinylacetonitril und Methylamin, sehr schwach riechende Flüssigkeit, mit Wasser mischbar, Kochp.$_{16}$ 82—83°, Kochp.$_{765}$ 183—184° (Zerfall)[5].

β-Dimethylaminobutyronitril $C_6H_{12}N_2$. Aus Vinylacetonitril und Dimethylamin, geruchlose Flüssigkeit. Kochp.$_{13}$ 79—80°, Kochp. 186—188° (Zerfall), $D_4^{20} = 0{,}88180$, $n_{H\alpha}^{20} = 1{,}4338$, $n_D^{20} = 1{,}4363$, $n_{H\beta}^{20} = 1{,}4422$, $[M]_D = 33{,}23$ (ber. 33,76). Untersucht wurde noch die Einwirkung von Äthyl-MgBr auf das Nitril[5].

Jodäthylat. Schmilzt zunächst unscharf gegen 114°, doch steigt der Schmelzpunkt im Vakuumexsiccator in 3 Tagen auf 164°[5].

β-Äthylaminobutyronitril $CH_3 \cdot CH(NHC_2H_5)CH_2 \cdot CN$. Aus Vinylacetonitril und Äthylamin, Ausbeute etwa 80%. Schwach riechende Flüssigkeit, Kochp.$_{14}$ 77—78°, Kochp. 192 bis 193° (Zerfall), $D_4^{20} = 0{,}8763$, $n_{H\alpha}^{20} = 1{,}43142$, $n_D^{20} = 1{,}43372$, $n_{H\beta}^{20} = 1{,}43953$, $[M]_D = 33{,}26$ (ber. 33,41)[5].

Nitrosoderivat Goldgelb, $D_4^{20} = 1{,}2647$, löslich in Alkohol, Äther, Benzol, unlöslich in Petroläther[5].

---

[1] A. Skita u. C. Wulff: Liebigs Ann. **453**, 190—210 — Chem. Zbl. **1927 I**, 2821.

[2] H. Scheibler u. H. Neef: Ber. dtsch. chem. Ges. **59**, 1500—1511 — Chem. Zbl. **1926 II**, 1530.

[3] E. Philippi u. E. Galter: Mh. Chem. **51**, 253—266 — Chem. Zbl. **1929 I**, 2963.

[4] R. Stoermer u. E. Robert: Ber. dtsch. chem. Ges. **55**, 1030—1040 — Chem. Zbl. **1922 I**, 1275.

[5] P. Bruylants: Bull. Soc. Chim. Belgique **32**, 256—269 (1923) — Chem. Zbl. **1924 I**, 1668.

γ-Amino-n-buttersäure.

γ-Amino-propan-α-carbonsäure, 4-Amino-butan-säure, Piperidinsäure.

Bildung: γ-Aminobuttersäure entsteht nach P. Karrer und A. Widmer[1] bei der Oxydation mit CrO_3 folgender Verbindungen: Piperidin, Conein, Pyrrolidin, Spartein und Methylspartein.

Chemische Eigenschaften: γ-Aminobuttersäure hemmt im Gegensatz zu anderen Aminosäuren die spontane Oxydation von α-Naphthol und p-Phenylendiamin zu Indophenolblau nach E. Wertheimer[2] nicht.

γ-Amino-n-buttersäure ergibt nach Versuchen von G. Zemplén und Z. Csürös[3] mit Nitrosylbromid keine γ-Brombuttersäure.

Biochemische Eigenschaften: Bei der Injektion von γ-Aminobuttersäure an phlorrhizindiabetische Hunde tritt nach R. C. Corley[4,5] so viel Extrazucker auf, wie einer Synthese von 3 der 4 C-Atome entspricht.

Derivate: **β-Carboxy-γ-dimethylamino-n-buttersäure** $C_7H_{13}O_4N$. Aus Wasser mit Alkohol gefällt. Schmelzp. 158°[6].

Ag-Salz. Aus dem Jodmethylat über das K-Salz dargestellt. Gibt beim Zerlegen mit HCl Itaconsäure[6].

β, β-Dicarboxy-γ-dimethylamino-n-buttersäure $C_8H_{13}O_6N$. Aus Äthantricarbonsäure, Dimethylamin, Formaldehyd; aus verdünntem Alkohol auf Zusatz von Äther Nadeln. Schmelzpunkt etwa 135° unter Aufschäumen, leicht löslich in Wasser, wenig löslich in absolutem Alkohol, geht beim Kochen unter CO_2-Entwicklung in β-Carboxy-γ-dimethylamino-n-buttersäure über[6].

γ-Benzoylaminobuttersäure $C_{11}H_{13}O_3N$. Schmelzp. 88—89°. Wird nach F. Peters[7] weder von der überlebenden Hundeleber noch nach subcutaner Injektion vom Gesamtorganismus abgebaut. — Schmelzp. 79—80°[3].

γ-Phthalimido-n-buttersäure $C_8H_9O_2:N \cdot (CH_2)_3 \cdot CO_2H$. Aus β-Phthalimidoäthylmalonester über das NH_4-Salz der β-Phthalimidoäthylmalonsäure und über die freie Säure, $C_8H_4O_2:NCH_2 \cdot CH_2 \cdot CH(CO_2H)_2$, Schmelzp. 168° unter CO_2-Entwicklung, Ausbeute 60%[8].

Dimethylester. Aus Ligroin, Schmelzp. 64—65°[8].

Diäthylester. Schmelzp. 44°[8].

γ-Dimethylamino-n-buttersäure. Entweder dargestellt durch 6stündiges Erwärmen von γ-Jod-n-buttersäure mit alkoholischer Dimethylaminlösung auf 100° oder durch 5stündiges Erhitzen ihres Nitrils mit konzentrierter HCl im Rohr auf 100°[9].

Chlorhydrat. Strahlige Krystallmasse[9].

Chloraurat $C_6H_{13}O_2N \cdot HAuCl_4$. Hellgelb, in Wasser und Alkohol leicht lösliche Blättchen. Schmelzp. 142°[9].

γ-Amino-n-butyronitril. Aus γ-Chlor- bzw. γ-Brom-butyronitril mit NH_3 in Alkohol. Das mit NaOH in Freiheit gesetzte, mit Chloroform ausgeschüttelte Nitril ist eine unangenehm riechende, farblose, stark basische Flüssigkeit[9].

Hydrochlorid. Farblose, hygroskopische Krystalle[9].

Chloraurat $C_9H_9N_2AuCl_4$, Schmelzp. 100°. Aus verdünnter HCl, nach dem Trocknen. Schmelzp. 154° (Zersetzung)[9].

γ-Methylamino-n-butyronitril. Aus γ-Chlor-n-butyronitril durch einstündiges Erhitzen mit alkoholischer Methylaminlösung im Einschmelzrohr. Die Base wurde fraktioniert destilliert. Kochp. 173° (unkorr.), farblose, stark alkalische Flüssigkeit, leicht löslich in Wasser, Alkohol und Chloroform, sehr wenig löslich in Äther[9].

Hydrochlorid. Äußerst zerfließlich. Schmelzp. 162°[9].

---

[1] P. Karrer u. A. Widmer: Helvet. chim. Acta 9, 886—891 — Chem. Zbl. 1926 II, 2911.

[2] E. Wertheimer: Fermentforschg 8, 479—517 — Chem. Zbl. 1926 II, 696.

[3] G. Zemplén u. Z. Csürös: Ber. dtsch. chem. Ges. 62, 2118—2125 — Chem. Zbl. 1929 II, 2320.

[4] R. C. Corley: J. of biol. Chem. 70, 99—108 (1926). Chem. Zbl. 1927 I, 312.

[5] R. C. Corley: Proc. Soc. exper. Biol. a. Med. 23, 839 (1926) — Ber. Physiol. 38, 232 — Chem. Zbl. 1927 I, 1853.

[6] C. Mannich u. E. Ganz: Ber. dtsch. chem. Ges. 55, 3486—3504 (1922) — Chem. Zbl. 1923 I, 334.

[7] F. Peters: Hoppe-Seylers Z. 159, 309—320 — Chem. Zbl. 1927 I, 1497.

[8] E. Radde: Ber. dtsch. chem. Ges. 55, 3174—3179 (1922) — Chem. Zbl. 1923 I, 64.

[9] W. Keil: Hoppe-Seylers Z. 171, 242—251 (1927) — Chem. Zbl. 1928 I, 809.

Chloraurat CN · $(CH_2)_3$NH · CH_3 · $HAuCl_4 + H_2O$. Bildet lange, dünne Nadeln (aus verdünntem Alkohol), wenig löslich in kaltem Wasser, leicht löslich in heißem Wasser und Alkohol[1].

Pikrat. Grobkörnige Krystalle, sehr schwer löslich in kaltem Wasser[1].

γ-Dimethylamino-n-butyronitril. Darstellung analog der Monomethylverbindung[1].

Chloraurat CN · $(CH_2)_3$ · N · $(CH_3)_2$ · $HAuCl_4$. Krystallisiert wasserfrei. Schmelzp. 129°[1].

Pikrat $C_6H_{12}N_2$ · $C_6H_2(NO_2)_3$ · OH. Schmelzp. bei 120°[1].

β-Oxy-γ-benzoylaminobuttersäure. Wird nach F. Peters[2] bei subcutaner Zufuhr nicht vom Hundeorganismus angegriffen.

α-Amino-iso-buttersäure.

2-Amino-methylpropansäure, β-Amino-propan-β-carbonsäure.

Darstellung: H. C. Benedict[3] berichtet über die Darstellung von α-Amino-iso-buttersäure. Verfasser setzte die Aminosäure aus ihrem Chlorhydrat durch Anilin in Freiheit.

Physikalische Eigenschaften: H. Ley und B. Arends[4] bestimmten die Absorptionsspektren von α-Amino-isobuttersäure und α-Amino-n-buttersäure, die nahezu übereinstimmend waren.

E. Abderhalden und E. Roßner[5] konnten die Ergebnisse von Ley und Arends[4] bestätigen.

Chemische Eigenschaften: Über die Reaktion zwischen Methylglyoxal und Aminoisobuttersäure beim Kochen und über die quantitative Bestimmung der Reaktionsprodukte berichten C. Neuberg und M. Kobel[6].

Nach W. Langenbeck[7] wird α-Amino-iso-buttersäure durch Chinon, aber nicht durch Isatin oder Alloxan zu Aceton, CO_2 und NH_3 dehydriert. Die Zersetzung findet schon bei Zimmertemperatur statt, schneller beim Erhitzen der Säure in wässeriger Lösung mit überschüssigem Chinon im N-Strom. Gefunden wurden 26% Aceton, 35% CO_2 (teilweise vom Chinon stammend) und nur 6% NH_3, das größtenteils zu sekundären Reaktionen verbraucht wird.

Derivate: Cu-Salz der α-Aminoisobuttersäure $[(CH_3)_2 · CH · NH_2 · COO]_2 · Cu$. Bestimmt wurde von E. Abderhalden und E. Schnitzler[8] die spezifische Leitfähigkeit „x" des Cu-Salzes in folgenden wässerigen Lösungen: $1/50$-, $1/100$-, $1/200$-, $1/400$-, $1/800$- und $1/1600$ n.

α-Aminoisobuttersäuremethylesterchlorhydrat $C_5H_{12}O_2NCl$. Schmelzp. 180—181° (korr.), gibt bei der Zersetzung mit $NaNO_2$ Methoxyisobuttersäure, α-Methylacrylsäuremethylester und den Oxyester[9].

α-Amino-iso-buttersäureäthylesterchlorhydrat $C_6H_{14}O_2NCl$. Schmelzp. 155—157° (korr.), gibt mit $NaNO_2$ ein grüngelbes Öl, aus dem α-Methylacrylsäureäthylester, Oxyisobuttersäureäthylester, Methylacrylsäure (aus dem Ester im Laufe der Aufarbeitung entstanden) isoliert wurden[9].

Acetylamino-iso-buttersäureäthylester $(CH_3)_2 · C · (NH · COCH_3) · COOC_2H_5$. Durch Umsetzung von in Benzol gelöstem N_3H in Gegenwart von wasserfreiem $FeCl_3$ unter Kühlung mit Dimethylacetessigester, nachfolgender Alkalisierung und Extraktion mit Benzol[10].

Benzoyl-α-amino-iso-buttersäure. Nach J. A. Smorodinzew[11] wird Benzoylaminoisobuttersäure durch Histozyme (aus Kalb-, Ochsen- und Pferdeniere) nicht gespalten.

---

[1] W. Keil: Hoppe-Seylers Z. **171**, 242—251 (1927) — Chem. Zbl. **1928 I**, 809.
[2] F. Peters: Hoppe-Seylers Z. **159**, 309—320 — Chem. Zbl. **1927 I**, 1497.
[3] H. C. Benedict: J. amer. chem. Soc. **51**, 2277 — Chem. Zbl. **1929 II**, 1395.
[4] H. Ley u. B. Arends: Ber. dtsch. chem. Ges. **61**, 212—222 — Chem. Zbl. **1928 I**, 1263.
[5] E. Abderhalden u. E. Roßner: Hoppe-Seylers Z. **176**, 249—257 (1928) — Chem. Zbl. **1929 I**, 19.
[6] C. Neuberg u. M. Kobel: Biochem. Z. **188**, 197—210 — Chem. Zbl. **1927 II**, 2677.
[7] W. Langenbeck: Ber. dtsch. chem. Ges. **61**, 942—947 — Chem. Zbl. **1928 I**, 2772.
[8] E. Abderhalden u. E. Schnitzler: Hoppe-Seylers Z. **163**, 94—119 — Chem. Zbl. **1927 I**, 2068.
[9] A. L. Barker u. Gl. S. Skinner: J. amer. chem. Soc. **46**, 403—414 — Chem. Zbl. **1924 I**, 1910.
[10] Knoll & Co.: A.P. 1637661 v. 11. Dez. 1925, ausg. 2. Aug. 1927; Chem. Zbl. **1928 I**, 1229.
[11] J. A. Smorodinzew: Hoppe-Seylers Z. **124**, 123—139 (1923) — Chem. Zbl. **1923 I**, 976.

Aminoisobutyronitril. E. Gatewood und T. B. Johnson[1] studierten die Reaktion des Nitrils in alkoholischer Lösung mit konzentriertem NH_3 und H_2S, wobei ein 2, 2, 4, 4-Tetramethyl-5-thio-2-desoxyhydantoin entstehen soll.

γ-Amino-n-valeriansäure.

γ-Amino-butan-α-carbonsäure, 4-Amino-pentansäure.

Bildung: Über die Bildung von Dialkylaminovaleriansäurehydrochloriden durch Hydrolyse von Alkylpyrrolidonen mit HCl berichten Ramart-Lucas und Fasal[2].

Darstellung: A. Anziegin und Wl. Gulewitsch[3] geben die Darstellungsmethode für die γ-Aminovaleriansäure aus dem aus Lävulinsäureester dargestellten Oximinosäureester durch elektrolytische Reduktion in H_2SO_4-Lösung an. Die Flüssigkeit wird mit Äther extrahiert, die H_2SO_4 entfernt, filtriert, eingedampft, es scheiden sich Krystalle ab. Schmelzpunkt 199°, bildet mit Cu- bzw. Ni-Carbonat keine Salze.

Aus der γ-Isonitrosovaleriansäure ließ sich nach M. Ishibashi[4] mit 61% Stromausbeute in 8proz. H_2SO_4 bei 7—10° und mit 4,5 Amp. die Aminosäure darstellen.

Derivate: Benzoyl-γ-aminovaleriansäure $C_{12}H_{15}O_3N$, Schmelzp. 131,5°[3].

γ-Benzolsulfamino-n-valeriansäure $C_{11}H_{15}O_4NS$. Aus γ-Aminovaleriansäure mit Benzolsulfochlorid. Stark doppelbrechende Krystalle. Schmelzp. 114—115°[5].

4-Nitrotoluol-2-sulfo-γ-aminovaleriansäure $C_{12}H_{16}O_6N_2S$. Aus Wasser dünne Nadeln Schmelzp. 161°[3].

a, b-α-Naphthyl-γ-ureidovaleriansäure $C_{16}H_{18}O_3N_2$. Aus Alkohol, Nädelchen. Schmelzpunkt 156°[3].

γ-[Benzolsulfomethylamino-]valeriansäure $C_{12}H_{17}O_4NS$. Durch Methylierung der Benzolsulfoverbindung mit Dimethylsulfat. Prismen. Schmelzp. 108—109°. Aus 50proz. Alkohol. Die Säure wird bei peroraler Zufuhr vom Hunde- und Kaninchenorganismus nicht angegriffen, sondern unverändert im Harn wieder ausgeschieden[5].

γ-Diazovaleriansäureester konnte nicht aus dem Lactam der γ-Aminovaleriansäure dargestellt werden[6].

δ-Amino-n-valeriansäure.

δ-Amino-butan-α-carbonsäure, 5-Amino-pentansäure, Homopiperidinsäure, Putridin.

Vorkommen: Über das Vorkommen von δ-Aminovaleriansäure im wässerigen Extrakt von Ovarialrückständen nach Alkohol-Ätherextraktion berichten F. W. Heyl und M. C. Hart[7].

Bildung: Über die Bildung kleiner Mengen δ-Aminovaleriansäure nach Verfütterung von methyliertem Casein berichten K. Thomas und J. Kapfhammer[8].

Biochemische Eigenschaften: δ-Aminovaleriansäure, an Hunde verfüttert, wird nach W. Keil[9] zum Teil im Sinne der Knoopschen β-Oxydation abgebaut. So ließ sich 4-Aminobutanon-(2) aus dem Harn isolieren, während die als Zwischenprodukt auftretende 5-Aminopentanon-(2)-säure-(1) und das weitere Abbauprodukt β-Alanin nicht isoliert werden konnten.

δ-Aminovaleriansäure ist im Gegensatz zur γ-Aminobuttersäure nach R. C. Corley[10] beim phlorrhizindiabetischen Hunde kein Zuckerbildner.

---

[1] E. Gatewood u. T. B. Johnson: J. amer. chem. Soc. **50**, 1422—1427 — Chem. Zbl. **1928 I**, 3070.

[2] Ramart-Lucas u. Fasal: C. r. Acad. Sci. Paris **184**, 1253—1255 — Chem. Zbl. **1927 II**, 569.

[3] A. Anziegin u. Wl. Gulewitsch: Hoppe-Seylers Z. **158**, 32—41 — Chem. Zbl. **1926 II**, 2434.

[4] M. Ishibashi: Trans. amer. electr. Soc. **45**, 335 — Chem. Zbl. **1924 II**, 22.

[5] F. Peters u. K. Watanabe: Hoppe-Seylers Z. **159**, 261—269 — Chem. Zbl. **1927 I**, 1496.

[6] H. M. Chiles u. W. A. Noyes: J. amer. chem. Soc. **44**, 1798—1810 (1922) — Chem. Zbl. **1923 I**, 42.

[7] F. W. Heyl u. M. C. Hart: J. of biol. Chem. **75**, 407—415 (1927) — Chem. Zbl. **1928 I**, 2511.

[8] K. Thomas u. J. Kapfhammer: Ber. sächs. Ges. wiss. math.-phys. Kl. **77**, 181—188 (1925) — Chem. Zbl. **1926 II**, 768.

[9] W. Keil: Hoppe-Seylers Z. **172**, 310—313 (1927) — Chem. Zbl. **1928 I**, 1886.

[10] R. C. Corley: J. of biol. Chem. **70**, 99—108 (1926) — Chem. Zbl. **1927 I**, 312 — Proc. Soc. exper. Biol. a. Med. **23**, 839 (1926) — Ber. Physiol. **38**, 232 — Chem. Zbl. **1927 I**, 1853.

Physikalische Eigenschaften: A. Thiel und E. Horn[1] ermitteln die D.E. wässeriger Lösungen von δ-Amino-n-valeriansäure. Die D.E. hat bei einer bestimmten Konzentration ein Minimum.

Chemische Eigenschaften: Bei der Oxydation der δ-Aminovaleriansäure mit CrO_3 wurden nach P. Karrer und A. Widmer[2] nur ölige Produkte erhalten.

δ-Amino-n-valeriansäure gibt nach G. Zemplén und Z. Csürös[3] mit Nitrosylbromid keine δ-Bromvaleriansäure.

Über den Einfluß der δ-Aminovaleriansäure im Vergleich zum Valin auf die Geschwindigkeit der Sol-Gel-Umwandlung konzentrierter Eisenoxydsole berichten H. Freundlich und A. Rosenthal[4].

Derivate: *δ-Benzoylaminovaleriansäure.* P. Brigl, R. Held und K. Hartung[5] untersuchten das Verhalten der Aminosäure gegenüber Hypobromit unter Bedingungen, die von Goldschmidt und Steigerwald[6] angegeben wurden. — S. Kanewskaja[7] gelang es nicht, aus dieser Verbindung über das Säurechlorid den δ-Amino-n-valeraldehyd zu erhalten. Es wurde nur das Lactam der Säure, n-Benzoylpiperidon, gewonnen.

δ-Benzoylamino-n-valeriansäurechlorid $C_6H_5 \cdot CO \cdot NH(CH_2)_4 \cdot COCl$. Aus der Aminosäure + $SOCl_2$ bei Zimmertemperatur bis 35°, dickes, grünlich gelbes Öl[7].

δ-Benzoylamino-n-valeriansäureamid $C_{12}H_{16}O_2N_2$. Aus dem Säurechlorid + NH_3, Nadeln aus Wasser. Schmelzp. 180—181°. Das Säureamid läßt sich in Monobenzoylputrescin überführen[7].

δ-Benzoylamino-n-valeriansäureanilid $C_{18}H_{20}O_2N_2$. Aus dem Säurechlorid und Anilin, Nadeln aus Alkohol. Schmelzp. 170—171°[7].

δ-Methylaminovaleriansäure. Durch katalytische Reduktion des N-Methyl-α-pyridons zum N-Methyl-α-piperidon und dessen Aufspaltung durch Kochen mit konzentrierter HCl, Eindampfen, Behandeln mit AgO, H_2S und Eindampfen bei 50°. Aus Alkohol + Äther weiße Nadeln. Schmelzp. 126—127°[8].

Trimethylammoniumhydroxydvaleriansäure. δ-Aminovaleriansäure wird in der 10fachen Menge Wasser gelöst, mit Barytwasser alkalisiert, $BaCO_3$ und die 8—10fache Menge Dimethylsulfat zugegeben; schütteln bei Zimmertemperatur, ständig $Ba(OH)_2$ zugeben, nach 12 Stunden oder mehr filtrieren, ansäuern des Filtrates mit konzentrierter HCl, eindampfen, unter Zusatz von $BaCl_2$ Rückstand mit Alkohol oder Methylalkohol extrahieren, filtrieren, eindampfen, zur weiteren Reinigung wird aus dem Sirup mit wenig HCl und 30proz. $AuCl_3$-Lösung das Au-Salz hergestellt, aus verdünnter HCl umkrystallisiert. Vor der Au-Fällung ist evtl. Vorreinigung durch Phosphorwolframsäure nötig. Die Verbindung, subcutan injiziert, wirkt im Tierversuch Curare ähnlich: Speichelfluß, Kot- und Harnabgang, Lähmung, Tod. Nach Verfütterung kann die Substanz im Harn wiedergewonnen werden[9].

Au-Salz. Schmelzp. 165—166°[9].

δ-Äthylaminovaleriansäure $C_7H_{15}O_2N$. Durch Reduktion von N-Äthyl-α-pyridon und Aufspaltung des Piperidons, derbe Prismen aus Alkohol + Äther. Schmelzp. 138—139°[8].

Benzoyl-δ-äthylaminovaleriansäure $C_{14}H_{19}O_3N$. Schmelzp. 97—98°. Aus Essigester[8].

δ-Benzoyläthylaminovaleriansäureäthylester $C_{16}H_{23}O_3N$. Durch Verestern der δ-Äthylaminovaleriansäure mit alkoholischer HCl und Kuppeln mit Benzoylchlorid in Benzol (24 Stunden); farbloses, dickes Öl. Kochp.$_{0,5}$ 165°[8].

δ-Phthalimino-n-valeriansäure. Aus γ-Phthalimido-n-propylmalonsäure beim Erhitzen unter CO_2-Abspaltung[10].

---

[1] A. Thiel u. E. Horn: Z. anorg. u. allg. Chem. **176**, 403—415 (1928) — Chem. Zbl. **1929 I**, 725.

[2] P. Karrer u. A. Widmer: Helvet. chim. Acta **9**, 886—891 — Chem. Zbl. **1926 II**, 2911.

[3] G. Zemplén u. Z. Csürös: Ber. dtsch. chem. Ges. **62**, 2118—2125 — Chem. Zbl. **1929 II**, 2320.

[4] H. Freundlich u. A. Rosenthal: Z. physik. Chem. **121**, 463—483 — Chem. Zbl. **1926 II**, 1249.

[5] P. Brigl, R. Held u. K. Hartung: Hoppe-Seylers Z. **173**, 129—154 — Chem. Zbl. **1928 I**, 1778.

[6] Goldschmidt u. Steigerwald: Chem. Zbl. **1925 II**, 1169.

[7] S. Kanewskaja: J. russ. phys. chem. Ges. (russ) **59**, 639—647 (1927) — Chem. Zbl. **1928 I**, 1026.

[8] L. Ruzicka: Helvet. chim. Acta **4**, 472—482 — Chem. Zbl. **1921 III**, 659.

[9] D. Ackermann u. F. Kutscher: Z. Biol. **72**, 177—186 — Chem. Zbl. **1921 I**, 543.

[10] E. Radde: Ber. dtsch. chem. Ges. **55**, 3174—3179 (1922) — Chem. Zbl. **1923 I**, 64.

ε-Amino-n-capronsäure.

ε-Amino-pentan-α-carbonsäure, 6-Amino-hexansäure.

Biochemische Eigenschaften: D. A. Mc Ginty, H. B. Lewis und C. S. Marvel[1] konnten zeigen, daß das für das Wachstum weißer Ratten ungenügende Gliadin durch Zugabe von ε-Aminocapronsäure im Gegensatz zu Lysin nicht verbessert wurde.

Nach R. C. Corley[2] wirkt ε-Aminocapronsäure beim vollständig phlorrhizinvergifteten Hunde nicht als Zuckerbildner.

Chemische Eigenschaften: Bei der Oxydation von ε-Amino-n-capronsäure mit CrO_3 wurden nach P. Karrer und A. Widmer[3] geringe Mengen β-Aminopropionsäure gebildet.

ε-Amino-n-capronsäure gibt nach G. Zemplén und Z. Csürös[4] mit Nitrosylbromid keine ε-Bromcapronsäure.

ε-Amino-n-capronsäure gibt nach E. Waser und E. Brauchli[5] beim Erhitzen in sodaalkalischer Lösung mit einer kleinen Menge p-Nitrobenzoylchlorid im Gegensatz zu anderen Aminosäuren keine Farbreaktion.

Derivate: **ε-Aminocapronsäureäthylester** $C_8H_{17}O_2N$. Durch 4stündiges Kochen von Cyclohexanonisoxim mit konzentrierter HCl, Eindampfen zur Trockene, Verestern mit HCl in Alkohol. Aus rohem ε-Benzoylaminocapronnitril durch mehrtägiges Kochen mit konzentrierter HCl oder rascher durch konzentrierte HBr, dünnflüssiges farbloses Öl, Kochp.$_1$ 80—82°, Kochp.$_{0,2}$ 60—62°, verwandelt sich bei längerem Stehen in eine feste weiße Masse unter Polymerisation[6].

ε-Benzoylaminocapronsäure $C_{13}H_{17}O_3N$. Aus der α-Bromverbindung in verdünntem Alkohol mit Na-Amalgam und verdünnter H_2SO_4 (Eiskühlung). Schmelzp. 76—79°[7]. — Schmelzp. 80°[4].

ε-Benzoylaminocapronsäureäthylester $C_{15}H_{21}O_3N$, Benzoylpiperidon wurde mit PCl_5 in 4 Portionen 1½ Stunde erhitzt, mit Dampf destilliert, der Rückstand in Alkohol mit KCN in Wasser 15 Stunden gekocht, Alkohol zum Teil abdestilliert, Wasser zugesetzt. ε-Benzoylaminocapronnitril fällt aus, mit absoluter alkoholischer HCl 24 Stunden verestert, dann im absoluten Vakuum destilliert. Kochp. 184—186°, Schmelzp. 35°[6].

ε-Benzoylamino-n-capronsäureamid $C_{13}H_{18}O_2N_2$. Wurde aus α-Benzoylamino-ε-cyanpentan durch Behandlung mit konzentrierter H_2SO_4 auf dem Wasserbade (10 Minuten) erhalten. Nadeln aus Wasser, Schmelp. 140—141°, verseift. Liefert mit KBrO in alkalischer Lösung öliges Monobenzoylcadaverin[8].

ε-Benzamino-n-capronsäure. Wurde durch katalytische Hydrierung in Alkohol von β-[γ'-Benzaminopropyl-]acrylsäure erhalten. Schmelzp. 79°. Die Verbindung ließ sich nach der von von Braun angegebenen Methode in d, l-Lysin überführen[9].

Optisch aktive **α-Brom-ε-benzoylaminocapronsäure** $C_{13}H_{16}O_3NBr$. d-ε-Benzoyllysin wird in 20proz. HBr gelöst, Br zugegeben, unter Kühlung NO eingeleitet, mit SO_2 entfärbt. Nadeln aus verdünntem Alkohol. Schmelzp. 128,5—129°. $[\alpha]_D^{18,5} = -29,15°$ (in Alkohol). Wird über dem Schmelzpunkt wieder fest, schmilzt dann bei 164—165°. Die alkoholische Lösung davon ist inaktiv. Krystalle aus Alkohol vom gleichen Schmelzpunkt[7, 10].

ε-Methylaminocapronsäure $C_7H_{15}O_2N$. Bei eintägigem Erwärmen des Lactams mit konzentrierter HCl, Behandeln des krystallisierenden, hygroskopischen Rückstandes mit Ag_2O. Schmelzp. 130—131°. Aus absolutem Alkohol + Äther, sehr hygroskopisch[6].

ε-Benzoylmethylaminocapronsäureäthylester $C_{16}H_{23}O_3N$. Durch Kochen der Säure 8 Stunden) mit HCl in Alkohol, 10 Stunden Kochen des isolierten Esterchlorhydrates mit

---

[1] D. A. Mc Ginty, H. B. Lewis u. C. S. Marvel: J. of biol. Chem. **62**, 75—92 (1924) — Chem. Zbl. **1925 I**, 696.
[2] R. C. Corley: J. of biol. Chem. **81**, 545—549 — Chem. Zbl. **1929 II**, 1815.
[3] P. Karrer u. A. Widmer: Helvet. chim. Acta **9**, 886—891 — Chem. Zbl. **1926 II**, 2911.
[4] G. Zemplén u. Z. Csürös: Ber. dtsch. chem. Ges. **62**, 2118—2125 — Chem. Zbl. **1929 II**, 2320.
[5] E. Waser u. E. Brauchli: Helvet. chim. Acta **7**, 740—758 — Chem. Zbl. **1924 II**, 947.
[6] L. Ruzicka: Helvet. chim. Acta **4**, 472—482 — Chem. Zbl. **1921 III**, 659.
[7] P. Karrer u. M. Ehrenstein: Helvet. chim. Acta **9**, 323—331 — Chem. Zbl. **1926 I**, 3023.
[8] S. Kanewskaja: J. russ. phys.-chem. Ges. (russ.) **59**, 649—652 (1927) — Chem. Zbl. **1928 I**, 1026.
[9] S. Susagawa: J. pharmac. Soc. Japan **1927**, 148—149 — Chem. Zbl. **1928 I**, 1646.
[10] P. Karrer u. M. Ehrenstein: Helvet. chim. Acta **9**, 1063—1066 (1926) — Chem. Zbl. **1927 I**, 892.

Benzoylchlorid in Benzol, mit wenig Alkohol und Sodalösung geschüttelt. Kochp. 170° im absoluten Vakuum, dickes, farbloses Öl, ließ sich mit Na- und Dimethylsulfat in siedendem Xylol nicht glatt methylieren[1].

Trimethylammoniumhydroxydcapronsäure. Au-Salz, Schmelzp. 152°[2].

α, β-Diaminopropionsäure.

α, β-Diamino-äthan-α-carbonsäure, 2, 3-Diamino-propansäure.

Chemische Eigenschaften: Nach P. Karrer[3] ließ sich aus d-Serin über die d-Aminochlorpropionsäure die l-Diaminopropionsäure erhalten, wodurch bewiesen ist, daß diese Verbindungen die gleiche Konfiguration besitzen.

Über die Umsetzung der d-α, β-Diaminopropionsäure in die optisch aktive α, β-Dibrompropionsäure berichten P. Karrer und W. Klarer[4].

Derivate: l-Diaminopropionsäurechlorhydrat $C_3H_9O_2N_2Cl$. Aus d-2-Amino-3-chlorpropionsäure mit flüssigem NH_3 (3 Tage) bei Zimmertemperatur, dann Ansäuern mit HCl und Ausfällen mit Alkohol. Schmelzp. 243—245° (Zersetzung), $[\alpha]_D^{18} = -18,1°$ (in Wasser). Es ist geringe Racemisierung eingetreten[3].

d-Diaminopropionsäurechlorhydrat $C_3H_9O_2N_2Cl$. Wird durch 1stündiges Kochen der Glyoxalidoncarbonsäure mit 20proz. HCl erhalten. Aus heißem Wasser weiße Nadeln. $[\alpha]_D^{20} = +25,0°$[5].

α, α'-Diaminobernsteinsäure.

α, β-Diamino-äthan-α, β-dicarbonsäure, 2, 3-Diamino-butan-disäure.

Bildung: Über die Bildung zweier stereoisomerer Diaminobernsteinsäuren durch Reduktion von l-Phenyl-4-amino-5-ketopyrazolin-3-carbonsäure berichten F. D. Chattaway und W. G. Humphrey[6].

Chemische Eigenschaften: Diaminobernsteinsäure gibt nach E. Waser und E. Brauchli[7] beim Erhitzen in sodaalkalischer Lösung mit einer kleinen Menge p-Nitrobenzoylchlorid eine dunkelweinrote bis violettblaue Färbung. Die Gegenwart von Na-Bisulfit, Na-Hyposulfit, Na-Sulfid verhindert die Reaktion, während Sulfat, Thiosulfat und kolloidaler S ohne Einfluß sind. Die o- und m-Verbindung, Benzoylchlorid, p-Nitrophenol, p-Nitrobenzoesäure, p-Nitrobenzaldehyd zeigen keine Reaktion.

α, α'-Diaminokorksäure.

α, ζ-Diaminohexan-α, ζ-dicarbonsäure, 2, 7-Diamino-octan-disäure.

Darstellung: Die Säure wurde nach E. Abderhalden und W. Zeisset[8] aus α, α'-Dibromkorksäure, die aus Korksäure, Br und rotem P bei gewöhnlichem Druck hergestellt war (aus 50 g Korksäure, 60—65 g Dibromverbindung, Krystalle aus heißem Wasser. Schmelzp. 168 bis 169°), durch Erhitzen mit konzentriertem wässerigen Ammoniak in Glasflasche auf 85 bis 95° gewonnen. Reinigen durch Lösen in der berechneten Menge heißer n-HCl und Fällen mit Ammoniak in geringem Überschuß. Ausbeute 60—65%. Zersetzung bei 330°. Bei der Spaltung der d, l-Verbindung in die optisch aktiven Verbindungen wurden Produkte mit einem geringem Drehungsvermögen isoliert.

Derivate: α, α'-**Diaminokorksäuredimethylester.** Der Dimethylester wurde durch Veresterung in 10facher Menge Methanol+HCl-Gas erhalten. Beim Erkalten krystallisiert der größte Teil des Chlorhydrates aus. Bei 105° getrocknet geht die Substanz bei 212° (korr.) in Schaum über, bei 270° zersetzt. Der freie Ester wurde mit Guanidin umgesetzt. Die Temperatur stieg von 5 bis auf etwa 70° unter Entwicklung von NH_3. Das Kondensationsprodukt

---

[1] L. Ruzicka: Helvet. chim. Acta **4**, 472—482 — Chem. Zbl. **1921 III**, 659.
[2] D. Ackermann u. F. Kutscher: Z. Biol. **72**, 177—186 — Chem. Zbl. **1921 I**, 543.
[3] P. Karrer: Helvet. chim. Acta **6**, 957—959 (1923) — Chem. Zbl. **1924 I**, 751.
[4] P. Karrer u. W. Klarer: Helvet. chim. Acta **7**, 929—931 — Chem. Zbl. **1924 II**, 2458.
[5] P. Karrer u. A. Schlosser: Helvet. chim. Acta **6**, 411—418 — Chem. Zbl. **1923 III**, 228.
[6] F. D. Chattaway u. W. G. Humphrey: J. chem. Soc. Lond. **1927**, 2133—2138 — Chem. Zbl. **1927 II**, 2399.
[7] E. Waser u. E. Brauchli: Helvet. chim. Acta **7**, 740—758 — Chem. Zbl. **1924 II**, 947.
[8] E. Abderhalden u. W. Zeisset: Fermentforschg **9**, 336—361 — Chem. Zbl. **1928 II**, 572.

wird von den Verfassern als eine salzartige Verbindung von d, 1-5, 5′-Tetramethylen-α, δ-di-(2-imino-4-oxotetrahydroimidazol) mit d, 1-5-ε-Carboxyl-α-aminoamyl-2-imino-4-oxotetrahydroimidazol angesehen[1].

d, l-Diformyl-α, α'-diaminokorksäure $C_{10}H_{16}O_6N_2$. Aus der Aminosäure durch Kochen mit wasserfreier Ameisensäure, graustichige Krystallkruste aus Alkohol. Schmelzpunkt 209—210°. Ausbeute etwa 50%[2].

Brucinsalz. Aus der Diformylverbindung und Brucin in alkoholischer Lösung. Fraktion I Schmelzp. 146—148°, Fraktion II Schmelzp. 256—258° unter Zersetzung, Fraktion III Schmelzp. 134—140°, Zersetzung bei 210—220°. Nach der Zersetzung der Brucinsalze und der Formylverbindungen resultierte reine aktive α, α'-Diaminokorksäure[2].

Isoserin.

α-Oxy-β-amino-propionsäure.

Bestimmung: E. M. P. Widmark und E. L. Larsson[3] untersuchten für Isoserin die Anwendung der konduktometrischen Titrationsmethode mit Lauge nach Kolthoff.

Chemische Eigenschaften: Isoserin gibt nach E. Waser und E. Brauchli[4] beim Erhitzen in sodaalkalischer Lösung mit einer kleinen Menge p-Nitrobenzoylchlorid im Gegensatz zu anderen Aminosäuren keine Farbreaktion.

Isoserin gibt nach M. Tomita[5] Biuretreaktion.

Derivate: N-Methyl-i-serinchlorhydrat $C_4H_{10}O_3NCl$. Durch Spaltung der Methylaminomethyltartronsäure. Aus Methylalkohol Pyramiden. Schmelzp. 155—156°[6].

N-Dimethyl-i-serinchlorhydrat $C_5H_{12}O_3NCl$. Wird durch Spaltung von Dimethylaminomethyltartronsäure mit konzentrierter HCl gebildet. Aus heißem Alkohol Stäbchen, Schmelzp. 146—147°, leicht löslich in Wasser, wenig löslich in kaltem Alkohol, unlöslich in Aceton[6].

Phenylisoserin. Aus α-Brom-β-oxy-β-phenylpropionsäure oder Phenylglycidsäure mit bei 0° gesättigtem NH_4OH 2—3 Wochen stehen lassen, NH_3 absaugen, Br mit Ag_2CO_3, Ag mit H_2S entfernen, im Vakuum verdampfen, mit Alkohol ausziehen, Rückstand aus verdünntem Alkohol umkrystallisieren. Schmelzp. 230—233° (Zers.). Siehe auch unter Phenylserin, Darstellung[7], S. 692.

Cu-Salz, grünblaue Prismen[7]. Siehe auch unter Phenylserin, Derivate, S. 693.

p-Toluolsulfoderivat. Nadelbüschel aus verdünntem Alkohol. Schmelzp. 189°. Bei der Oxydation der Säure mit $KMnO_4$ in verdünnter H_2SO_4 wurde Phenyl-p-toluolsulfaminoessigsäure (aus verdünntem Alkohol Schmelzp. 179°) erhalten[7].

Phenylisoserinamid. Aus Phenylglycidsäureäthylester und gesättigter NH_4OH (Rohr, 100°, 12 Stunden), Prismen aus Wasser. Schmelzp. 200°. Mit verdünnter $Ba(OH)_2$ bei 90° verseift, Ba entfernt, eingeengt. Zuerst krystallisiert isomeres Phenylisoserin (Schmelzp. 270 bis 280°, Zers.) dann gewöhnliches Phenylisoserin aus[7].

N-Methylphenylisoserin, analog dem Phenylisoserin mit $CH_3 \cdot NH_2$. Schmelzp. 272° (Zers.)[7].

N-Methylphenylisoserinmethylamid. Ebenso wie das Phenylisoserinamid, nur mit $CH_3 \cdot NH_2$ oder auch in Benzollösung. Schmelzp. 153°[7].

N-Dimethylphenylisoserin. Mit $(CH_3)_2NH_2$. Schmelzp. 143°[7].

β-Oxy-γ-amino-n-buttersäure.

β-Oxy-γ-amino-propan-α-carbonsäure, 4-Amino-butanol-(3)-säure-(1).

Darstellung der l-, d- und d, l-β-Oxy-γ-amino-n-buttersäure: l-β-Oxy-γ-aminobuttersäure wurde aus der l-Benzoylverbindung vom Schmelzp. 172° durch 4stündiges Kochen mit HBr

---

[1] E. Abderhalden u. H. Sickel: Hoppe-Seylers Z. **180**, 75—89 — Chem. Zbl. **1929 II**, 576.
[2] Emil Abderhalden u. W. Zeisset: Fermentforschg **9**, 336—361 — Chem. Zbl. **1928 II**, 572.
[3] E. M. P. Widmark u. E. L. Larsson: Biochem. Z. **140**, 284—294 (1923) — Chem. Zbl. **1924 I**, 1244.
[4] E. Waser u. E. Brauchli: Helvet. chim. Acta **7**, 740—758 — Chem. Zbl. **1924 II**, 947.
[5] M. Tomita: Hoppe-Seylers Z. **158**, 42—57 — Chem. Zbl. **1926 II**, 2423.
[6] C. Mannich u. M. Bauroth: Ber. dtsch. chem. Ges. **55**, 3504—3509 (1922) — Chem. Zbl. **1923 I**, 336.
[7] M. Oesterlin: Metallbörse **19**, 1237—1238 — Chem. Zbl. **1929 II**, 1398.

dargestellt. Aus Wasser Krystalle, Schmelzpunkt etwa 213° (unkorr.), $[\alpha]_D^{20} = -3,40°$. Die Substanz zeigte die Biuretreaktion. Die isomere Verbindung aus dem Benzoylderivat vom Schmelzp. 80—81° wurde in analoger Weise dargestellt. Aus Wasser farblose Prismen, Schmelzp. etwa 212° (Zersetzung), $[\alpha]_D^{20} = -21,06°$. Ninhydrin- und Biuretreaktion positiv. Geschmack ist fade[1].

d-β-Oxy-γ-aminobuttersäure, aus der d-Benzoylverbindung vom Schmelzp. 178° in analoger Weise wie beim Antipoden, Schmelzp. 214° (unkorr.), sie zeigt die Biuretreaktion, $[\alpha]_D^{20} = +3,21°$. Die entsprechende Verbindung aus der d-γ-Benzoylamino-β-oxybuttersäure vom Schmelzp. 78—80° schmilzt bei 214° (unkorr., Zersetzung), $[\alpha]_D^{20} = +18,30°$. Substanz zeigt die Biuretreaktion. Geschmack ist fade[1].

M. Tomita[2] gibt folgende Synthese an: Chloroxypropylphthalimid wird in alkoholischer Lösung mit KCN in das 1-Cyan-2-oxypropyl-3-phthalimid übergeführt, das aus der Lösung nach dem Ansäuern, Einengen im Vakuum durch Extraktion mit absolutem Alkohol isoliert wird. Ausbeute 49% (Schmelzp. 132°). Das Cyanderivat wird mit konzentrierter H_2SO_4 auf dem Wasserbade erhitzt, nach Wasserzusatz 3 Stunden gekocht, nach Abtrennen der Phthalsäure wird mit $BaCO_3$ gekocht, dann das Ba entfernt, das Filtrat eingeengt. Ausbeute aus 40 g Cyanderivat 12 g. Leicht löslich in Wasser, wenig löslich in Alkohol, Methylalkohol, Äther, Chloroform, Essigester; geschmacklos. Aus wässerigem Alkohol. Schmelzp. 214°. Biuretreaktion positiv.

M. Bergmann, E. Brand und F. Weinmann[3, 4] geben folgende Synthese für die β-Oxy-γ-amino-n-buttersäure an: α-Chlor-β-oxy-γ-aminopropan wird mit Hilfe seiner cyclischen Benzaldehydverbindung benzoyliert, der Aldehyd abgespalten, dann das Cl durch CN ersetzt, das Nitril über den salzsauren Iminoäther in den Ester übergeführt, dieser durch alkalische Verseifung in das Benzoat der β-Oxy-γ-amino-n-buttersäure, das ebenso wie der Ester beim Kochen mit starker HBr oder H_2SO_4 die benzoylfreie Aminooxybuttersäure liefert. Schmelzpunkt 218°, unter Bildung des Pyrrolidons. Sehr leicht löslich in heißem, auch ziemlich löslich in kaltem Wasser, sonst wenig löslich, schmeckt nicht süß. Die Salze mit Säuren und Basen und auch Phosphorwolframat sind in Wasser löslich. Gibt mit Phenolen in starker H_2SO_4 charakteristische Färbungen.

Derivate der l-, d- und d,l-β-Oxy-γ-aminobuttersäure: β-**Oxy-γ-aminobuttersäurehydrobromid.** Nadeln aus verdünnter HBr, Schmelzp. 78° zu trüber Flüssigkeit, die bei 142° unter Gasentwicklung klar wird[3].

Cu-Salz $(NH_2 \cdot CH_2 \cdot CHOH \cdot CH_2 \cdot CO_2)_2 Cu$, entsteht beim Kochen mit Cu, blaue Krystalle[2].

β-**Oxy-γ-aminobuttersäuremethylesterchlorhydrat.** Beim Infreiheitsetzen des Esters wird γ-Oxy-α-pyrrolidon gebildet, das mit Barytwasser zur β-Oxy-γ-aminobuttersäure zurückverwandelt wird[5].

γ-**Amino-β-benzoyloxybuttersäurechlorhydrat** $C_{11}H_{13}O_4N \cdot HCl$. Nädelchen, Schmelzpunkt 215° (Zersetzung), leicht löslich in heißem Wasser, sonst wenig löslich[3].

d, l-γ-Benzoylamino-β-oxybuttersäure. Aus d, l-γ-Amino-β-oxybuttersäure und Benzoylchlorid, aus heißem Wasser Nadeln. Schmelzp. 176° (unkorr.)[1]. — Wird nach F. Peters[6] bei subcutaner Injektion an Hunde nicht angegriffen. — Die Verfasser untersuchten die Umlagerungen der γ-Benzoylamino-β-oxybuttersäure[3].

l-γ-Benzoylamino-β-oxybuttersäure, Nadeln. Schmelzp. 172° (unkorr.). Die optischen Bestimmungen wurden in alkalischer Lösung vorgenommen; $[\alpha]_D^{20} = -7,59°$. Aus der Mutterlauge der l-Verbindung vom Schmelzp. 172° wurden nach weiterem Einengen Prismen einer 1 Mol Krystallwasser enthaltenden Substanz isoliert, aus wenig Wasser. Schmelzp. 80—81°, $[\alpha]_D^{20} = -11,84°$, die krystallwasserfreie Verbindung schmilzt bei 114°[1].

Brucinsalz der l-γ-Benzoylamino-β-oxybuttersäure. Aus Wasser farblose Krystalle. Schmelzp. 87° (unkorr.)[1].

---

[1] M. Tomita u. Y. Sendju: Hoppe-Seylers Z. **169**, 263—277 — Chem. Zbl. **1927 II**, 2744.

[2] M. Tomita: Hoppe-Seylers Z. **124**, 253—258 (1923) — Chem. Zbl. **1923 I**, 931.

[3] M. Bergmann, E. Brand u. F. Weinmann: Hoppe-Seylers Z. **131**, 1—17 (1923) — Chem. Zbl. **1924 I**, 666.

[4] M. Bergmann, E. Brand u. F. Weinmann: Hoppe-Seylers Z. **127**, 260—261 — Chem. Zbl. **1923 III**, 298.

[5] M. Tomita u. T. Fukagawa: Hoppe-Seylers Z. **178**, 302—305 — Chem. Zbl. **1928 II**, 2556.

[6] F. Peters: Hoppe-Seylers Z. **159**, 309—320 — Chem. Zbl. **1927 I**, 1497.

d-γ-Benzoylamino-β-oxybuttersäure. Schmelzp. 178° (unkorr.). $[\alpha]_D^{20} = +4{,}08°$; aus der Mutterlauge wurde wie beim Antipoden eine um 1 Mol Krystallwasser reichere isomere Verbindung gewonnen, aus wenig Wasser Nadeln. Schmelzp. 78—80° (unkorr.). $[\alpha]_D^{20} = +10{,}0°$, die krystallwasserfreie Verbindung schmilzt bei 116°[1].
Brucinsalz. Farblose Nadeln. Schmelzp. 41° (unkorr.)[1].
γ-Benzamino-β-oxybuttersäure $C_{11}H_{13}O_4N$. Feine Nadeln. Schmelzp. 176—177° (korr.) nach geringem Sintern, wenig löslich in organischen Lösungsmitteln außer in Alkohol, fast unlöslich in Ligroin und Petroläther[2].
β-Oxy-γ-benzaminobuttersäureäthylester $C_{13}H_{17}O_4N$. Blätter aus Wasser. Schmelzpunkt 99—100°. Kochp.$_{91}$ etwa 135° (Badtemperatur). Löslich in Alkohol, Aceton, warmem Benzol, heißem Essigester, wenig löslich in heißem Ligroin, schwer löslich in Petroläther[2].
γ-Benzamino-β-oxybuttersäureamid $C_{11}H_{14}O_3N_2$. Aus dem entsprechenden Iminoätherchlorhydrat beim Erhitzen, krystallisiert aus Wasser in Prismen mit 1 H_2O. Schmelzpunkt nach längerem Sintern 130°. Leicht löslich in Wasser, Alkohol, schwerer löslich in Aceton und Essigester, schwer löslich in Äther[2].
α-Cyan-β-oxypropyl-γ-benzamid $C_{11}H_{12}O_2N_2$. Aus 2-Phenyl-5-chlormethyloxazolidin durch sehr kurzes Schütteln mit rauchender HCl, sofortige Abscheidung durch Wasser und Petroläther, durch Umsetzung mit KCN. Spießige Nadeln oder längliche Tafeln aus Aceton. Schmelzp. 128—129° (korr.), nach geringem Sintern. Leicht löslich in warmem Wasser, Alkohol, Aceton, Essigester, Chloroform, wenig löslich in Äther und Petroläther[2].

α-Oxy-δ-amino-n-valeriansäure.

α-Oxy-δ-amino-butan-α-carbonsäure, 5-Amino-pentanol-(2)-säure-(1).

Bildung: Über die Bildung der α-Oxy-δ-amino-n-valeriansäure aus Argininsäure (α-Oxy-δ-guanidinovaleriansäure) bei der Spaltung mit Baryt berichten K. Felix und H. Müller[3].

Biochemische Eigenschaften: Bei der Verfütterung von δ-Aminovaleriansäure an Hunde konnte W. Keil[4] keine α-Oxy-δ-amino-n-valeriansäure als Zwischenprodukt isolieren.

δ-Oxy-α-amino-n-valeriansäure.

δ-Oxy-α-amino-n-valeriansäure, δ-Oxy-α-amino-butan-α-carbonsäure, 2-Aminopentanol-(5)-säure-(1).

Biochemische Eigenschaften: Nach A. E. Osterberg[5] beeinflußt δ-Oxy-α-amino-n-valeriansäure (Schmelzp. 223°) das Hefewachstum nicht.
Derivate: α-Amino-α-methyl-δ-oxy-n-valeriansäure, α-[γ'-Oxy-n-propyl-]alanin $C_6H_{13}O_3N \cdot \frac{1}{2} H_2O$. Aus γ-Aceto-n-propylalkohol mit KCN und NH_4Cl. Nadeln, löslich in Wasser, unlöslich in Alkohol. Schmelzp. 198—200°. Säuerlicher Geschmack, beim Trocknen scheint Bildung von Lactam einzutreten[6].
Cu-Salz $(C_6H_{12}O_3N)_2Cu \cdot H_2O$. Körnige Masse, bei 110° teilweise Zersetzung[6].

β-Oxy-α-amino-iso-valeriansäure.

β, β-Dimethylserin.

Darstellung: W. Schrauth und H. Geller[7] geben folgende Darstellungsmethode von β-Oxy-α-aminoisovaleriansäure: β, β'-Dimethylacrylsäureäthylester wird mit einer Lösung von Mercuriacetat in Methylalkohol versetzt, die Lösung bleibt 3 Tage stehen, wird filtriert, mit einer KBr-Lösung versetzt und nach beendeter Reaktion mit Wasser ausgefällt. Der gebildete

---

[1] M. Tomita u. Y. Sendju: Hoppe-Seylers Z. **169**, 263—277 — Chem. Zbl. **1927 II**, 2744.
[2] M. Bergmann, E. Brand u. F. Weinmann: Hoppe-Seylers Z. **131**, 1—17 (1923) — Chem. Zbl. **1924 I**, 666.
[3] K. Felix u. H. Müller: Hoppe-Seylers Z. **174**, 112—118 — Chem. Zbl. **1928 I**, 2172.
[4] W. Keil: Hoppe-Seylers Z. **172**, 310—313 (1927) — Chem. Zbl. **1928 I**, 1886.
[5] A. E. Osterberg: J. amer. chem. Soc. **49**, 538—540 — Chem. Zbl. **1927 I**, 2190.
[6] N. D. Zelinsky u. E. F. Dengin: Ber. dtsch. chem. Ges. **55**, 3354—3361 (1922) — Chem. Zbl. **1923 I**, 48.
[7] W. Schrauth u. H. Geller: Ber. dtsch. chem. Ges. **55**, 2783—2796 (1922) — Chem. Zbl. **1923 I**, 305.

β-Methoxy-α-bromquecksilberisovaleriansäureäthylester wird mit einer Lösung von Brom in Chloroform versetzt, bleibt bis zur Entfärbung in der Sonne stehen (4—7 Tage), dann wird H_2S eingeleitet. Der aus der Chloroformlösung erhaltene Ester wird mit NaOH verseift, nach dem Ansäuern im Vakuum eingedampft, mit Äther extrahiert, nach Zusatz von Petroläther krystallisiert die β-Methoxy-α-bromisovaleriansäure aus, die durch 25proz. NH_4OH (im Rohr auf 100°) in die β-Methoxy-α-aminoisovaleriansäure übergeführt wird. Durch Verkochen mit HBr ($D = 1,47$) wird die β-Oxy-α-aminoisovaleriansäure erhalten. Aus Wasser durch Alkohol gefällt. Schmelzp. 218°. Braunfärbung unter Gasentwicklung. Süß schmeckend, leicht löslich in Wasser, unlöslich in Äther, Benzol und Essigester.

Derivate: Phenylisocyanatverbindung $C_{12}H_{16}O_4N_2$. Schmelzp. 162°, leicht löslich in Alkohol, Äther und Essigester, löslich in Wasser[1].

β-**Naphthalinsulfoverbindung** $C_{15}H_{17}O_5NS$. Aus Alkohol weiße Nadeln. Schmelzpunkt 261°[1].

β-**Methoxy-α-aminoisovaleriansäure** $C_6H_{13}O_3N$. Aus verdünntem Alkohol glänzende Blättchen, sintern zwischen 250—260° unter Braunfärbung und Gasentwicklung, leicht löslich in Wasser, unlöslich in Chloroform, Äther, Alkohol, Essigester[1].

α-Oxy-ε-amino-n-capronsäure.

α-Oxy-ε-amino-pentansäure, 6-Amino-hexanol-(2)-säure-(1).

Biochemische Eigenschaften: α-Oxy-ε-amino-n-capronsäure ergänzt nach D. A. Mc Ginty, H. B. Lewis und C. S. Marvel[2] im Gegensatz zu Lysin nicht genügend das Gliadin für das Wachstum weißer Ratten.

Glykosaminsäure.

β, γ, δ, ε-Tetraoxy-α-amino-n-capronsäure, 2-Amino-(3, 4, 5, 6)-hexantetrolsäure-(1), Chitosaminsäure.

Physikalische Eigenschaften: P. A. Levene[3] bestimmte die spezifische Drehung der Chitosaminsäure zu $[\alpha]_D^{20} = -15°$.

Chemische Eigenschaften: Glykosaminsäure gibt nach E. Waser und E. Brauchli[4] beim Erhitzen in sodaalkalischer Lösung mit einer kleinen Menge p-Nitrobenzoylchlorid nur eine undeutliche Farbreaktion.

Derivate: Benzylidenchitosaminsäure $C_{13}H_{17}O_6N$. Entsteht neben dem Ester bei der Zerlegung des Chlorhydrates mit NaOH, unlöslich in Alkohol, prismatische Tafeln (aus heißem Wasser mit Alkohol, Zersetzung). Schmelzp. 230° (unkorr.). $[\alpha]_D^{20} = -28°$ (in Wasser)[3].

Benzylidenchitosaminsäureäthylester. Lange Prismen aus absolutem Alkohol. Schmelzpunkt 120° (korr.). $[\alpha]_D^{20} = -50°$ (in Methylalkohol)[3].

Benzylidenchitosaminsäureäthylesterchlorhydrat $C_{15}H_{21}O_7N \cdot HCl$. Aus der Lösung in Methylalkohol nach Zusatz von absolutem Äther krystallisierend. Schmelzp. 200° (unkorr.). $[\alpha]_D^{20} = -30°$[3].

Benzylidenacetonchitosaminsäureäthylester $C_{18}H_{25}O_6N$. Beim Erwärmen des Benzylidenchitosaminsäureäthylesters mit Aceton, prismatische Krystalle aus Aceton. Schmelzp. 128°. $[\alpha]_D^{20} = -70°$. Spaltet mit CH_3OH und HCl das Aceton ab[3].

Diazoverbindung des Benzylidenchitosaminsäureäthylesters $C_{15}H_{19}O_6N_2$. $[\alpha]_D^{20} = -50°$[3].

Glykocyamin.

Guanylglycin, Carboxymethyl-guanidin, Guanidinoessigsäure.

Darstellung: Bei der Umsetzung molekularer Mengen Glykokollchlorhydrat, $NC \cdot NNa_2$ und konzentrierter HCl wird beim Stehen über Nacht nach E. Fromm[5] mit 55% Ausbeute

---

[1] W. Schrauth u. H. Geller: Ber. dtsch. chem. Ges. **55**, 2783—2796 (1922) — Chem. Zbl. **1923 I**, 305.
[2] D. A. Mc Ginty, H. B. Lewis u. C. S. Marvel: J. of biol. Chem. **62**, 75—92 (1924) — Chem. Zbl. **1925 I**, 696.
[3] P. A. Levene: J. of biol. Chem. **53**, 449—461 — Chem. Zbl. **1922 III**, 961.
[4] E. Waser u. E. Brauchli: Helvet. chim. Acta **7**, 740—758 — Chem. Zbl. **1924 II**, 947.
[5] E. Fromm: Liebigs Ann. **442**, 130—149 — Chem. Zbl. **1925 I**, 2443.

die Guanidinoessigsäure erhalten. Ebenso wird sie bei der Spaltung von Dicyandiamidoessigsäure mit $Ba(OH)_2$ gebildet. Gelblichweiße, kugelige Krystalle, Zersetzung bei 220—250°.

Biochemische Eigenschaften: Nach R. H. Major und C. J. Weber[1] wirkt sowohl Glykocyamin wie Glykocyamidin auf den Blutdruck erniedrigend und hebt die Blutdrucksteigerung durch Methylguanidin wieder auf.

Nach Versuchen von P. Stuber, A. Rußmann und E. A. Pröbsting[2], B. Stuber[3] und B. Stuber und F. Stern[4] ist die Methylierung der Guanidinoessigsäure beim Kaninchen an die Funktion der Schilddrüse geknüpft. Während schilddrüsenlosen Tieren diese Fähigkeit völlig fehlt, wird durch Fütterung von Schilddrüsensubstanz das Methylierungsvermögen zurückgegeben. Die gleiche Wirkung hat Jodzufuhr und Verabreichung von Blut normaler Tiere.

Versuche von A. Palladin und L. Wallenburger[5] zeigten, daß bei Autolyse von Kaninchen- oder Aalquappenmuskeln nach Zusatz von Guanidinoessigsäure die Kreatinmenge größer war als im Kontrollversuch, wobei die Kaninchenmuskeln die Guanidinoessigsäure intensiver als die von Aalquappen zu Kreatin umwandelten. Weitere Versuche zeigten, daß nach Injektion von Guanidinoessigsäure bei Kaninchen der Kreatingehalt der Muskeln nach 12—15 Stunden um 21—36% höher war als beim Kontrolltier.

Nach J. Karashima[6] wird im Gegensatz zu Kossel und Dakin festgestellt, daß Rinderleberbrei α-Guanidinoessigsäure fermentativ in Harnstoff und Glykokoll spaltet. Von Hühnerorganen waren weder die Niere noch die Leber zu dieser Spaltung befähigt.

Guanidinoessigsäure wird nach S. Edlbacher und P. Bonem[7] durch Arginase bei optimalen Bedingungen der Arginasespaltung nicht gespalten.

Chemische Eigenschaften: S. Sakaguchi[8] berichtet über eine Farbreaktion von Glykocyamin mit einer α-Naphthollösung nach Zusatz weniger Tropfen NaOCl-Lösung. Der aus Glykocyamin und dem Reagenz hergestellte Farbstoff ist ein braunschwarzes, amorphes Pulver, leicht löslich in Alkohol, Aceton, wenig löslich in Äther und Benzol. Die Salze sind mit rotvioletter Farbe in Wasser löslich.

Derivate: Chlorhydrat $C_3H_8O_2N_3Cl$. Schmelzp. 191°. Bildung durch Anlagerung von NH_4Cl an Cyanamidoessigsäure in Wasser[9].

Pikrat. Schmelzp. 199°[9].

γ-Guanidino-n-buttersäure.

Bildung: Über die Bildung von γ-Guanidinobuttersäure aus Argininsäure durch Oxydation mit $Ba(MnO_4)_2$ und aus β-Oxy-α-piperidon durch Hydrolyse mit H_2SO_4 berichten K. Felix und H. Müller[10].

ε-Guanidino-n-capronsäure.

Chemische Eigenschaften: P. Brigl, K. Held und K. Hartung[11] untersuchten das Verhalten von ε-Guanidinocapronsäure gegenüber Hypobromit unter Bedingungen, die von Goldschmidt und Steigerwald angegeben waren.

---

[1] R. H. Major u. C. J. Weber: Bull. Hopkins Hosp. **42**, 207—212 — Chem. Zbl. **1928 I**, 2844.

[2] P. Stuber, A. Rußmann u. E. A. Pröbsting: Biochem. Z. **143**, 221—235 (1923) — Chem. Zbl. **1924 I**, 1226.

[3] B. Stuber: Klin. Wschr. **2**, 931—932 — Chem. Zbl. **1923 III**, 573.

[4] B. Stuber u. F. Stern: Biochem. Z. **191**, 363—373 (1927) — Chem. Zbl. **1928 I**, 1785.

[5] A. Palladin u. L. Wallenburger: Bull. Akad. St. Pétersbourg [6] **1914**, 1427—1444 — Chem. Zbl. **1925 I**, 2236.

[6] J. Karashima: Hoppe-Seylers Z. **177**, 42—46 — Chem. Zbl. **1928 II**, 1446.

[7] S. Edlbacher u. P. Bonem: Hoppe-Seylers Z. **145**, 69—90 — Chem. Zbl. **1925 II**, 1605.

[8] S. Sakaguchi: J. of Biochem. **5**, 25—31 — Chem. Zbl. **1925 II**, 1547.

[9] E. Fromm: Liebigs Ann. **442**, 130—149 — Chem. Zbl. **1925 I**, 2443.

[10] K. Felix u. H. Müller: Hoppe-Seylers Z. **174**, 112—118 — Chem. Zbl. **1928 I**, 2172.

[11] P. Brigl, K. Held u. K. Hartung: Hoppe-Seylers Z. **173**, 129—154 — Chem. Zbl. **1928 I**, 1778.

Thioglykolsäure.
Äthanthiol-(2-)säure.

Darstellung: E. Larsson[1] stellt die Thioglykolsäure aus Dithioglykolsäure durch Elektroreduktion durch doppelte Umsetzung von Na-Monochloracetat und Na-Disulfid dar, Ansäuern mit H_2SO_4. Der Katolyt (100 ccm) ist eine Lösung von 30 g Säure in $2n$-H_2SO_4, die Elektroden sind aus Pb, die Stromdichte beträgt 0,02 Amp./qcm. Die Ausbeute beträgt 80%.

Biochemische Eigenschaften: R. M. Hill und H. B. Lewis[2] untersuchten die Oxydation des S von Thioglykolsäure im tierischen Organismus. Die Oxydation verlief leicht, jedoch zeigte Thioglykolsäure toxische Eigenschaften.

Über die Sauerstoffübertragung in getrocknetem Muskelpulver und im Lecithin durch Thioglykolsäure berichtet O. Meyerhof[3].

Thioglykolsäure vermag nach C. Voegtlin, J. M. Johnson und H. A. Dyer[4] eine tödliche Giftdosis von NaCN zu entgiften, wenn das Verhältnis von S:NaCN der eingespritzten Lösung 5:1 ist. Fe-Salzzufuhr stört die Entgiftung nicht.

Thioglykolsäure vermag nach E. Hesse[5] $HgCl_2$ nicht zu entgiften.

Über die entgiftende Wirkung einer Gabe äquimolekularer Mengen von Thioglykolsäure und Glutaminsäure, die mit der Magensonde verabreicht wurden, auf Arsenik (als 3-Amino-4-oxyphenylarsenoxyd gegeben) und über den Vergleich der Wirkung mit der von reduziertem Glutathion berichten C. Voegtlin, H. A. Dyer und C. S. Leonard[6]. Thioglykolsäure wirkt bedeutend schwächer als reduziertes Glutathion.

Nach C. Voegtlin, H. A. Dyer und C. S. Leonard[7,8] wirkt Thioglykolsäure der toxischen Wirkung von Verbindungen des Typus R—As = O auf Trypanosoma equiperdum in vitro und in der Ratte entgegen. Bei vergifteten Ratten wirkt diese Verbindung verzögernd auf den Eintritt des Todes.

W. Silberstein[9] untersuchte das biologische Verhalten von Trypanosomen im Mäuseversuch unter kombinierter Behandlung mit Na-Thioglykolat und Brechweinstein.

Physikalische Eigenschaften: E. Larsson[10] bestimmte aus der elektrischen Leitfähigkeit und colorimetrisch bei 25° für Thioglykolsäure folgende Dissoziationskonstanten: $K_1 = 2,1 \cdot 10^{-4}$ und für K_2 bei $20° = 2,1 \cdot 10^{-11}$.

R. K. Cannan und B. C. J. G. Knight[11] bestimmten die Dissoziationskonstanten der Thioglykolsäure mit der H_2-Elektrode. Als scheinbare Dissoziationskonstanten wurden bei 30° gefunden: In 0,1 bzw. 0,01 m-Lösung für $pK'_1 = 3,4$ bzw. 3,5, für $pK'_2 = 10,0$—10,2.

Chemische Eigenschaften: Nach Untersuchungen von H. Wieland und W. Franke[12] ist der Umsatz bei der Autoxydation bei Abwesenheit von Schwermetallen etwa proportional der p_H. Fe beschleunigt erheblich, beim Neutralpunkt stärker als Cu, optimal bei $p_H = 7$—9. Cu überträgt in alkalischer Lösung Sauerstoff auf die bereits dehydrierte Thioglykolsäure. In der Lösung läßt sich H_2SO_4 nachweisen. HCN hemmt bei $p_H = 8,5$ nicht, in alkalischer Lösung sehr stark. Zusatzfreie Lösungen werden bei $p_H = 5,5$ bedeutend, bei $p_H = 8,5$ stark gehemmt.

HCN verzögert nach D. C. Harrison[13] die aerobe und anaerobe Oxydation der Thioglykolsäure und ebenso die durch Zufuhr von Schwermetallspuren hervorgerufene Steigerung der Oxydationsgeschwindigkeit, wobei Cu^{II} etwa 100mal wirksamer ist als Fe^{III}. Sind die

---

[1] E. Larsson: Sv. kem. Tidskr. **40**, 149—150 — Chem. Zbl. **1928 II**, 234.

[2] R. M. Hill u. H. B. Lewis: J. of biol. Chem. **59**, 557—567 — Chem. Zbl. **1924 II**, 697.

[3] O. Meyerhof: Pflügers Arch. **199**, 531—566 — Chem. Zbl. **1923 III**, 1089.

[4] C. Voegtlin, J. M. Johnson u. H. A. Dyer: J. of Pharmacol. **27**, 467—483 — Chem. Zbl. **1926 II**, 1658.

[5] E. Hesse: Arch. f. exper. Path. **117**, 266—278 (1926) — Chem. Zbl. **1927 I**, 2217.

[6] C. Voegtlin, H. A. Dyer u. C. S. Leonard: J. of Pharmacol. **25**, 297—301 — Chem. Zbl. **1925 II**, 1466.

[7] C. Voegtlin, H. A. Dyer u. C. S. Leonard: Publ. Health Rep. **1923**, Nr 860, 32 S. — Chem. Zbl. **1924 I**, 1964.

[8] C. Voegtlin, H. A. Dyer und C. S. Leonard: Public Health Reports **38**, 1882—1913 (1923) — Ber. Physiol. **31**, 150 — Chem. Zbl. **1925 II**, 1541.

[9] W. Silberstein: Z. Immun.forsch **54**, 324—334 — Chem. Zbl. **1928 I**, 1539.

[10] E. Larsson: Z. anorg. u. allg. Chem. **172**, 375—384 — Chem. Zbl. **1928 II**, 624.

[11] R. K. Cannan u. B. C. J. G. Knight: Biochemic. J. **21**, 1384—1390 — Chem. Zbl. **1928 I**, 2079.

[12] H. Wieland u. W. Franke: Liebigs Ann. **464**, 101—226 — Chem. Zbl. **1928 II**, 957.

[13] D. C. Harrison: Biochemic. J. **21**, 335—346 — Chem. Zbl. **1927 II**, 366.

Lösungen sorgfältig von Schwermetallen gereinigt, ist die verzögernde Wirkung des HCN nur sehr gering. Nach dem Verfasser sind die Schwermetalle nicht als O_2-Aktivatoren, sondern als O_2-Überträger anzusehen.

Thioglykolsäure wird nach D. C. Harrison[1] bei Gegenwart völlig metallfrei hergestellter Dithiodiglykolsäure bei 37° aerob und anaerob 2—4 mal schneller oxydiert als bei Fehlen der Disulfidverbindung.

M. Dixon und H. E. Tunnicliffe[2] studierten die Oxydation der Thioglykolsäure durch Methylenblau und Sauerstoff. Die Oxydationsgeschwindigkeit steigt mit zunehmendem p_H immer steiler an.

Die Oxydation der Thioglykolsäure wird nach T. Thunberg[3] sowohl durch Methylenblau wie durch Dinitrobenzol beschleunigt.

Nach Versuchen von O. Meyerhof[4] ist die Hemmung der Autoxydation der Thioglykolsäure in alkalischer Lösung und für das System: Thioglykolsäure + Cu-Spuren durch HCN direkt auf Bildung von CuCN-Komplexsalz zurückzuführen.

Thioglykolsäure reagiert nach E. Lyons[5] mit Eisen noch in einer Verdünnung von $1/{10\,000\,000}$, und zwar ist die Reaktion von der Oxydationsstufe des Fe unabhängig. Ferri-Salz wird durch Thioglykolsäure zur Ferroform reduziert.

Über die Reduktion von Proteinen, die durch Glutathion oxydiert sind, mit konzentrierten Thioglykolsäurelösungen berichtet F. G. Hopkins[6].

Thioglykolsäure wirkt nach Ch. Moureu, Ch. Dufraisse und M. Badoche[7] Acrolein gegenüber einige Zeit antioxygen.

R. E. Mark[8] stellte fest, daß Milchsäure durch Thioglykolsäure im Luftstrom bei 40° nicht verändert wird.

Kalle & Co. und W. Neugebauer[9] berichten über die Kondensation von Isatin und Isatinderivaten mit Thioglykolsäure.

Thioglykolsäure löst nach G. S. Whitby[10] Celluloseacetat, während es auf Kautschuk wenig oder gar nicht quellend wirkt.

Thioglykolsäure wirkt nach H. Fischer und F. Lindner[11] auf die rote Farbe von Pyridin-Häminlösungen ein.

Derivate: Fe-Salz. Über das Fe-Salz der Thioglykolsäure als instabile Persäure berichtet N. Tarugi[12]. — Ferro-Thioglykolsäure reagiert nicht mit CO[13].

Ni-Thioglykolsäureäthylester $(C_4H_7O_2S)_2Ni$. Aus Benzollösung. Schmelzp. 101° (ohne Zersetzung)[14].

Pb-Alkoholat des thioglykolsauren Na $Pb(S \cdot CH_2 \cdot CO_2Na)_2$. Aus 2 Mol Thioglykolsäure unter Zusatz von Na_2CO_3 und $Pb(OH)_2$ in der Wärme. Die Pb-Verbindung wird durch Methylalkohol und Äther gefällt, gelbes Pulver. Die Verbindung hat wertvolle pharmakologische Eigenschaften bei geringer toxischer Wirkung[15].

Komplexe Antimonverbindung mit Thioglykolsäure. Wird durch Einwirkung von Thioglykolsäure auf Sb_2O_5 oder auf $SbCl_5$ in 20 proz. HCl erhalten. Es werden in Wasser lösliche Alkali- und Erdalkalisalze gewonnen, die in kaltem Wasser neutral reagieren. Die freie Säure

---

[1] D. C. Harrison: Biochemic. J. **21**, 1404—1415 (1927) — Chem. Zbl. **1928 II**, 33.
[2] M. Dixon u. H. E. Tunnicliffe: Proc. roy. Soc. London B **94**, 266—277 — Chem. Zbl. **1923 III**, 610.
[3] T. Thunberg: Arch. néerl. Physiol. **7**, 240—244 (1922) — Chem. Zbl. **1923 III**, 495.
[4] O. Meyerhof: Pflügers Arch. **200**, 1—10 — Chem. Zbl. **1923 III**, 1421.
[5] E. Lyons: J. amer. chem. Soc. **49**, 1916—1920 — Chem. Zbl. **1927 II**, 1871.
[6] F. G. Hopkins: Biochemic. J. **19**, 787—819 (1925) — Chem. Zbl. **1926 I**, 1661.
[7] Ch. Moureu, Ch. Dufraisse u. M. Badoche: C. r. Acad. Sci. Paris **179**, 237—243 — Chem. Zbl. **1924 II**, 1430.
[8] R. E. Mark: Biochem. Z. **154**, 43—48 (1924) — Chem. Zbl. **1925 I**, 855.
[9] Kalle & Co. u. W. Neugebauer: D.R.P. 472606 v. 20. Okt. 1925, ausg. 5. März 1929.
[10] G. S. Whitby: Colloid Symposium Monograph **4**, 203—223 (1926) — Chem. Zbl. **1928 II**, 856.
[11] H. Fischer u. F. Lindner: Hoppe-Seylers Z. **153**, 54—66 — Chem. Zbl. **1926 II**, 224.
[12] N. Tarugi: Ann. chim. Appl. **15**, 416—426 (1925) — Chem. Zbl. **1926 I**, 3606.
[13] W. Cremer: Biochem. Z. **206**, 228—239 — Chem. Zbl. **1929 I**, 2164.
[14] A. M. Drummond u. D. T. Gigson: J. chem. Soc. Lond. **1926**, 3073—3077 — Chem. Zbl. **1927 I**, 1158.
[15] Parke, Davis & Co.: A.P. 1644258 v. 3. Mai 1926, ausg. 4. Okt. 1927; Chem. Zbl. **1928 I**, 2305.

ist in kaltem Wasser schwer löslich, in heißem zu etwa 5%. Beim Erhitzen mit konzentrierter HCl wird Thioglykolsäure abgespalten[1].

Antimon-dithioglykolsaures Na, Antimon-trithioglykolsäuretrimethylester, Antimon-trithioglykolsäuretriamid. Über die therapeutische Verwendung bei Tropenkrankheiten (Trypanosomen, Leishmania und Schistosomen) berichtet G. M. Dyson[2].

Komplexes Na-V-Salz der Thioglykolsäure. Durch Erwärmen von Thioglykolsäure mit V_2O_3 und Wasser, Neutralisieren der sauren Lösung mit NaOH und zur Trockene eindampfen. Graues, in Wasser mit grünlicher Farbe lösliches Pulver, wirkt antiluetisch, und ist weniger giftig als die Verbindung des fünfwertigen V[3].

Vanadiumverbindungen der Thioglykolsäure. Die Säure wird mit V_2O_4 umgesetzt und die erhaltene saure Lösung mit Alkalien oder Erdalkalien neutralisiert. Die Verbindungen zeigen, subcutan gegen Syphilis verabreicht, keine Reizwirkung[4].

Organische Quecksilberkomplexverbindung der Thioglykolsäure $C_6H_5Hg \cdot S \cdot CH_2 \cdot CO_2H$. Aus Phenylquecksilberchlorid und thioglykolsaurem K. Schmelzp. 164°. Die Alkalisalze sind in Wasser leicht löslich. Findet therapeutische Verwendung[5].

Verbindung aus Methylquecksilberchlorid und Thioglykolsäure. Schmelzp. 87°. Löslich in Wasser und verdünnter HCl, Alkohol und Äther. Die Salze mit Alkalien und Alkylaminen sind in Wasser löslich[6].

Äthylverbindung. Gleiche Eigenschaften wie Methylverbindung. Schmelzp. 79°[6].
Propylverbindung. Gleiche Eigenschaften wie Methylverbindung. Schmelzp. 73°[6].
Butylverbindung. Gleiche Eigenschaften wie Methylverbindung. Schmelzp. 68°[6].

Organische Arsenkomplexverbindung der Thioglykolsäure $C_6H_5As(S \cdot CH_2 \cdot CO_2H)_2$. Aus Phenylarsenchlorür und thioglykolsaurem K. Findet therapeutische Verwendung[5].

Organische Antimonkomplexverbindung der Thioglykolsäure $(CH_3 \cdot C_6H_4)_3Sb \cdot (S \cdot CH_2 \cdot CO_2H)_2$. Aus p-Tolylstibinchlorid und thioglykolsaurem K. Gibt in Wasser leicht lösliche Alkalisalze, findet therapeutische Verwendung[5].

Verbindung aus p-Oxyphenylstibinchlorid und Thioglykolsäure. Sehr leicht löslich in CH_3OH, wenig löslich in Aceton, unlöslich in Äther und konzentrierter HCl, löslich in Alkalien[7].

Wismutthioglykolamid $Bi(S \cdot CH_2 \cdot CONH_2)_3$. Aus Thioglykolsäureäthylester und Bi_2O_3, gelbe Blättchen aus Wasser. Schmelzp. 144,5°[8].

Antimonthioglykolamid $Sb(S \cdot CH_2 \cdot CONH_2)_3$. Krystalle aus Wasser. Schmelzp. 139°[8].

Phenylthioglykolsäure. Schmelzp. 63—64°, gemessen wurde die Leitfähigkeit $K = 0,02971$[9].

o-Chlorphenylthioglykolsäure. Schmelzp. 112°. Gemessen wurde die Leitfähigkeit $K = 0,0304$[9].

3-Chlor-1-phenyl-1-thioglykolsäure. Durch Reduktion der 2-Diazo-5-chlor-1-phenyl-thioglykolsäure[10].

p-Chlorphenylthioglykolsäure Schmelzp. 105°. Gemessen wurde die Leitfähigkeit $K = 0,0241$[9].

---

[1] I. G. Farbenindustrie A.-G.: E.P. 247986 v. 19. Febr. 1926, veröffentl. 21. April 1926; Chem. Zbl. **1926 II**, 2114 — A.P. 1555663 v. 10. Dez. 1924, ausg. 29. Sept. 1925, A.P. 1561535 v. 10. Dez. 1924, ausg. 17. Nov. 1925; Chem. Zbl. **1926 I**, 1716; Oe.P. 111249 v. 28. Jan. 1926, ausg. 10. Nov. 1928; Chem. Zbl. **1929 II**, 650.

[2] G. M. Dyson: Pharmac. J. **121**, 596 (1928) — Chem. Zbl. **1929 I**, 1584.

[3] Farbenfabriken vorm. Friedr. Bayer: Ö.P. 101685 v. 28. Juli 1924, ausg. 25. Nov. 1925; Chem. Zbl. **1926 I**, 3184. — I. G Farbenindustrie, H. Kahl u. W. Kropp: D.R.P. 453579 v. 6. Jan. 1923, ausg. 10. Dez. 1927; Chem. Zbl. **1925 I**, 1105, A.P. 1517003; Chem. Zbl. **1925 II**, 580; A.P. 1536711; Chem. Zbl. **1926 I**, 3184; Oe.P. 101685; Chem. Zbl. **1928 I**, 752.

[4] Winthrop Chemical Co.: A.P. 1695147 v. 10. Juli 1925, ausg. 11. Dez. 1928; Chem. Zbl. **1929 I**, 2556.

[5] M. S. Kharasch: A.P. 1589599 v. 24. April 1924, ausg. 22. Juni 1926; Chem. Zbl. **1926 II**, 1692.

[6] M. S. Kharasch: A.P. 1672615 v. 29. Juni 1927, ausg. 5. Juni 1928; Chem. Zbl. **1929 I**, 1045.

[7] E. Lilly & Co., M. S. Kharasch: A.P. 1684920 v. 24. Jan. 1928 — ausg. 18. Sept. 1928; Chem. Zbl. **1929 I**, 1047.

[8] W. C. Harden u. F. Dunning: J. amer. chem. Soc. **49**, 1017—1018; Chem. Zbl. **1927 I**, 3183.

[9] O. Behaghel: J. prakt. Chem. [2] **114**, 287—312 (1926) — Chem. Zbl. **1927 I**, 1156.

[10] The Chemical Foundation, Inc.: A.P. 1550075 v. 5. Juli 1924, ausg. 18. August 1925; Chem. Zbl. **1926 I**, 232.

1, 2, 3-Trichlorbenzol-4-thioglykolsäure. Schmelzp. 149° [1, 2].
1, 2, 3-Trichlorbenzol-5-thioglykolsäure. Schmelzp. 136° [2].
1, 2, 4-Trichlorbenzol-5-thioglykolsäure [1].
o-Nitrophenylthioglykolsäure. Schmelzp. 164—165°. Gemessen wurde die Leitfähigkeit $K = 0{,}05546$ [3].
p-Nitrophenylthioglykolsäure. Schmelzp. 156—157°. Gemessen wurde die Leitfähigkeit $K = 0{,}06927$ [3].
p-Aminophenylthioglykolsäure. Durch Reduktion der p-NO_2-Verbindung mit NaSH, aus Wasser Nadeln. Schmelzp. 196—197°. Gemessen wurde die Leitfähigkeit $K = 0{,}001403$ [3].
4-Chlor-2-nitrophenyl-thioglykolsäure $C_8H_6O_4NSCl$. Aus einer siedenden, alkoholischen Lösung von Dichlordinitro-diphenyldisulfid mit einer konzentrierten, wässerigen Lösung von Na_2S und NaOH. Das Na-Salz des Chlornitrophenylmercaptans mit Monochloressigsäure umgesetzt, hellgelbe Flocken, Krystalle aus verdünntem Alkohol. Schmelzp. 209—210° [4].
o-Methoxyphenyl-thioglykolsäure $C_7H_{10}O_3S$. Diazotieren von o-Anisidin, Versetzen der gut gekühlten Diazoniumsalzlösung mit einer wässerigen Salzlösung von äthylxanthogensaurem K, rasches Absaugen des Niederschlages, unter sehr starker Kühlung, Erwärmen des in Wasser suspendierten Niederschlages, abgeschiedenes Öl mit alkoholischem Kali verseifen, Alkohol abdestillieren, Umsetzen mit Na-Chloracetat, aus Benzin Nadeln. Schmelzp. 114 bis 115°. Gemessen wurde die Leitfähigkeit $K = 0{,}01822$ [3].
1-Cyan-4-äthoxybenzol-2-thioglykolsäure [5].
1-Amino-4-äthoxybenzol-2-thioglykolsäure [5].
o-Methylmercaptophenyl-thioglykolsäure $C_9H_{10}O_2S_2$. Entsprechend der o-Methoxyverbindung dargestellt, nur wird die Diazoniumlösung in 70—80° warme Lösung von äthylxanthogensaurem K eingetragen, aus Wasser Nadeln. Schmelzp. 120°. Gemessen wurde die Leitfähigkeit $K = 0{,}0181$ [3].
p-Methylmercaptophenyl-thioglykolsäure $C_9H_{10}O_2S_2$. Aus Benzol oder Wasser Nadeln. Schmelzp. 106—107°. Gemessen wurde die Leitfähigkeit $K = 0{,}01767$ [3].
o-Tolyl-thioglykolsäure. Schmelzp. 108—109°. Gemessen wurde die Leitfähigkeit $K = 0{,}02819$ [3].
m-Tolyl-thioglykolsäure $C_9H_{10}O_2S$. Einwirkung von m-Thiokresol auf Chloressigsäure. Aus Wasser Nadeln. Schmelzp. 103—104°. Gemessen wurde die Leitfähigkeit $K = 0{,}02728$ [3].
1-Methyl-5-chlorbenzol-2-thioglykolsäure. Nach dem Umkrystallisieren aus Benzol. Schmelzp. 127° [6, 2].
1-Methyl-2-amino-5-chlorbenzol-3-thioglykolsäure [5].
1-Methyl-2-cyan-5-chlorbenzol-3-thioglykolsäure. Schmelzp. 116° [5].
1-Methyl-5-chlorbenzol-2-carboxamid-3-thioglykolsäure. Nach dem Umkrystallisieren aus Alkohol Schmelzp. 173—174°. Leicht löslich in organischen Lösungsmitteln und in heißem Wasser [7].
1-Methyl-2, 6-dichlorbenzol-3-thioglykolsäure. Schmelzp. 100° [6].
1-Methyl-2, 4-dichlorbenzol-5-thioglykolsäure. Schmelzp. 112° [6].
1-Methyl-2, 3, 4-trichlorbenzol-5-thioglykolsäure. Schmelzp. 157—161° [1].
1, 4-Dimethyl-2-chlorbenzol-5-thioglykolsäure. Schmelzp. 96° [6].
5-Chlor-3-methyl-1-phenyl-thioglykolsäure. Durch Reduktion der 2-Diazo-3-methyl-5-chlor-1-methylphenyl-thioglykolsäure [8].

---

[1] I. G. Farbenindustrie A.-G.: E.P. 287178 v. 16. März 1928, Auszug veröff. 9. Mai 1928; Zus. zu E.P. 281290; Chem. Zbl. **1929 II**, 352.

[2] I. G. Farbenindustrie A.-G.: E.P. 287858 v. 26. März 1928, Auszug veröff. 23. Mai 1929, Zusatz zu E.P. 281290; Chem. Zbl. **1929 II**, 352.

[3] O. Behaghel: J. prakt. Chem. [2] **114**, 287—312 (1926) — Chem. Zbl. **1927 I**, 1156.

[4] J. Pollak, E. Riesz u. Z. Kahane: Sitzgsber. Akad. Wiss. Wien, Math.-naturwiss. Kl. **137**, 213—228 — Mh. Chem. **49**, 213—228 — Chem. Zbl. **1928 II**, 1095.

[5] I. G. Farbenindustrie A.-G.: E.P. 306575 v. 18. Nov. 1927, ausg. 21. März 1929; E.P. 306607 v. 18. Nov. 1927, ausg. 21. März 1929; F.P. 650955 v. 16. März 1928, ausg. 13. Febr. 1929; Chem. Zbl. **1929 II**, 795.

[6] I. G. Farbenindustrie: E.P. 281290 v. 22. Nov. 1927, Auszug veröff. 25. Jan. 1928, F.P. 644319 v. 21. Nov. 1927, Ausg. 5. Okt. 1928; Chem. Zbl. **1929 II**, 352.

[7] Grasselli Dyestuff Corp.: A.P. 1703146 v. 1. Aug. 1927, ausg. 26. Febr. 1929; Chem. Zbl. **1929 II**, 795.

[8] The Chemical Foundation, Inc.: A.P. 1550075 v. 5. Juli 1924, ausg. 18. August 1925; Chem. Zbl. **1926 I**, 232.

p-Tolyl-thioglykolsäure. Schmelzp. 95°. Gemessen wurde die Leitfähigkeit $K = 0.02819$[1].
Benzylthiolessigsäure. Aus Benzyldisulfoxyd und Malonester. Schmelzp. 60°[2].
p-Äthylxanthogenphenylen-thioglykolsäure $C_{11}H_{12}O_3S_2$. Diazotieren von p-Aminophenylthioglykolsäure, Eintragen in gekühlte Lösung von äthylxanthogensaurem K, Erwärmen des Niederschlages mit Wasser, aus Benzin gelbliche Nadeln. Schmelzp. 101—102°[1].
Thiohydrochinonmonoessigsäure $C_8H_8O_2S_2$. Durch Verseifen von p-Äthylxanthogenphenylenthioglykolsäure, aus Benzin + Benzol Nadeln. Schmelzp. 108,5—109,5°. Die schwach alkalische Lösung wird durch Luft zum p, p′-Bisthioglykolsäurediphenylsulfid oxydiert[1].
p, p′-Bisthioglykolsäure-diphenylsulfid $C_{16}H_{14}O_4S_4$. Aus Essigester Nädelchen. Schmelzpunkt 166,5°[1].
p-Phenylen-bisthioglykolsäure $C_{10}H_{10}O_4S_2$. Verseifen roher p-Äthylxanthogenphenylenthioglykolsäure, Umsetzen mit Na-Chloracetat, aus heißem Wasser, farblose Modifikation. Schmelzp. 210—214°. Durch Erhitzen mit Ameisensäure gelbe Modifikation, Sintern bei 208—209°. Schmelzp. 214°. Gemessen wurde die Leitfähigkeit $K = 0.04507$[1].
Naphthyl-1-thioglykolsäure. Aus Aminonaphthalinsulfosäure, die über die Diazoverbindung und Kupplung mit Chloressigsäure zur Naphthylthioglykolsulfosäure umgesetzt ist, und aus der durch Kochen mit starker H_2SO_4 die SO_3H-Gruppe abgespalten wird[3].
Chlor-1-naphthylthioglykolsäure. Durch Chlorierung von 1-Naphthylthioglykolsäure. Aus Benzol Nadeln. Schmelzp. 135°[4].
Na-Salz, farblose Blättchen[4].
Amid, aus wässerigem Alkohol Krystalle, Schmelzp. 151°[4].
2-Cyan-naphthalin-1-thioglykolsäure. Schmelzp. 137—138°[5].
2-Amino-naphthalin-1-thioglykolsäure[5].
Anthrachinon-1-thioglykolsäure-2-carbonsäure. Durch Einwirkung von Thioglykolsäure auf 1-Diazoanthrachinon-2-carbonsäure. Gelbbraun, Schmelzp. 315—316° (unter Zers.), löslich in H_2SO_4 mit violettroter, in NaOH mit braungelber Farbe und gelber Fluorescenz[6].
S-[2-Carboxypyridyl-3-]thioglykolsäure $C_8H_7O_4NS$. Aus der aus β-Aminopicolinsäure in normaler Weise hergestellten Diazoverbindung durch Eingießen in eine Lösung von Thioglykolsäure bei 0°. Nach Zusatz von HCl scheiden sich beim Stehen gelbe Krystalle aus. Aus Wasser flache, gelbe Nadeln. Zersetzung bei 207—208°. Unlöslich in Alkohol und verdünnten Säuren, sehr löslich in Wasser, leicht löslich in verdünnter NH_3[7].
Ag-Salz. In Säure sehr löslich[7].
Benzimidazol-2-thioglykolsäure $C_9H_8O_2NS$. Aus o-Phenylenthioharnstoff und Chloressigsäure, in siedendem Wasser 3 Stunden, Nadeln aus Wasser. Schmelzp. 215°[8].
1, 4, 5, 6-Tetrahydropyrimidin-2-thioglykolsäureäthylester $C_8H_{14}O_2N_2S$. Nädelchen aus Alkohol, Zersetzung ab 200°. Schmelzp. 256°. Unlöslich, außer in Wasser und Alkohol. Liefert mit siedender $NaOC_2H_5$-Lösung Thioglykolsäure[8].
4-Keto-3, 4-dihydrochinazolin-2-thioglykolsäureäthylester $C_{12}H_{12}O_3N_2S$. Öliges Rohprodukt siedet unter sehr niedrigem Druck innerhalb weiter Grenzen. Eine höhere Fraktion lieferte bei kurzem Durchblasen von Luft wenig Ester, Nadeln aus Alkohol. Schmelzp. 149°[8].
Thiodiglykolsäure $S(CH_2 \cdot COOH)_2$ wird nach R. M. Hill und H. B. Lewis[9] im tierischen Organismus nicht oxydiert und zeigt keine giftigen Eigenschaften. — Thiodiglykolsäure vermag nach E. Hesse[10] $HgCl_2$ nicht zu entgiften. — Über die Oxydation einer Harnsäure-

---

[1] O. Behaghel: J. prakt. Chem. [2] **114**, 287—312 (1926) — Chem. Zbl. **1927 I**, 1156.
[2] J. Ch. A. Chivers u. S. Smiles: J. chem. Soc. Lond. **1928**, 697—702 — Chem. Zbl. **1928 I**, 2618.
[3] Kalle & Co., A.-G.: D.R.P. 414853 v. 17. Febr. 1923, ausg. 8. Juni 1925; Chem. Zbl. **1925 II**, 773.
[4] Gesellschaft f. Chem. Ind. in Basel: D.R.P. 474560 v. 15. Okt. 1926, ausg. 5. April 1929; Chem. Zbl. **1929 II**, 487.
[5] I. G. Farbenindustrie A.-G.: E.P. 306575 v. 18. Nov. 1927, ausg. 21. März 1929; E.P. 306607 v. 18. Nov. 1927, ausg. 21. März 1929; F.P. 650955 v. 16. März 1928, ausg. 13. Febr. 1929; Chem. Zbl. **1929 II**, 795.
[6] I. G. Farbenindustrie A.-G.: D.R.P. 469911 v. 3. Febr. 1927, ausg. 29. Dez. 1928; Zus. zu D.R.P. 460087; Chem. Zbl. **1929 II**, 1719, 2104.
[7] E. Plaček u. S. Sucharda: Ber. dtsch. chem. Ges. **59**, 2282—2284 (1926) — Chem. Zbl. **1926 II**, 2431 — Roczn. Chemji **7**, 187—191 — Chem. Zbl. **1928 I**, 2091.
[8] H. W. Stephen u. F. J. Wilson: J. chem. Soc. Lond. **1928**, 1415—1422 — Chem. Zbl. **1928 II**, 665.
[9] R. M. Hill u. H. B. Lewis: J. of biol. Chem. **59**, 557—567 — Chem. Zbl. **1924 II**, 697.
[10] E. Hesse: Arch. f. exper. Path. **117**, 266—278 (1926) — Chem. Zbl. **1927 I**, 2217.

lösung durch Dithioglykolsäure durch deren Übergang in die Thioglykolsäure und über den beschleunigenden Einfluß von Cu und Methylenblau und über den hemmenden Einfluß von KCN auf diese Reaktion berichtet S. Dobrowolska[1].

Dithiodiglykolsäure. Bei Gegenwart von völlig metallfrei hergestellter Dithiodiglykolsäure wird Thioglykolsäure bei 37° aerob und anaerob 2—4mal schneller oxydiert als ohne Zugabe der Disulfidverbindung[2]. — H. Wieland und W. Franke[3] berichten über Na-Dithiodiglykolat als H_2-Acceptor beim Rosten des Eisens. — Dithiodiglykolsäure wird wie die β-Dithiodipropionsäure und die α-Dioxy-β-dithiopropionsäure im Organismus von Ratten leicht oxydiert, unabhängig, ob sie per os oder subcutan zugeführt wurde, dient aber nicht als Cystinersatz. Der S wird in Form von H_2SO_4 ausgeschieden[4].

Benzaldithioglykolsäureanilid $C_{23}H_{22}O_2N_2S_2$. Beim Kochen von Thioglykolsäureanilid mit Benzaldehyd in Eisessig, Nädelchen aus siedendem Alkohol. Schmelzp. 178°. Unlöslich in Wasser[5].

α-Thiomilchsäure.
α-Mercapto-propionsäure.

Darstellung: E. Larsson[6] gibt folgende Darstellungsweise von Thiomilchsäure durch Elektroreduktion an: Eine 50proz. wässerige Lösung einer 91proz. Brenztraubensäure wird bei 60° mit H_2S gesättigt, mit dem gleichen Volumen 4n-H_2SO_4 verdünnt. Die so entstandene, Trithiodilactylsäure enthaltende Mischung wird unter starkem Rühren elektrolysiert und nach Zuführung von 30% mehr, als der berechneten Strommenge entspricht, die Thiomilchsäure extrahiert. Ausbeute 70%.

Biochemische Eigenschaften: Thiomilchsäure (als Na-Salz) wurde nach R. M. Hill und H. B. Lewis[7] bei Kaninchen nach subcutaner oder peroraler Zufuhr leicht oxydiert, wobei 50% des Harn-S als Sulfat-S auftraten; dabei war sie in den verfütterten Mengen (0,658 g pro 2,5 kg) völlig ungiftig.

Thiomilchsäure vermag nach E. Hesse[8] $HgCl_2$ nicht zu entgiften.

Nach C. Voegtlin, H. A. Dyer und C. S. Leonard[9, 10] wirkt α-Thiomilchsäure der toxischen Wirkung von Verbindungen des Typus R—As = O auf Trypanosoma equiperdum in vitro und in der Ratte entgegen. Bei vergifteten Ratten wirkt diese Verbindung verzögernd auf den Eintritt des Todes.

Physikalische Eigenschaften: E. Larsson[11] bestimmte aus der elektrischen Leitfähigkeit und colorimetrisch für α-Thiomilchsäure folgende Dissoziationskonstanten bei 25°: für $K_1 = 2,0 \cdot 10^{-4}$ und für K_2 bei 20° = $2,0 \cdot 10^{-11}$.

R. K. Cannan und B. C. J. G. Knight[12] bestimmten für α-Thiomilchsäure mit der H-Elektrode die Dissoziationskonstanten. Als scheinbare Dissoziationskonstanten wurden folgende Werte gefunden: In 0,025 bzw. 0,01 m-Lösungen für $pK_1' = 3,6$ bzw. 3,7, für $pK_2' = 10,3$ bzw. 10,3.

Nach Untersuchungen von P. A. Levene und L. A. Mikeska[13, 14] über die optische Drehung der Thiomilchsäure bestehen folgende Beziehungen:

---

[1] S. Dobrowolska: C. r. Soc. Biol. Paris **99**, 1022—1023 (1928) — Chem. Zbl. **1929 I**, 102.
[2] D. C. Harrison: Biochemic. J. **21**, 1404—1415 — Chem. Zbl. **1928 II**, 33.
[3] H. Wieland u. W. Franke: Liebigs Ann. **469**, 257—308 — Chem. Zbl. **1929 II**, 20.
[4] B. D. Westermann u. W. C. Rose: J. of biol. Chem. **79**, 423—428 (1928) — Chem. Zbl. **1929 I**, 102.
[5] R. Andreasch: Sitzgsber. Akad. Wiss. Wien , Math.-naturwiss. Kl. **137**, 122—132 — Mh. Chemie **49**, 122—132 — Chem. Zbl. **1928 II**, 1093.
[6] E. Larsson: Sv. kem. Tidskr. **40**, 149—150 — Chem. Zbl. **1928 II**, 234.
[7] R. M. Hill u. H. B. Lewis: J. of biol. Chem. **59**, 527—567 — Chem. Zbl. **1924 II**, 697.
[8] E. Hesse: Arch. f. exper. Path. **117**, 266—278 (1926) — Chem. Zbl. **1927 I**, 2217.
[9] C. Voegtlin, H. A. Dyer u. C. S. Leonard: Publ. Health Rep. **1923**, Nr 860, 32 S. — Chem. Zbl. **1924 I**, 1964.
[10] C. Voegtlin, H. A. Dyer u. C. S. Leonard: Publ. Health Rep. **38**, 1882—1913 (1923) — Ber. Physiol. **31**, 150 — Chem. Zbl. **1925 II**, 1541.
[11] E. Larsson: Z. anorg. u. allg. Chem. **172**, 375—384 — Chem. Zbl. **1928 II**, 624.
[12] R. K. Cannan u. B. C. J. G. Knight: Biochemic. J. **21**, 1384—1390 (1927) — Chem. Zbl. **1928 I**, 2079.
[13] P. A. Levene u. L. A. Mikeska: J. of biol. Chem. **60**, 1—3 — Chem. Zbl. **1924 II**, 1579.
[14] P. A. Levene u. L. A. Mikeska: J. of biol. Chem. **63**, 85—93 — Chem. Zbl. **1925 I**, 2368.

l-α-Brompropionsäure aus d-α-Alanin		Xanthogensäureester der Thiomilchsäure	
$[\alpha]_D^{20} = -21{,}65°$	$\xrightarrow{\text{mit K-Xanthogenat}}$	$[\alpha]_D^{20} = +38{,}5°$ Ae, $c = 4{,}73$	$\xrightarrow{\text{mit alkoholischem NH}_3}$
Thiomilchsäure vom Kochp.$_{16}$ = 95—100°		d-α-Sulfopropionsäure als Ba-Salz isoliert	
$[\alpha]_D^{20} = +19{,}90°$	$\longrightarrow$	$[\alpha]_D^{20} = +10{,}51°$ in verdünnter HCl, c = 3,14.	

Weiter werden von den Verfassern die molekularen Drehungen der Säure ($[M]_D + 58{,}98°$), des Mono- ($[M]_D -5{,}58°$) und des Disalzes ($[M]_D +7{,}32°$) mit den Drehungen der Homologen verglichen.

Chemische Eigenschaften: Die aus Thiomilchsäure dargestellte Sulfosäure dreht nach P. A. Levene und L. A. Mikeska[1] in derselben Richtung wie die Ausgangsverbindung, allerdings um einen etwas geringeren Betrag.

Thiomilchsäure wirkt nach Ch. Moureu, Ch. Dufraisse und M. Badoche[2] Acrolein gegenüber einige Zeit antioxygen.

Über die sogenannte Thioglykolsäurereaktion der α-Thiomilchsäure berichtet R. Andreasch[3].

Derivate: Fe-Salz. Über das Fe-Salz der Thiomilchsäure als instabile Persäure berichtet N. Tarugi[4]. — Ferro-Thiomilchsäure reagiert nicht mit CO[5].

α-Auromercaptopropionsäure. Aus α-Thiomilchsäure mit KAuBr$_4$. Gelbes Pulver mit einem Au-Gehalt von 60,5%. Die Umsetzung kann in neutralem, saurem oder alkalischem Medium, mit oder ohne Zusatz von SO$_2$ erfolgen. Die Verbindung besitzt wertvolle therapeutische Eigenschaften[6].

β-Phenyl-thiomilchsäure $C_9H_{10}O_2S$. Aus Sulfhydrylzimtsäure in NaOH mit 2proz. Na-Amalgam reduziert, mit HCl angesäuert, mit Äther extrahiert, über das amorphe in Wasser lösliche Ba-Salz gereinigt. Schwach unangenehm sauer riechender, dicker Sirup, nicht ohne teilweise Zersetzung destillierbar. Gibt in wässeriger Suspension mit einer Spur NH$_3$ und FeCl$_3$ eine intensive, aber rasch verschwindende kupfervitriolblaue Färbung[7].

β-Thiomilchsäure.
β-Mercaptopropionsäure, Thio-hydracrylsäure.

Physikalische Eigenschaften: E. Larsson[8] bestimmte aus der elektrischen Leitfähigkeit und colorimetrisch für β-Thiomilchsäure folgende Dissoziationskonstanten bei 25°: für $K_1 = 0{,}46 \cdot 10^{-4}$ und für K_2 bei 20° = $2{,}9 \cdot 10^{-11}$.

Derivate: β-Auromercaptopropionsäure. Aus β-Thiomilchsäure und KAuBr$_4$. Gelbes Pulver mit einem Au-Gehalt von 60,5%. Die Umsetzung kann in neutralem, saurem oder alkalischem Medium, mit oder ohne Zusatz von SO$_2$ erfolgen. Die Verbindung besitzt wertvolle therapeutische Eigenschaften[6].

Verbindung aus Isoamylquecksilberchlorid und β-Thiomilchsäure. Weiße Masse, sintert bei 160°. Schmelzp. bei 215° (Zers.), unlöslich in Wasser und verdünnter HCl, löslich in Alkohol und Äther[9].

Kondensationsprodukt aus p-Acetylaminophenylarsinoxyd + β-Mercaptopropionsäure. Gelbes oder weißes Pulver. Schmelzp. 120—126°. Löslich in heißem Wasser, Alkohol, Aceton, unlöslich in konzentrierter HCl, Äther[10].

---

[1] P. A. Levene u. L. A. Mikeska: J. of biol. Chem. **70**, 365—380 (1926) — Chem. Zbl. **1927 I**, 596.

[2] Ch. Moureu, Ch. Dufraisse u. M. Badoche: C. r. Acad. Sci. Paris **179**, 237—243 — Chem. Zbl. **1924 II**, 1430.

[3] R. Andreasch: Sitzgsber. Akad. Wiss. Wien, Math.-naturwiss. Kl.**137**, 122—132 — Mh. Chem. **49**, 122—123 — Chem. Zbl. **1928 II**, 1093.

[4] N. Tarugi: Ann. chim. Appl. **15**, 416—426 (1925) — Chem. Zbl. **1926 I**, 3606.

[5] W. Cremer: Biochem. Z. **206**, 228—239 — Chem. Zbl. **1929 I**, 2164.

[6] Chemische Fabrik auf Akt., vorm. E. Schering, W. Schoeller u. H. G. Allardt: A.P. 1683104 v. 10. Febr. 1927, ausg. 4. Sept. 1928; E.P. 266346 v. 15. Febr. 1927, Auszug veröff. 13. April 1927, Zus. zu E.P. 265777; Chem. Zbl. **1927 II**, 1081; Holl.P. 19478 v. 1. Febr. 1927, ausg. 15. Febr. 1929; Schwz.P. 125090 v. 16. Febr. 1927, ausg. 16. März 1928; Chem. Zbl. **1929 II**, 1430.

[7] Ch. Gränacher: Helvet. chim. Acta **5**, 610—624 — Chem. Zbl. **1922 III**, 673.

[8] E. Larsson: Z. anorg. u. allg. Chem. **172**, 375—384 — Chem. Zbl. **1928 II**, 624.

[9] M. S. Kharasch: A.P.1672615 v. 29. Juni 1927, ausg. 5. Juni 1928; Chem. Zbl. **1929 I**, 1045.

[10] M. S. Kharasch: A.P. 1677392 v.21. Jan. 1927, ausg. 17. Juli 1928; Chem. Zbl. **1929 I**, 805.

Verbindung aus p-Acetylaminophenylstibinchlorid und β-Thiomilchsäure. Sintert bei 100—102°. Schmelzp. 105—107°. Löslich in Wasser, leicht löslich in Alkalien[1].

α-Naphthyl-alanin.
β-(α-Naphthyl-)α-amino-propionsäure.

Darstellung: T. Sasaki und J. Kinse[2] stellen d, l-α-Naphthylalanin durch Reduktion von Dinaphthylglycinanhydrid, das aus α-Naphthylaldehyd mit Glycinanhydrid gewonnen war, durch Reduktion mit HJ ($D=1{,}7$) und rotem P dar. Schuppenartige Krystalle vom Schmelzpunkt 240° (unter Zersetzung).

Biochemische Eigenschaften: α-Naphthylalanin wird nach T. Sasaki und J. Kinse[2] durch Proteusbakterien zu α-Naphthylmilchsäure desaminiert.

p-Methoxyphenylserin.
β-(p-Methoxyphenyl-)β-oxy-α-aminopropionsäure.

Derivate: β-p-Methoxyphenyl-β-methoxy-α-aminopropionsäure $C_{11}H_{15}O_4N$. Aus β-p-Methoxyphenyl-β-methoxy-α-jodpropionsäure, die in entsprechender Weise wie die β-Phenyl-β-methoxy-α-aminopropionsäure über die Jodpropionsäure aus p-Methoxyzimtsäureäthylester, Hg-Acetat und KJ dargestellt war, durch Umsetzung mit Ammoniak und Verseifung. Ausbeute ist gering. Aus Alkohol, Platten. Schmelzp. 233° unter Gasentwicklung und Braunfärbung. Die β-p-Methoxyphenyl-β-oxyaminopropionsäure war unter allen Versuchsbedingungen nur in ganz geringer Ausbeute zu gewinnen[3].

β-[p-Methoxybromphenyl-]β-methoxy-α-aminopropionsäure $C_{11}H_{14}O_4NBr$. Über den β-p-Methoxyphenyl-β-methoxy-α-bromquecksilberpropionsäureäthylester aus p-Methoxyzimtsäureäthylester, Hg-Acetat und KBr, durch Umsetzung mit Ammoniak und Verseifung. Aus heißem Wasser schwach gelbliche Platten. Schmelzp. 224° unter Gasentwicklung und Braunfärbung, unlöslich in Alkohol, Äther, Essigester und Chloroform, wenig löslich in Wasser[3].

Phenylisocyanatverbindung $C_{18}H_{19}O_5NBr$. Leicht löslich in Alkohol, Essigester, Äther, Chloroform, wenig löslich in Wasser, unlöslich in Petroläther[3].

Furylalanin.
β-Furyl-α-amino-propionsäure.

Darstellung: Ch. Gränacher[4] gibt folgende Darstellungsmethode für Furylalanin an: Aus α-Fural-N-phenylrhodamin durch Spaltung mit wässerigem Baryt wird α-Furylthiobrenztraubensäure gewonnen, die durch Erwärmen mit alkoholischem NH_2OH in α-Furylbrenztraubensäureoxim umgewandelt wird (aus Benzol feine Nadeln, Schmelzp. 145°). Das Oxim wird in Alkohol auf dem Wasserbade mit 2proz. Na-Amalgam unter Sauerhalten der Lösung mit konzentrierter Milchsäure zu Furylalanin reduziert. Zersetzung bei 252° unter Gasentwicklung.

Biochemische Eigenschaften: Nach T. Sasaki und O. Otsuka[5] wird d, l-β-Furyl-α-alanin durch Proteusbacillen zu β-Furyl-α-milchsäure desaminiert.

Chemische Eigenschaften: Furylalanin gibt nach E. Waser und E. Brauchli[6] beim Erhitzen in sodaalkalischer Lösung mit einer kleinen Menge p-Nitrobenzoylchlorid eine dunkelweinrote bis violettblaue Färbung. Die Gegenwart von Na-Bisulfit, Na-Hyposulfit, Na-Sulfid verhindert die Reaktion, während Sulfat, Thiosulfat und kolloidaler S ohne Einfluß sind. Die o- und m-Verbindung, Benzoylchlorid, p-Nitrophenol, p-Nitrobenzoesäure und p-Nitrobenzaldehyd zeigen die Reaktion nicht, außerdem bleibt die Färbung bei Gegenwart von Na-Acetat oder Chinolin aus, zeigt sich aber sonst bei jeder alkalischen Substanz (auch Pyridin).

---

[1] E. Lilly & Co., M. S. Kharasch: A.P. 1684920 v. 24. Jan. 1928, ausg. 18. Sept. 1928; Chem. Zbl. **1929 I**, 1047.

[2] T. Sasaki u. J. Kinse: Biochem. Z. **121**, 171—174 — Chem. Zbl. **1921 III**, 1250.

[3] W. Schrauth u. H. Geller: Ber. dtsch. chem. Ges. **55**, 2783—2796 (1922) — Chem. Zbl. **1923 I**, 305.

[4] Ch. Gränacher: Helvet. chim. Acta **5**, 610—624 — Chem. Zbl. **1922 III**, 673.

[5] T. Sasaki u. O. Otsuka: Biochem. Z. **135**, 504—505 — Chem. Zbl. **1923 III**, 682.

[6] E. Waser u. E. Brauchli: Helvet. chim. Acta **7**, 740—758 — Chem. Zbl. **1924 II**, 947.

Derivate: **β-(Furyl-2-)α-(N-β-furylureido-)propionsäure.** Aus Furylalanin in wässeriger NaOH mit Phenylisocyanat, mit HCl angesäuert, aus verdünntem Alkohol Nadeln, in Wasser unlöslich, in Alkohol leicht löslich. Schmelzp. 177—178° (unkorr.) bei 174—175° Sintern[1].

α-Oxy-n-buttersäure.
Butanol-(2-)säure, Äthylglykolsäure.

Darstellung: Über die Darstellung der α-Oxybuttersäure über das α-Oxybuttersäurenitril aus HCN und Propionsäurealdehyd in Gegenwart von $CHCl_3$ und Dioxan berichtet I. G. Farbenindustrie A.-G.[2].

Biochemische Eigenschaften: H. Katagiri[3] untersucht die Wirkung der α-Oxybuttersäure auf die Gärung. Sie wirkt hemmend, dabei besteht stets eine hyperbolische Beziehung zwischen der Gärwirkung und der Konzentration der freien Säure.

α-Oxybutyrate wurden nach M. Stephenson[4] in Gegenwart von Methylenblau durch eine zellfreie, aus Bacterium coli gewonnene Milchsäure-Dehydrogenase angegriffen.

Milchsäuredehydrase, aus Hefe dargestellt, wirkt nach F. Bernheim[5] spezifisch auf Milchsäure und α-Oxybuttersäure.

Von E. Rosling[6] isolierte Enzyme aus Muskeln griffen α-Oxybuttersäure an.

Physikalische Eigenschaften: Nach P. A. Levene, T. Mori und L. A. Mikeska[7] gilt für die Oxy-n-buttersäure die Regel, da sie zur Konfiguration der l-Milchsäure gehört, daß die Drehung beim Übergang vom unionisierten (freie Säure, +2,40°) zum ionisierten Zustand (Salz, —9,55°) sich nach rechts verändert.

D. Vorländer und R. Walter[8] messen die „spezifische Doppelbrechung" $[D]$ von α-Oxybuttersäure.

J. M. Kolthoff und F. Tekelenburg[9] bestimmten mit der H- und Chinhydronelektrode die $[H^+]$ verschiedener Lösungen von α-Oxybuttersäure, ihren Salzen und Gemischen der Säure mit den Salzen zwischen 10—60°.

Chemische Eigenschaften: Werden wässerige Lösungen von α-n-Oxybuttersäure (Na-Salz) 4 Tage bei 70 at H-Druck in Gegenwart von Nickeloxyd und Tonerde auf 280—290° erwärmt, so entstehen nach W. Ipatjew und G. Rasuwajew[10] 25% n-Buttersäure, 10% α-Methyl-α′-äthylbernsteinsäure neben höheren einbasischen Säuren. Das Gasgemisch besteht zu 35% aus CH_4 und zu 65% aus H.

Die Flockungskraft der α-Oxybuttersäure (als Na-Salz) auf $Fe(OH)_3$- und As_2S_3-Lösungen ist nach E. Herrmann[11] größer als die der β-Oxybuttersäure.

Derivate: **α-n-Oxybuttersäureäthylester.** Über die Darstellung aus dem α-Ketobuttersäureäthylester berichtet C. H. Boehringer Sohn[12].

α-n-Oxybuttersäureäthylenester. Bildung aus Mononatriumäthylenglykol und α-Brom-n-buttersäure. Ausbeute 62%. Farblose, dicke Flüssigkeit, $Kochp._{20}$ 104,5—105°. Außerdem wurde die Hydrolysen- und Lactonisierungsgeschwindigkeit der Verbindung gemessen. Die Messungen wurden in saurer Wasser-Acetonlösung bei 25° durchgeführt und folgende Werte erhalten:

K	$\dfrac{k_1+k_2}{c}$	$\dfrac{k_1}{c}$	$\dfrac{k_2}{c}$	Beim Gleichgewichtszustand in Oxysäure verwandelte Lactonmenge in Proz.:
1,261	0,283	0,158	0,125	55,8

c = Normalität der katalysierenden Säure[13].

---

[1] Ch. Gränacher: Helvet. chim. Acta **5**, 610—624 — Chem. Zbl. **1922 III**, 673.
[2] I. G. Farbenindustrie A.-G.: E.P. 300040 v. 28. Dez. 1927, ausg. 29. Nov. 1928; Chem. Zbl. **1929 I**, 2584.
[3] H. Katagiri: Biochemic. J. **21**, 494—506 (1927) — Chem. Zbl. **1928 II**, 584.
[4] M. Stephenson: Biochemic. J. **52**, 605—614 — Chem. Zbl. **1928 II**, 1220.
[5] F. Bernheim: Biochemic. J. **22**, 1178—1191 (1928) — Chem. Zbl. **1929 I**, 911.
[6] E. Rosling: Skand. Arch. Physiol. (Berl. u. Lpz.) **45**, 132—155 — Chem. Zbl. **1924 II**, 347.
[7] P. A. Levene, T. Mori u. L. A. Mikeska: J. of biol. Chem. **75**, 337—365 — Chem. Zbl. **1928 II**, 760.
[8] D. Vorländer u. R. Walter: Physik. Z. **25**, 571—575 (1924) — Chem. Zbl. **1925 I**, 617.
[9] J. M. Kolthoff u. F. Tekelenburg: Rec. Trav. chim. Pays-Bas et Belg. (Amsterd.) **46**, 33—41 — Chem. Zbl. **1927 I**, 2344.
[10] W. Ipatjew u. G. Rasuwajew: Ber. dtsch. chem. Ges. **61**, 634—637 — Chem. Zbl. **1928 I**, 2801.
[11] E. Herrmann: Helvet. chim. Acta **9**, 785—792 (1926) — Chem. Zbl. **1927 I**, 251.
[12] C. H. Boehringer Sohn: A.P. 1614195 v. 20. Febr. 1925, ausg. 11. Jan. 1927, F.P. 593470 v. 17. Febr. 1925, ausg. 24. August 1927; Chem. Zbl. **1927 I**, 1741.
[13] E. Hollo: Ber. dtsch. chem. Ges. **61**, 895—906 — Chem. Zbl. **1928 I**, 2802.

γ-Oxy-n-buttersäure.

Butanol-(4-)säure, γ-Oxy-propan-α-carbonsäure.

Biochemische Eigenschaften: Nach R. C. Corley und C. S. Marvel[1] wirkt γ-Oxybuttersäure am völlig phlorrhizinierten Hunde als Zuckerbildner.

Derivate der d-, l-, und d, l-γ-Oxybuttersäure: Na-γ-Oxybutyrat $C_4H_7O_3Na$. Krystallisiert aus Alkohol. Wurde aus der γ-Phenoxybuttersäure durch Ersatz der Phenoxygruppe mittels Br über die γ-Brombuttersäure, die mittels C_2H_5ONa zum γ-Butyrolacton anhydrisiert, mit NaOH wieder aufgespalten wurde, dargestellt[2].

γ-Phenoxybuttersäure, aus Phenoxypropylcyanid + HCl, Kochp.$_{18}$ 192—197°. Ausbeute 61%[2].

Phenyl-γ-oxybuttersäure. Die synthetisch hergestellte Säure wurde über die Brucinsalze in ihre optisch aktiven Komponenten gespalten, 2 Mol freie Säure wurden in Alkohol gelöst und mit Brucin versetzt[3].

d, l-Na-Salz. Enthält 2 Mol Krystallwasser[3].

d-Na-Salz. Das aus dem Alkohol auskrystallisierende d-Brucinsalz wird mit der berechneten Menge NaOH versetzt, das abgeschiedene Brucin abfiltriert, das Filtrat mit CO_2 gesättigt, eingedampft, der Rückstand mit Alkohol ausgekocht. Aus der Lösung scheidet sich das Na-Salz in glänzenden Blättchen ab. $[\alpha]_D^{15} = +12,87°$ (g 0,2163, G 7,607, D 1,0097)[3].

l-Na-Salz. Das Filtrat des d-Brucinsalzes gab ein Na-Salz, das aus Alkohol umkrystallisiert $[\alpha]_D^{15} = -13,16°$ (g 0,4342, G 7,9580, D 1,0183) zeigte. Nach Annahme der Verfasser findet die Bildung der l-Phenyl-γ-oxybuttersäure nicht dadurch statt, daß von der Racemverbindung nur die d-Form abgebaut wird, sondern die Benzoylverbindung wird asymmetrisch reduziert[3].

γ-Butyrolacton.

Butanolid-(3,1).

Vorkommen: Über das Vorkommen des γ-Butyrolactons im Holzessig berichtet J. Seib[4]. Farblose Flüssigkeit. Kochp. 204°.

Bildung: Über die Bildung von γ-Butyrolacton aus Glutarsäure durch Einwirkung von Jod auf die Ag-Salze der Glutarsäure, mit einer Ausbeute von 30% berichten A. Windaus und F. Klänhardt[5].

Physikalische Eigenschaften: C. S. Marvel und E. R. Birkhimer[2] geben folgende Konstanten an: Kochp. 202—206°; D_{28} 1,1054, $n_D^{26,5}$ = 1,4343.

Chemische Eigenschaften: E. A. Moelwyn-Hughes[6] berichtet über quantitative Untersuchungen über die Hydrolyse von Glucosiden, γ-Butyrolacton und über die Mutarotation von Glucose.

Über die Gewinnung von Bernsteinsäure aus γ-Butyrolacton durch dessen Spaltung mit HNO_3 (D. 1,4) berichtet Verein f. chem. Ind. A.-G.[7].

Derivate: β-Methylbutyrolacton $C_5H_8O_2$. Kochp.$_{12}$ 88°. Dies und die folgenden Lactone, mit Ausnahme von α-Methyl-γ-butyrolacton und β, β-Dimethyl-γ-butyrolacton, wurden durch Einwirkung von J auf die entsprechenden Ag-Salze der Glutarsäureverbindungen hergestellt, ferner wurde die Verseifungsgeschwindigkeit in $^1/_{200}$ n-Lösung in 25 proz. Alkohol untersucht[8].

α-Methyl-γ-butyrolacton. Wird durch Spaltung von γ-Phenoxy-α-methylbuttersäure erhalten[9].

β, β-Dimethyl-γ-butyrolacton wird mit 40% Ausbeute bei der Einwirkung von Jod auf das Silbersalz der β, β-Dimethylglutarsäure gewonnen. Kochp. 207—208°, beim Abkühlen

---

[1] R. C. Corley u. C. S. Marvel: J. of biol. Chem. **82**, 77—82 — Chem. Zbl. **1929 II**, 2068.

[2] C. S. Marvel u. E. R. Birkhimer: J. amer. chem. Soc. **51**, 260—262 — Chem. Zbl. **1929 I**, 1327.

[3] H. Thierfelder u. E. Schempp: Hoppe-Seylers Z. **114**, 94—100 — Chem. Zbl. **1921 III**, 1278.

[4] J. Seib: Ber. dtsch. chem. Ges. **60**, 1390—1399 — Chem. Zbl. **1927 II**, 888.

[5] A. Windaus u. F. Klänhardt: Ber. dtsch. chem. Ges. **54**, 581—587 (1921) — Chem. Zbl. **1921 I**, 933.

[6] E. A. Moelwyn-Hughes: Trans. Faraday Soc. **25**, 81—92 — Chem. Zbl. **1929 I**, 2874.

[7] Verein f. chem. Ind. A.-G.: D.R.P. 473262 v. 19. Dez. 1926, ausg. 14. März 1929 — Chem. Zbl. **1929 I**, 2820.

[8] S. S. G. Sircar: J. chem. Soc. Lond. **1928**, 898—903 — Chem. Zbl. **1928 I**, 3050.

[9] Fourneau u. Florence: Bull. Soc. chim. France [4] **43**, 1027—1040 — Chem. Zbl. **1928 II**, 2552.

krystalline Masse. Schmelzp. 55—58°, leicht löslich in Wasser und den üblichen organischen Lösungsmitteln, mit H_2O-Dämpfen flüchtig[1].

β-Äthylbutyrolacton $C_6H_{10}O_2$. Kochp.$_{12}$ 99°[2].
β-Methyl-β-äthylbutyrolacton $C_7H_{12}O_2$. Kochp.$_{10}$ 98°[2].
β,β-Diäthylbutyrolacton $C_8H_{14}O_2$. Kochp.$_{12}$ 117°[2].
β-Cyclopentanspirobutyrolacton $C_8H_{12}O_2$. Kochp.$_{11}$ 120—121°[2].
β-Cyclohexanspirobutyrolacton $C_9H_{14}O_2$. Kochp.$_{11}$ 138°[2].
γ-[p-Chlorphenyl-]butyrolacton $C_{10}H_9O_2Cl$. Durch Reduktion von β-[p-Chlorbenzoyl-]propionsäure mit Na-Amalgam, Kochp.$_{1-2}$ 140—150°, Kochp.$_{15}$ 210°, sirupös[3].

α-Oxy-iso-buttersäure.

Dimethyl-glykolsäure, Dimethoxalsäure, Acetonsäure, 2-Methylpropanolsäure.

Bildung: Über die Bildung der Oxy-iso-buttersäure aus Citronensäure in den Geweben der Citrusfrüchte berichtet E. Ajon[4].

Über die Bildung von α-Oxy-iso-buttersäure durch Oxydation mit $KMnO_4$ aus dem Dibromid des Tetramethylbutindiols berichtet Wl. Krestinsky[5] und aus dem Dijodid des Tetramethylbutindiols berichten J. Salkind, B. Rubin und A. Kruglow[6].

Darstellung: Über die Darstellung der α-Oxy-iso-buttersäure aus Acetoncyanhydrin durch Verseifung mit $H_2SO_4 \cdot 2 H_2O$ unter Zusatz von etwas NH_4Cl und eines Verdünnungsmittels wie CCl_4 berichtet The Roessler & Hasslacher Chemical Company[7].

Biochemische Eigenschaften: α-Oxy-iso-buttersäure hemmt nach H. Katagiri[8] auch in Form ihres Na-Salzes die Gärung, wobei stets eine hyperbolische Beziehung zwischen Gärwirkung und Säurekonzentration besteht.

Chemische Eigenschaften: G. Rasuwajew[9] untersuchte das Verhalten der α-Oxy-iso-buttersäure als Na-Salz in wässeriger Lösung während der Behandlung bei 80 at H-Druck unter Erwärmen auf 280°. Im Gas wurden 38,5% CH_4 und 63,2% CO_2 gefunden, neben Isobuttersäure wurde Essigsäure und Ameisensäure nachgewiesen.

Bei der Einwirkung von Thionylchlorid auf α-Oxy-iso-buttersäure entstehen nach E. E. Blaise und Montagne[10] α-Oxy-iso-buttersäureanhydrosulfid, α-Chlor-iso-buttersäurechlorid und Chlor-iso-butyryl-α-oxy-iso-buttersäurechlorid.

Derivate der d-, l- und d, l-α-Oxy-iso-buttersäure: Brucinsalz der l-Bor-oxy-iso-buttersäure. 2 Mol Oxy-iso-buttersäure werden mit 1 Mol Borsäure und 1 Mol Brucin in möglichst wenig absolutem Alkohol umgesetzt. Die Masse wird im Vakuumexsiccator auf 50° erwärmt, bis sie glasig wird, in absolutem Äther gelöst, eingedampft und so oft die Behandlung wiederholt, bis die Masse chloroformlöslich ist. Aus der Chloroformlösung wird eine gummiartige Masse mit Petroläther gefällt, die im Exsiccator krystallisiert. Der Niederschlag wird mit trockenem Petroläther extrahiert. Das Salz der linksdrehenden Form ist in Petroläther unlöslich und bleibt zurück. $[\alpha]_D = -50{,}2°$ (nach 7 tägiger Extraktion), $-55{,}8°$ (nach 17 Tagen) und $-55{,}1°$ (nach 22 Tagen)[11].

Brucinsalz der d-Form $[\alpha]_D = -25{,}6°$[11].

Salz der Racemform. $[\alpha]_D = -42°$[11].

o-Toluidinsalz der Bor-oxy-iso-buttersäure. Lange, flache Nadeln[11].

---

[1] A. Windaus u. F. Klänhardt: Ber. dtsch. chem. Ges. **54**, 581—587 (1921) — Chem. Zbl. **1921 I**, 933.
[2] S. S. G. Sircar: J. chem. Soc. Lond. **1928**, 898—903 — Chem. Zbl. **1928 I**, 3050.
[3] S. Skraup u. E. Schwamberger: Liebigs Ann. **462**, 135—158 — Chem. Zbl. **1928 II**, 347.
[4] E. Ajon: Riv. ital. delle essenze e profumi 8, 87—91, 99—103, 111—117 (1920) — Chem. Zbl. **1927 I**, 458.
[5] Wl. Krestinsky: Ber. dtsch. chem. Ges. **59**, 1930—1936 — Chem. Zbl. **1926 II**, 2287.
[6] J. Salkind, B. Rubin u. A. Kruglow: J. russ. phys.-chem. Ges. (russ.) **58**, 1044—1051 (1926) — Chem. Zbl. **1927 I**, 2059.
[7] The Roessler & Hasslacher Chemical Company: A.P. 1479874 v. 15. Okt. 1921, ausg. 8. Jan. 1924; Chem. Zbl. **1925 I**, 896.
[8] H. Katagiri: Biochemic. J. **21**, 494—506 — Chem. Zbl. **1928 II**, 584.
[9] G. Rasuwajew: Ber. dtsch. chem. Ges. **61**, 637—640 — Chem. Zbl. **1928 I**, 2802.
[10] E. E. Blaise u. Montagne: C. r. Acad. Sci. Paris **174**, 1553—1555 (1922) — Chem. Zbl. **1923 I**, 818.
[11] J. Boeseken, H. D. Müller u. R. T. Japhongjouw: Rec. Trav. chim. Pays-Bas et Belg. (Amsterd.) **45**, 919—922 (1926) — Chem. Zbl. **1927 I**, 1147.

α-Oxy-iso-buttersäureäthylester. Über die Darstellung des Esters aus Acetoncyanhydrin und Alkohol berichtet Canadian Electro Products Co. Ltd.[1]. — Aus α-Oxy-iso-buttersäure und Behandlung des Kondensationsproduktes mit 30proz. alkoholischer HCl berichtet American Cyanamid Co.[2]. — Entsteht aus dem Chlorhydrat des α-Amino-iso-buttersäure-äthylesters durch Einwirkung wässeriger $NaNO_2$-Lösungen[3]. — Über die Bildung von 1,1-Diphenyl-2-methylpropandiol-(1,2) aus dem Ester+C_6H_5MgBr nach Meerwein berichten Ramart-Lucas und E. Salmon-Legagneur[4]. — Über das Lösungsvermögen des Oxyisobuttersäureäthylesters für Celluloseester berichtet American Cyanamid Co.[5].

α-Oxy-iso-buttersäureäthylenester. Bildung aus Mononatriumäthylenglykol und α-Brom-iso-buttersäure, Ausbeute 35%. Dicke Flüssigkeit, Kochp.$_{20}$ 120—128°. Außerdem wurde die Hydrolysen- und Lactonisierungsgeschwindigkeit der Verbindung gemessen. Die Messungen wurden in saurer Wasser-Acetonlösung bei 25° durchgeführt und folgende Werte erhalten:

K	$\dfrac{k_1+k_2}{c}$	$\dfrac{k_1}{c}$	$\dfrac{k_2}{c}$	Beim Gleichgewichtszustand in Oxysäure verwandelte Lactonmenge in Proz.:
0,671	0,101	0,041	0,061	40,2

c = Normalität der katalysierenden Säure[6].

Methoxy-iso-buttersäure $C_5H_{10}O_3$. Entsteht bei der Einwirkung von wässeriger $NaNO_2$-Lösung auf das Chlorhydrat des α-Amino-iso-buttersäuremethylesters[3].

α-Acetoxy-iso-butyrylchlorid. Kochp.$_{17}$ 70°[7].

Acetyl-α-oxy-iso-butyrylanilid $C_{12}H_{15}O_3N$. Aus Phenylisonitril, Aceton und Eisessig bei langem Stehen. Nadeln, Schmelzp. 107—108°[8]. Schmelzp. 100°[7].

Salicyl-α-oxy-iso-buttersäureanilid $C_{17}H_{17}O_4N$. Aus Phenylisonitril, Salicylaldehyd und Aceton, aus Alkohol Nädelchen. Schmelzp. 118—119°. Mit siedender alkoholischer KOH entsteht Salicylsäure und α-Oxy-iso-buttersäureanilid[9].

Acetyl-α-oxy-β-chlorisobuttersäurechlorid $ClCH_2 \cdot C(CH_3) \cdot (O \cdot CO \cdot CH_3) \cdot COCl$. Aus der Säure durch Acetylchlorid und Thionylchlorid. Kochp.$_{12}$ 95°[10].

Acetyl-α-oxy-β-chlorisobuttersäureamid. Aus dem Säurechlorid in absoluter ätherischer Lösung durch Umsetzung mit trockenem NH_3. Aus Benzol Krystalle. Schmelzp. 117°[10].

Benzoyl-α-oxy-β-chlor-iso-buttersäureanilid $C_{17}H_{16}O_3NCl$. Aus Phenylisonitril, Benzoesäure und Monochloraceton, aus Alkohol Nädelchen. Schmelzp. 97—99°. Durchgängig leicht löslich, mit alkoholischer HCl entsteht α-Oxy-β-chlor-iso-buttersäureanilid[9].

α-Oxy-β,β-dichlor-iso-buttersäure. Durch Spaltung aus dem Anilid mit 50proz. HCl, aus Äther Krystalle. Schmelzp. 82—83°[9].

α-Oxy-β,β-dichlor-isobuttersäureanilid $C_{10}H_{11}O_2NCl_2$. Aus Phenylisonitril, asymmetrischem Dichloraceton und Wasser. Aus Chloroform kleine Prismen. Schmelzp. 132—133°. Mit 50proz. HCl bei 100° (20 Tage) entsteht α-Oxy-β,β-dichlor-iso-buttersäure[9].

α-Oxy-α-methylbuttersäureanilid $C_{11}H_{15}O_2N$. Aus der Acetylverbindung durch Spaltung mit alkoholischer KOH. Aus Benzol Nädelchen, aus Alkohol kleine Tafeln. Schmelzpunkt 114°[9].

Acetyl-α-oxy-α-methylbuttersäureanilid $C_{13}H_{17}O_3NCl$. Aus Phenylisonitril, Eisessig, Methyläthylketon, aus Wasser Nädelchen. Schmelzp. 71°. Durchgängig leicht löslich. Mit alkoholischer KOH entsteht α-Oxy-α-methylbuttersäureanilid[9].

Na-Salz der Phenylamino-acetoxy-iso-buttersäure-p-arsinsäure $C_6H_4(AsO_3H_2)^1 \cdot (NH \cdot CH_2 \cdot C \cdot (CH_3) \cdot (OCOCH_3) \cdot CO \cdot NH_2)$[4]. Chloroxy-iso-buttersäure wird zunächst mit Acetyl-

---

[1] Canadian Electro Products Co. Ltd.: F.P. 620807 v. 27. Aug. 1926, ausg. 29. April 1927; Chem. Zbl. **1927 II**, 502.

[2] American Cyanamid Co.: A.P. 1678719 v. 13. April 1927, ausg. 31. Juli 1928; Chem. Zbl. **1928 II**, 1615.

[3] A. L. Barker u. G. L. Skinner: J. amer. chem. Soc. **46**, 403—414 — Chem. Zbl. **1924 I**, 1910.

[4] Ramart-Lucas u. E. Salmon-Legagneur: Bull. Soc. chim. France (4) **45**, 718—734 — Chem. Zbl. **1929 II**, 3011.

[5] American Cyanamid Co.: F.P. 654912 v. 26. Mai 1928, ausg. 12. April 1929; Chem. Zbl. **1929 II**, 1229.

[6] E. Hollo: Ber. dtsch. chem. Ges. **61**, 895—906 — Chem. Zbl. **1928 I**, 2802.

[7] E. E. Blaise u. Herzog: C. r. Acad. Sci. Paris **184**, 1332—1333 — Chem. Zbl. **1927 II**, 558.

[8] M. Passerini: Gazz. chim. ital. **51 II**, 181—188 (1921) — Chem. Zbl. **1922 I**, 91.

[9] M. Passerini: Gazz. chim. ital. **54**, 529—540 — Chem. Zbl. **1924 II**, 2144.

[10] Les Etablissements Poulenc Frères: E.P. 543112 v. 2. März 1921, ausg. 28. August 1922; Chem. Zbl. **1924 II**, 1632.

chlorid, dann mit Thionylchlorid in das Chloracetoxy-iso-buttersäurechlorid umgesetzt, das in absoluter ätherischer Lösung mit trockenem NH_3 in das Amid übergeführt wird, das zu einer wässerigen Lösung von p-aminophenylarsinsaurem-Na zugesetzt wird. Es scheidet sich eine krystalline Masse ab, die durch Neutralisieren mit 25 proz. NaOH in das Na-Salz übergeführt wird. Blättchen, Verbindung besitzt stark desinfizierende Eigenschaften[1].

α-Chlor-iso-buttersäurechlorid. Bei der Einwirkung von Thionylchlorid auf α-Oxy-iso-buttersäure, Kochp. 113—114°[2].

Anilid. Schmelzp. 69—70°[2].

Chlor-iso-butyryl-α-oxy-iso-buttersäurechlorid $(CH_3)_2 \cdot CCl \cdot CO \cdot O \cdot C(CH_3)_2 \cdot COCl$. Als Nebenprodukt bei der Einwirkung von Thionylchlorid auf α-Oxy-iso-buttersäure. Kochpunkt$_{17}$ 99—101°[2].

Anilid. Schmelzp. 115°[2].

α, γ-Dioxybuttersäure.
1, 3-Dioxybuttersäure.

Bildung: Über die Bildung der α, γ-Dioxybuttersäure durch Hydrolyse aus Cyclopropan-1, 1-dicarbonsäure berichten B. H. Nicolet und L. Sattler[3].

Chemische Eigenschaften der d- und l-Dioxybuttersäure: d-Dioxybuttersäure hat nach J. M. E. Glattfeld und F. V. Sander[4] $[\alpha]_D^{20} = +20{,}29°$ und geht bei der Oxydation in d-Äpfelsäure über. Kochp.$_3$ etwa 96°. Das Strychninsalz krystallisiert aus Alkohol gut, wird durch Wasser schnell hydrolysiert. Das Cinchonin- und Ba-Salz und das Phenylhydrazid können nicht krystallinisch gewonnen werden.

l-Dioxybuttersäure hat nach den Verfassern[4] $[\alpha]_D^{20} = -20{,}05°$, geht bei der Oxydation in die l-Äpfelsäure über. Kochp.$_3$ etwa 96°. Das Verhalten des Strychnin-, Cinchonin- und Ba-Salzes und des Phenylhydrazides ist dem der d-Säure gleich.

Derivate der d-, l- und d, l-Dioxybuttersäure: Brucinsalz der d-Säure. $[\alpha]_D^{20} = -20{,}79°$. Das Salz der d-Säure ist schwerer löslich als das der l-Säure. Schmelzp. 169°[4].

Chininsalz. $[\alpha]_D^{20} = -106{,}4°$. Löslich in 2 Teilen Alkohol. Schmelzp. 149°[4].

Ca-Salz. $[\alpha]_D^{20} = +17{,}08°$. Löslich in 2 Teilen heißen Wassers[4].

Brucinsalz der l-Säure. $[\alpha]_D^{20} = -32{,}67°$. Schmelzp. 169°[4].

Chininsalz. $[\alpha]_D^{20} = -122{,}9°$. Löslich in 4 Teilen Alkohol. Schmelzp. 149°[4].

Ca-Salz. $[\alpha]_D^{20} = -17{,}33°$. Löst sich in 2,5 Teilen Wasser[4].

Phenylhydrazid der α, γ-Dioxybuttersäure. Schmelzp. 129,5°. Aus [β-Bromäthyl]-brommalonsäurediäthylester oder 2-Bromcyclopropan-1, 1-dicarbonsäurediäthylester beim Erhitzen mit HBr, Einwirkung von Ag_2O auf das Produkt und Kuppeln mit Phenylhydrazin[3].

α-Oxy-n-valeriansäure.
Propylglykolsäure, Pentanol-(2-)säure.

Chemische Eigenschaften: P. A. Levene und H. L. Haller[5] berichten über die Konfiguration der d-2-Oxyvaleriansäure, die sie durch Reduktion der Carboxylgruppe zu CH_3 in das Lävomethylpropylcarbinol überführen, woraus hervorgeht, daß die Säure zur l-Reihe gehört.

Die d-α-Oxyvaleriansäure zeigt nach P. A. Levene und H. L. Haller[5] $[\alpha]_D = +1{,}50°$ (Wasser; $c = 12{,}7$).

Chemische Eigenschaften: Die l-α-Oxy-n-valeriansäure zeigt nach P. A. Levene, T. Mori und L. A. Mikeska[6] $[\alpha]_D^{20} = -1{,}40°$ (Wasser) und $[M]_D^{20} = -1{,}65$. Die Säure wird aus der d-α-Brom-n-valeriansäure durch 5 stündiges Erhitzen mit Na_2CO_3 auf dem Wasserbade dargestellt.

---

[1] Les Établissements Poulenc Frères: E.P. 543112 v. 2. März 1921, ausg. 28. August 1922; Chem. Zbl. **1924 II**, 1632.

[2] E. E. Blaise u. Montagne: C. r. Acad. Sci. Paris **174**, 1553—1555 (1922) — Chem. Zbl. **1923 I**, 818.

[3] B. H. Nicolet u. L. Sattler: J. amer. chem. Soc. **49**, 2066—2071 — Chem. Zbl. **1927 II**, 1816.

[4] J. M. E. Glattfeld u. F. V. Sander: J. amer. chem. Soc. **43**, 2675—2682 (1921) — Chem. Zbl. **1922 III**, 344.

[5] P. A. Levene u. H. L. Haller: J. of biol. Chem. **77**, 555—562 — Chem. Zbl. **1928 II**, 537.

[6] P. A. Levene, T. Mori u. L. A. Mikeska: J. of biol. Chem. **75**, 337—365 (1925) — Chem. Zbl. **1928 II**, 760.

Derivate der d-, l- und d, l-α-Oxy-n-valeriansäure: Ba-Salz der d-Säure. $[\alpha]_D^{20} = -4,9°$ (Wasser; $c = 3,16$)[1].

d-Äthylester $C_7H_{14}O_3$. Kochp.$_{20}$ 81°. $[\alpha]_D^{20} = -5,05°$ (ohne Lösungsmittel 1 dm Rohr)[1].
Na-Salz der l-Säure. $[\alpha]_D^{20} = +2,65°$ und $[M]_D^{20} = +3,71$[2].
Ba-Salz, $C_{10}H_{18}O_6Ba \cdot 1/2\,H_2O$. Aus Wasser + Alkohol, wachsartige Platten[2].

α-d, l-**Oxy-n-valeriansäureäthylester.** Über die Darstellung des Esters aus Butyraldehydcyanhydrin und Alkohol berichtet Canadian Electro Products Co., Ltd[3].

γ-Oxy-n-valeriansäure.

Pentanol-(4-)säure-(1).

Physikalische Eigenschaften: P. A. Levene und H. L. Haller[4] bestimmen die optische Drehung der d-Säure (aus d-$\varDelta^5$-Hexenol-(2) über das Oximid hergestellt) zu $[\alpha]_D^{22} = +10,5°$ (Wasser; $c = 4,5$).

Die d-Säure aus dem Lävo-4-oxyvalerianaldehyd mit Ag_2O in siedendem Wasser, als Ag-Salz durch Fällung mit absolutem Alkohol isoliert, aus der Lösung des Ag-Salzes in 1n-HCl die freie Säure dargestellt, zeigt $[\alpha]_D^{22} = +18,8°$ ($c = 1,33$)[5].

Chemische Eigenschaften: Nach Konfigurationsbestimmungen konnten P. A. Levene und H. L. Haller[1] zeigen, daß die d-γ-Oxy-n-valeriansäure die Hydroxylgruppe auf der gleichen Seite der C-Kette trägt wie die d-2-Oxy-n-valeriansäure, da durch Reduktion die Verbindung in das enantiomorphe Lävomethylpropylcarbinol übergeht.

d-γ-Oxy-n-valeriansäure zeigt nach P. A. Levene und H. L. Haller[6] $[\alpha]_D^{22} = +14°$ (Wasser; 7,36%), bildet außer mit dem zur Spaltung geeignetsten Cinchonidin auch Salze mit Brucin, Chinin, Strychnin aber nicht mit Morphin.

Nach P. A. Levene und H. L. Haller[7] besitzt Dextro-4-oxyvaleriansäure die gleiche Konfiguration wie Lävo-4-chlorvaleriansäure und ist mit Dextro-3-oxybuttersäure konfigurativ verwandt und steht zur Dextro-milchsäure in konfigurativer Beziehung.

Derivate: Na-Salz der d-Säure. $[\alpha]_D^{22} = +2,7°$ (Wasser; 27,4%)[6].
Ba-Salz $C_{10}H_{18}O_6Ba$ $[\alpha]_D^{24} = +3,5°$ (Wasser; $c = 6,7$)[4].
Ag-Salz $[\alpha]_D^{22} = +5,4°$ (Wasser, $c = 3,0$)[5].

d-γ-**Oxy-valerylamid** $C_5H_{11}O_2N$. Bei der Darstellung nach der Methode von Curtius-Hofmann war das Amid schnell und mit guter Ausbeute, aber mit geringer spezifischer Drehung ($[\alpha]_D^{20} = +1°$) zu erhalten, während es nach der Methode von Hofmann nur mit 16% Ausbeute, aber mit einer Drehung von $[\alpha]_D^{20} = +13,3°$ zu erhalten war. Schmelzp. 56°. $[\alpha]_D^{22} = +9,4°$ (in absolutem Alkohol; 2,02%)[6].

Hydrazid der d-Säure $C_5H_{12}O_2N_2$. Wird aus dem l-Valerolacton durch Hydrazin hergestellt. Schmelzp. 71,5—72,5° (aus absolutem Alkohol, krystallisiert) $[\alpha]_D^{22} = +11,6°$ (in absolutem Alkohol; 3,7%)[6].

γ-Valerolacton.

γ-Methyl-butyrolacton, Pentanolid-(4, 1).

Vorkommen: Über das Vorkommen von γ-Valerolacton in der Rückstandssäurefraktion der Säure des Rohholzessigs berichtet J. Seib[8].

Über das Vorkommen von γ-Valerolacton im Holzgeist-Acetonöl berichten H. Pringsheim und A. Schreiber[9].

---

[1] P. A. Levene u. H. L. Haller: J. of biol. Chem. **77**, 555—562 — Chem. Zbl. **1928 II**, 537.
[2] P. A. Levene, T. Mori u. L. A. Mikeska: J. of biol. Chem. **75**, 337—365 — Chem. Zbl. **1928 II**, 760.
[3] Canadian Electro Products Co., Ltd.: F.P. 620807 v. 27. August 1926, ausg. 29. April 1927; Chem. Zbl. **1927 II**, 502.
[4] P. A. Levene u. H. L. Haller: J. of biol. Chem. **79**, 475—488 (1928) — Chem. Zbl. **1929 I**, 40.
[5] P. A. Levene u. H. L. Haller: J. of biol. Chem. **83**, 177—183 — Chem. Zbl. **1929 II**, 2435.
[6] P. A. Levene u. H. L. Haller: J. of biol. Chem. **69**, 165—173 — Chem. Zbl. **1926 II**, 2689.
[7] P. A. Levene u. H. L. Haller: J. of biol. Chem. **69**, 569—574 (1926) — Chem. Zbl. **1929 I**, 2629; J. of biol. Chem. **83**, 591—600 — Chem. **1929 II**, 3123.
[8] J. Seib: Ber. dtsch. chem. Ges. **60**, 1390—1399 — Chem. Zbl. **1927 II**, 888.
[9] H. Pringsheim u. A. Schreiber: Cellulosechemie **8**, 45—66 — Chem. Zbl. **1927 II**, 1224.

Bildung: Über die Bildung von γ-Valerolacton (Kochp. 206—210°) neben γ-Aminovaleriansäure aus Lävulinsäure + alkoholischem NH_3 bei der katalytischen Hydrierung mit 20 proz. Ausbeute berichten F. Knoop und H. Oesterlin[1].

Über die Bildung von γ-Valerolacton (Kochp. 200—205°) beim Erhitzen von lävulinsaurem Na während zweier Tage auf 225—230° unter 63 at H-Druck berichtet G. Rasuwajew[2].

Darstellung: H. A. Schuette und P. P. T. Sah[3] geben folgende Darstellungsmethode für γ-Valerolacton aus Lävulinsäure an: Die Lävulinsäure wird in einer Lösung von NaOH in 95 proz. Alkohol mit Na-Spänen innerhalb 4 Stunden reduziert, der Rückstand nach Abdestillieren des Alkohols und Zersetzen des Na-Äthylates mit Wasser mit verdünnter H_2SO_4 behandelt. Ausbeute etwa 60%. Farblose Flüssigkeit, Kochp. 206—207°, Kochp.$_{60}$ 125°, Kochp.$_4$ 78°, $n_D^{25} = 1{,}4301$, $D^{25} = 1{,}04608$. Das Lacton ist mit Alkohol, Äther, Wasser in jedem Verhältnis mischbar.

Physikalische Eigenschaften des d-, l- und d, l-γ-Valerolactons: Das aus der Mutterlauge von γ-Oxyvaleriansäure mit Cinchonidin isolierte d-γ-Valerolacton hatte nach P. A. Levene, H. L. Haller und A. Walti[4] Kochp.$_{14}$ 86—90°, $[\alpha]_D^{20} = +10{,}25°$ und $+13{,}5°$ (ohne Lösungsmittel).

l-γ-Valerolacton wird nach P. A. Levene und H. L. Haller[5] aus der Rechtssäure durch Erhitzen mit 10 proz. H_2SO_4 dargestellt; Kochp.$_8 = 78—80°$; $[\alpha]_D^{22} = -20{,}1°$ (ohne Lösungsmittel). — $[\alpha]_D^{22} = -24{,}4°$ [6].

γ-Valerolacton, aus Lävulinsäure nach Losanitsch hergestellt, hat nach P. A. Levene und H. L. Haller[5] den Kochp.$_{10}$ 82—86°.

Chemische Eigenschaften: W. H. Garrett und W. C. Lewis[7] untersuchen den Mechanismus der γ-Valerolactonbildung aus Oxyvaleriansäure. Die Umwandlung ist unter dem katalytischen Einfluß von [H$^+$] eine bimolekulare Reaktion. Die für eine bimolekulare Reaktion charakteristische Komponente ändert sich weder mit der Konzentration des Katalysators, noch durch Zusatz von Zucker, KCl oder LiCl zum Reaktionsgemisch. Die Reaktionswärme beträgt 12 750 cal.

H. S. Taylor und H. W. Close[8] untersuchen die Bildung des γ-Valerolactons aus der γ-Oxyvaleriansäure unter dem Einfluß von Säurekatalyse. Die Reaktionsgeschwindigkeit wächst rascher mit zunehmender Säurekonzentration als die [H$^+$]. Weiterhin wird der Einfluß eines Zusatzes von Neutralsalzen einer schwachen oder starken Säure auf die Reaktion untersucht. Salze mit verschiedenen Kationen wirken ähnlich. Der Temperaturkoeffizient der Lactonbildung liegt sehr nahe dem der Esterbildung (2,61 für 10° Temperaturintervalle). Die Ergebnisse zeigen, daß Proportionalität zwischen der Reaktionsgeschwindigkeit und der thermodynamischen Aktivität der [H$^+$] besteht.

Verein f. chem. Ind. A.-G.[9] berichtet über die Bildung von Bernsteinsäure aus Valerolacton durch HNO_3 (D. 1,4).

Derivate: β-Methylvalerolacton $C_6H_{10}O_2$, Kochp.$_{12}$ 90°. Dies und die folgenden Lactone wurden durch Reduktion der entsprechenden Glutarsäureanhydride in siedendem Alkohol mit 4 Mol Na dargestellt. Ferner wurde die Verseifungsgeschwindigkeit in $^1/_{200}$ n-Lösung in 25 proz. Alkohol untersucht[10].

β-Äthylvalerolacton $C_7H_{12}O_2$, Kochp.$_{13}$ 104° [10].

β-Methyl-β-äthylvalerolacton $C_8H_{14}O_2$, Kochp.$_{10}$ 122° [10].

β, β-Diäthylvalerolacton $C_9H_{16}O_2$, Kochp.$_{15}$ 143—144° [10].

β-Cyclopentanspirovalerolacton $C_9H_{14}O_2$, Kochp.$_{12}$ 146° [10].

β-Cyclohexanspirovalerolacton $C_{10}H_{16}O_2$, Kochp.$_{10}$ 158—159° [10].

---

[1] F. Knoop u. H. Oesterlin: Hoppe-Seylers Z. **148**, 294—315 (1925) — Chem. Zbl. **1926 I**, 1157.

[2] G. Rasuwajew: Ber. dtsch. chem. Ges. **61**, 637—640 — Chem. Zbl. **1928 I**, 2802.

[3] H. A. Schuette u. P. P. T. Sah: J. amer. chem. Soc. **48**, 3163—3165 (1926) — Chem. Zbl. **1927 I**, 992.

[4] P. A. Levene, H. L. Haller u. A. Walti: J. of biol. Chem. **72**, 591—595 — Chem. Zbl. **1927 II**, 1016.

[5] P. A. Levene u. H. L. Haller: J. of biol. Chem. **69**, 165—173 — Chem. Zbl. **1926 II**, 2689.

[6] P. A. Levene u. H. L. Haller: J. of biol. Chem. **69**, 569—574 (1926) — Chem. Zbl. **1929 I**, 2629.

[7] W. H. Garrett u. W. C. Lewis: J. amer. chem. Soc. **45**, 1091—1102 — Chem. Zbl. **1923 III**, 480.

[8] H. S. Taylor u. H. W. Close: J. physic. Chem. **29**, 1085—1098 (1925) — Chem. Zbl. **1926 I**, 301.

[9] Verein f. chem. Ind. A.-G.: D.R.P. 473262 v. 19. Dez. 1926, ausg. 14. März 1929; Chem. Zbl. **1929 I**, 2820.

[10] S. S. G. Sircar: J. chem. Soc. Lond. **1928**, 898—903 — Chem. Zbl. **1928 I**, 3050.

α-Isobutyl-γ-valerolacton. Aus Isobutylallylessigsäure, durch Behandlung mit der doppelten Menge 80proz. H_2SO_4 auf 90°. Kochp.$_{16}$ 119—120°. Die Verbindung riecht nur sehr schwach[1].

α-Isooctyl-γ-valerolacton. Aus der Isooctylallylessigsäure durch Kondensation mit 80proz. H_2SO_4. Kochp.$_{18}$ 165—170°. Die Verbindung riecht nur schwach[1].

α-Benzyl-γ-valerolacton. Gebildet durch Isomerisierung der Benzylallylessigsäure. Schwach balsamisch riechendes Öl. Kochp.$_{20}$ 188—190°. Die freie Säure kann wegen ihrer leichten Lactonisierung nur unrein gewonnen werden[1].

l-γ-Thiolvalerolacton C_5H_8OS. Aus d-γ-Thiolvaleriansäure durch 2tägiges Schütteln mit 10proz. H_2SO_4 bei 40°. Kochp.$_{10}$ 69—70°, $[\alpha]_D^{20}$ in Äther = —78,3°. Das Lacton riecht nicht schlecht, ist gegen Lackmus neutral und entfärbt Jodlösung nicht. Nitroprussidreaktion positiv, $FeCl_3$-Reaktion negativ. Löslich in Äther, Petroläther, Eisessig, Chloroform, Alkohol, unlöslich in Wasser[2].

δ-Oxy-n-valeriansäure.

Pentanol-(5)-säure-(1), δ-Oxybutan-α-carbonsäure.

Biochemische Eigenschaften: δ-Oxy-n-valeriansäure wirkt nach R. C. Corley und C. S. Marvel[3] am völlig phlorrhizinierten Hunde nicht als Zuckerbildner.

Derivate: Na-δ-Oxyvalerianat $C_5H_9O_3Na$. Wurde aus der δ-Phenoxyvaleriansäure über die δ-Bromvaleriansäure und das δ-Valerolacton hergestellt. Ausbeute 47 %[4].

δ-Valerolacton.

Pentanolid-(5, 1).

Bildung: Über die Bildung des δ-Valerolactons bei der Umsetzung und thermischen Zersetzung des Ag-Salzes der Adipinsäure mit J berichten H. Wieland und F. G. Fischer[5].

Darstellung: E. Hollo[6] stellt das Lacton durch trockene Destillation des Na-Salzes der δ-Jodvaleriansäure im Vakuum mit einer Ausbeute von 60—70% her, flüssig, Kochp.$_{25}$ 116 bis 118°, wandelt sich langsam in eine weiße polymere Form um. Außerdem wurde die Hydrolysen- und Lactonisierungsgeschwindigkeit der Verbindung gemessen. Die Messungen wurden in saurer Wasser-Acetonlösung bei 25° durchgeführt und folgende Werte erhalten:

K	$\frac{k_1+k_2}{c}$	$\frac{k_1}{c}$	$\frac{k_2}{c}$	Beim Gleichgewichtszustand der Oxysäuren verwandelte Lactonmenge in Proz.
2,942	1,871	1,396	0,475	74,6

c = Normalität der katalysierenden Säuren.

Physikalische Eigenschaften: C. S. Marvel und E. R. Birkhimer[4] geben folgende Konstanten an: Kochp. 215—220°; D^{20} 1,1130; n_D^{20} = 1,4600.

Derivate: **α-Methyl-δ-valerolacton.** Aus dem Na-Salz der α-Methyl-δ-jodvaleriansäure durch trockene Destillation im Vakuum, Ausbeute 53%, dicke Flüssigkeit, Kochp.$_{10}$ 116—117°. Außerdem wurde die Hydrolysen- und Lactonisierungsgeschwindigkeit der Verbindung gemessen. Die Messungen wurden in saurer Wasser-Acetonlösung bei 25° durchgeführt und folgende Werte erhalten:

K	$\frac{k_1+k_2}{c}$	$\frac{k_1}{c}$	$\frac{k_2}{c}$	Beim Gleichgewichtszustand der Oxysäuren verwandelte Lactonmenge in Proz.
1,742	1,021	0,649	0,372	63,5

c = Normalität der katalysierenden Säuren[6].

Lacton der δ-Oxy-β, δ-diphenyl-n-valeriansäure $C_{17}H_{16}O_2$, durch Reduktion des δ-Oxy-β, δ-diphenyl-n-pentensäurelactons mit 1 H_2. Rohprodukt mit Petroläther, Äther und $NaHCO_3$-

---

[1] Georges Darzens: C. r. Acad. Paris Sci. **183**, 1110—1112 (1926) — Chem. Zbl. **1927 I**, 992.
[2] P. A. Levene u. T. Mori: J. of biol. Chem. **78**, 1—22 — Chem. Zbl. **1928 II**, 1665.
[3] R. C. Corley u. C. S. Marvel: J. of biol. Chem. **82**, 77—82 — Chem. Zbl. **1929 II**, 2068.
[4] C. S. Marvel u. E. R. Birkhimer: J. amer. chem. Soc. **51**, 260—262 — Chem. Zbl. **1929 I**, 1327.
[5] H. Wieland u. F. G. Fischer: Liebigs Ann. **446**, 49—76 (1925) — Chem. Zbl. **1926 I**, 1163.
[6] E. Hollo: Ber. dtsch. chem. Ges. **61**, 895—906 — Chem. Zbl. **1928 I**, 2802.

Lösung behandeln. Blättchen aus CH_3OH. Schmelzp. 117°. Unlöslich in siedender Sodalösung [1].

Lacton der δ-Oxy-β-[3, 4-methylendioxyphenyl]-δ-phenyl-n-valeriansäure $C_{18}H_{16}O_4$. Durch Reduktion von δ-Oxy-β-[3, 4-methylendioxyphenyl]-δ-phenyl-n-pentensäurelacton mit 1 H_2. Rohprodukt mit $NaHCO_3$-Lösung behandeln, in verdünnter KOH lösen, mit HCl fällen, Niederschlag mit Soda ausziehen. Rückstand bildet Prismen aus Alkohol. Schmelzp. 132 bis 133°[1].

α-Oxy-iso-valeriansäure.
Isopropyl-glykolsäure, 3-Methyl-butanol-(2)-säure-(1).

Physikalische Eigenschaften: Nach P. A. Levene, T. Mori und L. A. Mikeska[2] gilt für die α-Oxy-iso-valeriansäure die Regel, da sie zur Konfiguration der l-Milchsäure gehört, daß sich die Drehung beim Übergang vom unionisierten (freie Säure, —11,44) zum ionisierten Zustand (Salz, —16,52) nach rechts verändert.

Chemische Eigenschaften: W. Ipatjew und G. Rasuwajew[3] untersuchten das Verhalten der α-Oxy-iso-valeriansäure (wässerige Lösung des Na-Salzes) beim Erwärmen auf 280—290° bei 70 at H-Druck in Gegenwart von Nickeloxyd und Tonerde. Eine Kondensation trat nicht ein. Es folgte Abspaltung von CO_2 unter Bildung von Carbonat, Ameisensäure und Isobutylalkohol. Bei 2tägigem Erhitzen enthielt das Gas 1,2% CO_2, 45,2% CH_4 und 54,2% H.

α-Oxy-γ-valerolacton.
2-Oxy-pentanolid-(4, 1).

Chemische Eigenschaften: Bei der Reduktion von α-Oxy-γ-valerolacton in wässeriger, stets schwach sauer gehaltener Lösung mit Na-Amalgam wird nach B. Helferich und J. A. Speidel[4] eine Verbindung erhalten, die heiße Fehlingsche Lösung und kalte ammoniakalische Ag-Lösung reduziert und fuchsinschweflige Säure allmählich rötet.

α-Oxy-n-capronsäure.
α-Oxy-pentan-α-carbonsäure, Hexanol-(2)-säure-(1).

Physikalische Eigenschaften der d- und l-α-Oxy-n-capronsäure: d-α-Oxy-n-capronsäure wird nach P. A. Levene, T. Mori und L. A. Mikeska[2] aus l-α-Brom-n-capronsäure mit Na_2CO_3 unter Erhitzen dargestellt, hat $[\alpha]_D^{20}$ in Wasser = +0,72°. Es gilt für die d-α-Oxy-n-capronsäure die Regel, da sie zur Konfiguration der l-Milchsäure gehört, daß sich die Drehung beim Übergang vom unionisierten (freie Säure, +4,99) zum ionisierten Zustand (Salz, —14,7) nach rechts verändert.

l-α-Oxy-n-capronsäure wird nach P. A. Levene, T. Mori und L. A. Mikeska[2] aus der inaktiven Verbindung durch Spaltung mit Cinchonidin in Chloroform dargestellt, aus Äther + Petroläther, Platten. Schmelzp. 60—61°. Etwas hygroskopisch, $[\alpha]_D^{20}$ in Wasser = —3,75°; $[M]_D^{20}$ = —4,95°.

P. A. Levene und H. L. Haller[5] bestimmen die optische Drehung der l-Säure (aus der racemischen Verbindung über die Cinchonidinsalze) zu $[\alpha]_D^{20}$ = —1,9° (Wasser; c = 8,1) und ermitteln die optische Konfiguration zur d-Milchsäure.

Derivate der d- und l-α-Oxy-n-capronsäure: Na-Salz der d-Säure $[\alpha]_D^{20}$ = —4,02°[2].
Ba-Salz $C_{12}H_{22}O_6Ba$. Aus Wasser + Alkohol, Platten[2].
Na-Salz der l-Säure $[\alpha]_D^{20}$ = +14,77°, $[M]_D^{20}$ = +22,75°[2]. — $[\alpha]_D^{20}$ = +11,8°. (Wasser; c = 13,3)[5].

---

[1] C. Mannich u. A. Butz: Ber. dtsch. chem. Ges. **62**, 461—463 — Chem. Zbl. **1929 I**, 1688.
[2] P. A. Levene, T. Mori u. L. A. Mikeska: J. of biol. Chem. **75**, 337—365 — Chem. Zbl. **1928 II**, 760.
[3] W. Ipatjew u. G. Rasuwajew: Ber. dtsch. chem. Ges. **61**, 634—637 — Chem. Zbl. **1928 I**, 2801.
[4] B. Helferich u. J. A. Speidel: Ber. dtsch. chem. Ges. **54**, 2634—2640 (1921) — Chem. Zbl. **1922 I**, 187.
[5] P. A. Levene u. H. L. Haller: J. of biol. Chem. **79**, 475—488 (1928) — Chem. Zbl. **1929 I**, 40.

Leucinsäure.

α-Oxy-iso-butylessigsäure, 4-Methyl-pentanol-(2)-säure-(1), α-Oxy-γ-methyl-n-valeriansäure.
α-Oxy-iso-capronsäure.

Bildung: Nach M. Arai[1] wird l-Leucin durch Proteus vulgaris zu d-Leucinsäure (Schmelzpunkt 74°, $[\alpha]_D^{12,5} = +10{,}72°$) desaminiert, während bei Gegenwart von Milchzucker statt der Leucinsäure Isoamylamin entsteht.

Aus l-Leucin wird nach M. Arai[1] durch Bacillus subtilis l-Leucinsäure (Schmelzp. 77°, $[\alpha]_D^{12} = -10{,}30°$) gebildet.

Über die Bildung von l-Leucinsäure [rhombische Krystalle, Schmelzp. 75—77°, $[\alpha]_D^{20} = -9{,}23°$ (in Alkohol)] bei der Vergärung von Maismaische durch Bacillus granulobacter pectinuvorum berichten E. G. Schmidt, W. H. Peterson und E. P. Fred[2].

Physikalische Eigenschaften: α-Oxy-iso-capronsäure. Aus der α-Brom-iso-capronsäure mit Na_2CO_3 unter Erwärmen über das Ba-Salz hergestellt, hatte nach P. A. Levene, T. Mori und L. A. Mikeska[3] $[\alpha]_D^{20} = -0{,}53°$ und $[M]_D^{20} = 0{,}70°$. Für die α-Oxy-iso-capronsäure gilt die Regel, da sie zur Konfiguration der l-Milchsäure gehört, daß sich die Drehung beim Übergang vom unionisierten (freie Säure, 0,70) zum ionisierten Zustand (Salz, 4,33) nach rechts verändert.

Chemische Eigenschaften: Bei der Oxydation von Leucinsäure mit $KMnO_4$ entsteht nach E. G. Schmidt, W. H. Peterson und E. P. Fred[2] Isovalerylaldehyd.

Bei der Oxydation der Leucinsäure mit Ferriferricyanid entsteht nach J. Yoshiki[4] hauptsächlich Isovaleriansäure.

Derivate: Na-Salz $[\alpha]_D^{20} = -2{,}81°$, $[M]_D^{20} = -4{,}33°$ [3].
Ca-Salz $(C_6H_{11}O_3)_2Ca$. Nadelartige Krystalle[2].
Zn-Salz $(C_6H_{11}O_3)_2Zn \cdot 1^{1}/_{2} H_2O$. Federartige und mikroskopische, rhombische Krystalle[2].

l-Leucinsäureäthylester. Über die Umsetzung des Esters mit Phenyl-MgBr zu l-1, 1-Diphenyl-4-methylpentandiol-(1, 2) und mit Äthyl-MgBr zu l-3-Äthyl-6-methylheptandiol-(3, 4) berichten S. Kanao und T. Yaguchi[5].

α-Keto-buttersäure.

α-Oxo-n-buttersäure, Methylbrenztraubensäure, Propionylameisensäure, α-Oxo-propan-α-carbonsäure, Butanon-(2)-säure-(1).

Bildung: Über die mögliche Bildung von α-Ketobuttersäure bei der Oxydation von Furylangelicasäure mit Ozon berichtet A. S. Carter[6].

Darstellung: Über die Darstellung der Propionylameisensäure aus dem Propionylameisensäurediäthylamid durch Spaltung mit verdünnter HCl (1 Stunde) und einer Ausbeute von 70% berichtet Barré[7]. Die Säure krystallisiert leicht in reinem Zustande. Schmelzp. 31—32°. Kochp.$_{16}$ 80—82°.

Propionylameisensäure wird nach W. Tschelinzew und W. Schmidt[8] durch Umsetzung des Cyanids mit konzentrierter HCl in der Kälte, dann durch Erwärmen mit Wasser bei 70° dargestellt.

Biochemische Eigenschaften: Über die Rolle der Ketobuttersäure beim Fettabbau im tierischen oder pflanzlichen Organismus berichtet H. von Euler[9].

Physikalische Eigenschaften: W. Tschelinzew und W. Schmidt[8] geben folgende physikalische Eigenschaften an: Kochp.$_{25}$ 74—78°, $n^{20} = 1{,}3972$.

---

[1] M. Arai: Biochem. Z. **122**, 251—257 (1921) — Chem. Zbl. **1922 I**, 423.
[2] E. G. Schmidt, W. H. Peterson u. E. P. Fred: J. of biol. Chem. **61**, 163—175 — Chem. Zbl. **1924 II**, 2059.
[3] P. A. Levene, T. Mori u. L. A. Mikeska: J. of biol. Chem. **75**, 337—365 (1927) — Chem. Zbl. **1928 II**, 760.
[4] J. Yoshiki: J. pharm Soc. Japan **1927**, 130—131 — Chem. Zbl. **1928 I**, 899.
[5] S. Kanao und T. Yaguchi: J. pharm. Soc. Japan **48**, 68—72 — Chem. Zbl. **1928 II**, 52.
[6] A. S. Carter: J. amer. chem. Soc. **50**, 2299—2305 — Chem. Zbl. **1928 II**, 1776.
[7] Barré: C. r. Acad. Sci. **184**, 825—826 — Chem. Zbl. **1927 II**, 43.
[8] W. Tschelinzew u. W. Schmidt: Ber. dtsch. chem. Ges. **62**, 2210—2214 — Chem. Zbl. **1929 II**, 2436.
[9] H. v. Euler: Biochem. Z. **164**, 18—22 (1925) — Chem. Zbl. **1926 I**, 3554.

Chemische Eigenschaften: W. Tschelinzew und W. Schmidt[1] geben folgende chemische Eigenschaften an: Mit $FeCl_3$ dunkle, mit ammoniakalischer Ag-Lösung gelblichere Färbung, in NH_4OH löslicher Niederschlag, beim Erwärmen Ag-Spiegel.

Derivate: Phenylhydrazon. Schmelzp. 161°. Bei den 3 Verbindungen wurden bei langsamerem Erhitzen tiefere Schmelzpunkte beobachtet[2].

Semicarbazon. Schmelzp. 210°[2].

Oxim. Schmelzp. 167°[2].

Propionylameisensäurediäthylamid $C_2H_5 \cdot CO \cdot CO \cdot N(C_2H_5)_2$. Wird aus Diäthyloxamidsäureäthylester durch Reaktion mit Äthyl-MgBr erhalten. Je nach den Arbeitsbedingungen beträgt die Ausbeute 2—3% (bei 0° in 45 Stunden und 3 Mol C_2H_5MgBr) oder 5—10% (bei —15° in einer Stunde mit 1,5 Mol $C_2H_5 \cdot MgBr$). Die Verbindung ist leicht verseifbar. Kochp.$_{11}$ 100°[2].

Semicarbazon. Schmelzp. 140°[2].

Phenyloxobuttersäure. Bei der katalytischen Hydrierung von Phenyl-oxo-buttersäure + 2 Mol NH_4OH wurden nach F. Knoop und H. Oesterlin[3] 62% Phenylaminobuttersäure erhalten. — Es läßt sich bei der α-Keto-γ-phenylbuttersäure mit konzentrierter H_2SO_4 kein Ringschluß zum entsprechenden Tetrahydronaphthalinderivat durchführen[4].

Propionylcyanid. Darstellung durch Reaktion von 1 Mol CuCN und 1 Mol Propionylbromid in Benzol. Kochp. 108—110°. $n^{20} = 1,3225$[1].

Dimethylbrenztraubensäure.

α-Oxo-β-methyl-propan-α-carbonsäure, α-Oxo-iso-valeriansäure, Isobutylameisensäure, 3-Methyl-butanon-(2)-säure-(1).

Bildung: Über die Bildung der α-Oxo-iso-valeriansäure aus der Acetyl-α-imino-valeriansäure berichten E. Abderhalden und E. Roßner[5]. Nadeln, Kochp. 85°, Schmelzp. 24°.

Über die Bildung der α-Ketoisovaleriansäure bei der Spaltung von 5-Isopropyl-1,5-dehydrohydantoin-3-essigsäure mit NaOH berichten St. Goldschmidt und K. Strauß[6].

Über die Bildung der Dimethylbrenztraubensäure durch Oxydation von Isopropionylisocrotylcarbinol mit $KMnO_4$ berichtet W. Krestinsky[7].

Darstellung: H. K. Sen[8] gibt folgende Darstellungsweise für Dimethylbrenztraubensäure an: Isopropylacetessigester wird mit Äthylnitrit in das Oxim des α-Ketoisovaleriansäureäthylesters übergeführt, das durch Einwirkung von Nitrosylschwefelsäure bei niedriger Temperatur direkt in Dimethylbrenztraubensäure (Kochp.$_{11}$ 76—78°) übergeführt wird.

Die Verbindung wird nach W. Tschelinzew und W. Schmidt[1] durch Spaltung des Cyanids mit verdünnter HCl (1 konz. : 2 Wasser) bei Zimmertemperatur erhalten.

Biochemische Eigenschaften: Dimethylbrenztraubensäure wird nach H. K. Sen[8] von Hefe glatt vergoren, wobei CO_2 und Isobutylaldehyd entsteht, letzterer mit 50% Ausbeute. Wird Na-Sulfit und Acetatpuffer zugesetzt, so steigt die Ausbeute an Aldehyd auf 75% an. Isobutylalkohol und Acetaldehyd treten nur in Spuren auf.

Physikalische Eigenschaften: W. Tschelinzew und W. Schmidt[1] geben folgende Konstanten an: $D_4^{20} = 0,9968$, $n^{20} = 1,3790$.

Chemische Eigenschaften: Nach W. Tschelinzew und W. Schmidt[1] ist die Säure sehr unbeständig, zersetzt sich bei Destillation unter At-Druck, gibt mit $AgNO_3$ Niederschlag von Ag_2CO_3.

Derivate: Ca-Salz $(C_5H_7O_3)_2Ca \cdot H_2O$[7].

Dimethylbrenztraubensäureäthylester. Kochp.$_{12}$ 72°[8].

Semicarbazon des Esters. Aus heißem Alkohol prismatische Nadeln. Schmelzp. 102 bis 103°[8].

---

[1] W. Tschelinzew u. W. Schmidt: Ber. dtsch. chem. Ges. **62**, 2210—2214 — Chem. Zbl. **1929 II**, 2436.

[2] Barré: C. r. Acad. Sci. Paris **184**, 825—826 — Chem. Zbl. **1927 II**, 43.

[3] F. Knoop u. H. Oesterlin: Hoppe-Seylers Z. **170**, 186—211 (1927) — Chem. Zbl. **1928 I**, 40.

[4] A. J. Attwood, A. Stevenson u. J. F. Thorpe: J. chem. Soc. Lond. **123**, 1755—1766 — Chem. Zbl. **1923 III**, 1318.

[5] E. Abderhalden u. E. Roßner: Hoppe-Seylers Z. **163**, 261—266 — Chem. Zbl. **1927 I**, 2406.

[6] St. Goldschmidt u. K. Strauß: Liebigs Ann. **471**, 1—20 — Chem. Zbl. **1929 II**, 999.

[7] W. Krestinsky: Ber. dtsch. chem. Ges. **55**, 2762—2770 (1922) — Chem. Zbl. **1923 I**, 31.

[8] H. K. Sen: Biochem. Z. **143**, 195—200 (1923) — Chem. Zbl. **1924 I**, 1214.

Oximino-iso-valeriansäureäthylester $(CH_3)_2 \cdot CH \cdot C{:}NOH \cdot CO_2C_2H_5$. Aus Petroläther. Schmelzp. 58°, Kochp.$_{12}$ 128—131°[1].

Phenylhydrazon der α-Oxo-iso-valeriansäure $C_{11}H_{14}O_2N_2$. Lange Nadeln, aus Wasser, leicht löslich in Alkohol, Äther. Schmelzp. 143° (Zersetzung)[2].

Isobutyrylcyanid. Darstellung durch Umsetzung 1 Mols CuCN mit 1 Mol Isobutyrylbromid Ausbeute 60%. Kochp. 116—118°. $D_4^{20} = 0{,}9860$[3].

α-Keto-n-capronsäure.

α-Oxo-n-capronsäure, n-Valeryl-ameisensäure.

Darstellung: α-Keto-n-capronsäure läßt sich nach R. Barré[4] aus n-Valerylameisensäurediäthylamid durch 2stündiges Kochen mit HCl (1 Volumen konzentrierter HCl + $^1/_4$ Volumen H_2O) darstellen. Kochp.$_{14}$ 93—94°, in Eis erstarrend. Schmelzp. etwa 15°.

Biochemische Eigenschaften: Die Säure wird nach H. K. Sen[5] von Hefe vergoren, und zwar am besten, wenn sie, in Na_2HPO_4 gelöst, Trockenhefen oder deren Macerationssäften überlassen wird. Außer CO_2 werden Valeraldehyd und n-Amylalkohol neben geringen Mengen n-Valeriansäure gebildet. Bei Sulfitzusatz wird die Ausbeute an Aldehyd gesteigert, die an Alkohol vermindert.

Derivate: Oxim $C_6H_{11}O_3N$. Aus Wasser, Schmelzp. 140°, dabei sublimierend[4].

Phenylhydrazon $C_{12}H_{16}O_2N_2$. Nadeln, aus Benzol. Schmelzp. 89°[4].

Semicarbazon $C_7H_{13}O_3N_3$. Aus Aceton. Schmelzpunkt gegen 200° (bloc.)[4].

n-Valerylameisensäurediäthylamid $C_4H_9 \cdot CO \cdot CO \cdot N(C_2H_5)_2$. Aus Diäthyloxamidsäureester und n-C_4H_9MgBr (unter —15°) Ausbeute 90%. Kochp.$_{11}$ 120—122°[4].

Semicarbazon des Esters $C_{11}H_{22}O_2N_4$. Aus dem Amid in alkalischer Lösung mit Semicarbazidacetat, aus Wasser. Schmelzp. 163° (bloc.)[4].

α-Keto-iso-capronsäure.

α-Oxo-iso-capronsäure, Isovalerylameisensäure, α-Oxo-γ-methyl-butan-α-carbonsäure, 4-Methyl-pentanon-(2)-säure-(1).

Bildung: Bei der Spaltung des α-Imino-iso-capronsäureglycinanhydrides mit 25proz. H_2SO_4 entsteht nach E. Abderhalden und E. Roßner[6] neben Glykokoll und NH_3 α-Oxoiso-capronsäure. Schmelzp. 10—11°.

Über die Bildung der α'-Ketoisocapronsäure bei der Spaltung von 5-Isobutyl-1, 5-dehydrohydantoin-3-essigsäure mit NaOH berichten St. Goldschmidt und K. Strauß[7].

Derivate: Ag-Salz $C_6H_9O_3Ag$. Stumpfe Nadeln, teilweise zu Blättchen verbreitert[6].

Phenylhydrazon $C_{12}H_{16}O_2N_2$. Gelbe Nadeln, Schmelzp. 105°, leicht löslich in Wasser und Äther[6].

Isovalerylcyanid. Darstellung durch Umsetzung 1 Mols CuCN mit 1 Mol Isovalerylbromid. Ausbeute bis 78%. Kochp. 145—149°. Läßt sich nicht mit HCl zur Ketosäure verseifen; mit KOH wird KCN und Isovaleriansäure und mit ammoniakalischer Ag-Lösung Abspaltung von AgCN erhalten[3].

Oxalessigsäure.

Oxo-bernsteinsäure, Ketobernsteinsäure, α-Oxo-äthan-α-β-dicarbonsäure, Butanon-disäure.

Bildung: F. Challinger und L. Klein[8] bestätigen die Beobachtung von Denigès[9], daß beim Nachweis von Äpfelsäure mit essigsaurer Mercuriacetatlösung und $KMnO_4$ Oxalessigsäure gebildet wird.

---

[1] H. K. Sen: Biochem. Z. **143**, 195—200 (1923) — Chem. Zbl. **1924 I**, 1214.
[2] E. Abderhalden u. E. Roßner: Hoppe-Seylers Z. **163**, 261—266 — Chem. Zbl. **1927 I**, 2406.
[3] W. Tschelinzew u. W. Schmidt: Ber. dtsch. chem. Ges. **62**, 2210—2214 — Chem. Zbl. **1929 II**, 2436.
[4] R. Barré: Ann. Chim. [10] **9**, 204—275 — Chem. Zbl. **1928 I**, 2607.
[5] H. K. Sen: Biochem. Z. **140**, 447—452 (1923) — Chem. Zbl. **1924 I**, 59.
[6] E. Abderhalden u. E. Roßner: Hoppe-Seylers Z. **163**, 149—184 — Chem. Zbl. **1927 I**, 2069.
[7] St. Goldschmidt u. K. Strauß: Liebigs Ann. **471**, 1—20 — Chem. Zbl. **1929 II**, 999.
[8] F. Challinger u. L. Klein: J. chem. Soc. Lond. **1929**, 1644—1647 — Chem. Zbl. **1929 II**, 2213.
[9] Denigès: C. r. Acad. Sci. Paris **130**, 34 (1900).

Biochemische Eigenschaften: Nach P. Mayer[1] geht Oxalessigsäure im Muskelgewebe in l-Äpfelsäure über.

Über die Bildung der Oxalessigsäure aus Äpfelsäure durch ausgewaschenen Muskel bei Anwesenheit von Methylenblau berichten A. Hahn und W. Haarmann[2].

Die Spaltung der Oxalessigsäure bei alkoholischer Gärung verläuft nach E. Hägglund und A. Ringbom[3] optimal bei $p_H = 4-6$. Beiderseits des Optimums fällt die Wirkung sehr rasch ab. Bei $p_H < 3$ und bei $p_H > 8$ findet keine Vergärung statt.

Oxalessigsäure vermag nach C. Neuberg und G. Gorr[4] durch Hefe in carboligatischer Reaktion Acyloine zu bilden, neben Acetaldehyd mindestens 15% Acetoin. Außerdem entsteht durch Reduktion Äpfelsäure und anscheinend durch carboligatischen Aufbau aus Acetaldehyd β-γ-Butylenglykol.

Chemische Eigenschaften: W. H. Hatcher und C. R. West[5] untersuchen die Oxydation der Oxalessigsäure durch $KMnO_4$, wobei die Säure nicht über die Adsorption von 4 Äquivalenten O hinaus oxydiert werden kann.

H. Wieland und A. Wingler[6] untersuchen das Verhalten der Oxalessigsäure gegenüber Katalysatoren [Pd-Schwarz, Cellulose-Kohle, tierisches Gewebe (Froschmuskulatur und Lebergewebe)]. Oxalessigsäure erleidet im Gegensatz zu anderen α-Ketocarbonsäuren sehr rasch Ketonspaltung.

Über Oxalessigsäure als Vorstufe der Äpfelsäure bei der Umsetzung des Asparagins in Äpfelsäure berichten K. Freudenberg und A. Noë[7].

Über die Umsetzung der Oxalessigsäurediester (Diäthylester, Methyläthylester und Äthyl-n-butylester) zu den entsprechenden Malonsäureestern berichtet Société Chimique des Usines du Rhône[8].

Derivate: Oxalessigsäurediäthylester. Über die Bildung des Esters aus Äpfelsäurediäthylester durch Erwärmen bei Gegenwart von Katalysatoren berichtet C. H. Boehringer Sohn[9]. — Die Abspaltung von CO_2 aus dem Ester ist nach D. L. Watson[10] monomolekular. — Über ein Kondensationsprodukt aus 2-Aminopyridin-benzaldehyd und aus Benzaldipyridylamin und aus dem Ester berichtet Chemische Fabrik auf Aktien (vorm. E. Schering)[11,12]. Die Kondensationsprodukte finden therapeutische Verwendung. — Über die Kondensation des Esters mit Benzal-α-naphthylamin berichtet E. Ciusa[13]. — Über die Kondensation von Oxalessigester mit o-Aminobenzaldehyd zu Acridinsäurediäthylester berichten G. Koller und E. Strang[14]. — Über die Kondensation von Hydrazinen aus Aminoarylsulfamiden mit Oxalessigsäureäthylester berichtet Comp. Nationale de Matières Color. et Manufact. de Produits chim. du Nord Rèunies Et. Kuhlmann[15]. — Über die Latenzzeit beim Abbau des Oxalessigsäureesters durch Leberesterase berichten R. Willstätter, R. Kuhn, O. Lind und F. Memmen[16].

---

[1] P. Mayer: Biochem. Z. **156**, 300—302 — Chem. Zbl. **1925 II**, 64.
[2] A. Hahn u. W. Haarmann: Z. Biol. **88**, 91—92 — Chem. Zbl. **1929 I**, 3118.
[3] E. Hägglund u. A. Ringbom: Biochem. Z. **187**, 117—119 — Chem. Zbl. **1927 II**, 1972.
[4] C. Neuberg u. G. Gorr: Biochem. Z. **154**, 495—502 (1924) — Chem. Zbl. **1925 I**, 1217.
[5] W. H. Hatcher u. C. R. West: Trans. roy. Soc. Canada [3] **21**, Sect. III, 269—276 (1927) — Chem. Zbl. **1928 I**, 1929.
[6] H. Wieland u. A. Wingler: Liebigs Ann. **436**, 229—262 — Chem. Zbl. **1924 II**, 933.
[7] K. Freudenberg u. A. Noë: Ber. dtsch. chem. Ges. **58**, 2399—2408 (1925) — Chem. Zbl. **1926 I**, 1963.
[8] Société Chimique des Usines du Rhône: A.P. 1524962 v. 3. März 1924, ausg. 3. Febr. 1925 — Chem. Zbl. **1925 I**, 2186.
[9] C. H. Boehringer Sohn: D.R.P. 447838 v. 6. März 1923, ausg. 8. Juli 1927; Chem. Zbl. **1927 II**, 1897.
[10] D. L. Watson: Proc. roy. Soc. Lond. A **108**, 132—153 — Chem. Zbl. **1925 II**, 1582.
[11] Chemische Fabrik auf Aktien (vorm. E. Schering): D.R.P. 406209 v. 20. Juli 1922, ausg. 15. Nov. 1924; Chem. Zbl. **1925 I**, 1534.
[12] Chemische Fabrik auf Aktien (vorm. E. Schering): D.R.P. 406216 v. 19. Juli 1922, ausg. 15. Nov. 1924; Chem. Zbl. **1925 I**, 1535.
[13] E. Ciusa: Gazz. chim. ital. **52 II**, 43—48 (1922) — Chem. Zbl. **1923 I**, 1091.
[14] G. Koller u. E. Strang: Mh. Chem. **50**, 48—50 — Chem. Zbl. **1928 II**, 1332.
[15] Comp. Nationale de Matières Color. et Manufact. de Produits chim. du Nord Rèunies Et. Kuhlmann: E.P. 304298 v. 22. Mai 1928, Auszug veröff. 13. März 1929 — Chem. Zbl. **1929 II**, 222.
[16] R. Willstätter, R. Kuhn, O. Lind u. F. Memmen: Hoppe-Seylers Z. **167**, 303—309 — Chem. Zbl. **1927 II**, 1155.

Äthoxyoxalessigsäureäthylester. Nach Untersuchungen von D. L. Watson[1] ist die thermische Zersetzung des Esters eine unimolekulare Reaktion.

Tl-Salz des Oxalessigsäureäthylesters. $C_8H_{11}O_5Tl$. Aus dem Ester und Tl_2CO_3 in der Wärme, Krystalle aus Alkohol[2].

Phenyloxalessigester. Die Zersetzung des Esters ist nach D. L. Watson[1] autokatalytisch, obwohl die Reaktion in Gegenwart von überschüssigem Phenylmalonester nach unimolekularem Schema verläuft. Säuren oder Lösungsmittel üben keinen Einfluß aus, dagegen wird die Reaktion durch überschüssiges CO_2 verzögert.

Oxymaleinsäure.

Oxyfumarsäure, α-Oxy-äthylen-α-β-dicarbonsäure, Butanol-disäure.

Biochemische Eigenschaften: R. Kuhn und F. Ebel[3] untersuchten die Vergärung durch untergärige Hefe von Oxymaleinsäure (K-Salz).

Über die Vergärung von Oxymaleinsäure mit untergäriger Bierhefe und Oberhefe berichten C. Neuberg und G. Gorr[4]. Siehe auch unter Oxalessigsäure, S. 789.

α-Keto-glutarsäure.

α-Oxoglutarsäure, α-Oxo-propan-α-γ-dicarbonsäure, Pentanon-(2)-disäure.

Bildung: Über die Bildung der α-Ketoglutarsäure aus α, α'-Dibromglutarsäureester durch Umsetzung mit methylalkoholischer KOH und über die Bildung aus α, β-Dibromglutarsäure mit wässeriger $2n$-Na_2CO_3-Lösung und über die Bildung aus α-Bromglutaconsäureester mit wässeriger $2n$-Na_2CO_3-Lösung und durch Umlagerung der α-Oxyglutaconsäure unter dem Einfluß von Na_2CO_3 berichten Ch. K. Ingold[5] und E. H. Farmer und Ch. K. Ingold[6].

Biochemische Eigenschaften: Über die Einwirkung von α-Ketoglutarsäure auf die Niere berichten R. C. Corley und W. C. Rose[7].

α-Ketoglutarsäure wird nach R. Iwatsuru[8] durch die Carboxylase der Essigbakterien angegriffen und in Bernsteinsäure übergeführt.

Über den Abbau von α-Ketoglutarsäure durch Muskelenzyme berichtet E. Rosling[9].

Nach Versuchen von P. W. Clutterbuck[10] wurde α-Ketoglutarsäure (Na-Salz) durch Muskel- und Leberbrei im Gegensatz zu intaktem Gewebe nicht zu Bernsteinsäure abgebaut.

Chemische Eigenschaften: Über die Umsetzung von α-Ketoglutarsäure mit Phenylhydrazin zu 2-Carboxyindol-3-essigsäure und mit Phenylhydrazinoessigsäure zu Carboxyindol-1, 3-diessigsäure berichten W. O. Kermack, W. H. Perkin jr. und R. Robinson[11, 12].

Über die Kondensation der α-Ketoglutarsäure mit o-Phenylendiamin berichten G. A. R. Kon, A. Stevenson und J. F. Thorpe[13].

Derivate: Semicarbazon. Schmelzp. $226°$[10].

α-Keto-β-methyl-β-äthylglutarsäure. Aus trans-1-Methoxy-3-methyl-3-äthyl-cyclopropan-1, 2-dicarbonsäure durch Abspaltung der Methoxylgruppe mit HJ ($D. = 1{,}7$)[14].

---

[1] D. L. Watson: Proc. roy. Soc. Lond. A **108**, 132—153 — Chem. Zbl. **1925 II**, 1582.
[2] F. Feigl u. E. Bäcker: Mh. Chem. **49**, 401—416 — Chem. Zbl. **1928 II**, 1669.
[3] R. Kuhn u. F. Ebel: Ber. dtsch. chem. Ges. **58**, 1447—1449 — Chem. Zbl. **1925 II**, 2169.
[4] C. Neuberg u. G. Gorr: Biochem. Z. **154**, 495—502 (1924) — Chem. Zbl. **1925 I**, 1217.
[5] Ch. K. Ingold: J. chem. Soc. Lond. **119**, 305—329 (1921) — Chem. Zbl. **1921 III**, 302.
[6] E. H. Farmer u. Ch. K. Ingold: J. chem. Soc. Lond. **119**, 2001—2021 (1921) — Chem. Zbl. **1922 III**, 765.
[7] R. C. Corley u. W. C. Rose: J. of Pharmacol. **27**, 165—180 — Chem. Zbl. **1926 II**, 1877.
[8] R. Iwatsuru: Biochem. Z. **168**, 34—35 — Chem. Zbl. **1926 I**, 2931.
[9] E. Rosling: Skand. Arch. Physiol. (Berl. u. Lpz.) **45**, 132—155 — Chem. Zbl. **1924 II**, 347.
[10] P. W. Clutterbuck: Biochem. J. **21**, 512—521 — Chem. Zbl. **1927 II**, 1724.
[11] W. O. Kermack, W. H. Perkin jr. u. R. Robinson: J. chem. Soc. Lond. **119**, 1602—1642 (1921) — Chem. Zbl. **1922 I**, 564.
[12] W. O. Kermack, W. H. Perkin jr. u. R. Robinson: J. chem. Soc. Lond. **121**, 1872—1896 (1922) — Chem. Zbl. **1923 I**, 1173.
[13] G. A. R. Kon, A. Stevenson u. J. F. Thorpe: J. chem. Soc. Lond. **121**, 650—665 — Chem. Zbl. **1922 III**, 108.
[14] B. Singh u. J. F. Thorpe: J. chem. Soc. Lond. **123**, 113—122 (1923) — Chem. Zbl. **1923 I**, 903.

α-Keto-β, β-diäthylglutarsäure $C_9H_{14}O_5$. Aus Benzol oder Aceton + Petroläther, Nadeln, erweichen bei 125°. Schmelzp. 127—128°. Sehr leicht löslich in Wasser, Äther, Aceton, leicht löslich in heißem Benzol, Chloroform, unlöslich in Petroläther[1].
Saures Ca-Salz $C_{18}H_{26}O_{10}Ca$ [1].
Semicarbazon $C_{10}H_{17}O_5N_3$. Aus Alkohol Prismen. Schmelzp. 181° (Zersetzung [1]).

Oxybrenztraubensäure.

Chemische Eigenschaften: W. L. Evans, W. D. Nicoll, G. C. Strouse und C. E. Waring[2] untersuchten das Verhalten der Oxybrenztraubensäure gegen Cu-Acetat. Die Säure wird oxydiert und spaltet 1 Mol CO_2 ab.

Mesoxalaldehydsäure.

Glyoxalcarbonsäure, Dioxo-propionsäure, Formylglyoxylsäure, Dioxoäthancarbonsäure, Propanolsäure.

Bildung: Bei der Autoxydation der Dioxymaleinsäure werden nach H. Wieland und W. Franke[3] etwa 20% Mesoxalaldehydsäure gebildet.

Chemische Eigenschaften: Bei der alkalischen Oxydation von Glyoxalcarbonsäure durch H_2O_2 entsteht nach Th. E. Friedemann[4] wahrscheinlich je ein Mol Oxalsäure und Ameisensäure.

Malonaldehydsäure.

Formylessigsäure, β-Oxo-propansäure, β-Oxo-äthan-α-carbonsäure, β-Oxyacrylsäure, Propen-(2)-ol-(3)-säure-(1).

Bildung: Über die Bildung der Malonaldehydsäure aus einer durch Einwirkung von $Ca(OH)_2$ auf Dextrose gewonnenen Säure durch Zersetzung deren Ca-Salzes mit H_2SO_4 berichten E. K. Nelson und C. A. Browne[5].

Chemische Eigenschaften: Über das Auftreten von Formylessigsäure als Zwischenprodukt bei der Einwirkung von HNO_2 auf Serin berichtet F. Bettzieche[6].

Derivate: Na-Formylessigester. Bei der Reduktion des Esters findet Spaltung in Ameisensäure und Essigsäure statt[7]. — T. Harada[8] berichtet über die Umsetzung des Na-Formylessigesters mit Thioharnstoff zum 2-Thiouracil.

Bernsteinaldehydsäure.

Succinaldehydsäure, β-Aldehydo-propionsäure, β-Formylpropionsäure, γ-Oxo-buttersäure, γ-Oxo-propan-α-carbonsäure, Butanal-säure.

Bildung: Über die Bildung von Bernsteinaldehydsäure bei der Ozonidspaltung der $\Delta^{4,5}$-Tetradecensäure aus Tsuzu-Öl (Lauracee Tetradenia glauca Matsum) berichtet M. Tsujimoto[9].

Glutaraldehydsäure.

δ-Oxo-n-valeriansäure, δ-Oxo-butan-α-carbonsäure, Pental-(5)-säure-(1).

Derivate: β-Phenyl-γ, γ-dimethylglutaraldehydsäure $C_{13}H_{16}O_3$. Aus dem K-Salz der β-Phenyl-γ, γ-dimethyl-δ-keto-n-propylmalonsäure durch Kochen mit verdünnter H_2SO_4,

---

[1] S. S. Deshapande u. J. F. Thorpe: J.chem. Soc. Lond. **121**, 1430—1442 — Chem. Zbl. **1923 I**, 154.
[2] W. L. Evans, W. D. Nicoll, G. C. Strouse u. C. E. Waring: J. amer. chem. Soc. **50**, 2267—2285 — Chem. Zbl. **1928 II**, 1760.
[3] H. Wieland u. W. Franke: Liebigs Ann. **464**, 101—226 — Chem. Zbl. **1928 II**, 957.
[4] Th. E. Friedemann: J. of biol. Chem. **73**, 331—334 (1927) — Chem. Zbl. **1928 II**, 641.
[5] E. K. Nelson u. C. A. Browne: J. amer. chem. Soc. **51**, 830—836 — Chem. Zbl. **1929 I**, 2405.
[6] F. Bettzieche: Hoppe-Seylers Z. **150**, 177—190 (1925) — Chem. Zbl. **1926 I**, 1986.
[7] K. Pankoke: Liebigs Ann. **441**, 188—191 — Chem. Zbl. **1925 I**, 1176.
[8] T. Harada: Bull. chem. Soc. Japan **4**, 171—176 — Chem. Zbl. **1929 II**, 2551.
[9] M. Tsujimoto: Chem. Umschau, Fette, Öle, Wachse, Harze **35**, 225—227 — Chem. Zbl. **1928 II**, 2257.

aus Ligroin oder Dekalin Nadeln. Schmelzp. 108—109°. Gibt bei der Oxydation mit alkalischer $KMnO_4$-Lösung α, α-Dimethyl-β-phenylglutarsäure[1].
Methylester $C_{14}H_{18}O_3$. Farbloses Öl. Kochp.$_{10}$ 160°[1].
Pseudomethylester $C_{14}H_{18}O_3$. Kochp.$_{10}$ 159,5—160°[1].
Pseudoacetylverbindung $C_{15}H_{18}O_4$. Schmelzp. 146,5—147,5°[1].
Oxim. $C_{13}H_{17}O_3N$. Nadeln aus Xylol. Schmelzp. 141,5°[1].
Phenylhydrazon $C_{19}H_{22}O_2N_2$. Nadeln aus Eisessig. Schmelzp. 151,5—152,5°[1].
Phenylhydrazonphenylhydrazid $C_{25}H_{28}ON_4$. Schmelzp. 186—187°[1].

Adipinaldehydsäure.

Hexanal-(6)-säure-(1).

Bildung: Über die Bildung der Adipinaldehydsäure durch Ozonspaltung von α-Butyl-Δ^1-cyclohexenylcyanessigester berichten J. A. Mc Rae und R. H. F. Manske[2].

o-Oxyphenyl-essigsäure.

Bildung: Über die Bildung der o-Oxyphenylessigsäure durch katalytische Hydrierung von o-Acetoxy-O-acetyl-mandelsäure berichten K. W. Rosenmund und H. Schindler[3]. Schmelzp. 137°.

Biochemische Eigenschaften: L. R. Cerecedo und C. P. Sherwin[4] untersuchten das Verhalten der o-Oxyphenylessigsäure im Organismus von Hund, Kaninchen und Mensch.

m-Oxyphenyl-essigsäure.

Bildung: Über die Bildung der m-Oxyphenylessigsäure aus Anhydro-α-benzamido-m-methoxyzimtsäure durch alkalische Verseifung zu m-Methoxyphenylbrenztraubensäure (Schmelzp. 154—155°). Oxydation mit H_2O_2 in wässeriger NaOH zu m-Methoxyphenylessigsäure (Schmelzp. 66—67°) und Spaltung mit HJ (D. = 1,7), Krystalle aus Benzol, Schmelzpunkt 129°, berichten R. Robinson und A. Zaki[5].

3, 4-Dioxyphenyl-essigsäure.

Homoprotocatechusäure.

Biochemische Eigenschaften: Den Einfluß von frischen, pigmentführenden Hautgefrierschnitten auf das colorische Verhalten von Homoprotocatechusäure gegen verdünnte $FeCl_3$-Lösungen untersuchte C. Moncorps[6].

o-Oxyphenylpropionsäure.

Melilotsäure, o-Hydrocumarsäure, β-(2-Oxyphenyl)-propionsäure.

Vorkommen: Über den Melilotsäuregehalt des Extractum Meliloti officinalis fluidum (Steinkleefluidextrakt) berichtet L. Kroeber[7].

Über das Vorkommen melilotsäurehaltiger Glucoside in Melilotus berichtet A. Naves[8].

Chemische Eigenschaften: Bei der elektrochemischen Oxydation der Melilotsäure ohne Diaphragma wurde von F. Fichter und E. Schlager[9] neben harzartigen Produkten 5-Oxyhydrocumarin erhalten.

---

[1] H. Meerwein: J. prakt. Chem. [2] **116**, 229—275 — Chem. Zbl. **1927 II**, 1241.
[2] J. A. Mc Rae u. R. H. F. Manske: J. chem. Soc. Lond. **1928**, 484—491 — Chem. Zbl. **1928 I**, 2084.
[3] K. W. Rosenmund u. H. Schindler: Arch. Pharmaz. **266**, 281—283 — Chem. Zbl. **1928 I**, 2809.
[4] L. R. Cerecedo u. C. P. Sherwin: J. of biol. Chem. **58**, 215—224 (1923) — Chem. Zbl. **1924 I**, 931.
[5] R. Robinson u. A. Zaki: J. chem. Soc. Lond. **1927**, 2411—2413 — Chem. Zbl. **1928 I**, 48.
[6] C. Moncorps: Arch. f. Dermat. **148**, 2—14 (1924) — Chem. Zbl. **1925 I**, 859.
[7] L. Kroeber: Pharmaz. Zentralhalle **69**, 115—117 — Chem. Zbl. **1928 I**, 2270.
[8] A. Naves: Bull. Acad. Méd. Belg. [5] **8**, 159—175 (1922) — Chem. Zbl. **1923 I**, 65.
[9] F. Fichter u. E. Schlager: Helvet. chim. Acta **10**, 406—412 — Chem. Zbl. **1927 II**, 1690.

Derivate: Na-Salz $C_9H_9O_3Na \cdot H_2O$. Aus der Lösung in Soda durch Eindampfen und Extraktion mit absolutem Alkohol, Krystalle, in Wasser leicht löslich, beißender Geschmack[1].
K-Salz $C_9H_9O_3K \cdot H_2O$. In Wasser leicht löslich, schmeckt beißend[2].
Ca-Salz $C_{18}H_{18}O_6Ca$. Krystalle aus Wasser, schmeckt weniger beißend als die Alkalisalze[2].
Äthylester. Mit absolutem Alkohol und H_2SO_4 6 Stunden Kochen. Kochp.$_{769}$ 272—273°. Geschmack beißend[2].
Amid. $C_9H_{11}O_2N$. Aus dem Ester oder Hydrocumarin mit konzentriertem NH_4OH (eine Woche), Krystalle aus Äther. Schmelzp. 92°. Geschmack beißend[2].

3,4-Dioxyphenyl-propionsäure.
Hydrokaffeesäure.

Bildung: F. Zetzsche und K. Huggler[3] berichten über die Isolierung von Hydrokaffeesäure in 3 proz. Ausbeute aus den Sporen von Lycopodium clavatum. Federartige Krystalle. Schmelzp. 139°. Sehr leicht löslich in Wasser, Alkohol, Äther, Essigester, Eisessig, sehr wenig löslich in Benzol, Toluol, Xylol, unlöslich in Chloroform, Ligroin. Die Säure wird nur durch Extraktion mit verdünntem Alkali, nicht mit Wasser, Alkohol oder Eisessig erhalten.

Derivate: Dimethyläther, $C_{11}H_{14}O_4$. Perlmutterglänzende Blättchen aus Wasser, wasserfrei. Schmelzp. 97°. Oxydation mit $KMnO_4$ führt zur Veratrumsäure[3].

β-Phenylmilchsäure.
α-Oxy-β-phenyl-propionsäure.

Bildung: Die Bildung von β-Phenylmilchsäure aus Phenylalanin findet nach Y. Kotake, Y. Masai und Y. Mori[4] vorwiegend in den parenchymatösen Leberzellen statt.

Biochemische Eigenschaften der d-, l- und d, l-Phenylmilchsäure: Über die Ausscheidung von l-β-Phenylmilchsäure im menschlichen Harn nach Verabreichung von d, l-β-Phenylmilchsäure berichten Y. Kotake und Y. Mori[5].

Nach Versuchen von Y. Kotake und Y. Mori[6] wird subcutan und per os verabreichte Phenylbrenztraubensäure sowohl im menschlichen wie im tierischen Organismus zum Teil als l-β-Phenylmilchsäure ausgeschieden.

Versuche von Y. Mori und T. Kanai[7] ergaben, daß sowohl Leber-, Nieren- und Milzbrei des Hundes, wie die überlebende Leber Phenylbrenztraubensäure teilweise in l-Phenylmilchsäure reduzieren.

Nach Y. Mori[8] bildet sowohl d- wie l-Phenylmilchsäure in der überlebenden Leber Acetessigsäure, und zwar die l-Säure mehr als die d-Säure.

Über die Ausscheidung der d-β-Phenylmilchsäure im Harn von Hund, Kaninchen, Affen nach Verfütterung von d, l-β-Phenylmilchsäure berichten Y. Kotake und Y. Mori[5].

Über den Abbau der d-β-Phenylmilchsäure in der überlebenden Leber zur Acetessigsäure berichtet Y. Mori[8].

Nach Y. Kotake und Y. Mori[5], Y. Kotake und Y. Mori[9] wird von verabreichter d, l-Phenylmilchsäure im Harn des Hundes, Kaninchens und Affen die d-Säure, im menschlichen die l-Säure ausgeschieden. Auf Grund dieser Verschiedenheiten nehmen die Verfasser an, daß die d, l-Phenylmilchsäure beim Menschen vorzugsweise über die Phenylbrenztraubensäure abgebaut wird, die zum Teil zur l-Phenylmilchsäure asymmetrisch reduziert wird, während bei den Tieren die l-Komponente direkt verbrannt und die d-Säure unverändert ausgeschieden wird.

---
[1] F. Fichter u. E. Schlager: Helvet. chim. Acta **10**, 406—412 — Chem. Zbl. **1927 II**, 1690.
[2] E. Marui: Sci. Re. Tôhoku imp. Univ. **17**, 695—702 — Chem. Zbl. **1928 II**, 1325.
[3] F. Zetzsche u. K. Huggler: Helvet. chim. Acta **10**, 472—474 — Chem. Zbl. **1927 II**, 1039.
[4] Y. Kotake, Y. Masai u. Y. Mori: Hoppe-Seylers Z. **122**, 220—224 (1922) — Chem. Zbl. **1923 I**, 116.
[5] Y. Kotake u. Y. Mori: Hoppe-Seylers Z. **122**, 176—185 (1922) — Chem. Zbl. **1923 I**, 115.
[6] Y. Kotake u. Y. Mori: Hoppe-Seylers Z. **122**, 191—194 (1922) — Chem. Zbl. **1923 I**, 116.
[7] Y. Mori u. T. Kanai: Hoppe-Seylers Z. **122**, 206—210 (1922) — Chem. Zbl. **1923 I**, 116.
[8] Y. Mori: Hoppe-Seylers Z. **122**, 225—229 (1922) — Chem. Zbl. **1923 I**, 116.
[9] Y. Kotake u. Y. Mori: Hoppe-Seylers Z. **122**, 186—190 (1922) — Chem. Zbl. **1923 I**, 115.

Nach M. Sekine[1] wird subcutan injizierte Phenylmilchsäure vom tierischen Organismus nicht in Hippursäure übergeführt.

Nach M. Chikano[2] hat Phenylmilchsäure keinen Einfluß auf die Adrenalinhyperglykämie.

Chemische Eigenschaften: Die Induktionsperiode bei der photochemischen Oxydation von β-Phenylmilchsäure tritt nach R. M. Purakayastha[3] nur im Licht, aber nicht im Dunkeln auf. R. M. Purakayastha[4] untersuchte weiterhin die Reaktion von Br mit Phenylmilchsäure unter dem Einfluß von ultravioletter Bestrahlung (durchschnittliche Wellenlänge 470 mμ) und im Dunkeln; im letzteren Falle wird die Reaktion durch Zusatz von HBr viel stärker verringert als durch KBr und durch KCl viel stärker beschleunigt als durch HCl. Bei Zugabe von NaOH ist in Gegenwart von KBr die Reaktionsgeschwindigkeit dem zugefügten Alkali direkt proportional.

Derivate: β-**Phenylmilchsäureäthylester.** Durch Sättigen einer Lösung von β-Phenylbrenztraubensäureester in Äther bei —15° mit HJ-Gas. Kochp.$_{16}$ 148—152°. Bei der Verseifung entsteht β-Phenylmilchsäure. Schmelzp. 97°[5].

β-**Phenyl-α-acetoxypropionsäureäthylester** $C_6H_5 \cdot CH_2 \cdot CH(O \cdot CO \cdot CH_3) \cdot CO_2 \cdot C_2H_5$. Aus Phenylmilchsäureester und Essigsäureanhydrid. Kochp.$_{16}$ 161—163°[5].

β-**Phenyl-α-benzoyloxypropionsäureäthylester** $C_6H_5 \cdot CH_2 \cdot CH(O \cdot CO \cdot C_6H_5) \cdot CO_2 \cdot C_2H_5$. Aus Phenylmilchsäureester und Benzoylchlorid. Kochp.$_{15}$ 225—226°[5].

β-(p-Oxyphenyl)-milchsäure.
α-Oxy-β-(oxy-(4)-phenyl)-propionsäure.

Darstellung: Über die Isolierung von l-p-Oxyphenylmilchsäure aus Harn berichten Y. Kotake, Z. Matsuoka und M. Okagawa[6]. Der Harn wird zum Sirup eingedampft, mit Alkohol extrahiert, dieser verdampft, der Rückstand in wenig Wasser gelöst, mit H_2SO_4 angesäuert, mit Äther extrahiert. Die ätherische Lösung hinterläßt Nadeln von l-p-Oxyphenylmilchsäure und kuglige Krystalle von Oxybrenztraubensäure. Erstere werden mit warmem Wasser gelöst, mit Pb-Acetat gefällt, filtriert, die Filtrate nochmals mit Pb-Acetat ausgefällt, die Niederschläge mit H_2S versetzt, bis zur Krystallisation eingeengt. So lassen sich aus einem 24-Stunden-Harn etwa 1 g l-p-Oxyphenylmilchsäure isolieren.

Biochemische Eigenschaften der d-, l- und d, l-β-(p-Oxyphenyl)-milchsäure: d-p-Oxyphenylmilchsäure wird im Gegensatz zur l-Verbindung durch die überlebende Niere nach Y. Mori[7] nicht zur Acetessigsäure abgebaut.

l-Tyrosin wird nach Y. Kotake, M. Chikano und K. Ichihara[8] fast quantitativ durch Oidium lactis in d-Oxyphenylmilchsäure umgewandelt. Aus d-Tyrosin entsteht gleichfalls d-Oxyphenylmilchsäure, jedoch nicht quantitativ. Das Milchsäurederivat wird durch Oidium lactis nicht angegriffen.

Über die Bildung der d-Oxyphenylmilchsäure bei der Darstellung von d-Tyrosin aus racemischem Tyrosin durch asymmetrischen Abbau mittels Oidium lactis berichtet M. Chikano[9].

Nach Verfütterung von l-Tyrosin an Kaninchen werden nach Y. Kotake, Z. Matsuoka und M. Okagawa[6] beträchtliche Mengen l-p-Oxyphenylmilchsäure gebildet, wahrscheinlich durch asymmetrische Reduktion der Oxyphenylbrenztraubensäure. Auch nach Verfütterung von d, l-Tyrosin wird nach Y. Kotake und M. Okagawa[10] p-Oxyphenylmilchsäure ausgeschieden.

---

[1] M. Sekine: Hoppe-Seylers Z. **164**, 226—235 — Chem. Zbl. **1927 I**, 3104.
[2] M. Chikano: Biochem. Z. **205**, 154—165 — Chem. Zbl. **1929 I**, 2199.
[3] R. M. Purakayastha: J. Indian chem. Soc. **5**, 721—732 (1928) — Chem. Zbl. **1929 I**, 2954.
[4] R. M. Purakayastha: J. Indian chem. Soc. **6**, 375—383, 385—390 — Chem. Zbl. **1929 II**, 1897.
[5] H. Gault u. R. Weick: Bull Soc. Chim. France [4] **31**, 993—1026 (1922) — Chem. Zbl. **1923 I**, 513.
[6] Y. Kotake, Z. Matsuoka u. M. Okagawa: Hoppe-Seylers Z. **122**, 166—175 (1922) — Chem. Zbl. **1923 I**, 115.
[7] Y. Mori: Hoppe-Seylers Z. **122**, 225—229 (1922) — Chem. Zbl. **1923 I**, 116.
[8] Y. Kotake, M. Chikano u. K. Ichihara: Hoppe-Seylers Z. **143**, 218—228 — Chem. Zbl. **1925 I**, 2570.
[9] M. Chikano: Hoppe-Seylers Z. **180**, 149—152 — Chem. Zbl. **1929 I**, 1929.
[10] Y. Kotake u. M. Okagawa: Hoppe-Seylers Z. **122**, 201—205 (1922) — Chem. Zbl. **1923 I**, 115.

Die l-p-Oxyphenylmilchsäurebildung aus l-Tyrosin ist nach Y. Kotake, Y. Masai und Y. Mori[1] auch bei durch Sodacarminlösung vitalgefärbten Kaninchen verhältnismäßig groß.

l-p-Oxyphenylmilchsäure wird nach Y. Mori[2] nur in geringem Betrage in der überlebenden Niere zur Acetessigsäure abgebaut.

l-p-Oxyphenylmilchsäure wird nach Y. Kotaka, M. Chikano und K. Ichihara[3] durch Oidium lactis in geringem Betrage in Oxyphenylbrenztraubensäure übergeführt.

Aus einer Reihe von Versuchen kommt Y. Kotake[4] zu dem Schluß, daß p-Oxyphenylmilchsäure, die im Organismus aus einer Aminosäure (Tyrosin) primär durch hydrolytische Desaminierung oder sekundär durch eine der oxydativen Desaminierung folgende Reduktion gebildet wird, immer optisch aktiv ist und unabhängig von ihrer Bildungsweise immer dieselbe Drehung zeigt.

Bei der Verfütterung von l-Tyrosin an Kaninchen werden im Harn auch kleine Mengen von d, l-Oxyphenylmilchsäure ausgeschieden, deren Quelle nach Y. Kotake, Z. Matsuoka und M. Okagawa[5] wahrscheinlich im Darm liegt.

Nach Verfütterung von d, l-Tyrosin an Hunde ließ sich nach E. Waser[6] im Harn als Abbauprodukt p-Oxyphenylmilchsäure nachweisen.

Über das wahrscheinliche Vorkommen von p-Oxyphenylmilchsäure im Lebervenenblut nach intravenöser Injektion von l-Tyrosin berichten E. Abderhalden und E. S. London[7].

Bei der Verfütterung von d, l-p-Oxyphenylmilchsäure an Kaninchen wird diese nach Y. Kotake und M. Okagawa[8] nicht oder nur in geringem Maße in Oxyphenylbrenztraubensäure verwandelt.

Nach Y. Mori und T. Kanai[9] wird p-Oxyphenylmilchsäure sowohl durch Leber-, Nieren- und Milzbrei des Hundes, als auch durch die überlebende Leber aus Oxyphenylbrenztraubensäure gebildet.

Über die Bildung von p-Oxyphenylmilchsäure aus Tyrosin durch Bakteriengemische aus menschlichen Stühlen in Kohlehydrat enthaltenden, künstlichen Nährböden berichten M. T. Hanke und K. K. Koeßler[10].

Typhusbacillen können nach T. J. Kanai[11] in eiweißfreien Nährböden aus p-Oxyphenylmilchsäure keine adrenalinähnlichen Substanzen produzieren.

Über die Bildung von p-Oxyphenylmilchsäure aus Tyrosin durch Pilze, die aus „Shoyu-Moromi" isoliert waren, berichtet M. Yukawa[12].

Phenylglyoxylsäure.

Benzolketocarbonsäure, Benzoylameisensäure.

Bildung: Über die Bildung der Benzoylameisensäure bei der Oxydation durch alkalische $KMnO_4$-Lösung von Phenylessigsäure, Phenylpropionsäure, Phenylbuttersäure und Phenylvaleriansäure berichtet E. S. Przewalski[13].

Über die Bildung der Phenylglyoxylsäure beim oxydativen Abbau von Mandelsäure, Hydrozimtsäure und Benzoylessigsäure berichten S. Skraup und E. Schwamberger[14].

---

[1] Y. Kotake, Y. Masai u. Y. Mori: Hoppe-Seylers Z. **122**, 211—219 (1922) — Chem. Zbl. **1923 I**, 116.
[2] Y. Mori: Hoppe-Seylers Z. **122**, 225—229 (1922) — Chem. Zbl. **1923 I**, 116.
[3] Y. Kotaka, M. Chikano u. K. Ichihara: Hoppe-Seylers Z. **143**, 218—228 — Chem. Zbl. **1925 I**, 2570.
[4] Y. Kotake: Hoppe-Seylers Z. **122**, 241—244 (1922) — Chem. Zbl. **1923 I**, 117.
[5] Y. Kotake, Z. Matsuoka u. M. Okagawa: Hoppe-Seylers Z. **122**, 166—175 (1922) — Chem. Zbl. **1923 I**, 115.
[6] E. Waser: Helvet. chim. Acta **6**, 206—214 — Chem. Zbl. **1923 I**, 911.
[7] E. Abderhalden u. E. S. London: Pflügers Arch. **212**, 735—740 — Chem. Zbl. **1926 II**, 2454.
[8] Y. Kotake u. M. Okagawa: Hoppe-Seylers Z. **122**, 201—205 (1922) — Chem. Zbl. **1923 I**, 115.
[9] Y. Mori u. T. Kanai: Hoppe-Seylers Z. **122**, 206—210 (1922) — Chem. Zbl. **1923 I**, 116.
[10] M. T. Hanke u. K. K. Koeßler: J. of biol. Chem. **59**, 835—853 — Chem. Zbl. **1924 II**, 361.
[11] T. J. Kanai: Biochem. Z. **132**, 26—52 (1922) — Chem. Zbl. **1923 I**, 1295.
[12] M. Yukawa: J. Coll. agric. Tokyo **5**, 291—299 (1924) — Chem. Zbl. **1925 I**, 1499.
[13] E. S. Przewalski: J. russ. phys.-chem. Ges. **49**, 567—572 (1917) — Chem. Zbl. **1923 III**, 665.
[14] S. Skraup u. E. Schwamberger: Liebigs Ann. **462**, 135—158 — Chem. Zbl. **1928 II**, 347.

Biochemische Eigenschaften: Bei der Vergärung von Phenylglyoxylsäure unter Zusatz von 1 Mol Di-Na-sulfit und 1 Mol Essigsäure (Na-Acetatpuffer) durch untergärige Hefe während 3 Tagen wurden von G. Binder-Kotrba[1] 62% der Disulfitverbindung des Benzaldehyds nachgewiesen.

Nach Versuchen von M. Chikano und T. Kitano[2] wird d, l-Phenylaminoessigsäure durch Oidium lactis neben l-Mandelsäure und Benzoesäure zur Phenylglyoxylsäure abgebaut. Phenylglyoxylsäure und l-Mandelsäure können durch Oidium lactis ineinander übergeführt und schließlich zur Benzoesäure abgebaut werden.

Physikalische Eigenschaften: Untersuchungen von R. Barré und A. Cornillot[3] über die Dissoziationskonstante der Phenylglyoxylsäure ergaben $100 K = 10,6$ für $v = 40$ und 9,85 für $v = 1000$. Es zeigte sich also, daß die Phenylglyoxylsäure eine der stärksten Säuren ist.

Chemische Eigenschaften: Bei der katalytischen Hydrierung von Phenylglyoxylsäure + NH_4OH wurden nach F. Knoop und H. Oesterlin[4] bei Ersatz des H durch äquivalente Mengen $FeSO_4$ bis 17% Phenylglycin, bei Ersatz durch Cystin 10% Phenylglycin erhalten.

Bei der Reduktion von Benzoylameisensäure nach der modifizierten Methode von Clemmensen wurde nach H. Steinkopf und A. Wolfram[5] mit 70% Ausbeute Mandelsäure gebildet.

Benzoylameisensäure ergab bei der Mischung mit Phenyl-MgBr nach F. N. Peters jr., E. Griffith, D. R. Briggs und H. E. French[6] Benzilsäure und Triphenylmethan.

Derivate: Hg^I-Salz der Benzoylameisensäure. Aus der Säure und gelbem HgO in 80 proz. Alkohol, weißer Niederschlag, wenig löslich in heißem Alkohol, scheidet mit Na_2CO_3, NaOH oder Pyridin Hg ab[7].

Hg^{II}-Salz. Aus der Säure und Hg-Acetat in Wasser, weißer Niederschlag. Schmelzp. 164°. Löslich in Pyridin und Nitrobenzol, gibt bei 190° $HgCO_3$ und Benzoesäure[7].

Benzoylameisensäuremethylester. Untersucht wurde von E. P. Kohler und B. B. Corson[8] der Mechanismus der Reaktion zwischen dem Ester und Cyanessigsäuremethylester.

Benzoylameisensäuremethylesteracetal $C_{11}H_{14}O_4$. Kochp. 257°[8].

Benzoylameisensäureäthylester. Bei der Mischung des Esters mit CH_3MgJ wird β-Phenyl-γ-methylbutylen-β, γ-glykol erhalten[9]. — Bei der Reduktion des Esters in alkoholischer Lösung mit Zn-Amalgam wurde hauptsächlich Mandelsäureester, außerdem Diphenylweinsäureester, aber kein Phenylessigester gebildet[10]. — Über die hemmende Wirkung des Esters auf die Einwirkung von Leberesterase auf Mandelsäureäthylester berichten R. Willstätter, R. Kuhn, O. Lind und F. Memmen[11].

Phenylglyoxylsäurediäthylamid $C_6H_5 \cdot CO \cdot CO \cdot N(C_2H_5)_2$. Aus Diäthyloxamidsäureester durch langsam zugesetztes C_6H_5MgBr. Unterbrechung der Reaktion, wenn sich der Niederschlag zusammenballt, Behandlung des Rohproduktes und Fraktionierung des Filtrates ergibt mit 63% Ausbeute Phenylglyoxylsäurediäthylamid. Kochp.$_{18}$ 183—185°. Wird durch 30 proz. KOH nicht, durch 50 proz. KOH teilweise unter Bildung von Benzoesäure, durch siedende konzentrierte HCl langsam in Phenylglyoxylsäure aufgespalten. Schmelzp. 64—65°[12].

Semicarbazon $C_{13}H_{18}O_2N_4$. Aus Alkohol. Schmelzp. 204—205° (bloc.)[12].

Phenylhydrazon der Benzoylameisensäure. Gelbe Krystalle. Schmelzp. 156—157°[13].

---

[1] G. Binder-Kotrba: Biochem. Z. **174**, 440—442 — Chem. Zbl. **1926 II**, 2926.
[2] M. Chikano u. T. Kitano: Hoppe-Seylers Z. **164**, 217—225 — Chem. Zbl. **1927 II**, 100.
[3] R. Barré u. A. Cornillot: Ann. Chim. [10] **8**, 329—339 (1927) — Chem. Zbl. **1928 I**, 789.
[4] F. Knoop u. H. Oesterlin: Hoppe-Seylers Z. **170**, 186—211 (1927) — Chem. Zbl. **1928 I**, 40.
[5] H. Steinkopf u. A. Wolfram: Liebigs Ann. **430**, 113—161 (1923) — Chem. Zbl. **1923 I**, 1024.
[6] F. N. Peters jr., E. Griffith, D. R. Briggs u. H. E. French: J. amer chem. Soc. **47**, 449—454 — Chem. Zbl. **1925 I**, 1716.
[7] M. S. Kharasch u. F. W. Staveley: J. amer. chem. Soc. **45**, 2961—2972 (1923) — Chem. Zbl. **1924 I**, 1514.
[8] E. P. Kohler u. B. B. Corson: J. amer. chem. Soc. **45**, 1975—1986 — Chem. Zbl. **1923 III**, 1461.
[9] R. Roger: J. chem. Soc. Lond. **127**, 518—523 — Chem. Zbl. **1925 II**, 24.
[10] W. Steinkopf u. A. Wolfram: Liebigs Ann. **430**, 113—161 (1923) — Chem. Zbl. **1923 I**, 1024.
[11] R. Willstätter, R. Kuhn, O. Lind u. F. Memmen: Hoppe-Seylers Z. **167**, 303—309 — Chem. Zbl. **1927 II**, 1155.
[12] R. Barré: Ann. Chim. [10] **9**, 204—275 — Chem. Zbl. **1928 I**, 2607.
[13] E. S. Przewalski: J. russ. phys.-chem. Ges. **49**, 567—572 (1917) — Chem. Zbl. **1923 III**, 664.

p-Oxyphenyl-glyoxylsäure.

4-Oxybenzoyl-ameisensäure, 4-Oxybenzol-(1)-ketocarbonsäure.

Derivate: p-Methoxyphenylglyoxylsäuremethylester $C_{10}H_{10}O_4$. Wird durch Oxydation des Trimethyläteresters der Atromentinsäure gebildet. Nadeln aus Alkohol-Wasser. Schmelzp. 54°. Ist identisch mit einer durch Oxydation von p-Methoxyacetophenon mit alkalischem $KMnO_4$, Methylierung der Säure und Veresterung synthetisierten Verbindung. Wird durch HJ zur p-Oxyphenylessigsäure reduziert[1].

Phenylbrenztraubensäure.

β-Phenyl-α-oxo-propionsäure.

Bildung: Über die Bildung der Phenylbrenztraubensäure bei der Spaltung des Phenylserins mit 10proz. H_2SO_4 berichtet F. Bettzieche[2].

Während bei der Spaltung mit heißer 10proz. $NaHCO_3$-Lösung keine Phenylbrenztraubensäure gebildet wird, lassen sich nach F. Bettzieche und R. Menger[3] bei der Spaltung von N-Toluolsulfophenylserin mit 3proz. NaOH im Rohr bei 200° Spuren von Phenylbrenztraubensäure nachweisen.

Über die Bildung von Phenylbrenztraubensäure durch Spaltung des 2, 4-Dioxo-3-phenyl-5-benzaloxazolidins berichtet R. Soederquist[4].

Darstellung: Über die Darstellung der Phenylbrenztraubensäure über das Oxim durch Verkochen der Sulfhydrylzimtsäure mit NH_2OH berichtet Ch. Gränacher[5].

Biochemische Eigenschaften: Nach Versuchen von Y. Kotake und Y. Mori[6] wird subcutan und per os verabreichte Phenylbrenztraubensäure sowohl im menschlichen wie im tierischen Organismus zum Teil unverändert, zum Teil als l-Phenylmilchsäure ausgeschieden.

Nach reichlicher Verfütterung von l- und d, l-Phenylalanin wird nach Y. Kotake, Y. Masai und Y. Mori[7] vom Kaninchen Phenylbrenztraubensäure gebildet, wobei ein Teil zu Oxyphenylbrenztraubensäure oxydiert wird.

Nach Y. Kotake und Y. Mori[8, 9] wird d, l-Phenylmilchsäure beim Menschen vorzugsweise über die Phenylbrenztraubensäure abgebaut, die zum Teil asymmetrisch zur l-Milchsäure abgebaut wird.

Sowohl Leber-, Nieren- und Milzbrei des Hundes, wie die überlebende Leber vermögen nach Y. Mori und T. Kanai[10] Phenylbrenztraubensäure zur l-Phenylmilchsäure zu reduzieren.

Bei Kaninchen, die durch Sodacarminlösung vital gefärbt waren, wurde nach Y. Kotake, Y. Masai und Y. Mori[11] selbst nach reichlicher Verfütterung von Phenylalanin und Tyrosin keine Phenylbrenztraubensäure gebildet. Aus weiteren Versuchen der Verfasser[12] an vital gefärbter, künstlich durchbluteter Hundeleber zeigte sich, daß Phenylalanin in den parenchymatösen Leberzellen vorwiegend in Phenylmilchsäure, in den Kupfferschen Sternzellen, wie in den sog. histiocytären Zellen durch oxydative Desaminierung in Phenylbrenztraubensäure umgewandelt wird.

Nach M. Sekine[13] ist der tierische Organismus nicht imstande, subcutan injizierte Phenylbrenztraubensäure in Hippursäure überzuführen. Die Phenylbrenztraubensäure wird auch in der überlebenden Niere nicht umgewandelt.

---

[1] F. Kögl u. H. Becker: Liebigs Ann. **465**, 211—242 — Chem. Zbl. **1928 II**, 2028.
[2] F. Bettzieche: Hoppe-Seylers Z. **150**, 177—190 (1925) — Chem. Zbl. **1926 I**, 1986.
[3] F. Bettzieche u. R. Menger: Hoppe-Seylers Z. **172**, 56—63 (1927) — Chem. Zbl. **1928 I**, 495.
[4] R. Soederquist: Svensk. Kem. Tidskr. **34**, 189—192 (1923) — Chem. Zbl. **1923 III**, 1082.
[5] Ch. Gränacher: Helvet. chim. Acta **5**, 610—624 — Chem. Zbl. **1922 III**, 673.
[6] Y. Kotake u. Y. Mori: Hoppe-Seylers Z. **122**, 191—194 (1922) — Chem. Zbl. **1923 I**, 116.
[7] Y. Kotake, Y. Masai u. Y. Mori: Hoppe-Seylers Z. **122**, 195—200 (1922) — Chem. Zbl. **1923 I**, 116.
[8] Y. Kotake u. Y. Mori: Hoppe-Seylers Z. **122**, 176—185 (1922) — Chem. Zbl. **1923 I**, 115.
[9] Y. Kotake u. Y. Mori: Hoppe-Seylers Z. **122**, 186—190 (1922) — Chem. Zbl. **1923 I**, 115.
[10] Y. Mori u. T. Kanai: Hoppe-Seylers Z. **122**, 200—210 (1922) — Chem. Zbl. **1923 I**, 116.
[11] Y. Kotake, Y. Masai u. Y. Mori: Hoppe-Seylers Z. **122**, 211—219 (1922) — Chem. Zbl. **1923 I**, 116.
[12] Y. Kotake, Y. Masai u. Y. Mori: Hoppe-Seylers Z. **122**, 220—224 (1922) — Chem. Zbl. **1923 I**, 116.
[13] M. Sekine: Hoppe-Seylers Z. **164**, 226—235 — Chem. Zbl. **1927 I**, 3104.

Nach M. Chikano[1] hat Phenylbrenztraubensäure einen fördernden Einfluß auf die Adrenalinhyperglykämie.

Chemische Eigenschaften: H. Wieland und A. Wingler[2] untersuchten das Verhalten der Phenylbrenztraubensäure gegen Katalysatoren (Pd-Schwarz, Cellulosekohle) und gegen tierisches Gewebe (Froschmuskulatur und Lebergewebe).

Die Oxydation der Phenylbrenztraubensäure durch H_2O_2 in Gegenwart von Fe^{II} und Fe^{III} untersuchten H. Wieland und W. Franke[3].

Bei der katalytischen Hydrierung von Phenylbrenztraubensäure + 2 Mol NH_4OH werden nach F. Knoop und H. Oesterlin[4] 64%, von Phenylbrenztraubensäure + 1,1 Mol NH_4OH nur 38—40% Phenylalanin erhalten. Nachträglicher NH_4OH-Zusatz erhöht die Ausbeute noch um 3—4%. Bei Ersatz des H durch äquivalente Mengen $FeSO_4$ werden 15% Phenylalanin erhalten.

Phenylbrenztraubensäure wird nach E. A. Speight, A. Stevenson und J. F. Thorpe[5] durch H_2SO_4 schon bei gewöhnlicher Temperatur zersetzt.

Über die Kondensation von Phenylbrenztraubensäure mit Benzylidencyclohexylamin und nachfolgender Hydrierung zu α-Oxo-β, γ-diphenyl-γ-buttersäurecyclohexylamid berichten A. Skita und C. Wulff[6].

Über die Umsetzung der Phenylbrenztraubensäure in Phenylacethydroxamsäure berichten G. Scheuing und A. Hensle[7].

Derivate: Phenylbrenztraubensäureäthylester. Der Ester wird aus Cyanphenylbrenztraubensäure entweder durch Spaltung und Veresterung in absolutem Alkohol mit Schwefelsäuremonohydrat oder durch Spaltung mit 99proz. H_2SO_4 bei Zimmertemperatur (24 Stunden) und nachfolgender Veresterung mit absolutem Alkohol dargestellt. Ausbeute 91%. Der α-Ester läßt sich bei rascher Destillation unter 15 mm bei 150—155° unverändert destillieren, wird durch Na- und Cu-Acetat nicht verändert. Ist bei 0° praktisch unlöslich im β-Ester. Wird flüssiger β-Ester mit $NaHSO_3$-Lösung behandelt, die feste Disulfitverbindung mit gesättigter Sodalösung geschüttelt, so entsteht ein Gemisch von α- und β-Ester. Durch Einwirkung von Na-Acetat auf den β-Ester entsteht Ketophenylbenzylbutyrolactoncarbonsäureester neben α-Ester. Beim Verdünnen von β-Ester mit Äther erfolgt Umlagerung zum α-Ester. Bei Einwirkung von NH_3-Gas auf die ätherische Lösung des β-Esters entsteht Ketophenylbenzylbutyrolactoncarbonsäureamid. Bei Behandlung des Esters mit 50proz. KOH entsteht Diphenylbrenztraubensäure, aus β-Ester und o-Phenylendiamin Dihydro-α-benzylidenchinoxalon, aus β-Ester, Formaldehyd und Diäthylamin α, α'-Diketo-β, β'-diphenylpimelinsäureester. Refraktometrische Messungen an Toluollösungen des β-Esters bestätigen die Enolformel. γ-Ester, Schmelzp. 79°, entsteht aus dem flüssigen Ester quantitativ durch Cu-Acetat, verbindet sich nicht mit Disulfit. Der γ-Ester reagiert mit Benzoylchlorid unter Ausschluß von Alkali nicht. Beim Schütteln der ätherischen Lösung des Esters mit 10proz. NaOH entsteht Diphenylbrenztraubensäure. Bei der Einwirkung von NH_3-Gas in Äther auf den Ester wird Ketophenylbenzylbutyrolactoncarbonsäureamid gebildet. γ-Ester, in Alkohol mit HCl gesättigt, ergibt α-Keto-β-phenyl-γ-benzylbutyrolacton-γ-carbonsäureester. Refraktometrische Messungen an Toluollösungen des γ-Esters bestätigen die Ketoformel. Den 3 Estern sind folgende Reaktionen gemeinsam: Acetylchlorid reagiert bei Zimmertemperatur nicht, beim Kochen mit Essigsäureanhydrid entsteht α-Acetoxyzimtsäureester, mit Benzoylchlorid α-Benzoyloxyzimtsäureester. Phenylisocyanat reagiert nicht mit dem Ester[8,9].

Phenylbrenztraubensäureoxim. Beim Verkochen der Sulfhydrylzimtsäure mit alkoholischer NH_2OH-Lösung, aus Toluol Nadeln, Schmelzp. 173—174° unter Gasentwicklung und

---

[1] M. Chikano: Biochem. Z. **205**, 154—165 — Chem. Zbl. **1929 I**, 2199.
[2] H. Wieland u. A. Wingler: Liebigs Ann. **436**, 229—262 — Chem. Zbl. **1924 II**, 933.
[3] H. Wieland u. W. Franke: Liebigs Ann. **457**, 1—70 — Chem. Zbl. **1927 II**, 1658.
[4] F. Knoop u. H. Oesterlin: Hoppe-Seylers Z. **170**, 186—211 (1927) — Chem. Zbl. **1928 I**, 40.
[5] E. A. Speight, A. Stevenson u. J. F. Thorpe: J. chem. Soc. Lond. **125**, 2185—2192 (1924) — Chem. Zbl. **1925 I**, 69.
[6] A. Skita u. C. Wulff: Liebigs Ann. **455**, 17—40 — Chem. Zbl. **1927 II**, 822.
[7] G. Scheuing u. A. Hensle: Liebigs Ann. **440**, 72—88 — Chem. Zbl. **1924 II**, 2748.
[8] H. Gault u. R. Weick: Bull. Soc. Chim. France [4] **31**, 867—897 (1922) — Chem. Zbl. **1923 I**, 512.
[9] H. Gault u. R. Weick: Bull. Soc. Chim. France [4] **31**, 993—1026 (1922) — Chem. Zbl. **1923 I**, 513.

Zersetzung, aus Alkohol niedrigerer Schmelzpunkt. Wird bei der Reduktion mit Na-Amalgam in Phenylalanin übergeführt [1].
Semicarbazon der Phenylbrenztraubensäure. Schmelzp. 179,5° [2].
Phenylhydrazon. Schmelzp. 161° [2].
o-Chlorphenylbrenztraubensäure. Aus 2, 4-Dioxy-3-phenyl-5-o-chlorbenzoloxazolidin, zugespitzte, farblose Blätter, aus Alkohol-Wasser, Schmelzp. 145° bei langsamem Erhitzen, Schmelzp. 152—152,5° bei schnellerem Erhitzen [2].
Semicarbazon. Schmelzp. 167,5° [2].
Phenylhydrazon. Schmelzp. 141° [2].
m-Chlorphenylbrenztraubensäure. Prismen aus Benzol-Petroläther [2].
Semicarbazon. Schmelzp. 176° [2].
Phenylhydrazon. Schmelzp. 141° [2].
p-Chlorphenylbrenztraubensäure. Blättchen, aus Wasser [2].
Semicarbazon. Schmelzp. 184° [2].
Phenylhydrazon. Schmelzp. 164° [2].
Bromphenylbrenztraubensäureäthylester $C_6H_5 \cdot CHBr \cdot CO \cdot CO_2C_2H_5$. Aus Phenylbrenztraubensäuredibromid durch Einwirken von Acetylchlorid [3].
Phenylhydrazon des Esters $C_{17}H_{17}O_2N_2Br$. Schmelzp. 106—108° (Zersetzung). Löslich in heißem Alkohol, unlöslich in Chloroform, Petroläther, Aceton [3].
Nitrophenylbrenztraubensäureäthylester. Konnte nicht aus Cyanphenylbrenztraubensäureester, Phenyloxymaleinimid oder Phenylbrenztraubensäureester dargestellt werden [3].
Cyanphenylbrenztraubenäthylester. Entsteht in 80—85 proz. Ausbeute, wenn 1 Mol in Äther suspendiertes Na-Äthylat mit 1 Mol Oxalester umgesetzt, nach beendeter Reaktion 1 Mol Benzylcyanid zugegeben wird und das Gemisch 72 Stunden stehenbleibt; das ausgeschiedene Salz wird mit verdünnter H_2SO_4 zersetzt. Gelbliche Krystalle. Schmelzp. 129,5°. Weiterhin wird die Verseifung des Esters mit H_2SO_4 unter verschiedenen Bedingungen studiert [4].
Methylen-2, 4-dioxyphenylbrenztraubensäure. Farblose Blätter aus Eisessig [2].
Semicarbazon. Schmelzp. 197° [2].
Phenylhydrazon. Schmelzp. 144° [2].
2-Nitro-5-methylphenylbrenztraubensäure. Durch Kondensation von 4-Nitro-m-xylol und Oxalsäurediäthylester mittels KOC_2H_5 in Äther. Ausbeute 63% [5].

o-Oxyphenyl-brenztraubensäure.

Salicylglycidsäure, β-(Oxy-2-phenyl)-α-oxo-propionsäure.

Biochemische Eigenschaften: Typhusbacillen können nach T. J. Kanai [6] in eiweißfreien Nährböden aus o-Oxyphenylbrenztraubensäure keine adrenalinähnlichen Substanzen erzeugen.

p-Oxyphenylbrenztraubensäure.

β-(Oxy-4-phenyl)-α-oxo-propionsäure.

Biochemische Eigenschaften: Bei Verfütterung reichlicher Mengen von l- und d, l-Tyrosin an Kaninchen wird nach Y. Kotake, Z. Matsuoka und M. Okagawa [7] und Y. Kotake und M. Okagawa [8] neben Oxyphenylmilchsäure p-Oxyphenylbrenztraubensäure ausgeschieden. Die Mengen sind bei l- und d, l-Tyrosin ungefähr gleich. Per os verabreichte d, l-Oxyphenylmilchsäure wird nicht oder nur in geringem Betrage von Kaninchen in Oxyphenylbrenztraubensäure verwandelt.

---

[1] Ch. Gränacher: Helvet. chim. Acta **5**, 610—624 — Chem. Zbl. **1922 III**, 673.
[2] R. Soederquist: Svensk Kem. Tidskr. **34**, 189—192 (1923) — Chem. Zbl. **1923 III**, 1082.
[3] H. Gault u. R. Weick: Bull. Soc. Chim. France [4] **31**, 993—1026 (1922) — Chem. Zbl. **1923 I**, 513.
[4] H. Gault u. R. Weick: Bull. Soc. Chim. France [4] **31**, 867—897 (1922) — Chem. Zbl. **1923 I**, 512.
[5] N. Kishi u. S. Kishi: J. pharmac. Soc. Japan **1927**, Nr. 545, 90 — Chem. Zbl. **1927 II**, 1815.
[6] T. J. Kanai: Biochem. Z. **132**, 26—52 (1922) — Chem. Zbl. **1923 I**, 1295.
[7] Y. Kotake, Z. Matsuoka u. M. Okagawa: Hoppe-Seylers Z. **122**, 166—175 (1922) — Chem. Zbl. **1923 I**, 115.
[8] Y. Kotake u. M. Okagawa: Hoppe-Seylers Z. **122**, 201—205 (1922) — Chem. Zbl. **1923 I**, 115.

Bei Verfütterung von d, l-Tyrosin an Hunde ließ sich nach E. Waser[1] im Harn p-Oxyphenylbrenztraubensäure nachweisen.

Nach reichlicher Verfütterung von l- und d, l-Phenylalanin wird nach Y. Mori und T. Kanai[2] von Kaninchen Phenylbrenztraubensäure gebildet, wobei ein Teil derselben zu Oxyphenylbrenztraubensäure oxydiert wird.

Sowohl Leber-, Nieren- und Milzbrei des Hundes, wie die überlebende Leber können nach Y. Kotake, Y. Masai und Y. Mori[3] p-Oxyphenylbrenztraubensäure in Oxyphenylmilchsäure umwandeln.

Typhusbacillen können nach T. J. Kanai[4] in eiweißfreien Nährböden aus p-Oxyphenylbrenztraubensäure keine adrenalinähnlichen Substanzen erzeugen.

p-Oxyphenylbrenztraubensäure wird nach Y. Kotake, M. Chikano und K. Ichihara[5] durch Oidium lactis zum Teil in d-Oxyphenylmilchsäure umgewandelt. Die l-Oxyphenylmilchsäure wird durch den Pilz in geringer Menge in Oxyphenylbrenztraubensäure übergeführt.

p-Oxyphenylbrenztraubensäure wird nach H. St. Raper und A. Wormall[6] weder in Gegenwart, noch in Abwesenheit von NH_3 durch Tyrosinase zu Melanin oxydiert.

Über den Einfluß von frischen, pigmentführenden Hautgefrierschnitten auf das colorische Verhalten von p-Oxyphenylbrenztraubensäure gegenüber verdünnten $FeCl_3$-Lösungen berichtet C. Moncorps[7].

Derivate: Oxy-methoxyphenylbrenztraubensäure. Nach M. Chikano[8] hat Oxy-methoxyphenylbrenztraubensäure einen fördernden Einfluß auf die Adrenalinhyperglykämie.

α-Pyrrolidon.

Oxo-2-pyrroltetrahydrid, γ-Amino-n-buttersäurelactam.

Darstellung: Das Lactam läßt sich nach S. S. G. Sircar[9] so darstellen, daß Glutarsäureanhydrid mit konzentrierter NH_4OH in das NH_4-Salz der Amidsäure umgesetzt, dieses mit NaOH, dann mit KOBr behandelt, die Lösung angesäuert, eingedampft und der Rückstand mit Aceton und Äther extrahiert wird. Ausbeute 20%. Kochp.$_{14}$ 114°. Wenig löslich in Wasser, leicht löslich in organischen Lösungsmitteln, reagiert neutral.

Nach E. Späth und F. Breusch[10] findet sich in der neutralisierten Lösung des elektrolytisch reduzierten Succinimids wahrscheinlich zunächst γ-Aminobuttersäure, die erst nach Zusatz von Barytlauge in α-Pyrrolidon übergeht.

Derivate: N-Methyl-α-pyrrolidon. Durch Methylierung von Pyrrolidon-Na in Benzol mit Dimethylsulfat, Kochp.$_{10}$ 82—84°. Der o-Methyläther entsteht bei dieser Reaktion nicht[11].

β-Methylbutyrolactam C_5H_9ON. Aus dem β-Methyldiessigsäureanhydrid in entsprechender Weise wie das Cyclohexanspirobutyrolactam. Kochp.$_{15}$ 116°. Wenig löslich in Wasser, leicht löslich in organischen Lösungsmitteln, reagiert neutral[9].

β, β-Dimethylbutyrolactam $C_6H_{11}ON$. Aus dem β, β-Dimethyldiessigsäureanhydrid in entsprechender Weise wie das Cyclohexanspirobutyrolactam. Ausbeute 35%. Schmelzp. 65 bis 66°. Kochp.$_{12}$ 146—147°. Wenig löslich in Wasser, leicht löslich in organischen Lösungsmitteln, reagiert neutral[9].

Benzoylverbindung. Schmelzp. 69°[9].

Nitrosoderivat. Schmelzp. 45°[9].

β, β-Methyläthylbutyrolactam $C_7H_{13}ON$. Aus dem β, β-Methyläthyldiessigsäureanhydrid in entsprechender Weise wie das Cyclohexanspirobutyrolactam. Ausbeute 30%. Schmelzp. 74

---

[1] E. Waser: Helvet. chim. Acta **6**, 206—214 — Chem. Zbl. **1923 I**, 911.
[2] Y. Mori u. T. Kanai: Hoppe-Seylers Z. **122**, 206—210 (1922) — Chem. Zbl. **1923 I**, 116.
[3] Y. Kotake, Y. Masai u. Y. Mori: Hoppe-Seylers Z. **122**, 195—200 (1922) — Chem. Zbl. **1923 I**, 116.
[4] T. J. Kanai: Biochem. Z. **132**, 26—52 (1922) — Chem. Zbl. **1923 I**, 1295.
[5] Y. Kotake, M. Chikano u. K. Ichihara: Hoppe-Seylers Z. **143**, 218—228 — Chem. Zbl. **1925 I**, 2570.
[6] H. St. Raper u. A. Wormall: Biochemic. J. **19**, 84—91 — Chem. Zbl. **1925 I**, 2451.
[7] C. Moncorps: Arch. f. Dermat. **148**, 2—14 (1924) — Chem. Zbl. **1925 I**, 859.
[8] M. Chikano: Biochem. Z. **205**, 154—165 — Chem. Zbl. **1929 I**, 2199.
[9] S. S. G. Sircar: J. Indian chem. Soc. **5**, 549—554 (1928) — Chem. Zbl. **1929 I**, 741.
[10] E. Späth u. F. Breusch: Mh. Chem. **50**, 349—356 (1928) — Chem. Zbl. **1929 I**, 753.
[11] E. Späth u. H. Bretschneider: Ber. dtsch. chem. Ges. **61**, 327—334 (1928) — Chem. Zbl. **1928 I**, 1968.

bis 75°. Kochp.$_{13}$ 150—152°. Wenig löslich in Wasser, leicht löslich in organischen Lösungsmitteln, reagiert neutral[1].
Nitrosoderivat. Öl[1].
β-Äthylbutyrolactam $C_6H_{11}ON$. Aus dem β-Äthyldiessigsäureanhydrid in entsprechender Weise wie das Cyclohexanspirobutyrolactam. Ausbeute 25%. Kochp.$_{13}$ 117—118°. Wenig löslich in Wasser, leicht löslich in organischen Lösungsmitteln, reagiert neutral[1].
Benzoylderivat. Flüssigkeit[1].
Nitrosoderivat. Flüssigkeit[1].
β, β-Diäthylbutyrolactam $C_8H_{15}ON$. Aus dem β, β-Diäthyldiessigsäureanhydrid in entsprechender Weise wie das Cyclohexanspirobutyrolactam. Ausbeute 40%. Schmelzp. 76—77°. Kochp.$_{12}$ 163°. Wenig löslich in Wasser, leicht löslich in organischen Lösungsmitteln, reagiert neutral[1].
HgCl$_2$-Verbindung. Schmelzp. 130°[1].
Cyclopentanspirobutyrolactam $C_8H_{13}ON$. Aus dem Cyclopentandiessigsäureanhydrid wie die entsprechende Cyclohexanverbindung. Ausbeute 38%. Aus Petroläther Tetraeder. Schmelzp. 75°. Kochp.$_{16}$ 164°. Wenig löslich in Wasser, leicht löslich in organischen Lösungsmitteln, reagiert neutral[1].
HgCl$_2$-Verbindung. Schmelzp. 135°[1].
Benzoylverbindung. $C_{15}H_{17}O_2N$. Nadeln. Schmelzp. 70—71°[1].
Nitrosoverbindung. Nadeln. Schmelzp. 51—52°[1].
Cyclohexanspirobutyrolactam $C_9H_{15}ON$. Aus Cyclohexandiessigsäureanhydrid durch Umsetzung mit konzentrierter NH_4OH, Behandlung mit NaOH, anschließender Umsetzung mit KOBr, Ansäuern, Eindampfen der Lösung und Extraktion des Rückstandes mit Aceton und Äther. Ausbeute 46%. Aus Petroläther Tetraeder vom Schmelzp. 98°. Kochp.$_{13}$ 180—181°. Wenig löslich in Wasser, leicht löslich in organischen Lösungsmitteln, reagiert neutral[1].
HgCl$_2$-Additionsprodukt. Schmelzp. 158—160°[1].
Benzoylderivat $C_{16}H_{19}O_2N$. Nadeln, Schmelzp. 138°[1].
Nitrosoderivat $C_9H_{14}O_2N_2$, Nadeln, Schmelzp. 82°[1].

β-Oxy-α-pyrrolidon.

γ-Amino-β-oxy-n-buttersäurelactam.

Bildung: Oxypyrrolidon wird nach M. Tomita[2] beim Erhitzen der γ-Amino-β-oxybuttersäure bei 215° gebildet, aus Essigester. Schmelzp. 118°.

Piperidon.

Oxo-2-pyridinhexahydrid, δ-Amino-n-valeriansäurelactam, „Cyclopentanonisoxim".

Bildung: Über die Bildung von Piperidon aus Piperidin durch Oxydation mit acetonischem $KMnO_4$ über α-Oxo-N-N-dipiperidyl berichten St. Goldschmidt und V. Voeth[3]. Ölig. Kochp.$_{0,4}$ 64—65°.
Derivate: α-Piperidon-α'-carbonsäureäthylester $C_8H_{13}O_3N$. Als Nebenprodukt bei der Darstellung des α-Aminoadipinsäurediäthylesters aus Cyclopentanoncarbonsäureester mit Amylnitrit. Kochp.$_{13}$ 181—182,5°[4].
α-Piperidonyl-[α']-diphenylcarbinol $C_{18}H_{19}O_2N$. Bei der Reaktion von α-Piperidon-α'-carbonsäureester oder α-Aminoadipinsäureester mit C_6H_5MgBr, nach Auskochen mit verdünnter Essigsäure Nadeln aus CH_3OH. Schmelzp. 225—226°[4].

β-Oxy-α-piperidon.

Oxo-2-oxy-3-pyridinhexahydrid, δ-Amino-α-oxy-n-valeriansäure-lactam.

Bildung: Über die Bildung des β-Oxy-α-piperidons beim Erhitzen der Argininsäure über den Schmelzpunkt berichten K. Felix und H. Müller[5].

---

[1] S. S. G. Sircar: J. Indian. chem. Soc. **5**, 549—554 (1928) — Chem. Zbl. **1929 I**, 741.
[2] M. Tomita: Hoppe-Seylers Z. **124**, 253—258 (1923) — Chem. Zbl. **1923 I**, 931.
[3] St. Goldschmidt u. V. Voeth: Liebigs Ann. **435**, 265—277 — Chem. Zbl. **1924 I**, 1200.
[4] S. Kanao u. Sh. Inagawa: J. pharmac. Soc. Japan **48**, 40—46 — Chem. Zbl. **1928 II**, 50.
[5] K. Felix u. H. Müller: Hoppe-Seylers Z. **174**, 112—118 — Chem. Zbl. **1928 I**, 2172.

β-Amino-α-piperidon.
Amino-3-oxo-2-pyridinhexahydrid.

Derivate: d, l-β-Acetylamino-α-piperidon. Über die Bildung der Piperidonverbindung bei der Umsetzung von Triacetylanhydroarginin mit Glykokollester, Sarkosinäthylester und Methylamin berichten M. Bergmann und L. Zervas [1, 2].

β-Benzoyl-amino-piperidon $C_{12}H_{14}O_2N_2$. Wird durch Erhitzen von Dibenzoylarginin mit Acetanhydrid gebildet. Mit siedender, verdünnter HCl wird es zu Benzoesäure und Ornithin gespalten, durchsichtige, lange Prismen aus Essigester. Schmelzp. 186—187°. Leicht löslich in Alkohol, ziemlich wenig löslich in Äther, sehr schwer löslich in Wasser [3]. — Wird als Nebenprodukt bei der Darstellung von α-Benzoylornithin aus Ornithursäure erhalten. Lange, weiße Nadeln aus heißem Wasser. Schmelzp. 184°. Unlöslich in wässerigem Soda und $NaHCO_3$ [4].

N-Toluolsulfo-β-benzoylaminopiperidon $C_7H_7 \cdot SO_2N \cdot CO \cdot CH(NHCOC_6H_5) \cdot CH_2 \cdot CH_2 \cdot CH_2$. Entsteht als Nebenprodukt bei der Darstellung des δ-Toluolsulfo-α-benzoylornithins, Nadeln aus 60proz. Alkohol. Schmelzp. 184°. In heißer, etwa 15proz. NaOH löslich unter Aufspaltung des Piperidonringes und unter Bildung von δ-Toluolsulfo-α-benzoylornithin [4].

N-Methyl-β-(2)-aminopiperidon $CH_3 \cdot N \cdot CH_2 \cdot CH_2 \cdot CH_2 \cdot CH(NH_2) \cdot CO$. Entsteht leicht aus d, l-Methylornithin, sehr leicht löslich in Wasser, Methylalkohol, Alkohol und warmem Essigester, wenig löslich in Aceton, unlöslich in Äther, Benzol und Petroläther [4].

Chloroplatinat $[C_6H_{12}ON_2]_2H_2PtCl_6$. Aus konzentrierter HCl, rhombische, hellgelbe Blättchen. Schmelzp. 210°. Sehr leicht löslich in Wasser und Alkohol [4].

Pikrat $C_6H_{12}ON_2 \cdot C_6H_3O_7N_3$, Nadeln aus Alkohol. Schmelzp. 207° [4].

β-Imidazolformaldehyd.
Glyoxalinformaldehyd.

Biochemische Eigenschaften: Nach Versuchen von J. Kuroda [5] wirkt Glyoxalinaldehyd auf die glatten Muskeln zentralreflexsteigernd, dann lähmend.

4-Imidazol-formaldehydzusatz vermag nach Versuchen von G. J. Cox und W. C. Rose [6] bei einer möglichst histidinfreien Grundkost das Wachstum von Ratten nicht zu fördern und den durch Histidinmangel bedingten Gewichtsverlust nicht auszugleichen.

Imidazolformaldehyd konnte nach Y. Kotake und M. Konishi [7] im Harn von mit Histidin gefütterten Hunden nicht nachgewiesen werden.

Chemische Eigenschaften: Nach Untersuchungen von W. Hubball und F. L. Pyman [8] reagiert der Aldehyd mit HCN, Phenylhydrazin, Malonsäure, Anilin, Hydroxylamin, Semicarbazid, Na-Bisulfit, Brenztraubensäure + β-Naphthylamin und mit Dimethylanilin, nur wenig oder gar nicht mit Na-Acetat, Essigester, Aceton, weiteren Methylenverbindungen, O_2, NH_3, Methyl-MgJ, fuchsinschwefliger Säure. Der Aldehyd gibt im Gegensatz zum l-Methylglyoxalin-5-aldehyd keine Cannizzarosche oder Benzoinreaktion. Außerdem wurde der Einfluß der Aldehydgruppe auf die Methylierung untersucht.

Über die Synthese des Imidazolylglycins aus Imidazolylformaldehyd mit KCN und NH_4Cl berichtet C. P. Stewart [9].

Derivate: Nitrat $C_4H_4ON_2 + HNO_3$. Tafeln aus Wasser. Schmelzp. 165° (korr.) [8].

Chlorid $C_4H_4ON_2 + HCl$. Sehr hygroskopische Tafeln aus Wasser. Schmelzp. 169 bis 170° (korr.) [8].

---

[1] M. Bergmann u. L. Zervas: Hoppe-Seylers Z. **172**, 277—288 (1927) — Chem. Zbl. **1928 I**, 1647.

[2] M. Bergmann u. L. Zervas: Hoppe-Seylers Z. **173**, 80—83 — Chem. Zbl. **1928 I**, 1647.

[3] K. Felix u. K. Dirr: Hoppe-Seylers Z. **176**, 29—42 — Chem. Zbl. **1928 II**, 36.

[4] K. Thomas, J. Kapfhammer u. B. Flaschenträger: Hoppe-Seylers Z. **124**, 75—102 (1922) — Chem. Zbl. **1923 I**, 535.

[5] J. Kuroda: J. Biophysics **1**, 14—15 (1923) — Ber. Physiol. **32**, 669 (1925) — Chem. Zbl. **1926 I**, 2494.

[6] G. J. Cox u. W. C. Rose: J. of biol. Chem. **68**, 781—799 — Chem. Zbl. **1926 II**, 1296.

[7] Y. Kotake u. M. Konishi: Hoppe-Seylers Z. **122**, 230—236 (1922) — Chem. Zbl. **1923 I**, 116.

[8] W. Hubball u. F. L. Pyman: J. chem. Soc. Lond. **1928**, 21—32 — Chem. Zbl. **1928 I**, 1417.

[9] C. P. Stewart: Biochemic. J. **17**, 130—133 — Chem. Zbl. **1923 I**, 1626.

Anilid $C_{10}H_9N_3$. Nadeln aus Wasser. Schmelzp. 142—143° (korr.). Wenig löslich in kaltem Wasser, leicht löslich in Alkohol und Aceton[1].

Oxim $C_4H_5ON_3$. Prismen aus Alkohol. Schmelzp. 183—184° (korr.). Sehr wenig löslich in kaltem Wasser, Alkohol und Aceton[1].

Semicarbazon $C_5H_7ON_5$. Nadeln mit 1 H_2O. Schmelzp. (wasserfrei) 223—224° (korr.). Wenig löslich in kaltem Wasser und heißem Alkohol[1].

Bisulfitverbindung $C_4H_5O_3N_2SNa$. Tafeln aus Wasser, bei 200° Dunkelfärbung, sehr leicht löslich in heißem, ziemlich löslich in kaltem Wasser, fast unlöslich in Alkohol[1].

2-[Glyoxalinyl-4(5)]-β-naphthocinchoninsäure $C_{17}H_{11}O_2N_3$. Aus Glyoxalin-4(5)-aldehyd, Brenztraubensäure und β-Naphthylamin in Alkohol, feine gelbe Nadeln aus verdünnter Essigsäure. Zersetzung bei 300°[1].

p, p′-Tetramethyldiaminodiphenyl-[glyoxalinyl-4(5)]-methan $C_{20}H_{24}N_4$. Aus Glyoxalin-4(5)-aldehyd, Dimethylanilin und konzentrierter HCl bei 100°. Nadeln aus Alkohol durch Äther. Schmelzp. 190° (korr.). Wird an der Luft grün. Liefert bei Oxydation mit PbO_2 in schwach saurer Lösung die Farbbase, purpurfarbiges, krystallines Pulver, löslich in Säuren mit tiefgrüner Farbe, färbt tannierte Baumwolle jadegrün[1].

1-Methylglyoxalin-5-aldehyd. Aus Glyoxalin-4(5)-aldehyd und Dimethylsulfat (ohne Alkali), hygroskopische Prismen aus Alkohol, sehr leicht löslich in Wasser, Alkohol, Äther, Chloroform, gibt mit HJ und rotem P 1, 5-Dimethylglyoxalin[1].

Pikrat $C_5H_6ON_2 + C_6H_3O_7N_3$. Gelbe Tafeln aus Wasser. Schmelzp. 170° (korr.)[1].

Nitrat $C_5H_6ON_2 + HNO_3$. Prismen aus Wasser. Schmelzp. 175° (korr., Zersetzung)[1].

4(5)-Methylglyoxalin-5(4)-aldehyd $C_5H_6ON_2$. Aus 5(4)-Methyl-4(5)-oxymethylglyoxalin mit HNO_3 (D. 1,42), Prismen aus Wasser. Schmelzp. 167° (korr.). Leicht löslich in Alkohol[1].

Pikrat $C_5H_6ON_2 + C_6H_3O_7N_2$. Gelbe Nadeln aus Wasser. Schmelzp. 180—181° (korr.)[1].

Anilid. Tafeln aus Alkohol. Schmelzp. 224° (korr.)[1].

1, 4-Dimethylglyoxalin-5-aldehyd $C_6H_8ON_2$. Aus 4(5)-Methylglyoxalin-5(4)-aldehyd und Dimethylsulfat bei 100° oder aus 1, 4-Dimethyl-5-oxymethylglyoxalin und konzentrierter HNO_3. Prismen mit 1 H_2O aus Wasser. Schmelzp. 70° (vakuumtrocken). Leicht löslich in Wasser, Alkohol, Chloroform, wenig löslich in Äther. Der Aldehyd wird von konzentrierter HNO_3 bei 120° kaum angegriffen. $KMnO_4$ in verdünnter H_2SO_4 oxydiert zu 1, 4-Dimethylglyoxalin-5-carbonsäure[1].

Pikrat $C_6H_8ON_2 + C_6H_3O_7N_3$. Gelbe Nadeln aus Wasser. Schmelzp. 212—213° (korr.). Fast unlöslich in kaltem Wasser, Alkohol und Aceton[1].

β-Imidazolcarbonsäure.

Glyoxalincarbonsäure.

Bildung: Über die Bildung der Imidazolcarbonsäure (Platten aus Essigester-Benzol, Schmelzp. 113° unter CO_2-Entwicklung) aus Diketopiperazin durch Einwirkung von 2 Mol NaOBr mit etwa 20% Ausbeute berichten St. Goldschmidt und Chr. Steigerwald[2].

Biochemische Eigenschaften: Nach Versuchen von J. Kuroda[3] ist Glyoxalincarbonsäure im Gegensatz zu anderen Imidazolverbindungen fast ohne Wirkung auf die glatte Muskulatur.

4-Imidazolcarbonsäurezusatz vermag nach Versuchen von G. J. Cox und W. C. Rose[4] bei einer möglichst histidinfreien Grundkost das Wachstum von Ratten nicht zu fördern und den durch Histidinmangel bedingten Gewichtsverlust nicht auszugleichen.

Imidazolcarbonsäure ließ sich nach J. Kotake und M. Konishi[5] nicht im Harn von mit Histidin gefütterten Hunden nachweisen.

Derivate: 1-Methylglyoxalin-5-carbonsäure. Aus 1-Methylglyoxalin-5-aldehyd mit $KMnO_4$ und verdünnter H_2SO_4[1].

Pikrat $C_5H_6O_2N_2 + C_6H_3O_7N_3$. Blättchen aus Wasser. Schmelzp. 198—199° (korr., Zersetzung). Wenig löslich in kaltem Alkohol[1].

---

[1] W. Hubball u. F. L. Pyman: J. chem. Soc. Lond. **1928**, 21—32 — Chem. Zbl. **1928 I**, 1417.
[2] St. Goldschmidt u. Chr. Steigerwald: Ber. dtsch. chem. Ges. **58**, 1346—1353 — Chem. Zbl. **1925 II**, 1169.
[3] J. Kuroda: J. Biophysics **1**, 14—15 (1923) — Ber. Physiol. **32**, 669 (1925) — Chem. Z. **1926 I**, 2494.
[4] G. J. Cox u. W. C. Rose: J. of biol. Chem. **68**, 781—799 — Chem. Zbl. **1926 II**, 1296.
[5] J. Kotake u. M. Konishi: Hoppe-Seylers Z. **122**, 230—236 (1922) — Chem. Zbl. **1923 I**, 116.

1, 4-Dimethylglyoxalin-5-carbonsäure $C_6H_8O_2N_2$. Nadeln aus Wasser. Schmelzp. 205 bis 206° (Zersetzung, korr.). Leicht löslich in Wasser, Alkohol, unlöslich in Äther und Aceton[1].
Pikrat $C_6H_8O_2N_2 + C_6H_3O_7N_3 + H_2O$. Gelbe Nadeln. Schmelzp. (wasserfrei) 186—187° (korr.)[1].
1-Methylglyoxalin-5-carbonsäuremethylester $C_6H_8ON_2$. Durch Einwirkung von Dimethylsulfat auf Glyoxalin-4(5)-carbonsäuremethylester mit 37%. Prismen aus Methanol. Schmelzp. 68—70° (korr.). Leicht löslich in Wasser, Alkohol, Chloroform, wenig löslich in Äther[1].
Pikrat $C_6H_8O_2N_2 + C_6H_3O_7N_3$. Gelbe Nadeln aus Wasser. Schmelzp. 171° (korr.). Wenig löslich in Wasser und Alkohol[1].
1-Methylglyoxalin-4-carbonsäuremethylesterpikrat $C_6H_8O_2N_2 + C_6H_3O_7N_3$. Gelbe Prismen aus Wasser. Schmelzp. 171—172° (korr.). Wenig löslich in kaltem Wasser und Alkohol[1].

β-Imidazolessigsäure.
Glyoxalinessigsäure.

Vorkommen: Über das mögliche Vorkommen von Imidazolessigsäure im Sputum eines Patienten mit Bronchektasie berichtet H. Reinwein[2].

Darstellung: G. J. Cox und W. C. Rose[3] stellen die 4-Imidazolessigsäure durch Kondensation von 4-Cyanmethylimidazol mit Oxalsäureester und folgender Verseifung dar. Schmelzp. 223° (unkorr.).

Biochemische Eigenschaften: 4-Imidazolessigsäurezusatz vermag nach Versuchen von G. J. Cox und W. C. Rose[3] bei einer möglichst histidinfreien Grundkost das Wachstum von Ratten nicht zu fördern und den durch Histidinmangel bedingten Gewichtsverlust nicht auszugleichen.

M. T. Hanke und K. K. Koeßler[4] studierten das Verhalten einer größeren Anzahl von Mikroorganismen in einem Medium, das neben den nötigen anorganischen Salzen und Glycerin Histidindichlorid (auf 200 ccm Gesamtflüssigkeit 0,2 mg) enthielt. Es wurden durch folgende Bakterien (Paratyphus A, Dysenteriae Flexner, Morgan und Shija, Faecalis alkaligenes I, Mucosus capsulatus und tuberculosis) Imidazol-essig-, -β-propion-, -β-milch- oder -β-acrylsäure gebildet.

Über die wahrscheinliche Bildung von Imidazolessigsäure aus Histidin durch Tuberkelbacillen berichtet L. K. Campbell[5].

β-Imidazolpropionsäure.
Glyoxalinpropionsäure.

Bildung: Über die Bildung von Imidazolpropionsäure durch eine Reihe von Mikroorganismen in einem Nährboden, der Histidindichlorid enthält, berichten M. T. Hanke und K. K. Koeßler[4] (siehe auch unter Imidazolessigsäure).

Über die Darstellung von Glyoxalinpropionsäure durch Einwirkung von Formaldehyd und NH_3 auf Glyoxalpropionsäure (Schmelzp. 212°, aus Aceton) berichten E. W. Rugeley und T. B. Johnson[6].

Biochemische Eigenschaften: β-4-Imidazolpropionsäurezusatz vermag nach Versuchen von G. J. Cox und W. C. Rose[3] bei einer möglichst histidinfreien Grundkost das Wachstum von Ratten nicht zu fördern und den durch Histidinmangel bedingten Gewichtsverlust nicht auszugleichen.

β-Imidazolacrylsäure.
Glyoxalinacrylsäure.

Bildung: Über die Bildung von Imidazolacrylsäure durch eine Reihe von Mikroorganismen in einem Nährboden, der Histidindichlorid enthielt, berichten M. T. Hanke und K. K. Koeßler[4] (siehe auch unter Imidazolessigsäure).

---

[1] W. Hubball u. F. L. Pyman: J. chem. Soc. Lond. **1928**, 21—32 — Chem. Zbl. **1928 I**, 1417.
[2] H. Reinwein: Hoppe-Seylers Z. **156**, 144—152 — Chem. Zbl. **1926 II**, 1962.
[3] G. J. Cox u. W. C. Rose: J. of biol. Chem. **68**, 781—799 — Chem. Zbl. **1926 II**, 1296.
[4] M. T. Hanke u. K. K. Koeßler: J. of biol. Chem. **50**, 131—191 (1922) — Chem. Zbl. **1922 I**, 695.
[5] L. K. Campbell: J. Dairy Sci. **8**, 370—389 (1925) — Ber. Physiol. **33**, 778 — Chem. Zbl. **1926 I**, 3244.
[6] E. W. Rugeley u. T. B. Johnson: J. amer. chem. Soc. **47**, 2995—3002 (1925) — Chem. Zbl. **1926 I**, 1558.

E. Abderhalden, W. Irion und H. Sickel[1] berichten über die Bildung der Urocaninsäure neben Histidin aus Edestin durch langdauernde Hydrolyse mit Pankreassaft. Bei der Pankreasspaltung von Casein (Hammarsten), Hefeeiweiß und Wittepepton und bei der Hydrolyse von Edestin mit 25 proz. H_2SO_4 wurde keine Urocaninsäure gebildet. Ob die Urocaninsäure durch Bakterien gebildet worden ist, konnte noch nicht entschieden werden.

Über die Bildung von Urocaninsäure (Schmelzp. 230—233°) über die Mercaptoglyoxalinacrylsäure durch Kochen von Ergothionein, Sympectothion und Thiasin mit 40proz. NaOH und nachfolgender Oxydation mit HNO_3 berichten E. B. Newton, St. R. Benedict und H. D. Dakin[2] und B. A. Eagles und T. B. Johnson[3].

Darstellung: β-4-Imidazolacrylsäure wurde von G. J. Cox und W. C. Rose[4] durch Einwirkung von $N(CH_3)_3$ auf d, l-α-Chlor-β-4-imidazolpropionsäure dargestellt. Schmelzp. 225 bis 227° bzw. 228—231° (unkorr.), Schmelzp. 234—235° (bloc. Maquenne).

Y. Kotake und M. Konishi[5] geben folgende Methoden zur Isolierung von Urocaninsäure aus dem Harne an: Der Urin wird konzentriert, der Rückstand mit wenig Wasser aufgenommen, wobei die Urocaninsäure ungelöst zurückbleibt. Ist die Menge der Urocaninsäure nur gering, so wird der Harnrückstand in wenig Wasser gelöst, mit frisch gefälltem $Cu(OH)_2$ versetzt, der Niederschlag abfiltriert und mit H_2S zersetzt. Die Urocaninsäure krystallisiert dann aus der konzentrierten wässerigen Lösung.

Biochemische Eigenschaften: β-4-Imidazolacrylsäurezusatz vermag nach Versuchen von G. J. Cox und W. C. Rose[4] bei einer möglichst histidinfreien Grundkost das Wachstum von Ratten nicht zu fördern und den durch Histidinmangel bedingten Gewichtsverlust nicht auszugleichen. Nach B. Harrow und C. P. Sherwin[6] vermochte Imidazolacrylsäure bis zu einem gewissen Grade Histidin in einer histidin- und argininfreien Nahrung zu ersetzen.

Y. Kotake und M. Konishi[5] stellten fest, daß sowohl nach oraler Verfütterung (5—12 g) wie nach intravenöser Injektion (2 mal 5 g) von Histidin an Hunde, von diesen regelmäßig, wenn auch von den verschiedenen Hunden in wechselnden Mengen, Urocaninsäure ausgeschieden wurde. Die Verfasser nehmen an, daß die Urocaninsäure durch direkte Desaminierung des Histidins im Organismus entsteht, da bei Verfütterung von Imidazolmilchsäure keine Urocaninsäure ausgeschieden wurde.

Derivate: Pikrat. Schmelzp. 212—214°[2].

μ-Mercaptoglyoxalinacrylsäure

$$HSC\begin{matrix} \diagup NH-CH \\ \diagdown N---C-CH=CH \cdot COOH \end{matrix}$$

Aus Sympectothion, Ergothionein und Thiasin durch Kochen mit 40proz. $NaOH^{2,3}$.

β-Imidazolmilchsäure.

Glyoxalin-milchsäure. Oxy-desamino-histidin, α-Oxy-β-(4, 5)-imidazolyl-propionsäure.

Bildung: Über die Bildung von Imidazolmilchsäure durch eine Reihe von Mikroorganismen in einem Nährboden, der Histidindichlorid enthielt, berichten M. T. Hanke und K. K. Koeßler[7] (siehe auch unter Imidazolessigsäure), S. 804.

Darstellung: d, l-β-4-Imidazolmilchsäure wurde von G. J. Cox und W. C. Rose[4] aus α-Chlor-β-4-imidazolpropionsäure mit $AgCO_3$ dargestellt. Schmelzp. 221° (unkorr.).

Biochemische Eigenschaften: Nach d, l-β-4-Imidazolmilchsäurezusatz setzte nach G. J. Cox und W. C. Rose[4] im Gegensatz zu anderen Imidazolverbindungen das Wachstum von Ratten, die mit einer möglichst histidinfreien Grundkost ernährt waren und infolgedessen nicht wuchsen, sofort wieder ein, allerdings etwas langsamer als bei der äquivalenten Menge Histidin. B. Har-

---

[1] E. Abderhalden, W. Irion u. H. Sickel: Hoppe-Seylers Z. **182**, 201—204.
[2] E. B. Newton, St. R. Benedict u. H. D. Dakin: Science **64**, 602 (1926) — Chem. Zbl. **1927 I**, 1312 — J. of biol. Chem. **72**, 367—373 — Chem. Zbl. **1927 I**, 2827.
[3] B. A. Eagles u. T. B. Johnson: J. amer. chem. Soc. **49**, 575—580 — Chem. Zbl. **1927 I**, 3078.
[4] G. J. Cox u. W. C. Rose: J. of biol. Chem. **68**, 781—799 — Chem. Zbl. **1926 II**, 1296.
[5] Y. Kotake u. M. Konishi: Hoppe-Seylers Z. **122**, 230—236 (1922) — Chem. Zbl. **1923 I**, 116.
[6] B. Harrow u. C. P. Sherwin: J. of biol Chem. **70**, 683—695 (1926) — Chem. Zbl. **1928 II**, 2573.
[7] M. T. Hanke u. K. K. Koeßler: J. of biol. Chem. **50**, 131—191 (1922) — Chem. Zbl. **1922 I**, 695.

row und C. P. Sherwin[1] stellen fest, daß Imidazolmilchsäure geeigneter als Imidazolacrylsäure ist, Histidin in einer histidin- und argininfreien Nahrung zu ersetzen. Imidazol selbst ist gar nicht geeignet.

Nach Fütterung und intravenöser Injektion von Histidin an Hunde ließ sich nach Y. Kotake und M. Konishi[2] im Harn keine Imidazolmilchsäure nachweisen. Weitere Versuche zeigten, daß bei Verfütterung von Imidazolmilchsäure keine Urocaninsäure ausgeschieden wird.

β-Imidazolglycin.

Glyoxalin-glycin, β-Imidazol-α-amino-essigsäure.

Darstellung: C. B. Stewart[3] stellt Imidazolylglycin aus Imidazolylformaldehyd mit KCN und NH_4Cl dar. Die Säure ist hygroskopisch, bei 100° Zersetzung.
Derivate: Pikrolonat $C_5H_7O_2N_3 \cdot C_{10}H_8O_5N_4$. Schmelzp. 243° (unkorr., Zersetzung)[3].
2, 4-Dinitrotolylderivat-3. Tiefgelbe Krystalle aus verdünntem Alkohol, sehr leicht löslich in Wasser, unlöslich in Alkohol[3].

---

[1] B. Harrow u. C. P. Sherwin: J. of biol. Chem. **70**, 683—695 (1926) — Chem. Zbl. **1928 II**, 2573.
[2] Y. Kotake u. M. Konishi: Hoppe-Seylers Z. **122**, 230—236 (1922) — Chem. Zbl. **1923 I**, 116.
[3] C. B. Stewart: Biochemic. J. **17**, 130—133 — Chem. Zbl. **1923 I**, 1626.

Polypeptide.

Von

Ernst Roßner-Premnitz a. d. Havel.

Allgemeines.

In der Literatur, besonders in der medizinischen Literatur, wird oft von Polypeptiden und Polypeptidstickstoff gesprochen, ohne daß der Nachweis erbracht wird, daß wirklich Polypeptide im Sinne Emil Fischers, also säureamidartig untereinander verknüpfte Aminosäuren vorgelegen haben. Solchen Angaben ist stets mit der nötigen Vorsicht zu begegnen[1]. So soll nach Mahnert während der Schwangerschaft vermehrte Ausscheidung von Polypeptiden stattfinden[2], nach Hans Schloßmann soll keine Erhöhung des Polypeptidstickstoffs in der Schwangerschaft, dagegen im Wochenbett und bei Schwangerschaftstoxämien stattfinden[3], nach A. Puech sollen sich Polypeptide bei entzündlichen Ergüssen der Brust- und Bauchhöhle bilden[4], nach S. L. Jodidi und J. G. Wangler sollen Polypeptide in ungekeimten Roggen-, Hafer-, Weizen-, Mais- und wahrscheinlich auch in anderen Körnern vorkommen[5], nach C. Cristol und A. Puech sollen sich Polypeptide im Blut folgendermaßen bestimmen lassen: Man fällt das Serum mit 20 proz. Trichloressigsäure und bestimmt den Stickstoff des Filtrats; eine zweite Serumprobe wird mit Natriumwolframat + $^2/_3$ n-Schwefelsäure gefällt und der Stickstoff im Filtrat wieder bestimmt; die Differenz der beiden N-Werte soll dem Polypeptid-N zuzuschreiben sein[6].

Vorkommen: Ein Konglomerat von Peptiden, besonders von Dipeptiden, liegt nach Andor Fodor und Rosa Schönfeld im Seidenpepton vor[7]. Blutserum enthält keine Polypeptide oder polypeptidartigen Verbindungen[8] oder doch nur geringe Mengen von solchen[1].

Bildung: Bei der Zersetzung von Amino-N-carbonsäureanhydriden mit Wasser bzw. Aminosäurelösungen bilden sich Gemische von Polypeptiden[9].

Darstellung: Nach Rudolf Schönheimer bringt man Toluolsulfoaminosäureazide mit Aminosäuren zur Reaktion und erhält Toluolsulfopeptide, aus denen man bei Jodwasserstoffsäure und Jodphosphonium bei mäßiger Temperatur (etwa 55°) das Peptid in Freiheit setzt[10]. Nach Max Bergmann und Mitarbeiter bringt man gesättigte oder ungesättigte acetylierte Aminosäureazlactone mit Aminosäuren zur Reaktion, reduziert, wenn nötig, und spaltet

---

[1] Emil Abderhalden u. Ernst Roßner: Fermentforschg **10**, 102 (1928).
[2] Mahnert: Arch. Gynäk. **113**, 472 — Chem. Zbl. **1921 I**, 474.
[3] Hans Schloßmann: Z. exper. Med. **47**, 487 (1925).
[4] A. Puech: Bull. Soc. Sci. méd. et biol. Montpellier **7**, 170 (1926) — Chem. Zbl. **1927 I**, 1696.
[5] L. S. Jodidi u. J. G. Wangler: J. amer. chem. Soc. **45**, 2137 (1923) — Chem. Zbl. **1924 I**, 56; J. Franklin Inst. **198**, 201 (1924) — Chem. Zbl. **1924 II**, 1807; J. agric. Res. **30**, 587 (1925) — Chem. Zbl. **1925 II**, 1283 u. J. agric. Res. **30**, 989 (1925) — Chem. Zbl. **1925 II**, 2280.
[6] C. Cristol u. A. Puech: Bull. Soc. Sci. méd. et biol. Montpellier **7**, 48 (1925) — Chem. Zbl. **1927 I**, 635. — Cristol, Puech u. Trivas: C. r. Soc. Biol. Paris **8**, 518 (1926) — Chem. Zbl. **1927 I**, 2749.
[7] Andor Fodor u. Rosa Schönfeld: Hoppe-Seylers Z. **170**, 231 (1927).
[8] Emil Abderhalden: Hoppe-Seylers Z. **114**, 250 (1921).
[9] F. Wessely: Hoppe-Seylers Z. **146**, 72 (1925).
[10] Rudolf Schönheimer: Hoppe-Seylers Z. **154**, 203 (1926).

den Acetylrest ab[1]. Auch kann man nach F. Sigmund und F. Wessely von den Aminosäure-N-carbonsäureanhydriden ausgehen[2].

Nachweis und Bestimmung: Polypeptide lassen sich nach Willstätter und Waldschmidt-Leitz neben Aminosäuren bestimmen, wenn man die zur Neutralisation gegen Phenolphthalein erforderliche Alkalimenge erst in 50 proz. (a), dann in 97 proz. (b) alkoholischer Lösung ermittelt. Da die Mehrzahl der Aminosäuren in 50 proz. alkoholischer Lösung durchschnittlich 28% der zu ihrer völligen Absättigung erforderlichen Alkalimenge verbrauchen, berechnet sich der Alkalianteil x für Polypeptide: $x = b - \dfrac{100\,(b-a)}{72}$ [3]. Erik M. P. Widmark und Erik L. Larsson bestimmen die freien Carboxyl- bzw. Phenolgruppen mittels konduktometrischer Titration[4]. Nach K. Felix und H. Müller kann man sowohl die Amino- als auch die Carboxylgruppe von Peptiden (an Leucylglycin und Glycylglycin erprobt) durch Verwendung von Thymolblau (p_H-Umschlag zwischen 1,2 und 2,8) bzw. Alizaringelb (p_H-Umschlag zwischen 10,1 und 12,1) unter Einhaltung bestimmter Vorsichtsmaßregeln direkt titrieren[5]. Ähnlich geht auch Leslie I. Harris vor, der die Peptide (bzw. Aminosäuren) als ein Gemisch von Basen und Säuren mit den Dissoziationskonstanten betrachtet, welche die vorliegenden Amino- und Carboxylgruppen zeigen[6]. K. Linderström-Lang bestimmt die freien Aminogruppen in 90 proz. Aceton direkt unter Verwendung von Benzoyl-azo-α-naphthylamin (α-Naphthylrot)[7]. — Über getrennte Bestimmung der Aminosäuren und Polypeptide in den Produkten der Eiweißverdauung[8].

Bei der Strukturbestimmung der Peptide sind neben dem alten Verfahren (von Emil Fischer, Emil Abderhalden und Mitarbeiter) der Kuppelung mit Naphthalinsulfochlorid und Spaltung mit Fermenten oder Säure noch weitere, ähnliche Verfahren entstanden: Max Bergmann und Mitarbeiter kuppeln mit Phenylisocyanat und spalten mit 5 n-Salzsäure, wobei das entsprechende Phenylhydantoin neben den nicht endständigen Aminosäuren entsteht[9]. P. Schlack und W. Kumpf verwandeln das Peptidende mit der freien Carboxylgruppe nach dem Verfahren von T. B. Johnson bzw. Komatsu in den Thiohydantoinrest und spalten dann mit Alkali, was aber bloß bei den benzoylierten Peptiden eindeutig gelingt[10]. Auch dürfte vielleicht die Oxydation mit Bromlauge nach Goldschmidt und Weber im allgemeinen gute Dienste leisten[11].

Physikalische und chemische Eigenschaften: Peptide geben mit Brückes Reagens (Kaliumquecksilberjodid) in alkalischer Lösung im Gegensatz zu den Dioxopiperazinen keine Fällung[12]. Bei Gegenwart von 40—50 proz. Alkohol verhalten sich die Peptide wie gewöhnliche titrierbare Carbonsäuren[3]. Die amphoteren Eigenschaften der Polypeptide lassen sich bestimmen, indem man zu wechselnden Mengen verdünnter Salzsäure und Natronlauge versetzt und ihren Wasserstoffionengehalt elektrometrisch bestimmt. Die so erhaltenen Titrationskurven sollen für die untersuchten Stoffe charakteristisch sein[13]. E. Stiasny folgert aus den Titrationskurven der Polypeptide, daß sich Salzsäure in $^n/_{10}$-Lösung nur an den freien Aminogruppen und nicht an den Peptidgruppen anlagert, während Alkalibindung aus $^n/_{10}$-NaOH-Lösungen unterhalb p_H 10,5 zwar auch nur an den Carboxylgruppen, bei größerem p_H dagegen auch an den Peptidgruppen erfolgt. Mit Zunahme der Peptidgruppen wächst dann die Alkaliaufnahme. Die aus den Dissoziationskonstanten der Peptide berechneten isoelektrischen Punkte nähern sich mit steigendem Gehalt an Peptidgruppen dem isoelektrischen Punkt der Gelatine[14].

---

[1] Max Bergmann, Ferdinand Stern u. Charlotte Witte: Liebigs Ann. **449**, 277 (1926). — Sowie an anderen Orten.
[2] F. Sigmund u. F. Wessely: Hoppe-Seylers Z. **157**, 91 (1926).
[3] Richard Willstätter u. Ernst Waldschmidt-Leitz: Ber. dtsch. chem. Ges. **54**, 2988 (1921).
[4] Erik M. P. Widmark u. Erik L. Larsson: Biochem. Z. **140**, 284 (1923).
[5] K. Felix u. H. Müller: Hoppe-Seylers Z. **171**, 4 (1927).
[6] Leslie I. Harris: Proc. roy. Soc. Lond. [Serie B] **95**, 440 (1923) — Chem. Zbl. **1924 I**, 435.
[7] K. Linderström-Lang: Hoppe-Seylers Z. **173**, 32 (1928).
[8] René Martens: Bull. Soc. Chim. biol. Paris **9**, 454 (1927) — Chem. Zbl. **1927 II**, 720.
[9] Max Bergmann, Arthur Miekeley u. Erich Kann: Liebigs Ann. **458**, 40 (1928).
[10] P. Schlack u. W. Kumpf: Hoppe-Seylers Z. **154**, 125 (1926).
[11] Goldschmidt u. Weber: Liebigs Ann. **456**, 1 (1927).
[12] Emil Abderhalden u. Richard Haas: Hoppe-Seylers Z. **151**, 114 (1926).
[13] Herbert Eckweiler, Hellen Miller Noyes u. K. George Falk: J. gen. Physiol. **3**, 291 — Chem. Zbl. **1921 I**, 614.
[14] E. Stiasny: Gerber **61**, 165 (1926) — Chem. Zbl. **1926 I**, 1623.

Manche Polypeptide geben Neutralsalzverbindungen, jedoch zeigt die Zahl der Salzmoleküle mit wechselnder Zahl der Aminosäurekomponenten des Polypeptids keine Zunahme[1].

Bei der Einwirkung niederer Alkalikonzentrationen auf optisch aktive Polypeptide findet praktisch keine Racemisierung statt. Die Racemisierung der Peptide wächst mit der Konzentration des Alkalis und mit der Einwirkungszeit und der Temperatur. Innerhalb der Peptidreihe wächst die Racemisierungsgeschwindigkeit mit Zunahme der Zahl der Aminosäuren, die in den Bau des Peptids eintreten. Doch werden auch schon Dipeptide razemisiert[2].

Polypeptide, an deren Aufbau Glykokoll beteiligt ist, erfahren durch verdünntes Alkali eine viel raschere Aufspaltung als glycinfreie Peptide. Je länger die Kette von glycinhaltigen Peptiden, desto rascher die Aufspaltung; besonders labil sind solche Peptide, die aus mehreren Glycinresten bestehen[3].

Durch Oxydation mit Zinkpermanganat werden sie vollständig desaminiert und liefern mit Ausnahme von glycylglycinhaltigen Peptiden kein Oxamid[4]. Die Oxydation mit Wasserstoffperoxyd ist ohne besonderes Interesse[5]. Bei der Behandlung mit Ozon tritt keine wesentliche Veränderung ein[6]. Die NH · CO-Bindung offener Polypeptidketten ist gegen Natriumhypobromit stabil[7,8]. Beim neutralen Abbau von Dipeptiden mit unterbromiger Säure entsteht die dem Dipeptid entsprechende Ketosäure; der alkalische Abbau mit Bromlauge verwandelt die Aminosäure mit der freien NH_2-Gruppe in das Nitril, während die andere Aminosäure frei wird[7].

Polypeptide bzw. deren Ester reagieren nicht wie die Aminosäureester mit Guanidin[9].

Neben der gewöhnlichen N- oder Amidpeptidbindung vom Typus —CO · NH · C · COOH kommt auch die O- oder Esterpeptidbindung vom Typus —CO · O · CH · C(NH_2) · COOH und die Oxazolinpeptidbindung vom Typus

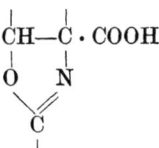

in Frage[10].

Physiologische Eigenschaften: Fast alle Dipeptide werden durch Erepsin gespalten, dagegen durch keines der tryptischen Fermente[11,12]. Die Dipeptidspaltung durch Erepsin wird durch freie Aminosäuren, durch Glycinanhydrid und Wittepepton gehemmt; Harnstoff, Acetursäure, Hippurylglycin wirken dagegen nicht hemmend[13]. Keines der einfachen Peptide wird von reinem Trypsin angegriffen[14]. Die Natur bzw. die Anzahl der benachbarten Aminosäure- bzw. Peptidkomplexe scheint für die spezifische Einstellung der Proteasen ausschlaggebend zu sein[15,16]. Polypeptide bzw. Derivate von solchen (acylierte Polypeptide, Ester, Amide) werden durch Hefeprotease nicht gespalten[17].

---

[1] Paul Pfeiffer: Z. angew. Chem. **36**, 137 (1923).
[2] P. A. Levene u. M. H. Pfaltz: J. of biol. Chem. **70**, 219 (1926).
[3] Emil Abderhalden u. Hans Sickel: Hoppe-Seylers Z. **170**, 134 (1927).
[4] Emil Abderhalden u. Ernst Komm: Hoppe-Seylers Z. **143**, 128 (1924).
[5] Emil Abderhalden u. Ernst Komm: Hoppe-Seylers Z. **144**, 234 (1924).
[6] Emil Abderhalden u. Ernst Schwab: Hoppe-Seylers Z. **157**, 140 (1926).
[7] Stefan Goldschmidt u. Christian Steigerwald: Ber. dtsch. chem. Ges. **58**, 1346 (1925).
[8] Goldschmidt, Wiberg, Nagel u. Martin: Liebigs Ann. **456**, 1 (1927).
[9] Emil Abderhalden u. Hans Sickel: Hoppe-Seylers Z. **173**, 51 (1928).
[10] Max Bergmann u. Arthur Miekeley: Hoppe-Seylers Z. **140**, 128 (1924).
[11] Ernst Waldschmidt-Leitz u. Anna Harteneck: Hoppe-Seylers Z. **147**, 286 (1925); **149**, 203, 221 (1925).
[12] Ernst Waldschmidt-Leitz u. Anton Schäffner: Hoppe-Seylers Z. **151**, 31 (1926).
[13] Hans v. Euler u. Karl Josephson: Hoppe-Seylers Z. **157**, 122 (1926).
[14] Richard Willstätter: Dtsch. med. Wschr. **52**, 1 (1926).
[15] Ernst Waldschmidt-Leitz, Anton Schäffner u. Wolfgang Graßmann: Hoppe-Seylers Z. **156**, 68 (1926).
[16] Ernst Waldschmidt-Leitz, Wolfgang Graßmann u. Hans Schlatter: Ber. dtsch. chem. Ges. **60**, 1906 (1927).
[17] Wolfgang Graßmann u. Hans Dyckerhoff: Ber. dtsch. chem. Ges. **61**, 656 (1928).

Bei der Aufnahme von Polypeptiden durch gewaschene, in physiologischer Kochsalzlösung suspendierte, rote Blutkörperchen des Rindes besteht die Besonderheit, daß sich die Aufnahme mit zunehmender Konzentration verringert. Beim Schütteln dieses Gemisches verschwindet diese Besonderheit, was durch Oberflächenverminderung der Blutkörperchensuspension infolge „agglutinierender" Wirkung der genannten Stoffe erklärt wird[1].

Während nach G. A. Wyon und J. M. McLeod Aminosäuren in niederen Konzentrationen (0,2—2%) oft hemmend auf das Bakterienwachstum wirken sollen, wirken Polypeptide im allgemeinen nur wachstumsfördernd[2].

Derivate: Glycerinester. Die Glycerinester der Polypeptide, die durch Einwirkung der absolut trockenen Chlorderivate des Glycerins mit den trockenen Natriumsalzen der Peptide hergestellt werden, liefern sirupöse Massen, die beim Stehen glashart werden[3].

Dipeptide.

Chloracetyl-glycin[4].

$Cl \cdot CH_2 \cdot CO \cdot NH \cdot CH_2 \cdot COOH$; $C_4H_6O_3NCl$.

Darstellung: Kuppeln von Glycin mit Chloracetylchlorid. Nach dem Ansäuern zur Trockne verdampfen und Kupplungsprodukt mit organischen Lösungsmitteln ausziehen.

Physikalische und chemische Eigenschaften: Das aus heißem Äther umkristallisierte Produkt schmilzt bei 98—100°. Sehr leicht löslich in Aceton, schwer löslich in heißem Äther und Chloroform, unlöslich in Petroläther.

Glycyl-glycin.

Darstellung: Aus Toluolsulfo-glycyl-glycin durch Erwärmen mit der gleichen Menge Jodphosphonium und der 10fachen Menge Jodwasserstoffsäure (D 1,96) im Rohr bei 55° unter mäßigem Schütteln. (5—6 Stunden). Zersetzen mit wenig Wasser, filtrieren, im Hochvakuum bei 50° eindampfen, mit Silberoxyd zersetzen, Filtrat mit Schwefelwasserstoff behandeln und mit HCl und Ammoniak genau neutralisieren. Reinigen durch öfteres Lösen in wenig Wasser und Fällen mit Alkohol. Ausbeute 94% d. Th.[5].

Über die Kinetik der Bildung von Glycyl-glycin aus Glycinanhydrid[6].

Physikalische und chemische Eigenschaften: Wasser löst bei 18,5° 1,446 g-Mol; 0,1 proz. NaCl-Lösung dagegen 1,482 g-Mol[7]. Molekularrefraktion und Molekularinterferometerwert[8]. Absorption im Ultraviolett[9]. Dissoziationskonstanten nach Niels Bjerrum[10] k_a $10^{-7,74}$; k_b $10^{-10,70}$; K_s $10^{-3,20}$; K_B $10^{-6,16}$. Nach Levene, Simms und Pfaltz[4] ist die saure Dissoziationskonstante 3,12, die alkalische 8,07, der isoelektrische Punkt (bei 30°) 5,59[4]. Zeigt in wässerigen Salzlösungen stets eine zu kleine Gefrierpunktserniedrigung[11].

Nach Levene, Simms und Pfaltz[4] ergibt der Hydrolysenverlauf bei p_H 0 und 0,52 eine einfache bimolekulare Reaktion. Nach Iwan S. Jaitschnikow[12] verläuft die Aufspaltung mit Salzsäure bei 10° sowohl wie bei 100°, nur im ersten Drittel nach dem Typus der monomolekularen Reaktion. Bei der Hydrolyse mit 0,2 n-Salzsäure findet auch er einen Reaktionsverlauf erster Ordnung, während bei der Hydrolyse mit starker Salzsäure teilweise Glycin-

---

[1] Emil Abderhalden u. H. Kürten: Pflügers Arch. **189**, 311 (1923).
[2] G. A. Wyon u. J. M. McLeod: J. of Hyg. **21**, 376 (1923) — Chem. Zbl. **1924 II**, 2271.
[3] A. Fodor u. M. Weizmann: Hoppe-Seylers Z. **154**, 290 (1926).
[4] P. A. Levene, H. S. Simms u. M. H. Pfaltz: J. of biol. Chem. **61**, 445 (1924).
[5] Rudolf Schönheimer: Hoppe-Seylers Z. **154**, 203 (1926).
[6] Hans v. Euler u. Erik Pettersson: Hoppe-Seylers Z. **158**, 7 (1926).
[7] H. v. Euler u. K. Rudberg: Ark. Kemi, Min. och Geol. **9**, Nr 18, 1 — Z. anorg. u. allg. Chem. **145**, 58.
[8] Paul Hirsch u. Rudolf Kunze: Fermentforschg **6**, 30 (1922).
[9] Emil Abderhalden u. Ernst Roßner: Hoppe-Seylers Z. **178**, 156 (1928).
[10] Niels Bjerrum: Z. physik. Chem. **104**, 147 (1923) — Chem. Zbl. **1923 I**, 1576.
[11] Paul Pfeiffer u. Olga Angern: Hoppe-Seylers Z. **135**, 16 (1924).
[12] Iwan S. Jaitschnikow: Ber. dtsch. chem. Ges. **56**, 2226 (1923) — Chem. Zbl. **1924 I**, 163.

anhydrid entstehen soll[1]. n-Alkali spaltet innerhalb 24 Stunden bei 37° vollständig auf[2]. Mit Jodwasserstoffsäure (D 1,96) 20 Minuten im Rohr auf 50° erhitzt, tritt keine Spaltung ein[3]. Bei der Oxydation mit Zinkpermanganat in wässeriger Lösung bildet sich Oxamid[4]. Wird durch Ozon nicht wesentlich verändert[5]. Ist beständig gegen Chlordioxyd[6]. Die Oxydation mit Wasserstoffperoxyd verläuft nicht eindeutig[7]. Wird durch $Na_3Fe(CN)_5NH_3$ nicht oxydiert[8]. Bei der Einwirkung von Natriumhypobromit werden 2 Moleküle rasch verbraucht; bei dieser Reaktion tritt keine N-Entwicklung auf, und es entsteht Ammoniak und Oxalsäure[9].

Bei der Reduktion mit Natrium und Alkohol entsteht u. a. Oxäthylamin $NH_2 \cdot CH_2 \cdot CH_2OH$ [10].

Beim Erhitzen mit Diphenylamin entsteht neben Glycinanhydrid ein braun gefärbtes Produkt, das in Wasser und allen organischen Lösungsmitteln so gut wie unlöslich ist und bei der Hydrolyse Glykokoll liefert[11].

Bei einem optimalen p_H (7,8—8,0) bildet sich in einer mit Glucose versetzten Glycylglycinlösung ein Kondensationsprodukt zwischen diesen beiden Stoffen. Es bildet mit den beiden Komponenten ein Gleichgewicht, das nach einigen Stunden seinen festen Wert erreicht, und dessen Menge auf Grund der Verminderung des (nach van Slyke bestimmten) Aminostickstoffs durchschnittlich etwa 25% des angewandten Peptids beträgt. Isoliert wurde es noch nicht. Es wird sowohl durch Darm- als auch durch Pankreas- und Hefeerepsin gespalten. — Fructose ist nicht imstande, mit dem Peptid ein Kondensationsprodukt zu bilden[12].

Physiologische Eigenschaften: Einwirkung von Darmerepsin[13, 14, 15, 16] und Pankreaserepsin[16]. Abhängigkeit der Wirkung von Darmerepsin auf Glycyl-glycin von Acidität der Lösung und Konzentration des Substrats[17]. Die Spaltung durch Erepsin[18] oder durch Hefe- oder Darmpeptidase[19] wird durch Glykokoll und Alanin gehemmt[18, 19], und zwar bei p_H 8,4 stärker als in der Nähe des Neutralpunkts[19]. Die Spaltung durch Erepsin wird ferner durch Glycinanhydrid und Wittepepton gehemmt. Harnstoff, Acetursäure und Benzoyl-glycyl-glycin hemmen nicht[18]. Calciumchlorid hemmt die Peptidasewirkung auf Glycyl-glycin schon bei einer Konzentration von 0,02—0,03 m an. Phosphat hemmt bei frischen Enzymextrakten, bei etwas gealterten dagegen nicht. Einfluß der Dialyse[20]. Die Peptidasewirkung auf Glycyl-glycin wird ferner durch Substanzen, die mit Aldehyden und Ketonen reagieren (Phenylhydrazin, Sulfit und Blausäure), gehemmt, nicht dagegen durch p-Toluidin.[21] Über die Affinität der Darmpeptidase zum Glycyl-glycin[22]. Dialysiertes Hefeautolysat beschleunigt den Abbau von Glycyl-glycin[20, 23]. Wird durch Glykokolleluate überhaupt nicht gespalten[24]. Hemmt die Caseinspaltung mit Trypsin-Kinase[25].

---

[1] Iwan S. Jaitschnikow: J. russ. phys.-chem. Ges. **52**, 147 (1920) — Chem. Zbl. **1923 III**, 1554. — Percy Brigl: Ber. dtsch. chem. Ges. **56**, 1887 (1923).
[2] Emil Abderhalden u. Shigeo Suzuki: Hoppe-Seylers Z. **170**, 158 (1927).
[3] Rudolf Schönheimer: Hoppe-Seylers Z. **154**, 203 (1926).
[4] Emil Abderhalden, Emil Klarmann u. Ernst Komm: Hoppe-Seylers Z. **140**, 92 (1924).
[5] Emil Abderhalden u. Ernst Schwab: Hoppe-Seylers Z. **157**, 140 (1926).
[6] Erich Schmidt u. Karl Braunsdorf: Ber. dtsch. chem. Ges. **55**, 1529 (1922).
[7] Emil Abderhalden u. Ernst Komm: Hoppe-Seylers Z. **144**, 234 (1925).
[8] Oskar Baudisch u. David Davidson: J. of biol. Chem. **75**, 247 (1927).
[9] Stefan Goldschmidt u. Christian Steigerwald: Ber. dtsch. chem. Ges. **58**, 1346 (1925).
[10] Emil Abderhalden u. Ernst Schwab: Hoppe-Seylers Z. **145**, 290 (1925).
[11] Emil Abderhalden u. Richard Haas: Hoppe-Seylers Z. **153**, 147 (1926).
[12] Ernst Waldschmidt-Leitz u. Gertrud Rauchalles: Ber. dtsch. chem. Ges. **61**, 645 (1928); vgl. jedoch: Hans v. Euler u. Edward Brunius: Liebigs Ann. **467**, 201 (1928).
[13] Toru Imai: Hoppe-Seylers Z. **136**, 192 (1924).
[14] Ernst Waldschmidt-Leitz u. Anton Schäffner: Hoppe-Seylers Z. **151**, 31 (1926).
[15] Ernst Waldschmidt-Leitz u. Johanna Waldschmidt-Graser: Hoppe-Seylers Z. **166**, 247 (1927).
[16] P. A. Levene u. H. S. Simms: J. of biol. Chem. **62**, 711 (1925).
[17] Hans v. Euler u. Karl Josephson: Ber. dtsch. chem. Ges. **59**, 218 (1926).
[18] Hans v. Euler u. Karl Josephson: Hoppe-Seylers Z. **157**, 122 (1926).
[19] Hans v. Euler u. Karl Josephson: Ber. dtsch. chem. Ges. **60**, 1341 (1927).
[20] Hans v. Euler u. Karl Josephson: Hoppe-Seylers Z. **161**, 270 (1926).
[21] Hans v. Euler u. Karl Josephson: Hoppe-Seylers Z. **162**, 84 (1927).
[22] Hans v. Euler u. Karl Josephson: Hoppe-Seylers Z. **166**, 294 (1927).
[23] Emil Abderhalden u. Ernst Wertheimer: Fermentforschg **6**, 1 (1922).
[24] Andor Fodor u. Rosa Schönfeld: Hoppe-Seylers Z. **170**, 231 (1927).
[25] Hans H. Weber u. Heinrich Gesenius: Biochem. Z. **187**, 410 (1927).

Wird resorbiert und erscheint nach dem Verfüttern im Harn[1].

Spritzt man salzsaures Glycyl-glycin in 0,1—1 molarer Lösung ins Duodenum ein, so wird die Pankreasabsonderung angeregt[2].

Derivate: Glycyl-glycin-Lithiumchlorid $C_4H_8O_3N_2 \cdot LiCl$. Durch Einengen von 2 Mol LiCl mit 1 Mol Dipeptid auf dem Wasserbad. Spröde, durchsichtige, prismatische Nadeln; ohne Krystallwasser, vollkommen luftbeständig[3].

Glycyl-glycin-Lithiumbromid $C_4H_8O_3N_2 \cdot LiBr$. Darstellung und Eigenschaften wie bei der Lithiumchloridverbindung.

Glycyl-glycin-Lithiumjodid $C_4H_8O_3N_2 \cdot LiJ$. Darstellung und Eigenschaften wie bei der entsprechenden Chlorid- und Bromidverbindung[3].

Glycyl-glycin-Calciumchlorid $2 C_4H_8O_3N_2 \cdot CaCl_2 \cdot H_2O$. Man löst krystallisiertes Calciumchlorid und Glycyl-glycin in wenig Wasser und versetzt mit absolutem Alkohol. Kleine, aus glänzenden Blättchen bestehende Krystalldrusen mit 1 Mol Krystallwasser[3].

Glycyl-glycin-Calciumbromid $2 C_4H_8O_3N_2 \cdot CaBr_2$. 1. Entweder durch Lösen von 2 Mol Calciumbromid und 1 Mol Dipeptid in wenig Wasser und Einengen auf dem Wasserbad oder 2. durch Lösen von 7 Mol Calciumbromid und 1 Mol Dipeptid in wenig Wasser und Zufügen von absolutem Alkohol. Das nach 1 erhaltene Produkt bildet feine, luftbeständige, flache Nadeln, das nach 2 erhaltene aus glänzenden Blättchen bestehende Krystalldrusen.

Kupfersalz. Spezifische Leitfähigkeit bei verschiedenen Konzentrationen[4].

Äthylester. Ist nicht imstande, mit Phosphorpentasulfid in Benzollösung behandelt, den Sauerstoff durch Schwefel zu ersetzen[5]. Behandelt man das Esterchlorhydrat mit Phenylmagnesiumbromid (aus Magnesiumspänen und Brombenzol) nach Grignard und zersetzt mit Salzsäure, so krystallisiert 2-Glycylamino-1, 1-diphenyläthanol (1)-chlorhydrat aus[6]. —

$$H_2N \cdot CH_2 \cdot CO \cdot NH \cdot CH_2 - C\begin{matrix} C_6H_5 \\ C_6H_5 \\ OH \end{matrix}$$

Bei der Einwirkung von Benzaldehyd in alkoholischer Lösung unter Zugabe von Natriumalkoholat entsteht N-Benzyliden-glycyl-glycinnatrium[7].

Wird durch Hefepolypeptidase gespalten[8].

Acetyl-glycyl-glycin. Wird durch Trypsin-Kinase gespalten, dagegen nicht durch Erepsin[9].

Benzoyl-glycyl-glycin. Durch Kuppeln von Glycyl-glycin mit Benzoylchlorid; fällt beim Ansäuern krystallisiert aus[10]. Läßt man 1,67 g Benzoyl-diglycyl-thiohydandoin mit 10 ccm n-NaOH 3 Stunden bei Zimmertemperatur stehen und gibt 10 ccm n-HCl hinzu, so fallen farblose Krystalle von Benzoyl-glycyl-glycin mit 88% Ausbeute (1 g) aus[11]. Aus dem gelb gefärbten Filtrat kann man das 2-Thiohydandoin erhalten.

Schüttelt man Hippuryl-benzoyl-histidinester in Chloroform mit einer molekularen wässerigen Lösung von Glykokollnatrium, so wandert der Hippursäurerest vom Hippurylbenzoyl-histidinester zum Glykokoll, und man erhält aus der wässerigen Schicht nach dem Ansäuern Benzoylglycyl-glycin[12].

Benzoylglycylglycin bildet sich fettig anfühlende Krystalle, wenig löslich in kaltem Wasser und kaltem Alkohol, kaum löslich in Äther, löslich in heißem Wasser. Schmelzp. 207—208°. Keine Biuretreaktion[10]. Wird von Erepsin nicht gespalten[10, 13, 9], auch nicht von Hefepolypep-

---

[1] G. Lusk, H. J. Deuel jr. u. N. H. Plummer: Chem. Zbl. **1927 I**, 2444.
[2] M. Arai: Biochem. Z. **121**, 175 (1921).
[3] Paul Pfeiffer: Hoppe-Seylers Z. **133**, 22 (1924).
[4] Emil Abderhalden u. Erwin Schnitzler: Hoppe-Seylers Z. **163**, 94 (1927).
[5] Elizabeth S. Gatewood u. Treat B. Johnson: J. amer. chem. Soc. **48**, 2900 (1926) — Chem. Zbl. **1927 I**, 439.
[6] Karl Thomas u. Fritz Bettzieche: Hoppe-Seylers Z. **140**, 278 (1924).
[7] Otto Gerngroß u. Eduard Zühlke: Ber. dtsch. chem. Ges. **57**, 1482 (1924).
[8] Wolfgang Graßmann u. Hans Dyckerhof: Ber. dtsch. chem. Ges. **61**, 656 (1928).
[9] Ernst Waldschmidt-Leitz u. Willibald Klein: Ber. dtsch. chem. Ges. **61**, 640 (1928).
[10] Toru Imai: Hoppe-Seylers Z. **136**, 205 (1924).
[11] P. Schlack u. W. Kumpf: Hoppe-Seylers Z. **154**, 125 (1926).
[12] Leonidas Zervas u. Max Bergmann: Hoppe-Seylers Z. **175**, 145 (1928).
[13] Hans v. Euler u. Karl Josephson: Hoppe-Seylers Z. **157**, 122 (1926).

tidase[1, 2] oder Hefedipeptidase[1]. Pepsin greift ebenfalls nicht an[3]. Dagegen wird es von Trypsin[3] bzw. Trypsin-Kinase[4] gespalten.

Hemmt die Einwirkung von Erepsin auf Glycyl-glycin nicht[5].

Durch Einwirkung von Rhodanammon und Essigsäureanhydrid erhält man das 1-Benzoylglycyl-2-thiohydantoin[6].

1-Benzoyl-diglycyl-2-thiohydantoin

$$C_6H_5CO \cdot NH \cdot CH_2 \cdot CO \cdot NH \cdot CH_2 \cdot CO \cdot N\!\!-\!\!CH_2 \qquad C_{14}H_{14}O_4N_4S$$

$$SC\quad CO$$
$$\diagdown\!\!\diagup$$
$$NH$$

1 g Benzoyl-diglycyl-glycin wird mit 0,4 g Rhodanammon und 6 ccm Essigsäureanhydrid unter Feuchtigkeitsausschluß auf dem Wasserbad erhitzt. Nach kurzer Zeit geht das Tripeptid in Lösung und schon beginnt die Abscheidung des Reaktionsproduktes. Nach $^1/_2$stündigem Erhitzen läßt man abkühlen, gibt zum erstarrten Kolbeninhalt Wasser hinzu, läßt 1 Tag stehen und saugt ab. Krystallisiert aus 66proz. Alkohol in farblosen, triklinen Prismen. Sintern bei 155°, färben sich allmählich braun und schmelzen bei 190—191° zu einer schwarzen Masse zusammen. Sehr schwer löslich in Wasser, Petroläther und Äther, ziemlich schwer in Alkohol, Essigester und Aceton. Durch Aufspaltung mit Alkali bei Zimmertemperatur erhält man Benzoyl-glycyl-glycin und 2-Thiohydantoin[6].

Benzoyl-glycyl-glycin-ester. Läßt sich in ein 5-Chlorimidazol überführen[7].

Phthalyl-glycyl-glycin

$$C_6H_4\diagup\!\!\!\!\stackrel{CO}{\diagdown}\!\!\!N \cdot CH_2 \cdot CO \cdot NH \cdot CH_2 \cdot COOH \qquad C_{12}H_{10}O_5N_2$$

Man trägt Glycyl-glycin in die doppelte Menge geschmolzenen Phthalsäureanhydrids ein und steigert die Temperatur nach 5 Minuten bis 200°[8]. Krystallisiert in dünnen Nadeln vom Schmelzp. 232°. Leicht löslich in Eisessig, schwerer in Alkoholen, sehr schwer in kaltem Wasser, Essigester und Äther, unlöslich in Benzol und Chloroform[1]. Wird durch Trypsin-Kinase gespalten[4].

Phthalyl-glycyl-glycin-kupfer. $(C_{12}H_9O_5N_2)_2Cu$. Durch Versetzen einer kalten Lösung von Phthalylglycylglycin in Methylalkohol mit einer gesättigten methylalkoholischen Kupferacetatlösung. Schwach blaugrün gefärbtes, in feinen Nadelbüscheln krystallisierendes Salz. Einmal ausgefällt, ist es recht schwer löslich[8].

Phthalyl-glycyl-glycin-äthylester. $C_{14}H_{14}O_5N_2$. Durch Verestern von Phthalylglycylglycin mit Alkohol und Salzsäure[8] oder durch Eintragen von Carbonyl-bis-glycylglycinester in geschmolzenes Phthalsäureanhydrid bei 195°. Unter CO_2-Entwicklung geht die Carbonylverbindung in Lösung, wobei sich die Schmelze hellgelb färbt. Ausziehen mit Äther, umkrystallisieren aus Alkohol[9]. Endlich kann man auch Phthalylglycylchlorid und Glycinester zur Reaktion bringen[10]. Krystallisiert in feinen, weißen Nadeln vom Schmelzp. 190—191°. Leicht löslich in Benzol und Chloroform, schwerer in Alkohol und Äther.

Carbonyl-bis-glycylglycin. Durch Eintragen des Esters in geschmolzenes Phthalsäureanhydrid entsteht Phthalyl-glycylglycinester[9]. Durch Einwirkung von Natriumhypobromit unter 0° wird es unter Bildung von Glykokollesterbromhydrat aufgespalten. Über das bei der quantitativen Verfolgung der Aufspaltung zustande kommende Kurvenbild[9, 11, 12]. Über die Reaktion mit Bromlauge bei verschiedener Alkalität[13].

---

[1] Wolfgang Graßmann u. Hans Dyckerhoff: Ber. dtsch. chem. Ges. **61**, 656 (1928).
[2] Wolfgang Graßmann u. Hans Dyckerhoff: Hoppe-Seylers Z. **175**, 18 (1928).
[3] L. Hugounenq u. J. Loiseleur: C. r. Acad. Sci. Paris **181**, 149 (1925) — Chem. Zbl. **1925 II**, 1988.
[4] Ernst Waldschmidt-Leitz u. Willibald Klein: Ber. dtsch. chem. Ges. **61**, 640 (1928).
[5] Hans v. Euler u. Karl Josephson: Hoppe-Seylers Z. **157**, 122 (1926).
[6] P. Schlack u. W. Kumpf: Hoppe-Seylers Z. **154**, 125 (1926).
[7] Ch. Gränacher, V. Schelling u. E. Schlatter: Helvet. chim. Acta **8**, 873 (1925).
[8] Percy Brigl u. Ernst Klenk: Hoppe-Seylers Z. **131**, 66 (1923).
[9] Percy Brigl u. Robert Held: Hoppe-Seylers Z. **152**, 230 (1926).
[10] Christian Gränacher: Helvet. chim. Acta **8**, 211 (1925).
[11] Stefan Goldschmidt: Hoppe-Seylers Z. **165**, 149 (1927).
[12] Stefan Goldschmidt: Hoppe-Seylers Z. **170**, 183 (1927).
[13] Percy Brigl, Robert Held u. Karl Hartung: Hoppe-Seylers Z. **173**, 129 (1928).

β-Naphthalinsulfo-glycyl-glycin. Wird weder durch Trypsin-Kinase noch durch Erepsin gespalten[1].

Toluolsulfo-glycyl-glycin. $C_{11}H_{14}O_5N_2S$. Zu 7 g in wenig NaOH gelöstem Glykokoll gibt man ganz langsam 15,6 g Toluolsulfoglykokollazid und 25 proz. Natronlauge. Filtrieren und ansäuern mit konzentrierter Salzsäure unter Kühlung (Vorsicht Stickstoffwasserstoffsäure!). Abfiltrieren des krystallisierten Niederschlages und Umkrystallisieren aus der vierfachen Menge Wasser. Ausbeute 90% d. Th. Oder man erhitzt 2 g Toluolsulfoglycin mit 7 ccm Thionylchlorid auf 40—45°. Eindampfen im Vakuum, lösen des festen Säurechlorids in Benzol. Je $^1/_3$ der Lösung wird in Abständen von 1 Stunde zu einer Lösung von 1 g Glykokoll in 11,5 ccm $^n/_2$-NaOH gegeben. Zuletzt bis zum Verschwinden der Chlorreaktion in Benzol schütteln. Aus der wässerigen Lösung krystallisiert nach dem Ansäuern mit HCl das erst ölig ausfallende Produkt aus. Schmelzp. 178,5°. Leicht löslich in heißem, schwer in kaltem Wasser, leicht löslich in Alkohol und Essigester, schwer löslich in Äther. Krystallisiert aus Wasser in kurzen, flachen Nadeln. Mit Jodwasserstoffsäure und Jodphosphonium erwärmt, bildet sich Glycyl-glycin[2].

N-Phenyl-glycyl-glycin. $C_6H_5 \cdot NH \cdot CH_2 \cdot CO \cdot NH \cdot CH_2 \cdot COOH$. $C_{10}H_{12}O_3N_2$. Man übergießt N-Carboxyl-N-phenylglycinanhydrid[3] mit der 4fachen Menge einer 25(volum)proz. Glykokollösung und erwärmt schwach auf dem Wasserbad. Es bildet sich unter CO_2-Entwicklung eine klare Lösung, aus der beim Erkalten eine flockige Substanz ausfällt, die mehrmals aus Wasser umzukrystallisieren ist. Oder man verseift den N-Phenylglycylglycinester mit n-NaOH in gelinder Wärme und säuert, nachdem Lösung eingetreten ist, an. Es bildet feine, nadelförmige Krystalle, die bei 148° schmelzen[4].

N-Phenyl-glycyl-glycinäthylester. $C_{12}H_{16}O_3N_2$. Man versetzt N-Carboxyl-N-phenylglycinanhydrid in der Kältemischung mit der doppelten Menge Glykokollester. Nach Beendigung der CO_2-Entwicklung wird 10 Minuten auf 80° bis zur klaren Lösung erwärmt. Im Vakuum eindampfen, aus verdünntem Alkohol umkrystallisieren. Schmelzp. 88°[4].

N-Triphenylmethyl-glycyl-glycin

$$\begin{matrix} C_6H_5 \\ C_6H_5 \\ C_6H_5 \end{matrix} \!\!\! \rangle C \cdot NH \cdot CH_2 \cdot CO \cdot NH \cdot CH_2 \cdot COOH \quad C_{23}H_{22}O_3N_2$$

Aus dem entsprechenden Ester durch $^1/_2$ stündiges Kochen mit 5 proz. alkoholischer Kalilauge. Krystallisiert aus Methylalkohol in Prismen und Blättchen, aus Alkohol oder Essigester in Nadeln vom Schmelzp. 180° (Braunfärbung). Unlöslich in Äther, Tetrachlorkohlenstoff, Benzol, schwer löslich in Chloroform, sonst leichter löslich. **Natriumsalz** seidige Blättchen[5].

N-Triphenylmethyl-glycyl-glycinäthylester $C_{25}H_{26}O_3N_2$. Durch Einwirkung von Triphenylchlormethan in absolutem Pyridin unter Ausschluß von Feuchtigkeit auf Glycylglycinester. Wird aus Alkohol in Krystallen erhalten, die bei 161° schmelzen. Unlöslich in Ligroin und Petroläther, sonst leicht löslich. Siedende alkoholische Kalilauge spaltet nach $^1/_2$ Stunde die Estergruppe ab und nach weiteren $1^1/_2$ Stunden den Triphenylmethanrest[5].

N-Benzyliden-glycyl-glycinnatrium. Man läßt Benzaldehyd auf Glycylglycinester in alkoholischer Lösung einwirken und gibt Natriumalkoholat hinzu. Sehr hygroskopisch. An der Luft rasch unter Rotfärbung verharzend[6].

N'-Benzyliden(N-glycylglycin)-Barium $C_{22}H_{22}O_6N_4Ba$. Nädelchen, leicht löslich in Wasser[7].

N'-o-Oxybenzyliden(N-glycylglycin)-Barium $C_{22}H_{22}O_7N_4Ba$. Citronengelbe Nadeln[7].

Glycyl-glycin-diphenylphosphat $O:P(OC_6H_5)_2OH$; $NH_2 \cdot CH_2 \cdot CO \cdot NH \cdot CH_2 \cdot COOH$ $C_{16}H_{19}O_7N_2P$. Durch Schütteln von Glycylglycinkupfer mit Diphenylphosphorsäurechlorid in Benzol bzw. durch Vermischen äquivalenter Mengen der in Wasser gelösten Komponenten und Verdunsten. Seidenglänzende, verfilzte Nadeln vom Schmelzp. 178°[8].

---

[1] Emil Abderhalden u. Ernst Schwab: Fermentforschg **9**, 501 (1928).

[2] Rudolf Schönheimer: Hoppe-Seylers Z. **154**, 203 (1926).

[3] Siehe F. Fuchs: Ber. dtsch. chem. Ges. **55**, 2943 (1922).

[4] F. Wessely: Hoppe-Seylers Z. **146**, 72 (1925).

[5] Burckhardt Helferich, Ludwig Moog u. Adolf Jünger: Ber. dtsch. chem. Ges. **58**, 872 (1925).

[6] Otto Gerngroß u. Eduard Zühlke: Ber. dtsch. chem. Ges. **57**, 1482 (1924).

[7] Max Bergmann, Hellmuth Enßlin u. Leonidas Zervas: Ber. dtsch. chem. Ges. **58**, 1034 (1925).

[8] A. Bernton: Ber. dtsch. chem. Ges. **55**, 3361 (1922).

Glycyl-glycinbetain[1]

$$\begin{matrix}CH_3\\CH_3\\CH_3\end{matrix}\Big\rangle N-CH_2\cdot CO\cdot NH\cdot CH_2\cdot CO \quad C_7H_{14}O_3N_2$$
$$\underline{\hspace{4cm}O\hspace{4cm}}$$

Durch Methylieren von Glycyl-glycin mit Dimethylsulfat in Gegenwart von Natronlauge, wobei die Temperatur nicht über 20° steigen darf. Reinigen über das Pikrat. Weiße, hygroskopische Krystallmasse, äußerst leicht löslich in Wasser, schwer in absolutem Alkohol, unlöslich in Äther. Schmelzp. 238—240°. Wird durch Erepsin nicht gespalten.

Glycyl-glycinbetainpikrat[1] $C_{13}H_{17}O_{10}N_5$. Durch Versetzen der wässerigen Lösung des Betains mit alkoholischer Pikrinsäurelösung. Kleine, bei 216—217° schmelzende Nadeln.

Platinchloriddoppelsalz des Glycyl-glycinbetains[1] $(C_7H_{14}O_3N_2\cdot HCl)_2PtCl_4$. Durch Versetzen der wässerigen Lösung mit Platinchlorid und Versetzen mit absolutem Alkohol. Schöne Blättchen vom Schmelzp. 210—211°.

Glycyl-glycincarbonsäure. Bildet sich angeblich bei der Einwirkung von heißer n-NaOH auf Hydantoin-3-essigsäure[2]. F. Wessely und E. Kemm[3] vertreten jedoch die experimentell gestützte Meinung, daß das bei der Alkalispaltung von Hydantoin-3-essigsäure erhaltene Produkt Carbonyl-bis-glycin sei. Reagiert nicht mit Hypobromit und gibt bei der van Slyke-Aminostickstoffbestimmung keinen N ab[4]. Wird durch Hefepeptidase nicht gespalten[5].

β-Carbäthoxyl-glycyl-glycinester. Der nach Emil Fischer und Fourneau[6] dargestellten Verbindung ist nach F. Wessely und E. Kemm in Wirklichkeit die Struktur eines Carbonyl-bis-glycinesters zuzuschreiben[3]. Trypsin-Kinase oder Erepsin bewirken keine Beschleunigung der Aufspaltung[7].

Glycyl-glycin-Baryumcarbaminat reagiert mit Bromlauge anfangs nicht; nach etwa 10 Minuten tritt lebhafte Reaktion ein. Ältere Präparate reagieren rascher als frische[4].

N-Glycyl-glycin-sulfosaures Kalium-Glycyl-glycin[8] $4\,KSO_3\cdot NH\cdot CH_2\cdot CO\cdot NH\cdot CH_2\cdot COOK\cdot NH_2\cdot CH_2\cdot CO\cdot NH\cdot CH_2\cdot COOH\cdot 5(?)H_2O \quad C_{20}H_{32}O_{27}N_{10}S_4K_8\cdot 5\,H_2O$. Durch Lösen von 3 g Glycylglycin und 3,5 g Pottasche in 20 ccm Wasser, mit 4,2 g N-Pyridiniumsulfonsäure 1 Stunde unter Kühlung schütteln, abfiltrieren, mit Essigsäure schwach ansäuern, mit 20 ccm absolutem Alkohol versetzen, vom Kaliumsulfat abfiltrieren, Filtrat mit 70 ccm absoluten Alkohols versetzen. Ölige, bald krystallisierte Abscheidung des Reaktionsproduktes mit Alkohol und Äther waschen. Ausbeute 3,6 g (58% d. Th.). Weitere Reinigung durch Lösen in der dreifachen Menge 30 proz. Alkohol, filtrieren und mit absolutem Alkohol fällen. Das Krystallwasser ist sehr fest gebunden und kann nicht direkt bestimmt werden. Schwach hygroskopisch. Die wässerige Lösung ist auch in der Hitze beständig, solange die Reaktion alkalisch bleibt. In saurer Lösung tritt, besonders in der Hitze, Hydrolyse unter Abspaltung von Schwefelsäure ein[8].

Chloracetyl-glycyl-arsanilsäure[9]

$$Cl\cdot CH_2\cdot CO\cdot NH\cdot CH_2\cdot CO\cdot NH\langle\ \rangle AsO_3H_2 \quad C_{10}H_{12}O_5N_2ClAs$$

Durch Kuppeln von Glycylarsanilsäure mit Chloracetylchlorid. Fällt beim Ansäuern krystallisiert aus. Umkrystallisieren aus heißem Wasser. Dünne durchsichtige Nadelbüschel, die in sämtlichen organischen Lösungsmitteln praktisch unlöslich sind. Bei 305° Bräunung, Zersetzungspunkt jedoch noch höher. Ausbeute 80% d. Th.

Diglycyl-arsanilsäure[9]

$$NH_2\cdot CH_2\cdot CO\cdot NH\cdot CH_2\cdot CO\cdot NH\langle\ \rangle AsO_3H_2 \quad C_{10}H_{14}O_5N_3As$$

Durch 16stündiges Aminieren von Chloracetylglycylarsanilsäure mit der 9fachen Menge 25 proz. Ammoniaks bei 37°. Einengen, mit Essigsäure schwach ansäuern, abnutschen, mit Ammoniak und Essigsäure umfällen. Dünne, oft spitze, durchsichtige Blättchen vom Zersetzungsp. 275—280°. Ausbeute 70% d. Th. Unlöslich in allen organischen Lösungsmitteln,

---

[1] Toru Imai: Hoppe-Seylers Z. **136**, 192 (1924).
[2] Gränacher u. Landolt: Helvet. chim. Acta **10**, 799 (1927) — Chem. Zbl. **1928 I**, 697.
[3] F. Wessely u. E. Kemm: Hoppe-Seylers Z. **174**, 306 (1928).
[4] Percy Brigl, Robert Held u. Karl Hartung: Hoppe-Seylers Z. **173**, 129 (1928).
[5] W. Graßmann u. H. Dyckerhoff: Ber. dtsch. chem. Ges. **61**, 656 (1928).
[6] Emil Fischer u. Fourneau: Ber. dtsch. chem. Ges. **34**, 2868 (1901).
[7] Emil Abderhalden u. Ernst Schwab: Fermentforsch **9**, 501 (1928).
[8] Paul Baumgarten: Hoppe-Seylers Z. **171**, 62 (1927).
[9] G. Giemsa u. C. Tropp: Ber. dtsch. chem. Ges. **59**, 1776 (1926).

schwer löslich in heißem Wasser[1]. Wird durch Darmerepsin weitgehendst gespalten, durch Hefeerepsin dagegen nicht[2].

Carbäthoxy1-diglycyl-arsanilsäure

$$C_2H_5OOC \cdot NH \cdot CH_2 \cdot CO \cdot NH \cdot CH_2 \cdot CO \cdot NH\langle\rangle AsO_3H_2 \quad C_{13}H_{18}O_7N_3As$$

Durch Kuppeln von Diglycylarsanilsäure mit Chlorkohlensäureester. Reaktionsprodukt fällt beim Ansäuern aus. Umkrystallisieren aus heißem Wasser. Unregelmäßig geformte, oft gezahnte, durchsichtige Blättchen. Zersetzungspunkt unter Aufschäumen 295—299°. Ausbeute 92% d. Th. Kurzes Erwärmen im Ölbad bei 80—100° spaltet Arsanilsäure ab. 20stündige Einwirkung von NaOH bei 37° gibt wahrscheinlich N-Carboxy-diglycyl-arsanilsäure (Carboxy-aminoacetyl-glycyl-arsanilsäure), $HOOC \cdot NH \cdot CH_2 \cdot CO \cdot NH \cdot CH_2 \cdot CO \cdot NH\langle\rangle AsO_3H_2$, die in dünnen, haarförmig gebogenen Nadeln krystallisiert und in heißem Wasser gut löslich ist[1].

Diglycyl-p-aminobenzoesäure. Wird durch Darmerepsin innerhalb 24 Stunden quantitativ, durch Hefeerepsin dagegen nur schwach gespalten. Trypsin-Kinase greift nicht an[2].

Acetyl-diglycyl-anilid[3] $CH_3 \cdot CO \cdot NH \cdot CH_2 \cdot CO \cdot NH \cdot CH_2 \cdot CO \cdot NH \cdot C_6H_5 \quad C_{12}H_{15}O_3N_3$.
Entsteht neben Acetylglycylanilid und Glycinanhydrid durch 2stündiges Erhitzen von Acetylglycin mit Anilin im Rohr auf 190—200°. Schmelzp. 245° (korr.). Schwer löslich in Wasser, besser in Alkohol. Gibt Biuretreaktion. Wird durch Pepsin-Salzsäure oder Pankreassaft nicht angegriffen. Wird durch kalte Natronlauge zu Anilin und Acetylglycin, durch heiße Barytlösung bis zum Glycin verseift[3].

Glycyl-glycin-phenylaminol[4], **2-Glycylamino-1, 1-diphenyläthanol**

$$NH_2 \cdot CH_2 \cdot CO \cdot NH \cdot CH_2 \cdot C\begin{smallmatrix}C_6H_5\\C_6H_5\\OH\end{smallmatrix} \quad C_{16}H_{18}O_2N_2$$

Durch Grignardierung von Glycylglycinesterchlorhydrat mit Phenylmagnesiumbromid. — Erhitzen mit konzentrierter Salzsäure spaltet unter Bildung von Diphenylacetaldehyd. Erhitzen mit 40proz. Schwefelsäure im Rohr auf 120—128° spaltet unter Bildung Desoxybenzoin. 15proz. Natronlauge spaltet unter teilweiser Bildung von Glykokoll und 2-Amino-1, 1-diphenyläthanol[4].

2-Bromacetylamino-1, 1-dibenzyläthanol

$$Br \cdot CH_2 \cdot CO \cdot NH \cdot CH_2 \cdot C\begin{smallmatrix}CH_2 \cdot C_6H_5\\CH_2 \cdot C_6H_5\\OH\end{smallmatrix} \quad C_{18}H_{20}O_2NBr$$

Kuppeln von Amino-1, 1-dibenzyläthanol in Benzollösung mit Bromacetylbromid und wässeriger Natronlauge. Umkrystallisieren aus Alkohol und Eisessig. Schmelzp. 87—88°[4].

2-Chloracetylamino-2-phenyl-1, 1-diphenyläthanol

$$Cl \cdot CH_2 \cdot CO \cdot NH \cdot CH \cdot C\begin{smallmatrix}C_6H_5\\C_6H_5\\C_6H_5 \quad OH\end{smallmatrix} \quad C_{22}H_{20}O_2NCl$$

Durch Kuppeln von 2-Phenyl-2-amino-1, 1-diphenyläthanol in ätherischer Lösung mit Chloracetylchlorid unter Zusatz von wässeriger Natronlauge. Das Reaktionsgemisch fällt dabei zum größten Teil aus. Umkrystallisieren aus Alkohol und Eisessig. Schmelzp. 218—219°. Durch Einwirkung von Ammoniak läßt sich auf keinerlei Weise das entsprechende Glycinprodukt gewinnen[4].

2-Oxy-3-methoxy-benzyliden-glycyl-glycin-äthylester[5]

$$\begin{smallmatrix}O \cdot CH_3\\OH\\CH=N \cdot CH_2 \cdot CO \cdot NH \cdot CH_2 \cdot COOC_2H_5\end{smallmatrix} \quad C_{14}H_{18}O_5N_2$$

---

[1] G. Giemsa u. C. Ropp: Ber. dtsch. chem. Ges. **59**, 1776 (1926).

[2] Ernst Waldschmidt-Leitz, Wolfgang Graßmann u. Anton Schäffner: Ber. dtsch. chem. Ges. **60**, 359 (1927).

[3] L. Hugounenq, G. Florence u. E. Couture: Bull. Soc. Chim. biol. Paris **5**, 717 (1923) — Chem. Zbl. **1924 II**, 465 — Bull. Soc. Chim. biol. Paris **6**, 672 (1924) — Chem. Zbl. **1924 II**, 2642.

[4] Fritz Bettzieche u. Rudolf Menger: Hoppe-Seylers Z. **161**, 37 (1926).

[5] Otto Gerngroß: Biochem. Z. **108**, 82 (1920).

Man gibt in warmem Alkohol gelöste, molekulare Mengen von Glycylglycinester und o-Vanillin zusammen und läßt abkühlen, wobei die Lösung zu einem Brei gelber Nädelchen erstarrt. Waschen mit Alkohol-Äthergemisch. Krystallisiert in langen, hellgelben, seidenglänzenden Nadeln vom Schmelzp. 118°, die sich an der Luft allmählich dunkel färben. Schwer löslich in kaltem Wasser. Die wässerige Lösung ist von grünlich gelber Farbe und reagiert gegen Lackmus schwach sauer. Umkrystallisierbar aus der 60fachen Menge siedenden Wassers. Bei längerem Kochen (über $1/2$ Stunde) tritt jedoch Zersetzung ein unter Bildung harziger Produkte.

2, 3-Dioxybenzyliden-glycyl-glycinester [1]

$$\underset{\text{CH}=\text{N}\cdot\text{CH}_2\cdot\text{CO}\cdot\text{NH}\cdot\text{CH}_2\cdot\text{COOC}_2\text{H}_5}{\overset{\text{OH}}{\underset{}{\bigcirc}}\overset{\text{OH}}{}} \qquad C_{13}H_{16}O_5N_2$$

2,76 g o-Protokatechualdehyd [2] und 3,2 g Glycylglycinester werden in je 10 ccm warmen absoluten Alkohols gelöst und gemischt. Aus der intensiv goldgelben Lösung scheiden sich bald goldgelbe Krystalle ab, die aus Alkohol umkrystallisiert werden. Ausbeute 4,5 g. Das noch nicht umkrystallisierte Produkt schmilzt bei 125°, während das öfter aus Alkohol umkrystallisierte merkwürdigerweise einen niedrigeren Schmelzp., nämlich 120,5° zeigt. Krystallisiert in goldgelben Blättchen mit atlasartigem Glanz. Spielend löslich in Aceton, leicht löslich in Essigester und Eisessig, schwer löslich in Äther, unlöslich in Petroläther, der das Produkt aus einem Äther-Eisessiggemisch auszufällen vermag. Bei raschem Arbeiten kann man es auch aus kochendem Wasser umkrystallisieren, jedoch bewirkt bereits ein 5 Minuten langes Kochen eine nicht unwesentliche Verharzung. Relativ beständig gegen Alkali, sehr unbeständig gegen Säuren, die wieder Protokatechualdehyd in Freiheit setzen. Selbst eine $n/50$-Essigsäure vermag die Verbindung zu zersetzen. — Die Färbung der Lösungen in neutralen Mitteln zeigt eine große Übereinstimmung mit der durch Protokatechualdehyd hervorgerufenen Hautfärbung [1].

Tautomeres Glycyl-glycin [3].

Darstellung: Entsteht nach Abderhalden und Schwab [3] durch Eintragen von enolisiertem Glycinhydrid in 10 Teile n-NaOH, Schütteln bis zur Lösung, Neutralisieren mit Jodwasserstoffsäure, Eindampfen im Vakuum und Entfernen des Jodnatriums mit Alkohol.

Physikalische und chemische Eigenschaften: Ungesättigter Charakter: Entfärbung von Kaliumpermanganat in der Kälte, Gelbfärbung mit Salpetersäure, sowie intensive Gelbfärbung mit Natronlauge, die beim Erwärmen schwächer wird und zuletzt ganz verschwindet. Reagiert mit Diazomethan unter Bildung einer stark basisch reagierenden Masse, die wahrscheinlich ein Gemisch von O-Methyläther und Methylester darstellt [3].

Derivate: Benzoylverbindung $C_{11}H_{12}O_4N_2$. Wurde von Abderhalden und Schwab [3] durch Kuppeln des tautomeren Glycylglycins mit Benzoylchlorid bei Gegenwart von überschüssigem Natriumbicarbonat als ein in Alkohol sehr leicht lösliches, in weißen Nadeln vom Schmelzp. 213° krystallisierendes Produkt erhalten.

Chloracetyl-d-alanin [4].

Derivate: Silbersalze $C_5H_7O_3NClAg$. Beim Schütteln von Chloracetyl-d-alanin mit Silberoxyd, Filtrieren und Eindunstenlassen. Farblose Nadeln, ziemlich schwer löslich in Wasser. Kein Schmelzpunkt, nur Verfärbung.

Ammonsalz. Fällt als krystallinischer Niederschlag beim Einleiten von gasförmigem Ammoniak in eine alkoholische Chloracetyl-d-alaninlösung aus.

Glycyl-d-alanin.

Darstellung: Bei der Darstellung ist es zweckmäßig, nicht vom Chloracetyl-d-alanin selbst, sondern von dessen Ammonsalz auszugehen [4].

---

[1] Otto Gerngroß: Biochem. Z. **108**, 82 (1920).
[2] H. Pauly u. K. Lockemann: Ber. dtsch. chem. Ges. **43**, 1813 (1910).
[3] Emil Abderhalden u. Ernst Schwab: Hoppe-Seylers Z. **152**, 88 (1926).
[4] Emil Abderhalden u. Hans Brockmann: Fermentforschg **9**, 446 (1928).

Physikalische und chemische Eigenschaften: Aufspaltung mit n-Alkali, sowie mit n-Säure[1]. Spaltung eines Gemisches von Glycyl-d-alanin, Glycyl-l-tyrosin und deren Anhydride mit n-Alkali[2].

Physiologische Eigenschaften: Spaltung eines Gemisches von Glycyl-d-alanin, Glycyl-l-tyrosin und deren Anhydride mit einem Gemisch von Pankreas- und Dünndarmpreßsaft[2]. Findet sich im Harn nach Verfütterung von Glycyl-d-alaninanhydrid[3].

Silbersalz $C_5H_9O_3N_2Ag$. Man löst 0,1 g Dipeptid in 3 ccm Wasser, kocht 3 Minuten mit überschüssigem Silberoxyd, filtriert und versetzt bis zur starken Trübung mit Alkohol. Büschelförmig vereinigte Nadeln ohne Schmelzpunkt. Ziemlich schwer löslich in Wasser[4].

Glycyl-dl-alanin.

Darstellung: Durch Zersetzung von 8,7 g Toluolsulfo-glycylalanin mit 10 g Jodwasserstoffsäure (D 1,96) und 8 g Jodphosphonium im Schießrohr bei 50—55° (5 Stunden). Versetzen mit Wasser, im Hochvakuum abdestillieren, mit Silberoxyd zersetzen. Reinigen durch Lösen in Wasser und Fällen mit Alkohol. Ausbeute 90% d. Th.[5]

Derivate: Äthylesterchlorhydrat. Durch Einwirkung von Phenylmagnesiumbromid auf das Esterchlorhydrat entsteht 2-Glycylamino-1,1-diphenylpropanol und durch Einwirkung von Benzylmagnesiumbromid das entsprechende Benzylprodukt[6]. Durch Grignardierung des Esters und anschließende Säurespaltung erhält man Diphenylaceton[9].

Benzoyl-glycyl-dl-alaninester. Durch Einwirkung von Phenylmagnesiumbromid bzw. Benzylmagnesiumbromid auf Benzoyl-glycyl-alaninester entsteht 2-Benzoylglycyl-amino-1,1-diphenyl (bzw. -dibenzyl)-propanol. Durch Grignardierung und anschließender Säurespaltung entsteht Diphenylaceton[7].

Toluolsulfoglycyl-dl-alanin. $C_{12}H_{16}O_5N_2S$. Man trägt Toluolsulfoglykokollazid in eine alkalische Alaninlösung unter Reiben im Mörser ein. Das Reaktionsprodukt fällt beim Ansäuern aus. Krystallisiert aus heißem Wasser in langen Prismen vom Schmelzp. 167° (korr.). Leicht löslich in heißem Wasser und Alkohol, schwer löslich in kaltem Wasser[5].

Toluolsulfoglycyl-dl-alaninester. Wird durch Hefepolypeptidase gespalten[8].

Glycyl-dl-alanin-phenylaminol, 2-Glycylamino-1,1-diphenylpropanol

$$NH_2 \cdot CH_2 \cdot CO \cdot NH \cdot \underset{\underset{CH_3}{|}}{CH} \cdot \underset{\underset{OH}{|}}{C} \diagup_{C_6H_5}^{C_6H_5} \quad C_{17}H_{20}O_2N_2$$

Bildet sich in geringer (6,2%) Ausbeute aus 2-Chloracetylamino-1,1-diphenylaminol durch Umsetzung mit wässerigem Ammoniak bei 130°[9]. Man stellt es dar durch portionsweises Eintragen von 8,1 g Glycylalaninesterchlorhydrat in Grignards Reagens, das aus 9,1 g Magnesium und 60 g Brombenzol in 300 ccm absolutem Äther bereitet wurde, und 1stündiges Erhitzen am Rückflußkühler. Zersetzen mit eisgekühlter Salzsäure und Fällen des Reaktionsproduktes mit Ammoniak. Umkrystallisieren aus Benzol-Ligroin und Alkohol-Wasser. Schmelzp. 186,5—187°. Löslich in Alkohol, Essigester, Chloroform, Benzol, Aceton, schwer löslich in Äther, Ligroin, Wasser[6]. Spaltet sich beim Erhitzen mit konzentrierter Salzsäure unter Bildung von Diphenylaceton (Schmelzp. 46°). Durch 15proz. Natronlauge wird es in 2-Amino-1,1-diphenylpropanol und Glykokoll gespalten[9].

Benzoyl-glycyl-dl-alanin-phenylaminol, 2-Benzoylglycylamino-1,1-diphenylpropanol $C_{24}H_{24}O_3N_2$. Aus 2 g Magnesium, 16 g Brombenzol, in 200 ccm Äther und 2,8 g Benzoylglycyl-alaninester. 1 Stunde kochen. Zersetzen mit eiskalter, verdünnter Salzsäure. Ätherrückstand mit Wasserdampf destillieren. Rückstand je 2mal aus Aceton und Eisessig umkrystallisieren[6]. Oder durch Kuppeln von 2-Amino-1,1-diphenylpropanol mit Hippurylchlorid, sowie durch Kuppeln von Glycylamino-diphenylpropanol mit Benzoylchlorid[9].

---

[1] Emil Abderhalden u. Hans Brockmann: Hoppe-Seylers Z. **170**, 146 (1927).
[2] Emil Abderhalden u. Erwin Schnitzler: Hoppe-Seylers Z. **164**, 159 (1926).
[3] Emil Abderhalden u. Severian Buadse: Hoppe-Seylers Z. **162**, 304 (1927).
[4] Emil Abderhalden u. Hans Brockmann: Fermentforschg **9**, 446 (1928).
[5] Rudolf Schönheimer: Hoppe-Seylers Z. **154**, 203 (1926).
[6] Fritz Bettzieche, Rudolf Menger u. Kurt Wolf: Hoppe-Seylers Z. **160**, 270 (1926).
[7] Fritz Bettzieche: Hoppe-Seylers Z. **161**, 178 (1926).
[8] Wolfgang Graßmann u. Hans Dyckerhoff: Ber. dtsch. chem. Ges. **61**, 656 (1928).
[9] Fritz Bettzieche u. Rudolf Menger: Hoppe-Seylers Z. **161**, 37 (1926).

Schmelzp. 187,5—188°. Löslich in Aceton, Alkohol, Benzol, Chloroform, Essigester, schwer löslich in Äther, unlöslich in Ligroin und Wasser[1]. Konzentrierte Salzsäure spaltet zu Ammoniak, Glykokoll und Diphenylaceton; 8proz. Natronlauge spaltet in 2-Amino-diphenylpropanol, Benzophenon, Benzoesäure und Glykokoll[2].

Glycyl-dl-alanin-benzylaminol, 2-Glycylamino-1, 1-dibenzylpropanol

$$NH_2 \cdot CH_2 \cdot CO \cdot NH \cdot CH-C\underset{\underset{OH}{|}}{\overset{CH_2C_6H_5}{\diagdown CH_2C_6H_5}} \qquad C_{19}H_{24}O_2N_2$$
$$\underset{CH_3}{|}$$

Durch Umsetzen von Bromacetyl-amino-dibenzylpropanol mit wässerigem Ammoniak bei 130° entsteht es nur in geringer Ausbeute als nicht krystallisierendes Öl[2]. Zur Darstellung trägt man in Grignardreagens, das aus 8,7 g Magnesium, 68,5 g Benzylbromid und 300 ccm Äther bereitet wurde, 4,2 g Glycyl-alaninesterchlorhydrat portionsweise ein und kocht 1 Stunde Nach Zersetzung mit verdünnter Salzsäure ausäthern, wässerige Schicht mit Ammoniak versetzen, ausäthern, Ätherrückstand (braunes Öl) mit Alkohol aufnehmen und allmählich mit Wasser verdünnen, wobei sich das Reaktionsprodukt rein abscheidet. Es schmilzt bei 107,5°. Löslich in Methyl- und Äthylalkohol, Äther, Aceton, Essigester, Benzol, Chloroform und warmem Wasser, unlöslich in Ligroin[1]. Spaltet sich beim Erhitzen mit 12proz. Salzsäure unter teilweiser Bildung von 2-Amino-1, 1-dibenzylpropanol und mit 2n-NaOH unter teilweiser Bildung von Alaninbenzylaminol[2].

Benzoyl-glycyl-dl-alanin-benzylaminol, 2-Benzoyl-glycylamino-1, 1-dibenzylpropanol $C_{26}H_{28}O_3N_2$. Aus 0,7 g Magnesium, 5,5 g Benzylbromid in 50 ccm Äther. Dazu 0,6 g Benzoylglycyl-alaninester, 1 Stunde kochen. Zersetzen mit eiskalter verdünnter Salzsäure, Ätherrückstand unter öfterem Zusatz von Alkohol mit Wasserdampf destillieren. Rückstand je 2mal aus Aceton und Eisessig umkrystallisieren[1]. Oder durch Kuppeln von Glycylalaninbenzylaminol mit Benzoylchlorid sowie durch Kuppeln von 2-Amino-1, 1-dibenzylpropanol mit Hippurylchlorid[2]. Löslich in Alkohol, Chloroform, Benzol, Essigester, Aceton, schwer löslich in Äther, unlöslich in Ligroin und Wasser. Schmelzp. 183°[1]. Wird durch konzentrierte Salzsäure in Benzoesäure, 2-Amino-1, 1-dibenzylpropanol, Glykokoll u. a. Produkte gespalten[2]. Spaltung mit 8proz. Natronlauge[3].

2-Chloracetylamino-1, 1-diphenylpropanol

$$Cl \cdot CH_2 \cdot CO \cdot NH \cdot CH \cdot C\underset{\underset{OH}{|}}{\overset{C_6H_5}{\diagdown C_6H_5}} \qquad C_{17}H_{18}O_2NCl$$
$$\underset{CH_3}{|}$$

Durch Kuppeln von Amino-diphenylpropanol in ätherischer Lösung mit Chloracetylchlorid unter Zusatz von wässeriger Natronlauge. Das Reaktionsprodukt fällt dabei sofort quantitativ aus. Umkrystallisieren aus Alkohol und Eisessig. Schmelzp. 170—171°. Löslich in Benzol, Aceton, Eisessig, schwer löslich in Äther und Wasser. Löst sich leicht in konzentrierter Schwefelsäure und läßt sich durch Eingießen in Wasser quantitativ zurückgewinnen. Durch Umsetzung mit Ammoniak (im Rohr bei 130°) kann das entsprechende Glycinderivat nur in ganz geringer Ausbeute (6,2%) gewonnen werden[2].

Glycyl-decarboxy-alanin.

$$NH_2 \cdot CH_2 \cdot CO \cdot NH \cdot CH_2 \cdot CH_3 \qquad C_4H_{10}ON_2$$

Darstellung: Man erhitzt Chloracetyl-äthylamin mit überschüssigem 15proz. methylalkoholischem Ammoniak 12 Stunden auf 100°, dampft im Vakuum ein, übersättigt mit Alkali, schüttelt mit Äther-Methylenchlorid aus, verdampft das Lösungsmittel und destilliert das hinterbleibende Öl im Vakuum, wobei nur 20% bis 150° übergehen. Durch mehrmaliges Destillieren erhält man die Verbindung rein[4].

Physikalische und chemische Eigenschaften: Farblose, schwach basisch riechende Flüssigkeit, die bei 13 mm bei 136—138° siedet und bei langem Stehen im Eisschrank schwache Neigung zur Krystallisation zeigt. Leicht löslich in Wasser, schwer in Äther, noch schwerer in Petroläther[4].

---

[1] Fritz Bettzieche, Rudolf Menger u. Kurt Wolf: Hoppe-Seylers Z. **160**, 270 (1926).
[2] Fritz Bettzieche u. Rudolf Menger: Hoppe-Seylers Z. **161**, 37 (1926).
[3] Fritz Bettzieche u. Rudolf Menger: Hoppe-Seylers Z. **161**, 60 (1926).
[4] Julius v. Braun u. Wilhelm Münch: Ber. dtsch. chem. Ges. **60**, 345 (1927).

Physiologische Eigenschaften: Wird durch Darmerepsin gespalten, nicht dagegen durch Hefeerepsin [1].
Derivate: Chlorhydrat. In Wasser äußerst leicht löslich, aber nicht hygroskopisch. Schmelzp. 134° [2].
Pikrat. Zersetzungsp. 162—164° [2].

Chloracetyl-β-alanin [3].

$Cl \cdot CH_2 \cdot CO \cdot NH \cdot CH_2 \cdot CH_2 \cdot COOH \quad C_5H_8O_3Cl$

Darstellung: Durch Kuppeln von β-Alanin mit Chloracetylchlorid.
Physikalische und chemische Eigenschaften: Sirupöse Masse, leicht löslich in Wasser, Alkohol, Essigester, schwer löslich in Chloroform.

Glycyl-β-alanin [3].

$NH_2 \cdot CH_2 \cdot CO \cdot NH \cdot CH_2 \cdot CH_2 \cdot COOH \quad C_5H_{10}O_3N_2$

Darstellung: Aminieren von Chloracetyl-β-alanin.
Physikalische und chemische Eigenschaften: Krystalle. Schmelzp. 233° unter Aufschäumen. Leicht löslich in Wasser, schwer löslich in Alkohol, Reaktion gegen Lackmus sauer. Wässerige Lösung wird mit Kupfercarbonat tief blau.
Derivate: Äthylester. Sirup. Löslich in Alkohol, Äther, Chloroform, schwer löslich in Essigester. Liefert beim Erhitzen für sich oder in Alkohol kein Anhydrid.
Äthylesterchlorhydrat. Krystalle vom Schmelzp. 106°. Löslich in Wasser und Alkohol, unlöslich in Äther.

Chloracetyl-sarkosin.

$Cl \cdot CH_2 \cdot CO \cdot \underset{\underset{CH_3}{|}}{N} \cdot CH_2 \cdot COOH \quad C_5H_8O_3NCl$

Darstellung: Kuppeln von Sarkosin mit Chloracetylchlorid. Nach dem Ansäuern zur Trockne verdampfen und Reaktionsprodukt mit organischen Solvenzien ausziehen.
Physikalische und chemische Eigenschaften: Das aus Chloroform umkrystallisierte Produkt schmilzt bei 95—98°, ist sehr leicht löslich in Aceton und heißem Chloroform, schwer löslich in Äther, unlöslich in Petroläther [4].

Glycyl-sarkosin.

$NH_2 \cdot CH_2 \cdot CO \cdot \underset{\underset{CH_3}{|}}{N} \cdot CH_2 \cdot COOH \quad C_5H_{10}O_3N_2$

Darstellung: Man aminiert Chloracetylsarkosin mit konzentrierter wässeriger Ammoniaklösung 24 Stunden bei Zimmertemperatur, dampft zum Sirup ein und erhitzt mit Alkohol, wobei sich das Produkt krystallinisch abscheidet. Umkrystallisieren aus wenig heißem Wasser unter Zusatz von 5 Teilen heißen absoluten Alkohols [4].
Physikalische und chemische Eigenschaften: Schmelzp. 200—201°. Saure Dissoziationskonstante 2,83; basische Dissoziationskonstante 8,54; isoelektrischer Punkt (bei 25°) 5,68. Aufspaltung bei p_H 0 und 0,52. Die Aufspaltungskurve bei p_H 0,52 fällt erst infolge vorübergehender Bildung von Anhydrid [4].
Physiologische Eigenschaften: Bei der Einwirkung von Erepsin findet überwiegende Anhydridbildung statt [5].

---

[1] Ernst Waldschmidt-Leitz, Wolfgang u. Anton Schäffner: Ber. dtsch. chem. Ges. **60**, 359 (1927).
[2] Julius v. Braun u. Wilhelm Münch: Ber. dtsch. chem. Ges. **60**, 345 (1927).
[3] E. Miyamichi: J. pharmac. Soc. Japan **95**, 537 (1926) — Chem. Zbl. **1927 I**, 1428.
[4] P. A. Levene, H. S. Simms u. M. H Pfaltz: J. of biol. Chem. **61**, 445 (1927).
[5] P. A. Levene u. H. S. Simons: J. of biol. Chem. **62**, 711 (1925).

N-Carbäthoxyl-glycyl-β-aminobuttersäureäthylester (α-Reihe)[1].

$$C_2H_5OOC \cdot NH \cdot CH_2 \cdot CO \cdot NH \cdot \underset{\underset{CH_3}{|}}{CH} \cdot CH_2COOC_2H_5 \quad C_{11}H_{20}O_5N_2$$

Darstellung: Durch Kuppeln von β-Aminobuttersäureester mit Carbäthoxyl-glycylchlorid.
Physikalische und chemische Eigenschaften: Krystallisiert aus Ligroin in Nadeln vom Schmelzp. 56—58°. Sehr leicht löslich in Aceton, Alkoholen, ziemlich wenig löslich in kaltem Wasser[1].
Derivate: **N-Carbäthoxylglycyl-β-aminobuttersaures Ammonium** $C_9H_{19}O_5N_3$. Durch Verseifen des Esters und Einwirkung von Ammoniak. Wasserhaltige Tafeln oder wasserfreie Prismen aus Methylalkohol-Äther. Hygroskopisch. Wird bei höherer Temperatur verändert[1].
N-Carbäthoxylglycyl-β-aminobuttersäureamid $C_9H_{17}O_4N_3$. Aus dem Ester mit methylalkoholischem Ammoniak. Krystallisiert aus Aceton in Nadeln vom Schmelzp. 130—131°. Sehr leicht löslich in Wasser und Alkoholen, sehr schwer löslich in Äther[1].

N′-Glycyl-β-aminobuttersäure-N-carbonsäurediäthylester (β-Reihe)[1].

$$C_2H_5OOC \cdot NH \cdot CH_2 \cdot C(OH) = N \cdot CH_2 \cdot \underset{\underset{CH_3}{|}}{CH} \cdot COOC_2H_5 \quad C_{11}H_{20}O_5N_2$$

Darstellung: Aus dem N-Carbäthoxylglycyl-β-aminobuttersäureester durch Verseifen mit n-Natronlauge bei 100° und Verestern.
Physikalische und chemische Eigenschaften: Krystallisiert aus Ligroin in Nadeln vom Schmelzp. 103—104°. Leicht löslich in Alkohol, schwer löslich in Wasser, sehr schwer löslich in Äther. Bildet mit methylalkoholischem Ammoniak Ureidoacetyl-β-aminobuttersäureamid $C_7H_{14}O_3N_4$, das aus Alkohol mit 1 Krystallwasser krystallisiert, um 95—100° sintert, gegen 172° unter Zersetzung schmilzt, sehr leicht löslich in Wasser und schwer löslich in Äther ist[1].

Chloracetyl-α-aminoisobuttersäure[2].

$$Cl \cdot CH_2 \cdot CO \cdot NH \cdot \underset{\underset{CH_3 \ CH_3}{\wedge}}{C} \cdot COOH \quad C_6H_{10}O_3NCl$$

Darstellung: Unter Kühlung und Ausschluß von Feuchtigkeit werden 100 g in absolutem Äther gelöstes Aminoisobuttersäurenitril allmählich mit 67 g Chloracetylchlorid in 50 ccm Äther versetzt. Nach dem Abdestillieren des Äthers Versetzen mit Wasser zur Entfernung des salzsauren Aminoisobuttersäurenitrils und Abfiltrieren des Chloracetylaminoisobuttersäurenitrils. Ausbeute 90 g. Zur Verseifung werden 5 g Nitril in 15 ccm konzentrierter Salzsäure gelöst und über Nacht stehengelassen. Dann gibt man eine konzentrierte Natriumnitritlösung (aus etwa 2,65 g Nitrit) hinzu und erwärmt kurz auf 30—40°. Die Chloracetylaminoisobuttersäure krystallisiert großenteils aus. Eindampfen der Mutterlauge, ausziehen mit wenig absolutem Alkohol.
Physikalische und chemische Eigenschaften: Farblose, monokline Prismen, leicht löslich in Wasser und Alkohol, schwerer löslich in Äther und kaltem Benzol, leichter in heißem.
Derivate: **Chloracetyl-aminoisobuttersäurenitril.** $C_6H_9ON_2Cl$. Darstellung siehe oben. Gewinnung aus dem nebenbei entstehenden salzsauren Aminobuttersäurenitril durch Überschichten der wässerigen Lösung mit einem aus gleichen Teilen bestehenden Äther-Benzolgemisch und Kuppeln mit Chloracetylchlorid und Natronlauge unter sehr starker Kühlung (—10°), wobei es sich abscheidet. Krystallisiert in schönen, farblosen Nadeln. Schmelzp. 90 bis 91°. Löslich in Wasser.
Chloracetyl-aminoisobuttersäureamid $C_6H_{11}O_2N_2Cl$. Beim Erwärmen des Nitrils mit konzentrierter Salzsäure auf 60—70°. Krystallisiert in feinen farblosen Nädelchen vom Schmelzpunkt 121—122°. Leicht löslich in Alkohol, Aceton, Essigester, Chloroform und Wasser. Unlöslich in Petroläther. Reagiert neutral.

---

[1] Hermann Leuchs u. Paul Sander: Ber. dtsch. chem. Ges. **58**, 1528 (1925).
[2] P. Schlack u. W. Kumpf: Hoppe-Seylers Z. **154**, 125 (1926).

Chloracetyl-aminoisobuttersäureäthylester $C_8H_{14}O_3NCl$. Zu Büscheln angeordnete, farblose Nadeln vom Schmelzp. 75°[1].

Glycyl-α-aminoisobuttersäure[1].

$$NH_2 \cdot CH_2 \cdot CO \cdot NH \cdot \underset{CH_3 \quad CH_3}{C} \cdot COOH \quad C_6H_{12}O_3N_2$$

Darstellung: Aminieren des Chloracetylkörpers mit 25proz. Ammoniak. Entfernen des Chlorammons mit absolutem Alkohol.

Physikalische und chemische Eigenschaften: Krystallisiert in schönen, zu Büscheln vereinigten Nadeln. Schmelzp. 260° unter Braunfärbung, woraus bei weiterem Erhitzen das Anhydrid in Form weißer Flocken sublimiert. Beim Kochen mit Kupferoxyd, dunkelblaue Lösung.

Chloracetyl-d-valin[2].

Physikalische und chemische Eigenschaften: Versetzt man mit Phosphorpentachlorid in neutralem Medium (Acetylchlorid, Äther, Tetrachlorkohlenstoff), so spaltet sich Chlorwasserstoff ab unter Bildung eines ungesättigten Körpers von der Zusammensetzung $C_7H_{11}NO_3$. Er krystallisiert in derben Nadeln, fühlt sich fettig an, reagiert stark sauer, entfärbt Permanganat- und Bromlösung, schmilzt bei 203° und gibt bei der Hydrolyse Ammoniak, Essigsäure und α-Oxo-isovaleriansäure.

Chloracetyl-l-leucin[2].

Physikalische und chemische Eigenschaften: Bei der Chlorierung mit Phosphorpentachlorid entsteht unter Umständen unter HCl-Abspaltung ein ungesättigter Körper von der Zusammensetzung $C_8H_{13}O_3N$, der bei 150° schmilzt, in büschelförmig angeordneten, feinen Nadeln krystallisiert, sauer reagiert, bitter und sauer schmeckt, Permanganat- und Bromlösung entfärbt und eine spezifische Drehung von —22,4° hat.

Chloracetyl-dl-leucin.

Physikalische und chemische Eigenschaften: Wird mit n-NaOH bei 37° bereits nach 48 Stunden vollständig gespalten[3].

Glycyl-d-leucin.

Derivate: Kupfersalz. Drehung im polarisierten Licht der Quecksilberquarzlampe mit und ohne optisch definierten Lichtfiltern[4].

Glycyl-l-leucin.

Physikalische und chemische Eigenschaften: Aufspaltung mit n-NaOH bei Brutraumtemperatur vollzieht sich bei Zusatz von d-Alanin anfangs rascher als ohne diesen Zusatz[5]. Aufspaltung eines Gemisches von Glycyl-l-leucin und Glycyl-l-leucinanhydrid mit n-NaOH[6]. Liefert bei der van Slyke-Bestimmung zu hohe Werte[6,7]. Hypobromit mit Alkali bewirkt eine raschere Aufspaltung als ohne Alkali; doch steigt auch hier die Reaktionskurve anfangs sehr steil an. Als Reaktionsprodukte entstehen Ammoniak, Blausäure, Kohlensäure und ein nicht näher identifiziertes Öl, das keinen Fettsäuregeruch zeigt, mit Alkali Ammoniak und Blausäure abspaltet und ein Silbersalz gibt[8].

---

[1] P. Schlack u. W. Kumpf: Hoppe-Seylers Z. **154**, 125 (1926).
[2] Emil Abderhalden u. Ernst Roßner: Hoppe-Seylers Z. **163**, 261 (1927).
[3] Emil Abderhalden u. Hans Brockmann: Hoppe-Seylers Z. **170**, 146 (1927).
[4] Emil Abderhalden u. Erwin Schnitzler: Hoppe-Seylers Z. **164**, 37 (1927).
[5] Emil Abderhalden u. Hans Sickel: Hoppe-Seylers Z. **170**, 134 (1927).
[6] Emil Abderhalden u. Herbert Mahn: Hoppe-Seylers Z. **169**, 196 (1927).
[7] Emil Abderhalden u. Hans Brockmann: Hoppe-Seylers Z. **170**, 147 (1927).
[8] Emil Abderhalden u. Waldemar Kröner: Hoppe-Seylers Z. **168**, 201 (1927).

Über die Absorption im Ultraviolett[1].
Derivate: Kupfersalz. Drehung im polarisierten Licht der Quecksilberquarzlampe mit und ohne optisch definierten Lichtfiltern[2].
Silbersalz. Durch Kochen einer wässerigen Lösung von Glycyl-l-leucin mit überschüssigem Silberoxyd, Filtrieren und Versetzen mit Alkohol bis zur starken Trübung: farblose, in Wasser schwer lösliche Nadeln[3].
Äthylesterchlorhydrat $C_{10}H_{21}O_3N_2Cl$. Krystallisiert aus heißem Alkohol in strahligen Büscheln vom Schmelzp. 161—162°[4].
Carbonyl-bis-(glycyl-l-leucinäthylester)

$$\begin{array}{l} C_4H_9 \\ | \\ \diagup NH \cdot CH_2 \cdot CO \cdot NH \cdot CH \cdot COOC_2H_5 \\ CO C_{21}H_{38}O_7N_4 \\ \diagdown NH \cdot CH_2 \cdot CO \cdot NH \cdot CH \cdot COOC_2H_5 \\ | \\ C_4H_9 \end{array}$$

Durch Kuppeln von Glycyl-l-leucin-äthylester mit Phosgen, das in Toluol gelöst ist. Das Kupplungsprodukt geht vollständig ins Toluol hinein. Es ist schwer krystallisiert zu erhalten und bildet im allgemeinen einen farblosen Sirup, der in den gebräuchlichen organischen Lösungsmitteln löslich ist. Beim Erhitzen mit Phthalsäureanhydrid tritt bei 170° Kohlensäureentwicklung unter Braunfärbung ein. — Wird durch Pankreatin nicht gespalten[4].

Carbonyl-bis-(glycyl-l-leucin) $C_{17}H_{30}O_7N_4$. Durch Kuppeln Glycyl-l-leucin mit — in Toluol gelöstem — Phosgen. Die Hauptmenge des Reaktionsproduktes fällt beim Ansäuern ölig aus. Oder man löst 1 g Ester in wenig Alkohol und kocht mit 5 ccm n-NaOH etwa 1 Stunde bis zum Verschwinden der alkalischen Reaktion. Beim Ansäuern mit Salzsäure fällt es als hellgelbes, dickes Öl aus. Es ist schwer krystallisiert zu erhalten und schmilzt dann unscharf bei 135°. Löslich in Äther. Ninhydrinreaktion negativ, Carbonylreaktion positiv. Ist eine ziemlich starke Säure und kann in alkoholischer Lösung mit Phenolphthalein titriert werden. H-Ionenkonzentration in 0,02 n-Lösung $10^{-2,68}$. — Beobachtungen bei der Einwirkung von Hypobromit und Verlauf der Reaktionskurve[4].

Glycyl-dl-leucin.

Darstellung: Man zersetzt 4,5 g Toluolsulfo-glycyl-dl-leucin mit 4 g Jodphosphonium und 50 g Jodwasserstoffsäure (D 1,96) im Schießrohr unter Schütteln bei 55°. Zersetzen mit wenig Wasser, filtrieren, im Hochvakuum bei 50° eindampfen, mit Silberoxyd zersetzen, Filtrat mit Schwefelwasserstoff behandeln und mit Salzsäure und Ammoniak genau neutralisieren. Lösen in wenig Wasser, fällen mit Alkohol[5].

Physikalische und chemische Eigenschaften: Absorption im Ultraviolett[6]. Molekularrefraktion und Molekularinterferometerwert[7]. Beim Erhitzen mit Wasser auf 150° entsteht Glycyl-leucinanhydrid[8].

Physiologische Eigenschaften: Wird durch Macerationssaft aus Erbsen gespalten[9].

Derivate: Ester. Wird durch Hefepolypeptidase gespalten; die Einwirkung von Hefedipeptidase ist nicht untersuchbar[10].

Glycyl-dl-leucinamid. Wird durch Hefepolypeptidase gespalten, nicht dagegen durch Hefedipeptidase[10].

---

[1] Yuji Shibata u. Tei-ichi Asahina: Bull. chem. Soc. Japan **2**, 324 (1927) — Chem. Zbl. **1928 I**, 1194.
[2] Emil Abderhalden u. Erwin Schnitzler: Hoppe-Seylers Z. **164**, 37 (1927).
[3] Emil Abderhalden u. Hans Brockmann: Fermentforschg **9**, 446 (1928).
[4] Emil Abderhalden u. Waldemar Kröner: Hoppe-Seylers Z. **168**, 201 (1927).
[5] Rudolf Schönheimer: Hoppe-Seylers Z. **154**, 203 (1926).
[6] Emil Abderhalden u. Ernst Roßner: Hoppe-Seylers Z. **178**, 156 (1928).
[7] Paul Hirsch u. Rudolf Kunze: Fermentforschg **6**, 30 (1922).
[8] Emil Abderhalden u. Ernst Komm: Hoppe-Seylers Z. **134**, 121 (1924).
[9] Andor Fodor u. Rosa Schönfeld: Kolloid-Z. **39**, 56 (1926).
[10] W. Graßmann u. H. Dyckerhoff: Ber. dtsch. chem. Ges. **61**, 656 (1928).

Phenylisocyanatverbindung $C_{15}H_{21}O_4N_3$. Durch Kuppeln von Glycyl-leucin mit Phenylisocyanat. Krystallisiert aus verdünntem Alkohol in breiten, sechsseitigen Tafeln. Leicht löslich in absolutem Alkohol, schwerer in Wasser, Äther und Chloroform. Schmelzp. 176,5° (korr.). Beim Kochen mit 5 n-HCl entsteht Phenylhydantoin und Leucin[1].

β-Naphthalinsulfoverbindung. Wird durch Trypsin-Kinase gespalten, nicht dagegen durch Erepsin[2].

Toluolsulfoverbindung $C_{15}H_{22}O_5N_2S$. Darstellung aus Toluolsulfoglykokollazid und Leucin analog der entsprechenden Glycyl-glycinverbindung. Umkrystallisieren aus heißem Wasser unter Zusatz von so viel Alkohol, als zur Lösung gerade erforderlich ist. Krystallisiert in Nadeln mit 1 Krystallwasser. Schmelzp. 87°. Nach 5stündigem Trocknen im Hochvakuum über Phosphorpentoxyd entweicht das Krystallwasser und die Substanz schmilzt dann bei 81 bis 82°. Leicht hygroskopisch. Leicht löslich in Äther, Chloroform, Essigester, Benzol, Alkohol, schwer löslich in heißem Wasser, unlöslich in Ligroin[3].

Carbäthoxyl-glycyl-dl-leucin. Wird durch Hefedipeptidase nicht gespalten[4], auch nicht durch Erepsin, dagegen sowohl durch Trypsin-Kinase als auch durch Trypsin allein[5].

Benzoyl-glycyl-dl-leucin-äthylester. Durch Einwirkung von Hippurylchlorid auf 2 Mol Leucinester in ätherischer Lösung; mit Wasser ausschütteln, Rückstand der ätherischen Lösung auf 120° erhitzen. Zähe, honiggelbe Masse, nach sehr langer Zeit erstarrend. Löslich in Alkohol, Äther, Chloroform[6].

Benzoyl-glycyl-dl-leucin-äthylamid. Aus Benzoyl-glycyl-leucin-äthylester und wasserfreiem Äthylamin durch 24 stündiges Stehenlassen im Rohr bei Zimmertemperatur. Krystallisiert aus Essigester in Nädelchen vom Schmelzp. 209°. Löslich in Alkohol, Essigester, Chloroform und heißem Wasser, unlöslich in Äther und Benzol[6]. Beim 10 stündigen Erhitzen mit Alkohol im Rohr auf 170 bis 180° bleibt es unverändert[7].

Glycyl-decarboxy-leucin.

$$NH_2 \cdot CH_2 \cdot CO \cdot NH \cdot CH_2 \cdot CH_2 \cdot CH \begin{matrix} CH_3 \\ \\ CH_3 \end{matrix} \quad C_7H_{16}ON_2$$

Darstellung: Aus Chloracetyl-isoamylamin und methylalkoholischem Ammoniak. Geht mit der unter 12 mm bei 150—170° siedenden Fraktion über. Reinigen durch öfteres Fraktionieren[8].

Physikalische und chemische Eigenschaften: Leicht bewegliches, farbloses, schwach riechendes Öl vom Siedepunkt 159—160° bei 11,5 mm. Leicht löslich in Wasser und Äther. Erstarrt in Eis zu einer blätterigen Krystallmasse vom Schmelzp. 26°[8].

Physiologische Eigenschaften: Wird durch Hefepolypeptidase gespalten, dagegen nicht durch Hefedipeptidase[4].

Derivate: Chlorhydrat stark hygroskopisch[8].

Pikrat schmilzt unter Zersetzung bei 152—154°[8].

Sekundäre Verbindung $NH(CH_2 \cdot CO \cdot NH \cdot C_5H_{11})_2$. Aus der über 200° — unter Zersetzungserscheinungen — übergehenden Fraktion. Wurde nicht rein erhalten[8].

N-Dimethyl-glycyl-decarboxy-leucin $(CH_3)_2N \cdot CH_2 \cdot CO \cdot NH \cdot C_5H_{11}$; $C_9H_{20}ON_2$. Durch 12stündiges Erhitzen einer 20 proz. benzolischen Lösung von Dimethylamin mit Chloracetyl-isoamylamin auf 100°. Farbloses Öl von schwach basischem Geruch, das unter 12 mm bei 136—137° siedet, in Eis erstarrt, bei 6—8° schmilzt und sich in Wasser und Äther leicht löst. **Chlorhydrat** äußerst hygroskopisch. **Pikrat** krystallisiert aus Äther in wohlgebildeten kleinen Kryställchen vom Schmelzp. 129°[8].

---

[1] Max Bergmann u. Arthur Miekeley: Liebigs Ann. **458**, 40 (1927).
[2] Emil Abderhalden u. Ernst Schwab: Fermentforschg **9**, 501 (1928).
[3] Rudolf Schönheimer: Hoppe-Seylers Z. **154**, 203 (1926).
[4] Wolfgang Graßmann u. Hanns Dyckerhoff: Ber. dtsch. chem. Ges. **61**, 656 (1928).
[5] Ernst Waldschmidt-Leitz u. W. Klein: Ber. dtsch. chem. Ges. **61**, 640 (1928).
[6] Ch. Gränacher, V. Schelling u. E. Schlatter: Helvet. chim. Acta **8**, 873 (1925).
[7] Ch. Gränacher: Helvet. chim. Acta **8**, 784 (1925).
[8] Julius v. Braun u. Wilhelm Münch: Ber. dtsch. chem. Ges. **60**, 345 (1927).

Chloracetyl-isoamylamin[1].

$$Cl \cdot CH_2 \cdot CO \cdot NH \cdot CH_2 \cdot CH_2 \cdot CH\begin{smallmatrix}CH_3\\ \\CH_3\end{smallmatrix} \qquad C_7H_{14}ONCl$$

Darstellung: Durch Zusammenbringen von Chloracetylchlorid und Isoamylamin in ätherischer Lösung und kurzes Erwärmen.

Physikalische und chemische Eigenschaften: Farblose, unter 13 mm bei 134—135° siedende, schwer bewegliche, schwach riechende Flüssigkeit, die bei —15° zu krystallisieren beginnt, sich jedoch bei 0° wieder verflüssigt.

Glycyl-dl-norleucin.

Physikalische und chemische Eigenschaften: Geht beim Erhitzen mit Anilin oder Chinolin in das Anhydrid über[2].

Physiologische Eigenschaften: Wird durch Erepsin gespalten, dagegen nicht durch Trypsin-Kinase[3].

Glycyl-ε-amino-n-capronsäure.

Physiologische Eigenschaften: Wird weder durch Hefedipeptidase noch durch Hefepolypeptidase gespalten[4].

Chloracetyl-dl-α-aminoheptylsäure.

$$C_9H_{16}O_3NCl$$

Darstellung: Kuppeln von α-Aminoheptylsäure mit Chloracetylchlorid. Fällt beim Ansäuern in schönen, weißen Nadeln aus.

Physikalische und chemische Eigenschaften: Schmelzp. 101—104° ohne Zersetzung. Leicht löslich in Chloroform, Alkohol, Essigester, Äther, heißem Benzol, schwer löslich in Wasser[5].

Glycyl-dl-α-aminoheptylsäure.

$$NH_2 \cdot CH_2 \cdot CO \cdot NH \cdot CH \cdot COOH$$
$$\qquad\qquad\qquad\qquad\quad |$$
$$\qquad\qquad\qquad\quad CH_2 \cdot CH_2 \cdot CH_2 \cdot CH_2 \cdot CH_3$$

Darstellung: Aminieren von Chloracetyl-aminoheptylsäure. Im Vakuum eindampfen, Chlorammon mit Alkohol entfernen.

Physikalische und chemische Eigenschaften: Schmelzp. 218° unter Wasserabspaltung. Löslich in Xylol, warmem Benzol und kochendem Wasser, schwer löslich in Benzol, unlöslich in Alkohol, Methylalkohol, Aceton und Äther[5]. Geht beim Erhitzen mit Anilin leicht ins Anhydrid über[1]. Wird mit n-NaOH bei 37° gespalten[6].

Physiologische Eigenschaften: Wird durch Hefemacerationssaft innerhalb kurzer Zeit weitgehend gespalten (nach $1^3/_4$ Stunden zu 51,6%)[5].

Derivate: Phenylisocyanatverbindung $C_{16}H_{23}O_4N_3$. Schmelzp. 181°. Schwer löslich in Wasser, leicht löslich in Alkohol. Wird durch Trypsin-Kinase gespalten, dagegen nicht durch Erepsin[7].

Chloracetyl-dl-α-aminocaprylsäure.

Darstellung: Kuppeln von α-Aminocaprylsäure mit Chloracetylchlorid. Fällt beim Ansäuern erst ölig aus, erstarrt aber bald krystallinisch.

---

[1] Julius v. Braun u. Wilhelm Münch: Ber. dtsch. chem. Ges. **60**, 345 (1927).
[2] Emil Abderhalden u. Ernst Roßner: Hoppe-Seylers Z. **163**, 149 (1927).
[3] Ernst Waldschmidt-Leitz, Anton Schäffner, Hans Schlatter u. Willibald Klein: Ber. dtsch. chem. Ges. **61**, 299 (1928).
[4] Wolfgang Graßmann u. Hans Dyckerhoff: Ber. dtsch. chem. Ges. **61**, 656 (1928).
[5] Emil Abderhalden u. Susi Glaubach: Fermentforschg **6**, 348 (1922).
[6] Emil Abderhalden u. Hans Brockmann: Fermentforschg **9**, 430 (1928).
[7] Emil Abderhalden u. Ernst Schwab: Fermentforschg **9**, 501 (1928).

Physikalische und chemische Eigenschaften: Schmelzp. 82—83°. Löslich in Chloroform, Alkohol, Essigester und heißem Wasser; sehr schwer löslich in kaltem Wasser, Äther, Petroläther und Benzol[1].

Glycyl-dl-α-aminocaprylsäure.

$$NH_2 \cdot CH_2 \cdot CO \cdot NH \cdot \underset{|}{CH} \cdot COOH \quad C_{10}H_{20}O_3N_2$$
$$(CH_2)_5 \cdot CH_3$$

Darstellung: Aminieren von Chloracetyl-aminocaprylsäure mit alkoholischem Ammoniak. Einengen im Vakuum, wobei sich das Peptid krystallinisch abscheidet. Waschen mit kaltem Wasser, Alkohol und Äther[1].

Physikalische und chemische Eigenschaften: Sehr schwer löslich in Wasser und den meisten organischen Lösungsmitteln. Schmelzp. 196°[1]. Wird durch Ozon nicht wesentlich verändert[2]. Wird durch n-Alkali bei 37° verhältnismäßig rasch gespalten[3]. Beim Erhitzen mit Anilin geht es leicht in das entsprechende Anhydrid über[4].

Physiologische Eigenschaften: Wird durch Hefemacerationssaft asymmetrisch gespalten[1].

Derivate: Phenylisocyanatverbindung $C_{17}H_{25}O_4N_3$. Schmelzp. 185°. So gut wie unlöslich in Wasser. Wird durch Trypsin-Kinase gespalten, nicht dagegen durch Erepsin[5].

Chloracetyl-dl-α-aminomyristinsäure.

$$C_{16}H_{30}O_3NCl$$

Darstellung: Man suspendiert sehr fein gepulverte α-Aminomyristinsäure in der berechneten Menge n-NaOH, gibt Äther und Glasperlen hinzu und kuppelt wie üblich mit Chloracetylchlorid. Die nach dem Ansäuern im Vakuum zur Trockene gebrachte wässerige Lösung wird mit Petroläther verrührt[6].

Physikalische und chemische Eigenschaften: Schmelzp. 97°. Krystalle.

Derivate: Äthylester $C_{18}H_{34}O_3NCl$. Man löst den aus dem Esterchlorhydrat mit Natriumalkoholat in Freiheit gesetzten Aminomyristinsäureester in Chloroform und gibt unter Kühlung in Chloroform gelöstes Chloracetylchlorid langsam hinzu. Im Vakuum eindampfen, in Alkohol lösen, mit Äther bis zur Trübung versetzen, wobei Aminomyristinsäureesterchlorhydrat auskrystallisiert. Aus der Mutterlauge gewinnt man das Kuppelungsprodukt. Schmelzp. 58°. Löslich in Alkohol, Äther und Chloroform[6].

Glycyl-dl-α-aminomyristinsäure[6].

$$NH_2 \cdot CH_2 \cdot CO \cdot NH \cdot \underset{|}{CH} \cdot COOH \quad C_{16}H_{32}O_3N_2$$
$$(CH_2)_{11} \cdot CH_3$$

Darstellung: 1. Entweder durch Aminieren von Chloracetyl-amino-myristinsäure mit alkoholischem Ammoniak oder 2. in reinerer Form und besserer Ausbeute durch Aminieren von Chloracetyl-aminomyristinsäureester mit alkoholischem Ammoniak, wobei der Ester verseift wird. In beiden Fällen scheidet sich das gebildete Reaktionsprodukt aus. Waschen mit Alkohol und Wasser[6].

Physikalische und chemische Eigenschaften: Unlöslich in organischen Lösungsmitteln, schwer löslich in Wasser, löslich in Alkali. Schmelzpunkt des nach 1 dargestellten Produktes 205° und des nach 2 dargestellten analysenreinen Produktes 212°[6].

Physiologische Eigenschaften: Wird durch Hefemacerationssaft gespalten. Es ist allerdings fraglich, ob die Spaltung asymmetrisch verläuft[6].

---

[1] Emil Abderhalden u. Kiko Goto: Fermentforschg **7**, 95 (1923).
[2] Emil Abderhalden u. Ernst Schwab: Hoppe-Seylers Z. **157**, 140 (1926).
[3] Emil Abderhalden u. Hans Sickel: Hoppe-Seylers Z. **170**, 134 (1927).
[4] Emil Abderhalden u. Ernst Roßner: Hoppe-Seylers Z. **163**, 149 (1927).
[5] Emil Abderhalden u. Ernst Schwab: Fermentforschg **9**, 501 (1928).
[6] Emil Abderhalden u. Muenari Tanaka: Fermentforschg **7**, 153 (1923).

Chloracetyl-dl-phenylalanin.

Physikalische und chemische Eigenschaften: Erhitzt man mit der 10fachen Menge Essigsäureanhydrid, so erfolgt Lösung unter Gelbfärbung. Nach dem Verdampfen des Essigsäureanhydrids erhält man das Azlacton der α-Acetaminozimtsäure[1]

$$C_6H_5 \cdot CH = C - N$$
$$| \diagdown C \cdot CH_3$$
$$CO - O \diagup$$

in gelben Nadeln, die aus Ligroin und Tierkohle umkrystallisiert werden und bei 151—152° schmelzen. Beim Kochen mit Wasser erhält man daraus die bei 187° schmelzende N-Acetyl-α-aminozimtsäure $C_6H_5 \cdot CH=C(NH \cdot CO \cdot CH_3)COOH$ [2].

Glycyl-dl-phenylalanin.

Physikalische und chemische Eigenschaften: Absorption im Ultraviolett[3].
Derivate: β-Naphthalinsulfo-glycyl-dl-phenylalanin $C_{21}H_{20}O_5N_2S$. Durch Schütteln von Glycyl-phenylalanin mit einer ätherischen Lösung von Naphthalinsulfochlorid und Natronlauge. Nach Abtrennung des Äthers ansäuern, wobei das Kuppelungsprodukt als schleimige Masse ausfällt, die beim Stehen in Eis fest wird. Krystallisiert aus Alkohol in feinen Nädelchen, die von 236° ab zu sintern beginnen und sich bei 260° ohne zu schmelzen braun färben. Wird durch Trypsin-Kinase gespalten[4].
Toluolsulfo-glycyl-dl-phenylalanin $C_{18}H_{19}O_5N_2S$. Das durch Einwirkung von Thionylchlorid auf Toluolsulfo-glycin dargestellte Toluolsulfoglycylchlorid wird in Benzol gelöst und mit dl-Phenylalanin gekuppelt. Krystallisiert aus Alkohol in feinen Nadeln. Sehr leicht löslich in Alkohol, Essigester, Benzin, schwer löslich in kaltem, wenig löslich in heißem Wasser[5].

Glycyl-decarboxy-phenylalanin-chlorhydrat[6].

$NH_2 \cdot CH_2 \cdot CO \cdot NH \cdot CH_2 \cdot CH_2 \cdot C_6H_5 \cdot HCl \quad C_{10}H_{15}ON_2Cl$

Darstellung: Einwirkung von alkoholischem Ammoniak auf Chloracetyl-β-phenyläthylamin, verdünnen mit Wasser, wobei die Hauptmenge der sekundären Verbindung und die in geringer Menge entstehende tertiäre Verbindung ausfällt, einengen des Filtrats im Vakuum, von ausfallendem Produkt abfiltrieren, mit Alkali und Äther ausschütteln und ätherische Lösung mit ätherischer Salzsäure versetzen.
Physikalische und chemische Eigenschaften: Krystallisiert aus Wasser in langen, haarförmigen Nadeln, die bei 165° nach vorherigem Sintern schmelzen.
Derivate: Sekundäre Verbindung $NH(CH_2 \cdot CO \cdot NH \cdot CH_2 \cdot CH_2 \cdot C_6H_5)_2$, $C_{20}H_{25}O_2N_3$. Schmelzp. 109—110°. **Chlorhydrat,** in Wasser schwer löslich. Schmelzp. 210°. **Nitrosoverbindung,** krystallisiert aus Alkohol in glänzenden Blättchen vom Schmelzp. 185°.
Tertiäre Verbindung $N(CH_2 \cdot CO \cdot NH \cdot CH_2 \cdot CH_2 \cdot C_6H_5)_3$, $C_{30}H_{36}O_3N_4$. Schmelzpunkt 111—112°. **Chlorhydrat,** Schmelzp. 152°.
N-Phenyläthyl-glycyl-decarboxy-phenylalanin-chlorhydrat $C_6H_5CH_2 \cdot CH_2 \cdot NH \cdot CH_2 \cdot CO \cdot NH \cdot CH_2 \cdot CH_2 \cdot C_6H_5 \cdot HCl \quad C_{18}H_{23}ONCl$. Durch Erhitzen von 2 Mol β-Phenyl-äthylamin mit Chloracetyl-β-phenyl-äthylamin auf dem Wasserbad ohne Lösungsmittel. Ausschütteln mit Wasser und Äther bis zur Lösung. Versetzen der ätherischen Lösung mit ätherischer Salzsäure. Schmelzp. nach dem Umkrystallisieren aus Wasser 231°. **Freie Base** $C_{18}H_{22}ON$. Erstarrt leicht und schmilzt nach dem Umkrystallisieren aus Petroläther bei 33°.

Chloracetyl-β-phenyl-äthylamin[6].

$Cl \cdot CH_2 \cdot CO \cdot NH \cdot CH_2 \cdot CH_2 \cdot C_6H_5 \quad C_{10}H_{12}ONCl$

Darstellung: Durch Einwirkung von Chloracetylchlorid auf β-Phenyl-äthylamin in Benzollösung.

---

[1] Max Bergmann u. Ferdinand Stern: Liebigs Ann. **448**, 20 (1926).
[2] E. Erlenmeyer jun. u. E. Früstück: Liebigs Ann. **284**, 48 (1895).
[3] Yuji Shibata u. Tei-ichi Asahina: Bull. soc. chem. Japan **2**, 324 (1927).
[4] Emil Abderhalden u. Ernst Schwab: Fermentforschg **9**, 501 (1928).
[5] Rudolf Schönheimer: Hoppe-Seylers Z. **154**, 203 (1926).
[6] Julius v. Braun u. Wilhelm Münch: Ber. dtsch. chem. Ges. **60**, 345 (1927).

Physikalische und chemische Eigenschaften: Besitzt ein ausgezeichnetes Krystallisationsvermögen. Krystallisiert aus Äther bis zu 5 cm langen und 1 cm breiten Tafeln. Schmelzpunkt 67°. Siedepunkt bei 14 mm 186—189° unter nur ganz geringer Zersetzung.
Physiologische Eigenschaften: Greift die Haut unter Blasenbildung an.

Glycyl-phenylglycin.

Derivate: Ester. Durch Grignardierung und anschließende Säurespaltung erhält man Triphenyläthanon[1].

Benzoyl-glycyl-phenylaminoessigsäure-ester. Durch Einwirkung von Phenylmagnesiumbromid bzw. Benzylmagnesiumbromid nach Grignard entsteht 2-(Benzoyl-glycyl-amino)-2-phenyl-1, 1-diphenyl (bzw. dibenzyl)äthanol[2]. Nach anschließender Säurespaltung entsteht Triphenyläthanon.

Benzoyl-glycyl-phenylaminoessigsäure-phenylaminol, 2-(Benzoyl-glycyl-amino-)2-phenyl-1, 1-diphenyläthanol,

$$C_6H_5CO \cdot NH \cdot CH_2 \cdot CONH \cdot CH-C\underset{C_6H_5}{\overset{C_6H_5}{\diagup}} \quad C_{29}H_{26}O_3N_2$$
$$\underset{C_6H_5}{|} \quad \underset{OH}{|}$$

Zu einer Grignardmischung von 1,1 g Magnesium, 8 g Brombenzol in 150 ccm Äther gibt man 1,9 g Benzoyl-glycyl-phenylaminoessigsäureester und erhitzt 1 Stunde. Man zersetzt mit eiskalter Salzsäure und unterwirft den Ätherrückstand der Wasserdampfdestillation, wobei ein zähes Harz hinterbleibt. Umkrystallisieren aus Aceton und Alkohol[2]. Oder durch Kuppeln von 2-Amino-2-phenyl-1, 1-diphenyläthanol mit Hippurylchlorid oder von Glycyl-phenylaminoessigsäure-phenylaminol mit Benzoylchlorid[3]. Schmelzp. 213,5—214. Mäßig löslich in Chloroform, Essigester, Aceton, Alkohol, schwer löslich in Benzol, sehr schwer in Äther, unlöslich in Ligroin[2]. Wird mit konzentrierter Salzsäure unter Zusatz von Alkohol in Benzoesäure, Glykokoll, Ammoniak und Triphenyläthanon

$$\overset{C_6H_5}{\underset{CH(C_6H_5)_2}{C=O}}$$

gespalten[3]. Bei der Spaltung mit 8 proz. NaOH entsteht 2-Amino-2-phenyl-1, 1-diphenyläthanol, Benzophenon, Glykokoll, Benzoesäure und vielleicht auch Benzylamin[3].

Glycyl-phenylaminoessigsäure-phenylaminol. Wird durch konzentrierte Salzsäure in Glykokoll, Ammoniak und Triphenyläthanon gespalten[3]. Bei der Spaltung mit 2 n-NaOH entsteht Benzophenon, 2-Amino-2-phenyl-1, 1-diphenyläthanol, Glykokoll und vielleicht auch Benzylamid[3].

Benzoyl-glycyl-phenylaminoessigsäure-benzylaminol. 2-(Benzoyl-glycyl-amino-)2-phenyl-1, 1-dibenzyläthanol

$$C_6H_5 \cdot CO \cdot NH \cdot CH_2 \cdot CO \cdot NH \cdot CH-C\underset{CH_2C_6H_5}{\overset{CH_2C_6H_5}{\diagup}} \quad C_{31}H_{30}O_3N_2$$
$$\underset{C_6H_5}{|} \quad \underset{OH}{|}$$

6,6 g in Benzol gelösten Benzoyl-glycyl-phenylaminoessigsäureesters werden zu einer Lösung aus 7 g Magnesium, 55 g Benzylbromid in 200 ccm abs. Äther langsam hinzugetropft, 1 Stunde gekocht und mit Salzsäure zersetzt, wobei eine weiße Substanz ausfällt, die aus Benzol umkrystallisiert wird[2]. Man erhält es auch durch Kuppeln von 2-Amino-2-phenyl-1, 1-dibenzyläthanol mit Hippurylchlorid oder von 2-Glycylamino-2-phenyl-1, 1-dibenzyläthanol mit Benzoylchlorid[3]. Schmilzt nach dem Trocknen im Exsiccator bei 147—148°. Gegen 175° erstarrt die Schmelze wieder, um dann bei 187,5—188° erneut zu schmelzen. Denselben Schmelzpunkt zeigt die Substanz sofort, wenn man sie im Hochvakuum bei 110° behandelt, wobei sie allerdings an Gewicht nicht abnimmt. Intramolekulare Umlagerung?[2]. Spaltung mit Salzsäure und Natronlauge[3].

---

[1] Fritz Bettzieche: Hoppe-Seylers Z. **161**, 178 (1926).
[2] Fritz Bettzieche, Rudolf Menger u. Kurt Wolf: Hoppe-Seylers Z. **160**, 270 (1926).
[3] Fritz Bettzieche u. Rudolf Menger: Hoppe-Seylers Z. **161**, 37 (1926).

Glycyl-phenylaminoessigsäure-benzylaminol. Wird durch konzentrierte Salzsäure in Ammoniak, Glykokoll, 2-Amino-2-phenyl-1, 1-dibenzyläthanol und möglicherweise auch in 1-Phenyl-2-benzyl-inden

gespalten. Bei der Spaltung mit 2 n-NaOH bildet sich u. a. 2-Amino-2-phenyl-1, 1-dibenzyläthanol[1].

Glycyl-dl-serin.

Physikalische und chemische Eigenschaften: Wird durch n-NaOH bei 37° nach 72 Stunden quantitativ gespalten[2].
Physiologische Eigenschaften: Wird durch Erepsin gespalten, durch Trypsin-Kinase dagegen nicht[3].
Derivate: Phenylisocyanat-glycyl-dl-serin.

$C_6H_5 \cdot NH \cdot CO \cdot NH \cdot CH_2 \cdot CO \cdot NH \cdot CH \cdot COOH \quad C_{12}H_{15}O_5N_3$
$\qquad\qquad\qquad\qquad\qquad\qquad\qquad\qquad\quad |$
$\qquad\qquad\qquad\qquad\qquad\qquad\qquad\quad CH_2OH$

Kuppeln von Glycyl-serin mit Phenylisocyanat. Krystallisiert nach dem Ansäuern beim Einengen aus. Krystallisiert aus Wasser und Essigester in zentrisch vereinigten Prismen. Leicht löslich in Wasser und Alkohol, zunehmend schwerer in Essigester, Äther und Petroläther. Beim Kochen mit 5 n-HCl entsteht Phenylhydantoin[4]. Wird durch Trypsin-Kinase gespalten, nicht dagegen durch Erepsin[5].

Chloracetyl-dl-γ-amino-β-oxybuttersäure[6].
$C_6H_{10}O_4NCl$

Darstellung: Kuppeln von γ-Amino-β-oxybuttersäure mit Chloracetylchlorid. Nach dem Ansäuern zur Trockne verdampfen, mit Methylalkohol extrahieren, verdampfen, mit Alkohol aufnehmen, mit Äther fällen.
Physikalische und chemische Eigenschaften: Äußerst hygroskopisch. Ist nicht analysenrein erhalten worden.

Glycyl-dl-γ-amino-β-oxybuttersäure[6].
$NH_2 \cdot CH_2 \cdot CO \cdot NH \cdot CH_2 \cdot CHOH \cdot CH_2 \cdot COOH \quad C_6H_{12}O_4N_2$

Darstellung: Man läßt Chloracetyl-γ-amino-β-oxybuttersäure mit der 5fachen Menge 25proz. Ammoniaks 24 Stunden bei Zimmertemperatur stehen. Zur Trockene verdampfen, in wenig Methylalkohol lösen, mit Äthylalkohol versetzen. Das Dipeptid fällt nach einigen Tagen aus.
Physikalische und chemische Eigenschaften: Weißer, amorpher Körper. Keine Biuretreaktion.

Chloracetyl-dl-phenylserin[7].

$Cl \cdot CH_2 \cdot CO \cdot NH \cdot CH \cdot COOH \quad C_{11}H_{12}O_4NCl$
$\qquad\qquad\qquad\qquad\quad |$
$\qquad\qquad\quad C_6H_5 \cdot CHOH$

Darstellung: Kuppeln von dl-Phenylserin mit Chloracetylchlorid. Fällt beim Ansäuern als leicht gelblicher Krystallbrei aus.

---

[1] Fritz Bettzieche u. Rudolf Menger: Hoppe-Seylers Z. **161**, 37 (1926).
[2] Emil Abderhalden u. Ernst Schwab: Hoppe-Seylers Z. **171**, 78 (1927).
[3] Waldschmidt-Leitz, Schäffner, Schlatter u. Klein: Ber. dtsch. chem. Ges. **61**, 299 (1928).
[4] Max Bergmann u. Arthur Miekeley: Liebigs Ann. **458**, 40 (1927).
[5] Emil Abderhalden u. Ernst Schwab: Fermentforschg **9**, 501 (1928).
[6] Masaji Tomita: Hoppe-Seylers Z. **158**, 42 (1926).
[7] Emil Abderhalden u. Severian Buadse: Fermentforschg **8**, 487 (1926).

Physikalische und chemische Eigenschaften: Leicht löslich in Wasser, absolutem Alkohol und Äther. Äußerst feine, zu Büscheln vereinigte Nadeln. Schmilzt zwischen 155 und 157° zu einer wasserklaren Flüssigkeit.

Glycyl-dl-phenylserin.

$$NH_2 \cdot CH_2 \cdot CO \cdot NH \cdot \underset{\underset{\underset{H}{\diagdown}}{\overset{\overset{C_6H_5}{\diagup}}{C-OH}}}{CH} \cdot COOH \qquad C_{11}H_{14}O_4N_2$$

Darstellung: Aminieren von Chloracetyl-phenylserin. Entfernen des Chlorammons mittels der Silbersulfatmethode [1].

Physikalische und chemische Eigenschaften: Krystallisiert in derben, büschelförmig angeordneten Nadeln. Zersetzungspunkt 188°. Leicht löslich in Wasser. Löslichkeit in absolutem Alkohol 1:200. Unlöslich in Äther, Essigester, Aceton, Chloroform. Gibt starke Xanthoproteinreaktion [1].

Physiologische Eigenschaften: Wird durch Hefemacerationssaft unter teilweiser asymmetrischer Spaltung in die beiden Komponenten gespalten [1].

Derivate: Benzoylderivat, Hippuryl-dl-phenylserin $C_{18}H_{18}O_5N_2$. Durch portionsweises Eintragen von noch feuchtem Hippursäureazid (aus 11,7 g Hippursäurehydrazid gewonnen) in eine Lösung von 22 g Phenylserin in verdünnter Natronlauge. Mit Salzsäure ansäuern, wobei ein teilweise krystallisiertes, braunes Öl ausfällt. Umkrystallisieren aus Chloroform, sowie Äthylalkohol-Wasser. Ausbeute nur 16% d. Th. (6,5 g). Schmelzp. 143°. Leicht löslich in Alkohol, Aceton, Essigester, Chloroform, unlöslich in Ligroin und Wasser. Beim Kochen mit 15 proz. Natronlauge entsteht Glykokoll, Benzaldehyd, Benzoesäure und Hippursäure [2].

Chloracetyl-l-tyrosin.

Physikalische und chemische Eigenschaften: Durch kurzes (7 Minuten langes) Erhitzen mit der 7 fachen Menge Essigsäureanhydrid im siedenden Wasserbad entsteht unter Lösung und Gelbfärbung das Azlacton der α-Acetamino-p-acetoxyzimtsäure

$$CH_3 \cdot CO \cdot OC_6H_4-CH=\underset{\underset{CO-O}{|}}{C}-N=C \cdot CH_3$$

das aus Essigester-Petroläther in schwach gelb gefärbten, mikroskopischen Blättchen krystallisiert und bei 131—132° schmilzt. Beim Erwärmen mit Natronlauge auf 60° entsteht die in schief geschnittenen Prismen krystallisierende und bei 148 und 203° schmelzende α-Acetamino-p-oxyzimtsäure [3]

$$HO \cdot C_6H_4 \cdot CH=\underset{\underset{COCH_3}{|}}{C}-NH \cdot COOH$$

Glycyl-l-tyrosin.

Physikalische und chemische Eigenschaften: Beim Erhitzen mit Wasser auf 150° wird es nicht anhydrisiert, sondern in die Komponenten gespalten [4], mit Glycerin erhitzt, wird es auch nur teilweise anhydrisiert [5]. — Aufspaltung mit n-NaOH bei Zimmertemperatur und mit n-HCl bei verschiedenen Temperaturen [6]. Spaltung eines Gemisches von Glycyl-l-tyrosin, Glycyl-d-alanin und den entsprechenden Anhydriden mit n-Alkali [7]. Absorption im Ultraviolett [8].

---

[1] Emil Abderhalden u. Severian Buadse: Fermentforschg **8**, 487 (1926).
[2] Fritz Bettzieche u. Rudolf Menger: Hoppe-Seylers Z. **172**, 56 (1927).
[3] Max Bergmann u. Ferdinand Stern: Liebigs Ann. **448**, 20 (1926).
[4] Emil Abderhalden u. Ernst Komm: Hoppe-Seylers Z. **134**, 121 (1924).
[5] Emil Abderhalden u. Ernst Schwab: Hoppe-Seylers Z. **148**, 254 (1926).
[6] Emil Abderhalden u. Herbert Mahn: Hoppe-Seylers Z. **174**, 47 (1928).
[7] Emil Abderhalden u. Erwin Schnitzler: Hoppe-Seylers Z. **164**, 159 (1927).
[8] Yuji Shibata u. Tei-ichi Asahina: Bull. chem. Soc. Japan **2**, 324 (1927) — Chem. Zbl. **1928 I**, 1192.

Physiologische Eigenschaften: Wird durch Erepsin gespalten[1], dagegen nicht durch Trypsin-Kinase[2], auch nicht durch Hefepolypeptidase[3]. Spaltung eines Gemisches von Glycyl-l-tyrosin, Glycyl-d-alanin und den entsprechenden Anhydriden durch ein Gemisch von Pankreas- und Dünndarmpreßsaft[4].

Derivate: Phenylisocyanatverbindung $C_{18}H_{19}O_5N_3$. Schwach gelb gefärbtes, amorphes Pulver, wenig löslich in heißem Wasser. Zersetzungsp. 128°. Wird durch Trypsin-Kinase gespalten, durch Erepsin dagegen nicht[5].

β-Naphthalinsulfoverbindung. Wird durch Hefepolypeptidase nicht gespalten[6], auch nicht durch Hefedipeptidase[3] oder Erepsin[7]. Dagegen wird es sowohl durch Trypsin-Kinase[5, 7, 8] als durch Trypsin allein gespalten.

Glycyl-3, 5-dijod-l-tyrosin. Wird durch Pankreasauszug, Darmschleimhautauszug und besonders Hefemacerationssaft deutlich gespalten; Schilddrüsenpreßsaft bewirkt keine Spaltung[9]. Beschleunigt die Spaltung von Leucyl-glycin durch Pankreasextrakt[10]. Wirkt auf die Metamorphose der Kaulquappen wie Schilddrüsensubstanz[11].

N-Phenyl-glycyl-l-tyrosinester

$$C_6H_5NH \cdot CH_2 \cdot CO \cdot NH \cdot \underset{\underset{CH_2 \cdot C_6H_4 \cdot OH}{|}}{CH} \cdot COOC_2H_5 \quad C_{19}H_{22}O_4N_2$$

0,5 g N-Carboxy-N-phenylglycinanhydrid in wenig Chloroform lösen, und mit gesättigter Chloroformlösung von 0,9 g Tyrosinester bei Zimmertemperatur versetzen. $^1/_2$ Stunde auf dem Wasserbad erwärmen, Chloroform abdunsten, zurückbleibenden Sirup mit Petroläther verreiben. Die langsam erstarrende zähe Masse in warmem Essigester lösen und mit Petroläther fraktioniert fällen. Schmelzp. 155—156°[12].

Glycyl-dl-tyrosin.

Physiologische Eigenschaften: Abgetötete Bakterien (B. coli und Staphyloc. albus) spalten in die optisch aktiven Komponenten, von denen das Glycyl-l-tyrosin weiter angegriffen wird[13].

Chloracetyl-l-oxyprolin.

$C_7H_{10}O_4NCl$

Darstellung: Kuppeln von Oxyprolin mit Chloracetylchlorid. Nach dem Ansäuern mit Äther ausschütteln. Der nach dem Verdampfen des Äthers hinterbleibende Rückstand erstarrt nach Zusatz von absolutem Äther bald krystallinisch. Ausbeute nur 30° d. Th.

Physikalische und chemische Eigenschaften: Schmilzt beim raschen Erhitzen bei 160°. Leicht löslich in Methylalkohol, Äthylalkohol, Essigester, schwer löslich in Wasser, unlöslich in Petroläther. Löslich in Äther in nichtkrystallisiertem Zustand, dagegen unlöslich in Äther im krystallisierten Zustand[14].

---

[1] Ernst Waldschmidt-Leitz u. Anton Schäffner: Hoppe-Seylers Z. **151**, 31 (1926).
[2] Ernst Waldschmidt-Leitz, Wolfgang Graßmann u. Hans Schlatter: Ber. dtsch. chem. Ges. **60**, 1906 (1927).
[3] Wolfgang Graßmann u. Hanns Dyckerhoff: Ber. dtsch. chem. Ges. **61**, 656 (1928).
[4] Emil Abderhalden u. Erwin Schnitzler: Hoppe-Seylers Z. **164**, 159 (1927).
[5] Emil Abderhalden u. Ernst Schwab: Fermentforschg **9**, 501 (1928).
[6] Wolfgang Graßmann u. Hanns Dyckerhoff: Hoppe-Seylers Z. **175**, 18 (1928).
[7] Ernst Waldschmidt-Leitz u. Willibald Klein: Ber. dtsch. chem. Ges. **61**, 640 (1928).
[8] Ernst Waldschmidt-Leitz, Anton Schäffner, Hans Schlatter u. Willibald Klein: Ber. dtsch. chem. Ges. **61**, 299 (1928).
[9] Emil Abderhalden u. Walter Stix: Fermentforschg **7**, 179 (1923).
[10] Emil Abderhalden u. Ernst Wertheimer: Fermentforschg **6**, 1 (1922).
[11] Emil Abderhalden u. Olga Schiffmann: Pflügers Arch. **195**, 167 (1922).
[12] F. Fuchs: Ber. dtsch. chem. Ges. **55**, 2943 (1922).
[13] Tokio Mito: Acta Scholae med. Kioto **5**, 27 (1921) — Chem. Zbl. **1923 III**, 130.
[14] Emil Abderhalden u. Wilhelm Köppel: Fermentforschg **9**, 439 (1928).

Glycyl-l-oxyprolin.

$$NH_2 \cdot CH_2 \cdot CO-N-CH \cdot COOH \quad C_7H_{12}O_3N_2$$
$$\underset{CH_2-CHOH}{\underset{|}{}}\!>CH_2$$

Darstellung: Durch Aminieren von Chloracetyl-l-oxyprolin. Entfernen des Chlorammons mit Silbersulfat und Baryt, wobei zu beachten ist, daß man einen Überschuß von Baryt anwenden und Luft durchleiten muß, um das sonst entstehende Ammonsalz zu zerlegen. Einengen des barytfreien Filtrates. Nach längerem Stehen krystallisiert das Peptid aus.

Physikalische und chemische Eigenschaften: Krystallisiert in blättchenförmigen Krystallen vom Schmelzp. 215°. Leicht löslich in Wasser und Essigester, schwerer in Methyl- und Äthylalkohol, unlöslich in Äther und Petroläther. $[\alpha]_{20}^D$ (in Wasser) $= -50,8°$. Wird durch n-HCl bei 37° kaum, durch n-NaOH dagegen stark gespalten.

Physiologische Eigenschaften: Wird von Pepsin-Salzsäure nicht angegriffen; Erepsin spaltet, Trypsin nicht[1].

Hippuryl-benzoyl-l-histidin-methylester[2].

$$C_6H_5 \cdot CO \cdot NH \cdot CH \cdot CO-N \quad\quad N \quad\quad NH \cdot COC_6H_5 \quad C_{23}H_{22}O_5N_4$$
with $CH=C \cdot CH_2 \cdot CH \cdot COOCH_3$ above and CH below bridging N-N.

Darstellung: Man schüttelt 7,5 g Benzoyl-l-histidin-methylester mit 2,5 g Hippursäurechlorid und 300 ccm trockenem Benzol 48 Stunden bei 20°. Von unverändertem Benzoylhistidinester absaugen, mit viel heißem, wasserfreiem Chloroform nachwaschen, im Vakuum verdampfen, mit Chloroform aufnehmen, mit eiskaltem Wasser schütteln, Chloroformlösung mit Chlorcalcium kurz trocknen, im Vakuum eindampfen. Rückstand erstarrt krystallinisch. Ausbeute 3 g.

Physikalische und chemische Eigenschaften: Krystallisiert aus Chloroform in büschelförmig angeordneten Nadeln vom Schmelzp. 157°. Schwer löslich in fast allen gebräuchlichen organischen Lösungsmitteln mit Ausnahme von heißem Chloroform. Mit Diazobenzolsulfosäure entsteht unter den üblichen Bedingungen zunächst keine Färbung, aber nach einigen Minuten setzt rasch zunehmende Rötung ein. Läßt man das Produkt in reinem Wasser stehen und fügt nach 15 Minuten alkalische Diazobenzolsulfosäure hinzu, so erfolgt sofortige tiefrote Färbung als Zeichen eingetretener Abspaltung des Hippurylrestes aus dem Imidazolkern. Löst man 2 g des Esters in 50 ccm Chloroform und schüttelt 12 Stunden mit einer Lösung von 0,35 g Glykokoll in 4,65 ccm n-NaOH, dann wandert der Hippursäurerest zum Glykokoll und man erhält im Chloroformanteil Benzoylhistidinester und aus der wässerigen Schicht nach dem Ansäuern Benzoylglycylglycin.

Glycyl-dl-asparaginsäure und Glycyl-l-asparaginsäure.

Physiologische Eigenschaften: Wird durch Erepsin optimal bei p_H 7,1—7,3 gespalten, und zwar wird die l-Form rascher gespalten als die Razemform. Pepsin oder Trypsin spalten nicht[3].

Derivate: Glycyl-asparagin. Wird durch Erepsin optimal bei p_H 8 gespalten (nach 3 Stunden 30%, nach 24 Stunden 50%). Pepsin oder Trypsin spalten nicht[3].

Chloracetyl-d-glutaminsäure.

Physiologische Eigenschaften: Wirkt toxisch, da Hunde bereits nach Verfütterung von kleinen Dosen eingehen[4].

---

[1] Emil Abderhalden u. Wilhelm Köppel: Fermentforschg **9**, 439 (1928).
[2] Leonidas Zervas u. Max Bergmann: Hoppe-Seylers Z. **175**, 145 (1928).
[3] R. Nakashima: J. of Biochem. **7**, 399 (1927) — Chem. Zbl. **1927 II**, 2201.
[4] F. Knoop u. H. Österlin: Hoppe-Seylers Z. **170**, 186 (1927).

Derivate: Ammonsalz. Dient zur Reinigung der nur sehr schwer fest werdenden rohen Chloracetylglutaminsäure. Man erhält es körnig und rein weiß durch Lösen des Kupplungsproduktes in absolutem Alkohol und Einleiten von Ammoniak[1].

Glycyl-d-glutaminsäure.

Physikalische und chemische Eigenschaften: Verhindert den Ammoniaknachweis mittels Neßlers Reagens[1]. Gibt mit p-Nitrobenzoylchlorid keine Farbreaktion[2]. Spaltung durch n-Alkali und 5 n-Salzsäure[1].

Physiologische Eigenschaften: Wird durch Erepsin und Pankreatin gespalten, durch Trypsin-Kinase nicht merklich angegriffen[1].

Glycyl-cystein.

Physiologische Eigenschaften: Verhindert die Abtötung von Trypanosomen in vitro durch Arsenverbindungen[3] bzw. wirkt der toxischen Wirkung von Verbindungen des Typus R—As=O auf trypanosoma equiperdum in vitro und in der Ratte entgegen[4].

Glycyl-l-tryptophan.

Physiologische Eigenschaften: Wird durch eine Peptidase abgebaut, die in mehr oder minder großer Menge bei physiologischen und pathologischen Zuständen im Harn oder Serum der verschiedensten Tiere vorkommt[5].

dl-Alanyl-glycin.

Darstellung: 7,1 g Toluolsulfo-dl-alanyl-glycin werden mit 5 g Jodphosphonium und 75 g Jodwasserstoffsäure (D 1,96) im Rohr bei 55° erwärmt, mit Wasser zersetzt, filtriert, bei 50° eingedampft, mit Silberoxyd zersetzt, Filtrat mit Schwefelwasserstoff behandelt und mit Ammoniak und Salzsäure genau neutralisiert[6].

Physikalische und chemische Eigenschaften: Dissoziationskonstanten bei 25°: $k_a\ 10^{-7,74}$ $k_b\ 10^{-10,70}$ $K_S\ 10^{-3,20}$ $K_B\ 10^{-6,16}$ [7]. Bei der Oxydation mit Zinkpermanganat entsteht eine nicht näher identifizierte, krystalline, stark hygroskopische Masse von stechend scharfem Geschmack[8]. Wird durch Ozon nicht wesentlich verändert[9]. Bei der Reduktion mit Natrium und Alkohol entsteht u. a. α-Oxymethyl-äthylamin und Propionsäure[10]. Mit Jodwasserstoffsäure (D 1,96) 35 Minuten im Rohr auf 50° erhitzt, bewirkt keine Spaltung[6].

Physiologische Eigenschaften: Spaltung durch Darm- und Pankreaserepsin[11]. Hemmt die Caseinspaltung mit Trypsin-Kinase[12].

Derivate: dl-Alanyl-glycin-Lithiumbromid $C_5H_{10}O_3N_2 \cdot LiBr \cdot 2 H_2O$. Durch Lösen der Komponenten in wenig Wasser; zum Sirup eindampfen und warm stehenlassen, wobei es in festen Krystalldrusen krystallisiert[13].

---

[1] Emil Abderhalden u. Ernst Roßner: Fermentforschg **9**, 494 (1928).
[2] E. Waser u. E. Brauchli: Helvet. chim. Acta **7**, 740 (1924) — Chem. Zbl. **1924 II**, 948.
[3] Carl Voegtlin, Helen A. Dyer u. C. S. Leonard: Public Health Rep. **38**, 1882 (1923) — Ber. Physiol. **31**, 150 (1925).
[4] Vögtlin, Dyer u. Leonard: Publ. Health Rep. **32**, 860 (1923) — Chem. Zbl. **1924 I**, 1964.
[5] H. Pfeiffer, F. Staudenath u. R. Weeber: Klin. Wschr. **4**, 1122. — H. Pfeiffer u. F. Staudenath: Fermentforschg **8**, 327 (1926) — Chem. Zbl. **1926 II**, 1430. — Friedrich Staudenath: Fermentforschg **9**, 9 (1927).
[6] Rudolf Schönheimer: Hoppe-Seylers Z. **154**, 203 (1926).
[7] Niels Bjerrum: Z. physik. Chem. **104**, 147 (1923) — Chem. Zbl. **1923 I**, 1575.
[8] Emil Abderhalden, Ernst Komm u. Emil Klarmann: Hoppe-Seylers Z. **140**, 92 (1924).
[9] Emil Abderhalden u. Ernst Schwab: Hoppe-Seylers Z. **157**, 140 (1926).
[10] Emil Abderhalden u. Ernst Schwab: Hoppe-Seylers Z. **142**, 290 (1925).
[11] Ernst Waldschmidt-Leitz u. Anton Schäffner: Hoppe-Seylers Z. **151**, 31 (1926). — Ernst Waldschmidt-Leitz u. Johanna Waldschmidt-Graser: Hoppe-Seylers Z. **166**, 261 (1927).
[12] Hans H. Weber u. Heinrich Gesenius: Biochem. Z. **187**, 410 (1927).
[13] Paul Pfeiffer: Hoppe-Seylers Z. **133**, 22 (1924).

Benzoyl-dl-alanyl-glycin. Der Benzoylrest wird mit 2 proz. Natronlauge bei Zimmertemperatur nicht abgespalten[1]. Durch Natriumhypobromit wird es erst nach vielen Stunden langsam angegriffen[2].

Toluolsulfo-dl-alanyl-glycin. Durch Eintragen von Toluolsulfoalanin-azid in eine alkalische Glykokollösung. Nach dem Ansäuern fällt das Reaktionsprodukt aus. Krystallisiert aus Wasser in breiten Prismen. Schmelzp. 147° (korr.). Leicht löslich in heißem Wasser und Alkohol[3].

dl-a-Brompropionyl-glycyl-arsanilsäure $C_{11}H_{14}O_5N_2BrAs$. Kuppeln von Glycyl-arsanilsäure mit Brompropionylbromid. Fällt nach dem Ansäuern aus. Beim Lösen in etwas heißem Alkohol und Verdünnen mit Wasser erhält man feine, durchsichtige, oft drusenförmig angeordnete Nädelchen. Bei 205° Bräunung unter Zersetzung[4].

dl-Alanyl-glycyl-arsanilsäure $C_{11}H_{16}O_5N_3As$. Durch 1 tägiges Aminieren von Brompropionyl-glycyl-arsanilsäure bei 37°. Beim Lösen in viel heißem Wasser und Versetzen mit Alkohol erhält man mikroskopische, drusenförmig angeordnete Nädelchen. Bei 255° beginnende Verfärbung; bis 300° jedoch noch kein Zersetzungspunkt[4].

l-Alanyl-glycin.

Physikalische und chemische Eigenschaften: Erleidet in einer Lösung von 1—10 Äquivalenten Alkali keine Razemisierung[5].

dl-α-Brompropionyl-dl-alanin.

Physikalische und chemische Eigenschaften: Geht beim Übergießen mit Essigsäureanhydrid und Zugabe von Natriumacetat sofort in Lösung unter Abscheidung von Natriumbromid. Manchmal erfolgt auch noch nach 1—2 Minuten unter deutlicher Selbsterwärmung die Krystallisation von prismatischen Nadeln, so daß ein farbloser Brei entsteht. Bei der Hydrolyse mit n-HCl entsteht Brenztraubensäure. Intermediär entsteht das Azlacton der α-Propionamidoacrylsäure

$$\begin{array}{c}CH_2=C-N=C\cdot CH_2\cdot CH_3\\ |\quad\quad\quad|\\ CO\text{———}O\end{array} \quad \text{bzw.} \quad \begin{array}{c}CH_3-C=N-C=CH\cdot CH_3\\ |\quad\quad\quad|\\ CO\text{———}O\end{array}$$

das man gewinnen kann, wenn man 4,5 g dl-α-Brompropionyl-alanin mit 1,64 g wasserfreien Natriumacetats und 6,8 g Benzoesäureanhydrid verreibt und im Vakuum bei 100° Badtemperatur destilliert, wobei das Azlacton bei 76—77° als farblose, etwas ölige Flüssigkeit von basischem und zugleich brennend scharfem Geruch übergeht. Bei 1 tägigem Stehen verwandelt es sich in eine manchmal von Krystallen durchsetzte, glasharte Masse[6].

dl-Alanyl-dl-alanin.

Physikalische und chemische Eigenschaften: Geht beim Erhitzen mit Diphenylamin in das Anhydrid über[7].

Derivate: Benzoyl-dl-alanyl-dl-alanin. Durch Einwirkung eines Gemisches von Rhodanammon und Essigsäureanhydrid entsteht 5-Methyl-l-benzoyl-alanyl-2-thiohydantoin[8].

dl-α-Brompropionyl-sarkosin.

$$\begin{array}{c}Br-CH\cdot CO\cdot N-CH_2\cdot COOH\\ |\quad\quad\quad\quad|\\ CH_3\quad\quad\quad CH_3\end{array} \quad C_6H_{10}O_3NBr$$

Darstellung: Kuppeln von Sarkosin mit dl-α-Brompropionylbromid. Nach dem Ansäuern zur Trockne verdampfen, mit Äther extrahieren, eingedampften sirupösen Ätherauszug mit

---

[1] Stefan Goldschmidt u. Walter Schön: Hoppe-Seylers Z. **165**, 279 (1927).
[2] Stefan Goldschmidt u. Christian Steigerwald: Ber. dtsch. chem. Ges. **58**, 1346 (1925).
[3] Rudolf Schönheimer: Hoppe-Seylers Z. **154**, 203 (1926).
[4] G. Giemsa u. C. Tropp: Ber. dtsch. chem. Ges. **59**, 1776 (1926).
[5] P. A. Levene u. M. H. Pfaltz: J. gen. Physiol. **8**, 183 (1925).
[6] Max Bergmann u. Ferdinand Stern: Liebigs Ann. **448**, 20 (1926).
[7] Emil Abderhalden u. Fritz Gebelein: Hoppe-Seylers Z. **152**, 125 (1926).
[8] P. Schlack u. W. Kumpf: Hoppe-Seylers Z. **154**, 125 (1926).

etwas Benzol verreiben und im Vakuum unter Kühlung stehenlassen, wobei Krystallisation eintritt. Waschen mit Petroläther.
Physikalische und chemische Eigenschaften: Schmelzp. 84°. Leicht löslich in Wasser und Alkohol, schwer löslich in Chloroform, Äther und Benzol, unlöslich in Petroläther[1].

dl-Alanyl-β-aminobuttersäure.

Physiologische Eigenschaften: Wird durch Erepsin gespalten[2], dagegen spaltet weder Hefedipeptidase noch Hefepolypeptidase[3].

dl-α-Brompropionyl-δ-aminovaleriansäure.
$$C_8H_{14}O_3NBr$$

Darstellung: Kuppeln von δ-Aminovaleriansäure mit dl-α-Brompropionylbromid. Fällt beim Ansäuern unter starker Kühlung aus.
Physikalische und chemische Eigenschaften: Löslich in heißem Wasser, Alkohol, Essigester, Äther, unlöslich in Petroläther. Schmelzp. 112°[4].

dl-Alanyl-δ-aminovaleriansäure.

$$CH_3 \cdot CH \cdot NH_2 \cdot CO \cdot NH \cdot CH_2 \cdot CH_2 \cdot CH_2 \cdot CH_2 \cdot COOH \quad C_8H_{16}O_3N_2$$

Darstellung: Aminieren von dl-α-Brompropionyl-δ-aminovaleriansäure und Entfernen des Bromammons mit Silbersulfat und Baryt.
Physikalische und chemische Eigenschaften: Krystalle vom Schmelzp. 162°. Löslich in Wasser und alkoholischem Ammoniak, unlöslich in Alkohol und Äther.
Physiologische Eigenschaften: Wird von Hefemacerationssaft nicht gespalten[4].

d-Alanyl-l-leucin.

Bildung: Bei der partiellen Hydrolyse von Casein Hammarsten mit 10 proz. Schwefelsäure[5].
Darstellung: 8 g Toluolsulfo-d-alanyl-l-leucin werden mit 80 g Jodwasserstoffsäure (D 1,96) und 8 g Jodphosphonium 8 Stunden bei 65° im Schießrohr geschüttelt. Nach dem Abdestillieren der Jodwasserstoffsäure im Hochvakuum und Behandeln mit Silberoxyd und Schwefelwasserstoff wird zur Trockene gebracht, mit absolutem Alkohol ausgezogen und auf etwa 100 ccm eingeengt, woraus das Peptid in feinen Nadeln krystallisiert[6].
Derivate: Toluolsulfo-d-alanyl-l-leucin $C_{16}H_{24}O_5N_2S$. Toluolsulfo-d-alanin wird mit Thionylchlorid chloriert, das Trockenprodukt in Benzol gelöst und mit l-Leucin gekuppelt. Abtrennen der tiefbraunen wässerigen Lösung, filtrieren und ansäuern, wobei das Reaktionsprodukt ausfällt. Reinigen mit 30 proz. Alkohol und Tierkohle. Schmelzp. 186° (korr.) $[\alpha]_D^{20}$ in absolutem Alkohol = $-30,5°$. Sehr schwer löslich in kaltem, etwas leichter in heißem Wasser, leicht löslich in Alkohol. Krystallisiert aus wässerigem Alkohol in 6seitigen rhombischen Prismen[6].

dl-Alanyl-decarboxy-leucin.

$$NH_2 \cdot CH \cdot CO \cdot NH \cdot CH_2 \cdot CH_2 \cdot CH\begin{matrix}CH_3\\ \\CH_3\end{matrix}$$
$$\ \ \ \ \ \ \ \ \ |$$
$$\ \ \ \ CH_3$$

Darstellung: Einwirkung von Ammoniak auf dl-α-Brompropionylisoamylamin. Ist in der unter 11 mm bei 135—155° übergehenden Fraktion enthalten. Der Rest besteht hauptsächlich aus dem sekundären Produkt

$$NH \cdot \left(CH \cdot CO \cdot NH \cdot CH_2 \cdot CH_2 \cdot CH\begin{matrix}CH_3\\ \\CH_3\end{matrix} \right)_2$$
$$\ \ \ \ \ \ \ \ \ \ |$$
$$\ \ \ \ \ \ CH_3$$

---

[1] P. A. Levene, H. S. Simms u. M. H. Pfaltz: J. of biol. Chem. **70**, 253 (1926).
[2] Ernst Waldschmidt-Leitz, Anton Schäffner, Hans Schlatter u. Willibald Klein, Ber. dtsch. chem. Ges. **61**, 299 (1928).
[3] Wolfgang Graßmann u. Hanns Dyckerhoff: Ber. dtsch. chem. Ges. **61**, 656 (1928).
[4] Emil Abderhalden u. Julius Hartmann: Fermentforschg **9**, 199 (1927).
[5] Emil Abderhalden: Hoppe-Seylers Z. **131**, 284 (1923).
[6] Rudolf Schönheimer: Hoppe-Seylers Z. **154**, 203 (1926).

Physikalische und chemische Eigenschaften: Farbloses, leicht in Wasser lösliches Öl vom Siedepunkt 144—145° bei 11 mm[1].
Physiologische Eigenschaften: Wird durch Darmerepsin gespalten, durch Hefeerepsin dagegen nicht, auch nicht durch Trypsin-Kinase[2].
Derivate: Chlorhydrat. Sehr hygroskopisch[3].
Benzoylverbindung $C_{15}H_{22}O_2N_2$. Schmilzt nach dem Umkrystallisieren aus Essigester bei 112—113°[3]. Wird durch Darmerepsin nicht gespalten[2].
Sekundäres Produkt $C_{16}H_{33}O_2N_3$. Konstitution siehe oben. Schmilzt nach dem Umkrystallisieren aus Petroläther unscharf bei 65°. **Chlorhydrat** $C_{16}H_{34}O_2N_3Cl$ aus Alkohol unter Zusatz von wenig Äther. Schmelzp. 217°[3].
N-Methyl-dl-alanyl-decarboxy-leucin $C_9H_{20}ON_2$. Durch Umsetzung von Brompropionylamylamin mit Methylamin. Ist schon nach einmaligem Destillieren analysenrein. Siedet unter 14 mm bei 145°. Leicht löslich in Wasser. Bildet schlecht krystallisierende Salze[3].
N-Äthyl-dl-alanyl-decarboxy-leucin $C_{10}H_{22}ON_2$. Siedepunkt bei 13 mm 149°[3].
N-n-Propyl-dl-alanyl-decarboxy-leucin $C_{11}H_{24}ON_2$. Siedepunkt bei 14 mm 157°. Hat epileptoide Wirkung. **Chlorhydrat.** Sehr voluminös. Schmelzp. 135°. **Pikrat.** Aus Äther in gelben Blättchen vom Schmelzp. 86—87°[3].
N-n-Butyl-dl-alanyl-decarboxy-leucin $C_{12}H_{26}ON_2$. Siedepunkt bei 14 mm 168°. In Wasser nicht mehr merklich löslich. Hat epileptoide Wirkung. **Chlorhydrat.** Äußerst voluminös, recht hygroskopisch[3].
N-Isoamyl-dl-alanyl-decarboxy-leucin $C_{13}H_{28}ON_2$. Siedepunkt bei 10 mm 167—168°. Hat epileptoide Wirkung. **Chorhydrat.** Äußerst voluminös, recht hygroskopisch. Schmelzpunkt 193°[3].
N-Isohexyl-dl-alanyl-decarboxy-leucin $C_{14}H_{30}ON_2$. Siedepunkt bei 13,5 mm 182—183°. Epileptoide Wirkung. **Chlorhydrat** sehr voluminös. Schmelzp. 183°.

dl-α-Brompropionyl-isoamylamin.

$$CH_3 \cdot CHBr \cdot CO \cdot NH \cdot CH_2 \cdot CH_2 \cdot CH \begin{smallmatrix} CH_3 \\ CH_3 \end{smallmatrix} \quad C_8H_{16}ONBr$$

Darstellung: Aus dl-α-Brompropionylbromid und Isoamylamin in ätherischer Lösung.
Physikalische und chemische Eigenschaften: Ziemlich zähes Öl von stechendem und zugleich süßlichem Geruch vom Siedep. 138° bei 12 mm. Nach mehrtägigem Stehen in Eis erstarrt es zu langen, büschelförmig angeordneten Nadeln vom Schmelzp. 24°[3].

dl-Alanyl-dl-serin.

Physikalische und chemische Eigenschaften: Bei der Veresterung mit Methylalkohol und Salzsäure und Behandlung mit Thionylchlorid entsteht das 3-Methylen-6-Methyl-2, 5-dioxopiperazin[4].

dl-Alanyl-dl-norleucin.

Physiologische Eigenschaften: Wird durch Erepsin gespalten, dagegen nicht durch Trypsin-Kinase[5].

dl-Alanyl-decarboxy-β-phenyl-α-alanin.

$$CH_3 \cdot CH \cdot NH_2 \cdot CO \cdot NH \cdot CH_2 \cdot CH_2 \cdot C_6H_5 \quad C_{11}H_{16}ON_2$$

Darstellung: Umsetzung von dl-α-Brompropionyl-β-phenyläthylamin mit methylalkoholischem Ammoniak. Nach dem Abdestillieren des Lösungsmittels aufnehmen in Äther und

---

[1] Julius v. Braun u. Wilhelm Münch: Ber. dtsch. chem. Ges. **60**, 345 (1927).
[2] Ernst Waldschmidt-Leitz, Wolfgang Graßmann u. Anton Schäffner: Ber. dtsch chem. Ges. **60**, 359 (1927).
[3] Julius v. Braun u. Wilhelm Münch: Ber. dtsch. chem. Ges. **60**, 359 (1927).
[4] Max Bergmann, Arthur Miekeley u. Erich Kann: Hoppe-Seylers Z. **146**, 192, 247 (1925).
[5] Ernst Waldschmidt-Leitz, Anton Schäffner, Hans Schlatter u. Willibald Klein: Ber. dtsch. chem. Ges. **61**, 299 (1928).

versetzen mit ätherischer Salzsäure. Das sich klumpig zusammenballende Chlorhydrat wird mit Alkali versetzt und wieder mit Äther aufgenommen. Geht bei 13 mm zwischen 180 und 205° über. Noch zweimal fraktionieren[1].
Physikalische und chemische Eigenschaften: Siedepunkt bei 13 mm 199—201°. Sehr zähes Öl von nur schwach basischem Geruch. Wird durch längeres Abkühlen fest und schmilzt dann bei 20—21°. Die Salze neigen wenig zur Krystallisation[1].
Derivate: N-Phenyläthyl-dl-alanyl-decarboxy-β-phenyl-α-alanin

$$C_6H_5 \cdot CH_2 \cdot CH_2 \cdot NH \cdot \underset{\underset{CH_3}{|}}{CH} \cdot CO \cdot NH \cdot CH_2 \cdot CH_2 \cdot C_6H_5$$

Ist dickölig und konnte nicht krystallisiert erhalten werden. **Chlorhydrat** $C_{19}H_{25}ON_2Cl$. Wird aus der ätherischen Lösung der Base mit Chlorwasserstoff ausgefällt. Zuerst gallertartiger Niederschlag, der aber bald feinkrystallinisch wird. Nach dem Umkrystallisieren aus Wasser körnige Krystalle vom Schmelzp. 198—199°[1].

dl-α-Brompropionyl-β-phenyläthylamin.

$$CH_3 \cdot CH \cdot Br \cdot CO \cdot NH \cdot CH_2 \cdot CH_2C_6H_5 \qquad C_{11}H_{14}ONBr$$

Darstellung: Aus dl-α-Brompropionylbromid und β-Phenyläthylamin.
Physikalische und chemische Eigenschaften: Leicht löslich in allen organischen Lösungsmitteln mit Ausnahme von kaltem Petroläther. Nach dem Umkrystallisieren aus Petroläther Schmelzp. 92°.
Physiologische Eigenschaften: Greift die Haut unter Blasenbildung stark an[1].

d-α-Brompropionyl-l-tryptophan[2].

$$C_{14}H_{15}O_3N_2Br$$

Darstellung: Kuppeln von l-Tryptophan mit d-α-Brompropionylchlorid. Fällt beim Ansäuern erst pulverig aus, sintert aber bald zu einer plastischen Masse zusammen. Aus Äther mit Hilfe von Petroläther erhält man ein luftbeständiges, schwach graues Pulver mit 84% Ausbeute.
Physikalische und chemische Eigenschaften: Fast unlöslich in Wasser, schwer löslich in Benzol und Xylol; in Eisessig, Essigester, Chloroform, Methyl- und Äthylalkohol leicht löslich. Fällt aus einer verdünnten wässerigen Lösung des Natriumsalzes mit Eisessig bei 0° in mikrokrystallinen Aggregaten vom Schmelzp. 78°. $[\alpha]_D = +27,4°$.
Derivate: Doppelsalz mit Anilin $C_{14}H_{15}O_3N_2Br \cdot C_6H_5NH_2$. Krystallisiert beim weitgehenden Einengen einer Lösung des Bromkörpers in Anilin in Blättchen aus, die zwischen 182 und 184° schmelzen[2].

d-Alanyl-l-tryptophan[2].

$$NH_2 \cdot \underset{\underset{CH_3}{|}}{CH} \cdot CO \cdot NH \cdot \underset{\underset{CH_2 \cdot C\cdots}{|}}{CH} \cdot COOH \qquad C_{14}H_{17}O_3N_2$$

Darstellung: Wurde von Abderhalden und Sickel in schlechter Ausbeute bei der Aminierung von d-Brompropionyl-l-tryptophan erhalten[2].
Physikalische und chemische Eigenschaften: Amorphes, nicht zur Krystallisation neigendes Pulver, das bei 125° blasig aufgetrieben wird, gegen 148° stark schäumt, bei 175° wieder fest wird, um bei 280° plötzlich zu schmelzen.
Derivate: Verbindung mit d-Alanyl-l-tryptophananhydrid $C_{28}H_{32}O_5N_6$. Bildet das Hauptprodukt bei der Aminierung von d-Brompropionyl-l-tryptophan und wird durch längeres

---
[1] Julius von Braun u. Wilhelm Münch: Ber. dtsch. chem. Ges. **60**, 359 (1927).
[2] Emil Abderhalden u. Hans Sickel: Hoppe-Seylers Z. **171**, 93 (1927).

Kochen mit Alkohol in mikroskopisch kleinen, zu Wärzchen vereinigten Nadeln erhalten. Gegen 270° Braunfärbung. Schmelzp. bei 280° nach vorherigem kurzem Sintern. Ist in Methylalkohol zu etwa 1% löslich, sehr schwer auch in heißem Wasser und Äthylalkohol, unlöslich in Chloroform, Äther, Benzol und Essigester; leichter löslich in heißem Eisessig. In verdünnten Mineralsäuren und Laugen erst in der Hitze löslich, unlöslich in konzentrierter Ammoniaklösung. Schwache Ninhydrinreaktion. Keine Neigung zur Salzbildung. Keine freie Aminogruppe. Bei der Behandlung mit Methylalkohol und Eisessig kann man das Anhydrid gewinnen[1].

Alanyl-histidin.

$$NH_2 \cdot CH \cdot CO \cdot NH \cdot CH \cdot COOH \quad C_9H_{14}O_3N_4$$

$$\underset{CH_3}{|} \quad \underset{CH_2-C=CH}{|}$$

$$\underset{HN \quad N}{|}$$

$$CH$$

Darstellung: 2 stündiges Stehenlassen des Esters mit 1,1 Mol NaOH.

Physikalische und chemische Eigenschaften: Amorphes, außerordentlich hygroskopisches, alkalisch reagierendes Pulver ohne Schmelzpunkt. Leicht löslich in Wasser und Methylalkohol, löslich in Äthylalkohol, unlöslich in allen anderen Lösungsmitteln. Gibt die Paulysche Reaktion und die Reaktion mit Bromwasser[2].

Derivate: Methylester $C_{10}H_{16}O_3N_4$. Aus Histidinmethylester und salzsaurem Alanylchlorid in trockenem Chloroform. Vom Histidinesterchlorhydrat abfiltrieren, eindampfen, mit Methylalkohol aufnehmen und die durch Titration ermittelte Menge Natriummethylat hinzugeben. Schwach gelb gefärbtes, stark alkalisch reagierendes Öl. Leicht löslich in Wasser, Alkohol, Chloroform[2].

β-Alanyl-histidin, Carnosin.

Vorkommen: Konstanter Bestandteil der weißen und der roten Muskeln der verschiedensten Tierarten. Fehlt bei den Invertebraten und bei einer Gruppe von Fischen, den Anacanthinen, während andere Gruppen, die Acanthopteren und Physostomen Carnosin enthalten. Bei den Amphibien und Reptilien ist Carnosin scheinbar ausnahmslos vorhanden, während Vögel eine Carnosin entbehrende Gruppe — Finken, Eulen — aufzuweisen haben. Säugetiere enthalten immer Carnosin[3]. Théophile Cahn nimmt einfach an, daß nur die Wirbeltiere Carnosin enthalten[4].

Weiße und rote Muskeln zeigen keinen Unterschied im Carnosingehalt[3]. Nach George Hunter schwankt im roten Katzenmuskel der Carnosingehalt bei verschiedenen Tieren wenig, im weißen Katzenmuskel jedoch erheblich[5]. Der Herzmuskel hat weniger Carnosin als die Skeletmuskeln[3]. Der [menschliche Skeletmuskel[6] enthält 0,164% Carnosinstickstoff[7], also 0,656% Carnosin. Das Schwein enthält 0,289%[8]. Über das Vorkommen in der Muskulatur der Riesenschlangen (Python moturus und reticulatus)[9]. In der Rinderleber ist nur wenig enthalten[10]. Carnosin konnte von Torssujew nicht im Blut, von Tschernow nicht im Gehirn, von Julie Hefter nicht im Harn[11] von Demanjowski nicht in der Milz[12], von Kaplanski nicht in den Lungen[13] nachgewiesen werden.

Fleischextrakt enthält 7—11% Carnosin[3].

---

[1] Emil Abderhalden u. Hans Sickel: Hoppe-Seylers Z. **171**, 93 (1927).
[2] L. Havestadt u. R. Fricke: Ber. dtsch. chem. Ges. **57**, 2048 (1924).
[3] Winifred Mary Clifford: Biochemic. J. **15**, 725 (1921) — Chem. Zbl. **1922 I**, 879.
[4] Théophile Cahn: Ber. Physiol. **40**, 52 (1927) — Chem. Zbl. **1927 II**, 846.
[5] George Hunter: Biochemic. J. **18**, 408 (1924) — Chem. Zbl. **1924 II**, 1599.
[6] R. Engeland u. W. Biehler: Hoppe-Seylers Z. **123**, 290 (1922).
[7] A. Smorodinzew: J. Russ. Phys.-Chem. Ges. **49**, 263 (1917) — Chem. Zbl. **1923 III**, 946.
[8] A. Smorodinzew: Hoppe-Seylers Z. **123**, 127 (1922) — Hoppe-Seylers Z. **132**, 328 (1924).
[9] W. Keil, W. Linneweh u. K. Poller: Z. Biol. **86**, 187 (1927) — Chem. Zbl. **1927 II**, 846.
[10] Yoshiharu Hiwatari: J. of Biochem. **7**, 171 (1927) — Chem. Zbl. **1927 II**, 271.
[11] Julie Hefter: Hoppe-Seylers Z. **145**, 290 (1925).
[12] Demanjowski: Hoppe-Seylers Z. **132**, 110 (1924).
[13] Kaplanski: Hoppe-Seylers Z. **140**, 69 (1924).

Nachweis und Bestimmung: Wässeriges Gewebeextrakt wird mit Metaphosphorsäure enteiweißt, Filtrat diazotiert und colorimetrisch mit einer Mischung von Methylorange und Histidin verglichen[1].

Physikalische und chemische Eigenschaften: Verhält sich gegen Methylorange, Cochenille und Methylrot wie eine einsäurige Base. Läßt sich formoltitrieren. Gibt den richtigen Wert nach van Slyke. Kann vom Histidin nicht getrennt werden[2].

Physiologische Eigenschaften: Wird weder von Pepsin, noch von Trypsin gespalten, wohl aber von Erepsin[3].

Carnosin vermindert die Erythrocytenzahl[4] und gibt bei intravenöser Injektion am Kaninchen Leukopenie mit relativer Lymphocytose[5].

Durch Hungern kann bei der Katze der Carnosingehalt des gestreiften Muskels erniedrigt und durch Fleischkost wieder behoben werden. Beim schnellen Verschwinden von Carnosin macht sich gesteigerte Imidazolausscheidung im Harn bemerkbar[6]. H. Reinwein und H. Heinlein glauben, daß Carnosin im Harn als Histidin wieder auftritt[7].

Die Zerstörung des Carnosins scheint einem Katalysator zuzuschreiben zu sein, der sich in allen Vertebratenmuskeln findet, aber bei den Invertebraten fehlt. Der Katalysator findet sich auch in der Leber, fehlt in der Niere[8]. Bei der Kältelagerung verschwindet Carnosin aus dem Fleisch (Ursache der geringeren Schmackhaftigkeit?). Frisches Fleisch enthält 1,1%, Gefrierfleisch nur 0,35—0,37%[9].

Nach S. A. Komarow ist Carnosin der Erreger der Darmsekretion und der motorischen Darmfunktion[10] und soll schon in minimalen Mengen ein Erreger des Drüsenapparates sein[11]; auch soll es auf die Magen- und Darmdrüsen hochgradig safttreibend wirken[12]. I. Rasenkow, G. Derwies und S. Sseverin fanden jedoch im Gegensatz dazu, daß reines Carnosin subcutan oder innerlich verabfolgt keinen Einfluß auf die Magensekretion von Hunden hat. Nur nach intravenöser Injektion trat schwache Sekretionsförderung ein. Die verschiedenen Ergebnisse können vielleicht dadurch erklärt werden, daß bei den Versuchen von Krimberg und Komarow unreines, nach der Phosphorwolframsäuremethode dargestelltes Carnosin verwandt wurde, während Rasenkow und Mitarbeiter vor allem Wert auf ein reines, nach der Quecksilbersulfatmethode hergestelltes Produkt legten[13]. Ebenso fanden Karl Schwarz und Erich Goldschmidt, daß Carnosin ohne Einfluß auf Speicheldrüsen-, Magensaft-, Pankreassaft- und Gallensekretion ist. Es wirkt dagegen auf den Zirkulationsapparat: Intravenöse Zufuhr führt zu Blutdrucksenkung infolge Gefäßerweiterung im Splanchnicusgebiet, mit gleichem Angriffspunkt wie Adrenalin. Keine Wirkung auf das Herz oder Zentralnervensystem[14]. Nach J. T. Mc Clintock und H. M. Hines tritt nach natürlichem und synthetischem Carnosin Erbrechen, Durchfall und schwere Shockwirkung wie bei Histamin auf, doch sind bei Carnosin größere Dosen nötig[15].

Derivate: Carnosinkupfer $C_9H_{14}O_3N_4 \cdot CuO$. Dunkelblau, hygroskopisch. Zersetzung bei 221°[16].

Carnosin-phosphorwolframat. Löslichkeit in Wasser 1:27800[17].

Carnosin-merkurisulfat. Löslichkeit in Wasser: 1:119000[17].

---

[1] Winifred Mary Clifford: Biochemic. J. **15**, 400 (1921) — Chem. Zbl. **1921 II**, 1257.
[2] L. Broude: Hoppe-Seylers Z. **158**, 22 (1926).
[3] Winifred Mary Clifford: Biochemic. J. **15**, 725 (1921) — Chem. Zbl. **1922 I**, 879.
[4] Samuel Leites: Z. exper. Med. **40**, 52 (1924) — Chem. Zbl. **1924 II**, 197.
[5] Samuel Leites: Arch. f. exper. Path. **103**, 109 (1924) — Chem. Zbl. **1924 II**, 1953.
[6] George Hunter: Biochemic. J. **19**, 34 (1925) — Chem. Zbl. **1925 I**, 2085.
[7] H. Reinwein u. H. Heinlein: Z. Biol. **81**, 283 (1924).
[8] Winifred Mary Clifford: Biochemic. J. **16**, 792 (1922) — Chem. Zbl. **1923 II**, 512.
[9] Ber. Physiol. **13**, 231 (1922) — Chem. Zbl. **1922 III**, 637.
[10] Winfred Mary Clifford: Biochemic. J. **18**, 341 (1924).
[11] S. A. Komarow: Biochem. Z. **151**, 467 (1924) — Chem. Zbl. **1925 I**, 250.
[12] R. Krimberg: Biochem. Z. **157**, 187 (1925). — R. Krimberg u. S. Komarow: Biochem. Z. **171**, 169 (1926); **176**, 467 (1926).
[13] I. Rasenkow, G. Derwies u. S. Sseverin: Hoppe-Seylers Z. **162**, 95 (1927).
[14] Carl Schwarz u. Erich Goldschmidt: Pflügers Arch. **202**, 435 (1924) — Chem. Zbl. **1924 II**, 77.
[15] J. T. Mc Clintock u. H. M. Hines: Ber. Physiol. **34**, 272 (1926) — Chem. Zbl. **1926 I**, 3490.
[16] W. Keil, W. Linneweh u. K. Poller: Z. Biol. **86**, 187 (1927) — Chem. Zbl. **1927 II**, 1484.
[17] L. Broude: Hoppe-Seylers Z. **158**, 22 (1926).

dl-Alanyl-dl-serin.

Physiologische Eigenschaften: Wird durch Hefedipeptidase gespalten, dagegen nicht durch Hefepolypeptidase[1], auch nicht von Trypsin-Kinase, dagegen wiederum von Erepsin[2].

d-Alanyl-l-tyrosin.

Physiologische Eigenschaften: Wird durch Hefedipeptidase[1] und Erepsin[1] gespalten, dagegen nicht durch Trypsin-Kinase[2].

dl-Alanyl-asparaginsäure.

$$NH_2 \cdot CH \cdot CO \cdot NH \cdot CH \cdot COOH \quad C_7H_{12}O_5N_2$$
$$\quad \enspace | \qquad\qquad\qquad | $$
$$\quad CH_3 \qquad\qquad CH_2 \cdot COOH$$

Darstellung: Man verseift den Ester mit 2,2 Mol n-NaOH 2½ Stunden bei Zimmertemperatur, neutralisiert das Alkali mit Bromwasserstoffsäure, verdampft und extrahiert das Natriumbromid mit absolutem Methylalkohol.

Physikalische und chemische Eigenschaften: Sehr hygroskopische Substanz ohne bestimmten Schmelzpunkt. Spielend löslich in Wasser, unlöslich in Alkohol u. a. organischen Lösungsmitteln[3].

Derivate: Dimethylester $C_9H_{16}O_5N_2$. Aus Asparaginsäuredimethylester und Alanylchlorid in trockenem Chloroform. Filtrieren, eindampfen, in Methylalkohol aufnehmen, die titrimetrisch ermittelte Menge Natriummethylat hinzufügen, filtrieren, eindampfen, mit Äther extrahieren, dann mit Chloroform aufnehmen. Amorphes Pulver vom Schmelzp. 187 bis 188°. Löslich in Chloroform, Alkohol und Wasser, unlöslich in allen anderen Lösungsmitteln[3].

dl-α-Brompropionyl-l-asparagin[4].

$$Br—CH \cdot CO \cdot NH \cdot CH \cdot COOH \quad C_7H_{11}O_4N_2Br$$
$$\quad \enspace | \qquad\qquad\qquad | $$
$$\quad CH_3 \qquad\qquad CH_2 \cdot CONH_2$$

Darstellung: Kuppeln von l-Asparagin mit dl-α-Brompropionylbromid. Scheidet sich beim Einengen der angesäuerten Lösung im Vakuum aus.

Physikalische und chemische Eigenschaften: Schöne prismatische Nadeln, die sich bei 158—159° unter Aufschäumen zersetzen. Leicht löslich in Alkohol, Essigester und heißem Wasser. $[\alpha]_D^{19}$ in Wasser = —6,60°. Bei der Behandlung mit Acetylchlorid entstehen Derivate der Propionyl-amino-malein- (bzw. Fumar-) säure, die einer Reihe von interessanten Umwandlungen, wie z. B. Überführung in Brenztraubensäure, fähig sind.

Sarkosyl-glycin.

$$CH_3 \cdot NH \cdot CH_2 \cdot CO \cdot NH \cdot CH_2 \cdot COOH \quad C_5H_{10}O_3N_2$$

Darstellung: Man läßt Chloracetyl-glycin 2 Tage bei Zimmertemperatur mit der 3fachen Menge einer 33proz. wässerigen Methylaminlösung stehen, dampft zum Sirup ein und erhitzt mit absolutem Alkohol, wobei sich die Substanz krystallinisch abscheidet.

Physikalische und chemische Eigenschaften: Schmelzp. 195—197°. Saure Dissoziationskonstante 3,10; alkalische Dissoziationskonstante 8,51; isoelektrischer Punkt 5,80. Aufspaltung bei p_H 0 und 0,52. Die Aufspaltungskurve bei p_H 0,52 zeigt infolge vorübergehender Bildung von Anhydrid anfangs einen unregelmäßigen Verlauf[5].

Physiologische Eigenschaften: Wird durch Erepsin nur schwach gespalten[6].

---

[1] Wolfgang Graßmann u. Hanns Dyckerhoff: Ber. dtsch. chem. Ges. **61**, 656 (1928).
[2] Ernst Waldschmidt-Leitz, Anton Schäffner, Hans Schlatter u. Willibald Klein: Ber. dtsch. chem. Ges. **61**, 299 (1928).
[3] L. Havestadt u. R. Fricke: Ber. dtsch. chem. Ges. **57**, 2048 (1924).
[4] Max Bergmann, Erich Kann u. Arthur Miekeley: Liebigs Ann. **449**, 135.
[5] P. A. Levene, H. S. Simms u. M. H. Pfaltz: J. of biol. Chem. **61**, 445 (1924).
[6] P. A. Levene u. H. S. Simms: J. of biol. Chem. **62**, 711 (1925).

Sarkosyl-dl-alanin.
$C_6H_{12}O_3N_2$

Darstellung: Man läßt Chloracetyl-alanin mit der 5fachen Menge 31 proz. Methylaminlösung 24 Stunden bei Zimmertemperatur stehen, verdampft im Vakuum und erhitzt mit Alkohol, wobei sich das Peptid krystallinisch abscheidet[1].

Physikalische und chemische Eigenschaften: Schmelzpunkt nach dem Umkrystallisieren aus Wasser unter Zusatz von absolutem Alkohol 171—172° unter Zersetzung[1].

Physiologische Eigenschaften: Wird durch Erepsin gespalten[1].

Sarkosyl-d-alanin.

Derivate: Toluolsulfo-sarkosyl-d-alanin $C_{13}H_{18}O_5N_2S$. 8 g Toluolsulfo-sarkosin werden mit Thionylchlorid chloriert, das krystallisierte Chlorid in Benzol gelöst und mit 5 g d-Alanin und 70 ccm 2 n-NaOH gekuppelt. Filtrieren der wässerigen Schicht und ansäuern mit Salzsäure, wobei das Reaktionsprodukt ölig ausfällt, das beim Stehen erstarrt. Lösen in wenig Alkohol und vorsichtig fällen mit wenig Wasser. Ausbeute 9,5 g. Sehr leicht löslich in Alkohol, schwer löslich in kaltem, etwas leichter in heißem Wasser. Krystallisiert aus Alkohol in langen, flachen Nadeln vom Schmelzp. 157° (korr.). $[\alpha]_D^{18}$ in absolutem Alkohol = —7,06°[2].

Sarkosyl-sarkosin.

$$CH_3 \cdot NH \cdot CH_2 \cdot CO \cdot N\text{—}CH_2 \cdot COOH \quad C_6H_{12}O_3N_2$$
$$\qquad\qquad\qquad\qquad\qquad |$$
$$\qquad\qquad\qquad\qquad\qquad CH_3$$

Darstellung: Man läßt Chloracetyl-sarkosin 24 Stunden mit der 3fachen Menge einer 33proz. Methylaminlösung bei Zimmertemperatur stehen, dampft zum Sirup ein, löst in Wasser, säuert mit Schwefelsäure an, entfernt das Halogen mit Silbercarbonat oder -sulfat, versetzt mit überschüssigem Baryt, filtriert und dampft zur Entfernung des überschüssigen Methylamins im Vakuum mehrmals weitgehendst ein. Nach Entfernung des Baryts wird der eingedampfte Sirup beim Behandeln mit absolutem Alkohol krystallin. Zur Umkrystallisation in wenig Wasser lösen, mit der 10fachen Menge absoluten Alkohols versetzen und bis zur beginnenden Krystallisation erhitzen[3].

Physikalische und chemische Eigenschaften: Schmelzp. 180—185°. Saure Dissoziationskonstante 2,86; basische Dissoziationskonstante 9,10; isoelektrischer Punkt (bei 25°) 5,98. — Die Aufspaltungskurve fällt sowohl bei p_H 0,52 als auch bei p_H 0 anfangs steil ab infolge Bildung von Sarkosinanhydrid, um dann bald den Verlauf einer bimolekularen Reaktion zu nehmen[3].

Physiologische Eigenschaften: Bei der Einwirkung von Erepsin findet überwiegende Anhydridbildung statt[4].

Methylalanyl-glycin[1].

$$CH_3 \cdot NH\text{—}CH \cdot CO \cdot NH \cdot CH_2 \cdot COOH \quad C_6H_{12}O_3N_2$$
$$\qquad\qquad\quad |$$
$$\qquad\qquad\quad CH_3$$

Darstellung: Man läßt dl-α-Brompropionyl-glycin 2 Tage bei Zimmertemperatur mit der 3fachen Menge 31 proz. Methylaminlösung stehen, engt im Vakuum ein und erhitzt mit Alkohol, wobei das Peptid krystallin wird.

Physikalische und chemische Eigenschaften: Löslich in Wasser, unlöslich in Alkohol. Schmelzp. 237° unter Zersetzung.

Physiologische Eigenschaften: Wird durch Erepsin gespalten.

Methylalanyl-alanin.
$C_7H_{14}O_3N_2$

Darstellung: Man läßt α-Brompropionyl-alanin mit der 3fachen Menge Methylaminlösung 24 Stunden bei Zimmertemperatur stehen, verdampft im Vakuum und erhitzt mit Alkohol, wobei sich das Peptid krystallin abscheidet[1].

---

[1] P. A. Levene, H. S. Simms u. M. H. Pfaltz: J. of biol. Chem. **70**, 253 (1926).
[2] Rudolf Schönheimer: Hoppe-Seylers Z. **154**, 203 (1926).
[3] P. A. Levene, H. S. Simms u. M. H. Pfaltz: J. of biol. Chem. **61**, 445 (1924).
[4] P. A. Levene u. H. S. Simms: J. of biol. Chem. **62**, 711 (1925).

Physikalische und chemische Eigenschaften: Schmelzp. 235° unter Zersetzung.
Physiologische Eigenschaften: Wird durch Erepsin gespalten[1].

Carbomethoxyl-β-aminobutyryl-glycin (α-Reihe)[2].

$$CH_3 \cdot CH \cdot NH \cdot CH_2 \cdot CO \cdot NH \cdot CH_2 \cdot COOH \quad C_8H_{14}O_5N_2$$
$$| \quad COOCH_3$$

Darstellung: Durch Verseifen des Esters mit n-Alkali bei Zimmertemperatur.
Physikalische und chemische Eigenschaften: Krystallisiert aus Essigester in Nadeln vom Schmelzp. 135—136°. Leicht löslich in Wasser und Alkohol, kaum löslich in Äther.
Derivate: Äthylester $C_{10}H_{18}O_5N_2$. Kuppeln von Glycinester mit Carbomethoxyl-β-aminobuttersäurechlorid in Chloroform. Krystallisiert aus Äther oder Essigester in Nadeln vom Schmelzp. 99—100°, leicht löslich in Alkohol, ziemlich leicht löslich in Wasser, wenig löslich in Äther.
Methylester $C_9H_{16}O_5N_2$. Durch Verestern des Peptids mit Methylalkohol und Salzsäure. Krystallisiert aus Aceton + Petroläther in Nadeln vom Schmelzp. 101—103°. Leicht löslich in Alkohol und Wasser, wenig löslich in Äther.
Amid $C_8H_{15}O_4N_3$. Aus dem Äthylester mit alkoholischem Ammoniak. Krystallisiert aus Essigester in Prismen vom Schmelzp. 118—119°. Sehr leicht löslich in Wasser und Alkohol, sehr schwer löslich in Chloroform.

N'-β-aminobutyryl-glycin-N-carbonsäuredimethylester (β-Reihe)[2].

$$CH_3 \cdot CH \cdot NH \cdot CH_2 \cdot C(OH)=N \cdot CH_2 \cdot COOCH_3 \quad C_9H_{16}O_5N_2$$
$$| \quad COOCH_3$$

Darstellung: Aus dem Carbomethoxyl-β-aminobutyryl-glycin-äthylester durch Verseifen mit n-KOH und Verestern.
Physikalische und chemische Eigenschaften: Krystallisiert aus heißem Toluol in Nadeln vom Schmelzp. 84—85°. Leicht löslich in Alkohol und Wasser, schwer löslich in Äther.
Derivate: β-Ureido-butyryl-glycinamid $C_7H_{14}O_2N_4$. Aus obigem mit methylalkoholischem Ammoniak. Krystallisiert aus absolutem Alkohol + Wasser in Tafeln. Schmelzpunkt des wasserfreien Produkts 180—182°; das wasserhaltige wird bei 95—100° flüssig und dann wieder fest. Leicht löslich in Wasser.

dl-α-Aminobutyryl-dl-α-aminobuttersäure.

Physikalische und chemische Eigenschaften: Durch Erhitzen mit Diphenylamin entsteht das entsprechende Anhydrid mit 98% Ausbeute[3]. Widersteht einer 5tägigen Einwirkung von n-Alkali bzw. n-Säure bei 37°[4].
Physiologische Eigenschaften: Wird durch Pankreasauszug gespalten[5].
Derivate: Benzoylprodukt $C_{15}H_{20}O_4N_2$. Durch Kuppeln des Dipeptids mit Benzoylchlorid. Fällt beim Ansäuern aus. Krystallisiert aus Wasser in glänzenden, quadratischen Blättchen vom Schmelzp. 189—190° (korr.). Leicht löslich in Methylalkohol und heißem Äthylalkohol, schwerer in kaltem Äthylalkohol. Ziemlich schwer löslich in Essigester, schwer löslich in kaltem Wasser, Äther, Petroläther, Toluol. Wird durch n-NaOH bei 37° langsam gespalten. Auch Pankreasauszug spaltet schwach[5].

α-Aminoisobutyryl-glycin.

Derivate: Benzoyl-α-aminoisobutyryl-glycin-äthylester. α-Benzamino-isobutyryl-glycinäthylester $C_6H_5CO \cdot NH \cdot C(CH_3)_2 \cdot CO \cdot NH \cdot CH_2 \cdot COOC_2H_5$. Aus Glycinester und α-Benzamino-isobuttersäure-azlacton. Krystallisiert aus Benzol in Nadeln vom Schmelzp. 123 bis 124°[6].

---

[1] P. A. Levene, H. S. Simms u. M. H. Pfaltz: J. of biol. Chem. **70**, 253 (1926).
[2] Hermann Leuchs u. Paul Sander: Ber. dtsch. chem. Ges. **58**, 1528 (1925).
[3] Emil Abderhalden u. Fritz Gebelein: Hoppe-Seylers Z. **152**, 125 (1926).
[4] Emil Abderhalden u. Hans Brockmann: Hoppe-Seylers Z. **170**, 146 (1927).
[5] Emil Abderhalden u. Hans Brockmann: Fermentforschg **9**, 430 (1928).
[6] Ch. Gränacher u. M. Mahler: Helvet. chim. Acta **10**, 246 (1927) — Chem. Zbl. **1927 I**, 2543.

α-Bromisobutyryl-dl-α-aminobuttersäure.

$C_8H_{14}O_3NBr$

Darstellung: Kuppeln von α-Aminobuttersäure mit α-Bromisobutyrylbromid. Fällt beim Ansäuern aus.

Physikalische und chemische Eigenschaften: Krystallisiert aus verdünntem Alkohol vom Schmelzp. 131°. Leicht löslich in Alkohol und Äther, unlöslich in Petroläther, schwer löslich in Wasser[1].

α-Aminoisobutyryl-dl-α-aminobuttersäure.

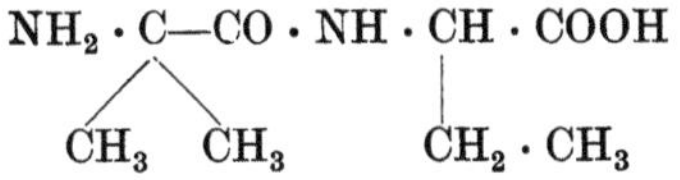

$$NH_2 \cdot \underset{\underset{CH_3\quad CH_3}{\diagup\diagdown}}{C}\text{—}CO \cdot NH \cdot \underset{\underset{CH_2 \cdot CH_3}{|}}{CH} \cdot COOH \qquad C_8H_{16}O_3N_2$$

Darstellung: Aminieren von Bromisobutyryl-aminobuttersäure.

Physikalische und chemische Eigenschaften: Leicht löslich in Wasser, unlöslich in Alkohol. Schmelzp. 241°. Geht beim Erhitzen mit Diphenylamin ins Anhydrid über[1].

α-Bromisobutyryl-α-aminoisobuttersäure.

$C_8H_{14}O_3NBr$

Darstellung: Kuppeln von α-Aminoisobuttersäure mit α-Bromisobutyrylbromid. Fällt beim Ansäuern aus.

Physikalische und chemische Eigenschaften: Krystallisiert aus verdünntem Alkohol in farblosen Blättchen vom Schmelzp. 169°. Leicht löslich in Alkohol und Äther, schwer in Wasser, unlöslich in Kohlenwasserstoffen[2].

α-Aminoisobutyryl-α-aminoisobuttersäure.

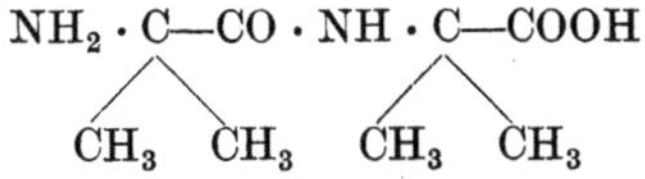

$$NH_2 \cdot \underset{\underset{CH_3\quad CH_3}{\diagup\diagdown}}{C}\text{—}CO \cdot NH \cdot \underset{\underset{CH_3\quad CH_3}{\diagup\diagdown}}{C}\text{—}COOH \qquad C_8H_{16}O_3N_2$$

Darstellung: Aminieren von α-Bromisobutyryl-aminoisobuttersäure. Entfernen des Bromammons mit Silbersulfat und Baryt.

Physikalische und chemische Eigenschaften: Unlöslich in Alkohol. Verhältnismäßig leicht löslich in Wasser, woraus es in derben Krystallen herauskommt. Schmelzp. 244—246°. Geht beim Erhitzen mit Diphenylamin ins Anhydrid über[2].

α-Bromisobutyryl-l-leucin[1].

$C_{10}H_{19}O_3NBr$

Darstellung: Kuppeln von l-Leucin mit α-Bromisobutyrylbromid. Fällt beim Ansäuern ölig aus. Ausäthern, mit Petroläther fällen; bald erstarrendes Öl.

Physikalische und chemische Eigenschaften: Krystallisiert beim Verdunsten der methylalkoholischen Lösung in schönen, derben Krystallen. Schmelzp. 106°. Leicht löslich in Alkohol und Äther, schwer in Wasser, unlöslich Petroläther.

α-Aminoisobutyryl-l-leucin[1].

Darstellung: Aminieren von α-Bromisobutyryl-l-leucin. Entfernen des Bromammons mit Silbersulfat und Baryt. Anhydridhaltiger Sirup. — Entfernen des Anhydrids mit Essigester.

Physikalische und chemische Eigenschaften: Wurde nicht krystallisiert oder analysenrein erhalten. Leicht löslich in Wasser und Alkohol.

---

[1] Emil Abderhalden u. Ernst Roßner: Hoppe-Seylers Z. **163**, 149 (1927).
[2] Emil Abderhalden u. Fritz Gebelein: Hoppe-Seylers Z. **152**, 125 (1926).

β-Aminobutyryl-N-phenylglycin[1].

$C_{12}H_{16}O_3N_2$

Darstellung: Aus dem Ester mit n-KOH im Wasserbad.
Physikalische und chemische Eigenschaften: Wurde nicht krystallisiert erhalten.
Derivate: Carbomethoxyl-β-aminobutyryl-N-phenylglycinester.

$$CH_3 \cdot CH(NH)CH_2 \cdot CO \cdot N-CH_2 \cdot COOC_2H_5$$
$$COOCH_3 C_6H_5$$

Durch Kuppeln von Phenylglycinester mit N-Carbomethoxyl-β-aminobuttersäurechlorid (aus Aminobuttersäure und Chlorkohlensäuremethylester bei Gegenwart von Soda und Chlorieren mit Thionylchlorid) in ätherischer Lösung. Krystallisiert aus Alkohol in Tafeln vom Schmelzp. 94,5—95,5°. Sehr leicht löslich in Alkohol, sehr schwer löslich in Wasser.

Ammonsalz des Carbomethoxyl-β-aminobutyryl-phenylglycins $C_{14}H_{21}O_5N_3$. Durch Verseifen des Esters mit n-Alkali bei Zimmertemperatur, neutralisieren und Behandeln mit Ammoniak. Krystallisiert aus Methylalkohol-Äther in Blättchen. Leicht löslich in Wasser und Methylalkohol, schwerer in Alkohol.

dl-Valyl-glycin.

Physikalische und chemische Eigenschaften: Bei der Einwirkung von Kaliumhypobromit bei neutraler Reaktion bildet sich 2-Methyl-3-ketobutyryl-glycin. Bei alkalischer Reaktion entsteht großenteils Glykokoll und Isobutyronitril[2].

dl-α-Bromisovaleryl-sarkosin[3].

$C_8H_{14}O_3NBr$

Darstellung: Kuppeln von Sarkosin mit α-Bromisovalerylbromid. Fällt beim Ansäuern ölig aus; kann aber leicht krystallisiert erhalten werden.
Physikalische und chemische Eigenschaften: Löslich in Äther, Chloroform, Alkohol, Aceton, Benzol, unlöslich in Petroläther. Schmelzp. 76—77°[3]

d-Valyl-d-valin.

Bildung: Bei der partiellen Hydrolyse von Schweineborsten durch 14 tägige Einwirkung von 70 proz. Schwefelsäure[4].

dl-α,δ-Dibromvaleryl-l-leucin.

$C_{11}H_{19}O_3NBr_2$

Darstellung: Kuppeln von l-Leucin mit α-δ-Dibromvalerylchlorid. Fällt beim Ansäuern als hellgelbes Öl aus.
Physikalische und chemische Eigenschaften: Hellgelbes Harz, das nicht krystallisiert erhalten werden konnte[5].

dl-α,δ-Dibromvaleryl-tyrosinester[5].

$$CH_2Br \cdot CH_2 \cdot CH_2 \cdot CH \cdot Br \cdot CO \cdot NH \cdot CH \cdot COOC_2H_5 \quad C_{16}H_{21}O_4NBr_2$$
$$CH_2 \cdot C_6H_4OH$$

Darstellung: Kuppeln von 2 Mol Tyrosinester mit 1 Mol α-δ-Dibromvalerylchlorid in Chloroformlösung. Nach längerem Stehen wird vom anfangs gallertigen, dann aber krystallinischen Tyrosinesterchlorhydrat abfiltriert.

---

[1] Hermann Leuchs u. Paul Sander: Ber. dtsch. chem. Ges. **58**, 1528 (1925).
[2] Goldschmidt, Wiberg, Nagel u. Martin: Liebigs Ann. **456**, 1 (1927).
[3] P. A. Levene, H. S. Simms u. M. H. Pfaltz: J. of biol. Chem. **70**, 253 (1926).
[4] Emil Abderhalden u. Ernst Komm: Hoppe-Seylers Z. **132**, 1 (1924).
[5] Emil Abderhalden u. Hans Sickel: Hoppe-Seylers Z. **159**, 163 (1926).

Physikalische und chemische Eigenschaften: Man erhält 3 Fraktionen des Kuppelungsproduktes. Die erste scheidet sich beim langsamen Einengen der Lösung unter 0° in Form weißer bei 115—116° schmelzender Blättchen ab. Völliges Einengen und Verreiben mit Petroläther führt zu einem zweiten gegen 100° schmelzenden Produkt, während ein Rest nicht krystallisiert erhalten werden kann[1].

α, δ-Dioxyvaleryl-tyrosinamid.

$$CH_2OH \cdot CH_2 \cdot CH_2 \cdot CHOH \cdot CO \cdot NH \cdot CH \cdot CO \cdot NH_2 \quad C_{14}H_{20}O_5N_2$$
$$\underset{CH_2 \cdot C_6H_4OH}{|}$$

Derivate: Molekülverbindung mit Prolyl-tyrosin $2(C_{14}H_{18}O_5N_2 \cdot H_2O) \cdot C_{14}H_{20}O_5N_2$. Wurde von Abderhalden und Sickel mit großer Wahrscheinlichkeit erhalten, als die erste und dritte Fraktion von α-δ-Dibromvaleryltyrosinester nach der Verseifung mit Alkali mit Ammoniak aminiert wurde. Die Verbindung reagiert schwach sauer, ist hygroskopisch und von fadem Geschmack. Sie schmilzt bei 130° unter vorherigem Sintern. Beim Erhitzen im Vakuum geht es bereits bei 50° in das Anhydrid $2(C_{14}H_{16}O_3N_2) \cdot C_{14}H_{20}O_5N_2$ über, und bei 105° verliert die Dioxyvaleryl-tyrosin-Komponente 1 NH_3, wahrscheinlich unter Bildung von Dioxyvaleryl-tyrosinlacton[1].

dl-α-Bromisovaleryl-l-asparagin[2].
$$C_9H_{15}O_4N_2Br$$

Darstellung: Kuppeln von l-Asparagin mit dl-α-Bromisovalerylbromid bei 10°. Reaktionsprodukt fällt beim Ansäuern aus.
Physikalische und chemische Eigenschaften: Weißes mikrokrystallines Pulver vom Zersetzungsp. 170°. Durch fraktionierte Fällung mit n-HCl erhält man die aktiven Komponenten.

l-α-Bromisovaleryl-l-asparagin[2].

Darstellung: Kuppeln von l-Asparagin mit dl-α-Bromisovalerylbromid bei 10° und fraktionierte Fällung des Reaktionsproduktes mit n-HCl.
Physikalische und chemische Eigenschaften: Silberweiße Blättchen, die gegen 172° unter Zersetzung schmelzen. $[\alpha]_D^{20}$ des Natriumsalzes $= -18{,}75°$. Sehr schwer löslich in Alkohol und Äther, schwer löslich in Wasser, löslich in Alkalihydroxyden, Alkalicarbonaten und wässerigem Ammoniak. Es gelingt nicht, die Verbindung mit wässerigem Ammoniak in das Dipeptid überzuführen.

d-α-Bromisovaleryl-l-asparagin[2].

Darstellung: Durch fraktionierte Fällung des durch Kuppeln von l-Asparagin mit dl-α-Bromisovalerylbromid erhaltenen Reaktionsproduktes mit n-HCl.
Physikalische und chemische Eigenschaften: Weiße prismatische Nadeln, die bei 151° unter Zersetzung schmelzen. $[\alpha]_D^{20} = +8{,}1°$. Sehr schwer löslich in Alkohol und Äther, leicht löslich in Wasser. Es gelingt nicht, die Verbindung durch Einwirkung von Ammoniak in das entsprechende Dipeptid überzuführen.

dl-α-Brom-n-valeryl-l-tyrosin[3].
$$C_{14}H_{18}O_4NBr$$

Darstellung: Kuppeln von α-Brom-n-valerylchlorid mit l-Tyrosin. Ausbeute jedoch schlecht. Man geht daher besser vom Tyrosinester aus: 25 g Tyrosinäthylester, in Chloroform gelöst, werden unter Kühlung mit 15 g Brom-n-valerylchlorid in Chloroform portionsweise versetzt. Nach Zugabe der ersten Hälfte des Säurechlorids werden allmählich 6,6 g in Wasser

---

[1] Emil Abderhalden u. Hans Sickel: Hoppe-Seylers Z. **158**, 139 (1926).
[2] S. Berlingozzi u. M. Furia: Gazz. chim. ital. **56**, 82 (1926) — Chem. Zbl. **1926 II**, 381.
[3] Emil Abderhalden u. Augusto Moschini: Fermentforschg **7**, 176 (1923).

gelöstes Natriumcarbonat unter Schütteln hinzugegeben. Aus der eingedampften Chloroformschicht lassen sich mit Hilfe von Petroläther leicht 27 g an krystallisiertem reinen Bromvaleryl-l-tyrosinester gewinnen. Verseifen mit n-NaOH durch Stehenlassen bei Zimmertemperatur (15 Minuten) und Neutralisieren mit Salzsäure, wobei der Bromkörper krystallinisch ausfällt. Ausbeute 20 g.

dl-Norvalyl-l-tyrosin [1].

$$NH_2 \cdot CH \cdot CO \cdot NH \cdot CH \cdot COOH \quad C_{14}H_{20}O_4N_2$$
$$\ |\ |$$
$$CH_2 \cdot CH_2 \cdot CH_3 \quad CH_2 \cdot C_6H_4OH$$

Darstellung: Aminieren von α-Brom-n-valeryl-l-tyrosin. Fällt beim Einengen krystallinisch aus.

Physikalische und chemische Eigenschaften: Schmelzp. 255—260°. $[\alpha]_D^{20} = +26{,}3°$ (in etwa 1 proz. wässeriger Lösung). Löslich in heißem Wasser, fast unlöslich in Alkohol, unlöslich in Äther, Chloroform, Essigester[1].

d-Norvalyl-l-tyrosin [1].

Darstellung: Analog dem Razemkörper.
Physiologische Eigenschaften: Wird durch Hefemacerationssaft in d-Norvalin und l-Tyrosin gespalten.

l-Norvalyl-l-tyrosin [1].

Darstellung: Analog dem Razemkörper.
Physiologische Eigenschaften: Wird durch Hefemacerationssaft nicht gespalten.

dl-Leucyl-glycin.

Darstellung: 5,4 g Toluolsulfo-leucyl-glycin werden mit 4 g Jodphosphonium und 60 g Jodwasserstoffsäure (D 1,96) bei 55° im Schießrohr 5—6 Stunden unter mäßigem Schütteln erwärmt, mit Wasser zersetzt, filtriert, bei 50° eingedampft, mit Silberoxyd zersetzt, Filtrat mit Schwefelwasserstoff behandelt und mit Ammoniak und Salzsäure genau neutralisiert[2].

Physikalische und chemische Eigenschaften: Molekularrefraktion und Interferometerwert[3]. Absorption im Ultraviolett[4]. Dissoziationskonstanten bei 25° $k_a\ 10^{-7,82}$; $k_b\ 10^{-10,52}$; $K_s\ 10^{-3,38}$; $K_B\ 10^{-6,08}$ [5]. Gehört nach L. Roboz[6] zu dem kinetischen Typus ohne Ordnungsformen.

Über den Einfluß von n-Alkali und n-Säure[7].

Wird durch Ozon nicht wesentlich verändert[8]; ist beständig gegen Chlordioxyd[9]. Die Oxydation mit Wasserstoffperoxyd verläuft nicht eindeutig[10]. Bei der Oxydation mit Zinkpermanganat treten Gerüche nach Blausäure und Capronsäure auf und es entsteht eine nicht näher identifizierte, stark hygroskopische, weiße, krystallinische Substanz von stechend scharfem Geschmack; bei 110° sublimiert ein Produkt unter gleichzeitigem Auftreten nitroser Gase. Die Substanz enthält 32,8% N. Neßler positiv, Biuret negativ[11]. Bei der Einwirkung von Hypobromit konnten Ammoniak, Glykokoll und Isovaleronitril nachgewiesen werden.

---

[1] Emil Abderhalden u. Augusto Moschini: Fermentforschg **7**, 176 (1923).
[2] Rudolf Schönheimer: Hoppe-Seylers Z. **154**, 203 (1926).
[3] Paul Hirsch u. Rudolf Kunze: Fermentforschg **6**, 30 (1922).
[4] Emil Abderhalden u. Ernst Roßner: Hoppe-Seylers Z. **178**, 156 (1928).
[5] Niels Bjerrum: Z. physik. Chem. **104**, 147 (1923) — Chem. Zbl. **1923 I**, 1576.
[6] Biochem. Z. **162**, 22 (1925).
[7] Emil Abderhalden u. Herberth Mahn: Hoppe-Seylers Z. **169**, 196 (1927). — Emil Abderhalden u. Hans Brockmann: Hoppe-Seylers Z. **170**, 146 (1927). — Emil Abderhalden u. Hans Sickel: Hoppe-Seylers Z. **170**, 134 (1927). — Emil Abderhalden u. Paul Möller: Hoppe-Seylers Z. **174**, 196 (1928).
[8] Emil Abderhalden u. Ernst Schwab: Hoppe-Seylers Z. **157**, 140 (1924).
[9] Erich Schmidt u. Karl Braunsdorf: Ber. dtsch. chem. Ges. **55**, 1529 (1922).
[10] Emil Abderhalden u. Ernst Komm: Hoppe-Seylers Z. **144**, 234 (1925).
[11] Emil Abderhalden, Emil Klarmann u. Ernst Komm: Hoppe-Seylers Z. **140**, 92 (1924).

Die Reaktionskurve steigt erst steil an und flacht dann plötzlich ab[1]. Bei der Einwirkung von Hypobromit in neutraler Lösung entsteht das in allen organischen Lösungsmitteln leicht lösliche 2-Methyl-4-ketovalerylglycin[2].
Bei der Reduktion mit Natrium und Alkohol geht es in Leucinol über[3].

$$\begin{array}{c}CH_3\\CH_3\end{array}\!\!\!\!>\!CH\cdot CH_2\cdot \underset{\underset{NH_2}{|}}{CH}\cdot CH_2OH$$

Beim Erhitzen mit Glycerin[4] sowie mit Diphenylamin[5] entsteht das Anhydrid. Über die Anhydridbildung in verschiedenen anderen Solventien, wie Wasser, Alkohol, Äther, Chinolin u. a. m.[6].

Bei einem optimalen p_H (7,8—8,0) bildet sich in einer mit Glucose versetzten Lösung des Dipeptids ein Kondensationsprodukt zwischen diesen beiden Stoffen. Es bildet mit den beiden Komponenten ein Gleichgewicht, das nach einigen Stunden seinen festen Wert erreicht und dessen Menge auf Grund des (nach van Slyke ermittelten) Aminostickstoffs durchschnittlich etwa 25% des angewandten Peptids beträgt. Isoliert wurde es nicht. Es wird sowohl durch Darm- als auch durch Pankreas- und Hefeerepsin gespalten. — Mit Fructose bildet das Dipeptid kein Kondensationsprodukt[7].

Physiologische Eigenschaften: Wird durch Erepsin gespalten[8] sowie durch Hefeprotease bei einem p_H-Optimum von 7,8[9]. Durch Kürbisprotease und Ananasprotease wird es nur langsam gespalten[10]. Die Spaltung durch Pankreasextrakt wird durch alkoholisches Hefeextrakt, durch Hefeautolysat, Schilddrüsen- und Thymusopton sowie durch Jodothyrin und Glycyl-3, 5-1-dijodtyrosin beschleunigt[11]. Bei der Spaltung durch Hefemacerat bleibt ein Zusatz von Leucin oder Glycin ohne Einfluß; dagegen tritt bei der Spaltung durch Glykokolleluat schon bei einem Glykokollgehalt von 2% eine deutliche Hemmung auf. Zusatz von Chlorion begünstigt die Spaltung durch Glykokolleluat[12].

Die Caseinspaltung mit Trypsin-Kinase wird durch Leucyl-glycin gehemmt[13], ebenso die nach Ehrlich zum Nachweis von Oxydationen im Organismus dienende Indophenolbildung aus p-Phenylendiamin und α-Naphthol[14].

Derivate: Kupfersalz. Spezifische Leitfähigkeit bei verschiedenen Konzentrationen[15].
Äthylester. Wird durch Hefepolypeptidase gespalten[16].
N-Acetyl-dl-leucyl-glycinester $C_{12}H_{22}O_4N_2$. Aus dem Azlacton des N-Acetylleucins (Siedepunkt bei 0,4 mm 73—75°) und Glycinester in ätherischer Lösung. Schmelzp. 121°. Farblose Nadeln, leicht löslich in Alkohol und Essigester, wenig in Aceton, fast unlöslich in Petroläther[17].

---

[1] Emil Abderhalden u. Waldemar Kröner: Hoppe-Seylers Z. **168**, 201 (1927). — Vgl. auch Fußnote [2].
[2] Goldschmidt, Wiberg, Nagel u. Martin: Liebigs Ann. **456**, 1 (1927).
[3] Emil Abderhalden u. Ernst Schwab: Hoppe-Seylers Z. **139**, 68 (1924).
[4] Emil Abderhalden u. Ernst Schwab: Hoppe-Seylers Z. **148**, 254 (1925).
[5] Emil Abderhalden u. Fritz Gebelein: Hoppe-Seylers Z. **152**, 128 (1926).
[6] Emil Abderhalden u. Ernst Roßner: Hoppe-Seylers Z. **163**, 149 (1927).
[7] Ernst Waldschmidt-Leitz u. Gertrud Rauchalles: Ber. dtsch. chem. Ges. **61**, 645 (1928). Vgl. dagegen: Hans v. Euler u. Edvard Brunius: Liebigs Ann. **467**, 201 (1928).
[8] Ernst Waldschmidt-Leitz u. Anton Schäffner: Hoppe-Seylers Z. **151**, 31 (1926). — Ernst Waldschmidt-Leitz u. Johanna Waldschmidt-Graser: Hoppe-Seylers Z. **166**, 247 (1927).
[9] Richard Willstätter u. Wolfgang Graßmann: Hoppe-Seylers Z. **153**, 250 (1926).
[10] Richard Willstätter, Wolfgang Graßmann u. Otto Ambros: Hoppe-Seylers Z. **152**, 160 (1926).
[11] Emil Abderhalden u. Ernst Wertheimer: Fermentforschg **6**, 1 (1922).
[12] Andor Fodor u. Rosa Schönfeld: Hoppe-Seylers Z. **170**, 231 (1927).
[13] Hans H. Weber u. Heinrich Gesenius: Biochem. Z. **187**, 410 (1927).
[14] Ernst Wertheimer: Fermentforschg **8**, 497 (1926).
[15] Emil Abderhalden u. Erwin Schnitzler: Hoppe-Seylers Z. **163**, 94 (1927).
[16] Wolfgang Graßmann u. Hanns Dyckerhoff: Ber. dtsch. chem. Ges. **61**, 656 (1928).
[17] Max Bergmann, Ferdinand Stern u. Charlotte Witte: Liebigs Ann. **449**, 277 (1926).

Diacetyl-dl-leucyl-glycin $C_{12}H_{20}O_5N_2$. Durch kurzes Kochen von Leucyl-glycinesterchlorhydrat mit Essigsäureanhydrid; verseifen mit n-NaOH, neutralisieren und auskochen mit Alkohol[1].

Propionyl-dl-leucyl-glycin $C_{11}H_{20}O_4N_2$. Durch Kuppeln von Leucylglycin mit Propionylchlorid im Überschuß (2 Mol). Fällt nach dem Ansäuern beim Einengen aus. Krystallisiert aus Essigester in langen, schmalen, verzweigten Prismen, die bei 140° schmelzen. Ziemlich leicht löslich in Methyl- und Äthylalkohol sowie in Wasser, schwer löslich in kaltem Essigester, Chloroform, Aceton, wenig löslich in Äther. Nach etwa 7 tägiger Einwirkung von n-NaOH bei 38° wird 1 Aminogruppe frei, wobei jedoch nur wenig freie Propionsäure entsteht[2].

Butyryl-dl-leucyl-glycin $C_{12}H_{22}O_4N_2$. Durch Kuppeln des Dipeptids mit Butyrylchlorid. Fällt beim Ansäuern und Abkühlen aus. Leicht löslich in Wasser und Alkohol, löslich in Aceton und Essigester, schwer löslich in Chloroform, unlöslich in Äther, Benzol, Petroläther. Aus Aceton farblose Rhomboeder vom Schmelzp. 150°. Nach etwa 12 tägiger Einwirkung von n-NaOH wird 1 Aminogruppe unter Bildung von nur ganz geringen Mengen Buttersäure frei[2].

Isovaleryl-dl-leucyl-glycin $C_{13}H_{24}O_4N_2$. Durch Kuppeln der Komponenten. Fällt nach dem Ansäuern und Stehen in der Kälte aus. Leicht löslich in Alkohol, schwer löslich in Chloroform, kaltem Essigester und Aceton, unlöslich in Äther, Petroläther, Benzol. Krystallisiert aus Wasser in farblosen, häufig zu Büscheln vereinigten, derben Prismen, mit zugespitzten Enden vom Schmelzp. 180—181°. Nach etwa 12 tägiger Einwirkung von n-NaON wird 1 Aminogruppe unter Bildung geringer Mengen Isovaleriansäure frei[2].

Oleoyl-dl-leucyl-glycin $C_{26}H_{48}O_4N_2$. Kuppeln von Leucyl-glycinester mit Ölsäurechlorid in Chloroform- und wässeriger Natriumbicarbonatlösung. Leicht löslich in Alkohol, Aceton, Chloroform, unlöslich in Petroläther und Wasser. Krystallisiert aus Äther in derben Nadeln vom Schmelzp. 129°. Wird mit n-Alkali bei 38° nur schwach gespalten. Spaltet man bei 100°, so wird beim Freiwerden 1 Aminogruppe $^1/_3$ Ölsäure abgespalten[2].

Benzoyl-dl-leucyl-glycin. Durch Einwirkung eines Gemisches von Rhodanammon und Essigsäureanhydrid entsteht 1-Benzoylleucyl-2-thiohydantoin[3]. Ist beständig gegen Einwirkung von Natriumhypobromit[4]. Nach Stefan Goldschmidt und Walter Schön[5] bewirkt $^n/_{10}$-NaOH bei Zimmertemperatur noch keine Aufspaltung. Nach Emil Abderhalden und Hans Sickel[6] wird es schon durch ganz geringe Alkalikonzentrationen (p_H 7,8) bei 37° langsam, aber merklich gespalten. n-Alkali spaltet ziemlich rasch, aber so, daß nach dem Freiwerden von 1 Aminogruppe, was nach etwa 100 Stunden der Fall ist, keine freie Benzoesäure nachzuweisen ist. Es zerfällt also erst in Benzoyl-leucin und Glykokoll[6, 7].

Phthalyl-dl-leucyl-glycin

$$C_6H_4{<}^{CO}_{CO}{>}N \cdot CH \cdot CO \cdot NH \cdot CH_2 \cdot COOH \qquad C_{16}H_{18}O_5N_3$$
$$\underset{CH_2 \cdot CH{<}^{CH_3}_{CH_3}}{}$$

Entsteht durch Eintragen eines aus gleichen Teilen Dipeptid und Phthalsäureanhydrid bestehenden Gemisches in 2 Teile geschmolzenes Phthalsäureanhydrid bei 150° und Steigerung der Temperatur innerhalb 15 Minuten bis auf 200°. Amorphes Produkt, das bei 35° zu sintern beginnt und bei 65° klar geschmolzen ist. Leicht löslich in Alkohol, Äther, Essigester, Chloroform und Benzol; unlöslich in Ligroin. Wasser löst beim Erwärmen etwas, beim Abkühlen scheidet sich ein nicht erstarrendes Öl ab[8].

Phthalyl-dl-leucyl-glycinäthylester $C_{18}H_{22}O_5N_2$. Durch Verestern mit Alkohol und Salzsäure in der Hitze. Ausbeute über 90%. Der gut umkrystallisierte Ester schmilzt bei 126°.

---

[1] Emil Abderhalden u. Walter Stix: Hoppe-Seylers Z. **132**, 238 (1924), vgl. auch Max Bergmann, Vincent du Vigneaud u. Leonidas Zervas: Ber. dtsch. chem. Ges. **62**, 1909 (1929).
[2] Emil Abderhalden u. Paul Möller: Hoppe-Seylers Z. **174**, 196 (1928).
[3] P. Schlack u. W. Kumpf: Hoppe-Seylers Z. **154**, 125 (1926).
[4] Goldschmidt, Wiberg, Nagel u. Martin: Liebigs Ann. **456**, 1 (1927).
[5] Stefan Goldschmidt u. Walter Schön: Hoppe-Seylers Z. **165**, 279 (1927).
[6] Emil Abderhalden u. Hans Sickel: Hoppe-Seylers Z. **170**, 134 (1927).
[7] Emil Abderhalden u. Paul Möller: Hoppe-Seylers Z. **174**, 196 (1928).
[8] Percy Brigl u. Ernst Klenk: Hoppe-Seylers Z. **131**, 66 (1923).

Ziemlich leicht löslich in Alkohol, Essigester, Chloroform und Benzol; etwas schwerer in Äther, unlöslich in Ligroin [1].

Phthalyl-dl-leucyl-glycinamid $C_{16}H_{19}O_4N_3$. Aus den bei der Darstellung von Phthaloyl-leucyl-glycin-diamid erhaltenen Mutterlaugen durch Eindampfen und Erhitzen bis zum Aufhören jeder Gasentwicklung auf 130—148°. Krystallisiert aus Essigester in schön ausgeprägten, rhombischen Tafeln vom Schmelzp. 211°. Löslich in Methyl- und Äthylalkohol, unlöslich in Äther[1].

Phthaloyl-dl-leucyl-glycin-diamid

$$C_6H_4\diagdown^{CO \cdot NH \cdot CH \cdot CO \cdot NH \cdot CH_2 \cdot CO \cdot NH_2}_{CONH_2 \quad \; C_4H_9} \quad C_{16}H_{22}O_4N_4$$

Man löst den Äthylester in Methylalkohol und läßt 25proz. wässeriges Ammoniak 20 Minuten bei Zimmertemperatur darauf einwirken. Das krystallinische Produkt schmilzt 211° unter lebhafter Ammoniakentwicklung. Löslich in Methyl- und Äthylalkohol, unlöslich in Äther[1].

Dinitrophenyl-dl-leucyl-glycin

$$C_6H_3(NO_2)_2 \cdot NH \cdot \underset{\underset{C_4H_9}{|}}{CH} \cdot CO \cdot NH \cdot CH_2 \cdot COOH$$

Durch 4stündiges Kochen von Leucylglycin mit Dinitrochlorbenzol unter Zusatz von Natriumbicarbonat. Das stark gelb gefärbte Produkt krystallisiert aus Methylalkohol + Wasser vom Schmelzp. 120°. Löslich in Alkali[2].

p-Nitrobenzoyl-dl-leucyl-glycin $C_{15}H_{19}O_6N_3$. Durch Kuppeln von Leucylglycin mit in Benzol gelöstem p-Nitrobenzoylchlorid bei Gegenwart von Natriumbicarbonatlösung. Fällt beim Ansäuern aus. Ausbeute schlecht. Kaum löslich in Äther, ziemlich leicht löslich in Alkohol. Krystallisiert aus Wasser in langen, schwach gelblichen Prismen, die bei 184° schmelzen. Wird durch n-Alkali bei 38° langsamer gespalten als das einfache Benzoylderivat[3].

Phenacetyl-dl-leucyl-glycin $C_{16}H_{22}O_4N_2$. Durch Kuppeln des Dipeptids mit Phenacetylchlorid. Fällt beim Ansäuern sofort aus. Schmilzt, aus Essigester krystallisiert, bei 170°. Leicht löslich in Alkohol, Aceton, Chloroform, schwer löslich in Äther und kaltem Wasser, unlöslich in Petroläther und Benzol. Wird durch n-Alkali bei 38° ziemlich rasch gespalten[4].

β-Phenylpropionyl-dl-leucyl-glycin $C_{17}H_{24}O_4N_2$. Durch Kuppeln des Dipeptids mit Hydrozimtsäurechlorid. Fällt beim Ansäuern aus. Krystallisiert aus Wasser in langen, schmalen Prismen vom Schmelzp. 187°. Leicht löslich in Alkohol, Aceton, Essigester, schwer löslich in Chloroform, unlöslich in Äther, Petroläther und Benzol. n-Alkali spaltet bei 38° nach 6—7 Tagen 1 Bindung auf[4].

β-Naphthoyl-dl-leucyl-glycin $C_{19}H_{22}O_4N_2$. Durch Kuppeln des Dipeptids mit β-Naphthoylchlorid (aus β-Naphthoesäure mit Thionylchlorid und Reinigen durch Destillation). Fällt nach dem Ansäuern bei einigem Stehen in der Kälte aus. Krystallisiert aus Wasser in farblosen, langen, dünnen Stäbchen vom Schmelzp. 193—194°. Leicht löslich in Alkohol und Aceton, löslich in Essigester, unlöslich in Äther, Petroläther, Benzol. Nach etwa 8tägiger Einwirkung von n-NaOH bei 37° wird 1 Aminobindung frei, wobei nur Spuren von β-Naphthoesäure entstehen[4].

Benzolsulfo-dl-leucyl-glycin $C_{14}H_{20}O_5N_2S$. Durch Kuppeln von Leucyl-glycin mit Benzolsulfochlorid. Fällt beim Ansäuern und Abkühlen als nicht krystallisierendes, zähflüssiges, gelbbraunes Öl aus. Leicht löslich in Alkohol, löslich in Chloroform und Essigester, sehr schwer löslich in Aceton, Benzol und Wasser. Wird mit n-Alkali bei 38° kaum angegriffen[3].

Benzylsulfo-dl-leucyl-glycin $C_{15}H_{22}O_5N_2S$. Durch Kuppeln des Dipeptids mit einer ätherischen Lösung von Benzylsulfochlorid. Fällt beim Ansäuern aus. Umkrystallisierbar aus Wasser. Krystallisiert aus Alkohol beim Verdunsten in feinen, spitzen, zu Büscheln vereinigten Nadeln. Schmelzp. 90° nach vorherigem Sintern. Leicht löslich in Alkohol, Aceton, Chloroform, Essigester; sehr schwer löslich in Äther, unlöslich in Petroläther und Benzol. n-Alkali greift bei 37° selbst nach 13tägigem Stehen nicht an[4].

---

[1] Percy Brigl u. Ernst Klenk: Hoppe-Seylers Z. **131**, 66 (1923).
[2] Emil Abderhalden u. Walter Stix: Hoppe-Seylers Z. **129**, 153 (1923).
[3] Emil Abderhalden u. Paul Möller: Hoppe-Seylers Z. **174**, 196 (1928).
[4] Emil Abderhalden u. Paul Möller: Hoppe-Seylers Z. **176**, 207 (1928).

Toluolsulfo-dl-leucyl-glycin $C_{15}H_{22}O_5N_2S$. 1. Durch Chlorieren von Toluolsulfo-leucin mit Thionylchlorid, Lösen in Benzol und Kuppeln mit Glykokoll. 2. Aus Glykokoll und Toluolsulfo-leucinacid bei Gegenwart von 25 proz. Natronlauge [1]. 3. Durch Kuppeln von Leucylglycin mit Toluolsulfochlorid; fällt beim Ansäuern erst ölig aus [2]. Krystallisiert aus Chloroform vom Schmelzp. 120° [2]; aus Alkohol krystallisiert, schmilzt es bei 92° und nach dem Trocknen im Hochvakuum bei 121,5° [1]. Leicht löslich in Alkohol, Aceton, Essigester, sehr schwer löslich in Chloroform, unlöslich in Äther, Petroläther, Benzol. n-Alkali spaltet bei 37° nicht [2].

β-Naphthalinsulfo-dl-leucyl-glycin. Wird mit n-NaOH bei 37° nicht gespalten, mit 5 n-NaOH nur sehr langsam [3]. Wird mit Trypsin-Kinase nur schwach gespalten, mit Erepsin nicht [4].

Phenylisocyanat-dl-leucyl-glycin $C_{15}H_{21}O_4N_3$. Durch Kuppeln des Dipeptids mit Phenylisocyanat. Schmelzp. 190—191° (korr.). Bei der Aufspaltung mit 5 n-HCl in der Hitze entsteht Phenylisobutylhydantoin zu 93% Ausbeute und Glykokoll [5]. Wird durch n-NaOH bei 37° bereits nach 3 Stunden zu Phenylisocyanat-leucin und Glykokoll aufgespalten; $^n/_{10}$-Lauge braucht $1^1/_2$ Tage dazu [2]. Von Erepsin wird es nicht angegriffen, dagegen wohl von Trypsin-Kinase [4].

Naphthylisocyanat-dl-leucyl-glycin. Wird durch n-NaOH bei Brutraumtemperatur bereits nach $3—3^1/_2$ Stunden zu Naphthylisocyanat-leucin und Glykokoll gespalten. $^n/_{10}$-Lauge spaltet nach 22 Stunden bereits über 90% einer Bindung auf [2].

Trimethyl-dl-leucyl-glycin. Wahrscheinliche Konstitution:

$$\begin{array}{c} CH_3 \\ CH_3 \end{array}\!\!>\!\!CH \cdot CH_2 \cdot \underset{\underset{O \cdot CO-CH_2}{\overset{|}{NH}}}{\overset{|}{\underset{}{CH}}}\!\!-\!\!CO \qquad C_{11}H_{22}O_3N_2 \cdot H_2O$$

$$(CH_3)_3 \equiv N$$

Entsteht durch Einwirkung von Diazomethan auf eine ätherische Suspension von Leucylglycin bei Gegenwart von Wasser. Krystallisiert aus Alkohol nach Ätherzusatz in weißen Blättchen. Bräunt sich gegen 190°, ist gegen 225° intensiv braun, schmilzt bei 237° und zersetzt sich gegen 262° unter Schäumen. Sehr leicht löslich in Wasser, leicht löslich in Alkohol und Aceton, schwer löslich in Essigester und Chloroform, unlöslich in Äther. Ninhydrin negativ. Carbonylreaktion negativ. Reaktion neutral. Gibt mit Wismutjodkali in schwefelsaurer Lösung dunkelbraune Fällung. Bei der Destillation mit Alkali entsteht Trimethylamin. Trotz mehrmaligen Umkrystallisierens aus absolutem Alkohol behält es 1 Krystallwasser bei, was wohl der bipolaren Struktur zuzuschreiben ist [6].

dl-α-Bromisocapronyl-glycyl-arsanilsäure $C_{14}H_{20}O_5N_2BrAs$. Durch Kuppeln von Glycylarsanilsäure mit Bromisocapronylbromid. Fällt beim Ansäuern erst ölig aus, wird aber im Eisschrank bald fest. Löst man in heißem Alkohol und gießt in kaltes Wasser, so erhält man feine Nädelchen vom Zersetzungspunkt 240—243° [7].

dl-Leucyl-glycyl-arsanilsäure. Durch 1 tägiges Aminieren des obigen Bromkörpers erhält man einen zähen, farblosen Sirup, der spielend in Wasser und gut in heißem Alkohol löslich ist. **Calciumsalz** $C_{14}H_{20}O_5N_3AsCa$ [7].

Tautomeres dl-Leucyl-glycin entsteht nach Abderhalden und Schwab entweder durch Aufspalten der von ihnen erhaltenen ungesättigten Form des Leucyl-glycinanhydrids oder durch Erhitzen von Leucyl-glycyl-leucin mit Diphenylamin auf 200° (neben Anhydrid); entfernen des Diphenylamins mit Äther und des Anhydrids mit Chloroform. Kaliumpermanganat wird in der Kälte entfärbt, mit Salpetersäure tritt Gelbfärbung auf, Natronlauge löst mit gelber Farbe, die beim Erwärmen rasch verschwindet. Die Aufspaltung mit $^n/_5$-Alkali vollzieht sich rascher als beim gewöhnlichen Peptid [8].

---

[1] Rudolf Schönheimer: Hoppe-Seylers Z. **154**, 203 (1926).
[2] Emil Abderhalden u. Paul Möller: Hoppe-Seylers Z. **176**, 207 (1928).
[3] Emil Abderhalden u. Paul Möller: Hoppe-Seylers Z. **174**, 196 (1928).
[4] Emil Abderhalden u. Ernst Schwab: Fermentforschg **9**, 501 (1928).
[5] Max Bergmann u. Arthur Miekeley: Liebigs Ann. **458**, 40 (1927).
[6] Emil Abderhalden u. Hans Sickel: Hoppe-Seylers Z. **153**, 16 (1926).
[7] G. Giemsa u. C. Tropp: Ber. dtsch. chem. Ges. **59**, 1776 (1926).
[8] Emil Abderhalden u. Ernst Schwab: Hoppe-Seylers Z. **152**, 88 (1926).

dl-Leucyl-decarboxy-glycin.

$$NH_2 \cdot CH \cdot CO \cdot NH \cdot CH_3 \quad C_7H_{16}ON_2$$
$$\quad\; | $$
$$\;\; C_4H_9$$

Darstellung: Durch 15stündiges Erhitzen von α-Bromisocapronyl-methylamin mit methylalkoholischem Ammoniak bei 100°. Da nicht alles Brom abgespalten wird, reinigen über das salzsaure Salz in ätherischer Lösung und wieder zersetzen mit Alkali. Ist in der im Vakuum zwischen 145—155° übergehenden Fraktion enthalten.
Physikalische und chemische Eigenschaften: Ziemlich schwer bewegliche Flüssigkeit von sehr schwachem Geruch. Siedepunkt bei 12,5 mm 146—147°. Leicht löslich in Wasser[1].
Physiologische Eigenschaften: Wird durch Darmerepsin gespalten, dagegen nicht durch Hefeerepsin; auch nicht durch Trypsin-Kinase[2].
Derivate: Pikrat Schmelzp. 157—159°[1].

dl-α-Bromisocapronyl-methylamin[1].

$$C_7H_{14}ONBr$$

Darstellung: Kuppeln von Methylamin mit α-Bromisocapronylbromid in Benzol.
Physikalische und chemische Eigenschaften: Siedepunkt bei 13 mm 142—145°. Erstarrt leicht und schmilzt nach dem Umkrystallisieren aus 80proz. Methylalkohol oder Petroläther bei 70—71°. Schwer löslich in kaltem Petroläther[1].

dl-Leucyl-dl-alanin.

Physiologische Eigenschaften: Wird durch Erepsin gespalten[3].
Derivate: Acetyl-dl-leucyl-dl-alanin. Durch Kupplung von N-Acetyl-leucin-azlacton mit dl-Alanin. Schmelzp. 203°[4].

dl-Leucyl-d-alanin.

Derivate: Benzoyl-dl-leucyl-d-alanin. Wird schon durch ganz minimale Alkalikonzentration (p_H 7,8) bei Brutraumtemperatur merklich gespalten[5].

dl-Leucyl-decarboxy-alanin[1].

$$NH_2 \cdot CH \cdot CO \cdot NH \cdot CH_2 \cdot CH_3 \quad C_8H_{18}ON_2$$
$$\quad\; | $$
$$\;\; C_4H_9$$

Darstellung: Durch Umsetzung von α-Bromisocapronyl-äthylamin mit alkoholischem Ammoniak im Rohr bei 100°. Das Reaktionsprodukt geht bei 12 mm zwischen 140 und 160° über. Es hinterbleibt nur wenig Rückstand, der aus dem sekundären Körper besteht. Nach dem Fraktionieren Ausbeute 85%.
Physikalische und chemische Eigenschaften: Farbloses, ziemlich leicht in Wasser lösliches Öl. Siedepunkt bei 12 mm 145—146°[1].
Physiologische Eigenschaften: Wird durch Darmerepsin schwach gespalten, durch Hefeerepsin nicht, auch nicht durch Trypsin-Kinase[2].
Derivate: Chlorhydrat. Außerordentlich hygroskopisch.
Platinsalz. Krystallisiert gut aus Wasser vom Zersetzungsp. 195—197°.
Chlorhydrat des sekundären Körpers

$$NH \begin{pmatrix} CH \cdot CO \cdot NH \cdot CH_2 \cdot CH_3 \\ | \\ C_4H_9 \end{pmatrix}_2 \cdot HCl$$

Krystallisiert aus Alkohol bei vorsichtigem Zusatz von Äther. Schmelzp. 215°.

---

[1] Julius v. Braun u. Wilhelm Münch: Ber. dtsch. chem. Ges. **60**, 345 (1927).
[2] Ernst Waldschmidt-Leitz, Wolfgang Graßmann u. Anton Schäffner: Ber. dtsch. chem. Ges. **60**, 359 (1927).
[3] Ernst Waldschmidt-Leitz u. Anton Schäffner: Hoppe-Seylers Z. **151**, 31 (1926).
[4] Max Bergmann, Ferdinand Stern u. Charlotte Witte: Liebigs Ann. **449**, 277 (1926).
[5] Emil Abderhalden u. Hans Sickel: Hoppe-Seylers Z. **170**, 134 (1927).

N-Methyl-dl-leucyl-decarboxy-alanin

$$CH_3 \cdot NH \cdot \underset{\underset{C_4H_9}{|}}{CH} \cdot CO \cdot NH \cdot CH_2 \cdot CH_3 \quad C_9H_{20}ON_2$$

Durch Umsetzung von Bromisocapronyl-äthylamin mit Methylamin. Siedepunkt bei 13 mm 139°. Farblose, ziemlich ölige Flüssigkeit. **Pikrat.** Schmelzp. 130°. **Chlorhydrat** hygroskopisch.

N-Äthyl-dl-leucyl-decarboxy-alanin $C_{10}H_{22}ON_2$. Siedepunkt bei 11 mm 145°. **Chlorhydrat** nicht hygroskopisch; Schmelzp. 139°.

N-Diäthyl-dl-leucyl-decarboxy-alanin $C_{12}H_{26}ON_2$. Bildet sich aus Bromisocapronyl-äthylamin und Diäthylamin wesentlich langsamer als die Monoäthylverbindung. Siedepunkt bei 11 mm 141°. Wenig löslich in kaltem Wasser. Pharmakologisch indifferent. **Chlorhydrat** sehr hygroskopisch.

N-n-Propyl-dl-leucyl-decarboxy-alanin $C_{11}H_{24}ON_2$. Siedepunkt bei 13 mm 152°. Hat epileptoide Wirkung. **Pikrat** krystallisiert aus Äther in gelben Rosetten vom Schmelzp. 150°. **Chlorhydrat** hygroskopisch. Schmelzp. 128°.

N-n-Butyl-dl-leucyl-decarboxy-alanin $C_{12}H_{26}ON_2$. Siedepunkt bei 13 mm 161°. Äußerst giftig! **Pikrat.** Schmelzp. 83°. **Chlorhydrat** krystallisiert in Warzen vom Schmelzp. 120°.

N-Isoamyl-dl-leucyl-decarboxy-alanin $C_{13}H_{28}ON_2$. Siedepunkt bei 13 mm 167°. Epileptoide Wirkung. Sehr viscos. **Chlorhydrat.** Fällt aus Äther erst zähflüssig, krystallisiert aber dann in rhombischen Tafeln vom Schmelzp. 129°.

N-Diisoamyl-dl-leucyl-decarboxy-alanin $C_{18}H_{38}ON_2$. Bildet sich noch viel langsamer als die Diäthylverbindung. Siedepunkt bei 12 mm 171—174°. Äußerst zäh. **Chlorhydrat** ungemein hygroskopisch.

N-Isohexyl-dl-leucyl-decarboxy-alanin $C_{14}H_{30}ON_2$. Siedepunkt bei 13 mm 179°. Sehr zäh. Epileptoide Wirkung. **Chlorhydrat.** Aus Äther erst ölig, nach mehreren Tagen krystallinisch. Schmelzp. 122°.

N-Heptyl-dl-leucyl-decarboxy-alanin $C_{15}H_{32}ON_2$. Siedepunkt bei 13 mm 188°. **Chlorhydrat** ganz außerordentlich hygroskopisch. Epileptoide Wirkung.

N-n-Nonyl-dl-leucyl-decarboxy-alanin $C_{17}H_{36}ON_2$. Aus Bromisocapronyläthylamin und n-Nonylamin. Siedepunkt bei 11 mm 204—206° ohne jegliche Zersetzung. Farblos, äußerst zäh. **Chlorhydrat** ungewöhnlich hygroskopisch. Epileptoide Wirkung.

dl-α-Bromisocapronyl-äthylamin[1].

$$C_8H_{16}ONBr$$

Darstellung: Aus α-Bromisocapronylbromid und Äthylamin.
Physikalische und chemische Eigenschaften: Schmelzpunkt nach dem Umkrystallisieren aus verdünntem Methylalkohol 93°.

dl-α-Bromisocapronyl-α-aminoisobuttersäure[2].

$$C_{10}H_{19}O_3NBr$$

Darstellung: Kuppeln von α-Aminoisobuttersäure mit α-Bromisocapronylbromid. Fällt nach dem Ansäuern ölig aus; ausäthern, einengen, mit Petroläther fällen.
Physikalische und chemische Eigenschaften: Krystalle vom Schmelzp. 146°. Löslich in Alkohol und Äther, schwer löslich in Wasser, unlöslich in Petroläther.

dl-Leucyl-α-aminoisobuttersäure[2].

$$NH_2 \cdot \underset{\underset{C_4H_9}{|}}{CH} \cdot CO \cdot NH \cdot \underset{\underset{CH_3 \;\; CH_3}{\diagup \;\; \diagdown}}{C} —COOH \quad C_{10}H_{20}O_3N_2$$

Darstellung: Entsteht neben Anhydrid bei der Aminierung von α-Bromisocapronyl-α-aminoisobuttersäure. Zur Trockne verdampfen, Anhydrid mit Essigester ausziehen, Rückstand mit Silbersulfat und Baryt behandeln.
Physikalische und chemische Eigenschaften: Krystalle. Schmelzp. 250° unter Zersetzung. Geht, mit Diphenylamin erhitzt, ins Anhydrid über.

---

[1] Julius v. Braun u. Wilhelm Münch: Ber. dtsch. chem. Ges. **60**, 345 (1927).
[2] Emil Abderhalden u. Ernst Roßner: Hoppe-Seylers Z. **163**, 149 (1927).

dl-Leucyl-dl-β-aminobuttersäure.

Physiologische Eigenschaften: Wird durch Darmerepsin nur schwach gespalten[1].

dl-α-Bromisocapronyl-γ-aminobuttersäure [2].

Darstellung: Kuppeln von γ-Aminobuttersäure mit α-Bromisocapronylbromid. Fällt beim Ansäuern ölig aus. Ausbeute schlecht.
Physikalische und chemische Eigenschaften: Ölige Masse, die nicht fest erhalten werden konnte.

dl-Leucyl-γ-aminobuttersäure [2].

$$NH_2 \cdot CH \cdot CO \cdot NH \cdot CH_2 \cdot CH_2 \cdot CH_2 \cdot COOH \quad C_{10}H_{20}O_3N_2$$
$$CH_2 \cdot CH \diagup^{CH_3}_{CH_3}$$

Darstellung: Aminieren des Bromkörpers. Behandeln mit Silbersulfat und Baryt.
Physikalische und chemische Eigenschaften: Mikroskopisch kleine Krystallaggregate. Spielend leicht löslich in Wasser. Bei 170° langsam beginnendes Sintern, bei 195° beginnende Gasentwicklung, über 215° rasche Dunkelfärbung.
Physiologische Eigenschaften: Hefemacerationssaft spaltet nicht[2].

dl-α-Bromisocapronyl-δ-aminovaleriansäure [3].

$$C_{11}H_{20}O_3NBr$$

Darstellung: Nach dem Kuppeln der Komponenten scheidet sich das Reaktionsprodukt beim Ansäuern aus.
Physikalische und chemische Eigenschaften: Schmilzt bei 75—76° zu einer klaren Flüssigkeit. Leicht löslich in heißem Wasser, Alkohol und Äther, unlöslich in Petroläther.

dl-Leucyl-δ-aminovaleriansäure [3].

$$NH_2 \cdot CH \cdot CO \cdot NH \cdot CH_2 \cdot CH_2 \cdot CH_2 \cdot CH_2 \cdot COOH \quad C_{11}H_{22}O_3N_2$$
$$C_4H_9$$

Darstellung: Aminieren des Bromkörpers und Entfernen des Bromammons nach der Silbermethode. Umkrystallisieren aus alkoholischem Ammoniak.
Physikalische und chemische Eigenschaften: Schmelzp. 164—165°. Leicht löslich in Wasser und ammoniakalischem Alkohol. Gibt mit Phosphorwolframsäure einen im Überschuß löslichen Niederschlag.
Physiologische Eigenschaften: Wird durch Hefemacerationssaft nicht gespalten.

d-α-Bromisocapronyl-d-valin.

Darstellung: Über die Darstellung größerer Mengen eines optisch reinen Produktes[4].
Physikalische und chemische Eigenschaften: Spaltet bei der Chlorierung unter Bildung eines ungesättigten Körpers Bromwasserstoff ab, der bei der Hydrolyse α-Oxoisovaleriansäure bildet[5].

l-Leucyl-d-valin.

Darstellung: Über die Darstellung größerer Mengen eines optisch reinen Produkts[4].
Physiologische Eigenschaften: Wird durch Erepsin gespalten, durch Trypsin-Kinase nicht[4].

---

[1] Waldschmidt-Leitz, Schäffner, Schlatter u. Klein: Ber. dtsch. chem. Ges. **61**, 299 (1928).
[2] Emil Abderhalden, Hartmann Pieper u. Rintaro Tateyama: Fermentforschg **8**, 579 (1926).
[3] Emil Abderhalden u. Julius Hartmann: Fermentforschg **9**, 199 (1927).
[4] Emil Abderhalden u. Hans Sickel: Fermentforschg **9**, 462 (1928).
[5] Emil Abderhalden u. Ernst Roßner: Hoppe-Seylers Z. **163**, 261 (1928).

dl-Leucyl-dl-valin.

Physikalische und chemische Eigenschaften: Geht beim Erhitzen mit Diphenylamin ins Anhydrid über[1].

dl-Leucyl-dl-leucin.

Physikalische und chemische Eigenschaften: Wird durch n-Alkali bei 37° kaum merklich gespalten[2, 3]. Bei der Einwirkung von Hypobromit bilden sich Blausäure, Isovaleronitril, geringe Mengen Isocapronsäure, wahrscheinlich auch Isovaleraldehyd, sowie eine Oxosäure. Die Reaktionskurve verläuft anfangs steil, dann flach[4].

Derivate: Kupfersalz. Spezifische Leitfähigkeit bei verschiedenen Konzentrationen[5].
Benzoyl-dl-leucyl-dl-leucin $C_{19}H_{28}O_4N_2$. Kuppeln von Leucyl-leucin mit überschüssigem Benzoylchlorid. Fällt beim Ansäuern aus. Ausziehen mit Ligroin. Leicht löslich in Alkohol, sehr schwer löslich in Wasser, fast unlöslich in Äther. Amorph. Sintert bei 183° und schmilzt bei 185°. Wird mit n- oder 3 n-Alkali bei 37° nicht gespalten; erst bei 100°, wobei etwa 50% Benzoesäure entsteht[3].

β-Naphthalinsulfo-dl-leucyl-dl-leucin. Kuppeln des Dipeptids mit Naphthalinsulfochlorid. Fällt beim Ansäuern aus. Leicht löslich in Methyl- und Äthylalkohol, sehr schwer in Wasser, fast unlöslich in Äther. Wird mit n-Alkali selbst bei 100° kaum angegriffen[3].

l-Leucyl-l-leucin.

Physikalische und chemische Eigenschaften: Wird von n-NaOH bei Brutraumtemperatur nicht gespalten[6].
Physiologische Eigenschaften: Wird durch Erepsin gespalten, durch Trypsin-Kinase dagegen nicht[6, 7].

Derivate: Benzoyl-l-leucyl-l-leucin. Krystallisiert aus wässerigem Alkohol in schönen Nadeln vom Schmelzp. 133°. $[\alpha]_D^{20}$ in n-NaOH = $-49,14°$. Löslich in Alkohol, Essigester und Äther, unlöslich in Wasser und Petroläther[6].
Phenylisocyanat-l-leucyl-l-leucin $C_{19}H_{29}O_4N_3$. Krystallisiert aus wässerigem Alkohol in langen schmalen Prismen vom Schmelzp. 198°. $[\alpha]_D^{20}$ in n-NaOH = $-68,66°$. Wird durch n-Alkali bei 37° rasch aufgespalten unter Bildung von Phenylisocyanat-leucin und Racemisierung[6].

dl-α-Bromisocapronyl-dl-norleucin[8].
$C_{12}H_{22}O_3NBr$.

Darstellung: Kuppeln von Norleucin mit α-Bromisocapronylbromid, wobei starkes Schäumen auftritt. Fällt beim Ansäuern als zähe Masse, die beim Stehen krystallinisch erstarrt.
Physikalische und chemische Eigenschaften: Krystallisiert aus Alkohol + Wasser in nicht einheitlichen Krystallen (Nadeln und Blättchen), die bei 113° sintern und erst bei 135° völlig schmelzen.

α- und β-dl-Leucyl-dl-norleucin[8].

$$NH_2 \cdot CH \cdot CO \cdot NH \cdot CH \cdot COOH \quad C_{12}H_{24}O_2N_2$$
$$CH_2 \cdot CH \!\! <\!\!{CH_3 \atop CH_3} \quad CH_2 \cdot CH_2 \cdot CH_2 \cdot CH_3$$

Darstellung: Aminieren von α-Bromisocapronyl-norleucin, eindampfen zur Trockne, mit 40proz. Alkohol aufnehmen, vom zurückbleibenden α-Leucyl-norleucin abfiltrieren, zur Trockne verdampfen, mit Methylalkohol extrahieren, Soxhletrückstand mit wenig Wasser

---

[1] Emil Abderhalden u. Fritz Gebelein: Hoppe-Seylers Z. **152**, 125 (1926).
[2] Emil Abderhalden u. Hans Sickel: Hoppe-Seylers Z. **170**, 134 (1927).
[3] Emil Abderhalden u. Paul Möller: Hoppe-Seylers Z. **174**, 196 (1928).
[4] Emil Abderhalden u. Waldemar Kröner: Hoppe-Seylers Z. **168**, 201 (1927).
[5] Emil Abderhalden u. Erwin Schnitzler: Hoppe-Seylers Z. **163**, 94 (1927).
[6] Emil Abderhalden u. Richard Fleischmann: Fermentforschg **9**, 524 (1928).
[7] Ernst Waldschmidt-Leitz, Anton Schäffner, Hans Schlatter u. Willibald Klein: Ber. dtsch. chem. Ges. **61**, 299.
[8] Emil Abderhalden u. Ernst Roßner: Hoppe-Seylers Z. **163**, 149 (1927).

waschen und in Wasser unter Erwärmen lösen. Beim Stehen krystallisiert das β-Leucyl-norleucin aus.

Physikalische und chemische Eigenschaften: α-Form: Unlöslich in allen organischen Lösungsmitteln. In kochendem Wasser ungefähr im Verhältnis 1:5000 löslich. Krystallisiert daraus in sechseckigen Blättchen vom Schmelzp. 266°. Bildet beim Erhitzen allein oder in den verschiedenartigsten Medien das entsprechende Anhydrid. Beim Erhitzen mit Chinolin + Tierkohle geht es in ein ungesättigtes Anhydrid über, wahrscheinlich in Dehydroleucyl-norleucinanhydrid. — β-Form: Krystallisiert aus Wasser in Pyramidenstumpfen mit quadratischen Grund- und Deckflächen. Verhältnismäßig leicht löslich in Wasser (1:40). Schmelzp. 242°. Beim Erhitzen mit Chinolin o. a. entsteht das entsprechende Anhydrid[1].

dl-Leucyl-ε-amino-n-capronsäure.

Physiologische Eigenschaften: Wird durch Erepsin gespalten, durch Trypsin-Kinase nicht[2].

dl-α-Bromisocapronyl-dl-α-aminoheptylsäure[3].

$C_{13}H_{24}O_3NBr$.

Darstellung: Kuppeln von α-Aminoheptylsäure mit α-Bromisocapronylbromid. Fällt beim Ansäuern als bald erstarrendes Öl aus.

Physikalische und chemische Eigenschaften: Schmelzp. 98—102°. Leicht löslich in Alkohol, Aceton, Methylalkohol, Äther, Benzol, Essigester, Chloroform, schwer löslich in Ligroin, Benzol und Xylol.

dl-Leucyl-dl-α-aminoheptylsäure.

$$NH_2 \cdot \underset{\underset{C_4H_9}{|}}{CH} \cdot CO \cdot NH \cdot \underset{\underset{(CH_2)_4 \cdot CH_3}{|}}{CH} \cdot COOH \quad C_{13}H_{26}O_3N$$

Darstellung: Aminieren von α-Bromisocapronyl-aminoheptylsäure.

Physikalische und chemische Eigenschaften: Bei 230° leichte Braunfärbung, bei 247° Gasentwicklung. Sehr wenig löslich in heißem Wasser, Aceton, Alkohol, Äther, Chloroform, Essigester, löslich in Benzol und Xylol[3]. Geht beim Erhitzen mit Anilin ins Anhydrid über[1]. Wird mit n-Alkali bei 37° nicht gespalten[4].

dl-α-Bromisocapronyl-dl-α-aminocaprylsäure[5].

$C_{14}H_{26}O_3NBr$

Darstellung: Kuppeln von α-Aminocaprylsäure mit Bromisocapronylbromid. Fällt beim Ansäuern als rasch erstarrendes Öl aus.

Physikalische und chemische Eigenschaften: Schmelzp. 123°. Schwer löslich in heißem Wasser, löslich in Äther, fast unlöslich in Petroläther[5].

dl-Leucyl-dl-α-aminocaprylsäure.

$$NH_2 \cdot \underset{\underset{C_4H_9}{|}}{CH} \cdot CO \cdot NH \cdot \underset{\underset{(CH_2)_5 \cdot CH_3}{|}}{CH} \cdot COOH \quad C_{14}H_{28}O_3N_2$$

Darstellung: Aminieren von α-Bromisocapronyl-α-aminocaprylsäure mit alkoholischem Ammoniak. Krystallisiert beim Einengen im Vakuum aus[5].

Physikalische und chemische Eigenschaften: Schmelzp. 230°. Unlöslich in den gewöhnlichen organischen Mitteln, sehr schwer löslich in Wasser[5].

Physiologische Eigenschaften: Bei der Einwirkung von Hefemacerationssaft entsteht l-Leucin, was auf asymmetrische Spaltung hindeutet[5].

---

[1] Emil Abderhalden u. Ernst Roßner: Hoppe-Seylers Z. **163**, 149 (1927).
[2] Ernst Waldschmidt-Leitz, Anton Schäffner, Hans Schlatter u. Willibald Klein: Ber. dtsch. chem. Ges. **61**, 299 (1928).
[3] Emil Abderhalden u. Susi Glaubach: Fermentforschg **6**, 348 (1922).
[4] Emil Abderhalden u. Hans Brockmann: Fermentforschg **9**, 430 (1928).
[5] Emil Abderhalden u. Kiko Goto: Fermentforschg **7**, 95 (1923).

dl-α-Bromisocapronyl-dl-α-aminomyristinsäureäthylester [1].

Br · CH · CO · NH · CH · COOC$_2$H$_5$ C$_{22}$H$_{42}$O$_3$NBr
| |
C$_4$H$_9$ (CH$_2$)$_{11}$ · CH$_3$

Darstellung: Man löst den aus dem Esterchlorhydrat mit Natriumalkoholat in Freiheit gesetzten α-Aminomyristinsäureester in Chloroform und gibt unter Kühlung in Chloroform gelöstes α-Bromisocapronylbromid langsam hinzu. Eindampfen, in Alkohol lösen, mit Äther bis zur Trübung versetzen.
Physikalische und chemische Eigenschaften: Schmelzp. 44°.

dl-Leucyl-dl-α-aminomyristinsäure [1].

NH$_2$ · CH · CO · NH · CH · COOH
| |
C$_4$H$_9$ (CH$_2$)$_{11}$ · CH$_3$

Darstellung: Durch Aminieren des α-Bromisocapronyl-α-aminomyristinsäureesters mit alkoholischem Ammoniak, wobei der Ester verseift wird und das Reaktionsprodukt sich ausscheidet.
Physikalische und chemische Eigenschaften: Unlöslich in organischen Lösungsmitteln, so gut wie unlöslich in Wasser, löslich in Alkali.
Physiologische Eigenschaften: Fermentversuche scheitern an der Schwerlöslichkeit des Peptids.

dl-Leucyl-decarboxy-β-phenyl-α-alanin [2].

NH$_2$ · CH · CO · NH · CH$_2$ · CH$_2$ · C$_6$H$_5$ C$_{14}$H$_{22}$ON$_2$
|
C$_4$H$_9$

Darstellung: Durch Erhitzen von α-Bromisocapronyl-β-phenyläthylamin mit methylalkoholischem Ammoniak, eindampfen im Vakuum, zersetzen mit Alkali, ausäthern, fällen mit ätherischer Salzsäure, zerreiben des klumpigen Niederschlags mit eiskaltem Alkohol, umkrystallisieren aus Alkohol, zersetzen des Chlorhydrats mit Alkali.
Physikalische und chemische Eigenschaften: Dickes, nicht krystallisierendes Öl.
Derivate: Chlorhydrat. Schmelzp. 203—204°.
N-β′-Phenyläthyl-dl-leucyl-decarboxy-β-phenyl-α-alanin.

C$_6$H$_5$ · CH$_2$ · CH$_2$ · NH · CH · CO · NH · CH$_2$ · CH$_2$ · C$_6$H$_5$ C$_{22}$H$_{30}$ON$_2$
|
C$_4$H$_9$

Durch ½stündiges Erhitzen von α-Bromisocapronyl-β-phenyläthylamin mit 2 Mol β-Phenyläthylamin auf dem Wasserbad. Ausschütteln mit Wasser und Äther. Zähes Öl. **Chlorhydrat** C$_{22}$H$_{31}$ON$_2$Cl. In kaltem Wasser und Alkohol schwer löslich. Schmelzp. 214°.

dl-α-Bromisocapronyl-β-phenyläthylamin [2].

Br · CH · CO · NH · CH$_2$ · CH$_2$ · C$_6$H$_5$ C$_{14}$H$_{20}$ONBr
|
C$_4$H$_9$

Darstellung: Kuppeln von β-Phenyläthylamin mit α-Bromisocapronylbromid.
Physikalische und chemische Eigenschaften: Leicht löslich in Äther, schwer löslich in Petroläther. Schmelzp. 76°.

---

[1] Emil Abderhalden u. Munenari Tanaka: Fermentforschg **7**, 153 (1923).
[2] Julius v. Braun u. Wilhelm Münch: Ber. dtsch. chem. Ges. **60**, 345 (1927).

dl-Leucyl-decarboxy-tyrosin, dl-Leucyl-tyramin [1].

$$NH_2 \cdot CH \cdot CO \cdot NH \cdot CH_2 \cdot CH_2 \cdot C_6H_4OH$$
$$|$$
$$C_4H_9$$

Darstellung: Aminieren von α-Bromisocapronyl-tyramin, wobei als Nebenprodukt **Iminodi-(isocapronyl-tyramin)**

$$NH\left(\begin{array}{c}CH \cdot CO \cdot NH \cdot CH_2 \cdot CH_2 \cdot C_6H_4 \cdot OH\\ | \\ C_4H_9\end{array}\right)_2$$

erhalten wird.

Physikalische und chemische Eigenschaften: Zersetzungsp. 105°. Leicht löslich in Alkohol und Wasser. Fällt aus der alkoholischen Lösung mit Äther.

Physiologische Eigenschaften: Wird durch Hefemacerationssaft gespalten, durch Darmsaft und Pankreassaft dagegen nicht.

dl-α-Bromisocapronyl-tyramin [1].
$$C_{14}H_{20}O_2NBr$$

Darstellung: Kuppeln von salzsaurem Tyramin mit α-Bromisocapronylbromid in alkalischer Lösung.

Physikalische und chemische Eigenschaften: Perlmutterglänzende Blättchen vom Schmelzp. 113°. Leicht löslich in Alkohol, Chloroform, Essigester, Äther, schwer löslich in Wasser.

l-Leucyl-l-prolin [2].
$$C_{11}H_{20}O_3N_2$$

Darstellung: Durch Aufspaltung von l-Prolyl-l-leucinanhydrid mit Baryt bei Brutraumtemperatur (2 Tage).

Physikalische und chemische Eigenschaften: Ist nicht krystallisiert erhalten worden. Leicht löslich in Wasser und Alkohol, unlöslich in Äther. Stark hygroskopisch. Das im Exsiccator getrocknete Pulver schäumt gegen 90° auf, schmilzt gegen 100°, bei 180° erfolgt schwache Blasenbildung, von 200° ab Gelbfärbung, jedoch bis 300° keine deutliche Zersetzung. Beim Trocknen im Vakuum über Phosphorpentoxyd entsteht wieder das Anhydrid. Schmeckt schwach bitter, reagiert schwach sauer, gibt mit Kupferoxyd gekocht blaue Lösung. $[\alpha]_D^{17} = +50,96°$.

Derivate: Methylierungsprodukt $C_{15}H_{28}O_3N_2$. Entsteht in geringer Menge bei der Methylierung von l-Leucyl-prolin mit Diazomethan in ätherischer Suspension bei Gegenwart von etwas Wasser. Krystallisiert aus absolutem Alkohol nach Ätherzusatz in Nadeln vom Schmelzpunkt 185—186°. Verhält sich betainähnlich und ist äußerst hygroskopisch. Reagiert neutral. Enthält 4 am Stickstoff sitzende Methylgruppen. Ninhydrin- und Carbonylreaktion negativ. Mit Wismutjodkali in schwefelsaurer Lösung dunkelbraune Fällung.

Methylierungsprodukt $C_{14}H_{26}O_3N_2$. Bildet den Hauptanteil bei der Methylierung und stellt ein zähflüssiges Öl dar. Es stellt wahrscheinlich den **N-Dimethyl-leucyl-prolinmethylester** dar [2].

l-Leucyl-l-serin.

Bildung: Bei der partiellen Hydrolyse von Schweineborsten durch 7tägige Einwirkung von 70proz. Schwefelsäure [3].

l-Leucyl-dl-methylisoserin.

Physiologische Eigenschaften: Wird durch Erepsin gespalten, durch Trypsin-Kinase nicht [4].

---

[1] Emil Abderhalden u. Ernst Schwab: Fermentforschg **9**, 252 (1927).
[2] Emil Abderhalden u. Hans Sickel: Hoppe-Seylers Z. **159**, 163 (1926).
[3] Emil Abderhalden u. Ernst Komm: Hoppe-Seylers Z. **132**, 1 (1924).
[4] Ernst Waldschmidt-Leitz, Anton Schäffner, Hans Schlatter u. Willibald Klein: Ber. dtsch. chem. Ges. **61**, 299 (1928).

dl-α-Bromisocapronyl-dl-phenylserin[1].

$C_{15}H_{20}O_4NBr$

Darstellung: Kuppeln von Phenylserin mit α-Bromisocapronylbromid. Kupplungsprodukt fällt schon zum größten Teil in alkalischer Lösung aus.

Physikalische und chemische Eigenschaften: Krystallisiert aus Alkohol unter Wasserzusatz in Form kurzer Stäbchen. Schmelzpunkt zwischen 115 und 120°. Leicht löslich in Alkohol, Äther, Essigester, sehr schwer löslich in heißem Wasser, unlöslich in Petroläther. Starke Xanthoproteinreaktion.

dl-Leucyl-dl-phenylserin[1].

$$\begin{array}{ll} NH_2 \cdot CH \cdot CO \cdot NH \cdot CH \cdot COOH & C_{15}H_{22}O_4N_2 \\ || & \\ C_4H_9 HO{-}CH \cdot C_6H_5 & \end{array}$$

Darstellung: Aminieren von α-Bromisocapronyl-phenylserin und entfernen des Bromammons mit absolutem Alkohol.

Physikalische und chemische Eigenschaften: Bei 198° beginnende Bräunung; Schmelzpunkt 206°. Schwer löslich in heißem Wasser, unlöslich in absolutem Alkohol u. a. organischen Mitteln. Starke Xanthoproteinreaktion.

Physiologische Eigenschaften: Wird durch Hefemacerationssaft unter teilweiser asymmetrischer Spaltung in seine Komponenten gespalten.

dl-α-Bromisocapronyl-(N)-dl-α-amino-δ-oxyvaleriansäure[2].

$C_{11}H_{20}O_4NBr$.

Darstellung: Kuppeln von dl-α-Amino-δ-oxy-n-valeriansäure mit Bromisocapronylchlorid. Fällt beim Ansäuern mikrokrystallinisch aus.

Physikalische und chemische Eigenschaften: Krystallisiert aus Methylalkohol + Wasser in schönen, schräg abgeschnittenen, zu Rosetten angeordneten, glänzenden Blättchen, die bei 129—130° schmelzen, nach sofortigem Abkühlen erstarren, um dann wieder bei 121° zu schmelzen. Sehr schwer löslich in Wasser, leichter in Äther und Chloroform, sehr leicht löslich in Methylalkohol, unlöslich in Petroläther.

dl-Leucyl-(N-)dl-α-amino-δ-oxyvaleriansäure[2].

$$\begin{array}{ll} NH_2 \cdot CH \cdot CO \cdot NH \cdot CH \cdot COOH & C_{11}H_{22}O_4N_2 \\ || & \\ C_4H_9 CH_2 \cdot CH \cdot CH \cdot OH & \end{array}$$

Darstellung: Durch 38stündiges Aminieren des Bromkörpers. Entfernen des Bromammons mit Silbersulfat und Baryt.

Physikalische und chemische Eigenschaften: Krystalle aus Alkohol. Färbt sich bei 210° gelb, ist bei 212° dickflüssig, bei 214° dünnflüssig und zersetzt sich gegen 290°. Reagiert gegen Lackmus schwach sauer. Ninhydrinreaktion erst nach dem Neutralisieren positiv. Carbonyl- und Biuretreaktion negativ. Die Farbe einer verdünnten Kupfersulfatlösung vertieft sich nach Zusatz des Peptids. Sehr leicht löslich in absolutem Alkohol und Wasser, schwer löslich in Eisessig, fast unlöslich in den andern organischen Lösungsmitteln. Bei der Hydrolyse entsteht wenig (6%) Prolin, ferner Leucin, Aminooxyvaleriansäure, sowie ziemlich viel alkohol- und ätherlösliche Produkte. Im Vakuum spaltet es bei 180° $1^1/_2$ Mol Wasser unter Anhydrisierung ab.

Physiologische Eigenschaften: Wird durch Hefemacerationssaft in Leucin und α-Amino-δ-oxyvaleriansäure gespalten.

---

[1] Emil Abderhalden u. Severian Buadse: Fermentforschg **8**, 487 (1926).
[2] Emil Abderhalden u. Hans Sickel: Hoppe-Seylers Z. **153**, 16 (1926).

dl-α-Bromisocapronyl-l-oxyprolin[1].
$C_{11}H_{18}O_4NBr$

Darstellung: Nach dem Kuppeln der Komponenten scheidet sich beim Ansäuern ein heller Sirup aus. Abdekantieren, mit wenig Äther versetzen, wobei Krystallisation eintritt.
Physikalische und chemische Eigenschaften: Schmilzt, aus Alkohol krystallisiert, bei 155°. Leicht löslich in Methylalkohol, Äthylalkohol und Essigester, schwerer löslich in Wasser, unlöslich in Petroläther. Schwer löslich in Äther. Wenn es jedoch noch im sirupösen Zustand vorliegt, ist es darin leicht löslich.

dl-Leucyl-l-oxyprolin[1].

$$NH_2-CH \cdot CO \cdot N\text{------}CH \cdot COOH \quad C_{11}H_{20}O_4N_2$$
$$|\qquad\qquad |\quad\rangle CH_2$$
$$\cdot C_4H_9 \quad\ CH_2\text{---}CHOH$$

Darstellung: Nach dem Aminieren des Bromkörpers und Behandeln mit Silbersulfat erhält man beim Einengen und Stehen in der Kälte wahrscheinlich **Oxyisocapronyl-l-oxyprolin.** Aus dem Filtrat erhält man bei weiterem Einengen das Ammonsalz des Dipeptids, aus dem das Peptid durch Baryt und Luftdurchleiten in Freiheit gesetzt wird.
Physikalische und chemische Eigenschaften: Schmelzp. 234° (korr.). Löslich in Wasser und Essigester, wenig löslich in Methyl- und Äthylalkohol, unlöslich in Äther und Petroläther. $[\alpha]_D = -36,97°$ (in Wasser). Wird mit n-NaOH bei 37° nur sehr langsam, mit n-HCl überhaupt nicht gespalten.
Physiologische Eigenschaften: Wird weder von Erepsin noch von Trypsin angegriffen.

dl-α-Bromisocapronyl-d-glutaminsäure[2].

Derivate: Diäthylester $C_{15}H_{26}O_5NBr$. Durch Verestern von Glutaminsäure, eindampfen, lösen des Esterchlorhydrats in Chloroform, in Freiheit setzen des Esters durch Schütteln mit wässeriger Natronlauge und Kuppeln mit α-Bromisocapronylbromid. Aus der gut getrockneten Chloroformlösung erhält man ein bräunlich gefärbtes Öl, das im Hochvakuum bei 153° unzersetzt destilliert werden kann. Farbloses Öl, mit einem Stich ins Gelbe, von angenehmem Geruch und intensiv bitterem Geschmack.
Dimethylester $C_{13}H_{22}O_5NBr$. Wird analog dem Diäthylester dargestellt. Geht im Hochvakuum bei etwa 133° als sehr viscoses, bitter schmeckendes Öl von aromatischem Geruch über. Es ist schwach gelb gefärbt und zeigt eine starke grüne Fluorescenz.

dl-Leucyl-d-glutaminsäure.

Physikalische und chemische Eigenschaften: Wird durch n-NaOH bei 37° kaum angegriffen[3].
Physiologische Eigenschaften: Wird weder durch Erepsin noch durch Trypsin-Kinase gespalten[3].
Derivate: Kupfersalz. Verhalten des Kupfersalzes mit optisch definierten Lichtfiltern im polarisierten Licht der Quecksilberquarzlampe[4].

l-Leucyl-d-glutaminsäure.

Physikalische und chemische Eigenschaften: Wird durch n-NaOH bei 37° kaum angegriffen[3].
Physiologische Eigenschaften: Wird durch Erepsin und Pankreasauszug kaum gespalten[3]. Nach anderen Beobachtungen soll Erepsin sogar ziemlich stark angreifen[5]. Trypsin-Kinase spaltet nicht[5]. Wird von Hefedipeptidase gespalten, dagegen nicht von Hefepolypeptidase[6].

---

[1] Emil Abderhalden u. Wilhelm Köppel: Fermentforschg **9**, 439 (1928).
[2] Emil Abderhalden u. Ernst Roßner: Hoppe-Seylers Z. **152**, 271 (1926).
[3] Emil Abderhalden u. Ernst Roßner: Fermentforschg **9**, 494 (1928).
[4] Emil Abderhalden u. Erwin Schnitzler: Hoppe-Seylers Z. **164**, 37 (1927).
[5] Ernst Waldschmidt-Leitz, Anton Schäffner, Hans Schlatter u. Willibald Klein: Ber. dtsch. chem. Ges. **61**, 299 (1928).
[6] Wolfgang Graßmann u. Hanns Dyckerhoff: Ber. dtsch. chem. Ges. **61**, 656 (1928).

dl-Norleucyl-glycin[1].

$$NH_2 \cdot \underset{(CH_2)_3 \cdot CH_3}{CH} \cdot CO \cdot NH \cdot CH_2 \cdot COOH \quad C_8H_{16}O_3N_2$$

Darstellung: Aminieren von α-Brom-n-capronyl-glycin.
Physikalische und chemische Eigenschaften: Schmelzp. 226° unter Zersetzung. Löslich in heißem Wasser, unlöslich in Alkohol.
Derivate: Esterchlorhydrat $C_{10}H_{21}O_3N_2Cl$. Durch Verestern des Peptids mit absolutem Alkohol und Salzsäure. Verestert man mit Alkohol und salpetriger Säure, so erhält man α-**Oxy-n-capronyl-glycinester** vom Schmelzp. 90—91°.

dl-Phenylalanyl-glycin.

Darstellung: 1. Durch Lösen von 1 Mol Phenylalanin-N-carbonsäureanhydrid in Essigester und Schütteln mit einer gesättigten wässerigen Lösung von 2 Mol Glykokoll. Scheidet sich nach Beendigung der CO_2-Entwicklung in feinen, weißen Nädelchen aus[2]. 2. Aus dem Bromhydrat (siehe unten) durch Behandeln mit Silbercarbonat[3]. 3. Durch Spaltung von 2-Phenyl-4-benzyl-glyoxalidon(5)-l-essigsäure mit $^n/_{10}$-Säure im Wasserbad[4].
Acetyl-dl-phenylalanyl-glycinester $C_{15}H_{20}O_4N_2$. Durch Lösen von N-Acetyl-dl-phenylalanyl-azlacton in trockenem Äther und Versetzen mit einer ätherischen Lösung von Glycinester. Krystallisiert in Nadeln vom Schmelzp. 135°. Ziemlich leicht löslich in heißem Wasser, warmem Alkohol, Essigester, Aceton und Benzol, schwer löslich in Äther, sehr schwer löslich in Tetrachlorkohlenstoff, unlöslich in Petroläther[3].
dl-Phenylalanyl-glycin-bromhydrat. Durch $1/_2$ stündiges Kochen von Acetyl-phenylalanyl-glycinester mit der 100 fachen Menge n-HBr, verdampfen im Vakuum, lösen in Eisessig und fällen mit Äther. Schmelzp. 211° unter Aufschäumen[3].
Benzoyl-dl-phenylalanyl-glycin $C_{18}H_{18}O_4N_2$. α-Benzaminocinnamoylglycinäthylester wird mit Alkohol und Natronlauge verseift, nach Zusatz von Wasser mit Natriumamalgam reduziert, das ausgefallene Natriumsalz in Wasser gelöst und mit Salzsäure gefällt. Krystallisiert aus viel Alkohol in rhombischen Kryställchen vom Schmelzp. 240°[4].

α-**Benzamino-cinnamoyl-glycinäthylester**

$$C_6H_5 \cdot CO \cdot NH \cdot \underset{\underset{CH \cdot C_6H_5}{\|}}{C} \cdot CO \cdot NH \cdot CH_2 \cdot COOC_2H_5 \quad C_{20}H_{20}O_4N_2$$

Man gibt eine Lösung von Glykokollesterchlorhydrat in wenig Wasser zu einer gekühlten Natriumalkoholatlösung, filtriert, versetzt das Filtrat mit Benzal-hippursäure-azlacton, kocht $^1/_2$ Stunde und fällt mit Wasser. Nädelchen aus Methylalkohol + Wasser vom Schmelzp. 135 bis 136°. Unlöslich in Wasser, ziemlich schwer löslich in Äther, leicht löslich in Alkohol. Geht beim Erhitzen in **2-Phenyl-4-benzal-glyoxalon (5) essigsäureäthylester** vom Schmelzp. 108 bis 110° über und dieser wieder bei der Reduktion in gerade essigsaurer Lösung in **2-Phenyl-4-benzyl-glyoxalidon (5)-l-essigsäure** vom Schmelzp. 158—160°[4].
α-**Benzamino-cinnamoyl-glycin** $C_{18}H_{16}O_4N_2$. Durch Verseifen des Esters mit verdünnter heißer Natronlauge. Krystallisiert aus verdünntem Methylalkohol in Nadeln vom Schmelzpunkt 165°. Sehr schwer löslich in Wasser, leicht löslich in Alkohol[4].
α-**Acetamino-cinnamoyl-glycinäthylester** $C_{15}H_{18}O_4N_2$. Aus Benzalacetursäureazlacton, Glykokollesterchlorhydrat und Natriumalkoholat. Krystallisiert aus verdünntem Methylalkohol in Nädelchen vom Schmelzp. 155°. Geht beim Erhitzen in 2-Methyl-4-benzal-glyoxalon(5)-l-essigsäureäthylester über[4].
α-**Acetamino-cinnamoyl-glycin** $C_{13}H_{14}O_4N_2$. Krystallisiert aus Wasser in Nadeln. Schmelzp. 185—188° unter Zersetzung[4].

---

[1] C. S. Marvel u. W. A. Noyes: J. amer. chem. Soc. **42**, 2259 — Chem. Zbl. **1921 I**, 325.
[2] F. Sigmund u. F. Wessely: Hoppe-Seylers Z. **157**, 91 (1926).
[3] Max Bergmann, Ferdinand Stern u. Charlotte Witte: Liebigs Ann. **449**, 277 (1926).
[4] Ch. Gränacher u. M. Mahler: Helvet. chim. Acta **10**, 246 (1927) — Chem. Zbl. **1927 I**, 2543.

dl-Phenylalanyl-decarboxy-glycin[1].

$$NH_2 \cdot CH \cdot CO \cdot NH \cdot CH_3 \quad C_{10}H_{14}ON_2$$
$$CH_2 \cdot C_6H_5$$

Darstellung: Man läßt α-Brom-β-phenyl-propionyl-methylamin längere Zeit in methylalkoholischem Ammoniak stehen.
Derivate: Bromhydrat. Schmelzp. 198—200°.

dl-α-Brom-β-phenyl-propionyl-methylamin[1].
$$C_{10}H_{12}ONBr$$

Darstellung: Kuppeln von Methylamin mit α-Brom-β-phenylpropionylchlorid.
Physikalische und chemische Eigenschaften: Nach dem Umkrystallisieren aus Petroläther. Schmelzp. 104°.

dl-Phenylalanyl-dl-alanin.

Derivate: Acetyl-dl-phenylalanyl-dl-alanin. Wird von Darmerepsin nicht angegriffen, von Hefeerepsin schwach[2]. Trypsin-Kinase spaltet, ebenso Trypsin allein[3].

α-Benzamino-cinnamoyl-alaninäthylester
$$C_6H_5 \cdot CO \cdot NH \cdot C \cdot CO \cdot NH \cdot CH \cdot COOC_2H_5$$
$$\||$$
$$CH \cdot C_6H_5 \quad CH_3$$

Aus Alaninesterchlorhydrat, Benzalhippursäureazlacton und Natriumalkoholat. Krystallisiert in Blättchen vom Schmelzp. 116—117°[4].

α-Benzamino-cinnamoyl-alanin $C_{19}H_{18}O_4N_2$ amorph[4].

dl-Phenylalanyl-dl-leucin.

Derivate: α-Benzamino-cinnamoyl-leucinäthylester $C_{24}H_{28}O_4N_2$. Aus Leucinesterchlorhydrat, Benzalhippursäureazlacton und Natriumalkoholat. Nadeln aus heißem Methylalkohol vom Schmelzp. 173°[4].

α-Benzamino-cinnamoyl-leucin $C_{22}H_{24}O_4N_2$. Durch 2 Minuten langes Kochen des Esters mit verdünnter alkoholischer Kalilauge. Amorph[4].

dl-Phenylalanyl-dl-phenylalanin[5].

Derivate: dl-Phenylalanyl-dl-phenylalanin-anilid
$$NH_2 \cdot CH \cdot CO \cdot NH \cdot CH \cdot CO \cdot NHC_6H_5 \quad C_{24}H_{25}O_2N_3$$
$$CH_2 \cdot C_6H_5 CH_2 \cdot C_6H_5$$

Man verreibt 1 Mol Phenylalanyl-N-carbonsäureanhydrid bei 0° mit 2 Mol Anilin und läßt auf Zimmertemperatur erwärmen. Ausbeute gering. Feine mikroskopische Nädelchen, die bei 176° sintern und bei 180° klar schmelzen. **Pikrat** $C_{30}H_{28}O_9N_6$. Krystallisiert aus alkoholischer Lösung in zu Rosetten vereinigten, feinen, mikroskopischen Nadeln. Färben sich bei 214° braun und schmelzen bei 217° unter Zersetzung.

dl-Phenylalanyl-decarboxy-phenylalanin[1].

$$NH_2 \cdot CH \cdot CO \cdot NH \cdot CH_2 \cdot CH_2 \cdot C_6H_5 \quad C_{17}H_{20}ON_2$$
$$CH_2 \cdot C_6H_5$$

Darstellung: Erhitzen von α′-Brom-β′-phenyl-propionyl-β-phenyl-äthylamin mit alkoholischem Ammoniak, im Vakuum eindampfen, mit Natronlauge versetzen, mit Äther aus-

---

[1] Julius v. Braun u. Wilhelm Münch: Ber. dtsch. chem. Ges. **60**, 345 (1927).
[2] Waldschmidt-Leitz, Graßmann u. Schäffner: Ber. dtsch. chem. Ges. **60**, 359 (1927).
[3] E. Waldschmidt-Leitz u. W. Klein: Ber. dtsch. chem. Ges. **61**, 640 (1928).
[4] Ch. Gränacher u. M. Mahler: Helvet. chim. Acta **10**, 246 (1927) — Chem. Zbl. **1927 I**, 2543.
[5] F. Sigmund u. F. Wessely: Hoppe-Seylers Z. **157**, 92 (1926).

schütteln, mehrmals eindampfen, mit wenig Äther verreiben, von dem hauptsächlich gebildeten N-Cinnamoyl-β-phenyl-äthylamin abfiltrieren, mit ätherischer Salzsäure versetzen, Niederschlag in Wasser lösen, filtrieren, Filtrat mit Alkali versetzen und mit Äther aufnehmen. Ausbeute schlecht (20%).

Physikalische und chemische Eigenschaften: Nach dem Umkrystallisieren aus Petroläther, aus dem es in kleinen Wärzchen herauskommt, zeigt es den Schmelzp. 56°.

Derivate: Chlorhydrat. Aus Alkohol krystallisiert, schmilzt es bei 177—178°.

N-β-Phenyläthyl-dl-phenylalanyl-decarboxy-phenylalaninchlorhydrat

$$C_6H_5 \cdot CH_2 \cdot CH_2 \cdot NH \cdot CH \cdot CO \cdot NH \cdot CH_2 \cdot CH_2 \cdot C_6H_5$$
$$| \quad CH_2 \cdot C_6H_5 \cdot HCl$$

Durch ½stündiges Erwärmen von α′-Brom-β′-phenyl-propionyl-β-phenyl-äthylamin mit Phenyläthylamin auf dem Wasserbad. Mit Alkali und Äther durchschütteln, mit ätherischer Salzsäure versetzen, aus Alkohol umkrystallisieren. Schmelzp. 180°. Sehr schwer löslich in Wasser, leichter löslich in Alkohol.

dl-α′-Brom-β′-phenyl-propionyl-β-phenyl-äthylamin [1].

$$Br \cdot CH \cdot CO \cdot NH \cdot CH_2 \cdot CH_2 \cdot C_6H_5 \qquad C_{17}H_{18}ONBr$$
$$| \quad CH_2 \cdot C_6H_5$$

Darstellung: Bildet sich aus den Komponenten bei 100° sehr schnell und quantitativ.

Physikalische und chemische Eigenschaften: Schmelzpunkt nach dem Umkrystallisieren aus Methylalkohol oder Petroläther 89°.

dl-Phenylalanyl-dl-serin (A) [2].

$$NH_2 \cdot CH \cdot CO \cdot NH \cdot CH \cdot COOH \qquad C_{12}H_{16}O_4N_2$$
$$| \quad\quad\quad\quad\quad\quad\quad | $$
$$CH_2 \cdot C_6H_5 \quad\quad CH_2OH$$

Darstellung: Man schüttelt Phenylalanyl-seranhydrid A 24 Stunden bei Zimmertemperatur mit n/5-Barytlösung, wobei Lösung eintritt. Nach Entfernen des Baryts eindampfen, mit Alkohol und Essigester versetzen.

Physikalische und chemische Eigenschaften: Zentrisch angeordnete, mikroskopische Nädelchen, die bei 166° sintern und bei 171° stark aufschäumen.

Derivate: Phenylisocyanatverbindung $C_{19}H_{21}O_5N_3$. Krystallisiert aus 50 proz. Essigsäure in prismatischen Nadeln vom Schmelzp. 209° (korr.). Leicht löslich in Alkohol und Eisessig, schwerer in Essigester und Aceton. Beim Kochen mit n-HCl entsteht das Phenylhydantoin des Phenylalanins.

O, N-Di-(α-acetaminocinnamoyl-)dl-serin $C_{25}H_{25}O_7N_3$. 3,15 g Serin, 30 ccm n-NaOH, 40 ccm Aceton und 5,60 g α-Acetaminozimtsäureazlacton bei Zimmertemperatur 2—3 Stunden schütteln, evtl. filtrieren, im Vakuum eineigen. Nach dem Vertreiben des Acetons scheidet sich an den Gefäßwandungen ein dunkelbraunes Öl ab, das nach dem Abgießen der wässerigen Lösung aus verdünntem Alkohol und Tierkohle umkrystallisiert wird. Feine, farblose, verfilzte oder drusenförmig angeordnete Nädelchen, die bei 201—202° (korr.) schmelzen. Sehr schwer löslich in Wasser, ziemlich leicht in heißem Alkohol und Eisessig.

N-(α-Acetaminocinnamoyl-)dl-serin

$$CH_3 \cdot CO \cdot NH \cdot C \cdot CO \cdot NH \cdot CH \cdot COOH \qquad C_{14}H_{16}O_5N_2$$
$$\|\quad\quad\quad\quad\quad\quad |$$
$$CH \cdot C_6H_5 \quad\quad CH_2OH$$

Die bei der Darstellung des Di-acetaminocinnamoyl-serins vom dunkelbraunen Öl abgegossene wässerige Lösung wird zur Trockene gebracht, mit Alkohol ausgezogen, eingeengt, mit Essigester und Petroläther versetzt. Krystallisiert beim Stehen in kleinen Drusen aus (4,5 g). Nach dem Umkrystallisieren aus Wasser feine, büschelförmige Nadeln, die gegen 179° (korr.) aufschäumen. Ziemlich leicht löslich in heißem Wasser, Eisessig und Alkohol.

---

[1] Julius v. Braun u. Wilhelm Münch: Ber. dtsch. chem. Ges. **60**, 345 (1927).
[2] Max Bergmann u. Arthur Miekeley: Liebigs Ann. **458**, 40 (1927).

d-Phenylalanyl-l-tyrosin[1].

Derivate: N-Acetyl-d-phenylalanyl-l-tyrosin

$$CH_3CO \cdot NH \cdot CH \cdot CO \cdot NH \cdot CH \cdot COOH \quad C_{20}H_{22}O_5N_2$$
$$\qquad\qquad\quad\; |\qquad\qquad\quad |$$
$$\qquad\qquad CH_2C_6H_5 \quad\; CH_2 \cdot C_6H_4OH$$

10 g Acetamino-cinnamoyl-l-tyrosin werden in einer Mischung von 25 ccm Eisessig, 25 ccm Wasser und 50 ccm absolutem Alkohol gelöst und mit Wasserstoff und Palladiummohr hydriert. Nach Beendigung der H-Aufnahme (1 Stunde) noch 2—3 Stunden weiter schütteln, wobei ein großer Teil des Reaktionsprodukts ausfällt. Abfiltrieren, in sehr verdünnter Pyridinlösung lösen, filtrieren, mit Essigsäure ansäuern, wobei das Reaktionsprodukt in derben, gut ausgebildeten farblosen Krystallen von charakteristischem Aussehen ausfällt (3,3 g). Schmelzpunkt 237° (korr.). $[\alpha]_D^{20}$ in wasserfreiem Pyridin = $+25{,}2°$.

α-Acetamino-cinnamoyl-l-tyrosin

$$CH_3 \cdot CO \cdot NH \cdot C-CO-NH \cdot CH \cdot COOH$$
$$\qquad\qquad\qquad\quad ||\qquad\qquad\; |$$
$$\qquad\qquad\quad CH \cdot C_6H_5 \quad\; CH_2 \cdot C_6H_4OH$$

Man löst 5 g Tyrosin in der berechneten Menge $^n/_3$-NaOH und fügt 100 ccm Aceton und 5,25 g α-Acetaminozimtsäureazlacton hinzu, schüttelt 2 Stunden, filtriert von ungelöstem Tyrosin ab, fügt 28 ccm n-HCl hinzu. Reaktionsprodukt fällt beim Einengen aus. Schwach gelb gefärbte, mikroskopische, undeutliche Prismen. Schmelzp. 217—218° (korr.). Ziemlich schwer löslich in Wasser und Alkohol, leicht in wässerigen Alkalien. $[\alpha]_D^{20}$ in wasserfreiem Pyridin = $+47{,}1°$.

l-Phenylalanyl-d-glutaminsäure.

$$NH_2 \cdot CH \cdot CO \cdot NH \cdot CH \cdot COOH \quad C_{14}H_{18}O_5N_2$$
$$\quad\;\; |\qquad\qquad\quad |$$
$$\; CH_2 \cdot C_6H_5 \quad\; CH_2$$
$$\qquad\qquad\qquad\quad |$$
$$\qquad\qquad\quad CH_2 \cdot COOH$$

Darstellung: Glutaminsäure reagiert mit Acetaminozimtsäureazlacton unter Bildung von α-Acetamino-cinnamoyl-d-glutaminsäure, die bei der Hydrierung in Acetyl-l- und Acetyl-d-Phenylalanyl-d-glutaminsäure übergeht. — Man kocht Acetyl-l-phenylalanyl-d-glutaminsäure mit der 50fachen Menge n-HCl 5 Minuten, verdampft wiederholt im Vakuum, löst in wenig Wasser, kühlt, filtriert von unverändertem Ausgangsmaterial ab, verdünnt das Filtrat, entfernt das Halogen mit Silberacetat und Schwefelwasserstoff, engt ein, filtriert vom ausgeschiedenen Anhydrid ab, dampft zum Sirup ein, löst in wenig Wasser und versetzt langsam mit absolutem Alkohol, wobei sich — besonders beim Impfen — das Dipeptid beim Stehen abscheidet. — An Stelle des ungesättigten Azlactons kann man sich auch der gesättigten Verbindung, nämlich des Azlactons des N-Acetyl-dl-phenylalanins bedienen[1].

Physikalische und chemische Eigenschaften: Krystallisiert aus Wasser in mikroskopischen, farblosen, lanzettförmigen Nädelchen, die getrocknet nach vorherigem Sintern gegen 235° schmelzen. Leicht löslich in Wasser, schwer in den meisten organischen Solventien. Die wässerige Lösung rötet Lackmus stark und färbt Kongo schwach blauviolett. Läßt sich in wässeriger Lösung mit Phenolphthalein nahezu als zweibasige Säure titrieren. Infolgedessen steigt der zur Rötung des Indicators nötige Alkalibedarf nur wenig, wenn man nach Willstätter in 40proz. Alkohol arbeitet. $[\alpha]_D^{20}$ in Wasser = $+20{,}27°$ [1].

Derivate: N-Acetyl-l-phenylalanyl-d-glutaminsäure $C_{16}H_{20}O_6N_2$. Acetamino-cinnamoyl-d-glutaminsäure wird in der 12fachen Menge Eisessig warm gelöst und — unbekümmert um Wiederausscheidung — mit Wasserstoff und Palladiummohr 2 Stunden hydriert; abfiltrieren, mit Wasser öfter im Vakuum eindampfen, in wenig Wasser lösen und bei 0° stehen lassen, wobei sich das Reaktionsprodukt ausscheidet. Öfter aus Wasser umkrystallisieren. Enthält im lufttrockenem Zustand 1 Krystallwasser, schmilzt bei 140° (korr.) und dreht in absolutem Alkohol 5,6—5,86°. Schwer löslich in kaltem Wasser, viel leichter in Methyl- und Äthylalkohol, sehr wenig löslich in Äther[1].

N-Acetyl-l-phenylalanyl-d-glutaminsäuredimethylester $C_{18}H_{24}O_6N_2$. Löst man die Säure etwa in der 5fachen Menge Methylalkohol, und fügt eine ätherische Lösung von Diazomethan im Überschuß hinzu, so erfolgt energische Stickstoffentwicklung und nach einiger Zeit Ausscheidung des Reaktionsproduktes in fast theoretischer Ausbeute. Charakteristische

---

[1] Max Bergmann, Ferdinand Stern u. Charlotte Witte: Liebigs Ann. **449**, 277 (1926).

rhombische Tafeln vom Schmelzp. 135° (korr.). Leicht löslich in Alkohol, wenig in Essigester, besonders schwer in Äther und Petroläther. $[\alpha]_D^{21}$ in absolutem Methylalkohol = $-9{,}2°$ [1].

N-Acetyl-dl-phenylalanyl-azlacton. Durch 5 Minuten langes Erhitzen von Phenylalanin mit der 10fachen Menge Essigsäureanhydrid im siedenden Wasserbad. Nach dem Abdestillieren der gebildeten Essigsäure und des überschüssigen Anhydrids geht es bei 118° und 0,8 mm Druck als farbloser Sirup von angenehmem, blumigen Geruch über [2].

α-Acetamino-cinnamoyl-d-glutaminsäure $C_{16}H_{18}O_6N_2$. 3 g d-Glutaminsäure in 42 ccm n-NaOH lösen, mit 3,8 g Acetaminozimtsäureazlacton und 20 ccm Aceton 2 Stunden bis zur Lösung schütteln;

$$\begin{array}{c}C_6H_5 \cdot CH = C\text{———}CO \\ | \quad\quad\quad | \\ N = C\text{—}O \\ | \\ CH_3\end{array} + \begin{array}{c}H_2N \cdot CH \cdot COOH \\ | \\ CH_2 \\ | \\ CH_2 \cdot COOH\end{array} = \begin{array}{c}C_6H_5CH = C\text{—}CO \cdot NH \cdot CH \cdot COOH \\ | \quad\quad\quad\quad\quad | \\ NH \cdot COCH_3 \quad CH_2 \\ \quad\quad\quad\quad\quad | \\ \quad\quad\quad\quad\quad CH_2 \cdot COOH\end{array}$$

mit 42 ccm n-HCl versetzen, im Vakuum einengen, wobei das Kuppelungsprodukt ausfällt. Krystallisiert aus Alkohol in büscheligen Nadeln, die getrocknet nach vorherigem Sintern bei 170° (korr.) zu einer gelben Flüssigkeit schmelzen. Leicht löslich in warmem Wasser, zunehmend schwerer in kaltem Wasser, kaltem Alkohol, Essigester und Petroläther. $[\alpha]_D^{24}$ in Pyridin = $-4{,}19°$ [2].

d-Phenylalanyl-d-glutaminsäure [2].

Darstellung: Bei der Hydrierung von α-Acetamino-cinnamoyl-d-glutaminsäure entsteht Acetyl-l- und Acetyl-d-phenylalanyl-d-glutaminsäure. Letzteres wird als Dimethylester isoliert. Der Ester wird mit n-HCl verseift, öfter mit Wasser eingedampft, mit Silberacetat und Schwefelwasserstoff behandelt, eingedampft, in etwas kaltem Wasser gelöst, von etwas freier Glutaminsäure abfiltriert, mit Alkohol gefällt, aus 75proz. Alkohol umkrystallisiert.

Physikalische und chemische Eigenschaften: Die lufttrockene Substanz krystallisiert mit $^1/_2$ Wasser. Schmelzp. gegen 216° (korr.). Bildet gut ausgebildete, mikroskopische Prismen. Leicht löslich in Wasser, schwer in organischen Lösungsmitteln. Verhält sich gegen Alkali und Phenolphthalein annähernd als zweibasische Säure. Die spezifische Drehung schwankt in verschiedenen Fällen zwischen -85 und $-103°$ (Isomerieerscheinungen?).

Derivate: N-Acetyl-d-phenylalanyl-d-glutaminsäure-dimethylester $C_{18}H_{24}O_6N_2$. Bei der Hydrierung von α-Acetamino-cinnamoyl-d-glutaminsäure mit Wasserstoff und Palladiummohr in Eisessiglösung scheidet sich nach dem Aufarbeiten der Reaktionsflüssigkeit die Acetyl-l-phenylalanyl-d-glutaminsäure krystallinisch ab. Das in der Mutterlauge zurückbleibende d-Phenylalaninderivat wird als Dimethylester isoliert, indem man den eingedampften Sirup in wenig Methylalkohol löst und mit einem Überschuß an ätherischer Diazomethanlösung versetzt. Das aus Essigester umkrystallisierte Produkt bildet lange, farblose Nadeln vom Schmelzp. 129°. Leicht löslich in Alkohol, schwerer in Essigester, besonders schwer in Äther und Petroläther. $[\alpha]_D^{23}$ in absolutem Methylalkohol = $-21{,}2°$.

dl-Phenylalanyl-d-glutaminsäure.

Physiologische Eigenschaften: Wird durch Erepsin gespalten, durch Trypsin-Kinase nicht [3].

d-Phenylalanyl-d-arginin [4].

$$\begin{array}{cc}NH_2 \cdot CH \cdot CO \cdot NH \cdot CH \cdot COOH & \quad C_{15}H_{23}O_3N_5 \\ | \quad\quad\quad\quad | \\ CH_2 \cdot C_6H_5 \quad\quad CH_2 \cdot CH_2 \cdot CH_2 \cdot NH \\ \quad\quad\quad\quad\quad\quad\quad\quad\quad NH_2 \end{array}\!\!\!\!>\!C = NH$$

Darstellung: Aus d-Arginin und Acetaminozimtsäureazlacton [2] stellt man erst 2-Acetamino-cinnamoyl-d-arginin dar. Daraus durch Hydrierung N-Acetyl-dl-phenylalanyl-d-arginin. Durch Abspaltung des Acetylrestes mit Salzsäure und Kondensation mit Salicylaldehyd wird die entsprechende o-Oxybenzylidenverbindung erhalten.

---

[1] Max Bergmann, Ferdinand Stern u. Charlotte Witte: Liebigs Ann. **449**, 277 (1926).
[2] Max Bergmann, Ferdinand Stern u. Charlotte Witte: Liebigs Ann. **449**, 227 (1926).
[3] Ernst Waldschmidt-Leitz, Anton Schäffner, Hans Schlatter u. Willibald Klein: Ber. dtsch. chem. Ges. **61**, 299 (1928).
[4] Max Bergmann u. Hans Köster: Hoppe-Seylers Z. **167**, 91 (1927).

1 g der Oxybenzylidenverbindung wird mit 4,7 ccm n-Schwefelsäure geschüttelt, wobei rasch Lösung unter Abscheidung von Salicylaldehyd erfolgt. Entfernen desselben mit Chloroform und Äther. Ausfällen der Schwefelsäure mit Baryt. Das Filtrat wird im Vakuum unter CO_2-Ausschluß zur Trockene verdampft, der zähe, harzige Rückstand in absolutem Alkohol gelöst und mit Essigester gefällt.

Physikalische und chemische Eigenschaften: Amorphes, hygroskopisches Pulver, das ausgesprochen alkalisch reagiert und Phenolphthalein noch rötet. Gibt mit Phosphorwolframsäure eine starke Fällung. Bei der Aminostickstoffbestimmung nach van Slyke reagiert nur 1 Stickstoff. Beim Schütteln mit etwas Salicylaldehyd liefert es die o-Oxybenzylidenverbindung zurück.

Derivate: Pikrat. Aus äquimolekularen Mengen Dipeptid und Pikrinsäure. Es bildet, aus wenig Wasser krystallisiert, goldglänzende, mikroskopische Blättchen, die bei 95—97° schmelzen. Ziemlich leicht löslich in Wasser und Methylalkohol, zunehmend schwerer in Äthylalkohol, Aceton, Essigester und Äther. Es enthält lufttrocken 3 Krystallwasser.

Salzsaures Salz $C_{15}H_{25}O_3N_5Cl_2$. Man stellt es zweckmäßig aus der Oxybenzylidenverbindung dar, indem man diese mit 2 Mol n-HCl bei Zimmertemperatur zersetzt, den Salicylaldehyd mit Chloroform und Äther entfernt, den Rückstand im Vakuum zur Trockene verdampft und wiederholt mit Methylalkohol aufnimmt und wieder verdampft. Beim Verreiben des Rückstands mit absolutem Alkohol erhält man sternförmig vereinigte Krystallnadeln. Das hygroskopische Produkt schmilzt getrocknet bei 192—193°. Sehr leicht löslich in Wasser, recht leicht in Methylalkohol, schwerer, aber doch nicht erheblich, in heißem Äthylalkohol. Bei der Titration nach Willstätter und Waldschmidt-Leitz verbraucht es sowohl in wässeriger wie in alkoholischer Lösung 2 Äquivalente Lauge.

o-Oxybenzylidenverbindung $C_{22}H_{27}O_4N_5$. 1 g Acetyl-phenylalanyl-d-arginin wird mit 30 ccm n-HCl 40 Minuten gekocht, gegen Lackmus genau neutralisiert, genau 1 Mol NaOH und 0,3 g Salicylaldehyd hinzugefügt und unter häufigem Schütteln bei 0° aufbewahrt, wobei sich eine gelb gefärbte, ölige Masse abscheidet, die ziemlich rasch krystallinisch erstarrt. Schmelzpunkt nach mehrmaligem Umkrystallisieren aus 50 proz. Alkohol 199° (korr.). Mikroskopische Krystalle, die gleichseitigen Dreiecken gleichen. Leicht löslich in Methylalkohol, schwerer in Äthylalkohol, recht schwer in Wasser, äußerst schwer in Aceton, Essigester und Chloroform. Die Lösungen sind gelb gefärbt. In der Mutterlauge verbleibt die Oxybenzylidenverbindung des l-Phenylalanyl-d-arginins.

Man erhält die Oxybenzylidenverbindung auch aus dem daraus gewonnenen Dipeptid durch Schütteln mit etwas Salicylaldehyd zurück, und zwar erst in Form von zu Drusen vereinigten Nadeln, die aber beim Umkrystallisieren aus 50 proz. Alkohol in die oben beschriebene Form übergehen.

N-Acetyl-phenylalanyl-d-arginin $C_{17}H_{25}O_4N_5$. 15 g 2-Acetaminocinnamoyl-d-arginin werden in wässeriger Lösung mit 2 g Palladiummohr und Wasserstoff geschüttelt, filtriert, zur Trockene verdampft, und mit absolutem Alkohol aufgenommen. Beim Abkühlen scheidet sich die Substanz in mikroskopischen Kügelchen ohne deutliche Krystallstruktur ab. Hygroskopisch. Schmelzpunkt unscharf gegen 178°. Leicht löslich in Wasser, weniger leicht in Methylalkohol, ziemlich schwer in kaltem absoluten Alkohol, praktisch unlöslich in Aceton, Essigester und Äther. Spezifische Drehung einer 10 proz. Lösung in 2 n-HCl = $-21,1°$. Ansteigen der Werte nach längerem Stehen (Hydrolyse). Kein Aminostickstoff nach van Slyke. Bildet mit Wasser — im Gegensatz zum inaktiven Produkt — kein krystallisiertes Hydrat. Wird mit Essigsäureanhydrid bei gewöhnlicher Temperatur racemisiert und bildet beim Kochen Triacetyl-phenylalanyl-anhydro-arginin.

N-Acetyl-dehydrophenylalanyl-d-arginin, 2-Acetamino-cinnamoyl-d-arginin

$$\begin{array}{l} CH_3 \cdot CO \cdot NH \cdot C \cdot CO \cdot NH \cdot CH \cdot COOH \\ \|| \\ CH \cdot C_6H_5 CH_2 \cdot CH_2 \cdot CH_2 \cdot NH\!\!\diagdown \\ C=NH \\ NH_2\!\!\diagup \end{array} \qquad C_{17}H_{23}O_4N_5$$

30 g d-Arginin und 32 g Acetaminozimtsäureazlacton werden in 400 ccm 75 proz. wässerigen Aceton 2 Stunden bis zur Lösung geschüttelt. Im Vakuum eindampfen, Rückstand noch 2 Stunden im Vakuum bei 50° trocknen, in 250 ccm heißen absoluten Alkohol lösen. Reaktionsprodukt krystallisiert beim Abkühlen in sternförmig vereinigten Krystallnadeln. Ausbeute 50 g. Hygroskopisch. Schmelzp. 192—193° unter Aufschäumen. $[\alpha]_D^{23}$ in Wasser = $-18,0°$. Leicht löslich in Wasser; wässerige Lösung schäumt beim Schütteln und reagiert gegen Lack-

mus neutral. Leicht löslich in Methylalkohol und Eisessig, sowie in heißem absoluten Äthylalkohol. Schwer löslich in kaltem absoluten Alkohol, fast unlöslich in Aceton, Essigester und Äther[1].

Optisch inaktives Phenylalanyl-arginin[1].

Darstellung: Durch Racemisierung von N-Acetyl-phenylalanyl-d-arginin mittels Essigsäureanhydrid, Abspaltung des Acetylrestes, Kondensieren mit Salicylaldehyd. Aus der bei 237° schmelzenden Modifikation der Benzylidenverbindung wird das freie Dipeptid, wie bei der optisch aktiven Form geschildert, gewonnen.

Physikalische und chemische Eigenschaften: Krystallisiert aus der alkoholischen Lösung des Rohprodukts in farblosen, mikroskopischen Nadeln. Leicht löslich in Wasser, mäßig in 90proz. Alkohol, fast unlöslich in absolutem Alkohol, Aceton und Äther. Wird von Phosphorwolframsäure selbst in starker Verdünnung gefällt. Schmelzp. 236° (korr.). Es wird von Bergmann und Köster angenommen, daß das optisch inaktive Peptid aus d-Phenylalanyl-d-arginin und l-Phenylalanyl-l-arginin besteht.

Derivate: Dihydrochlorid. Zweckmäßig aus der bei 237° schmelzenden Oxybenzylidenverbindung mittels 2 Mol n-HCl bei 20°. Die Abspaltung des Salicylaldehyds erfolgt in wenigen Minuten; entfernen durch Äther. Einengen im Vakuum, lösen in wenig kaltem absoluten Alkohol, bei 0° aufbewahren, wobei sich das Produkt in farblosen, warzenartig vereinigten, mikroskopischen Nädelchen abscheidet. Schmelzp. 130° (korr.). Leicht löslich in Wasser und Methylalkohol, schwer in absolutem Äthylalkohol, fast unlöslich in Aceton und Äther.

o-Oxybenzylidenverbindung. Wird aus optisch inaktivem Acetyl-phenylalanyl-arginin in analoger Weise wie die aktive Verbindung hergestellt. Ausbeute an undeutlich krystallisiertem Rohprodukt 0,45 g aus 1 g Acetylpeptid. Umkrystallisieren aus wasserhaltigem Methylalkohol. Mikroskopische, zu Drusen vereinigte, farblose Nädelchen, die bei 162—163° (korr.) schmelzen. Die Verbindung existiert auch in einer in 4- und 6eckigen mikroskopischen Täfelchen krystallisierenden Modifikation, die bei 237° (korr.) schmilzt. Beide Modifikationen lassen sich wechselseitig ineinander überführen. Verreibt man z. B. die bei 162° schmelzende Modifikation mit einer Spur der höherschmelzenden Form, so schmilzt hinterher das Ganze bei 237°. Aus Lösungen in Methylalkohol kann man durch Impfen die eine oder die andere Modifikation erhalten. Die niedriger schmelzende Modifikation löst sich leichter in Methyl- und Äthylalkohol, beide lösen sich schwer in heißem Wasser, fast gar nicht in kaltem Wasser, Äther, Aceton, Chloroform.

N-Acetyl-phenylalanyl-arginin. 0,5 g des aktiven Produkts werden mit 3 ccm Essigsäureanhydrid 6 Stunden geschüttelt. Absaugen des entstandenen zähen Krystallbreis, waschen mit Essigsäureanhydrid, dann mit trockenem Aceton und Äther. Umkrystallisieren durch Lösen in einem Gemisch von Essigsäureanhydrid und Eisessig in der Kälte, Versetzen mit Aceton bis zur Trübung, Stehenlassen bei 0°. Mikroskopische Krystallnadeln, vom Schmelzpunkt 216° (korr.). Durch Auflösen in Wasser von 80° erhält man nach dem Abkühlen das Dihydrat $C_{17}H_{25}O_4N_5 \cdot 2\,H_2O$ in Tafeln oder kompakteren Formen. Umkrystallisierbar aus Wasser oder 50proz. Alkohol. Leicht löslich in Wasser, wässerigem Alkohol, Eisessig, schwerer in Methylalkohol, sehr schwer in absolutem Äthylalkohol, Aceton, Essigester, Benzol, Chloroform. Schmelzp. 216°; nach dem Pulvern im Mörser Schmelzp. 207°. Mit Essigsäureanhydrid gekocht, geht es in Triacetyl-phenylalanyl-anhydroarginin über. Liefert bei der Hydrolyse die optisch inaktiven Aminosäuren.

Acetyl - phenylalanyl - diacetyl - anhydroarginin, Triacetyl - phenylalanyl - anhydroarginin. Wahrscheinliche Formel:

$$\text{CH}_3\cdot\text{CO}\cdot\text{NH}\cdot\text{CH}\cdot\text{CO}\cdot\text{NH}\cdot\text{CH}\cdot\text{CO}\diagdown\!\!\!-\!\!\!\text{N}\!-\!\text{C}\!\diagup\!\!\!\begin{array}{l}\text{N}\cdot\text{COCH}_3\\ \text{NH}\cdot\text{COCH}_3\end{array}\quad C_{21}H_{27}O_5N_5.$$
$$\qquad\qquad\qquad\quad \overset{|}{\text{CH}_2\cdot\text{C}_6\text{H}_5}\qquad\overset{|}{\text{CH}_2\cdot\text{CH}_2\cdot\text{CH}_2}$$

Monoacetyl-phenylalanyl-d-(oder dl-)arginin wird in der 12fachen Menge Essigsäureanhydrid gelöst, 1 Minute gekocht, im Vakuum verdampft, in reinem, trockenen Aceton gelöst, längere Zeit bei 0° aufbewahrt, wobei das Reaktionsprodukt auskrystallisiert. Umkrystallisieren aus Essigsäureanhydrid. Schmelzp. 201° (korr.). Ziemlich leicht löslich in heißem Essigsäureanhydrid, mäßig in Chloroform, schwer in Aceton, fast unlöslich in Äther und Benzol. Wasser löst warm ziemlich leicht, aber unter rascher Veränderung des Moleküls.

---

[1] Max Bergmann u. Hans Köster: Hoppe-Seylers Z. **167**, 91 (1927).

dl-Phenylalanyl-dl-ornithin[1].

$$\begin{array}{c} NH_2 \cdot CH \cdot CO \cdot NH \cdot CH \cdot COOH \\ | \qquad\qquad\qquad | \\ CH_2 \cdot C_6H_5 \qquad CH_2 \cdot CH_2 \cdot CH_2 \cdot NH_2 \end{array}$$

Wurde im freien Zustand noch nicht dargestellt.

Derivate: o-Oxybenzylidenverbindung $C_{21}H_{25}O_4N_3$. 0,5 g Acetyl-phenylalanyl-anhydroornithin werden mit 30 ccm n-HCl 40 Minuten am Rückflußkühler gekocht, im Vakuum eingedampft, in wenig Wasser gelöst, mit Natronlauge gegen Lackmus genau neutralisiert, noch weitere 1,65 ccm n-NaOH und 0,3 g Salicylaldehyd hinzugefügt. Bei 0° Abscheidung einer gelblichen Fällung. Waschen mit wenig kaltem Wasser und Äther. Krystallisiert aus Methylalkohol + wenig Wasser in farblosen, zentrisch vereinigten Nädelchen vom Schmelzp. 149° (korr.). Beträchtlich löslich in heißem Methylalkohol, viel schwerer in kaltem Methyl- und Äthylalkohol, fast unlöslich in Äther, Aceton und Benzol. n-HCl spaltet schon in der Kälte leicht Salicylaldehyd ab.

Acetyl-phenylalanyl-anhydroornithin, Acetyl-phenylalanyl-β-aminopiperidon

$$\begin{array}{c} CH_3 \cdot CO \cdot NH \cdot CH \cdot CO \cdot NH \cdot CH \cdot CO \cdot NH \qquad C_{16}H_{21}O_3N_3 \\ | \qquad\qquad\qquad | \qquad\qquad\qquad | \\ CH_2 \cdot C_6H_5 \qquad CH_2 \cdot CH_2 \cdot CH_2 \end{array}$$

1. Durch 3 Minuten langes Kochen von Triacetyl-phenylalanyl-anhydroarginin mit der 15fachen Menge Wasser; im Vakuumexsiccator verdunsten lassen, der Sirup erstarrt beim Reiben krystallinisch. Zur Entfernung des gebildeten Diacetylharnstoffs mehrmals mit wenig Aceton auskochen. Rückstand aus heißem Alkohol umkrystallisieren. 2. Direkt aus dem Monoacetyl-phenylalanyl-arginin durch Erhitzen mit Essigsäureanhydrid, verdampfen im Vakuum und direkte Zerlegung des Rückstandes mit Wasser. 3. Durch getrenntes Lösen von 0,2 g Aminopiperidon und 0,25 g Acetylphenylalanylazlacton in Essigester mischen und bei Zimmertemperatur stehen lassen. Schmelzp. 245° (korr.). Ziemlich leicht löslich in Wasser und wässerigem Alkohol, schwer in Aceton, Chloroform, sehr schwer in Äther und Benzol. Das nach 3 erhaltene Produkt schmilzt — wahrscheinlich infolge zweier stereomerer Formen — bereits bei 210—212°.

dl-Tyrosyl-glycin-hydantoin[2].

Identisch mit 4-Oxybenzylhydantoin-1-essigsäure (s. d.).

dl-Tyrosyl-alanin-hydantoin[3].

Identisch mit 4-Oxybenzylhydantoin-1-propionsäure (s. d.).

dl-Tyrosyl-dl-alanin[4].

Derivate: dl-Tyrosyl-dl-alanin-carbonsäure

$$\begin{array}{c} HOOC \cdot NH \cdot CH \cdot C(OH) = N \cdot CH \cdot COOH \qquad C_{13}H_{16}O_6N_2 \\ | \qquad\qquad\qquad\qquad | \\ CH_2 \cdot C_6H_4OH \qquad\qquad CH_3 \end{array}$$

Durch 2stündiges Schütteln des Dicarbomethoxytyrosyl-alanin-äthylesters mit 5 Mol n-NaOH bei Zimmertemperatur. Fast farbloses, amorphes Pulver. Löslich in Alkohol, Aceton und Wasser, schwer löslich in Essigester, unlöslich in Äther, Petroläther, Chloroform, Benzol. Reaktion sauer.

Dicarbomethoxy-dl-tyrosyl-dl-alaninäthylester

$$\begin{array}{c} CH_3OOC \cdot NH \cdot CH \cdot CO \cdot NH \cdot CH \cdot COOC_2H_5 \qquad C_{18}H_{24}O_8N_2 \\ | \qquad\qquad\qquad\qquad | \\ \qquad\qquad\qquad\qquad\qquad CH_3 \\ CH_2 \cdot C_6H_4 \cdot O \cdot COOCH_3 \end{array}$$

---

[1] Max Bergmann u. Hans Köster: Hoppe-Seylers Z. **167**, 91 (1927).
[2] Treat B. Johnson u. Dorothy A. Hahn: J. amer. chem. Soc. **39**, 1255 (1921) — Chem. Zbl. **1921 III**, 644.
[3] Dorothy A. Hahn u. Elizabeth Gilman: J. amer. chem. Soc. **47**, 2941 (1925) — Chem. Zbl. **1926 I**, 1559; vgl. dagegen J. amer. chem. Soc. **45**, 843 (1923) — Chem. Zbl. **1923 III**, 54.
[4] L. Havestadt u. L. Fricke: Ber. dtsch. chem. Ges. **57**, 2048 (1924).

Aus Alaninäthylester und Dicarbomethoxytyrosylchlorid (aus Tyrosin und Chlorkohlensäuremethylester in fast quantitativer Ausbeute) in Chloroform. Verdampfen, mit Äther versetzen, ausfallenden klebrigen Körper mit Äther waschen, wobei er erstarrt, in wenig Alkohol lösen, bis zur Trübung mit Wasser versetzen. Schmelzp. 131°. Löslich in Chloroform, Alkohol, Essigester, Aceton, schwer löslich in Benzol, unlöslich in Wasser, Äther, Petroläther und Benzin.

l-Tyrosyl-l-tyrosin.

Derivate: Dijod-l-tyrosyl-dijod-l-tyrosin. Durch Jodieren von Tyrosyl-tyrosin. Erweist sich im Gaswechselversuch am Menschen unwirksam[1]. Beschleunigt die Entwicklung und die Metamorphose der Kaulquappen[2].

Tyrosyl-prolin I, II u. III.
$C_{14}H_{18}O_4N_2$

Darstellung: I und II: Durch Aufspaltung von dl-Prolyl-tyrosinanhydrid I und II mit Baryt und vorsichtiges Eineengen der bariumfreien Lösungen im Vakuum[3]. III: Durch analoge Aufspaltung von l-Prolyl-l-tyrosinanhydrid I oder III[4].
Physikalische und chemische Eigenschaften: I: Krystallisiert mit 2 Krystallwasser. Farblose, quadratische, dünne Blättchen, die bei 165° schmelzen, sofort wieder erstarren und erneut bei 235—237° schmelzen. Schmeckt schwach fade. Schwer löslich in Wasser, mit Ausnahme von Eisessig in den gebräuchlichen organischen Lösungsmitteln unlöslich. Geht beim Eindampfen der wässerigen Lösung auf dem Wasserbad ins Anhydrid über. Verliert im Exsiccator das Krystallwasser und schmilzt dann bei 135°, erstarrt und schmilzt erneut bei 237 bis 238°. II: Krystallisiert mit 1 Krystallwasser. Schwach gelb gefärbte, zu Rosetten angeordnete Blättchen mit eigenartig gekrümmten Flächen. Die lufttrockene Substanz schmilzt scharf bei 236° und schmeckt schwach fade. Beim Erhitzen verliert die Substanz Wasser und geht ins Anhydrid über. I und II: Bei der Methylierung mit Diazomethan in Äther bei Gegenwart von Wasser entsteht in beiden Fällen ein bei 181° schmelzendes Reaktionsprodukt, das 1 Methoxylgruppe und 4 Methylgruppen am Stickstoff enthält, bei der alkalischen Hydrolyse Trimethylamin liefert und gegen saure Hydrolyse relativ beständig ist[3]. III: Krystallisiert in Nädelchen, die schwach sauer reagieren und fad schmecken. Bei 115° tritt geringfügiges Sintern ein, erstarrt wieder und schmilzt scharf bei 232°[4].

Tyrosyl-histidin-carbonsäure[5].

HOOC · NH · CH—C(OH)=N · CH · COOH $C_{16}H_{18}O_6N_4$
         | |
         CH$_2$ · C$_6$H$_4$ · OH   CH$_2$ · C——NH
                                    ‖   〉CH
                                    CH—N

Darstellung: Durch 10 stündiges Verseifen des Dicarbäthoxytyrosyl-histidinmethylesters mit 4 Mol n-NaOH bei Zimmertemperatur unter Schütteln.
Physikalische und chemische Eigenschaften: Fast farbloses Pulver, sehr leicht löslich in Methylalkohol, löslich in Wasser und Äthylalkohol, unlöslich in Äther, Chloroform, Essigester, Aceton, Benzol. Reagiert sauer, Bromwasserreaktion positiv.
Derivate: Dicarbäthoxy-tyrosyl-histidinmethylester

C$_2$H$_5$OOC · NH · CH · CO · NH————CH · COOCH$_3$ $C_{22}H_{28}O_8N_4$
                | |
                CH$_2$ · C$_6$H$_4$ · O · COOC$_2$H$_5$ CH$_2$ · C——NH
                                                         ‖   〉CH
                                                         CH—N

---

[1] Randolph West: Proc. Soc. exper. Biol. a. Med. **23**, 629 (1926) — Chem. Zbl. **1927 I**, 2569.
[2] Emil Abderhalden u. Julius Hartmann: Pflügers Arch. **218**, 261 (1927).
[3] Emil Abderhalden u. Hans Sickel: Hoppe-Seylers Z. **158**, 139 (1926).
[4] Emil Abderhalden u. Hans Sickel: Hoppe-Seylers Z. **153**, 16 (1926).
[5] L. Havestadt u. R. Fricke: Ber. dtsch. chem. Ges. **57**, 2048 (1924).

Aus Histidinmethylester und Dicarbäthoxytyrosylchlorid in Chloroform. Amorphes Pulver. Löslich in Chloroform, Alkohol, Essigester, Aceton, unlöslich in Wasser, Äther, Petroläther, Benzol.

Tyrosyl-asparaginsäure [1].

$$NH_2 \cdot CH \cdot CO \cdot NH \cdot CH \cdot COOH \quad C_{13}H_{16}O_6N_2$$
$$CH_2 \cdot C_6H_4OH \quad CH_2 \cdot COOH$$

Darstellung: Man schüttelt den Dicarbomethoxytyrosyl-asparaginsäuredimethylester bei Zimmertemperatur mit 6 Mol n-NaOH 1 Stunde, wobei er sich verseift und Kohlensäure abspaltet.

Physikalische und chemische Eigenschaften: Schwach gelbliches, amorphes Pulver. Löslich in Alkohol, Aceton, schwerer in Wasser, schwer in Essigester, unlöslich in Äther, Chloroform, Petroläther und Benzol. Reagiert stark sauer.

Derivate: Dicarbomethoxy-tyrosyl-asparaginsäuredimethylester

$$CH_3 \cdot OOC \cdot NH \cdot CH \cdot CO \text{———} NH \cdot CH \cdot COOCH_3 \quad C_{19}H_{24}O_{10}N_2$$
$$CH_2 \cdot C_6H_4O \cdot COOCH_3 \quad CH_2 \cdot COOCH_3$$

Aus Asparaginsäuredimethylester und Dicarbomethoxytyrosylchlorid (aus Tyrosin und Chlorkohlensäuremethylester) in Chloroform. Krystallisiert in sehr kleinen Nädelchen vom Schmelzpunkt 127°. Löslich in Chloroform, Alkohol, Essigester, Aceton, schwer löslich in Benzol, unlöslich in Wasser, Äther, Petroläther und Benzin.

dl-Prolyl-l-leucin [2].

$$C_{11}H_{20}O_3N_2.$$

Darstellung: Durch Aminieren von Dibromvaleryl-l-leucin und Entfernen des Bromammons nach der Silbersulfatmethode. Ausbeute jedoch gering (20%).

Physikalische und chemische Eigenschaften: Schmelzp. 231—232°. Reaktion schwach sauer. Ninhydrin nach dem Neutralisieren nur schwach. Schwache Xanthoproteinreaktion. Mit Kupferoxyd gekocht blaue Lösung. Schwer löslich in Wasser, unlöslich in Alkohol und den übrigen organischen Lösungsmitteln mit Ausnahme von Eisessig. $[\alpha]_D^{20} = -47{,}64°$.

dl-Prolyl-l-tyrosin [3].

Darstellung: Aus der zweiten, bei 100° schmelzenden Krystallfraktion des α-δ-Dibromvaleryl-tyrosinesters erhält man nach Verseifen des Esters mit n-NaOH (3 Stunden) und Neutralisieren mit Salzsäure, wobei das α-δ-Dibromvaleryl-tyrosin ausfällt, beim Aminieren dl-Prolyltyrosin.

Physikalische und chemische Eigenschaften: Krystallisiert aus verdünntem Alkohol in farblosen, feinen Nädelchen vom Schmelzp. 217° unter Zersetzung. Leicht löslich in Wasser, schwer löslich in verdünntem Alkohol und Essigester, unlöslich in absolutem Alkohol. Reaktion deutlich sauer, Geschmack bitter. Beschleunigt den maximalen Ausfall der Tryptophan-Aldehydreaktion nach Komm. Geht bei längerem Erhitzen auf 180° in das Anhydrid über.

l-Prolyl-l-tyrosin(?) I u. II [4].

$$C_{14}H_{18}O_4N_2 \cdot 2\tfrac{1}{2} H_2O; \quad C_{14}H_{18}O_4N_2 \cdot H_2O.$$

Darstellung: I. Durch fermentativen Abbau von Casein Hammarsten. Technisches Casein liefert dieses Produkt nicht. II. Aus I durch Anhydrisierung und Wiederaufspaltung mit Baryt.

Physikalische und chemische Eigenschaften: I. Krystallisiert aus Wasser in triklinen Krystallen, die sehr hohe Doppelbrechung zeigen. Zersetzungspunkt bei 147°. Löslichkeit

---
[1] L. Havestadt u. R. Fricke: Ber. dtsch chem. Ges. **57**, 2048 (1924)
[2] Emil Abderhalden u. Hans Sickel: Hoppe-Seylers Z. **159**, 163 (1926).
[3] Emil Abderhalden u. Hans Sickel: Hoppe-Seylers Z. **158**, 139 (1926).
[4] Emil Abderhalden u. Hans Sickel: Hoppe-Seylers Z. **138**, 108 (1924); **144**, 83 (1925); **153**, 16 (1926); **158**, 139 (1926).

in Wasser: bei 18° 1,67%, bei 100° 15%. Wasserstoffionenkonzentration in einer $^m/_{20}$-Lösung: 5,08. $[\alpha]_D$ in Wasser = $-22,75°$. Fast geschmacklos. Beschleunigt die Reaktion auf Tryptophan mit formaldehydhaltiger Schwefelsäure nicht. Bei der Hydrolyse mit 25proz. Schwefelsäure erhält man l-Tyrosin und l-Prolin, jedoch verläuft die Hydrolyse nicht immer gleichmäßig gut. Beim Trocknen in der Vakuumtrockenpistole bei 105° wird es anhydrisiert. II. Krystallisiert in Nädelchen, ist fast geschmacklos und reagiert neutral. Sintert gegen 120°, bildet bei 127° eine schaumige Flüssigkeit, die bei 180° krystallinisch erstarrt und bei 206° erneut schmilzt unter schwacher Braunfärbung. Beschleunigt den maximalen Ausfall der Tryptophan-Aldehydreaktion. $[\alpha]_D^{20} = +141,9°$. I und II: Bei der Methylierung mit Diazomethan in ätherischer Suspension bei Gegenwart von Wasser entsteht ein zwischen 178 und 180° schmelzendes Reaktionsprodukt, das 1 Methoxylgruppe und 4 Methylgruppen am Stickstoff enthält, bei der alkalischen Hydrolyse Trimethylamin liefert und gegen Säureeinwirkung relativ beständig ist.

Physiologische Eigenschaften: I. Wird weder von Trypsin noch von Pepsin gespalten.

Derivate von I. Di-formylprodukt $C_{16}H_{18}O_6N_2$. Wurde nicht krystallisiert erhalten. Leicht löslich in fast allen organischen Lösungsmitteln mit Ausnahme von Petroläther, spielend löslich in Wasser. Sintert bei 45°, wird gegen 72° dünnflüssig, zersetzt sich bei 85° unter Schäumen, erreicht bei 170° wieder einen hellgelben, dünnflüssigen Zustand, und zersetzt sich zum zweitenmal gegen 185°. Carbonylreaktion und Millonreaktion positiv.

Di-benzolsulfoderivat $C_{26}H_{26}O_8N_2S_2$. Wurde nicht krystallisiert erhalten. Sehr leicht löslich in Alkohol und verdünnten Alkalien, mäßig in Aceton und Essigester, schwer löslich in Äther und Chloroform, fast unlöslich in Benzol und Wasser. Es sintert gegen 72°, ist bei 105° dünnflüssig, zersetzt sich gegen 130° unter Gasentwicklung, färbt sich gegen 220° dunkel und destilliert bei 270°. Millon erst nach der Hydrolyse positiv, Carbonylreaktion negativ.

Silbersalz $C_{14}H_{17}O_4N_2Ag \cdot H_2O$. Farblose, gut ausgebildete, tetragonale abgestumpfte Pyramiden. Zersetzen sich bei 202° zu einer tiefbraunen Flüssigkeit. Die klaren Krystalle trüben sich bei längerem Liegen an der Luft, rascher über Schwefelsäure.

Chlorhydrat $C_{14}H_{19}O_4N_2Cl \cdot H_2O$. Mikroskopische, farblose Nädelchen, die bei 95° sintern, gegen 115° völlig schmelzen, und sich bei 150° unter Gasentwicklung zersetzen.

Kupfersalz $C_{28}H_{34}O_8N_4Cu$. Entsteht durch Versetzen mit einer äquivalenten Menge Kupfersulfat und Ausfällen des SO_4-Ions durch Baryt. Wurde nicht krystallisiert erhalten.

l-Oxyprolyl-glycin.

Bildung: Nach Andor Fodor und Chasuva Epstein[1] soll eine aus 3 Molekülen Oxyprolyl-glycin und 1 Molekül Oxyprolyl-alanin unter Austritt von 3 Wasser entstehende Verbindung $C_{29}H_{44}O_{13}N_8$ beim Abbau von Gelatine durch Essigsäureanhydrid entstehen.

l-Oxyprolyl-d-alanin.

Bildung: Entsteht wahrscheinlich beim Abbau von Gelatine durch Essigsäureanhydrid[1].

dl-Histidyl-glycin[2].

$$NH_2 \cdot CH \cdot CO \cdot NH \cdot CH_2 \cdot COOH \qquad C_8H_{12}O_3N_4$$
$$CH_2-C=CH$$
$$N \quad NH$$
$$CH$$

Darstellung: 8 g Acetyl-histidyl-glycinester werden mit 160 ccm n-HCl 35 Minuten unter Rückfluß gekocht, verdünnt, im Vakuum zur Trockne gebracht, das Chlor mit Silbersulfat entfernt, mit einer alkoholischen Lösung von 8 g Pikrolonsäure versetzt, im Vakuum eingedampft, aus kochendem Wasser umkrystallisiert, in verdünntem Alkohol gelöst, mit 20 ccm 5 n-HCl versetzt, von der Pikrolonsäure abfiltriert, mehrmals ausgeäthert, mit Wasser verdünnt, mehrmals zur Trockne verdampft, mit Silbersulfat behandelt, stark eingeengt, mit absolutem Alkohol gefällt. Gesamtausbeute nur 0,95 g.

---

[1] Andor Fodor u. Chasuva Epstein: Hoppe-Seylers Z. **171**, 122 (1927).
[2] Leonidas Zervas u. Max Bergmann: Hoppe-Seylers Z. **175**, 145 (1928).

Physikalische und chemische Eigenschaften: Krystallisiert in 6seitigen Prismen, schmilzt gegen 235° (korr.) unter Braunfärbung und Aufschäumen. Mäßig löslich in kaltem, leicht in warmem Wasser, sehr schwer löslich in Alkohol. Schmeckt süß. Gibt mit Phosphorwolframsäure einen in Prismen krystallisierenden, schwer löslichen Niederschlag. Mit Diazobenzolsulfosäure entsteht sofort eine blutrote Färbung.

Derivate: Pikrolonat. Lange, gelbe Nadeln, die bei 213° (korr.) unter Zersetzung schmelzen.

Acetyl-dl-histidyl-glycinester

$$CH_3 \cdot CO \cdot NH \cdot CH \cdot CO \cdot NH \cdot CH_2 \cdot COOC_2H_5 \quad C_{12}H_{18}O_4N_4$$

$$CH_2\text{—}C\text{=}CH$$

$$N \quad NH$$

$$CH$$

10 g staubfeines, trockenes Acetyl-dl-histidin werden mit 50 ccm Essigsäureanhydrid 2½ Minuten im siedenden Wasserbad unter Schütteln erwärmt, sofort auf 40° abgekühlt, im Vakuum (nicht über 60°) eingedampft, mehrmals mit wasserfreiem Benzol aufgenommen und verdampft, in 25 ccm Benzol gelöst und zu einer Lösung von 25 g Glykokollester in wasserfreiem Äther hinzugegeben, wobei sofort ein mit sternförmig angeordneten Nädelchen durchsetzter Sirup ausfällt. Nach 8 Stunden absaugen, Rückstand ohne zu waschen in absolutem Alkohol lösen, verdampfen, in möglichst wenig siedendem Alkohol lösen, woraus sich nach einigem Stehen 5 g des Reaktionsproduktes abscheiden. Schmelzp. 182° (korr.). Ziemlich leicht löslich in Wasser, viel schwerer in kaltem Methyl- und Äthylalkohol und sehr schwer in den anderen organischen Lösungsmitteln. Gibt mit Diazobenzolsulfosäure in sodaalkalischer Lösung eine starke Rotfärbung.

l-Histidyl-l-histidin.

Derivate: Histidyl-histidin-methylester-trichlorhydrat $C_{13}H_{18}O_3N_6 \cdot 3$ HCl. Durch Veresterung von Histidyl-histidin mit Methylalkohol und Salzsäure. Einwirkung auf den Blutdruck, die glatte Muskulatur und den Dünndarm[1].

Asparagyl-glycin.

Physiologische Eigenschaften: Wird durch Erepsin gespalten, nicht durch Trypsin oder Pepsin[2]

Asparaginyl-glycin.

Derivate: Glycinestersalz des N-Acetyl-asparaginyl-glycinesters (?)

$$CH_2 \cdot CO \cdot NH \cdot CH_2 \cdot COOC_2H_5$$
$$CH \cdot NH \cdot COONH_3 \cdot CH_2 \cdot COOC_2H_5$$
$$COCH_3$$

Durch 30—40 Minuten langes Kochen von 2,5 g Asparaginsäure mit 50 ccm Essigsäureanhydrid bildet sich das in großen 6seitigen Prismen krystallisierende Anhydrid der N-Acetyl-l-asparaginsäure, das bei 141° (unkorr.) schmilzt. Nach 1—2stündigem Schütteln mit einer ätherischen Glycinesterlösung scheiden sich farblose, voluminöse Nadeln ab, die nach dem Umkrystallisieren aus Alkohol bei 142° schmelzen. Löslich in Wasser, Methyl- und Äthylalkohol, Chloroform[3].

β-Asparagyl-asparaginsäure[4].

$$CH_2 \cdot CO\text{——}NH \cdot CH \cdot COOH$$
$$CH \cdot NH_2 \cdot COOH \quad CH_2COOH$$

Darstellung: 1. Durch Aufspaltung der Diketopiperazin-diessigsäure mit Baryt. 2. Aus Asparagin oder äpfelsaurem Ammonium.

---

[1] Takeshi Hosoda: Biochem. Z. **167**, 221 (1926).
[2] R. Nakashima: J. of Biochem. **7**, 399 (1927) — Chem. Zbl. **1927 II**, 2201.
[3] Max Bergmann, Ferdinand Stern u. Charlotte Witte: Liebigs Ann. **449**, 277 (1926).
[4] C. Ravenna: Gazz. chim. ital. **51 II**, 281 (1921). — C. Ravenna u. G. Bosinelli: Atti Accad. dei Lincei, Roma **28 II**, 113, 137 (1919). — C. Ravenna: Ebenda **30 II**, 424 (1921).

d-Glutaminyl-l-tyrosin [2].

$$NH_2 \cdot CH \cdot CO \cdot NH \cdot CH \cdot COOH \quad C_{14}H_{16}O_2N_2$$
$$CH_2 CH_2 \cdot C_6H_4OH$$
$$CH_2 \cdot COOH$$

Darstellung: Aus der Mutterlauge bei der Pyrrolidonyltyrosindarstellung.

Physikalische und chemische Eigenschaften: Amorphes Produkt von bitterem und saurem Geschmack; gibt erst nach der Neutralisation positive Ninhydrinreaktion.

Physiologische Eigenschaften: Wird sowohl durch Erepsin als durch Trypsin-Kinase gespalten.

Derivate: Kupfersalz $C_{14}H_{16}O_6N_2Cu$. Amorphes, dunkelblaugrünes Pulver.
Silbersalz $C_{14}H_{16}O_6N_2Ag_2$. Fällt in weißen Flocken aus.

Glutamyl-glutaminsäure I u. II.

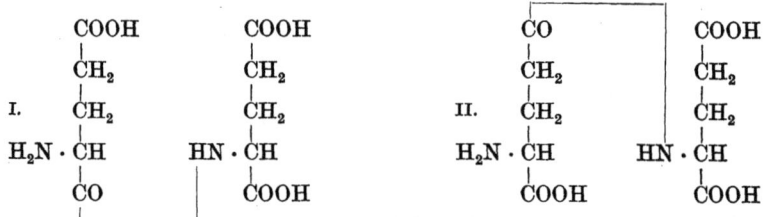

Bildung: I und II. Durch alkalische Hydrolyse des tricyclischen Glutaminsäureanhydrids[3]. Durch Aufspaltung des einfachen Glutaminsäureanhydrids, der 2,5-Dioxopiperazin-3, 6-dipropionsäure mit 4 Mol n-NaOH (5 Stunden bei Zimmertemperatur)[4].

Physikalische und chemische Eigenschaften: I. Krystalle[3], sehr leicht löslich in Wasser und Alkohol, weniger in Alkohol-Äther[4]. Gibt mit Bleiacetat keinen Niederschlag[3]. II. Nicht krystallisiert. Aus der wässerigen Lösung des Natrium- oder Bariumsalzes wird mit Bleiacetat ein im Überschuß löslicher, gelatinöser Niederschlag erhalten[3].

Derivate: I. Bariumsalz $C_{20}H_{26}O_{14}N_4Ba_3$ krystallisiert allmählich, gibt mit Schwermetallsalzen keine Niederschläge[4]. Nicht hygroskopisches Nadelbüschel, aus der wässerigen Lösung durch Alkohol fällbar[4].

Kupfersalz $(C_{10}H_{13}O_7N_2)_2Cu_3 \cdot 2 H_2O$. Blaue Krystalle. Aus der wässerigen Lösung durch Alkohol fällbar.

II. Barium-, Kupfer- und Bleisalz krystallisieren nicht.

Pyrrolidonyl-l-tyrosin [2].

$$HN \cdot CH \cdot CO \cdot NH \cdot CH \cdot COOH \quad C_{14}H_{16}O_5N_2$$
$$CH_2 CH_2 \cdot C_6H_4OH$$
$$CH_2$$
$${-}OC$$

Darstellung: Kuppeln von Pyrrolidonylchlorid mit l-Tyrosinester in Chloroform, verdampfen des Chloroforms und verseifen mit Wasser. Durch fraktionierte Krystallisation erhält man außerdem noch Tyrosin und ein anhydridartiges Produkt.

---
[1] C. Ravenna: Atti Accad. naz. Lincei **29 I**, 55, 278 (1920).
[2] Emil Abderhalden u. Ernst Schwab: Fermentforschg **9**, 501 (1928).
[3] A. Blanchetière: Bull. Soc. chim. France **31**, 1045 (1922) — Chem. Zbl. **1925 I**, 220.
[4] A. Blanchetière: Bull. Soc. chim. France **31**, 1045 (1922) — Chem. Zbl. **1923 III**, 1084.

Physikalische und chemische Eigenschaften: Krystallisiert in warzenförmigen Drusen, die bei 245° sintern und sich von 250° ab zersetzen. Reagiert sauer. Ninhydrin- und Carbonylreaktion negativ. Millon positiv. Unlöslich in Alkohol.

d-Arginyl-d-arginin(?).

Bei der Selbstkondensation des d-Argininmethylesters erhielten E. Fischer und U. Suzuki[2] ein Produkt, das sie mit Vorbehalt als Arginylarginin ansprachen. S. Edlbacher und S. Bonem[3] glaubten die Identität dieses Körpers mit Arginyl-arginin bewiesen zu haben. Ernst Waldschmidt-Leitz und Mitarbeiter[4] konnten jedoch keinen Abbau durch Trypsin-Kinase oder Erepsin feststellen. Leonidas Zervas und Max Bergmann[5] klärten die Struktur des fraglichen Dipeptids auf und fanden, daß ein $-\alpha-\delta$ Bisguanido-n-valeriansäureanhydrid

$$NH=C\langle{NH \cdot CH_2 \cdot CH_2 \cdot CH_2 \cdot CH-CO \atop NH_2} \quad {} \quad {NH \atop NH=C-NH}$$

vorliegt.

Darstellung: Durch längere (11—36 tägige) Einwirkung von 70 proz. Schwefelsäure auf Clupein bei 37° und Fällen mit Flaviansäure[1].

Physikalische und chemische Eigenschaften: Glasharte, lackartige Masse, die an der Luft Wasser und Kohlensäure anzieht, einen bitteren leimartigen Geschmack besitzt und positive Biuretreaktion gibt. Spezifische Drehung +29,8°. Amino-Stickstoff nach van Slyke 15% des Gesamtstickstoffs; nach der Totalhydrolyse 25%. Mittleres Molekulargewicht 304,2. Carbonylreaktion schwach positiv. Das schwer krystallisierende Pikrolonat, das nicht krystallisierte Pikrat sowie das Kupfer- und Silbernitratdoppelsalz unterscheiden es deutlich von Arginin. Vielleicht liegt ein Komplex von 4 Teilen Arginyl-arginin und 1 Teil freiem Arginin vor[1].

Dipeptid aus d-Diaminopropionsäuremethylester.

Darstellung und physikalische und chemische Eigenschaften: Man läßt den Ester 5 Tage bei Zimmertemperatur stehen. Beim Verreiben der zähen Masse mit absolutem Alkohol erhält man ein amorphes Pulver. $[\alpha]_D$ in Wasser = etwa +20°.

Derivate: Pikrat $C_7H_{16}O_3N_4 \cdot 2\ C_6H_3O_7N_3$. Aus 50 proz. Alkohol. Schmelzp. 200—210° unter Aufschäumen nach vorheriger Dunkelfärbung bei 170—180°[6].

Tripeptide.

Diglycyl-glycin.

Physikalische und chemische Eigenschaften: Molekularrefraktion und Interferometerwert[7]. Zeigt in wässerigen Salzlösungen (NaCl, KJ, $BaCl_2$, $SrCl_2$) stets eine zu kleine Gefrierpunktserniedrigung[8]. Wird von Chlordioxyd nicht angegriffen[9]. Mit n-Alkali wird es bei 37° bereits nach 24 Stunden quantitativ gespalten[10]. 5 tägiges Aufbewahren mit Ammoniak bei 37° sowie 5 stündiges Erhitzen mit Wasser auf 150° bewirkt bereits eine erhebliche (etwa 25% einer Bindung) Aufspaltung. Eine merkliche Beeinflussung der Reaktionsgeschwindigkeit durch das Kation findet nicht statt, da $n/_2$-LiOH, $n/_2$-NaOH und $n/_2$-KOH gleich rasch

---

[1] A. Kossel u. W. Staudt: Hoppe-Seylers Z. **170**, 91 (1927).
[2] E. Fischer u. U. Suzuki: Ber. dtsch. chem. Ges. **38**, 4173 (1905).
[3] S. Edlbacher u. S. Bonem: Hoppe-Seylers Z. **145**, 69 (1925).
[4] Ernst Waldschmidt-Leitz, Anton Schäffner, Hans Schlatter u. Willibald Klein: Ber. dtsch. chem. Ges. **61**, 299 (1928).
[5] Leonidas Zervas u. Max Bergmann: Ber. dtsch. chem. Ges. **61**, 1195 (1928).
[6] P. Karrer, K. Escher u. Rose Widmer: Helvet. chim. Acta **9**, 301 (1926) — Chem. Zbl. **1926 I**, 3023.
[7] Paul Hirsch u. Rudolf Kunze: Fermentforschg **6**, 30 (1922).
[8] Paul Pfeiffer u. Olga Angern: Hoppe-Seylers Z. **135**, 16 (1924).
[9] Erich Schmidt u. Karl Braunsdorf: Ber. dtsch. chem. Ges. **55**, 1529 (1922).
[10] Emil Abderhalden u. Shigeo Suzuki: Hoppe-Seylers Z. **170**, 158 (1927).

spalten. Ebenso findet keine Beeinflussung der Spaltungsgeschwindigkeit durch kolloidales Eisenhydroxyd statt[1].

Mit 1proz. alkoholischem Ammoniak 4 Stunden auf 175—185° erhitzt, entsteht neben viel amorphen, in Alkohol unlöslichen, schwer filtrierbaren Produkten etwas Glycinhydrid[2]. — Es gelingt nicht, das nicht benzoylierte Tripeptid mit Rhodanammon und Essigsäureanhydrid in das 1-Acetyl-diglycyl-2-thiohydantoin überzuführen[3].

Physiologische Eigenschaften: Wird durch Erepsin gespalten[4,5]. Ist enzymatisch ziemlich schwer spaltbar. Wird von Hefepolypeptidase gespalten[3], am besten bei p_H 6,7—7,0[2]; das Spaltungsvermögen wird aber durch freies l-Leucin ganz beträchtlich gehemmt[6]. Hefedipeptidase greift nicht an[5].

Derivate: Diglycyl-glycin-Lithiumbromid $C_6H_{11}O_4N_3 \cdot$ LiBr. Durch Lösen von 2 Mol Lithiumbromid und 1 Mol Tripeptid in wenig Wasser und eindampfen auf dem Wasserbad. Kurze, durchsichtige, luftbeständige Prismen[7].

Diglycyl-glycin-Calciumbromid $C_6H_{11}O_4N_3 \cdot CaBr_2 \cdot 3 H_2O$. Durch Lösen von 1,2 Mol Calciumbromid und 1 Mol Tripeptid in Wasser. Krystallisiert bereits aus verhältnismäßig verdünnten Lösungen aus. Klobige, harte, durchsichtige Krystalle, die 2 Krystallwasser bei 120° abgeben, das 3. Krystallwasser aber erst bei 160° verlieren[7].

Methylester. Beim kurzen Stehen mit methylalkoholischem Ammoniak scheidet sich ein dichter Niederschlag aus, der sich bis auf eine kleine Verunreinigung in wenig heißem Wasser löst. Die beim Erkalten ausfallende Substanz löst sich nur noch kolloidal. Es liegt möglicherweise ein polymeres Glycyl-(glycyl-glycinanhydrid) vor[8].

Äthylester. Wird von Hefepolypeptidase gespalten, von Hefedipeptidase nicht[9].

Diglycyl-glycin-betain

$$(CH_3)_3N—CH_2 \cdot CO \cdot NH \cdot CH_2 \cdot CO \cdot NH \cdot CH_2 \cdot CO$$
$$\underline{\hspace{6cm} O \hspace{6cm}}$$

Durch Methylierung von Diglycyl-glycin mit Dimethylsulfat bei Gegenwart von Alkali, wobei die Temperatur 15° nicht überschreiten darf. Reinigen über den Phosphorwolframsäureniederschlag. Reagiert schwach alkalisch. Wird durch Erepsin nicht gespalten[4]. **Pikrat.** Sehr hygroskopisch, leicht löslich in Alkohol, sehr schwer umkrystallisierbar. **Platinchlorid-Doppelsalz.** Feine kurze Prismen oder kleine Tafeln. Sintert gegen 203°. Schmelzp. 206 bis 207°[4].

Benzoyl-diglycyl-glycin. Durch Kuppeln von Diglycyl-glycin mit Benzoylchlorid. Fällt beim Ansäuern flockig aus und klebt an der Oberfläche fettig zusammen[10,11]. Aus Alkohol krystallisiert, schmilzt es bei 216—217°[10], nach anderen Angaben bei 218—219°[2]. Färbt Fehlingsche Lösung violett[10]. Durch Einwirkung eines Gemisches von Rhodanammon und Essigsäureanhydrid bildet sich 1-Benzoyl-diglycyl-2-thiohydantoin[3]. Wird durch Erepsin bei Gegenwart von Borat gespalten, und zwar bei p_H 7,39 rascher als bei p_H 7,95[10]. Wird von Hefepolypeptidase nicht gespalten[6], auch nicht von Hefedipeptidase[12]. Trypsin-Kinase spaltet nur schwach[13]. **Äthylester** $C_{15}H_{19}O_5N_3$. Bildet sich in der Hauptsache beim Erhitzen mit 1proz. alkoholischem Ammoniak auf 175—185°. Schmilzt, aus Wasser krystallisiert, bei 175—176°[2].

Chloracetyl-diglycyl-arsanilsäure $C_{12}H_{15}O_6N_3ClAs$. Kuppeln von Diglycylarsanilsäure mit Chloracetylchlorid. Fällt beim Ansäuern sofort aus. Umkrystallisieren aus heißem Wasser. Schöne feine, oft drusenförmig vereinigte Nädelchen, die sich bei 222—224° unter Bräunung zersetzen[14].

---

[1] Emil Abderhalden u. Hans Brockmann: Hoppe-Seylers Z. **170**, 146 (1927).
[2] Ch. Gränacher: Helvet. chim. Acta **8**, 784 (1925).
[3] P. Schlack u. W. Kumpf: Hoppe-Seylers Z. **154**, 125 (1926).
[4] Toru Imai: Hoppe-Seylers Z. **136**, 192 (1924).
[5] Wolfgang Graßmann u. Hanns Dyckerhoff: Hoppe-Seylers Z. **167**, 202 (1927).
[6] Wolfgang Graßmann u. Hanns Dyckerhoff: Hoppe-Seylers Z. **175**, 18 (1928).
[7] Paul Pfeiffer: Hoppe-Seylers Z. **133**, 22 (1924).
[8] Emil Abderhalden u. Ernst Schwab: Hoppe-Seylers Z. **164**, 271 (1927).
[9] Wolfgang Graßmann u. Hanns Dyckerhoff: Ber. dtsch. chem. Ges. **61**, 656 (1928).
[10] Toru Imai: Hoppe-Seylers Z. **136**, 205 (1924).
[11] Vgl. auch P. Schlack u. W. Kumpf: Hoppe-Seylers Z. **154**, 170 (1926).
[12] Wolfgang Graßmann u. Hanns Dyckerhoff: Ber. dtsch. chem. Ges. **61**, 656 (1928).
[13] Ernst Waldschmidt-Leitz u. Willibald Klein: Ber. dtsch. chem. Ges. **61**, 640 (1928).
[14] G. Giemsa u. C. Tropp: Ber. dtsch. chem. Ges. **59**, 1776 (1926).

Triglycyl-arsanilsäure

$NH_2 \cdot CH_2 \cdot CO \cdot NH \cdot CH_2 \cdot CO \cdot NH \cdot CH_2 \cdot CO \cdot NH\langle\rangle H_2O_3As \quad C_{12}H_{17}O_6N_4As$

Durch 16stündiges Aminieren des Chlorkörpers mit konzentrierter Ammoniaklösung bei 37°. Umkrystallisieren aus der 150—200fachen Menge heißen Wassers. Krystallisation erfolgt sehr langsam (mehrere Tage), rascher nach Zugabe von Alkohol. Durchsichtige, abgeplattete Nadeln. Zersetzung und Bräunung bei 220°[1]. Wird durch Darmerepsin weitgehendst gespalten, durch Hefeerepsin kaum, durch Trypsin-Kinase nicht[2].

Carbäthoxyl-triglycyl-arsanilsäure $C_{15}H_{21}O_8N_4As$. Durch Kuppeln von Triglycyl-arsanilsäure mit Chlorkohlensäureester. Fällt beim Ansäuern erst nach einiger Zeit aus. Umkrystallisieren aus viel heißem Wasser. Kleine, kugelige oder warzenförmige Gebilde. Bräunung mit beginnender Zersetzung bei 259—261°[1].

Diglycyl-α-aminoisobuttersäure.

Derivate: Benzoyl-diglycyl-α-aminoisobuttersäure

$C_6H_5 \cdot CO \cdot NH \cdot CH_2 \cdot CO \cdot NH \cdot CH_2 \cdot CO \cdot NH \cdot C-COOH \quad C_{15}H_{19}O_5N_3$
$\qquad\qquad\qquad\qquad\qquad\qquad\qquad\qquad\qquad\qquad\quad CH_3 \quad CH_3$

Man trägt 0,6 g in wenig Wasser gut suspendiertes Hippuracid langsam in eine Lösung von 0,5 g Glycyl-aminoisobuttersäure in 2,5 ccm 2 n-NaOH ein. Von nicht umgesetztem Hippuracid abfiltrieren und unter sehr starker Kühlung mit 25proz. Salzsäure ansäuern, wobei eine sirupartige Masse ausfällt, die bei mehrstündigem Stehen in einer Kältemischung erstarrt. Trennung von beigemengtem Kochsalz durch absoluten Alkohol. Ausbeute gering, nur 50 mg Reinsubstanz. Schmelzp. 149—150° unter Gasentwicklung nach vorherigem Sintern bei 144°. Reagiert sauer. Leicht löslich in Wasser und Alkohol, schwer löslich in Äther und Petroläther[3].

Diglycyl-l-leucin.

Physiologische Eigenschaften: Wird durch Hefepolypeptidase gespalten[4,5], und zwar in Glycyl-l-leucin und Glykokoll[4].

Diglycyl-l-cystin.

Physikalische und chemische Eigenschaften: Gibt mit m-Dinitrobenzoesäure positive Reaktion wie Diketopiperazine[6]. n-NaOH spaltet bei 37° so, daß nach 137 Stunden 84,4% des bei vollständiger Hydrolyse zu erwartenden Wertes erreicht sind. Dieser Wert steigt auch bei längerer Einwirkung nicht mehr. n-HCl spaltet bei 37° nicht[7]. Wird beim Erhitzen mit Wasser auf 150° nicht in das Anhydrid übergeführt, sondern zersetzt sich unter Schwefelwasserstoffentwicklung[8]. Die Anhydrisierung muß vielmehr durch Behandeln des Methylesters mit methylalkoholischem Ammoniak erfolgen[9].

Physiologische Eigenschaften: Wird durch Erepsin gespalten, durch Trypsin-Kinase nicht[10]. Wird vom Muskelgewebe rascher reduziert als Cystin[11]. Hemmt die nach Ehrlich zum Nachweis von Oxydationen im Organismus dienende Indophenolbildung aus p-Phenylendiamin und α-Naphthol[12].

---

[1] G. Giemsa u. C. Tropp: Ber. dtsch. chem. Ges. **59**, 1776 (1926).
[2] Ernst Waldschmidt-Leitz, Wolfgang Graßmann u. Anton Schäffner: Ber. dtsch. chem. Ges. **60**, 359 (1927).
[3] P. Schlack u. W. Kumpf: Hoppe-Seylers Z. **154**, 125 (1926).
[4] Wolfgang Graßmann u. Hanns Dyckerhoff: Hoppe-Seylers Z. **175**, 18 (1928).
[5] Wolfgang Graßmann u. Hanns Dyckerhoff: Ber. dtsch. chem. Ges. **61**, 656 (1928).
[6] Emil Abderhalden u. Ernst Komm: Hoppe-Seylers Z. **140**, 99 (1924).
[7] Emil Abderhalden u. Wilhelm Köppel: Hoppe-Seylers Z. **170**, 226 (1927).
[8] Emil Abderhalden u. Ernst Komm: Hoppe-Seylers Z. **134**, 121 (1924).
[9] Emil Abderhalden u. Ernst Roßner: Hoppe-Seylers Z. **163**, 149 (1927).
[10] Ernst Waldschmidt-Leitz, Anton Schäffner, Hans Schlatter u. Willibald Klein: Ber. dtsch. chem. Ges. **61**, 299 (1928).
[11] Emil Abderhalden u. Ernst Wertheimer: Pflügers Arch. **199**, 336 (1923).
[12] Ernst Wertheimer: Fermentforschg **8**, 497 (1926).

Diglycyl-dl-α-α'-diaminokorksäure[1].

$$NH_2 \cdot CH_2 \cdot CO \cdot NH \cdot \underset{COOH}{CH} \cdot (CH_2)_4 \cdot \underset{COOH}{CH} \cdot NH \cdot CO \cdot CH_2 \cdot NH_2 \quad C_{12}H_{22}O_6N_4$$

Darstellung: Durch mehrstündiges Erhitzen von Di-(chloracetyl-)α-α'-diaminokorksäure mit Ammoncarbonat und konzentriertem wässerigen Ammoniak auf 90—95°, eindampfen im Vakuum, lösen in wenig Wasser, zu viel absolutem Alkohol unter Rühren hinzugeben.

Physikalische und chemische Eigenschaften: Mikroskopische Krystalldrusen und Rosetten, die aus feinen spitzen Prismen aufgebaut sind. Die exsiccatortrockene Substanz enthält 2 Krystallwasser. Schmelzpunkt weit über 290°.

Di-chloracetyl-dl-α-α'-diaminokorksäure[1].
$$C_{12}H_{18}O_6N_2Cl_2$$

Darstellung: Fällt nach dem Kuppeln der Komponenten beim Ansäuern aus.

Physikalische und chemische Eigenschaften: Sternförmig gruppierte, derbe, spitzwinkelige Prismen. Schmelzp. 215—217° unter Zersetzung.

Glycyl-d-alanyl-glycin.

Physiologische Eigenschaften: Wird von Hefepolypeptidase gespalten[2].

Glycyl-l-alanyl-glycin.

Physikalische und chemische Eigenschaften: Erleidet in einer Lösung von 1—10 Äquivalenten Alkali keine Racemisierung[3], doch tritt bei einer Alkalikonzentration, die 4—10 mal so groß wie die des Peptids ist, nach 48 Stunden eine geringe, höchstens 10% betragende Racemisierung neben starker Hydrolyse ein[4].

Glycyl-dl-alanyl-dl-alanin[5].

$$NH_2 \cdot CH_2 \cdot CO \cdot NH \cdot \underset{CH_3}{CH} \cdot CO \cdot NH \cdot \underset{CH_3}{CH} \cdot COOH \quad C_8H_{15}O_4N_3$$

Darstellung: Aminieren von Chloracetyl-alanyl-alanin durch 1stündiges Erhitzen mit der 5fachen Menge 25proz. Ammoniaks auf 80°, eindampfen auf dem Wasserbad, entfernen des Chlorammons mit absolutem Alkohol.

Physikalische und chemische Eigenschaften: Krystallisiert in perlmutterglänzenden, tetragonalen Blättchen, die sehr schwache Doppelbrechung zeigen und deren Kanten vielfach abgerundet sind. Schmelzpunkt bei raschem Erhitzen 204—205° unter Gasentwicklung. Schwach hygroskopisch. Schwer löslich in allen organischen Lösungsmitteln.

Chloracetyl-dl-alanyl-dl-alanin[5].
$$C_8H_{13}O_4N_2Cl$$

Darstellung: Durch Stehenlassen einer Lösung von Alaninanhydrid in 0,4 n-NaOH bei Zimmertemperatur (6—7 Stunden) und Kuppeln mit Chloracetylchlorid. Nach dem Ansäuern weitgehend einengen und lange in der Kälte stehen lassen.

Schmilzt nach dem Umkrystallisieren aus Essigester bei 153—154°.

Glycyl-d-alanyl-l-tyrosin.

Physiologische Eigenschaften: Wird durch Trypsin-Kinase gespalten[6].

---

[1] Emil Abderhalden u. Walter Zeisset: Fermentforschg **9**, 336 (1928).
[2] Wolfgang Graßmann u. Hanns Dyckerhoff: Ber. dtsch. chem. Ges. **61**, 656 (1928).
[3] P. A. Levene u. M. H. Pfaltz: J. gen. Physiol. **8**, 183 (1925) — Chem. Zbl. **1926 I**, 677.
[4] P. A. Levene u. M. H. Pfaltz: J. of biol. Chem. **68**, 277 (1926) — Chem. Zbl. **1926 II**, 880.
[5] P. Schlack u. W. Kumpf: Hoppe-Seylers Z. **154**, 125 (1926).
[6] Ernst Waldschmidt-Leitz, Anton Schäffner, Hans Schlatter u. Willibald Klein: Ber. dtsch. chem. Ges. **61**, 299 (1928).

Glycyl-dl-α-aminobutyryl-dl-α-aminobuttersäure[1].

$$NH_2 \cdot CH_2 \cdot CO \cdot NH \cdot \underset{\underset{CH_3}{|}}{CH} \cdot CO \cdot NH \cdot \underset{\underset{CH_3}{|}}{CH} \cdot COOH \quad C_{10}H_{19}O_4N_3$$

Darstellung: Durch 3 tägiges Aminieren von Chloracetyl-aminobutyryl-aminobuttersäure. Behandeln mit 90proz. Alkohol.

Physikalische und chemische Eigenschaften: Lange, seidige Nadeln vom Schmelzp. 241 bis 242° (korr.). Biuretreaktion violett. Wird durch n-Alkali gespalten.

Physiologische Eigenschaften: Wird durch Pankreasauszug gespalten.

Chloracetyl-dl-aminobutyryl-dl-aminobuttersäure[1].

$C_{10}H_{17}O_4N_2Cl$

Darstellung: Nach dem Kuppeln der Komponenten und Ansäuern scheiden sich beim Einengen ölige Tropfen ab, die beim Stehen im Eisschrank zu knolligen Aggregaten erstarren.

Physikalische und chemische Eigenschaften: Krystallisiert aus Wasser in großen, eckigen Krystallen vom Schmelzp. 136—137° (korr.). Schwer löslich in Äther, Chloroform, Petroläther, kaltem Wasser und Toluol. Leicht löslich in heißem Essigester, Methyl- und Äthylalkohol.

Glycyl-dl-leucyl-glycin.

$$NH_2 \cdot CH_2 \cdot CO \cdot NH \cdot \underset{\underset{C_4H_9}{|}}{CH} \cdot CO \cdot NH \cdot CH_2 \cdot COOH \quad C_{10}H_{19}O_4N_3$$

Darstellung: Aminieren von Chloracetyl-leucyl-glycin, eindampfen, mit Alkohol behandeln[2, 3].

Physikalische und chemische Eigenschaften: Krystallisiert in haarfreinen Nadeln, die zu strahligen Büscheln vereinigt sind. Ziemlich leicht löslich in Wasser, sehr schwer in Alkohol, unlöslich in Methylalkohol, Äther und Essigester. Zersetzungsp. 232°. Schwache Biuretreaktion[2, 3]. Wird mit n-Alkali ziemlich rasch gespalten[3]. Beim Erhitzen mit Wasser auf 150° entsteht neben Leucin und Glykokoll Leucylglycinanhydrid[4].

Physiologische Eigenschaften: Wird durch Hefepolypeptidase gespalten[5], ebenso durch Hefemacerationssaft[6]. Die Spaltung verläuft asymmetrisch, und zwar entsteht Glykokoll, l-Leucin und — allerdings nur schwach aktives — Glycyl-d-leucyl-glycin[6].

Derivate: Äthylester $C_{12}H_{23}O_4N_3$. Verestern mit Alkohol und Salzsäure. Esterchlorhydrat krystallisiert nicht. Von überschüssiger Salzsäure befreien, mit der durch Titration ermittelten Natriumalkoholatlösung versetzen, vom Kochsalz abfiltrieren, im Vakuum eindampfen. Amorphes, stark alkalisch reagierendes Produkt, das gegen 51° schmilzt. Biuretreaktion positiv, mit leicht rosafarbenem Ton. Leicht löslich in Aceton, ziemlich leicht in Petroläther, schwer in Essigester und Chloroform, fast unlöslich in Äther. Wird durch aus Schweineleber hergestellter Lipase nicht verseift[3].

Benzoylderivat $C_{17}H_{23}O_5N_3$. Krystallisiert aus Wasser in drusenförmigen Aggregaten vom Schmelzp. 177°. Sehr leicht löslich in Methyl- und Äthylalkohol, löslich in Aceton und Wasser, kaum löslich in Äther, unlöslich in Ligroin. Wird mit n-Alkali rasch aufgespalten[2].

β-Naphthalinsulfoderivat $C_{20}H_{25}O_6N_3S$. Durch Kuppeln der Komponenten fällt das Reaktionsprodukt beim Ansäuern harzig aus, wird jedoch nach einiger Zeit fest. Amorpher Körper, schmilzt bei 158°. Leicht löslich in Alkohol, Aceton und Essigester, schwer in Wasser, kaum in Äther. n-NaOH spaltet bei 37° nach 4 Tagen eine Bindung auf und dann nicht weiter[2].

Chloracetyl-dl-leucyl-glycin[2, 3].

$C_{14}H_{17}O_4N_2Cl$

Darstellung: Nach dem Kuppeln der Komponenten und Ansäuern im Vakuum einengen und ausäthern.

---

[1] Emil Abderhalden u. Hans Brockmann: Fermentforschg **9**, 430 (1928).
[2] Emil Abderhalden u. Paul Möller: Hoppe-Seylers Z. **174**, 196 (1928).
[3] Emil Abderhalden u. Alfred Alker: Fermentforschg **7**, 77 (1923).
[4] Emil Abderhalden u. Ernst Komm: Hoppe-Seylers Z. **134**, 121 (1924).
[5] Wolfgang Graßmann u. Hanns Dyckerhoff: Ber. dtsch. chem. Ges. **61**, 656 (1928).
[6] Emil Abderhalden u. Walter Singer: Fermentforschg **8**, 187 (1926).

Physikalische und chemische Eigenschaften: Krystallisiert aus Wasser in langen, farblosen Nadeln vom Schmelzp. 145°. Leicht löslich in Alkohol, schwer löslich in Äther (wenn krystallisiert).

Glycyl-dl-leucyl-dl-leucin [1].

$$NH_2 \cdot CH_2 \cdot CO \cdot NH \cdot \underset{\overset{|}{C_4H_9}}{CH} \cdot CO \cdot NH \cdot \underset{\overset{|}{C_4H_9}}{CH} \cdot COOH \quad C_{14}H_{27}O_4N_3$$

Darstellung: Aminieren des Chlorkörpers, eindampfen, mit Alkohol auskochen.
Physikalische und chemische Eigenschaften: Krystallisiert aus Wasser nach Zusatz von Alkohol und Äther in farblosen, flachen Rhomboedern vom Zersetzungsp. 227°. Leicht löslich in Wasser, löslich in Methylalkohol, sehr schwer in Äthylalkohol. n-Alkali spaltet bei 37° höchstens 1 Bindung auf, unter Abspaltung von Glycin.
Derivate: Benzoyl-glycyl-dl-leucyl-dl-leucin $C_{21}H_{31}O_5N_3$. Amorph. Schmelzp. 117 bis 118°. Leicht löslich in Methyl- und Äthylalkohol, sehr schwer in Wasser und Äther. Wird durch n-Alkali bei 37° gespalten.
β-Naphthalinsulfo-glycyl-dl-leucyl-dl-leucin $C_{24}H_{33}O_6N_3S$. Fällt nach dem Kuppeln der Komponenten beim Ansäuern als erstarrendes Harz aus. Krystallisiert nicht. Schmilzt bei 140°. Leicht löslich in Methyl- und Äthylalkohol, sehr schwer in Wasser, kaum löslich in Äther. Wird durch n-Alkali bei 37° nicht gespalten.

Chloracetyl-dl-leucyl-dl-leucin [1].
$$C_{14}H_{25}O_4N_2Cl$$

Darstellung: Fällt nach dem Kuppeln der Komponenten beim Ansäuern harzig aus.
Physikalische und chemische Eigenschaften: Amorph. Sintert bei 136 und schmilzt bei 138°. Leicht löslich in Alkohol, löslich in Äther und Wasser, unlöslich in Petroläther, das es aus der ätherischen Lösung ausfällt.

Glycyl-l-leucyl-l-leucin [2].
$$C_{14}H_{27}O_4N_3$$

Darstellung: Nach dem Aminieren des Chlorkörpers (2 Tage) im Vakuum eindampfen, in heißem 50proz. Alkohol lösen.
Physikalische und chemische Eigenschaften: Krystallisiert aus Wasser und aus 50proz. Alkohol in Nadeln. Schmelzp. 232—234 unter Zersetzung. Positive Biuretreaktion. Nicht fällbar durch Ammonsulfat. n-NaOH spaltet bei 37° höchstens 1 Bindung auf.
Physiologische Eigenschaften: Wird durch Erepsin gespalten; Trypsin-Kinase spaltet kaum.

Chloracetyl-l-leucyl-l-leucin [2].
$$C_{14}H_{25}O_4N_2Cl.$$

Darstellung: Fällt nach dem Kuppeln der Komponenten beim Ansäuern aus. Absaugen. Lösen in Äther, fällen mit Petroläther.
Physikalische und chemische Eigenschaften: Krystalle vom Schmelzp. 180—182°. Schwer löslich in Wasser, in krystallisiertem Zustand auch schwer löslich in Äther. Leicht löslich in Alkohol.

Glycyl-dl-leucyl-dl-α-aminoheptylsäure [3].

$$NH_2 \cdot CH_2 \cdot CO \cdot NH \cdot \underset{\overset{|}{C_4H_9}}{CH} \cdot CO \cdot NH \cdot \underset{\overset{|}{C_5H_{11}}}{CH} \cdot COOH \quad C_{15}H_{29}O_4N_3$$

Darstellung: Aminieren von Chloracetyl-leucyl-aminoheptylsäure bei 20° (3 Tage), eindampfen, mit 90proz. Alkohol extrahieren.

---

[1] Emil Abderhalden u. Paul Möller: Hoppe-Seylers Z. **174**, 196 (1928).
[2] Emil Abderhalden u. Richard Fleischmann: Fermentforschg **9**, 524 (1928).
[3] Emil Abderhalden u. Hans Brockmann: Fermentforschg **9**, 430 (1928).

Physikalische und chemische Eigenschaften: Krystallisiert aus ganz schwachem Ammoniak beim Einengen auf dem Wasserbad in glänzenden Blättchen. Biuretreaktion violett. Schwer löslich in kaltem und heißem Wasser. Schmelzp. 240° unter Zersetzung. Bei Einwirkung von n-NaOH bei 37° wird ein Teil des Glycins abgespalten.

Chloracetyl-dl-leucyl-dl-α-aminoheptylsäure [1].

$C_{15}H_{27}O_4N_2Cl$

Darstellung: Das nach dem Kuppeln der Komponenten beim Ansäuern ausfallende Öl wird beim Einengen der Lösung im Vakuum fest.

Physikalische und chemische Eigenschaften: Krystallisiert aus heißem Wasser in büscheligen Nadeln vom Schmelzp. 147,5° (korr.).

Glycyl-l-tyrosyl-glycin.

Physiologische Eigenschaften: Wird sowohl durch Erepsin als durch Trypsin-Kinase gespalten [2].

dl-Alanyl-glycyl-glycin.

Physiologische Eigenschaften: Wird durch Darmerepsin gespalten, Hefedipeptidase greift nicht an, Hefepolypeptidase löst bloß 1 Bindung [3]. Von Hefemacerationssaft wird es asymmetrisch gespalten. Es entsteht dabei Glykokoll, d-Alanin und l-Alanyl-glycyl-glycin [4].

l-Alanyl-glycyl-glycin [4].

Bildung: Bei der Einwirkung von Hefemacerationssaft auf dl-Alanyl-glycyl-glycin.

Physikalische und chemische Eigenschaften: Feine Nädelchen, $[\alpha]_D^{20} = -32,5°$. Schmelzpunkt gegen 220°.

l-Alanyl-l-alanyl-glycin [5].

$C_8H_{15}O_4N_3$

Darstellung: Aminieren von l-Brompropionyl-l-alanyl-glycin, zum Sirup eindampfen, mit absolutem Alkohol bis zur Krystallisation erhitzen.

Physikalische und chemische Eigenschaften: Schmelzp. 241—242° unter Zersetzung. $[\alpha]_D^{21} = +46,1$ bis $+47,2°$.

l-Brompropionyl-l-alanyl-glycin [5].

$C_8H_{13}O_4N_2Br$

Darstellung: Nach dem Kuppeln von l-Alanyl-glycin mit l-Brompropionylchlorid und Ansäuern fällt es beim Stehen über Nacht aus.

Physikalische und chemische Eigenschaften: Sehr leicht löslich in heißem Wasser und absolutem Alkohol, leicht löslich in Aceton und Essigester, unlöslich in Äther und Petroläther. Schmelzp. 151—154°. $[\alpha]_D^{20} = +26$ bis $+28°$.

Dialanyl-cystin.

Physikalische und chemische Eigenschaften: Nach 7 stündigem Stehen mit (n-)alkalischer Bleilösung werden 4,7% des gesamten Schwefels als Schwefelwasserstoff abgeschieden [6].

---

[1] Emil Abderhalden u. Hans Brockmann: Fermentforschg **9**, 430 (1928).
[2] Ernst Waldschmidt-Leitz, Anton Schäffner, Hans Schlatter u. Willibald Klein: Ber. dtsch. chem. Ges. **61**, 299 (1928).
[3] Wolfgang Graßmann: Hoppe-Seylers Z. **167**, 202 (1927).
[4] Emil Abderhalden u. Walter Singer: Fermentforschg **8**, 187 (1926).
[5] P. A. Levene u. M. H. Pfaltz: J. of biol. Chem. **70**, 219 (1926).
[6] Max Bergmann u. Fritz Stather: Hoppe-Seylers Z. **152**, 189 (1926).

Di-(d-alanyl-)l-cystin.

Physikalische und chemische Eigenschaften: Wird durch n-NaOH bei 37° selbst nach 10tägiger Einwirkung nicht gespalten[1].
Physiologische Eigenschaften: Wird durch Erepsin gespalten, durch Trypsin-Kinase nicht[1].

Di-(dl-α-brompropionyl)-dl-α-α'-diaminokorksäure [2].

$C_{14}H_{22}O_6N_2Br_2$

Darstellung: Fällt nach dem Kuppeln der Komponenten beim Ansäuern in der Kälte aus.
Physikalische und chemische Eigenschaften: Krystallisiert aus Alkohol + Wasser in aus feinen Prismen gebildeten, dichten mikroskopischen Drusen und Rosetten. Schmelzp. 207° unter Zersetzung.

Di-(dl-alanyl)-dl-α-α'-diaminokorksäure [2].

$$NH_2 \cdot \underset{CH_3}{CH} \cdot CO \cdot NH \cdot \underset{COOH}{CH} \cdot (CH_2)_4 \cdot \underset{COOH}{CH} \cdot NH \cdot CO \cdot \underset{CH_3}{CH} \cdot NH_2 \qquad C_{14}H_{26}O_6N_4$$

Darstellung: Durch 2tägiges Stehenlassen des Bromkörpers mit konzentriertem wässerigen Ammoniak und festem Ammoncarbonat bei 37°. Eindampfen im Vakuum, Bromammon mit kaltem Wasser ausziehen, in verdünntem warmen Ammoniak lösen, überschüssiges Ammoniak entfernen, mit viel Alkohol fällen.
Physikalische und chemische Eigenschaften: Mikroskopische, zu stechapfelförmigen Drusen zusammengelagerte, feine Nadeln. Die exsiccatortrockene Substanz enthält 1 Krystallwasser. Schmelzpunkt weit über 290° unter Zersetzung.

dl-Alanyl-dl-α-aminobutyryl-dl-α-aminobuttersäure [3].

$$NH_2 \cdot \underset{CH_3}{CH} \cdot CO \cdot NH \cdot \underset{CH_2 \cdot CH_3}{CH} \cdot CO \cdot NH \cdot \underset{CH_2 \cdot CH_3}{CH} \cdot COOH \qquad C_{11}H_{21}O_4N_3$$

Darstellung: Aminieren des Bromkörpers, eindampfen, auskochen mit 90proz. Alkohol.
Physikalische und chemische Eigenschaften: Krystallisiert aus Wasser + Alkohol in langen, seidigen Nadeln. Schmelzp. 254—255° unter Zersetzung. n-NaOH löst nach 16 Tagen bei 37° 1 Bindung.
Physiologische Eigenschaften: Wird von Pankreasextrakt angegriffen.

dl-α-Brompropionyl-dl-α-aminobutyryl-dl-α-aminobuttersäure [3].

$C_{11}H_{19}O_4N_2Br$

Darstellung: Bleibt nach dem Kuppeln der Komponenten beim Ansäuern zunächst klar, scheidet aber beim Stehen in der Kälte büschelförmig vereinigte Nadeln ab.
Physikalische und chemische Eigenschaften: Krystallisiert aus Wasser in knolligen Aggregaten vom Schmelzp. 157—158° (korr.). Leicht löslich in Alkohol und Essigester, schwer löslich in Chloroform, Petroläther, Äther und Toluol.

dl-Alanyl-dl-leucyl-glycin.

Physikalische und chemische Eigenschaften: Erhitzt man 30 Minuten mit Jodwasserstoffsäure (D 1,96) auf etwa 55°, so tritt keine Spaltung ein[4]. Wird von n-NaOH bei 38° gespalten[5].

---

[1] Emil Abderhalden u. Wilhelm Köppel: Fermentforschg **9**, 516 (1928).
[2] Emil Abderhalden u. Walter Zeisset: Fermentforschg **9**, 336 (1928).
[3] Emil Abderhalden u. Hans Brockmann: Fermentforschg **9**, 430 (1928).
[4] Rudolf Schönheimer: Hoppe-Seylers Z. **154**, 203 (1926).
[5] Emil Abderhalden u. Paul Möller: Hoppe-Seylers Z. **174**, 196 (1928).

dl-α-Brompropionyl-dl-leucyl-glycin.

Physikalische und chemische Eigenschaften: Wird durch n-Alkali bei 38° gespalten[1].

d-α-Brompropionyl-l-leucyl-d-valin[2].

$C_{14}H_{25}O_4N_2Br$

Darstellung: Durch Kuppeln von l-Leucyl-d-valin mit 1,5 Mol d-α-Brompropionylchlorid. Fällt nach dem Ansäuern in kugeligen Aggregaten aus. Umkrystallisieren aus Alkohol und Essigester bis zur konstant bleibenden Drehung.

Physikalische und chemische Eigenschaften: Krystallisiert aus Alkohol in Nadeln, aus Essigester in rechteckigen Blättchen. Sintert gegen 157°, ist bei 165° flüssig und zersetzt sich gegen 183°. $[\alpha]_D^{20} = -34{,}0$ bis $-34{,}4°$. Krystallisiert aus trockenem Essigester nicht; erst nach Zusatz von etwas Wasser oder beim Stehen an der Luft krystallisiert es daraus mit 1 Krystallwasser. Sehr schwer löslich in Wasser, woraus es nicht krystallisiert; schwer löslich in Benzol und Homologen sowie in Äther, leicht löslich in Methyl- und Äthylalkohol und in Essigester.

d-Alanyl-l-leucyl-d-valin I u. II[2].

$$NH_2 \cdot \underset{\underset{CH_3}{|}}{CH} \cdot CO \cdot NH_2 \cdot \underset{\underset{C_4H_9}{|}}{CH} \cdot CO \cdot NH \cdot \underset{\underset{C_3H_7}{|}}{CH} \cdot COOH \qquad C_{14}H_{27}O_4N_3$$

Darstellung I und II: Durch Aminieren des Bromkörpers bei 25° (5 Tage). Eindampfen im Vakuum, entfernen des Bromammons mit Silbersulfat und Baryt. Infolge der Schwerlöslichkeit von Peptid I sind große Mengen Wasser am Platze und ein Auskochen der Niederschläge geboten. Eindampfen zur Trockene, aufnehmen mit Wasser, wobei Peptid I in Stäbchenform zurückbleibt, während Peptid II in Lösung geht.

Physikalische und chemische Eigenschaften: I. Krystallisiert aus viel heißem Wasser in schönen, an beiden Enden zugespitzten Stäbchen, die sich gegen 240° unter Sintern verfärben und bei 243—245° schmelzen und sofort aufschäumen. $[\alpha]_D^{19} = -58{,}8$ bis $-60{,}3°$. II. Krystallisiert aus heißem Wasser in Nädelchen, die watteartig verfilzt sind und $2^1/_2$ Krystallwasser enthalten. Schmelzdaten der getrockneten Substanz wie Produkt I. Die spezifische Drehung steigt mit der Verdünnung: Bei einer 4proz. Lösung ist $[\alpha]_D^{20} = -60°$, bei einer 0,44proz. Lösung dagegen $-79{,}5°$ ($\pm 1{,}1°$). Wie eine Kuppelung mit Chloracetylchlorid zeigt, wo man durch fraktionierte Krystallisation 2 optisch verschieden aktive Chlorkörper erhält, liegen hier Mischkrystalle von Tripeptiden verschiedener Aktivität vor. I und II: Versetzt man mit n-NaOH, so wird I rascher racemisiert als II, während beide gegen Aufspaltung gleich stabil sind[3]. Beide Körper neigen zur Bildung übersättigter Lösungen in Wasser. In Essigester quellen die getrockneten Körper und lösen sich spurenweise.

Physiologische Eigenschaften: I. Wird durch Erepsin innerhalb 120 Stunden vollständig aufgespalten, Trypsin-Kinase greift kaum an. II. Verhält sich gerade umgekehrt wie I: Wird durch Erepsin nicht gespalten, während es durch Trypsin-Kinase bereits nach 72 Stunden vollständig aufgespalten wird. Auch Trypsin allein greift stark an.

Sarkosyl-glycyl-glycin[4].

$C_7H_{13}O_4N_3$

Darstellung: Man läßt Chloracetyl-glycyl-glycin mit der 3fachen Menge 31 proz. Methylaminlösung 2 Tage bei Zimmertemperatur stehen, verdampft im Vakuum und erhitzt den dicken Sirup so lange mit Alkohol, bis Krystallisation eintritt.

Physikalische und chemische Eigenschaften: Aus Wasser + Alkohol krystallisiert, schmilzt es bei 250—253° unter Zersetzung.

Physiologische Eigenschaften: Wird durch Erepsin gespalten.

---

[1] E. Abderhalden u. Paul Möller: Hoppe-Seylers Z. **174** 196 (1928).
[2] Emil Abderhalden u. Hans Sickel: Fermentforschg **9**, 462 (1928).
[3] Emil Abderhalden u. Hans Sickel: Hoppe-Seylers Z. **170**, 134 (1927).
[4] P. A. Levene, H. S. Simms u. M. H. Pfaltz: J. of biol. Chem. **70**, 253 (1926).

dl-Methylalanyl-glycyl-glycin[1].

$$CH_3 \cdot NH \cdot \underset{\underset{CH_3}{|}}{CH} \cdot CO \cdot NH \cdot CH_2 \cdot CO \cdot NH \cdot CH_2 \cdot COOH \quad C_8H_{15}O_4N_3$$

Darstellung: Man läßt Brompropionyl-glycyl-glycin mit der 3fachen Menge 31proz. Methylaminlösung 24 Stunden bei Zimmertemperatur stehen.
Physikalische und chemische Eigenschaften: Schmelzp. 252—253°.
Physiologische Eigenschaften: Wird durch Erepsin gespalten.

dl-Leucyl-glycyl-glycin.

Physiologische Eigenschaften: Wird durch Hefemacerationssaft[2] und Hefepolypeptidase[3] asymmetrisch gespalten, und zwar entsteht dabei Glykokoll, l-Leucin und optisch nicht ganz reines d-Leucyl-glycyl-glycin. Hefedipeptidase greift nicht an, Erepsin spaltet wieder[4].
Derivate: Äthylester. Wird von Hefepolypeptidase gespalten, dagegen nicht von Hefedipeptidase[5].
Phenylisocyanatverbindung. Wird von Trypsin-Kinase gespalten, nicht von Erepsin[6].

dl-α-Bromisocapronyl-glycyl-glycyl-chlorid.

Darstellung: Durch Chlorieren von Bromisocapronyl-glycyl-glycin mit Phosphorpentachlorid in absolut ätherischer Lösung unter Feuchtigkeitsausschluß. Von einem kleinen Rückstand abfiltrieren, verdunsten des Äthers und entfernen des gebildeten Phosphoroxychlorids durch Behandeln mit trockenem Petroläther in der Wärme[6].

d-α-Bromisocapronyl-glycyl-d-alanin[7].
$C_{11}H_{19}O_4N_2Br$

Darstellung: Nach dem Kuppeln von Glycyl-d-alanin mit d-α-Bromisocapronylchlorid fällt das Reaktionsprodukt beim Ansäuern als gelbes Öl aus. Ausschütteln mit Äther, trocknen mit Natriumsulfat, einengen, mit Petroläther fällen, noch 3mal umfällen, dann mit viel Petroläther auf der Maschine schütteln, wobei das Öl langsam krystallinisch wird.
Physikalische und chemische Eigenschaften: Leicht löslich in Essigester, Methyl- und Äthylalkohol, ziemlich leicht löslich in Chloroform, schwer löslich in Äther, wenn krystallisiert. Aus heißem Wasser kommt es ölig heraus, erstarrt aber bald krystallin. Schmelzp. 132—133° nach mehrmaligem Umkrystallisieren aus Wasser. $[\alpha]_D^{20} = +31{,}2°\ (\pm 0{,}3)$.

l-Leucyl-glycyl-d-alanin.

$$NH_2 \cdot \underset{\underset{C_4H_9}{|}}{CH} \cdot CO \cdot NH \cdot CH_2 \cdot CO \cdot NH \cdot \underset{\underset{CH_3}{|}}{CH} \cdot COOH \quad C_{11}H_{21}O_4N_3$$

Darstellung: Aminieren von d-Bromisocapronyl-glycyl-d-alanin; reinigen nach der Silbersulfatmethode[7].
Physikalische und chemische Eigenschaften: Schmelzp. (korr.) 245—246°. $[\alpha]_D^{20} = +19{,}5°$[7]. Schon physiologische Alkalikonzentrationen, p_H 7,8 und 8,2, bewirken bei 37° schwache Aufspaltung, bei höherer Alkalität erfolgt raschere Aufspaltung[8, 9]. Bei längerer Einwirkung von n-Alkali entsteht Leucin, Alanin sowie Leucyl-glycin[8].
Physiologische Eigenschaften: Wird durch Erepsin gespalten, durch Trypsin-Kinase nicht[7].

---

[1] P. A. Levene, H. S. Simms u. M. H. Pfaltz: J. of biol. Chem. **70**, 253 (1926).
[2] Emil Abderhalden u. Walter Singer: Fermentforschg **8**, 187 (1926).
[3] Wolfgang Graßmann u. Hanns Dyckerhoff: Hoppe-Seylers Z. **175**, 18 (1928).
[4] Wolfgang Graßmann: Hoppe-Seylers Z. **167**, 202 (1927).
[5] Wolfgang Graßmann u. Hanns Dyckerhoff: Ber. dtsch chem. Ges. **61**, 656 (1928).
[6] Emil Abderhalden u. Ernst Schwab: Fermentforschg **9**, 501 (1928).
[7] Emil Abderhalden u. Hans Brockmann: Fermentforschg **9**, 446 (1928).
[8] Emil Abderhalden u. Hans Brockmann: Hoppe-Seylers Z. **170**, 146 (1927).
[9] Emil Abderhalden u. Hans Sickel: Hoppe-Seylers Z. **170**, 134 (1927).

dl-Leucyl-glycyl-d-alanin.

Physikalische und chemische Eigenschaften: Bei Einwirkung von n-Alkali bei 37° wird 1 Bindung verhältnismäßig rasch (48 Stunden) frei, während dann die Reaktion nur langsam und zuletzt kaum merklich weiter geht[1].
Derivate: Benzoylverbindung. Bei Einwirkung von n-Alkali bei 37° wird 1 Aminogruppe bereits nach 25 Stunden frei[1].

dl-Leucyl-glycyl-dl-alanin.

Physiologische Eigenschaften: Wird durch Hefemacerationssaft zum Teil asymmetrisch gespalten, und zwar entsteht dabei l-Leucin, Glykokoll, d-Alanin sowie d-Leucyl-glycyl-l-alanin (spez. Drehung —17,2°), unangegriffenes Ausgangsprodukt ist wohl als Racemkörper —d-Leucyl-glycyl-d-alanin + l-Leucyl-glycyl-l-alanin — anzusprechen[2].

dl-Leucyl-glycyl-dl-leucin.

Physikalische und chemische Eigenschaften: Beim Erhitzen mit Glycerin entsteht das Diketopiperazinpeptid Leucyl-(glycyl-leucinanhydrid)[3]. Beim Erhitzen mit Diphenylamin soll u. a. die tautomere Form des Leucyl-glycins beobachtet worden sein[4]. Beim Erhitzen mit Wasser auf 150° entsteht Leucyl-glycinanhydrid neben Leucin und Glykokoll[5].
Physiologische Eigenschaften: Hemmt die nach Ehrlich zum Nachweis von Oxydationen im Organismus dienende Indophenolbildung aus p-Phenylendiamin und α-Naphthol[6].
Derivate: Methylester. Bildet beim Stehen mit methylalkoholischem Ammoniak Leucyl-glycinanhydrid, Leucyl-(glycyl-leucinanhydrid), sowie noch einen Körper von gleicher elementarer Zusammensetzung[7].

l-Leucyl-glycyl-l-leucin.

Physiologische Eigenschaften: Wird von Hefepolypeptidase gespalten[8].
Derivate: Kupfersalz. Optisches Verhalten im polarisierten Licht der Quecksilberquarzlampe[9].
Phenylisocyanatverbindung $C_{21}H_{32}O_5N_4$. Wird aus Alkohol durch Zusatz von Wasser als öliges Produkt erhalten, das beim Stehen im Eisschrank fest wird, aber keine Neigung zur Krystallisation zeigt. Wird durch Trypsin-Kinase gespalten, durch Erepsin nicht[10].

dl-Leucyl-glycyl-dl-serin.

$$\underset{\underset{C_4H_9}{|}}{NH_2 \cdot CH} \cdot CO \cdot NH \cdot CH_2 \cdot CO \cdot NH \cdot \underset{\underset{CH_2OH}{|}}{CH} \cdot COOH \quad C_{11}H_{21}O_5N_3$$

Darstellung: Durch Kuppeln von Bromisocapronylchlorid mit Glycyl-serin entsteht das beim Ansäuern schmierig ausfallende **Bromisocapronyl-glycyl-serin,** das nach dem Ausäthern und Behandeln mit Petroläther fest wird. Nach 1stündigem Erhitzen mit 25proz. Ammoniak bei 100° erhält man leicht einen Teil des Tripeptids, während die Hauptmenge erst nach der Behandlung mit Silbersulfat und Baryt erhalten werden kann.
Physikalische und chemische Eigenschaften: Krystallisiert in kleinen spitzen Nadeln, die bei 233° schmelzen. Wird bei 37° und p_H 8 kaum, bei P_H 9 bereits stärker aufgespalten. Mit n-NaOH wird es nach 80 Stunden zu 62% aufgespalten[11].

---

[1] Emil Abderhalden u. Hans Sickel: Hoppe-Seylers Z. **170**, 134 (1927).
[2] Emil Abderhalden u. Walter Singer: Fermentforschg **8**, 187 (1926).
[3] Emil Abderhalden u. Ernst Schwab: Hoppe-Seylers Z. **148**, 254 (1925).
[4] Emil Abderhalden u. Ernst Schwab: Hoppe-Seylers Z. **152**, 88 (1926).
[5] Emil Abderhalden u. Ernst Komm: Hoppe-Seylers Z. **134**, 121 (1924).
[6] Ernst Wertheimer: Fermentforschg **8**, 497 (1926).
[7] Emil Abderhalden u. Ernst Schwab: Hoppe-Seylers Z. **158**, 66 (1926).
[8] Wolfgang Graßmann u. Hanns Dyckerhoff: Ber. dtsch. chem. Ges. **61**, 656 (1928).
[9] Emil Abderhalden u. Erwin Schnitzler: Hoppe-Seylers Z. **164**, 37 (1927).
[10] Emil Abderhalden u. Ernst Schwab: Fermentforschg **9**, 501 (1928).
[11] Emil Abderhalden u. Ernst Schwab: Hoppe-Seylers Z. **171**, 78 (1927).

d-α-Bromisocapronyl-glycyl-l-tyrosin.

Darstellung: Wird nach dem Kuppeln der Komponenten nach dem Ansäuern als eine ölige, nicht fest werdende Masse erhalten[1].

l-Leucyl-glycyl-l-tyrosin.

$$\text{NH}_2 \cdot \text{CH} \cdot \text{CO} \cdot \text{NH} \cdot \text{CH}_2 \cdot \text{CO} \cdot \text{NH} \cdot \text{CH} \cdot \text{COOH} \quad \text{C}_{17}\text{H}_{25}\text{O}_5\text{N}_3$$
$$\text{C}_4\text{H}_9 \qquad\qquad\qquad \text{CH}_2 \cdot \text{C}_6\text{H}_4\text{OH}$$

Darstellung: Aminieren des Bromprodukts und behandeln mit Silbersulfat und Baryt[1].
Physikalische und chemische Eigenschaften: Ist nicht krystallisiert erhalten worden. Hygroskopisch, sehr leicht löslich in Wasser, löslich in Methyl- und Äthylalkohol, unlöslich in Äther und Petroläther. Biuretreaktion positiv. $[\alpha]_D^{20} = -30{,}9°$[1].
Physiologische Eigenschaften: Wird durch Hefemacerations- sowie Pankreas- und Darmsaft gespalten[1]. Auch wird es sowohl durch Erepsin als auch durch Trypsin-Kinase gespalten[2].

l-α-Bromisocapronyl-glycyl-l-tyrosin.

Physikalische und chemische Eigenschaften: Ölige, nicht krystallisierte Masse[1].

d-Leucyl-glycyl-l-tyrosin.

Darstellung: Aminieren des Bromkörpers und Behandeln mit Silbersulfat und Baryt[1].
Physikalische und chemische Eigenschaften: Ist nicht krystallisiert erhalten worden. $[\alpha]_{20}^{D} = +32{,}8°$. Löslichkeit wie das l-Leucinderivat[1]. n-Alkali spaltet bei 37° deutlich auf[3].
Physiologische Eigenschaften: Wird durch Hefemacerationssaft sowie durch Pankreas- und Darmsaft angeblich nicht gespalten[1].

d-α-Bromisocapronyl-glycyl-d-glutaminsäure[4].
$$\text{C}_{13}\text{H}_{21}\text{O}_6\text{N}_2\text{Br}$$

Darstellung: Nach dem Kuppeln gleicher Gewichtsmengen Glycyl-d-glutaminsäure und d-Bromisocapronylchlorid scheidet sich das Reaktionsprodukt beim Ansäuern nur zum geringen Teil ölig aus. Eindampfen im Vakuum, ausziehen mit absolutem Alkohol, eindampfen, öfter mit Petroläther und Äther verreiben, im Exsiccator evakuieren, wobei sich blasige, bald pulverisierbare Krusten bilden.
Physikalische und chemische Eigenschaften: Amorph. $[\alpha]_D^{20}$ in Methylalkohol $= +24{,}6°$. Leicht löslich in Methyl- und Äthylalkohol, löslich in Wasser und Äther.

l-Leucyl-glycyl-d-glutaminsäure[4].

$$\text{NH}_2 \cdot \text{CH} \cdot \text{CO} \cdot \text{NH} \cdot \text{CH}_2 \cdot \text{CO} \cdot \text{NH} \cdot \text{CH} \cdot \text{COOH} \quad \text{C}_{13}\text{H}_{23}\text{O}_6\text{N}_3$$
$$\text{C}_4\text{H}_9 \qquad\qquad\qquad \text{CH}_2$$
$$\qquad\qquad\qquad\qquad \text{CH}_2 \cdot \text{COOH}$$

Darstellung: Aminieren von d-Bromisocapronyl-glycyl-d-glutaminsäure mit 25proz. wässerigen Ammoniak, mit Silbersulfat und so viel Baryt versetzen, daß sowohl die Schwefelsäure gefällt als auch das durch die beiden Carboxylgruppen gebundene Ammoniak in Freiheit gesetzt wird, und im Vakuum so lange einengen und mit Wasser aufnehmen, bis im Destillat kein Ammoniak mehr nachzuweisen ist. Den barytfreien Sirup in wenig Methylalkohol lösen, mit Äthylalkohol fällen, filtrieren und sofort methylalkoholfrei waschen. In der Mutterlauge bleiben noch weitere, durch Äther fällbare Mengen eines weniger stark drehenden Peptids.

---

[1] Emil Abderhalden u. N. Schapiro: Fermentforschg **9**, 234 (1927).
[2] Ernst Waldschmidt-Leitz, Anton Schäffner, Hans Schlatter u. Willibald Klein: Ber. dtsch. chem. Ges. **61**, 299 (1928).
[3] Emil Abderhalden u. Hans Sickel: Hoppe-Seylers Z. **170**, 134 (1927).
[4] Emil Abderhalden u. Ernst Roßner: Fermentforschg **9**, 494 (1928).

Physikalische und chemische Eigenschaften: Körnige, amorphe Substanz. $[\alpha]_D^{20}$ in Wasser = +25,4°. Biuretreaktion blau-violett. Leicht löslich in Wasser und Methylalkohol, schwer löslich in Äthylalkohol, unlöslich in Äther. Verhindert den Ammoniaknachweis mit Neßlers Reagens. Wird durch n-NaOH und 5 n-HCl bei 37° gespalten.

Physiologische Eigenschaften: Wird durch Erepsin gespalten, durch Trypsin-Kinase nicht.

dl-Leucyl-dl-alanyl-glycin.

Derivate: Benzoyl-dl-leucyl-dl-alanyl-glycin. Bei 3 tägigem Stehenlassen mit $^n/_{10}$-NaOH bei 0° wird ein Teil des Benzoylrestes abgespalten[1]. Ist gegen kurze Einwirkung von Natriumhypobromit beständig[2].

dl-α-Bromisocapronyl-dl-α-aminobutyryl-dl-α-aminobuttersäure.
$$C_{14}H_{25}O_4N_2Br$$

Darstellung: Fällt nach dem Kuppeln der Komponenten beim Ansäuern ölig aus, ausäthern, mit Petroläther öfter fällen, mit viel Petroläther 2 Stunden schütteln, wobei das Öl erstarrt[3].

Physikalische und chemische Eigenschaften: Krystallisiert aus heißem Wasser in feinen, büschelig verwachsenen Nadeln. Erweichen bei 145°, Schmelzp. 150—152° (korr.). Krystallisiert aus Alkohol in feinen, seidigen Nadeln vom selben Schmelzpunkt. Leicht löslich in Aceton, Chloroform, Essigester, heißem Wasser, Methyl- und Äthylalkohol, weniger löslich in Äther, Toluol und kaltem Wasser. $[\alpha]_D^{20} = -33,2°$ [3].

dl-Leucyl-dl-α-aminobutyryl-dl-α-aminobuttersäure[3].

$$NH_2 \cdot \underset{\underset{C_4H_9}{|}}{CH} \cdot CO \cdot NH \cdot \underset{\underset{C_2H_5}{|}}{CH} \cdot CO \cdot NH \cdot \underset{\underset{C_2H_5}{|}}{CH} \cdot COOH \quad C_{14}H_{27}O_4N_3$$

Darstellung: Aminieren des Bromkörpers, behandeln mit Silbersulfat und Baryt.

Physikalische und chemische Eigenschaften: Krystallisiert aus Wasser + viel Alkohol nach einigen Tagen in kleinen Nadeln vom Zersetzungsp. 240° (korr.). Biuretreaktion blauviolett. n-NaOH spaltet bei 37° nicht.

d-α-Bromisocapronyl-l-leucyl-l-leucin[4].
$$C_{18}H_{33}O_4N_2Br$$

Darstellung: Fällt nach dem Kuppeln der Komponenten beim Ansäuern aus.

Physikalische und chemische Eigenschaften: Krystallisiert aus heißem Alkohol + Wasser in feinen Nädelchen vom Schmelzp. 212°. Löslich in Alkohol, schwer löslich in Äther und Essigester, unlöslich in Petroläther und Wasser. $[\alpha]_D^{20}$ in absolutem Alkohol = $-38,04°$.

l-Leucyl-l-leucyl-l-leucin[4].

$$NH_2 \cdot \underset{\underset{C_4H_9}{|}}{CH} \cdot CO \cdot NH \cdot \underset{\underset{C_4H_9}{|}}{CH} \cdot CO \cdot NH \cdot \underset{\underset{C_4H_9}{|}}{CH} \cdot COOH \quad C_{18}H_{35}O_4N_3$$

Darstellung: Aminieren von d-Bromisocapronyl-l-leucyl-l-leucin, eindampfen, mit alkoholischem Ammoniak aufnehmen, wobei sich das Tripeptid beim Abdunsten des Ammoniaks abscheidet.

Physikalische und chemische Eigenschaften: Amorph. Unlöslich in Wasser. Biuretreaktion positiv. $[\alpha]_D^{20}$ in n-NaOH = $-51,36°$. Wird mit n-NaOH bei 37° nicht gespalten, sondern bloß racemisiert.

---

[1] Stefan Goldschmidt u. Walter Schön: Hoppe-Seylers Z. **164**, 279 (1927).
[2] Stefan Goldschmidt, Egon Wiberg, Friedrich Nagel u. Karl Martin: Liebigs Ann. **456**, 1 (1927).
[3] Emil Abderhalden u. Hans Brockmann: Fermentforschg **9**, 430 (1928).
[4] Emil Abderhalden u. Richard Fleischmann: Fermentforschg **9**, 524 (1928).

Di-(dl-leucyl)-l-cystin.

Physikalische und chemische Eigenschaften: Wird bei 37° weder von n.-HCl noch von n.-NaOH gespalten[1].

Di-(l-leucyl)-l-cystin.

Physiologische Eigenschaften: Wird durch Erepsin gespalten, durch Trypsin-Kinase nicht[2, 3].

Di-(dl-α-bromisocapronyl)-dl-α-α'-diaminokorksäure[4].

$$C_{20}H_{34}O_6N_2Br_2$$

Darstellung: Nach dem Kuppeln der Komponenten scheidet sich beim Ansäuern eine grünliche, zähe, harzige Masse ab. Dekantieren, mit Alkohol verreiben, mit Wasser versetzen.

Physikalische und chemische Eigenschaften: Krystallisiert aus Alkohol + Wasser in feinen, gut ausgebildeten, aus feinen Prismen bestehenden Drusen. Schmelzp. 208—209° unter Zersetzung. Löslich in der 30fachen Menge kochenden Alkohols.

Di-(dl-leucyl)-dl-α-α'-diaminokorksäure[4].

$$\underset{\underset{C_4H_9}{|}}{NH_2 \cdot CH \cdot CO} \cdot NH \cdot \underset{\underset{COOH}{|}}{CH} \cdot (CH_2)_4 \cdot \underset{\underset{COOH}{|}}{CH} \cdot NH \cdot CO \cdot \underset{\underset{C_4H_9}{|}}{CH \cdot NH_2} \quad C_{20}H_{38}O_6N_4$$

Darstellung: Durch 4stündiges Erhitzen des Bromkörpers mit Ammoncarbonat und konzentriertem wässerigen Ammoniak auf 90°. Zur Trockne verdampfen, in schwefelsaurer Lösung mit Silbersulfat und in ammoniakalischer Lösung mit Baryt versetzen, eindampfen, in wenig verdünntem Ammoniak lösen, mit viel Alkohol fällen.

Physikalische und chemische Eigenschaften: Mikroskopische, moosähnliche Gebilde. Enthält 3 Krystallwasser und schmilzt oberhalb 290° unter Zersetzung.

dl-α-Bromisocapronyl-l-prolyl-l-tyrosin[5].

$$C_{20}H_{27}O_5N_2Br$$

Darstellung: Kuppeln von l-Prolyl-l-tyrosin I mit Bromisocapronylchlorid.

Physikalische und chemische Eigenschaften: Keine Krystalle. Sintert bei 71° und zersetzt sich bei 102°; ein zweiter Zersetzungspunkt liegt bei 144°.

dl-Leucyl-l-prolyl-l-tyrosin[5].

$$C_{20}H_{29}O_5N_3 \cdot H_2O$$

Darstellung: Aminieren des Bromproduktes.

Physikalische und chemische Eigenschaften: Gut ausgebildete, tetragonale, hemiedrische Krystalle, die bei 170° sintern, bei 217° zu einer gelben Flüssigkeit schmelzen und gegen 300° destillieren.

dl-Phenylalanyl-glycyl-glycin[6].

Darstellung: 1 Mol Phenylalanin-N-carbonsäureanhydrid wird in Essigester gelöst und mit einer gesättigten wässerigen Lösung von 2 Mol Glycylglycin 4 Stunden geschüttelt, von etwas Ungelöstem abfiltriert, etwas verdünnt und heiß mit Alkohol versetzt. Abscheidung des Tripeptids in blättchen- und stäbchenförmigen Krystallen[6].

---

[1] Emil Abderhalden u. Wilhelm Köppel: Hoppe-Seylers Z. **170**, 226 (1927).
[2] Emil Abderhalden u. Wilhelm Köppel: Fermentforschg **9**, 516 (1928).
[3] Ernst Waldschmidt-Leitz, Anton Schäffner, Hans Schlatter u. Willibald Klein: Ber. dtsch. chem. Ges. **61**, 299 (1928).
[4] Emil Abderhalden u. Walter Zeisset: Fermentforschg **9**, 336 (1928).
[5] Emil Abderhalden u. Hans Sickel: Hoppe-Seylers Z. **153**, 16 (1926).
[6] F. Sigmund u. F. Wessely: Hoppe-Seylers Z. **157**, 91 (1926).

l-Tryptophyl-glycyl-glycin[1].

Physikalische und chemische Eigenschaften: n-Alkali bewirkt bei 37° schon nach 9 Stunden das Freiwerden einer Aminogruppe, n-HCl spaltet langsam aber deutlich.

Physiologische Eigenschaften: Erepsin spaltet in fast genau gleicher Weise wie n-NaOH und Pepsin-Salzsäure bei p_H 1,6 wie n-HCl.

Tripeptide noch unbekannter Konstitution.

Glutathion, Tripeptid mit den Bausteinen Glykokoll, Glutaminsäure und Cystein.

Glutathion wurde zunächst für ein Dipeptid, bestehend aus Glutaminsäure und Cystein, das in Wechselbeziehung zu dem aus 2 Molekülen Glutaminsäure und Cystin bestehenden Tripeptid steht, gehalten. Es stellte sich jedoch heraus, daß außer den genannten Aminosäuren noch Glykokoll im Glutathion enthalten ist. Die Struktur der Verbindung steht zur Zeit noch nicht fest[2].

George Hunter und Blythd Alfred Eagle bezweifelten zuerst die Dipeptidstruktur des Glutathions.

Vorkommen: Das Glutathion ist stets mit dem Protoplasma verbunden und scheint mit dem Chondriom gemeinsam vorzukommen[3]. Nach Ph. Joyet-Lavergne ist das Chondriom der Träger des Glutathions[4]. Es ist ein Bestandteil der roten Blutkörperchen des Säugetierbluts, in denen es in vielen Fällen in reduzierter Form vorkommt. Es ist der wesentlichste der optisch aktiven Körper bei enteiweißtem Blut und bedingt wahrscheinlich die Hauptmenge des Blutschwefels[5]. Aus 100 ccm Menschen- oder Tierblut kann man 0,1 g Glutathion gewinnen[6]. Obwohl in den Geweben nur in geringer Konzentration (0,01—0,02% der frischen Substanz) enthalten, scheint ihm — neben dem Symectothion $C_{18}H_{32}O_5N_6S_2$, dem Betain des Thiolhistidins — so gut wie sämtlicher organisch gebundener Nichteiweiß-Schwefel der Zelle anzugehören[7]. Kommt in der Hefe[8] sowie in den verschiedensten normalen und pathologischen Geweben, Drüsen und Muskeln vor. Das aus Leber gewonnene Glutathion ist mit Cystin verunreinigt, das aus Hefe und Blut isolierte kann gleich rein erhalten werden[9]. In Organen scheinen die an Glutathion reichsten Zonen der Sitz des intensivsten Kohlehydratstoffwechsels zu sein[10]. Die Drüsen (Leber, Thyreoidea, Pankreas, Ovarien, Hoden) sind viel glutathionreicher als die Gewebe; insbesondere die Nebenniere zeichnet sich durch einen hohen Glutathiongehalt aus und ist vielleicht für den Gesamt-Schwefel-Stoffwechsel sehr wichtig[11].

Die Organe des Hundes sind reicher an Glutathion als die des Kaninchens oder der Ratte[12]. Sowohl beim Meerschweinchen wie beim Hund ist die Leber das glutathionreichste und die Lunge das glutathionärmste Organ[13]. Der Rattenmuskel enthält 0,03—0,04%, die Rattenleber 0,16—0,21%, die Kaninchenleber 0,22—0,35%[14]. Rote und weiße Muskeln des Kaninchens enthalten 0,05—0,08%. Der Herzmuskel enthält mehr und steht zwischen quergestreifter und glatter Muskulatur, welche den höchsten Glutathiongehalt besitzt[15]. Die Skelettmuskeln

---

[1] Emil Abderhalden u. Hans Sickel: Hoppe-Seylers Z. **170**, 134 (1927).
[2] George Hunter u. Blythe Alfred Eagle: J. of biol. Chem. **72**, 147 (1927) — Chem. Zbl. **1927 II**, 107.
[3] A. Giroud: C. r. Soc. Biol. Paris **98**, 567 (1928) — Chem. Zbl. **1928 I**, 2946.
[4] Ph. Joyet-Lavergne: C. r. Acad. Sci. Paris **184**, 1587 (1927) — Chem. Zbl. **1927 II**, 1856.
[5] Henri Francis Holden: Biochemic. J. **19**, 727 (1925) — Chem. Zbl. **1926 I**, 1669.
[6] George Hunter u. Blythe Alfred Eagles: J. of biol. Chem. **72**, 133 (1927).
[7] George Hunter u. Blythe Alfred Eagles: J. of biol. Chem. **72**, 123 (1927).
[8] Frederic Gowland Hopkins: Biochemic. J. **15**, 286 (1921) — Chem. Zbl. **1921 III**, 485.
[9] George Hunter u. Blythe Alfred Eagles: J. of biol. Chem. **72**, 147 (1927).
[10] Ph. Joyet-Lavergne: Biol. Rev. Cambridge philos. Soc. **2**, 80 (1926) — Chem. Zbl. **1927 II**, 1168.
[11] A. Blanchetière u. Léon Binet: C. r. Soc. Biol. Paris **95**, 621 (1926) — Chem. Zbl. **1926 II**, 2610.
[12] A. Blanchetière u. Léon Binet: C. r. Soc. Biol. Paris **94**, 494 (1926) — Chem. Zbl. **1926 I**, 3069.
[13] P. Delore: Chem. Zbl. **1927 II**, 272 — C. r. Soc. Biol. Paris **96**, 974 (1927).
[14] Hubert Erlin Tunnicliffe: Biochemic. J. **19**, 194 (1925).
[15] A. Blanchetière u. Léon Binet: C. r. Soc. Biol. Paris **95**, 1098 (1926) — Chem. Zbl. **1927 I**, 621.

der normalen Taube enthalten nach Lucie Randoin und Réné Fabre 0,026%, das Herz 0,03%, die Leber etwa 0,14% und das Blut durchschnittlich 0,061%[1]. Die Muskeln des Huhns enthalten 0,05%, die Leber etwa 0,2%, die Milz 0,26%, Niere 0,17%, Gehirn 0,15%, Hoden 0,28%[2]. Die Organe des Huhns enthalten wesentlich mehr als das Sarkom[3]. Rattensarkome sowie tierische und menschliche Carcinome enthalten nur sehr geringe Mengen reduziertes Glutathion[3]. Das Rous-Hühnersarkom enthält wenig Glutathion (0,01—0,02%). Andere Tumoren enthalten mehr. Das Tujinawa-Rattensarkom etwa 0,2%; das Flexner-Rattensarkom etwa 0,2%; das Bashford-Mauscarcinom etwa 0,18%[2]. — Nach J. Lecloux, R. Vivario und J. Firket enthält Sarkomgewebe mehr Glutathion als das normale; doch ist die Leber immer glutathionreicher als das Sarkom. Die Embryonen der Maus enthalten ebenfalls mehr Glutathion als das Sarkom[4].

Experimentelle Tuberkulose zeigt keine besonderen Veränderungen des Glutathiongehalts der verschiedenen Organe[5]. Es kann auch bei gewöhnlicher Rindertuberkulose weder im erkrankten Organ noch in den gesund gebliebenen Organen eine Veränderung des Glutathiongehalts festgestellt werden. Ebensowenig bei Intoxikationen durch subcutane Gabe von Phosphoröl, arseniger Säure und Novarsenobenzol[6]. Auch Chloralnarkose hat keinen merklichen Einfluß[7]. Bei Kohlenoxyd- und Cyankalivergiftung des Hundes ist der Gehalt der Gewebe an reduziertem Glutathion im Vergleich zur Norm unverändert, dagegen ist bei Asphyxie der Gehalt der Lunge und des Herzens an reduziertem Glutathion deutlich vermehrt[8]. Bei der erkrankten Taube zeigt sich eine Allgemeinerniedrigung des Glutathiongehalts, ebenso bei der avitaminotischen Taube, nur daß hier in der Leber scheinbar eine Vermehrung stattfindet[9].

Die Hefe enthält 0,16—0,21% Glutathion[10]. Über das Vorkommen bei Cölenteraten, Echinodermen, Mollusken, Anneliden, Anthropoden und Fischen[11].

Darstellung: a) Alte Methode. Nach der von Frederick Gowland Hopkins[12] ausgearbeiteten und von J. M. Johnson und Carl Voegtlin modifizierten Methode[13]: Man rührt 45 kg stärkefreie Bäckerhefe (oder untergärige Brauereihefe) in 100 l Wasser von 80° in kleinen Portionen ein, erhitzt zum Sieden und zentrifugiert. Rückstand nochmals mit 50 l siedendem Wasser extrahieren, mit neutraler Bleiacetatlösung versetzen und Ammoniak bis zur schwach sauren Reaktion hinzugeben. Bleiniederschlag zentrifugieren, mit Schwefelsäure zersetzen. In 2 l-Portionen mit einem Überschuß von Uranylacetatlösung versetzen, unter Kühlung mit heiß gesättigter Bariumhydroxydlösung fällen und sofort möglichst schnell filtrieren. Filtrat mit Schwefelsäure im geringen Überschuß ansäuern, filtrieren und mit Mercurisulfat (Lösung von Hopkins und Cole) fällen, nach einigen Stunden abfiltrieren und Niederschlag mit Schwefelwasserstoff zerlegen. Nach Entfernung des Schwefelwasserstoffs mit Schwefelsäure bis zur Normalität von 0,5 ansäuern und mit Phosphorwolframsäure fällen. Von gummiartigem Niederschlag abfiltrieren, Phosphorwolframsäure unter starker Kühlung mit Baryt entfernen. Die Quecksilbersulfatfällung wiederholen und die von Quecksilber, Schwefelwasserstoff, Schwefelsäure und Baryt befreite Flüssigkeit zum dünnen Sirup eindampfen; davon

---

[1] Lucie Randoin u. Réné Fabre: C. r. Acad. Sic. Paris **185**, 151 (1927) — Chem. Zbl. **1927 II**, 1976.

[2] Hidetake Yaoi u. Waro Nakahara: Proc. imp. Acad. Tokyo **2**, 449 (1926) — Chem. Zbl. **1927 I**, 3019.

[3] Barbara Elizabeth Holmes: Biochemic. J. **20**, 812 (1926) — Chem. Zbl. **1927 I**, 318.

[4] J. Lecloux, R. Vivario u. J. Firket: Chem. Zbl. **1928 I**, 1434 — C. r. Soc. Biol. Paris **97**, 1823 (1927).

[5] P. Delore: C. r. Soc. Biol. Paris **96**, 974 (1927) — Chem. Zbl. **1927 II**, 272.

[6] P. Delore: Bull. Soc. Chim. biol. Paris **9**, 1070 (1927) — Chem. Zbl. **1928 I**, 2952.

[7] A. Blanchetière u. Léon Binet: C. r. Soc. Biol. Paris **94**, 494 (1926) — Chem. Zbl. **1926 I**, 3069.

[8] A. Blanchetière u. Léon Binet: C. r. Soc. Biol. Paris **94**, 1227 (1926) — Chem. Zbl. **1926 I**, 612.

[9] Lucie Randoin u. Réné Fabre: C. r. Acad. Sci. Paris **185**, 151 (1927) — Chem. Zbl. **1927 II**, 1976.

[10] Hubert Erlin Tunnicliffe: Biochemic. J. **19**, 194 (1925).

[11] A. Blanchetière u. L. Melon: C. r. Soc. Biol. Paris **97**, 1231 (1927) — Chem. Zbl. **1928 I**, 709.

[12] Frederick Gowland Hopkins: Biochemic. J. **15**, 286 (1921) — Chem. Zbl. **1921 III**, 485; F. G. Hopkins: J. of biol. Chem. **84**, 269 (1929).

[13] J. M. Johnson u. Carl Voegtlin: J. of biol. Chem. **75**, 703 (1927) — Chem. Zbl. **1928 I**, 1387.

je 10 ccm in eine gekühlte Mischung von 100 ccm absolutem Alkohol und 100 ccm Äther eingießen. Der etwas gummiartige Niederschlag wird nach 12stündigem Stehen unter 100 ccm absolutem Alkohol fest. Ausbeute 4 g.

Versuch zur Isolierung aus der Erbse[1, 2].

b) **Neues Verfahren**[6].

Eine Aufschwemmung von Hefe in 0,1 proz. Essigsäure (1 l pro kg Hefe) wird 3—5 Minuten lang zum Sieden erhitzt und dann über eine dünne Schicht von Kieselgur abgenutscht. Rückstand mit der Hälfte der zuerst angewandten Säuremenge aufkochen und filtrieren. Die vereinigten Filtrate werden mit einer gesättigten Bleiacetatlösung (20 ccm pro l) und hierauf unter Rühren allmählich mit einer 10proz. Lösung von Mercurisulfat in 5proz. Schwefelsäure versetzt (etwa 150 ccm Mercurisulfatlsösung pro l). Nachdem sich der Niederschlag abgesetzt hat, überstehende Flüssigkeit abheben, Rückstand filtrieren, waschen und in einem Mörser zur dünnen Paste verreiben, die in Wasser (250 ccm pro kg Hefe) aufgenommen wird. Man zersetzt den Niederschlag durch Schwefelwasserstoff, was längere Zeit in Anspruch nimmt (bei großen Mengen 48 Stunden). Filtrieren, Niederschlag gut waschen, aus dem Filtrat Schwefelwasserstoff durch einen Luftstrom, zum Schluß durch einen Wasserstoffstrom verdrängen. Die Lösung wird durch Zugabe von Schwefelsäure (etwa 12 ccm konz. H_2SO_4 pro Liter Flüssigkeit) annähernd 0,5n gemacht und nach vorherigem Erwärmen auf 50°, vorsichtig mit einer wässerigen Suspension von Kupferoxydul versetzt. Jeder Überschuß von Kupferoxydul ist strengstens zu vermeiden, man macht am besten Fällungsproben an kleinen Flüssigkeitensmengen. Ausgefallenen farblosen Niederschlag zentrifugieren, mit Wasser waschen und in einer wässerigen Suspension mit Schwefelwasserstoff zerlegen. Niederschlag gut waschen, Filtrat durch einen Wasserstoffstrom vom Schwefelwasserstoff befreien und dann im Vakuum bei 40° eindampfen bis pro kg Hefe 6—8 ccm zurückbleiben. Der Rückstand wird in einer Krystallisierschale mit dem halben Volumen Alkohol gemischt und — mit etwas Alkohol überschichtet — im Vakuumsiccator über Schwefelsäure stehen gelassen. Nach 24—36 Stunden beginnt die Krystallisation. Ausbeute von 1 g aufwärts pro kg Hefe.

Nachweis und Bestimmung: Die reduzierte Form gibt Nitroprussidreaktion, die oxydierte Form erst nach der Reduktion mit Magnesium und Salzsäure. Die SH-Gruppe der reduzierten Form wird durch Titration mit $^n/_{10}$-Jodlösung bestimmt. Die Differenz zwischen dem Gesamtschwefel und dem SH-Schwefel gibt die Menge der nicht reduzierten Form an[2, 3]. Bei der colorimetrischen Bestimmung behandelt man mit Lithiumsulfat und Phosphorwolframsäure in alkalischer Lösung; dabei geben 10 Teile Glutathion dieselbe Färbung wie 4,64 Teile reines Cystin[4].

Konstitutionsreaktionen: a) Der unreinen Verbindung: Die Bindung zwischen Cystein und Glutaminsäure ist durch die Cystein-Aminogruppe vermittelt, denn 1. liefert die Spaltung des mit 2, 3, 4-Trinitrotoluol erhaltenen Kondensationsprodukts freies Cystein bzw. Cystin neben einer gelben Substanz (vermutlich das Kondensationsprodukt von Trinitrotoluol) und 2. gibt nach Ersatz der Aminogruppe durch die Hydroxylgruppe mittels Silbernitrit die Spaltung α-Oxyglutarsäure. Bei der Oxydation mit Wasserstoffperoxyd bei Gegenwart von Eisensulfat entsteht Succinyl-cysteinsäure, die erst bei der hydrolytischen Spaltung Bernsteinsäure liefert. Es ist also die zur Aminogruppe in γ-Stellung stehende COOH-Gruppe der Glutaminsäure mit dem Cystein verbunden[5].

b) Der reinen Verbindung: Die Hydrolyse der vorher mit HNO_2 behandelten Substanz ergibt Glycin und keine Glutaminsäure[6]. Mithin ist das Glycin im Glutathion durch seine Aminogruppe gebunden, die Aminogruppe der Glutaminsäure ist hingegen frei. Nach Behandeln mit Wasserstoffsuperoxyd ergibt die Hydrolyse Bernsteinsäure und weder Glutaminsäure noch Glycin.

---

[1] Anthony Kozlowsky: Biochemic. J. **20**, 1346 (1926).

[2] Synthetische Versuche zur Gewinnung von Glutathion hat Hubert Erlin Tunnicliffe (Biochemic. J. **19**, 207 [1925]) ausgeführt. Er ging dabei von der jetzt überholten Aussicht aus, Glutathion sei ein Dipeptid.

[3] A. Blanchetière u. L. Mélon: C. r. Soc. Biol. Paris **97**, 242 (1927) — Chem. Zbl. **1927 II**, 1495.

[4] George Hunter u. Blythe Alfred Eagles: J. of biol. Chem. **72**, 117 (1927) — Chem. Zbl. **1927 II**, 145.

[5] Juda Hirsch Quastel, Corbet Page Stewart u. Hubert Erlin Tunnicliffe: Biochemic. J. **17**, 586 (1923) — Chem. Zbl. **1924 I**, 296.

[6] Edward C. Kendall, B. F. Mc Kenzie u. H. L. Mason: J. of biol. Chem. **84**, 657 (1929).

Physikalische und chemische Eigenschaften: Krystalle, Schmelzp. 190° (unkorr.), scharf (Hopkins); 190—192° (Kendall, McKenzie u. Mason[1]). Sehr leicht löslich in Wasser, unlöslich in organischen Mitteln. $[\alpha]_D$ des oxydierten Produktes in wässeriger Lösung $= -97,4°$ [2]. Nach J. M. Johnson und Carl Voegtlin[3] ist die Drehung des oxydierten Glutathions stark von der Temperatur abhängig. Sie fanden für $[\alpha]_{HgJ}^{28,5} = -93,9°$ in Wasser und $-84,7°$ in 10 proz. Salzsäure. Beim Abkühlen auf etwa 5° steigt die Drehung auf $-100,9°$, um nach dem Erwärmen wieder den Ausgangswert zu erreichen. $[\alpha]_{HgJ}^{15°} = -18,5 \pm 0,3$ (2 proz. Lösung) (Hopkins).

Die nachfolgend beschriebenen Eigenschaften beziehen sich auf das nicht ganz reine, für ein Dipeptid angesprochene Glutathion.

Der Schwefel im Glutathion ist labiler als im Cystin bzw. Cystein und wird deshalb in alkalischer Lösung sehr rasch abgespalten[4]. Über die Geschwindigkeit der Schwefelspaltung von oxydiertem Glutathion beim Kochen mit Natronlauge und Bleiacetat[5]. Das reduzierte Glutathion ist für die Nitroprussidreaktion der tierischen Gewebe verantwortlich und zeigt die Eigenschaften des von de Rey Pilhade angenommenen Philothions[6], doch ist es nicht damit identisch[7]. Es ist autoxydabel und wirkt, je nachdem die oxydierte oder reduzierte Form vorliegt, unter wechselnden Bedingungen als Wasserstoff- oder Sauerstoffacceptor, kann daher unter Bedingungen, wie sie in Geweben auftreten, reduziert oder oxydiert werden[6]. Über den Mechanismus der Oxydation, Oxydationsgeschwindigkeit, verzögernde oder beschleunigende Einflüsse[8]. Eine 0,003 n-Lösung von reduziertem Glutathion wird von 0,01 n-Wasserstoffperoxyd bei 38° und p_H 6,8 in 2 Minuten (bei Zimmertemperatur in 15 Minuten) zu 50% und in 4 Minuten zu 75% zum Disulfid oxydiert. Die Oxydation des reduzierten Glutathions ist unempfindlich gegen 0,01 n-HCN. Die Reaktion wird im alkalischen Bereich beschleunigt, im sauren verlangsamt[9]. Die physikalisch-chemische Untersuchung des Oxydations-Reduktionssystems Glutathion auf Grund der p_H-Messungen mittels einer Gold-Kalomelelektrode (das Potential der gewöhnlichen Platin-Kalomelelektrode ändert sich fortwährend) führt zu einer logarithmischen Gleichung[10].

Man kann einer Lösung von reduziertem Gluthation den Sauerstoff entziehen, so daß sie Indigo-Carmin nicht reduzieren kann. Gibt man zu einer solchen Lösung molekularen Sauerstoff, Wasserstoffperoxyd oder Natriumsulfid, so wird Indigocarmin meist sofort reduziert; solche Lösungen stellen also ein umkehrbares Oxydations-Reduktionssystem dar. Die S-S-Gruppe kann mit SH-Gruppen reduziert werden. In dem so erhaltenen Oxydations-Reduktionssystem aus oxydiertem und reduziertem Glutathion hat nach Kendall und Nord als wichtigstes Zwischenprodukt angeblich ein Sauerstoffadditionsprodukt des reduzierten Glutathions zu gelten. Die reduzierten und oxydierten Formen des Glutathions sollen verhältnismäßig beständige Substanzen sein, in denen das Schwefelatom seinen Oxydationszustand unter dem Einfluß der physiologischen Oxydation und Reduktion nicht genügend leicht ändern kann. Unter gewissen Bedingungen soll Glutathion in Form eines hochwirksamen Sauerstoffadditionsprodukts existieren, in dem der Schwefel seinen Oxydationszustand bei jedem Zusatz geeigneter oxydierender oder reduzierender Substanzen ändern kann. Die mehr stabilen SH- und SS-Formen des Glutathions können mit dem Sauerstoffadditionsprodukt reagieren, wobei 3-Formen dieser Verbindung das reversible Oxydations-Reduktionssystem ausmachen sollen. Aus den chemischen Eigenschaften des Glutathion-sauerstoffadditionsproduktes soll sich seine unbedingte Erfordernis für die Wirkung des Glutathions ergeben[11]. Malcolm

---

[1] E. C. Kendall, B. F. McKenzie. u. H. L. Mason: J. of biol. Chem. **84**, 657 (1929); **84**, 269 (1929).

[2] Hubert Erlin Tunnicliffe: Biochemic. J. **19**, 207 (1925).

[3] J. M. Johnson u. Carl Voegtlin: J. of biol. Chem. **75**, 703 (1927) — Chem. Zbl. **1928 I**, 1387.

[4] Frederic Gowland Hopkins: J. of biol. Chem. **72**, 185 (1927) — Chem. Zbl. **1927 II**, 108.

[5] Erwin Brand u. Martha Sandberg: J. of biol. Chem. **70**, 381 (1926) — Chem. Zbl. **1927 I**, 439.

[6] Frederick Gowland Hopkins: Biochemic. J. **15**, 286 (1921) — Chem. Zbl. **1921 III**, 485.

[7] J. de Rey Pilhade: Bull. Soc. Chim. biol. Paris **8**, 518 (1926) — Chem. Zbl. **1927 I**, 118.

[8] Malcolm Dixon u. Hubert Erlin Tunnicliffe: Proc. roy. Soc. Lond. B **94**, 266 (1923) — Chem. Zbl. **1923 III**, 610.

[9] A. v. Szent-Györgyi: Biochem. Z. **178**, 75 (1926).

[10] Malcolm Dixon u. Juda Hirsch Quastel: J. chem. Soc. Lond. **123**, 2943 (1923) — Chem. Zbl. **1924 I**, 2099.

[11] Edward C. Kendall u. F. F. Nord: J. of biol. Chem. **69**, 295 (1926) — Chem. Zbl. **1926 II**, 2413.

Dixon und Hubert Erlin Tunnicliffe fanden jedoch, daß Indigocarmin und Methylenblau durch Glutathion auch bei völliger Abwesenheit von Sauerstoff reduziert wird — obgleich es bei Luftzutritt bedeutend rascher geht —, was sie dem durch Autoxydation der SH-Gruppe entstehendem Wasserstoffperoxyd zuschreiben[1].

Einfluß auf die Oxydation von Fetten, Lecithin und Proteinen und Mechanismus dieser Oxydation[2]. Erich Newmarck Allott nimmt an, daß dieser Oxydationsmechanismus nur bei Gegenwart von Glutathion und Eisen erhalten werden kann[3]. Ölsäure vermag das oxydierte Glutathion nicht zu reduzieren, wird aber in Gegenwart von reduziertem Glutathion besonders leicht oxydiert, wobei auch das reduzierte Glutathion oxydiert wird[4].

Nachtrag: Für das reine, als Tripeptid angesprochene Glutathion sind folgende Eigenschaften nachzutragen: Luftsauerstoff oxydiert Glutathion bei Zimmertemperatur und $p_H = 7,6$ (in Gegenwart von Fe-Spuren) zu 80% zur Disulfidform, die übrigen 20% werden irreversibel verändert.

Saure Hydrolyse führt zur glatten Spaltung des Tripeptids in seine 3 Komponenten.

Beim Kochen mit Wasser wird das Glutathion zerlegt. Es entsteht ein Dioxopiperazin aus Glycin und Cystein (bzw. beim Verwenden der Disulfidverbindung—Diglycylcystin-dianhydrid). Die Glutaminsäure wird als solche und als Pyrrolidoncarbonsäure vorgefunden. Außerdem bildet sich fortwährend Schwefelwasserstoff (und auch freier S), die Schwefeleleminierung vollzieht sich hier schneller als beim Cystin und Cystein[5].

Zerlegung in alkoholischer Lösung[6].

Im Gegensatz zu dem unreinen Produkt ergibt das kryst. Glutathion kein β-Naphthalinsulfoderivat.

Physiologische Eigenschaften: Die folgenden Angaben beziehen sich auf Versuche mit nicht völlig reinen Glutathion. Zwischen p_H 6,0 und 8,0 wird — unabhängig von der Natur des Puffers — Glutathion vom Muskel gleich stark reduziert[4]. Beziehung zwischen Kontraktion und Gehalt an reduziertem Glutathion des Muskels: Faradische Tetanisation bewirkt eine deutliche, konstante Verminderung an reduziertem Glutathion[7]. Verändert beim Hund dessen spezifisch dynamischen Effekt nicht[8]. Einfluß auf den Respirationsmechanismus[9].

Wird zu einer Pufferlösung, in der sich bis zu Verlust des Reduktionsvermögens gegenüber Methylenblau ausgewaschenes Gewebe befindet, Glutathion hinzugefügt, so wird das Gewebe wieder reduktionsfähig. Dies gilt auch bei Zusatz des Peptides in der oxydierten Form. Das Gewebe reduziert zunächst die S-Gruppe, und es entsteht so ein System, das unter anaeroben Bedingungen ständig Methylenblau bis zur Erreichung seines Gleichgewichts reduziert. Ein solches Gewebe kann nach geeigneter Behandlung, wenn es für sich nicht mehr „atmet", bei Zusatz von Glutathion in Gegenwart von freiem Sauerstoff auch diesen wieder aufnehmen und Kohlensäure liefern. Der Teil des Reduktionsvermögens aus der Atmungsaktivität, der durch Behandeln mit Glutathion hergestellt werden kann, bleibt beim Erhitzen auf 100° und selbst bei Ausziehen mit kochendem Wasser fast ungeschädigt, so daß dann in Gegenwart von Glutathion pro Gramm Trockensubstanz etwa 400 ccm Sauerstoff aufgenommen werden, wobei der Quotient $CO_2 : O_2$ anfangs gewöhnlich etwa 1, später niedriger ist. Bei irgendwelchen bekannten enzymatischen Vorgängen scheint Glutathion nicht beteiligt zu sein. Das Muskelgewebe enthält also eine thermostabile Substanz, die oxydiertes Glutathion wieder in seine reduzierte Form überführt[10].

Es besteht keine Beziehung zwischen Gehalt an Glutathion und Empfänglichkeit für Tuberkulose[11]. Die Neigung, zugesetztes Glutathion zu reduzieren, ist bei Rattensarkomen

---

[1] Malcolm Dixon u. Hubert Erlin Tunnicliffe: Biochemic. J. **21**, 844 (1927) — Chem. Zbl. **1927 II**, 2662.
[2] Frederick Gowland Hopkins: Biochemic. J. **19**, 787 (1925).
[3] Erich Newmarck Allott: Biochemic. J. **20**, 957 (1925).
[4] Hubert Erlin Tunnicliffe: Biochemic. J. **19**, 199 (1925).
[5] Hopkins: J. of biol. Chem. **84**, 276 (1929).
[6] Hopkins: J. of biol. Chem. **84**, 280 (1929).
[7] A. Blanchetière, Léon Binet u. L. Mélon: C. r. Soc. Biol. **97**, 535 (1927) — Chem. Zbl. **1927 II**, 1487.
[8] David Rapportt: J. of biol. Chem. **60**, 497 (1924) — Chem. Zbl. **1924 II**, 1949.
[9] Ph. Joyet-Lavergne: Biol. Rev. Cambridge philos. Soc. **2**, 80 (1926) — Chem. Zbl. **1927 II**, 1168.
[10] Frederick Gowland Hopkins u. Malcolm Dixon: J. of biol. Chem. **54**, 527 (1922) — Chem. Zbl. **1923 I**, 364.
[11] Nao Uyei: J. inf. Dis. **39**, 73 (1927) — Chem. Zbl. **1927 I**, 1967.

sowie menschlichen Carcinomen im Vergleich zu normalen Geweben sehr gering[1]. Die reduzierte Form vermag toxische Dosen der verschiedensten Gifte teilweise zu entgiften[2]. Die reduzierte Form wirkt der toxischen Wirkung von Arsenverbindungen des Typus R—As = O auf Trypanosoma equiperdum in vitro und in der Ratte entgegen[3, 4]. Das Auftreten der Erscheinungen solcher Verbindungen ist bei der Ratte stark verzögert, ebenso der Eintritt des Todes. Die oxydierte Form ist von geringerer bzw. gar keiner entsprechenden Wirkung. Vielleicht ist Arsen in der Form R—As = O ein spezifisches Gift für die SH-Gruppe des Glutathions; Trypanosomen enthalten möglicherweise auch Glutathion[3]. Glutathion entgiftet auch Cyanid. Wenn das Verhältnis S:NaCN der eingespritzten Lösung 5:1 ist, bleibt die tödliche Wirkung einer sonst sicher tödlichen NaCN-Dosis aus. Das Cyanid geht dabei wahrscheinlich in das 32mal weniger giftige Cyanat über:

$$\begin{matrix} RS \\ | \\ RS \end{matrix} + H_2O + NaCN = 2\,RSH + NaCNO\ [5]$$

Im Gewebe der Frösche, die mit Cyanamid behandelt sind, ist weniger reduziertes Glutathion zu finden als bei normalen Fröschen. Die Cyanamidvergiftung kann durch oxydiertes Glutathion nicht beeinflußt werden; trotzdem wird angenommen, daß der Angriffspunkt des Cyanamids im Glutathion zu suchen ist[6].

Glutathion spielt bei der Milchsekretion eine Rolle. Der Schwefelgehalt des Milchdrüsenvenenbluts ist bei milchenden Kühen um 25% niedriger als der des Jugularvenenbluts[7].

Beim Hindurchleiten von Schwefelwasserstoff durch frisch entnommenes Blut wird Schwefel abgespalten, was möglicherweise dem Glutathion des Bluts zuzuschreiben ist[8].

Derivate der reinen Verbindung sind nicht bekannt. Tunnicliffe[9] hat in der Annahme, Glutathion sei ein Dipeptid mit den Bausteinen Cystein und Glutaminsäure das folgende Derivat dargestellt. Beschrieben ist **Diglutamyl-cystein-uraminosäure**

$$\begin{array}{ccc} & CH_2\text{—}S\text{—}S\text{—}CH_2 & \\ CH_2 \cdot CO \cdot NH \cdot CH & & CH\text{—}NH \cdot CO \cdot CH_2 \\ | & & | \\ CH_2 & COOH \quad HOOC & CH_2 \\ | & & | \\ CH \cdot NH \cdot CO \cdot NH_2 & & H_2N \cdot CO \cdot NH \cdot CH \\ | & & | \\ COOH & & HOOC \end{array}$$

Durch Behandeln von Hydantoinpropionsäure

$$\begin{array}{l} \diagup NH\text{—}CH \cdot CH_2 \cdot CH_2 \cdot COOH \\ CO \\ \diagdown NH\text{—}CO \end{array}$$

mit Phosphortribromid entsteht das entsprechende (nicht isolierte) Säurebromid, das mit Cystindimethylester das Dihydantoin-propionyl-cystin liefert. Die Öffnung des Hydantoinringes zur Diglutamyl-cystein-uraminosäure erfolgt durch Kochen der wässerigen Lösung mit fein gepulvertem Calciumhydroxyd. Wurde nicht isoliert. Gibt mit Natriumnitrit optisch nicht voll aktives Glutathion[9].

Kupfersalz $C_8H_{12}O_5N_2SCu_2$. Amorphes, graugrünes Pulver, in dem das Kupfer offenbar 1 wertig ist, da es auch durch Auflösung von Kupferoxydul in Lösungen von Glutathion entsteht[10].

Bleisalz $C_8H_{12}O_5N_2SPb$. Weißes amorphes Pulver[10].

Goldsalz $C_8H_{12}O_5N_2SAu$. Weißes, amorphes, sehr leicht in Wasser lösliches Pulver[10].

---

[1] Barbara Elizabeth Holmes: Biochemic. J. **20**, 812 (1926) — Chem. Zbl. **1927 I**, 319.
[2] E. Keeser: Arch. f. exper. Path. **122**, 82 (1927).
[3] Carl Voegtlin, Helen A. Dyer u. S. C. Leonard: U. S. Public Health Reports **860**, 32 (1923) — Chem. Zbl. **1924 I**, 1964.
[4] Carl Voegtlin, Helen A. Dyer u. S. C. Leonard: Ber. Physiol. **31**, 150 (1925).
[5] Carl Voegtlin, J. M. Johnson u. Helen A. Dyer: J. of Pharmacol. **27**, 467 (1927) — Chem. Zbl. **1926 II**, 1658.
[6] Susi Glaubach: Arch. f. exper. Path. **117**, 247.
[7] T. Swann Harding u. C. A. Cary: Proc. Soc. exper. Biol. a. Med. **23**, 319 (1926) — Chem. Zbl. **1926 II**, 3098.
[8] Joachim Kühnau: Arch. f. exper. Path. **123**, 24 (1927) — Chem. Zbl. **1927 II**, 1278.
[9] Hubert Erlin Tunnicliffe: Biochemic. J. **19**, 207 (1925).
[10] J. M. Johnson u. Carl Voegtlin: J. of biol. Chem. **75**, 703 (1927) — Chem. Zbl. **1928 I**, 1387.

Tetrapeptide.

Triglycyl-glycin.

Physikalische und chemische Eigenschaften: Wird durch n-Alkali bei 37° innerhalb 28 Stunden quantitativ aufgespalten[1]. Verlauf der Spaltung durch Säure und Alkali[2].
Physiologische Eigenschaften: Wird durch Hefepolypeptidase wohl ausschließlich unter Abtrennung der endständigen Aminosäure gespalten, also in Glykokoll und Diglycyl-glycin[3]. Wird von Erepsin gespalten[4].
Derivate: Triglycyl-glycin-Calciumbromid $C_8H_{14}O_5N_4 \cdot CaBr_2$. 7 Mol Calciumbromid und 1 Mol Tetrapeptid in wenig Wasser lösen, viel absoluten Alkohol hinzugeben, vom Ausgeschiedenen abgießen, mehrmals mit Alkohol eindampfen. Weißes, nicht krystallisiertes Pulver[5].
Äthylester (Curtiussche Biuretbase). Wird durch Erepsin gespalten[6], sowie auch durch Hefe- und Darmpeptidase[7].
Amid. Wird durch Erepsin gespalten[8].
Carbäthoxyl-triglycyl-glycinamid. Wird weder von Erepsin noch von Trypsin-Kinase gespalten[8].
Benzoyl-triglycyl-glycin. Fällt nach dem Kuppeln beim Ansäuern krystallinisch aus[9]. Kaum löslich in Äther, schwer löslich in kaltem, löslich in heißem Wasser. Schmelzp. 237—238°. Gibt blauviolette Biuretreaktion und färbt Fehlingsche Lösung ebenso[9]. Verlauf der Aufspaltung durch Alkali und Säure[2]. Wird nach Toru Imai von Erepsin bei Gegenwart von Borat teilweise gespalten, und zwar bei p_H 7,55 stärker als bei p_H 8,05[9]. Ernst Waldschmidt-Leitz und Willibald Klein finden keine Aufspaltung durch Darmerepsin[8].
β-Naphthalinsulfo-triglycyl-glycin. Fällt nach dem Kuppeln der Komponenten beim Ansäuern aus. Umkrystallisieren aus Alkohol. Verlauf der Aufspaltung durch Säure und Alkali[2].
Triglycyl-glycin-betain. Methylierung des Tetrapeptids mit Dimethylsulfat bei Gegenwart von Alkali in der Kältemischung. Reinigen über den Phosphorwolframsäureniederschlag. Konnte weder selbst noch in Form eines Derivats (Pikrat oder Platinchloriddoppelsalz) krystallisiert erhalten werden. Wird von Erepsin in in geringem Maße gespalten[4].
Chloracetyl-triglycyl-arsanilsäure $C_{14}H_{18}O_7N_4ClAs$. Fällt nach dem Kuppeln von Triglycyl-arsanilsäure mit Chloracetylchlorid beim Ansäuern aus. Das aus sehr viel heißem Wasser umkrystallisierte Produkt besteht aus kleinen, kugelförmigen Gebilden, die aus sehr kleinen Nädelchen zu bestehen scheinen. Bräunung mit beginnender Zersetzung bei 236 bis 239°[10].
Tetraglycyl-arsanilsäure $C_{14}H_{20}O_7N_5As$. Durch 1tägiges Aminieren des Chlorkörpers. Krystallisiert aus sehr viel heißem Wasser (250fache Menge) unter Zusatz von Alkohol in kleinen, kugelförmigen Aggregaten, Bräunung mit beginnender Zersetzung bei 222—224°[10].

Chloracetyl-glycyl-l-alanyl-glycin[11].
$C_9H_{14}O_5N_3Cl$

Darstellung: Nach dem Kuppeln von Glycyl-l-alanyl-glycin mit Chloracetylchlorid bleibt die Lösung beim Ansäuern klar. Eindampfen, mit Alkohol extrahieren. Leicht löslich in Wasser und heißem absoluten Alkohol, unlöslich in Aceton, Essigester, Chloroform, Äther, Benzol und Petroläther. Schmelzp. 130° unter Zersetzung. $[\alpha]_D^{20} = +48,3°$.

---

[1] Emil Abderhalden u. Shigeo Suzuki: Hoppe-Seylers Z. **170**, 158 (1927).
[2] Emil Abderhalden u. Shigeo Suzuki: Hoppe-Seylers Z. **173**, 250 (1928).
[3] Wolfgang Graßmann u. Hanns Dyckerhoff: Hoppe-Seylers Z. **175**, 18 (1928).
[4] Toru Imai: Hoppe-Seylers Z. **136**, 192 (1924).
[5] Paul Pfeiffer: Hoppe-Seylers Z. **133**, 22 (1924).
[6] Hans v. Euler u. Karl Josephson: Hoppe-Seylers Z. **157**, 122 (1926).
[7] Hans v. Euler u. Karl Josephson: Ber. dtsch. chem. Ges. **60**, 1341 (1927).
[8] Ernst Waldschmidt-Leitz u. Willibald Klein: Ber. dtsch. chem. Ges. **61**, 640 (1928).
[9] Toru Imai: Hoppe-Seylers Z. **136**, 205 (1924).
[10] G. Giemsa u. C. Tropp: Ber. dtsch. chem. Ges. **59**, 1776 (1926).
[11] P. A. Levene u. M. H. Pfaltz: J. of biol. Chem. **68**, 277 (1926).

Diglycyl-l-alanyl-glycin[1].

$NH_2 \cdot CH_2 \cdot CO \cdot NH \cdot CH_2 \cdot CO \cdot NH \cdot \underset{\underset{CH_3}{|}}{CH} \cdot CO \cdot NH \cdot CH_2 \cdot COOH \quad C_9H_{16}O_5N_4$

Darstellung: Nach dem Aminieren des Chlorkörpers zum dicken Sirup eindampfen und mit Alkohol auf dem Wasserbad bis zur eintretenden Krystallisation erwärmen.
Physikalische und chemische Eigenschaften: Das aus wenig Wasser + Alkohol umkrystallisierte Peptid schmilzt bei 205° unter Zersetzung. $[\alpha]_D^{20} = +53,7°$. Wird durch Alkali verschiedener Konzentration (0,1 — 1,0n) innerhalb 48 Stunden nicht, bei längerer Einwirkung nur wenig racemisiert (aber stark hydrolysiert), und zwar nur dann, wenn die Alkalikonzentration das 4—10fache der des Peptids beträgt.

Chloracetyl-l-alanyl-l-alanyl-glycin[2].
$C_{10}H_{16}O_5N_3Cl.$

Darstellung: Nach dem Kuppeln der Komponenten und Ansäuern zur Trockene eindampfen, mit heißem Aceton ausziehen und mit der gleichen Menge Chloroform versetzen, woraus es bei längerem Stehen in der Kälte krystallisiert.
Physikalische und chemische Eigenschaften: Sehr leicht löslich in Wasser, heißem absoluten Alkohol und heißem Aceton, schwer löslich in heißem Essigester, unlöslich in Chloroform, Benzol, Äther, Petroläther. Schmelzp. 180°. $[\alpha]_D^{20} = +95°$.

Glycyl-l-alanyl-l-alanyl-glycin.

$NH_2 \cdot CH_2 \cdot CO \cdot NH \cdot \underset{\underset{CH_3}{|}}{CH} \cdot CO \cdot NH \cdot \underset{\underset{CH_3}{|}}{CH} \cdot CO \cdot NH \cdot CH_2 \cdot COOH \quad C_{10}H_{18}O_5N_4$

Darstellung: 24stündiges Aminieren des Chlorkörpers bei Zimmertemperatur. Einengen, Sirup in wenig heißem Wasser lösen, in viel heißen absoluten Alkohol gießen und auf dem Wasserbad erwärmen[2].
Physikalische und chemische Eigenschaften: Schmelzp. 263—265° unter Zersetzung. $[\alpha]_D^{20} = +104,8°$. Bei der Einwirkung von Alkali verschiedener Konzentrationen bei verschiedenen Temperaturen und Zeiten wird das Peptid neben der selbstverständlich eintretenden Hydrolyse ziemlich stark racemisiert[2]. Über die Drehung bei den verschiedensten Wasserstoffionenkonzentrationen (p_H 0,57—13,5). Bei einem p_H von etwa 13—13,5 tritt scheinbar ein neuer Dissoziationsvorgang (Enolisierung?) in Erscheinung[3].

Glycyl-d-alanyl-glycyl-l-tyrosin.

Physiologische Eigenschaften: Wird sowohl von Erepsin als auch von Trypsin-Kinase gespalten[4].

Chloracetyl-d-alanyl-l-leucyl-d-valin.
$C_{16}H_{28}O_5N_3Cl$

Darstellung: Kuppeln von d-Alanyl-l-leucyl-d-valin I mit Chloracetylchlorid. Scheidet sich beim Ansäuern in weißen, knolligen Aggregaten mit 92% Ausbeute aus.
Physikalische und chemische Eigenschaften: Krystallisiert aus absolutem Alkohol in langen, gut ausgebildeten Stäbchen vom Schmelzp. 204—205°. Gut löslich in heißem Alkohol, mäßig in kaltem, schwer löslich in Essigester, Chloroform und Äther, sehr schwer löslich in Wasser, unlöslich in Petroläther. Das Produkt ist optisch einheitlich. $[\alpha]_D = -69,6°$.

---

[1] P. A. Levene u. M. H. Pfaltz: J. of biol. Chem. **68**, 277 (1926).
[2] P. A. Levene u. M. H. Pfaltz: J. of biol. Chem. **70**, 219 (1926).
[3] P. A. Levene, Lawrence W. Baß, Robert E. Steiger u. Isaak Bencowitz: J. of biol. Chem. **72**, 815 (1927) — Chem. Zbl. **1927 II**, 1151.
[4] Ernst Waldschmidt-Leitz, Anton Schäffner, Hans Schlatter u. Willibald Klein: Ber. dtsch. chem. Ges. **61**, 299 (1928).

Glycyl-d-alanyl-l-leucyl-d-valin.

$$\mathrm{NH_2 \cdot CH_2 \cdot CO \cdot NH \cdot \underset{\underset{CH_3}{|}}{CH} \cdot CO \cdot NH \cdot \underset{\underset{C_4H_9}{|}}{CH} \cdot CO \cdot NH \cdot \underset{\underset{C_3H_7}{|}}{CH} \cdot COOH}$$

Darstellung: 5tägiges Stehenlassen des Chlorkörpers bei Zimmertemperatur mit konzentriertem Ammoniak. Entfernen des Chlorammons mit Silbersulfat und Baryt. Da das Peptid in Wasser schwer löslich ist, sind große Mengen Wassers am Platze und ein Auskochen der Niederschläge geboten[1].

Physikalische und chemische Eigenschaften: Die lufttrockene Substanz enthält 2 Mol Krystallwasser. Das Trockenprodukt wird gegen 235° braun und bei 240° unter Zersetzung flüssig. Reagiert gegen Lackmus schwach sauer. Ninhydrin nach Zusatz eines Tropfens $^n/_{10}$-NaOH positiv. Zeigt mit Alkohol Quellungserscheinungen, ohne sich merklich darin zu lösen. Löslichkeit in heißem Wasser 1:375. Beim vorsichtigen Einengen erhält man leicht übersättigte Lösungen. $[\alpha]_D^{21} = -97,1-98,4°$ [2]. Die Einwirkung von 0,5 n Alkali sowie von n-HCl bei 37° bewirkt eine langsame, aber deutliche Spaltung[2].

Physiologische Eigenschaften: Wird von Erepsin angegriffen, von Trypsin-Kinase kaum[1].

Ein aus Alanin, Valin, Leucin und Glycin hergestelltes Peptid (ob mit obigem identisch, ist sehr fraglich) soll nach M. P. Nikolajew bereits in einer Konzentration von $1:10^5$ bis $1:10^6$ erweiternd auf die Gefäße der Nebenniere vom Rind wirken und in einer Konzentration von $1:10^4$ bis $1:10^6$ eine kurz dauernde Erregung der Nebennierensekretion hervorrufen[3].

Glycyl-l-leucyl-glycyl-d-alanin.

Physikalische und chemische Eigenschaften: Einwirkung von Alkali verschiedener Konzentrationen bei 37° bewirkt schon bei p_H 7,8 eine geringe, bei höherer Alkalität naturgemäß eine raschere Aufspaltung[2]. In dem mit Alkali erhaltenen Reaktionsgemisch kann Glycyl-d-alanin nachgewiesen werden[4].

Chloracetyl-l-leucyl-l-leucyl-l-leucin.

$$C_{20}H_{36}O_5N_3Cl$$

Darstellung: Nach dem Kuppeln von l-Leucyl-l-leucyl-l-leucin mit Chloracetylchlorid fällt das Reaktionsprodukt beim Ansäuern aus[5].

Physikalische und chemische Eigenschaften: Schmelzpunkt nach dem Umkrystallisieren aus verdünntem Alkohol 193° unter Zersetzung. Leicht löslich in Alkohol, schwer in Wasser, Äther, Petroläther. $[\alpha]_D^{20}$ in Alkohol $= -76,19°$ [5].

Glycyl-l-leucyl-l-leucyl-l-leucin[5].

$$\mathrm{NH_2 \cdot CH_2 \cdot CO \cdot NH \cdot \underset{\underset{C_4H_9}{|}}{CH} \cdot CO \cdot NH \cdot \underset{\underset{C_4H_9}{|}}{CH} \cdot CO \cdot NH \cdot \underset{\underset{C_4H_9}{|}}{CH} \cdot COOH} \quad C_{20}H_{38}O_5N_4$$

Darstellung: Aminieren des Chlorkörpers ($2^1/_2$ Tage bei 37°), eindampfen, mit ammoniakalischem Alkohol lösen, Ammoniak im Vakuum verdunsten lassen.

Physikalische und chemische Eigenschaften: Amorph. Schwer löslich in Wasser. $[\alpha]_D^{20}$ in n-NaOH $= -78,63$. Wird durch n-NaOH bei 37° nur langsam und nach Aufspaltung von etwa $^1/_2$ Bindung kaum mehr angegriffen.

---

[1] Emil Abderhalden u. Hans Sickel: Fermentforschg **9**, 462 (1928).
[2] Emil Abderhalden u. Hans Sickel: Hoppe-Seylers Z. **170**, 134 (1927).
[3] M. P. Nikolajew: Z. exper. Med. **42**, 213 (1924) — Chem. Zbl. **1924 II**, 1826.
[4] Emil Abderhalden u. Hans Brockmann: Hoppe-Seylers Z. **170**, 146 (1927).
[5] Emil Abderhalden u. Richard Fleischmann: Fermentforschg **9**, 524 (1928).

Tetrapeptide.

dl-Alanyl-diglycyl-glycin.

$NH_2 \cdot CH \cdot CO \cdot NH \cdot CH_2 \cdot CO \cdot NH \cdot CH_2 \cdot CO \cdot NH \cdot CH_2 \cdot COOH \quad C_9H_{16}O_5N_4$
  |
  CH_3

Darstellung: Kuppeln von Diglycyl-glycin mit dl-α-Brompropionyl-chlorid und aminieren des Kuppelungsproduktes[1].
Physikalische und chemische Eigenschaften: Krystallisiert aus heißem Wasser + Alkohol in ganz feinen Nädelchen. Rosarote Biuretreaktion. Gegen 220° beginnende Verfärbung, gegen 245° bereits vollkommene Zersetzung. Praktisch unlöslich in organischen Lösungsmitteln mit Ausnahme von Methylalkohol, worin sich kleine Mengen lösen[1].
Physiologische Eigenschaften: Wird durch Hefe asymmetrisch gespalten, und zwar entsteht dabei d-Alanin, Glykokoll sowie l-Alanyl-diglycyl-glycin (α_D in Wasser $-28,5°$)[1]. Wird durch Hefepolypeptidase gespalten[2].

d-α-Brompropionyl-l-leucyl-glycyl-d-alanin[3].
$C_{14}H_{24}O_5N_3Br$

Darstellung: Nach dem Kuppeln von l-Leucyl-glycyl-d-alanin mit d-α-Brompropionyl-chlorid und Ansäuern scheidet es sich ölig ab. Ausäthern.
Physikalische und chemische Eigenschaften: Schmelzpunkt nach dem Umkrystallisieren aus heißem Wasser 157—158°. Leicht löslich in Alkohol, Aceton, Essigester, schwer löslich in Äther, Chloroform, Toluol, Petroläther. $[\alpha]_D^{20}$ in Alkohol $= +12,9°$ ($\pm 0,4°$), in Wasser $= -27,9°$ ($\pm 0,9°$).

d-Alanyl-l-leucyl-glycyl-d-alanin.

$NH_2 \cdot CH \cdot CO \cdot NH \cdot CH \cdot CO \cdot NH \cdot CH_2 \cdot CO \cdot NH \cdot CH \cdot COOH \quad C_{14}H_{26}O_5N_4$
  | | |
  CH_3 C_4H_9 CH_3

Darstellung: Aminieren des Bromkörpers, behandeln mit Silbersulfat und Baryt[3].
Physikalische und chemische Eigenschaften: Leicht löslich in Wasser und Alkohol. Wird aus der alkoholischen Lösung durch Äther in weißen, amorphen Flocken gefällt. Gibt mit Phosphorwolframsäure einen im Überschuß löslichen Niederschlag. Biuretreaktion rosa. Konzentrierte Ammonsulfatlösung fällt nicht. $[\alpha]_D^{20} + -28,0°$ ($\pm 0,25°$)[3]. Soll schon bei p_H 7,8 ziemlich stark (nach 360 Stunden $^2/_3$ einer Bindung) gespalten werden[5], doch können auch bakterielle Einwirkungen vorliegen. Aufspaltung durch n-HCl sowie n-Alkali bei 37°[4].
Physiologische Eigenschaften: Wird sowohl von Erepsin als von Trypsin-Kinase angegriffen[3].

d-α-Bromisovaleryl-l-leucyl-glycyl-d-glutaminsäure[5].
$C_{18}H_{30}O_7N_3Br$

Darstellung: Fällt nach dem Kuppeln der Komponenten beim Ansäuern nur zum Teil ölig aus. Eindampfen, mit absolutem Alkohol ausziehen, verdampfen, Sirup öfter mit Petroläther und Äther verreiben, im Exsiccator evakuieren.
Physikalische und chemische Eigenschaften: Amorphe Substanz. $[\alpha]_D^{20} = +16,0°$ (in absolutem Alkohol).

d-Valyl-l-leucyl-glycyl-d-glutaminsäure[5].

$NH_2 \cdot CH \cdot CO \cdot NH \cdot CH \cdot CO \cdot NH \cdot CH_2 \cdot CO \cdot NH \cdot CH \cdot COOH \quad C_{18}H_{32}O_7N_4$
  | | |
  C_3H_7 C_4H_9 CH_2
                                                                      |
                                                                     $CH_2 \cdot COOH$

Darstellung: Aminieren des Bromkörpers, versetzen mit Silbersulfat und Baryt im berechneten Überschuß, abdestillieren des Ammoniaks (Nachweis im Destillat!). Man löst den

---

[1] Emil Abderhalden: Fermentforschg **8**, 240 (1926).
[2] Wolfgang Graßmann u. Hanns Dyckerhoff: Ber. dtsch. chem. Ges. **61**, 656 (1928).
[3] Emil Abderhalden u. Hans Brockmann: Fermentforschg **9**, 446 (1928).
[4] Emil Abderhalden u. Hans Brockmann: Hoppe-Seylers Z. **170**, 146 (1927).
[5] Emil Abderhalden u. Ernst Roßner: Fermentforschg **10**, 95 (1928).

barytfreien Sirup in wenig Methylalkohol, fällt und wäscht mit Äther und evakuiert im Vakuumexsiccator.

Physikalische und chemische Eigenschaften: Amorphes, leicht hygroskopisches Pulver, leicht löslich in Methylalkohol und Wasser, löslich in heißem Äthylalkohol, unlöslich in Äther, Aceton, Chloroform. Die konzentrierte wässerige Lösung flockt mit gesättigter Ammonsulfatlösung aus. Mit Phosphorwolframsäure bildet sich eine im Über- und im Unterschuß lösliche Trübung. $[\alpha]_D^{20}$ in Wasser $= +11,4°$.

Physiologische Eigenschaften: Wird durch Erepsin kaum, durch Trypsin-Kinase wenig gespalten.

l-Leucyl-diglycyl-glycin.

Physikalische und chemische Eigenschaften: Wird mit n-HCl bei 40° gespalten, desgleichen mit $^n/_4$-NaOH. Zusatz von Tierkohle hemmt den Reaktionsverlauf etwas[1]. Einwirkung von n-NaOH[3]. Wird angeblich bei p_H 7,8 schon etwas gespalten[2]. Mit Wasser im Autoklaven auf 150° erhitzt, entsteht neben Leucin und Glykokoll Leucyl-glycin-anhydrid[3].

Physiologische Eigenschaften: Wird von Darmerepsin quantitativ gespalten, Hefepolypeptidase löst 1 Bindung; von Hefedipeptidase wird es nicht angegriffen[4].

dl-Leucyl-diglycyl-glycin.

Physiologische Eigenschaften: Hefepolypeptidase spaltet die Racemverbindung in l-Leucin, Diglycyl-glycin und d-Leucyl-diglycyl-glycin. Das entstandene l-Leucin wirkt stark hemmend auf die weitere Hydrolyse von Diglycyl-glycin[5].

dl-α-Bromisocapronyl-diglycyl-glycin.

Physikalische und chemische Eigenschaften: Wird von n-NaOH nach 123 Stunden vollständig aufgespalten[5].

dl-α-Bromisocapronyl-glycyl-dl-leucyl-glycin[6].

$C_{16}H_{28}O_5N_3Br$

Darstellung: Fällt nach dem Kuppeln der Komponenten beim Ansäuern erst ölig aus, erstarrt beim Stehen in der Kälte krystallinisch.

Physikalische und chemische Eigenschaften: Zersetzt sich bei 195°. Sehr leicht löslich in Alkohol und Aceton, ziemlich leicht löslich in Chloroform, Essigester und warmem Äther, schwer löslich in kaltem Äther, unlöslich in Petroläther.

dl-Leucyl-glycyl-dl-leucyl-glycin[6].

$NH_2 \cdot CH \cdot CO \cdot NH \cdot CH_2 \cdot CO \cdot NH \cdot CH \cdot CO \cdot NH \cdot CH_2 \cdot COOH \qquad C_{16}H_{30}O_5N_4$
$\qquad |\qquad\qquad\qquad\qquad\qquad\qquad\qquad |$
$\quad C_4H_9 \qquad\qquad\qquad\qquad\qquad\quad C_4H_9$

Darstellung: Nach dem Aminieren des Bromkörpers (8 Tage bei 37°) bis zur beginnenden Krystallisation eindampfen, und durch Zugabe von Alkohol vervollständigen.

Physikalische und chemische Eigenschaften: Rötliche Biuretreaktion. Bei 223° Gelbbraunfärbung, bei 235° Zersetzung unter Gasentwicklung. Schwer löslich in kaltem, leicht in warmem Wasser. Unlöslich in den gebräuchlichen organischen Lösungsmitteln.

Derivate: Äthylester $C_{18}H_{34}O_5N_4$. Schmelzp. 152°. Biuretreaktion rosa. Löslich in Aceton. Wird durch Lipase (aus Schweineleber hergestellt) nicht gespalten.

---

[1] Emil Abderhalden u. Hans Sickel: Hoppe-Seylers Z. **170**, 134 (1927).
[2] Emil Abderhalden u. Hans Brockmann: Hoppe-Seylers Z. **170**, 146 (1927).
[3] Emil Abderhalden u. Ernst Komm: Hoppe-Seylers Z. **134**, 121 (1924).
[4] Wolfgang Graßmann: Hoppe-Seylers Z. **167**, 202 (1927).
[5] Wolfgang Graßmann u. Hanns Dyckerhoff: Hoppe-Seylers Z. **175**, 18 (1928).
[6] Emil Abderhalden u. Alfred Alker: Fermentforschg **7**, 77 (1923).

d-α-Bromisocapronyl-l-leucyl-l-leucyl-l-leucin [1].

$C_{24}H_{44}O_5N_3Br$

Darstellung: Fällt nach dem Kuppeln der Komponenten beim Ansäuern aus.
Physikalische und chemische Eigenschaften: Krystallisiert aus Alkohol in kleinen Nädelchen vom Schmelzp. 224°. Schwer löslich in kaltem Methyl- und Äthylalkohol, Äther, Essigester, Petroläther, Aceton, Chloroform und Wasser, leicht löslich in heißem Methyl- und Äthylalkohol. $[\alpha]_D^{20}$ in absolutem Alkohol $= -70,55°$.

l-Leucyl-l-leucyl-l-leucyl-l-leucin [1].

$NH_2 \cdot CH \cdot CO \cdot NH \cdot CH \cdot CO \cdot NH \cdot CH \cdot CO \cdot NH \cdot CH \cdot COOH \quad C_{24}H_{46}O_5N_4$
$\quad\quad |\quad\quad\quad\quad\quad |\quad\quad\quad\quad\quad |\quad\quad\quad\quad\quad |$
$\quad\; C_4H_9\quad\quad\quad\; C_4H_9\quad\quad\quad\; C_4H_9\quad\quad\quad\; C_4H_9$

Darstellung: Aminieren von d-Bromisocapronyl-l-leucyl-l-leucyl-l-leucin mit alkoholischem Ammoniak, zur Trockne verdampfen, in viel ammoniakalischem Ammoniak lösen, Ammoniak verdunsten lassen, wobei das Tetrapeptid ausfällt.
Physikalische und chemische Eigenschaften: Amorph. In allen gebräuchlichen Lösungsmitteln praktisch unlöslich, selbst in Alkali nur schwer löslich. $[\alpha]_D^{20}$ in n-NaOH $= -89,95°$. Wird mit n-NaOH bei 37° nicht gespalten.

Tetrapeptide unbekannter Konstitution.

Salzsaures Tetrapeptid.

$C_{10}H_{16}O_5N_4Cl_2$

Bildung: Durch 4tägige Einwirkung von 5 n-HCl bei 70° auf Isomethylen-2, 5-dioxopiperazin[2] oder durch Hydrolyse von Allo-methylen-2, 5-dioxopiperazin durch $^3/_4$ stündiges Erhitzen mit konzentrierter HCl im Rohr auf 100°[3].
Physikalische und chemische Eigenschaften: Löst man das eingedampfte salzsaure Hydrolysat in wenig n-HCl, versetzt mit Eisessig und langsam mit Äther, so krystallisiert es in glänzenden, mikroskopischen 6seitigen Tafeln oder auch millimeterlangen Prismen[3]. Aus Methylalkohol + Äther krystallisiert es in Nädelchen, die bis 300° nicht schmelzen[2]. Es enthält nur 1 ionisiertes Chlor[2].
Derivate: Methylesterchlorhydrat $C_{11}H_{18}O_5N_4Cl_2$. Krystallisiert aus wenig Wasser + viel Aceton in Prismen, die sich gegen 280° zersetzen, sehr leicht löslich in Wasser, sonst aber schwer löslich sind. Enthält nur 1 ionisiertes Chlor[2]. Krystallisiert aus methylalkoholischer Salzsäure in lanzettförmigen Blättchen[3].

Salzsaures Tetrapeptid.

$C_{12}H_{22}O_6N_4Cl_2$

Bildung: Bei der Hydrolyse von Iso-methylen-6-methyl-2, 5-dioxopiperazin[2] oder von Allo-methylen-6-methyl-2, 5-dioxopiperazin[3] mit rauchender Salzsäure (im Rohr $^3/_4$ Stunden auf 100°).
Physikalische und chemische Eigenschaften: Löst man das verdampfte salzsaure Hydrolysat in wenig n-HCl, versetzt mit Eisessig und Äther, dann krystallisiert es in farblosen, dünnen Nädelchen, die sich gegen 255—258° unter starker Bräunung und Gasentwicklung zersetzen[3].
Derivate: Methylesterchlorhydrat. Krystallisiert aus Wasser + Aceton in Nadeln[2], die sich gegen 238° zersetzen[2, 3].

---

[1] Emil Abderhalden u. Richard Fleischmann: Fermentforschg **9**, 524 (1928).
[2] Max Bergmann, Arthur Miekeley u. Erich Kann: Liebigs Ann. **445**, 1 (1925).
[3] Max Bergmann u. Hellmuth Enßlin: Liebigs Ann. **448**, 38 (1926).

Tetrapeptid aus 1 Tyrosin, 2 Glutamin und 1 Glutaminsäure[1].

Bildung: Bei 5—6tägiger peptischer Verdauung von Gliadin aus Weizenmehl.
Physikalische und chemische Eigenschaften: Krystallnadeln. Schwärzung bei 250 bis 253°. Schmelzpunkt unter Zersetzung 283—285°. Unlöslich in den gewöhnlichen Lösungsmitteln, sowie in Säuren, löslich in warmer n-NaOH unter Ammoniakabspaltung. Ninhydrin-, Millon-, Biuret- und Xanthoproteinreaktion positiv.

Tetrapeptid aus 3 Prolin und 1 Glykokoll[2].

$C_{17}H_{26}O_5N_4$

Bildung: Bei der partiellen Hydrolyse von Gänsefedern mit 70proz. Schwefelsäure.
Physikalische und chemische Eigenschaften: Sehr schwer löslich in Wasser, schwer löslich in Methylalkohol, woraus es mikrokrystallinisch erhalten werden kann. Zersetzungspunkt 240—245°. $[\alpha]_D^{20}$ in $^n/_{10}$-NaOH = $-147{,}5°$.

Pentapeptide.

Tetraglycyl-glycin.

Physikalische und chemische Eigenschaften: Verlauf der Aufspaltung mit n-Säure sowie n- und $^n/_2$-Alkali bei 20° und bei 37°[3]. Einwirkung einer Lösung von p_H 8, 9 und 10[3].
Benzoyl-tetraglycyl-glycin. Aus viel heißem Wasser krystallisiert, zersetzt es sich gegen 260—263°. Gibt Biuretreaktion und färbt Fehlingsche Lösung violett[4]. Verlauf der Aufspaltung durch Alkali und Säure[3]. Wird nach Toru Imai von Erepsin bei Gegenwart von Borat teilweise gespalten[4], während Erepsin nach Ernst Waldschmidt-Leitz und Willibald Klein nicht spaltet[5]. Auch Trypsin spaltet nicht[5].
β-Naphthalinsulfo-tetraglycyl-glycin. Verlauf der Aufspaltung durch Säure oder Alkali[3].
Carbäthoxyl-tetraglycyl-glycin. Wird von Erepsin nicht gespalten[5].

Di-(chloracetyl-dl-alanyl)-dl-α, α'-diaminokorksäure[6].

$C_{18}H_{28}O_8N_4Cl_2$

Darstellung: Nach dem Kuppeln von Dialanyl-diaminokorksäure mit Chloracetylchlorid ansäuern, zur Trockene verdampfen, mit absolutem Alkohol ausziehen, einengen, unter Kühlen absoluten Äther hinzufügen. Die Hauptmenge bleibt als schmierige Masse in den Mutterlaugen zurück.
Physikalische und chemische Eigenschaften: Lange, fadenförmige, unregelmäßig gebogene, mikroskopische Nadeln. Leicht hygroskopisch. Beginnt bei 195—196° zu sintern, schmilzt unzersetzt bei 202—203° und zersetzt sich bei 216—218°.

Di-(glycyl-dl-alanyl)-dl-α, α'-diaminokorksäure[6].

$C_{26}H_{32}O_8N_6$

$$NH_2 \cdot CH_2 \cdot CO \cdot NH \cdot \underset{\underset{CH_3}{|}}{CH} \cdot CO \cdot NH \cdot \underset{\underset{COOH}{|}}{CH} \cdot (CH_2)_4 \cdot \underset{\underset{COOH}{|}}{CH} \cdot NH \cdot CO \cdot \underset{\underset{CH_3}{|}}{CH} \cdot NH \cdot CO \cdot CH_2 \cdot NH_2$$

Darstellung: Durch 5stündiges Erhitzen des Chlorkörpers mit festem Ammoncarbonat und konzentriertem Ammoniak auf 95°. Entfernen des gebildeten Chlorammons nach der Silbersulfatmethode.

---

[1] R. Nakashima: J. of Biochem. **6**, 55 (1926) — Chem. Zbl. **1926 II**, 769.
[2] Emil Abderhalden u. Hideki Suzuki: Hoppe-Seylers Z. **127**, 281 (1923).
[3] Emil Abderhalden u. Shigeo Suzuki: Hoppe-Seylers Z. **173**, 250 (1928).
[4] Toru Imai: Hoppe-Seylers Z. **136**, 205 (1924).
[5] Ernst Waldschmidt-Leitz u. Willibald Klein: Ber. dtsch. chem. Ges. **61**, 640 (1928).
[6] Emil Abderhalden u. Walter Zeisset: Fermentforschg **9**, 336 (1928).

Physikalische und chemische Eigenschaften: Amorphe, äußerst hygroskopische Masse vom Schmelzp. 136—140°. Starke Biuretreaktion.

Physiologische Eigenschaften: Wird durch Hefemacerationssaft nicht gespalten.

Di-(chloracetyl-dl-leucyl)-dl-α, α'-diaminokorksäure [1].

$$C_{24}H_{40}O_8N_4Cl_2$$

Darstellung: Fällt nach dem Kuppeln der Komponenten beim Ansäuern als zähe Masse.

Physikalische und chemische Eigenschaften: Dichte Krystalldrusen, aus denen oft einzelne Nadeln herausragen. Schmelzp. 170—175°. Zersetzung bei 188—190°. Löslich in heißem Alkohol, unlöslich in Wasser.

Di-(glycyl-dl-leucyl)-dl-α, α'-diaminokorksäure [1].

$$C_{24}H_{44}O_8N_6$$

$$H_2N \cdot CH_2 \cdot CO \cdot NH \cdot \underset{\underset{C_4H_9}{|}}{CH} \cdot CO \cdot NH \cdot \underset{\underset{COOH}{|}}{CH} \cdot (CH_2)_4 \cdot \underset{\underset{COOH}{|}}{CH} \cdot NH \cdot CO \cdot \underset{\underset{C_4H_9}{|}}{CH} \cdot NH \cdot CO \cdot CH_2 \cdot NH_2$$

Darstellung: Erhitzen des Chlorkörpers mit konzentriertem Ammoniak und festem Ammoncarbonat auf 90—95°, verdampfen, mit Silbersulfat und Baryt behandeln.

Physikalische und chemische Eigenschaften: Amorphe, hygroskopische Masse, fällbar mit Phosphorwolframsäure, starke Biuretreaktion. Schmilzt nach vorherigem Sintern unter Aufschäumen bei 190—195°.

Physiologische Eigenschaften: Wird durch Hefemacerationssaft nicht gespalten.

Di-(glycyl-dl-leucyl)-l-cystin.

Physikalische und chemische Eigenschaften: Bei Einwirkung von n-Alkali bei 37° kommt die Hydrolyse nach beinahe vollständiger Abspaltung des Glycins (nach etwa 100 Stunden) zum Stillstand [2].

Chloracetyl-d-alanyl-l-leucyl-glycyl-d-alanin [3].

$$C_{16}H_{27}O_6N_4Cl$$

Darstellung: Scheidet sich nach dem Kuppeln von d-Alanyl-l-leucyl-glycyl-d-alanin mit Chloracetylchlorid beim Ansäuern ölig ab. Abtrennen des Öls, mit kaltem Wasser waschen, in Alkohol lösen, mit Äther öfter umfällen. Erstarrt im Vakuumexsiccator.

Physikalische und chemische Eigenschaften: Amorph. Löslich in Alkohol, Essigester, Wasser, wenig löslich in Äther und Petroläther. Beim vorsichtigen Verdampfen der Essigesterlösung kann man es in mikroskopischen, kleinen Nädelchen erhalten. Beginnt gegen 140° zu sintern und schmilzt unscharf bei 143—147° (korr.). $[\alpha]_D^{20}$ in Alkohol = $-45{,}5°$ ($\pm 0{,}30$).

Glycyl-d-alanyl-l-leucyl-glycyl-d-alanin [3].

$$H_2N \cdot CH_2 \cdot CO \cdot NH \cdot \underset{\underset{CH_3}{|}}{CH} \cdot CO \cdot NH \cdot \underset{\underset{C_4H_9}{|}}{CH} \cdot CO \cdot NH \cdot CH_2 \cdot CO \cdot NH \cdot \underset{\underset{CH_3}{|}}{CH} \cdot COOH \quad C_{16}H_{29}O_6N_5$$

Darstellung: Durch 4tägiges Aminieren des Chlorkörpers bei Zimmertemperatur, behandeln mit Silbersulfat und Baryt.

Physikalische und chemische Eigenschaften: Weißes, amorphes, hygroskopisches Pulver. Rote Biuretreaktion. Fällt mit gesättigter Ammonsulfatlösung aus. Bei längerem Stehen der alkoholischen Lösung scheiden sich mikroskopische, kleine Nadeln ab, die leicht löslich in

---

[1] Emil Abderhalden u. Walter Zeisset: Fermentforschg **9**, 336 (1928).
[2] Emil Abderhalden u. Wilhelm Köppel: Hoppe-Seylers Z. **170**, 226 (1927).
[3] Emil Abderhalden u. Hans Brockmann: Fermentforschg **9**, 446 (1928).

Wasser, schwer löslich in Alkohol und Äther sind. Mit Phosphorwolframsäure Fällung, löslich im Überschuß. $[\alpha]_D^{20} = -70,6°$ ($\pm 0,3$). Spaltung durch n-NaOH und n-HCl bei 37°.

Physikalische und chemische Eigenschaften: Wird sowohl von Erepsin als von Trypsin-Kinase gespalten.

Chloracetyl-l-leucyl-l-leucyl-l-leucyl-l-leucin[1].

$$C_{26}H_{47}O_6N_4Cl$$

Darstellung: Eine Suspension des aus l-Leucin bestehenden Tetrapeptids in n-NaOH wird mit Chloracetylchlorid wie üblich gekuppelt. Fällt beim Ansäuern aus.

Physikalische und chemische Eigenschaften: Löslich in Alkohol, unlöslich in Äther und Petroläther. Krystallisiert aus wässerigem Alkohol. $[\alpha]_D^{20}$ in absolutem Alkohol $= -83,9°$.

Glycyl-l-leucyl-l-leucyl-l-leucyl-l-leucin[1].

$$NH_2CH_2CO \cdot NH \cdot CH \cdot CO \cdot NH \cdot CH \cdot CO \cdot NH \cdot CH \cdot CO \cdot NH \cdot CH \cdot COOH \quad C_{26}H_{49}O_6N_5$$
$$\underset{C_4H_9}{|} \quad \underset{C_4H_9}{|} \quad \underset{C_4H_9}{|} \quad \underset{C_4H_9}{|}$$

Darstellung: Aminieren des Chlorkörpers mit alkoholischem Ammoniak.

Physikalische und chemische Eigenschaften: In Wasser und selbst in Alkali schwer löslich. $[\alpha]_D^{20}$ in n-NaOH $= -118°$. n-Alkali spaltet bei 37° das Glykokoll größtenteils ab.

d-α-Brompropionyl-d-valyl-l-leucyl-glycyl-d-glutaminsäure[2].

$$C_{21}H_{35}O_8N_4Br$$

Darstellung: Das durch Kuppeln von d-Valyl-l-leucyl-glycyl-d-glutaminsäure mit d-α-Brompropionylchlorid erhaltene Kuppelungsprodukt fällt beim Ansäuern nur zum kleinen Teil ölig aus. Bis zur beginnenden Kochsalzabscheidung einengen, vom Öl abgießen und so lange mit gesättigter Kochsalzlösung waschen, bis eine mit NaOH neutralisierte Probe ninhydrinnegativ ist, mit Alkohol aufnehmen, einengen, mit Äther fällen, mehrmals mit Äther durchkneten. Wird im Vakuumexsiccator fest.

Physikalische und chemische Eigenschaften: Leicht löslich in Alkohol, löslich in Wasser, schwerer löslich in gesättigter Kochsalzlösung, schwer löslich in Äther. Amorph. $[\alpha]_D^{20}$ in Wasser $= -18,2°$; in absolutem Alkohol $= +0,36°$.

d-Alanyl-d-valyl-l-leucyl-glycyl-d-glutaminsäure[2].

$$NH_2 \cdot CH \cdot CO \cdot NH \cdot CH \cdot CO \cdot NH \cdot CH \cdot CO \cdot NH \cdot CH_2 \cdot CO \cdot NH \cdot CH \cdot COOH \quad C_{21}H_{37}O_8N_5$$
$$\underset{CH_3}{|} \quad \underset{C_3H_7}{|} \quad \underset{C_4H_9}{|} \quad \quad \underset{\underset{CH_2 \cdot COOH}{|}}{\underset{CH_2}{|}}$$

Darstellung: Aminieren des Bromkörpers, behandeln mit Silbersulfat und Baryt, wobei die Ammoniakbindung durch die beiden Carboxylgruppen zu berücksichtigen ist. Sirup mit Äther verreiben. Wird im Vakuumexsiccator fest.

Physikalische und chemische Eigenschaften: Weißes, amorphes, leicht hygroskopisches Pulver. Leicht löslich in Methylalkohol und Wasser, wenig löslich in Äthylalkohol, unlöslich in Äther, Aceton, Chloroform. Gibt mit Phosphorwolframsäure einen im Überschuß löslichen Niederschlag. Fällt mit gesättigter Ammonsulfatlösung. Biuretreaktion hat nur eine leichte blaue Tönung und ist beinahe rein rot.

Physiologische Eigenschaften: Wird sowohl von Erepsin als von Trypsin-Kinase schwach gespalten.

---

[1] Emil Abderhalden u. Richard Fleischmann: Fermentforschg **9**, 524 (1928).
[2] Emil Abderhalden u. Ernst Roßner: Fermentforschg **10**, 95 (1928).

Di-(d-α-Bromisovaleryl-d-alanyl)-l-cystin[1].

$C_{22}H_{36}O_8N_4S_2Br_2$

Darstellung: Kuppeln von Di-d-alanyl-l-cystin mit d-Bromisovalerylchlorid, wobei starkes Schäumen auftritt. Fällt beim Ansäuern aus.

Physikalische und chemische Eigenschaften: Krystallisiert aus Alkohol in schönen Nadeln, die bei 155° schmelzen. Löslich in warmem Wasser, Methyl- und Äthylalkohol, wenig löslich in Äther und Essigester, unlöslich in kaltem Wasser und Petroläther. $[\alpha]_D^{18}$ in Alkohol $= -18{,}6°$.

Di-(d-valyl-d-alanyl)-l-cystin.

$C_{22}H_{40}O_8N_6S_2$

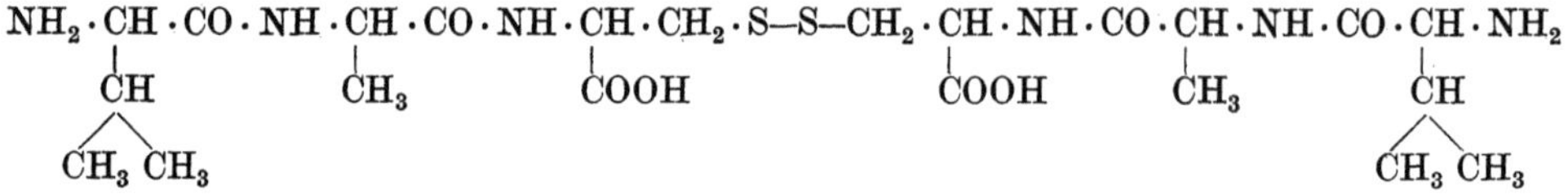

$$NH_2 \cdot CH \cdot CO \cdot NH \cdot CH \cdot CO \cdot NH \cdot CH \cdot CH_2 \cdot S{-}S{-}CH_2 \cdot CH \cdot NH \cdot CO \cdot CH \cdot NH \cdot CO \cdot CH \cdot NH_2$$

with substituents: CH, CH₃, COOH, COOH, CH₃, CH; and CH(CH₃)₂ groups at valyl positions.

Darstellung: Aminieren des Bromkörpers mit wässerig-alkoholischem Ammoniak. Behandeln mit Silbersulfat und Baryt.

Physikalische und chemische Eigenschaften: Amorph. Wird bei 195° gelb und zersetzt sich oberhalb 200° unter Gasentwicklung und Bräunung. Leicht löslich in Wasser, wenig löslich in Methyl- und Äthylalkohol. $[\alpha]_D^{19}$ in n-HCl $= -102{,}6°$. Flockt aus einer halbgesättigten Ammonsulfatlösung aus. Wird mit n-NaOH bei 37° selbst bei 10tägigem Stehen nicht gespalten.

Physiologische Eigenschaften: Wird sowohl durch Erepsin als durch Trypsin-Kinase gespalten.

dl-Leucyl-triglycyl-glycin[2].

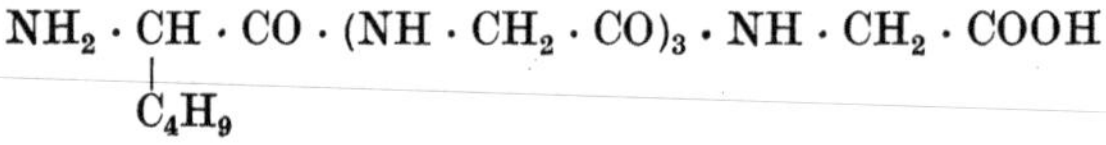

$$NH_2 \cdot CH \cdot CO \cdot (NH \cdot CH_2 \cdot CO)_3 \cdot NH \cdot CH_2 \cdot COOH \qquad C_{14}H_{25}O_6N_5$$
$$|$$
$$C_4H_9$$

Darstellung: Kuppeln von Triglycyl-glycin mit Bromisocapronylchlorid und Aminieren des entstandenen Bromisocapronyl-triglycylglycins. Reinigen durch wiederholtes Lösen in heißem Wasser unter Zusatz von Alkohol.

Physikalische und chemische Eigenschaften: Mikrokrystallines, luftbeständiges Produkt. Zersetzungspunkt gegen 260°. Blauviolette Biuretreaktion.

Physiologische Eigenschaften: Wird durch Hefemacerationssaft asymmetrisch gespalten, und zwar entsteht dabei Glykokoll, l-Leucin sowie d-Leucyl-triglycyl-glycin ($[\alpha]_D$ in Wasser $-27°$).

l-Leucyl-triglycyl-l-leucin.

Physiologische Eigenschaften: Wird durch Hefepolypeptidase gespalten[3], ebenso durch Erepsin, nicht durch Trypsin-Kinase[4].

dl-α-Bromisocapronyl-triglycyl-dl-serin[5].

$C_{15}H_{25}O_7N_4Br$

Darstellung: Kuppeln von Glycyl-dl-serin mit in Chloroform gelöstem dl-α-Bromisocapronyl-glycyl-glycyl-chlorid und wässeriger Natronlauge. Nach dem Abtrennen der Chloroformschicht ansäuern mit Salzsäure, wobei das Kupplungsprodukt ausfällt.

Physikalische und chemische Eigenschaften: Leicht löslich in Alkohol und Aceton, schwerer in Chloroform, schwer löslich in Wasser.

---

[1] Emil Abderhalden u. Wilhelm Köppel: Fermentforschg **9**, 516 (1928).
[2] Emil Abderhalden: Fermentforschg **8**, 240 (1926).
[3] Wolfgang Graßmann u. Hanns Dyckerhoff: Ber. dtsch. chem. Ges. **61**, 656 (1928).
[4] Ernst Waldschmidt-Leitz, Anton Schäffner, Hans Schlatter u. Willibald Klein: Ber. dtsch. chem. Ges. **61**, 299 (1928).
[5] Emil Abderhalden u. Ernst Schwab: Fermentforschg **9**, 501 (1928).

dl-Leucyl-triglycyl-dl-serin[1].

NH$_2$ · CH · CO · NH · CH$_2$ · CO · NH · CH$_2$ · CO · NH · CH$_2$ · CO · NH · CH · COOH   C$_{15}$H$_{27}$O$_7$N$_5$
　　　　|　　　　　　　　　　　　　　　　　　　　　　　　　　　　　　　　　　　　　　|
　　　 CH$_2$　　　　　　　　　　　　　　　　　　　　　　　　　　　　　　　　　　　CH$_2$OH
　　　　|
　　　 CH
　　　/ \
　　CH$_3$ CH$_3$

Darstellung: 1stündiges Erhitzen des Bromkörpers mit der 5fachen Menge 25proz. Ammoniak in der Druckflasche auf 100°. Reinigen durch Wasser, Tierkohle und Alkohol.
Physikalische und chemische Eigenschaften: Amorphes Pulver. Zersetzt sich oberhalb 175°. Hellrot-violette Biuretreaktion. Spielend löslich in Wasser. Durch Ammonsulfat nicht fällbar.
Physiologische Eigenschaften: Wird von Erepsin gespalten, nicht von Trypsin-Kinase.

l-Leucyl-triglycyl-l-tyrosin.

Physiologische Eigenschaften: Wird von Trypsin-Kinase gespalten, nicht von Erepsin[2,3].

dl-α-Bromisocapronyl-triglycyl-l-tyrosin[1].

Darstellung: Durch Kuppeln von Glycyl-l-tyrosin mit in Chloroform gelöstem Bromisocapronyl-glycyl-glycylchlorid und wässeriger Natronlauge. Abtrennen der alkalischen Lösung, mit Salzsäure ansäuern, wobei das Kupplungsprodukt ausfällt.

dl-Leucyl-triglycyl-l-tyrosin[1].

NH$_2$ · CH · CO · (NH · CH$_2$ · CO)$_3$ · NH · CH · COOH   C$_{21}$H$_{31}$O$_7$N$_5$
　　　　|　　　　　　　　　　　　　　　　　　　　　　|
　　　 CH$_2$　　　　　　　　　　　　　　　　　　　CH$_2$ · C$_6$H$_4$OH
　　　　|
　　　 CH
　　　/ \
　　CH$_3$ CH$_3$

Darstellung: 1stündiges Erhitzen von Bromisocapronyl-triglycyl-l-tyrosin mit der 5fachen Menge 25proz. Ammoniaks in der Druckflasche bei 100°. Reinigen durch Tierkohle, lösen in wenig Wasser und fällen mit Alkohol.
Physikalische und chemische Eigenschaften: Zersetzungsp. 180°. Ist durch Ammonsulfat fällbar.
Physiologische Eigenschaften: Wird durch Trypsin-Kinase gespalten, durch Erepsin nicht.

d-α-Bromisocapronyl-glycyl-d-alanyl-l-leucyl-d-valin[4].
C$_{22}$H$_{39}$O$_6$N$_4$Br.

Darstellung: Kuppeln von Glycyl-d-alanyl-l-leucyl-d-valin mit d-α-Bromisocapronylchlorid unter Zusatz von Glasperlen. Beim Ansäuern fällt in der Kälte ein schwer lösliches Öl zu Boden, das fest und pulverförmig erhalten werden kann. Man trocknet im Vakuum, entfernt die Bromisocapronsäure mit Äther, löst in Alkohol, fällt mit Petroläther.
Physikalische und chemische Eigenschaften: Krystallisiert aus Alkohol und Essigester in gelblich gefärbten, strahlenförmigen Lamellen. Gegen 178° schwaches Sintern, Schmelzpunkt 187°, über 187° Zersetzung. $[\alpha]_D^{19} = -34,2$ bis $-34,8°$ ($\pm 0,7$).

---

[1] Emil Abderhalden u. Ernst Schwab: Fermentforschg **9**, 501 (1928).
[2] Ernst Waldschmidt-Leitz, Wolfgang Graßmann u. Hans Schlatter: Ber. dtsch. chem. Ges. **60**, 1906 (1927).
[3] Ernst Waldschmidt-Leitz, Anton Schäffner, Hans Schlatter u. Willibald Klein: Ber. dtsch. chem. Ges. **61**, 299 (1928).
[4] Emil Abderhalden u. Hans Sickel: Fermentforschg **9**, 462 (1928).

l-Leucyl-glycyl-d-alanyl-l-leucyl-d-valin[1].

$$NH_2 \cdot CH \cdot CO \cdot NH \cdot CH_2 \cdot CO \cdot NH \cdot CH \cdot CO \cdot NH \cdot CH \cdot CO \cdot NH \cdot CH \cdot COOH \qquad C_{22}H_{41}O_6N_5$$

with side chains: $CH_2-CH(CH_3)_2$; CH_3; $CH_2-CH(CH_3)_2$; $CH(CH_3)_2$

Darstellung: Durch 5tägiges Aminieren von d-Bromisocapronyl-glycyl-d-alanyl-l-leucyl-d-valin bei Zimmertemperatur. Behandeln mit Silbersulfat und Baryt.

Physikalische und chemische Eigenschaften: Weißes, amorphes Pulver, das gegen 189° sintert und bei 205° schmilzt, wobei es sich schaumig zersetzt. Mit absolutem Alkohol übergossen, quillt es zunächst auf und löst sich dann leicht. Essigester wirkt noch stärker quellend, vermag jedoch nichts zu lösen. Aus der alkoholischen Lösung fällt mit Äther, Essigester oder Benzol eine gallertige, voluminöse Masse. $[\alpha]_D^{16} = -60{,}4°$ ($\pm 0{,}5$). Bei 105° im Vakuum getrocknet, enthält es noch 1 Wasser. Das getrocknete Pulver wird von Wasser schwer benetzt, geht dann in eine schleimige Masse über, die sich nun leicht löst. Aus der konzentrierten wässerigen Lösung wird es durch Ammonsulfat nur zum Teil gefällt. Quecksilbersulfat gibt in schwefelsaurer Lösung keine Fällung. Reaktion gegen Lackmus sauer. Biuretreaktion rosafarben.

Physiologische Eigenschaften: Wird sowohl durch Trypsin-Kinase als durch Erepsin angegriffen. Ein Gemisch der beiden Fermente spaltet stärker.

Di-(dl-α-bromisocapronyl-glycyl)-dl-α, α′-diaminokorksäure[2].

$$C_{24}H_{40}O_8N_4Br_2$$

Darstellung: Kuppeln von Diglycyl-diaminokorksäure mit Bromisocapronylbromid. Fällt beim Ansäuern harzig aus. Abdekantieren, mit Alkohol durchkneten, Rest mit Wasser fällen.

Physikalische und chemische Eigenschaften: Dichte, aus feinen Nädelchen gebildete Krystalldrusen. Schmelzp. 194—195° unter Zersetzung.

Di-(dl-leucyl-glycyl)-dl-α, α′-diaminokorksäure[2].

$$C_{24}H_{44}O_8N_6$$

$$NH_2 \cdot CH \cdot CO \cdot NH \cdot CH_2 \cdot CO \cdot NH \cdot CH \cdot (CH_2)_4 \cdot CH \cdot NH \cdot CO \cdot CH_2 \cdot NH \cdot CO \cdot CH \cdot NH_2$$

with side chains: C_4H_9; COOH; COOH; C_4H_9

Darstellung: Erhitzen des Bromkörpers mit wässerigem Ammoniak und festem Ammoncarbonat auf 85—90°. Behandeln des Eindampfrückstandes mit Silbersulfat und Baryt.

Physikalische und chemische Eigenschaften: Sehr hygroskopische, nicht ganz aschefreie amorphe Masse, die mit Phosphorwolframsäure in schwach schwefelsaurer Lösung gefällt wird. Schmelzp. 168—171° unter Aufschäumen.

Physiologische Eigenschaften: Wird durch Hefemacerationssaft nicht gespalten.

Di-(l-leucyl-glycyl)-l-cystin.

Physiologische Eigenschaften: Wird durch Erepsin gespalten, durch Trypsin-Kinase kaum[3].

Di-(l-leucyl-d-alanyl)-l-cystin.

Physiologische Eigenschaften: Wird durch Erepsin gespalten, von Trypsin-Kinase nur schwach angegriffen[3].

---

[1] Emil Abderhalden u. Hans Sickel: Fermentforschg **9**, 462 (1928).
[2] Emil Abderhalden u. Walter Zeisset: Fermentforschg **9**, 336 (1928).
[3] Emil Abderhalden u. Wilhelm Köppel: Fermentforschg **9**, 516 (1928).

d-α-Bromisocapronyl-l-leucyl-l-leucyl-l-leucyl-l-leucin[1].
$C_{30}H_{55}O_6N_4Br$

Darstellung: Kuppeln einer Suspension des Tetrapeptids in n-NaOH mit d-α-Bromisocapronylchlorid. Fällt beim Ansäuern aus.
Physikalische und chemische Eigenschaften: Umkrystallisierbar aus heißem Alkohol. $[\alpha]_D^{20}$ in absolutem Alkohol = $-94{,}56°$.

l-Leucyl-l-leucyl-l-leucyl-l-leucyl-l-leucin[1].

$NH_2CH \cdot CO \cdot NH \cdot CH \cdot CO \cdot NH \cdot CH \cdot CO \cdot NH \cdot CH \cdot CO \cdot NH \cdot CH \cdot COOH \quad C_{30}H_{57}O_6N_5$
  | | | | |
  C_4H_9 C_4H_9 C_4H_9 C_4H_9 C_4H_9

Darstellung: Aminieren des Bromkörpers mit alkoholischem Ammoniak.
Physikalische und chemische Eigenschaften: Amorphe, überall, selbst in Alkali, unlösliche Substanz.

Hexa- und höhere Peptide.

Pentaglycyl-glycin.

Physikalische und chemische Eigenschaften: Verlauf der Aufspaltung mit n-NCl sowie mit n- und $^n/_2$-NaOH bei Zimmer- und bei Brutraumtemperatur[2].
Derivate: Benzoyl-pentaglycyl-glycin. Verlauf der Aufspaltung mit n- und $^n/_2$-NaOH bei Zimmer- und bei Brutraumtemperatur[2].
β-Naphthalinsulfo-pentaglycyl-glycin. Verlauf der Aufspaltung mit n- und $^n/_2$-NaOH bei Zimmer- und bei Brutraumtemperatur[2].

d-α-Bromisocapronyl-d-alanyl-d-valyl-l-leucyl-glycyl-d-glutaminsäure[3].
$C_{27}H_{46}O_9N_5Br$

Darstellung: Kuppeln des entsprechenden Pentapeptids mit d-Bromisocapronylchlorid. Fällt beim Ansäuern aus. Sirup mit Wasser bis zur negativen Ninhydrinreaktion durchrühren. Erstarrt im Vakuumexsiccator.
Physikalische und chemische Eigenschaften: Amorph. Ist im sirupösen Zustand mit wenig Äther mischbar und fällt mit mehr Äther teilweise wieder aus. Löslich in Alkohol, unlöslich in Petroläther. $[\alpha]_D^{21}$ in absolutem Alkohol = $+12{,}6°$.

l-Leucyl-d-alanyl-d-valyl-l-leucyl-glycyl-d-glutaminsäure[3].
$C_{27}H_{48}O_9N_6$

$NH_2 \cdot CH \cdot CO \cdot NH \cdot CH \cdot CO \cdot NH \cdot CH \cdot CO \cdot NH \cdot CH \cdot CO \cdot NH \cdot CH_2 \cdot CO \cdot NH \cdot CH \cdot COOH$
  | | | | |
 CH_2 CH_3 CH CH_2 CH_2
  | / \ | |
  CH CH_3 CH_3 CH $CH_2 \cdot COOH$
 / \   / \
CH_3 CH_3 CH_3 CH_3

Darstellung: Durch 4tägiges Aminieren obigen Bromkörpers bei Zimmertemperatur. Behandeln mit Silbersulfat und Baryt, überschüssiges Ammoniak entfernen, eindampfen, in Methylalkohol aufnehmen, von etwas Ungelösten abfiltrieren, mit Äther versetzen, von Öl dekantieren, mit Äther verreiben, wobei das Produkt erstarrt.
Physikalische und chemische Eigenschaften: Weißes, nicht hygroskopisches Pulver. Löslich in Wasser und Methylalkohol, unlöslich in Aceton, Äther, Chloroform. Phosphorwolframsäure scheidet aus der wässerigen Lösung einen dicken, weißen Niederschlag ab, der

---

[1] Emil Abderhalden u. Richard Fleischmann: Fermentforschg **9**, 524 (1928).
[2] Emil Abderhalden u. Shigeo Suzuki: Hoppe-Seylers Z. **173**, 250 (1928).
[3] Emil Abderhalden u. Ernst Roßner: Fermentforschg **10**, 95 (1928).

nur im großen Überschuß des Fällungsmittels wieder in Lösung geht. Gerbsäure sowie Quecksilbersulfat in schwefelsaurer Lösung fällen nicht. Läßt sich aus seiner gesättigten wässerigen Lösung mit Kochsalz aussalzen. Biuretreaktion rein carminrot ohne blaue Nuance. $[\alpha]_D^{20}$ in Wasser $= -9,5°$.

Physiologische Eigenschaften: Wird sowohl von Erepsin als von Trypsin-Kinase angegriffen.
Derivate: Phenylisocyanatverbindung.

$$C_{34}H_{53}O_{10}N_7$$

$$C_6H_5NH\cdot CO\cdot NH\cdot \underset{\underset{C_4H_9}{|}}{CH}\cdot CO\cdot NH\cdot \underset{\underset{CH_3}{|}}{CH}\cdot CO\cdot NH\cdot \underset{\underset{C_3H_7}{|}}{CH}\cdot CO\cdot NH\cdot \underset{\underset{C_4H_9}{|}}{CH}\cdot CO\cdot NH\cdot CH_2\cdot CO\cdot NH\cdot \underset{\underset{\underset{CH_2\cdot COOH}{|}}{CH_2}}{CH}\cdot COOH$$

Durch Kuppeln des Hexapeptids mit Phenylisocyanat, wobei starkes Schäumen auftritt. Fällt beim Ansäuern leicht klebrig aus. Lösen in wenig Alkohol, mit Äther fällen und gut nachwaschen. Weißes, amorphes Pulver. Löslich in Methylalkohol, Äthylalkohol und Alkali. Kaum löslich in Wasser, Äther, Benzol. Wird von Erepsin nicht, von Trypsin-Kinase stark gespalten.

Hexaglycyl-glycin.

Physikalische und chemische Eigenschaften: Verlauf der Aufspaltung mit n-HCl sowie mit n- und $^n/_2$-NaOH bei Zimmer- und bei Brutraumtemperatur[1].

Di-(d-α-brompropionyl-d-valyl-d-alanyl)-l-cystin[2].

$$C_{28}H_{46}O_{10}N_6S_2Br_2$$

Darstellung: Kuppeln von Di-(d-valyl-d-alanyl-)l-cystin mit d-α-Brompropionylchlorid. Zum Schluß tritt starkes Schäumen ein. Fällt beim Ansäuern aus und erstarrt beim Verreiben mit Petroläther krystallin.

Physikalische und chemische Eigenschaften: Krystallisiert beim Verdunsten der alkoholischen Lösung in kleinen, farblosen, glänzenden Prismen, die bei 163° schmelzen. Löslich in Methylalkohol, Äthylalkohol und warmem Wasser, wenig löslich in Äther und Essigester, unlöslich in Petroläther und kaltem Wasser. $[\alpha]_D^{20}$ in Alkohol $= +13,4°$.

Di-(d-alanyl-d-valyl-d-alanyl)-l-cystin[2].

$$C_{28}H_{50}O_{10}N_8$$

$$NH_2\cdot \underset{\underset{CH_3}{|}}{CH}\cdot CO\cdot NH\cdot \underset{\underset{\underset{CH_3\ CH_3}{\frown}}{CH}}{CH}\cdot CO\cdot NH\cdot \underset{\underset{CH_3}{|}}{CH}\cdot CO\cdot NH\cdot \underset{\underset{COOH}{|}}{CH}-CH_2-S-S-CH_2-\underset{\underset{COOH}{|}}{CH} \rightarrow$$

$$\rightarrow NH\cdot CO\cdot \underset{\underset{CH_3}{|}}{CH}\cdot NH\cdot CO\cdot \underset{\underset{\underset{CH_3\ CH_3}{\frown}}{CH}}{CH}\cdot NH\cdot CO\cdot \underset{\underset{CH_3}{|}}{CH}\cdot NH_2$$

Darstellung: Aminieren des Bromkörpers mit wässerig-alkoholischem Ammoniak. Behandeln mit Silbersulfat und Baryt.

Physikalische und chemische Eigenschaften: Krystallisiert aus verdünntem Alkohol. Färbt sich gegen 210° bräunlich und zersetzt sich bei höherer Temperatur immer mehr, ohne zu schmelzen. Fällt mit einer halbgesättigten Ammonsulfatlösung aus. Löslich in Wasser, Methyl- und Äthylalkohol, praktisch unlöslich in den übrigen Lösungsmitteln. $[\alpha]_D^{20} = -79,4°$ (in n-HCl). Wird mit NaOH bei 37° selbst nach 10tägigem Stehen nicht gespalten.

Physiologische Eigenschaften: Wird sowohl von Erepsin als von Trypsin-Kinase gespalten.

---

[1] Emil Abderhalden u. Shigeo Suzuki: Hoppe-Seylers Z. **173**, 250 (1928).
[2] Emil Abderhalden u. Wilhelm Köppel: Fermentforschg **9**, 516 (1928).

l-Leucyl-hexaglycyl-glycin.

Wird von Trypsin-Kinase nicht angegriffen[1,2], von Erepsin wird es dagegen gespalten, ebenso von Hefepolypeptidase[3].

Di-(d-α-bromisocapronyl-d-alanyl-d-valyl-d-alanyl)-l-cystin[4].

$C_{40}H_{68}O_{12}N_8S_2Br_2$

Darstellung: Kuppeln von Di-(d-alanyl-d-valyl-d-alanyl-)l-cystin mit d-α-Bromisocapronylchlorid, wobei starkes Schäumen auftritt. Beim Ansäuern fällt ein beim Verreiben mit Petroläther fest werdender Sirup aus. Ausbeute 53,7%.

Physikalische und chemische Eigenschaften: Krystallisiert beim langsamen Verdunsten aus Alkohol in farblosen Nadeln vom Schmelzp. 164°. $[\alpha]_D^{19}$ in Alkohol $= +34,3°$.

Di-(l-leucyl-d-alanyl-d-valyl-d-alanyl)-l-cystin[4].

$C_{40}H_{72}O_{12}N_{10}S_2$

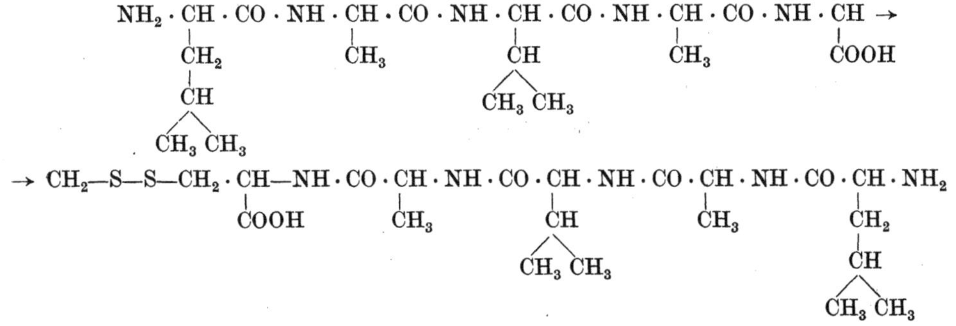

```
NH₂·CH·CO·NH·CH·CO·NH·CH·CO·NH·CH·CO·NH·CH →
    |              |         |         |         |
    CH₂           CH₃        CH        CH₃       COOH
    |                       / \
    CH                   CH₃  CH₃
   / \
 CH₃  CH₃

→ CH₂—S—S—CH₂·CH—NH·CO·CH·NH·CO·CH·NH·CO·CH·NH·CO·CH·NH₂
                |         |         |         |         |
               COOH       CH₃       CH        CH₃       CH₂
                                   / \                   |
                                CH₃  CH₃                CH
                                                       / \
                                                    CH₃  CH₃
```

Darstellung: Aminieren von Di-(d-α-Bromisocapronyl-d-alanyl-d-valyl-d-alanyl-)l-cystin mit wässerig alkoholischem Ammoniak 4 Tage bei 37°. Behandeln mit Silbersulfat und Baryt. Ausbeute 45,7%.

Physikalische und chemische Eigenschaften: Bräunt sich bei 195° und zersetzt sich bei höherer Temperatur unter Verkohlung ohne zu schmelzen. Vollkommen löslich in warmem Wasser, löslich in Methyl- und Äthylalkohol, in den übrigen Lösungsmitteln praktisch unlöslich. $[\alpha]_D^{18}$ in n-HCl $= -74,6°$. Wird mit n-NaOH bei 37° selbst nach 10tägiger Einwirkung nicht gespalten.

Physiologische Eigenschaften: Wird durch Trypsin-Kinase gespalten, durch Erepsin nicht.

d-α-Bromisocapronyl-octaglycyl-glycin.

Physiologische Eigenschaften: Wird weder durch Erepsin noch durch Trypsin-Kinase gespalten[1].

l-Leucyl-octaglycyl-glycin.

Physiologische Eigenschaften: Wird durch Erepsin gespalten, nicht durch Trypsin-Kinase[1].

d-α-Bromisocapronyl-triglycyl-l-leucyl-octaglycyl-glycin.

Physiologische Eigenschaften: Wird von Erepsin nicht gespalten[1].

---

[1] Ernst Waldschmidt-Leitz, Anton Schäffner, Hans Schlatter u. Willibald Klein: Ber. dtsch. chem. Ges. **61**, 299 (1928).
[2] Ernst Waldschmidt-Leitz, Wolfgang Graßmann u. Hans Schlatter: Ber. dtsch. chem. Ges. **60**, 1906 (1927).
[3] Wolfgang Graßmann u. Hanns Dyckerhoff: Ber. dtsch. chem. Ges. **61**, 656 (1928).
[4] Emil Abderhalden u. Wilhelm Köppel: Fermentforschg **9**, 516 (1928).

l-Leucyl-triglycyl-l-leucyl-triglycyl-l-leucyl-octaglycyl-glycin.

Physiologische Eigenschaften: Wird von Erepsin gespalten, von Trypsin-Kinase nicht angegriffen[1].

Polypeptide unsicherer Zusammensetzung oder Konstitution.

Phosphopepton[2].

$C_{37}H_{62}O_{33}N_9P_3$

Bildung: Wurde von Claude Rimington aus den Produkten der tryptischen Verdauung von Caseinogen isoliert. Der Konstitutionsbeweis steht aus.
Physikalische und chemische Eigenschaften: $[\alpha]_{\lambda=546,1}^{15°} = -80,53°$. Ist eine 9 basische Säure, liefert ein Kupfer-, ein Bariumsalz, sowie eine Brucinverbindung. Ninhydrin- und Biuretreaktion positiv. Die Verbindung enthält angeblich 3 Phosphorsäure, 3 Oxyglutaminsäure, 4 Oxyaminobuttersäure und 2 Serin.
Physiologische Eigenschaften: Wird von Trypsin in geringem Maße unter Abspaltung des Phosphors angegriffen.

Lactotyrin α, β und γ[3].

Darstellung und Zusammensetzung: S. Posternak hat durch Trypsinabbau von Casein 3 phosphorhaltige angebliche Polypeptide isoliert, denen er die Namen Lactotyrin α, β, und γ gegeben hat. Den 3 Verbindungen sollen angeblich folgende Summationsformeln zukommen: $C_{64}H_{111}N_{15}O_{43}P_4$ für die α-, $C_{67}H_{116}N_{16}O_{44}P_4$ für die β- und $C_{72}H_{124}N_{18}O_{47}P_4$ für die γ-Verbindung.
Physikalische und chemische Eigenschaften: Löslich in Wasser mit saurer Reaktion, bilden lösliche Alkali- und Erdalkalisalze und spalten bei Behandlung mit Alkali oder Baryt fast den ganzen Phosphor als Phosphorsäure ab. $[\alpha]_D^{19,5}$ der α-Verbindung $= -67,84°$, des Ammonsalzes $= -93,82°$. Bei der Hydrolyse der α-Verbindung soll Glutaminsäure, Asparaginsäure, Isoleucin, Serin, Phosphorsäure entstehen, sowie eine größere Anzahl angeblich definierter Di-, Tri- und Tetrapeptide.

Ovotyrin α, β und γ.

Darstellung und Zusammensetzung: Durch Extraktion von Eigelb mit siedendem Alkohol, Vorverdauung mit Pepsin und Verdauung durch Pankreasextrakt haben Swigel Posternak und Théodore Posternak 3 phosphorhaltige Polypeptide isoliert: Ovotyrin α, β und γ. Den 3 Verbindungen sollen angeblich folgende Formeln zukommen: $C_{21}H_{43}O_{24}N_7P_4$ für die α-, $C_{24}H_{48}O_{26}N_8P_4$ für die β_1 und $C_{46}H_{84}O_{40}N_{12}P_4$ für die γ-Verbindung. Außerdem wird noch eine β_2-Form angegeben, die das Eisen des Eigelbs enthält und die teilweise im Eigelb vorgebildet sein soll. Ihr wird die Formel $(C_{24}H_{48}O_{26}N_8P_4)_3Fe_2$ zuerteilt[4]. Später haben die Autoren ihrer α- und β-Verbindung (sowohl β_1 wie β_2) das 3fache Molukulargewicht zugesprochen. Über das genaue patentierte Verfahren der Abscheidung der phosphor- und eisenhaltigen Kerne sowie deren Trennung in die angegebenen 3 Formen[5].
Physikalische und chemische Eigenschaften: Weißes Pulver, unlöslich in neutralen organischen Solventien, ziemlich leicht löslich in Wasser, mit Ausnahme der β-Form. Die α-Verbindung wird in Gegenwart von Mineralsäure durch Kochsalz gefällt. Sämtliche Alkalisalze sowie die Erdalkalisalze von γ sind löslich, die übrigen Erdalkalisalze sowie die Schwermetallsalze sind unlöslich in Wasser. Sämtliche Verbindungen drehen links, geben Biuretreaktion,

---

[1] Ernst Waldschmidt-Leitz, Anton Schäffner, Hans Schlatter u. Willibald Klein: Ber. dtsch. chem. Ges. **61**, 299 (1928).
[2] Claude Rimington: Biochemic. J. **21**, 1179, 1187 (1928) — Chem. Zbl. **1928 I**, 705.
[3] S. Posternak: C. r. Acad. Sci. Paris **184**, 306—307 (1927) — Chem. Zbl. **1927 I**, 2323.
[4] S. u. Th. Posternak: C. r. Acad. Sci. Paris **184**, 909 (1927) — Chem. Zbl. **1927 II**, 93.
[5] S. u. Th. Posternak: Chem. Zbl. **1928 I**, 2519. D.R.P. 455388 Kl. 12p vom 4. 4. 1926, ausgegeb. 28. 1. 1928.

nicht aber Millon. β_2 löst sich in kalten Alkalien ohne Fällung von Eisenhydroxyd, welches jedoch beim Kochen schnell erscheint. Die anderen üblichen Eisenreaktionen sind direkt positiv. Die 3 Peptide, die verschiedene Abbaustufen des Ovovitellins repräsentieren, widerstehen der weiteren Einwirkung von Trypsin[1]. Bei der Hydrolyse von α und β durch Salzsäure sind Phosphorsäure, Brenztraubensäure, Ammoniak, Arginin, Histidin, Lysin und viel l-Serin erhalten worden[2].

Nachtrag zum Abschnitt Polypeptide.

Dipeptide.

Glycyl-glycin.

Physikalische und chemische Eigenschaften: Dielektrizitätskonstante[3]. Über die Hydrolysengeschwindigkeit durch n-NaOH[4].

Physiologische Eigenschaften: Die Spaltung von Glycyl-glycin durch Glycerinextrakt aus Schweinsdarm wird durch Chinin- und Chinidinsulfat nur unbedeutend beeinflußt, Alkohol hemmt merklich, Anilin und Glykokoll hemmen stark, Borsäure sehr stark, Ammoniak hemmt dagegen nicht[5]. Spaltet bei Gegenwart von Adrenalin + Sauerstoff viel Ammoniak, aber nur Spuren von Kohlensäure ab. Serum und Plasma aktivieren die Reaktion, Blutkörperchen und Organzellen hemmen sie stark[6]. Neue Spaltungsversuche mit Erepsin, Trypsin und Trypsin-Kinase[7]. Wird von manchen Erepsinpräparaten nicht gespalten[8].

Über die Erepsinspaltung von Glycyl-glycin bei verschiedenem p_H[9]. Hydrolysengeschwindigkeit bei der Erepsinspaltung $K \cdot 10^3 = 26$ [10]. Einwirkung der sowohl im Darm- als auch im Malzerepsin enthaltenen 2 Dipeptidasen auf Glycyl-glycin[11, 12, 13]. Wird durch Extrakt aus Grünmalzautolysat kaum gespalten[12].

Derivate: Monoacetyl-glycyl-glycin-äthylester. Bildet sich bei der Alkoholyse von Diacetyl-glycinanhydrid bei Gegenwart von Arginin[14].

Diacetyl-glycyl-glycin-äthylester

$$CH_3 \cdot CO \cdot NH \cdot CH_2 \cdot CO \cdot N\!\!-\!\!CH_2 \cdot COOC_2H_5 \quad C_{10}H_{16}O_5O_2$$
$$|$$
$$COCH_3$$

Man gewinnt ihn aus der Mutterlauge des Monoacetylesters beim Abkühlen in der Kältemischung, woraus er in langen Nadeln vom Schmelzp. 74—76° krystallisiert. Ist gegen kochendes Wasser verhältnismäßig resistent, dagegen äußerst empfindlich gegen Alkali. Nicht nur das Acetyl, sondern auch die Peptidbindung wird (unter Bildung von Acetursäure) leicht aufgespalten. Beim Monoacetylderivat wird unter gleichen Bedingungen nur die Estergruppe verseift. — Bei weiterem mehrtägigen Behandeln mit Arginin und Alkohol wird das an der Peptidbindung sitzende Acetyl abgespalten und es entsteht das Monoacetylderivat[14].

---

[1] S. u. Th. Posternak: C. r. Acad. Sci. Paris **184**, 909 (1927) — Chem. Zbl. **1927 II**, 93.
[2] S. u. Th. Posternak: C. r. Acad. Sci. Paris **185**, 615 (1927) — Chem. Zbl. **1928 I**, 211.
[3] A. Thiel u. E. Horn: Z. anorg. u. allg. Chem. **176**, 403 (1928) — Chem. Zbl. **1929 I**, 725.
[4] P. A. Levene, L. W. Bass u. R. E. Steiger: J. of biol. Chem. **82**, 167 (1929) — Chem. Zbl. **1929 II**, 560.
[5] Hans v. Euler u. I. Kertécz: Ber. dtsch. chem. Ges. **61**, 1525 (1928).
[6] S. Edlbacher u. J. Kraus: Hoppe-Seylers Z. **178**, 239 (1928).
[7] Emil Abderhalden u. Walter Zeisset: Fermentforschg **10**, 544 (1929).
[8] Emil Abderhalden u. Adolf Schmitz: Fermentforschg **11**, 104 (1929).
[9] John H. Northrop u. Henry S. Simms: J. gen. Physiol. **12**, 313 (1928) — Chem. Zbl. **1929 II**, 984.
[10] P. A. Levene, R. E. Steiger u. L. W. Bass: J. of biol. Chem. **82**, 155 (1929) — Chem. Zbl. **1929 II**, 559.
[11] K. Linderström-Lang: Hoppe-Seylers Z. **182**, 151 (1929).
[12] Hans v. Euler, Signe Myrbäck u. Karl Myrbäck: Ber. dtsch. chem. Ges. **62**, 2194 (1929).
[13] Vgl. auch Wolfgang Graßmann u. Ludwig Klenk: Hoppe-Seylers Z. **186**, 26 (1929).
[14] Max Bergmann, Vincent du Vigneaud u. Leonidas Zervas: Ber. dtsch. chem. Ges. **62**, 1909 (1929).

Benzoyl-glycyl-glycin hemmt die Blutgerinnung [1].

Phthalyl-glycyl-glycin. Wird durch Proteinase aus Pankreastrypsin nicht gespalten, wohl aber durch ebenfalls aus Pankreastrypsin gewonnene aktivierte oder nicht aktivierte Carboxypolypeptidase [2].
Hemmt die Blutgerinnung [1].

β-Naphthalinsulfo-glycyl-glycin. Spaltung durch Trypsin-Kinase bei verschiedenem p_H; optimales p_H 7,1 [3].

Glycyl-glycin-Pikrat. Entsteht aus wässerigen Lösungen äquimolekularer Mengen der Komponenten beim Eindunsten oder beim Kochen mit Barytwasser, wobei es nach Fällen des Baryts mit Schwefelsäure in gelben monoklinen Täfelchen krystallisiert [4]. Entsteht auch angeblich beim Kochen molekularer Mengen Glycinanhydrid und Pikrinsäure und einengen im Vakuum [5].

N-(Chloracetyl-glycyl-)p-aminobenzoesäure [6].

$C_{11}H_{11}O_4N_2Cl$

Darstellung: Kuppeln von Glycyl-p-aminobenzoesäure mit in Äther gelöstem Chloracetylchlorid. Nach schwachem Ansäuern fällt ein sehr feiner Niederschlag aus. Ausbeute 93%.

Physikalische und chemische Eigenschaften: Sehr schwer löslich in heißem Wasser und Alkohol. Krystallisiert aus Eisessig in meist strahlenförmig angeordneten Nädelchen; öfter auch in kompakteren Massen.

Diglycyl-p-aminobenzoesäure.

$NH_2 \cdot CH_2 \cdot CO \cdot NH \cdot CH_2 \cdot CO \cdot NH \cdot \langle\bigcirc\rangle \cdot COOH$ $C_{11}H_{13}O_4N_3$

Darstellung: Man aminiert den Chlorkörper mit der 10fachen Menge Ammoniak 14 Stunden bei 37°. Bis zur Krystallbildung eindampfen, mit Wasser abschlämmen und bis zur Kongoreaktion mit Salzsäure ansäuern, wobei sich weitaus der größte Teil löst. Filtrat mit Natriumacetat im Überschuß versetzen. Nach längerem Stehen und Reiben mit dem Glasstab fallen Krystalle aus [6].

Physikalische und chemische Eigenschaften: Schöne, rein weiße Nadeln vom Schmelzpunkt 233° [6]. — Gibt negative Pikrinsäurereaktion [7].

Derivate: Phenylisocyanatverbindung (N-[Phenylureido-acetyl-]glycyl-p-aminobenzoesäure). Kuppeln von Diglycyl-p-aminobenzoesäure mit in Äther gelöstem Phenylisocyanat. Fällt nach dem Ansäuern schon sehr rein aus. Sehr schwer löslich in Wasser und Alkohol, doch kann man aus verdünntem Alkohol umkrystallisieren, woraus es in Form von Krystallspießen krystallisiert, die oft zu Drusen vereinigt sind. Schmelzp. 242° [6].

Glycyl-d-alanin [8].

Physiologische Eigenschaften: Hydrolysengeschwindigkeit $K \cdot 10^3$ bei der Erepsinspaltung = 40.

Chloracetyl-dl-alanin [3].

Physikalische und chemische Eigenschaften: Wird durch n-HCl bei 37° gespalten.

---

[1] Ernst Waldschmidt-Leitz, Paul Stadler u. Felix Steigerwaldt: Hoppe-Seylers Z. **183**, 39 (1929).
[2] Ernst Waldschmidt-Leitz u. Arnulf Purr: Ber. dtsch. chem. Ges. **62**, 2217 (1929).
[3] Emil Abderhalden u. Adolf Schmitz: Fermentforschg **10**, 591 (1929).
[4] A. Morel, P. Preceptis u. A. Galz: C. r. Acad. Sci. Paris **87**, 173 (1928) — Chem. Zbl. **1928 II**, 1076.
[5] A. Morel u. P. Preceptis: C. r. Acad. Sci. Paris **187**, 236 (1928) — Chem. Zbl. **1928 II**, 1218.
[6] Caspar Tropp: Ber. dtsch. chem. Ges. **61**, 1431 (1928).
[7] W. Weise u. C. Tropp: Hoppe-Seylers Z. **178**, 125 (1928).
[8] P. A. Levene, R. E. Steiger u. L. W. Bass: J. of biol. Chem. **82**, 155 (1929) — Chem. Zbl. **1929 II**, 559.

Glycyl-dl-alanin.

Physikalische und chemische Eigenschaften: Über die Hydrolysengeschwindigkeit durch NaOH[1].

Physiologische Eigenschaften: Wird vom tierischen Organismus asymmetrisch gespalten: das Glycyl-d-alanin wird resorbiert und das Glycyl-l-alanin wird großenteils durch den Harn ausgeschieden[2]. Über die Erepsinspaltung bei verschiedenem p_H [3].

Derivate: Glycyl-alanin-N-carbonsäure ist identisch mit Alanyl-glycin-N-carbonsäure (s. dort), da beiden in Wirklichkeit die Konstitution eines Carbonyl-alanin-glycins

$$CO\begin{cases} NH \cdot CH \cdot COOH \\ | \\ CH_3 \\ NH \cdot CH_2 \cdot COOH \end{cases}$$

zukommt[4].

Chloracetyl-dl-alanyl-anilin[5].

$C_{11}H_{13}O_2N_2Cl$

Darstellung: Kuppeln von Alanyl-anilin mit Chloracetylchlorid in Chloroformlösung bei Gegenwart von wässeriger Natronlauge.

Physikalische und chemische Eigenschaften: Krystallisiert in feinen Nadeln vom Schmelzpunkt 156° (korr.). Leicht löslich in Aceton, Alkohol und Essigester, ziemlich löslich in Chloroform und heißem Wasser, schwer löslich in Äther.

Glycyl-dl-alanyl-anilin[5].

$NH_2 \cdot CH_2 \cdot CO \cdot NH \cdot \underset{\underset{CH_3}{|}}{CH} \cdot CO \cdot NH \cdot C_6H_5 \quad C_{11}H_{15}O_2N_3$

Darstellung: Aminieren des Chlorkörpers mit wässerig-alkoholischem Ammoniak, von Rückstand, der aus Alkohol in kleinen, derben, rechtwinkligen Prismen vom Schmelzp. 207 bis 208° krystallisiert und dem folgende Struktur zuzuschreiben ist:

$C_6H_5 \cdot NH \cdot CO \cdot \underset{\underset{CH_3}{|}}{CH} \cdot NH \cdot CO \cdot CH_2 \cdot NH \cdot CH_2 \cdot CO \cdot NH \cdot \underset{\underset{CH_3}{|}}{CH} \cdot CO \cdot NH \cdot C_6H_5$

abfiltrieren, zur Trockene bringen, mit Wasser aufnehmen, mit einer der Chlorionenmenge äquivalenten Menge Natronlauge versetzen, zur Trockene verdampfen, mit heißem Toluol extrahieren. Krystallisiert daraus in kleinen Knollen.

Physikalische und chemische Eigenschaften: Schmelzp. unscharf bei 80°. Löslich in Wasser, heißem Alkohol, heißem Toluol und Aceton, schwer löslich in Äther. Wird durch n-Alkali bei 37° gespalten.

Physiologische Eigenschaften: Wird durch Erepsin gespalten, nicht durch Trypsin-Kinase.

Derivate: Pikrat $C_{17}H_{18}N_6O_9$. Feine, gelbe Nadeln. Schmelzp. unter Zersetzung 186° korr.).

Glycyl-β-alanin[6].

Physikalische und chemische Eigenschaften: Wird durch n-NaOH bei 37° gespalten.

Physiologische Eigenschaften: Wird weder durch Trypsin-Kinase noch durch Erepsin gespalten.

---

[1] P. A. Levene, L. W. Bass u. R. E. Steiger: J. of biol. Chem. **82**, 167 (1929) — Chem. Zbl. **1929 II**, 560.
[2] Emil Abderhalden u. Kurt Franke: Fermentforschg **10**, 39 (1928).
[3] John H. Northrop u. Henry S. Simms: J. gen. Physiol. **12**, 313 (1928) — Chem. Zbl. **1929 II**, 984.
[4] F. Wessely, E. Kemm u. J. Mayer: Hoppe-Seylers Z. **180**, 64 (1929).
[5] Emil Abderhalden u. Hans Brockmann: Fermentforschg **10**, 159 (1928).
[6] Emil Abderhalden u. Fritz Reich: Fermentforschg **10**, 173 (1928).

Glycyl-dl-α-aminobuttersäure[1].

Physikalische und chemische Eigenschaften: Wird von n-NaOH bei 37° gespalten.
Physiologische Eigenschaften: Wird von Erepsin gespalten, nicht von Trypsin-Kinase.

Chloracetyl-d-α-aminobuttersäure[2].

Physiologische Eigenschaften: Wird von Trypsin-Kinase gespalten.

Glycyl-d-α-aminobuttersäure[3].

Physiologische Eigenschaften: Wird von Erepsin gespalten.

Chloracetyl-l-α-aminobuttersäure[3].

Physiologische Eigenschaften: Wird von Trypsin-Kinase kaum angegriffen.

Glycyl-l-α-aminobuttersäure[3].

Physiologische Eigenschaften: Wird von Erepsin nicht angegriffen.

Glycyl-α-aminoisobuttersäure[4].

Physikalische und chemische Eigenschaften: Über die Hydrolysengeschwindigkeit durch Natronlauge.

Glycyl-β-aminobuttersäure[5].

Derivate: Glycyl-β-aminobuttersäure-N-carbonsäure ist identisch mit β-Aminobutyryl-glycin-n-carbonsäure (s. dort), da beiden in Wirklichkeit die Konstitution eines Carbonyl-β-aminobuttersäure-glycins zukommt.

α-Chloracetamino-acrylsäure[6].

$$Cl \cdot CH_2 \cdot CO \cdot NH \cdot \underset{\underset{CH_2}{\|}}{C}-COOH \quad C_5H_6O_3NCl$$

Darstellung: Man erhitzt 3 g reine Brenztraubensäure und 5 g Chloracetamid[7] 2 Stunden unter 20 mm Druck rückfließend auf 110°, läßt erkalten, verreibt die feste Masse mit Wasser, und behandelt den Rückstand mit 20 ccm Aceton, wobei die sekundäre α, α-Di(chloracetamino)-propionsäure ungelöst zurückbleibt.
Physikalische und chemische Eigenschaften: Krystallisiert je nach dem Lösungsmittel in derben Prismen oder dünnen Blättern. Schmelzpunkt nach vorherigem Sintern zwischen 163 und 165° (korr.) unter langsamer Gasentwicklung. Leicht löslich in Alkohol, etwas schwerer in Wasser und Aceton, sehr viel schwerer in Essigester, Äther und Chloroform. Wird von Permanganat in sodaalkalischer Lösung augenblicklich oxydiert. Wird beim Schütteln mit Wasserstoff und Palladiumrohr in wenigen Minuten in Chloracetyl-dl-alanin übergeführt.

α, α-Di(chloracetamino)-propionsäure[6].

$$\begin{matrix} Cl \cdot CH_2 \cdot CO \cdot NH \\ \diagdown \\ C-COOH \quad C_7H_{10}O_4N_2Cl_2 \\ \diagup | \\ Cl \cdot CH_2 \cdot CO \cdot NH CH_3 \end{matrix}$$

Darstellung: Bildet sich als Nebenprodukt bei der Darstellung von α-Chloracetamino-acrylsäure.

---

[1] Emil Abderhalden u. Vlassios Vlassopoulos: Fermentforschg **10**, 365 (1929).
[2] Emil Abderhalden u. Ernst Schwab: Fermentforschg **10**, 312 (1929).
[3] Emil Abderhalden u. Ernst Schwab: Fermentforschg **10**, 179 (1928).
[4] P. A. Levene, L. W. Bass u. R. E. Steiger: J. of. biol. Chem. **82**, 167 (1929) — Chem. Zbl. **1929 II**, 560.
[5] F. Wessely, E. Kemm u. J. Mayer: Hoppe-Seylers Z. **180**, 64 (1929).
[6] Max Bergmann u. Karl Grafe: Hoppe-Seylers Z. **187**, 187 (1930).
[7] R. Scholl: Ber. dtsch. chem. Ges. **29**, 2417 (1896).

Physikalische und chemische Eigenschaften: Krystallisiert in großen, sechsseitigen Prismen, die bei 199° unter Verfärbung und folgender Zersetzung schmelzen. Leicht löslich in heißem Wasser, Alkohol und Eisessig, viel schwerer in Aceton und den meisten anderen organischen Mitteln.

Glycyl-dehydroalanin[1].

$$NH_2 \cdot CH_2 \cdot CO \cdot NH \cdot \underset{\underset{CH_2}{\|}}{C}\text{—COOH} \quad \text{bzw.} \quad NH_2 \cdot CH_2 \cdot CO \cdot N=\underset{\underset{CH_3}{|}}{C}\text{—COOH} \quad C_5H_8O_3N_2$$

Darstellung: 3tägiges Aminieren von α-Chloracetamino-acrylsäure bei Zimmertemperatur. Verdampfen, in Wasser lösen, mit der 5fachen Menge Alkohol versetzen.

Physikalische und chemische Eigenschaften: Krystallisiert in Nadeln. Färbt sich von 190° an gelb, sintert und schäumt bei 192—193° (korr.) auf. Nicht sehr leicht löslich in kaltem Wasser, so gut wie unlöslich in organischen Mitteln. Beim Behandeln mit katalytisch erregtem Wasserstoff geht es unschwer in Glycyl-dl-alanin über.

Physiologische Eigenschaften: Wird von Pankreatin gespalten.

Chloracetyl-dl-norvalin[2].

Physikalische und chemische Eigenschaften: Wird durch n-NaOH bei 37° rasch gespalten.

Physiologische Eigenschaften: Wird durch Trypsin-Kinase gespalten, ebenso durch ein aus Trypsin-Kinase (durch Adsorption an Tonerde bei p_H 4,7) gewonnenes Ferment bei p_H 7,2 bis 8,4.

Glycyl-dl-norvalin[2].

Physikalische und chemische Eigenschaften: Wird durch n-NaOH bei 37° schwach gespalten.

Physiologische Eigenschaften: Wird durch Erepsin gespalten. Optimales p_H bei der Erepsinspaltung 8,1. Von Trypsin-Kinase wird es nicht angegriffen.

Chloracetyl-dl-valin.

$$C_7H_{12}O_3NCl$$

Darstellung: Fällt nach dem Kuppeln der Komponenten beim Ansäuern allmählich krystallisiert aus. Nach dem Abfiltrieren kann man durch Einengen der Mutterlauge, Ausäthern, Trocknen mit Natriumsulfat, Einengen und Versetzen mit Petroläther noch weitere Mengen an Kuppelungsprodukt gewinnen. Ausbeute 60% d. Th.[3]

Physikalische und chemische Eigenschaften: Krystallisiert aus Wasser vom Schmelzpunkt 129,5—130,5°. Löslich in Wasser, Alkohol, Äther, unlöslich in Petroläther[3]. Wird durch n-NaOH bei 37° gespalten[4].

Physiologische Eigenschaften: Wird nach Abderhalden und Schwab[5] von Trypsin-Kinase recht gut, nach Abderhalden und Zeisset[6] dagegen kaum angegriffen. Erepsin spaltet nicht[7].

Glycyl-dl-valin.

$$C_7H_{14}O_3N_2$$

Darstellung: Aminieren des Chlorkörpers[3].

Physikalische und chemische Eigenschaften: Schmelzp. 240° unter Braunfärbung. Wird durch n-NaOH bei 37° gespalten[3].

---

[1] Max Bergmann u. Karl Grafe: Hoppe-Seylers Z. **187**, 187 (1930).
[2] Emil Abderhalden u. Walter Zeisset: Fermentforschg **11**, 183 (1930).
[3] Emil Abderhalden, Ermbrecht Rindtorff u. Adolf Schmitz: Fermentforschg **10**, 213 (1928).
[4] Emil Abderhalden u. Walter Zeisset: Fermentforschg **10**, 544 (1929).
[5] Abderhalden u. Schwab: Fermentforschg **10**, 305 (1929).
[6] Abderhalden u. Zeisset: Fermentforschg **10**, 481 (1929).
[7] Emil Abderhalden u. Ernst Schwab: Fermentforschg **10**, 440 (1929).

Physiologische Eigenschaften: Wird durch Erepsin gespalten, durch Trypsin-Kinase nicht [1].

Derivate: Phenylisocyanatverbindung $C_{14}H_{19}O_4N_3$. Durch Kuppeln von Glycyl-valin mit Phenylisocyanat; von Diphenylharnstoff abfiltrieren, mit Salzsäure ansäuern; fällt erst ölig aus, erstarrt beim Reiben in rhomboedrischen, drusenförmig angeordneten Blättchen. Löslich in Alkohol und heißem Wasser, schwer löslich in kaltem Wasser und Äther. Schmelzpunkt 155°. Wird von n-NaOH bei 37° gespalten, ebenso von Trypsin-Kinase, nicht von Erepsin [2].

Benzoylderivat $C_{14}H_{18}O_4N_2$. Durch Kuppeln des Dipeptids mit Benzoylchlorid. Fällt nach dem Ansäuern und Stehen in der Kälte aus. Auskochen mit Petroläther. Amorpher Körper. Löslich in heißem Wasser und Alkohol, schwer löslich in Äther, unlöslich in Petroläther. Sintert bei 131° und schmilzt bei 135—136°. Wird durch n-NaOH bei 37° gespalten [2].

Dichloracetyl-glycyl-dl-valin

$$Cl_2CH \cdot CO \cdot NH \cdot CH_2 \cdot CO \cdot NH \cdot \underset{\underset{CH_3 \; CH_3}{\overset{|}{CH}}}{CH} \cdot COOH \qquad C_9H_{15}O_4N_2Cl_2$$

Durch Kuppeln von Glycyl-valin mit Dichloracetylchlorid. Fällt nach dem Ansäuern und Stehen bei 0° in feinen, drusenförmig angeordneten Nädelchen aus. Ausbeute 88%. Sehr gut löslich in Alkohol, heißem Essigester, heißem Wasser, schwer löslich in kaltem Wasser, kaltem Essigester, Chloroform, fast unlöslich in Äther. Schmelzp. 151,5—152°. Wird von n-NaOH bei 37° rasch aufgespalten [2].

Ureido-glycyl-dl-valin. Wird von Erepsin nicht, von Trypsin-Kinase wahrscheinlich auch nicht, dagegen recht gut von einem Extrakt aus Pankreaspulver angegriffen [3].

Chloracetyl-l-valin [4].

Darstellung: Kuppeln von l-Valin mit Chloracetylchlorid.
Physikalische und chemische Eigenschaften: Krystallisiert aus Wasser vom Schmelzpunkt 112—113°. $[\alpha]_D^{20}$ in absolutem Alkohol $= -15,0°$.

Glycyl-l-valin [4].

Physikalische und chemische Eigenschaften: Die molekulare Drehung einer neutralen Lösung beträgt $+43,4°$; bei p_H 3,17 beträgt sie $+26,5°$ und bei p_H 8,25 $+15,6°$ [5] — $[\alpha]_D^{25} = +20,3°$.
Physiologische Eigenschaften: Wird von Erepsin nicht angegriffen.

Glycyl-d-valin.

Physikalische und chemische Eigenschaften: Die molekulare Drehung einer neutralen Lösung beträgt $-38,6°$; bei p_H 3,14 beträgt sie $-25,3°$ und bei p_H 8,20 $-13,7°$ [5]. Wird im Gegensatz zum Anhydrid durch n- oder $^n/_{10}$-Alkali nicht racemisiert [6].
Physiologische Eigenschaften: Hydrolysengeschwindigkeit $K \cdot 10^3$ bei der Erepsinspaltung $= 22$ [7].

---

[1] Emil Abderhalden u. Walter Zeisset Fermentforschg **10**, 544 (1929).

[2] Emil Abderhalden, Ermbrecht Rindtorff u. Adolf Schmitz: Fermentforschg **10**, 213 (1928).

[3] Emil Abderhalden u. Ernst Schwab: Fermentforschg **10**, 179 (1928).

[4] P. A. Levene, Lawrence A. Bass u. Robert E. Steiger: J. of biol. Chem. **81**, 221 (1929) — Chem. Zbl. **1929 I**, 1328.

[5] P. A. Levene, L. W. Bass, A. Rothen u. R. E. Steiger: J. of biol. Chem. **81**, 687 (1929) — Chem. Zbl. **1929 I**, 2524.

[6] P. A. Levene u. Robert E. Steiger: J. of biol. Chem. **76**, 299 (1928) — Chem. Zbl. **1928 II**, 1672.

[7] P. A. Levene, R. E. Steiger u. L. W. Bass: J. of biol. Chem. **82**, 155 (1929) — Chem. Zbl. **1929 II**, 559.

Glycyl-d-isovalin.

$NH_2 \cdot CH_2 \cdot CO \cdot NH \cdot C \cdot COOH \quad C_7H_{14}O_3N_2$
$\qquad\qquad\qquad\qquad \overset{\diagup\;\diagdown}{C_2H_5 \;\; CH_3}$

Darstellung: Kuppeln von d-Isovalin mit Chloracetylchlorid und aminieren des Kuppelungsproduktes[1].
Physikalische und chemische Eigenschaften: Die molekulare Drehung einer neutralen Lösung beträgt $+2,3°$; bei p_H 3,44 beträgt sie $-13,1°$ und bei p_H 8,27 $+15,5°$[2]. $[\alpha]_D^{27}$ in Wasser $= +1,7°$. Wird mit Alkali nicht racemisiert[1].
Physiologische Eigenschaften: Wird von Erepsin nicht angegriffen[2].

Glycyl-l-leucin.

Physikalische und chemische Eigenschaften: Wird im Gegensatz zum Anhydrid mit n- oder $^n/_{10}$-Alkali nicht racemisiert[1].
Physiologische Eigenschaften: Hydrolysengeschwindigkeit $K \cdot 10^3$ bei der Erepsinspaltung $= 33$[3].
Derivate: Acetyl-glycyl-l-leucin. Durch 1 stündiges Erhitzen des Dipeptids mit 1 Mol Essigsäureanhydrid in Eisessig auf 100°. Krystallisiert aus Aceton + Äther in Blättchen, die bei 129—130° (korr.) unter Zersetzung schmelzen. $[\alpha]_D^{18}$ in Wasser $= -25,6°$. Mit mehr Essigsäureanhydrid 30 Minuten bei 100° erhitzt, tritt Racemisierung ein. Mit Äther fällen. Krystallisiert aus Aceton in Tafeln, die bei 177° (korr.) unter Zersetzung schmelzen[4].

Chloracetyl-l-leucin.

Physiologische Eigenschaften: Wird von Erepsin schwach, aber deutlich gespalten[5]; Trypsin-Kinase spaltet gut[6], besser spaltet ein Gemisch beider Fermente[5].
Wird durch Proteinase aus Pankreastrypsin nicht gespalten, dagegen wohl durch ebenfalls aus Pankreastrypsin erhaltene aktivierte oder nicht aktivierte Carboxypolypeptidase[7].

Chloracetyl-d-leucin[6].

Physiologische Eigenschaften: Wird durch Trypsin-Kinase nicht gespalten.

Chloracetyl-dl-leucin.

Physikalische und chemische Eigenschaften: Wird durch n-NaOH bei 37° gespalten[8].
Physiologische Eigenschaften: Wird von Trypsin-Kinase gespalten[9,10]. Spaltung durch Trypsin-Kinase bei verschiedenem p_H. Optimales p_H 7,8[11]. Über die Einwirkung von Zellfermenten aus Leber und Niere[12]. Die Spaltung durch Trypsin-Kinase erfolgt anfangs sehr rasch, später nur sehr langsam. Über die Aufspaltung durch ein aus Trypsin-Kinase (durch Adsorption an Tonerde bei p_H 4,7) gewonnenes Ferment bei p_H 7,2, 7,8 und 8,4[13]. Über die

---

[1] P. A. Levene u. Robert E. Steiger: J. of biol. Chem. **76**, 299 (1928) — Chem. Zbl. **1928 II**, 1672.
[2] P. A. Levene, Lawrence A. Bass u. Robert E. Steiger: J. of biol. Chem. **81**, 221 (1929) — Chem. Zbl. **1929 I**, 1328.
[3] P. A. Levene, R. E. Steiger u. L. W. Bass: J. of biol. Chem. **82**, 155 (1929) — Chem. Zbl. **1929 II**, 559.
[4] Max Bergmann u. Leonidas Zervas: Biochem. Z. **203**, 280 (1928).
[5] Emil Abderhalden u. Ernst Schwab: Fermentforschg **10**, 440 (1929).
[6] Emil Abderhalden u. Ernst Schwab: Fermentforschg **10**, 305 (1929).
[7] Ernst Waldschmitz-Leitz u. Arnulf Purr: Ber. dtsch. chem. Ges. **62**, 2217 (1929).
[8] Abderhalden u. Zeisset: Fermentforschg **10**, 544 (1929).
[9] Emil Abderhalden u. Oskar Herrmann: Fermentforschg **10**, 474 (1929).
[10] Emil Abderhalden u. Walter Zeisset: Fermentforschg **10**, 481 (1929).
[11] Abderhalden u. Schmitz: Fermentforschg **10**, 591 (1929).
[12] Abderhalden u. Herrmann: Fermentforschg **11**, 78 (1929).
[13] Emil Abderhalden u. Walter Zeisset: Fermentforschg **11**, 183 (1930).

Einwirkung verschiedener, durch Acetonfällung erhaltener Fermentfraktionen aus Nierenpreßsaft[1].

Derivate: Chloracetyl-dl-leucyl-anilin $C_{14}H_{19}O_2NCl$. Kuppeln von Leucyl-anilin mit Chloracetylchlorid in Chloroform bei Gegenwart von wässeriger NaOH, ansäuern bis zur schwach sauren Reaktion, beide Phasen im Vakuum einengen, wobei es in zu Büscheln gruppierten Nadeln vom Schmelzp. 168° auskrystallisiert[2].

Bromacetyl-dl-leucin.

$$\mathrm{Br \cdot CH_2 \cdot CO \cdot NH \cdot \underset{\underset{C_4H_9}{|}}{CH} \cdot COOH} \qquad C_8H_{14}O_3NBr$$

Darstellung: Kuppeln von dl-Leucin mit Bromacetylbromid. Die beim Ansäuern anfänglich entstehende Emulsion bildet bald eine zähe, allmählich krystallin werdende Masse[3].

Physikalische und chemische Eigenschaften: Löslich in Alkohol. Krystallisiert aus heißem Wasser in mikroskopischen, rhombischen Täfelchen, die bei 131° schmelzen und sich bei 156° zersetzen. Die Abspaltung von Br' durch n-NaOH bei 37° erfolgt ungleich rascher als die Aufspaltung der CO·NH-Bindung[3].

Physiologische Eigenschaften: Trypsin-Kinase spaltet nur schwach. Über die Aufspaltung durch ein aus Trypsin-Kinase (durch Adsorption an Tonerde bei p_H 4,7) gewonnenes Ferment bei p_H 7,2, 7,8 und 8,4[4].

Glycyl-dl-leucin.

Physiologische Eigenschaften: Die Spaltung von Glycyl-leucin durch Erepsin wird durch m- oder $^m/_2$-Lösungen von d-Alanin, l-Alanin, β-Alanin, l-Phenylalanin, Hippursäure und Benzoyl-alanin vollständig aufgehoben. Verdünntere Lösungen dieser Körper hemmen mehr oder minder stark. Hippursäure und besonders β-Alanin hemmen selbst in $^m/_{100}$-Lösung noch sehr stark. Weniger stark bis schwach hemmen ferner Sarkosin, l-Leucin, d-Valin, α-Naphthylamin, Harnstoff, p-Toluidin, Glykokoll. β-Aminobuttersäure und l-Valin bewirken anfangs eine raschere Spaltung, die aber dann stehen bleibt. β-Naphthylamin und Colamin wirken beschleunigend auf die Spaltung[5].

Über die Einwirkung von Zellfermenten aus Leber und Niere[6]. Über die Spaltung durch Erepsin bei verschiedenem p_H[7,8]. Optimales p_H bei der Erepsinspaltung 7,1[7].

Derivate: Glycyl-dl-leucinamid. Durch 18—20stündiges Aminieren von Bromacetyl-leucinamid bei 37°. Wird durch Erepsin kaum, durch Trypsin-Kinase nicht gespalten[9].

Glycyl-dl-leucyl-anilin

$$\mathrm{NH_2 \cdot CH_2 \cdot CO \cdot NH \cdot \underset{\underset{C_4H_9}{|}}{CH} \cdot CO \cdot NH \cdot C_6H_5} \qquad C_{14}H_{21}O_2N_3$$

Aus Chloracetyl-leucyl-anilin durch 6tägiges Aminieren mit alkoholischem Ammoniak bei 37°, eindampfen, in Toluol lösen, ausgeschiedenes salzsaures Salz mit Silbersulfat und Baryt zersetzen. Krystallisiert aus Toluol in sternförmigen Nadeln, die bei 94° zu sintern beginnen und bei 115—117° schmelzen. Leicht löslich in Alkohol, Aceton, Chloroform sowie in heißem Benzol und Toluol, wenig löslich in heißem Wasser, unlöslich in Äther und Petroläther. Geschmack bitter, Biuretreaktion negativ. **Hydrochlorid.** Schmelzp. 131° unter Zersetzung. Sehr leicht löslich in Wasser und Alkohol, löslich in heißem Benzol und Toluol, unlöslich in Äther und Petroläther[2].

Naphthalinsulfo-glycyl-dl-leucin $C_{18}H_{22}O_5N_2S$. Kuppeln des Dipeptids mit β-Naphthalinsulfochlorid. Schmelzp. 123°. Leicht löslich in Alkohol, wenig in Äther, angeblich unlöslich

---

[1] Emil Abderhalden u. Oskar Herrmann: Fermentforschg **11**, 267 (1930).
[2] Abderhalden u. Schweitzer: Fermentforschg **11**, 45 (1929).
[3] Emil Abderhalden u. Walter Zeisset: Fermentforschg **11**, 170 (1930).
[4] Emil Abderhalden u. Walter Zeisset: Fermentforschg **11**, 183 (1930).
[5] Emil Abderhalden, Ermbrecht Rindtorff u. Adolf Schmitz: Fermentforschg **10**, 233 (1928).
[6] Abderhalden u. Herrmann: Fermentforschg **11**, 78 (1929).
[7] Abderhalden u. Schmitz: Fermentforschg **11**, 104 (1929).
[8] John H. Northrop u. Henry H. Simms: Chem. Zbl. **1929 II**, 984.
[9] Abderhalden u. Zeisset: Fermentforschg **10**, 544 (1929).

in Wasser. Wird von n-NaOH bei 37° nur schwach angegriffen. Wird von Trypsin-Kinase gespalten, von Erepsin nicht[1].

Phenylisocyanat-glycyl-dl-leucin $C_{15}H_{21}O_4N_3$. Fällt nach dem Kuppeln des Peptids mit Phenylisocyanat beim Ansäuern als dicker, flockiger Niederschlag mit 90% Ausbeute aus. Leicht löslich in heißem Alkohol, unlöslich in Äther und angeblich auch in Wasser. Schmelzpunkt 177°. Wird durch n-NaOH bei 37° gespalten. Erepsin spaltet nicht[1], Trypsin-Kinase löst 1 Bindung bereits nach 5 Stunden[1,2]. Bei Gegenwart von β-Naphthylamin oder p-Toluodin wird die Bindung bereits nach 3 Stunden gelöst. Wenig oder keinen Einfluß auf die Spaltung mit Trypsin-Kinase haben Sarkosin, l-Valin und α-Naphthylamin, hemmend wirken dagegen l-Leucin, Harnstoff, Glykokoll, Hippursäure, Benzoyl-alanin, l-Phenylalanin, d-Alanin, l-Alanin, β-Alanin, β-Aminobuttersäure, in geringerem Maße Colamin[2].

Chlorbenzoyl-glycyl-dl-leucin $C_{15}H_{19}O_4N_2Cl$. Durch Kuppeln des Peptids mit Chlorbenzoylchlorid. Fällt beim Ansäuern als dicker, klumpiger Niederschlag aus. Ausbeute etwa 80%. Leicht löslich in Alkohol, unlöslich in Äther und angeblich auch in Wasser. Schmelzp. 190°. Wird durch n-NaOH bei 37° gespalten, desgleichen durch Trypsin-Kinase; Erepsin greift nicht an[1].

Butyryl-glycyl-dl-leucin $C_{12}H_{22}O_4N_2$. Durch Kuppeln von Glycylleucin mit Butyrylchlorid. Fällt nach dem Ansäuern allmählich krystallin aus. Ausbeute 60%. Löslich in warmem Alkohol, unlöslich in Äther und angeblich auch in Wasser. Schmelzp. 182°. Wird von n-NaOH bei 37° gespalten, desgleichen von Trypsin-Kinase; nicht von Erepsin[1].

Oxalyl-glycyl-dl-leucin-äthylester

$$\begin{array}{l} CO \cdot NH \cdot CH_2 \cdot CO \cdot NH \cdot CH \cdot COO \cdot C_2H_5 \quad C_{22}H_{38}O_8N_4 \\ | \\ C_4H_9 \\ | \\ CO \cdot NH \cdot CH_2 \cdot CO \cdot NH \cdot CH \cdot COO \cdot C_2H_5 \\ | \\ C_4H_9 \end{array}$$

Durch 1stündiges Kochen von Glycyl-leucin-äthylesterchlorhydrat in trockenem Benzol unter portionsweiser Hinzugabe der äquivalenten Menge Oxalylchlorid. Ausbeute 50% d. Th. Leicht löslich in Alkohol, schwer in Äther, angeblich unlöslich in Wasser. Schmelzp. 163°. Wird durch n-NaOH bei 37° gespalten; desgleichen durch Trypsin-Kinase, nicht durch Erepsin[1].

Chloracetyl-dl-norleucin.

Physikalische und chemische Eigenschaften: Wird von n-NaOH bei 37° gespalten[3].
Physiologische Eigenschaften: Wird von Erepsin nicht gespalten, Trypsin-Kinase spaltet[3,4]. Ein Gemisch beider Fermente spaltet besser[4].
Spaltung durch Trypsin-Kinase bei verschiedenem p_H. Optimales p_H 7,1[5].

Glycyl-dl-norleucin[3].

Physikalische und chemische Eigenschaften: Wird von n-NaOH bei 37° gespalten.
Physiologische Eigenschaften: Wird von Erepsin gespalten, nicht von Trypsin-Kinase.

Glycyl-d-phenylglycin.

Physikalische und chemische Eigenschaften: Über die Hydrolysengeschwindigkeit mit Natronlauge[6].
Physiologische Eigenschaften: Hydrolysengeschwindigkeit $k \cdot 10^3$ bei der Spaltung durch Erepsin = 55[7].

---

[1] Emil Abderhalden, Ermbrecht Rindtorff, Adolf Schmitz: Fermentforschg **10**, 213 (1928).
[2] Emil Abderhalden, Ermbrecht Rindtorff u. Adolf Schmitz: Fermentforschg **10**, 233 (1928).
[3] Emil Abderhalden u. Hugo Mayer: Fermentforschg **10**, 464 (1929).
[4] Emil Abderhalden u. Ernst Schwab: Fermentforschg **10**, 440 (1929).
[5] Emil Abderhalden u. Adolf Schmitz: Fermentforschg **10**, 591 (1929).
[6] P. A. Levene, L. W. Bass u. R. E. Steiger: J. of biol. Chem. **82**, 167 (1929) — Chem. Zbl. **1929 II**, 560.
[7] P. A. Levene, R. E. Steiger u. L. W. Bass: J. of biol. Chem. **82**, 155 (1929) — Chem. Zbl. **1929 II**, 559.

Glycyl-d-phenylmethylaminoessigsäure.

$$NH_2 \cdot CH_2 \cdot CO \cdot NH \cdot C \cdot COOH \quad C_{11}H_{14}O_3N_2$$
$$\underset{C_6H_5 \quad CH_3}{}$$

Physikalische und chemische Eigenschaften: $[\alpha]_D^{27}$ in Wasser $= -82{,}8°$ [1]. Über die Hydrolysengeschwindigkeit mit NaOH [2].

Chloracetyl-dl-phenylalanin.

Physiologische Eigenschaften: Wird durch Trypsin gespalten, stärker aber durch Trypsin-Kinase. Erepsin spaltet nicht [3].

Physikalische und chemische Eigenschaften: Die Aminierung zu Glycyl-dl-phenylalanin vollzieht sich mit der 7 fachen Menge 25 proz. Ammoniaks bei 37° bereits innerhalb 3 Stunden. Wird durch $^n/_{10}$-NaOH bei 37° nicht mehr gespalten [4].

Bromacetyl-dl-phenylalanin [4].

$$Br \cdot CH_2 \cdot CO \cdot NH \cdot CH \cdot COOH \quad C_{11}H_{12}O_3NBr$$
$$\underset{CH_2 \cdot C_6H_5}{|}$$

Darstellung: Kuppeln von Phenylalanin mit Bromacetylbromid. Das nach dem Ansäuern ausfallende ölige Kuppelungsprodukt wird in Äther gelöst, mit Petroläther gefällt. Umlösen aus Wasser.

Physikalische und chemische Eigenschaften: Krystallisiert aus Benzol in warzenförmigen Krystallen vom Schmelzp. 117—118°. Die Aminierung zu Glycyl-dl-phenylalanin vollzieht sich bei 37° bereits nach 3 Stunden. Durch $^n/_5$-NaOH wird es bei 37° nicht mehr abgespalten.

Glycyl-dl-phenylalanin.

Darstellung: Entsteht nach Abderhalden und Herrmann nicht immer bei der Aminierung des Chloracetylkörpers.

Physikalische und chemische Eigenschaften: Wird nach Abderhalden und Schweitzer durch n-Alkali bei 37° gespalten [5], jedoch nicht durch $^n/_5$-NaOH [4]. Vgl. auch [6]. Über die Hydrolysengeschwindigkeit vgl. [2].

Physiologische Eigenschaften: Wird durch Erepsin gespalten, nicht dagegen durch Trypsin-Kinase [5,6].

Derivate: Phenylisocyanatverbindung $C_{18}H_{19}O_4N_3$. Scheidet sich nach dem Kuppeln des Dipeptids mit Phenylisocyanat beim Ansäuern aus. Krystallisiert in Prismen vom Schmelzpunkt 208°. Löslich in Alkohol, schwer löslich in Wasser, unlöslich in Äther, Petroläther und Chloroform. Wird durch n-NaOH bei 37° gespalten, ebenso von Trypsin-Kinase, nicht von Erepsin [5], auch nicht von Zellfermenten aus Leber oder Niere [7].

α-**Naphthalinsulfo-glycyl-dl-phenylalanin** $C_{21}H_{20}O_5N_2S$. Durch Kuppeln des Dipeptids mit Naphthalinsulfochlorid. Fällt beim Ansäuern ölig aus; aufnehmen mit Äther, trocknen mit Natriumsulfat, eindunsten lassen; öliger Rückstand erstarrt allmählich. Schmelzp. gegen 100° unter Zersetzung. Löslich in Alkohol und Äther, unlöslich in Wasser und Petroläther. Wird durch n-NaOH bei 37° nicht gespalten, auch nicht durch Erepsin. Trypsin-Kinase greift nur schwach an [5]; Pankreassaft spaltet jedoch ziemlich gut [8].

---

[1] P. A. Levene u. R. E. Steiger: J. of biol. Chem. **76**, 299 (1928) — Chem. Zbl. **1928 II**, 1672.

[2] P. A. Levene, L. W. Bass u. R. E. Steiger: J. of biol. Chem. **82**, 167 (1929) — Chem. Zbl. **1929 II**, 560.

[3] Ernst Waldschmidt-Leitz, Willibald Klein u. Anton Schäffner: Ber. dtsch. chem. Ges. **61**, 2092 (1928).

[4] Emil Abderhalden u. Friedrich Schweitzer: Fermentforschg **11**, 224 (1930).

[5] Emil Abderhalden u. Friedrich Schweitzer: Fermentforschg **10**, 341 (1929).

[6] Emil Abderhalden u. Oskar Herrmann: Fermentforschg **10**, 145 (1928).

[7] Emil Abderhalden u. Oskar Herrmann: Fermentforschg **11**, 78 (1929).

[8] Emil Abderhalden u. Ernst Schwab: Fermentforschg **10**, 440 (1929).

Benzoyl-glycyl-dl-phenylalanin $C_{18}H_{18}O_4N_2$. Fällt nach dem Kuppeln der Komponenten neben Benzoesäure beim Ansäuern aus; trocknen, Benzoesäure im Soxhlet mit Petroläther entfernen. Schmelzp. 172°. Löslich in Alkohol und Äther, schwer löslich in Wasser, unlöslich in Petroläther. Wird durch n-NaOH bei 37° gespalten. Von Trypsin-Kinase wird es nur schwach angegriffen [1].

Chloracetyl-l-phenylalanin.

Physiologische Eigenschaften: Wird von Trypsin-Kinase gespalten [2, 3, 4] Erepsin spaltet nicht; ein Gemisch von Erepsin und Trypsin-Kinase spaltet etwas stärker als Trypsin-Kinase allein [2].

Die Spaltung durch Trypsin-Kinase wird durch Zusatz von Hippursäure, Glykokoll, l-Phenylalanin und d-Phenylalanin gehemmt [5].

Über die Einwirkung von Zellfermenten aus Leber und Niere [6].

Glycyl-l-phenylalanin.

Physiologische Eigenschaften: Über die Einwirkung von Zellfermenten aus Leber und Niere [6]. Hydrolysengeschwindigkeit $K \cdot 10^3$ bei der Erepsinspaltung $= 10$ [7].

Chloracetyl-d-phenylalanin [4].

Physiologische Eigenschaften: Wird von Trypsin-Kinase kaum gespalten.

Chloracetyl-l-tyrosin.

Physiologische Eigenschaften: Wird von Erepsin nicht gespalten [2, 3, 8], dagegen von Trypsin [8] und von Trypsin-Kinase [2, 8]. Erepsin + Trypsin-Kinase spaltet kräftig, ebenso Pankreassaft. Darmsaft spaltet nur schwach [2].

Die Spaltung durch Trypsin-Kinase wird durch Zusatz von Hippursäure, d-Phenylalanin und l-Asparaginsäure beschleunigt, dl-Valin, l-Alanin, l-Prolin, β-Aminobuttersäure, Glykokoll und d-Glutaminsäure haben keinen Einfluß auf die Spaltung, d-Alanin wirkt leicht hemmend [5]. Über die Einwirkung von Zellfermenten aus Leber [6].

Wird durch Proteinase aus Pankreastrypsin nicht gespalten, dagegen wohl durch ebenfalls aus Pankreastrypsin erhaltene aktivierte oder nicht aktivierte Carboxypolyptidase [9]. — Hemmt die Blutgerinnung [10].

Glycyl-l-tyrosin.

Physikalische und chemische Eigenschaften: Wird von n-NaOH bei 37° nur außerordentlich langsam gespalten [11].

Physiologische Eigenschaften: Die Spaltung durch Erepsin wird durch Zusatz von Dichlor- oder Dijodtyrosin gehemmt [11]. Die Spaltung durch Erepsin ist bei p_H 7,8 außerordentlich stark [12].

---

[1] Emil Abderhalden u. Friedrich Schweitzer: Fermentforschg **10**, 341 (1929).
[2] Emil Abderhalden u. Ernst Schwab: Fermentforschg **10**, 440 (1929).
[3] Emil Abderhalden u. Ernst Schwab: Fermentforschg **10**, 305 (1929).
[4] Emil Abderhalden u. Oskar Herrmann: Fermentforschg **10**, 474 (1929).
[5] Emil Abderhalden u. Oskar Herrmann: Fermentforschg **10**, 610 (1929).
[6] Emil Abderhalden u. Oskar Herrmann: Fermentforschg **11**, 78 (1929).
[7] P. A. Levene, R. E. Steiger u. L. W. Bass: J. of biol. Chem. **82**, 155 (1929) — Chem. Zbl. **1929 II**, 559.
[8] Waldschmidt-Leitz, Klein u. Schäffner: Ber. dtsch. chem. Ges. **61**, 2092 (1928).
[9] Ernst Waldschmidt-Leitz u. Arnulf Purr: Ber. dtsch. chem. Ges. **62**, 2217 (1929).
[10] Ernst Waldschmidt-Leitz, Paul Stadler u. Felix Steigerwald: Hoppe-Seylers Z. **183**, 39 (1929).
[11] Emil Abderhalden u. Adolf Schmitz: Fermentforschg **10**, 428 (1929).
[12] Emil Abderhalden u. Adolf Schmitz: Fermentforschg **11**, 104 (1929).

Abhängigkeit der Glycyl-tyrosinspaltung durch Dipeptidase aus Darmschleimhaut vom p_H, der Enzymmenge, der Substratkonzentration und von der Reinheit des Peptides (ob krystallin oder amorph)[1]. Ist ohne Einfluß auf die Blutgerinnung[2].

Derivate: Di-β-naphthalinsulfo-glycyl-l-tyrosin. Wird durch n-Alkali bei 37° nicht gespalten, dagegen wohl durch Trypsin-Kinase (p_H 8,4)[3].

Benzoyl-glycyl-l-tyrosin. Wird durch Trypsin gespalten, stärker durch Trypsin-Kinase[4]. Hemmt die Blutgerinnung[2].

Carbäthoxyl-glycyl-l-tyrosin. Wird durch Trypsin gespalten, stärker durch Trypsin-Kinase[4].

Glycyl-d-tyrosin.

Physiologische Eigenschaften: Wird durch Erepsin nicht gespalten[5].

Chloracetyl-dl-tyrosin[5].

Derivate: Chloracetyl-dl-3, 5-dichlortyrosin $C_{11}H_{10}O_4NCl_3$. Kuppeln von Dichlortyrosinmethylesterchlorhydrat mit Chloracetylchlorid in Gegenwart von Chloroform, wässeriger NaOH und Natriumbicarbonat. Trocknen der Chloroformlösung mit Natriumsulfat, einengen, mit Petroläther fällen. Lösen des Esters in n-NaOH, nach 40 Minuten mit n-HCl versetzen, wobei das Reaktionsprodukt sofort ausfällt. Unlöslich in Wasser, löslich in Alkohol. Schmelzpunkt 195°.

Chloracetyl-dl-3, 5-dibromtyrosin $C_{11}H_{10}O_4NBr_2Cl$. Wird analog dem Dichlortyrosinprodukt hergestellt. Leicht löslich in Alkohol, schwer löslich in Äther, unlöslich in Petroläther und Wasser. Schmelzp. 207°.

Chloracetyl-dl-nitrotyrosin $C_{11}H_{11}O_6N_2Cl$. Wird analog wie das Chloracetyl-dichlortyrosin aus Nitrotyrosinmethylesterhydrochlorid hergestellt. Leicht löslich in Alkohol, in allen anderen gebräuchlichen Lösungsmitteln nur sehr schwer löslich. Hellgelbes Produkt vom Schmelzp. 166°. Löst sich in Alkali mit roter Farbe.

Glycyl-dl-tyrosin[5].

Derivate: Glycyl-dl-3, 5-dichlortyrosin

$$NH_2 \cdot CH_2 \cdot CO \cdot NH \cdot CH \cdot COOH$$

$$CH_2 \cdot \underset{Cl}{\overset{Cl}{\bigcirc}} OH \quad C_{11}H_{12}O_4N_2Cl_2$$

Aminieren von Chloracetyl-dichlortyrosin, eindampfen zur Trockene, Chlorammon mit Alkohol entfernen. Krystallisiert in Nadeln vom Schmelzp. 237°. Löslich in Wasser, unlöslich in Alkohol. Wird durch n-NaOH bei 37° gespalten. Erepsin spaltet, Trypsin-Kinase nicht[5].

Glycyl-dl-3, 5-dibromtyrosin $C_{11}H_{12}O_4N_2Br_2$. Aminieren von Chloracetyldibromtyrosin, Trockenrückstand mit Alkohol und wenig Wasser behandeln, umkrystallisieren aus ammoniakalischer Lösung. Schmelzp. 222—223° unter Zersetzung. Schwer löslich in Wasser, fast unlöslich in allen anderen gebräuchlichen Lösungsmitteln. Wird durch n-NaOH bei 37° sowie durch Erepsin gespalten. Trypsin-Kinase greift nicht an.

Glycyl-dl-3, 5-dijodtyrosin. Wird durch n-NaOH bei 37° sowie durch Erepsin gespalten. Trypsin-Kinase spaltet nicht.

Glycyl-dl-nitrotyrosin $C_{11}H_{13}O_6N_3$. Aminieren von Chloracetyl-nitrotyrosin, einengen im Vakuum, wobei es in schönen, hellgelben Nadeln auskrystallisiert. Schwer löslich in heißem Wasser und Alkohol. Löst sich in Alkali mit roter Farbe. Schmelzp. 240° unter Zersetzung. Wird durch n-NaOH bei 37° gespalten. Wird weder von Trypsin-Kinase noch von Erepsin gespalten.

---

[1] Ernst Waldschmidt-Leitz u. Gustav v. Schuckmann: Hoppe-Seylers Z. **184**, 56 (1929).
[2] Ernst Waldschmidt-Leitz, Paul Stadler u. Felix Steigerwald: Hoppe-Seylers Z. **183**, 39 (1929).
[3] Emil Abderhalden u. Friedrich Schweitzer: Fermentforschg **11**, 45 (1929).
[4] Waldschmidt-Leitz, Klein u. Schäffner: Ber. dtsch. chem. Ges. **61**, 2092 (1928).
[5] Emil Abderhalden u. Adolf Schmitz: Fermentforschg **10**, 428 (1929).

Chloracetyl-dl-o-tyrosin [1].

$$\text{Cl} \cdot \text{CH}_2 \cdot \text{CO} \cdot \text{NH} \cdot \text{CH} \cdot \text{COOH}$$

$$\underset{\text{OH}}{\text{CH}_2 \cdot \langle\text{C}_6\text{H}_4\rangle} \qquad \text{C}_{11}\text{H}_{12}\text{O}_4\text{NCl}$$

Darstellung: Kuppeln von o-Tyrosin mit Chloracetylchlorid, ansäuern, zur Trockene verdampfen, Rückstand mit heißem Aceton extrahieren, mit Petroläther behandeln, umlösen aus heißem Wasser.

Physikalische und chemische Eigenschaften: Leicht löslich in Alkohol und Aceton, kaum löslich in Äther und Petroläther.

Physiologische Eigenschaften: Wird von Trypsin-Kinase gespalten.

Glycyl-dl-o-tyrosin [1].

$$\text{C}_{11}\text{H}_{14}\text{O}_4\text{N}_2$$

Darstellung: Aminieren von Chloracetyl-o-tyrosin, eindampfen, mehrmals mit Alkohol auskochen, in wenig Wasser lösen, im Vakuum verdunsten.

Physikalische und chemische Eigenschaften: Amorph, nicht zerfließlich. Beginnt bei 120° zu sintern und ist bei 150° völlig geschmolzen. Leicht löslich in Wasser. Millon positiv. Wird durch n-NaOH bei 37° langsam gespalten.

Physiologische Eigenschaften: Wird weder von Erepsin noch von Trypsin-Kinase gespalten.

Chloracetyl-3, 5-dijodthyronin [2].

$$\text{Cl} \cdot \text{CH}_2 \cdot \text{CO} \cdot \text{NH} \cdot \text{CH} \cdot \text{COOH}$$

$$\text{CH}_2 \cdot \langle\text{C}_6\text{H}_2\text{J}_2\rangle - \text{O} - \langle\text{C}_6\text{H}_4\rangle\text{OH} \qquad \text{C}_{17}\text{H}_{14}\text{O}_5\text{NClJ}_2$$

Darstellung: Aus dem Methylester durch Verseifen mit n-NaOH.

Physikalische und chemische Eigenschaften: Krystallisiert aus 30 proz. Alkohol vom Schmelzp. 166—168° nach vorherigem Sintern bei 156°. Leicht löslich in Alkohol, Eisessig, schwer löslich in anderen organischen Mitteln und in Wasser.

Derivate: Methylester $\text{C}_{18}\text{H}_{16}\text{O}_5\text{NClJ}_2$. Man verestert Dijodtyrosin mit Methylalkohol und Salzsäure, löst den aus Alkohol in Nadeln vom Schmelzp. 174—175° krystallisierenden Ester in Anisol und kuppelt mit Chloracetylchlorid und wässeriger Natriumbicarbonatlösung. Krystallisiert aus verdünntem Alkohol in Nadeln vom Schmelzp. 160°. Leicht löslich in Alkohol und Benzol.

Glycyl-3, 5-dijodthyronin [3].

$$\text{NH}_2 \cdot \text{CH}_2 \cdot \text{CO} \cdot \text{NH} \cdot \text{CH} \cdot \text{COOH}$$

$$\text{CH}_2 \langle\text{C}_6\text{H}_2\text{J}_2\rangle - \text{O} - \langle\text{C}_6\text{H}_4\rangle\text{OH} \qquad \text{C}_{17}\text{H}_{16}\text{O}_5\text{N}_2\text{J}_2$$

Darstellung: Durch Aminieren des Chloracetyl-dijodthyronins mit 25 proz. wässerigem Ammoniak.

Physikalische und chemische Eigenschaften: Krystallisiert aus 30 proz. Alkohol in Nadeln, die sich oberhalb 150° dunkel färben, jedoch bis 290° keinen definierten Schmelzp. zeigen. Fast unlöslich in Wasser und Alkohol, sehr schwer löslich in wässerigem Alkohol.

---

[1] Emil Abderhalden u. Adolf Schmitz: Fermentforschg **10**, 428 (1929).

[2] Mit Thyronin bezeichnet Harington den jodfreien Grundkörper des Thyroxins. Charles Robert Harington: Biochemic. J. **22**, 1429 (1928) — Chem. Zbl. **1929 I**, 1216.

[3] Julius Nicholson Ashley u. Charles Robert Harington: Biochemic. J. **22**, 1436 (1928) — Chem. Zbl. **1929 I**, 1217.

Glycyl-thyroxin (Glycyl-3, 5, 3′, 5′-Tetrajodthyronin) [1].

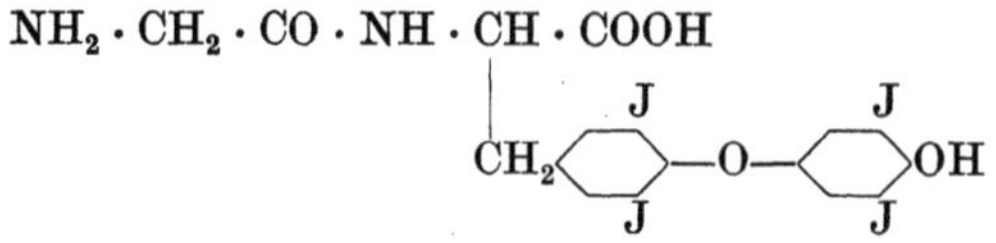

$NH_2 \cdot CH_2 \cdot CO \cdot NH \cdot CH \cdot COOH$
$|$
CH_2–C$_6$H$_2$(J)(J)–O–C$_6$H$_2$(J)(J)–OH $C_{17}H_{14}O_5N_2J_4$

Darstellung: Durch Jodierung von Glycyl-3, 5-thyronin in konzentriert ammoniakalischer Lösung oder durch Aminieren von Chloracetyl-thyroxin mit 25 proz. Ammoniak bei 100°.
Physikalische und chemische Eigenschaften: Mikrokrystallines Pulver beim Verdunsten der konzentriert ammoniakalischen Lösung. Schmelzp. 188–190° unter Zersetzung.

Chloracetyl-thyroxin [1].

$C_{17}H_{12}O_5NClJ_4$

Darstellung: Durch Verseifen des Methylesters mit 50 proz. alkoholischer Natronlauge.
Physikalische und chemische Eigenschaften: Aus Essigsäure sphärokrystallines Pulver vom Schmelzp. 201–202°. Leicht löslich in Alkohol und Eisessig, sonst praktisch unlöslich.
Derivate: Methylester $C_{18}H_{14}O_5NClJ_4$. Durch Kuppeln des aus verdünntem Alkohol in prismatischen Nadeln vom Schmelzp. 158° krystallisierenden Thyroxinmethylesters in Anisollösung mit Chloracetylchlorid und Natriumbicarbonatlösung. Krystallisiert aus Benzol in Prismen vom Schmelzp. 159–160°. Leicht löslich in Alkohol und Benzol, schwer löslich in Petroläther, unlöslich in Wasser.

Chloracetyl-decarboxy-tryptophan, Chloracetyl-tryptamin.

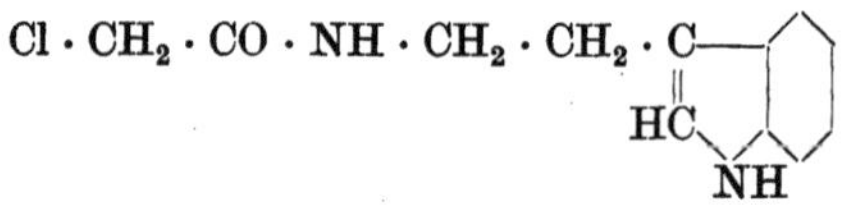

$Cl \cdot CH_2 \cdot CO \cdot NH \cdot CH_2 \cdot CH_2 \cdot C$ (indolyl) $C_{12}H_{13}ON_2Cl$

Darstellung: (β-[β'-Indolyl]-äthyl)-amin [2] wird in der 50fachen Menge Äther gelöst, mit dem halben Volumen Wasser unterschichtet, und unter Kühlung mit Chloracetylchlorid und 2 n-NaOH wie üblich gekuppelt. Neutralisieren, Äther abtrennen, rötlich gefärbten ätherischen Rückstand aus Äther umkrystallisieren [3].
Physikalische und chemische Eigenschaften: Farblose, glänzende Nadeln vom Schmelzpunkt 93°. Leicht löslich in den meisten organischen Lösungsmitteln [3].

Glycyl-decarboxy-tryptophan, Glycyl-tryptamin [3].

Derivate: (N-Aethyl-glycyl)-decarboxy-tryptophan

$C_2H_5 \cdot NH \cdot CH_2 \cdot CO \cdot NH \cdot CH_2 \cdot CH_2 \cdot C$ (indolyl)

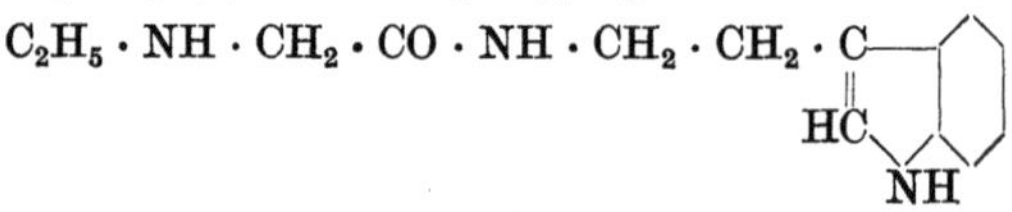

8stündiges Erhitzen des Chlorkörpers mit 3 Mol Äthylamin in Chloroformlösung auf 100°. Nicht krystallisierender Sirup von basischem Geruch. Ist pharmakologisch indifferent.
Chlorhydrat $C_{14}H_{20}ON_3Cl$. Aus Alkohol + Äther. Schmelzp. 148°.
(N-Isoamyl-glycyl)-decarboxy-tryptophan $C_{17}H_{25}ON_3$. Wird analog der Äthylverbindung dargestellt. Der Sirup beginnt nach 12stündigem Stehen in der Kälte zu krystallisieren. Krystallisiert aus Äther in farblosen, grobkörnigen Krystallen vom Schmelzp. 74–75°. Zeigt stärkste epileptoide Wirkung. **Chlorhydrat:** Schmelzp. 156°. In Wasser und Alkohol leicht löslich.

---

[1] Julius Nicholson Ashley u. Charles Robert Harington: Biochemic. J. **22**, 1436 (1928) — Chem. Zbl. **1929 I**, 1217.
[2] Majima u. Hoshino: Ber. dtsch. chem. Ges. **58**, 2024 (1925).
[3] Julius v. Braun, Alfred Bahn u. Wilhelm Münch: Ber. dtsch. chem. Ges. **62**, 2766 (1929).

d-Alanyl-glycin.

Physiologische Eigenschaften: Hydrolysengeschwindigkeit $k \cdot 10^3$ bei der Erepsinspaltung = 60 [1].

dl-Alanyl-glycin.

Physikalische und chemische Eigenschaften: Über die Hydrolysengeschwindigkeit bei der Einwirkung von Natronlauge [2].

Physiologische Eigenschaften: Wird vom tierischen Organismus asymmetrisch gespalten: das d-Alanyl-glycin wird resorbiert und die l-Verbindung wird großenteils durch den Harn ausgeschieden [3].

Über die verschiedenen Wirkungen der sowohl im Darm- als auch im Malzerepsin enthaltenen 2 Dipeptidasen auf Alanyl-glycin [4]. So spaltet die aus Darmerepsin gewonnene Dipeptidase II bei ihrem p_H-Optimum 7,8 das Dipeptid 8mal so rasch als die Dipeptidase I bei ihrem p_H-Optimum 7,3 [5, 6]. Alanyl-glycin wird durch Extrakt aus Grünmalzautolysat recht gut gespalten [6]. Über die p_H-Abhängigkeit der Alanyl-glycinspaltung durch Glycerinextrakt von Gerstenkeimlingen [7]. Alanyl-glycin wird auch durch verschiedentliche Extrakte und Preßsäfte von Früchten, wie Carica papaya, Birnen, Trauben, Pfirsichen, Melonen, Kürbissen, Pflaumen, Gurken sowie von Gerste gespalten [7].

Die Spaltung des Peptids wird durch Glykokoll und Alanin gehemmt [8]. Spaltet bei Gegenwart von Adrenalin + Sauerstoff nur Spuren von Ammoniak ab [9].

Zusatz von Alanyl-glycin soll die antitryptische Kraft erhöhen, die nach A. Niskowsky die Durchspülungsflüssigkeit einer übelriechenden Speicheldrüse eines Hundes bekommt [10].

Derivate: dl-Alanyl-glycin-N-carbonsäure. Dieser Verbindung kommt in Wirklichkeit die Konstitution eines Carbonyl-alanin-glycins zu, die durch Verseifung des Carbomethoxy- bzw. des Carboäthoxy-alanyl-glycins mit n-Alkali hervorgeht, wobei in der Hauptsache eine aus Alkohol in farblosen, bei 180° unter Aufschäumen schmelzende Krystallverbindung von der Zusammensetzung $C_6H_{10}O_5N_2$ entsteht, die nach der Veresterung mit Diazomethan den schön krystallisierenden Dimethylester des Carbonylalanin-glycins

liefert [11].

$$CO \begin{cases} NH \cdot CH \cdot COOCH_3 \\ | \\ CH_3 \\ NH \cdot CH_2 \cdot COOCH_3 \end{cases}$$

dl-α-Brompropionyl-glycyl-anilin [12].

$C_{11}H_{13}O_2N_2Br$

Darstellung: Durch Kuppeln von Glycyl-anilin mit Brompropionylbromid in Chloroformlösung bei Gegenwart von wässeriger Natronlauge.

Physikalische und chemische Eigenschaften: Krystallisiert in kleinen, glänzenden Blättchen vom Schmelzp. 145—146° (korr.). Leicht löslich in Aceton, Essigester, löslich in Alkohol, Chloroform, Äther, heißem Wasser, Toluol, schwer löslich in kaltem Wasser und Petroläther.

---

[1] P. A. Levene, R. E. Steiger u. L. W. Bass: J. of biol. Chem. **82**, 155 (1929) — Chem. Zbl. **1929 II**, 559.

[2] P. A. Levene, L. W. Bass u. R. E. Steiger: J. of biol. Chem. **82**, 167 (1929) — Chem. Zbl. **1929 II**, 560.

[3] Emil Abderhalden u. Kurt Franke: Fermentforschg **10**, 39 (1928).

[4] K. Linderström-Lang u. Masakazu Sato: Hoppe-Seylers Z. **184**, 83 (1929).

[5] K. Linderström-Lang: Hoppe-Seylers Z. **182**, 151 (1929).

[6] Hans v. Euler, Signe Myrbäck u. Karl Myrbäck: Ber. dtsch. chem. Ges. **62**, 2194 (1929).

[7] Otto Ambros u. Anna Harteneck: Hoppe-Seylers Z. **184**, 93 (1929).

[8] Hans v. Euler u. Zoltán J. Kertécz: Ber. dtsch. chem. Ges. **61**, 1552 (1928).

[9] S. Edlbacher u. J. Kraus: Hoppe-Seylers Z. **178**, 239 (1928).

[10] A. Niskowsky: Biochem. Z. **179**, 62 (1926) — Chem. Zbl. **1928 II**, 2660.

[11] F. Wessely, E. Kemm u. J. Mayer: Hoppe-Seylers Z. **180**, 64 (1929).

[12] Emil Abderhalden u. Hans Brockmann: Fermentforschg **10**, 159 (1928).

dl-Alanyl-glycyl-anilin [1].

$$NH_2 \cdot \underset{\underset{CH_3}{|}}{CH} \cdot CO \cdot NH \cdot CH_2 \cdot CO \cdot NH \cdot C_6H_5 \quad C_{11}H_{15}O_2N_3$$

Darstellung: Aminieren des Bromkörpers mit alkoholischem Ammoniak, zur Trockene verdampfen, mit Wasser aufnehmen, mit einer der Chlorionenmenge äquivalenten Menge Natronlauge versetzen, zur Trockene verdampfen, mit heißem Toluol extrahieren.

Physikalische und chemische Eigenschaften: Krystallisiert aus Toluol in mikroskopisch kleinen, büschelig verwachsenen Prismen. Schmelzp. 125°. Löslich in Wasser, Alkohol, Aceton, Chloroform, heißem Toluol, schwer löslich in Äther und Essigester, unlöslich in Petroläther. Wird durch n-NaOH bei 37° gespalten.

Physiologische Eigenschaften: Wird von Erepsin gespalten, von Trypsin-Kinase nicht.

Derivate: Pikrat $C_{17}H_{18}N_6O_9$. Gelbe Nadeln. Schmelzp. unter Zersetzung 198° (korr.).

dl-Alanyl-dl-alanin.

Physikalische und chemische Eigenschaften: Über die Einwirkung von Fructose, Glucose, hexosediphosphorsaures Magnesium und Methylglyoxal [2]. Über die Hydrolysengeschwindigkeit bei der Einwirkung von Natronlauge [3].

d-Alanyl-d-alanin.

Physikalische und chemische Eigenschaften: Wird durch n-NaOH bereits bei Zimmertemperatur gespalten [4].

Physiologische Eigenschaften: Wird durch Erepsin gespalten, durch Trypsin-Kinase nicht. Hydrolysengeschwindigkeit $K \cdot 10^3$ bei der Erepsinspaltung $= 150$ [5].

Derivate: Phenylisocyanatverbindung $C_{13}H_{17}O_5N_3$. Durch Kuppeln von d-Alanyl-d-alanin mit Phenylisocyanat, abfiltrieren, Filtrat ansäuern, im Vakuum einengen. Kuppelungsprodukt scheidet sich in mikroskopisch kleinen Prismen ab. Schmelzp. 176°. Wird durch n-NaOH bei 37° bereits nach 3 Stunden weitgehend aufgespalten (90% einer Bindung) [4].

β-Naphthalinsulfoverbindung $C_{16}H_{18}O_5N_2S$. Durch Aufspaltung von d-Alanianhydrid mit Natronlauge bei Zimmertemperatur und Kuppeln mit β-Napthalinsulfochlorid. Scheidet sich nach dem Ansäuern beim Einengen mikrokrystallin ab. Schmelzp. 158—159°. Wird durch n-NaOH bei 37° nur langsam gespalten [4].

α, α-Diacetaminopropionyl-glycin [6].

$$\begin{matrix} CH_3 \cdot CO \cdot NH \\ & \diagdown \\ & C-CO \cdot NH \cdot CH_2 \cdot COOH \quad C_9H_{15}O_5N_3 \\ & \diagup| \\ CH_3 \cdot CO \cdot NH & CH_3 \end{matrix}$$

Darstellung: Man gibt zur Lösung von 3,8 g Glykokoll in 50 ccm n-HaOH unter Wasserkühlung 8,6 g Diacetaminopropionsäureazlacton (aus Diacetaminopropionsäure und Essigsäureanhydrid auf dem Wasserbad, umkrystallisieren aus Essigester), die in 75 ccm Aceton suspendiert sind. Nach 10 Minuten fügt man zur klaren Lösung 50 ccm n-Schwefelsäure hinzu, verdampft zur Trockene und kocht 4mal mit 50 ccm Alkohol aus. Ausbeute 95% d. Th.

Physikalische und chemische Eigenschaften: Krystallisiert aus Alkohol in Nadeln oder langgestreckten Platten, die 1 Krystallalkohol enthalten, von 210° an unter zunehmender Fär-

---

[1] Emil Abderhalden u. Hans Brockmann: Fermentforschg **10**, 159 (1928).

[2] Carl Neuberg u. Maria Kobel: Biochem. Z. **200**, 459 (1928) — Chem. Zbl. **1929 I**, 1561.

[3] P. A. Levene, L. W. Bass u. R. E. Steiger: J. of biol. Chem. **82**, 167 (1929) — Chem. Zbl. **1929 II**, 560.

[4] Emil Abderhalden u. Juan José Delgado y Mier: Fermentforschg **10**, 251 (1928).

[5] P. A. Levene, R. E. Steiger u. L. W. Bass: J. of biol. Chem. **82**, 155 (1929) — Chem. Zbl. **1929 II**, 559.

[6] Max Bergmann u. Karl Grafe: Hoppe-Seylers Z. **187**, 196 (1930).

bung sintern und sich bei 215° (korr.) unter Aufschäumen zu einer rotbraunen Flüssigkeit zersetzen. Leicht löslich in Eisessig, schwerer in Alkohol, fast gar nicht in anderen organischen Solventien. Kocht man 10 g Substanz mit 125 ccm n-HCl $^1/_2$ Stunde, so entsteht mit 50% Ausbeute Pyruvoyl-glycin $CH_3 \cdot CO \cdot CO \cdot NH \cdot CH_2 \cdot COOH$.

Derivate: Äthylester $C_{11}H_{19}O_3N_3$. Vermischt man Diacetaminopropionsäureazlacton in methylalkoholischer Lösung mit einer ätherischen Lösung von Glykokollester in geringem Überschuß, so scheidet sich der Ester unter Selbsterwärmung in feinen, verfilzten Nadeln aus. Schmelzp. 179° (korr.) ohne Verfärbung. Leicht löslich in Wasser, Methanol und Eisessig, etwas schwerer in Äthanol und Aceton, schwer in Äther und besonders in Petroläther. Krystallisiert aus Essigester in zentrisch angeordneten Nädelchen. Kann ebenfalls in Pyruvoyl-glycin übergeführt werden.

dl-α-Brompropionyl-dl-valin.

Physikalische und chemische Eigenschaften: Wird durch n-NaOH bei 37° schwach gespalten [1].

Physiologische Eigenschaften: Wird durch Trypsin-Kinase kaum angegriffen [2]. Über die Einwirkung durch ein aus Trypsin-Kinase (durch Adsorption an Tonerde bei p_H 4,7) gewonnenes Ferment bei p_H 7,2, 7,8 und 8,4 [2].

dl-Alanyl-dl-valin.

Physikalische und chemische Eigenschaften: Wird durch n-NaOH bei 37° nicht angegriffen [1].

Physiologische Eigenschaften: Wird weder von Erepsin noch von Trypsin-Kinase gespalten [1].

Optisch inaktives α-Brompropionyl-norvalin [3].

$$Br \cdot \underset{CH_3}{CH} \cdot CO \cdot NH \cdot \underset{(CH_2)_2 \cdot CH_3}{CH} \cdot COOH \qquad C_8H_{14}O_3NBr$$

Darstellung: Kuppeln von dl-Norvalin mit dl-α-Brompropionylbromid. Beim Ansäuern bildet sich eine weiße, bald spontan krystallisierende Emulsion. Beim Umkrystallisieren aus heißem Wasser erhält man eine beim Abkühlen auskrystallisierende Fraktion A und aus der Mutterlauge eine Fraktion B. Nach zweimaligem Umkrystallisieren aus Wasser können die einzelnen Fraktionen rein erhalten werden.

Physikalische und chemische Eigenschaften: A: Voluminöse, fettglänzende, spitze Blättchen, die bei 126° sintern, bei 128,5—129,5° schmelzen und sich bei 159—160° zersetzen. B: Krystallisiert in matten, derben Nadeln, die bei 129° sintern, bei 130,5—131,5° schmelzen und sich bei 159—160° zersetzen. Ein Mischmelzpunkt gleicher Teile A und B liegt bei 117—119°. Beide Substanzen werden durch n-Alkali bei 37° verhältnismäßig schwach gespalten.

Physiologische Eigenschaften: Substanz A wird durch Trypsin-Kinase schwach gespalten, Substanz B dagegen kaum angegriffen.

Optisch inaktives Alanyl-norvalin [3].

$$NH_2 \cdot CH_2 \cdot CO \cdot NH \cdot \underset{(CH_2)_2 \cdot CH_3}{CH} \cdot COOH \qquad C_8H_{16}O_3N_2$$

Darstellung: Durch Aminieren von Brompropionyl-norvalin A und B, eindampfen, entfernen des Bromammons mit Silbersulfat und Baryt. A aus Alkohol krystallisieren, B aus wenig Wasser + viel Alkohol.

Physikalische und chemische Eigenschaften: A krystallisiert in mikroskopischen, gut ausgebildeten, zu eigenartigen Sternen und Bündeln gruppierten Nadeln, die bei 184° sintern und bei 218—219° unter starker Bräunung schmelzen, aber selbst bis 285° noch nicht auf-

---

[1] Emil Abderhalden u. Walter Zeisset: Fermentforschg **10**, 544 (1929).
[2] Emil Abderhalden u. Walter Zeisset: Fermentforschg **11**, 183 (1930).
[3] Emil Abderhalden u. Walter Zeisset: Fermentforschg **11**, 119 (1929).

schäumen. B krystallisiert in mikroskopischen, wetzsteinförmigen Nadeln, die zu vielstrahligen Sternen oder zu Scheren zusammengelagert sind und bei 224—225° unter Zersetzung schmelzen. Beide Formen werden durch n-NaOH bei 37° nicht angegriffen.

Physiologische Eigenschaften: Form A wird von Erepsin gespalten, während Form B unangegriffen bleibt. Trypsin-Kinase greift beide Formen nicht an.

dl-Alanyl-decarboxy-leucin.

Physiologische Eigenschaften: Wird von Hefemacerationssaft gespalten[1].

Derivate: Benzoylverbindung. Wird weder von Trypsin allein noch von Trypsin-Kinase gespalten[2].

dl-α-Brompropionyl-d-phenylalanin [3].

$$C_{12}H_{14}O_3NBr$$

Darstellung: Kuppeln von d-Phenylalanin mit dl-α-Brompropionylbromid, ansäuern, allmählich krystallin erstarrende Masse mit Wasser und Petroläther waschen.

Physikalische und chemische Eigenschaften: Krystallisiert aus Wasser in langen, schmalen Nadeln. $[\alpha]_D^{18} = -3{,}80$ bis $-3{,}89°$.

dl-Brompropionyl-dl-phenylalanin.

Physikalische und chemische Eigenschaften: Die Aminierung zu dl-Alanyl-dl-phenylalanin vollzieht sich mit 25 proz. Ammoniak bei 37° bereits nach 13 Stunden. Wird durch $^n/_2$-NaOH bei 37° kaum mehr gespalten[3].

Physiologische Eigenschaften: Wird von Trypsin-Kinase gespalten[4].

α, α-Diacetaminopropionsäure-dl-phenylalanin [5].

$$\begin{array}{c} CH_3 \cdot CO \cdot NH \\ \diagdown \\ C\text{—}CO \cdot NH \cdot CH \cdot COOH \qquad C_{16}H_{21}O_5N_3 \\ \diagup\big| \big| \\ CH_3 \cdot CO \cdot NH CH_3 CH_2 \cdot C_6H_5 \end{array}$$

Darstellung: Man übergießt 8,5 g Diacetaminopropionsäureazlacton mit 150 ccm absolutem Alkohol, fügt die Lösung von 8,25 g dl-Phenylalanin in 51 ccm n-NaOH hinzu, läßt $1/2$ Stunde stehen, versetzt mit 51 ccm n-H_2SO_4, dampft ein und kocht den Rückstand mit 300 ccm absolutem Alkohol aus. Ausbeute 15,3 g oder 80% d. Th.

Physikalische und chemische Eigenschaften: Krystallisiert mit 1 Krystallalkohol, der erst nach tagelangem Erhitzen auf 56° unter 0,1 mm Druck entweicht. Höheres Erhitzen führt zu Sublimation. Beim Umkrystallisieren aus Essigester geht der Krystallalkohol verloren. Schmelzp. 219—220° (korr.) unter Zersetzung. Kocht man 1 Stunde mit überschüssiger n-HCl, so erhält man mit 40% Ausbeute Pyruvoyl-dl-phenylalanin

$$\begin{array}{c} CH_3 \cdot CO \cdot CO \cdot NH \cdot CH \cdot COOH \\ \big| \\ CH_2 \cdot C_6H_5 \end{array}$$

Derivate: Methylester $C_{17}H_{23}O_5N_3$. Aus Diacetaminopropionsäureazlacton mit Phenylalaninmethylester oder aus Diacetaminopropionsäure-phenylalanin mit Diazomethan. Schmelzpunkt 196° (korr.).

dl-Alanyl-dl-phenylalanin [3].

Physikalische und chemische Eigenschaften: Wird durch $^n/_2$-NaOH bei 37° nicht mehr gespalten.

---

[1] Emil Abderhalden u. Hans Brockmann: Fermentforschg 10, 330 (1929).
[2] Ernst Waldschmidt-Leitz, Willibald Klein u. Anton Schäffner: Ber. dtsch. chem. Ges. 61, 2092 (1928).
[3] Emil Abderhalden u. Friedrich Schweitzer: Fermentforschg 11, 224 (1930).
[4] Emil Abderhalden u. Ernst Schwab: Fermentforschg 10, 305 (1929).
[5] Emil Abderhalden u. Walter Zeisset: Fermentforschg 11, 119 (1929).

dl-α-Brompropionyl-β'-(p-oxyphenyl)-äthylamin, dl-α-Brompropionyl-tyramin[1].

Das früher von Guggenheim[2] erhaltene Produkt dürfte wohl durch die Di-brompropionylverbindung

$$Br \cdot \underset{\underset{CH_3}{|}}{CH} \cdot CO \cdot NH \cdot CH_2 \cdot CH_2 \langle\rangle O \cdot CO \cdot \underset{\underset{CH_3}{|}}{CHBr}$$

verunreinigt gewesen sein, die bei 137° schmilzt und in Äther schwer löslich ist. Die bei der Kuppelung entstehende Hauptmenge bildet das eigentliche Brompropionyl-tyramin, das bei 122° schmilzt.

Derivate: dl-α-Brompropionyl-β'(-p-methoxyphenyl)-äthylamin

$$Br \cdot \underset{\underset{CH_3}{|}}{CH} \cdot CO \cdot NH \cdot CH_2 \cdot CH_2 \langle\rangle OCH_3 \qquad C_{12}H_{16}O_2NBr$$

Durch Umsetzung von 2 Mol β-(p-Methoxyphenyl)-äthylamin (über dessen zweckmäßige Darstellung s. Original) mit 1 Mol Brompropionylbromid in ätherischer Lösung. Krystallisiert aus Alkohol vom Schmelzp. 122°. Merklich löslich in heißem Wasser, leicht löslich in Alkohol und Benzol.

dl-Alanyl-decarboxy-tyrosin, dl-Alanyl-tyramin[1].

Derivate: (N-Äthyl-dl-alanyl)-decarboxy-tyrosin

$$C_2H_5 \cdot NH \cdot \underset{\underset{CH_3}{|}}{CH} \cdot CO \cdot NH \cdot CH_2 \cdot CH_2 \cdot C_6H_4OH$$

Aus dem Brompropionyl-tyramin durch 20stündiges Erhitzen mit Äthylamin in benzolischer Lösung auf 100°. Bildet eine dickölige, nicht krystallisierende und nicht destillierbare, in Wasser und Äther leicht lösliche Masse, die ein luftbeständiges **Chlorhydrat** $C_{13}H_{21}O_2N_2Cl$ bildet, das bei 60° schmilzt. — Ist pharmakologisch indifferent.

(N-Isoamyl-dl-alanyl)-decarboxy-tyrosin

$$\underset{CH_3}{\overset{CH_3}{\diagdown}}CH \cdot CH_2 \cdot CH_2 \cdot NH \cdot \underset{\underset{CH_3}{|}}{CH} \cdot CO \cdot NH \cdot CH_2 \cdot CH_2 \cdot C_6H_4OH$$

Darstellung und Eigenschaften analog der Äthylverbindung. Ist auch pharmakologisch indifferent. **Chlorhydrat** $C_{16}H_{27}O_2N_2Cl$ ebenfalls luftbeständig. Schmelzp. 68°.

(N-Äthyl-dl-alanyl)-O-methyl-decarboxy-tyrosin

$$C_2H_5 \cdot NH \cdot \underset{\underset{CH_3}{|}}{CH} \cdot CO \cdot NH \cdot CH_2 \cdot CH_2 \cdot \langle\rangle OCH_3 \qquad C_{13}H_{22}O_2N_2$$

Durch 16stündige Einwirkung von 5 Mol benzolischem Äthylamin auf Brompropionyl-β-(p-methoxyphenyl)-äthylamin bei 100°. Siedet unter 0,2 mm als farbloses, sehr zähes, in Wasser recht leicht lösliches Öl. Ist pharmakologisch indifferent. **Chlorhydrat** etwas hygroskopisch. Schmelzp. 135—138°.

(N-Isoamyl-dl-alanyl)-O-methyl-decarboxytyrosin $C_{15}H_{28}O_2N_2$. Darstellung wie bei der Äthylenverbindung. Siedet unter 0,8 mm bei 203—206°, ist ebenfalls ölig, aber in Wasser viel weniger löslich. Zeigt stärkste epileptoide Wirkung. Chlorhydrat hygroskopisch; Schmelzpunkt 157°.

α-Brompropionyl-glutaminsäure[3].

$$C_8H_{12}O_5NBr$$

Darstellung: Kuppeln von Glutaminsäure mit Brompropionylbromid, ansäuern, im Vakuum zur Trockene verdampfen, mit Essigester ausziehen, mit Petroläther fällen.

Physikalische und chemische Eigenschaften: Schmelzp. 123°.

---

[1] Julius v. Braun, Alfred Bahn u. Wilhelm Münch: Ber. dtsch. chem. Ges. **62**, 2766 (1929).
[2] Guggenheim: Biochem. Z. **51**, 373 (1913).
[3] Stefan Goldschmidt u. Kossy Strauß: Liebigs Ann. **471**, 1 (1929).

Alanyl-glutaminsäure[1].

$$NH_2 \cdot CH \cdot CO \cdot NH \cdot CH \cdot COOH$$
$$\qquad | \qquad\qquad\qquad |$$
$$\quad CH_3 \qquad\qquad\quad CH_2 \qquad C_8H_{14}O_5N_2$$
$$\qquad\qquad\qquad\qquad\quad |$$
$$\qquad\qquad\qquad\quad CH_2COOH$$

Darstellung: Aminieren des Bromkörpers, eingeengten Rückstand mit Alkohol ausziehen (besser vielleicht behandeln mit Silbersulfat und Baryt).
Physikalische und chemische Eigenschaften: Amorpher Körper. Wird mit Hypobromit zu Acetonitril und Glutaminsäure abgebaut.

α-Brompropionyl-3,5-dijodthyronin[2].

$$C_{18}H_{16}O_5NBrJ_2$$

Darstellung: Durch Verseifen des Methylesters mit n-NaOH.
Physikalische und chemische Eigenschaften: Sphärokrystallines Pulver vom Schmelzpunkt 194—195°. Leicht löslich in Alkohol und Essigester, sonst wenig löslich.
Derivate: Methylester. Durch Kuppeln von in Anisol gelöstem Dijodthyroninmethylester mit Brompropionylchlorid und Natriumbicarbonatlösung. Krystallisiert aus verdünntem Alkohol in Nadeln von Schmelzp. 161—162°.

Alanyl-3,5-dijodthyronin[2].

$$NH_2 \cdot CH \cdot CO \cdot NH \cdot CH \cdot COOH$$

with side chains CH_3 and CH_2—C$_6$H$_3$J—O—C$_6$H$_4$—OH (3,5-dijod), $C_{18}H_{18}O_5N_2J_2$

Darstellung: Durch Aminieren von Brompropionyl-dijodthyronin.
Physikalische und chemische Eigenschaften: Aus 30proz. Alkohol sphärokrystallines Pulver. Schmelzp. 207°. Fast unlöslich in Wasser und Alkohol, schwer löslich in wässerigem Alkohol.

α-Brompropionyl-thyroxin[2].

$$C_{18}H_{14}O_5NBrJ_4$$

Darstellung: Durch Verseifen des Methylesters mit 50proz. alkoholischer Natronlauge.
Physikalische und chemische Eigenschaften: Krystallisiert aus Essigsäure in Nadeln. Schmelzp. 193—194° unter Zersetzung.
Derivate: Methylester $C_{19}H_{16}O_5NBrJ_2$. Man kuppelt in Anisol gelösten Thyroxinmethylester mit Brompropionylchlorid und wässerigem Bicarbonat. Krystallisiert aus Benzol in prismatischen Nadeln. Schmelzp. 199—201.

Alanyl-thyroxin[2].

$$NH_2 \cdot CH \cdot CO \cdot NH \cdot CH \cdot COOH$$

with side chains CH_3 and CH_2—C$_6$H$_2$J$_2$—O—C$_6$H$_2$J$_2$—OH, $C_{18}H_{16}O_5N_2J_4$

Darstellung: Durch Aminieren von Brompropionyl-thyroxin mit 25proz. Ammoniak bei 100°. Versucht man es, durch Jodieren von Alanyl-3,5-dijodthyronin herzustellen, so erhält man ein schwer zu reinigendes Produkt.

---

[1] Stefan Goldschmidt u. Kossy Strauß: Liebigs Ann. **471**, 1 (1929).
[2] Julius Nicholson Ashley u. Charles Robert Harington: Biochemic. J. **22**, 1436 (1928) — Chem. Zbl. **1929 I**, 1217.

β-Alanyl-dl-leucin[1].

$$NH_2 \cdot CH_2 \cdot CH_2 \cdot CO \cdot NH \cdot \underset{\underset{C_4H_9}{|}}{CH} \cdot COOH \qquad C_9H_{18}O_3N_2$$

Darstellung: Kuppeln von dl-Leucin mit β-Jod-, besser mit β-Chlorpropionylchlorid, ansäuern, ausäthern, trocknen, mit Petroläther fällen, die zähe Masse mit Ammoniak übergießen, wobei sie weiß und pulverig wird und sich nur langsam löst, 37 Stunden bei 38° aminieren, zur Trockene bringen, mit Silbersulfat und Baryt behandeln.

Physikalische und chemische Eigenschaften: Krystallisiert aus viel heißem Alkohol in mikroskopischen Blättchen. Aus wenig Wasser + Alkohol krystallisiert es in feinen, zu kugeligen Aggregaten vereinigten Nädelchen. Schmelzp. beider Krystallformen 245—246° unter Zersetzung. Sehr leicht löslich in Wasser, schwer in heißem Äthylalkohol, leichter in Methylalkohol. Ninhydrin positiv. Spaltet schon beim Erwärmen mit Magnesiumoxyd Ammoniak ab. n-NaOH bewirkt bei 37° keine Aufspaltung an der Peptidbindung, sondern nur eine Abspaltung von Ammoniak.

Physiologische Eigenschaften: Wird weder von Erepsin noch von Trypsin-Kinase gespalten.

Carnosin, β-Alanyl-l-histidin.

Vorkommen: In der Muskulatur von Schlangen und Krokodilen. Ob es auch in der Vogelmuskulatur (Gans, Huhn, Truthuhn, Taube, Krähe) vorkommt, ist sehr fraglich[2].

Nachweis und Bestimmung: Gibt mit Diazobenzolsulfosäure eine Färbung, die colorimetrisch mit Kongorot und Methylorange verglichen werden kann. Bei den verschiedenen Muskeln desselben Tieres oder bei verschiedenen Tieren der gleichen Spezies hängt die farbstoffbildende Substanz von der Muskelmasse ab, d. h. der Gehalt an Carnosin ist konstant für eine gegebene Menge. Bei verschiedenen Spezies besteht diese Konstanz nicht, wie der Vergleich zwischen Katzen- und Hundemuskeln ergibt[3].

Anserin, β-Alanyl-methylhistidin, Methylcarnosin[4,5].

$$NH_2 \cdot CH_2 \cdot CH_2 \cdot CO \cdot NH \cdot CH \cdot COOH \ ^{6}$$

(Struktur mit Methylimidazolylrest) $C_{10}H_{16}O_3N_4$

Konstitutionsreaktionen: Bei der Destillation von Anserin im Wasserstoffstrom über Natronkalk entsteht (β)-N-Dimethylimidazol. Bei der Autoklavenhydrolyse mit Bariumhydroxydlösung bildet sich dl-α-Amino-β-(N-methyl-4(5)-imidazolyl)-propionsäure (dl-Methylhistidin), sowie β-Alanin[5]. Das Dinitrotoluylanserin gibt bei der Hydrolyse β-Dinitrotoluylalanin. Bei der Destillation des Anserins über Natronkalk bildet sich 1,5-Dimethylimidazol[6].

Vorkommen: Im Gänsemuskel sowie wahrscheinlich auch in der Muskulatur anderer Vögel. In Leber, Magen und Herz scheint es nicht vorzukommen[4]. In der Muskulatur von Huhn, Truthuhn, Taube, Krähe. Auch in der Muskulatur des Krokodils konnte es nachgewiesen werden, dagegen nicht im Schlangenmuskel[2].

Darstellung: Der wässerige Extrakt von 5 kg frischen, zerkleinerten Gänsefleischs wird auf einige Liter eingeengt und abwechselnd so lange mit einer 10proz. Lösung von Quecksilber-

---

[1] Emil Abderhalden u. Fritz Reich: Fermentforschg **10**, 319 (1929).

[2] F. A. Hoppe-Seyler, W. Linneweh u. F. Linneweh: Hoppe-Seylers Z. **184**, 276 (1929).

[3] Winifred Mary Clifford u. Vernon Henry Mottram: Biochem. J. **22**, 1264 (1928) — Chem. Zbl. **1929 I**, 1134.

[4] D. Ackermann, O. Timpe u. K. Poller: Hoppe-Seylers Z. **183**, 1 (1929). — Vgl. auch N. Tolkatschewskaja: Hoppe-Seylers Z. **185**, 28 (1929).

[5] W. Linneweh, A. W. Keil u. F. A. Hoppe-Seyler: Hoppe-Seylers Z. **183**, 11 (1929).

[6] Werner Keil: Hoppe-Seylers Z. **187**, 1 (1930).

sulfat in 10proz. Schwefelsäure einerseits und mit dem 3fachen Volumen reinen Methylalkohols anderseits versetzt, bis statt des weißen flockigen Niederschlags nur der gelbgrüne entsteht, der sich beim Zusammenbringen der schwefelsauren Quecksilbersulfatlösung mit dem Methylalkohol allein bildet. Der Niederschlag setzt sich nach völliger Ausfällung rasch ab und wird nach dem Absaugen mit Methylalkohol gewaschen, mit Wasser fein zerrieben, gründlich aufgekocht, Schwefelwasserstoff eingeleitet, etwas Oktylalkohol hinzugegeben, Luft durchgeleitet und Bariumhydroxyd bis zur ganz schwach sauren Reaktion hinzugegeben. Das Filtrat wird auf etwa $1/2$ l eingeengt und wieder mit schwefelsaurer Quecksilbersulfatlösung gefällt; diesmal aber ohne Zusatz von Methylalkohol, wodurch die Beseitigung störender Beimengungen erreicht wird. Im Filtrat wird nun die Fällung mit schwefelsaurer Quecksilbersulfatlösung und Methylalkohol wiederholt, der Rückstand wie oben mit Schwefelwasserstoff zerlegt und die Schwefelsäure mit Baryt quantitativ entfernt. Nun wird stark eingeengt, etwas Oktylalkohol hinzugegeben und mit überschüssigem Kupfercarbonat gekocht. Aus dem tiefdunkelblauen Filtrat scheidet sich nach vorsichtigem Einengen auf dem Wasserbad das Anserinkupfer ab. Zur Gewinnung des freien Peptids löst man warm in schwach schwefelsaurer Lösung, leitet Schwefelwasserstoff ein, beseitigt die Schwefelsäure mit Baryt und dampft das alkalisch reagierende Filtrat zum dünnen Sirup ein, aus dem nach einiger Zeit das Anserin auskrystallisiert[1].

Physikalische und chemische Eigenschaften: Krystallisiert in Nadeln, die in Form charakteristischer, kreisförmiger Aggregate aneinandergelagert sind. Leicht löslich in Wasser, sehr schwer löslich in absolutem Alkohol, besser in Methylalkohol. Schmelzp. 238—239°. $[\alpha]_D^{16} = +11,16$ bis $+11,26°$. —

Das Anserin zeigt folgende Fällungsreaktionen:
Phosphorwolframsäure: Fällung.
Alkoholische Quecksilberchloridlösung: Fällung.
Wässerige Quecksilberchloridlösung: unvollständige Fällung.
Wässerige Quecksilbernitratlösung: Fällung.
Hopkins Reagens + Methyl- oder Äthylalkohol: Fällung.
Wässerige Pikrolonsäurelösung: Nach langer Zeit spärliche Trübung.
Gerbsäurelösung: Fällung bei nicht saurer Reaktion.
Ammoniakalische Silberlösung: schwache Trübung.
Flaviansäurelösung: Nach längerem Stehen Fällung.
Alkoholische Pikrinsäurelösung: Fällung, zuerst ölig.
Dragendorffs Reagens: Fällung in Form öliger Tröpfchen.

Nicht ganz reines Anserin gibt positive Paulysche Reaktion. Erst Reinigen über verschiedene Salze und wiederholtes Umkrystallisieren bringt die Diazoreaktion zum Verschwinden. Einfaches öfteres Umkrystallisieren genügt nicht. Auch alle anderen Farbreaktionen, die Millonsche Reaktion, die Glyoxylsäureprobe nach Hopkins, die Probe von Sakaguchi, die Bromreaktion von Koop, sowie die Biuret- und Murexidprobe fallen negativ aus. Nur die Ninhydrinreaktion ist positiv[1].

Derivate: Kupfersalz $C_{10}H_{16}O_3N_4CuO(?)$. Es tritt in zwei Modifikationen, einer ultramarinblauen und einer tiefrotlila gefärbten auf. Die blaue Modifikation scheidet sich aus der wässerigen Lösung nach dem Einengen aus und behält die blaue Farbe auch nach dem Abfiltrieren auf der Nutsche bei. Saugt man aber längere Zeit Luft hindurch, oder stellt das Salz in den Exsiccator oder spritzt etwas Alkohol darauf, so entsteht die rote Modifikation. Versucht man die rote Form aus heißem, absoluten Methylalkohol umzukrystallisieren, so entsteht die blaue Form, die sogar beim Erwärmen im Vakuum blau bleibt. Das rote Salz ist in kochendem Wasser schwer löslich, das blaue ist verhältnismäßig leicht löslich. Kocht man eine konzentrierte wässerige Lösung der blauen Modifikation längere Zeit unter Umrühren, so scheidet sich ein Teil der roten Form ab. Löst man das trockene Salz in heißem Äthylalkohol und engt etwas ein, so erstarrt nach einiger Zeit das Ganze zu einer blauen Gallerte. Methylalkohol löst besser als Äthylalkohol. Zersetzungspunkt 230—232°. Das Salz bildet dünne nadelförmige Prismen. Eigenfarbe ultramarinblau ohne Pleochroismus. Nur in ganz dünnen Nädelchen ist die Substanz farblos. Lichtbrechung schwach, aber merklich stärker als 1,15 (Becksche Linie), Doppelbrechung stark. Charakter der Hauptzone durchweg negativ. Optisch einachsig[1].

Anserinnitrat $C_{10}H_{16}O_3N_4HNO_3$. Durch Einengen einer bis zur schwach lackmussauren

---

[1] D. Ackermann, O. Timpe u. K. Poller: Hoppe-Seylers Z. **183**, 1 (1929).

Reaktion mit Salpetersäure versetzten Anserinlösung. Krystallisiert in schönen Nadeln und läßt sich aus konzentrierter wässeriger Lösung durch Methylalkohol bequem zur Abscheidung bringen[1]. Schmelzp. 220—222° unter Aufschäumen [2].

Anserinmonopikrat $C_{10}H_{16}O_3N_4 \cdot C_6H_3N_3O_6$. Wird durch Fällung mit alkoholischer Pikrinsäurelösung gewonnen. Neigt zur Ölbildung. Durch Behandeln mit wenig Wasser, etwas Aceton und viel Alkohol unter Reiben erhält man ein festes, analysierbares Produkt[1].

Anserinchloroplatinat $C_{10}H_{16}O_3N_4 \cdot H_2PtCl_6$. Durch Fällung einer Lösung von Anserin in möglichst wenig starker Salzsäure mit einer alkoholischen Platinchlorwasserstoffsäurelösung. Das anfangs sich bildende Öl erstarrt bald zu krystallinischen Krusten.

Anserinchloroaurat $C_{10}H_{16}O_3N_4 \cdot 2 HAuCl_4$. Zu einer möglichst konzentrierten Lösung von Anserin in starker Salzsäure gibt man 30proz. wässerige Goldchloridchlorwasserstofflösung, wobei ein langsam krystallisierendes Öl ausfällt. Nach dem Umkrystallisieren erhält man es in Form weicher Nadelaggregate[1].

Anserinäthylester-chloroplatinat $C_{12}H_{20}O_3N_4 \cdot H_2PtCl_6$. Anserin wird mit absolutem Äthylalkohol und gasförmiger Salzsäure verestert — wobei Lösung eintritt — und ohne einzudampfen mit alkoholischer Platinchlorwasserstoffsäure gefällt. Der Niederschlag wird aus Wasser + Alkohol gereinigt [3].

Dinitrotoluyl-anserin. Durch 1stündiges Kochen einer konzentrierten wässerigen Lösung von 0,6 g Anserin mit einer methylalkoholischen Lösung von 0,4 g γ-Trinitrotoluol. Mit Hilfe von Alkohol zur Trockne bringen, mit Äther extrahieren, Rückstand in Wasser lösen, mit Essigsäure fällen. Spröde, amorphe Masse, schwer löslich in Äther und kaltem Alkohol[4].

dl-α-Aminobutyryl-glycin.

Physikalische und chemische Eigenschaften: Wird durch n-NaOH bei 37° gespalten [5, 6].

Physiologische Eigenschaften: Wird von Erepsin gespalten, nicht von Trypsin-Kinase [5, 6]. Die Erepsinspaltung des Peptids wird durch Glykokoll[1] und l-Leucin nicht gehemmt. d-Alanin, β-Alanin, l-Phenylalanin, d-Phenylalanin, β-Aminobuttersäure, dl-Valin, l-Prolin, Sarkosin, l-Alanin, l-Asparaginsäure, d-Glutaminsäure, Hippursäure und Anilin hemmen schwach bis mittelstark. Das optimale p_H für die Spaltung durch Erepsin liegt bei 7,8. Abhängigkeit des Zusatzes von Hippursäure, d-Phenylalanin und Glykokoll bei verschiedenem p_H auf die Erepsinspaltung[7]. Über die Einwirkung von Zellfermenten aus Leber und Niere[8].

Derivate: Phenylisocyanatverbindung $C_{13}H_{17}O_4N_3$. Durch Kuppeln des Dipeptids mit Phenylisocyanat, von Diphenylharnstoff abfiltrieren, ansäuern, wobei es in rechtwinkligen Prismen vom Schmelzp. 203° ausfällt. Leicht löslich in Alkohol, sehr schwer löslich in Wasser, Äther, Petroläther und Chloroform. Wird durch n-NaOH bei 37° gespalten, ebenso durch Trypsin-Kinase, nicht von Erepsin [5].

1, 2, 4-Nitrotoluolsulfo-dl-α-aminobutyryl-glycin $C_{13}H_{17}O_7N_3S$. Durch Kuppeln des Dipeptids mit 1, 2, 4-Nitrotoluolsulfochlorid bei Zimmertemperatur und Gegenwart von Äther, was mehrere Stunden (6—7) dauert. Fällt aus der wässerigen Lösung beim Ansäuern aus. Schmelzp. 170—172°. Leicht löslich in Wasser und Alkohol, kaum löslich in Chloroform, Äther und Petroläther. Durch Einwirkung von n-NaOH bei 37° erfolgt Zersetzung unter Braunfärbung ohne nachweisbare Hydrolyse. Wird von Erepsin nicht gespalten, Trypsin-Kinase spaltet schwach [5].

m- und p-Nitrobenzoyl-dl-α-aminobutyryl-glycin $C_{13}H_{15}O_6N_3$. Durch Kuppeln von dl-α-Aminobutyryl-glycin mit m- bzw. p-Nitrobenzoylchlorid. Fällt beim Ansäuern neben Nitrobenzoesäure aus. Entfernen derselben mittels fraktionierter Krystallisation und Behandeln mit Äther. Schmelzp. der m-Verbindung bei 204°, der p-Verbindung bei 188—189°. Leicht löslich in Wasser, schwer löslich in Alkohol, unlöslich in Äther und Petroläther. Wird durch n-Alkali bei 37° gespalten. Auch Trypsin-Kinase spaltet, und zwar die p-Verbindung rascher als die m-Verbindung. Erepsin greift nicht an [5].

---

[1] D. Ackermann, O. Timpe u. K. Poller: Hoppe-Seylers Z. **183**, 1 (1929).
[2] F. A. Hoppe-Seyler, W. Linneweh u. F. Linneweh: Hoppe-Seylers Z. **183**, 276 (1929).
[3] W. Linneweh, A. W. Keil u. F. A. Hoppe-Seyler: Hoppe-Seylers Z. **183**, 11 (1929).
[4] Werner Keil: Hoppe-Seylers Z. **187**, 1 (1930).
[5] Emil Abderhalden u. Oskar Herrmann: Fermentforschg **10**, 145 (1928).
[6] Emil Abderhalden u. Vlassios Vlassopoulos: Fermentforschg **10**, 365 (1929).
[7] Emil Abderhalden u. Oskar Herrmann: Fermentforschg **10**, 610 (1929).
[8] Emil Abderhalden u. Oskar Herrmann: Fermentforschg. **11**, 78 (1929).

dl-α-Aminobutyryl-dl-α-aminobuttersäure.

Physikalische und chemische Eigenschaften: Die sog. reduzierte Dissoziationskonstante $m_s = -\log k$ ist 8,4 [1].

dl-α-Brombutyryl-dl-phenylalanin [2].

$C_{13}H_{16}O_3NBr$

Darstellung: Nach dem Kuppeln von dl-Phenylalanin mit dl-α-Brombutyrylbromid ausäthern, ansäuern, wieder ausäthern, ätherische Lösung trocknen und verdampfen. Ausbeute 80% der Theorie.

Physikalische und chemische Eigenschaften: Krystallisiert aus Toluol vom Schmelzp. 122 bis 123°. Wird durch n-NaOH nicht mehr gespalten. Über die Aminierungsgeschwindigkeit bei 37°.

dl-α-Aminobutyryl-dl-phenylalanin [2].

$NH_2 \cdot CH \cdot CO \cdot NH \cdot CH \cdot COOH \quad C_{13}H_{18}O_3N_2$
$CH_2 \cdot CH_3 CH_2 \cdot C_6H_5$

Darstellung: Durch 64stündiges Aminieren des Bromkörpers bei 37°. Eindampfen, mit Silbersulfat und Baryt behandeln.

Physikalische und chemische Eigenschaften: Krystallisiert aus Wasser in Form prismatischer Nädelchen, die bei 237° unter Braunfärbung schmelzen. Wird durch n-NaOH bei 37° nicht gespalten.

α-Bromisobutyryl-dl-phenylalanin [2].

$C_{13}H_{16}O_3NBr$

Darstellung: Kuppeln von dl-Phenylalanin mit α-Bromisobutyrylbromid, ansäuern, ausäthern, ätherische Lösung einengen, mit Petroläther verreiben. Ausbeute 80%.

Physikalische und chemische Eigenschaften: Krystallisiert aus Wasser in prismatischen Plättchen. Aus Toluol krystallisiert es in Würfeln vom Schmelzp. 114—115°. Wird durch 2n-NaOH nicht gespalten. Die Aminierung zum Dipeptid vollzieht sich bei 37° außerordentlich langsam und ist selbst nach 420 Stunden noch nicht ganz quantitativ, dagegen wird das Brom durch n-Alkali bei 37° bereits nach 24 Stunden ionisiert abgespalten.

α-Aminoisobutyryl-dl-phenylalanin [2].

$NH_2 \cdot C{-}CO \cdot NH \cdot CH \cdot COOH \quad C_{13}H_{18}O_3N_2$
$CH_3\ CH_3 CH_2 \cdot C_6H_5$

Darstellung: Aminieren von α-Bromisobutyryl-dl-phenylalanin (17 Tage bei 37°), behandeln mit Silbersulfat und Baryt oder — bei schlechterer Ausbeute — bloß mit Alkohol.

Physikalische und chemische Eigenschaften: Krystallisiert in sternförmig gruppierten Nadeln vom Schmelzp. 278° unter Braunfärbung. Schwer löslich in kaltem Wasser. Wird durch 5n-NaOH nicht gespalten.

dl-β-Chlorbutyryl-glycin [3].

$C_6H_{10}O_3NCl$

Darstellung: Kuppeln von Glykokoll mit β-Chlorbutyrylchlorid, ansäuern, im Vakuum einengen. Krystallisiert beim Stehen in langen Nadeln aus. Mutterlauge ausäthern, mit Petroläther fällen. Ausbeute 70% d. Th.

Physikalische und chemische Eigenschaften: Krystallisiert in schönen langen Nadeln oder Spießen vom Schmelzp. 122°. Leicht löslich in Wasser, Alkohol, Äther und Chloroform.

---

[1] J. Tillmanns, P. Hirsch, F. Strache: Biochem. Z. **199**, 399 (1929) — Chem. Zbl. **1929 I**, 1353.

[2] Emil Abderhalden u. Friedrich Schweitzer: Fermentforschg **11**, 224 (1930).

[3] Emil Abderhalden u. Richard Fleischmann: Fermentforschg **10**, 195 (1928).

dl-β-Aminobutyryl-glycin[1].

$NH_2 \cdot CH \cdot CH_2 \cdot CO \cdot NH \cdot CH_2 \cdot COOH \quad C_6H_{12}O_3N_2$
    |
    CH_3

Darstellung: Aminieren von β-Chlorbutyryl-glycin, einengen und entfernen des Chlorammons mit Silbersulfat und Baryt. Ausbeute nur 30% d. Th.
Physikalische und chemische Eigenschaften: Krystallisiert aus der konzentrierten wässerigen Lösung in langen Nadeln; aus Alkohol durch Fällen mit Äther in schönen Nädelchen. Unlöslich in absolutem Alkohol, leicht löslich in gewöhnlichem (95proz.) Alkohol. Schmelzpunkt 248°. Wird durch n-NaOH bei 37° nicht gespalten.
Physiologische Eigenschaften: Wird weder von Erepsin noch von Trypsin-Kinase angegriffen.
Derivate: β-Aminobutyryl-glycin-N-carbonsäure[2]. Kommt in Wirklichkeit die Konstitution eines Carbonyl-β-aminobuttersäure-glycins zu, wie durch Verseifen des Carbomethoxyglycyl-β-aminobuttersäureäthylesters bzw. des Carbomethoxy-β-aminobutyryl-glycinäthylesters und Verestern des entstandenen Produkts hervorgeht, wobei ein Produkt vom ungefähren Schmelzp. 102° und der Zusammensetzung $C_{11}H_{20}O_5N_2$ entsteht, dem die Konstitution zukommt.

$$CO \begin{cases} NH \cdot CH_2 \cdot CH_2 \cdot COOC_2H_5 \\ CH_3 \\ NH \cdot CH_2 \cdot COOC_2H_5 \end{cases}$$

dl-β-Chlorbutyryl-dl-β-aminobuttersäure[1].

$C_8H_{14}O_3NCl$

Darstellung: Kuppeln von β-Aminobuttersäure mit β-Chlorbutyrylchlorid, ansäuern, einengen. Krystallisiert beim Stehen in langen Nadeln aus. Waschen mit Petroläther zur Entfernung anhaftender β-Chlorbuttersäure.
Physikalische und chemische Eigenschaften: Krystallisiert aus Wasser in schönen Prismen und aus Chloroform in langen, bei 142° schmelzenden Nadeln. Schwer löslich in Äther, Chloroform und kaltem Wasser, leicht löslich in Äthyl- und Methylalkohol.

dl-β-Aminobutyryl-dl-β-aminobuttersäure[1].

$NH_2 \cdot CH \cdot CH_2 \cdot CO \cdot NH \cdot CH \cdot CH_2 \cdot COOH \quad C_8H_{16}O_3N_2$
    | |
    CH_3 CH_3

Darstellung: Kann durch Aminieren von β-Chlorbutyryl-β-aminobuttersäure nur in sehr geringer Ausbeute erhalten werden, da sich in der Hauptsache ungesättigte Verbindungen von sirupöser Konsistenz bilden. Nach dem Behandeln des eingeengten und mit Wasser wieder aufgenommenen Aminierungsrückstandes mit Silbersulfat und Baryt wird der erhaltene Sirup mit Essigester ausgelaugt und dann zweimal aus der alkoholischen Lösung mit Äther gefällt.
Physikalische und chemische Eigenschaften: Krystallisiert aus der konzentrierten alkoholischen Lösung in schönen, zu Rosetten zusammengelagerten Nadeln, die bei 232° unzersetzt schmelzen, aber auch bei höherer Temperatur (260°) nicht in das Anhydrid übergehen. Wird durch n-NaOH bei 37° nicht gespalten.

dl-β-Chlorbutyryl-dl-leucin[1].

$C_{10}H_{18}O_3NCl$

Darstellung: Kuppeln von Leucin mit β-Chlorbutyrylchlorid, von öliger Trübung abfiltrieren, ansäuern, wobei das Kuppelungsprodukt großenteils sofort, der Rest nach längerem Stehen ausfällt.

---

[1] Emil Abderhalden u. Richard Fleischmann: Fermentforschg **10**, 195 (1928).
[2] F. Wessely, E. Kemm u. J. Mayer: Hoppe-Seylers Z. **180**, 64 (1929).

Physikalische und chemische Eigenschaften: Krystallisiert aus Wasser in langen Nadeln. Aus Äther + Petroläther krystallisiert es ebenfalls in Nadeln, die bei 132° schmelzen. Leicht löslich in Methylalkohol, Äthylalkohol, Äther, Chloroform, schwer löslich in Petroläther und kaltem Wasser.

dl-β-Aminobutyryl-dl-leucin[1].

$$NH_2 \cdot \underset{\underset{CH_3}{|}}{CH} \cdot CH_2 \cdot CO \cdot NH \cdot \underset{\underset{C_4H_9}{|}}{CH} \cdot COOH \quad C_{10}H_{20}O_3N_2$$

Darstellung: Aminieren des Chlorkörpers, entfernen des Chlorammons nach der Silbersulfatmethode.

Physikalische und chemische Eigenschaften: Krystallisiert aus der konzentrierten wässerigen Lösung in schönen Prismen, die fächerartig zusammengelagert sind. Schmelzp. 265 bis 268° unter Zersetzung. Leicht löslich in gewöhnlichem Alkohol, unlöslich in absolutem Alkohol. Wird durch n-NaOH bei 37° nicht gespalten.

Physiologische Eigenschaften: Wird weder von Erepsin noch von Trypsin-Kinase angegriffen.

dl-β-Chlorbutyryl-dl-phenylalanin[2].

$$Cl \cdot \underset{\underset{CH_3}{|}}{CH} \cdot CH_2 \cdot CO \cdot NH \cdot \underset{\underset{CH_2 \cdot C_6H_5}{|}}{CH} \cdot COOH \quad C_{13}H_{16}O_3NCl$$

Darstellung: Kuppeln von Phenylalanin mit β-Chlorbuyrylchlorid; fällt beim Ansäuern aus.

Physikalische und chemische Eigenschaften: Krystallisiert aus wenig Alkohol + Wasser in Nadeln vom Schmelzp. 130°.

Physiologische Eigenschaften: Wird von Trypsin-Kinase kaum angegriffen.

dl-α-Bromisovaleryl-glycin.

Physikalische und chemische Eigenschaften: Wird durch n-NaOH bei 37° gespalten[3].

Physiologische Eigenschaften: Wird von Trypsin-Kinase nicht[2] oder doch nur sehr schwach[4] gespalten.

dl-Valyl-glycin.

Darstellung: Bei der Aminierung von dl-α-Bromisovaleryl-glycin entsteht, zumal bei höheren Temperaturen, ein in Alkohol und Wasser leicht löslicher, ungesättigter Körper. Am besten aminiert man das Bromisovalerylglycin in wässerigem oder alkoholischem Ammoniak bei Zimmer- oder Brutraumtemperatur 2—3 Wochen lang[5].

Physikalische und chemische Eigenschaften: Wird mit n-NaOH bei 37° nicht gespalten[6,3].

Physiologische Eigenschaften: Wird von Erepsin gespalten, von Trypsin-Kinase nicht[6,3].

Die Erepsinspaltung des Peptids wird durch Glykokoll und dl-Valin nicht gehemmt. Hemmend wirken dl-Alanin, l-Tyrosin, l-Phenylalanin, β-Aminobuttersäure. Stark hemmend wirkt Hippursäure[7].

Derivate: Kupfersalz $C_{14}H_{26}N_4O_6Cu$. Schwach blaues, amorphes Pulver[6].

Phenylisocyanatverbindung $C_{14}H_{19}O_4N_3$. Kurze Nadeln vom Schmelzp. 188—190°. Wird von n-NaOH bei 37° unter Freiwerden einer NH-Bindung gespalten[6].

β-Naphthalinsulfoverbindung $C_{17}H_{20}O_5N_2S$. Krystallisiert in Büscheln von langen und kurzen Nadeln vom Schmelzp. 195°. Löslich in heißem Wasser, leicht löslich in Alkohol, Aceton, Essigester, fast unlöslich in kaltem Wasser, unlöslich in Äther, Benzol, Chloroform, Petroläther. Wird von n-NaOH bei 37° angegriffen[6].

Phenylcarbamido-dl-valyl-glycin. Wird von Pankreassaft schwach gespalten[8].

---

[1] Emil Abderhalden u. Richard Fleischmann: Fermentforschg **10**, 195 (1928).
[2] Emil Abderhalden u. Ernst Schwab: Fermentforschg **10**, 305 (1929).
[3] Emil Abderhalden u. Walter Zeisset: Fermentforschg **10**, 544 (1929).
[4] Emil Abderhalden u. Walter Zeisset: Fermentforschg **10**, 481 (1929).
[5] Emil Abderhalden u. Oskar Herrmann: Fermentforschg **10**, 145 (1928).
[6] Emil Abderhalden, Peter Pen-tieh Sah u. Ernst Schwab: Fermentforschg **10**, 264 (1928).
[7] Emil Abderhalden u. Oskar Herrmann: Fermentforschg **10**, 610 (1929).
[8] Emil Abderhalden u. Ernst Schwab: Fermentforschg **10**, 440 (1929).

dl-α-Bromisovaleryl-d-alanin[1].

Physiologische Eigenschaften: Wird von Erepsin nicht, von Trypsin-Kinase nur schwach gespalten.

dl-Valyl-dl-alanin[2].

Physikalische und chemische Eigenschaften: Wird von n-NaOH bei 37° nicht angegriffen.
Physiologische Eigenschaften: Wird von Erepsin gespalten.

dl-α-Bromisovaleryl-dl-norvalin[3].

$C_{10}H_{18}O_3NBr$

Darstellung: Kuppeln von dl-Norvalin mit dl-α-Bromisovalerylbromid, ansäuern, von allmählich krystallin erstarrendem Öl abfiltrieren, trocknen, mit Petroläther extrahieren, in Alkohol lösen, mit Wasser fällen.
Physikalische und chemische Eigenschaften: Krystallisiert in langen, größtenteils zu Bündeln und Sternen zusammengeballten, mikroskopischen Prismen vom Schmelzp. 128—129°. Zersetzung erst oberhalb 175°. Wird durch n-NaOH bei 37° anfangs etwas, dann nicht mehr weiter gespalten.
Physiologische Eigenschaften: Wird von Trypsin-Kinase nicht angegriffen.

dl-Valyl-dl-norvalin[3].

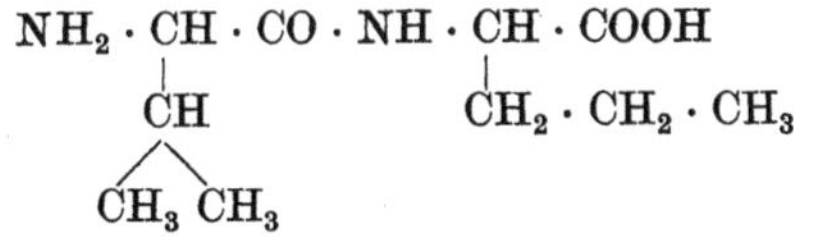

$$\begin{array}{c} NH_2 \cdot CH \cdot CO \cdot NH \cdot CH \cdot COOH \\ | \qquad\qquad\qquad | \\ CH \qquad\qquad CH_2 \cdot CH_2 \cdot CH_3 \quad C_{10}H_{20}O_3N_2 \\ /\backslash \\ CH_3 \; CH_3 \end{array}$$

Darstellung: Durch Aminieren von dl-α-Bromisovaleryl-dl-norvalin mit 25proz. Ammoniak bei 37°, was 8 Wochen dauert. Eindampfen, mit Silbersulfat und Baryt behandeln, wieder eindampfen, mit möglichst wenig Wasser aufnehmen, mit Alkohol fällen. Da das in mikroskopischen Stäbchen krystallisierende Produkt noch ungesättigte Verbindungen enthält, wird erneut mit wenig Wasser aufgenommen, mit etwas Ammoniak versetzt, mit viel Alkohol verdünnt und das Ammoniak unter Ersatz des verdampfenden Alkohols durch Kochen entfernt.
Physikalische und chemische Eigenschaften: Schmelzp. 270—271° unter langsamer Zersetzung. Wird durch n-NaOH bei 37° nicht gespalten.
Physiologische Eigenschaften: Wird weder von Erepsin, noch von Trypsin-Kinase gespalten.

d-α-Bromisovaleryl-d-valin[4].

$C_{10}H_{18}O_3NBr$

Darstellung: Fällt nach dem Kuppeln von d-Valin mit d-α-Bromisovalerylchlorid beim Ansäuern ölig aus und erstarrt beim Stehen bei 0°. Ausbeute 93%.
Physikalische und chemische Eigenschaften: Aus Chloroform + Petroläther. Schmelzpunkt 137°. Löslich in Chloroform, Aceton, Alkohol, schwer löslich in Äther und heißem Wasser, praktisch unlöslich in Petroläther. $[\alpha]_D$ in Alkohol $= +13,1°$.

d-Valyl-d-valin[4].

$C_{10}H_{20}O_3N_2$

Darstellung: Die Darstellung ist insofern schwierig, als die Aminierung des d-Bromisovaleryl-d-valins außerordentlich langsam erfolgt und die Ausbeute an optisch aktivem Di-

---

[1] Emil Abderhalden u. Ernst Schwab: Fermentforschg **10**, 440 (1929).
[2] Emil Abderhalden u. Walter Zeisset: Fermentforschg **10**, 544 (1929).
[3] Emil Abderhalden u. Walter Zeisset: Fermentforschg **11**, 183 (1930).
[4] Emil Abderhalden u. Vlassios Vlassopoulos: Fermentforschg **10**, 365 (1929).

peptid äußerst gering ist, da sehr starke Racemisierung eintritt und außerdem noch ein ungesättigter Körper, das bei 137° schmelzende, in kochendem Wasser lösliche und in Alkohol leicht lösliche **Dimethylacryl-valin** entsteht. Die Verhältnisse ändern sich nicht wesentlich, ob man nun mit wässerigem Ammoniak bei Zimmertemperatur, bei 37° oder 100°, oder mit alkoholischem oder mit flüssigem Ammoniak aminiert. Am besten scheint es noch zu sein, wenn man mit wässerigem Ammoniak bei niederer Temperatur aminiert, was weit über 1 Monat in Anspruch nimmt. Auch der Weg über das Anhydrid ist infolge der Racemisierung beim Verestern und der sehr geringen Anhydridausbeute nicht gangbar.

Physikalische und chemische Eigenschaften: Ziemlich leicht löslich in Wasser, weniger löslich in Alkohol. Schmelzp. über 300°. Enthält $1\frac{1}{2}$ Mol Krystallwasser. $[\alpha]_D = -54°$. Wird von n-NaOH bei 37° nicht gespalten.

Physiologische Eigenschaften: Wird von Erepsin gespalten, von Trypsin-Kinase nicht.

Derivate: Phenylisocyanatverbindung $C_{17}H_{25}O_4N_3$. Aus Alkohol + Wasser prismatische Krystalle von Schmelzp. 184°. Leicht löslich in Alkohol, weniger leicht in Chloroform, Äther, Petroläther, unlöslich in Wasser.

β-Naphthalinsulfoverbindung $C_{20}H_{26}O_5N_2S$. Schmelzp. 213—215°. Leicht löslich in Alkohol, wenig in Chloroform und Petroläther, unlöslich in Wasser.

dl-Valyl-dl-valin [1].

Physikalische und chemische Eigenschaften: Wird durch n-NaOH bei 37° nicht gespalten.
Physiologische Eigenschaften: Wird von Erepsin gespalten, von Trypsin-Kinase nicht.
Derivate: Phenylisocyanatverbindung $C_{17}H_{25}O_4N_3$. Krystallisiert in Prismen vom Schmelzp. 188—189°. Leicht löslich in Alkohol, wenig in Chloroform und Petroläther, unlöslich in Wasser. Wird von n-NaOH bei 37° gespalten.

β-Naphthalinsulfoverbindung $C_{20}H_{26}O_5N_2S$. Krystallisiert aus Alkohol + Wasser in Prismen vom Schmelzp. 208°. Leicht löslich in Alkohol, wenig in Äther, Petroläther, Chloroform, unlöslich in Wasser. Wird durch n-NaOH bei 37° gespalten.

dl-α-Bromisovaleryl-dl-phenylalanin [2].

$$C_{14}H_{18}O_3NBr$$

Darstellung: Kuppeln von Phenylalanin mit Bromisovalerylbromid, ansäuern, ausäthern, trocknen mit Natriumsulfat, verdampfen, mit Petroläther verreiben.

Physikalische und chemische Eigenschaften: Krystallisiert in Würfeln vom Schmelzpunkt 135°. Bei der Aminierung, sowohl bei 100° als auch bei 37°, entsteht nicht nur das Valylphenylalanin, sondern in mehr oder weniger großem Ausmaße ein ungesättigtes Produkt. Die Aminierung erfordert bei 37° mit wässerigem, 25 proz. Ammoniak 15 Tage [3].

dl-Valyl-dl-phenylalanin [4].

$$\underset{\underset{C_3H_7}{|}}{NH_2 \cdot CH} \cdot CO \cdot NH \cdot \underset{\underset{CH_2 \cdot C_6H_5}{|}}{CH} \cdot COOH \qquad C_{14}H_{20}O_3N_2$$

Darstellung: 15tägiges Aminieren des Bromkörpers, Entfernen des Bromammons mit Silbersulfat und Baryt. Eingedampfter Rückstand enthält noch größere Mengen ungesättigter Verbindungen. Zu deren Entfernung mit trockenem Essigester gründlich extrahieren. — Man kann auch nach der Behandlung mit Silbersulfat weitgehend einengen und mit konz. Silbersulfatlösung versetzen, wobei sich das Silbersalz abscheidet, das mit Schwefelwasserstoff zerlegt wird.

Physikalische und chemische Eigenschaften: Krystallisiert aus Wasser in Warzenform und schmilzt bei 239—240° unter Braunfärbung. Wird durch 5n-NaOH nicht gespalten.

Derivate: Silbersalz $C_{14}H_{19}O_3N_2Ag$. Krystallisiert in langen Nadeln, die in kaltem Wasser nur wenig, in Alkohol jedoch leicht löslich sind. Zersetzung gegen 237°.

---

[1] Emil Abderhalden u. Vlassios Vlassopoulos: Fermentforschg **10**, 365 (1929).
[2] Emil Abderhalden u. Oskar Herrmann: Fermentforschg **10**, 145 (1928).
[3] Emil Abderhalden u. Friedrich Schweitzer: Fermentforschg **11**, 183 (1930).
[4] Emil Abderhalden u. Friedrich Schweitzer: Fermentforschg **11**, 224 (1930).

dl-α-Bromvaleryl-glycin [1].

$C_7H_{12}O_3NBr$

Darstellung: Das nach dem Kuppeln von Glykokoll mit Bromvalerylchlorid beim Ansäuern ausfallende Öl ausäthern, mit Natriumsulfat trocknen, einengen, stehenlassen, Krystallisation durch Petrolätherzusatz vervollständigen.

Physikalische und chemische Eigenschaften: Krystallisiert aus Wasser in feinen Nadeln vom Schmelzp. 122°. Zersetzung oberhalb 170°. Wird durch n-NaOH bei 37° ziemlich rasch gespalten.

Physiologische Eigenschaften: Wird durch Trypsin-Kinase kaum angegriffen. Durch ein aus Trypsin-Kinase (durch Adsorption an Tonerde bei p_H 4,7) gewonnenes Ferment wird es bei p_H 7,2 besser gespalten.

dl-Norvalyl-glycin [1].

$NH_2 \cdot CH \cdot CO \cdot NH \cdot CH_2 \cdot COOH \quad C_7H_{14}O_3N_2$
$\quad\quad |$
$\quad CH_2 \cdot CH_2 \cdot CH_3$

Darstellung: 4tägiges Aminieren des Bromkörpers, behandeln mit Silbersulfat und Baryt.

Physikalische und chemische Eigenschaften: Krystallisiert aus Wasser + Alkohol in mikroskopischen, derben, kurzen Prismen, die mitunter zu unregelmäßigen sechseckigen Tafeln verbreitert sind. Schmelzp. bei sehr schnellem Erhitzen 229—232° unter Zersetzung. Wird durch n-NaOH kaum angegriffen.

Physiologische Eigenschaften: Über die Spaltung durch Erepsin bei verschiedenem p_H; optimales p_H 8,1. Durch Trypsin-Kinase wird es nicht gespalten.

dl-α-Bromvaleryl-d-alanin [1].

$C_8H_{14}O_3NBr$

Darstellung: Kuppeln von dl-α-Bromvalerylchlorid mit d-Alanin, ansäuern, ausäthern, ätherische Lösung trocknen, stark einengen, mit Petroläther versetzen, ausfallendes Öl erstarrt nach 3 Tagen zu feinen, mikroskopischen Nädelchen.

Physikalische und chemische Eigenschaften: Krystallisiert aus Chloroform + Tetrachlorkohlenstoff nach dem Impfen in dicht verfilzten, feinen mikroskopischen Nädelchen, die oberhalb 67° sintern und bei 74—76° schmelzen. Bei 171—173° Zersetzung. Wird durch n-NaOH bei 37° gespalten.

Physiologische Eigenschaften: Wird durch Trypsin-Kinase nicht gespalten, dagegen wohl durch ein aus Trypsin-Kinase (durch Adsorption an Tonerde bei p_H 4,7) gewonnenes Ferment bei einem optimalen p_H 7,2.

dl-Norvalyl-d-alanin [1].

$NH_2 \cdot CH \cdot CO \cdot NH \cdot CH \cdot COOH \quad C_8H_{16}O_3N_2$
$\quad\quad |\quad\quad\quad\quad\quad\quad |$
$\quad CH_2 \cdot CH_2 \cdot CH_3 \quad CH_3$

Darstellung: Aminieren von dl-α-Bromvaleryl-d-alanin (3 Tage bei 37°), behandeln mit Silbersulfat und Baryt, Rückstand öfter mit Alkohol eindampfen.

Physikalische und chemische Eigenschaften: Krystallisiert in kleinen mikroskopischen Stäbchen vom Schmelzp. 220—223° unter Zersetzung. $[\alpha]_D^{20} = -32,35°$. Wird durch n-NaOH bei 37° nicht gespalten.

Physiologische Eigenschaften: Wird durch Erepsin gespalten. Das dabei einzuhaltende p_H kann zwischen 7,2 und 8,4 schwanken; bei 7,2 und 7,5 ist die Spaltung anfangs zwar geringer, steigt dann aber um so rascher. Von Trypsin-Kinase wird es nicht angegriffen.

dl-α-Bromvaleryl-dl-norvalin [2].

$C_{10}H_{18}O_3NBr$

Darstellung: Fällt nach dem Kuppeln von Norvalin mit Bromvalerylchlorid beim Ansäuern in beinahe quantitativer Ausbeute aus.

---

[1] Emil Abderhalden u. Walter Zeisset: Fermentforschg **11**, 183 (1930).
[2] Emil Abderhalden u. Vlassios Vlassopoulos: Fermentforschg **10**, 365 (1929).

Physikalische und chemische Eigenschaften: Aus Chloroform + Petroläther unter starker Kühlung mikrokrystallines Produkt vom Schmelzp. 124—125°. Fast unlöslich in kaltem Wasser und Petroläther, leicht löslich in Alkohol, Aceton, Chloroform, löslich in Äther.

dl-Norvalyl-dl-norvalin [1].

$$\underset{\overset{|}{CH_2 \cdot CH_2 \cdot CH_3}}{NH_2 \cdot CH} \cdot CO \cdot NH \cdot \underset{\overset{|}{CH_2 \cdot CH_2 \cdot CH_3}}{CH} \cdot COOH \qquad C_{10}H_{20}O_3N_2$$

Darstellung: $2\frac{1}{2}$tägiges Aminieren des Bromkörpers mit 25proz. Ammoniak, verdampfen zur Trockene, auskochen mit absolutem Alkohol.

Physikalische und chemische Eigenschaften: Schmelzp. gegen 270° unter Zersetzung. Löslich in heißem Wasser, sehr schwer löslich in kaltem Wasser, unlöslich in Alkohol. Wird durch n-NaOH bei 37° gespalten.

Physiologische Eigenschaften: Wird von Erepsin gespalten, von Trypsin-Kinase nicht.

Derivate: Phenylisocyanatverbindung $C_{17}H_{25}O_4N_3$. Krystallisiert aus Alkohol + Wasser in prismatischen Krystallen vom Schmelzp. 206°. Leicht löslich in Alkohol, schwer löslich in Chloroform, Äther, Petroläther, fast unlöslich in Wasser. Wird durch n-NaOH bei 37° gespalten.

β-**Naphthalinsulfoverbindung** $C_{20}H_{23}O_5N_2S$. Schmelzp. 177°. Leicht löslich in Alkohol, schwer löslich in Petroläther, Äther, Chloroform, fast unlöslich in Wasser. Wird durch n-NaOH bei 37° gespalten.

dl-α-Bromvaleryl-dl-valin [2].

$$C_{10}H_{18}O_3NBr$$

Darstellung: Nach dem Kuppeln von dl-Valin mit dl-α-Bromvalerylchlorid und Ansäuern erstarrt das ausgefallene Reaktionsprodukt bald krystallin.

Physikalische und chemische Eigenschaften: Krystallisiert aus Alkohol + Wasser in mikroskopischen, sechsseitigen Blättchen, die bei 158° zu sintern beginnen und bei 162—164° unter Zersetzung schmelzen. Wird durch n-NaOH bei 37° kaum angegriffen.

Physiologische Eigenschaften: Wird von Trypsin-Kinase kaum angegriffen, auch nicht von einem aus Trypsin-Kinase durch Tonerdeadsorption gewonnenen Ferment.

dl-Norvalyl-dl-valin [2].

$$\underset{\overset{|}{CH_2 \cdot CH_2 \cdot CH_3}}{NH_2 \cdot CH} \cdot CO \cdot NH \cdot \underset{\underset{CH_3 \ CH_3}{\overset{|}{CH}}}{CH} \cdot COOH \qquad C_{10}H_{20}O_3N_2$$

Darstellung: 4—5tägiges Aminieren von dl-α-Bromvaleryl-dl-valin, behandeln mit Silbersulfat und Baryt, Rückstand mit wenig sehr verdünntem Ammoniak aufnehmen, mit Alkohol versetzen, Ammoniak unter Erneuerung des Alkohols wegkochen.

Physikalische und chemische Eigenschaften: Derbe, mikroskopische, zum größten Teil stark durchwachsene Prismen, die sich oberhalb 250° bräunen und bei 265—267° unter Zersetzung schmelzen. Wird durch n-NaOH bei 37° nicht gespalten.

Physiologische Eigenschaften: Erepsin spaltet schwach und das auch nur bei p_H 7,5—7,8. Trypsin-Kinase greift nicht an.

dl-α-Bromvaleryl-dl-phenylalanin [3].

$$C_{14}H_{18}O_3NBr.$$

Darstellung: Kuppeln von dl-Phenylalanin mit dl-α-Bromvalerylbromid, ansäuern, von klebrigem Rückstand abgießen und 3 Stunden mit Petroläther, der öfter zu wechseln ist, schütteln. Aus Toluol + Petroläther umkrystallisieren.

---

[1] Emil Abderhalden u. Vlassios Vlassopoulos: Fermentforschg **10**, 365 (1929).
[2] Emil Abderhalden u. Walter Zeisset: Fermentforschg **11**, 183 (1930).
[3] Emil Abderhalden u. Friedrich Schweitzer: Fermentforschg **11**, 224 (1930).

Physikalische und chemische Eigenschaften: Krystallisiert aus Wasser in sternförmig gruppierten Krystallnadeln vom Schmelzp. 106,5°. Wird durch 2n-NaOH bei 37° nicht gespalten. Die Aminierung zum Dipeptid ist bereits nach 15 Stunden quantitativ.

dl-Norvalyl-dl-phenylalanin[1].

$$\underset{\mathrm{CH_2 \cdot CH_2 \cdot CH_3}}{\mathrm{NH_2 \cdot CH}} \cdot \mathrm{CO \cdot NH} \cdot \underset{\mathrm{CH_2 \cdot C_6H_5}}{\mathrm{CH}} \cdot \mathrm{COOH} \quad \mathrm{C_{14}H_{20}O_3N_2}$$

Darstellung: Aminieren des Bromkörpers, behandeln mit Silbersulfat und Baryt.

Physikalische und chemische Eigenschaften: Krystallisiert aus Wasser in sternförmig angeordneten Nadeln vom Schmelzp. 210—211°. Wird durch n-NaOH bei 37° nicht angegriffen.

dl-α-Bromisocapronyl-glycin.

Physiologische Eigenschaften: Wird von Trypsin-Kinase nicht gespalten[2].

dl-Leucyl-glycin.

Physikalische und chemische Eigenschaften: Spaltet bei Gegenwart von Adrenalin + Sauerstoff nur Spuren von Ammoniak ab[3].

Physiologische Eigenschaften: Die Spaltung durch Erepsin wird durch Hippursäure und l-Phenylalanin stark gehemmt. Weniger stark hemmen Sarkosin, d-Alanin, β-Alanin, Colamin. Sehr wenig bis gar nicht hemmen l-Alanin, l-Leucin, l-Valin, Glykokoll, p-Toluidin. Leicht beschleunigend wirkt β-Aminobuttersäure und α-Naphthylamin in sehr verdünnter (m/100) Lösung[4].

Manche Erepsinlösungen greifen Leucyl-glycin nicht an. — Erepsinspaltung bei verschiedenem p_H. Optimales p_H 8,4[5]. Über den Einfluß von 13 verschiedenen Alkoholen in verschiedener Konzentration auf den Verlauf der Aufspaltung durch Erepsin. Zusätze von Coffein und Nicotin sind ohne Einfluß auf das Spaltungsvermögen durch Erepsin[6]. Über eine verschiedene Wirkung der sowohl im Darm- als auch im Malzerepsin enthaltenen 2 Dipeptidasen auf Leucyl-glycin[7]. So spaltet die aus Darmerepsin gewonnene Dipeptidase II bei ihrem p_H-Optimum 8,1 das Dipeptid 20mal so rasch als die Dipeptidase I bei ihrem p_H-Optimum 7,3[8, 9, 10], vgl. jedoch hierzu [11]. Die Spaltung durch die aus Grünmalz gewonnene Dipeptidase I bei ihrem p_H-Optimum 7,6—7,9 wird durch Phosphate stark gehemmt und nimmt bei älteren Präparaten durch Zersetzung des Enzyms ab[12]. Leucyl-glycin wird durch Extrakt aus Grünmalzautolysat rasch gespalten. Die Spaltung wird durch Glykokoll etwas, durch Leucin stärker, durch Glycyl-glycin erheblich gehemmt[9]. Leucyl-glycin wird auch durch verschiedentliche Extrakte und Preßsäfte von Früchten, wie Carica papaya, Birnen, Trauben, Pfirsichen, Pflaumen, Gurken, Melonen, Kürbissen, sowie von Gerste gespalten. Zusatz von Blausäure wirkt meistens hemmend[13]. Ist ohne Einfluß auf die Blutgerinnung[14]. Über

---

[1] Emil Abderhalden u. Friedrich Schweitzer: Fermentforschg 11 224 (1930).
[2] Emil Abderhalden u. Ernst Schwab: Fermentforschg 10, 305 (1929).
[3] S. Edlbacher u. J. Kraus: Hoppe-Seylers Z. 178, 239 (1928).
[4] Emil Abderhalden, Ermbrecht Rindtorff u. Adolf Schmitz: Fermentforschg 10, 233 (1928).
[5] Emil Abderhalden u. Adolf Schmitz: Fermentforschg 11, 104 (1929).
[6] Emil Abderhalden u. Fritz Reich: Fermentforschg 11, 64 (1929).
[7] K. Linderström-Lang u. Masakazu Sato: Hoppe-Seylers Z. 184, 83 (1929).
[8] K. Linderström-Lang: Hoppe-Seylers Z. 182, 151 (1929).
[9] Hans v. Euler, Signe Myrbäck u. Karl Myrbäck: Ber. dtsch. chem. Ges. 62, 2194 (1929).
[10] Wolfgang Graßmann u. Ludwig Klenk: Hoppe-Seylers Z. 186, 26 (1929).
[11] Emil Abderhalden u. Walter Zeisset: Fermentforschg 11, 195 (1930).
[12] C. K. Mill u. K. Linderström-Lang: Wochenschr. f. Brauerei 46, 298 (1929) — Chem. Zbl. 1929 II, 1483.
[13] Otto Ambros u. Anna Harteneck: Hoppe-Seylers Z. 184, 93 (1929).
[14] Ernst Waldschmidt-Leitz, Paul Stadler u. Felix Steigerwaldt: Hoppe-Seylers Z. 183, 39 (1929).

die Spaltung von Leucyl-glycin durch mittels Acetons aus Nierenpreßsaft erhaltenen Fermentfraktionen vgl. [1].

Derivate: dl-Leucyl-glycinamid. Wird durch n-NaOH bei 37° gespalten; ebenso durch Erepsin. Trypsin-Kinase greift dagegen nicht an [2].

Benzoyl-dl-leucyl-glycin. Die Spaltung durch Trypsin-Kinase wird stark gehemmt durch α- und β-Naphthylamin (selbst in m/100 Lösung), ferner durch Phenylalanin, p-Toluidin und Glykokoll. Weniger stark hemmen β-Aminobuttersäure, l-Leucin, Sarkosin, l-Alanin, Colamin und Hippursäure. Kaum hemmend wirkt d-Alanin [3].

Methyl-dl-leucyl-glycin. Wird durch n-NaOH bei 37° kaum gespalten. Es wird weder von Erepsin noch von Trypsin-Kinase angegriffen [4].

Propionyl-dl-leucyl-glycin. Wird von Trypsin-Kinase gespalten, nicht dagegen von Erepsin [4].

Phthalyl-dl-leucyl-glycin. Die früher erhaltene nicht krystalline Verbindung kann durch Behandeln mit Äther in sternförmig gruppierten Nadeln vom Schmelzp. 119—120° gewonnen werden. Es ist dann schwer löslich in Wasser und Äther, leichter in Alkohol und Chloroform. n-NaOH spaltet bei 37°, Trypsin-Kinase spaltet schwach, Erepsin gar nicht [4].

Trichloracetyl-dl-leucyl-glycin

$$Cl_3C \cdot CO \cdot NH \cdot \underset{\underset{C_4H_9}{|}}{CH} \cdot CO \cdot NH \cdot CH_2 \cdot COOH \qquad C_{10}H_{15}O_4N_2Cl_3$$

Fällt nach dem Kuppeln des Dipeptids mit Trichloracetylchlorid beim Ansäuern aus. Krystallisiert aus Wasser in Nadeln vom Schmelzp. 172—173°. Löslich in Wasser und Alkohol, schwer in Äther, unlöslich in Petroläther. Wird durch n-NaOH bei 37° unter teilweiser Bildung von Chloroform gespalten. Trypsin-Kinase spaltet ebenfalls, Erepsin nicht [4].

Ureido-dl-leucyl-glycin. Wird weder von Erepsin noch von Trypsin-Kinase gespalten [5].

Benzoyl-dl-leucyl-glycyl-anilin

$$C_6H_5 \cdot CO \cdot NH \cdot \underset{\underset{C_4H_9}{|}}{CH} \cdot CO \cdot NH \cdot CH_2 \cdot CO \cdot NH \cdot C_6H_5 \qquad C_{20}H_{25}O_3N_3$$

10stündiges Kochen von Benzoyl-leucyl-glycin mit der 3fachen Menge Anilin, Entfernen des Anilins im Vakuum und mit Wasserdampf, Lösen in verdünntem Alkohol, Entfärben mit Tierkohle. Schmelzp. 197,5°. Leicht löslich in Aceton, löslich in Alkohol und heißem Chloroform, schwer löslich in kaltem Wasser und Äther. Reaktion gegen Lackmus neutral. Infolge der geringen Wasserlöslichkeit kann ein Fermentabbau nicht eindeutig geprüft werden, doch scheinen Trypsin-Kinase und Erepsin nicht anzugreifen [6].

Carbäthoxyl-dl-leucyl-glycin. Wird von Pankreassaft gespalten [7].

dl-α-Bromisocapronyl-β-alanin [8].

$$C_9H_{16}ONBr$$

Darstellung: Kuppeln von β-Alanin mit Bromisocapronylchlorid, ansäuern, ausgeschiedenes Öl ausäthern, mit Natriumsulfat trocknen, Äther verdampfen, Rückstand öfter mit Petroläther verreiben, wobei Erstarrung eintritt. In wenig Äther lösen, mit Petroläther bis zur beginnenden Trübung versetzen, mehrere Tage bei 0° stehenlassen.

Physikalische und chemische Eigenschaften: Krystalle vom Schmelzp. 69—72°. Löslich in Wasser und den meisten organischen Lösungsmitteln mit Ausnahme von Petroläther.

---

[1] Emil Abderhalden u. Oskar Herrmann: Fermentforschg **11**, 264 (1930).
[2] Emil Abderhalden u. Walter Zeisset: Fermentforschg **10**, 544 (1929).
[3] Emil Abderhalden, Ermbrecht Rindtorff u. Adolf Schmitz: Fermentforschg **10**, 233 (1928).
[4] Emil Abderhalden, Ermbrecht Rindtorff u. Adolf Schmitz: Fermentforschg **10**, 213 (1928).
[5] Emil Abderhalden u. Ernst Schwab: Fermentforschg **10**, 179 (1928).
[6] Emil Abderhalden u. Hans Brockmann: Fermentforschg **10**, 330 (1929).
[7] Emil Abderhalden u. Ernst Schwab: Fermentforschg **10**, 440 (1929).
[8] Emil Abderhalden u. Fritz Reich: Fermentforschg **10**, 173 (1928).

dl-Leucyl-β-alanin[1].

$$NH_2 \cdot \underset{\underset{C_4H_9}{|}}{CH} \cdot CO \cdot NH \cdot CH_2 \cdot CH_2 \cdot COOH \quad C_9H_{18}O_3N_2$$

Darstellung: Aminieren von Bromisocapronyl-β-alanin mit alkoholischem Ammoniak, behandeln mit Silbersulfat und Baryt. Ausbeute mäßig.
Physikalische und chemische Eigenschaften: Krystalle vom Schmelzp. 202—204°.
Physiologische Eigenschaften: Wird weder von Erepsin noch von Trypsin-Kinase gespalten.
Derivate: Phenylisocyanatverbindung $C_{15}H_{23}O_4N_3$. Kuppeln des Dipeptids mit Phenylisocyanat, abfiltrieren, Filtrat ansäuern und stehenlassen: Weißer, krystallinischer Niederschlag, sintert gegen 150°, schmilzt bei 160—162°. Ist in diesem Zustand aber wahrscheinlich noch nicht sehr rein. Wird weder von Erepsin, noch von Trypsin-Kinase gespalten.

dl-Leucyl-dl-β-aminobuttersäure[2].

Physikalische und chemische Eigenschaften: Wird durch n-NaOH bei 37° nicht gespalten.
Physiologische Eigenschaften: Wird weder von Erepsin noch von Trypsin-Kinase gespalten.
Derivate: Phenylisocyanatverbindung $C_{17}H_{25}O_4N_3$. Durch Kuppeln von Leucyl-β-aminobuttersäure mit Phenylisocyanat. Von Diphenylharnstoff abfiltrieren, Filtrat ansäuern, wobei Kuppelungsprodukt ausfällt. In Alkohol lösen, mit Wasser bis zur Trübung in der Hitze versetzen. Krystallisiert daraus in langen, bei 188° schmelzenden Spießen. Leicht löslich in Methylalkohol, Äthylalkohol und Chloroform, schwer löslich in Äther und Wasser. Wird mit n-NaOH bei 37° innerhalb kurzer Zeit in Phenylisocyanatleucin und β-Aminobuttersäure gespalten. Trypsin-Kinase und Erepsin greifen nicht an.
Benzoyl-dl-leucyl-dl-β-aminobuttersäure $C_{17}H_{24}O_4N_2$. Fällt nach dem Kuppeln der Komponenten beim Ansäuern sofort aus. Krystallisiert aus heißem Wasser in kleinen Prismen, die bei 182° schmelzen. Sehr leicht löslich in Methyl- und Äthylalkohol, löslich in Chloroform, schwer löslich in Äther und kaltem Wasser. Wird weder von n-NaOH bei 37°, noch von Erepsin oder Trypsin-Kinase angegriffen.

dl-Leucyl-γ-aminobuttersäure[3].

Physiologische Eigenschaften: Wird weder von Erepsin noch von Trypsin-Kinase angegriffen.
Derivate: Phenylisocyanatverbindung $C_{17}H_{25}O_4N_3$. Fällt nach dem Kuppeln der Komponenten beim Ansäuern ölig aus und erstarrt beim Stehen bei 0°. Schmelzp. 166°. Leicht löslich in Alkohol, sehr schwer löslich in heißem Wasser. Wird weder von Erepsin noch von Trypsin-Kinase angegriffen.

dl-α-Bromisocapronyl-dl-leucin[4].

Derivate: dl-α-Bromisocapronyl-dl-leucinamid $C_{12}H_{23}O_2N_2Br$. Durch vorsichtiges Kuppeln von Leucinamid bzw. seines bromwasserstoffsauren Salzes mit Bromisocapronylchlorid, wobei sich ein Öl abscheidet, das in weiche, kugelige Aggregate übergeht. Aus der alkoholischen Lösung fällt nach Wasserzusatz ein langsam krystallinisch erstarrendes Öl. Schmelzp. 141—143° nach vorheriger Sinterung.

dl-Leucyl-dl-leucin.

Physiologische Eigenschaften: Wird von manchen Erepsinpräparaten nicht oder nur schwach angegriffen[5].

---

[1] Emil Abderhalden u. Fritz Reich: Fermentforschg **10**, 173 (1928).
[2] Emil Abderhalden u. Richard Fleischmann: Fermentforschg **10**, 195 (1928).
[3] Emil Abderhalden u. Ernst Schwab: Fermentforschg **10**, 179 (1928).
[4] Emil Abderhalden u. Walter Zeisset: Fermentforschg **10**, 544 (1929).
[5] Emil Abderhalden u. Adolf Schmitz: Fermentforschg **11**, 104 (1929).

Derivate: dl-Leucyl-dl-leucinamid-hydrobromid $C_{12}H_{25}O_2N_3 \cdot HBr$. Durch 5stündiges Aminieren mit alkoholischem Ammoniak bei 98—100°, wobei sich das Reaktionsprodukt nach dem Abkühlen teilweise in langen Prismen abscheidet. Wird durch n-NaOH bei 37° gespalten. Wird weder von Erepsin noch von Trypsin-Kinase angegriffen[1].

dl-α-Bromisocapronyl-dl-norleucin[2].

Physikalische und chemische Eigenschaften: Wird von n-NaOH bei 37° nicht gespalten.
Physiologische Eigenschaften: Wird von Trypsin-Kinase gespalten, von Erepsin nicht.

dl-Leucyl-dl-norleucin[2].

Physikalische und chemische Eigenschaften: Das bei 256° schmelzende Gemisch der α- + β-Form wird durch n-NaOH bei 37° nicht gespalten.
Derivate: Phenylisocyanatverbindung $C_{19}H_{29}O_4N_3$. Schmelzp. 186°. Leicht löslich in Alkohol, schwer löslich in verdünnten Alkalien, unlöslich in Wasser. Wird durch n-NaOH bei 37° nicht gespalten. Durch Trypsin-Kinase wird es gespalten.

dl-α-Bromisocapronyl-dl-α-aminocaprylsäure[3].

Physiologische Eigenschaften: Wird durch Trypsin-Kinase nicht gespalten[3].

dl-α-Bromisocapronyl-dl-phenylalanin.

Physikalische und chemische Eigenschaften: Wird durch n-NaOH bei 37° nicht gespalten. Über die Aminierungsgeschwindigkeit zum Dipeptid[4].
Physiologische Eigenschaften: Wird durch Trypsin-Kinase nicht gespalten[3].

dl-Leucyl-dl-phenylalanin[4].

Physikalische und chemische Eigenschaften: Wird durch 2n-NaOH bei 37° nicht gespalten.

dl-Leucyl-dl-phenylalanin (α-Form).

Konstitution: Die sich bei 220° zersetzende racemische α-Form stellt ein Gemisch gleicher Mengen l-Leucyl-d-phenylalanin und d-Leucyl-l-phenylalanin dar[5].
Physiologische Eigenschaften: Wird weder von Erepsin noch von Trypsin-Kinase gespalten[5].
Derivate: Phenylisocyanatverbindung. Die bei 193° schmelzende Verbindung wird durch n-Alkali bei 37° gespalten. Trypsin-Kinase und Erepsin greifen nicht an[5]. Wird durch Zellfermente aus Leber und Niere nicht gespalten[6].
1, 2, 4-Nitrotoluolsulfoverbindung $C_{22}H_{27}O_7N_3S$. Durch Kuppeln des Dipeptids mit in Äther gelöstem Nitrotoluolsulfochlorid (6 Stunden bei Zimmertemperatur). Fällt beim Ansäuern aus. Krystallisiert aus Wasser vom Schmelzp. 75°. Schwer löslich in Wasser und Petroläther, leichter in Alkohol, Äther, Chloroform. Wird durch Erepsin nicht gespalten und auch durch Trypsin-Kinase kaum angegriffen[5].

dl-Leucyl-dl-phenylalanin (β-Form)[5].

Konstitution: Die sich bei 260° zersetzende β-Form stellt ein Gemisch gleicher Mengen l-Leucyl-l-phenylalanin und d-Leucyl-d-phenylalanin dar.

---

[1] Emil Abderhalden u. Walter Zeisset: Fermentforschg **10**, 544 (1929).
[2] Emil Abderhalden u. Hugo Mayer: Fermentforschg **10**, 464 (1929).
[3] Emil Abderhalden u. Ernst Schwab: Fermentforschg **10**, 305 (1929).
[4] Emil Abderhalden u. Friedrich Schweitzer: Fermentforschg **11**, 224 (1930).
[5] Emil Abderhalden u. Oskar Herrmann: Fermentforschg **10**, 145 (1928).
[6] Emil Abderhalden u. Oskar Herrmann: Fermentforschg **11**, 78 (1929).

Physiologische Eigenschaften: Erepsin spaltet 50% einer Aminobindung auf, so daß dann ohne Zweifel ein Gemisch von l-Leucin, l-Phenylalanin und unverändertem d-Leucyl-d-phenylalanin vorliegt. Trypsin-Kinase greift nicht an.

Derivate: Phenylisocyanatverbindung. Die bei 183° schmelzende Verbindung wird durch n-NaOH bei 37° gespalten. Ebenso spaltet Trypsin-Kinase, Erepsin greift nicht an. Wird durch Zellfermente aus Leber oder Niere nicht gespalten[1].

dl-α-Bromisocapronyl-decarboxy-serin, dl-α-Bromisocapronyl-β-oxyäthylamin[2].

$$Br \cdot CH \cdot CO \cdot NH \cdot CH_2 \cdot CH_2 \cdot OH \quad C_8H_{16}O_2NBr$$
$$\underset{C_4H_9}{|}$$

Darstellung: Zusammengeben von 2 Mol β-Oxyäthylamin (Colamin) und 1 Mol Bromisocapronylbromid in ätherischer Lösung; von bromwasserstoffsaurem β-Oxyäthylamin abfiltrieren, Äther verdampfen.

Physikalische und chemische Eigenschaften: Farbloses Öl, das beim Destillieren im Hochvakuum merkliche Zersetzung erleidet.

dl-Leucyl-decarboxy-serin, dl-Leucyl-β-oxyäthylamin, dl-Leucyl-colamin[1].

Derivate: (N-Äthyl-dl-leucyl)-decarboxy-serin

$$C_2H_5 \cdot HN \cdot CH \cdot CO \cdot NH \cdot CH_2 \cdot CH_2 \cdot OH$$
$$\underset{C_4H_9}{|}$$

Durch 5stündiges Erhitzen der Bromverbindung mit 6 Mol benzolischem 20proz. Äthylamin auf 100°. Ausschütteln mit verdünnter Salzsäure, alkalisch machen, extrahieren mit Äther, Äther verdampfen, wobei das Reaktionsprodukt als ein nach kurzer Zeit erstarrendes Öl hinterbleibt (Ausbeute 90%). Leicht löslich in Wasser, Alkohol, Benzol, mäßig löslich in warmem Essigester, recht schwer löslich in kaltem Äther, fast unlöslich in Petroläther. Umkrystallisieren durch Lösen in siedendem Essigester, reichlichen Zusatz von Petroläther und längeres Abkühlen auf −10°. Feines, farbloses, sehr bitter schmeckendes Krystallpulver vom Schmelzpunkt 114°. Bei 10 mm destilliert es unter geringen Zersetzungserscheinungen bei etwa 180°. Ist pharmakologisch indifferent. **Chlorhydrat:** hygroskopisch, Schmelzp. 137°. **Pikrat:** gut krystallisiert, in Alkohol leicht löslich. Schmelzp. 183—185°.

(N-Isoamyl-dl-leucyl)-decarboxy-serin

$$\underset{CH_3}{\overset{CH_3}{>}}CH \cdot CH_2 \cdot CH_2 \cdot NH \cdot CH \cdot CO \cdot NH \cdot CH_2 \cdot CH_2OH$$
$$\underset{C_4H_9}{|}$$

Darstellung und Eigenschaften ähnlich der Äthylverbindung. Ist in kaltem Wasser etwas weniger leicht löslich und zeigt beim Destillieren kaum Zersetzungserscheinungen. Schmelzpunkt 95°. Siedepunkt bei 10 mm 200—210°. Ist pharmakologisch indifferent. **Chlorhydrat:** sehr hygroskopisch. **Pikrat:** krystallisiert aus Äther sehr langsam in hellgelben, zu Büscheln vereinigten Nadeln vom Schmelzp. 113°.

dl-α-Bromisocapronyl-l-tyrosin[3].

Physiologische Eigenschaften: Wird durch Trypsin-Kinase nicht gespalten.

---

[1] Emil Abderhalden u. Oskar Herrmann: Fermentforschg **11**, 78 (1929).
[2] Julius v. Braun, Alfred Bahn u. Wilhelm Münch: Ber. dtsch. chem. Ges. **62**, 2766 (1929).
[3] Emil Abderhalden u. Ernst Schwab: Fermentforschg **10**, 305 (1929).

dl-α-Bromisocapronyl-dl-thyroxin[1].

$C_{21}H_{20}O_5NBrJ_4$

Darstellung: Man löst 3 g dl-Thyroxin in 16 ccm $^n/_2$-KOH und kuppelt mit 1,05 g dl-α-Bromisocapronylchlorid und 6,6 ccm n-KOH. Beim Ansäuern fällt das Kuppelungsprodukt als gelatinöse, grünlich gefärbte Masse mit stark ausgeprägtem Quellungsvermögen aus. Zentrifugieren, mit Wasser bis zur Chlorfreiheit waschen. Ausbeute 3,3 g.

Physikalische und chemische Eigenschaften: Scheidet sich aus Chloroform + Petroläther als ein im trockenen Zustande krümeliges Pulver aus, das bei 139° zu sintern beginnt und bei 162° unter Blasenbildung schmilzt. Es ist sehr leicht löslich in Alkohol und Chloroform, etwas weniger leicht in Äther, schwer löslich in Wasser.

Physiologische Eigenschaften: Wird durch Trypsin-Kinase gespalten.

dl-Leucyl-dl-thyroxin[1].

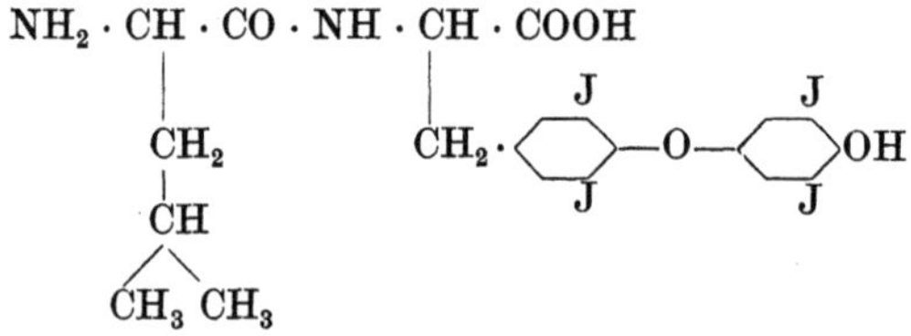

$$NH_2 \cdot CH \cdot CO \cdot NH \cdot CH \cdot COOH$$

with side chains $CH_2-CH(CH_3)_2$ and $CH_2 \cdot C_6H_2J_2 \cdot O \cdot C_6H_2J_2 \cdot OH$ — $C_{21}H_{22}O_5N_2J_4$

Darstellung: 3 tägiges Aminieren von dl-α-Bromisocapronyl-dl-thyroxin, eindampfen, mit etwas Wasser aufnehmen, filtrieren, Filterrückstand mit heißem, schwach ammoniakalischem Alkohol lösen und einengen. Das Dipeptid fällt dabei teilweise in Form farbloser Flocken aus. Rest mit Wasser fällen.

Physikalische und chemische Eigenschaften: Amorphe, im trockenen Zustand leicht gelblich gefärbte Masse, die in Wasser etwas leichter löslich ist als Thyroxin. Sintert bei 180°, verfärbt sich bei 191° und bildet bei 215° unter Zersetzung eine schwarze Masse.

Physiologische Eigenschaften: Wird durch Erepsin und Schilddrüsenextrakt gespalten. Trypsin-Kinase greift nicht an.

Derivate: N-Methyl-dl-leucyl-dl-thyroxin $C_{22}H_{24}O_5N_2J_4$

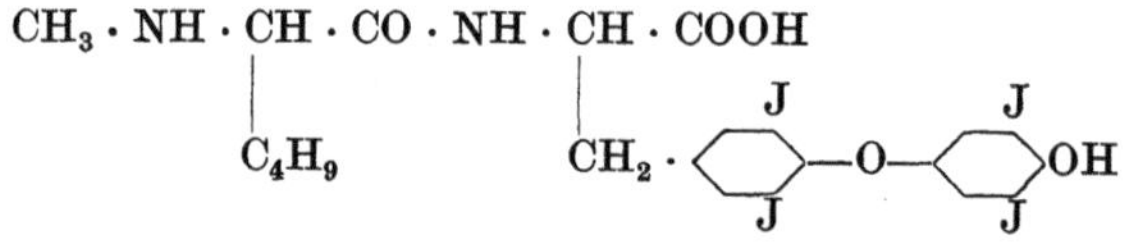

$$CH_3 \cdot NH \cdot CH \cdot CO \cdot NH \cdot CH \cdot COOH$$

with side chains C_4H_9 and $CH_2 \cdot C_6H_2J_2 \cdot O \cdot C_6H_2J_2 \cdot OH$

Durch 1 stündiges Erhitzen von dl-α-Bromisocapronyl-thyroxin mit der 10 fachen Menge 30 proz. Methylamins bei 100°. Überschüssiges Methylamin entfernen, Rückstand mit Wasser auslaugen, filtrieren, Filterrückstand mit schwach ammoniakalischem Alkohol aufnehmen, einengen, gebildete Ausfällung durch Wasserzusatz vervollständigen. Nochmals unter Verwendung von Tierkohle umfällen. Amorphe Substanz, die in Wasser leichter löslich ist als Leucylthyroxin. Zersetzt sich oberhalb 150°. Wird weder durch Erepsin noch durch Trypsin-Kinase gespalten.

Di-(dl-α-Bromisocapronyl)-dl-thyroxin[1].

$C_{27}H_{29}O_6NBr_2J_4$

Darstellung: Man löst 3 g Thyroxin in 16 ccm $^n/_2$-KOH und kuppelt mit 3 g dl-α-Bromisocapronylchlorid und 36 ccm n-KOH, wobei stets auf alkalische Reaktion zu achten ist. Nach dem Ansäuern fällt das Kuppelungsprodukt als rein weißer, feinkörniger Niederschlag aus. Ausbeute 4,2 g. Reinigung aus Äther + Petroläther.

Physikalische und chemische Eigenschaften: Leicht löslich in Alkohol und Chloroform, etwas weniger leicht in Äther, sehr schwer löslich in Wasser, unlöslich in Petroläther. Backt bei 56—57° zusammen und zersetzt sich oberhalb 110°.

---

[1] Emil Abderhalden u. Ernst Schwab: Fermentforschg **11**, 164 (1930).

Di-(dl-leucyl)-dl-thyroxin[1].

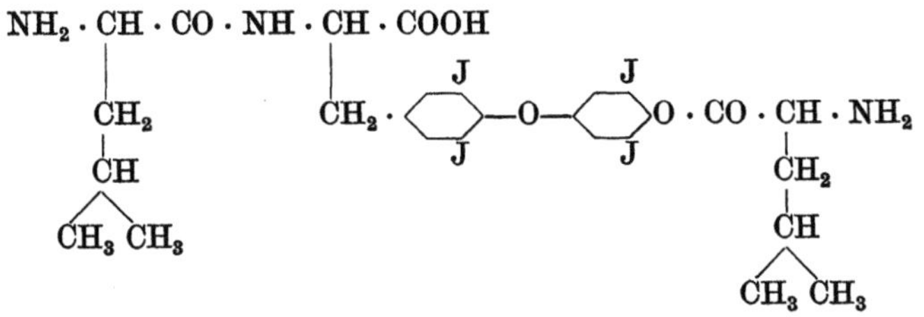

NH₂·CH·CO·NH·CH·COOH
    | |
   CH₂   CH₂·⟨J⟩—O—⟨J⟩O·CO·CH·NH₂ $C_{27}H_{33}O_6N_3J_4$
    | J   J |
   CH   CH₂
  / \ |
CH₃ CH₃   CH
                              / \
                            CH₃ CH₃

Darstellung: Durch 3 tägiges Aminieren mit alkoholischem Ammoniak, eindampfen, mit Wasser ausziehen, Rückstand in ammoniakalisch-alkoholischer Lösung mit Tierkohle behandeln.

Physikalische und chemische Eigenschaften. Schwach gelblich gefärbtes amorphes Produkt, das bei 152° sintert und sich zwischen 155 und 158° unter Braunfärbung zersetzt. Sehr wenig löslich in Wasser, unlöslich in organischen Lösungsmitteln.

Physiologische Eigenschaften: Wird durch natürlichen Magensaft und auch durch Pepsin-Salzsäure gespalten. Trypsin-Kinase greift praktisch nicht an.

d-α-Bromisocapronyl-l-histidin[2].

Darstellung: Bei der Verseifung des Methylesters ist es zweckmäßig statt n-NaOH, die bei Anwendung größerer Mengen oft ölige Substanzgemische liefert, $^n/_{10}$-NaOH zu verwenden.

dl-α-Bromisocapronyl-l-histidin[2].

Physikalische und chemische Eigenschaften: Wird durch n-NaOH und $^n/_{10}$-NaOH bei 37° gespalten.

Physiologische Eigenschaften: Wird durch Erepsin nicht und durch Trypsin-Kinase schwach gespalten.

l-Leucyl-l-histidin[2].

Physikalische und chemische Eigenschaften: Wird durch n-NaOH bei 37° nicht gespalten.
Physiologische Eigenschaften: Wird durch Erepsin gespalten und auch von Trypsin-Kinase schwach angegriffen.

dl-Leucyl-l-histidin[2].

Physiologische Eigenschaften: Wird sowohl von Erepsin als auch von Trypsin-Kinase gespalten.

α-(dl-α-Bromisocapronyl)-δ-benzoyl-ornithin[3].

$C_{18}H_{25}O_4N_2Br$

Physikalische und chemische Eigenschaften: Schmelzp. 165°.

Leucyl-asparagin[4].

Physikalische und chemische Eigenschaften: Die sog. reduzierte Dissoziationskonstante $m_s = -\log k$ ist 8,23.

---

[1] Emil Abderhalden u. Ernst Schwab: Fermentforschg **11**, 164 (1930).
[2] Emil Abderhalden, Richard Fleischmann u. Wilhelm Irion: Fermentforschg **10**, 446 (1929).
[3] Emil Abderhalden u. Hans Sickel: Fermentforschg **10**, 180 (1928).
[4] J. Tillmanns, P. Hirsch, F. Strache: Biochem. Z. **199**, 399 (1928) — Chem. Zbl. **1929 I**, 1353.

dl-Leucyl-d-glutaminsäure[1].

Physiologische Eigenschaften: Über die Einwirkung von Zellfermenten aus Leber und Niere.

Leucyl-isoserin[2].

Physikalische und chemische Eigenschaften: Die sog. reduzierte Dissoziationskonstante $m_s = -\log k$ ist 8,23.

dl-α-Bromcapronyl-dl-leucin[3].

$$C_{12}H_{22}O_3NBr$$

Darstellung: Kuppeln von Leucin mit Bromcapronylchlorid, Verunreinigungen ausäthern, ansäuern, wobei das Kuppelungsprodukt ölig ausfällt.

Physikalische und chemische Eigenschaften: Krystallisiert aus Chloroform + Petroläther in kleinen, farblosen Nädelchen vom Schmelzp. 158°. Unlöslich in Petroläther, sehr schwer löslich in Wasser, leicht löslich in Chloroform, Äther, Aceton. Wird von n-NaOH bei 37° nicht gespalten.

Physiologische Eigenschaften: Wird durch Trypsin-Kinase gespalten, Erepsin greift praktisch nicht an.

dl-Norleucyl-dl-leucin[3].

$$\begin{array}{ll} NH_2 \cdot CH\!-\!CO \cdot NH \cdot CH \cdot COOH & \\ | | & \\ (CH_2)_3 \cdot CH_3 \quad CH_2 \cdot CH{<}^{CH_3}_{CH_3} & C_{12}H_{24}O_3N_2 \end{array}$$

Darstellung: Aminieren von Bromcapronyl-leucin.

Physikalische und chemische Eigenschaften: Schmelzp. 253°. Unlöslich in Alkohol, sehr schwer löslich in Wasser, löslich in verdünntem Alkali. Wird von n-NaOH bei 37° nicht gespalten.

Physiologische Eigenschaften: Wird von Erepsin gespalten, von Trypsin-Kinase nicht.

Derivate: Phenylisocyanatverbindung. Fällt nach dem Kuppeln der Komponenten beim Ansäuern krystallin aus. Schmelzp. 202°. Leicht löslich in Alkohol, schwer in verdünntem Alkali, unlöslich in Wasser. Wird durch n-Alkali bei 37° nicht gespalten. Trypsin-Kinase spaltet.

dl-α-Bromcapronyl-dl-norleucin[3].

$$C_{12}H_{22}O_3NBr$$

Darstellung: Fällt nach dem Kuppeln der Komponenten beim Ansäuern krystallin aus.

Physikalische und chemische Eigenschaften: Schmelzp. 104°. Leicht löslich in Alkohol, Äther, Chloroform, Aceton, unlöslich in Petroläther. Wird durch n-NaOH bei 37° nicht gespalten.

Physiologische Eigenschaften: Wird durch Trypsin-Kinase gespalten, durch Erepsin nicht.

dl-Norleucyl-dl-norleucin[3].

$$\begin{array}{l} NH_2 \cdot CH \cdot CO \cdot NH \cdot CH \cdot COOH \quad C_{12}H_{24}O_3N_2 \\ | | \\ (CH_2)_3 \cdot CH_3 \quad (CH_2)_3 \cdot CH_3 \end{array}$$

Darstellung: Aminieren von Bromcapronyl-norleucin.

Physikalische und chemische Eigenschaften: Schmelzp. 259°. Schwer löslich in Wasser und verdünntem Alkali, unlöslich in Alkohol.

---

[1] Emil Abderhalden u. Oskar Herrmann: Fermentforschg **11**, 78 (1929).

[2] J. Tillmanns, P. Hirsch, F. Strache: Biochem. Z. **199**, 399 (1928) — Chem. Zbl. **1929 I**, 1353.

[3] Emil Abderhalden u. Hugo Mayer: Fermentforschg **10**, 464 (1929).

Derivate: Phenylisocyanatverbindung $C_{19}H_{29}O_4N_3$. Fällt nach dem Kuppeln der Komponenten beim Ansäuern amorph aus. Ausbeute gering, 17% d. Th. Schmelzpunkt nach dem Umkrystallisieren aus verdünntem Alkohol 198°. Leicht löslich in Alkohol, unlöslich in Wasser und angeblich auch in n-Alkali, durch das es bei 37° auch nicht aufgespalten wird.

dl-α-Bromcapronyl-dl-phenylalanin[1].

$$C_{15}H_{20}O_3NBr$$

Darstellung: Nach dem Kuppeln der Komponenten überschüssige Bromcapronsäure ausäthern, wässerige Lösung ansäuern, ausäthern, ätherische Lösung trocknen, eindampfen, mit Petroläther unter öfterer Erneuerung 10 Stunden schütteln.

Physikalische und chemische Eigenschaften: Schmelzp. nach vorherigem Sintern 84—85°. Wird durch 2 n-NaOH bei 37° nicht gespalten. Bei der Aminierung zum Dipeptid werden nach 16 Stunden bereits 92% ionisiertes Brom abgespalten; nach 40 Stunden ist die Abspaltung quantitativ.

dl-Norleucyl-dl-phenylalanin[1].

$$NH_2 \cdot CH \cdot CO \cdot NH \cdot CH \cdot COOH \quad C_{15}H_{22}O_3N_2$$
$$(CH_2)_3 \cdot CH_3 \qquad CH_2 \cdot C_6H_5$$

Darstellung: Durch 2tägiges Aminieren des Bromkörpers. Scheidet sich aus der Lösung in absolutem Alkohol nach einiger Zeit aus.

Physikalische und chemische Eigenschaften: Krystallisiert aus Wasser in recht- oder schiefwinkeligen Prismen, die bei 210—211° unter Zersetzung schmelzen. Wird durch n-NaOH nicht gespalten.

dl-Phenylalanyl-glycin[2].

Physikalische und chemische Eigenschaften: Wird durch n-NaOH bei 37° gespalten.
Physiologische Eigenschaften: Wird von Erepsin nur schwach, von Trypsin-Kinase gar nicht gespalten.

dl-β-Phenyl-α-brompropionyl-d-alanin[3].

Physiologische Eigenschaften: Wird von Trypsin-Kinase schwach gespalten.

dl-β-Phenyl-α-brompropionyl-dl-phenylalanin[2].

Physikalische und chemische Eigenschaften: Wird von n-Alkali bei 37° nicht gespalten.
Physiologische Eigenschaften: Wird von Trypsin-Kinase gespalten.

dl-Phenylalanyl-dl-phenylalanin.

Darstellung: Verschiedentlich versuchte neue Darstellungswege führten zu keinen besseren Ausbeuten gegenüber dem alten Verfahren[2].

Physikalische und chemische Eigenschaften: Wird von n-Alkali bei 37° nicht gespalten[2].

Derivate: Carbomethoxy-dl-phenylalanyl-dl-phenylalanin. Kommt in Wirklichkeit die Konstitution eines Carbonyl-bis-phenylalanins zu, da nach dem Verseifen des Esters die beiden bei 203° und 176° schmelzenden Formen dieser Verbindung entstehen[4].

dl-Phenylalanyl-l-tyrosin[5].

Darstellung: Nach dem Kuppeln von l-Tyrosin mit dl-α-Brom-β-phenyl-propionylchlorid fällt der entsprechende Bromkörper als zähflüssiges Öl aus. Sehr leicht löslich in Äther, Essigester, Chloroform, Alkohol, unlöslich in Petroläther. Aminieren des Bromkörpers, ausziehen des Trockenrückstandes mit 94proz. Alkohol.

---

[1] Emil Abderhalden u. Friedrich Schweitzer: Fermentforschg **11**, 224 (1930).
[2] Emil Abderhalden u. Friedrich Schweitzer: Fermentforschg **10**, 341 (1929).
[3] Emil Abderhalden u. Ernst Schwab: Fermentforschg **10**, 440 (1929).
[4] F. Wessely, E. Kemm u. J. Mayer: Hoppe-Seylers Z. **180**, 64 (1929).
[5] Emil Abderhalden u. Ernst Schwab: Fermentforschg **10**, 305 (1929).

Physikalische und chemische Eigenschaften: Krystallisiert aus heißem Wasser + Alkohol in farblosen Blättchen, die bei 254° unter Gelbfärbung sintern und sich bei 269—270° unter Blasenbildung zersetzen ohne vorher zu schmelzen.
Physiologische Eigenschaften: Wird im Gegensatz zu vielen anderen Dipeptiden von Erepsin nicht gespalten, während Trypsin-Kinase spaltet.

d-Phenylalanyl-l-tyrosin [1].

Derivate: Acetyl-d-phenylalanyl-l-tyrosin. Liefert beim Erhitzen mit Essigsäureanhydrid in Eisessig ein stark racemisiertes Produkt, das bei der Hydrolyse vollkommen inaktives Tyrosin und noch teilweise aktives Phenylalanin liefert.

Phenylalanyl-arginin [2].

Physiologische Eigenschaften: Wird sowohl von Erepsin als von Trypsin-Kinase gespalten. Trypsin allein spaltet auch.

l-Tyrosyl-glycin [2].

Derivate: β-Naphthalinsulfo-l-tyrosyl-glycin. Wird sowohl von Trypsin-Kinase als auch von Trypsin allein gespalten.

l-Tyrosyl-l-tyrosin [3].

Physiologische Eigenschaften: Wird von Trypsin-Kinase gespalten, während es von Erepsin nicht angegriffen wird.

d-Tyrosyl-d-arginin [4].

$$\begin{array}{c} NH_2 \cdot CH \cdot CO\text{——}NH \cdot CH \cdot COOH \\ | \qquad\qquad\qquad\qquad | \\ CH_2 \cdot C_6H_4OH \quad [CH_2]_3\text{—}NH \\ \qquad\qquad\qquad\qquad\quad \diagdown \\ \qquad\qquad\qquad\qquad\qquad C=NH \qquad C_{15}H_{23}O_4N_5 \\ \qquad\qquad\qquad\qquad\quad \diagup \\ \qquad\qquad\qquad\qquad H_2N \end{array}$$

Darstellung: Aus der hochschmelzenden Form des Salicyliden-d-tyrosyl-d-arginins durch Erwärmen mit etwas mehr als der berechneten Menge Schwefelsäure, ausäthern des Salicylaldehyds, entfernen der Schwefelsäure mit Baryt, einengen und stehen lassen unter Ausschluß von Kohlensäure.

Physikalische und chemische Eigenschaften: Krystallisiert in Form rechteckiger Blättchen. Ziemlich leicht löslich in Wasser, nicht oder schwer löslich in organischen Lösungsmitteln. Schmilzt bei raschem Erhitzen unter Zersetzung bei 200—202° (korr.). Mit Phosphorwolframsäure gibt es auch in recht verdünnter Lösung eine starke Fällung; mit Silbernitrat und Natronlauge entsteht ein weißer, käsiger Niederschlag. $[\alpha]_D^{23} = -105{,}7°$ (in $^n/_5$-Salzsäure).

Derivate: Diacetyl-d-tyrosyl-d-arginin

$$\begin{array}{c} CH_3 \cdot CO \cdot NH \cdot CH \cdot CO\text{————}NH \cdot CH \cdot COOH \\ | \qquad\qquad\qquad\qquad\qquad | \\ CH_2 \cdot C_6H_4O \cdot OCH_3 \quad [CH_2]_3\text{—}NH \\ \qquad\qquad\qquad\qquad\qquad\quad \diagdown \\ \qquad\qquad\qquad\qquad\qquad\qquad C=NH \\ \qquad\qquad\qquad\qquad\qquad\quad \diagup \\ \qquad\qquad\qquad\qquad\qquad H_2N \end{array}$$

5,5 g d-Arginin und 7,7 g Azlacton der Acetamino-p-acetoxyzimtsäure werden mit 55 ccm Aceton und 19 ccm Wasser 2 Stunden bis zur Lösung geschüttelt; Lösung im Vakuum bis zur Trockene verdampfen, in 50 ccm Eisessig lösen, mit Wasserstoff und Palladiummohr hydrieren

---

[1] Max Bergmann u. Leonidas Zervas: Biochem. Z. **203**, 280 (1928).
[2] Ernst Waldschmidt-Leitz, Willibald Klein u. Anton Schäffner: Ber. dtsch. chem. Ges. **61**, 2092 (1928).
[3] Emil Abderhalden u. Ernst Schwab: Fermentforschg **10**, 305 (1929).
[4] Max Bergmann, Leonidas Zervas u. Vincent du Vigneaud: Ber. dtsch. chem. Ges. **62**, 1905 (1929).

(6 Std.), filtrieren, öfter mit Wasser eindampfen, wobei es in Form des essigsaueren Salzes auskrystallisiert. Das essigsaure Salz krystallisiert aus pyridinhaltigem Wasser nach Zusatz von Essigsäure in kurzen Nädelchen vom Schmelzp. 196° (korr.). $[\alpha]_D^{21}$ (in Wasser) = −19,5°.

Salicyliden-d-tyrosyl-d-arginin $C_{22}H_{27}O_5N_5$. 9 g Diacetyl-d-tyrosyl-d-arginin werden mit 180 ccm n-Salzsäure 35 Minuten gekocht, im Vakuum eingedampft, in 10 ccm Wasser gelöst, unter Kühlung mit 2n-NaOH gegen Lackmus neutralisiert, 10 ccm n-NaOH und 2,3 ccm Salicylaldehyd hinzugegeben, unter häufigem Schütteln 12 Stunden bei 0° aufbewahrt und von den abgeschiedenen gelben Nadeln vom Zersetzungsp. 181—183° (korr.) abgesaugt. Krystallisiert aus Methylalkohol in 6eckigen Blättchen, die nun bei 252—254° schmelzen. Die niederer schmelzende Form kann man wieder erhalten, wenn man in etwa 80proz. Methylalkohol löst und mit viel Wasser versetzt. Schmelzpunkt der so gereinigten Substanz 192—194°.

Prolyl-glycin[1].

Physiologische Eigenschaften: Wird durch Glycerinextrakte aus Darmschleimhaut kräftig gespalten; weniger gut durch Pankreasauszug und rohes Hefeautolysat. Durch Tonerdeadsorption von Trypsin befreite Darmerepsinlösungen spalten gut. Jedoch gereinigte Trockenpräparate der Dipeptidase und Polypeptidase aus Hefe und Darm, ebenso der Präparate des Pankreastrypsins und der Hefeproteinase sowie das aktivierte Papain zeigen sich so gut wie wirkungslos.

Histidyl-glycin[2].

Physiologische Eigenschaften: Wird durch Erepsin gespalten, durch Trypsin-Kinase nicht.

Glutathion.

Zusammensetzung: Stanley R. Benedict und Eleanor B. Newton isolierten Glutathion aus Blut und fanden statt 11,29% N 12,12% und statt 12,9% S nur 11,21%. Sie vermuten, daß die veraltete (s. S. 887) Auffassung, wonach dem Glutathion die Formel eines Glutamylcysteins bzw. eines Diglutamyl-cystins zukommt, noch nicht richtig ist[3].

Vorkommen: Der Gehalt an Glutathion ist größer im venösen als im arteriellen Blut[4]. Das Serum enthält kein Glutathion, wohl aber die Blutkörperchen[5]. Über die Verteilung des Peptids in der Nebenniere, im Ovarium der weißen Ratte und des Huhns, im Pankreas des Huhns und in den Arterien der Ratte[6]. Der Gehalt in Leber, Niere, Gehirn, Muskel von Albinoratten ist recht unterschiedlich. Die Gesamtmenge nimmt mit dem Alter ab[5]. In der isolierten Leber nimmt der Glutathiongehalt während der ersten 12 Stunden ab, um dann eine erhebliche Zunahme über den Anfangswert hinaus zu erfahren. Nach diesem Punkt, der in 24 Stunden erreicht ist, endgültige Abnahme[7].

Über den Gehalt an reduziertem Glutathion in normalen Geweben des Auges: Linse 0,356%, Retina 0,162%, Choroidea 0,078%, Tränendrüse 0,050%, Cornea und Glaskörper 0,033%, Conjunctiva und Sclera 0,010%[8].

Zwei Typen von malignen, transplantablen Säugetiertumoren enthalten Glutathion in der Größenordnung der Leber (reichstes Organ). Mit wachsendem Tumor nimmt der Gluta-

---

[1] Wolfgang Graßmann, Hanns Dyckerhoff u. O. v. Schoenebeck: Ber. dtsch. chem. Ges. **62**, 1307 (1929).

[2] Ernst Waldschmitz-Leitz, Willibald Klein u. Anton Schäffner: Ber. dtsch. chem. Ges. **61**, 2092 (1928).

[3] Stanley R. Benedict u. Eleanor B. Newton: J. of biol. Chem. **83**, 361 (1929) — Chem. Zbl. **1930 I**, 89.

[4] A. Blanchetière, L. Binet u. L. Mélon: C. r. Soc. Biol. Paris **97**, 1049 (1927) — Chem. Zbl. **1928 II**, 780.

[5] J. W. Thompson u. Carl Voegtlin: J. of biol. Chem. **70**, 793 (1926) — Chem. Zbl. **1928 II**, 2657.

[6] P. di Mattei u. F. Dulzetto: Atti Accad. naz. Lincei (6) **8**, 317 (1928) — Chem. Zbl. **1929 I**, 1118.

[7] S. Visco u. S. Castagna: Bull. Soc. ital. Biol. sperim. **3**, 282 (1928) — Chem. Zbl. **1929 I**, 2203.

[8] D. Michail u. P. Vanca: C. r. Soc. Biol. Paris **99**, 891 (1928) — Chem. Zbl. **1929 I**, 1118.

thiongehalt des restlichen Organismus ab[1]. Asphyxie führt meist zu einer nennenswerten Vergrößerung des Glutathiongehalts. Die Hyperventilation führt zu einer Verminderung. Entmilzte Tiere zeigen keine Unterschiede gegenüber normalen[2]. Über die Verteilung des Glutathions in Sonnenblumen, Mais und Alocaria odora[3].

Nachweis und Bestimmung: Histochemischer Nachweis in Geweben mittels Nitroprussidnatrium und Ammoniak[4].

Approximativ stimmt der Gesamtinhalt des Tierkörpers an Glutathion mit der Menge überein, die theoretisch aus der tödlichen Dosis für Cyannatrium berechnet werden kann, wenn man annimmt, daß Cyanvergiftung im Glutathion ihren Angriff hat: $NaCN + R \cdot S - S \cdot R + H_2O = NaCNO + 2 RSH$ [5].

Physiologische Eigenschaften: Beitrag zum physiologischen Studium des Glutathions nach der Methode der Organdurchströmung[6].

Kaninchen, die mit Blausäure reversibel vergiftet wurden, zeigen eine Vermehrung des Glutathions im Muskel. Vielleicht reagiert Blausäure mit den natürlichen S-Systemen der Zelle direkt[7].

Bedeutung für die Zellatmung[8].

Im aeroben Zustand soll die Umwandlung von SH zu S–S angeblich aufhören, und die für die Kontraktion des überlebenden Organs erforderliche Energie soll nicht von molekularem Sauerstoff, sondern von atomaren Erscheinungen abhängen[9].

Das Glutathion ist die Muttersubstanz bestimmter Schwefelgruppen des Keratins und findet sich in bedeutenden Mengen in der Epidermis. Es verschwindet in solchem Maße, in dem die Keratinisation fortschreitet[10].

An Glutathion reiche Gewebe verstärken die Heilwirkung von Wismut gegenüber Kaninchenlues[11].

Glutathion beschleunigt das Wachstum der Fibroblasten aus Rattensarkom und einer Kultur aus synthetischem Medium sehr wenig. Wenn aber verdautes Casein, Glykokoll und Nucleinsäure dabei sind, dann entwickeln sich die Fibroblasten ebenso schnell wie im embryonalen Saft. Versagt die Entwicklung, so ist dies wahrscheinlich einem Mangel an Glutathion zuzuschreiben, das von den Fibroblasten nicht synthetisiert wird[12].

dl-β-Chlorlactyl-glycin[13].

$$Cl \cdot CH_2 \cdot \underset{OH}{CH} \cdot CO \cdot NH \cdot CH_2 \cdot COOH \quad C_5H_8O_4NCl$$

Darstellung: Durch Kuppeln von 12 g Glykokoll mit 24 g in 250 ccm Äther gelöstem β-Chlorlactylchlorid (aus β-Chlormilchsäure und Thionylchlorid; Siedepunkt bei 5 mm 100 bis 105°). Ansäuern, zur Trockne verdampfen, Rückstand mit Alkohol auskochen, Filtrat eindampfen, zwecks Entfernung der β-Chlormilchsäure mit wenig Wasser aufnehmen, mit Äther extrahieren, wässerige Lösung verdampfen, mit absolutem Alkohol ausziehen, mit Äther versetzen, wobei die Substanz zuerst ölig ausfällt, bald aber zu sandigen Krystallen erstarrt.

Physikalische und chemische Eigenschaften: Ziemlich hygroskopisch. Leicht löslich in Wasser und Methylalkohol, steigend schwerer in Äthylalkohol, Amylalkohol und Aceton, fast unlöslich in anderen Solventien.

---

[1] Carl Voegtlin u. J. W. Thompson: J. of biol. Chem. **70**, 801 (1926) — Chem. Zbl. **1928 II**, 2657.
[2] A. Blanchetière L. Binet u. L. Mélon: C. r. Soc. Biol. Paris **97**, 1049 (1927) — Chem. Zbl. **1928 II**, 780.
[3] W. H. Camp: Science (N. Y.) **69**, 458 (1929) — Chem. Zbl. **1929 II**, 54.
[4] P. di Mattei u. F. Dulzetto: Atti Accad. naz. Lincei (6) **8**, 317 (1928) — Chem. Zbl. **1929 I**, 1118.
[5] J. W. Thompson u. Carl Voegtlin: J. of biol. Chem. **70**, 793 (1926) — Chem. Zbl. **1928 II**. 2657.
[6] René Fabre u. Henri Simonet: J. Pharmacie (8) **7**, 447 (1928) — Chem. Zbl. **1928 II**, 780.
[7] J. M. Johnson, W. C. Mc Closky u. Carl Voegtlin: Amer. J. Physiol. **87**, 72 (1927) — Chem. Zbl. **1928 II**, 1793.
[8] Ph. Joyet-Lavergne: Rev. gén. Sci. pures appl. **40**, 423 (1929) — Chem. Zbl. **1929 II**, 2208.
[9] A. Giroud u. H. Bulliard, C. r. Soc. Biol. Paris **98**, 500 (1928) — Chem. Zbl. **1928 II**, 1783.
[10] Hans Handovsky: Arch. f. exper. Path. **135**, 143 (1928) — Chem. Zbl. **1928 II**, 2266.
[11] C. Levaditi u. H. Howard: C. r. Soc. Biol. Paris **100**, 469 (1929) — Chem. Zbl. **1929 I**, 2554.
[12] Lillian E. Baker: J. of exper. Med. **49**, 163 (1929) — Chem. Zbl. **1929 I**, 2063.
[13] Masaji Tomita u. Junji Karashima: Hoppe-Seylers Z. **187**, 238 (1930).

dl-Isoseryl-glycin[1].

$$NH_2 \cdot CH_2 \cdot \underset{\underset{OH}{|}}{CH} \cdot CO \cdot NH \cdot CH_2 \cdot COOH \qquad C_5H_{10}O_4N_2$$

Darstellung: Durch 10 tägiges Aminieren von 20 g β-Chlorlactylglycin mit der 25 fachen Menge 30 proz. wässerigen Ammoniaks bei 30°. Eindampfen, in Wasser lösen, mit frisch gefälltem Silberoxyd chlorfrei machen, Filtrat mit Schwefelwasserstoff fällen, einengen, mit Tierkohle entfärben, weiter einengen. Wenig gefärbter Sirup scheidet allmählich eine kleine Menge von farblosen, schönen Krystallen ab. Ausbeute 1,55 g oder 8,7% d. Th.

Physikalische und chemische Eigenschaften: Schmelzp. 224° unter Gasentwicklung. Leicht löslich in Wasser, unlöslich in Alkohol. Reaktion gegen Lackmus neutral. Biuretreaktion positiv.

Tripeptide.

Chloracetyl-glycyl-glycin.

Physikalische und chemische Eigenschaften: Wird durch n-NaOH bei 37° rasch gespalten[2]. Die Abspaltung von Halogen und die Aufspaltung der $CO \cdot NH$-Bindungen durch n-NaOH erfolgt annähernd gleichmäßig und ist bei 37° nach 96 Stunden fast quantitativ[3].

Physiologische Eigenschaften: Wird nach Abderhalden und Schwab weder von Erepsin[4] noch von Trypsin-Kinase[5] gespalten. Nach Abderhalden und Zeisset spaltet Trypsin-Kinase bei dem gebräuchlichen p_H 8,4 schwach, bei p_H 7,8 jedoch stärker[6].

Über die Einwirkung von Zellfermenten aus Leber und Niere[7].

Bromacetyl-glycyl-glycin.

$$Br \cdot CH_2 \cdot CO \cdot NH \cdot CH_2 \cdot CO \cdot NH \cdot CH_2 \cdot COOH \qquad C_6H_9O_4N_2Br$$

Darstellung: Durch Aufspaltung von Glycinanhydrid mit NaOH und Kuppeln mit Bromacetylbromid, wobei stark rote Färbung auftritt, die beim Ansäuern ins Gelbe umschlägt. Kuppelungsprodukt fällt nur langsam aus.

Physikalische und chemische Eigenschaften: Krystallisiert aus Wasser in feinen, mikroskopischen Nadeln, die bei 174—175° unter Zersetzung schmelzen. Die Abspaltung des Halogens und die Aufspaltung der $CO \cdot NH$-Bindungen erfolgt durch n-NaOH annähernd gleichmäßig und ist bei 37° nach 96 Stunden annähernd quantitativ[3].

Physiologische Eigenschaften: Wird durch Trypsin-Kinase kaum angegriffen[8].

Diglycyl-glycin.

Physikalische und chemische Eigenschaften: Die sog. reduzierte Dissoziationskonstante $m_s = -\log k$ ist 8,07[9].

Physiologische Eigenschaften: Über die Einwirkung von Erepsin, Trypsin, Trypsin-Kinase[8] sowie von Zellfermenten aus Leber und Niere[7].

Derivate: Phenylisocyanatverbindung $C_{13}H_{16}O_5N_4$. Fällt nach dem Kuppeln der Komponenten beim Ansäuern aus. Krystallisiert aus Wasser in schönen großen Nadeln vom Schmelzpunkt 214—216°. Löslich in heißem Wasser, heißem Alkohol und Eisessig, unlöslich in Äther, Essigester, Aceton. Wird von n-NaOH bei 37° gespalten, Erepsin und auch Trypsin-Kinase greifen nicht an[10]. Wird durch Zellfermente aus Leber oder Niere nicht gespalten[7].

---

[1] Masaji Tomita u. Junji Karashima: Hoppe-Seylers Z. **187**, 238 (1930).
[2] Emil Abderhalden u. Walter Zeisset: Fermentforschg **10**, 554 (1929).
[3] Emil Abderhalden u. Walter Zeisset: Fermentforschg **11**, 170 (1930).
[4] Abderhalden u. Schwab: Fermentforschg **10**, 440 (1929).
[5] Abderhalden u. Schwab: Fermentforschg **10**, 305 (1929).
[6] Abderhalden u. Zeisset: Fermentforschg **10**, 481 (1929).
[7] Emil Abderhalden u. Oskar Herrmann: Fermentforschg **11**, 78 (1929).
[8] Emil Abderhalden u. Walter Zeisset: Fermentforschg **11**, 183 (1930).
[9] J. Tillmanns, P. Hirsch u. F. Stracke: Biochem. Z. **199**, 399 (1928) — Chem. Zbl. **1929 I**, 1353.
[10] Emil Abderhalden u. Richard Fleischmann: Fermentforschg **10**, 195 (1928).

α-Naphthylisocyanatverbindung $C_{17}H_{18}O_5N_4$. Fällt nach dem Kuppeln der Komponenten beim Ansäuern sofort aus. Schwer löslich in allen Lösungsmitteln. Krystallisiert aus heißem Eisessig in mikroskopisch kleinen Nädelchen und aus heißem Alkohol in großen Nadeln. Verfärbt sich von 225° an und zersetzt sich bei 238° vollständig. Wird von n-NaOH bei 37° gespalten[1].

N-Methyl-diglycyl-glycin; Sarkosyl-glycyl-glycin $CH_3 \cdot NH \cdot CH_2 \cdot CO \cdot NH \cdot CH_2 \cdot CO \cdot NH \cdot CH_2 \cdot COOH$. Durch 1 tägige Einwirkung von Methylamin auf Chloracetyl-glycylglycin bei Zimmertemperatur. Eindampfen, mit Alkohol auskochen, abfiltrieren. Krystallisiert aus Wasser vom Schmelzp. 139—140° unter Zersetzung. Löslich in heißem Wasser, unlöslich in Alkohol und Äther. Wird von n-NaOH bei 37° gespalten. Erepsin spaltet nicht[2].

Butyryl-diglycyl-glycin $C_{10}H_{17}O_5N_3$. Fällt nach dem Kuppeln der Komponenten beim Ansäuern als feines Krystallpulver aus. Krystallisiert aus heißem Wasser in kleinen, lanzettförmigen Krystallen vom Schmelzp. 231—232° (korr.). Schwer löslich in kaltem Wasser, Alkohol, Chloroform, Äther, wenig löslich in Aceton, Essigester, löslich in kochendem Wasser. Wird weder von Erepsin noch von Trypsin-Kinase gespalten[3].

Butyryl-triglycyl-anilin $C_{16}H_{22}O_4N_4$. Durch 9 stündiges Erhitzen von Butyryl-diglycylglycin mit der 4 fachen Gewichtsmenge Anilins. Behandeln mit Wasserdampf, waschen mit n-NaOH, umkrystallisieren aus Wasser, wobei sich kugelige Aggregate vom Schmelzp. 231 bis 232° abscheiden. Reaktion gegen Lackmus neutral. Schwer löslich in Wasser, Chloroform, Äther, Aceton, löslich in Eisessig, heißem Alkohol, Pyridin[3].

Chloracetyl-glycyl-dl-α-aminobuttersäure[4].

$C_8H_{13}O_4N_2Cl$

Darstellung: Fällt nach dem Kuppeln der Komponenten erst nach dem Einengen und Stehenlassen in der Kälte aus.

Physikalische und chemische Eigenschaften: Schmelzp. 120—121°. Löslich in Wasser und Alkohol, unlöslich in Äther und Petroläther.

Diglycyl-dl-α-aminobuttersäure[4].

$NH_2 \cdot CH_2 \cdot CO \cdot NH \cdot CH_2 \cdot CO \cdot NH \cdot CH \cdot COOH$
$\qquad\qquad\qquad\qquad\qquad\qquad\qquad\quad |$
$\qquad\qquad\qquad\qquad\qquad\qquad\quad CH_2 \cdot CH_3$ $\quad C_8H_{15}O_4N_3$

Darstellung: Durch Aminieren von Chloracetyl-glycyl-α-aminobuttersäure.
Physikalische und chemische Eigenschaften: Löslich in Wasser, unlöslich in Alkohol. Wird durch n-NaOH bei 37° gespalten.
Physiologische Eigenschaften: Wird von Trypsin-Kinase nicht gespalten und auch Erepsin greift kaum an.
Derivate: Phenylisocyanatverbindung $C_{15}H_{21}O_5N_4$. Schmelzp. 208°. Leicht löslich in Alkohol, schwer löslich in Äther, Petroläther, Chloroform, unlöslich in Wasser. Wird von n-NaOH bei 37° gespalten. Trypsin-Kinase greift nicht an.

Chloracetyl-glycyl-dl-norvalin[5].

$C_9H_{15}O_4N_2Cl$

Darstellung: Kuppeln von Glycyl-dl-norvalin mit Chloracetylchlorid. Krystallisiert nach dem Ansäuern nicht sofort aus.
Physikalische und chemische Eigenschaften: Krystallisiert aus Wasser in schmalen, mikroskopischen Prismen, die bei 152° zu sintern beginnen, bei 154—155° schmelzen und sich zwischen 170 und 175° langsam zersetzen. Durch n-NaOH wird es bei 37° ziemlich rasch gespalten.
Physiologische Eigenschaften: Wird durch Trypsin-Kinase gespalten.

---

[1] Emil Abderhalden u. Richard Fleischmann: Fermentforschg **10**, 195 (1928).
[2] Emil Abderhalden, Ermbrecht Rindtorff u. Adolf Schmitz: Fermentforschg **10**, 213 (1928).
[3] Emil Abderhalden u. Hans Brockmann: Fermentforschg **10**, 330 (1929).
[4] Emil Abderhalden u. Vlassios Vlassopoulos: Fermentforschg **10**, 365 (1929).
[5] Emil Abderhalden u. Walter Zeisset: Fermentforschg **11**, 183 (1930).

Diglycyl-dl-norvalin[1].

$NH_2 \cdot CH_2 \cdot CO \cdot NH \cdot CH_2 \cdot CO \cdot NH \cdot CH \cdot COOH$ $C_9H_{17}O_4N_3$
$|$
$CH_2 \cdot CH_2 \cdot CH_3$

Darstellung: Durch 5 tägiges Aminieren von Chloracetyl-glycyl-dl-norvalin.
Physikalische und chemische Eigenschaften: Krystallisiert aus Wasser + Alkohol in dicht verfilzten, feinen, mikroskopischen Nadeln, die sich bei 215° zu bräunen beginnen und bei 227—230° unter Zersetzung schmelzen. Biuretprobe positiv. Wird durch n-NaOH bei 37° ziemlich rasch gespalten.
Physiologische Eigenschaften: Wird durch Erepsin sehr stark angegriffen: Bei p_H 7,8 und 8,1 wird bereits nach 2 Stunden 1 Bindung vollständig aufgespalten; bei p_H 7,5 und 7,8 wird nach 8 Stunden schon mehr als 1 Bindung aufgespalten. Auch durch Trypsin-Kinase wird es bei verschiedenem p_H (7,2—8,4) gespalten; ebenso durch ein aus Trypsin-Kinase durch Tonerdeadsorption gewonnenes Unterferment.

Chloracetyl-glycyl-dl-valin[2].
$C_9H_{15}O_4N_2Cl$

Darstellung: Fällt nach dem Kuppeln der Komponenten kurze Zeit nach dem Ansäuern feinkrystallin aus.
Physikalische und chemische Eigenschaften: Krystallisiert aus Wasser in mikroskopischen, derben, meist sternförmig gruppierten Nadeln vom Schmelzp. 170°. Wird von n-NaOH bei 37° gespalten.
Physiologische Eigenschaften: Wird von Trypsin-Kinase nur sehr schwach angegriffen.

Diglycyl-dl-valin[3].

$NH_2 \cdot CH_2 \cdot CO \cdot NH \cdot CH_2 \cdot CO \cdot NH \cdot CH \cdot COOH$
$|$
CH $C_9H_{17}O_4N_3$
$CH_3\ CH_3$

Darstellung: 2 tägiges Aminieren des Chlorkörpers, behandeln mit Silbersulfat und Baryt, einengen, mit Alkohol versetzen.
Physikalische und chemische Eigenschaften: Krystallisiert in mikroskopischen langen, meist zu Drusen angeordneten Nadeln, die bei 219—221° unter Zersetzung schmelzen. Wird durch n-NaOH bei 37° gespalten.
Physiologische Eigenschaften: Wird von Erepsin gespalten, von Trypsin-Kinase praktisch nicht angegriffen.

Chloracetyl-glycyl-dl-leucin.
$C_{10}H_{17}O_4N_2Cl$

Darstellung: Nach dem Kuppeln der Komponenten bildet sich beim Ansäuern eine weiße Emulsion, die sich beim Umrühren zu einem grünlichen Harz zusammenballt. Lösen in Alkohol, fällen mit Wasser, waschen mit Äther, in alkoholischer Lösung mit Tierkohle entfärben, mit heißem Wasser versetzen[3].
Physikalische und chemische Eigenschaften: Krystallisiert in mikroskopischen, langen Prismen, die bei 153° schmelzen und sich bei 187° zersetzen. Wird durch n-NaOH bei 37° gespalten[3].
Physiologische Eigenschaften: Wird von Trypsin-Kinase gespalten[3, 4].

---

[1] Emil Abderhalden u. Walter Zeisset: Fermentforschg **11**, 183 (1930).
[2] Emil Abderhalden u. Walter Zeisset: Fermentforschg **10**, 481 (1929).
[3] Emil Abderhalden u. Walter Zeisset: Fermentforschg **10**, 544 (1929).
[4] Emil Abderhalden u. Ernst Schwab: Fermentforschg **10**, 305 (1929).

Diglycyl-dl-leucin[1].

$NH_2 \cdot CH_2 \cdot CO \cdot NH \cdot CH_2 \cdot CO \cdot NH \cdot CH \cdot COOH \quad C_{10}H_{19}O_4N_3$
$\qquad\qquad\qquad\qquad\qquad\qquad\qquad\qquad\quad |$
$\qquad\qquad\qquad\qquad\qquad\qquad\qquad\qquad C_4H_9$

Darstellung: Durch $2^1/_2$tägiges Aminieren des Chlorkörpers; behandeln mit Silbersulfat und Baryt, einengen, mit Alkohol fällen.
Physikalische und chemische Eigenschaften: Krystallisiert in mikroskopisch kleinen, quadratischen Blättchen, die sich oberhalb 195° allmählich verfärben und bei 240° schmelzen. Wird durch n-NaOH bei 37° gespalten.
Physiologische Eigenschaften: Wird von Erepsin gespalten, von Trypsin-Kinase kaum angegriffen.

Diglycyl-dl-phenylalanin[2].

Physikalische und chemische Eigenschaften: Wird durch n-NaOH bei 37° gespalten.
Physiologische Eigenschaften: Wird von Erepsin gespalten, von Trypsin-Kinase nicht.

Di-chloracetyl-decarboxy-cystin[3].

$Cl \cdot CH_2 \cdot CO \cdot NH \cdot CH_2 \cdot CH_2 - S - S - CH_2 \cdot CH_2 \cdot NH \cdot CO \cdot CH_2 \cdot Cl \quad C_8H_{14}O_2N_2Cl_2S_2$

Darstellung: Kuppeln von Decarboxy-cystin (Cystamin) [über dessen Darstellung siehe Original sowie Gabriel, Ber. dtsch. chem. Ges. **22**, 1137 (1889)] mit in Äther gelöstem Chloracetylchlorid bei Gegenwart von Kaliumcarbonat.
Physikalische und chemische Eigenschaften: Krystallisiert aus Chloroform in farblosen Blättchen vom Schmelzp. 116°. Schwer löslich in Äther und Benzol, leichter löslich in Methylenchlorid und Chloroform.

Diglycyl-decarboxy-cystin, Diglycyl-cystamin[3].

Derivate: Di-(N-äthyl-glycyl)-decarboxy-cystin

$C_2H_5 \cdot NH \cdot CH_2 \cdot CO \cdot NH \cdot CH_2 \cdot CH_2 \cdot S - S - CH_2 \cdot CH_2 \cdot NH \cdot CO \cdot CH_2 \cdot NH \cdot C_2H_5$

Kann aus dem Di-chloracetyl-cystamin und Äthylamin nur mit einem starken Überschuß der Base erhalten werden: Der Chlorkörper wird mit 20 Mol Äthylamin in Chloroformlösung 10 Stunden auf 100° erhitzt. Die nach Isoniril riechende, schwach gefärbte Flüssigkeit liefert nach dem Ausziehen mit verdünnter Salzsäure und Alkalischmachen ein farbloses Öl, das nach dem Aufnehmen in Methylenchlorid und Befreien vom Lösungsmittel langsam zu krystallisieren beginnt. Abpressen auf Ton, mit viel siedendem Äther ausziehen, von Trübung filtrieren, einengen. Krystallisiert in langen, farblosen Nadeln, die bei 64° schmelzen. Leicht löslich in Alkohol und Wasser. Ist pharmakologisch indifferent.
Di-(N-isoamyl-glycyl)-decarboxy-cystin. Wird in analoger Weise wie das N-Äthylderivat dargestellt. Krystallisiert nicht. Hat stärkste epileptoide Wirkung. **Chlorhydrat** $C_{18}H_{40}O_2N_4S_2Cl_2$. Reinigen des Rohproduktes durch Lösen in Alkohol und fraktioniertes Fällen mit Äther. Schmelzp. 215°.

Chloracetyl-dl-alanyl-decarboxy-leucin[3].

$\qquad\qquad\qquad\qquad\qquad\qquad\qquad\qquad\qquad\qquad\quad CH_3$
$\qquad\qquad\qquad\qquad\qquad\qquad\qquad\qquad\qquad\qquad\;\;/$
$Cl \cdot CH_2 \cdot CO \cdot NH \cdot CH \cdot CO \cdot NH \cdot CH_2 \cdot CH_2 \cdot CH \quad C_{10}H_{19}O_2N_2Cl$
$\qquad\qquad\qquad\quad\;\; |\qquad\qquad\qquad\qquad\qquad\qquad\;\;\backslash$
$\qquad\qquad\qquad\quad CH_3\qquad\qquad\qquad\qquad\qquad\qquad\; CH_3$

Darstellung: Aus Alanyl-decarboxy-leucin mit Chloracetylchlorid in ätherischer Lösung.
Physikalische und chemische Eigenschaften: Leicht löslich in Äther, woraus die Verbindung nach Zusatz von Petroläther bis zur Trübung und Abkühlen in asbestartigen Fäden vom Schmelzp. 130° krystallisiert.

---

[1] Emil Abderhalden u. Walter Zeisset: Fermentforschg **10**, 544 (1929).
[2] Emil Abderhalden u. Friedrich Schweitzer: Fermentforschg **10**, 341 (1929).
[3] Julius v. Braun, Alfred Bahn u. Wilhelm Münch: Ber. dtsch. chem. Ges. **62**, 2766 (1929).

Glycyl-dl-alanyl-decarboxy-leucin[1].
Derivate: (N-Aethyl-glycyl)-dl-alanyl-decarboxy-leucin

$$C_2H_5 \cdot NH \cdot CH_2 \cdot CO \cdot NH \cdot \underset{\underset{CH_3}{|}}{CH} \cdot CO \cdot NH \cdot CH_2 \cdot CH_2 \cdot CH\underset{CH_3}{\overset{CH_3}{<}} \quad C_{12}H_{25}O_2N_3$$

Durch 14stündiges Erhitzen von Chloracetyl-alanyl-decarboxy-leucin mit 8 Mol Äthylamin in methylalkoholischer Lösung auf 100°. Im Vakuum einengen, mit verdünnter Salzsäure ausschütteln und alkalisch machen. Äußerst zähflüssiges Öl, das unter 3,5 mm um 190° siedet. Es ist in kaltem Wasser leichter löslich als in warmem. Ist pharmakologisch indifferent. **Pikrat:** ölig. **Chlorhydrat:** außerordentlich hygroskopisch.

(N-n-Propyl-glycyl)-dl-alanyl-decarboxy-leucin $C_{13}H_{27}O_2N_3$. Darstellung und Eigenschaften wie beim Äthyl-Derivat. Siedepunkt unter 3,5 mm: 195—199°. Ist pharmakologisch indifferent. **Pikrat** und **Chlorhydrat** wie oben.

Glycyl-dl-α-aminobutyryl-dl-α-aminobuttersäure[2].
Physiologische Eigenschaften: Wird von Erepsin gespalten, von Trypsin-Kinase nicht.

Chloracetyl-dl-valyl-glycin[3].
$$C_9H_{15}O_4N_2Cl$$

Darstellung: Kuppeln von Valyl-glycin mit Chloracetylchlorid, nach dem Ansäuern mehrmals ausäthern, filtrieren, mit Petroläther versetzen.
Physikalische und chemische Eigenschaften: Krystallisiert aus Äther + Petroläther in schneeweißen Nadeln vom Schmelzp. 141°. Leicht löslich in Alkohol, Aceton, Essigester, löslich in Äther, schwer löslich in Wasser, unlöslich in Benzol, Chloroform, Petroläther.

Glycyl-dl-valyl-glycin[3].

$$NH_2 \cdot CH_2 \cdot CO \cdot NH \cdot \underset{\underset{CH\underset{CH_3}{\overset{CH_3}{<}}}{|}}{CH} \cdot CO \cdot NH \cdot CH_2 \cdot COOH \quad C_9H_{17}O_4N_3$$

Darstellung: Aminieren des Chlorkörpers, behandeln mit Silbersulfat und Baryt, Trockenrückstand mit absolutem Alkohol ausziehen, wobei ein Produkt mit ungesättigtem Charakter in Lösung geht.
Physikalische und chemische Eigenschaften: Krystallisiert aus wenig Wasser + Alkohol in mikroskopischen, verfilzten Nadeln vom Schmelzp. 239°. Wird von n-NaOH bei 37° gespalten.
Physiologische Eigenschaften: Wird von Erepsin gespalten, von Trypsin-Kinase nicht.
Derivate: Phenylisocyanatverbindung $C_{16}H_{22}O_5N_4$. Krystallisiert in Nadeln, die bei 193° (korr.) sintern und bei 197—198° schmelzen. Wird Erepsin nicht, von Trypsin-Kinase schwach gespalten.

β-Naphthalinsulfoverbindung $C_{19}H_{23}O_6N_3S$. Krystallisiert in undeutlich ausgeprägten, stumpfen Nadeln oder in Blättchen. Schmelzp. 148°. Wird durch n-NaOH bei 37° gespalten.

Glycyl-d-valyl-d-valin[4].

$$NH_2 \cdot CH_2 \cdot CO \cdot NH \cdot \underset{\underset{CH\underset{CH_3}{\overset{CH_3}{<}}}{|}}{CH} \cdot CO \cdot NH \cdot \underset{\underset{CH\underset{CH_3}{\overset{CH_3}{<}}}{|}}{CH} \cdot COOH \quad C_{12}H_{23}O_4N_3$$

Darstellung: Aminieren des durch Kuppeln von d-Valyl-d-valin mit Chloracetylchlorid erhaltenen öligen Kuppelungsproduktes, behandeln des Eindampfrückstandes mit Silber-

---

[1] Julius v. Braun, Alfred Bahn u. Wilhelm Münch: Ber. dtsch. chem. Ges. **62**, 2766 (1929).
[2] Emil Abderhalden u. Hans Brockmann: Fermentforschg **10**, 330 (1929).
[3] Emil Abderhalden, Peter Pen-tieh Sah u. Ernst Schwab: Fermentforschg **10**, 264 (1928).
[4] Emil Abderhalden u. Vlassios Vlassopoulos: Fermentforschg **10**, 365 (1929).

sulfat und Baryt. 25% des Tripeptides werden beim Aminieren racemisiert. Ausbeute an aktivem Peptid 43%.

Physikalische und chemische Eigenschaften: Schmelzp. 220°. Leicht löslich in Wasser, schwer in Alkohol. $[\alpha]_D^{20} = -32°$. Wird durch n-NaOH bei 37° gespalten.

Physiologische Eigenschaften: Wird von Erepsin gespalten, von Trypsin-Kinase nicht.

Derivate: β-Naphthalinsulfoverbindung $C_{22}H_{29}O_6N_3S$. Leicht löslich in Alkohol, schwer löslich in Petroläther, Äther, Chloroform.

Chloracetyl-dl-norvalyl-dl-norvalin[1].

$C_{12}H_{21}O_4N_2Cl$

Darstellung: Fällt nach dem Kuppeln der Komponenten beim Ansäuern als öliger, in der Kälte fest werdender Niederschlag aus. Ausbeute beinahe quantitativ.

Physikalische und chemische Eigenschaften: Krystallisiert in feinen Prismen. Leicht löslich in Chloroform, schwer in Aceton, Alkohol, Äther, unlöslich in Petroläther und Wasser.

Glycyl-dl-norvalyl-dl-norvalin[1].

$$NH_2 \cdot CH_2 \cdot CO \cdot NH \cdot CH \cdot CO \cdot NH \cdot CH \cdot COOH \qquad C_{12}H_{23}O_4H_3$$
$$\qquad\qquad\qquad\qquad\quad CH_2 \cdot CH_2 \cdot CH_3 \; CH_2 \cdot CH_2 \cdot CH_3$$

Darstellung: Aminieren des Chlorkörpers, behandeln des Trockenrückstandes mit Silbersulfat und Baryt.

Physikalische und chemische Eigenschaften: Schwer löslich in kaltem, löslich in heißem Wasser. In reinem Zustande unlöslich in Alkohol. Wird durch n-NaOH bei 37° gespalten.

Physiologische Eigenschaften: Wird durch Erepsin gespalten, durch Trypsin-Kinase nicht.

Derivate: Phenylisocyanatverbindung $C_{19}H_{28}O_5N_4$. Aus Alkohol + Wasser, Schmelzpunkt 156° Löslich in Alkohol, schwer löslich in Äther, Petroläther, Chloroform, fast unlöslich in Wasser. Wird durch n-NaOH bei 37° gespalten. Trypsin-Kinase greift nicht an.

β-Naphthalinsulfoverbindung $C_{22}H_{29}O_6N_3S$. Krystallisiert aus wenig Alkohol + Wasser in Prismen vom Schmelzp. 195°. Leicht löslich in Alkohol, löslich in Äther, Petroläther, Chloroform, unlöslich in Wasser. Wird durch n-NaOH bei 37° gespalten.

Chloracetyl-dl-leucyl-glycin[2].

$C_{10}H_{17}O_4N_2Cl$

Darstellung: Nach dem Kuppeln der Komponenten und Ansäuern ausäthern, einengen, mit Petroläther krystallin fällen.

Physikalische und chemische Eigenschaften: Schmelzp. 141°. Leicht löslich in Wasser, Alkohol, Aceton, Chloroform. In Äther löst es sich, in krystalliner Form nur schwer.

Glycyl-dl-leucyl-glycin.

$C_{10}H_{19}O_4N_3$

Darstellung: Aminieren des Chlorkörpers, behandeln mit Silbersulfat und Baryt[2].

Physikalische und chemische Eigenschaften: Krystallisiert aus Wasser in glänzenden Blättchen, die sich bei 206° bräunlich färben und bei 216°, unter Aufschäumen schmelzen[2].

Physiologische Eigenschaften: Wird von Erepsin gespalten, von Trypsin-Kinase nicht[2]. Spaltung durch Erepsin bei verschiedenem p_H. Optimales p_H 7,1[3].

Chloracetyl-l-leucyl-glycin[4].

Physiologische Eigenschaften: Wird durch Trypsin-Kinase gespalten, durch Erepsin nicht.

---

[1] Emil Abderhalden u. Vlassios Vlassopoulos: Fermentforsch **10**, 365 (1929).
[2] Emil Abderhalden u. Ernst Schwab: Fermentforschg **10**, 179 (1928).
[3] Emil Abderhalden u. Adolf Schmitz: Fermentforschg **11**, 104 (1929).
[4] Emil Abderhalden u. Ernst Schwab: Fermentforschg **10**, 305 (1929).

Chloracetyl-d-leucyl-glycin[1].

Darstellung: Kuppeln von d-Leucyl-glycin mit Chloracetylchlorid.
Physikalische und chemische Eigenschaften: Konnte nur als zähe Masse erhalten werden.

Glycyl-d-leucyl-glycin[1].

$$NH_2 \cdot CH_2 \cdot CO \cdot NH \cdot \underset{\underset{C_4H_9}{|}}{CH} \cdot CO \cdot NH \cdot CH_2 \cdot COOH \quad C_{10}H_{19}O_4N_3$$

Darstellung: Durch 1stündiges Aminieren des Chloracetylkörpers bei 100° und Behandeln mit Silbersulfat und Baryt.
Physikalische und chemische Eigenschaften: Krystalle aus Wasser + Alkohol. Schmelzp. nach vorhergehender Braunfärbung 215°. $[\alpha]_{20}^D$ in 10proz., wässerigem Ammoniak $= + 25°$.
Physiologische Eigenschaften: Wird weder von Erepsin noch von Trypsin-Kinase angegriffen.

Glycyl-dl-leucyl-dl-leucin[2].

Physiologische Eigenschaften: Wird durch Erepsin zu Glykokoll und Leucyl-leucin gespalten. Über die Erepsinspaltung bei verschiedenem p_H.

Chloracetyl-dl-leucyl-decarboxy-alanin[3].

$$Cl \cdot CH_2 \cdot CO \cdot NH \cdot \underset{\underset{C_4H_9}{|}}{CH} \cdot CO \cdot NH \cdot CH_2 \cdot CH_3 \quad C_{10}H_{19}O_2N_2Cl$$

Darstellung: Aus Leucyl-decarboxy-alanin und Chloracetylchlorid.
Physikalische und chemische Eigenschaften: Leicht löslich in Äther. Krystalle aus Äther-Petroläther vom Schmelzp. 133°.

Glycyl-dl-leucyl-decarboxy-alanin[3].

$$NH_2 \cdot CH_2 \cdot CO \cdot NH \cdot \underset{\underset{C_4H_9}{|}}{CH} \cdot CO \cdot NH \cdot CH_2 \cdot CH_3 \quad C_{10}H_{21}O_2N_3$$

Darstellung: Durch Aminieren des Chloracetylkörpers mit methylalkoholischem Ammoniak bei 100°. Eindampfen, mit Salzsäure ausziehen, stark alkalisch machen, mit Methylenchlorid-Äther ausschütteln.
Physikalische und chemische Eigenschafetn: Hinterbleibt als schwach gelbliches Öl, das nicht rein ist, sondern etwa 20% sekundäre Base

$$NH(CH_2 \cdot CO \cdot NH \cdot \underset{\underset{C_4H_9}{|}}{CH} \cdot CO \cdot NH \cdot CH_2 \cdot CH_3)_2$$

beigemengt enthält. Erleidet beim Destillieren im Hochvakuum weitgehende Zersetzung. Salze krystallisieren nicht gut.
Derivate: (N-Methyl-glycyl)-dl-leucyl-decarboxy-alanin $C_{11}H_{23}O_2N_3$. Aus dem Chloracetylkörper durch Umsetzen mit Methylamin. Siedepunkt unter 12 mm 198—200°. Es erstarrt leicht und schmilzt bei 71—73°. Ist pharmakologisch indifferent. **Pikrat:** Schmelzpunkt 180°. **Chlorhydrat:** hygroskopisch. Schmelzp. 206—208°.
(N-Äthyl-glycyl)-dl-leucyl-decarboxy-alanin $C_{12}H_{25}O_2N_3$. Siedepunkt unter 3,5 mm 171—174°. Ist pharmakologisch indifferent. **Chlorhydrat:** Schmelzp. 169°. **Pikrat:** Schmelzpunkt 205°.

---

[1] Emil Abderhalden u. Hugo Mayer: Fermentforschg **11**, 143 (1930).
[2] Emil Abderhalden u. Adolf Schmitz: Fermentforschg **11** 104 (1929).
[3] Julius v. Braun, Alfred Bahn u. Wilhelm Münch: Ber. dtsch. chem. Ges. **62**, 2766 (1929).

(**N-Propyl-glycyl**)-**dl-leucyl-decarboxy-alanin** $C_{13}H_{27}O_2N_3$. Siedepunkt bei 3,5 mm Druck 178—182°. Ist pharmakologisch indifferent. **Chlorhydrat:** Schmelzp. 168°. **Pikrat:** Schmelzp. 190°.

(**N-Isoamyl-glycyl**)-**dl-leucyl-decarboxy-alanin** $C_{15}H_{31}O_2N_3$. Siedepunkt unter 3,5 mm Druck bei 191—194°. Ist pharmakologisch indifferent. **Pikrat:** Schmelzp. 138°. **Chlorhydrat:** ungemein hygroskopisch, zerfließt momentan an der Luft.

dl-α-Brompropionyl-glycyl-glycin.

Physikalische und chemische Eigenschaften: Wird durch n-NaOH bei 37° ziemlich rasch gespalten. Durch n-NaOH bei 37° wird das Halogen bereits nach 24 Stunden quantitativ abgespalten, während die quantitative Aufspaltung der beiden CO · NH-Bindungen längere Zeit in Anspruch nimmt[1].

Physiologische Eigenschaften: Wird von Erepsin nicht gespalten[2]. Trypsin-Kinase greift die Verbindung schwach an[3].

dl-Alanyl-glycyl-glycin.

Physikalische und chemische Eigenschaften: Die sog. reduzierte Dissoziationskonstante $m_s = -\log k$ ist 8,15[4]. Wird durch n-NaOH gespalten[2].

Physiologische Eigenschaften: Wird durch Erepsin gespalten, nicht durch Trypsin-Kinase[2].

Derivate: **p-Chlorbenzoyl-dl-alanyl-glycyl-glycin** $C_{14}H_{16}O_5N_3Cl$. Krystallisiert aus Alkohol vom Schmelzp. 246—247°. Sehr schwer löslich in Wasser, unlöslich in Äther und Petroläther, löslich in Alkohol. Wird durch n-NaOH bei 37° gespalten. Erepsin spaltet nicht, Trypsin-Kinase nur schwach[2].

p-Nitrobenzoyl-dl-alanyl-glycyl-glycin $C_{14}H_{16}O_7N_4$. Krystallisiert aus Wasser vom Schmelzp. 228—229° unter Zersetzung. Löslich in Wasser und Alkohol, unlöslich in Äther und Petroläther. Wird durch n-NaOH gespalten, ebenso von Trypsin-Kinase. Erepsin spaltet nicht[2].

β-Naphthalinsulfo-dl-alanyl-glycyl-glycin $C_{17}H_{19}O_6N_3S$. Konnte nicht krystallisiert erhalten werden. Leicht löslich in Alkohol, Aceton, löslich in Wasser, unlöslich in Äther, Petroläther, Benzol, Chloroform, Essigester. Wird durch n-NaOH bei 37° gespalten. Wird weder von Erepsin noch von Trypsin-Kinase angegriffen[2].

dl-Alanyl-glycyl-dl-leucin [5].

Physikalische und chemische Eigenschaften: Wird durch Hypobromit zu Cyansäure, Carbaminoleucin und CO_2 abgebaut.

d-α-Brompropionyl-glycyl-l-phenylalanin [6].

$$C_{14}H_{17}O_4N_2Br$$

Darstellung: Fällt nach dem Kuppeln von Glycyl-l-phenyl-alanin mit d-α-Brompropionylchlorid beim Ansäuern aus.

Physikalische und chemische Eigenschaften: Krystallisiert in Nadeln vom Schmelzpunkt 150°. Schwer löslich in Wasser, leicht löslich in Alkohol, Äther, Aceton, Chloroform, unlöslich in Petroläther.

d-Alanyl-glycyl-l-phenylalanin [6].

$$NH_2 \cdot \underset{\underset{CH_3}{|}}{CH} \cdot CO \cdot NH \cdot CH_2 \cdot CO \cdot NH \cdot \underset{\underset{CH_2 \cdot C_6H_5}{|}}{CH} \cdot COOH \qquad C_{14}H_{19}O_4N_4$$

Darstellung: Durch 3 tägiges Aminieren des Bromkörpers.

---

[1] Emil Abderhalden u. Walter Zeisset: Fermentforschg **11**, 170 (1930).
[2] Emil Abderhalden, L. Dinerstein u. S. Genes: Fermentforschg **10**, 532 (1929).
[3] Emil Abderhalden u. Walter Zeisset: Fermentforschg **11**, 183 (1930).
[4] J. Tillmanns, P. Hirsch u. F. Stracke: Biochem. Z. **199**, 399 (1928) — Chem. Zbl. **1929 I**, 1353.
[5] Stefan Goldschmidt u. Kossy Strauß: Liebigs Ann. **471**, 1 (1929).
[6] Emil Abderhalden u. Oskar Herrmann: Fermentforschg **10**, 586 (1929).

Physikalische und chemische Eigenschaften: Schmelzp. 220°. Leicht löslich in Wasser, so gut wie unlöslich in allen anderen Lösungsmitteln. $[\alpha]_D^{20} = +34{,}02°$.

Physiologische Eigenschaften: Wird sowohl von Erepsin als auch von Trypsin-Kinase gespalten. Über die Drehungsänderung während der fermentativen Spaltung.

dl-α-Brompropionyl-glycyl-dl-phenylalanin[1].

Physiologische Eigenschaften: Wird von Trypsin-Kinase gespalten.

dl-α-Brompropionyl-dl-alanyl-glycin[2].

$C_8H_{13}O_4N_2Br$

Darstellung: Fällt nach dem Kuppeln der Komponenten beim Ansäuern aus. Ausbeute 65%.

Physikalische und chemische Eigenschaften: Schmelzp. 194°. Die Literaturangabe „leicht löslich in Wasser, schwer löslich in Alkohol" dürfte wohl verdruckt sein und heißen: schwer löslich in Wasser, leicht löslich in Alkohol.

dl-Dialanyl-glycin[2].

$$NH_2 \cdot \underset{\underset{CH_3}{|}}{CH} \cdot CO \cdot NH \cdot \underset{\underset{CH_3}{|}}{CH} \cdot CO \cdot NH \cdot CH_2 \cdot COOH \quad C_8H_{15}O_4N_3$$

Darstellung: Aminieren des Bromkörpers. Lösen in wenig heißem Wasser, versetzen mit viel absolutem Alkohol bis zur Trübung.

Physikalische und chemische Eigenschaften: Krystallisiert in weißen Nadeln vom Schmelzpunkt 208°. Wird durch Hypobromit zu Acetonitril und 5-Methyl-1, 5-dehydrohydantoin-3-essigsäure abgebaut. Letztere Verbindung

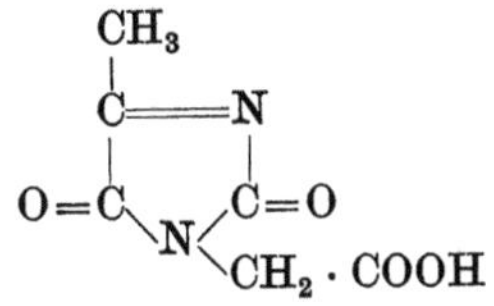

$$O=C\underset{N}{\overset{\underset{|}{C}=N}{\diagdown}}\underset{CH_2 \cdot COOH}{\overset{C=O}{\diagup}}$$

kann in Form ihres Kaliumsalzes krystallisiert erhalten werden und liefert bei der Hydrolyse mit Salzsäure Brenztraubensäure, Glykokoll, Ammoniak und CO_2.

d-α-Brompropionyl-d-alanyl-d-alanin[3].

$C_9H_{15}O_4N_2Br$

Darstellung: Durch Aufspaltung von d-Alaninanhydrid mit n-NaOH bis zum Verschwinden der Anhydridreaktion und daran anschließender Kuppelung mit d-α-Brompropionylchlorid. Fällt beim Ansäuern nicht aus. Eindampfen, mit Aceton ausziehen, mit Petroläther fällen.

Physikalische und chemische Eigenschaften: Nach dem Umlösen aus heißem Wasser Schmelzp. 148°.

d-Alanyl-d-alanyl-d-alanin[3].

$C_9H_{17}O_4N_3$

Darstellung: Aminieren des Bromkörpers, behandeln mit Silbersulfat und Baryt.

Physikalische und chemische Eigenschaften: Konnte nicht krystallisiert erhalten werden. Schmelzpunkt des amorphen Produkts 245°. $[\alpha]_D^{20}$ in Wasser $= -15{,}1°$. Wird von n-NaOH bei 37° gespalten.

Physiologische Eigenschaften: Wird von Erepsin gespalten, von Trypsin-Kinase nicht.

---

[1] Emil Abderhalden u. Hans Brockmann: Fermentforschg **10**, 330 (1929).
[2] Stefan Goldschmidt u. Kossy Strauß: Liebigs Ann. **471**, 1 (1929).
[3] Emil Abderhalden u. Juan José Delgado y Mier: Fermentforschg **10**, 251 (1928).

dl-α-Brompropionyl-dl-alanyl-dl-leucin[1].

$C_{12}H_{21}O_4N_2Br$

Darstellung: Kuppeln von Alanyl-leucin mit Brompropionylbromid, ansäuern, wobei die Hauptmenge beim Stehen auskrystallisiert, Mutterlauge ausäthern, einengen, mit Petroläther fällen. Ausbeute 60%.

Physikalische und chemische Eigenschaften: Weiße Blättchen vom Schmelzp. 180°

dl-α-Brompropionyl-dl-alanyl-dl-norvalin[2].

$C_{11}H_{19}O_4N_2Br$

Darstellung: Fällt nach dem Kuppeln der Komponenten beim Ansäuern als zähes, in der Kälte erstarrendes Öl aus.

Physikalische und chemische Eigenschaften: Krystallisiert aus heißem Wasser in kleinen Nadelbüscheln vom Schmelzp. 183—184° (korr.). Löslich in Alkohol, Aceton, Essigester, weniger löslich in Chloroform und Äther, ziemlich schwer löslich in kaltem Wasser, unlöslich in Toluol und Petroläther.

Derivate: Methylester $C_{12}H_{21}O_4N_2Br$. Krystallisiert aus Methylalkohol + Wasser in langen, büschelig vereinigten Nadeln, die nach vorherigem Sintern bei 131—132° (korr.) schmelzen. Leicht löslich in Aceton, Chloroform, löslich in Alkohol, Essigester, Äther, heißem Toluol, Ligroin, schwer löslich in kaltem Wasser und Petroläther.

Di-(dl-alanyl)-dl-norvalin[2].

$$NH_2 \cdot \underset{CH_3}{CH} \cdot CO \cdot NH \cdot \underset{CH_3}{CH} \cdot CO \cdot NH \cdot \underset{CH_2 \cdot CH_2 \cdot CH_3}{CH} \cdot COOH \quad C_{11}H_{21}O_4N_3$$

Darstellung: Durch 3 tägiges Aminieren von dl-α-Brompropionyl-dl-alanyl-dl-norvalin und Behandeln mit Silbersulfat und Baryt.

Physikalische und chemische Eigenschaften: Krystallisiert aus Wasser + Alkohol in schönen Nadeln, die bei 233—234° unter Zersetzung schmelzen. Löslich in Wasser, unlöslich in den gebräuchlichen organischen Lösungsmitteln.

Physiologische Eigenschaften: Wird sowohl durch Erepsin als auch durch Trypsin-Kinase gespalten.

Derivate: N-Methyl-dl-alanyl-dl-alanyl-dl-norvalin $C_{12}H_{23}O_4N_3$. Man behandelt dl-α-Brompropionyl-dl-alanyl-dl-norvalin 3 Tage mit 33 proz. Methylaminlösung bei 37°, dampft mehrmals mit Wasser und mehrmals mit absolutem Alkohol ab, wobei der sirupöse Rückstand krystallin wird. Entfernen des bromwasserstoffsauren Methylamins mit 80 proz. Alkohol. Krystallisiert aus Wasser + Alkohol in kleinen, verfilzten Nadeln, die bei 264—265° (korr.) unter Zersetzung schmelzen. Löslich in Wasser und Pyridin, unlöslich in den gebräuchlichen organischen Lösungsmitteln. Die wässerige Lösung reagiert sauer. Wird durch Trypsin-Kinase gespalten, nicht durch Erepsin.

dl-Dialanyl-dl-leucin[1].

$$NH_2 \cdot \underset{CH_3}{CH} \cdot CO \cdot NH \cdot \underset{CH_3}{CH} \cdot CO \cdot NH \cdot \underset{C_4H_9}{CH} \cdot COOH \quad C_{12}H_{23}O_4N_3$$

Darstellung: 2 stündiges Aminieren des Bromkörpers bei 100°. Eingedampften Rückstand öfter mit wenig Wasser aufnehmen und mit Alkohol fällen.

Physikalische und chemische Eigenschaften: Krystallisiert in Blättchen vom Schmelzpunkt 246°. Wird durch Hypobromit zu Acetonitril und einem dicken, gelben, stark hygroskopischen Öl, der 5-Methyl-1, 5-dehydro-hydantoin-3-essigsäure abgebaut, das bei der Hydrolyse mit n-Salzsäure in Brenztraubensäure, Leucin, Ammoniak und Kohlensäure zerfällt.

---

[1] Stefan Goldschmidt u. Kossy Strauß: Liebigs Ann. **471**, 1 (1929).
[2] Emil Abderhalden u. Hans Brockmann: Fermentforschg **11**, 251 (1930).

Di-(dl-α-brompropionyl)-l-cystin[1].

Physiologische Eigenschaften: Wird von Trypsin-Kinase gespalten, nicht von Erepsin.

dl-α-Brompropionyl-dl-α-aminobutyryl-glycin[2].

$C_9H_{15}O_4N_2Br$

Darstellung: Kuppeln der Komponenten, ansäuern, ausäthern, einengen, mit Petroläther fällen.
Physikalische und chemische Eigenschaften: Krystalliner Körper vom Schmelzp. 173°. Löslich in Wasser und Alkohol, schwer löslich in Äther und Chloroform, unlöslich in Petroläther.

dl-Alanyl-dl-α-aminobutyryl-glycin[2].

$$NH_2 \cdot \underset{\underset{CH_3}{|}}{CH} \cdot CO \cdot NH \cdot \underset{\underset{CH_2 \cdot CH_3}{|}}{CH} \cdot CO \cdot NH \cdot CH_2 \cdot COOH \quad C_9H_{17}O_4N_3$$

Darstellung: Durch 2tägiges Aminieren des Bromkörpers.
Physikalische und chemische Eigenschaften: Schmelzp. 225°. Leicht löslich in Wasser, kaum löslich in Alkohol. Wird von n-NaOH bei 37° gespalten.
Physiologische Eigenschaften: Wird von Erepsin gespalten, nicht von Trypsin-Kinase.
Derivate: Phenylisocyanatverbindung $C_{16}H_{22}O_5N_4$. Kuppeln der Komponenten, ansäuern, unter Kühlung stehen lassen. Ausbeute nur 30%. Schmelzp. 208—210°. Wird durch n-Alkali bei 37° gespalten. Trypsin-Kinase greift nur minimal an.

dl-α-Brompropionyl-dl-α-aminobutyryl-dl-α-aminobuttersäure[3].

Physiologische Eigenschaften: Wird von Trypsin-Kinase schwach gespalten.

dl-Alanyl-dl-α-aminobutyryl-dl-α-aminobuttersäure[3].

Physiologische Eigenschaften: Wird sowohl von Erepsin als auch von Trypsin-Kinase gespalten.

dl-α-Brompropionyl-dl-valyl-glycin.

$C_{10}H_{17}O_4N_2Br$

Darstellung: Krystallisiert nach dem Kuppeln der Komponenten und Ansäuern beim Stehen in der Kältemischung größtenteils aus[2,4].
Physikalische und chemische Eigenschaften: Nadeln aus Wasser vom Schmelzp. 204°[4] (202°[2]). Löslich in Äther, schwer löslich in Alkohol[2], unlöslich in Petroläther[2].

dl-Alanyl-dl-valyl-glycin.

$$NH_2 \cdot \underset{\underset{CH_3}{|}}{CH} \cdot CO \cdot NH \cdot \underset{\underset{C_3H_7}{|}}{CH} \cdot CO \cdot NH \cdot CH_2 \cdot COOH \quad C_9H_{17}O_4N_3$$

Darstellung: 1stündiges Aminieren des Bromkörpers bei 100°[4] oder 2tägiges Aminieren bei 37°[2]. Eindampfrückstand mit 50proz. Alkohol ausziehen und die heiße alkoholische Lösung mit absolutem Alkohol bis zur Trübung versetzen[4].
Physikalische und chemische Eigenschaften: Weiße Nadeln. Schmelzp. 241°[4]. Schmelzpunkt 248°[2]. Leicht löslich in Wasser, unlöslich in absolutem Alkohol[2]. Wird durch n-Alkali

---

[1] Emil Abderhalden u. Ernst Schwab: Fermentforschg **10**, 305 (1929).
[2] Emil Abderhalden u. Oskar Herrmann: Fermentforschg **10**, 145 (1928).
[3] Emil Abderhalden u. Hans Brockmann: Fermentforschg **10**, 330 (1929).
[4] Stefan Goldschmidt u. Kossy Strauß: Liebigs Ann. **471**, 1 (1929).

bei 37° gespalten[1]. Durch Einwirkung von Hypobromit wird es zu Acetonitril und **5-Isopropyl-1, 5-dehydrohydantoin-3-essigsäure**

$$\begin{array}{c} CH_3 \\ \diagdown C \diagup H \\ CH_3 \diagup \diagdown C = N \\ O=C C=O \\ \diagdown N \diagup \\ | \\ CH_2COOH \end{array}$$

abgebaut. Letztere Verbindung ist leicht löslich in Alkohol, schwer in Wasser und Äther, unlöslich in Petroläther und schmilzt bei 227°. Durch Kochen mit n-Alkali wird sie in α-Keto-isovaleriansäure, Glykokoll, Kohlensäure und Ammoniak gespalten[2].

Physiologische Eigenschaften: Wird von Erepsin gespalten, von Trypsin-Kinase nicht[1].

Derivate: β-**Naphthalinsulfoverbindung.** Entsteht in nur sehr geringer Ausbeute. Schmelzp. 198°[1].

Phenylisocyanatverbindung. Entsteht nur in sehr geringer Ausbeute. Schmelzp. 218°[1].

dl-Alanyl-dl-leucyl-glycin[2].

Physikalische und chemische Eigenschaften: Wird durch Hypobromit zu Acetonitril und **5-Isobutyryl-1, 5-dehydrohydantoin-3-essigsäure**

$$\begin{array}{c} CH_3 \\ \diagdown CH \cdot CH_2 \cdot C = N \\ CH_3 \diagup \\ O=C CO \\ \diagdown N \diagup \\ | \\ CH_2 \cdot COOH \end{array}$$

abgebaut. Letztere Verbindung krystallisiert aus Wasser in Nadeln vom Schmelzp. 183° und wird bei der Hydrolyse mit n-NaOH α-Keto-isocapronsäure, Glykokoll, Ammoniak und Kohlensäure aufgespalten.

dl-α-Brompropionyl-dl-leucyl-decarboxy-glycin[3].

$$\underset{\underset{CH_3}{|}}{Br \cdot CH} \cdot CO \cdot NH \cdot \underset{\underset{C_4H_9}{|}}{CH} \cdot CO \cdot NH \cdot CH_3 \quad C_{10}H_{19}O_2NBr$$

Darstellung: Umsetzung von 1 Mol Brompropionylchlorid mit 2 Mol Leucyl-decarboxyglycin in ätherischer Lösung, wobei Reaktionsprodukte als zähe Masse ausfallen. Man setzt Wasser und Methylenchlorid bis zur Bildung zweier klarer Schichten hinzu, trennt die Schichten und erhält nach dem Abdestillieren von Äther-Methylenchlorid die Bromverbindung als festen Rückstand.

Physikalische und chemische Eigenschaften: Krystalle aus Essigester vom Schmelzpunkt 150°.

dl-Alanyl-dl-leucyl-decarboxy-glycin[3].

Derivate: (N-Äthyl-dl-alanyl)-dl-leucyl-decarboxy-glycin

$$C_2H_5 \cdot NH \cdot \underset{\underset{CH_3}{|}}{CH} \cdot CO \cdot NH \cdot \underset{\underset{C_4H_9}{|}}{CH} \cdot CO \cdot NH \cdot CH_3 \quad C_{12}H_{25}O_2N_3$$

14 stündiges Erhitzen des Bromkörpers mit 8 Mol Äthylamin in Methylalkohol auf 100°, im Vakuum von flüchtigen Bestandteilen befreien, Rückstand mit verdünnter Salzsäure aus-

---

[1] Emil Abderhalden u. Oskar Herrmann: Fermentforschg **10**, 145 (1928).
[2] Stefan Goldschmidt u. Kossy Strauß: Liebigs Ann. **471**, 1 (1929).
[3] Julius v. Braun, Alfred Bahn u. Wilhelm Münch: Ber. dtsch. chem. Ges. **62**, 2766 (1929).

schütteln und alkalisch machen. Äußerst zähes Öl, das unter 4 mm bei 179—183° ohne Zersetzung farblos destilliert, schwach basisch riecht, schwer in kaltem, leichter in warmem Wasser löslich ist. Ist pharmakologisch indifferent. **Chlorhydrat:** äußerst hygroskopisch. **Pikrat:** gut krystallisierend, leicht löslich in Alkohol, Schmelzp. 180—182°.

(N-n-Propyl-dl-alanyl)-dl-leucyl-decarboxy-glycin $C_{13}H_{27}O_2N_3$. Wird in analoger Weise wie das Äthyl-Derivat dargestellt. Es siedet unter 3 mm Druck bei 180—184°. Ist pharmakologisch indifferent. **Chlorhydrat:** äußerst hygroskopisch. **Pikrat:** gut krystallisiert, Schmelzpunkt 163°.

(N-Isohexyl-dl-alanyl)-dl-leucyl-decarboxy-glycin $C_{16}H_{33}O_2N_3$. Durch 4stündiges Erhitzen von Brompropionyl-leucyl-decarboxy-glycin mit Isohexylamin auf dem Wasserbad (ohne Lösungsmittel). Die Isohexylverbindung ist äußerst zäh und kaum noch fließend. Siedepunkt unter 3 mm 202—206°. Ist pharmakologisch indifferent. **Chlorhydrat:** Kaum hygroskopisch, Schmelzp. 174°. **Pikrat:** Schmelzp. 199°.

dl-α-Brompropionyl-dl-leucyl-decarboxy-alanin[1].

$$C_{11}H_{21}O_2N_2Br$$

Darstellung: Aus Leucyl-decarboxy-alanin und Brompropionylbromid.
Physikalische und chemische Eigenschaften: Krystallisiert aus Essigester in körnigen Krystallen vom Schmelzp. 151°.

dl-Alanyl-dl-leucyl-decarboxy-alanin[1].

$$NH_2 \cdot \underset{\underset{CH_3}{|}}{CH} \cdot CO \cdot NH \cdot \underset{\underset{C_4H_9}{|}}{CH} \cdot CO \cdot NH \cdot CH_2 \cdot CH_3 \qquad C_{11}H_{23}O_2N_3$$

Darstellung: Aminieren des Bromkörpers mit methylalkoholischem Ammoniak, eindampfen, mit Salzsäure ausziehen, stark alkalisch machen, mit Äther-Methylenchlorid ausschütteln. Nach dem Verdampfen des Lösungsmittels hinterbleibt das Reaktionsprodukt als nicht ohne Zersetzung siedendes, dickes basisches Öl, das noch erhebliche Massen der sekundären Verbindung

$$NH(\underset{\underset{CH_3}{|}}{CH} \cdot CO \cdot NH \cdot \underset{\underset{C_4H_9}{|}}{CH} \cdot CO \cdot NH \cdot CH_2 \cdot CH_3)_2$$

enthält. Man löst in warmem Essigester, versetzt mit Petroläther bis zur Trübung und läßt einige Zeit bei 0° stehen, wobei sich das Iminoprodukt ausscheidet. Das Petroläther-Essigester-Filtrat wird mit ätherischer Salzsäure gefällt, filtriert, mit kaltem Wasser geschüttelt, wobei der Rest der sekundären Verbindung als schwer lösliches Chlorhydrat ungelöst bleibt. Man setzt die primäre Base in Freiheit und wiederholt die Behandlung mit Essigester-Petroläther noch einmal.

Physikalische und chemische Eigenschaften: Farbloses, nicht destillierbares Öl. Leicht löslich in Wasser, ziemlich schwer löslich in Äther.
Derivate: Chlorhydrat $C_{11}H_{24}O_2N_3Cl$. Hygroskopisch. Schmelzp. 75—77°.

β-Alanyl-glycyl-dl-leucin[2].

$$NH_2 \cdot CH_2 \cdot CH_2 \cdot CO \cdot NH \cdot CH_2 \cdot CO \cdot NH \cdot \underset{\underset{C_4H_9}{|}}{CH} \cdot COOH \qquad C_{11}H_{21}O_4N_3$$

Darstellung: Kuppeln von Glycyl-leucin mit β-Jod- bzw. Chlorpropionylchlorid bei Gegenwart von Natriumcarbonat. Das Kuppelungsprodukt fällt nach dem Ansäuern aus. Es ist löslich in Wasser, Alkohol, Essigester, unlöslich in Äther und Petroläther. Das Produkt wird wie gewöhnlich aminiert, das Ammonchlorid bzw. -jodid mit Silbersulfat und Baryt entfernt, die halbfeste Masse über Phosphorpentoxyd getrocknet, die glasähnlich erstarrt und beim Verreiben krystallin wird.

---

[1] Julius v. Braun, Alfred Bahn u. Wilhelm Münch: Ber. dtsch. chem. Ges. **62**, 2766 (1929).
[2] Emil Abderhalden u. Fritz Reich: Fermentforschg **10**, 319 (1929).

Physikalische und chemische Eigenschaften: Löslich in Wasser und Alkohol, unlöslich in Äther, Essigester, Chloroform. Beginnt bei 60° zu sintern und zersetzt sich gegen 125° unter Aufschäumen. Reaktion sauer, Geschmack fade, etwas bitter. Biuret- und Ninhydrinreaktion positiv. Wird durch n-NaOH bei 37° gespalten.

Physiologische Eigenschaften: Wird weder durch Erepsin noch durch Trypsin-Kinase gespalten.

dl-α-Brombutyryl-glycyl-glycin.

$$\text{Br—CH} \cdot \text{CO} \cdot \text{NH} \cdot \text{CH}_2 \cdot \text{CO} \cdot \text{NH} \cdot \text{CH}_2 \cdot \text{COOH} \quad C_8H_{13}O_4N_3Br$$
$$|$$
$$\text{CH}_2 \cdot \text{CH}_3$$

Darstellung: Kuppeln von Glycyl-glycin[1] bzw. Glycinanhydrid[2] mit α-Brombutyrylbromid. Fällt kurze Zeit nach dem Ansäuern krystallin aus.

Physikalische und chemische Eigenschaften: Krystallisiert aus heißem Wasser in schönen, langen, makroskopischen Nadeln, die zu Drusen und Büscheln zusammengelagert sind. Schmelzp. 146—147° unter allmählicher Zersetzung[2]. Schmelzp. 147°[1]. Löslich in Alkohol und heißem Wasser, schwer löslich in Chloroform, kaum löslich in kaltem Wasser, unlöslich in Äther und Petroläther. Wird durch n-NaOH unter gleichzeitiger Abspaltung des Halogens bei 37° gespalten[2].

Physiologische Eigenschaften: Wird durch Trypsin-Kinase nicht gespalten[3].

dl-α-Aminobutyryl-glycyl-glycin.

$$\text{NH}_2 \cdot \text{CH} \cdot \text{CO} \cdot \text{NH} \cdot \text{CH}_2 \cdot \text{CO} \cdot \text{NH} \cdot \text{CH}_2 \cdot \text{COOH} \quad C_8H_{15}O_4N_3$$
$$|$$
$$\text{CH}_2 \cdot \text{CH}_3$$

Darstellung: Aminieren des Bromkörpers, Eindampfrückstand in wenig Wasser lösen, mit Alkohol fällen[1].

Physikalische und chemische Eigenschaften: Mikrokrystallines Pulver, löslich in Wasser, unlöslich in Alkohol. Wird mit n-NaOH bei 37° gespalten[1].

Physiologische Eigenschaften: Wird durch Trypsin-Kinase nicht und durch Erepsin kaum gespalten[1].

Über die Einwirkung von Zellfermenten aus Leber und Niere[4].

Derivate: Phenylisocyanatverbindung $C_{15}H_{20}O_5N_4$. Krystallisiert aus Alkohol + Wasser vom Schmelzp. 172°. Leicht löslich in Alkohol, kaum in Petroläther, Äther, Chloroform, unlöslich in Wasser. Wird durch n-NaOH bei 37° gespalten. Trypsin-Kinase spaltet nicht[1].

β-Naphthalinsulfoverbindung $C_{18}H_{21}O_6N_3S$. Krystallisiert aus Alkohol + Wasser in feinen Krystallen vom Schmelzp. 140°. Wird durch n-NaOH bei 37° gespalten[1].

dl-β-Chlorbutyryl-glycyl-dl-leucin[5].

Physiologische Eigenschaften: Wird durch Trypsin-Kinase gespalten.

dl-β-Chlorbutyryl-glycyl-dl-phenylalanin[5].

Physiologische Eigenschaften: Wird durch Trypsin-Kinase kaum gespalten.

α-Bromisobutyryl-glycyl-glycin.

$$\text{Br—C—CO} \cdot \text{NH} \cdot \text{CH}_2 \cdot \text{CO} \cdot \text{NH} \cdot \text{CH}_2 \cdot \text{COOH} \quad C_8H_{13}O_4N_2Br$$
$$/\backslash$$
$$\text{CH}_3 \; \text{CH}_3$$

Darstellung: Durch Aufspaltung von Glycinanhydrid mit n-NaOH und Kuppeln mit α-Bromisobutyrylbromid. Nach dem Ansäuern scheidet sich allmählich ein krystalliner Niederschlag ab[2].

---

[1] Emil Abderhalden u. Vlassios Vlassopoulos: Fermentforschg **10**, 365 (1929).
[2] Emil Abderhalden u. Walter Zeisset: Fermentforschg **11**, 170 (1930).
[3] Emil Abderhalden u. Walter Zeisset: Fermentforschg **11**, 183 (1930).
[4] Emil Abderhalden u. Oskar Herrmann: Fermentforschg **11**, 78 (1929).
[5] Emil Abderhalden u. Ernst Schwab: Fermentforschg **10**, 305 (1929).

Physikalische und chemische Eigenschaften: Krystallisiert aus heißem Wasser in dicht verwachsenen, makroskopisch sichtbaren, überaus dünnen, rechteckigen Tafeln, die bei 145° unter sehr langsamer Zersetzung schmelzen. Wird durch n-NaOH bei 37° gespalten. Die Abspaltung des Halogens erfolgt durch n-NaOH bei 37° anfangs außerordentlich rasch, da schon nach 1 Stunde 84% ionisiertes Brom nachzuweisen sind[1].
Physiologische Eigenschaften: Wird durch Trypsin-Kinase nicht angegriffen[2].

dl-α-Bromisovaleryl-glycyl-glycin.

$C_9H_{15}O_4N_2Br$

Darstellung: Aufspaltung von Glycinanhydrid mit n-NaOH und Kuppeln der Reaktionsflüssigkeit mit dl-Bromisovalerylbromid. Kuppelungsprodukt fällt nach dem Ansäuern krystallin aus. Ausbeute fast quantitativ[3].
Physikalische und chemische Eigenschaften: Krystallisiert in Blättchen vom Schmelzpunkt 145—146° nach vorherigem Sintern bei 138°[3,4]. Über den Verlauf der Aufspaltung der Peptidbindungen, sowie der Abspaltung von Halogen durch n-NaOH bei 37°[1].
Physiologische Eigenschaften: Wird von Trypsin-Kinase nicht[5] bzw. kaum gespalten[2,6].

dl-Valyl-glycyl-glycin.

$$NH_2 \cdot \underset{\underset{C_3H_7}{|}}{CH} \cdot CO \cdot NH \cdot CH_2 \cdot CO \cdot NH \cdot CH_2 \cdot COOH \quad C_9H_{17}O_4N_3$$

Darstellung: 5tägiges Aminieren des Bromkörpers, eindampfen, behandeln mit Silbersulfat und Baryt, in möglichst wenig heißem Wasser lösen, mit Alkohol bis zur Trübung versetzen, wobei das Tripeptid auskrystallisiert. Die alkoholische Mutterlauge enthält noch einen alkohollöslichen Körper[3].
Physikalische und chemische Eigenschaften: Krystallisiert in mikroskopisch kleinen Nadeln vom Schmelzp. 240° nach vorheriger Verfärbung bei 233°. Wird von n-NaOH bei 37° nicht gespalten[3]. Ein von Abderhalden und Zeisset hergestelltes Präparat wurde dagegen unter gleichen Bedingungen weitgehend gespalten[4].
Physiologische Eigenschaften: Wird von Erepsin gespalten, von Trypsin-Kinase nicht; doch spalten nicht alle gegenüber anderen Peptiden aktive Erepsinpräparate[4].
Derivate: **Kupfersalz** $C_{18}H_{32}O_8N_6Cu \cdot 2 H_2O$. Aus Wasser + Alkohol violettblaue Blättchen und Tafeln[3].
Benzoylverbindung $C_{16}H_{21}O_5N_3$. Schmelzp. 155°[3].
Phenylisocyanatverbindung $C_{16}H_{22}O_5N_4$. Nadelbüscheln vom Schmelzp. 216—217° nach vorherigem Sintern bei 212°. Wird von n-NaOH bei 37° gespalten[3].
β-Naphthalinsulfoverbindung $C_{19}H_{23}O_6N_3S$. Schmelzp. 190°. Wird durch n-NaOH bei 37° gespalten[3].

dl-α-Bromisovaleryl-glycyl-dl-valin[6].

$C_{12}H_{21}O_4N_2Br$

Darstellung: Kuppeln von Glycyl-dl-valin mit Bromisovalerylbromid, ansäuern, wobei erst eine milchige Emulsion entsteht, die sich zu einem grünlichen Harz zusammenballt, das nach Zugabe von etwas Alkohol amorph erstarrt.
Physikalische und chemische Eigenschaften: Krystallisiert aus Alkohol + Wasser in sternförmig angeordneten mikroskopischen Nadeln, die bei 174° sintern und bei 179—180° schmelzen. Wird durch n-NaOH bei 37° gespalten.
Physiologische Eigenschaften: Wird durch Trypsin-Kinase gespalten.

---

[1] Emil Abderhalden u. Walter Zeisset: Fermentforschg **11**, 170 (1930).
[2] Emil Abderhalden u. Walter Zeisset: Fermentforschg **11**, 183 (1930).
[3] Emil Abderhalden, Peter Pen-tieh Sah u. Ernst Schwab: Fermentforschg **10**, 264 (1928).
[4] Emil Abderhalden u. Walter Zeisset: Fermentforschg **10**, 544 (1929), speziell S. 545 und 554.
[5] Emil Abderhalden u. Ernst Schwab: Fermentforschg **11**, 305 (1929).
[6] Emil Abderhalden u. Walter Zeisset: Fermentforschg **10**, 481 (1929).

dl-Valyl-glycyl-dl-valin[1].

$NH_2 \cdot CH \cdot CO \cdot NH \cdot CH_2 \cdot CO \cdot NH \cdot CH \cdot COOH \qquad C_{12}H_{23}O_4N_3$
$\quad\;\; | \qquad\qquad\qquad\qquad\qquad\qquad\quad |$
$\quad C_3H_7 \qquad\qquad\qquad\qquad\qquad\quad C_3H_7$

Darstellung: Aminieren von Bromisovaleryl-glycyl-valin mit einem großen Überschuß von Ammoniak bei Anwesenheit von etwas Ammonsulfat. Nach 14tägigem Stehen bei 37° nochmals mit Ammoniak in der Kälte sättigen und nochmals 3 Wochen bei 37° aminieren, wobei 85% des Broms ionisiert sind. Eindampfen, mit Silbersulfat und Baryt behandeln, eindampfen, Rückstand mit Wasser aufnehmen, mit Alkohol fällen, Operation noch zweimal wiederholen.

Physikalische und chemische Eigenschaften: Mikroskopische, sternförmig angeordnete Nadeln, die Brom oder Permanganat nicht entfärben dürfen. Schmelzp. 233—235° unter Zersetzung. Wird durch n-NaOH bei 37° langsam gespalten.

Physiologische Eigenschaften: Wird sowohl von Erepsin als auch von Trypsin-Kinase schwach gespalten.

dl-α-Bromisovaleryl-glycyl-dl-leucin[1].

$C_{15}H_{23}O_4N_3Br$

Darstellung: Nach dem Kuppeln der Komponenten scheidet sich beim Ansäuern ein nur langsam verharzendes Öl ab, das mit Alkohol verrührt und mit der vorher abgegossenen Mutterlauge vorsichtig gefällt wird.

Physikalische und chemische Eigenschaften: Krystallisiert aus Alkohol + Wasser in mikroskopisch kleinen, spitzwinkligen Prismen oder Rhomben, die bei 169° nach vorherigem Sintern schmelzen und sich oberhalb 190° zersetzen. Wird durch n-NaOH bei 37° nur sehr langsam gespalten.

Physiologische Eigenschaften: Wird von Trypsin-Kinase gespalten.

dl-Valyl-glycyl-dl-leucin[1].

$NH_2 \cdot CH \cdot CO \cdot NH \cdot CH_2 \cdot CO \cdot NH \cdot CH \cdot COOH$
$\quad\;\; | \qquad\qquad\qquad\qquad\qquad\qquad\quad |$
$\quad C_3H_7 \qquad\qquad\qquad\qquad\qquad\quad C_4H_9$

Darstellung: Aminieren von Bromisovaleryl-glycyl-leucin mit einem großen Überschuß Ammoniak 9 Wochen bei 37°, eindampfen, behandeln mit Silbersulfat und Baryt, eindampfen, in wenig verdünntem Ammoniak lösen, kurz aufkochen, mit der 40fachen Menge absoluten Alkohols versetzen, wobei sich das Peptid erst nach längerem Stehen ausscheidet. Ausbeute schlecht.

Physikalische und chemische Eigenschaften: Krystalline Masse, die sich von 222° an bräunt und bei 242—244° unter Zersetzung schmilzt.

Physiologische Eigenschaften: Wird sowohl von Erepsin als auch von Trypsin-Kinase gespalten.

dl-α-Bromisovaleryl-dl-alanyl-glycin[2].

$C_{10}H_{17}O_4N_2Br$

Darstellung: Kuppeln der Komponenten und Ansäuern. Krystallisiert beim Stehen in der Kältemischung größtenteils aus.

Physikalische und chemische Eigenschaften: Krystallisiert aus Wasser in Nadeln vom Schmelzp. 167°.

dl-Valyl-dl-alanyl-glycin[2].

$NH_2 \cdot CH \cdot CO \cdot NH \cdot CH \cdot CO \cdot NH \cdot CH_2 \cdot COOH \qquad C_{10}H_{19}O_4N_3$
$\quad\;\; | \qquad\qquad\qquad\quad |$
$\quad C_3H_7 \qquad\qquad\quad CH_3$

Darstellung: 1stündiges Aminieren des Bromproduktes bei 100°. Beim Eindampfen hinterbleibt ein schmieriger Rückstand, der mit absolutem Alkohol behandelt wird. Ausbeute nur 28% d. Th.

---

[1] Emil Abderhalden u. Walter Zeisset: Fermentforschg **10**, 544 (1929).
[2] Stefan Goldschmidt u. Kossy Strauß: Liebigs Ann. **471**, 1 (1929).

Physikalische und chemische Eigenschaften: Krystalle vom Schmelzp. 220°. Wird durch Hypobromit zu Isobutyronitril und **5-Methyl-1, 5-dehydrohydantoin-3-essigsäure** abgebaut. Letztere Verbindung gibt ein krystallisiertes Kaliumsalz

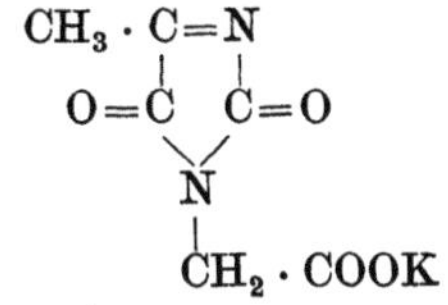

$$\begin{array}{c} CH_3 \cdot C = N \\ | \quad\quad | \\ O = C \quad C = O \\ \diagdown \diagup \\ N \\ | \\ CH_2 \cdot COOK \end{array}$$

das bei der Hydrolyse mit Salzsäure Brenztraubensäure, Glykokoll, Kohlensäure und Ammoniak liefert.

dl-α-Bromvaleryl-glycyl-glycin.

$C_9H_{15}O_4N_2Br$

Darstellung: Durch Aufspaltung von Glycinanhydrid mit n-NaOH und Kuppeln mit dl-α-Bromvalerylchlorid. Nach dem Ansäuern Krystallisation[1].

Physikalische und chemische Eigenschaften: Krystallisiert aus Wasser in Prismen, denen derbe Nadeln, bzw. Pyramiden aufgesetzt sind. Wird die Krystallisation gestört, so scheiden sich nur mikroskopische, wetzsteinförmige Gebilde aus. Schmelzp. 135°[1]. Über den Verlauf der Spaltung[1,2] sowie der Abspaltung von Halogen durch n-NaOH bei 37°[2].

Physiologische Eigenschaften: Wird durch Trypsin-Kinase, sowie durch ein daraus gewonnenes Unterferment nur schwach angegriffen[1].

dl-Norvalyl-glycyl-glycin[1].

$$\begin{array}{l} NH_2 \cdot CH \cdot CO \cdot NH \cdot CH_2 \cdot CO \cdot NH \cdot CH_2 \cdot COOH \quad\quad C_9H_{17}O_4N_3 \\ \quad\quad | \\ \quad\quad CH_2 \cdot CH_2 \cdot CH_3 \end{array}$$

Darstellung: Durch 5tägiges Aminieren von dl-α-Bromvaleryl-glycyl-glycin und Behandeln mit Silbersulfat und Baryt.

Physikalische und chemische Eigenschaften: Krystallisiert aus Wasser + Alkohol langsam in aus derben Krystallnadeln bestehenden Drusen, die sich oberhalb 218° bräunen und bei 225—227° unter Zersetzung schmelzen. Wird durch n-NaOH bei 37° gespalten.

Physiologische Eigenschaften: Über die Spaltung durch Erepsin bei verschiedenem p_H; optimales p_H 7,5. Wird durch Trypsin-Kinase nicht immer gespalten.

dl-α-Bromvaleryl-glycyl-dl-valin[1].

$C_{12}H_{21}O_4N_2Br$

Darstellung: Kuppeln von Glycyl-dl-valin mit dl-α-Bromvalerylchlorid. Von der nach dem Ansäuern entstehenden zähen Masse abgießen, in wenig Alkohol lösen, mit Wasser vorsichtig verdünnen.

Physikalische und chemische Eigenschaften: Krystallisiert aus Alkohol + Wasser nach anfänglicher Ausscheidung eines Öls in mikroskopisch feinen, zu Drusen vereinigten, dicht verfilzten Nadeln, die bei 137° zu sintern beginnen, bei 140° schmelzen und sich oberhalb 171° zersetzen. Wird durch n-NaOH bei 37° gespalten.

Physiologische Eigenschaften: Wird durch Trypsin-Kinase gespalten, ebenso durch ein aus Trypsin-Kinase gewonnenes Unterferment bei einem optimalen p_H 7,2.

dl-Norvalyl-glycyl-dl-valin[1].

$$\begin{array}{l} NH_2 \cdot CH \cdot CO \cdot NH \cdot CH_2 \cdot CO \cdot NH \cdot CH \cdot COOH \\ \quad\quad | \quad\quad\quad\quad\quad\quad\quad\quad\quad\quad\quad\quad\quad | \\ \quad\quad CH_2 \cdot CH_2 \cdot CH_3 \quad\quad\quad\quad\quad\quad CH \quad\quad C_{12}H_{23}O_4N_3 \\ \quad\quad\quad\quad\quad\quad\quad\quad\quad\quad\quad\quad\quad\quad\quad CH_3 \; CH_3 \end{array}$$

Darstellung: Durch 5tägiges Aminieren des Bromkörpers und Behandeln mit Silbersulfat und Baryt.

---

[1] Emil Abderhalden u. Walter Zeisset: Fermentforschg **11**, 183 (1930).
[2] Emil Abderhalden u. Walter Zeisset: Fermentforschg **11**, 170 (1930).

Physikalische und chemische Eigenschaften: Krystallisiert aus Wasser + Alkohol langsam in mikroskopisch kleinen, kugeligen Gebilden, aus denen einzelne Krystallnadeln herausragen und zwischen denen vereinzelte, wetzsteinförmige Krystalle vorkommen. Schmelzp. 238 bis 240° unter Zersetzung. Wird durch n-NaOH bei 37° langsam gespalten.
Physiologische Eigenschaften: Wird durch Erepsin gespalten, und zwar am besten bei p_H 7,5. Von Trypsin-Kinase wird es nicht angegriffen.

dl-α-Bromvaleryl-glycyl-dl-norvalin[1].

$C_{12}H_{21}O_4N_2Br$

Darstellung: Kuppeln von Glycyl-dl-norvalin mit dl-α-Bromvalerylchlorid, ansäuern, ausfallende zähe Masse mit Alkohol und Wasser behandeln, wobei Erstarrung eintritt.
Physikalische und chemische Eigenschaften: Krystallisiert aus Alkohol + Wasser in mikroskopischen, nadelförmigen, vereinzelt stark verbreiterten, meist zu Büscheln zusammengeballten Prismen, die gegen 110° unscharf schmelzen und sich zwischen 176 und 183° zersetzen. Wird durch n-NaOH bei 37° gespalten.
Physiologische Eigenschaften: Wird durch Trypsin-Kinase, sowie durch ein aus Trypsin-Kinase gewonnenes Unterferment gespalten.

dl-Norvalyl-glycyl-dl-norvalin[1].

$NH_2 \cdot CH \cdot CO \cdot NH \cdot CH_2 \cdot CO \cdot NH \cdot CH \cdot COOH \quad C_{12}H_{23}O_4N_3$
$\quad\;\;|\qquad\qquad\qquad\qquad\qquad\qquad\qquad\;\;|$
$CH_2 \cdot CH_2 \cdot CH_3 \qquad\qquad\qquad\;\; CH_2 \cdot CH_2 \cdot CH_3$

Darstellung: Durch 5tägiges Aminieren des Bromkörpers. Schäumt stark beim Einengen im Vakuum. Rückstand mit wenig heißem, ammoniakhaltigen Wasser aufnehmen, mit Alkohol verdünnen, Ammoniak unter Ersatz des verdampfenden Alkohols wegkochen.
Physikalische und chemische Eigenschaften: Krystallisiert in kleinsten, kugeligen Aggregaten, die bei starker Vergrößerung dichte, aus feinen Nadeln bestehende Krystalldrusen erkennen lassen. Wird durch n-NaOH bei 37° gespalten.
Physiologische Eigenschaften: Wird durch Erepsin gespalten. Optimales p_H 7,8—8,1. Wird auch durch Trypsin-Kinase bei einem optimalen p_H von 7,8 gespalten.

dl-α-Bromvaleryl-glycyl-dl-norleucin[1].

$C_{13}H_{23}O_4N_2Br$

Darstellung: Kuppeln von Glycyl-dl-norleucin mit dl-α-Bromvalerylchlorid. Beim Ansäuern entstehende zähe Masse mit Alkohol + Wasser behandeln.
Physikalische und chemische Eigenschaften: Krystallisiert aus Alkohol + Wasser nach anfänglicher öliger Ausscheidung in dichten, aus kräftigen Nadeln gebildeten, mikroskopischen Drusen, die bei 117° sintern, bei 125—126° schmelzen und sich oberhalb 185° zersetzen. Wird durch n-NaOH bei 37° gespalten.
Physiologische Eigenschaften: Wird durch Trypsin-Kinase sowie durch ein aus Trypsin-Kinase gewonnenes Unterferment gespalten.

dl-Norvalyl-glycyl-dl-norleucin[1].

$NH_2 \cdot CH \cdot CO \cdot NH \cdot CH_2 \cdot CO \cdot NH \cdot CH \cdot COOH \quad C_{13}H_{25}O_4N_3$
$\quad\;\;|\qquad\qquad\qquad\qquad\qquad\qquad\qquad\;\;|$
$(CH_2)_2 \cdot CH_3 \qquad\qquad\qquad\;\; (CH_2)_3 \cdot CH_3$

Darstellung: Durch 4tägiges Aminieren des Bromkörpers. Eindampfrückstand mit Alkohol auskochen, Filterrückstand in verdünntem Ammoniak lösen, mit Tierkohle behandeln, mit Alkohol verdünnen und das Ammoniak unter Ersatz des Alkohols wegkochen.
Physikalische und chemische Eigenschaften: Mikroskopische Kugeln von krystalliner Struktur, aber ohne ausgeprägte Krystallform. Oberhalb 230° beginnende Bräunung, gegen

---

[1] Emil Abderhalden u. Walter Zeisset: Fermentforschg **11**, 183 (1930).

240° langsame Sinterung, Schmelzp. 247—249° unter Zersetzung. Wird durch n-NaOH gespalten.

Physiologische Eigenschaften: Wird durch Erepsin bei einem optimalen p_H von 7,8 gespalten. Wird auch durch Trypsin-Kinase erheblich gespalten, und zwar ziemlich gleich stark bei p_H 7,2 und 8,4.

dl-α-Bromisocapronyl-glycyl-glycin.

Physikalische und chemische Eigenschaften: Wird durch n-NaOH bei 37° gespalten[1, 2]. Über den Verlauf der Abspaltung von Halogen und der Aufspaltung der CO-NH-bindungen durch n-NaOH bei 37°[2].

Physiologische Eigenschaften: Nach Waldschmidt-Leitz, Klein und Schäffner wird es weder von Trypsin-Kinase noch von Erepsin gespalten[3]. Nach Abderhalden, Dinerstein und Genes wird es dagegen von Trypsin-Kinase gespalten[1].

dl-Leucyl-glycyl-glycin.

Anwendung: Dient als Testobjekt zur quantitativen Bestimmung der Einheit der Hefepolypeptidase (Po.-E.), und zwar wird die Einwirkung des Enzyms auf 49 mg Tripeptid in 20 ccm bei 40° und p_H 7,0 in Gegenwart von $1/30$ m Phosphatpuffer und $1/25$ m Ammonchloridpuffer gemessen. Als Po.-E. gilt das Fünffache der Enzymmenge, die unter den angegebenen Bedingungen die Hälfte der angegebenen Peptidmenge in Leucin und Glycylglycin zerlegt[4].

Physikalische und chemische Eigenschaften: Wird durch n-NaOH bei 37° gespalten[5, 6].

Physiologische Eigenschaften: Wird von Erepsin gespalten, von·Trypsin-Kinase nicht[5, 6]. Spaltung durch Erepsin bei verschiedenem p_H. Optimales p_H 7,1[7].

Aus Pankreastrypsin gewonnene Proteinase sowie aus Pankreastrypsin gewonnene Carboxypolypeptidase greifen das Tripeptid nicht an[4].

Derivate: Ureido-dl-leucyl-glycyl-glycin. Wird von Erepsin nicht gespalten und von Trypsin-Kinase nur sehr minimal; von Pankreaspulverextrakt wird es dagegen recht gut gespalten[8].

Phenylisocyanatverbindung. Schmelzp. unscharf bei 180°. Wird durch n-NaOH bei 37° gespalten[2]. Erepsin spaltet nicht[5, 6], Trypsin-Kinase nur schwach[5, 6, 8].

Benzoyl-dl-leucyl-glycyl-glycin $C_{17}H_{23}O_5N_3$. Schmelzpunkt nach dem Umkrystallisieren aus Wasser 175° unter Zersetzung. Leicht löslich in Alkohol und heißem Wasser, wenig löslich in kaltem Wasser, kaum löslich in Äther, unlöslich in Chloroform. Wird durch n-NaOH bei 37° gespalten. Trypsin-Kinase spaltet schwach, Erepsin nicht[5].

p-Chlorbenzoyl-dl-leucyl-glycyl-glycin $C_{17}H_{22}O_5N_3Cl$. Fällt nach dem Kuppeln der Komponenten beim Ansäuern aus. Lösen in heißem Alkohol, nach dem Erkalten von p-Chlorbenzoesäure abfiltrieren, Filtrat mit Wasser fällen, filtrieren, mit Äther waschen; noch 2mal umlösen. Schmelzp. 183°. Wird durch n-NaOH und Trypsin-Kinase bei 37° gespalten. Erepsin greift nicht an[6].

p-Nitrobenzoyl-dl-leucyl-glycyl-glycin $C_{17}H_{22}O_7N_4$. Nach dem Kuppeln des Tripeptids mit in Benzol gelöstem p-Nitrobenzoylchlorid scheidet sich beim Ansäuern der wässerigen Schicht das Kuppelungsprodukt aus, das noch p-Nitrobenzoesäure enthält. Umkrystallisieren aus Wasser. Schmelzp. 163—165°. Leicht löslich in heißem, schwer in kaltem Wasser, unlöslich in Äther und Petroläther. Wird von n-NaOH und von Trypsin-Kinase bei 37° gespalten, Erepsin greift nicht an[6].

β-Naphthalinsulfo-dl-leucyl-glycyl-glycin $C_{20}H_{25}O_6N_3S$. Krystallisiert aus verdünntem Alkohol in kleinen Krystallnadeln, die bei 175° (nach anderen Angaben bei 180—182°[6]) unter Zersetzung schmelzen[5]. Leicht löslich in Alkohol, schwer löslich in Wasser, unlöslich in Äther. Wird durch n-NaOH bei 37° gespalten[5, 6]. Trypsin-Kinase spaltet, Erepsin nicht[5, 6].

---

[1] Abderhalden, Dinerstein u. Genes: Fermentforschg **10**, 532 (1929).
[2] Emil Abderhalden u. Walter Zeisset: Fermentforschg **11**, 170 (1930).
[3] Waldschmidt-Leitz, Klein u. Schäffner: Ber. dtsch. chem. Ges. **61**, 2092 (1928).
[4] Wolfgang Graßmann u. Hanns Dyckerhoff: Hoppe-Seylers Z. **179**, 41.
[5] Emil Abderhalden u. Friedrich Schweitzer: Fermentforschg **10**, 341 (1929).
[6] Ernst Waldschmidt-Leitz u. Arnulf Purr: Ber. dtsch. chem. Ges. **62**, 2217 (1929).
[7] Emil Abderhalden u. Adolf Schmitz: Fermentforschg **11**, 104 (1929).
[8] Emil Abderhalden u. Ernst Schwab: Fermentforschg **10**, 179 (1928).

l-Leucyl-glycyl-d-alanin[1].

Physiologische Eigenschaften: Wird von Erepsin, Hefemacerationssaft, Nierenpreßsaft und Leberpreßsaft stark gespalten, weniger stark spaltet Pankreassaft, während Trypsin nur schwach spaltet. Bei Einwirkung der ersten 4 stark spaltenden Fermentlösungen geht die anfängliche Rechtsdrehung in eine Linksdrehung über, d. h. es bildet sich Glycyl-d-alanin unter Abspaltung von l-Leucin. Bei Verwendung von Pankreassaft bleibt das Drehvermögen innerhalb enger Grenzen konstant; bei der Einwirkung von Trypsin steigt die ursprüngliche Rechtsdrehung an, was für eine Spaltung im Sinne l-Leucyl-glycin unter Abspaltung von d-Alanin spricht.

dl-α-Bromisocapronyl-glycyl-dl-valin.

$$C_{13}H_{23}O_4N_2Br$$

Darstellung: Das nach dem Kuppeln der Komponenten beim Ansäuern sich ausscheidende Öl kann durch Behandeln mit wenig Alkohol und Wasser krystallin erhalten werden[2].

Physikalische und chemische Eigenschaften: Krystallisiert in kleinen Nadeln vom Schmelzp. 143—145° nach vorherigem Sintern[2].

Physiologische Eigenschaften: Wird von Trypsin-Kinase gespalten[3].

dl-Leucyl-glycyl-dl-valin[2].

$$NH_2 \cdot \underset{\underset{C_4H_9}{|}}{CH} \cdot CO \cdot NH \cdot CH_2 \cdot CO \cdot NH \cdot \underset{\underset{C_3H_7}{|}}{CH} \cdot COOH \quad C_{13}H_{25}O_4N_3$$

Darstellung: Aminieren des Bromkörpers, eindampfen, mit etwas Wasser + wenig Ammoniak aufnehmen, mit Alkohol fällen.

Physikalische und chemische Eigenschaften: Besitzt keine ausgeprägte Krystallform. Schmelzp. 244—245° unter Zersetzung. Wird durch n-NaOH bei 37° gespalten.

Physiologische Eigenschaften: Wird sowohl durch Erepsin als auch durch Trypsin-Kinase gespalten.

dl-α-Bromisocapronyl-glycyl-dl-leucin.

Physiologische Eigenschaften: Wird von Trypsin-Kinase gespalten[4], von Erepsin nicht[5].

Derivate: dl-α-Bromisocapronyl-glycyl-dl-leucyl-anilin $C_{20}H_{30}O_3N_3Br$. Durch Kuppeln von Glycyl-leucyl-anilin mit Bromisocapronylchlorid in Chloroformlösung bei Gegenwart von wässeriger NaOH. Nach dem Ansäuern scheidet sich das Kuppelungsprodukt beim Einengen als klebrige Masse ab. Auskochen mit Äther, dann mit Petroläther, umkrystallisieren aus 75 proz. Alkohol. Sternförmig angeordnete Krystallnadeln, die bei 176° unter schwacher Verfärbung schmelzen. Sehr leicht löslich in heißem Alkohol, schwer löslich in heißem Wasser, unlöslich in Äther und Petroläther[6].

dl-Leucyl-glycyl-dl-leucin.

Physikalische und chemische Eigenschaften: Wird durch n-NaOH sowie durch n-KOH in 50 proz. Alkohol bei 37° gespalten[6]. Spaltung durch NaOH verschiedener Konzentrationen[7]. n-HCl greift bei Zimmertemperatur nur schwach an[7].

Physiologische Eigenschaften: Wird sowohl von Trypsin-Kinase[2,7,8] als auch von Erepsin[2,7] gespalten. Über die Spaltung durch beide Fermente bei verschiedenem p_H[7,9]. Die Erepsin-

---

[1] Emil Abderhalden u. Oskar Herrmann: Fermentforschg 10, 586 (1929).
[2] Emil Abderhalden u. Walter Zeisset: Fermentforschg 10, 544 (1929).
[3] Emil Abderhalden u. Hugo Mayer: Fermentforschg 10, 464 (1929).
[4] Emil Abderhalden u. Walter Zeisset: Fermentforschg 10, 481 (1929).
[5] Emil Abderhalden u. Ernst Schwab: Fermentforschg 10, 305 (1929).
[6] Emil Abderhalden u. Friedrich Schweitzer: Fermentforschg 11, 45 (1929).
[7] Emil Abderhalden u. Adolf Schmitz: Fermentforschg 10, 591 (1929).
[8] Emil Abderhalden u. Oskar Herrmann: Fermentforschg 10, 474 (1929).
[9] Emil Abderhalden u. Adolf Schmitz: Fermentforschg 11, 104 (1929).

spaltung wird durch Glykokoll schwach, durch Hippursäure jedoch stark gehemmt[1]. Die Spaltung durch Trypsin-Kinase wird dagegen durch Hippursäure beschleunigt; dl-Valin zeigt keine Einwirkung; schwach hemmend wirken d-Alanin, d-Leucin, d-Phenylalanin, Glykokoll, l-Alanin, d-Glutaminsäure[1]. Von Dipeptiden wirken auf die Trypsin-Kinasespaltung praktisch nicht ein: Glycyl-dl-leucin, Glycyl-dl-valin, dl-α-Aminobutyryl-glycin, dl-Alanyl-dl-valin und Glycyl-glycin; dl-Leucyl-glycin hemmt deutlich und Glycyl-norvalin ziemlich stark[1]. Über den Einfluß von 13 verschiedenen Alkoholen in verschiedenen Konzentrationen auf die Spaltung durch Trypsin-Kinase[2]. Über die Einwirkung von Zellfermenten aus Niere und Leber[3].

Derivate: Phenylisocyanatverbindung. Über die Spaltung durch n-NaOH verschiedener Konzentrationen[4].

β-Naphthalinsulfo-dl-leucyl-glycyl-dl-leucin $C_{24}H_{33}O_6N_3S$. Scheidet sich nach dem Kuppeln der Komponenten (5 Stunden bei Zimmertemperatur, Säurechlorid in Äther gelöst) beim Ansäuern als Öl ab. Waschen mit Wasser, lösen in Alkohol, entfärben mit Tierkohle, eindampfen, mit Wasser suspendieren, wobei nach längerem Stehen Erstarrung eintritt. Krystallisiert aus 20proz. Alkohol in kleinen, würfelförmigen Krystallen, die bei 200° unter Braunfärbung schmelzen. Sehr leicht löslich in Alkohol, löslich in heißem Aceton, schwer löslich in Wasser. Biuretreaktion fast rein blau. Wird durch n-NaOH langsam gespalten. Trypsin-Kinase spaltet schwach, bei p_H 7,8 besser als bei 8,4[5].

Benzoyl-dl-leucyl-glycyl-dl-leucin $C_{21}H_{31}O_5N_3$. Schmelzpunkt unscharf bei 205—207°. Sehr leicht löslich in Alkohol, leicht löslich in Aceton, unlöslich in Äther, Petroläther und heißem Wasser. Im unreinen Zustand und im Gemisch mit Benzoesäure ist es ätherlöslich. Wird durch n-NaOH bei 37° gespalten. Wird durch Trypsin-Kinase gespalten, und zwar bei p_H 8,4 besser als bei 7,8[5].

p-Nitrobenzoyl-dl-leucyl-glycyl-dl-leucin $C_{21}H_{30}O_7N_4$. Krystallisiert aus 50proz. Alkohol in kleinen Pyramiden, die bei 213° unter Braunfärbung schmelzen. Sehr leicht löslich in Alkohol, leicht löslich in warmem Aceton, schwer löslich in siedendem Chloroform, sehr schwer löslich in Benzol und Toluol, unlöslich in Äther, Petroläther und siedendem Wasser. Wird durch n-NaOH bei 37° verhältnismäßig rasch gespalten. Spaltung durch Trypsin-Kinase bei p_H 7,8 und 8,4[5].

p-Chlorbenzoyl-dl-leucyl-glycyl-dl-leucin $C_{21}H_{30}O_5N_3Cl$. Krystallisiert aus verdünntem Alkohol in Nadeln vom Schmelzp. 189°. Löslichkeit wie bei Nitrobenzoylprodukt. Wird durch n-NaOH bei 37° gespalten. Spaltung durch Trypsin-Kinase bei p_H 7,8 und 8,4[5].

Benzyl-dl-leucyl-glycyl-dl-leucin $C_{21}H_{33}O_4N_3$. Entsteht durch Einwirkung von Benzylamin auf dl-Bromisocapronyl-glycyl-dl-leucin. Schmelzp. 226° unter Zersetzung. Biuretreaktion negativ, Geschmack im Gegensatz zu den anderen, meist stark bitteren Derivaten, säuerlichbitter. Bildet ein verhältnismäßig schwer lösliches, aus Wasser in Nadeln krystallisierendes Barium- und Silbersalz. Leicht löslich in Alkohol, kaum löslich in heißem Wasser und Aceton, unlöslich in Benzol, Toluol, Chloroform, Äther, Petroläther. Wird mit n-NaOH gespalten. Trypsin-Kinase spaltet bei p_H 8,4 rascher als bei p_H 7,8[5].

Methyl-dl-leucyl-glycyl-dl-leucin $C_{15}H_{29}O_4N_3$. Durch 3tägige Einwirkung von 30proz. Methylaminlösung auf Bromisocapronyl-glycyl-leucin. Schmelzp. 253° unter Gasentwicklung. Biuretreaktion negativ. Leicht löslich in heißem Wasser, schwer löslich bis unlöslich in allen anderen gangbaren Lösungsmitteln, auch in heißem absolutem Alkohol. Wird durch n-NaOH bei 37° verhältnismäßig langsam gespalten. Über die Spaltung durch Trypsin-Kinase bei p_H 7,8 und 8,4[5].

dl-Leucyl-glycyl-dl-leucyl-anilin $C_{20}H_{32}O_3N_4$. Durch 7tägiges Aminieren von Bromisocapronyl-glycyl-leucyl-anilin mit alkoholischem Ammoniak bei gebräuchlicher Temperatur (37°), öfter mit Wasser und Alkohol eindampfen, durch Br'-Titration ermittelte Alkalimenge hinzufügen, zur Trockene verdampfen, mit Toluol extrahieren, Toluol verdampfen, sirupöser Eindampfrückstand erstarrt im Vakuumexsiccator. Krystallisiert aus viel Wasser in Drusen. Schmelzpunkt unscharf gegen 150° unter Braunfärbung. Leicht löslich in Alkohol, heißem Benzol und Toluol, schwer löslich in heißem, unlöslich in kaltem Wasser, Äther, Petroläther, unlöslich in verdünntem Alkali, löslich in verdünnten Mineralsäuren unter Salzbildung. Wird durch n-KOH in 50proz. Alkohol bei 37° gespalten. Biuretreaktion: rötlich-blau[5].

---

[1] Emil Abderhalden u. Oskar Herrmann: Fermentforschg **10**, 610 (1929).
[2] Emil Abderhalden u. Fritz Reich: Fermentforschg **11**, 64 (1929).
[3] Emil Abderhalden u. Oskar Herrmann: Fermentforschg **11**, 78 (1929).
[4] Emil Abderhalden u. Adolf Schmitz: Fermentforschg **10**, 591 (1929).
[5] Emil Abderhalden u. Friedrich Schweitzer: Fermentforschg **11**, 45 (1929).

Methyl-dl-leucyl-glycyl-dl-leucyl-anilin

$$CH_3 \cdot NH \cdot \underset{C_4H_9}{CH} \cdot CO \cdot NH \cdot CH_2 \cdot CO \cdot NH \cdot \underset{C_4H_9}{CH} \cdot CO \cdot NH \cdot C_6H_5 \quad C_{21}H_{34}O_3N_4$$

Durch 6tägige Einwirkung von mit Alkohol versetzter Methylaminlösung auf Bromisocapronyl-glycyl-anilin bei 37°. Öfter im Vakuum eindampfen, Hydrobromid mit Silbersulfat und Baryt zersetzen, Niederschläge gut mit Alkohol auswaschen. Eindampfrückstand mit 80proz. Alkohol aufnehmen, woraus der Körper manchmal in langen Nadeln oder Pyramiden vom Schmelzp. 160—161° (korr.) erhalten werden kann. Löslich in Alkohol und verdünnter Säure, schwer löslich in heißem Wasser, unlöslich in kaltem Wasser und verdünnter Lauge. Biuretreaktion intensiv rot, Geschmack stark bitter. Wird durch n-KOH in 50proz. Alkohol bei 37° verhältnismäßig schwach gespalten[1].

l-α-Bromisocapronyl-glycyl-l-leucin[2].

Physikalische und chemische Eigenschaften: Spezifische Drehung des reinen Produkts in absolutem Alkohol $[\alpha]_{20}^D = -54°$[3].
Physiologische Eigenschaften: Wird von Trypsin-Kinase gespalten.

l-Leucyl-glycyl-l-leucin[4].

Physiologische Eigenschaften: Wird sowohl von Erepsin als auch von Trypsin und von Trypsin-Kinase gespalten.

d-Leucyl-glycyl-l-leucin.

Physiologische Eigenschaften: Wird von Trypsin-Kinase gespalten[4, 5], nicht dagegen von Erepsin[4].
Derivate: Phenylisocyanat-d-leucyl-glycyl-l-leucin

$$C_6H_5 \cdot NH \cdot CO \cdot NH \cdot \underset{C_4H_9}{CH} \cdot CO \cdot NH \cdot CH_2 \cdot CO \cdot NH \cdot \underset{C_4H_9}{CH} \cdot COOH \quad C_{21}H_{32}O_5N_4$$

Krystallisiert aus verdünntem Alkohol. Schmelzp. 125°. Wird durch Trypsin-Kinase gespalten, nicht durch Erepsin.

d-α-Bromisocapronyl-glycyl-d-leucin[3].

$$C_{14}H_{25}O_4N_2Br$$

Darstellung: Kuppeln von Glycyl-d-leucin mit d-α-Bromisocapronylchlorid. Der nach dem Ansäuern sich ausscheidende, anfangs ölige, amorphe Klumpen wird mit Petroläther gewaschen.
Physikalische und chemische Eigenschaften: Krystallisiert aus Chloroform vom Schmelzpunkt 167°. $[\alpha]_{20}^D$ in absolutem Alkohol $= +53,2°$.

l-Leucyl-glycyl-d-leucin[3].

$$NH_2 \cdot \underset{C_4H_9}{CH} \cdot CO \cdot NH \cdot CH_2 \cdot CO \cdot NH \cdot \underset{C_4H_9}{CH} \cdot COOH \quad C_{14}H_{27}O_4N_3$$

Darstellung: Durch 3tägiges Aminieren von d-α-Bromisocapronyl-glycyl-d-leucin. Öfter mit Alkohol eindampfen und dann mit Alkohol auskochen.

---

[1] Emil Abderhalden u. Friedrich Schweitzer: Fermentforschg **11**, 45 (1929).
[2] Emil Abderhalden u. Adolf Schmitz: Fermentforschg **10**, 428 (1929).
[3] Emil Abderhalden u. Hugo Mayer: Fermentforschg **11**, 143 (1930).
[4] Emil Abderhalden u. Ernst Schwab: Fermentforschg **10**, 179 (1928).
[5] Emil Abderhalden u. Fritz Reich: Fermentforschg **10**, 319 (1929).

Physikalische und chemische Eigenschaften: So gut wie unlöslich in Wasser und Alkohol. Schmelzp. 245° (korr.) unter Zersetzung nach vorhergehender Bräunung. $[\alpha]_{20}^{D}$ (in 10 proz. wässerigem Ammoniak) $= +26°$.

Physiologische Eigenschaften: Wird weder von Erepsin noch von Trypsin-Kinase angegriffen[1].

dl-α-Bromisocapronyl-glycyl-dl-norleucin.

Physikalische und chemische Eigenschaften: Wird durch n-NaOH bei 37° gespalten[2].
Physiologische Eigenschaften: Wird von Trypsin-Kinase gespalten[2]. Spaltung durch Trypsin-Kinase bei verschiedenem p_H. Optimales p_H 7,1. Bei der Spaltung wird Bromisocapronsäure frei[3].

dl-Leucyl-glycyl-dl-norleucin[2].

Physikalische und chemische Eigenschaften: Wird durch n-NaOH bei 37° gespalten.
Physiologische Eigenschaften: Wird sowohl von Erepsin als auch von Trypsin-Kinase gespalten.

dl-Leucyl-glycyl-dl-phenylalanin[4].

Physikalische und chemische Eigenschaften: Schmelzp. 232°. Wird durch n-NaOH bei 37° gespalten.
Physiologische Eigenschaften: Wird von Erepsin gespalten, nicht von Trypsin-Kinase.

d-Leucyl-glycyl-l-tyrosin[5].

Physiologische Eigenschaften: Wird von Trypsin-Kinase gespalten, nicht von Erepsin.

dl-α-Bromisocapronyl-glycyl-l-tyrosin.

Physikalische und chemische Eigenschaften: Spaltung durch NaOH verschiedener Konzentration bei 37°[3].
Physiologische Eigenschaften: Wird sowohl von Trypsin-Kinase als auch von Trypsin allein gespalten. Erepsin spaltet nicht[6]. Bei der Einwirkung von Trypsin-Kinase kommt die Hydrolyse nach Abspaltung des Tyrosins zum Stillstand[7]. Spaltung durch Trypsin-Kinase bei verschiedenem p^H. Optimales p_H 7,1—7,8. Durch die Fermentwirkung wird Bromisocapronsäure abgespalten[3].

dl-Leucyl-glycyl-l-tyrosin.

Physikalische und chemische Eigenschaften: Spaltung durch n, $n/2$- und $n/5$-NaOH bei 37°[3].
Physiologische Eigenschaften: Spaltung durch Erepsin bei verschiedenem p_H. Optimales p_H 8,4. Spaltung durch Trypsin-Kinase bei verschiedenem p_H. Optimales p_H 7,8[3]. Die Spaltung durch Trypsin-Kinase verläuft so, daß sie nach Abspaltung des Tyrosins zum Stillstand kommt. Die Spaltung durch Erepsin verläuft dagegen asymmetrisch[7]. Wird durch aus Pankreastrypsin gewonnene Proteinase nicht angegriffen, dagegen wohl durch ebenfalls aus Pankreastrypsin erhaltene aktivierte oder auch nicht aktivierte Carboxypolypeptidase[8].

---

[1] Emil Abderhalden u. Ernst Schwab: Fermentforschg **10**, 179 (1928).—Emil Abderhalden u. Hugo Mayer: Fermentforschg **11**, 143 (1930).
[2] Emil Abderhalden u. Hugo Mayer: Fermentforschg **10**, 464 (1929).
[3] Emil Abderhalden u. Adolf Schmitz: Fermentforschg **10**, 591 (1929).
[4] Emil Abderhalden u. Friedrich Schweitzer: Fermentforschg **10**, 341 (1929).
[5] Emil Abderhalden u. Ernst Schwab: Fermentforschg **10**, 305 (1929).
[6] Ernst Waldschmidt-Leitz, Willibald Klein u. Anton Schäffner: Ber. dtsch. chem. Ges. **61**, 2092 (1928).
[7] Ernst Waldschmidt-Leitz u. Hans Schlatter: Naturwiss. **16**, 1026 (1928) — Chem. Zbl. **1929 I**, 908.
[8] Ernst Waldschmidt-Leitz u. Arnulf Purr: Ber. dtsch. chem. Ges. **62**, 2217 (1929).

Derivate: Phenylisocyanatverbindung $C_{24}H_{31}O_6N_4$. Fast unlöslich in kaltem Wasser, leicht löslich in Alkohol. Zersetzungsp. 130°. Spaltung durch Trypsin-Kinase bei verschiedenem p_H. Optimales p_H 7,8 [1].

dl-α-Bromisocapronyl-glycyl-dl-tyrosin [2].

Derivate: dl-α-Bromisocapronyl-glycyl-dl-3, 5-dichlortyrosin $C_{17}H_{21}O_5N_2Cl_2Br$. Fällt nach dem Kuppeln von Glycyl-dl-3, 5-dichlortyrosin mit dl-α-Bromisocapronylchlorid beim Ansäuern schleimig aus. Ausäthern, fällen mit Petroläther. Einmal krystallisiert, ist es schwer löslich in Äther. Löslich in Alkohol, unlöslich in Wasser und Petroläther.

dl-α-Bromisocapronyl-glycyl-dl-3, 5-dibromtyrosin $C_{17}H_{21}O_5N_2Br_3$. Darstellung und Eigenschaften analog der Dichlortyrosinverbindung.

dl-α-Bromisocapronyl-glycyl-dl-3, 5-dijodtyrosin $C_{17}H_{21}O_5N_2J_2Br$. Darstellung und Eigenschaften analog den beiden vorausgehenden Verbindungen.

dl-Leucyl-glycyl-dl-tyrosin [2].

Derivate: dl-Leucyl-glycyl-dl-3, 5-dichlortyrosin

$$NH_2 \cdot \underset{\underset{C_4H_9}{|}}{CH} \cdot CO \cdot NH \cdot CH_2 \cdot CO \cdot NH \cdot \underset{\underset{CH_2-C_6H_2Cl_2OH}{|}}{CH} \cdot COOH \qquad C_{17}H_{23}O_5N_3Cl_2$$

Aminieren des entsprechenden Halogenacylkörpers, Entfernen des Bromammons mit Wasser. Löslich in Alkohol. Schmelzp. 210° unter Zersetzung. Wird durch n-NaOH bei 37° gespalten. Trypsin-Kinase spaltet, Erepsin nicht.

dl-Leucyl-glycyl-dl-3, 5-dibromtyrosin $C_{17}H_{23}O_5N_2Br_2$. Darstellung wie oben. Sintert bei 190° und schmilzt bei 220°. Wird durch n-NaOH bei 37° gespalten. Trypsin-Kinase spaltet, Erepsin nicht.

dl-Leucyl-glycyl-dl-3, 5-dijodtyrosin $C_{17}H_{23}O_5N_3J_2$. Darstellung wie oben. Färbt sich bei 180° braun und schmilzt bei 205° unter Aufschäumen. Wird von n-NaOH bei 37° gespalten. Trypsin-Kinase spaltet, Erepsin nicht.

dl-α-Bromisocapronyl-dl-leucyl-dl-β-aminobuttersäure [3].

$$C_{16}H_{29}O_4N_2Br$$

Darstellung: Nach dem Kuppeln der Komponenten filtrieren, und ansäuern, wobei der Körper sofort fest ausfällt.

Physikalische und chemische Eigenschaften: Krystallisiert aus verdünntem Alkohol in kleinen, verfilzten Nädelchen, die bei 172° schmelzen. Leicht löslich in Äther, Chloroform, Alkohol, schwer in Wasser.

dl-Dileucyl-dl-β-aminobuttersäure [3].

$$NH_2 \cdot \underset{\underset{C_4H_9}{|}}{CH} \cdot CO \cdot NH \cdot \underset{\underset{C_4H_9}{|}}{CH} \cdot CO \cdot NH \cdot \underset{\underset{CH_3}{|}}{CH} \cdot CH_2 \cdot COOH \qquad C_{16}H_{31}O_4N_3$$

Darstellung: Aminieren des Bromkörpers, Behandeln mit Silbersulfat und Baryt.

Physikalische und chemische Eigenschaften: In reinem Zustand recht schwer löslich in absolutem Alkohol; sehr leicht löslich in Wasser. Amorphes Pulver, das bei 242° schmilzt. Wird von n-NaOH bei 37° nicht gespalten.

Physiologische Eigenschaften: Wird weder von Erepsin, noch von Trypsin-Kinase gespalten.

---

[1] Emil Abderhalden u. Adolf Schmitz: Fermentforschg **10**, 591 (1929).
[2] Emil Abderhalden u. Adolf Schmitz: Fermentforschg **10**, 428 (1929).
[3] Emil Abderhalden u. Richard Fleischmann: Fermentforschg **10**, 195 (1928).

Derivate: Phenylisocyanatverbindung $C_{23}H_{36}O_5N_4$. Fällt nach dem Kuppeln der Komponenten und Filtrieren beim Ansäuern sofort aus. Krystallisiert aus Alkohol + Wasser bis zur Trübung in der Hitze in langen Nadeln aus. Schmelzp. 212°. Schwer löslich in Wasser, leicht löslich in Methyl- und Äthylalkohol. Wird weder von n-NaOH bei 37° noch von Erepsin oder Trypsin-Kinase angegriffen.

α, δ-Di-(dl-α-bromisocapronyl)-dl-ornithin[1].

$$C_{17}H_{30}O_4N_2Br_2$$

Darstellung: Man verseift dl-δ-Benzoyl-ornithin durch 10stündiges Kochen mit konzentrierter Salzsäure, entfernt die Benzoesäure durch Filtration und Ausäthern, sowie die überschüssige Salzsäure durch öfteres Verdampfen, fügt die austitrierte Menge Alkali hinzu und kuppelt wie üblich unter Kühlung mit dl-α-Bromisocapronylchlorid und n-NaOH, wobei sehr starkes Schäumen auftritt, weshalb man Glasperlen hinzusetzt. Nach Zusatz der halben Säurechloridmenge beginnt die Ausscheidung einer zähen, weißen Masse, die sich nach erfolgter Kuppelung beim Ansäuern wesentlich vermehrt. Geht nach dem Behandeln mit Äther und Petroläther unter Quellungserscheinungen in ein amorphes Pulver über.

Physikalische und chemische Eigenschaften: Krystallisiert aus verdünntem Methylalkohol in Wärzchen von mikroskopischen Nadeln vom Schmelzp. 126—128°. Leicht löslich in Alkohol, ziemlich leicht löslich in Aceton, Essigester, Chloroform, Eisessig, schwer löslich in Benzol, kaum löslich in Äther (wenn krystallisiert) und heißem Wasser, unlöslich in Petroläther.

α, δ-Di-(dl-leucyl)-dl-ornithin[1].

$$\text{NH}_2 \cdot \text{CH} \cdot \text{CO} \cdot \text{NH} \cdot \text{CH}_2 \cdot \text{CH}_2 \cdot \text{CH}_2 \cdot \text{CH} \cdot \text{NH} \cdot \text{CO} \cdot \text{CH} \cdot \text{NH}_2 \quad C_{17}H_{34}O_4N_4$$
$$\quad\;\, | \qquad\qquad\qquad\qquad\qquad\qquad\;\; | \qquad\qquad\qquad\;\, |$$
$$\;\; C_4H_9 \qquad\qquad\qquad\qquad\qquad \text{COOH} \qquad\qquad\; C_4H_9$$

Darstellung: 5tägiges Aminieren des Bromkörpers mit absolut alkoholischem Ammoniak, wobei nicht alles Brom ionisiert wird (77%). Entfernen des Bromammons mit Silbersulfat und Baryt, glasigen Rückstand mehrmals umfällen mit absolutem Alkohol + Äther.

Physikalische und chemische Eigenschaften: Amorphes, weißes, schwach hygroskopisches Pulver. Leicht löslich in Wasser, Methyl- und Äthylalkohol, ziemlich leicht löslich in Eisessig, unlöslich in anderen organischen Lösungsmitteln. Zieht aus der Luft neben Wasser auch Kohlensäure an. Geschmack fade, schwach adstringierend. Wird schon mit halbgesättigter Ammonsulfatlösung gefällt. Mit Pikrinsäure entsteht ein schwer löslicher amorpher Niederschlag von anfänglich öliger Beschaffenheit. Phosphorwolframsäure erzeugt in der schwachsauren Lösung einen weißen, in der Hitze und im Überschuß des Fällungsmittels unlöslichen Niederschlag. Mit Millons Reagens bildet sich ein hellgelber, rasch weiß werdender, im Überschuß löslicher Niederschlag. Neßlers Reagens gibt eine weißflockige Fällung. Im Vakuum über Phosphorpentoxyd bei 60° behandelt, enthält das Peptid noch 1 Wasser, bei höherer Temperatur setzt gleichzeitig auch Anhydridisierung ein. Schmilzt zwischen 105 und 110° zu zäher, schaumiger Masse, die sich bei 150° unter Gasentwicklung zersetzt. — Wird durch n-NaOH bei 37—40° gespalten.

Physiologische Eigenschaften: Wird durch Erepsin kaum angegriffen. Trypsin-Kinase, Pepsin-Salzsäure und Arginase bewirken keine Spaltung.

Derivate: Phenylisocyanatverbindung $C_{31}H_{44}O_6N_6$. Zeigt keine Neigung zur Krystallisation. Sintert bei 98° und geht bei 130° in zähflüssigen Schaum über. Löslich in Eisessig und Alkohol, schwer löslich in Äther, vollkommen unlöslich in Wasser, schwer löslich selbst in n-NaOH (Quellung). Wird durch n-NaOH (lösen in der Wärme) bei 37—40° gespalten. Erepsin und Trypsin-Kinase sind ohne Einfluß auf das durch Alkali und Phosphat in eine gallertartige Masse übergeführte Produkt.

α, ε-Di-(dl-α-bromisocapronyl)-dl-lysin[2].

$$C_{18}H_{32}O_4N_2Br_2$$

Darstellung: Durch Kuppeln von Lysin, am zweckmäßigsten in Form des Dihydrochlorids, mit α-Bromisocapronylchlorid im Überschuß. Da Lösung stark schäumt, setzt man

---

[1] Emil Abderhalden u. Hans Sickel: Fermentforschg **10**, 188 (1928).
[2] Emil Abderhalden u. Hans Sickel: Fermentforschg **10**, 302 (1928).

Glasperlen hinzu. Gegen Ende der Reaktion fällt etwas harzige Substanz aus, die sich beim Ansäuern vermehrt. Ausäthern, einengen, mit Petroläther 4 mal umfällen, mit Petroläther verreiben. Ausbeute 70%.

Physikalische und chemische Eigenschaften: Weiße, amorphe Masse, leicht löslich in Äther, unlöslich in Petroläther.

α, ε-Di-(dl-leucyl)-dl-lysin[1].

$$\begin{array}{ccc}
NH_2 \cdot CH \cdot CO \cdot NH \cdot CH_2 \cdot CH_2 \cdot CH_2 \cdot CH_2 \cdot CH \cdot NH \cdot CO \cdot CH \cdot NH_2 \\
| & | & | \\
CH_2 & COOH & CH_2 \\
| & & | \\
CH & & CH \\
\diagup \diagdown & & \diagup \diagdown \\
CH_3 \; CH_3 & & CH_3 \; CH_3
\end{array}$$

$C_{18}H_{36}O_4N_4$

Darstellung: Mit 25 proz. Ammoniak 2 Stunden bei 90° aminieren, filtrieren, Filtrat nach Entfernen des Ammoniaks mit Silbersulfat und Baryt behandeln, Rückstand in Alkohol lösen, mit Äther fällen.

Physikalische und chemische Eigenschaften: Weißes, amorphes, hygroskopisches Pulver, das alkalisch reagiert und Kohlensäure aus der Luft aufnimmt. Geschmack fade. Mit Pikrinsäure fällt ein amorpher, gelber Körper, mit Kupferoxyd gekocht, entsteht eine schwachblaue Lösung. Ninhydrin- und Biuretreaktion positiv. Phosphorsäure gibt einen weißen, im Überschuß unlöslichen Niederschlag. Leicht löslich in Wasser, Äthyl- und Methylalkohol, unlöslich in Äther, Petroläther, Benzol, Chloroform. n-NaOH bewirkt sofort eine weitgehende Aufspaltung.

Physiologische Eigenschaften: Wird sowohl von Erepsin als auch von Trypsin-Kinase bei Abwesenheit von Phosphatpuffern gespalten.

dl-α-Bromcapronyl-glycyl-glycin.
$C_{10}H_{17}O_4N_2Br$

Darstellung: Durch Aufspaltung von Glycinanhydrid mit n-NaOH und Kuppeln mit dl-α-Bromcapronylchlorid. Der nach dem Ansäuern bald entstehende krystalline Niederschlag ist rötlich gefärbt[2].

Physikalische und chemische Eigenschaften: Krystallisiert aus Wasser in farblosen, länglichen, mikroskopischen Tafeln, die bei 130—131° schmelzen und sich oberhalb 152° langsam zersetzen. Über die Aufspaltung der Peptidbindungen sowie über die Abspaltung von Halogen durch n-NaOH bei 37°[2].

Physiologische Eigenschaften: Wird von Trypsin-Kinase kaum angegriffen[3].

dl-α-Bromcapronyl-glycyl-dl-norvalin[3].
$C_{13}H_{23}O_4N_2Br$

Darstellung: Kuppeln von Glycyl-dl-norvalin mit dl-α-Bromcapronylchlorid, ansäuern, ausäthern, Äther mit Natriumsulfat trocknen, stark einengen, mit Petroläther fällen.

Physikalische und chemische Eigenschaften: Krystallisiert aus Alkohol + Wasser unter Zuhilfenahme eines aus Äther + Petroläther erhaltenen Kryställchens nicht einheitlich: aus Nadeln gebildete Drusen und rechteckige Blättchen, die bei 114° sintern. Schmelzp. 118—120°. Wird durch n-NaOH bei 37° gespalten.

Physiologische Eigenschaften: Wird durch Trypsin-Kinase sowie durch ein aus Trypsin-Kinase gewonnenes Unterferment gespalten.

dl-Norleucyl-glycyl-dl-norvalin[3].

$$\begin{array}{c}
NH_2 \cdot CH \cdot CO \cdot NH \cdot CH_2 \cdot CO \cdot NH \cdot CH \cdot COOH \\
| \qquad\qquad\qquad\qquad\qquad\qquad\quad | \\
(CH_2)_3 \cdot CH_3 \qquad\qquad\qquad\quad (CH_2)_2 \cdot CH_3
\end{array}$$

$C_{13}H_{25}O_4N_2$

Darstellung: Durch 4 tägiges Aminieren von dl-α-Bromcapronyl-glycyl-dl-norvalin. Schäumt stark beim Einengen im Vakuum. Rückstand öfter mit 96 proz. Alkohol auskochen.

---

[1] Emil Abderhalden u. Hans Sickel: Fermentforschg **10**, 302 (1928).
[2] Emil Abderhalden u. Walter Zeisset: Fermentforschg **11**, 170 (1930).
[3] Emil Abderhalden u. Walter Zeisset: Fermentforschg **11**, 183 (1930).

Physikalische und chemische Eigenschaften: Bei 232° beginnende Bräunung, bei 236° Sinterung, Schmelzp. 243—246° unter Zersetzung. Wird durch n-NaOH bei 37° gespalten.
Physiologische Eigenschaften: Wird durch Erepsin bei einem optimalen p_H von 7,8 gespalten. Wird auch durch Trypsin-Kinase stark gespalten; optimales p_H 7,2.

dl-α-Bromcapronyl-glycyl-dl-leucin[1].

$C_{14}H_{25}O_4N_2Br$

Darstellung: Fällt nach dem Kuppeln der Komponenten beim Ansäuern ölig aus.
Physikalische und chemische Eigenschaften: Krystallisiert aus Chloroform + Petroläther in farblosen, nadelförmigen Krystallen vom Schmelzp. 127°. Leicht löslich in Äther, Chloroform, Alkohol, Aceton, sehr schwer löslich in Wasser, unlöslich in Petroläther. — Wird durch n-NaOH bei 37° gespalten.
Physiologische Eigenschaften: Wird durch Trypsin-Kinase gespalten, Erepsin spaltet nicht.

dl-Norleucyl-glycyl-dl-leucin[1].

$$NH_2 \cdot \underset{(CH_2)_3 \cdot CH_3}{CH} \cdot CO \cdot NH \cdot CH_2 \cdot CO \cdot NH \cdot \underset{CH_2 \cdot CH{<}^{CH_3}_{CH_3}}{CH} \cdot COOH \quad C_{14}H_{27}O_4N_3$$

Darstellung: Aminieren des Bromkörpers und Entfernen des Bromammons mit Alkohol.
Physikalische und chemische Eigenschaften: Färbt sich bei 225° braun und schmilzt bei 245°. Unlöslich in Alkohol, schwer löslich in Wasser, leicht löslich in Alkali. Wird durch n-NaOH bei 37° gespalten.
Physiologische Eigenschaften: Wird sowohl durch Erepsin als auch durch Trypsin-Kinase gespalten.

dl-α-Bromcapronyl-glycyl-dl-norleucin[1].

$C_{14}H_{25}O_4N_2Br$

Darstellung: Fällt nach dem Kuppeln der Komponenten und Ansäuern als rasch erstarrendes Öl aus.
Physikalische und chemische Eigenschaften: Schmelzp. 118°. Leicht löslich in Alkohol, Aceton, Äther, Chloroform, kaum löslich in Wasser, unlöslich in Petroläther. Wird durch n-NaOH bei 37° gespalten.
Physiologische Eigenschaften: Wird durch Trypsin-Kinase gespalten, nicht durch Erepsin.

dl-Norleucyl-glycyl-dl-norleucin[1].

$$NH_2 \cdot \underset{(CH_2)_3 \cdot CH_3}{CH} \cdot CO \cdot NH \cdot CH_2 \cdot CO \cdot NH \cdot \underset{(CH_2)_3 \cdot CH_3}{CH} \cdot COOH \quad C_{14}H_{27}O_4N_3$$

Darstellung: Durch Aminieren des Bromkörpers und Entfernen des Bromammons mit Alkohol[1].
Physikalische und chemische Eigenschaften: Bräunt sich bei 220° und schmilzt bei 240°. Löslich in Wasser, unlöslich in Alkohol. Wird durch n-NaOH bei 37° gespalten[1].
Physiologische Eigenschaften: Wird sowohl durch Erepsin als durch Trypsin-Kinase gespalten[1]. Für Erepsin liegt das optimale p_H bei 7,2. Das optimale p_H bei der Spaltung durch Trypsin-Kinase ist 7,8[2].

dl-Phenylalanyl-glycyl-glycin[3].

Physikalische und chemische Eigenschaften: Wird durch n-NaOH bei 37° gespalten.
Physiologische Eigenschaften: Wird von Erepsin gespalten, von Trypsin-Kinase nicht.

---

[1] Emil Abderhalden u. Hugo Mayer: Fermentforschg **10**, 464 (1929).
[2] Emil Abderhalden u. Walter Zeisset: Fermentforschg **11**, 183 (1930).
[3] Emil Abderhalden u. Friedrich Schweitzer: Fermentforschg **10**, 341 (1929).

dl-β-Phenyl-α-brompropionyl-glycyl-dl-leucin [1].

$C_{17}H_{23}O_4N_2Br$

Darstellung: Kuppeln von Glycyl-leucin mit β-Phenyl-α-brompropionylchlorid bei Gegenwart von Natriumbicarbonat. Fällt beim Ansäuern nach kurzem Stehen in farblosen Kryställchen aus. Ausbeute 93%.
Physikalische und chemische Eigenschaften: Schmelzp. 161°. Löslich in Alkohol, unlöslich in Petroläther.
Physiologische Eigenschaften: Wird durch Trypsin-Kinase gespalten.

dl-Phenylalanyl-glycyl-dl-leucin [1].

$$NH_2 \cdot \underset{\underset{CH_2 \cdot C_6H_5}{|}}{CH} \cdot CO \cdot NH \cdot CH_2 \cdot CO \cdot NH \cdot \underset{\underset{C_4H_9}{|}}{CH} \cdot COOH \quad C_{16}H_{25}O_4N_3$$

Darstellung: Aminieren des Halogenkörpers, entfernen des Bromammons nach der Silbersulfat-Barytmethode.
Physikalische und chemische Eigenschaften: Schmelzpunkt unter Zersetzung bei 210°. Löslich in Wasser, unlöslich in absolutem Alkohol. Wird durch n-NaOH bei 37° gespalten.
Physiologische Eigenschaften: Wird sowohl von Erepsin als von Trypsin-Kinase gespalten.

dl-β-Phenyl-α-brompropionyl-glycyl-dl-phenylalanin [1].

$C_{20}H_{21}O_4N_2Br$

Darstellung: Kuppeln von Glycyl-phenylalanin mit β-Phenylbromproprionylchlorid bei Gegenwart von Natriumbicarbonat bei Zimmertemperatur. Fällt beim Ansäuern als zähe, teilweise feste Masse aus. Lösen in Äther, woraus es sich nach kurzem Stehen krystallin abscheidet. Ausbeute 93%.
Physikalische und chemische Eigenschaften: Leicht löslich in Alkohol, schwer löslich in kaltem Wasser, unlöslich in Äther und Petroläther. Schmelzp. 174—175°.
Physiologische Eigenschaften: Wird von Trypsin-Kinase nicht gespalten.

dl-Phenylalanyl-glycyl-dl-phenylalanin [1].

$$NH_2 \cdot \underset{\underset{CH_2 \cdot C_6H_5}{|}}{CH} \cdot CO \cdot NH \cdot CH_2 \cdot CO \cdot NH \cdot \underset{\underset{CH_2 \cdot C_6H_5}{|}}{CH} \cdot COOH \quad C_{20}H_{23}O_4N_3$$

Darstellung: Aminieren des Bromkörpers und Entfernen des Bromammons mit Alkohol.
Physikalische und chemische Eigenschaften: Schmelzp. 236° unter Zersetzung. Löslich in Wasser, unlöslich in Alkohol. Wird durch n-NaOH bei 37° gespalten.
Physiologische Eigenschaften: Wird sowohl von Erepsin als auch von Trypsin-Kinase gespalten.

Prolyl-glycyl-glycin [2].

Physiologische Eigenschaften: Wird durch Glycerinextrakte aus Darmschleimhaut kräftig gespalten. Weniger gut wirkt Pankreasauszug und rohes Hefeautolysat. Durch Tonerdeadsorption von Trypsin befreite Darmerepsinlösungen spalten gut. Jedoch gereinigte Trockenpräparate der Dipeptidase aus Hefe und Darm, ebenso die Präparate des Pankreastrypsins und der Hefeproteinase sowie das aktivierte Papain zeigen sich so gut wie wirkungslos.

---

[1] Emil Abderhalden u. Friedrich Schweitzer: Fermentforschg **10**, 341 (1929).
[2] W. Graßmann, H. Dyckerhoff u. O. v. Schoenebeck: Ber. dtsch. chem. Ges. **62**, 1307 (1929).

Tetrapeptide.

Chloracetyl-diglycyl-glycin.

Physikalische und chemische Eigenschaften: Spaltung durch n-NaOH bei 37°[1].
Physiologische Eigenschaften: Wird durch Trypsin-Kinase gespalten, und zwar bei p_H 7,8 bedeutend besser als bei p_H 8,4 [2].

Triglycyl-glycin.

Physiologische Eigenschaften: Über die Einwirkung von Trypsin-Kinase und Erepsin[1] sowie über die Spaltung von Zellfermenten aus der Niere[3].
Derivate: Phenylisocyanatverbindung $C_{15}H_{19}O_6N_5$. Fällt nach dem Kuppeln der Komponenten beim Ansäuern sofort aus. Krystallisiert aus Wasser in kleinen Schüppchen, aus Eisessig in Sternchen und Nadelbüscheln. Verfärbt sich von 220° an. Wird von n-NaOH bei 37° gespalten. Wird weder von Trypsin-Kinase noch von Erepsin angegriffen[4].

Chloracetyl-diglycyl-dl-norvalin[5].

$$C_{11}H_{18}O_5N_3Cl$$

Darstellung: Durch Kuppeln von Diglycyl-dl-norvalin mit Chloracetylchlorid. Fällt nach dem Ansäuern allmählich krystallin aus.
Physikalische und chemische Eigenschaften: Krystallisiert aus Wasser in unregelmäßigen, dichten, mikroskopischen, aus feinen Nadeln bestehenden Drusen, die sich bei 212° bräunen und bei 216—217° unter Zersetzung schmelzen. Wird durch n-NaOH bei 37° gespalten.
Physiologische Eigenschaften: Wird durch Trypsin-Kinase gespalten, ebenso durch ein aus Trypsin-Kinase gewonnenes Unterferment bei einem optimalen p_H von 7,2.

Triglycyl-dl-norvalin[5].

$$NH_2 \cdot CH_2 \cdot CO \cdot NH \cdot CH_2 \cdot CO \cdot NH \cdot CH_2 \cdot CO \cdot NH \cdot CH \cdot COOH \quad C_{11}H_{20}O_5N_4$$
$$|$$
$$(CH_2)_2 \cdot CH_3$$

Darstellung: 4tägiges Aminieren von Chloracetyl-diglycyl-dl-norvalin, behandeln mit Silbersulfat und Baryt, einengen, mit Alkohol versetzen, wobei anfangs nur langsam Krystallisation eintritt.
Physikalische und chemische Eigenschaften: Krystallisiert in kleinsten, äußerst dichten, von feinen Nadeln gebildeten, mikroskopischen Drusen, die sich bei 212° bräunen, bei 215° schwach sintern und bei 218—219° unter Zersetzung schmelzen. Wird durch n-NaOH bei 37° gespalten.
Physiologische Eigenschaften: Wird durch Erepsin bei einem optimalen p_H von 7,8 gespalten, Trypsin-Kinase greift nicht an.

Chloracetyl-diglycyl-dl-valin[2].

$$C_{11}H_{18}O_5N_3Cl$$

Darstellung: Kuppeln von Diglycyl-valin mit Chloracetylchlorid, nach dem Ansäuern eindampfen, mit Alkohol extrahieren.
Physikalische und chemische Eigenschaften: Krystallisiert nur schwer in sternförmig gruppierten Krystallnadeln, die bei 160—163° sintern und bei 169—171° schmelzen. Wird durch n-NaOH bei 37° gespalten.
Physiologische Eigenschaften: Wird von Trypsin-Kinase schwach gespalten.

---

[1] Emil Abderhalden u. Walter Zeisset: Fermentforschg **10**, 544 (1929).
[2] Emil Abderhalden u. Walter Zeisset: Fermentforschg **10**, 481 (1929).
[3] Emil Abderhalden u. Oskar Herrmann: Fermentforschg **11**, 78 (1929).
[4] Emil Abderhalden u. Richard Fleischmann: Fermentforschg **10**, 195 (1928).
[5] Emil Abderhalden u. Walter Zeisset: Fermentforschg **11**, 183 (1930).

Triglycyl-dl-valin[1].

$$NH_2 \cdot CH_2 \cdot CO \cdot NH \cdot CH_2 \cdot CO \cdot NH \cdot CH_2 \cdot CO \cdot NH \cdot \underset{\underset{C_3H_7}{|}}{CH} \cdot COOH \quad C_{11}H_{20}O_5N_4$$

Darstellung: 36 stündiges Aminieren von Chloracetyl-diglycyl-valin, eindampfen, behandeln mit Silbersulfat und Baryt.
Physikalische und chemische Eigenschaften: Ist kaum krystallinisch zu erhalten. Schmelzpunkt nach vorherigem Sintern 147—149°. Wird durch n-NaOH bei 37° gespalten.
Physiologische Eigenschaften: Wird sowohl durch Erepsin als durch Trypsin-Kinase gespalten.

Chloracetyl-diglycyl-dl-leucin.

$C_{12}H_{20}O_5N_3Cl$

Darstellung: Fällt nach dem Kuppeln der Komponenten beim Ansäuern nach kurzem Stehen aus [2].
Physikalische und chemische Eigenschaften: Krystallisiert aus heißem Wasser in langgestreckten, flachen Prismen vom Schmelzp. 176—177° unter Zersetzung. Wird durch n-NaOH bei 37° gespalten [2].
Physiologische Eigenschaften: Wird durch Trypsin-Kinase gespalten [2, 3].

Triglycyl-dl-leucin[2].

$$NH_2 \cdot CH_2 \cdot CO \cdot NH \cdot CH_2 \cdot CO \cdot NH \cdot CH_2 \cdot CO \cdot NH \cdot \underset{\underset{C_4H_9}{|}}{CH} \cdot COOH \quad C_{12}H_{22}O_5N_4$$

Darstellung: 48 stündiges Aminieren des Chlorkörpers, eindampfen, behandeln mit Silbersulfat und Baryt, stark einengen, mit Alkohol fällen.
Physikalische und chemische Eigenschaften: Krystallisiert in mikroskopischen, dichten, kugeligen Krystallaggregaten, die mit wohlausgebildeten, wetzsteinförmigen Krystallen durchsetzt sind. Schmelzp. 206—208° unter Zersetzung. Wird durch n-NaOH bei 37° gespalten.
Physiologische Eigenschaften: Wird von Erepsin gespalten, von Trypsin-Kinase nur schwach oder gar nicht.

Chloracetyl-diglycyl-dl-phenylalanin.

$C_{15}H_{18}O_5N_3Cl$

Darstellung: Fällt nach dem Kuppeln der Komponenten beim Ansäuern aus. Ausbeute 92% [4].
Physikalische und chemische Eigenschaften: Leicht löslich in Methyl- und Äthylalkohol, sowie in heißem Wasser, wenig löslich in kaltem Wasser und Chloroform, unlöslich in Ligroin und Petroläther [4].
Physiologische Eigenschaften: Wird durch Trypsin-Kinase nicht immer gespalten [4]. Spaltung durch Trypsin-Kinase bei verschiedenem p_H. Optimales p_H 7,1—7,8 [5].

Triglycyl-dl-phenylalanin.

$$NH_2 \cdot CH_2 \cdot CO \cdot (NH \cdot CH_2 \cdot CO)_2 \cdot NH \cdot \underset{\underset{CH_2 \cdot C_6H_5}{|}}{CH} \cdot COOH \quad C_{15}H_{20}O_5N_4$$

Darstellung: Aminieren des Chlorkörpers, Entfernen des Chlorammons mit Silbersulfat und Baryt [4].
Physikalische und chemische Eigenschaften: Schmelzpunkt unter Zersetzung bei 223°. Leicht löslich in Wasser, unlöslich in Alkohol. Wird durch n-NaOH bei 37° gespalten [4].
Physiologische Eigenschaften: Wird sowohl von Erepsin als von Trypsin-Kinase gespalten [4]. Spaltung durch Trypsin-Kinase bei verschiedenem p_H [5].

---

[1] Emil Abderhalden u. Richard Fleischmann: Fermentforschg **10**, 195 (1928).
[2] Emil Abderhalden u. Walter Zeisset: Fermentforschg **10**, 481 (1929).
[3] Emil Abderhalden u. Ernst Schwab: Fermentforschg **10**, 305 (1929).
[4] Emil Abderhalden u. Friedrich Schweitzer: Fermentforschg **10**, 341 (1929).
[5] Emil Abderhalden u. Adolf Schmitz: Fermentforschg **10**, 591 (1929).

Chloracetyl-glycyl-dl-leucyl-dl-leucin [1].

$C_{16}H_{28}O_5N_3Cl$

Darstellung: Fällt nach dem Kuppeln der Komponenten beim Ansäuern sofort in fester Form aus.

Physikalische und chemische Eigenschaften: Krystallisiert aus Alkohol + Wasser in sternförmig gruppierten Nadeln vom Schmelzp. 202°. Leicht löslich in Alkohol, schwer löslich in Äther und Wasser, unlöslich in Petroläther.

Diglycyl-dl-leucyl-dl-leucin [1].

$NH_2 \cdot CH_2 \cdot CO \cdot NH \cdot CH_2 \cdot CO \cdot NH \cdot CH \cdot CO \cdot NH \cdot CH \cdot COOH \quad C_{16}H_{30}O_5N_4$
$ \overset{|}{C_4H_9} \overset{|}{C_4H_9}$

Darstellung: 5 tägiges Aminieren des Chlorkörpers, eindampfen, extrahieren mit Alkohol.

Physikalische und chemische Eigenschaften: Krystallisiert aus heißem Wasser vom Schmelzp. 233°. Unlöslich in Alkohol. Biuretreaktion violett.

Physiologische Eigenschaften: Wird durch Erepsin gespalten; durch manche Präparate allerdings nur schwach.

Chloracetyl-dl-alanyl-dl-leucyl-decarboxy-alanin [2].

$C_{13}H_{24}O_3N_3Cl$

Darstellung: Man löst Chloracetylchlorid und Alanyl-leucyl-decarboxy-alanin in Methylenchlorid, gießt zusammen und erhitzt kurze Zeit zum Sieden. Dann wird mit Wasser von 40° durchgeschüttelt, die Methylenchloridschicht abgetrennt, mit viel Petroläther versetzt und kalt gestellt.

Physikalische und chemische Eigenschaften: Schwer löslich in den meisten organischen Lösungsmitteln in der Kälte. Krystallisiert aus Essigester als feines Krystallpulver vom Schmelzp. 225°.

Glycyl-dl-alanyl-dl-leucyl-decarboxy-alanin [2].

Derivate: (N-Äthyl-glycyl)-dl-alanyl-dl-leucyl-decarboxy-alanin

$C_2H_5 \cdot NH \cdot CH_2 \cdot CO \cdot NH \cdot CH \cdot CO \cdot NH \cdot CH \cdot CO \cdot NH \cdot CH_2 \cdot CH_3 \quad C_{15}H_{30}O_3N_4$
$\overset{|}{CH_3} \overset{|}{C_4H_9}$

Man erhitzt Chloracetyl-alanyl-leucyl-decarboxy-alanin mit 10 Mol Äthylamin in methylalkoholischer Lösung 9 Stunden auf 100°, dampft ein, zieht mit verdünnter Salzsäure aus, macht stark alkalisch und schüttelt mit Äther-Methylenchlorid aus. Nach dem Verdampfen des Lösungsmittels erhält man ein ziemlich schnell erstarrendes Öl. Krystallisiert aus Essigester als körniges Pulver vom Schmelzp. 163°. Ziemlich leicht löslich in Wasser, schwer löslich in Äther. Ist pharmakologisch indifferent. **Chlorhydrat.** Schmelzp. 225°; leicht löslich in Wasser und Alkohol. **Pikrat** krystallisiert schlecht und schmilzt unscharf bei 172—177°.

(N-Isoamyl-glycyl)-dl-alanyl-dl-leucyl-decarboxy-alanin $C_{18}H_{36}O_3N_4$. Wird analog dem Äthylderivat mit Hilfe von Isoamylamin dargestellt. Krystallisiert aus Essigester vom Schmelzp. 150°. Löslich in Wasser, schwer löslich in Äther. Ist pharmakologisch indifferent. **Chlorhydrat.** Schmelzp. 238°. Leicht löslich in Wasser und Alkohol. **Pikrat** krystallisiert gut aus Alkohol-Äther, zeigt aber keinen scharfen Schmelzpunkt (80—100°).

Chloracetyl-dl-leucyl-glycyl-dl-leucin [3].

Physikalische und chemische Eigenschaften: Über die Spaltung durch Natronlauge verschiedener Konzentrationen bei 37°. Wird auch durch n-HCl langsam gespalten.

Physiologische Eigenschaften: Wird durch Trypsin-Kinase gespalten.

---

[1] Emil Abderhalden u. Adolf Schmitz: Fermentforschg **11**, 104 (1929).
[2] Julius v. Braun, Alfred Bahn u. Wilhelm Münch: Ber. dtsch. chem. Ges. **62**, 2766 (1929).
[3] Emil Abderhalden u. Adolf Schmitz: Fermentforschg **10**, 591 (1929).

Glycyl-dl-leucyl-glycyl-dl-leucin.

Physikalische und chemische Eigenschaften: Über die Spaltung durch n, $^n/_2$- und $^n/_5$-NaOH bei 37°[1].
Physiologische Eigenschaften: Über die Spaltung durch verschiedene Erepsinlösungen bei verschiedenem p_H[2]. Über die Spaltung durch Trypsin-Kinase bei verschiedenem p_H. Optimales p_H 9,0[1].
Derivate: Phenylisocyanatverbindung $C_{23}H_{34}O_6N_5$. Äußerst schwer löslich in Wasser, leichter in Alkohol. Zersetzungsp. 144—145°. Über die Spaltung durch $^n/_5$- und $^n/_{10}$-NaOH bei 37°[1].

Glycyl-l-leucyl-glycyl-l-leucin[3].

Physiologische Eigenschaften: Wird sowohl von Erepsin als von Trypsin-Kinase gespalten.

Chloracetyl-l-leucyl-glycyl-d-leucin[4].

$C_{16}H_{30}O_5N_3Cl$

Darstellung: Kuppeln von l-Leucyl-glycyl-d-leucin mit Chloracetylchlorid.
Physikalische und chemische Eigenschaften: Glasige Masse, die unscharf bei 104° schmilzt. Leicht löslich in Alkohol, schwer löslich in Äther, Chloroform, Essigester, unlöslich in Petroläther und Wasser. $[\alpha]_{20}^D = -19°$.

Glycyl-l-leucyl-glycyl-d-leucin[4].

$NH_2 \cdot CH_2 \cdot CO \cdot NH \cdot CH \cdot CO \cdot NH \cdot CH_2 \cdot CO \cdot NH \cdot CH \cdot COOH \quad C_{16}H_{30}O_5N_4$
$\qquad\qquad\qquad\qquad\; |\qquad\qquad\qquad\qquad\qquad\qquad\; |$
$\qquad\qquad\qquad\qquad C_4H_9\qquad\qquad\qquad\qquad\qquad\; C_4H_9$

Darstellung: 4tägiges Aminieren des Chlorkörpers, behandeln mit Silbersulfat und Baryt.
Physikalische und chemische Eigenschaften: Amorph. Zersetzungspunkt unscharf bei 245° (korr.). In reinem Zustand in Wasser und Alkohol so gut wie unlöslich. $[\alpha]_{20}^D$ in 10 proz. wässerigem Ammoniak $= -15,8°$.
Physiologische Eigenschaften: Wird sowohl durch Erepsin als auch durch Trypsin-Kinase gespalten.

Chloracetyl-dl-leucyl-dl-leucyl-glycin[2].

$C_{16}H_{28}O_5N_3Cl$

Darstellung: Fällt nach dem Kuppeln von Dileucyl-glycin mit Chloracetylchlorid und Ansäuern als zähe, leicht erstarrende Masse aus. Aufnehmen mit Äther, woraus es nach kurzem Stehen krystallisiert.
Physikalische und chemische Eigenschaften: Leicht löslich in Alkohol, schwerer in Äther, sehr schwer in heißem Wasser, unlöslich in Petroläther.

Glycyl-dl-leucyl-dl-leucyl-glycin[2].

$NH_2 \cdot CH_2 \cdot CO \cdot NH \cdot CH \cdot CO \cdot NH \cdot CH \cdot CO \cdot NH \cdot CH_2 \cdot COOH \quad C_{16}H_{30}O_5N_4$
$\qquad\qquad\qquad\qquad\; |\qquad\qquad\qquad\; |$
$\qquad\qquad\qquad\qquad C_4H_9\qquad\qquad\; C_4H_9$

Darstellung: Aminieren des Chlorkörpers, einengen, mit Alkohol fällen.
Physikalische und chemische Eigenschaften: Löslich in heißem Wasser, unlöslich in allen anderen Lösungsmitteln. Schmelzp. 228°. Biuretreaktion stark positiv.
Physiologische Eigenschaften: Über die Einwirkung verschiedener Erepsinpräparate bei verschiedenem p_H. Optimales p_H 8,4—9,0.

---

[1] Emil Abderhalden u. Adolf Schmitz: Fermentforschg **10**, 591 (1929).
[2] Emil Abderhalden u. Adolf Schmitz: Fermentforschg **11**, 104 (1929).
[3] Emil Abderhalden u. Ernst Schwab: Fermentforschg **10**, 179 (1928).
[4] Emil Abderhalden u. Hugo Mayer: Fermentforschg **11**, 143 (1930).

dl-α-Brompropionyl-dl-dialanyl-glycin[1].

$C_{11}H_{18}O_5N_3Br$

Darstellung: Kuppeln der Komponenten, schwach ansäuern, einengen, in Eis stellen.
Physikalische und chemische Eigenschaften: Leicht löslich in Wasser, schwer in absolutem Alkohol. Krystallisiert aus verdünntem Alkohol in weißen Nadeln vom Schmelzp. 217°.

dl-Trialanyl-glycin[1].

$$\text{NH}_2 \cdot \underset{\underset{\text{CH}_3}{|}}{\text{CH}} \cdot \text{CO} \cdot \text{NH} \cdot \underset{\underset{\text{CH}_3}{|}}{\text{CH}} \cdot \text{CO} \cdot \text{NH} \cdot \underset{\underset{\text{CH}_3}{|}}{\text{CH}} \cdot \text{CO} \cdot \text{NH} \cdot \text{CH}_2 \cdot \text{COOH} \quad C_{11}H_{20}O_5N_4$$

Darstellung: 2stündiges Aminieren des Bromkörpers bei 100°. Trockenrückstand in wenig Wasser aufnehmen, mit absolutem Alkohol fällen.
Physikalische und chemische Eigenschaften: Weiße Nadeln vom Schmelzp. 254° unter Zersetzung. Wird durch Hypobromit zu Acetonitril und einem zähen, nicht krystallisierenden Öl, wahrscheinlich **5-Methyl-1, 5-dehydrohydantoin-3-propionyl-glycin**, abgebaut. Letztere Verbindung liefert bei der Hydrolyse mit n-Salzsäure Brenztraubensäure, Alanin, Glykokoll, Ammoniak und Kohlensäure.

Di-(dl-alanyl)-dl-norvalyl-decarboxy-glycin, Di-(dl-alanyl)-dl-norvalyl-methylamin[2].

Derivate: N-Methyl-dl-alanyl-dl-alanyl-dl-norvalyl-methylamin

$$\text{CH}_3 \cdot \text{NH} \cdot \underset{\underset{\text{CH}_3}{|}}{\text{CH}} \cdot \text{CO} \cdot \text{NH} \cdot \underset{\underset{\text{CH}_3}{|}}{\text{CH}} \cdot \text{CO} \cdot \text{NH} \cdot \underset{\underset{\text{CH}_2 \cdot \text{CH}_2 \cdot \text{CH}_3}{|}}{\text{CH}} \cdot \text{CO} \cdot \text{NH} \cdot \text{CH}_3 \quad C_{13}H_{26}O_3N_4$$

Durch 3tägige Einwirkung von überschüssigem wasserfreien Methylamin auf dl-α-Brompropionyl-dl-alanyl-dl-norvalinmethylester im Einschmelzrohr bei Zimmertemperatur. Krystallinen Rückstand mit Wasser aufnehmen, von unverändertem Methylester abfiltrieren, Filtrat mittels Silbersulfat und Baryt von Methylaminhydrobromid befreien. Das Rohprodukt verbleibt beim Eindampfen mit 71% Ausbeute als amorphe, weiße Masse zurück. Reinigen durch Lösen in Chloroform und Fällen mit Äther, wobei ein gallertiger Niederschlag ausfällt, der nach mehrtägigem Stehen langsam in mikroskopisch kleine, spitze Nädelchen vom Schmelzp. 213 bis 214° (korr.) übergeht. Die wässerige Lösung reagiert alkalisch. Leicht löslich in Wasser, Alkohol, heißem Chloroform und heißem Pyridin, etwas löslich in heißem Aceton, unlöslich in Äther, Petroläther und Toluol. Konstitutionsreaktionen. Wird durch n-NaOH bei 37° nur langsam gespalten. Wird durch fermentative Einwirkungen, wie Erepsin, Trypsin-Kinase, Hefemacerationssaft und Hundemagensaft praktisch nicht angegriffen. **Kupferverbindung:** Wahrscheinlich Zusammensetzung $(C_{13}H_{26}O_3N_4)_3Cu_2$. Spröder, blauer Lack, der zerrieben ein blaßblaues Pulver darstellt. Mit NaOH färbt sich die blaue Lösung purpurrot (Biuretreaktion).

d-α-Brompropionyl-l-leucyl-glycyl-d-alanin[3].

Physiologische Eigenschaften: Wird durch Trypsin-Kinase gespalten.

β-Alanyl-dl-leucyl-glycyl-dl-leucin[4].

$$\text{NH}_2 \cdot \text{CH}_2 \cdot \text{CH}_2 \cdot \text{CO} \cdot \text{NH} \cdot \underset{\underset{\text{C}_4\text{H}_9}{|}}{\text{CH}} \cdot \text{CO} \cdot \text{NH} \cdot \text{CH}_2 \cdot \text{CO} \cdot \text{NH} \cdot \underset{\underset{\text{C}_4\text{H}_9}{|}}{\text{CH}} \cdot \text{COOH} \quad C_{17}H_{32}O_5N_4$$

Darstellung: Kuppeln von Leucyl-glycyl-leucin mit β-Jod- bzw. β-Chlorpropionylchlorid. Beim Ansäuern scheidet sich ein ätherlösliches Öl ab, das mit 25proz. Ammoniak 2 Tage aminiert wird. Entfernen des Jod- bzw. Chlorammons mit Silbersulfat und Baryt.

---

[1] Stefan Goldschmidt u. Kossy Strauß: Liebigs Ann. **471**, 1 (1929).
[2] Emil Abderhalden u. Hans Brockmann: Fermentforschg **11**, 251 (1930).
[3] Emil Abderhalden u. Hans Brockmann: Fermentforschg **10**, 330 (1929).
[4] Emil Abderhalden u. Fritz Reich: Fermentforschg **10**, 319 (1929).

Physikalische und chemische Eigenschaften: Hygroskopische glasige Masse von schwach saurer Reaktion und etwas bitterem Geschmack. Fast unlöslich in Äther, Essigester, Chloroform, löslich in Wasser und Alkohol. Beginnt bei 60° zu sintern, wird bei 90° durchsichtig, ohne zu schmelzen, und zersetzt sich gegen 125° unter Aufschäumen. Wird von n-NaOH bei 37° gespalten.
Physiologische Eigenschaften: Wird von Trypsin-Kinase gespalten. Erepsin spaltet ebenfalls, wenn auch schwächer.

dl-α-Brombutyryl-diglycyl-glycin [1].

$C_{10}H_{16}O_5N_3Br$

Darstellung: Fällt nach dem Kuppeln von Diglycyl-glycin mit Brombutyrylbromid und Ansäuern erst beim Reiben mit dem Glasstab aus.
Physikalische und chemische Eigenschaften: Schmelzp. 175°. Leicht löslich in Alkohol, schwer löslich in Chloroform, unlöslich in Äther, Petroläther und Wasser.

dl-α-Aminobutyryl-diglycyl-glycin [1].

$NH_2 \cdot CH \cdot CO \cdot (NH \cdot CH_2 \cdot CO)_2 \cdot NH \cdot CH_2 \cdot COOH \quad C_{10}H_{18}O_5N_4$
$\quad\quad\; |$
$\quad\;\; CH_2 \cdot CH_3$

Darstellung: Aminieren des Bromkörpers, behandeln mit Alkohol.
Physikalische und chemische Eigenschaften: Leicht löslich in Wasser, unlöslich in Alkohol. Wird durch n-NaOH bei 37° gespalten.
Physiologische Eigenschaften: Wird weder durch Erepsin noch durch Trypsin-Kinase gespalten.
Derivate: Phenylisocyanatverbindung $C_{17}H_{23}O_6N_5$. Schmelzp. 193°. Leicht löslich in Alkohol, schwer löslich in Chloroform, Äther, Petroläther, unlöslich in Wasser. Wird durch n-NaOH bei 37° sehr rasch gespalten.

dl-β-Chlorbutyryl-diglycyl-glycin [2].

$C_{10}H_{16}O_5N_3Cl$

Darstellung: Kuppeln von Diglycyl-glycin mit β-Chlorbutyrylchlorid, von öliger Trübung abfiltrieren, ansäuern. Fällt beim Stehen aus.
Physikalische und chemische Eigenschaften: Krystallisiert in büschelförmig zusammengelagerten Nadeln. Schmelzp. 195°. Leicht löslich in Methylalkohol und heißem Äthylalkohol, schwer löslich in Äther und kaltem Wasser.

dl-β-Aminobutyryl-diglycyl-glycin [2].

$NH_2 \cdot CH \cdot CH_2 \cdot CO \cdot (NH \cdot CH_2 \cdot CO)_2 \cdot NH \cdot CH_2 \cdot COOH \quad C_{10}H_{18}O_5N_4$
$\quad\quad\; |$
$\quad\;\; CH_3$

Darstellung: Aminieren des Chlorkörpers, eindampfen zur Trockene, in wenig Wasser lösen, mit viel Alkohol fällen. Ausbeute nur 25%.
Physikalische und chemische Eigenschaften: Weißes Pulver. Schmilzt bei 230° unter Zersetzung. Wird von n-NaOH bei 37° gespalten.
Physiologische Eigenschaften: Wird weder von Erepsin noch von Trypsin-Kinase gespalten.

dl-α-Bromvaleryl-diglycyl-glycin [3].

$C_{11}H_{18}O_5N_3Br$

Darstellung: Aus der nach dem Kuppeln der Komponenten beim Ansäuern entstehenden weißen Emulsion krystallisiert das Kuppelungsprodukt bald spontan in dicht verfilzten Krystallen aus.

---

[1] Emil Abderhalden u. Vlassios Vlassopoulos: Fermentforschg **10**, 365 (1929).
[2] Emil Abderhalden u. Richard Fleischmann: Fermentforschg **10**, 195 (1928).
[3] Emil Abderhalden u. Walter Zeisset: Fermentforschg **11**, 183 (1930).

Physikalische und chemische Eigenschaften: Krystallisiert aus Wasser in mikroskopischen Krystalldrusen, die aus dicht verfilzten, feinen Nadeln gebildet werden. Schmelzp. 181° unter langsamer Zersetzung. Wird durch n-NaOH bei 37° gespalten.

Physiologische Eigenschaften: Wird durch Trypsin-Kinase nicht gespalten, dagegen wohl — bei p_H 7,2 — durch ein aus Trypsin-Kinase durch Adsorption an Tonerde bei p_H 4,7 gewonnenes Ferment.

dl-Norvalyl-diglycyl-glycin [1].

$$NH_2 \cdot CH \cdot CO \cdot NH \cdot CH_2 \cdot CO \cdot NH \cdot CH_2 \cdot CO \cdot NH \cdot CH_2 \cdot COOH \quad C_{11}H_{20}O_5N_4$$
$$|$$
$$CH_2 \cdot CH_2 \cdot CH_3$$

Darstellung: Durch 5tägiges Aminieren von dl-α-Bromvaleryl-diglycyl-glycin und Behandeln mit Silbersulfat und Baryt.

Physikalische und chemische Eigenschaften: Fällt aus Wasser + Alkohol in kugeligen Gebilden von krystalliner Natur. Bei 197° Bräunung, Schmelzp. 203—205° unter Zersetzung. Wird durch n-NaOH bei 37° gespalten.

Physiologische Eigenschaften: Wird durch Erepsin gespalten. Das optimale p_H ist für kurze Einwirkungszeiten (5 Stunden) 7,8, für längere Einwirkungszeiten (24 Stunden) 8,1. Trypsin-Kinase greift manchmal nicht an. Das optimale Spaltungs-p_H ist hier 7,2.

dl-α-Bromisovaleryl-diglycyl-glycin.

Physikalische und chemische Eigenschaften: Wird durch n-NaOH bei 37° gespalten [2].
Physiologische Eigenschaften: Wird durch Trypsin-Kinase nur schwach gespalten [3].

dl-Valyl-diglycyl-glycin [2].

Physikalische und chemische Eigenschaften: Wird durch n-NaOH bei 37° gespalten.
Physiologische Eigenschaften: Wird durch Erepsin gespalten, durch Trypsin-Kinase praktisch nicht.

dl-α-Bromisocapronyl-diglycyl-glycin.

Physikalische und chemische Eigenschaften: Während das gewöhnliche, aus Wasser umkrystallisierte Produkt bei 165° (unkorr.) schmilzt, schmilzt die chlorierbare, aus Alkohol umkrystallisierte Verbindung bei sehr raschem Erhitzen schon bei 150° unter Aufschäumen, wird bei weiterem Erhitzen fest und schmilzt dann wieder bei 165°. Diese Verbindung enthält auf 2 Moleküle Bromkörper 1 Molekül Alkohol, der wahrscheinlich durch Nebenvalenzen an das Carbonyl-Sauerstoffatom der Carboxylgruppe gebunden ist, wodurch am C-Atom Affinität frei wird, was die leichtere Chlorierbarkeit erklären dürfte [5].

Physiologische Eigenschaften: Wird weder von Erepsin noch von Trypsin-Kinase gespalten [4]. Wird durch Zellfermente aus Leber oder Niere nicht angegriffen [6].

Derivate: dl-α-Bromisocapronyl-triglycyl-anilin $C_{18}H_{25}O_4N_4Br$. Durch portionsweises Eintragen von 3 g Bromisocapronyl-triglycyl-chlorid in eine Lösung von 2 g Anilin in 50 ccm absolutem Äther unter kräftigem Schütteln (2 Stunden bei Zimmertemperatur), wobei sich ein voluminöser Niederschlag bildet, von dem abgesaugt wird. Waschen mit Äther, mit Wasser und mit n-NaOH. Krystallisiert aus Alkohol in kleinen, sternförmig gruppierten Nädelchen, die sich bei etwa 220° bräunen und bei 229—230° unter Zersetzung schmelzen. Löslich in Pyridin, Eisessig, heißem Alkohol, schwer löslich in Wasser, Essigester, Aceton, Toluol, Äther, Chloroform [4].

---

[1] Emil Abderhalden u. Walter Zeisset: Fermentforschg **11**, 183 (1930).
[2] Emil Abderhalden u. Walter Zeisset: Fermentforschg **10**, 544 (1929).
[3] Emil Abderhalden u. Walter Zeisset: Fermentforschg **10**, 481 (1929).
[4] Emil Abderhalden u. Hans Brockmann: Fermentforschg **10**, 330 (1929).
[5] Emil Abderhalden u. Hans Brockmann: Fermentforschg **11**, 251 (1930).
[6] Emil Abderhalden u. Oskar Herrmann: Fermentforschg **11**, 78 (1929).

dl-Leucyl-diglycyl-glycin[1].

Derivate: N-Methyl-dl-leucyl-diglycyl-glycin $C_{13}H_{24}O_5N_4$. Einwirkung von 25proz. Methylaminlösung auf Bromisocapronyl-diglycyl-glycin (3 Tage bei 37°). Sirupösen Eindampfrückstand wiederholt mit Wasser aufnehmen und eindampfen und schließlich in Alkohol lösen, woraus es sich in mikroskopisch kleinen Nädelchen ausscheidet. Lösen in Wasser, fällen mit Alkohol. Schmelzp. 238° (korr.) unter Zersetzung. Reaktion gegen Lackmus sauer. Biuretreaktion rot. Leicht löslich in Wasser, unlöslich in Alkohol, Aceton, Äther, Chloroform. Wird weder von Erepsin noch von Trypsin-Kinase gespalten.

dl-Leucyl-triglycyl-anilin.

$$NH_2 \cdot CH \cdot CO \cdot (NH \cdot CH_2 \cdot CO)_2 \cdot NH \cdot CH_2 \cdot CO \cdot NH \cdot C_6H_5 \quad C_{18}H_{27}O_4N_5$$
$$| \atop C_4H_9$$

Durch 5stündiges Erwärmen von Bromisocapronyl-triglycyl-anilin mit einer gesättigten Lösung von Ammoniak in gleichen Teilen Pyridin und Methylalkohol bei 70°. Lösung mehrmals mit Wasser abdampfen, von unverändertem Ausgangsprodukt abfiltrieren, Bromammon mit Silbersulfat und Baryt entfernen, von amorphen Flocken, die bei 202—203° korr. schmelzen, alkalisch reagieren und positive Ninhydrin- und Biuretreaktion zeigen, abfiltrieren, Filtrat eindampfen, wobei eine amorphe, spröde, etwas hygroskopische Masse zurückbleibt. Löslich in Wasser und heißem Alkohol. Reaktion alkalisch. Ninhydrin- und Biuretreaktion positiv. Schmilzt nach vorhergehendem Erweichen gegen 160° (korr.) unter Aufschäumen. Mit Pikrinsäure bildet sich ein öliges Pikrat, über das die Substanz gereinigt werden kann. Wird durch Erepsin gespalten, durch Trypsin-Kinase nicht.

dl-α-Bromisocapronyl-diglycyl-l-leucin[2].

Darstellung: Fällt nach dem Kuppeln der Komponenten beim Ansäuern sofort aus.
Physikalische und chemische Eigenschaften: Schmelzp. 84°. Leicht löslich in Alkohol, Äther, Aceton, Chloroform, sehr schwer löslich in heißem Wasser, unlöslich in Petroläther.

dl-Leucyl-diglycyl-l-leucin[2].

$C_{16}H_{30}O_5N_4$

Darstellung: Aminieren des Bromkörpers, behandeln mit Silbersulfat und Baryt.
Physikalische und chemische Eigenschaften: In sirupösem, unreinen Zustand löslich in Alkohol, sonst unlöslich in Alkohol.
Physiologische Eigenschaften: Wird sowohl durch Trypsin-Kinase als auch durch Trypsin allein, ferner durch Erepsin gespalten. Über die Spaltung durch Erepsin bei verschiedenem p_H. Optimales p_H 8,4.

dl-α-Bromisocapronyl-glycyl-l-leucyl-glycin[2].

Darstellung: Fällt nach dem Kuppeln der Komponenten beim Ansäuern aus.
Physikalische und chemische Eigenschaften: Krystallisiert aus Chloroform in Nädelchen, die bei 180° schmelzen. Leicht löslich in Äther, Alkohol, Chloroform, Essigester, sehr schwer löslich in heißem Wasser.

dl-Leucyl-glycyl-l-leucyl-glycin[2].

$C_{16}H_{30}O_5N_4$

Darstellung: Aminieren des Bromkörpers, Entfernen des Bromammons mit Wasser.
Physikalische und chemische Eigenschaften: Schmelzp. 256°. Kaum löslich in kaltem Wasser.
Physiologische Eigenschaften: Wird durch Erepsin erheblich und durch Trypsin-Kinase mäßig gespalten.

---

[1] Emil Abderhalden u. Hans Brockmann: Fermentforschg **10**, 330 (1929).
[2] Emil Abderhalden u. Ernst Schwab: Fermentforschg **10**, 179 (1928).

dl-Leucyl-glycyl-dl-leucyl-glycin[1].

Physiologische Eigenschaften: Die Spaltung durch Erepsin erfolgt zwischen p_H 9,3 und 7,1 ziemlich gleichmäßig ohne ausgesprochenes Optimum.

dl-α-Bromisocapronyl-dl-alanyl-dl-valyl-glycin[2].

$C_{16}H_{28}O_5N_3Br$

Darstellung: Fällt nach dem Kuppeln der Komponenten beim Ansäuern aus.
Physikalische und chemische Eigenschaften: Krystallisiert aus verdünntem Alkohol oder Essigester in weißen Nadeln vom Schmelzp. 206°.

dl-Leucyl-dl-alanyl-dl-valyl-glycin[2].

$$NH_2 \cdot \underset{\underset{C_4H_9}{|}}{CH} \cdot CO \cdot NH \cdot \underset{\underset{CH_3}{|}}{CH} \cdot CO \cdot NH \cdot \underset{\underset{C_3H_7}{|}}{CH} \cdot CO \cdot NH \cdot CH_2 \cdot COOH \qquad C_{16}H_{30}O_5N_4$$

Darstellung: Man aminiert den Bromkörper 45 Minuten bei 100°, dampft ein und zieht mit absolutem Alkohol heiß aus. Aus der alkoholischen Lösung fällt das Peptid als voluminöser Niederschlag aus.
Physikalische und chemische Eigenschaften: Mikroskopische Nadeln, die bei 250—256° unscharf unter Zersetzung schmelzen. Wird durch Hypobromit zu Isovaleronitril und einem gelben, nicht krystallisierenden Öl, wahrscheinlich **5-Methyl-1, 5-dehydrohydantoin-3-isovaleryl-glycin,** abgebaut. Bei der Verseifung mit n-Salzsäure liefert letztere Verbindung Brenztraubensäure, Valin, Glykokoll, Kohlensäure und Ammoniak.

dl-α-Bromisocapronyl-dl-leucyl-glycyl-glycin.

Physikalische und chemische Eigenschaften: Wird durch n-NaOH bei 37° gespalten[3].
Physiologische Eigenschaften: Wird von Trypsin-Kinase gespalten[4].

Di-(dl-leucyl)-glycyl-glycin.

Physiologische Eigenschaften: Wird durch Erepsin erheblich gespalten, Trypsin-Kinase spaltet nicht[5]. Über die Einwirkung verschiedener Erepsinpräparate bei verschiedenem p_H[1].

dl-β-Phenyl-α-brompropionyl-diglycyl-glycin[6].

$C_{15}H_{18}O_5N_3Br$

Darstellung: Kuppeln von Diglycyl-glycin mit β-Phenyl-α-brompropionylchlorid bei Zimmertemperatur und Gegenwart von Natriumbicarbonat. Kuppelungsprodukt fällt beim Übersäuern krystallin aus.
Physikalische und chemische Eigenschaften: Schmelzp. 278—279° unter Zersetzung. Sehr leicht löslich in Methylalkohol, Äthylalkohol, heißem Wasser, schwer löslich in Äther, unlöslich in Petroläther, Benzol, Chloroform.

dl-Phenylalanyl-diglycyl-glycin[6].

$$NH_2 \cdot \underset{\underset{CH_2 \cdot C_6H_5}{|}}{CH} \cdot CO \cdot (NH \cdot CH_2 \cdot CO)_2 \cdot NH \cdot CH_2 \cdot COOH \qquad C_{15}H_{20}O_5N_4$$

Darstellung: Aminieren des Bromkörpers, Entfernen des Bromammons mit Alkohol oder mit Silbersulfat und Baryt.

---

[1] Emil Abderhalden u. Adolf Schmitz: Fermentforschg **11**, 104 (1929).
[2] Stefan Goldschmidt u. Kossy Strauß: Liebigs Ann. **471**, 1 (1929).
[3] Emil Abderhalden, L. Dinerstein u. S. Genes: Fermentforschg **10**, 532 (1929).
[4] Emil Abderhalden u. Ernst Schwab: Fermentforschg **10**, 305 (1929).
[5] Emil Abderhalden u. Ernst Schwab: Fermentforschg **10**, 179 (1928).
[6] Emil Abderhalden u. Friedrich Schweitzer: Fermentforschg **10**, 341 (1929).

Physikalische und chemische Eigenschaften: Schmelzp. 207° unter Zersetzung. Leicht löslich in Wasser, unlöslich in Alkohol. Wird durch n-NaOH bei 37° gespalten.
Physiologische Eigenschaften: Wird von Erepsin gespalten, nicht von Trypsin-Kinase.
Derivate: Phenylisocyanatverbindung $C_{22}H_{25}O_6N_5$. Fällt nach dem Kuppeln der Komponenten beim Ansäuern als zähe, amorphe Masse aus. Umkrystallisieren aus Wasser. Schmelzpunkt 296° unter Zersetzung nach vorherigem Sintern. Sehr schwer löslich in kaltem Wasser, löslich in heißem Wasser. — Wird von Trypsin-Kinase nicht gespalten[1].

Tetrapeptid aus 1 Tyrosin, 2 Glutamin und 1 Glutaminsäure (?)[2].

Physikalische und chemische Eigenschaften: Spaltet beim Kochen mit Bariumhydroxyd $1/3$ des Gesamtstickstoffs als Ammoniak ab. Die mit Alkohol als weißes Pulver gefällte desamidierte Verbindung ist wahrscheinlich Tyrosyl-diglutamyl-glutaminsäure.
Physiologische Eigenschaften: Wird durch Hydrolasen (Trypsin, Erepsin, Pepsin, Papain) gespalten.

Tyrosyl-diglutamyl-glutaminsäure (?)[2].

Bildung: Die Verbindung bildet sich wahrscheinlich, wenn man das aus Gliadin erhaltene Tetrapeptid, das aus 1 Tyrosin, 2 Glutamin und 1 Glutaminsäure besteht, mit Bariumhydroxyd kocht, wobei unter Ammoniakabspaltung Desamidierung stattfindet.
Physikalische und chemische Eigenschaften: Leicht löslich in Wasser, unlöslich in Alkohol und Äther. Schmelzp. 180—182° unter Aufschäumen. Biuretreaktion positiv. $[\alpha]_D^{12} = -32,72°$.
Physiologische Eigenschaften: Wird von Erepsin und aktiviertem Papain gespalten, dagegen nicht von Pepsin, aktiviertem Trypsin und nicht aktiviertem Papain.
Derivate: Dibenzoylverbindung. Amorphes Pulver vom Schmelzp. 135°.
Di-(β-naphthalinsulfo)peptid. Sintert bei 98—100°, wird ölig bei 123° und schäumt bei 155°.

Pentapeptide.

Chloracetyl-triglycyl-glycin.

Physikalische und chemische Eigenschaften: Über den Spaltungsverlauf durch Einwirkung von n-NaOH bei 37°[3].
Physiologische Eigenschaften: Wird durch Trypsin-Kinase gespalten, und zwar bei p_H 7,8 erheblich stärker als bei p_H 8,4[4].

Tetraglycyl-glycin.

Physiologische Eigenschaften: Wird durch Erepsin kaum und durch Trypsin-Kinase gar nicht angegriffen[3].
Derivate: Phenylisocyanatverbindung $C_{17}H_{22}O_7N_6$. Fällt nach dem Kuppeln der Komponenten beim Ansäuern sofort aus. Krystallisiert aus heißem Wasser in kurzen, mikroskopischen Nadeln. Schwer löslich in Alkohol, leichter in heißem Eisessig. Kein Schmelzpunkt. Von 220° an allmähliche Zersetzung. Wird von n-NaOH bei 37° gespalten. Erepsin spaltet nicht, Trypsin-Kinase nur minimal[4].

Chloracetyl-d-alanyl-l-leucyl-glycyl-d-alanin[5].

Physiologische Eigenschaften: Wird von Trypsin-Kinase erheblich gespalten.

---

[1] Emil Abderhalden u. Friedrich Schweitzer: Fermentforschg **10**, 341 (1929).
[2] Ryosuke Nakashima: J. of Biochem. **7**, 441 (1927) — Chem. Zbl. **1928 II**, 776.
[3] Emil Abderhalden u. Walter Zeisset: Fermentforschg **10**, 544 (1929).
[4] Emil Abderhalden u. Walter Zeisset: Fermentforschg **10**, 481 (1929).
[5] Emil Abderhalden u. Hans Brockmann: Fermentforschg **10**, 330 (1929).

dl-β-Chlorbutyryl-triglycyl-glycin[1].

$C_{12}H_{19}O_6N_4Cl$

Darstellung: Fällt nach dem Kuppeln der Komponenten beim Ansäuern sofort fest aus.
Physikalische und chemische Eigenschaften: Schmelzpunkt nach dem Umkrystallisieren aus Wasser 227°. Leicht löslich in Methyl- und Äthylalkohol, schwerer in Chloroform, schwer in Äther und kaltem Wasser.

dl-β-Aminobutyryl-triglycyl-glycin[1].

$NH_2 \cdot CH \cdot CH_2 \cdot CO \cdot (NH \cdot CH_2 \cdot CO)_3 \cdot NH \cdot CH_2 \cdot COOH \qquad C_{12}H_{21}O_6N_5$
$\quad\quad\;\; |$
$\quad\quad CH_3$

Darstellung: Aminieren des Chlorkörpers, eindampfen zur Trockene, in wenig Wasser lösen, mit Alkohol fällen.
Physikalische und chemische Eigenschaften: Verfärbt sich von 220° an und verfärbt sich vollends bei 249°. Wird von n-NaOH bei 37° gespalten.
Physiologische Eigenschaften: Wird weder von Erepsin noch von Trypsin-Kinase angegriffen.

Di-(d-valyl-d-alanyl)-l-cystin[1].

Derivate: Phenylisocyanatverbindung $C_{36}H_{50}O_{10}N_8S_2$. Fällt nach dem Kuppeln des Pentapeptids mit Phenylisocyanat beim Ansäuern sofort aus. Schwer löslich in Wasser, leicht löslich in Alkohol. Von 175° an allmähliche Zersetzung. Wird von n-Alkali bei 37° gespalten. Erepsin greift nicht an, Trypsin-Kinase spaltet.

dl-α-Bromisocapronyl-triglycyl-decarboxy-glycin,
dl-α-Bromisocapronyl-triglycyl-methylamin[2].

$Br—CH \cdot CO \cdot (NH \cdot CH_2 \cdot CO)_3 \cdot NH \cdot CH_3 \qquad C_{13}H_{23}O_4N_4Br$
$\quad\;\; |$
$\;\; C_4H_9$

Darstellung: Durch Chlorieren von aus Alkohol umkrystallisiertem dl-α-Bromisocapronyl-diglycyl-glycin und portionsweises Eintragen des Chlorids in eine ätherische Methylaminlösung unter Schütteln. Ausfallenden flockigen Niederschlag mit Äther und Wasser waschen.
Physikalische und chemische Eigenschaften: Krystallisiert aus Alkohol + Wasser in mikroskopisch kleinen Nädelchen, die bei 232—233° (korr.) schmelzen. Schwer löslich in Wasser, Essigester, Chloroform, Äther, löslich in heißem Alkohol, warmem Pyridin und warmem Eisessig, spielend löslich in wasserfreiem Methylamin.

dl-Leucyl-triglycyl-decarboxy-glycin, dl-Leucyl-triglycyl-methylamin[2].

Derivate: N-Methyl-dl-leucyl-triglycyl-methylamin

$CH_3 \cdot NH \cdot CH \cdot CO \cdot (NH \cdot CH_2 \cdot CO)_3 \cdot NH \cdot CH_3 \qquad C_{14}H_{27}O_4N_5$
$\quad\quad\quad\quad\;\; |$
$\quad\quad\quad\;\; C_4H_9$

Durch 3tägige Einwirkung von wasserfreiem Methylamin auf dl-α-Bromisocapronyl-triglycyl-methylamin im Einschmelzrohr bei Zimmertemperatur. Entfernen des bromwasserstoffsauren Methylamins mit Silbersulfat und Baryt. Weiße, amorphe, leicht pulverisierbare Masse, die bei 197—200° unter Braunfärbung schmilzt. Leicht löslich in Wasser mit alkalischer Reaktion, löslich in warmem Pyridin, unlöslich in Aceton, Äther, Petroläther, Toluol, Chloroform. Wird durch n-NaOH bei 37° gespalten. Durch fermentative Einwirkungen, wie durch Trypsin-Kinase, Erepsin, Hefemacerationssaft und Hundemagensaft wird es praktisch nicht angegriffen.

---

[1] Emil Abderhalden u. Richard Fleischmann: Fermentforschg **10**, 195 (1928).
[2] Emil Abderhalden u. Hans Brockmann: Fermentforschg **11**, 251 (1930).

dl-α-Bromisocapronyl-triglycyl-dl-leucin [1].

Physiologische Eigenschaften: Wird von Trypsin-Kinase kaum angegriffen.

dl-Leucyl-triglycyl-dl-leucin [1].

Physiologische Eigenschaften: Wird von Trypsin-Kinase kaum angegriffen.

l-Leucyl-glycyl-l-leucyl-glycyl-l-leucin [2].

Physiologische Eigenschaften: Wird sowohl von Trypsin-Kinase als, wenn auch schwächer, von Erepsin gespalten.

l-α-Bromisocapronyl-glycyl-l-leucyl-glycyl-d-leucin [3].

$C_{22}H_{39}O_6N_4Br$

Darstellung: Kuppeln von Glycyl-l-leucyl-glycyl-d-leucin mit l-α-Bromisocapronylchlorid, und ansäuern, wobei ölig ausfallendes Reaktionsprodukt bald erstarrt.
Physikalische und chemische Eigenschaften: Schmelzp. 101°. Leicht löslich in Alkohol, schwer in Äther und Chloroform, unlöslich in Wasser und Petroläther. $[\alpha]_{20}^D$ in absolutem Alkohol $= -21,4°$.

d-Leucyl-glycyl-l-leucyl-glycyl-d-leucin [3].

$NH_2 \cdot CH \cdot CO \cdot NH \cdot CH_2 \cdot CO \cdot NH \cdot CH \cdot CO \cdot NH \cdot CH_2 \cdot CO \cdot NH \cdot CO \cdot COOH \quad C_{22}H_{41}O_6N_5$
$\quad \ \ |\qquad\qquad\qquad\qquad\qquad\qquad\quad\ |\qquad\qquad\qquad\qquad\qquad\qquad\ |$
$\quad C_4H_9 \qquad\qquad\qquad\qquad\qquad\qquad C_4H_9 \qquad\qquad\qquad\qquad\qquad\qquad C_4H_9$

Darstellung: 4 tägiges Aminieren von l-α-Bromisocapronyl-glycyl-l-leucyl-glycyl-d-leucin, behandeln mit Silbersulfat und Baryt.
Physikalische und chemische Eigenschaften: Amorphe Masse, die bei 160° unter Aufschäumen schmilzt. $[\alpha]_{20}^D$ in 10 proz. wässerigem Ammoniak $= -12°$.
Physiologische Eigenschaften: Wird durch Trypsin-Kinase gespalten, nicht durch Erepsin.

d-α-Bromisocapronyl-glycyl-d-leucyl-glycyl-l-leucin [3].

$C_{22}H_{39}O_6N_4Br$

Darstellung: Durch Kuppeln von Glycyl-d-leucyl-glycyl-l-leucin mit d-α-Bromisocapronylchlorid.
Physikalische und chemische Eigenschaften: $[\alpha]_{20}^D$ in absolutem Alkohol $= -20,8°$. Schmelzp. 105°.

l-Leucyl-glycyl-d-leucyl-glycyl-l-leucin [3].

$C_{22}H_{41}O_6N_5$

Darstellung: Aminieren von d-α-Bromisocapronyl-glycyl-d-leucyl-glycyl-l-leucin, behandeln mit Silbersulfat und Baryt.
Physikalische und chemische Eigenschaften: Schmelzp. 180° unter Aufschäumen. $[\alpha]_{20}^D$ in 10 proz. wässerigen Ammoniak $= +17°$.
Physiologische Eigenschaften: Wird durch Trypsin-Kinase gespalten, Erepsin spaltet nicht.

dl-Leucyl-glycyl-dl-leucyl-glycyl-dl-leucin [4].

Physiologische Eigenschaften: Über die Spaltung durch Erepsin bei verschiedenem p_H. Ausgesprochenes Optimum bei p_H 7,1.

---
[1] Emil Abderhalden u. Ernst Schwab: Fermentforschg 10, 305 (1929).
[2] Emil Abderhalden u. Ernst Schwab: Fermentforschg 10, 179 (1928).
[3] Emil Abderhalden u. Hugo Mayer: Fermentforschg 11, 143 (1930).
[4] Emil Abderhalden u. Adolf Schmitz: Fermentforschg 11, 104 (1929).

Di-(l-leucyl-glycyl)-l-cystin [1].

Derivate: Di-phenylisocyanatverbindung $C_{36}H_{50}O_{10}N_8S_2$. Fällt nach dem Kuppeln der Komponenten beim Ansäuern aus. Leicht löslich in Alkohol, schwer in Wasser. Von 190° ab Zersetzung. Wird von n-NaOH bei 37° weitgehend gespalten. Erepsin greift nicht an, Trypsin-Kinase spaltet.

dl-β-Phenyl-α-brompropionyl-triglycyl-dl-phenylalanin [2].

$$C_{24}H_{27}O_6N_4Br$$

Darstellung: Kuppeln von Triglycyl-dl-phenylalanin mit β-Phenyl-α-brompropionylchlorid bei Zimmertemperatur und Gegenwart von Natriumbicarbonat. Fällt nach dem Ansäuern ölig aus und wird beim Verreiben mit Petroläther fest.
Physikalische und chemische Eigenschaften: Schmelzpunkt unter Zersetzung 187°. Leicht löslich in Methylalkohol, löslich in Wasser und Äthylalkohol, schwer löslich in Äther, unlöslich in Chloroform, Petroläther, Ligroin.

dl-Phenylalanyl-triglycyl-dl-phenylalanin [2].

$$\mathrm{NH_2 \cdot CH \cdot CO \cdot (NH \cdot CH_2 \cdot CO)_3 \cdot NH \cdot CH \cdot COOH} \quad C_{24}H_{29}O_6N_5$$
$$\mathrm{\quad\quad\; | \quad\quad\quad\quad\quad\quad\quad\quad\quad\quad\quad\quad\quad\quad\quad | }$$
$$\mathrm{CH_2 \cdot C_6H_5 \quad\quad\quad\quad\quad\quad\quad\quad CH_2 \cdot C_6H_5}$$

Darstellung: Aminieren des Bromkörpers, Entfernen des Bromammons mit Silbersulfat und Baryt.
Physikalische und chemische Eigenschaften: Amorphe, leicht pulverisierbare Masse, leicht löslich in Wasser, kaum löslich in Alkohol. Wird durch n-NaOH bei 37° gespalten.
Physiologische Eigenschaften: Wird sowohl von Erepsin als von Trypsin-Kinase gespalten.

Hexapeptide und höhere Polypeptide.

Chloracetyl-tetraglycyl-glycin [3].

Physiologische Eigenschaften: Wird von Trypsin-Kinase bei p_H 8,4 schwach gespalten.

Pentaglycyl-glycin [4].

Physiologische Eigenschaften: Wird von Trypsin-Kinase nicht, von Erepsin praktisch auch nicht angegriffen.

l-Leucyl-tetraglycyl-glycin [5].

Physiologische Eigenschaften: Wird sowohl von Erepsin als von Trypsin-Kinase gespalten, kinasefreies Trypsin spaltet dagegen nicht.

d-α-Bromisocapronyl-glycyl-d-alanyl-l-leucyl-glycyl-d-alanin [6].

$$\mathrm{Br \cdot CH \cdot CO \cdot NH \cdot CH_2 \cdot CO \cdot NH \cdot CH \cdot CO \cdot NH \cdot CH \cdot CO \cdot NH \cdot CH_2 \cdot CO \cdot NH \cdot CH \cdot COOH} \quad C_{22}H_{38}O_7N_5Br$$
$$\mathrm{\;\;|\quad\quad\quad\quad\quad\quad\quad\quad\quad | \quad\quad\quad\quad | \quad\quad\quad\quad\quad\quad\quad\quad\quad | }$$
$$\mathrm{C_4H_9 \quad\quad\quad\quad\quad CH_3 \quad\quad C_4H_9 \quad\quad\quad\quad\quad\quad CH_3}$$

Darstellung: Kuppeln des Pentapeptids mit d-α-Bromisocapronylchlorid. Kuppelungsprodukt fällt nach dem Ansäuern als gelbes Öl aus, das nach dem Waschen mit Wasser im Vakuumexsiccator zu einer amorphen, spröden Masse erstarrt.

---

[1] Emil Abderhalden u. Richard Fleischmann: Fermentforschg **10**, 195 (1928).
[2] Emil Abderhalden u. Friedrich Schweitzer: Fermentforschg **10**, 341 (1929).
[3] Emil Abderhalden u. Walter Zeisset: Fermentforschg **10**, 481 (1929).
[4] Emil Abderhalden u. Walter Zeisset: Fermentforschg **10**, 544 (1929).
[5] Emil Abderhalden u. Ernst Schwab: Fermentforschg **10**, 179 (1928).
[6] Emil Abderhalden u. Hans Brockmann: Fermentforschg **10**, 330 (1929).

dl-β-Chlorbutyryl-l-leucyl-tetraglycyl-glycin[1].

$C_{20}H_{33}O_8N_6Cl$

Darstellung: Fällt nach dem Kuppeln des Hexapeptids mit β-Chlorbutyrylchlorid beim Ansäuern sofort aus. Lösen in wenig Alkohol, fällen mit Äther.

Physikalische und chemische Eigenschaften: Weißes Pulver. Von 215° ab beginnende Zersetzung. Leicht löslich in Methyl- und Äthylalkohol, schwer löslich in Wasser und Äther.

dl-β-Aminobutyryl-l-leucyl-tetraglycyl-glycin[1].

$NH_2 \cdot \underset{\underset{CH_3}{|}}{CH} \cdot CH_2 \cdot CO \cdot NH \cdot \underset{\underset{C_4H_9}{|}}{CH} \cdot CO \cdot (NH \cdot CH_2 \cdot CO)_4 \cdot NH \cdot CH_2 \cdot COOH \quad C_{20}H_{35}O_8N_7$

Darstellung: Aminieren des Chlorkörpers, zur Trockene bringen, mit wenig Wasser aufnehmen, mit viel Alkohol fällen.

Physikalische und chemische Eigenschaften: Amorph. Von 223° an beginnende Zersetzung. Wird von n-NaOH verhältnismäßig wenig gespalten.

Physiologische Eigenschaften: Wird von Trypsin-Kinase gespalten, von Erepsin nicht.

l-Leucyl-pentaglycyl-glycin[2].

Physiologische Eigenschaften: Wird von Erepsin gespalten, von Trypsin-Kinase nicht.

l-Leucyl-pentaglycyl-l-tryptophan[3]

$NH_2 \cdot CH \cdot CO \cdot (NH \cdot CH_2 \cdot CO)_5 \cdot NH \cdot CH \cdot COOH \quad C_{27}H_{38}O_8N_8$

Darstellung: 1,15 g l-Tryptophan in 13 ccm Wasser und 5,5 ccm n-NaOH lösen, unter Kühlung mit 2,9 g fein gepulvertem d-α-Bromisocapronyl-tetraglycyl-glycylchlorid portionsweise im Laufe 1 Stunde kuppeln, zwischendurch mit 2,5 ccm n-NaOH und 15 ccm Wasser versetzen, filtrieren, mit 7 ccm n-HCl versetzen, nach 12 Stunden das ausgeschiedene Gemisch von d-α-Bromisocapronyl-pentaglycyl-tryptophan und unverändertem d-Bromisocapronyltetraglycyl- glycin abfiltrieren, über Phosphorpentoxyd gut trocknen, fein pulvern (2,5 g) 6 Tage mit etwa 10 ccm flüssigem Ammoniak bei Zimmertemperatur behandeln (Lösung bereits nach 12 Stunden), Ammoniak vorsichtig absieden lassen, Hauptmenge des Bromammons mit warmem absoluten Alkohol herauslösen, Rückstand mit 10 ccm 5 volumproz. Schwefelsäure aufnehmen, evtl. filtrieren, mit 3 g Quecksilbersulfat in 30 ccm 5 volumproz. Schwefelsäure fällen, hellgelbe Quecksilberverbindung abfiltrieren (0,45 g), mit Alkohol und Äther waschen, in 4 ccm n-Schwefelsäure suspendieren, auf 35° erwärmen, mit Schwefelwasserstoff behandeln, filtrieren, Schwefelsäure des Filtrats mit Baryt ausfällen, im Vakuum zur Trockene verdampfen.

Physikalische und chemische Eigenschaften: Schwach grau gefärbtes, nicht krystallisiert zu erhaltendes Pulver. Leicht löslich in Wasser, löslich in verdünntem Alkohol, Methylalkohol, Eisessig, unlöslich in absolutem Alkohol und anderen organischen Solventien. Fällbar mit Quecksilbersulfat, Phosphorwolframsäure und Ammonsulfat. Reaktion gegen Lackmus neutral. Ninhydrinreaktion negativ. Nach Zusatz einer Spur einer Aminosäure jedoch stärkere Fär-

---
[1] Emil Abderhalden u. Richard Fleischmann: Fermentforschg **10**, 195 (1928).
[2] Emil Abderhalden u. Ernst Schwab: Fermentforschg **10**, 179 (1928).
[3] Emil Abderhalden u. Hans Sickel: Fermentforschg **10**, 91 (1928).

Physikalische und chemische Eigenschaften: Krystallisiert aus Alkohol + Äther in feinen, büschelig vereinigten Nadeln, die wiederum aus Alkohol in feinen Nadeln vom Schmelzpunkt 206—207° krystallisieren. $[\alpha]_D^{20}$ in Äthylalkohol = —9,95°.

Physiologische Eigenschaften: Wird von Trypsin-Kinase gespalten, Erepsin spaltet nicht.

bung als Aminosäurezusatz ohne das Heptapeptid. Biuretreaktion stark rosafarben. Bromreaktion negativ. Aldehydreaktion nach Komm stark positiv. Wird bei 135° unter kaum merklichem Sintern etwas voluminöser, zersetzt sich bei 175° unter starkem Schäumen und bildet bei 215° eine dunkle Flüssigkeit. $[\alpha]_D^{18} = +12{,}3°$ ($\pm 0{,}5°$).

Physiologische Eigenschaften: Wird sowohl von Erepsin als auch von Trypsin-Kinase gespalten. Ein prinzipieller Unterschied liegt jedoch darin, daß Trypsin-Kinase das Heptapeptid unter Abspaltung von Tryptophan (Bromreaktion) abbaut, während beim Abbau durch Erepsin kein Tryptophan in Freiheit gesetzt wird.

dl-α-Bromisocapronyl-hexaglycyl-glycin[1].

Physiologische Eigenschaften: Wird weder von Trypsin-Kinase noch von Erepsin gespalten.

Leucyl-oktaglycyl-glycin[2].

Physikalische und chemische Eigenschaften: Die sog. Dissoziationskonstante $m_s = -\log k$ ist 8,13.

l-Leucyl-triglycyl-l-leucyl-triglycyl-l-leucyl-pentaglycyl-glycin[3].

Physiologische Eigenschaften: Wird von Erepsin gespalten, von Trypsin-Kinase nicht.

l-Leucyl-triglycyl-l-leucyl-triglycyl-l-leucyl-triglycyl-l-leucyl-pentaglycyl-glycin[3].

Physiologische Eigenschaften: Wird von Erepsin gespalten, von Trypsin-Kinase nicht.

---

[1] Emil Abderhalden u. Hans Brockmann: Fermentforschg **10**, 330 (1929).
[2] J. Tillmanns, P. Hirsch u. F. Stracke: Biochem. Z. **199**, 399 (1928) — Chem. Zbl. **1929 I**, 1353.
[3] Emil Abderhalden u. Ernst Schwab: Fermentforschg **10**, 179 (1928).

Diketopiperazine.

Von

Ernst Roßner-Premnitz a. d. Havel.

2, 5-Diketopiperazine, 2, 5-Dioxopiperazine.

Allgemeines.

Die Bezeichnungen Dioxopiperazine bzw. Diketopiperazine sind strenggenommen nur für jene Formen der Aminosäureanhydride vom Piperazintypus zutreffend, welche zwei unversehrte Carbonylgruppen enthalten, jedoch haben sich der Kürze wegen diese Namen als gemeinsame Sammelbegriffe für die echten Dioxopiperazine und ihre desmotropen Formen allgemein eingebürgert[1].

Auch die von Abderhalden und Mitarbeitern bei der partiellen Hydrolyse von Eiweißstoffen vielfach erhaltenen aus mehr als 2 Aminosäuren bestehenden Anhydride zählen selbstverständlich nicht mehr zu den Dioxopiperazinen. Da jedoch die Begriffe Dioxopiperazine und Aminosäure- bzw. Peptidanhydride eng miteinander verbunden werden, da sie ja in der überwiegenden Mehrzahl aller Fälle identische Begriffe darstellen, seien sie der Vollständigkeit halber mit angeführt.

Als Anhang sind auch einige von Bergmann und Mitarbeitern im genetischen Zusammenhang mit den Dioxopiperazinen erhaltene Trioxopiperazine aufgeführt.

Da ferner auch die Piperazine selbst als Reduktionsprodukt der Dioxopiperazine — sei es nun der freien oder der im Eiweißkomplex gebundenen Verbindungen — vielfach zum Gegenstand biochemischer Forschungen geworden sind, sind sie im Anhang kurz so weit behandelt, als es im Zusammenhang mit den Dioxopiperazinen bzw. Aminosäuren für wichtig erschien.

Bildung: Aus den meisten Dipeptiden (ausgenommen z. B. Valyl-leucin) durch Erhitzen mit Wasser, verdünnter Salzsäure oder Schwefelsäure zwischen 80 und 240°[2]. Beim Erhitzen von Aminosäuren bzw. eines Aminosäuregemisches mit Glycerin[3], jedoch nicht mit Wasser[4]. Durch kurzes Sieden von Eiweißkörpern bzw. Peptiden mit Phenol[5]. Beim Erhitzen von Eiweißkörpern mit Glycerin[6] oder auch mit Alkohol unter Druck[7], überhaupt bei der partiellen Hydrolyse der verschiedensten Proteine[8]. Diketopiperazine bilden sich nach Blanchetière auch in geringer Menge bei der fermentativen Hydrolyse von Eiweißstoffen[9].

Ferner bilden sie sich hier und da aus den Malonacidsäuren durch Eindampfen mit Salzsäure[10].

Darstellung: Durch Erhitzen von Dipeptiden mit Diphenylamin, Anilin, Glycerin u. ä. Stoffen[8]. Beim Erhitzen von Tripeptiden mit Glycerin oder bei der Einwirkung von methylalkoholischem Ammoniak auf Tripeptidmethylester erhält man substituierte Dioxopiperazine mit Aminosäuren als Seitenkette[8, 11].

---

[1] Max Bergmann u. Arthur Miekeley: Liebigs Ann. **458**, 40 (1927).
[2] Emil Abderhalden u. Ernst Komm: Hoppe-Seylers Z. **139**, 147 (1924).
[3] Emil Abderhalden u. Ernst Schwab: Hoppe-Seylers Z. **149**, 298 (1925).
[4] Emil Abderhalden u. Ernst Komm: Hoppe-Seylers Z. **134**, 121 (1924).
[5] R. O. Herzog u. E. Krahn: Hoppe-Seylers Z. **134**, 290 (1924).
[6] Kaito Shibata: Acta phytochim. (Tokyo) **2**, 39 (1925).
[7] Ch. Gränacher: Helvet. chim. Acta **8**, 784 (1925).
[8] Emil Abderhalden u. Mitarbeiter a. a. O.
[9] Blanchetière: C. r. Acad. Sci. Paris **184**, 405 (1927) — Chem. Zbl. **1927 I**, 2083.
[10] Theodor Curtius u. Wilhelm Sieber: Ber. dtsch. chem. Ges. **55**, 1543 (1922).
[11] Vgl. jedoch Max Bergmann, Vincent du Vigneaud u. Leonidas Zervas: Ber. dtsch. chem. Ges. **62**, 1909 (1929).

Nachweis und Bestimmung: Mit Ausnahme von l-Leucyl-d-leucinanhydrid geben alle untersuchten Diketopiperazine mit Pikrinsäure und Soda eine rotbraune[1, 2] und beim Erwärmen mit Dinitrobenzol eine rötliche Färbung[2]. Bei in Wasser unlöslichen Produkten wird die Reaktion in alkoholischer Lösung ausgeführt, wobei man statt Soda zweckmäßig Natriumalkoholat verwendet[2]. Glucosamin gibt jedoch auch positive Reaktion[2]. Besonders gut eignet sich auch m-Dinitrobenzoesäure (1:3:5), die in wässerig alkalischer Lösung eine intensiv rote Färbung gibt. Von den untersuchten zahlreichen Aminosäuren und Polypeptiden gaben Cystin, Cystein und Diglycyl-cystin auch positive Reaktion[3]. Gut eignet sich auch m-Dinitrostilben (2:4), das mit Diketopiperazinen ausnahmslos eine rotbraune Färbung gibt, wenn man in alkoholischer Lösung unter Zusatz von wenig Natriumalkoholat arbeitet, während Aminosäuren und Polypeptide ausnahmslos negative Reaktion zeigen[3].

Die N-N'-substituierten Diketopiperazine geben positive Reaktion und die O-O'-substituierten negative Reaktion[3].

Bestimmung und Trennung von Dioxopiperazinen in Gegenwart von Aminosäuren und Peptiden: Man löst eine abgewogene Menge Substanz (als etwa 0,14 g N entspricht) in einem 150 ccm Meßkolben in 30—40 ccm Wasser, gibt etwa 1,5 g Baryt und Phenolphthalein hinzu, leitet Kohlendioxyd bis zur schwachen Rosafärbung (nicht vollständigen Entfärbung) in der Kälte ein, erwärmt auf Zimmertemperatur, füllt mit Aceton bis zur Marke auf und kjeldahlisiert einen aliquoten Teil des Filtrats, das die Dioxopiperazine enthält, während sich die Peptide bzw. Aminosäuren im Niederschlag befinden. Man muß rasch CO_2 einleiten, damit die Aufspaltung durch Baryt noch minimal ist. Die Anhydride der Dicarbonsäuren spalten allerdings auch dann schon ziemlich erheblich auf[4].

Physikalische und chemische Eigenschaften: Die gewöhnlichen aus Monoamino-monocarbonsäuren bestehenden Diketopiperatine reagieren neutral und können mit Säuren oder Basen keine Salze bilden[5]. Sie geben mit überschüssiger Kaliumquecksilberjodidlösung (Brückes Reagens) und etwas Natronlauge versetzt einen weißen, amorphen Niederschlag, der keine einheitliche Zusammensetzung zeigt. Das Quecksilber ist darin als Mercurosalz vorhanden[5]. Unter gleichen Versuchsbedingungen werden sie durch Tierkohle etwa 5mal stärker adsorbiert als die entsprechenden Dipeptide[5].

Beim Erhitzen mit Chinolin und Tierkohle gehen manche Dioxopiperazine in stark bromaddierende Verbindungen über, die wahrscheinlich dehydrierte Anhydride darstellen[6]. Nach Abderhalden und Schwab lassen sie sich durch verschiedene Behandlungsweise (Erhitzen mit Glycerin bei Gegenwart von Aminosäuren, Erhitzen mit Anilin u. a.) teilweise in die tautomeren Formen überführen.

Die Hydrolyse verläuft stufenweise, und zwar geht die Aufspaltung zum Dipeptid schneller als die der Dipeptide zu den Aminosäuren[7], bei geringen Alkalitätsgraden stellt sie eine Gleichgewichtsreaktion dar[5]. Über die genaue Kinetik der Diketopiperazinspaltung[8]. Bei niederen Alkalikonzentrationen (etwa $n/10$) erleiden optisch aktive Diketopiperazine eine ziemlich starke Racemisierung. Bei Steigerung der Alkalikonzentration auf $n/1$ ist die Razemisierung minimal, weil da rasch Aufspaltung zu den gegen Racemisierung beständigeren Peptiden eintritt[9].

Beim Bestrahlen optisch aktiver Dioxopiperazine mit Röntgenstrahlen oder ultraviolettem Licht tritt eine Verminderung der Drehung ein, und es bilden sich nachweisbare Mengen von NH_3 und CO_2, aber nur bei Gegenwart von Sauerstoff oder Luft[5]. Die Oxydation mit Wasserstoffsuperoxyd verläuft nicht eindeutig und ist ohne besonderes Interesse[10]. Bei der Oxydation mit Zinkpermanganat wird stets Oxamid gebildet[11]. Bei der Einwirkung von HOBr in neutraler Lösung werden Dibromadditionsprodukte gebildet, und in alkalischer Lösung werden sie weitgehend abgebaut[12] unter Verbrauch von 2 Mol Hypobromit[13].

---

[1] Takaoki Sasaki: Biochem. Z. **114**, 63 (1921).
[2] Emil Abderhalden u. Ernst Komm: Hoppe-Seylers Z. **139**, 181 (1924).
[3] Emil Abderhalden u. Ernst Komm: Hoppe-Seylers Z. **140**, 99 (1924).
[4] A. Blanchetière: Bull. Soc. Chim. de France **41**, 101 (1927) — Chem. Zbl. **1927 I**, 1955.
[5] Emil Abderhalden u. Richard Haas: Hoppe-Seylers Z. **151**, 114 (1926).
[6] Emil Abderhalden u. Ernst Roßner: Hoppe-Seylers Z. **163**, 149 (1927).
[7] Max Lüdtke: Hoppe-Seylers Z. **141**, 100 (1924).
[8] Hans v. Euler u. Erik Pettersson: Hoppe-Seylers Z. **158**, 7 (1926).
[9] P. A. Levene u. M. H. Pfaltz: J. of biol. Chem. **70**, 219 (1926).
[10] Emil Abderhalden u. Ernst Komm: Hoppe-Seylers Z. **144**, 234 (1925).
[11] Emil Abderhalden u. Ernst Komm: Hoppe-Seylers Z. **143**, 128 (1925).
[12] Goldschmidt, Wiberg, Nagel u. Martin: Liebigs Ann. **456**, 1 (1927).
[13] Stefan Goldschmidt u. Christian Steigerwald: Ber. dtsch. chem. Ges. **58**, 1346 (1925).

Sie lassen sich durch Reduktion mit Natrium und Alkohol, wenn auch mit schlechter Ausbeute, in die entsprechenden Piperazine überführen[1].

Sie reagieren nicht mit Guanidin[2].

Die N-N'-substituierten Dioxopiperazine werden durch Kochen mit 5 n-NaOH vollständig aufgespalten, während die O-O'-substituierten widerstandsfähiger sind[3].

Physiologische Eigenschaften: Werden durch die im Magendarmkanal herrschenden Reaktionen (p_H 1,4; 7,8 und 8,4) nicht aufgespalten[4]. Auch ist noch nie eine Aufspaltung durch die spezifischen proteolytischen Fermente beobachtet worden[4, 5]. Der menschliche Tuberkelbacillus kann Dioxopiperazinstickstoff nicht verwerten[6].

Glycinanhydrid.

Bildung: Bei der Hydrolyse von Glycylglycin mit starker Salzsäure oder mit schwacher Salzsäure unter Druck[7]. Entsteht u. a. beim Erhitzen von Acetylglycin durch Erhitzen mit Anilin im Rohr auf 190—200°[8]. Über die Geschwindigkeit der Glycinanhydridbildung aus 9 verschiedenen Glykokollestern[9].

Physikalische und chemische Eigenschaften: Über die Absorption im Ultraviolett[10]. Molekularrefraktion und Interferometerwert[11]. Über die Kinetik der Aufspaltung zu Glycylglycin[12]. Wird durch Arginin infolge dessen starker Alkalität gespalten[13]. Bei der Oxydation mit Zinkpermanganat entsteht Oxamid[14]. Die Oxydation mit Wasserstoffperoxyd verläuft nicht eindeutig[15]. Über die Einwirkung von Ozon[16]. Reagiert rasch mit Natriumhypobromit unter Verbrauch von 2 Molekülen NaOBr, wobei die Bildung einer 4-Imidazolon-2-carbonsäure angenommen wird[17]. Nach Victor Cordier[18] gibt es dabei seinen ganzen N ab, während Glykokoll selbst nur unvollkommen reagiert. Wird durch $Na_3Fe(CN)_5NH_3$ nicht oxydiert[19].

Bei der Reduktion mit Natrium und siedendem Amylalkohol werden etwa 50% unter Ammoniakbildung völlig zersetzt, etwa 25% werden zu Aminoäthanol, $CH_2 \cdot NH_2 \cdot CH_2 \cdot OH$, und nur etwa 15% zu Piperazin reduziert. Nebenprodukte: Amylamin (aus Amylalkohol und Ammoniak) und Amylaminoäthanol, $C_5H_{11}NHCH_2CH_2OH$ (aus Amylalkohol und Aminoäthanol)[20].

Bei der Einwirkung von Formaldehyd in alkalischer Lösung auf dem Wasserbad bildet sich eine in Wasser leicht lösliche, in rhombischen Tafeln krystallisierende Verbindung, die bei 180° schmilzt, $AgNO_3$ schon in der Kälte reduziert und die angebliche Zusammensetzung $C_{11}H_{16}O_6N_4$ besitzt. Über die beiden angenommenen Konstitutionsformeln s. Original[21].

---

[1] Emil Abderhalden u. Mitarbeiter: Hoppe-Seylers Z. **132**, 238; **135**, 180; **139**, 68; **169**, 1924. — E. Hoyer: Hoppe-Seylers Z. **34**, 347 (1901/02).

[2] Emil Abderhalden u. Hans Sickel: Hoppe-Seylers Z. **173**, 51 (1928).

[3] Emil Abderhalden u. Ernst Komm: Hoppe-Seylers Z. **140**, 99 (1924).

[4] Ernst Waldschmidt-Leitz u. Anton Schäffner: Ber. dtsch. chem. Ges. **58**, 1356 (1925).

[5] Ernst Waldschmidt-Leitz, Anton Schäffner, Hans Schlatter u. Willibald Klein: Ber. dtsch. chem. Ges. **61**, 299 (1928). — F. Wessely: Hoppe-Seylers Z. **135**, 117 (1924). — Y. Uwatoko: Hoppe-Seylers Z. **139**, 76 (1924). — A. Morel u. I. Bay: C. r. Soc. Biol. Paris **96**, 289 (1927) — Chem. Zbl. **1927 I**, 2328.

[6] Paul Courmont, A. Morel u. I. Bay: C. r. Soc. Biol. Paris **96**, 543 (1927) — Chem. Zbl. **1927 I**, 3094.

[7] Iwan S. Jaitschnikow: J. russ. phys.-chem. Ges. **52**, 147 (1920) — Chem. Zbl. **1923 III**, 1554. — Percy Brigl: Ber. dtsch. chem. Ges. **56**, 1887 (1923) — Chem. Zbl. **1923 III**, 1279.

[8] H. Hugounenq G. Florence u. E. Couture: Bull. Soc. Chim. biol. Paris **6**, 672 (1924) — Chem. Zbl. **1924 II**, 2642.

[9] Emil Abderhalden u. Shigeo Suzuki: Hoppe-Seylers Z. **176**, 101 (1928).

[10] Emil Abderhalden u. Ernst Roßner: Hoppe-Seylers Z. **178**, 156 (1928).

[11] Paul Hirsch u. Rud. Kunze: Fermentforsch **6**, 30 (1922).

[12] Hans v. Euler u. Erik Petterson: Hoppe-Seylers Z. **158**, 7 (1926).

[13] Max Bergmann u. Hans Köster: Hoppe-Seylers Z. **173**, 159 (1928).

[14] Emil Abderhalden, Emil Klarmann u. Ernst Komm: Hoppe-Seylers Z. **140**, 92 (1924).

[15] Emil Abderhalden u. Ernst Komm: Hoppe-Seylers Z. **142**, 234 (1925).

[16] Emil Abderhalden u. Ernst Schwab: Hoppe-Seylers Z. **157**, 140 (1926).

[17] Stefan Goldschmidt u. Christian Steigerwald: Ber. dtsch. chem. Ges. **58**, 1346 (1925).

[18] Victor Cordier: Mh. Chem. **47**, 327 (1926) — Chem. Zbl. **1927 I**, 421.

[19] Oskar Baudisch u. David Davidsson: J. of biol. Chem. **75**, 247 (1927) — Chem. Zbl. **1928 I**, 810.

[20] M. Gawrilow: Bull. Soc. chim. France **37**, 1651 (1925).

[21] G. Powarin: J. russ. phys.-chem. Ges. **47**, 2073 (1915) — Chem. Zbl. **1925 III**, 791.

Phenole geben mit Glycinanhydrid in wässerigen Lösungen Komplexverbindungen, die durch Lösungsmittel für Phenole und durch Erwärmen zerlegt werden. o- und m-Stellung führt zu Diphenolprodukten, p-Stellung zu Monophenolprodukten. Carboxyl vergrößert die Anzahl der an Hydroxyl angelagerten Moleküle des Glycinanhydrids. Die Anwesenheit eines Carboxyls im Innern des Phenols führt zu Verbindungen, die durch Lösungsmittel nicht zerlegbar sind. Hydrochinon gibt eine labile, farblose und eine stabile, chromoisomere Form[1]. Hat kaum die Fähigkeit, Tannin oder Farbstoffe wie Malachitgrün zu adsorbieren[2]. Es gelingt nicht, Glycinanhydrid durch Rhodanammon und Essigsäureanhydrid in ein Thiohydantoinderivat überzuführen[3].

Durch Methylierung mit Dimethylsulfat bei Gegenwart von Natriumbicarbonat bildet sich Sarkosinanhydrid[4].

Physiologische Eigenschaften: Bakterien und Schimmelpilze in Glycerin-Glucose Kulturböden mit NaCl-, KH_2PO_4- und $MgSO_4$-Zusätzen entwickeln sich bei Gegenwart von Glycinanhydrid nicht weiter bzw. die Entwicklung geht nur in dem Umfange vor sich, als eine Aufspaltung der Verbindung eintritt[5].

Hemmt die nach Ehrlich zum Nachweis von Oxydationen im Organismus dienende Indophenolbildung aus p-Phenylendiamin und α-Naphthol nicht. Bei zunehmender Aufspaltung durch Säure- oder Alkaliwirkung tritt die Hemmung jedoch immer deutlicher auf[6].

Tautomere Form des Glycinanhydrids.

Wahrscheinliche Konstitution:

$$\begin{array}{c} \quad CH=\!\!=\!\!C(OH) \\ NH \qquad\qquad NH \\ \quad C(OH)=\!\!=\!\!CH \end{array}$$

Bildung und Darstellung: Durch Erhitzen von Glycinanhydrid und Tyrosin mit Glycerin auf 190—200°[7] oder durch 1stündiges Erhitzen von Glycinanhydrid mit der 4—5fachen Menge Anilin bei 205—210°[8] oder durch Erhitzen von Glycylglycin mit Diphenylamin[9] soll Glycinanhydrid teilweise in die tautomere Form übergehen.

Physikalische und chemische Eigenschaften: Als Unterscheidungsmerkmale von der gewöhnlichen Form wird die momentane Entfärbung mit Kaliumpermanganat, die kanariengelbe Färbung mit Tetranitromethan und die positive Xanthoproteinreaktion angeführt. Beim Erwärmen der wässerigen Lösung auf 90—100° wurde die gewöhnliche Form zurückerhalten[10]. Behandlung mit Ozon[11]. Die Enolform wird durch Tierkohle stärker adsorbiert wie die Ketoform[12].

Mit Diazomethan in ätherischer Suspension tritt Stickstoffentwicklung unter Bildung des Methyläthers ein[10].

Derivate: Benzoylderivat. Durch ½stündiges Erhitzen mit der 5fachen Menge Benzoesäureanhydrid. Weiße Nädelchen vom Zersetzungsp. 254°. Wahrscheinlich Monobenzoylverbindung der Enolform[8].

Dimethyläther $C_6H_{10}O_2N_2$. Rosettenförmig angeordnete Nadeln, die unter 100° schmelzen[10].

Polymeres Glycinanhydrid.

Darstellung: Beim 1—2stündigen Erhitzen von Glycinanhydrid mit der 5—10fachen Menge Glycerin auf 170° und Verdünnen mit der 10—20fachen Menge Methyl- oder Äthylalkohol scheidet sich nach Zusatz eines $Ba(OH)_2$-Kryställchens (oder eines Oxyds oder Kom-

---

[1] C. Powarin u. Tichomirow: Collegium **1924**, 158 — Chem. Zbl. **1924 II**, 907.
[2] Max Bergmann, Arthur Miekeley u. Erich Kann: Biochem. Z. **177**, 1 (1926).
[3] P. Schlack u. W. Kumpf: Hoppe-Seylers Z. **154**, 125 (1926).
[4] Emil Abderhalden u. Richard Haas: Hoppe-Seylers Z. **148**, 245 (1925).
[5] A. Morel u. I. Bay: C. r. Soc. Biol. Paris **95**, 474 (1926) — Chem. Zbl. **1926 II**, 1958.
[6] Ernst Wertheimer: Fermentforschg **8**, 497 (1926).
[7] Emil Abderhalden u. Ernst Schwab: Hoppe-Seylers Z. **149**, 100 (1925).
[8] Emil Abderhalden u. Ernst Schwab: Hoppe-Seylers Z. **153**, 83 (1926).
[9] Emil Abderhalden u. Richard Haas: Hoppe-Seylers Z. **153**, 147 (1926).
[10] Emil Abderhalden u. Ernst Schwab: Hoppe-Seylers Z. **152**, 88 (1926).
[11] Emil Abderhalden u. Ernst Schwab: Hoppe-Seylers Z. **157**, 40 (1926).
[12] Emil Abderhalden u. Ernst Schwab: Hoppe-Seylers Z. **164**, 274 (1927).

plexsalzes der Erdalkali- oder einiger anderer Metalle) und Erwärmen auf etwa 70° eine voluminöse, flockige Substanz ab, die sich nach dem Abfiltrieren und Waschen mit Alkohol und Äther in eine fein pulverige Masse umwandelt[1].

Physikalische und chemische Eigenschaften: Löst sich kolloidal in Wasser und diffundiert nicht durch eine Dialysierhülse. Gibt Carbonylreaktion[1].

Molekularverbindungen mit Glycinanhydrid.

Molekularverbindungen mit Phenolen[2]. Man läßt eine Mischung einer wässerigen Lösung von Glycinanhydrid und eines Phenols (mit und ohne verdünnte Schwefelsäure) einige Minuten sieden, wäscht den Niederschlag rasch mit kaltem Wasser und krystallisiert aus möglichst kleiner Wassermenge um. Andere Lösungsmittel wirken zersetzend, desgleichen Erwärmen auf 130—140°.

Dibrenzkatechin-glycinanhydrid $2 C_6H_6O_2 \cdot C_4H_6O_2N_2$.
Diresorcin-glycinanhydrid $2 C_6H_6O_2 \cdot C_4H_6O_2N_2$.
Monohydrochinon-glycinanhydrid $C_6H_6O_2 \cdot C_4H_6O_2N_2$. Lila gefärbte Blättchen. Die zuerst entstehenden weißen Stäbchen sind sehr unstabil.
Dipyrogallol-glycinanhydrid $2 C_6H_6O_3 \cdot C_4H_6O_2N_2$.
Protocatechusäure-diglycinanhydrid $C_7H_6O_4 \cdot 2 C_4H_6O_2N_2$. Die Verbindung mit Phenol ist unbeständig. Mit Furfurol goldgelbe Krystalle[2].
Glycinanhydrid-Dianthranilsäure $C_4H_6O_2N_2 \cdot 2 C_7H_7O_2N$. Glänzende harte, breite, luftbeständige Nadeln vom Schmelzp. 183—184°. Beim Kochen mit Alkohol Zersetzung der Molekülverbindung unter Lösung der Anthranilsäure[3].
Glycinanhydrid-Disalicylsäure $C_4H_6O_2N_2 \cdot 2 C_7H_6O_3$. Lange, breite, weiche Nadeln, die seidig glänzen, bei 189° erweichen und bei 194—195° schmelzen[3].
Glycinanhydrid-Calciumchlorid. Zu einer heißen alkoholischen Glycinanhydridsuspension wird etwas heiße alkoholische $CaCl_2$-Lösung gegeben und filtriert; aus dem Filtrat fällt die Molekülverbindung beim Erhitzen aus[4].
Glycinanhydrid-Leucylglycinanhydrid. Durch Erhitzen eines Gemisches von Glycinanhydrid und Leucylglycinanhydrid mit Anilin auf 200° entsteht zu 20% die wahrscheinliche Molekularverbindung, die aus Alkohol in Nadeln krystallisiert, die sich bei 232—233° zersetzen. Zeigt ungesättigten (?) Charakter (Permanganatentfärbung, Xanthoproteinreaktion)[5].

Glycinanhydrid, Derivate.

N-N'-Diformyl-glycinanhydrid

$$OHC-N \diagup \begin{matrix} CO-CH_2 \\ CH_2-CO \end{matrix} \diagdown N-CHO$$

Durch Einwirkung von Ameisensäure auf Glycinanhydrid bei Siedetemperatur. Krystallisiert in rosettenartigen Aggregaten. Schmelzpunkt unscharf bei 112°[6].

N'-N'-Diacetyl-glycinanhydrid

$$CH_3 \cdot CO-N \diagup \begin{matrix} CO-CH_2 \\ CH_2-CO \end{matrix} \diagdown N-CO \cdot CH_3$$

Aus Glycinanhydrid und Essigsäureanhydrid. Schmelzp. 100°. Stark positive Carbonylreaktionen mit Pikrinsäure und Dinitrobenzoesäure[7]. Wird beim Kochen mit 5 n-Alkali gespalten; nach dem Neutralisieren positive Ninhydrinreaktion[8].

---

[1] Keita Shibata: Acta phytochim. (Tokyo) **2**, 39 (1925) — Chem. Zbl. **1925 II**, 1281.
[2] G. Powarin u. P. Tichomirow: J. russ. phys.-chem. Ges. **52**, 40 (1920) — Chem. Zbl. **1923 III**, 857.
[3] Paul Pfeiffer u. Olga Angern: Hoppe-Seylers Z. **143**, 265 (1925).
[4] Karrer, Gränacher u. Schlosser: Helvet. chim. Acta **5**, 139 (1922) — Chem. Zbl. **1922 I**, 1331.
[5] Emil Abderhalden u. Ernst Schwab: Hoppe-Seylers Z. **164**, 274 (1927).
[6] Emil Abderhalden u. Walter Stix: Hoppe-Seylers Z. **132**, 238 (1924).
[7] Emil Abderhalden u. Ernst Komm: Hoppe-Seylers Z. **139**, 181 (1924).
[8] Emil Abderhalden u. Ernst Komm: Hoppe-Seylers Z. **140**, 99 (1924).

O-O'(?)-Diacetyl-glycinanhydrid

$$\begin{array}{c} CH_2-C-OCOCH_3 \\ N\diagup \quad \diagdown N \\ C-\!\!-\!\!-CH_2 \\ | \\ OCOCH_3 \end{array}$$

Man läßt Glycinanhydridsilber auf Acetylchlorid einwirken. Heftige Reaktion. Nach dem Abfiltrieren des AgCl konnte von Abderhalden und Komm[1] in sehr geringer Ausbeute ein aus Alkohol in feinen Nädelchen vom Schmelzp. 132—135° krystallisierendes Produkt gewonnen werden, das wahrscheinlich als O-O'-Diacetyl-glycinanhydrid anzusprechen ist. Es gibt keine Carbonylreaktionen. Nach dem Kochen mit 5 n-Alkali und Neutralisieren tritt keine positive Ninhydrinreaktion ein.

N-N'-Dibenzoylglycinanhydrid

$$\begin{array}{c} CH_2-CO \\ C_6H_5CON\diagup \quad \diagdown NCOC_6H_5 \\ CO-\!\!-\!\!-CH_2 \end{array}$$

Wurde von Abderhalden und Komm[1] erhalten durch Erhitzen von Glycinanhydrid mit der 10fachen Menge Benzoesäureanhydrid auf etwa 150° bis zur Lösung (etwa 3 Stunden). Krystallisiert aus Methylalkohol und schmilzt bei 219—221°. In Äther und Wasser unlöslich, schwer löslich in Alkohol. Gibt positive Carbonylreaktionen[1]. Reagiert nicht mit NaOBr[2].

O-O'(?)-Dibenzoyl-glycinanhydrid

$$\begin{array}{c} CH_2-C-OCOC_6H_5 \\ N\diagup \quad \diagdown N \\ C-\!\!-\!\!-CH_2 \\ | \\ OCOC_6H_5 \end{array}$$

2 g Glycinanhydrid werden in 14 g Pyridin aufgeschlämmt und langsam ohne Kühlung 7,0 g Benzoylchlorid hinzugetropft; 3 Stunden auf dem Wasserbad erwärmt und stehen gelassen. Absaugen, waschen mit Alkohol und Äther[3]. Oder durch 5stündiges Erhitzen von Glycinanhydridsilber mit Benzoylchlorid auf dem Wasserbad[4]. Atlasglänzende Krystalle. Schmelzpunkt 238°[4]; 239—240°[3]. Unlöslich in Benzol, Chloroform, Essigester, wenig löslich in siedendem Alkohol und Wasser, schwer löslich in Äther, kaltem Wasser und kaltem Alkohol, unlöslich in Petroläther[3]. Wird durch Natronlauge zu Hippursäure aufgespalten[3,5]. Wird von Bromlauge angegriffen[6].

N-N'-Dibenzylglycinanhydrid

$$\begin{array}{c} CH_2-CO \\ C_6H_5CH_2N\diagup \quad \diagdown N\cdot CH_2\cdot C_6H_5 \\ CO-\!\!-\!\!-CH_2 \end{array}$$

Zu einer Lösung von 2,3 g Natrium in 25 g absolutem Alkohol werden abwechselnd 9,9 g N-N'-Diacetylglycinanhydrid und 15,5 g Benzylchlorid hinzugesetzt und auf dem Wasserbad bis zur schwach sauren Reaktion erhitzt (etwa 6 Stunden). Mit Wasserdampf destillieren. Rückstand mit Äther ausschütteln. An der Grenzschicht scheidet sich das Reaktionsprodukt in schönen weißen Krystallen aus. Ausbeute 30% d. Th.[3]. A. T. Mason und G. Winder erhielten es aus N-Benzylaminoessigester[7]. Emile Cherbuliez und Emanuel Feer erhielten es durch 15stündiges Erhitzen von 0,5 g 1,4-Dichlormethyl-2, 5-dioxopiperazin mit 30 ccm Benzol, 2 g Aluminiumchlorid und 60 g Schwefelkohlenstoff[8]. Es krystallisiert in Nädelchen vom Schmelzp. 173—174°. Carbonylreaktion positiv[4]. Aus Alkohol krystallisiert es in Blättchen[8].

---

[1] Emil Abderhalden u. Ernst Komm: Hoppe-Seylers Z. **140**, 99 (1924).
[2] Goldschmidt, Wiberg, Nagel u. Martin: Liebigs Ann. **456**, 1 (1927) — Chem. Zbl. **1927 II**, 2400.
[3] Takaoki Sasaki u. Tokudji Hoshimoto: Ber. dtsch. chem. Ges. **54**, 2688 (1921).
[4] Emil Abderhalden u. Ernst Komm: Hoppe-Seylers Z. **139**, 181 (1924).
[5] Stefan Goldschmidt u. Walter Schön: Hoppe-Seylers Z. **165**, 279 (1927).
[6] Goldschmidt, Wiberg, Nagel u. Martin: Liebigs Ann. **456**, 1 (1927).
[7] A. T. Mason u. G. Winder: Soc. **65**, 190 (1894).
[8] Emile Cherbuliez u. Emanuel Feer: Helvet. chim. Acta **5**, 678 (1922) — Chem. Zbl. **1923 I**, 1035.

O-O'-Dibenzyl-glycinanhydrid

$$\begin{array}{c} CH_2\!-\!C\cdot O\cdot CH_2\cdot C_6H_5 \\ N\!\!<\!\!\!\!>\!\!N \\ C\!-\!-\!CH_2 \\ | \\ OCH_2\cdot C_6H_5 \end{array}$$

Glycinanhydridsilber wird 6 Stunden mit Benzylchlorid gekocht. Das Reaktionsprodukt soll sich dann angeblich aus dem heißen Filtrat ausscheiden[1], vgl. auch[2]. Carbonylreaktion negativ. Schmelzp. 163°[1,2]. Bei der Hydrolyse mit verdünnter Schwefelsäure (einmaliges kurzes Aufkochen mit n-Säure genügt) entsteht Glykokoll und Benzylalkohol; bei der Hydrolyse mit HCl Glykokoll und Benzylchlorid[2]. Durch Schmelzen mit Phthalsäureanhydrid bildet sich Glycinanhydrid zurück, neben Benzylphthalsäureester[3]. Beim Erhitzen mit Jodmethyl im Rohr auf 100—120° entsteht wahrscheinlich unter Bildung eines Zwischenproduktes, das 2 Moleküle CH_3J am N angelagert hat, Sarkosinanhydrid[3].

1,4-Dioxymethyl-2,5-diketopiperazin[4,5]

$$HOH_2C\cdot N\!\!<\!\!\begin{array}{c}CH_2\!-\!CO\\CO\!-\!CH_2\end{array}\!\!>\!\!N\cdot CH_2OH$$

Man läßt auf Glycinanhydrid die 6fache Menge Formaldehyd einwirken. Krystallisiert aus Methylalkohol in Prismen vom Zersetzungsp. 178°. Löslich in Wasser, Alkohol, Methylalkohol und Pyridin, unlöslich in Äther. Reagiert schwach sauer und ist daher löslich in Alkali und konzentriertem Ammoniak. Krystallisiert aus der alkalischen Lösung nach dem Ansäuern wieder aus, während sich aus der Lösung in Ammoniak nach wenigen Minuten Glycinanhydrid ausscheidet.

1,4-Dimethoxymethyl-2,5,-diketopiperazin[4] $C_8H_{14}O_4N_2$. Durch Behandeln von 1,4-Dioxymethyl-glycinanhydrid mit Natronlauge und Dimethylsulfat; einengen im Vakuum und behandeln mit Essigester. Krystallisiert aus Äther in Blättchen vom Schmelzp. 99—100°. Leicht löslich in Wasser, Essigester und siedendem Alkohol, schwer löslich in Äther. Die wässerige Lösung ist neutral und beständig. Siedende Salzsäure hydrolysiert zum Ausgangsmaterial.

1,4-Dibenzoyloxymethyl-2,5-diketopiperazin[4] $C_{20}H_{18}O_6N_2$. Durch Benzoylieren von Dioxymethyl-2,5-diketopierazin nach Schotten-Baumann oder besser nach Verley und Bölsing[6] mit 50% Ausbeute. Glänzende Blättchen aus Pyridin vom Schmelzp. 182°. Leicht löslich in Pyridin, wenig löslich in Alkohol, unlöslich in Wasser und Äther.

1,4-Dipiperidylmethyl-2,5-diketopiperazin[4] $C_{16}H_{28}O_2N_4$. Durch 1stündiges Erhitzen von 1,4-Dioxymethyl-glycinanhydrid mit Piperidin in Methylalkohol. Lange Krystalle aus Aceton, Schmelzp. 156—157°, löslich in Wasser, Aceton und Methylalkohol. Wird durch warmes Wasser in Glycinanhydrid, Formaldehyd und Piperidin gespalten.

1,4-Dichlormethyl-2,5-diketopiperazin[4] $C_6H_8O_2N_2Cl_2$. Durch Chlorieren von Dioxymethyl-glycinanhydrid mit Phosphorpentachlorid. Die aus Chloroform erhaltenen Krystalle sintern bei 140° und schmelzen gegen 162° unter Zersetzung. Löslich in Benzol, Aceton, Chloroform, warmen Eisessig, schwer löslich in Äther. Das Chlor ist in dieser Verbindung leicht beweglich; mit Silbernitrat fällt sofort AgCl, mit Wasser wird Chlor durch OH und mit Alkoholen OR ersetzt.

1,4-Diäthoxymethyl-2,5-diketopiperazin[4] $C_{10}H_{18}O_4N_2$. Schmelzp. 92—93°, leicht löslich in Wasser und Alkohol, schwer löslich in Äther.

1,4-Dinaphthylmethyl-2,5-diketopiperazin[4] $C_{26}H_{22}O_2N_2$. Durch Erhitzen von 0,5 g 1,4-Dichlormethyl-glycinanhydrid mit 3 g Naphthalin auf 150—160°, wobei HCl entweicht

---

[1] Karrer, Gränacher u. Schlosser: Helvet. chim. Acta **6**, 1108 (1923).
[2] Emil Abderhalden u. Ernst Komm: Hoppe-Seylers Z. **139**, 181 (1924).
[3] Karrer u. Gränacher: Helvet. chim. Acta **7**, 763 (1924) — Chem. Zbl. **1924 II**, 985.
[4] Emile Cherbuliez u. Emanuel Feer: Helvet. chim. Acta **5**, 678 (1922) — Chem. Zbl. **1923 I**, 1035.
[5] Max Bergmann: Collegium **1923**, 210 — Chem. Zbl. **1924 I**, 296. — Bergmann, Jakobsohn u. Schotte: Hoppe-Seylers Z. **131**, 18 (1923). — M. Bergmann: Collegium **1924**, 209 — Chem. Zbl. **1924 II**, 1593.
[6] Verley u. Bölsing: Ber. dtsch. chem. Ges. **34**, 3354 (1901).

und Zufügen von wenig reduziertem Kupfer (nach Piccard[1]). Nach Beendigung der Gasentwicklung wird noch vor dem Erkalten 30 ccm absoluter Alkohol hinzugefügt, filtriert und das Naphthalin auf dem Wasserbad verjagt. Man erhält es als Krystallpulver vom Schmelzpunkt 189—192° aus Pyridin-Alkohol unter vorsichtigem Zusatz von Wasser. Leicht löslich in Pyridin und Aceton, löslich in Benzol, Chloroform und Eisessig, unlöslich in Wasser.

1, 4-Di-β-oxy-α-naphthylmethyl-2, 5-diketopiperazin[2] $C_{26}H_{22}O_4N_2$. Durch 1stündiges Erhitzen des Dichlormethylen-glycinanhydrids mit β-Naphthol in Benzol. Ausbeute 89%. Schmelzp. 285—286° unter Zersetzung. Löslich in Phenol, Naphthol, Pyridin, verdünnten Alkalien; schwer löslich in den gewöhnlichen Lösungsmitteln. Die alkalische Lösung gibt mit diazotierter 1, 7-Naphthylaminsulfosäure keine Farbreaktion.

1, 4-Diacetyloxymethyl-2, 5-diketopiperazin[3] $C_{10}H_{14}O_6N_2$. 2,3 g Glycinanhydrid, 4 g Trioxymethylen, 6 g wasserfreies Natriumacetat und 15 ccm Essigsäureanhydrid werden 2 Stunden im Bad von 130° erhitzt, mit Wasser zersetzt, von brauner Masse abfiltriert, Filtrat mit Chloroform ausgezogen, Chloroform verdampft und aus Aceton umkrystallisiert. Ausbeute 1,2 g. Farblose Prismen vom Schmelzp. 111—112°. Leicht löslich in Wasser. Beim langsamen Verdunsten millimeterlange, flache, an den Enden zugespitzte Nadeln. Aus Aceton mikroskopische Stäbchen. Schwer löslich in Äther, fast unlöslich in Petroläther. Mit der 10fachen Menge 5 n-HCl 3 Stunden auf 60° erhitzt und dann mit Alkali destilliert gibt die Verbindung nur 0,1% N als Ammoniak ab.

N-N'-Di-(chloracetyl)-glycinanhydrid

$$Cl \cdot CH_2 \cdot CO \cdot N \begin{matrix} CH_2\!-\!CO \\ CO\!-\!CH_2 \end{matrix} N \cdot CO \cdot CH_2 \cdot Cl$$

Durch Kondensation von Glycinanhydrid mit Chloracetylchlorid in Nitrobenzollösung zwischen 140—160°[4]. Durch 2stündiges Erwärmen von O-O'-Dibenzyl-glycinanhydrid mit einem Überschuß von Chloracetylchlorid auf 60—70°. Unter Bräunung erfolgt Lösung und Krystallisation des Reaktionsproduktes[5]. Krystallisiert in weißen Schüppchen vom Schmelzp. 168,5°. Löslich in Chloroform, Aceton, Essigester, heißem Xylol, schwer löslich in Alkohol und Äther. Geht beim Kochen mit Wasser in Lösung[4].

N-N'-Di-(dl-α-Bromisocapronyl)-glycinanhydrid

$$\begin{matrix} CH_3 \\ CH_3 \end{matrix}\!\!>\!CH \cdot CH_2 \cdot CHBr \cdot CO \cdot N \begin{matrix} CH_2\!-\!CO \\ CO\!-\!CH_2 \end{matrix} N \cdot CO \cdot CHBr \cdot CH_2 \cdot CH\!<\!\!\begin{matrix} CH_3 \\ CH_3 \end{matrix}$$

Durch Kochen von Glycinanhydrid mit Bromisocapronylchlorid unter Zusatz einiger Tropfen Thionylchlorid. Krystalle. Schmelzp. 145°[6].

O-O'-Di-(p-carbäthoxybenzyl)-glycinanhydrid (O-O'-Di-p-carbäthoxybenzyl-2, 5-dioxy-dihydropyrazin)

$$\begin{matrix} O \cdot CH_2 \cdot C_6H_4 \cdot COOC_2H_5 \\ | \\ C\!-\!\!-\!\!-\!CH_2 \\ N\!\!\nearrow \quad \searrow\!\!N \\ CH_2\!-\!\!-\!\!-\!C \\ | \\ O \cdot CH_2 \cdot C_6H_4 \cdot COOC_2H_5 \end{matrix}$$

Krystallisiert aus siedendem Amylalkohol in glänzenden Blättchen vom Schmelzp. 196—198°. Unlöslich in Wasser, sehr schwer löslich in Äther und Alkohol[7].

O-O'-Di-(p-carboxybenzyl)-glycinanhydrid $C_{20}H_{18}O_6N_2$. Aus dem Äthylester in siedendem Amylalkohol + $C_5H_{11}ONa$. Wird aus dem Natriumsalz mit HCl gefällt. Weißes Pulver, wenig löslich in Wasser und organischen Mitteln. Schmelzp. 230—235° unter Verkohlung. Mit der 20fachen Menge 5proz. CHl bis zur Lösung erhitzt, entsteht p-Chlormethylbenzoesäure[7].

---

[1] Piccard: Helv. chim. Acta **5**, 147 (1922) — Chem. Zbl. **1922 III**, 115.
[2] Emile Cherbuliez u. Emanuel Feer: Helvet. chim. Acta **5**, 678 (1922) — Chem. Zbl. **1923 I**, 1035.
[3] Max Bergmann, Arthur Miekeley u. Erich Kann: Hoppe-Seylers Z. **146**, 247 (1925).
[4] Emil Abderhalden u. Emil Klarmann: Hoppe-Seylers Z. **129**, 320 (1922).
[5] Emil Abderhalden u. Emil Klarmann: Hoppe-Seylers Z. **139**, 64 (1924).
[6] Emil Abderhalden u. Emil Klarmann: Hoppe-Seylers Z. **135**, 199 (1924).
[7] P. Karrer u. Ch. Gränacher: Helvet. chim. Acta **7**, 763 (1924) — Chem. Zbl. **1924 II**, 985.

2,5-Dimethoxybenzal-glycinanhydrid $C_{22}H_{22}O_6N_2$. 1,5 g Glycinanhydrid, 3,5 g Gentisinaldehyddimethyläther (Darstellung im Original) 2,4 g wasserfreies Natriumacetat, alles ganz trocken und feinst gepulvert, werden mit 4,4 g Essigsäureanhydrid 7 Stunden auf 160—170° erhitzt. Gelbe Krystalle. Schmelzp. 278—279° (unkorr.). Durch Erhitzen mit HJ und rotem Phosphor entsteht Dioxyphenylalanin[1].

2,5-Diketopiperazin-1,4-diessigsäure-di-α-naphthalid

$$C_{10}H_7 \cdot NH \cdot CO \cdot CH_2 \cdot N\begin{matrix}CH_2-CO\\CO-CH_2\end{matrix}N \cdot CH_2 \cdot CO \cdot NH \cdot C_{10}H_7$$

Aus salzsaurem Iminodiessigsäuremethylester und α-Naphthylamin bei 150—175°. Zersetzt sich oberhalb 313°. Unlöslich in Benzol, Ligroin, Chloroform, Alkohol und Äther, kaum löslich in heißem Wasser, gut löslich in Eisessig[2].

3,6-Dibenzal-glycinanhydrid

$$C_6H_5 \cdot CH=C\begin{matrix}CO-NH\\NH-CO\end{matrix}C=CH \cdot C_6H_5$$

Durch 8stündiges Erhitzen von Glycinanhydrid und Benzaldehyd bei Gegenwart Natriumacetat und Essigsäureanhydrid auf 120—130°. Krystallisiert aus Eisessig in gelben, schuppigen Krystallen, die sich bei schnellem Erhitzen bei 298—300° zersetzen. Sehr schwer löslich in Wasser, Alkohol und Äther, schwer löslich in siedendem Eisessig. Liefert beim Kochen mit Jodwasserstoffsäure (D 1,7) und rotem Phosphor dl-Phenylalanin[3]. Adsorbiert Tannin in mäßigem Grade[4].

3,6-Dibenzyl-2,5-diketopiperazin identisch mit **Phenylalaninanhydrid**.

3,6-Dianisal-2,5-diketopiperazin

$$CH_3OC_6H_4 \cdot CH=C\begin{matrix}CO \cdot NH\\NH \cdot CO\end{matrix}C=CH \cdot C_6H_4OCH_3$$

Durch Erhitzen von Glycinanhydrid mit Anisaldehyd bei Gegenwart von Natriumacetat und Essigsäureanhydrid. Bräunlich gelbe Krystalle aus Eisessig. Zersetzt sich über 300°. Sehr schwer löslich in Alkohol, Äther und Benzol. Liefert beim Kochen mit Jodwasserstoffsäure und rotem Phosphor dl-Tyrosin[3].

3,6-Bis-(p-acetoxybenzal)-2,5-diketopiperazin

$$CH_3 \cdot CO \cdot O \cdot C_6H_4 \cdot CH=C\begin{matrix}CO-NH\\NH-CO\end{matrix}C=CH \cdot C_6H_4 \cdot O \cdot COCH_3$$

Durch 8stündiges Erhitzen von Glycinanhydrid mit p-Oxybenzaldehyd bei Gegenwart von Natriumacetat und Essigsäureanhydrid auf 120—130°. Gelbe Krystalle. Zersetzen sich über 300°. Schwer löslich in heißem Eisessig, sehr schwer löslich in Wasser und anderen Lösungsmitteln. Liefert beim Kochen mit Jodwasserstoffsäure und rotem Phosphor dl-Tyrosin[5].

N-N'-Di-(p-methoxyphenyl)-glycinanhydrid. In der Literatur: 2,5-Diketo-1,4-di-p-methoxyphenyl-hexahydrodiazin[6] Bis-(methoxy-4'-phenyl-) 1,4-diketo-2,5 (diazin-1,4-hexahydrid)[7]

$$CH_3 \cdot O \cdot C_6H_4 \cdot N\begin{matrix}CH_2-CO\\CO-CH_2\end{matrix}N \cdot C_6H_4 \cdot OCH_3$$

Wird vermutlich erhalten, wenn man eine alkoholische Lösung von Chloracetyl-p-anisidin (aus p-Anisidin und Chloracetylchlorid in Eisessig bei Gegenwart von Natriumacetat[8]) auf dem Wasserbad 3½ Stunden mit so viel 10proz. alkoholischer KOH erhitzt, als zur bleibenden Alka-

---

[1] Kinsuboro Hirai: Biochem. Z. **189**, 88 (1927).
[2] J. V. Dubsky: Ber. dtsch. chem. Ges. **54**, 2674 (1921).
[3] Takaoki Sasaki: Ber. dtsch. chem. Ges. **54**, 163 (1921).
[4] Bergmann, Miekeley u. Kann: Biochem. Z. **177**, 1 (1926).
[5] Takaoki Sasaki: Ber. dtsch. chem. Ges. **54**, 163 (1921).
[6] Frédéric Reverdin: Helvet. chim. Acta **10**, 386 — Chem. Zbl. **1927 II**, 261.
[7] J. Halberkann: Ber. dtsch. chem. Ges. **54**, 1152 (1921).
[8] Jakobs u. Heidelberger: J. amer. chem. Soc. **39**, 1439 (1917) — Chem. Zbl. **1918 I**, 17.

lität notwendig ist[1]. Entsteht ferner bei der Einwirkung von 2 Mol Natriumäthylat in kaltem Alkohol auf Chloracetanisidid oder besser durch 1 stündiges Erhitzen von Anisidinoessigsäure auf 155—160° unter Durchleiten von Stickstoff[2]. Krystallisiert aus Eisessig in Nadeln vom Schmelzp. 257—258°[1]. Krystallisiert aus Alkohol in rhombischen Blättchen vom Schmelzpunkt 256°[2]. Unlöslich in Salzsäure und Alkali. Nach Halberkann[2] sehr schwer löslich in Alkohol, Aceton, Benzol, Essigester, schwer löslich in kaltem Chloroform, Eisessig, leichter löslich in heißem Eisessig und Chloroform; unlöslich in Äther, Petroläther und Schwefelkohlenstoff. Nach Reverdin[1] löslich in Methyl- und Äthylalkohol und Eisessig, sonst fast unlöslich. 1½ Stunden mit HNO_3 (D 1,52) auf dem Wasserbad erhitzt, entsteht ein bei 282—283° unter Zersetzung schmelzendes Produkt, fast unlöslich in Alkohol, löslich in wässeriger NaOH mit rotbrauner Farbe. Vermutlich ein Tetranitroderivat[1].

Di-(p-äthoxyphenyl)-glycinanhydrid $C_{20}H_{22}O_4N_2$. Aus Chloracetyl-p-phenetidin in Alkohol mit alkoholischer KOH. Nadeln aus Chloroform. Schmelzp. 265—266°[2].

Di-(p-acetoxy-m-methoxybenzal)-glycinanhydrid

$$\begin{array}{c} \text{CO—NH} \\ \text{CH}_3\text{CO}\langle\bigcirc\rangle\cdot\text{CH}=\text{C}\langle \rangle\text{C}=\text{CH}\cdot\langle\bigcirc\rangle\text{COCH}_3 \\ \text{CH}_3\text{O}\cdot\text{O} \text{NH—CO} \text{O}\cdot\text{OCH}_3 \end{array}$$

Durch Erhitzen von Glycinanhydrid mit Vanillin unter Zusatz von Natriumacetat und Essigsäureanhydrid auf 160—170°. Ausbeute 79% d. Th. Aus Eisessig schwach gelbliche Krystalle, die über 280° schmelzen. Wenig löslich in Wasser und den gewöhnlichen organischen Lösungsmitteln. Bei der Behandlung mit Jodwasserstoffsäure und rotem Phosphor entsteht dl-Dioxyphenylalanin[3].

Di-(o, p-dimethoxybenzal)-glycinanhydrid

$$\begin{array}{c} \text{OCH}_3 \text{CO—NH} \text{OCH}_3 \\ \text{CH}_3\text{O}\langle\bigcirc\rangle\cdot\text{CH}=\text{C}\langle \rangle\text{C}=\text{CH}\cdot\langle\bigcirc\rangle\text{OCH}_3 \\ \text{NH—CO} \end{array}$$

Durch 7 stündiges Erhitzen von Resorcylaldehyddimethyläther mit Glycinanhydrid in Gegenwart von Natriumacetat und Essigsäureanhydrid. Ausbeute 83% d. Th. Aus heißem Eisessig schwach gelbe Prismen vom Schmelzp. 286—287° (unkorr.). Durch Einwirkung von Jodwasserstoffsäure entsteht 2, 4-Dioxyphenylalanin[4].

3,6-Bis-(o-nitrobenzal-)glycinanhydrid

$$\begin{array}{c} \text{NO}_2 \text{NH—CO} \text{NO}_2 \\ \langle\bigcirc\rangle\cdot\text{CH}=\text{C}\langle \rangle\text{C}=\text{CH}\langle\bigcirc\rangle \\ \text{CO—NH} \end{array}$$

Durch 5 stündiges Erhitzen von 5,7 g Glycinanhydrid mit 17 g o-Nitrobenzaldehyd, 15 g wasserfreiem Natriumacetat und 20 g Essigsäureanhydrid im Ölbad auf 115—125°. Niederschlag mit heißem Eisessig, dann mit heißem Wasser und heißem Alkohol auswaschen. Ausbeute 10,5 g. Schwach bräunlich gelbes Krystallpulver, das in allen gebräuchlichen Lösungsmitteln unlöslich ist. Zersetzung bei 334—336°. Mit wenig verdünntem Alkohol befeuchtet, färbt es sich beim Zutropfen von KOH bräunlich-rot. Beim Kochen mit Jodwasserstoffsäure und rotem Phosphor entsteht 3-Aminohydrocarbostyril[5].

3, 6-Bis-(m-nitrobenzal-)glycinanhydrid $C_{18}H_{12}O_6N_4$. Darstellung analog wie beim o-Nitroderivat. Schwach gelbes Krystallpulver, unlöslich in allen gebräuchlichen organischen Lösungsmitteln. Mit verdünntem Alkohol befeuchtet, zeigt es beim Zutropfen von KOH eine schöne, citronengelbe Färbung. Zersetzt sich bei etwa 313°. Mit Jodwasserstoffsäure und rotem Phosphor entsteht m-Aminophenyl-α-alanin[5].

3, 6-Bis-(p-nitrobenzal-)glycinanhydrid $C_{18}H_{12}O_6N_4$. Darstellung und Löslichkeit analog wie beim o- und m-Nitroderivat. Schwach braunes Krystallpulver. Die mit wenig Alkohol befeuchtete Substanz zeigt beim Zutropfen von KOH eine schöne, violette Färbung.

---

[1] Frédéric Reverdin: Helvet. chim. Acta **10**, 386 — Chem. Zbl. **1927 II**, 261.
[2] J. Halberkann: Ber. dtsch. chem. Ges. **54**, 1152 (1921).
[3] Kinsaburo Hirai: Biochem. Z. **114**, 67 (1921).
[4] Kinsaburo Hirai: Biochem. Z. **177**, 449 (1926).
[5] Hidenosuke Ueda: Ber. dtsch. chem. Ges. **61**, 146 (1928).

Durch Kochen mit Jodwasserstoffsäure und rotem Phosphor entsteht p-Amino-phenyl-α-alanin[1].

Di-naphthal-glycinanhydrid

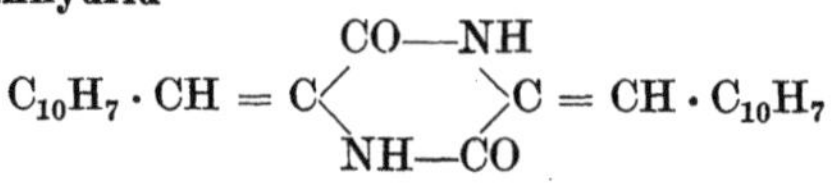

$$C_{10}H_7 \cdot CH = C \underset{NH-CO}{\overset{CO-NH}{\diagup\diagdown}} C = CH \cdot C_{10}H_7$$

Aus α-Naphthaldehyd und Glycinanhydrid durch 6stündiges Erhitzen mit Essigsäureanhydrid und Natriumacetat auf 140—150°. Bräunlich gelbes Krystallpulver. Sehr wenig löslich in den gebräuchlichen organischen Lösungsmitteln[2].

Glycinanhydrid-di-phenylisocyanat (1, 4-Di-phenylcarbaminsäure-2, 5-diketopiperazin)

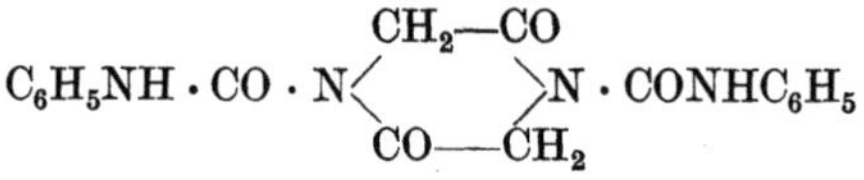

$$C_6H_5NH \cdot CO \cdot N \underset{CO-CH_2}{\overset{CH_2-CO}{\diagup\diagdown}} N \cdot CONHC_6H_5$$

Man übergießt Glycinanhydrid mit 3 Mol Phenylisocyanat und erhitzt $^1/_4$ Stunde auf etwa 170°. Die Masse löst sich nicht und färbt sich schwach gelb. Absaugen, mit Äther waschen und mit Wasser zur Entfernung unveränderten Glycinanhydrids auskochen. Blätterige Krystalle, die sich beim Erhitzen gegen 220° gelb und gegen 270° braun färben und sich dann zersetzen. Die Löslichkeit steigt in der Reihenfolge: Chloroform, Äther, Aceton, Essigester, Äthylalkohol, Amylacetat, Isoamylalkohol, bleibt aber immer gering. Pikrinsäurereaktion so gut wie negativ[3].

3, 6-Bis-(o-acetoxybenzal)-2, 5-diketopiperazin

$$\underset{}{\overset{OCOCH_3}{\bigcirc}} \cdot CH = C \underset{NH-CO}{\overset{CO-NH}{\diagup\diagdown}} C = CH \underset{}{\overset{OCOCH_3}{\bigcirc}}$$

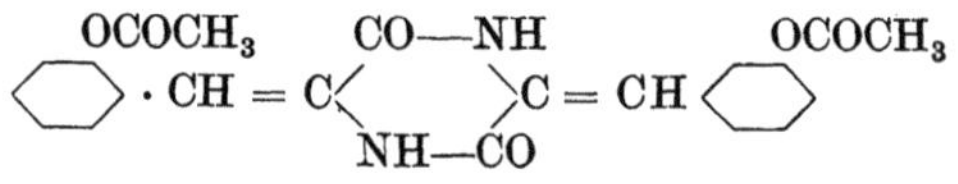

Durch 7stündiges Erhitzen von Glycinanhydrid, Salicylaldehyd, Natriumacetat und Essigsäureanhydrid auf 130—145°. Ausbeute nur 45% d. Th. Aus Eisessig erhalten, schmilzt es bei 260—261°. Meist sehr schwer löslich. Gibt mit siedender Jodwasserstoffsäure und rotem Phosphor o-Tyrosin[4].

3, 6-Bis-(o-oxybenzal)-2, 5-diketopiperazin $C_{18}H_{44}O_4N_2$. Aus vorstehender Verbindung mit konzentrierter Salzsäure und Eisessig auf dem Wasserbad. Aus wässerigem Pyridin + Essigsäure erhält man es gelblich krystallin. Schmelzp. 308° unter Zersetzung. Meist unlöslich[4].

3, 6-Bis-(o-methoxybenzal)-glycinanhydrid $C_{20}H_{18}O_4N_2$. Aus Glycinanhydrid, Salicylaldehydmethyläther, Natriumacetat und Eisessig (130—145°, 7 Stunden) oder aus dem obigen Bis-(o-oxybenzal-)glycinanhydrid mit Jodmethyl und methylalkoholischer Kalilauge (Rohr, 100°). Gelbe Nadeln aus Eisessig. Schmelzp. 265—266°[4].

3, 6-Bis-(m-acetoxybenzal)-glycinanhydrid $C_{22}H_{18}O_6N_2$. Aus Glycinanhydrid, m-Oxybenzaldehyd, Natriumacetat und Essigsäureanhydrid. Ausbeute 76% d. Th. Aus Eisessig. Schmelzp. 268—269°. Gibt mit siedender Jodwasserstoffsäure und rotem Phosphor m-Tyrosin[4].

3, 6-Bis-(m-oxybenzal)-glycinanhydrid $C_{18}H_{14}O_4N_2$. Aus vorstehender Verbindung mit konzentrierter Salzsäure und Eisessig auf dem Wasserbad. Schmelzp. etwa 313° unter Zersetzung[4].

Dithiopiperazin[5]

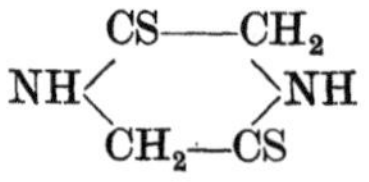

$$NH \underset{CH_2-CS}{\overset{CS-CH_2}{\diagup\diagdown}} NH$$

---

[1] Hidenosuke Ueda: Ber. dtsch. chem. Ges. **61**, 146 (1928).
[2] Takaoki Sasaki u. Jiro Kinose: Biochem. Z. **121**, 171.
[3] Max Lüdtke: Hoppe-Seylers Z. **150**, 215 (1925).
[4] Hidenosuke Ueda: J. of Biochem. 8, 397 — Chem. Zbl. **1928 I**, 2618.
[5] Elizabeth S. Gatewood u. Trat B. Johnson: J. amer. chem. Soc. **48**, 2900 (1926) — Chem. Zbl. **1927 I**, 439.

Glycyl-d-alaninanhydrid, d-Alanyl-glycinanhydrid.

Vorkommen: Herzog und Jancke[1] schließen auf Grund des Röntgendiagramms, daß die krystallisierte Substanz im Seidenfibroin Glycyl-alaninanhydrid sei. Sie stellen es jedoch später selbst wieder in Frage[2].

Bildung: Bei der partiellen Hydrolyse von Seidenfibroin mit 70proz. Schwefelsäure oder mit verdünnter Salzsäure unter Druck. Bei den Autoklavenhydrolysen entsteht natürlich immer ein mehr oder minder racemisiertes Produkt[3]. Bei der Autoklavenhydrolyse von Schweineborsten[4] oder von Hundehaaren[5] mit 1proz. Salzsäure. Entsteht wahrscheinlich in geringer Menge bei der Trypsinverdauung von Gliadin[6].

Darstellung: Die Bildung von Glycyl-d-alaninanhydrid durch partielle Hydrolyse mit der 3fachen Menge 70proz. Schwefelsäure (3 Tage bei 37°) ist infolge der guten Ausbeuten (bis zu 85 g aus 1 kg[7]) auch als Darstellungsverfahren gut geeignet: Das durch Baryt von Schwefelsäure befreite Hydrolysat wird zur Trockene verdampft und wiederholt mit Methylalkohol verestert. Infreiheitsetzen der Ester aus der alkoholischen Lösung mittels Ammoniak, vom Ammonchlorid abfiltrieren und 3 Tage stehen lassen. Von ausgeschiedenen Krystallen abfiltrieren und im Soxhlet mit Essigester extrahieren. Aus dem Essigesterauszug krystallisiert fast reines Glycyl-d-alaninanhydrid. Gesamtausbeute 54,5 g Anhydrid von $[\alpha]_D = -3,28°$ aus 1 kg Seide[8].

Physikalische und chemische Eigenschaften: Aufspaltung eines Gemisches mit Glycyl-l-tyrosinanhydrid bei Gegenwart von Glycyl-d-alanin und Glycyl-l-tyrosin durch n-Alkali[9].

Physiologische Eigenschaften: Wird durch die Fermente des Magendarmkanals (Pepsin und Trypsin) nicht gespalten[8]. Wird vom Organismus quantitativ resorbiert und im Harn in Form von Glycyl-d-alanin wieder ausgeschieden[10]. Hemmt die nach Ehrlich zum Nachweis von Oxydationen im Organismus dienende Indophenolbildung aus p-Phenylendiamin und Naphthol nicht[11]. Spaltung eines Gemisches von Glycylalaninanhydrid und Glycyl-l-tyrosinanhydrid bei Gegenwart der entsprechenden Dipeptide[9].

Glycyl-l-alaninanhydrid.

Physikalische und chemische Eigenschaften: Wird in Lösungen bei niederen Alkalikonzentrationen mehr oder minder stark racemisiert[12].

Glycyl-dl-alaninanhydrid, dl-Alanyl-glycinanhydrid.

Bildung: Bei der Hydrierung von 3-Methylen-2,5-dioxopiperazin mit Wasserstoff und Palladiummohr in Eisessiglösung[13].

Physikalische und chemische Eigenschaften: Bei der Oxydation mit Zinkpermanganat bildet sich neben anderen Produkten Oxamid[14]. Die Oxydation mit Wasserstoffperoxyd verläuft nicht eindeutig[15]. Beim Erhitzen mit Anilin entsteht nach Abderhalden und Schwab die Enolform, die mit Ozon ein Ozonid bildet[16].

---

[1] Herzog u. Jancke: Ber. dtsch. chem. Ges. **53**, 2162 (1920).
[2] R. O. Herzog u. M. Kobel: Hoppe-Seylers Z. **134**, 296 (1924).
[3] Emil Abderhalden: Hoppe-Seylers Z. **120**, 207 (1922); **128**, 119 (1923); **131**, 286 (1923). — Emil Abderhalden u. Ernst Komm: Hoppe-Seylers Z. **136**, 134 (1924). — Emil Abderhalden u. Ernst Schwab: Hoppe-Seylers Z. **139**, 169 (1924).
[4] Emil Abderhalden u. Ernst Komm: Hoppe-Seylers Z. **132**, 1 (1924).
[5] Emil Abderhalden u. Ernst Komm: Hoppe-Seylers Z. **145**, 308 (1925).
[6] Emil Abderhalden: Hoppe-Seylers Z. **154**, 18 (1926).
[7] Emil Abderhalden: Hoppe-Seylers Z. **131**, 286 (1923).
[8] Emil Abderhalden u. Kiko Goto: Fermentforschg **7**, 169 (1924).
[9] Emil Abderhalden u. Erwin Schnitzler: Hoppe-Seylers Z. **164**, 159 (1927).
[10] Emil Abderhalden u. Severian Buadse: Hoppe-Seylers Z. **162**, 304 (1927).
[11] Ernst Wertheimer: Fermentforschg **8**, 497 (1926).
[12] P. A. Levene u. M. H. Pfaltz: J. gen. Physiol. **8**, 183 (1925) — J. of biol. Chem. **70**, 219 (1926).
[13] Max Bergmann, Arthur Miekeley u. Erich Kann: Hoppe-Seylers Z. **146**, 247 (1925).
[14] Emil Abderhalden, Emil Klarmann u. Ernst Komm: Hoppe-Seylers Z. **140**, 92 (1924).
[15] Emil Abderhalden u. Ernst Komm: Hoppe-Seylers Z. **144**, 243 (1925).
[16] Abderhalden u. Schwab: Hoppe-Seylers Z. **157**, 140 (1926).

Derivate: Diacetyl-glycyl-alaninanhydrid $C_9H_{12}N_2O_4$. Durch Erwärmen von Glycylalaninanhydrid mit Essigsäureanhydrid. Essigsäureanhydrid abdestillieren, rückständiges Öl in wenig Chloroform lösen, mit Petroläther fällen. Man erhält ein Gemisch von O-O'- und N-N'-Glycyl-alaninanhydrid[1].

O-O'-Diacetyl-glycyl-alaninhydrid. Weiße Krystalle, schwer löslich in Alkohol. Schmelzp. 175—180°. Carbonylreaktionen negativ. Beim Kochen mit 5 n-Lauge tritt angeblich keine Spaltung ein (Ninhydrinreaktion nach dem Neutralisieren negativ)[1].

N-N'-Diacetyl-glycyl-alanin-anhydrid. Weiße Krystalle, leicht löslich in Alkohol. Schmelzp. 155—160°. Stark positive Carbonylreaktionen. Beim Kochen mit 5 n-Lauge tritt Spaltung ein (Ninhydrinreaktion nach dem Neutralisieren positiv)[1].

Dibenzoyl-glycyl-alanin-anhydrid. Durch Erhitzen von Glycyl-alanin-anhydrid mit der 10fachen Menge Benzoesäureanhydrid konnte es nicht rein, sondern nur als schmieriges Öl erhalten werden[1].

Glycyl-alanin-anhydrid-di-phenylisocyanat $C_{19}H_{18}O_4N_4$. Durch Erhitzen von Glycyl-alanin-anhydrid mit der 3fachen Menge Phenylisocyanat bis zur Lösung. Absaugen, mit Äther waschen, kurze Zeit mit Wasser auskochen und heiß filtrieren. Ausbeute an zurückbleibendem Analysenprodukt 94% d. Th. Krystallisiert aus Amylalkohol in kreuzweis gelagerten oder zu Büscheln vereinigten Nädelchen vom Schmelzp. 155—156° (unkorr.). Sehr schwer löslich in kaltem und heißem Wasser und Äther. Mit Wasser schwer benetzbar, löslich in Amylacetat; beim Verdunsten dieses Lösungsmittels bleiben Nadeln zurück[2].

1-Acetyl-3-benzal-6-methyl-2, 5-diketopiperazin (1-Acetyl-3-benzal-glycyl-alanin-anhydrid).

$$CH_3 \cdot CO \cdot N \begin{array}{c} CO-C=CH \cdot C_6H_5 \\ \\ CH-CO \\ | \\ CH_3 \end{array} N$$

Bildet sich aus dem Dehydro-alanyl-phenylalanin-anhydrid C durch Kochen mit Essigsäureanhydrid zurück[3]. Wird dargestellt aus dl-Alanyl-glycinanhydrid und Benzaldehyd mit Essigsäureanhydrid und Natriumacetat bei 120—130°[4]. Schmelzpunkt aus verdünntem Alkohol 163—164°. Sehr schwer löslich in Äther und Wasser. Schwer löslich in kaltem Alkohol, löslich in Essigester und Benzol[4]. Beim langen Schütteln mit wässerigem Ammoniak entsteht das Dehydro-alanyl-phenylalaninanhydrid C[3]. Beim Erhitzen mit n-NaOH und Ansäuern entsteht das gelbe Dehydro-alanyl-phenylalaninhydrid B[3].

3-Methylen-2, 5-dioxopiperazin[5].

$$CH_2 \begin{array}{c} CO-NH \\ \\ NH-CO \end{array} C=CH_2 \quad C_5H_6O_2N_2$$

Darstellung: Man läßt Thionylchlorid auf Glycyl-serin-methylesterchlorhydrat unter gelinder Kühlung einwirken. Dabei krystallisiert ein in 6seitigen Tafeln krystallisierendes Chlorhydrat vom Schmelzp. 160—161° und der Zusammensetzung $C_6H_{11}O_3N_3Cl \cdot HCl$ aus, das in Alkohol, Methylalkohol und besonders in Wasser sehr leicht, in den gebräuchlichen organischen Lösungsmitteln dagegen sehr schwer löslich ist. Durch 2stündige Einwirkung von Ammoniak auf dieses Chlorhydrat bildet sich das 3-Methylen-2, 5-dioxopiperazin.

Physikalische und chemische Eigenschaften: Kleine, farblose, blätterige Krystalle, die sich bei 280° dunkel färben und bei 320° ohne zu schmelzen völlig schwarz werden. Schwer löslich in Alkohol, leichter in heißem Wasser, fast unlöslich in Essigester und Chloroform. Bei der Hydrolyse mit 5 n-HCl bei 60° bildet sich salzsaures Glycin, Brenztraubensäure (die bei der Aufarbeitung ins Destillat übergeht), Chlorammon und Pyruvoyl-glycin, das bei längerer

---
[1] Emil Abderhalden u. Ernst Komm: Hoppe-Seylers Z. **140**, 99 (1924).
[2] Max Lüdtke: Hoppe-Seylers Z. **150**, 215 (1925).
[3] Max Bergmann u. Arthur Miekeley: Liebigs Ann. **458**, 40 (1927).
[4] Takaoki Sasaki u. Tokudji Hashimoto: Ber. dtsch. chem. Ges. **54**, 168 (1921).
[5] Max Bergmann u. Arthur Miekeley: Hoppe-Seylers Z. **140**, 128 (1924). — Max Bergmann, Arthur Miekeley u. Erich Kann: Hoppe-Seylers Z. **146**, 247 (1925). — Max Bergmann, Arthur Miekeley, Fritz Weinmann u. Erich Kann: Hoppe-Seylers Z. **143**, 108 (1925).

Hydrolyse weitere Mengen Brenztraubensäure und Glykokoll liefert. Bei der Oxydation mit Ozon in Eisessiglösung entsteht 2, 3, 5-Trioxopiperazin. Bei der Hydrierung mit Wasserstoff und Palladiummohr in Eisessiglösung entsteht Glycyl-alaninanhydrid in sehr guter Ausbeute. Läßt man n-NaOH bei Zimmertemperatur einwirken und neutralisiert, so erhält man das Iso-3-methylen-2, 5-dioxopiperazin. Behandelt man mit Eisessig und Natriumacetat, so entsteht das Allo-3-methylen-2, 5-dioxopiperazin [1]. Adsorbiert Tannin und Malachitgrün verhältnismäßig schwach [2].

Derivate: Benzaldehydverbindung. Schüttelt man eine 0,2proz. Malachitgrünlösung mit einer 2,5proz. Suspension der Benzaldehydverbindung 1 Stunde, so wird das Malachitgrün beinahe quantitativ (zu 98,3%) adsorbiert [2].

Iso-3-methylen-2, 5-dioxopiperazin [3].
($C_5H_6O_2N_2$)$_n$

Darstellung: Man läßt auf das gewöhnliche 3-Methylen-2, 5-dioxopiperazin n-NaOH 1 Stunde bei Zimmertemperatur einwirken und neutralisiert mit der gleichen Menge n-HCl.

Physikalische und chemische Eigenschaften: Schwach gelb gefärbte, feine, mikroskopische Nädelchen, die in allen organischen Lösungsmitteln so gut wie unlöslich sind. Mit Wasser entsteht eine trübe Flüssigkeit, aber keine klare Lösung. Kein Schmelzpunkt [3]. Adsorbiert Tannin und Malachitgrün ziemlich stark [2]. — Läßt man 4 Tage bei 70° mit 5 n-HCl stehen, so entsteht ein salzsaures Tetrapeptid von der Zusammensetzung $C_{10}H_{16}O_5N_4Cl_2$ [3].

Allo-3-methylen-2, 5-dioxopiperazin [1].
($C_5H_6O_2N_2$)$_x$

Darstellung: Man erhitzt 2 g Glycyl-serinanhydrid mit 3,4 ccm Essigsäureanhydrid und 2,4 g wasserfreiem Natriumacetat 3 Stunden im Bad von 120—130°, wobei sich die Hauptmenge des gebildeten Alloanhydrids ausscheidet. Nach dem Abkühlen, Essigsäureanhydrid mit 10 ccm Wasser zersetzen, amorphen Niederschlag mit Wasser und Alkohol portionsweise auswaschen. Maximalausbeute 0,85 g. — Zur Reinigung löst man 0,37 g in 14 ccm n-NaOH in der Siedehitze, filtriert rasch und versetzt mit 1 ccm Eisessig, wobei sich die Substanz in farblosen Nädelchen abscheidet, die nach dem Zentrifugieren gut mit Wasser ausgekocht werden.

Man kann es auch aus dem 3-Methylen-2, 5-dioxopiperazin durch Behandeln mit Essigsäureanhydrid und Natriumacetat gewinnen.

Physikalische und chemische Eigenschaften: Die vollkommen farblose Substanz hat keinen eigentlichen Schmelzpunkt, sondern verkohlt, ohne dabei flüssig zu werden, allmählich über 250°. Sehr schwer löslich in indifferenten organischen Mitteln, auch sehr schwer in siedendem Phenol, etwas leichter in geschmolzenem Resorcin und geschmolzenem Acetamid. In kochendem Wasser ist es zu etwa 0,03% löslich. Läßt sich nicht acetylieren. Löst sich nur in einem erheblichen Überschuß von NaOH, und zwar farblos. Die Abscheidung einer krystallinen Natriumverbindung ist nicht gelungen. Es läßt sich mit Wasserstoff und Palladiummohr nicht hydrieren. Erhitzt man mit konzentrierter Salzsäure im Rohr auf 100°, so erhält man salzsaures Tetrapeptid von der Zusammensetzung $C_{10}H_{16}O_5N_4Cl_2$, das mit dem aus der Isoform gewonnenen identisch ist [1]. Bei der Molekulargewichtsbestimmung in geschmolzenem Resorcin dissoziiert es in die einfachen Molekularteile $C_5H_6O_2N_2$, läßt sich jedoch wieder unverändert daraus gewinnen. — Adsorbiert Tannin sehr stark, schwächer Malachitgrün [2].

Glycyl-leucinanhydrid, Leucyl-glycinanhydrid.

Bildung: Bildet sich aus den verschiedensten Peptiden — Glycyl-leucin, Leucyl-glycyl-leucin, Glycyl-leucyl-glycin, und Leucyl-diglycyl-glycin — durch Erhitzen mit Wasser oder mit 1proz. Salzsäure im Autoklaven auf 150° [4], oder durch Erhitzen von Glykokoll und Leucin mit Glycerin auf 190° [5]. Ferner durch Erhitzen von Leucyl-glycin mit Glycerin [6] oder den

---
[1] Max Bergmann u. Hellmuth Enßlin: Liebigs Ann. **448**, 38 (1926).
[2] Max Bergmann, Arthur Miekeley u. Erich Kann: Biochem. Z. **177**, 1 (1926).
[3] Max Bergmann, Arthur Miekeley u. Erich Kann: Liebigs Ann. **445**, 1 (1925).
[4] Emil Abderhalden u. Ernst Komm: Hoppe-Seylers Z. **134**, 121 (1924).
[5] Emil Abderhalden u. Ernst Schwab: Hoppe-Seylers Z. **149**, 298 (1925).
[6] Emil Abderhalden u. Ernst Schwab: Hoppe-Seylers Z. **148**, 254 (1925).

verschiedenartigsten anderen Medien[1]. Entsteht auch bei der Einwirkung von methylalkoholischem Ammoniak auf Leucyl-glycyl-glycin-methylesterchlorhydrat[2]. Bildet sich wahrscheinlich in geringer Menge durch Trypsinverdauung von Gliadin[3], fernen durch Erhitzen von Bluteiweiß mit Wasser im Autoklaven[4].

Darstellung: Durch Erhitzen von Leucyl-glycin mit Diphenylamin auf 180—200°. Ausbeute 93% d. Th.[5]

Physikalische und chemische Eigenschaften: Bei der Oxydation mit Zinkpermanganat treten Gerüche nach Blausäure und Capronsäure auf, und es bildet sich Oxamid neben einer wahrscheinlich als Oxamidsäure anzusprechenden Substanz[6]. Bei der Einwirkung von Bromlauge entsteht Isobutylhydantoin und Valeriansäure[7]. Beim längeren Erhitzen mit Tierkohle und Chinolin entsteht das ungesättigte Dehydro-leucyl-glycinanhydrid[1].

Aufspaltung mit Säure und Alkali bei verschiedener Konzentration und verschiedenen Temperaturen[8].

Über die Absorption im Ultraviolett[9, 10].

Derivate: Molekularverbindung mit Glycinanhydrid und Alaninanhydrid[11].

N-N'-Di-nitrophenyl-leucyl-glycinanhydrid (?). Durch Einwirkung von Dinitrochlorbenzol auf Leucyl-glycinanhydrid erhält man eine schwach gelb gefärbte krystalline Substanz vom Schmelzp. 75—76°. Löslich in Methylalkohol, unlöslich in Wasser und verdünntem Alkali[12].

1-Acetyl-3-benzal-glycyl-leucinanhydrid (1-Acetyl-3-benzal-6-isobutyl-2, 5-diketopiperazin)

$$CH_3 \cdot CO \cdot N \begin{array}{c} CO-C=CH \cdot C_6H_5 \\ \\ CH-CO \\ | \\ C_4H_9 \end{array} NH$$

Durch Erhitzen von Glycyl-leucinanhydrid mit Benzaldehyd in Gegenwart von Essigsäureanhydrid und Natriumacetat auf 120—130°. Aus Alkohol krystallisiert, schmilzt es bei 152 bis 153°. Löslich in heißem Alkohol, Eisessig und Benzol, sehr schwer löslich in Wasser und Äther[13].

Desmotrope Form des Glycyl-leucinanhydrids.

Entsteht nach Abderhalden und Schwab durch Erhitzen von dl-Leucyl-glycinanhydrid und Tyrosin oder Leucin mit Glycerin auf 190°[14] oder beim Erhitzen von Leucylglycinanhydrid mit Anilin[15]. Reagiert in ätherischer Lösung mit Diazomethan unter Stickstoffentwicklung. Momentane Entfärbung mit Kaliumpermanganat, Gelbfärbung mit Tetranitromethan, positive Xanthoproteinreaktion sollen für die desmotrope Form charakteristisch sein. Mit NaOH wird es zum tautomeren Peptid aufgespalten[16]. Beim Behandeln mit Ozon in Chloroformlösung bildet sich ein Ozonid, das durch Alkali in Ammoniak, Kohlensäure und

---

[1] Emil Abderhalden u. Ernst Roßner: Hoppe-Seylers Z. **163**, 149 (1927).
[2] Emil Abderhalden u. Ernst Schwab: Hoppe-Seylers Z. **164**, 274 (1927).
[3] Emil Abderhalden: Hoppe-Seylers Z. **154**, 18 (1926).
[4] Emil Abderhalden u. Ernst Komm: Hoppe-Seylers Z. **134**, 113 (1924).
[5] Emil Abderhalden u. Fritz Gebelein: Hoppe-Seylers Z. **152**, 125 (1926).
[6] Emil Abderhalden, Ernst Komm u. Emil Klarmann: Hoppe-Seylers Z. **140**, 92 (1924).
[7] Goldschmidt, Wiberg, Nagel u. Martin: Liebigs Ann. **456**, 1 (1927) — Chem. Zbl. **1927 II**, 2400.
[8] Emil Abderhalden u. Herbert Mahn: Hoppe-Seylers Z. **169**, 196 (1927).
[9] Yuji Shibata u. Tei-ichi Asahina: Bull. chem. Soc. Japan **2** (27) 324 — Chem. Zbl. **1928 I**, 1194.
[10] Emil Abderhalden u. Ernst Roßner: Hoppe-Seylers Z. **178**, 156 (1928).
[11] Abderhalden u. Schwab: Hoppe-Seylers Z. **164**, 274 (1927).
[12] Emil Abderhalden u. Walter Stix: Hoppe-Seylers Z. **129**, 143 (1923).
[13] Takaoki Sasaki u. Tokudji Hashimoto: Ber. dtsch. chem. Ges. **54**, 168 (1921).
[14] Abderhalden u. Schwab: Hoppe-Seylers Z. **149**, 298 (1925).
[15] Abderhalden u. Schwab: Hoppe-Seylers Z. **153**, 83 (1926).
[16] Abderhalden u. Schwab: Hoppe-Seylers Z. **152**, 88 (1926).

Valeriansäure zerfällt[1]. Nach 8stündigem Stehen der Lösung bildet sich die Ketoform zurück[2]. Nach längerem Kochen der wässerigen Lösung soll die Leitfähigkeit angeblich erhöht werden[3].

Wird beim Verfüttern resorbiert, durch den Harn aber beinahe wieder quantitativ in der gewöhnlichen Ketoform ausgeschieden[4].

Glycyl-l-leucinanhydrid.

Physikalische und chemische Eigenschaften: Verlauf der Spaltung eines Gemisches von Glycyl-l-leucinanhydrid und Glycyl-l-leucin mit n-Alkali[5].

Glycyl-dl-norleucinanhydrid[6].

$$\begin{array}{c} CH_2 \diagdown \diagup CO-NH \diagdown \\ \diagup \quad CH \cdot (CH_2)_3 \cdot CH_3 \quad C_8H_{14}O_2N_2 \\ \diagdown NH \cdot CO \diagup \end{array}$$

Darstellung: Durch Erhitzen von Glycyl-norleucin mit der 10—15fachen Menge Anilin auf 170—180°.

Physikalische und chemische Eigenschaften: Löslich in Alkohol und heißem Wasser, unlöslich in Äther. Schmelzp. 219—220°. Durch Erhitzen mit Chinolin und Tierkohle entsteht ein in silberglänzenden Krystallen krystallisierendes Anhydrid, das starke Bromentfärbung zeigt und wahrscheinlich als **Dehydro-glycyl-norleucinanhydrid** anzusprechen ist.

Dehydro-dl-leucyl-glycinanhydrid[6].

Wahrscheinliche Formel:

$$\begin{array}{c} CH_3 \diagdown \qquad\qquad CO-NH \diagdown \\ \quad CH \cdot CH_2 \cdot C \diagup \qquad\qquad CH_2 \quad C_8H_{12}O_2N_2 \\ CH_3 \diagup \qquad\qquad \diagdown N-CO \diagup \end{array}$$

Darstellung: dl-Leucyl-glycinanhydrid wird mit der 6fachen Menge Tierkohle und der 30fachen Menge reinen Chinolins 5 Stunden auf 230—240° erhitzt. Tierkohle mit Äther waschen, mit Methylalkohol auskochen. Das so erhaltene Produkt enthält meist noch größtenteils unverändertes Leucyl-glycinanhydrid. Man löst zur Trennung in der 4fachen theoretischen Menge n-NaOH bei Zimmertemperatur unter Schütteln (2—3 Stunden) und neutralisiert das Alkali mit 5 n-HCl, wobei das ungesättigte Anhydrid ausfällt.

Physikalische und chemische Eigenschaften: Krystallisiert aus Methylalkohol in feinen, glänzenden Nädelchen, die sich bei 255° braun färben und bei 290° schmelzen. Leicht löslich in Eisessig, löslich in heißem Methyl- und Äthylalkohol, kaum löslich in Wasser, unlöslich in Äther. In Eisessig- oder alkoholischer Lösung entfärbt es Brom bei Zimmertemperatur, und zwar werden 95% des Eigengewichts addiert. Es zeigt ein intensives Absorptionsvermögen im Ultraviolett. Mit Wasserstoff und Palladiummohr läßt es sich nicht reduzieren. Mit Schwefelsäure hydrolysiert, entsteht Ammoniak, Glykokoll und α-Oxo-isocapronsäure.

Derivate: Bromadditionsprodukt $C_8H_{13}O_2N_2Br$ (?). Krystallisiert aus der mit Brom versetzten Eisessiglösung des Dehydroanhydrids in sechseckigen Blättchen, die bei 163° unter Zersetzung schmelzen. Erhitzt man mit Phenylisocyanat auf 130—140°, so entsteht unter Braunfärbung und Bromwasserstoffentwicklung dieselbe Phenylisocyanatverbindung, die bei der Kondensation des Dehydroanhydrids mit Phenylisocyanat entsteht.

Phenylisocyanatverbindung $C_{15}H_{17}O_3N_3$. Man erhitzt das Dehydroanhydrid mit einem Überschuß von Phenylisocyanat 15 Minuten auf 170°, wobei sich lange, büschelförmige Nadeln abscheiden. Waschen mit Äther. Bei 230° beginnende Braunfärbung, bei 281° vollständige Zersetzung. Addiert 55,4% seines Eigengewichts Brom. Entsteht auch aus dem Bromadditionsprodukt durch mäßiges Erhitzen mit Phenylisocyanat.

---

[1] Abderhalden u. Schwab: Hoppe-Seylers Z. **157**, 140 (1926).
[2] Emil Abderhalden u. Richard Haas: Hoppe-Seylers Z. **155**, 195 (1926).
[3] Abderhalden u. Haas: Hoppe-Seylers Z. **155**, 200 (1926).
[4] Emil Abderhalden u. Severin Buadse: Hoppe-Seylers Z. **162**, 304 (1927).
[5] Emil Abderhalden u. Herbert Mahn: Hoppe-Seylers Z. **169**, 196 (1927).
[6] Emil Abderhalden u. Ernst Roßner: Hoppe-Seylers Z. **163**, 149 (1927).

Glycyl-dl-α-aminoheptylsäureanhydrid [1].

$$CH_2 \begin{array}{c} CO-NH \\ \diagup \quad \diagdown \\ \diagdown \quad \diagup \\ NH-CO \end{array} CH \cdot (CH_2)_4 \cdot CH_3 \quad C_9H_{16}O_2H_2$$

Darstellung: Durch Erhitzen von Glycyl-dl-aminoheptylsäure mit Anilin auf 170—180°.
Physikalische und chemische Eigenschaften: Unlöslich in Äther, löslich in Alkohol und heißem Wasser, woraus es sich in mikroskopischen, moosähnlichen Krystallen abscheidet. Schmelzp. 221—222°.

Glycyl-dl-α-aminocaprylsäureanhydrid.

$$CH_2 \begin{array}{c} CO-NH \\ \diagup \quad \diagdown \\ \diagdown \quad \diagup \\ NH-CO \end{array} CH \cdot (CH_2)_5 \cdot CH_3 \quad C_{10}H_{18}O_2H_2$$

Darstellung: Durch Erhitzen von Glycyl-aminocaprylsäure mit Anilin auf 170—180°.
Physikalische und chemische Eigenschaften: Unlöslich in Äther, löslich in Alkohol und heißem Wasser. Schmelzp. 222° [1].

Glycyl-phenylglycinanhydrid.

Physikalische und chemische Eigenschaften: Schmelzp. 232° [2].

Glycyl-dl-phenylalaninanhydrid.

Bildung: Beim 3stündigen Erhitzen von 2-Phenyl-4-benzyl-glyoxalidon(5)-1-essigsäure mit Alkohol auf 170—180° oder aus 2-Methyl-4-benzal-glyoxalon(5)-1-essigsäure durch Hydrieren und Behandeln mit gesättigtem alkoholischen Ammoniak [3].
Physikalische und chemische Eigenschaften: Absorption im Ultraviolett [4].
Derivate: Glycyl - dl - phenylalaninanhydrid - di - phenylisocyanat (1, 4-Di-phenylcarbaminsäure-3-benzyl-2, 5-diketopiperazin) $C_{25}H_{22}O_4N_4$. Durch Erhitzen von Glycyl-phenylalaninanhydrid mit 5 Mol Phenylisocyanat auf 170° bis zur Lösung. Scheidet sich beim Erkalten aus. Waschen mit Äther und Auskochen mit 50proz. Alkohol. Ausbeute 93% d. Th. Löst man in der 150fachen Menge Isoamylalkohol bei 100° und kühlt in der Kältemischung, so krystallisieren feine, zu Drusen vereinigte Nädelchen vom Schmelzp. 151—152° aus [5].

Glycyl-l-tyrosinanhydrid.

Bildung: Aus Seidenfibroin durch partielle Hydrolyse mit 70proz. Schwefelsäure [6, 7, 8]. Durch partielle Hydrolyse von Spinnenseide [9].
Physikalische und chemische Eigenschaften: Aufspaltung eines Gemisches mit Glycyl-d-alaninanhydrid, Glycyl-l-tyrosin und Glycyl-d-alanin durch n-Alkali [10]. Verlauf der Einwirkung von n-NaOH bei Zimmertemperatur und von n-HCl bei verschiedenen Temperaturen [11].
Über die Absorption im Ultraviolett [4].
Physiologische Eigenschaften: Aufspaltung des oben erwähnten Gemisches durch eine Mischung von Pankreas- und Dünndarmpreßsaft [10].

---

[1] Emil Abderhalden u. Ernst Roßner: Hoppe-Seylers Z. **163**, 149 (1927).
[2] Petrescu: Bull. Soc. chim. Roma **1**, 56 (1920).
[3] Ch. Gränacher u. M. Mahler: Helvet. chim. Acta **10**, 246 (1927) — Chem. Zbl. **1927 I**, 2543.
[4] Yuji Shibata u. Tei-ichi Asahina: Bull. chem. Soc. Japan **2** (27) 324 — Chem. Zbl. **1928 I**, 1194.
[5] Max Lüdtke: Hoppe-Seylers Z. **150**, 215 (1925).
[6] Emil Abderhalden: Hoppe-Seylers Z. **120**, 207 (1922).
[7] Emil Abderhalden: Hoppe-Seylers Z. **131**, 286 (1923).
[8] Emil Abderhalden u. Ernst Schwab: Hoppe-Seylers Z. **139**, 169 (1924).
[9] Emil Abderhalden: Hoppe-Seylers Z. **131**, 281 (1923).
[10] Emil Abderhalden u. Erwin Schnitzler: Hoppe-Seylers Z. **164**, 159 (1927).
[11] Emil Abderhalden u. Herbert Mahn: Hoppe-Seylers Z. **174**, 47 (1928).

Glycyl-dl-tyrosinanhydrid.

Bildung: Entsteht zum Teil durch Erhitzen von Glycyl-tyrosin mit Glycerin[1].
Derivate: 1-Acetyl-3-benzal-6-p-acetoxy-2, 5-diketopiperazin

$$CH_3 \cdot CO \cdot N \begin{matrix} CO-C=CHC_6H_5 \\ \\ CH-CO \\ | \\ CH_2C_6H_4OCOCH_3 \end{matrix} NH$$

Durch Erhitzen von Glycyl-tyrosinanhydrid mit Benzaldehyd bei Gegenwart von Essigsäureanhydrid und Natriumacetat auf 120—130°. Aus verdünntem Alkohol krystallisiert, schmilzt es bei 153—154°. Löslich in Alkohol, Eisessig und Benzol, sehr schwer löslich in Wasser und Äther[2].

Polymeres Glycyl-tyrosinanhydrid.

Darstellung: Nach 1—2 stündigem Erhitzen von Glycyl-tyrosinanhydrid mit der 5 bis 10 fachen Menge Glycerin auf 170°, verdünnen mit der 10—20 fachen Menge Äthylalkohol, versetzen mit einem $Ba(OH)_2$-Kryställchen und erwärmen auf 70° scheidet sich eine voluminöse Substanz ab, die sich nach dem Filtrieren und Waschen mit Alkohol und Äther in eine feinpulverige Masse umwandelt.
Physikalische und chemische Eigenschaften: Löst sich kolloidal und diffundiert nicht durch eine Dialysierhülse. Gibt positive Carbonyl- sowie Millons- und Xanthoproteinreaktion[3].

Glycyl-l-prolinanhydrid, l-Prolyl-glycinanhydrid.

Bildung: Wurde aus dem Verdauungsgemisch von Gliadin mit Pankreatin isoliert[4]. Aus dem Verdauungsgemisch von Edestin mit Pankreatin entsteht es mit größter Wahrscheinlichkeit ebenfalls[5].
Physikalische und chemische Eigenschaften: Das aus Gliadin erhaltene Produkt beginnt bei 198° zu sintern und schmilzt bei 209°. $[\alpha]_D^{20} = -206,5°$ (in wässeriger Lösung)[4]. Das aus Edestin erhaltene, das in feinen weißen Nädelchen krystallisiert, schmilzt schon bei 180 bis 183°. $[\alpha]_D^{20} = -202°$ [5].

Wirkt beschleunigend auf die Bildung der maximalen Farbstärke bei der Kommschen Tryptophan-Aldehydreaktion[6, 7].

Wird in Lösung durch 1—10 Äquivalente Alkali teilweise racemisiert[8].

Glycyl-dl-serinanhydrid.

Physikalische und chemische Eigenschaften: Bei der Hydrolyse mit konzentrierter Salzsäure im Rohr bei 100° entsteht Glykokoll und Serin[9].

Erhitzt man es mit Essigsäureanhydrid und Natriumacetat, so entsteht das Allo-3-methylen-2, 5-dioxopiperazin[9].

Adsorbiert Tannin kaum[10].

d-Alaninanhydrid.

Bildung: Aus Seidenfibroin durch partielle Hydrolyse mit 70 proz. Schwefelsäure[11] oder mit verdünnter Salzsäure unter Druck[12].

---

[1] Emil Abderhalden u. Ernst Schwab: Hoppe-Seylers Z. **148**, 254 (1925).
[2] Takaoki Sasaki u. Tokudji Hashimoto: Ber. dtsch. chem. Ges. **54**, 168 (1921).
[3] Keita Shibata: Acta phytochim. (Tokyo) **2**, 39 — Chem. Zbl. **1925 II**, 1281.
[4] Emil Abderhalden: Hoppe-Seylers Z. **128**, 124 (1923).
[5] Emil Abderhalden u. Ernst Komm: Hoppe-Seylers Z. **145**, 308 (1925).
[6] Ernst Komm: Hoppe-Seylers Z. **140**, 74 (1924).
[7] Ernst Komm: Hoppe-Seylers Z. **156**, 35 (1926).
[8] P. A. Levene u. M. H. Pfaltz: J. gen. Physiol. **8**, 183 (1925) — Chem. Zbl. **1926 I**, 677.
[9] Max Bergmann u. Hellmuth Enßlin: Liebigs Ann. **448**, 38.
[10] Max Bergmann, Arthur Miekeley u. Erich Kann: Biochem. Z. **177**, 1 (1926).
[11] Emil Abderhalden: Hoppe-Seylers Z. **131**, 286 (1923).
[12] Emil Abderhalden u. Ernst Komm: Hoppe-Seylers Z. **136**, 134 (1924).

Physikalische und chemische Eigenschaften: Beim Lösen in stärkeren Alkalien ist die Abnahme der optischen Drehung dem Hydrolysengrad proportional, während bei Anwendung von schwächeren Alkalien sich die optische Drehung (Racemisierung) schneller ändert, als dem Hydrolysenverlauf entspricht[1]. Drehung bei ganz verschiedenem p_H (0,57—13,5). Bei einem p_H von etwa 13—13,5 tritt scheinbar ein neuer Dissoziationsvorgang in Erscheinung (Enolisierung ?)[2].

Beim Erhitzen mit Anilin entsteht angeblich ein enolisiertes Produkt (wobei die Drehung von —26,4 auf —6,07 sinkt), das mit Ozon ein Ozonid bildet, welches mit Alkali Essigsäure abspaltet[3, 4].

Reagiert rasch mit NaOBr, wobei 2 Moleküle Hypobromit verbraucht werden[5], und zwar entsteht in neutraler bzw. essigsaurer Lösung N-Dibromalaninanhydrid und in alkalischer Lösung Alanin, Essigsäure und Ammoniak[6].

l-Alaninanhydrid.

Bildung und physikalische und chemische Eigenschaften: l-Alaninäthylester gibt beim Aufbewahren l-Alaninanhydrid (in der Literatur mit cis-3, 6-Diketo-2, 5-dimethylpiperazin bezeichnet) mit einer spez. Drehung $[\alpha]_D = 29,1$, das bei der Reduktion mit Natrium und Alkohol trans-2, 5-Dimethylpiperazin liefert[7].

dl-Alaninanhydrid.

Bildung: Bei der Hydrierung von 3-Methylen-6-methyl-2, 5-dioxopiperazin mit Wasserstoff in Eisessig bei Gegenwart von Palladiummohr[8].

Darstellung: Durch Erhitzen von Alanyl-alanin mit Diphenylamin auf 220—230° mit 96% Ausbeute[9].

Physikalische und chemische Eigenschaften: Durch Erhitzen mit Chinolin und Tierkohle wird keine Bromentfärbung erzielt[10].

Derivate: Molekularverbindung mit Leucyl-glycinanhydrid. Durch Erhitzen gleicher Mengen der Anhydride mit Anilin auf 200°. Drusenförmige Gebilde vom Zersetzungsp. 227°[11].

N-N'-Dibromalaninanhydrid. Scheidet sich bei der Einwirkung von KOBr auf eine wässerige Lösung von Alaninanhydrid bei 0° und essigsaurer Reaktion ab. Gelbes, unbeständiges Pulver. Zersetzung bei 110°. Verpufft beim Erhitzen, oxydiert Jodwasserstoffsäure unter Bildung von Alaninanhydrid[6].

3-Methylen-6-methyl-2, 5-dioxopiperazin.

$$CH_3 \cdot CH \underset{NH-CO}{\overset{CO-NH}{\diagup\!\!\!\diagdown}} C=CH_2 \quad C_6H_8O_2N_2$$

Darstellung: 5 g dl-Alanyl-dl-serin werden mit methylalkoholischer Salzsäure verestert, der im Vakuum bei 30° gut getrocknete salzsaure Ester mit 20 ccm Thionylchlorid übergossen, 12 Stunden bei Zimmertemperatur stehen gelassen und die inzwischen etwas dunkel gefärbte Lösung in trockenen Äther gegossen. Das erst als Öl ausfallende Reaktionsprodukt erstarrt bald. Rasch absaugen und unter Kühlung mit Kältemischung sofort mit 20—30 ccm konzentriertem wässerigen Ammoniak übergießen. Nach wenigen Minuten krystallisiert das gebildete Anhydrid aus. Ausbeute bis 1,6 g[6].

---

[1] P. A. Levene u. M. H. Pfaltz: J. of biol. Chem. **63**, 661 (1925).
[2] P. A. Levene, Lawrence W. Bass, Robert E. Steiger u. Isaac Bencowitz: J. of biol. Chem. **72**, 815 (1927) — Chem. Zbl. **1927 II**, 1151.
[3] Emil Abderhalden u. Ernst Schwab: Hoppe-Seylers Z. **153**, 83 (1926).
[4] Emil Abderhalden u. Ernst Schwab: Hoppe-Seylers Z. **157**, 140 (1926).
[5] Stefan Goldschmidt u. Christian Steigerwald: Ber. dtsch. chem. Ges. **58**, 1346 (1925).
[6] Goldschmidt, Wiberg, Nagel u. Martin: Liebigs Ann. **456**, 1 (1927).
[7] F. B. Kipping u. W. J. Pope: J. chem. Soc. Lond. **1926**, 494 — Chem. Zbl. **1926 I**, 3050.
[8] Max Bergmann, Arthur Miekeley u. Erich Kann: Hoppe-Seylers Z. **146**, 247 (1925).
[9] Emil Abderhalden u. Fritz Gebelein: Hoppe-Seylers Z. **157**, 125 (1926).
[10] Emil Abderhalden u. Ernst Roßner: Hoppe-Seylers Z. **163**, 149 (1927).
[11] Emil Abderhalden u. Ernst Schwab: Hoppe-Seylers Z. **164**, 274 (1927).

Physikalische und chemische Eigenschaften: Verhältnismäßig leicht löslich in heißem Wasser, woraus es in spießig ausgebildeten Prismen krystallisiert, die bei längerem Stehen in Tafeln übergehen. Aus Alkohol kann man es in millimeterlangen, zentrisch angeordneten Nadeln erhalten. In Äther und Petroläther ist es außerordentlich schwer löslich. Bräunt sich von 280° an und hinterläßt gegen 340° eine völlig zersetzte Kohle. — Bei der Hydrolyse mit 5 n-HCl durch $1/2$stündiges Erhitzen auf 70° entstehen Alanin, Brenztraubensäure, Ammoniak und Pyruvoylalanin, das in langen Nadeln vom Schmelzp. 143,5° (korr.) krystallisiert und bei weiterer Hydrolyse Alanin und Brenztraubensäure liefert. Mit Ozon in Eisessig bildet sich 6-Methyl-2, 3, 5-trioxopiperazin. Bei der Hydrierung mit Wasserstoff und Palladiummohr in Eisessiglösung geht es in Alaninanhydrid über[1]. — Bei der Molekulargewichtsbestimmung in siedendem Phenol assoziiert es sich zu $(C_6H_8O_2N_2)_2$[2], und in schmelzendem Phenol bekommt man das einfache Molekül[3]. Adsorbiert Tannin und Malachitgrün ziemlich schwach[4]. Löst man mit n-Alkali in der Kälte und stumpft dann das Alkali alsbald wieder ab, so erhält man die schwer löslichen winzigen Krystalle der Isoform[1]. Bewahrt man dagegen in der Kälte oder bei mäßiger Wärme mit einer 1 proz. Argininlösung auf, so erhält man die reine Alloform[5].

Derivate: Diacetyl-3-methylen-6-methyl-2, 5-dioxopiperazin $C_{10}H_{12}O_4N_2$. Durch Einwirkung von siedendem Essigsäureanhydrid auf 3-Methylen-6-methyl-2, 5-dioxopiperazin. Krystallisiert aus Alkohol in Nadeln vom Schmelzp. 111° (korr.). Schwer löslich in Wasser, ziemlich leicht löslich in Alkohol, sehr leicht löslich in Chloroform und Essigester. Ist von brennendem Geschmack und zum Niesen reizend[6].

Monoformal-3-methylen-6-methyl-2, 5-dioxopiperazin $(C_7H_{10}O_3N_2)_x$. Struktur noch nicht geklärt. Durch 2stündiges Erwärmen von Methylen-methyl-dioxopiperazin mit 6 Mol einer 3proz. Formaldehydlösung im Rohr bei 75°. Eindampfen, mit wenig Wasser aufnehmen, von unverändertem Ausgangsmaterial abfiltrieren, wieder zum Sirup eindampfen, Formaldehyd im Hochvakuum entfernen, in wenig heißem Wasser aufnehmen, mit absolutem Alkohol fällen, flockigen Niederschlag mit Alkohol auskochen.

Amorphes Produkt, äußerst wenig oder gar nicht löslich in den gebräuchlichen organischen Mitteln. Mit Wasser quillt es zu einer klebrigen Masse, die langsam in Lösung geht. Heißes Wasser löst ziemlich rasch. Beim Erkalten scheidet sich nichts ab. Bei längerer Aufbewahrung oder nach Zusatz von Elektrolyten tritt ähnlich wie beim Leim Gallertbildung ein. Die dazu notwendige Konzentration muß hier allerdings größer sein als beim Leim. Läßt man die wässerige Lösung in dünner Schicht eintrocknen, so entstehen glasklare Filme, die etwas spröder sind als natürliche Gelatine. Nach dem Behandeln mit Chromat werden sie lichtempfindlich und nach der Belichtung sind sie schwer löslich in warmem Wasser. Wässerige Lösungen der Formalverbindung geben keine Biuretreaktion, dagegen geben sie auch in sehr großer Verdünnung mit Gerbstoffen schwer lösliche Niederschläge. Beim längeren Kochen mit Wasser und Säuren spaltet sich bis zu $2/3$ der aufgenommenen Formaldehydmenge ab.

Wird von Wasserstoff und Palladiummohr nicht reduziert. Die frisch hergestellte Lösung zeigt keine Gefrierpunktserniedrigung. Nach mehreren Stunden treten geringe Depressionen auf, die aber wohl auf geringer Zersetzung (Abspaltung von Formaldehyd) beruhen[4].

Iso-3-methylen-6-methyl-2, 5-dioxopiperazin.

Wahrscheinliche Formel[3]:

$$\left[\begin{array}{c} \text{OH} \\ | \\ \text{C=N} \\ \text{CH}_3 \cdot \text{CH} \quad \quad \text{C=CH}_2 \\ \text{N=C} \\ | \\ \text{OH} \end{array} \right]_x$$

Darstellung und Bildung: Man läßt eine Lösung von 0,5 g Methylen-methyl-dioxopiperazin in 7 ccm n-NaOH 1 Stunde bei Zimmertemperatur stehen und versetzt mit 7 ccm n-HCl,

---

[1] Max Bergmann, Arthur Miekeley u. Erich Kann: Hoppe-Seylers Z. **146**, 247 (1925).
[2] Max Bergmann, Arthur Miekeley u. Erich Kann: Liebigs Ann. **445**, 26 (1925).
[3] Max Bergmann u. Fritz Stather: Liebigs Ann. **448**, 32 (1926).
[4] Max Bergmann, Arthur Miekeley u. Erich Kann: Biochem. Z. **177**, 1 (1926).
[5] Max Bergmann: Collegium **1926**, Nr 679, 488.
[6] Max Bergmann, Arthur Miekeley u. Erich Kann: Liebigs Ann. **445**, 1 (1925).

wobei sich 0,37 g der polymeren Isoform ausscheiden[1,2]. Entsteht auch durch Zersetzung des Natriumsalzes mit Säure, sowie durch Verseifen der beiden Acetylverbindungen mit siedendem Ammoniumhydroxyd oder verdünnten Säuren[3,4].

Entsteht auch, wenn man Dialanyl-cystin-dianhydrid in Alkali löst und mit Salzsäure ansäuert. Es fällt ein gelber Niederschlag aus, der gut mit Alkohol und Äther gewaschen und mit Schwefelkohlenstoff ausgekocht wird[4]. Nach dieser Darstellungsweise erhält man die Verbindung schwer ganz rein von Spuren schwefelhaltiger Verunreinigungen. Ferner erhält man es aus Alanyl-serinanhydrid durch Behandeln mit n-NaOH[5].

Physikalische und chemische Eigenschaften: Krystallisiert in feinen mikroskopischen Nädelchen, die in den gebräuchlichen organischen Lösungsmitteln so gut wie unlöslich sind. Mit kochendem Wasser entsteht eine trübe Flüssigkeit, aber keine klare Lösung. Kein Schmelzpunkt, sondern nur allmähliche Schwarzfärbung. Hydrolyse mit Salzsäure führt zu einem salzsauren Tetrapeptid $C_{12}H_{22}O_6N_4Cl_2$[3,4]. Bei der Molekulargewichtsbestimmung in siedendem Phenol erhält man Werte, die für ein Doppelmolekül sprechen[6], in schmelzendem Phenol dissoziiert es jedoch bis zum einfachen Molekül, doch kann man daraus die Isoform wieder unverändert gewinnen[7]. Tannin und Malachitgrün werden durch das Iso-methylen-methyl-2,5-dioxopiperazin sehr stark adsorbiert[8]. Auflösen in starker NaOH und Abscheidung mit Alkohol führt zu dem gelben Natriumsalz der Isoform[6].

Derivate: Dinatriumsalz $C_6H_6O_2N_2Na_2 + 1/2 H_2O$. Durch Lösen von 3-Methylen-6-methyl-2,5-dioxopiperazin oder der Isoform in 20 proz. NaOH und Ausfällen mit Alkohol[3]. Oder durch Lösen von Dialanyl-cystin-dianhydrid in n-NaOH. Nach 10—15 Minuten tritt unter Gelbfärbung klare Lösung ein. Setzt man absoluten Alkohol hinzu, so fällt das Natriumsalz in großen Nadeln, die zu Aggregaten vereinigt sind, aus. Das Salz enthält viel Krystallwasser, bei dessen Entfernung sich die gelbe Farbe stark vertieft[4]. Wenn man von der Normal- oder der Isoform des Methylen-methyl-2,5-dioxopiperazins ausgeht, krystallisiert es in gelblichen 6 seitigen Tafeln. Nach dem Trocknen bei 100° und 0,2 mm enthält es noch $1/2$ Krystallwasser und ist dann sehr hygroskopisch[3]. Läßt sich auf keine Weise in Methylen-methyl-dioxopiperazin zurückverwandeln.

Monoacetylverbindung $C_8H_{10}O_3N_2$. Durch Einwirkung von heißem Eisessig auf die Isoform. Krystallisiert aus Essigester in Nadeln. Schmilzt bei 225° zu einer trüben Flüssigkeit, erstarrt bei etwa 260° wieder und beginnt sich über 280° dunkel zu färben. Leicht löslich in Wasser, sehr schwer löslich in Essigester. Entsteht auch bei der Darstellung, sowie während der Hydrierung des Diacetats[3].

Diacetylverbindung $C_{10}H_{12}O_4N_2$. Durch Erhitzen von Isomethylen-methyl-dioxopiperazin oder dessen Natriumsalz mit Essigsäureanhydrid in Tetrachlorkohlenstoff. Krystallisiert aus absolutem Alkohol in schneeweißen, schief geschnittenen Prismen vom Schmelzp. 144 bis 145° (korr.). Löslich in heißem Wasser, Tetrachlorkohlenstoff, Benzol, leicht löslich in Essigester. Es ist leicht verseifbar und wird durch Aufkochen mit verdünntem Ammoniak oder verdünnten Säuren in das Isoanhydrid zurückverwandelt[3,4].

Allo-3-methylen-6-methyl-2, 5-dioxopiperazin.

Mögliche Formel[5]:
$$\left[\begin{array}{c}\text{CO—N}\\\text{CH}\quad\text{C}\cdot\text{CH}_3\\\text{NH—CO}\end{array}\right]_x \quad (C_6H_8O_2N_2)_x$$

Darstellung: 1,5 g Alanylserinanhydrid werden mit 1,55 g wasserfreiem Natriumacetat und 2,2 ccm Essigsäureanhydrid $2^1/_2$ Stunden im Bad von 125° erhitzt, wobei sich das Reaktionsprodukt als schwach grau gefärbtes Pulver absetzt. Mit 10 ccm Wasser in der Kälte zersetzen und mit Wasser und Alkohol waschen. Mit Wasser auskochen. Nicht ganz aschefrei[9].

---

[1] Max Bergmann, Arthur Miekeley u. Erich Kann: Hoppe-Seylers Z. **146**, 247 (1925).
[2] Max Bergmann u. Arthur Miekeley: Hoppe-Seylers Z. **140**, 128 (1924).
[3] Max Bergmann, Arthur Miekeley u. Erich Kann: Liebigs Ann. **445**, 1 (1925).
[4] Max Bergmann u. Fritz Stather: Hoppe-Seylers Z. **152**, 189 (1926).
[5] Max Bergmann: Collegium **1926**, Nr 679, 488.
[6] Max Bergmann, Arthur Miekeley u. Erich Kann: Liebigs Ann. **445**, 26 (1925).
[7] Max Bergmann u. Fritz Stather: Liebigs Ann. **448**, 32 (1926).
[8] Max Bergmann, Arthur Miekeley u. Erich Kann: Biochem. Z. **177**, 1 (1926).
[9] Max Bergmann u. Hellmuth Enßlin: Liebigs Ann. **448**, 38 (1926).

Unter Bedingungen, die sich den physiologischen mehr nähern, kann man es auch folgendermaßen herstellen: 0,5 g Methylen-methyl-dioxopiperazin werden in 8 ccm einer $2^1/_2$proz. wässerigen Lösung von reinem Arginin im Rohr einige Stunden auf 70—80° erwärmt (bzw. bei gewöhnlicher Temperatur entsprechend lange aufbewahrt). Nach 1 Stunde scheidet sich das Alloanhydrid in winzigen, oft undeutlichen Nädelchen ab. Nach dem Absaugen und Auskochen mit 3 mal 10 ccm Wasser beträgt die Ausbeute 0,1 g. Man kann es auch in analoger Weise aus dem Alanyl-serin-anhydrid direkt herstellen[1].

Physikalische und chemische Eigenschaften: Es löst sich sehr schwer in kochendem Wasser, woraus es sich nach längerem Stehen in Nädelchen abscheidet. In starker kalter Natronlauge löst es sich farblos. Verdünnt man mit Wasser und säuert mit Essigsäure an, so erhält man es in mikroskopischen, zentrisch angeordneten farblosen Nädelchen[1]. Es adsorbiert Tannin und Malachitgrün sehr stark[2]. Läßt sich mit Wasserstoff und Palladiummohr in Eisessiglösung nicht hydrieren[1]. Erhitzt man $^3/_4$ Stunden mit rauchender Salzsäure auf 100°, so wird es zum salzsauren Tetrapeptidhydrochlorid $C_{12}H_{22}O_6N_4Cl_2$ aufgespalten.

Alanyl-valinanhydrid, Valyl-alaninanhydrid.

Bildung: Bildet sich wahrscheinlich bei der Hydrolyse von Wolle durch Natriumsulfid[3].

Alanyl-leucinanhydrid, Leucyl-alaninanhydrid.

Bildung: Bei der Autoklavenhydrolyse von Schweineborsten[4] oder Roßhaar[5] mit 1proz. Salzsäure; wahrscheinlich auch bei der Hydrolyse von Wolle durch Natriumsulfid[3].

Iso-3-methylen-6-isobutyl-2, 5-dioxopiperazin.
$(C_9H_{14}O_3N_2)_x$

Darstellung: 1 g Dileucyl-l-cystindianhydrid werden mit 50 ccm 10proz. Natronlauge $^1/_2$ Stunde gekocht und dann die gelb gefärbte Lösung mit 5 n-HCl schwach angesäuert, wobei das Anhydrid unter Schwefelwasserstoffentwicklung als schwach gelber Niederschlag ausfällt, der nach dem Waschen und Trocknen mehrmals mit Schwefelkohlenstoff ausgekocht und mit Alkohol und Äther gewaschen wird. Ausbeute 0,4 g. Nicht ganz aschefrei.
Bei der Molekulargewichtsbestimmung in Phenol bzw. Resorcin dissoziiert es in einfache Molekülteilchen. Mit Natronlauge versetzt, löst es sich unter Gelbfärbung[6].

Derivate: Natriumsalz. Kann entweder durch Lösen der Isoverbindung in starker Natronlauge oder direkt durch Lösen von Dileucyl-l-cystin-dianhydrid in der 10fachen Menge 30proz. Natronlauge dargestellt werden. Schon nach kurzer Zeit krystallisiert es in büschelförmig vereinigten, mikroskopischen Nadeln in sehr guter Ausbeute aus[6].

Diacetylverbindung $C_{13}H_{18}O_4N_2$. 0,4 g des Isoanhydrids werden mit 4 ccm Essigsäureanhydrid und 8 ccm Tetrachlorkohlenstoff bis zur Lösung gekocht, im Vakuum verdampft, aus Alkohol umkrystallisiert. Schmelzp. 99°. Erhitzt man mit wässerigem Ammoniak bis zur Lösung, so erhält man das Iso-methylen-isobutyl-dioxopiperazin zurück[6].

d-Alanyl-l-phenylalaninanhydrid, l-Phenylalanyl-d-alaninanhydrid.

Bildung: Bei der partiellen Hydrolyse von Casein mit 70proz. Schwefelsäure[7].

dl-Alanyl-dl-phenylalaninanhydrid.

Bildung: Bei der Autoklavenhydrolyse von Schweineborsten mit 1proz. Salzsäure[4]. Bei der Hydrierung von Dehydro-alanyl-phenylalaninanhydrid A, B oder C mit Wasserstoff und Palladiummohr[8].

---

[1] Max Bergmann u. Hellmuth Enßlin: Liebigs Ann. **448**, 38 (1926).
[2] Max Bergmann, Arthur Miekeley u. Erich Kann: Biochem. Z. **177**, 1 (1926).
[3] W. Küster, W. Kumpf u. W. Köppel: Hoppe-Seylers Z. **171**, 114 (1927).
[4] Emil Abderhalden u. Ernst Komm: Hoppe-Seylers Z. **145**, 308 (1925).
[5] W. S. Ssadikow: Biochem. Z. **143**, 504 (1923).
[6] Max Bergmann u. Fritz Stather: Liebigs Ann. **448**, 32 (1926).
[7] Emil Abderhalden: Hoppe-Seylers Z. **128**, 123 (1923).
[8] Max Bergmann u. Arthur Miekeley: Liebigs Ann. **458**, 40 (1927).

Dehydro-dl-alanyl-dl-phenylalaninanhydrid A.

(3-Methylen-6-benzyl-2, 5-dioxopiperazin)

$$C_6H_5 \cdot CH_2 \cdot CH \underset{NH-CO}{\overset{CO-NH}{\diagdown}} C=CH_2 \quad C_{12}H_{12}O_2N_2$$

Darstellung: 0,5 g Monoacetyl-phenylalanyl-serinanhydrid A oder B werden fein gepulvert und mit 20 ccm 25proz. Ammoniaks bei Zimmertemperatur 2 Stunden geschüttelt. Nach 24 Stunden absaugen, mit etwas Wasser waschen, aus Wasser umkrystallisieren. Ausbeute nur 0,10—0,15 g. Statt Ammoniak kann man auch 1 Mol $^n/_{10}$-NaOH nehmen.

Physikalische und chemische Eigenschaften: Krystallisiert in voluminösen, feinen Nädelchen. Bräunt sich von 265° an und zersetzt sich gegen 335° nach zunehmender Dunkelfärbung vollständig. Ziemlich schwer löslich in kaltem Wasser, noch schwerer in heißem Alkohol, dagegen leichter in Eisessig. — Bei der Totalhydrolyse entsteht Brenztraubensäure. Bei der Behandlung mit Wasserstoff in Eisessiglösung bei Gegenwart von Palladiumschwarz entsteht Alanyl-phenylalaninanhydrid. Bei Einwirkung von Ozon entsteht 6-Benzyl-2, 3, 5-trioxopiperazin [1].

Dehydro-dl-alanyl-dl-phenylalaninanhydrid B.

$$C_6H_5 \cdot CH_2 \cdot C \underset{N-CO}{\overset{CO-NH}{\diagdown}} CH \cdot CH_3 \quad \text{oder} \quad C_6H_5CH=C \underset{NH-CO}{\overset{CO-NH}{\diagdown}} CH \cdot CH_3$$

Darstellung: Man kocht 1 g Phenylalanyl-serinanhydrid A oder B 1—2 Minuten mit 10 ccm n-NaOH und versetzt mit 10 ccm n-HCl, wobei sich das Dehydroanhydrid B als gelbe, mikrokrystalline, pulverige Masse abscheidet. Wiederholt mit Wasser auskochen. Ausbeute 0,5 g. Oder man erhitzt 0,5 g 1-Acetyl-3-benzal-6-methyl-2, 5-dioxopiperazin mit 10 ccm n-NaOH auf dem siedenden Wasserbad und säuert an. Endlich entsteht es auch aus der C-Form durch Lösen in heißer n-NaOH und Wiederansäuern.

Physikalische und chemische Eigenschaften: Färbt sich beim Erhitzen von 245° an zunehmend braun und schäumt bei raschem Erhitzen gegen 335° (korr.) auf. Außerordentlich schwer löslich in Wasser, leicht dagegen in warmem Eisessig mit anfänglich gelber Farbe. Bei längerem Stehen oder auf Zusatz von Wasser wird die Lösung wieder farblos und es scheidet sich ein farbloser Niederschlag ab, der bei erneutem Erwärmen in Eisessig nicht wieder vollständig in Lösung geht. Leicht löslich in Natronlauge (mit gelber Farbe), fällt beim Ansäuern wieder unverändert aus. Bei der Hydrolyse mit rauchender Salzsäure entsteht Phenylbrenztraubensäure, Ammoniak und Alanin [1].

Derivate: Diacetylverbindung $C_{16}H_{16}O_4N_2$ (Mol-Gewicht 300,15). Durch $^1/_2$stündiges Kochen des Dehydroanhydrids B mit der 30fachen Menge Essigsäureanhydrid, Verdampfen im Vakuum. Krystallisiert aus Alkohol in großen, rhombischen Tafeln vom Schmelzp. 88°. Leicht löslich in Alkohol, Äther und Essigester, unlöslich in Wasser. Beim Erwärmen mit n-NaOH und nachfolgendem Ansäuern wird das Ausgangsprodukt zurückgebildet. Entsteht auch durch Einwirkung von Essigsäureanhydrid und Pyridin in der Kälte [1].

Dehydro-dl-alanyl-dl-phenylalaninanhydrid C.

$$C_6H_5CH=C \underset{N-CO}{\overset{CO-NH}{\diagdown}} CH \cdot CH_3 \quad \text{oder} \quad C_6H_5 \cdot CH_2 \cdot C \underset{N-CO}{\overset{CO-NH}{\diagdown}} CH \cdot CH_3$$

Darstellung: Man schüttelt möglichst fein gepulvertes 1-Acetyl-3-benzal-6-methyl-2, 5-dioxopiperazin mit 25proz. Ammoniak 2 Tage bei gewöhnlicher Temperatur, wobei sich das Reaktionsprodukt in Nädelchen abscheidet.

Physikalische und chemische Eigenschaften: Krystallisiert aus Alkohol in farblosen, lanzettförmigen Blättchen. Bräunt sich von 255° an und schäumt gegen 261° (korr.) auf. Sehr schwer löslich in Wasser und fast ebenso schwer in heißem Alkohol. Löst sich in heißer n-NaOH leicht mit gelber Farbe. Beim Ansäuern fällt die B-Form aus. Mit kochendem Essigsäureanhydrid wird das Ausgangsprodukt zurückgewonnen. Zerfällt bei der Hydrolyse in Phenylbrenztraubensäure, Alanin und Ammoniak [1].

---

[1] Max Bergmann, Arthur Miekeley u. Erich Kann: Liebigs Ann. **458**, 40 (1927).

Dehydro-dl-alanyl-dl-phenylalaninanhydrid D.

Darstellung: 1. 1 g dl-Phenylalanyl-serinanhydrid A oder B, 0,7 g wasserfreies Natriumacetat und 1,1 g Essigsäureanhydrid werden 3 Stunden im Bad von 130° erhitzt. Zersetzen mit Wasser. Mit Wasser und Alkohol auskochen (0,7 g). — 2. 1 g Phenylalanyl-serinanhydrid A oder B werden mit 0,4 g Arginin in 10 ccm Wasser 2 Tage auf 80—90° erwärmt. Neben unverändertem Ausgangsmaterial lange, farblose Nadeln. Auskochen (0,2 g). 3. Durch Erhitzen von Monoacetyl-phenylalanyl-serinanhydrid A oder B über den Schmelzpunkt.
Physikalische und chemische Eigenschaften: Bräunt sich von etwa 270° an und schäumt gegen 335° (korr.) auf. Äußerst schwer löslich in den gebräuchlichen Lösungsmitteln. Die Identität der nach Darstellung 1, 2 oder 3 gewonnenen Produkte ist noch nicht einwandfrei sichergestellt[1].

Alanyl-prolinanhydrid, Prolyl-alaninanhydrid.

Bildung: Bildet sich wahrscheinlich bei der Hydrolyse von Wolle durch Natriumsulfid[2].

d-Alanyl-l-tryptophananhydrid.

Physikalische und chemische Eigenschaften: Absorption im Ultraviolett[3].
Derivate: Molekülverbindung mit d-Alanyl-l-tryptophan $C_{28}H_{32}O_5N_6$. Siehe d-Alanyl-l-tryptophan[3].

d-Alanyl-l-serinanhydrid.

Bildung: Durch partielle Hydrolyse von Seidenfibroin mit 70proz. Schwefelsäure[4].
Physikalische und chemische Eigenschaften: Durch Behandeln mit n-NaOH entsteht das Iso-methylen-methyl-dioxopiperazin; bei der Behandlung mit wenig NaOH oder Arginin das Allo-methylen-methyl-dioxopiperazin[5].

Methylalanyl-sarkosinanhydrid

$$\begin{array}{c} \quad\quad CO-N-CH_3 \\ CH_2 \quad\quad CH\cdot CH_3 \quad C_7H_{12}O_2N_2 \\ \quad\; N-CO \\ \quad\; | \\ \quad\; CH_3 \end{array}$$

Darstellung: Brompropionyl-sarkosin wird mit der 4fachen Menge 25proz. Methylaminlösung 24 Stunden bei Zimmertemperatur stehengelassen, zum Sirup eingedampft, mit heißem Alkohol mehrmals ausgezogen, auf ein kleines Volumen eingedampft, mit einem Überschuß absoluten Äthers versetzt, wobei das Anhydrid nach einiger Zeit auskrystallisiert.
Physikalische und chemische Eigenschaften: Löslich in Alkohol, Aceton, Benzol und Chloroform, unlöslich in Äther und Petroläther. Schmelzp. 78—80°[6].

Sarkosinanhydrid.

Bildung: Beim Kochen von Glycinanhydridsilber mit einem Überschuß von Jodmethyl am Rückflußkühler[7]. Durch Methylieren von Glycinanhydrid mit Dimethylsulfat[8]. Bei der Zersetzung von Sarkosin-N-carbonsäureanhydrid mit Wasserdampf bei Zimmertemperatur[9]. Beim Erhitzen O-O'-Dibenzyl-glycinanhydrid mit Jodmethyl[10].

---

[1] Max Bergmann, Arthur Miekeley u. Erich Kann: Liebigs Ann. **458**, 40 (1927).
[2] W. Küster, W. Kumpf u. W. Köppel: Hoppe-Seylers Z. **171**, 114 (1927).
[3] Emil Abderhalden u. Hans Sickel: Hoppe-Seylers Z. **171**, 93 (1927).
[4] Emil Abderhalden u. Ernst Schwab: Hoppe-Seylers Z. **139**, 169 (1924).
[5] Max Bergmann: Collegium **1926**, Nr. 679, 488.
[6] P. A. Levene, H. S. Simms u. M. H. Pfaltz: J. of biol. Chem. **70**, 253 (1926).
[7] P. Karrer, Ch. Gränacher u. A. Schlosser: Helvet. chim. Acta **5**, 139 (1922).
[8] Emil Abderhalden u. Richard Haas: Hoppe-Seylers Z. **148**, 245 (1925).
[9] F. Wessely u. F. Sigmund: Hoppe-Seylers Z. **159**, 102 (1926).
[10] P. Karrer u. Ch. Gränacher: Helvet. chim. Acta **7**, 763 (1924) — Chem. Zbl. **1924 II**, 986.

Physikalische und chemische Eigenschaften: Bei der Reduktion mit Natrium und Alkohol bildet sich N-N'-Dimethylpiperazin[1]. Beim Erhitzen mit Anilin tritt angeblich eine Umlagerung in die Enolform ein[2]. Wird von Bromlauge nicht angegriffen[3].

Derivate: Molekülverbindungen mit Sarkosinanhydrid.

Sarkosinanhydrid-Anthranilsäure (1:2) $C_6H_{10}O_2N_2 \cdot 2 C_7H_7O_2N$. Durch Zusammenschmelzen gleicher Gewichtsteile der Komponenten und Lösen in wenig Alkohol. Gleichmäßig ausgebildete, kompakte, kurze Prismen, die bei 120—122° schmelzen. Die Auftauschmelzkurve zeigt ein Maximum beim Molekularverhältnis 1:2 der Komponenten[4].

Sarkosinanhydrid-m-Aminobenzoesäure (1:1) $C_6H_{10}O_2N_2 \cdot C_7H_7O_2N$. Man löst die Komponenten in molekularen Verhältnissen in wenig Alkohol und läßt verdunsten. Feine, farblose, spröde Nadeln vom Schmelzp. 118°. Auftauschmelzkurve[4].

Sarkosinanhydrid-p-Aminobenzoesäure (1:1) $C_6H_{10}O_2N_2 \cdot C_7H_7O_2N$. Man schmilzt 2 Teile Sarkosinanhydrid mit 1 Teil p-Aminobenzoesäure zusammen und löst in wenig heißem Alkohol. Feine, zu Fächern angeordnete einheitliche Nadeln vom Schmelzp. 140—143°. Auftauschmelzkurve[4].

Sarkosinanhydrid-p-Aminobenzoesäuremethylester (1:1) $C_6H_{10}O_2N_2 \cdot C_8H_9O_2N$. Durch Zusammenschmelzen gleicher Gewichtsmengen der Komponenten und Lösen in Alkohol. Zu Büscheln angeordnete, farblose Nadeln, die bei 97,5° erweichen und bei 100° schmelzen. Auftauschmelzkurve[4].

Sarkosinanhydrid-p-Methylaminobenzoesäure (1:1). Konnte nicht in reiner krystallisierter Form isoliert werden. Auftauschmelzkurve[4].

Sarkosinanhydrid-Dimethylaminobenzoesäure existiert nicht[4].

Sarkosinanhydrid-β-Naphthylamin (1:1) $C_6H_{10}O_2N_2 \cdot C_{10}H_9N$. Durch Zusammenschmelzen gleicher Gewichtsteile der Komponenten und Lösen in wenig Alkohol. Seidenglänzende Nadeln vom Schmelzp. 98,8° nach vorherigem Erweichen bei 97°. Auftauschmelzkurve[4].

Sarkosinanhydrid-o-Phenylendiamin (1:2) $C_6H_{10}O_2N_2 \cdot 2 C_6H_8N_2$. Durch Zusammenschmelzen der Komponenten und Lösen in Alkohol. Hexagonale Prismen mit Rhomboederflächen. Schmelzp. 104°, Erweichungsp. 101°. In Form kompakter Krystalle bleibt die Verbindung beim Aufbewahren längere Zeit unverändert; fein pulverisiert nimmt sie an der Luft eine gelbe Farbe an. Auftauschmelzkurve[4].

Sarkosinanhydrid-Dibenzyl-β-naphthylamin existiert nicht.

Sarkosinanhydrid-Carbazol. Existiert nach der Auftauschmelzkurve im Molekularverhältnis 1:2[4].

Sarkosinanhydrid-Diphenylamin (1:2) $C_6H_{10}O_2N_2 \cdot 2 C_{12}H_{11}N$. Man löst monomolekulare Mengen der Komponenten in sehr wenig Alkohol und läßt dann krystallisieren. Feine Nadeln vom Schmelzp. 92—93°. Löst man im Molekularverhältnis 1,5:1 oder 1:1,5, so erhält man dieselbe Molekülverbindung, die dann aber spröde, durchsichtige Prismen vom Schmelzp. 92 bis 93° bildet[5]. Auftauschmelzkurve[4].

Sarkosinanhydrid-Tryptophan (1:1) $C_6H_{10}O_2N_2 \cdot C_{11}H_{12}N_2O_2 \cdot 4 H_2O$. Durch Lösen von 0,4 g Anhydrid und 0,14 g Tryptophan in $^1/_2$ ccm Wasser auf dem Wasserbad. Einige Stunden bei 0° aufbewahren. Schöne, zu kleinen Sternchen und Drusen angeordnete Prismen. Das lufttrockene Produkt wird bei 223—226° sirupös und schmilzt bei 232° unter Gasentwicklung zu einer gelben Flüssigkeit[4].

Sarkosinanhydrid-α-Methylindol (1:1) $C_6H_{10}O_2N_2 \cdot C_9H_9N$. Durch Lösen gleicher Gewichtsmengen in Alkohol. Feine weiße, zu Drusen angeordnete Nadeln vom Schmelzp. 85,5 bis 86,5°. Auftauschmelzkurve[4].

Sarkosinanhydrid-Indol (1:1) $C_6H_{10}O_2N_2 \cdot C_8H_7N$. Molekulare Mengen werden in sehr wenig Alkohol gelöst. Krystallisiert in gut ausgebildeten, kleinen Prismen vom Schmelzp. 94 bis 95°. Auftauschmelzkurve[4].

Sarkosinanhydrid-Oxindol (1:1) $C_6H_{10}O_2N_2 \cdot C_8H_7NO$. Aus Alkohol derbe, kurze, durchsichtige Prismen, die bei 111—112° schmelzen. Auftauschmelzkurve.

---

[1] Emil Abderhalden u. Richard Haas: Hoppe-Seylers Z. **148**, 245 (1925).
[2] Emil Abderhalden u. Ernst Schwab: Hoppe-Seylers Z. **153**, 83 (1926).
[3] Stefan Goldschmidt, Egon Wiberg, Friedrich Nagel u. Karl Martin: Liebigs Ann. **456**, 1 (1927).
[4] Paul Pfeiffer, Olga Angern u. Liu Wang: Hoppe-Seylers Z. **164**, 182 (1927).
[5] Vgl. dagegen Paul Pfeiffer u. Olga Angern: Hoppe-Seylers Z. **154**, 276 (1926).

Sarkosinanhydrid-Skatol (1:2) $C_6H_{10}O_2N_2 \cdot 2\,C_9H_9N$. Aus Alkohol gut ausgebildete Prismen vom Schmelzp. 122—123°. Beim Erwärmen mit 10proz. Alkali scheidet sich das Skatol als Öl ab. Auftauschmelzkurve[1].

Sarkosinanhydrid-N, α-Dimethylindol existiert nicht[1].

Sarkosinanhydrid-2, 3, 5-Trimethylpyrrol-4-carbonsäureäthylester existiert nicht[1].

Sarkosinanhydrid-p-Oxybenzophenon (1:1) $C_6H_{10}O_2N_2 \cdot C_{13}H_{10}O_2$. Krystallisiert nach dem Zusammenschmelzen und Lösen in Alkohol entweder in perlmutterglänzenden Blättchen oder in großen, farblosen, durchsichtigen Krystallen. Schmelzp. 91,5°[2].

Sarkosinanhydrid-2, 5-Dioxybenzophenon (1:2) $C_6H_{10}O_2N_2 \cdot 2\,C_{13}H_{10}O_3$. Nach dem Zusammenschmelzen der Komponenten lösen in Alkohol und einengen. Zart gelbe, kompakte Krystalle vom Schmelzp. 100,5°[2].

Sarkosinanhydrid-Xanthon existiert nicht[2].

Sarkosinanhydrid-Päonol (Resacetophenon-4-methyläther) existiert nicht[2].

Sarkosinanhydrid-2-Oxy-5-methoxy-benzophenon existiert nicht[2].

Sarkosinanhydrid-o, o′-Dioxybenzophenon $C_6H_{10}O_2N_2 \cdot 2\,C_{13}H_{10}O_3$. Krystallisiert nach dem Zusammenschmelzen der Komponenten und Lösen in Alkohol in schönen kompakten, schwach gelb gefärbten durchsichtigen Krystallen, die bei 88° erweichen und bei 89,8° schmelzen[2].

Sarkosinanhydrid-1-Oxyanthrachinon existiert nicht[2].

Sarkosinanhydrid-2-Oxyanthrachinon $C_6H_{10}O_2N_2 \cdot 2\,C_{14}H_8O_3$. Durch Lösen in Essigester, Filtrieren und Erkaltenlassen. Goldglänzende, dünne Blättchen, die bei 262° klar durchgeschmolzen sind[2].

Sarkosinanhydrid-Chinizarin existiert nicht[2].

Sarkosinanhydrid-Alizarin (1:2) $C_6H_{10}O_2N_2 \cdot 2\,C_{14}H_8O_4$. Durch Lösen in einem Gemisch von Alkohol und Essigester. Krystallisiert erst nach einigen Tagen. Orangerote, durchsichtige, schön ausgebildete Krystalle[2].

Sarkosinanhydrid-1-Oxy-2-methoxyanthrachinon existiert nicht[2].

Sarkosinanhydrid-1, 2-Dimethoxyanthrachinon existiert nicht[2].

Sarkosinanhydrid-Benzolazophenol $C_6H_{10}O_2N_2 \cdot C_{12}H_{10}O_2N_2$. Krystallisiert aus Alkohol in orangefarbenen, durchsichtigen Blättchen[3].

Sarkosinanhydrid-Benzolazoresorcin $C_6H_{10}O_2N_2 \cdot 2\,C_{12}H_{10}O_2N_2$. Krystallisiert aus Alkohol in bordeauxroten Blättchen vom Schmelzp. 170°[3].

Sarkosinanhydrid-Benzolazosalicylsäure $C_6H_{10}O_2N_2 \cdot 2\,C_{13}H_{10}O_3N_2$. Krystallisiert aus Alkohol in bernsteinfarbenen, derben, unregelmäßig geformten, kleinen Krystallen, die bei 150° sintern und bei 154° klar schmelzen[3].

Sarkosinanhydrid-Azobenzol existiert nicht[3].

Sarkosinanhydrid-p-Methoxyazobenzol existiert nicht[3].

Sarkosinanhydrid-p-Aminoazobenzol $2\,C_6H_{10}O_2N_2 \cdot C_{12}H_{11}N_3$. Krystallisiert aus Alkohol in gut ausgebildeten, orangefarbenen, dicken Blättchen, die bei 106° erweichen und bei 110° klar schmelzen[3].

Sarkosinanhydrid-o-Toluolazo-o-toluidin $C_6H_{10}O_2N_2 \cdot C_{14}H_{15}N_3$. Krystallisiert aus Alkohol in gut ausgebildeten kleinen, kurzen Prismen von orangeroter Farbe. Erweicht bei 124° und schmilzt bei 125°[3].

Sarkosinanhydrid-p-Dimethylaminoazobenzol existiert nicht[3].

Sarkosinanhydrid-α-Naphthol $C_6H_{10}O_2N_2 \cdot C_{10}H_8O$. Durch Zusammenschmelzen und Lösen in Alkohol. Gut ausgebildete, farblose Prismen vom Schmelzp. 126,2°. Es existiert aber noch eine Verbindung mit 2-Naphthol auf 1 Sarkosinanhydrid[2].

Sarkosinanhydrid-β-Naphthol $C_6H_{10}N_2O_2 \cdot C_{10}H_8O$. Durch Zusammenschmelzen und Lösen in Alkohol. Farblose, glänzende, zu Büscheln zusammengewachsene Prismen vom Schmelzp. 134°[2].

Sarkosinanhydrid-β-Naphthol $C_6H_{10}N_2O_2 \cdot 2\,C_{10}H_8O$. Farblose, durchsichtige, schön ausgebildete, rhombische Krystalle, die bei 127° schmelzen[2].

Sarkosinanhydrid-Brenzkatechin $C_6H_{10}O_2N_2 \cdot C_6H_6O_2$. Durch Lösen der Schmelze in Alkohol. Fast farblose Nadeln, die beim Umkrystallisieren in farblosen, durchsichtigen, langen und breiten Platten krystallisieren. Schmelzpunkt unter vorherigem Erweichen bei 130°. Es existiert noch eine Verbindung im Verhältnis 1:2 der Komponenten[2].

---

[1] Paul Pfeiffer, Olga Angern u. Liu Wang: Hoppe-Seylers Z. **164**, 182 (1927).
[2] Paul Pfeiffer u. Liu Wang: Z. angew. Chem. **40**, 983 (1927).
[3] Paul Pfeiffer u. Olga Angern: Z. angew. Chem. **39**, 253 (1926).

Sarkosinanhydrid-p-Kresol. $C_6H_{10}O_2N_2 \cdot 2 C_7H_8O$. Durch Einrühren von Sarkosinanhydrid in heißes p-Kresol, wobei sich seidenglänzende weiche Nadeln abscheiden, die nach dem Umkrystallisieren aus Alkohol große, rhombische Krystalle oder lange, gut ausgebildete Krystallplättchen bilden. Erweichung bei 66,5°, Schmelzp. 76°. Entsteht auch durch Zusammenschmelzen der berechneten Mengen der Komponenten und Lösen in Alkohol[1].

Sarkosinanhydrid-Benzol-azo-p-kresol existiert nicht[1].

Sarkosinanhydrid-Benzol-azo-β-naphthol existiert nicht[1].

Sarkosinanhydrid-Resacetophenon (1:2) $C_6H_{10}O_2N_2 \cdot 2 C_8H_8O_2$. Durch Lösen in Alkohol. Stark lichtbrechende, durchsichtige Prismen, die bei 125° schmelzen. Es existiert auch eine Verbindung im Verhältnis 1:1 der Komponenten[1].

Sarkosinanhydrid-Barbitursäure. Obwohl sowohl die Schmelzpunktskurve als auch die Auftaulinie auf eine Molekülverbindung 1:1 schließen läßt, konnte eine solche doch nicht isoliert werden[2].

Sarkosinanhydrid-Luminal (1:2) $C_6H_{10}O_2N_2 \cdot 2 C_{12}H_{12}O_3N_2$. Durch Zusammenschmelzen der Komponenten, Lösen in wenig Alkohol und Stehenlassen. Farblose, gut ausgebildete, hexagonale Krystalle, die bei 122° zu schmelzen beginnen und bei 127° klar durchgeschmolzen sind[2].

Sarkosinanhydrid-Veronal (1:2) $C_6H_{10}O_2N_2 \cdot 2 C_8H_{12}O_3N_2$. Plattenförmige Krystalle, die bei 130—131° zu schmelzen beginnen und bei 151° klar durchgeschmolzen sind[3].

Polymeres Sarkosinanhydrid(?).

Bei der Einwirkung von Wasserdampf bei Zimmertemperatur auf Sarkosin-N-carbonsäureanhydrid bildet sich u. a. eine hygroskopische, amorphe Verbindung, deren Molekulargewicht in schmelzendem Phenol größer als 350 ist und bei einer Badtemperatur von 140 bis 150° unter Bildung von Sarkosinanhydrid sublimiert[4].

dl-α-Aminobuttersäureanhydrid.

Darstellung: Entsteht mit 98% Ausbeute durch Erhitzen von dl-α-Aminobuyryl-α-aminobuttersäure mit Diphenylamin[5].

Physikalische und chemische Eigenschaften: Mit Chinolin und Tierkohle erhitzt, resultiert ein bei 275° schmelzendes, stark bromentfärbendes Produkt, das wahrscheinlich ein **Dehydro-α-aminobuttersäureanhydrid** darstellt[6].

α-Aminoisobuttersäureanhydrid.

$$\begin{array}{c} H_3C \\ H_3C \end{array}\!\!>\!\!C\!\!<\!\!\begin{array}{c} CO-NH \\ NH-CO \end{array}\!\!>\!\!C\!\!<\!\!\begin{array}{c} CH_3 \\ CH_3 \end{array} \quad C_8H_{14}O_2N_2$$

Darstellung: Durch Erhitzen von α-Aminoisobutyryl-α-aminoisobuttersäure mit Diphenylamin auf 180—200°, wobei unter Wasserabspaltung Lösung eintritt[5].

Physikalische und chemische Eigenschaften: Unlöslich in Äther. Sublimiert bei 260°[5]. Durch Erhitzen mit Chinolin + Tierkohle wird kein Bromentfärbungsvermögen erzielt[6].

α-Aminoisobutyryl-dl-α-aminobuttersäureanhydrid,
dl-α-Aminobutyryl-α-aminoisobuttersäureanhydrid.

$$\begin{array}{c} CH_3 \\ CH_3 \end{array}\!\!>\!\!CH\!\!<\!\!\begin{array}{c} CO-NH \\ NH-CO \end{array}\!\!>\!\!CH \cdot CH_2CH_3 \quad C_8H_{14}O_2N_2$$

Darstellung: Durch Erhitzen von dl-α-Aminoisobutyryl-dl-α-aminobuttersäure mit Diphenylamin auf 180—210°. Ausbeute 90% d. Th.

---

[1] Paul Pfeiffer u. Liu Wang: Z. angew. Chem. **40**, 983 (1927).
[2] Paul Pfeiffer u. R. Seydel: Hoppe-Seylers Z. **176**, 1 (1928).
[3] Paul Pfeiffer u. Olga Angern: Hoppe-Seylers Z. **154**, 276 (1926).
[4] F. Wessely u. F. Sigmund: Hoppe-Seylers Z. **159**, 102 (1926).
[5] Emil Abderhalden u. Fritz Gebelein: Hoppe-Seylers Z. **152**, 125 (1926).
[6] Emil Abderhalden u. Ernst Roßner: Hoppe-Seylers Z. **163**, 149 (1927).

Physikalische und chemische Eigenschaften: Krystallisiert in langen Nadeln vom Schmelzpunkt 261°. Unlöslich in Äther[1].

α-Aminoisobutyryl-l-leucinanhydrid,
l-Leucyl-α-aminoisobuttersäureanhydrid.

$$\begin{array}{c}CH_3\\CH_3\end{array}\!\!>\!C\!<\!\!\begin{array}{c}CO\cdot NH\\NH\!-\!CO\end{array}\!\!>\!CH\cdot CH_2\cdot CH\!<\!\!\begin{array}{c}CH_3\\CH_3\end{array} \quad C_{10}H_{18}O_2N_2$$

Darstellung: Durch Aminieren von α-Bromisobutyryl-l-leucin; Entfernen des NH_4Br nach der Silbersulfatmethode, Eindampfen zur Trockene, Ausziehen mit Essigester.
Physikalische und chemische Eigenschaften: Schmelzp. 262°. Leicht löslich in Alkohol und heißem Wasser, löslich in Essigester, schwer löslich in kaltem Wasser, unlöslich in Äther und Kohlenwasserstoffen. Spez. Drehung —11,9°[1].

α-Aminoisobutyryl-dl-leucinanhydrid.

Bildung: Bei der Aminierung von Bromisocapronyl-α-aminoisobuttersäure.
Darstellung: Durch Erhitzen des nicht krystallisiert erhaltenen α-Aminoisobutyryl-l-leucins oder von dl-Leucyl-α-aminoisobuttersäure mit Diphenylamin.
Physikalische und chemische Eigenschaften: Schmelzp. 262°. Krystalle. Unlöslich in Äther[1].

Valinanhydrid.

Bildung: Bildet sich wahrscheinlich bei der Hydrolyse von Wolle durch Natriumsulfid[2].

d-Valyl-l-prolinanhydrid.

Bildung: In großenteils racemisierter Form bei der Autoklavenhydrolyse von Schweineborsten mit 1 proz. Salzsäure[3].

dl-Methylvalyl-sarkosinanhydrid.

$$\begin{array}{c}CH_3\\CH_3\end{array}\!\!>\!CH\cdot CH\!<\!\!\begin{array}{c}CO\!-\!N(CH_3)\\N(CH_3)\!-\!CO\end{array}\!\!>\!CH_3 \quad C_9H_{16}O_2N_2$$

Darstellung: 15 g Bromisovaleryl-sarkosin werden 6 Tage bei Zimmertemperatur mit 35 ccm 25 proz. Methylaminlösung stehengelassen, eingedampft, mit heißem Benzol ausgezogen, eingeengt, mit absolutem Äther versetzt. Ausbeute 4 g.
Physikalische und chemische Eigenschaften: Schmelzp. 95°. Löslich in Alkohol, Benzol, Chloroform, Aceton; unlöslich in Äther und Petroläther[4].

l-Leucyl-d-valinanhydrid, d-Valyl-l-leucinanhydrid.

Bildung: Durch partielle Hydrolyse mit der 5fachen Menge 70proz. Schwefelsäure[5] oder durch längeres Kochen mit 10proz. Schwefelsäure[6]. Ferner durch Hydrolyse des Globulins der Cocosnuß[7].
Physikalische und chemische Eigenschaften: $[\alpha]_D^{20}$ des aus Casein durch Hydrolyse mit 70proz. Schwefelsäure erhaltenen Produkts in Eisessig = —45,9°[5].

---

[1] Emil Abderhalden u. Ernst Roßner: Hoppe-Seylers Z. **163**, 149 (1927).
[2] W. Küster, W. Kumpf u. W. Köppel: Hoppe-Seylers Z. **171**, 114 (1927).
[3] Emil Abderhalden u. Ernst Komm: Hoppe-Seylers Z. **132**, 1 (1924).
[4] P. A. Levene, H. S. Simms u. M. H. Pfaltz: J. of biol. Chem. **70**, 253 (1926).
[5] Emil Abderhalden: Hoppe-Seylers Z. **128**, 123 (1923).
[6] Emil Abderhalden: Hoppe-Seylers Z. **131**, 284 (1923).
[7] Carl O. Johns u. D. Breese Johns: J. of biol. Chem. **44**, 283, 291.

Leucyl-valin-anhydrid, Valyl-leucinanhydrid.

Bildung: Bildet sich wahrscheinlich bei der Hydrolyse von Wolle durch Natriumsulfid[1] oder bei der Autoklavenhydrolyse von Roßhaar mit 1proz. Salzsäure[2].
Darstellung: Mit 90% Ausbeute durch Erhitzen von Leucyl-valin mit Diphenylamin auf 180°[3].

l-Leucinanhydrid (Leucinimid).

Bildung: Entsteht in geringer Menge bei der Trypsinverdauung von Gliadin[4] und wahrscheinlich auch bei der Hydrolyse von Wolle mit Natriumsulfid[1].
Darstellung: Durch Erhitzen von Leucyl-leucin mit Diphenylamin auf 180—185° mit 93,6% Ausbeute[3].
Physikalische und chemische Eigenschaften: Leucinanhydrid, das durch hohes Erhitzen von Leucyl-leucin auf 300—310° dargestellt worden ist, entfärbt Kaliumpermanganat momentan[5]. Über die Absorption im Ultraviolett[6]. Gibt mit Natriumhypobromit in essigsaurer Lösung Dibrom-leucinanhydrid, in alkalischer Lösung dagegen Leucin, Valeriansäure und Ammoniak[7].
Derivate: N-N′-Dibrom-leucinanhydrid. Scheidet sich nach Einwirkung von KOBr bei 0° und essigsaurer Reaktion als gelber Niederschlag ab. Zersetzung bei 134°. Spaltet mit Alkali Brom unter Rückbildung von Leucinanhydrid ab[7].

Leucyl-isoleucinanhydrid.

$$\begin{array}{c} CH_3 \\ CH_3 \end{array}\!\!\!>\!CH \cdot CH_2 \cdot CH \begin{array}{c} CO-NH \\ NH-CO \end{array} CH \cdot CH \begin{array}{c} CH_3 \\ CH_2 \cdot CH_3 \end{array} \qquad C_{12}H_{22}O_2N_2$$

Bildung: Durch partielle Hydrolyse von Schweineborsten mit der doppelten Menge Salzsäure im Autoklaven bei 120°.
Physikalische und chemische Eigenschaften: Krystalle. Schmelzp. 273—277° nach vorheriger Bräunung bei 271°. Sublimiert. $[\alpha]_D^{20}$ des wahrscheinlich schon teilweise racemisierten Produkts = −15,96° (in wässeriger Lösung)[8].

(α)-dl-Leucyl-dl-norleucinanhydrid[5].

$$\begin{array}{c} CH_3 \\ CH_3 \end{array}\!\!\!>\!CH \cdot CH_2 \cdot CH \begin{array}{c} CO-NH \\ NH-CO \end{array} CH(CH_2)_3 \cdot CH_3$$

Bildung und Darstellung: Aus dem (α)-Leucyl-norleucin entweder durch direktes Erhitzen oder durch Erhitzen in den verschiedensten Medien.
Physikalische und chemische Eigenschaften: Krystallisiert in langen Nadeln vom Schmelzpunkt 266°. Sublimiert beim Erhitzen und ist sehr leicht löslich in Eisessig, löslich in Alkohol und Chloroform, fast unlöslich in Wasser und Äther. Mit Chinolin und Tierkohle erhitzt, geht es in ein stark bromentfärbendes Produkt über, das wahrscheinlich ein dehydriertes Leucyl-norleucinanhydrid darstellt.

(β)-dl-Leucyl-dl-norleucinanhydrid[5].

$$\begin{array}{c} CH_3 \\ CH_3 \end{array}\!\!\!>\!CH \cdot CH_2 \cdot CH \begin{array}{c} CO-NH \\ NH-CO \end{array} CH \cdot CH_2 \cdot CH_2 \cdot CH_2 \cdot CH_3 \qquad C_{12}H_{22}N_2O_2$$

Bildung: Entsteht bei der Aminierung von dl-Bromisocapronyl-dl-norleucin.
Darstellung: Aus (β)-Leucyl-norleucin durch Erhitzen mit Chinolin auf 200°.

---

[1] W. Küster, W. Kumpf u. W. Köppel: Hoppe-Seylers Z. **171**, 114 (1927).
[2] W. S. Ssadikow: Biochem. Z. **143**, 504 (1923).
[3] Emil Abderhalden u. Fritz Gebelein: Hoppe-Seylers Z. **152**, 125 (1926).
[4] Emil Abderhalden: Hoppe-Seylers Z. **154**, 18 (1926).
[5] Emil Abderhalden u. Ernst Roßner: Hoppe-Seylers Z. **163**, 149 (1927).
[6] Yuji Shibata u. Tei-ichi Asahina: Bull. chem. Soc. Japan **2**, 324 (1927) — Chem. Zbl. **1928 I**, 1194.
[7] Goldschmidt, Wiberg, Nagel u. Martin: Liebigs Ann. **456**, 1 (1927).
[8] Emil Abderhalden u. Ernst Komm: Hoppe-Seylers Z. **134**, 113 (1924).

Physikalische und chemische Eigenschaften: Löslich in Alkohol, Eisessig, Pyridin, schwer löslich in Wasser, unlöslich in Äther. Krystallisiert in Nadeln und schmilzt bei 242°.

dl-Leucyl-dl-α-aminoheptylsäureanhydrid[1].

$$\begin{array}{c}CH_3\\CH_3\end{array}\!\!>CH \cdot CH_2 \cdot \overset{\displaystyle NH-CO}{\underset{\displaystyle CO-NH}{CH}}\!\!>CH \cdot (CH_2)_4 \cdot CH_3 \quad C_{13}H_{24}O_2N_2$$

Darstellung: Durch direktes Erhitzen von Leucyl-aminoheptylsäure oder besser durch Erhitzen mit Anilin oder Diphenylamin mit 92,5% Ausbeute.
Physikalische und chemische Eigenschaften: Krystallisiert in Nadeln. Schmelzp. 244°. Löslichkeit in Wasser von 50° 1:17500. Unlöslich in Äther, leicht löslich in heißem Alkohol, sehr leicht löslich in Eisessig. Mit wenig konzentrierter HNO_3 versetzt, schmilzt es ölig zusammen und scheidet beim Umschütteln lange, nadelförmige Krystalle von wahrscheinlich unverändertem Anhydrid aus.

dl-Leucyl-dl-α-aminocaprylsäureanhydrid[1].

$$\begin{array}{c}CH_3\\CH_3\end{array}\!\!>CH \cdot CH_2 \cdot \overset{\displaystyle NH-CO}{\underset{\displaystyle CO-NH}{CH}}\!\!>CH \cdot (CH_2)_5 \cdot CH_3 \quad C_{14}H_{26}O_2N_2$$

Darstellung: Durch Erhitzen von Leucyl-aminocaprylsäure mit Diphenylamin. Ausbeute 94% d. Th.
Physikalische und chemische Eigenschaften: Krystallisiert in Nadeln. Unlöslich in Äther, äußerst schwer löslich in Wasser, leicht löslich in heißem Alkohol, sehr leicht löslich in Eisessig. Schmelzp. 237°. Mit wenig konzentrierter Salpetersäure versetzt, erfolgt Lösung und Wiederausscheidung.

(α-) und (β-)dl-Leucyl-dl-phenylalaninanhydrid[1].

$$\begin{array}{c}CH_3\\CH_3\end{array}\!\!>CH \cdot CH_2 \cdot \overset{\displaystyle NH-CO}{\underset{\displaystyle CO-NH}{CH}}\!\!>CH \cdot CH_2 \cdot C_6H_5 \quad C_{15}H_{20}O_2N_2$$

Darstellung: Durch Erhitzen von α- bzw. β-Leucyl-phenylalanin mit Anilin auf 170°.
Physikalische und chemische Eigenschaften: Sehr schwer löslich in Wasser, unlöslich in Äther, leicht löslich in Eisessig. Schmelzpunkt des α-Anhydrids 215—217°, des β-Anhydrids 254°.

Leucyl-prolinanhydrid, Prolyl-leucinanhydrid.

$$\begin{array}{c}CH_3\\CH_3\end{array}\!\!>CH \cdot CH_2 \cdot \overset{\displaystyle CO-N}{\underset{\displaystyle NH-CO}{CH}}\!\!>CH-CH_2\overset{\displaystyle CH_2-CH_2}{|}\quad C_{11}H_{18}O_2N_2$$

Bildung: Bildet sich wahrscheinlich bei der Hydrolyse von Wolle durch Natriumsulfid[2] oder bei der partiellen Autoklavenhydrolyse von Schweineborsten mit 1proz. Salzsäure[3].

l-Leucyl-prolinanhydrid, Prolyl-l-leucinanhydrid.

Darstellung: Durch 6stündiges Erhitzen von fein gepulvertem Prolyl-l-leucin oder auch von l-Leucyl-prolin im Vakuum über Phosphorpentoxyd bei 105°, wobei die Substanz teils schmilzt, teils sublimiert.
Physikalische und chemische Eigenschaften: Krystallisiert aus heißem Alkohol in zu Bündeln angeordneten, glänzenden, farblosen Blättchen vom Schmelzp. 158—159°. Stark bitterer Geschmack[4].

---

[1] Emil Abderhalden u. Ernst Roßner: Hoppe-Seylers Z. **163**, 149 (1927).
[2] W. Küster, W. Kumpf u. W. Köppel: Hoppe-Seylers Z. **171**, 114 (1927).
[3] E. Abderhalden u. E. Komm: Hoppe-Seylers Z. **132**, 1 (1924).
[4] Emil Abderhalden u. Hans Sickel: Hoppe-Seylers Z. **159**, 163 (1926).

Leucyl-serinanhydrid.

Bildung: Durch Erhitzen von Bluteiweiß mit Wasser im Autoklaven bei 180°.
Physikalische und chemische Eigenschaften: Krystallisiert aus Alkohol in Form kleiner Knötchen vom Schmelzp. 202—204°[1].

dl-Leucyl-d-glutaminsäureanhydrid und l-Leucyl-d-glutaminsäureanhydrid.

$$\begin{array}{l} CH_2 \cdot COOH \\ | \\ CH_2 \\ | \quad CO-NH \qquad\qquad CH_3 \\ CH{\diagdown}\quad{\diagup}CH \cdot CH_2 \cdot CH{\diagup} \qquad C_{11}H_{18}O_2N_4 \\ \quad NH-CO \qquad\qquad\quad CH_3 \end{array}$$

Bildung: l-Leucyl-d-glutaminsäureanhydrid entsteht bei der tryptischen Verdauung von Gliadin[2].

Darstellung: Aus dem dl-Leucyl-d-glutaminsäureanhydridester durch Verseifen mit Wasser bei 140° (wobei wohl großenteils Racemisierung stattfindet)[3].

Physikalische und chemische Eigenschaften: Krystallisiert in kurzen, derben Nadeln und schmilzt gegen 200°[2] bis 203°[3]. Löslich in Alkohol, Chloroform, Pyridin, schwer löslich in Benzol, fast unlöslich in Äther und kaltem Wasser[3].

Derivate: dl-Leucyl-d-glutaminsäureanhydridäthylester $C_{13}H_{22}O_4N_2$. Durch Aminieren von dl-α-Bromisocapronyl-d-glutaminsäurediäthylester mit alkoholischem Ammoniak. Schmelzpunkt 214—215°. Krystallisiert aus Wasser in wetzstein- bis schwertförmigen, meist büschelförmig angeordneten Krystallen. Schwach bitterer Geschmack. Kaum löslich in Äther und kaltem Wasser, schwer löslich in Benzol, löslich in Alkohol, Chloroform und Pyridin. Gibt nur sehr schwache Pikrinsäurereaktion, dagegen starke Reaktion mit Dinitrobenzoesäure[3].

dl-Leucyl-glutaminanhydrid

$$\begin{array}{l} CH_2CONH_2 \\ | \\ CH_2 \\ | \quad CO-NH \qquad\qquad CH_3 \\ CH{\diagdown}\quad{\diagup}CH \cdot CH_2 \cdot CH{\diagup} \qquad C_{11}H_{19}O_3N_3 \\ \quad NH-CO \qquad\qquad\quad CH_3 \end{array}$$

Entsteht neben einem biuretpositivem Produkt von wenig einheitlichem Charakter durch Aminieren von dl-Bromisocapronyl-d-glutaminsäuredimethylester mit alkoholischem Ammoniak. Löst man in wenig Wasser und versetzt mit Alkohol, so krystallisieren breite, meist büschelförmig angeordnete Nadeln aus, die mit kleinen warzenförmigen Krystallen vermengt sind. Suspendiert man diese Nadeln mit etwas Alkohol und läßt über Nacht stehen, so gehen sie quantitativ in Wärzchen über. Zusatz von Äther verhindert diese Umwandlung. Durch Lösen der Wärzchen in wenig Wasser erhält man nach dem Versetzen mit Alkohol wieder Wärzchen, die aber mit Nadeln durchsetzt sind. Beide Krystallformen zersetzen sich bei 252°[3].

dl-Leucyl-asparaginanhydrid.

$$\begin{array}{l} CH_2CONH_2 \\ | \\ \quad CO-NH \qquad\qquad CH_3 \\ CH{\diagdown}\quad{\diagup}CH \cdot CH_2CH{\diagup} \qquad C_{10}H_{17}O_3N_3 \\ \quad NH-CO \qquad\qquad\quad CH_3 \end{array}$$

Darstellung: Durch Aminieren von dl-α-Bromisocapronyl-asparaginsäureester mit alkoholischem Ammoniak.

Physikalische und chemische Eigenschaften: Krystallisiert aus Alkohol vom Schmelzpunkt 247°. Mit Alkali Ammoniakabspaltung[3].

---

[1] Emil Abderhalden u. Ernst Komm: Hoppe-Seylers Z. **134**, 113 (1924).
[2] Emil Abderhalden: Hoppe-Seylers Z. **154**, 18 (1926).
[3] Emil Abderhalden u. Ernst Roßner: Hoppe-Seylers Z. **152**, 271 (1926).

dl-Phenylalaninanhydrid (3, 6-Dibenzyl-2, 5-diketopiperazin).

Bildung: Aus Benzylmalonazidsäure $C_6H_5 \cdot CH_2 \cdot CH(CON_3)COOH$ beim Erwärmen mit Wasser [1].

Darstellung: Durch Reduktion von Dibenzal-glycinanhydrid mit Zinkstaub in siedendem Eisessig [2].

Physikalische und chemische Eigenschaften: Krystallisiert aus Eisessig vom Schmelzpunkt 290—291° [2]. Zeigt im Ultraviolett im Gegensatz zu allen anderen Phenylalaninderivaten keine selektive Absorption, sondern nur Endabsorption [3].

Derivate: Phenylalaninanhydrid-Calciumchlorid. Man gibt zu einer heißen alkoholischen Lösung von Phenylalaninanhydrid etwas heiße, alkoholische Calciumchloridlösung. Das Additionsprodukt ist in Alkohol fast unlöslich und fällt aus [4].

l-Phenylalanyl-d-glutaminsäureanhydrid [5].

$$\begin{array}{l} CH_2 \cdot COOH \\ | \\ CH_2 \\ | \quad\quad CO-NH \\ CH\diagup\quad\diagdown CH \cdot CH_2 \cdot C_6H_5 \quad\quad C_{14}H_{16}O_4N_2 \\ \quad NH-CO \end{array}$$

Bildung: Bei der Darstellung von l-Phenylalanyl-d-glutaminsäure aus dem entsprechenden Acetylderivat.

Darstellung: Durch 2stündiges Erhitzen von l-Phenylalanyl-d-glutaminsäure im Hochvakuum über Phosphorpentoxyd bei 175°, wobei allerdings ein Teil wegsublimiert.

Physikalische und chemische Eigenschaften: Schneeweiße, mikroskopische Nadeln, die bei 242—244° (korr.) unter Aufschäumen zu einer gelben Flüssigkeit schmelzen.

dl-Phenylalanyl-asparaginsäureanhydridmethylester [6].

(Anhydro-phenylalanyl-asparaginsäuremethylester, 3-Carbomethoxymethyl-6-benzyl-2, 5-dioxopiperazin.)

$$\begin{array}{l} CH_2 \cdot COOCH_3 \\ | \quad\quad CO-NH \\ CH\diagup\quad\diagdown CH \cdot CH_2 \cdot C_6H_5 \quad\quad C_{14}H_{16}O_2N_2 \\ \quad NH-CO \end{array}$$

Darstellung: 0,75 g Benzal-anhydro-glycyl-asparaginsäure-methylester werden in 100 ccm heißen Methylalkohol gelöst und mit Wasserstoff und Palladiummohr 1—1½ Stunden hydriert. Ausbeute 0,7 g. Entsteht auch durch Hydrieren des Methylesters des 3-Carboxymethylen-6-benzyl-2, 5-dioxopiperazins.

Physikalische und chemische Eigenschaften: Krystallisiert aus Methylalkohol in Form farbloser Nädelchen oder auch langgestreckter, rechteckiger Plättchen. Sintert gegen 200° und schmilzt bei 211,5—212,5° (korr.). Bei der Hydrolyse entsteht Phenylalanin und Asparaginsäure. Beim Behandeln mit methylalkoholischem Ammoniak bildet sich Phenylalanylasparaginanhydrid.

Benzal-anhydro-glycyl-dl-asparaginsäure [6].

(3-Carboxymethyl-6-benzal-2, 5-dioxopiperazin.)

$$C_6H_5 \cdot CH=C\diagup^{CO-NH}_{NH-CO}\diagdown CH \cdot CH_2COOH \quad\quad C_{13}H_{12}O_4N_2$$

Darstellung: 6 g Anhydro-glycyl-asparaginsäureäthylester werden mit 15 g wasserfreiem Natriumacetat, 6,4 g Benzaldehyd und 18 ccm Essigsäureanhydrid 4—5 Stunden im Bad von

---

[1] Theodor Curtius u. Wilhelm Sieber: Ber. dtsch. chem. Ges. **55**, 1543 (1922).
[2] Takaoki Sasaki: Ber. dtsch. chem. Ges. **54**, 163 (1921).
[3] Yuji Shibata u. Tei-ichi Asahina: Bull. chem. Soc. Japan **2**, 324 (1927) — Chem. Zbl. **1928 I**, 1194.
[4] P. Karrer, Ch. Gränacher u. A. Schlosser: Helvet. chim. Acta **5**, 139 (1922) — Chem. Zbl. **1922 I**, 1331.
[5] Max Bergmann, Ferdinand Stern u. Charlotte Witte: Liebigs Ann. **449**, 277 (1926).
[6] Max Bergmann u. Hellmuth Enßlin: Hoppe-Seylers Z. **174**, 76 (1928).

120—130° erhitzt. Mit Wasser digerieren, mit Äther ausschütteln, ätherische Lösung mit Natriumbisulfit, mit Wasser und zuletzt mit 25proz. Ammoniak schütteln. Abscheidung von 1,1—1,2 g hellgelber Kryställchen, waschen mit Wasser und Äther. Zwecks Verseifung in 10 ccm Eisessig lösen, 15 ccm $^5/_3$n-HCl hinzufügen, 1 Stunde auf 100° erhitzen. Beim Abkühlen 0,27 g Anhydrid. Aus Mutterlaugen noch 0,18 g.

Physikalische und chemische Eigenschaften: Aus Alkohol krystallisiert, schmilzt es bei 253—254° (korr.) nach vorherigem Sintern.

Derivate: Äthylester $C_{15}H_{16}O_4N_2$. Darstellung siehe oben. Krystallisiert aus Alkohol in langgestreckten, rechteckigen Blättchen vom Schmelzp. 177,5—178,5° (korr.). Löslich in Wasser, Methylalkohol, Äthylalkohol, Aceton, Essigester, Benzol und Tetrachlorkohlenstoff. Löst sich in konzentrierter Salzsäure mit gelber Farbe und geht bei längerem Erhitzen in Phenylbrenztraubensäure über. Erhitzt man mit n-NaOH, so findet Verseifung des Esters und Wanderung der Doppelbildung unter Bildung von 3-Carboxymethylen-6-benzyl-2, 5-dioxopiperazin statt.

Methylester $C_{14}H_{14}O_4N_2$. Durch Übergießen von feinst gepulverter Benzyl-anhydroglycyl-asparaginsäure mit ätherischer Diazomethanlösung. Krystallisiert aus Methylalkohol in langgestreckten, schmalen, tief abgeschnittenen Tafeln vom Schmelzp. 203—204,5° (korr.). Man erhält ihn auch durch Umestern des Äthylesters, durch 8stündiges Erhitzen mit der 20fachen Menge etwa $^1/_6$ normalen, absolut methylalkoholischen Ammoniaks auf 100°. Bei der Hydrolyse mit Salzsäure entsteht Brenztraubensäure, Ammoniak und Benzoyl-dl-asparaginsäure. Geht bei der Hydrierung in Anhydro-phenylalanyl-asparaginsäuremethylester über.

3-Carboxymethylen-6-benzyl-2, 5-dioxopiperazin[1].

$$C_6H_5 \cdot CH_2 \cdot CH \genfrac{}{}{0pt}{}{\diagup CO-NH \diagdown}{\diagdown NH-CO \diagup} C=CH \cdot COOH \qquad C_{13}H_{12}O_4N_2$$

Darstellung: 1 g Benzal-anhydro-glycyl-asparaginsäureäthylester werden mit 20 ccm n-NaOH 15 Minuten auf dem Wasserbad erhitzt und mit Essigsäure angesäuert. Es entsteht dabei noch etwas Benzal-anhydro-glycyl-asparaginsäure durch einfache Verseifung des Esters.

Physikalische und chemische Eigenschaften: Krystallisiert aus absolutem Alkohol in schwach gelb gefärbten, schief abgeschnittenen, schmalen Blättchen. Sintert im vorgewärmten Bad von etwa 226° an, erstarrt dann wieder, färbt sich von 285° an braun und zersetzt sich bei 340° vollständig. Leicht löslich in Methylalkohol und Aceton, ziemlich leicht löslich in Alkohol und Essigsäure, ziemlich schwer löslich in heißem Wasser. Die mit Benzal-anhydroglycyl-asparaginsäure verunreinigte Säure ist sehr schwer löslich in Alkohol; ebenso die reine Säure nach dem Lösen in Natronlauge und Wiederausfällen mit Salzsäure. Beim Ausfällen mit Essigsäure ist das Produkt in Alkohol leicht löslich.

Derivate: Methylester $C_{14}H_{14}O_4N_2$ (Mol.-Gew. 274,13). Entsteht aus der Säure mit Diazomethan. Ausbeute 85% d. Th. Krystallisiert aus Methylalkohol in schmalen, schief abgeschnittenen, farblosen Plättchen, die hartnäckig Methylalkohol zurückhalten. Die vollständig trockene Substanz schmilzt bei 146—147° (korr.). Bei der Hydrolyse mit rauchender Salzsäure entsteht Brenztraubensäure, Phenylbrenztraubensäure, Phenylalanin, Asparaginsäure und Ammoniak. Bei der katalytischen Hydrierung entsteht 3-Carbomethoxymethyl-6-benzyl-2, 5-dioxopiperazin mit 90% Ausbeute. Durch Behandeln von Ozon in Eisessiglösung bildet sich 6-Benzyl-2, 3, 5-trioxopiperazin.

dl-Phenylalanyl-asparaginanhydrid[1].

$$\begin{array}{c} CH_2 \cdot CONH_2 \\ | \\ CH \genfrac{}{}{0pt}{}{\diagup CO-NH \diagdown}{\diagdown NH-CO \diagup} CH \cdot CH_2C_6H_5 \qquad C_{13}H_{15}O_3N_3 \end{array}$$

Darstellung: Durch Erhitzen von 3-Carbomethoxymethyl-6-benzyl-2, 5-dioxopiperazin mit methylalkoholischem Ammoniak.

Physikalische und chemische Eigenschaften: Feine, verfilzte Nadeln, die bei etwa 220° unter Bräunung sintern und bei 231° (korr.) zu einer braunen Flüssigkeit schmelzen. Gut löslich in heißem Wasser, wenig löslich in Methyl- und Äthylalkohol.

---

[1] Max Bergmann u. Hellmuth Enßlin: Hoppe-Seylers Z. **174**, 76 (1928).

d-Phenylalanyl-l-tyrosinanhydrid[1].

$$C_6H_5 \cdot CH_2 \cdot \overset{\displaystyle CO-NH}{\underset{\displaystyle NH-CO}{CH}} CH \cdot CH_2 \cdot C_6H_4OH \quad C_{18}H_{18}O_3N_2$$

Darstellung: 5 g N-Acetyl-d-phenylalanyl-l-tyrosin mit 45 ccm Eisessig, 45 ccm Wasser und 10 ccm konzentrierter Salzsäure im Bad von 130° erhitzen, innerhalb 45 Minuten 500 ccm heiße n-Salzsäure hinzugeben und noch 1 Stunde kochen. Einige Male mit Wasser verdampfen, von unverändertem Ausgangsmaterial abfiltrieren, einige Male mit Methylalkohol verdampfen, in 50 ccm methylalkoholischer HCl über Nacht stehen lassen, verdampfen, mit 50 ccm methylalkoholischen Ammoniaks übergießen. Nach anfänglicher Lösung Abscheidung des Anhydrids (1,7 g).

Physikalische und chemische Eigenschaften: Krystallisiert aus Methylalkohol nach Zusatz von Wasser in schönen, verfilzten Nadeln oder Prismen. Schmilzt gegen 267° (korr.) unter Braunfärbung und Aufschäumen. Äußerst schwer löslich in Wasser, besser in heißem Methylalkohol und heißem Eisessig, leicht in heißem Pyridin, heißem Anilin und heißem Phenol. In den übrigen organischen Lösungsmitteln dagegen sehr schwer löslich. In der berechneten Menge Lauge oder im kleinen Überschuß nur teilweise löslich. Behandelt man es mit 5—10 Mol n-Natronlauge bei mäßiger Wärme, so löst es sich rasch auf, und beim sofortigen Abkühlen entsteht eine dicke, gallertartige, trübe Masse.

l-Phenylalanyl-l-tyrosinanhydrid(?)[1]

Darstellung: Bei der Hydrierung von α-Acetamino-cinnamoyl-l-tyrosin fällt das N-Acetyl-d-phenylalanyl-l-tyrosin großenteils aus. Die eingedampfte Mutterlauge wird mit Methylalkohol und Salzsäure verestert und mit methylalkoholischem Ammoniak behandelt, wobei ein aus l- und d-Phenylalanyl-l-tyrosinanhydrid bestehendes Gemisch ausfällt. Entfernen der d-Form durch zweimaliges Auskochen mit der je 100fachen Menge Methylalkohol, wobei die l-Form großenteils ungelöst zurückbleibt.

Physikalische und chemische Eigenschaften: Schmilzt bei 300° (unkorr.) unter Aufschäumen. Schwer löslich in fast allen gebräuchlichen Lösungsmitteln. Gut löslich in heißem Eisessig und warmem Pyridin.

dl-Phenylalanyl-l-tyrosinanhydrid.

Darstellung: 0,4 g Phenylalanin-N-carbonsäureanhydrid in Chloroform lösen und zu einer Lösung von 0,45 g l-Tyrosinäthylester in Chloroform hinzufügen. Langsame CO_2-Entwicklung. Nach 6stündigem Stehen noch ½ Stunde auf dem Wasserbad erwärmen, Chloroform abdampfen, aus Alkohol krystallisieren. Ausbeute gering, nur 0,1 g Rohsubstanz.

Physikalische und chemische Eigenschaften: Färbt sich beim Erhitzen von 277° an braun und schmilzt bei 281° unter Zersetzung[2].

dl-Phenylalanyl-dl-serinanhydrid A und B.

$$C_6H_5 \cdot CH_2 \cdot \overset{\displaystyle CO-NH}{\underset{\displaystyle NH-CO}{CH}} CH \cdot CH_2OH \quad C_{12}H_{14}O_3N_2$$

Darstellung: Bei der Hydrierung von N-α-acetamino-cinnamoyl-dl-serin entsteht ein nicht krystallisierendes Gemisch der isomeren Acetyl-phenylalanyl-serine. Spaltet man die Acetylgruppe durch Kochen mit n-HCl ab, verdampft zur Trockene, verestert zweimal mit Methylalkohol und Salzsäure bei —10°, verdampft wieder, versetzt in der Kältemischung mit methylalkoholischem Ammoniak, läßt 12 Stunden bei Zimmertemperatur stehen, verdampft im Vakuum, dampft mehrmals mit Wasser ab und krystallisiert aus Wasser um, so erhält man das Anhydrid A. — In der Mutterlauge bleibt ein durch Krystallisation nicht zu trennendes Gemisch von Anhydrid B und Phenylalaninamid. Löst man jedoch in der 10fachen Menge Wasser und gibt auf 1 Mol Amid 1 Mol Benzaldehyd hinzu, so scheidet sich nach dem Schütteln und Abkühlen die Benzaldehydverbindung des Phenylalaninamids und aus dem

---

[1] Max Bergmann, Ferdinand Stern u. Charlotte Witte: Liebigs Ann. **449**, 277 (1926).
[2] F. Sigmund u. F. Wessely: Hoppe-Seylers Z. **157**, 93 (1926).

Filtrat beim Einengen das reine Anhydrid B ab. Ausbeute: Aus 10 g N-α-Acetamino-cinnamoyl-dl-serin 1 g Anhydrid A und 0,9 g Anhydrid B[1].

Physikalische und chemische Eigenschaften: Anhydrid A: Krystallisiert aus Wasser in millimeterlangen, dünnen, farblosen Nadeln. Bräunt sich bei ziemlich raschem Erhitzen von 233° an und schmilzt gegen 244—246° zu einer dunkelbraunen Flüssigkeit. Ziemlich schwer löslich in heißem Wasser und kaum in absolutem Alkohol und den meisten andern organischen Mitteln. Geht bei langem Schütteln mit Baryt in das entsprechende Dipeptid über. Beim Aufkochen mit n-NaOH entsteht das Dehydro-alanyl-phenylalaninanhydrid B.

Anhydrid B. Krystallisiert in verfilzten, farblosen Nadeln vom Schmelzp. 233—235° (korr.). Sehr leicht löslich in Wasser, etwas schwerer in Alkohol. Beim Aufkochen mit n-NaOH entsteht ebenfalls das Dehydro-alanyl-phenylalaninanhydrid B[1].

Derivate: Monoacetyl-phenylalanyl-serinanhydrid A $C_{14}H_{16}O_4N_2$. Durch Behandeln des Anhydrids A mit Essigsäureanhydrid und Pyridin bei Zimmertemperatur. Krystallisiert in farblosen, rhombischen Tafeln, die bei 202° zu sintern beginnen, bei 214,5° (korr.) unter Essigsäureabspaltung klar schmelzen, um weiterhin unter Bildung von Dehydro-alanyl-phenylalaninanhydrid D wieder zu erstarren. Schwer löslich in kaltem Wasser und Alkohol, noch schwerer löslich in Essigester. Beim Behandeln mit Ammoniak entsteht das Dehydro-alanyl-phenylalaninanhydrid A[1].

Monoacetyl-phenylalanyl-serinanhydrid B. Durch Acetylieren des Anhydrids B oder der Kombination mit Phenylalaninamid mittels Essigsäureanhydrid und Pyridin. Mikroskopische Nadeln, die bei 234° (korr.) schmelzen und bei weiterem Erhitzen unter Bildung von Dehydro-alanyl-phenylalaninanhydrid D wieder fest werden. Beim Behandeln mit Ammoniak entsteht das Dehydro-alanyl-phenylalaninanhydrid A[1].

d-Phenylalanyl-d-argininanhydrid[2].

$$C_6H_5 \cdot CH_2 \cdot \underset{\underset{NH-CO}{|}}{\overset{\overset{CO-NH}{|}}{CH}} CH \cdot CH_2 \cdot CH_2 \cdot CH_2 \cdot NH\underset{NH_2}{\overset{}{>}}C=NH \qquad C_{15}H_{21}O_2N_5$$

Darstellung: Aus salzsaurem d-Phenylalanyl-d-arginin durch 3 maliges Verestern mit Methylalkohol und Salzsäure, eindampfen, in Methylalkohol lösen, in der Kältemischung mit trockenem Ammoniak sättigen, 5 Tage bei Zimmertemperatur aufbewahren, eindampfen. Krystallisierten Rückstand mehrmals mit absolutem Alkohol ausziehen, dann in Methylalkohol lösen und filtrieren. Bei längerem Stehen in der Kälte scheidet sich das salzsaure Anhydrid krystallisiert ab. Ausbeute 25% d. Th. Die Isolierung des freien Anhydrids mittels Silbersulfat und Baryt ist mit Schwierigkeiten verbunden, da das stark alkalisch reagierende Anhydrid in wässeriger Lösung einer ziemlich beträchtlichen Selbsthydrolyse unterliegt. (In $^n/_{10}$-Lösung beträgt die Aufspaltung nach 18 stündigem Stehen bei 37° 41%.)

Derivate: Chlorhydrat $C_{15}H_{22}O_2N_5Cl$. Darstellung siehe oben. Krystallisiert aus Alkohol in mikroskopischen Nadeln. Schmelzp. 261—262° (korr.). Leicht löslich in Wasser, ziemlich leicht in Methylalkohol, schwerer in absolutem Alkohol, praktisch unlöslich in Äther.

Sulfat $(C_{15}H_{21}O_2N_5)_2 \cdot H_2SO_4$. Durch Umsetzen des Chlorhydrats mit Silbersulfat. Krystallisiert in winzigen, zu Warzen vereinigten, farblosen Nädelchen. Färbt sich von 250° ab zunehmend braun und schmilzt gegen 270° (korr.) zu einer zähen Masse zusammen. Gut löslich in heißem Wasser, äußerst schwer in absolutem Alkohol. **Pikrat** $C_{21}H_{24}O_9N_8$. Durch Umsetzen des salzsauren Salzes mit pikrinsaurem Natrium in wässeriger Lösung. Krystallisiert in gelben Nädelchen. Schmelzp. 246° (korr.) unter Blasenwerfen und Dunkelfärbung. Recht schwer löslich in absolutem Alkohol.

Phenylalanyl-argininanhydrid (inakt.)[2].

Darstellung: Aus dem inaktiven Phenylalanyl-argininchlorhydrat in der gleichen Weise wie beim aktiven Produkt geschildert.

Derivate: Chlorhydrat. Farblose, mikroskopische Nädelchen, die bei 242° (korr.) schmelzen. Leicht löslich in Wasser, Methylalkohol, verdünntem Alkohol und Eisessig, schwerer in absolutem Alkohol, kaum merklich in Aceton, Essigester und Äther.

---

[1] Max Bergmann u. Arthur Miekeley: Liebigs Ann. **458**, 40 (1927).
[2] Max Bergmann u. Hans Köster: Hoppe-Seylers Z. **173**, 259 (1928).

p-Tyrosinanhydrid.

Physikalische und chemische Eigenschaften: Absorption im Ultraviolett[1].
Derivate: 1, 4-Dimethyl-3, 6-p-methoxybenzyl-2, 5-dioxopiperazin

$$CH_3 \cdot OC_6H_4 \cdot CH_2 \cdot \underset{\underset{CO-N}{}}{\overset{\overset{CH_3}{|}}{\underset{|}{N-CO}}} CH \cdot CH_2 \cdot C_6H_4OCH_3$$
$$ \underset{CH_3}{|}$$

Entsteht aus O, N-Dimethyl-tyrosinmethylester durch Sublimation, ist aber nicht krystallisiert erhalten worden. Löslich in Alkohol und Chloroform, unlöslich in Äther[2].

Dijodtyrosinanhydrid (3, 6-Di-(4-oxy-3, 5-dijodbenzyl-)2, 5-dioxopiperazin).

$$HO\underset{J}{\overset{J}{\diamondsuit}}CH_2 \cdot \underset{\underset{NH-CO}{}}{\overset{CO-NH}{}} CH \cdot CH_2\underset{J}{\overset{J}{\diamondsuit}}OH \quad C_{18}H_{14}O_4N_2J_4$$

l-Tyrosinanhydrid wird bei 0° in etwas mehr als 4 Mol n-NaOH gelöst und dann nach und nach 8 Mol Jod unter Schütteln und Einhalten dieser Temperatur hinzugegeben. Mit Eisessig fällen, mehrmals umfällen und aus Methylalkohol unter Zusatz von Tierkohle umkrystallisieren[3] oder durch Einwirkung von Chlorjod auf Tyrosinanhydrid[4]. Mikrokrystallin. Zersetzungspunkt unscharf bei 204° nach vorheriger fortschreitender Dunkelfärbung. Löslich in Methylalkohol, Äthylalkohol, Essigester, vollkommen unlöslich in Wasser[3]. Erweist sich im Gaswechselversuch am Menschen unwirksam[4]. Beschleunigt die Entwicklung und die Metamorphose der Kaulquappen[5].

o-Tyrosinanhydrid.

(3, 6-Bis-(o-oxybenzyl-) 2, 5-dioxopiperazin.)

$$\underset{OH}{\diamondsuit}CH_2 \cdot \underset{\underset{NH-CO}{}}{\overset{CO-NH}{}} CH \cdot CH_2\underset{OH}{\diamondsuit}$$

Darstellung: Aus 3, 6-Bis-(o-acetoxybenzal)-2, 5-dioxopiperazin mit Natriumamalgam in siedendem Alkohol, dabei mit Essigsäure neutral halten, Filtrat im Vakuum verdampfen, mit Wasser waschen, aus 50proz. Alkohol umkrystallisieren. Oder durch Verestern von o-Tyrosin mit Methylalkohol und Salzsäure, Esterchlorhydrat in wenig Wasser lösen, unter Kühlung mit konzentrierter Kaliumcarbonatlösung versetzen, mit Essigester aufnehmen, aus Methylalkohol umkrystallisieren. Oder aus dem Diacetylderivat mit 10proz. Ammoniak[6].
Physikalische und chemische Eigenschaften: Krystalle. Schmelzp. 285° unter Zersetzung. Unlöslich in Säuren, löslich in Alkali[6].
Derivate: **Diacetyl-o-tyrosinanhydrid** (3, 6-Bis(o-acetoxybenzyl) 2, 5-dioxopiperazin) $C_{22}H_{22}O_6N_2$. Aus 3, 6-Bis-(o-acetoxybenzal-)2, 5-dioxopiperazin mit Zinkstaub in siedendem Eisessig mit wenig Wasser (1 Stunde). Nadeln aus Alkohol. Schmelzp. 225°[6].

m-Tyrosinanhydrid[6].

(3, 6-Bis-(m-oxybenzyl-)2, 5-dioxopiperazin.)

$$\underset{OH}{\diamondsuit}CH_2 \cdot \underset{\underset{NH-CO}{}}{\overset{CO-NH}{}} CH \cdot CH_2\underset{OH}{\diamondsuit}$$

Darstellung: Aus 3, 6-Bis-(m-acetoxybenzal-)2, 5-dioxopiperazin mit Zinkstaub in siedendem Eisessig (10 Stunden).

---

[1] Yuji Shibata u. Tei-ichi Asahina: Bull. Chem. Soc. Japan **2**, 324 (1927) — Chem. Zbl. **1928 I**, 1194.
[2] Emil Abderhalden u. Ernst Schwab: Hoppe-Seylers Z. **148**, 17 (1925).
[3] Emil Abderhalden u. Richard Haas: Hoppe-Seylers Z. **166**, 78 (1927).
[4] Randolph West: Proc. Soc. exper. Biol. a. Med. **23**, 629 (1926) — Chem. Zbl. **1927 I**, 2569.
[5] Emil Abderhalden u. Julius Hartmann: Pflügers Arch. **218**, 261 (1927).
[6] Hidenosuke Ueda: J. of Biochem. **8**, 397 — Chem. Zbl. **1928 I**, 2618.

Physikalische und chemische Eigenschaften: Asbestähnliche Krystalle aus verdünntem Alkohol. Schmelzp. 276—277°.

Derivate: Diacetyl-m-tyrosinanhydrid $C_{22}H_{22}O_6N_2$. Aus 3, 6-Bis-(m-acetoxybenzal-)2, 5-dioxopiperazin durch $^1/_2$ständiges Erhitzen mit verdünntem Eisessig. Nadeln aus Alkohol vom Schmelzp. 189—190°[1].

dl-Prolinanhydrid.

$$\begin{array}{c} CH_2-CH_2 \\ | \quad\quad | \\ CO-N \\ CH_2-HC\diagup \quad \diagdown CH-CH_2 \\ | \quad\quad N-CO \\ CH_2-CH_2 \end{array}$$ $C_{10}H_{14}O_2N_2$ (Mol.-Gew. 194,2)

Bildung: Beim Stehenlassen von Prolinester in ätherischer Lösung bildet sich in geringer Menge Prolinanhydrid[2]. In besserer Ausbeute beim 2—3monatigem Stehen von Prolinester[3].

Physikalische und chemische Eigenschaften: Krystallisiert in feinen Nädelchen[2, 3], sintert bei 165° und schmilzt scharf bei 176°[2]. Nach Putochin[3] schmilzt es bei 183—184°. Reagiert gegen Lackmus schwach sauer und schmeckt sehr bitter. Leicht löslich in Wasser und Alkohol, mäßig in Chloroform und Aceton, schwer löslich in Essigester, sehr schwer löslich in Äther[2].

dl-Prolyl-tyrosinanhydrid I, II, III, IV u. V, Tyrosyl-dl-prolinanhydrid.
$C_{14}H_{16}O_3N_2$

Darstellung I und II: Durch mehrstündiges Erhitzen von fein gepulvertem Prolyltyrosin im Vakuum bei 180°. Reinigen und trennen der beiden entstandenen Anhydride durch Ausziehen mit absolutem Alkohol. Der Extraktionsrückstand bildet Anhydrid I, und im Extrakt ist das Anhydrid II gelöst[4].

III. In geringer Ausbeute durch 3stündiges Erhitzen äquivalenter Mengen Tyrosinester und Prolinester im Ölbad bei 130—140°[5].

IV und V. Bei längerem Erhitzen von dl-Tyrosylprolin I und II im Vakuum bei 105°[4].

Physikalische und chemische Eigenschaften: I. Schwer löslich in Wasser und absolutem Alkohol, leicht löslich in Ammoniak und Eisessig. Krystallisiert aus heißem Alkohol in farblosen, dünnen, quadratischen Plättchen vom Schmelzp. 226—228°. Schmeckt schwach bitter[4].

II. Amorphes Pulver. Sintert bei 190° und ist bei 200° geschmolzen[4].

III. Krystallisiert aus heißem Wasser in winzigen rautenförmigen Blättchen, die sich gegen 220° bräunen und bei 226° unter Zersetzung schmelzen. Reagiert schwach sauer. Sehr schwer löslich in Chloroform und Äther, schwer in Essigester, ziemlich leicht löslich in Wasser, sehr leicht in Alkohol. Schmeckt schwach bitter[5].

IV. Bei 135° völliges Schmelzen, dann Erstarren und Wiederschmelzen bei 237—238°. Geschmack schwach bitter.

V. Schmelzp. 236—237°[4].

l-Prolyl-l-tyrosinanhydrid I u. II.
$C_{14}H_{16}O_3N_2 \cdot 3 H_2O$ und $C_{14}H_{16}O_3N_2 \cdot H_2O$

Darstellung: I. In ganz geringer Ausbeute (1,5%) und in stark racemisierter Form durch längeres Erhitzen eines Gemisches äquivalenter Mengen von l-Prolinester und l-Tyrosinester im Ölbad auf höhere Temperatur. Entsteht aus dem von Abderhalden und Sickel aus Casein Hammarsten mittels Abbau durch Trypsin gewonnenen aus Tyrosin und Prolin bestehendem Produkt $C_{14}H_{18}O_4N_2$[6] durch Anhydrisierung, Aufspaltung und nochmalige Anhydrisierung durch Erhitzen im Vakuum über Phosphorentoxyd auf 105°[5].

II. Beim Trocknen des von Abderhalden und Sickel aus Casein Hammarsten mittels Fermentabbau gewonnenen Tyrosyl-prolins[6] im Vakuum über Phosphorpentoxyd bei 105°[5].

---

[1] Hidenosuke Ueda: J. of Biochem. **8**, 397 — Chem. Zbl. **1928 I**, 2618.
[2] Emil Abderhalden u. Hans Sickel: Hoppe-Seylers Z. **152**, 95 (1926).
[3] N. Putochin: Ber. dtsch. chem. Ges. **59**, 1987 (1926).
[4] Emil Abderhalden u. Hans Sickel: Hoppe-Seylers Z. **158**, 139 (1926).
[5] Emil Abderhalden u. Hans Sickel: Hoppe-Seylers Z. **153**, 16 (1926).
[6] Emil Abderhalden u. Hans Sickel: Hoppe-Seylers Z. **138**, 108 (1924); **144**, 83 (1925); **153**, 16 (1926); **158**, 139 (1926).

Physikalische und chemische Eigenschaften: I. Krystallisiert beim langsamen Verdunsten der wässerigen Lösung in schönen, dachziegelförmigen Krystallen, die 3 Krystallwasser enthalten, bei 80° sintern, wieder fest werden und bei 220° schmelzen. Aus heißem Wasser krystallisiert es mit 1 Krystallwasser und schmilzt dann bei 226—228°. Schmeckt stark bitter. Beschleunigt die Tryptophan-Aldehydreaktion nach Komm. $[\alpha]_D$ (in absolutem Alkohol) $+67,1°$. Das synthetisch dargestellte, stark razemisierte Produkt dreht nur $+15,35°$.

II. Krystallisiert aus Wasser beim langsamen Einengen in mehreren Millimeter großen, tetragonalen Platten, die die Form stark abgestumpfter Doppelpyramiden zeigen. Schwer löslich in Wasser und Essigester, sehr schwer in Chloroform, unlöslich in Äther, Petroläther und Benzol, leicht löslich in Alkohol und Aceton. Schmeckt bitter. Sintert von 83° ab unter Wasserabgabe und schmilzt wieder scharf bei 187°. Bei 275° beginnende Zersetzung. Die Tryptophan-Aldehydreaktion nach Komm wird nicht beschleunigt. $[\alpha]_D$ in absolutem Alkohol $= -102,5°$. Die Hydrolyse verläuft nicht immer gleichmäßig gut[1].

Derivate: Monomethoxy-tyrosyl-prolinanhydrid. Entsteht aus dem Anhydrid II mit Diazomethan in ätherischer Suspension bei Gegenwart von Wasser. Krystallisiert aus Alkohol nach Ätherzusatz in glänzenden, farblosen Blättchen, die zwischen 156 und 157° zu einer gelben Flüssigkeit schmelzen.

Monomethyl-tyrosyl-prolinanhydrid $C_{15}H_{18}O_3N_2$. Aus Anhydrid II. Sehr leicht löslich in Alkohol, gut löslich in Wasser, schwer löslich in Äther und Essigester. Millon positiv, Carbonylreaktion positiv. Mit Eisenchlorid erwärmt, tiefe Rotbraunfärbung[1].

dl-Asparaginsäureanhydrid.

$$\begin{array}{c} CH_2 \cdot CO \\ \diagdown \\ CH \quad CO-N \quad CH \\ \diagdown N-CO \diagup \\ CO-CH_2 \end{array}$$

Darstellung: Durch Erhitzen von α oder β-Asparagyl-asparaginsäure[2].

Aspartane.

Unter dem Namen bezeichnet Keita Shibata[3] ein Gemisch des einfachen Asparaginsäureanhydrids mit Asparagyl-asparaginanhydrid und Asparaginanhydrid.

$$HOOC \cdot CH_2 \cdot CH \begin{array}{c} CO-NH \\ \diagdown \\ NH-CO \end{array} CH \cdot CH_2 \cdot COOH \qquad H_2N \cdot OC \cdot CH_2 \cdot CH \begin{array}{c} CO-NH \\ \diagdown \\ NH-CO \end{array} CH \cdot CH_2 \cdot COOH$$

$$H_2N \cdot OC \cdot CH_2 \cdot CH \begin{array}{c} CO-NH \\ \diagdown \\ NH-CO \end{array} CH \cdot CH_2 \cdot CONH_2$$

Darstellung: Beim Erhitzen von Asparagin mit 3—4 Teilen Glycerin auf 160—170°.

Physikalische und chemische Eigenschaften: Aus der alkoholischen Lösung des Rohprodukts wird mit Neutralsalzen oder Hydroxyden der alkalischen Erden ein amorpher Niederschlag gefällt, der aus 2 Molekülen Anhydrid und 1 Molekül eines zweiwertigen Metalls besteht. Das nach der Entfernung des Metalls erhaltene Aspartan zeigt kolloide Eigenschaften. Bei der Hydrolyse mit HCl entsteht Asparaginsäure, mit $^n/_2$-Baryt entsteht α-Asparagyl-asparaginsäure.

Physiologische Eigenschaften: Die Aspartane sind Nährstoffe für Schimmelpilze.

Glutaminsäureanhydrid.

(Cyclo-glutamyl-glutaminsäure; 2, 5-Dioxopiperazin-3, 6-dipropionsäure)

Darstellung: Durch Erhitzen von 1,47 g Glutaminsäure mit 6 ccm Wasser und 6 g Glycerin im Wasserstoffstrom auf 130—140°, Neutralisieren mit Baryt, Eindampfen zur Sirupkonsistenz und Abscheiden des Bariumsalzes mit Alkohol.

---

[1] Emil Abderhalden u. Hans Sickel: Hoppe-Seylers Z. **153**, 16 (1926).
[2] C. Ravenna: Gazz. chim. ital. **51 II**, 281 (1921) — Chem. Zbl. **1922 I**, 1015.
[3] Keita Shibata: Acta phytochim. (Tokyo) **2**, 193 (1927) — Chem. Zbl. **1927 II**, 2199.

Physikalische und chemische Eigenschaften: Rosettenförmig angeordnete Nadeln vom Schmelzp. 151°. Leicht löslich in Wasser und Alkohol, löslich in Äther und Aceton, unlöslich in Toluol. Mit Eisenchlorid Rotfärbung[1].

Derivate: Bariumsalz. Leicht löslich in Wasser, schwer löslich in Alkohol, unlöslich in Äther[1].

Kupfersalz. Durch Eindampfen der blauen Lösung von Kupferhydroxyd in der Säure. Grünes Krystallpulver. Löslich in 2 Teilen kalten Wassers[1].

Glutaminsäureanhydrid[2].

Vermutliche Konstitution:

$$\begin{array}{c} CH_2\text{------}CH_2 \\ | \quad\quad | \\ CO\text{---}CH \\ | \quad\quad | \\ OC\text{---}N \quad N\text{---}CO \\ | \quad\quad | \\ CH\text{---}CO \\ | \quad\quad | \\ CH_2\text{------}CH_2 \end{array}$$

Darstellung: Durch Erhitzen von Glutaminsäure mit Glycerin über 150°.

Physikalische und chemische Eigenschaften: Die Biuretreaktion fällt je nach Versuchsbedingungen positiv oder negativ aus. Alkalische Hydrolyse führt zu einer krystallinischen und einer amorphen Verbindung, die beide als Glutamyl-glutaminsäure mit verschiedener Verkettung aufgefaßt werden.

Derivate: Silbersalz. Bildet sphärische Konglomerate. Die wässerige Lösung scheidet beim Kochen metallisches Silber ab. Selbst beim Einengen der Lösung im Vakuum über Schwefelsäure unter Lichtabschluß erhält man mehr oder weniger gefärbte Krystalle.

Histidinanhydrid.

Physiologische Eigenschaften: Einwirkung auf den Blutdruck, die glatte Muskulatur und den Dünndarm im Vergleich zu Histidin und Histidyl-histidin[3].

Derivate: Dichlorhydrat $C_{12}H_{18}O_3N_6Cl_2$. Wurde von S. Fränkel und P. Jellinek[4] in sehr geringer Menge durch 50tägige tryptische Verdauung von Casein erhalten. Zersetzungspunkt 285°.

Polypeptidanhydride, die mehr als zwei Aminosäuren im Molekül haben.

Allgemeines: Mit Ausnahme der eindeutigen Cystinanhydride sind alle andern beim partiellen Abbau von Proteinkörpern isoliert worden und die Struktur dieser zusammengesetzten Anhydride steht noch in keinem einzigen Falle fest.

Diglycyl-l-cystin-dianhydrid[5].

$$CH_2\begin{array}{c}\diagup CO\text{---}NH\diagdown \\ \diagdown NH\text{---}CO\diagup\end{array}CH\cdot CH_2\text{---}S\text{---}S\text{---}CH_2\cdot CH\begin{array}{c}\diagup CO\text{---}NH\diagdown \\ \diagdown NH\text{---}CO\diagup\end{array}CH_2 \quad C_{10}H_{14}O_4N_4S_2$$

Darstellung: Durch mehrmaliges Verestern von Diglycyl-l-cystin mit Methylalkohol und Salzsäure; entfernen der überschüssigen Salzsäure, lösen in Methylalkohol, einleiten von Ammoniak, stehenlassen im Eisschrank.

Physikalische und chemische Eigenschaften: Gutes Krystallisationsvermögen. Zersetzt sich oberhalb 250° langsam unter Braunschwarzfärbung. Schwer löslich in Wasser, verhältnismäßig leicht löslich in Eisessig.

---

[1] A. Blanchetière: Bull. Soc. chim. France [4] **31**, 1045 (1922) — Chem. Zbl. **1923 III**, 1084.
[2] A. Blanchetière: Bull. Soc. chim. France [4] **35**, 1317 (1924) — Chem. Zbl. **1925 I**, 220.
[3] Takeshi Hosoda: Biochem. Z. **167**, 221 (1926).
[4] S. Fränkel u. P. Jellinek: Biochem. Z. **130**, 592 (1922).
[5] Emil Abderhalden u. Ernst Roßner: Hoppe-Seylers Z. **163**, 149 (1927).

Di-dl-alanyl-l-cystin-dianhydrid.

$$CH_3 \cdot \underset{NH-CO}{\overset{CO-NH}{CH}} CH \cdot CH_2-S-S-CH_2 \cdot \underset{NH-CO}{\overset{CO-NH}{CH}} CH \cdot CH_3 \qquad C_{12}H_{18}O_4N_4S_2$$

Darstellung: Verestern von Dialanyl-cystin mit methylalkoholischer Salzsäure, entfernen der überschüssigen Salzsäure, aufnehmen mit methylalkoholischem Ammoniak, stehenlassen. Aus sehr viel heißem Wasser rasch umkrystallisieren[1].
Physikalische und chemische Eigenschaften: Bei 275° beginnende Dunkelfärbung. Ist bei 350° noch nicht geschmolzen. Schwer löslich in Wasser und Alkohol, fast unlöslich in Äther, Essigester, Aceton und den meisten andern organischen Mitteln. Am besten löslich in heißem Eisessig. Es bildet 6 seitige Blättchen mit allen Übergängen zu Prismen und flachen Nadeln[1].
Versetzt man mit n-alkalischer Bleilösung, so entsteht — im Gegensatz zum Peptid — sofort ein starker, schwarzer Niederschlag und nach $^1/_2$ Stunde sind bereits 71% des gesamten Cystinschwefels als Schwefelwasserstoff abgespalten. — Löst man in Natronlauge, so tritt bereits nach 10—15 Minuten unter Gelbfärbung klare Lösung ein. Fällt man mit absolutem Alkohol, so krystallisiert das Dinatriumsalz des Iso-3-methylen-6-methyl-2, 5-dioxopiperazins aus[1].
Physiologische Eigenschaften: Wirkt auf den Blutzuckerspiegel nicht ein[2].

Di-dl-leucyl-l-cystin-dianhydrid[3].

$$\underset{CH_3}{\overset{CH_3}{>}}CH \cdot CH_2 \cdot \underset{NH-CO}{\overset{CO-NH}{CH}} CH \cdot CH_2-S-S-CH_2 \cdot \underset{NH \cdot CO}{\overset{CO \cdot NH}{CH}} CH \cdot CH_2 \cdot CH \underset{CH_3}{\overset{CH_3}{<}} \qquad C_{18}H_{30}O_4N_4S_2$$

Darstellung: Durch Behandeln des Dileucyl-l-cystin-methylesterchlorhydrats mit methylalkoholischem Ammoniak.
Physikalische und chemische Eigenschaften: Krystallisiert aus Eisessig in mikroskopischen Prismen. Bräunt sich von 275° an und zeigt bis 350° keinen Schmelzpunkt. Unlöslich in Äther, Petroläther und Essigester, sehr schwer in Wasser und Alkohol, beträchtlich in heißem Eisessig. Beim Behandeln mit Natronlauge geht es in das Iso-3-methylen-6-isobutyl-2, 5-dioxopiperazin über.

Diprolyl-valinanhydrid.

Mögliche Formel:

$$\underset{CH_3}{\overset{CH_3}{>}}CH \cdot CH \overset{CO-N-CH-CH_2}{\underset{NH}{|}} \begin{matrix} CH_2-CH_2 \\ | \\ CO \end{matrix} \qquad C_{15}H_{23}O_3N_3$$

Bildung: Durch Erhitzen von Bluteiweiß mit Wasser unter Druck[4].
Physikalische und chemische Eigenschaften: Schmelzpunkt scharf bei 180°, sublimiert beim Erhitzen[4]. Wirkt beschleunigend auf die Bildung der maximalen Farbstärke bei der Kommschen Tryptophan-Aldehydreaktion[5].

---

[1] Max Bergmann u. Fritz Stather: Hoppe-Seylers Z. **152**, 189 (1926).
[2] Erwin Brand u. Martha Sandberg: J. of biol. Chem. **70**, 381 (1926).
[3] Max Bergmann u. Fritz Stather: Liebigs Ann. **448**, 32 (1926). — Vgl. auch Emil Abderhalden u. Ernst Roßner: Hoppe-Seylers Z. **163**, 149 (1927).
[4] Emil Abderhalden u. Ernst Komm: Hoppe-Seylers Z. **134**, 113 (1924).
[5] Ernst Komm: Hoppe-Seylers Z. **140**, 74 (1924); **156**, 35 (1926).

Dioxyprolyl-glycinanhydrid.

Mögliche Formel:

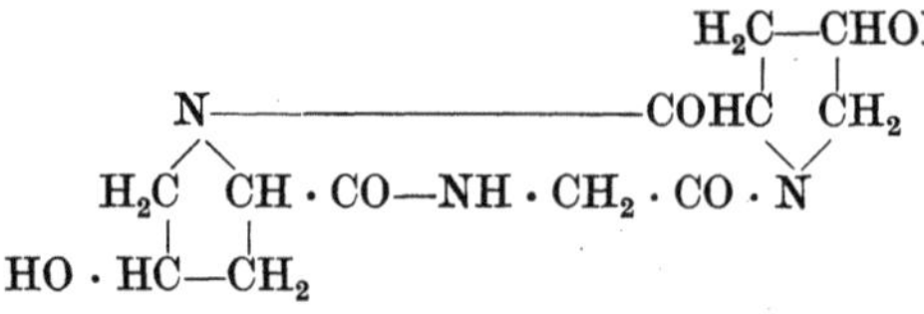

$$\begin{array}{c} H_2C-CHOH \\ | \quad | \\ N\text{———}COHC \quad CH_2 \\ H_2C \quad CH \cdot CO-NH \cdot CH_2 \cdot CO \cdot N \\ | \quad | \\ HO \cdot HC-CH_2 \end{array} \quad C_{12}H_{17}O_5N_3$$

Bildung: Bei der partiellen Hydrolyse von Schweineborsten durch 10stündiges Erhitzen mit der doppelten Menge Salzsäure auf 120°.
Physikalische und chemische Eigenschaften: Schneeweißes, krystallisiertes Produkt. Schmelzpunkt scharf bei 174°. $[\alpha]_D^{22}$ (in Alkohol) $= -31,65$. Reagiert schwach sauer. Nach der Aufspaltung kann $1/3$ des Gesamtstickstoffs als Aminostickstoff nach Sörensen bestimmt werden [1]. Wirkt beschleunigend auf die Bildung der maximalen Farbstärke bei der Kommschen Tryptophan-Aldehydreaktion [2].

Alanyl-leucyl-prolinanhydrid.

$C_{14}H_{23}O_3N_3$. Strukturmöglichkeiten siehe Original.

Bildung: Bei der partiellen Hydrolyse von Schweineborsten durch 8stündiges Erhitzen mit 1proz. Salzsäure auf 180°.
Physikalische und chemische Eigenschaften: Schmelzp. 180–182°. Reagiert schwach sauer. Keine Biuretreaktion. Nach Einwirkung von n-Alkali beträgt der Aminostickstoff $1/3$ des Gesamtstickstoffs [3].

d-Alanyl-l-leucyl-dl-prolinanhydrid.

Bildung: Bei der partiellen Hydrolyse von Casein durch 4tägiges Erwärmen mit 10proz. Schwefelsäure auf 80°.
Physikalische und chemische Eigenschaften: Schmelzp. 192° unter Zersetzung. $[\alpha]_D = -183°$ [4].

Alanyl-glycyl-serinanhydrid.

$C_8H_{11}O_3N_3$. Mögliche Struktur siehe Original.

Bildung: Bei der partiellen Hydrolyse von Seidenfibroin durch 7stündiges Erhitzen mit 0,5proz. Salzsäure auf 150–160°.
Physikalische und chemische Eigenschaften: Krystallisierter Körper, der sich beim Erhitzen gegen 228° zersetzt [5].

Prolyl-leucyl-serinanhydrid.

Bildung: Bildet sich wahrscheinlich bei der partiellen Hydrolyse von Bluteiweiß durch 7stündiges Erhitzen mit Wasser auf 150°.
Physikalische und chemische Eigenschaften: Schmilzt scharf bei 170–171° [5].

Alanyl-diglycyl-tyrosinanhydrid.

$C_{16}H_{20}O_5N_4$

Bildung: Bei der partiellen Hydrolyse von Seidenfibroin mit 70proz. Schwefelsäure.
Physikalische und chemische Eigenschaften: Krystalle. Zersetzungspunkt unscharf bei 235° [6].

---

[1] Emil Abderhalden u. Ernst Komm: Hoppe-Seylers Z. **134**, 113 (1924).
[2] Ernst Komm: Hoppe-Seylers Z. **140**, 74 (1924); **156**, 35 (1926).
[3] Emil Abderhalden u. Ernst Komm: Hoppe-Seylers Z. **132**, 1 (1924).
[4] Emil Abderhalden: Hoppe-Seylers Z. **131**, 284 (1923).
[5] Emil Abderhalden u. Ernst Komm: Hoppe-Seylers Z. **136**, 134 (1924).
[6] Emil Abderhalden u. Ernst Schwab: Hoppe-Seylers Z. **139**, 169 (1924).

Diprolyl-oxyprolyl-glycinanhydrid.

$C_{17}H_{24}O_5N_4$. Mögliche Struktur siehe Original.

Bildung: Bei der partiellen Hydrolyse von Gänsefedern mit 70proz. Schwefelsäure.
Physikalische und chemische Eigenschaften: Beim raschen Erhitzen Zersetzung gegen 251°. $[\alpha]_D$ (5proz. Lösung in $^n/_{10}$-NaOH) $= -136°$[1].

Trialanyl-glycyl-serinanhydrid.

$C_{14}H_{23}O_6N_5$. Mögliche Struktur im Original.

Bildung: Bei der partiellen Hydrolyse von Seidenfibroin durch 7stündiges Erhitzen mit 0,5proz. Salzsäure auf 150—160°.
Physikalische und chemische Eigenschaften: Zu Klümpchen vereinigte Nädelchen, die bei 213—215° schmelzen. Nach dem Behandeln mit verdünnter Lauge erhält man $^1/_4$ des Gesamt-N als Amino-N[2].

Diketopiperazin-polypeptide.

(Diketopiperazine mit Aminosäuren oder Polypeptiden in der Seitenkette.)

Die Struktur der einzelnen Verbindungen bedarf weiterer Forschungen.

Glycyl-(glycyl-glycinanhydrid)(?)[3].

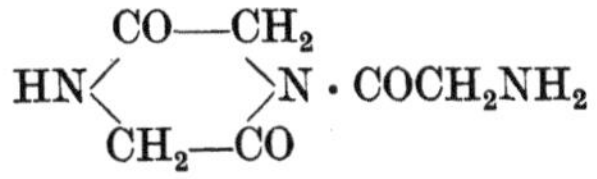

$$HN\begin{matrix} CO-CH_2 \\ \\ CH_2-CO \end{matrix}N \cdot COCH_2NH_2 \quad C_6H_9O_3N_3$$

Bildung: Läßt man auf Diglycyl-glycyl-glycinmethylester methylalkoholisches Ammoniak einwirken, so bildet sich neben einer kolloiden Substanz ein Körper, der vielleicht das kombinierte Dioxopiperazin darstellt.
Physikalische und chemische Eigenschaften: Positive Ninhydrin- und positive Carbonylreaktion.

Polymeres Glycyl-(glycyl-glycinanhydrid)(?)[3].

$(C_6H_9O_3N_3)_n$

Darstellung: Gibt man zu einer methylalkoholischen Lösung von Diglycylglycin-methylesterchlorhydrat (aus 7 g Diglycyl-glycin) 60 ccm methylalkoholisches Ammoniak, so scheidet sich nach kurzem Stehen ein die ganze Flüssigkeit durchsetzender Niederschlag aus (2 g). Die krystallinische Masse löst sich — bis auf eine kleine Verunreinigung — leicht in wenig heißem Wasser. Die beim Erkalten ausfallende Substanz löst sich in Wasser nur mehr kolloidal. Reinigen durch Dialysieren gegen Wasser.
Physikalische und chemische Eigenschaften: Sehr leicht löslich in Natronlauge und Salzsäure. Phosphorwolframsäure erzeugt in salzsaurer Lösung einen dicken, weißen Niederschlag. Neßlers Reagens gibt einen ähnlichen Niederschlag, der aber beim Stehen grau wird. Ninhydrin- und Carbonylreaktion stark positiv. Biuretreaktion rot-violett.
Derivate: Silberverbindung $C_6H_7O_3N_3Ag_2$. Versetzt man die wässerige Suspension der obigen Substanz mit Silbernitrat und gibt vorsichtig Ammoniak hinzu, so entsteht eine voluminöse Fällung, die beim Erwärmen krystallinisch wird.

---

[1] Emil Abderhalden: Hoppe-Seylers Z. **129**, 106 (1923).
[2] Emil Abderhalden u. Ernst Komm: Hoppe-Seylers Z. **136**, 134 (1924).
[3] Emil Abderhalden u. Ernst Schwab: Hoppe-Seylers Z. **164**, 271 (1927). — Vgl. auch Max Bergmann, Vincent du Vigneaud u. Leonidas Zervas: Ber. dtsch. chem. Ges. **62**, 1909 (1929).

dl-Alanyl-(glycyl-glycinanhydrid) oder Glycyl-(dl-alanyl-glycinanhydrid)(?)[1].

$$\text{NH}\underset{\text{CH}_2\text{—CO}}{\overset{\text{CO—CH}_2}{<}}\text{N·CO·CH·CH}_3 \qquad \text{NH}\underset{\text{CH}_2\text{—CO}}{\overset{\text{CO—CH—CH}_3}{<}}\text{N·CO·CH}_2\text{NH}_2 \quad C_7H_{11}O_3N_3$$
$$\qquad\qquad\quad\;\; |$$
$$\qquad\qquad\quad\;\;\text{NH}_2$$

Bildung: Entsteht, wenn man zu einer methylalkoholischen Lösung von dl-Alanyl-glycyl-glycinesterchlorhydrat aus 2 g Tripeptid 20 ccm methylalkoholisches Ammoniak gibt.

Physikalische und chemische Eigenschaften: Farblose Nadeln. Braunfärbung von 238° an; gegen 260° beginnende Verkohlung ohne vorher zu schmelzen. Leicht löslich in Wasser, schwer löslich in Alkohol, auch in der Wärme. Positive Ninhydrin- und Carbonylreaktion, negative Biuretreaktion. Neßlers Reagens erzeugt eine weiße Fällung.

Leucyl-(glycyl-glycinanhydrid)[1].

$$\text{HN}\underset{\text{CH}_2\text{—CO}}{\overset{\text{CO—CH}_2}{<}}\text{N·CO·CH·CH}_2\text{·CH}\overset{\text{CH}_3}{\underset{\text{CH}_3}{<}} \quad C_{10}H_{17}O_3N_3$$

Darstellung: Man versetzt Leucyl-glycyl-glycinmethylesterchlorhydrat mit methylalkoholischem Ammoniak. Nach längerem Stehen scheidet sich Leucyl-glycinanhydrid aus. Eindampfen des Filtrats im Vakuum. Reinigen durch mehrmaliges Lösen in Wasser und Fällen mit Alkohol.

Physikalische und chemische Eigenschaften: Zersetzt sich oberhalb 240° allmählich unter Schwarzfärbung. Steht in der Löslichkeit zwischen dem Glycinanhydrid und dem Leucyl-glycinanhydrid, doch ist es in Alkohol leichter löslich als diese Anhydride. Biuretreaktion negativ. Mit Neßlers Reagens entsteht ein weißer Niederschlag.

Physiologische Eigenschaften: Bei der Einwirkung von Erepsin wird Leucin abgespalten, während die Fermentlösung noch starke Anhydridreaktion gibt. Bei der Einwirkung eines Gemisches von Pankreas- und Dünndarmpreßsaft entstehen Leucin und Glykokoll.

Leucyl-(glycyl-leucinanhydrid).

$$\overset{\text{C}_4\text{H}_9}{\underset{}{|}}$$
$$\text{NH}\underset{\text{CO—CH}_2}{\overset{\text{CH—CO}}{<}}\text{N·CO·CH·CH}_2\text{·CH}\overset{\text{CH}_3}{\underset{\text{CH}_3}{<}} \quad C_{14}H_{25}O_3N_3$$

Bildung: Beim Erhitzen von Leucyl-glycinanhydrid und Leucin mit Glycerin auf 190 bis 200°[2]. Beim Erhitzen von Leucyl-glycyl-leucin mit der 15fachen Menge Glycerin bei 180 bis 190°[3]. Aus Leucyl-glycyl-leucinmethylesterchlorhydrat durch Stehenlassen mit methylalkoholischem Ammoniak. Daneben entsteht etwas Leucyl-glycinanhydrid sowie ein dem Hauptkörper in der Zusammensetzung entsprechendes Produkt, das bei 252° schmilzt, mit Neßler einen weißen und beim Stehen orange werdenden Niederschlag bildet und positive Biuretreaktion gibt[4].

Physikalische und chemische Eigenschaften: Die Schmelzpunkte der nach der zweiten oder dritten Art erhaltenen, angeblich gleichen Produkte differieren erheblich. Nach Bildung 2 färbt sich die Substanz bei 260° braun und schmilzt bei 263° unter Zersetzung[3]. Nach Bildung 3 schmilzt sie schon bei 231° unter Aufschäumen. Gibt mit Neßler einen weißen, sich beim Stehen nicht verfärbenden Niederschlag. Biuretreaktion negativ[4].

---

[1] Emil Abderhalden u. Ernst Schwab: Hoppe-Seylers Z. **164**, 274 (1927). — Vgl. auch Max Bergmann, Vincent du Vigneaud u. Leonidas Zervas: Ber. dtsch. chem. Ges. **62**, 1909 (1929).
[2] Emil Abderhalden u. Ernst Schwab: Hoppe-Seylers Z. **149**, 298 (1925).
[3] Emil Abderhalden u. Ernst Schwab: Hoppe-Seylers Z. **148**, 254 (1925).
[4] Emil Abderhalden u. Ernst Schwab: Hoppe-Seylers Z. **158**, 66 (1926).

dl-Leucyl-(glycyl-dl-serinanhydrid)[1].

$$\begin{array}{c} CH_2OH \\ | \\ CH-CO \\ NH \quad N \cdot CO \cdot CH \cdot CH_2 \cdot CH \begin{array}{c} CH_3 \\ \\ CH_3 \end{array} \quad C_{11}H_{19}O_4N_3 \\ CO-CH_2 \quad | \\ NH_2 \end{array}$$

Darstellung: Durch Einwirkung von methylalkoholischem Ammoniak auf Leucylglycyl-serinmethylesterchlorhydrat.

Physikalische und chemische Eigenschaften: Knollige Krystallaggregate. Löslich in Alkohol, unlöslich in Äther. Zersetzung bei 245°. Bei 37° wird es bereits bei einem p_H von 8,4 ziemlich stark aufgespalten.

Physiologische Eigenschaften: Bei Einwirkung von Pankreatin wird Leucin abgespalten, während der Anhydridring intakt bleibt.

Leucyl-glycyl-(alanyl-alaninanhydrid).

$$\begin{array}{c} H_3C \\ | \\ CH-CO \\ HN \quad N \cdot CO \cdot CH_2 \cdot NH \cdot CO \cdot CH \cdot CH_2 \cdot CH \begin{array}{c} CH_3 \\ \\ CH_3 \end{array} \quad C_{14}H_{24}O_4N_4 \\ CO-CH \quad | \\ NH_2 \end{array}$$

Darstellung: Entsteht nach Abderhalden und Schwab[2] durch 2stündiges Erhitzen eines Gemisches von 0,5 g Alaninanhydrid mit 0,7 g Leucyl-glycin mit Anilin auf 200°. Mit Äther aufnehmen, filtrieren, mit etwas Alkohol nachwaschen, in Wasser unter Zusatz von Tierkohle kochen, einengen, mit Alkohol bis zur Trübung versetzen. Beim Stehen Ausscheidung von 0,5 g des Reaktionsprodukts.

Physikalische und chemische Eigenschaften: Schmelzp. 222° nach vorher beginnender Zersetzung. Ziemlich schwer löslich in Alkohol, leicht löslich in heißem, schwerer in kaltem Wasser. Flockt aus der klar filtrierten, wässerigen Lösung nach einigem Stehen aus. (Kolloidale Lösung.)

Trioxopiperazine.

2, 3, 5-Trioxopiperazin.

$$CH_2 \begin{array}{c} CO-NH \\ \\ NH-CO \end{array} CO \quad C_4H_4O_3N_2$$

Darstellung: Durch 5stündiges Einleiten von Ozon in eine Lösung von 3-Methylen-2, 5-dioxopiperazin in Eisessig. Im Vakuum öfter mit Wasser eindampfen. Ausbeute etwa 90% d. Th.

Physikalische und chemische Eigenschaften: Krystallisiert aus Wasser in schönen, oft zentrisch angeordneten, 6seitigen Tafeln. Von 220° an beginnende Braunfärbung, gegen 240° Zersetzung. Beträchtlich löslich in Wasser mit saurer Reaktion. Auch sehr gut löslich in Eisessig bei gelindem Erwärmen, dagegen schwer in Alkohol, Äther, Essigester und Petroläther. Bei der Hydrolyse mit n-HCl bildet sich Ammoniak, Glykokoll und Oxalsäure[3].

6-Methyl-2, 3, 5-trioxopiperazin.

$$CH_3 \cdot CH \begin{array}{c} CO-NH \\ \\ NH-CO \end{array} CO \quad C_5H_6O_3N_2$$

Darstellung: Durch 5stündiges Einleiten von Ozon in eine Lösung von 6-Methyl-2, 3, 5-trioxopiperazin in Eisessig. Verdampfen im Vakuum, aus Alkohol krystallisieren. Ausbeute etwa 90% d. Th.[3]

---

[1] Emil Abderhalden u. Ernst Schwab: Hoppe-Seylers Z. **171**, 78 (1927).
[2] Emil Abderhalden u. Ernst Schwab: Hoppe-Seylers Z. **158**, 66 (1926).
[3] Max Bergmann, Arthur Miekeley u. Erich Kann: Hoppe-Seylers Z. **146**, 247 (1925).

Physikalische und chemische Eigenschaften: Krystallisiert aus Alkohol in lanzettförmigen Nädelchen, schmilzt bei 212—213° (korr.), reagiert gegen Lackmus sauer, löst sich leicht in Wasser und Methylalkohol, schwer in Äther und so gut wie gar nicht in Petroläther. Bei der Hydrolyse mit der 20fachen Menge 2n-HCl entstehen Alanin, Oxalsäure und Ammoniak [1].

6-Benzyl-2, 3, 5-trioxopiperazin.

$$C_6H_5CH_2 \cdot \underset{\diagdown NH-CO}{\overset{\diagup CO-NH}{CH}} \hspace{-3pt} \diagup\hspace{-6pt}\diagdown CO \quad C_{11}H_{10}O_3N_2$$

Darstellung: Durch 3stündiges Einleiten von Ozon in eine Lösung von Dehydro-alanyl-phenylalaninanhydrid A in Eisessig [2]. Oder durch 5stündiges Einleiten von Ozon in eine Eisessiglösung des Methylesters des Carboxymethylen-6-benzyl-2, 5-dioxopiperazins [3].

Physikalische und chemische Eigenschaften: Farblose, bei 265° schmelzende Nadeln [2] oder rhomboidische, lange, bei 261° schmelzende Plättchen [3], die bei der Hydrolyse Phenylalanin, Oxalsäure und Ammoniak liefern [2].

Piperazine.

Piperazin (Diäthylendiamin).

$$\underset{\diagdown CH_2-CH_2}{\overset{\diagup CH_2-CH_2}{NH}} \hspace{-3pt} \diagup\hspace{-6pt}\diagdown NH \quad C_4H_{10}N_2$$

Bildung: Bildet sich neben anderen Produkten bei der Einwirkung von Ammoniak auf Äthylenbromid [4]. Ferner beim Erhitzen von salzsaurem Äthylendiamin [5], durch Einwirkung von Äthylenbromid auf Äthylendiamin [6], durch Erhitzen der Dinatriumverbindung des Äthylenglykols mit Diacylderivaten des Äthylendiamins auf 250—350° [7], durch Reduktion von Pyrazin, Äthylenoxamid [8], sowie durch Reduktion von Glycinanhydrid mit Natrium und Alkohol [9, 10, 11].

Darstellung: Durch Einwirkung von Äthylenbromid auf Arylamine bei Gegenwart von säurebindenden Mitteln, wie Natriumacetat oder Natriumcarbonat, wobei sich die entsprechenden N-N'-Diarylverbindungen bilden, sulfurieren, nitrieren oder nitrosieren des aromatischen Kerns und Infreiheitsetzen des Piperazins durch Destillation mit starkem Alkali [12].

$$2\,C_6H_5 \cdot NH_2 + 2\,BrCH_2 \cdot CH_2 \cdot Br = C_5H_5 \cdot N \underset{\diagdown CH_2-CH_2}{\overset{\diagup CH_2-CH_2}{}} \hspace{-3pt}\diagup\hspace{-6pt}\diagdown N \cdot C_6H_5 + 4\,HBr$$

$$C_6H_5 \cdot N \underset{\diagdown CH_2-CH_2}{\overset{\diagup CH_2-CH_2}{}} \hspace{-3pt}\diagup\hspace{-6pt}\diagdown N \cdot C_6H_5 \xrightarrow{+HNO_2} NO \cdot C_6H_4 \cdot N \underset{\diagdown CH_2-CH_2}{\overset{\diagup CH_2-CH_2}{}} \hspace{-3pt}\diagup\hspace{-6pt}\diagdown N \cdot C_6H_4 \cdot NO \xrightarrow{+KOH}$$

$$\xrightarrow{+KOH} NH \underset{\diagdown CH_2-CH_2}{\overset{\diagup CH_2-CH_2}{}} \hspace{-3pt}\diagup\hspace{-6pt}\diagdown NH + C_6H_4 \underset{\diagdown NO}{\overset{\diagup OH}{}} \quad [4, 7]$$

---

[1] Max Bergmann, Arthur Miekeley u. Erich Kann: Hoppe-Seylers Z. **146**, 247 (1925).
[2] Max Bergmann u. Arthur Miekeley: Liebigs Ann. **458**, 40 (1927).
[3] Max Bergmann u. Hellmuth Enßlin: Hoppe-Seylers Z. **174**, 76 (1928).
[4] Cloëz: Jahresber. Chem. **1853**, 468; **1858**, 344.
[5] Ladenburg u. Abel: Ber. dtsch. chem. Ges. **21**, 758 (1888).
[6] Sieber: Ber. dtsch. chem. Ges. **23**, 326 (1890).
[7] D.R.P. 67811. Chem. Farbik Schering:
[8] A. W. Hofmann: Ber. dtsch. chem. Ges. **5**, 247 (1872). Reduktion: D.R.P. 66461.
[9] R. Cohn: Hoppe-Seylers Z. **29**, 288 (1900).
[10] Hoyer: Hoppe-Seylers Z. **34**, 347 (1902).
[11] Abderhalden, Klarmann u. Schwab: Hoppe-Seylers Z. **135**, 180 (1924).
[12] D.R.P. 59222, 60547, 63618, 65347, 83534 u. a. Eine ausführlichere Zusammenstellung der verschiedensten Darstellungsweisen siehe Sigmund Fränkel: Die Arzneimittelsynthese, 5. Aufl., 799—801 (1921).

Physikalische und chemische Eigenschaften: Krystallisiert aus Alkohol in großen, rhombischen Blättern, die bei 104° schmelzen und bei 145—146° sieden und an der Luft leicht Wasser und Kohlensäure anziehen. Sehr leicht löslich in Wasser mit stark alkalischer Reaktion, ebenfalls sehr leicht löslich in Alkohol, unlöslich in Äther[1]. Bildet ein mit 6 Krystallwasser krystallisierendes Hydrat $C_4H_{10}N_2 \cdot 6\,H_2O$, das bei 44° schmilzt[2]. Bildet mit Wismutjodkali einen scharlachroten, schön krystallisierten Niederschlag. — Löst Harnsäure bereits in der Kälte verhältnismäßig gut. — Beim Erhitzen mit Salzsäure oder Schwefelsäure bis über 200° bleibt es unverändert[3].

Physiologische Eigenschaften: Passiert den Organismus unverändert, die Hauptmenge wird sehr rasch durch den Harn ausgeschieden, der Rest aber langsam[4]. Erniedrigt den Gasaustausch der überlebenden Muskulatur nicht und ist ungiftig[5]. Schmeckt bitter[6]. Dringt sehr langsam in die lebenden Zellen ein[7]. Wurde früher infolge seines Harnsäurelösevermögens unter dem Namen Dispermin als — allerdings wirkungsloses — Gichtmittel angewandt[8]. Hat starke, viele Stunden andauernde gerinnungsbeschleunigende Wirkung (intramuskulär oder intravenös), während es in vitro gerinnungshemmend wirkt[9]. Fördert die alkoholische Gärung[10].

Derivate: Salzsaures Salz $C_4H_{10}N_2 \cdot 2\,HCl \cdot H_2O$. Krystallisiert in lufttrockenem Zustand mit 1 Mol Krystallwasser. Sehr leicht löslich in Wasser und wird aus der wässerigen Lösung durch Alkohol in feinen Nadeln gefällt[11].

Quecksilberchloridverbindung $C_4H_{10}N_2 \cdot 2\,HCl \cdot HgCl_2$. Nädelchen, leicht löslich in heißem Wasser, unlöslich in Alkohol[11].

Platinchloridverbindung $C_4H_{10}N_2 \cdot H_2PtCl_6$. Gelbe Nädelchen oder 4 seitige Blättchen, ziemlich leicht löslich in heißem Wasser, sehr schwer in heißem Alkohol[11].

Goldchloridverbindung $C_4H_{10}N_2 \cdot H_2AuCl_8$. Hellgelbe, perlmutterglänzende Blättchen[11, 12].

Carbonat schmilzt bei 162—165°.

Pikrat $C_4H_{10}N_2 \cdot 2(C_6H_2OHNO_2)_3$. Gelbe Nadeln, leicht löslich in Wasser, unlöslich in Alkohol[11].

Di(chloracetyl)-piperazin $C_8H_{18}N_2O_2Cl_2$. Krystallisiert aus Chloroform-Alkohol in derben Krystallen vom Schmelzp. 137°, sehr schwer löslich in Wasser, schwer in kaltem Alkohol, Benzol, Äther, Essigester, ziemlich leicht in Pyridin, sehr leicht in Aceton und Chloroform, unlöslich in Petroläther. Beim Aminieren mit alkoholischem Ammoniak scheidet sich ein sowohl in Wasser, wie in sämtlichen gebräuchlichen organischen Lösungsmitteln vollkommen unlöslicher Körper aus, der bei der Hydrolyse wohl Piperazin, aber kein Glykokoll liefert[13].

Diglycyl-piperazin $C_8H_{16}O_2N_4$. Durch Aminieren von in Chloroform gelöstem Dichloracetyl-piperazin mit alkoholischem Ammoniak und Aufarbeiten mit Silbersulfat und Baryt. Alkalisch reagierender, äußerst hygroskopischer Sirup. Unlöslich in organischen Lösungsmitteln[13].

Dihippuryl-piperazin $C_{22}H_{24}O_4N_4$. Durch Kuppeln von Diglycyl-piperazin mit Benzoylchlorid. Blättchenförmige Krystalle vom Schmelzp. 266°. Fast unlöslich in Wasser, sehr leicht löslich in Chloroform, schwer in Alkohol[13].

Dipikrat des Diglycyl-piperazins $C_{20}H_{22}O_{16}N_{10}$. Krystallisierte gelbe Substanz, die sich beim Erhitzen langsam verfärbt und bei 221° schmilzt[13].

Di-(dl-α-brompropionyl)-piperazin $C_{10}H_{16}O_2N_2Br_2$. Schmelzp. 162° ohne Zersetzung. Löslichkeit wie beim Dichloracetylprodukt.

Di-(dl-alanyl)-piperazin $C_{10}H_{20}O_2N_4$. Nach dem Aminieren von Dibrompropionyl-piperazin scheidet sich beim Einengen das Dialanylpiperazinbromhydrat aus, das filtriert und mit

---

[1] A. W. Hofmann: Ber. dtsch. chem. Ges. **23**, 3299 (1890).
[2] Berthelot: C. r. Acad. Sci. Paris **129**, 687 (1899).
[3] Herz: Ber. dtsch. chem. Ges. **30**, 1585 (1897).
[4] Fränkel: Arzneimittelsynthese, 5. Aufl., 197 (1921).
[5] Fränkel: Arzneimittelsynthese, 5. Aufl., 106 (1921).
[6] Fränkel: Arzneimittelsynthese, 5. Aufl., 143 (1921).
[7] Fränkel: Arzneimittelsynthese, 5. Aufl., 525 (1921).
[8] Fränkel: Arzneimittelsynthese, 5. Aufl., 799 (1921).
[9] Nonnenbruch u. Szyszka: Ber. Physiol. **5**, 503 (1921).
[10] Emil Abderhalden: Fermentforschg **8**, 530 (1926).
[11] Majert u. Schmidt: Ber. dtsch. chem. Ges. **23**, 3720 (1890).
[12] Ladenburg u. Abel: Ber. dtsch. chem. Ges. **21**, 758 (1888).
[13] Emil Abderhalden u. Ernst Roßner: Hoppe-Seylers Z. **144**, 219 (1925).

Silbersulfat und Baryt behandelt wird, wobei zu beachten ist, daß das Dialanyl-piperazin größere Mengen von Silberchlorid in Lösung behält. Strahlenförmige Krystalle. Sehr hygroskopisch, alkalische Reaktion. Schwer löslich in den mit Wasser mischbaren Lösungsmitteln, unlöslich in den übrigen organischen Mitteln[1].

Di-(benzoyl-dl-alanyl)-piperazin $C_{24}H_{28}O_4N_4$. Aus Alkohol kurze, derbe Nadeln vom Schmelzp. 237°. Spielend löslich in Chloroform u. a. Mitteln, unlöslich in Äther und Petroläther[1].

Di-(dl-α-bromiso-capronyl)-piperazin $C_{16}H_{28}O_2N_2Br_2$. Schmelzp. 141—142°. Löslichkeit wie beim Chloracetylprodukt[1].

Di-(dl-leucyl)-piperazin $C_{16}H_{32}O_2N_4$. Nach dem Aminieren von Dibromisocapronyl-piperazin mit alkoholischem Ammoniak scheidet sich beim Einengen das Dileucyl-piperazinbromhydrat ab, aus dem die freie Base mit NaOH in Freiheit gesetzt und mit Chloroform ausgeschüttelt wird. Strahlige Krystalle von nur schwach hygroskopischem Charakter. Leicht löslich in Wasser und den meisten organischen Lösungsmitteln. Schmelzp. 118—121°. Wird mit PepsinSalzsäure und Pankreatin nicht gespalten[1]. Fördert die alkoholische Gärung[2].

Di-(benzoyl-dl-leucyl)-piperazin $C_{30}H_{44}O_4N_4$. Krystallisiert in büschelförmig angeordneten Nadeln vom Schmelzp. 244°[1].

Di-(chloracetyl)-dileucyl-piperazin $C_{20}H_{34}O_4N_4Cl_2$. Krystallisiert aus Chloroform und Alkohol in strahlig verästelten Krystallen. Schmelzp. 223° unter Zersetzung. Unlöslich in Wasser, Äther und Petroläther, schwer löslich in Essigester, Benzol und Homologen, löslich in Aceton und Alkohol, leicht löslich in Pyridin und Chloroform[1].

Di-(glycyl-dl-leucyl)-piperazin $C_{20}H_{38}O_6N_4$. Durch Aminieren des Dichloracetylkörpers mit alkoholischem Ammoniak; eindampfen im Vakuum, aufnehmen mit Wasser und schütteln mit Alkali und Chloroform. Strahlige Krystallaggregate, die zwischen 182 und 184° schmelzen. Leicht löslich in Wasser und den meisten organischen Lösungsmitteln. Wird von Pepsin und Pankreatin nicht gespalten[1].

Di-(dl-α-brompropionyl-dl-leucyl)-piperazin $C_{22}H_{38}O_4N_4Br_2$. Krystalle aus Chloroform + Alkohol. Schmelzp. 205°. Unlöslich in Wasser, Petroläther und Äther, leicht löslich in Benzol, Aceton, Chloroform, Pyridin[1].

Di-(dl-alanyl-dl-leucyl)-piperazin $C_{22}H_{42}O_6N_4$. Durch Aminieren des entsprechenden Halogenacylkörpers und Ausschütteln der eingedampften Lösung mit Chloroform und Alkali. Der farblose Sirup hält das Chloroform fest absorbiert. Im Vakuum bei 105° trocknen. Spröde, schwach hygroskopische amorphe Masse, die zwischen 142 und 149° schmilzt. Außer in Äther und Petroläther in den meisten Lösungsmitteln löslich[1].

Weitere Piperazinderivate[3].

2-Methylpiperazin.

$$\begin{array}{c} CH_2\!-\!CH_2 \\ NHNH \\ CH_2\!-\!CH \\ | \\ CH_3 \end{array} \qquad C_4H_{12}N_2$$

Bildung: Reduktion von Methylpyrazin[4]. Reduktion von Glycyl-alaninanhydrid mit Natrium und Alkohol[5, 6]. Reduktion von Seidenpepton mit Natrium und Alkohol[7].

Darstellung: Aus Propylendiamin (unter Zuhilfenahme von p-Toluolsulfochlorid) und Äthylenbromid[8].

Physikalische und chemische Eigenschaften: Schmelzp. 62°, Siedepunkt (bei 758 mm Druck) 151°[8].

Derivate: Goldsalz $C_5H_{12}N_2 \cdot 2\,HAuCl_4$. Schmelzp. 220° unter Zersetzung, ziemlich löslich in Wasser und Alkohol[8].

---

[1] Emil Abderhalden u. Ernst Roßner: Hoppe-Seylers Z. **144**, 219 (1925).
[2] Emil Abderhalden: Fermentforschg **8**, 530 (1926).
[3] Julius v. Braun, Otto Goll u. Friedrich Zobel: Ber. dtsch. chem. Ges. **59**, 936 (1926). — Julius v. Braun, Otto Goll u. Ernst Metz: Ber. dtsch. chem. Ges. **59**, 2416 (1926).
[4] Stoehr: J. prakt. Chem. **51**, 472 (1895).
[5] Abderhalden u. Stix: Hoppe-Seylers Z. **132**, 238 (1924).
[6] Abderhalden u. Schwab: Hoppe-Seylers Z. **139**, 68 (1924).
[7] Abderhalden u. Schwab: Hoppe-Seylers Z. **139**, 169 (1924).
[8] Esch u. Marckwald: Ber. dtsch. chem. Ges. **33**, 761 (1900).

Salzsaures Salz. Weiße Blättchen vom Schmelzp. 245°, sehr leicht löslich in Wasser, leicht löslich in verdünntem Alkohol, unlöslich in Äther und Chloroform[1].

Phenylisocyanatverbindung $C_{19}H_{22}O_2N_4$. Farblose, prismatische Nadeln, die bei 212° unter Zersetzung schmelzen[2].

Dibenzoylmethylpiperazin $C_{19}H_{22}O_2N_2$.

Di-(chloracetyl-)methylpiperazin. Wurde nur als bräunliche, stark hygroskopische nicht krystallisierte Masse erhalten[1].

Diglycyl-methyl-piperazin. Konnte nur als gelbliche, krümelige, hygroskopische Masse erhalten werden. Leicht löslich in Wasser und Alkohol, schwerer in Chloroform, Tetrakohlenstoff, unlöslich in Äther und Benzol[1].

2,5-Dimethyl-piperazin.

Bildung: Bei der Reduktion von Lactimid mit Natrium in alkoholischer Lösung[3]. Entsteht auch aus käuflichem Amylalkohol durch Einwirkung von Natrium[4]. Durch Reduktion von Alaninanhydrid mit Natrium in Alkohol.

Darstellung: Bei der Destillation von Glycerin mit Chlorammon und Ammonphosphat entsteht u. a. auch Dimethylpyrazin, das bei der Reduktion Dimethylpiperazin liefert[5]. Durch trockene Destillation von salzsaurem Äthylendiamin mit Natriumacetat und Reduktion[6].

Physikalische und chemische Eigenschaften: Krystallisiert sehr schön aus Benzol oder Chloroform in weißen Prismen oder Tafeln. Schmelzp. 118°. Siedep. 162° und Normaldruck. Spielend löslich in Wasser[7]. Ist aus sehr konzentrierter wässeriger Lösung erheblich mit Wasserdampf flüchtig; läßt sich aus stark alkoholischer Lösung mit Äther ausschütteln[8]. Kann auf keine Weise in die optisch aktiven Formen gespalten werden, weshalb es in der trans-Form vorliegen muß[7].

So gibt auch cis-3,6-Diketo-2,5-dimethylpiperazin bei der Reduktion mit Natrium und Alkohol trans-2,5-Dimethylpiperazin[9].

Physiologische Eigenschaften: Fördert die alkoholische Gärung[10].

Derivate: Weinsaures Salz. Wurde früher unter dem Namen Lycetol als Gichtmittel in den Handel gebracht.

Dibenzylverbindung. Tafeln aus Äther vom Schmelzp. 105—106°. Bromwasserstoffsaures Salz. Nädelchen[11].

Di-(dl-α-bromisocapronyl)-dimethylpiperazin $C_{18}H_{32}O_2N_2Br_2$. Krystalle aus Chloroform + Alkohol vom Schmelzp. 186°. Unlöslich in Wasser, leicht löslich in Chloroform, schwer löslich in den meisten anderen Lösungsmitteln.

---

[1] Abderhalden u. Schwab: Hoppe-Seylers Z. **139**, 68 (1924).
[2] Emil Abderhalden u. Ernst Schwab: Hoppe-Seylers Z. **143**, 290 (1927).
[3] Hoyer: Hoppe-Seylers Z. **34**, 347 (1902).
[4] Bamberger u. Einhorn: Ber. dtsch. chem. Ges. **30**, 226 (1897).
[5] Stoehr: D.R.P. 73704 und 75298.
[6] D.R.P. 78020.
[7] Stoehr: J. prakt. Chem. **47**, 514 (1893).
[8] Cazeneuve u. Moreau: C. r. Acad. Sci. **126**, 1573 (1898).
[9] Kipping u. Pope: J. chem. Soc. Lond. **1926**, 494 — Chem. Zbl. **1926 I**, 3050.
[10] Emil Abderhalden: Fermentforsch **8**, 530 (1926).
[11] Uedinck: Ber. dtsch. chem. Ges. **32**, 972 (1899).

Di-(dl-leucyl)-dimethylpiperazin $Cl_{18}H_{36}O_2N_4$. Aus Chloroform erst ölig, dann krystallisiert. Leicht löslich in Wasser und organischen Lösungsmitteln. Schmelzp. 134—135°[1]. **Bromhydrat** $C_{18}H_{38}O_2N_4Br_2$.

Di-(chloracetyl-dl-leucyl)-dimethylpiperazin $C_{22}H_{38}O_4N_4Cl_2$. Aus Chloroform krystallisiert. Schmelzp. 243—244°.

Di-(glycyl-dl-leucyl)-dimethylpiperazin $C_{22}H_{42}O_4N_6$. Aus Chloroform blasige, hygroskopische Masse. Schmelzpunkt des chloroformfreien Produkts gegen 205°. Leicht löslich in allen Lösungsmitteln mit Ausnahme von Äther und Petroläther. Wird durch Hefemacerationssaft nicht gespalten. **Chlorhydrat** $C_{22}H_{44}O_4N_6Cl_2$.

Di-(dl-α-brompropionyl-dl-leucyl)-dimethylpiperazin $C_{24}H_{42}O_4N_4Br_2$. Krystalle aus Alkohol. Schmelzp. 260° unter Zersetzung.

Di-(dl-alanyl-dl-leucyl)-dimethylpiperazin $C_{24}H_{46}O_4N_6$. Schmelzp. 215—216°. **Bromhydrat** $C_{24}H_{48}O_4N_6Br_2$. Weißes Pulver, Schmelzp. 255—256°.

Di-(chloracetyl)-dimethylpiperazin $C_{10}H_{16}O_2N_2Cl_2$. Schmelzp. 148°.

Diglycyl-dimethylpiperazin ist nur ölig erhalten worden. **Chlorhydrat** $C_{10}H_{22}O_2N_4Cl_2$. Weißes Pulver, Zersetzungspunkt gegen 282°.

Di-(dl-α-brompropionyl-glycyl)-dimethylpiperazin $C_{16}H_{26}O_4N_4Br_2$. Amorphes, hygroskopisches Pulver. Schmelzp. 180—182° unter Zersetzung.

Di-(dl-alanyl-glycyl)-dimethylpiperazin-bromhydrat $C_{16}H_{32}O_4N_6Br_2$. Gelbliches, amorphes hygroskopisches Pulver. Schmelzp. 265—269°[1].

dl-Dibenzoyl-cis-2, 5-dimethylpiperazin Schmelzpunkt aus Alkohol 145—146°[2].

1, 4-Di-p-toluolsulfonyl-cis-2, 5-dimethylpiperazin $C_{20}H_{26}O_4N_2S_2$. Schmelzpunkt aus Alkohol 146—147°.

1, 4-Di-p-toluolsulfonyl-trans-2, 5-dimethylpiperazin. Schmelzp. 225°. Das Hydrochlorid gibt in alkoholischer Kalilauge mit d-Oxymethylencampher $1/2$ Stunde gekocht:

d-cis-2, 5-dimethylpiperazin-d-bismethylencampher $C_{28}H_{42}O_2N_2$. Aus Petroläther mit wenig Alkohol. Schmelzp. 210°. $[\alpha]^{20}_{\lambda 5461} = +747°$ und

l-cis-2, 5-dimethylpiperazin-d-bismethylencampher. Schmelzp. 176—177°. $[\alpha]^{25}_{\lambda 5461} = +635°$.

d-1, 4,-Dibenzoyl-cis-dimethylpiperazin $C_{20}H_{22}O_2N_2$. Aus obigem durch Behandeln mit Bromwasserstoff und Benzoylieren. Schmelzp. 164—165°. $[\alpha]^{25}_{\lambda 5461} = +247°$. Die l-Form wurde noch nicht analysenrein gewonnen[2].

2, 3-Dimethylpiperazin.

Derivate: Siehe Gilbert T. Morgan, Wilfrid John Hickinbottom und Thomas Vipond Barker[3].

N-N'-Dimethylpiperazin.

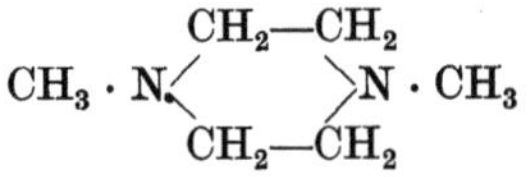

$$CH_3 \cdot N \underset{CH_2-CH_2}{\overset{CH_2-CH_2}{\diagup\diagdown}} N \cdot CH_3$$

Bildung: Entsteht neben Methyläthylimin bei der Behandlung von Chloräthylmethylamin mit Natronlauge[4,5]. Bei der Reduktion von Sarkosinanhydrid mit Natrium und Alkohol[5]. Bei der thermischen Zersetzung von N-N'-Tetramethylpiperaziniumdijodid[6].

Darstellung: Aus Piperazin und methylschwefelsaurem Kali[7]. Durch Methylieren von Piperazin mit Formaldehyd[8].

Physikalische und chemische Eigenschaften: Siedep. 131—132°[5].

---

[1] Emil Abderhalden u. Kohl-Egger: Hoppe-Seylers Z. **156**, 128 (1926).
[2] F. B. Kipping u. W. J. Pope: J. chem. Soc. Lond. **1926**, 1076 — Chem. Zbl. **1926 II**, 764.
[3] Gilbert T. Morgan, Wilfrid John Hickinbottom u. Thomas Vipond Barker: Proc. roy. Soc. Lond., Serie A, **110**, 502 (1926) — Chem. Zentralbl. **1926 I**, 2796.
[4] Markwald u. Frobenius: Ber. dtsch. chem. Ges. **34**, 3551 (1901).
[5] Knorr, Hörlein u. Roth: Ber. dtsch. chem. Ges. **38**, 3136 (1905).
[6] E. Abderhalden u. R. Haas: Hoppe-Seylers Z. **148**, 245 (1925).
[7] Ladenburg: Ber. dtsch. chem. Ges. **24**, 2401 (1891). — Schmidt u. Wichmann: Ber. dtsch. chem. Ges. **24**, 3247 (1891).
[8] Eschweiler: D.R.P. 80520.

Derivate: Pikrat. Fast unlöslich in Wasser. Zersetzungspunkt gegen 280°[1, 2].
Aurat. Krystallisiert auf Zusatz von Goldchlorwasserstoffsäure in schwer löslichen, rautenförmigen, glänzenden Blättchen[2].
Platinsalz. Krystallisiert aus Wasser in Nadeln vom Zersetzungspunkt gegen 270°[2].
Chlorhydrat. Aus N-N′-Tetramethylpiperaziniumchlorid mit Piperidin im Rohr bei 150°. Schmelzpunkt des aus heißem Alkohol krystallisierten Produkts 245°[3]. Frühere Angaben geben ihn mit 247—253° an[2].
Jodhydrat. Durch Einwirkung von 2 Mol Jodmethyl auf 1 Mol Piperazin in Methylalkohol[4]. Leicht löslich in Wasser, löslich in Alkohol, unlöslich in andern organischen Mitteln. Unbeständig, besonders im nicht ganz trockenen Zustand, Jodausscheidung. Bildet mit Jod eine wenig beständige Anlagerungsverbindung von der Zusammensetzung $C_6H_{14}N_2 \cdot 2\,HJ \cdot 2\,J_2$[4].

N-N′-Tetramethylpiperaziniumhydroxyd.

$$\begin{array}{c}CH_2\\CH_3\end{array}\!\!\!>\!\!N\!\!<\!\!\begin{array}{c}CH_2\!-\!CH_2\\ \\ CH_2\!-\!CH_2\end{array}\!\!\!>\!\!N\!\!<\!\!\begin{array}{c}CH_3\\CH_3\\OH\end{array}$$

Darstellung: Aus dem Sulfat durch Zersetzung mit Baryt[4].
Physikalische und chemische Eigenschaften: Sehr leicht löslich in Wasser, sehr schwer in Alkohol. Hygroskopisch. Zersetzungsp. 175° ohne vorher zu schmelzen[4].
Derivate: Dijodid. Durch Einwirkung von Jodmethyl auf N-N′-Dimethylpiperazin oder direkt auf Piperazin in entsprechenden Mengenverhältnissen. Leicht löslich in Wasser, löslich in Alkohol, unlöslich in anderen Mitteln. Zersetzungsp. 278° unter Zerfall in Jodmethyl und N-N′-Dimethylpiperazin. Unbeständig, besonders in nicht trockenem Zustand; Jodausscheidung. In wässeriger Lösung mit überschüssiger Jodlösung versetzt Abscheidung der graubraunen Anlagerungsverbindung $C_8H_{20}N_2J_2 \cdot 2\,J_2$[4].
Dichlorid $C_8H_{20}N_2Cl_2$. Durch Methylieren von Piperazin mit Dimethylsulfat unter 40°. Fällen mit Quecksilberchlorid, Zersetzen mit Schwefelwasserstoff[4]. Durch Polymerisation von Dimethyl-(β-chlor-äthyl)amin[5]. Zersetzungspunkt nach Abderhalden und Haas[4] 276°, nach Julius v. Braun und Mitarbeiter[3] schmilzt es nicht bis 300°. Sehr leicht löslich in Wasser, schwer in Alkohol, unlöslich in den meisten andern Mitteln[3, 4]. Gibt bei der trockenen Destillation Methylchlorid und Dimethylpiperazin. Wird mit starkem Alkali in Acetylen, Tetramethyläthylendiamin und Dimethyläthylalanin zersetzt[5]. Gibt mit Piperidin bei 150° u. a. salzsaures N-N′-Dimethylpiperazin[3].
Sulfat. Durch Umsetzung des Dichlorids bzw. Jodids mit Silbersulfat[4].

N-N′-Diäthylpiperazin.

Darstellung: Aus Piperazin und einem Überschuß von äthylschwefelsaurem Kalium in wässeriger Lösung[6].

N-N′-Trimethylpiperaziniumjodid.

$$CH_3\!-\!N\!\!<\!\!\begin{array}{c}CH_2\!-\!CH_2\\ \\ CH_2\!-\!CH_2\end{array}\!\!\!>\!\!N\!\!<\!\!\begin{array}{c}CH_3\\CH_3\\J\end{array}\quad C_7H_{17}N_2J$$

Darstellung: Durch Erhitzen von Piperazin mit 4 Mol Jodmethyl auf dem Wasserbad[6].

---

[1] Markwald u. Frobenius: Ber. dtsch. chem. Ges. **34**, 3551 (1901).
[2] Knorr, Hörlein u. Roth: Ber. dtsch. chem. Ges. **38**, 3136 (1905).
[3] J. v. Braun, M. Kühn u. O. Goll: Ber. dtsch. chem. Ges. **59**, 2330 (1926).
[4] E. Abderhalden u. R. Haas: Hoppe-Seylers Z. **148**, 245 (1925).
[5] Ludwig Knorr: Ber. dtsch. chem. Ges. **37**, 3507 (1904).
[6] van Rijn: Nederl. Tijdschr. Pharm. **10**, 43 (1898) — Chem. Zbl. **1898 I**, 727.

2, 3, 5, 6-Tetramethylpiperazin[1].

$$\begin{array}{c} CH_3 \; CH_3 \\ | \quad | \\ CH-CH \\ NH \qquad NH \qquad C_8H_{18}N_2 \\ CH-CH \\ | \quad | \\ CH_3 \; CH_3 \end{array}$$

Darstellung: Durch Hydrierung von Tetramethylpyrazin, wobei es in zwei stereomeren Formen erhalten wird, die in annähernd gleichen Mengen entstehen.

Physikalische und chemische Eigenschaften: Die α-Verbindung schmilzt bei 37° und siedet bei 177° (korr.). Die β-Verbindung ist flüssig und siedet bei 181°.

Derivate: Dibenzoylverbindung. Schmelzpunkt der α-Verbindung 242°, der β-Verbindung 175°.

1, 2, 4, 5-Tetramethylpiperazin[2].

$$\begin{array}{c} CH_3 \\ | \\ CH_2-CH \\ CH_3-N \qquad N-CH_3 \qquad C_8H_{18}N_2 \\ CH-CH_2 \\ | \\ CH_3 \end{array}$$

Darstellung: Durch Zersetzung von 1, 2, 4, 5-Tetramethylpiperazindijodhydrat mit Silbersulfat und Baryt, Alkalischmachen des Barytfiltrats mit starker Natronlauge und Ausschütteln mit Chloroform.

Physikalische und chemische Eigenschaften: Sirupöse Masse mit undeutlich krystallinischem Anflug. Löslich in Wasser, Alkohol, Äther, Chloroform, unlöslich in Petroläther.

Derivate: Dijodhydrat $C_8H_{18}N_2 \cdot 2\,HJ$. Durch Anlagerung von Jodmethyl an 2, 5-Dimethylpiperazin in methylalkoholischer Lösung. Nadeln. Allmähliche Braunfärbung von 200° ab, Schmelzp. 257° unter Zersetzung. Sehr leicht löslich in Wasser, löslich in Methyl- und Äthylalkohol, unlöslich in Chloroform, Äther, Essigester. Bildet mit Jod eine rotbraune Anlagerungsverbindung.

Monojodhydrat $C_8H_{18}N_2 \cdot HJ$. Aus dem Dijodid durch Lösen in wenig Wasser, Hinzugabe von starkem Alkali und Ausschütteln mit Chloroform. Schmelzp. 178° unter Zersetzung. Besonders nach dem Trocknen bei höherer Temperatur sehr schwer löslich in Chloroform, unlöslich in Äther, löslich in Wasser und Alkohol.

2, 2, 3, 5, 5, 6-Hexamethylpiperazin[3].

$$\begin{array}{c} CH_3 \; CH_3 \; CH_3 \\ | \quad | \quad | \\ CH \longrightarrow C \\ NH \qquad NH \qquad C_{10}H_{22}N_2 \\ C \longrightarrow CH \\ | \quad | \quad | \\ CH_3 \; CH_3 \; CH_3 \end{array}$$

Physikalische und chemische Eigenschaften: Krystallisiert nach dem Verdunsten der ätherischen Lösung in langen, gezahnten Nadeln mit 2 Krystallwasser. Besitzt schwachen Fettamingeruch, löst sich leicht in Wasser mit alkalischer Reaktion, sintert gegen 50° und ist gegen 65—66,5° unter schwachem Perlen geschmolzen[3].

---

[1] Stoehr: J. prakt. Chem. **55**, 74 (1897). — L. Wolf: Ber. dtsch. chem. Ges. **26**, 724 (1893).
[2] Emil Abderhalden u. Richard Haas: Hoppe-Seylers Z. **149**, 94 (1925).
[3] Gabriel: Ber. dtsch. chem. Ges. **44**, 67 (1911).

1,1,2,4,4,5-Hexamethylpiperaziniumhydroxyd[1].

$$\begin{array}{c} CH_3 \\ | \\ CH_3CH-CH_2CH_3 \\ CH_3\!\!>\!\!N\!\!<>\!\!N\!\!<\!\!CH_3 \quad C_{10}H_{26}O_2N_2 \\ HOCH_2-CHOH \\ | \\ CH_3 \end{array}$$

Darstellung: Aus dem quartären Jodid oder Chlorid durch Zersetzung mit Silbersulfat und Baryt, Ausziehen mit Alkohol, Fällen mit Petroläther.

Physikalische und chemische Eigenschaften: Gut krystallisiert, etwas hygroskopisch, leicht löslich in Wasser, löslich in Alkohol und Chloroform, schwer löslich in Äther, unlöslich in Essigester. Schmelzp. 224°.

Derivate: Dijodid $C_{10}H_{24}N_2J_2$. Durch Methylieren von Dimethylpiperazin mit Jodmethyl in methylalkoholischer Lösung (7stündiges Kochen). Schmelzp. 250° nach vorherigem Sintern bei 243°. Löslich in Wasser, Alkohol, unlöslich in Chloroform, Äther, Essigester. Mit Jod Bildung einer schön rotbraunen Anlagerungsverbindung.

Dichlorid $C_{10}H_{24}N_2Cl_2$. Durch Zersetzung des Quecksilberchloriddoppelsalzes mit Schwefelwasserstoff. Schön krystallisierte, hygroskopische Substanz vom Zersetzungsp. 300°, sehr schwer löslich in Alkohol.

Quecksilberchloriddoppelsalz des Dichlorids $C_{10}H_{24}N_2Cl_2 \cdot 4\,HgCl_2$. Durch Methylieren von Dimethylpiperazin mit Dimethylsulfat, Ansäuern mit Salzsäure und Fällen mit heißer, überschüssiger Sublimatlösung. Schön krystallisierter Niederschlag, Schmelzp. 250° unter Zersetzung, sehr schwer löslich in kaltem, besser in heißem Wasser. Unlöslich in organischen Solventien.

Isobutylpiperazin.

$$\begin{array}{c} CH_2-CH_2 \\ NH>\!\!NH\cdotCH_3 \\ \backslash CH_2-CH-CH_2\cdot CH\!\!< \quad C_8H_{18}N_2 \\ CH_3 \end{array}$$

Bildung: Durch Reduktion von Leucyl-glycinanhydrid mit Natrium und Alkohol[2].

Derivate: Benzoylverbindung. Durch Kuppeln mit Benzoylchlorid.

Di-(dl-α-Bromisocapronyl-)isobutylpiperazin $C_{20}H_{36}O_2N_2Br_2$. Krystallisiert in mikroskopisch kleinen, weißen Nadeln, die sich nach vorherigem Sintern bei 283° unter Schwarzfärbung zersetzen. Unlöslich in Äther und Petroläther, sehr leicht löslich in Wasser, leicht löslich in Alkohol und Aceton, löslich in heißem Chloroform[2].

dl-Dileucyl-isobutylpiperazin. Wurde nicht krystallisiert erhalten. Hygroskopisch. Leicht löslich in Alkohol, löslich in heißem Chloroform, schwerer in heißem Tetrachlorkohlenstoff, unlöslich in Äther und Benzol. Bei der Reduktion mit Natrium und Alkohol wird es wahrscheinlich an der Amidbindung aufgespalten[2].

Di-(p-oxyphenylmethyl)-piperazin.

$$\begin{array}{c} NH-CH_2 \\ HO\cdot C_6H_4\cdot CH_2\cdot CH>\!\!CH\cdot CH_2\cdot C_6H_4OH \quad C_{18}H_{22}O_2N_2 \\ \backslash CH_2-N \end{array}$$

Bildung: Durch Reduktion von Tyrosinanhydrid mit Natrium und Alkohol[3].

Physikalische und chemische Eigenschaften: Schmilzt bei 265° zu einer schwarzen Flüssigkeit. Leicht löslich in Wasser und Alkohol, unlöslich in Äther. Millonreaktion negativ[3].

Derivate: Chlorhydrat. $C_{18}H_{24}O_2N_2Cl_2$. Schmelzpunkt gegen 265° unter Schwarzfärbung. Löslich in Wasser und Alkohol, unlöslich in Äther[3].

---

[1] Emil Abderhalden u. Richard Haas: Hoppe-Seylers Z. **149**, 94 (1925).
[2] Emil Abderhalden u. Ernst Schwab: Hoppe-Seylers Z. **139**, 68 (1924).
[3] Emil Abderhalden u. Ernst Schwab: Hoppe-Seylers Z. **139**, 169 (1924).

3-Methyl-6-oxymethylpiperazin.

Bildung: Durch Reduktion von Seidenpepton mit Natrium und Alkohol.
Derivate: Chlorhydrat $C_6H_{16}ON_2Cl_2$ [1].

Piperazin aus Oxyprolyl-glycinanhydrid.

$$\begin{array}{c} \diagup CH_2\!\!-\!\!CH_2 \\ NH \diagdown N\!\!-\!\!CH_2 \\ \diagdown CH_2\!\!-\!\!CH | \\ CH_2\!\!-\!\!CH\cdot OH \end{array} \qquad C_7H_{14}ON_2$$

Derivate: Phenylisocyanatverbindung $C_{14}H_{19}O_2N_3$. Durch Reduktion von Gelatine mit Natrium und Alkohol und Kupplung der Reaktionsprodukte mit Phenylisocyanat. Schmelzpunkt 198°[2].

Salzsaures Salz $C_7H_{16}ON_2Cl_2$. Durch Aufspaltung der Phenylisocyanatverbindung mit Salzsäure. Positive Wismutjodkalireaktion[2]. Fichtenspanreaktion ebenfalls stark positiv[2]. Beschleunigt den maximalen Ausfall der Tryptophanreaktion mit formaldehydhaltiger Salzsäure[3].

O-Methyläther $C_8H_{16}ON_2$. Durch Methylieren mit Diazomethan in ätherischer Lösung. Krystallisiert aus Alkohol in Nadeln und schmilzt bei 195°[2].

Piperazin aus Leucyl-prolinanhydrid.

$$\begin{array}{c} CH_3\diagdown \\ CH\cdot CH_2 \\ CH_3\diagup | \\ CH\!\!-\!\!CH_2 \\ HN\diagup \diagdown N\diagdown \\ CH_2\!\!-\!\!CHCH_2 \\ CH_2\!\!-\!\!CH_2 \end{array} \qquad C_{11}H_{22}N_2$$

Bildung: Bei der Reduktion von Gelatine mit Natrium und Alkohol[2].
Physikalische und chemische Eigenschaften: Krystallisiert aus Wasser in keilförmigen Krystallen, die bei 180° schmelzen. Positive Wismutjodkali- und positive Fichtenspanreaktion[2]. Beschleunigung des maximalen Ausfalls der Tryptophan-Aldehydreaktion[3]. Löslich in Wasser, Alkohol, Äther, Chloroform[2].

Nachtrag zum Abschnitt Diketopiperazine.

Allgemeines. Physikalische und chemische Eigenschaften: Diketopiperazine mit tertiärem Kohlenstoff zeigen eine höhere Stabilität gegenüber der sauren oder alkalischen Hydrolyse. Auch die Substituenten, bei denen ein am Stickstoff sitzendes Wasserstoffatom durch eine Alkylgruppe ersetzt ist, zeigen sich durch größere Stabilität aus[4].

Glycinanhydrid.

Bildung: Aus rohem Eiweiß soll angeblich nach 1 tägiger Pepsinverdauung 37% Diacipiperazin erhalten werden. Bei längerer Einwirkung soll der Gehalt bis auf 19% abnehmen. Bei gekochtem Eiweiß soll die Menge von 15% am 1. Tag auf 27% am 28. Tag steigen[5].

---

[1] Emil Abderhalden u. Ernst Schwab: Hoppe-Seylers Z. **139**, 169 (1924).
[2] Emil Abderhalden u. Ernst Schwab: Hoppe-Seylers Z. **148**, 254 (1925).
[3] Ernst Komm: Hoppe-Seylers Z. **140**, 74 (1924).
[4] P. A. Levene u. Robert E. Steiger: J. of biol. Chem. **76**, 299 (1928) — Chem. Zbl. **1928 II**, 1672.
[5] A. Blanchetière: C. r. Acad. Sci. Paris **185**, 1321 (1927) — Chem. Zbl. **1928 II**, 70.

Physikalische und chemische Eigenschaften: Die Hydrolysengeschwindigkeit $k \cdot 10^3 = 160$ [1].

Beim Erhitzen mit P_2S_5 in Xylol (8 Stunden) entsteht 2,5-Dithiopiperazin [2].

Kocht man molekulare Mengen Glycinanhydrid und Pikrinsäure in wässeriger Lösung und engt im Vakuum ein, so erhält man angeblich Glycyl-glycinpikrat (gelbe Tafeln aus Wasser). Kocht man mit Baryt und Pikrinsäure, so erhält man Glycyl-glycinpikrat und ein dunkelrotes, amorphes Produkt, das man über die Bariumverbindung reinigen kann und das löslich in Wasser und Alkalien, unlöslich in Äther und Chloroform ist. Nach Reduktion mit Glucose fällt die Diazoreaktion von Derrien auf Aminonitrophenole positiv aus. Das Färbevermögen für gebildete Baumwolle, Seide u. a. Reaktionen läßt vermuten, daß eine Azoxyverbindung vorliegt. Glycinanhydrid soll daher reduzierend auf Pikrinsäure wirken [3].

Derivate: Glycinanhydrid-Silbernitrat [4]

$$\begin{array}{c} C_4H_6O_2N_2 \\ AgNO_3 \diagup \quad \diagdown AgNO_3 \\ C_4H_6O_2N_2 \end{array}$$

Zur Darstellung dieser Molekülverbindung löst man 10 g Silbernitrat in 10 ccm destilliertem Wasser und löst darin unter Erwärmen 1 g Glycinanhydrid. Beim Stehenlassen schuppenförmige Krystallaggregate. Ausbeute 2 g. Perlmutterglänzende, oft 2 cm lange, flache, rhombische Krystalle, die unter dem Polarisationsmikroskop parallele Auslöschung zeigen. An der Luft in diffusem Licht beständig. Schmilzt nicht, sondern verpufft unter Bildung von Stickoxyd und einem weißen Pulver; Beginn bei 195°, besonders stark bei 210°. Wird beim Lösen in Wasser in die Komponenten gespalten; deshalb krystallisiert man zweckmäßig aus konz. Silbernitratlösung um. In Berührung mit Alkoholen, worin es fast unlöslich ist, findet leichte Zersetzung statt. Fast unlöslich auch in Aceton, Äther, Benzol, Chloroform. Mit Jodmethyl entsteht keine Spur Glycinanhydrid oder Dimethoxydihydropyrazin [4].

Silberverbindung $C_4H_4O_2N_2Ag$. Schüttelt man Silberoxyd aus 4,5 g Silbernitrat mit 200 ccm Glycinanhydridlösung und gibt 5 ccm Ammoniak hinzu, so geht die braune Farbe des Silberoxyds allmählich in grauweiß über. Löslich in Ammoniak und Salpetersäure. Ist viel unbeständiger als Glycinanhydridsilber und verändert die Farbe schon in $1/2$ Stunde. Durch Zentrifugieren waschen und im dunklen Exsiccator bei 50—60° trocknen. Schwarzes Produkt. Zersetzt sich beim Erhitzen explosiv [5].

Glycinanhydrid-Quecksilberchlorid $C_4H_6O_2N_2 \cdot 2\,HgCl_2$. Ein Gemisch von 0,5 g Glycinanhydrid in 20 ccm Wasser und von 5 g Sublimat in 20 ccm Wasser wird kurze Zeit auf dem Wasserbad erwärmt und erkalten lassen, wobei sich nach längerem Stehen 2 g der Molekülverbindung ausscheiden. Löslich in Wasser, kaum löslich in den meisten organischen Lösungsmitteln. Erleidet bei längerem Suspendieren in Wasser, besonders beim Erwärmen eine weitgehende Zersetzung in die Komponenten [6].

Glycinanhydrid-Uranylchlorid $C_4H_6O_2N_2 \cdot UO_2Cl_2 \cdot 1^1/_2\,H_2O$. Ein Gemisch von 0,5 g Glycinanhydrid in 10 ccm heißem Wasser und von 6 g zerfließlichem Uranylchlorid in 5 ccm Wasser wird auf dem Wasserbad bis zur Abscheidung einiger gelblicher Kryställchen eingeengt und erkalten lassen. Ausbeute 1,6 g. Leuchtend gelbe, nicht hygroskopische Krystalle. Löslich in Wasser unter Aufspaltung in die Komponenten, kaum löslich in Alkohol, Äther, Benzol u. a. Bei längerer Einwirkung von Alkohol oder Äther wird die Salzkomponente weggelöst [6].

Glycinanhydrid-Uranylnitrat $C_4H_6O_2N_2 \cdot UO_2(NO_3)_2$. Man engt ein Gemisch von 0,5 g Glycinanhydrid in 10 ccm Wasser und von 5 g Uranylnitrat in 5 ccm Wasser auf dem Wasserbad bis zur beginnenden Krystallisation ein. Ausbeute 1,7 g. Grünlichgelbe Krystalle, löslich in Wasser unter Aufspaltung. Bei längerer Einwirkung von Alkohol oder Äther wird die Salzkomponente weggelöst [6].

Glycinanhydrid-Cadmiumchlorid $C_4H_6O_2N_2 \cdot CdCl_2$. Ein Gemisch von 0,5 g Glycin-

---

[1] P. A. Levene, L. W. Bass u. R. E. Steiger: J. of biol. Chem. **81**, 697 (1929) — Chem. Zbl. **1929 I**, 2539.

[2] Seiichi Ishikawa: Sci. Papers Inst. physical. chem. Res., Tokyo **11**, 119 (1929) — Chem. Zbl. **1929 II**, 1920.

[3] A. Morel u. P. Preceptis: C. r. Acad. Sci. Paris **187**, 236 (1928) — Chem. Zbl. **1928 II**, 1218.

[4] Tei-ichi Asahina: Hoppe-Seylers Z. **179**, 83 (1928).

[5] Tei-ichi Asahina: Bull. chem. Soc. Jap. **4**, 75 — Chem. Zbl. **1929 I**, 2634.

[6] Tei-ichi Asahina u. Tsurumatsu Dono: Hoppe-Seylers Z. **186**, 133 (1929).

anhydrid in 10 ccm Wasser und von 5 g Cadmiumchlorid in wenig Wasser wird auf dem Wasserbad bis zur beginnenden Krystallisation eingeengt. Ausbeute 1,17 g. Weiße, nicht hygroskopische Krystalle, die sich in Wasser unter Zersetzung in die Komponenten lösen [1].

Glycinanhydrid-Kupferchlorid $C_4H_6O_2N_2 \cdot CuCl_2 \cdot 2 H_2O$. Man setzt 5 g krystallisiertes Kupferchlorid, das in 5 ccm Wasser gelöst wurde, zu einer Lösung von 0,5 g Glycinanhydrid in 20 ccm heißem Wasser, kühlt ab und läßt über Nacht stehen. Hellblaue, rhombische Nadeln, in Wasser und Alkohol teilweise zersetzlich. In heißem Wasser und heißem Alkohol schnell zersetzlich unter Rückbildung von Glycinanhydrid. Unlöslich und kaum zersetzlich in Aceton, Benzol, Äther, Chloroform. Wird bei 110° unter Rotbraunfärbung wasserfrei; bei höherer Temperatur Zersetzung ohne zu schmelzen. Nur umkrystallisierbar aus konz. wässeriger Kupferchloridlösung [2].

Glycinanhydrid-Kupferbromid $C_4H_6O_2N_2 \cdot CuBr_2 \cdot 2 H_2O$. Zusatz von 1 g fein gepulvertem Glycinanhydrid zu einer Lösung von 4,5 g Kupferbromid in 20 ccm Wasser. Hellgrüne monokline Krystalle. Durch Wasser, Alkohol und Aceton leicht zersetzlich unter Rückbildung von Glycinanhydrid. In anderen organischen Lösungsmitteln unlöslich. Umkrystallisierbar durch Auflösen in Kupferbromidlösung und Eindunsten über Schwefelsäure im Vakuum [2].

N-N'-Dibenzyl-2, 5-dioxopiperazin. Glycinanhydrid mit 2,2 Mol Natriummethylatlösung 1 Minute kochen, im Vakuum zur Staubtrockene eindampfen, mit Benzylchlorid auf dem Wasserbad erhitzen, bis eine Probe feuchtes Lackmuspapier nicht mehr gebläut wird, scharf absaugen, mit Äther waschen, mit Wasser auskochen. Durch 3—4 stündiges Kochen mit konz. Salzsäure entsteht das aus Alkohol in Blättchen krystallisierende N-Benzyl-glycinhydrochlorid [3].

N-N'-Di-(p-methoxybenzyl)-2, 5-dioxopiperazin $C_{20}H_{22}O_4N_2$. Analog mit p-Methoxybenzylchlorid. Blättchen aus Alkohol vom Schmelzp. 206° [3].

N-N'-Diacetylglycinanhydrid. Schüttelt man die eiskalte Lösung von 0,8 g Glykokoll in 5,3 ccm 2 n-NaOH kurze Zeit mit 1 g Diacetylglycinanhydrid, so geht dasselbe unter spontaner Erwärmung in Lösung, wobei die Acetyle vom Anhydrid zur Aminosäure wandern unter Bildung von freiem Glycinanhydrid und Acetursäure [4].

Schüttelt man eine Lösung von 2 g Diacetylglycinanhydrid in 5 ccm Chloroform ca. 6 Stunden mit einer Suspension von 3,52 g d-Arginin in 6 ccm Wasser, so entsteht unter Wanderung der Acetylgruppen freies Glycinanhydrid und Acetyl-d-arginin [4].

Schüttelt man eine Lösung von 3,42 g Diacetylglycinanhydrid in 175 ccm absolutem Alkohol mit 1,5—6 g fein gepulvertem d-Arginin 4 Tage bei Zimmertemperatur, so tritt Alkoholyse unter Bildung von Monoacetylglycyl-glycin-äthylester und Diacetyl-glycyl-glycin-äthylester ein [4].

2, 5-Diketo-3, 6-bis-o-acetoxybenzalpiperazin. Gibt mit konz. Schwefelsäure orangegelbe Färbung [5,6].

2, 5-Diketo-3, 6-bis-o-methoxybenzalpiperazin. Gibt mit konz. Schwefelsäure orangegelbe Färbung. Beim Kochen mit HJ und rotem Phosphor entsteht o-Tyrosin [5].

2, 5-Diketo-3, 6-bis-o-äthoxybenzalpiperazin $C_{22}H_{22}O_4N_2$. Gelbe Nadeln aus Toluol + Eisessig. Schmelzp. 205—206°. Gibt mit konz. H_2SO_4 kirschrote Färbung. Beim Kochen mit HJ und rotem Phosphor entsteht o-Tyrosin [5].

3, 6-Dicinnamal-2, 5-diketopiperazin $C_{22}H_{18}O_2N_2$

$$\bigcirc \cdot CH=CH \cdot CH=C\underset{NH-CO}{\overset{CO-NH}{\diagup}}C=CH \cdot CH=CH \cdot \bigcirc$$

---

[1] Tei-ichi Asahina u. Tsurumatsu Dono: Hoppe-Seylers Z. **186**, 133 (1929).

[2] Tei-ichi Asahina u. Tsurumatsu Dono: Bull. chem. Soc. Japan **3**, 151 (1928) — Chem. Zbl. **1928 II**, 1093.

[3] Ch. Gränacher, G. Wolf u. A. Weidinger: Helvet. chim. Acta **11**, 1228 (1928) — Chem. Zbl. **1929 I**, 528.

[4] Max Bergmann, Vincent du Vigneaud u. Leonidas Zervas: Ber. dtsch. chem. Ges. **62**, 1909 (1929).

[5] William Parker Dickinson u. Philip Guy Marshall: J. chem. Soc. Lond. **1929**, 1495 — Chem. Zbl. **1929 II**, 1527.

[6] L. R. Richardson, Claude E. Welch u. S. Calvert: J. amer. chem. Soc. **51**, 3074 (1929) — Chem. Zbl. **1930 I**, 73.

Aus Glycinanhydrid, Zimtaldehyd, Natriumacetat und Essigsäureanhydrid bei 120—130°. Zersetzt sich bei 350°[1].

3, 6-Dipiperonyliden-2, 5-diketopiperazin $C_{20}H_{14}O_6N_2$

$$\underset{O}{\overset{CH_2-O}{|}} \diagdown \hspace{-0.3em} \diagup \hspace{-0.3em} CH=C \overset{CO-NH}{\underset{NH-CO}{\diagdown \diagup}} C=CH \cdot \diagdown \hspace{-0.3em} \diagup \hspace{-0.3em} \underset{O}{\overset{O-CH_2}{|}}$$

Aus Glycinanhydrid, Piperonal, Natriumacetat und Essigsäureanhydrid. Wird bei 290° braun und zersetzt sich bei 320°[1].

3, 6-Bis-(m-methylbenzal)-2, 5-diketopiperazin $C_{20}H_{18}O_2N_2$

$$\overset{CH_3}{\diagup} \diagdown CH=C\overset{CH-NH}{\underset{NH-CO}{\diagdown \diagup}}C=CH\cdot \diagdown \diagup \overset{CH_3}{}$$

Aus Glycinanhydrid oder α-Naphthylisocyanatglycinanhydrid mit m-Toluylaldehyd, Natriumacetat und Essigsäureanhydrid. Krystallisiert aus Eisessig in gelben Krystallen, die sich bei 320° zersetzen[1].

3, 6-Bis-(o-chlorbenzal)-2, 5-diketopiperazin $C_{18}H_{12}O_2N_2Cl_2$. Aus Glycinanhydrid, o-Chlorbenzaldehyd, Natriumacetat und Essigsäureanhydrid. Zersetzung bei 340°[1].

α-Naphthylisocyanat-glycinanhydrid $C_{26}H_{20}O_4N_4$. Aus Glycinanhydrid und überschüssigem α-Naphthylisocyanat bei 175°. Krystalle, die bei 232° unter Zersetzung schmelzen. Unlöslich in Ligroin, Äther, Wasser, Benzol, Chloroform, schwer löslich in siedendem Eisessig[1]. Geht mit m-Nitrobenzaldehyd, Essigsäureanhydrid und Natriumcarbonat in 3, 6-Bis-m-nitrobenzalglycinanhydrid über.

Glycyl-sarkosinanhydrid [2].

Physikalische und chemische Eigenschaften: Die Hydrolysengeschwindigkeit $k \cdot 10^3 = 105$.

Glycyl-d-valinanhydrid [3].

Physikalische und chemische Eigenschaften: Bei der Einwirkung von 1 Äquivalent $n/_{10}$-Alkali wird das Anhydrid zu 75—85% racemisiert. Bei der 10fachen Alkalimenge (n-Alkali) wird es nur zu 20% racemisiert.

Glycyl-d-isovalinanhydrid [3].

Darstellung: Aus dem salzsauren Glycyl-d-isovalinmethylester durch Einwirkung von methylalkoholischem Ammoniak.
Physikalische und chemische Eigenschaften: Schmelzp. aus heißem Wasser 269—270° (korr.). $[\alpha]_D^{27}$ in Pyridin $= +25°$. Zeigt mit Alkali keine Racemisierung.

Glycyl-l-leucinanhydrid [3].

Physikalische und chemische Eigenschaften: Bei der Einwirkung von 1 Äquivalent $n/_{10}$-Alkali wird das Anhydrid zu 75—85% racemisiert. Bei der Einwirkung der 10fachen Alkalimenge (n-Alkali) wird es nur zu 20% racemisiert.

---

[1] L. R. Richardson, Claude E. Welch u. S. Calvert: J. amer. chem. Soc. **51**, 3074 (1929) — Chem. Zbl. **1930 I**, 73.
[2] P. A. Levene, L. W. Bass u. Robert E. Steiger: J. of biol. Chem. **81**, 697 (1929) — Chem. Zbl. **1929 I**, 2539.
[3] P. A. Levene u. Robert E. Steiger: J. of biol. Chem. **76**, 299 (1928) — Chem. Zbl. **1928 II**, 1672.

Glycyl-d-phenylmethylaminoessigsäureanhydrid[1].

$C_{11}H_{12}O_2N_2$

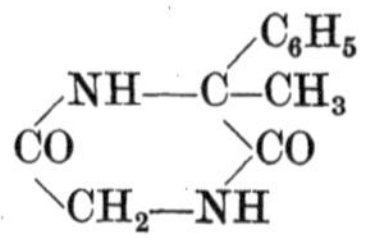

$$\begin{array}{c} C_6H_5 \\ NH-C-CH_3 \\ CO CO \\ CH_2-NH \end{array}$$

Physikalische und chemische Eigenschaften: Schmelzp. 297—298° (korr.). $[\alpha]_D^{28}$ in wässerigem Pyridin = +9,3%. Zeigt mit Alkali keine Racemisierung.

dl-Alaninanhydrid[2].

Derivate: N-N'-Dibenzyl-alaninanhydrid

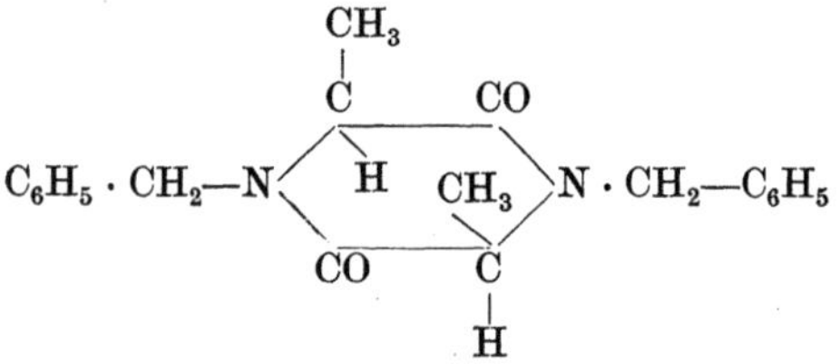

$$C_6H_5 \cdot CH_2-N \begin{array}{c} CH_3 \\ | \\ C CO \\ H CH_3 \\ CO C \\ | \\ H \end{array} N \cdot CH_2-C_6H_5 \qquad C_6H_5 \cdot CH_2-N \begin{array}{c} CH_3 \\ | \\ C CO \\ H H \\ CO C \\ | \\ CH_3 \end{array} N-CH_2 \cdot C_6H_5$$

rac. cis-Form 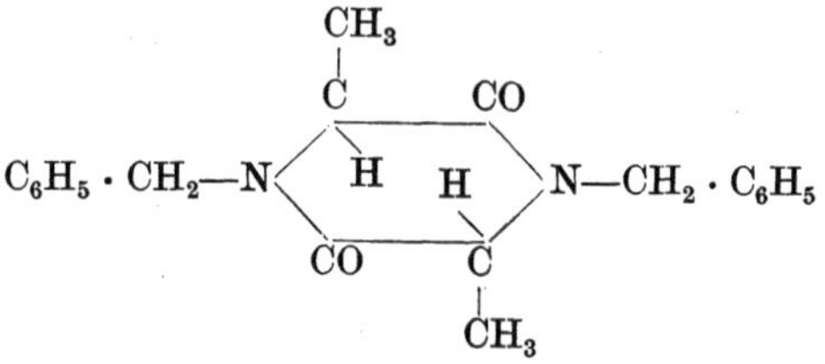   rac. trans-Form

Alaninanhydrid wird mit 2,2 Mol Natriummethylatlösung 1 Minute gekocht, bei 60—70° bis zur Staubtrockene eingedampft, mit Benzoylchlorid 2 Tage stehen gelassen, kurz erwärmt, Überschuß im Vakuum abdestilliert, mit Äther behandelt, wobei nur NaCl zurückbleibt. Der Rückstand der ätherischen Lösung wird noch längere Zeit im Vakuum auf 100° erhitzt, wobei zum kleinen Teil Krystallisation eintritt (A), während die Hauptmenge (B) ölig bleibt. A: sehr lange Nadeln aus Alkohol vom Schmelzp. 144—145°. Schwer löslich in heißem Wasser, Äther, und kaltem Alkohol. B wird mit Wasserdampf destilliert, in Äther aufgenommen, mit Salzsäure und Soda gewaschen, nach dem Trocknen stark eingeengt und abgekühlt, wobei es zu einem Krystallbrei erstarrt, der schnell abgesaugt wird. Krystallisiert aus Äther in Würfeln, die bei 85° sintern und bei 89° schmelzen. Sehr leicht löslich in Alkohol und Äther. Bei der Hydrolyse von A und von B entsteht N-Benzyl-alanin.

Sarkosinanhydrid.

Physikalische und chemische Eigenschaften: Die Hydrolysengeschwindigkeit $k \cdot 10^3 = 114$[3].

Nach 5stündigem Erhitzen mit Phosphorpentasulfid in Xylol entsteht Thiosarkosinanhydrid (1, 4-Dimethyl-2, 5-dithiopiperazin)[4].

Derivate. Molekularverbindungen. Sarkosinanhydrid-Voluntal $C_6H_{10}O_2N_2 \cdot 2\ CCl_3CH_2 \cdot O \cdot CO \cdot NH_2$. Man schmilzt 0,08 g Sarkosinanhydrid und 0,22 g Voluntal zusammen und löst die wieder erstarrte Masse in Ligroin, woraus die Verbindung in kleinen, glänzenden Blättchen krystallisiert. Auftauschmelzkurve[5].

Sarkosinanhydrid-N-Phenylvoluntal $C_6H_{10}O_2N_2 \cdot 2\ CCl_3CH_2 \cdot O \cdot CO \cdot NH \cdot C_6H_5$. 0,08 g Sarkosinanhydrid wird mit 0,32 g Phenylvoluntal zusammengeschmolzen und in 2 ccm Alkohol gelöst. Einheitliche, farblose, gut ausgebildete hexagonale Säulen vom Schmelzp. 121° und intensiv bitterem Geschmack. Auftauschmelzkurve[5].

Sarkosinanhydrid-N-Methylphenylvoluntal existiert nicht[5].

---

[1] P. A. Levene u. Robert E. Steiger: J. of biol. Chem. **76**, 299 (1928) — Chem. Zbl. **1928 II**, 1672.

[2] Ch. Gränacher, G. Wolf u. A. Weidinger: Helvet. chim. Acta **11**, 1228 (1928) — Chem. Zbl. **1929 I**, 528.

[3] P. A. Levene, L. W. Bass u. R. E. Steiger: J. of biol. Chem. **81**, 697 (1929) — Chem. Zbl. **1929 I**, 2539.

[4] Seiichi Ishikawa: Sci. Papers Inst. physical. chem. Res., Tokyo **11**, 119 (1919) — Chem. Zbl. **1929 II**, 1920.

[5] P. Pfeiffer u. R. Seydel: Hoppe-Seylers Z. **178**, 81 (1928).

Sarkosinanhydrid-Urethan $C_6H_{10}O_2N_2 \cdot 2\,CO \cdot (NH_2) \cdot OC_2H_5$. 0,06 g Sarkosinanhydrid und 0,14 g Urethan wird zusammengeschmolzen und in 1 ccm Alkohol gelöst. Krystallisiert in farblosen, spröden Nadeln vom Schmelzp. 70°. Erweichungspunkt 68°. Auftauschmelzkurve[1].

Sarkosinanhydrid-N-Phenylurethan $C_6H_{10}O_2N_2 \cdot 2\,CO \cdot (NHC_6H_5) \cdot OC_2H_5$. Durch Lösen von 0,3 g Sarkosinanhydrid und 0,7 g Phenylurethan in Alkohol. Große, glänzende Blättchen vom Schmelzp. 95—97°. Auftauschmelzkurve[1].

Sarkosinanhydrid-Chloralhydrat $C_6H_{10}O_2N_2 \cdot CCl_3CH(OH)_2$. Aus einer Lösung von gleichen Gewichtsmengen Sarkosinanhydrid und Chloralhydrat in sehr wenig Wasser scheiden sich nach längerem Stehen farblose Krystalle ab, die bei 90—94° schmelzen. Man kann auch gleiche Gewichtsmengen der Bestandteile zusammenschmelzen und aus Benzol umkrystallisieren, wo die Verbindung in schönen, langen, farblosen Nadeln vom Schmelzp. 92—95° herauskommt[2].

$C_6H_{10}O_2N_2 \cdot 2\,CCl_3 \cdot CH(OH)_2$. Man schmilzt 1 Gewichtsteil Sarkosin mit 3 Teilen Chloralhydrat vorsichtig zusammen und krystallisiert aus Benzol um. Auftauschmelzkurve[2].

Sarkosinanhydrid-Cholesterin existiert nicht[2].

Sarkosinanhydrid-Mannit existiert nicht[2].

Methylalanyl-sarkosinanhydrid[3].

Physikalische und chemische Eigenschaften: Hydrolysengeschwindigkeit $k \cdot 10^3 = 8$.

Methylvalyl-sarkosinanhydrid[3].

Physikalische und chemische Eigenschaften: Hydrolysengeschwindigkeit $k \cdot 10^3 = 0,06$.

α-Aminoisobuttersäureanhydrid[4].

Physikalische und chemische Eigenschaften: Beim Erhitzen mit Phosphorpentasulfid in Xylol bildet sich Thio-α-aminoisobuttersäureanhydrid (3, 3, 6, 6-Tetramethyl-2, 5-dithiopiperazin).

Leucinanhydrid[5].

Derivate. N-N'-Dibenzyl-leucinanhydrid $C_{26}H_{34}O_2N_2$. Aus Leucinanhydrid, Natriummethylatlösung und Benzoylchlorid. Der in Äther unlösliche Teil krystallisiert nach Abtrennung von Kochsalz aus Amylalkohol in Nadeln vom Schmelzp. 182—183°. Schwer löslich in siedendem Alkohol, leicht löslich in Essigester. Die ätherische Mutterlauge hinterläßt ein dickes Öl.

d-Phenylalanyl-d-argininanhydrid.

Physikalische und chemische Eigenschaften: Erleidet als freie Base einen so raschen Abfall seines Drehvermögens, daß bei 21° schon nach 19 Minuten die Hälfte der Aktivität verschwunden ist. Der Verlauf gehorcht dem Gesetz der monomolekularen Reaktion. Nach erfolgter Autoracemisation liegt das inaktive dl-Phenylalanyl-dl-argininanhydrid vor. Läßt man die Lösung jedoch noch länger stehen, so tritt Selbsthydrolyse unter Dipeptidbildung ein[6, 7].

---

[1] P. Pfeiffer u. R. Seydel: Hoppe-Seylers Z. **178**, 81 (1928).
[2] P. Pfeiffer u. R. Seydel: Hoppe-Seylers Z. **178**, 97 (1928).
[3] P. A. Levene, L. W. Bass u. R. E. Steiger: J. of biol. Chem. **81**, 697 (1929) — Chem. Zbl. **1929 I**, 2539.
[4] Seiichi Ishikawa: Sci. Papers Inst. physical. chem. Res., Tokyo **11**, 119 (1929) — Chem. Zbl. **1929 II**, 1920.
[5] Ch. Gränacher, G. Wolf u. A. Weidinger: Helvet. chim. Acta **11**, 1228 (1928) — Chem. Zbl. **1929 I**, 528.
[6] Max Bergmann, Leonidas Zervas u. Hans Köster: Ber. dtsch. chem. Ges. **62**, 1901 (1929).
[7] Max Bergmann: Naturwiss. **17**, 314 (1929).

d-Tyrosyl-d-argininanhydrid[1].

$$HO \cdot C_6H_4 \cdot CH_2 \cdot CH \begin{array}{c} CO-NH \\ \\ NH-CO \end{array} CH \cdot [CH_2]_3 \cdot NH-C\begin{array}{c} NH \\ \\ NH_2 \end{array} \quad C_{15}H_{21}O_3N_5$$

Darstellung: Aus wässerigen Lösungen des Hydrochlorids durch Alkalien.

Physikalische und chemische Eigenschaften: Krystallisiert in langen Nadeln. Zeigt im Gegensatz zum d-Phenylalanyl-d-argininanhydrid nur eine sehr langsame Autoracemisation: Eine $^m/_{50}$-Lösung (optimale Konzentration) zeigt nach 15 Stunden einen Drehungsabfall von 16%. Es liegt hier wohl eine intramolekulare Absättigung des phenolischen Hydroxyds mit der Guanidogruppe vor.

Derivate: Salzsaures Salz $C_{15}H_{22}O_3N_5Cl$. Die hochschmelzende Form des Salicyliden-d-tyrosyl-d-arginins wird mit der berechneten Menge Salzsäure im geringen Überschuß auf dem Wasserbad erwärmt, der abgespaltene Salicylaldehyd ausgeäthert, die wässerige Lösung öfter mit Methylalkohol eingedampft, mit Methylalkohol aufgenommen, mit Salzsäure mehrmals verestert, die möglichst salzsäurefreie methylalkoholische Lösung des Esterchlorhydrats mit Ammoniak in der Kältemischung gesättigt und 5 Tage bei Zimmertemperatur stehen gelassen. Verdampfen, aus Alkohol und aus Wasser umkrystallisieren. Ausbeute 10% der angewandten Salicylidenverbindung. — Krystallisiert in farblosen Blättchen, die gegen 165° (korr.) stark sintern, aber erst gegen 220° (korr.) unter völliger Zersetzung schmelzen. $[\alpha]_D^{24}$ (in Wasser) $= -40,4°$. Gibt mit Wismutjodkali einen roten Niederschlag, mit Sublimat in Gegenwart von Natriumacetat eine weiße Fällung. Mit sodaalkalischer Pikrinsäurelösung gibt es erst beim Erwärmen eine sehr schwache rötliche Färbung.

Glycyl-cysteinanhydrid, Cystein-glycinanhydrid [2].

(In der Literatur als Diketopiperazin aus Glykokoll und Cystein bezeichnet.)

$$NH\begin{array}{c} CH_2-CO \\ \\ CO-CH \\ \quad | \\ \quad CH_2 \cdot SH \end{array} NH \quad C_5H_8O_2N_2S$$

Bildung: Beim Kochen des reduzierten Glutathions mit Wasser.

Physikalische und chemische Eigenschaften: Krystalle aus Wasser vom Schmelzp. 203° ohne Zersetzung. Gibt die Farbenreaktion der Diketopiperazine, sowie starke Nitroprussidreaktion.

Diglycyl-cystin-dianhydrid [2].

Bildung: Beim Kochen des oxydierten Glutathions.

---

[1] Max Bergmann, Leonidas Zervas u. Vincent du Vigneaud: Ber. dtsch. chem. Ges. **62**, 1905 (1929).

[2] Frederick Gowland Hopkins: J. of biol. Chem. **84**, 269 (1929) — Chem. Zbl. **1930 I**, 535.

Sachverzeichnis.

Acetaminoaceto-phenylanilid 345.
2-Acetamino-cinnamoyl-d-arginin 865.
α-Acetamino-cinnamoyl-glycin 860.
— -äthylester 860.
N-(α-Acetaminocinnamoyl)-dl-serin 862.
α-Acetaminocinnamoyl-d-glutaminsäure 504, 864.
α-Acetaminocinnamoylglycin 350.
α-Acetaminocinnamoylglycin-äthylester 350.
α-Acetaminocinnamoyl-l-tyrosin 654, 863.
Aceto-guanaminsulfon-säure 118.
Acetonsäure, siehe α-Oxy-isobuttersäure 779.
N-p-Acetophenyl-methylglykokollnitril 358.
N-o-Acetoxy-acetphenylglykokollnitril 359.
N-p-Acetoxy-acetphenylglykokollnitril 358.
5-p-Acetoxybenzol-3-phenylhydantoin 68.
α-Acetoxy-iso-butyryl-chlorid 780.
N-p-Acetoxyphenyldimethylglykokollnitril 358.
N-p-Acetoxyphenyl-phenylglykokollnitril 358.
N-m-Acetoxyphenyl-phenylmethylglykokollnitril 359.
N-p-Acetoxyphenyl-phenylmethylglykokollnitril 359.
Acetursäureanilid 347.
Acetylacetonguanidin 116.
Acetylacetonmethylguanidin 116.
Acetylalanin 411.
Acetylalaninäthylester 411.
Acetyl-β-alanin-äthylester 751.
Acetylalanincholin 222, 229.
Acetylalanincholin 420.
α-Acetylamino-iso-buttersäure-äthylester 759.
3-Acetylamino-4-oxy-4'-glykokollamido-arsenobenzol 364.

d, 1-β-Acetylamino-α-piperidon 802.
Acetyl-asparagin 483.
d-Acetyl-asparagin-amid 483.
N-Acetyl-asparaginyl-glycinester, Glycinestersalz 871.
d-Acetyl-asparagin-methylester 483.
N-Acetyl-l-asparaginsäureanhydrid 470
Acetyl-l-asparaginsäure-diäthylester 470.
Acetyl-l-asparaginsäure-di-methylester 470.
1-Acetyl-3-benzal-6-p-acetoxy-2,5-diketopiperazin 1011.
1-Acetyl-3-benzal-6-methyl-2,5-diketo-piperazin 1006.
1-Acetyl-3-benzal-glycyl-alanin-anhydrid 1006.
1-Acetyl-3-benzal-6-isobutyl-2,5-diketopiperazin 1008.
1-Acetyl-3-benzal-leucyl-glycin-anhydrid 1008.
Acetyl-benzoyl-l-histidin-methylester 737.
Acetyl-benzyl-cystein 569.
N-Acetyl-N-benzylglykokoll 360.
N-Acetyl-(N, O-benzylidenglykokoll) 361.
Acetylcholin, Physiologische Eigenschaften 225.
N-Acetyl-dehydrophenylalanyl-d-arginin 865.
Acetyl-diglycyl-anilid 816.
1-Acetyl-5, 6-dimethoxyindol 248.
c-Acetyldiskatol 241.
Acetylformocholinchlorid 221.
Acetyl-glutaminsäure 503.
Acetyl-d, l-glutaminsäure 506.
Acetyl-glutaminsäure-di-äthylester 503.
Acetylglycinäthylamid 344.
Acetylglycinanilid 344.
Acetylglycyl-glycin 812.
Acetyl-glycyl-l-leucin 915.
Acetylglykokoll 347.
Acetylglykokoll, Guanidoniumsalz 347.
Acetylglykokoll, Pikrat 347.
Acetylglykokoll-äthylester 347.

Acetylguanidinsulfonsäure 116.
N-Acetylhistamin 208.
Acetyl-dl-histidyl-glycinester 871.
Acetyl-α-imino-isocapronsäure 452.
Acetyl-α-imino-isovaleriansäure 432.
N-Acetylindol 249.
N-Acetylindol-3-aldehyd 249.
N-Acetyl-β-indolaldehyd 249.
N-Acetyl-β-indolaldehyd-anilinhydrochlorid 249.
N-Acetylindol-3-äthanol-amin 250.
N-Acetylindol-3-co-nitroäthanol 249.
N-Acetyl-β-indolyläthanolamin 250.
[N-Acetyl-β-indolyl]-N, O-diacetyläthanolamin 250.
N-Acetyl-β-indolyl-ω-nitrocithanol 249.
N-Acetyllactyl-thyroxin 680.
Acetyl-leucin 450.
d, l-Acetyl-leucin 452.
Acetylleucincholin 223, 229, 452.
Acetyl-leucin-äthylester 450.
N-Acetyl-leucinamid 450.
Acetyl-dl-leucyl-dl-alanin 851.
N-Acetyl-dl-leucyl-glycinester 847.
1-Acetyl-5-methoxyindol 246.
1-Acetyl-5-p-methoxyphenyl-2-thiohydantoin 104.
1-Acetyl-3-methyl-5-acetylaminohydantoin 65.
1-Acetyl-2-methyl-3-cyanindol 250.
Acetylmethylguanidin 122.
d, l-Acetylmethyltyrosincholin, Au-Doppelsalz 659.
— PtCl$_4$-Doppelsalz 659.
d, l-Acetylmethyltyrosincholinchlorid 659.
d, l-Acetylmethyltyrosincholinjodid 659.
N-Acetyl-3-(ω-nitrovinyl-)indol 250.
Acetyloxyäthyläthertrimethylammoniumbromid 221.

Acetyl-α-oxy-β-chlor-iso-buttersäure-amid 780.
Acetyl-α-oxy-β-chlor-iso-buttersäure-chlorid 780.
Acetyl-α-oxy-iso-butyrylanilid 780.
Acetyl-α-oxy-β-methyl-isobuttersäure-anilid 780.
N-Acetyl-o-oxyphenylglykokoll 359.
N-Acetyl-o-oxyphenylglykokollnitril 359.
l-Acetyl-phenylalanin 613.
N-Acetyl-d, l-phenylalanin 617.
Acetyl-d-phenylalanin 615.
l-Acetyl-phenylalanin-äthylester 613.
N-Acetyl-d, l-phenylalaninamid 617.
Acetylphenylalanincholinjodid 615.
N-Acetyl-d, l-phenylalaninester 617.
d-N-Acetyl-γ-phenyl-amino-n-buttersäure 426.
Acetyl-dl-phenylalanyl-dl-alanin 861.
Acetyl-phenylalanyl-anhydroornithin 867.
Acetyl-phenylalanyl-β-aminopiperidon 867.
N-Acetyl-phenylalanyl-arginin 866.
N-Acetyl-phenylalanyl-d-arginin 865.
N-Acetyl-dl-phenylalanyl-azlacton 864.
Acetyl-phenylalanyl-diacetylanhydro-arginin 866.
N-Acetyl-d-phenylalanyl-d-glutaminsäure-dimethylester 864.
N-Acetyl-l-phenylalanyl-d-glutaminsäure 863.
— dimethylester 863.
Acetyl-dl-phenylalanyl-glycinester 860.
Acetyl-d-phenylalanyl-l-tyrosin 863, 948.
Acetyl-β-phenyläthylamin 193.
l-Acetyl-5, 5-phenyläthyl-hydantoin 70.
Acetyl-C-phenylglycinäthylester 385.
Acetyl-d, l-C-phenylglycinäthylester 387.
N-Acetyl-o-phenylglykokoll-p-kresol 355.
O-Acetyl-o-phenylen-harnstoff 45.
Acetylphenylharnstoff 52.
Acetyl-C-phenylmethylaminoessigsäure 386.
p-Acetylphenylurethan 85.
Acetylprolin-äthylester 746.
Acetyl-pseudoleucin 457.

l-Acetyl-2-pyrrolidon-5-carbonsäure-anilid 508.
N-Acetyl-taurin, Na-Salz 602.
Acetylthioharnstoffe 100.
— Molekülverb von N-Acetyl und N_1N'-Diacetylthioharnstoff 100.
— Triacetylderivat 100.
Acetyl-thyroxin 679.
l-Acetyl-3, 5, 5-trimethyl-hydantoin 62.
Acetyl-d, l-tyrosin 657.
N-Acetyl-l-tyrosin 652.
d, l-Acetyltyrosincholin 658.
Acetyl-valinäthylester 432.
β-(Acridin-9-)äthyl-amin 191.
Acridinurethan 86.
Acylisoharnstoffe 61.
Adipinaldehydsäure 792.
Aethansulfonyl-l-asparaginsäure-di-äthylester 470.
Aethanthiol-(2)-säure, s. Thioglykolsäure 769.
(Äthoxyacetyl)-guanidin 116.
5-Äthoxy-1, 3-dimethyl-indol 248.
1-Äthoxy-2, 4-diureido-benzol 51.
5-Äthoxyhydantoincarbonsäure 63.
5-Äthoxyhydantoin-5-carbonsäureäthylester 63.
5-Äthoxyhydantoylamid 63.
5-Äthoxyhydantoyläthylamid 63.
5-Äthoxyhydantoylmethylamid 63.
Aethoxy-oxalessigsäure-äthylester 790.
p-Äthoxyphenylcarbaminsäureester des Chloraläthylalkohols 2.
N-p-Aethoxyphenylglykokollamid 358.
p-Äthoxyphenylharnstoff 45.
3-p-Äthoxyphenylhydantoin 68.
3-p-Äthoxyphenyl-2-thiohydantoin 103.
3-p-Äthoxyphenyl-thiohydantoinsäure 103.
(Äthoxypropionyl)-guanidin 116.
5-Äthoxyskatol 248.
5-Äthoxyskatol-2-carbonsäure 256.
d, l-N-Äthylalanin 417.
d, l-N-Äthylalanin-äthylester 417.
d, l-N-Äthylalanin-äthylester, Hydrochlorid 417.
d, l-N-Äthylalanin-methylester 417.
N-Äthylalanyldecarboxyleucin 179.
N-Äthyl-dl-alanyl-decarboxyleucin 836.

(N-Äthylalanyl)-decarboxytyrosin 197.
(N-Äthyl-dl-alanyl)-decarboxytyrosin 927.
— chlorhydrat 927.
(N-Äthyl-dl-alanyl)-dl-leucyldecarboxy-glycin 962.
— chlorhydrat 963.
— pikrat 963.
N-Äthylalanyl-O-methyldecarboxytyrosin 198.
(N-Äthyl-dl-alanyl)-O-methyldecarboxy-tyrosin 927.
— chlorhydrat 927.
N^{ms}-Äthylallophansäuremethylester 74.
N^{ms}-Äthylallophansaures Ammonium 74.
Äthylamin 176.
— Darstellung 176.
— Derivate 177.
— Nachweis 176.
— Physiologische Eigenschaften 177.
Physikalische und chemische Eigenschaften 177.
β-Äthylamino-n-buttersäure 756.
— Chlorhydrat 756.
β-Äthylamino-n-buttersäureäthylester 756.
— Chlorhydrat 756.
β-Äthylamino-n-buttersäurelactam 756.
β-Äthylamino-n-butyronitril 757.
— Nitrosoderivat 757.
l-Äthylaminopropanol 177.
δ-Äthylamino-n-valeriansäure 761.
o-Äthylanilinphenylsulfoharnstoff 93.
ω-Äthylbiuret 76.
— Acetylverbindung 76.
— Nitrosoverbindung 76.
ms-Äthylbiuret 76.
-Äthylbutyrolactam 801.
-Äthyl-butyrolactam, Benzoylderivat 801.
-Äthylbutyrolactam, Nitrosoderivat 801.
-Äthyl-γ-butyrolacton 779.
Äthylcarbamidsäure-β-chloräthylester 83.
l-Äthylcarbaminyl-hydantoin 66.
l-Äthylcarbaminyl-3-methylhydantoin 66.
O-Äthylcyanisoharnstoff 61.
l-Äthyl-5, 5-dimethyl-hydantoin 62.
2-Äthyldiskatol 241.
Äthylendi-(allylthioharnstoff) 101.
Äthylendiamin 183.

Sachverzeichnis. 1055

Äthylendiamin, Chemische Eigenschaften 183.
— Derivate 184.
— Physiologische Eigenschaften 183.
Äthylendibiguanid-sulfat 172.
Äthylendiguanidin 126, 130.
Äthylendiurethan 81.
Äthylenguanidin 130.
— Derivate 130.
Äthylenphenylcarbomincyanid 85.
N-Äthylglutaminsäure 505.
N-Äthylglutaminsäure-diäthylester 505.
(N-Äthyl-glycyl)-dl-alanyl-decarboxy-leucin 955.
— chlorhydrat 955.
— pikrat 955.
(N-Äthyl-glycyl)-dl-alanyl-dl-leucyl-decarboxy-alanin 981.
— chlorhydrat 981.
— pikrat 981.
(N-Äthyl-glycyl)-decarboxy-tryptophan 922.
— chlorhydrat 922.
N-Äthylglycyldecarboxy-tryptophan 251.
(N-Äthyl-glycyl)-dl-leucyl-decarboxy-alanin 957.
— chlorhydrat 957.
— pikrat 957.
N-Äthylglykokoll, Hydrochlorid 352.
N-Äthylglykokolläthylester 352.
— -hydrochlorid 352.
Äthylglykolsäure, s. α-Oxy-n-buttersäure 777.
Äthylguanidin 124.
N, N-Äthylguanidoäthanol 125.
2-Äthylhistamin 208.
1-Äthylhydantoin 62.
Äthylidenasparagin 484.
β-Äthylimino-n-buttersäure-äthylester 757.
N-Äthylindol 243.
2-Äthylindol 243.
3-Äthylindol 243.
Äthylisobutylhydantoin 64.
N-Äthyl-dl-leucyl-decarboxy-alanin 852.
— chlorhydrat 852.
(N-Äthylleucyl)-decarboxy-serin 178.
1-Äthyl-3-methylhydantoin 62.
N-Äthyl-2-methylindol 243, 244.
(N-Äthyl-dl-leucyl)-decarboxy-serin 943.
— chlorhydrat 943.
— pikrat 943.
Äthylnitroguanidin 172.
Äthylorthophosphorsäurecholinesterbromid 222.

α-Äthyl-β-phenyl-äthanol-thioharnstoff 98.
Äthylphenyldithiocarbaminsures Monophenyldiguanidin 138.
Äthylphenyldithiocarbaminsaures o-Tolyldiguanidin 137.
α-Äthylphenylharnstoff 47.
s. Äthylphenylharnstoff 46.
4-Äthyl-4-phenyl-hydantoin 67.
N-Äthyl-2-phenylindol 252.
N-Äthyl-phenyltaurin 602.
N-Äthyl-phenyltaurin, Cu-Salz 602.
Äthylthiocarbonyldiphenyldiharnstoff 98.
Äthylthioglykolisomethylharnstoff 51.
α-N-Äthyl-p-tolylcarbamid 47.
β-Äthyl-γ-valerolacton 783.
p-Äthyl-xanthogen-phenylenthioglykolsäure 773.
Agmatin 185.
— Bildung 185.
— Physiologische Eigenschaften 185.
— Vorkommen 185.
Aktinin 212, 230.
Alanin 387.
β-Alanin 750.
d-Alanin, Ag-Salz 410.
Alanin, Bestimmung und Nachweis 391.
β-Alanin, Bestimmung und Nachweis 750.
d-Alanin, Bildung 388.
d, l-Alanin, Bildung 390.
l-Alanin, Bildung 390.
β-Alanin, Bildung 750.
d-Alanin, Biochemische Eigenschaften 392.
d, l-Alanin, Biochemische Eigenschaften 401.
l-Alanin, Biochemische Eigenschaften 401.
β-Alanin, Biochemische Eigenschaften 751.
d-Alanin, Cd-Salz 410.
d-Alanin, Chemische Eigenschaften 404.
d, l-Alanin, Chemische Eigenschaften 408.
β-Alanin, Chemische Eigenschaften 751.
d-Alanin, Chlorhydrat 409.
l-Alanin, Co-Salz 413.
d-Alanin, Cu-Salz 409.
d, l-Alanin, Cu-Salz 414.
d, l-Alanin, Darstellung 390.
β-Alanin, Darstellung 750.
l-Alanin, Darstellung 391.
d-Alanin, Derivate 409.
d, l-Alanin, Derivate 414.
l-Alanin, Derivate 413.
β-Alanin, Derivate 751.

d-Alanin, Hg-Salz 410.
l-Alanin, Hydrochlorid 413.
Alanin, Molekülverbindung mit Sarkosinanhydrid 414.
d-Alanin, Ni-Salz 410.
d, l-Alanin, Ni-Salz 414.
Alanin, Physikalische Eigenschaften 402.
d, l-Alanin, Physikalische Eigenschaften 404.
β-Alanin, Physikalische Eigenschaften 751.
Alanin, -Salz des Pyrophosphorsäuremonoäthylester 409.
d-Alanin, Toluolsulfonat 409.
d, l-Alanin, Toluolsulfonat 414.
Alanin, Vorkommen 387.
d-Alanin, Zn-Salz 410.
Alaninamid 412.
d-Alaninanhydrid 1011.
dl-Alaninanhydrid 1012.
— Derivate 1012, 1050.
— Molekülverbindung mit Leucyl-glycylanhydrid 1012.
l-Alaninanhydrid 1012.
Alaninäthylester 410.
d, l-Alaninäthylester 414.
l-Alaninäthylester 413.
Alaninäthylester, Chlorhydrat 410.
—, Titantetrachlorid 410.
— -Zinntetrachlorid 410.
Alaninbenzylaminol 420.
Alanincholin, Aurichlorid-Doppelsalz 420.
Alanincholinchlorid-palmitinsäureester 224, 420.
Alanincholinchlorid-stearinsäureester 224, 420.
Alanincholinjodid 222, 229, 420.
Alanincholinjodid-palmitinsäureester 224, 420.
Alanincholinjodid-stearinsäureester 224, 420.
Alanincholinpikrat 420.
Alanincholin, Pt-Doppelsalz 420.
Alanindiphenylphosphat 409.
d, l-Alaninglycerinester 414.
Alaninglykokoll, Monochlorhydrat 409.
Alaninimid 412.
Alaninmethylester, Chlorhydrat 410.
β-Alanin-methylester 751.
d-Alanyl-d-alanin 923.
—, Derivate 923.
dl-Alanyl-dl-alanin 834, 924.
d-Alanyl-d-alanyl-alanin 959.
l-Alanyl-l-alanyl-glycin 879.
d, l-Alanyl-anilin 416.
d, l-Alanyl-anilin, Pikrat 416.
dl-Alanyl-β-aminobuttersäure 835.

dl-Alanyl-dl-α-aminobutyryl-
dl-α-aminobuttersäure 880,
961.
dl-Alanyl-dl-α-aminobutyryl-
glycin 961.
Alanyl-arsanilsäure 420.
dl-Alanyl-asparaginsäure 840.
— dimethylester 840.
d, l-Alanyl-colamin 415.
d, l-Alanyl-colamin, Pikrat 415.
Alanyldecarboxyleucin 179.
dl-Alanyl-decarboxy-leucin 835,
926.
— chlorhydrat 836.
—, Derivate 836.
dl-Alanyl-decarboxy-leucin,
sekundäres Produkt 836.
—, Chlorhydrat 836.
dl-Alanyl-decarboxy-β-phenyl-
α-alanin 836.
—, Derivate 837.
dl-Alanyl-decarboxy-tyrosin,
Derivate 927.
dl-Alanyl-diglycyl-glycin 896.
Alanyl-diglycyl-tyrosinanhy-
drid 1034.
Alanyl-3, 5-dijodthyronin 928.
α-d, l-Alanyl-α', β-dipalmityl-
glycerin 414.
d, l-Alanyl-diphenylamin 416.
α-d, l-Alanyl-α', β-distearyl-
glycerin 414.
Alanyl-glutaminsäure 928.
d-Alanyl-glycin 923.
l-Alanyl-glycin 834.
d-Alanyl-glycinanhydrid 1005.
dl-Alanyl-glycinanhydrid 1005.
dl-Alanyl-glycin 833, 923.
— N-carbonsäure 923.
— Lithiumbromid 833.
dl-Alanyl-glycyl-anilin 924.
—, Pikrat 924.
dl-Alanyl-glycyl-arsanilsäure
834.
dl-Alanyl-(glycyl-glycinanhydrid) 1036.
dl-Alanyl-glycyl-glycin 879,
958.
l-Alanyl-glycyl-glycin 879.
β-Alanyl-glycyl-dl-leucin 963.
dl-Alanyl-glycyl-dl-leucin 958.
d-Alanyl-glycyl-l-phenylalanin
958.
Alanyl-glycyl-serinanhydrid
1034.
β-Alanyl-histidin 838, 929.
Alanyl-histidin 838.
— methylester 838.
Alanyl-leucinanhydrid 1015.
d-Alanyl-l-leucin 835.
dl-Alanyl-dl-leucyl-decarboxy-
alanin 963.
— chlorhydrat 963.
dl-Alanyl-dl-leucyl-decarboxy-
glycin, Derivate 962.

dl-Alanyl-dl-leucyl-glycin 880,
962.
d-Alanyl-l-leucyl-glycyl-d-
alanin 896.
β-Alanyl-dl-leucyl-glycyl-dl-
leucin 983.
d-Alanyl-l-leucyl-dl-prolinan-
hydrid 1034.
Alanyl-leucyl-prolinanhydrid
1034.
d-Alanyl-l-leucyl-d-valin I und
II 881.
β-Alanyl-methylhistidin 929.
dl-Alanyl-dl-norleucin 836.
Alanyl-norvalin (optisch inaktiv) 925.
dl-Alanyl-dl-phenylalanin 926.
dl-Alanyl-dl-phenylalaninanhy-
drid 1015.
d-Alanyl-l-phenylalaninanhy-
drid 1015.
Alanyl-prolinanhydrid 1017.
dl-Alanyl-dl-serin 836, 840.
d-Alanyl-l-serinanhydrid 1017.
Alanyl-thyroxin 928.
d-Alanyl-l-tryptophananhydrid 1017.
— Molekülverbindung mit d-
Alanyl-l-tryptophan 1017.
d-Alanyl-l-tryptophan 837.
— Verbindung mit d-Alanyl-l-
tryptophananhydrid 837.
dl-Alanyl-l-tyrosin 840.
dl-Alanyl-tyramin, Derivate
927.
dl-Alanyl-dl-valin 925.
Alanyl-valinanhydrid 1015.
dl-Alanyl-dl-valyl-glycin 961.
d-Alanyl-d-valyl-l-leucyl-
glycyl-d-glutaminsäure 901.
α-Alanylnitril-phthaloylsäure,
NH_4-Salz 420.
Aldehydharnstoff 42.
β-Aldehydo-propionsäure, s.
Bernsteinaldehydsäure 791.
Alkylbiguanide 171.
Alkyl-, Acyl-Acylharnstoffe,
chemische Eigenschaften 43.
—, Darstellung 43.
—, Physiologische Eigenschaf-
ten 44.
Allo-3-methylen-2, 5-dioxo-
piperazin 1007.
Allo-3-methylen-6-methyl-2,
5-dioxopiperazin 1014.
Allophansäure 73.
— Allgemeines 73.
Allophansäureester 74, 75.
Allophansäureäthylester 74.
Allophansäure-β-chloräthyl-
ester 74.
Allophansäure-γ-chlorpropyl-
ester 75.
Allophansäure-β-jodäthylester
74.
Allophansäuremethylester 74.

Allophansäureester aus äthyl-3-
pentanol-3; o.-Chlorphenol;
Furylalkohol; Glykolchlorhydrin; Hexanol-3; Hepla-
nol-3; Methyl-3-hexanol-3;
Methyl-3-heptanol-3; o-Methylcyclohexanol; Methyl-
3-pentanol-3; Penten-1-ol-3
75.
Allophansäuretrichloräthylester 74.
Allophanyläthylesteracetamid
75.
Allophanylessigsäure-diäthyl-
ester 75.
Allophanylessigsäure-mono-
äthylester 75.
α-Allyl-α, β-diphenylthioharnstoff 95.
α-Allyl-α, β-di-p-tolyl-thio-
harnstoff 95.
Allylguanidin 126.
s. Allylmethyläthylguanidin
138.
s. Allyl-p-phenol-thiocarbamid
93.
α-Allyl-α-phenyl-β-p-bromphenylthioharnstoff 95.
α-Allyl-α-phenyl-β-p-tolylthioharnstoff 95.
Allylsulfoharnstoff 91.
— Additionsverbindungen mit
Silberhaloiden 91.
N-ωAllylthioallophansäure-
äthylester 102.
α-Allyl-α-p-tolyl-β-p-bromphe-
nylthioharnstoff 95.
α-Allyl-α, p-tolyl-β-phenyl-
thioharnstoff 95.
2-C-Amidooxazolinyl-2-allyl-
sulfoharnstoff 100.
2-C-Amidooxazolinyl-2-phenyl-
sulfoharnstoff 100.
Amine, allgemeines 174.
— aliphatische 174.
— aromatische 190.
Aminoaceto-phenylanilid 345.
Aminoaceto-phenylanilid, Nitrat 345.
Aminoaceto-phenylanilid-di-
thiocarbamat 345.
Aminoaceto-phenylanilid-di-
thiocarbaminsäure, Mercurisalz 345.
S-Aminoaceto-phenylanilid-
thioharnstoff 345.
(Aminoacetyl)-guanidin 116.
Aminoacetyl-anthranilsäure
344.
Aminoacetyl-anthranilsäure,
Sulfat 345.
N-Aminoacetyl-p-phenetidin
344.
N-Aminoacetyl-p-toluidin 344.
N-Aminoamylhistamin 209.

4-Aminoarsenobenzol-4'-N-glykokollamid, Dihydrochlorid 364.
4-Aminoarsenobenzol-4'-glykokollamid-N-dimethylensulfoxylat 364.
α-Aminoäthan-α-carbonsäure, s. Alanin 387.
α-Amino-äthan-α, β-dicarbonsäure, s. Asparaginsäure 457.
β-Amino-äthan-α-carbonsäure, s. β-Alanin 750.
Aminoäthansäure, s. Glykokoll 305.
β-Aminoäthan-α-sulfonsäure, s. Taurin 598.
2-Amino-äthansulfonsäure-(1), s. Taurin 598.
1-Amino-4-äthoxybenzol-2-thioglykolsäure 772.
Aminoäthylamid der Oxalsäure 184.
— der Stearinsäure 184.
3-(β-Aminoäthyl-)indol 251.
3-[β-Aminoäthyl-]indol-acetat 261.
3-[β-Aminoäthyl-]indol-2-carbonsäure 261.
d, l-p-Aminobenzoyl-N-diäthyl-leucinol, Chlorhydrat 453.
d, l-p-Aminobenzoyl-N-diäthyl-leucinol, methansulfosaures Salz 454.
d, l-p-Aminobenzoyl-N-dimethyl-leucinol, Chlorhydrat 453.
d, l-p-Aminobenzoyl-N-dipropyl-leucinol, Chlorhydrat 454.
γ-Amino-β-benzoyloxy-n-buttersäure, Chlorhydrat 765.
d, l-p-Aminobenzoyl-N-pentamethylen-leucinol, Chlorhydrat 454.
d, l-p-Aminobenzoyl-2-piperidyl-leucinol, Chlorhydrat 454.
Aminobernsteinsäure, s. Asparaginsäure 457.
α-Amino-β-bis-4-oxyphenyl-propionsäure 685.
2-Amino-butanamid-(4)-säure, s. Asparagin 472.
α-Amino-butan-α-carbonsäure, s. Norvalin 432.
γ-Amino-butan-α-carbonsäure, s. γ-Amino-n-valeriansäure 760.
δ-Amino-butan-α-carbonsäure, s. δ-Amino-n-valeriansäure 760.
Aminobutandisäure, s. Asparaginsäure 457.
4-Amino-butanol-(3)-säure-(1), s. β-Oxy-γ-amino-n-buttersäure 764.

2-Amino-butansäure-(1), s. α-Amino-n-buttersäure 425.
3-Aminobutansäure, s. β-Amino-n-buttersäure 754.
4-Amino-butan-säure, s. γ-Amino-n-buttersäure 758.
α-Amino-n-buttersäure 425.
β-Amino-n-buttersäure 754.
γ-Amino-n-buttersäure 758.
β-Amino-n-buttersäure, basisches Pb-Salz 755.
d, l-α-Amino-n-buttersäure, Biochemische Eigenschaften 425.
α-Amino-n-buttersäure, Chemische Eigenschaften 425.
d, l-α-Amino-n-buttersäure, Cu-Salz 426.
β-Amino-n-buttersäure, Cu-Salz 755.
d-α-Amino-n-buttersäure, Derivate 426.
d, l-α-Amino-n-buttersäure, Derivate 426.
l-α-Amino-n-buttersäure, Derivate 426.
α-Amino-n-buttersäure, Physikalische Eigenschaften 425.
α-Amino-n-buttersäure, Synthese 425.
d-α-Amino-n-buttersäure, Vorkommen 425.
β-Amino-n-buttersäure-äthylester 755.
dl-α-Aminobuttersäureanhydrid 1020.
γ-Amino-n-buttersäurelactam, s. α'-Pyrolidon 800.
β-Amino-n-buttersäure-methylester 755.
5-(δ-Aminobutyl-)glykocyamidin 117.
Aminobutylenguanidin 185.
5-(δ-Aminobutyl)-glykocyamidin 556.
5-(δ-Aminobutyl)-glykocyamidin, Pikrolonat 557.
β-Amino-n-butyronitril 757.
γ-Amino-n-butyronitril 758.
γ-Amino-n-butyronitril, Chloraurat 758.
β-Amino-n-butyronitril, Chlorhydrat 757.
γ-Amino-n-butyronitril, Hydrochlorid 758.
dl-α-Aminobutyryl-dl-α-aminobuttersäure 842, 932.
dl-β-Aminobutyryl-dl-β-aminobuttersäure 933.
dl-α-Aminobutyryl-α-aminoisobuttersäure-anhydrid 1020.
dl-β-Aminobutyryl-diglycyl-glycin 984.
dl-α-Aminobutyryl-diglycyl-glycin 984.

dl-α-Aminobutyryl-glycin 931.
dl-β-Aminobutyryl-glycin-N-carbonsäure 933.
N'-β-Aminobutyryl-glycin-N-carbonsäuredimethylester 842.
dl-α-Aminobutyryl-glycyl-glycin 964.
dl-β-Aminobutyryl-dl-leucin 934.
dl-β-Aminobutyryl-l-leucyl-tetraglycyl-glycin 992.
dl-β-Aminobutyryl-triglycyl-glycin 989.
β-Aminobutyryl-N-phenyl-glycin 844.
α-Amino-n-capronsäure, s. Norleucin 456.
ε-Amino-n-capronsäure 762.
ε-Amino-n-capronsäure-äthylester 762.
[β-Amino-β-carboxy-äthyl]-mercaptan, s. Cystein 557.
p-Amino-μ'-cyanstilben-p'-carbonsäuretrimethylbetain 231.
α-Amino-β, β-diphenyl-propionsäure 685.
Aminoessigsäure, s. Glykokoll 305.
α-Aminoglutarsäure, s. Glutaminsäure 486.
Aminoguanidin 173.
Aminoguanidophenyl-thioharnstoff 92.
α-Amino-β-guanidino-n-valeriansäure, s. Arginin 511.
6-Amino-hexanol-(2)-säure-(1), s. α-Oxy-ε-amino-n-capronsäure 767.
2-Amino-hexansäure-(1), s. Norleucin 456.
6-Amino-hexansäure, s. ε-Amino-n-capronsäure 762.
2-Amino-(3, 4, 5, 6)-hexantetrolsäure-(1), s. Glukosaminsäure 767.
p-Aminohippursäure 382.
5-Aminohydantoin 65.
α-Amino-hydracrylsäure, s. Serin 421.
α-Aminohydrozimtsäure, s. Phenylalanin 602.
α-Amino-iso-buttersäure 759.
α-Amino-iso-buttersäure, Cu-Salz 759.
α-Amino-iso-buttersäure-äthylester, Chlorhydrat 759.
α-Aminoisobuttersäureanhydrid 1020.
α-Aminoisobuttersäureanhydrid 1051.
α-Amino-iso-buttersäure-methylester, Chlorhydrat 759.
α-Amino-iso-butylessigsäure, s. Leucin 433.

α-Amino-iso-butyronitril 760.
α-Aminoisobutyryl-α-aminoisobuttersäure 843.
α-Aminoisobutyryl-dl-α-ami-
  nobuttersäure 843.
α-Aminoisobutyryl-dl-α-ami-
  nobuttersäureanhydrid
  1020.
α-Aminoisobutyryl-dl-leucin-
  anhydrid 1021.
α-Aminoisobutyryl-l-leucin
  843.
α-Aminoisobutyryl-l-leucinan-
  hydrid 1021.
α-Aminoisobutyryl-dl-phenyl-
  alanin 932.
dl-α-Aminoisobutyryl-dl-phenyl-
  alanin 932.
α-Amino-isovaleriansäure, s
  Valin 427.
Aminomethancarbonsäure, s.
  Glykokoll 305.
α-Amino-β-methyl-butan-α-
  carbonsäure, s. Isoleucin
  454.
α-Amino-γ-methyl-butan-α-
  carbonsäure, s. Leucin 433.
3-Amino-2-methyl-butansäure-
  (4), s. Valin 427.
3-Aminomethylindol 249.
d, l-α-Amino-β-[N-methyl-4-
  (5)-imidazolyl]-propion-
  säure 738.
α-Amino-α-methyl-β-oxypropionsäure 424.
α-Amino-α-methyl-δ-oxy-n-
  valeriansäure 766.
α-Amino- -methyl- -oxy-n-
  valeriansäure, Cu-Salz 766.
2-Amino-3-methylpentansäure-
  (1), s. Isoleucin 454.
4-Amino-2-methyl-pentan-
  säure-(5), s. Leucin 433.
α-Amino-β-methyl-propan-α-
  carbonsäure, s. Valin 427.
2-Amino-methylpropansäure, s.
  α-Amino-iso-buttersäure
  759.
α-Amino-γ-methylthiobutter-
  säure, s. Methionin 596.
α-Amino-γ-methylthiobutyro-
  nitril 598.
α-Amino-β-methyl-n-valeriansäure, s. Isoleucin 454.
2-Amino-naphthalin-1-thio-
  glykolsäure 773.
p-Amino-α-[p'-nitrophenyl]-
  zimtsäuretrimethylbetain
  231.
p-Amino-o'-nitrostilben-p'-
  carbonsäuretrimethylbetain
  231.
Amino-3-oxo-2-pyridinhexahy-
  drid, s. β-Amino-α-piperidon 802.

3-Amino-4-oxy-5-acetylamino-
  4'-glykokollamido-arseno-
  benzol 364.
3-Amino-4-oxyarsenobenzol-4'-
  glykokollamid, Dihydro-
  chlorid 364.
3-Amino-4-oxyarsenobenzol-4'-
  glykokoll-amid-N-methy-
  lensulfoxylsäure 364.
3-Amino-4-oxyarsenophenyl-4'-
  glykokoll 363.
3-Amino-4-oxyarsenophenyl-4'-
  glykokoll-N-methylensul-
  finsäure, Na-Salz 363.
3-Amino-4-oxyarsenophenyl-4'-
  glykokoll-N-methylensul-
  fonsäure, Na-Salz 363.
γ-Amino-β-oxy-n-buttersäurelactam, s. β-Oxy-α-pyrroli-
  din 801.
3-Amino-4-oxy-4'-glykokoll-
  amidarsenobenzol, Hydrochlorid 364.
δ-Amino-α-oxy-n-valerian-
  säurelactam. s. β-Oxy-α-
  piperidon 801.
α-Amino-pentan-α-carbon-
  säure, s. Norleucin 456.
ε-Amino-pentan-α-carbon-
  säure, s. ε-Amino-n-capronsäure 762.
2-Amino-pentan-disäure, s.
  Glutaminsäure 486.
2-Amino-pentanol-(5)-
  säure-(1), s. δ-Oxy-α-amino-
  n-valeriansäure 766.
5-Amino-pentanol-(2)-
  säure-(1), s. α-Oxy-δ-amino-
  n-valeriansäure 766.
2-Amino-pentansäure-(1), s.
  Norvalin 432.
4-Amino-pentansäure, s. γ-
  Amino-n-valeriansäure 760.
5-Amino-pentansäure, s. δ-
  Amino-n-valeriansäure 760.
Aminopentylenguanidinsulfat
  131.
d, l-m-Aminophenyl-α-alanin
  617.
d, l-p-Aminophenylalanin 617.
d, l-m-Aminophenyl-α-alanin,
  Cu-Salz 617.
d, l-p-Aminophenylalanin, Cu-
  Salz 617.
d, l-m-Aminophenyl-α-alanin,
  Hydrojodid 617.
d, l-m-Aminophenyl-α-alanin,
  Phenylisocyanatverbindung
  617.
d, l-p-Aminophenylalanin, Phenylisocyanatverbindung
  617.
N-p-Aminophenylaminoessig-
  säure, Dichlorhydrat 359.
—, Monochlorhydrat 359.
3-Amino-2-phenylindol 253.

3-o-Aminophenylindol 253.
3-o-Aminophenyl-1-methyl-
  indol 253.
cis-m-Amino-α-phenylzimt-
  säuretrimethylbetain 231.
trans-m-Amino-α-phenylzimt-
  säuretrimethylbetain 231.
β-Amino-α-piperidon 802.
α-Aminopropan-α-carbonsäure,
  s. α-Amino-n-buttersäure
  425.
β-Amino-propan-α-carbon-
  säure, s. β-Amino-n-buttersäure 754.
β-Amino-propan-β-carbon-
  säure, s. α-Amino-iso-buttersäure 759.
γ-Amino-propan-α-carbon-
  säure, s. γ-Amino-n-buttersäure 758.
α-Amino-propan-α, γ-dicarbonsäure, s. Glutaminsäure 486.
2-Amino-propanol-(3)-säure, s.
  Serin 421.
2-Aminopropansäure, s. Alanin
  387.
2-Amino-propanthiol-(3)-säure,
  s. Cystein 557.
α-Aminopropionsäure, s. Alanin
  387.
β-Aminopropionsäure, s. β-Alanin 750.
3-Aminopropionsäure, s. β-Alanin 750.
α-Aminopropionsäurenitril 421.
α-(γ'-Aminopropylamino)-δ-
  aminobutan 186.
5-p-Aminopropyl-2-imino-4-
  oxotetrahydroimidapol 118.
3-(γ-Aminopropyl-)indol 251.
Aminosäuren 267.
— Bestimmung und Nachweis
  274.
— Bildung 270.
— Biochemische Eigenschaften 280.
— Chemische Eigenschaften
  300.
— Darstellung 274.
— Physikalische Eigenschaften 300.
— Vorkommen 267.
p-Aminophenyl-thioglykol-
  säure 772.
α-Amino-β-trimethyl-propion-
  säure, s. Pseudoleucin 457.
Aminotyramin 198.
l-3-Aminotyrosin 655.
l-3-Aminotyrosin, Chlorhydrat
  656.
α-Amino-n-valeriansäure 432.
γ-Amino-n-valeriansäure 760.
δ-Amino-n-valeriansäure 760.
d, l-α-Amino-n-valeriansäure, .
  Biochemische Eigenschaften
  432.

Sachverzeichnis.

d, l-α-Amino-n-valeriansäure, Darstellung 432.
α-Amino-n-valeriansäure, Derivate 433.
δ-Amino-n-valeriansäurelactam, s. Piperidon 801.
α-Amino-n-valeriansäuremethylester 433.
m-Aminozimtsäuretrimethylbetain 231.
Amylamin 178.
tert-Amylamin 179.
n-Amylnitroguanidin 172.
Tert. Amylnitroguanidin 172.
d-Anhydro-[α-guanidino-glutarsaures] guanidonium 118.
d, l-Anhydro-(α-guanidino-isocapronsäure) 118.
dl-Anhydro-(β-oxyphenyl-α-guanidinopropionsäure 118.
Anhydro-phenylalanyl-asparaginsäure-methylester 1025.
Anhydro-ureido-homoasparagin 486.
Anhydro-ureido-homoasparaginsäure 472.
N-(Anilido-imino-methyl-)phenmorpholin 119.
β-Anilido-o-phenetol-carbamid 55.
β-Anilino-n-buttersäure 755.
β-Anilino-n-buttersäure-äthylester 755.
β-Anilino-n-buttersäure-äthylester, Chlorhydrat 755.
β-Anilino-n-buttersäure-anilid, Chlorhydrat 756.
Anilinoguanidinallyl-thioharnstoff 101.
Anilinoguanidinphenyl-thioharnstoff 101.
β-Anilinopropionsäure 752.
β-Anilino-propionsäure-äthylester 752.
β-Anilino-propionsäure-äthylester, Hydrochlorid 752.
β-Anilino-propionsäure-anilid 752.
5-p-Anisalhydantoin-1-essigsäure 73.
5-Anisalhydantoin-3-essigsäure 71.
5-Anisalhydantoin-3-essigsäureäthylester 71.
5-Anisalhydantoin-3-essigsäuremethylester 72.
5-Anisalhydantoin-3-propionsäure 72.
5-Anisalhydantoin-3-propionsäureäthylester 71.
5-Anisalhydantoin-3-propionsäuremethylester 72.
p-Anisidino-acet-p-anisidid 355.
d-o-Anisidino-bernsteinsäuremonoamid 485.

d-p-Anisidino-bernsteinsäuremonoamid 485.
Anisoyl-l-asparagin 484.
Anisoyl-l-asparagin, K-Salz 484.
p-Anisoyl-glycyl-arsanilsäure 343.
1-Anisyl-3-acetyl-hydantoin 62.
o-Anisylcarbamincyanid 85.
Anisylglykokoll 356.
Anisylglykokoll, Cu-Salz 357.
Anisylglykokoll, Zn-Salz 357.
1-Anisylhydantoin 62.
5-Anisylhydantoin-3-essigsäureäthylester 71.
5-Anisylhydantoin-3-propionsäure 72.
5-Anisylhydantoin-3-propionsäureäthylester 71.
1-Anisyl-3-methyl-hydantoin 62.
Anserin 929.
— -äthylesterchloroplatinat 931.
— -chloroaurat 931.
— -chloroplatinat 931.
— -monopikrat 931.
— -nitrat 930.
— -kupfer 930.
Anthrachinon-1-thioglykolsäure-2-carbonsäure 773.
α-Anthrachinonylcarbaminsäurechlorid 86.
β-Anthrachinonylcarbaminsäurechlorid 86.
β-Anthrachinonylharnstoff 51.
α-Anthrachinonylurethan 86.
β-Anthrachinonyl-urethan 86.
Antipyrylharnstoff 52.
l-Arabinoseharnstoff 59.
Arginin 511.
— Bestimmung und Nachweis 522.
— Bildung 513.
d-Arginin, Biochemische Eigenschaften 525.
d, l-Arginin, Biochemische Eigenschaften 531.
l-Arginin, Biochemische Eigenschaften 531.
Arginin, Chemische Eigenschaften 532.
— Darstellung 520.
d-Arginin, Derivate 533.
d, l-Arginin, Derivate 536.
d-Arginin, Dipikrat 534.
d, l-Arginin, Dipikrat 536.
d-Arginin, Hydrochlorid 533.
d-Arginin, Hydrochlorid-pikrat 534.
d, l-Arginin, Hydrochloridpikrat 536.
d, l-Arginin, Monohydrochlorid 536.
d-Arginin, Monopikrat 534.
d, l-Arginin, Monopikrat 536.

Arginin, Monosalz mit 2, 4-Dinitro-1-naphthol-7-sulfosäure 534.
d, l-Arginin, Monosalz mit 2, 4-Dinitro-1-naphthol-7-sulfosäure 536.
Arginin, Nitrat 534.
— Nitrit 533.
— Physikalische Eigenschaften 531.
— Vorkommen 511.
— -methylester 534.
— -phosphorsäure 535.
— -phosphorsäure, Ba-Salz 535.
d-Argininsäure 536.
— Pikrat 536.
— Pikrolonat 536.
d-Arginyl-d-arginin 873.
Aromatische Biguanide 172.
Arsenikneurin 232.
Arsenobenzol-4-glykokollamid-4'-oxyessigsäure 364.
Arsenobenzol-4-N-glykokoll-4'-N'-glykokollamid, Dihydrochlorid 364.
Arsenophenylglykokoll 363.
Arylguanidine 134.
— Bildung 134.
— Chemische Eigenschaften 135.
— Darstellung 134.
— Derivate 135.
Aryl-2-methylindoliden-methane 251.
Aryl-2-phenylindoliden-methane 251.
Asparagin 472.
— Bestimmung und Nachweis 473.
— Bildung 473.
— Biochemische Eigenschaften 473.
d, l-Asparagin, Biochemische Eigenschaften 479.
d-Asparagin, Chemische Eigenschaften 483.
l-Asparagin, Chemische Eigenschaften 481.
— Cu-Salz 483.
Asparagin, Darstellung 473.
d-Asparagin, Derivate 485.
d, l-Asparagin, Derivate 485.
l-Asparagin, Derivate 483.
Asparagin, Komplexverbindung mit Cr 483.
d-Asparagin, Physikalische Eigenschaften 481.
l-Asparagin, Physikalische Eigenschaften 479.
d-Asparagin, Vorkommen 473.
l-Asparagin, Vorkommen 472.
Asparaginsäure 457.
— Ba-Salz-BaCl$_2$ 469.
— Bestimmung und Nachweis 460.

d, l-Asparaginsäure, Bildung 460.
l-Asparaginsäure, Bildung 458.
d, l-Asparaginsäure, Biochemische Eigenschaften 465.
l-Asparaginsäure, Biochemische Eigenschaften 461.
Asparaginsäure, Ca-Salz-CaCl$_2$ 469.
— Chemische Eigenschaften 466.
— Cu-Salz 469.
— Darstellung 460.
d, l-Asparaginsäure, Derivate 471.
l-Asparaginsäure, Derivate 469.
Asparaginsäure, Doppelverbindungen mit Erdalkalihalogeniden 469.
— K-Salz 469.
— Li-Salz 469.
— Na-Salz 469.
— NH$_4$-Salz 469.
— Pb-Salz 469.
— Physikalische Eigenschaften 465.
— Sr-Salz-SrCl$_2$ 469.
d, l-Asparaginsäure, Synthese 460.
Asparaginsäure, Vorkommen 457.
dl-Asparaginsäureanhydrid 1031.
Asparaginsäure-di-äthylester 469.
d, l-Asparaginsäure-di-äthylester 471.
— Hydrochlorid 471.
Asparaginsäure-di-isoamylester 470.
Asparaginsäure-mono-äthylester 469.
Asparaginsäure-mono-amid, s. Asparagin 472.
Asparaginsäure-mono-isoamylester 469.
β-Asparagyl-asparaginsäure 871.
Asparagyl-glycin 871.
Aspartane 1031.
β-Auro-mercapto-α-aminopropionsäure, Na-Salz 568.
Avertebrin 211.
Azidosuccinylglycinazid 348.
— cyclisches Isocyanat 348.
— cyclisches Isocyanat-, Anilid 348.
— cyclisches Isocyanat-, p-Toluidid 348.
— cyclisches Isocyanat-, Urethan 348.
— Dianilid 348.

Benzalaminoguanidinnitrat 173.

Benzal-anhydro-glycyl-dl-asparaginsäure 1025.
— äthylester 1026.
— -methylester 1026.
5-Benzal-2, 3-diphenyliso-thiohydantoin 105.
Benzal-dithioglykolsäure-anilid 774.
Benzalhippursäure-azlacton 382.
5-Benzalhydantoin-3-essigsäure 71.
5-Benzalkreatinin 160.
Benzalphenylhydantoin 68.
ε-Benzamino-n-capronsäure 762.
α-Benzaminocinnamoylalanin 411.
α-Benzaminocinnamoylalaninäthylester 411.
α-Benzamino-cinnamoyl-alanin 861.
— -ester 861.
α-Benzaminocinnamoylglycin 350.
α-Benzaminocinnamoylglycyläthylester 350.
α-Benzaminocinnamoyl-leucin 451.
α-Benzaminocinnamoyl-leucinäthylester 451.
α-Benzamino-cinnamoyl-leucin 861.
— -äthylester 861.
α-Benzamino-cinnamoyl-glycin 860.
α-Benzamino-cinnamoyl-glycinäthylester 860.
γ-Benzamino-β-oxy-n-buttersäure 766.
γ-Benzamino-β-oxy-n-buttersäure-amid 766.
Benzidinthioharnstoff 93.
Benzimidazol-2-thioglykolsäure 773.
Benzol-ketocarbonsäure, s. Phenylglyoxylsäure 795.
γ-Benzolsulfamino-n-valeriansäure 760.
Benzolsulfo-β-alanin 752.
Benzolsulfoglykokollester 350.
Benzolsulfo-dl-leucyl-glycin 849.
β-Benzolsulfo-methylaminopropionsäure 752.
γ-[Benzolsulfomethylamino]-n-valeriansäure 760.
N-β-Benzolsulfophenyläthylglykokoll 361.
δ-Benzoyl-äthylamino-n-valeriansäure 761.
δ-Benzoyl-äthylamino-n-valeriansäureäthylester 761.
N-Benzoyl-d-alanin 411.
d, l-Benzoylalanin 414.
l-Benzoylalanin 413.

N-Benzoyl-β-alanin 751.
Benzoyl-β-alanin-äthylamid 751.
Benzoyl-d-alaninäthylester 411.
d, l-Benzoylalaninäthylester 415.
N-Benzoyl-β-alanin-äthylester 751.
Benzoyl-d-alaninmethylester 411.
Benzoyl-dl-alanyl-dl-alanin 834.
Benzoyl-dl-alanyl-decarboxyleucin 836, 926.
Benzoyl-dl-alanyl-glycin 834.
Benzoylameisensäure, s. Phenyl-glyoxylsäure 795.
Benzoylameisensäure, Hg^I-Salz 796.
Benzoylameisensäure, Hg^{II}-Salz 796.
— Phenylhydrazon 796.
— -äthylester 796.
— -methylester 796.
— methylester-acetal 796.
Benzoylaminoaceto-phenylanilid 345.
4-Benzoylamino-1-anthrachinonylurethan 86.
d-α-Benzoylamino-n-buttersäure 426.
d, l-Benzoyl-α-amino-n-buttersäure 426.
l-α-Benzoylamino-n-buttersäure 426.
Benzoyl-β-amino-n-buttersäure 755.
d, l-β-Benzoyl-amino-n-buttersäure 755.
γ-Benzoylamino-n-buttersäure 758.
Benzoyl-β-amino-n-butyronitril 757.
Benzoyl-dl-α-aminobutyryl-dl-α-amino-buttersäure 842.
ε-Benzoylamino-n-capronsäure 762.
ε-Benzoylamino-n-capronsäure-äthylester 762.
ε-Benzoylamino-n-capronsäure-amid 762.
4-Benzoylamino-1, 2'-dianthrachinonylharnstoff 51.
α-Benzoylamino-3, 5-dijod-4-[4'-methoxy-phenoxy]-zimtsäure-äthylester 683.
α-Benzoylamino-3, 5-dijod-4-[4'-methoxy-phenoxy]-zimtsäureäthylester, Azlacton 683.
Benzoyl-aminoessigsäure, s. Hippursäure 370.
Benzoyl-α-amino-iso-buttersäure 759.
Benzoyl-α-aminoisobutyrylglycin-äthylester 842.

Sachverzeichnis.

α-Benzoylamino-β-(6-methoxyindolyl-3-)acrylsäure 258.
d-γ-Benzoylamino-β-oxy-n-buttersäure 766.
d, l-γ-Benzoylamino-β-oxy-n-buttersäure 765.
l-γ-Benzoylamino-β-oxy-n-buttersäure 765.
d-γ-Benzoylamino-β-oxy-n-buttersäure, Brucinsalz 766.
l-γ-Benzoylamino-β-oxy-n-buttersäure, Brucinsalz 765.
α-Benzoylamino-β-phenylglutarsäure 505.
3-Benzoylamino-2-phenyl-indol 253.
Benzoyl-β-amino-β-phenylpropionsäure 753.
β-Benzoylamino-α-piperidon 802.
Benzoyl-γ-amino-n-valeriansäure 760.
δ-Benzoylamino-n-valeriansäure 761.
δ-Benzoylamino-n-valeriansäure-amid 761.
δ-Benzoylamino-n-valeriansäure-anilid 761.
δ-Benzoylamino-n-valeriansäurechlorid 761.
Benzoyl-p-anisolcarbamid 55.
Benzoyl-d-asparagin 485.
Benzoyl-l-asparagin 484.
Benzoyl-l-asparagin, K-Salz 484
Benzoyl-asparaginsäure-α-äthylester-β-amid 470.
Benzoyl-l-asparaginsäure-diäthylester 470.
Benzoylbenzoylenharnstoff 45.
α-Benzoyl-benzoylglykoll-äthylester 381.
N-Benzoyl-(N, O-benzylidenglykokoll) 361.
Benzoylcadaverin 186.
Benzoyl-diglycyl-α-aminoisobuttersäure 875.
Benzoyl-diglycyl-glycin 874.
— -äthylester 874.
l-Benzoyldiglycyl-2-thiohydantoin 104.
Benzoyl-diglycyl-2-thiohydantoin 812.
C-Benzoyldikatol 241.
Benzoylenharnstoffnatrium 45.
Benzoylenharnstoffsilber 45.
Benzoyl-d-glutaminsäureäthylester 504.
Benzoyl-glutaminsäure-diamid 504.
Benzoyl-d-glutaminsäuremethylester 504.
Benzoylglycin, s. Hippursäure 370.

2-Benzoyl-glycyl-amin-l, 1-dibenzyl-propanol 819.
2-Benzoylglycylamino-1, 1-diphenylpropanol 818.
2-(Benzoyl-glycyl-amino-)2-phenyl-1, 1-diphenyläthanol 828.
2-(Benzoyl-glycyl-amino)-2-phenyl-1, 1-dibenzyläthanol 828.
Benzoyl-glycyl-dl-alanin-benzylaminol 819.
— -ester 818.
— -phenylaminol 818.
Benzoyl-glycyl-glycin 812, 910.
— -ester 813.
Benzoyl-glycyl-dl-leucin-äthylamid 824.
— -äthylester 824.
Benzoyl-glycyl-dl-leucyl-glycin 877.
Benzoyl-glycyl-dl-leucyl-dl-leucin 878.
Benzoyl-glycyl-phenylamino-essigsäure-benzylaminol 828.
Benzoyl-glycyl-phenylamino-essigsäure-ester 828.
Benzoyl-glycyl-phenylamino-essigsäure-phenylaminol 828.
Benzoyl-glycyl-dl-phenylalanin 919.
Benzoyl-glycyl-dl-phenylserin 830.
1-Benzoylglycyl-2-thio-hydantoin 104.
Benzoyl-glycyl-l-tyrosin 920.
Benzoyl-glycyl-dl-valin 914.
Benzoylglykokoll, s. Hippursäure 370.
Benzoylharnstoff 54.
N-Benzoyl-l-hexahydrophenylalanin 614.
α-Benzoylhippursäure 381.
α-Benzoylhippursäureäthylamid 382.
α-Benzoylhippursäureäthylester 381, 382.
Benzoyl-d, l-histidin 738.
4-(oder 5-)Benzoylkreatinin159.
Benzoyl-d, l-leucin 453.
l-Benzoyl-leucin 450.
l-Benzoyl-leucin-äthylester 451.
Benzoyl-dl-leucyl-d-alanin 851.
Benzoyl-dl-leucyl-dl-alanylglycin 885.
Benzoyl-dl-leucyl-dl-β-aminobuttersäure 941.
Benzoyl-dl-leucyl-glycyl-d-alanin 883.
Benzoyl-dl-leucyl-glycyl-anilin 940.
Benzoyl-dl-leucyl-glycin 848, 940.

Benzoyl-dl-leucyl-glycyl-glycin 969.
Benzoyl-dl-leucyl-glycyl-dl-leucin 971.
Benzoyl-dl-leucyl-dl-leucin 854.
Benzoyl-l-leucyl-l-leucin 854.
1-Benzoylleucyl-2-thiohydantoin 104.
d-ε-Benzoyl-lysin 555.
ε-Benzoylmethylamino-n-capronsäure-äthylester 762.
Benzoylmethylguanidin 122.
1-Benzoyl-5-methyl-2-thiohydantoin 103.
d-α-Benzoyl-ornithin 540.
d, l-α-Benzoyl-ornithin 541.
δ-Benzoyl-ornithin 540.
N-p-Benzoyloxy-benzanilinoacetonitril 358.
Benzoyl-α-oxy-β-chlor-isobuttersäure-anilid 780.
Benzoyl-p-oxyphenyl-carbamid 55.
N-o-Benzoyloxyphenylglykokollnitril 359.
N-p-Benzoyloxyphenyl-phenylglykokollnitril 359.
Benzoyl-pentaglycyl-glycin 905.
Benzoyl-phenylalanin 613.
Benzoyl-d-phenylalanin 615.
Benzoyl-d, l-phenylalanin 617.
Benzoyl-phenylalanin-äthylester 613.
Benzoyl-dl-phenylalanyl-glycin 860.
O-Benzoyl-o-phenylen-harnstoff 45.
Benzoyl-C-phenylglycinäthylester, Chlorhydrat 385.
N-Benzoyl-phenylserin 692.
N-Benzoyl-cis-β-phenylserin 692.
Benzoylputrescin 185.
O-Benzoylserin 424.
O-Benzoylserin, Chlorhydrat 424.
O-Benzoylserin, Pikrat 424.
N-Benzoyl-d, l-serinmethylester 424.
Benzoylspermin 189.
Benzoyl-tetraglycyl-glycin 899.
1-Benzoyl-2-thiohydantoin 104.
ε-Benzoyl-α-toluolsulfolysin 556.
ε-Benzoyl-α-toluolsulfo-lysin, Ba-Salz 556.
ε-Benzoyl-α-toluolsulfo-lysin, Na-Salz 556.
ε-Benzoyl-α-toluolsulfo-lysin, NH₄-Salz 556.
Benzoyl-triglycyl-glycin 893.
N-Benzoyl-l-tyrosin 653.
Benzoyl-dl-valyl-glycyl-glycin 965.
N-Benzylalanin 412.
d, l-N-Benzylalanin 418.

d, l-N-Benzylalanin, Chlorhydrat 418.
N-Benzylalanin, Cu-Salz 413.
d, l-N-Benzylalanin, Cu-Salz 418.
d, l-N-Benzylalanin, Phosphorwolframat 418.
Benzylamin 191.
l-Benzyl-l-aminoäthylalkohol 615.
l-Benzyl-l-aminoäthylalkohol-(2) 615.
l-Benzyl-l-aminoäthylalkohol-(2), Chlorhydrat 615.
α-Benzyl-β-aminopropionsäure 753.
α-Benzyl-β-aminopropionsäure Sulfat 753.
Benzylcarbamidsäure-β-chloräthylester 83.
i-Benzyl-cystein 570.
l-Benzyl-cystein 568.
Benzylcysteinphenylhydantoin 70.
Benzylcystein 596.
N-Benzylglykokoll 359.
N-Benzylglykokoll, Chlorhydrat 359.
N-Benzylglykokolläthylester 359.
N-Benzylglykokolläthylester, Hydrochlorid 360.
Benzylharnstoff 47.
N-Benzylhippursäureäthylamid 381.
N-Benzylhippursäure-benzyläthylamid 381.
2-Benzylhistamin 208.
5-Benzylhydantoin-3-essigsäure 71.
5-Benzylhydantoin-3-β-phenylpropionsäure 70.
Benzyliden-aceton-chitosaminsäure-äthylester 767.
Benzylidenacetylkreatinin 159.
d, l-Benzylidenalanin, Na-Salz 418.
N-Benzyliden-β-amino-n-butttersäure, Na-Salz 757.
3-Benzyliden-6-aminooxyindol 264.
N-Benzyliden-p-amino-oxyindol 263.
Benzyliden-d-arginin 535.
Benzyliden-asparagin 485.
Benzyliden-chitosaminsäure 767.
Benzyliden-chitosaminsäure-äthylester 767.
Benzyliden-chitosaminsäure-äthylester, Chlorhydrat 767.
Benzyliden-chitosaminsäure-äthylester, Diazoverbindung 767.
Benzyliden-l-cystin-Ba 595.

Benzylidendi-i-butyl-urthan 83.
Benzylidendimethyl-urethan 83.
Benzylidendi-n-propyl-urethan 83.
Benzylidendi-i-propyl-urethan 83.
N-Benzyliden-glycyl-glycin-natrium 814.
N^1-Benzyliden(N-glycyl-glycin)-Barium 814.
N-Benzylidenglykokoll 360.
— Ag-Salz 361.
— Ba-Salz 361.
— Ca-Salz 361.
— Cu-Salz 361.
— Na-Salz 360.
N-Benzylidenglykokolläthylester 361.
(N-Benzylidenglykokoll)-essigsäureanhydrid 361.
Benzylidenhydantoyl-hydrazon 69.
Benzylidenkreatinin 159.
N-Benzyliden-l-tyrosin-Na 653.
N-Benzylindol-2-carbonsäure 256.
2-Benzylkreatinin 160.
5-Benzylkreatinin 160.
Benzyl-dl-leucyl-glycyl-dl-leucin 971.
5-(Benzylmercaptomethyl)-oxazolin-2-allylthioharnstoff 101.
5-(Benzylmercaptomethyl)-oxazolin-2-phenylthioharnstoff 101.
5-(Benzylmercaptomethyl)-oxazolidonyl-3-allylthioharnstoff 101.
5-(Benzylmercaptomethyl)-oxazolidonyl-3-phenylthioharnstoff 101.
5-(Benzylmercapto-triazol-3-allylthioharnstoff 101.
5-(Benzylmercapto)-triazol-3-phenylthioharnstoff 101.
Benzylmethylguanidin 122.
Benzylnitroguanidin 172.
Benzyloxindol 261.
α-Benzyl-β-phenyl-α-äthanol-thioharnstoff 98.
Benzylsulfo-dl-leucyl-glycin 849.
Benzylthioglykolisobenzylharnstoff 51.
d, l-5-Benzyl-2-thiohydantoin-3-benzylessigsäuremethylester 96.
Benzyl-thiolessigsäure 773.
S-Benzylthiuroniumchlorid 98.
6-Benzyl-2, 3, 5-trioxopiperazin 1038.
Benzylurethan 85.
α-Benzyl-γ-valerolacton 784.
Bernsteinaldehydsäure 791.

Betain 229.
— Bildung 229.
— Darstellung 229.
— Derivate 229.
— Physiologische Eigenschaften 230.
— Physikalische u. chemische Eigenschaften 230.
— Vorkommen 229.
Betainbromidäthylester 230.
Biguanid 171.
— Agrikulturchemische Bedeutung 171.
— Bestimmung 171.
— Derivate 171.
— Physiologische Eigenschaften 171.
3, 6-Bis-(m-acetoxybenzal)-2, 5-diketo-piperazin 1004.
3, 6-Bis-(o-acetoxybenzal)-2, 5-diketo-piperazin 1004, 1048.
3, 6-Bis-(p-acetoxybenzal)-2, 5-diketo-piperazin 1002.
3, 6-Bis-(o-äthoxybenzal)-2, 5-diketo-piperazin 1048.
Bis-[β-Amino-β-carboxyäthyl-]disulfid, s. Cystin 570.
α, δ-Bis-[benzoylamino]-γ-oxo-n-valerian-säuremethylester 541.
3, 6-Bis-(o-chlorbenzal)-2, 5-diketo-piperazin 1049.
β, β'-Bis-3, 5-dijod-4-oxyphenyläthylamin 685.
β, β-Bis-(3, 5-Dijod-4-oxyphenyl)-alanin 420.
β, β-Bis-[3, 5-Dijod-4-oxyphenyl]-α-amino-propionsäure 684.
Bis-[dinitro-3, 5-anilino-4-phenyl]-harnstoff 49.
Bisdinitrophenyl-tyrosin 653.
α, δ-Bisguanido-n-valeriansäureanhydrid 873.
d-α, δ-Bisguanidin-n-valeriansäureanhydrid 118.
d-α, δ-Bisguanidino-n-valeriansäureanhydrid 536.
d-α, δ-Bis-guanidino-n-valeriansäureanhydrid, Dipikrat 536.
d, l-α, δ-Bisguanidino-n-valeriansäureanhydrid 118.
d, l-α, δ-Bisguanidino-n-valeriansäureanhydrid 538.
d, l-α, δ-Bisguanidino-n-valeriansäure-anhydrid, Dipikrat 538.
3, 4-Bishydroxyphenyläthylmethylamin 191.
Bisindil -1, 1, 3, 3 265.
3, 6-Bis-(o-methoxybenzal)-2, 5-diketo-piperazin 1004, 1048.
Bis-o-methoxyphenylguanidin 137.

Bis-o-methoxyphenyl-harnstoff 49.
3, 6-Bis-(m-methylbenzal)-2, 5-diketo-piperazin 1049.
Bis-(methylcarbaminyl)-cyanaamid 167.
N, N'-Bismethylcarbaminyl-N-cyanguanidin 167.
N, N'-Bis-methylcarbaminyl-hydrazin 56.
α, β-Bis-(2-methylindol-3)-äthan 249.
α, β-Bis-(α'-methyl-β'-indolyl-)äthan 249.
3, 6-Bis-(m-nitrobenzal)-glycinanhydrid 1003.
3, 6-Bis-(o-nitrobenzal)-glycinanhydrid 1003.
3, 6-Bis-(p-nitrobenzal)-glycinanhydrid 1003.
3, 6-Bis-(m-oxybenzal)-2, 5-diketopiperazin 1004.
3, 6-Bis-(o-oxybenzal)-2, 5-diketopiperazin 1004.
3, 6-Bis-m-oxybenzyl-2, 5-dioxopiperazin 1029.
3, 6-Bis-o-oxybenzyl-2, 5-dioxopiperazin 1029.
β, β-Bis-4-oxyphenyl-äthylamin 685.
β, β-Bis-4-oxyphenyl-äthylamin, Chlorhydrat 685.
β, β-Bis-4-oxyphenyl-äthylamin, Tribenzoylderivat 685.
Bis-(β-phenyläthylamino)-methan 193.
p, p'-Bis-thioglykolsäure- diphenylsulfid 773.
Biuret 75.
— Derivate 75.
— Kaliumsalze 75.
Biuretacetamid 77.
Biuretbase 893.
Biuretessigsäure 77.
Bor-α-oxy-iso-buttersäure, Brucinsalz 779.
Bor-α-oxy-iso-buttersäure, o-Toluidinsalz 779.
Brenztraubensäurediguanidid 117.
2-Bromacetamino-1,1-dibenzyläthanol 816.
Bromacetyl-glycyl-glycin 951.
Bromacetyl-dl-leucin 916.
Bromacetyl-dl-phenylalanin 918.
α-Bromäthylisopropyl-acetylharnstoff 53.
α-Brom-ε-benzoylamino-n-capronsäure 762.
[o-Brombenzoyl]-l-asparagin 484.
dl-α-Brombutyryl-diglycyl-glycin 984.
dl-α-Brombutyryl-glycyl-glycin 964.

dl-α-Brombutyryl-dl-phenylalanin 932.
dl-α-Bromcapronyl-glycyl-glycin 976.
dl-α-Bromcapronyl-glycyl-dl-leucin 977.
dl-α-Bromcapronyl-glycyl-dl-norleucin 977.
dl-α-Bromcapronyl-glycyl-dl-norvalin 976.
dl-α-Bromcapronyl-dl-leucin 946.
dl-α-Bromcapronyl-dl-norleucin 946.
dl-α-Bromcapronyl-dl-phenylalanin 947.
Bromdipyruvinureid 50.
α-Bromhexahydro-benzoesäureureid 56.
m-Bromhippuronitril 382.
m-Bromhippursäure 382.
m-Bromhippursäure, Ag-Salz 382.
m-Bromhippursäureäthylester 382.
o-Bromhippursäure 382.
α-Bromisobutyryl-dl-α-aminobuttersäure 843.
α-Bromisobutyryl-α-aminoisobuttersäure 843.
α-Bromisobutyryl-glycyl-glycin 964.
α-Bromisobutyryl-l-leucin 843.
α-Bromisobutyryl-dl-phenylalanin 932.
dl-α-Bromisocapronyl-äthylamin 852.
dl-α-Bromisocapronyl-β-alanin 940.
d-α-Bromisocapronyl-d-alanyl-d-valyl-l-leucyl-glycyl-d-glutaminsäure 905.
dl-α-Bromisocapronyl-dl-α-aminobutyryl-dl-α-aminobuttersäure 885.
dl-α-Bromisocapronyl-dl-α-aminocaprylsäure 855, 942.
dl-α-Bromisocapronyl-dl-α-aminoheptylsäure 855.
dl-α-Bromisocapronyl-α-aminoisobuttersäure 852.
dl-α-Bromisocapronyl-dl-α-aminomyristinsäureäthylester 856.
dl-α-Bromisocapronyl-(N)-dl-α-amino-δ-oxyvaleriansäure 858.
dl-α-Bromisocapronyl-δ-aminovaleriansäure 853.
α-(dl-α-Bromisocapronyl)-δ-benzoyl-ornithin 945.
dl-α-Bromisocapronyl-decarboxy-serin 943.
dl-α-Bromisocapronyl-diglycyl-glycin 897, 985.

dl-α-Bromisocapronyl-d-glutaminsäure-diäthylester 859.
— dimethylester 859.
dl-α-Bromisocapronyl-glycin 939.
d-α-Bromisocapronyl-glycyl-d-alanin 882.
d-α-Bromisocapronyl-glycyl-d-alanyl-l-leucyl-glycyl-d-alanin 991.
d-α-Bromisocapronyl-glycyl-d-alanyl-l-leucyl-d-valin 903.
dl-α-Bromisocapronyl-glycyl-arsanilsäure 850.
dl-α-Bromisocapronyl-glycyl-dl-3, 5-dibromtyrosin 974.
dl-α-Bromisocapronyl-glycyl-dl-3, 5-dichlortyrosin 974.
dl-α-Bromisocapronyl-glycyl-dl-3, 5-dijodtyrosin 974.
d-α-Bromisocapronyl-glycyl- d-glutaminsäure 884.
dl-α-Bromisocapronyl-glycyl-glycin 969.
dl-α-Bromisocapronyl-glycyl-glycylchlorid 882.
d-α-Bromisocapronyl-glycyl-d-leucin 972.
dl-α-Bromisocapronyl-glycyl-dl-leucin 970.
l-α-Bromisocapronyl-glycyl-l-leucin 972.
dl-α-Bromisocapronyl-glycyl-dl-leucyl-anilin 970.
dl-α-Bromisocapronyl-glycyl-dl-leucyl-glycin 897.
dl-α-Bromisocapronyl-glycyl-l-leucyl-glycin 986.
d-α-Bromisocapronyl-glycyl-d-leucyl-glycyl-l-leucin 990.
l-α-Bromisocapronyl-glycyl-l-leucyl-glycyl-d-leucin 990.
dl-α-Bromisocapronyl-glycyl-dl-norleucin 973.
dl-α-Bromisocapronyl-glycyl-dl-serin 883.
d-α-Bromisocapronyl-glycyl-l-tyrosin 884.
dl-α-Bromisocapronyl-glycyl-l-tyrosin 973.
l-α-Bromisocapronyl-glycyl-l-tyrosin 884.
dl-α-Bromisocapronyl-glycyl-dl-valin 970.
dl-α-Bromisocapronyl-hexaglycyl-glycin 993.
d-α-Bromisocapronyl-l-histidin 945.
dl-α-Bromisocapronyl-l-histidin 945.
dl-α-Bromisocapronyl-dl-leucinamid 941.
dl-α-Bromisocapronyl-dl-leucyl-dl-β-aminobuttersäure 974.

dl-α-Bromisocapronyl-dl-
  leucyl-glycyl-glycin 987.
d-α-Bromisocapronyl-l-leucyl-
  l-leucin 885.
d-α-Bromisocapronyl-l-leucyl-
  l-leucyl-l-leucin 898.
d-α-Bromisocapronyl-l-leucyl-
  l-leucyl-l-leucyl-l-leucin 905.
dl-α-Bromisocapronyl-methyl-
  amin 851.
α-Bromisovalerylharnstoff 53.
d-α-Bromisovaleryl-l-leucyl-
  glycyl-d-glutaminsäure 896.
dl-αBromisovaleryl-dl-norvalin
  935.
dl-α-Bromisovaleryl-dl-phenyl-
  alanin 936.
dl-α-Bromisovaleryl-sarkosin
  844.
d-α-Bromisovaleryl-d-valin 935.
Brommethenyl-5'-(5'-methyl)
  hydantoin-5-hydantoin-
  säure 67.
α-Brommethyläthylessigsäureureid 54.
α-Brommethylisopropyl-ace-
  tylharnstoff 53.
Bromneurinbromid 232.
Bromnitropyruvinureid 70.
β-Brom-p-phenetol-carbamid
  55.
d, l-p-Bromphenylalanin 617.
α-p-Bromphenyl-β-allyl-α-
  äthanolthioharnstoff 98.
s. p-Bromphenyl-n-amylthioharnstoff 94.
s. p-Bromphenyläthylthio-
  harnstoff 94.
Bromphenylbrenztrauben-
  säureäthylester 799.
Bromphenylbrenztrauben-
  säureäthylester, Phenylhydrazon 799.
s. p-Bromphenyl-n-butyl-thio-
  harnstoff 94.
N-p-Bromphenylglykokoll-p-
  bromanilid 355.
p-Bromphenylguanidin-o-
  sulfosäure 135.
s. p-Bromphenyl-n-heptyl-thio-
  harnstoff 94.
s. p-Bromphenyl-n-hexyl-thio-
  harnstoff 94.
s. p-Bromphenylisoamyl-thio-
  harnstoff 94.
s. p-Bromphenylisobutylthioharnstoff 94.
Bromphenyl-mercaptursäure
  569.
s. p-Bromphenylmethylthioharnstoff 94.
α-p-Bromphenyl-β-(a-naph-
  thyl-)α-äthanolthioharn-
  stoff 97.
α-p-Bromphenyl-β-(α-naph-
  thyl)-thioharnstoff 94.

α-p-Bromphenyl-β-phenyl-α-
  äthanolthioharnstoff 97.
dl-α-Brom-β-phenyl-propionyl-
  methylamin 861.
dl-α'-Brom-β'-phenyl-propion-
  yl-β-phenyl-äthylamin 862.
s. p-Bromphenyl-n-propyl-thio-
  harnstoff 94.
p-Bromphenylthioharnstoff 94.
α-p-Bromphenyl-β-p-tolyl-α-
  äthanolthioharnstoff 97.
α-p-Bromphenyl-β-p-tolyl-
  thioharnstoff 94.
p-Bromphenylurethan 85.
Brompivalinsäureureid 54.
dl-α-Brompropionyl-dl-alanin
  834.
d-α-Brompropionyl-d-alanyl-d-
  alanin 959.
dl-α-Brompropionyl-dl-alanyl-
  glycin 959.
l-α-Brompropionyl-l-alanyl-
  glycin 879.
dl-α-Brompropionyl-dl-alanyl-
  dl-leucin 960.
dl-α-Brompropionyl-dl-alanyl-
  dl-norvalin 960.
— -methylester 960.
dl-α-Brompropionyl-dl-α-
  aminobutyryl-dl-α-amino-
  buttersäure 880, 961.
dl-α-Brompropionyl-dl-α-
  aminobutyryl-glycin 961.
dl-α-Brompropionyl-δ-amino-
  valeriansäure 835.
d, l-α-Brompropionyl-anilin
  416.
dl-α-Brompropionyl-l-aspara-
  gin 840.
d, l-α-Brompropionyl-colamin
  415.
dl-α-Brompropionyl-dl-di-
  alanyl-glycin 983.
α-Brompropionyl-3, 5-dijod-
  thyronin 928.
— -methylester 928.
d, l-Brompropionyl-diphenyl-
  amin 416.
α-Brompropionyl-glutamin-
  säure 927.
dl-α-Brompropionyl-glycyl-
  anilin 923.
dl-α-Brompropionyl-glycyl-
  arsanil-säure 834.
dl-α-Brompropionyl-glycyl-
  glycin 958.
dl-α-Brompropionyl-glycyl-dl-
  phenyl-alanin 959.
d-α-Brompropionyl-glycyl-l-
  phenylalanin 958.
dl-α-Brompropionyl-isoamyl-
  amin 836.
dl-α-Brompropionyl-dl-leucyl-
  decarboxy-alanin 963.
dl-α-Brompropionyl-dl-leucyl-
  decarboxy-glycin 962.

dl-α-Brompropionyl-dl-leucyl-
  glycin 881.
d-α-Brompropionyl-l-leucyl-
  glycyl-d-alanin 896, 983.
d-α-Brompropionyl-l-leucyl-d-
  valin 881.
α-Brompropionyl-(β'-p-meth-
  oxyphenyl-äthyl)-amin 198.
dl-α-Brompropionyl-β'-(p-
  methoxyphenyl)-äthylamin
  927.
α-Brompropionyl-norvalin (optisch inaktiv) 925.
dl-α-Brompropionyl-β'-(p-
  oxyphenyl)-äthylamin 927.
dl-α-Brompropionyl-β-phenyläthylamin 837.
α-Brompropionylphenylharnstoff 53.
dl-α-Brompropionyl-sarkosin
  834.
α-Brompropionyl-tyrosin 928.
— -methylester 928.
α-Brompropionyltyramin 197.
d-α-Brompropionyl-l-trypto-
  phan 837.
— Doppelsalz mit Anilin 837.
dl-α-Brompropionyl-tyramin
  927.
dl-α-Brompropionyl-dl-valin
  925.
dl-α-Brompropionyl-dl-valyl-
  glycin 961.
d-α-Brompropionyl-d-valyl-l-
  leucyl-glycyl-d-glutamin-
  säure 901.
Brompyruvinureid 50.
Bromural 53.
α-Brom-n-valeriansäureureid
  54.
dl-α-Bromvaleryl-d-alanin 937.
dl-α-Bromvaleryl-diglycyl-
  glycin 984.
dl-α-Bromvaleryl-glycin 937.
dl-α-Bromvaleryl-glycyl-glycin
  967.
dl-α-Bromvaleryl-glycyl-dl-
  norleucin 968.
dl-α-Bromvaleryl-glycyl-dl-
  norvalin 968.
dl-α-Bromvaleryl-glycyl-dl-
  valin 967.
dl-α-Bromvaleryl-di-norvalin
  937.
dl-α-Bromvaleryl-dl-phenyl-
  alanin 938.
dl-α-Bromvaleryl-l-tyrosin 845.
dl-α-Bromvaleryl-dl-valin 938.
Bromvinyltrimethylammo-
  niumbromid 232.
Butanalsäure, s. Bernsteinaldehydsäure 791.
Butanol-disäure, s. Oxymaleinsäure 790.
Butanolid-(3, 1), s. γ-Butyrolacton 778.

Butanol-2-säure, s. α-Oxy-n-buttersäure 777.
Butanol-(4)-säure, s. α-Oxy-n-buttersäure 778.
Butanon-disäure, s. Oxalessigsäure 788.
Butanon-(2)-säure-(1), s. α-Keto-buttersäure 786.
β-Butenylhomocholinbromid 224.
s. Butenylphenylthioharnstoff 93.
n-Butyläthylacetylharnstoff 53.
Butyläthylmalonylharnstoff 55.
n-Butyläthylmalonylharnstoff 53.
N-n-Butyl-dl-alanyl-decarboxy-leucin 836.
— -chlorhydrat 836.
sek. Butylallylacetylharnstoff 53.
[n-Butylallylamino]-essigsäureäthylester 353.
n-Butylamin 178.
n-Butylaminoessigsäureäthylester 353.
1-n-Butylindol 244.
2-i-Butylindol 244.
N-n-Butyl-dl-leucyl-decarboxy-alanin-chlorhydrat 852.
— pikrat 852.
n-Butylnitroguanidin 172.
N-n-Butylperhydroindol 244.
Butylphenylcyanamid 164.
4-Butyl-4-phenyl-hydantoin 67.
4-i-Butyl-4-phenyl-hydantoin 67.
γ-Butyrobetain 230.
γ-Butyrolacton 778.
Butyrylalanin 411.
Butyryl-diglycyl-glycin 952.
Butyryl-glycyl-dl-leucin 917.
Butyrylglykokoll 348.
Butyrylguanidin 116.
Butyrylguanidin-α-sulfonsäure 116.
Butyryl-leucin-äthylester 450.
Butyryl-dl-leucyl-glycin 848.
Butyryl-triglycyl-anilin 952.

Cadaverin 185.
— Bildung 185.
— Chemische Eigenschaften 185.
— Physiologische Eigenschaften 185.
— Vorkommen 185.
Calciumcyanamid 166.
— Agrikulturchemische Bedeutung 166.
— Bestimmung 166.
— Bildung 166.
— Darstellung 166.
— Physikalische u. chemische Eigenschaften 166.

Campherindol 252.
d-Campholyl-l-leucin 451.
d-Campholyl-l-leucin-äthylester 451.
Camphorylcarbaminsäureester 87.
Capronsäurecholinesterbromid 222.
Capronylglykokolläthylester 348.
Caprylglykokolläthylester 348.
Carbamiddessigsäurediäthylester 58.
Carbäthoxy-aminoacetophenylanilid 345.
Carbäthoxy-aminoacetophenylanilid-dithiocarbamat 345.
Carbäthoxy-aminoacetophenylanilid-dithiocarbamat, Ag-Salz 345.
Carbäthoxy-aminoacetophenylanilid-dithiocarbamat, Hg-Salz 345.
2-Carbäthoxy-3-formylindol 254.
Carbäthoxy-glutaminsäure 503.
Carbäthoxy-glutaminsäure-diäthylester 503.
Carbäthoxy-glutaminsäure-diamid 503.
Carbäthoxyl-diglycyl-arsanilsäure 816.
N-Carbäthoxyl-glycyl-β-aminobuttersäureäthylester (α-Reihe) 821.
Carbäthoxy-glycyl-arsanilsäure 343.
β-Carbäthoxyl-glycyl-glycinester 815.
Carbäthoxyl-glycyl-dl-leucin 824.
Carbäthoxyl-glycyl-l-tyrosin 920.
Carbäthoxyguanidin 117.
2-Carbäthoxyindol-3-äthyl-β, β'-dicarbonsäure 261.
2-Carbäthoxyindol-3-äthyl-β, β'-dicarbonsäurediäthylester 261.
2-Carbäthoxyindol-3-vinyl-β, β'-dicarbonsäurediäthylester 261.
β-2-Carbäthoxy-3-indolylpropionsäureäthylester 258.
Carbäthoxyl-dl-leucyl-glycin 940.
2-Carbäthoxy-5-methylindol 250.
2-Carbäthoxy-5-methylindol-3-aldehyd 251.
N-Carbäthoxymethyl-N-phenetidylharnstoff 48.
Carbäthoxy-d, l-C-phenylglycinäthylester 387.

N-Carbäthoxy-N-phenylglykokoll, Na-Salz 355.
Carbäthoxyl-tetraglycyl-glycin 899.
Carbäthoxyl-triglycyl-arsanilsäure 875.
Carbäthoxyl-triglycyl-glycinamid 893.
Carbäthoxytyramin 198.
p-Carbäthyloxyphenyl-antipyrylharnstoff 52.
o-Carbäthyloxyphenyl-harnstoff 52.
Carbo-n-butoxyäthyl-isoharnstoff 61.
Carbamidi-α-isocapronsäure-äthylester 58.
Carbamiddi-α-propionsäure-äthylester 58.
Carbamidsulfonessigsäure 56.
Carbamidsulfonisovaleriansaures Ammonium 57.
Carbamid-α-sulfopropionsaures Kalium 87.
Carbaminsäure, Chemische Eigenschaften 78.
Carbaminsäure-γ-chlorpropylester 82.
Carbaminsäuredichlormethyldimethylcarbinolester 82, 83.
Carbaminsäureester des Chloralmethylalkohols 82.
— Chloralpropylalkohols 82.
— Chloral-iso-amylalkohols 82.
— Chloralallylalkohols 82.
Carbaminsäuretrichloräthylalkoholat 82.
Carbaminsäuretrichlor-tert.-butylester 82.
Carbaminsäuretrichlormethyldimethylcarbinolester 83.
Carbaminsäure-2-trichlormethyl-1, 3-dioxolin-4-carbinolester 83.
Carbaminsäuretrichlormethylmethylcarbinolester 83.
Carbaminsäuretrichlormethylphenylcarbinolester 83.
1-Carbaminyl-3-äthylhydantoin 66.
1-Carbaminyl-3-methylhydantoin 66.
1-Carbaminyl-3-methyl-5-oxyhydantoin 65.
N-Carbomethoxyl-β-amino-n-buttersäure 755.
N-Carbomethoxyl-β-amino-n-butyryl-amid 755.
Carbomethoxyl-β-aminobutyryl-glycin 842.
— äthylester 842.
— amid 842.
— methylester 842.

Carbomethoxyl-β-aminobutyryl-phenyl-glycin, Ammonsalz 844.
— Ester 844.
3-Carbomethoxymethyl-6-benzyl-2, 5-diketopiperazin 1025.
Carbomethoxy-dl-phenylalanyl-dl-phenylalanin 947.
Carbonylbisglycin 346.
Carbonylbisglycinäthylester 346.
Carbonylbisglycindiamid 346.
Carbonyl-bis-glycyl-glycin 814.
Carbonyl-bis-(glycyl-l-leucin) 823.
— äthylester 823.
Carbonyl-bis-[glycyl-l-leucin] 58.
Carbonylbisphenylalanin 58.
d, l-Carbonyl-bis-phenylalanin 616.
d, l-Carbonyl-bis-phenylalanin-di-äthylester 616.
Carbonyldiharnstoff 41.
Carbonyldiurethan 81, 86.
2-Carboxäthylindol-3-propionsäureäthylester 261.
Carboxy-aminoacetyl-arsanilsäure 343.
β-Carboxy-γ-dimethylamino-n-buttersäure 758.
β-Carboxy-γ-dimethylamino-n-buttersäure, Ag-Salz 758.
2-Carboxyindol-3-äthyl-β, β'-dicarbonsäurediäthylester 261.
2-Carboxyindol-1, 3-diessigsäure 260.
2-Carboxyindol-1, 3-diessigsäurediäthylester 260.
2-Carboxyindol-1-essigsäure 260.
2-Carboxyindol-3-propionsäure 261.
3-Carboxymethyl-6-benzal-2, 5-dioxopiperazin 1025.
3-Carboxymethylen-6-benzyl-2, 5-dioxopiperazin 1026.
— methylester 1026.
Carboxymethylguanidin, s. Glykocyamin 767.
2-Carboxy-5-methylindol-3-aldehyd 251.
p-Carboxyphenylacetyl-harnstoffäthylester 53.
p-Carboxyphenyl-α-bromisovaleroylharnstoffäthylester 53.
p-Carboxyphenylharnstoff-äthylester 53.
p-Carboxyphenylisovaleroylharnstoffäthylester 53.
S-[2-Carboxypyridyl-3]-thioglykolsäure 773.

S-[2-Carboxypyridyl-3]-thioglykolsäure, Ag-Salz 773.
Carnosin 838, 929.
— kupfer 839.
— merkurisulfat 839.
— phosphorwolframat 839.
— Physiologische Eigenschaften, Vorkommen 210.
Carotin 210.
Chinon-monoglykokollanilid 353.
Chitosaminsäure, s. Glukosaminsäure 767.
Chloracetaminoaceto-phenylanilid 345.
α-Chloracetamino-acrylsäure 912.
2-Chloracetamino-2-phenyl-1, 1-diphenyläthanol 816.
Chloracetanilid 344.
Chloracetyl-β-alanin 820.
Chloracetyl-d-alanin 817.
Chloracetyl-dl-alanin 910.
Chloracetyl-dl-alanyl-dl-alanin 876.
Chloracetyl-l-alanyl-l-alanyl-glycin 894.
Chloracetyl-dl-alanyl-anilin 911.
Chloracetyl-dl-alanyl-decarboxy-leucin 954.
Chloracetyl-dl-alanyl-dl-leucyl-decarboxy-alanin 981.
Chloracetyl-d-alanyl-l-leucyl-glycyl-d-alanin 900, 988.
Chloracetyl-d-alanyl-l-leucyl-d-valin 894.
Chloracetyl-d-α-aminobuttersäure 912.
Chloracetyl-l-α-aminobuttersäure 912.
Chloracetyl-dl-α-aminobutyryl-dl-α-aminobuttersäure 877, 955.
Chloracetyl-dl-α-aminocaprylsäure 825.
2-Chloracetylamino-1, 1-diphenyl-propanol 819.
Chloracetyl-dl-α-aminoheptylsäure 825.
Chloracetyl-α-aminoisobuttersäure 821.
— äthylester 822.
— amid 821.
— nitril 821.
Chloracetyl-dl-α-aminomyristinsäure 826.
— äthylester 826.
Chloracetyl-dl-amino-β-oxybuttersäure 829.
Chloracetyl-arsanilsäure 343.
Chloracetyl-asparagin 484.
Chloracetyl-l-asparagin, K-Salz 484.
Chloracetyläthylharnstoff 56.
Chloracetylcholin 222.
— bromid 221.

Chloracetylcholinchloracetat 221.
— chloridharnstoff 221.
Chloracetyl-decarboxy-tryptophan 922.
Chloracetyl-diglycyl-arsanilsäure 874.
Chloracetyl-diglycyl-glycin 979.
Chloracetyl-diglycyl-dl-leucin 980.
Chloracetyl-diglycyl-dl-norvalin 979.
Chloracetyl-diglycyl-dl-phenylalanin 980.
Chloracetyl-diglycyl-dl-valin 979.
Chloracetyl-dl-3, 5-dibromtyrosin 920.
Chloracetyl-dl-3, 5-dichlortyrosin 920.
Chloracetyl-3, 5-dijodthyronin 921.
— methylester 921.
Chloracetyldiphenylharnstoff 57.
Chloracetyl-glutaminsäure 503.
Chloracetyl-d-glutaminsäure 832.
— Ammonsalz 833.
Chloracetyl-glycin 810.
Chloracetyl-glycyl-l-alanyl-glycin 893.
N-(Chloracetyl-glycyl)-p-amino-benzoesäure 910.
Chloracetyl-glycyl-dl-α-aminobuttersäure 952.
Chloracetyl-glycyl-arsanilsäure 815.
Chloracetyl-glycyl-glycin 951.
Chloracetyl-glycyl-dl-leucin 953.
Chloracetyl-glycyl-dl-leucyl-dl-leucin 981.
Chloracetyl-glycyl-dl-norvalin 952.
Chloracetyl-glycyl-dl-valin 953.
Chloracetyl($\beta\beta'$-indolyläthyl)-amin 251.
Chloracetyl-isoamylamin 825.
Chloracetyl-leucin-äthylester 450.
Chloracetyl-d-leucin 915.
Chloracetyl-dl-leucin 822, 915.
Chloracetyl-l-leucin 822, 915.
Chloracetyl-dl-leucyl-dl-α-aminoheptylsäure 879.
Chloracetyl-dl-leucyl-anilin 916.
Chloracetyl-dl-leucyl-decarboxy-alanin 957.
Chloracetyl-d-leucyl-glycin 957.
Chloracetyl-dl-leucyl-glycin 877, 956.
Chloracetyl-l-leucyl-glycin 956.
Chloracetyl-l-leucyl-glycyl-d-leucin 982.

Chloracetyl-dl-leucyl-glycyl-dl-leucin 981.
Chloracetyl-dl-leucyl-dl-leucin 878.
Chloracetyl-l-leucyl-l-leucin 878.
Chloracetyl-dl-leucyl-dl-leucyl-glycin 982.
Chloracetyl-l-leucyl-l-leucyl-l-leucin 895.
Chloracetyl-l-leucyl-l-leucyl-l-leucyl-l-leucin 901.
Chloracetyl-dl-nitrotyrosin 920.
Chloracetyl-dl-norleucin 917.
Chloracetyl-dl-norvalin 913.
Chloracetyl-dl-norvalyl-dl-norvalin 956.
Chloracetyl-l-oxyprolin 831.
Chloracetyl-d-phenylalanin 919.
Chloracetyl-dl-phenylalanin 827, 918.
Chloracetyl-l-phenylalanin 919.
Chloracetyl-β-phenyläthylamin 827.
Chloracetyl-β-phenyläthylamin 193.
Chloracetyl-dl-phenylserin 829.
Chloracetyl-sarkosin 820.
Chloracetyl-tetraglycyl-glycin 991.
Chloracetyl-thyroxin 922.
— methylester 922.
Chloracetyl-triglycyl-arsanilsäure 893.
Chloracetyl-triglycyl-glycin 988.
Chloracetyl-tryptamin 922.
Chloracetyl-tryptamin 251.
Chloracetyl-dl-o-tyrosin 921.
Chloracetyl-l-tyrosin 830, 919.
Chloracetyl-d-valin 822.
Chloracetyl-dl-valin 913.
Chloracetyl-l-valin 914.
Chloracetyl-dl-valyl-glycin 955.
2-Chlor-4-amino-glykokoll-amidbenzol-l-arsinsäure 366.
β-Chloräthylacetylurethan 82.
β-Chloräthylurethan 81.
p-Chlorbenzoyl-dl-alanyl-glycyl-glycin 958.
[o-Chlorbenzoyl]-l-asparagin 484.
[p-Chlorbenzoyl]-l-asparagin 484.
Chlorbenzoyl-glycyl-dl-leucin 917.
p-Chlorbenzoyl-dl-leucyl-glycyl-glycin 969.
p-Chlorbenzoyl-dl-leucyl-glycyl-dl-leucin 971.
p-Chlorbenzyl-cystein 569.
l-Chlorbromtyrosin 654.
l-Chlorbromtyrosin, Bromhydrat 654.
dl-β-Chlorbutyryl-dl-β-aminobuttersäure 933.

dl-β-Chlorbutyryl-diglycyl-glycin 984.
dl-β-Chlorbutyryl-glycin 932.
dl-β-Chlorbutyryl-glycyl-dl-leucin 964.
dl-β-Chlorbutyryl-glycyl-dl-phenylalanin 964.
dl-β-Chlorbutyryl-dl-leucin 933.
dl-β-Chlorbutyryl-l-leucyl-tetraglycyl-glycin 992.
dl-β-Chlorbutyryl-dl-phenylalanin 934.
dl-β-Chlorbutyryl-triglycyl-glycin 989.
Chlorharnstoff 43.
o-Chlorhippursäure 382.
m-Chlorhippursäure 382.
p-Chlorhippursäure 382.
o-Chlorhippursäure, Ba-Salz 382.
o-Chlorhippursäure, Ca-Salz 382.
o-Chlorhippursäure, Cu-Salz 382.
α-Chlor-iso-buttersäure-anilid 781.
α-Chlor-iso-buttersäure-chlorid 781.
Chlor-iso-butyryl-α-oxy-iso-buttersäure-anilid 781.
Chlor-iso-butyryl-α-oxy-iso-buttersäure-chlorid 781.
dl-β-Chlorlactyl-glycin 950.
5-Chlormethyl-2-imidoxazolinyl-3-allylthioharnstoff 100.
5-Chlormethyl-2-imidoxazolinyl-3-phenylthioharnstoff 100.
5-Chlormethyloxazolinyl-2-allylthioharnstoff 100.
5-Chlormethyloxazolidonyl-3-allylthioharnstoff 100.
5-Chlormethyloxazolinyl-2-phenylthioharnstoff 100.
5-Chlormethyloxazolidonyl-3-phenylthioharnstoff 100.
5-Chlor-3-methyl-l-phenyl-thioglykolsäure 772.
N-Chlor-N-methylurethan 81.
Chlor-l-naphthyl-thioglykolsäure 773.
Chlor-l-naphthyl-thioglykolsäure, Na-Salz 773.
Chlor-l-naphthyl-thioglykolsäure-amid 773.
4-Chlor-2-nitrophenyl-thioglykolsäure 772.
l-Chlornitrotyrosin 654.
o-Chlorphenacetursäure 349.
m-Chlorphenacetursäure 349.
3-o-Chlorphenyl-5-benzalhydantoin 69.
3-(p-Chlorphenyl-)2-benzylmercapto-5-benzalhydantoin 104.

o-Chlorphenylbrenztraubensäure 799.
m-Chlorphenylbrenztraubensäure 799.
p-Chlorphenylbrenztraubensäure 799.
o-Chlorphenylbrenztraubensäure, Phenylhydrazon 799.
m-Chlorphenylbrenztraubensäure, Phenylhydrazon 799.
p-Chlorphenylbrenztraubensäure, Phenylhydrazon 799.
o-Chlorphenylbrenztraubensäure, Semicarbazon 799.
m-Chlorphenylbrenztraubensäure, Semicarbazon 799.
p-Chlorphenylbrenztraubensäure, Semicarbazon 799.
γ-[p-Chlorphenyl-]-γ-butyrolacton 779.
p-Chlorphenylguanidin-o-sulfosäure 135.
p-Chlorphenylharnstoff 46.
3-o-Chlorphenyl-hydantoin 69.
Chlorphenyl-mercaptursäure 570.
o-Chlorphenyl-thioglykolsäure 771.
p-Chlorphenyl-thioglykolsäure 771.
3-Chlor-l-phenyl-l-thioglykolsäure 771.
3-(p-Chlorphenyl-)2-thiohydantoin 104.
3-(p-Chlorphenyl-)2-thio-5-benzalhydantoin 104.
N-Chlorurethan 81.
— Salze 81.
Cholazyl 221.
Cholin 214.
— Bestimmung 215.
— Chemische Eigenschaften 220.
— Derivate 220.
— Physiologische Eigenschaften 215.
— Therapeutische Bedeutung 220.
— Salze 214.
— Vorkommen 214.
Cholinbromidsalpetersäureester 221.
Cholindichloridchloroplatinat 221.
Cholinsalpetrisäureester 220.
Cinnamoyl-l-asparaginsäure-diäthylester 471.
Cinnamyldithiourethan 105.
Crotonbetain 212, 230.
l-Crotylbiguanidsulfat 171.
Cyanacetylharnstoff 53.
Cyanamid 160.
— Bestimmung 161.
— Bildung 160.
— Darstellung 161.
— Derivate 160.

Cyanamid, Nachweis 160.
— Physiologische Eigenschaften 162.
— Physikalische u. chemische Eigenschaften 163.
— Salze 164.
Cyanamidoäthylalkohol 165.
Cyanamidoessigsäure 165.
1-Cyanamino-2, 4, 6-trinitrobenzol 164.
Cyanamidoessigsäure 345.
1-Cyan-4-äthoxybenzol-2-thioglykolsäure 772.
d, l-Cyanbenzyl-alaninäthylester 418.
N-(α'Cyanbenzyl-)β-amino-n-buttersäure-äthylester 757.
N-(α'-Cyanbenzyl)-β-amino-n-buttersäure-äthylester, Hydrochlorid 757.
N-(α-Cyanbenzyl)-glykokolläthylester 360.
N-(α-Cyanbenzyl)-glykokolläthylester, Hydrochlorid 360.
Cyanguanidinessigsäure 139, 169.
Cyanhydantoinsäure 62.
6-Cyanindol 256.
6-Cyanindol-2-carbonsäure 256.
6-Cyanindol-2-carboxy-dimethylacetalylamid 256.
N-[α-Cyanisopropyl]-N-äthylharnstoff 52.
[α-Cyanisopropyl]-harnstoff 52.
N-[α-Cyanisopropyl]-N-methylharnstoff 52.
N-[α-Cyanisopropyl]-N-methyl-N'-phenylharnstoff 52.
d, l-N-(Cyanmethyl-)alaninäthylester 416.
N-Cyanmethyl-N-äthylharnstoff 52.
N-(Cyanmethyl)-glutaminsäure-ester, Hydrochlorid 505.
N-(Cyanmethyl-)glycinäthylester 351.
N-(Cyanmethyl-)α, α'-iminodipropionsäure-äthylester 421.
N-(Cyanmethyl-)α, α'-iminodipropionsäure-äthylester, Hydrochlorid 421.
N-[α-Cyanmethyl]-N-methylharnstoff 52.
N-(Cyanmethyl-)tyrosinäthylester 653.
2-Cyan-naphthalin-1-thioglykolsäure 773.
α-Cyan-β-oxypropyl-γ-benzamid 766.
Cyanphenylbrenztraubensäureäthylester 799.
N-(α-Cyanpiperonyl)-glykokolläthylester 360.

N-(α-Cyanpiperonyl)-glykokolläthylester, Hydrochlorid 360.
Cyclohexanspiro-butyrolactam 801.
— Benzoylverbindung 801.
— HgCl$_2$-Verbindung 801.
— Nitrosoverbindung 801.
β-Cyclohexan-spiro-γ-butyrolacton 779.
β-Cyclohexan-spiro-γ-valerolacton 783.
d, l-N-Cyclohexylalanin 418.
d, l-N-Cyclohexylalanin-äthylester 418.
d, l-N-Cyclohexylalanin-äthylester, Hydrochlorid 418.
d, l-N-Cyclohexylalanin-äthylester, Pikrolonat 419.
β-Cyclohexylamino-n-buttersäure 756.
β-Cyclohexylamino-n-buttersäure, Hydrochlorid 756.
β-Cyclohexylamino-n-buttersäure-äthylester 756.
β-Cyclohexylamino-n-buttersäure-äthylester, Hydrochlorid 757.
Cyclohexyläthylamin 193.
— Derivate 193.
α-Cyclohexyl-iminopropionsäure 421.
β-Cyclohexylimino-n-buttersäure-äthylester 757.
Cyclopentanonisoxim, s. Piperidon 801.
Cyclopentanspiro-butyrolactam 801.
— Benzoylverbindung 801.
— HgCl$_2$-Verbindung 801.
— Nitrosoderivat 801.
β-Cyclopentan-spiro-γ-butyrolacton 779.
β-Cyclopentan-spiro-γ-valerolacton 783.
d, l-α-Cyclopropylalanin 418.
— Cu-Salz 418.
Cystein 557.
— Ag-Na-Verbindung 568.
— Bestimmung 558.
i-Cystein, Bildung 557.
l-Cystein, Bildung 557.
Cystein, Bi-Na-Verbindung 568.
— Biochemische Eigenschaften 559.
— Chlorhydrat 567.
— — Kondensationsprodukt mit p-Acetyl-aminophenylarsinoxyd 569.
— CO-Cobalt-Verbindung mit 568.
— CO-Ferro-Verbindung mit 568.
— CO-Pb-Verbindung mit 568.
— Cu-Salz 568.
— Derivate 567

i-Cystein, Derivate 570.
l-Cystein, Ferro-Salz 568.
Cystein, Hg-Na-Verbindung 568.
— Ir-Salz 568.
— Mn-Salz 568.
— Ni-Salz 568.
— Pb-Salz 568.
— Physiochemische u. chemische Eigenschaften 563.
— Physikalische Eigenschaften 562.
— Ru-Salz 568.
— Vorkommen 557.
— äthylester, Chlorhydrat 568.
— glycinanhydrid 1052.
Cysteinsäure 569.
— Ba-Salz 569.
— Cu-Salz 569.
Cystin 570.
— Ag-Na-Verbindung 593.
— Bestimmung und Nachweis 576.
— Bildung 571.
i-Cystin, Bildung 575.
d-Cystin, Biochemische Eigenschaften 588.
d, l-Cystin, Biochemische Eigenschaften 588.
l-Cystin, Biochemische Eigenschaften 580.
d-Cystin, Chemische Eigenschaften 593.
d, l-Cystin, Chemische Eigenschaften 593.
l-Cystin, Chemische Eigenschaften 589.
meso-Cystin, Chemische Eigenschaften 593.
Cystin, Cu-Salz 593.
— Darstellung 576.
— Derivate 593.
i-Cystin, Derivate 596.
Cystin, Dihydrochlorid 593.
i-Cystin, Dihydrochlorid 596.
l-Cystin, Dihydrochlorid 593.
Cystin, Nachweis 580.
i-Cystin, Phenylisocyanat-Verbindung 596.
l-Cystin, Phenylisocyanatverbindung 595.
Cystin, Physikalische Eigenschaften 589.
— Vorkommen 570.
l-Cystin-äthylester 594.
i-Cystin-di-äthylester, Dihydrochlorid 596.
l-Cystin-di-äthylester, Dihydrochlorid 594.
Cystin-di-amylester 594.
Cystin-di-benzylester 594.
Cystin-di-propylester 594.
N, N'-Cystin-disulfonsäure, K-Salz 595.
Cystin-methylester 593.
Cystinphenylhydantoin 70.

Cystinphenylhydantoinsäure 69.
i-Cystinsäure 596.
l-Cystinsäure 596.
i-Cystinsäure, Diphenacylester 596.
l-Cystinsäure, Diphenacylester 596.
Dehydro-dl-alanyl-dl-phenylalanin-anhydrid A, B und C 1016.
— D 1017.
Dehydro-α-aminobuttersäureanhydrid 1020.
Dehydrobis-(N, N, N', N'-tetramethylthiuronium-perchlorat 98.
Dehydro-dl-leucyl-glycinanhydrid 1009.
— Bromadditionsprodukt 1009.
Dehydro-glycyl-dl-norleucinanhydrid 1009.
Dekamethylendibiguanidsulfat 172.
Dekamethylendiguanidin 131.
Dekamethylspermin 189.
Delphinin 211.
— Derivate, Salze 211.
Desjodo-thyroxin 680.
l-Desylphthalaminsäure 386.
d, l-Desylphthalimid 387.
O, N-Di-(α-acetaminocinnamoyl)-dl-serin 862.
α, α-Diacetaminopropionsäuredl-phenylalanin 926.
— methylester 926.
α, α-Diacetaminopropionylglycin 924.
— äthylester 925.
Diacetonhydrazido-succinylglycinhydrazid 348.
Di-(p-acetoxy-m-methoxybenzal)-glycinanhydrid 1003.
S, N-Diacetyl-cystein-äthylester 568.
Diacetyl-cystin 594.
Diacetyl-cystin-di-äthylester 594.
Diacetyldibenzidinthioharnstoff 93.
o, o'-Diacetyl-3, 7-dimethylspirohydantoin 71.
N, N'-Diacetyl-glycinanhydrid 998, 1048.
O, O'-Diacetyl-glycinanhydrid 998.
Diacetyl-glycyl-dl-alaninanhydrid 1006.
N,N'-Diacetyl-glycyl-dl-alaninanhydrid 1006.
O, O'-Diacetyl-glycyl-dl-alaninanhydrid 1006.
Diacetyl-glycyl-glycin-äthylester 909.

Diacetylglykocyaminäthylester 139.
N, N'-Diacetylharnstoff 53.
Diacetyl-iso-3-methylen-6-isobutyl-2, 5-dioxopiperazin 1015.
Diacetyl-iso-3-methylen-6-methyl-2, 5-dioxopiperazin 1014.
Diacetylkreatinäthylester 150.
Diacetyl-dl-leucyl-glycin 848.
Diacetyl-3-methylen-6-methyl-2, 5-dioxopiperazin 1013.
Diacetylmethylguanidin 122.
N, N'-Diacetylnitropyruvinureid 70.
1, 4-Diacetyloxymethyl-2, 5-diketo-piperazin 1001.
O, N-Diacetyl-oxyprolin-äthylester 749.
N-Diacetyl-o-phenylenharnstoff 45.
o-N-Diacetyl-o-phenylglykokoll-p-kresol 355.
o, o'-Diacetylspirohydantoin 71.
N, N'-Diacetylthioharnstoff 100.
Diacetyltyramin 198.
O, N-Diacetyl-l-tyrosin 652.
Diacetyl-m-tyrosinanhydrid 1030.
Diacetyl-o-tyrosinanhydrid 1029.
O, N-Diacetyl-l-tyrosin-äthylester 653.
Diacetyl-d-tyrosyl-d-arginin 948.
Dialanin, Monochlorhydrat 409.
Dialanyl-cystin 879.
Di-(d-alanyl)-l-cystin 880.
Di-(dl-alanyl)-l-cystin-dianhydrid 1033.
Di-(dl-alanyl)-dl-α, α'-diaminokorksäure 880.
dl-Dialanyl-glycin 959.
Di-(dl-alanyl-glycyl)-dimethylpiperazin 1042.
dl-Dialanyl-dl-leucin 960.
Di-(dl-alanyl-dl-leucyl)-dimethyl-piperazin 1042.
Di-(dl-alanyl-dl-leucyl)-piperazin 1040.
Di-(dl-alanyl)-dl-norvalin 960.
Di-(dl-alanyl)-dl-norvalyl-decarboxy-glycyin, Derivate 983.
Di-(dl-alanyl)-dl-norvalylmethylamin, Derivate 983.
Di-(dl-alanyl)-piperazin 1039.
Di-(d-alanyl-d-valyl-d-alanyl)-l-cystin 906.
Diallylcyanamid 164.
Diallyl-n-butylamin 183.
Diallylisoamylamin 183.
Diallylphenyläthylamin 193.
Diallyltyramin 197.

α, β-Diamino-äthan-α-carbonsäure, s. α, β-Diaminopropionsäure 763.
α, β-Diamino-äthan-α, β-dicarbonsäure, s. α, α'-Diaminobernsteinsäure 763.
α, α'-Diaminobernsteinsäure 763.
α, δ-Diamino-butan-α-carbonsäure, s. Ornithin 538.
2, 3-Diamino-butan-disäure, s. α, α'-Diaminobernsteinsäure 763.
α, ε-Diamino-n-capronsäure, s. Lysin 543.
4, 4'-Diamino-3, 3'-dimethylharnstoff 49.
p, p'-Diaminodiphenylharnstoff 49.
p, p-Diaminodiphenylharnstoff, Derivate 48.
α, ζ-Diaminohexan-α, ζ-dicarbonsäure, s. α, α'-Diaminokorksäure 763.
2, 6-Diamino-hexansäure, s. Lysin 543.
α, α'-Diaminokorksäure 763.
α, α'-Diaminokorksäure-dimethylester 763.
2, 7-Diamino-octan-disäure, s. α, α'-Diaminokorksäure 763.
α, ε-Diamino-pentan-α-carbonsäure, s. Lysin 543.
2, 5-Diamino-pentansäure, s. Ornithin 538.
2, 3-Diaminopropansäure, s. α, β-Diaminopropionsäure 763.
α, β-Diaminopropionsäure 763.
d-Diaminopropionsäure, Chlorhydrat 763.
l-Diaminopropionsäure, Chlorhydrat 763.
α, δ-Di-(γ'-aminopropyl)-aminobutan 187.
1-3, 5-Diaminotyrosin 656.
1-3, 5-Diaminotyrosin, Chlorhydrat 656.
1-3, 5-Diaminotyrosin, Sulfat 656.
α, δ-Diamino-n-valeriansäure, s. Ornithin 538.
s. Di-n-amylharnstoff 47.
s. Di-o, o'-anilinodiphenylharnstoff 49.
3, 6-Dianisal-2, 5-diketopiperazin 1002.
Di-p-anisylmonophenyl-guanidinhydrochlorid 138.
α, α'-Diantrachinonylharnstoff 50.
β, β'-Diantrachinonylharnstoff 50.
α, β'-Diantrachinonylharnstoff 50.
Di-l-arabinoseharnstoff 60.

1, 3-Diäthoxy-4, 6-diureido-
benzol 51.
1, 4-Diäthoxymethyl-2, 5-di-
ketopiperazin 1000.
Di-(p-äthoxyphenyl)-glycin-
anhydrid 1003.
Di-p-äthoxyphenylharnstoff 45.
Diäthylacetylharnstoff 54.
Diäthylamin 180.
— Darstellung 180.
— Derivate 180.
— Nachweis 180.
— Physiologische Eigenschaften 180.
— Physikalische u. chemische
Eigenschaften 180.
Diäthylaminoäthylamid der
Chaulmoograsäure 184.
— der Fischtransäure 184.
— der Leinölsäure 184.
— der Ölsäure 184.
Diäthylaminoäthylcarbaminsäurebenzylester 85.
Diäthylaminoäthylcarbaminsäurehexahydrobenzylester
85.
Diäthylaminoäthylcarbaminsäurephenyläthylester 85.
Diäthylaminoäthyliminodi-
carbonsäurebisphenyläthyl-
ester 86.
Diäthylaminoäthyliminodi-
carbonsäuredimethylester
85.
Diäthylaminoessigsäure-
phenyläthylalkoholester
352.
α-Diäthylaminopropionsäure-
äthylester 417.
α-Diäthylaminopropionsäure-
äthylester, Jodmethylat
417.
β-Diäthylamino-N-propyl-
alkohol 421.
ω-Diäthylaminourethan-m-
benzoesäureallylester 83.
ω-Diäthylaminourethan-p-
benzoesäureäthylester 83.
ω-Diäthylaminourethan-p-
benzoesäureamylester 85.
1, 3-Diäthyl-5-äthoxy-hydan-
toylamid 63.
Diäthylbromacetylcyanamid
165.
β, β-Diäthylbutyrolactam 801.
β, β-Diäthylbutyrolactam,
HgCl$_2$-Verbindung 801.
β, β-Diäthyl-γ-butyrolacton
779.
Diäthylcyanamid 164.
s. Diäthyldiphenylharnstoff 51.
Diäthylen-o-dimethylharnstoff
42.
Diäthylendiamin 1038.
Di(-N-äthylglycyl)-decarboxy-
cystin 178.

Di-(N-äthyl-glycyl)-decarboxy-
cystin 954.
a. Diäthylguanidin 124, 138.
s. Diäthylharnstoff 46.
5, 5-Diäthylhydantoin 62.
1, 3-Diäthylhydantoylamid 63.
d, l-N-Diäthyl-leucin-äthyl-
ester 453.
d, l-N-Diäthylleucinol 453.
N-Diäthylleucyldecarboxy-
alanin 177.
N-Diäthyl-dl-leucyl-decarboxy-
alanin 852.
— chlorhydrat 852.
C-Diäthylmalonylguanidin 117.
C-Diäthylmalonylmethyl-
guanidin 117.
s. Di-N-äthyl-methyläthyl-
(1, 3)-phenylharnstoff 48.
1, 3-Diäthyl-5-oxyhydantoyl-
amid 63.
1, 3-Diäthyl-5-oxyhydantoyl-
harnstoff 60.
N-Diäthyl-β-phenyläthylamin
193.
Diäthylphenylharnstoff 51.
N, N'-Diäthylpiperazin 1043.
s. Diäthyl-o-tolylharnstoff 48.
β, β-Diäthyl-γ-valerolacton 783.
α-Diazobernsteinsäure-di-
äthylester 471.
α-Diazobernsteinsäure-di-
äthylester, Hydrochlorid
471.
α-Diazoglutarsäure-di-äthyl-
ester 505.
α-Diazoglutarsäure-di-methyl-
ester 505.
α-Diazoglutarsäure-di-iso-
propylester 505.
α-Diazo-iso-capronsäure-äthyl-
ester 451.
γ-Diazo-n-valeriansäureester
760.
3, 6-Dibenzal-glycinanhydrid
1002.
Dibenzal-hydrazido-succinyl-
glycinhydrazid 348.
Dibenzidinthioharnstoff 93.
Di-benzolsulfo-l-prolyl-l-tyrosin
870.
Di-(benzoyl-dl-alanyl)-piper-
azin 1040.
4, 4'-Dibenzoylamino-1, 1'-di-
anthrachinonylharnstoff 50.
d-Dibenzoyl-arginin 534.
d, l-Dibenzoyl-arginin 536.
d-Dibenzoyl-arginin, Hydrochlorid 535.
d-Dibenzoyl-arginin-äthylester,
Hydrochlorid 535.
d, l-Dibenzoyl-arginin-äthyl-
ester, Hydrochlorid 536.
Dibenzoylbenzoylenharnstoff
45.
l-Dibenzoyl-chlortyrosin 654.

dl-Dibenzoyl-cis-2, 5-dimethyl-
piperazin 1042.
d-l, 4-Dibenzoyl-cis-dimethyl-
piperazin 1042.
i-Dibenzoyl-cystin 596.
l-Dibenzoyl-cystin 594.
l-Dibenzoyl-cystin, Na-Salz 595.
N, N'-Dibenzoyl-glycinanhy-
drid 999.
O, O'-Dibenzoyl-glycinanhy-
drid 999.
Dibenzoyl-glycyl-dl-alanin-
anhydrid 1006.
s. Dibenzoylharnstoff 54.
Di-(benzoyl-dl-leucyl)-piper-
azin 1040.
Dibenzoyl-d, l-lysin 557.
Di-benzoyl-methylpiperazin
1041.
Dibenzoyl-N-methylputrescin
185.
Dibenzoyl-β-oxyäthyl-carbodi-
imid 165.
Dibenzoyl-β-oxyäthyl-guanidin
125.
Dibenzoyl-β-oxy-äthylharn-
stoff 55.
1, 4-Dibenzoyloxymethyl-2, 5-
diketo-piperazin 1000.
Dibenzoyl-p-oxyphenylcarbamid 55.
Dibenzoylphenylguanidin 135.
N-Dibenzoyl-o-phenylenharnstoff 45.
Dibenzoyl-2, 3, 5, 6-tetra-
methylpiperazin 1044.
Dibenzoyl-l-tyrosin 653.
Dibenzoyl-o-tyrosin 659.
N, N'-Dibenzyl-alaninanhydrid
1050.
3, 6-Dibenzyl-2, 5-diketopiper-
azin 1002.
Dibenzyl-dimethylpiperazin
1041.
N, N'-Dibenzyl-glycinanhydrid
999, 1048.
O, O'-Dibenzyl-glycinanhydrid
1000.
s. Dibenzylharnstoff 47, 48.
Dibenzylidendiaminoguanidin
173.
N, N'-Dibenzyl-leucinanhydrid
1051.
l-Dibenzyl-2-pyrrolidon-5-
carbonsäureanilid 508.
3, 5-Dibrom-3', 5'-dichlor-thyr-
onin 682.
3, 5-Dibrom-3', 5'-dijodthyr-
onin 682.
Dibromdipyruoinureid 50.
N-Dibromglykokollester 345.
Di-(d-α-bromisocapronyl-d-
alanyl-d-valyl-d-alanyl)-l-
cystin 907.
Di-(dl-α-bromisocapronyl)-dl-α,
α'-diaminokorksäure 886.

Di-(dl- -bromisocapronyl)-dimethyl-piperazin 1041.
N, N'-Di-(dl-α-bromisocapronyl)-glycinanhydrid 1001.
Di-(dl-α-bromisocapronyl-glycyl)-dl-α, α'-diaminokorksäure 904.
Di-(dl-α-bromisocapronyl)-isobutylpiperazin 1045.
α, ε-Di-(dl-α-bromisocapronyl)-dl-lysin 975.
Dibromisocapronylpentamethylendiamin 186.
Di-(dl-α-bromisocapronyl)-piperazin 1040.
α, δ-Di-(dl-α-bromisocapronyl)-dl-ornithin 975.
Di-(dl-α-bromisocapronyl)dl-thyroxin 944.
Di-(d-α-bromisovaleryl-d-alanyl)-l-cystin 902.
N, N'-Dibrom-leucinanhydrid 1022.
3, 5-Dibrom-4-[4'-methoxyphenoxy-]benzaldehyd 683.
3, 5-Dibrom-4-[4'-methoxyphenoxy-]benzonitril 683.
4-[3', 5'-Dibrom-4'-(4''-methoxyphenoxy)-benzyliden-]2-phenyl-oxazolon-(5) 683.
5-Dibrommethylenhydantoinsäure 69.
Dibromneurinbromid 232.
Dibromoxindol-3-essigsäure 262.
3, 5-Dibrom-4-oxyphenyläthylamin 197.
s. Di-p-bromphenylthioharnstoff 94.
Di-(dl-α-brompropionyl)dl-α, α'-diaminokorksäure 880.
Dibrompropionyläthylendiamin 184.
Di-(dl-α-Brompropionyl-l-cystin 961.
Dibrompropionyldialanylpentamethylendiamin 186.
Di-(dl-α-brompropionyl-glycyl)dimethylpiperazin 1042.
Di-(dl- -brompropionyl-dl-leucyl)-dimethyl-piperazin 1042.
Di-(dl-α-brompropionyl-dl-leucyl)-piperazin 1040.
Dibrompropionylpentamethylendiamin 185.
Di-(dl-α-brompropionyl)-piperazin 1039.
Dibrompropionyltyramin 197.
Di-(d-α-brompropionyl-d-valyl-d-alanyl)-l-cystin 906.
Dibrompyruvinureid 50.
3, 5-Dibrom-thyronin 682.
1-3, 5-Dibromtyrosin 654.

1-3, 5-Dibromtyrosin, Bromhydrat 655.
1-3, 5-Dibromtyrosin-äthylester 655.
1-3, 5-Dibromtyrosin-äthylester Chlorhydrat 655.
dl-α, δ-Dibromvaleryl-l-leucin 844.
dl-α, δ-Dibromvaleryl-tyrosinester 844.
s. Di-n-butylharnstoff 46.
Dicarbäthoxyäthylisoharnstoff 61.
O, O'-Di-(p-carbäthoxybenzyl)-glycin-anhydrid 1001.
Dicarbäthoxyguanidin 117.
Dicarbäthoxy-tyrosin 652.
Dicarbäthoxy-tyrosyl-chlorid 652.
Dicarbäthoxy-tyrosyl-histidinmethylester 868.
Dicarbomethoxy-tyrosin 652.
Dicarbomethoxy-tyrosylchlorid 652.
O, O'-Di-(p-carboxybenzyl)-glycinanhydrid 1001.
β, β-Dicarboxy-γ-dimethylamino-n-buttersäure 758.
Dicarbomethoxy-dl-tyrosyl-dl-alanin-äthylester 867.
Dicarbomethoxy-tyrosyl-asparaginsäuredimethylester 869.
α, α-Di(chloracetamino)-propionsäure 912.
Di-(chloracetyl-dl-alanyl)-dl-α, α'-diaminokorksäure 899.
Dichloracetyläthylendiamin 184.
Di-chloracetyl-decarboxycystin 954.
Di-chloracetyl-α, α'-diaminokorksäure 876.
Di-chloracetyl-dimethylpiperazin 1042.
N, N'-Di-chloracetyl-glycinanhydrid 1001.
Dichloracetyl-glycyl-dl-valin 914.
Dichloracetylglykokoll 347.
Di-(chloracetyl-dl-leucyl)-dl-α, α'-diaminokorksäure 900.
Di-(chloracetyl-dl-leucyl)-dimethylpiperazin 1042.
Di-(chloracetyl-dl-leucyl)-piperazin 1040.
Di-chloracetyl-methylpiperazin 1041.
Di-chloracetyl-piperazin 1039.
N-Dichlor-α-alaninäthylester 412.
3, 5-Dichlor-3', 5'-dibromthyronin 682.
3, 5-Dichlor-3', 5'-dijodthyronin 681.

1, 3-Dichlor-5, 5-dimethylhydantoin 62.
N-Dichlorglykokollester 345.
α, α-Dichlorisopropylurethan 81.
3, 5-Dichlor-4-[4'-methoxyphenoxy-]benzaldehyd 683.
3, 5-Dichlor-4-[4'-methoxyphenoxy-]benzo-nitril 683.
4-[3', 5'-Dichlor-4'-(4''-methoxyphenoxy-)-benzyliden]-2-phenyl-oxazolon-(5) 683.
1, 4-Dichlormethyl-2, 5-diketopiperazin 1000.
Dichloroxindol-3-essigsäure 262.
3, 5-Dichlor-4-oxyphenyläthylamin 197.
3, 5-Dichlorthyronin 682.
d, 1-3, 5-Dichlortyrosin 657.
3, 5-l-Dichlortyrosin 654.
N-Dichlorurethan 81.
3, 6-Dicinnamal-2, 5-diketopiperazin 1048.
Dicyanamid 166.
Dicyandiamid 167.
— Bestimmung 167.
— Biologische Bedeutung 168.
— Darstellung 168.
— Derivate 169.
— Nachweis 167.
— Physikalische u. chemische Eigenschaften 168.
Dicyandiamidin 169.
— Agrikulturchemische Bedeutung 170.
— Bestimmung 170.
— Bildung 169.
— Derivate 170.
Dicyandiamidoessigsäure 139, 169, 346.
— Derivate 169.
— Chloracetat 346.
— Chlorhydrat 346.
— Chloroplatinat 346.
— Na-Salz 346.
— Nitrat 346.
— Phosphat 346.
— Phosphormolybdat 346.
— Phosphorwolframat 346.
— Pikrat 346.
— Sulfat 346.
— Tetraoxalat 346.
— Tribenzoat 346.
Dicyanmethylamid 167.
Di-(o, p-dimethoxybenzal)-glycinanhydrid 1003.
d, l-Diformyl-α, α'-diaminokorksäure 764.
— Brucinsalz 764.
N, N'-Diformyl-glycinanhydrid 998.
Diformyl-l-prolyl-l-tyrosin 870.
Di-d-glucoseharnstoff 59.
Diglutamyl-cystein-uraminosäure 892.

β, β'-Diglycinodiäthylsulfid 354.
β, β'-Diglycinodiäthylsulfid,Cu-Salz 354.
β, β'-Diglycinodiäthylsulfid-äthylester 354.
β, β'Diglycinodiäthylsulfid-äthylester, Chloroplatinat 354.
Di-(glycyl-dl-alanyl)-dl-α, α'-diaminokorksäure 899.
Diglycyl-l-alanyl-glycin 894.
Diglycyl-p-aminobenzoesäure 816, 910.
Diglycyl-dl-α-aminobuttersäure 952.
Diglycyl-arsanilsäure 815.
Diglycyl-l-cystin 875.
Diglycyl-cystin-dianhydrid 1052.
Diglycyl-l-cystin-dianhydrid 1032.
Diglycyl-decarboxy-cystin, Derivate 954.
Diglycyl-dl-α, α'-diaminokorksäure 876.
Diglycyl-dimethylpiperazin 1042.
Diglycyl-glycin 873, 951.
— äthylester 874.
— betain 874.
— Calciumbromid 874.
— methylester 874.
— Lithiumbromid 874.
Di-(glycyl-dl-leucyl)-l-cystin 900.
Di-(glycyl-dl-leucyl)-dl-α, α'-diaminokorksäure 900.
Di-(glycyl-dl-leucyl)-dimethylpiperazin 1042.
Diglycyl-dl-leucin 954.
Diglycyl-l-leucin 875.
Diglycyl-dl-leucyl-dl-leucin 981.
Di-(glycyl-dl-leucyl)-piperazin 1040.
Diglycyl-methylpiperazin 1041.
Diglycyl-dl-norvalin 953.
Diglycyl-dl-phenylalanin 954.
Diglycyl-piperazin 1039.
— Dipikrat 1039.
Diglycyl-dl-valin 953.
Diglykokoll-calciumbromid 340.
Diglykokoll-calciumchlorid 340.
Diglykokoll-calciumjodid 340.
Diglykokoll-magnesiumbromid 340.
Diglykokoll-magnesiumjodid 340.
Diglykokoll-natriumjodid 340.
Diglykokoll-zinkbromid 340.
Diglykokoll-zinkchlorid 340.
Diguanylpiperazin 138.
Dihexahydrobenzoyl-γ-oxy-ornithin 541.
Dihexahydrobenzoyl-γ-oxy-ornithin-lacton 541.
Dihippuryl-piperazin 1039.

Dihydrodipyruvinureid 30.
Dihydrogalegin 126, 130.
Dihydroindol 241.
Dihydromethylketol 238.
Dihydroskatol 240.
Diindol 265.
β, β-Diindoyl 265.
N, N-Diindoyl 265.
α-Di-iso-amylamino-propionsäure-äthylester 417.
Di(-N-isoamylglycyl)-decarboxycystin 178.
Di-(N-isoamyl-glycyl)-decarboxycystin 954.
— chlorhydrat 954.
Diisoamylharnstoff 47.
N-Diisoamylleucyldecarboxyalanin 177.
N-Diisoamyl-dl-leucyl-decarboxy-alanin 852.
— chlorhydrat 852.
Diisobutylhydantoin 64.
β-[3, 5-Dijod-4-(3', 5'-dibrom-4'-oxyphenoxy)-phenyl]-α-aminopropionsäure 681.
3, 5-Dijod-3', 5'-dichlorthyronin 681.
3, 5-Dijod-4-[3', 5'-dijod-4'-methoxyphenoxy-]benzoesäure 683.
3, 5-Dijod-4-[3', 5'-dijod-4'-methoxyphenoxy-]benzoesäure-äthylester 683.
3, 5-Dijod-4-[3', 5'-dijod-4'-methoxyphenoxy-]benzoesäure-methylester 683.
3, 5-Dijod-4-[3', 5'-dijod-4'-oxyphenoxy-]benzoesäure 682.
3, 5-Dijod-4-[3', 5'-dijod-4'-oxyphenoxy-]phenyläthylamin 684.
β-3, 5-Dijod-4-[3', 5'-Dijod-4'-oxyphenoxy]-phenyl-α-aminopropionsäure, s. Thyroxin 663.
5, 7-Dijodindol-3-essigsäure 257.
5, 7-Dijodindol-3-propionsäure 257.
α, α'-Dijodisopropylurethan 82.
3, 5-Dijod-4-[4'-methoxyphenoxy-]benzaldehyd 683.
3, 5-Dijod-4-[4'-methoxyphenoxy-]benzaldehyd, Phenylhydrazon 683.
5, 7-Dijodoxindol-3-acrylsäure 263.
Dijodoxindol-3-essigsäure 262.
5, 7-Dijodoxindol-3-propionsäure 263.
3, 5-Dijod-4-[4'-oxyphenoxy-]benzoesäure 683.
β-3,5-Dijod-4-[4'-oxyphenoxy-]phenyl-α-aminopropionsäure 680.

3, 5-Dijod-thyronamin 684.
3, 5-Dijod-thyronamin, Chlorhydrat 684.
3, 5-Dijod-thyronamin, Sulfat 684.
3, 5-Dijod-thyronin 680.
d-3, 5-Dijod-thyronin 679.
l-3, 5-Dijod-thyronin 679.
3, 5-Dijod-thyronin-methylester 680.
3, 5-Dijod-thyronin-methylester, Chlorhydrat 680.
Dijod-l-tryptophan 716.
Dijodtyramin 197.
3, 5-Dijodtyrosin 660.
Dijodtyrosinanhydrid 1029.
3, 5-Dijodtyrosin, Bestimmung und Nachweis 660.
3, 5-Dijodtyrosin, Bildung 660.
3, 5-Dijodtyrosin, Biochemische Eigenschaften 660.
d-3, 5-Dijodtyrosin, Biochemische Eigenschaften 662.
3, 5-Dijodtyrosin, Chemische Eigenschaften 663.
d-3, 5-Dijodtyrosin, Darstellung 660.
l-3, 5-Dijodtyrosin, Darstellung 660.
Dijod-l-tyrosyl-dijod-l-tyrosin 868.
Dikaliumharnstoff 41.
2, 5-Diketopiperazine 994, 1046.
2, 5-Diketopiperazin-1, 4-diessigsäure-di-α-naphthalid 1002.
Diketopiperazin-polypeptide 1035.
Di-(l-leucyl-d-alanyl)-l-cystin 904.
Di-(l-leucyl-d-alanyl-d-valyl-d-alanyl)-l-cystin 907.
dl-Dileucyl-dl-β-aminobuttersäure 974.
Di-(dl-leucyl)-l-cystin 886.
Di-(l-leucyl)-l-cystin 886.
Di-(dl-leucyl)-l-cystindianhydrid 1033.
Di-(dl-leucyl)-dl-α, α'-diaminokorksäure 886.
Di-(dl-leucyl)-dimethylpiperazin 1042.
Di-(l-leucyl-glycyl)-l-cystin 904.
— Derivate 991.
Di-(dl-leucyl-glycyl)-dl-α, α'-diaminokorksäure 904.
Di-(dl-leucyl)-glycyl-glycin 987.
Di-(dl-leucyl)-isobutylpiperazin 1045.
α, ε-Di(dl-leucyl)-dl-lysin 976.
α, δ-Di-(dl-leucyl)-dl-ornithin 975.
Di-(dl-leucyl)-piperazin 1040.
Di-(dl-leucyl)-dl-thyroxin 945.
s. Dimesitylthioharnstoff 94.

2, 5-Dimethoxybenzal-glycin-anhydrid 1002.
N, N'-Di-(p-methoxybenzyl)-2, 5-diketopiperazin 1048.
4, 4'-Dimethoxy-1, 1'-dianthrachinonylharnstoff 50.
5, 6-Dimethoxyindol 248.
5, 6-Dimethoxyindol-2-carbonsäure 256.
1, 4-Dimethoxymethyl-2, 5-diketopiperazin 1000.
β-[2, 4-Dimethoxyphenyl]-β-aminopropionsäure, Hydrochlorid 753.
β-[3, 4-Dimethoxyphenyl]-β-aminopropionsäure, Hydrochlorid 753.
N, N'-Di-(p-methoxyphenyl)-glycinanhydrid 1002.
1, 3-Di-(p-methoxyphenyl-)hydantoin 69.
1, 5-Di-(p-methoxyphenyl-)hydantoin 69.
3, 5-Di-(p-methoxyphenyl-)hydantoin 69.
1, 3-Di-(p-methoxyphenyl-)2-thiohydantoin 104.
3, 5-Di-(p-methoxyphenyl-)2-thiohydantoin 104.
Dimethylacryl-valin 936.
d, l-N-Dimethylalaninäthylester 416.
N-Dimethylalaninol 421.
N, ω-Dimethylallophansäure-äthylester 75.
Dimethylamin 179.
— Darstellung 179.
— Nachweis 179.
— Physiologische Eigenschaften 179.
— Physikalische u. chemische Eigenschaften 179.
Dimethylaminoäthylamid der Stearinsäure 184.
Dimethylaminoäthylcarbaminsäurebenzylester 85.
p-Dimethylaminobenzylidenmonomethylureidnitrat 52.
p-Dimethylaminobenzylidenmonophenylureidohydrochlorid 53.
p-Dimethylaminobenzylidenmonoureid 52.
4-Dimtehylaminobuten-(2, 3)-säure-(1)-methylbetain 230.
γ-Dimethylamino-n-buttersäure 758.
γ-Dimethylamino-n-buttersäure, Chloraurat 758.
β-Dimethylamino-n-buttersäure, Chlorhydrat 756.
γ-Dimethylamino-n-buttersäure, Chlorhydrat 758.
β-Dimethylamino-n-buttersäure, Chloroplatinat 756.

β-Dimethylamino-n-buttersäure-äthylester 756.
β-Dimethylamino-n-buttersäure-äthylester, Jodmethylat 756.
β-Dimethylamino-n-buttersäure-äthylester, Jodmethylat, Chloroplatinat 756.
β-Dimethylamino-n-butyronitril 757.
γ-Dimethylamino-n-butyronitril 759.
γ-Dimethylamino-n-butyronitril, Chloraurat 759.
γ-Dimethylamino-n-butyronitril, Jodäthylat 757.
γ-Dimethylamino-n-butyronitril, Pikrat 759.
ω-Dimethylaminourethan-p-benzoesäureäthylester 85.
Dimethylammoniumtetrachlorjodid 179.
5, 5-Dimethyl-2-anilinothiazol 93.
1, 3-Dimethyl-5-anisalhydantoin 72.
1, 3-Dimethyl-5-anisyl-hydantoin 72.
1, 3-Dimethyl-5-äthoxyindol 248.
N, N-Dimethyl-N'-äthylguanidin 124, 126.
s. Dimethyläthylphenylharnstoff 48.
N', S-Dimethyl-N-äthyl-N-phenyl-ps-thioharnstoff 102.
N, N'-Dimethyl-N-äthyl-thioharnstoff 92.
1, 3-Dimethyl-5-benzalhydantoin 68.
1, 2-Dimethyl-3-benzylindol 252.
1, 1-Dimethylbiguanid-5-essigsäure 171.
ω, ms-Dimethylbiuret 76.
ω, ω'-Dimethylbiuret 76.
— ω-Acetylverbindung 76.
— ω-Nitrosoverbindung 76.
— ω-ω'-Dinitrosoverbindung 76.
Dimethylbrenztraubensäure 787.
— Ca-Salz 787.
Dimethylbrenztraubensäure-äthylester 787.
— Semicarbazon 787.
β,β-Dimethylbutyrolactam 800.
— Benzoylverbindung 800.
— Nitrosoderivat 800.
β, β-Dimethyl-γ-butyrolacton 778.
β-[3, 5-Dimethyl-4-carboxäthylpyrryl-(2)]-alanin 419.
1, 4-Dimethyl-2-chlorbenzol-5-thioglykolsäure 772.

Dimethylcyanamid 164.
N, N'-Dimethyl-N-cyanharnstoff 52.
N, N-Dimethyl-N', N'-diäthylthioharnstoff 99.
N, N'-Dimethyl-N, N'-diäthylthioharnstoff 92.
N, S-Dimethyl-N, N'-diäthyl-ps-thioharnstoff 102.
N, S-Dimethyl-N', N'-diäthyl-pseudothioharnstoff 99.
s. Dimethyldiphenylharnstoff 51.
Dimethyldithiocarbaminsäure 102.
Dimethylenglykolätherdiurethan 83.
2, 5-Dimethyl-[enolhydantoino-1', 5':1, 5-hydantoin]-methyläther 65.
N-Dimethylglutaminsäure 505.
N-Dimethylglutaminsäure-diäthylester 505.
Dimethylglycin 351.
— Cu-Salz 351.
N-Dimethylglycyldecarboxyleucin 179, 824.
— chlorhydrat 824.
— pikrat 824.
Dimethylglykolsäure, s. α-Oxy-iso-buttersäure 779.
1, 4-Dimethylglyoxalin-5-aldehyd 803.
1, 4-Dimethylglyoxalin-5-aldehyd, Pikrat 803.
1, 4-Dimethylglyoxalin-5-carbonsäure 804.
1, 4-Dimethylglyoxalin-5-carbonsäure, Pikrat 804.
s. N, N'-Dimethylguanidin 124.
asym. Dimethylguanidin 122.
— Darstellung 122.
— Derivate 123.
— Nachweis 122.
— Physiologische Eigenschaften 123.
— Vorkommen 122.
Dimethylharnstoff 46.
s. Dimethylharnstoff 46.
Dimethylolharnstoff 41.
Dimethylhistamin 208.
1, 3-Dimethylhydantoin 62, 64.
5, 5-Dimethylhydantoin 62.
2, 5-Dimethyl-[hydantoino-1', 5': 1, 5-hydantoin] 65.
1, 3-Dimethylhydantoylamid 64.
1, 3-Dimethylhydantoylmethylamid 64.
1, 2-Dimethylhydroindol 242.
C-Dimethyliminodiessigsäure-äthylesternitril 353.
— Hydrochlorid 353.
1, 2-Dimethylindol 242.

2, 3-Dimethylindol 242.
2, 5-Dimethylindol 243.
β, β-Dimethylketoyl 238.
4, 5-Dimethylkreatininhydrojodid 159.
1, 1-Dimethylleucinol 451.
— Chlorhydrat 451.
— Sulfat 451.
N-Dimethyl-l-leucyl-l-prolinmethylester 857.
1, 4-Dimethyl-3, 6-p-methoxybenzyl-2, 5-dioxopiperazin 1029.
1, 3-Dimethyl-5-methoxy-dihydroindol 248.
1, 3-Dimethyl-5-methoxyhydantoin-5-carbonsäuremethylester 63.
1, 3-Dimethyl-5-methoxyindol 248.
N-Dimethyl-β-p-methoxyphenyläthylamin 198.
N-Dimethyl-γ-p-methoxyphenylpropylamin 198.
N-Dimethyl-methylen-dioxyphenylalanin 690.
N-Dimethyl-methylen-dioxyphenylalanin-äthylester 691.
N-Dimethylmethylendioxyphenylalanincholinjodmethylat 224.
N-Dimethyl-methylen-dioxyphenylalanincholin, Jodmethylat 691.
N-Dimethyl-methylen-dioxyphenylalaninol 691.
N-Dimethyl-methylen-dioxyphenylalaninol, Chlorhydrat 691.
Dimethylnitroguanidin 172.
1, 2-Dimethyl-3-(n)-octylindol 245.
Dimethyl-oxalsäure, s. α-Oxyiso-buttersäure 779.
1, 3-Dimethyl-5-p-oxybenzylhydantoin 72.
1, 3-Dimethyl-5-oxyhydantoylamid 64.
1, 3-Dimethyl-5-oxyhydantoylmethylamid 64.
Dimethylperhydroindol 242.
1, 2-Dimethylperhydroindol 242.
2, 5-Dimethylperhydroindol 243.
N-Dimethyl-β-phenyläthylamin 193.
s. Dimethylphenylharnstoff 48.
N-Dimethyl-phenylisoserin 764.
Dimethylphosphorsäurecholinesterchlorid 222.
N, N'-Dimethyl-N-pikrylharnstoff 51.
2, 3-Dimethylpiperazin 1042.

2, 5-Dimethylpiperazin 1041.
— weinsaures Salz 1041.
N, N'-Dimethylpiperazin 1042.
— Salze des 1043.
d-cis-2, 5-Dimethylpiperazin-d-bis-methylencampher 1042.
l-cis-2, 5-Dimethylpiperazin-d-bis-methylencampher 1042.
1, 2-Dimethyl-3-propylindol 245.
β, β-Dimethylserin 425, 766.
N-Dimethyl-i-serin, Chlorhydrat 764.
β, β-Dimethylserin, β-Naphthalinsulfoverbindung 425.
β, β-Dimethylserin, Phenylisocyanatverbindung 425.
Dimethylspermin 189.
a. Dimethylsulfoharnstoff 92.
N, N-Dimethyltaurin 602.
— Doppelsalz mit Ammoniumjodid 602.
1, 2-Dimethyl-4, 5-tetramethylenpyrrol 243.
N, N-Dimethylthiocarbaminsäurechlorid 102.
N, N'-Dimethyl-N, N'', N'''-triäthylguanidin 127.
N-Dimethyltyramin 198.
d, l-2, 3-Dimethyltyrosin 658.
d, l-2, 5-Dimethyltyrosin 658.
d, l-3, 5-Dimethyltyrosin 658.
d, l-N-Dimethyltyrosin-methyläther-äthylester 658.
d, l-N-Dimethyl-tyrosinolmethyläther 658.
d, l-N-Dimethylvalin 432.
d, l-N-Dimethylvalin-äthylester 342.
d, l-N-Dimethylvalinol 432.
— Chlorhydrat 432.
Dinaphthal-glycinanhydrid 1004.
Di-(β-naphthalinsulfo)-glycyl-l-tyrosin 920.
Di-β-naphthalinsulfoäthylendiamin 184.
Di-β-naphthalinsulfopentamethylendiamin 186.
Dinaphthalyl-cystin 595.
i-Di-β-naphtholsulfoncystin 596.
l-Di-β-naphtholsulfoncystin 595.
s. Di-α-naphthylharnstoff 50.
s. Di-β-naphthylharnstoff 50.
1, 4-Dinaphthylmethyl-2, 5-diketopiperazin 1000.
s. Di-α-naphthylthioharnstoff 95.
s. Di-β-naphthylthioharnstoff 95.
Dinatrium-o-phenylenharnstoff 45.
Dinitrobenzoyl-arginin 536.
Di-m-nitrobenzoyl-cystin 595.

Di-p-nitrobenzoyl-cystin 595.
4, 4'-Dinitro-1, 1'-diantrachinonylharnstoff 50.
Dinitrophenyl-acetyltyrosin 653.
Dinitrophenylalaninester 411.
2, 4-Dinitrophenylcyanamid 164.
2, 4-Dinitrophenylharnstoff 49.
Dinitrophenyl-dl-leucyl-glycin 849.
N, N'-Di-nitrophenyl-leucylglycin-anhydrid 1008.
2, 4-Dinitrophenylnitroharnstoff 49.
2, 4-Dinitrophenyl-prolin 746.
Dinitrophenyl-tyrosin 653.
Dinitrophenyl-tyrosin-äthylester 653.
N-Dinitrosomethylenbisurethan 87.
Dinitrotoluyl-anserin 931.
1-3, 5-Dinitrotyrosin 655.
Dioxo-äthancarbonsäure, s. Mesoxalaldehydsäure 791.
2, 5-Dioxopiperazine 994, 1046.
Dioxo-propionsäure, s. Mesoxalaldehydsäure 791.
2, 3-Dioxybenzyliden-glycyl glycinester 817.
α, γ-Dioxy-buttersäure 781.
1, 3-Dioxy-buttersäure, s. α, γ-Dioxy-buttersäure 781.
α, γ-Dioxybuttersäure, Brucinsalz 781.
— Ca-Salz 781.
— Chininsalz 781.
— Phenylhydrazid 781.
4, 4'-Dioxy-1-1'-diantrachinonylharnstoff 50.
Dioxydiäthylaminoessigsäure 353.
— Chloroplatinat 353.
— Cu-Salz 353.
— Dibenzoat 353.
— Pikrat 353.
α-(Dioxy-diäthylamino-)propionsäure 417.
— Cu-Salz 417.
— Dibenzoylverbindung 417.
— Pikrat 417.
N-Dioxydiäthyl-C-phenylglycin, Cu-Salz 386.
— Lacton 386.
N-Dioxy-diisobutylaminoessigsäure, Cu-Salz 353.
— Lacton 353.
α-Dioxy-β-dithiopropionsäure 596.
1, 4-Dioxymethyl-2, 5-diketopiperazin 1000.
1, 4-Di-β-oxy-α-naphthylmethyl-2, 5-diketopiperazin 1001.
d, l-2, 4-Dioxyphenylalanin 617.
d, l-2, 5-Dioxyphenylalanin 617.

3, 4-Dioxyphenylalanin 685.
— Bestimmung 686.
— Bildung 685.
— Biochemische Eigenschaften 686.
d, 1-3, 4-Dioxyphenylalanin, Biochemische Eigenschaften 689.
3, 4-Dioxyphenylalanin, Chemische Eigenschaften 689.
d-3, 4-Dioxyphenylalanin, Chemische Eigenschaften 690.
d, 1-3, 4-Dioxyphenylalanin, Chemische Eigenschaften 690.
1-3, 4-Dioxyphenylalanin, Chlorhydrat 690.
d, 1-3, 4-Dioxyphenylalanin, Darstellung 686.
1-3, 4-Dioxyphenylalanin, Darstellung 685.
d, 1-3, 4-Dioxyphenylalanin, Derivate 690.
1-3, 4-Dioxyphenylalanin, Derivate 690.
3, 4-Dioxyphenylalanin, Physikalische Eigenschaften 689.
— Vorkommen 685.
3, 4-Dioxyphenyl-α-aminopropionsäure, s. 3, 4-Dioxyphenylalanin 685.
β, 3, 4-Dioxyphenyläthylamin 197.
3, 4-Dioxyphenyl-essigsäure 792.
1, 5-Di-(p-oxyphenyl-)hydantoin 69.
3, 5-Di-(p-oxyphenyl-)hydantoin 69.
5, 5-Di-(p-oxyphenyl-)hydantoin 69.
Di-(p-oxyphenylmethyl)-piperazin 1045.
— dichlorhydrat 1045.
3, 4-Dioxyphenyl-propionsäure 793.
3, 4-Dioxyphenyl-propionsäure-dimethyläther 793.
Dioxyprolyl-glycinanhydrid 1034.
N-Dioxypropyl-N-phenetidylharnstoff 48.
α, δ-Dioxyvaleryl-tyrosinamid 845.
— Molekülverbindung mit Prolyltyrosin 845.
Dipeptide 810, 909.
Dipeptid aus Diaminopropionsäuremethylester 873.
— Pikrat 873.
1, 4-Dipiperidylmethyl-2, 5-diketopiperazin 1000.
3, 6-Dipiperonyliden-2, 5-diketopiperazin 1049.
p, p′-Diphenoxythiocarbanilid 92.

Diphenylacetyl-cystin 595.
Diphenylacetylglykokoll 349.
Diphenylacetyl-ornithin 540
β, β-Diphenylalanin 685.
Diphenylamin 191.
d, l-α, α-Diphenyl-β-amino-n-propylalkohol 421.
Diphenyläthanolthioharnstoff 97.
β, β-Diphenyl-äthylamin 685.
— Chlorhydrat 685.
— Pikrat 685.
Diphenyläthylendiurethan 85.
s. Diphenyläthylthioharnstoff 96.
ω-ω′-Diphenylbiuret 77.
1, 4-Di-phenylcarbaminsäure-3-benzyl-2, 5-diketopiperazin 1010.
Diphenylcarbaminsäure-4-chlor-phenylester 84.
— 4-Bromphenylester 84.
— 4-Jodphenylester 84.
— 2, 4, 6-Trichlorphenylester 84.
— 2-Nitrophenylester 84.
— 4-Nitrophenylester 84.
— 4-Nitro-2, 6-dichlorphenylester 84.
1, 4-Di-phenylcarbaminsäure-2, 5-diketopiperazin 1004.
Diphenylcarbaminsäure-2-nitro-4-chlorphenylester 84.
— 2-nitro-4-chlor-6-bromphenylester 84.
— 2-nitro-4, 6-dibromphenylester 84.
— 2-nitro-4, 6-dijodphenylester 84.
— 2-nitro-4-bromphenylester 84.
Diphenylguanidin 135.
— Darstellung 135.
— Derivate 136.
— Physiologische Eigenschaften 136.
— Physikalische u. chemische Eigenschaften 136.
Diphenylguanidinphenyldithiocarbamat 136.
s. Diphenylharnstoff 46, 47.
s. Diphenylharnstoff-2, 2′-bis-(carbonsäureanilid)-4″-4″-diarsinsäure 58.
s. Diphenylharnstoff-3, 3′-bis-(carbonsäureanilid)-3″-3‴-diarsinsäure 58.
s. Diphenylharnstoff-3, 3′-bis-(carbonsäureanilid)-4″-4‴-diarsinsäure 58.
s. Diphenylharnstoff-4, 4′-bis-(carbonsäureanilid)-4″-4‴-diarsinsäure 58.
s. Diphenylharnstoff-4, 4′-bis-(carbonsäure-m-toluidid)-4″-4‴-diarsinsäure 58.

1, 3-Diphenylhydantoin 62.
2, 3-Diphenylindol 252.
Di-(phenylisocyanat-l-leucylglycyl)-l-cystin 991.
Di-phenylisocyanat-methylpiperazin 1041.
Di-(phenylisocyanat-d-valyl-d-alanyl)-l-cystin 989.
Diphenylisothiohydantoin 105.
2, 3-Diphenyl-N-methylindol 252.
1, 5-Diphenyl-4-methylthiobiuret 105.
1, 5-Diphenylmonothiobiuret 105.
α, α-Diphenyl-β-oxyharnstoff 43.
α, β-Diphenylpropionylglykokolläthylester 350.
s. Diphenylthioharnstoff 93.
Dipikryldicyandiamidin 170.
Dipikrylguanylharnstoff 170.
α-Di-n-propylamino-propionsäureäthylester 417.
β-Di-n-propylaminopropionsäureäthylester 752.
α-Di-n-propylamino-propionsäure-äthylester, Jodmethylat 417.
β-Di-n-propylaminopropionsäure-äthylester, Methyljodid 752.
Dipropylcarbodiimid 164.
Dipropylcyanamid 164.
Dipropylhydantoin 64.
d, l-N-Dipropyl-leucinol 454.
Diprolyl-oxyprolyl-glycinanhydrid 1035.
N-Diprolyl-β-phenyläthylamin 193.
N, N′-Dipropyl-N-pikrylharnstoff 51.
Diprolyl-valinanhydrid 1033.
Dipyruvintriureid 50.
Dipyruvinureid 50.
Disarkosinmagnesiumbromid 369.
Disarkosinmagnesiumchlorid 369.
Diskatol 241.
α-Diskatolaldehyd 241.
α-Diskatoylmethylketon 241.
α-Diskatoylphenylketon 241.
α, β-Distearoylglycerinphosphorsaures Cholin 220.
Distyrylcyanamid 164.
Dithio-diglykolsäure 774.
Dithioglykolsäure, Sb-, Na-Salz 771.
Dithiopiperazin 1004.
1, 4-Di-p-toluolsulfonyl-cis-2, 5-dimethylpiperazin 1042.
N, N′-Ditoluolsulfonyl-β-oxyäthylguanidin 126.
1, 4-Di-p-toluolsulfonyl-trans-2 5-dimethylpiperazin 1042.

α, β-Di-p-tolyl-α-äthanolthioharnstoff 97.
s. Di-o-tolylguanidin 137.
s. Di-o-tolylharnstoff 47, 50.
s. Di-m-tolylharnstoff 48.
s. Di-p-tolylharnstoff 48, 50.
N, N'-Di-o-tolylthioharnstoff 95.
s. Di-o-tolylthioharnstoff 94.
s. Di-m-tolylthioharnstoff 94.
s. Di-p-tolylthioharnstoff 94.
Ditrimethylaminäthyliumdichlorid 221.
s. Di-β-triphenyläthylharnstoff 52.
Diureidophenylglykoläther 55.
Di-(d-valyl-d-alanyl)-l-cystin 902.
— Derivate 989.
Dixanthylbutyläthylmalonylharnstoff 56.
Dixanthyldiäthylmalonylharnstoff 56.
Dixanthyldiallylmalonylharnstoff 56.
Dixanthylhydantoylhydrazid 67.
Dixanthylisobutyläthylmalonylharnstoff 56.
Dixanthylphenyläthylmalonylharnstoff 56.
Di-d-xyloseharnstoff 59.
s. Di-o-xylylharnstoff 48.
α, β-Di-p-xylyl-α-äthanolthioharnstoff 98.
α, β-Di-p-xylylthioharnstoff 94.
Dulcin 46.

Enol-1-methylcarbaminyl-3-methylhydantoinmethyläther 65.
Epinin 191.
Ergothionein 737.

γ-9-Fluorenylcarbaminsäure 86.
Formocholinchlorid 221.
Formyl-asparagin 483.
Formyl-l-asparaginsäure-di-äthylester 470.
Formyl-3, 5-dijod-thyronin 680.
d-Formyl-3, 5-dijod-thyronin 679.
l-Formyl-3, 5-dijod-thyronin 679.
d-Formyl-3, 5-dijod-thyronin, Phenyläthylaminsalz 679.
l-Formyl-3, 5-dijod-thyronin, Phenyläthylaminsalz 679.
C-Formyldiskatol 241.
Formylessigester, Na- 791.
Formylessigsäure, s. Malonaldehydsäure 791.
Formylglykokoll 346.
Formylglyoxylsäure, s. Mesoxalaldehydsäure 791.
N-Formylindol 248.

d, l-Formyl-leucin 452.
N-Formyl-2-methylindol 248.
Formyl-d-phenylalanin 615.
Formyl-d, l-phenylalanin 617.
β-Formylpropionsäure, s. Bernsteinaldehydsäure 791.
Formyl-d, l-tyrosin 657.
Formyl-d-tyrosin, Brucinsalz 657.
Formyl-d-valin 431.
N-Furfurylidenglykokoll, Ba-Salz 363.
Furyl-alanin 776.
β-Furyl-α-aminopropionsäure, s. Furyl-alanin 776.
Furyläthylamin 191.
β-(Furyl-2)-α-(N-β-furylureido)-propionsäure 777.

Galegin 129.
— Derivate 129.
— Physiologische Eigenschaften 129.
— Vorkommen 129.
Gentisin-alanin 617.
Gerontin 211.
d-Glucoseharnstoff 58.
d-Glucosemonomethylureid 59.
d-Glucosethioharnstoff 59.
Glucoseureidharnstoff 42.
Glutamin 508.
— Bildung 509.
— Biochemische Eigenschaften 509.
— Chemische Eigenschaften 510.
— Darstellung 509.
— Derivate 510.
— Diphenylphosphat 510.
— Physikalische Eigenschaften 510.
— Vorkommen 508.
— anilid 503.
Glutaminsäure 486.
— Ba-Salz 501.
— Ba-Salz-$BaBr_2$ 502.
— Ba-Salz-$BaCl_2$ 502.
— Ba-Salz-BaJ_2 502.
— Bestimmung und Nachweis 491.
— Bildung 486.
d, l-Glutaminsäure, Bildung 489.
Glutaminsäure, Biochemische Eigenschaften 492.
— Ca-Salz 501.
— Ca-Salz-$CaBr_2$ 502.
— Ca-Salz-$CaCl_2$ 501.
— Ca-Salz-CaJ_2 502.
— Ca-Salz$SrCl_2$ 502.
— Chemische Eigenschaften 498.
— Cu-Salz 502.
d-Glutaminsäure, Darstellung 489.

dl-Glutaminsäure, Darstellung 490.
l-Glutaminsäure, Darstellung 490.
Glutaminsäure, Derivate 500.
d, l-Glutaminsäure, Derivate 506.
Glutaminsäure, Doppelsalze 501.
— Hydrobromid 500.
— Hydrochlorid 500.
— Hydrojodid 500.
— Li-Salz 501.
— Mg-Salz-$SrCl_2$ 502.
d-Glutaminsäure, Mono-Na-Salz 501.
Glutaminsäure, Na-Salz 501.
— Physikalische Eigenschaften 497.
— Sr-Salz 501.
— Sr-Salz-$SrBr_2$ 502.
— Sr-Salz-$SrCl_2$ 502.
— Sr-Salz-SrJ_2 502.
d-Glutaminsäure, Verbindung mit p-Nitrobenzaldehyd u. Brucin 505.
Glutaminsäure, Vorkommen 486.
— anhydrid 1031, 1032.
— anilid 503.
— di-äthylester 502.
— di-äthylester, Chlorhydrat 503.
— di-methylester 502.
— monoamid, s. Glutamin 508.
d-Glutaminsäure-di-isopropylester 503.
d-Glutaminyl-l-tyrosin 872.
— kupfer 872.
— silber 872.
Glutamyl-glutaminsäure 872.
— Bariumsalz 872.
— Bleisalz 872.
— Kupfersalz 872.
Glutaraldehydsäure 791.
Glutiminsäure, s. 5-Pyrrolidon-(2)-carbonsäure 506.
Glutathion 887, 949.
Glycin, s. Glykokoll 305.
Glycinanhydrid 996, 1046.
— Derivate 998, 1047.
— Molekularverbindungen mit 998, 1047.
— di-phenylisocyanat 1004.
— polymeres 997.
— silber 1047.
— tautomere Form 997.
Glycin-N-carbonsäureanhydrid 346.
N-Glycinsulfonsäure 354.
— K-Salz 354.
Glycyl-β-alanin 820, 911.
— äthylester 820.
— äthylesterchlorhydrat 820.
Glycyl-d-alanin 817, 910.
— Silbersalz 818.

Glycyl-dl-alanin 818.
— äthylesterchlorhydrat 818.
— benzylaminol 819.
— N-carbonsäure 911.
— phenylaminol 818.
Glycyl-d-alaninanhydrid 1005.
Glycyl-l-alaninanhydrid 1005.
Glycyl-dl-alaninanhydrid 1005.
— di-phenylisocyanat 1006.
Glycyl-dl-alanyl-dl-alanin 876.
Glycyl-l-alanyl-l-alanyl-glycin 894.
Glycyl-dl-alanyl-anilin 911.
Glycyl-dl-alanyl-decarboxy-leucin, Derivate 955.
Glycyl-d-alanyl-glycin 876.
Glycyl-l-alanyl-glycin 876.
Glycyl-(dl-alanyl-glycin-anhydrid) 1036.
Glycyl-d-alanyl-glycyl-l-tyrosin 894.
Glycyl-dl-alanyl-dl-leucyl-decarboxy-alanin, Derivate 981.
Glycyl-dl-alanyl-l-leucyl-glycyl-d-alanin 900.
Glycyl-d-alanyl-l-leucyl-d-valin 894.
Glycyl-d-alanyl-l-tyrosin 876.
Glycyl-d-α-aminobuttersäure 912.
Glycyl-dl-α-aminobuttersäure 912.
Glycyl-l-α-aminobuttersäure 912.
Glycyl-β-aminobuttersäure-N-carbonsäure 912.
N'-Glycyl-β-aminobuttersäure-N-carbonsäurediäthylester (β-Reihe) 821.
Glycyl-dl-α-aminobutyryl-dl-α-aminobuttersäure 877.
Glycyl-ε-amino-n-capronsäure 825.
Glycyl-dl-α-aminocaprylsäure 826.
Glycyl-dl-α-aminocaprylsäure-anhydrid 1010.
2-Glycylamino-1, 1-dibenzylpropanol 819.
2-Glycylamino-1, 1-diphenyläthanol 816.
2-Glycylamino-1, 1-diphenylpropanol 818.
Glycyl-dl-α-aminoheptylsäure 825.
Glycyl-dl-α-aminoheptylsäure-anhydrid 1010.
Glycyl-α-aminoisobuttersäure 822, 912.
Glycyl-dl-α-aminomyristinsäure 826.
Glycyl-dl-α-amino-β-oxybuttersäure 829.
Glycyl-arsanilsäure 343.
Glycyl-asparagin 832.

Glycyl-dl-asparaginsäure 832.
Glycyl-l-asparaginsäure 832.
Glycyläthylamin 177.
Glycyl-cholin 343.
— Au-Salz 343.
— Chlorhydrat 343.
— HgCl-Salz 343.
— Pt-Salz 343.
Glycyl-cystein 833.
Glycyl-cysteinanhydrid 1052.
Glycyldecarboxyalanin 177, 819.
— Chlorhydrat 820.
— Pikrat 820.
Glycyl-decarboxy-leucin 824.
— chlorhydrat 824.
— pikrat 824.
— sekundäre Verbindung 824.
Glycyl-decarboxy-tryptophan, Derivate 922.
Glycyl-decarboxy-phenylalanin-chlorhydrat 827.
Glycyl-decarboxy-phenylalanin, sekundäre Verbindung 827.
— Chlorhydrat 827.
— Nitrosoverbindung 827.
Glycyl-decarboxy-phenylalanin, tertiäre Verbindung 827.
— Chlorhydrat 827.
Glycyl-dehydroalanin 913.
Glycyl-dl-3, 5-dibromtyrosin 920.
Glycyl-dl-3, 5-dichlortyrosin 920.
Glycyl-3, 5-dijodthyronin 921.
Glycyl-dl-3, 5-dijodtyrosin 920.
Glycyl-3, 5-dijod-l-tyrosin 831.
α-Glycyl-α', β-dipalmitylglycerin 342.
α-Glycyl-α', β-distearylglycerin 343.
Glycyldecarboxyleucin 179.
Glycyldecarboxy-β-phenyl-α-alanin 193.
Glycyl-d-glutaminsäure 833.
Glycyl-glycin 810.
— Derivate 812.
— Molekularverbindungen mit 812.
— tautomere Form 817.
— Benzoylverbindung 817.
Glycyl-glycinäthylester 812.
Glycyl-glycin-Bariumcarbaminat 815.
Glycyl-glycinbetain 815.
— Pikrat 815.
— Platinchloriddoppelsalz 815.
Glycyl-glycincarbonsäure 815.
Glycyl-glycin-diphenylphosphat 814.
Glycyl-glycinkupfer 812.
Glycyl-glycin-phenylaminol 816.
Glycyl-glycinpikrat 910.

N-Glycyl-glycin-sulfosaures Kalium-Glycyl-glycin 815.
Glycyl-(glycyl-glycinanhydrid) 1035.
— polymeres 1035.
Glycylisoamylamin 179.
Glycyl-d-isovalin 915.
Glycyl-d-isovalinanhydrid 1049.
Glycyl-d-leucin 822.
Glycyl-dl-leucin 823, 916.
— amid 823, 916.
— ester 823.
— Derivate 823, 916.
Glycyl-l-leucin 822, 915.
— äthylesterchlohydrat 823.
— kupfer 823.
— silber 823.
Glycyl-leucinanhydrid 1007.
Glycyl-l-leucinanhydrid 1009, 1049.
Glycyl-dl-leucyl-dl-aminoheptylsäure 878.
Glycyl-dl-leucyl-anilin 916.
— hydrochlorid 916.
Glycyl-dl-leucin-decarboxyalanin 957.
Glycyl-d-leucyl-glycin 957.
Glycyl-dl-leucyl-glycin 877, 956.
— äthylester 877.
Glycyl-l-leucyl-glycyl-d-alanin 895.
Glycyl-dl-leucyl-glycyl-dl-leucin 982.
Glycyl-l-leucyl-glycyl-d-leucin 982.
Glycyl-l-leucyl-glycyl-l-leucin 982.
Glycyl-dl-leucyl-dl-leucin 878, 957.
Glycyl-l-leucyl-l-leucin 878.
Glycyl-l-leucyl-dl-leucyl-glycin 982.
Glycyl-l-leucyl-l-leucyl-l-leucin 895.
Glycyl-l-leucyl-l-leucyl-l-leucyl-l-leucin 901.
Glycyl-N-3-methyl-phenylalaninhydantoin 362.
Glycylnitrilphthaloylsäure 350.
— Ag-Salz 350.
Glycyl-dl-nitrotyrosin 920.
Glycyl-dl-norleucin 825, 917.
Glycyl-dl-norleucinanhydrid 1009.
Glycyl-dl-norvalin 913.
Glycyl-dl-norvalyl-dl-norvalin 956.
Glycyl-l-oxyprolin 832.
N-Glycyl-2-oxopyridin-5-jodidchlorid 363.
Glycyl-dl-phenylalanin 827, 918.
— Derivate 827, 918.
Glycyl-l-phenylalanin 919.

Glycyl-dl-phenylalanin-
anhydrid 1010.
— di-phenylisocyanat 1010.
Glycyl-phenylaminoessigsäure-
benzylaminol 829.
Glycyl-phenylaminoessigsäure-
phenylaminol 828.
Glycyl-phenylglycin, Derivate
828.
Glycyl-dl-phenylglycin 917.
Glycyl-phenylglycinanhydrid
1010.
Glycyl-d-phenylmethylamino-
essigsäure 918.
Glycyl-d-phenylmethylamino-
essigsäureanhydrid 1050.
Glycyl-dl-phenylserin 830.
Glycyl-l-prolinanhydrid 1011.
Glycyl-salicylsäure 343.
— Chlorhydrat 343.
— NH_4-Salz 343.
— methylester 343.
Glycyl-sarkosin 820.
— anhydrid 1049.
Glycyl-dl-serin 829.
— anhydrid 1011.
Glycyl-thyroxin 922.
Glycyl-tryptamin, Derivate
922.
Glycyl-l-tryptophan 833.
Glycyl-d-tyrosin 920.
Glycyl-dl-tyrosin 831.
Glycyl-dl-o-tyrosin 921.
Glycyl-l-tyrosin 830, 919.
Glycyl-dl-tyrosinanhydrid
1011.
— polymeres 1011.
Glycyl-l-tyrosinanhydrid 1010.
Glycyl-l-tyrosyl-glycin 879.
Glycyl-d-valin 914.
Glycyl-dl-valin 913.
Glycyl-l-valin 914.
Glycyl-d-valinanhydrid 1049.
Glycyl-dl-valyl-glycin 955.
Glycyl-d-valyl-d-valin 955.
Glykocyamidin 139.
— Darstellung 139.
— Derivate 139.
— Physiologische Eigenschaf-
ten 139.
Glykocyamin 138, 767.
— Chlorhydrat 768.
— Darstellung 138.
— Derivate 139.
— Physiologische Eigenschaf-
ten 138.
— Pikrat 768.
Glykokoll 305.
— Ag-Salz 339.
— Ag-Salz, komplex 339.
— Bestimmung und Nachweis
307.
— Bildung 305.
— Biochemische Eigenschaften
309.
— Cd-Salz 339.

Glykokoll, Chemische Eigen-
schaften 329.
— Chlorhydrat 338.
— Co-Salz 339.
— Cr-Komplexsalz 339.
— Cu-Salz 339.
— Darstellung 307.
— Derivate 338.
— Hexamethylentetraminver-
bindung 352.
— Hg-Salz 339.
— Hydrochlorid 338.
— Neutralsalzverbindungen
339.
— Ni-Salz 339.
— Pb-Salz 339.
— Phenylisocyanatverbindung
349.
— Physikalische Eigenschaften
326.
— Vorkommen 305.
— Zn-Salz 339.
Glykokollalanin-monochlor-
hydrat 338.
Glykokollamid 343.
4-Glykokollamid-2-chlor-
phenylarsinsäure 366.
8-Glykokoll-amino-3-oxy-1,
4-benzisoxazin-6-arsinsäure
366.
Glykokoll-n-amylester 342.
— Hydrochlorid 342.
Glykokollanilid 344.
— Pikrat 344.
Glykokoll-äthylester 340, 341.
— Chlorhydrat 341.
Glykokoll-äthylesterchlor-
hydrat-titantetrachlorid
341.
Glykokoll-äthylesterchlor-
hydrat-zinntetrachlorid
341.
Glykokoll-benzylester 342.
— Hydrochlorid 342.
Glykokoll-n-butylester 342.
— Hydrochlorid 342.
Glykokollcholinesterbromid
222.
Glykokoll-chloräthylester,
Chlorhydrat 341.
Glykokoll-cholinesterbromid
343.
Glykokoll-diäthylen-diamin-
kobalti-π-bromcampher-
sulfonat-d 339.
Glykokoll-diäthylen-diamin-
kobalti-chlorid 339.
Glykokoll-diäthylen-diamin-
kobalti-dithionat, l- 339
Glykokoll-diäthylen-diamin-
kobalti-jodid, l- 339.
Glykokoll-diphenylphosphat
338.
Glykokoll-glycerinester 342.
Glykokoll-isoamylester 342.

Glykokoll-isobutylester 342.
— Hydrochlorid 342.
Glykokoll-isopropylester 342.
— Hydrochlorid 342.
Glykokollmethylanilid, Pikrat
344.
Glykokollphenylaminol 354.
Glykokoll-n-propylester 341.
— Hydrochlorid 342.
Glykolsäurecholinesterbromid
222.
Glykosaminsäure 767.
Glyoxalcarbonsäure, s. Mes-
oxalaldehydsäure 791.
Glyoxalinacrylsäure, s. β-
Imidazolacrylsäure 804.
Glyoxalincarbonsäure, s. β-
Imidazolcarbonsäure 803.
Glyoxalinessigsäure, s. β-
Imidazolessigsäure 804.
Glyoxalinformaldehyd, s. β-
Imidazolformaldehyd 802.
Glyoxalinglycin, s. β-Imidazol-
glycin 806.
Glyoxalinmilchsäure, s. β-
Imidazolmilchsäure 805.
Glyoxalinpropionsäure, s. β-
Imidazolpropionsäure 804.
2-[Glyoxalinyl-4-(5)]-β-naph-
thocinchoninsäure 803.
Guajacylphenylurethan 86.
Guanidin 106.
— Bestimmung 107.
— Bildung 106.
— Darstellung 107.
— Derivate 114.
— Mikrochemische Bestim-
mung 108.
— Nachweis 106.
— Physiologische Eigenschaf-
ten 108.
— Physikalische u. chemische
Eigenschaften 112.
— Salze 114.
— Vorkommen 106.
— Alkyl-, Alkylen- und Aryl-
guanidine 119.
Guanidinphthalimid 115.
Guanidinpikrat 116.
Guanidinpropionsäure 117.
Guanidinsalze, Doppelsulfate u.
Doppelchromate 115.
Guanidinsulfonessigsäure 117.
Guanidintetrachlorid 114.
p-Guanidintoluol-m-sulfosäure
135.
Guanidino-i-amylen (Galegin)
129.
— Derivate 129.
— Physiologische Eigenschaf-
ten 129.
— Vorkommen 129.
p-Guanidinodimethylanilin
138.
ε-Guanido-α-amino-n-capron-
säure 117.

ε-Guanido-α-amino-n-capronsäure 556.
— basisches Kupfernitratsalz 556.
— Flavianat 556.
— Nitrat 556.
— Pikrolonat 556.
α-Guanido-δ-aminovaleriansäure 537.
— Pikrat 538.
Guanidoäthylalkohol 125.
α-Guanido-ε-benzoylamino-n-capronsäure 117, 556.
γ-Guanido-n-buttersäure 768.
ε-Guanido-n-capronsäure 768.
Guanidoessigsäure, s. Glykocyamin 767.
Guanido-α-sulfobuttersäure 118.
Guanido-α-sulfopropionsäure 118.
ε-Guanido-α-toluol-sulfamino-n-capronsäure 117, 556.
Guanidoniumbenzolsulfamid 115.
Guanidoniumborat 115.
Guanidoniumchlorat 114.
Guanidoniumformiat 115.
Guanidoniumhydrosulfid 115.
Guanidonium-p-kresolat 115.
Guanidoniummetasilikat 115.
Guanidoniumnitromethan 115.
Guanidoniumperchlorat 114.
Guanidoniumphenolat 115.
Guanidoniumstannat 115.
Guanidoniumsulfit 115.
Guanidoniumthiosulfat 115.
Guanidoniumxanthogenat 115.
Guanyl-glycin, s. Glykocyamin 767.
Guanylguanidin 171.
Guanylharnstoff 169.
Guanylphenylharnstoff 170.
Guanylphenylmethylharnstoff 170.
Guanylpiperidin 138.
Guanylpiperidylharnstoff 170.

Harnstoff, Beziehungen zur Agrikulturchemie 26.
— Beziehungen zu Bakterien und Pflanzen 24.
— Beziehungen zu Fermenten 23.
— Beziehung zwischen Konstitution und Geschmack 26.
— Bildung 3.
— Darstellung 7.
— Derivate 40.
— Kondensationsprodukte mit Formaldehyd 42.
— Nachweis 9.
— Neuerungen in den Bestimmungsmethoden im Blut 10.

Harnstoff, Neuerungen in den Bestimmungsmethoden im Harn 15.
— Neuerungen in den Bestimmungsmethoden in Gewebe- und Körperflüssigkeiten 17.
— Neuerungen in den Bestimmungsmethoden in sonstigen Substanzen 22.
— Physikalische u. chemische Eigenschaften 39.
— Physiologische Beziehungen 26.
— Salze, Molekülverbindungen, Oxy-, Halogen- u. Nitroverbindungen 41.
— Strontiumderivat 41.
— Synthese 6.
— Verbindung mit Benzoesäure 41.
— Verbindungen mit Aldehyden zu Kunstmassen 42.
— Vorkommen 1.
— Wismutverbindungen 41.
s. Harnstoff aus dem Natriumsalz der m-Aminobenzoyl-m-amino-p-methylbenzoyl-1-naphthyl-amino-4, 6, 8-trisulfonsäure 57.
— von p-benzoyl-p-aminobenzoyl-1-amino-8-naphthol-3, 6-sulfonsaurem Natrium 57.
— von p-benzoyl-p-aminobenzoyl-1-amino-4, 6, 8-sulfosaurem Natrium 57.
— von m-benzoyl-m-aminobenzoyl-1-amino-8-naphthol-3, 6-sulfonsaurem Natrium 57.
— von m-benzoyl-m-aminobenzoyl-1-naphthylamin-4, 6, 8-sulfosaurem Natrium 57.
— von m-benzoyl-m-aminomethylbenzyl-1-naphthylamin-4, 6, 8-sulfonsaurem Natrium 57.
Harnstoffe aus 2-Amino-8-oxynaphthalin-6-sulfosäure 57.
Harnstoffmethylat 41.
Harnstoff-Stibamin 58.
Harnstofftetrachlorjodid 41.
Heptamethylentetracarbonyltricarbamid 42.
Heptamethylentricarbamid 42.
N-Heptoyl-l-asparaginsäure-diäthylester 470.
N-Heptyl-dl-leucyl-decarboxyalanin 852.
— chlorhydrat 852.
Hexabenzoyldi-l-arabinoseharnstoff 59.
Hexadecylharnstoff 45.
Hexaglycyl-glycin 906.

Hexaharnstoffchromichlorid 41.
Hexahydrobenzoesäureureid 56.
Hexahydrobenzoylalaninäthylester 411.
β-Hexahydro-α-bromessigsäureureid 56.
Hexahydrohippursäureäthylester 383.
Hexahydrophenylalanin 614.
d, l-Hexahydrophenylalanin 618.
Hexahydrophenylalanin, Chlorhydrat 614.
d-Hexahydrophenylalanin, Chlorhydrat 615.
d, l-Hexahydrophenylalanin, Chlorhydrat 618.
Hexahydrophenylalanin, Chlorplatinat 614.
— Phenylhydantoinderivat 615.
— Phenylisocyanatverbindung 615.
Hexahydrophenylalanin-äthylester 614.
— Chlorhydrat 614.
Hexahydrophenylessigsäureureid 56.
N-Hexahydrophenylglykokoll-o-carbonsäure 356.
— Hg-Salz 356.
— Na-Salz 356.
— Pb-Salz 356.
— diäthylester 356.
N-Hexahydrophenylglykokoll-o-carbonsäurediäthylester 356.
— Hydrochlorid 356.
N-Hexahydrophenylglykokoll-o-carbonsäuredimethylester 356.
— Benzoylverbindung 356.
— Hydrochlorid 356.
— Nitrosoverbindung 356.
Hexahydrotyramin 197.
l-Hexahydrotyrosin 656.
— Chlorhydrat 656.
— Monophenylisocyanatverbindung 657.
— Phenylhydantoinderivat 657.
— Pt-Salz 656.
l-Hexahydrotyrosin-äthylester 656.
— Chlorhydrat 657.
— Chlorplatinat 657.
— Pikrat 657.
Hexamethylendiguanidin 131.
Hexamethylentetraminbetain 231.
— Derivate 231.
— Salze 231.
Hexamethylguanidin, Derivate 128.

Hexamethylguanidin, Pikrat 128,
— Molekülverbindung mit Pikrinsäure 128.
1, 1, 2, 4, 4, 5-Hexamethylpiperazin 1045.
— Salze des 1045.
2, 2, 3, 5, 5, 6-Hexamethylpiperazin 1044.
Hexanal-(6)-säure-(1), s. Adipinaldehydsäure 792.
— -(2)-säure(1), s. α-Oxyn-capronsäure 785.
Hexapeptide 905, 991.
1-Hexenylbiguanidsulfat 171.
Hippursäure 370.
— Bestimmung 371
— Bildung 371
— Biochemische Eigenschaften 372.
— Chemische Eigenschaften 379.
— Derivate 380.
— K-Salz 380.
— Li-Salz 380.
— Na-Salz 380.
— NH_4-Salz 380.
— Physikalische Eigenschaften 378.
— Vorkommen 370.
Hippursäureamid 380.
Hippursäureanilid 381.
Hippursäureäthylamid 381.
Hippursäureäthylester 380.
Hippursäurebenzylester 380.
Hippursäurediäthylamid 381.
Hippuryl-benzoyl-histidinmethylester 83, 832.
Hippurylchlorid 380.
Hippurylguanidin 118, 381.
Hippurylsalicylsäure 382.
Hippurylsalicylsäurephenylester 382.
Histamin 199.
— Bestimmung 199.
— Bildung 199.
— Chemische Eigenschaften 208.
— Derivate 208.
— Diagnostikum 205.
— Nachweis 199
— Physiologische Eigenschaften 199.
— Synthese 199.
— Vorkommen 199.
Histidin 717.
— Bestimmung 726.
— Bildung 718.
— Biochemische Eigenschaften 728.
— Chemische Eigenschaften 735.
— Darstellung 725.
— Disalz mit 2, 4-Dinitro-1-naphthol-7-sulfonsäure 736.

Histidin, Monosalz mit 2, 4-Dinitro-1-naphthol-7-sulfonsäure 736.
— Physikalische Eigenschaften 735.
— Reineckat 737.
— Vorkommen 717.
d, l-Histidin, Derivate 738.
l-Histidin, Derivate 736.
Histidinanhydrid 1032.
— Dichlorhydrat 1032
Histidinbetain 737.
— Dipikrat 737.
Histidin-methylester 737.
dl-Histidyl-glycin 870, 949.
— Pikrolonat 871.
Histidyl-histidin-methylestertrichlorhydrat 871.
Höhere Polypeptide 905, 991.
Homoasparagin 486.
Homoasparaginsäure 472.
— -di-äthylester 472.
— -di-amid 472.
— -di-amid, Oxalat 472.
— -imid 472.
Homocholinsalpetrigsäureester-chloraurat 224.
Homo-hordeninmethyläther 198.
Homopiperidinsäure, s. δ-Amino-n-valeriansäure 760.
N-Homopiperonylglykokoll, Chlorhydrat 362.
N-Homopiperonylglykokollester, Benzolsulfoverbindung 362.
Homoprotocatechusäure, s. 3, 4-Dioxyphenylessigsäure 792.
Hordenin 198.
— Derivate 198.
— Physiologische Eigenschaften 198.
Hordeninmethyläther 198.
Hydantoin-3-acetylglykokollester 347.
— -5-aldoxim 70.
Hydantoinderivate, Chemische u. Physikalische Eigenschaften 61.
— Physiologische Eigenschaften 61.
Hydantoin-3-essigsäure 71.
Hydantoinsäure, Bariumsalz 63.
Hydantoylhydrazid 67.
Hydrazidosuccinyl-glycinhydrazid 348
— Dichlorhydrat 348.
Hydrocinnamoyl-l-asparaginsäure-di-äthylester 471.
o-Hydrocumarsäure, s. o-Oxyphenylpropionsäure 792.
Hydrokaffeesäure, s. 3, 4-Dioxyphenylpropionsäure 793.

Hydrophysostigmolmethyläther 248.

Ikosylharnstoff 45.
β-Imidazolacrylsäure 804.
— Pikrat 805.
β-Imidazol-α-aminoessigsäure, s. β-Imidazol-glyzin 806.
β-Imidazol-α-aminopropionsäure, s. Histidin 717.
β-Imidazolcarbonsäure 803.
β-Imidazolessigsäure 804.
β-Imidazolformaldehyd 802.
— Anilid 803.
— Bisulfitverbindung 803.
— Chlorid 802.
— Nitrat 802.
— Oxim 803.
— Semicarbazon 803.
β-Imidazolglyzin 806.
— 2, 4-Dinitrotolylderivat-3- 806.
— Prikolonat 806.
β-Imidazolmilchsäure 805.
β-Imidazolpropionsäure 804.
β-Imidazolyläthylamin 199
[β-Imidazolyl-4 (5)-äthyl]-guanidin 209
[β-Imidazolyl-4 (5)-äthyl]-harnstoff 208.
[β-Imidazolyl-4 (5)-äthyl]-α-naphthylharnstoff 209.
[β-Imidazolyl-4 (5)-äthyl]-phenylharnstoff 208.
Iminoalloptanyläthan-α-sulfonsäure 116.
Iminoallophanylmethansulfosäure 116.
Iminoallophanylpropan-α-sulfonsäure 116.
β-Iminoallophanyl-propan-β-sulfonsäure 116.
β, β''-Imino-bis-[α-phenylpropionsäure], Chlorhydrat 754.
β-Imino-n-dibuttersäure-diäthylester 757.
Iminodiessigsäure 352.
— Hydrochlorid 352.
Iminodiessigsäure-diäthylester 352.
— Hydrochlorid 352.
2-Iminoimidazoltetrahydrid 130.
— Derivate 130.
Imino-di-(isocapronyl-tyramin) 453, 857.
2-Imino-4-keto-5-methyltetrahydrooxazol 73.
2-Imino-4-keto-5-oxy-methyltetrahydrooxazol 73.
2-Imino-4-keto-5-phenyltetrahydrooxazol 73.

2-Imino-4-ketotetra-hydrooxazol 73.
Iminomalonylmethyl-guanidin 122.
d-β-[2-Imino-4-oxotetra-hydroimidazolyl-(5)-] propionsaures Guanidonium 118.
Indil-1, 1 265.
— -3, 3 265.
Indol u. Indolabkömmlinge 234.
— Bestimmung 235.
— Bildung 234.
— Derivate 237.
— Gewinnung u. Synthese 236.
— Nachweis 235.
— Physiologische Eigenschaften 236.
— Physikalische u. chemische Eigenschaften 237.
— Vorkommen 234.
Indol-3-acetamid 251.
Indol-3-acetonitril 257.
β-Indolaldehyd 248.
— Physiologische Eigenschaften 241.
Indol-3-aldehyd 248.
— Physiologische Eigenschaften 241.
β-Indol-α-aminopropionsäure, s. Tryptophan 693.
Indol-3-äthanolamin 250.
Indoläthylalkohol 248.
Indol-3-äthyl-β, β'-dicarbonsäure 261.
Indol-3-äthyl-β, β'-di-carbonsäurediäthylester 261.
Indol-3-brenztraubensäure 258.
— Physiologische Eigenschaften 259.
α-Indolcarbonsäure 253.
β-Indolcarbonsäure 254.
Indol-2-carbonsäure 253.
Indol-3-carbonsäure 254.
— -6-carbonsäure 257.
— -2-carbonsäureäthylester 254.
— -2-carbonsäure-3-propionsäure 257.
— -2-carboxydimethylacetalylamid 260.
— -2, 3-dicarbonsäure 256.
— -2, 6-dicarbonsäure 256.
Indolessigsäure 257.
Indol-2-essigsäure 259.
— -3-essigsäure 257, 259.
— -3-essigsäure-2-carbonsäure 260.
— -3-glyoxylsäure 259.
de-β-3-Indolmilchsäure 258.
Indol-3-nitril 258.
— -3-propionitril 257.
— -3-propionsäure 257.
— -3-propionsäure-2-carbonsäure 260.
β-Indol-α-sulfhydryl-acrylsäure 265.

β-Indolylacetamid 251.
β-Indolylacetonitril 257.
β-Indolyläthanolamin 250.
β-Indolyläthylamin 209.
β-(ε-Indolyl-)äthylamin 251.
β-(β'-Indolyl-)äthylguanidin 138.
β-Indolyl-N, O-diacetyläthanolamin 250.
Indolyl-3-essigester 260.
N-[3-Indolylglyoxylyl-]indol 259.
β-Indolylglyoxylsäure 259.
Indolyl-3-glyoxylsäure-methylester 260.
3-β-Indolylisoxazolon (-5) 260.
(β-Indolylmethyl)-amin 249.
β-Indolylnitril 258.
β-3-Indolylpropionhydrazid 258.
β-(3-Indolyl-) propionitril 257.
β, 3-Indolylpropionsäure 258.
β-3-Indolylpropionsäuremethylester 258.
γ-(3-Indolyl-) propylamin 251.
Indoylameisensäure 259.
β, 3-Indoylpropionsäure 258.
N-Isoamylalanyldecarboxyleucin 179.
N-Isoamyl-dl-alanyl-decarboxy-leucin 836.
— -chlorhydrat 836.
(N-Isoamylalanyl)-decarboxytyrosin 197.
(N-Isoamyl-dl-alanyl)-decarboxy-tyrosin 927
— -chlorhydrat 927.
N-Isoamylalanyl-6-methyldecarboxytyrosin 198.
(N-Isoamyl-dl-alanyl)-O-methyl-decarboxy-tyrosin 927.
— -chlorhydrat 927.
Isoamylamin 179.
β-Isoamylamino-n-buttersäure 756.
β-Isoamylamino-n-buttersäureäthylester 756.
— Hydrochlorid 756.
1-Isoamylbiguanidsulfat 171.
Isoamylcarbamidsäure-β-chloräthylester 83.
(N-Isoamyl-glycyl)dl-alanyl-dl-leucyl-decarboxy-alanin 981.
— -chlorhydrat 981.
— -pikrat 981.
N-Isoamylglycyldecarboxytryptophan 251.
(N-Isoamyl-glycyl)-decarboxytryptophan 922.
— -chlorhydrat 922.
(N-Isoamyl-glycyl)-dl-leucyl-decarboxy-alanin 958.
— -chlorhydrat 958.
— -pikrat 958.

Isoamylguanidin 126, 130.
N, N-Isoamylguanidoäthanol 125.
β-Isoamylimino-n-buttersäureäthylester 757.
N-Isoamylleucyldecarboxyalanin 177.
(N-Isoamylleucyl)-decarboxyserin 178.
N-Isoamyl-dl-leucyl-decarboxy-alanin 852.
— -chlorhydrat 852.
(N-Isoamyl-dl-leucyl) decarboxy-serin 943.
— -chlorhydrat 943.
— -pikrat 943.
Isoamylnitroguanidin 172.
Isoarginin 537.
5-Isobutyl-1-acetyl-2-thiohydantoin 104.
Isobutylameisensäure, s. Dimethylbrenztraubensäure 787.
Isobutylamin 178.
1-Isobutyl-äthyl-1-amino-alkohol-2451.
5-Isobutyl-1-benzoyl-2-thiohydantoin 104.
5-Isobutylhydantoin-3-α-isocapronsäure 71.
d, 1-5-Isobutyl-2-imino-4-oxotetrahydroimidazol 118.
Isobutylnitroguanidin 172.
Isobutylpiperazin 1045.
— Benzoylverbindung 1045.
d, 1-5-Isobutyl-2-thiohydantoin 97, 104.
d, 1-5-Isobutyl-2-thiohydantoin-3-isobutylessigsäureäthylester 96.
α-Isobutyl-γ-valerolacton 784.
Isobutyrylcyanid 788.
Isobutyrylguanidin 116.
— -α-sulfonsäure 116.
N-Isobutyrylhistamin 208.
5-Isobutyryl-1, 5-dehydrohydantoin-3-essigsäure 962.
Isocystein, Derivate 570.
— Ferro-Salz 570.
Isoharnstoffderivate 61.
N-Isohexyl-dl-alanyl-decarboxy-leucin 836.
— -chlorhydrat 836.
(N-Isohexyl-dl-alanyl)-dl-leucyl-decarboxy-glycin 963.
— -chlorhydrat 963.
— -pikrat 963.
N-Isohexyl-dl-leucyldecarboxy-alanin 852.
— -chlorhydrat 852.
Isohydantoin 73.
Isoleucin 454.
— Bestimmung 455.
— Bildung 455.
d-Isoleucin, Biochemische Eigenschaften 455.

d, l-Isoleucin, Biochemische Eigenschaften 456.
Isoleucin, Chemische Eigenschaften 456.
d-Isoleucin, Physikalische Eigenschaften 456.
l-Isoleucin, Physikalische Eigenschaften 456.
Isoleucin, Vorkommen 454.
Iso-3-methylen-2, 5-dioxopiperazin 1007.
Iso-3-methylen-6-isobutyl-2, 5-dioxopiperazin 1015.
— Natriumsalz 1015.
Iso-3-methylen-6-methyl-2, 5-dioxopiperazin 1013.
— Dinatriumsalz 1014.
α-Iso-octyl-γ-valerolacton 784.
Isopropylallylacetyl-harnstoff 53.
Isopropylamin 178.
[4-Isopropyl-benzoyl]-l-asparagin 484.
5-Isopropyl-1, 5-dehydrohydantoin-3-essigsäure 962.
1-Isopropyl-1-dimethylaminoäthanol-2 422.
N-Isopropylglycin 353.
N-Isopropylglycin, Hydrochlorid 353.
Isopropyl-glykolsäure, s. α-Oxyiso-valeriansäure 785.
N-Isopropylidenglycin-Na 353.
Isopropylnitroguanidin 172.
γ-p-Isopropylphenyl-n-propyl-glykokoll, Benzolsulfoverbindung 362.
γ-p-Isopropylphenyl-n-propyl-glykokoll, Chlorhydrat 362.
γ-p-Isopropylphenyl-n-propyl-glykokoll-äthylester 362.
Isoserin 764.
Isoseryl-glycin 951
Isovaleryl-ameisensäure, s. α-Ketoiso-capronsäure 788.
Isovaleryläthylharnstoff 54.
Isovalerylcyanid 788.
Isovaleryl-dl-leucyl-glycin 848.

β-Jodäthylacetylurethan 82.
β-Jodäthylurethan 81.
Jodgorgon, s. 3, 5-Dijodtyrosin 660.
Jodgorgosäure, s. 3, 5-Dijodtyrosin 660.
m-Jodhippursäure 383.
o-Jodhippursäure 382.
p-Jodhippursäure 383.
5-Jodoxindol-3-acoylsäure 263.
5-Jodoxindolaldehyd 263.
Jodoxindol-3-essigsäure 262.
— -3-propionsäure 262.
5-Jodoxindol-3-propionsäure 263.
p-Jodphenylalanin 613.

p-Jodphenylurethan 85.
Julin 213.

Kalkstickstoff 166.
Ketobernsteinsäure, s. Oxalessigsäure 788.
α-Keto-buttersäure 786.
— Oxim 787.
— phenylhydrazon 787.
— Semicarbazon 787.
α-Keto-n-capronsäure 788.
— Oxim 788.
— Phenylhydrazon 788.
— Semicarbazon 788.
α-Keto-β, β-diäthylglutarsäure 791.
— saures Ca-Salz 791.
— Semicarbazon 791.
4-Keto-3, 4-dihydrochinazolin-2-thioglykolsäure-äthylester 773.
α-Keto-glutarsäure 790.
— Semicarbazon 790.
α-Keto-iso-capronsäure 788.
— Ag-Salz 788.
— Phenylhydrazon 788.
α-Keto-β-methyl-β-äthyl-glutarsäure 790.
2-Keto-tetrahydropyrrol-(5)-carbonsäure, s. 5-Pyrrolidon-(2)-carbonsäure 506.
Kohlensäuredicholinester-bromid 222.
α-Kopellidinopropionsäure-äthylester 418.
Kreatin und Kreatinin 139.
— Bestimmung 140.
— Bildung 140.
— Nachweis 139.
— Physiologische Eigenschaften 140.
— Physikalische u. chemische Eigenschaften 143.
— Vorkommen 139.
Kreatin 143, 139.
— Bestimmung 140, 144.
— Bildung 140, 144.
— Derivate 149.
— Nachweis 139, 144.
— Physiologische Eigenschaften 140, 144.
— Physikalische u. chemische Eigenschaften 143, 149.
— Vorkommen 139, 143.
Kreatin-n-butylester-hydrochlorid 150.
Kreatinin 139, 150.
— Bestimmung 140, 152.
— Bildung 140, 152.
— Darstellung 154.
— Derivate 159.
— Nachweis 139, 152.
— Physiologische Eigenschaften 140, 155.
— Physikalische u. chemische Eigenschaften 143, 158.

Kratinin, Vorkommen 139, 150.
Kreatinol 125.
— Derivate 125.
Kreatinphosphorsäure (Phosphagen) 150.

Lactotyrin α, β und γ 908.
N-Lactyl-thyroxin 680.
Laurylalanin 411.
Laurylglykokolläthylester 349.
Leucin 433.
— Bestimmung und Nachweis 437.
d, l-Leucin, Bildung 436.
l-Leucin, Bildung 434.
d-Leucin, Biochemische Eigenschaften 444.
d, l-Leucin, Biochemische Eigenschaften 444.
l-Leucin, Biochemische Eigenschaften 438.
d, l-Leucin, Chemische Eigenschaften 449.
l-Leucin, Chemische Eigenschaften 446.
— Cu-Salz 449.
d, l-Leucin, Derivate 452.
l-Leucin, Derivate 449.
Leucin, Diphenylphosphat 449.
— Isomere 454.
l-Leucin, Ka-Salz 449.
— Li-Salz 449.
— Na-Salz 449.
— NH$_4$-Salz 449.
d, l-Leucin, Phenylisocyanatverbindung 453.
— Physikalische Eigenschaften 446.
l-Leucin, Physikalische Eigenschaften 445.
Leucin, Vorkommen 433.
l-Leucinanhydrid 1022.
Leucinamid, Bromhydrat 450.
d, l-Leucin-äthylester 452.
l-Leucin-äthylester 449.
— Chlorhydrat 449.
Leucincholin, Jodhydrat 451.
l-Leucincholinchlorid-palmitin-säureester 452.
l-Leucincholinchlorid-stearin-säureester 224, 451.
l-Leucincholinjodid-palmitin-säureester 224, 452.
l-Leucincholinjodid-stearin-ester 223.
l-Leucincholinjodid-stearin-säureester 451.
d, l-Leucin-glycerinester 452.
Leucinol, Chlorhydrat 453.
Leucin-propylester 450.
Leucinsäure 786.
— Ca-Salz 786.
— Na-Salz 786.
— Zn-Salz 786.
l-Leucinsäure-äthylester 786.
d, l-Leucintyramin 453.

Leucin-uraminosäure 450.
dl-Leucyl-β-alanin 941.
dl-Leucyl-dl-alanin 851.
Leucyl-alanylanhydrid 1015.
l-Leucyl-d-alanyl-d-valyl-l-leucyl-glycyl-d-glutaminsäure 905.
— Derivat 906.
dl-Leucyl-dl-β-aminobuttersäure 853, 941.
dl-Leucyl-γ-aminobuttersäure 853, 941.
dl-Leucyl-dl-α-aminobutyryl-dl-α-aminobuttersäure 885.
dl-Leucyl-ε-amino-n-capronsäure 855.
dl-Leucyl-dl-α-aminocaprylsäure 855.
dl-Leucyl-dl-α-aminocaprylsäureanhydrid 1023.
dl-Leucyl-dl-α-aminoheptylsäure 855.
dl-Leucyl-dl-α-aminoheptylsäureanhydrid 1023.
dl-Leucyl-α-aminoisobuttersäure 852.
l-Leucyl-α-aminoisobuttersäureanhydrid 1021.
dl-Leucyl-dl-α-aminomyristinsäure 856.
dl-Leucyl-(N)-dl-α-amino-δ-oxyvaleriansäure 858.
dl-Leucyl-δ-aminovaleriansäure 853.
Leucyl-arsanilsäure 450.
Leucyl-asparagin 945.
dl-Leucyl-asparaginanhydrid 1024.
dl-Leucyl-colamin 943.
Leucyldecarboxy-α-alanin 177.
dl-Leucyl-decarboxy-alanin 851.
— chlorhydrat 851.
— Derivate 851.
— Platinsalz 851.
— chlorhydrat der sekundären Verbindung 851.
dl-Leucyl-decarboxy-glycin 851.
— pikrat 851.
Leucyldecarboxy-β-phenyl-α-alanin 193.
dl-Leucyl-decarboxy-β-phenyl-α-alanin 856.
— chlorhydrat 856.
dl-Leucyl-decarboxy-serin 943.
dl-Leucyl-decarboxy-tyrosin 857.
dl-Leucyl-diglycyl-glycin 897.
— Derivate 986.
l-Leucyl-diglycyl-glycin 897.
dl-Leucyl-diglycyl-leucin 986.
α-d, l-Leucyl-α′, β-dipalmityl-glycerin 452.
α-d, l-Leucyl-α′, β-distearyl-glycerin 452.

dl-Leucyl-glutaminanhydrid 1024.
dl-Leucyl-d-glutaminsäure 859, 946.
— Kupfersalz 859.
l-Leucyl-d-glutaminsäure 859.
dl-Leucyl-d-glutaminsäureanhydrid 1024.
— diäthylester 1024.
— amid 1024.
l-Leucyl-d-glutaminsäureanhydrid 1024.
dl-Leucyl-glycin, tautomere Form 850.
dl-Leucyl-glycin 846, 939.
— äthylester 847.
— amid 940.
— kupfer 847.
Leucyl-glycinanhydrid 1007.
— desmotrope Form 1008.
dl-Leucyl-glycyl-d-alanin 883.
dl-Leucyl-glycyl-dl-alanin 883.
l-Leucyl-glycyl-d-alanin 882, 970.
Leucyl-glycyl-(alanyl-alaninanhydrid) 1037.
l-Leucyl-glycyl-d-alanyl-l-leucyl-d-valin 904.
dl-Leucyl-glycyl-arsanilsäure 850.
dl-Leucyl-glycyl-dl-3,5-dibromtyrosin 974.
dl-Leucyl-glycyl-dl-3,5-dichlortyrosin 974.
dl-Leucyl-glycyl-dl-3, 5-dijodtyrosin 974.
l-Leucyl-glycyl-d-glutaminsäure 884.
Leucyl-(glycyl-glycinanhydrid) 1036.
dl-Leucyl-glycyl-glycin 882, 969.
— äthylester 882.
d-Leucyl-glycyl-l-leucin 972.
l-Leucyl-glycyl-d-leucin 972.
Leucyl-(glycyl-leucinanhydrid) 1036.
dl-Leucyl-glycyl-dl-leucin 883, 970.
— methylester 883.
l-Leucyl-glycyl-l-leucin 883, 972.
— kupfer 883.
dl-Leucyl-glycyl-dl-leucyl-anilin 971.
l-Leucyl-glycyl-l-leucyl-glycin 986.
dl-Leucyl-glycyl-dl-leucyl-glycin 897, 987.
— äthylester 987.
d-Leucyl-glycyl-l-leucyl-glycyl-d-leucin 990.
dl-Leucyl-glycyl-dl-leucyl-glycyl-dl-leucin 990.
l-Leucyl-glycyl-d-leucyl-glycyl-l-leucin 990.

l-Leucyl-glycyl-l-leucyl-glycyl-l-leucin 990.
dl-Leucyl-glycyl-dl-norleucin 973.
dl-Leucyl-glycyl-dl-phenylalanin 973.
dl-Leucyl-glycyl-dl-serin 883.
dl-Leucyl-(glycyl-dl-serinanhydrid) 1037.
d-Leucyl-glycyl-l-tyrosin 884, 973.
dl-Leucyl-glycyl-l-tyrosin 973.
l-Leucyl-glycyl-l-tyrosin 884.
dl-Leucyl-glycyl-dl-valin 970.
l-Leucyl-hexaglycyl-glycin 907.
dl-Leucyl-l-histidin 945.
l-Leucyl-l-histidin 945.
Leucyl-isoleucinanhydrid 1022.
Leucyl-isoserin 946.
l-Leucyl-l-leucin 854.
dl-Leucyl-dl-leucin 854, 941.
— amidhydrobromid 942.
— kupfer 854.
l-Leucyl-l-leucyl-l-leucin 885.
l-Leucyl-l-leucyl-l-leucyl-l-leucin 898.
l-Leucyl-l-leucyl-l-leucyl-l-leucyl-l-leucin 905.
l-Leucyl-dl-methylisoserin 857.
dl-Leucyl-dl-norleucin (α- und β-Form) 854, 942.
dl-Leucyl-dl-norleucinanhydrid (α- und β-Form) 1022.
l-Leucyl-octaglycyl-glycin 907, 993.
dl-Leucyl-β-oxyäthylamin 943.
dl-Leucyl-l-oxyprolin 859.
l-Leucyl-pentaglycyl-glycin 992.
l-Leucyl-pentaglycyl-l-tryptophan 992.
dl-Leucyl-dl-phenylalanin (α- und β-Form) 942.
dl-Leucyl-dl-phenylalaninanhydrid (α- und β-Form) 1023.
dl-Leucyl-dl-phenylserin 858.
l-Leucyl-l-prolin 857.
— Methylierungsprodukt 857.
Leucyl-prolinanhydrid 1023.
l-Leucyl-prolinanhydrid 1023.
dl-Leucyl-l-prolyl-l-tyrosin 886.
l-Leucyl-l-serin 857.
Leucyl-serinanhydrid 1024.
l-Leucyl-tetraglycyl-glycin 991.
dl-Leucyl-dl-thyroxin 944.
dl-Leucyl-triglycyl-decarboxyglycin, Derivate 989.
dl-Leucyl-triglycyl-glycin 902.
dl-Leucyl-triglycyl-dl-leucin 990.
l-Leucyl-triglycyl-l-leucin 902.
l-Leucyl-triglycyl-l-leucyl-triglycyl-l-leucyl-octaglycyl-glycin 908.

l-Leucyl-triglycyl-l-leucyl-triglycyl-l-leucyl-pentaglycyl-glycin 993.
l-Leucyl-triglycyl-l-leucyl-triglycyl-l-leucyl-triglycyl-l-leucyl-pentaglycyl-glycin 993.
dl-Leucyl-triglycyl-dl-serin 903.
dl-Leucyl-triglycyl-l-tyrosin 903.
l-Leucyl-triglycyl-l-tyrosin 903.
dl-Leucyl-tyramin 857.
dl-Leucyl-dl-valin 854.
l-Leucyl-d-valin 853.
l-Leucyl-d-valinanhydrid 1021.
Lysin 543.
— Bestimmung 551.
d-Lysin, Bildung 544.
d, l-Lysin, Bildung 550.
d-Lysin, Biochemische Eigenschaften 551.
d, l-Lysin, Biochemische Eigenschaften 554.
d-Lysin, Chemische Eigenschaften 554.
d, l-Lysin, Chemische Eigenschaften 555.
d-Lysin, Darstellung 550.
d, l-Lysin, Darstellung 551.
— Derivate 557.
l-Lysin Derivate 555.
Lysin, Dihydrochlorid 555.
— l-Naphthol-2, 4-dinitro-7-sulfosaures Salz 555.
d, l-Lysin, Phenylhydantoinderivat 557.
Lysin, Physikalische Eigenschaften 554.
d, l-Lysin-Pikrat 557.
d-Lysin, Vorkommen 543.
d-Lysursäure 556.
— Hydantoinverbindung 556.
— Phenylisocyanatverbindung 556.

Magnesylurethan (Magnesiumbromurethan) 81.
— Ätheranlagerungsprodukt 81.
— Pyridinverbindung 81.
Malonaldehydsäure 791.
Malonyldibenzyldiurethan 85.
Malonyldiphenyldiurethan 85.
Malonyldiurethan 86.
Melidoessigsäure 63.
Melilotsäure, s. o-Oxyphenylpropionsäure 792.
Menthonindol 252.
β-Mercapto-α-amino-propionsäure, s. Cystein 557.
μ-Mercaptoglyoxalinacrylsäure 805.
μ-Mercapto-histidin-methylbetain 737.
α-Mercapto-propionsäure, s. α-Thiomilchsäure 774.

β-Mercaptopropionsäure, s. β-Thiomilchsäure 775.
Mercuriaminoessigsäure 339.
Mesitylthioharnstoff 94.
Mesoxalaldehydsäure 791.
Methionin 596.
— Bildung 596.
— Biochemische Eigenschaften 597.
— Chemische Eigenschaften 597.
— Cu-Salz 597.
— Derivate 597.
— α-Naphthylisocyanatverbindung 598.
— Physikalische Eigenschaften 597.
— Synthese 596.
— Synthetisch-physikalische Eigenschaften 597.
— Thiohydantoinderivat 598.
— Pikrolonat 598.
β-Methoxy-α-amino-isovaleriansäure 432, 767.
4-Methoxy-1-anthrachinonylurethan 86.
N-p-Methoxybenzalhistamin 209.
p-Methoxybenzyliden-hydantoylhydrazon 69.
β-[p-Methoxy-bromphenyl]-β-methoxy-α-aminopropionsäure 776.
— Phenylisocyanatverbindung 776.
4-Methoxy-1, 2'-dianthrachinonylharnstoff 51.
5-Methoxy-1, 3-dimethylhydantoin 63.
5-Methoxyhydantoin-5-carbonsäuremethylester 63.
5-Methoxyhydantoylphenylamid 63.
4-Methoxyindol 245.
5-Methoxyindol 246.
6-Methoxyindol 246.
7-Methoxyindol 247.
5-Methoxyindol-3-aldehyd 246.
6-Methoxyindol-3-aldehyd 247.
7-Methoxyindol-3-aldehyd 247.
4-Methoxyindol-2-carbonsäure 255.
5-Methoxyindol-2-carbonsäure 255.
7-Methoxyindol-2-carbonsäure 255.
5-Methoxyindol-2-carboxyacetalylamid 255.
5-Methoxyindol-2-carboxyacetylmethylamid 255.
4-Methoxyindol-2-carboxydimethylacetalylmethylamid 255.
5-Methoxyindol-2-carboxydimethylacetalylamid 255.

5-Methoxyindol-2-carboxydimethylacetalylmethylamid 255.
6-Methoxyindol-2-carboxydimethylacetalylmethylamid 260.
α-Methoxy-iso-buttersäure 780.
6-Methoxy-1-methylindol 246.
6-Methoxy-1-methylindol-2-carbonsäure 246.
5-m-Methoxy-p-oxybenzalkreatinin 160.
5-Methoxy-3-oxy-2-oxindol 264.
5-Methoxy-3-oxy-2-oxodihydroindol-3-carbonsäureäthylester 264.
4-[4'-Methoxyphenoxy-]benzaldehyd 683.
— Kondensationsprodukt mit Glycinanhydrid 683.
— Oxim 683.
— Phenylhydrazon 683.
— Semicarbazon 683.
4-[4'-Methoxyphenoxy-]benzalhydantoin 684.
4-[4'-Methoxyphenoxy-]benzoesäure 683.
4-[4'-Methoxyphenoxy-]benzylhydantoin 684.
β-4-[4'-Methoxy-phenoxyphenyl-]α-aminopropionsäure 682.
4-[4'-Methoxyphenoxy-]zimtsäure 683.
— K-Salz 683.
— Na-Salz 683.
— -methylester 683.
[(Methoxy-4-phenyl)-acetylamino]-essigsäure 357.
— -essigsäureäthylester 357.
— -essigsäure(methoxy-4'-anilid) 357.
p-Methoxy-phenylalanin 614.
— phenylalanincholin 615.
— phenylalanincholinjodid 615
p-Methoxyphenylalanincholinjodidpalmitinsäureester 224.
p-Methoxyphenylalanincholinjodid-palmitinsäureester 618.
p-Methoxyphenylalanincholinjodidstearinsäureester 224, 618.
[(Methoxy-4-phenyl)-amino]-essigsäureäthylester 357.
[(Methoxy-4-phenyl)-amino]-essigsäureamid 357.
[(Methoxy-4-phenyl)-amino]-essigsäure-(methoxy-4-anilid) 357.
(Methoxy-4-phenylamino)-essigsäure-(methylmethoxy-4'-phenylamid) 358.
β-[m-Methoxyphenyl]-β-aminopropionsäure, Hydrochlorid 753.

β-[o-Methoxyphenyl-]β-aminopropionsäure, Hydrochlorid 753.
β-[p-Methoxyphenyl]-β-aminopropionsäure, Hydrochlorid 753.
β-(p-Methoxyphenyl)-äthylamin 198.
1-p-Methoxyphenyl-5-benzalhydantoin 69.
3-(p-Methoxyphenyl-)2-benzylmercapto-5-benzalhydantoin 104.
1-(p-Methoxyphenyl)-biguanidhydrochlorid 172.
(Methoxy-4-phenyl)-bis-(methoxy-4′-phenylaminoacetylamin) 357.
p-Methoxyphenyl-glyoxylsäure-methylester 797.
p-Methoxyphenylharnstoff 45.
1-p-Methoxyphenyl-hydantoin 68.
3-p-Methoxyphenyl-hydantoin 68, 69.
5-p-Methoxyphenyl-hydantoin 68.
2-p-Methoxyphenylindol 253.
3-Methoxy-2-phenylindol 253.
β-p-Methoxyphenyl-β-methoxy-α-aminopropionsäure 776.
2-p-Methoxyphenyl-5-methoxyindol 253.
N-(Methoxy-4-phenyl-)N-(methoxy-4′-phenylaminoacetyl-)aminoessigsäure 357.
β-(p-Methoxyphenyl)-β-oxy-α-aminopropionsäure, s. β-Methoxyphenylserin 776.
α-o-Methoxyphenyl-β-phenyl-α-äthanolthioharnstoff 97.
N, N′-p-Methoxyphenylphenylguanidin 138.
p-Methoxy-phenylserin 776.
3-(p-Methoxyphenyl-)2-thio-5-benzalhydantoin 104.
o-Methoxyphenyl-thioglykolsäure 772.
3-p-Methoxyphenyl-2-thiohydantoin 103, 104.
5-p-Methoxyphenyl-2-thiohydantoin 104.
5-Methoxyskatol 239.
7-Methoxyskatol 240.
5-Methoxyskatol-2-carbonsäure 240.
7-Methoxyskatol-2-carbonsäure 240.
2-Methyl-3-acetindol 249.
3-Methyl-5-acetylaminohydantoin 65.
2-Methyl-3-acetylindol 237.
O-Methyl-N-acetyl-l-tyrosin 652.
— -äthylester 652.

N-Methylalanin 412.
d, l-N-Methylalanin 416.
l-N-Methylalanin 413.
— Chlorhydrat 413.
N-Methylalanin, Co-Salz 412.
— Cu-Salz 412.
d, l-N-Methylalanin, Cu-Salz 416.
l-N-Methylalanin, Cu-Salz 413.
— Na-Salz 413.
N-Methylalanin, Ni-Salz 412.
l-N-Methylalanin, Ni-Salz 414.
N-Methylalanin, Pt-Salz 412.
l-N-Methylalanin, Pt-Doppelsalz 414.
Methylalanyl-alanin 841.
N-Methyl-dl-alanyl-dl-alanyl-dl-norvalin 960.
N-Methyl-dl-alanyl-dl-alanyl-dl-norvalyl-methylamin 983.
— Kupferverbindung 983.
N-Methyl-dl-alanyl-decarboxyleucin 836.
Methylalanyl-glycin 841.
dl-Methylalanyl-glycyl-glycin 881.
Methylalanyl-sarkosinanhydrid 1017, 1051.
N, ω-Methylallophansäure-äthylester 75.
N-ω-Methylallophansäure-methylester 74.
N^{ms}-Methylallophansäure-methylester 74.
N-Methylamidin-d, l-alanin 416.
— Dipikratsalz 416.
Methylamin 174.
— Bestimmung 175.
— Bildung 174.
— Darstellung 175.
— Derivate 176.
— Nachweis 175.
— Physiologische Eigenschaften 175.
— Physikalische u. chemische Eigenschaften 176.
α-Methylamino-n-buttersäure 426.
β-Methylamino-n-buttersäure-äthylester 756.
β-Methylamino-n-buttersäure-lactam 756.
β-Methylamino-n-buttersäure-methylamid 756.
β-Methylamino-n-butyronitril 757.
γ-Methylamino-n-butyronitril 758.
— Chloraurat 759.
— Hydrochlorid 758.
— Pikrat 759.
ε-Methylamino-n-capronsäure 762.
l-Methyl-2-amino-5-chlor-benzol-3-thioglykolsäure 772.

Methylaminoessigsäure, s. Sarkosin 367.
3-Methyl-5-aminohydantoin 65.
N-Methyl-β-(2)-amino-α-piperidon 802.
— Chloroplatinat 802.
— Pikrat 802.
3-Methyl-5-amino-1, 2, 4-triazol-2-phenylthioharnstoff 101.
δ-Methylamino-n-valeriansäure 761.
3-Methyl-5-amido-4-thio-1, 2-diazolylphenylsulfoharnstoff 100.
3-Methyl-5-p-anisal-hydantoin-1-essigsäure 73.
3-Methyl-5-anisalhydantoin-1-essigsäureäthylester 71, 72.
1-Methyl-5-anisalhydantoin-3-essigsäuremethylester 72.
1-Methyl-5-anisalhydantoin-3-propionsäuremethylester 72.
a. N-Methyl-p-anisol-carbamid 47.
d, l-α-Methylarginin 536.
d, l-δ-Methylarginin 537.
— Dinitrat 537.
— Dipikrat 537.
d, l-α-Methylarginin, Flavianat 537.
— Kupfernitratsalz 537.
d, l-δ-Methylarginin, Kupfernitratsalz 537.
— Monopikrat 537.
d, l-α-Methylarginin, Nitrat 536.
Methylasparaginsäure 471.
— di-äthylester 471.
O-Methyläther-N-methyl-tyrosin-methylester 652.
1-Methyl-5-äthoxyhydantoincarbonsäureäthylester 64.
1-Methyl-5-äthoxyhydantoyl-äthylamid 63.
1-Methyl-5-äthoxyhydantoyl-methylamid 63.
d-Methyläthylacetyl-l-leucin-äthylester 479.
Methyläthylallylamin 183.
Methyläthylamin 182.
β, β-Methyl-äthylbutyrolactam 800.
— Nitrosoderivat 801.
β-Methyl-β-äthyl-γ-butyrolacton 779.
5-Methyl-5-äthyl-hydantoin 62.
Methyläthylpropylamin 183.
4-Methyl-5-äthylpyrazolinharnstoff 61.
β-Methyl-β-äthyl-valerolacton 783.
1-Methyl-5-benzalhydantoin 67.
1-Methyl-5-benzalhydantoin-3-essigsäure 72.

N^2-Methyl-5-benzalkreatinin 160.
5-Methyl-1-benzoylalanyl-2-thiohydantoin 104.
d, l-δ-Methyl-α-benzoylarginin 537.
7-Methyl-N-benzoyl-2, 3-dihydroindol-3-carbonsäure 244.....
254.
2-Methyl-3-benzoylindol 252.
5-Methyl-1-benzoyl-2-thiohydantoin 104.
1-Methyl-5-benzylhydantoin 68.
2-Methyl-3-benzylindol 252.
d, l-$\ddot{u}$-Methyl-w-benzoylornithin 542.
ω-Methylbiuret 75.
— Acetylverbindung 76.
— Nitrosoverbindung 76.
ms-Methylbiuret 76.
— Acetylverbindung 76.
Methylbrenztraubensäure, s. α-Ketobuttersäure 786.
β-Methyl-butyrolactam 800.
α-Methyl-γ-butyrolacton 778.
β-Methyl-butyrolacton 778.
γ-Methyl-butyrolacton, s. γ-Valerolacton 782.
3-Methyl-butanol-(2)-säure-(1), s. α-Oxy-iso-valeriansäure 785.
— s. Dimethylbrenztraubensäure 787.
Methylcarbamidsäure-β-chloräthylester 83.
Methylcarbamidsulfonessigsaures Kalium 56.
1-Methylcarbaminyl-3-äthylhydantoin 66.
N-Methylcarbaminyl-N'-cyanguanidin 167.
1-Methylcarbaminylhydantoin 66.
1-Methylcarbaminyl-3-methylhydantoin 66.
2-Methyl-5-carbäthoxy-5-oxyindol 247.
Methylcarboxäthylcyanamid 165.
2-Methyl-3-carboxy-5-methoxyindol 247.
Methylcarnosin 929.
2-Methyl-3-chloracetylindol 238.
1-Methyl-5-chlorbenzol-2-carboxamid-3-thioglykolsäure 772.
β-(1-Methyl-4-chlor-5-bromimidazolyl-2-)α-alanin, NH_4-Salz 419.
— Pikrat 419.
1-Methyl-5-chlorbenzol-2-thioglykolsäure 772.
1-Methyl-2-cyan-5-chlorbenzol-3-thioglykolsäure 772.

2-Methyl-3-cyanacetylindol 238.
2-Methyl-3-(ω-cyan-ω-carbäthoxyvinyl-)indol 250.
N-Methyl-N'-cyanharnstoff 52.
2-Methyl-3-cyanindol 250, 258.
m-Methylcyclohexylphenylharnstoff 49.
Methylcyclopropyl-aminoessigsäure 418.
5-Methyl-1, 5-dehydrohydantoin-3-essigsäure 967.
5-Methyl-1, 5-dehydrohydantoin-3-propionyl-glycin 983.
2-Methyl-3-diäthylaminobutanol-(2) 183.
N-Methyl-N', N'-diäthylthioharnstoff 99.
1-Methyl-2, 4-dichlorbenzol-5-thioglykolsäure 772.
1-Methyl-2, 6-dichlorbenzol-3-thioglykolsäure 772.
N-Methyl-3-dichloroxindol 261.
N-Methyl-diglycyl-glycin 952.
As-Methyldihydroarsindol 266.
7-Methyl-2, 3-dihydroindol 254.
7-Methyl-2, 3-dihydroindol-3-carbonsäure 254.
2-Methyl-3-dimethyl-aminobutanol-(2) 183.
O-Methyl-β, β-dimethylserin 425.
3-Methyl-4, 6-dinitrophenylcyanamid 164.
3-Methyl-2, 6-dinitrophenylharnstoff 49.
3-Methyl-4, 6-dinitrophenylharnstoff 49.
3-Methyl-4, 6-dinitrophenylnitroharnstoff 49.
3-Methylen-2, 5-dioxopiperazin 1006.
— Benzaldehydverbindung 1007.
Methyldithiocarbaminsäure 102.
Methylenalanin 412.
d, l-N-Methylenalanin, Ba-Salz 416.
— Cu-Salz 416.
— Na 416.
Methylenasparagin 484.
— säure 471.
N-Methylen-bis-pyrrolidoncarbonsäure 508.
— Ag-Salz 508.
— di-äthylester 508.
d-Methylencampher-1-alaninäthylester 413.
Methylendicarbaminsäure-i-propylester 83.
Methylendi-p-chlordiphenyldiurethan 83.
Methylendimethylharnstoff-Dihydrat 42.

Methylendioxybenzhistamin 209.
Methylendioxybenzylhistamin 209.
N-Methylendioxy-3, (4-benzyliden)-glykokoll 361.
Methylen-3, 4-dioxyphenylalanin 690.
Methylen-2, 4-dioxyphenylbrenztraubensäure 799.
— Phenylhydrazon 799.
— Semicarbazon 799.
Methylendiurethan 81.
Methylenglutaminsäure 505.
— pyrrolidoncarbonsäure 505.
N-Methylenglycin-Na- 352.
Methylenglykokoll 351.
— Ag-Salz 352.
— Ba-Salz 352.
— Cd-Salz 352.
— Cu-Salz 352.
— Hg-Salz 352.
— Ni-Salz 352.
— Zn-Salz 352.
3-Methylen-6-methyl-2, 5-dioxopiperazin 1012.
Methylen-phenylalanin 613.
C-Methylenphenylglycin, Ag-Salz 386.
— Cd-Salz 386.
— Hg-Salz 386.
— Zn-Salz 386.
5-Methylen-3-phenylhydantoin 68.
Methylentetrachlordi-α-naphthyldiurethan 83.
N-Methylen-tyrosin-Na 653.
2-Methyl-3-formindol 249
N-Methylglutaminsäure 504.
N-Methyl-glutaminsäure-diäthylester 505
N-Methylglutaminsäure, Hydrochlorid 504.
Methylglycin, s. Sarkosin 367.
(N-Methyl-glycyl)-dl-leucyldecarboxy-alanin 957.
— -chlorhydrat 957.
— -pikrat 957.
l-Methylglyoxalin-5-aldehyd 803.
4 (5)-Methylglyoxalin-5 (4)-aldehyd 803.
— Anilid 803.
l-Methylglyoxalin-5-aldehyd, Nitrat 803.
— Pikrat 803.
4 (5)-Methylglyoxalin-5 (4)-aldehyd, Pikrat 803.
l-Methylglyoxalin-5-carbonsäure 803.
l-Methylglyoxalin-5-carbonsäure-methylester 804.
l-Methylglyoxalin-4-carbonsäure-methylester, Prikrat 804.

1-Methylglyoxalin-5-carbon-
  säure, Pikrat 803.
1-Methylglyoxalin-5-carbon-
  säure-methylester, Pikrat
  804.
Methylguanidin 119.
— Bestimmung 119.
— Bildung 119.
— Darstellung 120.
— Derivate 121.
— Physiologische Eigenschaft
  120.
— Salze 122.
— Vorkommen 119.
Methylguanidoäthanol 125.
N-Methyl-N-(β-guanidino-
  äthyl)-guanidin 122, 131.
N-Methyl-N'-guanylharnstoff
  60.
Methylharnstoff 44.
Methylhistamin 208.
d, l-Methylhistidin 738.
— Nitrat 738.
Methylhydantoin 61.
— Physiologische Eigen-
  schaften 61.
1-Methylhydantoin 62.
3-Methylhydantoin 62.
5-Methylhydantoin 69.
3-Methylhydantoin-5-carbon-
  säure 64.
2-Methyl-[hydantoino-1', 5': 1,
  5-hydantoin] 65.
5-Methylhydantoin-3-α-pro-
  pionsäure 71.
Methylhydantoinsäure 62.
3-Methylhydantoyl-methyl-
  amid 64.
2-Methylindol 237, 242.
3-Methylindol 239.
— Bestimmung 239.
— Chemische Eigenschaften
  239.
— Derivate 239.
— Physiologische Eigen-
  schaften 239.
— Nachweis 239.
5-Methylindol 250.
7-Methylindol 254.
2-Methylindol-3-aldehyd 238,
  249.
5-Methylindol-3-aldehyd 250.
2-Methylindol-3-amino-acryl-
  säureäthylester 258.
N-Methylindol-2-carbonsäure
  255.
5-Methylindol-3-carbonsäure
  254.
7-Methylindol-3-carbonsäure
  254.
3-Methylindol-2-carboxy-dime-
  thylacetalylmethylamid
  260.
2-Methylindol-3-essigesterimin
  237.
5-Methylindolalhydantoin 251.

2-Methyl-3-indolylglyoxyl-
  säure 259.
5-Methylindolylhydantyl-
  methan 251.
Methylisoamylamin 183.
3-Methyl-5-iso butylpyrazolin-
  harnstoff 61.
Methylisohydantoin 73.
Methyl-isopropyl-α-amino-
  essigsäure 454.
— Cu-Salz 454.
2-Methyl-3-isopropylindol 244.
3-Methyl-5-iso-propylpyra-
  zolinharnstoff 60.
ϱ-Methylisothioharnstoff 101.
Methylketil-3, 3 238.
Methylketoylameisensäure 259.
Methylkreatinin 159.
— Derivate 159.
N-Methylleucyldecarboxy-α-
  alanin 177.
N-Methyl-dl-leucyl-decarboxy-
  alanin 852.
— -chlorhydrat 852.
— -pikrat 852.
Methyl-dl-leucyl-glycin 940.
Methyl-dl-leucyl-glycyl-dl-
  leucin 971.
Methyl-dl-leucyl-glycyl-dl-
  leucyl-anilin 972.
N-Methyl-dl-leucyl-dl-thyroxin
  944.
N-Methyl-dl-leucyl-triglycyl-
  methylamin 989.
o-Methylmercapto-phenyl-
  thioglykolsäure 772.
p-Methylmercapto-phenyl-
  thioglykolsäure 772.
2-Methyl-5-methoxyindol 247.
3-Methyl-5-methoxyindol 248.
2-Methyl-6-methoxyindol 247.
1-Methyl-5-methoxyhydantoin-
  carbonsäureamid 63.
1-Methyl-5-methoxyhydantoin-
  carbonsäuremethylester 64.
(Methylmethoxy-4-phenyl)-
  aminoessigsäure-(methoxy-
  4'-anilid) 358.
3-Methyl-5-methylamino-
  hydantoyl-5-methylamid
  66.
1-Methyl-4-methylimino-5-
  äthoxyhydantoyläthylamid
  63.
1-Methyl-4-methylimino-5-
  äthoxyhydantoylmethyl-
  amid 63.
Methylnitroguanidin 172.
2-Methyl-3-(ω-nitrovinyl)-indol
  250.
2-Methyl-3-(n)-octylindol 244.
2-Methyloktahydroindol 242.
Methylolharnstoff 41.
d, 1-δ-Methylornithin 542.
— Chloroplatinat 542.
— Dichlorhydrat 542.

d, 1-δ-Methyl-ornithin, Monochlorhydrat 542.
a. N-Methyl-p-oxäthyloxy-
  phenylharnstoff 49.
5-Methyloxazolidonyl-3-
  phenylthioharnstoff 101.
5-Methyloxazolin-2-phenyl-
  thioharnstoff 101.
1-Methyl-1-(β-oxyäthyl-)guani-
  din (Kreatinol) 125.
— Derivate 125.
3-Methyl-5-p-oxybenylhydan-
  toin-1-essigsäure 73.
1-Methyl-5-oxyhydantoyl-9-
  methylharnstoff 60.
3-Methyl-5-oxyhydantoyl-
  methylamid 64.
2 Methyl-5-oxyindol 247.
3-Methyl-6-oxymethyl-pipera-
  zin 1046.
— dichlorhydrat 1046.
4-Methyl-pentanol-(2)-säure-
  (1), s. Leucinsäure 786.
4-Methyl-pentanon-(2)-säure-
  (1), s. α-Keto-iso-capron-
  säure 788.
2-Methylperhydroindol 238.
3-Methylperhydroindol 240.
N-Methyl-N-phenetidylharnstoff 48.
a. N-Methyl-p-phenetolcarbamid 47.
d, 1-N-Methylphenylalanin 618.
Methylphenyl-β-anthrachi-
  nonylharnstoff 51.
α-Methyl-β-phenyl-α-äthanol-
  thioharnstoff 98.
2-Methyl-3-phenyläthanon-
  indol 252.
N-Methyl-β-phenyläthylamin
  193.
N-Methylphenyläthyl-glyko-
  koll 362.
N-Methylphenyläthyl-glyko-
  kolläthylester 362.
N-Methylphenyläthyl-glyko-
  kollschlorid 362.
Methylphenylcarbaminsäureäthylester 48.
Methylphenylcyanamid 164.
2-Methyl-3-(ω-phenyl-ω-cyan-
  vinyl-) indol 250.
o-NoMethylphenylglykokoll-p-
  kresol 355.
o-α, N-Methylphenylglykokoll-
  p-kresol 356.
o-N-Methylphenylglykokoll-p-
  kresol-benzoesäureester
  356.
a. Methylphenylharnstoff 47.
N-Methyl-N'-phenylharnstoff
  46.
1-Methyl-3-phenyl-hydantoin
  67.
5-Methyl-3-phenyl-hydantoin
  68.

1-Methyl-3-phenyl-hydantoyl-methylamid 67.
1-Methyl-3-phenylhydantoinsäure 67.
N-Methyl-phenylisoserin 764.
N-Methyl-phenylisoserinmethylamid 764.
1-Methyl-3-phenyl-5-oxyhydantoylmethylamid 67.
N-Methyl-phenyltaurin 602.
— Cu-Salz 602.
Methylphenylurethan 84.
— Nitroderivate 84.
2-Methylpiperazin 1040.
— Goldsalz 1040.
— Chlorhydrat 1041.
2 Methyl-propanolsäure, s. α-Oxy-isobuttersäure 779.
Methyl-n-propyl-α-aminoessigsäure 454.
— Cu-Salz 454.
— α-Naphthylisocyanatverbindung 454.
— α-Naphthylisocyanatverbindung 454.
— — Ag-Salz 454.
— — Cu-Salz 454.
— — Hg-Salz 454.
2-Methyl-3-propylindol 244.
N-Methylputrescin 184.
N-Methyl-α-pyrrolidon 800.
α-Methylserin 424.
N-Methyl-i-serin, Chlorhydrat 764.
α-Methylserin, Cu-Salz 424.
N-Methylskatol 239.
2-Methyl-4, 5-tetramethylenpyrrol 238.
3-Methyl-4, 5-tetramethylenpyrrol 240.
α-Methylthiazol-μ-phenylthioharnstoff 101.
Nω-Methylthiobiuret 101.
Methylthiocarbonyldiphenyldiharnstoff 98.
5-Methyl-2-thiohydantoin 103.
β-Methyl-thiopropionaldehyd 598.
β-Methylthiopropionaldehyddiäthylacetal 598.
β-Methylthiopropionsäure 598.
β-Methylthiopropionsäureäthylester 598.
a. N-Methyl-p-tolylcarbamid 47.
3-Methyl-1, 2, 4-triazol-5- allylthioharnstoff 101.
3-Methyl-1, 2, 4-triazol-5-phenylthioharnstoff 101.
1-Methyl-2, 3, 4-trichlorbenzol-5-thioglykolsäure 772.
6-Methyl-2, 3, 5-trioxopiperazin 1037.
Methyltryparsamid 366.
Bz-3-Methyltryptophan 717.
d, 1-2-Methyltyrosin 658.

d, 1-3-Methyltyrosin 658.
Nω-Methylureido-4-tetrazol 1, 2,·3, 5 56.
α-Methyl-δ-valerolacton 784.
β-Methyl-γ-valerolacton 783.
dl-Methylvalyl-sarkosinanhydrid 1021, 1051.
Milchsäurecholinesterbromid 222.
Monoacetyl-d-arginin 534.
Monoacetyl-glycyl-glycinäthylester 909.
Monoacetyl-d, l-histidin 738.
Monoacetyl-l-histidin 737.
Monoacetyl-iso-3-methylen-6-methyl-2, 5-dioxopiperazin 1014.
Monoacetyl-phenylalanyl-serinanhydrid A und B 1028.
Monoalaninlithiumbromid 414.
Monoalaninlithiumjodid 414.
d-Monobenzoyl-arginin 534.
— Pikrat 534.
d-Monobenzoyl-arginin-äthylester 534.
d, l-δ-Monobenzoyl-ornithin 542.
Monobenzyliden-d-lysin 556.
l-Monobromtyrosin 654.
Monocarbäthoxy-tyrosin-amid 652.
d, l-Monochlortyrosin 657.
l-Monochlortyrosin 654.
l-Monochlortyrosin, Formylverbindung 654.
Monoformal-3-methylen-6-methyl-2, 5-dioxopiperazin 1013.
N-Monochlorurethan 81.
— Salze 81.
Monoglykokoll-lithiumjodid 340.
Monoglykokoll-natiumbromid 340.
Monojodoxindol-3-essigsäure 262.
Monojodoxindol-3-propionsäure 262.
Monomethoxy-tyrosyl-prolinanhydrid 1031.
Monomethylenharnstoff 42.
Monomethyl-tyrosyl-prolinanhydrid 1031.
Monooxybenzyliden-d-lysin 556.
Monosarkosinammoniumjodid 369.
Monosarkosinammoniumrhodanid 369.
Monosarkosinlithiumbromid 369.
Monosarkosinlithiumchlorid 369.
Monosarkosinlithiumjodid 369.

Monosarkosinnatriumbromid 369.
Monosarkosinnatriumchlorid 369.
Monosarkosinnatriumjodid 369.
Mono-p-xylylthioharnstoff 94.
Muscarin 232.
— Chemische Eigenschaften 232.
— Darstellung 232.
— Physiologische Eigenschaften 232.
— Vorkommen 232.
Muskulamin 211.

β-Naphthalinsulfo-d-alanyl-d alanin 923.
d-α-Naphthalinsulfoalaninäthylester 412.
d, l-α-Naphthalinsulfoalaninäthylester 415.
β-Naphthalinsulfo-dl-alanyl-glycyl-glycin 958.
β-Naphthalinsulfo-dl-alanyl-dl-valyl-glycin 962.
β-Naphthalinsulfo-dl-α-aminobutyryl-glycyl-glycin 964.
β-Naphthalinsulfo-glycyl-glycin 814, 910.
β-Naphthalinsulfo-glycyl-dl-leucin 824, 916.
β-Naphthalinsulfo-glycyl-dl-leucyl-glycin 877.
β-Naphthalinsulfo-glycyl-dl-leucyl-dl-leucin 878.
β-Naphthalinsulfo-glycyl-dl-norvalyl-dl-norvalin 956.
α-Naphthalinsulfo-glycyl-dl-phenylalanin 918.
β-Naphthalinsulfo-glycyl-dl-phenylalanin 827.
β-Naphthalinsulfo-glycyl-l-tyrosin 831.
β-Naphthalinsulfo-glycyl-dl-valyl-glycin 955.
β-Naphthalinsulfo-glycyl-d-valyl-d-valin 956.
Naphthalinsulfoglykokollester 351.
β-Naphthalinsulfo-dl-leucyl-glycin 850.
β-Naphthalinsulfo-dl-leucyl-glycyl-glycin 969.
β-Naphthalinsulfo-dl-leucyl-glycyl-dl-leucin 971.
β-Naphthalinsulfo-dl-leucyl-dl-leucin 854.
β-Naphthalinsulfo-dl-norvalyl-dl-norvalin 938.
β-Naphthalinsulfo-pentaglycyl-glycin 905.
d, l-β-Naphthalinsulfophenyl-alanin-methyl-anilid 616.
β-Naphthalinsulfo-tetraglycyl-glycin 899.

β-Naphthalinsulfo-triglycyl-glycin 893.
β-Naphthalinsulfo-l-tyrosyl-glycin 948.
β-Naphthalinsulfo-dl-valyl-glycin 934.
β-Naphthalinsulfo-dl-valyl-glycyl-glycin 965.
β-Naphthalinsulfo-d-valyl-d-valin 936.
β-Naphthalinsulfo-dl-valyl-dl-valin 936.
Naphthochinon-glykokollanilid 353.
l-Naphthol 2, 4-dinitro-7-sulfosaures Guanidin 116.
β-Naphthoyl-dl-leucyl-glycin 849.
α-Naphthyl-alanin 776.
β-(α-Naphthyl)-α-aminopropionsäure, s. α-Naphthylalanin 776.
s. α-Naphthyl-n-amyl-thioharnstoff 94.
N, N' - α-Naphthylbenzylguanidin 138.
α-(α-Naphthyl-)β-p-bromphenyl-α-äthanolthioharnstoff 97.
l-Naphthylglykokoll-8-carbonsäure 362.
2, 3-Naphthylglykokoll-carbonsäure 362.
2, 3-Naphthylglykokoll-carbonsäure, Na-Salz 362.
1, 4-Naphthylglykokoll-sulfosäure 362.
1, 5-Naphthylglykokoll-sulfosäure 362.
1, 8-Naphthylglykokoll-sulfosäure 362.
2, 1-Naphthylglykokoll-sulfosäure 363.
α-Naphthylguajacylurethan 86.
α-Naphthylguanidin 138.
s. α-Naphthyl-n-heptylthioharnstoff 95.
s. α-Naphthyl-n-hexylthioharnstoff 95.
s. α-Naphthylisoamylthioharnstoff 94.
s. α-Naphthylisobutylthioharnstoff 94.
α-Naphthylisocyanat-diglycyl-glycin 952.
α-Naphthylisocyanat-glycinanhydrid 1049.
Naphthylisocyanat-dl-leucyl-glycin 850.
s. α-Naphthylphenyl-o-methoxyphenylguanidin 138.
s. α-Naphthyl-n-propylthioharnstoff 94.
Naphthyl-l-thioglykolsäure 773.

a, b-α-Naphthyl-γ-ureido-n-valeriansäure 760.
Natrium-o-phenylen-harnstoff 45.
Neuridin 211.
Neurin 232.
— Derivale 232.
— Physiologische Eigenschaften 232.
Nicotinursäure 350.
Nitriloessig-α, α'-dipropionsäure 421.
Nitriloessig-α, α'-dipropionsäure, Cu-Salz 421.
Nitroaminoguanidin 173.
4-Nitro-1-anthrachinonyl-urethan 86.
d-Nitro-arginin 536.
5-m-Nitrobenzalkreatinin 160.
o-Nitrobenzaloxindol 262.
d-p-Nitrobenzoylalanin 411.
d, l-p-Nitrobenzoylalanin 415.
l-p-Nitrobenzoylalanin 413.
d, l-p-Nitrobenzoylalanin, Ag-Salz 415.
— Brucinsalz 415.
— Cinchonidinsalz 415.
— Strychninsalz 411.
l-p-Nitrobenzoylalanin, Strychninsalz 413.
d-p-Nitrobenzoylalaninäthylester 411.
d, l-p-Nitrobenzoylalaninäthylester 415.
p-Nitrobenzoyl-dl-alanyl-glycyl-glycin 958.
m-Nitrobenzoyl-dl-α-aminobutyryl-glycin 931.
m-Nitrobenzoyl-d-asparagin 485.
m-Nitrobenzoyl-d, l-asparagin 485.
[m-Nitrobenzoyl]-l-asparagin 484.
[p-Nitrobenzoyl]-l-asparagin 484.
[m-Nitrobenzoyl]-l-asparagin, K-Salz 484.
[p-Nitrobenzoyl]-l-asparagin, K-Salz 484.
d, l-p-Nitronbenzoyl-l-N-diäthyl-leucinol, Chlorhydrat 453.
d, l-p-Nitrobenzoyl-N-dimethyl-leucinol, Chlorhydrat 453.
d, l-p-Nitronbenzoyl-N-dipropyl-leucinol, Clorhhydrat 454.
o-Nitrobenzoyl-glutaminsäure 504.
o-Nitrobenzoylglykokoll 381.
l-Nitrobenzoyl-hexahydrotyrosin 657.
p-Nitrobenzylhippurat 381.

Nitrobenzoyl-β-isoamylamino-n-buttersäure-äthylester 756.
p-Nitrobenzoyl-dl-leucyl-glyzin 849.
p-Nitrobenzoyl-dl-leucyl-glycyl-glycin 969.
p-Nitrobenzoyl-dl-leucyl-glycyl-dl-leucin 971.
d, l-p-Nitrobenzoyl-N-pentamethylen-leucinol, Chlorhydrat 454.
m-Nitrobenzoylspermin 189.
N-(o-Nitrobenzyliden)-p-aminooxindol 263.
N-p-Nitrobenzyliden-l-asparaginsäure, Brucinsalz 471.
N-(p-Nitrobenzyliden)-glykokolläthylester 361.
N-(p-Nitrobenzyliden-] tyrosinmethylester 653.
Nitrobiuret 75.
l-Nitrobromtyrosin 655.
4-Nitro-1, 2'-diantra-chinonylharnstoff 51.
1-Nitro-5, 5-dimethyl-hydantoin 62.
Nitroguanidin 172.
Nitroharnstoff 43.
4-Nitro-3-methylbenzolsulfonyl-d-asparagin 485.
4-Nitro-3-methylbenzolsulfonyl-d, l-asparagin 486.
[4-Nitro-3-methylbenzolsulfonyl]-l-asparagin 484.
2-Nitro-5-methylphenylbrenztraubensäure 799.
m-Nitrophenacetursäure 349.
β-Nitrophenyl-β-aminopropionsäure 753.
β-Nitrophenyl-β-aminopropionsäure, Chlorhydrat 753.
p-Nitrophenyl-β-antrachinonylharnstoff 51.
Nitrophenylbrenztraubensäure-äthylester 799.
m-Nitrophenylharnstoff 46.
3-o-Nitrophenylindol 253.
3-o-Nitrophenylindol-2-carbonsäure 253.
3-o-Nitrophenyl-1-methylindol 253.
3-o-Nitrophenyl-1-methylindol-2-carbonsäure 253.
m-Nitrophenylcarbamat 85.
4-m-Nitrophenylsemicarbazid 77.
o-Nitrophenyl-thioglykolsäure 772.
p-Nitrophenyl-thioglykolsäure 772.
3-p-Nitrophenylthiohydantoin 104.
N-(6-Nitropiperonyliden)-p-aminooxindol 263.
Nitropyruvinureid 50, 70, 83.

Nitrosoguanidin 173.
1, 2, 4-Nitrotoluolsulfo-dl-α-aminobutyryl-glycin 931.
4-Nitrotoluol-2-sulfo-γ-amino-n-valeriansäure 760.
1, 2, 4-Nitrotoluolsulfo-dl-leucyl-dl-phenylalanin (α-Form) 942.
1-Nitro-3, 5, 5-trimethyl-hydantoin 62.
Nitrotyramin 197.
l-Nitrotyrosin 655.
— Chlorhydrat 655.
Nirvanol 68.
N-n-Nonyl-dl-leucyl-decarboxy-alanin 852.
— Chlorhydrat 852.
Norleucin 456.
— Bestimmung 456.
— Biochemische Eigenschaften 456.
d, l-Norleucin, Biochemische Eigenschaften 457.
Norleuzin, Chemische Eigenschaften 457.
d, l-Norleucin, Physikalische Eigenschaften 457.
dl-Norleucyl-glycin 860
— chlorhydrat 860.
dl-Norleucyl-glycyl-dl-leucin 977.
dl-Norleucyl-glycyl-dl-norleucin 977.
dl-Norleucyl-glycyl-dl-norvalin 976.
dl-Norleucyl-dl-leucin 946.
dl-Norleucyl-dl-norleucin 946.
dl-Norleucyl-dl-phenylalanin 947.
Norphysostigmoläthyläther 248.
Norvalin 432.
dl-Norvalyl-d-alanin 937.
dl-Norvalyl-diglycyl-glycin 985.
dl-Norvalyl-glycin 937.
dl-Norvalyl-glycyl-glycin 967.
dl-Norvalyl-glycyl-dl-norleucin 968.
dl-Norvalyl-glycyl-dl-norvalin 968.
dl-Norvalyl-glycyl-dl-valin 967.
dl-Norvalyl-dl-norvalin 938.
dl-Norvalyl-dl-phenylalanin 939.
d-Norvalyl-l-tyrosin 845.
dl-Norvalyl-l-tyrosin 845.
l-Norvalyl-l-tyrosin 845.
dl-Norvalyl-dl-valin 938.

Octabenzoyl-d-glucoseharnstoff 59.
Octamethylendiguanidin 131.
Oktahydroskatol 240, 242.
Oleoyl-dl-leucyl-glycin 848.

Ornithin 538.
— Bestimmung 538.
— Bildung 538.
— Biochemische Eigenschaften 538.
— Chemische Eigenschaften 539.
— Darstellung 538.
— Derivate 540.
d, l-Ornithin, Derivate 541.
Ornithin Flavianat 540.
— Phosphorwolframat 540.
— Physikalische Eigenschaften 539.
Ornithursäure 540.
d, l-Ornithursäure 543.
— nitril 543.
Orthophosphorsäuredicholinesterdibromid 222.
Ovotyrin α, β, und γ 908.
Oxalessigsäure 788.
— äthylester, Tl-Salz 790.
— diäthylester 789.
Oxalyl-di-d-glutaminsäure-äthylester 790.
N, N'-Oxalyldiindol 259.
Oxalyldiurethan 86.
Oxalyl-glycyl-dl-leucinäthylester 917.
Oxalylmethylguanidin 122.
Oxazolidonyl-3-allylsulfoharnstoff 100.
Oxazolidonyl-3-allylsulfoharnstoff-2-imid 100.
Oxazolidonyl-3-phenylsulfoharnstoff 100.
N-Oxäthyl-p-phenetolcarbamid 48.
N-Oxäthyl-p-tolylcarbamid 48.
Oximino-iso-valeriansäure-äthylester 788.
Oxindolacrylsäure (-3) 262.
Oxindol-3-propionsäure 503.
β-Oxo-äthan-α-carbonsäure, s. Malonaldehydsäure 791.
α-Oxo-äthan-α, β-dicarbonsäure, s. Oxalessigsäure 788.
Oxo-bernsteinsäure, s. Oxalessigsäure 788.
δ-Oxo-butan-α-carbonsäure, s. Glutaraldehydsäure 791.
α-Oxo-n-buttersäure, s. α-Ketobuttersäure 186.
γ-Oxo-buttersäure, s. Bernsteinaldehydsäure 791.
2-Oxo-3-brom-9-oxyoctohydroindol-3-propionsäure 264.
α-Oxo-n-capronsäure, s. α-Keto-n-capronsäure 788.
2-Oxo-3, 9-dioxyoctohydroindol-3-propionsäure 264.
α-Oxo-glutarsäure, s. α-Ketoglutarsäure 790.
2-Oxo-2, 3, 4, 5, 6, 7-hexahydroindol-3-propionsäure 258.

α-Oxo-iso-capronsäure, s. α-Keto-iso-capronsäure 788.
α-Oxo-iso-valeriansäure, s. Dimethylbrenztraubensäure 787.
— Phenylhydrazon 788.
α-Oxo-γ-methyl-butan-α-carbonsäure, s. α-Keto-iso-capronsäure 788.
α-Oxo-β-methyl-propan-α-carbonsäure, s. Dimethylbrenztraubensäure 787.
Oxo-2-oxy-3-pyridinhexahydrid, s. β-Oxy-α-piperidon 801.
α-Oxo-propan-α-carbonsäure, s. α-Keto-buttersäure 786.
γ-Oxo-propan-α-carbonsäure, s. Bernsteinaldehydsäure 791.
α-Oxo-propan-α, γ-dicarbonsäure, s. α-Keto-glutarsäure 790.
β-Oxo-propansäure, s. Malonaldehydsäure 791.
N-α-Oxopropionyl-aminoessigsäure 347.
N-α-Oxopropionyl-α-aminopropionsäure 420.
Oxo-2-pyridinhexahydrid, s. Piperidon 801.
Oxo-2-pyrrol-tetrahydrid, s. α-Pyrrolidon 800.
2-Oxo-pyrroltetrahydridcarbonsäure-(5), s. 5-Pyrrolidon-(2)-carbonsäure 506.
δ-Oxo-n-valeriansäure, s. Glutaraldehydsäure 791.
2-Oxy-5-acetylamino-4'-glykokollamido-arsenobenzol 364.
β-Oxy-acrylsäure, s. Malonaldehydsäure 791.
β-Oxy-α-amino-äthan-α-carbonsäure, s. Serin 421.
α-Oxy-δ-amino-butan-α-carbonsäure, s. α-Oxy-δ-amino-n-valeriansäure 766.
δ-Oxy-α-amino-butan-α-carbonsäure, s. δ-Oxy-α-amino-n-valeriansäure 766.
β-Oxy-γ-amino-n-buttersäure 764.
— Cu-Salz 765.
— Hydrobromid 765.
— methylester, Chlorhydrat 765.
α-Oxy-ε-amino-n-capronsäure 767.
α-Oxy-ε-amino-pentansäure, s. α-Oxy-ε-amino-n-capronsäure 767.
β-Oxy-γ-amino-propan-α-carbonsäure, s. β-Oxy-γ-amino-n-buttersäure 764.
α-Oxy-β-amino-propionsäure, s. Isoserin 764.

Sachverzeichnis. 1091

β-Oxy-α-aminopropionsäure, s. Serin 421.
α-Oxy-δ-amino-n-valeriansäure 766.
β-Oxy-α-amino-isovaleriansäure 432, 766.
β-Oxy-α-amino-isovaleriansäure, β-Naphthalinsulfoverbindung 432, 767.
— Phenylisocyanatverbindung 432, 767.
δ-Oxy-α-amino-n-valeriansäure 766.
4-Oxy-1-anthrachinonylurethan 86.
4-Oxyarsenobenzol-4'-glykokoll, Chlorhydrat 364.
4-Oxyarsenobenzol-4'-glykokollamid, Hydrochlorid 364.
4-β-Oxyäthylaminoarsenobenzol-4'-N-glykokoll, Dihydrochlorid 364.
N-Oxyäthylaminoessigsäure, K-Salz 356.
1-(β-Oxyäthyl)-biguanidsulfat 172.
α-Oxy-äthylen-α, β-dicarbonsäure, s. Oxymaleinsäure 790.
β-Oxyäthylguanidin 125.
N-Oxyäthylimidodiessigsäure 353.
N-Oxyäthyl-N-phenetitylharnstoff 48.
N-Oxyäthylphenylaminoessigsäure 356.
— Lacton 356.
Oxyäthyltrimethylphosphoniumchlorid 224.
p-Oxybenzalphenylhydantoin 68.
β-Oxy-γ-benzamino-n-buttersäure-äthylester 766.
3-Oxy-1, 4-benzisoxazin-6-arsinsäure-8-glykokollamid 366.
4-Oxybenzol-(1)-ketocarbonsäure, s. p-Oxyphenylglyoxylsäure 797.
4-Oxybenzoyl-ameisensäure, s. p-Oxyphenyl-glyoxylsäure 797.
β-Oxy-γ-benzoylamino-n-buttersäure 759.
5-p-Oxybenzylhydantoin-1-essigsäure 73.
5-Oxybenzylhydantoin-3-propionsäure 72.
o-Oxybenzyliden-d-arginin 535.
— Na-Nitrat-Verbindung 535.
N-o-Oxybenzyliden-l-asparaginsäure, Ba-Salz 471.
— Brucinsalz 471.
o-Oxybenzyliden-l-cystin-Ba 595.

N-o-Oxybenzyliden-d-glutaminsäure, Ba-Salz 505.
— Brucinsalz 505.
N'-o-Oxybenzyliden(N-glycylglycin)-Barium 814.
N, o-Oxybenzylidenglykokoll, Ba-Salz 361.
o-Oxybenzyliden-l-histidin, Brucinsalz 737.
o-Oxybenzyliden-d, l-serinchinin 424.
d, l-5-p-Oxybenzyl-2-imino-4-oxotetrahydroimidazol 118.
o-Oxybenzyliden-d, l-phenylalanin, Ba-Salz 618.
o-Oxybenzyliden-serin-brucin 424.
o-Oxybenzyliden-d, l-serincinchonidin 424.
Oxybrenztraubensäure 791.
δ-Oxy-butan-α-carbonsäure, s. δ-Oxy-n-valeriansäure 784.
α-Oxy-n-buttersäure 777.
γ-Oxy-n-buttersäure 778.
— Na-Salz 778.
α-n-Oxy-buttersäure-äthylester 777.
α-Oxy-γ-butyrotrimethylbetainchloraurat 230.
α-Oxy-n-capronsäure 785.
— Ba-Salz 785.
— Na-Salz 785.
α-Oxy-n-capronyl-glycinester 860.
d, l-α-Oxy-N-cyclohexylalanin 419.
Oxy-desamino-histidin, s. β-Imidazolmilchsäure 805.
4-Oxy-1, 2-dianthrachinonylharnstoff 51.
α-Oxy-β, β-dichlor-iso-buttersäure 780.
— anilid 780.
Oxydihydrogaleginsulfat 130.
δ-Oxy-β,δ-diphenyl-n-valeriansäure, Lacton 784.
Oxyfumarsäure, s. Oxymaleinsäure 790.
β-Oxyglutaminsäure 510.
— Bestimmung 511.
— Bildung 510.
— Biochemische Eigenschaften 511.
— Physikalische Eigenschaften 511.
Oxyharnstoffe 42.
5-Oxyhydantoylamid 63.
5-Oxyhydantoyläthylamid 63.
5-Oxyhydantoylmethylamid 63.
5-Oxyhydantoylphenylamid 63.
α-Oxy-β-(4, 5)-imidazolylpropionsäure, s. β-Imidazolmilchsäure 805.
2-Oxy-3-indolaldehyd 241.

α-Oxy-iso-buttersäure 779.
α-Oxy-iso-buttersäure-äthylenester 780.
α-Oxy-iso-buttersäure-äthylester 780.
N-Oxyisobutylaminoessigester 353.
α-Oxy-iso-butylessigsäure, s. Leucinsäure 786.
N-Oxyisobutyl-C-phenylglycin, Cu-Salz 386.
N-Oxyisobutyl-C-phenylglycinester 386.
α-Oxy-iso-capronsäure, s. Leucinsäure 786.
α-Oxy-iso-valeriansäure 785.
Oxymaleinsäure 790.
p-Oxy-m-methoxybenzylharnstoff 46.
2-Oxy-3-methoxy-benzylidenglycyl-glycin-äthylester 816.
Oxy-methoxy-phenylbrenztraubensäure 800.
δ-Oxy-β[3, 4-methylen-dioxyphenyl]-δ-phenyl-n-valeriansäure, Lacton 785.
α-Oxy-α-methyl-iso-buttersäure-anilid 780.
(Oxymethyl)-isohydantoin 73.
5-Oxy-N-methyloxindol 261.
d, l-β-[4-Oxy-2-methylphenyl]-α-amino-propionsäure 658.
α-Oxy-γ-methyl-n-valeriansäure, s. Leucinsäure 786.
γ-Oxy-ornithin 543.
— Pikrolonat 543.
3-Oxy-2-oxodihydroindol-3-propionsäure 264.
α-Oxy-β-(oxy-(4)-phenyl)-propionsäure, s. β-(p-Oxyphenyl)-milchsäure 794.
α-Oxy-pentan-α-carbonsäure, s. α-Oxy-γ-capronsäure 785.
2-Oxy-pentanolid-(4, 1), s. α-Oxy-γ-valerolacton 785.
4-[4'-Oxyphenoxy-]benzylhydantoin 684.
d, l-m-Oxyphenylalanin 617.
β-(m-Oxyphenyl)-α-aminopropionsäure, s. m-Tyrosin 659.
β-(o-Oxyphenyl)-α-aminopropionsäure, s. o-Tyrosin 659.
p-Oxy-β-phenyl-α-aminopropionsäure, s. Tyrosin 618.
p-Oxyphenyläthylamin 193.
p-Oxyphenyläthylharnstoff 47.
o-Oxyphenylbrenztraubensäure 799.
p-Oxyphenylbrenztraubensäure 799.
N-p-Oxyphenyldimethylglykokollnitril 358.
m-Oxyphenyl-essigsäure 792.

69*

o-Oxyphenyl-essigsäure 792.
C-Oxyphenylglycin 386.
N-p-Oxyphenylglykokoll 356.
N-p-Oxyphenylglykokoll-, Diacetylverbindung 356.
N-p-Oxyphenylglykokoll, Monoacetylverbindung 356.
N-p-Oxyphenylglykokolläthylester 356.
N-p-Oxyphenylglykokollmethylester 356.
N-o-Oxyphenylglykokollnitril 359.
N-p-Oxyphenylglykokollnitril 358.
p-Oxyphenyl-glycylsäure 797.
o-Oxyphenylharnstoff 47.
p-Oxyphenylharnstoff 45.
1-p-Oxyphenylhydantoin 68.
3-p-Oxyphenylhydantoin 68.
5-p-Oxyphenylhydantoin 69.
2-p-Oxyphenylindol 253.
N-p-Oxyphenylmethylglykokollnitril 358.
β-(p-Oxyphenyl)-milchsäure 794.
β-(Oxy-2-phenyl)-α-oxopropionsäure, s. o-Oxyphenylbrenztraubensäure 799.
β-(Oxy-4-phenyl)-α-oxopropionsäure, s. p-Oxyphenylbrenztraubensäure 799.
N-p-Oxyphenylphenylglykokollnitril 358.
N-m-Oxyphenyl-phenylmethylglykokollnitril 359.
N-p-Oxyphenylphenylmethylglykokollnitril 358.
o-Oxyphenyl-propionsäure 792.
α-Oxy-β-phenyl-propionsäure, s. β-Phenylmilchsäure 793.
β-(2-Oxyphenyl)-propionsäure, s. o-Oxyphenyl-propionsäure 792.
o-Oxyphenyl-propionsäure, Ca-Salz 793.
— K-Salz 793.
— Na-Salz 793.
— äthylester 793.
— amid 793.
β-Oxy-α-piperidon 801.
Oxyprolin 747.
— Bestimmung 748.
— Bildung 747.
d, l-Oxyprolin, Bildung 747.
Oxyprolin, Biochemische Eigenschaften 748.
— Chemische Eigenschaften 748.
l-Oxyprolin, Chlorhydrat 749.
Oxyprolin, Darstellung 747.
— Derivate 749.
— Physikalische Eigenschaften 748.

l-Oxyprolin, Pikrat 749.
— Reineckat 749.
l-Oxyprolyl-d-alanin 870.
l-Oxyprolyl-glycin 870.
γ-Oxy-propan-α-carbonsäure, s. γ-Oxy-n-buttersäure 778.
α-[γ'-Oxy-n-propyl-]-alanin 766.
β_1-Oxypyrrolidin-α-carbonsäure, s. Oxyprolin 747.
β-Oxypropyl-p-oxyphenylcarbamid 55.
β-Oxy-α-pyrrolidon 801.
Oxytrimethylenglykokoll, Cu-Salz 352.
Oxytryptophan 717.
α-Oxy-n-valeriansäure 781.
γ-Oxy-n-valeriansäure 782.
δ-Oxy-n-valeriansäure 784.
γ-Oxy-n-valeriansäure, Ag-Salz 782.
α-Oxy-n-valeriansäure, Ba-Salz 782.
γ-Oxy-n-valeriansäure, Ba-Salz 782.
α-Oxy-n-valeriansäure, Na-Salz 782.
γ-Oxy-n-valeriansäure, Na-Salz 782.
δ-Oxy-n-valeriansäure, Na-Salz 784.
α-Oxy-n-valeriansäure-äthylester 782.
γ-Oxy-n-valeriansäure-hydrazid 782.
α-Oxy-γ-valerolacton 785.
d-γ-Oxy-n-valerylamid 782.

Pacyl 224.
Palmitinsäurecholinesterbromid 222.
Palmitylglykokolläthylester 349.
Pentaglycyl-glycin 905, 991.
Pentabenzoyl-d-glucosethioharnstoff 59.
Pentacetyl-d-glucoseharnstoff 59.
Pental-(5)-säure-(1), s. Glutaraldehydsäure 791.
Pentamethyläthylguanidoniumjodid 127.
Pentamethyläthylguanidoniumpikrat 129.
Pentamethylendicarbonyltricarbamid 42.
Pentamethylendiguanidin 131.
Pentamethylenharnstoff 52.
d, l-N-Pentamethylen-leucinäthylester 453.
d, l-N-Pentamethylen-leucinol 454.
Pentamethylguanidin 128.
2, 2, 3, 3, 5-Pentamethylindolin 245.

Pentamethylphenylthioharnstoff 94.
Pentamethylthiuroniumhydroxyd 99.
Pentanolid-(4, 1), s. γ-Valerolacton 782.
Pentanolid-(5, 1), s. δ-Valerolacton
Pentanol-(2)-säure, s. α-Oxy-n-valeriansäure 781.
Pentanol-(4)-säure-(1), s. γ-Ox-n-valeriansäure 782.
Pentanol-(5)-säure-(1), s.δ-Oxy-n-valeriansäure 782.
Pentanon-(2)-disäure,s.α-Ketoglutarsäure 790.
Pentapeptide 899, 988.
3-Pentylindol 244.
Perhydroindol 241.
Phenacetursäure 349.
d-m-Phenetidino-bernsteinsäure-monoamid 485.
d-p-Phenetidino-bernsteinsäure-monoamid 485.
m-p-Phenetidino-p-phenetolcarbamid 55.
N-Phenetidyl-N'-allylharnstoff 48.
N-Phenetidyl-N'-allylthioharnstoff 93.
p-Phenetidylharnstoff 46.
N-Phenetidyl-N-methyl-N'-allylharnstoff 48.
N-Phenetidyl-N-methyl-N'-allylthioharnstoff 93.
N-Phenetidyl-N'-methylharnstoff 48.
N-Phenetidyl-N-methyl-N'-methylharnstoff 48.
N-Phenetidyl-N-methyl-N'-methylthioharnstoff 93.
N-Phenetidyl-N'-methylthioharnstoff 93.
p-Phenetylcarbamid 85.
p-Phenetylcarbamincyanid 85.
1-Phenetylhydantoin 62.
1-Phenetyl-3-methylhydantoin 62.
γ-Phenoxy-n-buttersäure 778.
p-Phenoxycarbanilid 52.
p-Phenoxy-p-methylcarbanilid 52.
p-Phenoxyphenylharnstoff 52.
α-p-Phenoxyphenyl-β-α-naphthylharnstoff 52.
p-Phenoxyphenyl-β-phenylharnstoff 52.
α-p-Phenoxyphenyl-β-phenylthioharnstoff 92.
p-Phenoxyphenylthioharnstoff 92.
s. p-Phenoxyphenylthioharnstoff 92.
α-p-Phenoxyphenyl-β-tolylharnstoff 52.
1, p-Phenoxythiocarbanilid 92.

3-Phenyl-5-acetoxy-methyl-
  hydantoin 68.
β-Phenyl-α-acetoxy-propion-
  säure-äthylester 794.
Phenylacetyl-d-alanin 411.
d, l-β-Phenyl-N-acetylamino-n-
  buttersäure 426.
l-γ-Phenyl-N-acetylamino-n-
  buttersäure 426.
β-Phenyl-acetylamino-α-
  phenylpropionsäure 752.
Phenylacetyl-asparagin 484.
— säure 470.
Phenylacetyl-benzyl-cystein
  569.
Phenylacetyl-glutamin 510.
Phenylacetylglutaminharnstoff
  58.
Phenylacetyl-glutaminsäure
  504.
Phenylacetylglykokoll 349.
1-Phenyl-3-acetylhydantoin 62.
Phenylacetyl-d, l-leucin 453.
— Ba-Salz 453.
Phenylacetyl-dl-leucyl-glycin
  849.
Phenyl-N-acetylmethylalanin
  613.
C-Phenyl-N-acetylmethyl-
  glycin 386.
2-Phenyl-3-acetyloxazolidon-
  (5) 361.
Phenylacetylurethan 85.
Phenylalanin 602.
— Bestimmung und Nachweis
  605.
— Bildung 603.
d, l-Phenylalanin, Bildung 604.
— Biochemische Eigenschaften
  610.
l-Phenylalanin, Biochemische
  Eigenschaften 606.
d-Phenylalanin, d-Camphersulfonat 615.
l-Phenylalanin, l-Campher-
  sulfonat 613.
Phenylalanin, Chemische Eigenschaften 611.
d, l-Phenylalanin, Chemische
  Eigenschaften 612.
— Darstellung 605.
d-Phenylalanin, Derivate 615.
d, l-Phenylalanin, Derivate 615.
l-Phenylalanin, Derivate 613.
d, l-Phenylalanin, Halbchlor-
  hydrat 615.
Phenylalanin, Molekülverbindung mit Benzolazophenol
  613.
— Phenylisocyanatverbindung
  613.
d, l-Phenylalanin, Physikalische Eigenschaften 611.
l-Phenylalanin, Physikalische
  Eigenschaften 610.
Phenylalanin, Vorkommen 602.

d, l-Phenylalanin-amid 616.
d-N-Phenylalaninamid-4-arsin-
  säure 414.
d, l-N-Phenylalaninamid-4-
  arsinsäure 417.
l-N-Phenylalaninamid-4-arsin-
  säure 412.
— Chininsalz 412.
d, l-N-Phenylalaninamid-4-
  arsinsäure, Na-Salz 417.
dl-Phenylalaninanhydrid
  1025.
d, l-Phenylalanin-anilid 616.
— Chlorhydrat 616.
— Pikrat 616.
d-N-Phenylalanin-4-arsinsäure
  412.
d, l-N-Phenylalanin-4-arsin-
  säure 417.
l-N-Phenylalanin-4-arsinsäure
  414.
d-N-Phenylalanin-4-arsinsäure,
  Brucinsalz 412.
— äthylester 412.
d, l-N-Phenylalanin-4-arsin-
  säure-äthylester 417.
l-N-Phenylalanin-4-arsinsäure-
  äthylester 414.
d-N-Phenylalanin-4-arsin-
  säure-methylester 412.
d, l-N-Phenylalanin-4-arsin-
  säure-methylester 417.
l-N-Phenylalanin-4-arsinsäure-
  methylester 414.
d, l-Phenylalanin-äthylamid,
  Pikrat 616.
d-Phenylalanin-äthylester
  615.
d, l-Phenylalanin-äthylester
  616.
Phenylalanin-äthylester, Chlorhydrat 613.
d, l-Phenylalanin-äthylester,
  Pikrat 616.
Phenylalanin-N-carbonsäureanhydrid 614.
Phenylalanincholin 615.
dl-Phenylalanincholinchlorid-
  palmitinsäureester 224,
  618.
d, l-Phenylalanincholinchloridstearinsäureester 618.
Phenylalanincholinjodid 224,
  229, 615.
d, l-Phenylalanincholinjodidpalmitinsäureester 618.
dl-Phenylalanincholinjodid-
  stearinsäureester 224, 618.
d, l-Phenylalanin-methylanilid,
  Pikrat 616.
l-Phenylalanyl-d-alaninan-
  hydrid 1015.
d, l-Phenylalanyl-aminoacetal,
  Pikrolonat 616.

Phenylalanyl-arginin 948.
— (optisch inaktiv) 866.
— dihydrochlorid 866.
— o-oxybenzlidenverbindung
  866.
d-Phenylalanyl-d-arginin 864.
— chlorhydrat 865.
— pikrat 865.
— o-Oxybenzylidenverbindung
  865.
Phenylalanyl-argininanhydrid
  (inaktiv) 1028.
d-Phenylalanyl-d-arginin-
  anhydrid 1028, 1051.
— Chlorhydrat 1028.
— Pikrat 1028.
— Sulfat 1028.
dl-Phenylalanyl-asparagin-
  anhydrid 1026.
dl-Phenylalanyl-asparagin-
  säureanhydrid-methylester
  1025.
dl-Phenylalanyl-decarboxy-
  glycin 861.
dl-Phenylalanyl-decarboxy-
  phenylalanin 861.
— chlorhydrat 862.
dl-Phenylalanyl-diglycyl-
  glycin 987.
d-Phenylalanyl-d-glutamin-
  säure 864.
dl-Phenylalanyl-d-glutamin-
  säure 864.
l-Phenylalanyl-d-glutaminsäure 863.
l-Phenylalanyl-d-glutamin-
  säureanhydrid 1025.
dl-Phenylalanyl-glycin 860,
  947.
— bromhydrat 860.
dl-Phenylalanyl-glycyl-glycin
  886, 977.
dl-Phenylalanyl-glycyl-dl-
  leucin 978.
dl-Phenylalanyl-glycyl-dl-
  phenylalanin 978.
dl-Phenylalanyl-dl-ornithin
  867.
— o-Oxybenzylidenverbindung
  867.
dl-Phenylalanyl-dl-phenyl-
  alanin 947.
— anilid 861.
— pikrat 861.
dl-Phenylalanyl-dl-serin (A)
  862.
dl-Phenylalanyl-dl-serin-
  anhydrid A und B 1027.
dl-Phenylalanyl-triglycyl-dl-
  phenylalanin 991.
dl-Phenylalanyl-l-tyrosin 947.
d-Phenylalanyl-l-tyrosin-
  anhydrid 1027.
dl-Phenylalanyl-l-tyrosin-
  anhydrid 1027.

l-Phenylalanyl-l-tyrosinanhydrid 1027.
N^{ms}-Phenylallophansäureäthylester 74.
N, ω-Phenylallophansäureäthylester 75.
2-Phenyl-3-allylamino-1, 2, 4-triazol-5-phenylthioharnstoff 101.
Phenylallylcaynamid 164.
Phenylamin 191.
Phenylamino-α-acetoxy-isobuttersäure-p-arsinsäure, Na-Salz 780.
α-Phenyl-β-aminoäthanol 752.
β-Phenyl-β-amino-α-äthylpropionsäure, Chlorhydrat 754.
d-C-Phenyl-p-aminobenzoylaminoessigsäure 386.
d, l-C-Phenyl-p-aminobenzoylaminoessigsäure 387.
l-C-Phenyl-p-aminobenzoylaminoessigsäure 385.
β-Phenyl-β-amino-α-benzylpropionsäure, Chlorhydrat 754.
d, l-γ-Phenyl-α-amino-n-buttersäure 426.
β-Phenylamino-n-buttersäureäthylester 757.
— Hydrochlorid 757.
C-Phenylaminoessigsäure, s. C-Phenylglycin 383.
β-Phenyl-β-amino-α-methylpropionsäure, Chlorhydrat 754.
β-Phenyl-α-aminopropionsäure, s. Phenylalanin 602.
β-Phenyl-β-aminopropionsäure 753.
α-Phenyl-β-aminopropionsäure, Chlorhydrat 752.
β-Phenyl-β-aminopropionsäure, Chlorhydrat 753.
— Na-Salz 753.
s. Phenyl-n-amylthioharnstoff 92.
1-Phenyl-5-anilinotriazol-3-allylthioharnstoff 101.
1-Phenyl-5-anilinotriazol-3-phenylthioharnstoff 101.
Phenyl-β-anthrachinonylharnstoff 51.
Phenylasparagin 485.
N-Phenyläthyl-dl-alanyldecarboxy-β-phenyl-α-alanin 837.
— chlorhydrat 837.
β-Phenyläthylamin 191.
— Bildung 191.
— Darstellung 192.
— Derivate 193.
— Physiologische Eigenschaften 192.
— Vorkommen 191.

α-Phenyl-β-äthyl-α-äthanolthioharnstoff 98.
Phenyläthylcarbinolurethan 84.
N-Phenyläthylglycyldecarboxyphenylalanin 193.
N-Phenyläthyl-glycyl-decarboxy-phenylalanin 827.
— chlorhydrat 827.
N-Phenyläthylglykokoll 361.
— äthylester 361.
N-β'-Phenyläthylleucyldecarboxy-β-phenyl-α-alanin 193.
N-β'-Phenyläthyl-dl-leucyldecarboxy-β-phenyl-α-alanin 856.
— chlorhydrat 856.
N-β-Phenyläthyl-dl-phenylalanyl-decarboxy-phenylalanin-chlorhydrat 862.
4, 4-Phenyläthylhydantoin (Nirvanol) 68.
Phenyläthylhydantoincalcium 68.
Phenyläthylthioharnstoff 92.
— äthylenäther 92.
2-Phenyl-4-benzal-glyoxalon-(5)-essigsäureäthylester 860.
s. Phenylbenzoylharnstoff 54.
2-Phenyl-3-benzoyloxazolidon-(5) 361.
β-Phenyl-α-benzoyl-oxypropionsäure-äthylester 794.
α-Phenyl-β-benzyl-α-äthanolthioharnstoff 98.
2-Phenyl-4-benzyl-glyoxalidon-(5)-l-essigsäure 860.
3-Phenyl-5-benzylhydantoin 68.
1-Phenyl-5-(benzylmercapto)-triazol-3-allylthioharnstoff 101.
ms-Phenylbiuret 76.
ω-Phenylbiuret 77.
Phenylbrenztraubensäure 797.
— Oxim 798.
— Phenylhydrazon 799.
— Semicarbazon 799.
— äthylester 798.
α-Phenyl-β-p-bromphenyl-α-äthanolthioharnstoff 97.
N-Phenyl-N'-o-bromphenylthioharnstoff 95.
N-Phenyl-N'-m-bromphenylthioharnstoff 95.
N-Phenyl-N'-p-bromphenylthioharnstoff 95.
dl-β-Phenyl-α-brompropionyl-d-alanin 947.
dl-β-Phenyl-α-brompropionyldiglycyl-glycin 987.
dl-β-Phenyl-α-brompropionylglycyl-dl-leucin 978.
dl-β-Phenyl-α-brompropionylglycyl-dl-phenylalanin 978.
dl-β-Phenyl-α-brompropionyl-dl-phenylalanin 947.

dl-β-Phenyl-α-brompropionyltriglycyl-dl-phenylalanin 991.
Phenylbutylcarbinolurethan 84.
Phenyl-n-butylthioharnstoff 92.
— äthylenäther 92.
Phenylcarbamido-dl-valylglycin 934.
Phenylcarbamidsulfonessigsaures Kalium 57.
Phenylcarbamid-α-sulfopropionsaures Kalium 87.
Phenylcarbamincyanid 84.
Phenylcarbaminsäure-γ-chlorpropylester 82.
Phenylcarbaminsäureester des Chloräthylalkohols 82.
Phenylcarbaminsäuretrichlormethyldimethylcarbinolester 83.
Phenylchlorharnstoff 46.
Phenylchlorxylylharnstoff 48.
Phenylcyanamid 164.
N-Phenyl-3-dichloroxindol 262.
Phenyl-N-dimethylalanin 613.
d, l-γ-Phenyl-N-dimethylamino-n-buttersäure 427
α-Phenyl-β-dimethylaminopropionsäure 752.
β-Phenyl-γ, γ-dimethylglutaraldehydsäure 791.
— Oxim 792.
— Phenylhydrazon 792.
— Phenylhydrazonphenylhydrazid 792.
— Pseudoacetylverbindung 792.
— Pseudomethylester 792.
— methylester 792.
C-Phenyl-N-dimethylglycin 386.
N-Phenyl-N'-2, 4-dimethylphenylthioharnstoff 95.
Phenyldithiocarbaminsaures o-Tolyldiguanidin 137.
p-Phenylen-bis-thioglykolsäure 773.
p-Phenylendiamin 190.
— Chemische Eigenschaften 190.
— Darstellung 190.
— Derivate 190.
— Physiologische Eigenschaften 190.
m-Phenylendiamin 190.
— o-Phenylendiamin 190.
p-Phenylen-α, β-dicyanguanidin 135.
p-Phenylenguanylharnstoff 60.
o-Phenylenharnstoffsilber 45.
β-Phenylglutaminsäure 505.
γ-Phenylenglutaminsäure 506.
— Benzoylderivat 506.
C-Phenylglycin 383.
— Ag-Salz 385.
— Bestimmung 383.

C-Phenylglycin, Bildung 383.
d-C-Phenylglycin, Biochemische Eigenschaften 384.
d, l-C-Phenylglyzin, Biochemische Eigenschaften 384.
l-C-Phenylglycin, Biochemische Eigenschaften 384.
— Camphersulfonat 385.
C-Phenylglycin, Cd-Salz 385.
d, l-C-Phenylglycin, Chemische Eigenschaften 385.
l-C-Phenylglycin, Chemische Eigenschaften 384.
C-Phenylglycin, Darstellung 383.
— Derivate 385.
d-C-Phenylglycin, Derivate 386.
d, l-C-Phenylglycin, Derivate 386.
C-Phenylglycin, Hg-Salz 385.
d-C-Phenylglycin, Physikalische Eigenschaften 384.
d, l-C-Phenylglycin, Physikalische Eigenschaften 384.
l-C-Phenylglycin, Physikalische Eigenschaften 384.
C-Phenylglycin, Zn-Salz 385.
C-Phenylglycinäthylester 385.
d, l-C-Phenylglycinäthylester 386.
C-Phenylglycinäthylester, Chlorhydrat 385.
d, l-C-Phenylglycinäthylester, Chlorhydrat 386.
d, l-C-Phenylglycin-l-menthylester 386.
N-Phenyl-glycyl-glycin 814.
— -äthylester 814.
N-Phenyl-glycyl-l-tyrosinester 831.
C-Phenylglykokoll, s. C-Phenylglycin 383.
N-Phenylglykokoll 354.
— Anilinsalz 355.
Phenylglykokollamid-p-arsinsäure 364.
Phenylglykokollamid-p-arsinsäure, Bi-Salz 366.
— Na-Salz 365.
N-Phenylglykokollamid-4-dichlorarsin, Hydrochlorid 364.
N-Phenylglykokollamid-p-stibinsäure, Na-Salz 367.
Phenylglykokoll-m'-aminophenol-p-arsenoxyd 364.
p-Phenylglykokoll -m]-aminophenol-arsinsäure 367.
N-Phenylglykokollanilid 355.
N-Phenylglykokollanilid, Dibromverbindung 355.
— Hydrochlorid 355.
— Nitrosaminverbindung 355.
— Sulfat 355.
— p-Sulfonsäure 355.
— — Na-Salz 355.

p-Phenylglykokollanilid-arsinsäure 367.
Phenylglykokoll-anthranilsäure-p-arsenoxyd 364.
Phenylglykokoll-p-arsinsäure 364.
N-Phenylglykokoll-p-bromanilid 355.
N-Phenylglykokoll-p-carbonsäure 355.
N-Phenylglykokoll-p-carbonsäureäthylester 355.
— Na-Salz 355.
N-Phenylglykokoll-N-carbonsäureanhydrid 355.
Phenyl-glyoxylsäure 795.
Phenylglyoxylsäure-diäthylamid 796.
— Semicarbazon 796.
Phenyl-guanazolphenylthioharnstoff 101.
Phenylguanidin 135.
Phenylharnstoff 45.
Phenylharnstoff des β-Phenyläthylamins 193.
s. Phenyl-n-heptylthioharnstoff 92.
s. Pehnyl-n-hexylthioharnstoff 92.
1-Phenylhydantoin 62.
3-Phenylhydantoin 62.
C-Phenylimidodiessigsäureäthylesteramid 360.
C-Phenyliminodiessigsäureamid, Cn-Salz 360.
2-Phenylindol 252.
1-Phenyl-3-β-indolylpyrazodon (-5) 260.
Phenylisocyanat-d-alanyl-dl-alanin 923.
Phenylisocyanat-dl-alanyl-dl-α-amino-butyryl-glycin 961.
Phenylisocyanat-dl-alanyl-dl-valyl-glycin 962.
Phenylisocyanat-dl-α-aminobutyryl-diglycyl-glycin 984.
Phenylisocyanat-dl-α-aminobutyryl-glycin 931.
Phenylisocyanat-dl-α-aminobutyryl-glycyl-glycin 964.
Phenylisocyanat-dehydro-dl-leucyl-glycinanhydrid 1009.
Phenylisocyanat-diglycyl-p-aminobenzoesäure 910.
Phenylisocyanat-diglycyl-dl-α-aminobuttersäure 952.
Phenylisocyanat-diglycyl-glycin 951.
Phenylisocyanat-dl-dileucyl-dl-β-aminobuttersäure 975.
Phenylisocyanat-α, δ-di-(dl-leucyl)-dl-ornithin 975.
Phenylisocyanat-glycyl-dl-α-aminocaprylsäure 826.
Phenylisocyanat-glycyl-dl-α-aminoheptylsäure 825.

Phenylisocyanat-glycyl-dl-leucin 824, 917.
Phenylisocyanat-glycyl-dl-leucyl-glycyl-dl-leucin 982.
Phenylisocyanat-glycyl-dl-norvalyl-dl-norvalin 956.
Phenylisocyanat-glycyl-dl-phenylalanin 918.
Phenylisocyanat-glycyl-dl-serin 829.
Phenylisocyanat-glycyl-l-tyrosin 831.
Phenylisocyanat-glycyl-dl-valin 914.
Phenylisocyanat-glycyl-dl-valyl-glycin 955.
Phenylisocyanat-dl-leucyl-β-alanin 941.
Phenylisocyanat-l-leucyl-d-alanyl-d-valyl-l-leucyl-glycyl-d-glutaminsäure 906.
Phenylisocyanat-dl-leucyl-dl-β-aminobuttersäure 941.
Phenylisocyanat-dl-leucyl-γ-aminobuttersäure 941.
Phenylisocyanat-dl-leucyl-glycin 850.
Phenylisocyanat-dl-leucyl-glycyl-glycin 882, 969.
Phenylisocyanat-d-leucyl-glycyl-l-leucin 972.
Phenylisocyanat-dl-leucyl-glycyl-dl-leucin 971.
Phenylisocyanat-l-leucyl-glycyl-l-leucin 883.
Phenylisocyanat-dl-leucyl-glycyl-l-tyrosin 974.
Phenylisocyanat-l-leucyl-l-leucin 854.
Phenylisocyanat-dl-leucyl-dl-norleucin 942.
Phenylisocyanat-dl-leucyl-dl-phenylalanin (α-Form) 942.
— (β-Form) 943.
Phenylisocyanat-dl-norleucyl-dl-leucin 946.
Phenylisocyanat-dl-norleucyl-dl-norleucin 947.
Phenylisocyanat-dl-norvalyl-dl-norvalin 938.
Phenylisocyanat-dl-phenylalanyl-diglycyl-glycin 988.
Phenylisocyanat-dl-phenylalanyl-dl-serin 862.
Phenylisocyanat-tetraglycyl-glycin 988.
Phenylisocyanat-triglycyl-glycin 979.
Phenylisocyanat-dl-valyl-glycin 934.
Phenylisocyanat-dl-valyl-glycyl-glycin 965.
Phenylisocyanat-d-valyl-d-valin 936.

Phenylisocyanat-dl-valyl-dl-valin 936.
Phenylisohydantoin 73.
Phenylisoserin 764.
— Cu-Salz 764.
Phenyl-isoserin, p-Toluolsulfoderivat 764.
Phenylisoserin-amid 764.
N-Phenyl-N'-p-jodphenylthioharnstoff 95.
Phenyl-α-keto-buttersäure 787.
2-Phenyl-5-methoxyindol 253.
α-Phenyl-β-o-methoxyphenyl-α-äthanolthioharnstoff 97.
Phenyl-N-methylalanin 613.
Phenylmethylalanin 191.
d, l-γ-Phenyl-N-methylamino-n-buttersäure 426.
— Acetylderivat 426.
— Chlorhydrat 426.
— Toluolsulfoderivat 426.
C-Phenylmethylaminoessigsäure 386.
α-Phenyl-β-methyl-α-äthanolthioharnstoff 98.
Phenylmethylbiguanid 172.
ω-Phenyl-ω'-methylbiuret 77.
ω-Phenyl-ms-methyl-biuret 77.
1-Phenyl-2-methyl-3-carbäthoxy-5-oxyindol 247.
Phenylmethylcyanguanidin 169.
Phenylmethylglykokollamid-p-arsinräure 366.
— Na-Salz 366.
Phenylmethylguanylharnstoff 170.
1-Phenyl-5-(methylmercapto)-triazol-3-allylthioharnstoff 101.
ω-Phenyl-co'-methyl-co'-nitrosobiuret 77.
N-Phenyl-N'-2-methyl-4-oxyphenylthioharnstoff 95.
1-Phenyl-4-methylthiobiuret 105.
Phenylmethylthioharnstoff 92.
— Äthylenäther 92.
— Propylenäther 92.
2-Phenyl-3-methyl-1, 2, 4-triazol-5-allylthioharnstoff 101.
1-Phenyl-5-mercaptotriazol-3-phenylthioharnstoff 101.
β-Phenylmilchsäure 793.
— -äthylester 794.
α-Phenyl-β-(α-naphthyl-)α-äthanolthioharnstoff 97.
l-C-Phenyl-p-nitrobenzoylaminoessigsäure, d-Camphersulfonat 385.
Phenyl-oxalessigsäure-ester 790.
N-Phenyloxalylharnstoff 55.

α-Phenyloxazol-n-phenylthioharnstoff 101.
γ-Phenyl-α-oximinoglutarsäure 506.
— -äthylester 506.
β-Phenyl-α-oxo-propionsäure, s. Phenylbrenztraubensäure 797.
β-Phenyl-β-oxy-α-aminopropionsäure, s. Phenylserin 691.
Phenyl-γ-oxy-n-buttersäure 778.
— Na-Salz 778.
α-Phenyl-β-oxyharnstoff 42.
N-Phenyl-N'-oxyisobutylthioharnstoff 92.
α-Phenyl-β-p-oxy-m-methoxybenzylharnstoff 46.
Phenylphenylglykokollamidarsinsäure 366.
d, l-Phenylpropionyl-benzylalanin 419.
d, l-Phenylpropionyl-benzylalaninamid 419.
β-Phenylpropionyl-dl-leucyl-glycin 849.
Phenylpropylcarbinolurethan 84.
γ-Phenylpropylglykokoll, Chlorhydrat 362.
— p-Toluolsulfoverbindung 362.
γ-Phenylpropylglykokolläthylester 362.
γ-Phenylpyrrolidoncarbonsäure 508.
Phenylserin 691.
— Chemische Eigenschaften 692.
β-Phenylserin, cis-, Cu-Salz 692.
Phenylserin, cis- und trans-, Darstellung 691.
— Derivate 692.
— Nachweis 692.
— Phenylisocyanatverbindung 693.
— amid, cis- 693.
Phenylserin-äthylester, Chlorhydrat 692.
— cis-, Prikrat 692.
Phenylserin-O-methyläther, cis- 693.
— N-Benzoylverbindung 693.
— Cu-Salz 693.
— β-Naphthalinsulfoverbindung 693.
— Phenylisocyanatverbindung 693.
Phenylserin-methyläther-äthylester, cis-, Pikrat 693.
Phenylserinphenylhydantoin 68.
Phenylsulfoharnstoff des o-Isoprophylanilins 93.

Phenylsulfurethan 105.
Phenyltaurin 601.
— Cu-Salz 602.
α-Phenylthiazol-n-phenylthioharnstoff 101.
1-Phenyl-4-thiobiuret 105.
Phenylthiocarbamidcyanid 103.
Phenyl-ps-thiocarbamincyanidnatrium 102.
Phenylthioglykolsäure 771.
Phenylthioharnstoff 92.
β-Phenyl-α-thiomilchsäure 775.
α-Phenyl-β-o-tolyl-α-äthanolthioharnstoff 97.
α-Phenyl-β-p-tolyl-α-äthanolthioharnstoff 97.
Phenyl-o-tolylguanidin 137.
1-Phenyl-1, 2, 4-triazol-5-phenylthioharnstoff 101.
Phenyluraminobenzylcystein 70.
Phenyluramino-benzyl-cystein 529.
Phenyluraminocystein 70, 569.
Phenyluramino-cystin 595.
Phenylurethan 84.
α-Phenyl-α-urethanpropionsäure-methylester 419.
Phenylvanillylharnstoff 46.
Phenylvanillylthioharnstoff 95.
α-Phenyl-β-p-xylylthioharnstoff 94.
Phosphagen (Kreatinphosphorsaure) 150.
Phosphocholin 224.
Phosphopepton 908.
3-[s-Phthalimidoäthyl-] indol-l-carbonsäureester 261.
γ-Phthalimido-n-buttersäure 758.
— dithylester 758.
— dimethylester 758.
d, l-α-Phthalimidophenylessigsäure 387.
l-α-Phthalimidophenylessigsäure 386.
δ-Phthalimido-n-valeriansäure 761.
Phthaloylglycindiamid 350.
Phthalyl-α-alanylamid 420.
Phthalyldiurethan 86.
Phthalylglycin 349.
Phthalylglycylamid 350.
Phthalylglycylanilid 350.
Phthalylglycylanilidchlorid 350.
Phthalylglycinester 350.
Phthalyl-glycyl-glycin 813, 910.
— äthylester 813.
— kupfer 813.
Phthalylglycylnitril 350.
Phthalyl-dl-leucyl-glycin 848, 940.
— äthylester 848.
— amid 849.

Sachverzeichnis. 1097

d-Phthalylphenylglycin 386.
Physostigmoläthyläther 248.
Physostigmolmethyläther 248.
Pikrylcyanamid 164.
Pikryl-2, 3-dimethylindol 242.
Pikrylharnstoff 46.
Pikryl-2-methylindol 242.
— Isomere Verbindung 242.
Pikrylsemicarbazid 78.
Piperazin 1038.
— Derivate 1039.
— Salze 1039.
Piperazine 1038.
Piperazin-N, N'-dicarbonsaurediamid 32.
Piperazin aus Leucyl-prolinanhydrid 1046.
Piperazin aus Oxyprolyl-glycinanhydrid 1046.
— Derivate 1046.
Piperazinguanidinsulfat 119.
Piperazinodi-(allylthioharnstoff) 101.
β-Piperidino-n-buttersäureäthylester 757.
β-Piperidino-propionsäureäthylester 752.
— Methyljodid 752.
Piperidinsäure, s. γ-Amino-n-buttersäure 758.
Piperidon 801.
α-Piperidon-α'-carbonsäureäthylester 801.
α-Piperidonyl-[α']-diphenylcarbinol 801.
N-Piperidyläthylcarbaminsaurephenyläthylester 85.
Piperidylcyanguanidin 169.
Piperidylguanidylharnstoff 170.
β-Piperonyl-β-amino-α-äthylpropionsäure, Chlorhydrat 754.
β-Piperonyl-β-amino-α-benzylpropionsäure, Chlorhydrat 754.
α-Piperonyl-α-aminopropionsäure 419.
β-Piperonal-β-aminopropionsäure 753.
— Chlorhydrat 753.
α-Piperonyl-α-aminopropionsäure-methylester 419.
β-Piperonyl-β-amino-α-methylpropionsäure, Chlorhydrat 754.
β-Piperonyl-β-äthylaminopropionsäure 754.
— Nitrosamin 754.
β-Piperonyl-β-dimethylaminopropionsäure, Chlorhydrat 754.
N-Piperonylglykokoll, Hydrochlorid 360.

N-Piperonylidenglykokoll 361.
— Na 361.
Piperonyliden-γ-piperonylpropylamin 191.
β-Piperonyl-β-methylaminopropionsäure 753.
— Chlorhydrat 753.
γ-Piperonylpropylamin 191.
α-Piperonyl-α-urethanpropionsäuremethylester 419.
Polypeptide 807.
Polypeptid-glycerinester 810.
Prolin 739.
— Bestimmung und Nachweis 743.
d, l-Prolin, Bestimmung und Nachweis 744.
— Bildung 742.
l-Prolin, Bildung 739.
Prolin, Biochemische Eigenschaften 744.
— $CdCl_2$-Verbindung 746.
— Chemische Eigenschaften 745.
— Chlorhydrat 746.
d, l-Prolin, Darstellung 742.
l-Prolin, Darstellung 742.
Prolin, Derivate 746.
— Pikrat 746.
— Physikalische Eigenschaften 745.
— Reineckat 746.
d-Prolin, Vorkommen 739.
d, l-Prolin, Vorkommen 739.
l-Prolin, Vorkommen 739.
dl-Prolinanhydrid 1030.
Prolin-äthylester 746.
— Chlorhydrat 746.
Prolyl-alaninanhydrid 1017.
Prolylglycin 949.
l-Prolyl-glycinanhydrid 1011.
Prolyl-glycyl-glycin 978.
dl-Prolyl-l-leucin 869.
Prolyl-l-leucinanhydrid 1023.
Prolyl-leucyl-serinanhydrid 1034.
dl-Prolyl-l-tyrosin 869.
l-Prolyl-l-tyrosin 869.
— chlorhydrat 870.
— kupfer 870.
— silber 870.
dl-Prolyl-tyrosinanhydrid I, II, III, IV und V 1030.
l-Prolyl-l-tyrosinanhydrid I und II 1030.
Propanalsäure, s. Mesoxalaldehydsäure 791.
α-Propanol-α, β-diphenylthioharnstoff 95.
α-Propanol-d, β-di-p-tolylthioharnstoff 95.
α-Propanol-α-phenyl-β-p-tolylthioharnstoff 95.
α-Propanol-d-p-tolyl-β-phenylthioharnstoff 95.

Propen-(2)-ol-(3)-säure-(1), s. Malonaldehydsäure 791.
Propionylameisensäure, s. α-Ketobuttersäure 786.
— diäthylamid 787.
— Semicarbazon 787.
Propionyl-d, l-asparaginsäure-di-methylester 471.
Propionylcyanid 787.
Propionylguanidin 116.
Propionylguanidin-α-sulfonsäure 116.
Propionyl-dl-leucyl-glycin 848, 940.
N-n-Propyl-dl-alanyl-decarboxy-leucin 836.
— Chlorhydrat 836.
— Pikrat 836.
(N-n-Propyl-dl-alanyl)-dl-leucyl-decarboxy-glycin 963.
— Chlorhydrat 963.
— pikrat 963.
Propylamin 178.
l-Propylbiguanidsulfat 171.
Propylendiamin 184.
d, l-Propylendiguanidin 126.
(N-Propyl-glycyl)-dl-alanyl-decarboxyleucin 955.
— chlorhydrat 955.
— pikrat 955.
(N-Propyl-glycyl)-dl-leucyl-dacarboxy-alanin 958.
— chlorhydrat 958.
— pikrat 958.
Propyl-glykolsäure, s. α-Oxy-n-valeriansäure 781.
Propylguanidin 126.
2-Propylindol 244.
Propylisobutylhydantoin 64.
N-n-Propyl-dl-leucyl-decarboxy-alanin 852.
— chlorhydrat 852.
— pikrat 852.
o-Propyl-p-methylanilinphenylsulfoharnstoff 93.
n-Propylnitroguanidin 172.
4-Propyl-4-phenyl-hydantoin 67.
4-i-Propyl-4-phenyl-hydantoin 67.
Protoctin 212.
Pseudobutyl-α-aminoessigsäure, s. Pseudoleucin 457.
Pseudoleucin 457.
d, l-Pseudoleucin, Biochemische Eigenschaften 457.
Pseudoleucin, Darstellung 457.
d, l-Pseudoleucin, Derivate 457.
Pseudourethan 87.
Putrescin 184.
— Bildung 184.
— Chemische Eigenschaften 184.
— Darstellung 184.
— Derivate 184.
— Vorkommen 184.

Putridin, s. δ-Amino-n-valeriansäure 760.
Pyridin-3-carbonsäure-2-aminoessigsäure 363.
α-Pyridin-ornithursäure 540.
α-Pyridinursäure 350.
N-Pyridylglykokoll 363.
— Chloroplatinat 363.
— Na-Salz 363.
Pyro-glutaminsäure, s. 5-Pyrrolidon-(2)-carbonsäure 506.
α-Pyrrolidincarbonsäure, s. Prolin 739.
Pyrrolidin-2-carbonsäure, s. Prolin 739.
α-Pyrrolidon 800.
α'-Pyrrolidon-α-carbonsäure, s. 5-Pyrrolidon-(2)-carbonsäure 506.
5-Pyrrolidon-(2)-carbonsäure 506.
— Bildung 506.
— Biochemische Eigenschaften 506.
d, l-5-Pyrrolidon-(2)-carbonsäure, Biochemische Eigenschaften 507.
5-Pyrrolidon-(2)-carbonsäure, Chemische Eigenschaften 507.
— Darstellung 506.
— Derivate 507.
d, l-5-Pyrrolidon-(2)-carbonsäure, Derivate 508.
5-Pyrrolidon-(2)-carbonsäure, Physikalische Eigenschaften 507.
Pyrrolidoncarbonsäure-amid 507.
d, l-Pyrrolidon-5-carbonsäure-anilid 508.
l-2-Pyrrolidon-5-carbonsäure-anilid 507.
l-2-Pyrrolidon-5-carbonsäure-p-bromanilid 508.
5-Pyrrolidon-2-carbonsäure-n-butylester 507.
Pyrrolidoncarbonsäure-N-essigester 508.
l-[α-Pyrrolidonyl-α')-] l-äthylpropanol-(1) 508.
l-[α-Pyrrolidonyl-(α')-] l-benzyl-2-phenyl-äthanol-(1) 508.
l-[α-Pyrrolidonyl-(α')-] l-butylpentanol-(1) 508.
l-[α-Pyrrolidonyl-(α') l-methyläthanol-(1) 508.
Pyrrolidonyl-l-tyrosin 872.
l-[Pyrrolidyl-α)(]-l-äthylpropanol-(l) 746.
l-[Pyrrolidyl-(α)]-l-äthylpropanol-(l), Chloraurat 747.
— Chlorhydrat 747.
— Pikrat 747.

Pyrrolidylcarbinol 746.
— Chloraurat 746.
— Chloroplatinat 746.
N-Pyrroylglykokoll 363.
N-Pyrroylglykokolläthylester 363.
Pyruvoylalanin 420.
— äthylester 420.
Pyruvoylglycin 347.

Resorcyl-alanin 517.

Salicyl-glycidsäure, s. o-Oxyphenylbrenztraubensäure 799.
Salicyl-α-oxy-iso-buttersäure-anilid 780.
Salicylursäure 349.
Sarkosin 367.
— Bestimmung und Nachweis 367.
— Bildung 367.
— Biochemische Eigenschaften 367.
— Chemische Eigenschaften 368.
— Cu-Salz 368.
— Darstellung 367.
— Derivate 368.
— Molekülverbindung mit Benzolazophenol 369.
— Molekülverbindung mit Benzolazoresorcin 369.
— Molekülverbindung mit Sarkosinanhydrid 369.
— Neutralsalzverbindungen 368.
— Physikalische Eigenschaften 368.
Sarkosinamid-glucosid 370.
Sarkosinanhydrid 1017, 1050.
— Molekülverbindungen 1018, 1050.
— polymeres 1020.
Sarkosinanhydridskatol 239.
Sarkosinäthylester, Chlorhydrat 370.
— Pikrat 370
Sarkosin-N-carbonsäureanhydrid 370.
Sarkosin-diäthylendiamin-kobalti-d-p-bromcamphersulfonat 369.
Sarkosin-diäthylendiamin-kobaltichlorid 369.
Sarkosin-diäthylendiamin-kobalti-dithionat 369.
Sarkosin-diäthylendiamin-kobaltijodid 369.
Sarkosinmethylanilid, Pikrat 370.
Sarkosinnitril 369.
Sarkosyl-dl-alanin 841.

Sarkosyl-glyzin 840.
Sarkosyl-glycyl-glycin 881, 952.
Sarkosyl-sarkosin 841.
Saures 1,5-Diallylbiguanid-sulfat 171.
Saures diglykolsaures n-Propylamin 178.
Saures 1,5-Dimethylbiguanid-sulfat 171.
Saures 1-(β-Mercaptoäthyl)-biguanidsulfat 172.
Semicarbazid-sulfat 77.
Serin 421.
— Bestimmung und Nachweis 423.
d, l-Serin, Bildung 423.
l-Serin, Bildung 422.
Serin, Biochemische Eigenschaften 423.
d, l-Serin, Biochemische Eigenschaften 423.
Serin, Chemische Eigenschaften 423.
d, l-Serin, Cu-Salz 424.
— Derivate 424.
Serin, Physikalische Eigenschaften 423.
l-Serin, Vorkommen 421.
Serinester-formaldehyd 424.
Skatol, s. 3-Methylindol 239.
Spermin 187.
— Bestimmung 187.
— Darstellung 187.
— Derivate 188.
— Nachweis 187.
— Physiologische Eigenschaft 187.
— Physikalische u. chemische Eigenschaft 188.
— Salze 189.
— Synthese 187.
— Verbindung mit Schwefelkohlenstoff 190.
— Vorkommen 187.
Spermindiguanid 190.
Spermindiguaniddithio-carbamidsäure 190.
Spermidin 186.
— Derivate 186.
— Nachweis 186.
— Synthese 186.
— Vorkommen 186.
Spirodihydantoin 71.
Stachydrin 233.
— Nachweis 233.
— Vorkommen 233.
Stearinsäurecholinesterbromid 222.
Succinaldehydsäure, s. Bernsteinaldehydsäure 791.
Succinyldiglycinäthyl-ester 348.
Succinyldiglycinhydrazid 348.
— Bencylidenderivat 348.
N, N'-Succinyldiindol 260.

Succinyl-d-glutaminsäure-
  äthylester 503.
Succinylglycinäthylester,
  Cyclisch 348.
— — Urethan 348.
Sulfoessigsaures Guanidin 116.
1, 4-Sulfonazan-4-essigsäure
  354.
— Cu-Salz 354.
— Pikrat 354.
1, 4-Sulfonazan-4-essigsäure-
  äthylester 354.
Sympectothion 737.
Synthalin 131.

Taurin 598.
— Bestimmung 599.
— Bildung 598.
— Biochemische Eigen-
  schaften 599.
— Darstellung 599.
— Derivate 601.
— Chemische Eigenschaften
  601.
— Physikalische Eigen-
  schaften 601.
— Vorkommen 598.
Tertiäres Leucin, s. Pseudoleucin 457.
O-Tetraacetyl-sarkosinäthyl-
  ester-glucosid 370.
Tetraarsenobenzol-4-N-glyko-
  koll-4′-N′-glykokollamid,
  Dihydrochlorid 364.
s. Tetraäthylbiguanidin 127.
s. Tetraäthylguanidin 127.
3, 5, 3′, 5′-Tetrabrom-thyronin
  682.
i-Tetracarbäthoxy-cystin 596.
Tetracetyl-d-glucose-benzoyl-
  harnstoff 59.
Tetracetyl-d-glucose-harnstoff
  59.
Tetracetyl-veronal-glucosid
  59.
3, 5, 3′, 5′-Tetrachlor-thyronin
  682.
Tetraglycyl-arsanilsäure 893.
Tetraglycyl-glycin 899, 988.
l-Tetracarbäthoxy-cystin 594.
Tetraglykokoll-bariumjodid
  340.
Tetraglykokoll-calciumjodid
  340.
Tetraglykokoll-kaliumtrijodid
  340.
Tetraglykokoll-strontiumjodid
  340.
Tetraglykokoll-zinkjodid 340.
1, 4, 5, 6-Tetrahydropyrimidin-
  2-thioglykolsäure-äthyl-
  ester 773.
Tetralinharnstoff 41.
Tetramethylammoniumhydro-
  xyd, Physiologische Eigenschaften 182.

N, N, N′, N′-Tetramethyl-N″-
  äthylguanidin 127.
N, N′, N″, N″-Tetramethyl-N-
  äthylguanidin 127.
1, 1, 5, 5-Tetramethylbiguanid-
  sulfat 171.
1, 2, 3, 3-Tetramethyl-5-chlor-
  indoliumjodid 245.
Tetramethyldiallylcyanamid
  164.
p, p′-Tetramethyl-diamino-
  diphenyl-[glyoxalinyl-4(5)]-
  methan 803.
Tetramethylendiamin 184.
— Bildung 184.
— Chemische Eigenschaften
  184.
— Darstellung 184.
— Derivate 184.
— Vorkommen 184.
Tetramethylendiguanidin 130.
s. N, N, N′, N′-Tetramethyl-
  guanidin 127.
N, N, N′, N‴-Tetramethyl-
  guanidin 127.
1, 3, 5, 5-Tetramethyl-hydan-
  toin 62.
2, 2, 3, 3-Tetramethylindolin
  245.
9, 10-Tetra-α-methylindyl-
  dihydroanthracen 266.
1, 2, 4, 5-Tetramethylpiperazin
  1044.
— Dijodhydrat 1044.
— Monojodhydrat 1044.
2, 3, 5, 6-Tetramethylpiperazin
  1044.
N, N′-Tetramethylpiperazini-
  umhydroxyd 1043.
— Salze des 1043.
N, N, N′; S-Tetramethyl-
  pseudothioharnstoff 99.
Tetramin 211.
— Gewinnung 211.
— Salze 211.
β, γ, δ, ε-Tetraoxy-α-amino-n-
  capronsäure, s. Glukosaminsäure 767.
Tetrapeptide 893, 979.
Tetrapeptid aus 3 Prolin und
  1 Glykokoll 899.
Tetrapeptid, salzsaures
  $C_{10}H_{16}O_5N_4Cl_2$ 898.
— Methylesterchlorhydrat 898.
Tetrapeptid, salzsaures
  $C_{12}H_{22}O_6N_4Cl_2$ 898.
— Methylesterchlorhydrat
  898.
Tetrapeptid aus 1 Tyrosin,
  2 Glutamin und 1 Glutamin-
  säure 899, 988.
Tetraphenylbiguanid 172.
Thenylsulfoharnstoff 92.
Thiasin 737.
Thiazolidonyl-3-allylthioharn-
  stoff 101.

Thiazolidonyl-3-phenylthio-
  harnstoff 101.
Thiazolin-2-allylthioharnstoff
  101.
Thiazolin-2-phenylthioharn-
  stoff 101.
2-Thio-5-p-anisalhydantoin-
  3-essigsäure 105.
Thiobenzoyl-β-alanin-äthyl-
  ester 752.
l-s. α-Thiocarbbisamino-iso-
  capronsäurediäthylester 96.
d. l-s. α-Thiocarbbisamino-iso-
  capronsaures Calcium 96.
l-s. α-Thiocarbbisamino-β-
  phenylpropionsäure 96.
d, l-s. α-Thiocarbbisamino-β-
  phenylpropionsäure-di-
  methylester 96.
Thiocarbonyldiphenyldiharnstoff 98.
Thiodiglykolsäure 773.
Thioglykol-amid, Bi- 771.
— Sb- 771.
Thioglykolsäure 769.
— Äthyl-Hg-Chlorid-verbin-
  dung 771.
— Butyl-Hg-Chlorid-verbin-
  dung 771.
— Fe-Salz 770.
— komplexes, Na-V-Salz 771.
— Methyl-Hg-Chlorid-verbin-
  dung 771.
— organische As-Komplexver-
  bindung 771.
— organische Hg-Komplex-
  verbindung 771.
— organische Sb-Komplex-
  verbindung 771.
— Pb-Alkoholat, Na-Salz 770.
— Propyl-Hg-Chlorid-verbin-
  dung 771.
— Sb-Komplexverbindung
  770.
— Verbindung mit p-Oxyphe-
  nylstibinchlorid 771.
— V-Verbindung 771.
— äthylester, Ni- 770.
Thioharnstoff 87.
— Darstellung 87.
— Derivate 90.
— Nachweis 87.
— Physiologische Eigen-
  schaften 88.
— Physikalische u. chemische
  Eigenschaft 88.
Thioharnstoffe aus Benzidin
  93.
Thioharnstoffe aus Phenyliso-
  thiocyanat; o-Tolylisothio-
  cyanat und prim arom.
  Aminen 95.
2-Thiohydantoin-3-essigsäure
  105.
Thio-hydracrylsäure, s. β-Thio-
  milchsäure 775.

Thiohydrochinon-monoessigsäure 773.
l-γ-Thiol-valerolacton 784.
α-Thiomilchsäure 774.
β-Thiomilchsäure 775.
α-Thiomilchsäure, Au-Salz 775.
β-Thiomilchsäure, Au-Salz 775.
α-Thiomilchsäure, Fe-Salz 775.
β-Thiomilchsäure, Kondensationsprodukt mit p-Acetylaminophenylarsinoxyd 775.
— Verbindung mit p-Acetylamino-phenylstibinchlorid 776.
— Verbindung mit Isoamyl-Hg-Chlorid 775.
Thionhippursäure 383.
Thionhippursäureäthylester 383.
2-Thio-5-piperonalhydantoin-3-essigsäure 105.
2-Thio-5-salicylidenhydantoin-3-essigsäure 105.
Thyronin 680.
Thyroxamin 684.
— Chloracetat 684.
— Chlorhydrat 684.
— Sulfat 684.
Thyroxin 663.
— Bestimmung 665.
d-Thyroxin, Biochemische Eigenschaften 665.
d, l-Thyroxin, Biochemische Eigenschaften 666.
l-Thyroxin, Biochemische Eigenschaften 665.
Thyroxin, Chemische Eigenschaften 678.
— Darstellung 664.
d-Thyroxin, Derivate 679.
d, l-Thyroxin, Derivate 679.
l-Thyroxin, Derivate 679.
d-Thyroxin, Physikalische Eigenschaften 678.
d, l-Thyroxin, Physikalische Eigenschaften 678.
l-Thyroxin, Physikalische Eigenschaften 678.
d-Thyroxin, Synthese 663.
d, l-Thyroxin, Synthese 664.
l-Thyxorin, Synthese 663.
Thyroxin, Vorkommen und Bildung 663.
Thyroxin-methylester 679.
— Chlorhydrat 679.
Toluchinon-monoglykoll-anilid 353.
d-o-Toluidino-bernsteinsäure-monoamid 485.
d-m-Toluidino-bernsteinsäure-monoamid 485.
d-p-Toluidino-bernsteinsäure-monoamid 485.
β-p-Toluidino-n-buttersäure 756.
— äthylester 756.

o-Toluidino-p-phenetolcarb-amid 54.
β-m-Toluidino-p-phenetolcarb-amid 54.
β-p-Toluidinophenetolcarb-amid 54.
d, l-p-Toluolsulfoalanin 415.
p-Toluolsulfo-d-alaninäthyl-ester 412.
Toluolsulfo-d, l-alaninäthyl-ester 415.
p-Toluolsulfo-d-alaninamid 412.
Toluolsulfo-d, l-alaninazid 415.
Toluolsulfo-d, l-alanin-hydrazid 415.
Toluolsulfo-dl-alanyl-glycin 834
Toluolsulfo-d-alanyl-l-leucin 835.
N-Toluolsulfo-β-benzoylamino-α-piperidon 802.
d, l-α-Toluolsulfo-δ-benzoyl-ornithin 542.
d, l-δ-Toluolsulfo-α-benzoyl-ornithin 542.
Toluolsulfo-glutaminsäure 504.
— di-äthylester 504.
Toluolsulfo-glycyl-dl-alanin 818
— ester 818.
Toluolsulfo-glycyl-glycin 814.
Toluolsulfo-glycyl-dl-leucin 824.
Toluolsulfo-glycyl-dl-phenyl-alanin 827.
p-Toluolsulfoglykokoll 351.
Toluolsulfoglykokoll-azid 351.
— ester 351.
— hydrazid 350.
— phenylaminol, Na-Salz 354.
Toluolsulfo-d, l-leucin-äthyl-ester 453.
Toluolsulfo-d, l-leucin-azid 453.
Toluolsulfo-d, l-leucin-hydrazid 453.
Toluolsulfo-dl-leucyl-glycin 850.
α-Toluolsulfo-lysin 556.
d, l-δ-Toluolsulfomethylamino-α-benzoylamino-valerian-säure 542.
α-Toluolsulfo-α-methylarginin 537.
d, l-α-Toluolsulfo-α-methyl-δ-benzoyl-ornithin 542.
d, l-α-Toluolsulfo-α-methyl-ornithin 541.
d, l-δ-Toluolsulfomethyl-ornithin 542.
d, l-α-Toluolsulfo-α-methyl-ornithin, Hydrochlorid 541.
p-Toluolsulfonyl-l-asparagin 484.
— K-Salz 484.
— säure 470.
p-Toluolsulfonyl-l-asparagin-säure 470.
— di-äthylester 470.
— di-chlorid 471.

3-p-Toluolsulfonyl-(1, 3-oxa-zolidon-2) 165.
— imid 165.
Toluolsulfo-β-phenylamino-propionsäure 752.
N-Toluolsulfo-phenylserin 692.
p-Toluolsulfo-l-prolin 746.
Toluolsulfo-sarkosyl-d-alanin 841.
N-p-Toluolsulfo-tyrosin 653.
— ester 653.
[m-Toluyl]-l-asparagin 484.
[p-Toluyl]-l-asparagin 484.
N-β-m-Tolyläthylglykokoll, Benzolsulfoverbindung 362.
N-p-Tolyläthylglykokoll, Benzolsulfoverbindung 362.
N-β-m-Tolyläthylglykokoll, Chlorhydrat 362.
N-p-Tolyläthylglykokoll, Chlorhydrat 362.
— äthylester 362.
3-m-Tolyl-5-benzalhydantoin 69.
3-(m-Tolyl-)2-benzylmercapto-5-benzalhydantoin 104.
p-Tolylbiuret 77.
α-p-Tolyl-β-p-bromphenyl-β-äthanolthioharnstoff 97.
N-o-Tolyl-N'-o-bromphenyl-thioharnstoff 95.
N-o-Tolyl-N'-p-bromphenyl-thioharnstoff 95.
p-Tolylcarbamincyanid 84.
N-o-Tolyl-N'-p-chlorphenyl-thioharnstoff 95.
N-o-Tolyl-N'-2, 4-dimethyl-phenylthioharnstoff 95.
N-p-Tolylglykokollanilid 359.
N-Tolylglykokoll-N-carbon-säureanhydrid 359.
3-m-Tolylhydantoin 69.
N-o-Tolyl-N'-p-jodphenylthio-harnstoff 95.
N-o-Tolyl-N'-4-methoxy-phenylthioharnstoff 95.
N-o-Tolyl-N'-4-methyl-2-brom-phenylthioharnstoff 95.
α-p-Tolyl-β-phenyl-α-äthanol-thioharnstoff 97.
3-(m-Tolyl-)2-thio-5-benzal-hydantoin 104.
o-Tolyl-thioglykolsäure 772.
m-Tolyl-thioglykolsäure 772.
p-Tolyl-thioglykolsäure 773.
o-Tolylthioharnstoff 94.
m-Tolylthioharnstoff 94.
p-Tolylthioharnstoff 94.
3-(m-Tolyl-)2-thiohydantoin 104.
α-p-Tolyl-β-o-tolyl-α-äthanol-thioharnstoff 97.
N-o-Tolyl-N'-p-tolylthioharn-stoff 95.
o-Tolylvanillylthioharnstoff 95.
p-Tolylvanillylthioharnstoff 95.

α-o-Tolyl-β-p-xylylthioharnstoff 94.
α-p-Tolyl-β-p-xylylthioharnstoff 94.
Triacetaldehydäthylamin 177.
Triacetyl-l-arabinoseharnstoff 59.
Triacetyl-phenylalanyl-anhydroarginin 866.
Tri-d-alaninkobaltiat 410.
dl-Trialanyl-glycin 983.
Trialanyl-glycyl-serinanhydrid 1035.
Triäthylamin 182.
— Darstellung 182.
— Derivate 182.
— Nachweis 182.
— Physikalische u. chemische Eigenschaften 182.
Tribenzoylkreatinin 159.
Tribenzoyl-β-oxyäthylguanidin 126.
Tribrompyruvinureid 50.
Trichloracetyl-dl-leucyl-glycin 940.
N-Trichloräthyliden-asparaginsäure, Brucinsalz 471.
1, 2, 3-Trichlorbenzol-4-thioglykolsäure 772.
1, 2, 3-Trichlorbenzol-5-thioglykolsäure 772.
1, 2, 4-Trichlorbenzol-5-thioglykolsäure 772.
2, 4, 6-Trichlorphenylharnstoff 46.
Tricyanmelamin 167.
Triformaläthylamin 177.
Triformalglycinamid 352.
Triformaldehydglykokolläthylester 351.
Triglycyl-arsanilsäure 875.
Triglycyl-glycin 893, 979.
— äthylester 893.
— amid 893.
— betain 893.
— Calciumbromid 893.
Triglycyl-dl-leucin 980.
Triglycyl-dl-norvalin 979.
Triglycyl-dl-phenylalanin 980.
Triglycyl-dl-valin 980.
Triglykokoll-calciumbromid 340.
Triglykokoll-lanthanchlorid 340.
Triglykokoll-zinkchlorid 340.
2, 3, 4-Trimethoxyphenylalanin 691.
3, 4, 5-Trimethoxyphenylalanin 691.
Trimethylamin 180.
— Darstellung 180.
— Derivate 181.
— Nachweis 180.
— Physiologische Eigenschaften 181.
— Physikalische u. chemische Eigenschaften 181.

Trimethylamin, Vorkommen 180.
Trimethylaminäthylaminchloridchloroplatinat 221.
Trimethylaminäthylmethylaminchlorid 221.
Trimethylaminäthyltrimethylamindichlorid 221.
ε-Trimethylammoniumhydroxyd-n-capronsäure 763.
δ-Trimethylammoniumhydroxyd-n-valeriansäure 761.
— Au-Salz 761.
N′, N′, S-Trimethyl-N-äthyl-N-phenylthiuroniumjodid 98.
N, N, S-Trimethyl-N′-äthylpseudothioharnstoff 102.
N, N′, S-Trimethyl-N-äthyl-psthioharnstoff 102.
ω, ms, ω′-Trimethylbiuret 76.
— Derivate 76.
N, N, N′-Trimethyl-N″, N″-diäthylguanidin 127.
N, N″, N″-Trimethyl-N, N′-diäthylguanidin 127.
N, N′-S-Trimethyl-N, N′-diäthylthiuroniumjodid 99.
N, N, S-Trimethyl-N′, N′-diäthylthiuroniumjodid 99.
Trimethylendiguanidin 130.
Trimethylenguanidin 127.
Trimethylenoxyd 181.
s. Trimethylguanidin 124.
Trimethylharnstoff 51.
Trimethylhistidin 737.
— Dipikrat 737.
1, 5, 5-Trimethylhydantoin 62.
3, 5, 5-Trimethylhydantoin 62.
2, 4, 7-Trimethylindol 243.
N, N-S-Trimethylisothioharnstoff 102.
— Salze 102.
1, 3, 3-Trimethyl-2, 4-jodbenzolazomethylenindolin 265.
Trimethyl-dl-leucyl-glycin 850.
1, 5, 5-Trimethyl-3-phenylhydantoin 62.
N, N′-Trimethylpiperaziniumjodid 1043.
3, 5, 5-Trimethylpyrazolinharnstoff 60.
N, N, N′-Trimethylthioharnstoff 99.
N, N′, S-Trimethyl-ps-thioharnstoff 102.
N, N, N′-Trimethyl-N′, N″, N‴-triäthylguanidoniumjodid 129.
Trimethyltriindolylmethan 237.
2, 4, 6-Trinitrophenylharnstoff 46.

2, 4, 6-Trinitrophenylsemicarbazid 78.
Trioxopiperazine 1037.
2, 3, 5-Trioxopiperazin 1037.
Tripeptide 873, 951.
1, 2, 3-Triphenylbiguanid 171.
Triphenylguanidin 136.
Triphenylguanylthioharnstoff 100.
Triphenylisomelamin 77.
N-Triphenylmethyl-d, l-alanin 418.
— Na-Salz 418.
— äthylester 418.
Triphenylmethylamin 191.
N-Triphenylmethyl-glycyl-glycin 814.
— äthylester 814.
N-Triphenylmethylglykokoll 351.
— Cu-Salz 351.
— Na-Salz 351.
— äthylester 351.
2, 3, 4-Trioxyphenylalanin 691.
3, 4, 5-Trioxyphenylalanin 691.
l-3, 4, 5-Trioxyphenylalanin 690.
Trisarkosinlanthanbromid 369.
Trisarkosinkaliumperjodid 369.
Trisarkosinstrontiumjodid 369.
Trithioglykolsäure-triamid, Sb- 771.
Trithioglykolsäure-trimethylester, Sb- 771.
Tryparsamid 365.
Tryptophan 693.
— Bestimmung und Nachweis 699.
— Bildung 695.
d-Tryptophan, Biochemische Eigenschaften 713.
d, l-Tryptophan, Biochemische Eigenschaften 713.
l-Tryptophan, Biochemische Eigenschaften 705.
Tryptophan, Chemische Eigenschaften 714.
— Darstellung 698.
— Derivate 716.
— Molekülverbindung mit Sarkosinanhydrid 716.
— Physikalische Eigenschaften 713.
— Vorkommen 693.
l-Tryptophyl-glycyl-glycin 887.
Tyramin 193.
— Bestimmung 194.
— Bildung 194.
— Chemische Eigenschaften 197.
— Darstellung 194.

— Derivate 197.
— Nachweis 194.
— Physiologische Eigenschaften 194.
— Vorkommen 193.
Tyrosin 618.
m-Tyrosin 659.
o-Tyrosin 659.
Tyrosin, Bestimmung und Nachweis 626.
d-Tyrosin, Bildung 625.
l-Tyrosin, Bildung 620.
d-Tyrosin, Biochemische Eigenschaften 644.
d, l-Tyrosin, Biochemische Eigenschaften 644.
l-Tyrosin, Biochemische Eigenschaften 632.
m-Tyrosin, Biochemische Eigenschaften 660.
o-Tyrosin, Biochemische Eigenschaften 659.
Tyrosin, Chemische Eigenschaften 647.
m-Tyrosin, Chemische Eigenschaften 660.
o-Tyrosin, Chemische Eigenschaften 659.
Tyrosin, Chlorhydrat 651.
d-Tyrosin, Cu-Salz 657.
d, l-Tyrosin, Cu-Salz 657.
l-Tyrosin, Cu-Salz 651.
d-Tyrosin, Darstellung 626.
m-Tyrosin, Darstellung 659.
o-Tyrosin, Darstellung 659.
d-Tyrosin, Derivate 657.
d, l-Tyrosin, Derivate 657.
l-Tyrosin, Derivate 651.
o-Tyrosin, Derivate 659.
Tyrosin, Na-Salz 651.
— Physikalische Eigenschaften 645.
d, l-Tyrosin, Synthese und Darstellung 626.
Tyrosin, Vorkommen 618.
Tyrosinanhydrid 1029.
m-Tyrosinanhydrid 1029.
o-Tyrosinanhydrid 1029.
Tyrosin-äthylester 651.
d, l-Tyrosin-äthylester 657.
Tyrosin-betain-O-methyläther 652.
— Chlorhydrat 652.
— Pt-Salz 652.
d, l-Tyrosincholinchlorid 658.
dl-Tyrosincholinjodid 223, 229, 658.
— palmitinsäureester 659.
— stearinsäureester 569.
d, l-Tyrosincholin-methyläther 658.
d, l-Tyrosincholinmethyläther-jodid 223, 659.
O, N-Tyrosin-disulfonsäure, K-Salz 651.

Tyrosin-isopropyläther 651.
l-Tyrosin-O-methyläther 652.
— äthylester, Chlorhydrat 652.
— methylester 652.
— methylester, Chlorhydrat 652.
l-Tyrosin-sulfosäure 657.
dl-Tyrosyl-dl-alanin-carbonsäure 867.
dl-Tyrosyl-alanin-hydantoin 867.
d-Tyrosyl-d-arginin 948.
— Salicylidenverbindung 949.
d-Tyrosyl-d-argininanhydrid 1052.
— salzsaures Salz 1052.
Tyrosyl-asparaginsäure 869.
Tyrosyl-diglutamyl-glutaminsäure (?) 988.
— Dibenzoylverbindung 988.
— Di(β-naphthalinsulfo)verbindung 988.
dl-Tyrosyl-glycin-hydantoin 867.
Tyrosyl-histidin-carbonsäure 868.
Tyrosyl-prolin I, II und III 868.
l-Tyrosyl-l-tyrosin 948.

Uramino-asparaginsäure 471.
Uramino-glutaminsäure 503.
α-Uramino-d, l-phenylpropionsäure 617.
d, l-α-Uramino-β-trimethylpropionsäure 421.
Ureidoacetyl-β-amino-n-buttersäure-amid (β-Reihe) 755.
β-Ureido-butyryl-glycinamid 842.
Ureido-glycyl-dl-valin 914.
Ureido-dl-leucyl-glycin 940.
Ureido-dl-leucyl-glycyl-glycin 969.
p-Ureidophenoxäthyl-p-phenetidin 55.
p-Ureidophenoxyaceton 55.
p-Ureidophenoxyacetophenon 55.
p-Ureidophenoxyl-β-oxypropyläther 55.
p-Ureidophenyldiphenylcarbaminsäureester 54.
p-Ureidophenylglycidäther 54.
p-Ureidophenylkohlensäure-äthylester 54.
Ureidophenyloxäthylanilid 55.
p-Ureidophenyl-α-oxybuttersaures Äthyl 54.
Ureidosulfosäuren aus p-substituierten o-Aminosulfonsäuren 58.

α-Ureido-β-2, 3, 4-trimethoxyphenylpropionsäure 691.
Urethane 78.
— Allgemeines 77.
— Darstellung 78.
— Physiologische Eigenschaften 79.
— Physikalische u. chemische Eigenschaften 80.
Urocaninsäure, s. β-Imidazolacrylsäure 804.

γ-Valerolacton 782.
δ-Valerolacton 784.
n-Valeryl-ameisensäure, s. α-Keto-n-capronsäure 788.
— diäthylamid 788.
— ester, Semicarbazon 788.
i-Valerylglykoläthylester 348.
Valin 427.
— Bestimmung und Nachweis 429.
— Bildung 427.
d-Valin, Biochemische Eigenschaften 429.
d, l-Valin, Biochemische Eigenschaften 430.
l-Valin, Biochemische Eigenschaften 430.
Valin, Chemische Eigenschaften 431.
d, l-Valin, Cu-Salz 432.
— Darstellung 429.
d-Valin, Derivate 431.
d, l-Valin, Derivate 432.
Valin, Physikalische Eigenschaften 430.
l-Valin, Physikalische Eigenschaften 431.
Valin, Vorkommen 427.
Valinanhydrid 1021.
d, l-Valincholin, Au-Salz 432.
— Pt-Salz 432.
— jodid 223, 432.
d, l-Valinol 432.
— Chlorhydrat 432.
dl-Valyl-dl-alanin 935.
Valyl-alaninanhydrid 1015.
dl-Valyl-dl-alanyl-glycin 966.
dl-Valyl-diglycyl-glycin 985.
dl-Valyl-glycin 844, 934.
— kupfer 934.
dl-Valyl-glycyl-glycin 965.
— kupfer 965.
dl-Valyl-glycyl-dl-leucin 966.
dl-Valyl-glycyl-dl-valin 966.
Valyl-leucinanhydrid 1022.
d-Valyl-l-leucinanhydrid 1021.
d-Valyl-l-leucyl-glycyl-d-glutaminsäure 896.
dl-Valyl-dl-norvalin 935.
dl-Valyl-dl-phenylalanin 936.
— silber 936.

d-Valyl-l-prolinanhydrid 1021.
d-Valyl-d-valin 844, 935.
dl-Valyl-dl-valin 936.
Vanillidenhippursäure 381.
Vanillylharnstoff 46.
Vanillylthioharnstoff 95.
Verbindung: $C_{14}H_8O_3J_4$ 684.
— $C_{16}H_{10}O_4J_6$ 684.
— $C_{19}H_{30}O_4N_2$ 541.
— $C_{21}H_{11}O_3N_3$ 350.
— $C_4H_{12}N_2$ 211.
— $C_7H_{14}N_2$ 212.
— $C_7H_{16}N_2$ 212.

Verbindung, $C_7H_{14}O_2N_6$ 212.
— $C_{13}H_{20}N_2O_4$ 213.
— $C_{28}H_{24}N_4$ 250.
Vinyltrimethylarsoniumbromid 232.
Vitiatin 122.

Xanthylhydantoinsäureäthylester 66.
Xanthylhydantoylamid 67.
Xanthylureido-l-isocapronsäureäthylester 67, 451.

d-asymm.-m-Xylidino-bernsteinsäure-monoamid 485.
d-p-Xylidino-bernsteinsäure-monoamid 485.
β-m-Xylidino-p-phenetolcarbamid 54.
p-Xylylthioharnstoff 94.
α-p-Xylyl-β-o-tolyl-α-äthanolthioharnstoff 98.
α-p-Xylyl-β-p-tolyl-α-äthanolthioharnstoff 98.

Verlag von Julius Springer / Berlin

Biochemisches Handlexikon. Herausgegeben von **Emil Abderhalden**, Geh. Medizinalrat Professor Dr. med. et phil. h. c., Direktor des Physiologischen Instituts der Universität Halle a. S.

Erster Band, 1. Hälfte: Kohlenstoff, Kohlenwasserstoff, Alkohole der Aliphatischen Reihe, Phenole. XVIII, 704 Seiten. 1911. RM 61.50; gebunden RM 64.—

Erster Band, 2. Hälfte: Alkohole der aromatischen Reihe, Aldehyde, Ketone, Säuren, Heterocyclische Verbindungen. 795 Seiten. 1911. RM 73.50; gebunden RM 76.—

Zweiter Band: Gummisubstanzen, Hemicellulosen, Pflanzenschleime, Pektinstoffe, Huminsubstanzen, Stärke, Dextrine, Inuline, Cellulosen, Glykogen. Die einfachen Zuckerarten, Stickstoffhaltige Kohlenhydrate, Cyklosen, Glucoside. V, 729 Seiten. 1911. RM 65.50; gebunden RM 68.—

Dritter Band: Fette, Wachse, Phosphatide, Protagon, Cerebroside, Sterine, Gallensäuren. 342 Seiten. 1911. RM 33.50; gebunden RM 36.—

Vierter Band: Proteine der Pflanzenwelt, Proteine der Tierwelt, Peptone und Kyrine, Oxydative Abbauprodukte der Proteine, Polypeptide, Aminosäuren, Stickstoffhaltige Abkömmlinge des Eiweißes und verwandte Verbindungen, Nucleoproteide, Nucleinsäuren, Purinsubstanzen, Pyrimidinbasen. VI, 1190 Seiten. 1911. Gebunden RM 98.—

Fünfter Band: Alkaloide, Tierische Gifte, Produkte der inneren Sekretion, Antigene, Fermente. 674 Seiten. 1911. RM 61.50

Sechster Band: Farbstoffe der Pflanzen- und der Tierwelt. VI, 390 Seiten. 1911. RM 35.50; gebunden RM 38.—

Siebenter Band: Gerbstoffe, Flechtenstoffe, Saponine, Bitterstoffe, Terpene, Ätherische Öle, Harze, Harzalkohole, Harzsäuren, Kautschuk. 822 Seiten. 1912. Gebunden RM 78.—

Band VII ist broschiert in zwei Teilen lieferbar. 1. Hälfte RM 41.—; 2. Hälfte RM 34.—

Achter Band (1. Ergänzungsband): Gummisubstanzen, Hemicellulosen, Pflanzenschleime, Pektinstoffe, Huminstoffe. Stärke, Dextrine, Inuline, Cellulosen. Glykogen. Die einfachen Zuckerarten und ihre Abkömmlinge, Stickstoffhaltige Kohlenhydrate. Cyklosen. Glukoside. Fette und Wachse. Phosphatide. Protagon. Cerebroside. Sterine. Gallensäuren. Bearbeitet von Andor Fodor, Halle a. S., Dionys Fuchs, Budapest, Ad. Grün, Aussig, Géza Zemplén, Budapest. VI, 507 Seiten. 1914. Neudruck 1920. Gebunden RM 46.—

Neunter Band (2. Ergänzungsband): Proteine der Pflanzenwelt und der Tierwelt. Peptone und Kyrine. Oxydative Abbauprodukte der Proteine. Polypeptide. Aminosäuren. Stickstoffhaltige Abkömmlinge des Eiweißes unbekannter Konstitution. Harnstoff und Derivate. Guanidin. Kreatin. Kreatinin. Amine. Basen mit unbekannter und nicht sicher bekannter Konstitution. Cholin. Betaine. Indol und Indolabkömmlinge. Nucleoproteide. Nucleinsäuren. Purin- und Pyrimidinbasen und ihre Abbaustufen. Tierische Farbstoffe. Blutfarbstoffe. Gallenfarbstoffe. Urobilin. Bearbeitet von Andor Fodor, Halle a. S., Dionys Fuchs, Budapest, Paul Hirsch, Jena, B. Thomas Osborne, New Haven, Béla von Reinbold, Koloszvár, Arthur Weil, Halle a. S., Géza Zemplén, Budapest. VI, 415 Seiten. 1915. Unveränderter Neudruck 1922. Gebunden RM 39.—

Zehnter Band (3. Ergänzungsband): Tierische Farbstoffe (Blutfarbstoffe, Hämine, Porphyrine, Gallenfarbstoffe, Pyrrolderivate). Nucleoproteide und Nucleinsäuren. Purinsubstanzen. Pyrimidine. Sterine. Gallensäuren. Kohlenhydrate. (Polysaccharide und Monosaccharide.) Stickstoffhaltige Kohlenhydrate. Cyclosen. Glucoside. Bearbeitet von O. Dalmer, Darmstadt, F. Klänhardt, Bitterfeld, William Küster, Stuttgart, S. J. Thannhauser, München, Géza Zemplén, Budapest. VI, 943 Seiten. 1923. RM 83.—; gebunden RM 88.—

Elfter Band (4. Ergänzungsband): Polypeptide. Aminosäuren. Stickstoffhaltige Abkömmlinge des Eiweißes unbekannter Konstitution. Harnstoff und Derivate. Guanidin, Kreatin, Kreatinin. Amine. Basen mit unbekannter und nicht sicher bekannter Konstitution. Cholin, Betain, Neurin, Muscarin. Indol und Indolabkömmlinge. Biologisch wichtige Aminosäuren, die im Eiweiß nicht vorkommen. Gerbstoffe. Bearbeitet von Wolfgang Langenbeck, Karlsruhe, Ernst B. H. Waser, Zürich und Géza Zemplén, Budapest. Mit Generalregister der Bände I—XI. V, 675 Seiten. 1924. RM 66.—; gebunden RM 69.—

Verlag von Julius Springer / Berlin

Tabellen der Zucker und ihrer Derivate. Von Hans Vogel, Ing. Chem. Assistent an der Universität Genf, und **Alfred Georg,** Dr. ès sc. Assistent und Privatdozent an der Universität Genf. Etwa 500 Seiten. Erscheint im Herbst 1930.

Untersuchungen über Enzyme. Von Geh.-Rat Dr. Richard **Willstätter,** Professor in München. In Gemeinschaft mit Wolfgang Graßmann, Heinrich Kraut, Richard Kuhn, Ernst Waldschmidt-Leitz und mit O. Ambros, E. Bamann, E. Bauer, E. Berner, W. Csányi (Halden), W. Deutsch, W. Duisberg, S. Duñaiturria, H. Dyckerhoff, F. Eichhorn, O. Erbacher, W. Fremery, G. E. v. Grundherr, W. Haag, A. Harteneck, F. Haurowitz, H. Heiß, A. R. F. Hesse, H. Kumagawa, G. Künstner, O. Lind, K. Linderström-Lang, K. Lobinger, Ch. D. Lowry jr., A. Madinaveitia, F. Memmen, G. Oppenheimer, H. Persiel, W. Petrou, A. Pollinger, F. Racke, K. Riehmann†, H. Rubenbauer, A. Schäffner, K. Schneider, G. Schudel†, H. Sobotka, W. Steibelt, A. Stoll, J. Waldschmidt-Graser, W. Wassermann, H. Weber, E. Wenzel. In zwei Bänden. Mit 183 Abbildungen. XXVII, 1775 Seiten. 1928. RM 124.—; gebunden RM 138.—

Emil Fischers Gesammelte Werke. Herausgegeben von M. Bergmann.

Untersuchungen über **Aminosäuren, Polypeptide und Proteine I** (1899—1906). X, 770 Seiten. 1906. Unveränderter Neudruck 1925. RM 48.—; gebunden RM 51.—

Untersuchungen über **Aminosäuren, Polypeptide und Proteine II** (1907—1919). X, 922 Seiten. 1923. RM 29.—; gebunden RM 32.—

Untersuchungen über **Depside und Gerbstoffe** (1908—1919). VI, 541 Seiten. 1919. RM 21.80

Untersuchungen über **Kohlenhydrate und Fermente I** (1884 bis 1908). VIII, 912 Seiten. 1909. Unveränderter Neudruck 1925. RM 57.—; gebunden RM 60.—

Untersuchungen über **Kohlenhydrate und Fermente II** (1908 bis 1919). IX, 534 Seiten. 1922. RM 19.—; gebunden RM 22.—

Untersuchungen **in der Puringruppe** (1882—1906). VIII, 608 Seiten. 1907. RM 15.—

Untersuchungen über **Triphenylmethanfarbstoffe, Hydrazine und Indole.** IX, 880 Seiten. 1924. RM 39.—; gebunden RM 40.50

Untersuchungen **aus verschiedenen Gebieten.** Vorträge und Abhandlungen allgemeinen Inhalts. X, 914 Seiten. 1924. RM 40.50; gebunden RM 42.—

Neuere Erfolge und Probleme der Chemie. 30 Seiten. 1911. RM 0.80

Organische Synthese und Biologie. Zweite, unveränderte Auflage. 28 Seiten. 1912. RM 1.—